U0904765

中国科学院遥感应用研究所所志

（1979～2012）

科 学 出 版 社

北 京

内 容 简 介

本书是中国科学院遥感应用研究所有关历史的文书，内容包括中国科学院遥感应用研究所概述，建所前的历史沿革，组织结构、科研与党务建设，国家及部委级科学研究机构，科学研究系统（研究室建设），主要科研项目，重要科研成果，国际合作与交流，科研支撑系统与机关所务管理，人物志及研究生培养九篇七十一章及附录。本书客观、真实、准确、全面、综合地记录和反映了遥感所艰苦创业、开拓进取、锐意创新、跨越式发展的历程，体现了遥感所引领我国遥感科学与应用的发展所发挥的国家队作用和取得的重大成就。

本书详细记录了中国科学院遥感应用研究所积极投入国民经济建设主战场、推进遥感应用实用化、建立遥感科学与应用人才培养基地、广泛地开展国内外合作，使我国的遥感科学与应用走向世界、成为一个综合性的遥感科学技术研究中心和国际知名的国家遥感科研机构，为国家对地观测体系建设和国民经济社会发展、实施知识创新工程等做出了重大贡献等内容。

本书对史实的生动记述能够为遥感科学界提供启迪，也为从事遥感科学与应用研究的师生、相关领域的专业人士给予精神营养和激励。

图书在版编目（CIP）数据

中国科学院遥感应用研究所所志：1979～2012/《中国科学院遥感应用研究所所志：1979～2012》编委会编. —北京：科学出版社，2019.9
ISBN 978-7-03-059856-1

Ⅰ.①中…　Ⅱ.①中…　Ⅲ.①中国科学院–遥感技术–应用–研究所–概况–1979-2012　Ⅳ.①TP79-242

中国版本图书馆 CIP 数据核字(2018)第 264363 号

责任编辑：苗李莉　朱海燕　石　珺　朱　丽 / 责任校对：何艳萍
责任印制：肖　兴 / 封面设计：图阅社

科学出版社 出版
北京东黄城根北街 16 号
邮政编码: 100717
http://www.sciencep.com

北京画中画印刷有限公司 印刷
科学出版社发行　各地新华书店经销
*
2019 年 9 月第　一　版　开本：889×1194　1/16
2019 年 9 月第一次印刷　印张：70
字数：2 266 000

定价：598.00 元

(如有印装质量问题，我社负责调换)

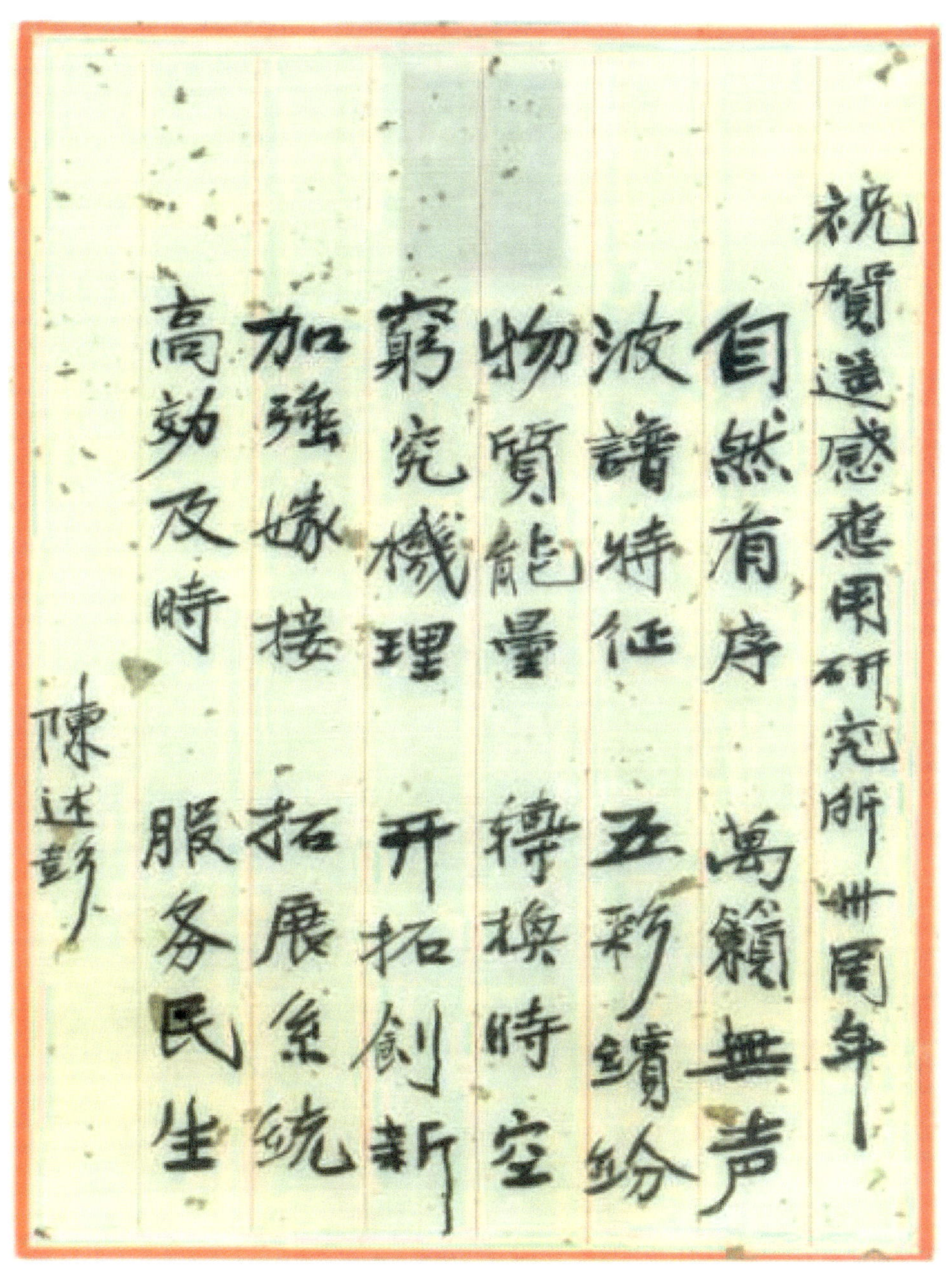
祝賀遙感應用研究所卅周年

自然有序　萬籟無声

波譜特征　五彩缤纷

物質能量　轉換時空

窮究機理　开拓創新

加強嫁接　拓展系统

高効及時　服务民生

陳述彭

陈述彭院士为遥感所30周年所庆的题词

《中国科学院遥感应用研究所所志》编辑委员会

《中国科学院遥感应用研究所所志》编写组

组　长　魏成阶

副组长　田国良　陈　雪　孙文新

成　员　周上益　王为民　黄永平　司　桥　卢冬梅　刘　军　王莹珞

为《中国科学院遥感应用研究所所志》做过贡献的人员

（按姓氏汉语拼音排序）

白　璐　陈继平　陈丽莎　程晓云　范湘涛　方俊永

高海亮　郜丽静　郭桂林　国　莹　何大毅　胡新礼

黄　绚　雷永荟　李丹丹　李　丽　李　莉　李培祝

李　睿　励惠国　梁　栋　梁启章　廖静娟　林亚森

刘东晖　刘戈平　刘建波　刘建明　刘行华　刘秀英

刘召芹　娄纪伟　陆　鸣　路　遥　吕克解　马岚华

彭　玲　祁大勇　钱金凯　乔　丽　邱玉宝　石军梅

唐登银　陶金花　陶　醉　汪承义　王长林　王　成

王锦地　王巨山　王晓云　王秀利　王玉如　魏秀萍

魏永明　翁祖平　吴　亮　吴远峰　夏明宝　项月琴

肖　程　许允飞　阎冬梅　杨凤钧　杨海平　杨勤业

杨习荣　杨晓峰　尹　球　于丽君　于　晹　袁潮莲

张凤丽　张　红　张青松　张　霞　张　新　张延涛

张　哲　张宗科　赵昌龄　赵英时

序　一

中国科学院遥感应用研究所（简称遥感所）从1979年成立到和中国科学院对地观测与数字地球科学中心合并经历了33年。这期间经过几代人的努力，遥感所在科研水平上、研究所规模上都有了巨大的进步、变化和发展。《中国科学院遥感应用研究所所志》（以下简称《所志》）记录和整理了遥感所同仁所做过的各项工作、所做出的各种贡献。这些同志在所里的工作时间有长有短，职位分工不同，但没有这些同志的努力，遥感所是无法取得如此巨大的成绩的。该《所志》的编辑们付出了大量的时间和精力，有了他们的付出才使后人能看到遥感所是如何从十分艰苦的条件下一步步走到今天，并通过合并，发展成中国科学院遥感与数字地球研究所的。

1979年是我国重大历史转折的一年。20世纪六七十年代，国际上航空航天、数字计算机、电子技术和通信、新型原材料的开发等科学技术及其应用取得了很大的进展，并给很多发达和发展中国家带来了巨大的经济效益。而我国经历了“文化大革命”，正面临着百废待兴的局面。遥感所正是在那样的历史背景下成立的。

与此同时，在邓小平1979年1月访美时达成的《中美科技合作协定》的基础上，确定由中国科学院负责陆地卫星地面站的引进。我有幸在1979~1982年参与了陆地卫星地面站的引进，并和李秉枢、陈述彭、姜虎文等同志一起开展遥感所的筹建工作，而这两个机构正是中国科学院遥感与数字地球研究所的前身。

地学是一门传统学科。用各种新型传感器来探测陆地、大气和海洋，获取大量数据，并通过计算机处理来得到有用信息，从而建立各种理论和实用的数字模型，已是当时地学研究中的重要方法之一。遥感技术大大加快了获取数据的数量和质量，使地学研究和应用中广泛使用数据量化和建立数学模型的方法成为可能。

在遥感所筹建之初，我们就明确建所的目的是填补这一领域的空白：培养一批跨学科的人才，尽快赶上国际先进水平，以及协助有关领域的科技人员了解并应用遥感技术。为此，我们在开始时建立了5个研究室来从事遥感方法、遥感数据和图像的分析处理及各种遥感应用研究，招收并在国内外培养一批硕士、博士研究生，积极开展实质性的国际合作，了解国际遥感动态，以及通过科学技术部（简称科技部）国家遥感中心来促进有关部委在各专业领域开展遥感技术的应用。

1989年后，在历届遥感所领导和科研人员的努力下，遥感所发展到拥有14个研究室、5个国家级重点实验室和研究中心的规模，培养了上千名硕士、博士研究生，开展了很多遥感应用的基础理论研究和很多前瞻性的研究。在此基础上，遥感所完成了很多达到国际水平的科研项目和大量卓有成效的应用研究，为国民经济建设做出了重大贡献。中国遥感卫星地面站也从专用于接收和处理陆地卫星数据的密云站，发展成能接收和处理世界各国，包括我国自行研发的各种波段的卫星数据的地面站。通过增建喀什、三亚、昆明等卫星接收站，其接收范围覆盖了大部分亚洲地区，成为世界上规模最大的遥感卫星地面接收站之一。

机构的合并将集中很多优秀和杰出的科研人才来开展遥感应用的创新研究。已经储存和不断接收到的大量新的遥感数据，将成为我国开展全球性遥感应用研究必要的物质基础。

我衷心希望现在在所和将来来所工作的同志，能通过该书了解过去30多年遥感所的经验和教训，踏踏实实地把我国的遥感研究推向新的高度，不断创新，为我国的科学发展做出新的贡献。我想这也是该书编辑们的愿望。

杨世仁

2017年9月27日

序　二

编辑出版《中国科学院遥感应用研究所所志》是遥感所成立38年以来的一项重大工程，我首先要对参加编辑的同事们致以诚挚的谢意！作为建所的参与者和所发展的见证者与践行者，30多年一路走来，品尝过发展的快慰，体验过拆分的无奈。随着遥感所的起承转合，遥感所发展至今已从刚成立时的一个新兴小所成长为中国科学院乃至国内外颇具规模，在空间遥感领域学科门类齐全、技术配套、影响广泛的研究机构。

遥感所是中国科学院为数不多与祖国改革开放几乎完全同步建立和发展的研究所，她的建立经历了孕育、奠基、成长、壮大各个阶段，更是几代遥感人为之奋斗、兢兢业业长期努力、锲而不舍的结果，凝聚了几代人的心血、劳动和智慧。就在我国还在“文化大革命”时期，国际上科学技术的发展一刻也没有停顿下来，特别是地球科学与空间科学技术融合发展，开启了空间对地球观测的新时代。空间科学以全新的技术手段武装了包括地理学在内的地球科学，而地球科学则以坚实的学科基础支撑了空间技术的应用。

难忘在那艰苦年代为发展祖国科学技术事业操劳的中国科学院当时的领导同志们，以高度的责任心规划着国家科学技术发展的未来；是他们在国外科学与技术快速发展的年代支持了中国科学院科技人员对研制和发射地球资源卫星的高度热情，而正是这种热情转化成了中国科学院发展遥感事业的强劲动力。记得那是1975年的夏天，以中国科学院秘书长郁文同志为首的院领导和科技人员就中国科学院研制地球资源卫星与时任中国人民解放军国防科学技术委员会（简称国防科委）副主任钱学森同志进行了一次对话，钱先生根据对当时国际科学技术发展态势的分析，高瞻远瞩，建议中国科学院下大力气发展遥感技术，为空间对地观测、研制和发射地球观测卫星打下坚实基础。这是一次关键的会议和重要共识，是中国科学院向遥感技术进军的起点。1976年10月以中国科学院为主在上海召开了实际上是全国性的遥感规划会。会议除了规划和部署中国科学院遥感技术从光学到微波、从被动到主动、从技术到应用的全面发展外，一个对后来遥感所建立具有重要影响的事件就是决定与当时的国家地质总局联合开展新疆哈密以富铁找矿研究为目标的遥感试验，并以此结合国家的急需，促进和检验中国科学院遥感规划会的阶段成果。遥感所的前身，即地理所二部就此应运而生。新疆哈密遥感试验的成功坚定了院领导发展遥感技术的决心，进而准备通过与发达国家的国际合作和交流，即以借鉴他山之石提高中国科学院的遥感科技水平。但因当时我国和中国科学院在这一领域还刚刚起步，国外在许多新兴技术方面仍对我国进行严密的封锁和禁运，因此这一合作意向最终以外方的退出而告终。合作终止之后，中国科学院决定倾全院遥感技术之力，在完全自主的基础上开展腾冲遥感试验，从而受到党中央和国务院的高度重视和大力支持，先后投入了我国最新研制的多种航空和地面遥感设备，调动了5架各种类型的飞机，全国数十个部门和单位及数百名科技人员参与了这次试验。腾冲遥感试验是我国遥感技术与应用发展初期的一次具有深远意义的决策和行动。经受试验锻炼和培养的一大批遥感科技人员之后均成为我国发展遥感技术和应用的骨干，更为关键的是为遥感所的建立奠定了坚实的科学技术和组织基础。自1978年开始，以陈述彭、李秉枢等为首的筹备工作组，始终把握院领导的部署，不辱使命组织和领导了一系列以国家重大需求为导向、以地学应用为目标的重要遥感试验研究。为遥感所奠基的“三大战役”：腾冲资源遥感、津渤环境遥感和二滩能源遥感顺利开展之后，1979年的最后一个月终于迎来了国家成立“中国科学院遥感应用研究所”的批文。值此，一个新兴的、当时全国唯一的遥感技术与应用专门研究单位在中国科学院建立了！

遥感所的建立与国家改革开放同步，她的发展之路并非一帆风顺，虽一路高歌但也一路坎坷。一开始院里将新建的遥感所作为20世纪70年代末成立的中国科学院空间科学与应用研究中心（简称中科院空间中心）的一个业务部，即中科院空间中心遥感部，但不久由于体制调整，遥感所即从中科院空间中心分离出来成为独立的研究所。1984年对于新成立不久的遥感所又是一个不平凡之年，地理信息系统研究室和航空遥感研究室从遥感所分离出去。也许正是这一次的分化恰为中国科学院遥感和地理信息科学技术的发展带来了新的契机，中国科学院航空遥感中心和资源环境信息系统国家重点实验室得以建立。国家批准由国家计划委员会（简称国家计委）和国家科技攻关计划支持引进改装的两架高空遥感飞机带着由胡耀邦同志题词的“中国科学院航空遥感中心”的标志翱翔在祖国的蓝天，这是我国在尚未发射遥感卫星之前拥有的最高和最为先进的遥感平台。

1988年中国科学院决定中国科学院航空遥感中心与遥感所合并。这一次合并，遥感所拥有了自己的航空遥感系统，组织结构也更加完善了。特别是遵循当时中国科学院将主要精力投入国民经济建设的主战场，同时保持精干队伍进行基础研究和高技术跟踪的办院方针，遥感所承担了“高空机载遥感实用系统”这一“七五”科技攻关最大的研究课题。其技术集成和应用成果获得了遥感所成立以来的第一个中国科学院科技进步奖特等奖。遥感所的广大科研人员一直活跃在国家攻关和自然科学基金，以及部门和地方的科研与应用研究项目上，同时也积极开展了一系列具有实质性的国际合作，其科研技术水平和科研成果的转化有了很大提高，不仅扩大了在国内外的影响，而且科研装备和设施也得到了很大的改善。

我虽然于1993年退出了所领导岗位，但值得欣慰的是从1988年起遥感所一直顺利发展了近20年，从一个不大的小所成为在国内外有较大影响的高科技研究单位。2007年遥感所再一次拆分并于5年后又一次合并成为今天的中国科学院遥感与数字地球研究所。几经历练，她已成长为一所包含数字地球在内，遥感技术和遥感应用领域门类齐全的大型科研机构了！当前，为适应新时代创新驱动发展战略，经院领导决定，遥感所又将迎来一次新的重大结构性调整，这将是中国科学院包括遥感科学技术在内的空天信息技术面临的重大发展契机和新的挑战。

遥感所成立38年来历经多次组织机构的调整与分合，她也许是中国科学院动态度最高的研究所之一。正是这种螺旋上升式的组织机构调整与变化使我所受到更多的锻炼，在拆分中发展、在合并中壮大。我们期望她在新一轮的调整和重组中使中国科学院遥感科学与技术获得更大的发展，为国家的创新战略、大数据和数字中国战略，也为我国在新时代的经济社会发展和实现今后30年的美好蓝图做出更大的贡献！

2017年10月27日

序　三

中国科学院遥感应用研究所是我国最早专门从事遥感应用科学理论及其技术发展的社会公益性、综合性、开放型国家科研机构，是我国遥感应用科学技术事业的摇篮，为开拓和发展我国遥感应用事业做出了重要贡献。陈述彭先生等在遥感所筹备、创建、发展中做出了巨大的贡献。

我亲历了遥感所的艰难与辉煌。1993 年 1 月 ~ 1997 年 4 月，我受命担任遥感所第四届所长，和遥感所的老同志一起为遥感所的建设和发展做过努力。那时候，正是遥感所承前启后、继往开来的关键时刻，遥感所沿着既定的发展方向和研究领域，在遥感应用基础与应用技术研究，资源、环境、灾害、海洋等领域的遥感应用，“3S①”一体化信息技术等方面都做出了开拓性的贡献。

这期间，遥感所努力推动科技体制改革和能力建设，在中国科学院率先开展开放式建所的试点，到应用部门普及遥感应用科学知识，争取合作遥感课题；在所内设立开放基金、开放研究课题，面向国内外招聘客座人员，鼓励人才流动。1994 年，遥感所以总分第一名的成绩成功申办“中国科学院遥感信息科学开放研究实验室”，为加强遥感基础研究创造了良好的条件；1997 年成功申办“国家遥感应用工程技术研究中心”，为遥感科研成果转化提供了重要保证。遥感所还主持申请并成功建立了遥感专业博士点和博士后流动站，通过大力培养专业人才，从源头上解决遥感应用领域后继乏人的问题。遥感所积极参与国际学术交流与合作，不少研究工作已和国际接轨，并得到了国外同行的赞许与好评。

遥感所创立至今已有近40年历史，其涌现出一批对中国遥感科学技术发展有深刻影响的科学家，取得了一批对国家社会经济发展产生重要作用的科技成果，形成了以创新为核心内容的科学文化。对遥感应用在中国的大规模推广和普及发挥了重大作用。遥感所已发展成为我国遥感应用科学研究的一个中心，成为国际上有很大影响力的遥感科学研究机构。

最近 10 年来，遥感所几经整合，据说又将整合成为“空天信息研究院”，名称中“遥感应用”将不复存在。但我相信，“遥感应用”对解决中国面对的严峻的资源环境问题的科技支撑，对全球变化和人类可持续发展研究的科技支撑，对中国科学院 30 多个地学研究所的遥感应用的科技支撑如此重要，遥感应用这一重要领域不会就此止步。我希望这本《中国科学院遥感应用研究所所志》可以告诉后人，这个所在国家资源环境和可持续发展过程中曾经发挥的作用，使后人对遥感应用的重要性有更多的理解。我也希望《中国科学院遥感应用研究所所志》通过对史实的生动记述，能够成为遥感科学界后生晚辈的良好读物，可以从中汲取精神营养。

虽然遥感所的历史不长，但是它的发展轨迹、它的成功与失败仍是一份珍贵的精神财富。随着岁月的流逝，对遥感所早期发展情况了解的人员相继去世，致使一些重要事情无法真实记录。为了

---

①“3S”即遥感（RS）、地理信息系统（GIS）、全球定位系统（GPS）。

不流失更多的历史材料，遥感所着手组织老同志回忆建所历史，把他们所了解的真实客观情况传承下来，这是一项具有价值的工作。《中国科学院遥感应用研究所所志》的作者有100多人，他们大部分都年事已高。他们视遥感所为家，视修史编志为自己应尽的职责。他们经过周密筹划，精心设计，查阅档案，召开多次会议，访问许多前辈，征集和修改书稿，为修史编志努力工作，付出了巨大的劳动，这本《中国科学院遥感应用研究所所志》是他们忘我工作的成果及辛勤劳动的结晶，对于遥感所的同志们继承传统、开拓创新具有重要意义，全国遥感科学界也可能从中受到裨益。

《中国科学院遥感应用研究所所志》初成即将付梓，邀我写序，于是欣然提笔，聊以作序。在《中国科学院遥感应用研究所所志》出版之际，我对所有为遥感所修史编志工作做出贡献的人们表示衷心的感谢和崇高的敬意！

徐冠华

2017年9月4日

序　　四

五年前，中科院遥感应用研究所对地观测与数字地球科学中心顺利实现整合，成立了新的机构——中国科学院遥感与数字地球研究所。遥感所建所之初，中国科学院老科技工作者协会遥感分会向所里提出编写“所志”的报告，所长办公会迅即批准了这一承载着厚重历史的建议，并组织开展编撰。

“所志”编写以来，虽不时与编写组有所沟通，但当“所志”送审稿放在我办公桌上，看到厚厚两大本、1500多页的书稿时，我内心还是被震撼了，可敬的同事们创造了一项卓越的业绩。“修志问道，以启未来”，这是新时代全所的一项历史性成果。“以史为鉴，借史鉴今”，这是留给后人最好的师训和教科书。五年来，编写组的同事们执着守望，辛勤耕耘，默默奉献，铁心修志；五年后，呈现给大家的是一部巨著，记录了遥感所的发展轨迹，反映的是我国遥感的发展之路。借所志出版之际，我愿代表全所同仁对编写组的辛勤劳动表示崇高的敬意，对为所志编写做出贡献的同事们表示衷心的感谢。

20世纪70年代末，在我国如林的科研机构中诞生了一个新的研究所——中国科学院遥感应用研究所，它标志着中国遥感应用的真正启程，此时离遥感在国际问世的1962年已过去十余年了。但她的起点很高，在陈述彭先生等老一辈专家、领导的带领下，以腾冲资源遥感、津渤环境遥感、二滩能源遥感为代表的遥感“三大战役”，使中国的遥感与应用迅速崛起。历经7个“五年计划”，遥感所承担了一系列国家和中国科学院等组织的重大项目，取得了丰富的科技成果，一大批高水平人才脱颖而出。在基础研究领域，实现了从中国科学院遥感信息科学开放研究实验室到遥感科学国家重点实验室的跨越；在工程领域，建成国家遥感应用工程技术研究中心和遥感卫星应用国家工程实验室；在大科学装置领域，先后运行航空遥感飞机和遥感卫星地面站；在国际合作领域，建立和发起了国际学术组织和国际科学计划。历经30多年的发展，遥感所成为一个综合性的遥感科学技术研究中心，成为国家对地观测领域的战略力量，也成为国际知名的国家遥感科研机构，为国家对地观测体系建设和国民经济社会发展做出了重大贡献。

1988年9月至2002年10月共14年间，我任遥感所副所长、所长。这段时间内，中国科学院经历了历史性的变化，特别是20世纪末我院开始实施知识创新工程，作为所长本人在管理上付出最多的也是知识创新工程建设，依据“两个面向、两个加强”的办院方针和国家创新体系建设方向，与大家一起，对全所在6个方面进行创新改革：①战略定位：从事遥感基础理论、前沿技术、应用方法和应用研究的综合性、开放型研究机构；②创新目标：其国家目标是在资源遥感探测、环境遥感调查、灾害遥感监测等领域为国家持续提供战略性、综合性重大成果；其科学目标是创建发展在地球科学、信息科学和空间科学综合交叉基础上的遥感信息科学；③创新领域：电磁波与地表目标的相互作用及遥感信息与地学特征的关系，国家资源环境可持续发展与数字地球平台，先进共性集成遥感技术及遥感信息产品；④创新任务：创建遥感信息科学新学科，实现遥感信息应用新目标，建立遥感信息技术新体系，形成遥感信息新产业；⑤创新体制：形成遥感信息科学实验室、资源环境遥感应用中心、国家遥感应用工程技术研究中心3个研究机构和由车、机、站、场、网5个系统组成的技术支撑体系；⑥创新机制：改革管理模式、分配模式和服务模式，特别在用人机制与人才队伍建设方面推出全新聘用模式，同时，建立一个优美的与国际接轨的学术园区。

创新赢得活力，知识创新工程使遥感所在出成果、出人才、出思想方面取得巨大成果和重要进步。2000年前后，国家主席江泽民、胡锦涛先后会见我所代表，全国人大李鹏委员长率6位副委员长，国务院总理朱镕基、副总理李岚清先后来所视察，北京市4位正副市长、全国70余位省部级领导先后来所考察，显示了党和国家领导人对遥感所的高度认可，遥感所也为中国科学院整体进入知识创新工程二期做出了重要贡献。

遥感所的发展进程始终充满艰辛与希望，机构和平台申请建设尤具挑战性，我对此留下诸多难忘的记忆：1994年组建中国科学院遥感信息科学开放研究实验室，后升格为国家遥感重点实验室；1997年组建国家遥感应用工程技术研究中心，4年后评估为优；1999年起与国家国防科技工业局领导共同策划建立国家航天局航天遥感论证中心，为正式成立奠定了基础；2000年创办中国科学院、教育部、国家文物局遥感考古联合实验室，使今天的UNESCO/HIST成为现实；2001年开始创办国际数字地球学会，现学会已成为国际科学联合会会员；1996年倡议发起“中国青年遥感辩论会”，现已连续举办九届辩论会，成为我国遥感领域的一个学术品牌。

2012年，完成整合的遥感地球所，成为国内外该领域规模最大的研究机构之一，在岗人员700余人，研究生500余人，高级科技人员300余人，博士学位获得者占43.98%，拥有4个国际机构，9个国家级平台，3个院、部级平台，具备了天–空–地一体化遥感数据获取与处理能力、遥感科学与空间地球信息基础研究能力、数字地球科学平台与全球环境资源信息分析能力、学科齐全的队伍机构和国际科技合作能力四大核心竞争力。遥感所以建立天–空–地立体协同对地观测系统、建立全球环境资源空间信息系统、建立新型对地观测模拟系统和面向空间数据密集型科学与大数据技术5个培育方向为突破口，正在向建成国际一流综合性研究机构的目标努力。

我执笔写这篇文章之际，正值党的十九大胜利闭幕。十九大向我们描绘了“两个百年”的宏伟蓝图，向我们发出建设科技强国的历史呼唤，这也为遥感和数字地球的发展带来新的机遇。我们有理由相信遥感人会在国家社会发展和经济建设中发挥更大的作用，为国际遥感和数字地球领域发展作出更大的贡献。

郭华东

2017年12月30日

序　　五

在中国科学院，遥感所算是年青的一代新所，但也已经过了而立之年。遥感所非常幸运，诞生在十一届三中全会之后，欣逢改革开放的进步潮流，自始至终坚持走开放、联合的道路，得到政府部门的支持、科技界的鼓励和社会的认可，一步一个脚印，不断进步，取得了一系列成就：组建和培养了一支从应用基础理论到实验应用技术知识结构比较合理的科技队伍；研制和配备了从航空到卫星、从可见光到微波的成套实验技术系统；调整和健全了科学管理机构体制；开创了国内外协作的局面，为遥感应用科学研究打下了坚实的基础。我国遥感科学技术起步较晚，但在陈述彭院士的带领与开拓下，经过历任所长和全所职工的不懈努力、前仆后继、奋力拼搏，在短短的三十几年里，遥感所建成了具有一定规模的空间应用与对地观测领域综合性研究实验基地，并且冲出亚洲，走向世界，在国际遥感界占有一席之地。

我有幸于 2005 年 7 月开始担任遥感所第七届领导机构的常务副所长、所长，第八届领导机构所长，亲历了遥感所的跨越发展和中国科学院第三期知识创新工程的实施。

过去的三十几年里，我国遥感事业从无到有、从小到大，由引进消化逐步转化为独立自主研制遥感技术系统；由来自不同学科的自由组合逐步组建成为兵种齐全的若干遥感中心；由探索试验逐步进入承担国家任务打攻坚战的阶段。遥感所应运而生，为我国遥感事业的发展做出了开拓性的贡献。

在遥感所前期组建过程中，中国科学院领导和老一辈的科学家高瞻远瞩，超前决策，先后组织了腾冲资源遥感、天津—渤海环境遥感与二滩能源遥感的遥感“三大战役”，同时遥感所得到全国兄弟部门、科研院所的大力支援，团结协作，共同开拓了我国遥感应用蓬勃发展的新局面。后来，遥感所又连续在 4 个五年计划中承担了遥感应用示范工程等国家重大攻关项目、第一个国家遥感重大基金项目、第一个遥感攀登项目、第一个遥感国家基础研究项目（973）等，引领着我国科学与遥感应用的发展。与此同时，遥感所也锻炼了理论联系实际的才能，提高了科学管理与组织领导的水平，培养了一大批年富力强的学科带头人，建立了广泛的协作关系网，使遥感所在竞争、挑战的新形势下，始终生机勃勃、充满活力。

遥感所相继成立了国家遥感中心研究发展部，国家遥感应用工程技术研究中心，遥感科学国家重点实验室，遥感卫星应用国家工程实验室，国家航天局航天遥感论证中心，国家环境保护卫星遥感重点实验室，中国科学院、教育部、国家文物局遥感考古联合实验室，中国科学院遥感信息科学开放研究实验室等国家及部委级的重点科研机构，发挥了遥感科学和应用领域国家队的作用。遥感所先后建成了硕士、博士点和博士后流动站，形成了国内外联合培养人才的机制，培养了大批遥感科学及其应用的科技人才，很多人成为该行业的知名专家或科技骨干，遥感所成为遥感科学和应用的人才培养基地。

2005 年以后，遥感所进入中国科学院第三期知识创新工程和“创新 2020”发展战略阶段，贯彻“抓住机遇，深化改革，坚持开放”方针，确立了战略发展目标：以遥感科学与技术创新为基础，面向国家经济建设、国防安全和社会大众对空间信息的巨大需求，着力打造天–空–地一体化遥感论证和综合国情遥感监测与预警两大重点领域和遥感科学与试验、遥感技术前沿与信息挖掘、遥感综合应用、遥感信息工程四大科研方向，全面提升遥感所自主创新能力，形成特色鲜明的创新技术体系和应用示范系统，为遥感技术发展和行业应用提供技术支持和服务。

2007 年，设立在遥感所的中国科学院数字地球重点实验室和中国科学院航空遥感中心与中国科学院遥感卫星地面站整合为中国科学院对地观测与数字地球科学中心；2012 年，遥感所和中国科学院对地观测与数字地球科学中心合并，并将遥感所更名为中国科学院遥感与数字地球研究所，开启了中国遥感事业发展的新篇章！

当前，中国航天遥感应用向创新型、可持续产业化方向发展。以社会经济发展需求为牵引，以服务社会经济的作用程度为依据，以“高分辨率对地观测系统重大专项”、《国家民用空间基础设施中长期发展规划（2015 ~ 2025 年）》和《中国面向全球的综合地球观测系统十年执行计划（2016 ~ 2025 年）》为契机，为中国遥感事业的发展提供了新的机遇和挑战，是国家重大战略目标和重大政策的体现，具有顶层性、全局性和指引性。这 3 项活动的开展将全面促使中国遥感应用整体上从科研型、工程型向业务型、产业型方向发展，并进一步推动中国遥感事业进入快速发展新时期，其将成为中国遥感事业发展过程中新的“里程碑”，可誉为遥感新“三大战役”。

总结历史是为了开辟未来，回顾一下自己的脚印，有助于纠正自己的偏差，加快自己的步伐。我国正处于从中国遥感事业起步的“三大战役”到中国遥感事业产业化蓬勃发展的新“三大战役”的跨越时期。遥感地球所正顺应中国当前科技、经济、社会和全球化发展战略需求，参与实施新的“三大战役”，以科技为突破口，以面向国际为基点，以产业发展为抓手，进一步从以追赶国外先进技术为主到以强化自主创新为主转变，逐渐体系化发展，促使中国航天遥感应用逐渐实现规模化、业务化和产业化。同时，结合中国“一带一路”倡议的大背景，通过中国航天遥感蓬勃发展的新“三大战役”的实施，进一步深化“走出去”战略，加快推进遥感卫星应用基础设施建设，拓展全球化服务能力，提升国际竞争力，向新的历史发展高度迈进。

2017 年 9 月 30 日

前　言

2012年9月，中国科学院将遥感所和中国科学院对地观测与数字地球科学中心进行了合并。2012年9月7日，经中央机构编制委员会办公室批准，正式成立了遥感地球所。至此，遥感所已成为对中国遥感科技事业做出重要贡献的历史篇章。

一个新的单位只有温故知新、承前启后，才能继往开来、创新发展。中科院老科协遥感分会认为，发生在遥感所的历史事件，由于一些有影响的关键人物相继去世，带走了一些不为我们所知的记忆，致使一些重要事情无法被真实记录。为了不流失更多的历史材料，中科院老科协遥感分会着手组织老同志回忆建所历史，让一些了解情况、年事已高的老同志，把他们所了解的遥感所历史的真实客观情况传承下来，挖掘历史史料。这是一项具有抢救性质的发掘工作，也是一个迫切需要解决的现实问题。为此，中科院老科协遥感分会向新组建的遥感地球所领导提出建议：组织编写《中国科学院遥感与数字地球研究所所志系列》，分为《中国科学院遥感应用研究所分卷》《中国科学院对地观测与数字地球科学中心分卷》《中国科学院遥感卫星地面站分卷》。2013年1月，这些建议得到所办公会议的批准。2013年7月，开始组建所志编辑委员会，成立编写组。其中，所领导批准《中国科学院遥感应用研究所分卷》率先启动。由于其他分卷没有启动，已不能构成《中国科学院遥感与数字地球研究所所志系列》，征得所领导的同意，本书命名为《中国科学院遥感应用研究所所志》（简称《遥感所所志》）。

《遥感所所志》是研究所开拓与发展的重要史册。编写“所志”的宗旨是全面回顾历史，总结经验，继往开来，传承遥感所艰苦奋斗、创新进取的优秀文化和发展成就。《遥感所所志》应该以开拓创新为动力，以重大事件为主轴，要求客观、真实、准确、全面、综合、多层面、多视角地记录和反映遥感所成立前后各个发展阶段的人和事及其重要成果，要体现出成果、出人才、出思想以及遥感所与祖国发展步伐同行过程中，推动中国遥感科技事业发展的工作史实。

编写组办公室先后开展了任务调研、收集资料、制定编辑大纲。通过广泛征求意见，完成了编辑大纲的定稿。同时，《遥感所所志》编写组办公室开展编写经验交流、编写参考样本、按章节分头写稿、分头编辑、档案和史料查询、资料落实等工作。在编写过程中，编写组办公室组织了多次座谈，回忆遥感所发生的重要事件和主要科研活动。为了及时掌握“所志”编写进展情况和存在的问题，先后召开了30多次编写组办公室会议，并以纪要的形式报请所领导，及时获得指导。2016年6月初步完成了《遥感所所志》编辑稿，2016年底完成了《遥感所所志》讨论稿。经进一步征求意见和编辑委员会的修改，最后由所志办统编和定稿，于2017年6月底报请所领导和编辑委员会负责人审查通过。

《遥感所所志》展现了遥感所在我国遥感应用的开拓者——中国科学院院士陈述彭和杨世仁、童庆禧、徐冠华、郭华东、李小文、顾行发等历届所长的带领下迎着科学的春天，与祖国改革开放同行，艰苦创业、开拓进取、锐意创新、跨越发展的光辉历程；体现了遥感所在发展中国遥感应用事业中发挥的国家队作用：引领着我国遥感科学与应用的发展，创造了许多个中国第一；投入国民经济建设的主战场，推进遥感应用的实用化；建立遥感科学与应用人才培养基地；广泛开展国内外合作，使我国的遥感科学与应用走向世界；实施知识创新工程，实现跨越发展等。

全书分为九篇，共七十一章。

第一篇概要地叙述遥感所建所前的历史沿革、背景和发展概貌。

第二篇介绍遥感所组织结构、科研与党务建设，概述八届领导机构的任职时间和负责人，科研、管理服务、评议等机构的设置，重点介绍科研方向与任务、遥感所定位、发展方向与优势学科、主要研究领域与重大科研项目、遥感所建设和发展的主要措施与创新及党组织的建设。

第三篇介绍在遥感所建立的国家及部委级科学研究机构，包括国家遥感中心研究发展部，国家遥感应用工程技术研究中心，遥感科学国家重点实验室，遥感卫星应用国家工程实验室，国家航天局航天遥感论证中心，国家环境保护卫星遥感重点实验室，中国科学院、教育部、国家文物局遥感考古联合实验室，中国科学院遥感信息科学开放研究实验室，中国科学院航空遥感中心等，体现了遥感所在遥感科学技术、应用、工程化、成果转化及推动行业应用等方面的优势、地位、作用和贡献。

第四篇介绍的科学研究系统是遥感所的基础和主体，是开展科研的核心系统。该篇重点总结遥感所自建所以来建立的研究室，各研究室的学科定位和方向、学科发展和特色、取得的成果及其推广应用情况，以及科研队伍建设与人才培养情况等。读者可以从中看到遥感所紧密结合国民经济和科学研究发展需求，不断调整科研方向，建立的不同学科及开展的创新性研究情况，展现了遥感所出成果、出人才、出思想的贡献。

第五篇介绍遥感所主持和承担的主要科研项目，包括国家科技攻关项目、国家 863 计划项目、国家重大基础研究项目、国家重大专项和院、省、部级项目，以及遥感所自选课题等，体现了遥感所的实力和创新能力。

第六篇介绍遥感所的重要科研成果，包括获奖成果、技术专利、软件著作权、遥感应用运行系统、核心技术成果和出版物，显示了遥感所的科研水平和技术实力。

第七篇介绍遥感所的国际合作与交流，通过重点介绍遥感所开展的主要国际合作项目，相关人员的国际组织任职，主持召开的国际会议，出国考察、访问、讲学与参加国际会议，以及接待来华访问的国际友人和著名专家等情况，展现遥感所的科研走向世界的轨迹。

第八篇介绍遥感所的科研支撑系统与机关所务管理情况，包括科研支撑系统、行政与科研部门管理系统、开发处与所办开发公司等。科研支撑系统包括航天数据接收站及网络中心、遥感试验场（含遥感车）、科技信息室（对地观测数据与信息中心）、中国地理学会环境遥感分会、所办期刊——《环境遥感》《遥感学报》《中国图象图形学报》。科研支撑系统提供了遥感数据获取、遥感试验、学术交流和科研成果展示平台。行政与科研部门管理系统包括所务综合管理、科研管理、财务管理、人事管理、研究生管理、行政后勤服务、党务管理等。这个系统突出了管理和服务等功能与主要业绩。开发处与所办开发公司部分介绍了 6 个公司面向市场开展的成果转化与应用推广的业绩和效益。

第九篇叙述人物志及研究生培养，重点介绍了在遥感所工作的院士、所领导成员、引进的优秀人才、研究员、管理部门的处长及有突出贡献的人员所取得的业绩，以及对发展遥感科学与应用做出突出贡献的其他科技人员。研究生培养部分介绍了遥感所硕士、博士点和博士后流动站等导师队伍和研究生培养情况，集中展现遥感所出人才的成果。

遥感所的历史是由全体员工创造的。本书的编写也有 100 多人参与。在此对他们致以衷心的感谢。由于一些老同志的离去，加之编者水平所限，不妥之处，敬请指教。

《中国科学院遥感应用研究所所志》编写组

2018 年 10 月 30 日

凡　例

一、《中国科学院遥感应用研究所所志（1979～2012）》遵循实事求是的原则，力求全面、准确、客观、系统地记述中国科学院遥感应用研究所的发展历史，为读者提供一份可信的参考史料。

二、本志断限上及20世纪50年代中期，竺可桢、黄秉维等重视在中国科学院地理研究所引进新技术，陈述彭建立航空相片判读和地图自动化组开始。此后，1961年，左大康建立辐射气候大气物理及其气象卫星应用研究组。1969年，建立卫星组。1972年6月成立航空相片与卫星像片判读利用研究室。1977年12月组建地理所二部。1979年12月10日经国务院批准建立中国科学院遥感应用研究所。至2012年9月7日中国科学院遥感应用研究所和中国科学院对地观测与数字地球科学中心合并，组建中国科学院遥感与数字地球研究所。中国科学院遥感应用研究所自成立以来，名称一直未变。在本志正文中为叙述方便，统称为“遥感所”。

三、本志运用以“志记”语体文为主的体裁，采用述、记、传、表、录等方式反映遥感所历史。考虑到遥感所已出版过《中国科学院遥感应用研究所》画册，本志一律没用照片（人物简介照片除外）。全志附录置于志尾。

四、全志正文包括“建所前的历史沿革，组织结构、科研与党务建设，国家及部委级科学研究机构，科学研究系统（研究室建设），主要科研项目，重要科研成果，国际合作与交流，科研支撑系统与机关所务管理，人物志及研究生培养”共九篇。每篇下设章节。正文前后还附有“序、前言、凡例、中国科学院遥感应用研究所概述、附录及编后记”等。各篇正文以时为经，以事为纬，横不缺项，纵不断线。各篇并列，以类相随，以文为主，辅以数表，目的是使读者阅读时形成整体印象。

五、全志使用第三人称。采用公历纪年，世纪、年代、年、月、日均使用阿拉伯数字。涉及计量单位，以现行法定计量单位表示。

六、本志编写历经5年，前后有100多人参与，是遥感所文化建设的重要成果。资料来源主要是中国科学院档案馆所藏档案；遥感所档案室所藏文书、科技、基建、财务、人事档案；遥感所图书馆馆藏文献；部分当事人的回忆和调查、采访等。本志中所用资料一律不注明来源。

目　　录

第一篇　建所前的历史沿革

第二篇　组织结构、科研与党务建设

第三篇　国家及部委级科学研究机构

第四篇　科学研究系统（研究室建设）

第五篇　主要科研项目

第六篇 重要科研成果

第七篇　国际合作与交流

第八篇　科研支撑系统与机关所务管理

第九篇　人物志及研究生培养

附　　录

中国科学院遥感应用研究所概述

中国科学院遥感应用研究所（Institute of Remote Sensing Applications Chinese Academy of Sciences，IRSA/CAS）（简称遥感所）是我国最早成立的专门从事遥感理论、技术和应用的综合性、开放性的国家级科研机构，是我国遥感应用科学技术事业的摇篮。遥感所本着开拓、创新、发展、跨越的精神，乘着我国改革开放的东风，艰苦创业，走过了30多年的辉煌历程，为开拓和发展我国遥感应用事业做出了重要贡献。

遥感所于1979年12月经国务院批准建立。建所之初的基础技术力量来源于中国科学院地理研究所（简称地理所）的航空相片和卫星像片判读利用研究室、制图自动化组、卫星图像接收组及气候研究室等部门。建立地理所二部后，曾经将遥感所划归中科院空间中心管理，为该中心的遥感技术应用研究部。1979年12月从该中心分出，成立中国科学院遥感应用研究所。

一、研究所定位

根据国务院批准的中国科学院“关于成立中国科学院遥感应用研究所的报告”，遥感所的主要任务是“开展航空遥感与卫星遥感技术的基础研究和应用研究，以及遥感图像处理的应用研究”。遥感所第一届领导机构提出，遥感所的研究方向主要是从事遥感应用基础研究和航空遥感实验，探索遥感应用的新理论、新技术和新方法。

虽经此后领导机构多次换届，但遥感所总体上保持着国务院批准时的定位。随着不同时期国家需求不同和科技的发展，遥感所的定位和研究方向做了适当的调整、补充和细化。但是，以遥感信息科学为主体、以地理信息系统和全球定位系统等为技术支撑，从事研究遥感应用的基础理论与技术开发，为实现我国遥感应用的实用化和工程化，为发展我国空间遥感和卫星应用进行技术准备和科学储备一直保持不变。例如，1984年遥感所领导机构首次换届。将遥感所的研究工作方向定位为主要研究遥感技术在地学、生物学、环境科学等学科中综合应用的理论、技术和方法。此后，随着改革开放的不断深入，国家开始进行拨款制度改革，对遥感所提出了实行“一所多制研究所”的建议。

直到2012年9月中国科学院决定将遥感所和中国科学院对地观测与数字地球科学中心合并之前，其定位为在遥感科技与应用领域继续发挥全国性的引领作用，不断开拓新的科学研究领域，形成特色鲜明的创新技术体系和应用示范系统，为遥感技术发展和行业应用提供技术支持和服务。以地表遥感辐射传输机理与反演理论研究为核心，发展遥感信息获取与处理前沿技术，促进定量遥感在全球变化研究和地球系统科学中的应用。不断加强对国家农业、环境、资源、灾害等重点领域的科技支撑能力，把眼光更多地由国内转向国际、由单一转向综合，搭建国家级遥感对地观测技术应用体系，服务于国家重大需求。打造国家级遥感应用技术中心，建立较为完备的遥感科学技术研究体系，形成“遥感论证—信息产品研发—行业应用支撑”和“遥感机理—应用技术—信息服务”两大主线及其人才梯队，使遥感所在国家遥感应用的引领地位得到进一步提升，推动我国遥感应用的跨越式发展。

二、机构、组织、所址的变化

遥感所的机构设置分为科研机构、管理服务机构和评议机构3部分。其中，科研机构随着国家的发展需求和学科发展，在不同时期有所调整和变化。而管理服务机构和评议机构相对比较稳定，在不同时期只进行了个别调整。

1. 科研机构设置

1979 年 12 月～1983 年 10 月，遥感所建所初期，下设地物波谱与航空遥感研究室、遥感图像处理研究室、遥感应用研究室、计算机制图研究室、地理信息系统研究室和摄影处理服务部 5 个研究室，以及一个遥感技术服务部。

2012 年 9 月，遥感所和中国科学院对地观测与数字地球科学中心合并时，遥感所科研机构设置随着学科发展、国家需求的提高，以及知识创新工程的实施，发生了相应的变化和调整，已形成对地观测系统、遥感科学系统、遥感技术与工程系统、综合国情遥感系统、空间信息系统、全球资源与环境系统、空间信息产业系统、科研支撑 8 个板块体系。同时，还在全国各地布局分支机构与分所等新型创新单元。

遥感所的国家及部委级研究机构包括国家遥感中心研究发展部，国家遥感应用工程技术研究中心（遥感应用工程技术研究与产业化平台），遥感科学国家重点实验室，遥感卫星应用国家工程实验室，国家航天局航天遥感论证中心（新型遥感技术前沿和遥感综合论证平台），国家环境保护卫星遥感重点实验室，中国科学院、教育部、国家文物局遥感考古联合实验室，中国科学院遥感信息科学开放研究实验室，中国科学院航空遥感中心等，建成了遥感辐射特性/传输研究室、全球变化遥感环境遥感前沿研究室（含公共卫生领域空间信息技术应用研究中心）、高光谱遥感研究室、微波遥感研究室、遥感定标与真实性检验研究室、遥感图像处理研究室、遥感空间信息系统研究室、农业与生态遥感研究室（毒品原植物遥感监测中心、三峡工程生态与环境监测系统信息管理中心）、减灾与应急遥感监测研究室（灾害与环境遥感研究室）、数字地球与导航定位研究室、国土资源遥感研究室、非再生资源遥感研究室（含遥感考古联合实验室）、大气遥感研究室、海洋遥感研究室、行星制图与遥感研究室、全球变化遥感/环境遥感前沿研究室、环境遥感应用技术研究室、遥感与地球系统模拟研究室共 18 个研究室，以及一个科技支撑中心。

2. 管理服务机构设置

自 1979 年 12 月遥感所成立开始，管理服务机构设两办三处：党委办公室、所办公室、业务处、物资处、行政处。到 2012 年 9 月遥感所和中国科学院对地观测与数字地球科学中心合并之前，管理服务机构包括综合办公室、人事处、科技处、研究生处、财务处。在 30 多年期间，依据管理服务的要求，管理服务机构也做了适当的调整，但总体包括所办公室、人事处（人教处/人保处）、科技处（业务处）、财务处（会计室）、研究生处、党委办公室等。1988 年 9 月～1993 年 1 月还设有开发处、航空遥感中心计划办公室、基建办公室等。

3. 评议机构

评议机构包括学术委员会、学位评定委员会、职称评定委员会。在国家遥感应用工程技术研究中心和遥感卫星应用国家工程实验室还设有技术委员会。

4. 所址的变化

遥感所成立时办公地点在九一七大楼地理所原实验楼（红楼），1993 年迁至中国科学院天地科学园区，当时只有一栋 4 层办公楼（现在的 C 座）。后来经中国科学院批准扩建，增加了 B 段，达 8560m^2。之后扩建 A 段，形成包括 A 座、B 座、C 座，三栋连接的办公楼格局，总面积达 18622m^2。

三、学科建设与发展

在建所初期，遥感所的科研方向主要是研究遥感技术在地学、生物学、环境科学等学科及其综合应用的理论、技术和方法；开展遥感应用基础研究，发展遥感图像、数据的计算机应用处理技术与制图自动化，研究和提高遥感图像的应用分析判读方法和水平；重视多因素的综合分析和多时相的动态监测；通过典型试验，不断发展遥感应用的理论、方法和软件，并对这些理论、方法、软件进行推广，更好地为经济建设服务。随着不同时期科研方向的调整、学科的发展，到2012年9月在优化学科布局方面，主要瞄准国家重大需求和国际遥感科学发展前沿，在强化辐射传输、高光谱、雷达、图像处理、农业、灾害应急、国土资源等遥感所优势学科的基础上，新建海洋遥感、大气遥感、全球变化遥感、深空探测遥感、地球系统模拟等学科，作为遥感所未来发展中重要的技术创新方向，完善整体学科布局。

经过30多年学科的建设和发展，遥感所形成了一些优势学科。在遥感应用基础理论研究（包括遥感辐射特性/传输、高光谱遥感、微波遥感、全球变化遥感/环境遥感前沿）、计算机遥感图像处理和制图与地理信息系统研究（包括遥感多维信息获取及处理）、遥感应用研究（包括国土资源遥感、农业与生态遥感、固体地球与海洋遥感、海洋与大气遥感、自然灾害遥感）等方面具有较强的优势，逐步形成了遥感基础理论、遥感应用和遥感技术相互促进、协调发展的学科体系。

30多年来，围绕着遥感基础研究领域，以创建遥感新学科为目标，围绕地球系统科学中的遥感机理研究这一方向，在遥感信息特征、高光谱遥感科学、雷达遥感科学、大气遥感等领域开展了系统研究，建立了辐射机理及反演理论、高光谱遥感理论、微波遥感理论和遥感大气反演理论，在其相关应用方面解决了诸多关键技术，实现了定量化遥感应用。在遥感技术发展领域，重点开展空间信息技术研究（包括遥感数据图像处理共用技术研究）、高分辨率对地观测系统重大专项——应用分系统研究和“环境一号卫星”数据应用与推广，使空间信息技术得到进一步发展和应用。在遥感应用研究领域，建立了面向国家空间信息服务的三大运行系统（包括国家资源环境动态遥感监测系统、全球农情遥感速报和农作物估产系统、基于网络的多种灾害遥感速报系统）和面向行业的应用系统（如非法种植罂粟遥感监测系统、海洋油气遥感综合勘查系统、三峡工程生态与环境监测信息系统），推动了遥感应用学科的发展、应用方法的完善、系统的集成和运行能力的提高。在遥感信息工程领域，发展了遥感信息工程化技术，加强了成果转化研究，并加强了与社会的联合，实行所地合作，成立了工程中心，即华南分中心、西南分中心、江西分中心及杭州航空信息获取产业基地等，还成立了中科遥感企业，使研究成果转化和工程化能力进一步提高。

在中国科学院三期知识创新工程实施中，学科建设得到进一步发展，创建遥感信息科学新学科，重点开展可见光、红外、微波电磁波与地表物质相互作用机理及识别模型研究，进行地学特征定量反演，发展新遥感数据的处理分析方法，开拓波段、极化、振幅、相位遥感电磁波资源；发展、完善遥感信息科学理论及方法体系，建立地球（空间）信息科学学科，实现遥感信息应用新目标；构建地球科学研究和国家资源环境管理通用遥感时空数据平台；实现国土资源环境遥感动态监测与预测；实现全国和全球尺度农业初级生产力速测；实现重大自然灾害监测、灾情评估与预报预警；形成重要矿产资源遥感宏观勘查与评价、重大工程遥感选址和大气海洋资源环境遥感综合研究能力；建立遥感信息技术新体系。针对21世纪国家发展的需要，发展遥感信息处理与分析技术，建立从地面车载系统、机载遥感系统到航天遥感的多层次立体观测手段，具备多维遥感数据获取与处理分析能力，形成遥感信息获取与处理分析技术新体系，形成遥感信息新产业。充分利用遥感所既有知识创新源，又有应用研究和工程技术端口的综合优势，构成科技链通向产业链的一条龙工作模式。以市场引导遥感、地理信息系统、全球定位系统的应用开发，为各行业经常性、快速地提供多维地球空间信息服务，并实施成果转化，形成自主产权的产品。以产业化为目标，以具有知识产权的创新成果所产生的经济、社会效益为评价指标，逐步完成向规模化科技型过渡。

四、主要业绩与贡献

建所以来，在中国科学院的领导下，坚持改革，开门办所，经过陈述彭院士、杨世仁研究员（两届）、童庆禧院士、徐冠华院士、郭华东院士（两届）、李小文院士、顾行发研究员八届领导机构和全所职工的共同努力，队伍建设不断发展，科研体制不断完善，科研水平和创新能力不断提高。通过与国内外遥感界的竞争与合作，共承担国家科技攻关项目、国家 863 计划项目、国家 973 计划项目、遥感攀登计划项目、国家重大及重点基金项目、国家重大专项等项目 329 项，取得科技成果 300 余项，获奖 102 项，其中包括国家级奖 24 项（一等奖 1 项、二等奖 18 项、三等奖 5 项），省部级奖 78 项（特等奖 5 项、一等奖 18 项、二等奖 27 项、三等奖 28 项），获得专利 46 项、软件著作权 229 项，取得核心技术成果 11 项，建立了 9 个遥感应用运行系统。一些成果在国内外产生了重要影响，为发展我国遥感信息科学和国民经济的可持续发展做出了重大贡献。

1. 引领我国遥感科学与应用的发展

30 余年来，遥感所创造了其历史上的许多个第一，引领着我国遥感科学与应用的发展。1979 年 12 月，遥感所正式成立。它是我国第一个从事遥感基础和应用研究的国家级综合性研究机构，曾经主持国家级大型遥感计划，引领我国遥感科技发展，创建了中国遥感的科学体系。遥感所成立了我国第一个国家遥感应用工程技术研究中心、第一个遥感科学国家重点实验室、第一个遥感卫星应用国家工程实验室；主持实施我国第一个大型综合遥感试验——“腾冲航空遥感试验”，主持我国第一个能源遥感实验项目——“雅砻江二滩水力开发可行性若干问题综合研究”，主持我国第一个城市环境遥感实验项目——“津渤环境遥感监测及应用”，主持我国 305 项目中第一个遥感找矿专题——“西准噶尔遥感地质找矿实践”；开拓了为国家宏观管理决策服务的新途径，开发了拥有国家发展和改革委员会等 23 个国家级用户的中国第一个“资源环境遥感动态监测与预警系统”，包括中国（全球）农情遥感速报系统、国土资源环境动态监测系统、自然灾害遥感监测与预警预报系统、大气水质生态环境遥感监测系统、国家安全遥感监测系统等；编译出版了我国第一部遥感著作《地球资源技术卫星》（1980 年 3 月，科学出版社），出版了第一部遥感图集《航空遥感图集（腾冲试验区）》，出版了第一幅中国黑白和彩色卫星影像图（1975 年、1984 年），拍摄了遥感电影《遥感》；招收了我国第一批遥感专业的研究生。自“六五”至“十二五”，遥感所连续 7 个五年计划主持或承担国家有关遥感技术与应用科技攻关/科技支撑项目，主持并主要承担我国第一个遥感国家重大基金项目——“地表遥感信息传输及成像机理研究”；主持并主要承担我国第一个遥感攀登计划项目——“地表能量交换的遥感定量研究”；承担我国第一个国家 973 计划项目——“陆表生态环境要素主被动遥感协同反演理论与方法”；主持并承担我国第一个遥感国家重点基金项目——“地物结构特征与地物方向谱之间关系几何光学模型”；创建了我国第一个“高空机载遥感实用系统”；首次主持和承担国家重大专项“高分辨率对地观测系统”地面应用分系统的建立，并在环境卫星数据应用与推广及我国卫星遥感应用需求和载荷指标综合论证体系中发挥引领作用。遥感所承担第一个遥感国际合作项目——联合国援助一期项目——建立国家遥感中心；多次主持召开各专题第一届国际遥感会议和合作研究，如第一届全球雷达遥感与应用研讨会、第一届多角度遥感研讨会、第一届数字地球国际会议、第一届遥感考古国际会议；多次主持我国参与的第一个全球研究项目，如中美航天飞机雷达遥感、中美多角度遥感研究、中法遥感定标、中日高光谱精准农业试验、中日环境监测与水灾监测信息系统、欧盟支持的可持续发展信息共享平台、与欧美合作的遥感作物估产研究、联合国亚太经济与社会理事会支持的干旱地区水资源遥感监测管理系统等。

遥感所建所以来，取得了数百项科研成果，其中 102 项获国家级和省部级科技成果奖，如“防汛遥感应用试验成果”获国家一等奖及水利部科技进步奖一等奖；“金矿成矿模式找矿方向及找矿选矿技术方法研究”获国家科技进步奖二等奖和中国科学院科技进步奖特等奖；“国家资源环境遥感宏观调查与动态研究”获中国科学院科技进步奖特等奖和国家科技进步奖二等奖；“基于网络的洪涝灾情遥感速报系统”获中国科学院科技进步奖一等奖；“定量遥感基础理论研究”获高校科学技术一等奖；“腾冲航空遥感试验”获国家科技进步奖二等奖；国家自然科学重大基金项目“地表遥感信息传输及成像机理研究”获中国科学院自然科学奖一等奖；“津渤环境遥感试验”获中国科学院科技进步奖一等奖；“高空机载遥感实用系统”获中国科学院科技进步奖特等奖和国家科技进步奖二等奖。

多年来，党和国家领导人十分关心遥感所的发展。时任江泽民主席与名誉所长亲切交谈，时任李鹏委员长率 6 位副委员长亲临遥感所视察，朱镕基、胡锦涛、李岚清、温家宝等中央领导分别来所视察并与遥感所代表一起研讨和在项目报告上做专门批示，充分体现了中央领导对遥感所广大职工的热情关怀和对科研工作的肯定。

2. 投入国民经济建设的主战场，推进遥感应用的实用化

遥感所十分重视把主要力量投入国民经济建设的主战场，其积极承担了国家、部门和地区的资源调查、环境研究、地质找矿、工程建设、灾害监测和区域规划等重大遥感应用任务，其中，在国内外影响较大的有腾冲航空遥感试验、津渤环境遥感试验、雅砻江二滩水能开发遥感、天津市土地利用现状遥感详查、黄淮海天然文岩渠流域综合治理与综合发展遥感研究、西藏土地资源调查、红水河龙滩电站地区遥感综合调查、遥感技术在地质找矿中的应用研究、黄土高原遥感调查、“三北”防护林遥感调查等。在技术发展方面，研究建立了高空机载遥感技术系统，建成的国土资源遥感动态监测系统、自然灾害遥感监测与应急响应系统、农作物估产与农情预测系统三大遥感应用运行系统，以及研发的 IRSA 遥感图像处理系统、HIPAS 高光谱图像处理软件系统、GRACE 雷达图像处理软件系统、RSQA-CBERS 遥感图像定标软件系统、地网 GeoBeans 网络空间信息平台软件、卫星定位数据智能记录与处理系统等核心技术成果在国家生态环境保护、矿产资源勘探、海洋环境监测、土地利用调查、水资源开发、农作物长势监测与估产、重大灾害监测与评估、城市规划与市政管理、森林病虫害防护与监测、公共安全、国防事业、数字地球等方面发挥了重要作用。

本着科学研究服务于国民经济建设主战场的建所宗旨和面向国家重大需求、构建与行业用户联盟的新型科技创新体系的发展战略，遥感所与国家环境保护总局联合建立了“国家环境保护卫星遥感重点实验室”，中国科学院与教育部、国家文物局联合建立了“遥感考古联合实验室”，与军事医学科学院联合建立了“公共卫生领域空间信息技术应用研究中心”，与国务院三峡建设委员会办公室水库管理司/中国科学院资源环境科学与技术局共建了“三峡工程生态与环境监测系统信息管理中心”，与国家禁毒委员会联合建立了“毒品原植物遥感监测中心”等联合机构，共同推进我国遥感业务化系统建设，带动相关行业产业结构调整与技术进步。

3. 建立了遥感科学与应用人才培养基地

遥感所成立 30 多年来，在各级领导和遥感界广大同仁的大力支持下，经全体职工的共同努力，遥感所已形成一支充满活力的遥感专业科技队伍，并在遥感信息科学的基础性、前沿性研究和遥感信息获取处理等高新技术方面形成了优势，特别是在农业、水利、大型工程选址、地质找矿、土地调查等遥感应用领域具备了很强的实力，逐步形成了遥感基础理论、遥感应用和遥感技术相互促进、协调发展的学科体系。

遥感所在 2012 年 9 月整合时，共有在职职工 245 名，其中有 74 名高级研究人员，还有 160 余名项目聘用人员、200 余名博士研究生与博士后、100 余名硕士研究生。其中，中国科学院院士 5 名（含去世的院士 2 名)、1 名“爱因斯坦讲习教授”、2 名国际宇航科学院院士、2 名第三世界科学院院士、4 名国际欧亚科学院院士、1 名俄罗斯自然科学院外籍院士、1 名国家“千人计划人才”、7 名中国科学院“百人计划”、4 名国家“百千万人才工程”。为了顺应国家对遥感技术的重大需求和取得高强度投入下的科学回报，遥感所面向国内外招聘领军人才，形成院士、中青年学术带头人、研究员三个层次的学术带头人骨干团队，以及知识、年龄结构更趋合理的科研人才队伍。

遥感所 1979 年建立了硕士点，1994 年建立了博士点，1995 年建立了博士后流动站，是我国培养高层次遥感专业人才的基地。30 余年遥感所研究生教育的规模不断扩大，培养质量不断提高，造就了一大批硕士、博士和博士后人员，建立了一支导师队伍。自建所至 2012 年底，导师累计人数 75 人，其中博士研究生导师 49 人、硕士研究生导师 26 人，2012 年底在岗导师 51 人，其中博士研究生导师 30 人、硕士研究生导师 21 人。截至 2012 年 12 月 30 日，累计招收研究生 1347 人，其中博士研究生 677 人、硕士研究生 670 人，完成学业研究生 991 人，其中博士研究生 489 人、硕士研究生 502 人。从建立博士后流动站起共接收博士后 122 人，出站 79 人，2012 年年底在站 37 人。遥感所已形成一个体制结构、年龄和专业知识结构较为合理的研究群体，成为我国遥感界充满生机与活力、具有很强创新能力的研究所。

4. 广泛开展国内外合作，使我国的遥感科学与应用走向世界

遥感所十分重视国际科技合作与交流，与 53 个国家、14 个国际组织和 3 个地区建立了科技合作、人员交往和学术交流关系，成功地进行并完成了 42 项重大国际合作项目，派出近百名访问学者到国外考察、讲学和访问，几百名科技人员出国进行学术交流和参加学术会议，数十位著名遥感专家在国际重要遥感机构任职，聘请十余位学有所成的海外学者来遥感所作兼职教授，在国际遥感科技舞台上扮演了重要角色并具有较高的知名度。

在国际上有影响力的合作研究项目包括中美航天飞机雷达遥感、中法遥感定标、中日高光谱精准农业试验、中美多角度遥感研究、欧盟支持的可持续发展信息共享平台、联合国亚太经济与社会理事会支持的干旱地区水资源遥感监测管理系统、中澳土壤水分与干旱遥感监测、中日环境监测与水灾监测信息系统，以及与欧美合作的遥感作物估产研究等；正在及后续待开展的国际合作项目有加拿大熊猫计划项目、中法航天联合实验室建设项目、泰-中政府间遥感合作计划、澳大利亚 CSIRO 定标与真实性检验科技合作计划、欧共体 CHRIS 高光谱遥感合作计划等，为其确立我国在国际遥感领域的地位和影响力做出了积极贡献。

遥感所与国内相关院校、研究所、业务单位建立了广泛的联系和多种合作模式。国际数字地球学会和中国地理学会环境遥感分会挂靠遥感所，主办《遥感学报》和《中国图象图形学报》等刊物。

5. 实施知识创新工程，实现跨越发展

遥感所已进入了国家知识创新体系，通过知识创新工程，遥感所将继续发展和完善我国遥感信息科学理论技术体系，为国家可持续发展宏观决策提供科学支持，已经形成了我国遥感领域具有开拓、导向、培训、示范作用的开放型研究机构和有前沿科技创新能力的遥感科学技术研究基地。

在中国科学院知识创新工程新的历史阶段，遥感所提出了适应新形势的战略定位：以遥感科学与技术创新为基础，以天–空–地一体化遥感系统论证、综合国情遥感监测与预警系统为支撑，以遥感科学与试验、遥感技术前沿与信息挖掘、遥感综合应用技术、遥感信息工程为主要科研方向，通过完善遥感科学体系、提升自主创新能力、加强国际合作和实施人才战略，引领我国遥感科技发展，成为国际上有重要前沿科技创新能力的遥感科学技术国家研究机构；通过遥感科学基础理论研究与应用技术集成、新型遥感前沿技术与遥感系统综合论证、遥感应用工程技术研究与应用示范构建遥感应用工程化、产业化促进平台和技术培训基地，为国家安全、资源开发、防灾减灾、环境保护及社会可持续发展提供科学决策

依据，为国防现代化、信息化建设提供遥感应用技术支撑，为地方政府、重大工程、企业和公众用户提供空间信息服务，实现新的跨越发展。

2012 年 7 月 5 日中国科学院院长办公会议决定原则同意遥感所和中国科学院对地观测与数字地球科学中心整合方案，并报中央机构编制委员会办公室（简称中编办）。2012 年 9 月 7 日丁仲礼副院长来所宣布两所开始整合。2012 年 10 月 23 日中编办批复中国科学院遥感应用研究所更名为“中国科学院遥感与数字地球研究所”（中央编办复字[2012]231 号），2012 年 11 月 8 日根据中编办的批示，中国科学院发文“关于中国科学院遥感应用研究所更名的通知（中国科学院文件科发人教字[2012]162 号）”，组建成立了中国科学院遥感与数字地球研究所。至此，中国科学院遥感应用研究所的单位名称不复存在。遥感所全体科研人员将以团结、创新、奋起的崭新姿态，携手国内外合作伙伴，在中国科学院遥感与数字地球研究所共同迎接新的科学挑战，开创遥感新天地！

第一篇　建所前的历史沿革

早期的遥感所由地理所的航空相片和卫星像片判读利用研究室、地图研究室制图自动化研究组、卫星云图接收及应用研究组等部门组成。1978 年 6 月，中国科学院党组决定：将地理所航空相片和卫星像片判读利用研究室及地图研究室制图自动化研究组集中，并抽调地图、地貌、气候、水文等研究室中致力于遥感应用研究的部分科技人员，组建成地理所二部，负责遥感应用抓总，以及遥感技术应用与制图自动化实验中心的筹建。

地理所二部成立之初曾经以遥感技术应用研究部的名义划归中科院空间中心管理。1979 年 12 月从该中心分出，正式建立中国科学院遥感应用研究所。遥感所建所后，共经历了八届领导机构和几代遥感人 33 年的艰苦创业，他们为开拓和发展我国遥感应用事业做出了历史性的重要贡献。

直到 2012 年 9 月 7 日，遥感所和对地观测和数字地球科学中心合并，组建成中国科学院遥感与数字地球研究所，中国科学院遥感应用研究所的单位名称不复存在。

遥感所建所前的历史沿革经历了以下几个阶段。

第一章　初期阶段（1972 年 6 月以前）

一、竺可桢、黄秉维等地理科学研究引进新技术的思想

20 世纪 50 年代中期到 60 年代，地理所负责人竺可桢、黄秉维等极为重视地理科学研究引进新技术。在他们这一思想的指导、决策下，地理所的一些研究室相继建立了各种实验室，如流水地貌实验室、径流分析实验室、化学分析实验室、孢子花粉实验室、航空相片判读实验室、地图自动化实验室、地图制印实验室等。这些实验室开展地理科学定性和定量相结合的分析研究，开创了我国地理科学研究工作的新局面。其中，地图室的航空相片判读和地图自动化实验室等后来成为遥感所发展的最初阶段。

1954 年，陈述彭从空中斜视角度，用地图晕渲法分幅手绘成册的《中国地形鸟瞰图集》，与后来美国的泰罗斯卫星遥感图像所显示的地形地貌和水系特征相当吻合。

1954 年 9 月底，中苏两国签订了《中华人民共和国和苏维埃社会主义共和国联盟科学技术合作协定》（简称“中苏 122 项科技协定”）。根据这个协定，中苏两国建立了科学技术合作委员会，进行科学技术交流和人员互派。在苏联专家的帮助下，我国对新兴尖端科学技术的发展提出了意见。

1956 年 1 月是中国现代科学技术发展史上具有里程碑意义的一年。党中央发出了“向科学进军”的伟大号召。我国政府组织了全国六七百名专家参与编制了中国《1956—1967 年科学技术发展远景规划纲要》（简称《纲要》），形成了“以任务带学科”的基本方针。一批尖端科学技术被列入我国的 12 年科学技术发展《纲要》，其中就包括“航空摄影测绘技术”。竺可桢、黄秉维等作为地理所的领导人，参加了《纲要》的制定，为此呼吁：“地理学一定要摆脱单纯描述的阶段，加强定性和定量相结合分析方法，用最新的科学成就和仪器设备把地理科学武装起来。”与此同时，竺可桢、黄秉维还邀请著名航空摄影测量学家王之卓担任地理所学术委员会委员。

在竺可桢、黄秉维、王之卓的争取下，1956 年，由中国科学院邀请苏联两位航空相片判读与制图技术专家来华讲学。在地理所（1958 年由南京迁往北京）开办了我国最早的全国性“航空相片判读与制图技术”培训班，这次培训班委托地理所地图研究室主任陈述彭和郑威具体组织、实施。中国科学院派出陈述彭、郑威、戴昌达、苏时雨、李吉成（兼翻译）等参加。国内各单位林业部中国林业规划院陈德峰、水利电力部中国水利水电规划院王德明、铁道部中国铁路规划院卓宝熙、地质部航空物探队陈荫祥等 13 人参加，这些学员后来都成为我国最早的航空相片判读制图的领军人物。

这次培训班后，1958 年 11 月，为充分发挥航空相片中蕴藏的地球表层环境丰富的信息，致力于为改善地学、生物、资源、环境等行业的科学考察工作、提高工作效率，陈述彭及时安排郑威先后在河南省伊洛河和陕北榆林利用航空相片调查河谷地貌和沙丘沙漠；施曼丽等利用航空相片进行四川省地形图制图区的地理调查试验；陈正宜等则利用航空相片在晋北引黄入晋选线地区进行地物判读制图试验。这些都是我国首次在地理科学研究领域应用航空相片，为“航空相片综合利用”做好了预研究。

二、陈述彭“航空相片综合利用”

20 世纪 50 年代中期，在“中苏 122 项科技协定”的推动下，我国的航空摄影测绘技术迅速发展。全国大部分地区陆续进行了航空摄影测绘制图，积累了大量的航空摄影像片。陈述彭敏锐地注意到：这些

航空相片中蕴藏着的大量的科学内容可以充分发掘，其中丰富的地学、资源、环境等多方面的科学信息可以大大提高地面路线调查的速度和精度，具有广阔的应用前景。于是1959年3月，陈述彭决定在地图研究室内建立“航空相片综合利用研究组”（简称航判组），并将其作为地理科学研究的新技术之一，开拓了我国地理科学研究工作的新领域。

在航判组成立前，陈述彭事先开展了“航空相片综合利用”的试验。1958年上半年，由国家测绘总局与地理所合作，选择四川阆中进行1∶5万比例尺地形图制图区域的地理调查试验。该试验成功摸索并制定了与《兵要地理志》不同的图幅地理说明书，完成了《制图区域地理调查规范（草案）》，由国家测绘总局印发到各地形测量队试用，推动了测区地理调查工作的开展。参加人员有郑威、苏时雨、陈昱、王传汉、施曼丽、邓浩泉、缪源昌（国家测绘总局）、韩同春（南京大学地理系）等。

航空相片判读研究组及综合利用试验场的组建：航判组成立后，便选定在北京昌平县十三陵水库附近的山地和平原地带（面积相当于四幅1∶50000比例尺地形图）进行专项航空摄影，并购买水库东南南邵公社的21亩[①]坡地筹建综合试验场。

在陈述彭“航空相片综合利用”思想的指导下，确定实验室主要研究方向及任务是从实践中探索、总结在地学、生物学、资源、环境等调查研究中的有关信息与制图应用的理论和技术方法。不断开拓的应用领域为地理科学研究提供了新的技术手段，提高了工作效率和研究水平。

创建航判组的目标是建立一个综合性的科研集体。人员构成从一开始就包括地理、地貌、生物、摄影测量、图像处理及制图等专业人才。由郑威任组长，陈正宜任副组长。成员先后有施曼丽、张圣凯、姜达、明世乾、钱育华、林恒章、廖彩智、李树楷、黄绚、范仲秋、王守春、金心辛、罗国祉、徐庚庆、高福禧、励惠国等。航判组的主要成员陈述彭、郑威、陈正宜、钱育华、张圣凯、林恒章、李树楷、黄绚等后来都是遥感所创建时的元老。

航判组为此购置了立体镜、大型纠正仪、立体制图仪及地面立体摄影经纬仪等设备，并且在人才培养及输出方面做出了很大贡献。1965年航判组的施曼丽、姜达等调往新成立的成都地理所，支持开展山地研究工作；高福禧调往西安煤炭勘探设计研究院。1961年陈述彭招收的第一个地图专业研究生——黄绚就是为航判组招收的，毕业后留在航判组工作。

所有这些使陈述彭成为我国地理科学航空相片综合利用技术领域的开拓者和奠基人。

在“任务带学科”方针的指导下，航判组进行了如下试验研究和基本建设。

（一）高山冰川地面立体摄影测量（1958年10月～1959年10月）

高山冰川地面立体摄影测量是航判组执行的首项正式任务。该任务是地理所兰州冰川研究室与苏联签订的合作协议。该协议规定高山冰川摄影测量全部内业、外业工作，均由苏联专家主持完成。中方协助和配合做好外业工作。外业工作资料由苏联专家带回苏联进行内业制图。航判组中的成员都是地理工作者，他们主要协助、配合苏联专家，学习地面立体摄影测量的技术、理论和方法。

1959年5月，为配合苏联专家工作，地理所购置了德国制造的地面立体摄影测量经纬仪和1318精密立体绘图仪；从法国进口了供十多人用的全套高山冰川外业工作、生活装备。事前，地理所航判组郑威、陈正宜和张圣凯与兰州冰川研究室施雅风安排米德生等专程到祁连山进行了高山冰川摄影测量实习和实地考察。1959年8月完成祁连山、天山高山典型冰川外业摄影测量。航判组的科技人员复制了全部外业资料，并用自己的仪器绘制了我国第一份高山冰川摄影测量地形图（祁连山野马山老虎沟20号冰川前端的冰川1∶5000比例尺地形图，制图面积约1 km^2）。

航判组的科技人员在与苏联专家工作期间，系统地掌握了地面立体摄影测量的基本原理和工作方

① 1亩≈666.7 m^2。

法，对地面立体摄影像片的几何和光学特性有了比较全面的了解和工作实践，为以后的航空相片判读及综合利用奠定了良好的技术基础。参加该项目后期工作的人员有郑威、陈正宜、张圣凯、明世乾、施曼丽、米德生和两位转业军人。

高山冰川地面立体摄影测量留下的技术设备，后来由钱育华、张圣凯、徐庚庆、李树楷、廖彩智、励惠国接手，在航判组内成立了陆地摄影测量组，继续开展相关工作。

（二）北京昌平航空相片综合利用试验场筹建及其航空视察与摄影

1960～1963 年，为了系统地研究航空相片的综合利用，经中国科学院领导批准，在北京昌平县地区筹建航空相片判读试验基地进行了如下工作。

1. 航空视察

为了了解试验基地的地理环境概况，体验和增强从空中俯视和识别地物的能力，1960 年经中央批准，两次调飞机在北京昌平地区进行了航空视察。空中视察路线包括张家口—昌平南口—天津塘沽海河河口。参加视察的人员有黄秉维、李秉枢、陈述彭、郑威、陈正宜、施曼丽。张圣凯负责空中摄影，并请北京电影制片厂摄影师在空中摄像。

2. 航空摄影

1960 年 9 月，为获取最新的航空相片，便于进行影像与地面实物的对比研究，在北京昌平县拟建的试验基地区域及其外围 2 万 km^2 内（沙河机场以北，南口以东）进行了全色像片的航空摄影。摄影比例尺为 1∶15000。摄影区包括燕山山前山地带和山麓坡地、平原、水系、植被、土壤、水利设施和土地利用等。

3. 地物判读图谱及典型地区系列图编制

郑威、施曼丽、林恒章、张圣凯、戴昌达（中国科学院土壤研究所）、蔡茂德（中国科学院土壤研究所）等利用最新拍摄的航空相片开展判读应用试验，完成了试验场区的地貌、水系、土地利用等专题判读和制图，并将其提供给当时的公社，作为公社指挥农业生产的参考依据，绘制了建场所需的成套彩色图，完成了试验报告。通过实地与各类地物对应辨认，识别各类地物的影像特征（色调、几何、环境条件等）和成像机制分析，建立了各类地物的影像判读标志及图谱，为以后的判读与系列制图积累了宝贵经验。

4. 试验基地建设

在北京昌平县规划局的支持下，为综合利用试验基地设计了建设图纸，开始了试验基地房屋建设（试验基地在三年困难时期因经费紧张而停建）。参加此项工作的有陈述彭、郑威、陈正宜、林恒章、张圣凯、施曼丽、钱育华、黄绚、廖彩智等。

陈述彭在地理所地图研究室组建航空相片综合利用组的基础上，1962 年又开始在地图室研究筹建了航空相片判读实验室，1964 年该实验室被批准为中国科学院第一批重点实验室。

（三）海南岛系列制图试验

1963 年，为冲破外国的封锁，国家提出“加强热带资源开发”，陈述彭亲自带领陈正宜、傅肃性、黄绚、罗修岳、赵璜、左国之等科技人员到海南岛进行全岛路线考察，成功地利用 1∶63000 比例尺全色航空相片，编制了海南岛比例尺分别为 1∶2.5 万、1∶5 万及 1∶20 万的地貌、农用地形坡度、土壤与土质、土地利用、植被、土地类型 6 种专题样图，证明应用影像特征，可以进行橡胶宜林地调查与制图。于是，他们又马不停蹄地于 1964 年派出两支小分队，分别进行儋县和临高县全县的以土壤与土质、土地利用为重点的专题地图编制，编写了我国热带地区综合利用航空相片的总结报告，用于国有农场、县级和专署级等农业领导部门指挥、管理和规划生产建设。该成果在 1963 年中国科学院成果展览会上展出。同时，在儋县编绘成“农田样板地图”在全国样板地图会议上展出。

试验证明：综合利用现有黑白航空相片，进行农业土地资源条件系列制图是成功的。综合利用航空相片是一种费用低、效率高、值得推广的新技术方法。海南岛系列制图试验开拓了我国综合利用航空相片与系列制图的先河及应用于国民经济建设的广阔前景。为此，计划从 1965 年全面铺开，对全海南岛橡胶宜林地进行航判制图，进而落实橡胶农场布局和规模。

（四）锦屏水电站地区新构造运动形迹调查

1965 年国家紧急部署三线建设，要求立即开展工程选址。锦屏水电站是 20 世纪 60 年代“国防三线建设”的重要工程项目。该工程是四川省锦屏山雅砻江大河湾穿山隧道式水电站。水电站选址区正位于川西著名的南北向活动构造带，新构造运动活跃，属于强烈地震高发地区。上海市水电勘测设计院委托航判组和中国科学院地质研究所新构造研究室共同组成的 503 科研队，展开四川锦屏水电站周边地区的新构造活动性地面调查和新构造活动形迹的航判制图，为水电站的防震抗震设计提供科学依据。航判组搜集全研究区航空相片，并进行地面立体摄影测量和外业路线调查。外业调查，在野外建立识别标志。室内分析水系分布、形态特征和河谷地貌，重点研究新生代昔格达层的判读标志及其高程差，以揭示新构造差异活动的普遍存在。

1965 年，航判组暂时停止了海南岛的研究工作，集中人力完成了 1∶5 万比例尺的“锦屏地区构造地貌图”制图。参加此项工作的人员有陈正宜、林恒章、李树楷、廖彩智、苏时雨、罗国祉、高福熹等。1966 年秋，林恒章、王守春、金心辛三人到安宁河左岸的凉山喜德县进行线性构造验证和补充调查；1967 年春，林恒章协同中国科学院地理研究所西南分所徐俊铭等三人到安宁河右岸，横穿大河湾锦屏山高山区，进行实地构造分布和活动形迹调查。最后依据这些信息完成四幅 1∶10 万比例尺“锦屏地区构造地貌分布图”制图。

为探讨小工程区块的航空摄影，航判组还专门委派樊中秋和毛继良开展了航模飞机制作和飞行试验。

这项工作的研究领域是在我国首次利用航空相片进行工程区域环境的调查与评价。

（五）邢台地震震害调查与制图

1966 年 3 月 8 日和 22 日，河北省邢台地区分别发生 6.8 级、7.2 级和 6.7 级强烈地震，地面宏观震中烈度达十度。周恩来总理亲临灾区现场指导抗震救灾，并决定调用飞机立即进行“航空震害调查”。周恩来总理的这一决策开启了我国利用航空摄影技术进行地震灾害调查研究的序幕。当时，国家地震局还未成立。周恩来总理将此项任务交给中国科学院实施。中国科学院委派地理所和地质所的有关科技人员执行此项任务。科技人员利用地震区上千张大比例尺对航空相片地震灾害进行判读分析，快速完成了 1∶25000 和 1∶50000 比例尺的邢台地震震害程度分布图。图中客观详细地显示了各地的受灾程度和范围，查明了地震震中位置和地震灾害分布。图中还客观详细地显示了房屋倒塌率、倒塌方向、地面干裂缝、喷沙裂缝、喷沙孔、冒水湿地的分布范围，不仅反映了灾害程度，还为地震震中位置圈定提供了定位依据。其将房屋倒塌率细分为大于 90%、80%～90%、65%～80%、45%～65%、20%～

45%和小于 20% 6 个等级。

该成果立刻呈报给国务院和河北省等各级领导，加快了抗震救灾的进度。周恩来总理在现场接见了科技人员。地理所课题组由陈正宜和张青松负责，参加此项工作的人员有李树楷、林恒章、励惠国、廖彩智、孙仲明、魏成阶等。

（六）地物光谱与摄影胶片响应光谱的大气物理研究

地物光谱学是航空摄影的基础。20 世纪 50 年代，我国曾邀请苏联在青藏公路沿线进行航空摄影制图。由于山体起伏大，山体背阳面（阴坡）地形影像分辨率很低，阴阳坡存在特有的大光亮比，影响航测成图。为解决青藏高原的航空摄影质量问题，必须对青藏高原的天空光线和数百种地物的反射光谱成分与反射能量进行测量，研究地物在可见光和近红外波段的光谱反射特性。为此国家测绘总局专门于 1961 年设计制造了中国第一台野外测量地物反射光谱和天空光线的 DP-1 型地面摄谱仪，用于测定地物的反射光谱成分与反射能量，研究地物在可见光和近红外波段的光谱反射特性。陈述彭及时委派钱育华参加全部测试过程，并分析十几万条地物光谱曲线。经过研究，得出最亮与最暗相差 25 倍。据此，促成了大宽容度航空胶片的研制，成功解决了青藏高原航空摄影测量的关键技术之一。这在我国首创了地物光谱反射特性研究，探讨了地物反射光谱特性与航摄胶片之间的相关规律，为航空摄影最佳方案及其最佳时相的选择提供了科学依据。

陈述彭的“航空相片综合利用”的学术思想极大地推动了地理科学的分析研究能力。与此同时，在地理所地貌、气候等研究室也相继开展了航空相片分析、气象卫星利用等工作。

继地理所地图室成立航判组后，地理所里的地貌等研究室也相继开展了航空相片分析。例如，地貌室主任沈玉昌也十分重视航空相片在地貌学研究中的应用，率先提出利用航空相片判读技术编绘地貌图的设想，并委派阎守邕、濮静娟开始筹备工作。地貌室除了在编制《北京平原地貌图》时利用航空相片判读技术外，在“海河流域中下游河道演变”中全部采用航空相片判读编制《华北海河流域七大支流河道演变图》。

1963 年 11 月，水利部天津海河水利委员会为给根治海河水患提供科学依据，邀请地貌室派人参加海河流域中下游河道演变研究。沈玉昌根据研究任务的实际需求，决定首先采用航空相片分析方法，编制《海河流域中下游河道演变图》作为研究工作的基础图件，并责成濮静娟（负责人）、魏成阶（1965 年）等利用 1959 年拍摄的全色航空相片，分析编制永定河、大清河、子牙河、独流减河、滹沱河、潮白河、蓟运河等海河流域中下游河道的演变图（1∶25000 比例尺）。《海河流域中下游河道演变图》的判读编绘完成后，并于 1968 年提交给水利部天津海河水利委员会使用，为根治海河水患提供了科学依据。

陈述彭倡导的“航空相片综合利用”极大地推动了地理科学的调查和分析研究能力。以上这些工作项目及参与人员都是后来组建地理所航空相片与卫星像片判读利用研究室和地理所二部的主要力量。它们为遥感所的建立做好了技术、组织机构和科技人员的储备。

三、人造地球卫星应用

20 世纪五六十年代，在苏联和美国成功发射人造地球卫星后，1958 年中国科学院竺可桢、钱学森、赵九章等科学家建议“中国也要研究人造卫星”。同年 5 月 17 日，毛泽东主席在党的八大二次会议上提出“我们也要搞人造卫星”。此后，我国开始了发射人造地球卫星的一系列准备工作。1965 年，地理所也开始组织部分科技人员，根据自身研究工作的特点，为我国发射人造地球卫星做准备。

（一）651、671 工程（1965～1970 年宇航地图的编制）

1965 年 1 月，我国实施第一颗人造卫星工程（代号为“651”）。地理所承担“人造卫星工程系列地图”的研究与编制，其成果为我国人造地球卫星指挥中心的卫星提供轨道设计、飞行控制、轨道记录、飞行预报、着陆点选择等方面服务。1967 年 1 月，我国又为了支持航天测控网的建设，开展代号为“671”的航天工程。它是我国人造地球卫星测控网站建设的重要组成部分，供宇宙航行定位专用，作为宇航飞行器的运行轨道、运行控制、预测预报和记录等的载体。地理所受有关方面的委托，先后参与了我国“651 工程”和“671 工程”，实施研制“人造卫星工程系列地图”，提供给地面导航系统和宇宙飞行器及人造卫星应用。它是我国地图研制直接为人造卫星工程服务的首例，系列地图包括 1∶400 万与 1∶600 万比例尺《中国地图》，1∶1000 万、1∶2000 万及 1∶4000 万比例尺《世界地图》等六种超高精度的特种地图及大屏幕显示等，并于 1969 年底全部完成。

《651、671 工程应用系列地图》投影和经纬线都以直观易读为目标，并且部分采用刻图法等新技术成图。该成果经我国第一颗人造卫星飞行检验，符合设计要求，后来还运用于神舟飞船，经过多方面应用，均获应用部门的好评，为我国航天事业的发展做出了重要贡献。该成果于 1978 年全国科学大会期间获重大科技成果奖。

项目总负责人崔伟宏。研制者傅肃性、王为民还亲赴基地现场参加试验。完成人员有王树杰、曹兆丰、钱金凯、梁启章、李水淇、沈洪泉、马永立、魏礼棣、翁世良、周成荣、任洪林等。

（二）辐射气候大气物理及其气象卫星应用的研究

气象卫星是世界上第一颗覆盖全球的宇宙飞行器。1961 年，针对气象卫星应用的需求，地理所气候室左大康组建了辐射气候研究组，并亲任组长。成员先后有陈建绥（副组长）、鲍士柱、田国良、苗曼倩、郑若霭、项月琴、周允华、李玉海、徐兆生等。该组在国内首先利用中央气象局的日射观测资料，系统开展了“中国太阳直接辐射、散射辐射和太阳总辐射间的关系”的研究，绘制了我国第一套系统的太阳总辐射分布图和地表净辐射分布图，并揭示了其时空变化规律，同时还就气象卫星的辐射测量及其应用做了比较充分的业务准备。研究组于 1966 年出版了《气象卫星的辐射测量及其应用》，为卫星气象学和气候学结合做出了很多开创性的工作。

这项工作是我国气象卫星应用研究的萌芽。童庆禧与左大康经常谈到美国卫星的发展。其中，特别指出，地球资源卫星跟气象卫星完全不一样，其涉及一个光谱及多光谱扫描的问题，应该考虑地物光谱成像的研究。童庆禧亲自参加了中国登山科考队在西藏珠穆朗玛峰高山区的太阳辐射等系统观测研究。辐射气候研究组的“辐射气候、大气物理及其气象卫星应用”等研究工作，后来成为遥感所重要的基础研究内容。童庆禧、田国良、鲍士柱等为遥感所创建卫星对地观测的遥感基础研究做出了重要贡献。

（三）卫星组及卫星图像接收

1969 年底，阎守邕是地理所体制改革调查组成员，在调查中深感利用卫星信息从空间研究地球是一个值得探讨的地理科学研究的新方向。通过酝酿，阎守邕倡导在当时地理所连队建制的二连成立卫星组（当时叫卫星班）。卫星组由阎守邕、王景华牵头，曾明煊负责技术，王长耀、郑兰芬、宋燕菊、范惠如、关威、任凤清、刘捷等参加。陈述彭和童庆禧虽不是卫星组成员，但是他们积极支持卫星组的工作，向卫星组提供了大量国外“遥感与地球资源技术卫星”的资料，推动了当时遥感、地球资源卫星应用的宣传和我国地球资源技术卫星设备的研制及国外地球资源技术卫星资料的应用。

在国际上兴起气象卫星之际，卫星组首先开展气象卫星信号接收和分析设备研制。他们经过独立自主的艰苦努力，用简陋器材，于 1970 年 5 月成功地研制出能接收清晰的美国气象卫星云图的设备，并以此作为重要成果向正在贵阳召开的中国科学院地学工作会议报喜。当时的与会人员受其鼓舞，首次将“从空间研究地球”作为地理科学研究的新方向写入会议文件。会后，施雅风、刘东生、涂光炽等著名地学科学家先后来到地理所参观考察，对这些年轻的科技人员破除迷信、解放思想的行动给予了高度评价，鼓励他们继续开展工作。

1972 年 7 月，卫星组阎守邕等在美国发射第一颗“地球资源技术卫星”期间，着手整理、翻译国外关于地球资源卫星的资料，并在《地理科学情报》上介绍了地球资源卫星。同时，阎守邕等在科学技术文献出版社，编译出版了《地球资源技术卫星及其应用》一书，正式将地球资源技术卫星及其应用介绍给我国广大读者，推动了我国地球资源技术卫星资料的应用。

1972 年 7 月 23 日，美国发射了世界上第一颗“地球资源技术卫星”(ERTS-1)，并向地面发回多光谱扫描仪和反束光导管摄像机所获取的观测数据。我国《参考消息》报道这件事时，其中有个英文词组“remote sensing”不知怎么翻译，请求地理所卫星组帮助。阎守邕将“remote sensing”翻译为“遥感”，并首次在正式的文稿中发表，创造了中文科技新名词。

1975 年 1 月，阎守邕在地矿部委托北京大学举办的第一期航空地质学习班上，系统讲授了地球资源卫星上“多光谱遥感的原理与方法”，提出了中国自行“研制接收地球资源技术卫星数据设备”的大胆设想，并与北京工业大学等单位开始了多光谱相机的研制。

四、钱学森关于发展我国遥感科学技术的战略指导意见

（一）中国科学院委托地理所组织的地球资源卫星调研

1972 年 6 月，地理所组建了航空相片与卫星像片判读利用研究室（简称航判室）。当年冬，航判室卫星组感觉当时接收的卫星云图空间分辨率太低，在地学研究中受到很大限制。于是，就想把卫星组的工作重点转移到地球资源技术卫星领域。但是，接收资源技术卫星数据远比接收卫星云图要困难得多。再加上中国科学院卫星项目的长远发展规划因故暂缓执行，王景华退出卫星组、曾明煊病逝等原因，航判室卫星组的研究工作处于低潮。为此，王长耀、阎守邕、魏成阶等向中国科学院及中央领导写信，反映地球资源技术卫星应用研究的重要意义和他们所遭遇的极端困难。毛主席通过《内部参考》看到此信所反映的情况，批示中国科学院解决。周总理驻中国科学院的联络员刘西尧、中国科学院秘书长郁文、国家科学技术委员会（简称国家科委）计划局局长黄正夏等有关领导，由此对“卫星对地观测技术”表现了高度的热情与关注，认为：“卫星应用大有可为”，于是做出了一项重大决策：中国科学院要自行研制地球资源卫星及其设备。同时，决定由中国科学院委托地理所完成“地球资源卫星调研”。这是我国首次“关于地球资源卫星的调研”。

地理所领导接受中国科学院委托后，左大康立即依靠航判室，并抽调所内其他研究室的骨干力量，组成一个强有力的调研组。调研组由陈述彭任科学顾问、魏成阶任组长、童庆禧任副组长。阎守邕、王长耀、田国良、郑兰芬、龚家龙、苗曼倩、刘玉凯等 13 人组成“中国科学院地球资源卫星调研组”。调研组分为地球资源卫星国内需求和国外资料查询整理两大部分。经过一年多对全国 60 多家应用单位的调研和对国外地球资源卫星资料的查询整理，于 1974 年 2 月 27 日完成了“关于研制和发射我国地球资源卫星及其开展地面试验工作的意见”调研报告和建议，并汇报给中国科学院。调研报告和建议包括以下内容。

（1）中国科学院委托地理所调研地球资源卫星总报告——《关于研制和发射我国地球资源卫星的建议及开展地面试验工作的规划意见》。总报告附件还包括以下内容：①国内 60 多家有关应用部门对发射我国地球资源卫星的需求报告；②美国地球资源卫星遥感仪器和资料处理设备；③我国地球资源卫星地面试验场的布置及其各试验场的观测项目和仪器设备；④美苏利用地球卫星盗窃我国重要情报的部分证据。

（2）关于研制和发射我国地球资源卫星及其所需研制的仪器设备。

（3）地理所“关于开展遥感研究工作意见”及 1975 年遥感研究工作和经费要求。

上述调研报告的主要起草人是童庆禧、阎守邕、田国良、王长耀、魏成阶等。

（二）全国计划工作会议列项

1973 年 2 月，在地理所调研组调研的同时，中国科学院计划局还临时抽调王长耀、刘玉凯等为中国科学院整理有关地球资源卫星的资料。这些资料与地理所的调研报告和建议为此后在北京香山召开的全院科学工作规划会议做了准备。在这次会上，首次把地球资源卫星项目正式列入中国科学院的长远发展规划，并为第二年召开的“全国计划工作会议”做好充分准备。

1974 年 4 月 5 日，国家计委召开“全国计划工作会议”。中国科学院秘书长郁文参加了这次会议。郁文在会上提出：中国科学院计划要搞地球资源卫星。根据会议需要，郁文指示地理所将《关于研制和发射我国地球资源卫星的建议及开展地面试验工作的规划意见》调研报告和建议精简后，形成《中国科学院研制我国地球资源卫星的调研报告》，由地理所左大康批示打印 100 份，并与魏成阶一起，紧急报送到全国计划工作会议上，由会务组分发给参加会议的各位代表审议。

（三）“两科地球资源卫星调研组”

全国计划工作会议后，1975 年 2 月底，郁文等院领导认为“研制和发射我国地球资源卫星”是一项系统的尖端工程，需要发动中国科学院全院有关力量联合攻关。因此决定，由秘书长郁文亲自领导，抽调地理所、自动化所、长春物理所、长春光机所、西安光机所、上海技术物理所、北京电子所等单位的科技人员，组成“两科地球资源卫星调研组”（此时，中央已决定将中国科学院与国家科委合并，对外统称“两科”），进行地球资源卫星的深入调研。

“两科地球资源卫星调研组”由中国科学院三局（后来的新技术局）负责实施。计划局、五局（后来的资环局）配合。地理所派出了童庆禧、阎守邕、王长耀、魏成阶等参加。“两科地球资源卫星调研组”参与人员涵盖了中国科学院地学和技术科学的多个领域，对地球资源卫星的技术设备及其应用做了进一步的详细调研，制定出具体的研制方案和行动计划，特别是对一些关键的技术设备进行了专门论证。

（四）钱学森亲临科学院听取汇报

在“两科地球资源卫星调研组”工作期间，中国科学院领导多次听取地理所调研组的《关于研制和发射我国地球资源卫星的建议及开展地面试验工作的规划意见》的调研报告和建议的汇报，同时将报告转发给了国防科委副主任钱学森，征求钱学森的意见。

1975 年 4 月 24 日，中国科学院首先邀请国防科委等 14 家有关部委、局的负责人开会，介绍中国科学院关于研制中国地球资源卫星的规划设想。会议由陆锡麟主持，由郁文介绍。地理所调研组童庆禧、魏成阶参加。

1975 年 5 月 4 日，中国科学院又召开专门汇报会，邀请钱学森亲临中国科学院听取汇报。会上同时研究了中国科学院“研制地球资源卫星”的工作。汇报会由邓述慧主持，郁文、党文林等中国科学院领导和中国科学院各局负责人参加。童庆禧详细汇报了研制和发射我国地球资源卫星及开展地面试验工作的设想。魏成阶详细汇报了国内各部委对地球资源卫星的需求。

钱学森听取汇报后，发表了重要意见和建议。这些意见和建议后来成为中国科学院，乃至我国发展遥感科学技术的战略设想。

钱学森首先提到，应该结合我们国家的实际情况发展遥感技术。要搞清楚非要这个东西（指地球资源卫星）的原因。看了这个材料（指中国科学院委托地理所调研地球资源卫星总报告）结合我国的国情，一开始就提“资源卫星”是否合适？我很想听听你们的看法。遥感飞机能不能先用，然后再小型化，拿到卫星上去搞。这个工作要一步一步来做，第一步先抓遥感设备。

钱学森接着表扬了调研组的工作，并将调研组与美国的喷气推进实验室（Jet Propulsion Laboratory，JPL）和在威罗兰红外光学实验室基础上建立起来的密西根环境研究所（Environmental Research Institute of Michigan，ERIM）相提并论。他讲到，美国那两个重要研究机构建立之初，人员不多，但能量却很大，在遥感方面从基础性、战略性、先导性和应用性的工作抓起，为美国的“地球资源卫星”做了很多工作，如先进的光学、红外和微波传感器系统，以及地物光谱的测量等。他以美国研制“地球资源卫星”为背景，广征博引，讲到了这两个研究机构的基础工作和所取得的成就，讲到了他们严谨周密的研究计划。

钱学森还着重讲述了当时我国有关卫星制造、卫星测控、卫星运载和卫星载荷技术等方面的发展和展望，特别指出基础研究的重要性。他建议要充分发挥中国科学院的优势，从卫星对地观测的基础抓起。他明确指出，这个基础就是“遥感技术”，必须首先发展我国的遥感技术，没有遥感就没有卫星的眼睛，而遥感又涉及可见、红外和微波传感器系统，以及地物光谱的测量等，要首先从这些基础研究做起。

钱学森特别提出，中国科学院要像 1956 年抓 12 年科技规划中四项紧急措施（即计算技术、半导体技术、无线电电子学技术、自动化科学与远距离操纵技术）那样，将遥感技术发展摆在十分重要的位置来抓。只要把遥感技术搞上去了，地球资源卫星研制也就水到渠成了。

钱学森同时建议，要充分利用好当前美国地球资源卫星的数据资源，使其为中国的现代化建设服务。

此后，钱学森于 1975 年 7 月 5 日、8 日在不同场合对中国科学院和我国发展遥感技术提出了战略性、方向性的建议，为我国遥感科学技术的发展指明了方向。

遵照钱学森的建议和根据中国科学院的现实优势，中国科学院将遥感技术发展作为院的发展重点之一。1975 年 8 月，中国科学院负责人胡耀邦等在给中央的报告中，正式将地球资源卫星研制列入中国科学院长远发展规划。报告提到：“遥感技术带动气象、海洋、天文、地质、资源和军事侦察技术。1980 年发射天文卫星，1985 年发射地球资源卫星。”

此后，又经过一年的准备，于 1976 年 10 月，中国科学院与国家科委邀集国内一些部门的专家和领导在上海召开了“遥感技术规划会”。以遥感技术作为一个领域召开全国性会议，商讨发展战略、规划发展路线、制定行动计划在我国还是第一次。地理所积极参与会议的筹备工作，陈述彭、童庆禧以专家和工作人员的身份出席了会议。这次会议制定了我国遥感技术和应用的发展规划，涵盖了地物光谱特性在内的基础性研究，光学、红外、微波遥感器的研制，地球资源卫星和天文卫星的发展，以及遥感在农业、植被、森林、地质、水文、测绘制图应用等众多领域的研究等。

作为遥感应用规划组织落实的重大部署，会议强调要抓好遥感应用，以应用牵动技术的发展，建议设立遥感总体部门（或遥感中心）。这一建议在向中国科学院党的核心小组成员刘华清汇报时得到了充分的肯定，他认为设立遥感中心，成立遥感发展的抓总单位很有必要。第一步，决定在地理所先行设立地理所二部。

五、地图制图自动化研究

从20世纪50年代末开始，陈述彭就积极倡导在他领导的地理所地图室开展地图制图自动化实验。1970年5月，陈述彭与崔伟宏提出在地理所开展“以计算机为基础的制图自动化研制”的设想。

（一）早期的制图自动化实验

陈述彭最早倡导在我国进行地图制图自动化研究，而且陆续安排以胡贤洪为组长，由周上益、岳岑陞、叶忠临、张凤云、周树秀、刘捷、殷义珍等组成专门的研究小组，进行光电跟踪自动绘图机和电子扫描地图面积自动量测仪的设计研制。1964年完成以上两台样机，并于1968年分别在苏州开关二厂和上海劳动仪表厂进行样机生产和调试。

（二）中国科学院委托制图自动化调研

1970年5月，中国科学院在沈阳自动化研究所召开工作会议。沈阳会议后中国科学院发布会议纪要，确定中国科学院要开展制图自动化和遥感两部分工作；提出先抓制图自动化，后抓遥感。然后由中国科学院秘书长郁文召开多次会议讨论，确定由中国科学院业务二组负责（当时叫组，实际是局），负责人是宋政，同时中国科学院配一名专门工作人员负责具体抓落实。

1972年，在陈述彭、崔伟宏的建议下，中国科学院组织地理所、自动化所和沈阳自动化所，以及两个科学仪器厂的科技人员开始“制图自动化”调研。陈述彭任调研组组长，崔伟宏协助工作。调研组向院领导提出了“关于中国科学院研制自动化制图系列设备的建议”。在此建议的推动下，中国科学院领导小组把“以计算机为基础的制图自动化研究”看成中国科学院一个新的领域和大方向，列入中国科学院重大科技攻关项目。

“以计算机为基础的制图自动化研究”列入中国科学院重大科技攻关项目后，由陈述彭担任制图自动化科技攻关项目组组长，积极参加组织和推动“研制自动化制图系列设备”项目的完成。陈述彭、崔伟宏等完成了从项目调研到项目具体组织实施的全过程，并为筹建南京大学制图自动化专业做了很多准备工作。为了适应新的发展形势，由陈述彭、崔伟宏在地理所地图室组建了新的制图自动化组。组长由崔伟宏担任，副组长胡贻志由中国科学院秘书长郁文亲自推荐。主要成员还有陈述彭、胡贤洪、朱重光、付肃性、何建邦、梁启章、侯伟学、金学英、宋燕菊等。

1972年5月，中国科学院主管部门的领导人李秉枢为了加强制图自动化研究工作的力量和技术水平，又把杨世仁、李丽、何欣年、郑长在、林华强、汪劲松、张晋、童寿彬等从外单位调到地理所共同参与研制“以计算机为基础的自动化制图系列设备”。他们的调入，不仅加快了遥感所以计算机为基础的制图自动化研究的进程，而且使得“计算机遥感图像处理系统”的研制得以卓有成效地顺利开展。

1978年6月，地理所将制图自动化组划归地理所二部，成立制图自动化研究室。杨世仁任研究室主任。硬件组组长为李丽，软件组组长为崔伟宏（人员组成见地理所二部制图自动化研究室）。

（三）计算机遥感图像处理系统的研制

1974年，中国科学院在“制图自动化”调研的基础上，组织地理所、电工所、自动化所、沈阳自动化所、西安光机所和北京科学仪器厂、沈阳科学仪器厂共五所二厂开展研制“自动化制图”系列设备（包括扫描绘图系统、跟踪绘图系统、图面注记机和计算机制图软件）的会战。按照中国科学院重大项目会战的安排，由地理所承担了“扫描绘图系统”的研制。由杨世仁担任项目负责人，李丽、崔伟宏、朱重光、何欣年、林华强等具体实施。

在中国科学院的组织下，项目组完成了扫描数字化器和扫描绘图机的研制，实现了与小型计算机NOVA-840的实时连接。以后，又在系统上进行了一系列处理方法的试验研究，发展了具有初步处理功能的图像分析软件。其内容有设备驱动处理程序、检测程序、陆地卫星CCT磁带回放和成像、影像整饰、几何纠正、投影变换、增强滤波和平滑比值处理、自动分类、KL变换、影像注记及汉字处理等。这些软件可以在RDOS操作系统下通过键盘命令来调用，从而构成试验性软件系统。

这套系统的硬件由电子分色扫描数字化器、扫描绘图机NOVA-840计算机系统和彩色监视器等设备构成。鼓形扫描数字化器可将彩色影像或多色地形图转换为数字输入计算机，影像像元用一个字节（8bit）、图形用一个字位（1bit）表示，彩色影像分三个元色分量进行数字化，逐个颜色对多色地图或线划图进行数字化。

扫描数字化器的扫描鼓有效幅面为350mm×290mm和800mm×800mm两种，前者可扫描透射稿（负片）和反射稿（照片、地图等不透明材料）。图像数字化后的灰度为128级，分辨率为12.5μm，即1mm中可分出80个点（像元），分色系统彩色地形图分色数字化很有特色。

扫描图像处理系统研制的完成为“制图自动化”奠定了坚实的基础，在遥感图像处理的征途上迈出了重要的一步。随着计算机技术的发展，该系统经进一步发展完善成为实用的计算机遥感图像处理运行系统，荣获中国科学院科技进步奖二等奖。在杨世仁的指导下，他们参加制图自动化系列装置的顶层设计、组织各参加单位项目论证、协调设计及系统沟通、对接各装置之间的关系等。历时7年终于通过鉴定和验收，完成我国第一套具有自主知识产权的制图自动化系列装置，为后来地理信息系统发展奠定了基础。杨世仁、李丽等不愧为我国计算机遥感图像处理系统技术领域的开拓者和奠基人，为遥感所的创新做出了重要贡献。

第二章 航空相片与卫星像片判读利用研究室建设阶段（1972 年 6 月～1977 年 12 月）

一、成立背景与成立时间

航空相片与卫星像片判读利用研究室组建于 1972 年 6 月。1971 年 9 月，驻地理所军代表组织了“关于地理所方向、任务、研究机构调查”，指定魏成阶任调查组组长，左大康、胡序威任副组长。在中国科学院院部工作的杨生也回到地理所加入了该调查组。调查组的任务是，撤销研究机构的“连队”建制，恢复、调整研究室体制，确定全所的研究方向、任务及地理科学的长远发展规划。调查过程中，地理所广大科技人员普遍认为：必须采用紧急措施，快速改变地理科学研究技术手段落后的状况；充分利用气象卫星和资源卫星等空间资料，解决大范围静态和动态地理资料的调查问题。经过近一年的调查，调查组在《关于地理所方向、任务、研究机构的调查报告》中提出，作为实现地理科学新技术革命的重要措施，应当在地理所立即组建航判室。

该报告经过中国科学院领导批准后，于 1972 年 6 月，地理所将原有的航判组、卫星组和陆地摄影测量组等分散的学科组合并，组建成航判室，专门从事地理学新技术的研究。

二、负责人及人员组成

新组建的航判室组成人员包括：地图室的航判组及其陆地摄影测量组大部分人员、地理所卫星组大部分人员、地貌室和气候室等从事航空相片判读和气象卫星应用的部分人员、中国科学院综合考察委员会撤销后并入地理所的部分相关人员（1972 年 4 月 13 日中国科学院决定：中国科学院综合考察委员会合并到地理所）、北京军区退伍转业的部分测绘兵等。全室共有 35 人。

航判室由魏成阶牵头组建。1972 年 6 月 29 日，地理所党领导小组决定在航判室建立临时党支部和领导小组，实行一元化领导。临时党支部书记：戴文焕，成员：郭义伦、王长耀；领导小组组长：戴文焕，成员：魏成阶、刘玉凯（成立航判室时调任地理所业务处副处长）。

1974 年 12 月 14 日，中国科学院党的核心小组会议决定恢复中国科学院综合考察委员会，机构名称为“中国科学院自然资源综合考察组”。1975 年 4 月 8 日，地理所与中国科学院自然资源综合考察组分开办公。作为航判室临时党支部书记的戴文焕和中国科学院综合考察委员会撤销后并入地理所航判室的人员又陆续回到中国科学院自然资源综合考察组。

航判室根据新的情况和形势做了调整。1975 年 3 月 24 日，地理所为加强航判室的业务能力，承担遥感科学发展规划的任务，决定将地图室的陈述彭、黄绚，气候室的童庆禧、龚家龙、苗曼倩共五人调入航判室。陈述彭、黄绚分配在航判组，童庆禧、龚家龙、苗曼倩分配在卫星组。同日，全室讨论通过了航判室的 10 年发展规划。

充实后的航判室由周上益担任党支部书记，魏成阶负责业务，吴纫玲任行政干事。

三、科研方向与完成的主要任务

航判室主要的科研方向是研究航空相片和卫星像片的成像机理，图像处理，分析、判读、制图的理论、技术与综合利用的方法；采用航空相片与卫星像片分析方法和陆地摄影测量技术进行地理研究，扩大地理观察视野，提高野外勘察速度和质量，并不失时机地把“有步骤地解决资源卫星接收技术”列为研究室的科研方向。

航判室的成立对于社会主义建设和地理科学研究具有开拓性的战略意义。这一新技术的引进大大推动了地理科学的迅速发展。航判室研究集体经过几年的努力，坚持走“任务带学科”的发展方向，主动到国民经济建设有关领域找课题，将判读分析与制图技术应用到国土资源领域，特别是应用到农业土地资源调查和地质找矿等领域；还将陆地摄影测量技术用于工程选址、矿区测图和国防测绘，并取得了一批重要的科研成果，不但航判室受到产业部门的热烈欢迎，而且其学科也得到了相应的发展。大量国家急需任务的完成，研究积累了成像理论、判读分析技术，以及在资源、环境、自然灾害等领域应用的丰富经验，从而使科研水平不断提高，学科发展不断成熟。

四、主要仪器设备与用途

航判室成立及其后期共配置了如下设备：

（1）影像密度精密量测仪一台（英国制），用于胶片感光密度测量。

（2）野外光谱仪一台（自制），用于测定自然条件下各种地物的光谱特征。

（3）多光谱照相机（瑞士产），用于取得自然资源的多光谱图像。

（4）光学图像处理等全套摄影技术实验设备（自制），用于对各种摄影和扫描胶片进行显像、放大、冲洗、复制等。

（5）MSV-300 航空相片彩色合成仪（日本产），用于地球资源卫星图像胶片的彩色合成。

（6）PHOSDAC-700 彩色数字化等密度分割图像处理仪（日本产），用于地球资源卫星图像等密度分析。

（7）大型航空相片纠正仪（苏联制），用于平坦地区的航空相片纠正。

（8）地面摄影测量内业精密立体绘图仪一套（德国制，1318 精密立体绘图仪），用于地面摄影测量立体制图。

（9）TOPOCART-B 型地形立体测图仪（德国制），用于航空摄影精密立体测图。

（10）微分纠正仪（ORTHOPHOT）（德国制），用于山区航空摄影精密立体测图。

（11）山型线仪（OROGRAPH）（德国制），用于山区航空摄影精密立体测绘地形等高线。

（12）900X1200EC 精密立体坐标量测仪（德国制），用于坐标展点。

（13）激光测距仪（德国制），用于地形控制测量。

（14）航空相片转绘仪（德国制），用于平坦地区的单张航空相片的倾斜纠正。

（15）外业用地面摄影经纬仪一套（德国制），用于 1318 精密立体绘图仪的地面摄影相片获取。

（16）航空相片立体制图仪一台（苏联制），用于航空相片立体像对的快速测图。

（17）航空相片立体坐标仪一台（德国制）。

（18）航空相片简易立体制图仪一台（意大利制，俗称炮兵仪）。

（19）航空相片立体判读转绘仪（自制）。

（20）三种常规遥感图像判读量测仪（自制）等。

五、学科组（研究组）的组建及其负责人与成员

航判室下设 3 个学科组。

（一）航空相片判读利用研究组

1. 研究方向

应用航空相片分析方法进行地理研究，结合所内任务进行大比例尺分析与制图。

2. 成员组成

学科组长：魏成阶。成员：刘玉凯、郑威、陈正宜、林恒章、徐庚庆、王廼斌、石竹筠、赵献英、凌锡球、夏明宝、顾学再、王长有、靳春林、翟贵宏、雷增荣、王建华、丁守文、冯阳等。

3. 承担的主要任务及其成果

（1）海南岛航空相片土地类型与土地利用现状调查：1968 年，国家为了加强海南岛的国防建设，要求在海南岛进行详细的资源调查。同年 11 月，中国科学院计划局组织了地理所、综合考察委员会、地质所、植物所、海洋所等单位（共 8 人）组成的大型综合调查组，前往海南岛调查。调查后列出对海南岛进行详细的资源调查的项目。地理所胡序威任调查组组长，魏成阶参加。调查组最后提出的《关于开展海南岛资源调查的建议报告》共列出了八项大课题。其中之一就是“采用航空方法调查海南岛的土地资源”，并建议该课题由地理所主持完成。1972 年初，国家科委批准该报告，并拨款 30 万元，让地理所先期完成“采用航空方法调查海南岛的土地资源”的任务。这是地理所航判室成立时所承担的第一项国家重大任务。魏成阶与陈正宜、林恒章商定，首先从土地类型和土地利用着手，采用航空相片判读与地面调查相结合的方法完成海南岛的土地资源调查任务。1974 年，完成了海南全岛土地类型图（1∶10 万比例尺）、海南全岛土地利用现状图（1∶10 万比例尺）的航空相片判读与制图。这是我国第一幅海南全岛土地资源图件，并应国家土地局和海南行政区的要求多次印刷，供其使用。负责人：魏成阶、陈正宜、林恒章。参加人员：陈述彭、夏明宝、王长有、靳春林、雷增荣、王建华、丁守文等。

主要成果有《海南岛 1∶10 万比例尺土地类型图》《海南岛 1∶10 万比例尺土地利用现状图》。提交或发表的论文有陈述彭《海南岛热带航空相片分析与农业制图的探索》；林恒章《农业上地利用判读及其间接意义》；魏成阶《海南岛土地类型的航空相片分析》。图件或报告已提交海南省政府采用，其为行政区农林部门制定和调整土地开发方案提供了科学依据。

（2）航空相片与卫星像片在海南富铁找矿中的应用研究：1974 年，国家组织全国性富铁找矿会战。航判组科技人员在对海南岛进行普查和对以往地质图资料分析的基础上，采用黑白航空相片、陆地卫星多光谱相片，以及用地面光谱仪和自制多光谱相机获取的数据资料综合分析的方法，对原有的《海南岛地质图》进行了修编，对海南富铁矿的分布和富铁找矿的远景提出战略规划意见。研究证明，采用遥感方法大大提高了地质调查与制图的速度和精度，论证了遥感技术找富铁矿的可行性。负责人：周上益、陈述彭、陈正宜。参加人员：林恒章、郑威、阎守邕、罗修岳、吕克解、付秀银、张圣凯、任凤清等。

主要成果有林恒章主编的《1∶20 万海南岛航空相片分析地质图》。发表的论文主要有陈述彭《海南岛西北部的地貌结构》；陈正宜《海南岛的侵入岩类型与航空相片分析》；郑威《铁矿成矿环境的相片信息》；林恒章《某些地质构造的相片信息》；吕克解《试用航空相片探讨海岸地貌的成图及发展》；付秀银《海南岛第四纪火山及火山岩的航空相片判读》；阎守邕、任凤清、罗修岳《铁矿层及含矿地层的地物光谱特性测定、遥感找矿的基础研究之一——生物地球化学标志的地面调查与分析》；张圣凯、阎守邕、任凤清《地面多光谱摄影试验》。上述图件、论文和报告部分已提交海南省地质局使用，并收入《海南岛航空相片判读文集》出版。

（3）我国首幅大比例尺正射影像地图研制：1975 年 5 月，地理所在全国率先从民主德国蔡氏厂引进精密立体测图仪（B 型地形立体测图仪），并由民主德国蔡氏厂派专家来地理所示范安装。武汉测绘学院王之卓教授亲临指导，魏成阶主持，夏明宝、顾学再等和全国各单位共 15 人参与安装。仪器安装后，地理所利用该设备，与北京市地形地质勘探处合作，开展“北京郊区（密云水库周边）正射影像地图研制”，在我国首次绘制成功 1∶1 万比例尺正射影像地图（平坦、丘陵、山地各一幅），填补了我国在正射影像地图绘制上的空白，积累了绘制大比例尺正射影像地图的技术经验，并在全国推广。

（4）唐山地震震害的航空相片调查与制图：1976 年 7 月 28 日，唐山大地震把唐山市变成废墟，需要马上进行“唐山地震区的航空摄影及其震害分析制图”，以利于抗震救灾。于是，中国科学院联合国家地震局报请中央批准，紧急进行“唐山大地震后的应急航空摄影”。请示报告经国务院吴桂贤副总理、华国锋总理批示，由空军航测团派飞机执行京津唐地区的航空摄影。

“唐山地震区的航空摄影及其震害分析制图”由国家地震局组织中国科学院、国家测绘总局成立会战指挥部指挥完成。地理所委派魏成阶参加指挥部领导小组及其总体方案的设计。航空摄影采用两种方法，在市区、极震区采用彩色红外胶片航空摄影，在极震区的外围采用黑白胶片航空摄影。彩色红外胶片的航空摄影在我国民用部门还是第一次使用。航空摄影像片由国家测绘总局制作成航空影像图。然后，由地理所与国家地震局合作完成“唐山地震区的航空摄影及其震害分析制图”任务。

这次“唐山地震区的航空摄影及其震害分析制图”应急大会战，共计编制 1∶10000 比例尺和 1∶5000 比例尺的震害分级分类图 2000 多幅，客观反映出地震烈度大于七度高烈度区的受灾情况。图幅在上海印刷厂印制后，提供给党中央、国务院和各地方政府、地震部门组织抗震救灾使用。地理所以航判室为主，组织了全所 50 多人参加了会战，共完成了 1000 多幅《唐山地震震害图》的编制。负责人：魏成阶。参加人员陈述彭、郑威、陈正宜、林恒章、徐庚庆、夏明宝、顾学再、王长有、靳春林、翟贵宏、雷增荣、王建华、丁守文等 50 余人。

（5）卫星像片在唐山地震监测中的应用研究：1973 年冬，陈述彭应墨西哥总统邀请参加了美洲大陆科学与人类会议。回国后作了“关于遥感、航空勘察与地理学研究的新进展”的报告，并建议中国科学院组团赴墨西哥考察遥感技术。1976 年初，中国科学院根据陈述彭的建议，在全院组织了一个由 7 人组成的“墨西哥遥感技术考察团”。地理所委派童庆禧和魏成阶参加。受墨西哥石油部采用卫星像片编制《墨西哥地质构造全图》的启发，在唐山地震发生后，魏成阶与陈述彭商量决定，利用刚进口的地球资源卫星像片镶嵌成《京津唐渤张地区卫星影像图》，并组织郑威、陈正宜、林恒章、李涛、张圣凯等以该图为基础，分析、编制了《京津唐渤张地区断裂构造图》和《京津唐渤张活动断裂构造分析图》。

采用卫星资料编制的《京津唐渤张地区卫星影像图》《京津唐渤张地区断裂构造图》《京津唐渤张地区活动断裂构造分析图》等结果公布后，影响很大，新华社通过“内参”报道“中国科学院通过卫星分析了唐山地震发生的构造背景”。中共中央办公厅（简称中央办公厅）随后给中国科学院发文说，“毛主席要调阅这一科技成果”。我们根据中央办公厅的要求，把分析报告的简要版打印成大字体，并紧急印刷了《京津唐渤张地区卫星影像图》《京津唐渤张地区断裂构造图》《京津唐渤张地区活动断裂构造分析图》，由陈述彭和魏成阶将这些成果送到人民大会堂（唐山地震后毛主席住在人民大会堂）。当时中央办公厅秘书长吴庆彤事先听取了汇报。

利用陆地卫星像片编制的《京津唐渤张地区卫星影像图》，并利用遥感分析方法编制的《京津唐渤张地区断裂构造图》和《京津唐渤张地区活动断裂构造分析图》及其相应的文字报告在国内尚属首次。它们完整客观地反映了京津唐渤张地区断裂构造分布状况，推动了采用卫星像片分析地震地质构造研究工作的发展，为中央抗震救灾指挥部指挥的抗震救灾和新唐山市建设的选址提供了重要依据。

（二）陆地摄影测量组

1. 研究方向

承担所内外的摄影制图任务，在典型地段进行地理过程的动态研究，同时开展红外光谱摄影的红外相片的判读工作。

2. 成员组成

学科组长：周上益。成员：励惠国、廖彩智、李树楷、钱育华、康海云、张圣凯、郭义伦、曹文玉、刘存厚、任勋宽、史继东、翟贵宏。

3. 承担的主要任务及其成果

由于陆地摄影测量是在地面对被测目标进行立体摄影测量，其对高山峡谷地区复杂地形和航空摄影死角具有独特的优势，因此一般产业部门都将陆地摄影测量作为一项新技术引进，后经陆地摄影测量组科技人员对陆地摄影经纬仪进行改进，将单机摄影改为双机同步摄影，解决了动态目标的摄影和立体量测问题，并使其在非地形测量领域的应用更加广泛。

（1）地形图测绘：陆地摄影测量组采用地面立体摄影测量技术，先后与四川省地质局测绘大队合作，完成了四川若尔盖、碧鸡山矿区 1∶1000 比例尺地形图的测绘；与云南省有色冶金局合作，完成了云南沅江铬矿区 1∶2000 比例尺地形图的测绘；与新疆军区测绘大队合作，历时 4 年，完成了汗腾格里峰地区 1∶50000 比例尺地形图的测绘；与石油部门合作，完成了浙江象山地下水封石洞油库洞壁 1∶100 比例尺地形展开图的测绘和库容量算。负责人：李树楷、励惠国。参加人员：周上益、张圣凯、钱育华、廖彩智、樊生杰、康海云、郭义伦、曹文玉、刘存厚、任勋宽、丁守文、史继东等。1972 年 6 月 17 日，樊生杰在新疆执行测绘任务时不幸牺牲，被核准为烈士。

（2）地面立体摄影测量在建设工程选址中的应用：采用地面同步立体摄影测量方法，量测预选厂址烟囱模拟烟云扩散数据，为计算大气扩散方差提供准确依据。与中国科学院大气所合作，完成了四川 09 工程、绵阳 281 工程、湖南 2348 工程、洛阳红旗炼油厂，以及北京 820 工程和东方红化工厂等一批国家重点工程厂址的选择。负责人：周上益、张圣凯。

（3）北京颐和园佛香阁古建筑变形研究：利用 TOPOCART-B 型地形立体测图仪，完成了颐和园佛香阁地面立体摄影测量图，为北京文物部门研究古建筑变形提供了科学依据。负责人：夏明宝。

（4）长江河道马鞍山段变迁的监测：采用地面同步立体摄影测量方法完成监测任务，为马鞍山城市建设和河道保护提供了依据。负责人：励惠国。

（5）海南岛石碌铁矿的地面多光谱摄影试验：选择典型地质剖面进行多光谱摄影及染印合成彩色图像试验，增强铁矿地质信息。负责人：张圣凯。参加人员：励惠国、廖彩智、戴旭、杜端秉、任凤清、任勋宽、张豪禧、郭义伦等。

以上工作的主要成果包括：①矿区地形图及制图说明、储油库洞壁图及库容计算数据、佛香阁古建筑图，均已提交任务委托部门使用，并受到好评。②试验报告：张圣凯、阎守邕、任凤清《地面多光谱摄影试验》和《多镜头地面多光谱摄影试验》已收入《海南岛航空相片判读文集》印刷出版。

（三）卫　星　组

1. 研究方向

利用资源卫星资料分析地面情况，有步骤地解决资源卫星的接收技术。

2. 成员组成

学科组长：王长耀。成员：曾明煊、阎守邕、郑兰芬、范惠茹、关威、宋燕菊、任凤清等。

3. 承担的主要任务及其成果

（1）气象卫星云图接收、分析和利用研究：由5m跟踪天线、用电台改装的云图接收机和扫描输出设备（传真机）组成，研制成功气象卫星云图接收系统，并于1970年5月接收到清晰的气象卫星云图。负责人：阎守邕、王锦华、王长耀。参加人员：曾明煊、郑兰芬、范惠茹、关威、宋燕菊、任凤清。

（2）唐山地震区热红外航空遥感试验：1976年9月，为了探索地震活动的遥感机理，陈述彭、童庆禧提出了开展地震区域红外遥感试验的建议，得到中国科学院和国家地震局的支持。红外遥感飞行由中国科学院上海技术物理研究所负责，地理所承担实验组织与地面测试调查工作。这是地理所第一次组织实施的航空遥感试验。通过在京津唐地区进行的以夜航为主的多架次遥感飞行，成功地获取了大量热红外遥感数据，为该区地震地质分析提供了最新的遥感资料。这是采用我国自己研制的遥感仪器获取的遥感数据，我国在航空遥感发展史上成功地迈出了第一步。负责人：童庆禧、魏成阶、田国良等。参加人员：航判室卫星组全体及部分地理所的其他研究室人员。

（3）汉中航空多光谱地质遥感试验：在中国科学院新技术局的支持下，阎守邕等从1975年开始，先后与北京工业学院四系、长春光机所合作，开展我国航空多光谱照相机的研制。1977年，完成了航空多光谱相机和彩色合成仪的研制任务。同年6月，地理所和空军、陕西省地质局配合，由阎守邕负责组织地理所、长春光机所、感光所等单位科研人员，成功地实施了陕西汉中多光谱摄影试验，拍摄了试验区的优质多光谱相片、处理出清晰的假彩色合成影像，开展了试验区多光谱相片的地质判读制图、测量和分析了试验区岩石矿物标本的波谱曲线。

（4）美国陆地卫星（地球资源卫星）图像的引进：1972年7月23日，美国把第一个地球资源卫星发射到近极地轨道，实现了每18天覆盖全球，发回像元分辨率为80m的多波段遥感图像。地球资源卫星图像在世界范围销售，但对中国封锁，后经国家图书进出口公司批准与协助，由地理所通过第三方引进了中国东经90°以西的美国陆地卫星影像，后又补充引进了覆盖全国的MSS4、MSS5、MSS6、MSS7波段影像底片。地理所成为在国内最早引进美国陆地卫星影像的单位。负责人：阎守邕、陈述彭、童庆禧。

（5）中国陆地卫星影像图和卫星影像图集的编制：1974年，购买到覆盖全国的美国陆地卫星像片后，航判室立即组织人员成功地编制出了1∶336万（后缩编印刷为1∶400万）《中国影像——陆地卫星影像略图》，这是我国第一幅覆盖全国的卫星影像图。同时，将全国的陆地卫星像片分幅合成为单幅的假彩色相片，编制成《中国卫星影像图集》，提供给有关部门使用。这两项基础性工作受到全国各使用部门的欢迎和好评。负责人：黄绚。参加人员：张圣凯、夏明宝、石军梅、任凤清等。

（6）青藏高原湖泊的卫星遥感调查：利用美国地球资源卫星MSS图像，对青藏高原的地理环境进行了研究。通过分析发现，地球资源卫星MSS图像上，我国青藏高原多个湖泊的形状和位置与已出版的相应地图有很大差异。这可能是由该区是高原山区，自然条件恶劣，难以实现地图资料更新所致。利用卫星遥感资料进行地图更新引起了我国测绘部门的高度关注。负责人：王长耀。

（7）我国第一次对外的遥感技术交流与座谈：1974年秋，日本在我国北京市主办了一场“日本农林水展览会”。展览会上展览了“MSV-300航空相片彩色合成仪”和“PHOSDAC-700彩色数字化等密度分割图像处理仪”两台图像处理仪器设备。这两台仪器设备主要用于处理地球资源卫星图像。这两台仪器的应用，需进行技术交流与座谈。受中国国际贸易促进委员会和中国科学院的委托，童庆禧代表地理所负责组织这次对外的技术交流与座谈。技术交流与座谈参加人以航判室为主，其他研究室派人参加，有阎守邕、田国良、王长耀、郑兰芬、刘玉凯、苗曼倩等。当时，由日本专家西尾元冲主讲这两台仪器的原理与应用技术（西尾元冲讲座时称“遥测”或“资源卫星图像”，不叫“遥感”）。童庆禧（当时学的日语）在翻译时，经与阎守邕（当时学的英语）商量，决定将“遥测”翻译为“遥感”更好。从此，我国的科学技术文献中正式应用“遥感”一词。这两台遥感仪器展出后，由童庆禧提议并由魏成阶经办向中国科学院申请外汇买下，并留在了地理所卫星组。

1977 年，航判室对研究的方向、任务、研究机构做了进一步调整，除了原来所建立的学科组具体实施航空相片与卫星像片的分析利用外，还开展了地物波谱特性与航空遥感试验，增设摄影处理实验室等，开展了卫星遥感图像的摄影处理与卫星影像图的编制。调整后的航判室学科组如下。

（一）航空相片判读组

1. 研究方向

航空相片、卫星像片和航空扫描图像的分析判读与制图，以及在资源、环境和自然灾害等领域的利用。

2. 成员组成

学科组长：陈正宜。成员：陈述彭、郑威、林恒章、魏成阶、黄绚、李涛、罗修岳、杜端秉、吕克解、黄秀华、王长有、丁守文、郭桂林、赵挥等。

3. 承担的主要任务及其成果

（1）北京地震地质会战第一专题：北京及邻近地区断裂构造卫星影像判读及其活动性分析。

唐山地震后，北京市副市长白介夫提出了“保卫党中央、保卫毛主席、保卫北京市人民”的号召。他直接领导、组织了北京地震地质会战，决定系统地研究唐山地震对北京的影响。白介夫亲临地理所，邀请地理所派人参加“北京地震地质会战”。会战共设 8 个专题。其中第一专题“北京及邻近地区断裂构造卫星影像判读及其活动性分析”指定由魏成阶任组长，北京相关的 5 个单位参加，对地理所编制的《京津唐渤张地区断裂构造图》和《京津唐渤张地区活动断裂构造分析图》进行实地考察验证，并采用其他专题资料补充完善，丰富了第一专题的研究成果。从 1976 年冬开始，历时 4 年最终形成《北京及其邻近地区活动断裂构造卫星像片分析图》且正式印刷出版，编写了相应的考察研究报告，供有关部门使用，并由专题组长魏成阶执笔，出版了专著《从地球资源卫星图像上判读断裂构造》。

该成果 1980 年单独荣获北京市科技进步奖三等奖。后又作为《北京地震地质会战总成果》的一部分荣获北京市科技进步奖二等奖。负责人：魏成阶。地理所参加人员：黄盛璋、孙忠明、于福顺等。

（2）国家科委委托专题：几种常规遥感判读仪器研制。为适应国内遥感应用的快速发展，国家科委决定加快我国几种常规遥感判读仪器的研制。1978 年 4 月，由国家科委主持并拨专款，由魏成阶与刘百胜（林业部林业规划院）、汪忠满（贵州新天光学仪器厂）等合作，研制出我国第一台航空相片立体判读转绘仪和三种常规遥感图像判读量测仪，供国内遥感应用单位使用。

（二）地面立体摄影测量组

1. 研究方向

地面立体摄影测量技术应用。

2. 成员组成

学科副组长：张圣凯（组长暂缺）。成员：李树楷、励惠国、郭义伦、廖彩智、夏明宝、刘存厚、史继东、刘亚军、陈铁城、孙涛。

3. 承担的主要任务及其成果

主要是继续完成前期承担的各项任务。

（三）卫 星 组

1. 研究方向

调整后的卫星组不再进行卫星图像的接收研制，转入地物波谱的测试分析、航空遥感试验与应用。

2. 成员组成

学科组长：王长耀。成员：童庆禧、阎守邕、龚家龙、郑兰芬、何昌垂、孙晓勤、王乙欣、包佩丽、谭星明、徐珍元、孙成国、任凤清。

3. 承担的主要任务及其成果

地物光谱仪的研制与地物光谱数据的测试：1974 年在地理所研制成功国内第一台光谱辐射计，并开展了相应的测量工作。以后，这台辐射计不断得到改进，由手动操作到自动扫描、曲线记录，后来发展成为磁带记录、计算机处理，1977 年定型为 GFJ-2 自记式地物光谱仪，波长范围为 0.4～1.1μm，扫描速度为 10～30s 可调，输出方式：*X-Y* 自动平衡记录仪，数字打印，其为我国有关部门生产光谱辐射计提供了设计思想，起到了示范作用。几年来，通过边改进、边测试，仪器性能不断完善，并积累了大量的地物光谱数据，为开展遥感基础研究提供了丰富的资料。负责人：童庆禧。参加人员：田国良、郑兰芬、包佩丽、谭星明、何昌垂、徐珍元、任凤清。

（四）摄影处理实验室

1. 研究方向

1977 年，航判室增设了摄影处理实验室，开展卫星遥感图像的相关掩模处理实验与卫星影像图的编制。

2. 成员组成

学科组长：张圣凯（兼）。成员：石军梅、孙建国、范惠茹、关威。

3. 承担的主要任务及其成果

出版了《卫星遥感图像的相关掩模处理实验》和《卫星影像图》等。

此外，航判室还与地图研究室一起，与××油库工程指挥部合作完成了“地下水封石洞油库库容计量”的工作。1978 年 1 月 13 日，该工作的研究集体地下水封石洞油库库容计量组获“中国科学院京区直属单位先进集体”称号。

此外，主要配合京津唐、汉中、哈密等航空遥感飞行，完成红外胶片及多光谱胶片的冲洗、处理、复制工作。

第三章　组建地理所二部阶段
（1977 年 12 月～1979 年 12 月）

1977 年 12 月，中国科学院党组决定在地理所内设立二部，负责遥感应用抓总，以及遥感技术应用与制图自动化实验中心的筹建工作。中国科学院的这一重要战略部署得到地理所领导的全力支持，抽调航空相片与卫星像片判读利用研究室、地图研究室制图自动化组的全部人员，并抽调气候、水文、地貌、地图等研究室的部分相关人员组建了地理所二部。

地理所二部专门从事遥感应用研究，并在一定程度上承担当时中国科学院遥感发展急需的组织、协调工作。

地理所二部的建制与业务工作由地理所党的领导小组统一领导，下设筹备小组（77 地业字 63 号）。

组长：王敏。成员：李清林、左大康、李秉枢、张时、周上益，以及地图室和后勤各一人。

1978 年 6 月，经中国科学院批准，地理所二部（遥感应用技术与制图自动化实验中心）正式成立。

一、组 织 领 导

由地理所党的领导小组任命（地理[78]党字 067 号）地理所二部主任：陈述彭；副主任：杨世仁。地理所二部机关业务组：何建邦、王长耀、马境治；后勤组：郭庆三、刘忠轩；政工组：王萍、郑若蔼；办公室负责人：张时。

二、方 向 任 务

根据中国科学院党组的要求，地理所提出地理所二部的主要任务如下：

（1）组织协调完成遥感技术与制图自动化的实验工作。

（2）逐步建立与培养一支遥感技术应用与制图自动化专业科技队伍，发展遥感技术与制图自动化。

（3）摸索和建立遥感技术应用与制图自动化工作系统。

（4）创立有关遥感技术的应用与制图自动化的基础理论和仪器的研制。

三、研究机构设置

地理所二部下设 3 个研究室：在航空相片与卫星像片判读利用研究室卫星组的基础上组建“地物波谱与航空遥感研究室”；在航空相片与卫星像片判读利用研究室航空相片判读利用研究组的基础上组建“遥感应用研究室”；在地理所地图室制图自动化研究组的基础上成立制图自动化研究室。

1978 年 6 月 24 日，地理所党的领导小组决定各研究室的负责人及人员组成如下。

（一）地物波谱与航空遥感研究室

副主任：童庆禧、黄扬；党支部书记：周上益；业务秘书：王长耀。

下设 4 个组。

（1）一组：组长黄扬。

（2）二组：组长龚家龙，副组长田国良。

（3）三组：组长李树楷。

（4）四组：组长钱育华，副组长郑兰芬。

研究室成员：周上益、童庆禧、王长耀、冯勇进、孙成国、徐珍元、朱宝章、张佩红、包佩丽、王乙欣、廖彩智、史继东、胡西亮、鲍士柱、孙晓勤、陈建钢、范惠茹、关威、颜铁森、郭世忠、刘永庚、吴纫玲。

（二）遥感应用研究室

副主任：郑威、黄绚；党支部书记：黄绚（代）；业务秘书：阎守邕。

下设 3 个组。

（1）一组：组长陈正宜，副组长罗修岳。

（2）二组：组长阎守邕，副组长王淑蓉。

（3）三组：组长励惠国。

研究室成员：陈述彭、郑威、黄绚、李涛、林恒章、魏成阶、杜端秉、赵挥、吕克解、付秀银、柯宝嘉、郭桂林、何昌垂、戴锦芳、周海荣、谭星明、孙涛、黄秀华、王长有、任凤清、刘亚军、张圣凯、石军梅、孙建国、夏明宝、张晋、郭之怀。

（三）制图自动化研究室

主任：杨世仁（兼）；业务秘书：林华强。

下设 2 个组。

（1）硬件组：组长李丽，副组长汪劲松。

（2）软件组：组长崔伟宏，副组长童寿彬。

研究室成员：杨世仁、姚孟璇、王树杰、苏汉武、朱重光、王为民、刘静航、侯伟学、马芬荣、李秀云、俞纪华、何建邦、李树平、张和甫、曹兆丰、徐爱义、冯惠琳、李良群、宋燕菊、高宝祥、周静茹、李琳、林华强、狄小春、张少龙、颜绍勇、陈子南、沈在壎、张建舫、索英则。

四、承担的主要任务及代表成果

（一）新疆哈密遥感试验

1977 年秋进行的新疆哈密遥感试验是为结合国家富铁找矿和发展我国遥感技术设备的需要而进行的一次综合性的地质遥感试验，也是我国最早的综合性遥感试验之一。该试验以地质找矿和试验多种遥感系统为目标，将常规航空摄影与光学、红外、微波遥感结合起来，并结合富铁找矿在地质遥感方面进行有益的探索。这次遥感实验由中国科学院与国家地质总局责成中国科学院地理所和国家地质总局地质遥感中心负责组织实施。实验基地设在机场所在地新疆鄯善县。实验区选择在气候、地理、地质、交通及飞行条件均为有利的新疆维吾尔自治区哈密地区鄯善县以南 200 多千米的帕尔岗和阿齐山地区。这里距离罗布泊仅几十千米，气候极端干旱，植被稀少，地质条件多样且有铁矿出露，有利于开展航空遥感试验和地面调查工作。

试验由地理所二部总体组织协调，童庆禧和张时为主要负责人。中国科学院参加这次试验的单位有中国科学院长春光机所、上海技术物理所、长春物理所、上海光机所、贵阳地化所、大气物理所、感光化学所、综合考察委员会，以及新疆地理所和生土所等。地理所参试的主要人员有项目主要负责人童庆禧、张时，成员王长耀、朱振海、田国良、郑兰芬、濮静娟、钱育华、范惠如、张圣凯、廖彩智等。

这次遥感试验得到国务院和中央军委的批准和支持，指派空军航测团出动飞机协助执行遥感飞行任务。1977 年 9 月，空军航测团副大队长马凤岗机组驾驶的“伊尔-14”型飞机载着中国科学院研制的航空遥感仪器腾空而起，拉开了遥感试验的序幕。在此后的近两个月里，共试验了中国科学院新研制的多光谱照相机、航空红外扫描仪、激光高度计、微波辐射计、地面光谱辐射计等多种遥感仪器和新型感光胶片等。这次综合性试验在技术或应用上均取得一些重要成果和突破。在技术上，为上述仪器从研制阶段的试验样机走向成熟提供了重要依据。试验证明，多光谱和红外影像的综合应用为地质构造和岩性分析提供了有力的分析手段。遥感分析结果比原有仅靠地面调查所得到的线性构造要多出好几倍；根据昼夜和一日多次飞行所获得的红外影像分析，较好地识别了该地区含碳酸盐的大理岩和白云岩，以及石英岩和以含硅酸盐为主的花岗岩等不同岩石类型。其在遥感数据获取技术上也有突破。例如，为克服老式飞机无自动导航并在没有明显地物参照的戈壁沙漠地区进行大面积遥感飞行的难题，参试人员与具有丰富飞行经验的机组共同研究采用了隔行飞行的方式，以减少由飞机转弯半径太小而造成的时间浪费，提高了飞行效率，其还成功地采用了 4 堆地面篝火引导夜间飞行，保证红外遥感在同一地区同样面积昼夜完全相同的覆盖。

（二）腾冲航空遥感试验

1977 年初，外交部通过国家科委传来鉴于法国总理访华并洽谈科技合作，希望中国科学院提出恰当的合作项目。为此，中国科学院提出了包括两国开展航空遥感联合试验在内的科技合作建议。这一建议很快为双方所认可。在中国科学院的直接领导下，成立了由地理所二部负责的联合试验筹备组。联合试验筹备组提出了选择以多样化资源环境为对象的腾冲地区作试验场的试验方案。这项多学科、多部门、综合性和空地配合的技术和应用试验再一次受到党和国家的关注，国务院和中央军委批准由中国科学院组织这项大型的科学试验。

正当我方进行合作准备之际，对方却提出中止该项目的合作。面对突然的变故，中国科学院决定仍由我国单独组织开展云南腾冲航空遥感试验。根据云南西部地区的气候特征，腾冲航空遥感试验定在 1978 年冬季进行，由中国科学院牵头，地理所二部具体组织实施，参加单位有国家地质、农业、林业、海洋、测绘、核工业、教育等 10 多个部门。

1. 组织领导

1）试验领导小组

组长：郁文（中国科学院秘书长）。
副组长：杨刚毅（中国科学院三局局长）、刘智斌（云南省科委主任）、李秉枢（地理所二部负责人）。
成员：范学圣（国家林业总局副局长）、尉传英（中国科学院五局负责人）。

2）现场指挥部

指挥：杨刚毅。
常务副指挥：李秉枢。
副指挥：陈述彭（地理所二部业务负责人）、李留瑜（国家林业总局工程师）、方华（国家地质总局副主任工程师）、徐永福（二机部三局209队队长）、张长元（云南省测绘局副局长）、邬锡良（中国科学院上海技术物理研究所副所长）、裴庆魁（中国科学院长春光机所研究室主任）。

办公室主任：张时；副主任：周上益。

3）试验组

空中组（保山）组长：童庆禧。

地面组（腾冲）组长：周上益。

2. 试验准备

1）人员培训

1978年7月初至8月中旬，中国科学院和北京大学在北京大学联合举办了“遥感技术应用研究班”，前后参加研究与培训的有200余人，为试验培训了一批重要的专业技术骨干。

培训组组长：李涛。

2）实地考察

1978年4月，中国科学院派出地理所等5个研究所，以及冶金部、农林部、二机部、军委工程兵、云南省测绘局等6个部委所属13个单位22名科技人员赴腾冲考察，进行任务调研与实地踏勘；与云南省、保山地区和腾冲县各级政府进行沟通与协调，具体落实国务院、中央军委《关于组织开展腾冲航空遥感试验的通知》（国发[1978]194号文件）在当地的部署。

考察组组长：周上益。

3）协调会议

1978年10月，中国科学院在北京召开了“腾冲航空遥感实验”协调会议，由云南省、昆明军区、空军、中国民航、国家林业总局、国家测绘总局，以及中国科学院所属研究所的负责同志参加。会议决定成立试验领导小组和现场指挥部及其办事机构；1978年11月中旬和12月初分别在昆明和保山两次召开现场指挥部工作会议，由总指挥，副总指挥，昆明军区，保山军分区，保山地区有关委、局，腾冲县等有关负责同志参加，由地理所二部汇报了飞行试验方案和地面专题研究计划，逐项检查并进一步落实了试验的各项条件。

3. 试验实施

1）飞行试验

1978年12月中旬，空军航测团安-30飞机、伊尔-14飞机和空军直升机团米-8直升机，中国科学院上海技术物理研究所、上海光机所、长春光机所、长春物理所、安徽光机所、感光化学所、化工部保定胶片厂和地理所二部参试人员陆续抵达云南祥云机场和保山机场，开始执行各项遥感仪器及感光胶片的飞行试验和遥感图像、数据资料的获取任务。

2）地面调查

1978年12月下旬，地面试验各专题参试单位如下。

中国科学院：地理研究所、地球物理所、长春地理所、综合考察委员会、南京地理所、南京土壤所、成都地理所、成都生物所、新疆地理所、贵阳地化所、植物研究所、昆明植物所、地质研究所、沈阳林土所、兰州地质所、兰州冰川所、兰州沙漠所。

林业部：林业调查规划院、中国林业科学研究院林业研究所、西南林业学院。

二机部：北京第三研究所、中南 209 队、航测队。

铁道部：铁道专业设计院，第一、第二、第三、第四设计院，北方交通大学，西南交通大学。

国家海洋局：第二海洋研究所。

冶金部：天津冶金地质调查所。

煤炭部：西安煤炭地质所。

高等院校：北京大学地理系、物理系、数学系，南京大学地理系，山东大学物理系，北京师范大学地理系，中山大学地理系。

云南省：林业局、地质局、测绘局、农业科学研究院、冶金地质勘探公司、师范大学、水文总站、地理研究所、腾冲县委、县政府；云南省科委：保山地区科委、楚雄彝族自治州科委、大理白族自治州科委、德宏傣族景颇族自治州科委、盈江县科委、腾冲县科委、梁河县科委。

北京科教电影制片厂等。

参加地面考察的 300 余人陆续抵达腾冲试验现场进行地面调查、采样和电影摄制工作。

3）分析应用

飞行试验于 1979 年 2 月中旬结束，获取的遥感图像和数据资料陆续提供各应用专题分析使用；地面调查工作也于同年 3 月陆续完成，飞行试验组和地面调查组撤离试验现场，各专题返回各单位开展室内分析、判读、制图并进行试验总结。

4. 成果

腾冲航空遥感试验从 1978 年开始，到 1980 年基本结束，历时 3 年。这次试验参加单位和人员之多、组织规模之大、使用手段之新、涉及学科领域之广，在我国遥感科学发展史上均属首次。试验开展的 33 项专题研究及其取得的专项成果，对我国遥感科学技术的发展起了重要的示范和奠基作用，在国际上也产生了重要影响。

（1）飞行试验成果：取得了腾冲试验区比较系统而完整的第一手遥感图像和数据，包括黑白全色、黑白红外、天然彩色、彩色红外、多光谱 5 种航空摄影相片，多光谱、热红外两种扫描图像和激光测高等遥感资料。同时，从直升机上获得 100 多组地物波谱的航空测试数据。现场航空试验历时 50 天，飞行 46 个架次，完成 136 个飞行小时，累计遥感覆盖面积达 3 万多平方千米，拍摄胶片 1100m，磁带 90 卷。

（2）基础研究成果：集中各种型号的光谱仪样机，包括棱镜分光和滤光片式等 3 种类型的 8 台仪器，进行对比测试，对 100 余种树木、作物、土壤、水体、地质体测得地物波谱曲线 1000 多组，为以后制定统一的标定、测试规范、仪器改型，提高自动记录水平，为最佳波段选择和特定波段的开发获得了第一批实验数据。

（3）应用成果：系统地调查研究了腾冲试验区的自然资源和自然环境，搞清了地面实况，提出了对腾冲地区资源开发利用和环境保护的建议。完成 17 项专题，写出学术论文和技术方法总结 121 篇，汇编为“空中试验”“农林应用”“地质应用”“水资源应用”“测绘制图”5 个分册，共 20 余万字。在遥感分析应用的理论和方法上进行了新的探索，提高了认识深度和应用效果。试验成果在科研、教学、生产部门得到推广和应用。

（4）图集、图件：《腾冲航空遥感图集》《腾冲县农业统计地图集》《腾冲彩色红外相片镶嵌图》《腾冲地区陆地卫星影像图》。

（5）电影：《遥感》《腾冲火山与热泉》。

5. 获奖

腾冲航空遥感试验荣获中国科学院科技进步奖一等奖、国家科技进步奖二等奖。

6. 主要完成人员（地理所二部部分）

李秉枢、陈述彭、童庆禧、张时、马境治、韩庆泰、郑威、黄绚、黄扬、李树楷、陈正宜、罗修岳、钱育华、龚家龙、田国良、朱振海、阎守邕、郑兰芬、王长耀、林恒章、何建邦、崔伟宏、励惠国、周上益、夏明宝、张圣凯、郭之怀、孙成国、濮静娟、徐珍元、张佩红、包佩丽、王乙欣、廖彩智、胡西亮、鲍士柱、黄秀华、王为民、范惠茹、关威、颜铁森、郭世忠、黄玉山、刘永庚、吴纫玲、王淑蓉、李涛、杜端秉、赵挥、杨超武、吕克解、付秀银、柯宝嘉、郭桂林、何昌垂、戴锦芳、周海荣、谭星明、孙涛、王长有、任凤清、石军梅、孙建国、纵坚平、王连琴、史继东、侯伟学、冯勇进等。

（三）宁夏回族自治区青铜峡地区电厂选址的遥感评估

20 世纪 70 年代中期，水利电力部西北电力设计院规划在宁夏回族自治区的青铜峡地区修建一座火电厂。当时，他们在初期规划设计中预选了大坝、草台子、西集 3 处作为厂址，委托遥感所用遥感方法对青铜峡地区进行构造稳定性评价，并最终从 3 个预选方案中选定一个厂址。1978 年 11 月，我们受水利电力部西北电力设计院委托，采用航空、卫星图像分析与实地调查、室内遥感图像处理相结合的方法，完成了“青铜峡地区区域构造稳定性遥感评价”，并选择大坝厂址作为最终建厂的设计方案。由于这是国内第一次在大型工程的区域构造稳定性评估中采用卫星遥感方法，水利电力部电力总局亲自组织成果鉴定，并推荐到全国科技成果交流会上展览。负责人：魏成阶，参加人员：付秀银、陈明扬、徐宜宝、任凤清、张圣凯等。接着 1980 年初，水利电力部西北电力设计院又委托遥感所以同样手段对山东省龙口电厂区域稳定性进行遥感评价，发现在原选厂址区的第四系覆盖下存在破碎带，建议将厂址向西位移 3km 以上。规划单位通过地质钻探探得沙层下的基岩中隐藏的一条北东向断层，据此将厂址向西移动 3.5km，避开了隐患。电厂建成运行十年后，发函遥感所，说明当初遥感所选址可靠。

（四）内蒙古自治区乌海电厂选址稳定性的遥感评估

1979 年 11 月，内蒙古自治区委托遥感所完成“乌海火电站区域地震构造稳定性的遥感评价”工作，由陈正宜（负责人）、林恒章、吕克解、郭衫等通过遥感信息判读，指明该站址位于一个完整的圆形构造内，相对稳定。其成果经内蒙古自治区电力局组织鉴定后被采用。

（五）广东大亚湾核电站区域构造稳定性的遥感评估

这是国内采用遥感技术第一次对大型核电站工程的区域构造稳定性进行评估，1997 年，由中国科学院和广东省直接下达任务。这是一项时间紧、任务重、精度要求高的探索性研究。课题组通过遥感图像的处理和分析对广东大亚湾核电站区域地质构造稳定性进行评价，证明该地区不具备新的明显构造活动条件，核电站站址处于相对安全地区。其研究成果直接为广东省政府采用。由陈正宜（负责人）、陈明扬、林恒章、吕克解、郭衫等完成。

五、人 才 培 养

（一）晋升研究员

（1）1978 年 3 月 15 日，中国科学院院务会议讨论批准陈述彭晋升为研究员。

（2）1979 年 1 月，杨世仁晋升为研究员。

（二）在职人员再学习

1972～1976 年，苏汉武被派往吉林大学学习。

1973～1976 年，王长有被派往宣化地质学院学习。

1974～1978 年，王为民被派往南京大学地理系地图自动化专业学习。

1979 年，何昌垂被选派到荷兰国际航空航天测量与地学学院（ITC）学习。

（三）研究生培养

1978 年，国家恢复研究生招生工作，地理所二部招收了第一批硕士研究生。

郭华东，1978～1981 年，地图学与遥感专业，导师陈述彭。

刘纪远，1978～1981 年，地图学与遥感专业，导师陈述彭。

周心铁，1978～1981 年，地图学与遥感专业，导师陈述彭。

李大卫，1978～1981 年，地图学与遥感专业，导师杨世仁、李丽。

连石柱，1978～1981 年，地图学与遥感专业，导师杨世仁、李丽。

茅亚澜，1978～1981 年，地图学与遥感专业，导师童庆禧、田国良。

朱来东，1978～1981 年，地图学与遥感专业，导师陈述彭。

万正明，1978 年，派往美国加州大学学习，导师杨世仁、李丽。

李小文，1978 年，派往美国加州大学学习，导师杨世仁、李丽。

唐新桥，1978 年，派往日本千叶大学学习，导师陈述彭。

张学云，1978 年，派往美国加州大学学习，导师童庆禧、田国良。

荆剑生，1978 年，派往美国加州大学学习，导师陈述彭。

宋真真，1978 年，派往美国加州大学学习，导师杨世仁、李丽。

王　竞，1978 年，派往美国加州大学学习，导师杨世仁、李丽。

章铭川，1978 年，派往美国加州大学学习，导师杨世仁、李丽。

詹慈祥，1978 年，派往美国加州大学学习，导师杨世仁、李丽。

1979 年 2 月 28 日，中国科学院宣布，地理所二部划归中科院空间中心，定名为遥感技术应用研究部。1979 年 12 月，国务院批准成立遥感所。1980 年 1 月，遥感技术应用研究部从中科院空间中心分出，定名为中国科学院遥感应用研究所。

第二篇　组织结构、科研与党务建设

第一章　第一届领导机构时期
（1979 年 12 月～1983 年 10 月）

一、所务建设（行政机构与科研业务）

（一）所 负 责 人

负责人：李秉枢（1979 年 12 月调任中国科学院资源环境科学局负责人、主持工作兼遥感所党委书记）、陈述彭、杨世仁、姜虎文（1982 年 12 月离休）；副所长：杨广辰（1980 年 5 月任命为遥感所党委副书记、副所长，免中科院空间中心副主任）。

（二）机 构 设 置

1. 科研机构设置：设 5 个研究室和一个遥感技术服务部

（1）地物波谱与航空遥感研究室。主任：童庆禧；党支部书记：金问信；共 27 人。

从事遥感基础研究，开展地物波谱特性的测试、遥感信息的辐射订正、几何纠正等遥感基础研究，承担国家重点航空遥感实验任务，取得航空遥感资料。

（2）遥感图像处理研究室。主任：李丽；党支部书记：沙志发；共 16 人。

从事遥感图像处理设备的研制，进行基本软件和应用软件研究，开展图像数据处理应用实验。

（3）遥感应用研究室。主任：郑威；党支部书记：郭之怀；共 26 人。

从事遥感图像成像机制和分析判读理论与方法的研究，开展遥感图像的色谱分析、光学分析和计算机分析，完成国家重点遥感应用实验任务。

（4）计算机制图研究室。主任：何欣年（1980 年 2 月中国科学院任命）；党支部书记：汪劲松；共 22 人。

从事自动化专题制图实验任务，进行自动化制图系列设备与计算机联机配套，开展自动化制图基本软件和应用软件的研究，结合国家重点任务，进行自动化专题应用实验。

（5）地理信息系统研究室。主任：郑长在（1980 年 2 月中国科学院任命）；党支部书记：黄绚；共 9 人。

进行地学数据库的研究，探索数据收集、分类、存储及检索等技术和方法。

（6）摄影处理服务部。负责人：黄玉山；共 5 人。

为遥感所内外复制遥感图像资料，包括黑白、彩色相片及底片的冲洗、晒印、翻拍、拷贝、放大、缩微等服务。

2. 管理服务机构：两办三处

（1）党委办公室。主任：郑元章；共 2 人。负责党务、组织、宣传、青年及工会等工作。

（2）所办公室。主任：张时；共 5 人。负责秘书、人事、保卫、文书等工作。

（3）业务处。处长：周上益；共 2 人。负责科研计划、成果处理、干部教育和外事等工作。

（4）物资处。副处长：郑若霭；共 5 人。负责器材计划、订货、采购和管理等工作。

（5）行政处。处长：刘忠轩；副处长：韩庆泰（1979 年 9 月任命）、郭庆三；共 28 人。负责财务、基建、总务、交通等工作。

3. 评议机构

（1）学术委员会。主任：陈述彭；副主任：杨世仁；委员：童庆禧、李丽、郑威、何欣年、郑长在、张文佑、王之卓、王大珩、宋达泉。

（2）技术委员会。主任：杨世仁。

（3）学位评定委员会。主任：陈述彭；副主任：杨世仁；委员：童庆禧、李丽、郑威、何欣年、郑长在、陈正宜、张文佑、王之卓、王大珩、陈宗鹭。

（4）职称评定委员会。主任：陈述彭；副主任：杨世仁；委员：童庆禧、李丽、郑威。

（三）科研方向与任务

1. 研究所定位

根据国务院批准的中国科学院《关于成立中国科学院遥感应用研究所的报告》，遥感应用所的主要任务是“开展航空遥感与卫星遥感技术的基础研究和应用研究，以及遥感图像处理的应用研究”。结合遥感所建所后的情况，第一届领导机构提出遥感所的科研方向与任务主要是从事遥感应用基础研究和航空遥感实验，探索遥感应用的新理论、新技术和新方法，为发展空间遥感和卫星应用做技术准备和科学储备。

2. 发展方向与优势学科

（1）发展方向：在遥感所建所三年后，中国科学院地学部于 1983 年 1 月组织专家评议组对遥感所进行了评议，评议组对遥感所提出的科研方向与任务进行了认真的讨论，表示原则同意。结合几年的实践经验，认为遥感所的科研方向主要是研究遥感技术在地学、生物学、环境科学等学科及其综合应用的理论、技术和方法。开展遥感应用基础研究，发展遥感图像、数据的计算机应用处理技术与制图自动化，研究和提高遥感图像的应用分析判读方法和水平，应重视多因素的综合分析和多时相的动态监测。通过典型试验，不断发展遥感应用的理论、方法和软件，并将其推广出去，更好地为经济建设服务。

根据目前遥感技术进展及其所处的阶段，它主要的优势在于近地面状况大面积的快速调查。考虑遥感所的性质、任务和条件，应当主要承担农业自然资源及其合理利用，以及区域规划、环境监测、大型工程建设前期科研等方面的遥感应用重大任务。

（2）优势学科：遥感应用基础理论；计算机遥感图像处理、制图与信息系统技术；遥感应用。

3. 主要研究领域与重大科研项目

（1）基础研究领域：地物波谱特性研究是遥感的一项基础性、理论性研究项目，共 3 个课题，即地物波谱特性研究——星载仪器最佳波段选择研究；地物的红外辐射特性研究；地物微波特性研究。

（2）技术发展研究领域：①遥感图像计算机处理研究，共 3 个课题，即扫描图像处理系统的改进；图像处理软件的发展研究；以 S140 计算机为主机的新图像处理系统的配置。②制图自动化实验研究，共两个课题，即图形数字化器与数控绘图机的联机与实验；人机交互制图系统的建立。③地理信息系统研究，共两个课题，即建立二滩-渡口地区地理信息系统与渡口市工业基地城市环境数据库；资源与环境信息系统国家规范研究。

（3）遥感应用研究领域：①综合性航空遥感试验，共 3 个项目，即腾冲航空遥感试验；津渤环境遥感试验；雅砻江二滩水力开发航空遥感应用。②“六五”国家科技攻关“遥感技术应用”项目，共两个课题，即黄淮海平原综合治理科技攻关中的遥感应用研究；天然文岩渠流域遥感应用研究。③专题研究，共 4 个课题，即广东大亚湾核电站地质稳定性研究；山东龙口电站地质稳定性研究；彩色红外航空遥感技术在天津市土地资源调查中的应用研究；天津市环境质量图集。

（4）北京遥感实验基地建设，这是中国科学院遥感应用科研规划重点项目，即①航空遥感实验技术系统：利用飞机作为遥感平台，装备 RC-10 航测制图相机、HS 四波段多光谱相机和遥感图像简易冲印设备等获取遥感信息。②气球与高塔遥感实验系统：利用高空飘浮气球和大气铁塔作为试验平台，进行光学和多光谱摄影试验。③长臂遥感车实验系统：利用长臂汽车，装备微波辐射计、散射计，进行微波遥感试验。④国产新型胶片应用试验（和化工部保定胶片厂合作），共两个课题，即彩色红外反转片；多光谱胶片。

4. 主要经费来源与使用情况

20 世纪 80 年代初期，遥感所第一届领导机构期间，国家基本处于计划经济时期，经费主要来自中国科学院拨款、实行预算包干，还有一部分来自国际组织援助和国际合作项目国外资金，也有极少量技术服务创收。购买大型仪器设备和一些特殊大项开支，需向中国科学院专项申请拨款。科研经费由遥感所集中管理，设备器材、野外装备、办公用品等按程序审批后由遥感所统一采购，科研人员按课题向管理部门借（领）用。差旅费按课题报销。到 1984 年，遥感所累计出现资金缺口 30 万元，通过向中国科学院申请，获得补贴 40 万元。年度收支情况见下表。

年份	收入/万元			支出/万元		
	总数	院下达	其他	总数	行政	科研
1981	240.0	240.0		246.6	41.6	205.0
1982	280.0	280.0		279.6	41.0	238.6
1983	266.8	266.8		217.0	37.0	180.0
1984	240.0	224.0	16.0	270.0	59.0	211.0

（四）研究所建设与发展的主要措施与创新

第一届领导机构在地理所二部的基础上正式建立了中国科学院遥感应用研究所，在所内成立了以地物波谱特性的测试与分析为目标的遥感应用基础研究，以计算机遥感图像处理、计算机制图和地理信息系统为目标的技术发展研究，以及以围绕国家经济建设为目标的应用示范研究组成的科学研究系统和与之配套的实验技术系统，初步建成了与国际接轨的遥感应用学科体系；在继续组织全国各参试单位科技人员开展腾冲航空遥感试验专题研究的同时，相继组织开展了以城市环境为中心的天津-渤海湾地区环境遥感试验和西南山区以水力开发为中心的能源遥感应用研究。三项国家级重大遥感应用试验的成功在国内外产生了很大影响，成为遥感所建所的三声“礼炮”载入史册。

1. 队伍建设

建所初期，遥感所科研人才相对缺乏，为了满足学科布局的基本需要，遥感所先后从中国科学院沈阳自动化所、地矿部地质遥感中心等兄弟单位调入了一批科研骨干，充实科研力量。为了不断补充高水平科研人才，遥感所下大力气培养硕士研究生，将其中一部分送出国深造。1978 年，遥感所招收硕士研究生 17 名，其中 5 人被送到美国、1 人被送到日本读硕士。以后每年平均招收硕士研究生 5 名。从 1981 年开始他们陆续毕业，其中有 4 人留所，在国外学满回国 1 人。加上每年由国家统一分配给遥感所的大学毕业生，遥感所人才缺乏的状况逐步得到缓解。加强在职干部的培养提高，是遥感所队伍建设的又一重大举措。建所初期，遥感所有40余名初高中毕业生和相当一部分“文化大革命”中三年制大学毕业生。对“文化大革命”中三年制大学毕业生，所里普遍安排了半年以上脱产补课；将所内40多名初高中毕业生安排到对口专业学习图书情报、科研管理、器材管理、党政管理、计算机、无线电、生物实验技术、财会、中文、地理等专业知识，相当一部分取得了大专学历。遥感所还结合工作，陆续选派一些科研人员到中国科学院计算所、石油部石油规划院、北京大学和清华大学参加微处理机及图像处理短训班学习。此外，遥感所还举办了航空摄影、相关掩膜图像处理、微处理机、算法语言和英语口语等学习班。通过学习提高了科技和管理人员的水平，有力地促进了遥感所干部队伍的成长。

2. 装备建设

建所初期，遥感所只有一些从地理所带过来的遥感信息获取、处理和判读分析设备，如RC-10航空相机、冲洗机、NOVA-840电子计算机（日产）、彩色合成仪、B型地形测图仪等，通过几年的建设与发展，特别是通过国际合作，装备了当时较为先进的S140计算机、M75彩色显示器等设备和微处理机，发展研制成功“计算机遥感图像处理系统”、“计算机辅助制图系统”和“自记式地物光谱仪”等系列设备，并初步达到使用水平，它们在科学研究中发挥了重要作用。

3. 制度建设

根据《中国科学院研究所暂行条例》，“研究所实行党委领导下的所长负责制”。该条例规定，“研究所所长、副所长遇重大问题，应当召集所务会议，进行讨论和作出决定”。新班子成立后经第一次会议（1979年11月24日）讨论，“为建立我所正常科研和工作秩序，加强我所集体领导，决定建立遥感应用研究所所务会议制度，并商定所务会议每月召开一次，遇有紧急重大事宜，可临时召开”。该条例规定，“所务会议由所长、副所长、党委书记、学术委员会主任、研究室主任，以及有关的行政机构和技术系统的负责人等参加”。遥感所所务会议由李秉枢、姜虎文、陈述彭、杨世仁、童庆禧、金问信、郑威、郭之怀、李丽、沙志发、张时、郑元章、周上益、郑若蔼、刘忠轩15人参加。根据会议要讨论的内容，除上述同志外，还可允许有关人员参加。1980年9月1日所长办公会议重申，为切实贯彻《中国科学院研究所暂行条例》，今后所务会议的参加人员包括所长、副所长、党委书记、学术委员会主任、研究室主任，以及有关的行政机构和技术系统的负责人。若室主任不在，但讨论的问题又涉及该室时，该室的副主任可以列席会议，支部书记不再参加所务会议，从而建立和健全了遥感所的科学民主的决策机制。接着建立了由杨世仁负责的技术委员会和由姜虎文、韩庆泰负责的经济管理小组，以及由业务处、办公室组成的技术安全小组，并逐步建立健全了岗位责任制和各种规章制度。在加强思想政治工作的同时，在遥感所职权范围内发挥经济手段的作用，加强课题论证，严格实行课题核算和经济管理，加强各级责任制，做到赏罚分明、责权分明，充分调动各类人员的积极性。

4. 主要创新

（1）体制创新：初步建立了遥感应用学科体制，建立了以遥感示范应用研究为龙头、以遥感技术发展为支撑、以遥感应用基础研究为后盾的研究体系和与之配套的实验技术系统，其成为我国第一个遥感应用科研实体。

（2）任务创新：在继续组织全国遥感力量，完成我国第一次大规模、多学科、综合性的，以资源遥感为目标的腾冲航空遥感试验的同时，又相继开拓了以城市环境监测为目标的津渤环境遥感试验和以山区水力开发为目标的能源遥感应用，其在我国乃至世界均属首次。

（3）国际合作：在国家科委的主持下，国家遥感中心研究发展部在遥感所建立，从此打开了国际合作的新局面。通过合作，遥感所科技人员的学术、技术水平、技术装备水平都有了一个大的提升，使遥感所成为国家遥感研究发展的核心力量。

（4）国际会议：通过遥感所的积极活动，争取到第二次亚洲遥感会议在北京召开，在大型国际学术会议的舞台上，通过人才亮相和成果展示，有力地提高了遥感所在国际上的重要影响，并积累了承办和主持国际学术会议的经验。

二、党务建设（中共遥感所第一届党委）

（一）任 职 时 间

1979 年 12 月～1983 年 10 月。

（二）书记、副书记、委员名单

书记：李秉枢；副书记：杨广辰；委员：姜虎文等。

（三）党委主要工作职能

1. 领导作用

根据中国科学院党的领导体制，在第一届领导机构期间，遥感所仍然实行党委领导下的所长负责制，切实加强和改善了党的领导。在贯彻领导制度的改革中，明确了党政分工，党委以掌握方针政策和做好思想政治工作为主，并着重抓了科研工作中的重大问题、干部的配置和调整使用，从而进一步发挥了科学家所长的作用，使他们除了在抓好科学管理工作以外，能有一定的时间从事和指导科研工作，进而使所领导机构内部加强了团结，既能明确分工、各负其责，又能彼此尊重、互相配合，同时健全了党委会、所务会和所长办公会等会议制度，初步健全了科研和其他各项工作的正常秩序。

2. 党的建设

重视加强了党的自身建设，发挥了党组织的战斗堡垒作用和党员的先锋模范作用。党委重点抓了自身的思想作风建设，逐步健全了党委的组织生活制度，通过组织生活把问题和意见摆到桌面上，开展批评与自我批评，委员之间以诚相待，经常不断地交换意见、相互关心、相互体谅，增强了党委领导机构的团结。所党委坚决按照新党章和准则的要求，认真实行党的民主集中制，凡属所内重大事项，都经党委集体讨论决定，各自分工执行，初步改变了议而不决、决而不行的松散状况。所纪检小组充分发挥了监督检查作用，协助党委整顿党风、处理违纪事件。

3. 基层党支部建设

调整健全了处、室党支部，使党的路线方针政策和党委决议得到及时贯彻，发挥了党支部的战斗堡垒作用；在组织建设中，发展两名科研人员入党，增加了党的新鲜血液。在党支部开展了党风和遵纪守法教育。为了端正党风、严肃党纪、克服存在的软弱涣散状态，所党委开展了“党的行为准则”的宣传教育，在统一认识的基础上，对存在的问题进行了清理。对于擅离职守、不请假私自到外地，特别是有的同志采用假包工、签订空头合同等方式私分公款等问题，党委在批评教育、提高认识、退回全部非法所得的基础上，本着教育从严、处理从宽的原则，给予有关党员党内严重警告处分。一批坚持原则、敢于斗争的同志受到了表彰。由于党委旗帜鲜明、敢抓敢管，遥感所的风气很快得到根本性改变。

第二章　第二届领导机构时期
（1983 年 10 月～1988 年 9 月）

一、所务建设（行政机构与科研业务）

（一）所 负 责 人

所长：杨世仁；副所长：杨广辰、童庆禧；所长助理：万正明。

（二）机 构 设 置

1. 科研机构设置

换届时，遥感所下设 6 个研究室，1984 年底，所机构调整，设 7 个研究室、1 个开放性实验室和技术服务系统。

（1）地物波谱特性研究室。主任：黄扬（1986 年 6 月黄扬任党委副书记，主任由曹津生担任，田国良任副主任）。

（2）遥感图像处理研究室。主任：李丽。

（3）遥感应用研究室（1985 年 2 月，改为地质与工程环境遥感应用研究室）。主任：陈正宜；副主任：林恒章、蔺启忠、郭华东。

（4）计算机制图研究室。主任：林华强。

（5）环境信息系统研究室。主任：何建邦（1984 年 8 月调地理所成立资源与环境信息系统实验室，遥感所重新组建地理信息系统研究室，阎守邕任研究室主任；詹慈祥任副主任）。

（6）航空遥感试验研究室。主任：李树楷。

（7）生态环境遥感应用研究室（1985 年 2 月从 3 室分出）。主任：王长耀。

2. 管理服务机构

（1）业务处。处长：周上益；副处长：赵世学 、朱振海（1984 年 12 月调离）、 崔承禹（1986 年 6 月调离）、任维诚（1987 年 11 月停职留薪）。

（2）行政处。处长：刘忠轩；副处长：郭世忠（1987 年 9 月调离）、刘长海（1987 年 10 月任命）。下设技术劳动服务公司，经理：刘忠轩（兼）；副经理：林燕洋。

（3）所办公室。负责人：马境治（1983 年）；副主任：马境治（1984 年 10 月任命，1986 年 7 月任主任）。

（4）党委办公室。主任：韩庆泰（1985 年 6 月调离）、朱明球。

（5）财务处。处长：陈秀勤。

（6）人事处。处长：李国勤（1986 年调离）、李雄（1986 年 11 月任命）。

（7）开发处（1985 年成立）。处长：汪湘。下设 3 个公司，即①海淀新技术开发公司，经理：汪湘（1987 年 5 月离休后指定周上益兼任）。②朝阳新技术开发公司（1987 年 10 月更名），经理：周上益（兼）。

③遥感所兴旺电脑公司（集体所有制），经理：林燕洋。

3. 评议机构

（1）学术委员会（1986 年 6 月）。主任：杨世仁；委员：郑威、李丽、陈述彭、左大康、王大珩、王之卓。

（2）高级职称评审小组（1987 年 11 月）。组长：杨世仁；成员：郑威、李丽、万正明、陈正宜、左大康、陈述彭。

（三）科研方向与任务

1. 研究所定位

领导机构换届初期，遥感所定位为主要研究遥感技术在地学、生物学、环境科学等学科中综合应用的理论、技术和方法。随着改革开放的不断深入，国家开始进行拨款制度改革，对研究机构的经费实行分类管理，提出了对基础性、应用性、开发性和服务性研究机构按不同的比例拨款。经遥感所所长办公会议和所务扩大会议讨论，向中国科学院提出了对遥感所实行“一所多制研究所”的建议。根据中央关于科学技术必须面向经济建设的战略方针，积极承担国家和院的攻关任务，将科技转化为生产力。与此同时，继续开展多种形式的横向联系，为地区性、专业性经济建设做出贡献。

2. 发展方向与优势学科

（1）发展方向：根据中国科学院地学部 1983 年 1 月组织的对遥感所的评议，提出遥感所的发展方向是“以应用研究为主，发展先进技术，保证推广服务”，这一指导思想现在仍是正确的。但由于拨款方式的改变，在科研力量的布置上，遥感所采取了一、二、三线的安排，使遥感所保持技术优势和竞争能力，即积极承担国家重大综合性遥感任务，为经济建设做出贡献，通过纵向或横向合同，取得较多的经费支持为第一线；加强技术系统建设，不断发展新的技术和方法，形成强大的技术后盾为第二线；安排适当的力量，从事基础性遥感理论研究为第三线。在力量安排上，一、二、三线的比例大体为 4∶2∶2。

（2）优势学科：遥感应用，计算机遥感图像处理、制图与信息系统技术，遥感应用基础理论。

3. 重大科研项目

（1）“七五”国家科技攻关项目“遥感技术开发”：①高空机载遥感实用系统；②黄土高原遥感调查——黄土高原（安塞试验区）遥感调查；③“三北”防护林地区遥感综合调查；④黄河流域典型地区遥感动态研究；⑤我国遥感技术领域中的软科学研究；⑥遥感应用基础研究；⑦黄土高原重点治理区遥感调查与系列制图；⑧黄土高原地区资源与环境遥感调查及系列制图；⑨资源环境遥感动态与模型分析试验研究；⑩黄土高原重点小流域水土流失与综合治理遥感监测；⑪多种遥感数据的综合分析——陆地卫星 TM 资料专题系列成图规范化研究；⑫黄土高原遥感专题研究——实用化遥感图像按地形图分幅、机助分类与自动化制图软件研究；⑬黄淮海平原地区水域动态遥感调查。

（2）“七五”国家科技攻关（305）项目：“遥感技术在新疆地质找矿中的应用研究”课题。

（3）中国科学院重大（点）科研项目：①红外多光谱遥感技术在新疆托里–艾比湖地区金矿调查中的应用研究；②资源环境遥感动态与模型分析试验研究；③计算机遥感图像处理系统研制；④微机制图系统研制；⑤陆地卫星影像中国地学分析图集。

（4）重大横向委托合同项目：①西藏自治区土地利用现状遥感调查；②红水河龙滩电站区域遥感调查；③唐山市集中供热微机遥测遥控系统。

4. 主要经费来源与使用情况

从 1985 年开始，国家步入了“有计划的市场经济时代”，中国科学院开始了大规模的以拨款制度改革为龙头的科技体制改革，结束了院属各所单纯依靠国家拨款的历史。

1985 年 1 月，中国科学院工作会议讨论了关于科技体制改革的一项重大措施——“改变研究经费拨款方式，实行基金制和合同制”。4 月，院长办公会议讨论通过《院内科学基金暂行条例》《重大科技项目合同制暂行条例》。7 月，《关于院部机构调整的通知》决定撤销中国科学院计划局，成立中国科学院科学基金局和科技合同局。按照分类管理，择优支持的原则，在中国科学院实行研究经费的基金制和合同制的管理方法。

根据中国科学院提出的拨款制度改革方案，从事“技术开发类”研究所，国家拨款逐年减少，直到停拨；从事“基础研究和基础性应用研究类”的研究所，经费依靠申请基金、国家只拨必要的经常费用和公共设施费用；从事多种类型研究工作的单位，经费来源根据实际情况，通过多种渠道解决；从事社会公益事业、技术基础和农业科学研究的机构由国家拨款。

从 1984 年开始，中国科学院实行迂回拨款，逐步减少包干经费，同时取消了对遥感所的特别支持。遥感所经费来源除院拨少量包干经费外，主要是通过承担不同类型的课题，分别从国家、院和地方取得科学基金、攻关项目和横向委托合同项目经费。特别是 1984 年，由于包干经费大幅减少，课题经费实行专款专用，用于遥感所的公共开支，如大型设备的购置、运行与维修，基本建设与公共设施的投入等都面临较大的困难。1984 年遥感所科研经费仅 186 万元，1985 年仅 188.7 万元，由遥感所分配给研究室的事业费只有 1 万元，这一段时间出现了入不抵支的情况。随着科技体制改革的深入，中国科学院各项配套改革的措施不断完善，1985 年遥感所先后争取到西藏土地资源遥感调查和广西红水河龙滩电站区域遥感调查两项重大横向委托合同项目，1986 年开始国家“七五”项目招标，黄土高原遥感调查、“三北”防护林遥感调查、新疆 305 项目等一批国家、部门和地方课题逐步落实到遥感所，从而扭转了入不抵支的局面，从 1986 年开始逐步实现了收支平衡，略有结余，1984～1988 年遥感所经费收支情况见下表。

年份	收入/万元						支出/万元		
	总数	院下达	科技三项	横向委托	科研课题	公司	总数	科研	行政
1984	240.0	240.0					270.0	211.0	59.0
1985	188.7	188.7					274.3	228.9	45.4
1986	248.5	122.7	22.0	103.8			204.0	144.7	59.3
1987	344.3	151.8	61.0	73.3		58.2	249.1	183.0	66.1
1988	423.4	168.5	19.7		235.2		330.7	232.8	97.9

（四）研究所建设与发展的主要措施与创新

1. 队伍建设

（1）领导机构建设。为加强遥感所内部的管理，建立高效能的业务、行政指挥系统，从 1985 年 4 月 1 日开始，中国科学院所属研究所实行所长负责制，由所长全面负责，全权领导研究所的业务、行政工作。本届领导机构上任后正值国家和中国科学院科技体制改革的攻坚时期，特别是拨款制度改革和机构调整两大任务是对新一届领导机构的巨大挑战与严峻考验。为此，所领导采取一系列的改革措施，保证了研究所建设与发展的顺利进行。

1983 年 10 月，新一届所领导机构由杨世仁、杨广辰和童庆禧三位同志组成。1984 年 12 月 6 日中国科学院决定成立“飞机技术引进小组”，童庆禧任组长，朱振海、丁家志为成员，后成立中国科学院航空遥感中心，隶属于中国科学院自然资源综合考察委员会。遥感所领导机构实际上只有杨世仁所长、杨广辰书记两人。为了加强所级领导机构的力量，1986 年 1 月，所领导决定万正明任所长助理，在杨世仁出国期间，受所长杨世仁委托，万正明为遥感所法人。在院领导的支持下，同年 6 月，院党组决定黄扬升任副书记，所领导力量得到了显著的加强。

加强科学管理，把学术民主和管理民主放在突出位置。学术民主首先体现为贯彻双百方针，允许不同学术观点并存。注意发挥学术委员会在审议本所学术方向、审议重大课题、评审研究成果、评定学术水平方面的作用。成果鉴定、职称评审都由学术委员会决定。1987 年所学术委员会由 7 人增至 11 人（所内委员增加 4 人，增补人选在高级科技人员和中级科技骨干中民主选举产生，除具有一定学术水平外，其中 2 人年龄在 45 岁以下）；实现管理民主，充分发挥所务委员会的作用。所务委员会由所领导和处、室主任组成，所内重大业务行政工作，各项规章制度的制订，重大任务的确定，有关人员的任命、聘任等均经所务委员会讨论，由所长做出决定。所务委员会发挥了业务行政决策机构的作用。

（2）科研机构调整。领导机构换届时，遥感所设 6 个研究室。1984 年 3 月，所领导决定将遥感应用研究室分为地质与工程环境遥感应用和再生资源与生态环境遥感应用两个研究室。8 月 21 日，院地学部决定在地理所成立资源与环境信息系统实验室，人员从地理所技术室、地图室和遥感所五室抽调。遥感所地理信息系统研究室主任何建邦等主要科研骨干去了地理所。为了保持遥感所科研工作的连续性和科研体制健全，遥感所重新组建了地理信息系统研究室，由阎守邕任主任，1986 年 6 月詹慈祥回国后任副主任。

（3）增设技术开发部。为了适应科技体制改革的需要，促进科研成果转化，加强科技开发能力建设与技术服务水平，1985 年遥感所决定成立技术开发部，由汪湘任主任，下设遥感新技术开发公司和柯尧技术劳动服务公司，面向市场，开展技术开发和技术服务。

（4）多渠道争取科研经费。根据中央关于科学技术必须面向经济建设的战略方针，积极承担国家和院的攻关任务，将科技转化为生产力。与此同时，继续开展多种形式的横向联系，为地区性、专业性经济建设做出贡献。为了尽快适应拨款制度改革的新形势，争取更多的科研项目，遥感所一方面从地物波谱特性、遥感应用、地理信息系统和生态环境遥感应用 4 个研究室组织精干力量，争取国家攻关、基金和院重大等纵向科研项目。同时，考虑到横向任务目标明确、实用性强、经济效益显著，遥感所特别注意把面向部委和地方，争取承担横向委托项目作为重要方向。

为了充分发挥遥感所的综合技术优势，遥感所提出了争取横向任务的重点地区在西北和城市。因为西北地区人烟稀少、地域广阔，在区域开发规划制定等方面遥感可起重大作用；城市是人类活动集中的地区，遥感、地理信息系统在城市规划与建设、环境监测与保护、城市和郊区土地利用方面具有重要作用。同时遥感所提出了争取横向任务的工作原则是承担技术总体。遥感所技术力量密集，但生产、作业能力不足，遥感承担总体技术方案和分项技术方案的制定，在典型区域进行示范应用研究，为委托单位举办各种培训班，尽量利用委托单位的技术力量，由遥感所科技人员进行技术指导、技术把关和技术协调，并负责保证任务的质量。根据所领导的安排，研究室主任王长耀和青年科技人员刘纪远争取西藏项目，青年科技人员郭华东争取新疆项目，研究室主任陈正宜争取广西红水河龙滩电站遥感项目，研究室主任黄扬和青年科技人员袁志宁争取唐山项目，研究室主任李树楷争取重庆、广西和海南项目。经过一年多的努力，遥感所成功地争取到新疆遥感地质找矿（国家 305 项目，78 万元）、龙滩电站遥感调查（56 万元）、西藏土地资源调查（150 万元）、唐山集中供热微机遥测遥控系统（20 万元）等任务。院承诺从院外争取的项目，院按 1∶1 匹配经费。仅西藏和广西两项取得的科研经费就占遥感所年度经费的一半以上。

（5）支持研究室争取双重领导。双重领导是加强中国科学院与地方或产业部门联系的一种有效形式。由于遥感所具有多学科的特点，遥感所认为，可以一个或几个研究室来争取双重领导，以开拓任务渠道。1986 年，遥感所航空遥感研究室与河南省洛阳市达成建立“中国科学院遥感应用研究所开发部与河南省洛阳市环境遥感科技中心”的意向。洛阳市委、市政府同意双方集资共办。经洛阳市窦祖菀副市长来遥感所和遥感所杨世仁所长去洛阳市考察与协商，双方商定“中心”在洛阳市环境保护局挂牌，实行事业单位、企业管理。飞机和RC-10相机由洛阳市贷款购买，工作人员工资由洛阳市出。洛阳市已为“中心”批准编制25名，行政、后勤由洛阳市解决，技术方面由遥感所负责，项目由双方共同争取。

1988年5月经院批准，遥感所计算机辅助制图和航空遥感两个研究室在业务上与城乡建设部综合勘察研究设计院实行双重领导。两个研究室行政上仍隶属于遥感所，承担由建设部下达的或通过横向委托接受的各种城市发展、规划、建设及管理方面的遥感任务。

（6）关键项目，彰显领导力量。西藏土地资源遥感调查是遥感所承担的第一项重大横向委托合同项目，对外，涉及国家土地管理局和西藏民族地区的许多部门和单位，竞争相当激烈，组织协调工作十分复杂。在起步阶段，为了把任务争取到遥感所，杨世仁所长亲自出面争取到联合国粮食及农业组织、国家民族事务委员会（简称国家民委）、国家经济贸易部、国务院援藏办公室和西藏自治区领导的支持，确保项目全面落实并进一步拓展。对内，组织航空遥感、计算机图像处理、计算机制图和生态环境4个研究室的力量承担该项任务，并利用经济杠杆，充分调动项目科技人员的积极性，保证该项任务高质量全面完成。

（7）人员结构的调整。遥感所人员组成大体如下：建所初期从各单位调入的科研和行政人员；遥感所培养的研究生、毕业分配来的研究生和大学生；吸收的社会待业人员。通过鼓励人才流动，对不适合做科研和行政工作的人员进行了调整，在1983～1987年3年多的时间里，遥感所调给外单位30余人，其中大专以上只占40%左右；调入和接收新分配的研究生、大学生40余人，其中大学以上文化程度占90%以上。此外，遥感所通过聘请国内外专家来所讲学，选派科技人员出国进修，遥感所科研人员的综合素质明显提高。

（8）机关工作改革。遥感所编制300人，当时只230人，属于小型研究所，但行政业务部门却是按大所的规模建立的。所内机构有业务处，内含计划、外事、教育、科技档案、器材条件、图书资料、情报、学会编辑部等；所办公室含秘书、统计、保卫、财务；行政处下属总务、房产、修缮、车队、医务室、车间等，以及人事、党办、基建办公室和新技术开发部（公司）等，机构重叠、人浮于事（有同志估计机关工作人员可以减掉1/3～1/2），造成工作效率低下，按劳分配原则不能真正贯彻。小所应该按小所的管理模式。根据遥感所的情况，调整了机关职能，如以器材条件工作原来包括国内外仪器器材订购，各类仪器器材和化学药品、感光材料的保管和分发、领用，以及一些通用仪器的维修。为了促进器材条件工作的社会化，减少库存积压和因此造成的种种浪费，遥感所决定将大部分国产仪器器材的订购保管分发，改成根据研究室需要进行市场采购并逐步将仓库合并。又如，图书馆，随着复印机的普及，遥感所减少了书刊订购，加强了与院馆、公共图书馆及兄弟单位图书情报部门的联系，取得与本所业务有关的文献书刊目录，协助科研人员办理图书、资料的借阅和复印等。再如，遥感所的后勤服务工作，通过实行社会化管理，交通按里程收费计账、车队修理承包、减少车辆数目，后勤物资按需要进行采购，减少库存，支持办好后勤劳动服务公司，按社会化运行管理。通过一系列的改革措施，减少了遥感所机关工作人员，使遥感所的工作效率和服务质量明显提高。

（9）重视成果。科研成果是考核和评价研究所业绩的硬指标。经过两届领导机构带领全所科研人员艰苦奋斗，遥感所一大批科研成果通过了验收、鉴定或评审。1983～1988年，遥感所上报科研成果25项，其中15项获奖，包括国家二等奖4项、院特等奖1项、一等奖两项、二等奖6项、省部级奖3项。

2. 装备建设

在地物波谱特性研究方面，引进了美国SE-590便携式野外光谱辐射计，经进一步发展其成为野外快速数据采集、实验室计算机快速处理、分析和绘图的全自动系统；协作研制成功X波段微波辐射计、散射计和微波网络仪。

在计算机遥感图像处理方面，自主研制成功由 IRSA-2、M75、AT386 计算机及其相应软件构成的具有较为完善的图像处理功能的计算机图像处理系统，并成功应用于西藏土地资源调查、黄淮海平原综合治理、新疆地质找矿和龙滩电站调查等重大科研项目。

在遥感应用方面，装备了 4200F 多光谱图像分析仪、C 型双人立体判读仪、ZOOM 相片立体转绘仪。

在计算机制图方面，完成了 PDP11/23 人机交互制图系统、微机制图系统的研制，并将其用于城市环境制图。

在地理信息系统方面，装备了 MicroVAX-11、COMPAQ386 等计算机图形系统。

3. 制度建设

（1）职工上下班签到制度：作为考核标准，每日法定工作时间为 7.5h。除研究员可实行弹性工作时间外，职工实行上下班签到制度。规定职工因公外出，需口头、电话或书面请假。

（2）职工培训制度：制定了职工培训计划。“文化大革命”期间的高、初中毕业生参加函授大学或电视大学等业余学习每周不少于两个半天，并要求完成所里分配的任务。对文化补习、特种专业培训、高中达到大专、初中达到中专水平后的职工，所里不再安排培训。所领导把职工培训重点放在通过争取各种资助，有计划地派遣出国进修人员，优先派遣完成任务好的同志，每年 2～3 名，并给予提高外语水平的机会。

（3）自费出国和报考研究生制度：规定批准出国之日起停发季度奖；批准自费出国半年未出国而又不参加任务者扣发 30%的工资；申请自费出国或报考外单位研究生推迟职称评定和选派公费进修；自费出国逾期不归不保留编制等。

（4）职工在外兼职制度：职工在外兼职，减少了承担所内任务的时间和精力，规定按经济核算的方法来处理工资和奖金；在职称评定和聘任上也做相应的考虑。

二、党务建设（中共遥感所第二届党委）

（一）任 职 时 间

1983 年 10 月～1989 年 4 月。

（二）党委书记、副书记

书记：杨广辰；副书记：黄扬（1986 年 6 月任命）。

（三）党委主要工作职能

1. 党委的保证和监督作用

根据中国科学院《关于院属研究所实行所长负责制的暂行规定》，所党委的主要任务是抓好党的建设和思想政治工作，对业务、行政工作起保证和监督作用。几年来，所党委积极支持所长全权领导研究所的业务、行政工作，支持所长决定业务方针、政策和其他重大问题，结合遥感所的整党工作，加强领导机构建设，做到边整边改。支持和配合所长建立和完善了遥感所民主管理制度，保证所长负责制的贯彻执行。杨世仁所长 1984 年入党后，在工作中十分注意自觉接受党组织的监督，一些重大问题，如重大业务方向、重大科研项目、中层干部任命聘任等决策首先在所长书记会议上讨论，然后再通过相关会议做出决定。

2. 党的建设

一是抓整党。1983 年 10 月，中共十二届二中全会讨论通过了《中共中央关于整党的决定》，提出整党的基本任务如下：统一思想，整顿作风，加强纪律，纯洁组织。遥感所整党工作从 1984 年开始，于 1987 年结束，历时三年。所党委组织广大党员和党员领导干部认真学习文件，召开各种座谈会，广泛听取群众意见，按整党要求对照检查，开展批评和自我批评，在此基础上进行党员登记。通过整党教育，大家表示要在政治上、思想上、行动上旗帜鲜明地坚持四项基本原则，同党中央保持一致；作风上要发扬全心全意为人民服务的精神，自觉纠正各种利用职权谋取私利的行为。在党的工作中坚持民主集中制的组织原则，党组织的号召力、战斗力得到了显著加强。

二是抓精神文明建设。1986 年初，党中央提出："抓精神文明建设，抓党风、社会风气好转，必须狠狠地抓，一天不放松地抓。"同时指出，社会主义精神文明建设的根本任务是适应社会主义现代化建设的需要，培养有理想、有道德、有文化、有纪律的社会主义公民，提高整个中华民族的思想道德素质和科学文化素质。遥感所为此提出了"加强精神文明建设的具体部署"。①结合实际加强马列主义理论学习。马列主义是指导我国社会主义建设的基本理论，我国的经济政治体制改革不能偏离社会主义的轨道，因此只有加强马列主义和各项方针政策的学习，才能把改革工作搞好。②要端正党风，通过整党学习，提高了遥感所党员的认识水平。要求共产党员，特别是各级党员干部要做出表率，要坚决抵制不正之风（包括资产阶级自由化倾向、以权谋私、滥用职权、违法乱纪等）。通过表扬好人好事，树立克己奉公、全心全意为人民服务的优良作风。③提倡科学态度和良好的学风。指出科研人员要在科学事业上做出成就，完成重大科研项目，必须要有科学态度和良好的协作风气。注意调动各类人员的积极性、协调各个不同学科之间的关系，做到工作中相互支持、相互合作。在实行聘任制过程中，注意把科研人员的科学作风和科学道德作为考核的重要标准之一来评定。④加强法制教育。号召全所职工学好法律、按法办事，特别是结合横向联系任务重点学习有关经济、合同、税收、专利等法律规章条例，使各项活动不违法违章，也可避免不必要的经济损失。要求负责业务管理的同志，尤其应学好与经济合同有关的各项法规。

经常向全所的党员和职工进行党风、理想纪律和集体主义思想的教育，强调在遥感所参加的国家重点项目中、实行联合作战中及遥感所科技人员在与院内外单位人员一起工作中一定要搞好团结。

3. 基层党支部的建设

所党委换届后，立即进行了党支部选举换届，健全了研究室和机关处室党支部组织；建立了学习和组织生活制度；动员、组织党员参加整党；按照党中央部署，组织学习文件、征求党内外群众意见、对照检查和党员登记工作，做到不走过场；在整党工作和精神文明建设教育中发挥了党支部的战斗堡垒作用。通过整党，遥感所党员的党性意识明显提高，工作作风进一步转变，遥感所基层党组织和广大党员为党外群众树立了良好的形象，产生了积极的影响。由于各党支部重视党的组织建设，通过整党教育与宣传，在遥感所涌现出了一大批入党积极分子，经过培养教育，1984～1988 年，就有 20 多名优秀同志入党，其中中高级科技人员占 90%以上。

第三章　第三届领导机构时期

（1988 年 9 月～1993 年 1 月）

一、所务建设（行政机构与科研业务）

（一）所 负 责 人

名誉所长：陈述彭；所长：童庆禧；副所长：黄扬、万正明（1991 年 4 月免）、郭华东。

所长助理：周上益（分管业务、财务及开发工作）、李乃煌（1991 年 5 月任命，分管外事、保密及国家科技攻关项目工作）、徐晓宏（1992 年 3 月任命，分管后勤、基建及治安安全工作）。

（二）机 构 设 置

1. 科研机构设置（设 7 个研究室和一部、一室）

1）7 个研究室

（1）遥感基础研究室。主任：田国良；副主任：崔承禹。

（2）遥感图像处理技术研究室。代主任：李小文（1991 年 3 月免）；副主任：朱重光（1991 年 3 月起任主任）、沈在壎（1992 年 1 月任命）。

（3）地理信息系统研究室。主任：阎守邕；副主任：詹慈祥（1991 年 3 月免）。

（4）计算机辅助制图研究室。主任：崔伟宏。

（5）地质资源与工程环境遥感应用研究室。主任：陈正宜；副主任：林恒章、郭华东、蔺启忠（1992 年 1 月任命）。油气遥感组，负责人：朱振海。

（6）摄影测量应用研究室。主任：李树楷；副主任：钱育华。

（7）国土资源与生态环境遥感应用研究室。主任：王长耀；副主任：刘纪远。

2）航空遥感部

航空遥感中心。主任：童庆禧（兼）；副主任：金问信、何欣年。下设：①航摄室，主任：颜铁森；②遥感技术研究室，主任：郑兰芬；③遥感飞机运行队（1992 年 3 月），队长：周福林；副队长：孙瑞宝。

3）情报资料室

主任：黄扬（兼，1991 年 3 月免）、曹津生（1991 年 3 月起）。

2. 管理服务机构

（1）办公室。主任：马境治；副主任：黄永平（1991 年 12 月任命）。

（2）党委办公室。主任：朱明球、王力达（1991 年 5 月任命）。

（3）人保处。处长：贝鸣钟（1992 年 1 月免，改任正处级调研员）；副处长：李雄（1989 年 5 月任命，1992 年 1 月任处长，负责人事工作）、李建军（1992 年 1 月任命，负责保卫工作）、俞纪华（副处级工会主席，1992 年 1 月正处级工会主席）。

（4）业务处。处长：周上益（兼）；副处长：王尔和、李乃煌（1991 年 5 月任所长助理，免副处长）、任维诚（1989 年 8 月任副处调研员）、郭秀京（1992 年 3 月任命）。

（5）开发处。处长：孙晓勤；副处长：林燕洋、袁志宁。

——亚兴技术开发公司。经理（法人代表）：孙晓勤。

——朝阳新技术开发公司。经理（法人代表）：袁志宁。

（6）行政处。处长：张守善；副处长：刘长海、李建军、马瑞（1992 年 3 月任命）。

（7）航空遥感中心计划办公室。主任：王尔和；副主任：范惠茹。

（8）会计室。主任：陈秀勤（副处级，1992 年 1 月为正处级）。

（9）基建办公室（临时建制）。副主任：蒋精文。

（10）公司管理委员会。主任：童庆禧；副主任：周上益；委员：徐晓宏、张守善、陈秀勤、袁志宁、林燕洋。

3. 评议机构

（1）学术委员会。名誉主任：陈述彭；主任：童庆禧；委员：郭华东、陈正宜、阎守邕、何欣年、王长耀、田国良、李小文、崔伟宏、李树楷、承继成、王大珩、林培、赵济。

（2）职称评定委员会。主任：童庆禧；委员：陈正宜、阎守邕、何欣年、王长耀、田国良、李小文、崔伟宏、李树楷。

（三）科研方向与任务

1. 研究所定位

遥感所包括应用研究、基础研究、技术发展和开发服务 4 个方面。形成遥感信息获取、信息处理与分析、信息应用与制图相互衔接配套的遥感技术与信息工程体系，及以遥感应用研究为主体、基础研究与开发研究为两翼、技术系统与服务系统为支撑的结构体制。

2. 发展方向与优势学科

遥感所的主要发展方向为应用遥感技术，结合地学的特点与规律，研究解决地球资源和环境中的重大、综合性和关键性问题。

要充分发挥遥感学科全面、综合及技术配套的优势，争取在贯彻经中央批准的中国科学院办院方针，在为国民经济建设服务的主战场，在基础研究和高技术跟踪与创新，以及在开拓高技术产业方面做出贡献。

3. 重大科研项目及获奖

1）完成“七五”项目

（1）国家科技攻关项目：①高空机载遥感实用系统研究课题；②黄河流域典型地区遥感动态研究专题；③遥感应用基础研究专题；④资源与环境信息系统综合研究；⑤黄土高原遥感调查与“三北”防护林遥感综合调查 3 个课题中的有关专题（见第五篇：主要科研项目）。

（2）中国科学院重大（重中之重）项目：①遥感技术在地质找矿中的应用研究；②红外多光谱遥感技术在金矿资源调查中的应用研究。

（3）部门和地方委托项目：①龙滩电站地区遥感综合调查与系列制图；②西藏土地利用现状遥感调

查；③新疆国家 305 项目遥感地质课题；④油气资源遥感直接勘探技术研究。

2）争取“八五”项目

（1）国家科技攻关项目：①重大自然灾害遥感监测评价；②重点产粮区主要农作物遥感估产。

（2）国家 863 计划项目：①星载 SAR 的地质应用研究；②三维信息获取与实时处理技术的模拟研究；③成像光谱遥感系统研究。

（3）中国科学院重大项目：①遥感信息机理、信息传输和成像规律的研究；②国家资源环境遥感宏观调查与动态研究；③黄淮海区域治理与规划信息系统。

（4）部门和地方委托项目：①西藏“一江两河”环境开发遥感与信息系统研究；②塔里木油气资源遥感研究；③农业土地保护决策支持系统。

在此期间，遥感所取得重大科技成果 15 项，其中国际领先 1 项、国际先进 12 项、国内领先 1 项。获科技进步奖 11 项，其中国家二等奖 1 项、三等奖 1 项。中国科学院一等奖 3 项，二等奖 2 项，三等奖 3 项，以及部委一等奖 1 项。

共发表学术论文 184 篇，其中在重要国际会议和国外刊物上发表 45 篇，其余部分发表于国内专著和论文集，大部分发表于国内有关学报及专业学术刊物。

4. 主要经费来源与使用情况

遥感所经费来源主要由中国科学院下达的基本事业费，国家科技攻关项目、国家 863 计划项目、国家自然科学基金项目、横向委托合同项目等经费，重大设备专项补助费及国际科技合作等经费组成。本届领导机构任期的 4 年中，从各种渠道获取的经费总数为 2813.6 万元，其中院拨基本事业费仅 657.9 万元，仅占总收入的 23%。纵向科研项目经费为 702.6 万元，占 25%，横向课题经费 887.4 万元，占 32%。当年经费支出 2571.9 万元，收支相抵，略有结余，1989～1992 年遥感所经费收支情况见下表。

年份	收入/万元							支出/万元			
	总数	院下达	科技三项	横向课题	纵向课题	公司	其他	总数	行政	科研	其他
1989	714.3	127.2		287.9	229.6	69.6		719.9	105.9	546.9	67.1
1990	541.9	138.6	48.6	142.9	142.2	69.6		633.6	126.4	491.4	15.8
1991	775.3	142.1	251.4	245.2	116.4		20.2	454.4	140.9	416.1	
1992	782.1	250.0	106.3	211.4	214.4		72.9	764.0	241.6	520.1	2.3

（四）研究所建设与发展的主要措施与创新

1. 队伍建设

1）体制建设

（1）科技体制建设：根据遥感所的发展历史、现状及今后的发展方向，遥感所的研究技术体制仍以研究室为基础，采取七室一部制。

在原遥感所一室的基础上，建立遥感基础研究室并承担开放实验室筹备组任务。

以原遥感所六室为基础，建立摄影测量应用研究室，其中从事航空遥感飞行作业的部分科技人员并入航空遥感中心，原六室及航空遥感中心摄影处理实验室（暗室）合并建立全所集中暗室，采取开发型运行机制。

应用研究系统内部实行双轨制结构：研究所除建立上述七个研究室外，鼓励科技人员，特别是中青年科技人员勇于承担课题。选择一些具有重大应用前景、学科带动性，以及较大经济效益并有较充分经费支持的课题，实行课题负责人招标负责制，建立跨室性的课题组、攻关组等，以利于工作开展和人才成长。

计算机技术系统根据条件实行柔性组合体系：在暂无法更新和扩充的条件下，主要依靠自身的改进与提高，逐步改善遥感所计算机遥感图像处理、地理信息系统和计算机制图，以及应用分析工作的状况。提高和鼓励计算机系统的开放服务，提高使用率；在暂不采取集中管理而仍由各室分别管理的基础上，尽量采用通信接口的方式，使各系统能分享计算机及外围资源，提高和增强各系统的能力。

各研究室对本室的研究方向、任务、人员结构、编制规模进行充分论证，逐步做到研究室定编、定员。各研究室的一些暂无任务人员由研究室推荐到所内交流，鼓励各类人员跨室及全方位的流动。

建立图书、情报编辑室：配合研究所重点任务开展情报研究工作，同时负责管理、改进和提高遥感所的图书、资料、阅览等方面的工作，做好学会工作及编辑《环境遥感》刊物。

（2）改进职能部门结构：贯彻精简、效能的原则，除原两个办公室、三个职能处外，增设所会计室、航空遥感计划办公室。职能部门实行定编定员、精兵简政，提高工作效率。

（3）建立技术开发部：管理与协调遥感所的技术开发工作及所办公司。

2）学科建设

（1）申请建立开放实验室："遥感应用"作为"地理学"中"地图学与遥感"之下的三级学科，基础研究相对薄弱。然而，遥感又是一门系统工程，它只有与有关科学技术结合进入动态应用和成套技术发展阶段，才能充分发挥作用，在我国经济发展和社会进步的过程中做出自己应有的贡献。为此，本届领导机构把争取建立院和国家开放实验室作为重点，先后向院提交了建立"遥感机理与动态分析实验室"和"遥感系统工程实验室"两项开放实验室的申请书，并向院有关职能局进行了汇报，并下了很大力气予以促成。目的是希望通过开放实验室建设，争取在遥感信息形成的波谱、空间、时间及生物地学规律，遥感信息在岩石圈、生物圈、水圈和大气圈中的传输与再现规律，遥感信息动态分析模型与专家系统等遥感基础领域有所突破。与此同时，通过用系统工程方法研究和发展各种重大遥感应用系统及其成套的核心技术，不断探索和开拓遥感技术及应用的新思想、新理论、新技术、新方法和新领域，推动我国遥感总体水平和效益的提高。这项工作虽然没有申请成功，但为以后遥感所开放实验室建设积累了经验、打下了基础。

（2）重大遥感应用基础研究项目的争取：为了争取在"八五"立项，1989 年 7 月，遥感所就将主持起草的"遥感信息机理、信息传输和成像规律的研究"——"八五"科技攻关项目立项建议书上报国家自然科学基金委员会。在院基础研究与高技术司的支持与配合下，经过几年的反复论证评审，通过下一届领导机构的继续努力，终于在 1994 年获得批准。

3）人才队伍建设

本届领导机构重视选拔优秀中青年人才委以重任。在工作中压担子，使之迅速成才。不少研究室主任、副主任、机关副处长、公司经理都由 40 岁及以下年龄的同志担任。处室领导的年轻化，体现了在我国经济大变革时期遥感所的生命力与活力。遥感所十分重视研究生培养，积极支持符合招生条件的研究员招收研究生，并将其中的优秀毕业生留所工作，充实科研第一线。几年来，遥感所共招收硕士研究生 22 名，毕业 29 名，其中 11 人留所。这些同志经过几年的锻炼，有的成了研究室主任，有的当了公司总经理。通过上述措施，遥感所科研管理队伍的人员素质不断得到优化。

2. 装备建设

任期内，中国科学院航空遥感中心与遥感所合并，包括两架遥感飞机在内的航空遥感技术系统在我国位居先进行列，不但满足了遥感所航空遥感信息获取的需要，而且为我国各部门提供了大量的航空遥感服务；遥感所领导十分重视遥感信息处理设备的改进、提高、更新和完善。针对遥感所原有的遥感信息处理分析设备陈旧、速度慢、容量低的现状，所领导抓住承担国家“八五”遥感科技攻关项目的机会，争取了“自然灾害遥感监测与主要农作物估产支持系统”的研究课题，获得了约 300 万元的经费，支持遥感所信息处理分析系统更新；通过国际合作，从英国和日本得到了价值40余万美元的两套遥感图像处理系统。上述技术设备的装备在很大程度上增强了遥感所的整体优势和竞争能力。

3. 制度建设

健全和完善了遥感所的各项规章制度和职责条例，做到依法治所，有章可循，包括所务会议制度，所长办公会议制度，所学术委员会会议制度，所党委、所领导成员密切联系群众的制度，大型仪器设备管理办法，干部考核、晋升、奖励条例，干部民主评议制度，职工代表大会制度等。通过制度、条例的贯彻实施，增强了客观标准，减少了主观性，提高了工作透明度。

二、党务建设（中共遥感所第三届党委）

（一）任 职 时 间

1989 年 1 月～1993 年 4 月。

（二）党委书记、副书记、委员名单

书记：黄扬；委员：童庆禧、郭华东、周上益、陈正宜。

（三）党委主要工作职能

1. 认真贯彻执行党的“一个中心、两个基本点”的基本路线，保证国家“七五”科研任务的完成

（1）本届党委成立之际，正值北京发生严重的“政治动乱”。许多同志由于对一些问题不知道背景，存在着思想上的混乱和认识上的模糊。所党委按照上级的部署认真组织党员、干部和群众学习十三届四中全会文件和邓小平同志的讲话，开展了坚持社会主义方向、反对资产阶级自由化的教育，使大家对“动乱”的性质有了清楚的认识，对党中央充满了坚定的信心和希望，保证了遥感所全体职工思想上的稳定，发挥了党委和党支部的政治核心作用。接着又分别在全体职工和党员干部中，组织了关于社会主义若干问题的学习和反和平演变的教育，使同志们正确认识社会主义和资本主义的性质，社会主义代替资本主义是历史发展的客观规律。在国际风云变幻时，我们不应动摇自己的信念与信心，我们应集中精力，做好各项工作，不断增强我国的综合国力。

（2）几年来，所党委坚持抓大事，坚持以科研为中心，积极动员组织广大党员密切配合所长争取、完成科研项目，保证了科技工作的顺利进行，保证了多出成果、出人才、出效益。通过上述一系列学习，遥感所广大党员思想觉悟明显提高，解放思想，转变观念，紧跟形势，有力地促进了遥感所科研业务工作，并取得了一批重要成果。

2. 加强党的建设，提高党员的思想政治素质，在各项工作中发挥先锋模范作用

（1）组织建设：根据中央国家机关工委和院京区党委的部署，在清查和干部考核工作结束的基础上进行了党员重新登记。这次党员重新登记的目的，是对全体党员坚持四项基本原则，反对资产阶级自由化，做合格共产党员的再教育，在党内进行一次思想、组织、作风和纪律的整顿，清除党内的反党、反社会主义和腐败堕落分子。遥感所应参加登记的 108 名党员，有 107 名向组织提出了重新登记的申请，经所党委讨论审议，予以批准。对 1 名无正当理由不参加重新登记的党员做了适当的组织处理。通过党员重新登记工作，统一并提高了遥感所党员的思想认识，更加坚定了共产主义信念，增强了党性观念、党员意识和党组织的战斗力。

（2）党员教育：①党规、党纪教育。学习党中央及中央纪委颁发的有关 9 项党纪党规，使党员在改革开放的新形势下，增强党纪观念，更好地遵守党的纪律规定，更好地投身于改革工作起到了必要的促进作用。②党史教育。为期半年的党史教育，使全体党员重新回顾了我党的光辉历程，进一步认识到我党的伟大与正确性，增强和坚定了走建设有中国特色的社会主义道路的信心。

（3）制度建设：完善了党内的规章制度，加强了党组织的管理。中央提出必须解决好两手抓的问题。几年来，所党委在制度建设方面做了一些工作。在 1990 年党员重新登记时，党委根据边整边改的原则制订了《选拔任用中层领导干部的程序》《对中层领导干部实行考核制度的试行办法》《关于所党委、所领导成员深入密切联系群众的决定》《关于加强对青年职工进行思想政治教育的决定》《深入贯彻执行加强廉政建设的规定的通知》5 项措施。在 1991 年底民主评议党员的工作中，所党委做出了《关于严格党的组织生活制度，提高民主生活质量的决定》。这些制度的建立，对促进我所党的建设发挥了一定的作用。

3. 基层党支部的建设：加强对基层党支部工作的指导与管理，提高党支部的战斗力

（1）针对遥感所党支部书记都是兼职的特点，所党委在布置有关工作时，注意事先做好准备工作。这样既解决了兼职支部书记负担过重的问题，又能提高党务工作的效率。党委强调党支部工作应围绕本单位科研业务工作进行，应注意同本单位行政领导密切配合，齐心协力，保证本单位、本部门工作的顺利完成。

（2）做好党支部的换届工作，发挥党支部的战斗堡垒作用。在换届过程中，要求做支部工作总结，对支部书记的人选采取慎重态度。注意让那些党性观念较强、政治素质较高、具有较强组织领导能力的党员担任党支部负责人。新的支部书记产生后，一般还要举办党支部书记培训班，通过交流支部工作经验，使新的支部书记能较好地胜任支部工作。

（3）坚持党员标准，做好组织发展工作。几年来，在所党委的指导下，各支部能注意吸收各工作岗位上的优秀分子，积极做好发展前的培养教育工作。按照中央组织部的有关规定，对发展对象和入党积极分子举办了学习党的基本知识培训班，加强了发展前的培养和教育。几年来，遥感所共吸收了 7 位同志入党，为党组织增添了新鲜血液。

（4）做好评先选优、表彰优秀党员和先进工作者的工作。在遥感所各项工作中，特别是在科研第一线，许多同志为党和人民的事业奋力拼搏、无私奉献，涌现出了大批优秀党员和先进工作者。几年来，共评选出优秀党员 16 人，先进工作者 15 名，先进党支部 3 个；受院京区党委表彰的优秀党员 3 名，其中 1 人受到国家机关党工委的表彰；还评选出了院级先进工作者 1 人。

4. 做好纪检、统战及工会、共青团和妇女小组的领导工作，努力发挥它们的职能作用

由于遥感所党员人数较少，根据院京区党委的有关精神，遥感所未设专门的纪检机构，纪检工作由党委领导，党办负责日常工作。几年来，所党委根据上级纪委的要求，对党员及干部中出现的问题，严格按照有关规定处理，注意区分问题的性质，防止工作出现失误。在统战工作中，注意同民主党派成员保持联系，关心他们的工作、学习和生活，积极支持他们开展活动，主动听取他们的意见。积极支持工会、共青团和妇女小组根据自己的特点开展工作，指导他们组织换届选举，成立新的领导机构。1992 年 2 月，在院工会的指导下，所工会召开了首届职工代表大会，成立了职代会常设机构，讨论并商议了遥感所改革工作和群众关心的问题。首届职代会的召开对于促进、完善遥感所的民主管理制度，增强职工的民主意识起到了积极的作用。

第四章 第四届领导机构时期
（1993 年 1 月～1997 年 4 月）

一、所务建设（行政机构与科研业务）

（一）所 负 责 人

名誉所长：陈述彭；所长：徐冠华（1994 年 9 月任中国科学院副院长、1995 年任国家科委副主任、1996 年 8 月免去所长职务）；副所长：郭华东、刘纪远、余维燕（1994 年 12 月免）、田国良、周上益（兼）（1994 年 7 月任命）。

所长助理：周上益（1995 年 3 月免）、李乃煌（1994 年 8 月任命）。

（二）机 构 设 置

1. 科研机构设置

遥感信息科学开放实验室（1995 年 3 月开始，由 1～4 室组成）。

主任：郭华东；副主任：田国良（兼）、郑兰芬、王超（兼任学术秘书）。

（1）遥感辐射特性研究室。主任：田国良，定编 10 人；代主任：崔承禹（1995 年 3 月，主任田国良免）。

（2）高光谱遥感科学研究室。主任：郑兰芬，定编 8 人。

（3）微波遥感科学研究室。代主任：郭华东；副主任：邵芸（1995 年 3 月任命，代主任郭华东免），定编 8 人。

（4）全球变化遥感研究室。主任：王长耀，定编 8 人。

（5）遥感数据获取技术研究室。主任：何欣年，定编 10 人。

（6）遥感空间特性研究室。主任：李树楷，定编 8 人。

（7）计算机图像处理技术研究室。负责人：朱重光，定编 14 人。

（8）地理信息系统技术研究室。主任：阎守邕；副主任：王世新，定编 14 人。

（9）再生资源遥感研究室。主任：崔伟宏；副主任：张增祥，定编 30 人

（10）固体地球遥感研究室。主任：朱振海；副主任：蔺启忠，定编 20 人。

（11）航空遥感中心。代主任：刘纪远；副主任：王尔和，定编 10 人。

（12）计算机服务中心。主任：连石柱；副主任：沈在墉。

2. 管理服务机构

（1）综合办公室（包括办公室和传达室、固定资产、基建、医务室）。定编 10 人，主任：李乃煌；副主任：黄永平（1995 年 4 月任正处调研员）、陈宝文（1994 年 8 月任命）。

（2）党群办公室（包括党办、纪检、监察、工会及职代会）。定编 2 人，主任：俞纪华。

（3）人教处（包括研究生管理与教育）。定编 4 人，处长：李雄（1995 年 4 月调离）、俞纪华（兼 1995 年 4 月主持工作，1995 年 12 月任命处长）；副处长：余琦（1994 年 8 月任命，分管教育）；老干部办公室主任：杨东红（正科级，1995 年 4 月任副处调研员）。

（4）计财处。定编 8 人，处长：陈秀勤（1994 年 8 月免）；副处长：祖荣香（1994 年 8 月任命，负责所财务全面工作；1995 年 12 月任处长）；主任会计师：卢德崑（正科级，1994 年 8 月）。

（5）科技处（包括业务处 5 人，图书、资料、情报、学会、期刊 8 人）。定编 13 人，处长：周上益（1995 年 4 月免）；负责人：魏永明（主持工作，1995 年 3 月任命，1996 年 4 月辞职）；副处长：王为民（1994 年 8 月任命正处级，1996 年 4 月任代处长，主持工作）、王进（1994 年 8 月任命）。

学会办公室主任：刘习温（副处级 1996 年 10 月任命）；副主任：王乙欣（正科级）；编辑部副主任：全美荣（正科级，1995 年 1 月任命）。

（6）北京科遥技术总公司（下属 3 个子公司、1 个对外加工部、5 个对内服务部）。总经理：刘纪远（兼）。总经理助理：程晓云（副处级 1995 年 11 月任命）；办公室主任：李民。

3. 评议机构

（1）学术委员会。名誉主任：陈述彭；主任：徐冠华；副主任：郭华东；委员：刘纪远、田国良、李树楷、郑兰芬、童庆禧、王长耀、何欣年、朱重光、阎守邕、朱振海、陈正宜、崔伟宏、连石柱、王超。

（2）正高级职称评定委员会。主任：郭华东；副主任：刘纪远、田国良；委员：承继成、王乃斌、李志荣、赵济、徐希孺、童庆禧、崔承禹、李树楷、郑兰芬、王长耀、何欣年、朱重光、阎守邕、崔伟宏、朱振海、陈正宜。

（3）学位评定委员会。主席：陈述彭；副主席：徐冠华；委员：郭华东、刘纪远、田国良、李树楷、郑兰芬、童庆禧、王长耀、何欣年、朱重光、阎守邕、朱振海、陈正宜、崔伟宏、连石柱、王超。

（三）科研方向与任务

1. 研究所定位

遥感所是一所研究遥感信息科学、遥感应用和遥感技术发展的社会公益型综合性研究机构。

2. 发展方向与优势学科

遥感所的主要发展方向是遥感应用，在遥感应用基础与高技术研究、遥感技术发展研究和遥感应用研究等学科方面都具有独特的优势。

3. 主要研究领域、重大科研项目与成果

1）主要研究领域

遥感信息科学，遥感高新技术发展，遥感在资源、环境、灾害、海洋等领域的应用，以及 3S 一体化信息技术。

2）重大科研项目

（1）“八五”项目获得丰硕成果。4 年来承担科研项目 52 项，包括国家攻关 5 项、863 项目 7 项、921 项目 1 项、国家基金项目 9 项（含重大、重点基金各 1 项）、院管项目 8 项、国际合作 18 项。主要有①国家“八五”计划项目：遥感技术应用研究；②国家重大基金项目：地表遥感信息传输及成像机理研究；③国家重点基金项目：地面目标二向性反射分布特征研究；④国家 863-308 项目：星载雷达应用研究；⑤××民用遥感器应用研究项目：生态水文、固体地球遥感探测研究；⑥国家科委项目：黄淮海地区社会经济环境协调决策支持系统；⑦中国科学院重大项目：国家资源环境遥感宏观调查、动态分析与遥感前沿技术研究等。

4 年来，共发表论文 439 篇，其中在国外发表 123 篇、专著 23 部。25 项成果通过验收或鉴定，15 项获奖，包括国家科技进步奖二等奖 1 项，院自然科学奖一等奖 1 项，科技进步奖特等奖 1 项、二等奖 5 项、三等奖 8 项。其中，"洪涝灾害遥感监测"项目获得姜春云副总理、宋健国务委员和周光召院长的充分肯定；"中国农业统计地理信息系统和中国农业状况电子图集"受到温家宝总理的高度评价，肯定"这项工作做得很好"。

（2）"九五"立项形势较好。几年来，遥感所把争取"九五"立项作为头等大事。到换届前已落实国家科技攻关课题 8 个，经费 1462 万元；863 高技术计划课题 7 个，经费 372 万元；国家自然科学基金课题 5 个，经费 88 万元；国防科学技术工业委员会（简称国防科工委）高技术课题 2 个，经费 200 万元；中国科学院项目 3 个，经费 85 万元；国际合作课题 4 个，经费 348 万元；横向课题 4 个，经费 125 万元；国家遥感应用工程中心 1 项，300 万元；"百人计划"项目 1 项，200 万元。合计 35 项 3180 万元。

（3）注重国际交流，科技合作成效显著。遥感所十分重视国际科技合作与交流，特别是高层次、高效益的实质性合作。几年来，共接待来访外宾 730 人次，出国合作研究、访问、参加学术会议 138 人次，3 次在我国由遥感所主持国际遥感学术会议，开展实质性重大国际合作项目 20 余项，成功地开展了中美"地物二向性反射特性研究"，中日"资源遥感综合研究"、中澳"土壤水分和干旱的遥感监测"、中国和阿吉普石油公司的"塔里木油气勘探"等国际合作项目。特别是参加并成功地完成了"航天飞机雷达对地观测""全球雷达遥感"等大型国际遥感计划中国项目，在国际上产生了很大影响。通过合作与交流，培养锻炼了一大批科技人员，同时，还获得了近 80 万美元的经济效益和一些重要设备，增强了遥感所的综合实力。

4. 主要经费来源与使用情况

遥感所主要经费来源于院拨基本事业费、纵、横向及国际合作项目（课题）经费、部分专项支持费等。

4 年来，遥感所累计总收入 8730 万元。1993～1996 年遥感所从竞争中获得的课题经费达到基本事业费的 6.1 倍。

在经费使用方面，遥感所严格控制支出，做到年初有预算，每季有检查分析，发现问题及时解决。几年来，尽管物价逐年上涨，需所自筹经费的开支项目大量增加，遥感所仍保证除科研业务、行政后勤，以及各项工作正常运转外，还筹资 276 万元建设职工住宅和科研楼配套工程。通过加强财务管理，搞好增收节支，1995 年当年决算达到了收支平衡，略有结余。所资金调控能力得到增强，已逐步进入良性循环，1993～1996 年经费收支情况见下表。

年份	收入/万元						支出/万元			
	总数	院拨	科技三项	横向委托	纵向课题	其他	总数	行政	科研	其他
1993	3030	2171	246	276	333	4	3656	316	799	2542
1994	1818	698	178	822	116	4	1825	862	959	5
1995	1841	611	—	—	1226	4	1941	845	1091	5
1996	2041	922	—	—	1032	87	2204	894	1239	70

注：院拨经费中包括院管项目经费

（四）研究所建设与发展的主要措施与创新

1. 队伍建设

1）结构调整与运行机制的创新

（1）通过结构调整，理顺了各方面的关系。当时，遥感所学科布局欠合理，基础研究比较薄弱；研究室小而全、力量分散；机关部门多、领导层次重叠、效率低。为此，所领导对遥感所的结构进行了调整。

第一，调整了遥感所的研究方向和机构设置，建立了基础研究和技术服务体系，使学科布局趋于合理。

建立了以赶超 20 世纪 90 年代国际先进水平为目标的遥感应用基础研究与高技术研究系统，设立了 5 个研究室，在短短两年多时间内，都得到了很好的发展。在此基础上经院组织的评审，批准建立了“遥感信息科学开放实验室”，两年来取得很大成绩，有力地推动了遥感所的基础研究与高技术前沿领域的发展。

建立了以实用化、商品化为目标的应用技术研究系统，设立了 3 个研究室。经该系统研究发展推出的计算机图像处理系统和地理信息系统软件工具已基本达到实用化水平。前者已两次在世界银行中标，后者产品已在国内销售，获得较好的经济效益。

建立了以国民经济建设主战场服务为目标的遥感应用研究系统，设立了遥感所最大的两个研究室，在我国土地资源调查、地质找矿和油气勘查，以及建设工程评价和灾害环境监测等各项工作中做出了显著成绩。

建立了以保证科研条件和高经济效益为目标的遥感技术服务系统，包括航空遥感中心和计算机应用中心，支持、保证了遥感所一批国家重大任务的完成。

第二，深化管理改革，精简了行政管理机构，改变了服务管理体制。

精简了行政部门的中层干部，处级领导由改革前的 23 名精简为 8 名。

精简了管理机构和人员，将原来的五处两办改为三处两办，管理人员由 39 人减为 21 人，实现了院规定的处级机构不超过 5 个，管理人员不超过职工总数 7%的目标。

改变了后勤服务运行体制，建立了科技服务公司运行模式。所里的后勤服务职能改由总公司下设的 5 个对内服务部承担。

第三，调整了开发机构。

撤销了开发处，建立了科技开发总公司。

对原有 3 个子公司进行了整顿。换届前，3 个子公司财务管理混乱，亏损严重。换届后重新制定责任目标，实行经济承包，经理职位竞争上岗。通过整顿，3 个子公司经理全部撤换，亏损严重公司的直接责任人还受到政纪处分，并赔偿了部分经济损失。

（2）通过运行机制改革，促进了人员流动，优化了科技队伍。

第一，干部任用实行竞争机制：处长、室（中心）主任采用自荐、群众评议、组织考核、所长决定聘用的办法确定。

第二，领导实行任期目标责任制：研究室主任责任目标包括争取经费、成果获奖、发表论文、人才培养和职工收入等。

第三，工作人员实行考核晋升制：全所干部（包括所级领导干部）和职工每年都在各自的范围内由考核小组进行考核、排队，考核结果是决定使用、晋升和确定待遇的依据。

第四，实行按劳分配、合理拉开收入差距：遥感所是差额预算单位，占工资总额 40%的津贴是根据遥感所效益情况决定的。由于遥感所效益较好，40%的津贴一般都高于 60%的固定工资部分，其分配办法以前一年考核结果，科技人员以在课题中的作用、经费强度和工作表现决定；管理人员是以其职务、工作表现，按科技人员平均津贴标准综合评定。

第五，对分流人员实行优惠政策：为缓解矛盾，平稳过渡，遥感所对分流人员实行优惠政策。专门成立了安置分流人员的“遥感工程公司”，人员可以工程公司名义承担任务，并免交人头费和管理费，给分流人员保留两年 60%的工资等，鼓励他们在所内外寻找适合自己的岗位。同时，遥感所还实行了提前退休制度，规定男满 50 岁、女满 45 岁的无岗位职工可办理退休手续，发给全部退休工资。

通过上述优惠政策，加速了遥感所富余人员分流，精干了科技队伍。几年来，遥感所共分流 25 人，占全所职工的 10%，其中 19 人找到新的工作岗位（包括 11 人在所外找到新的岗位）。

第六，严格控制进人，改善职工队伍结构：随着遥感技术的发展，对职工素质和人员结构的要求越来越高，优化职工队伍的任务十分繁重。遥感所从控制进人入手，收到了较好的效果。4 年来，遥感所调进 50 人，包括博士后和博士各 2 名，硕士 34 名，本科及其以下 12 名；调出 56 名，包括硕士 18 名，本科及其以下 38 人。调入职工的学历主要是硕士以上，调出职工的学历主要是本科以下。通过调整，职工素质明显提高，队伍结构有较大改善。

2）机构建设与学术环境的改善

（1）建成开放研究实验室。4 年来，通过不懈努力，1994 年底，在 13 个申请单位中，遥感所以总分第一名的成绩申办成功中国科学院遥感信息科学开放研究实验室，为遥感科学基础研究创造了良好的条件和研究基地。

（2）“工程中心”申请成功。1996 年，经过遥感所近两年的持续奋斗，克服了种种意想不到的困难，申办成功“国家遥感应用工程技术研究中心”。该中心以遥感所为依托，从 1997 年起，进入全面建设阶段，为遥感科研成果转化提供了重要保证。

（3）学术环境不断改善。为适应学术交流的需要和为广大遥感科技工作者提供一个良好的学术环境，遥感所精心建设了学术展示厅、学术会议室，不断改善科研环境。展示的各项遥感科技成果，反映了遥感所的科技水平和实力。遥感所召开学术报告会、青年学术论坛蔚然成风。

在国家科委的支持下，遥感所主办的《环境遥感》升级为《遥感学报》。遥感所与中国图象图形学会和北京应用物理与计算数学研究所共同创办了《中国图象图形学报》。挂靠遥感所的中国地理学会环境遥感分会学术活动开展得很好。

3）大力培养人才，队伍素质明显提高

（1）建立了遥感专业博士点和博士后流动站，从源头上彻底解决后继乏人的问题。4 年来，遥感所先后有 12 人被批准成为博士生导师，共招收硕士生 23 人，博士生 38 人，博士后 6 人。除不断从国内外引进一部分高层次遥感专业人才（如“百人计划”）外，遥感所毕业的博士生和博士后将成为所科技人员的重要来源。

（2）公开招聘主管教育的副处长。为加强遥感所研究生的教育和管理及在职人员的培训，遥感所公开招聘了主管教育的副处长。实践证明，这一措施是成功的。两年来，遥感所教育管理水平有很大提高。

（3）选派优秀科技人员出国进修。几年来，遥感所选派了一批优秀的具有博士、硕士学位的青年科技人员出国进修。换届前，有的已学成回国，在开放实验室、研究室和科技处担任了副主任或副处长。

（4）支持青年科技人员申请课题，担任课题负责人。在遥感所“九五”立项申请中，在老同志的带领下，普遍重视吸收青年同志参加。其中，由青年同志提交的立项报告就有 30 余份。申报 863 课题的全部是年轻人。申报国家基金的青年人占大多数。遥感所制度规定，科技人员承担课题最多不超过两个，超过的由青年同志担任，同时规定，课题第二负责人必须是青年同志。遥感所所长基金课题全部支持年轻人开题。

（5）支持青年科技人员参加学术委员会，提高他们的学术地位和学术评议能力。遥感所 18 名学术委员中规定 35 岁以下的青年委员不少于 2 名，实际有 3 名青年委员。

（6）选拔优秀青年人才担任处室领导。遥感所有 35 岁以下的青年研究室副主任 3 名，副处长 2 名，研究室学术秘书全部由青年人担任。

通过精心培养和大胆使用，遥感所涌现出李小文博士等一批高水平的具有国际知名度的优秀遥感科学家，其中 6 名已分别在美国国家航空航天局、中美学术交流协会、国际航空遥感大会执委会、东亚全球变化科学研究中心、国际高山遥感学术会议科学委员会、日本全球研究网络系统委员会等重要国际遥感或学术机构担任理事、委员、项目负责人等职务，实现了研究工作与国际遥感界的接轨。

2. 装备建设

1）现有仪器设备水平得到提升

1993 年以来，遥感所通过重大设备更新专项支持、课题经费集资购买和国外赠送等多渠道进行装备建设，获得仪器设备 400 台（件），增加固定资产 1260 万元（不含从院转入我所的两架飞机），其中，基础研究设备 380 万元、技术服务设备 400 万元和工作站 16 台、微机 64 台，使遥感所在地物波谱测试、计算机应用和航空遥感信息获取手段方面已接近国际水平。

为了加强对国有资产的管理，遥感所设有国有资产管理办公室，分别对现有仪器设备、房产家具重新登记、建账，摸清了家底，防止国有资产流失，建立健全了各项规章制度，使国有资产保值增值。到 1996 年，遥感所固定资产已达 3973 万元，若加上大基建资产为 4918 万元，其中仪器设备为 3884 万元。

2）提高了技术服务系统的能力

由航空遥感中心和计算机应用中心组成的遥感技术服务系统经过几年的建设，已得到较好的发展。

（1）航空遥感中心建设。换届后，所领导十分重视两架高空遥感飞机的运行。首先理顺了和海航的关系，得到海航的支持和配合。从 1994 年起，在财政部的大力支持下，将两架飞机列入了中国科学院重大科研运行系统，每年获得运行费 300 万元。与此同时，在院重大设备更新费的支持下，投资 46 万美元，对机上航空摄影及垂直陀螺设备进行了更新，使飞机的运行与维护得到了较大的改善，信息获取能力大为提高。几年来，遥感所较好地保证了中国科学院承担的国家攻关、灾害监测、军工、院级项目及国际合作项目的航空遥感飞行和仪器试验飞行任务近 20 项，累计飞行近 1100h，飞机保持了良好的运行状态。

（2）计算机应用中心建设。在国家“八五”攻关项目和院重大设备更新费的支持下，遥感所建立了计算机应用中心，建立了由多台计算机工作站、微机、图像处理和地理信息系统软件包，以及静电绘图机和 C4500 扫描仪组成的计算机应用服务系统。几年来，通过强化“中心”内部管理，运行服务效率明显提高，为国家攻关、院重大和国际合作项目提供了大量的计算机应用与制图服务，受到用户好评。

3. 制度建设

几年来，遥感所制定、修订了各项条例、规定、办法和制度 60 余项，覆盖了遥感所科研、行政、人事、教育、外事、财务及精神文明等各个方面。规章制度的制定，使遥感所初步进入法制管理轨道，增加了管理的透明度，各项管理工作基本做到了有法可依，有章可循，实行政策面前人人平等，提高了管理水平和工作效率，较好地调动了广大职工的工作积极性。

二、党务建设（中共遥感所第四届党委）

（一）任 职 时 间

1993年3月～1997年6月。

（二）党委副书记、委员纪检监察组组长、副组长名单

副书记（主持党委工作）：余维燕、周上益（1994年12月余维燕病休，任命周上益为副书记，主持党委工作）；委员：徐冠华（1994年8月升任中科院副院长，后调国家科委任副主任，党的关系随即转出）、郭华东、刘纪远、田国良。

纪检监察组组长：田国良；副组长：黄永平；成员：卢德崑。

（三）党委主要工作职能

1. 在领导机构建设中发挥党委的政治核心作用

抓好领导机构建设是发挥党的政治核心作用的关键。所党委把认真贯彻执行院党组《党委工作条例》和《所长负责制条例》作为领导机构建设的依据。所党委认为，领导机构建设的核心是在领导机构内部认真实行民主集中制。在民主集中制原则下，保证所长负责制的贯彻与实施，保证领导机构的团结统一，使所党委、所领导真正成为领导和团结全所职工进行工作的战斗指挥部。凡属业务行政方面的重大问题都通过所领导、所党委成员参加的所长办公会议集体讨论，由所长决策，所党委组织广大党员全力支持，配合所长充分行使职权，保证把所长办公会议的决议落到实处。所长、党委成员之间经常沟通情况，互相理解，互相信任，同心协力，共同为遥感所的建设，为改革、发展、稳定献计献策。同时，所党委按上级党委的要求，坚持每半年召开一次专题民主生活会，邀请院京区党委派人出席指导。会前广泛征求党员对党委工作的意见，由党办归纳整理、提交党委。会上，除按京区党委结合当前实际对各所民主生活会提出的具体要求进行对照检查外，对党内外群众给党委工作提出的意见都由有关同志做了说明，通过认真分析，开展批评和自我批评，切实解决党委工作中存在的问题。讨论情况除及时上报院京区党委外，还通过党支部及时向党内外群众反馈，自觉接受广大党员和职工群众的监督，保护群众关心、支持党委工作的积极性，保证党的路线方针政策的贯彻执行。由于党委工作发扬民主，按民主集中制原则统一一班人的思想认识，遥感所重大决策均有较好的组织基础和群众基础，都能够较顺利地贯彻实施，充分体现了遥感所领导机构的战斗力和合力。

2. 加强党的建设

1）重视思想理论建设

党的十四大确立了邓小平关于建设有中国特色的社会主义理论在全党的指导地位，提出了用这一理论武装全党的要求。为此，所党委把组织党员特别是党员领导干部认真学习“特色理论”当作头等大事来抓。学习中，紧密结合当前形势和中科院的中心任务，努力把广大党员和职工群众的思想统一到“特色理论”和党的路线、方针、政策上来。按照院京区党委的统一部署，所党委理论学习中心组带头学习，并通过各党支部组织党员、干部和广大职工学习《邓小平文选》第三卷，学习党的十四大，以及十四届

三中、四中、五中、六中全会和全国科学大会文件，并结合收看录像，听辅导报告，专题讲座，参观展览，交流学习体会等多种方式，领会精神实质，提高思想认识。学习中，所党委注意引导大家把握“特色理论”的科学体系，理解其基本观点，特别是抓住“解放思想，实事求是”这个精髓，联系自己的思想和工作实际加深理解。

通过学习，促进了遥感所广大党员的思想解放和观念转变。邓小平同志的改革开放思想，社会主义市场经济和发展生产力思想，多种经济成分并存的思想，少数人先富和共同富裕的思想，社会主义按劳分配的思想，两手抓、两手都要硬的思想等在遥感所党员和职工中已深入人心。遥感所党员、干部，特别是领导干部坚持“科教兴国”战略和“持续发展”战略，适应市场经济环境、研究新情况、解决新问题的能力得到了加强。

2）加强思想政治工作，保证我所改革和各项任务的完成

新一届领导机构对结构调整和深化改革的力度是很大的，包括对研究方向、机构设置、学科布局、管理体制和运行机制等都做了较大幅度的调整，遥感所职工的思想观念转变和心理承受能力都需要有一个适应的过程。所党委、党支部积极站在改革前列，引导遥感所职工群众解放思想、转变观念、努力实践、开拓创新，把全所职工的思想凝聚到《遥感所深化改革总体方案》及其发展目标上来，自觉地为改革发展做贡献。为了确保遥感所各项改革工作的顺利进行，所党委、党支部十分注意掌握群众的思想动向，认真听取他们的意见，并及时向领导机构反映，有针对性地开展思想政治工作，帮助他们消除疑虑，化解矛盾，理顺关系，努力做好协调工作，使他们进一步认清形势，牢固树立深化改革的紧迫感和责任感，牢固树立市场意识、竞争意识、自立和创新意识，从遥感所改革和发展的大局出发，处理好当前与长远、局部与全局，国家、集体与个人之间的关系，特别是做好分流人员和待聘人员的思想政治工作，注意把思想问题和解决实际问题结合起来，关心他们的生活，注意解决他们的实际困难，采取各种措施，化消极因素为积极因素，使他们关心改革、支持改革、参加改革，把职工投身改革的积极性调动起来。深入细致的思想政治工作，使矛盾不被激化，问题得到妥善解决，维护了遥感所安定团结的局面，保证了遥感所深化改革工作的顺利进行。

几年来，所党委特别注意把思想工作的重点放在青年同志身上。遥感所青年职工占 60%以上，他们思想活跃，对新生事物敏锐，是遥感所发展的希望。但他们经验缺乏，思想不够稳定，特别是随着我国社会主义市场经济体制不断发展和改革开放不断深化，他们的思想观念、价值取向和行为方式也发生了许多新的变化。一些同志看重名利，不安心从事本职工作；个别人崇尚国外高薪，一心想出国挣大钱；也有的想到外企工作，以便得到丰厚待遇。遥感所青年科技队伍不稳定的因素较为突出，如有的只想当主角，不愿当配角，在工作中缺乏合作意识；有的因课题或成果排名闹意见。所党委在抓好对全所职工思想教育的同时，特别注意加强对青年职工进行爱国主义、集体主义、社会主义教育，以及科研道德和革命传统教育。经常通过图片展览、播放录像、出版专栏等形式进行宣传教育，并通过“五四”“七一”、春节等传统节日组织多种形式的活动，利用遥感所典型实例，进行广泛的思想教育和深入细致的思想政治工作，使他们认识到自己的事业在中国。不少同志出国后都能按时回国工作，有的为了所里的工作多次推迟出国或谢绝对方高薪不出国；也有的把在国外合作研究的时间缩短，安排更多的时间在国内工作或指导研究生学习。同时，遥感所也下大力气加强对青年人才的培养，注意把思想教育和解决实际问题结合起来，对青年同志既热情支持、爱护关怀，又严格要求、积极引导、妥善安排，采取多种倾斜政策为他们成才创造良好的环境条件，给他们解除后顾之忧，使他们完成科研、管理和服务工作的积极性和创造性得到较好的发挥。

3）加强党风廉政建设，发扬党的优良传统

4年来，所党委认真贯彻党中央、国务院和中国科学院的各项部署，在党内开展了党风党纪教育，重点是党员领导干部的廉洁自律。要求从领导机构做起，严于律己、带头端正党风。坚持秉公办事、不谋私利、办实事、讲真话。为利于群众监督，所党委制订了《进一步深入基层，密切联系群众的决定》《党政干部廉洁从政的若干规定》《关于处以上领导干部廉洁自律的规定》《关于宴请、工作餐、招待费管理办法》《所办公司业务招待费使用规定》，以及收入申报、礼品登记等各项制度，并把上述规定作为党委专题民主生活会对照检查、开展批评与自我批评的重要内容。遥感所还在党员干部中进行了考核和考试。在全体党员中进行了党纪政纪条规知识竞赛，展示了学习成果。党员领导干部由于带头廉洁自律，对所里出现的一些与经济有关的问题敢抓敢管、敢碰硬，得到了广大职工的拥护。

4）加强基层党支部建设，发挥好党支部的战斗堡垒作用

根据遥感所党员分布和活动的特点建立健全了党支部。党支部换届后，及时举办和推荐参加院京区党委举办的党支部书记培训班，按支部书记上岗培训教材的内容进行培训，支部书记都能按照岗位要求，独立自主地开展工作。遥感所11个党支部多数都能结合本部门的业务情况和工作特点，积极配合处、室、公司、中心领导，主动做好支部党员和职工的思想政治工作，参与本部门重大问题的决策，保证上级组织的政令畅通，并及时向所党委反映广大党员和职工群众的意见和要求，能解决的主动把工作做在基层，解决不了的积极提出建议，争取上级组织帮助解决。许多党支部领导和党员一起，在科研、开发、管理服务第一线，站在改革前列，无论结构调整、争取课题、完成任务，还是做群众工作，都严格按照党员干部的标准要求自己，做群众的表率。通过建所15周年和建党75周年评选，遥感所图像、再生室和机关3个支部被评为先进党支部，图像处理支部还被院京区党委和中央国家机关党工委授予先进党支部称号。

（1）加强对党员的教育管理，提高党员队伍素质。

所党委、党支部结合各个时期的形势和任务的需要，通过组织学习，参加各种报告会，收看形势报告录像，参观严打斗争、纪念抗日战争胜利50周年等展览，组织去白洋淀抗日老区举办建党75周年纪念活动，定期召开党员组织生活会等多种形式，对党员进行教育，使广大党员对共产主义理想和信念，人生观、世界观和价值观的认识都有不同程度的提高。从1995年12月开始，根据中央国家机关党工委和院京区党委的要求，遥感所用了近两个月时间，在党内开展了一次系统的“特色理论”教育和党员评议活动。评议前，组织党员系统学习了党章、准则和党的十四届四中、五中全会文件，引导党员全面把握建设有中国特色社会主义理论的科学体系，正确理解“特色理论”的基本观点，紧密联系自己的思想和工作实际，进一步坚定坚持党的领导、坚持社会主义道路的信念。通过学习讨论，遥感所党员贯彻党的路线、方针政策的自觉性普遍提高，许多在科研第一线的党员积极承担国家和中国科学院科技项目，在其中起到了骨干作用。不少同志在市场经济大潮中，不计得失、不怕困难、敢于竞争，不放过任何一个机会争取课题。许多党员长期在环境艰苦、气候恶劣的条件下工作，出色完成了科研任务。4年来，遥感所在3个年度中有62名党员被评为所级优秀党员、优秀党务工作者、先进工作者或优秀职工，其中两名获院优秀党员称号。

（2）坚持党员标准，做好组织发展工作。

几年来，所党委、党支部重视对入党积极分子的培养考察，做到成熟一个，发展一个。特别注意培养一些学位高、影响大的优秀科研骨干入党。4年来，遥感所共发展党员4名，其中两名具有硕士以上学位。有10位同志向党组织提交了入党申请书，其中，半数以上具有硕士以上学位，有不少是处、室领导或课题骨干。

5）加强纪检、统战及工青妇等群众组织的领导，充分发挥他们在遥感所建设中的作用

本届党委未设纪检机构，而是由一名党委委员分管纪检工作。1995 年成立了以党委委员田国良为组长、黄永平同志为副组长的纪检监察组，负责遥感所纪检监察工作。按上级纪委的要求，派人参加院组织的纪检干部培训班，组织纪检干部学习有关文件、规范纪检工作程序。对上级转来和群众举报的问题按纪检规定认真落实，并按问题性质和掌握的事实妥善处理。

4 年来，遥感所共查处有关经济案件和其他问题 5 起，以对国家和个人高度负责的精神，重证据、重调查研究，既维护了国家利益又保护了职工个人的合法权益。

遥感所有无党派高级知识分子 30 余名，侨眷、侨属和民主党派成员 10 余名，不少是遥感所重要骨干，一些同志在国内外有一定影响。所党委注意加强与他们的联系，和他们交朋友，关心他们的工作、学习和生活，认真听取他们的意见和建议，较好地发挥了他们在遥感所各项工作中的作用。

几年来，所党委通过多种形式帮助建立健全了工青妇等群众组织。鼓励、支持他们按照上级的要求和各自的特点，独立自主地开展活动，为遥感所改革与建设做出贡献。特别是所工会在帮助群众排忧解难，送温暖、分配住房、劳动保护、解决家庭纠纷、职工福利，以及维护职工身心健康，开展多样化文体活动等方面做了大量的工作，为群众办了许多好事、实事，为遥感所民主管理与民主监督，完善所长负责制，以及促进遥感所各项改革的工作中都发挥了很好的作用。

6）认真做好离退休干部工作，确保他们安度晚年

遥感所离退休干部队伍逐年壮大，当时已有 50 余人。1995 年 4 月，遥感所成立了老干部办公室，任命了副处级专职干部负责离退休干部的管理并在老干部中建立了党支部。支持帮助身体较好，有专业背景，愿意从事一些力所能及工作的老同志建立了老科技工作者协会，由所里批拨专款，支持他们发挥余热继续为国家做贡献。所党委注意听取他们的意见和建议，经常向他们通报所里的情况，从政治思想上、工作生活上关心他们，支持他们根据老同志的特点开展丰富多彩的活动。

第五章　第五届领导机构时期
（1997年4月～2001年7月）

本届领导机构继往开来，认真分析了国际遥感科学技术的发展趋势和国家对遥感的重大需求，按照中国科学院的战略部署，提出了“发展遥感信息科学，服务国家经济建设，把遥感所办成面向21世纪的新型研究所”的总目标，带领全所同志，4年分4个阶段做了4件大事：1997年以机制体制为重点的全面改革；1998年进行研究所分类定位工作；1999年申请并进入中国科学院知识创新工程；2000年全面实施一期创新工程试点工作。通过努力，取得三大标志性成果：进入中国科学院科研基地型研究所序列；进入中国科学院知识创新工程试点单位序列；完成知识创新工程启动阶段工作。

4年中，遥感所的建设得到上级领导和各方面的关心与支持。李鹏委员长、朱镕基总理、李岚清副总理等党和国家领导人先后来所视察，路甬祥院长等院领导多次亲临检查指导工作，这对全所职工是极大的激励与鼓舞，对遥感领域的发展也起到了重大的影响。

一、所务建设（行政机构与科研业务）

（一）所 负 责 人

名誉所长：陈述彭；所长：郭华东；副所长：刘纪远（1997年4月～1999年，后调地理资源所任所长）、田国良（1997年4月～1999年6月，7月后退休）、王超（1997年4月～2001年7月）、李乃煌（1997年4月～2001年7月）。

所长助理：聂跃平、邵芸、杨崇俊（2000年1月～2001年7月）。

（二）机 构 设 置

1. 科研机构设置

1）遥感信息科学开放研究实验室

主任：郭华东；常务副主任：邵芸；副主任：郑兰芬。

（1）遥感辐射传输研究室，主任：柳钦火。

（2）高光谱遥感研究室，主任：郑兰芬。

（3）微波遥感科学研究室，主任：邵芸。

（4）全球变化遥感研究室，主任：王长耀。

2）遥感信息技术部

主任：李树楷。

3）资源环境遥感应用研究中心

主任：马建文；副主任：吴炳方、张增祥、蔺启忠。

（1）再生资源遥感研究室，主任：张增祥。
（2）固体地球与海洋遥感研究室，主任：蔺启忠。

4）国家遥感应用工程技术研究中心

主任：郭华东；副主任：杨崇俊、王为民、陈光火。
（1）办公室，主任：王为民（兼）。
（2）市场部，主任：吴炳方。
（3）财务部，主任：祖荣香（兼）。
（4）信息获取工程部，总工程师（代主任）：李树楷。
（5）图像工程部，总工程师：朱重光；主任：赵忠明。
（6）地理信息工程部，总工程师：阎守邕；主任：王世新。
（7）网络与运行工程部，主任：杨崇俊（兼）。
（8）区域规划与决策支持部，主任：崔伟宏。
（9）医学影像部，主任：纵坚平。
（10）科遥总公司，总经理：吴秋华。

2. 科技支撑系统

（1）航空遥感中心。主任：王尔和。
（2）航天数据接收站及网络中心。主任：连石柱。
（3）科技信息室。主任：朱博勤。
（4）对地观测数据与信息中心。主任：朱博勤（兼）。
（5）遥感试验场。主任：王志刚。

3. 管理服务机构（1997 年 6 月任命）

（1）所办公室。主任：黄永平。
（2）科技处。处长：聂跃平。
（3）人教处。处长：俞纪华（兼）；副处长：余琦（研究生部主任）。
（4）党群办公室。主任：杨东红。
（5）财务处。处长：祖荣香。
（6）后勤服务中心。主任：宋凤贤。
（7）编辑部。主任：阎珺。
（8）数字地球国际会议秘书处。主任：刘戈平、王长林；副主任：程晓云。

4. 学术评议机构

（1）学术委员会。主任：陈述彭；副主任：徐冠华、郭华东；委员：刘纪远、李小文、田国良、王超、杨崇俊、王长耀、阎守邕、朱重光、聂跃平、李树楷、郑兰芬、张增祥、朱振海、邵芸、蔺启忠、王世新。

（2）学位评定委员会。主任：陈述彭；副主任：徐冠华；委员：郭华东、刘纪远、田国良、王超、童庆禧、李树楷、邵芸、郑兰芬、李小文、朱振海、王长耀、朱重光、阎守邕、崔伟宏、蔺启忠、杨崇俊、连石柱、余琦。

（三）科研方向与任务

1. 研究所定位

1）战略定位

遥感所是从事遥感信息科学基础理论、技术方法、应用与开发研究的综合性、开放型、社会公益性研究机构，是我国遥感科学研究领域的国家队，是我国资源环境遥感和遥感应用实用化、工程化的基地与遥感科技人才培养的基地。

2）进入知识创新工程调整

遥感所是在地理信息系统、全球定位系统的支持下，从事遥感基础理论、前沿技术、应用方法和应用研究的综合性、开放型研究机构。其战略方向是发展遥感信息科学理论技术体系，在国家可持续发展宏观决策的支持下，为遥感信息产业发展做出贡献。它是我国遥感领域开拓、导向、培训、示范作用的研究机构，是国际上有重要前沿科技创新能力的遥感科学技术研究基地。

2. 发展方向与优势学科

1）学术方向

主要研究遥感信息科学，包括可见光、红外和微波遥感信息与地球表层目标相互作用机理，遥感信息处理方法及遥感应用模型，开展遥感应用的工程化、产业化关键技术研究，促进遥感信息科学的发展，服务于国家宏观资源管理与环境监测。

2）创新目标

国家目标：瞄准国家战略需求，充分发挥遥感技术宏观、快速、准确的特点，运用遥感基础和高技术研究不断产生的新成果，在资源探测、环境调查、灾害监测等领域为国家持续提供战略性、综合性、前瞻性重大成果。遥感工程技术成果形成面向多应用领域的强大辐射能力，为国民经济建设及国家安全做出重大贡献。同时，支持资源环境研究方法论的创新和地球科学新生长点的形成，从而在更高层次上服务于国民经济和科技发展目标。

科学目标：发展形成在地球科学、信息科学、空间科学、计算机科学交叉综合基础上的遥感信息科学。重点开展可见光、红外、微波电磁波与地表物质相互作用机理研究，遥感信息处理方法及应用模型研究，开拓遥感信息科学理论及方法体系，为建立与发展地球信息科学及数字地球战略研究做出创新性贡献。

3）创新任务

围绕遥感所战略目标，针对国际遥感科学技术发展前沿和国家经济建设、国家安全和发展地球科学的需求开展工作，努力做到创建新学科，实现新目标，建立新体系，形成新产业。

创建遥感信息科学新学科。重点开展可见光、红外、微波电磁波与地表物质相互作用机理及识别模型，进行地学特征定量反演，发展新遥感数据的处理分析方法，开拓波段、极化、振幅、相位遥感电磁波资源，发展、完善遥感信息科学理论及方法体系，建立地球（空间）信息科学学科。

实现遥感信息应用新目标。构建地球科学研究和国家资源环境管理通用遥感时空数据平台；实现国土资源环境遥感动态监测与预测；实现全国和全球尺度农业初级生产力速测；实现重大自然灾害监测、灾情评估与预报预警；形成重要矿产资源遥感宏观勘查与评价、重大工程遥感选址和海洋资源环境遥感综合研究能力。

建立遥感信息技术新体系。针对21世纪国家发展的需要，发展遥感信息处理与分析技术，建立从地面车载系统、机载遥感系统到航天遥感的多层次立体观测手段，具备多维遥感数据获取与处理分析能力，形成遥感信息获取与处理分析技术新体系。

形成遥感信息新产业。充分利用遥感所既有知识创新源，又有应用研究和工程技术端口的综合优势，构成科技链通向产业链的一条龙工作模式。以市场引导遥感、地理信息系统、全球定位系统的应用开发，为各行业经常性、快速地提供多维地球空间信息服务；并实施成果转化，形成自主产权的产品。以产业化为目标，以具有知识产权的创新成果所产生的经济、社会效益为评价指标，逐步完成向规模化科技型过渡。

4）总体任务

办成一个与国际水平研究机构接轨的研究所；造就一批国内一流及若干国际知名度的专家；在待遇上具备与高效益机构竞争人才的能力；成为对国家社会经济发展有重要贡献的机构。

3. 主要创新领域与重大科研项目

1）创新领域

创新性学科领域将集中于瞄准国际前沿的遥感信息科学，基于国家目标的遥感信息应用，面向产业及市场的遥感信息工程 3 个领域。遥感信息科学领域学科方向为研究地表电磁波信息的基本特征及在介质中的传输规律，电磁波资源的开拓与新的应用；电磁波与地表物质的相互作用及遥感信息与地学特征的关系；当前国际上两大前沿技术，即以成像光谱和成像雷达为代表的信息特征及应用基础研究；全球变化遥感方法论、地学生物学参数反演及数字地球基础理论。遥感信息应用领域研究方向为研究从遥感数据中系统地提取地球资源环境信息方法，发展不同领域应用模型，为地球科学研究和国家资源环境研究构建通用的遥感时空现代过程数据平台，开展国家资源环境可持续发展及时空过程数字模拟、预测，为数字地球研究提供应用示范，为国家相关重大战略决策提供有效的科学支持。遥感信息工程领域方向为以技术创新为目标，发展数字地球关键技术；以遥感产业化为导向，开展先进、共性、集成遥感技术研究及成果转化，开发相关的遥感软件及硬件产品，推出遥感运行示范系统，持续产出遥感信息产品，形成产业化规模。

2）重大科研项目

4年来，遥感所以学科国际前沿和国家、社会需求为导向，在资源探测、环境调查、灾害监测等领域取得了一批创新性成果。

（1）承担项目及获奖。

共承担各类项目、课题 147 个。其中，国家科技攻关项目 12 项、国家自然科学基金项目 14 个、国家 863 计划项目 23 项、遥感攀登计划项目 8 项、921 项目 10 项、国家 973 计划项目 3 个、院重大重点课题 13 个、军工项目 2 项、国际合作项目 10 项、其他 30 项。出版专著 24 部，发表论文 690 篇，其中在国外发表论文 232 篇。

4年来，共获奖 17 项（含 2001 年度初评 2 项），包括国家科技进步奖二等奖 3 项、三等奖 2 项；部级特等奖 3 项，一等奖、二等奖、三等奖各 3 项。其中，遥感所主持 7 项、参加 10 项。

（2）研究进展与成果。

第一，遥感信息科学成果。

热红外辐射的方向性机理探索。重点开展了典型地表热红外辐射方向性试验与理论模型研究。

高光谱水稻品种的精细分类识别。

微波遥感特性研究。首次揭示了水稻后向散射系数随水稻生长发育变化的规律，提出了水稻时域散射特性概念。

全球变化遥感与美、日合作，制作了全球和亚洲地区 1km NOAA-AVHRR 数据集。

第二，遥感应用成果。

自行研制和开发了运行化的“中国农情遥感监测系统”，为指导我国粮食生产、调配和进出口提供了科学依据。

建成了水灾、旱灾、雪灾、林火、赤潮等灾害的监测评估运行系统，1998 年进行洪涝灾害遥感监测评价得到了中央领导的肯定。

国土资源遥感基本建设完成全国资源环境遥感监测系统并试运行。

国家 863 计划项目西部“金睛”行动实施，实时动态监测西部及周边国家的生态环境与资源的变化状况，直接为国家西部生态环境建设工程服务。

西部遥感探矿及大工程选址等。遥感所承担的国家 305 攻关课题在新疆库木塔格已找到数千吨的极富金矿脉带；承担的院创新工程重大科学工程 FAST（500m 射电望远镜）预研究工程选址，在贵州找到适合于建造 SKA（$1km^2$ 天线阵）的喀斯特洼地，备受国际天文界重视。

第三，遥感技术体系。

“空中中关村”与“空中奥运”行动。由遥感所承担的 863-308“中关村科技园区机载对地观测”项目，对北京市及国务院高度关注的 $480km^2$ 园区进行成像光谱仪、三维成像仪、L 波段雷达、CCD 面阵相机等 6 种具有国际先进水平的机载遥感器飞行，为中关村改造、奥运区规划提供了多种科学数据源。北京市先后有 4 位市领导参观了该成果。

三维机载成像仪系统是具有自主知识产权的遥感集成技术系统，完成了“澳门、珠海地区航空遥感科学试验飞行”，取得的数据资料由科技部正式移交给用户。同时将完成的图件送交国务院港澳办，得到了用户的高度评价。2000 年获国家专利授权。

军工项目通过验收。

第四，产业化进展。

新一代卫星定位监控系统研制开发的“卫星定位监控系统”产品于 1998 年开始在西安市公安系统正常业务运行，并用于长春第一汽车制造厂的高级国产轿车中。

网络地理信息系统（WebGIS）平台软件独立开发的具有自主版权的网络地理信息系统平台软件；在科技部 2000 年国产 GIS 软件测评中受到表彰。

第五，国际合作交流。

积极开展实质性、高水平国际遥感科技合作。几年来，先后与十余个国家开展 10 余项多边与双边合作。参加了美国国家航空与航天局主持的航天飞机雷达测图计划、欧洲太空局主持的 ERS、ENVISAT 计划、日本 ALOS 计划及欧盟项目等。执行的中日信息化合作项目的成果得到中日双方政府及地方政府的肯定，吴邦国亲临成果展台视察项目成果。

遥感所与加拿大遥感中心签订了为期 5 年的新一轮合作协议书，与俄罗斯科学院等单位签订了 GPS 协作议定书。同时，将遥感技术向第三世界输出，帮助缅甸开展干旱区遥感工作，完成对朝鲜科学院派遣的 3 批 17 人次专业培训，并在第三世界科学院的资助下，培训喀麦隆科学家半年时间。

遥感所主持或合作承办了一系列国际会议，包括在香港召开的第 20 届亚洲遥感会议、首届数字地球国际会议、中法农业遥感会议、中美欧遥感估产高峰会议、雷达遥感农业应用高峰会议、雷达遥感和高光谱遥感专题国际研讨会等，提高了遥感所和中国科学院在国际上的知名度和影响力。

（四）研究所建设与发展的主要措施与创新

1. 创新体制

1）科研体系

在科研体系方面，形成遥感信息科学开放研究实验室、资源环境遥感应用中心、国家遥感应用工程技术研究中心3个研究机构。

遥感信息科学开放研究实验室的目标是瞄准国际遥感前沿，主要从事地物目标与电磁波相互作用的应用基础和前沿遥感技术研究；资源环境遥感应用中心以国家目标为导向，在区域、国家与全球3个层次上开展综合性或单要素资源环境遥感调查；国家遥感应用工程技术研究中心主要进行遥感技术创新、产品开发及遥感运行系统的建立。上述机构将构成进入创新工程后遥感所的科学的、有机的、分工明确的、具有良性循环的研究体系，这种结构也为开拓发展数字地球基础理论、关键技术及应用示范，从而成为数字地球的一个核心研究基地提供重要保障。

遥感信息科学开放研究实验室于1994年底进入院自费实验室行列，在1998年全院13个开放实验室评估中排名第3；2000年参加国家地球科学实验室评估，在16个国家实验室和10个部门实验室共26个实验室中排名第8。

国家遥感应用工程技术研究中心在2000年国家科技评估中心评估中，5项成绩为4优1良（总评优秀）。验收总成绩为36.1分（40分制），在13个国家工程中心中名列第3，以优秀通过了验收。

应用中心展现新的面貌。在原4个研究室基础上组建的中心，较大程度地克服了力量分散的局面，面向国家目标，在服务于国家重大战略需求方面取得了比较突出的成绩。

2）科技支撑体系

在技术支撑体系方面，建成车、机、站、场、网5个系统。

车：遥感实验车，形成全波段、主被动地物特性测试能力。机：航空遥感中心，负责运行两架遥感飞机，是中国科学院八大重大科研运行系统之一。站：航天遥感数据接收站，在原有气象卫星接收站的基础上，扩充接收新的航天数据。场：遥感试验场，选择近京郊一带作为综合遥感试验场，形成全波段遥感基础研究基地。网：网络信息室，负责网络运行、期刊出版、图书管理、情报收集工作。其中，机、站、网运行良好，场、车在创新工程实施后开始建设，进展较好。

2. 创新机制

从管理模式、分配模式、后勤服务模式进行全方位改革，特别是在用人机制与人才队伍建设方面，推出全新模式，实现“老、中、青结合，以中青年为主”的队伍格局，研究岗位全面向院内外、国内外开放，让一批掌握遥感科学技术前沿知识的、富有创新精神的、兢兢业业朝气蓬勃工作的中、青年挑起历史的重任。在科研体系中，基础研究模块实行论文导向制，应用研究模块强调对国家目标的贡献度，工程开发模块检验其市场回报率。新的机制起到了明显的作用，如SCI论文的发表，由于实施了新的激励措施，仅2000年遥感所发表的SCI论文就超过了过去全所20年的总和。同时，优美的环境是科研创新的重要保障，将建立一个与国际接轨的学术园区。

3. 人才队伍建设

4年来，特别是在实施知识创新试点工作中，我们在注重人才培养和队伍建设方面取得了明显效果。

1）引进国内外优秀人才

在引进国内外优秀人才方面做了大量工作，特别是在知识创新试点工作中，我们加大了引进优秀人才的力度，把建立和健全分配与激励制度作为主要手段，加强对“百人计划”“海外优秀人才”的吸引力度，实行“按劳分配，绩效优先，兼顾公平”的分配制度，先后引进“百人计划”2人，国内外优秀人才10余人，聘请客座教授14名，极大地优化了科研队伍结构。

2）稳定和培养优秀科技人才

分批招聘基地研究员18人，从国内外引进优秀青年人才中被聘为创新基地研究员的有6人。在创新基地研究员中有“百人计划”3人，具有博士学位的有13人，基地研究员的平均年龄为41.4岁，其中小于45岁的有14人。为保证创新队伍的更新，同时为激励青年科技人员向更高的创新目标冲击，我们还率先建立了责任副研制度。与此同时，在稳定、培养优秀人才中，还特别加大对创造性成果的激励。

人才建设取得很好成效。一人当选中国科学院院士，一人获陈嘉庚地球科学奖。同时，多人获得中国科学院青年科学家奖、863计划突出贡献奖、先进集体奖，全国先进工作者等称号。

3）研究生培养

按照中国科学院“适度发展规模，全面提高质量，优化学科结构，改善办学条件”的研究生教育的总体方针，打造遥感所教育之舟。遥感所已经建设成“地图学与地理信息系统”专业全国重要的研究生培养基地，形成在所研究生近百人、未来三年超过200人规模的研究生培养基地。

在短短的几年中，遥感所的研究方向从原来的5个调整拓展到现在的12个，专业覆盖遥感和GIS各个领域。经过几年的建设，遥感所新增博士研究生导师20人、硕士研究生导师24人。

在2000年全院组织的地学口博士学位论文抽样评估中，遥感所的“地图学与地理信息系统”博士点获得全院评估第一名的优秀成绩。

4. 科技副职选派工作

科技副职工作是知识创新工程的重要组成部分。几年来，遥感所积极开展派遣科技副职工作，先后选派了4名同志分赴广西和贵州担任科技副县长、科技副专员职务。他们到地方后，充分利用当地的资源优势并结合经济情况和科研发展需要做出了积极贡献，其中2人先后被中国科学院评为1999年度和2000年度科技副职先进工作者称号。

5. 领导机构建设

加强领导机构建设是抓好研究所工作的关键。所党委非常重视所领导机构和领导干部的思想政治建设，注重发挥领导干部的表率作用。4年来，为了提高所领导干部的综合素质和管理水平，我们始终坚持领导干部中心组学习制度和双重民主生活会制度及谈话提醒制度。特别是1999年，按照中央统一部署，开展了“三讲”教育活动，解决了党性、党风方面存在的突出问题，使领导干部思想上有了明显提高、政治上有了明显进步、纪律上有了明显加强、改革创新上有了明显进展。注意处理好所长负责制与党委的政治核心作用的相互关系，认真贯彻民主集中制原则，加强领导机构的团结，正确对待来自各方面的不同意见和建议，真正做到知人善任、尊重知识、尊重人才、相信群众、依靠群众，注意工作方法。领导机构坚强有力，大大推进了遥感所各项工作的顺利实施。

在领导机构建设中，十分注重制度化建设，使全所工作的开展有法可依，有章可循，坚持每周一次的所长办公会例会制度，坚持所务会、学术委员会会议制度，坚持民主集中制度，在重大事项的决策等方面均体现了“所长负责制”“党委是政治核心”的原则。

遥感所注重所各级领导干部的培养，不仅任命了3位年轻的所长助理，同时注重选拔、培养中层领导干部，积极发挥他们的作用，尽量创造条件，使其尽快成长。

6. 经济实力提升

4 年来，标志研究所稳步发展的经济实力节节提升，职工待遇也相应得到较大提高。

1）争取经费

1996 年全所到位经费为 2041 万元，1997～2000 年分别为 5658 万元、3415 万元、4699 万元及 5960 万元，平均每年增幅约 48%，4 年合计收入 19732 万元，远远超过所长目标责任书中的 5000 万元指标，1997～2000 年经费收支情况见下表。

年份	收入/万元						支出/万元				
	总数	财政补助	事业	专款	经营	其他	总数	事业	专款	经营	其他
1997	5658	1151	4340	45	65	57	5579	5463	51	65	—
1998	3415	1392	1853	54	41	75	3099	2860	199	40	—
1999	4699	2462	2122	40	38	37	3517	3429	51	37	—
2000	5960	3099	2728	—	46	87	5460	5343	—	44	73

2）资产积累

2000 年资产总额达到 12586 万元，净资产 10137 万元，平均每年增幅分别达到 26.6%、27.3%，经济实力得到很大增强。

3）职工待遇

职工收入逐年增加，特别是进入创新工程后得到明显改善。1996 年全所职工平均年收入为 1.63 万元，1997～2000 年平均年收入分别为 1.99 万元、2.49 万元、3.08 万元、4.18 万元，平均年增幅为 39%。2000 年，青年科技人员最高年收入达 10.47 万元。

同时，职工住房条件得到较大改善。增加住房面积 3018m^2，共解决了职工 75 人、博士 6 人的住房，对改善职工住房条件、吸引海内外人才起到了重要作用。

7. 创新文化建设

在创新文化建设中，坚持做到 6 个结合，即创新与继承发扬相结合、创新文化与创新科研相结合、创新文化建设理论与实践相结合、创新文化的近期目标与长期目标相结合、创新文化建设与思想政治工作相结合、创新文化建设与精神文明建设相结合，从而充分发挥了创新文化建设在保持遥感所可持续发展中的积极作用。

1）精神文明成果

几年来，在广大职工的共同努力下，遥感所先后涌现出中国科学院和部委授予的先进集体 5 个；中国科学院和部委授予先进个人 8 名。

2）园区建设

遥感所十分重视园区建设，认为一流的环境可以造就、吸引一流的人才，国际化环境是建设国际水平研究所的必要条件。从实验室局部环境到科研大楼整体环境再到大的园区环境，几年来进行了彻底改造，遥感所为此投入经费 500 余万元，初步建设成了一个优美的园区，在全院园区环境评估中与其他两个所并列第一。

在中国科学院组织的 2000 年度试点单位创新文化建设评估中，遥感所获 9 分（10 分制），在 36 个参评研究所中排序第 3。

8. 目标执行评价

1997 年换届之后，第五届领导机构向院递交了所长任期目标责任书，提出实现八大目标。值得指出的是，1997 年向院提交任期目标责任书，1998 年进入知识创新工程试点序列后，根据院的要求展开工作，实现了更高层次的目标。在中国科学院知识创新工程启动阶段目标完成度评估中，遥感所在全院 36 个试点所中排序第 5。

二、党务建设（中共遥感所第五届党委）

（一）中共遥感所第五届党委

1. 任职时间

1997 年 6 月～2002 年 2 月。

2. 党委书记、副书记、委员

书记：刘纪远（1997 年 6 月～1999 年 12 月免，调地理资源所任所长）；副书记：俞纪华（1997 年 6 月～2002 年 2 月）；委员：郭华东、王超、田国良、李秀云、聂跃平。

（二）中共遥感所第一届纪委

1. 任职时间

1997 年 6 月～2002 年 2 月。

2. 纪委书记、委员

书记：俞纪华（1997 年 6 月～2002 年 2 月）；委员：王长有、卢德崑、杨东红、俞纪华、王晓云。

（三）党委主要工作职能

本届党委的主要工作就是“落实‘三个代表’思想，加强创新文化建设，推动知识创新工程实施”。

创新文化建设是中国科学院知识创新工程的重要组成部分，是服务、服从于创新工程目标实现的文化建设。

在实施知识创新工程中，我们着力于科技创新目标的凝练、新体制与新机制的建立、公司和后勤服务体系改革的同时，下大力气认真做好所创新文化建设工作，并根据院党组提出的《关于加强创新文化建设的指导意见》，在党政一把手的领导下，通过制定实施方案并逐步推进，在思想氛围、组织体系、价值导向、制度建设、创新队伍，园区环境等方面做了大胆的尝试并取得了较好的成效。

1. 落实“三个代表”思想，营造思想舆论氛围，强化创新文化建设意识

创新文化建设是遥感所在实施知识创新工程中碰到的又一个新课题。所领导机构成员认为，要解决好这个新课题，必须从解决思想认识入手，必须从党员、干部抓起。因为党员、干部的观念和行为对职工影响很大，只有党员、干部的自觉意识和积极行动，才能唤起广大职工的参与热情，创新文化才能形成气候。因此，我们成立了以所长、党委书记挂帅，党政、工、青、妇、处室负责人组成的所创新文化建设领导小组和工作班子，形成党政领导共同负责，工、青、妇齐抓共管的良好局面；随后，我们举办了支部书记专题研讨会，针对“传统文化与创新”“继承与发扬”等问题展开了讨论，提高了支部书记的认识，印发了路院长关于创新文化建设的讲话等有关创新文化建设的文章和材料，通过各支部组织党员、

职工学习讨论，使大家对创新文化建设在思想上达成了共识。

2. 根据知识创新工程的要求和所文化建设现状，确定了所创新文化建设的目标和任务

1）目标

建立与知识创新工程相适应并能促进知识创新工程实施的创新文化体系，推动遥感所现代管理制度的建立、巩固和完善，进一步适应社会主义市场经济体制和国际科技竞争的环境；形成以人为本，充分激发个人的创新思维，提高创新水平，整体凝聚人才的良好氛围；进一步发扬“唯真、求实、协力、创新”的院风；建设优美和谐的工作环境；促进遥感所科研创新能力和综合实力的不断增强，尽快把遥感所建成国际一流遥感基地。

2）任务

①进一步凝练科技创新目标，牢固树立科技创新的价值观；②创造各具特色的研究、管理、后勤服务的文化氛围，并有机地融为一体；③弘扬“唯真、求实、协力、创新”的精神，凝聚职工队伍；④建立健全与创新体系相适应的运行机制和规章制度；⑤建设一支精干、高效的一流创新队伍；⑥确立好的职工科研道德与行为规范；⑦建设文明、优美的科研园区环境。

3. 建立有效的组织体系，为推动创新文化建设提供组织保障

（1）组织体系的建立：①加强领导，所长、书记主管，党委组织实施；②党、政、工、团齐抓共管，发挥各自的优势；③全所职工积极参与，成为创新文化建设的主力军。

（2）精心组织实施，在落实上狠下功夫，把创新文化建设的各项任务落实到每一个具体活动中，由党群办和所办负责组织运行，同时明确规定把创新文化建设工作情况纳入所的考核评价体系之中。

（3）把创新文化建设与党建工作、思想政治工作有机结合起来，与精神文明建设和行政管理工作统一起来，使创新文化建设与各项工作协调发展。

4. 齐抓共管，全面实施创新文化建设

在组织实施创新文化建设的过程中，遥感所采取灵活多样的形式，全面实施创新文化建设，力求在实践中达到：树立知识创新价值导向，增强知识创新信心，建立知识创新工作的运行机制和制度，培养知识创新队伍，营造知识创新环境，形成良好的科学文化氛围。

（1）加强党的建设，利用各种宣传教育阵地和手段，烘托创新文化建设的舆论氛围。

创新文化建设是一个新的文化理念，要动员广大职工积极参与并成为自觉行动，就必须加大宣传教育力度。遥感所利用中心组学习、民主生活会、党支部书记培训班、理论研讨班等活动，提高各级干部对创新文化建设的认识；同时还利用宣传橱窗，把创新文化建设的内涵、外延和思路向全体职工宣传交底，引导广大职工提高认识，认真自觉参与，另外，党委要求工、青、妇群众组织，分不同年龄展开全面的思想动态问卷调查，摸清思想，展开专题大讨论，保证创新文化建设的正确导向，在此基础上，党委为青年科技人员和研究生举办科研道德讲座，教育他们树立正确的科研道德和价值观；还利用20周年所庆，发动广大职工开展“回忆所的历程，开创所创新科技新局面”的大讨论，激励大家奋发进取。

这些活动，对遥感所创新文化建设顺利开展起到积极作用。

（2）以先进典型引路，逐步确立共同的创新精神和价值取向。

研究所老一辈的科学家在长期的科研事业中以国家富强、民族振兴为己任，无私奉献，勇于创新探索，追求真理的科学精神教育和激励年轻人，也为所的发展注入了无限活力，产生了巨大的推动力。在所发展的各个阶段，都涌现出了先进典型。尤其是近几年，随着所精神文明建设的加强，所双文明标兵、优秀共产党员、优秀青年等各类先进的评选，又使我们看到了一批又一批具有现代特征的先进人物脱颖而出。所紧紧抓住每一次评选表彰的机会，注重身边的人，身边的事，通过润物细无声的思想政治工作教育大家，潜移默化的教育使广大科研人员学有方向、有目标，先进典型的示范作用，使广大职工逐步确立抛开个人权利，一切以国家利益为重，自觉无私地贡献自己聪明才智的价值取向。

（3）以知识创新工程试点为契机，加强人才队伍建设。

知识创新工程试点工作在遥感所的实施，对加强队伍建设提出了新的要求。吸引、稳定和培养优秀科技和管理人才是全面实施知识创新工程的关键，也是在竞争中赢得主动的重要前提，是占领国际科技制高点的根本保证。

5. 注重机制和制度建设，规范依法治所

主要注重两方面工作。

（1）坚持研究所工作制度化、规范化、依法办所、依法治所、在建章立制和照章办事上下功夫。

（2）在创新实践中不断完善制度，注意政策的稳定性、连续性和适应性，对有关规章制度进行清理、归类、汇总，促进制度创新。

6. 研究所整体形象塑造与宣传

在创新文化建设中，精心组织策划对外宣传，树立展示研究所的形象，优化研究所的外部发展环境，增强竞争优势，抓住所庆的契机，举行“所庆20周年新闻发布会”，结合所庆20周年，举办了为期3天的开放日活动，吸引300多人来所参观，扩大了遥感所在社会上的影响。

7. 开展丰富多彩的学术、文体活动，营造健康向上的文化氛围

所成立了党委书记任组长、其他领导成员任副组长的精神文明建设领导小组和全民健身领导小组，党政、工、青、妇齐抓共管。

抓住适当时机，经常召开学术交流会、青年科研论坛会，参加国内外各种学术会议，创造宽松的民主学术氛围，活跃学术活动，科技人员还积极开展科普宣传教育活动，把科普教育做到社会，提高社会形象，认真落实科教兴国战略。

积极贯彻实施“全民健身计划纲要”，为加强职工的体育锻炼，增强职工体质，利用现有的各类体育场所，开展文体活动，活跃职工文化生活，还经常组织职工参加院组织的各类运动会，在今年老年运动会上，遥感所获老年个人第四名的成绩，在老年歌咏比赛中，也取得了可喜的成绩，我们还充分利用节日、纪念日等契机，举办各种类型的舞会比赛和知识竞赛活动。通过开展生动活泼、健康向上、丰富多彩的各种活动，陶冶了职工的情操，提高了职工的健康水平，增强了团队凝聚力，融洽了人际关系，巩固占领了思想文化阵地。

8. 以现代化园区为标准，加快科研园区环境建设步伐

优美的环境不仅使人心情舒畅，更增添工作干劲，激发人的思维。因此，园区建设也是创新文化建设的重要组成部分。园区建设中，遥感所投入大量的人力、物力、财力，加强形象建设，绿化美化环境，修建了带有喷灌设备的绿地草坪，新植了花木；设置了花岗岩石雕和不锈钢数字地球模型，园区中心修建了大理石基础的国旗升降台，并重新规划修建园区道路，停车场和车棚；所内新建了网球场、羽毛球场，设置了室外运动健身器材为职工锻炼健身提供了良好的活动场所；修建了职工新餐厅并安装了空调、彩电，为职工提供了宽敞整洁的就餐环境。

总之，遥感所创新文化建设坚持了 6 个结合，即创新与继承发扬相结合、创新文化建设与创新科研相结合、创新文化建设理论与实践相结合、创新文化的近期目标与长远目标相结合、创新文化建设与党建和思想政治工作相结合、创新文化建设与精神文明建设相结合，从而使创新文化建设成为推动所知识创新工程顺利实施的强大动力，把遥感所的各项工作有机地结合起来，相互促进，共同发展。

第六章　第六届领导机构时期（2001年7月～2005年7月）

一、所务建设（行政机构与科研业务）

（一）所负责人

所长：郭华东（2001年7月19日任命，2002年1月21日升任院副秘书长兼国际合作局局长，2002年10月8日免遥感所所长职务）、李小文（2002年10月8日任命，任期至本届届满）。

副所长：王超（2001年7月19日任命，2002年1月21日任遥感所常务副所长，主持工作，2002年10月8日任副所长，2004年10月9日免副所长）、俞纪华（2001年7月19日任命，2005年7月29日免）、孙俊杰（2001年10月24日任命，2003年4月4日免，调地理资源所任副所长）、赵忠明（2002年10月8日任命，任期至本届届满）、李培金（兼，2003年4月4日任命，任期至本届届满）。

所长助理：邵芸、聂跃平（2001年10月5日任命，任期至所领导机构届满）、吴炳方、马建文、池天河（2004年11月30日任命）。

（二）机构设置

1. 科研机构设置

由5个模块、12个研究室组成，其中5个模块如下。

1）遥感科学国家重点实验室

主任：郭华东、李小文（2002年11月18日任命，任期与本届领导机构同步；免郭华东主任职务）、宫鹏（2004年5月11日任命）；常务副主任：邵芸（2001年10月22日任命，2004年12月9日任副主任）；副主任：牛铮（2001年10月22日任命）、张兵（2001年10月22日任命）、毕思文（2001年10月22日任命）、柳钦火（2003年1月18日任命，任期与本届领导机构同步，2004年11月5日任副主任）、唐军武（2004年11月5日任兼职副主任）。

学术委员会主任：徐冠华（2004年5月11日任命）。

学术秘书：程晓（2004年7月20日）。

2）遥感信息技术部

主任：马建文（2001年10月22日任命）；副主任：尤红建（2001年10月22日任命）。

3）资源环境遥感应用研究中心

主任：吴炳方（2001年10月22日任命）；副主任：张增祥（2001年10月22日任命）、王世新（2001年10月22日任命）、蔺启忠（2001年10月22日任命，任期与本届所领导同步）。

4）国家遥感应用工程技术研究中心

负责人：赵忠明（2001 年 10 月 22 日任命，2002 年 8 月 14 日任主任，任期与本届领导机构同步）、王为民（2001 年 10 月 22 日任命，任期与本届所领导同步）、池天河（2003 年 11 月 25 日试用期半年，2004 年 7 月 23 日任主任）；副主任：郭子祺（2003 年 11 月 25 日试用期半年，2004 年 7 月 23 日任副主任）；办公室主任：程晓云（2002 年 8 月～2007 年 3 月）。设：①数字农业与生态环境工程部，主任：吴炳方（2003 年 5 月 21 日任命）；②网络空间信息工程部，主任：杨崇俊（2003 年 5 月 21 日任命）；③遥感图像处理工程部，主任：唐娉（2003 年 5 月 21 日任命）。以上 3 个部按公司方式运作，业务上归国家遥感应用工程技术研究中心管理。

5）国家航天局航天遥感论证中心

常务副主任：顾行发（2004 年 3 月 31 日任命，任期与本届所领导同步）。

共同主任：吴美蓉（原中国资源卫星中心主任；国际宇航科学院院士、教授，2004 年 12 月 31 日任命，任期 2 年）。

遥感所下设 12 个研究室：①遥感辐射传输研究室，主任：柳钦火；②环境遥感前沿研究室，主任：牛铮；③高光谱遥感研究室，主任：张兵；④微波遥感研究室，主任：邵芸；⑤遥感定标与真实性检验研究室，主任：余涛；⑥遥感图像处理研究室，主任：唐娉；⑦农业与生态遥感研究室，主任：吴炳方，所属三峡工程生态与环境监测系统信息管理中心，主任：吴炳方（2002 年 8 月 12 日任命），副主任：张增祥、王世新、张磊（2002 年 8 月 12 日任命）；⑧国土资源遥感研究室，主任：张增祥；⑨非再生资源遥感研究室，主任：蔺启忠，所属遥感考古联合实验室，副主任：聂跃平（2002 年起）；⑩灾害与应急遥感监测研究室，主任：王世新；⑪遥感空间信息系统研究室，主任：骆剑承；⑫数字地球与导航定位研究室，主任：杨崇俊。

2. 科技支撑系统

（1）航空遥感中心。主任：王尔和。

（2）航天数据接收站及网络中心。主任：连石柱，副主任：崔颐冰。

（3）遥感试验场。主任：王志刚。

（4）科技信息室。主任：朱博勤，所属对地观测数据与信息中心。

3. 管理服务机构

（1）办公室。主任：孙文新。

（2）人教处。处长：孟庆岩；副处长：余琦（研究生部主任）。

（3）科技处。处长：聂跃平、曹春香（2003 年 1 月 13 日任命）。

（4）党群办。主任：孟庆岩（2003 年 4 月任命）。

（5）财务处。处长：祖荣香。

（6）《中国图象图形学报》编辑部。主任：阎珺。

4. 评议机构

（1）学术委员会（2001 年 12 月 10 日）。主任：陈述彭；副主任：徐冠华、童庆禧、郭华东；委员：王超、王长耀、王世新、牛铮、田国良、乔彦友、李树楷、吴炳方、邵芸、张增祥、郑兰芬、柳钦火、赵忠明、阎守邕、聂跃平、马建文；秘书：聂跃平。

（2）学位评定委员会。主席：徐冠华；副主席：童庆禧；委员：郭华东、王超、邵芸、田国良、郑兰芬、王长耀、阎守邕、杨崇俊、李树楷、吴炳方、马建文、薛勇、赵忠明、柳钦火、牛铮、王世新、张增祥、李小文、顾行发、宫鹏、池天河。

（三）科研方向与任务

1. 研究所定位

遥感所是在地理信息系统、全球定位系统的支持下，以数字地球为战略目标，从事遥感基础理论、前沿技术、方法和遥感应用研究的综合性、开放型研究机构。

2. 发展方向与优势学科

发展方向是发展遥感信息科学理论技术体系，开展以成像光谱和成像雷达为代表的遥感信息特征前沿基础研究，研究新型遥感数据的处理方法和技术，开展生态、环境、资源和自然灾害遥感监测研究，为国家可持续发展宏观决策提供科学支持，把遥感所建成我国资源环境遥感和遥感应用工程化、产业化，以及培养高层次遥感科技人才的基地。

优势学科主要包括遥感辐射特性、高光谱遥感、微波遥感、全球变化遥感、国土资源遥感、农业与生态遥感、固体地球与海洋遥感、自然灾害遥感、遥感多维信息获取及处理等。

3. 主要研究领域与重大科研项目

1）基础研究领域

（1）由遥感所和北京师范大学联合建立“遥感科学国家重点实验室”的申请获科学技术部批准，并通过建设计划的可行性论证，从而推动实验室建设进入了新的阶段。经2005年1月科学技术部组织专家进行评估，“遥感科学国家重点实验室”被评为“良好类”实验室，得到充分肯定。

4年来，遥感信息科学开放研究实验室以遥感信息机理、遥感前沿技术与应用为研究方向，研究可见光、红外、微波及地表物质的相互作用机理、遥感信息在不同介质中的传输规律、高光谱成像和成像雷达等遥感前沿技术，以及它们在资源、环境和灾害中应用的理论和方法，做了大量卓有成效的工作，实验室研究方向正确，以及目标明确，研究内容紧密结合研究方向和目标，基础研究与应用研究比例恰当。

4年来，实验室主持了国家自然科学基金重大项目“地表遥感信息传输及成像机理研究”、“九五”攀登计划项目“地球表面能量交换的遥感定量研究”及863、921、973等国家计划项目，出版了4部遥感专著，并在国内外刊物和会议文集上发表了105篇学术论文，这些为遥感基础理论及其应用做出了重要贡献。

实验室在研究课题的设置上重点突出，具有显著的特色和创造性，建立了地物，尤其是植被二向性反射分布函数（BRDF）模型，精确地描述了辐射与植被相互作用的机理，研制了“高光谱遥感处理和分析系统（HIPAS）”，为成像光谱或高光谱海量信息的处理和分析提供了重要工具；建立了典型地物的雷达散射模型，并利用模型进行了森林雷达后向散射特性研究。实验室在植被二向性反射与定量反演、高光谱遥感应用及雷达遥感应用上的水平处于国际前沿，在国际上产生了较大的影响。

实验室主任学术水平高，组织协调能力强，是我国遥感领域的优秀学术带头人，在国际遥感学术界也有一定影响。实验室学术带头人在所在的研究领域都有很高的知名度。实验室研究人员年龄结构合理。

实验室坚持对外开放的原则。4年来，实验室与美、加、英、澳、法、日等国开展了19项国际合作研究，主持召开了7次国际学术会议，主办了5次国际双边学术研讨会，在国际学术交流方面成绩突出。实验室定期召开学术委员会会议和出版年报，仪器设备运行高效。

（2）在国家自然科学基金的支持下，遥感所与军事医学科学院、北京师范大学及中国协和医科大学联合成立了“公共卫生领域空间信息技术应用研究中心”，为应对可能的公共卫生突发事件，以及全球气候变暖、大型工程等造成环境生态变化对疾病产生影响的研究构筑了平台。

（3）基础研究取得重要进展，如“空间‘非典’传播模型应用于SARS的空间传播规律研究”“高分辨率传感器研究”等取得阶段性成果；遥感所承担的“微波遥感信息特征及目标特性研究”“典型地物雷达回波响应特性研究”“新型成像雷达对地观测机理及地物识别技术”“地球系统科学理论体系与模型研究及青藏高原应用示范”取得了成果，并完成了登记；“全国典型地物标准波谱数据库的建立”“基于波谱库的新疆棉花长势与旱情遥感监测”“基于波谱库的新疆棉花长势与旱情遥感监测”等项目获奖。

2）技术发展领域

（1）利用遥感所自主开发的地网 GeoBeans 软件建立的“非典网络地理信息系统”已被45家网络媒体采用。在科技部遥感中心863测评中，地网 GeoBeans 4.5版和高光谱图像处理分析系统（HIPAS V.1.0）被评为2003年国产测评优秀软件；遥感所主持的“资源环境、区域经济空间信息共享应用网络”获国家科技进步奖二等奖。

（2）面向国家重大需求，开展遥感技术创新，在数字奥运、数字城市等方面做出了独特的贡献。其中，遥感所配合科技部“科技奥运”专项完成了“奥运环境动态监测研究”，成果提供给奥组委使用；在国家863计划项目的支持下，遥感所开展了“数字城市关键技术研究”，提出了基于城市空间信息获取、处理与应用服务的总体框架，并建立了相应的软件平台，包括扬州市基础地理信息平台，形成了中小城市空间信息应用的典型模式，为全国中小城市空间信息应用服务系统建设提供了示范。

（3）数字地球原型系统：已完成系统的硬件环境建设，并探讨了有关数字地球系统的理论问题，结合我国现有能力，初步构筑了我国第一个数字地球原型系统。

（4）对地观测数据处理原型系统关键技术研究（国家863计划项目）。

（5）“遥感图像处理工程化软件”研制。

（6）××型的××地面处理系统。该系统承担了卫星的数据处理工作，受到用户好评。

3）遥感应用领域

（1）国家资源环境数据库建设与更新：建成了有国土资源卫星影像数据库、全国县级土地利用数据库、土壤侵蚀数据库、生态环境背景数据库等70GB数据量的数据库，形成了为国家全面提供国土资源科学数据的能力，形成了在1～2年内开展全国范围1∶10万比例尺国土资源数据库全面更新的能力。建设完成的国土资源与土壤侵蚀数据库、相应的陆地卫星TM分县影像库和生态环境背景数据库是国内第一个和唯一的资源环境时空数据库，具有较长的时间序列、完整的全国覆盖、相对一致的数据标准和全面的专题内容等特点，正在逐步成为我国资源环境研究的通用数据平台，已经并将继续为我国的国土资源利用与保护的规划、管理、研究提供直接的科学信息支持。用户已达200余个，涉及8个部委、10余个省区。

（2）全国农情遥感速报和农作物估产：开展了以地表生物量为主线的生态环境定量遥感研究，进一步提高了农作物长势的监测质量，实现了全国范围的农作物长势动态监测和8个主要品种作物种植面积估算与总产量预测，以及全球尺度的作物长势动态监测和重点产粮国的总产量预测。监测结果，通过农业部和国家粮食局上报中办和国办，成为国家发展和改革委员会、国家粮食局、农业部、国家统计局等23个用户部门农情信息的主要来源，满足了国家重大需求，得到温家宝总理的高度评价。2003年开始发布全国复种指数监测结果，使监测服务上了一个新台阶。

（3）基于网络的多种灾害遥感速报系统：研究发展了洪涝、干旱、地震、沙尘暴等遥感信息的提取和分析方法，建立了多种灾害的遥感监测评估系统，初步形成了对我国主要灾害的全程监测和预警、预测能力。按时上报国务院办公厅有关水灾、森林、草原火灾、赤潮、旱灾、生态环境等灾情的遥感监测信息。“防汛遥感服务系统”在运行中不断完善，并经受了 2003 年我国淮河流域特大洪涝灾害的考验，圆满完成了对灾情的跟踪监测和评价。灾情信息的时效性、准确性、可读性等方面都有进一步的提高，受到国务院办公厅领导的高度评价。温家宝总理、曾培炎副总理、陈至立国务委员给予具体批示；科技部、院领导专门听取灾情监测汇报，并通过多种方式给以肯定和表扬。灾情信息还通过多种渠道报送国家发展和改革委员会、国家防总、农业部、民政部等国家部门，为提升遥感所的社会影响力做出了积极贡献。

（4）国家航天遥感论证中心获国家航天局批准，成为旗下第一个业务下属单位。该论证中心以遥感所为依托，吸收国内主要遥感机构为成员单位，结合国内外遥感科学和技术的发展趋势与前沿，为发展我国自己的航天遥感事业，开展前瞻性、基础性和创造性的工作，为我国航天遥感的管理和应用提供科学和技术的支撑。

4）成果转化：理顺产权关系，产业化不断发展

工程中心在机构及领导机构做了较大调整后，根据院里的产业化政策导向和市场情况调整了发展战略，对原有所办公司进行了清理和整顿，撤销了不良资产和投资损失，为产业化顺利发展打下了良好的基础，并加强了与社会的联合，实行所地合作，成立了工程中心华南分中心、西南分中心、江西分中心及杭州航空信息获取产业基地等，同时，以技术参股形式投资北京空间诚信科技有限公司、北京国遥新天地信息技术有限公司和浙江悍马中科遥感科技有限公司，共形成无形资产 340 万元。工程中心基本转向了企业化管理体制，“工程中心”紧紧依托遥感所的技术优势和自身的政策优势，从承担国家项目、××项目、地方项目到开发具有自主知识产权的系列产品等均取得了一定成绩，开发出 IRSA-5.2 遥感图像处理系统，形成了新一代的国产遥感图像处理分析系统。该软件已在国家版权局登记，并参加了一年一度的软件测评。具有自主知识产权的遥感图像处理通用平台软件在前期开发的基础上，重点进行了 6.0 版本的开发；自行开发且具有自主版权的网络地理信息系统平台软件：地网 GeoBeans 在激烈的市场竞争中，积极寻找机遇，已运用在全国工资收入统计信息系统、中国内地非典疫情分布信息系统、数字城市网络信息系统、中国土地利用信息系统、环保空间信息共享与服务示范系统等，取得了较好的效果。

GPS-e 导航系统高端产品继续保持与中国一汽轿车公司的密切合作，实施产销一条龙，积极研制新一代具有最新屏幕移动、车载免提电话、MP3 等功能的 GPS 导航系统，继续开发完善导航电子地图数据库，与有关部门联合开发的“数字地球××系统”通用平台软件基本成型，即待交付应用。

5）重大科研产出

据 2003 年和 2004 年两年的不完全统计，遥感所发表论文 456 篇，其中，SCI26 篇，EI 110 篇，CSCD 224 篇，专著 6 部，国际会议报告 80 余次。

由遥感所主持或参加的项目获国家科技进步奖二等奖 3 项；北京市技术成果奖一等奖 2 项；载人航天专项科技进步奖二等奖 1 项；成果登记及申请专利 24 项。

4. 主要经费来源与使用情况

年份	收入/万元					支出/万元			
	总数	院拨	课题经费	公司	其他	总数	行政	科研支出	其他
2001	5445.7	3272.7	2155.7	15.9	1.4	5402.9	3340.1	2047.1	15.7
2002	5726.2	3288.5	2424.9	10.8	2.0	4972.1	2355.9	2606.0	10.2
2003	6549.0	3348.6	3011.2	16.0	173.1	6556.9	2979.4	3561.5	16.0
2004	7899.0	3921.0	3656.0		322.0	7551.0	2387.0	5074.0	90.0

（四）研究所建设与发展的主要措施与创新

1. 队伍建设

（1）领导机构建设：新一届领导机构上任后，充分听取群众意见，集思广益、群策群力、依法治所，开展所领导的批评与自我批评，规范所务公开和所长办公会例会制度，及时下发所长办公会纪要及所内各项决议、政策等；设立所长信箱，及时了解职工反馈意见；严格按照规章制度办事，建立良性管理秩序，自觉接受群众的批评与监督。调整所领导分工，增补所长助理，明确职责，加强对科研工作的支持和管理力度。坚持集体领导的民主集中制，党政联席会议制度，完善了领导机构的学习制度等。

（2）科研机构调整：新一届领导机构成立后，根据知识创新工程的实际和遥感信息科学事业发展的需要，在原有机构设置的基础上，进一步完善了遥感信息技术体系，形成了以遥感信息科学重点实验室、遥感信息技术部、资源环境遥感应用研究中心、国家遥感应用工程技术研究中心 4 个模块为主组成的科研机构，以及由航空遥感中心、航天数据接收站及网络中心和遥感试验场组成的科技支撑系统，使遥感所的学术水平和竞争能力都有一个大的提升。

2004 年，为适应国家创新体系建设需要，经进一步科学论证，决定在遥感所启动五大科研方向，包括遥感机理研究；国家综合预警系统；低层对地观测系统；国家航天遥感论证体系；数字城市标准规范，实行首席研究员项目负责制，充分调动了科研人员的积极性，有效地推动了科研工作的发展与深化。

（3）人才队伍建设：充分发挥老科学家传、帮、带的作用，成立战略研讨小组，及时抓住当前国家的战略目标及战略部署，提出战略思想，实际指导遥感所的创新工程的实施及战略目标的实现，并给老科学家更多的时间指导研究生，使他们的学识、人品更好地传授给年轻人，为遥感所做出更大的贡献。

领导机构认为，引进人才和人才的国际化是建设创新队伍的重要内容。2002 年，扩大了引进人才的力度和范围，吸引了香港中文大学一位博士后进所，聘任 3 位海外及 5 名国内各部门的兼职研究员，充实遥感所的科研力量。2003 年，通过“百人计划”，成功招聘留法博士顾行发回所从事航天遥感论证工作；公开招聘池天河研究员为工程中心主任，加强产业化工作。招聘工程中心副主任，充实中层管理队伍。试行了项目研究员资格认证，服务所科研发展需要；2004 年通过“百人计划”招聘宫鹏研究员为国家重点实验室主任，任命顾行发研究员为国家航天遥感论证中心常务副主任，并得到院“百人计划”专项经费支持；聘请美国知名教授 Diction 为中国科学院爱因斯坦讲席教授；聘请王治华等为遥感所兼职教授，接收“西部之光”访问学者，还招聘了网络中心副主任和机关各处室工作人员，吸引 2 名年轻人才充实科研管理队伍。

人才队伍建设的另一重要措施是加大教育改革力度，提高研究生教育质量：稳步扩大招生规模，保证科研工作需要；鼓励硕博连读，增强遥感所有效的科研力量；增选博士研究生导师和硕士研究生导师，申报新的硕士学位点，建立新的学科生长点。2003 年遥感所新增“信号与信息处理”硕士学科点，拓宽了学科领域和生源。在课程设置方面，开设了博士研究生政治课及其与遥感应用有关的多种专业课，为学生选修课程提供了更多的选择；在学生生活方面，新建遥感所学生公寓一层，实行公寓化管理，大大改善了学生的生活条件。

经过努力，遥感所还获得了第三世界科学院奖学金学者培训基地的资格认定，进一步扩大了培训工作的影响。

2. 能力建设

①2004 年，国家航天遥感论证中心正式挂牌成立。②遥感科学国家重点实验室已进入验收评估阶段。③完成遥感与地学分析国家实验室建设的申报和怀来遥感试验场的建设工作。④通过了 ISO 质量

体系论证。⑤航空遥感飞机运行良好，运行效率为历史最好水平。⑥大面阵 CCD 相机进入试飞阶段。⑦购置了红外光谱仪等一批大型仪器设备，为遥感试验提供了必备的条件。⑧保障条件建设：投资 2664 万元（其中，所自筹经费 1300 万元，2004 年遥感所投资 589 万元）完成新科研楼的建设；完成职工安居工程，全所有 140 户进行了住房调整，以住房或货币的形式，使全所职工达到了住房标准，不再存在无房户的问题。

3. 制度建设

建立了一整套行之有效的制度，如在领导机构中，建立了所务会议制度、所长办公会例会制度、所务公开制度、党政联席会议制度和学习制度等。在人事管理方面，建立了项目聘用制度、人事代理制度、科研人员绩效考核制度和中层干部绩效考核制度及文档管理制度等。在科研管理方面，建立了科研计划管理制度、科技成果管理制度、科技档案管理制度、科技外事管理制度等。在财务管理方面，建立了所经费管理办法、课题经费管理办法、外汇管理办法、会计档案管理办法、所属公司财务管理规定等。

二、党务建设

（一）中共遥感所第六届党委

1. 任职时间

2002 年 2 月～2005 年 7 月。

2. 书记、副书记、委员名单

书记：李培金（2003 年 4 月 4 日任命至本届班子届满）；副书记：俞纪华（2002 年 2 月 19 日任命）；委员：李小文、王超、赵忠明、马建文、毕思文、李秀云。

（二）中共遥感所第二届纪委

1. 任职时间

同本届党委。

2. 书记、副书记、委员名单

书记：俞纪华；副书记：杨东红；委员：王长有、卢德崑、周上益。

（三）党委主要工作职能

1. 主要工作职能

根据 2002 年《中国科学院党委工作条例》，所党委在上级党组织的领导下，充分发挥政治核心和保证监督作用，围绕中心，服务大局，贯彻落实中国科学院办院方针，支持所长依法并根据《中国科学院研究所所长负责制条例》行使职权，团结带领广大职工，为研究所和中国科学院整体事业发展做出贡献。

2. 党的建设

（1）党政一心促发展：所党委深入贯彻落实党的十五大、十六大精神和中国科学院新时期办院方针，积极支持所长和行政领导的工作，参与遥感所重大事项的决策。积极推动各项决策的组织实施；确保遥感所改革、发展和稳定的大局。工作中牢固树立创新意识，自觉站在科技改革和创新前列，始终把自觉参与、充分发挥党的政治核心和保证监督作用放在首位。坚持“围绕中心、自觉参与、着力创新”的工作思路，结合中心任务，深入调查研究，协调目标，增强党建工作的针对性和实效性，为行政领导出谋划策，为领导机构科学决策提供依据，自觉做到党政一心促发展。

（2）理论学习，不断提高党员队伍的思想理论水平。所党委结合遥感所创新工程的中心任务，先后制定了《中共遥感所党委理论学习中心组学习计划》和《遥感所关于组织学习十五、十六大精神的通知》等指导性意见和要求，组织党员干部认真学习邓小平理论和江泽民总书记“三个代表”重要思想、十六大报告和胡锦涛总书记的“科学发展观”，做到学习有计划、有检查、有总结，并注重在联系实际上下功夫，力求取得实效。“保持共产党员先进性”教育活动，使每一位领导干部受到了一次党性、党风再教育的锻炼，在思想、作风方面有了很大的提高，受到了实实在在的群众观点和群众路线的再教育，表现在工作中自觉接受群众的帮助和监督。

特别重视研究生思想教育工作。研究生是遥感所一支庞大而又重要的科研力量。所党委认真落实中国科学院首届研究生政治思想工作会议精神，明确把“党建带团建”作为共青团工作的基本出发点，在研究生中开展理论政治和重要政策的学习，开展形势教育、爱国主义教育，及时对团委、学生会进行增补和改选，成立研究生党总支，便于青年学子开展更加适合自己特点的组织生活。除此之外，还创办了“团学快讯”，在内网和所《工作简报》上开辟“青年园地”，加强研究生各项工作的交流和部署。所党委十分重视在研究生中发展党员的工作，每年进行研究生入所教育，告诫大家要想做好学问，首先要学会做人，努力把自己培养成为德、智、体全面发展的人才。

（3）制度建设：进一步推进党的制度建设，促使研究所党的工作制度化、规范化，坚持民主集中制原则，认真落实中心组学习制度、领导机构民主生活会制度。深入贯彻执行院党组“三个条例”精神，并结合研究所实际，制定了《遥感所所务公开制度》《遥感所党支部工作考核办法》《遥感所党员领导干部、党委委员与党外代表人士交朋友制度》《遥感所项目聘用党员党费缴纳办法》等规章制度，在实践中收到较好效果。

（4）创新文化建设：创新文化是先进文化的重要内涵，也是中国科学院知识创新工程五大任务之一。坚持做到 6 个结合，即创新与继承发扬相结合、创新文化与创新科研相结合、创新文化建设理论与实践相结合、创新文化的近期目标与长期目标相结合、创新文化建设与思想政治工作相结合、创新文化建设与精神文明建设相结合。从外部物化层面、制度层面及精神层面 3 个层面推进，创造有利于创新的科研生态环境和有利于激发并保持创新活力的精神家园。

引进新的管理理念，转变管理人员作风，树立服务意识，为科研工作提供了良好环境。提倡逐级管理、爱岗敬业，大力消除学术壁垒和行政壁垒；大力倡导科学精神，坚持科研必须从基础抓起，讲诚信，成果要过硬，不能靠吹捧，支持科研人员进行科研创新，跟踪国际前沿，服务国家战略需求、市场需求和社会需求；做好广大党员群众的思想工作，鼓励科研人员要树立正确的世界观、价值观，凝聚力量，发挥团队精神，提高研究所的整体竞争力。

重视对外宣传。以电子所务平台为契机，推行所务公开，定期出版《遥感所工作简报》，增强政务信息的公开力度，加大对外宣传力度，对外扩大影响，对内互相交流、凝聚人心。营造规范高效的运行环境，鼓励创新的学术环境，民主、和谐的人际环境，优美、便捷的工作环境，形成民主和谐、创新进取、团结协作、求真务实、开放宽容的文化氛围。

（5）统战工作：贯彻中央统一战线方针和政策，落实院党组《关于加强新时期中国科学院统战工作的意见》的文件精神，充分发挥民主党派和工青妇等群众组织在改革创新中的作用。定期召开民主党派和工青妇等群众组织代表座谈会，听取他们对所内工作的意见和建议。配合院统战部选送了多名党外人士骨干人员，分别参加了中央统战部和中科院统战部举办的党外骨干人员培训班。所党委在政治上尊重、生活上关心民主党派和党外人士，积极支持他们开展各项有益活动，在科研、管理等工作中注意听取民主党派的意见，适时召开情况通报会，尤其是重大决策出台之前征求他们的意见，为民主党派参政议政创造条件。

（6）离退休干部工作：贯彻中央关于老干部工作的方针政策，以老有所学：组织他们学习新的知识和技能，参加各种培训班或听讲座，补充、更新知识，实现与时俱进；老有所为：鼓励一些身体较好的同志，力所能及地承担一些课题，或通过调查研究写一些老专家建议；老有所乐：以各种文体活动为载体，丰富他们的离退休生活。对一些身患重病、不能来所参加活动的同志，党委领导亲自登门看望。对个别老同志的一些历史遗留问题，党委领导深入了解情况，做耐心、细致的工作，及时化解矛盾。老同志们感到离退休生活充实、幸福、愉快，对安度晚年、健康长寿充满信心。

（7）党风廉政建设：在领导机构中加强廉洁自律教育，从根本上提高领导干部的党风廉政水平。定期组织领导干部学习中央有关文件，树立严格执纪、廉洁从政和自觉接受监督的意识。定期召开党委专题民主生活会，广泛征求党内外群众意见，认真开展批评和自我批评。制定整改措施，并及时反馈到群众，自觉接受群众的监督。严格执行收入申报和礼品登记制度，自觉接受组织监督。

对广大党员组织学习 2004 年颁布的《中国共产党党内监督条例》和《中国共产党纪律处分条例》等重要文件，在全体党员中开展了“两个条例”知识问答活动，认真贯彻落实中纪委的各项部署，深入开展反腐败斗争。积极做好群众来信来访工作；查处违法、违纪工作和解决群众关心的热点问题，收到了明显效果。几年来，收到群众书面和口头反映 10 余次，对群众举报信做到深入实际调查了解，然后认真分类，通过实事求是的分析研究，做思想政治工作和召开座谈会相结合，较好地解决了各类问题，得到群众的理解，都收到了较好的效果。同时在清理通信工具、控制各种会议和庆典活动支出、严格执行公务活动接待标准等方面做了大量工作，制止了各种奢侈浪费现象。通过这些活动，使党员对党内法规有了更深刻的了解，树立了法规意识，增强了广大党员干部遵纪守法的自觉性。

3. 基层党支部建设

在深化改革和实施知识创新工程的每一阶段，所党委都要求各个党支部和每个共产党员站在改革、创新的前列，充分发挥党支部的战斗堡垒作用和共产党员的先锋模范作用。在结构调整中，党委积极做好支部调整和支部书记选配，认真做好支部书记上岗培训，保证党组织工作的连续性，为所各项工作的顺利实施提供了坚强的组织保证。

为使党支部工作步入制度化、规范化的轨道，所党委制订了《党支部工作条例》和《党支部工作考核办法》，还建立了支部工作记录本，各支部活动要签到，记录会议和活动情况，与此同时，定期召开支部书记会议，部署工作、交流经验、沟通思想，党委书记和党委委员还经常找支部书记谈心、了解情况、征求意见，达到共同提高的目的。

重视组织发展工作：认真贯彻“坚持标准、保证质量、改善结构、慎重发展”的方针，注意把在科研、管理骨干和研究生中发展党员作为重点。

第七章　第七届领导机构时期
（2005 年 7 月～2009 年 7 月）

一、所务建设（行政机构与科研业务）

（一）所 负 责 人

所长：李小文（2005 年 7～2007 年 9 月）、顾行发（2007 年 9 月～2009 年 7 月）。

副所长：顾行发（2005 年 7 月～2007 年 9 月，常务副所长）、李培金（兼，2005 年 7 月～2006 年 4 月）、谭福安（兼，2006 年 4 月～2009 年 7 月）、赵忠明（2002 年 10～2009 年 7 月）（跨届任职）、赵千钧（2009 年 3 月任命）。

所长助理：吴炳方（2006 年 3 月 31 日）、牛铮（2006 年 3 月 31 日）、张兵（2006 年 3 月 31 日，2006 年 7 月 27 日任命，2007 年 10 月 29 日免）、池天河（2006 年 3 月 31 日）、马建文（2006 年 3 月 31 日）、王晋年（2007 年 10 月 29 日任命）。

（二）机 构 设 置

1. 科研机构设置

由 5 个模块，13 个研究室组成。

5 个模块如下。

1）遥感科学国家重点实验室——遥感科学基础理论研究集成平台

主任：宫鹏（2004 年 5 月 11 日任命）；常务副主任：柳钦火（2007 年 4 月 3 日任命）。

副主任：邵芸（2007 年 4 月 3 日任命）；唐军武（兼，2007 年 4 月 3 日任命）。

学术委员会主任：徐冠华（2004 年 5 月 11 日任命）。

办公室主任：程晓（2007 年 4 月 3 日任命）。

2）国家航天局航天遥感论证中心——新型遥感技术前沿和遥感综合论证平台

常务副主任：顾行发（2004 年 3 月 31 日任命，任期与本届所领导同步）。

共同主任：吴美蓉（原中国资源卫星中心主任、国际宇航科学院院士、教授，2004 年 12 月 31 日任命）。副主任：余涛（2007 年 4 月 3 日任命）。

办公室主任：孟庆岩（2007 年 4 月 3 日任命）。

3）国家环境保护卫星遥感重点实验室（2007 年 12 月成立）

主任：顾行发、王桥。

学术委员会主任：孟伟。

主任助理：李正强、张峰。

4）遥感卫星应用国家工程实验室（2008年11日成立）

理事长：丁仲礼；执行副理事长：郭华东；副理事长：王晋年、吴双；常务理事：童庆禧、薛永祺、曾澜。

实验室主任：顾行发；常务副主任：王晋年；副主任：刘定生、王智勇；总工程师：曾澜。

技术委员会主任：童庆禧；副主任：郭华东、曾澜；行政、学术秘书：陶醉、吕婷婷。

5）国家遥感应用工程技术研究中心——遥感应用工程技术研究与产业化平台

主任：池天河（2007年4月3日任命）。

副主任：郭子祺（2007年4月3日任命）。

办公室主任：彭玲（2007年4月3日任命）。

遥感所设13个研究室（创新单元）。

①遥感辐射传输研究室，主任：柳钦火（2007年1月18日任命）；②环境遥感前沿研究室，主任：牛铮（2007年1月18日任命）；③高光谱遥感研究室，主任：张兵（2007年10月29日免），负责人：方俊永（2008年12月15日任命）；④微波遥感研究室，主任：邵芸（2007年1月18日任命）；⑤遥感定标与真实性检验研究室，主任：余涛（2007年1月18日任命）；⑥遥感图像处理研究室，主任：唐娉（2007年1月18日任命）；⑦农业与生态遥感研究室，所属三峡工程生态与环境监测系统信息管理中心，主任：吴炳方（2007年1月18日任命）；⑧国土资源遥感研究室，代主任：张增祥（2007年1月18日任命）；⑨非再生资源遥感研究室，代主任：蔺启忠（2007年1月18日任命），负责人：聂跃平（2008年12月15日任命）；⑩减灾与应急遥感监测研究室，主任：王世新（2007年1月18日任命）；⑪遥感空间信息系统研究室，主任：骆剑承（2007年1月18日任命）；⑫数字地球与导航定位研究室，主任：杨崇俊（2007年1月18日任命）；⑬环境遥感应用技术研究室（2007年12月21日成立），主任：尹球（2007～2011年）。

2. 管理服务机构

（1）综合办公室。主任：孙文新（2006年1月25日任命）、余琦（2006年8年7日任命）。

（2）人教处。处长：余琦（2006年1月25日任命）、孙文新（2006年8月7日任命）；副处长：吴晓清（2007年6月28日任命，研究生部主任）。

（3）科技处。处长：张兵（2006年1月25日任命，2007年1月18日免）、王晋年（2007年5月14日任命）；副处长：崔颐冰（2006年10月17日任命）。

（4）财务资产处。处长：祖荣香（2006年1月25日任命；2010年5月免）；副处长：武晋云（2008年12月26日任命，2010年5月主持工作，2011年6月任处长）。

3. 评议机构

（1）学术委员会。主任：陈述彭；副主任：徐冠华、童庆禧、李小文、郭华东；委员（以姓氏笔画为序）：马建文、王长耀、王世新、牛铮、田国良、阎守邕、池天河、乔彦友、李树楷、杨崇俊、吴炳方、邵芸、赵忠明、张增祥、郑兰芬、宫鹏、柳钦火、顾行发、聂跃平；秘书：曹春香。

（2）学位评定委员会。主席：徐冠华；副主席：童庆禧、李小文、顾行发（常务）；委员（以姓氏拼音为序）：陈良富、池天河、宫鹏、龚建华、柳钦火、马建文、牛铮、邵芸、王世新、吴炳方、薛勇、杨崇俊、尹球、张增祥、赵忠明。

（三）科研方向与任务

1. 研究所定位

遥感所是从事遥感基础理论、前沿技术、应用方法和综合遥感应用研究的综合性、开放型研究机构。

2. 发展方向与优势学科

1）发展方向

战略方向是发展遥感信息科学理论技术体系，为国家可持续发展宏观决策提供科学支持，为遥感信息产业发展做出贡献。创新三期确立的战略发展目标是以遥感科学与技术创新为基础，面向国家经济建设、国防安全和社会大众对空间信息的巨大需求，着力打造天空地一体化遥感论证和综合国情遥感监测与预警两大重点领域和遥感科学与试验、遥感技术前沿与信息挖掘、遥感综合应用、遥感信息工程四大科研方向，全面提升遥感所自主创新能力。

2）优势学科

集中力量发展天空地一体化遥感论证和综合国情遥感监测与预警两大重点学科领域，并对遥感所各个创新单元和学科发展起到引领和综合协调的作用。

3. 主要研究领域与重大科研项目

1）主要研究领域

（1）遥感基础研究领域。

以创建遥感新学科为目标，围绕地球系统科学中的遥感机理研究这一方向，在遥感信息特征、高光谱遥感科学、雷达遥感科学、大气遥感等领域开展研究。

辐射机理及反演理论：开展了“地球表面时空多变要素的遥感综合反演”与“植被组分温度分布特征及其时空尺度效应”等方面的研究。

高光谱遥感理论与应用：开展了内陆水体 3 种典型水质参数的高光谱遥感监测关键技术研究。

微波遥感理论与应用：开展了罗布泊次地表物质探测和古环境研究；海面污染性油膜监测。

大气遥感：开展了大气卫星遥感技术指标论证及大气气溶胶与大气成分的遥感定量化研究。

在基础研究方面还进行了“地面波谱知识库的完善”“传染病流行与地理环境因素关系分析”“声像一体化湿地遥感监测技术”“城镇生态环境监测与整治关键技术研究”，以及极地遥感研究等。

（2）遥感技术发展领域。

A）空间信息技术研究

a）遥感数据图像处理共用技术研究

航片识别及自动镶嵌系统：该系统提供了多种类型航片的辅助参数自动识别功能及基于不变特征的图像自动匹配与镶嵌的功能，对图像进行处理的航片有较大角度的倾斜，无商业软件能够大批量处理此类图像。该系统已投入业务运行。

多源卫星数据综合处理系统：该系统是一个完整的全数字化应用系统。该系统由网络与控制管理、任务流程管理、图像判读、信息整编、技术支援及数据库等多种数据集成，是一个具有先进的图像综合处理能力、能高效生产包括星载高分辨率卫星影像数据及多源、多任务、多时相遥感数据应用产品的大型综合数据产品生产系统。

b）遥感数据其他算法研究

包括空间信息融合、海上目标快速定位、示矿微弱信息提取、虚拟地理环境研究、公共场所流动人员自动记录系统等。

B）高分辨率对地观测系统重大专项——应用分系统

C）环境一号卫星数据应用与推广——广西-北部湾大型遥感综合试验

以广西-北部湾为试验基地，通过开展大规模天空地一体化遥感综合试验，进行载荷应用潜力分析与性能评价，解决从数据到信息转化处理中的共性关键问题；打通从数据产品到标准产品的处理链。

我国卫星遥感应用需求和载荷指标综合论证体系的建立：在全面收集、整理和分析了航天遥感应用需求的基础上，建立了实用于我国航天遥感载荷发展的研究方法；初步建立了载荷研究的技术支撑，通过科学研讨、实验与验证，统筹、科学、全面地提出我国航天遥感载荷的发展方向与建议。

（3）遥感应用研究领域。

A）三峡工程生态与环境监测信息系统

为了更迅速准确地收集、传输和处理三峡生态监测系统监测的大量数据和信息，及时掌握长江流域生态的变化，为三峡工程的建设和管理服务，在已有三峡工程生态与环境监测系统的基础上，急需结合遥感实现实时动态和大范围监测。遥感所开发的“长江三峡工程生态与环境监测信息系统”成为满足上述需求的重要保证之一。

B）官厅水库、密云水库上游水土保持监测系统

该系统是“21 世纪初期首都水资源可持续利用规划”总体项目的重要组成部分。系统一期工程建成是“两库”上游总体监测系统的基础工程。一期工程在子基础平台上构建了 7 个应用子系统。采用可伸缩、可扩展的开发方式，结果可存入子基础平台，实现信息共享。

C）粮食预警遥感辅助决策系统

该系统从影响粮食产量的旱情和长势两个角度进行遥感监测关键技术研究，开展粮食信息定量化和过程检验，并通过形成运行化系统提供监测信息服务。

D）非法种植罂粟遥感监测系统

遥感所在连续获得 2005 年、2006 年“天目行动”支持的情况下，还获得了科技支撑计划“遏制毒品违法犯罪关键技术研究”重点项目支持，承担第一课题“毒品原植物遥感监测技术研究”。遥感所“非法种植罂粟遥感监测方法”在国家禁毒委产生了很大影响，多次得到公安部领导的批示表扬。

E）国家资源环境动态遥感监测系统

在 2000 年完成的全国国土资源数据库、建成国家级基本资源与环境动态遥感监测和数据信息服务系统的基础上，实现了已有 1∶10 万比例尺的土壤侵蚀数据库、全国耕地地形坡度分级数据库、全国土壤侵蚀图形数据库和属性数据库的持续更新，形成了为国家全面提供国土资源科学数据的能力。

F）海洋油气遥感综合勘查

根据海洋油气藏烃类微渗漏理论，利用 66 景雷达遥感图像在渤海海域圈定了海面漏油膜，油膜位置与目前渤海海域的重点石油勘探区域一致，为海上石油的进一步勘探提供了前期参考依据。

G）深圳市基准房价系统

在地理信息时空分析技术的支持下，分析房地产成本、价格构成和运行机理，解决影响价格的多因素动态修整方法，建立深圳市基准房价体系，定期发布基准房价电子地图。

（4）遥感信息工程。

中国可持续发展信息共享系统及应用技术研究。研究设计了信息共享技术体系与方法，为信息共享提供了技术支撑，最终完成了可持续发展领域的多份报告，为国家与相关部门决策提供了重要参考。

A）三维数字地球平台软件

进一步解决了三维数字地球的海量空间数据的存储与管理、可视化等关键问题，开发了可以运行的“数字地球××版。”该系统是一个建立在多级全球数字高程模型（DTM）基础上，以海量卫星数据为主体、海量地理数据和××文本数据为支撑的，服务于××指挥需求的交互式数字地球三维网络信息系统。

B）信息综合控制指挥系统的设计与建设

该系统是围绕公安部边防局指挥自动化的需求，以空间数据为基础，利用卫星定位、短波通信、遥感地理信息系统、通信、网络、计算机等先进技术，建立的一个能够整合业务应用系统数据，满足边境管理、海警执法、出入境检查、处置突发事件等业务工作需要，具备图像、话音和数据等多媒体信息综合处理、查询显示、专题分析、态势推演和提供预案等功能的可视化指挥控制系统。

C）可持续发展科学数据共享网建设

构建了可持续发展信息共享技术支撑平台，为可持续发展科学数据共享提供技术基础。共享数据包括可持续发展人口与社会、循环经济、城市区域发展、全球环境变化、生物多样性、地表环境、水问题和综合减灾等主题数据，建立了可持续发展科学数据共享总中心和18个专业分中心，形成了分布式的可持续发展信息共享网。

D）中国经济监测预警系统——地理信息子系统的研发与技术支持

中国经济监测预警系统是国家统计局依据温总理批示，由国家统计局李德水局长和邱晓华副局长负责的专项项目，拟解决中国宏观经济监测与预警问题。“地理信息子系统”是其中的可视化部分，是中国经济监测预警系统的主要图形图表部分之一，主要为国家决策者服务。

E）城市基础地理信息规划设计

提出了江苏省淮安及浙江绍兴的地理空间信息系统建设总体规划纲要，从总体规划角度详细设计了它们在今后10～20年内地理空间信息系统建设的内容；设计了其地理空间信息系统顶层架构，对总体规划纲要进行了较为细化的设计，为各个部门地理空间信息系统建设提出了公共、统一的设计思路；开发了它们的地理空间信息系统公共平台。

2）遥感所主持的重大科研项目

（1）遥感所获得的第一个国家973计划项目“陆表生态环境要素主被动遥感协同反演理论与方法”总经费为2800万元。

（2）××“环境一号卫星数据应用研究”及“多角度偏振相机”项目，经费3570万元。

（3）院重大项目：①“生态环境效应监测、评估与预警”，经费2500万元；②“耕地保育与持续高效现代农业试点工程——耕地资源监测与粮食生产能力预警”，经费1500万元。

（4）横向课题：企业或地方政府委托项目争取经费超过4000万元，其中：①星地面应用系统总承260万元；②公安部边防局信息综合管理系统930万元；③青海省科技攻关项目“东昆仑成矿带遥感探测”经费160万元。

4. 主要经费来源与使用情况

遥感所经费来源主要是国家财政补收入，从院外争取的项目合同经费，包括高技术应用项目、科技支撑项目、国家863计划项目、国际973计划项目、自然科学基金项目、与其他科研院所合作项目、企业委托项目、地方政府委托项目以及国际合作项目等；主要支出为事业支出和专款与经营支出等，2005～2008年遥感所收支情况见下表。

年份	收入/万元			支出/万元		
	总收入	财政补贴	项目合同	总支出	事业	专款与经营
2005	10982.0	3313.8	7668.2	12237.0	8234.1	4002.9
2006	14599.4	4573.6	10025.8	13484.6	9483.2	4001.4
2007	16601.2	7451.2	9150.0	9802.9	—	—
2008	17289.1	7834.7	9454.4	12674.8	—	—

（四）研究所建设与发展的主要措施与创新

1. 体制机制改革

1）科研结构调整

所领导机构到位以后先后召开了“所内各类人员座谈会”，在充分了解职工需求和存在问题的基础上，根据知识创新工程一期、二期 8 年的实践和遥感科学与技术发展的需要，面向国家重大需求，构建了遥感所“432”的科研布局，即通过三期创新工程建设 5 年的努力，实现以四大研究方向发展为基础，以三大国家级遥感机构为集成平台，发展两大重点学科领域的建设目标。

四大研究方向：遥感科学与试验、遥感技术前沿与信息挖掘、遥感综合应用、遥感信息工程。四大研究方向的发展通过遥感所 12 个基本创新单元（研究室）的具体工作来实现。每个研究室有明确的学科方向、研究内容和一体化管理的研究队伍，是遥感所学科团队建设和造就学术将才的培养基地，在科研支撑系统的支持下，共同服务于整个遥感所的重点领域和研究方向建设。

三大国家级遥感机构：遥感科学国家重点实验室、国家航天局航天遥感论证中心、国家遥感应用工程技术研究中心。它们分别成为遥感所的遥感科学基础理论研究集成平台、新型遥感技术前沿和遥感综合论证平台、遥感应用工程技术研究与产业化平台。

二大重点学科领域：在四大研究方向和三大集成平台建设的基础上，集中力量发展天空地一体化遥感论证和综合国情遥感监测与预警两大重点学科领域，并对遥感所各个创新单元和学科发展起到引领和综合协调作用。

“432”的科研布局有利于遥感所科研队伍结构的优化组合，促进所内创新要素的凝集、发展重要学科方向、集成技术优势，组织和实施重大项目。随着 12 个研究室的全面落实，遥感所矩阵式科研组织与管理架构形成，学科交叉与合作加强，科研竞争力大幅提升。

2）完善技术支撑体系

在遥感所的积极参与推动下，新一代的“航空遥感系统”通过中咨公司评审，在国家发展和改革委员会立项。遥感所形成了由航空遥感中心、航天数据接收站及网络中心、遥感试验场组成的技术支撑体系，建成了车、机、站、场、网 5 个系统，各个系统运行正常，为科研工作提供了强力支撑。

3）改革运行机制

在详细分析国际上遥感科学与技术发展趋势和国内发展现状的基础上，结合国家重大需求和遥感所自身特点，分析知识创新工程 8 年来发展存在的“瓶颈”问题，确立了以“改革、创新、和谐、发展”为目标的差异化导向的目标管理体制，即研究室以任务导向为主，三大机构以成果、对国家重大需求的支撑作用和人才培养导向为主。及时调整了所可持续发展的“6+1”计划，其中，6 即①制定原始创新计划；②制定综合集成应用计划；③制定大众应用产业化计划；④制定走出国门计划；⑤制定创建和谐创新文化计划；⑥制定人才培养、引进计划；+1 即加强国家级成果奖项的凝练。

研究室年度考核的工作目标为“四个一工程”，即①凝练一项核心技术；②产出一项重大成果；③争取一项重大任务；④重点培养一名人才。

遥感所始终把参与国家战略发展规划的制定，为国家科学决策和行业技术发展提供科学和技术支撑放在重要位置，遥感所组织主要科研骨干积极参加国家科技指南的建议与编写工作，先后提交了国防科工委发布的《“十一五”民用遥感卫星应用技术研究项目指南》、科技部支撑项目“城市数字化关键技术研究与示范”和“城镇生态环境监测与整治关键技术研究”建议书，并参与了部分 863 专题项目指南和科技部国际合作“科技援非”遥感项目的编写工作。

与此同时，遥感所组织了多次所内专家研讨，在充分分析遥感所技术优势和行业发展现状的基础上，提出了“抓两头、放中间”的发展战略，即“抓原始创新研究和走出国门，推进遥感技术产业化进程；改与行业部门竞争为向行业部门提供技术支撑”。

遥感所以持续推进原始创新发展的技术优势与国家海洋局成立了“空间海洋联合研究中心”、与国家环保局成立了“国家环境保护卫星遥感重点实验室”，为行业部门提供了技术支撑；以推广民用航天卫星数据应用为目标，与资源卫星中心成立“陆地卫星数据处理联合研究中心”，与二十一世纪科技发展有限公司成立“空间信息应用与服务研究中心”，以引进国外先进技术、加强学术交流、提高民用航天技术水平为目标，与法国马塞大学计划成立“中法联合实验室”等若干非法人研究单元。

在中国科学院-天津市政府院市合作协议的框架下，国家遥感工程技术应用研究中心天津产业化基地建设取得实质性进展，遥感所参股资产总值3500 万元的天津中科遥感技术有限公司已挂牌成立，遥感所将建立有效的体制、机制，促进科研成果转化的进程。

2. 人才队伍建设

通过多年的不断努力，遥感所的人才队伍已经形成一定规模，目前，遥感所现有 4 位院士、30 位研究员（其中包括 5 位“百人计划”引进人才）、42 位副研及高级工程师，7 位学术指导委员会成员。两位研究员入选国家级“百千万人才工程”。人员的知识、年龄结构也更趋合理，进入创新基地的人员 50%具有博士学位。

1）人事制度改革

全面建立并实施了全员岗位聘用制，实行“按需设岗、公开招聘、择优聘任、合同管理”。根据学科发展、科研任务和队伍建设的需要，合理地设置科技、管理岗位，明确不同岗位职责、待遇和聘任条件。

遥感所不断探索人事制度改革新思路、新方法，理顺用人制度，实现人员分类管理，保证科研人才的稳定性与流动性并存，完善、规范各类人员管理制度，保障职工合法权利，为研究所规避用工风险。推进全员岗位聘用制、项目聘用人事代理制及人员派遣制等多种人员管理办法，实行项目聘用人事代理的人员已达到 43 人，实行人才派遣 23 人，实现了人员分类清晰、管理明确，岗位清晰、职责分明。

修订完善了所内各项人教规章制度，规范人员管理，加强激励措施。先后出台了《遥感所“百人计划”管理实施细则》《遥感所管理岗位聘用实施方案（试行）》《遥感所项目聘用实施办法》《遥感所接收应届毕业生管理办法》《遥感所流动岗位人员实行劳务派遣制试行办法》等多项规章制度，同时调整了科研绩效考核制度和中层干部绩效考核制度，激励职工爱岗敬业。

在全面推进三元结构分配制的基础上，不断调整、不断探索，规范基本工资、岗位津贴、绩效奖励的三元结构分配制，稳步提高全所职工的工资收入，适度拉开科技人员的收入差距，打破了在分配上实际存在的平均主义，同时调整职工基本工资发放办法，保证职工的基本收入，稳定了科研队伍，奠定了和谐发展的基础。

2）队伍结构调整

科研队伍建设是实施知识创新工程的关键。重视引进人才和培养人才，梳理科研队伍，招聘领军人才，使遥感所人才队伍建设进一步得到加强。研究室的组建，使 10 余位青年科学家走上科研带头人的岗位，为他们提供了充分施展才能的舞台，他们的各项素质得到磨砺与提高，形成了以国家遥感科学重点实验室主任、国家航天遥感论证中心主任、国家遥感技术应用工程中心主任、各研究室主任及各创新研究员为主体的多层次人才结构，充分发挥了领军人才及所有科研骨干的作用。

公开招聘职能部门负责人，加强管理队伍建设，使管理水平及服务意识得到提高与加强。

目前，遥感所有“百人计划”5 人。从国外引进优秀人才 9 人、国内优秀人才 6 人，聘请海外客座研究员 16 人，建立了一支具有可持续创新能力的科研队伍，吸引、培养了一批高水平的遥感知识创新人才。目前，创新基地内人员 82 人，流动人员 427 人，其中硕士生 135 人，博士生 183 人，博士后 14 人，客座 29 人，固定人员与流动人员比例超过 1∶2。聘请美国知名教授 Diction 为中国科学院爱因斯坦讲席教授，聘任数位海内外专家为兼职研究员。知识、年龄结构更趋合理，在学科前沿领域形成优秀科学创新专家小组，聘请著名科学家在重要岗位任职，进而形成了院士、中青年学术带头人、创新研究员 3 个层次的学术带头人队伍。

3）科技副职的选派

遥感所把选派科技副职、加强院地合作作为本届班子的重要任务之一，积极开展派遣科技副职工作。选派干部充分利用现代科学技术，结合当地的资源优势，为区域经济发展做出了积极贡献。遥感所彭玲同志应邀于 2007 年 4 月～2008 年 4 月担任天津新技术产业园区科技局副局长，对推动遥感所、中国科学院与天津的院地合作发挥了重要作用。

4）研究生培养

研究生培养是遥感所知识创新工作的重要组成部分，招生人数近年来稳步上升，2007 年招生人数达 101 人，在所研究生人数 318 人，达到了遥感所历史上的新高。2005～2006 年，共向社会输送博士后研究人员 14 人、毕业的博士研究生 75 人、毕业的硕士研究生 31 人。在研究生课程设置方面，开设了博士研究生政治课、遥感物理、微波遥感、网络地理信息系统课程，为学生选修课程、学科交叉提供了更多的选择。鼓励优秀硕士生硕博连读，提高博士生生源质量；近两年来获得中国科学院研究生科学与社会专项资助 3 人，院长优秀奖 4 人，优秀毕业生 3 人。

获得第三世界科学院奖学金学者培训基地的资格认定。与国家航天局、北京航空航天大学联合承办联合国空间科学技术教育区域中心，目前第一批亚太各国的学员已在遥感所完成了专业实习。受商务部委托，举办“非洲遥感技术培训班”，使 14 个国家的学员得到培训，为中非遥感技术合作开辟了通道与桥梁。

5）领导机构自身建设

领导机构是一个单位的核心和灵魂，一个团结和谐的领导机构是事业发展的关键。只有团结和谐的领导机构，才能带出能打硬仗的职工队伍，创造出一流的工作业绩；只有建设团结和谐的领导机构，才能带领职工同甘共苦、干事创业，才能增强号召力、凝聚力、战斗力，从而带动整个单位的和谐发展，这一理念已在我所党政领导机构及其成员中达成共识。4 年间，遥感所领导机构进行了两次调整，调整后的班子成员相互主动沟通，互相承担义务，党政班子密切配合，有力地推动了遥感所的和谐发展。

本着对党和全所职工高度负责的精神，所领导机构坚定地贯彻执行党的基本路线，努力建设成为勇于改革、团结协调、联系群众、勤政廉政、精干高效的领导集体。

所党委十分重视领导机构成员思想政治建设，坚持领导干部中心组学习制度、党政联席会议制度、双重民主生活会制度及谈话提醒制度。中心组学习不但注重经常化、制度化，更重视学习质量，受到京区党委的好评。领导机构中能开诚布公地交换意见，对工作中出现的问题能及时进行提醒，在思想作风、政治纪律等方面都有了明显加强。

在制度建设方面，坚持用制度管人管事，推行所务公开，民主决策。坚持所长办公会制度，所务会、学术委员会会议制度，民主生活会制度。在关系到人、财、物的重大事项的决策方面坚持集体领导，严格执行“三个条例”，正确处理所长负责制与党委的政治核心作用的相互关系，正确对待不同意见和建议，真正做到知人善任、尊重知识、尊重人才，相信群众、依靠群众，注意工作方法。坚持按党的组织路线和政策办事，增强领导机构成员的组织认同感。

在组织建设方面，通过党支部换届改选，选好党支部书记，落实党支部建设。注重研究所各级领导干部的培养，任命了10多位年轻科研骨干为研究室主任。通过岗位招聘，聘任了新近从加拿大回国的王晋年同志担任所长助理兼科技处长，加强中层干部及科研队伍建设，积极发挥他们的作用，创造条件促进其尽快成长。

3. 装备建设

1）资产积累

截至2007年3月31日资产总额达23296万元，比2004年12月31日的19579万元增加3717万元，增幅为19%（不含在建工程），其中，净资产总额15161万元，比2004年12月31日的14711万元增加450万元，增幅为3%。

投资3623万元（其中所自筹经费2259万元），已完成新科研楼6520m^{2}的建设和旧科研楼6988m^{2}的改造工作，经济实力、资金调控能力得到提高。

2）基础设施建设

遥感所十分重视园区建设，坚信一流的环境可以造就、吸引一流的人才，国际化环境是建设国际水平研究所的必要条件。在院里的支持下，遥感所6500多平方米的新科研楼建成投入使用后，遥感所又重装了旧科研楼，科研环境得到了极大的改善。在三期创新基建项目中，遥感所5000多平方米的科研楼改扩建工程已在奥运会前投入使用。该工程至少保证遥感所未来 5～10 年的发展。在院里的投入支持下，遥感所和整个园区环境基本达到或接近国际现代化研究所的环境条件。遥感综合试验场已经通过院组织的建设验收，作为遥感所科技支撑平台，体现了基础研究的学科特色，已成为全国性开放试验平台。

4. 制度建设

根据《中国科学院章程》，结合院三期知识创新工程建设，遥感所完善和修订了所内规章制度和工作流程，推进制度建设科学化、规范化。按照院“简政放权”的原则，清理阻碍研究所自主创新的落后制度，转变管理理念，增进服务意识。积极探索加强学术道德、规范科研行为，推行所务公开，倡导民主决策，公平公开严格按照规章制度办事，建立良性管理秩序，弘扬“立足本职、人尽其责、无私奉献、艰苦奋斗、开拓创新、勇攀高峰”的敬业精神，打造“团结合作、民主和谐、积极进取、规范高效”的价值理念，努力使所内的行政管理工作有章可循，使管理制度化、规范化。

二、党务建设

（一）中共遥感所第七届党委

1. 任职时间

2005年12月～2009年。

2、书记、副书记、委员名单

书记：李培金（2005 年 12 月～2006 年 4 月）、谭福安（2006 年 4 月～2009 年 7 月）；副书记：赵忠明（2008 年 12 月～2009 年 7 月）；委员：李小文、赵忠明、马建文、张增祥、李秀云、张兵（党委由 7 人组成，张兵、马建文于 2008 年 1 月调出后为 5 人）。

（二）中共遥感所第三届纪委

1. 任职时间

同本届党委。

2. 书记、副书记、委员名单

书记：赵忠明；副书记：郭子祺；委员：王长有、卢德崑、乔彦友、房成法。

（三）党委主要工作职能

1. 领导作用

2005～2009 年是“中国科学院创新二期”总结，三期全面推进、不断深入的时期。所党委在院党组和京区党委的领导下，坚持以邓小平理论、“三个代表”重要思想和科学发展观为指导，认真贯彻新时期办院方针和各项工作部署，紧紧围绕着研究所知识创新工程与改革发展中心工作，统一思想，凝聚力量、振奋精神，努力抓好物质文明、精神文明、党风廉政建设及创新文化建设，发挥党委的政治核心作用，保证党的各项方针政策在研究所贯彻执行，保证所长负责制顺利实施，保证知识创新工程和科研管理顺利进行，使遥感所的科研工作保持了良好的发展势头，职工队伍保持着良好的精神状态。

4 年来，所党委始终坚持把“围绕创新，服务创新、促进创新”作为工作的出发点和落脚点，进一步贯彻落实“三个条例”及《研究所综合管理条例》，大力推进研究所体制机制调整和人才队伍建设，推进所务公开，积极配合行政班子开展工作，为研究所三期创新工程的顺利启动和推进，为研究所的全面建设发挥了政治核心作用和保证监督作用。

1）进一步贯彻落实“三个条例”及《研究所综合管理条例》，积极配合和支持行政班子做好工作

在继续认真贯彻落实“三个条例”，以及后来的《研究所综合管理条例》的基础上，行政班子与党委良性互动的工作机制得到进一步的完善。党委在不干预行政班子处理具体事务的前提下，积极参与研究所的重大决策，把握研究所的发展方向，同时做好宣传鼓动工作，推动各项工作的组织实施。

每年工作会议上，党委都要积极协助行政班子，根据当年的发展态势和重点工作，确定当年工作主题和工作要点。从 2006 年的和谐到 2007 年的发展再到 2008 年的奋进，这些工作主题的提出对把握研究所发展方向，统一全所职工思想认识，推动广大职工积极自觉地投身遥感所的科研工作和全面建设，推动研究所知识创新工程的开展发挥了积极而有益的作用。

召开党政联席会议是党委参与研究所重大事务决策和配合支持行政班子工作的一个重要形式，涉及研究所改革和发展的重大事项，特别是组织体制、人才队伍建设方面的事项，都经过党政联席会议共同讨论决定。从领导机构换届以来，共召开了 8 次党政联席会议，讨论和确定了二期创新总结、三期创新招聘方案实施细则、研究机构组织形式及岗位设置、首次分级聘用实施办法等重要问题。党委通过参与研究所重大决策过程，很好地把握了研究所改革和发展方向，发挥了党委的政治核心作用和

保证监督作用。

2）坚持“党管干部，党管人才”的原则，积极做好创新三期人才队伍的组织工作

2007 年 9 月 26 日，遥感所领导机构成员调整后，所党委立即与行政班子一道着手组织创新三期人才队伍的规划和组织。

在研究室主任遴选过程中，所党委坚持德才兼备的用人原则，严格执行用人政策，坚决维护集体决定，广泛听取群众意见，民主集中统一得当，过程公开透明，决定公平公正，顺利完成了 12 个研究室的主任竞聘工作。

在创新人才队伍的规划和组织方面，所行政班子和所党委按照“按需设岗，按岗聘任，竞争择优，动态更新”及“公开、公平、公正”的原则，2007 年 11 月和 2008 年 1 月面向所内外公开进行了研究室主要创新岗位的招聘工作，新一批青年科技骨干进入所正式编制，基本完成了人才队伍的代际转移。新一届研究室主任平均年龄为 42 岁，85%具有博士学位，均为中青年专家，绝大部分已经在国内外同行中享有较高声望。2007 年，根据人事部和中国科学院的统一部署，依照创新三期遥感所科技发展规划和学科布局及人才资源配置方案，按照“公开、平等、竞争、择优”的原则，顺利完成了科技、管理、支撑 3 类各级岗位的设置及 88 个专业技术岗位的首次分级。特别值得一提的是，在遥感所二级研究员岗位数紧张而申请人多的情况下，顾行发所长主动提出自己让出二级研究员岗位，让其他同志先上，领导主动让岗的这一举动，得到了全所职工的由衷称赞。

3）坚持“科学管理，依法治所”方针，注重研究所制度体系建设

2007 年，组织完成了“清理完善研究所管理规章制度”的工作。规章制度的清理完善，使遥感所的制度体系更加完善，进一步推进了研究所的科学化、民主化和规范化管理。

在管理体系建设方面，按照中国科学院的要求，2007 年组织完成了中国科学院公共事务管理标准的贯彻达标工作。所党委主抓此项工作，成立了贯标工作领导小组和工作小组。经过全所同志的共同努力，公文、档案、安全、信息宣传工作均顺利通过中国科学院二级达标现场考评。该项工作的顺利完成，促进了遥感所管理工作的规范化和标准化，为知识创新工程的进一步推进提供了良好的基础条件保障。

所党委还积极加强电子政务建设，推进所务公开。2007 年初，对所网进行了改版，使信息上传渠道更加规范，信息发布更为及时。在内网中，按照所务公开的要求，对栏目和模块进行了重新设置。各种办事流程、机关工作动态得到及时反映。此外，根据在领导机构民主生活会上收集到的群众意见，所领导及时在全所公布 E-mail 信箱，通过多种方式建立群众与领导沟通的渠道。这些举措，在一定程度上推进了研究所的民主管理，满足了广大职工群众的知情权、参与权和监督权，加强了领导机构和职工群众之间的交流和互动。

4）加强宣传工作，内聚人心，外塑形象，为知识创新工程的开展营造良好氛围

2007 年，配合贯标工作的开展，建立了宣传工作核心团队，完善了宣传工作的组织结构，明确了宣传工作目标，政务信息通报工作进步明显。2008 年在中国科学院办公厅发布的年度政务信息宣传工作评比中，遥感所名列全院第 9，是遥感所有史以来的最好成绩。

与此同时，对所网中文页面进行了全新改版。新改版的所内外网设有研究所概况、组织机构、科研工作、科研队伍、研究生教育、国际合作、新闻扫描、科普园地、学会学报、党群之窗共 10 个栏目，其成为宣传所各项工作进展、贯彻落实国家各项精神和决定的阵地，成为展示全所工作风貌的窗口，成为开展学习和交流的平台。

近年来，遥感所对外新闻宣传也得到了加强。加强了与新闻媒体的联络，宣传力度进一步加大。在科技抗震救灾工作中，国内知名媒体，包括中央电视台、新华社、人民日报、科技日报、科学时报等媒

体对遥感所的工作及其成果进行了大量报道。杨崇俊研究员研制的四川灾区三维数字地球虚拟现实显示系统在抗震救灾期间一直在四川省电视台新闻频道作为背景播出。

2. 党的建设

1）思想建设：加强学习和教育，不断提高广大党员和职工的思想水平和创新意识

坚持用马克思主义和党的最新理论武装党员，组织党员学习党的路线、方针、政策，学习党的基本知识，学习科学、文化、法律和业务知识，是基层党组织的基本任务之一。根据中央和院党组的要求，开展了丰富多彩、卓有成效的学习教育活动，促进了所内广大党员职工思想水平和创新意识的提高。

（1）开办"遥感创新论坛"，用马克思主义最新科学理论武装全体党员。

2007年4月10日，"遥感创新论坛"开坛。邀请中国科学院党组副书记方新同志作开坛报告，"遥感创新论坛"秉承"求实、创新、开放、交流"的建设宗旨，通过组织高水平的战略专家、管理专家、技术专家的报告讲座，提升全所职工的政治理论和创新思维水平，领悟科学家做人、做学问之道，营造热爱祖国、发奋图强、攀登科学高峰的文化氛围，从而达到开阔视野、启迪智慧、提高创新能力的目的。所"创新论坛"开坛后，先后邀请了国务院参事、中国科学院可持续发展战略研究中心主任牛文元研究员、中国地震局曲国胜研究员等专家来所讲课，围绕四川汶川"5·12"地震，还专门组织了"抗震救灾，科技先行"专场报告会。通过创新论坛报告会，提高全所党员和员工对创建创新型国家的认识和主观能动性，激发了科研人员无私奉献、为国为所争光的意识，受到全所职工和研究生的一致好评。

（2）及时组织和学习中央与上级重要会议精神。

组织广大党员干部和职工学习中央与上级重要会议精神，是所党委开展学习教育活动的重要方面。4年来，所党委紧跟形势，按照中央和院党组、京区党委的部署和要求，先后组织开展了保持共产党员先进性教育、科学发展观学习实践活动，组织了《江泽民文选》、十六大精神、十七大精神、两会精神、院工作会议和院党组会议精神的学习、贯彻和落实，开展了学习实践社会主义荣辱观活动，结合中国科学院《关于科学理念的宣言》和《关于加强科研行为规范建设的意见》两份文件的发布，组织开展了研究所学术道德建设活动。组织党委委员、党支部书记和支委参加了中科院北郊协作片组织的《加强反腐倡廉建设，为知识创新提供政治组织保障》和《我国经济发展中长期面临的挑战和前景》等学习，通过这些学习活动，进一步提高了广大党员和职工的思想认识水平和创新意识。

（3）开展深入学习实践科学发展观活动。

按照党的十七大部署，从2008年9月开始，按照院党组的统一部署和京区党委的具体要求，对学习实践活动进行了精心的组织和安排，制定了《遥感所深入学习实践科学发展观活动实施方案》，成立了遥感所学习实践活动领导小组和工作小组。按照《实施方案》的具体部署，所党委以"以人为本，跨越发展"为载体，紧密联系实际，认真抓好学习实践科学发展观活动每一个环节的组织和指导，在全所党员、领导机构成员和中层以上领导干部中广泛深入地开展了学习实践科学发展观活动，并通过召开学习实践科学发展观活动专题调研座谈会、解放思想大讨论、领导机构专题民主生活会等活动，总结了遥感所贯彻落实科学发展观的主要举措，对照科学发展观的要求检查了工作中存在的差距和不足，分析了产生问题的原因，研究制定了深入贯彻落实科学发展观、不断推进知识创新工程的思路和具体措施。配合学习实践活动，创办了遥感所学习实践活动简报。各支部按照党委的要求，纷纷制定了活动计划，召开了党员会，组织了各种形式的学习。

（4）创新学习教育活动形式，推进学习教育活动的制度化、经常化。

本届党委继续延续在建党日举行有全所党员参加的庆祝和纪念大会，作为增强广大党员的党性意识，加强学习教育的一种重要形式。在纪念建党83周年时，组织了全所党员参加的"山东微山湖抗日根据地"和"孔子故里"参观学习活动；在纪念建党85周年时，组织了全所党员参加的"自力更生、艰苦创业、

团结协作、无私奉献——感受红旗渠精神，寻访红旗渠英雄足迹”活动；在纪念建党 87 周年党员大会上，赵忠明副所长作了《发扬抗震救灾精神，深入推进知识创新工程》的主题报告，并对年度先进基层党支部和优秀共产党员进行了表彰，举行了新党员入党宣誓。通过组织这样的活动，既庆祝了党的生日，又结合时事开展教育，表彰先进，使党员的政治思想觉悟得到提高，党员的党性意识和纪律观念得到增强。

2）组织建设，不断增强党组织的凝聚力和战斗力

（1）加强领导机构建设，打造清正廉洁、和谐团结、坚强有力的领导机构。

所党委在工作中，注意严格执行党章规定的组织和工作制度，健全党委内部决策机制和工作制度。注意发挥联系群众的优势，反映所情，集中民智。在程序上，对党内重大问题按照集体领导、民主集中、个别酝酿、会议决定的原则，由党委集体讨论，做出决定；其他重大问题则通过召开党政联席会和党委扩大会来协助所长正确决策，并配合所长落实决策。

所党委紧紧围绕研究所的中心工作，认真抓好季度党委中心组学习。年初有计划，阶段有重点；事先有布置，会中有讨论。中心组成员能够在认真学习理论的基础上，紧密联系研究所知识创新工程的实际，展开热烈的讨论。

民主生活会是遥感所党政领导机构成员交流思想，开展批评与自我批评，提高认识，改善工作方式和效果的重要措施。为开好每一次民主生活会，所党委要求党办事先广泛征求群众意见和建议，然后班子的每位成员自觉以邓小平理论、“三个代表”重要思想和科学发展观为指导，对照检查、认真剖析自己的思想状态和工作得失，同时当面指出其他同志的不足。在交流中提高了认识，促进了相互了解和信任，落实了责任，改进了工作，取得了实效。

加强管理干部队伍建设，组织完成了机关工作作风评议工作，并组织了管理干部培训。

（2）加强基础建设，推进党务工作的公开化、规范化和制度化。

所党委注重按照党章和上级党组织的相关规定和要求，扎实推进党组织的基础建设。2008 年，对全所党员数据库进行了一次全面彻底的清理和完善。在党员关系接转、党员材料移交、党费核算与缴纳等环节，加强了程序方面的要求。

2007 年 6 月，京区党委开展换届工作。所党委严格按照党章和党的基层组织选举规定的要求，组织召开了全体党员大会，经过全体党员无记名投票，选举谭福安等 3 位同志为遥感所出席中共中国科学院京区第十次党代表大会的代表。

2008 年，所党委把推进党务工作的民主化、公开化和规范化，作为加强党建工作的一项重要内容，列入党委 2008 年工作要点，因此，进一步完善了民主决策程序，强化了党委会的功能。涉及党建工作的重大事情，都要通过召开党委会，集体讨论，集思广益，民主决策。

（3）加强新时期统一战线工作，为知识创新工程的推进凝聚最广泛的力量。

所党委对统战工作高度重视。党委书记亲自负责主抓统一战线工作，制定了加强统战工作的具体措施，建立了党委委员与党外人士的联系制度。诚心与党外人士交朋友，关心他们的生活，解决他们的实际问题。

在每年岁末年初，党委都要分类（分在职和离退休）召开统战工作座谈会，虚心听取民主党派及党外人士的意见和建议，加强与他们的沟通与交流，争取他们对研究所改革发展政策和决定的理解与支持。

党委积极推荐和支持民主党派与党外人士在国家政治生活中发挥更大作用。在京区党委的大力推荐下，顾行发所长被推选为中央国家机关工委侨联副主席兼秘书长。

（4）重视群众工作，群策群力，推动和谐研究所建设。

所党委高度重视群众工作，注重加强对工会、妇委会和共青团等群众组织的领导，支持他们积极履行职能，开展各项活动，推动和谐研究所的建设。

第一，注重发挥职代会（工会）参与研究所民主化管理的作用。

职代会制度是研究所管理的一项重要制度。所党委高度重视职代会的工作，积极指导和支持职代会发挥作用，推动研究所民主化管理和依法行政，促进研究所的和谐发展。

2007 年年初，职代会进行了换届选举，产生了新一届职代会代表及主席团。与上一届相比，代表的素质进一步提高，人员构成进一步优化。新一届职代会积极开展工作，在协助完成“岗位设置及专业技术岗位首次分级”工作中，特别是在《中国科学院遥感应用研究所岗位设置及管理办法》和《中国科学院遥感应用研究所专业技术岗位首次分级聘用实施办法》两份文件的制定中发挥了重要作用。

第二，指导团委换届选举，鼓励团委开展适宜年轻人特点的活动。

由于原团委书记和副书记调离遥感所，党委及时对团委进行了调整并提出殷切希望，强调团委要树立服务意识，紧紧围绕创新三期开展工作。团委工作既要在点上取得突破，又要让团委活动和影响在基层遍地开花。

2007 年 9 月 16 日，首届研究生“遥感与地理信息系统论坛”开幕，来自全国各大专院校、科研单位的研究生 400 余人参加会议，白春礼常务副院长写来贺信，对团委和研究生会自行策划、组织的学术交流大加赞赏，勉励青年人要勇于创新，敢为人先。

新一届团委开展了多项适宜年轻人特点的活动：和研究生会密切配合，成功接待了来自 205 个国际奥委会成员国和地区的 500 多名北京奥林匹克青年营营员，在院内外及社会上引起很大的反响；此外，所团委在服务奥运会方面也发挥了积极作用，遥感所研究生吕磊和邢强分别作为奥运会驾驶员志愿者和语言类志愿者服务奥运，在中国科学院团干部培训会上，遥感所团委荣获中科院“奥运志愿工作先进单位”称号，这些活动对发挥年轻人的特点，激发他们的积极性，推动和谐遥感所建设，产生了积极作用。

第三，积极指导妇委会和研究生会开展工作。

遥感所妇委会在组织和联系所内广大妇女同志方面也发挥了积极作用。

2008 年 5 月，研究生会换届选举，产生了以刘朔为主席的新一届研究生会，确定了研究生会的工作计划，学生会在配合工会开展工作方面发挥了积极作用。在所团委、研究生会和所工会通力合作和密切配合下，首届遥感所“科学健身、营造和谐遥感所”系列体育活动顺利举行，此项活动丰富了遥感所职工文化生活，为大家提供了一个展示自我的舞台，进一步增强了全所的团队精神。

第四，加强离退休职工工作，使离退休同志老有所养、老有所乐、老有所为。

所党委积极贯彻落实国家有关离退休工作的方针政策，重视离退休党支部建设，做到政治上关心，生活上关怀，并注重发挥他们的余热，使离退休职工“老有所教、老有所学、老有所乐、老有所为”。

通过召开离退休职工座谈会，所党委定期向老同志通报情况，听取意见，及时传达中央和上级的政策和要求，使他们在思想上能够与党中央保持一致，理解和支持所里出台的各项政策。

党委非常关心离退休职工的生活。人教处足额按时发放离退休费，按规定及时报销医疗费，每年发放费用均为 300 多万元。坚持老同志患病住院走访慰问制度，主动帮他们解决困难。

针对离退休同志的特点，遥感所开展了丰富多彩的活动。组织健康知识讲座、离退休职工迎春联谊会、春秋游、院老年运动会和所内棋牌比赛等，这些活动既使老同志们锻炼了身体，又丰富了生活，陶冶了情操，受到了普遍欢迎。

3）党风廉政建设

在所党委的领导下，所纪委按照北京分院关于贯彻落实《建立健全教育、制度、监督并重的惩治和预防腐败体系实施纲要》实施意见的要求，紧紧围绕遥感所三期创新工作目标，注重从源头上预防和遏制腐败，注重抓好建立健全惩防体系各项工作的具体落实，注重加强纪监审工作队伍建设，认真受理群众信访，坚决查处违法案件，积极参加推进所务公开的工作，进一步加强内部审计，使遥感所党风廉政建设和反腐败各项工作的开展得以扎实推进，为三期创新提供了有力的保证。

2007 年，结合全所开展的清理完善研究所管理规章制度的工作，纪委对反腐倡廉工作制度进行了查漏补缺和进一步完善。

2007 年 9 月组织中层干部到中国人民革命军事博物馆参观了全国检察机关惩治和预防犯罪展览，组织了廉政知识学习和答卷活动，开展了违规违纪行为自查自纠活动。这些活动使广大职工，特别是干部“常敲警示之钟，常防腐败之害”，进一步提高了广大党员干部拒腐防变的能力。

3. 基层党支部建设

1）领导完成党支部换届工作

2007 年上半年，开展了党支部换届选举工作。党委严格按照党章和党的基层组织选举规定，对换届选举工作中的每一个环节都严格把关，加强过程监督，认真商讨支部书记人选，顺利完成了全所党支部的换届选举工作。一批学历和素质高、工作干劲足、创新意识强的年轻党员走上了支部书记或支委的岗位，为党支部工作的开展带来了朝气和活力。

2）做好组织发展工作，不断壮大党员队伍

所党委重视在优秀青年科技、管理骨干和研究生中发展党员，严格按照“坚持标准，保证质量，改善结构，慎重发展”的原则，注重新发展党员的质量和知识层次。4 年来，全所新发展党员 14 名，其中，发展了室主任级青年科学家两名，转正党员 6 名，参加京区党的知识培训班并结业的入党积极分子 20 名。新入党人数和参加入党积极分子培训班的人数皆创新高。

3）组织党支部开展“我为创新做贡献”活动，切实发挥支部战斗堡垒作用和党员先锋模范作用

按照院京区党委的总体部署，所党委每年在制定工作计划时，都要把组织党支部开展“我为创新做贡献”主题实践活动作为全年工作的一项重要内容，也作为对党支部考核的一项重要内容。

在主题实践活动中，党委及时对活动的内容和形式提出指导性意见。各支部按照党委的意见和要求，结合本支部科研工作的实际，开展了多种形式的“我为创新做贡献”活动，取得了显著成效，有力地促进了科研工作的开展，党员成为科研工作的突击队和主力军，并涌现出了一大批在工作岗位上表现突出的先进集体和优秀共产党员。每年所党委表彰的先进基层党支部和优秀共产党员就是其中的突出代表。在科技抗震救灾中，以赵忠明副所长带领的无人机小分队和灾害与应急研究室科研人员为主体的科技救灾队伍，不顾个人安危，日日夜夜，加班加点，一切以灾区群众生命安危为重，为抗震救灾一线和国务院信息办及时提供了高质量的空间信息，为抗震救灾前线总指挥部的整体部署提供了及时准确的第一手材料，遥感所科技抗震救灾工作得到了京区党委的高度评价，赵忠明副所长也被中央国家机关工委评为先进个人。

在科技奥运工作中，顾行发所长带领的奥帆赛区浒苔监测先锋队和陈良富研究员带领的奥运大气环境监测项目组，日夜奋战在青岛现场和北京超级站，在全国人民热盼奥运、欣赏奥运健儿的精彩比赛时，他们却在各自的岗位上，为保证奥运比赛环境的安全辛勤工作着。在他们当中有共产党员、有无党派人士、有民主党派，他们都在发挥着先锋模范作用，他们的工作带动了全体成员圆满完成奥运会、残奥会的环境监测与保障任务，得到了北京奥组委和青岛奥帆委的充分肯定，并获得了科技部颁发的科技奥运创新团体奖和个人奖。

第八章　第八届领导机构时期
（2009 年 7 月～2012 年 9 月）

一、所务建设（行政机构与科研业务）

（一）所 负 责 人

所长：顾行发；副所长：赵忠明（兼）、赵千钧（2009 年 3 月任命）、王晋年。

所长助理：余琦（2010 年 9 月 27 日免）、柳钦火、吴炳方。

（二）机 构 设 置

1. 科研机构设置

根据遥感所实施“创新 2020”发展战略优化调整体制机制的方案，按照遥感科技发展的需求，结合遥感所已形成的业务能力，将科研业务体系划分为 8 个板块，分别为对地观测系统、遥感科学、遥感技术与工程、综合国情遥感、空间信息系统、全球资源与环境、空间信息产业、科研支撑，并同时在全国布局分支机构与分所等新型创新单元。

立足以上 8 个板块，建立所、中心、研究室三级管理体制。在 4 个国家级研究机构和将要承担的高分应用技术中心的基础上，实施实体化推进，重组科研和支撑机构，成立对地观测系统研究中心、遥感科学研究中心、遥感技术与信息工程中心、综合国情遥感监测中心、空间信息系统中心、全球资源与环境遥感中心、空间信息产业发展中心、遥感科研支撑中心等 8 个中心。

1）国家级研究机构

（1）遥感科学国家重点实验室。

主任：施建成（2009 年 12 月 7 日任副主任，2011 年 10 月 19 日任主任）；常务副主任：柳钦火（2011 年 12 月 6 日任命）；副主任：邵芸、张立新、梁顺林（2011 年 12 月 19 日任命）；办公室主任：李丹丹（2009 年 11 月 26 日任命）。

学术委员会主任：徐冠华（2011 年 12 月 6 日）。

（2）国家航天局航天遥感论证中心——新型遥感技术前沿和遥感综合论证平台。

常务副主任：顾行发（2004 年 3 月 31 日任命，任期与本届所领导同步）；共同主任：吴美蓉（原中国资源卫星中心主任，国际宇航科学院院士、教授，2004 年 12 月 31 日任命，任期 2 年）；副主任：余涛（2007 年 4 月 3 日任命）；办公室主任：孟庆岩（2007 年 4 月 3 日任命）。

（3）国家环境保护卫星遥感重点实验室。

主任：顾行发；常务副主任（正处级）：尹球（2008 年 2 月 25 日任命，任期 5 年）。

（4）遥感卫星应用国家工程实验室（2008 年 11 月成立）。

理事长：丁仲礼；执行副理事长：郭华东；副理事长：王晋年、吴双；常务理事：童庆禧、薛永祺、曾澜。

实验室主任：顾行发；常务副主任：王晋年；副主任：刘定生、王智勇；总工程师：曾澜。

技术委员会主任：童庆禧；副主任：郭华东、曾澜；行政、学术秘书：陶醉、吕婷婷。

（5）国家遥感应用工程技术研究中心——遥感应用工程技术研究与产业化平台。

主任：池天河（2007年4月3日任命）；副主任：郭子祺（2007年4月3日任命）；办公室主任：彭玲（2007年4月3日任命）。

2）研究室

①遥感辐射传输研究室，主任：柳钦火；②环境遥感前沿研究室，主任：牛铮，所属公共卫生空间信息技术应用研究中心，主任：曹春香；③高光谱遥感研究室，主任：方俊永（2008年12月15日任命）、张立福（2011年6月29日任命）；④微波遥感研究室，主任：邵芸；⑤遥感定标与真实性检验研究室，主任：余涛，副主任：孟庆岩（2010年10月11日任命）；⑥遥感图像处理研究室，主任：唐娉；⑦遥感空间信息系统研究室，主任：骆剑承；⑧农业与生态遥感研究室，主任：吴炳方；⑨减灾与应急遥感监测研究室，主任：王世新；⑩数字地球与导航定位研究室，主任：杨崇俊（2007年1月18日任命）；⑪国土资源遥感研究室，主任：张增祥；⑫非再生资源遥感研究室，主任：蔺启忠，所属遥感考古实验室，主任：聂跃平；⑬大气遥感研究室（2010年8月2日由陈良富负责筹建），主任：陈良富；⑭海洋遥感研究室（2010年8月2日由李紫薇负责筹建），主任：李紫薇；⑮行星制图与遥感研究室（2010年8月2日由邸凯昌负责筹建），主任：邸凯昌；⑯全球变化遥感研究室（2010年8月2日由牛铮负责筹建），主任：牛铮；⑰环境遥感应用技术研究室（2007年12月21日成立），主任：尹球（2007～2011年）、李正强（2011～2012年）；⑱遥感与地球系统模拟研究室（2009年3月30日成立），主任：施建成。

3）科技支撑中心（筹）

主任：肖青（2010年5月22日任命）；副主任：崔颐冰（2010年5月22日任命）。

遥感试验场主任：肖青（兼，2011年2月14日任命）；副主任：支毅乔（2011年2月14日任命）。

2. 管理服务机构

（1）综合办公室。主任：发强（2009年11月26日任命）；副主任：程晓云（主管基建2010年5月22日任命）；党委办公室副主任：陈雪（2011年4月任命）。

（2）人事处。处长：孙文新（2010年5月22日任命）；副处长：王克新（2011年6月29日任命，兼老干办主任）。

（3）科技处。处长：余琦（2009年11月26日任命；2010年9月27日免）；副处长：周翔（2010年9月27日任命，主持工作）、黄慧萍（2009年12月任命）。

重大项目办公室副主任：周翔（2010年5月22日任命）；主任：卫征（2010年7月28日任命）、周翔（2011年6月29日任命）。

（4）研究生处。副处长：吴晓清（2010年5月22日任命，主持工作；2011年6月29日任处长）。

（5）财务资产处。副处长：武晋云（2008年12月26日任命，2010年5月22日主持工作；2011年6月29日任处长）。

3. 评议机构

（1）学术委员会（2010年3月19日决定）。主任：徐冠华；副主任：童庆禧、李德仁、李小文、薛永祺、郭华东、刘纪远；执行副主任：顾行发；委员：方俊永、牛铮、王晋年、王桥、王世新、池天河、李增元、李正强、吴炳方、余涛、余琦、张增祥、范一大、周成虎、邵芸、杨崇俊、骆剑承、邸凯昌、宫鹏、赵千钧、赵忠明、贾立、柳钦火、施建成、聂跃平、唐娉、蒋兴伟、曾澜。

海外咨询专家：Sequeira、村井俊治、Jacquemoud、Pauluhlir、高伟。

学术委员会办公室（挂靠科技处）主任：戴西波。

（2）学位评定委员会。主席：徐冠华；副主席：童庆禧、李小文、顾行发（常务）；委员（按姓氏拼音为序）：陈良富、池天河、宫鹏、龚建华、柳钦火、马建文、牛铮、邵芸、王世新、吴炳方、薛勇、杨崇俊、尹球、张增祥、赵忠明。

（三）科研方向与任务

1. 研究所定位

作为我国遥感科学与综合应用技术的国家级、开放型研究机构，遥感所在遥感科技与应用领域将继续发挥全国性的引领作用，不断开拓新的科学研究领域，形成特色鲜明的创新技术体系和应用示范系统，为遥感技术发展和行业应用提供技术支持和服务。以地表遥感辐射传输机理与反演理论研究为核心，发展遥感信息获取与处理前沿技术，促进定量遥感在全球变化研究和地球系统科学中的应用。

遥感是服务于国民经济建设的重要技术支撑，遥感所必须面向国家重大战略需求，适应遥感科技未来发展，不断加强对国家农业、环境、资源、灾害等重点领域的科技支撑能力，把眼光更多地由国内转向国际、由单一转向综合，搭建国家级遥感对地观测技术体系，服务于国家重大需求。

面向“创新 2020”，遥感所将全面把握高分应用系统建设的契机，基于争取的国家级实验室、中心和平台，打造国家级遥感应用技术中心，充分发挥学术带头人的领军作用，建立较为完备的遥感科学技术研究体系，形成“遥感论证—信息产品研发—行业应用支撑”和“遥感机理—应用技术—信息服务”两大主线及其人才梯队，使遥感所在国家遥感应用的引领地位得到进一步提升，以推动我国遥感应用的跨越式发展。

2. 发展方向与优势学科

本届领导机构上任之初，就确定了遥感所要均衡发展、全面发展和综合发展的原则，目标是做大、做强，实现“大科学、大工程、大应用、大产业”，这是遥感所发展的大方向。

在优化学科布局方面，遥感所瞄准国家重大需求和国际遥感科学发展前沿，在强化辐射传输、高光谱、雷达、图像处理、农业、灾害应急、国土资源等遥感所优势学科的基础上，新建海洋遥感、大气遥感、全球变化遥感、深空探测遥感等研究室，作为遥感所未来发展中重要的技术创新方向，完善遥感所整体学科布局。

3. 主要研究领域与重大科研项目

主要研究领域包括遥感基础研究、信息技术研究、应用研究、信息工程与产业化等。

2009 年，遥感所新申请并立项课题近 250 项，2010 年新主持全球变化重大研究计划 973 项目 1 项，新申请并立项课题近 150 项。在纵向课题申请方面，2010 年，遥感所主持承担了国家重大研究计划“多尺度气溶胶综合观测和时空分布规律研究”项目，并继续主持 2007 年获得的国家重点基础研究发展计划（973）项目“陆表生态环境要素主被动遥感协同反演理论与方法”的后两年研究任务。

国家自然科学基金项目也取得全面丰收。共申请国家自然科学基金项目 75 项，其中有 28 项获得资助。

在横向课题争取方面，2010 年，遥感所争取横向项目近 50 项，来源包括企业、高校委托、其他科研机构委托任务。

4. 主要经费来源与使用情况

遥感所经费来源涉及多种渠道，主要为国家财政补助收入和从院外争取的科研项目经费（如与其他科研院所合作项目、国家 863 计划项目、国家高技术产业发展项目、高技术应用项目、地方政府委托项目、经营收入、企业委托项目、自然科学基金、拨入专款、国家 973 计划项目、国际合作项目、科技支撑项目收入等)；支出主要为事业支出，以及专款与经营开支。其中，事业支出比例最大，占总支出的 94%～96%。主要包括工资福利、社会保障、津贴补贴、业务公务、助学金、学生科研津贴、修缮和设备购置等，2009～2012 年遥感所经费收支情况见下表。

年份	收入/万元			支出/万元		
	总收入	财政补助	项目合同	总支出	事业	专款与经营
2009	16308.0	5042.5	11265.5	15161.7	14252.0	909.7
2010	23947.2	7771.4	16175.8	20442.0	19215.4	1226.6
2011	23781.5	10590.0	13191.5	24576.8	23593.7	983.1
2012	32197.5	13086.3	19111.2	21580.0	21051.0	529.0

（四）研究所建设与发展的主要措施与创新

本届领导机构积极带领全所职工面向国家战略需求和世界科技前沿，积极加强战略规划和顶层论证工作，大力推进学科结构调整和科研体制机制改革，不断优化人员队伍结构，加强国内外合作与交流，各项工作都得到了稳步推进。

1. 队伍建设

1）领导机构建设

本届领导机构把打造团结和谐、有所作为的领导集体作为一项重要的工作来抓，在贯彻所长负责制的同时，注重发挥党委的政治核心作用，注重培养班子成员的战略眼光、公仆意识，要求班子成员在勤政廉洁、团结协作等方面起表率作用。

2）重视和加强国家遥感领域的顶层战略规划

我们有一支高水平的战略规划队伍，通过参与国家重大遥感项目的规划，能够参与国家有关遥感领域的决策，并在未来国家遥感科研和体系建设中占得先机，从而有助于更好地发挥遥感所在满足国家战略需求中的火车头作用，实现遥感所的可持续发展。

针对国家重大需求，遥感所遵循“以信息整合数据，以应用整合平台”的战略，适时调整科研规划，以适应国家重大专项与战略需求，特别是在高分重大专项论证中，充分发挥了遥感所应用为先、统筹规划的优势，全过程组织实施了高分重大科技专项应用分系统实施方案论证。“高分系统”2010 年已经通过了国务院常委会批准启动建设，其中民用应用分系统总经费达 29.7 亿元人民币。“高分系统”的实施将实现我国由利用国外卫星数据到根据应用需求自主发射卫星的转变，将为我国空间对地观测事业发展起到积极的推动作用。

为积极响应“全球环境影响 2020 合作计划”，根据胡锦涛总书记讲话精神和香山科学论坛专家的共识与建议，由遥感所牵头，在国防科工局的指导和支持下，组织多位院士专家开展了 40 余次 623 工程论证研讨会，提出了国家灾害应急空间信息基础设施（NSBII）（简称 623 项目）的总体设计方案。在天–

空–地一体化空间信息资源最大有效利用的原则下，建立由天网、地网、应用网一体化有机构成的系统配套、功能设施基本完善、满足民生安全和应急保障需求、提供长期稳定服务的国家空间信息应急保障基础设施。这一论证方案呈送胡锦涛总书记，并得到了胡锦涛总书记、温家宝总理的批示，反馈积极。为此，所里成立了 623 专项论证工作组和办公室，紧锣密鼓地开展具体方案的论证工作。

3）科研体制机制改革

在科研体制机制改革方面，开展了科研体系调整工作。按照遥感基础研究、信息技术研究、应用研究、信息工程与产业化等工作的不同要求，决定组建遥感科学研究中心、对地观测系统研究中心、遥感技术与工程中心、空间信息系统研究中心、综合国情遥感监测中心、全球资源与环境研究中心、空间信息产业发展中心、遥感科研支撑中心共八大中心。

为了适应科研工作的要求，2010 年我们还推进和完成了管理体制改革与调整。新成立了重大项目管理办公室，整合成立了支撑中心。同时，对中层管理干部实行竞聘上岗，督促职能部门改进工作作风，实现管理的科学化、规范化。

4）加强科研活动的组织与管理，促进创新成果的不断涌现

科学研究是科学家的本职，是研究所的中心工作，也是本届班子开展工作的重中之重。我们通过不断加强领导科研创新的能力，学习和探索科研活动的规律，在战略规划、体制机制、资源分配、人才培训、条件保障等方面采取了切实可行的措施，促进了遥感所科研工作的开展，创新成果不断涌现。

2010 年 8 月，中国科学院和国防科工局开展战略合作，共建国防科工局重大专项工程，遥感所成为国家 16 个重大专项应用系统的总体承担单位，这为遥感所发展带来了新的机遇。

2010 年，由遥感所主持完成的“多平台多波段对地观测信息处理技术与应用系统”项目获得国家科技进步奖二等奖，同年，发表论文 459 篇，其中 SCI 论文 99 篇，EI 论文 90 篇，完成软件著作权登记 46 项，申请专利 27 项，授权专利 4 项。

5）紧跟国际学科前沿，深化国际合作与交流

遥感所与遥感应用领域内顶级国际组织——地球观测组织（GEO）、国际卫星对地观测委员会（CEOS）、联合国信息通信技术与发展全球联盟（UNGAID）等，与美国、法国、日本等十几个国家相关机构，都建立了长期、稳固的友好合作关系，和国际摄影测量与遥感学会（ISPRS）、国际光学工程学会（SPIE）等国际学术团体也建立了常态化交流机制。

受国家航天局国际合作处对地观测国际合作专家组委托，承办召开了中美对地观测卫星专家组（EOSAT）合作会议，承办了第三十届亚洲遥感会议。

组织召开了国际宇航科学院全球环境影响合作国际研讨会；成功举办了“欧盟第七框架项目第二次年会”，积极承办了全球综合地球观测系统农业主题边会及小组会议，在国际地球观测成果展览会上，展示了遥感所的整体概况，特别是农情监测技术在精准农业领域的应用成果。

6）重视人才队伍建设，着力打造高素质人才队伍

我们牢固确立人才资源是第一资源的观念，重视人才队伍建设，着力打造遥感领域高素质人才队伍。

继续加大体制机制改革力度，通过全员岗位聘用管理和竞聘上岗等方式，完善了人事制度和考核评价机制，取得了积极的效果。坚持以人为本、人才培养与引进并重的原则，按照“一优”（优先引进领军人才）、“一重”（重点引进新领域和成长性好的人才）和“一全面”（全面推进青年人才培养）的工作思路，不断完善人才引进和培养机制，科研队伍建设和人才培养工作取得新成效，形成了以优秀科研带头人为核心、结构更趋合理的整体创新队伍。

2010年，组织开展了中层干部的换届和公开招聘选拔工作，新任命所长助理2人、处长4人、副处长6人。

逐步完善各类人才培养和晋升机制。引进“千人计划”1人，2人获得中国科学院“百人计划”择优支持，晋升副研究员10入。其他比较突出的进展还有：一是近两年入所的科研人员数量显著增加，人才规模迅速扩大；二是人才队伍进一步实现年轻化。科研人员的平均年龄由45岁降至37岁，博士学历占55%，三期聘任的青年科研骨干占全体科研人员的65%。

针对人才队伍年轻化的特点，所里有针对性地设立了“青年人才领域前沿专项项目”，2010年年底完成了2009年项目的结题验收及2010年新项目启动仪式，鼓励青年人开拓创新，勇挑科研重担。

二、党务建设

（一）中共遥感所第八届党委

1. 任职时间

2009年11月～2012年9月。

2. 书记、委员名单

书记：赵忠明；委员：赵千钧、张增祥、孙文新、邵芸、王世新、柳钦火。

（二）中共遥感所第四届纪委

1. 任职时间

同本届党委。

2. 书记、副书记、委员名单

书记：赵忠明；副书记：郭子祺；委员：吴晓清、乔彦友、武晋云。

（三）党委主要工作职能

1. 充分发挥党委的政治核心和保障监督作用

本届班子上任以来，非常重视党建工作和创新文化建设。对党建工作的定位、方式方法及工作机制、工作抓手进行了进一步的明确。党建工作必须要“围绕创新、服务创新、促进创新”，要坚持求真务实的工作作风，不断创新工作方式方法，要加强学习型党组织建设，不断提高广大职工的思想觉悟，要加强党员队伍先进性能力建设，进一步发挥党委的政治核心和保障监督作用，发挥支部的战斗堡垒作用和党员的先锋模范带头作用，为遥感所科研工作的有效开展和实施、为“创新2020”提供坚强可靠的政治和组织保障。

新的党委、纪委班子注重加强与行政班子的沟通与交流。党委按照党管干部和党管人才的原则，积极参与研究所的重大决策，在研究所的综合管理和决策方面，在推动科研创新工作开展方面，在进行创新文化建设方面，在关心职工切身利益、构建和谐研究所等方面都发挥了积极的作用。

2. 党的思想作风建设

根据遥感所的实际情况，我们重点开展了“三抓”工作。

一是抓班子和谐。在“分工不分家”的理念下，明确了班子成员的职责分工；建立了“授权”制度，主要领导较长时间外出时，都要书面签署授权书，委托其他领导代为行使权力。坚持所务会议常态化、固定化，完善决策机制。注重加强内部沟通与协调、班子成员之间经常交心谈话，开好民主生活会。

二是抓党政配合。坚持按季度召开党委中心学习组会议，统一思想认识，建立了“预审制度”，行政班子在做出重大决策之前，都要将意见或方案提交给所党委审议讨论。

三是抓作风建设。注重班子廉洁自律，注重密切联系群众，实行开放式办公，及时了解所内情况和群众意见。

3. 创新文化建设

遥感所很早就提出了“和谐发展”的理念，并着力打造具有遥感所自身特色的创新文化。本届班子认识到，创新文化作为与科技创新活动相关的文化形态，其核心是激励创新的价值理念、思维方式、行为规范和精神氛围。创新文化是先进文化在研究团体内的一种反映，它不仅为科学创新提供了很好的基础条件、精神氛围和客观环境，同时也是约束科技团队、约束科学技术负面影响的重要的道德力量。创新文化建设对一个单位的发展至关重要。基于这种认识，我们积极弘扬和倡导以“创新、奉献、协作”为主要内涵的腾冲遥感精神，着力营造有利于创新创业、和谐奋进的创新环境与文化氛围，引导职工建立以科教兴国为己任、以创新为民为宗旨的科技价值观，推动了和谐研究所建设和职工创新意识、创新精神的培养。

4. 基层党支部的建设

积极开展创先争优活动。本届班子对此项工作非常重视，认真贯彻落实上级要求，对创先争优活动进行了周密部署，组织召开了创先争优活动动员部署会；召开了“七一”表彰大会，对先进基层党组织、优秀党员和优秀党务工作者进行表彰，同时向京区党委推荐上报京区优秀党员和先进党组织。2010 年遥感所研究室第四党支部荣获“京区党委先进基层党组织”荣誉称号，微波遥感研究室主任邵芸研究员荣获“京区党委优秀共产党员”称号。

第三篇　国家及部委级科学研究机构

本篇记述了在遥感所建立的国家及部委级科学研究机构。重点总结了各研究机构的战略定位、发展方向、机构特色；科研工作与成果；队伍建设与人才培养；管理与运行等。它体现了研究所在遥感科学技术、应用、工程化、成果转化以及推动行业应用等方面的优势、地位、作用和贡献。也证明了遥感所在科技创新、推动遥感科学、技术、应用、工程化和产业化等方面得到国家和相关部委的认可。本篇为避免与其他篇章内容重复，对承担的科研项目与任务、科研成果、研究生培养等内容只给出概述，详细内容参见本书的相关篇章。

第一章　国家遥感中心研究发展部

一、概　　述

（一）成 立 背 景

遥感是20世纪70年代不断发展的一门综合性应用技术。美国等一些西方国家率先将遥感手段应用于地质、农林、海洋等自然资源的勘测和环境动态监测，已取得了一些有价值的成果。在国际遥感飞速发展的影响下，特别是改革开放带来了机遇，我国遥感科学技术得到了快速发展。

1. 中国科学院迅速起步，开展遥感仪器的研制，组织示范性航空遥感试验

1974年地理所成功研制出我国第一台地物光谱辐射计，1977年定型为Gfj-2型自记式地物光谱仪，并进行了大量的地物光谱测试，开展了遥感基础理论研究；1974年，受中国科学院委托，地理所组织开展了地图自动化调研和地球资源卫星调研，分别提出了在中国科学院开展包括计算机图像处理与计算机制图在内的制图自动化系列设备研制的建议和我国发射地球资源卫星及其引进陆地卫星地面站的建议，这两项建议引起了中国科学院领导的高度重视并付诸实施。1976年10月，中国科学院在上海召开了“遥感规划讨论会”，系统地组织院属各研究所开展传感器的研制、地物波谱测量、遥感数据处理及遥感应用方面的研究工作。不久，中国科学院就研制出了多光谱相机、多光谱扫描仪、微波辐射计和地物光谱仪等遥感信息获取、计算机图像处理与计算机辅助制图等遥感仪器设备。在空军、民航和各有关部门的支持下，1976年开展了京津唐张渤地区地震红外遥感监测；1977年先在陕西汉中，后在新疆哈密地区开展了地质找矿遥感试验；同年，党中央召开了第一次全国科学大会，制订了全国科技发展规划，迎来了科学的春天。为了与国际接轨，了解国际在红外、微波等遥感方面的进展，中国科学院率先把“中法航空遥感联合试验”列入了国家科委和外交部国际合作项目，为此专门成立了地理所二部（遥感所的前身）负责组织实施。根据两国政府签订的合作协议，法国将携带红外扫描仪和侧视雷达参加试验。由于该项协议未能执行，中国科学院决定组织国内力量实施，并得到中央的大力支持。1978年国务院、中央军委发文由中国科学院、空军和云南省共同组织开展了我国第一次大规模、多学科资源遥感综合应用试验——腾冲航空遥感试验。接着1979年中国科学院与天津市共同组织开展了津渤环境遥感试验，这一系列专业性和综合性重大遥感应用试验，在国内外产生了很大影响。1979年，中国科学院遥感应用研究所成立，并把研究方向定位于遥感应用，从此遥感应用作为一门新兴学科得到肯定。到1979年，中国科学院已有遥感机构（所、室、组）约50个，科研人员达到1000余人。1980年1月，中国科学院召开了遥感应用科研工作会议，除中国科学院地学、生物学各研究所，成都、长春、兰州分院的代表外，还邀请了部分新技术研究所及高等院校共40个单位80多名代表参加。会议讨论、制订了中国科学院1980～1985年遥感应用研究规划。代表们认为这标志着从20世纪80年代起中国科学院遥感应用研究进入一个新的发展阶段。

2. 遥感列入国家规划

为了使我国遥感事业稳步健康发展，地理所二部的领导陈述彭、杨世仁、童庆禧向原国家科委三局有关领导吴大兰、陈为江、郑立中同志做了汇报，希望国家科委加强对遥感技术的领导，把全国力量组织起来，广泛开展国际合作，筹措科研攻关经费，重点开展遥感应用项目的研究。该汇报引起了国家科委三局叶选平局长和科委主任方毅的高度重视与支持。

1980 年 6 月，国家科委组织召开全国遥感规划座谈会，有中央 32 个部、局，中国科学院和上海、广东、吉林、云南等地区的代表 120 余人出席。会议指出，近年来，我国遥感技术和应用有了较大发展，已初步建立了一支具有一定数量和质量的科技队伍，研制了一批遥感仪器，遥感技术在各个领域开始了初步试验应用，但和国际先进水平比较仍然存在很大差距，主要表现在技术水平低、技术手段落后、图像处理和分析应用方面比较薄弱。会议提出，近期重点抓好地面站的引进及资料服务工作；抓好遥感仪器的研制定型；抓紧图像处理系统的研制，加强遥感基础理论和应用方法的研究，做好应用推广工作。这是国家科委第一次召开的全国遥感规划会议，代表们一致认为，我国遥感只有在国家科委的统一领导和统一规划下，才能迅速发展，才能避免由分散造成的不必要的重复浪费和无形的相互牵制。通过讨论，会议明确了近两三年遥感技术和应用的任务和目标。同年 6 月，国家科委组织召开全国遥感规划座谈会，正式颁布全国遥感技术近期发展规划，将遥感列入重点攻关项目，从此正式以国家的力量，从战略的高度发展我国遥感应用事业。

3. 国家遥感中心的建立

1980 年 6 月，联合国科技促进发展临时基金会主席建议中国提出合适的项目。国家科委在组织中国科学院、教育部、国家测绘总局等部门进行论证后，决定将“建立国家遥感中心”项目申报给联合国。该中心拟采取多部门、高起点的组合形式，选择全国有实力、有影响的专业遥感机构作为下属业务部门。经联合国科技促进发展临时基金会与外经部、国家科委商洽，以建立国家遥感中心作为对我国援助的项目之一。国家科委要求中国科学院、国家农委、地质部、教育部、国家测绘总局派人参加会谈。经请示院领导，院秘书长郁文、地学部主任纪波指示：应积极承担国家遥感中心的任务，争取外援，为我国遥感应用技术发展和推广多做贡献。同年 7 月，外经部、国家科委去纽约开会讨论，“建立国家遥感中心”项目得到肯定。9 月签订项目协议书，明确由联合国资助我国设备及人员培训外汇 150 万美元，国家科委拨付基建指标 9000m^2，人员编制 120 人，每年 3 项经费专款 100 万左右，准备在中国科学院遥感所、北京大学遥感室、国家测绘总局测绘研究所分别设置应用技术发展、人员培训和资料服务 3 个部，给予重点装备和资助（比例 2∶1∶1），承担联合国和国家科委提出的任务。国家遥感中心研究发展部设在遥感所，得到国家科委的首肯，后来又增加了“自然与文化遗产遥感研究部”挂靠在遥感所，即遥感考古联合实验室。

（二）建立的必要性

1. 发展方向一致

根据中国科学院“侧重基础、侧重提高，为国民经济建设和国防建设服务”的办院方针，通过国家科委“全国遥感技术近期发展规划”和中国科学院“遥感应用规划”两次协调会议，对遥感所的方向任务已有比较明确的具体分工。遥感所主要从事遥感应用基础研究，建立遥感应用试验技术系统；探索新理论、方法和技术；结合国家资源、环保、能源、农业等重大任务，组织示范性试验，并提供技术服务。国家科委提出的国家遥感中心研究发展部的主要任务是开展遥感物理问题方面的研究，承担遥感图像处理分析、制图及遥感技术的发展应用与推广等工作，这与中国科学院提出的遥感所方向任务是一致的。国家遥感中心研究发展部设在遥感所，可进一步推动遥感科研工作、拓宽科研任务的来源，其对遥感所的发展有利。

2. 可有效促进国际合作

国家遥感中心本身是国际合作的产物，通过国家遥感中心这个窗口，广泛建立国际联系，扩大国际交往，有利于迅速提高遥感所的发展研究水平与技术服务能力，实现遥感应用与国际接轨。

3. 利用援助资金，改善科研条件

遥感所建立不到两年，科研经费不足、仪器设备老化、科研用房紧张已成为面临的急迫问题。李昌副院长在听取遥感所汇报时指出，中国科学院经费有限，基础研究经费可由院支付；国家任务所需经费应力争资助。通过国家遥感中心研究发展部建设，可从联合国援助项目中获得必要的发展资金和基建指标，从而解决遥感所燃眉之急。

4. 加速人才培养，提高科研水平

遥感是一门综合性的新兴科学技术，科研人员专业覆盖地学、生物学、技术科学、资源、环境众多领域。建所初期，一大批不同专业的科研人员，特别是一些科研骨干进入遥感所，他们需要有一个培训的过程，可以充分利用联合国项目的安排，通过出国考察、聘请不同专业的国际顶级遥感专家来华讲学，选派优秀中青年科技人员出国进修的机会，了解国际遥感发展动向，掌握国际先进前沿技术，迅速提高研究水平与技术服务能力，适应科研工作不断发展的需要。

（三）机构概述

国家遥感中心研究发展部是国家科委在遥感所内设立的国家级机构，1981 年 4 月开始筹建，同年 9 月经国务院批准正式成立。国家遥感中心下设 3 个部。技术培训部设在北京大学；资料服务部设在国家测绘总局测绘研究所。经中国科学院批准，遥感所与国家遥感中心研究发展部实行一个机构两块牌子，通过项目合同承担国家遥感中心的有关任务。

二、战略定位、发展方向和机构特色

（一）战略定位

国家遥感中心研究发展部主要开展遥感物理问题方面的研究，组织综合性遥感试验，进行资源遥感、城市环境监测和山区水能开发方面的遥感应用研究；开展城市规划、土地覆盖、环境等方面的自动化制图实验，接受联合国发展基金的资助，发展及购置计算机图像处理设备，并提供部分图像处理服务。

（二）发展方向

国家遥感中心是一个跨部门和推动新技术发展的协调机构，主要任务是编制全国遥感科技发展规划、制定政策、协调全国各部门的遥感科技工作、组织实施重大科技项目、推动国际交流与合作。因此，国家遥感中心研究发展部建成后，除完成“遥感及计算机图像处理、自动化制图的应用研究与推广服务”合同项目规定的任务外，还需承担国家遥感中心的有关任务。

（三）机构特色

国家遥感中心是一个自愿参加的联合体。国家遥感中心研究发展部按照联合国援助《建立国家遥感中心》项目文本的要求组建，与依托单位遥感所是合同关系。由于在所内不设立实体机构，由遥感所承担“中心”的任务，享受“中心”的权利，充分利用已有资源，为“中心”完成研究发展任务提供广阔的空间，既降低了机构的建设成本，又提高了研究发展与示范应用的水平和运行效率。国家遥感中心又是我国遥感领域国际合作的窗口，建立之初就与20多个国家和国际组织建立了技术合作关系。遥感所通过国家遥感中心研究发展部的建设，广泛开展国际交流与合作，加快自身的建设与发展。

三、机构组成

（一）机构介绍

机构组成及与遥感所的关系如下图所示。

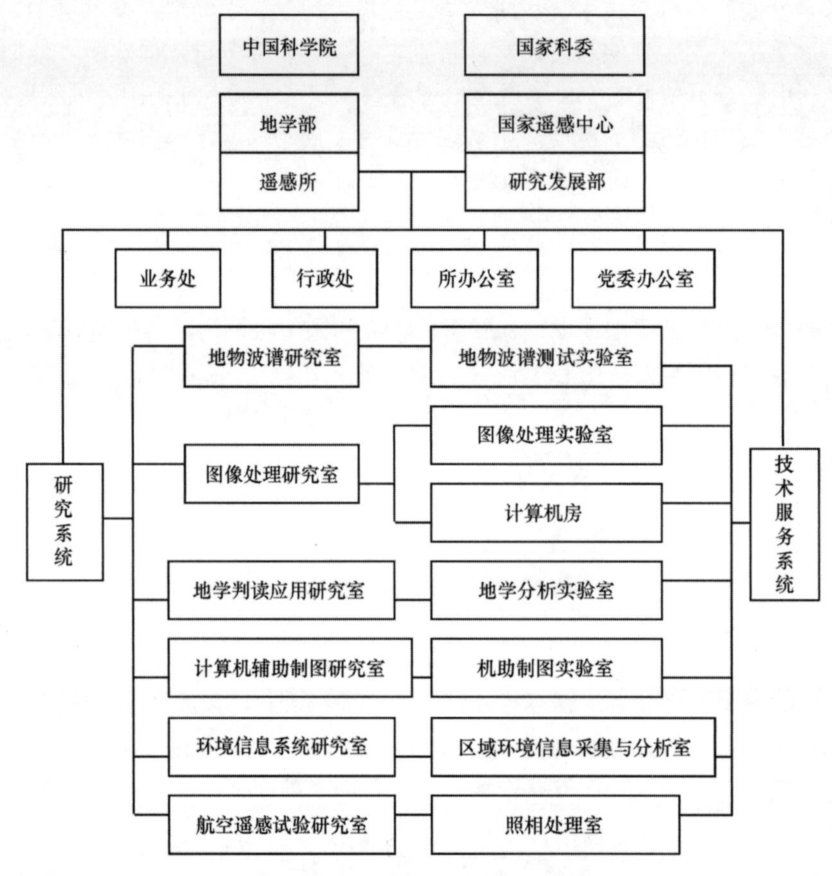

（二）历届领导：主任、副主任

第一届（1981～1984年），主任：陈述彭，副主任：杨世仁。
第二届（1984～1988年），主任：杨世仁，副主任：童庆禧。
第三届（1988～1993年），名誉主任：陈述彭，主任：童庆禧，副主任：万正明、郭华东。
第四届（1993～1997年），名誉主任：陈述彭，主任：徐冠华，副主任：郭华东、刘纪远。
第五届（1997～2002年），名誉主任：陈述彭，主任：郭华东，副主任：田国良、王超。
第六届（2002～2005年），名誉主任：陈述彭，主任：李小文，副主任：王超、孙俊杰、赵忠明。

第七届（2005～2009年），名誉主任：陈述彭，主任：李小文，副主任：顾行发、赵忠明。
第八届（2009～2012年），主任：顾行发，副主任：赵千钧、王晋年。

（三）学术委员会/工程技术委员会（主任、副主任、委员）

各委员会的职责由遥感所相关机构承担。

（四）行政与业务秘书

行政与业务秘书的职责由遥感所科技处承担。

四、科研任务、项目与成果

国家遥感中心研究发展部承担的任务是以项目合同的方式决定的。国家遥感中心研究发展部与签订的第一期科学研究项目合同《遥感与计算机图像处理、自动化制图的应用研究和推广服务》于1981年9月29日，经中国科学院地学部组织院属计划局、能源办、地理所、遥感所和北京大学、清华大学、水利部、农业部、铁道部、二机部、国家测绘总局、国家海洋局、煤炭部、林业部，以及国家科委三局的专家和有关领导34人参加的项目评议会后，由国家科委吴大兰、中国科学院地学部李秉枢、国家遥感中心研究发展部陈述彭和杨世仁三方代表签字认可。

（一）科研项目

1. 项目概况

项目名称：遥感与计算机图像处理、自动化制图的应用研究和推广服务。
承担单位：国家遥感中心研究发展部（遥感所）。
起止年限：1981～1983年。
项目经费：引进计算机图像处理设备53万美元、聘请5名外国专家各来华讲学一个月，派出5名科技人员出国各进修半年，4名学者出国考察3～4周所需费用在联合国资助项目经费150万美元中支付。1981～1982年国家遥感中心研究发展部正常开展研究服务共需275万元，其中由中国科学院提供190万元，国家科委提供85万元。

2. 研究内容与进度

1）发展研究项目

（1）遥感物理基础研究。开展地物波谱图志和测试规范的研究，进行地物波谱的系统测试，组织和参加地物波谱图志的汇编。1982年底提出规范草案，1983年完成。

（2）航空遥感试验研究。①资源遥感试验研究：在我国热带、亚热带地区多年来进行水、土、植物资源，矿产地质的遥感分析与制图方法研究的基础上，聘请全国有关部门的专家，组织协作小组集体编写《资源遥感方法研究》专著。1982年提交初稿。②城市环境监测试验研究：继续开展我国若干城市水热、生态环境污染遥感监测与分析，组织全国有关部门的专家，集体编写《城市环境遥感》专著。1981年底提出总结报告，1982年组织编写协作组，落实分工计划，1983年完成。③水能开发遥感试验研究：在我国西南地区进行库区生态环境调查、地质稳定性论证服务的遥感实验及小区域地理要素数字化与系列制图。1982年底组织有关部门协作，提出阶段试验报告，1983年完成。

（3）遥感图像计算机处理研究。进行扫描图像处理系统及软件的研究与发展。1982 年提出包括 20～30 个图像处理程序的报告。

（4）自动化制图实验研究。进行图形数字化器和数控绘图机的系统配套及格网人口与噪声环境质量自动制图方法的研究。1982 年完成磁带机联机并提出各自报告。

2）推广服务项目

（1）图像处理实验室建设。

接受联合国发展基金的资助，发展或购置图像处理设备，为发展研究、技术培训和遥感应用服务。1981 年进行机房改装，1982 年上半年进行设备安装和操作人员培训，下半年开机服务。为使设备正常运转，在服务中做到“态度好、质量高、收费低”。若引进独立系统，提供 50%的对外服务；若引进配套系统，提供 30%的服务（按月或季平均计算）。

（2）技术推广及发展情报交流。

编辑、刊印全国性学术论文集，刊印遥感试验专题图集（2～3 种），出版研究报告、专刊或专著及规范手册（4～5 种）。1981～1982 年继续出版《遥感进展》，以便向国内外交流情报，推广应用。

（二）论著（第一期合同项目完成）

编写和出版地物波谱测试规范、地物波谱曲线图册、各种图集、专著等 12 部。

（三）获奖（第一合同项目获得的奖励）

获国家科技进步奖二等奖 1 项，中国科学院重大科技成果奖一等奖 2 项、二等奖 5 项。

五、队伍建设与人才培养（第一期合同项目安排）

（一）人员结构及特点

国家遥感中心研究发展部人员包括发展研究人员、技术服务人员和管理人员与遥感所共有，实行双向流动，没有固定编制。

（二）科研人员与研究生培养

国家遥感中心研究发展部的主要任务是开展发展研究与推广服务，没有研究生培养计划。人员培养的主要方式是通过国家遥感中心派出科技骨干出国考察、聘请国外著名专家来华讲学、派遣专业人员出国进修，以及参加国际会议等。

1. 出国考察

在联合国有关机构的帮助下，国家遥感中心研究发展部陈述彭、杨世仁、童庆禧、李丽 4 位部领导和专家学者，分别参加了由国家遥感中心组织的 3 个代表团赴美国、加拿大、法国、荷兰、泰国、菲律宾和印度考察，了解这些国家在遥感数据的接收、处理、资料分发，以及空间技术应用发展方面的情况，为我国遥感技术发展规划提供经验。特别是一些发展中国家对遥感技术发展的重视，以及将遥感用于自然资源和环境所取得的成绩，对国家遥感中心研究发展部的早期建设起到了很好的借鉴作用。

2. 聘请国外专家来华讲学

根据项目合同，在联合国开发计划署（UNDP）的帮助下，国家遥感中心研究发展部从国外聘请了6位遥感专家来华讲学和合作研究。德国卡普斯德大学柯恩教授介绍了计算机专题制图；瑞典斯德哥尔摩大学安德格博士介绍了瑞典几种信息系统的建立和应用方法；美国奥瑞根州立大学刘易斯博士介绍了雷达及侧视雷达影像的判读原理及应用，他赠送的美国航天飞机取得的我国境内 3 条带微波图像，对我国发展微波遥感应用起了一定的推动作用；美国喷气推进实验室凯尔博士介绍了当时兴起的热惯量分析技术；美国佐治亚理工学院福思特博士与国家遥感中心研究发展部共同开发了部分计算机图像处理软件，促进了图像处理向标准化发展；美国加州大学研究生院院长西姆莱特教授对当时国际遥感最新发展的介绍、微波遥感的分析判读、地理信息系统在遥感图像分析判读中的应用大都属当时的国际前沿，具有较高的学术水平和实用价值。

3. 出国进修

根据合作协议，国家遥感中心研究发展部选派了 4 名优秀的中青年科技人员出国进修。其中，励惠国到德国汉诺威大学进修信息系统；李大卫到美国普渡大学进修图像处理；郭华东到美国奥瑞根州立大学进修微波遥感；崔伟宏到美国弗吉尼亚理工大学进修机助制图。经过半年至两年的学习进修，他们的专业技术水平和学术水平都有了较大提高，回国后他们的大多数都成为国家遥感中心研究发展部的主要科技骨干或学科带头人。

六、管理与运行

1980 年 9 月 19 日中国科学院院务会议讨论了地学部提出的《关于国家遥感中心发展研究部领导体制问题的请示报告》。会议认为，遥感所可同国家遥感中心签订合同，承担其交予的科研任务，并由其提供相应的财力物力条件。为了开展国际学术交流，遥感所也可以国家遥感中心研究发展部的名义出现，但其机构体制仍属中国科学院领导。

国家遥感中心研究发展部没有设立独立的业务与行政管理机构，其日常的管理与运行执行遥感所的管理体制和规章制度。

第二章　国家遥感应用工程技术研究中心

一、概　述

（一）成 立 背 景

科技成果转化一直是科技进步和经济发展中最为薄弱的环节。1984 年，美国国家科学基金会提出并实施“工程研究中心计划”，工程研究中心（ERC）作为一种促进产学研合作、提高产业国际竞争力的体制创新形式，引起了许多国家的关注和仿效，如美国、澳大利亚、法国、韩国等均设立组建了此类机构。

我国改革开放后，由于国民经济经过十多年的转轨和飞速发展，除基本确立了以市场为导向的新的经济体制外，整个经济的性质也已经到了从单纯注重外延的粗放型向深入发掘内涵的集约型转变的阶段。在这样一个新的转变过程中，新技术、新材料、新工艺的采用正日益成为关系国民经济能否进一步持续、稳定发展的最关键因素。因此，必须改变我国长期以来科学技术研究与生产和市场需求严重脱节的局面。

基于此，为了开发产业发展中的关键、共性技术和建立成果转化中所需系统集成的工程化验证环境，推动具有市场前景的重大科技转化，为推进产业技术进步和工业腾飞奠定技术开发基础，同时探索建立与社会主义市场经济体制相适应，有利于科技与经济紧密结合、促进科技成果转化的运行机制，增强我国产业的自主开发能力和市场竞争能力，借鉴国外经验并结合我国国情，1988 年国家计委提出建设国家工程研究中心的思路，通过试点形成了旨在增强我国产业自主开发能力和市场竞争能力的国家工程研究中心建设计划。1991 年，国家科委、国家经济贸易委员会（简称国家经贸委）也陆续出台实施了国家工程技术研究中心计划。一些部级单位也开始了专业部门的组建行动。

也正是在这样的大环境下，身处改革开放激流中的遥感所的领导们立意创新，做出了申办组建国家遥感应用工程技术研究的中心决定。根据国家科委 1996 年 12 月 25 日“国科发计字〔1996〕603 号文件”《关于对一九九六年国家工程技术研究中心组建项目可行性论证报告的批复》和国家科委 1997 年 4 月 30 日“国科计字〔1997〕017 号文件”《关于对一九九六年国家工程技术研究中心组建项目计划任务书的批复》，国家遥感应用工程技术研究中心（National Engineering Research Center for Geomatics）正式组建。2000 年 9 月以优异成绩通过了科学技术部国家工程技术研究中心验收委员会的验收，并予以正式命名。

（二）建立的必要性

遥感技术在对地观测中具有客观、快速、准确的特点，在我国国民经济建设，特别是在资源环境调查、自然灾害监测等领域有不可替代的作用，因此受到我国政府的高度重视。经过 30 余年的发展，我国的遥感应用已取得明显成效，但遥感技术对国民经济贡献的作用远未充分发挥出来，一方面，由于机制的制约和观念的束缚；另一方面，由于缺乏成果转化的中间环节，致使遥感科技成果尚在一定程度上欠缺可靠性、系统性、成熟度等，从而使遥感产业化，进入市场还有很大困难。

建立国家遥感应用工程技术研究中心是解决上述问题的有力举措。其目的是把它办成一个面向国内外开放的遥感应用工程技术研究实体，使其成为遥感成果转化、遥感信息产业化和遥感工程人才培训的重要基地。在国家遥感应用工程技术研究中心运行过程中，不断引进新的运行机制，不断探索遥感技术与经济建设相结合、为政策决策服务的管理模式，充分发挥科技人员的潜力，提高科研开发效率，提高在市场上的竞争力，通过加强科技成果商品化、应用系统业务化、结构体系网络化、信息服务社会化等环节，缩短遥感科技成果向社会生产力的转化周期，促进我国遥感应用技术的产业化和国际化，积极参与国际性遥感市场的竞争，服务于国家宏观决策对遥感信息的需求，并在此过程中不断推出高水平的科技成果和产品，为中央各部门和各地区服务，为实现我国经济和社会发展及2020年远景目标纲要做出应有的贡献。

（三）机构概述

国家遥感应用工程技术研究中心以遥感所为依托，运行上相对独立，财务单独建账，中心与所分工明确，机制不同。国家遥感应用工程技术研究中心在科学技术部、中国科学院和依托单位有关领导组成的管理委员会的领导下，在工程技术委员会的指导下开展活动。国家遥感应用工程技术研究中心实行开放、流动的机制，以国民经济建设和市场需求为导向，发挥市场机制的作用，采取技术开发、技术入股，利益合理分配，共建共享的模式。国家遥感应用工程技术研究中心的主要任务是遥感应用共性技术研发、集成及产业化，充分利用国家遥感应用工程技术研究中心发展的关键、共性和先进技术，开展各项遥感技术应用，同时又以共同承担大型遥感工程的形式与网络单位共同发挥优势，提高国家遥感应用工程技术研究中心的能力。国家遥感应用工程技术研究中心还借助依托单位或其他单位的基础研究的“上游”成果为工程开发服务，加速成果的转化。

二、战略定位、发展方向、机构特色

（一）战略定位

国家遥感应用工程技术研究中心的自身定位是共性技术研发和集成的支撑机构。国家遥感应用工程技术研究中心从国家层面出发，以行业、区域、公共应用为落脚点，跟踪国内外对地观测和遥感应用服务技术的发展趋势，开展先进的共性和集成关键技术研发，通过承担国家重大遥感科技工程、应用推广项目，推动新型遥感综合技术在行业、区域和公共领域的应用、服务普及与产业化发展，从而解决国民经济建设和社会发展的实际问题。

（二）发展方向

在现有基础上，建成和完善技术创新、运行系统、工程技术、产品开发、辐射网络五大完整体系，全面提高竞争能力。根据国民经济、社会发展和市场需求，以及国内外对地观测技术发展趋势，开展先进、关键、共性的遥感技术研究。在信息获取技术、图像技术、地理信息系统技术、网络空间信息技术、决策支持技术等遥感工程技术研究方面建立创新体系。

国家遥感应用工程技术研究中心将充分利用遥感所各研究室/组的技术成果，通过集成创新，形成体系化的遥感技术与数据产品，组织开发大型遥感服务平台、构建遥感数据采集和加工生产线、建设面向区域空间信息产业化平台，逐步培育具备国际竞争力的大型遥感信息技术专业公司，形成大规模遥感产业联盟，实现遥感规模产业化。国家遥感应用工程技术研究中心的发展方向和具体内容如下：

（1）搭建“天–空–地”一体化对地观测体系，提高数据供给能力；

（2）集成各类遥感数据处理技术，构建规模化数据处理加工生产线；

(3）整合行业软件资源，开发空间信息管理与可视化软件平台；
(4）建立面向区域应用的遥感云计算服务平台，对社会提供服务；
(5）构建数字城市产业联盟，开展数字城市工程建设；
(6）培养成果转化与产业化专业化队伍，提高成果转化能力；
(7）整合现有产业化平台，培育遥感空间信息龙头企业，争取上市。

（三）机 构 特 色

工程中心技术创新与工程研发的主要特色如下。

1. 重视自主创新

国家遥感应用工程技术研究中心成立以来，高度重视自主创新能力形成核心竞争力，与各类国家计划与规划紧密配合，一方面在技术上着力于共性关键技术（数据处理、产品生产和应用等）的创新研究和有竞争力的产品研发；另一方面，针对实际应用需求开展遥感信息产品、软硬件等成果集成，提供行业、区域、公共层面的应用服务解决方案和决策支持依据。国家遥感应用工程技术研究中心曾多次获得国家级和部级科技成果奖，如数字城市公共平台被列入国家测绘局首批推荐软件、遥感应用服务平台2011年通过了国家遥感中心组织的软件测评并得到表彰。此外，国家遥感应用工程技术研究中心对管理和运行机制的创新也十分重视，目前已经形成较为成熟的运行管理模式，通过产学研长效合作机制，凝聚国内优秀科研力量，形成小中心、大网络组织形式，在国家遥感应用工程技术研究中心的统一领导下，完成共性技术系统的建设任务，向行业、区域、企业输送共性技术，形成标准信息产品生产、验证与服务运行能力，推动成果渗透到国家主体业务中。其技术主要来自两方面，一方面通过国家遥感应用工程技术研究中心自主研发；另一方面通过工程承包方式，依托外延单位进行研发，然后集成到国家遥感应用工程技术研究中心。这一模式打破了原有科研与产业化脱离的局面，使科研不再是“空中楼阁”，而真正能够服务于国家和民众。

2. 面向产业服务

国家遥感应用工程技术研究中心以满足国家安全、经济建设、社会发展与科技进步的重大需求为目标，与遥感应用产业的发展紧密结合，打造公共应用平台，并探讨相应的产业模式和管理办法，开展产业化促进示范项目，促成产业链形成，推动空间信息产业的发展，为国家重大方面的宏观决策提供重要依据。国家遥感应用工程技术研究中心自主研发的遥感应用服务平台，通过开展卫星遥感在城乡规划监测、国土动态监测、流域生态监测中的应用示范工程建设，构建卫星遥感在城市建设管理中的应用服务新模式，形成卫星遥感产业化应用综合支撑平台，为卫星遥感数据业务化应用提供规模化、标准化数据加工处理服务和一站式电子商务与网络计算服务，并形成有效运营机制和营销模式，为遥感信息产业化做了先行。

3. 延拓国外技术

国家遥感应用工程技术研究中心在加强自主研发的同时，结合社会的实际需求，通过引进消化再创新，弥补国内欠缺的技术领域以提升服务应用层次，已取得明显的效果。国家遥感应用工程技术研究中心从澳大利亚引进的岩芯测量技术TSG通过与中心高光谱遥感技术的结合，成果已经得到国土资源部的认可，即将全面推广；意大利引进的微地形变化遥感监测与国家遥感应用工程技术研究中心的雷达遥感技术结合已经得到社会的广泛关注，其在2010年舟曲地震引发的滑坡泥石流检测中发挥重要作用；德国引进的高端无人机技术与国家遥感应用工程技术研究中心的陆地和海洋环境监测技术结合，已经得到国家环境保护部和海洋局的充分认可，并准备广泛采纳适用。

4. 实现成果共享

国家遥感应用工程技术研究中心在强化集成现有各行业、各领域、各区域运行系统及资源的基础上，重视共性技术研发创新和积累，通过搭建共性技术和产品平台，以“支撑应用、促进应用、服务应用”为原则，实现不同应用领域成果的互通有无。国家遥感应用工程技术研究中心将“遥感服务与数字城市”作为两大战略方向，以自主研发的遥感应用服务平台为载体，各应用领域通过统一入口能够实现成果集成共享，这一模式促进了遥感成果的业务渗透和行业普及，极大地推动了空间信息产业的发展。

三、机 构 组 成

（一）机 构 介 绍

国家遥感应用工程技术研究中心下设三大部门、6个公司和9个基地，其中综合管理部主要负责中心的日常事务；项目工程部现有7个研发团队，共有60余位固定人员，主要负责争取国家、地方、企业的工程性项目；产业发展部现有7个共建的实验室；产业化基地包括了4个国家遥感应用工程技术研究中心分部、重庆国土空间信息应用研究中心、天津遥感空间信息产业基地、东莞遥感云服务中心、浙江空间信息技术应用研发中心、公共卫生领域空间信息技术应用研究中心；产业化公司由6家中心技术入股企业组成，如下图所示。

（二）历 届 领 导

1. 中心主任

第一届（1997～2000年），主任：郭华东，常务副主任：杨崇俊，副主任：王为民、陈光火（兼）。

第二届（2000～2002年），主任：杨崇俊，常务副主任：赵忠明，副主任：王为民 陈光火（兼）。

第三届（2002～2004年），主任：赵忠明，副主任：郭子祺。

第四届（2004～2012 年），主任：池天河，副主任：郭子祺。

第五届（2012 年至今），主任：池天河，副主任：王世新。

2. 管理委员会

主任：郭华东，委员：王超、田国良、刘纪远、李乃煌、田二垒、岳志夫、杨崇俊，秘书：王为民。

3. 工程技术委员会

主任：周秀骥，副主任：匡定波、郭华东，委员：徐冠华、李德仁、童庆禧、薛永祺、石玉林、许健民、周成虎、王思敬、宁家骏、田国良、付曾慈、刘纪远、李树楷、朱重光、朱敏慧、何昌垂、宋理、陈军、承继成、吴炳方、吴培中、严泰来、张圣辉、杨联欢、杨崇俊、阎守邕、顾逸东、崔伟宏、曾绍金、潘习哲、鞠洪波、魏钟铨。

四、科研工作与成果

（一）遥感应用研究与工程实践

国家遥感应用工程技术研究中心研发和产业化推广活动一直坚持以社会需求为导向，以信息处理与遥感服务、数字城市与区域应用、防灾减灾及行业应用为研究主线，开展一系列遥感应用技术研究和成果转化。2007 年以前承担项目 100 余项，2007～2010 年，国家遥感应用工程技术研究中心共承担国家级项目 102 项、地方政府部门委托项目 18 项、企事业单位委托项目 21 项；中心承担的项目金额约 2.6 亿元。

（二）主要获奖成果

国家遥感应用工程技术研究中心共获得各种奖项 18 项，其中国家科技进步奖二等奖 2 项，省部级科技进步奖 7 项，其他奖 9 项。

（三）专利软件著作权

目前，已获软件著作权 127 项，获得授权发明专利 10 余项，在申发明专利近百项。

（四）成果转让与应用

多年来，国家遥感应用工程技术研究中心工程化研发与创新技术成果不仅在国内外学术领域取得很大影响，而且已经在解决行业共性、关键性技术问题方面发挥了重要作用，同时也因其研究的产业化导向而使得诸多的技术成果受到行业领域青睐，以实际行动和影响为我国政府所倡导的自主创新提供了有力支持。

1. 信息处理与遥感服务应用

遥感信息处理与服务方面的软件平台，包括 GT Server 卫星遥感应用服务平台、GT 数字城市空间信息共享平台、IRSA 遥感数据处理通用平台软件、航天遥感图像仿真模拟系统等研究成果，通过应用示范建设，突破了海量数据高效管理与分布式计算、大量结点的数据规模处理等关键技术，形成了高性能遥感信息计算处理能力和基于 SaaS 模式的遥感服务能力。该研究成果可为多层次用户提供规范、标准的应用服务（数据产品、算法等），避免重复性建设，解决遥感信息一体化管理和共享的关键问题，技术达到了国内领先水平。目前，其在规划、国土、流域等领域有成功应用，实现了遥感卫星数据的业务流程整合，具有巨大的应用前景。

2. 数字城市与区域应用

目前，数字城市与区域应用以天津、淮安等地为示范基地，建立了面向区域和城市空间信息化应用的 GT 数字城市空间信息共享平台、GT Plan 城乡规划空间信息服务平台，以及大型三维空间信息平台 EV-Globe。在建设中，突破了海量数据管理、协同服务与数据交互共享、与业务应用结合、三维可视化分析表达等关键技术，满足用户的二维/三维一体化遥感和空间信息应用服务需求。其成果可用于国土、规划、电力、电信等城市中与地理信息相关的各个行业，目前已在天津滨海新区、江苏淮安的规划、环保、气象部门得到了良好的示范应用效果。该研究成果取代了过去的单机和局域网应用模式，降低了数据共享成本和遥感数据产品在城市政府部门使用的门槛，有利于遥感技术的产业化发展及产业链路形成。

近年来，基于数字城市的研究，针对新型城市建设面临的诸多问题，国家遥感应用工程技术研究中心建立了基于空间位置的智慧城市数据汇聚与脉动分析平台，并以中新天津生态城、北京长阳作为示范基地，在当地实现了精细化管理，为政府管理、决策提供了数据支撑和分析依据，并在实践中不断完善新型城市的建设。

3. 防灾减灾应用

防灾减灾涉及天-地-现场多源信息综合处理、灾害监测、灾害预测、灾害应急响应、灾情评估等方面，该研究突破了基于时空的多源异构信息处理管理、天-地-现场协同工作模式等难点，针对各种灾种提出了应急防灾解决方案，在技术上达到国际领先水平。防灾减灾研究成果发挥了遥感的优势，形成了精确迅速、灵活高效、上下贯通、信息共享的应用示范网络体系，为国家减灾救灾工作提供空间信息决策支持服务，整体提高了国家灾害管理的科学水平。

4. 行业应用

行业应用与服务研究成果包括数字海洋系列产品（数字海洋原型系统公众版、数字海洋原型系统管理版）、现代烟草农业信息化综合平台、区域环境建设规划系列产品、虚拟地理环境系统等，涉及海洋、烟草、城建、环保等众多行业和综合领域，突破了 3S 技术在业务应用和服务中的关键技术，构建了各行业通用的系统平台。各系统平台能力均达到国内甚至国际领先水平，常年稳定运行并在行业中发挥重要作用，为专业领域的信息化管理提供服务，促进了 3S 技术的行业普及，具有巨大的产业推广价值。

国家遥感应用工程技术研究中心围绕国家战略和社会需求开展关键、共性技术的研发，取得了若干成果并逐步在相关行业中得到应用和转化，其对促进产业的发展及提升整体竞争力有着十分重要的作用，如通过开展面向区域信息化的遥感空间信息产品产业化、天津卫星遥感应用高技术产业化示范工程、现代烟草农业 3S 公共服务平台、先进对地观测技术农业应用系统等工程性项目的研发，形成了一大批具有核心竞争力和自主知识产权的技术和产品，并且在应用、示范、推广过程中，通过联合中心的成员单位及联盟企业，构成了完整的技术研发与成果转化服务体系，推动了相关行业技术应用与发展、成果的直接应用，也极大地提高了相关企业的技术创新能力和企业核心竞争力，对于企业走有特色之路、保持旺盛的生命力起到不可磨灭的作用。同时，国家遥感应用工程技术研究中心在与各地、市政府及企业合作的过程中，已经摸索和总结出一套技术应用与行业推广经验，这些宝贵的经验将使中心的发展保持自身特色，并成为行业技术发展和竞争力提升的主力军。

总的来说，国家遥感应用工程技术研究中心的研发和产业化推广活动由于一直坚持以社会需求为导向，完全符合遥感与空间信息行业的技术需求，提升了中心的市场竞争力；由于一直致力于服务各行各业，因而从理念上已经充分认同把满足各行业、各领域对遥感与空间信息技术的需要作为自身的使命，有效地促进了产业发展。

五、队伍建设与人才培养

（一）队 伍 建 设

国家遥感应用工程技术研究中心内部已形成良好的自我发展态势，干部配备得力。国家遥感应用工程技术研究中心领导中有在海外学习、工作 10 多年的中国科学院“百人计划”入选者，又有入选“天津十大杰出青年”的优秀青年企业家，建立了一支以中青年为骨干力量，高水平、高效率的科技开发与管理队伍。

国家遥感应用工程技术研究中心研究团队为一个老中青相结合的强有力的创新研究团队。中青年学术骨干承担主要科研任务，吸引了包括博士后、研究生在内的流动人才参与遥感技术与工程化应用研究，使遥感应用工程研究得以持续发展。

研究队伍学科背景涵盖遥感与地理信息系统、地理、生态、大气、地球物理、数学、物理及信息科学等方面。国家遥感应用工程技术研究中心现有职工 131 人，其中包括研究员/教授 17 人、业务带头人 12 人、青年业务骨干 26 人，中青年学术骨干均具有博士学位，且大部分具有丰富的工程实践经验。研究队伍主要学术骨干均承担过国家级项目，在国内外发表过大量高质量论著，熟知当今遥感技术前沿与应用发展方向，有很强的自主创新能力。这支研究队伍年龄结构合理，充满生机与活力，可以成为我国遥感工程应用发展的主力军。除了固定编制人员外，还聘请多名在国际遥感领域取得丰硕成果的海外华人学者和国内知名专家作为兼职教授和兼职研究员。

（二）人才培养措施

以“专业专注，重在养成，不断改进，持续提高”的团队创新文化建设为主线，强化团队的凝聚力、向心力、战斗力。

在人才的培养方面，既强调重业务，也特别强调思想政治品德和学风建设，强调团结合作的精神。重视青年骨干培养，加强学科梯队建设，努力培养青年骨干的科研与工程能力。积极参与国际合作计划，提供科研骨干深造的机会。

以任务带学科，明确责权，责任到研究组。建设目标责任制与阶段考核机制，绩效与成果产出挂钩。通过以上措施，全力打造一支高素质的科学研究、工程服务和现代化管理人才队伍，引领空间信息技术应用和产业化发展。

六、管理与运行

（一）管理机制与规章制度

1. 管理机制

国家遥感应用工程技术研究中心实行管理委员会领导下的主任负责制，工程技术委员会给予技术指导与把关。管理委员会是国家遥感应用工程技术研究中心的决策机构，人员由主任、副主任、委员 3 种角色组成。主任是管理委员会的最高决策人，负责对各项决策事务的最终审核，并对一切决策结果负责；副主任协助主任进行决策活动，负责事务审批的中间环节；委员参与决策投票和发表建议，并对各自专项负责领域的项目实施进行初步决策。工程技术委员会负责工程技术指导工作，在服从管理委员会决策制度的前提下，主要对工程技术实施路线进行决策，人员由主任、副主任、委员 3 种角色组成。

管理委员会的具体工作内容包括：①制定国家遥感应用工程技术研究中心发展方向。根据对地观测技术的发展趋势和应用需求，以实现遥感空间信息产业链为最终目标，制定阶段实施目标，对国家遥感应用工程技术研究中心的发展方向进行整体把关。②项目管理。负责国家遥感应用工程技术研究中心项目工程的牵头工作，通过单位领导下的主任负责制开展运行活动；根据项目性质协调各方技术资源，保障项目任务的时间节点，明确任务承担单位及责任人，按照成果集成方案落实，制定外协任务验收和集成办法，确保项目顺利进行；负责成果集成和工程质量把关。③设备管理。负责项目研发设备的统一采购、安装和调试审批，保障国有资产效率的发挥。④制度管理。负责国家遥感应用工程技术研究中心的相关保密措施、项目合同、人事分配等制度文件的定制修改，保障各执行环节有据可循。⑤产业化推广。对中心项目和成果进行统一管理和集成，负责中心成果的产业化推广和促进工作，制定推广办法，落实到具体的依托单位或企业，保证科研成果与业务应用的紧密关联。

工程技术委员的具体工作内容为负责项目的技术工程指导工作，根据项目性质参与制定总体技术实施方案和方案评审，并协同项目专职人员参与项目实施技术跟踪，以实时调整技术路线。

2. 规章制度

从 1997 年建立开始，国家遥感应用工程技术研究中心陆续制定和完善了 19 项适合自身发展与管理的规章制度，其要点如下。

1）人事管理制度

国家遥感应用工程技术研究中心由固定人员、半固定人员和流动人员组成。固定人员是指国家遥感应用工程技术研究中心正式职工（即遥感所正式职工）统一执行遥感所的人事管理制度；半固定人员是指外聘的工程技术人员，按照工程进展每年保证固定的工作时间，按企业运行机制管理；流动人员是指在国家遥感应用工程技术研究中心短时间开展合作的研究人员，向外辐射形成由社会科研力量组成的网络化结构，按照国家规定实施短期的劳动合同制度。

2）收入分配制度

收入总体上遵循按劳分配的原则，在此基础上建立一定的激励机制。具体分配按照人事管理制度分为 3 类：固定人员收入分配执行遥感所的劳务制度，根据职称等级确定基本工资，按照工作性质、工作完成情况确定绩效工资；半固定人员收入分配执行企业劳务制度，根据每年工作的具体时间和职务级别确定基本工资，按照工作性质、工作完成情况确定绩效工资；流动人员收入分配执行短期劳动合同制度，主要根据工作性质和工作完成情况实施灵活的薪资供给。

3）经济核算制度

国家遥感应用工程技术研究中心以部门为单元进行独立核算，财务由依托单位统一管理，管理委员会执行经济收入和支出的最终审核。国家遥感应用工程技术研究中心的经济核算包括生产成本核算（物质消耗与劳动消耗）、生产成果核算（质量与数量）、资金核算（固定资金和流动资金）和财务成果核算（利润）4 部分内容，通过产量指标、产值指标、品种指标、质量指标、劳动指标、物资消耗指标、设备利用指标、成本指标、资金占用指标、利润指标等定量化体现。

（二）合作与交流

作为第一个国家级的国家遥感应用工程技术研究中心，其瞄准把事做大，以推动全国范围内的遥感工程化、产业化。目前，国家遥感应用工程技术研究中心已分别在南京、包头、呼和浩特设有分部；同时，与水利部水利信息中心、国家海洋信息中心、民政部国家减灾中心、中国民航大学、天津城市建设学院、中国科学院新疆生态与地理研究所、天津新技术产业园区海泰科技投资管理有限公司、北京二十一世纪科技发展有限公司、天津天地伟业数码科技有限公司等单位确立了合作关系。其中，2006 年 6 月，国家遥感应用工程技术研究中心与中国民航大学空中交通管理学院共同成立“民航与遥感信息处理实验室”，并共同承担天津市科委“飞行模拟视景关键技术研究”项目；与北京二十一世纪科技发展有限公司共同通过北京一号小卫星所获取的高分辨率遥感影像，开展生态环境监测、土地利用动态监测、城市规划建设管理动态监测、灾害监测、奥运工程进度监测等遥感应用关键技术研究，并在此基础上于 2007 年初共建了“遥感应用联合开放实验室”，以多种方式推动并影响、带动遥感信息产业的形成。国家遥感应用工程技术研究中心合作单位及合办实体（包括实验室、基地、企业等）情况见下表。

合作单位类别	合作单位个数	不同合作方式的单位个数					不同合作内容的单位个数					合办实体数量
		共同研究	委托生产加工	咨询服务	投资入股	其他	技术开发	中试试验	生产	产品销售	其他	
大专院校	20	15	3	2	0	0	15	2	3	0	0	0
研究机构	10	9	1	0	0	0	10	0	0	0	0	2
企业	26	16	5	0	4	1	19	3	0	3	1	2
国外机构	3	2	0	0	0	1	2	1	0	0	0	0

（三）运行模式

在国家遥感应用工程技术研究中心的运行中，研究开发工作首先是在继承和集成依托单位及有关网络单位科研成果的基础上进行，经过其开发研究，形成信息和系统两个方面的产品，通过推广应用、生产经营和人员培训逐步占有市场，实现在经济上的良性循环。其次，集成和继续开发遥感方面的研究成果，尽快建成面向国家主管部门和省级用户的遥感运行系统，形成信息产品服务的规模化和产业化。广泛联合部门和地方，相互支持，相互补充，充分发挥各自的优势，大幅度提高系统的业务运行能力。通过国家、地方、部门的委托业务，实现自我良性发展。

国家遥感应用工程技术研究中心在信息产品、系统产品两个方面的研究开发和业务运行可保证中心在建成之后承担国家及有关部门的重大任务并推出示范性产品，从中获得科研开发收入，确保自身良性发展。科学研究系统是研究所的基础和主体，是开展科研的核心系统。

第三章　遥感科学国家重点实验室

一、概　述

（一）组建背景

21 世纪初，我国遥感事业正处于飞速发展的阶段，在全球变化的大背景下，我国遥感技术的发展既面临快速发展的机遇，同时也涌现出了新的问题和新的需求，为适应当时的形势，凝聚国内遥感优势力量，在遥感服务国家需求方面发挥示范带动作用，遥感科学国家重点实验室（State Key Laboratory of Remote Sensing Science）应运而生。遥感科学国家重点实验室由中国科学院遥感信息科学开放研究实验室和北京师范大学遥感与地理信息系统研究中心联合组建而成。2003 年经科技部批准筹建，2005 年通过验收并正式开放运行。遥感科学国家重点实验室历史沿革如下。

（1）1994 年中国科学院遥感信息科学开放研究实验室开放运行。

（2）1998 年参加中国科学院重点实验室评估，在 13 个参评实验室中获第 3 名。

（3）2000 年参加国家地学实验室评估，在 26 个参评实验室中获第 8 名。

（4）2003 年联合组建遥感科学国家重点实验室。

（5）2005 年参加国家重点实验室评估，评为良好。

（6）2005 年建设验收通过。

（7）2010 年参加国家重点实验室评估，评为良好。

（二）机构概述

遥感科学国家重点实验室继续秉承“开放、流动、竞争、合作”的原则，打造国际一流的遥感科学人才基地，构建国际一流的遥感科学创新平台和产出国际一流的遥感科学研究成果，为我国遥感应用提供先进理论和关键技术支撑，充分发挥遥感科学国家重点实验室的研究基地作用。

2005 年以来，遥感科学国家重点实验室承担各类国家和省部级项目 196 项，其中主持 973 项目 2 项，863 重大、重点项目 5 项，国家自然科学基金重大项目课题及重点基金 5 项，中国科学院知识创新重大项目 1 项；获国家科技进步奖二等奖 4 项，国防科技进步奖一等奖 1 项。

遥感科学国家重点实验室在遥感综合观测平台、野外实验场网和高性能计算与处理平台方面初具规模，建有面向遥感科学研究的室内外全谱段综合观测实验平台，拥有我国典型下垫面长时间序列水热通量观测网络、河北怀来遥感综合试验场、保定遥感综合试验场、鄱阳湖环境与健康生态观测站、北京空气质量超级监测站，是实验室创新与发展的重要支撑。

二、战略定位、发展方向、机构特色

（一）战略定位

遥感科学国家重点实验室的战略定位为面向地球系统科学前沿和国家重大战略需求，开展遥感科学基础理论与前沿技术研究。

（二）发 展 方 向

围绕战略定位，遥感科学国家重点实验室布局了 4 个重点方向。

1. 遥感辐射传输机理研究

发展与完善不同地物、尺度的遥感辐射传输和机理模型，建立全波段遥感在复杂地形与环境下的模拟平台。

2. 遥感定量反演前沿理论方法研究

研究地球系统陆表、大气、海洋环境参量多源遥感数据协同反演的机理与方法，建立全波段多源遥感数据综合反演平台。

3. 遥感与地球系统科学交叉研究

发展多尺度遥感观测数据与地表过程模型同化理论和技术体系，开展地表辐射与能量平衡、水循环、碳氮循环遥感和人类活动影响的综合研究，促进遥感在地球系统科学和全球变化研究中的应用。

4. 新型遥感前沿技术研究

研究新型遥感探测机理与方法，研制新型遥感实验装备与传感器，为我国航空、航天、深空探测提供前沿技术支撑。

（三）机 构 特 色

注重遥感科学基础研究，服务于国家重大战略需求，创新成果与人才培育并举。作为我国唯一从事遥感科学基础研究的国家重点实验室，其在推动我国遥感科学学科发展中发挥着引领作用，在应用遥感满足国家战略需求方面发挥着示范带动作用，是承担国家级重大科研项目、开展高层次国际交流与合作、吸引与聚集优秀科学家和培养青年科技人才的基地。

三、机 构 组 成

（一）机 构 介 绍

遥感科学国家重点实验室由遥感所和北京师范大学联合组成。其以中国科学院遥感信息科学开放研究实验室、北京师范大学遥感与地理信息系统研究中心的研究队伍为基础，吸引一批海外杰出华人科学家加盟，形成了覆盖遥感信息机理、多角度遥感、高光谱遥感、雷达遥感、全球变化遥感和遥感地理空间信息集成等多学科研究领域的队伍。研究人员包括李小文、童庆禧、郭华东、宫鹏、王超、顾行发、邵芸、牛铮、柳钦火、张兵、薛勇、李震、毕思文、杨崇俊、龚建华、陈良富、余涛、叶庆华、王长林、廖静娟、董庆、范湘涛、赵永超、张霞、张红、刘强、李新武、韩春明、王彦飞、程晓、陈正超。陈述彭、徐冠华、王长耀、田国良、郑兰芬等。老一辈科学家为遥感科学国家重点实验室把握学术方向、凝聚科研队伍、培养青年人才。

2009 年，遥感所实行矩阵式管理，遥感科学国家重点实验室形成以遥感辐射传输研究室和环境遥感前沿研究室为主体，并联合高光谱遥感研究室、微波遥感研究室、遥感定标与真实性检验研究室、农业与生态遥感研究室、减灾与应急遥感监测研究室、数字地球与导航定位研究室和遥感与地球系统模拟研究室的科研骨干共同组成组织架构。

2007 年，中国科学院党组对全院遥感领域的优势资源进行了初步整合，在遥感卫星地面站、航空遥感中心和数字地球实验室的基础上组建对地观测与数字地球科学中心。遥感科学国家重点实验室部分职工调离遥感所，去对地观测科学中心工作。遥感科学国家重点实验室根据自身特点和优势，优化学科布局，凝聚研究力量，结合实验室的研究方向和研究内容，重新设立 3 个研究部。

遥感辐射传输研究部：李小文、柳钦火、施建成、孙国清、陈良富、薛勇、刘强、辛晓洲、过志峰、李静、闻建光。

遥感信息获取与处理研究部：童庆禧、顾行发、邵芸、余涛、程晓、张霞、邸凯昌、李正强。

地球空间信息综合集成与应用基础研究部：宫鹏、牛铮、杨崇俊、龚建华、曹春香、郭子祺、贾立、牛振国、占玉林、张颢、黄华兵。

2012 年 9 月，遥感所和对地观测与数字地球研究中心整合，成立中国科学院遥感与数字地球研究所，为遥感科学国家重点实验室带来新的发展机遇。

（二）历 届 领 导

1）2003～2005 年

遥感科学国家重点实验室主任宫鹏，副主任柳钦火、邵芸、张立新（北京师范大学）、唐军武（兼职，国家海洋技术中心）。

学术委员会主任徐冠华，副主任李德仁、吴国雄。

2）2005～2010 年

遥感科学国家重点实验室主任宫鹏，副主任柳钦火、邵芸、张立新（北京师范大学）、唐军武（兼职，国家海洋技术中心）、施建成（2009～2011 年）。

学术委员会主任徐冠华，副主任李德仁、吴国雄。

3）2010～2011 年

遥感科学国家重点实验室副主任柳钦火（主持工作），张立新（北京师范大学）、邵芸、施建成。

学术委员会主任徐冠华，副主任李德仁、吴国雄。

4）2011 年至今

遥感科学国家重点实验室主任施建成，副主任柳钦火、邵芸（2011～2012 年）、吴炳方（2011～2012 年）、张立新（北京师范大学，2011～2012 年）、梁顺林（北京师范大学）、阎广建（北京师范大学，2012 年至今）。

学术委员会主任徐冠华，副主任李德仁、吴国雄。

（三）行政与学术秘书

1）2003～2005 年

学术秘书程晓，行政秘书李丹丹（2005 年至今）。

2）2005～2010 年

办公室主任程晓（2008 年调离）、李丹丹（2009 年至今），学术秘书程晓（2008 年调离）、闻建光、黄华兵。

3）2010 年至今

办公室主任李丹丹，学术秘书闻建光、黄华兵。

四、科研工作与成果

（一）主要科研工作

1. 揭示遥感尺度效应、建立遥感尺度转换模型

1）普朗克定律的尺度纠正

从研究非同温表面上普朗克定律的尺度效应出发，提出了普朗克定律用于非同温黑体平面的尺度修正式及其二阶泰勒近似，对其热辐射在像元尺度上的方向性和波谱特征建立了概念模型，并进一步扩展到对三维结构非黑体表面的尺度纠正式。这是对 1999 年李小文等提出的 LSF 概念模型的进一步完善和逻辑发展，即用像元尺度上的统计参数来纠正普朗克定律，不再强求使用亚像元尺度上的参数，真正实现了对像元尺度上普朗克定律的尺度纠正。

2）遥感像元尺度热辐射方向性的理论描述及组分温度反演

以李小文等提出的几何光学辐射传输模型和非同温有效方向性辐射率的概念模型为基础，针对农作物冠层模拟了热红外间隙率，并用野外实验数据进行验证，建立了宽波段热辐射的方向性模型，还建立了可以考虑作物冠层间隙率的方向性热辐射模型，并用野外实测数据进行了验证。

在对地表热辐射方向性进行理论建模的基础上，进行了实验室条件下二组分温度（金属背景下尼龙锥体目标）的反演实验，并在国际上较早地利用卫星遥感数据进行了植被组分温度的反演实验。

3）遥感图像直方变差图

针对遥感图像普遍存在的尺度效应问题，在分析了变差图描述方法的特点及其不足的基础上，通过定义图像中的驻点和边界点，提出了直方变差图的概念，并由直方变差图得到不同地类破碎度的空间分布特征，得到地类面积随尺度的变化关系。基于破碎度的降尺度转换反演高分辨率地类面积，进一步将直方变差图和分形理论结合引入了“尺度转折点”概念，采用半方差分析确定可不考虑尺度效应的尺度域，用于揭示植被空间异质性的尺度变化特征。

4）拟真实结构像元场景计算机模拟模型

发展了结构真实像元场景生成的方法，提出了拟真实结构像元场景的概念，并在此基础上建立了可见光与热红外计算机模拟模型，为研究遥感模型的尺度转换奠定了基础。

2. 对地遥感反演理论体系的建立

1）基于先验知识的遥感定量反演理论体系

提出了基于最优化和正则化反演理论的地物目标参数反演方法；发展了基于贝叶斯网络和多源数据的地表参数反演技术；发展了耦合遥感模型与参数过程模型的遥感数据同化方法；初步构建了地球观测数据同化原型系统。反演与同化技术应用于环境与灾害监测预报，小卫星环境保护部地面应用系统及国家减灾委地面应用系统建设，为国家 863 计划项目“全球陆表特征参量产品生产与应用研究”的实施提供了技术储备。

2）地表参数的遥感定量反演业务系统

基于遥感反演理论和关键技术研究，开发完成一套地表参数的遥感定量反演软件系统，为遥感反演理论研究和技术研究提供了平台，为定量遥感应用提供了工具。

3. 地面波谱知识库的建立

集典型农作物、岩矿和水体波谱测量数据、遥感图像数据、遥感先验知识数据、遥感分析模型于一体的典型地物波谱知识库完成，2005 年组内工作已通过网络运行，已实现数据组内共享。波谱知识库的建设实现了典型地物波谱、环境参数、应用模型的相互配套，为定量遥感应用提供了遥感波谱科学数据平台。

收集、获取、整理了我国典型农作物、岩矿、水体的波谱数据和配套参数，形成了有严格测量环境说明的标准波谱数据库，为定量遥感基础研究和遥感应用提供了长期可以参考使用的科学数据，进一步丰富、扩充地物波谱的数据资源和数据共享服务能力，将典型地物标准波谱数据库纳入国家科技基础条件平台建设，提高遥感数据的定量应用水平，提高对地表参数的遥感计算精度，支持遥感应用部门和科学研究工作对空、天、地波谱数据的综合应用需求。我国典型地物标准波谱知识库（V1.0）进行了软件著作权登记，并在 2003 年国产遥感软件测评中受到表彰。

4. 全波段遥感机理模型平台建设

深入研究遥感机理是遥感科学国家重点实验室的重点研究内容之一，为此，遥感科学国家重点实验室通过收集、发展、开发等方式在全球范围内整合各领域遥感前向机理模型，并首次搭建全波段遥感机理模型平台。目前已经集成了森林、农作物、土壤、冰雪、水体和大气等典型地表可见光/近红外二向性反射，热红外辐射方向性，微波辐射与散射、极化干涉，激光回波模型共 50 余个，其中 20 余个模型为遥感科学国家重点实验室自主研发模型（见下表）。初步提出了复杂地表遥感混合像元建模框架，针对农林格网、农林交错带等典型地表，提出了复杂地表遥感混合像元空间异质性表达方法，模拟分析揭示了非均质混合像元中不同地表参数的尺度差异形成机制，初步构建了非均质混合像元二向性发射与热红外辐射方向性模型。参数化表示山区遥感像元内部地形影响，并结合山区辐射传输及几何光学原理，建立地形影响的可见光/近红外与热红外山地辐射传输模型。

<table>
<tr><td rowspan="2">大气模型</td><td>微波</td><td>ARTS
RTTOV
CRTM
1DMWRTM</td></tr>
<tr><td>光学</td><td>MODTRAN
6S</td></tr>
<tr><td>水体模型</td><td>光学</td><td>Wu and Smith 模型
Watts 模型</td></tr>
<tr><td rowspan="3">积雪模型</td><td>被动微波</td><td>Matrix Doubling
单层 A-DMRT
多层 A-DMRT
DMRT-Bicontinuous</td></tr>
<tr><td>主动微波</td><td>单层 A-DMRT
多层 A-DMRT
DMRT-Bicontinuous
主动二阶模型</td></tr>
<tr><td>光学</td><td>DISORT-MIE
2-stream
Ray-tracing</td></tr>
</table>

续表

土壤模型	微波	IEM AIEM
	光学	HAPKE
	冻土介电常数	Zhang's FSDCM TD-GRMDM
森林模型	微波	连续（水云模型） 非连续（MIMICS、3D 模型、CORSM）
	激光雷达	回波波形模型（Sun）
	光学	GOMS GORT FRT
农作物模型	被动微波	一阶 高阶
	主动微波	一阶连续 非连续 二阶非连续
	光学	PROSPECT-SAIL
生长模型	森林	Zelig WOFOST DSSAT
	农作物	
	灌木草地	

5. 多项全球高质量遥感产品生产与应用

为了更好地支持国家与中国科学院在全球变化与碳循环等领域的基础研究与科学决策，遥感科学国家重点实验室研究人员在 863、973 等国家级重大项目的支持下，完成了对关键植被参数、地表辐射参量、水循环及能量平衡关键要素的遥感反演关键技术攻关，实现了包括全球陆表特征参量（global land surface satellite，GLASS）、全球 30m 地表覆盖制图、全球湿地分布等产品的生产和制图，同时建立了全国 2001～2010 年遥感地表蒸散发参数时空连续的时间序列数据集。基于上述数据产品及数据集，科学技术部国家遥感中心于 2013 年 5 月首次对外发布了《全球生态环境遥感监测 2012 年度报告》，揭示了不同尺度陆地植被的分布特征和变化趋势，可为保护生态环境、应对全球气候变化、开展相关科学研究及政府决策提供支撑。同时，相关数据集被遴选为国家水资源分布的基础遥感数据，并将被收录到《第三次气候变化国家评估报告》中。

1）GLASS 产品的生产与全球发布

在 863 计划重点项目的支持下，完成了包括叶面积指数（LAI）、陆表反照率、发射率、下行短波辐射和下行光合有效辐射 5 种全球陆表特征参量产品反演与生产。其中，叶面积指数、陆表反照率和发射率产品的时间覆盖范围为 1981～2012 年，把目前国际主流的同类产品向前推进了近 20 年。科学技术部国家遥感中心对外发布的《全球生态环境遥感监测 2012 年度报告》基于该数据产品制作。2012 年 11 月 22 日，GLASS 产品在地球观测组织（Group on Earth Observations）第九次全会上向全球用户公开发布。目前，已经有来自美国、南非、日本等国家和地区，以及国内相关单位的近千用户订购该数据，累计数据下载量超过 46 万景，该数据广泛地应用于全球环境变化和各种决策支持研究。

2）全球 30m 分辨率地表覆盖制图

遥感科学国家重点实验室利用 30m 空间分辨率陆地卫星（Landsat）数据完成当前世界上最高空间分辨率的全球地表覆盖制图工作。初步精度测试结果表明，最高总体分类精度为 66.4%。该套地表覆盖遥感制图比已有的同类图空间分辨率提高了 1 个数量级。

3）全球湿地分布制图

遥感科学国家重点实验室研究人员发展了一种可用于大尺度湿地分类的湿地信息快速提取方法，能够快速区分湿地及非湿地区域，并能提供一个较为准确的湿地信息提取结果。这一方法主要考虑湿地本身湿度特征及湿地的空间分布特征等对湿地分布具有重要影响作用的因子，同时结合湿地信息自动提取方法，为遥感技术有效应用于大尺度湿地信息快速提取提供了一个有力的支撑。为了对全球湿地空间分布范围及特征进行更加明晰的认识，同时揭示全球湿地潜在分布范围、推进全球湿地遥感制图研究工作并为其提供参考依据，我们利用已有可参考的数据源完成了全球湿地综合制图初步探索。

4）中国大陆地表蒸散发数据集的发布

通过融合微波遥感反演的土壤水分及光学遥感反演的植被生态参数，充分考虑土壤水分在地表蒸散发中的作用，同时降低基于能量平衡算法中对地表温度的敏感性，并克服云的影响，发展了由植被冠层和冠层下的土壤两部分组成的双源蒸散发遥感估算模型 ETmonitor，在此基础上建立了中国大陆 2001～2010 年遥感地表蒸散发的时空连续时间序列数据集：时间分辨率为每天，空间分辨率为 1km。这是国内首次发布的全国尺度地表蒸散发长时间序列产品，黑河站点的验证结果显示，其在时间分辨率和数据精度方面都优于当前国际上唯一公开发布的同类产品美国 NASA-MOD16。该数据集被遴选为国家水资源分布的基础遥感数据，并将被收录到《第三次气候变化国家评估报告》中。

6. 组网综合观测共性定量遥感产品生产原型系统研发

针对目前单一卫星定量遥感产品体系面临的产品一致性差、精度低、时空不连续等问题，遥感科学国家重点实验室基于 863 项目建立了基于组网观测的全球陆表综合观测共性定量遥感产品生产技术体系，完成了原型系统研发。目前，该原型系统已具备全球千米、百米和十米多种尺度的遥感数据归一化处理和多种共性遥感产品生产能力，并在不断完善中，突破了多星组网观测多尺度遥感数据归一化处理、多源遥感协同反演等核心技术，在高分辨率遥感数据支持的混合像元聚集指数产品生产，多星组网协同反演地表 BRDF/反照率，基于极轨与静止卫星组网估算云天辐射和光合有效辐射方法等方面取得明显进展。

7. 多源卫星遥感大气污染综合监测

针对我国环境问题已进入复合型环境污染的新阶段，从大气环境污染物的种类来看，温室气体、光化学烟雾、黑炭、气溶胶、重金属污染物、持久性有机物污染、有毒污染物、工业危险废弃物共存，具有复杂性、区域性和综合性特点，以及常规环境监测手段的限制，急需发展“装备先进、标准规范、手段多样、运转高效”的先进环境监测技术和仪器设备，为环境污染监测提供有效手段，也为培育环境监测仪器战略性新兴产业提供技术支撑。

遥感科学国家重点实验室经过近几年的努力，突破了基于 MODIS、OMI 和 AIRS 等多源卫星遥感数据和区域气候模式相结合实现区域尺度霾气溶胶光学厚度、可吸入颗粒物浓度（PM10、PM2.5），污染气体 NO_2 和 SO_2 柱浓度，以及温室气体 CO、CH_4 浓度等反演关键技术。这些关键技术成果已经分别发表在 *Remote Sensing of Environment*、《中国科学》《光谱学与光谱分析》《红外与毫米波》《遥感学报》等刊物上。基于这些关键技术研发形成了多源卫星遥感大气污染综合监测系统，实现了大气污染的卫星遥感立体观测。监测系统获得了 6 项软件著作权登记，并成功应用于 2008 年北京奥运、2009 年国庆护城河工程和 2010 年广州亚运会的空气质量监测。目前，基于这些关键技术的信息系统已经成为环境保护部大气环境卫星遥感业务监测系统。研究成果取得了良好的社会效益和经济效益。研究团队的“多源卫星遥感大气污染综合监测系统”研究成果和中国科学院安徽光机所、大气物理所等兄弟单位共同完成的“大气环境综合立体监测技术研发、系统应用及设备产业化”成果，获得了 2011 年国家科技进步奖二等奖。

8. 地球系统过程关键要素遥感模拟与反演

1）水循环关键要素的遥感模拟与反演

水循环包括了地球系统中大气、海洋、陆地中所有与水相关的储存、相变（固、液和气态）和传输过程，是地球系统表层最为活跃、影响最为深刻的过程之一。遥感科学国家重点实验室围绕土壤水文、地表冻融、积雪参数、大气水汽和降水等水循环关键要素开展了大量基础性遥感建模与反演研究，力图加深对于全球变化背景下的水循环过程及要素时空变化特征和规律的认识，目前在该领域取得的最新进展如下。

a）土壤水分微波遥感反演与优化

针对国内外已有和未来的卫星传感器，提出并发展了多种微波辐射/散射参数化模型，形成了微波参数化建模体系，发展了土壤水分反演算法，与美国国家航空航天局（NASA）产品相比，在青藏地区反演误差减小 27%，该算法作为风云 3 号标准产品算法被国家卫星气象中心采用。SMOS 是世界上第一颗采用合成孔径技术的 L 波段微波辐射计，其多角度的观测能力为地表参数的反演提供了新的机遇和挑战。SMOS 亮温数据存在的观测偏差和 RFI 干扰是土壤水分反演精度的主要制约因素之一，经过系列滤波插值处理，并使用普适的混合函数进行多角度数据回归，使得原本具有的偏差观测得到了有效去除，部分 RFI 污染也得到一定程度的抑制，获得了更符合理论预期的多角度观测数据。验证结果表明，优化的亮温能够提高土壤水分反演精度及同实测数据的相关性。

首次提出了被动微波植被指数的反演方法，从理论上解决了分离植被与土壤微波信号的关键技术难题，弥补了传统光学植被指数仅反映叶片信息的缺陷，为全球植被监测，尤其是植被木质部分和植被总生物量定量反演提供了新的方法体系。在原有的 AMSR-E 数据的微波植被指数（the microwave vegetation indices，MVIs）的基础上，开展了基于时序分析的植被指数优化算法，提高了 MVI 信噪比，从而更能反映植被的生长状况。同时，针对 WindSat 参数配置，考虑高斯和指数相关的地表，发展了基于 WindSat 数据的微波植被指数 MVIs，其将在全球植被物候监测、植被含水量和湿生物量反演、土壤水分反演及全球变化研究中发挥作用。

b）积雪遥感建模

经遥感科学国家重点实验室同仁的不断努力，实现了前向模型的最新发展。针对积雪的结构复杂性和水平分层特性，在微波遥感前向模型方面利用 bicontinuous 介质，结合 DDA 数值电磁计算、多层矢量辐射传输模型和 AIEM 粗糙面散射模型等构建了先进的新型主被动多层 bicontinuous-VRT 模型。该模型能显著提高对交叉极化后向散射的模拟能力，以及对复杂积雪结构的模拟能力。

光学方面，发展了 bic-PT 模型。利用 bicontinuous 结构克服简单散射粒子形状假设，发展了 bic-PT 模型进行光学近红外波段积雪表面 BRDF 和偏振 BRDF 等模拟。经过与南极大陆和地面实测数据验证，证实了模型相对于球形粒子假设模型更为准确的方向性反射模拟结果。该模型为积雪表层粒径、SSA 等反演提供了基础。

c）土壤水大尺度水热通量观测系统

在国内首次研制了大尺度水热通量观测系统和观测数据处理与分析软件已经对研制的大尺度水热通量观测系统在中国不同气候带和下垫面类型上进行了短期与长期的野外比对试验，检验了其一致性、稳定性和精度，并已应用于 2012 年黑河生态水文遥感试验。基于大尺度水热通量观测数据，开展了遥感产品验证、陆面和水文模型检验、尺度转换等方面的示范，促进了大尺度水热通量观测数据在气象科研业务等方面的应用；获国家发明专利授权 1 项，发表论文 32 篇。通过测试组现场测试，以及与国外同类仪器的比对试验表明，研制的大尺度水热通量观测系统总体上已达国外同类仪器的水平。2013 年 8 月黑河流域水文气象观测网正式建成并投入运行，同年 10 月，大尺度水热通量观测系统已经通过项目验收。

d）EcoHAT 生态水文模型

基于遥感水文学原理反演地面参数，模拟水文过程与生态过程，开发的 EcoHAT 生态水文模型及软件具备 4 个鲜明特点：①模型运行尺度自适应。空间上可在流域、区域尺度上运行；时间上可模拟小时、日、月、年尺度上的水文过程。②遥感数据时空动态存储。基于类层状（layer）与 K 叉树（K-tree）管理时间、空间动态变化的海量数据。③一键式参数管理模式。将模型所有输入参数存储到同一文件夹，文件名及格式与模型要求保持严格一致，用户只需点击一下即可快速导入。④模型应用范围广。模型可应用到洪水预报、淹没风险制图、土壤水分、陆面蒸散、水资源评价、水源地监测与评估、非点源、水环境评价、水安全分析、水土流失、河道输沙、生态水文信息获取、生态植被演替与生态用水等方面。EcoHAT 支持的杨胜天教授团队发表 SCI 论文 4 篇，所支持的“典型水资源区农业面源污染机制与防控技术”获教育部科学技术进步奖二等奖。

e）天基光学多载荷近海岸海洋环境参量反演与信息提取系统

针对“天宫一号”高空间、高光谱、红外新型三合一载荷技术体制，创新性建立了高分辨率海温和水色参量定量反演算法、浅海水深高光谱反演算法、高光谱海岸线自动提取算法、可见光/热红外舰船检测技术。

2）碳循环关键要素的遥感模拟与反演

陆地生态系统碳循环在全球碳循环中占有重要地位，研究陆地生态系统碳循环机制及其对全球变化的响应是预测大气 CO_2 通量及气候变化的重要基础。遥感科学国家重点实验室科研人员多年来一直致力于陆地生态系统碳循环和关键要素的遥感反演与应用工作，在叶面积指数、光能利用率、光合有效辐射、生物量、物候、土壤呼吸和净初级生产力等关键要素的遥感模拟与反演方面取得了一系列有意义的研究成果，在该领域取得的最新进展如下。

（1）植被高度遥感反演。植被的三维结构信息在区分不同植被类型方面具有重要作用。目前的全球地表覆盖分类产品中还没有利用植被高度这一信息，原因在于难以获取全球植被的高度信息。研究基于激光雷达森林回波模型模拟结果，提出利用 SG 滤波去噪改进波形拟合结果，确定了起波点的位置，并基于回波模型改进了坡度 5°～15°的山区森林的提取精度，与实测结果的 RMSE 为 2.27m。该方法可显著改进较大坡度山区森林的高度提取精度。

结合温度、降雨、高程和 MODIS 树覆盖产品等信息，将激光雷达的点采样高度，利用随机森林的机器学习方法将结果推至全球，得到了初步的全球植被高度。从激光雷达回波波形中发展了 15 种波形指数，结合陆地卫星 TM/ETM+光谱信息，以河南省为研究区域的分类实验表明，采用激光雷达的信息，能获得 91%的分类精度，优于单独采用光学影像获得的分类精度。

（2）基于全球 10 年 NDVI 数据集的遥感时间序列重建方法的评估。基于 2001～2010 年 MODIS 全球植被指数产品，对一种常用的遥感时间序列重建算法 HANTS（harmonic analysis of time series）在全球的重建精度做了评估。评估结果显示，在北半球高纬度地区由于冰雪覆盖的影响，传统的 HANTS 方法的重建精度相对较差，其他中低纬度地区，传统的 HANTS 能够给出相对理想的重建结果。该评估结果至少存在两方面的积极意义，一方面指出了该算法在不同应用区域所面对的一些问题，能够指导 HANTS 算法的进一步改正工作；另一方面也给算法的使用者提供了有效参考，在不同区域应用该算法时，可以大致评估重建的效果。

（3）森林蓄积量遥感反演。森林蓄积量是森林资源调查和监测中最重要的参数之一。基于 Landsat TM 遥感数据和实地调查数据，分别应用多元逐步回归模型和神经网络两种方法来反演森林蓄积量，并对两种方法进行对比分析。结果显示，TM 数据 6 个波段的地表反射率、6 个植被指数（DVI、SAVI、ARVI、PVI、NDVI、RVI）等参数均与森林蓄积量显著相关；而且发现 TM 数据的纹理信息与森林蓄积量高度相关。基于 53 个遥感因子构建了蓄积量反演的最优多元逐步回归模型，并通过了交叉验证。基于神经网络模型反演的森林蓄积量，其精度比最优多元逐步回归模型高，而且反演的蓄积量空间分布也比较吻合 TM 数据的假彩色合成图像。

（4）提出秋天的物候变化是碳吸收年际变化的主要因素。前人研究表明，春天的温度升高会增加年碳汇，但是却忽略了伴随着秋天温度的升高又会延长生态系统呼吸，进而抵消掉春天增温的影响，因此仅靠春天的温度无法研究碳吸收的年际变化。现有的物候研究往往利用生长期或碳净吸收与排放的转折点等单一指标。其通过研究全球 22 个站点共计 212 站点年的数据，发现秋天生长季的结束和净碳吸收之间的间隔才是碳汇年际变化的最主要因素，这一时间间隔被定义为 Autumn lag。这一结果表明：①秋天的物候变化是 NEP 年际变化的主要因素；②生态系统呼吸比光合作用对 NEP 年际变化更重要。这些观点得到了全球变化研究领域专家的认可，文章发表于2013年的生态学杂志 *Global Ecology and Biogeography*。

（5）土壤呼吸。土壤呼吸描述了土壤向大气排放 CO_2 的过程，它是陆地生态系统碳循环中仅次于总初级生产力的第二大碳通量组分，在陆地生态系统碳循环和碳收支中占有重要地位。土壤呼吸的直接测量方法能保证土壤呼吸估计的精确性，但是难以获取区域尺度的土壤呼吸。其通过初步的野外实验研究发现，在排除温度和水分影响的情况下，与植被总初级生产力密切相关的光谱植被指数较好地捕捉到了农田样地土壤呼吸的季节变化，为基于遥感数据的土壤呼吸估算提供了新的视角。通过对青藏高原土壤呼吸野外采样数据的分析，我们发现在高寒草地生长旺盛季节，仅仅考虑与植被生产力紧密相关的光谱植被指数，就能较好地估算整个青藏高原高寒草地土壤呼吸的空间分布格局。

（6）森林生物量遥感估算。在 Sun & Ranson 于 1995 年所发展的非相干三维森林雷达后向散射模型的基础上，发展了能对雷达干涉数据进行分析的相干模型（SCSR）。进一步与森林生长模型联合，对雷达干涉数据进行了模拟分析，提出了联合摄影测量数据与雷达干涉数据获取散射相位中心深度的思路，从理论上证明了散射相位中心深度与森林生物量的相关性，为拓展多源遥感数据融合、提高我国自有卫星数据的利用率奠定了理论基础。

将森林动态生长模型与三维森林雷达后向散射模型相耦合，发展了基于模拟数据库和查找表方法的森林结构参数反演技术。依靠生态学先验知识的支持，在完成生长模型的本地化之后，所建立的森林结构参数反演方法将在整个生态系统覆盖范围内适用。同时，该技术体系为多源遥感数据的融合奠定了基础。

（7）多源 CO_2 卫星数据融合。当前各卫星 CO_2 产品新版本数据在数值差异、时空分布方面进行了系统对比，并利用全球 TCCON 地面站点数据对 GOSAT（ACOS 产品）、SCIAMACHY（BESD 产品）及 AIRS 的大气 CO_2 产品进行了系统偏差校正。在此基础上，进一步实现了 ACOS-SCIAMACHY 及 ACOS-AIRS 的融合，至此，已经实现了目前全部在轨卫星 CO_2 标准产品（共三种）的融合，并将融合产品与卫星产品和 TCCON 地面测量数据进行了对比，结果显示，融合产品在数值上与各卫星产品保持一致，奇异点减少。然而，同卫星产品相比，融合得到的 CO_2 产品空间覆盖率明显高于各卫星产品。以 2010 年 ACOS-BESD 融合为例，融合前 BESD CO_2 产品月尺度平均覆盖率为 3.75%，ACOS 为 5.70%，融合后月尺度 CO_2 平均覆盖率达到 8.42%，进一步考虑碳跟踪系统（carbon tracker）则可实现全球无缝覆盖，后续需要进一步考虑更精细的 CO_2 廓线实现算法优化和缺失数据填补。

9. 行星遥感探测技术与应用

行星遥感作为最主要的行星探测和研究手段，可以深入了解行星及其卫星的形貌特征、地质构造及其演化历史，其对行星科学研究和行星探测工程的实施具有重要意义。遥感科学国家重点实验室围绕行星撞击坑的遥感探测和地质演化过程机理展开了系统研究，并在月球撞击坑中央峰橄榄岩来源研究上取得突破，相关成果发表于 *Nature Geoscience*。

以超高速撞击的相关物理理论为基础，通过对哥白尼撞击坑形成过程的数值模拟，发现当陨石在月表的撞击速度低于 12km/s 时，大部分陨石在熔融后可以残留下来，而且在撞击坑的后期改造过程中主要积聚在中央峰，不仅以定量化的方式分析了哥白尼撞击坑中央峰橄榄岩的可能来源，也为寻找可能的陨石残留物提供了关键信息。此项成果在 *Nature Geoscience* 上发表后，立刻得到国际国内几十家科技媒体的报道。

研究了行星及其卫星影像高精度遥感制图的理论方法，在轨道交叉点平差的基础上生成了“嫦娥一号”全月球激光高度计高精度 DEM，建立了影像严格几何模型和自检校平差模型，并生成了虹湾区精细地形产品，提高了激光高度计 DEM 地形一致性和卫星影像的定位精度。构建基于多特征和集成学习的分类器，从行星遥感影像或 DEM 自动提取撞击坑，为进一步的地质分析提供了基础数据。遥感获取的撞击坑形貌数据为成坑过程数值模拟提供了边界条件。

10. 新概念遥感与虚拟地理研究

1）发展航磁探测系统

航空磁力探测（简称航磁探测）是将航空磁力仪及其配套的辅助设备装载在飞行器上，在探测地区上空按照预先设定的测线和高度对地磁场强度或梯度进行探测的地球物理方法。此套航磁探测系统已基本完成，并于 2013 年 9～11 月在深部探测项目辽宁省葫芦岛市兴城示范区进行了测试飞行。对此次测量的结果进行了数据预处理，预处理包括磁补偿、日变改正和向下延拓等。

针对深部探测应用需求，在目前已研制具有完全自主知识产权的无人机航磁探测系统的基础上，对研制的核心磁传感器、磁干扰补偿、飞行自动控制、系统集成等关键技术进行进一步的多学科联合攻关，拟对所研制的航磁探测系统进行性能优化和完善，满足行业航磁探测的需求。

在航磁数据处理系统方面，改进现有无人机航磁数据预处理软件，提高了稳定性及可用性，并进一步展开磁补偿、航线规划等功能的理论研究、算法研发及软件集成，完成了高效、智能化和体系化的航磁数据处理系统。

2）虚拟地理实验的基本理论与方法研究

基于中国科学院重大方向性项目及国家自然科学基金项目，较为系统地研究了虚拟地理实验的思想形成、概念特征及基本理论，初步建立了包括虚实相似原理与虚实协同原理的虚实论，探讨了室内物理模型实验与数字虚拟实验的对应、关联与互补关系，建立了动态复杂性地理系统的计算实验与虚拟实验地理方法，并以洪水演进自然地理过程及人群活动人文地理过程实验为案例，开展了原型试验。研究成果可以为计算地理实验、虚实耦合地理实验等提供借鉴，也可以进一步深化与促进对地理信息科学、实验（遥感）地理科学和地理科学等的基础理论与方法研究。

依托沈阳浑河洪水实验案例，以室内洪水物理模型试验为基础，探索了虚拟地理实验的基本理论与方法框架，通过实验发现，虚实耦合洪水实验相比于纯数值模型试验，能提高洪水模拟的精度。

11. 遥感信息在环境与健康中的应用

1）深圳市 2008～2010 年手足口病流行病学特征分析

从 2008 年开始，手足口病被列入丙类传染病。我们研究了深圳市 2008～2010 年手足口病的时空分布，并且分析手足口病发病数与气象和社会因子的相关性，然后构建了 2009 年手足口病发病数的地理加权回归模型。结果显示，2008 年手足口病发病数，年均温度和降水量这 3 个变量对 2009 年手足口病发病数均有不同的空间影响。此外，这 3 个变量能很好地解释深圳市中心和东部（均是高发病区）的手足口病传播机制。这些结果有助于理解手足口病的时空分布和制定措施预防手足口病。

2）基于环境危险要素的中国霍乱分区预测研究

霍乱的发生病与流行受气温、降水量、高程等多种气候地理环境要素的影响。利用最大熵生态位模型，基于地理、气候环境要素对中国霍乱弧菌的适生度进行分析，并根据适生度分布图选取合适的阈值对中国发病风险进行分区预测。结果表明，中国东南部沿海地区、中部地区及西部四川盆地的霍乱弧菌适生度相对较高，而东北和西北部地区的霍乱弧菌适生度较低，在西北部地区，新疆盆地的霍乱弧菌适生度要比周边地区略高。降水量、气温、高程是影响我国霍乱分布的 3 个主要的环境危险要素；相对湿度、与海洋的距离和气压对霍乱分布也有一定的影响，但日照时数及河网密度对其的影响不大。利用 ROC 曲线对预测模型进行评价，训练样本和测试数据的 AUC 值在 0.9 以上，表明模型预测结果具有较高的精度。

12. 支持新型传感器研制

在全球变化背景下，全球变暖正在改变水循环系统的时空分布特征及变化过程，使得极端水文事件，如洪水和干旱发生的强度、频率和持续时间增加，对人类的生活和生存环境，以及水资源的管理和有效利用都造成巨大影响。当前必须加强对这种动态变化中水循环系统的观测和认识，深化对各种水循环过程演变及其科学规律的理解，这对于研究全球变化下的水循环过程具有至关重要的意义，并直接关系到我国社会经济发展及更深层次的国家利益。

针对这一科学探测需求，依托中国科学院空间科学战略性先导科技专项，遥感科学国家重点实验室牵头提出全球水循环观测卫星计划（water cycle observation mission，WCOM）。WCOM 计划针对全球水循环研究对卫星观测的需求与当前水循环要素卫星观测能力存在的不足和问题而设计提出，是国际上第一个对全球水循环关键要素进行时空一致的系统综合观测的卫星计划，也是当前背景型号项目中唯一一颗以地球科学目标为驱动的空间科学探测卫星，其科学目标在于实现全球水循环关键要素时空分布与变化规律和水循环对全球变化的响应与反馈等重大科学问题的研究突破。该课题已经陆续顺利通过科学目标与载荷配置深化论证评审、课题开题评审、子课题实施方案评审、经费概算评审和任务书审核，目前已正式启动进入研究阶段。

该课题将研制新型主被动联合、多波段同步的多极化微波有效载荷，发展多参数同步、主被动协同的高精度反演理论和方法，通过多种传感器配合形成对环境影响因素的校正能力，从而实现对土壤水分、雪水当量、地表冻融、海水盐度等水循环关键要素的更高精度和时空分辨率的观测能力。

13. 突破作物种植结构监测、作物估产及毒品遥感监测等关键技术

1）中国农情遥感速报系统建设

建立了高度系统化和业务化的“中国农情遥感速报系统”（CropWatch），创新性地提出了作物种植面积估算方法、作物产量预测方法、作物长势监测方法和旱情监测方法，监测精度在 95%以上，年度间的相对误差在 1%以内。其已经监测全球 27 个主要粮食生产国和消费国，它们的粮食产量占全球粮食总产量 80%以上，成为国际上领先的三大农情遥感监测系统之一，为中共中央办公厅、国务院办公厅、国家发展和改革委员会等 20 多个用户部门提供了及时、准确、连续、可靠的信息支持，得到国家领导人批示 4 次，其已成功转让给中国储备粮管理总公司的中华粮网、水利部水利信息中心和民政部减灾中心，并成功开展业务运行多年。与美国农业部、欧盟 JRC 的运行系统一起建立 GEOSS PAY 网站，同步发布全球农业监测结果。

2）毒品原植物种植遥感探测

建立了毒品原植物遥感监测技术体系，根据区域特点，通过聚焦、识别和寻找，发现复杂环境下零星细小的罂粟地块，实现了从基础数据采集、单项技术研发、区域技术集成、实验示范到业务运行的整个过程，编制了《国内卫星遥感监测和无人机航测非法种植罂粟工作规程》，提出了禁种铲毒“零产量目标”建议，被国家主管部门采纳并颁布实施，其成果在国内和缅甸北部地区得到大规模应用，成为公安部禁毒局每年重要的工作内容。

14. 灾情应急遥感监测与评估系统不断深化与完善

制定了我国突发性重大自然灾害遥感应急响应技术规程；形成了我国自主卫星遥感平台、航空遥感平台灾害遥感应急观测技术流程；通过分析灾情机理和特征，形成了重大地震灾害遥感判识体系；形成了光学、微波、激光雷达和基础地理等多源数据协同、应急处理技术链和灾情遥感信息生产线；实现了灾害遥感数据、社会经济信息复合下的灾情遥感评估模型；灾情应急遥感监测与评估系统纳入国家遥感中心与国务院办公厅“全国空间信息系统”网络平台。在汶川大地震、旱涝灾害、湖水污染、奥运期间北京空气质量、青岛海水质量和南方大雪灾害等的监测方面向国家和各级政府提供9份咨询报告。

15. 遥感试验场网及专业仪器设备

目前，遥感科学国家重点实验室拥有包括怀来遥感综合试验站、保定遥感综合试验场、鄱阳湖环境与健康生态观测站、北京空气质量超级监测站、我国典型下垫面长时间序列水热通量观测网络等在内的若干遥感野外试验场网，为遥感基础理论研究和地面验证提供了有力支撑。

同时，遥感科学国家重点实验室建立了遥感试验科学数据平台，该平台是集成遥感试验数据、遥感模型与关键参数产品真实性检验为一体的对外共享服务平台，提供了遥感试验科学数据共享服务和基于遥感试验数据的关键遥感产品真实性检验服务。该平台是在遥感科学国家重点实验室基于无线传感器网络的关键地表参数真实性检验系统建设的基础上，将我国几次大型遥感综合试验数据、典型地物波谱数据、关键参数的卫星遥感产品集成，并通过流程化的模型库和真实性检验系统，在线实时对比验证遥感机理模型精度和卫星遥感产品精度。

遥感科学国家重点实验室拥有完备的遥感专业实验仪器，可满足从光学到微波各光谱、各遥感领域实验要求，重点实验室仪器设备见下表。

仪器名称	仪器型号	仪器制造者
叶绿素计	SPAD502	KONIC MINOLTA 日本
土壤养分测试仪	RL-3C	北京睿信龙电子技术研究所
手持式 GPS	Venture	GARMIN（美国）
叶面积仪	LI-3000A	LI-COR（美国）
电热鼓风干燥箱	101C-1	上海圣欣科学仪器
风速仪	AZ8901	AZ 仪器公司（中国台湾）
电子分析天平	FA214	上海海康电子仪器厂
电子天平	JJ500Y	常熟双杰测试仪器厂
红外测温仪	F63	FLUKE 公司（美国）
激光测距仪	Leica DISTO D5	Leica（瑞士）
热红外成像系统	S60	FLIR（美国）
快速扫描红外波谱仪	M304	BOMAN（加拿大）

续表

仪器名称	仪器型号	仪器制造者
中波红外热像仪	TEL-1000MW	TELOPS（加拿大）
长波红外热像仪	TEL-1000LW	TELOPS（加拿大）
红外热像仪	A655sc	FLIR（美国）
光合-荧光作用测定仪	LI-6400R	LI-COR（美国）
冠层分析仪	LAI-2000/2200	LI-COR（美国）
紫外/可见/近红外分光光度计	LAMBDA950	PE（美国）
微波网络分析仪	N5224A	Agilent（美国）
太阳光模拟器 BRDF 观测架	XES-3001SE-300S	三永电机制作所（日本） 自主研制
太阳分光光度计（偏振）	CE318N-EBSP	CIMEL（法国）
太阳分光光度计	CE318N-EBS9	CIMEL（法国）
野外光谱辐射仪（350～2500nm）	FieldSpec Pro FR	ASD（美国）
便携式光谱辐射计（350～2500nm）	SVC HR-1024	SVC 公司（美国）
野外光谱辐射仪（325～1075nm）	FieldSpec Handheld	ASD（美国）
差分 GPS 系统	T6	上海华测
激光扫描仪	LMS-Z360	Riegl（奥地利）
高空作业车	XHZ5113JGKA	海伦哲（中国）

（二）论文/专著

截至 2012 年 11 月，遥感科学国家重点实验室人员共出版专著 32 部；发表论文 2100 余篇（概略统计），其中 SCI 检索论文 810 余篇。

（三）获　　奖

遥感科学国家重点实验室共获得各种奖项 20 项，其中国家科技进步奖二等奖 5 项，省部级科技进步奖和自然科学奖 12 项，其他奖 3 项。有 7 人次获得个人奖励。

（四）专利与著作权

截至目前，重点实验室人员共获得授权专利 80 余项，获软件著作权 110 余项。

五、队伍建设与人才培养

（一）人员结构及特点

遥感科学国家重点实验室拥有一支以中青年优秀人才为主、团结合作、稳定发展的科研队伍。现有研究人员 96 人（其中研究员 16 人、副研究员 22 人、助理研究员 58 人），管理人员 2 人。在年龄结构上，大于 45 岁 12 人、38～45 岁 18 人、35 岁以下 68 人。有中国科学院院士 4 名，国家特聘专家“千人计划”2 名，国家杰出青年基金获得者 1 人，新世纪百千万人才工程国家级人选 1 人，中国科学院“百人计划”入选者 3 人。

为了加强学科建设，通过项目合作、项目聘用、研究生培养等方式，建成一支包括客座、访问、兼职人员，以及博士后和研究生的流动人员队伍。

遥感科学国家重点实验室根据自身的特点和优势，优化学科布局，凝聚研究力量，通过引进优秀人才，培养中青年骨干，进一步加强优秀研究团队建设。

目前，遥感科学国家重点实验室在遥感辐射传输机理研究—遥感定量反演前沿理论方法研究—遥感与地球系统科学交叉研究—新型遥感前沿技术研究方向上形成了密切协作、和谐互助的研究团队。

（二）人才培养措施

为加强遥感科学国家重点实验室人才队伍的水平和竞争力，遥感科学国家重点实验室针对不同层次的人才制定了相应的培养措施。

1. 高端人才计划

依靠国家实施的各种人才计划，包括“千人计划”、国家杰出青年基金、中国科学院“百人计划”、长江学者计划、国家百千万人才工程计划等，积极引进和培养高端人才，构筑一流的创新团队。

2. 青年人才计划

设立重点实验室青年人才专项科研经费，设立国际合作基金，鼓励青年人进行国际合作和培养国际化（每年资助 5～10 人）。

3. 研究生培养

举办各种研究所暑期讲习班：如“定量遥感”“数据同化”等。重点实验室与大学共同支持“精英班”吸引大学生对遥感科学的兴趣。遥感科学国家重点实验室与大学联合培养研究生。

（三）科研人员与研究生培养

1. 科研人员

遥感科学国家重点实验室成立以来，先后在该实验室工作的科研人员有 120 余人，名单如下。

毕思文、曹春香、陈良富、陈岩、陈正超、程晓、邸凯昌、董庆、杜今阳、杜永明、范湘涛、付薇、高帅、宫鹏、龚建华、顾行发、郭子祺、过志峰、韩春明、胡海棠、黄华兵、黄妮、姬大彬、贾慧聪、贾立、雷霞、雷永荟、李丹丹、李红旮、李静、李丽、李莉、李莘莘、李小文、李小英、李新武、李震、李紫薇、历华、廖静娟、刘斌、刘纯波、刘建英、刘晶、刘强、刘学、刘召芹、柳彩霞、柳钦火、孟庆岩、倪文俭、倪希亮、牛振国、牛铮、欧阳晓莹、彭嫚、乔彦超、秦静欣、任应超、邵芸、施建成、施健、苏林、孙刚、孙国清、谭文彬、唐勇、陶金花、陶明辉、田国良、田野、童庆禧、万文辉、王超、王长林、王长耀、王杰、王昆、王雷、王力、王世新、王天星、王文英、王彦飞、王毅、王子峰、闻建光、吴炳方、邬明权、吴朝阳、吴磊、吴秋华、谢酬、辛晓洲、熊川、徐敏、许允飞、薛勇、杨崇俊、杨乐、杨习荣、杨晓峰、姚汝桢、叶庆华、易雄鹰、于暘、余珊珊、余涛、岳宗玉、占玉林、张风丽、张海龙、张颢、张红、张立福、张生雷、张霞、张莹、张志玉、赵静、赵天杰、赵永超、郑姚闽、仲波、周洁萍、朱红缘、朱再春、邹铭敏。

2. 研究生培养

遥感科学国家重点实验室成立以来，先后培养研究生 383 人，其中已毕业博士研究生 254 人，已毕业硕士研究生 101 人，已出站博士后 27 人。他们中大部分后来都成了遥感行业的骨干研究力量。

3. 外输送的优秀科技人才

清华大学理学院院长宫鹏教授；北京师范大学程晓教授；北京林业大学黄华国副教授，2009 年获北京市科委科技新星计划（A 类）支持；山东科技大学孙林副教授，2009 年被评为山东科技大学优秀青年科技工作者。

4. 本单位的科研骨干

数字地球重点实验室：张兵研究员（杰出青年）、陈方研究员（“百人计划”）。

六、管理与运行

（一）管理机制与规章制度

遥感科学国家重点实验室建设伊始，就奠定了所校强强联合、优势互补的基础。遥感所是综合性遥感应用研究机构，北京师范大学遥感与地理信息系统中心是遥感研究与教学机构，实验室建设实行强强联合，遥感所的专业化拉动了北京师范大学的技术创新，北京师范大学的大学多学科资源为遥感所学科交叉发展提供了营养，遥感科学国家重点实验室的建设充分利用了中国科学院知识创新工程和教育部 985 科技创新平台的支持，推动了两个系统资源的融合，扩大了国际交流渠道，增强了遥感科学国家重点实验室的影响力。遥感科学国家重点实验室每年召开一次学术委员会会议，指导凝练该室研究方向和重大科学计划项目设计，每年召开两次年会，进行学术交流、实行民主决策，每月召开主任工作会议和室务委员会会议商议科研计划、人才引进、行政管理、财务预算等重要问题。遥感科学国家重点实验室制定了 15 项管理规章制度，实现制度化和规范化管理。

（二）合作与交流

遥感科学国家重点实验室本着“开放、流动、竞争、合作”的原则，围绕其主要研究方向，设立开放研究基金，每年向国内外学者发布申请指南，吸收国内外访问学者到实验室开展合作研究。实验室一直重视和国内外的合作研究，通过参与国际科研合作计划、与国内外知名大学和研究机构合作、主办或承办高水平国际国内会议、在国内外学术期刊或机构任职、举办高水平系列学术讲座、人员互访等，加强与国内外学术界的联系，提高我国遥感基础研究和应用基础研究的国际学术地位。

遥感科学国家重点实验室与多个国际机构有良好的互信合作基础，根据该室科研工作需要，提出合作内容和议程，主导合作的方向和进程，与美国波士顿大学、马里兰大学、NASA、加州大学、加拿大国家遥感中心、欧盟联合研究中心、英国旦丁大学、法国农业科学研究院、马赛大学、荷兰瓦格宁根大学和国际地理信息科学与地球观测学院等的合作交流都属于这一类。

遥感科学国家重点实验室设立“高级系列学术讲座”，邀请包括爱因斯坦讲席教授、中国科学院外籍院士、美国科学院和工程院院士 Robert E. Dickinson，美国科学院院士、美国加州大学圣巴巴拉分校 Michael

F. Goodchild 教授，“国际遥感”杂志主编 Arthur P. Cracknell 等国际知名学者 178 人次来遥感科学国家重点实验室讲学。

（三）运 行 模 式

遥感科学国家重点实验室实行以学术委员会和咨询委员会为指导的主任负责制，日常管理采用遥感科学国家重点实验室主任主管、室务委员会协助并监督的管理模式，对实验室科研项目、人才引进、设备购置等重大事宜进行商讨和决策，切实有效地发挥民主。一般每月召开一次室务会会议，商讨实验室发展事宜，征求对主任决策的意见等。设办公室和学术秘书岗位，协助主任做好实验室管理工作。设专职仪器设备管理人员，全方位为科研工作提供支撑。

第四章　遥感卫星应用国家工程实验室

一、概　　述

（一）成 立 背 景

卫星应用产业是高技术产业的重要组成部分，是国家信息化建设的支柱产业之一，直接关系到国民经济建设、社会发展和国家安全。遥感卫星产业化着力建立业务化、天地一体化的自主遥感卫星应用和服务体系的产业发展目标，加速推进遥感卫星应用由试验应用型向业务服务型转变，围绕促进我国遥感卫星数据的开发利用和开放共享，加强卫星遥感数据在重要行业和地区发展中的应用，全面提升我国遥感卫星数据的自主保障能力，拓展卫星遥感应用服务链。

为提高遥感产业自主创新能力和核心竞争力，强化对国家重大战略任务、重点工程的技术支撑和保障，2008 年 11 月国家发展和改革委员会正式立项批复（发改办高技[2008]2635 号）遥感卫星应用国家工程实验室（National Engineering Laboratory for Satellite Remote Sensing Applications，NELRS）依托遥感所建设，是目前我国遥感领域唯一的国家工程实验室。

（二）建立的必要性

经过 30 多年的发展，我国已初步形成了规模化的遥感对地观测体系，但尚未形成基于自主数据源的、较完整的遥感卫星应用体系，具体体现在以下几个方面。

1. 顶层设计与规划论证不够、标准化建设不足

我国遥感卫星应用产业从发展规模、技术水平、商业模式等方面与世界发达国家相比尚存在差距，主要源于科学论证与顶层设计不足、尚未制定针对遥感卫星应用产业的战略规划和政策法规、数据共享机制不够健全、缺乏统一标准与规范，导致空间基础设施重复建设、内部资源浪费、数据共享程度低、整体效能发挥不足。

2. 高分辨率数据基本依靠国外，自主卫星数据“用得少”

我国自主遥感卫星数据的使用率低，过度依赖国外遥感卫星数据源，是国际商业遥感卫星数据最大的使用国。国外数据与服务价格昂贵、数据获取与提供无自主权、时效性差，且存在安全隐患，对业务化系统的稳定运行不利。现阶段我国对地观测系统还不能为政府重大问题的决策提供强有力的支持，尚停留在以观测和监测为主的初级阶段，预测与预警能力薄弱，快速应急反应能力差。大量遥感空间信息分散在不能共享的部门，形成“空间信息孤岛”，无法满足各级政府与行业的综合应用需求。

3. 数据到信息的转化不够，存在“用不好”现象

现有自主遥感卫星数据定标精度不够、数据质量和稳定性有待提高，对于很多用户而言，要获取适用、稳定的自主遥感数据存在一定的困难；还有许多用户虽然对遥感信息拥有多种需求，但由于应用能力不足、数据到信息转化困难，导致望而却步。

4. 应用推广支撑体系不完善，存在“不了解”现象

遥感卫星数据处理与信息产品加工国产软件占有率低，平台和工具软件支持力度和兼容性不够，理论建模、试验验证与检校测试能力亟待提高。应用示范、技术推广和教育、科普工作有待广泛深入的开展，尚需加大对遥感卫星信息资源可创造巨大价值的有效宣传，对专业遥感应用与服务工程队伍开展系统性、科学性的培养，形成人才培养的良性循环，才能消除大众对遥感数据资源了解不够的现象，逐步培育市场和扩大产业规模。

5. 应用链条不健全，国际市场竞争压力增大

遥感卫星应用产业技术基础薄弱，科研与产业之间存在较大鸿沟，用户获取和使用遥感信息成本过高。较高分辨率军用卫星遥感数据尚未建立开放机制，不能及时发挥应有作用。此外，全球对地观测体系优化和交换体制加速形成，遥感卫星应用国际市场竞争压力日益增大。

我国各领域对遥感数据的应用需求非常迫切，国家重大战略任务和重点工程、行业和区域用户、社会信息化建设和国防现代化建设急需建立以卫星遥感为主要数据源的空间信息保障体系；“高分辨率对地观测重大科技专项”“卫星遥感应用高技术产业化专项”已经启动，国家重大投入需要通过产业的良性发展获得市场回报；迫切需要打通产业链的关键技术、核心装备及试验验证手段支撑，以降低遥感卫星数据应用的门槛，全面提升我国遥感卫星数据的自主保障和市场化服务能力。

因此，建立遥感卫星应用国家工程实验室是实现我国遥感卫星应用产业发展目标的战略部署和重要举措，其十分必要且具有重要意义。

（三）机 构 概 述

为提高遥感产业自主创新能力和核心竞争力，强化对国家重大战略任务、重点工程的技术支撑和保障，2008 年 11 月国家发展和改革委员会正式立项批复（发改办高技[2008]2635 号）建立遥感卫星应用国家工程实验室。它的建设以遥感所为依托单位，联合中国科学院对地观测与数字地球科学中心、北京二十一世纪空间技术应用股份有限公司共同组建。遥感卫星应用国家工程实验室依托遥感所的科技资源，联合产学研优势力量，实行开放共享的运行机制，建立天地一体化供给保障机制。

遥感卫星应用国家工程实验室由理事会、技术委员会、总工程师办公室和研究开发实体组成，实验室的运行和管理实行理事会领导下的实验室主任负责制。

二、战略定位、发展方向、机构特色

（一）战 略 定 位

在我国遥感技术发展与应用产业链中，面向国家重大战略需求，围绕我国遥感卫星应用业务化、产业化的重要需求，以提高自主创新能力和市场竞争力为宗旨，以持续为产业技术进步提供完整的技术支撑为目标，开展遥感卫星数据接收，处理、应用到信息服务整体链条中相关共性、关键技术研究，研发核心技术装备、数据与信息产品，拓展信息加工和增值服务能力，形成完整的遥感卫星产业应用技术创新系统和支撑体系。开发、建立和推进：

（1）面向产业发展的科技创新平台；

（2）技术标准与试验验证平台；

（3）信息集成与共享服务平台；

（4）科研成果工程化转化平台；

（5）大规模应用推广和成果转化；

（6）促进遥感卫星应用产业链的形成、综合协调发展。

（二）发 展 方 向

根据遥感卫星应用国家工程实验室的建设目标、任务和定位，围绕促进遥感卫星应用产业链的形成和有序、协调发展，推动自主遥感卫星数据的应用，结合遥感科学与应用技术发展趋势，利用遥感所及联合单位的工作基础，遥感卫星应用国家工程实验室的发展方向和主要内容如下。

1. 遥感卫星应用技术标准与规范

①遥感卫星数据组织规则与交换机制；②自主遥感卫星数据产品与服务标准；③遥感卫星产品生产工艺流程与质量控制方法；④遥感模型算法集成与应用优化技术。

2. 自主遥感卫星数据接收处理技术

①自主遥感卫星应用效能规划与在轨测试评估技术；②卫星地面站网远程监控与管理技术；③遥感卫星数据接收与处理系统软硬件装备；④遥感卫星数据共享与传输技术。

3. 遥感卫星数据业务化应用技术

①遥感卫星数据定量化应用分析与可视化表达技术；②遥感卫星数据与业务化应用模型数值同化技术；③遥感卫星业务化应用系统共性技术及基础信息平台；④遥感卫星数据增值信息产品设计加工与服务技术；⑤遥感卫星数据业务化应用接口技术。

4. 遥感卫星应用试验验证技术

①新型星载遥感器天空地同步校飞技术方法；②遥感卫星系统定标与数据真实性检验实用技术；③遥感卫星应用标准测试样本数据采集技术；④自主遥感卫星陆、海、气定标场和综合试验场建设技术规范；⑤遥感卫星仿真平台与应用系统仿真测试技术。

（三）机 构 特 色

遥感卫星应用国家工程实验室面向我国遥感卫星应用业务的具体需求，坚持“以产业化为导向、以工程化为核心、体系化为基础、标准化为途径”的工作思路，深入攻关遥感卫星应用共性关键技术，进一步系统地完善遥感卫星应用的技术方法标准规范体系，研发遥感卫星数据应用系统，开发遥感卫星数据及信息产品，建设遥感卫星应用工程实践与产业创新基地，为我国遥感卫星应用产业提供坚实的技术支撑与工程技术力量。

三、机 构 组 成

（一）机 构 介 绍

遥感卫星应用国家工程实验室由理事会、技术委员会、总工程师办公室和研究开发实体组成，如下图所示。

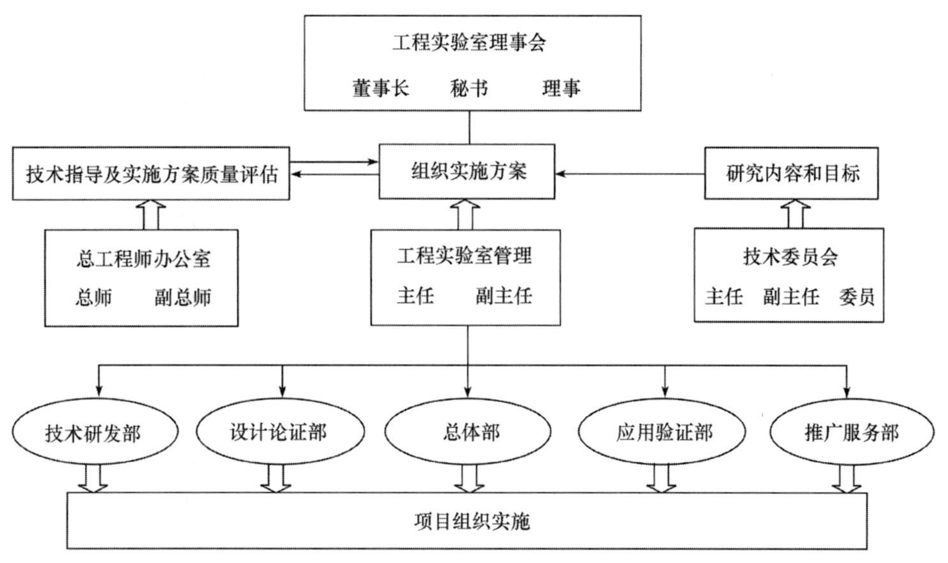

（二）理事会：理事长、副理事、常务理事

第一届遥感卫星应用国家工程实验室理事会组成：理事长丁仲礼；执行副理事长郭华东；副理事长王晋年、吴双；常务理事童庆禧、薛永祺、曾澜。

（三）历届领导：主任、副主任、总工程师

第一届（2009 年）实验室主任：顾行发；常务副主任：王晋年；副主任：刘定生、王智勇；总工程师：曾澜。

（四）学术委员会/工程技术委员会（主任、副主任、委员）

技术委员会主任	童庆禧
技术委员会副主任	郭华东，曾澜
技术委员会委员	薛永祺、顾行发、王桥、李志忠、李加洪、方洪宾、范一大、蒋兴伟、杨军、唐新明、邬伦、任伏虎、周成虎、李增元、吴双、田玉龙、龚健雅、李紫薇、刘建波

（五）行政与业务秘书

行政、业务秘书：陶醉、吕婷婷。

四、科研任务、项目与成果

（一）科研任务与项目成果

1. 重点装备与技术系统研发

按照遥感卫星应用产业发展对重点装备的需求，研发了遥感数据接收设备、数据处理软件、信息产品加工软件、基础处理与分析平台及工具软件，形成对自主遥感卫星及多源卫星遥感应用的全流程核心

技术支撑。

1）遥感卫星地面接收处理设备研制

针对远程设备管理、自动化业务管理，以及信号监测手段等技术需求，实现了遥感卫星数据接收系统一体化结构设计。该系统具有接收系统无人值守，信号落地后原始数据同步输出，以及信号与状态远程监测的功能。

研制的通用遥感卫星数据记录系统具备最高 900Mbps（双通道）实时记录各类遥感卫星原始数据、实时网络传输、本控和远控工作模式、远程监控与无人值守自动记录、记录数据实时回放等功能。

研制的 THHDR-B 600Mbps 新一代全数字调制解调器是集解调、帧同步、译码及仿真测试与信号分析为一体的多功能通用高速遥感数据接收设备，具备对目前及在研的国内所有型号卫星信号的解调译码能力。

研制的卫星接收站网远程监控系统能实现与遥感卫星数据接收分系统、卫星接收数据通用记录分系统、辅助站控分系统之间建立信息的接口与交换渠道，协调、落实多颗国内外卫星数据接收与验证需求。

2）自主遥感卫星数据产品处理系统研发

自主遥感卫星数据产品处理系统既是卫星遥感原始数据的归宿，又是应用系统卫星遥感数据的来源，其为遥感卫星信息产品加工系统与遥感卫星应用基础处理和分析系统提供基础数据支撑。研发的开放式遥感卫星数据预处理通用平台具备对各类遥感卫星获取的遥感图像进行标准化规模化处理、生产初级数据产品的能力。

3）遥感卫星信息产品加工系统开发

以自主遥感数据源为主，以国外卫星数据源和其他空间信息源为辅，通过研究解决遥感数据加工中间环节中的共性问题，开发了能够进行基础及高级信息产品与部分专题产品生产的遥感卫星信息产品加工系统。该系统具有陆地、海洋、大气基本地球物理参数自动反演计算功能；具有不同时间序列、不同空间尺度的陆地、海洋、大气遥感格网产品加工功能；同时，具有面向国土、农业、林业、环境、地质、灾害、海洋、气象、交通、城市等行业应用专题信息提取功能；具有多源数据融合产品、空间位置服务、公众服务和复合应用等增值信息产品拓展加工能力。

4）建立遥感卫星应用基础处理与分析平台

遥感卫星应用基础处理与分析平台由多源数据配准与融合处理、数据同化处理、数据综合应用分析服务等系统组成，具有对主要自主卫星遥感数据、国外卫星数据源、各种观测数据，以及其他空间信息源的特性进行分析，对多维信息的综合处理与分析算法和模型进行集成，生成遥感卫星综合分析产品的能力。

5）其他重大装备研制

（1）月球车遥操作移动实验平台。突破月球软着陆、月面巡视勘察、月面生存等关键技术，构建了月球车遥操作移动实验平台，用于进行月球车遥操作实验研究。

（2）多模态数字相机。开发包含高分辨率、宽（多）视场、多（高）光谱、立体观测等多种成像模态的数字相机，可根据应用需求选择性地获取具有多种几何特性、覆盖宽度和多种光谱分辨率及波段组合的数字图像。

（3）地物光谱辐射计。自主研制的地面成像光谱辐射测量系统（FISS）能同步实现高分辨率成像，实现高光谱和高空间分辨率数据的完全融合，这不仅是在科学理论上的重要创新，也能推动我国实用型地面成像光谱产品的快速发展。

（4）新型海洋微波遥感器。自主研制的 GNSS-R 海洋微波遥感一体化机具有 GPS、北斗二代导航卫星直射和海面回波信号同步接收、多普勒时延相关功率信号实时处理、海洋环境多要素反演、全流程仿真分析功能。

2. 试验验证平台建设

根据遥感卫星应用产业对试验验证平台的需求，建设了卫星数据接收处理验证平台、信息产品验证平台、业务化应用效能验证平台、遥感综合应用真实性检验平台，为自主遥感卫星应用模型算法与处理流程验证、数据处理能力、数据精度测试、科学数据与业务化数据互校、定标与真实性检验、应用效能评估提供试验验证手段。

1）自主遥感卫星数据接收处理试验验证平台开发

依托于遥感卫星数据接收一体化系统等重点装备与技术研发成果，建立了多卫星遥感数据接收工艺流程、质量控制体系，开发了由星地对接试验验证、数据接收误码测试、数据产品质量测试分系统组成的数据接收处理实验验证系统。

2）信息产品试验验证平台建设

建立信息产品加工模型算法、处理流程、质量控制体系和信息产品质量测试样本数据库，形成对地球物理参数产品、专题信息产品、时序-格网产品，以及增值服务产品质量验证评估的能力。

3）建立遥感产品业务化应用服务验证平台

通过建设遥感卫星应用效能试验验证环境，建立了业务化作业规范、质量控制体系、应用效能评估指标集，完成了任务规划、数据准备、评估分析、评估审核、快速制图等子系统，形成了对环境、农业、国土、海洋、灾害、气象、公众服务等应用效能验证的能力。

4）遥感综合应用真实性检验平台建设

利用敦煌和青海湖定标场、怀来综合试验场等多个试验场进行典型地物光谱测量、地表辐亮度测量、大气参数长期测量和高精度控制测量，建立综合试验场数据库，用于遥感卫星数据产品辐射校正、几何精度校验和数据信息产品质量验证。开发陆-海-气遥感卫星定标与真实性检验系统，形成对高空间、高光谱遥感器定标和陆地、海洋、气象遥感数据信息产品真实性检验的能力。

3. 自主遥感卫星数据标准研制

完成了遥感卫星应用标准化体系研究、遥感卫星数据产品与服务技术标准研制、验证测试方法研究与测试软件开发，建立了支持标准研制、宣贯、实施的技术支撑框架。其中研制的标准研究稿共 12 项，包括：①影像信息标准的参考模型；②遥感卫星数据模型和要素编目规范；③遥感卫星数据的元数据；④遥感卫星数据标准（0 级）；⑤遥感卫星初级数据产品标准（1～2 级）；⑥遥感卫星高级数据产品标准（3～6 级）；⑦遥感卫星专题增值数据产品标准（12 个）；⑧自主遥感卫星数据实用产品标准；⑨遥感卫星原始数据记录与交换格式接口；⑩遥感卫星数据格式和格式转换；⑪遥感卫星数据交换接口协议与服务模式；⑫遥感卫星数据产品分类分级规则。

（二）论　　著

出版著作 2 部，发表学术论文 400 余篇，其中 CSCD 检索论文 256 篇，SCI 检索论文 95 篇。

（三）获　　奖

获得各种奖励 13 项，其中国家科技进步奖二等奖 2 项，部委级科技奖一、二等奖 8 项，其他奖 3 项。

（四）专利与著作权

目前，共获得授权专利 39 项，获软件著作权 71 项。

（五）成果转让与应用

1. 推动卫星应用产业化专项立项与实施

针对制约遥感应用产业发展的瓶颈，遥感卫星应用国家工程实验室致力于展开遥感信息与工程化关键技术研究，制定标准，引领行业和区域遥感应用发展。该实验室自成立以来，积极参与卫星应用产业化专项论证与项目立项，有力支撑了产业化专项设立及相关项目规定与评估，组织卫星应用产业化专项成果交流与集成，推动了国家发展和改革委员会支持的卫星应用产业化专项实施。

2. 支撑高分重大专项立项实施，推动高分应用技术中心建设

以遥感卫星应用国家工程实验室为主体，作为高分专项应用分系统的组长单位，其参与了高分辨率对地观测系统国家科技重大专项应用分系统实施方案论证，召开涉及 19 个行业的 300 余次研讨会，论证持续时间近 2 年，评估通过经费 29.7 亿元，其中条件保障 1.5 亿元，用于建设高分应用技术中心，2010 年正式启动应用系统建设。先后完成应用系统总体设计、信息产品生产线、综合数据库、信息集成与实验验证、应急监测与示范等关键技术系统的研发工作，取得了一批重大的技术工程化成果。

3. 支撑国家空间基础设施和灾害空间信息基础设施发展论证

推进国家自然灾害空间基础设施（623 专项）工程论证，遥感卫星应用国家工程实验室核心团队承担总体组工作，协助论证总师系统，召开多次研讨会，组织编写上报中央领导汇报材料，呈报材料得到当时在任的胡锦涛、温家宝、张德江、刘延东等国家领导人的重要批示；论证专家组完成了专项论证报告和项目建议书（11 份主文件+15 份附件）共计 285 万字，2012 年 12 月由中国国际工程咨询公司组织完成工程评估。

在《国家民用空间基础设施建设中长期发展规划》中，充分发挥实验室科研骨干在系统论证和应用分析等方面的技术优势，组织完成《遥感空间基础设施战略研究报告》和《卫星遥感需求分析报告》。

4. 支撑重大灾害应急响应

面对青海玉树、雅安地震，甘肃岷县、漳县地震，云南旱灾，北京“7·21”暴雨灾害，泰国水灾，日本强震海啸等国内外重大自然灾害，利用国内外卫星、航空高分辨率遥感数据，第一时间向国际组织和政府部门及时提供了灾区遥感影像和信息解译等空间信息支撑，得到国务院、国家减灾委员会、亚太空间合作组织、北京市防汛抗旱指挥部等单位的高度赞扬和感谢。

5. 支持小卫星星座产业化设计到商业化设计的转变

参与国产高分辨率商业遥感小卫星系统（CCRSS）项目的设计，形成全球首个高空间、高光谱分辨率商业卫星遥感综合服务系统。

延续北京一号小卫星成功的创新体制和机制，在技术研发、国际合作和商业模式上积极创新，充分利用已成功建立的国际合作渠道，提出建设遥感小卫星星座系统，进一步开展空间对地观测领域科技与商业合作。

6. 支撑建设广州遥感云服务平台

支撑建设广州遥感云服务平台，设计研究了具有动态汇聚遥感数据、信息产品、模型工具、波谱库等定量遥感应用资源能力的综合服务平台的关键技术，构建定量遥感按需服务原型系统，实现定量遥感产品按需在线定制生产门户服务，为大区域定量遥感应用服务奠定技术基础。

7. 支撑航天自由飞行体数据处理业务

基于遥感卫星数据处理技术研究与系统开发平台，快速研制出“天宫一号”多传感器遥感数据预处理系统，实现了“天宫一号”上多光谱、高光谱数据的快速处理与标准化产品生产，支撑航天自由飞行体数据处理业务。

8. 支持和推进北京市国办业务化信息服务

通过利用北京一号小卫星中高分辨率数据，连续多年为国务院办公厅提供“全国沙漠化土地动态监测”和“北京及周边地区地表水资源监测”等遥感信息服务，深入开展了结合政府管理业务的遥感应用技术研究，为政府相关部门提供了及时、客观的遥感影像信息和业务应用服务。

9. 支持行业业务化服务

实现利用光谱技术对地球陆地表面的地质填图和矿物蚀变信息的遥感探测、岩心光谱探测，建立地壳光谱数据库集，满足利用光谱探测技术对地壳 1km 范围内矿物的识别和探矿需求。

提升业务化生产环境卫星遥感专题产品和应用产品的能力，全面支撑全国生态环境质量状况、国家级自然保护区等 11 类遥感监测与评价业务。

研制的海表温度遥感监测系统、海洋风场遥感监测系统、海面水色遥感监测系统已提交国家海洋环境监测中心开展业务化运行；开发的海洋遥感数据可视化与统计分析系统和中国近海长时序高分辨率海洋环境遥感数据库为军地用户提升了遥感数据的应用能力。

五、队伍建设与人才培养

（一）人员结构及特点

遥感卫星应用国家工程实验室广泛吸纳国内外优秀人才，培养遥感卫星应用领域学术带头人，聘请国内外相关领域的尖端人才 2 人为学术顾问，引进科学院“百人计划”入选者 1 人，从国内外著名学术机构聘请知名学者 2 人作客座研究员。遥感卫星应用国家工程实验室的科研团队核心人员达到 103 人，其中研究员 27 人、副研究员 26 人、助理研究员 41 人，形成了结构合理的科研人才队伍。

（二）科研人员与研究生培养

百人计划入选者	李正强
客座研究员	赵冬至、任伏虎
研究员/教授级工程师	顾行发、王晋年、余涛、田国良、唐娉、邵芸、李紫薇、张立福、邸凯昌、骆剑成、孟庆岩、杨崇俊、张增祥、乔彦友、杨仁忠、王万玉、章文毅、刘定生、李国庆、王力哲、王智勇、张霞
副研究员/高级工程师	刘士彬、杨进、戴芹、陈甫、蒙继华、张风丽、谢酬、周翔、李津平、张新、牛振国、方俊永、汪承义、王建、文强、何建军、马瑞敏、丁媛、汪爱华、周月敏、胡新礼、谢勇、丁琳、张利民、杨晓峰
助理研究员/工程师	张延涛、赵冬、王潇、明涛、黄青青、陶醉、吕婷婷、马艳、刘鹏、赵灵军、张静、李信鹏、段建波、梁龙斌、韦宏卫、林波涛、石璐、陈勃、李彤、严明、冉琼、孙培红、李丽、周会珍、范楠楠、于秀秀、周杨、钟剑飞、芦雪、周睿智、曾庆伟、姬伟、张红艳、于暘、杨邦会、李儒、田维、高海亮、李家国、魏香琴、刘苗

（三）人才培养措施

遥感卫星应用国家工程实验室高度重视人才引进和培养，吸纳国内外遥感领域高端人才，建设多层次、创新型遥感人才队伍，定期开展科研人员交流活动，拓展与提高科研人员遥感卫星应用领域的工作思路与研发能力。

六、管理与运行

（一）管理机制与规章制度

遥感卫星应用国家工程实验室在运行过程中制订 9 项管理制度与 1 项暂行规定，遥感卫星应用国家对工程实验室安全保卫、保密管理、车辆管理、档案管理、考勤与出差、客座研究人员管理、公共设备管理、网络管理、仪器设备使用和管理制度进行了详细规定，保障了该实验室的正常运行。

（二）合作与交流

1. 碳观测小卫星星座合作

与德国 OHB System-AG 公司签署了《碳观测小卫星星座合作谅解备忘录》，以共同推进建设先进的碳观测小卫星星座为契机，在小卫星平台、载荷研制、数据产品与服务和全球变化应用等方面开展各种合作和提供解决方案，推动全球变化、生态环境等全球性重大问题的研究。

2. 与泰国科技部地理信息与空间技术发展局（GISTDA）建立合作关系

与泰国科技部 GISTDA 签订了合作备忘录，在农业估产和灾害预警方面建立了合作关系。

3. 中澳遥感定标与真实性检验联合实验

2011 年 10 月，与澳大利亚联邦科学与工业研究组织（CSIRO）大气及海洋研究所气溶胶及遥感项目组在原有合作的基础上签署新的合作协议，并开展以下合作研究：①澳大利亚开展场地选择与评价；②开展卫星的数据质量评价及传感器长期稳定性检测；③开展产品的反演算法研究。

4. 中德天–地–空一体化气溶胶综合遥感实验

联合了德国莱比锡大学（Leipzig Univ.）、法国里尔大学（Lille Univ.）、德国莱布尼茨对流层研究所（IFT）、中国科学院安徽光学与机械研究所、福建师范大学等合作单位，在广东中山市开展了以多角度航空遥感为主的天–空–地一体化的综合遥感实验。

（三）运 行 模 式

遥感卫星应用国家工程实验室的运行和管理实行理事会领导下的实验室主任负责制。

1. 实验室理事会

遥感卫星应用国家工程实验室理事会主要负责聘任实验室主任和副主任、确定遥感卫星应用国家工程实验室发展方向和重要研究领域、审议和批准财务预决算等重大事宜的决策。

2. 技术委员会

遥感卫星应用国家工程实验室技术委员会由知名遥感科学与工程技术专家组成，每届任期三年，主要负责遥感卫星应用国家工程实验室的发展目标、任务和研究方向等方面的咨询。

3. 实验室主任、副主任

遥感卫星应用国家工程实验室主任和副主任由依托单位推荐、理事会聘任，报主管部门核准，每届任期三年，主要负责主持实验室的日常工作、提出年度工作计划、聘任实验室工作人员和组织实施建设任务。

4. 实验室总工程师、副总工程师

遥感卫星应用国家工程实验室总工程师和副总工程师由依托单位推荐、实验室主任聘任，每届任期三年，主要负责实验室技术发展指导、遥感应用工程技术标准和规范规程的制定、技术项目的指导、工程质量管理及监督。

5. 实验室业务机构

遥感卫星应用国家工程实验室下设总体部、设计论证部、研发部、应用工程部和试验验证部。

总体部：根据遥感卫星应用国家工程实验室发展规划，利用依托单位的协调组织与技术管理资源，组织实施遥感卫星应用国家工程实验室各项建设任务，为遥感卫星应用国家工程实验室提供技术支撑、人力资源、财务、行政保障和项目、设备管理。

设计论证部：负责技术标准研制、天地一体化论证、开放式网络工作平台运行、技术培训。

研发部：负责遥感卫星应用关键技术攻关、核心软件研发、应用系统集成、科研成果工程化转换。

应用工程部：负责遥感数据与模型算法集成、数据处理与信息产品加工、遥感工程与应用示范，以及数据收发与信息服务网络运行。

试验验证部：负责遥感应用试验场、综合数据库建设与维护，试验验证技术系统建立，遥感卫星应用试验验证项目实施。

第五章　国家航天局航天遥感论证中心

一、概　　述

（一）成 立 背 景

跨入21世纪，我国社会经济发展面临人口、资源环境的巨大压力，应用先进的航天遥感技术服务国家可持续发展战略日益受到国家众多部门和地方的广泛重视。2000年12月29日国务院发布了《中国航天》白皮书，系统、全面地阐述了中国政府发展航天事业的宗旨和基本原则。国防科工委针对航天遥感技术高投入、高风险性和应用领域广的特点，决定依靠国家科学研究力量与资源对我国发展系列卫星进行充分的科学论证，促进我国航天发展战略和规划决策的科学性。

2001年3月国家航天局领导栾恩杰、孙来燕、郭宝柱等一行专程到遥感所考察，对该所基础设施、研究能力和技术能力给予了高度评价，提出发挥遥感所的力量与资源优势，在该所建立国家航天局航天遥感论证中心，在场的中国科学院时任院长路甬祥、副院长江绵恒、副院长陈竺都表示大力支持。

经过中国科学院和国家航天局领导的多次磋商，决定在遥感所成立国家航天局航天遥感论证中心（Center for Spaceborne Remote Sensing Demonstration，China National Space Administration）（简称论证中心）。原国防科工委于2003年9月29日正式下文批准成立，论证中心于2004年1月13日挂牌。

（二）建立的必要性

经过几十年不断积累，我国民用航天遥感逐步从科学试验型向业务服务型转变。21世纪初，进入快速转型阶段，大量新的需求、新的情况不断涌现，系统性论证研究逐步成为一个足够大且重要的业务，论证中心应运而生。

1. 开展适应我国民用航天遥感迅猛发展的战略性研究正逢其时

卫星遥感技术逐步在气象预报、海洋预报、国土资源、地质找矿、环境保护、灾害监测、城市规划和地图测绘等领域得到应用，并且应用广度与深度不断拓展。我国民用航天遥感发展如何适应这种新挑战，顶层设计、合理规划，通过天地一体化的系统性、体系化的自主创新发展，为国家社会经济发展提供多方面支撑服务，已成为战略需求。这为航天发展带来了不竭动力。

2. 开展服务我国自主卫星应用的基础性、前瞻性研究迫在眉睫

为了更有效地适应我国日益广泛的应用需求，我国卫星遥感技术正逐步摆脱对国外的依赖，进入自主发展阶段，占领国内市场并快速走向国际市场。科学建立遥感卫星探测指标与遥感应用的需求关系，制定卫星遥感技术不断成熟发展路线图，定量评价卫星应用效能，有效引导卫星载荷研制与应用等已成为大规模、广泛应用中急需解决的问题。随着遥感数据源的不断丰富，如何确保“好用”“用好”自主卫星遥感数据，并用国产数据逐步替代国外数据迫在眉睫。通过开展基础性、前瞻性研究，夯实技术积累，并及时转化到为我国各领域应用提供有效服务，是确保我国民用航天可持续发展的关键。

3. 建立自主、系统、高效的论证技术支撑体系不可或缺

我国尚未形成与自主卫星遥感应用相适应的技术论证体系及相应的基础设施条件，总体设计、研发、试验验证、标准规范等方面的技术手段存在不足。现实发展情况迫切需要基于自主遥感数据应用的论证技术系统的支撑。建立完整、高效的遥感技术应用论证体系，为各领域应用研究提供技术支撑和服务是适应我国民用航天体系化建设所必需补齐的一个内容。

鉴于此，我国航天遥感迫切需要加强针对应用卫星与卫星应用结合的航天遥感论证工作，以便定量地对在轨卫星、在研卫星、规划中的遥感卫星发展进行技术分析与评价。通过系统分析与评价我国不同行业、不同层面遥感综合应用技术及基础技术发展条件，合理建立载荷设计与遥感应用的需求关系，满足我国不同行业、不同层面遥感应用的需求。将国家战略与市场应用相结合，客观全面地评价我国航天遥感资源和应用发展现状，综合分析我国航天遥感需求，提出我国未来有效载荷指标和载荷发展建议，为我国民用航天遥感应用发展战略的建立提供技术支撑，对未来我国航天遥感的发展提出科学评价和建议十分重要。建立面向应用需求和我国民用航天技术发展的航天遥感科学论证机构势在必行、正当其时。

（三）机 构 概 述

按照一个单位、两块牌子的思路，论证中心业务领导为原国防科工委，依托单位是遥感所。论证中心的主要任务是根据我国民用航天发展的思路，面向国民经济发展需求和国际航天有关科学与技术发展方向，针对我国遥感系列卫星及其应用，开展一些基础性、前瞻性、战略性研究工作，为原国防科工委在民用航天领域的管理、决策提供科学依据和建议。

二、战略定位、发展方向、机构特色

（一）战 略 定 位

根据国家航天局指示，论证中心定位在国家层面，结合国内外遥感科学发展趋势和技术前沿，以国家卫星遥感应用需求为动力，为发展中国的航天遥感事业开展基础性、前瞻性、战略性研究工作，为原国防科工委在民用航天领域的管理、决策提供科学和技术支撑。具体包括：

面向国民经济发展需求和国际航天有关科学与技术发展方向，针对我国遥感系列卫星及其应用，开展航天遥感政策、规范、国内外发展趋势研究，为我国民用航天遥感科学合理的规划提供业务支撑，为相关政策的出台提供科学依据；

以需求为牵引，同有关部门联合进行卫星遥感观测系统的科学论证、新型航天遥感观测系统的地面和航空模拟试验、卫星遥感应用共性关键技术研发，为我国航天遥感对地观测系统发展提供技术支撑；

为我国航天遥感发展决策提供大专家库、知识库和数据库，为科学论证提供技术手段，逐步形成科学论证基础条件与设施；

为我国各部门之间、国际交流提供大平台，使我国卫星遥感成果满足不同行业的应用需要，并逐步走入国际市场。

（二）发 展 方 向

充分体现我国民用航天科学实验向业务服务转型期间的阶段特点，按照科学论证体系建设条件的客观要求，即低起点、高目标、抓住机遇、创新发展、快速发展要求，该中心确立了第一个十年的发展方向：

（1）航天遥感论证体系建立和标准规范制定；

（2）中国航天遥感系列卫星发展战略规划的科学论证；

（3）在轨遥感系列卫星的运行评估；

（4）航天遥感观测系统研发的科学论证；

（5）应用系统建设科学论证；

（6）航天遥感应用共性关键技术研发；

（7）航天遥感典型应用示范；

（8）论证业务常态化，由日常论证向以科学实验为基础，向仿真、定标与真实性检验系统为工具的科学论证方向转化；

（9）形成系统的遥感科学论证技术、方法及理论体系，促进由遥感论证向认证的转变。

（三）机 构 特 色

论证中心按“小核心、大网络”的方式，紧密围绕自主卫星发展与应用升级推广两个主题，立足遥感行业，支撑行业遥感，根据国家航天局制定的任务，广泛联系中国航天科技集团五院、八院、资源卫星中心；中国科学院空间中心、电子学研究所、上海技术物理研究所、上海光学精密机械研究所、安徽光学精密机械与物理研究所、长春光学精密机械与物理研究所、遥感卫星地面站；总参谋部、民政部、环保部、农业部、国土资源部（现自然资源部）、水利部、交通部、林业局、气象局、海洋局、测绘局、地震局等专业遥感单位，以及多家大专院校。通过广泛团结国内相关优势团队，对国家系列卫星发展计划、卫星有效载荷、仪器参数开展预研提出系统咨询。科学论证、基础实验、发展技术和应用示范紧密结合，促进国家卫星计划的科学性、先进性、系统性和稳定性，推动我国航天对地观测体系发展各阶段的有机连接和自主应用卫星与卫星应用的有效对接。

三、机 构 组 成

（一）机 构 介 绍

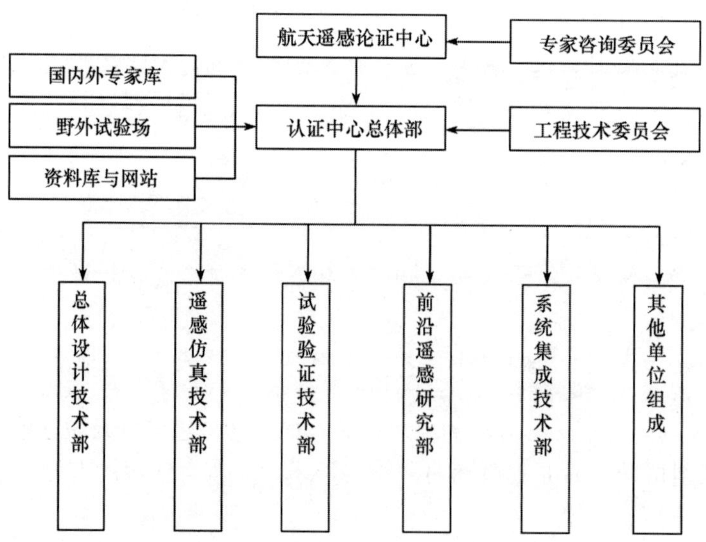

（二）历 届 领 导

第一届（2004～2006 年），主任李小文，执行主任吴美蓉，常务副主任顾行发。

第二届（2007 年至今），主任顾行发，执行主任吴美蓉，常务副主任余涛。

（三）科学技术委员会

主任：薛永祺。

副主任委员：童庆禧、吴美蓉、李小文、田国良、顾行发、李国平、马骏。

（四）行政与业务秘书

行政、业务秘书：余琦、余涛（兼）。

四、科研工作与成果

（一）航天遥感科学论证体系学科建设

航天遥感论证的体系化研究有赖于航天遥感论证学科的发展，论证中心以此为着力点，在充分认识的基础上，采用知行合一、先行后知的办法，系统性地开展了理论、方法、技术、系统与实践研究，相互启发与促进，整体协调发展。在第一个十年发展方向的指导下从不同层级系统地开展了研究与建设工作，见下表。

层级	研究与建设工作内容
认识论	面向应用航天遥感科学认证的概念、内涵与外延
理论	航天遥感信息论、航天遥感数据工程理论
方法论	航天遥感卫星星群建设分析方法、地面应用系统分析方法、航天遥感应用技术成熟度评价方法、航天遥感质量评价方法
技术	需求分析技术、基础能力分析技术、科研工程组织管理技术
技术系统与设施	仿真分析系统、试验验证系统
实践	航天遥感系统论证、自主卫星应用推广

1. 对面向应用的航天遥感科学认证概念的认知

航天遥感的本质可以认为是扎根在人类对自然界和客观事物认识上，通过开展应用实践，形成知识与技术上的不断积累。在进一步提升对自然界和客观事物认识的同时，形成对各领域提供多层次服务的体系。作为航天遥感一种有形化的表现及大规模人类活动的载体，航天遥感系统是一种人类认识、理解世界的工具，对其提出精度（可用性）、速度（时效性）、稳定（稳定性）、可靠（可靠性）、经济（经济合理性）、灵活性/适应性（可发展）等方面的要求是必然的，这是建设航天遥感系统中需参考的重要判据之一。航天遥感系统从组成角度看是遥感信息科学、技术、工程、应用的有机结合，是复杂的、多学科交叉系统工程，涵盖计算机、物理、数学、电子、光机、化学、地理、生态、环境应用技术等多领域，同时其与国家社会经济发展、信息化技术水平紧密相连。

航天遥感科学论证是以航天遥感系统为研究对象进行研究、分析与评价的技术。鉴于航天遥感系统体现工具性、知识承载性的双重特性，以及多学科交叉特点，对其分析适用数学物理、生态系统、木桶效应等多种自然科学、管理与经济学基本原理，可采用遥感科学实验、仿真与真实性检验等多种技术手段，挖掘其自身发展规律，促进航天遥感科学论证发展。

现阶段，我国民用航天正处在向业务服务型快速转型时期，规模化、定量化等阶段特点十分突出。航天遥感论证要将这种阶段性放入到可持续发展的长时间链条中，按照层级与升级规律论，对航天遥感系统空间格局、面向应用的需求提出到需求满足的技术发展路线、遥感信息空间采样标准化理论进行研究；对航天遥感系统设计、建设、评估、组织技术方法进行研究；对仿真分析和试验验证技术手段进行研究，促进我国民用航天遥感应用科学、合理、有序的可持续发展，推动国产卫星遥感数据应用。

2. 面向应用的航天遥感科学论证理论基础

1）面向应用的全过程质量检验理论

按照系统工程方法，从应用需求出发，从基础几何物理原理出发，到卫星系统应用效能的全面考察，研究形成一个从应用需求提出到需求满足的闭环。对各阶段的质量要求进行定义，形成与之相匹配的质量检验体系，确保载荷发展的正确性，使其效能充分发挥及对应用的满足。经试验后，在实践与总结的基础上形成一套较完整的航天遥感的科学论证理论方法体系。

建立面向应用的遥感系统工程研发全过程质量检验评价体系。综合航天遥感应用需求，提出了理论分析与模拟、实验室测试、外场试验、航空和航天校验、产品质量分析、应用效能评估、需求满足度分析等航天遥感应用全阶段技术分析体系。研发面向应用的全过程质量检验涵盖了从一个想法到卫星数据应用等各个环节的参数检验与质量控制。其中，引入了面向需求的系统技术成熟度评价概念，为从需求提出到满足需求的全阶段螺旋上升方式的论证阶段转换提供科学依据。

建立面向应用的遥感系统运行全链路质量检验体系。运行中的质量检验涵盖了遥感器、接收、处理、服务等多个环节的质量检验与控制，包括运行的检测、验证与认证，确保大规模、长期业务化应用，确保需求的满足。其中，对遥感系统检验全过程引入了基于统计方法的置信度概念，从而可对各类复杂技术指标的定量化确定提供科学依据。

2）层级标准化理论

通过对自然界和客观事物的认识，不难发现遥感目标对象均有层级及尺度规律。不同目标对象在时空、光谱、辐射、极化等方面均有其各自特点。基于此，论证中心构建了一套标准化等级，将各类遥感技术与应用要素离散化，旨在抽取反映航天遥感阶段特点的本征性要素，有效构建航天遥感系统模型，为状态分析与变化规律的探讨打下基础。同时，通过理论与实践探索，证明这套标准化等级结构的完整性、严密性、有序性，以及对遥感目标对象特性复现的准确性、可测性。这为定量分析与评价航天遥感系统奠定了基础。

以此为指导，按照比例尺概念建立了遥感产品的规格，按照双经纬网格方式建立了地球空间数据组织结构，按照“五层十五级”数据结构建立了经纬网格、数据空间分辨率、比例尺规格之间的关系，按照体现工业能力的标准载荷单位、体现 IT 技术水平的标准计算单位、体现遥感特点的标准采样单位等构建了系统基础要素等。通过这一单一、互质、互补要素集所形成的框架空间，建立航天遥感多尺度复杂系统模型，可有效地表征不同类型航天遥感系统的状态位置与时态发展，为航天遥感的论证提供理论基础。

3. 面向应用航天遥感科学论证方法与技术

1）航天遥感系统需求分析方法

其针对遥感系统需求、获取与评价的依据，设立统一面向应用的需求分析流程，以产品与载荷为纽带，引入标准实践要求概念，即需求分析标准过程实践（good processing practice，GPP）。GPP 采用 GXP（good *X* practice）结构，其中 *X* 可以是应用汇总（integration）、应用优化（purification）、要素化（factorization）、指标标准化（standardization）、载荷/卫星等价化（equalization）、技术可行性分析（technical estimation）、价值效益分析（valve estimation）、迭代优化（uniform iteration）、验证（reviewing）等。全过程质量检验中的各项测量按照阶段定义嵌入各个 GXP 中。

2）航天遥感系统研发与建设

针对遥感技术发展，为统一面向应用的需求，其提出需求到满足全阶段论证流程，引入标准实践要求概念。GPP 采用 GXP 结构，其中 *X* 可以是科学试验（scientific research）、技术探索（technical study）、工程研发（engineering development，含 Phase I，II，III）、状态检测（measurement for validation）、面向应用优化完善（optimization）、验证（reviewing）、认证（certification）等。全过程质量检验中的各项测量按照阶段定义嵌入各个 GXP 中。

3）航天遥感系统质量效能评价

为统一面向应用的全过程质量检验技术流程，其将航天遥感信息流作为研究对象，以定标与真实性检验为核心，引入标准实践要求概念（GPP）。GPP 采用 GXP 结构，其中 *X* 可以是采样（sampling）、定标（calibration）、数据处理（data processing）、产品（production）、真值检验（validation）、服务（service）、评估（estimation）、认证（certification）等。全过程质量检验中的各项测量按照阶段定义嵌入各个 GXP 中。

4）科研工程项目管理

航天遥感科研工程项目指大型科研性活动的综合集成，是大型工程建设的预先研究。其一般具有科技探索与工程实施双重性，新技术方法与成熟技术方法在项目整个生命过程中的比例最为接近，有别于传统的工程项目与科研项目，这对科研与管理工作开展提出了新挑战。经过不断研究形成了初步成果，即项目下设置课题团和研发总体，加强关键节点的冗余性，动态调整，降低风险，把握好时间管理与科研的节奏。

4. 面向应用的航天遥感科学论证的技术支撑系统与设施条件

1）航天遥感系统应用仿真分析系统建设

航天遥感系统应用仿真分析系统是对航天遥感系统进行模拟、测试、分析的系统，包括过境与覆盖仿真、成像仿真、应用系统仿真及专题应用仿真 4 个组成部分。整个仿真分析系统可以对航天遥感系统技术集的精度、速度、稳定性、可靠性、经济性、灵活性/适应性等进行定量分析与评价，有力支撑航天遥感科学论证工作的开展。

面向综合应用的卫星组网分析与评价。随着卫星应用的不断深入，越来越多的空间任务仅靠单个载荷、单颗卫星已经不可能完成，由多载荷、多卫星组成星座组网运行已成为必然发展趋势。利用仿真平台，分析了以标准载荷单位为核心的“$Y(mN+X)$”业务化卫星星群组成的对地观测卫星组网的应用潜力。其中，m 指不同品种的卫星载荷，N 指这一品种载荷所在卫星的颗数，X 指科研探索型载荷，并行于业务化星座。通过这种结构设计，提高了某一品种或若干品种数据、产品的全球获取率和时间分辨率，为评价多星组网规模、经济性、灵活性/适应性，以及运行水平和应用水平的提升打下技术基础。

成像仿真与数据分析评价。面向系统测试、承载、分类、反演、综合分析 5 个不同层次应用，突破了以采样过程为核心的全链路闭环遥感图像仿真技术及分析评价技术。其建立在标准遥感过程的基础上，设置了目标特征表现、数据获取、目标场景、观测状态、信号传输、目标特征再现等因素对遥感图像作用接口，为各类涉及精度、稳定度、可靠性因素影响的分析提供了基础。

应用系统仿真分析与评价。面向我国气象、国土、农业、生态、环境、水利、城市、测绘、海洋、灾害等重点应用领域不同观测要素，通过标准计算单元的组合，构建了以观测规模、处理与服务速度、经济性为主要技术要求的应用系统分析系统，可以对应用系统不同架构与设置进行测试分析。同时，整个系统不仅可兼容已有商业化遥感处理系统，而且在融合测绘地图分幅标准与地球剖分思想的五层十五级遥感大数据组织模型的基础上，自主研发并突破了基于网络的栅格云（cloud over grid on net，COGON）架构、数据库、集群计算、可视化、类语言等核心关键技术，形成了具有自主知识产权的遥感数据组织、管理、存储、检索、传输、处理、可视化、分析、发布、安全 10 个环节于一体的遥感大数据处理系统。基于此，不仅可以构建不同结构的应用系统，而且可有效分析不同结构下计算资源转换为处理能力、应用能力的效率。

专题应用仿真分析与评价。在专题应用需求分析的基础上，建立了需求与载荷探测指标的定量转换关系，即给出应用要求情况下，通过遥感参量及产品精度范围选定，筛选优化目标特征参数、遥感探测参量和波段设置参数的关系。在组网、成像、应用系统仿真的基础上，判定新型遥感载荷虚拟专题应用的可用性，论证遥感卫星星群专题应用的适用性，而且在部分遥感波段和应用领域初步具有了长时间序列分析能力。

天地一体化系统体系结构分析与评价。在分析了我国民用航天遥感快速发展前期存在问题的基础上，论证由数据接收系统、处理系统、应用系统、服务系统、卫星控制与管理及综合信息数据库组成的地面应用体系，将其划分为地面系统与应用系统两部分，与卫星系统共同组成“工”形的天地一体化地面应用体系结构。通过这个结构，体现天上多颗卫星对地面多个应用的“多对多”的局面，即一个卫星可以服务多个应用，每个应用有多颗卫星作为支撑，进而将空间硬件条件进行充分共享。同时，分析了军民融合的“人”形设施与应用技术布局，促进了军民遥感应用更好的发展。

2）航天遥感系统应用试验验证系统建设

系统性开展了室内几何辐射一体化标校实验室建设、野外定标场网、真实性检验场网、综合试验场、中国典型地物辐射特性库的研究与建设。详见定标与真实性检验研究室内容。

5. 航天遥感科学论证实践

见本节（五）。

（二）论　　著

航天遥感论证中心出版专著 6 部，发表论文 245 篇，其中 SCI 检索论文 47 篇，EI 检索论文 68 篇，CSCD 论文 90 篇，其他论文 40 篇。

（三）获　　奖

论证中心获得各种奖项 8 项，其中国家科技进步奖二等奖 1 项、海洋工程科学技术奖一等奖 1 项、环境保护科学技术奖一等奖 1 项、测绘科技进步奖一等奖 1 项、北京市科学技术奖一等奖 1 项、新疆科技进步奖一等奖 1 项、地理信息科技进步奖一等奖 1 项、中国地理信息产业优秀工程奖银奖 1 项。

（四）专利与著作权

目前，共获得授权专利 10 项，其中发明专利 3 项，实用新型专利 6 项，外观设计专利 1 项；获软件著作权42项。

（五）成果转让与应用

论证中心自成立以来始终定位在我国民用航天遥感应用的支撑上，开展遥感论证与应用定量化关键技术研究，为多个行业与区域应用提供成熟的技术与信息产品服务，服务国家重大需求，支撑、支持、推进、推广与服务我国民用航天技术发展。

1. 在国家重大科技专项论证与建设中的应用

论证中心开展的国家遥感应用需求和指标综合论证、航天遥感载荷指标体系论证等成果在国家高分重大专项、自然灾害空间基础设施专项、国家空间基础设施、军民合作、2030航天规划等论证过程中得到有效应用，有力支撑了国家战略性任务的论证与建设。

同时，论证中心先后参加了《“十五”后期民用遥感卫星应用预先研究项目指南》《“十一五”民用遥感卫星应用技术研究项目指南》《“十一五”民用遥感卫星载荷指南》，中国民用航天应用“十一五”“十二五”规划等的编制。论证中心还参加了CBERS02-B卫星数据发放政策论证与制订、HJ-1卫星数据发放政策论证与制订、HJ-1卫星数据管理政策（国际）、国防科工局民用科研卫星数据评价与应用管理办法、国防科工局科研卫星数据评价与应用管理办法等制定；民用航天空间应用专家管理办法、民用航天空间应用研究项目申报、审批工作程序、民用航天空间应用研究项目实施与验收工作程序、民用航天项目责任专家管理工作程序等制定。

2. 在国产民用遥感卫星设计、研制、运行中的应用

论证中心将航天遥感技术应用成熟度以进化顺序为表现，建立了以时间为横轴、技术指标为纵轴的载荷技术发展路线图。这种元素周期表的方式充分表现了航天遥感技术发展脉络，支持各阶段工作重点的设置，服务顶层设计安排。

在遥感卫星设计研制部门器件、载荷、卫星系统研发中，论证中心所生产的高精度模拟数据为航天传感器系统参数的设计优化、载荷性能评价提供了定量分析的数据支撑，缩短了载荷的研制周期，节约了研制成本，加快了高水平传感器的研发进程。

围绕中国环境减灾小卫星天地一体化工程关键技术的论证、民用航天产业化论证、风云三号卫星的校飞实验论证、北京1号卫星在轨评价、中巴资源卫星定量化应用等方面展开了大量工作。

3. 在基础性遥感应用研究中的应用

在可遥感化和技术分析评价中，论证中心系统性地开展了多角度多光谱偏振遥感应用、大气气溶胶遥感监测、无人机遥感等基础性研究，逐步开展了微光、激光等多种技术手段的遥感应用论证工作。

在遥感系统与规模化研究中，在比较各种模式的基础上，将应用系统分解为以自动化、标准化、产品化为特点的应用处理部分和以人机交互、信息化、知识化为特点的应用分析部分。建立了完全自主知识产权的、以定量遥感技术（Quantitative Remote Sensing Technology，QRST）为标志的一整套软件平台，涵盖了应用系统、仿真系统、数据库系统、集群计算系统、类语言系统、可视化系统、项目管理系统等多个自主知识产权系统。

在应用服务上，将航天遥感服务模式进行了归纳总结，支撑航天遥感系统发展方向的确定。

4. 在国产民用遥感卫星生态环境监测、地震研究等领域中的应用

论证中心研制建立的生态环境遥感应用处理系统，在环境保护部卫星环境应用中心、神华地质勘查有限责任公司得到业务化推广应用。项目研发的各种监测方法、技术流程及研发成果为应用单位打开国内环保遥感市场，也为开展相关工作提供了有力的专业技术支撑及参考，更为今后在生态及其他业务领域积累了技术储备和业务化应用经验。

论证中心构建的卫星共性产品软硬一体化处理系统在水利部水利信息中心、核工业勘探中心、地震信息中心等投入使用，大大提高了卫星共性产品的生产速度，大幅降低了影像数据处理的工作量及劳动强度。

5. 在国产军民遥感卫星星群区域监测中的应用

论证中心突破多星无场地定标、军民遥感数据一体化处理、军民多源数据同化、海量数据自动处理等技术，将其成功应用于新疆地区的生态、林业、沙漠化监测、应急等方面，并且为区域相关规划的决策提供依据；同时，为新疆区域的生态、经济、社会发展等方面带来了巨大的效益。

论证中心先后承担了“十一五”“十二五”民用航天预研项目、高分辨率对地观测重大专项项目、863计划项目、973计划项目、科学技术部国际科技合作项目、中国科学院战略性先导专项等十多项项目。论证中心通过面向高分应用工程化、智能化技术系统建设，建成遥感信息应用工程技术系统。重点突破多载荷信息产品研发与服务能力、定量化遥感检验验证能力、遥感技术与工程集成能力、综合应用与服务能力，逐步形成具有自主知识产权的软硬件系统成果体系，为多个行业与区域应用提供成熟的技术与信息产品服务，支撑、支持、推进、推广与服务我国民用航天技术发展。

五、队伍建设与人才培养

（一）人员结构及特点

论证中心研究团队为一个老中青相结合的强有力的创新研究团队。中青年学术骨干承担主要科研任务，吸引了包括博士后、研究生在内的流动人才参与遥感基础和高技术研究，使论证研究得以持续发展。

研究队伍学科背景涵盖遥感与地理信息系统、地理、生态、大气、地球物理、数学、物理及信息科学等方面。其中，研究员/教授达14人，他们中45岁以下超过70%，中青年学术骨干均具有博士学位，而且大部分在国外获得博士学位或在国外开展过各种合作研究，甚至从事教学与科研工作。研究队伍主要学术骨干均承担并完成过国家级项目，在国内外发表过大量高质量论著，并与海外学术界保持密切联系，熟知当今遥感科学前沿发展方向，有很强的自主创新能力。这支研究队伍年龄结构合理、充满生机与活力，可以成为我国遥感论证发展的主力军。

此外，除了固定编制人员外，论证中心还聘请多名在国际遥感领域取得丰硕成果的海外华人学者和国内知名专家作为兼职教授和兼职研究员。

（二）科研人员与研究生培养

1. 科研人员

论证中心自成立以来，先后在论证中心工作的科研人员有60余人。名单如下：顾行发、吴美蓉、田国良、余涛、陈继平、孟庆岩、李紫薇、陈良富、苏林、付鹤、朱艳、邢进、赖积保、程天海、胡新礼、占玉林、杨健、谢勇、李娟、李丽、王春梅、李家国、魏香琴、赵利民、董文、高海亮、李玲玲、孙源、鞠颂、王丹瑞、李斌、王更科、方莉、刘其悦、郭红、刘苗、王栋、米晓飞、吴俣、陈好、徐辉、臧文乾、赵亚萌、黄祥志、孙章丽、林英豪、刘红梅、周玲、刘东晖、余国林、袁国体、赵谦、邱存海、李金郁、刘珂珂、许华、李莉、吕阳、李东辉。

2. 研究生培养

论证中心自成立以来，先后培养遥感所及客座博硕士研究生230人，其中已毕业博士研究生27人，已毕业硕士研究生196人，已出站博士后8人。他们中大部分后来都成了遥感行业的骨干研究力量。

3. 向外输送的干部及科技骨干

高分专项工程中心卫征、邢进、赖积保、陈兴峰，成都电子科技大学童玲、郑进军，郑州解放军信息工程学院刘军，北航赵峰，国家卫星气象中心张勇、王舒鹏，环境保护部朱利、王中挺，中国资源卫星应用中心付俏燕、卢有春，新疆卫星应用工程中心陈冬花。

4. 本单位的科研骨干

科技处、大项目办周翔、朱艳、王丹瑞，重点实验室李小英、陈良富、苏林、李紫薇、杨晓峰，数字地球重点实验室董庆，大气遥感许华、李莉、吕阳、李东辉。

（三）人才培养措施

以“专业专注，重在养成，不断改进，持续提高”的团队创新文化建设为主线，强化团队的凝聚力、向心力、战斗力。

在人才的培养方面，既强调重业务，也特别强调思想政治品德和学风建设，还强调团结合作的精神。重视青年骨干培养，加强学科梯队建设，努力培养青年骨干的科研与工程能力。积极参与国际合作计划，提供科研骨干深造的机会。

以任务带学科，明确责权，责任到研究组。建设目标责任制与阶段考核机制，绩效与成果产出挂钩。通过以上措施，全力打造一支高素质的科学研究、工程服务和现代化管理人才队伍，引领对地观测系统科学论证发展。

六、管理与运行

（一）管理机制与规章制度

论证中心在运行过程中，制订并不断完善了“论证中心职工管理手册”“研究生培养办法”等管理制度，对科研运行机制、项目管理、成果管理、日常工作管理等进行了详细规定，保障了论证中心的正常运行。

（二）合作与交流

论证中心自成立以来，发挥自身学科优势，积极打造国际合作平台，拓展国际合作空间，推进科学研究、人才培养、学术交流等方面的实质性合作，出访120多人次，接待来自20个国家的专家共80人，已同澳大利亚、法国、埃及、匈牙利、德国、英国等国合作，建立了人员互访、科研合作、成果共享等多层次、多领域的合作机制。

论证中心积极推动以国际宇航科学院为国际合作平台，以我国为主要发起国，促进形成以我国卫星为重要组成的遥感应用国际合作行动计划。论证中心组织承办了联合国促进发展中国家科学数据共享与应用全球联盟（UN GAID e-SDDC）：“非中心化网群建设”科学研讨会、联合国空间科学技术教育区域中心亚太空间合作与空间技术遥感研究生班和非洲国家科技人员遥感技术培训班，增强了在国际遥感组织中的话语权。论证中心主任顾行发成功当选国际宇航科学院院士、联合国信息通信技术促进发展世界联盟（UN-GAID）发展中国家科学数据共享与应用全球联盟（e-SDDC）执行委员会副主席、国际科学技术数据委员会（CODATA）工作组执行主席。

1. 中法合作

同法国里尔大学大气光学实验室、马赛大学合作。以多角度偏振成像仪指标论证与研发为依托，建立了与法国里尔大学稳定的合作关系。同马赛大学联合开展城市绿度空间遥感联合研究。

2. 中埃合作

在中埃政府间科技长期合作项目的支持下，与埃及国家遥感空间科学局签署合作备忘录、开展学术研讨、参观访问、项目合作，展示了我国民用卫星应用的进展，大力推动了中巴卫星 CBERS 等自主空间信息源在非洲国家的应用，合作得到了中国科学院、科学技术部及国防科工局的高度重视。

3. 中澳合作

同澳大利亚联邦科学与工业研究组织（CSIRO）联合开展包括高光谱成像传感器在内的可见、红外波段遥感定标研究。在澳大利亚空间信息合作研究计划中心项目的支持下，同澳大利亚查尔斯特大学在遥感图像处理技术方面合作，双方互派科研人员、联合申请课题并合作开发软件。

4. 中匈合作

在中匈政府间科技合作项目、欧盟第七框架项目和科学技术部国际合作专项项目的支持下，与西匈牙利大学、荷兰 ITC 等 4 个国际科研机构开展卓有成效的实质性合作打下良好基础。其研发的应用系统在匈牙利 Székesfehérvár、Szombathely 和 Budapest 等城市进行应用示范，提升了我国 HJ-1 卫星数据、技术和产品的应用推广与输出。

5. 中英合作

于 2006 年 6 月赴英国奇尔波顿（Chilbolton）参加了欧洲夏季大型定标与真实性检验试验，开展了针对“北京一号”小卫星等诸多卫星和空基传感器的定标、真实性检验及遥感产品信息的应用研究。

6. 中美合作

与美国国家海洋和大气管理局（NOAA）环境卫星数据信息服务中心合作，在耶鲁大学开展环境综合评价指数真实性检验研究。

论证中心通过开展国际合作，不断参与国际合作计划，促进论证中心与其他国家在遥感领域的优势互补、强强合作，形成同国际接轨的航天论证队伍和系列成果，从而对论证中心推进基础研究、培养高水平人才、提高技术实力、综合利用各国科研资源、提高中心国际影响力起到了重要的推动作用。

（三）运行模式

在组织运行方面，论证中心采用科研加工程的新型管理与运行模式，探索高效、多元化的运行新模式，健全和落实中心主任责任制，加强管理的民主性和科学性，接受群众监督，加强组织领导。

论证中心总体部：由主任及各任务团队负责人组成，对中心的重大事宜进行研讨、决策。中心办公室：协助中心主任及中心总体部统筹各团队工作。完善各项规章制度，建立健全行政管理、科研管理、绩效考核、收入分配、人才培养与使用方面的规章制度。

以任务带学科，按照任务相似性分团队，以团队（类似事业部）为单位开展任务方向建设与积累。项目落实在团队中，由团队统一落实并实施。项目助理制：每个项目配备项目助理，保证每个项目有具体的负责人，真正对项目的落实做到贯穿始终的负责。项目助理对项目调度负责，协助调度工作开展；分工负责，责权明确；工作具有相对独立性。加强质量管理，项目管理实行 ISO9000 标准，强化项目过程管理与考核，注重信息安全保密工作，保证项目完成质量与高水平成果产出。

2004 年，国家航天局航天遥感论证中心挂牌成立，正赶上我国民用航天遥感激流震荡，澎湃发展，论证中心顺应时代潮流，通过自主创新，逐步建立了一套适应我国民用航天发展的航天遥感论证体系，服务了国家战略需要。现阶段，论证中心抚今追昔，正凝神聚力研讨下一个十年的努力方向，沿自主创新之路，开展体系化建设，更好地为我国民用航天遥感服务。

第六章　国家环境保护卫星遥感重点实验室

一、概　述

（一）成立背景

全球气候变暖、臭氧层破坏、大气污染、水污染、固体废弃物污染、生态环境恶化等都是人类需要面对的重大环境问题。随着我国经济的快速发展，中国环境污染和生态破坏总体上呈现日益严重的趋势。据有关研究机构测算，20 世纪 90 年代中期，中国每年因生态和环境破坏带来的损失占 GDP 的比重达到 8%以上。如何保持并维护我国环境状态是当前及今后必须面对的重大问题。

随着科学技术的发展，遥感技术已成为环境监测和预报的有效手段。相对于传统的监测方法，卫星遥感监测手段可以宏观、快速、动态地获取部分环境相关参数在空间和时间上的分布状况，能够和传统的监测方法形成互补，提高环境监测的效率，其在环境质量现状和应急监测方面具有明显的优势。我国的遥感技术应用已有 30 多年的历史，其间环保系统的生态与环境遥感应用业务也得到了一定的发展，利用卫星遥感数据在国家级生态环境状况调查、区域生态规划、生态功能保护区建设、区域环境空气污染监测、水华与近海赤潮监测、沙尘及沙尘暴监测等方面取得了一定的成绩，从而为国家制订生态保护政策与环境发展战略提供了技术支持。

鉴于环境保护部已经把建立先进的环境监测预警体系作为加强环境监测能力建设的重要内容，因此迫切需要充分利用先进的卫星环境遥感监测技术，不断开辟生态与环境遥感应用新领域，提高我国生态环境保护和环境监测预警的能力，促进和保障国家环境保护和可持续发展。2007 年 12 月，国家环境保护总局下发了《关于批准国家环境保护卫星遥感重点实验室建设的通知》，正式批准以中国科学院遥感应用研究所与环境保护部卫星环境应用中心作为依托单位，联合建设“国家环境保护卫星遥感重点实验室”。

（二）建立的必要性

环境遥感监测已受到国际上的高度重视，美国及欧洲的一些国家大力发展环境遥感监测技术。从 20 世纪 70 年代开始，环境遥感监测技术在区域环境空气污染监测、水环境监测、典型城市与区域生态环境状况调查、近海赤潮监测、沙尘暴监测、资源开发利用及其环境响应、全球变化监测与预警等应用中发挥了重要作用。美国通过地球科学事业（ESE）计划，全面研究全球变化，并开展区域性环境变化监测，有力促进环境探测技术与应用的发展。欧洲开展全球环境与安全监测（GMES）计划，对环境影响因素的精细观测达到了新的水平，有力地支持了其政治、经济与社会发展的需要。世界各国纷纷出台各种环境遥感计划，并发射了一系列资源环境卫星。面对卫星遥感技术如此迅速的发展，如何充分挖掘卫星遥感数据的应用潜力，开展环境变化的动态监测、模拟、分析、评价和预警，已成为国际遥感技术和应用发展的重要前沿方向。

我国政府高度重视卫星遥感技术在环境监测中的应用，于 2008 年发射专门用于环境监测的卫星系统——环境与灾害监测预报小卫星星座（环境一号卫星 HJ-1），该系统由两颗光学卫星和一颗合成孔径雷达卫星组成，配备了宽覆盖CCD相机、红外多光谱扫描仪、高光谱成像仪、合成孔径成像雷达等多种类型的先进遥感器，是一个具有中高空间分辨率、高时间分辨率、高光谱分辨率、宽覆盖，能综合运用可见光、红外与微波遥感等观测能力的环境遥感监测系统，它能够与地面环境监测有效结合，结合地面环境监测网络实现全天候、全天时的国家环境变化动态监测。随着国产卫星综合应用水平的不断提高，满足我国环境遥感监测的国产卫星资源条件正在迅速成熟。

我国环境遥感应用技术虽发生了跨越式发展，但与环境监测的业务化要求仍有一定差距。现有应用技术研究多为经验性、个别性和表面性的，其系统性、实用性差，与国际先进的环境遥感应用研究水平和环境遥感监测实际需要存在很大差距；从卫星数据处理、参数反演、应用模型到专题数据生产和业务应用系统开发都有许多关键技术未能解决。基于国产卫星遥感数据进行环境监测的系统研发和应用示范还未形成体系，这已成为制约我国环境监测和环境卫星应用发展的突出问题，如得不到有效解决将不仅直接影响国产卫星系统进入环境保护与管理业务系统、贻误我国环境遥感监测技术的发展，而且将影响《国家中长期科学和技术发展规划纲要（2006-2020年）》在重点领域，以及优先主题的环境领域方面明确提出的“重点研究开发区域环境质量监测预警技术”“重点研究开发大尺度环境变化准确监测技术”攻关目标的实现。因此，迫切需要发展壮大环境遥感应用的科研环境及技术力量，系统研究基于国产卫星的环境遥感监测关键技术，为国家环境变化监测和环境卫星遥感应用系统的建设提供必要的技术支撑，为已经发射和即将发射的国产卫星在环境保护中的业务化应用提供必要的技术保障。

（三）机 构 概 述

国家环境保护卫星遥感重点实验室是环境保护部依托中国科学院遥感应用研究所和环境保护部卫星环境应用中心联合建设的科研机构。2007年12月，国家环境保护总局批准筹建重点实验室；2011年9月国家环境保护卫星遥感重点实验室通过国家环境保护部验收，正式挂牌成立。国家环境保护卫星遥感重点实验室以国家在环境保护领域的战略需求为牵引，支撑环境遥感基础研究与业务运行，是卫星环境遥感科学研究、应用技术研发和人才培养的科研基地。

二、战略定位、发展方向、机构特色

（一）战 略 定 位

国家环境保护卫星遥感重点实验室定位为具有国际影响力的国家环境遥感研究基地，其目标是面向国家重大环境遥感应用工作需求，建设我国卫星环境遥感监测和业务化应用的核心支撑基地，建设与国际接轨和国内领先并具有鲜明特色的知名环境遥感应用技术研发基地，建设我国重要的环境遥感信息处理技术与应用人才培养基地，为我国环境保护事业发展做出基础性、战略性和前瞻性的贡献。国家环境保护卫星遥感重点实验室目前承担了国家各级环境遥感领域科研项目，正全面开展遥感数据处理与环境信息提取、大气环境、水环境、生态环境、突发性环境灾害应急响应与跟踪监测，以及环境卫星应用系统建设等关键技术研究，制定环境遥感监测指标体系和标准规范，集成环境遥感关键技术成果，并进行成果转化。

（二）发 展 方 向

国家环境保护卫星遥感重点实验室的研究发展方向主要包括环境遥感基础研究和环境遥感应用研究两方面。环境遥感基础研究主要有遥感数据处理关键技术、星地协同反演与参数提取关键技术研究等；

环境遥感应用研究包括大气环境遥感监测关键技术、水环境遥感监测关键技术、生态环境遥感监测关键技术、突发性环境灾害应急响应及跟踪监测技术、环境应用系统建设、环境遥感业务运行研究等方面。

（三）机 构 特 色

国家环境保护卫星遥感重点实验室的建立及进一步发展具有重要的科学意义和应用价值。国家环境保护卫星遥感重点实验室目前已经初步建设成为我国开展环境卫星遥感基础研究和应用方法研究、聚集和培养优秀科技人才、广泛开展环境遥感学术交流的基地，支撑了国家环境保护部环境遥感天地一体化业务运行系统的建设与我国新型环境遥感有效载荷和观测体系设计论证，是国家环境领域先进技术的创新先锋，在我国环境保护领域承担了重要任务，发挥了重要作用。国家环境保护卫星遥感重点实验室的建设及运行，切实提高了遥感技术在环境保护领域的应用水平。在面对和解决环境领域重大问题时，国家环境保护卫星遥感重点实验室能够提供先进的技术方法和及时准确的环境信息，提高环境保护天地一体化的监测、评估能力，增强我国环境保护管理与决策能力，使我国综合环境监测更加科学化、现代化；进而支撑并推动我国环境保护事业的发展，促进环境科学技术的发展，为实现国家环境保护目标和可持续发展提供科学理论与技术支持。

三、机 构 组 成

（一）机 构 介 绍

国家环境保护卫星遥感重点实验室设立学术委员会，实行主任负责制，下设总体部、研究部和应用推广部 3 个部门，这 3 个部门共同构成了重点实验室完整的业务系统，在国家环境保护卫星遥感重点实验室主任领导下开展工作，并通过学术委员会专家对实验室科研工作进行学术指导和监督。

（二）实验室领导

主任顾行发研究员和王桥研究员。

（三）学术委员会

学术委员会主任	
孟伟	中国环境科学研究院，院士
学术委员会委员	
魏复盛	中国环境监测总站，院士
任阵海	中国环境科学研究院，院士
金鉴明	环境保护部，院士
刘鸿亮	环境保护部，院士
童庆禧	中国科学院遥感应用研究所，院士
孙九林	中国科学院地理与资源研究所，院士
蒋兴伟	国家海洋局卫星海洋应用中心，主任
杨军	中国气象局国家卫星气象中心，副主任
徐文	中国资源卫星应用中心，主任
李增元	中国林业科学研究院资源信息研究所，副所长

（四）行政与业务秘书

主任助理：李正强、张峰，行政秘书：李莉。

四、科研工作与成果

（一）科研任务与项目成果

国家环境保护卫星遥感重点实验室先后承担国家重大科技专项、科学技术部全球变化重大科学研究计划（973）、国家高技术研究发展计划（863）、国家科技支撑计划、国家自然科学基金、中德国际合作基金、中国科学院战略性先导科技专项等20余项科研项目。目前正在开展研究的项目包括多尺度气溶胶综合观测和时空分布规律研究（973）、环境保护遥感动态监测应用示范系统论证（国家科技重大专项）、基于环境一号等国产卫星的环境遥感监测关键技术研究（国家科技支撑计划）、国家水环境遥感技术体系研究与示范（国家重大科技专项）、全国生态环境十年变化遥感调查与评估、环境污染事故航空遥感应急监测关键技术研究与应用示范等。

国家环境保护卫星遥感重点实验室主要开展以下科研工作。

1. 遥感数据处理关键技术研究

1）高精度辐射校正和定标技术研究

基于地面同步实验与卫星数据，完成HJ卫星各传感器的定标，并对CCD相机进行在轨MTF测量，建立了高精度交叉辐射定标、超光谱仪定标及红外相机定标的技术路线，研究了探元归一化、传感器MTF补偿及多源数据归一化等方法，形成了光学辐射定标相关成果，支撑HJ卫星数据应用，开展S波段微波散射计辐射定标实验，建立S波段辐射定标技术流程，构建全球典型地物雷达后向散射系数数据表，形成SAR辐射定标结果并开展评价。

2）多尺度环境遥感数据自动配准技术研究

基于HJ-1卫星星座平台同一传感器的自动配准模型进行设计，在充分考虑图像波段间既有的像元级配准精度的基础上，通过亚像素同名点对获取和局部校正模型解决波段间的配准问题。基于HJ-1星座不同卫星平台的同类传感器的自动配准模型，结合投影信息、特征点监测、特征点匹配及精匹配、图像变换等步骤实现图像配准。研究了HJ-1A的CCD相机和高光谱相机数据配准、HJ-1B的CCD相机与红外相机数据配准、HJ-1A的高光谱数据与HJ-1B的红外多光谱相机数据配准、HJ-1A或HJ-1B的CCD相机数据与HJ-1C的SAR数据配准等方法。

3）面向环境遥感监测的大气订正技术研究

结合HJ卫星数据特点，针对污染水体进行水色大气校正的目标，通过理论分析、数值模拟和外场实验相结合的途径，建立了环境卫星CCD相机的水体大气校正方法。通过建立大气订正知识库，为城市大气校正提供更为精确的大气和地表参数。而在气溶胶散射方面，通过发展基于环境卫星数据的高精度城市气溶胶反演方法，将城市气溶胶作为大气校正的输入，减少了中间传递误差。在保证各项校正参数精度的前提下，结合辐射传输理论，实现了城市环境的高精度大气校正。

4）面向环境遥感监测的环境一号等国产卫星数据融合技术研究

该实验室提出了一种针对环境卫星数据特点的融合方法。在特征级上进行了CCD与红外相机的融合，在光谱上进行了CCD与高光谱的融合，在时间维度上进行了CCD多时相融合，拓展了环境卫星数据的应用潜力；另外从应用的角度对融合进行评价，突破常用的图像目视评价或清晰度、信息熵等图像信息计算的客观评价方法。

2. 星地协同反演与参数提取关键技术研究

1）参数反演算法研究

基于环境一号卫星各传感器数据，开展云检测算法、气溶胶光学厚度（AOD）、大气水汽、地表反射率、地表二向反射/反照率（BRDF/ALBEDO）、植被指数（VI）、叶面积指数（LAI）、植被覆盖度（FVC）、地表温度（LST）、地表发射率、离水辐射亮度、光谱指数、植被生化组分（叶片叶绿素与水分含量）、光合有效辐射吸收比例（FPAR）、光学土壤含水量反演、雷达土壤含水量反演、地上生物量（AGB）、总初级和净初级生产力、条件植被指数（VCI）、水分亏缺指数（WDI）、土地覆盖与生态系统分类、森林扰动检测、地表蒸散（包括波文比和CWSI指数）等参数的星地协同反演算法研究，形成一套技术流程与结果。

2）同化技术研究

开展基于大气污染扩散模型的大气污染物遥感数据同化算法、基于水污染扩散模型的水环境遥感数据同化算法、基于生态变化过程模型的生态环境遥感数据同化算法等研究，建立环境质量参数同化方法和流程，进行环境质量预报预测。

3）数据关联整合技术研究

在国产环境一号卫星应用系统研究与开发中，针对现有数据的特点，除了沿用常规的数据关联与整合技术外，重点发展对多源数据的尺度匹配模型，研究基于小波理论的遥感数据尺度转换模型、遥感图像多尺度分割技术，以及基于Kriging的插值模型，并开展相关模型的应用示范。

3. 水环境质量遥感监测

1）流域和近海海域水污染监测

利用环境卫星高光谱波段数据建立模型，构建了面向太湖、鄱阳湖、巢湖、三峡、滇池、黄海等湖泊及海洋的水质参数反演模型，对这些大型水体的总氮、总磷、透明度、悬浮物、叶绿素浓度水质进行综合监测；其构建了基于水体光学机理模型、水体表面温度反演模型、面源污染扩散模型；开展了水体污染扩散模型用于水质监测和模拟，在此基础上提取关键评价因子，并开展综合评价。

2）饮用水源区环境监测

基于环境卫星的水环境遥感反演模型，得到不同水体的水质状况空间分布信息，提取关键评价因子开展综合评价，并根据国家地表水环境质量标准确定水质等级。

3）工业废水排放监测

基于环境卫星红外相机数据，结合水质参数反演，发展了核电站排出热水的时空变化遥感监测方法，针对大亚湾、台山、秦山等核电站附近海域水表面进行了排水监测。在渤海布设的地基调查点构成了高密度区域性海洋监测站网，对入海江河、污染口、养殖区、湿地、岸线，以及大气、水质等环境要素进行遥感监测，建立了入海口污水排放监测方法。

4）水质监测分析模型、离水辐射反演模型研究

针对环境星数据建立了离水辐射反演模型，结合实验室水体参数分析手段，并分析环境星高光谱数据所有波段与叶绿素浓度之间的相关性，寻找悬浮物浓度反演的敏感波段，然后选择敏感波段建立遥感模型。应用所构建的悬浮物、叶绿素浓度反演模型，对太湖、鄱阳湖、黄海等湖泊、海洋进行了综合监测，建立了太湖的吸收和后向散射的简化辐射传输模型，通过对水体辐射传输机理的模拟，利用可见光的 3 个波段，可以同时提取叶绿素 a、悬浮物（SS）和黄色物质吸收系数。

5）地表水环境遥感监测技术系统研究

研制出“水环境监测评价系统”，不仅能够处理国内外多种卫星遥感器数据，如国外的 TERRA/MODIS、Landsat TM、NOAA/AVHRR 等，国内的 FY-1、CBERS-02B、HY-1 等，而且集成多种水环境遥感监测反演模型，能够生产如叶绿素浓度、悬浮泥沙浓度、水体透明度、营养状态指数、水华分布以及热污染等遥感系列产品，还实现了从数据读入、数据处理、信息提取、专题分析、制图到评价报告制作全流程一体化，能自动生产专题制图和监测评价报告。

4. 大气环境质量遥感监测

1）颗粒污染物卫星遥感监测

国家环境保护卫星遥感重点实验室开展了气溶胶光学和微物理特性参数的反演方案与验证研究，解决了非球形气溶胶粒子光学参数反演的难题，创新性地利用了偏振信息，可以反演单次散射反照率、复折射指数、粒子谱分布、相函数与偏振相函数等气溶胶详细光学及微物理性质参数，为我国气溶胶反演解决了瓶颈问题。该实验室研究了灰霾的形成机制，给出了不同空气湿度、粒径增长情况下灰霾光学特性的变化情况，针对 HJ-1 的超光谱成像仪特征，结合相关的颗粒物辐射特性理论，建立了灰霾气溶胶光学厚度反演模型；并提出了一个综合利用辐射信息和偏振信息探测非球形气溶胶参数（模式、形状和光学厚度）的新方法，可有效反演气溶胶物理光学参数，并结合新一代多角度偏振观测系统（DPC）进行了航空飞行试验。根据激光雷达获得混合层高度，开展消光系数的垂直订正，以边界层高度来近似代替气溶胶标高，表征气溶胶垂直分布特征，并结合吸湿性粒子对气溶胶的光学物理性质的影响机理，基于气溶胶粒子的吸湿增长变化特性，发展了近地面可吸入颗粒物卫星遥感监测方法。

2）污染气体卫星遥感监测

利用欧空局卫星 ENVISAT/SCIAMACHY，完成了 NO_2 的反演模型研究，建立了 NO_2 的反演模型与算法：基于差分光学吸收光谱（DOAS）方法，得到 NO_2 倾斜柱总量，然后进行调制传递函数（AMF）校正，得到垂直柱总量。反演结果与 SCIAMACHY 的二级产品一般都小于 20%，与地面观测的 API 有较好的一致性。其分析了 SO_2 的光谱信息，基于 BRD 算法，建立了从 OMI 数据反演二氧化硫的模型与算法：利用本算法从 OMI 得到 2008 年 8 月 13 日阿留申群岛火山喷发的 SO_2 柱总量，明显监测到火山喷发形成的 SO_2 高值中心，并且其随着大气运动向周围扩散输送。基于 FY-3A 的 TOU 数据，建立了 O_3 总量的反演模型与算法：先从 TOU 观测值计算表面情况，然后经过 O_3 初估值的计算以及精确臭氧总量的计算，得到 O_3 总量。FY-3/TOU 臭氧总量产品，经过 2008 年 7 月～2009 年 1 月超过半年的检验，产品的精度满足业务需求。

3）温室气体遥感监测

基于地基 CO_2 太阳辐射计具有的 1nm 和 0.5nm 光谱分辨率两种测量模式，发展针对通道式 CO_2 吸收

遥感观测的基于差分吸收原理的 XCO_2 指数反演方法。这一指数的时间变化趋势（夏季低、冬春季高）与北京地区 XCO_2 季节变化趋势一致，初步验证了反演结果。利用 CO_2 化学传输模式的时空连续及垂直剖面信息，通过不同的同化技术，将不同卫星、时间、和地方反演的大气 CO_2 浓度的离散数据处理形成统一时刻的空间连续分布的产品，为评估我国和全球碳收支提供基础参数数据。

4）颗粒物与污染气体的地基遥感技术系统研究

该实验室建立了基于自动传输、自动处理的太阳-天空辐射计观测数据处理中心。通过定标、算法、质控等方案的设计，实现了远程站点观测数据自动上传、高精度自动定标及处理、交互式显示等功能，可生成气溶胶光学厚度、Angstrom 指数、水汽含量、气溶胶粒子谱分布、折射指数、散射相函数等详细微观物理和光学参数。通过大气污染超级监测站对 SO_2、NO_2、O_3、挥发性有机物（VOCs）等污染气体成分的立体监测，掌握在不同天气条件下的污染物分布特征，识别高浓度污染气团，判断其可能来源，提取可能发生污染物积累、污染加重的前期信息；将污染物空间分布特征信息与卫星数据和污染模型结合，建立了更具操作性的污染预警标志，为奥运空气质量监控等提供了重要支持。

5）空气质量卫星遥感监测技术系统研究

应用 HJ-1 等国产卫星和多源遥感数据定量反演的气溶胶光学厚度、近地表可吸入颗粒物、O_3、O_3 廓线、NO_2、SO_2 等环境空气遥感参数的反演模型，建立了具有业务应用能力的区域空气质量遥感监测技术系统，为可吸入颗粒物浓度、雾霾、秸秆焚烧和沙尘等的监测及评价提供支撑。

5. 生态环境遥感监测

1）区域生态环境监测

在长期的全国 1∶10 万土地利用分类制图工作的基础上，结合环境小卫星的时空分辨率特点，初步制定了一套基于知识发现的土地利用分类信息自动提取方法。基于环境小卫星 CCD 数据、近期土地利用分类本底数据，进行土地利用/土地生态分类信息自动提取。该实验室发展了傅里叶谐波改进的植被指数时间序列重建算法，用傅里叶谐波改进的植被指数时间序列重建算法，重建后的植被指数时间序列能够更好地反映地物物候变化规律，且对原始数据扰动最小。

2）国家生态安全评估与预警

该实验室提出全球和区域可持续发展环境监测技术系统重大计划，研究与解决全球和区域环境监测中关键性的科学问题和技术问题，建设面向重点区域的空地一体化环境监测技术系统，开展环境多要素监测示范应用，建立我国自主遥感立体监测技术体系与全球环境参量和评价系统，支撑我国全球环境遥感监测技术系统的规划，提高国家空间和环境监测技术创新能力。

3）生态环境质量评价

面向影响北京地区水资源与生态环境质量的官厅、密云水库上游地区，开展以土地覆被、土壤侵蚀、小流域水土保持治理措施、植被覆被等为目标的遥感监测，以便掌握两库上游地区土壤侵蚀发生规律及其空间分异规律，检验小流域水土保持治理措施和规划到位状况，揭示两库上游地区水土保持治理成效，从而为保证首都饮用水源地安全、保护生态环境质量提供依据。基于入库营养盐通量模拟，揭示水库富营养化发生的驱动机制；在三峡水库库湾及主要入库支流水质恶化的主要驱动因子分析的基础上，揭示三峡工程蓄水调蓄改变长江水动力条件与水华爆发的耦合机制；预测三峡主要支流及库湾水华未来发展趋势及其危害程度。

4）农村生态环境质量监测

采用地面观测与遥感监测相结合的手段，系统监测华北水源涵养林生态环境要素与防护林要素变化过程，形成华北半干旱区水土保持/水源涵养林状态与环境效应要素遥感监测和地面监测数据集，评估华北水源涵养林状态及其生态环境效应，发挥遥感宏观与时空连续性优势，通过光学遥感与微波遥感技术，获得并掌握三北防护林数量、类型的总体空间分布规律及时间变化趋势。在地理、水文、植被生理、生态等多学科交叉、综合研究方法及多技术手段集成的基础上，研究三北防护林生态效应评估模型，构建三北防护林工程生态环境效应综合监测与评估技术体系。

5）城市扩展及其生态环境质量监测

在城市快速扩展、人口快速增加，而道路保有量及城市交通等增长能力有限的前提下，进行交通遥感应用研究及交通遥感监测，开展遥感信息提取与图像理解技术在交通安全与环境、智能交通与交通可持续发展中的应用研究。

6. 突发性环境灾害应急响应及跟踪监测技术研究

1）重大环境灾害危险性评价与预警

面向地震、水环境等重大环境突发事件，开展了基于遥感监测的突发性环境灾害评价与预警研究，使用多遥感参数合成及我国地理信息系统，生成了中国自然灾害综合危险性分布图，为国家相关部门制定重大环境灾害危险性预案提供了基础。

2）突发性环境灾害应急响应及跟踪监测

2008 年 5 月黄海海域浒苔海藻爆发，为保障奥帆赛顺利举办，充分利用微波遥感不受云雨天气影响的特点，开展了青岛奥运赛区浒苔遥感监测。结合对浒苔后向散射特征和几何形态特征的分析，利用雷达遥感图像对浒苔进行识别和面积量算，并利用海面风场资料对浒苔的漂移特征和运动趋势进行综合分析和预测，为奥帆赛的顺利进行提供了信息保障。2009 年 10 月 24 日～11 月 4 日，珠江口近岸海域发生赤潮，利用环境一号卫星 CCD 数据对此次赤潮情况进行了连续遥感监测。同样的方法在浙江台州赤潮遥感监测中也得到很好的应用。海面存在油膜时会引起海水表面张力减小、阻尼海面短表面波（毛细波和短重力波）对入射电磁波的布拉格（Bragg）散射作用，改变海面粗糙度，进而使海水表面的散射特性发生改变。海面油膜对海面毛细波、短重力波的阻尼作用使得其在 SAR 图像上呈低散射区，与海浪形成对比，并具有特殊的边界形态，据此利用雷达图像进行了油膜监测。

3）重大环境灾害影响后评估

重点实验室获取各种卫星和航空遥感数据，与多家单位合作进行灾区水环境、生态环境、地质环境和建筑、道路桥梁的损毁情况的解译，及时提供了对北川县唐家山堰塞湖的滑坡体的震前后监测，并进行了灾害影响后评估。为了获得震后建筑受损情况及公路损毁情况的遥感监测结果，及时出动飞机对青海玉树重灾区进行了航拍，监测和评价了玉树灾区生态破坏情况，为灾后生态环境重建提供基础数据支持，为灾后环境保护、修复和灾区重建工作提供决策依据。

7. 便捷式环境遥感快速监测系统研究

1）无人机环境遥感快速监测系统平台

无人机平台具有轻便、灵活、快速等特点，可以根据需要使用相应的机载遥感设备，包括高分辨率 CCD 数码相机、轻型光学相机、多光谱/高光谱成像仪、红外扫描仪，合成孔径雷达等建设低空便捷式环境遥感快速监测平台与卫星监测系统和地面监测系统形成全方位的立体环境遥感监测系统。

2）无人机载成像光谱辐射测量系统

无人机载成像光谱辐射计作为研究地物目标特性和混合光谱分解的设备，采用基于光栅分光的光谱成像辐射分光方式，通过导轨和摆镜相结合的成像方式研制而成，并在苏州东太湖水质遥感试验中进行了首次试验，获取了良好的光谱数据，目前已形成地面成像光谱辐射计测量系统，该仪器和系统的功能和可靠性已得到了很好的验证。

8. 环境遥感技术支持平台开发

1）遥感影像判读应用技术系统

该实验室开展了以 HJ-1 小卫星为主的多源、多时相遥感数据的辐射定标、几何配准及归一化处理、数据融合及同化等一系列关键技术研究，有利于提高 HJ-1 小卫星数据的辐射、几何精度，对 HJ-1 小卫星的定量化应用及高级产品的生产具有基础支撑作用。

2）环境遥感早期报警技术系统

针对我国生态环境、自然灾害等宏观、动态、持续监测与预警的需要，结合大气模式与颗粒物扩散模式、水动力学模式与水体污染扩散模式、陆面过程模式与生态环境功能评价模式等，正在建立具有自适应、多用途特点的环境遥感早期预警系统，为区域性的环境遥感动态监测及其异常事件的早期预警，提供技术平台和技术支撑。

3）实况调查定位远传信息系统

基于物联网基础架构，针对大气环境遥感监测信息实时获取的需求，初步建立基于无线网络的气溶胶地基观测仪器数据及图像信息自动传输系统，可以实现气溶胶遥感和在位观测信息的同步上传、可视化，以及在线故障诊断、分析等功能。

4）环境遥感空间决策支持系统

在矿山开发区域的基础地质环境调查与研究工作项目中，初步建立了基于高光谱遥感的尾矿监测系统，实现了铜、铁、铅、锌、锑、镍、金、钨等尾矿类型的信息收集及分析排查，可以为尾矿管理提供遥感空间支持。

9. 环境卫星遥感应用系统建设研究

1）建立遥感图像处理与专题产品生产子系统

针对环境卫星数据特点，确立了包括 0 级数据产品、辐射校正产品、系统几何校正产品、几何精校正产品、正射校正产品、融合产品、镶嵌匀色产品、大气校正产品的完整基本数据产品体系。

2）建立环境空气遥感应用子系统

环境空气遥感专题产品包括大气水汽总量、气溶胶光学厚度、近地面水汽、空气浑浊度、气溶胶粒子谱分布、可吸入颗粒物浓度、雾分布、霾分布、雾光学厚度、霾光学厚度、雾能见度、霾因子计算、霾颗粒物浓度、热异常点、沙尘及沙尘暴遥感监测、秸秆焚烧遥感监测、区域环境空气质量分析评价等。

3）建立地表水环境遥感应用子系统

水环境遥感专题产品包括叶绿素、悬浮物、透明度、水表温度、真光层深度、黄色物质、初级生产力、营养状态指数、水生植物分类、水华、赤潮、溢油、热污染、水体富营养化、内陆水体水质评价、近海水体水质评价、城市饮用水水源地水体水质评价、河口水体水质评价等。

4）建立全国生态状况监测与评价子系统

生态遥感应用产品包括全国生态环境监测与质量评价、城市生态环境质量综合评价、国家级自然保护区遥感动态监测、大型工程与区域开发遥感动态监测、生态建设区遥感动态监测、重要生态功能区遥感动态监测、区域生态环境灾害遥感监测、固废遥感动态监测、土壤退化遥感监测。

5）建立突发性生态、环境灾害监测遥感应用子系统

面向地震、水环境等突发事件开展了突发性环境灾害应急响应及跟踪技术研究，开发了海面烃类油膜雷达遥感图像检测系统。该系统可以实现雷达遥感图像海面油膜自动检测与海面暗目标特征参数的自动提取。该系统主要包括海面暗目标区域的自动提取、目标特征参数的开发与计算、海面油膜识别与分类等功能。

6）建立全球环境变化监测与评价子系统

该系统定位于全球大气、陆地和水等环境变化要素信息的获取，通过构建天地一体化的环境监测技术系统及其示范，研究环境变化监测和自主评价体系，建立基于地面网、飞机、在轨卫星等的立体环境监测技术示范平台，设计论证新一代的全球和重点区域环境变化监测技术系统，引领和主导我国环境遥感监测技术方向的发展。

（二）论　　著

出版专著 8 部，发表论文 150 篇，其中 SCI 检索论文 32 篇、英文论文 62 篇、中文论文 88 篇。涉及环境质量分析与业务化运行系统图集 2 部。

（三）获　　奖

共获项目奖项 6 项，包括国家科技进步奖二等奖 1 项、环境保护科学技术奖一等奖 1 项、二等奖 2 项、测绘科技进步奖二等奖 2 项，实验室奖项 5 项。

（四）专利与著作权

共申请发明专利 12 项，获计算机软件著作权 15 项。

（五）成果转让与应用

国家环境保护卫星遥感重点实验室取得的关键技术研究成果在环境管理实践中得到成功应用和推广，在环境管理实际应用中得到了充分体现和检验。项目成果已应用到环境保护部科技标准司、环境监测司、自然生态保护司、环境监察局、环境应急与事故调查中心、环境保护对外合作中心、西北环境保护督查中心、华北环境保护督查中心、中国环境科学研究院、中国环境监测总站、环境规划院、环境保护部环境工程评估中心、南京环境科学研究院、贵州省环境保护厅、江苏省环境监测中心、浙江省环境监测中心、山西省环境监测中心、青海省环境监测中心站、内蒙古自治区环境监测中心站、云南省环境科学研究院、桂林市环境监测中心站、张家口市环境信息中心、浙江省舟山海洋生态环境监测站、中国科学院遥感应用研究所、中国科学院地理科学与资源研究所、中国测绘科学研究院、中国科学院对地观测与数字地球科学中心、遥感科学国家重点实验室、中国航天科技集团公司五院 503 所、南京师范大学教育部虚拟地理环境重点实验室、中国农业大学信息与电气工程学院、华迪计算机集团有限公司、北京吉威数源信息技术有限公司等全国 50 余家单位，业务范围涵盖我国环境监测、环境应急、环境督察、核

安全监管等部门，单位包括环境保护部司局、直属单位、各省环保厅、环境监测站、信息中心、环境科学院等。项目面向全国开展环境卫星遥感信息与技术服务，为国家自然保护区等重点区域生态调查提供技术支持，为面广、量大、耗时的环境督查一线工作提供了新的手段，及时为环境应急工作提供第一手资料，在重点流域水质和区域环境空气质量监测工作中发挥了重要作用，在突发事件环境监测与处置等应急工作中取得突出成效，大幅度提高生态环境监测与评估的能力和效率，强化了国家环境监管工作能力。通过应用充分发挥了环境一号卫星星座工程效益，有效推动了环境卫星遥感应用技术的实用化，实现了环境遥感技术进入环境管理主体业务体系，提高了地方部门环境遥感应用能力和水平，提升了我国环境遥感应用整体水平，实际应用效果显著。

国家环境保护卫星遥感重点实验室以卫星环境应用系统为平台，开展了环境一号卫星的系统建设、应用研究及运行推广的全程技术的综合攻关与创新实现，填补了我国卫星环境应用系统运行和业务化应用关键技术研究的空白，全面支撑了我国自主卫星环境遥感监测业务化运行，推动了我国天–地–空一体化的先进环境监测预警体系的建设，为国家环境部门开展环境管理、污染防治等工作提供了强有力的技术支持，向社会提供了及时有效的信息服务，多次得到《中国环境报》《中国航天报》、新华社、中央电视台新闻直播等新闻媒体的报道，取得了良好的环境效益，产生了广泛的社会影响。

五、队伍建设与人才培养

（一）人员结构及特点

在灵活的人才引进、培养的机制下，目前，国家环境保护卫星遥感重点实验室的科研团队核心人员达到 149 人，其中研究员 28 人、副研究员 24 人、助理研究员 70 人、研究生及客座人员 27 人，组成了一支多层次、创新型、年轻的环境遥感研究和应用技术队伍，其中具有环境遥感、环境监测、环境信息系统等方面的专业技术背景的博士学历人员比例达 72%以上，人员结构在年龄分布、学科背景及专业分工方面更趋合理化，为国家环境保护卫星遥感重点实验室开展环境遥感基础理论方法研究、环境遥感监测业务化运行和系统平台建设提供强有力的人力资源保障。

（二）科研人员与研究生培养

学术梯队见下表。

国家环境保护卫星遥感重点实验室学术梯队	学术顾问	中国科学院院士童庆禧 科罗拉多大学教授高炜
	“百人计划”入选者	顾行发研究员 李正强研究员
	客座研究员	威斯康星大学教授 Allen HUANG 美国 A&M 大学教授杨平
	研究员	王桥、王晋年、田国良、尹球、池天河、刘亚岚、阎守邕、毕思文、朱重光、李正强、陈良富、邵芸、李京荣、余涛、李紫薇、郑兰芬、孟庆岩、柳钦火、施建成、顾行发、燕守勋、魏斌
	副研究员	丁琳、万华伟、王昌佐、方俊永、申文明、厉青、李小英、张风丽、张立福、张峰、苏林、吴传庆、陈继平、辛晓洲、张霞、杨一鹏、杨习荣、杨海军、姚延娟、聂忆黄、游代安、彭玲、詹志明、魏彦昌
	助理研究员	王子峰、卞小林、马万栋、王中挺、王文杰、历华、王志刚、王树东、王雪蕾、毛慧琴、王潇、付卓、史园莉、田维、孙中平、任玉环、吕阳、许华、刘红梅、朱利、刘苗、刘学、刘思含、刘慧明、仲波、光洁、刘晓曼、伍朝琳、吴太夏、李飞、杜今阳、陈正华、杜永明、肖如林、李丽、李家国、肖桐、李营、李莉、李静、张永军、张丽娟、张雪、陈雪、张晓红、李静、李斌、明涛、周春艳、赵少华、赵冬、屈冉、宫华泽、胡新礼、唐勇、郭红、洪运富、侯鹏、姜俊、高彦华、殷守敬、陶金花、程天海、董文、闻建光、杨乐、杨丙丰、谢酬、魏香琴、熊文成
	客座及其他人员	王红梅、王玲、李莘莘、张倩、夏石明、柴向婷

国家环境保护卫星遥感重点实验室成立以来，先后培养研究生 21 名，其中博士后和博士研究生 11 名，硕士研究生 10 名。

（三）人才引进与培养

国家环境保护卫星遥感重点实验室高度重视人才引进和培养，吸纳国内外环境遥感领域高端人才，建设多层次、创新型环境遥感人才队伍，其中聘请国内外相关领域的尖端人才为学术顾问 2 人，引进中国科学院“百人计划”入选者 2 人，从国外著名学术机构聘请知名学者为客座研究员 2 人。为了扩展国家环境保护卫星遥感重点实验室大气遥感方面的研究能力，从法国里尔（Lille）大学大气光学实验室引进“百人计划”入选者李正强博士担任该实验室大气遥感方向的学术带头人；引进威斯康星大学 Allen HUANG 和美国得克萨斯 A&M 大学杨平教授作为该实验室环境保护前沿领域的客座教授，定期与科研人员进行交流，拓展与提高环境保护前沿领域的研究思路与研究能力。国家环境保护卫星遥感重点实验室现有在读博士研究生 15 人、硕士研究生 14 人。此外，该实验室还引进了环境遥感领域具有丰富经验的客座、兼职研究人员，以及联合培养博士和硕士研究生等流动人员 18 人。

六、管理与运行

（一）管理机制与规章制度

国家环境保护卫星遥感重点实验室制定了系统性的管理办法和工作条例，有效地保证了国家环境保护卫星遥感重点实验室日常工作的开展，具体包括国家环境保护卫星遥感重点实验室工作条例、科研课题管理办法、室经费管理办法、科研成果管理办法、学术委员会工作条例、室务委员会工作条例、流动人员管理条例、安全管理条例、保密守则等。

（二）合作与交流

通过举办国际光学工程学会（SPIE）、亚洲遥感等 6 次遥感国际会议，促进遥感国际交流。

1. SPIE 遥感和生态系统模型可持续发展国际会议

每年 8 月，SPIE 在美国定期召开遥感和生态系统模型可持续发展国际会议，该会议在国际上具有重要的影响力，会议旨在应用遥感和相关的地理空间技术为生态系统监测与管理提供支撑。每届会议邀请世界各国环境遥感领域的知名专家参会，国家环境保护卫星遥感实验室领导作为特邀嘉宾与国外知名研究机构的学者共同担任 SPIE 遥感与生态系统模型系列主题会议联合主席。会议主要探讨生态遥感前沿与发展等重大问题，议题涉及的领域包括可见光、近红外、微波和激光雷达技术生态参数反演，机载、地基传感器系统、未来的生态系统观测系统，数据同化研究等。

2. 组织环境遥感论坛

2009 年 10 月、12 月分别在沈阳和广州，以中国遥感应用协会环境遥感分会名义组织了两次论坛，产生了分会第四届理事、常务理事，推举了第四届理事会理事长、副理事长及办事机构负责人，研究了 2010 年中国遥感应用协会环境遥感分会活动安排。

3. 承办国际宇航科学院全球环境影响国际合作研讨会

2010 年 5 月 29～30 日，国际宇航科学院全球环境影响国际合作研讨会在遥感所召开，与会专家面向航天科学与技术解决人类生存重大疑难问题研究，就地震预报与重大自然灾害应急响应、公共卫生与人类健康、全球气候变化及其影响等重点议题展开探讨，旨在推动全球环境影响国际合作研究，为空间技术造福人类社会创造良好的交流平台与合作环境。

4. 主办第十七届中国遥感大会专题分会

2010 年 8 月 27 日，“第十七届中国遥感大会”在杭州召开，此次大会由遥感委员会主办，遥感所是承办单位之一。国家环境保护卫星遥感重点实验室主持了“全球变化与环境遥感”专题，就全球变化与环境遥感技术最新的理论、技术方法和应用成果开展学术交流。

（三）运 行 模 式

国家环境保护卫星遥感重点实验室设立主任 1 名，报环境保护部审批，由依托单位聘任，每届任期 3 年，可以连任。主任要全面负责该实验室的科学研究、学术活动、人员聘任、财务支出等管理工作。国家环境保护卫星遥感重点实验室成立独立的学术委员会，聘请环境保护部、中国科学院、国内环境遥感领域有关专家，组成学术委员会，人数 9～11 人。学术委员会是国家环境保护卫星遥感重点实验室的学术指导机构，主要职能是把握该实验室的研究方向，审议重大学术活动和科研计划，审批开放研究课题。学术委员会每年至少召开一次会议，第一届国家环境保护卫星遥感重点实验室学术委员会会议已于 2010 年 4 月 12 日召开。

国家环境保护卫星遥感重点实验室设立总体部、研究部和应用推广部：①总体部具体负责该实验室的业务与经费管理，包括业务计划、综合协调、技术论证、项目申报与管理、对外交流、技术培训、成果集成与应用推广等。②研究部主要负责环境卫星遥感业务运行的技术支撑，承担环境卫星星座载荷性能测试、星地对接试验、卫星图像数据检验和定标等任务；开展大气、水、生态、城市等方面环境遥感监测技术的研究和业务系统开发等方面工作，包括技术标准与规范、技术方法与流程、应用示范研究等。③应用推广部负责环境卫星遥感监测数据产品生产、业务系统运行和相关技术支撑工作，包括卫星遥感应用系统运行管理、系统维护，数据产品生产与分发服务等方面；开展环境空气、水、生态、城市等突发性环境灾害应急遥感监测，定期以简报的方式报送国家环境保护部。

3 个部门共同构成了国家环境保护卫星遥感重点实验室完整的业务系统，在该实验室主任领导下开展工作，并通过学术委员会专家对该实验室科研工作进行学术指导和监督。

第七章 中国科学院、教育部、国家文物局遥感考古联合实验室

一、概 述

（一）成 立 背 景

中华文明源远流长，古遗迹遍布中华大地。如何应用各种高科技手段探测、发掘、保护这些珍贵遗产已成为我们亟待解决的问题和义不容辞的历史责任。

研究人类发展历史的考古学19世纪初在西方诞生，20世纪初传入中国。考古学在近代学术体系中的确立与发展，很大程度上是在自然科学的带动下完成的。随着自然科学的发展和技术的进步，考古学不断利用自然科学的技术手段，经过一百多年的发展，已从单一的考古学发展到环境考古学、遥感考古学、水下考古学、景观考古学、年代考古学等众多学科体系，展现出考古学蓬勃发展的轨迹。人文社会科学与自然科学在理论、方法、技术手段等方面的结合丰富了考古学研究内容的广度和深度。利用现代科技手段进行考古调查、探测、展示，对分析古代社会阶级、人地关系等方面均能起到支撑和引领作用。尤其是以对地观测技术、地理信息系统、全球卫星定位系统和虚拟现实技术为代表的空间信息获取与分析技术，已成为认识文化遗产的时空分布规律，重建古文明发展史，建立文化遗产信息管理系统，再现古环境和古文明的重要手段。

遥感技术的快速发展，使遥感考古这一集自然科学、技术科学与社会科学相互交叉的新兴学科应运而生，给考古学带来了新的生命力。鉴于遥感技术的发展和国内文物部门对遥感考古技术的需求，在中国科学院、教育部、国家文物局的大力支持下，经遥感所、华东师范大学和国家博物馆三方共同筹备，组建了中国科学院、教育部、国家文物局遥感考古联合实验室。

（二）建立的必要性

随着我国经济建设速度的加快和自然环境的变化，大量的文化遗产正面临着日趋严重的损坏，提前预测和加快保护这些古遗存的任务越来越紧迫。遥感考古以其独有的空间优势正在形成一门跨领域交叉的新学科，拓展了传统考古学的观测范围，超越了人眼对物质的感知，大尺度、大范围地对历史遗迹进行观测，并使得对历史时空轨迹变化的描述成为可能。它将在古遗址探测、文物保护和监测、古遗址复原及古环境重建方面发挥独特的作用。

（1）人类文化遗产是人类历史的信息载体，这些信息记录着大量人类活动的内容和过程。

（2）遥感卫星从空间观测地球，记录了大量人类历史文化遗迹，客观地反映了它们的空间分布规律和特性。

（3）遥感考古能够全面、立体、快速、有效地探明地上和地下古遗址的分布信息，在现代考古中发挥着十分明显的作用，越来越受到考古工作者的重视，逐渐成为考古研究中必不可少的技术手段。我国曾成功应用遥感考古方法，进行秦始皇陵、古长城、长江流域、内蒙古东部大型遗址及京杭大运河的考

古探测，并获得了重要成果。

（4）与传统田野考古相比，遥感考古能在许多方面获得从地面观测无法得到的大量信息，主要表现如下。

覆盖范围广。遥感可以获得研究区的全局信息，而地面观测只能获得视线内的地物景观，无法得到全局图像。遥感图像的成像尺度变化范围大，可从用于环境考古研究的中等分辨率成像光谱仪及低分辨率扫描模式合成孔径雷达获得的小比例尺区域图像，直至用于古遗址详细研究的 QuickBird 及 IKONOS 高分辨率遥感图像。

光谱范围大。人的肉眼只能观测到可见光部分的电磁波反射，而遥感（包括地球物理勘探技术）则能利用紫外线、可见光、红外线、热红外、微波等全波段电磁波来探测地物。

时空分辨率高。田野考古只能在特定的时间对考古对象进行野外勘查，而遥感考古则可利用卫星高时间重复频率所获得的数据积累获得研究区的遥感数据，以及研究区随时间变化的地形景观和古遗址的情况。在空间分辨率上，高分辨率商业卫星已经能提供和航空摄影测量所得图像相比的多波段遥感图像。

光谱分辨率高。多光谱遥感图像能提供对同一研究区不同谱段的遥感信息，高光谱成像仪能够在一个特定光谱范围内细分出数十至数百个波段，增强对地物（如考古研究区作物的变化）的识别能力。

穿透能力强。合成孔径成像雷达的穿透性可用于干旱沙漠区古地理环境研究，而探地雷达技术则能获取地表下一定深度的考古信息。

对文化遗产的无损探测。遥感考古能够对考古目标进行无损探测，使用地球物理方法能探测和研究遗迹的平面形态特征与布局结构，无须进行大面积的考古发掘，既能节省大量人力、物力和时间，又不会对遗存有任何破坏。

（三）机构概述

2001 年 11 月 29 日正式成立了“中国科学院、教育部、国家文物局遥感考古联合实验室”（简称遥感考古联合实验室），具体挂靠单位是遥感所。

遥感考古研究是在遥感信息获取和图像处理的基础上，开展遗址无损探测、遗址空间分布特征演变、古地理环境演变分析等的综合性研究。遥感考古联合实验室是由遥感所和国内专门从事考古的研究机构组成的一支高水平的综合研究队伍。跨部门、跨行业组建的“遥感考古联合实验室”，综合发挥了各部门优势，进一步推进了自然科学与社会科学的互相渗透，提升了遥感考古的学科地位和作用，使遥感考古得以迅速发展。历经十多年的科学积累和人才队伍建设，其在研究能力、成果、仪器设备、学术影响力和学科建设等方面都有了很大发展，在国内外的影响力不断提高并得到了行业部门的认可。目前，很多考古机构已有专门的遥感考古专业人才和研究室，遥感考古技术得到越来越广泛的应用，其学科地位得到很大提升。

二、战略定位、发展方向、机构特色

（一）战略定位

遥感考古联合实验室的成立旨在加强自然科学与社会科学的相互渗透和促进，培养复合型人才，提高我国文物考古研究水平，实现我国从文物大国向文物强国的跨越。遥感考古联合实验室积极发挥各部门、各单位的优势力量，体现优势互补、强强联合的特色，引进竞争机制，承担国家重大遥感考古科研项目。同时，遥感考古联合实验室广泛应用遥感技术，开展全方位、多层次的考古研究工作和国际合作，逐步形成有影响力的国家级遥感考古研究中心及国际遥感考古学术交流基地，提交高水平的科研成果，为国家培养遥感考古高级专业人才，为我国遥感考古事业的发展做出贡献。

（二）发 展 方 向

遥感考古联合实验室应用以遥感技术为主的空间信息技术，结合我国文物事业与考古研究的需要，开展多方位、多层次的技术服务与应用研究。遥感考古是在图像获取与处理、遥感考古弱信息提取的基础上，开展遥感考古解译制图、地下无损探测、水下考古、古地理环境演变分析，以及文化遗产管理GIS研究。在当前“定量遥感”的发展背景下，选择最具有考古意义的典型地区，从遥感信息源的获取、计算机图像处理、信息提取、自动分类和自动制图等高新技术出发，尽快把遥感考古研究提高到“定量遥感”的现代科学技术研究水平；促进空间技术在考古领域的系统化、常态化应用；从空间角度探索人类文明起源和传播的规律，提高我国考古研究的科技含量和国际竞争力，推动遥感考古技术的发展。

遥感考古联合实验室的目标是应用遥感多波段、多分辨率、多时相的技术特点，研究古遗址的波谱特性、几何特征、空间分布规律，为反演复原古环境、识别遗址的空间布局及重要资源的空间分布提供科学支撑；研究考古目标的光谱特性、考古目标的辐射特性、考古目标的介质传输特性和考古目标的电磁波背景场，建立一套适合于中国考古背景的波谱数据库、遥感考古影像库及遥感考古理论体系和技术规范；利用航空遥感影像、雷达数据、高光谱数据和地面试验数据，进行遥感考古信息处理和分析，提取考古目标的弱信息，对考古目标进行无损探测。

（三）机 构 特 色

遥感既能不断拓展考古的研究范围，也能不断加深已有考古领域的研究，因此加强遥感考古机理研究是提高遥感考古应用能力与水平的关键。遥感考古研究对遥感应用来说具有重要的科学意义，也是文化大繁荣大发展的必然趋势。因此，重视遥感考古交叉学科的基础理论研究，密切结合考古应用，形成了遥感基础研究与考古应用紧密结合的学科特色。

三、机 构 组 成

（一）机 构 介 绍

2001年11月29日依托遥感所成立了遥感考古联合实验室，其机构组成如下图所示。

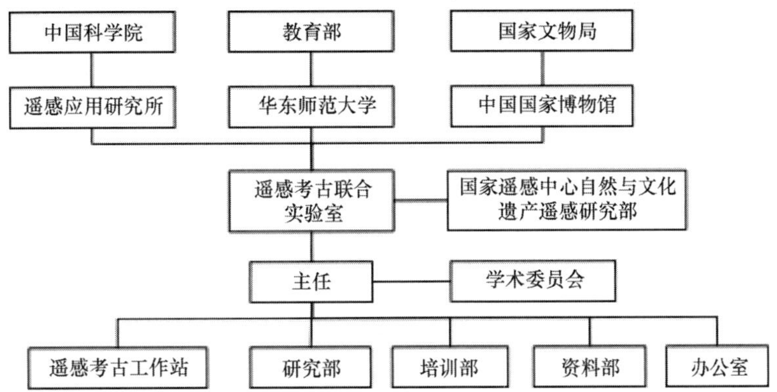

（二）领导：主任、副主任

遥感考古联合实验室主任：郭华东，副主任：聂跃平、杨林。

（三）学术委员会

主任： 陈述彭 院士 中国科学院遥感应用研究所；
副主任：Farouk EL-Baz 教授 美国波士顿大学；
Takeo Ojika 教授 国际 VSMM 学会荣誉主席、日本 GIFU 大学。

委员：

Juan A Barcel o 博士 西班牙巴塞罗那大学；
Bob Bewley 博士 英国遗产国家纪念碑记录中心；
Ronald G. Blom 博士 美国国家航空航天局喷气推进实验室；
Wolfgang Boehler 教授 I3mainz 公司，德国应用科学大学；
承继成 教授 北京大学；
Maurizio Forte 博士 虚拟遗产网络组织；
高俊 院士 解放军信息工程大学；
J.L.van Genderen 教授 荷兰地理信息科学与对地观测学院；
Vincent Gaffeny 博士 英国伯明翰大学；
郭华东 研究员 中国科学院遥感应用研究所；
李德仁 院士 武汉大学；
李小文 院士 中国科学院遥感应用研究所；
R Missotten 院士 联合国教科文组织地球科学部；
孙九林 院士 中国科学院地理科学与资源研究所；
Payson Sheets 教授 美国科罗拉多大学；
Apostolos Sarris 教授 希腊地中海研究所；
Hal Thwaites 教授 国际虚拟系统与多媒体协会主席；
童庆禧 院士 中国科学院遥感应用研究所；
许健民 院士 国家气象局；
王昌遂 教授 中国科技大学；
朱凤瀚 教授 国家博物馆；
张晓山 教授 中国国土资源航空物探遥感中心。

（四）行政与业务秘书

办公室主任：程晓云，研究部主任：王长林。

四、科研工作与成果

（一）科研任务与成果

遥感考古联合实验室自成立以来承担基金课题 1 项、863 课题 1 项、国家支持计划项目 2 项；地方项目 10 余项。经过近十年的努力，遥感考古研究已在考古探测、环境考古、古遗址重建、古遗址预测方面取得重要进展。

国家战略和社会发展需求是学科发展的原始动力。从学科发展的趋势来看，交叉融合是学科发展的必然趋势。遥感考古作为考古学的一个分支学科，是一门体现遥感技术与传统考古学相互渗透、交叉、融合的新技术，它能全面、快速、有效地探测地上和地下古遗址的分布信息，因此遥感考古学成为人类从空间认识文化遗产的一门新兴学科。

2002 年 12 月由遥感考古联合实验室主办了“全国第一届遥感考古会议”，促进了与会代表在遥感考古方面的学术交流；2003 年主办的以历史文化遗产空间认识为主题的香山科学会议，对遥感技术在考古领域的应用进行了科学论证，提出了遥感考古的努力方向和目标，旨在加强自然科学与社会科学在历史文化遗产方面的结合，加强遥感考古学科建设，深化对空间信息科学技术用于探测、发现、保护历史文化遗产的认识，探讨其作用机理等科学问题；2004 年遥感考古联合实验室在北京成功举办第一届国际遥感考古会议，发表了北京宣言，并使之成为两年一度的系列会议，为遥感考古学的发展提供了一个大好时机。2005 年，在国家遥感中心设立“自然与文化遗产遥感研究部”。遥感考古联合实验室成立 10 年来，已在浙江、河南、安徽、陕西、江苏、内蒙古、云南、新疆、河北正式成立了遥感考古联合实验室下属的遥感考古工作站。遥感考古联合实验室跨部门、跨行业，以国家和地方需求为目标，以考古问题为导向，通过与地方考古界及遥感机构网络式的广泛合作，促进遥感技术与考古学的深度交叉融合，并深入探讨遥感考古的学科发展方向，推动我国遥感考古事业的发展。

遥感考古以其独有的空间优势，在古遗址探测、文化遗产保护和监测、古环境重建方面发挥了重要作用。遥感考古联合实验室在国际、国内的地位和影响，为学科发展奠定了很好的基础。近年来在国家科技支撑计划和地方考古项目的支持下，围绕遥感考古中存在的理论、方法和技术需求，重点开展遥感考古基础理论研究，在遗址弱信息提取、遗址空间特征分析、预测模型构建、波谱库建设、遥感考古应用系统研究中取得了重要进展。

1. 古遗址弱信息处理

遗址弱信息提取一直以来都是遥感考古研究的难点和重点。古遗址由于其历史久远，经历了沧海桑田的巨大变化，遥感信息在考古目标中的传输是相当复杂的，不仅受到自然因素的影响，还受到人文和社会因素的影响，遗址信息非常微弱，如何识别这些弱信息是提取遗址信息的关键。我们选取自然环境和考古文化具有代表性的区域开展研究，在数据获取与图像处理的基础上，根据遗址类型、遗址分布的地域性、遗址环境背景植被生长的季节性特点、埋藏条件的不同，选择最佳时相遥感数据和波段组合，重点开展植被覆盖和人为扰动对遗址遥感信息传递影响的研究，并根据遗址自身特点，开展遥感数据的融合和特征提取，从影像中快速、准确地提取遗址信息。利用遗址区多源遥感植被指数时间序列、地表植被标志、土壤标志、热红外数据反演，发现古湖泊、古河道及部分古城墙，建立解译标志库，总结出一套适合于不同区域遗址的弱信息提取技术和方法，初步建立遥感考古弱信息挖掘理论与方法体系。

2. 古遗址地貌景观展示与环境分析

古遗址及文化的兴衰与环境变迁有着密切的联系，因此考古的任务不只是发现和确定遗址，还要尽可能地深入研究遗址周围环境。应用遥感多波段、多分辨率、多时相的技术特点，研究典型区域古遗址的空间布局及重要资源的空间分布，复原古环境。古地理环境的变迁对当时的社会、经济、文化都具有重要的影响，这些变化可依据遗址在遥感图像上所遗留下的“痕迹”来进行识别。我们将遗址区域的遥感数据、DEM 空间数据与气候学、年代学、环境学、地貌资料相结合，综合分析遗址与环境的关系，了解古人类的生存背景，展示遗址发展与环境演变过程。通过遗址及周边自然资源的遥感分析，分析推测古人的日常活动范围和资源获取方式，研究不同文化时期人地关系的演变过程。

3. 遗址遥感预测模型

遥感考古能够全面、快速、有效地探测地上和半掩埋古遗址的分布信息，古人居住地的选择是利用自然资源、适应环境的结果，有着特定的规律和特点。由于生产力水平所限，早期文化的发展在很大程度上受制于所处的环境，遗址的空间位置与环境关系密切。我们要研究古遗址的空间分布，必须了解遗址所处的特定的自然和人文环境，这些因素具体到各个遗址中作用程度也是各不相同的。我们针对太湖流域、汾河流域、渭河流域现有的航片和卫片进行判读分析，选取与居住地有密切关系的环境因子，根据遗址的坡度、坡向、高程、地形起伏度及地表曲率、距水系距离等地形地貌参数来推测、寻找遗址的潜在位置，结合 GIS 空间分析成果对重点区域遗址的时空分布特征进行统计分析，了解地理环境要素与遗址分布的空间关系，综合分析考古目标与周边环境的关系，发现遗址的地理分布规律，建立遗址区域的预测模型，结合野外调研，对预测模型进行评估研究，为古遗址的发现与探测、遗址发掘与保护规划及城市建设提供科学参考。

4. 重点遗址区波谱库建设

利用遥感技术来探测遗址通常是利用地表植被、土壤类型、微地貌的电磁波谱特征，而影像是分析遗址信息的基础。但是不同的数据源往往会得到不同的结果，相同数据源不同时相的分析结果往往也存在差异，而且这种差异缺乏显著的规律性。因此，遥感考古亟待加强遥感考古基础研究，实现从定性到定量的过渡，同时紧密结合地学、计算机、地理学、历史学，开展多学科交叉研究。遥感考古联合实验室近年来开展电磁波与古遗址之间相互作用的机理研究，借助野外实验场、航空、航天等不同模式，开展电磁波与古遗址之间相互作用的机理研究，采集中原地区京襄城、汉魏故城等城址的背景波谱特征，主要采集的数据有城墙夯土（顶部、侧面）、周边土壤、植被等表征古城址特征的典型地物。建立典型遗址区古遗址波谱数据库，为确定不同古遗址有效探测波段奠定基础，提高古遗址波谱数据的可对比性和共享性，确定不同古遗址的有效探测波段，为考古勘探与发掘提供科学、准确的数据。波谱库的建设将定量遥感考古从基础研究推向考古应用研究，将遥感考古地物波谱数据库建设成遥感考古的一个重要基础数据平台，通过对各种遥感数据的综合研究，分析已知古遗址的遥感数据特征、遥感考古目标的信息及其背景场的信息特点，为遗址识别与提取提供理论依据。

5. 建立遥感考古应用系统

在加强基础理论研究的同时，遥感考古联合实验室积累和总结了不同埋藏条件下的古遗址类型特性，为遗址的识别提供了成功案例，在不同地域、不同遗址类型、不同条件和不同研究阶段，遥感技术的应用程度各不相同，遥感考古联合实验室通过综合研究，系统地集成遥感考古技术方法体系，建立针对新疆和海南的遥感考古应用系统，该系统能够准确获取文化遗产的空间信息，监测文化遗产地在人类和自然因素作用下的时空变化（包括地理、环境、气候、自然灾害与人为破坏等），为文化遗产保护提供科学依据，重建古遗址的空间位置与几何形态，定量化、数字化研究考古区域古环境及其时空变化，完成古遗址的数字虚拟，实现遥感考古信息的可视化。

（二）论　　著

出版专著 2 部，发表论文 30 余篇，其中 SCI 3 篇、IE 8 篇、EI 6 篇、核心刊物 20 篇。

（三）专利与著作权

获专利软件著作权 2 项。

（四）成果转让与应用

在遥感考古联合实验室的推动下，遥感技术在考古研究中已经得到比较系统而广泛的应用，研究成果得到了考古部门的普遍认可，并应用到实际考古工作中去。

1. 利用遥感技术开展的遗址的发现与探测

由于保存于地表或地表以下的古代遗迹随着岁月的流逝逐渐荒废，有的变为农田，有的形成村镇，但由于这些遗迹全部为人工建成，与周围没有经过人工扰动的土壤环境存在差异，这就形成了这一地区在土壤、水分、地表温度等方面的特别征象，人们在平地观察这些特别征象是微乎其微的，而这些差异则造成了遥感图像上的光谱和温度差异，因此这些古遗址能被识别出来。例如，利用老航片，结合历史记载，解译了京杭运河分水工程北五湖位置，进而确认分水建筑物位置，指导了分水工程遗址的挖掘；应用科罗纳 CORONA 影像发现的良渚时期探测到河流改道和人工水坝痕迹（4800 年前），为解释良渚遗址和文化的衰落是洪水造成的自然灾害说提供了科学证据；应用小麦长势解译的二里头东墙和南墙遗址（植被标识）；二里头遗址、汉魏洛阳故城弱信息提取；新疆第三次文物普查中发现的太阳崇拜遗址（距今 3000 年左右）；应用无人机遥感新发现元中都遗址内部结构；等等。

2. 遥感技术在大型遗址的调查、保护与监测中的应用

我国的文物古迹遍及各地，除有世界遗产 40 多处外，还有大量需要保护和探明的古遗址，其中包括大型古代聚落、古城、皇陵、运河、长城、丝绸之路、茶马古道等。大型遗址往往是面积、时间和地理跨度大，应用传统的方法进行研究不仅费工费时，而且难以把握其整体面貌和保存现状，因此，遥感技术以其独特的优势在大型遗址研究中发挥了不可代替的作用。

2006～2009 年在国家科技支撑项目的支持下，遥感考古联合实验室对京杭大运河开展了考古、水利、历史和空间信息的综合研究。遥感技术以其快速、覆盖范围广的优势，获取了全长 1794km 的运河中高分辨率遥感数据，对运河现状、土地利用、河道变化、南旺分水岭工程探测等开展了应用研究，为京杭运河保护方案的制定提供了科学依据，也为申遗提供了第一手资料；新疆长城的发现，为丝绸之路的研究提供了实证，因为新疆长城是为保护丝绸之路而修建的，因此，查清新疆长城的分布状况也就搞清了丝绸之路的走向。在新疆文物局的支持下，开展的新疆长城资源遥感调查和复原已经取得阶段性成果，展现了丝绸之路的宏伟画卷。

3. 遥感信息在古环境研究中的应用

目前，应用遥感技术进行环境考古，主要运用多时相、多源和多分辨率航空及航天图像进行考古遗址环境探测、景观考古、环境变化和社会变革的关系研究，以及历史时期环境恢复状况调查等方面。

古代环境的恢复，对于研究当时的社会、文化、经济、自然地理条件等都有着重要的作用。而古地理环境的变迁，对于古代环境、政治演变的研究也十分重要。用遥感研究长周期的环境历史变迁，主要是依据它在遥感图像上所遗留下来的“痕迹”来进行识别。因为各种研究对象都有其区别于其他对象的特征，其中不少特征得以不同程度的保留。这些特征反映在遥感图像上则可以通过色调、阴影、形态、大小、纹理等的差异识别出来；应用 20 世纪 60 年代老航片，解译了良渚遗址附近的东苕溪 3 次改道的

情况，从遥感角度证实了大洪水引起的河流改道，冲毁和淹没了良渚人的生活设施和家园，使得其文明突然中断；黄河流域是中华文明的摇篮，流域中河流的改道对文明的发展产生了深远的影响。被誉为“华夏第一王都”的二里头遗址位于伊河和洛河两河流域间。根据史料记载，今伊、洛河交汇处有汉魏时期修建的古河道，根据遥感影像解译，发现洛河南侧有一异常区域，区域内为遗址真空区，但区域外侧发现大量汉魏遗址，因此可以推断此异常区域为古河道。

4. 文物考古信息系统

遥感影像客观反映了原始地貌，尤其是历史时期的航片具有更高的考古价值。我们可以从早期保存的遥感图像上发现已被破坏的古迹，从现在的图像发现现有的古迹，制成考古信息专题图，在图像上保存这些古迹的位置、范围及古迹的真实外貌特征，以供将来的分析之用。经过纠正的遥感图像就有很高的精度，因此可以从图像上对遗址的范围及形状进行直接测量，并将结果转绘到地图上，其具有很高的参考价值。利用遥感进行考古制图是遥感考古的主要内容，尤其是高分辨率卫星图像和航空照片，是大比例尺制图的主要数据源。利用遥感和 GIS 技术进行大规模的遗址调查，并精确定位，以供未来进行环境监测、遗址定位及预测之用。GIS 在考古学中的应用研究是多方面的，可以应用于从考古数据采集到数据存储、分析、解释及表达的各个方面，具体地说，可以总结为以下几个方面：建立考古信息管理系统，建立考古遗址预测模型，进行考古遗址的发展和扩张，景观考古 GIS 研究等，如已建立的新疆文物数据库、河北元中都 GIS 分析和监测等系统均为地方文物管理和监测发挥了重要作用。

5. 空间技术与古人类遗址和环境重建

虚拟遗产是历史遗产保护发展的新趋势。虚拟现实技术是虚拟遗产研究的技术层次支撑。虚拟遗产需要表达的是集历史性、艺术性、现实性于一体的多维信息。中国是历史文明古国，其丰富的历史文化遗产已成为世界历史文化遗产的重要组成部分。进行虚拟遗产的研究既可以推动中国历史遗产保护与发展，又可以与世界的发展潮流相适应，同时对于提高中国的历史文化遗产在世界历史文化遗产中的地位具有极大的意义，如运用虚拟现实技术结合野外调查模拟了良渚地区洪水泛滥和河流改道，以及良渚遗址被淹没的过程；应用历史记载和历史照片，恢复了京杭运河南旺分水工程的面貌和功能，生动形象地展示了古代京杭运河的繁荣景象。

五、队伍建设与人才培养

（一）人员结构及特点

遥感考古联合实验室是自然科学、高新技术与社会人文科学跨领域交叉的开放型研究室。队伍由遥感、GIS、VS、物探、地理、地貌、考古、历史、动植物等多学科人员组成，为开展研究奠定了扎实的基础。

这些人员都是各单位有遥感背景和考古背景的复合型人才和骨干。为了发展遥感考古事业，遥感考古联合实验室已经在浙江、河南、安徽、江苏、福建、川渝、湖北、陕西、内蒙古、云南、河北、新疆成立了遥感考古工作站，直接进行业务指导，对遥感技术在全国文物系统的推广和应用起到了重要作用。

（二）科研人员与研究生培养

遥感考古联合实验室现有的研究人员有 23 人，其中研究员/教授 10 名、副研究员 6 名、助理研究员 7 名。

人员组成有郭华东、刘树人（华东师范大学）、聂跃平、杨林（国家博物馆）、王长林、邵芸、信立祥（国家博物馆）、张登荣（浙江大学）、祝煒平（浙江教育学院）、塔拉（内蒙古自治区文物考古研究所）、王卫东（新疆文物考古研究所）、曹韦（陕西省考古研究院）、于丽君、朱建峰、邓飚、郭杉、雷生霖（国家博物馆）、姚乐音（国家博物馆）、高华光、任亚珊（河北省文物保护中心）、冯德显（河南省科学院地理研究所）、杨瑞霞（河南省科学院地理研究所）、王淑仙（华东师范大学）。

遥感考古联合实验室成立以来共培养硕士研究生9名，博士研究生3名（其中朝鲜人1名）。另外，根据各遥感考古工作站的不同需求，对其进行遥感、地理信息系统等业务指导和培训遥感考古人员一百多人次。这些经过培训的人员在新疆第三次文物普查、河北元中都遗址、梳妆楼遗址、浙江良渚遗址、内蒙古元上都遗址等的遥感探测中发挥了重要作用。

（三）人才培养措施

由于遥感考古是跨学科跨领域的新领域，遥感考古联合实验室积极营造良好的人才成长环境，加强复合型青年人才培养，留下了一批优秀毕业生，已初步形成了以中青年人为主的科研队伍，同时也为地方文物部门培训了一批遥感考古青年骨干，为遥感考古学科发展提供强大的支撑。

对青年人进行爱国主义和历史教育，让青年人了解我国5000年文明发展的历史，以及文化遗产探测与保护的重要性，使他们负有责任感和使命感，热爱这一专业。鼓励年轻人出国进修和参加大型国际会议，在科研工作中根据他们的特点，扬长避短，给予明确的任务分工，锻炼他们独立科研能力、提高综合素质。经过锻炼，大部分年轻人已成为各单位和科研小组的生力军，并在国际合作中发挥了重要作用。

六、管理与运行

（一）管理机制与规章制度

遥感考古联合实验室是由中国科学院、教育部、国家文物局三大系统组成的一个联合体。为保障该实验室的正常运行，在领导成员构成、项目争取、经费管理、日常管理等方面都制定了相应的管理办法，使得遥感考古联合实验室得到了良性循环发展。

（二）合作与交流

遥感考古联合实验室的宗旨就是联合各文物相关部门，发展遥感技术在文物系统的应用，开展广泛的国际合作，推动遥感考古的发展。

（1）2002年在北京召开第一次全国遥感考古会，提高对遥感技术在文化遗产领域作用和地位的认识。

（2）2003年召开主题为“人类文化遗产的空间认知”的第216次香山科学会，对遥感技术在考古应用中的技术、理论、方法、潜力进行了科学论证。

（3）2004年在北京主持召开了第一届国际遥感考古会，发表了北京宣言，国家遥感中心批准成立“自然与文化遗产研究部”。

（4）2005年与联合国教科文组织签订了加入“空间信息技术自然与文化遗产保护与监测开放计划”，开展实质性合作研究，如全球世界遗产遥感监测和保护等。

（5）2006年在意大利召开第二届遥感考古国际会议。

（6）2007年4月，路甬祥院长访问联合国教科文组织，在遥感考古联合实验室的基础上，提出在中国科学院建立联合国教科文组织“空间信息技术与文化遗产保护与监测”二类中心的建议，并于2009年获得批准成立。

（三）运行模式

为了发挥各部门、单位的作用，遥感考古联合实验室在遥感所、华东师范大学、国家博物馆分别设立研究部、培训部和资料部。遥感考古联合实验室总部及办事机构设在遥感所。遥感考古联合实验室由遥感所、华东师范大学、中国国家博物馆各派出一人组成领导机构，其中一人担任遥感考古联合实验室主任，两人担任副主任。遥感考古联合实验室每季度召开一次主任办公会议，协调有关事项，共同承担重大项目，并根据各单位特长进行分工负责，在研究的交叉点上共同开展遥感考古应用、技术、理论方法研究，相互交流，提高遥感技术在考古中的应用能力，成果共享。通过长期的融合，遥感考古联合实验室已经形成了一支具有承担国家和地方遥感考古项目能力的复合型人才研究队伍，成为我国遥感考古领域的国家队。

第八章　中国科学院遥感信息科学开放研究实验室

一、概　　述

（一）成 立 背 景

20 世纪 90 年代以来，遥感信息科学研究进入了一个新的发展时期。在技术上，遥感信息科学已从可见光发展到红外、微波，从单一波段发展到多波段；在理论上，从定性发展到半定量、定量，从分散发展到集成；在应用上，已从实验走向应用，并以迅猛的速度向产业化、商品化发展，特别是近年来，它与地理信息系统和全球定位系统相结合，在国民经济建设众多领域得到了广泛的应用，已成为一种重要的前沿科学。随着我国经济建设的迅速发展和全球工业化过程的加快，政府部门和国际组织在区域、国家、全球 3 个层次上对遥感科学技术提出了更高的需求；随着航天技术、信息技术、计算机技术、通信技术及地球科学、环境科学、生物学等学科领域的飞速进步和学科交融，遥感科学也正在进入一个新的发展阶段。这些都要求开展遥感信息科学研究，建立遥感信息科学体系，建立从事遥感信息科学研究的人才队伍。

（二）建立的必要性

遥感应用的扩大要求解决许多应用基础问题，如遥感成像机理，电磁波辐射传输模型与地学影像特征规律，围绕新一代遥感仪器的遥感原理论证，在资源环境应用的理论和方法等都需要我们深入开展研究。

面对飞速发展的形势，为迎接 21 世纪的挑战，使这一新兴科学领域的优势继续得到保持和加强，在中国科学院支持下于 1994 年 12 月正式批准组建遥感信息科学开放研究实验室（LARSIS），并同时对国内外开放。

（三）机 构 概 述

1993 年 1 月遥感所第四届领导机构成立，为推动遥感所遥感基础研究，解决遥感应用的基础科学问题和关键技术，所里决定组建遥感信息科学开放研究实验室，以当时的遥感辐射特性研究室、高光谱遥感科学研究室、微波遥感科学研究室为基础，申请成立中国科学院遥感信息科学开放研究实验室。后来，随着遥感信息科学的发展和应用需求，又陆续增加了资源环境遥感应用研究、全球变化遥感科学和数字地球基础理论与应用示范研究等方向，最终形成了 4 个研究小组：辐射信息遥感科学、高光谱遥感科学、微波遥感科学及全球变化遥感。

二、战略定位、发展方向、机构特色

（一）战 略 定 位

研究遥感信息机理，探索遥感前沿技术与应用。研究可见光、红外、微波电磁波与地表物质的相互作用机理，探索遥感信息在不同介质中的传输规律，研究遥感信息与地学特征的关系，发展高光谱成像和成像雷达等遥感前沿技术，建立其在资源、环境和灾害中应用的理论和方法。

遥感信息科学开放研究实验室瞄准前沿、结合国情、立足基础、发挥优势、竞争创新，以“建设一流工作环境，培养一流科技人才，创造一流科研成果”为准则，努力将本室建成既在国际遥感信息科学领域有重要影响，又为国家高技术发展和经济建设做出重要贡献的实验室。

（二）发 展 方 向

遥感信息科学开放研究实验室围绕地表辐射信息遥感科学、高光谱遥感科学、雷达遥感科学和遥感动态监测机理及在资源环境中的应用 4 个学科开展研究，主要研究内容是：遥感信息形成的波谱、空间、时间及地学、生物学规律；高光谱分辨率遥感信息形成机理及地物识别机制；成像雷达遥感信息形成机理及对地观测原理；遥感信息在地球表层的传输与再现规律；先进对地观测数据处理分析方法与应用模型；前沿遥感技术应用示范；全球变化遥感。

（三）机 构 特 色

研究遥感信息形成、传输理论和各种遥感手段集成应用的方法，提高解决若干重大关键遥感科学技术问题的能力与水平，不但具有重要的科学技术意义，也是国民经济建设和社会发展的迫切需要。因此，重视基础理论研究，发展高新技术，密切结合实际应用是遥感信息科学实验室科研工作的一大特色。

该实验室侧重遥感信息的形成、传输规律、成像机理与动态分析研究，在较高起点上，保持与国际水平同步。紧紧抓住一些重大、关键的遥感应用领域亟待解决的基础性问题开展研究，目标明确，针对性强。本实验室有 10 多年的工作积累，已取得 10 余项具有国际先进水平的成果，有完成多项国家重大科技攻关项目的经验和管理能力，具有满足遥感应用基础研究工作基本需要的仪器设备和科技人员，并有良好的国际学术交流与合作研究条件。充分利用国内外为开展遥感基础理论和高技术前沿研究所提供的条件，组织跨学科、跨部门、跨地区、跨国度的科技合作与交流，相互配合，取长补短，以发展我国遥感新理论、新技术、新方法，提高遥感应用中地物识别和探测的能力与水平，形成了包括基础研究、高光谱分辨率遥感和雷达遥感信息获取、计算机图像处理、专题分析，以及地学应用全过程的有机结合和地学与信息科学相结合的研究特色。

三、机 构 组 成

（一）机 构 介 绍

遥感信息科学开放研究实验室是当时的遥感辐射特性研究室、高光谱遥感科学研究室、微波遥感科学研究室为基础组建的，并对外开放。随着遥感信息科学的发展和应用需求，其又陆续增加了资源环境遥感应用研究、全球变化遥感科学和数字地球基础理论与应用示范研究等方向，最终形成了主任负责制，学术委员会学术指导和 4 个研究小组：辐射信息遥感科学、高光谱遥感科学、微波遥感科学及全球变化遥感。

（二）历 届 领 导

第一届实验室主任：郭华东；副主任：田国良、郑兰芬、王超（兼学术秘书）（1995 年 3 月任命）。

第二届实验室主任：郭华东；副主任：邵芸、郑兰芬（1997 年 6 月任命）。

第三届实验室主任：郭华东（2001 年 7 月任命）；常务副主任：邵芸（2001 年 10 月）；副主任：牛铮、张兵、毕思文（2001 年 10 月任命）。

（三）学术委员会

第一届学术委员会。主任：徐冠华；副主任：周秀骥、郭华东、童庆禧；委员：陈述彭、李德仁、孙鸿烈、承继成、潘习哲、徐文耀、田国良、刘纪远、郑兰芬、陈哲俊、Alan H. Strahler、Trevor Beaumout、Leo Sayn-Wittegenstein、Tom Far、Shunji Murai、David Jupp、Diane Evans。

第二届学术委员会。主任：徐冠华；副主任：周秀骥、郭华东、童庆禧；委员：陈述彭、李德仁、孙鸿烈、承继成、田国良、刘纪远、郑兰芬、邵芸、王超、陈哲俊、Alan H. Strahler、Ed Shaw、Tom Far、Shunji Murai、David Jupp、Diane Evans。

（四）行政与业务秘书

实验室行政与业务秘书由王超、毕思文先后兼任。

四、科研工作与成果

（一）主要科研工作与成果

1. 地表辐射信息遥感科学

该领域主要研究电磁波与地球表层物体的相互作用和成像机理，电磁波在介质中的传输规律，发展遥感信息传输模型及遥感信息定量反演方法。在多年来地物波谱特性研究的基础上，近年来重点研究了遥感信息传输模型及遥感信息定量反演方法，取得了一批具有国际先进或国内领先水平的成果。

1）多角度遥感研究

基于地物目标方向特性的多角度遥感不仅是当前遥感的热点之一，而且也是难点之一。因为地物，尤其是植被二向性反射分布函数（BRDF）模型研究不仅建立一些精确的描述辐射与植被相互作用过程的数学模型，更重要的是如何依据这些模型和多角度遥感反演出许多领域中都很有价值的植被结构参数和物理量，有效地进行植被生长模拟、动态监测和类型区分，为遥感提供更多的三维信息，开拓遥感的新领域。

遥感信息科学开放研究实验室在国家自然科学基金重点项目和国家 863 计划项目等的支持下，围绕着多角度遥感，在植被光学遥感机理、地表结构和光谱参数遥感反演、热红外辐射的方向性遥感机理等应用基础研究领域开展系统的研究，主要研究进展已经得到了国际该领域专家的公认。

（1）开展了植被光学遥感机理研究，建立了国际上著名的几何光学–辐射传输混合模型。

多角度遥感基于地表反射的非朗伯特征，用表面二向反射分布函数描述，在李-Strahler 几何光学模型的基础上，考虑到植被冠层内入射辐射的一次散射和多次散射对表面方向反射的贡献，进一步发展了几何光学–辐射传输一体化混合模型，得到了对冠层表面方向反射特征更准确的解释，这一模型特别适用于传统的辐射传输模型难以处理的森林等不连续植被，其已用于森林下辐射度和林冠表面二向反射特征的计算，并为应用遥感数据定量估算地表植被冠层参数提供了理论基础。

（2）建立了二向反射模型的遥感反演方法，发展了基于先验知识的地表参数的反演策略。

遥感的本质是反演，但在目前多角度遥感信息量有限的条件下，一次反演精确模型中的多个参数仍是地学反演的无定解问题。因此，目前的反演具有相当的难度。在针对这种情况的反演策略和反演算法研究中，我们强调先验知识的应用，定义了参数的“不确定性与敏感性”矩阵来定量判定待反演参数和所采用的数据子集，以最有效地应用有限的遥感信息实现对地表真实知识的积累。

（3）发展了地物二向性反射及结构参数的测量方法。

BRDF 的研究除了模型的建立外，如何开展野外测量和验证也是它的重要研究内容之一。几年来，我们开展了室内外实验，发展了测量方法，形成了包括数据自动采集、方向反射可视化到模型验证和目标结构参数反演的一套完整的实验与分析系统，如叶片反射透射偏振测量装置、机载宽视场双摄像机（CCD）成像系统、底视断层成像系统，取得了一套模型验证所需的实验数据，提供了模型参数和用于反演的先验知识。我们不仅参加了多个国家在美国的测量实验，而且吸引许多外国科学家到中国开展实验。

（4）进行了热红外辐射的方向性机理探索，提出了典型地表热红外辐射方向性理论模型和非同温像元的等效发射率概念模型，并进行了试验验证。

从遥感数据中直接反演地表真实温度，对地表能量交换及相关领域的应用研究均有重要意义。目前热红外辐射的方向性是影响地表温度反演精度达到 1K 的主要障碍之一，基于可见光近红外多角度遥感机理研究和遥感像元大多非同温的特点，对非同温像元的等效发射率给出了新的理论定义，并据此发展了相应的概念模型。该模型可成功地解释地表像元尺度上热红外辐射的方向性，同时开展了地表时空多变要素尺度效应与尺度转换等研究，并进行了试验验证。

该实验室围绕地表时空多变要素开展尺度效应与尺度转换等模拟研究，形成一套时空多变要素的定量遥感反演理论的验证方法，即以遥感试验场的地面实况，对地表参数的反演结果进行了验证，将尺度转换与定标相融合；提出了以点定标面、面内插点的地表参数的空间扩展模式；开展了由点到面的尺度转换，验证物理基本定律、定理在尺度转换中的适用性；根据地面试验场观测的各要素变化过程，研究了遥感信息与非遥感参数时空扩展方法。上述有关研究及地面野外实验初步证实遥感科学对促进定量遥感的应用和在区域可持续发展研究中有广阔的应用前景。

（5）推动我国多角度遥感应用及多角度传感器的研制。

经过多年的潜心研究，我国多角度遥感研究已逐渐从理论模型研究向实用阶段推进。在国家 863 计划项目的支持下，在机载多角度多光谱成像仪的研制和多角度多光谱数据处理系统的开发方面已取得显著的进展，并于 2000 年 11 月在哈尔滨成功地开展了一次航空飞行试验，为我们开展地表二向反射特性和热红外辐射方向性特性研究提供了新的手段。机载多角度多光谱成像仪实验样机，可以获取 9 个角度，可见、近红外和热红外 3 个波段的机载多角度多光谱图像，这是我国第一台多角度遥感传感器，填补了我国高空间分辨率多角度遥感传感器的空白，也是国际上第一台能同时获取 9 个角度热红外波段遥感图像的高空间分辨率多角度遥感传感器，其对提高我国遥感科学技术的整体水平、在国际遥感界占有一席之地具有重要意义。

2）遥感信息在介质中的传输规律研究

研究遥感信息在介质中的传输规律、建立传输模型是实现遥感定量化的重要环节，其在遥感应用基础研究中有着重要意义。近年来在国家重大基金、国家攻关、载人航天工程和国际合作等项目的支持下，遥感信息科学开放研究实验室重点开展了遥感信息在大气、植被、土壤等介质中的传输规律研究，在大气辐射传输计算、地表能量平衡 / 土壤水热耦合运动、植被辐射双层模型和遥感信息定量反演等研究中取得重要进展，并在大面积的农作物旱情监测中得到广泛应用。

（1）发展了遥感信息大气影响校正模型和方法。

遥感信息大气影响校正始终是定量遥感的热点和难点之一。遥感获得的是地表反射和大气影响的综合信息，在遥感应用中既需要得到地表反射率，又要进行大气影响校正，为了克服在地表反射率未知的情况下计算辐射场的困难，发展了平行平面大气辐射传输方程的一种求解方法及通用的计算机程序。该方法的创新点是将地表反射率对辐射传输的影响从与大气的耦合中分离出来，因此可以在地表反射率未知的情况下完成计算，实现大气影响校正并反演地表反射率。该项研究发展提出了一种简化的热红外辐射计算模型，只要求较少的大气参量输入就可获得合理的热红外辐射计算精度，其适用于热红外单通道和多通道的大气影响校正，可实现地表温度的反演。以上模型与方法成功地用于农田蒸散和土壤水分的估算及旱情监测的定量遥感中。

（2）发展了植被辐射传输的双层模型。

植被传输模型是土壤-植被-大气传输系统研究中的重要组成部分，针对我国在农作物的生长过程中，部分植被覆盖的情况在生长季占很长时间，建立热红外遥感监测土壤水分、蒸散等的双层模型对定量化遥感具有重要意义和应用价值。基于能量平衡的双层模型是把土壤和作物冠层作为两个边界层来研究其传输过程，考虑了二者对蒸散贡献的不同，因此与单层模型相比，其适用性强、精度高。该项研究的特点是在野外实验的基础上，结合 NOAA 气象卫星资料和气象资料，利用农田蒸散双层模型，成功地实现了大面积平原地区农田蒸散和土壤水分的估算，在此基础上发展了规一化温度指数模型和作物缺水指数模型，对黄淮海平原旱情进行了监测，其精度比单层模型提高了十几个百分点。

（3）建立了土壤热传输模型，创新了一种简单的土壤热惯量野外实测方法，实现了用遥感图像直接计算土壤热惯量和土壤水分的目标。

本项研究以建立卫星数据与地表水热关系为关键，发展了地表能量平衡方程的一种新的化简方法，以地表温度日变化幅度和平均温度为自变量，全面描述土壤表层热特性，从而为遥感定量反演地表水分打下基础。这种方法与国外研究相比发展了热传输方程的求解，成功地解决了与地表特征和气象参数有关的 B 值求解，发展了 Price 表观热惯量模型，可从遥感图像数据直接得到真实热惯量，进而得到土壤水分分布。

为建立不同质地土壤水分与热惯量的定量关系而发展了土壤热惯量野外实测方法，采用实地测量土壤热扩散率结合室内测量该土壤热容量，计算实际情况下土壤热惯量值与水分含量间的关系，为用遥感图像估算土壤水分建立了定量关系模型。

（4）建立了土壤水热耦合运动方程，实现了对不同层深土壤水分的估算。

在研究土壤水分运动变化规律中引入土壤水热耦合原理，在土壤–大气界面处的能量方程中定量表达水热相互作用的能量传递和转换过程，以此为耦合方程的初始边界条件，对自然蒸发条件下平原地区一定深度土壤水分分布做了推测。在方程求解中采用了时间差分有限元方法解决复杂边界条件下的求解问题，在通过实验方法找出土壤热特性与遥感数据关系的基础上，直接利用遥感数据给出土壤表层水分含量，并将其作为水热耦合方程的边界条件代入求解，完成了土壤水分与遥感信息间关系的建立，利用遥感信息对土壤中物质、能量、水分运动变化进行了定量描述，实现了对土壤不同层深水分的估算。

（5）发展了农作物旱情监测遥感信息模型。

利用从历史 NOAA/AVHRR 遥感资料获取的归一化植被指数（NDVI）信息，算得多年旬植被生长状态指数（VCI），利用全国土壤湿度值（SHI）与采样取得的旬植被生长状态指数值建立旬的 SHI 和 VCI 的时空数据集、SHI 和 VCI 之间的统计关系式，通过用土壤湿度法划分旱灾等级的国家标准，算得 VCI 相应的阈值，从而得出用遥感方法监测旱灾的 VCI 灰度等级图，以实时监测全国每旬的旱灾分布情况，其研究成果被应用于全国基本农情遥感速报系统。

（6）进行了岩石热模型分析。

根据岩石的红外光谱特性和岩石的热性质，建立岩石的热模型，对岩石表面的 1 个日照周期内的变化做出计算，绘制出不同热惯量的岩石的日周期表面温度变化。改变岩石的反射率、辐射系数和地表径向热流而得到的岩石表面温度日变化曲线显示出，这 3 个因素只是改变了温度的量值，不像热惯量那样改变了形状。

（7）研究了水体（海洋）光谱与水体所含物质成分之间的作用机理。

我们较为完整地研究了以叶绿素、悬浮泥沙、黄色物质为主要水体成分的水色遥感机理及遥感反射率与各成分散射和吸收的关系，确定了进行水体光谱分析所必需的关键参数，提出了一种目前国际上尚未完全采用的基于局域水体的多成分同时反演算法。这种算法不同于以往一种算法反演一种物质成分的模式。

3）开展了农田生态系统遥感监测信息模型的综合试验

在攀登预选项目“地球表面能量交换的遥感定量研究”，国家 973 计划项目“地球表面时空多变要素的定量遥感理论与应用”和所知识创新项目的联合资助下，2001 年 4～6 月遥感信息科学开放研究实验室在北京顺义地区组织开展一次大型星机地同步遥感综合试验，重点围绕农田生态系统中冠层反照率、冠层温度、土壤水分含量、地表蒸发与植被蒸腾等的遥感定量反演研究，获取多光谱、多角度、多时相、多比例尺的遥感数据（地面、航空和航天），以及气象数据、农田小气候数据和田间各种基本参数，开展时间尺度效应、空间尺度效应等方面的基础研究，推动定量遥感科学与农学、大气科学等相关学科的交叉发展，为建立农田生态系统水热传输定量遥感信息模型、实现农作物长势和旱情的遥感定量监测奠定基础。

2. 高光谱遥感科学

与国际成像光谱技术发展同步，遥感信息科学开放研究实验室在国内率先开展了高光谱分辨率成像光谱遥感研究，在本室主持的红外多光谱遥感技术应用，特别是在地质找矿遥感应用方面，取得“遥感直接鉴别矿物”和“遥感直接识别某些地表物质成分”并直接找到了金矿。通过“七五”“八五”科技攻关，这一领域发展成为集航空高光谱分辨率遥感信息获取、超多波段，大容量信息处理，以地物光谱特征为基础的光谱识别模型和图像分析应用为一体的高光谱遥感科学技术系统。近年来又在基础技术和应用方面有了长足的进步，瞄准国际最新的高光谱遥感科学技术成就，在信息源方面采用了国内外最新的高光谱分辨率数据，开拓了对高光谱分辨率遥感信息进行处理和分析的图像–光谱合一的技术途径，发展了特征吸收光谱鉴别技术和光谱匹配识别的理论技术及信息提取方法。

1）高光谱分辨率遥感信息定标和定量化

遥感信息的定标可通过多途径来完成。除对航空遥感器的实验室定标外．实际飞行时的同步定标技术是一个关键环节。通过对中国科学院上海技术物理研究所 71 通道 MAIS 成像光谱仪和上海仙通信息技术研究所面阵 CCD 高光谱成像仪在祁连山、塔里木、唐山及鄱阳湖地区的实地定标研究，发展了一整套从地物选择、光谱辐射测量、模型计算、信息定量、反射率反演到对地物分析识别的研究方法，并用于在法国开展的对航空热红外数据进行的定标实验，得到了与国外相一致的结果，为在我国开展航空和卫星遥感器的定标积累了技术、数据和经验。

2）地物识别理论研究及模型的建立

（1）建立了基于导数光谱的生物量反演模型。

通过对高光谱遥感信息的研究，从理论上分析了导数光谱具有减少大气和土壤等背景噪声信息影响的能力，并基于导数光谱波形分析，提出了针对高光谱分辨率遥感图像特征的植被因子的概念，建立了植被因子与植被覆盖率、生物量之间的定量模型，这种高光谱遥感模型较之常规的植被指数更能反映与植被生物量的关系，并成功地进行了鄱阳湖湿地生物量制图。

（2）建立了基于光谱波形匹配的地物识别模型。

光谱匹配是成像光谱对地物进行识别和分类的核心技术，针对植被光谱识别，提出了基于光谱波形广义角度的光谱匹配模型，为直接利用光谱数据库的光谱信息进行成像光谱图像分类与地物类型识别奠定了理论和技术基础。特别是水稻识别模型，提高了对水稻种植面积等的测算精度。在鄱阳湖湿地成功进行了湿地植被的识别与分类，特别是对该地区长势相同、光谱近似的芦苇、苔草、黎蒿，以及旱苗蓼、茭白、碎米荠等植物和群落进行了成功的区分和提取。这一问题的解决为将来各种植被类型，特别是水稻等农作物监测中的精细识别和分类奠定了基础。

（3）基于光谱特征参量匹配的地物识别和信息提取模型研究。

其在对地质岩矿的高光谱研究中利用了某些矿物在岩石和地层中的光谱特征，并将此特征参量化为光谱吸收峰位置、吸收宽度、吸收深度和对称性等。这一研究对金矿蚀变带的信息提取和识别过程中起到了很好的作用，其成为一种实用性很强的方法。在对新疆柯坪地区高光谱信息的分析处理中，将两套位于新、老两个地层的灰岩成功地区分开，并识别出了它们各自的主要造岩矿物。

（4）发展了热红外发射率模型。

由于热红外辐射中包含了地物的温度和发射率两种信息，对这两种信息的研究，特别是分离，更是这一领域的关键问题。通过对新疆柯坪地区和唐山地区热红外数据的分析，研究了地表温度和发射率的计算。分析表明，岩石相对发射率的差异、它们的谱特征与它们主导矿物含量有十分密切的关系。此外，热红外与可见和近红外成像光谱融合研究在国际上为刚刚起步的领域。我们利用 MIVIS 数据探讨发现了热红外发射率波段间差异（比值）与植被指数之间的高相关性最高可达 0.96，这将为地表温度的遥感反演提供新的途径。

3）针对成像光谱图像信息匹配和地物识别的光谱数据库研究

该系统根据我国遥感工作进展的实际情况，建立了一个有代表性的，能反映我国各特征地区、特征地物的光谱特性数据库及其管理系统，为遥感基础理论研究、地物光谱研究提供丰富而可靠的信息源和强有力的工具；同时，也为国内外广大用户提供查询、共享和交流功能。

该系统收集整理了基本代表我国各个自然带的不同类型地区地面及其航空光谱特征信息，并按照它们的形成机理、变化规律建立了规范管理系统和数据应用模式软件。该系统采用模块化结构，收集了植被、土壤、岩矿、水体、人工目标五大类地物的 500 余种、15000 余条作物的光谱数据曲线。其数据除野外测量光谱外，还有选择地集成了一部分 380～2500nm 的室内光谱数据及 400～1100nm 的航空光谱数据，并将相应的环境参数、大气参数及理化参数等辅助数据存入数据库，作为使用的重要参考。

4）海量数据处理及识别模型，信息处理和提取的算法和软件研究

高光谱分辨率遥感最重要的信息特征之一就是波段多、光谱分辨率高、信息量大、数据速率高。如何快速处理这些海量信息，我们着重研究了成像光谱海量信息的数据整理、修饰、数据归一化、信息辐射、几何校正、数据压缩，以及信息提取的集成化处理与算法优化，发展了将这些功能集成化、一体化的快速处理模型，应用这一模型其处理速度比 1994 年前提高近一个数量级。软件系统涵盖了成像光谱仪数据处理分析技术的主要方面，在光谱层析分析、基于统计的光谱角度相似性匹配方面具有创新性，并实现了磁带和文件的定位读取、集成化快速预处理、图像无损压缩、多种数据类型镶嵌、图像控制点库等功能。

5）中日农业和中马热带雨林高光谱遥感应用技术研究

2000年8月LARSIS高光谱模块与中国科学院上海技术物理研究所的科研人员在日本长野县和爱知县境内开展了航空高光谱遥感飞行，在长野、松本和南牧等地开展了广泛的野外调查、同步光谱测量和准同步定标工作，收集和积累了大量地面实况数据。该项应用在农业植被的长势和分类识别、典型农作物的生长季划分和生化参量估计、一些感兴趣的人工地物目标的探测等方面取得相应成果。这是在日本进行的首次大规模的高光谱遥感应用实验，也是我国遥感高新技术应邀赴国外，在发达国家开展合作研究的又一次实践。

2000年11月马来西亚国家遥感中心邀请LARSIS第二届学术委员会主任童庆禧院士和室副主任张兵副研究员前往马来西亚进行讲学，并与我方共同开展了中马热带雨林高光谱遥感应用技术研究，积累了大量不同环境下、不同目标的高光谱图像资料和地物光谱资料，极大地推动了高光谱遥感应用与相关信息提取模型的发展。

3. 雷达遥感科学

雷达遥感科学主要研究地物目标与成像雷达的相互作用机理，雷达遥感信息处理与提取方法、地物识别与分析模型。遥感信息科学开放研究实验室在雷达遥感科学领域已有20余年的研究积累。近年来，主持承担多项国家重大基金、863高技术、载人航天工程计划及院长基金等项目，特别是开展了多项高水平实质性国际合作，包括进入分别由美国、加拿大、欧洲太空局、日本等主持的航天飞机成像雷达计划、全球雷达遥感计划、雷达卫星计划、欧洲遥感卫星计划、日本地球资源卫星计划，主持这些研究计划的中国项目与国际同步进行一系列研究工作，并取得了有意义的研究成果。

1）典型地物雷达散射模型及回波机理研究

（1）建立了岩石表面散射双尺度模型。

将裸露岩石作为不同表面粗糙度面散射体考虑，在山东试验区实地测量，得到模型计算所需岩石表面参数，给出模型演算算法，可直接从SAR数据中提取岩石特性参数。

（2）建立了水稻散射模型。

完成水稻散射单元及复介电常数的模拟计算、水稻散射的Monte-Carlo模拟，得到时间域水稻后向散射系数正演结果；建立了水稻散射系数年变化谱，基于水稻的时域散射特性，区分并识别出生长周期仅差5～7天的中熟稻、晚熟稻、中晚熟稻和早熟稻；实现了利用雷达遥感技术进行水稻长势监测及产量预估的技术体系，为南方多云雨地区农作物监测与估产提供了信息源渠道。

（3）研究了树林雷达后向散射特性。

进行树林冠层参数测量，从雷达图像上提取树林雷达后向散射系数，利用不连续树冠森林后向散射模型，根据模拟C和L波段、不同极化状态下的森林雷达后向散射系数，进行森林雷达散射特性分析，为雷达森林生态研究提供依据，用雷达数据对肇庆试验区森林蓄积量进行了估算。

（4）开展了雷达穿透性分析。

与航天飞机雷达成像飞行同步，布设系列的角反射器于干沙下不同深度，实验表明，L波段雷达有较好的穿透性，对试验区最大理论穿透深度为2.82m，但深度大于2.82m的地物仍可被探测。这一定量分析结果对于探测干旱地区地下资源具有重要意义。

（5）进行了星–机–地立体雷达遥感实验。

进行航天飞机雷达、航空X波段雷达、地面散射计三位一体遥感实验，获得实时测量数据。机载SAR定标结果在图像线性动态范围内拟合精度优于2dB，为定量雷达遥感提供了依据。这项成果是SIR-C计划13个国家开展立体观测实验的3个国家所做的试验之一。

2）雷达图像处理及信息提取方法

（1）研制了一种新的 SAR 图像斑点噪声压制滤波方法，提出了图像复原技术。

合成孔径雷达图像的斑点噪声一直阻碍合成孔径雷达图像的校正、解译、检验和应用。我们在分析噪声的统计特性和典型抑制斑点噪声方法的基础上，发现了 SAR 图像斑点噪声抑制的本质问题是要寻找足够多的同质地物像元来近似计算图像的真实值。我们提出了基于边缘 SAR 图像复原方法，与国外同类研究相比，很好地解决了保持（或突出）边缘细节与平滑噪声之间的矛盾。

（2）研制了利用灰度共现矩阵提取纹理信息的方法，提出了图像的边缘提取技术。

在对合成孔径雷达图像噪声特点及边缘信息做了较为深入研究的基础上，提出了具有高识别度的灰度与纹理信息分层重组增强特定目标的系列方法，并进行了 SAR 图像纹理测度与地物几何、物理特性对应关系的研究，提出了二进小波和基于梯度矢量流的边缘信息提取方法，较好地抑制了合成孔径雷达图像中斑点噪声对边缘信息提取的影响，形成了较为完整的 SAR 图像边缘信息提取方法，并对此进行了实验验证。

（3）提出了 SAR 数据与光学遥感数据融合使用简单复合方法不能有效利用信息的论点，进行了基于分类的和基于空间信息与光谱信息分层的 SAR 数据及光学遥感数据融合试验研究。

（4）系统地研究了分维与遥感图像纹理信息提取的关系，研制了基于分数布朗函数、尺度变换、测度关系、表面积与分形关系、空隙度等的影像分维估算方法与程序，研制了一种从 SAR 图像上利用形态几何学方法提取沟谷，进行分维分析，提取岩性与构造信息的程序。

（5）系统地研究了现有分类方法对 SAR 图像分类的适用性，提出了 SAR 图像分类的两套高效解决方案，即图像分割结合模糊分类或纹理信息提取结合神经网络分类方法，将多层感知器神经网络用于多波段、多极化 SAR 数据分类，依靠对网络结构的合理构造，与传统分类方法相比，分类精度提高了 5～6 个百分点。

3）雷达图像分析及典型地物识别

通过对多波段多极化 SIR-C/X-SAR 数据的处理分析，识别出植被冠层下的成层构造，证实了雷达遥感在亚热带地区植被繁茂、土壤层厚、岩石出露有限的困难条件下揭示地质体的能力，为南方森林覆盖下资源探测提供了新的途径。

利用雷达图像和穿透性，进行内蒙古阿拉善地区次地表古水系探测及古环境分析，识别出干沙覆盖下的古河道和三湖盆，确立了横贯该区北部的一条古河湖串联水系系统，揭示了该区流沙带主要是以古河道作为通道移动的规律，初步建立自第三系以来的水系演化模式。

利用多波段、多极化 SIR-C/X-SAR 数据新发现了西昆仑山海拔 5400m 处 5 个火山口和两种熔岩流。提出了 L 波段 HV 极化是探测火山及不同类型熔岩流的最佳雷达波段极化组合，得出粗糙度是区分不同类型熔岩流主导因子的结论，并证明了雷达在自然条件恶劣环境下探测火山的快速有效性。

利用多波段多极化 GlobeSAR 数据，进行森林参数与雷达后向散射系数值的相关分析，建立森林蓄积量估测方法模型，进行广东肇庆地区松树蓄积量估测，精度可达 80%以上。

对全球 ERS-l 散射计数据处理及制图方法研究，提出划分全球陆地地表六大单元的新观点，即沙漠、戈壁、高原、盆地、山脉、植被和冰雪覆盖，并首次制作中国多时相散射系数图。

分析多波段多极化雷达图像，区分出明、隋长城及部分被干沙掩埋的古长城，并得出 LHH 对探测这类地物最佳，而 CHV 不宜利用的结论。利用星载雷达图像首次在我国发现了陨石撞击构造。

4）新型雷达成像原理及数据算法研究

针对雷达遥感领域干涉雷达及极化雷达的前沿方向，LARSIS 紧紧抓住这一动向开展了研究。

（1）极化雷达。极化雷达记录了地物的全极化信息，能够测量每一像元的全散射矩阵，是定量雷达遥感的前沿。遥感信息科学开放研究实验室提出了简化的极化度计算公式，分析了肇庆试验区 7 种地物的极化合成结果，得出地物散射过程中交叉极化影响大小的结论。利用极化雷达数据，自动提取出新疆试验区散射系数及地表参数，如粗糙度、介电常数数据。根据一阶 IEM 模型，分析了地面散射系数与土壤参数、介电常数、湿度、地面离散高度及相关长度的关系，进而对试验区地学演化规律进行了阐述。

（2）干涉雷达。干涉 SAR 以及极化干涉 SAR 对地观测技术是当前雷达遥感技术发展的重要方向。干涉雷达可从空间直接获取高精度高程数据，从而使直接获取三维信息成为可能。利用 L 波段 HH 极化 SIR-C / X-SAR 昆仑山干涉雷达数据，进行数字高程模型提取，将之与 1∶10 万比例尺地形图比较，干涉雷达结果显示了更多信息。独立完成了干涉雷达数据处理算法，并研制出相应程序，在获得斜距高程模型的基础上，计算出正射投影高程模型，提出了干涉雷达数据生成数字高程的流程，并开发了一套相应的处理软件。

遥感信息科学开放研究实验室分别基于 ERS-1/2、S1R-C/X-SAR 数据和小波变换方法，深入研究了干涉与极化干涉 SAR 信息的提取与应用参数的反演问题，在干涉 SAR 信息提取方面，基于二维 FFT 功率谱，给出了高精度初始基线垂直分量估计法，达到了较好的干涉图去平地效果，基于二进小波变换的干涉条纹检测相位解绕算法，给出了 7 种极化干涉参数提取方法，提出了基于小波变换分形信号参数提取的大气项和噪声项 DEM 误差功率估计法，以及基于误差功率估计多时相干涉 SAR 加权融合法，较好地提高了 DEM 提取精度。

4. 资源环境遥感应用研究

LARSIS 多年以来在提取遥感辐射信息和空间信息、构建雷达遥感和高光谱遥感科学等方面积累了大量的科研成果。这些基础科研成果在“基础研究要面向国民经济主战场”方针的指导下，成功地为众多遥感应用项目提供了强有力的科学基础和技术支撑，其辐射作用涵盖了近年来众多的国家和省部委的重大遥感应用项目，支持了我国资源环境、作物估产、灾害等遥感动态监测及其大规模应用。LARSIS 多年以来在遥感动态监测机理及在资源环境中的应用方面取得了很好的进展，取得了一批应用成果。

1）农作物遥感估产

“八五”期间开展的“重点产粮区主要农作物遥感估产”项目针对我国地形破碎、种植结构复杂等特点，创造性地利用多种遥感信息源，在地理信息系统的支持下，研究出多种面积提取技术，估测多种农作物的播种面积，建立了多种农作物的不同生长期动态跟踪监测长势和预测模型、绿度指数–温度–绿度变化速率小麦模型、动力和动态跟踪水稻遥感模型、玉米干物质量积累过程遥感估产因子构建的遥感综合模型。

2）国家资源环境遥感调查

“国家资源环境遥感宏观调查与动态研究”项目以“快”（快速）、“高”（高技术）、“新”（新信息源和新成果数据）、“动”（动态研究）四个字为核心，快速为国家提供指导国民经济宏观决策的资源环境地理分布数据及研究成果。该项研究以遥感与地理信息系统为核心技术，在 3 年内全面完成了全国土地资源和生态环境背景的调查，取得了内容完整、精度可靠、现势性强的全国调查数据和图件；建成了全国资源环境图形数据库；取得了全国耕地时空变化及评价、典型区城市化、沙漠化、水体变化和土壤侵蚀等动态分析成果，以及全国资源环境时空规律模型研究成果，并提出了一系列科学建议。

5. 全球变化遥感科学

遥感信息科学开放研究实验室开展了中国陆地和近海生态系统定量遥感研究。设计并实施了碳通量遥感地面实验。实验设置在中国农业大学曲周试验站冬小麦试验地，2002 年 4 月 17 日～5 月 22 日进行了碳通量和土壤呼吸等相关指标的观测。通过该实验，为遥感所开展遥感生态应用试验研究提供了宝贵经验。中国陆地和近海生态系统定量遥感研究建立了“全国森林资源林分优势树种蓄积空间数据库”“全国分地区主要农作物产量空间数据库”“全国分地区天然草地产草量空间数据库”及“全球土壤呼吸数据库”，进而建立了“全国陆地生态系统碳储量和碳通量参考空间数据库”。

6. 数字地球基础理论与应用示范研究

国际数字地球秘书处于 1999 年在北京成立，遥感信息科学开放研究实验室主任郭华东研究员任秘书长。进入 21 世纪以来，LARSIS 开展了数字地球基础理论与应用示范研究，构建了数字地球基础理论框架体系，并获得中国科学院知识创新工程重要方向性项目资助；遥感信息科学开放研究实验室成员参加了 2001 年在加拿大举办的第二届数字地球国际会议，郭华东研究员在大会上代表路甬祥院长做了发言，毕思文研究员和薛勇研究员做了专题报告，他们的发言得到了 NASA、加拿大遥感中心等数字地球领域专家的高度评价；开展了数字城市等应用示范研究。

（二）论文/专著

LARSIS 共出版专著 12 部，1995～2002 年，发表学术论文 296 篇，其中 SCI 收录 58 篇，EI 收录 73 篇，国内核心期刊 168 篇，国际会议特邀和专题报告 21 篇．会议分组报告 59 篇。

（三）获　　奖

1995 年以来，LARSIS 取得获奖成果 16 项，包括国家科技进步奖二等奖 4 项、三等奖 1 项，中国科学院科技进步奖特等奖 2 项、一等奖 3 项、二等奖 3 项、三等奖 2 项，自然科学一等奖 1 项。

（四）成果辐射作用与应用

1）地表辐射信息遥感科学研究成果应用

发展的几何光学在美国对地观测计划中的陆地二向性产品方案评选中被选为地物起伏像元和不连续植被像元最合适的模型。理论和实验测量方法的创新性，吸引了许多国外专家到中国进行学术交流和实验。发展的几何光学–辐射传输混合模型、热红外非同温像元等效发射率模型、土壤的热惯量模型、基于遥感的植被能量交换的双层模型、将反射率从与大气耦合中分离出来的大气影响校正模型、基于局域水体的多成分同时反演算法等均有所创新，形成了我们的研究特色，吸引了一些国家和我们合作，如与美国波士顿大学保持了多年的国际合作，中国和澳大利亚政府间科技合作项目已进入第三期（每期约三年），参与了法国卫星 SPOT4-VEGETATION，日本的 DEOS-POLDER，美国 EOS-MODIS、ASTER 等大项遥感对地观测计划。植被、土壤、大气等方面的遥感信息、传输模型在黄淮海平原的农田蒸散和土壤水分的估算、农田旱情监测中得到了很好的应用，并取得了显著的社会经济效益。

2）高光谱遥感科学研究成果应用

建立的基于导数光谱的生物量反演和光谱波形匹配的地物识别模型，成功地用于鄱阳湖湿地植被的识别与分类；地物光谱数据库和管理系统的建立，为成像光谱遥感定量化研究和应用提供了丰富、可靠的基础信息源和有力的工具，推动了成像光谱仪 PHI 在城市用地分类和建筑物分类的应用示范研究。

LARSIS 的部分研究成果已扩展应用到具有商业意义的遥感服务，在该室所发展的海量数据处理成果的基础上，顺利承担和完成了美国 TEXA–CO、意大利 AGIP 公司在我国塔里木盆地石油勘探成像光谱项目。

课题研究及其一些基础性成果对课题组成员申请立项承担国家“95”科技攻关项目、863 项目，以及一些国际合作起了强有力的支持作用。国家“95”科技攻关项目的“3S”项目第四课题中小块面积混种的水稻识别是一个关键性难题。在该课题的支持下，我们发展了基于光谱匹配的识别模型，并在鄱阳湖湿地成功地进行了苔草类型的精细光谱识别分类，利用高光谱分辨率遥感信息进行水稻的高精度识别，提高估产精度。

3）雷达遥感科学研究成果应用

利用航天飞机成像雷达研究成果在西昆仑山等发现 5 个火山锥和两种类型熔岩，并识别出部分被干沙、覆盖的古长城和明隋两代长城，利用多波段多极化雷达识别出植被覆盖区的岩石构造，在广东识别出一条含金构造带。

利用多时相 RadarSat 数据，成功地识别了多期次水稻，为雷达技术用于水稻监测奠定了坚实的基础。LARSIS 发表在 *Remote Sensing of Environment* 期刊上关于水稻雷达遥感监测的论文被选入联合国粮食及农业组织（FAO）《空间地球观测信息用于粮食安全保障的报告》。目前，该项成果已在日本、印度、韩国及我国国土资源部的国土大调查、全国农情速报系统和广东全省水稻长势监测中得到应用，受到了美国农业部国家农业统计局和阿肯色农业系统局的关注，并促成了国际雷达农业应用高峰会议在北京召开。

LARSIS 是美国国家航空航天局主持的航天飞机成像雷达（SIR-C/X-SAR）科学工作组成员，也是该计划 52 个项目中中国项目负责单位。1996 年 SIR-C 首席科学 Plant 在 13 国科学家出席的大会总结中称主持的 SIR-C/X-SAR 计划中雷达长城研究成果是“该计划的三大地学新发现之一”。

与加拿大联合开展的全球雷达遥感（Globe SAR）中国项目成果，被加拿大遥感中心认为是 12 个成员国中“最好的成果”。加拿大航天局组织撰写的雷达卫星 3 号论证报告，引用的中国 3 篇多波段、多极化的论文均为 LARSIS 成果。2000 年 2 月参加“航天飞机雷达测图计划”（SRTM），同年，遥感信息科学开放研究实验室郭华东研究员入选为美国 SRTM 首席科学家。

4）资源环境遥感研究成果应用

“重点产粮区主要农作物遥感估产”项目为国家农业生产和经济建设决策、粮食进出口计划的制定等提供科学依据。农作物估产监测通报和估产简报送达中共中央办公厅、国务院办公厅、国家计委、农业部、国家统计局、国家粮食和物资储备局、对外经济贸易部、农业发展银行、供销合作总社等 19 个与农业生产有关的国家部门。

国家资源环境调查项目成果取得了显著的社会经济效益，在农业、灾害、土地、草地、森林、水利、湿地、国土规划等领域得到广泛应用，多个“九五”项目以该成果为技术基础和数据基础。因此，该成果对我国国民经济宏观决策和资源环境科学的发展具有重大的科学和应用价值。1996 年 9 月 28 日，温家宝同志对项目简写本做出了重要批示：“应用遥感技术，开展国家资源与环境调查，是一项直接为国民经济和社会发展服务的科学研究工作。调查报告提供的关于土地资源、生态环境、农业情况等方面的数据资料和分析意见很有价值。建议送中央领导同志并有关部门参考。同时，认真听取各方面的反映，以便把这项工作做得更好。”

五、队伍建设与人才培养

（一）人员结构及特点

遥感信息科学是一门前沿学科，遥感信息科学开放研究实验室建室仅 8 年。队伍年轻、专业广、知识新、起点高是该室研究队伍的一个重要特点，实验室先后共有固定人员 28 人，客座人员 11 名。在固定人员中，有中国科学院院士 3 名、博士研究生导师 11 名、研究员 11 名，其中 11 名具有博士学位、11 名具有硕士学位，所知识创新研究员 7 人、创新副研究员 11 人、创新助理研究员 4 人。平均年龄 37 岁，其中，45 岁以下 19 人，占总人数的 86%，固定人员与研究生的比例为 1∶4.8，是一个以中青年为主体的科技队伍。专业涉及物理学、地学、环境科学、电子科学、计算机和信息科学领域。在学科分布上，已形成由高水平学术带头人和优秀中青年科学家为核心的学术梯队。

（二）科研人员与研究生培养

遥感信息科学开放研究实验室人员组成：中国科学院院士 3 名、研究员 11 名、副研究员 11 名、助理研究员 6 名。他们是陈述彭、徐冠华、童庆禧、郭华东、李小文、田国良、郑兰芬、邵芸、王超、王长耀、崔承禹、牛铮、毕思文、廖静娟、王长林、王锦地、王晋年、张兵、田庆久、余涛、柳钦火、魏永明、王向军、刘浩、李骏飞、张晋开、董卫东、卢新巧等。客座研究人员：外籍客座人员 5 名，国内客座人员 12 名，其中教授/研究员 10 名、副教授 2 名，他们是宫鹏、顾行发、张良培、陈戈、杨崇俊、马建文、刘少创、吴炳方、王世新、施建成、王湘云。

LARSIS 作为高层次人才的培养基地，拥有一批富有创新精神、充满朝气活力、勤奋向上的博士研究生和硕士研究生。遥感信息科学开放研究实验室重视研究生培养，吸引了一批有志于从事遥感信息科学研究的青年人攻读硕士和博士学位。硕士研究生培养中我们抓住了 5 个环节的训练，即文献调研、选题开题、大型仪器使用、专业技能及论文撰写；我们对博士研究生的培养则十分重视，为他们创造浓厚的学术气氛和创新求实的科研环境。此外，特别注意学风的培养，实验研究要求勤动手、细观察、实事求是、学术上要求多探索、多交流、严谨严密。1995～2002 年，实验室共招收硕士研究生 47 名、博士研究生 65 名、博士后 22 名，已毕业硕士研究生 24 名、已毕业博士研究生 34 名、出站博士后 7 名，并从中选拔后备研究力量。

（三）向外输送的干部及科技骨干

遥感信息科学开放研究实验室在成立时已有陈述彭、徐冠华两位院士。在成立后先后有童庆禧、李小文、郭华东当选为中国科学院院士。该研究室的王超和王晋年被提拔到副所长领导岗位。童庆禧院士任国际会议组织委员会执行委员，郭华东任担任国际环境遥感会议技术委员会委员，李小文任第一届国际多角度遥感会议主委会主席。

在老一辈科学家的关心与支持下，中青年科技人员已处于学学术和业务活动的中心位置。一批 30～35 岁的优秀青年科学家已经进行了科研和管理实践，并积累了一定的经验，他们已经具有相当强的学术、业务和管理工作能力和水平，为实现世纪转移和新老交替做好了准备，如在雷达遥感领域有院青年科学家奖二等奖获得者邵芸和王超、王长林等，在高光谱遥感领域有王晋年、张兵等，在多角度和辐射研究领域有王锦地、余涛、柳钦火等，在全球变化遥感科学领域有牛铮，他们都是很优秀的中青年学术人才。

（四）人才培养措施

1. 加大力度培养青年人才

建室以来，遥感信息科学开放研究实验室就十分重视科研队伍的年轻化，通过科研实践、担任课题或项目负责人、参与国际合作等，给青年科技人员创造成长的机会和条件，使其尽快成长。

2. 加强硕士、博士研究生的培养和博士后流动站的建设

遥感信息科学开放研究实验室现有博士研究生导师 11 名。为了多招研究生，鼓励博士研究生导师多渠道争取经费。为了培养高质量的研究生，以适应遥感信息科学发展的特点，实验室一直采取“宽专业、多方向”的培养方式，注重与所外和高校联合培养，重视培养学生进行跨学科研究的能力，强调知识面宽、适应性强、有独创精神，特别鼓励博士研究生多出论文、出高质量的论文。同时，十分重视加强对学生的政治思想和道德品质教育。

3. 支持和鼓励在职科研人员攻读研究生

为了提高在职科研人员专业理论水平，不断改善实验室人员的知识结构，我们积极鼓励在职科研人员攻读研究生，并在政策上给予倾斜，保证他们的学习条件，使他们安心学习，争取好的成绩。

4. 在国际合作中培养

遥感信息科学开放研究实验室国际合作项目很多，其中不少是在执行重大国际遥感计划。合作机构的层次、科学家的水平都很高。大力输送青年科技人员出国进修或合作、出国考察、访问或参加国际会议，使他们在激烈竞争的国际环境和高水平的科研工作中提高水平，增长才干，也为他们尽快进入国际前沿研究领域，提高国际地位和知名度创造条件。

5. 给青年人压担子

遥感是一门综合性很强的高新科学技术，一个大的课题往往要组织几个单位或几十个单位，几十人甚至几百人一同工作。一个优秀的遥感科学家和学术带头人不但要有精深面广的专业学识，还要有很强的组织领导能力和协调公关水平。为此，我们十分重视给青年人压担子，在老同志的支持下，鼓励青年人参与社会竞争，争取承担课题，有意识地安排他们担任课题负责人，以提高他们的竞争意识和实际工作水平。

6. 加强学风培养

遥感信息科学开放研究实验室特别注意学风的培养，实验研究要求勤动手、细观察、实事求是，学术上要求多探索、多交流、严谨严密。该实验室经常举办学术沙龙、研讨会、报告会，鼓励、支持青年登台演讲；在科研工作和实验室各项工作中从难从严，提倡办实事、讲实话，重视实验室整体素质的提高。

六、管理与运行

（一）人 才 管 理

遥感信息科学开放研究实验室管理的核心是人才管理，其重点抓了以下几项工作。

1. 人员的选聘

根据遥感信息科学开放研究实验室的科研方向和“四化”要求，选聘实验室的学术带头人，他们都是该专业领域的优秀科学家。在此基础上，根据经费情况选聘固定人员和客座人员。固定人员中增加了新毕业的优秀博士、硕士研究生或优秀的博士后人员。客座人员都是本室科研工作急需的优秀科学家。

2. 人员管理

人员管理包括人员的培养、激励、监督、考核、奖励、晋升和日常思想教育，要求该实验室工作人员除必须严格执行上述各项制度和所里有关规定并经常进行检查外，还建立了一套人才的培养和激励措施，强调既重业务也重政治，还特别强调人员的思想政治品德和学风，强调团结合作的精神。

（二）业 务 管 理

1. 课题管理

遥感信息科学开放研究实验室建立并执行了课题申请、评议和立题的严格程序；为鼓励优秀青年人才成长，课题申请向青年人倾斜，经常性与定期性进行课题汇报与检查，课题及设备管理中应用计算机。

2. 例会、年报、经费等管理

遥感信息科学开放研究实验室每年举行一次工作会议，总结交流实验室一年来的工作经验，并布置当年的工作，每年有详细的工作总结和研究工作进展情况报告，每年编辑出版一本反映实验室全面情况的年报，已经形成制度，并坚持执行。科研计划、项目评估、成果报告与归档，以及科研经费的使用，都严格按照所里科技、财务管理部门的规定办理。

3. 机房与测试室管理

严格执行机房与测试室管理制度，设备定期检查、维护、使用、维修记录制度，保证遥感数据处理分析和测试工作的需要。

（三）管理机制与规章制度

遥感信息科学开放研究实验室管理的目的是要充分调动广大科技人员的积极性和创造性，加强基地建设，为出成果、出人才服务，管理要严、层次要少、效率要高。实验室严格实行主任负责制。各实验室根据经学术委员会审定的研究方向，在主任领导下开展工作，工作效率大为提高。

自实验室组建以来，根据院所各项规章制度和管理办法，充分考虑实验室的特点，先后建立了学术委员会工作条例等十余项规章制度，使实验室各项工作有法可依、有章可循，严格实行规范化管理，保证了实验室的正常工作秩序。

（四）合作与交流

1. 国际合作与交流

LARSIS 十分重视国际合作，并把它作为获取最新数据、提高科研水平、培养高层次人才、争取设备和经费、实现与国际水平接轨的一项战略措施。几年来，实验室共承担国际合作项目 31 项，包括：中美航天飞机遥感科学研究；中加全球雷达遥感合作研究；中、法、美、英、意高光谱综合遥感试验；中日高光谱油气资源探测机理研究；高光谱湿地生态环境遥感研究；中国与欧盟VGT产品验证与反演方法研究；中、日、法地球的极化方向性卫星产品验证与应用方法研究；中澳土壤水分和干旱遥感监测合作；等等。这些合作使我国遥感基础理论和高新前沿技术研究直接进入国际大型遥感计划，使本室的研究与国际同步，一批优秀科学家在这些大型计划中担任项目首席科学家，提高了我国遥感信息科学的国际地位和影响，一批中青年科学家得到了锻炼和提高。

2. 国内合作

遥感信息科学开放研究实验室十分重视国内合作，通过优势互补，共同推动遥感信息科学领域的发展。其承担的课题包括国家科技攻关项目、遥感攀登计划项目、中国科学院重大项目、国家重大基金项目、国家863计划项目、载人航天计划、国家973计划项目和部委项目共61项，39项课题和专题都是由院内外40余个科研单位和高校的科研人员共同申请立项、共同研究、共同总结、合作完成的。合作研究使多学科、多种理论和技术相互渗透，成果的系统性、整体性、集成性增强，能代表学科领域水平的重大科技成果。合作推动了实验室理论研究水平的提高和前沿技术的发展，项目辐射也提高了我国遥感的整体水平。

3. 学术交流

遥感信息科学开放研究实验室积极与国际同行开展学术交流与合作。仅4年，遥感信息科学开放研究实验室主办或联合主办了内容不同的国际学术会议7次、国际双边会议5次和国内学术会议6次。

LARSIS鼓励支持青年科技人员出国参加国际学术会议或短期工作，并为出访人员提供协助与方便。据不完全统计，LARSIS出国参加各类学术会议，其中80%是青年科技人员。大家还特别重视在国内召开的各类国际遥感会议。

我们还重视有目的、有计划地邀请国际上高水平的专家来室讲学、访问或短期工作，几年来，达20余人次，其中有几位是已在国外定居并取得重要成就的中国学者，有的被聘请为遥感信息科学开放研究实验室名誉教授。

2000年后，LARSIS派出33人次出席国际会议，14人次应邀到国外讲学，55人次出席国内会议，18人次应邀到国内讲学，并邀请国内外专家、学者56人次来实验室进行学术报告交流。仅1995～1997年参加国际会议的24人次，开展国际合作研究的17人次。

（五）运 行 模 式

遥感信息科学开放研究实验室实行“开放、流动、联合”的运行机制，定期向国内外发布项目申请指南，经学术委员会评审后，吸收国内外学者到实验室开展研究，进行学术交流，也可受聘参加合作研究，或应邀自带经费来实验室工作。实验室主要通过承担的项目和国际合作与交流，把相关学科的人员组织起来，针对在遥感基础研究领域一些共同感兴趣的重大理论与技术问题开展研究，以达到吸收先进思想、吸引高层次科技人才、提高研究工作水平的目的。

1. 人员开放

采取走出去、请进来的方式，一方面积极为科技人员创造出国留学、进修、参加国际会议和合作研究的条件，特别支持鼓励科技人员，尤其是中青年科技人员短期出国到国际著名遥感机构参观考察和学术交流。另一方面，有选择地邀请国内外著名科学家来实验室讲学和合作研究，几年来，遥感信息科学开放研究实验室共派出52人次科技人员（其中70%的中青年）分别到美国、加拿大、日本、法国、瑞典、意大利、澳大利亚、泰国等10多个国家和地区出席国际会议、考察和合作研究，并邀请了美国NASA著名科学家 Elach 教授、T. Farr 教授，美国波士顿大学 A.H. Strahler 教授，加拿大 Leosavn 教授，法国农业科学研究院顾行发教授，澳大利亚联邦科学与工业研究组织 David Jupp 高级研究员，以及南京大学、北京大学、武汉测绘科技大学的教授、研究员来实验室担任名誉研究员、学术委员、客座研究人员，对本室科研工作给予理论和技术指导。也有不少单位派人来实验室学习或从事合作研究，承担科研任务，通过人员开放，遥感信息科学开放研究实验室科研人员的学识水平，工作能力及整体素质都有明显提高。

2. 课题开放

由于 LARSIS 属院级自费开放实验室，不可能依靠自筹资金设立更多的开放课题，但遥感信息科学开放研究实验室十分重视课题的开放。凡遥感信息科学开放研究实验室通过各种渠道申请课题，都注意联合所内外、院内外的遥感力量共同争取，充分体现了遥感信息科学开放研究实验室的学术中心地位。5 年来，在实验室承担的 95 个课题中，有 39 个课题都是联合进行的。例如，国家攻关 85–724 项目我们联合了院内外 50 余个单位，1000 余名科研人员参加。又如，我们申请的国家重大基金项目也联合了院内外 l0 个单位，101 名科技人员合作完成。这种开放形式具有很强的吸引力，由于实现了各单位之间的优势互补，承担的都是国家级或院（部）级层次上的课题，代表了国家遥感水平，既能对国家做出更大的贡献，也更好地推动了实验室的建设与发展。

3. 向社会开放

遥感所每年都要举办“开放日”、研讨会、成果鉴定会、展览演示等活动。遥感信息科学开放研究实验室充分利用这些机会向社会开放，主动邀请主管部门、兄弟单位、外国使馆来所参观、考察座谈交流，同时举行大中型记者招待会，向国内外发布科研信息，宣传科研进展和最新成果。通过这些活动，实验室在国内外的影响力有很大提高，不少单位来人来函索要数据资料，要求来室进修或请实验室科学家前去讲学，有的主动要求合作。

4. 开放基金

遥感信息科学开放研究实验室成立后，自筹经费，经学委会审批开放 9 个课题。多种形式的开放，使实验室不但能经常掌握国内外遥感发展的最新动向，充分吸收国内外一些著名科学家的先进思想和学术思路，还吸引了一些优秀人才来实验室工作。LARSIS 以“建设一流工作环境，培养一流科技人才，创造一流科研成果”为准则，深入领会中国科学院知识创新试点工程工作政策的精神，结合自身特点，采取了一系列有利于 LARSIS 发展的措施，使实验室的科研力量和设备配置更趋合理，重点研究方向更明确，特色与优势组合特点更鲜明。

LASIS 的工作为遥感所 2003 年遥感科学国家重点实验室的建立奠定了坚实的基础。

第九章 中国科学院航空遥感中心

一、概　　述

（一）成 立 背 景

20 世纪 80 年代初，在腾冲航空遥感实验的引领下，我国遥感技术与应用研究处在一个快速发展的关键时期，提升遥感技术能力建设，成为当时遥感技术发展的迫切需求。为此，中国科学院组织了一批遥感专家，在广泛调研的基础上，正式向国家提出在中国建设卫星地面站和高空遥感飞机的建议，立即引起了国家的高度重视。在当时国家经济较困难、外汇十分匮乏的情况下，先后批准了从美国引进卫星地面站和高空遥感飞机两个重大项目，中国科学院组织精干的技术队伍，在较短时间内完成了工程建设并投入业务化运行。卫星遥感地面站和遥感飞机的建立被誉为中国遥感历史上的重要里程碑。

1984 年遥感所抽调部分科技人员筹备引进和改装高空遥感飞机，在童庆禧先生的带领下，完成了大量遥感飞机的前期论证、总体方案设计、运行体系构建、项目立项申请等工作。1984 年 11 月国家计委批准科学院购置两架遥感飞机，总投资为 750 万美元，并批复："遥感飞机引进后，要抓好仪器设备、飞机使用及管理等问题，为遥感技术和生产实用化作贡献"。1986 年 6 月两架"奖状"遥感飞机完成全面技术改装并正式投入运行。遥感飞机的运行得到了时任海军司令员刘华清的大力支持，海军配备一个飞行中队的建制，协助中国科学院承担遥感飞机飞行与机务保障等大量技术工作，并提供海军北京良乡机场作为遥感飞机的运行基地。1986 年 6 月 28 日航空遥感中心在良乡机场隆重举行遥感飞机开飞典礼，中国科学院院长周光召、副院长孙鸿烈，海军司令员刘华清、副司令员李景，以及院内有关单位领导、王大珩等专家学者数百人参会，在国内外产生了重大影响。

为保证遥感飞机的正常运行和开展航空遥感科研工作，1985 年 4 月中国科学院决定正式成立"中国科学院航空遥感中心"，属科学院县团级法人事业单位，主要任务为进行航空遥感探测仪器的飞行试验，健全和完善航空遥感技术系统；开展航空遥感实验研究；配合院内重大的资源与环境研究任务，开展航空遥感服务，支持院内遥感应用研究工作。中国科学院任命童庆禧担任航空遥感中心主任。

1985 年 11 月 4 日时任中共中央总书记的胡耀邦为中国科学院航空遥感中心亲笔题词。

（二）建立的必要性

航空遥感中心的主要任务：高效率运行两架"奖状"型高空遥感飞机，建设航空遥感技术系统，开展航空遥感技术实验研究，为国家资源与环境等领域提供航空遥感飞行试验平台及高分辨率遥感数据服务等。遥感飞机具有高空、高速机动、灵活的全天候技术性能，并可装载多种可见光、红外、微波等机载传感器，综合技术指标至今在国内处于领先地位。1994 年遥感飞机通过国家审核，被列入到科学院重大科学装置体系，管理规范化，并一直得到国家稳定的运行及维护经费支持。

（三）机 构 概 述

航空遥感中心组建初期挂靠中国科学院自然资源综合考察委员会，人员编制 45 人，中心下设：办公室、业务处、航空遥感技术室、航空摄影室等机构。1988 年航空遥感中心合并到遥感所，下设：计划办公室、航空摄影室、航空遥感技术室等机构。2007 年航空遥感中心整建制调入中国科学院对地观测与数字地球科学中心。2012 年中国科学院对地观测与数字地球科学中心和遥感所整合成立中国科学院遥感与数字地球研究所，航空遥感中心成为该所下属的二级机构，下设 5 个科技单元。航空遥感中心将承担新建国家基础设施“航空遥感系统”的运行工作，中国科学院决定保留中国科学院航空遥感中心的名称。

二、战略定位、发展方向、机构特色

（一）战 略 定 位

支持国家遥感技术与应用研究的发展，为自主传感器研发提供高空实验平台；为地球科学研究提供高分辨率数据。航空遥感中心高质量运行飞机，重点开展高性能传感器航空遥感观测、遥感数据和信息的预处理，开展大型航空遥感综合实验，建立全天候航空遥感灾害应急监测系统，在空天地协同观测技术中发挥重要作用。

（二）发 展 方 向

目前，利用“奖状”遥感飞机运行，将完成“科学实验”和“国家航空遥感基础数据获取”两大任务，航空遥感中心作为在建的国家重大基础设施——航空遥感系统的运行单位，正在筹划运行新一代航空遥感系统的运行，包括两架新舟 60 飞机、10 台套载荷、大型遥感数据处理系统、实验楼和机库建设等。航空遥感中心构建一个专业化的运行队伍，航空遥感系统运行后将由国家级科学技术委员会对系统的运行进行技术指导；组成国家级用户委员会协调国家各部门之间的工作，全面实现开放和共享服务。

（三）机 构 特 色

航空遥感中心以保障遥感飞行业务运行为主，与海军合作组成完整的飞机运行队伍，飞机安全与运行效率为主要考核指标。遥感飞机采取开放共享的管理机制，优先承担具有自主创新能力及关键技术方面取得突破性的科技项目。

三、机 构 组 成

（一）机 构 介 绍

航空遥感中心下设：航空运行管理部、飞机工程部、光学系统部、微波系统部、数据预处理部。

人员规划：航空遥感系统科技人员规划为 60～80 人（随着航空系统建设进展逐步到位）。

（二）历届领导：主任、副主任

1985～1993 年，主任童庆禧，副主任金问信、朱振海（1985～1989 年）、何欣年（1989～1993 年）。

1993～1998 年，代主任刘纪远，副主任王尔和。

1998～2012 年，主任王尔和，副主任房成法（2008 年至今）、李震（2012 年至今）。

工程技术委员会主任童庆禧。行政秘书马岚华、王晓巍。

（三）主要仪器设备

1. 高空遥感平台

两架性能先进的美国赛斯纳“奖状 S/II 型”（CITATION S/II）高空遥感飞机。飞机最大航程 3300km、航高 13000m、航速 746km/h，飞机配有精确导航系统，具有全天候飞行作业的能力，可装载航空照相机、成像光谱扫描仪、成像雷达等多种遥感传感器，并具有吊仓大气采样等功能。遥感飞机的运行基地建在北京良乡机场。

2. 机载遥感设备

遥感飞机上配备的光学遥感设备以国外先进的产品为主，微波遥感设备为国内自主研发的技术产品。主要机载遥感设备见下表。

序号	设备名称	生产厂家
1	RC-30 型航空相机	瑞士莱卡公司
2	LMK-3000 型航空相机	德国蔡司公司
3	UCXp 面阵数字航空相机	微软威克胜公司
4	ADS-80 线阵数字相机	瑞士莱卡公司
5	ALS-70 激光雷达	瑞士莱卡公司
6	POS 定位定向系统（510；610 型）	加拿大 Applanix 公司
7	机载 X-波段合成孔径雷达系统	自主研制

四、科研任务、项目与成果

（一）科研任务、项目

1. 运行管理与服务

30 来年，遥感飞机安全飞行了 10000 多架次，在满足国家重大需求、综合应用实验、重大自然灾害监测、遥感设备技术进步和军事应用等方面均发挥了重要作用。广泛开展与部门的合作，服务领域包括农业、林业、城市、矿产、油气、环境、海洋、灾害、交通、测绘及国防等，飞行面积累计 200 多万平方千米。航空遥感中心创下了飞机 30 年安全运行的优良纪录，造就形成了一支作风过硬的专业化飞机运行管理与技术队伍，建立了完善的指挥、飞行、地面保障体系，保证了遥感飞机高效、安全运行。航空遥感中心 1997 年被国家人事部与中国科学院联合授予“先进集体”称号。

2. 开展综合应用与实验

（1）重大需求应用。

遥感飞机承担了国家科技攻关项目黄土高原、三北防护林等大型遥感应用工程项目的遥感飞行任务，获取的遥感数据直接用于国家的决策。为配合国家矿产资源调查，遥感飞机装载多光谱扫描仪和光学航空相机多次飞往新疆的戈壁、沙漠无人区及东北的大兴安岭原始森林等进行大范围金矿、多金属矿、油气资源调查和公路选线等航空遥感应用试验，取得一批重要成果。同时，资源环境领域的科学家根据油气、矿产遥感分析研究、光谱与地学特征，提出了遥感仪器的设计指标和波段选择，由此建立了遥感技术与应用紧密结合的机制，为中国科学院遥感仪器研制的实用化起到了关键作用。遥感飞机 8 次进入西藏高原飞行作业，为中国科学院开展青藏高原资源环境研究和全球变化研究提供了大批宝贵的科学数据，遥感飞机还承担了东胜煤矿环境调查、海南岛高速公路选线、三峡水库建设、黄河中下游水利工程等国家重点建设项目的航空遥感调查。在一些重要城市：北京、上海、天津、郑州、太原、拉萨、长春、呼和浩特和香港等成功进行了遥感飞行。在国家科技攻关项目的支持下，遥感飞机连续 7 年对北京奥运地区进行了环境遥感监测飞行，积累了该地区丰富的高分辨率的航空遥感环境变化监测系列资料，为奥运场馆的规划建设及区域内环境保护与规划提供科学依据。

（2）综合应用实验。

为解决我国西南（云、贵、川等）多阴雨地区长期无法获取光学遥感信息的难题，在遥感所的积极推动下，遥感飞机装载高分辨率合成孔径雷达首次在四川自贡地区开展大范围的雷达测绘应用飞行试验，测绘面积近 10000km^2，取得了初步成果，为实现全天候遥感技术应用奠定了基础。

遥感飞机配合国家 863 项目，在山东地区完成了“遥感应用示范工程总体技术研究”航空遥感综合飞行实验，成功开展了干涉雷达的应用实验飞行，首次获取大面积的三维雷达图像。

为了满足基础研究对航空遥感信息源的需求，在雷达遥感研究方面，开展了南方水稻估产、地质灾害、环境、考古等飞行实验；在高光谱研究方面，开展了矿产与油气资源、城市等飞行实验。

（3）重大自然灾害监测。

遥感飞机为我国历次特大洪水灾情快速遥感监测做出了突出贡献。遥感飞机坚持每年在汛期都为洪水应急监测做好充分的技术准备。曾先后对太湖流域洪水；广东西江、北江流域的特大洪水；河南黄河花园口；洞庭湖、鄱阳湖等水灾和辽宁、吉林省大面积洪水进行了快速航空遥感灾情监测飞行，在十分恶劣的天气条件下获取到水灾遥感图像，及时为抗洪抢险、灾后重建家园提供科学依据。

在 1998 年我国长江流域发生百年不遇的特大洪水的紧要关头，遥感飞机率先启动，飞往受灾最严重的湘、赣两省。快速对洞庭湖和鄱阳湖地区进行洪水灾情飞行，为抗洪抢险发挥了重大作用，受到了国家及灾区政府的表彰。2003 年淮河流域发生流域性洪水，遥感飞机紧急出动飞赴淮河流域，圆满完成了淮河洪灾航空遥感飞行任务。灾害监测成果得到了国家防汛抗旱总指挥部等部门的较高评价。时任温家宝总理、曾培炎副总理、陈至立国务委员、路甬祥院长等分别做了重要批示。

遥感飞机参加过的洪水灾害监测包括：1986 年东北东辽河洪水、1991 年太湖流域大洪水、1993 年湖南洞庭湖洪水、1994 年广东省西江、北江特大洪水、1995 年江西鄱阳湖特大洪水、1995 年辽宁、吉林大面积洪水、1998 年长江中下游特大洪水、1999 年太湖流域特大洪水、2003 年淮河流域特大洪水等。

在“5・12”四川汶川特大地震遥感应急监测工作中，两架遥感飞机累计飞行 41 架次，227h。光学遥感飞行 2.37 万 km^2，获取数据 5.3TB；雷达遥感飞行 10.5 万 km^2，获取数据 18.5TB。2010 年玉树地震及后来的芦山地震，遥感飞机在第一时间快速获取灾情信息，为抗震抗灾救灾做出了重大贡献。

目前，遥感飞机已列为国家用于重大自然灾害及突发性事件遥感应急监测的主要技术系统。汶川地震后，在中国科学院的支持下，航空遥感中心在遥感飞机上集成了高分辨率 SAR 和大面阵数字航空相机等，配备了“像素工厂”地面处理系统，形成全天候航空遥感系统，大幅提升遥感飞机的灾害监测应急能力。

3. 支持我国传感器战略高技术的发展

（1）集成我国第一套综合遥感系统。

多年来，我们注重发挥先进飞机的实验平台作用，支持我国传感器等战略高技术的发展。从“七五”计划开始，在中国科学院的领导下，航空遥感中心牵头组织了我国 20 多个科研单位联合攻关，完成科技攻关课题“高空机载遥感实用系统”。利用5年时间，研制完成了一套以遥感飞机为高空平台，集成了包括可见光、近红外、热红外和微波光谱波段的13台（套）遥感仪器，构成了国内第一套最为先进和规模最大的航空遥感技术系统。该课题获得中科院科技进步特等奖，国家科技进步二等奖。特等奖获奖的前三名童庆禧、姜景山、薛永祺分别当选为中国科学院、中国工程院院士。

高空机载遥感实用系统包括：多光谱及红外扫描仪系统、多波段航空照相机、真实孔径雷达、多极化合成孔径侧视雷达系统、航空光谱辐射计、微波辐射计、高分辨率专题应用扫描仪系统、多频道微波辐射/散射计、成像光谱仪系统、激光荧光遥感系统、三维激光扫描仪系统、遥感图像信息机–地实时传输系统、机载遥感仪器集中监控、记录系统等。

在国家组织开展全国矿产资源调查项目中，航空遥感系统中的红外细分光谱扫描仪在地面光谱仪的辅助下成为识别区分岩性、成矿蚀变带及圈定成矿远景区的有效手段，被广泛应用于国家金矿、多金属矿的调查，并取得了明显效果。1991年太湖地区发生重大水灾后，科研人员在短时间内将合成孔径雷达等组成了“洪水遥感灾情监测系统”并投入运行，其在多次洪水监测发挥了重大作用。航空遥感系统建设过程中，支持和推动了中国科学院遥感基础研究；资源环境应用研究和国际合作等项目的开展，并促进了中国科学院遥感技术与应用结合和遥感科研队伍的发展。

（2）开展遥感设备的自主研发，突破技术壁垒。

传感器是遥感系统的核心技术，也一直是发达国家向我国限制出口的技术。航空遥感系统已经成为我国开展遥感设备的自主研发、突破技术壁垒的空中实验室。从“八五”计划以来，通过中国科学院重大项目，国家科技攻关项目、国家863计划项目等，支持航空遥感技术的发展，实验了新一代航天、航空遥感器和校飞，包括国家航天计划中的中、巴资源卫星CCD相机；卷云探测器及军事卫星的微波传感器等重要星载遥感器，这些经过在遥感飞机上校飞的仪器，在发射到太空后运行状态良好，可靠性得到了大幅提高。

飞机在机载航空遥感试验过程中始终坚持面向国家应用需求，不断改进遥感仪器的性能指标，以实用化为目标，在推动遥感设备的技术进步方面发挥了不可替代的作用。

航空遥感技术系统中以成像光谱仪和合成孔径雷达系统等为主体的机载遥感仪器，长期以来由于不断开拓新的应用领域，在遥感飞机上进行了数百次的航空遥感试验，使其在技术上也得到快速发展。成像光谱仪已从过去的3波段提高到128波段。合成孔径雷达系统从单极化发展到多极化，分辨率从10m提高到0.5m，图像由光学模拟记录发展为数字实时成像，技术上实现突破性进展。在国家863计划等的支持下，近几年航空遥感技术系统不断创新，新型遥感器陆续问世，双天线干涉雷达系统、大面阵多光谱数字航空相机等飞行试验已获得成功，应用示范项目已全面展开。

4. 开展航空遥感国际合作

遥感飞机在航空遥感国际合作中发挥了重要作用，提高了我国航空遥感的国际地位。1988年遥感飞机携带中国科学院研制的部分遥感仪器赴新加坡参加国际航空展览，中国科学院航空遥感技术首次在国际上亮相。1991年遥感飞机携带中国科学院自行研制的成像光谱仪等设备首次迈出国门，赴澳大利亚合作进行航空遥感试验并取得成功，中、澳之间的航空遥感合作在国内外产生了较大影响。遥感飞机装载合成孔径雷达系统参与了美国航天飞机的国际合作计划，在中国观测区实现了与美国“奋进”号航天飞机同步飞行试验，中国成为世界上有能力开展同步观测试验的少数国家之一，大大提高了中国航空遥感技术在国际上的地位。遥感飞机承担了与美国、意大利、日本等国合作项目，在新疆塔里木、甘肃祁连山地区开展了油气及多金属矿产资源航空遥感调查；在香港回归后首次利用国内遥感技术对香港行政区进行航空遥感飞行。

（二）获　　奖

获国家科技进步奖二等奖 2 项、中国科学院科技进步奖特等奖 1 项、二等奖 1 项、三等奖 1 项。

（三）成果转让与应用

航空遥感中心利用遥感飞机获取的高分辨率航空遥感数据成果，采取开放共享的方式，向科研机构、高校、地方等提供数据服务，如青藏高原航空遥感资料、北京奥运场馆及周边地区的连续 8 年的动态航空遥感数据应用到奥组委的场馆建设；将水灾、地震等灾害应急监测数据提供给国家和地方抢险救灾等，为 13 个部委免费提供汶川地震数据，青海玉树地震期间，向 16 个部委 28 个单位共享高分辨率航空数据，部分数据还通过互联网公开发布。

五、队伍建设与人才培养

（一）人员结构及特点

航空遥感中心的人员主体为遥感运行人员，主要负责飞机的正常运行与维护、机载设备操作等，部分工程技术人员从事机载遥感器的研发与升级改造及数据处理等。遥感飞机执行航空任务期间，航空遥感中心与海军共同组成任务组完成飞行实验。

航空遥感中心工作过的科技人员（1985～2007 年）如下。

童庆禧、朱振海、金问信、王尔和、范惠茹、王虹、许建芬、郑战军、冯亚军、赵庆春、吴康迪、杨军、孙瑞宝、王秀玥、张雪梅、胡西亮、颜铁森、周福林、饶赛文、张春伏、刘军、曹小明、刘援朝、黄诚忠、左正立、叶金山、房成法、王维波、张国庆、辛卫国、庄宁、杨贵权、何欣年、倪平、余琦、宋永红、张红松、徐建平、周力田、田庆久、郑兰芬、杨超武、侯宏飞、李加洪、张建中、杨红、王晋年、陈宝文、岳志夫、张守善、刘冰、孙晓勤、纵坚平、鲍士柱、王小力、朱宝章、王克新、刘建明、刘彤、赵海涛、张军、徐柳青、邱文、张云峰等。

海军组建遥感飞机机组成员（1985 年）如下。

飞行员：瞿永明、石仲新、王振海、吴国存；

领航员：任浩良、曹正华；

机械师：王国友、梁银生；

特设、无线电师：程远林、张军、何家信、申文元、邵敏。

（二）科研人员培养

由于业务的特殊性，航空遥感中心注重对青年骨干的培养，选派部分科研人员到民航学院等院校培训考取民航资质，提高业务水平。机组人员每年安排一次飞机模拟机培训，有效保障了遥感飞机的飞行安全。

（三）向外输送的干部及科技骨干

国家遥感中心李加洪；中国科学院高技术研究与发展局岳志夫；中国科学院计划局侯宏飞、张洪松；

中国科学院监督与审计局王秀玥；中国科学院国际合作局吴康迪；南京大学田庆久；遥感所余琦。

六、管理与运行

（一）管理机制与规章制度

航空遥感中心建立了严格的遥感飞机运行管理机制，遵循国家航空器相关管理条例，保障飞机的飞行安全和日常维护，参与飞机运行的人员制定明确的岗位责任制。遥感飞机的利用、维修、经费等管理严格执行中国科学院制定的《重大科学装置的管理条例》，定期接受中国科学院装置办公室组织的专家组实地审核。

（二）运 行 模 式

运行机制：航空遥感中心采用开放和共享的运行机制。飞行平台的开放：以开放飞机机时的方式，支持国家重大遥感设备的校飞实验，提高自主创新能力及关键技术方面取得突破性进展。航空遥感设备开放：提供飞行平台和遥感信息获取设备，支持重大基础性和具有原始创新类型的科研项目，产出重大科研成果。航空遥感数据开放：航空遥感数据开放共享，支持围绕国家资源、环境、生态可持续发展重大科研项目；遥感信息机理与地学要素的融合、同化与模型预测综合性研究。

第四篇　科学研究系统（研究室建设）

科学研究系统是遥感所应用研究的科研主体，体现了科研创新能力，科研成果水平，其又是人才培养基地。第四篇重点介绍了遥感所自建所以来建立的研究室，以及各研究室的学科定位和方向，学科发展和特色，取得的成果及其推广应用情况，以及科研团队建设和人才培养情况等。为避免与其他篇章内容重复，对承担的科研项目与任务、科研成果、研究生培养等内容只给出概述，详细内容参见本书的相关篇章。

第一章　地物波谱与航空遥感研究室

一、概　　述

（一）成 立 背 景

1979 年 12 月经国务院批准，在地理所二部的基础上，成立了中国科学院遥感应用研究所，保留了原地物波谱与航空遥感研究室，并进行了适当扩展。在地物波谱特性研究方面，除继续研究可见光和近红外波段的波谱特性外，又增加了热红外和微波波谱特性的研究内容。在航空遥感方面，注重遥感获取方法和数据处理能力的提高。

（二）建立的必要性

自 20 世纪 70 年代美国发射地球资源卫星以来，可以获得地球表面更精细而全面的信息，为了识别各种地物类型和对地球一些参量进行测量，需要依据各种地物的光谱特性，因此，开展地物波谱辐射特性及其测量研究是遥感应用的重要基础。地物波谱波辐射特性数据不仅可以为机载和星载探测仪器（传感器）的工作波段选择和工作类型选择、遥感飞行计划设计提供依据，而且也可以为遥感数据判读分析、地物识别和参数反演提供依据。因此，开展地物波谱特性研究对遥感应用是十分必要的。

对于开展遥感应用研究的机构获取遥感数据十分重要，20 世纪 80 年代初期，卫星数据不多，重返周期较长，获取渠道有限，而航空遥感是一种机动灵活的遥感数据获取方式，有必要开展航空遥感数据获取方式、数据处理方法和能力研究，并开展遥感信息的空间特性研究。

（三）在所及学科中的地位

地物波谱特性研究组是国内当时最早专门从事地物波谱特性测量仪器、测试方法、室内外地物波谱测量和分析的研究机构，其对当时国内开展地物波谱特性研究、推动遥感应用不仅具有示范作用，而且也发挥了引领作用。其研制和完善了国内第一台地物波谱仪，研制了微波散射计，制定了测量规范和方法，开展了室内、野外和航空光谱测量和分析，为相关单位培养了从事地物波谱研究人才。

在该室组建时期，我国遥感数据的获取主要依靠航空遥感，主要仪器是摄像机，用其进行黑白胶片记录。在此时期的航空遥感研究方向，主要是专门从事航空遥感技术研究，当时是国内主要从事航空遥感研究的单位之一，特别是在新型遥感仪器飞行试验、多种遥感器组合获取应用数据、摄影处理和新型胶片分析处理等方面具有较强的优势。

二、沿　　革

（一）机 构 变 化

在建所初期，只有可见光和近红外波谱特性研究组，依据研究室发展规划，随着人员的增加，先后成立了红外波谱特性研究组、微波波谱特性研究组（×波段），基本覆盖了当时遥感所用的波段范围。在航空遥感方面，建立了航空遥感数据获取组、数据处理组和分析制图组。

（二）历届研究室负责人

主任：童庆禧。

（三）中国共产党的支部

书记：金问信。

三、学术方向与学科发展

（一）学术方向与定位

在地物波谱特性研究方面开展地物波谱测量仪器研制，进行地物波谱特性测量方法研究，对地球表面各种地物开展测量，研究与分析地物的波谱特征及其识别基础。

在航空遥感研究方面开展航空遥感数据获取方法研究，新型遥感仪器飞行试验、遥感图像和新型胶片图像处理技术研究。

（二）学科发展（学科组/研究组）

该室成立了地物波谱特性研究、摄影测量与航空遥感研究、摄影图像处理 3 个学科方向。

1. 开展了地物波谱测量方法研究

鉴于地物波谱特性在遥感基础和应用研究的重要性，如何准确地测量地物波谱特性，成为地物波谱与航空遥感研究室研究的主要内容之一。我们在腾冲遥感试验的基础上，进一步加强地物波谱测量方法研究。地物波谱测量分为野外和室内波谱测量，其中野外波谱测量又分为以地面为平台的测量、以遥感车为平台的测量和以飞机为平台的测量。室内波谱测量又分为分光光度计和太阳模拟实验室测量。

1）野外波谱测量

野外波谱测量所用仪器为遥感所研制的 GPJ-2 型光谱辐射计。其波长范围为 0.4～1.1μm。扫描速度为 10s。另一台为新天光学仪器公司的 101W 野外光谱辐射计。其波长范围同前，光栅分光，扫描时间 30s。

其加强了野外光谱辐射计的波长和辐射量的定标，保证了测量数据的准确性；在被测地物的代表性选择、环境参量的配套测量、仪器架设的方位、天空云量的监测等方面，总结出一套行之有效的方法。特别是在以遥感车为平台的测量中，如何避开阴影，选择合适的测量角度和方位十分重要；在以飞机为平台的测量中，当采用相对测量方法时，在测量地物波谱之前，必须测量标准板的反射率，然后再测量地物波谱特性。由于在飞机上，飞行时间较长，实现这种测量非常困难。我们采用了在起飞前测量标准板，飞行完再次测量标准板的方法。为了订正太阳高度角的变化引起的入射辐射的变化，我们研究了标准板反射率随太阳高度角的变化特性，并将其归一化处理，从而可通过测量时间计算出的太阳高度角，得到测量时标准板的反射率值，从而解决了地物反射率的计算问题。

2）室内波谱测量

室内仪器为日本岛津制作所的UV-360型分光光度计，波长范围：反射部分为0.35～0.85μm，透射和吸收部分为0.35～2.5μm。室内模拟测量使用的为野外光谱辐射计。

我们总结出一套室内测量的方法和流程。室内波谱测量包括样品的采样、样品的制备、样品的测量、数据的输出等。在样品采样中，尤其对植被叶片采样要关注叶片在植株的部位，上中下都要采样，每个部位叶片数量要符合统计数学要求。采好样品后要注意植被的保鲜（包装袋吹入二氧化碳，放入保鲜瓶内），要迅速开展测量。有时需要对植被的叶绿素进行测量，还需要按要求对样品进行处理和制备，如岩石要切片，保持粗糙面，土壤放在样品池内，尽量保持自然面。使用分光光度计可以测量样品的反射率、透射率及微分光谱。

太阳模拟实验室测量的样品尽量保持其自然状态，在测量流程中，样品尽量覆盖仪器的视场，光源稳定，测量迅速，测量方法与野外测量基本相同。

2. 首次开展了污染环境地物波谱测量

研究地物正常与受污染后的波谱特征是环境遥感应用的基础性工作，也是建立判读标志、分析研究遥感图像、进行图像分类和处理的重要依据。我们在津渤环境遥感试验期间开展了地物波谱特性的研究，先后在飞机、地面、船上测量了该地区近百种地物（植物、土壤、水体）的波谱，对所测数据采用多种分析技术进行了综合对比分析。

为了弄清污染对植物波谱特性的影响，分析各种物体的波谱特性和污染的关系，还进行了有控制的模拟污染试验和实地采样化验，并测量了其波谱特性。

1）污染植物的光谱反射特性

植物在生长过程中，受某种物质污染以后，内部结构、叶绿素和水分含量等会发生不同程度的变化，它们的光谱反射特性也随之变化。污染越严重，变化越大，因此可通过植物光谱反射特性的变化来监测它们受污染的情况。

（1）受二氧化硫污染的植物光谱反射率的变化。

我们重点测试和研究了二氧化硫污染对植物光谱反射特性的影响。除了在二氧化硫污染较严重的天津第一发电厂附近实测外，还用不同剂量的二氧化硫对白蜡、杨树、国槐、榆树、棉花、水稻等做了动态或静态熏气试验。它们与健康植物相比，在可见光部分吸收减弱、反射增强，尤其在橙红光部分更明显。在近红外部分，被污染的树的反射率都降低了，杨树降低得最显著。

（2）氟化氢污染的植物光谱反射率。

受天津搪瓷厂排放的氟化氢污染的白蜡树的光谱反射率也发生了与上述类似的变化。

（3）受炭黑污染的植物光谱反射率。

工业烟尘落在植物叶子上，同样影响植物的生长。天津炭黑厂附近的草地、树木及农作物，由于炭黑积聚在植物叶片上，堵塞气孔，影响物质交换，造成机械损伤，甚至使叶片小而发黄，叶绿素的反射峰不明显，而在橙红光部分的反射率增高，吸收峰不同程度地消失了，近红外部分的反射率却下降很多。

（4）重金属污染对植物光谱反射率的影响。

土壤中某些重金属，如镉、铬、铜、铅、锌等超过一定量，就会影响植物的正常发育，因此它们显示出不同的光谱反射特性。例如，土壤中不同含量的铜对水稻光谱反射率的影响，在可见光部分，受污染的水稻反射率普遍增加，而在近红外部分降低。植物铜中毒的症状之一是缺乏绿色。叶绿素的变化直接影响叶片的光谱反射特性。

总之，绿色植被受不同物质污染后，它们的光谱反射特性发生了不同程度的变化，根据这种变化可以寻找出监测污染的指示性植物，为遥感图像的分析提供依据。

2）污染水体的光谱反射特性

天然水体是一种透明或半透明介质。入射到水面上的太阳光，一部分被水面反射，另一部分则折射进入水里。折射进入水后发生选择性吸收和散射，这是由水分子和悬浮物质引起的。部分散射光与水底反射光一起组成水中的光返回水面，通过水–气界面又折回到空气中，其中包含有表征水体特性的光谱信息。

天津地区几种水体的光谱反射率曲线表明，水体的光谱反射率一般比较低，在近红外波段更低。一般在水本身的颜色处有一小的反射峰。海水（近海）和潮水比较浑浊，悬浮物较多，因此反射率较高。而养鱼池的水和海河水由于浮游生物较多，显示了叶绿素的某些特征。严重污染的卫津河水的反射率最低，曲线平缓。生活污水、工业废水含有大量腐败性有机物质，有毒物质如氰、砷、农药、重金属等，其光谱反射率也有相应的变化。

（1）有机物严重污染的水体光谱反射特性。

造纸、地毯、纺织、食品等工厂所排放的污水含有大量有机物。它们在分解时耗去大量氧气而发臭，水体浑浊，水色黑褐。这种消色水体，光谱反射率比较平直，如卫津河水没有明显的吸收谷和反射峰。

（2）油污染水体的光谱反射特性。

油污染或在水面形成一层油膜，或形成乳状液，也会使水体光谱反射率发生变化。天津 908 厂排出的乳黄色的油污染水，其反射率在 0.55～0.75μm 波段，达 20%左右，而棕色的油污染水反射率较高的区域都在近红外，约为 10%。黑色的油污染水，油膜较厚，其反射率很低，一般在 3%～4%，除 0.4～0.5μm 波段反射率相对较高外，其反射率与波长关系不大。

（3）污水池的光谱反射特性。

从在飞机上测量的天津碱厂附近的几个污水池的反射光谱反射率曲线可以发现，从水色上看，它们有很大差异，包括白色底质有浅蓝色水体的碱渣池、草绿色的泊盐沟、绿色的排污水、墨绿色的净化水。它们的光谱反射率的差异主要反映在可见光部分。在 0.45～0.70μm，白色底质有浅蓝色水体的碱渣池的反射率都很高，约为 45%，草绿色的泊盐沟反射率约为 20%，绿色的排污水约为 10%，而墨绿色的净化水约为 4%。这些差异是由水中所含的不同物质造成的。

（4）水底对水体光谱反射特性的影响。

对于悬浮物较少的清水或较浅的水体，需要考虑底部反射的影响。这种影响主要表现在可见光区。因为水在可见光区吸收较少。但在近红外区，由于水的强烈吸收，底部反射的影响就不明显了。

3）污染土壤的光谱反射特性

一般土壤的反射光谱特征是从短波段向长波段逐渐抬升，不同类型之间的差异也逐渐加大，在 0.6μm 附近的短波段，曲线斜率变化较大，0.6μm 以后曲线的斜率变化渐缓。受污染的土壤及掺混有固体废弃物的土壤，其光谱反射率也会发生变化。

（1）炭黑污染的土壤光谱反射特性。

天津炭黑厂排出的烟尘飘落在地面上，与土壤掺混在一起会使土壤的光谱反射率显著下降，土壤含炭黑比例越高，其反射率下降越大，曲线的斜率变化越缓慢，纯炭黑的反射率几乎不随波长变化。

（2）工业废渣土的光谱反射率。

天津碱厂的碱渣和白灰渣的光谱反射率都很高，随波长的变化较缓慢。

4）污染地物光谱特性分析

（1）植物的微分光谱。

对植物光谱反射率求波长的一阶导数和二阶导数，称为微分光谱。通过微分光谱的变化，进一步分析污染与未污染植物光谱反射特性的差异。一阶导数光谱主要表现反射率曲线的斜率随波长变化的情况。而二阶导数可以看出反射率曲线的极大值和极小值。与正常生长的植物相比，受污染植物的微分光谱在某些波段要发生位移，往短波方向移动称为“蓝移”，往长波方向移动则称为“红移”。微分光谱使得正常生长植物和受污染植物在吸收边缘的光谱移动现象得到了较大的放大。

实验表明，无论植物品种如何，其光谱反射率的一阶导数特征波长移动范围大体都在 2～6nm，而二阶导数在光谱曲线肩部拐点位置移动 10～25nm。铜、六价铬、铬加铅、铅加锌在浓度很低的情况下就会导致明显的压抑效应。而镉仅在水稻返青后很短的时间内在较高浓度情况下才产生上述效果。

大量测试表明，不论二氧化硫的动、静态污染的水稻、玉米、棉花等，还是受重金属铬、铜等污染的其他植物，其波形位移变化是有规律的。某些特征波长要么都“蓝移”，要么都“红移”，这种位移与植物中叶绿素总量的变化有关，它们之间存在着较好的相关性。

测试污染植物的光谱反射率并通过波形分析可以得到与污染有关的某些信息。因此，这种方法可作为一种新的监测环境污染的手段。

（2）土壤污染程度与光谱数据的关系。

研究不同比例的炭黑污染土壤光谱特性，炭黑的不同比例和污染土壤的光谱反射率有较好的相关关系，相关系数在 0.98 以上。这使我们可用回归分析，通过测量土壤光谱反射率就可以估算污染物所占的比例。

（3）水体光谱反射率与水质关系的回归分析。

水体的光谱反射率是水中所含各种物质的综合反映。一般对于某种单一指标没有明显的相关，但对于几种指标的综合效应，却有较明显的相关关系。对津渤地区不同污染水体的透射光谱特性做的相关分析也基本反映了上述事实。我们对在船上测量的海河不同河段的 7 组光谱反射率和水质分析数据进行了多元线性回归分析，在 0.60μm 处的反射率与水质的各单项指标相关分析均不显著，而对所有指标的复相关分析则在 95%置信度下是显著的，复相关系数达 0.84。由统计分析可知，标准回归系数绝对值的大小可以衡量逐项的贡献大小。由此可知，海河水在 0.6μm 处的反射率主要与亚硝酸盐氨、高锰酸钾耗氧量及酸碱度等有关，而和其他指标关系较小。

3. 仪器的改善

在 GPJ-1 型光谱辐射计的基础上，进行了改进，形成了 GPJ-2 型光谱辐射计。这些改进包括：①增加了取景反射镜，即在前置光学系统取景器之前，增加了一个可调节的反射镜，便于野外测量时选择地物和测量角度，提高了测量的稳定性、便捷性；②对扫描系统由普通电机改为步进电机，提高了扫描速度，由原来的 30s，减少到 10s；③光电转换系统由原来的光电倍增管，改为半导体硅探测器，缩小了仪器的体积，减少了电量的消耗；④记录系统改为 *X-Y* 记录仪，记录纸带有毫米网格，便于读取测量数据，提高了数据处理速度和精度。

4. 地物波谱测量规范的完善

通过参加中国科学院组织开展的“地球资源光谱信息及其应用”项目，在开展地物波谱测量研究中，参与了测量规范的制定，补充和完善了遥感所以前制定的测量规范，做到了参与测量的全国 16 个单位统一标准、统一参考板、统一定标，便于比较，减少误差，也为遥感所今后开展地物波谱测量提供了较为完善的测量规范。

5. 太阳模拟实验室的建立

由于野外地物波谱测量受测量环境的影响，有些条件很难控制，如比较测量时天空云量的变化、太阳高度角的变化、气象条件的不稳定性等，为研究地物波谱特性带来不稳定因素。为此，地物波谱特性研究组筹建了太阳模拟实验室。该实验室包括全黑墙体的测量环境、可调节的承物台、稳定的太阳模拟光源、稳流电源、可调节的仪器架和控制系统等，已经初步具备了开展室内可控模拟测试的能力。

6. 最佳遥感波段选择研究

多波段遥感是探测资源和监测环境（包括污染）的有效手段之一。它利用不同遥感波段的组合，获得不同波段的图像信息，以期达到识别不同地物的目的。多波段遥感的有效性和识别地物的能力直接与遥感仪器选用的探测波段有关。因此，在一定条件下，确定一种最少量的波段组合，使其含有最多有用信息的波段是十分重要的。结合津渤地区地物光谱特性的研究，我们主要采用方差不等的双母体 T 参量检验和非参量检验游程法，以鉴别指数订正两者结果的差异波段，然后用 F 值法进行群检验，辅助分析，以期减少多水平两两比较可能引入的误判。通过综合分析，最后选出了在可见和近红外波段内 4 个最佳波段。

7. 航空遥感数据获取方法研究

依据应用目标对数据的要求，航空遥感数据获取包括遥感仪器的选择、飞行航线的设计、仪器的操作和曝光时间的控制、最佳获取时相的选择等。此时该室重点承担天津–渤海湾地区环境航空遥感实验，以此为契机，该室开展了航空遥感数据获取方法研究。

这次飞行试验使用了“双水獭”飞机和“米-8”直升机各一架进行空中摄影、红外扫描、大气采样和航空波谱测试。试验的特点是多时相、多高度和多手段。津渤地区是我国重要的工业和商业区，也是我国进行国际交往的重要门户。这里人口稠密、工业集中、污染严重。由于这些问题又是通过水、热、气、土、植物等环境要素反映出来的，而且因津渤航空遥感试验是以环境污染监测为主要目标的试验，所以航空遥感设计中，应将环境要素的特点和试验区的需要作为考虑的主要依据。

依据环境要素具有很强的动态性、具有广泛的空间尺度、具有动态的特征并分布于整个立体空间，以及在组织航空遥感试验时，应兼顾其他方面的需要，尽可能做到“一次试验，多方受益”等特点和要求，因此选择多种遥感仪器组合的方式获取多种航空遥感数据。

1）遥感仪器的选择

（1）黑白及彩色红外航空摄影。

本项目使用的是联邦德国制 RMKl5/23 型及瑞士制 RC-10 型航空照相机。像幅为 23cm×23cm，焦距为 152mm，视场角为 90°，几何畸变小，一般径向畸变为 3～5μm，镜头的色差校准范围宽（0.4～0.9μm）。这种相机适用于任何类型的胶片。我们使用的是 180 型彩色红外胶片及航微-2 型黑白胶片。

（2）红外扫描。

通过光学机械扫描装置收集由地面发出的红外辐射，经过光电转换，记录在胶片上或磁带上，获得红外图像。这种技术主要用来监测由环境污染所引起的地面温度场的变化。在津渤航空遥感试验中，我们使用了两种红外扫描仪，即中国科学院上海技术物理研究所研制的高分辨率红外扫描仪和美国制造的 S-1230 红外扫描仪。国产红外扫描仪的主要特点是分辨率高，其瞬时视场为 0.65mrad，比美国制造的 DS-1230 扫描仪的分辨高出将近 4×4 倍。该扫描仪直接用胶片记录成黑白图像。由于其几何分辨率高，像幅较宽，有利于对各种典型环境要素的分析。美国制造的 DS-1230 红外扫描仪是一种双通道的光学机械扫描仪，它的特点是用模拟磁带进行图像记录，记录时同时输入高温和低温定标信号，这种磁带记录的信息经过地面处理后可回放成黑白或彩色等密度分割图像，或数字彩色图像，从而获得温度的定量数据。

此外，试验中还使用了可见–红外双通道扫描辐射计。

（3）多波段航空摄影。

试验采用了两种多光谱航空相机：中国科学院长春光学精密机械研究所研制的DGP-Ⅱ型四镜头多相机式多光谱照相机及由4台瑞典Hasselblad 500 EL型小型相机组成的多光谱相机。这两种相机采用了相同的滤光片和胶片组合，并具有相同的波段。为弄清海面石油污染的多光谱监测效果，在海上摄影时还用了紫外波段（0.33～0.38μm）。

（4）大气颗粒物（气溶胶、飘尘）的航空监测。

所用的仪器为武安-75型粉尘采样器、KB-120型空气采样泵、L-20型采样器、LG-79型多道粒子计数器、绍尔茨凝结核计数器、GS-II型二氧化硫采样器等，用直升机运载，直接从大气中抽取各种颗粒物，而后进行记数和分析，从而得到大气中颗粒物的浓度和分布资料。这些仪器广泛用于地面测量和分析，用于航空采样是一次尝试。在进行航空大气采样时，采用4种飞行方式：①水平剖面飞行，是为了收集从市区、郊区至海上的大气颗粒物含量的变化情况。飞行高度为200m。②垂直剖面飞行，对市区、郊区和海面上空200～3000m高度做垂直爬高或下降飞行，以获得大气气溶胶含量随高度而变化的数据。③绕重要污染源飞行，在典型大气污染源的主导扩散扇形区内，按不同高度做剖面飞行，以获得在工厂烟尘扩散范围内大气中粒子含量变化的数据。④大面积的穿梭式飞行，这是为了了解整个天津市区及近郊区的大气污染状况，为此在200～3000m高度选择了若干高度，然后在这些不同高度的平面上沿南–北或东–西航线做往复飞行，从而获得一个广大地区的气溶胶分布数据。

（5）其他测试。

试验中还使用GPJ–2光谱辐射计进行了航空波谱测试，用红外测温仪进行辐射温度测量，用微波辐射计进行了亮度温度测量。

2）飞行航线的设计

多高度试验的目的是将大范围的宏观监测与小区域的重点监测相结合。例如，海河市区河段有3种不同比例尺（1∶2.5万，1∶1万和1∶5000），即3种高度的摄影。再如，对大气气溶胶粒子的监测，我们用“米–8”直升机在200～3000m的垂直剖面上进行了航空实时采样记数等。

3）仪器的操作和曝光时间的控制

除特殊遥感仪器外，一般常用的航空遥感仪器由该室专门培养的人员操作，通过地面和实验室试验，结合飞行的天气、季节、地形、任务目标、速高比等合理地控制仪器曝光时间，使仪器获得最佳遥感图像。

4）最佳获取时相的选择

多时相的遥感试验是为了在同一个地区取得不同时间、不同季节的资料，便于分析环境要素随时间的变化。不同的环境要素具有自己的空间和时间分布与运动规律。对于每个具体的要素来说，通过一定的试验研究，确定对其监测的最佳手段和最适宜的遥感时间。

对于多要素的综合遥感而言，最适宜的遥感手段是彩色红外摄影，在天津地区，时间又以春、秋季为宜，因为这两个季节获得的遥感图像对环境中的水、土、植被等要素有良好的反映。春季较适宜对绿化现状进行调查，因为此时树木刚刚发芽、长叶，不同树种的差异在这个时候较为明显，便于获得区分树种的影像。春末夏初正是枯水季节，水中若有污染，经一冬一春的累积，可能会影响水生生物的繁衍，从而使水色出现差异。再者此时雨水不多，水体尚未稀释，因此春末夏初监测水污染较为适宜。夏末秋初，植被在物候发育期上由于环境条件的影响也出现明显的差异，特别是因污染而引起的异常较明显，此时遥感对土地利用和生态环境的分析研究最为有利。

对大气中气溶胶等颗粒物的监测，以冬季最好，春夏次之。这主要是考虑到地面污染物质向大气输送和扩散的季相节律。冬季大气污染最为严重，除工业污染源外，又增加了无数的民用煤炉，这个季节从地面向大气输送各种物质，特别是气溶胶粒子及其所吸附的污染物质将大大增多。夏季地面温度较高，在近地面层呈现很大的温度梯度，为地面污染物质向大气扩散提供了良好的热力学条件。春季除仍保持了相当多的大气污染源外，天津地区特殊的环流特征，春季也是个多风季节，平均风速较大，为地面污染物质向大气的输送提供了动力条件。秋季的天津地区也与华北其他地区一样，多为高压所控制，以下沉气流为主，空气中气溶胶粒子数浓度最小，对大气的污染无显著的代表性。

对车流的监测应在车流高峰时刻进行，非机动车在道路上最拥挤的时间是在上班时间之前半个小时到一个小时和下班以后半个小时到一个小时，其中尤以上班前车流最为集中。对于机动车来说，情况稍有不同，其高峰早上出现在上班及其后的一个半小时内，下午出现在下班前一个半小时到一个小时内。在上述时间内开展监测最能代表道路上的车流状况。

就季节而言，因机动车出车较晚和收车较早，在一年的任何季节都可监测。但对于非机动车（自行车），夏季日出早，在自行车流高峰时天已很亮或太阳高度角已较高，光照条件较好，比较易于监测，并可获得较好的效果。但夏季的缺点在于气温很高，天亮早，这在一定程度上将人们上班时间拉长了，缓和了自行车拥挤程度。冬季上班时间则比较集中，但天亮较迟，上午 7：00～8：00 光照条件较差，不利于摄影监测。

光学摄影的特点是用胶片在照相机的暗盒中感光并产生潜像。这一曝光过程只能以落在焦平面上地物景象的平均照度为依据。在晴朗的夏晨，由道路两旁房屋所造成的阴影影响严重，往往会掩盖掉落在阴影中的那部分车流的信息，这个问题在遥感监测中是不可忽视的问题。我们通过两个途径解决这一问题：一是调整曝光量，使阴影下的信息损失尽可能减少；二是在有高云（透光性的）而又不影响飞行的条件下进行监测，这样可避免由阴影所造成的信息损失。

天津是一个多水体的地区，有河流、湖泊、池塘，在遥感飞行试验时，往往由于阳光在水面发生镜面反射，使遥感图像上形成耀斑，掩盖了许多有效信息。对水体遥感的时间选择，可采取在太阳高度角较低的条件下进行摄影。但由于这时光照条件较差，所以在选择摄影胶片的感光度和曝光条件方面应予以足够的注意。

5）红外遥感的时间选择

这次红外遥感的目的是探测水体的热污染及由温度差异所造成的城市环境问题。由于水和城市建筑物的特性差异甚大，它们对太阳辐射的吸收及本身的辐射和热容量都不同，因而增温降温过程也不同，在白天一般城市建筑的温度高于水体，而夜间则低于水体，两者的差异随时间而变化。为了从一次红外扫描遥感获取的信号中容纳下尽可能多的地物信息，最佳遥感时机应选择各种地物温度差异较小的时刻进行，以发挥扫描仪的温度分辨本领，区分地物的微小温度差异。

为了选好时机，飞行前应在试验区进行地物辐射温度的昼夜连续观测，以提供地面温差的参考数据，同时还可作为确定最低最高温度定标时的参考。

8. 新型遥感仪器飞行试验

结合中国科学院相关研究所研制的新型遥感仪器负责组织和开展飞行试验，检验仪器性能。该研究室分别对上海技术物理研究所的红外扫描仪、长春光学与精密机械研究所的多光谱相机、长春物理研究所的微波辐射计、上海光学与精密机械研究所的激光测高仪等航空遥感仪器进行了多次飞行试验，从获取遥感信息能力、仪器性能和稳定性、仪器的可操作性、解决遥感应用的实践等方面对仪器进行检验和评价，提出改进意见，推动中国科学院遥感载荷的研制和发展。

9. 遥感图像和新型胶片图像处理技术研究

1）信息提取

当时获得的遥感数据以胶片记录为主，对于获得的图像通过胶片摄影处理后成为底片，要提取有用信息，开展提取方法研究。利用多光谱多波段组合，通过假彩色合成仪进行反复试验，提取我们需要的信息。对于单波段图像（如热红外），利用等密度分割仪提取信息。

2）彩色红外反转片研制与处理

彩色红外反转胶片是一种伪彩色片，具有彩色、红外、反转 3 个特点，它与自然彩色反转片不同，既可记录可见光信息，又可记录生理视觉不可见的红外光信息，显示的影像颜色和景物的固有色不同，能增加影像的色差，提高和丰富表达能力，信息容量大，具有直观、直接可用、信息损失少的特点，影像清晰易辨，有利于判读。1871 彩色红外反转胶片的研制是根据国家科委全国遥感科学技术规划，于 1980 年立项。经过三年多时间的研究与应用试验，胶片技术性能达到了预期指标，经实际试用，证明该胶片记录的影像信息彩色鲜艳，影像清晰，在正确曝光和严格冲洗的条件下，能获得优质图像，主要照相性能接近美国 2443 片水平，其为我国遥感技术发展提供了新的胶片品种，填补了我国胶片工业上的一项空白。

3）多光谱胶片研制与处理

根据 1980 年国家科委遥感发展规划会议决定，由化学工业部第一胶片厂研制多光谱胶片，遥感所承担应用试验，双方签署了合作协议，开展了研究照相性能指标和应用试验。多光谱胶片是具有感蓝、绿、红、红外波段（光谱范围 400～900nm）的黑白全色红外负片。多光谱胶片经 3 年的研制与应用试验，实践证明该片已达设计指标，具有信息容量大、分辨率高、有较强消除大气烟雾能力等特点。其经彩色合成后，色彩鲜艳，目标突出，便于识别各种地物。所获取的多光谱影像，图像清晰、信息丰富、密度适中，为我国开拓资源调查、识别伪装的研究和应用提供了一种新型全波段的摄影感光胶片，满足了多光谱摄影的需要，为我国感光材料填补了在这一领域中的空白，也为多光谱胶片的推广应用发挥了重要作用。

（三）学 科 特 色

该室在地物波谱特性研究方面开展了比较全面系统的研究，包括测量仪器的研制、测量方法的研究、测量实验室的建立、测量规范的制定、野外与室内相结合和地面与航空相结合的地物波谱实际测量，并对自然界各种地物波谱特性开展了较系统的分析。同时，研究了遥感仪器最佳波段选择方法，并结合多种测量数据，选择了多波段遥感仪器的探测波段，参与了国内所有大型地物波谱测量，其在当时是国内研究规模、研究内容广度和深度、研究成果等方面最具特色和影响力的研究组织。

遥感所是国内最早专门研究航空遥感数据获取、处理、分析、应用为一体的研究机构之一，在多光谱遥感、彩色红外反转图像获取、处理、彩色合成方法、批量处理能力等方面，具有较强的实力。

四、科研任务、项目与成果

（一）承担的项目与任务

承担国家科学技术委员会全国遥感科学技术规划项目 2 项，中国科学院项目 2 项，遥感所项目 2 项。

（二）研究成果与推广应用

1. 成果

发表学术论文 4 篇，获国家科学技术进步奖二等奖 2 项，中国科学院重大科技成果一等奖 1 项，中国科学院科技进步奖二等奖 1 项。

2. 成果转让与应用

1）地物波谱特性研究

野外波谱辐射计的改进为地物波谱特性测量与研究提供了必要的仪器。

通常污染可引起地物波谱特性发生某些变化，污染越严重，变化越显著。通过测量地物波谱特性有可能监测环境，地物波谱特性测量在某种程度上起到“侦察兵”的作用，然后再结合其他常规手段，进行定性定量的分析，因此，地物波谱特性的测试可为环境监测提供一种新的途径和方法。

地物波谱特性的变化，反映在遥感图像上可造成影像密度的差异，从而为判读遥感图像、建立判读标志提供基本依据。

采用多种分析技术，对地物波谱特性进行分析，突出污染和未污染地物的光谱反射特性差异。例如，植物的微分光谱法，对于监测污染和找矿而言，很可能发展成为一种行之有效的方法，同时还可以进行地物波谱数据和污染物质的相关分析，进一步分析污染物质与其波谱特性的关系，了解污染的程度。

相关分析技术和多元回归分析表明，污染地物的光谱特性的变化是各种污染物质对地物污染所造成的综合反映，这是一种宏观现象，但它不能完全确定各种污染的情况，还必须结合微观分析技术。但是，通过这种分析，可以找出影响其波谱特性变化的主要污染物质。

地物波谱特性研究的另外一个主要用途是选择多波段遥感的最佳波段。津渤地区环境监测遥感应选择如下波段：0.44～0.51μm、0.51～0.59μm、0.59～0.69μm、0.74～0.91μm。

总之，津渤环境遥感试验中研究了不同种类的水体、植被、土壤等多种地物波谱特性，得到了污染和未污染地物的波谱特性差异，找出了该差异和污染的相关关系，建立了图像判读标志，确定了最佳工作波段。通过地物波谱反射率这一物理光学指标，能够定性或半定量地鉴别污染地物，进行污染动态跟踪，快速简便地为地面采样分析做先导指示，据此可以确定监测的方向和重点。光谱试验表明，植物的微分光谱法有可能成为监测植被大气污染的快速有效的物理光学方法。

2）航空遥感监测技术研究

津渤航空遥感试验的任务是监测环境污染和了解环境质量，因而有别于资源遥感。虽然飞行的面积并不算大，但由于这次试验的多时相、多手段和多高度的特点，所以获得的资料较多。

（1）彩色红外航空摄影底片及像片。飞行区域为天津城区、天津市及近郊区、塘沽区、北大港区、汉沽及蓟运河下游地区等，在 3 次飞行中分别对上述区域进行了不同比例尺的摄影，即 1∶2.5 万、1∶1 万和 1∶5000 三种。拍摄底（相）片总数达 2000 余张。

（2）红外扫描图像及磁带资料。红外扫描的区域和面积都与彩色红外航空摄影的区域和面积大体相当。使用 DS-1230 红外扫描仪，用磁带记录，扫描的范围较大，并使用高分辨率红外扫描仪在海河天津市区河段和塘沽河段进行了重点清查。

（3）双通道扫描资料。该仪器系用磁带记录，然后回放成图像。这种仪器具有扫描视场宽的特点，但分辨率较低，它的飞行及获取的资料仅局限于海岸和浅海区。

（4）多波段航空摄影像片。这种像片由于像幅小、数量大，在这次试验中主要偏重于仪器、材料和技术方面的试验，与此同时，也取得了天津市和塘沽区一些重点地区的摄影资料。

（5）黑白航空摄影像片。这次试验中为监测车流量，进行了少量黑白摄影，于 1980 年 5 月拍摄了解放路和大沽路交叉路口一带地区的大比例尺像片，于 1981 年 5 月拍摄了天津市各主要交通路口的像片。1981 年 3～5 月，根据天津市北部农业区划的需要，拍摄了约 7500km^2 1∶2 万的黑白红外约 1800 余张。

（6）航空大气采样资料。采样地区主要集中于天津市，为了对比起见，也进行了从市区到郊区、从陆地到海面的水平剖面采样和不同地区的垂直剖面采样。3 次试验共取得大气气溶胶粒子计数数据 4 万余组。经过对滤膜采样样品的分析，获得了大气飘尘、二氧化硫等物质的平均含量资料。

（7）红外辐射温度测量资料。这一项目主要是为了配合红外扫描，测试地区主要在海河上、下游河段。为了取得整个城市的辐射温度分布资料，试验中还对整个天津市区进行了重复连续航线飞行，为绘制天津市辐射温度分布图提供了资料。

（8）地物光谱辐射特性测试资料。航空测试仅在 1980 年 5 月第一次飞行时用直升机在天津市区、塘沽、汉沽、大港及海上等不同地区对某些地物进行了测试，取得了约 200 组数据。

（9）在 3 次试验中，还受铁道部、水利电力部等单位的委托，在兴隆-蓟县、潘家口水库、陡河水库等地区，进行了彩色红外、多波段及黑白摄影及航空波谱测试，为上述部门提供了资料。

津渤环境遥感试验是我们应用遥感技术研究城市环境，特别是大城市及其周围环境问题的一次尝试，它涉及环境污染监测、环境质量评价等方面的问题。试验在不同季节、不同高度上，采用多种遥感技术手段对津渤广大地区进行了综合探测，获取了以彩色红外摄影和红外扫描为主的多种遥感资料，客观地反映了水、热、气、植被和城市建筑、交通条件及人类活动等环境问题，为分析研究津渤地区的环境问题提供了基础资料。这次获取的多种遥感资料除在这次环境研究中得到部分应用外，还将在今后对这个地区的研究中发挥作用。

3）彩色红外反转片与多光谱胶片的应用

（1）彩色红外反转片适用于军事侦察、资源调查、环境污染监测、林业、农业和医学研究，对国防和国民经济建设具有重要意义。1981～1983 年，采用 4 种不同性能的航空相机，在不同季节、不同自然地理区、不同气象条件、不同航高，在南京、天津、山东等地进行 8 次航摄试验，加工工艺采用 21℃、30℃两种，取得了较好的资料。使用单位认为，该胶片具有的照相性能指标能满足遥感应用需要。其曾在 1984 年、1985 年两次用于“尖兵一号”卫星，获得信息丰富的优质画面，被用户誉为“国宝”。

（2）应用 1∶25000 航空彩色红外反转片，对湖泊中天然有机物进行应用分析，目视判读与实地验证表明，湖泊水体中天然有机物含量不同，水体影像假彩色再现为“蓝–绿”色彩系列。当水体中天然有机物含量较低时，出现不同程度的蓝色或蓝绿色调。当水体中天然有机物含量较多时，反映的影像颜色为蓝绿、绿以至墨绿。“蓝–绿”色调系列是湖泊水体在航空彩色红外反转片上假彩色再现的特征，这对于大范围湖泊水体环境调查具有重要意义。

（3）多光谱胶片的研制促进了我国当时多光谱遥感的发展。多光谱影像反映地物光谱特性，具有记录真实、景物信息丰富、影像直观、容易判读、分辨率高等特点，并有良好的消除大气烟雾能力。因此，其可广泛应用于农林、海洋、地球资源、地质构造的调查，以及军事侦察、环境污染监测等领域，其对我国国防和经济建设、科学研究具有重要意义。

五、科研队伍建设与人才培养

（一）科技人员组成、结构

地物波谱特性研究组：田国良、包佩丽、岳志夫、王尔和、汪水花、王乙欣、袁志宁、郭世忠、徐珍元、孙晓勤。

红外波谱特性研究组：杨超武、冯勇进、李聪敏。

微波波谱特性研究组：黄扬、耿淮滨、杨习荣、李生平、王松。

航空摄影组：李树楷、丁加志、颜铁森、刘永庚、鲍士柱、朱宝章。

摄影处理组：钱育华、郑兰芬、张佩红、刘建明、孙建国。

人员结构包括物理、电子、机械设计、红外、微波、大气、地理、摄影测量、感光化学等专业。

（二）研究生培养

硕士研究生茅亚澜。

（三）研究室出的院士

童庆禧。

（四）人才培养措施

在建所初期，遥感刚刚起步，缺乏从事遥感基础研究和航空遥感方面的专业人才。各组人员来自不同单位和不同专业，对如何开展遥感基础和航空遥感研究缺乏全面的了解和系统的认识。我们采取在实践中学习，在具体工作中培养人才的方法，并发挥不同专业人员的特长，明确任务和分工，组成合作团队，发挥集体的作用，同时鼓励科研人员参加各种遥感培训，参加国内开展的地物波谱测量试验，增进对地物波谱特性研究的实践经验，检验测量仪器的性能，总结和积累测量方法，加强对测量数据的分析等，并在承担航空遥感飞行任务实践中培养专业人才。

第二章 遥感图像处理研究室

一、概 述

（一）成 立 背 景

20 世纪 70 年代，航空和航天遥感技术得到很大发展，开始从空间通过大气层获取地表反射或发射的多个电磁波段的二维信息。这些二维信息的表达朝向数字化的方向发展，通称为遥感图像数据。如何应用遥感图像数据，提取各种专题信息，是遥感技术和应用中重要的内容和必要的环节。1978 年，遥感所酝酿成立时，对数字图像处理研究十分重视。

与此同时，1977 年中国科学院组织研制的扫描数字化器和扫描绘图机实现了与从日本引进的 NOVA-840 计算机的联机运行，并完成了输入输出照片、图片和磁带数据的驱动程序。该研制组当时正在开发具有图像显示、图像增强、几何纠正、特征抽取、图像分类和聚类功能的 IRSA-1 数字图像处理系统。在成立遥感所时，以该研制组的部分科研人员和设备为基础，组成了地理所二部制图自动化研究室，并以该室为基础成立了数字图像处理研究室。

（二）建立的必要性

图像是遥感数据的基本表示，对遥感图像的处理和分析是遥感数据应用的出发点。遥感图像中包含着丰富的波谱和纹理特征，但原始的图像数据存在各种波谱干扰信号和几何畸变，必须通过数字变换处理去除干扰信号，纠正几何畸变，并根据不同的遥感应用需要，增强和提取有用特征，转换成便于使用的图片或可视化信息。因此，数字图像处理成为遥感应用的重要环节。开展数字图像处理研究，对遥感图像数据进行辐射和几何纠正、信息提取、模型应用、专题图制作等方面具有重要的理论意义和应用价值。因此，自遥感所成立以来，一直保持遥感图像处理研究室的建制。

（三）在所及学科中的地位

该室长期开展遥感图像处理技术研究，在图像处理算法、模型建立、系统研制及应用系统集成等方面取得了许多创新性的成果，开发了具有自主知识产权的遥感图像处理系统——IRSA1-7 在遥感应用中发挥了重要作用，在学科发展方面始终保持先进水平。

二、沿 革

（一）机 构 变 化

该室成立 30 多年来，虽经历届领导机构的换届和学科调整，但遥感图像处理研究室一直被保留。1979 年 12 月～1984 年 10 月称为数字图像处理研究室，1984 年 10 月～1997 年 4 月称为计算机图像处理研究室，1997 年 4 月～2012 年 11 月改为遥感图像处理研究室。1999 年 3 月之前，该室以研究室建制存在，随着中国科学院实施创新工程，1999 年 3 月开始进入首席科学家负责制阶段，研究室变身为国家遥感应用工程技术研究中心的图像工程部，但实质上仍然以研究室模式运行。从 2007 年 9 月始，遥感图像处理研究室正式按研究室模式运行。

（二）历届研究室负责人

研究室主任：李丽（1979 年 12 月～1988 年 9 月），李小文（代主任，1988 年 9 月～1991 年 3 月）、朱重光（1991 年 3 月～1997 年 4 月）、赵忠明（1997～1998 年）、郑柯（1998 年～2003 年 5 月），唐娉（图像处理工程部 2003 年 5 月～2007 年 1 月）（图像处理研究室 2007 年 1 月～2012 年 9 月）。

副主任：朱重光（1988 年 9 月～1991 年 3 月）、沈在壎（1992 年 1 月～1993 年 1 月）。

（三）中国共产党的支部

支部书记：沙志发、侯学武（1979 年 12 月～1988 年 9 月）、曹兆丰（1988 年 9 月～1997 年 9 月）、李秀云（1997 年 4 月～2007 年 9 月）、郑柯（2007 年 9 月～2012 年 7 月）。

（四）行 政 秘 书

贾笑音、常慧英、李秀云（兼）。

三、学术方向与学科发展

（一）学术方向与定位

结合遥感在不同时期的发展水平，重点开展遥感图像通用处理技术和遥感图像应用系统集成技术研究，为遥感图像在各行业的应用提供技术支撑和专业软件系统服务。

遥感图像通用处理技术的研究包括：①结合传感器特点，不断发展遥感图像处理和恢复技术，以消除图像成像过程中引入的各种干扰和噪声，包括图像辐射校正、几何纠正、图像匹配与融合等；②发展信息提取和图像分析的新技术，包括图像可视化、增强、图像分类聚类、图像理解等新技术。

遥感图像应用系统集成技术的研究包括：①开发具有自主知识产权的遥感图像处理软件平台；②研制和集成行业应用的遥感图像应用的专业系统。

（二）学科发展

30 多年来，遥感图像处理研究室在遥感图像处理方法、信息提取、系统集成等方面取得了显著的发展和重要成果，特别是围绕遥感图像处理系统——IRSA 开展了大量研究，创新了许多方法，提高了它的处理能力和水平，学科也得到了长足的发展。

1. IRSA 图像处理系统

1）IRSA-1 图像处理系统

1977 年底，在中国科学院的组织下，完成了扫描数字化器和扫描绘图机的研制，实现了与小型计算机 NOVA-840 的实时连接，以后在系统上进行了一系列处理方法试验研究工作，发展了具有初步处理功能的图像分析软件。其内容有设备驱动处理程序、检测程序，陆地卫星 CCT 磁带回放和成像，影像整饰，几何纠正、投影变换，增强滤波和平滑比值处理，自动分类，K-L 变换，影像注记和汉字处理等。这些软件可以在 RDOS 操作系统下通过键盘命令来调用，从而构成试验性软件系统——IRSA-1。该系统由图像输入/出驱动程序、几何纠正和各种图像增强程序构成，它是我国首次实现大型设备和计算机连接构成的实时运行系统。

这套系统的硬件由电子分色扫描数字化器、扫描绘图机、NOVA-840 计算机系统和彩色监视器等设备构成。鼓形扫描数字化器可将彩色影像或多色地形图转换为数字输入计算机中，影像像元用一个字节（8bit）、图形用一个字位（1bit）表示。彩色影像分 3 个元色分量进行数字化，多色地形图或线划图逐个颜色进行数字化。扫描数字化器的扫描鼓有效幅面为 350mm×290mm 和 800mm×800mm 两种。前者可扫描透射稿（负片）和反射稿（照片、地图等不透明材料）。图像数字化后的灰度为 128 级，而分辨率为 12.5μm，即 1mm 中可分出 80 个点（像元）。分色系统对彩色地形图分色数字化很有特色，这套系统直到现在还有一定的实用意义。

2）IRSA-2 图像处理系统

将 IRSA-1 这套试验性系统转变为运行性系统，对于以 NOVA840 为主机的系统来说是困难的。1983 年联合国资助了 ECLIPSE140 计算机及 96MB 磁盘和磁带驱动器、彩色图像显示器及影像扫描输入/出机等设备，在这些设备的基础上，开发了 IRSA-2 遥感图像处理软件系统。它包含图像文件管理、磁带数据格式变换和驱动、图像的灰度和边缘增强、几何纠正、自动配准和镶嵌、富氏变换和反变换、空间域和频率域的滤波、特征抽取、分类和类聚及线划图形数据处理等软件，构成了完整的 IRSA-2 数字图像处理系统。该系统能直接处理陆地卫星磁带数据和各种航空遥感照片，是我国第一个实用的图像处理系统。它使遥感所能承担使用多种遥感手段的大面积遥感应用研究项目。IRSA-2 图像处理系统运行 5 年来，承担遥感所内外大型遥感应用课题，并在黄淮海治理、龙滩水电站遥感应用、西藏土地详查、新疆地质找矿、黄土高原综合治理等任务中发挥了重要作用，该系统获得了科技进步奖二等奖。

3）IRSA-3 图像处理系统

随着 PC 机的发展和普及，PC 机在内存和磁盘容量、运算速度方面赶上和超过了一些小型机。其在价格上更有吸引力。遥感图像处理研究室以 PC-386 为主机，配以图像监视系统、磁带机等研制了微机图像处理分析系统。这套系统不仅继承了 IRSA-2 系统软件的功能，而且结合地学应用，增添了新的软件功能，将 GIS、图形处理纳入系统，组成了三位一体的综合分析处理系统——IRSA-3 图像处理系统，该系统在 1992 年、1994 年的国际投标竞争中两次中标，从而使这套系统在再生资源、生态环境和地质能源等领域得到广泛的应用，同时为市场推广做了初步尝试，先后售出了多套系统，收到了很好的社会和经济效益。

早期的 IRSA-3（微机版）版本的核心是 DOS 操作系统，图像处理模式均是文件到文件模式，而且需要专用的图像处理卡；视窗开发非常复杂，补充和修改相应程序十分不便。随着 20 世纪 90 年代 Windows 操作系统成为市场主流，遥感图像处理系统急需更新换代。在视窗技术发展的推动下，该室将 IRSA-3 图像处理系统在 Windows 操作系统的基础上，实现了系统升级，开发出部署方便、操作灵活的处理系统，并结合学科的发展，研发集成了新的图像处理功能，使IRSA-3能力进一步提升，在承担科研任务中发挥了重要作用。

4）IRSA-4 图像处理系统

20世纪90年代遥感图像处理研究室承担了“八五”724项目“灾害与估产运行系统”的技术支撑系统研制任务。其作为国家科技攻关重点项目技术支撑，对运行系统的技术指标提出了很高的要求。当时PC机应用虽然已经十分广泛，但性能指标还难以达到项目的运行指标要求。因此，在系统设计上需要选购一套数据管理和处理能力更强的计算机系统来构建运行系统平台。经过认真的调研论证，最终选择了当时技术最为领先的SUN和DEC高档工作站作为运行系统硬件平台开发高性能技术支撑软件处理系统。SUN和DEC高档工作站采用的是UNIX操作系统，是与PC完全不同的软件系统平台，要将IRSA已有的系统功能和新开发功能在该平台上实现，需要重新设计开发，经过科研人员多年努力最终出色完成了研制任务，实现了平台转换，通过了“八五”攻关项目的验收，由此IRSA-4遥感图像处理系统应运而生。

IRSA-4系统不仅具备以往版本的IRSA功能，同时针对项目需求新增了大量新功能，具备了大批量数据处理和管理能力。作为“灾害与估产运行系统”的技术支撑系统，先后完成多次水灾的灾害评估数据处理任务和土地利用资源调查项目数据处理任务，为后续IRSA系列的研发打下了良好基础。

5）IRSA-5 系列通用图像处理系统

在Windows操作系统的基础上，IRSA-5实现了从命令行方式到图形界面的转换。与IRSA-3、IRSA-4的版本相比，IRSA-5是一个完全重新编码的版本，视窗的部分用到了基础的Windows API函数库MFC。该软件定义了一个*.ncg的内部格式，在一个*.ncg结构中分通道存储图像，其他与图像有关的数据，如投影信息、LUT、GCP、PCT、文件及属性作为数据段（SEGMENT）有专门的编号和存储位置。由于当时缺少通用图像格式库的支持，图像的每一个格式转换程序都需要自己编写，工作量巨大。IRSA-5系统支持BMP、GIF、PCX、TGA、TIF、RAW格式，可从视图中将上述格式转为NCG格式。

该软件增加的独特模块是图像融合和图像复原模块。图像融合是当时的新技术。该版本提供了4种基本的像素级数据融合的工具：基于HIS变换的数据融合、基于PCA变换的数据融合、基于高通滤波的数据融合和基于小波变换的数据融合。图像复原模块集中了当时针对国产卫星图像质量改善所做的工作，其主要功能包括：图像条带去除、调制传递函数（MTF）校正、薄云去除、运动模糊恢复。该系统参加了科学技术部组织的通用国产遥感图像处理软件测评，并获得“优秀国产图像处理软件”称号。

6）IRSA-6 遥感图像处理软件系统

受863-13主题课题“遥感数据处理工程化软件”的资助，IRSA遥感数据处理系统集中考虑软件数据处理功能的全面性和先进性，增加了雷达模块和高光谱模块，实现了遥感图像格式的通存通取，以及对国产航空、航天传感器的图像预处理功能，保证了软件平台的功能覆盖性和数据处理技术的先进性；对软件系统的底层开发方案、数据兼容与数据接口、安全机制进行了研究探讨，使软件平台在保证具有先进的开发模式、友好的数据接口的同时，具有良好的容错性能和知识产权保护能力。

7）IRSA-7 遥感图像处理软件系统

IRSA系列遥感图像处理软件继续发展，在原有二维判读系统的基础上，基于三维平台开发完成了一体化判读系统，新系统具有数据准备、数据管理、判读工具及成果管理等功能，并进一步完善了图像处理算法，形成了IRSA7.0版本软件，同时进一步开发了部分高性能计算的特色。

除IRSA系列遥感图像处理软件平台外，软件开始向专业模块的方向发展。每个专业模块既包括基础数据支撑下的批量数据全自动化的处理流程，也包括分步执行的功能。这期间发展的专业模块主要有遥感图像辐射处理专业模块，遥感图像几何处理专业模块，遥感图像分割、分类专业模块。其中，遥感图像辐射处理专业模块中既包括辐射校正的批处理功能，也包括自动的相对辐射校正功能、辐射校正的相对一致性评价功能，以及多光谱图像的云检测云修补功能、鲁棒的薄云去除功能和时空数据插补功能；遥感图像几何处理专业模块既包括自动几何精纠正、纠正精度自动评价流程，也包括控制点人工添加和目视评价纠正精度功能；遥感图像分割、分类专业模块既包括按地理区域存储的地表覆盖样本库、部分区域土地利用场景库，也包括高分辨率图像分割、分类的流程及利用视觉词包模型对土地利用场景属性识别的功能。

在学科研究中重点开展了遥感图像的通用处理技术与地面图像应用系统集成研究。

2. 遥感图像通用处理技术

遥感图像通用处理技术的发展与中国不同时期计算机技术和遥感技术的发展密切相关。研究重点和学科发展经历了 3 个重要的阶段。

第一，1979～1997 年，计算机系统是小型机和 PC 机时代，以 DOS 为操作系统，遥感数据以国外卫星图像为主数据源，数据源主体是 Landsat 数据，遥感图像处理技术的研究重点是图像的几何纠正和图像增强及分类。

（1）在几何纠正方面，发展了系列的几何纠正方法。首先，针对当时图像处理系统内存仅仅只有 32K 的特点，提出了降维几何纠正方法，解决了几何纠正的速度问题。从根本上讲，其是对影像数据结构合理布置，优化纠正式的计算。其采取的措施如下：①采用反向重采样技术，计算好纠正的正函数系数和纠正的反函数系数。在具体纠正处理时，计算求出目的影像的起始坐标和范围；然后，按目的影像坐标为引数到原始影像中寻找相应坐标而填到目的坐标中。②由于内存小采取分块处理，继而在用反函数式处理时基本上在输入时不重复取样，节省了大量内外存交换取数时间。③采用多任务方式，并行操作处理。即在输入数据和处理的同时，输出的目的文件在盘驱动中磁头已定好位，从而节省等待时间。其次，提出了基于薄板样条的自适应几何纠正方法，解决了很多局部畸变的几何纠正问题。对于航空多光谱和细分光谱影像，由于地区的起伏和飞行姿态特别是滚动造成的随机误差，之前的基于整体变换的几何纠正方法解决不了这个问题，必须用局部办法进行纠正，并且针对航空多光谱数据特点综合校正才能达到一定精度要求。对于影像配准，在同一地区有地形起伏的不同时相的不同摄影角度，一般的二维整体纠正也无能为力，唯一的办法是局部配准来达到整幅图几何配准。局部配准需要选择大量的控制点，采用以一定的几何约束条件、自动配准的方法方能达到纠正的目的，这为自动求解 DTM 走出一条路子，并对于一切有视差的同一地区都是适用的，对于从二维处理推向三维处理也是重要的一环，这种方法称为智能式几何纠正配准方法。

（2）在图像配准方面，发展了基于灰度与特征结合的图像配准方法，利用灰度匹配和特征匹配各自的优点，并通过层次匹配、特征与灰度相结合的策略，逐步求精地获取了畸变影像局部匹配点的对应关系，运用局部自适应几何校正方法纠正来获得精配准图像。该方法具有较高的可控精度，通过该方法建立的实用遥感图像配准系统可以快速提取大量高精度控制点，尤其是对局部畸变的校正，效果非常明显。

（3）在图像放大处理中，采用图像复原方法而不是单纯的插值方法放大图像。通过模拟 MSS 成像过程，获得成像的点扩展函数，继而在复原图像的过程中放大图像，从而成功地提高了图像分辨率。其应用到了 NOAA/AVHRR 影像数据进行作物估产和动态监测，以及 NOAA 卫星数据和 TM 影像综合处理，以求得更准确的绿地面积数据等应用中。

（4）在影像的增强、滤波处理中，发展了局部自适应方法，使图像从整体到重要局部都得到有效增强，获得了好的视觉效果。所谓局部自适应方法，就是采用滑窗的办法来计算局部特性，根据某种条件约束达到图像增强和滤波的局部控制，其内容涉及对比度、边缘和信息增强、噪声或伪轮廓减少、特征提取或去除。发展的算法有实时对比增强滤波、区域滤波、短空间 FFT 滤波和多维自适应最小平方技术等，它们在众多的科研课题中发挥了重要作用。

（5）在图形数据格式变换中，发展了栅格方式（RASTER）变换为矢量方式（VECTORY）及其反变换，从而给图像和图形转换处理带来了方便。

（6）在数字影像镶嵌方面，已经取得很大进展，提出了镶嵌接边二维准则和按形态接边的二维最小灰度差方法，先后在黄淮海综合治理、新疆地质找矿、西藏土地详查，以及在航空细分光谱和雷达影像等课题中，对不同时相影像镶嵌获得满意的结果，这些方法广泛地应用于航天和航空的各种影像镶嵌中。

（7）将彩色空间变换处理用到了图像增强和图像融合中，并取得了很好的效果。将彩色影像的 R、G、B 转换为彩色空间中的 I、H、S，这时 H 采用旋转的色空间坐标方法，而 I 采取 R、G、B 规一化后的均值，然后将 I、H、S 反变换成 R′、G′、B′，它和原始的 R、G、B 比较，不仅图像清晰，而且色彩十分丰富，旋转色空间坐标的选择可以根据要素色彩的需要进行，由于 I、H、S 各波段间比原始 R、G、B 有更大的独立性，所以在影像的自动分类和彩色合成中有很大用处。

（8）提出了分形图像压缩的算法。分形几何学是迅速发展的非线性科学的一个重要研究领域，它可以描述自然界广泛存在的一大类欧式几何无法表示的不规则结构。分形压缩技术旨在从图像信号的统计模型上取得突破，从而提高压缩比。我们研究了基于四叉树的压缩分形方法，对经典分形图像压缩方法进行改进和扩展，主要是对不同的图像区域采用不同的分块策略，从而加快了图像压缩速度，增大了图像的压缩比。为了提高编码图像的速度和解码图像的保真度，我们研究了 HV 分块方法和图像序列块与主块的匹配算法。HV 分块方法就是把已知的矩形图像迭代地沿 x 方向或 y 方向分离成两个子矩形图像，直至所分序列块与主块相比较的误差小于预设的门限值为止。该方法与四叉树分块法比较具有很大的灵活性，不需要在极大的主块集合中搜索目标主块，节省映射变换的存储，优化解码、解码的计算过程，因而从整体上显著地提高了压缩效率。我们用 C 语言编程，在微机平台上开发出 HV 分块方法的分形图像压缩软件，数据实验表明，压缩效果较好，压缩比高于 JPEG。

（9）图像处理的进一步发展除了在软件方法更完善、硬件上功能齐全、效率更高外，还必须引入地理信息系统。它实际上是图像处理系统的延长和扩充。在 GIS 支持下，图像系统和图形系统相结合的信息分析处理系统较之单一的系统功能，毫无疑问具有更强的综合性的信息处理功能。几年来，我们研制了 SDBFG 地理数据库系统，这套系统分为空间数据库和物体属性数据库，将成为运行性系统，这套系统除具有国际上先进水平外，还能结合我国实际发展成为独具特色的信息处理系统。

第二，1997～2007 年，计算机开启 Windows 图形操作系统时代，国内自主卫星登台，研究重点转向针对自主卫星的数据特点，研究提高数据质量的技术及以自主数据源为主的半自动的图像处理技术。

（1）工作重点一：针对国产卫星的数据特点研发所需的辐射处理和几何处理的技术。为此，发展了一系列技术，如 MTF 校正技术、图像高保真采样技术、薄云去除技术、条带噪声去除、图像复原技术等，其核心均是改善图像的质量。这与当时国产卫星的定量化水平较低，数据主要用于按景的资源调查及目标判读的应用相关。其中，MTF 校正与复原放大（最优重采样）技术针对国产卫星（资源一号、资源二号等）图像比较模糊的现象，提出并实现了利用 MTF 进行校正的技术（合同来源：航天科技集团 508 研究所，执行时间 1999 年），将实验室测量若干频点的 MTF（单位：线对/mm）与实际采样图像的离散频谱建立对应关系，构造出各向同性的 MTF 矩阵，利用图像复原的技术提高图像的清晰度，执行时间 1998～2000 年，并取得了很好的效果，引起了一段时间 MTF 校正的研究和应用热；2002 年用于资源二号卫星图像处理，而后将基于图像点扩展函数（PSF）或 MTF 的图像复原与图像放大的重采样技术相结合，形成了图像最优重构的理论和技术，并在多个项目中得到了应用。

（2）工作重点二：探索有效的遥感图像压缩技术。为了下一代更高空间分辨率遥感卫星发展的需要，而且逢新一代压缩标准 JPEG2000 于 2000 年 3 月出台，新标准放弃了 JPEG 所采用的以离散余弦变换

（DCT）为主的区块编码方式，而采用以小波转换（wavelet transform）为主的多解析编码方式。“星载高速数据压缩技术”专题研究项目要求研制在空间环境下抗噪强、重量轻、低功耗、高峰值信噪比、16∶1压缩比的编解码器，通过改进优化 SPIHT 算法，提出了新的具有强抗误码能力的等级树集合分裂压缩算法。对 1M 的图像 16∶1 压缩编码时间 25ms，并有良好的抗误码传播效果。在全国 9 家研制单位的软件性能测试中排名第一，在后续与北京理工大学合作研制的编解码器硬件测试中名列第二。

（3）工作重点三：半自动的处理技术。随着遥感图像的广泛应用，各种图像应用的业务化水平提高，半自动的处理技术针对需求提出。半自动处理要求减少人工干预，提高工作效率。其中的例子之一是图像几何精纠正。遥感图像的几何纠正是人工干预最多、严重影响遥感图像应用效率的环节之一。半自动图像匹配是人工选择 3 对控制点后，利用图像自动匹配技术获得其他的控制点进行纠正的方法。后续又发展了基于控制点库的图像配准的技术，并围绕此类技术，发展了若干应用。

第三，2007～2012 年，计算机开启了集群处理和分布式处理时代，遥感数据大数据时代来临，研究重点是批量数据自动化处理的技术和高分辨率图像复杂地类的不变特征表示与识别技术。

（1）研究室在遥感图像自动化处理技术方面取得了重要进展，成果 1 是几何纠正的自动化技术和软件。该成果以经过正射纠正的区域或全球拼接的图像为基准，利用图像匹配技术建立带纠正图像和基准图像之间的控制点对，核心是提出了宽覆盖、畸变复杂区域图像的误匹配点的检测方法。成果典型的应用是 HJ-1 CCD 图像的自动几何精纠正。成果 2 是自动化辐射处理的系列技术和软件。该成果包括全球尺度数据自动化辐射校正的技术和软件、自动检测伪不变特征点的相对辐射校正、基于大尺度中值滤波的近实时的图像薄云自动去除技术。

（2）在复杂地类的不变特征研究方面，提出了一种主动学习中如何选择信息量最大和最能影响分类器性能的训练样本方法，一种利用视觉词包模型进行土地利用类型特征表达和识别的方法，以及土地利用变化图斑检测与提取的方法。另外，基于局部特征的 DTW 时间序列遥感图像相似性度量方法也得到了充分的研究，并取得了不错的进展。这些研究为复杂地类的自动识别和遥感图像时间序列研究奠定了良好的基础。

3. 遥感图像应用专业系统集成

遥感图像应用专业系统集成技术伴随计算机技术和遥感技术的发展同样经历了 3 个重要的阶段。

第一，1979～1997 年，自 20 世纪 70 年代开始计算机技术及其应用在国内逐步发展起来，遥感应用技术也进一步向数字化方向发展，70 年代后期到 80 年代中期遥感所先后引进了 NOVA-840 和 S-140 等小型计算机系统。由于受当时计算机硬件技术发展水平所限，要研制通用遥感图像处理系统和处理大数据量的遥感数据需要解决众多关键技术，经过研究人员的努力，先后研制成功 IRSA-1、IRSA-2 通用图像处理系统。进入 90 年代计算机技术进入快速发展阶段，PC 机、图形工作站和大容量存储技术的应用为遥感图像处理技术发展创造了有利条件，在国家科技攻关项目的支持和需求驱动下，又先后研制完成了 IRSA-3 和 IRSA-4 遥感图像处理系统，并初步形成了 IRSA 系列系统产品。

该阶段图像处理系统集成解决的多项核心技术问题包括：数据的数字化输入、输出接口技术；数字图像的显示和接口技术；数据存储与转换技术；人机交互技术等。大量数字图像处理软件算法的研究开发所面临的主要矛盾就是计算能力和内存不足的问题，为了解决上述问题，通过多种程序优化手段实现了大数据量遥感数据的处理，包括：队列处理、逐行处理、窗口优化、采样优化、表变换处理等方法大幅度减小了计算量和内存消耗，使得系统在有限资源下完成处理功能和技术指标。

第二，1997～2007 年，Windows 32 位操作系统主宰计算机的时代，海量数据处理核心是突破 32 位操作系统读取数据文件大小 2G 的限制，实现业务流程的有效集成。

（1）为突破 32 位操作系统对读取数据文件大小 2G 的限制，自研的软件采用多项技术实现了对海量数据的处理：构建了金字塔的数据存储结构；分块处理；分层及多级缓存：按不同需要从不同层的缓存中获取数据；多线程处理：把数据的内部处理和外部的系统处理（显示等）并行；建立内存映射文件，把内存和磁盘存储进行对应，并优化了数据转移功能，使大的数据量不会全部在内存中；内部自主内存管理，对小块内存的分配回收进行自主管理，减少系统的分配回收负担，同时减少内存碎片。

（2）2000 年前后，图像应用系统集成采用以工作流程动态控制管理为核心集成业务处理单元的方式。在 2003 年建成的某应用系统中，系统以图像解译的产品生产任务为主线，利用自主开发的工作流程自动流转管理技术，依据产品生产任务的工作流程构建了集数据资料管理、图像处理、图像判读、地理信息整编和成果制作的兼容航空航天数据产品生产和制作的业务生产线，同时依据工作人员身份和密级在生产线中建立了产品访问审核制度，形成了第一套完整的全数字化生产系统。

（3）随着遥感图像应用业务化水平的提高，应用部门提出了规范集成各类数据处理流程和应用流程，使应用过程自动化的需求。为此系统集成采用了基于 XML 紧耦合集成各个处理单元，实现数据管理、数据提取、图像处理、目标整编全过程流程化与自动化，满足了图像处理和产品生成的时效性要求。例如，在 2007 年建成的遥感信息快速整编系统中，基于 XML 和数据缓存机制，将遥感图像处理和信息提取的多个环节进行紧耦合。例如，紧耦合的环节包括：有效管理大区域基准影像和 DEM、自动获得新图像的粗略地理范围自动确定基准图像和 DEM 的地理范围并提取数据、利用图像自动配准技术动态生成图像控制点、对图像自动正射纠正、纠正精度自动评价、信息整编、产品和成果输出，最终实现了对新接收的图像在 15min 内完成信息整编的指标。

第三，2007～2012 年，计算机开启了集群处理和分布式处理时代，遥感数据大数据时代来临，图像应用系统的集成有两个方向：一个以高性能计算机集群上的集成为主，另一个研制软硬件结合的敏捷型遥感图像处理一体机。

（1）高性能计算机集群上的研究进展包括两个内容。内容之一是在高性能计算机集群上建立了实时数据驱动模式的实时图像处理系统，包括实时接收网络数据包，进行组包形成单帧图像，并按照配置的流程模板进行图像处理，之后将压缩（可选）图像和目标信息打包发送至网络。实时处理速度可达到 300Mb/s，处理时延小于 50ms。内容之二是在高性能计算机集群上建立了按需的多源中低空间分辨率遥感数据处理和定量产品生产系统，解决了如下问题：多源数据的存储管理；多源数据的自动化预处理技术；任务调度；以图形化方式的生产流程定制及按需（时间段、经纬度区域）的遥感产品生产批处理调度及生产。

（2）敏捷型遥感图像处理一体机，采用高效存储，快速传输，硬化加速及平台一体化等先进技术，使敏捷型遥感图像处理机具备体积小、效率高、功耗低，易扩展、工作环境适应性强的特点。通过 FPGA 与 DSP 协作，实现并行流水式数据处理，使其计算效率不再是受算法本身的运算效率影响，而是由遥感数据的传输速度决定；数据传输采用 PCIE 高速传输总线，数据传输率最高可达到 5Gb/s，是 USB3.0 接口（640Mb/s）的 6 倍以上，保证了遥感数据的高速传输能力，大大提高了遥感数据计算效率，满足遥感图像处理的实时性需求。

（三）学 科 特 色

遥感图像处理研究室以遥感图像数据为研究主体，开展理论研究、关键算法研究、软件工程能力提升 3 方面并重是研究室的主要特色。其目标是在图像处理理论、技术和算法研究的基础上，为遥感应用提供通用的遥感图像处理技术服务、软件服务以及以图像应用为核心的软件系统建设服务。

遥感图像处理学科理论部分的研究内容来自学科本身发展的要求。遥感图像的定义域表达了对地观测映射下的几何定位的特性，遥感图像的值域则是电磁波与地物相互定量作用的记录。因此，结合遥感成像机理和遥感信息机理，去伪存真，剔除干扰，恢复遥感图像数据真实信息是遥感图像处理的本质要求；另外，遥感图像作为了解地球地表及其变化的数据载体，地球地表是自然界和人类社会综合作用的结果，地球地表地物的复杂性直接投影在遥感图像上，因此，研究遥感图像中的信息提取、地物的不变特征表达和地物识别是遥感图像分析和应用的本质需求。

遥感图像处理学科关键算法研究需求，部分内容来自传感器及计算机技术不断发展带来的要求，如遥感图像空间分辨率提高、成像模式变化及定量化程度提高、海量数据处理要求等对算法研究提出新要求，部分内容来自行业用户的需求。

遥感图像处理学科软件工程能力提升是与计算机技术发展相伴随的要求，DOS 操作系统下的图像处理软件开发和 Windows 操作系统下的桌面版的图像处理软件开发，以及互联网环境下的高性能分布式的图像处理软件开发，无论从开发环境，还是从开发平台的选择上都是截然不同的。

四、科研任务、项目与成果

（一）承担的项目与任务

遥感图像处理研究室共承担项目 44 项，其中国家重要工程项目 3 项，“七五”“八五”国家重点科技攻关项目各 1 项，中国科学院重点课题 1 项，中国科学院知识创新项目 3 项，国家高技术 863 计划项目 7 项，资源一号卫星图像处理项目 1 项，全国土地资源调查项目 1 项，国家自然科学基金项目 4 项，重点基金项目 1 项，××预研项目 1 项，部门重要横向项目 4 项，科技支撑子课题 2 项，中国科学院相关项目 5 项，高分专项相关项目 2 项，横向项目 7 项。

（二）研究成果与推广应用

1. 成果

参与编写专著 1 部，发表论文 56 篇，其中 SCI 论文 2 篇，核心期刊论文 46 篇。获国家科学技术进步奖二等奖 1 项，中国科学院科技进步奖二等奖 1 项，国家电子振兴办主办的全国计算机应用成果展览会上获得一等奖 1 项，全国优秀博士学位论文 1 项。获得发明专利授权 13 项，软件著作权 25 项。

2. 成果转让与应用

IRSA 系列通用图像处理软件系统不仅代表遥感图像处理研究室多年的技术积累，也代表了研究室所具有的技术实力。正是因为这种实力，在遥感所成立以来及国产资源卫星发展初期，遥感图像处理研究室代表遥感所作为国家队在国内遥感图像处理系统建设中做出了重要贡献。

第一，IRSA-2 图像处理系统处理了遥感所承担的黄淮海平原综合治理、西藏自治区土地资源调查、新疆地质找矿等跨研究室重大遥感应用研究项目中所需要的大量遥感图像数据。西藏地域辽阔，为节省科研经费和提高工作效率，在人口密度较高的农牧地区同时使用彩红外航片和陆地卫星多光谱图像数据，在人迹稀少的藏西北地区使用陆地卫星多光谱数据。在该任务中，IRSA-2 图像处理系统处理了覆盖全部西藏自治区（约 180 万 km^2）的陆地卫星磁带数据，进行了图像增强、配准及输出成像，部分农牧地区的卫星图像还做了图像的几何纠正，并及时向西藏任务组提供陆地卫星多光谱彩色合成照片（负片）。在新疆地质找矿项目中使用了陆地卫星多光谱图像数据、航空彩红外摄影及多光谱扫描仪等多种遥感数据。IRSA-2 系统对工作地区的陆地卫星图像数据进行了各种必要的处理，还进行了不同遥感数据之间的配准试验。

在西藏、新疆和黄淮海平原的试验地区，遥感图像处理研究室还提供过经无缝镶嵌处理的陆地卫星镶嵌图像，明显改善了镶嵌图像接边处的色调均衡。

IRSA-2 图像处理系统还为遥感所内外处理过各种遥感图像数据，如将黄淮海地区航空多光谱扫描仪的模拟磁带转换成数字磁带；为中国科学院南京土壤研究所的航空可见光和多光谱昼夜图像进行几何纠正和位置配准处理；以计算地表热惯量来推导土壤水分含量；为黄淮海平原、西藏、新疆等地区的陆地卫星图像数据进行无缝镶嵌处理，使不同时段的遥感图像镶嵌后色调尽可能一致；为中国科学院南京地理与湖泊研究所进行坡度分类处理，为中国科学院地理研究所地貌室提供河床演变的数值计算等。IRSA-2 图像处理系统也曾为院内外单位提供各种图像处理服务。

第二，基于 IRSA 系列通用图像处理系统，先后建设了如下地面系统。

（1）某型号卫星地面应用系统。负责完成了该系统国内研制部分的研制工作，该系统作为我国第一个数字传输型遥感卫星地面系统，在遥感监测技术应用领域发挥了重要作用。该型号地面应用系统的建成填补了数传型遥感卫星信息全流程地面处理技术的空白。

（2）某型号卫星综合应用系统。主持并完成了某型号卫星综合应用系统的研制，该系统作为第一套全数字化综合处理与应用系统，实现了从模拟信息处理到全数字化信息处理的里程碑式跨越并得到推广应用。

（3）某工程二期项目系统精确图像处理系统。承担完成的精确图像处理系统利用空间投影模型技术，实现了无控制点和稀少控制点的高分辨率卫星影像的几何校正，利用匹配技术实现了遥感影像的自动配准与校正，也实现了卫星遥感数据的自动精确几何定位处理。

（4）IRSA-6 遥感图像处理软件系统直接作为核心平台软件应用到了某高空间分辨率卫星型号应用系统中。该卫星应用系统的判读模块、技术支援模块都是基于该平台开发的，实现了该部门地面处理系统基础平台软件的国产化。

（5）IRSA 系列的遥感图像处理系统具有多项专业化的行业应用，应用的项目包括：国际合作项目“埃及农业环境遥感监测系统”；国家 863 计划项目“埃塞俄比亚找矿项目”；“十一五”科技支撑项目“小城镇产业布局分析系统”；中国科学院联合共建项目“大规模遥感图像信息处理实验教学平台”；国土资源部“土地利用变化图斑快速提取技术”；等等。

第三，遥感图像处理的特色算法和成套关键技术取得了应用成效。

（1）针对国产卫星的数据特点研发的一系列改善图像质量的有效算法包括：MTF 校正的图像清晰化技术、薄云去除技术、图像复原技术等，将它们应用到了资源一号、资源二号及其他几个地面系统中，取得了很好的效果，成为系统建设中的亮点。

（2）半自动处理技术，包括通过人工选择三对控制点的半自动图像匹配技术、基于控制点库的图像匹配技术、基于匹配图像变化检测技术、半自动图像镶嵌技术，将它们应用到了某空间信息融合系统、机载信息处理软件模块等项目中，成为项目中的关键点，使系统的性能优于同类的 ERDAS 等商业软件系统。

（3）基于视觉词包的图像理解技术用于“高分辨率遥感图像功能区自动解译土地利用变化图斑检测系统”“新增建设用地图斑提取系统”项目中，它们作为具有创新性的技术获得了行业资金的连续支持。

（4）基于高性能计算机集群上的图像应用系统集成技术，在行业应用中转化为了高性能计算机集群上的实时图像处理系统；并基于研究所和中国科学院网络中心提供的集群建立了按需的多源中、低空间分辨率遥感数据处理和定量产品生产系统。

（5）批量数据自动处理技术，包括 HJ-1 自动几何精纠正技术、低空间分辨率空间几何一致性自动处理技术、自动辐射校正成套技术，将它们应用到了 863 重点课题“全球遥感影像处理与数据集成研究”、“多源数据融合定量遥感产品生产系统”、“多源遥感数据预处理系统–深加工系统”及横向合作的“遥感信息快速整编系统”中，成为项目的关键技术，在项目中发挥了重要作用。

五、科研队伍建设与人才培养

（一）科技人员组成、结构

先后在该室工作的人员有60名，其中包括研究员8名、副研究员及高级工程师10名、助理研究员及工程师42名。他们是李丽（研究员）、朱重光（研究员）、李小文（研究员）、赵忠明（研究员）、唐娉（研究员）、郑柯（研究员）、王锦地（研究员）、李秀云（副研究员）、王树杰（副研究员）、沈在壎（副研究员）、曹兆丰（副研究员）、叶金山（副研究员）、汪承义（副研究员）、孟瑜（副研究员）、赵京（副研究员）、赵清、王苓娟、王文杰、陈靖屏、郭军、丁琳（副研究员）、曾庆业、陈静波、冯峥、霍连志、胡昌苗、陈建胜、岳安志、单小军、李宏益、黄青青、王杰、马江林、沙志发、侯学武、苏汉武、崔颐冰、黄永平、黄民德、贾笑音、常慧英、李良群（副研究员）、刘建、施建宁、高鹏、张和浦、王燕生、刘扬、于岭、赵亮、钱建忠、李家祥、李淑萍、高宝祥、连石柱（研究员）、刘威威、肖柯、郭俊、杨军、胡宝新。

（二）研究生培养

数字图像处理技术一直是遥感所的重要学科之一，是遥感所最早招收研究生的部门。研究生培养是研究室的重点工作之一。研究室不但为国家和遥感所培养了人才，也为研究室增添了研究力量。

图像处理室先后共培养硕士研究生48名、博士研究生34名、博士后4名。

（三）研究室向所或所外输送的干部

赵忠明研究员于2000年任国家遥感应用工程中心副主任，于2002年9月任遥感所副所长，于2007年任遥感所党委书记。

第三章　遥感应用研究室

一、概　述

（一）成 立 背 景

“遥感”借助专门的传感器，接收透过介质的不同物体对太阳电磁波谱的特殊吸收、反射和发射的比例，用以识别各种地物的性质、结构和运动状态，帮助人们通过对这些波谱信息的处理、分析、模拟和反演，宏观地认识地表万物和星球世界的分布及其发生、发展过程，并上升为规律性认识，为人类在协调与自然关系的基础上利用和改造自然提供锐利武器。由此可见，遥感应用是遥感技术发展的主要目标，是遥感领域 3 个重要组成部分之一。因此，地理所二部成立的遥感应用研究室，在遥感所成立之时保留了该室。

（二）建立的必要性

20 世纪 70 年代，美国的卫星遥感图像数据引入我国之后，我国的遥感技术发展迅速，自行研制的可见、红外，甚至微波等多种类型的遥感仪器已相继问世。但是，如何把这些遥感技术取得的成果（各种类型遥感信息）应用好、开拓广泛的应用领域、为国民经济建设做出更大贡献等，仍有许许多多的应用技术、理论问题有待进行深入的研究和探索。因此，为了加速我国遥感事业的发展，加强遥感应用技术、理论研究，拓展遥感应用领域，在遥感所建立遥感应用研究室是完全必要的。它是地理科学技术革新的产物，而且已有 20 多年的发展历史和广阔的应用领域及前景。

（三）在所及学科中的地位

遥感从传感器获取地物的反（发）射电磁波，到把遥感电磁波信息判读为地物并使之社会化的整个过程一般分为基础研究、技术系统、遥感应用 3 个部分。三者之间既相辅相成，又存在互相验证关系。遥感应用研究成果的水平，是对遥感技术系统的性能指标可靠性的检验，也是对应用基础理论正确性的检验。由于应用研究更贴近人类的需求，围绕应用目标而研究基础理论、设计和生产技术产品，是遥感科学发展的一条容易取得成效的道路。遥感应用研究室是国内最早成立专门从事遥感应用研究的机构。它有十多年的科学积累和人才队伍建设，研究能力、成果、仪器设备等方面在国内都是先进的，对国内遥感应用发展起到了引领作用，有一定的影响力。

遥感技术发展的目的是应用、服务于国民经济建设；遥感技术发展的生命力也在于应用之效益。因此，在遥感应用研究所成立之初，遥感应用研究室已是其主要研究室之一，也是我国专门从事遥感应用研究的时间最早、应用研究领域最广、技术储备最强、规模最大的遥感应用研究室。

二、沿　　革

（一）机 构 变 化

1978 年 6 月，成立地理所二部，下设遥感应用研究室。1979 年 12 月成立遥感所，作为主体方向继续保留遥感应用研究室；1983 年 10 月更名为遥感地学判读应用研究室。1985 年 2 月 26 日，所领导在所务会议上正式宣布：在遥感应用研究室的基础上组建农林遥感应用研究室（即将原三室一分为二）。决定分为“地质找矿与工程环境遥感应用研究室（新三室）”和“再生资源与生态环境遥感应用研究室（七室）”。接着，由于地理信息系统研究室（五室）转到地理所成立地理信息系统国家实验室后，阎守邕在三室数字判读组的基础上建立了遥感所新的地理信息系统研究室（即五室）。

（二）历届研究室负责人

1978 年 6 月～1979 年 2 月，中国科学院地理所二部遥感应用研究室。

副主任：郑威、黄绚；业务秘书：阎守邕；党支部书记：黄绚（代）。

1979 年 2 月～1979 年 12 月，中国科学院空间科学与应用研究中心遥感技术应用研究部遥感应用研究室。

主任：郑威；副主任：陈明扬；业务秘书：阎守邕；党支部书记：郭之怀。

1979 年 12 月～1983 年 10 月，中国科学院遥感应用研究所遥感应用研究室。

主任：郑威；副主任：陈明扬；业务秘书：阎守邕；党支部书记：郭之怀。

1983 年 10 月～1985 年 2 月，遥感地学判读应用研究室。

代主任：陈正宜；副主任：王长耀；党支部书记：郭之怀。

三、学术方向与学科发展

（一）学术方向与定位

遥感应用研究涉及根据地学、生物学各要素的属性、分布和区域分异规律，以及地物间的联系与制约模式，通过遥感与非遥感数据的复合分析，构建专题应用模型，实现对各个景观要素的定位、定性和定量判读与制图，最后以系列成果实现对整个研究区域的全面认识。

（二）学科发展（学科组）

20 世纪 80 年代在国家“科学技术投入国民经济主战场”方针的指导下，遥感应用研究室为拓展研究领域，成立了：工程环境与区域开发遥感应用研究学科组，负责人陈正宜；城市环境遥感应用研究学科组，负责人郭之怀；土地利用遥感应用研究学科组，负责人王长耀；光学图像处理与影像图编制研究组，负责人张圣凯。在其学科发展上，主要从事了以下几方面的开拓性研究工作。

1. 工程选址遥感应用研究

（1）该室从遥感的基本概念与遥感应用基础出发，根据任务需要，提出选取最实用的遥感图像类型、时相、波段、处理技术及比例尺，建立判读标志等。

（2）该室开展遥感在区域构造稳定性研究中的应用研究，为大型工程建设选择“安全岛”。其利用判读地貌特征，通过卫星图像信息分析下伏线性构造，揭示地表下断裂分割出大小和分布，找出其中具有的活动特征。研究地壳内部岩浆热液作用对区域地质结构的改造及其形成的环形块体构造，即后期的岩浆热液对早期的断裂构造产生不同程度的充填、熔融等改造作用，因而它具有限制断裂活动性和增进区域稳定性的作用。例如，在大亚湾核电站东北的公平水库地区，由于岩浆热液沿断裂上侵，它所形成的环形块体构造，对莲花山断裂带的活动性具有明显的熔融改造作用，产生了“铆钉”效应，锁住并降低莲花山断裂带的活动性，以及其向西南传播的强度，从而开展工程环境稳定性评价。

（3）提出了工程地质条件调查的内容体系，开展遥感在工程地质条件调查中的应用研究。

在开展遥感工程地质条件调查中应考虑岩性、构造地质条件及其与气象、水文因素引起的滑坡、泥石流、崩塌等地质灾害。为工程建设选择稳定的地基，用遥感研究岩石类型及其抗风化能力，开展地质构造条件分析，以及进行滑坡、泥石流等地质灾害分析等，提出了工程地质条件的模式识别方法。例如，在承担山东龙口火电厂区域的地质构造稳定性评价中，遥感信息显示厂址下有一条北东向线性形迹，经现场地球物理和浅钻验证，在海积沙层下钻打出了破碎带，并发现两盘上覆的沙层厚度也不等，表明具有新构造活动性。厂方为此将主厂房移开，使施工设计得以落实。

（4）提出了区域生态环境条件调查的内容和任务，进行了遥感在工程建设区生态环境条件调查中的应用研究。

工程生态环境（包括气候、水文、土壤、植被 4 种环境要素及其相互之间的联系和影响）是工程建设前期可行性及调查的主要内容之一，在论证工程选址的地基稳定性的同时，必须要考虑工程区域的生态环境及其区域开发潜力的分析等多方面问题，为此，提出了遥感应该调查的主要内容包括：应用于工程建设区域生态环境条件的调查与制图、数据库的建立和环境分析评价等。生态环境条件遥感的基本任务是查清生态环境、研究人类工程建设活动与生态环境之间的相互关系，在此基础上去正确地认识、利用和改造工程环境，为人类的建设与发展服务。遥感作为必要的手段之一，特别是在国家大型工程建设的前期可行性论证、选址分析、最佳方案选择中，遥感技术的应用卓有成效。例如，1982 年底完成的“雅砻江二滩水力开发可行性若干问题综合研究”，在该地区水深、岸陡、许多地方难以到达、地面调查难度大的情况下，进行了综合性的遥感应用研究，其中所完成的生态环境研究和建立的国内第一个区域环境信息系统为二滩水电站可行性论证提供了科学依据。

（5）提出工程建设区域社会经济条件遥感调查分析的基本任务并开展其应用研究。

工程建设区域社会经济条件遥感调查分析的基本任务是查清工程区域内人类生产、生活活动的社会经济条件状况，研究其活动内容、社会功能结构及其规模，以及社会经济条件对工程建设的影响程度，为工程设计及其后效性评价提供基本的科学依据，并解决某些靠常规调查方法所不能及时调查的问题。调查内容主要包括工程区的居民住地及其附属设施、工矿企业、文化古迹、风景名胜及工程建设占地造成上述设施损失的各项指标等。其制定了调查分析的技术流程和方法。这些成果用于二滩水电站、龙滩水电站等工程的调查应用中。

（6）建立工程建设区的环境监测、管理信息系统。

即以 GIS 数据操作和管理为工具，在数据库、模型库及空间应用模型等的支持和指导下，实施对工程环境进行监测与管理，为大型工程建设项目提供新型的环境监测与管理技术手段。

2. 城市环境遥感应用研究

城市是人类文明的标志，是一个时代经济、社会、科学和文化的汇聚点，也是人类与自然的交集点。遥感应用研究要面向经济建设，城市自然是重要对象。特别是改革开放以来，我国的城镇化进程加快，城市建设蓬勃开展，给城市的功能和管理及环境带来了巨大冲击。因此，应用遥感技术及时全面地搜集和分析城市基础数据和环境状况，准确地认识城市，进而为建设好、管理好城市提供科学数据，成为遥感的重要课题，在此背景下正好迎来了津渤环境遥感。1980年，遥感所承接了天津-渤海湾地区环境遥感任务，这是一项以城市环境为中心的多学科的综合性科学试验，是国家环境保护重点科研项目。其目的是探索在大范围内进行环境监测、环境质量评价和城市规划的新技术、新方法，并为防治污染、保护生态环境、城市建设提供科学依据。津渤环境遥感试验的主要任务是通过遥感手段调查环境背景和污染状况，研究环境中污染物和能量的分布与运移规律，以及污染物的时空分布与扩散特征，探索在大范围内监测环境污染的新方法，为津渤地区的环境质量评价、环境保护、控制和治理及城市规划提供科学依据。

1）广泛调研，精心设计，制定实施方案

应用遥感技术进行综合性的区域环境研究在国内还是第一次。我们组织多人多批次到津渤地区调研和考察，了解需求，发现问题，选择试验场地，确定以水、气、热、渣作为选题方向，制定了具体的实施方案，进行了课题分工，以及技术准备。

2）开展了多项研究

研究包括大气、水体污染的生物效应遥感分析、城市热岛效应和热污染遥感分析、天津水环境遥感分析、天津市区土壤中某些重金属元素的可浸取含量及其分布、天津河北区土地利用、天津城近郊土地覆盖现状的遥感调查、环境污染地物光谱测试、渤海湾海岸变迁、津渤环境遥感图集、遥感图像的光电处理及应用、天津地区断裂构造、蓟运河污染上溯、天津地区植物季相节律的遥感信息初步研究等。在研究中突出城市环境遥感方法的试验与研究，注意宏观与微观、点线面、自然环境与社会环境的结合，注意技术手段和方法的先进性，注意遥感信息的特点，加强综合分析。

3）在环境遥感理论方法方面促进了学科发展，取得了重要成果

（1）通过多次飞行实践，摸索了一套进行区域环境遥感监测的思路和方法。城市环境是一个带有区域性的多元、多介质、多层次的动态系统。要开展全环境的研究，必须采用先进技术，实施多种类、多方法的监测，进行多方面、多途径的研究，才能掌握全面的环境状况。要做到这一点，最好的办法是进行多手段、多时相、多高度的航空遥感监测，开展多学科的应用研究。这样可以使环境研究从点到线到面，从单介质到多介质，从一元到多元，从微观到宏观，从静态到动态，从定性到定量，增加深度和广度。根据应用效果总结了最佳遥感手段和最佳监测时机选择的一套经验和方法。

（2）提出了环境遥感中充分利用季相节律的思想。研究认为，环境的运动有一个动态变化过程，污染物的排放、植物的生长、土壤盐碱的变化、天气条件等，都随着时间的推移而变化，而遥感只是瞬时的，它只能截取一个时间断面，因此，要通过遥感反映环境的本质，重要的是根据环境各要素的季相节律捕捉最佳的遥感时机。为了使用方便，根据树木和农作物的物候、土壤盐碱变化、云量、降水、太阳辐射等多种要素的年变化规律编绘成表。这项工作可作为区域环境遥感的先期工作。

（3）提出了植物的生态信息可作为环境质量评价的生物学指标。对环境污染引起的植物生态效应研究表明，植物对环境的变化反应敏感，是常年不动的监测哨，植物的形态和活力状况、季相节律上的差异，以及群落分布的状况，都与周围环境有关，是大气、水质、土壤、光照、温度、风场等条件综合作用、长时间累积的结果。因此，植物生态特征的一些差异具有一定的指示污染的作用。这对追踪污染源、圈定污染范围、划分污染等级、进行环境质量评价都有重要意义。这种生物学指标反映了环境污染状况，它与环境质量评价中所常用的污染指数有对应关系。

（4）提出了城市环境研究中开展热环境研究的理论和方法，首次提出了热力景观结构和热源强度的概念。该室进行了应用红外热图像，从城市下垫面的热力景观结构上研究城市热岛的实践，总结了在没有热图像的情况下，利用热源强度图和热力景观图研究城市热环境的方法。研究表明，随着温度的上升、

城市的地理条件、城市的结构和街坊设置、工业布局、建筑密度和建蔽率、绿地和水域的分布都影响着城市的热环境，也影响着污染气体的扩散，显然，“热”也反映了城市的环境质量，因此，应该把“热”作为城市环境质量评价的一个指标。

4）在主要应用研究方面拓展了遥感应用领域，取得了有成效的成果

（1）通过遥感监测，发现海河受海水上溯、热排水、渗漏、排污等影响，目前仍有一定程度的污染，并发现蓟运河茶淀附近没有汞污染源，而河泥中汞含量高是由于排水渠排出的农田沥水挟带的大量悬浮泥沙吸附了河流上游来水中的汞，沉淀后造成的。还发现，蓟运河局部河段，由于上游农田在春季大量抽水，使河水上溯，从而引起污染物的上行扩散。

（2）利用红外遥感分析，查明了海河全线的热污染，并分段分级进行了评价。其提出了海河热排水的指标，应控制在33℃以内，以及实施闭路循环供水、充分利用温差异重流作用改建排水口、充分利用余热等建议。

（3）通过遥感分析和地面同步取样分析，判明了渤海湾局部海域存在一定程度的污染，其中大沽口附近以有机污染为主，主要受南排污河的影响。渤海湾西部、新港附近海域存在一定程度的石油污染。此外，还对海水中的叶绿素含量和表层海流进行了分析。

（4）利用红外遥感图像再现的地表温度特征，研究了天津的城市热岛效应、时空分布和强度，提出从下垫面的热力景观结构来研究城市热岛的观点。天津城市热岛主要是由能源消耗大、大气污染严重、绿被率低、建蔽率高造成的。为了控制城市热岛的强度，建议从城市规划人手，合理利用能源，减少能源消耗，加强绿化，保护水域。

（5）利用遥感资料提供的生态信息研究了天津的城市生态环境。以菹菜的群落分布作为指示生物，追踪了海河的污染源和渗漏源。以树木的生长状况作为大气污染的指示物，研究了第一发电厂、酸站、搪瓷厂、炭黑厂的大气污染范围和扩散趋势，探讨了用遥感手段指导果园管理、农作物质量预测和长势鉴别问题。

（6）利用彩色红外像片，查明了天津市区的绿地现状，进行了分区分类评价，提出了扩大绿地面积、改善绿地结构和布局的建议。

（7）采用陆地摄影和航空摄影，监测天津市区主要街道的车流量、流速和车流密度。

（8）在专题分析和环境背景分析的基础上，编绘了天津市及塘沽区、大港区等地的影像图8幅；植被、绿地现状，城近郊土地覆盖、河北区土地利用、土壤盐分动态、海岸变迁、主要断裂构造等环境背景图44幅。为保护环境、园林绿化、城市规划提供了基础图件。

3. 开拓土地利用现状遥感详查——天津市土地利用现状遥感详查

“天津市土地利用现状遥感详查”是津渤环境遥感试验的主要专题之一。当时虽然中华人民共和国已成立30余年，但土地资源的数量、质量、分布状况不清的问题依然十分突出，严重影响到改革开放和社会主义现代化建设。如果仍然沿用报表汇总统计或野外测量的方法，是不能及时提供真实状况的。为及时、详细、准确、经济地完成大面积土地利用现状详查，航空遥感是可以采用的一种日趋成熟的新技术。于是，1982年遥感所应用彩色红外进行天津市土地利用现状详查，历时一年零九个月，提交了完整的详查数据，经专家鉴定，符合国家规范要求，荣获国家颁发的验收合格证书，使天津市成了全国第一个完成土地利用现状详查工作的省（自治区、直辖市）级单位。

4. 区域开发治理中的遥感应用研究——天然文岩渠流域遥感应用研究

天然文岩渠流域遥感应用研究是国家“六五”科技攻关项目“黄淮海平原综合治理科技攻关中遥感应用研究”的一个典型研究示范区，即通过天然文岩渠流域地区的典型研究，探讨黄淮海平原综合治理

中的遥感应用技术途径和方法，为黄淮海平原的综合开发治理提供科学依据。为此，该课题在1983～1985年进行了如下研究探索工作（详细见第五篇“主要科研项目”中“天然文岩渠流域遥感应用研究”）。

第一，编制了黄淮海平原地区假彩色卫星影像图，于1984年已由科学出版社正式出版。

第二，分析了天然文岩渠流域的地理位置及其内部结构，为进一步研究该地区土地资源条件的成因奠定了基础。

第三，利用彩色红外图像深化区域研究。

（1）根据黄河决口泛流所形成的复式洪积扇形平原地貌结构特征，利用彩色红外显示的影像信息和地学相关规律分析方法，在天然文岩渠流域地区进一步划分了不同时期的决口泛流所形成的扇形微岗地和扇前洼地。

（2）在春季的彩色红外航空照片上发现了盐渍土的显示特征。

（3）对比春、秋两个季节的影像色调差异，研究了将盐化盐渍土与碱化盐渍土区分开的特征。

（4）利用秋季的彩色红外进行涝情分析。

第四，编制了天然文岩渠流域农业土地资源条件系列图。

编制了天然文岩渠流域地区1∶5万农业土地资源条件系列图，制定了技术流程，利用统一黑白影像的工作底图，进行系列制图，既提高了专题制图的成果质量和工作效率，又保证了系列图之间的科学协调。

第五，提出了天然文岩渠流域地区的分区治理方案。

利用卫星与航空遥感图像相结合的分析方法，查明了天然文岩渠流域各地区的农业土地资源条件，评价了地貌类型特征，提出了天然文岩渠流域地区的分区治理方案。

5. 开展了光学图像处理与编制影像图研究

依据陈述彭院士提出的“遥感应用研究要从技术层面提升到科学层面”，要搞地学应用研究，必须开展遥感图像处理工作。鉴于20世纪80年代初期，计算机处理遥感图像尚属试验研究阶段，组建光学图像处理与影像图编制组，开展光学图像处理与编制影像图研究。

1）开展光学图像处理方法研究

（1）利用常规暗室处理设备，复制洗印航空、航天遥感图像。

（2）利用放大机、纠正仪、合成仪、密度分割仪等设备，通过加色法、减色法，将航天、航空获取的黑白图像合成真、假彩色图。

（3）与专业判读应用人员合作试验研究各种光学增强处理方法。

2）编制了多种类型遥感影像图

单张遥感图像对地学分析判读虽有一定的作用，但是满足不了较大区域范围的应用分析研究需要。特别是随着工农生产的发展，跨区域范围调查研究不断扩大增多，需要在不同的区域范围内将几幅、几十幅乃至几百幅彩色遥感图像，按照一定数学控制基础，编制多种类型的彩色遥感影像图。20世纪80年代初该组先后编制了京津唐、黄淮海平原、海南岛、宁夏等省区中小比例尺彩色卫星影像图，为了广泛推广应用彩色影像图，在科学出版社的大力支持下，先后出版发行4幅彩色卫星影像图，其在地学研究及国民经济建设中发挥了较好的作用。

3）图像处理人员与地学判读人员密切合作，打开遥感信息的“宝库”，为国民经济建设服务

（1）在编制黄淮海平原地区卫星影像图之前，为了提高图像质量，更好地为课题服务，我们首先与分析应用人员在一起确定编制工艺方案。依据本区的分布地理位置和重点研究农业土地资源条件的要求，

全图选用56幅3～4月接收的MSS卫星影像；以1∶50万地形图作平移控制的编图方案，由于这个季节地表植被及农作物刚返青，植被覆盖率较低，对农田、沙荒地、盐碱地、水域分布等分类判读非常有利。影像图上显示华北地区的地质构造，除原定的NNE向的地质构造以外，还显示一组超1000 km NNW向的大型断裂带，这一发现在理论上和实践上都有重大意义。

（2）我们为判读人员提供信息丰富的图像资料，使其利用黄淮海平原地区彩色卫星影像图判读分析研究水系及湖泊的分布和变迁，对综合治理开发有重要意义。卫星图像比例尺小、分辨力较低，很难满足农业土地资源调查的要求。我们在天然文岩渠流域又编制了大比例尺彩色红外影像图，为定量分析判读农业土地资源提供了信息丰富的图像资料。

（3）为了分析研究白洋淀的形成和历史变迁，我们选用了1974～1984年获取的MSS卫星影像，共有30多个时相，仅就1978年一年就有12个时相，我们采用多种图像处理办法，增强显示白洋淀水域动态的变化，试验分析结果表明，近年来白洋淀水体缩小，以至干涸，人为调节不当是主要因素，因此治理白洋淀，首先要协调人在自然环境中的作用。

（三）学 科 特 色

遥感技术发展的目的是应用、服务于国民经济建设；遥感技术发展的生命力也在于应用之效益。因此在遥感所成立之初，遥感应用研究室已是其主要研究室之一，也是我国专门从事遥感应用研究的时间最早、应用研究领域最广、技术储备最强、规模最大的研究室。遥感应用研究以空间图像波谱信息的综合利用为研究目标，不懈探索完善对地学、生物学研究目标的识别标志和系列制图方法，提高资源环境的遥感调查和研究水平，使遥感应用科学进入国民经济建设的主要领域。密切结合国民经济建设和社会发展的迫切需要开展遥感应用研究是该研究室科研工作的一大特色。

遥感认识自然的过程是依据遥感器所收集自然界物质的反射、辐射波谱特性形成遥感信息，将这些信息与其他非遥感信息复合分析加以认识的，这就要求多种学科协同开展遥感的“定性”“定位”“定量”研究与交叉并集成为系统工程体系才有可能实现。因此，利用多门学科、多种技术交叉开展研究是本学科的特色之一。

遥感应用研究室的前身是地理所地图研究室“综合利用研究组”。1958年前后将航空方法引入地理调查工作中，潜心研制判读制图的技术装备。经过20余年的积累，在1978～1983年5年中，组织了多学科、多部门进行了腾冲遥感综合试验、天津市–渤海湾地区的环境遥感监测和四川雅砻江二滩水能开发等3项重大航空遥感试验，其对于我国遥感科学技术的发展和普及都起着巨大的推动作用。

（1）遥感应用研究是遥感基础研究与遥感技术发展的“收获期”和生命力体现。其重要性不言而喻。但是我们的研究、攻关任务项项都是投入国民经济建设主战场，既是开拓性的研究工作又是巨大的生产性任务。

（2）遥感应用研究是一项跨学科的综合性研究任务，它既具有各类遥感技术成像机理的基础知识，同时又必须熟练掌握应用专业领域的基本特性及其环境条件，善于运用地学相关规律，进行更深层次的分析判断，方能取得更佳的应用效果。

四、科研任务、项目与成果

（一）承担的项目与任务

此时正值计划经济时期，承担的任务都是国家、部门和中国科学院委托的项目。其中，电站选址（构造稳定性）遥感应用研究项目 5 项，中国科学院和天津市的合作项目 1 项，国家“六五”科技攻关项目 1 项。

（二）研究成果与推广应用

1. 成果

发表论文 45 篇，出版图件和论著 3 部。获国家科技进步奖二等奖 1 项，中国科学院科技进步奖特等奖 1 项，中国科学院科技进步奖二等奖 1 项。

2. 成果转让与应用

（1）承担的山东黄县龙口火电厂区域的地质构造稳定性评价项目，依据我们的成果，厂方为此将主厂房移开，使施工设计得以落实。该厂于 1981 年 11 月投产。他们认为，通过建厂以来的沉降观测，没有发现严重沉降，原始资料可靠，设计合理。

（2）编制“广东大亚湾核电站地区地质结构分析图”并提出相应的说明书和区域稳定性遥感分析报告，从遥感分析和综合效益合并考虑，我们把预选的长嘴角站址排在第一位；而广东省电力勘测设计院最后根据输电成本核算，定址于下大坑，并于 1984 年建成，一直安全生产。20 世纪与 21 世纪之交又在岭澳兴建了二期工程。

（3）在进行银川平原山前大型坑口火电厂选址中，西北电力设计院虽然预选了大坝、分守岭与草台子 3 处，但从中优选缺少必要论证手段。我们借鉴对龙口、大亚湾遥感选址的经验，从航天和航空图像信息入手，完成厂址区域断裂构造、环状构造及其活动形迹的分析，指出预选厂址区域的 NE 向和 NNW 向交叉分割的线性形迹十分发育，构成多序列的菱形断块；破坏性地震震中分布在大坝预选址所在块体外围，该块体相对稳定；厂址附近 8km 范围内，未发现有危及建厂的不良地质构造。鉴于分守岭厂址东南 2km 处的广武历史上发生过 3 次破坏性地震；而草台子厂址所在菱形断块内部也相对安全，但运煤线路较远。为此建议选择大坝厂址，为安全起见，建议主厂房向北挪，大坝电厂于 1988 年 4 月建成，安全发电，后来还进行了二期扩建。

（4）我们在承担的海勃湾坑口火电厂选址区项目中，通过遥感图像分析结果发现，黄河以东地区地质结构相对完整、稳定。SN 向地震活动带与 NE 向的交叉部位关系密切，1789 年发生过 8 级平罗地震，1976 年 9 月 6.2 级巴音木仁地震，而环状构造内部则未有强震记录。委托方预选的 3 个选址都处在岗德尔山南端同一个相对稳定的环状构造内。相比较而言，二号和三号厂址位于古生界石炭纪地层之上，较一号厂址的第四系覆盖，清基工程量要小些。

（5）二滩水电站开发前期遥感研究任务中，应用陆地卫星 MSS 图像和航空彩色照片独自完成坝址区遥感线性构造分布及其活动特点分析。该项研究提出地面地质所圈定的“共和断块”内，次级断裂仍相当发育，二滩坝址区实际上被限围在一个由 NW 向、NE 向和 NEE 向线性构造交叉分割的更小菱形构造块体内，尤其是被断续而成束的 NE 向和 NEE 向线性构造所切割。

上述对多个不同类型电站遥感预选址成果证明，应用遥感图像信息分析、研究区域地质结构和区域稳定性行之有效。从 20 世纪 80 年代以后，多家电力开发、建设的勘察设计院先后成立自己的遥感室、组，遥感方法的地质构造判读和选址方法因此得到推广，起到了推动电力工业加速发展的实际作用。

（6）津渤环境遥感试验经济效益和社会效益明显。津渤环境遥感试验为我国的城市环境遥感研究提供了较好的经验，为天津城市建设、环境污染综合防治、园林绿化提供了科学依据。部分成果已被天津市环境保护和城市规划部门所采用，同时在发展遥感技术方面也取得了一些新的进展。津渤环境遥感试验在国内开启了城市环境综合研究的先河，树立了样板，许多课题都是开创性的。试验强调“一次实验多方受益”，开展多学科的研究与利用，这次遥感不仅在环境部门得到应用，而且在城市规划与改造、园林绿化、城市交通、海洋、水利、地质、农业等领域得到应用，做到了信息共享，多方受益，其环境效益和经济效益及社会效益明显。

五、科研队伍建设与人才培养

（一）科技人员组成、结构

遥感应用研究室成员有郑威、陈正宜、林恒章、魏成阶、吕克解、卢亚非、郭之怀、王长耀、刘纪远、罗修岳、林树道、黄秀华、王长有、李涛、朱来东、赵英时、谭星明、胡征宇、石韧、郑天河、郭杉、周静茹、刘斌、李小民、付秀银、杨大川、李乃煌、张圣凯、石军梅、关威、孙建国、阎守邕、周海荣、王淑蓉、任凤清、郑威、杜端秉、何昌垂、刘承恩。

该研究室以原地理所航判室的主要人员为核心，以中年科技人员为骨干，以新毕业的研究生和大学毕业生为主力，组成了结构比较合理的研究团队，其涵盖了地理、地质、地貌、生物、电子、计算机等专业。

（二）研究生培养

遥感应用研究室培养两名硕士研究生：刘纪远和朱来东。

（三）遥感应用研究室向所或所外输送的干部

阎守邕任地理信息系统研究室主任。

王长耀任再生资源研究室主任。

刘纪远任再生资源研究室主任，遥感所副所长、党委书记，中国科学院地理所所长。

何昌垂任科技部高新技术司负责人，联合国亚太经社理事会空间遥感处处长、联合国粮食及农业组织副总干事长。

（四）人才培养措施

在建所初期，遥感应用研究室研究内容很多，应用领域广泛，在人员职称结构、学科布局、研究领域开拓等方面，以及当时遥感应用在我国处于起步阶段，急需不同专业的研究人才。为此，遥感应用研究室采取以老带新的方式，在实践中培养科技人才，在承担科研项目中提高科研能力，增长才干，积累科研经验，使遥感应用研究室科研人才迅速成长，不断适应遥感应用研究对人才的需求。

第四章　计算机制图研究室

一、概　　述

（一）成 立 背 景

进入 20 世纪 70 年代，制图自动化系列装备的研制迈入了新的阶段。以图形的数字化输入处理与输出的绘图装置，以图像扫描数字化与处理的图像处理设备等的研发成功，在计算机技术的支持下，图像处理的手段进入了一个实际应用与开发的新时期，即从设备的研制转入开发与应用，使计算机制图的应用与开发拥有了必要的手段。天津市环境质量图集的编制就是制图自动化理论与方法的实验研究。各种类型的图形表达、自动制图方法和基本绘图程序设备等，使计算机制图的应用与开发拥有了必要手段和应用成果。因此，1979 年遥感所成立，中国科学院就把计算机制图作为遥感所五大学科发展方向之一。

（二）建立的必要性

遥感图像信息量大，数据处理速度快，定位精度高。遥感数据的应用自然要在方法与速度方面与之相适应和匹配。在地学分析与判断方面都离不开图形的处理与显示，即制图处理，摆脱手工操作，借助计算机完成制图的实时处理，是遥感技术发展和应用的重要和不可或缺的手段之一。同时，遥感信息的应用与成果离不开各类专题地图，在环境监测治理、城市建设与规划、土地利用与整治、灾害防护与处置等诸多领域，它们最终都离不开一种表达手段，即具有精确地理定位和多种图形表达方式的各类专题地图，以满足各方面的应用需求。因此，计算机辅助制图是遥感应用的需要、学科发展的方向，建立计算机制图研究室必要性十分迫切。

（三）在所及学科中的地位

在遥感所学科设置的“一条龙”的指导思想中，计算机制图研究室是其必要的一环。其中，很多科研人员都经历了从 20 世纪 60 年代开始从事地图自动化的探索，70 年代投入制图自动化系列装备研制中，当具备了必要手段之后，转而投入到遥感应用的开发研究中。他们具有长期的投入和明确的目标，将探索、开发与应用集于一身，多年的科学积累和人才队伍建设，他们的科研设备、研究能力与成果等在国内均占有一席之地。

二、沿　　革

（一）机 构 变 化

计算机制图研究室于 1980 年组建，主要科研人员来自地理所二部制图自动化研究室。1983 年遥感所领导机构换届后更名为计算机辅助制图研究室。1988 年所领导机构调整和 1989 年第三届领导机构在科研机构设置中仍保留计算机辅助制图研究室。随着遥感所的发展和新学科的建立，该室于 1993 年第四届领导机构在调整科研机构设置中被撤销。

（二）历届研究室负责人

研究室主任：何欣年（1980 年 2 月～1983 年 10 月）、林华强（1983 年 10 月～1988 年 9 月）、崔伟宏[1988 年 9 月（代），1989 年 5 月～1993 年 1 月]；支部书记：汪劲松、俞纪华、王为民；业务秘书：王树杰。

三、学术方向与学科发展

计算机制图是遥感应用整个环节中显示最终成果的手段之一。其学术方向就是紧密结合遥感的应用，为其应用服务，学科的发展不只限于遥感专题制图本身，它不仅要与遥感信息采集识别、分类与提取的图像处理相衔接，也要与地理信息系统的构建与应用的制图处理相结合，这样计算机制图学科就有了发展应用的坚实基础与拓展空间，多年来多项研究课题的成果就足以说明。

（一）研 究 方 向

从事自动化专题制图实验任务，进行自动化制图系列设备与计算机联机配套，开展自动化制图基本软件和应用软件的研究，结合国家重点任务，进行自动化专题应用实验。

研究计算机制图的理论和方法及应用、数据库、航空照片、卫星影像和地形图及其他专题地图的数字化，对矢量及栅格数据进行处理。进行数据库系统的建立及应用地理信息系统进行资源与环境的应用分析和决策支持。

（二）学 科 发 展

1. 地图自动注记机

在制图自动化系列装备的研制中，中国科学院北京自动化研究所负责，地理所二部制图自动化研究室开展了《数字地图排字机》（即地图自动注记机）的研制。

地图自动注记机是制图自动化系列装备第三组装置，地形图上除了等高线、道路、河流等地貌要素外，还有地图符号及大小字体、字形等各异的文字与数字，且位置定位既有一定的规律性，又有随意性，图上注记的工作量很大，且又靠手工粘贴，因此实现自动注记是提高制图效率的一个突破口。遥感所成立后，计算机制图研究室继续参与了该项研制任务。其技术方案是光机式结构，由字符盘、转动台、光学镜头、控制部件组成。光源经聚焦后投到平面式符号盘（字符、符号）上，符号定位由控制单元输出信号，驱动平台到预定位置，并在相应胶片位置上曝光成像，装置于 1983 年完成。

2. 微型计算机数字磁带机控制器

20 世纪 70 年代，中国科学院组织制图自动化系列设备研制，在中国科学院沈阳自动化研究所完成了“图形数字化器和数控绘图机”（第三系列）的研制。当时，我国计算机技术尚处于起步阶段，绘图数据输入方式用的是穿孔纸带，绘图数据的运算处理、控制均为各类功能插件组成，整机控制系统体型庞大、功耗大，尤其当时我国数字集成电路尚处于试制阶段，均为小规模集成电路，配以各类晶体管，元器件的运行可靠性难以保证，运行维护困难较大。1980 年原在中国科学院沈阳自动化研究所的“图形数字化器和数控绘图机”项目负责人何欣年调来遥感所任计算机制图研究室主任，将“微型计算机数字磁带机控制器”立项，确定使用微机以软件代替庞杂的硬件控制系统，以大容量的半吋磁带机作为绘图数据的输入/输出介质代替原有的纸带穿孔机，即以当时中国科学院引进的 TRS-80 作为主机，以单板计算机作为控制机，并自行开发了半吋磁带机控制器，组成一个可靠性高、操作方便、运行效率高的绘图系统，在当时尚无超大规模集成电路、大容量磁盘、高数据通道的情况下，其无疑是适合我国国情的一条合理而可行的途径。

考虑到遥感应用领域对绘图质量有很高的要求，为此研发了一种八卦限插补算法，使绘图速度和绘图质量有了极大提高。同时，以软件代替大量的硬件，不仅提高了运行的可靠性，而且缩短了研制周期，开发的费用只有原硬件控制的百分之几，更有助于推广应用。

3. 天津市环境质量图集的编制

天津市环境质量图集是又一个大型遥感综合试验丰硕成果支持下的计算机编制地图集。作为中国科学院的重点科研项目，由遥感所和天津市环境保护局共同主持，这是我国将计算机辅助制图技术首次用于城市环境制图的试验性研究。其是在 1980 年津渤环境航空遥感试验获得资料的基础上，收集天津市的城市规划、农业区划及多年环境监测、调查与分析获得的资料，以城市环境为中心内容，以城市环境计算机辅助制图为主要手段编制的一部中型环境地图集。这是该室承担的最大的项目，也是我国第一部以计算机制图为基础的大型城市地图集，其建立了城市空间数据库系统及城市地理信息系统，对开展分析、决策支持及应用有重要的科学和实际应用价值。

1）新颖的表现形式

编图资料，既有现势性较强的基础图件，又有阶段性的历史资料，既有长期的大量监测、统计调查资料和数据，又有通过新的技术手段获取的大量量算数据及计算机相关分析的结果，资料信息源多样，数量丰富，可以满足图集设计上从城市生态环境的构成及系统指标体系的相互关联上的选题，形成包括自然环境和社会环境的八大组图：序图、社会（生活）环境图、大气环境图、水环境图、农业环境图、环境噪声图、地面沉降与地震图、人群健康图。图幅既有以中比例尺表示的卫星遥感影像图和以大比例尺表示的航空遥感监测彩色红外影像图，也有以系列比例尺与以图形方式表示的普通地理图和专题图，它们共同全面地反映了天津市（主要是市区）环境质量的现状分布、环境要素的变化及综合评价。

根据直观、易读并明显地表达环境信息的定位、定性、定量特征的要求，重点设计了网格、动线、符号、等值线及三维立体等多种表现形式，以适应城市环境图集的内容。同时，在每幅图的背页均附有中英文对照的图名及简要的文字说明（含图表）和成图方法介绍，使之图文并茂，内容更加丰富多彩，也增强了可读性。在天津市城市发展图中就包括了 1846 年的天津城乡图、1917 年的天津市图、1949 年的天津市图及 20 世纪 80 年代的天津市区图和市区彩红外正射影像图。

2）提出并发展了图集的编制方法

图集的编制特点以计算机辅助制图方法为主，这是和以前编制综合图集的最大的不同。图集中大约 60%的图件是在统一的系列比例尺的基础底图上使用计算机绘制的，这不仅提高了图集的编制精度和加快了进度，而且也便于根据新的数据不断更新图幅内容。在试验过程中，计算机制图的方法主要包括定位和定量化环境数据的采集、不同结构地图模式设计、环境制图和环境制图软件系统的开发等。在数据采集及加工方法中，使用了手扶跟踪数字化仪和等密度分割仪，对地图面积定位数据、线状和点状定位数据，以及遥感影像的分类面积定位数据进行采集，网格数据主要依据统计调查数据获取。采用 6 种结构的地图模式（网格结构、等量线结构、离散点结构、多边形结构及三维立体结构），并进行相互的结合与转化，以适应不同环境要素表达的需求。

3）研发了城市环境计算机辅助制图软件系统

这是一套能够提供数控绘图机输出、实行打印机输出及图形显示 3 种类型的图形输出功能的软件系统，该系统包括基本绘图功能软件和城市环境数据处理及绘图软件三大部分。城市环境绘图软件采用积木式结构，既可共同使用，又可单独为某一专题的绘制提供服务。软件系统提供 9 套绘图程序，满足不同的制图需要，即地图基本绘图程序、等值线绘图程序、主体图绘图程序、网格图绘图程序、符号图绘图程序、符号打印图程序、动线图绘图程序、程序组（柱状图、扇状图、风玫瑰符号图等）。上述 9 种程序的原始数据分别来自监测或统计结果，数据结构也有点状、网状及多边形等。1984 年完成了图集的编制，1986 年印刷出版。

图集 60%的图幅使用了计算机辅助制图技术，通过数据采集、处理、图形输出，建立了包括 100 多个数据文件、7 万多个城市环境数据的系统，发展了城市环境要素的空间数据模型和软件，为掌握天津市城市环境质量的变化、迅速地更新各种环境质量图提供了便利。专家鉴定认为，本图集是当时国内编制效果较好的一本环境地图集，它的学术水平和实用性均居国内领先地位，国外同类性质的图集也不多。

4. 建立了人机交互制图系统

为了适应遥感所各学科的设置和开展遥感应用试验与研究的要求，进行计算机辅助制图的研究与应用，就必须建立一个以计算机为核心，以图形的输入输出设备为基础，以人机交互方式运行的计算机辅助制图系统。由于微型计算机的迅速发展，从容量大、可靠性高且价格低廉等优点看，以微型机构建一套功能完备的自动制图系统是现实可行的。

在中国科学院院地学部 82-44“数字遥感图像分析和制图系统及处理方法的发展”重点科研课题的支持下，该室建立了人机交互制图系统。

其系统构成包括主机 PDP11/23，内存 256KB、96MB 硬盘，1MB8 吋双驱动软盘，两台 VT100 终端，其中一台带有 G100PLUS 图形显示板，两台 TV910 终端，M83 打印机。为了连接已有的外部设备，配有扩充机箱，用以连接 GRADICON 图形数字化器、BENEON 绘图机和光电输入机、纸带穿孔机等。

为适应现状，将数字仪器及纸带穿孔机、绘图机及光电输入机两个脱机的子系统与计算机系统连接，并使其具备在人机交互的条件下完成图形输入，数据处理、显示和绘图输出，硬件连接采用简便的方案，以减少软件的编写量，同时也要保证计算机与外围设备通信和操作的方便，主机与几个外设配置相应的硬件接口和软件驱动程序。系统为实现人机交互功能，具有联机数字化编辑和处理程序，显示和绘图的基本子程序和应用程序包。为将其他机型上实现的应用程序纳入该系统，建立了数据库接口。系统在建立过程中边建边应用边检验，以便尽快建成一个实用性系统。

5. 开展了陆地卫星 TM 资料 1∶50000 比例尺专题系列成图规范化研究

在承担“七五”国家科技攻关项目中，该室提出了卫星遥感资料系列成图规范化的建议草案，它以双阳县荒山景观生态建设系列专题地图的编制和研究为主要依据，通过目视解释手工成图、数字化成图及全数字化成图等多种手段，研究、试验、探索和总结利用遥感资料编制专题系列图件的基本模式、规程和方法。经过 5 年的努力，处理与绘制出 46 幅影像与线划图，编写出 21 篇论文和《建议规范》。

该研究的路线是在 TM 的 CCT 经过精纠正后，分为光学信息提取、目视解释成图的两种方式实验的。

该研究中探索编制了双阳县 1∶50000 比例尺按标准地形图分幅的土地利用图的全数字化方法。该图是荒山景观生态建设系列图件之一。全数字化的核心是要研究如何使遥感数据的图像处理和图形处理两个各自独立的环节融合成一体，使遥感专题信息的识别、提取、图形转换及处理，各专题要素的覆盖，配准及控制，符合专题地图形式和要求的图形输出等环节，在微机硬件系统和图像、图形处理软件的支持下，以数字处理方式为主、地学分析方法为辅，进行专题内容的提取、处理和显示，从而更多地摆脱目视解释、手工转绘等大量人工操作。在保证遥感专题制图成图质量的同时，提高图像识别和专题分析的技术水平，加快成图的速度，及时地提供资源清单、动态数据和专题图件，更为重要的是，它为遥感系列专题制图提供了条件，并为在地理信息系统支持下的自动分类与制图奠定了基础，可形成遥感信息–地理信息系统–机助制图的新工艺。

6. 实现了黄土高原土地利用现状的机助分类及自动化制图

利用遥感信息编制土地利用专题地图有几种不同的技术方法，但最佳方法是将图像的处理自动识别与分类，图像到图形的转换，专题地图的输出与面积量算，均在这一计算机系统支持下运行。它摆脱了从遥感图像解译到转换成专题地图的烦琐、低效的人工处理过程，沟通了遥感图像自动识别、分类与机助制图的许多技术环节，并且也打开了地理信息系统的通道，它既可成为地理信息系统的重要信息源——遥感数据的输入，又是地理信息系统的最终输出——专题图件。若在信息系统的支持下，则可形成遥感信息–地理信息系统–机助制图的新工艺。其中，关键技术是对遥感信息的识别与分类的能力及其精度、计算机制图的实用化水平及程度。

1）进行了图像的制图处理和增强处理

（1）几何精纠正，由于专题地图和精度要求，在纠正时必须选择足够的控制点，按控制点分别读出在地图上的坐标（X，Y），以及图像上像元的行列号（U，V）。地图上的控制点的坐标，可以按经纬度坐标或按千米网坐标读取，按后者则栅格数据还要按公里线与经纬线的夹角进行坐标旋转变换。

（2）重采样、像元大小应根据专题地图的成图比例尺进行选择，1∶50000 地图像元大小以 20m×20m 为好，其便于影像与地形图的控制及数字高程模型（DTM）的制作。

（3）地学影像，图像识别是以遥感数据的光谱特征为基础。为了改变多光谱数据的单一信息结构，提高制图精度，常将地图因子引入到遥感数据中。这里引入了高程、坡度、坡向因子，方法之一是将地理信息灰度化，如高程可根据地区的高差、变高程为灰度值，以产生“DTM 影像”，将高程按高度分为 4 个带；坡度分为 5 级；坡向分为阳坡、阴坡两种或 8 个方向分度，分别形成“高程影像”“坡度影像”“坡向影像”等地学影像，最后进行地学影像与遥感影像的复合配准，它们是将地学分析与影像识别、专题提取结合的较好方式。

（4）SPOT 与 TM 图像的复合处理，采用波段替换的办法将两个图像进行复合，用 SPOT 全色图像与 TM 三个波段的图像进行复合，既保持了 TM 图像的光谱信息，又可达到 10m 的分辨率，其中关键是几何纠正与配准和变换复合处理。

2）开展了专题要素的提取

制图要素的提取就是图像的识别与分类，为了探索适合于黄土地区土地类型的特点，进行了多种方法的实验。从结果来看，还没有哪一种单独的分类方法能够获得满意的结果。选择综合分类的办法，即建立新通道用以突出一种或数种类别的分类，每一种分类作为一层，再将几个不同层的数据进行覆盖处理，以叠加成一个较理想的分类数据，如以非监督分类作为初始分类，再依次进行监督分类，使两种分类方法相结合，在非监督分类中被混淆的类别可以通过分层分类加以细化、利用 DTM 等地学因子进行辅助分类和多种数据复合分类等。综合不同方法的优势，有利于分类效果的提高。

3）综合建立了图形处理方法与流程

计算机分类的结果是由不同编码组成的各类型数据集合，每一种编码代表一种类型。每一个数据码代表一个像元，它有利于进行图形处理和边界提取。

（1）专题要素的综合取舍，零星图斑和噪声可按一定的阈值进行剔除，使分类结果净化即专题滤波，被剔除的图斑即像元应被周围大面积类别代替。

（2）边界提取，专题地图要求各种类型特征应有明确的边线或界线，即面状类型的边界线。增强后的边缘由多个不等边缘带组成，需要进行细化处理，逐次剥离掉边缘线的像元，这样即可得到一连串的单个像元为单位的边界。

（3）多边形生成，即矢量化的过程。为了进行矢量绘图，还必须进行数据的矢量化处理。按 8 种格局、6 种组合跟踪搜索，最终生成多边形数据文件。

（4）多边形类型编码注记，这是土地利用专题图不能缺少的类型编码注记。

（5）专题地图的整饰，除了图斑注记外，还应具备图面注记和图廓整饰，为此开发了一套符合规范和基本比例地图要求的图廓整饰绘图程序。

（6）专题地图与地理底图的配准，根据控制点进行配准，可以控制精度。

（7）图形输出，一类是矢量方式输出的线划图，另一类是栅格方式输出的彩色图。

（8）面积量算，图像是以像元为单位，面积统计很容易实现。矢量化前面积就是像元数量的累加，矢量化后可以按多边形边界坐标进行面积量算。

4）建立了微机遥感图像图形处理系统

以计算机分类和自动制图方法制作土地利用专题地图已在微机图像图形处理系统上实现。其是原 IRSA-II 遥感图像处理系统的延伸，扩展和加强了图形处理功能。

本系统主机为 AST386 系列，主频 20M，内存 2M，外存 90MB，软盘 1.2MB 和 360KB，图像存储器，系统由磁带机、高分辨率彩显、绘图机和数字化器等外设组成。软件系统完善，还配备了专题地图的图形软件、地图整饰程序和汉字库。

7. 城市信息系统中超图数据结构（HBDS）研究

（1）以北京朝阳区为基础，进行超图数据结构自动拓扑分析新方法实验。该方法以超图数据结构为基础，根据 HBDS 结构的特点，发展了自动拓扑及矢量向网格的转换，为新的数据结构为核心的城市信息系统奠定基础。

（2）建立了在超图数据结构支持下以农业动态分析为基础的统计数据库，录取了 1982～1989 年北京市朝阳区农业和人口的统计资料，并在此基础上建立了城市人口和土地承载力预测模型，对朝阳区 1995～2000 年土地利用变化和土地结构变化进行了预测。

（3）建立和开发了超图数据结构预处理和分析系统，包括 HBDS 搜索排序和预分析，以支持城市分析模型的建立。

（4）提出了城市信息系统在超图数据结构支持下进行城市动态分析的理论和方法。

8. 研发了微机空间分析与引导系统（SAGS）

（1）建立引导系统，将目标系统、GIS、文字数据、网络与数据处理进行六部整合。

（2）建立应用分析模型并进行分析，包括结果分析、最优建立、替换、资源分布、动态分析、增长分析、单因子咨询差异分析、目标分析，报告系统。

（3）研究引导系统产生响应与引导，提供帮助和支持。

（4）该系统结合天津蓟县试验区对系统研究进行了集成和验证。天津市空间分析与引导系统由二级网络结构组成（市级和区县级），包括多通道并行（多种数据源、多种数据结构）、多种分析方法（空间模型分析、统计分析、知识推理）、多种输出形式及多通道并行系统等。

（5）在信息标准化方面，在国内首先讨论了空间数据、空间数据质量、空间数据模型转换标准等新内容。

（6）通过蓟县的试验，建立了区域因子库、区域方法库，发展了模型分析专家系统，建立了地面监测和检验系统，并成功地验证了空间分析和引导系统。

9. 黄土地区通用土壤流失方程（USLE）模型试验与发展

（1）根据国家“黄土高原遥感调查试验研究”课题的需要，以耕地的遥感动态监测为依据，建立了通用土壤流失方程（Universal Soil Loss Equation，USLE）模型，根据黄土地区水土流失的实际情况，研究和发展了 USLE 模型，我们研究的模型参考了当时国际上美国研究的最新方法，同时又按照中国黄土地区特点进行修正和补充。

（2）USLE 模型可用来预测土壤侵蚀的平均速度，并准确地测定地面流失量，其对我国黄土研究是十分必要的。

（3）通过对黄土高原大面积土壤侵蚀模型进行研究，与美国同行研究相比，引进了 DR 因子、传递比率因子。传递比率因子能够较充分地考虑水土流失到水体的速度和时空关系。采用 DR 因子使水土流失的定量分析从静态走向动态是该方法的一大进步。

（4）根据黄土高原的实际情况，我们在模型中采用计算方法获取 K 因子。K 因子和 T 因子是在 SAGS 系统中生成的。

（5）研究中引进了 GIS 和遥感，以及遥感和非遥感数据的融合，使水土流失研究上升到定量监测的高度，大大提高了实用性。

（6）试验区选择安塞侯沟门流域，属黄土梁峁，丘陵区以 1∶10000 地形图和卫星遥感图像为基础。试验结果 PSLD 为 30.78，计算了小于 25°和大于 25°的 PSLD 值作为控制侯沟门流域水土流失的依据，实验证明分析结果符合实际。

四、科研任务、项目与成果

（一）承担的项目与任务

计算机制图研究室共承担了“七五”国家科技攻关项目 6 项，中国科学院重大项目 2 项，应用任务 5 项，国家自然科学基金项目 1 项。

（二）取得的成果

出版图集和专著 3 部，发表论文 15 篇；获奖 9 项，其中获国家科技进步奖三等奖 1 项，中国科学院科技进步奖特等奖 1 项、一等奖 1 项、二等奖 3 项、三等奖 1 项，获国家环境保护局科技进步奖二等奖 1 项，获农业部科技进步奖二等奖 1 项。

（三）成果转让与应用

利用 PDP11/23 微型计算机与绘图机和图形数字化器等联机建立人机交互制图系统在国内还是首次尝试。其开发的硬件和软件接口、显示及绘图程序库，以及若干制图应用程序等具有功能较全的实用意义。

人机交互制图系统建立的同时即进行了部分实验与应用，如天津环境质量图集的部分程序已纳入该系统的地图数据库。此外也在该系统上开展了数字化及数据处理等项实用服务。该系统经过半年多时间的实际运行验证，系统稳定可靠，能投入使用。

五、科研队伍建设与人才培养

（一）科技人员组成

何欣年、林华强、崔伟宏、胡贻志、汪劲松、王树杰、刘静航、徐爱义、冯慧琳、王为民、俞纪华、陆燕琴、狄小春、倪平、王蓓、邓柏樵、李灼华、李良群、刘威威、吴晓清、葛中海、冼文姿、刘承恩、金秀红、许玉芬、黄民德、张建昉、李利军、狄志萍、张少龙、李琳、童寿彬等。

（二）人 才 培 养

崔伟宏，访问学者，出访美国一年；王树杰，日本进修一年。

第五章　地理信息系统研究室

一、概　　述

（一）成立背景

地理信息系统（GIS）是20世纪60年代末新兴的先进技术。GIS作为当代的一个高技术手段，已经成为遥感技术系统中一个不可分割的组成部分，其也是遥感应用成果进入社会方方面面的重要渠道。遥感所从一开始就十分重视地理信息系统学科的建设，还在建所之前就把地理信息系统作为研究方向。20世纪70年代末至80年代初，国内外掀起迎接信息化社会的热潮。陈述彭院士于20世纪70年代末正式提出在中国发展地理信息系统的建议。1980年在遥感所建立地理信息系统研究室，它是我国第一个地理信息系统研究室。

1985年国家地理信息系统重点实验室在遥感所的地理信息系统研究室的基础上宣告成立。该实验室挂靠地理所后，遥感所又重新组建了地理信息系统研究室，主持了"七五"国家科技攻关"资源与环境信息系统若干重要软件工具"的专题研究。20世纪90年代以来，该室更通过国家科技攻关项目的科研实践，实现了遥感技术与数字影像处理、地理信息系统、全球定位系统和数字网络通信等多种技术的集成，以支持对全国重大自然灾害的多级、动态监测。目前，地理信息系统技术和国家空间信息基础设施已广泛服务于国民经济和社会各个领域，取得了显著的经济与社会效益，遥感所为它的孕育与发展做出了应有的贡献。

（二）建立的必要性

地理信息系统是遥感科学技术体系中不可缺少、至关重要的一个组成部分。它将在遥感应用系统模型框架的引导下，为遥感数据与多源数据、应用模型、数字模拟等的有效集成、综合分析、动态应用创造前所未有的技术条件和作业环境，其是使遥感应用进入动态化、业务化发展阶段的催化剂，使遥感信息转化为专业知识、领域智慧的孵化器，其已经成为国家、地方和部门管理决策，以及社会大众日常生活起居中重要的信息来源和不可缺失的组成部分，也为遥感科学技术进一步的发展奠定了坚实的基础，使遥感科学技术的社会效益、经济效益及环境效益能够提升到一个新的高度。遥感所重建地理信息系统研究室，首先是保证遥感所学科体系完整性的需要；其次是发展我国基于遥感的地理信息系统理论、技术和方法的需要，针对只用外国软件搞应用的倾向，发展我国有自主产权的遥感地理信息系统尤为重要；再次是推动我国遥感应用从静态、试验研究阶段向动态、业务运行阶段发展，从科研院所向社会大众服务延伸的需要，使遥感能够形成从数据获取、信息挖掘、集成应用到共享服务完整的信息流程和科学技术体系，为不同层次用户提供数据、信息、知识和智慧层次上的产品和服务，推动国家遥感信息基础设施的建设与发展。

（三）在所及学科中的地位

在整个遥感科学技术体系之中，地理信息系统是使遥感数据、信息转化为专业知识、决策智慧的关键环节，是诸多、巨额的遥感投资能够产生出巨大的社会、经济和环境效益的转化器。因此，地理信息系统研究室的学术活动主要集中在遥感所地理信息系统自身的微观研究，以及推动我国遥感科学技术发展的宏观研究两个方面。前者涉及数字地形模型、软件工具研发、应用系统运作、基础设施建设等领域，已取得了一些居国内领先地位、达国际先进水平的研究成果；后者主要通过参与、构思、执笔和论证我国遥感领域4个五年计划的国家攻关立项申请书及遥感发展战略研究体现出来。4次攻关立项申请均获国家批准、付诸实施，有力地推动了我国遥感科学技术有序、健康的发展。

二、沿　　革

（一）机 构 变 化

20世纪70年代末至80年代初，由中国科学院地学部领导、地理研究所、遥感所、南京地理与湖泊研究所、成都地理研究所、长春地理研究所、兰州冰川研究所、兰州沙漠研究所等参加，开展地理信息系统设计，提出了建设地学信息系统的基本设想。70年代末，陈述彭院士提出发展地理信息系统的建议。

1979年12月，以地理所二部为基础建立遥感所，其第五研究室成为我国第一个地理信息系统技术研究室。

1983年，由国家科委主持，成立跨部门的资源与环境信息系统国家规范研究组。1984年底，该研究组撰写完成《资源与环境信息系统国家规范研究报告》（俗称中国GIS《蓝皮书》），提出了建设中国地理信息系统和实现地理信息标准化的纲领。

1985年2月，组建资源与环境信息系统国家重点实验室（筹备）隶属于地理所。这是我国地理信息系统领域的第一个国家重点实验室。

1986年，重建的地理信息系统研究室经由卫星组、航判室数字判读组演化而成。在遥感所成立后，卫星组部分人员编入遥感应用研究室，成为其数字判读组（1980～1986年）。在这个阶段，其主要协助国家科委国家遥感中心落实“六五”遥感国家攻关项目，完成了自身承担的攻关项目“中国旅游资源信息系统研制”任务，协助国家科委新技术局具体组织、实施了资源环境信息系统国家规范研究，参与编写、统稿编辑和印刷出版了《资源与环境信息系统国家规范研究报告》。1986年，在数字判读组工作的基础上，遥感所重建了地理信息系统研究室。

（二）历届研究室负责人

1979年12月～1983年10月，地理信息系统技术研究室主任郑长在，副主任何建邦。

1983年10月～1986年，环境信息系统研究室主任何建邦，副主任黄绚，业务行政秘书励惠国。

1986～1999年，研究室主任阎守邕，副主任詹慈祥（1986～1991年3月）、王世新（1989年5月～1997年4月），支部书记魏成阶，研究室业务秘书陈晓莉（1980～1985年）、沈喆、董小民、武晓波（1986～1999年）。

三、学术方向与学科发展

（一）学术方向与定位

地理信息系统融集多门类科学技术领域，如地球信息科学、计算机、通信网络、航天航空遥感、人工智能、系统工程、区位理论、模式分析，服务于资源、环境、生态、发展诸方面。因此，地理信息系统研究室的研究工作是信息科学技术、地球系统科学与空间科学技术三大科技领域交叉的产物。地理信息系统研究室的筹备、建立、发展始终依靠多学科的渗透交融来发展地理信息系统这一新兴科学技术。

在中国开展地理信息系统研究初期，初步确定地理信息系统研究室的任务是致力于地理信息系统的基础理论与方法的研究，发展地理信息系统技术，开发和应用各种通用 GIS 软件工具、专用软件工具及不同专业领域和地区的应用系统，在国家、地区和行业中进行应用示范系统建设，建立理论–方法–技术–实验示范的研究体系，推动我国 GIS 科学技术体系的发展，其对中国地理信息系统的发展起到导向、示范和人才培养的作用。GIS 研究室的学术方向主要是开展 GIS 的理论、技术、方法和应用方面的各种研究工作。

重组后的地理信息系统研究室学术方向具有双重性：一方面要从研究室出发，努力发展我国遥感地理信息系统的基础理论、技术方法及其应用示范实例；另一方面要从国家的全局出发，不断探索和推动我国遥感科学技术体系的建设与发展。在这两个方向上，力求有所创新、能够处在我国遥感和地理信息系统发展的前沿位置上。

（二）学 科 发 展

1. 开创地理信息系统的早期实验

1）腾冲地区数字地形模型的研究和应用试验

在我国，腾冲地区数字地形模型的建立属于开拓性工作，试图解决不同信息源——数字、图形和影像的应用，建立 GIS 数据库的关键技术。根据当时的条件，采用的是最基本的等间隔采样的网格法，同时编制一套软件，进行地形参数的计算、数据的绘图显示、直方图表示、单要素分级、特征选择、自动分类等的分析计算。在缺乏仪器设备的条件下，数字地形数据全由人工在 1∶50000 地形图上量测，以此为原始数据做出该地区的绝对高度分级图，该图比较直观地描述了该地区的地势起伏。结合野外实地观测得出，所建立的数字地形模型能如实反映腾冲地区的地貌形态特征，采样间隔也是合适的。为了进行自动分析和判读试验，定义并计算了包括平均高度、相对高度、单元高差、变差系数、粗糙度、坡度、坡向、曲率、拉普拉斯运算值和水系密度 10 个参数，分别做出了每一参数的空间分布图，称为地形特征的单要素图。这些参数图从不同的角度显示出地形的特征，通过这些单要素图还可以对整个地区有个定量的概念。

由于数字地形模型直接给出的是地形的形态参数，在分析腾冲地貌类型图和景观结构图的类型的形态特征之后，得出了可以用数字地形模型所提供的参数进行地貌类型的自动分类的结论。这一试验使大家认识到，随着计算机和各种仪器设备的发展，建立一个完善的地理环境信息数据库（地理信息系统的早期提法）来满足地学研究的需要是可能的，也是十分必要的。

2）腾冲航空遥感综合实验中的地理信息系统研究

在 1978～1980 年腾冲航空遥感综合实验中，已考虑地理信息系统和遥感结合，去解决实际的应用问题。其中，一项重大的关键技术是如何解决不同形式的数据源——数字的、图形的和遥感影像的，通过 A/D 转换形成建立地理信息系统的核心——数据库的基础。在腾冲航空遥感实验中，成立了 3 个地理信息系统研究小组分别进行此项工作。第一小组用自动制图和地理信息系统技术方法，解决了以数字为信息源建立地理信息系统数据库的问题，编制出了第一部完全采用自动制图方法成图的《腾冲农业统计地图》。第二小组解决了以地形为信息源建立地理信息系统数据库的技术与方法；第三小组与英国学者合作，以 MSS 遥感影像为信息源，完成了从影像到数字的地理信息系统数据库的建立。在地理信息系统发展的萌芽时期，初步解决了从不同信息源——数字、图形和影像建立地理信息系统数据库的关键技术与方法，对地理信息系统技术发展起到了积极的推动作用。

3）二滩–渡口地区地理信息系统的建立与应用

这里的地理信息系统是指将遥感信息、地图资料、社会经济统计数据和地面观测数据，按照统一的地理坐标和时间序列加以数字化，使用计算机管理、存储、提取、显示和制图进行系统分析，以供决策、规划、生产管理和趋势预测等应用的技术系统。二滩–渡口地区地理信息系统是我国完全依靠自己的工作积累，独立进行建造的第一个区域地理信息系统（模型），在国家地理信息系统发展中有重要的示范作用。该系统的覆盖地区是四川省渡口市、盐边县和米易县，共 7000km^2。系统的核心功能有三方面：其一是以遥感为主的水库淹没损失估算；其二是在 7000km^2 范围内的土地利用遥感制图，形成主要的地理信息系统数据基础；其三是区域地理信息系统的实体及分析结果。

二滩–渡口地理信息系统由数据采集、数据库设计及系统应用 3 部分组成，初步解决了在一个较大的区域内（7000km^2）以微机为基础，包括比较完整的基础地理信息（地形、土地利用、人口、交通、地貌、居民地、水系和境界等）和专题信息（环境、水库淹没、森林、厂矿等）的条件下，如何建立一个区域信息系统，并应用它去解决若干实际问题，如水库淹没损失估算、移民选址、土地利用统计和环境变化的粗略分析等。

4）资源与环境信息系统国家规范研究

20 世纪 80 年代初期，地理信息系统的研究与应用在全国许多部门和单位迅速展开，各种专业的地理信息系统相继问世。由于缺乏统一的标准，系统之间的通用性很差，迫切要求制定统一的国家标准与规范，以便把这一个崭露头角的新事物向前推进。

1983 年在国家科委的直接领导下，由遥感所和 13 个兄弟单位的专家组成了跨学科、跨部门的资源与环境国家规范研究组，在近一年的时间里，调研了 7 个国家、国内 14 个部委和 7 个较早开展 GIS 的研究所之后，提出了《资源与环境信息系统国家规范研究报告》，解决了中国地理信息系统应该怎么搞与如何规范化的问题。该报告系统地陈述了资源与环境信息系统的内容、性质、应用，以及我国开展这一工作的战略意义、必要性和可能性；全面地对我国建立资源与环境信息系统的总体设想、基本技术规定与要求、数据源、数据整理、数据库系统，以及系统软、硬件配置提出了具体方案；报告还认真地总结了国内外开展这项工作的经验和教训，对各部门各地区如何建立自己的系统及数据共享、信息立法等提出了具体的建议；并详细地介绍了国外主要地理信息系统的现状、发展过程和软硬件的情况。报告不仅对各有关部门在建立资源与环境的专业信息系统时具有较大的参考价值，而且对目前正在组建的重大信息系统也提供了有益的经验，为我国今后开展这方面的工作打下了一个初步的基础，是一个良好的开端。

在得到国家科委的认可后，遥感所为了形成一些具有法律约束的国家规范与标准，及时调整了“六五”攻关课题“建立遥感地理信息系统的试验研究”的内容，和中国科学院计算机技术研究所合作，于 1985 年 6 月开展了中国旅游资源信息系统的研制工作。1987 年 4 月提出了“旅游资源分类与编码规则”国家标准讨论稿，在国家标准局信息分类编码研究所的指导与参与下，该标准先后 4 次在全国范围征求旅游及有关单位、学校和专家的意见，并做了相应的修改和调整，用了 3 年的时间完成了国家标准的审定稿，受到大多数单位和专家的好评。为了适应区域规划、管理和决策现代化的需要，遥感所于 1986 年 9 月开始了区域地理信息系统数据分类编码的研究工作，在市级系统仔细、深入调查研究和系统分析的基础上，一套包括人口、资源、经济、环境，以及国内外信息的分类编码体系初步形成。各级分类由一个包含高位分类码、低位分类码、区位码、时间码及顺序码构成的统一编码所标识，不仅具有较强的科学性，而且也具有灵活的实用性。

2. 遥感与地理信息系统的基础理论研究

遥感与地理信息系统的基础理论研究主要涉及对遥感地理信息系统的需求分析、系统模型、层次结构、分类体系、设计方法、发展策略等问题的研究。

1）我国遥感技术系统的软科学研究

遥感技术及其应用作为一种涉及面广、构成复杂、规模庞大的科学技术系统，存在许多软科学问题要研究。自20世纪70年代末和80年代初以来，遥感所参与或牵头承担了国家科委、国家计委、国防科工委以及中国科学院等领导部门下达的一系列软科学研究任务，和有关部门的专家密切配合，有效地推动着我国遥感技术及其应用的不断深入和日益广泛的发展。这些任务涉及遥感技术系统分析、效益分析、发展战略、科技政策和攻关计划的制定等内容。

（1）遥感技术系统分析方法。以系统工程的方法和观点对遥感技术及应用进行系统分析，是遥感软科学研究的基础和出发点。在大量分析研究工作的基础上，我们提出了遥感技术系统分析框图，简单明了地说明了遥感技术的内容、组成，以及它们之间的相互关系。

（2）实时监测与分析评价系统。除对遥感技术进行了上述一般性的系统分析外，我们还对全国重大自然灾害遥感实时监测与分析评价系统，全国资源环境遥感快速调查与分析评价系统，以及遥感应用与技术发展支持系统进行了较深入的系统分析工作，对这些应用系统的发展有指导性的作用。

（3）遥感技术效益分析模型。在上述遥感技术系统分析的基础上，我们给出了其效益分析模型及相应的一套计算方法。通过这种分析，有助于我们找出不断提高其效益的关键所在。这对制定我国遥感技术的发展战略、科技政策及中长期规划，使我国已有的遥感技术和应用的潜力迅速地转化为强大的生产能力，在国民经济建设中充分发挥作用，具有明显的指导意义和重要的实际价值。

2）我国地理信息系统发展途径的探索

地理信息系统研究室，在探索与推动我国地理信息系统发展和应用途径做出种种努力过程中形成了一些基本看法，主要包括：对地理信息系统定义、系统构成、研究内容等的认识与概念，顺应地理信息系统发展方向所开展研究工作的多方面成果与经验，以及对推动我国地理信息系统广泛应用的原则与策略的体会等内容。

（1）地理信息系统基本概念的形成与深化。在不断学习和实践的过程中，逐步形成了一套对地理信息系统比较完整的认识与概念，并力图在力所能及的范围内付诸实践。

对地理信息系统的定义，我们认为，其归根到底都离不开人类认识、利用和改造客观世界的实践活动。因此，地理信息系统可定义为在计算机软、硬件环境里，人们使大量描述客观事物、关系和过程的各种数据，按照它们的地理坐标或空间位置输入编辑、存储更新、量测运算、查询检索、分析处理、模型应用、动态模拟、决策支持、显示制图和报表输出，进而帮助人们认识、利用和改造客观世界的某种或某些任务的一种应用系统。

我们从软件系统、技术系统和应用系统 3 个不同的层次来认识、理解和研究地理信息系统的构成。地理信息系统技术系统实际上是支持各种应用系统开发和运行的地理信息系统软、硬件系统的组合。它们以不同规模和型号的计算机硬件系统和支持软件系统为内核，外面分别集成有不同层次的地理信息系统软件系统，以完成不同的应用任务。地理信息系统应用系统是人们认识、利用和改造客观世界的有力工具，也是地理信息系统技术转化为实际效益的具体环节。这种系统的构成具有更广阔的范围与内容。地理信息系统的主要研究内容包括模型建立、数据组织和系统实现 3 个方面。

（2）对地理信息系统发展趋势的研究与探索。该室提出了多种技术结合，更真实和准确的描述客观世界；用户占主导地位，更直接和主动地参与利用改造客观世界的活动；突出关键问题，有计划有步骤地推动与加速地理信息系统产业化；应用驱动导向，更迅速而有效地发展地理信息系统科学技术体系等看法和建议。其提出了地理信息系统推广应用的原则与策略，包括普及知识，持续发展；先易后难，实用第一；面向管理、示范先行等。

3. 遥感地理信息系统的基础软件研发

遥感地理信息系统的基础软件研发主要涉及具有自主知识产权的地理信息系统通用软件平台，以及面向不同数据类型、应用领域的专用软件工具的设计与实现。

1）地学与遥感应用管理系统

地学与遥感应用管理系统（GRAMS）是在微型计算机上，采用 C 语言，全部自主研制的一个遥感地理信息系统软件工具。它包括统一管理矢量图形、栅格图形图像、属性数据及图形符号的空间信息管理系统、手扶跟踪数字化和拓扑自动生成输入子系统、人机交互遥感图像分析判读更新子系统、以 DTM 和网络分析为主的空间应用模型子系统、矢量和点阵绘图打印制表输出子系统等。这个系统在多种数据统一管理、遥感和地理信息系统紧密结合、人机交互判读制图、中西文兼备和汉化用户界面均显示了自己的特色。该系统基本功能完备、性能良好、使用灵便，先后形成了 GRAMS Version1.0 和 GRAMS Version 2.0 两个版本，在使用中经受了考验。

2）空间信息数据管理系统

空间信息数据管理系统（SIMS）是一个在 MicroVAX-II 计算机系统及 VMS 操作系统、Oracle 关系数据库管理系统和 PLOT-10 GKS 图形核心系统环境的支持下，自底层逐级向上开发的地理信息系统软件。其已完成以矢量数据为基础的空间信息管理核心系统（SIMKS）、手扶跟踪和扫描输入编辑子系统、空间图形分析操作子系统，以及面向对象的查询语言（OSQL）等内容。其在多边形拓扑关系自动生成、空间实体拓扑关系全操作、图幅更新，以及面向对象的查询语言等方面优于 ARC/INFO。该系统由图形数据库、属性数据库及完成全部数据输入、存储、检索、运算和维护的软件组成，是一个多层次的空间数据操作核心系统。在设计处理各种复杂空间关系的上层程序时，无须考虑各种拓扑几何更新的细节，这样既加速了上层程序的开发，又增强了软件的模块化，还实现了复杂多样的局部图形的更新与编辑，这是 ARC/INFO 及其他国内系统所不具备的性能。

3）遥感所与应用数学所合作研发应用模型及模型库管理系统

一方面围绕与区域规划、管理和决策有关的问题及各种应用系统的研制，尽可能多地收集和使用各种已有的应用数学模型，包括人口、资源、经济和环境等方面的分区评价预测、规划及决策模型，特别注意发展和使用各种类型的空间应用模型，如网络分析与区位分析等方面的模型，以充分发挥地理信息系统的优势与潜力；另一方面，还在国内外调查研究的基础上进行模型库管理系统的设计与实施，不仅使用户能方便和有效地应用系统中已有的模型来解决他们面临的有关实际问题，还注意在模型库管理中逐步引入人工智能，根据用户的描述，系统能从模型库、方法库里进行查找、选择、匹配、连接，以自动生成新的面向用户特定问题的模型。

4）区域资源与环境分析评价模型软件及模型自动生成系统设计

模型软件主要包括变弧费用网络流分配、最短路径、线性规划、混合整数规划、目标规划等基础模型软件，以及流域水资源规划通用模型、城市大气环境分析模型和城市体系空间结构分析模型等应用模型软件。其中，变弧费用网络流分配模型、城市体系空间结构分析模型及其系统在中国城市带、城市群、城市化研究等方面取得重要进展。

5）遥感与地理信息系统接口软件

遥感技术是获取地球资源环境空间数据的有效手段，而地理信息系统是分析应用这些及其他来源数据的有力工具。其结合部是遥感图像处理系统与地理信息系统之间的接口软件。这种接口要保证遥感图像处理系统抽取出来的专题信息能有效地更新地理信息系统中的相应数据，提高地理信息系统数据的现势性；同时也要保证地理信息系统中的辅助数据，如数字地形模型等数据能有效地输入遥感图像处理系统，提高遥感数据专题分类的精度。

6）图形数据输入与用户界面

在实用地理信息系统的建立过程中，图形数据输入往往是一个瓶颈问题，对于一些大型系统就更为突出，为此遥感所开发了从手扶跟踪数字化输入、自动检错、自动拓扑构成到图形编辑的一整套完善的输入子系统。数字化的功能、自动化程度与 ARC/INFO 相似。图形编辑软件在上述高层次空间操作程序的支持下，可进行即时拓扑几何的数据更新，不必进行全图幅的拓扑重构，既节约了机时，又保持了原有数据的各种标识，同时还可以直接进行接点移动、多边形合并等，此外，还完成了专题扫描输入子系统，使专题输入效率大为提高。

7）空间决策支持系统的软件平台研发

空间决策支持系统的软件平台研发主要涉及能够使决策者根据需要，灵活、自主地调动系统中各种资源去发现问题，提出和优选解决问题方案，辅助决策者进行决策的新型遥感地理信息系统的设计与实现，其主要解决常规地理信息系统升级换代的问题。

空间决策支持系统（Spatial Decision Support System，SDSS）作为在地理信息系统和决策支持系统基础上发展起来的一个新兴科学技术领域，自 20 世纪 80 年代中后期以来，在国内外已引起越来越广泛的关注与重视。通过大量文献的分析，我们认为只有那些能够帮助决策者生成、比较和选择空间决策方案的信息系统才能纳入空间决策支持系统的范畴。这种系统就其功能特点不同而言，可以分成 3 个密切相关的技术层次或类型，即空间决策支持系统开发平台、专用工具和应用系统。我们主要研究与空间决策支持系统开发平台有关的问题，包括空间决策支持系统的分类体系及其开发平台的地位、技术构成与运作模式，以及在这种平台支持下的实例应用系统，即中国农业投资空间决策支持系统的生成过程等内容。

空间决策支持系统开发平台研究是“九五”攻关项目的一个专题“空间决策支持系统研制”，由遥感所和国防科技大学系统工程与数学系合作完成。该平台由客户端交互控制系统、广义模型服务器系统及空间数据库系统组成，用户可以根据需要自主、灵活地调用系统中的各种资源，揭示问题所在、明确工作目标，形成多种并从中优选出解决问题的方案，供决策者参考使用。

8）遥感影像人机交互判读系统的研发

遥感影像人机交互判读系统的研发主要涉及能够将遥感数据处理与影像目视判读、遥感与地理信息系统、先进信息技术与传统专业知识、人脑与电脑之间的优势结合起来的遥感影像人机交互判读系统的设计与实现，以解决利用遥感数据更新地理信息系统的问题。

开展遥感图像判读模型及判读专家系统设计，完成了卫星图像水系判读模型、遥感图像城市判读模型的建立，以及判读专家系统的试验研究与设计，特别在专家系统这一前沿领域的研究进行了有益探索。

根据项目要求，研发了基于微机和栅格数据结构、具有自主知识产权的遥感图像人机交互判读系统。它是一种能综合发挥人脑和电脑优势，使遥感图像处理、地理信息系统、互联网络等高技术与生物地学专业知识紧密结合起来的遥感图像判读工具。通过不同基础模块和判读模块的组合，形成诸如人工目视判读、人机混合判读、监督自动分类、分区自动分类、辅助波段分类、图像变化判读、地图更新判读等方法，其具有广泛的应用范围、明显的技术优势。在后续的研究中，这个系统进一步发展为遥感影像群判读系统，以适应大型遥感判读应用任务的需要。

9）遥感空间信息共享应用网络的研发

遥感空间信息共享应用网络的研发主要涉及信息网络总体结构、各类节点及其构成与功能，数据及模型共享标准建议与共享应用服务关键技术，数据集成、信息应用和共享服务的任务要求、基本功能和运作方式等的设计与实现，其为国家空间信息基础设施建设提供具体原型及有益经验。

资源环境、区域经济空间信息共享应用网络研究是集成 97-759 项目第一、第五、第六和第七专题的项目。它通过我国已有的数字通信网络，把具有业务生成空间数据与信息能力的有关专业部门、省市地方和科研单位连接起来，形成一个能够规范化信息共享和应用的电子互联网络，有力地支持我国各种与地理位置有关的活动，如资源调查、环境保护、生态监测、防灾减灾、卫生健康、经贸布局、城市/区域乃至全国的规划、管理和决策等的顺利进行，明显地加速了我国信息社会化，以及缩小了区域间、国家间空间数据应用差距的进程。该研究具体包括信息网络、标准建议、关键技术、数据集成、示范应用、共享服务等内容，为我国的国家空间信息基础设施建设提供了原型、开辟了道路、积累了经验。

4. 遥感应用示范地理信息系统的研发

遥感应用示范地理信息系统的研发主要涉及突发事件应急响应、日常事务管理决策等重大问题的遥感应用示范地理信息系统的设计与实现；根据国内技术经济水平和用户需求的调查，遥感所把发展应用系统的目标重点放在为城市的建设与发展、农业区域开发和重大自然灾害监测的服务上。自 1985 年以来，其主要完成了以下应用系统的研制，为城市建设与发展服务。

1）中国旅游资源信息系统

这是一个在地学与遥感应用管理系统支持下实现的、为游客服务的，使用方便，图、文并茂，易于推广的应用系统。该系统包括旅游资源、服务设施和区域气候特点方面的数据，具有文字或地图查询检索、旅游路线选择及图形、图像和文字同时显示等功能，该系统采集了我国 8000 个旅游资源数据，建立了地理基础、旅游资源、服务设施及游客统计 4 个数据库，具有存储更新、查询检索、统计分析、分区评价等功能，开创了我国旅游信息系统的先河。这个系统技术上有 3 个主要特点：一是具有丰富多样的查询检索手段，特别是地图或空间查询更为方便，如系统可提供点位查询，市、县范围查询，等距查询，等时查询和线路查询等方式；二是具有灵活、方便和友好的用户界面及图形、图像、文字同时显示的功能，使整个系统显得十分活泼，有吸引力；三是系统性能稳定，通用性强，易于推广应用，社会经济效益明显。

2）中国城市空间信息系统

这是在地学与遥感应用管理系统支持下，利用有关数学模型与大量统计数据，对全国城市空间展布规律与时间演化过程进行分析研究的基础上建立的，用户可以直接使用其最终研究成果的一个应用系统。这个系统采用的发展模式是在地学与遥感应用管理系统支持下，先解决问题，后建立系统，没有遵循一般系统工程方法。其技术上的贡献在于解决了大量离散点统计数据进行空间结构特征分析的技术与方法。其在应用上的贡献，主要是对中国人口潜能分布、港口腹地、城市群的形成与结构特点，经济带与经济区划分等宏观建设布局问题提出了一系列崭新的有重要参考价值的见解，并受到有关方面的重视。

3）全国城市环境信息系统

这个系统充分利用各种来源的数据，把常规调查监测、应用数学模型、遥感动态分析及地理信息系统的优势结合在一起，为城市环境和生态的规划、管理和决策提供了一种多功能、高效率的先进技术手段。它考虑了与各城市已有的环境统计、环境监测及污染源调查数据库系统的衔接，并给用户提供了一种灵活、方便的通用查询检索工具，使已有数据库文件得以充分利用。它从两维空间的角度或以地图为基础，实现了大气环境污染扩散，环境评价、预测和规划计算及其结果的显示，具有形象、直观的特点。在系统中引入了遥感数据、生态遥感系列制图及生态评价等功能，大大丰富了城市环境的研究内容与方法。

4）唐山市遥感综合试验场地理信息系统

这个系统主要是为支持我国遥感技术的发展和应用而研制的一个应用系统。它包括地物波谱、地面实况、环境背景及管理信息 4 个数据库，具有数据和图形的查询检索、设计参数（最佳工作波段、时段及动态范围）选择、效果评价（信息量、几何精度、分类精度）及数据模拟（波段和设计模拟）等功能。通过这个系统的研制，中国科学院遥感应用及技术发展支持系统终于建立了起来。它对推动我国遥感技术，特别是航天遥感技术的发展必将产生深远影响。

5）黄土高原重点小流域治理试验示范区地理信息系统

“七五”期间，遥感所与西北水土保持所合作开展了“黄土高原重点小流域治理试验示范区地理信息系统及综合分析评价模型研究”。按项目专题研究的要求，针对黄土高原水土流失问题，选择陕西省安塞县纸坊沟小流域治理试验示范区为基本单元，应用航天、航空遥感资料、地理图件、试验台站监测及统计资料，以该流域生态环境信息、经济信息、社会资料及水土流失相关资料为基础，建立了纸坊沟流域微机数据库信息系统和图形管理系统。系统由交互式数字化及数据采集系统、库管理系统、分析处理系统及输出系统组成。该地理信息系统的建立证明了微机应用于地学信息的可行性，具有巨大的应用潜力，为开发应用软件、实用化程序积累了重要的经验。

6）基于网络的洪涝灾情遥感速报系统研究

洪涝灾害一直是我国最严重的自然灾害之一，其发灾频度高、强度大、影响面广。“七五”和“八五”科技攻关使遥感与地理信息系统应用水平向前推进了一大步。“九五”期间得到 95-759 国家科技攻关项目、中国科学院院长基金项目和院“九五”特别支持项目的支持，主持开展了“基于网络的洪水灾情信息系统”的研制。

基于网络的灾情遥感速报系统有 3 个组成部分：第一是洪涝灾情信息的生成部分。在局域网上，其由遥感数据预处理、灾情信息提取、灾害损失评估、灾害背景数据库及网络灾情信息发送等分系统组成，可通过网络将灾情信息传送到国家遥感中心和国家信息中心数据库部，必要时直接通过中国科学院呈送中央领导和国家防汛总指挥部。第二是洪涝灾情信息网络服务部分。它由灾情网络服务、交换中心和网络应用集成环境等部分组成，一方面通过国家遥感中心信息交换网络与国务院“防洪气象信息系统”联网，直接为国务院决策服务；另一方面通过国家信息中心数据库部的局域网，以及国家经济信息网为各部委和各省市提供信息服务。第三是灾情信息网络用户部分。根据灾情数据的保密级别规定的各自访问权限，可以分别通过国家信息中心局域网及因特网提供及时或持续的灾情信息，用户可以用快捷方便的网上交互查询及下载方法实现灾情信息资源共享。

该系统的主要功能有 6 个方面：第一是多源遥感数据的预处理和融合；第二是多源遥感数据中洪涝灾情淹没损失目标的人机交互判读及信息提取；第三是灾情基础背景数据库支持下的灾情评估；第四是灾情图像、图形、数据、报表、报告的快速编辑和灾情信息网络发送；第五是灾情信息网络联机服务；第六是灾情信息查询。

该系统主要由基于网络的洪涝灾情遥感速报系统、洪涝灾情遥感速报实用技术方法，以及洪涝灾情遥感速报系统业务运行 3 部分内容组成，系统运行模式有灾区宏观监测评估和重点监测评估两种，连续 3 年进行了业务运行服务。

7）中国妇幼卫生管理信息系统研制

它是卫生部妇幼保健与社区卫生司委托的研制任务，旨在建立面向全国的县级妇幼卫生信息管理系统，提高主管行政部门科学管理决策的水平。该系统在妇幼卫生年报数据库和地理信息数据库的基础上，具有报表录入、数据准备、信息查询、专题分析、统计制图、演示输出及系统维护等子系统，其于 1995 年投入全国及各省（自治区、直辖市）使用。其中，报表输入子系统几经升级，一直沿用至今，前后历时近 20 年之久。2010 年利用 1990～2008 年的年报数据，完成了卫生部妇幼保健与社区卫生司委托的《妇幼卫生年报数据时空分析方法及其应用示范研究》任务，提交了项目的科学技术总结报告和《中国妇幼卫生状况图集》两项成果。

8）中国农业统计地理信息系统及中国农业状况电子图集

中国农业统计地理信息系统已于 1996 年 3 月由遥感所研制成功。它不仅给中央和省市有关部门提供了一种为农业规划、管理和决策服务的先进技术手段，而且也为全国多层次 CAS/GIS 体系的建设、农业现代化管理水平的提高，以及开辟遥感数据直接用于高层次管理决策过程的途径奠定了良好的基础。

中国农业统计地理信息系统及软件工具主要包括数据准备、信息查询、专题分析、统计制图、演示输出等子系统。其是一个为我国农业规划、管理和决策服务的统计型地理信息系统。它的技术特点是以统计数据为主，能定量、总体和动态地描述客观世界；充分频繁利用各级政区地图，对成果的表达能力强、效果好；分析功能与模型丰富多样，数据的利用程度比较深入而有效；具有多层次、模块化的体系结构，进行扩充和裁剪都很方便；与用户之间的界面友好、文档齐全、易学好用、图文并茂。

《中国农业状况图集》是在中国农业统计地理信息系统的支持下，利用国家统计局 1985 年和 1994 年全国分县农业统计数据编制而成的一本反映我国农业生产概要的统计图集。它由农业综合和粮食、棉花、油料、肉类专题 5 个图组、47 幅农业统计地图和相应的说明表格组成。它形象、直观地揭示了我国农业生产状况、进展、问题，以及时空总体分布规律，对农业宏观决策有较大的参考价值，是一部反映我国农业状况及其时空分布规律，供宏观决策参考使用的统计图集。

9）基于遥感和地理信息系统的自然资源可持续发展管理策略研究

该项研究工作，根据欧洲共同体国际合作项目“基于遥感和地理信息系统的自然资源可持续发展管理策略研究——以海南岛为例”进行。遥感所为项目的中方牵头单位。国家计委宏观经济研究院为参加单位。研究人员通过对 1986 年、1996 年和 2000 年 3 个时期的 TM 陆地卫星影像的判读，编制 3 个不同时期的 1∶10 万比例尺海南岛土地利用图，产生了 1986～1996 年和 1996～2000 年两个时间段的海南岛土地利用的动态变化图，及其 $1km^2$ 的网格数据和分县的土地利用统计数据等，完成了海南岛地理信息系统的研制任务，提出了人地系统科学的概念模型。海南岛地理信息系统包括：海南地理信息系统、社会经济信息系统、土地利用信息系统、宏观生态监测系统、空间决策支持系统、遥感图像判读系统及数字海南等子系统。2003 年，欧洲共同体在海口召开国际会议，向欧洲共同体和海南省政府汇报了项目研究成果。

10）福建省遥感和地理信息系统的研究

该项目是与福建省遥感中心的合作项目。在福建省政府和国家遥感中心的支持下，其率先在全国建立的省级“遥感与地理信息系统”。该项目完成后，国家遥感中心在福建省遥感中心（福州市）的现场召开了验收、推广会，推动了福建省的遥感和地理信息系统的研究工作，对全国建立的省级“遥感和地理信息系统”起了示范作用。遥感所与福建省遥感中心的合作完成了福建省地理信息系统研制任务的同时，以 TM 陆地卫星影像和地方编制的土地利用图的数据为基础信息源，在地理信息系统的支持下，按照国家规范，判读编制并产生了 1986 年、1996 年和 2000 年 3 个时期的 1∶10 万比例尺的福建省土地利用数据。然后，对这 3 个不同时期的土地利用数据进行融合，产生了 1986～1996 年和 1996～2000 年两个时间段的福建省土地利用动态变化及其福建省土地利用统计数据等。项目的遥感和地理信息系统成果包括：遥感图像判读系统、土地利用信息及其动态变化监测系统、福建省资源生态与环境监测系统等。论著包括：福建省地理信息系统技术总报告等。

5. 国家空间信息基础设施的理论研究

国家空间信息基础设施（NSII）的理论研究主要涉及这个命题的基本概念、历史背景、技术内涵、地位作用、发展特色，人地系统科学作为其学科理论基础的内容任务、概念模型、学科界定和应用途径，遥感数据、全球定位及各种常规的专业数据等获取系统的结构特点、基本功能，信息网络、标准建议、关键技术、数据集成、信息应用、共享服务等环节的理论方法，以及工作环境，研发规划、政策和标准制定、NSII 重大项目科学技术认证、NSII 信息共享应用服务及 NSII 产业化发展等优先发展领域的研究，其为国家、部门和地方的空间信息技术发展和应用提供共享应用服务的基础平台。

结合 97-759 项目的攻关任务，追踪 NSII 领域里的国际前沿技术、建设国土资源环境与区域经济信息系统（NREDIS），以及促进地球空间技术在资源环境和地区经济管理中的应用等 3 个方面，使我国地球空间信息领域的发展能够在以往 4 个五年计划遥感科技攻关的基础上，登上一个新的台阶、提升到一个新的水平，更好地为国民经济主战场服务。

1）追踪国际 NSII 领域的前沿技术

该室设计了 NSII 的框架，开发了 NSII 的主要关键技术、建立了 NSII 的技术原型，向国家提出了 NSII 和国土资源环境与区域经济信息系统（NREDIS）规划建议；制定了空间元数据标准、空间数据转换标准、NREDIS 指标体系和编码方案；在空间信息共享与处理、空间信息压缩与传输、超媒体空间信息系统、空间决策支持系统等方面取得了实质性进展；建立了国家空间信息交换中心（clearinghouse）的原型。项目提交了国家空间信息基础设施和国土资源环境与区域经济信息系统规划；形成空间元数据、空间数据转换、空间数据定位质量评定、NREDIS 指标体系和编码等 4 个标准草案、试验报告和 2 个试行方案。

2）建设国土资源环境与区域经济信息系统（NREDIS）

该室开发了基于网络的洪涝灾情遥感速报系统、空间决策支持系统开发平台、遥感影像人机交互判读系统、空间元数据技术平台、国家空间信息交换中心技术原型、区域可持续发展评价系统、地区经济监测预测系统，以及资源环境和区域经济空间信息共享应用网络等应用软件系统，实现了国家级重点资源环境与地区经济数据库的空间集成和网络共享。在国家信息中心初步实现 NSII 数据、技术和应用的集成和示范。重点在 9 个项目参加部门和地方形成了空间数据库和空间元数据文档，建立了 NREDIS 综合数据库站点；开发了 NREDIS 网络应用集成系统，实现关键技术集成、支持分布式空间数据规范化共享。

3）促进地球空间技术在资源环境和地区经济管理中的应用

该室实现了 10 个项目参加部门和地方的空间数据库集成与应用，盘活了大批数据资源，集成数据的总量达 38GB。其中，8 个数据库已融入所在部门原有信息系统的运行环节，1 个尚需与现有运行环境衔接，1 个处在应用试验系统状态。它们产生了新的应用产品 90 多种。与此同时，项目形成了比较完整的数据集成管理和信息交换的规章制度，为今后我国地球空间信息共享的协调提供了依据。其开发了面向国家宏观管理的空间决策支持系统，各个专业数据库在地理信息系统支持下开发 1 种以上的图形分析产品。研究建立了我国洪涝、干旱、农作物长势与估产的农情遥感速报系统、开展业务试运行服务；研究建立我国区域可持续发展评价系统；研发资源环境和区域经济专题分析图形产品。

6. 遥感科学技术体系及理论方法研究

遥感科学技术体系及理论方法研究主要涉及遥感科学技术体系结构与特征的描述，使人们能够与时俱进地对它建立起一个系统、完整和发展的概念和认知；解决遥感科学技术体系在国家发展中的战略定位问题，为决定其发展战略和未来走向提供决策依据；推动国家遥感信息基础设施的建设，为遥感科学技术的发展奠定坚实的物质基础、为其创新开拓良好的工作氛围；加快促进遥感纳入我国一级学科的步伐，为国家遥感信息基础设施建设及遥感科学技术的创新持续地提供理论依据和学科支持；促进我国遥感科学技术产业的发展，通过遥感系列产品的制造销售，使遥感科学技术转化为强大的社会生产力，推动我国向信息社会的全面转型；优化我国遥感科学技术的发展环境，使之在有序、宽松、友好、和谐的环境里能够优质、高效、持续和健康地向前发展。

1）现代遥感科学技术体系的研究

遥感随着与空间技术、计算机技术、地理信息系统技术和互联网络技术等的相互渗透、有机结合，它已经历了从航空遥感到航天遥感，从目视判读到计算机识别，从静态试验研究到动态业务应用，从科研院所和专业人员到产业部门和社会大众的 4 次飞跃和巨变，逐步形成了由信息流程（遥感数据获取、专题信息挖掘、集成系统应用、网络共享服务）、业务层次（基础理论研究、技术系统研发、应用任务完成、产品制造营销）和应用领域（基础设施建设、专业部门应用、区域城市管理、科技创新试验）三维组成的、具有积木式结构和复杂巨系统特点的现代遥感科学技术体系。

2）遥感科学技术的战略定位研究

遥感科学技术领域可以划分为共性部分和个性部分。共性部分以国家遥感空间信息基础设施建设为代表，应该由国家投资建设，具有基础性、战略性和公益性；个性部分是在前者成果的基础上，根据各部门和地区的专业特点和具体需要，由自己投资发展的专业遥感技术及完成的实际应用任务，具有专业性、战术性和营利性。经过四十多年时间的努力，我国遥感已经成为一个蓬勃发展、广泛应用、效益显著的高科技领域和新兴产业，在我国国家空间信息基础设施和国家信息社会的建设过程中占据着越来越重要的地位，发挥着越来越巨大的作用。

3）遥感科学技术的发展战略研究

发展我国具有完全知识产权的国家遥感空间信息基础设施是一个多、快、好、省的发展战略。作为 NRSII 它是遥感数据获取、处理、存储、传输、分析、应用、分发、效果改进所必需的各种共性技术、法律、政策、规划、标准、规范、人力资源及其共享应用平台数据资源的总称。它将能够解决遥感科技的应用领域、信息技术和人力资源三大部分优质、高效、可持续的发展，以及学科体系、系列产品和发展环境三根台柱的建造与壮大等重大问题。

4）遥感科学技术的系列教材研究

没有学科理论指导的遥感实践是一种盲目的实践，其优质、高效和可持续的发展，不仅很难更上一层楼、后来居上，就是要维持现状也步履蹒跚、不进则退。因此，奠定遥感科学技术在我国一级学科体系的地位，尽快编写和出版遥感学科的系列教材就是一件当务之急、重中之重的大事。在全国高校教材学术著作出版审定委员会的资助下，阎守邕、刘亚岚编著的《普通遥感学教程》近期将由国防工业出版社出版发行，这就是这方面的具体尝试，希望能够收到抛砖引玉的效果。

（三）学 科 特 色

地理信息系统学科的特色主要体现在多层结构、汇纳百川，承上启下、点石成金，驱动核心、共享服务及应用导向、理论支撑 4 个方面。具体到该室形成的学科特色是结合遥感的“三大战役”开创了我国地理信息系统早期的应用试验；注重地理信息系统规范的制定，参与了资源与环境信息系统国家规范的研究；注重遥感与地理信息系统的结合，开展了遥感与地理信息系统和国家空间基础设施等基础理论研究；研发了具有自主知识产权的地理信息系统、遥感自动判读软件和空间决策支持系统；注重地理信息系统和遥感的应用，建立了国土资源环境与区域经济信息系统等一系列应用系统，在国家、行业部门等得到广泛的应用；在地理信息系统多元结构方面，通过网络系统，集成多种来源数据、各种应用模型及不同信息技术，发挥出远优于它们各自的综合优势，将系统产出从数据提升到信息、知识的高度，推动了遥感与地理信息系统的结合、应用和共享服务。

四、科研任务、项目与成果

（一）承担的项目与任务

地理信息系统研究室承担的科研任务、项目 15 项，其中国家科技攻关及其他研究项目 9 项，863 高技术计划项目 1 项，国家自然科学基金项目 1 项，部委项目 3 项，国际合作项目 1 项。

（二）研究成果与推广应用

1. 成果

发表论文 50 余篇，撰写“六五”“七五”“八五”“九五”国家科技攻关项目立项报告及科学技术报告 10 余篇。出版专著 17 部。获得奖励 7 项，其中获国家科学技术进步奖一等奖、二等奖、三等奖各 1 项，获中国科学院科技进步奖一等奖 1 项、三等奖 2 项，获水利部科学技术进步奖一等奖 1 项。

2. 成果转让与应用

（1）二滩–渡口区域地理信息系统的建立和应用在国家地理信息系统发展中起到了 3 方面的作用：①示范作用，作为第一个区域地理信息系统，它在系统建立、关键技术和应用尝试上都提供了经验和教训；②探索作用，对如何充分利用遥感与地理信息系统相结合的综合技术，解决区域的实际问题，做了有益的探索，并概括出了一些理论与方法；③交流作用，二滩–渡口区域地理信息系统不仅在国内做过多次介绍，并在国内外举行的几次大型国际学术会议做了专门的讲演，得到国际同行的认可和好评。系统应用与效果：最直接的是将本地区地形、地貌、高程、坡度、坡向、土壤性质、人口分布等参数进行系统分析，打印报表、图件、计算面积，提供十余种图件及报表给县、乡领导，为地方政府进行农业的科学管理提供一种现代化的新技术手段。为应用好这一成果，其还专门为盐边县培养了微机操作与应用人员。该系统虽为四川省盐边县设计，但同样可用于省内其他市、县的信息管理。我国有 2300 多个县，县级管理又是我国四级管理的基础。县级地理信息系统的建立，必将为我国“四化”做出贡献。而微机发展速度之快，远远超出了我们原来的预估，为推动微机应用，中国科学院微机协作组织成立了微机管理组。县级微机地理信息系统成果在全国微机学术交流会上引起了广泛的重视；后又参加了全国办公自动化展览、全国第一届微型机展览，并被院协作组推荐为优秀软件在香港参展，在国内产生了重要影响。

（2）《资源与环境信息系统国家规范研究报告》在国家科委新技术局组织召开的座谈会上，国家计委、国家经贸委、国家科委、国防科工委，以及有关中央各部、局和北京等省市 22 个单位、80 位代表认为，该研究报告“不仅对各有关部门在建立资源与环境的专业信息系统时具有较大的参考价值，而且对目前正在组建的重大信息系统也提供了有益的经验，为我国今后开展这方面工作打下了一个初步的基础，是一个良好的开端”。

（3）黄土高原小流域治理试验示范区地理信息系统及综合分析评价模型可直接为黄土高原水土保持治理规划、土地利用、资源开发和综合治理提供确切的科学依据和技术途径；各级领导部门、治理规划部门采用计算机进行数据管理和操作，可节省人力，提高数据使用率，为数据共享提供了一种新的技术手段，具有显著的社会效益、生态效益和经济效益。在小流域地理信息系统的支持下，本专题设计了按每年暴雨次数计算每个地块的土地侵蚀量，用户只需键盘输入暴雨发生的年、月、日，一次暴雨量及最大 30min 雨强，系统即自动打开数据库，取出各地块的相应属性作为下垫面，分别计算各地块的土壤侵蚀量，并对每个地块的农林牧及其他用地土壤侵蚀量，不同植被对土壤侵蚀量，不同坡度、不同坡长土壤侵蚀量进行统计，即可计算出小流域土壤总侵蚀量。其计算结果与实测结果误差小于 10%。其适合于在整个黄土高原地区推广应用，显示了系统的特色。本系统设计将遥感监测技术与系统动力学方法结合起来，用于纸坊沟小流域生态经济动态仿真研究，模拟了近百年来流域人口、土地资源利用状况，农林牧生产及生态环境的动态变化，无论从学术上还是对发展预测的应用上都有重大作用，体现了系统的创新性。这是在 20 世纪 80 年代，遥感所以有限的硬软件条件和信息资源，建立了黄土高原重点小流域治理试验示范区地理信息系统及综合分析评价模型，这无疑具有重要的历史意义。该项课题所做的早期开拓，无疑会在我国地理信息系统的发展过程中会留有浓重的印记。

（4）灾情遥感速报系统经过 3 年的运行，表现出稳定、方便、快捷的特点，在收到气象卫星数据 2～3h 内提供灾情简报；接收到卫星雷达数据 8h 内给出灾情初步监测报告、48h 给出详细灾情评估报告；获得机载雷达数据 4～5 天内给出详细灾情报告。1996～1998 年 3 年汛期内为中央及各级主管部门提供七大江河中、下游地区全天候、全天时连续动态灾情监测，提供简报 112 期，特别是 1998 年对长江中游和嫩江–松花江罕见的特大洪灾提供了灾损详细评估，淹没状况动态变化图、防洪工程态势及有效性分析图、水毁工程分布图、居民点受灾评估图、耕地受淹及动态变化与损失图、堤防工程潜在危险分析图和重建功能分区规划图等。

系统在应用中取得了良好的效果，中央及有关部门、各省市领导均给予了很高的评价，时任副总理的李岚清同志在其《监测情况报告》上批示：“这就是科技为经济和社会发展服务的实例，应当进一步与水文、气象、防洪部门继续合作，开发应用这方面的技术，最好能进行准确的预测预报。”

（5）中国农业状况电子图集由国家科委报送中央领导，时任副总理的温家宝同志批示：“这项工作做得很好。希望根据国民经济和社会发展的需要，继续丰富图集的内容，加强资料的科学性、正确性、现实性，为国家宏观决策提供可靠的依据。”

五、科研队伍建设与人才培养

（一）科技人员组成、结构与培养

地理信息系统研究室的科技人员组成及其结构具有显著的二元结构特点。这种特点使研究室的人员能够相互补充、相互促进，给整体带来了巨大的活力。这种二元结构的特点体现在以下 3 个方面。

（1）在年龄大小上有二元结构，两代人之间存在大约 20 岁的差距或断层。

（2）在专业背景上有二元结构，地球科学背景和计算机数学背景的人员大体各占一半。

（3）在人员身份上有二元结构，遥感所职工与研究生大体也各占一半。

先后在地理信息系统研究室工作的人员有：阎守邕、詹慈祥、王世新、周艺、丁纪、戴锦芳、周海荣、赵健、周郑林、王海林、田青、张晋、王玉如、王淑蓉、谭星明、刘玲玲、崔景年、郑军、任伏虎、沈劼、董小民、武晓波、杜端秉、濮静娟、郭之怀、刘亚岚、魏成阶、任凤清、朱晔、王秀棠、张丽华、毛政元、王永祥、张前、全刚、王涛、沈莎、黄丽芳、乔彦友、黄波、党安荣、于静、李浩川、王桥、曾澜。

地理信息系统研究室从建立开始，非常重视和实行开放联合的方针，实行人员派出去请进来培养和造就人才，研究室很早就派人前往意大利、英国等国外单位和国内高校学习进修，接纳高校与其他业务单位的科技人员和研究生来研究室学习与合作研究。许多研究题目都实现了国内外合作协同研究，还特别重视邀请外国专家来研究室交流，参与国际研究团体的联合研究工作。

（二）研究生培养

地理信息系统研究室培养硕士研究生 10 人、博士研究生 6 人及博士后 1 人。

（三）研究室向所或所外输送的干部

1. 向所内输送的干部

王世新研究员，博士生导师，灾害遥感研究室主任。

乔彦友研究员，博士生导师，空间决策支持系统研究室主任。

周艺研究员，博士生导师，区域规划与发展遥感应用学术带头人。

刘亚岚研究员，硕士生导师，遥感影像判读、交通遥感应用学术带头人。

2. 向所外输送的干部

王桥研究员、博士师生导，环境保护部卫星环境应用中心主任。

党安荣教授、博士生导师，清华大学建筑学院城市规划研究所。

李浩川博士，国家信息中心处长。

于静博士，住房和城乡建设部城乡规划管理中心副主任。

（四）人才培养措施

（1）树立人才培养优先的理念。

（2）鼓励硕士研究生连读博士学位。

（3）鼓励和创造条件让有学士学位的职工读在职硕士，有硕士学位的读在职博士。

（4）尽可能寻找机会，安排每个职工能出国开会、参观或合作研究；减少各种事务性的干扰，为研究室科研人员创造良好的学习和工作环境。

第六章　地物波谱特性研究室

一、概　　述

（一）成 立 背 景

遥感所从成立以来，对地物波谱特性的研究十分重视，成立了航空遥感和地物波谱研究室，其中一部分人专门从事地物波谱特性的研究，成为地物波谱特性研究室的前身。1983 年 10 月遥感所第二届领导机构换届，为加强遥感的基础研究，专门成立了地物波谱特性研究室。1988 年 9 月～1993 年 1 月第三届领导机构期间，改为遥感基础研究室。

（二）建立的必要性

地物波谱特性研究被认为是遥感的基础，是遥感数据解译分析和区分地物类型的基本依据，也是遥感信息模型建立的纽带，还是遥感信息定量反演地学和生物学参量的必要参数。地物波谱对于地物分类、目标识别常具有指纹效应，其又是联系遥感基础研究与遥感应用的桥梁。因此，开展地物波谱特性研究对于遥感技术及其应用十分必要，是一项重要的基础研究。

（三）在所及学科中的地位

地物波谱特性研究室是遥感所从遥感信息机理出发，专门开展遥感基础研究的机构。自 1974 年以来，它有十余年的研究基础和工作积累，是国内最早开展地物波谱特性研究的单位之一。其研究力量、仪器设备、研究水平等方面在国内当时的情况下是先进的，具有明显优势，特别是室内室外波谱测试、地面和遥感车空间测试、可见光–近红外–热红外–微波波段的全波段的综合测试能力在当时是国内一流的，有很大影响，其成为当时地物波谱特性研究的重要基地。

二、沿　　革

（一）机 构 变 化

地物波谱特性研究室是在遥感所航空遥感与地物波谱研究室的基础上，于所第二届领导机构换届时正式成立的，当时由 15 人组成，后来逐渐增加研究人员，也有部分人员调出或出国，先后有 30 余人在该室工作。

（二）历届研究室负责人

室主任黄扬（1984 年 10 月～1986 年 5 月）、曹津生（1986 年 6 月～1988 年 8 月）、田国良（1988 年 9 月～1993 年 1 月）。

副主任田国良（1986年1月～1988年8月）、崔承禹（1989年7月～1993年1月）。

（三）中国共产党的支部书记

黄扬（1984年10月～1986年5月）。

（四）行 政 秘 书

王连琴。

三、学术方向与学科发展

（一）学术方向与定位

开展遥感信息机理研究、地物波谱特性研究，建立地物波谱实验系统，为遥感数据解译提供依据，为遥感应用建立信息模型。系统地开展地物在可见光、红外、微波波段的波谱特性研究，包括地物波谱特性测量方法和规范、测试技术系统的建立，地物波谱与环境的地学参量的关系，遥感信息模型的建立等。

（二）学科发展（学科组/研究组）

地物波谱特性研究室主要分为 3 个研究组：地物反射波谱特性研究组、地物红外波谱特性研究组、地物微波波谱特性研究组，后来由于科研任务的扩大，又建立了 NOAA 气象卫星数据接收组。

1. 地物反射波谱特性研究

地物波谱特性研究室系统地开展了植被、土壤、岩石、水体等地物的反射光谱的室内外测量，研究地物波谱特征及其变化规律，特别是对气体和重金属污染对植被光谱的影响进行了系统测试和分析，为遥感监测污染和找矿提供了科学依据。

1）水稻的反射波谱特性分析

水稻是我国主要的粮食作物之一，种植面积占全国总耕地面积的1/4。因此，开展水稻光谱反射特性的测试对于开展农业遥感十分重要。通过对北京地区不同插秧期的两种水稻光谱反射率的测量，分析了水稻光谱的不同生育期变化规律，建立其光谱特征与其生长状况的数学模式，给出了水稻光谱的某些统计规律。研究建立了水稻的光谱特征及其生长状况与施肥、含水率、生物学产量的关系，其对于掌握水稻的生长发育过程、进行产量预报和成熟期的预报都是密切相关的，为简化测量提供了依据，同时找出了区别不同品种水稻的最佳波段和最佳遥感时间。

2）冬小麦的反射波谱特性分析

冬小麦是我国最主要的夏粮作物，测量其光谱特性，监测它的生长状况，分析其与土壤水分、生物量等的关系，对于冬小麦的生产管理有重要意义。地物波谱特性研究室通过测量不同生长时期的冬小麦的波谱特性、双向反射特性、分析其与土壤水分和生物量及产量的关系，为冬小麦长势监测、灌溉管理、产量估算提供科学依据。该室先后测量了北京、河北、山东、河南等地的冬小麦不同物候期的光谱特性，分析了不同生长期的波谱特征，建立了地表反射特性与土壤水分和产量的关系，用于黄淮海平原地区的旱情监测和作物估产等。

在研究冬小麦波谱特性时，建立了多角度波谱测量系统，分析了其双向反射分布特性，建立了冬小麦 BRDF 模型，为应用遥感监测作物长势和估产、图像处理提供了方法。

3）受污染植被光谱特性分析

遥感所和中国环境科学研究院生态室协作开展了二氧化硫及重金属镉、铜等物质对植物光谱特性影响的基础研究。在密封式熏气箱中对植物进行二氧化硫熏气试验，采用高浓度短时间处理，在实验室用分光光度计测量了植物叶片的反射和微分光谱、色素含量等，初步摸清了高浓度二氧化硫和重金属镉、铜等污染的植物与未污染植物的光谱特性的差异及其变化规律。

研究发现：①人工进行二氧化硫气体对植物（动态或静态）的污染实验和在拌入重金属镉、铜等污染物质的土壤中进行作物栽培，当空气中二氧化硫或土壤里重金属浓度达到一定值时，就会对作物产生“抑制”作用，造成地物波谱特性发生某些变化，污染物质浓度越高，这种现象越明显。因此，地物波谱特性的研究为环境监测提供了一种新的途径和方法。②采用微分光谱法，突出污染和未污染地物的光谱特性差异，对于监测污染和找矿而言，其很可能发展成为一种行之有效的方法。③气体二氧化硫对棉花的污染程度是植冠叶片大于中部叶片、中部叶片又大于底叶。这些生理变化的特点有利于用野外光谱测试来监测污染状况，为今后采用遥感技术进行大面积污染监测提供基本依据。④利用实验室所设计的盆栽模拟实验的二氧化硫气体污染的植物和重金属镉、铜等对植物“中毒”效应的定性或定量研究，排除了野外测量不必要的散射效应和背景“噪声”，其方法是可行的。因此，根据实验室数据来检验野外数据分析的可靠性是实验室研究中的重要工作。

但是，单个叶子和植物冠层间的光谱响应是有差别的。由于遥感探测到的是植物冠层的光谱信息，为了能用遥感技术大面积监测污染，必须研究受污染的植物冠层的光谱特征。作为上述研究的延续和深化，其目的是研究慢性污染伤害对植物光谱特性的影响。在接近自然状态下，用镉、铜对水稻进行污染伤害处理，并在野外以太阳为光源用高分辨率光谱辐射计直接测量植物冠层的光谱特性，以多种分析技术进一步探讨大自然中慢性污染伤害下植物光谱特性的变化规律。研究发现：①镉、铜拌土的水稻在分蘖期受到的影响最明显，对于高浓度处理，分蘖数、株高、叶面积、生物量、叶绿素含量等均比对照组减少。对水稻受重金属污染监测的最佳时间为分蘖期。②水稻受重金属镉、铜毒害后，在较明显时期，均导致形态损伤和生理损伤。③实验发现，对重金属镉、铜处理的水稻均发生了不同程度的“蓝移”现象。微分光谱分析是一种波形分析，它可以用来监测污染的变化情况。④综合植物光谱的各种分析，如波形分析、微分光谱、绿度指数、主成分变换等，在接近于国家环境质量标准的浓度下处理的污染植物的遥感监测中，从总的综合指标看，在水稻的分蘖期，对高浓度效果较好，可以通过上述分析加以鉴别，而对低浓度效果较差，甚至无法与正常植物区分开。为进行遥感监测，必须选择合适的时期和波段，才能收到较好的效果。

4）水体波谱特性研究

我们研究了水体光谱测量方法，分别测量了模拟的水体，如自来水，及其不同比例的叶绿素浓度的光谱特性，并测量了水库、河流和海水的实际波谱特性，研究其与水中悬浮物的关系，为遥感监测叶绿素浓度等的应用提供了基础。研究表明，不同叶绿素浓度的水体光谱反射率有很大差别，随着叶绿素浓度的增加，在 450nm 和 660nm 附近吸收增强，在 560nm 附近吸收减少，反射增加。而在 700nm 附近反射又相对增高。由此可知，不同叶绿素浓度的水体具有不同的波谱特性。我们可以根据不同波长处的反射率来估算叶绿素浓度。

2. 地物红外波谱特性研究

1）地物比辐射率的测量方法研究

地物比辐射率是各种地物的基本特性，是热红外遥感识别地物的基础参数之一。但是，由于自然界的各种地物处于复杂环境中、仪器设备的不足，特别是在常温条件下，测量地物的比辐射率相当困难。该研究室与地理所合作，开展了地物比辐射率的测量方法研究。

制作两个完全一样的黑体筒，做成双夹层式，创造两个不同的环境辐射，外层空气夹层起保温作用，内夹层分别灌注常温水和 50℃左右的水。将被测物置于常温筒的底部窗口，红外辐射计镜头置于上侧小窗口，由于黑体内壁温度相同，达到热平衡状态，黑体筒内任何一小块面积的辐射出射度等于筒壁对该面积的辐照度。实验表明，两个黑体筒的温度差不应小于 13℃。对被测物测量的方向应以垂直方向为宜，两次测量中应对准物体同一块面积上。我们对各种物体进行了多次测定，对于同一种物质又进行多次重复测定，其测量值稳定，测量结果的标准差很小。对于已知比辐射率的物质，如铝与水所测结果与已知值相一致。这种测量方法有许多优点：设备简单，小型轻便；测量方法与计算方法简便，既适用于室内，又适用于野外。比辐射率值由几个测量的电压差值比而得，其对仪器的绝对精度要求不高，若配合红外波谱仪，可以测出比辐射率随波长的分布曲线。

2）航空红外扫描成像识别碳酸盐岩石的方法研究

我们用 DS-1260 多光谱扫描仪夜间获取的热图数据（8～14μm），经计算机图像增强处理，区分出未蚀变的白云岩、硅化白云岩及灰岩，并对这几种岩石的热惯量的几个参数进行了测定，计算出它们的热惯量值，用热惯量这一物理性质和岩石辐射温度测量的结果，结合化学分析来解释这几种碳酸盐岩石的成像机理。结果表明，白云岩比灰岩的热惯量高，在夜间辐射温度也比较高，所以在热图像上白云岩呈暖色调（亮色调），灰岩呈稍冷色调（暗色调）。几种碳酸盐岩石中，二氧化硅含量高者，其热惯量值偏低，这是二氧化硅吸收红外的缘故，其对用红外遥感识别有关蚀变带、圈定成矿远景区的应用很有意义。

3）地表温度、热惯量的测量及与土壤水分关系研究

在小麦不同物候期，选择不同覆盖率、不同高度的田块，在晴天时用 AGA-80 红外测温仪测量麦田和油菜地的辐射温度的逐时值，研究不同覆盖率的小麦和油菜的辐射温度日变化，发现它们的温度变化有很大的差异，尤其在每日 14～16h，差异更大。我们将这些测量值用每组最大值进行归一化后，不同长势、不同覆盖率和不同高度的麦田与油菜的归一化温度值差异很小，可以用一个多项式来拟合一条归一化温度日变化轨线。这样就可以利用卫星过境时的时间和地表温度值及归一化温度日变化轨线，计算其他时间的地表温度，为农田日蒸散计算，进而估算土壤水分提供基础。

热惯量是物体对自身温度变化产生阻力的一种度量，在遥感应用中热惯量往往难以确定，但可以通过测量物体表面温度的昼夜变化幅度及其反照率等进行推算，热惯量不仅与岩石类型有关，还与土壤水分有密切的关系，其在遥感监测土壤水分中有很好的应用。我们采用一种野外实地测量土壤热扩散率结合室内测定该土壤热容量的方法，计算实际情况下土壤热惯量值与水分含量间的关系，并将之应用于黄淮海地区不同土壤类型中，在给出不同土壤类型和质地的热惯量值的同时，可建立其与土壤水分的关系。

3. 地物微波波谱特性研究

1）微波遥感应用中复介电特性测量方法的研究

复介电常数是研究工作中常遇到的重要的物理参数，在微波遥感应用中，各种地物的复介电常数的测量是一项重要的基础工作。该研究室对各种地物的复介电常数进行了系统的研究，建立了较完整的波

谱特性数据库，在微波遥感应用中具有重要意义。为此我们对复介电特性测量方法开展了系统研究。

（1）重点研究了波导测量法。

（2）波导测量法，先搭建一条带有微波谐振腔体的3cm微波测量线。在3cm测试频率时，谐振腔内的磁场分布会有一个驻波点，当将被测标准样品，直径为3mm的圆柱形样品扦入谐振腔内，腔内磁场被扰动，相位会变化，驻波点移动，它的移动量可以测出，通过移动量计算出介电系数。我们与中国科学院地质研究所合作，对几十种岩石样品进行了介电系数的测量。

（3）反射法是对一些不便制作成标准样品扦入腔体进行测量的物质，如土壤、植被等，专门做了一个高1.5m、宽1.5m、长2m的木质测量箱。箱内贴微波吸收材料，又做一个实验用支架，支架有两个臂，臂的高度2m可在垂直面内转动，臂的高端一边安装馈源，另一近端安接收喇叭，喇叭通过同轴线和波导测量线相接，对接收信号能量检波记录。样品放置在木箱底部中间，可测得样品的反射强度，计算出样品的反射率和介电常数。我们用这个方法做了土壤不同含水量的3cm微波反射率曲线。

（4）我们对当时在用的几种测量方法进行了比较分析，结果表明，在介电常数测试诸方法中，传输线测量法虽是可采用的一种方法，但测量手续烦琐，用机械方法在测驻波点中将产生较大误差，且不易连接计算机。谐振腔微扰法和开放谐振腔法虽测量精度较高，但对样品的加工精度要求也较高。自由空间波法只要能采集到合适的样品，就是遥感应用中可取的方法。微波网络分析仪测量法和终端开路传输线法是微波遥感中比较实用的实验室和野外现场测试方法。若将计算机和测试系统相连接，则可完善测试系统，实现全自动测量。

（5）我们提出了一种宽带微波复介电常数的测量方法——用终端开放同轴线测试任意形态材料的复介电常数的新方法。用近似积分函数解决了高频下对高微波复介电常数的测试这一到目前为止尚未得到圆满解决的问题，对Marcuvitz公式进行了修正，再借助于复数方程的积分及复数方程求根等数学方法，结合测量数据求出了各种被测材料的复介电常数，其与参考数据相比较非常接近，特别是在液体材料测试的情况下，得到较吻合的结果。

（6）该研究室开展了岩石的结构和微波复介电常数研究。该研究室采用一种先进的微波复介电常数测量系统——微波网络仪系统的S参量测试法，对一些岩石的固体样品进行测量，并把测量结果与岩石样品的形态、结构进行对比分析。每种岩石本身都具有固有的结构，它反映了组成岩石的矿物集合体的大小、形状、排列和空间分布的情形。我们曾对9种岩石粉末状样品和12种岩石块状样品做过测量，结果表明，岩石粉末状样品已把岩石固有的结构破坏掉了，它们的介电常数值几乎很接近，与干燥的沙土没有多大区别。而块状样品的介电常数值与国外发表的数值一致，它反映了岩石结果的实际情况。

2）微波的散射特性研究

采用X波段散射计（具有HH、VV、VH、HV等极化测量能力）系统地研究了微波散射特性与入射角、去极化率与入射角、散射系数与地表粗糙度、散射系数与土壤含水量等的关系。

（1）散射特性随入射角的变化。当土壤含水量相接近时，裸露土壤的散射系数随入射角的增大而减小，曲线的弯曲程度随粗糙度的增加而变平。当入射角等于12°时，无论HH、VV或VH，曲线均交于12°附近。裸露地表的雷达散射特性和粗糙度无关，而仅和地表的含水量有关。土壤含水量越高，散射越强。

（2）去极化率与入射角的关系。研究两种不同粗糙表面的去极化率与入射角的关系。土壤表层引起的交叉极化能量主要和土壤湿度有关。当土壤湿度大时，线性极化波照射到土壤表层后再反射的能量会改变极化方式。去极化率表示在反射的能量中发生极化方式变化的那部分能量与反射能量之比。这种极化改变不仅与土壤含水量有关，且随入射角的增大而增加。当土壤表面比较光滑时，在0°附近，镜面反射作用使0°附近的去极化率变化十分剧烈。

（3）散射特性与粗糙度的关系。地表的粗糙度很难精确测量。在入射角等于 6°、12°、30°和 45°处，做出散射系数与粗糙度的关系曲线，可以看出，当入射角等于 12°时，散射系数随粗糙度的变化小于 1 dB（分贝）。当入射角大于或小于 12°时，散射系数随粗糙度的变化比较大。例如，入射角等于 30°，粗糙度从 0.82 增大至 2.41，散射系数变化 9 dB。入射角在 12°附近，散射系数与粗糙度无关。

（4）散射系数与土壤含水量的关系。土壤的散射特性主要取决于土壤的表面状况和土壤的介电特性，而土壤的介电特性强烈依赖于土壤的含水量，并随含水量呈线性变化，因而当土壤表面很平，颗粒很细时，土壤的散射系数与其含水量呈线性关系。但土壤的反射特性不仅与其含水量有关，而且与表面粗糙度有关。土壤表面粗糙度是千变万化的，难以给出确切的模型。我们的实验给出在特定入射角下土壤表面的散射系数与其表层含水量的线性关系。显然，入射角等于 12°时相关系数最大。用散射特性表示表层土壤含水量的精度优于 98%，使之能用侧视雷达定量测试土壤湿度。

3）微波的穿透特性研究

微波对非金属介质具有较强的穿透特性引起遥感界的广泛兴趣，微波穿透特性对微波遥感图像的解译具有重要意义。我们从理论上研究了微波穿透深度与波长（频率）、极化、入射角，复介电常数的定量关系，计算了 3 种波长（λ=3.2cm、5.7cm、21cm）、两种极化（HH、VV）在 0°～90°入射角情况下，复介电常数为 ε_r=3.5–j0.4 的土层的反射率 r_d 与穿透深度 δ_p 的关系。研究结果表明，在相同条件下，VV 极化比 HH 极化具有更强的穿透本领。VV 极化在入射角为 60°左右时具有最强的穿透能力，HH 极化的穿透能力将随入射角增大而减小。无论哪种极化，穿透能力都随波长变短而减弱。我们还纠正了 T. Farr 在研究微波穿透深度时，公式推导中的疏漏。这个结果造成了 Farr 计算的微波穿透深度比正确的结果大出 1 倍多。研究结果对光滑地表、介质内部的体散射可以忽略的情况具有实际意义。

4. 遥感信息模型研究

1）小麦叶面积指数、覆盖率之间关系及其遥感估算模型

叶面积指数 LAI 是确定作物长势与预报作物产量的一个重要的农学参数。由于样本数目的庞大及不规则性，使其实地测量非常困难，且往往具有一定的破坏性，不能大面积推广。为此，根据植被的光谱特性，我们利用光谱数据，结合实测结果，建立遥感信息模型，对一些农学参数，如 LAI、覆盖率（CV）进行拟合，并得到满意结果。

用光谱数据可以较准确地估算光穿过叶层照在地面上的概率（G 值），从而可用遥感资料大面积估算植被覆盖率。通过给定适当叶倾角分布值，可由 CV 推得 LAI，得到的 LAI 值与实测 LAI 值相接近，而当 LAI>6.0 后，估算误差增加。用叶倾角的连续（小间隔值）代替固定倾角分布模型，将会使结果得到进一步改进。从数据中可以看出，直接测算 LAI 值与从 CV 推算 LAI 值相差不大，而 CV 又与光谱数据有很高的相关性，所以可利用光谱通过 G 值对 LAI 进行大面积估算。

2）农作物遥感估产模型

a）水稻估产模型

以往，根据遥感资料估算作物产量，多数用的是经验方法。我们提出了一种具有生物学基础的水稻估产模式，该模式包括两项基础性的工作：①利用在澳大利亚新南威尔士州的瑞瓦瑞纳（Riverina）地区水稻整个生长季中获得的 3 个水稻品种、两种播种方式（飞机播和拖拉机播）共 6 组实测的 LAI，通过 LAI 与积温间关系的分析，得到一条归一化的 LAI 曲线，即 LAI 轨线。②根据太阳辐射在植被冠层内的传输理论，利用实测的水稻叶角分布和常规日射资料，用模拟计算的方法，得到水稻冠层对光合有效辐射（PAR）日截获率（$IPAR_d$）与 LAI 间的关系，并用实测资料对此做了检验，结果表明，模拟计算结果

是可行的。由此，我们只要知道了水稻扬花前不久某一天的 LAI，利用上述两项基本关系及当地的辐射、温度资料，便可推算植被冠层从扬花到生理成熟期间对光合有效辐射的截获总量（TIPAR），进而再假定水稻的灌浆直接取决于对 PAR 的总截获量（TIPAR），根据水稻籽粒产量与光能截获间的转换效率，便能估算水稻产量。该模型通过 LAI 与截获光合有效辐射的关系和 LAI 与卫星光谱计算得到的垂直植被指数（PVI）的关系，使气象因子的光温作用与作物光谱反射特征统一于一个估产模式中，该模式是用卫星资料求出作物的 LAI 值，再用 LAI 求出单位面积的产量。

b）小麦单产的遥感—气象综合模式

农业总产量等于面积乘单产，所以产量预测可分为单产预测和面积预测两部分，种植面积可直接用遥感信息进行估测，而影响作物单产的因子很多，有农学、生物学、生产技术及外界自然条件等，产量的年际波动很大，对预测模型的建立带来一定困难。我们以北京顺义为例，以气象因子与垂直植被指数（PVI）为参数，用灰色模型 G（O，Z）和逐段订正模型，即阶乘模型，建立冬小麦遥感信息气象因子综合模型。计算结果表明，改进后的综合模型其平均精度比单纯的遥感信息模型提高近 7%，个别年份达到 10%以上。把遥感信息与气象条件结合起来建立一个统一的模型比单纯的遥感模型和气象模型都要优越得多，说明外界环境对产量的构成影响还是很大的，在进行遥感作物估产时不能忽视后期气象条件的影响。由于这种模型采用阶乘模型形式，它可以根据作物生长不同时期影响产量的主要因子，随时加入新的参量，从而在实现动态估产中不断提高精度。

3）冬小麦旱情遥感监测模型

依据土壤水量平衡及能量平衡的原理，该室提出了一套利用遥感方法监测冬小麦干旱的模型。首先，用热惯量方法建立试区土壤表观热惯量与土壤水分的关系，用其估算初始土壤含水量（WO），再用 NOAA-AVHRR 数字图像和气象数据相结合的方法估算冬小麦地的蒸散（ET），从而根据水量平衡方程获得某一时段（旬）的土壤含水量（Wt）；最后，根据冬小麦的需水规律和土壤有效水含量构造干旱指数模型。试验表明，该模型反映了作物干旱的本质，能大范围有效地监测作物旱情。在“七五”科技攻关成果的基础上，依据水平衡原理，利用已发展的 NOAA-AVHRR 数字图像和气象数据，大面积估算土壤水分和冬小麦田蒸散的方法，构造干旱指数模型，反映某一时期土壤有效含水量与作物需水量的关系，用此来监测旱情。

4）土壤水分遥感监测模型

土壤水分在农田水利管理中是十分重要的。土壤水分是农作物发芽、生长发育的基本条件。它对降水径流过程有重要影响。土壤水分也是灌溉管理和产量预报模式中的重要参量。因此，监测土壤水分一直是人们十分关注的问题。被研究的地表特征分为裸地或低植被覆盖及有植被覆盖两种。对第一种情况采用后向散射系数法和热惯量法，分别利用我国研制的 X 波段合成孔径雷达图像及 NOAA 气象卫星甚高分辨率辐射计（AVHRR）图像，对土壤水分进行估算。对第二种情况，即在有植被覆盖的条件下，从蒸散入手，建立作物缺水指数，从而估算土壤含水量，该方法也采用了 NOAA-AVHRR 数字图像。每种方法都通过地面测量的数据和模型进行了检验。

5）水体波谱特性估算叶绿素浓度信息模型

为了得到叶绿素浓度的最佳估算方法，我们进行了多种算法比较，提出了基于高分辨率水体光谱数据的方法，采用多元线性回归和逐步回归分析方法所建立的估算水体叶绿素浓度模式具有更高的相关系数和较低的剩余标准差，并具有显著的统计意义，相关系数在 0.938 以上。利用水体光谱反射比数据，建立多元线性回归方程来估算叶绿素浓度是可行的，估算值和实测值间的相关系数在 0.94 以上。用该方法计算叶绿素浓度的优点是简单、迅速。利用多元逐步回归分析可以减少参量、简化计算和测量，并获得与多元线性回归分析相似的结果。

5. 建立了地物波谱特性测量实验系统

通过多年的建设和研制，该研究室已于 1985 年 12 月建成了地物波谱特性测量实验系统。该系统包括地物波谱室内测量系统、地物波谱野外测量系统、环境模拟遥感实验室等。

1）地物波谱室内测量系统

（1）UV-360 分光光度计，日本进口，波长范围：185～2500nm，带有积分球，可测样品的反射、透射和吸收等光谱特性，还可测量微分光谱。

（2）IR-75 红外分光光度计，德国进口，波长范围：2.5～25μm，可测量样品的红外光谱。

（3）IR-463 标准黑体，美国进口，精度 0.1°，可对红外测温仪、热像仪等进行校准和标定。

（4）HW-1 微波网络分析仪，工作频率：8.2～12.4GH，可测量样品的复介电常数。

（5）1987 年 5 月我们与中国科学院电子学研究所共同研制半自动国产微波网络分析仪系统，采样数据由计算机自动进行处理，最后以整齐格式输出。同时还建立了单通道式网络分析仪系统误差校准的模型，并用软件实现。

2）地物波谱野外测量系统

（1）GPJ-4 型野外光谱辐射计，波长范围：480～1100nm，可测量地物的光谱反射率。这是该研究室自行研制的仪器，GPJ-4 型仪器可实现野外自动记录测量数据。

（2）H-10 光谱辐射计，国内研制，波长范围：380～1100nm，可测量地物的光谱反射率。

（3）SE-590 野外便携式数字记录光谱辐射计，美国进口，波长范围：200～2500nm，可测量地物紫外、可见光、近红外和短波红外的光谱反射率，实现野外快速测量和数字记录，便于计算机处理。

（4）AGA-782 热像仪，瑞典进口，波长范围：3～5μm，可对地物进行热成像。

（5）AGA-80 红外测温仪，手持式。瑞典进口，测温范围：–30～1100℃，可对地表温度进行测量。

（6）松下 E-2000 红外测温仪，测温范围：–50～150℃，可对地表温度进行测量。

（7）3cm 微波辐射计，国内研制，可测地物的微波辐射温度。

（8）3cm 微波散射计，国内研制，可测地物的微波散射特性。40cm 抛物面天线，双裂缝馈源，天线对地面的照射角可调，调整范围 0°～90°，每步 5°。天线架设高度为 12m，发射与接收隔离度大于 55dB，终端箱可控制天线的转动和测试数据的显示、记录。

（9）遥感车，由解放牌汽车改装。车上有可升高 12m 的液压臂，臂的远端有一个可架设散射计等测试仪器的斗，斗内除可装仪器外还可装两个人。斗内有仪器用的四百周 115V 电源和 220V 市电，汽车上装有 115V 和 220V 两部发电机。

（10）仪器车，由昌河面包车改装。车内装有散射计的控制显示、记录装置和维护修理散射计用的电子仪器设备等。

3）环境模拟遥感实验室

环境模拟遥感实验室由模拟太阳光源（氙灯）、稳流电源、仪器架、承物台、测量仪器、测量控制系统等组成，可模拟太阳照射环境，在室内可控制的条件下，可对地物光学波段的波谱特性进行测量和摄影曝光量等的研究。

地物波谱特性测量实验系统的建立大大增强了该研究室开展地物波谱特性研究的能力和水平，使我们的研究进一步深入和提高，正如“地物波谱特性测量实验系统建设”课题鉴定意见所说：该实验系统“波段覆盖完全（从可见、红外直至微波），仪器设备先进，手段齐全，可进行室内外、地面及遥感车上的波谱测试工作，是国内最完备的地物测试实验室”。

6. 建立了地物波谱数据库

在多年地物波谱测量的基础上，该研究室建立了地物波谱数据库，涵盖了植被、土壤、岩石和水体等的反射、辐射和散射等在不同波谱段的特性和相关的环境参量等的波谱数据库，其具有查询、显示、遥感信息模型分析等功能，为开展遥感应用基础研究、应用模型的建立、遥感信息的定量反演等提供了数据支撑。

7. 开展了实验遥感科学研究

我们从电磁波理论出发，研究地球表面物体电磁波反射、透射、发射和散射、偏振等特性及其与环境和地学参量的关系，初步形成了遥感基础理论，同时，在实验中，研究了各种地物在遥感应用的全波段范围内的波谱测量方法和技术，包括仪器的校准和标定、标准版的制作和标准的传递，制作了测量平台，建立了环境模拟实验室，制定了测试规范；通过对仪器的改造，使其与计算机连接，发展了地物波谱和环境参量测量数据的处理方法和技术，并且结合遥感应用建立了遥感信息模型和地物波谱数据库等。通过多年的研究，初步形成了实验遥感科学的基础理论与技术体系，为建立实验遥感科学奠定了基础。

8. 建立了 NOAA 气象卫星数据接收系统

1986 年，该研究室承担了国家“七五”科技攻关专题，开展黄河下游平原地区土壤水分监测研究，急需遥感数据。在当时卫星数据匮乏，不能共享的情况下，1989 年与国家海洋局海洋预报中心合作，建立了 NOAA 气象卫星数据接收系统，可接受 NOAA-AVHRR 数据，保证了项目对卫星数据的需求。该研究室内抽调人员组成卫星数据接收组，保障日常运行。

（三）学 科 特 色

该研究室开展了系统的地物波谱特性研究，覆盖了目前遥感应用的可见光–近红外–短波红外–热红外–微波全波段；建立了地物波谱测量系统，包括室内外各种波谱和环境参量测量设备，标准板、测量控制车、数据处理分析系统等，为开展地物波谱测量提供了技术基础；在国内率先开展了污染地物波谱特性研究，为遥感用于污染环境监测提供了基础；开展了实验遥感研究，初步建立了实验遥感体系，形成了以实验遥感基础、测量技术和方法、测试规范、数据处理分析、遥感信息模型分析、波谱数据库建立等为内容的实验遥感体系；基于地物波谱特性，建立了遥感信息模型，为遥感应用架起了桥梁。

四、科研任务、项目与成果

（一）承担的项目与任务

地物波谱特性研究室成立的初期还处于计划经济时期，科研项目与任务基本是由遥感所和中国科学院确定和下达。自 1985 年以后，由于改革开放的进程，各研究所改制，开始面向国家、部委、地方和市场等争取项目。该研究室先后承担国家自然科学基金项目 3 项，国家“七五”科技攻关遥感技术应用项目的两个专题，中国科学院重点项目一项、部委项目 4 项，地方项目 1 项。

（二）研究成果与推广应用

1. 成果

发表论文 58 篇，其中会议论文 7 篇、论文集 10 篇、CSCD 论文 41 篇；出版专著两部；获中国科学院科技进步奖二等奖 1 项、三等奖 2 项。

2. 成果转让与应用

1）水稻遥感估产应用

在产量与总截获的关系中，LAI 是最重要的参量之一。我们采用更系统的生物学方法，根据水稻在整个生长期的 LAI 轨线，按叶面积指数的一次测量值，结合气象和光谱数据及陆地卫里 MSS 图像，建立了估算大面积水稻产量的方法，重点分析了由水稻在 MSS 波段内的光谱数据构成的绿度指数和 Suits 模式估算的 LAI，结果表明，用 Suits 模式计算的 LAI 有较高的相关系数和较低的剩余标准差，并用这个方法计算了不同田块的 LAI，再根据这些数据和 MSS 图像建立关系，并比较了卫星数据和多种绿度指数的关系，认为垂直植被指数是估算 LAI 的最好参量，因为它消除了土壤背景的影响，并用它求出了大面积水稻的叶面积指数分布。再根据已建立的 LAI 轨线和作物截获的有效光合辐射关系，计算了 TIPAR，编制了产量分布图。结果表明，预测的产量和实测产量之间的相关系数为 0.9 左右。该方法利用生物学的方法，以 LAI 生长轨线为主线，辅以气象资料、光谱数据和卫星资料，可进行大面积产量估算。

2）冬小麦遥感估产

该研究室提出的小麦综合估产模型已被“八五”科技攻关项目采用，用于黄淮海平原遥感估产。

3）土壤水分及旱情遥感监测

在黄河下游平原地区土壤水分遥感动态监测方法研究方面，发展了以遥感图像为主、与气象数据相结合的土壤水分动态监测方法，特别在有作物覆盖条件下的土壤水分估算中，利用作物蒸散等综合方法达到了一定精度，可供实际应用，并且在国内首先使用了机载合成孔径雷达图像监测土壤水分等。在利用 NOAA 卫星进行这么大面积土壤水分监测试验方面极具特色。我们分别研究了裸地或低植被覆盖条件及有植被覆盖条件下的遥感动态监测土壤水分方法，发展了相应的土壤水分定量化监测模型，并应用 NOAA-AVHRR 图像和气象数据，用热惯量方法和蒸散及作物缺水指数法实现了土壤水分和蒸散的定量估算、大面积、动态监测的目标，其估算精度达到可供实用的程度。该模型和方法已被“八五”科技攻关项目采用，用于黄淮海平原地区旱情遥感监测和评价，并取得了很好的结果。

4）密云水库叶绿素估算

在水体富营养化研究中，叶绿素浓度是一个重要参量。它影响着水质、水色，它与水域初级生产力之间存在有密切关系。因此，对水体中叶绿素的测定是水体富营养化研究中的重要环节。我们将建立的水体叶绿素估算模型应用于密云水库富营养化研究，给出了密云水库叶绿素浓度的空间分布，从而为评价密云水库水质提供了依据。

五、科研队伍建设与人才培养

（一）科技人员组成、结构

反射波谱研究组：田国良、包佩丽、王乙欣、郭世忠、徐珍元、孙成国、李建军、王连琴、余涛、隋洪智、李付琴、杨希华、刘毅、刘长海、倪晓东、袁志宁、汪水花、秦益。

红外波谱研究组：冯勇进、崔承禹、支毅桥、张晋开、肖人孟。

微波波谱特性研究组：黄扬、孙利国、杨习荣、耿淮滨、王松、赵昌龄、吕永红、郝卫星、李晓红、李生平。

（二）研究生培养

遥感所当时只有地图学与遥感专业硕士点，研究室当时只有田国良、崔承禹是硕士生导师，1989 年以后招收硕士生秦益、申广荣、张晋开，毕业 3 位。

（三）研究室向所或所外输送的干部

1986 年 5 月黄扬任遥感所党委副书记，1989 年任党委书记。1991 年 1 月曹津生任所情报资料室主任。1993 年王乙欣调任环境遥感学会办公室。1994 年 12 月田国良任遥感所副所长。

（四）优秀中青年人才

研究室多数是青年科技人员，如何尽快培养他们的科研能力，提高他们的学术水平，是研究室的重要任务之一。我们在科研实践中加大对青年科技人才的培养，硕士毕业生秦益、李付琴、杨希华、郝卫星等逐渐成为科技骨干，独立完成科研任务和撰写论文，并参与了国际合作项目。

（五）人才培养措施

遥感是一门新型的学科，该研究室成立时正值遥感在我国刚刚起步几年的时间，人才基础比较薄弱，我们采取了在实践中培养人才的措施。20 世纪 80 年代中期，该研究室吸收了许多新毕业的本科生和硕士生，对他们的培养迫在眉睫。该研究室在遥感基础理论学习、实验设计、样点布设、试验方法、数据处理、结果分析、实验总结、论文撰写等方面采用老中年科技人员传、帮、带的办法，使他们尽快成长。同时也有意识地让他们负责一些实验和测量工作，增强他们的责任感，提高科研工作的能力。该研究室还有意识地选派 3 位年轻人去研究生院学习，提高基础理论知识。其中一名考上了硕士，获得硕士学位，成为科技骨干。对于没有本科学历的人员，该研究室给他们提供学习的机会，参加文化知识的学习和培训，使他们尽快掌握一门技术，独立完成测量工作。该研究室还采取一项重要的措施，选派优秀的科研人员出国进修、访问交流和国际合作等，使他们在国际大环境下得到提高，成为科技骨干。但是，在当时的大环境下也流失了一些人才。

第七章　航空遥感/遥感空间特性研究室

一、概　　述

（一）成 立 背 景

1978～1980 年的腾冲（包括之前的京津唐、哈密、汉中）航空遥感试验在我国产生了极大影响，有力地推动了在我国建立以飞机为平台、以航空摄影机和多光谱扫描仪为信息获取主要手段的航空遥感技术的飞速发展。1978 年在地理所二部设立了地物波谱与航空遥感研究室，1979 年遥感所成立后，继续把研究航空遥感的理论、技术和方法作为研究方向之一。1983 年 10 月成立了航空遥感试验研究室，为航空遥感学科建设奠定了基础。

摄影测量与地图学相伴相生。传统的摄影测量利用光学摄影机获取像片，经过处理以获取被摄物体的形状、大小、位置、特性及其相互关系。遥感则是利用航空器和航天器上携带的、在各段电磁波谱工作的传感器进行监视和成像及判读研究，可以说从根本上改变了传统摄影测量的内涵，形成了地球空间信息科学新的前端范畴。为此，遥感所从筹建到成立，一直对该学科予以高度重视，专门安排人员或学科组从事该项研究。

（二）建立的必要性

遥感技术的基本流程包括：信息获取—信息处理—信息应用。没有信息获取环节，就无法完成遥感的基本流程。20 世纪 80 年代初期，当时可用的航天遥感数据只有地球资源卫星 MSS 数据，其分辨率为 80m，不能满足较高分辨率的需求，而航空遥感可以机动灵活地获取较高分辨率或高分辨率遥感数据。因此，航空摄影测量是遥感信息的获取方式之一，可以说是遥感的必要环节。遥感应用中的定性（回答是什么）和定位（回答在何处）是遥感应用技术的两大支柱。定位与定性的密切结合组成了遥感应用技术系统。定位问题即遥感的空间特性是图像处理、信息系统的基础，是量化的依据，是多种数据复合分析的关键，是应用分析结果（图化、数据）的表达手段。因此，开展信息获取及遥感空间特性研究是遥感深入发展的需要，所以遥感所机构设置虽几经变化，但仍然保留着专门从事航空遥感/遥感空间特性的研究室。

（三）在所及学科中的地位

信息获取是遥感流程的首要环节。遥感空间特性及空间定位研究是遥感技术发展和应用的重要基础之一。多年来，通过实践拓宽了摄影测量应用的新领域；开展了遥感图像对地定位基础理论研究；在遥感图像数据获取过程中的几何特征、四维空间分布规律、空间分辨率、数学模式、地学编码理论与方法、处理技术、遥感数据空间分布规律、数学模型与数据复合匹配模式研究方面，均取得了有益成果，特别是完成了拥有自主产权的高效三维遥感集成技术系统，其有一定的影响力和较强的优势。

二、沿　　革

（一）机 构 变 化

航空遥感/遥感空间特性研究室的前身是地理所二部和遥感所建立初期的地物波谱与航空遥感研究室。

1983 年 10 月第二届领导机构定名为航空遥感试验研究室。1988 年 9 月第三届领导机构更名为摄影测量应用研究室，1993 年 1 月第四届领导机构再次更名为遥感空间特性研究室；1997 年 4 月属国家遥感应用工程技术研究中心，称“信息获取工程部”；2001 年 10 月进入遥感信息技术部；2007 年 1 月归数字地球与导航定位研究室。

（二）历届研究室负责人

研究室主任：李树楷（1983 年 10 月～1997 年 4 月），副主任：钱育华。

遥感信息技术部主任：马建文（2001 年 10 月 22 日任命），副主任：尤红建（2001 年 10 月 22 日任命）。

室党支部书记：冯为琪、钱育华。

研究室业务秘书：刘行华，研究室行政秘书：刘建明。

三、学术方向与学科发展

（一）学术方向与定位

建所初期，航空遥感的主要任务是承担国家重点航空遥感实验任务，取得航空遥感资料。随着研究所学科的发展，航空遥感不断拓宽摄影测量应用新领域，开展遥感图像几何模式和对地定位基础理论研究等。航空遥感/遥感空间特性研究室的学科方向与定位是研究遥感图像数据获取过程中的几何特征、四维空间分布规律、空间分辨率、数学模式、地学编码理论与方法、处理技术、遥感数据空间分布规律、数学模型与数据复合匹配模式；开展遥感图像对地定位研究和全球定位系统（GPS）应用研究；文物古迹地面立体摄影测量研究；研制机载高效定性、定位一体化技术系统；致力于推进满足国家发展战略需求的国家级遥感对地观测技术体系的构建。

（二）学科发展（学科组/研究组）

研究室设航空摄影组、摄影处理组、地面立体摄影测量组、卫星数据几何处理组。

研究室的主要任务是拓宽摄影测量应用新领域、航空摄影与航空多光谱摄影遥感应用研究、遥感图像对地定位、GPS 应用研究、文物古建地面立体摄影测量研究。

研究室拥有 RC-10 航空摄影机、哈斯多光谱摄影机、彩色合成仪、1318 地面立体摄影测量仪、立体坐标量测仪、B 型立体测图仪、航空胶片电动冲洗机等。

该室承担并完成遥感行扫描图像数据的几何特征研究、遥感图像的几何模式研究、卫星多波段扫描图像的定位研究、卫星数据的再采样研究、多幅连续卫星图像的几何纠正、航空扫描图像几何模式的研究、遥感适用 DEM 生成模式的研究、资源卫星精纠正高差引起的投影差改正的实验研究、双向扫描误差改正模式研究、GPS 在遥感信息对地定位应用中的试验研究。同时还研究遥感图像对地定位系统软件、开展机载 GPS 定位精度试验、建立农业灾害防治航空 GPS 导航技术系统和利用广播电波作数据通信的 DGPS 系统、发展以高效率为目标的“三维信息获取与实时处理技术”。

1. 开展遥感图像对地定位基础理论研究

定位的理论基础主要是遥感图像的几何学或叫遥感图像计算几何学。其主要研究遥感图像数据获取过程中的几何特征、空间分辨率、几何模式、处理技术、遥感数据的四维空间分布规律、图化理论与方法、非遥感数据的四维空间分布规律及与遥感数据的匹配复合模式。

遥感图像具有几何与辐射特性，其几何特性给出地面物体的定位，而对地定位模式主要有两类：一类是多项式法；另一类是共线方程式法。该研究室从行扫描传感器运行参数的设计特点和结构分析入手，分析了数据流的形式、探测器排列、采样时序、位置误差、扫描镜运动方程、波段匹配精度、TM 的扫描线重叠改正、TM 双向扫描误差，以及外部因素中的地球自转、地形高差、卫星高度变化、传感器位置与姿态变化等对遥感图像对地定位的影响，这是应用的几何模式的基础。研究确定以 A 数据为处理对象，以带有附加参数的共线方程式的模式是实现高精度对地定位的最佳模式。

2. 研究遥感图像数据获取过程中的几何特征、图像几何处理技术、遥感数据空间分布规律、数学模型与数据复合匹配模式

从遥感图像的几何机理入手，该项研究分析了遥感图像的几何特征及影响几何精度的多种因素，以卫星 MSS、TM、航空 MSS 的未经几何粗纠正的数据为主要研究对象，对比分析了多种几何模式，确定了最佳模式。其涉及理论、模式、实验验证、精度分析的全过程，并阐述了与几何处理有关的 TM 双向扫描误差改正地形高差引起的投影差改正、遥感适用 DEM 生成方法、地学编码图像的生成技术、三景连续图像处理技术等。

遥感图像几何模式的研究是遥感图像几何学的重要组成部分，是遥感应用技术系统的重要环节，该研究室承担并完成遥感行扫描图像数据的几何特征研究、遥感图像的几何模式研究、卫星多波波段扫描图像 MSS 的定位研究、卫星 MSS CCT 数据的再采样研究、多幅连续卫星图像的几何纠正、航空扫描图像几何模式的研究、遥感适用 DEM 生成模式的研究、资源卫星 TM CCT 精纠正高差引起的投影差改正的实验研究、Landsat 双向扫描误差改正模式研究、GPS 在遥感信息对地定位应用中的试验研究等。遥感图像对地定位技术的发展包括两个方面：遥感器几何保真度及对地定位性的进展；遥感图像对地定位模式研究。该研究室以应用广泛的多种遥感图像为研究对象，从分析图像数据获取时的几何特征入手，包括了几何模式、数据格式、处理技术、试验验证、可信度检验等，并基于上述研究开发了具有特色的软件系统。

3. 提出新型空间信息集成型技术

该室研究了遥感技术发展特征、遥感应用现状、遥感学科集成理论、观测目标特征及遥感信息特征、时空信息获取与处理技术、GPS 在集成系统中的应用成果、激光三维遥感集成系统及应用成果等，指出了时空信息集成是遥感发展的方向，提出了以“四个一体化”为设计依据的高效对地观测集成技术的框架及其实现途径。

我们分析了遥感对地观测的信息获取技术中存在的问题。例如，立体观测技术使遥感信息内包含了可从中提取三维地形信息的潜力，继而为多维分析创造了潜在条件；但最终识别目标尚需多元信息的复合分析才能实现。仅就遥感对地观测信息而言，实现多维遥感信息分析已有技术可以做到，但每一步骤都需要烦琐的条件准备和足够的时间，难以形成实用技术。对于全球变化研究、资源与环境动态变化监测等对时效性要求高的重要应用领域而言，遥感对地观测技术的实际价值已受到挑战。首先面临的是“定位”的自动化问题，即多维分析处理中首先需有 DEM。尽管遥感信息已是多维信息，但从遥感信息中将

这些信息提取出来是非常烦琐且费时的。我们提出的集成型技术，实质上是将某些隐含在遥感信息中的多维信息直接量化，或将某些影响因素直接测量，以方便地进行影响改正。这类信息获取技术在整个遥感对地观测技术领域中尚处于初期发展阶段。在分析近几年刚出现组合技术系统的基础上，为提高遥感对地观测技术的时效性、全球性及高动态重复观测处理功能，必须发展集成型信息获取技术和相应的多维处理技术，以实现多维信息的直接量化和处理，发展空–地对地定位理论及相应技术，促使遥感技术实现高速自动化，发展空间信息集成型技术。

全球定位系统（GPS）、遥感（RS）、地理信息系统（GIS）一体化信息获取、信息处理、信息应用技术系统，称为“3S”一体化信息技术系统，或简称为“3S”技术。从字面上可见，其是一个空间信息集成型技术系统。“3S”技术是以 RS、GIS、GPS 为基础，将 RS、GIS、GPS 三种独立技术领域中的有关部分与其他高技术领域的有关部分有机地构成一个整体而形成的一项新的综合技术领域。“3S”技术的方法是快速、准确，以及实时对地定位与数据处理方法；多维互校的复合分析方法；基于高精度定位特征的信息复合及高动态分析决策技术方法等。“3S”技术的特点如下。

（1）“系统”从数据获取到取得第一级产品的周期比常用技术缩短 1～2 个数量级。

（2）“系统”将信息获取、信息处理、信息应用有机地融为一体，将应用技术、技术应用融为一体，将 GPS、RS、GIS 等独立技术融为一体形成组合技术系统。这是最易实用化、产业化的技术发展途径。

（3）具备极强的多维分析能力及对多元综合分析的友好界面，提高了“定性”分析精度和自动化程度。

（4）高重复频率的监测能力和基于这类数据源的多种应用新技术。

（5）快速建立专业遥感信息系统（RIS），提高 GIS 现势遥感信息的更新能力和高动态的分析决策能力。

（6）可形成星、机、地及快速、准实时、实时“技术系统”产品系列。

“3S”一体化信息技术适应了信息时代应具有的“高速”这一特征的技术途径之一，具有很强的生命力、发展前景和实用价值，必将成为遥感对地观测技术的主要发展方向之一。

4. 研制并建立了机载高效定性、定位一体化技术系统——三维信息获取技术系统

三维信息提取，目前国内外主要有两种方式：解析测图方式和全数字方式。以实时处理为目标时，全数字方式越来越受到广泛的重视。但是目前全数字方式的基本处理技术是影像相关，不言而喻，不经改造的影像相关是很费时间的，直接用于实时处理系统还存在很多问题。

GPS，由于其具有全球范围、全时域、全天候、连续快速高精度对地定位的特点，必将成为三维信息获取与实时处理系统中的关键技术环节之一。20 世纪 90 年代传感器技术的发展中，光学传感器由线阵 CCD 向面阵 CCD 发展的趋势很明显；立体观测功能大量使用，且以同轨前后视观察构成立体观测的方式成为主流；测高仪中激光测高仪、微波测高仪发展迅速、高频扫描测高、测距设备成为明显的发展趋势；由多台不同性能的设备构成组合对地观测系统成为必然趋势。

机载系统具有相当宽广的应用领域，同时多数星载系统均要通过机载系统的预研，且往往由星载、机载平台和地面系统组成复合多平台系统实现对地观测目的。传感器技术、GPS 技术、实时传输技术、高频扫描测距技术、计算机技术和软件技术是组成三维信息获取与实时处理技术系统的重要环节，机载系统的实现是必需的途径，且具有相当大的可能性。

该研究室与中国科学院上海技术物理研究所合作承担完成国家 863 计划 308 主题重点项目“高效三维遥感集成技术系统研究”，进行三维信息获取与实时处理技术的模拟研究；三维信息获取与实时（准实时）处理技术系统原理样机研制；实用型机载三维成像仪和机载对地观测总体技术研究。项目采用与现有遥感系统不同的空间极坐标求待定点坐标增量的原理，即原点坐标、向量模、向量方向余弦等 8 个参

数分别由 GPS（X_o，Y_o，Z_o）、激光测距仪（S）、姿态测量装置（φ，ω，κ）和多波段扫描仪（θ，同时给出多波段图像）给出，按简单的数学公式即求出待定点的地理坐标（X，Y，Z）。该系统应用了时间与位置同步技术、地面激光点均匀分布技术、共用主光学系统的组合技术、坐标轴系刚性联结技术、格式同步技术、特殊检测技术等措施，实现了这一设计思想。

先后完成了线扫描和圆扫描两种方式的机载“原理样机”。其中，“圆扫描方式的原理样机”达到 1∶10000 比例尺专用全数字地图的定位精度，它利用遥感硬件设计实现直接获得遥感图像的三维地理坐标，通过高精度姿态与动态 GPS 定位实现无地面控制点的空地直接定位方式等技术途径，达到了高效获取地形正射影像，实现了实时、准实时高效机载遥感系统的目标。通过遥感器硬件实现直接图像的三维地理坐标，通过高精度姿态与动态 GPS 定位实现无地面控制点的空–地直接定位方式等技术途径，较之常规技术提高了 10～100 倍的效率，实现了实时或准实时的高效机载遥感系统的目标。这项拥有自主产权的高效三维遥感集成技术系统，先后经过在约 400km^2 范围内多次飞行试验和用户指定区飞行检验，验证了性能指标。其适应了构建“数字地球”、实现国家目标的高“动态监测”能力需求，代表了一种发展方向，并具备发展为高空机载、星载遥感系统的潜力。

机载三维成像仪包括两个分系统：依设计原理高度集成的机载信息获取分系统，采用扫描激光测距技术、多波段成像技术、INS/GPS 复合姿态测量技术、全球定位系统（GPS）技术等；按设计原理新开发的直接对地定位软件和同步生成已准确匹配的地学编码影像与 DEM 等软件组成的信息处理分系统。其主要功能有一次同步生成地形影像图，也可单独提供等高线图、正射影像图。其二级产品包括三维显示图（包括城市建筑物）、专题图、各种量算功能等。

它除了具有与常规航空遥感相同的应用范围外，还具有特殊优势的应用领域：常规航空遥感应用领域中的快速技术（城市、耕地、资源环境等）；大型工程进展监测（2～3 天一周期或当天）；地面工作与立体观测困难区，如滩涂、沙漠、草原等；军事快速测绘保障、武器系统中的地形跟踪技术；双星定位系统中急需的 DEM 获取；全国大、中比例尺 DEM 建立与更新、地形图快速更新等。

5. 研制了利用广播电台调频副载波作数据通讯的差分 GPS 系统

GPS 推广应用中最大的问题是要使用户经济负担最轻、操作最简单、考虑用户的各种条件（体积、重量、外形设计、各种方便应用的功能设计等），最好高自动化。

我们提出在广播电台覆盖范围（直径一般为 160km）内建立一个基准站，数据通信设备利用功率大、运转稳定的广播电台发射机来代替，那么在一个城市范围内即可建成差分广播通信系统，省去了用户建基准站、建无线电通信设备等负担。若全中国城市联网可构成以全国广播电台为中心的差分 GPS 网，加上接收频率切换功能，即可实现全国范围的差分 GPS 导航定位效果。

在差分 GPS 系统中，数据通信是重要的组成部分。在通信技术日益发达的今天，频率资源面临严峻的挑战。用户均要构建差分 GPS 系统，一套系统需要一套无线电信设备，为了不干扰都需要有独立的频点，在频率资源日益紧张的情况下，这是极难解决的问题，甚至无法构建差分 GPS 系统。为节省频点资源、减轻差分 GPS 用户的负担、使操作技术简化，同时也使所建差分 GPS 系统更稳定，该研究室研制了利用广播电台调频副载波作数据通信的差分 GPS 系统（FM/DGPS）。

广播电台调频（FM）广播（包括立体声）只占用了调频基带 53kHz 以下的频带，53kHz 以上可用于传输其他信息。近年来，为挖掘现有频率资源的潜力，广播电视部于 20 世纪 90 年代推出了广播数据系统规范，规定了广播数据系统的调制特性、信息格式、信息编码及有关协议。该研究室研制的利用广播电台调频副载波作数据通信的差分 GPS 系统（DGPS），就是依上述规定采用 RDS 信道传送 DGPS 信息。其主要工作参数为：①工作频率，87M～108MHz；②副载波频率，57kHz；③副载波频偏，4kHz；④调制方式，双相相移键控；⑤数据率和时钟频率，1187.5bps，1187.5Hz；⑥编码方式，差分编码。

广播电台调频副载波传输GPS差分信号的基本原理是将无线电通信技术中的信号编码、限带、变换后调制到副载波上，与其他信号在调频基带上合成（或打包），由调频发射机通过广播电台的调频发射天线发射出去，用户用专用调频接收机收到这种调频信号后经功率放大、频率鉴别、调制解调、滤波、解码反变换后恢复原GPS差分信号，用于用户GPS定位数据的改正，完成差分定位的全过程。整个FM/DGPS系统由3部分组成：差分基准站及差分信号处理、广播电台RDS编码器及调频发射装置、用户GPS及调频接收机。用户GPS接收机即可用此差分信号修正观测GPS卫星得到的定位位置，使其位置精度提高至10m以内。

利用广播电台RDS作数据通信的差分GPS系统与通常差分GPS系统相比具有如下优点：成本低、建站简化、操作简单；稳定性、可靠性强、效果好；服务范围广，易于实现广域范围的差分系统。

广播电台的调频台是一种通用的广播系统，是很普及的公益性行业。采用RDS作为差分信号的数据传输技术在各广播电台均可实现（技术成熟、投资强度低）。差分GPS用户只需要有一台可选频的调频接收机和用户GPS，就可以在很大范围内（如中国范围，不包括广播电台调频台未覆盖区）取得差分GPS定位效果。用户只要在进入另一个广播电台调频台覆盖区域时，将调频接收机调至当地调频台的频率即可。广播电台的收费可从调频接收机的销售收入中按规定提取，以维护整个差分系统的正常运转。

6. 开展遥感信息地物理解模型及其应用研究

该研究室创新性地提出了遥感信息地物理解等概念，大胆地引进了离散思维模型和神经网络模型，探索了遥感图像智能识别的新路子，尝试了遥感、GIS和制图数据资源共享与过程化快速集成的新工艺。

遥感图像地学解译或地物理解知识系统需要运用知识工程提取地学知识、专家经验和构造深层模型。所谓地学知识是描述地球物体相互演变的客观规律和常识性知识；深层模型用于表征地物目标综合演绎的因果关系，即理论原理。专家经验只是前两者实际使用时的主观感受和体验。由于地物与图像之间存在着精确与必然的能量传递和随机泛逻辑模糊映射，以及专家分析图像时大量采用模糊语义进行形象思维，所以抽取的知识同时具有模糊性。另外，由于地物具有时空属性，上述各种知识信息又相互渗透、互为交融，并综合反映在概念模型、语义网络和特征信息里。

从某种意义讲，遥感图像本身为一庞大的知识系统，而且表现为复杂的层次网络结构，知识信息的提取应采用信息论、控制论和方法论，力求简洁深入，将内涵丰富的地学生物信息经共轭抽象分析和专家的逻辑或非逻辑推理，并优化精炼，生成严格的合理的事实规则基础。

知识获取是建造专家系统的关键。该研究室首先运用人工智能讨论了遥感图像、地学知识、专家经验和深层模型的关系；其次，使用知识工程研究了知识与特征信息获取的方法和内容；最后，探讨了地物空间属性、地学分异规律、影像地物信息特征、概念模型和语义网络以及特征提取等，并以陕西省榆林市、北京市朝阳区和江汉平原监利县为例，给出了遥感图像地物特征信息表。

通过研究获得以下结果和认识。

（1）地学知识和特征信息获取是建造知识系统的关键，其中涉及地学规律、常识、专家经验、基本原理及模糊知识，应采用信息论、控制论和方法论，共轭抽象分析、逻辑或非逻辑推理，优化精炼。

（2）获取方法基于知识工程，广义有相似关系、定性分级抽象、专家行为分析、构造知识、知识结构分析、快速成型、集成法、滑动表和自动获取9种。内容有背景和辅助信息、特征信息等概念模型、启发式特征和地学语义网络。

（3）地表处于各种物质、能量和信息的传递转换之中，构成综合演绎全息动态系统，其地物时空属性有规律性、离散随机性、不确定性和模糊性；地学规律表现为空间展布、时序变化、整体效应、差异性和地物之间的相关性。

（4）因地物多向性反射，图像信息特征除地物本身的属性外，其内涵和外延有所变化；同时，还有几何、光谱特性，解译的直接间接标志。多时相、多平台、多波段、多种时空信息复合等构成多源知识系统。

（5）概念抽象源于客观事物和基本理论，概念模型基于特定区域目标和具体事例，运用形式逻辑和知识工程构成属性概念，形成层次关系集合，并以语义网络如分类、聚集、泛化和联合表达地学概念之间的分解、排列、继承和传递等关系。

（6）将遥感图像特征信息定义为光谱、纹理结构、几何形状、分布位置、相关关系、识别效果等，每类均抽象为若干层次，能综合反映地物的本质特性，最后给出了丘陵沙漠地带和平原城区 TM 图像土地利用特征信息表。

（7）该项研究确属初步，许多问题，如概念抽象的规律化、概念模型的系统定义、语义网络的定性指标、知识获取的智能化，以及经验与知识的转换等，都需要本领域和相关学科的专家们共同探索。

7. 研制出“系列”遥感图像对地定位软件

（三）学 科 特 色

该研究室致力于遥感空间特性和航空遥感获取技术研究，在遥感图像对地定位基础理论研究中，研究遥感图像数据获取过程中的几何特征、四维空间分布规律、空间分辨率、数学模式、地学编码理论与方法、处理技术、遥感数据空间分布规律、数学模型与数据复合匹配模式等方面形成了特色和优势。该研究室提出的空间信息集成型技术，研制的机载高效定性、定位一体化技术系统、三维信息获取技术系统、利用广播电波作数据通信的 DGPS 系统等，均具有超前意识，代表了空间信息集成与获取技术的发展趋势。遥感信息地物理解模型及其应用研究，创新性地提出了遥感信息地物理解等概念，大胆引进了离散思维模型和神经网络模型，探索了遥感图像智能识别的新路子，尝试了遥感、GIS 和制图数据资源共享与过程化快速集成的新工艺。

四、科研任务、项目与成果

（一）承担的项目与任务

承担科研项目 15 项，其中国家科技攻关项目 3 项，863 高技术计划项目 1 项，国家自然科学基金项目 1 项，省部级项目 7 项，地方项目 3 项。

（二）研究成果与推广应用

1. 成果

发表论文近 200 篇；出版专著 5 部；获得国家科技进步奖一等奖 1 项，部级科技进步奖 8 项；获国家发明专利 1 项。

2. 成果转让与应用

该研究室积极投身于国民经济建设的主战场，承担了红水河水电开发航空遥感、云南省兰坪大型矿藏开发航空遥感、天津市国土详查彩色红外航空遥感、大连城市规划彩色红外航空遥感、秦皇岛市开发区彩色红外航空遥感、黄淮海平原盐碱综合治理彩色红外航空遥感、西安至安康的铁路工程选线彩色红外航空遥感、引滦入津领域和于桥水库环境彩色红外航空遥感、乌鲁木齐河上游后峡谷地区天山冰川环境信息彩色红外航空遥感采集、四川德阳市特大比例尺航空遥感等。

该室参与了“灾害遥感监测技术集成及试运行”的国家科技攻关任务的试验，研究了重大自然灾害遥感技术快速采集数据及评估，为救灾提供了科学依据。参加了三北防护林遥感综合调查。参加了黄土高原小流域水土流失综合治理研究。开展了二滩–渡口地区应用航空摄影资料编制高山峡谷地区正射影像图的试验。进行了河南洛阳龙门石窟和北京颐和园内文物立体测绘。开展了海港运油船水面油污多光谱摄影监测研究。开展了青蛙卵细胞的立体测量技术研究等。

航空航天遥感图像的对地定位长期以来是以已知的地面坐标系中的控制点为基础，与图像上相应点的图像坐标间建立某种投影交换关系式，依此变换关系式，将遥感图像按地面控制点强制符合在地面坐标系中，来完成遥感图像的对地定位。这类对地定位方式使得以适时、快速、短周期为特点的遥感技术与使用更新周期以十年计的地形图作为定位基础两者形成尖锐的矛盾。GPS（或其他全球定位系统）遥感信息对地定位，是以 GPS 与惯性导航系统（INS）等的复合技术实时获取传感器的高精度位置与姿态数据，采用简单的处理即可获得地学编码遥感图像的先进技术，它成功地应用于遥感技术后，将使遥感应用技术系统产生变革性的进展。

该研究室在 GPS 导航技术在农业飞防中的应用研究中，在北京市植保站的组织下，于 1991 年 10 月起在房山连续几年进行研究试验工作，边研究边应用。该研究室进行了 GPS 农业飞防导航精度测定、适于农业飞防的 GPS 选型试验、农业飞防适用差分 GPS 导航系统的研制、利用广播电台调频副载波作数据通信的差分 GPS 系统实验研究、航线设计自动化软件研制、农用飞机适用 GPS 导航控制显示器研制、作业流程的设计建立，以及作业规程（草案）的编写等研究试验工作。该研究室先后在北京地区进行了 3 次验证性实验，取得了非常有价值的实验结果，并先后于 1992 年、1994 年、1995 年累计飞防作业 82000 亩。1995 年实现了完全 GPS 导航，取消了地面信号队，达到了防治蚜虫效果 90%以上的飞防要求。1996 年的扩大生产性试验使顺义得到了实效。随即于 1997 年飞防 50 万亩，1998 年飞防 33 万亩均顺利完成。粗略统计，8 年实际飞防小麦面积累计 112.4 万亩，为农业节省了 4000 多万元的经费，形成了成套作业流程，具备了推广应用的条件。项目的成功在于为农业飞防，其极大地解放了农业生产力，大大减少了农业投入。

项目的成功也为大农业的发展创造了条件。打破乡界，麦田面积越大，飞防效益越高。多年的运行实践有力证明了 GPS 技术、GIS 技术、通信技术、自动控制与检测技术、遥感技术等高新技术的集成型技术系统在大农业的现代化运营与管理中有广阔的应用前景。

五、科研队伍建设与人才培养

（一）科技人员组成、结构

该研究室科研人员以摄影测量和摄影处理专业为主，配以计算机和电子专业人员，形成老中青人员结构。

先后在该研究室工作的成员：李树楷、钱育华、冯为琪、刘行华、刘建明、廖彩智、翁祖平、徐庚庆、刘永庚、张佩红、陈国萃、颜铁森、鲍士柱、吴坚、崔国栋、史继东、马景芝、刘彤、张润根、刘桂云、张俐、孙建国、肖坤、黄玉山、周丽华、刘桂云、沈在壎、陈继平、程裕华、张宝华、马岚华、宋华凯、刘少创、尤红建、兰虎彪、支毅桥、王小力、胡西亮、刘震、江月松、徐昶、徐逢亮、向茂生、葛远泉、苏林等。

（二）研究生培养

培养硕士研究生 7 名、博士研究生 4 名、博士后 3 名。

（三）人才培养措施

1. 实践中培养

遥感是一门新的学科，该研究室在摄影测量的基础上，结合遥感的特点，特别是航空遥感和遥感的空间特性，通过承担科研任务，在实践中培养和锻炼人才，进一步认识和理解遥感空间特性的本质，产生新的遥感信息获取和信息集成的新思路。

2. 以老带新

新发展的学科吸引了许多年轻人才，但他们的经验和能力需要提高。该研究室采用以老带新的方式，培养青年人才，在工作中给年轻人压担子，让他们增长才干，促使其快速成长。

第八章　遥感数据获取技术研究室

一、概　　述

（一）成 立 背 景

遥感按其技术流程可分为遥感信息获取、信息处理和信息分析应用 3 个阶段。信息获取是基础，国内外对信息获取技术给予了极大关注，并制定了一系列优先发展计划，如美、欧、日合作的地球观测计划、原苏联的“自然”计划。其目的是深刻了解地球的各种现象及其相互作用，了解它们将怎样继续变化。为此研制了包括紫外、可见光、红外、微波各个电磁波段的遥感器，观测地球大气圈、水圈、岩石圈和生物圈的动态变化，研究和分析其规律。为了更好地应用遥感技术开展各领域应用研究，遥感信息获取是基础，获取技术是关键，它们成为应用的重要环节。

（二）建立的必要性

遥感信息获取技术包括：①遥感平台；②遥感成像类型；③信息存储技术；④信息传输；⑤信息预处理。遥感信息获取技术与遥感应用密切相关，并相互促进。前者为后者提供更丰富、更精确、更适时的可用遥感信息。1993 年 1 月遥感所第四届领导机构换届时，对所内研究室的设置进行了调整，根据遥感应用的需求，结合“八五”科技攻关任务，专门设立了遥感数据获取技术研究室，除开展航天遥感获取技术研究外，重点研究航空遥感数据获取技术，以支持国家和遥感所遥感应用和灾害监测等应急反应的需求。

（三）在所及学科中的地位

结合“八五”科技攻关任务，建立了多级平台遥感信息获取技术系统，总之，自然灾害监测、评价和作物估产要求快速、准确、定时及周期提供地物及环境的不同波段、不同分辨率、不同时相的遥感信息，为此必须建立不同层次的多级遥感平台。航天遥感信息可满足周期性、大面积准时的要求，气象卫星具有高复率（每天 34 次）大范围检测、动态性强的特点，是自然灾害宏观监测和建立农作物动态模型的信息源，陆地卫星资料分辨率高，多波段信息是作物面积量算、分类，作物长势监测的可靠信息源。但航天信息受卫星运行轨迹、气象条件限制及其空间分辨率相对不高等因素，应用中常需要机动、灵活、分辨率高的航空遥感信息，以满足实时或准实时获取信息的需要，气象卫星、陆地卫星、航空遥感多层次遥感信息将是灾害监测和作物估产研究的基本信息源。

二、沿　　革

（一）机 构 变 化

1993 年 1 月，由于原航空遥感研究室调整为遥感空间特性研究室，部分人员和原航空遥感中心的部分人员组成了遥感数据获取技术研究室。1996 年 7 月，研究室主任何欣年退休，由杨习荣代主任。

（二）历届研究室负责人

主任：何欣年（1993 年 1 月～1996 年 7 月），代主任：杨习荣（1996 年 7 月～1997 年 4 月）。

（三）业 务 秘 书

杨习荣（兼）。

三、学术方向与学科发展

（一）学术方向与定位

作为遥感技术面临着如此大量的遥感信息，如何获取所需要的信息，如何存储记录，如何高速可靠传输，如何校正处理，如何分离提取有用信息，这一系列问题正是遥感信息获取技术系统的研究方向与任务。

开展多级平台遥感信息获取技术系统研究的目标和方向如下。

（1）根据需要及时提供气象卫星磁带数据，对全国水灾、旱灾和林火进行 24h 监测，发现灾情后 4h 提供实况及初步分析结果，根据生长季节要求进行农作物长势监测运行服务。

（2）在发现灾情后，陆地卫星过灾区 4h 内提供灾情的快视图像、快视磁带产品，其具有景中心地理位置经纬度信息和有关注记：如日期、轨道号等。48h 内提供该地区的 TM 图像数据一景，包括数字磁带和胶片，卫星过农作物估产区一周内提供轨道（PATH）内的 TM 图像四景，包括数字磁带和胶片。

（3）航空遥感在进入作业状态后 4～10h 内提供灾区实况图像，根据灾害监测及估产要求，及时提供各类航空遥感图像磁带、照片及数据。

（二）学 科 发 展

1. 航空遥感平台的改进与提高

由于在小型遥感飞机上装备了计算机集中监控，采用通用标准接口 GPIB，使得不同遥感器组合作业得以实现，其具有大型遥感平台的功能。又因为装备有 GPS 系统、惯性导航系统及数据采集系统，实时获取平台空间位置及姿态数据，使获取的遥感图像后处理效果提高了一大步。

2. 遥感器的分析研究

根据应用要求总结了遥感器的主要指标，包括工作波段、瞬时视场（对应几何分辨率）、总视场（对应遥感器观测范围）、光谱分辨率、灵敏度、工作环境（如高度、温湿度、气压等）、量化值、数据采集频率、数据数率等。通常遥感器又按波段及结构分为光学–机械遥感器，如航空航天摄影相机、CCD 相机、多光谱红外扫描仪、光谱辐射计、激光高度计等。另外一类是微波遥感器，如合成孔径侧视雷达、真实孔径侧视雷达、微波辐射计、微波散射计、微波高度计等。并对当前传感器的发展和特点进行了总结，它们的光谱段数更多、分辨率更高、数据传输速率更高；仪器小型化、智能化；空间定位精度更高、动态性能更好；全天候遥感器进一步得到快速发展等，为遥感信息获取技术系统的设计和实现提供了依据。

3. 建立了实用的气象卫星数据获取系统

该系统主要针对美国 NOAA 及我国“风云”气象卫星，建立实用的数据获取系统，以其资料作为灾害和估产宏观监测及长势分析的常规周期性信息源，提供气象卫星图像磁带产品，进行灾害预警系统集成，为作物长势动态监测技术集成与运行服务；实现对全国水灾、旱灾、火灾进行 24h 监测，根据需要可及时提供辐射和几何纠正后的磁带产品，发现灾情后 4h 提供灾情实况及初步分析结果，集成各类灾害预测预警模型，集成农作物长势监测模型，根据小麦、玉米、水稻生长季节要求及时提供作物长势现况。

气象卫星数据获取系统包括：卫星接收系统，计算机处理系统。

（1）接收系统包括：天线及控制、接收机、磁带机等，其任务是接收、记录及回放、快视图像信号。

（2）处理系统包括：计算机图像处理机及各种外设和应用软件。

根据不同的应用要求，对数据进行分离及处理，包括轨道预测、数据分离、地理定位定标、质量检验、格式转换；图像处理包括区域选择加地理网格、定位校正、投影变换、直方图统计、均衡、拉伸、绘等值线、放大、滤波等，处理后图像可用磁带机、硬拷贝机输出，提供各类图像产品。

4. 陆地卫星数据获取系统能力改进

在已建立的陆地卫星接收和处理站上扩充功能，为灾害监测评估及主要农作物估产快速提供实用的 TM 快视及地理编码产品，并提高数据处理能力。

1）快视技术研究

在接收站建立实时快视系统，对快视系统的关键技术进行攻关：高速数据流的同步技术，减少数据失行获取完整的图像数据；对高速数据流在同步后，进行解调和辅助数据的分离，以及图像数据的抽样（压缩）；抽样后的图像及辅助数据的计算机输入；对快视图像数据的一套处理软件，包括数据输入/输出、分幅、景中心确定及各种注记。

该系统由 4 部分组成：格式同步器、移动窗显示、数据保存、快视产品的生成。

（1）格式同步器：卫星下行数据流（85MB/s）通过高密度磁带机记录后，以 25MB/s 速度回放进入格式同步器，对数据流进行同步、解调、分离扫描行和抽取卫星辅助数据（PCD）。

（2）移动窗显示：对图像数据进行波段选择，抽样（1∶16）后，在屏幕上进行图像移动方式显示，对图像进行接收质量评估，对灾情进行检测，也可周期换景式显示。

（3）数据保存：对抽样显示后的图像数据及辅助数据，通过 DMA 接口进入计算机存盘。

（4）快视产品的生成：对存入计算机的快视图像，利用 PCD 辅助数据中有关参数，如星历表，按世界参考坐标（WRS）（PASS/ROW）对图像数据进行分幅、几何粗校正，确定景中心地理位置，注记轨道号、日期和经纬度信息，并按一定格式通过磁带机输出快视产品。

2）TM 快速处理及成像输出能力的改进

（1）浮动景中心图像的预处理。

标准的 TM 图像产品都按照 WPS 分幅，浮动景中心是指在处理一景 WRS（PSTH/ROE）时，ROW 可以指定为非整数，这样用户需要工作区跨同-PATH 两景时，就可以选择浮动景中心的 TM 图像产品，避免分别处理两景图像数据及几何配准，数字镶嵌可节约大量计算机处理工作，也缩短了获取图像的时间，极大地便于用户使用。

（2）成像系统（FGS）的改造。

以前影响胶片成像输出速度的因素主要有两个：一是生成图像四周的注记和网格标记要花费较多的计算机机时，二是扫描图像的尺寸受限制（包括注记在内不得超过 8K×8K）。尺寸上的限制使得做大图像

（如 ETM PAN，数据图像部分即约为 14K×12K）照相产品时，必须分块扫描，这不仅增大了图像处理系统和胶片扫描系统的负担，而且给照相实验室增加了后处理的负担。FGS 系统更新 fire240 与 host 之间接口（硬、软件）及扫描应用程序，以适应扫描 16K×16K 图像的要求。

（3）小麦估产工作区 TM 地面控制点（GCP）数据库的建立。

经过系统校正的 TM 图像产品虽然有很高的内部稽核保真度，但由于卫星下送 PCD 数据中的误差，大地定位偏差有可能达 1000m，为了满足灾害监测和农作物估产对 TM 图像大地定位精度的要求，在 TM 预处理过程中加入地面控制点（GCP）修正，一次重采样，完成 P-G 处理，为了进行 GCP 校正，建立目标地区的 TM GCP 数据库，使用工具软件，从地形图和系统校正后的 TM 图像提取 GCP 的地理信息和邻域图像小区，并把有关信息装入 GCP 数据库，该地区的 TM 图像，可以自动进行 GCP 小区匹配处理，利用 GCP 数据库中的地理信息实现 TM 的大地校正。

5. 建立了航空遥感数据获取系统

该系统包括航空遥感图像信息和定位信息采集，机–地及远程信息传输，信息预处理、解译分析与调度 3 部分。信息源有“七五”完成的多光谱扫描仪、合成孔径侧视雷达、航空相机，以及“八五”研制的 CCD 线扫描相机。该系统包括以下内容。

1）CCD 线扫描相机

数字式 CCD 线扫描相机，像元数 2048，视场 40°，瞬时视场 0.4mrd，波段数 3 个，灰度等级 256，机上大容量数字记录，也可经接口数传系统实时传送，地面记录，从而突出实时、快速能力，其数字的兼容性，使图像后续处理大为简化，可提高人机交互速判读分析能力。仪器包括光学镜头、CCD 线阵、驱动器，信息采集变化处理，（GPS 和 INS）定位数据输入接口，信息输出、显示等。

2）高速大容量信息记录

各航空遥感信息源信息量估算：多光谱扫描仪每行 512 字节，扫描速率最高 50 行/s。每通道每行 25K，19 通道总信息量约为 500kB/s。CCD 相机每行 2048 像元，扫描速率每秒 75 行，上通道信息量为 465.6kB/s。SAR 图像数字化每秒输入 160 行，每行 2014 像元，则每秒信息量约为 320kM/s。据此，选择记录设备 EXB8505 磁带记录系统，每盘 112m 8mm 带记录容量 5GB，最高记录速度 500kB/s（非压缩方式）记录系统包括数据缓存及采集接口：标准 SCSI 接口、输入格式变换、设备驱动软件等。

3）GPS 定位技术应用

定位地物目标及提供经几何校正的实况图像是本系统的主要功能之一，特别在灾害发生时期往往气候恶劣，交通通信可能中断，地面目标因烟雾或云难以分辨，甚至地形发生变化（如地震、滑坡等）造成定位极大的困难，所以采用新的定位技术、采用 GPS 事后差分方法，一般可满足灾害监测要求，定位信息与遥感图像同步采集记录，便于快速检索查询所需地区图像和校正判读。

GPS 定位技术应用包括定位仪的信号采集输入接口、信号存储记录、信号读出、定位校正软件等部分。此外，应用“七五”攻关成果，同步采集惯性导航（INS）的飞机姿态及运行参数，应用笔记本电脑开发数据采集软件，同步采集 GPS/INS 数据形成图像辅助数据，通过并口输出，与 CCD 图像数据同步于磁带记录系统，用于定位和几何校正。

4）合成孔径雷达图像数字化设备及编码压缩处理

为实现 SAR 图像数字化，采用 2048CCD 器件，SAR 相干图像经光学处理器后转换为数字图像，由微机采集、存储、记录于磁带或磁盘，再由计算机图像处理后远程传输，由于本系统信息量大，卫星小站传输率目前只有 64kB/s，因而图像信息必须进行编码压缩，后送 VSAT 小站发送，接收站再解码恢复成原图像，目前，压缩比可大于 10，其畸变不大于 5%。并开发了 SAR 图像 CCD 数字化仪（光学系统、CCD 器件/驱动器/采集及接口）存储记录/编码压缩/输出输入接口、解码恢复、记录、显示等部分。

5）模数兼容机–地图像传输系统

在“七五”攻关基础上发展了模数兼容机–地图像传输系统，其有效作用距离 200km，由于采用实时传输，提高系统快速获取灾况信息的能力，多光谱扫描图像及 CCD 相机数字图像将实时传到地面，本子系统包括数字信息输入处理、调制，放大、功放解调，地噪声信号提取，放大、显示、输出接口、天线控制等部分，天线力求小型化，地面系统做成模块化结构，可车载、船载或机载，以快速运往灾区，组装投入运行。

6）地–星–地图像远程传输

我国幅员辽阔，灾害空间分布极广，为将灾害实况速传往中央有关部门，应用卫星小站远程传输，当时卫星传输速率为 64kB/s，天线直径 1.8m，为提高传输效率，对图像进行编码压缩，其压缩比可达 10 以上，接收站再经解码后复制成原图像，显示和记录输出以进一步处理。由于当时 VSAT 传输速率尚不够高且机动性不理想，系统中另一类传输采用公用有限通信网，本系统采用 144DATA/FAX MODEM，计算机输出数字信号调制后通过点火线路远程传送，在经解调后输出到中心计算机，在通信过程中，通过数码校验，可检错重发，以确保数据完整性，该 MODEM 传输速率实测最高达 28kB/s，由于本系统设有数码压缩，通信效率十分理想。

7）开发地面机动快视、显示、处理、记录系统

该系统的主要功能如下：①存储、记录、显示接收的各类信息。②转发经编码压缩处理的信息往北京中央站。③灾害现场快速预处理，为灾害地区指挥调度和快速救援服务。

该系统包括微机快视单元、图像的快速回放、微机图像处理、图像及地理行政边界复合、快速信息提取及解译分析、硬拷贝输出及数字磁带记录、通信接口等，该系统的特点是现势性，综合遥感信息与灾区实况数据，为地区抗灾部门现场快速服务。快速能力：实时传输、现场接收、流水作业、快速预处理、以最短的时延传输有效信息往本地及中央站。动态检测能力：灾区现场形势变化迅速，时空变化大，多种信息动态现场处理，为地区灾况监测和决策提供科学依据。

8）通信调度系统

快速反应是本系统的重要指标之一，而该系统运行涉及面广，各类专业抗灾部门、空军、海航，以及机场、仪器运行、院领导、项目指挥组、各级后勤、供应、运输部门及人员等。因此，必须建立有效的无线及有线通信网实现命令下达，指挥调度，实况调度，实况通报，以短程无线通信台为基础，实现与有线通信网联网，远程通信应用 VSAT 话路基长途通信台。

6. 开展遥感信息预处理研究

获取原始遥感信息，一般说，由于辐射和几何畸变不宜直接应用而需进行预处理。产生畸变有以下几种因素。

1）遥感采集平台

平台姿态直接影响遥感信息的几何特征。卫星平台因处于大气层外，受环境因素影响较小，但平台姿态控制本身存在调节误差。而航空遥感平台则受大气湍流、风向、风速、温度、地形等影响较大，平台姿态一般可由惯性导航系统提供。其数据采样速率为 5～40 次/s。而惯导系统本身各参数分辨各异，如

LTN-72 惯导经纬坐标分辨率为 0.6s，而滚动、俯仰分辨率为 2.4s，高度分辨率为 1 ft（1ft=0.3048m）。

2）遥感器工作方式引起误差

遥感器类型多样，工作方式各异，如红外扫描仪、成像光谱仪像元几何位置与分辨率随着扫描角度的变化而变化。而微波遥感器因杂波干扰，造成图像灰度横向、纵向的条带等，均影响直接使用。

3）遥感器系统造成的误差

对于光机式遥感器，其光学系统、机械传动均各产生相应的系统误差，探测元件排列不可避免地造成各波段像元位置的偏移，获取的图像应加以校正。

4）大气及环境因素

大气层空气密度分布及气溶胶造成的散射都使图像产生畸变。环境温度、雨、雾、太阳高度角、植被长势等均可造成几何及辐射畸变。

因此，原始图像的校正预处理对使用者来说是必不可少的一步。例如，应用 GPS 数据及惯性导航数据的几何定位校正、图像正切校正、多波段像元配准、灰度归一化处理、去条带处理、漏行或像元去噪声处理、辐射定标校正等，都应根据要求经过系列处理，为用户提供可用数据。由于遥感信息多样，有模拟的、数字的、成像的、非成像的，各类物理参数的变换、几何及光谱分辨率的不同，采集周期的差异，动态特性的变换等，处理方法及形式各异。多年来，该室已开发了一批有用的预处理软件，从而使获取的遥感信息更加精确，更符合要求。

7. 建立减轻洪水灾害的遥感技术系统

根据洪水的发生发展规律，洪水期间造成的通信、交通中断的状况，以及从抗洪救灾的具体要求，设计以减轻洪水威胁为目的的遥感技术系统具有如下特点：机动灵活、稳定实用的特点；能够及时地、动态地获取洪水淹没范围的图像和地面水文数据；能够将这些不同类型的数据动态地复合在一起，形象地、直观地显示出洪水的淹没状况及发展变化的趋势；能够在通信中断条件下实现图像数据的传输。根据上述特点和要求，设计了以减轻洪水对人类造成的损失和威胁为目的的遥感技术系统，其包括以下内容。

1）洪水早期预警与洪水发展趋势的动态子系统

洪水早期预警与洪水发展趋势动态预报是进行遥感减灾的一个主要内容和关键。在汛期，通过监测区降水预测和河川径流推测即可进行洪水的早期预警，在洪水期间可进行洪水发展趋势的预报。

利用极轨气象卫星（NOAA）和静止气象卫星（GMS）资料，分析监测区上空云系类型及其分布、监测区宏观的降水过程及降水量的空间分布，根据背景大气环流控制下不同云系所对应的降水过程及降水的强度的不同，在气象卫星图像上通过模型识别提取各种云系类型及其分布，再从降水云系与降水过程之间的对应模型，实施监测区的降水预报。由于 GMS 气象卫星每小时就能获取监测区的遥感图像，所以在地理信息系统的支持下，每小时就可提供一次降水预测数据，实现降水的宏观动态预测。

利用降水预测河川径流模型，通过降水量的大小及其时空分布推测监测区河川径流量，由径流量的预测进一步分析洪水发生的可能性，实现洪水的早期预警。在洪水期间，通过径流预测可及时地掌握洪水发生、发展的趋势，实现洪水发展趋势的动态预报。

2）水情（水位、流量等）数据采集子系统

在洪水期间及时地获取监测区内各个水文站点的水文数据和地面受灾实况图像是进行洪水发展趋势预测与直观地了解灾情的重要数据源，也是有效地进行指挥救灾的一个重要内容。目前，水文站采用的测量水文数据的仪器主要是接触式的，在洪水期间仪器被河流所挟带的杂物毁坏，直接影响着水文数据的获取。结合这一特点，采用实用非接触式测量技术：地面车载（载有GPS定位系统和无线通信台）水准测量仪，实地测量水位，同时利用视频摄像机摄取地面受灾实况图像；利用机载（GPS定位系统和无线通信台）激光测高仪测量水位数据，利用获取的监测区雷达遥感图像，在DTM模型的支持下，测量地面干流、支流的水位数据；利用航空遥感平台在监测区上空时向河流投放荧光粉剂，通过测量单位时间内荧光粉移动的距离，推算河流的流速。通过河流水位与流速的测量，计算监测区各个监测点的流量。

上述测量的数据与观测点的地理坐标（GPS数据）经变换后，定时或实时通过有线或无线通信网传送到指挥中心，并在计算机存储记录，以便日后处理。测量中采用的航空测量仪器都是同步搭载在同一航空遥感平台上，以实现地面与空中的同步测量。

3）实况数据及图像传输网络及通信子系统

数据的通信与传输网络系统包括地面与机上获取的水文数据和灾况视频图像数据的传输，机上雷达图像数据的机–地传输，经过灾区现场的地面快速处理后的遥感数据的地–星–地远程传输3部分内容。

（1）地面与机上获取的水文数据和灾况视频图像数据，以及话路通信网络。

洪水期间，洪水的冲击造成交通、通信网络中断，在相当程度上使灾情数据、指挥命令，以及相关的救灾文件的通信受阻，直接影响减灾方案的实施。在灾区建立有线通信网或短波无线台、微波台传输系统十分必要。地面监测车上备有无线通信的车台，利用MODEM技术，将便携式笔记本计算机和视频摄像机组合一起，能够将地面获取的水文数据或灾情实况图像数据，连同GPS测量的地理坐标，经数据类型转换与编码压缩处理传输到当地最近的有线通信网。在航空遥感平台上同样装载有类似的通信系统。该通信系统的主要目的就是保障传送指挥部命令、文件及经分析处理后的灾情图像和数据，使总指挥部与下属机构、各个测点实现有效的图文和话路通信。

（2）机上雷达图像数据的机–地传输。

机上获取的遥感数据经过遥感数据的机–地实时传输系统的调制频率变换和射频放大后向地面发射信号，地面接收系统的高增益跟踪控制接收天线系统接收从机上发射的信号，经过低噪声射频放大器及宽频带线性相干解调器解调、放大、滤波处理后输出信号，系统的工作频率为S波段，传输距离为120km。

在监测区内设立机动的野外地面数据处理系统和地面数据接收系统，通过遥感图像数据的机–地实时传输系统，可以在飞机飞行获取数据过程中，随时将机上获取的遥感数据传送到接收系统，供机动图像处理系统进行图像的快速处理。

（3）遥感数据的地–星–地远程传输。

在监测区内经过机动的野外数据处理系统快速处理后，实施数据编码压缩处理，通过SVAT（卫星小站），将处理和编码后的遥感图像数据进行远程传输，传输到救灾指挥中心。

4）雷达遥感监测及其配套技术子系统

洪水发生过程中，及时地、动态地、直观地获取监测区洪水淹没状况信息是该减灾系统的重要组成部分。洪水监测期往往天气恶劣、云量多，气象卫星可见光及红外通道难以监测水情，而微波遥感因其穿透云雾能力，可全天候监测洪水。水域表面光滑，产生镜面反射，在雷达图像上，因没有雷达回波和水陆边界处明显的角反射，表现在雷达图像上水陆边界明显，因此雷达是探测多云雾覆盖下水域范围的最佳传感器。

（1）机载合成孔径成像雷达（SAR/CAS）。

SAR图像的空间分辨率为10m×10m；获取的图像以数字形式记录，免去了数据获取后的成像处理，图像灰度等级>32级；图像的几何失真<3%；探测频率为9375MHz，可获得4种极化类型的图像；在数据获取过程中，根据探测水情信息的需要和飞机平台的飞行高度的要求，可以采取各种模式（4种模式供选择）；能够在机上切换选择地距成像模式与斜距成像模式、成像的测绘带宽，对飞行高度和飞行地速有

较大的适用范围，具有实时的机–地数据传输能力。

（2）机载 3cm 真实孔径成像雷达（SLAR-JD）。

SLAR 的工作频率为 9.43GHz；天线长度为 3.5m，天线极化类型为水平与垂直极化两种；最大探测距离>30km，测绘带宽度>12km；图像的距离分辨率<35m，方位向图像分辨率小于 9m/km；获取的雷达图像在机上能够同时采用胶片记录和 VTR 视频信号记录的方式，在机上配有实时图像监视器，图像可以滚动、定格和左右移动等；图像可以采取地距与斜距两种方式记录，并且能在机上切换；机载 X 波段真实孔径成像雷达，虽然其空间分辨率低于 SAR 系统，但系统设备体积小，灵活，技术相对简单，操作方便，与 SAR 系统的投资（几千万元级）相比较投资小（几十万元级）、机动性能好、实用性强，可使用普通小型飞机，如运-11、运-12 等，它们很适合区域性遥感监测。

（3）GPS 定位系统和激光测高仪。

在航空遥感平台上同时载有 GPS 定位系统和激光测高仪。GPS 主要用于导航和测量地理坐标数据，供雷达图像进行几何定位处理，使获取到的洪水淹没信息定位准确。激光测高仪用于测量监测区的河流水位和重点堤坝的高度，系统设备的体积小，灵活方便，能够与其他传感器同载，系统的测高范围为 100～10000m，测高精度为–0.5～+0.5m。利用 GPS 测量数据、雷达图像和激光测高数据，经过准确的复合处理，能够在雷达图像上计算出各个像元的高度数据，其非常适用于水情的遥感监测。

5）遥感数据的快速处理与多种数据类型的复合处理子系统

（1）雷达遥感数据的快速处理。

实时动态获取的雷达遥感数据需要经过地面处理系统的快速处理，主要包括如下内容：获取的斜距雷达图像转换为地距图像；利用 TM 图像或专题图件或 GPS 数据进行快速的图像几何纠正处理；消除雷达图像的条纹和光斑；利用人–机交互式的图像处理技术，提取洪水淹没范围的边界，产生特征图像，进行现场解译。

（2）不同类型的、不同时相的遥感数据的复合分析。

将监测区的 TM 图像数据作为背景图像与雷达图像数据，在坐标变换的基础上进行复合分析，同时利用掩膜法消除雷达图像上的阴影；采用 CA6300 图像处理系统特有的抠像、淡入淡出等功能，使洪水淹没范围下的背景地物清晰地显示；将动态获取的不同时相的雷达图像进行复合，以确定洪水的动态发展趋势。在处理技术上采用图像动态切换技术，直观地、形象地显示出洪水的动态。

（3）非遥感图像数据与遥感图像数据间的复合分析。

将获取的遥感图像与监测区的各种专题图件（地形图、土地利用图以及各种相关的图件）进行复合，直观地显示出被洪水淹没下的地物，为准确地评估损失提供客观依据。

（4）上述图像或专题图数据与水文数据同步显示。

采用数据库技术，将实时接收到地面实测水文数据连同 GPS 数据一同建立数据库，遥感图像经过几何纠正处理，并生成地理坐标码。在图像显示器上将 GPS 数据作为检索指标，调用数据库中相应的地面观测数据和摄取的灾情实况的视频图像，与雷达图像分屏显示在 VGA 监视器上，采用柱状图及时地显示出地面水位、流量及灾情状况，为指挥救灾提供更加直观的、准确的依据。

6）系统的特色与创新

（1）以减轻洪水灾害为目的的遥感技术系统，突出地体现了利用气象卫星数据进行洪水的早期预警和洪水期间的动态预报；采用空中、地面获取水文数据和相应的数据的无线、有线通信网络系统；用于监测洪水水情的航空雷达遥感图像，在 GPS 数据的辅助下，通过地面快速的图像处理系统与其他多种数据进行复合显示，为及时地掌握洪水发展趋势及制定救援方案提供了客观的、直观的和准确的依据。

（2）减轻洪水灾害的遥感技术系统在数据获取方面采用了多遥感器技术（雷达遥感器、TM、AVHRR、

GMS，以及激光测高计等）和多遥感平台手段，尤其是利用航空和地面测量监测区的水文数据和地面灾情实况的视频图像；在数据的传输和通信方面突出地采用机–地图像数据的传输技术、无线和有线通信网络系统，以及地–星–地数据的远程传输技术及其相应的数据传输、接收、编码压缩、解码恢复，以及各种接口技术（MODEM）；在不同数据类型复合方面，以同步获取的GPS定位数据作为检索的指标，将实时获取的监测区地面水文数据与图像数据分屏显示；在图像数据处理方面，以CA6300图像处理系统为主，它突出了图像的切换、抠像等形象直观的显示功能，同时在系统设备的设置方面着重考虑机动、灵活和适用于野外工作的特点；在数据记录和存储方面以大容量和高速的8mm磁带机为主。

（三）学 科 特 色

（1）建立了包括气象卫星、陆地卫星，以及高、低空航空遥感的综合配套信息获取系统，覆盖范围从数千米到数千千米，空间分辨率从千米级到厘米级，实现了多种信息的综合与补充，以及全天候的灾害监测能力，提供了作物面积精确测算及长势连续监测的信息保证。

（2）形成了高比率数据压缩、远距离高速率信息传输和现场实时处理，保证了灾害监测、评估的快速性和及时性，形成了本系统的特色。

（3）形成了生成系列化遥感信息产品的能力，可为多领域应用提供图像、数据、图形、磁带、胶片、相片等多种信息产品。

（4）经过洪涝、林火等自然灾害监测评价和作物估产应用的考核，特别是1995年江西鄱阳湖地区洪水监测，对抗洪救灾工作发挥了指导作用，产生了明显的社会经济效益。

（5）减轻洪水灾害的遥感技术系统由于以实用、灵活、准确、稳定、直观和快速为主要设计原则，所以它在我国洪水的减灾工程中将发挥重要作用，并且将取得很大的经济与社会效益。

四、科研任务、项目与成果

（一）承担的项目与任务

主持并承担国家科技攻关项目85-724-03-02“多级平台遥感信息获取技术系统”。

（二）研究成果与推广应用

1. 成果

发表论文2篇。

2. 成果转让与应用

1）提高了动态监测能力

利用气象卫星图像和绿色植物的光谱特性，利用归一化差值植被指数，获得植被分布图来监测作物长势和产量估算，准确度为95%左右，其已应用于小麦、水稻、玉米和牧草的估产和长势监测。

利用水体与土地、植被在通道的波段有最大的发射率差，可确定水陆分界，用以监测海岸线和湖泊的动态变迁、河流水量增减、监测洪涝灾害。

利用研制的林火信息增强处理软件和通道反映的林火燃烧区高温，以及通道4或通道5反映熄灭区地表温度差异，突出林火信息，成功在1994年4月16日监测到了红花尔基林火。利用气象卫星图像获取周期短、覆盖面广、成本低的优势，其具有巨大的应用价值。

2）研制了格式同步器和快视系统及相应软件

该软件实现了多波段或三波段任意组合的彩色动态显示，快视图像数据存盘，开发的友好人机界面操作方便，可对数据质量进行评估，为农作物估产及自然灾害监测提供周期的遥感数据。

3）国内首次研制成功机载线阵 CCD 相机

相机具有 2048 像元，可见光及红外 3 个波段数字磁带盘记录，是一新型航空遥感仪器，1994 年 12 月在太湖地区试验，1995 年 10 月在北京地区试验，获得的多波段图像显示其巨大的应用前景，其图像数字输出对实时获得地面信息更具有实用价值。

4）机–地图像实时传输

1995 年 6 月完成了合成孔径雷达图像的机–地传输，最大传输距离大于 200km，其在我国是首次成功试验，使对洪水灾情快速、实时获取数据成为可能，其实用价值很显见，为抗灾、救灾提供了新途径。

5）在我国首次将航空遥感 CCD 相机数据与机载惯性导航数据同步采集记录

惯性导航数据记录了经纬度、俯仰滚动、偏航角，增高了高度、时间等数字量，但它们精度不高，而且有误差积累，而 GPS 数据时间、经纬度、速度等具有较高精度，经采集分析 GPS 数据合理的存储，再经后处理和校正可提供实用遥感图像。

6）在我国首次实现了远程合成孔径雷达图像数据传输

由于合成孔径成像雷达数据量大，以前采用胶片成像后数字化存储，以后由飞机将图像送回北京处理，因而有几个小时的滞后，而对于某些自然灾害，时间就是生命，分秒必争，因此在本系统中将这种滞后缩短到分钟，即雷达图像从飞机上经机–地数据传输系统送到地面接收后经研制的编码写在压缩单元，压缩比达到 10 以上，经由当时省际的电话载波线路，速率达 28kB/s（20 世纪 90 年代，我国尚未建成高速互联网，更未建成光纤通信系统）速率虽不高，但在当时条件下已是国内首次，已把握住了技术发展的前景。1995 年本系统实现了从江西南昌向北京传送合成孔径雷达图像传输试验，由 5 台微机按流程并行工作，准时地获取了灾害现场图像，实现了快速监测水灾的目标，为救灾赢得了时间、提供了依据。

五、科研队伍建设与人才培养

（一）科技人员组成、结构与培养

先后在该研究室工作的人员有何欣年、杨习荣、李加洪、鲍士柱、张宁、赵昌龄、包佩丽、李晓红、李生平、陈靖屏、赵亮、张红松、周力田、洪丽、倪平、余琦等。人员由自动化、电子、微波、航测、计算机等专业组成，以青年科技人员为主。

（二）研究室向所或所外输送的干部

李加洪，科技部国家遥感中心总工程师、国家科技基础条件平台中心副主任。

余琦，中国科学院遥感所人事处处长、办公室主任，国防科工局重大项目工程中心副主任。

第九章　遥感辐射特性/传输研究室

一、概　　述

（一）成 立 背 景

对地观测遥感信息的产生大多来自于太阳辐射的电磁波与地球表面的相互作用或地物的发射信号。不同的地物表面对不同波长电磁波的吸收和反射特性不同，形成地物的反射或发射率随波长变化的特征波谱。地物波谱是遥感科学技术与应用研究的基础之一。地物波谱对于地物分类、目标识别常具有指纹效应，其又是联系遥感基础研究与遥感应用的桥梁。遥感所从成立以来，对地物波谱特性的研究十分重视，成立了一个研究室专门从事地物波谱特性的研究。该研究室是遥感辐射特性研究室的前身。

1997 年，遥感研究所组建了中国科学院遥感信息科学重点实验室，遥感辐射特性/传输是其 4 个主要研究方向之一，在保留原遥感辐射特性研究室和地物波谱特性研究室的基础上，其增加了多角度遥感、遥感定量反演与遥感信息同化等前沿研究方向，调整组建了新的“遥感辐射传输研究室”。

（二）建立的必要性

应用遥感技术对地面物体进行探测，是以各种地物对电磁波的反射、吸收、透射和发射特征为基础的。遥感就是通过各种有效的探测手段来收集、分析和提取各种地物的电磁波辐射在波长、时间和空间分布等的遥感物理特性，达到认识和识别各种地物的目的。因此，对自然界的地物辐射特性的研究在遥感中占有重要地位。遥感应用需建立遥感信息模型和定量反演应用所需要的生物和地学参量，开展遥感辐射特性、辐射传输、定量遥感建模与反演、遥感信息同化等研究是提高遥感应用水平的基础，是定量遥感的必要环节。因此，建立专门从事遥感辐射特性、传输机理、建模与反演研究的研究室是十分必要的。

（三）在所及学科中的地位

遥感辐射特性/传输研究是遥感技术发展和应用的重要基础之一。遥感辐射特性/传输研究是遥感所最早成立的研究室之一，是遥感所和国内专门从事遥感辐射特性/传输研究的机构。经过 30 年的科学积累和人才队伍建设，其在遥感辐射传输机理与建模、遥感定量反演与同化等方面开展了系统、深入和长期的研究，已取得了一批国内领先并具有重要国际影响的研究成果。其在研究能力、成果、仪器设备等方面在国内都是先进的，有一定的影响力。

二、沿　　革

（一）机 构 变 化

定量遥感是当今遥感科学研究发展的重要方向之一。多年来人们希望通过对典型地物波谱的测定来解决利用遥感手段进行地物识别的问题。随着研究的深入，仅研究地物波谱特性不能满足遥感应用基础研究的需要，遥感技术和应用的发展需要进一步开展遥感信息机理、遥感信息模型、定量遥感和参量反演研究。遥感所于 1993 年第三届所领导机构换届时成立了遥感辐射特性研究室。1994 年遥感所组建成立遥感信息科学开放研究实验室（后更名为遥感信息科学重点实验室），遥感辐射特性/传输作为其中重要的研究内容之一，隶属于遥感信息科学重点实验室。为了拓展遥感辐射特性/传输的研究领域，遥感所于 1997 年决定将李小文和王锦地两位从事二向性反射模型和多角度遥感研究的骨干调入遥感辐射特性研究室，遥感辐射特性/传输研究的深度和水平得到了进一步的提升。

2012 年遥感所和中国科学院对地观测与数字地球科学中心整合，成立遥感与数字地球研究所，重新组建了遥感科学国家重点实验室等 6 个二级研究机构，遥感辐射传输研究室仍隶属于遥感科学国家重点实验室。

（二）历届研究室负责人

主任田国良（研究员）（1993 年 1 月～1995 年 3 月），代主任崔承禹（研究员）（1995 年 3 月～1997 年 4 有），主任柳钦火（1997 年 4 月～2012 年 9 月）；副主任崔承禹（研究员）（1993 年 1 月～1995 年 3 月）。

（三）中国共产党的支部

遥感信息科学重点实验室党支部（1993 年 1 月～2004 年 12 月），遥感科学国家重点实验室党支部（2005 年 1 月～2007 年 9 月），遥感科学国家重点实验室一支部（2007 年 9 月～2012 年 9 月）。

（四）业 务 秘 书

王进（1993 年 1 月～1999 年 6 月）、刘强（1999 年 7 月～2001 年 12 月）、陈良富（2002 年 1 月～2005 年 12 月）、李静（2006 年 1 月～2012 年 9 月）。

（五）行 政 秘 书

王进（兼）（1993 年 1 月～1999 年 6 月）、李丽（2006 年 1 月～2012 年 9 月）。

三、学术方向与学科发展

（一）学术方向与定位

重点研究电磁波在介质中的传输特征和规律，电磁波与大气圈、水圈、生物圈和岩石圈中的典型目标的相互作用规律，遥感成像机理，遥感信息模型，以及遥感定量反演理论和方法。面向国际遥感科学前沿和我国定量遥感应用战略需求，开展遥感辐射传输机理与建模、反演与同化等基础性与前瞻性研究，推动遥感科学发展，为地球系统科学、全球变化和定量遥感应用研究提供理论和技术支撑。

（二）学 科 发 展

1. 遥感信息在介质中的传输规律及模型研究

研究遥感信息在介质中的传输规律、建立传输模型是实现遥感定量化的重要环节，在遥感应用基础研究中有着重要意义。近年来，在国家重大基金、国家攻关和国际合作等项目的支持下，重点开展了遥感信息在介质中的传输规律研究，在大气辐射传输计算、地表能量平衡/土壤水热耦合运动、植被辐射双层模型和遥感信息定量反演等研究中取得了重要进展。

1）遥感信息在大气中的传输规律及模型研究

遥感图像大气影响校正始终是定量遥感的热点和难点之一。遥感获得的是地表辐射、反射和大气影响的综合信息，在遥感应用中，要得到各种地表参数，首先要进行大气影响校正。为了克服在地表反射率未知的情况下计算辐射场的困难，该研究室发展了平行平面大气辐射传输方程的一种求解方法及通用的计算机程序。该方法的创新点是将地表反射率对辐射传输的影响从与大气的耦合中分离出来，因此在地表反射率未知的情况下，可以实现大气影响校正并反演地表反射率。该研究室发展提出了一种简化的热红外辐射计算模型，只要求较少的大气参量输入就可获得合理的热红外辐射计算精度，其适用于热红外单通道和多通道的大气影响校正，可实现地表温度的反演。以上模型与方法成功地用于低分辨率的遥感图像，如 NOAA/AVHRR 等的大气校正中，进而为应用遥感技术实现大面积农田蒸散和土壤水分的估算及旱情监测奠定了基础。

2）遥感信息在植被中的传输规律及模型研究

遥感信息在植被中的传输是相当复杂的，它包括反射、多次散射与透射。在可见光–近红外及热红外波段，其传输模型可称为二向性反射模型。我们在 1994 年发展了植被 BRDF 的几何光学与辐射传输混合模型（GORT），试图综合用几何光学模型（GO）解释树冠阴影和辐射传输模型（RT）解释多次散射的优势。GORT 模型在解释林下辐照及总反射上比较成功，但当树冠浓密时，有过高估计多次散射的各向同性的倾向，从而导致偏亮的阴影，同时 GORT 需要数值积分，不利于实际应用。

为了进一步改进 GORT 模型在预测阴影和承照面亮度上的能力和导出解析表达式，我们应用 RT 于单个树冠而非整个冠层，导出了有限厚度水平均匀冠层 8 个路径散射参数的解析表达式及考虑到下边界反射特性的总反射的解析表达式，这对有限厚度介质层的处理有极大的便利。另外一个主要创新是用一次散射源的平均源深来描述包括多次散射在内的前向和后向散射。这对半无限水平均匀植被来说只是表达方式的变化，但这一概念可直接应用于单个树冠，使复杂的数值积分解更容易近似为解析表达。

植被传输模型是土壤–植被–大气传输系统研究中的重要组成部分，针对我国农作物的生长过程中，部分植被覆盖的情况在生长季占很长时间，建立热红外遥感监测土壤水分、蒸散等的双层模型对定量化遥感具有重要意义和应用价值。当前国际研究在试验点上做了大量工作，但用遥感图像实现农田蒸散和土壤水分的估算却很少见。

我们发展了植被辐射传输的双层模型。基于能量平衡的双层模型是把土壤和作物冠层作为两个边界层来研究其传输过程，考虑了两者对蒸散贡献的不同，因此其与单层模型相比适用性强、精度高。该项研究的特点是在野外实验基础上，结合 NOAA 气象卫星资料和气象资料，利用农田蒸散双层模型，成功地实现了大面积平原地区农田蒸散和土壤水分的估算，在此基础上发展了归一化温度指数模型和作物缺水指数模型，对黄淮海平原旱情进行了监测，其精度比单层模型提高了十几个百分点。

3）遥感信息在土壤中的传输规律及模型研究

以建立卫星数据与地表水热关系为关键，建立了土壤热传输模型，发展了地表能量平衡方程的一种新的化简方法，以地表温度日变化幅度和平均温度为自变量，全面描述土壤表层热特性而为遥感定量反演地表水分打下基础。该研究室发展了热传输方程的求解方法，成功地解决了与地表特征和气象参数有关的参数求解问题，改进和发展了表观热惯量模型，可从遥感图像数据直接得到真实热惯量，进而得到土壤水分分布情况。

该研究室建立了土壤水热耦合运动方程，实现了对不同层深土壤水分的估算。在研究土壤水分运动变化规律中引入土壤水热耦合原理，在土壤–大气界面处的能量方程中定量表达水热相互作用的能量传导和转换过程，以此为耦合方程的初始边界条件，对自然蒸发条件下平原地区一定深度土壤水分分布做了估算。在方程求解中，采用时间差分有限元方法解决复杂边界条件下的求解问题，在实验上创新了一种简单的土壤热惯量野外实测方法，实现了用遥感图像直接计算土壤热惯量和土壤水分的目标。在找出土壤特性与遥感数据关系的基础上，直接利用遥感数据给出土壤表层水分含量作为水热耦合方程边界条件代入求解，完成了土壤水分与遥感信息间关系的建立，利用遥感信息对土壤中物质、能量、水分运动变化进行了定量描述，实现了对土壤不同层深水分的估算。

4）遥感信息在岩石中的传输及模型研究

遥感信息在岩石中的传输与土壤相似。我们开展了岩石在不同压力下能量场变化的研究，这是遥感应用于地震预报的基础试验。选取 26 种岩性的 34 块岩石样品在 500t 岩石压力机上进行单轴加压直至样品破裂实验，使用应变仪、位移计、声发射仪测量岩石样品的力学性质，使用遥感的便携式地面瞬态光谱仪、可见光至短波红外光谱仪、红外光谱辐射计、红外辐射温度计和热像仪，测试了在 0.4～15μm 波长区内岩石样品在不同压力下的光谱辐射特性。初步实验证实，遥感技术能够作为一种崭新的地震前兆观测方法和手段参与地震预报，还可用于矿爆、岩爆等的监测和预报，以及工程地应力变化监测和研究。

根据岩石的红外光谱特性和岩石的热性质，建立岩石的热模型，对岩石表面的 1 个日照周期内的变化进行计算，绘制出不同热惯量的岩石日周期表面温度变化。改变岩石的反射率、辐射系数和地表径向热流而得到的岩石表面温度日变化曲线显示出，这 3 个因素只是改变了温度的量值，不像热惯量那样改变形状。

5）遥感信息在水体中的传输及模型研究

这里主要指可见光在水体中的传输，包括界面的反射、折射，水中悬浮物（浮游生物或叶绿素、泥沙及其他物质）的多次散射及后向散射。但目前用于遥感监测的仍是实验模型，物理模型还在研究中。我们较为完整地研究了以叶绿素、悬浮泥沙、黄色物质为主要水体成分的水色遥感机理，以及遥感反射率与各成分散射和吸收的关系，确定了进行水体光谱分析所必需的关键参数，提出了一种目前国际上尚未完全采用的、基于局域水体的多成分同时反演算法。这种算法不同于以往一种算法反演一种物质成分的模式。

针对内陆水体遥感研究面临的主要问题，针对水面太阳耀光与天空耀光，以及光学浅水两大干扰因素，分别对水面、水体与水底进行系统研究。结合实测水深与透明度数据，该研究室提出了一种光学深水与光学浅水的划分方法；构建了波浪水面太阳耀光反射率模型与天空漫射光的偏振模型；提出了校正偏振剥离后残余反射光的方法；系统地回答了自然水面基于偏振原理剥离波浪水面反射光的可行性。

2. 复杂地表遥感辐射传输机理与建模

研究地表与电磁波相互作用机理及其尺度效应，发展非均质复杂地表二向性反射模型与热红外辐射方向性模型；研究可见光/近红外、热红外与微波遥感模型协同机制，研发多波段遥感模型集成平台与全链路遥感图像模拟系统。

（1）将基于辐射度的地表二向性反射模型扩展到热红外波段，构造了土壤–叶子–麦穗符合冠层热红外辐射方向性模型，从机理模型上刻画了作物冠层热红外辐射方向性时空变化特征。

利用机载多角度遥感数据，分析提取了典型农作物热红外辐射方向季相变化特征；通过地面多角度观测实验，分析发现，农作物冠层组分温度分布特征主要受农田小气候参数和农作物冠层结构参数影响，而且是农作物冠层水热动态平衡过程的结果表征，具有时空多变性，现有的模型难以描述其动态变化过程。

将 RGM 模型从可见光、近红外波段扩展到热红外波段，很好地描述了植被冠层结构、组分温度分布、组分发射率和太阳位置等要素的关系，能够准确计算多次散射对方向热辐射的贡献比例，解决了农作物热红外波段自身发射的计算机模拟的技术难题；进一步耦合 TRGM 与 CUPID 模型，模拟光照土壤与阴影土壤、光照叶片与阴影叶片的组分温度动态变化，分析发现土壤含水量、气温、叶面积指数、风速和太阳辐射是作物冠层热红外辐射方向性季相和时相变化最主要的影响因子。

通过植被冠层组分温度分布观测实验，发现农作物抽穗前后组分温度分布特征差异显著，而麦穗温度差是造成抽穗期小麦方向亮温的主导因素，现有的辐射传输模型不能描述。热红外辐射方向性模型解决了穗互相遮挡的可视因子的计算，穗层、叶层和土壤层之间的耦合关系描述，构造了土壤–叶子–麦穗符合冠层热红外辐射方向性模型，填补了作物抽穗时期热红外辐射方向模型描述的空白。

（2）提出地表二向性反射与大气辐射传输耦合的山地辐射传输模型与尺度效应纠正方法；将基于辐射度的计算机模拟模型拓展到大场景非均匀地表，研发了大尺度光学遥感辐射度模拟软件。

针对山区地形影响问题，引入地形校正因子，耦合地表二向性反射模型和大气辐射传输模型，提高山区地表反射率和反照率计算精度，通过理论分析和数学推导说明山区反照率计算具有尺度效应，提出复杂地形条件下尺度效应纠正因子，并采用数值模拟和实际遥感数据进行验证和应用。

针对遥感普遍存在的混合像元问题，以 RGM 模型为基础，发展非均匀混合像元二向性反射模型、热红外辐射方向性模型，提出大场景辐射度求解算法，实现 500m 像元尺度的二向性反射与热红外辐射方向性模拟，开发了“大尺度遥感辐射度模拟系统 V1.0”，为非均质混合像元遥感辐射传输机理和建模研究提供了基础平台。

该研究室发展了像元尺度多角度多波谱核驱动模型，在原有核驱动模型的基础上，将几何光学核和体散射核拓展为角度和波长的共同函数，从而使核系数成为与波长无关、仅与冠层结构有关的参数，为实现多传感器遥感数据协同反演地表反照率打下了基础。

（3）耦合地表–大气–传感器全链路的遥感辐射传输与成像模型，将三维目标辐射传输模型引入热红外遥感成像模拟，构造了考虑临近像元效应的热红外大气辐射传输解析模型，集成研发了我国第一个基于辐射传输的全链路光学遥感图像模拟软件。

该研究室设计了基于辐射传输模型的全链路高分辨率光学遥感成像模拟技术体系，将模拟过程划分为地表场景、大气作用场景及传感器成像场景三部分，并充分考虑了三部分间的辐射传输耦合过程。该体系扩展了现有的三维辐射传输模型，使其能够模拟复杂地物目标方向性辐射，建立了热红外大气辐射传输解析模型，并充分考虑临近像元的发射、散射贡献，实现不同观测几何、大气状况等条件下多变量、像元级大气辐射传输模拟。该体系分别构建了推扫式和画幅式传感器的几何构象模型，集成研发全链路光学遥感成像模拟软件，耦合地表辐射传输、大气辐射传输、传感器成像、卫星姿态与轨道模拟模型，开发了针对我国环境与减灾小卫星可见光与红外传感器、中巴资源卫星光学传感器、“天宫一号”红外相机等新兴光学遥感载荷成像模拟系统。

（4）复杂地表非均质混合像元模型建模。

该研究室开展了考虑边界散射的可见/近红外非均质混合像元二向反射建模研究。模型能够定量描述由植被高差而导致的边界处阴影等对混合像元可见/近红外二向反射的影响。模型将非边界区域看作是单一植被类型的纯像元，采用已有成熟的模型进行描述；边界区域，则采用每个点的双向间隙率求积分的方式来对混合像元单次散射进行精确求解。

该研究室开展了热辐射方向性模型构建研究。模型将混合场景分解为植被区域和道路区域两个部分。其中，道路区域由道路及其两侧的植被的侧面所构成，植被区域由叶片及土壤背景构成。假设植被的侧面是不透光的刚体而植被内部是存在空隙的非刚体，最终推导出包含光照道路、阴影道路、光照叶片、阴影叶片、光照土壤、阴影土壤 6 个组分的热红外波段几何光学模型。

3. 遥感定量反演研究

随着遥感技术的发展，遥感数据的种类和数量都在迅速增长，对地遥感观测在空间分辨率、光谱分辨率、光谱覆盖范围等方面都有新的提高。如何把大量的遥感数据更准确地转变为人们需要的地表各种特性参数的面状信息，用来帮助人类认识、保护和利用自然资源，是遥感反演面临的重要课题。遥感辐射特性/传输研究室一直把遥感反演研究作为重点研究内容。

1）定量遥感反演面临的主要问题

（1）地表遥感像元信息的地学描述问题。

遥感的本质是反演。要进行遥感反演研究，首先要解决的问题是对地表遥感像元信息的地学描述。一般用遥感模型描述像元的观测量与地表实用参数之间的定量关系。这种描述模型的精度与参数量成正比，而精确的模型需要较多的参数。

（2）定量遥感反演理论的问题。

定量遥感发展的一个主要障碍是反演理论的研究不足。陆地遥感反演的根本问题在于定量遥感往往需要用少量观测数据估计非常复杂的地表系统的当前状态，其本质上是一个病态反演问题。

（3）遥感模型反演中的不定解问题。

由于成像过程的复杂性，在遥感的反演问题中，一般都有太多的未知因素，而目前的观测数据量十分有限，所包含的信息量更不足以满足精确反演的需要，因而是不定解问题。相对于物理模型的参数（结构参数和光谱参数）数目来讲，目前遥感的信息量仍然不足。

2）定量遥感反演理论研究

（1）遥感反演中参数的不确定性与敏感问题的研究。

人们早已认识到参数敏感程度对反演成败的影响，对于反演策略的制定，通常认为应该把不敏感的参数固定下来，但如何定义参数的敏感程度尚无一致意见。研究认为，应该用观测数据的子集去反演最敏感及最不确定的参数，这就要求客观地确定哪些参数是最敏感和最不确定的，以及如何寻找相应的敏感数据集。由此我们引入了不确定性和敏感性矩阵（USM）的概念，从较为客观的角度阐述了参数在反演中的不确定性和敏感性，并以此为基础制定了基于知识的多阶段反演策略。由于每个参数在不同的采样方向有不同的敏感性，而且相同的样本对于不同参数的敏感性也有很大的差别，我们建议使用敏感性矩阵来描述各参数在每一采样方向上的敏感性，以最有效地应用有限的遥感信息实现对地表真实知识的积累。

（2）多阶段目标决策反演策略研究

多阶段目标决策的主要基础是对数据和参数的不确定性和敏感性分析，实现有依据地进行观测数据子集和参数子集的分割，从而可以在每一阶段的反演中，充分应用敏感数据子集，反演参数子集中不确定性最大的参数子集。我们提出了在遥感反演中引入基于多阶段目标决策的反演测量，并建立了相应的遥感反演框架，其成为近年来我国定量遥感反演的主攻方向。

（3）先验知识在遥感反演中的作用研究。

所谓先验知识，指在反演之前，或多阶段反演中某一阶段之前已有的知识，我们倡导在遥感反演中充分利用各种先验知识，给出各种先验知识的表达，并不断通过积累野外观测试验数据、各种地学先验知识数据、已有的遥感反演结果等多种途径积累先验知识。针对有限遥感信息量条件下反演的困难而提出多阶段目标决策反演方案。我们明确指出了在遥感反演中引入地表先验知识的重要性及其在无定解反演中的作用，从理论上给出了在现阶段遥感反演中引入先验知识的方法，从而充实了基于知识积累的反演方案。

4. 地表参数多源遥感协同反演理论和方法

研究地表参数多源遥感协同反演理论和方法，构建全球综合观测定量遥感产品生产技术体系，研发多尺度地表参数定量遥感产品生成系统。

（1）提出基于信息量度量的多源遥感协同反演理论，发展地表参量多源遥感协同反演方法，集成研发了多源遥感数据定量遥感产品生产与服务软件。

遥感辐射特性/传输研究室提出基于熵差法信息量度量的 LAI 遥感反演理论，定义“熵差”来反映多角度遥感数据对于 LAI 反演的信息量，为新型遥感传感器最优角度选择，以及多源遥感协同反演中的有效权重函数提供理论依据。

该研究室发展了基于极轨与静止卫星相结合的光合有效辐射估算方法，为全球地表反照率和辐射产品生产提供了技术支撑。该研究室发展了同类型多源遥感数据形成多角度多波段数据集的地表参数反演技术，在地表反照率/BRDF 的计算中，基于 MODIS、AVHRR 和 VIRR 等中低分辨率传感器，利用其不同的观测几何，构建同类型中低分辨率传感器组网的多角度观测数据集。发展了多角度多光谱地表 BRDF 核模型（ASK）及综合多传感器遥感数据的地表 BRDF 和反照率反演方法（MCBI）与时空滤波技术，解决了地表 BRDF 反演面临的遥感观测信息量不足和时空缺失时间分辨率低的问题，支持全国和全球地表 BRDF 与反照率产品生产。

开展了协同多空间分辨率提供亚像元信息提高植被参数反演精度的方法研究，在 LAI 计算中的关键参数聚集指数的算法研究中，提出了基于高分辨率遥感数据计算混合像元聚集指数的方法。

主持开发了“多源遥感数据定量遥感产品生产与服务系统”软件，是我国第一个基于多源遥感数据进行定量遥感反演的软件系统。

（2）提出可见光与主动微波遥感协同反演植被结构和生物量的方法，提出了热红外与被动微波辐射联合反演土壤水分与地表温度的方法。

基于统一冠层结构和地表参数，构建了植被可见光 BRF 和微波后向散射系数拟合模拟库，实现了基于统一植被冠层参数的可见光 BRF 和微波后向散射系数的联合模拟，提出了 LAI、树高和生物量等关键植被结构参数的光学和微波遥感联合反演方法。

分析建立了 L 波段微波等效温度与红外地表温度的关系模型；实现了作物冠层热红外与微波辐射传输的一体化建模，提出了热红外与被动微波联合反演作物 LAI 及土壤含水量的方法。

5. 多角度遥感研究

遥感正面临着从定性到定量的过渡，地面目标的空间结构信息、波谱和温度信息的获取是定量遥感的主要目标之一。传统的单一观测角度遥感只能得到地面目标在一个方向的投影，很难得到目标的三维结构，热红外波段所得到的也只是像元的平均温度。随着多角度遥感器的陆续出现，多角度遥感正成为一个新的研究领域而受到了普遍关注。多角度、多光谱成像技术及其应用是遥感发展到一定程度的必然。

基于地物目标方向特性的多角度遥感不仅是当前遥感的热点之一，而且也是难点之一。因为地物，尤其是植被二向性反射分布函数（BRDF）模型研究不仅建立一些精确的描述辐射与植被相互作用过程的数学模型，更重要的是如何依据这些模型和多角度遥感反演出许多领域中都很有价值的植被结构参数和物理量，有效地进行植被生长模拟、动态监测和类型区分，为遥感提供更多的三维信息，开拓遥感的新领域。

遥感辐射特性/传输研究室在国家自然科学基金重点项目、国家 863 计划项目和攀登项目等的支持下，近年来围绕着多角度遥感在植被光学遥感机理、地表结构和光谱参数测量、热红外辐射的方向性遥感机理、多角度遥感系统等应用基础研究领域开展系统研究，主要研究进展已经得到国际该领域专家的公认。

1）热红外辐射的方向性机理探索研究

从遥感数据中直接反演地表真实温度，对地表能量交换及相关领域的应用研究均有重要意义。目前热红外辐射的方向性是影响地表温度反演精度达到 1°K 的主要障碍之一，基于可见光近红外多角度遥感机理研究和遥感像元大多非同温的特点，我们近期在承担国家攀登计划中对非同温像元的等效发射率给出了新的理论定义，并据此提出并发展了非同温像元的等效发射率概念模型。该模型可成功地解释地表像元尺度上热红外辐射的方向性。

2）地物二向性反射及结构参数的测量方法研究

BRDF 的研究除了模型的建立外，如何开展野外测量和验证也是它的重要研究内容之一。近年来，我们开展了室内外实验，发展了测量方法，形成了包括数据自动采集、方向反射可视化到模型验证和目标结构参数反演的一套完整的实验与分析系统，如叶片反射透射偏振测量装置、机载宽视场双摄像机（CCD）成像系统、底视断层成像系统，取得了一套为模型验证所需的实验数据，提供了模型参数和用于反演的先验知识。我们不仅参加了多个国家在美国的测量实验，而且吸引许多外国科学家到中国参加实验。

3）研制光学与微波集成的我国第一套多波段多角度遥感综合观测实验平台，在国际上具有特色

该研究室主持研制了光学与微波集成的多波段多角度观测实验平台，建成了 30m 高架三维观测平台及 20m 车载遥感实验平台，其成为国内首个近地面光学与微波遥感联合实验系统，实现可见光/近红外反射、热红外辐射、雷达后向散射与被动微波辐射特性的集成联合观测。

4）我国多角度成像系统的研制

通过二向性反射模型研究，该研究室主持了国家 863 预研项目“多角度对地观测技术与应用研究”[863-308-14-029（3）]，按照基础与应用研究的初步结果，提出了“机载多角度多波段成像仪”研制的初步方案，提出了系统设计和重要技术指标要求，为我们后续承担的国家 863 项目“机载多角度多光谱成像系统”正式立项奠定了基础，在此基础上，于 2000 年完成了机载多角度多光谱成像仪原理样机的研制，可同时获取可见光到热红外 3 个波段 9 个方向的遥感图像，同时还开发了多角度、多光谱数据处理系统，并经过两次飞行试验，获取了大量的多角度遥感数据并开展了应用示范。

6. 地表辐射与能量平衡遥感

遥感辐射特性/传输研究室研究地面台站观测信息、定量遥感信息与地表过程模型的时空同化理论和方法，研发地表辐射与能量平衡参量的定量遥感综合估算系统，探索地表辐射与能量平衡的时空变化特征及其全球变化响应机制。

该研究室发展了静止卫星与极轨卫星协同反演高时空分辨率，全天候辐射参数：DSR、DLR、PAR 的方法。以 GOES-W/E、MSG、MTSAT、FY2 等 5 种静止卫星传感器与 MODIS 等中低分辨率极轨卫星形成全球辐射产品组网方案，发展了静止卫星和极轨卫星数据结合的云天下行辐射反演关键技术算法，实现了全天候，高时空分辨率全球下行短波辐射、PAR、下行长波辐射及净辐射协同反演算法技术体系。

7. 气溶胶定量反演和高性能地学计算

该研究室构建了陆地气溶胶光学厚度遥感定量反演方法和高性能气溶胶反演网格中间件，以及全国气溶胶快速监测示范系统，并建立了我国第一个自主研发的长时间序列（空间分辨率：10km 和 1km；时间尺度：2002 年 8 月至今）气溶胶光学厚度数据集（China Collection 2.0 和 China Collection 2.1），并且向社会公开发布。在陆地上空大气气溶胶遥感研究领域具有原始创新性，其研究成果达到了国际水平，

已经在国内外的学术刊物上发表，其中SCI收录文章19篇。

该研究室探索了网格计算中高容量计算技术在定量遥感中的应用，开发了定量遥感反演网格计算平台中间件，实现了网格计算技术在定量遥感反演研究领域的示范应用，使得区域遥感信息近实时定量反演和发布成为可能。在系统平台开发方面，建立了基于网格环境下以MODIS为主的遥感信息定量处理与信息发布应用示范节点"RSIN-遥感研究与信息服务节点"（http：//www.tgp.ac.cn）。

（三）学 科 特 色

研究遥感信息机理，传输理论和定量遥感，提高解决国家建设中若干重大关键遥感科学技术问题的能力与水平，不但具有重要的科学技术意义，也是国民经济建设和社会发展的迫切需要。因此，重视基础理论研究，密切结合实际应用是遥感辐射特性研究室科研工作的一大特色。

该研究室侧重遥感信息的形成、传输规律、成像机理与遥感信息定量反演理论和方法研究，在较高起点上，保持与国际水平同步。紧紧抓住一些重大、关键的遥感应用领域急待解决的基础性问题开展研究工作，目标明确，针对性强，形成了基础研究与应用研究紧密结合的学科特色。

该研究室发展的几何光学–辐射传输混合模型、热红外非同温像元等效发射率模型、土壤的热惯量模型、基于遥感的植被能量交换的双层模型、将反射率从与大气耦合中分离出来的大气影响校正模型、基于局域水体的多成分同时反演算法、多角度遥感的理论和仪器研制、地表参数多源遥感协同反演理论和方法等研究形成了我们的研究特色。

四、科研任务、项目与成果

（一）承担的项目与任务

该研究室共承担项目80余项，其中国家自然科学基金重大项目1项、重点项目2项，面上基金10项、青年基金9项，国家"九五"攀登预选项目1项，国家重点科技攻关项目2项，国家科技支撑项目1项，国家高技术研究发展计划（863计划）17项，国家重点基础研究计划（973计划）3项，国家载人航天工程民用遥感分系统项目1项，国防科工委项目1项，中国科学院重点部署项目、西部行动计划项目等7项，中国科学院项目2项，国际合作项目3项等。

（二）研究成果与推广应用

1. 成果

出版专著6部。发表论文401篇，其中SCI论文95篇、EI刊物论文17篇、核心期刊论文126篇、大会特邀报告2篇、EI会议论文及一般会议论文161篇。获奖5项，其中获得国家科技进步奖二等奖1项、中国科学院科学技术进步奖一等奖1项、获军队科技进步奖二等奖1项、北京市科学技术进步奖一等奖1项、上海市科技进步奖二等奖1项。

2. 成果转让与应用

遥感信息模型是遥感应用深入发展的关键，也是遥感信息定量化的重要组成部分。应用遥感信息模型，可计算和反演对实际应用非常有价值的地球物理参量。发展的几何光学–辐射传输一体化混合模型特别适用于传统的辐射传输模型难以处理的森林等不连续植被，其已用于森林下辐射度和林冠表面二向反射特征的计算。在美国对地观测计划中的陆地二向性产品方案评选中，我们发展的模型被选为地物起伏像元和不连续植被像元最合适的模型。理论和实验测量方法的创新性，吸引了许多国外专家到中国进行学术交流和实验，并成功地召开了第一届国际多角度遥感会议，现在已发展成为系列性的国际会议。

植被、土壤、大气等方面的遥感信息、传输模型在黄淮海平原的农田蒸散和土壤水分的估算、农田旱情监测中得到了很好的应用，并取得了显著的社会经济效益。

针对农作物生长过程，部分植被覆盖的情况在生长季节占很长时间，因此建立热红外遥感监测土壤水分和蒸散等的双层模型对定量化遥感具有重要意义和应用价值。基于能量平衡的双层模型研究的特点是在野外实验的基础上，结合 NOAA 气象卫星资料和气象资料，利用农田蒸散双层模型，成功地实现了大面积平原地区农田蒸散和土壤水分的估算。

在遥感信息传输模型研究的基础上，应用发展的 NOAA/AVHRR 大气订正和定量反演的方法，通过农田水分蒸散和土壤热模型，直接从遥感图像计算得到土壤水分和农田旱情数据，建立了农作物旱情遥感监测与评估指标体系，及时提供大面积农作物的旱情分布和受旱面积，为农业管理、抗旱减灾、指导合理灌溉提供科学依据，为农作物估产、农业规划、农田管理、水利工程建设和发展节水农业提供科学依据，不仅具有较大的社会效益和经济效益，而且具有广阔的推广应用前景。黄淮海平原旱灾遥感监测评价系统自 1993 年将旱情监测结果及时提供给新乡市黄淮海平原开发办公室，他们用于对该区的 400 多万亩冬小麦的农田管理指导合理灌溉，有效地指导了该区的抗旱减灾工作，每年可获得经济效益约 6000 万元。对黄淮海平原旱情进行大面积实时监测，提供大面积旱情的空间分布状况，这是常规旱情监测方法做不到的。目前黄淮海平原旱情监测系统已转让给中国农业科学院农业区划研究所应用。

研究成果受到国际关注，与澳大利亚科学与技术联合委员会合作项目“土壤水分和干旱的遥感监测”已连续进行了三期合作，已将研究成果用于两国大面积的实际旱情监测。双方共同发展了农田蒸散的双层模型、归一化温度指数模型。我们还自行发展了遥感信息大气影响校正模型，作物缺水指数模型。上述方法用两国的数据进行了检验，并分别在两国选择了几十万平方千米的区域开展了大面积土壤水分和干旱的监测。该项目合作受到澳大利亚科技部首席科学家 STOCKER 和 CSIRO 国际合作局局长 Ta—Ren—Liang 博士的高度评价，认为该项目是中澳最有成效的合作项目之一。

国家科技支撑项目“面向环境监测的多源遥感数据协同反演与同化技术及软件研发”的研究成果提交至环境保护部卫星环境应用中心，该成果对环境一号卫星环境应用系统建设起到了重要的技术支撑作用，其中地表反照率、叶面积指数、地表温度/发射率等产品遥感反演的相关模型和算法已在环境一号卫星环境应用系统建设中采用。

“面向环境监测的多源遥感数据协同反演与同化技术及软件研发”课题的部分工作成果还被应用于中国资源卫星应用中心“HJ-1A/BCCD 数据的大气纠正”工作，生产了环境星 CCD 的地表反射率产品，该项工作对中国资源卫星应用中心的业务工作起到了有力的支撑作用。

“环境一号 HJ-1A/B CCD、HJ-1B IRMSS 数据模拟软件包”项目是中国资源卫星应用中心全国陆地观测卫星地面系统模拟分系统的重要组成部分。开发的软件集成了地表辐射传输模型、大气辐射传输模型、遥感传感器成像模型，以及卫星姿态与轨道模拟的全链路遥感图像模拟软件，满足了大系统大回路测试过程中压力测试和误差测试的需求，在中国资源卫星应用中心“全国陆地观测卫星数据处理和服务设施建设项目”中做出了重要的贡献。

五、科研队伍建设与人才培养

（一）科技人员组成、结构与培养

主任田国良、柳钦火，代主任、副主任崔承禹。

1999 年 7 月以后成立顾问组：李小文（研究员/院士）、田国良（研究员）、徐希孺（教授）、Alfredo Huetu（教授）、Massimo Menenti（教授）、Ranga B. Myneni（教授）、俞运跃（教授）。先后在该室工作的成员有：田国良、崔承禹、李小文、柳钦火、王锦地、余涛、孙利国、王进、支毅桥、张晋开、秦益、李付琴、杨希华、吕永红、隋洪智、杨习荣、薛勇、陈良富、王志刚、肖青、刘强、辛晓洲、李静、杜永明、闻建光、仲波、李丽、杨乐、光洁、历华、张海龙、施建、伍朝琳、周艺、曹吉星、李莉。

（二）研究生培养

该室共培养硕士研究生 28 名，博士研究生 40 名，博士后出站 8 名。

（三）研究室出的院士

李小文研究员于 2001 年当选为中国科学院院士。

（四）研究室向所或所外输送的干部

李小文于 2002 年任遥感所所长。
田国良于 1994 年 12 月任遥感所副所长。
柳钦火于 2004 年 11 月～2007 年 5 月任遥感所遥感科学国家重点实验室副主任。
柳钦火于 2007 年 6 月起任遥感所遥感科学国家重点实验室常务副主任。
柳钦火于 2010 年 6 月～2012 年 10 月任遥感所所长助理。

（五）研究室成员的国际学术组织任职

李小文任第一届国际多角度遥感会议主席，国际多角度遥感会议组委会委员。
田国良任国际农业与林业遥感会议学术委员会委员。

1）柳钦火国际学术组织任职情况

2009 年，Member of ISPRS Working Group VIII/6 on "Agriculture，Ecosystems and Bio-diversity"。
2009 年，IEEE，Member of Geoscience and Remote Sensing Society。
2011 年至今，Member of Editorial Board，Journal of the Indian Society of Remote Sensing。

2）薛勇国际学术组织任职情况

英国皇家特许物理学家（CPhys）、IEEE 高级会员、英国物理研究所学术成员（MInstP）、英国遥感和航空测量学会专业会员（AFRSPSoc）、SCI 收录国际杂志"International Journal of Remote Sensing"和"International Journal of Digital Earth"编辑。2005～2007 年，国际计算科学及应用大会（ICCSA）组委会成员；2004～2009 年，国际计算科学大会（ICCS）国际技术委员会委员，"地学计算分会"主席。

（六）优秀中青年人才

遥感辐射特性/传输研究室 80%以上为中青年科技人员，在优秀的老一辈科学家的指导和带领下，他们热爱工作、勇于创新，作为项目骨干成员出色地完成了多个重大项目中的研究任务，积累了丰富的专业学术知识，并迅速成长为项目及课题负责人。在多角度遥感和辐射传输研究领域有王锦地、柳钦火、余涛等，他们都是很优秀的学术接班人。在国际合作项目执行过程中，有的年轻人独当一面，单独出国执行任务，受到很高评价。研究室的中青年科技人员均获得了国家自然科学基金的资助，从自身的研究兴趣点出发，逐渐拓展了新的研究领域，在各自研究领域站稳脚跟，经受了科研和管理实践的锻炼，积累了一定的经验，他们已经具有较强的学术、业务及管理工作能力和水平。

研究室的中青年科技人员中先后有 10 人（王锦地、柳钦火、余涛、刘强、肖青、辛晓洲、李静、杜永明、闻建光、历华）晋升为高级职称。

（七）人才培养措施

建室以来，该研究室就十分重视科研队伍的建设与培养，一直注意把培养年青的跨世纪高级研究人才和学科带头人作为主要任务来抓。为了尽快培养出一批高水平的优秀科技人才，以适应当今国际科技竞争和跨世纪发展的需要，我们主要采取了以下一些措施。

1. 鼓励支持科技人员出国参加国际学术会议

该研究室为给科研人员提供更好的交流平台，使新的科研成果能够在国际相同领域内得到充分交流和讨论，使他们在与国际一流科学家的直接交往中得到锻炼和提高。研究室鼓励科技人员参加各类在国内外举行的国际遥感会议，先后有 60 余人次出国参加高水平国际会议并做分会报告。

2. 鼓励支持科技人员出国访问和进修

研究室鼓励科研人员申请各类出国留学计划，并为他们出国进修提供便利，先后有 10 人次前往国外一流科研机构进行访问和进修，为提升各自的科研水平起到了重要作用。

3. 在国际合作中培养

大力输送青年科技人员出国进修或合作，出国考察、访问使他们在激烈竞争的国际环境和高水平的科研工作中提高水平、增长才干，也为他们尽快进入国际前沿研究领域创造条件。研究室承担的中国–澳大利亚科学与技术联合委员会合作项目“土壤水分和干旱的遥感监测”已从 1991 年起连续进行了三期合作，合作机构的层次、科学家的水平都很高。双方的合作推动了我们的应用基础研究，使我们的应用基础研究与国际接轨，培养了青年骨干，先后三人被派往澳大利亚联邦科学与工业研究组织（CSIRO）工作约两年。

2008 年研究室承担欧盟框架项目 FP7-CEOP-AEGIS，并与法国斯特拉斯堡大学合作，该研究室优秀的青年科研人员李静、历华、仲波作为项目骨干承担了项目主要的科研任务，通过在项目中的历练，以及与国际同领域专家的合作研究，3 人中有 2 人晋升高级职称，1 人成为 863 等项目的课题负责人。

4. 邀请国内外一流专家来我室进行交流访问

研究室多年来非常注重同领域国际上的发展状况，多次邀请国内外一流的专家澳大利亚 CSIRO 对地观测中心 David Jupp 主任、美国国家航空航天局（NASA）Goddard 空间飞行中心（GSFC）覃文汉高级研究员、美国乔治梅森大学地理系孙冬联教授、美国 NOAA/NESDIS 卫星应用及研究中心俞运跃研究员、澳大利亚悉尼理工大学气候变化中心余强教授、Derek Eamus 教授、Alfredo Huete 教授等来研究室进行交流访问，为研究室科研人员提供了相互交流的机会。

5. 鼓励在职科研人员攻读研究生

为了提高在职科研人员的专业理论水平，不断改善研究室人员的知识结构，我们积极鼓励在职科研人员攻读研究生，在该室成立之初的三年来，共培养在职硕士研究生 3 名，其中余涛已毕业，已成为遥感辐射特性研究主要科研骨干。

6. 加强学风培养

该研究室重视科研人员素质培养，加强理论基础和野外试验科学研究的训练，加强严谨的学风培养，在科研工作中从难从严，提倡办实事、讲实话，重视整体素质的提高。

第十章　高光谱遥感研究室

一、概　　述

遥感所高光谱遥感研究室成立于20世纪90年代初期，作为国内高光谱遥感应用与研究的开拓者，其在国内甚至国际高光谱遥感研究领域具有重要地位，是遥感应用研究所具有鲜明特色的重要研究方向之一。

在国际高光谱遥感发展初期，高光谱研究团队与合作者把握时机，开展了高光谱遥感技术和应用研究，使我国这一技术在成像光谱、超多波段大容量信息的高速处理、信息定量化、以图像立方体为特征的可视化、地物光谱信息提取及地物目标识别和分类，特别是地质矿物的识别与提取等研究方面取得了重要进展，代表了我国20世纪80年代末期和90年代这一领域的发展方向。

近年来，高光谱遥感研究以高光谱遥感技术在地质、农业、林业、生态等领域的应用为牵引，形成了以高分辨率成像光谱数据获取仪器设备研发、高光谱遥感机理研究、高光谱数据定标、数据预处理，以及高光谱遥感数据在固体地球探测、生态环境监测、农林遥感、碳源、碳汇研究等为核心内容的高光谱遥感研究团队，在满足国家需求与社会需求方面，做出了积极贡献，目前承担了国家级和部委的大量高光谱遥感研究的重要科研项目。高光谱遥感的研究和应用，已经显示出了广阔的发展前景。

二、沿　　革

（一）机 构 变 化

高光谱遥感是遥感科学研究的重要方向之一。1979年遥感所成立，地物波谱与航空遥感、计算机遥感图像处理、计算机制图、遥感应用与地理信息系统是遥感所建所初期的五大学科支柱。1993年第三届所领导机构换届时正式成立了高光谱遥感科学研究室。1994年遥感所组建成立遥感信息科学开放研究实验室，高光谱遥感机理与应用是该实验室的重要研究方向之一。

（二）历届研究室负责人

高光谱遥感研究室的第一任主任是郑兰芬研究员（1993～2001年），其他历任室主任为张兵研究员（2002～2007年）、张立福研究员（2008～2012年）。

（三）科 研 秘 书

王连琴（1993～2001年）、周丽萍（2002～2012年）。

三、学术方向与学科发展

（一）学术方向与定位

高光谱遥感研究室密切注视国际上高光谱遥感研究的发展趋势，积极开展国内外高光谱学术交流活动和国家遥感合作研究项目，开拓国际市场，使高光谱遥感研究室在国内外高光谱分辨率遥感的成像理论、图像获取、图像信息提取、图像应用和国际合作研究方面独具时代特色和中国特色。

高光谱遥感研究室的主要学术方向为高光谱遥感前沿技术研究、高光谱遥感数据获取与成像载荷研制、高光谱资源环境应用研究、量子遥感等。

1. 高光谱遥感前沿技术研究

其主要研究内容与定位：研究新概念高光谱遥感探测理论与方法，研制新型高光谱探测设备，提高数据获取能力；研究高光谱遥感数据辐射纠正技术，通过高光谱数据融合技术研究，提升高光谱数据质量；研究高光谱数据的特征提取、参数反演、地物精细分类与目标探测技术；研究时谱分析技术，提取植被全球变化敏感因子。其主要包括以下几个方向：新型高光谱探测技术；高光谱辐射纠正与质量提升；高光谱特征提取与目标探测；高光谱参量反演与时谱分析；高光谱精细分类与地物识别。

2. 高分辨率数据获取

高光谱遥感研究室的主要研究方向除了高光谱分辨率遥感理论与算法研究外，还在新型遥感器研制方面积极展开探索，研制了高空间分辨率遥感及光学遥感器系统、可见近红外与短波红外地面成像光谱仪、航空成像光谱仪、面向国土资源应用的岩心成像光谱系统、面向微观遥感探测的显微成像光谱系统、智能高光谱遥感器、偏振成像光谱仪等，并开展检校、定标及遥感应用研究。研制的系列仪器在四川汶川地震和青岛奥帆赛区浒苔监测等应用中均发挥了重要作用，为适时决策提供了快速准确的依据。

3. 高光谱资源环境应用

研究高光谱遥感石漠化监测技术，提高石漠化监测能力；基于植被荧光探测和光谱指数，研究高光谱遥感碳源汇监测技术及应用，提高人们对全球变化的监控能力；研究高光谱遥感技术在深空探测领域的应用，拓展高光谱遥感应用领域，其主要包括高光谱深空探测；高光谱石漠化监测；高光谱碳源汇监测；高光谱生态环境应用。

4. 量子遥感

以量子力学为理论基础，以量子遥感理论、实验、技术和应用等为主体的技术系统为研究内容，目的是能够获得更深刻、更丰富、更微观的遥感信息。量子遥感是反映遥感在量子层次上运动规律的理论与方法。与常规遥感对比的优势主要表现在低噪声、高分辨率和高成像质量；量子遥感研究的目标是研制可在实验室外使用的实用传感器，该传感器的分辨率将超过常规遥感器的分辨率。

（二）学 科 发 展

1. 地面成像光谱辐射计

高光谱遥感研究室研制了具有我国自主知识产权的地面成像光谱辐射计，实现了对地物的高分辨率成像光谱测量，既可获取测量目标的图像，又能获得图像上高分辨率任意像元的光谱曲线，既提高了野外地面光谱测量的工作效率，又为目标的结构光谱分析、混合光谱分解和纯像元提取工作提供了更有利的信息数据。该设备设计先进，性能稳定可靠，是成像光谱地面测量技术的重大突破和创新。地面成像光谱辐射计相比传统地面光谱仪，地面成像光谱辐射计系统既满足了地面光谱测量的需要，又增加了目标的解析率，减少了周围环境背景对地物目标的光谱影响，提高了光谱测量的稳定性和准确性。

2. 岩矿高光谱遥感

针对我国矿产资源匮乏的问题，开展了高光谱遥感的示矿信息提取和成矿远景区预测研究。在以黄金找矿为目标和以油气资源为对象的地质研究中，第一次直接提取了多矿蚀变信息，进行了碳酸盐和黏土矿物信息的定量提取和制图。在新疆柯坪地区将两个含有相同灰岩但主矿物不同（白云岩和方解石）的地层（寒武–奥陶和二叠纪）明显地区分开来，开创了“遥感直接鉴别（某些）矿物”的先例。并搭建了典型地物波谱库、岩矿多维数据库，研究了岩石矿物光谱特征，在国内首次提取了金矿铀矿区蚀变信息。提出覆盖区卫星高光谱数据岩性弱信息提取算法模型，为中国北方覆盖区地质矿产调查与评价提供技术保障。研究基于多源多尺度遥感数据的示矿信息提取与地质矿产信息的复合分析技术，提出具有重要应用价值的资源远景区和靶区。该研究室率先开展了星空地一体化关键技术研究，构建了 SiO_2、CaO 光谱指数模型，研发了岩心成像光谱数据编录系统，实现了矿物高光谱多维制图，为深部找矿提供了有效的技术支持。

3. 内陆水体高光谱遥感

围绕我国典型内陆水体水环境污染问题，开展了多次大规模的高光谱遥感星空地一体化综合监测实验，以此为基础进行了水环境高光谱遥感监测的机理研究，解决了基于高光谱遥感的内陆水体水质监测中的若干关键技术难题，包括面向水体的高光谱遥感数据自动化预处理技术，基于高光谱遥感的内陆水体水质参数高精度、快速反演技术，基于高光谱遥感的内陆水体富营养化自动化评价技术等，推动了高光谱遥感在水环境监测中的应用深度和广度。基于这些研究成果，研发水环境遥感监测系统，并在国家级和省级环境保护部门开展业务化应用，促进水环境遥感科研成果为水环境保护国家需求服务。

4. 精准农业高光谱遥感

将高光谱遥感技术与农业精准生产管理需求相结合，开展作物生长和农田环境信息的定量遥感方法、技术研究，为农田水、肥、药管理提供精确的决策支持。该研究室提出了高光谱冬小麦病害指数，根据病害指数和病害程度等级，实现大面积、快速的冬小麦病害的航空填图；建立水平尺度和垂直分布上的作物长势遥感反演模型，实现作物养分亏缺的早期探测，并利用地理信息系统、专家系统、决策支持系统等技术，提出了典型农作物的精准管理决策处方；基于作物长势的时序高光谱动态监测，结合历史辅助数据，实现区域尺度的作物遥感估产。相关研究获得国家科学进步奖二等奖 1 项。

5. 光学遥感辐射定标

该研究室系统研究了光学（可见光–近红外）遥感器在轨替代定标技术，重点研究了光谱响应函数在轨监测、相对辐射定标、绝对辐射定标、交叉定标及辐射性能在轨监测等关键问题，形成了在关键参数不全、无星上定标数据支持条件下的高精度、高可靠、高频次定标的系统技术和试验方法，并针对高光谱遥感器连续细分光谱成像特点，提出了一体化的光谱和辐射综合定标技术，解决了高光谱遥感器光谱与辐射定标的缠绕问题，并建立了光谱维整体定标、低信噪比波段定标等模型与方法，提高了高光谱遥感器定标的精度。

6. 无人机遥感系统

该研究室完成了基于小型旋翼无人机平台的遥感应急监测系统集成及关键技术研究。无人机载荷集成有高分辨率相机系统、视频跟踪监视系统、有害气体监测系统、红外相机、高光谱成像仪等载荷，并可实现小型 LiDAR、被动微波辐射计等设备的集成。其中，高光谱成像系统为遥感所与上海技术物理研究所联合研制的小型成像光谱遥感设备，可灵活机动应用于地面野外成像光谱数据获取，也可以集成在无人机平台上，实现遥感数据的自动、控制模式获取与存储。无人机遥感数据处理系统为遥感所在高光谱数据处理软件 HIPAS 基础上开发的针对无人机系统的无人机遥感信息处理系统，能够实现无人机遥感信息的定标、反射率转换、图像拼接、信息提取等主要功能。

7. 高光谱遥感反射率一体化反演

该研究室设计并实现了基于高光谱遥感图像自身的气溶胶光学厚度、大气水汽含量、地表反射率的一体化反演流程，模型参数简化且可批量化处理，反演精度能够满足定量化应用要求，并研发了一体化反演软件系统，提供了 Linux 版本和 Windows 版本两个软件系统，经试用证明，该系统能够很好地完成 TG 高光谱数据的自动和交互反演，结果可靠。

8. 时空谱一体化研究

针对单一遥感器无法获取兼具高时间、高空间、高光谱分辨率数据的瓶颈问题，率先开展了多源遥感数据时空谱一体化研究，提出了宽幅高光谱图像数据生成算法，通过融合算法模拟多/高光谱非重合区高光谱数据，提升了高光谱图像的空间分辨率，拓展了图像幅宽，同时保证了光谱有用性，有利于发挥高光谱遥感在行业部门的应有效能；提出了时空自适应融合模型 mESTARFM，以 Landsat 和 MODIS 影像为例，通过时空融合，模拟得到不同时期新的类 Landsat 数据，从而提高了 Landsat 的时间分辨率，得到高时空分辨率的 Landsat 数据，大大改进了结果的模拟精度。

9. 高光谱遥感油气探测

利用 TG、Hyperion 等高光谱数据，开展了高光谱成像仪油气信息提取方法研究，主要包括烃指数异常法、黏土蚀变信息提取法、低价铁离子蚀变信息提取法、烃类蚀变信息提取法，以及油气微渗漏综合信息提取法。利用甘肃省庆阳地区“天宫一号”高光谱短波红外数据，提取了黏土蚀变信息指数、低价铁离子富集指数及烃类蚀变信息指数，与高光谱成像仪全色图像融合后，结果更为直观。研究结果表明该地区具有较大的油气探测潜力，TG 高光谱数据可应用于油气、固体矿等蚀变信息提取，为遥感找矿提供重要数据。该成果提交给国务院，受到时任国家总理温家宝的高度重视。

10. 高光谱遥感深空探测

该研究室积极开拓高光谱遥感在深空探测领域中的应用研究。利用“嫦娥一号”干涉型成像光谱仪数据，利用混合像元分解技术，成功制作了全月表典型矿物的丰度分布图，经验证其与国内外基于 Clementine 的研究成果在全月表矿物分布上基本一致，且在典型地区具有与目前探测认识相吻合的细节特征。该研究是基于 IIM 有限谱段进行全月表矿物填图的全新尝试，其丰度图有利于增强人类对月球矿物分布的认识。含水矿物对揭示火星早期水环境及生命活动有很重要的指示作用。该研究室率先开展了基于火星 CRISM 高光谱数据的含水矿物丰度定量反演研究，与现有含水矿物分布提取结果相比较，整体分布趋势基本一致，尤其是硫酸盐的分布最为吻合。

11. 量子遥感

该研究室开展了量子遥感的核心内容量子光谱成像理论、实验与技术研究、量子遥感图像处理方法探索研究、量子遥感测量研究等内容，完成了量子遥感的成像实验。多次实验表明，成像分辨率比未量子化的成像分辨率提高了 2 倍多；另外，在量子成像系统上提出了新的成像方案。在量子遥感测量研究方面，设计了一种量子非破坏性探测实验方案。在以上工作的基础上，该研究室开展了量子遥感成像技术研究，初步完成了量子遥感原理样机方案设计。

（三）学 科 特 色

高光谱或成像光谱技术就是将由物质成分决定的地物光谱与反映地物存在格局的空间影像有机地结合起来，空间影像的每一个像素都可赋予对它本身具有特征的光谱信息。遥感影像和光谱的合一，实现了人们认识论中逻辑思维和形象思维的统一，为人们观测地物、认识世界提供了一种犀利手段，是遥感技术发展历程中的一项重大创新。30 多年来，高光谱遥感已发展成为一项颇具特色的前沿技术，并孕育形成了一门成像光谱学的新兴学科。其应用领域已涵盖地球科学的各个方面，在地质找矿和制图、大气和环境监测、农业和森林调查、海洋生物和物理研究等领域发挥着越来越重要的作用。遥感所是我国最早开展高光谱遥感研究的单位，建立了高光谱遥感理论、方法和技术体系，形成了鲜明的学科特色，在国内外有一定的学科地位。自 20 世纪 90 年代开始，遥感所高光谱遥感在立足国内的同时，联合上海技术物理研究所等国内主要的仪器研制单位积极开展国际合作，足迹踏及美国、法国、澳大利亚、日本、马来西亚等国家，取得了一系列重要研究成果，产生了较好的国际影响，为国际高光谱遥感的发展做出了重要贡献。在国内国际合作中，其主导和参与了多项遥感综合试验，获取了第一手高光谱遥感数据，为高光谱遥感机理与应用研究奠定了良好的数据基础。

四、科研任务、项目与成果

（一）承担的项目与任务

近年来，高光谱遥感研究室承担了国际合作项目 9 项、国家高技术计划 863 项目 14 项、国家基础研究计划 973 项目 2 项、国家科技攻关和科技支撑项目 7 项、国家自然科学基金项目 11 项、中国科学院创新项目 3 项、国家部委的科研项目 4 项、国家公益科研项目 2 项，以及各类航空高光谱遥感实验项目 23 项。

（二）研究成果与推广应用

1. 成果

截至 2012 年 11 月高光谱遥感研究室共发表期刊论文 120 多篇，其中 SCI 论文 40 篇，出版专著 10 部。获奖 16 项，其中获国家科技进步奖二等奖 2 项、中国科学院科技进步奖特等奖 2 项、自然科学一等奖 1 项、××科技进步奖一等奖 1 项、二等奖 1 项，获部委级一等奖 1 项、二等奖 4 项、三等奖 4 项。截至 2012 年，共申请专利 8 项，其中授权 4 项；软件著作权 8 项。

2. 成果推广及应用

遥感所高光谱遥感在立足国内的同时，联合上海技术物理研究所等国内主要的仪器研制单位，积极开展国际合作为国际高光谱遥感的发展做出了重要贡献。

1）中美、中法高光谱遥感合作研究

中国与美国 TEXACO 石油公司合作，在塔里木盆地获取了 31 航带 32 通道 30000km^2 成像光谱仪 MAIS 高光谱图像数据，为塔里木石油勘探和环境监测提供了巨大的技术支持，这是我国第一次大规模的生产试验。中美合作的航天飞机雷达同步观测飞行试验实现了航天、航空、地面同步测量。遥感所与法国合作时，开展了农业土壤高光谱遥感基础研究。

2）中意高光谱遥感合作研究

遥感所开展的中意合作项目，在新疆塔里木地区油气调查中成功将遥感技术应用于油气资源与开采环境分析。

3）中澳高光谱遥感合作研究

1990 年我国遥感专家携带中国科学院上海技术物理研究所研制的模块化航空成像光谱仪 MAIS，对澳大利亚达尔文市的环境和资源进行调查，在提取城市道路的过程中发现图像上有“红斑”区域，调查表明，这些区域的空调开得过足，屋顶材料保温效果差导致的冷效应，这一发现引起澳大利亚能源部长的重视，这是我国以先进遥感技术支持他国城市能耗监测的典型案例。

4）中德高光谱遥感合作研究

1992 年德国空间遥感专家在参加世界空间年会议时，了解到中国的成像光谱技术，他们点名要求与我们合作。1993 年 4 月与中德地安公司签订合作协议，并于 1993 年 8 月采用我们的成像光谱技术在祁连山地区进行地质找矿试验，获取了大量数据，进行了计算机处理分析。

5）中日高光谱遥感合作研究

2000 年 8 月，应日本 NTTDATA 公司邀请，成像光谱仪 PHI 应用于日本名古屋中日合作项目精细农业遥感试验，成功完成了长野地区农作物的识别及相对覆盖度和长势状况信息提取，同时还对日本富津电厂工业排水状况进行了监测，取得了良好的效果。另外，还开展了中日合作研究项目鄱阳湖湿地遥感监测；新疆库车地区中日遥感合作试验中利用遥感新技术探测油气；西藏雅鲁藏布江漂流探险航拍等。遥感所主持的中日合作塔里木地区资源遥感信息技术研究于 1995 年获中国科学院科技进步奖三等奖。中日在高光谱农业遥感领域的合作历时 5 年。2000 年和 2001 年，遥感所与中国科学院上海技术物理研究所携带国产仪器设备前往日本开展航空高光谱遥感综合实验，这是我国高技术向发达国家输出的一个成功典范。

6）中马高光谱遥感合作研究

2001 年 11 月，应马来西亚国家遥感中心的邀请，PHI 应用于马来西亚阿罗斯达、宾城等地的中马合作热带雨林高光谱遥感试验。遥感所与马来西亚国家遥感中心在高光谱遥感领域的合作历时 3 年，为马来西亚国家遥感中心的技术人员举办了两期的技术培训。

7）诸多航空高光谱遥感飞行综合试验

该研究室组织开展了诸多航空高光谱遥感飞行综合试验，极大地推动高光谱遥感技术和应用的发展及其推广应用：

（1）中法航空遥感综合试验（中国 MAIS）（1997 年 6～7 月）；

（2）中美（TEXACO）合作新疆塔里木盆地 6&7 区块油气勘探航空高光谱遥感（MAIS）综合试验（1997 年 8 月）；

（3）中日（住友矿山）合作云南腾冲多金属矿床勘探航空高光谱（MAIS）遥感综合试验（1999 年）；

（4）中日（NTT-DATA）合作常州植被调查航空高光谱遥感（PHI）综合试验（1999 年）；

（5）中日（NTT-DATA）合作日本长野农业与环境调查航空高光谱（PHI）遥感综合试验（2000 年）；

（6）北京沙河航空高光谱遥感综合试验（2000 年）；

（7）北京小汤山精准农业航空高光谱遥感综合试验（2000～2001 年）；

（8）中日（NTT-DATA）合作日本崎玉农业与环境调查航空高光谱（OMIS）遥感综合试验（2001 年）；

（9）中马（马来西亚国家遥感中心）合作热带雨林航空高光谱（PHI）遥感综合试验（2001 年）；

（10）973 项目北京顺义地区航空高光谱遥感飞行试验（2000～2001 年）；
（11）中日（NTT-DATA）合作日本长野农业与环境调查航空高光谱（CASI）遥感综合试验（2002 年）；
（12）陕西临潼航空高光谱遥感综合试验（2003 年）；
（13）贵州无人机遥感飞行试验（2005 年 8 月）；
（14）山东 CCD 数字相机飞行试验（2005 年 10 月）；
（15）太湖水质航空高光谱遥感综合试验（2006 年 1 月）；
（16）英国 Surry 小卫星定标试验（2006 年 6 月）；
（17）青岛奥帆赛区航空（浒苔）监测试验（2008 年 7～8 月）；
（18）黑河流域遥感–地面观测同步试验（2008 年）；
（19）石家庄城市红外高光谱遥感综合试验（2010 年 7 月）；
（20）水源地污染事故无人机遥感应急监测（2012 年 6 月）；
（21）山东淄博化工厂污染事故无人机遥感应急监测（2012 年 5 月）；
（22）内蒙古巴彦淖尔乌梁素海溢油污染事故无人机遥感应急监测（2012 年 6）；
（23）基于无人机遥感的内蒙古巴彦淖尔垮塌事故应急监测（2012 年 6 月）。

五、科研队伍建设与人才培养

（一）科技人员组成、结构与培养

先后在该研究室工作的有 38 人，其中院士 1 人、研究员 7 人、副研究员 10 人、助理研究员 18 人、秘书 2 人。该研究室研究队伍整齐，素质较高，是一支由既有学术带头人又有一批年青科技人员组成的科技力量，又是一支在国内较早开展高光谱分辨率遥感研究的队伍。

人员有童庆禧、郑兰芬、毕思文、燕守勋、张立福、张兵、王晋年、张霞、杨超武、田庆久、张满郎、李加洪、侯宏飞、方俊永、陈正超、陈雪、丁琳、曾庆业、王向军、叶金山、董卫东，党顺行、刘建贵、赵永超、刘良云、刘学、赵冬、张晓红、王潇、明涛、吴太夏、王树东、李儒、杨杭、岑奕、吕婷婷、王连琴、周丽萍。

（二）研究生培养

高光谱遥感研究室截至 2012 年，共培养研究生 59 名，其中硕士研究生 20 名、博士研究生 39 名；培养博士后 6 名；客座学生 11 名。

（三）研究室出的院士

童庆禧，1980 年 1 月～1985 年 4 月：遥感所，研究室主任、副所长；1985 年 4 月～1988 年 9 月：中国科学院航空遥感中心主任，研究员；1988 年 9 月～1993 年 2 月：遥感所，所长；1993 年 3 月至今：北京大学数字中国研究院院长；1996 年：国际欧亚科学院院士；1997 年：中国科学院院士。

（四）研究室向所或所外输送的干部

张兵，2007～2012 年：中国科学院对地观测与数字地球科学中心，副主任；2012 年至今：中国科学院遥感与数字地球研究所，副所长。

王晋年，1999～2002 年：中国科学院遥感科学研究开放实验室，副主任；2007 年 5 月～2009 年 10 月：遥感所科技处处长，所长助理；2008 年至今：遥感卫星应用国家工程实验室常务副主任；2009～2012 年：中国科学院遥感应用研究所，副所长。

卫征，2007～2008 年：中国科学院遥感应用研究所科技处，项目主管；2010～2013 年：中国科学院遥感应用研究所，重大专项办公室主任；2010 年至今：国防科工局重大专项工程中心，先后任综合管理二部、数据应用部部长。

吴传庆，2009 年至今：环境保护部卫星环境应用中心水环境遥感部，主任。

刘良云，2007～2012 年：中国科学院对地观测与数字地球科学中心，光学研究室主任；2012 年至今：中国科学院遥感与数字地球研究所，光学研究室主任。

李加洪，国家科技部国家遥感中心综合办公室主任，处长，总工程师。

侯宏飞，中国科学院计划财务局科研基地处，处长。

田庆久，南京大学国际地球系统科学研究所，教授。

陈雪，2011～2012 年：中国科学院遥感应用研究所，党委办公室副主任，2012 年至今：中国科学院遥感与数字地球研究所，办公室副主任。

（五）研究室成员的国际学术组织任职

童庆禧，国际摄影测量与遥感学会第一技术委员会、第五工作组委员、日本宇宙开发事业团全球研究网络系统专家委员会委员、亚洲遥感协会主席。

张兵，IEEE JSTARS 期刊副主编、IEEE 国际高光谱图像与信号处理会议（WHISPERS）技术委员会委员、IEEE 高级会员、国际数字地球学会中委会成像光谱专业委员会主任委员。

王晋年，联合国信息通信技术促进发展世界联盟 UN-GAID 发展中国家科学数据共享与应用世界联盟 e—SDDC 副秘书长（2007 年）、国际科学技术数据委员会（CODATA）全球道路数据库工作组副主席（2008 年）、亚洲遥感协会基金会秘书长，支撑委员会委员。

张立福，国际数字地球学会中国国家委员会委员、国际数字地球学会中委会成像光谱专业委员会副主任委员、亚洲遥感协会学术委员会委员、IEEE 高级会员、SPIE 会员。

（六）优秀中青年人才

刘良云，2012 年国家优秀青年科学基金获得者。

（七）人才培养措施

高光谱遥感研究室在人才培养方面坚持走出去、引进来的策略。一方面，积极鼓励年轻职工申请国际交流合作项目，学习国际先进经验；另一方面，广泛与国际同行合作开展科学研究，通过各种合作研究计划，引进国际同行来研究室开展合作交流。通过短期访问交流、学术讲学活动等，为广大职工和研究生创造与国际同行交流的机会。在研究生培养方面，鼓励学生到国外进行短期合作交流，并积极招收国际留学生来研究室攻读博士学位，招收国际博士后来研究室从事科学研究，为广大职工和学生创造一个国际化的科研学术氛围。

第十一章　微波遥感研究室

一、概　　述

（一）成 立 背 景

微波遥感工作在波长更长的微波波段，具有全天时、全天候对地观测的独特优势，并具有一定的穿透特性，在对地观测领域可以发挥其他遥感手段难以起到的作用，为地球要素观测提供了新的技术。遥感所自建所以来，对微波遥感基础理论及其应用技术予以极大重视，成立了微波遥感研究室，专门从事微波遥感基础及应用研究。微波遥感是遥感所的传统优势研究方向之一，在国内起着引领作用。

（二）建立的必要性

工作在微波波段的电磁波可以穿透云层，在有云雨的天气情况下工作，这种独特性使得微波遥感成为对地观测的重要手段，其在多云多雨地区和灾害应急监测中起着不可替代的作用。国际上微波遥感的发展已有40余年，目前已成为一个重要的科学技术领域，但由于电磁波与地物目标相互作用机理，以及SAR成像的复杂性，雷达遥感数据的利用远不能满足各行各业应用的需求。因此，有必要成立专门从事微波遥感基础与应用研究的研究室，以解决微波遥感的一系列基础问题，并发展相应的技术和方法，以推动微波遥感技术的应用。

（三）在所及学科中的地位

遥感所作为遥感科学与技术研究的领军单位，必须正视微波遥感研究中存在的困难和问题，开展基础研究，明确微波电磁波与地物目标相互作用的机理，发展雷达遥感数据处理与信息提取技术，有效推动雷达遥感技术在各个领域的应用。

微波遥感是遥感科学与技术的重要分支，微波遥感研究室是所内专门从事微波遥感基础与应用研究的机构，具有30余年的科学积累和良好有序的人才队伍建设，该室的微波遥感基础理论研究、技术方法研究、研究能力、成果和应用等方面都在国内处于领先地位，在国际上也享有较高的声誉。

二、沿　　革

（一）机 构 变 化

随着雷达遥感技术的蓬勃发展，遥感所的微波遥感研究从最初的主要面向地质应用逐步向雷达遥感的农业、林业、水文、地矿及雷达对地观测机理等方面全面展开，其在该领域进行了几十年的探索并取得了较大发展。遥感所于1993年1月第四届所领导机构换届时成立了雷达对地观测研究室。1995年3月遥感所组建成立遥感信息科学开放研究实验室，雷达对地观测室是其重要的组成单元。1997～2002年，其延续了前期的雷达遥感科学学科方向开展相关研究和工作。2002～2007 年，该研究室作为遥感科学国家重点实验室的主要学科方向之一，延续了前两时期的雷达遥感科学的基础和应用基础开展相关研究和工作，取得了较好的研究成果。2006 年中国科学院组建成对地观测与数字地球科学中心，微波遥感相关的大部分科研人员被调离，遥感所面临微波遥感这一支柱方向的缺失问题。在这紧要关头，遥感所又重新组建了微波遥感研究室，重新培育微波遥感研究这一学科方向。

（二）历届研究室负责人

代主任郭华东（1993 年 1 月～1995 年 3 月）、主任邵芸（2001 年 7 月～2012 年 9 月）。

副主任邵芸（1995 年 3 月～2001 年 7 月）、王超（1993 年 1 月～2002 年）。

三、科研方向与完成的主要任务

（一）科研方向与定位

雷达对地观测基础研究的核心问题是探讨微波波段电磁波与地球表面和次地表地物的相互作用机理，发展从雷达数据中提取地物信息的方法，以达到认识地物特性、开展应用和解决地球科学问题的目的。本学科研究的核心思路是在充分认识波段、极化、振幅、相位微波电磁波“资源”的基础上，以雷达系统参数、地面参数对雷达后向散射系数（σ_0）的影响为主线，分析典型地物的散射特性，研究地物的雷达回波，特别是多波段、多极化、多分辨率、多模式和干涉、全极化、极化干涉等新型成像雷达与植被、地质体、土壤、水体等目标的相互作用，研究信息提取和地物识别的方法，研究雷达图像地物识别模式，形成理论和应用体系，培养雷达遥感信息科学体系。

微波遥感研究室定位是探索雷达成像机理和地物探测原理，重点研究地物微波散射和极化特性、干涉测量和极化干涉测量新方法，围绕典型应用发展新型雷达遥感数据处理技术和信息提取方法，建立典型地物微波散射特性基础数据集与知识库，发展专用处理软件和集成系统，开展多学科应用基础研究和应用示范，开拓新的应用领域。

（二）学 科 发 展

在国家重大基金、中国科学院院长特别基金、国家 863 计划和国际合作等项目的支持下，经过系统研究，在地物微波散射特性、雷达目标成像机理、雷达数据处理与信息提取方法、雷达图像地物识别模式等方面取得系列研究成果，形成理论和应用体系。

1. 新型成像雷达对地观测机理及地物识别技术研究

在十余年研究基础上，微波遥感研究室总结提出雷达遥感“三阶段”认识，即“单波段、单极化”“同时成像多波段、多极化”和“极化雷达、干涉雷达”三阶段，极化雷达与干涉雷达是国际雷达领域的前沿方向，微波遥感研究室与国际同步开展研究，形成系列成果。

1）极化相位信息模拟

该研究室开展后向散射系数与极化相位差研究，结果表明，植被的叶子或枝条的形状和匍伏状态等几何参数，以及植被的介电常数的实部、虚部和不同成分含量等物理参数，对极化雷达后向散射同极化相位差的影响各不相同；而雷达入射波频率和入射角等参数对计算结果也有较大影响。该成果发表于

Chinese Science Bulletin，为极化雷达后向散射相位信息的植被特征参数反演打下了基础。

2）极化雷达信息提取与应用研究

该研究室开展了极化雷达岩性分类研究，利用目标相关矩阵特征向量分解方法，提取裸露岩石的极化信息，并应用到岩性分类中去，大大提高了分类的精度。其开展了海面雷达后向散射的极化理论研究，提出了利用雷达极化理论对海面的后向散射特征进行分析与定量描述，拓展了极化 SAR 的海洋应用的研究方向。其首次系统地将极化特征参数、散射矩阵与影响海面电磁散射的海面要素进行模型化关联，开展了极化 SAR 提取积雪参数研究，发展和验证了用 L 波段反演干雪密度的算法，显示了极化 SAR 在积雪参数反演方面的独特优势。

3）干涉雷达信息提取与应用

干涉雷达是目前遥感技术中获取高精度高程信息的一项前沿技术，特别是差分干涉雷达，可以波长量级测量地表形变。该研究室在国内最早开展了干涉雷达信息处理研究，生成第一幅干涉图像，发展了高质量干涉纹图生成算法，建立了基于地面控制点和基于干涉测量参数的相位转化地面高程的算法及地距纠正算法，研制了轨道参数未知或不精确的干涉测量数据处理的参数估算方法，生成了实验示范数字高程模型，精度达到了国外同类研究水平。

相位解绕和初始基线估计是干涉雷达数据处理的重点也是难点。基于二进小波、干涉图的相位特性和相位解绕理论，提出了基于二进小波的雷达干涉条纹探测相位解绕算法，与基于条纹探测的同类相位解绕算法相比具有明显的优越性。基于二维傅里叶变换（FFT）的功率谱，其提出了一个高精度估计初始基线垂直分量的算法，该算法的优点是以图像数据为驱动，不依赖于干涉雷达的轨道数据。

利用合成孔径雷达差分干涉测量技术获取 1998 年 1 月 10 日张北–尚义地震的同震形变图，确定出形变中心和最大视向位移量，并根据地震同震形变场的空间分布特征分析了震源机理和孕震构造，探测地表形变区域 20km×20km 内最大隆起达 25cm，并由此反演了震源机制。

基于 ERS-1/2 干涉雷达数据，利用差分干涉雷达测量技术获取了 1997 年 11 月 8 日西藏玛尼发生的 7.5 级地震的同震形变图，从差分干涉条纹图确定了沿该断裂带的主要变形机制是左行剪切，即属于走滑震源机制，并且估计了断裂南侧和北侧的错距为 4.5m。

4）极化干涉雷达研究

与国际先进水平同步，在国内最早开展极化干涉雷达的理论和应用研究取得如下成果。

（1）针对常规干涉雷达植被覆盖区域 DEM 成图存在的难点问题，对极化干涉相干最优理论的几个关键理论问题进行了系统的分析和研究，提出了一种由极化干涉雷达生成数字高程模型的新方法，在较大程度上解决了常规干涉获取植被覆盖区域高精度数字高程模型的技术难点。

（2）基于极化干涉相干最优理论，研究发展了极化干涉雷达数据处理方法、极化干涉相干最优算法，开展了极化干涉雷达地物识别方法研究。

（3）针对极化干涉雷达获取地表植被参数时存在的等值性和多解性问题，提出了基于模拟加温–退火算法的地表植被参数估计方法，极大地改善了参数估计的精度。

2. 干沙雷达穿透性证实与地学发现

理论上，雷达对干沙等地物有一定穿透能力，但国际上这类例子却为鲜见。

1）定性穿透研究

对内蒙古阿拉善高原沙漠区航天飞机成像雷达 1 号（SIR-A）图像和光学数据的分析及室内外测

量，发现了埋藏在阿尔腾敖包地区沙层下的震旦纪变质岩，揭示了 L 波段雷达可以穿透 1～2m 厚干沙的现象，定性证明了雷达波的穿透能力，并提出“物质单纯、沙粒要细、地表要平”的雷达穿透“三要素”。其成果发表于 1986 年国际遥感（荷兰）会议，1988 年 NASA 航天飞机雷达专著引用了这一成果。

2）定量穿透实验

1994 年，奋进号航天飞机携带的成像雷达对全球包括本项目在内的 6 个雷达试验区开展飞行实验，52 个 SIR-C/X-SAR 项目中本项目组专门负责“雷达穿透性”研究。在航天飞机过顶内蒙古试验区时，同步（时间精度：秒级）进行 3 波段 4 极化航天飞机雷达同步穿透实验，在不同深度和不同距离的沙层中布设 13 个角反射器，得出 L、C、X 波段雷达波对干沙穿透能力的结果并分析了影响电磁波穿透能力的衰减因素，表明 L 波段雷达对阿拉善地区干沙的最大穿透深度为 2.82m，解释了长波段多极化雷达穿透干沙的机理。

3）干沙掩埋下地物识别

基于对雷达干沙穿透性的定性定量分析，用多波段多极化雷达识别出被干沙掩埋的位于陕西和宁夏交界处的明、隋古长城及明代两期长城，提出 L 波段 HH 极化是识别线性掩埋地物的最佳波段极化组合的论点，揭示了雷达对干沙掩埋的明、隋古长城及明代两期长城的探测机理。其成果发表于 IEEE/IGARSS、PE & RS。SIR-C/X-SAR 计划首席科学家 Plaut 博士在 SIR-C/X-SAR 会议上称，此项成果是“该计划的三大新发现之一”。NASA 发通稿报道该成果，*Science*、*Science News*、*Earth Observation Magazine*、EOS 等杂志载文介绍。美国遥感考古会议主席 Wiseman 教授邀请郭华东就该成果作大会特邀报告。

4）古河流古湖盆的揭示

在雷达对干沙穿透研究的基础上，利用雷达数据开展内蒙古阿拉善地区的环境研究，识别出风吹沙覆盖下的古河道和古湖盆，确立了一条古河湖串联水系系统，提出了流沙带主要是以古河道作为通道移动规律的认识，初步建立了自第三纪以来该地区的水系演化模式，确立了阿拉善高原曾经是湿热的河、湖众多的自然地理景观，初步恢复了自“青藏运动”以来的新构造运动对本区地势高、低反转的影响过程。该成果发表于《中国科学》等刊物，引起该领域内外科学家的广泛关注。

5）通信目标的发现

在 SIR-C/X-SAR 科学试验中，项目组在边境地区发现了干燥地物下的电缆，并同时向国务院有关领导及部门做了汇报，该成果在我国雷达卫星参数选择和雷达卫星立项中起到了十分重要的作用。

相关部门称：“他们在国际雷达遥感界占有重要的一席。特别是，在雷达遥感地物穿透性研究方面取得了重要成果。在内蒙古，与航天飞机同步飞行开展了埋藏角反射器的穿透实验，用 L 波段雷达遥感图像发现了埋藏的深度为 1m 的军用通信电缆，充分显示了 L 波段雷达的穿透优势。为我单位组织论证的我国第一代合成孔径雷达卫星波段的选择提供了科学依据，并为该星的立项做出了重要的贡献。”

中国第一颗雷达卫星技术总体单位中国航天科技集团公司第八研究院指出：“他们的研究工作为发展我国的雷达遥感事业奠定了科学基础，起到了引导性的作用。”

3. 地物散射模型与科学实验

1）沙丘几何散射模型

微波遥感研究所提出无植被沙丘雷达几何散射模型，揭示出沙丘区雷达成像效应，即沙丘回波强度取决于入射电磁波方向与落沙坡朝向之间位置的变化，回波强度随雷达波束对落沙面的偏离而减小，超过 90°时无回波。这一论点在国际上是首次提出，该模型被国际经典遥感著作《遥感手册》（*Manual of Remote Sensing*）8 次引用，NASA 的 Ford、Elachi 博士在雷达金星探测中“支持郭的发现”。

2）星–机–地雷达遥感试验

在航天飞机 SIR–C/X–SAR 过境本项目华北试验区上空时，利用中国科学院电子学研究所 X 波段机载成像雷达 CASSAR 在 7200m 高度同时进行成像飞行试验，在地面用 X 波段及 L 波段散射计实时开展地物散射系数测量；同时，开展地表粗糙度、土壤湿度及生物量测量。在同一个试验区，同时获取了航天、航空及地面同步的多种科学数据，对 CASSAR 和 SIR-C/X-SAR 数据进行了定标试验，定标结果在图像线性动态范围内拟合精度小于 2dB。该实验为雷达成像机理研究提供了科学依据，研究成果发表于 *Chinese Science Bulletin*。

4. 地质体的多波段多极化雷达响应

1）岩石介电常数

利用先进的微波网络仪（HP8510C）精确测量了三大岩类 7 种岩性岩石标本的相对介电常数，研究了岩石矿物相对介电常数的分布特征及相对介电常数与岩石的密度、化学成分和结构的关系，为雷达地质研究提供了基础数据，得出了介电常数的差异主要取决于岩石的类型、结构、密度和化学成分，岩石类型介电常数值变化范围为 5～9，岩石密度与岩石的介电常数存在正相关关系。

2）多波段多极化雷达岩性识别

用多极化数据在广东肇庆地区和新疆富蕴地区识别出两条含金弧形的构造带。该研究室开展了西昆仑地区航天飞机 SIR-C/X-SAR 多极化雷达地质研究，发现了 5 个火山口，并识别出块状和绳状两类不同性质的熔岩流，提出 L 波段 HV 极化是识别火山及熔岩流的最佳波段极化组合，并从岩石学角度探讨了西昆仑山地区的火山作用，该结果为从遥感图像上研究火山和熔岩的性质提供了实例。在南方植被覆盖区，用长波段雷达识别出茂密植被覆盖下的成层构造并得到证实。相关成果发表于 *Remote Sensing of Environment*、*Journal of Geophysical Research*、*Advance in Space Research*、*Chinese Science Bulletin* 等刊物。项目负责人在 GER 97 国际雷达会议上作特邀报告，3 篇多极化论文被加拿大航天局雷达卫星 2 号论证书引用，成为论证设计的重要依据之一。

5. 多模式全极化干涉雷达信息处理与分析技术研究

1）极化目标特征提取和识别研究

在了解和掌握极化雷达相关理论的基础上，开展了极化目标特征提取和全极化雷达数据地物分类研究，并在新疆和田地区和广东肇庆地区开展了相关野外实验，取得了较好的结果。

2）极化干涉雷达植被信息提取研究

根据国际、国内最新的文献和资料，首先，详细地分析、研究和总结了极化干涉雷达估计植被高度参数已有算法的优缺点及这些方法的适用范围和条件，提出了极化干涉雷达估计植被高度参数新算法，该算法将三阶段反演方法（Three-Stage Inversion）和旋转不变性技术估计信号参数 ESPRIT（Estimation of Signal Parameters via Rotational Invariance Techniques）算法相结合，基于 L 波段极化干涉数据，用三阶段反演方法获取植被覆盖地表下地形有效相位中心的相位；接着，基于 C 波段极化干涉数据，用 ESPRIT 算法估计植被冠层有效相位中心的相位；最后，对二者的相位差进行相位到高度转换，得到植被的高度。其分析了极化干涉雷达提取植被高度参数的应用潜力及应用效果，指出了极化干涉 SAR 是最具潜力的估计植被或森林参数的技术。如果能获取大量的星载极化干涉雷达数据，它将可以用来估计区域或全球范围的植被或森林高度，并由此估计植被生物量，它将不再受传统的强度方法在估计高生物量时会达到饱和的缺陷限制，估计结果可以用于全球碳循环的研究。

3）SAR 图像斑点滤波和边缘提取研究

自从合成孔径雷达出现以来，雷达图像的斑点噪声一直阻碍图像的校正、解译、检验和应用。目前，雷达图像复原技术所面临的主要困难是斑点噪声的消除和图像边缘纹理等细节信息的保持不能同时完成。该项目通过研究 SAR 图像斑点噪声抑制数学物理描述，并在分析噪声统计特性和典型抑制斑点噪声方法的基础上，发现了 SAR 图像斑点噪声抑制的本质问题是要寻找足够多的同质地物像元来近似计算图像的真实值，在此基础上，提出了基于 EMD 的 SAR 图像斑点滤波方法，从而在一定程度上解决了上述问题。该研究的成果发表于 *International Journal of Remote Sensing*。

在对雷达图像噪声特点及边缘信息做了深入研究的基础上，开展了利用二进小波变换在 SAR 图像边缘提取方法和主动轮廓模型在边缘跟踪中的应用研究，以边缘信息提取方法为研究对象，针对湖岸线和道路两种地物在 SAR 图像中的不同信息表现，提出了二进小波和梯度矢量流的边缘信息提取方法，较好地抑制了雷达图像中斑点噪声对边缘信息提取的影响，形成了较为完整的 SAR 图像边缘信息提取方法。

4）植被覆盖下土壤水分反演

土壤水分是水文和气候模型中的重要参数，土壤含水量信息对降雨、干旱监测、植被需水量估测有重要作用。目前，在全天候、大范围准确获取地表土壤水分的唯一手段是微波遥感，而可利用的星载合成孔径雷达只能提供单频、单极化雷达数据，无法消除地表植被覆盖及表面微粗糙度的影响，直接得到土壤水分信息。为此，我们利用多时相雷达数据，通过微波植被模型和积分方程（IEM）模型模拟了各种地表土壤水分含量情况下，植被覆盖、地表粗糙度（包括地表均方根高度和相关长度）、雷达入射角对雷达后向散射系数的影响，在此基础上，建立模型消除植被及表面粗糙度的影响，从而反演地表土壤水分变化信息。通过与实测地表土壤水分含量对比，反演结果均方根误差（RMSE）为 0.44。该结果可为建立旱灾监测、农作物、草地等业务化遥感动态监测系统提供技术方法，为气象、水文模型研究提供输入参数，对干旱状况评估、农作物估产等起到重要作用。

5）积雪密度反演

在研究干雪的密度、入射角和后向散射系数关系的基础上，用积分公式模型进行数值模拟，通过增大入射角和波数的敏感性，降低地表介电特性和粗糙度的敏感性，并利用统计回归分析方法，建立积雪密度的反演算法。以中国天山地区（43°03′N，87°10′E）为实验区域，对 SIR-C 航天飞机的 L 波段极化数据进行处理和计算，用近实时的实测结果进行验证，结果表明该算法能够准确地估算雪盖的密度分布状况。该结果为计算雪水当量（SWE）提供了参数，为提高估算融雪径流预报的精度提供了条件，在西部水资源评估和山区水文模型研究中有重要作用。

6. 植被雷达遥感研究

水稻是世界三大粮食作物之一，为超过世界 1/3 的人口提供粮食来源。水稻是一种喜湿热的作物，多生长在温暖湿润的多云多雨地区，给光学遥感数据的获取带来了较大困难，很难实现整个生长周期内水稻长势的实时监测和估产。森林是地球上规模最大、生态功能最完善的陆地生态系统，对地球系统中的水循环、碳循环、能量循环和生态平衡起着不可替代的作用。我国南方气候湿润，多云多雨，限制了光学遥感数据的及时获取，严重影响了森林资源调查任务的按时完成和调查结果的质量。在多云多雨地区，光学遥感数据获取的时间周期很长，影响了遥感数据和监测结果在时间上的一致性，迫切需要充分利用

SAR 的穿透性，以及对目标结构和介电特征的敏感性，发展不受天气条件限制的雷达遥感监测方法。

1）水稻时域散射特性概念

国际上首次提出了水稻时域散射特性概念，揭示了水稻后向散射系数随着水稻生长发育变化的规律，识别出生长周期差 5～10 天的早熟稻、中晚熟稻和晚熟稻及其他多种植被和目标物。通过水稻理论散射模型，模拟计算了不同入射角时水稻的后向散射系数，证明了 C 波段 HH 极化雷达卫星在入射角 40°左右时探测效果最佳，为单参数（C 波段、HH 极化）雷达遥感在农业中的应用找到了有效方法与途径。

通过对水稻物候历和水稻及其共生植被的时域散射特征研究，提出了雷达遥感水稻长势监测及产量预估的最佳时相及图像获取频率，应用结果显示了其有效性。通过对典型航天航空多参数模式雷达遥感图像的分析研究，给出了水稻长势监测与产量预估的最佳雷达系统参数组合模式，包括波段、极化、入射角、空间分辨率、时间分辨率（即数据获取频率）等，其对农业雷达遥感数据源设计具有指导意义。

该成果应邀在 IEEE/IGARSS’97 国际会议上作特邀报告，论文发表于国际遥感领域重要刊物 *Remote Sensing of Environment*，并被选入 FAO《空间地球观测信息用于粮食安全保障的报告》。

2）极化 SAR 水稻监测研究

极化信息的利用是雷达遥感研究的热点。针对水稻监测研究提出了成像雷达极化层级的概念，并利用不同层级极化雷达数据监测水稻。在此框架下，研究了水稻极化响应特征和主要散射机制，并融入物理散射模型等知识的运用，以达到精确分析水稻散射机制的目的；研究了基于多极化机载 SAR 数据水稻识别和精细分类的方法，以及基于全极化 SAR 和紧致极化 SAR 数据的水稻识别和参数反演方法，并对不同层级极化雷达数据在水稻监测中的应用效果进行评价，为行业部门实际应用中的雷达数据选择提出合理的建议。

3）水稻卫星计划研究

水稻卫星（Ricesat）计划是 2004 年在第 25 届亚洲遥感会议上提出的，并推举遥感所郭华东教授担任技术委员会主席。在本次会议中，设立了水稻卫星专题讨论会，会议主席由郭华东教授担任，亚洲遥感协会秘书长 Shunji Murai 教授及亚洲各国的代表出席了会议。会议上来自各国的遥感专家围绕水稻监测和水稻卫星概念设计等内容开展了专题报告和研讨，成立了由郭华东教授担任主席的水稻卫星计划技术委员会，并在会议期间举行的亚洲遥感协会理事会会议上形成了水稻卫星计划技术委员会报告。

亚洲遥感协会各成员国及与会专家纷纷对水稻卫星计划表示出极大的兴趣，与会专家和技术委员会委员一致认为，水稻卫星计划的实施将为亚洲水稻生产国的粮食安全和战略决策提供可靠的数据源和有效的技术支持，将为热带–亚热带地区的灾害监测、海洋探测等提供全天时、全天候的数据源和技术保障。水稻卫星技术委员会表示，将继续推动水稻卫星计划的实施，广泛征求亚洲遥感协会各成员国和国际专家对水稻卫星的建议和设想，完善水稻卫星计划方案。

4）高分辨率极化 SAR 森林类型识别与分类研究

根据不连续树冠森林微波后向散射模型模拟了肇庆地区松树林的雷达后向散射特征，并与从 SIR-C 图像提取的雷达后向散射特征进行了对比，分析和探讨了松树的雷达后向散射机制。L 波段与 C 波段雷达后向散射特性有较大差别，C 波段同极化和交叉极化，冠层体散射是后向散射的主要来源，而 L 波段 HH 极化的后向散射主要来自于树干与地表的双向作用，HV 极化来自于冠层体散射，VV 极化则为地表散射、冠层体散射和树干与地表的双向散射共同作用的结果。开展多波段、多极化雷达后向散射强度与森林参数之间关系分析，定量估测了再生松树林的森林蓄积量，估测的误差最高为 2.9%，其成果发表在 *Canadian Journal of Remote Sensing*。

围绕我国西南地区森林资源调查的迫切需求，开展了双视向雷达遥感图像几何精校正、极化 SAR 数据处理、多源遥感数据森林分类与制图等关键技术研究，试验结果表明，双视向 RADARSAT-2 图像几何校正精度优于 1 个像元，多极化雷达图像及 SAR 图像与光学遥感数据融合后对森林类型的识别精度可以达到 85%。此外，还开展了森林破坏雷达遥感监测研究，发展了利用新型雷达遥感数据监测森林受雪灾破坏的程度及森林砍伐状况的方法。

5）极化干涉树高反演研究

森林参数是进行碳循环和水循环动态分析的基础，其在环境保护、全球气候变化研究中具有非常重要的意义。树高信息在森林参数的进一步获取中起着关键作用。极化干涉 SAR 树高反演应用是当前极化干涉 SAR 技术应用研究的热点。针对当前极化干涉树高反演研究中存在的问题，系统性地开展各类极化干涉 SAR 算法在不同疏密、不同树高森林场景 L、P 两类观测频率下的适应性和稳定性研究；分析了时间去相干对树高反演的影响，研究了时间去相干补偿方法。

7. 干旱区雷达遥感研究

罗布泊位于新疆维吾尔自治区若羌县境内。历史上，其曾是一个烟波浩渺的湖泊，物产丰富，景色秀美，养育了众多文明，包括楼兰、米兰、小河等文明，是丝绸之路的要冲，古代中西方文明交流、多民族交融的重要区域。今天的罗布泊已经彻底干涸，只剩下广袤无边的干涸湖盆，剧烈起伏的盐壳层、风成沉积物和沙漠，没有任何生命迹象，被称为“死亡之海”、地球“旱极”，是中国和亚洲大陆的干旱中心、塔里木盆地的积水积盐中心，其环境演变对于全球变化研究具有重要的指示性意义。

1）双层介质后向散射模型和雷达穿透模型研究

以罗布泊古湖盆区域为试验区，建立了适合于极粗糙地表的后向散射模型，发展了罗布泊适用的双层介质后向散射模型。针对罗布泊特殊的次地表结构，发展了定量化的雷达穿透深度模型，并利用探地雷达探测结果对模型进行了精度验证。

2）罗布泊地区“大耳朵”影像特征成因研究

利用散射模型和极化目标分解技术，开展了罗布泊地区“大耳朵”影像特征根本性原因的探索性研究。结果表明，罗布泊古湖区的次地表高介电常数含水含盐介质层是高雷达后向散射系数值的基本原因，而极端粗糙和粗糙的地表干燥盐壳层则形成了叠加其上的明暗条纹，因此，罗布泊古湖区的“大耳朵”是粗糙地表干燥盐壳层与次地表高介电常数含水含盐介质层两者叠加的综合反映，其中次地表高介电常数含水含盐介质层是形成雷达图像高亮特征的主要原因。

3）罗布泊湖盆沉积环境学研究

基于多源雷达遥感图像，并综合其他图像信息与地学数据，进行了罗布泊古湖盆区域地貌与湖相沉积物分布的解译工作，取得了 3 点科学发现：利用 SAR 对干燥、低损耗介质具有的穿透能力发现了古湖盆北部和西部的古湖岸线，初步估算罗布泊古湖区面积将超过 1 万 km^2；古湖岸线原本呈现圈闭状态，罗布泊古东湖部分湖岸线被西湖更为年轻的湖相沉积物所覆盖，因而呈现为“大耳朵”的形态特征；罗布泊古东湖的干涸过程可以划分为 6 期，在雷达图像上表现为明暗相间的 6 个条带，指示了干–湿环境变化。

8. 海洋环境微波遥感研究

海洋监测是对地观测体系的一个重要组成部分，微波遥感对于海洋监测具有巨大优势。微波遥感研究室重点开展了基于 SAR 遥感数据的海面溢油污染监测、浒苔暴发监测技术方法研究，海面风场雷达遥感反演方法研究。

1）海面溢油污染监测方法研究

对于入射角为 20°～70°的侧视 SAR，遥感器所接收到的海面回波信号主要来自于入射电磁波与海面毛细波及短重力波的 Bragg 共振产生的后向散射。而海面油膜对海面毛细波、短重力波的阻尼作用使得其在 SAR 图像上呈低散射区，据此可以利用雷达图像进行油膜检测。该研究室发展了基于 SAR 遥感图像的海面油膜检测算法，开发了海洋溢油污染雷达遥感图像识别软件，初步实现了对海洋溢油目标的自动识别与特征信息提取，并对近年来发生在中国及周边海域的几次海洋溢油污染事件进行了监测。

2）浒苔暴发监测方法研究

浒苔大规模暴发会遮蔽阳光，消耗水中的氧气，并且分泌对其他海洋生物不利的化学物质。现在国外已经把浒苔一类的大型绿藻暴发称为“绿潮”，视作和赤潮一样的海洋灾害。影响雷达回波信号强度的主要因素有粗糙度、介电特性、目标方向特性等，当海面存在浒苔时，海面的粗糙度明显增加，散射回波信号的强度增加，因此浒苔在雷达图像上的后向散射强度高于海面，并且受其几何形态影响，其在雷达图像上呈明亮的条带状。2008 年 7～9 月，微波遥感研究室利用雷达遥感技术对青岛奥帆赛区浒苔暴发情况进行了动态监测，结合对浒苔后向散射特征和几何形态特征的分析，利用雷达遥感图像对浒苔进行识别和面积量算，并利用海面风场资料对浒苔的漂移特征和运动趋势进行综合分析和预测，共获取雷达卫星遥感数据 28 景，提交监测报告 16 份，为奥帆赛的顺利进行提供了信息保障。

3）海面风场反演方法研究

海面风场是影响海洋环流和海气相互作用的重要的物理海洋参数，是驱动海面波浪运动的直接动力。准确掌握风场信息对海上交通、渔业、海洋工程、海洋能源开发、海洋灾害监测乃至海洋安全等关系国计民生的重大事项具有特别的意义。基于 SAR 海面风场遥感的基本理论，研究了 SAR 风场反演模式的评价方法和 SAR 海面风场观测模式的优选方法，并基于 SAR 遥感数据研究了评估近海海上风能蕴藏量的方法，基于高时间分辨率 SAR 数据研究了浒苔和海面油膜在近海漂移扩散的运动规律。

9. 城市雷达遥感研究

城市目标监测是 SAR 遥感应用的一项重要内容，其在城市建设与规划、灾害损失评估、军事监视等领域具有广泛应用。而在高分辨率 SAR 图像上城市目标的多维特征得以体现，但受几何畸变、噪声及电磁波在密集目标之间多次散射的影响，城市目标的高分辨率 SAR 图像特征非常复杂，给城区高分辨率 SAR 图像理解和应用造成很大困难。针对这一问题，开展了建筑物目标高分辨率 SAR 图像散射特征形成机理和城市场景高分辨率 SAR 图像理解研究，发展了一系列基于高分辨率 SAR 图像反演城市目标空间结构参数的模型方法。

1）建筑物目标散射特征形成机制和定量关系模型研究

针对建筑物目标 SAR 图像特征的复杂性，分析了建筑物目标散射特征的形成机制及影响因素。利用距离向剖面分析法，分析了平顶建筑物和尖顶建筑物在高分辨率 SAR 图像的散射特征及其与建筑物目标几何结构参数之间的定量关系；提出了一种建筑物目标 SAR 图像散射特征基元分解与合成方法，分析了建筑物目标的散射特征的方向特性；此外，分析了建筑物目标成像过程中的尺度特性，以及复杂城市场景遮挡问题如何影响建筑物目标图像特征，为建筑物目标识别与参数提取奠定了理论基础。

2）SAR 图像模拟与城市场景高分辨率 SAR 图像理解

该研究室发展了一种 SAR 成像机理与射线追踪算法相结合的建筑物目标 SAR 图像模拟方法，可以明确电磁波与建筑物目标相互作用的过程，在SAR图像与建筑物目标之间建立正确的映射关系，为复杂城市场景高分辨率 SAR 图像理解提供先验知识。借助 SAR 图像模拟，结合目标参数反演算法，提出了城市目标/场景SAR图像自动理解方法，能有效降低SAR图像解译的难度。

3）建筑物目标结构参数提取与三维重建方法研究

通过对墙地二次散射亮线散射机制分析，提出了一种基于二次散射亮度曲线来提取建筑物墙面长度和高度的方法;针对建筑物SAR图像特征内部灰度波动性较大及边界不完整的特点，提出了基于模拟SAR图像，通过迭代匹配反演建筑物高度的方法和基于几何模型约束的高分辨率SAR图像建筑物三维重建方法；针对建筑物目标在高分辨率 SAR 图像上边界不完整的特点，提出了融合利用双视向 SAR 图像提取建筑物参数的技术流程和方法。

10. 灾害应急监测

1）雷达洪水实时快速监测实验

高分辨率机载雷达具有灵活、快速成像的特点，其为洪灾监测提供了技术基础，但其覆盖宽度较窄的缺陷为实时监测带来了困难。该研究室研究发展了一套先进的数据处理方法，使多条带大面积雷达图像得以快速镶嵌，进而实现实时监测的目的。1998 年特大洪水期间，48h 内完成 60 条 SAR 条带镶嵌及受灾面积和地物类型确认，速度比常规方法提高了 2 倍。其成果发表于 PE & RS 等刊物。洪水监测结果受到国务院领导与江西、湖北两省政府的肯定与赞扬。这一方法同时应用于 2003 年夏季淮河洪水雷达监测中。

2）地震灾害损失快速评估

2008 年 5 月 12 日四川省汶川大地震发生后，利用微波遥感不受云雨天气条件限制的优点，对房屋损毁、滑坡、堰塞湖进行了连续监测，为抢险救灾及灾后重建工作提供了重要依据。该研究室参与了震后第一幅雷达卫星遥感图像——都江堰地区房屋损坏情况评估和第一幅光学卫星遥感图像——北川唐家山滑坡堰塞湖遥感图像解译与监测工作。时任国家主席胡锦涛在赴川途中用了都江堰的雷达图像，唐家山堰塞湖的监测结果得到了时任国务院副总理李克强的批示和肯定。其共完成了北川唐家山滑坡堰塞湖监测解译报告 7 份（5 月 17 日、20 日、24 日、25 日、26 日、29 日、30 日），北川县城选址建议报告 1 份，绵竹市、罗江县、安县新城（花荄镇）、旧城（安昌镇）、拱星镇、秀水镇、睢水镇、塔水镇、河清镇房屋损毁监测情况等报告，青川县红光乡滑坡堰塞湖监测报告 2 份，睢水镇滑坡堰塞湖监测报告 2 份，茶坪乡滑坡堰塞湖监测报告 2 份，汉旺镇滑坡堰塞湖监测报告 1 份。并参加了国家发展和改革委员会支持的灾后重建规划编制工作，参加了科学技术部“科技抗震救灾”综合对策研究工作。2010 年 4 月 14 日青海玉树发生 7.1 级地震后，利用震前和震后获取的日本 ALOS PALSAR 数据，开展了差分干涉雷达（D-InSAR）地震同震形变测量与分析，其研究结果对于评价玉树地震破坏程度、推断断层性质、研究地震形变和地震孕育特征具有重要的参考价值。

11. 奥运环境遥感监测研究

2002～2006 年该研究室连续 5 年获取了奥林匹克公园及周边地区 400km^2 的航空遥感图像，为奥运公园规划及周边交通规划提供了重要的基础空间信息，建立了奥运主场馆区工程环境建设动态监测网站，其研究成果受到奥组委和刘敬民副市长的关注，多次参加北京科技周展览，展台的参观者十分踊跃，成为“科技奥运”的亮点之一。

12. 典型地物微波散射特性知识库

雷达遥感图像解译困难，应用门槛高，严重制约了其应用的深度与广度。针对这一困境，该研究室设计和构建了典型地物微波特性知识库，对微波遥感模型、基础测量数据、雷达遥感图像、解译标志、先验知识与应用示范等进行科学组织和集成，并基于浏览器/服务器模式（Browser/Server，B/S）架构实现在线数据共享与信息表达，为微波遥感理论基础与应用研究提供模型、数据与专家知识等一体化支持。

13. 陆地目标微波特性测量与仿真成像科学实验平台

陆地目标微波特性测量科学实验平台的建设目标是构建纯净无干扰的针对地物目标与应用的穹顶状微波测试环境，实现地表基本物质的介电特性、散射特性、辐射特性、极化特性等微波特性的实验室定量测量；实现典型目标–目标集合体–场景的全方位、全要素微波散射特性测量与仿真模拟，包括土壤、矿物/岩石、农作物、草本/木本植物、建筑材料、人造目标（如桥梁、城市建筑、公路、各类交通工具）等。

平台的建设将为深刻认识地物目标的微波特性积累基础科学数据，为遥感理论模型的建立、改进和验证，地物目标与微波电磁波相互作用机理与过程模拟分析，典型目标微波散射、辐射机制分析，微波传感器新概念的产生与设计，微波传感器的最佳参数选择与配置等提供精确的测量分析手段；为新型高分辨率机载和星载微波传感器提供预研实验验证与可行性分析；为微波遥感应用提供基础的理论支撑，开拓新型微波遥感应用领域。

平台的建设引进将提高和加强我国微波遥感理论与应用研究的基础手段和能力，将为电磁场学、土壤学、地理学、地质学、生态学、环境科学等跨领域跨学科的交叉研究提供一个共享科学实验平台。

陆地目标微波特性测量与仿真成像科学实验平台在中央级事业单位修购专项的支持下建设，建设周期为 2012～2015 年，总经费为 2625 万元，分三年拨付到位，该平台建成后将成为我国目前唯一的、国际领先的、功能高度集成的大型微波遥感基础实验科学装置，该实验平台填补了我国在微波遥感领域缺少大型综合性实验装置的空白，提供了原创性基础研究所需的实验条件。

（三）学 科 特 色

地物目标微波散射、辐射特性研究是微波遥感应用的基础，但微波频段的电磁波与地物目标相互作用的机理非常复杂。随着 SAR 遥感图像空间分辨率的提高和极化方式的丰富，地物目标及场景的细节特征、多维特征得以体现，使得对基本物质–地物目标–地面场景微波特性的精确测量和散射特征的正确理解成为可能。微波遥感研究室紧扣对微波遥感需求迫切的应用方向和当前存在的瓶颈问题，有针对性地开展典型地物目标微波散射机理、SAR 图像特征形成机理、地物识别方法、目标参数反演模型的全链条研究，通过解决微波遥感应用中存在的困难和问题，明确微波遥感机理，并形成有效的方法，为新型雷达遥感应用提供理论模型与基础信息支持，形成了以应用需求为引导、基础理论研究与应用紧密结合的学科特色。

四、科研任务、项目与成果

（一）承担的项目与任务

共承担项目 50 余项，其中国家自然科学基金重大项目 1 项，重点项目 1 项，面上基金项目 3 项、国家重大科技专项项目 1 项，国家 863 高技术项目 11 项，国家科技支撑项目 3 项，科学技术部奥运专项项目 1 项，国防科工委项目 1 项，中国科学院知识创新、院重点、院长基金等项目 7 项，国家海洋局、中石油及国土资源部等部门合作项目 10 项，遥感科学重点实验室及预研等项目 4 项，国际合作项目 3 项。

（二）研究成果与推广应用

1. 成果

出版专著 6 部；发表论文 255 余篇，其中 SCI 收录论文 30 篇；获奖 9 项，其中获国家科技进步奖二等奖 1 项、三等奖 1 项，获中国科学院科技进步奖一等奖 1 项、二等奖 1 项、自然科学奖一等奖 1 项，获部委级项目一等奖 1 项、三等奖 4 项；获得专利 4 项、软件登记 5 项。

2. 成果转让与应用

微波遥感研究室在国际上首次提出了水稻时域散射特性概念，目前，该项目成果已在日本、印度、韩国及我国国土资源大调查、全国农情速报系统和广东省水稻长势监测中得到应用，受到了美国农业部国家农业统计局和阿肯色农业系统局的关注，并促成了国际雷达农业应用高峰会议在京召开。

该研究室建立了典型海洋目标 SAR 图像解译标志，主要包括海洋内波、大气锋面、海面风场、污染性溢油、渗漏性油膜、海洋绿潮等，发展了海面烃类油膜雷达遥感检测算法并研制了相关软件系统，研究成果在渤海湾蓬莱“19-3”钻井平台重大海洋溢油污染事故中发挥了重要的技术支撑作用，为国家海洋局迅速启动重大海洋溢油污染事故应急响应提供了及时、准确的决策支持。该室多次为国家海洋局北海、南海预报中心等单位开展了 SAR 海洋溢油遥感监测技术培训。实践证明，该技术成果在我国重特大海洋环境污染事故应急工作中产生了显著的示范与推广效应，“……在我局应对石油平台溢油重大突发事件中起到了先导作用，为我局的海洋环境管理决策提供了必要和及时的科学依据，对于及时采取措施最大限度地减少溢油污染损失具有极其重要的意义……”，国家海洋环境监管部门已将该技术纳入其常规的业务工作流程。此外，该室发展了海面漂浮物扩散趋势预测模型，并将研究成果创造性地应用于马航失联客机疑似海面漂浮物漂移路径预测，为马航失联客机海上应急搜寻救援工作提供了科学、及时的技术支撑。

微波遥感研究室发展的基于高分辨率极化雷达数据的雪灾森林破坏识别技术、极化雷达遥感森林识别与分类系统、基于多源遥感数据组合优化的森林类型识别技术、面向参数反演的微波遥感数据融合软件在我国南方各省和东北的林业部门得到广泛应用，克服了在我国南方多云多雨地区和东北地区高分辨率光学遥感数据获取困难这一瓶颈问题，保证了及时、准确地获取森林面积和森林类型信息，在森林资源调查和生态环境保护中起到了重要作用。

基于 RADARSAT-2 全极化数据进行水稻监测研究的成果为水稻监测提供了可靠的数据源，特别是全极化 SAR 数据在水稻监测中具有较大的优势，对水稻识别、监测和估产研究具有十分重要的意义。其提出的基于紧致极化 SAR 数据的水稻识别方法为国际上少数早期研究工作之一，对加拿大雷达卫星星座的发展具有重要意义，得到了加拿大有关专家的高度评价。

（三）国际合作交流

（1）该研究室开展了广泛的国际合作交流活动，其中主要与美国宇航局喷气推进实验室（NASA/JPL）和加拿大遥感中心（CCRS）的合作交流最为持久。在与 NASA/JPL 的合作中，该室获取了中国多个实验区的航天飞机成像雷达数据，并于 1995 年与 JPL 的科学家共同开展了昆仑山地区的野外联合考察，双方多次互派人员进行广泛的学术交流活动。其与 CCRS 开展了全球雷达遥感（Globe SAR）和雷达卫星 ADRO

项目的国际合作交流，获取了广东等多个实验区的机载和星载 SAR 数据，双方多次互派人员进行了广泛深入的学术交流，建立了实质性的国际合作关系。

（2）参加了欧洲太空局“Envisat ASAR”项目，日本 ALOS、美国 NASA SRTM 项目，该研究室成员郭华东作为 NASA SRTM 计划中首批 42 位专家中唯一的中国专家；是国际 SAR 工作组中唯一的中国学者。

（3）与 ESA、NASA/JPL 和 NASDA 开展了有效的合作，是 ENVISAT ASAR 项目、 SRTM 项目、ALOS PALSAR 项目的 PI，获取了 ENVISAT ASAR 等先进的雷达数据。

（4）应邀出现 TWAS 国际会议，并在会议上作特邀报告。

五、科研队伍建设与人才培养

（一）科技人员组成、结构与培养

先后在该研究室工作的有 25 名人员，其中研究员 4 名、副研究员 6 名、助理研究员 15 名。他们是郭华东、邵芸、王超、李震、廖静娟、王长林、董庆、范湘涛、张风丽、谢酬、刘浩、魏秀萍、李骏飞、卢新巧、潘起胜、王翠珍、李新武、韩春明、宫华泽、田维、王世昂、卞小林、原君娜、张婷婷、李坤等。

（二）研究生培养

该研究室共培养硕士研究生 25 名、博士研究生 46 名、博士后 6 名。

（三）研究室出的院士

郭华东研究员于 2011 年被评为中国科学院院士。

（四）研究室向所或所外输送的干部

郭华东于 1988 年 9 月任遥感所副所长，于 1997 年 4 月任所长，于 1994 年任遥感信息科学开发研究实验室主任，于 2001 年 1 月任中国科学院副秘书长、国际合作局局长，于 2007 年任中国科学院对地观测与数字地球科学中心主任。

王超于 2001 年 7 月任遥感所副所长，于 2002 年 1 月任遥感所常务副所长，于 2004 年 10 月任中国科学院遥感卫星地面站副站长。

（五）研究室成员的国际学术组织任职

郭华东研究员担任国际环境遥感会议技术委员会委员。

邵芸研究员担任中国科学院暨香港中文大学地球信息科学联合实验室主任。

（六）优秀中青年人才

在研究室组建的四年中（1993～1997 年），该研究室有 3 名青年科技人员晋升了高级职称。

邵芸研究员1995年获得了中国科学院青年科学家优秀奖，2008年荣选北京奥林匹克运动会火炬手，2011年获“中央国家机关优秀共产党员”“中国科学院优秀共产党员”称号，2012年获中国科学院“十大女杰”称号，2012年当选为党的十八大代表。

2007年之后的微波遥感研究室是在邵芸研究员的带领下，主要由一群青年科技人员组成的研究队伍。在研究所的重点扶持下，在邵芸研究员的悉心培养下，青年人员勇挑重担，在科研和管理工作的锻炼中迅速成长。通过几年的培养，微波遥感研究室在海洋监测、干旱区监测、作物监测、城市监测等各个应用领域，以及基础理论和新技术新方法研究中都涌现出优秀的后备科研力量，在国内外的合作和交流中受到好评。

（七）人才培养措施

微波遥感研究室成立后，十分重视青年科研队伍的快速培养，把对人才的培养融入日常科研任务中来，采取的具体措施如下。

1. 鼓励支持青年科技人员参加国际学术会议和交流

每年鼓励青年人员和研究生参加相关的国际学术会议，通过与相关领域国际一流科学家的交流，拓宽国际视野，保持研究成果的先进性。

2. 广泛的国际合作与交流

输送青年科技人员出国进修或合作，如李坤在加拿大遥感中心（CCRS）进行了为期半年的学术交流和访问，通过在高水平国际科研环境中的锻炼，为尽快进入国际前沿研究领域创造了条件。引进了吉林大学与美国印第安纳大学–普渡大学印第安纳波利斯分校（IUPUI）联合培养的张婷婷博士，以加强研究室在多源遥感信息融合方法的研究力量。

3. 加强学风培养

微波遥感研究室在培养锻炼青年人科学素养的同时，注重加强学风建设，室主任以身作则，对青年科研人员高标准、严要求，倡导严谨求实、勤奋刻苦的风气和氛围，使整个研究室的综合素质得到很大提高。

第十二章 全球变化遥感/环境遥感前沿研究室

一、概 述

（一）成 立 背 景

近一个世纪以来，工业文明在给人类社会带来巨大物质财富的同时，也给自然界的资源和环境带来了严重的破坏。人类在生产、生活的过程中把有害的废渣、废水、废气排回自然界，有毒物质的转移污染江河和大片土地，连浩瀚的海洋也不能幸免，人类对地球表层系统的改造，引发了以全球气候变暖为重要特征的全球变化。全球环境变化是由人类活动引起和驱动的，它要求我们的社会需要采取一系列的反应对策和应对措施。为此，国际组织开展了一系列大规模、跨学科、综合性的全球变化研究项目，如国际科学联合会理事会（1CSU）于 1986 年组织了以全球变化研究为核心的国际地圈生物圈计划（IGBP）等；该“计划”将主要科学目标锁定在描述和了解控制整个地球系统相互作用的物理学化学和生物学过程、支持生命的独特环境，以及现在地球系统中由人类活动诱发的重大全球变化和影响方式。其应用目标是在透彻理解近百千年来地球表层所经历的和正在发生的重大环境变化的基础上，发展对未来几十年乃至百年全球重大变化的预测能力，为全球和各国的资源管理与环境战略决策服务。这就是全球变化的研究目标，是具有“通观”和“通晓”整个地球表层资源环境及其演化能力的遥感应用科学，其应该也是目前最有能力挑起研究全球变化重任，从中找出人类与自然和谐共处的科学对策，以保障人类社会持续向前发展重担的学科。为此，具有远见卓识的陈述彭院士和徐冠华院士于 1993 年建议遥感所应成立全球变化遥感研究室。2002 年 10 月根据科研发展和布局更名为环境遥感前沿研究室，2007 年 9 月～2012 年 9 月又重建全球变化遥感研究室。

2002 年 11 月 SARS 疫情在广东省爆发，并在短短的两个月时间内迅速扩散至全国，引起全国民众的一片恐慌。时任原遥感所所长的李小文院士得知这一消息后迅速组织所里的主要科研力量对国家自然科学基金（主任基金）项目“SARS 传播时空模型研究”进行攻关，随后他们又推动中国科学院和军事医学科学院联合于 2003 年 11 月 28 日成立了公共卫生领域空间信息技术应用研究中心，依托于遥感所和军事医学科学院微生物流行病研究所。

（二）建立的必要性

由于我国巨大的人口基数，特别是 20 世纪中期以来，随着对地资源环境改造和利用的不断加强，环境污染、能源和资源短缺等诸多全球重大问题的出现，我们和世界同样面临着非常严峻的环境问题：水资源短缺、生态系统退化、土壤侵蚀加强、土地荒漠化、生物多样性丧失、大气化学成分改变、渔业衰退及气温升高等气候变化问题；同时，我国几乎拥有地球上大多数地球生态系统类型，丰富的生物多样性、人类活动历史悠久、影响巨大等地域特点决定了我国全球变化研究的不可替代性。在全球变化研究方面，国际上主要有 5 个大的研究计划，从不同角度研究全球变化的主要方面，即国际地圈生物圈计划（IGBP）、人与生物圈计划（MAB）、国际生物圈计划（IBP）、世界气候研究计划（WCRP）、国际全球环境变化人文因素计划（IHDP），它们构成了全球变化研究的主体。而在全球和区域尺度的国际研究计划中，遥感技术是获取全球和区域数据的主要手段，逐渐在国际上得到了广泛的应用并取得了突破性的进展，这是一个多学科交叉和理论–技术–应用联合攻关的“地球系统科学”的一个新研究领域。遥感所作为中国科学院唯一的遥感应用研究机构有必要开展全球变化的遥感应用研究。

环境健康遥感是利用多源遥感数据实现对影响环境健康因子的宏观把握，并对环境健康进行综合评价，从而有效地分析全球及区域尺度环境健康的时空特征及其发生与演化的驱动机制，客观评价重点区域的环境健康状况。“环境健康遥感诊断”通过对环境安全与生态健康的把握，将环境健康要素监测与遥感技术有机地结合到一起，使传统的环境健康评价技术得到了客观验证，同时随着遥感传感器时空分辨率的不断提高，将实现时空无缝实时遥感诊断环境要素的目标，成为全球变化和环境遥感前沿研究的重要内容。环境健康遥感诊断研究也必将推动遥感从定性到定量、从静态到动态、从简单描述到阈值化综合评价、从单一尺度到多维尺度的发展，其在很大程度上改变了环境健康研究的方法，为环境健康研究提供了极为有效的评判工具。

（三）在所及学科中的地位

地球表层环境是一个统一的受体，它的任何部分（陆面或海面）的局部变化，都是地球表层综合体在外在因素作用下的内在反映，属于整个综合体的有机组成部分。要从整体上研究全球变化，就要考虑地球系统主要子系统，如大气、海洋、冰盖、陆地和海洋生物、地壳及地幔的系统是非线性相互作用方式，因此其关系也是相当复杂的。大气、水体、土壤和植被等生态环境要素本身就存在复杂的类型、结构及覆盖面广且时空变化明显的特点，特别是其中有生命的要素。长期以来，这些要素都是被划分为不同专业由不同专家分别研究，何况这些要素之间及其内部还存在着极其复杂的物质与能量交换关系，进行分析和研究的难度就更大。要全面系统地研究全球或一个区域的生态环境要素及其演变特点和轨迹，必须利用多门学科的知识、多学科联合系统进行研究。遥感技术只是支持这些学科开展研究的新的工具之一，其信息获取技术具有的周期性、重复地对全地球表面的全覆盖，可满足对广阔区域或国家的资源环境调查和监测。因此，1993 年在中国科学院“八五”重大应用项目“国家资源环境遥感宏观调查与动态研究”正在火热开展之时，为适应全球资源环境变化研究国际合作的开放形势，专门成立了“全球环境变化遥感研究室”，为率先进入行星级的遥感动态应用研究领域而脚踏实地进行各个方面技术储备。

但是在国内大气、海洋、生态等领域早已开展了全球变化研究，建立了与国际上相应的机构；而我们遥感所与这些领域相比开展全球变化研究是一个新的领域，该室建立之初主要围绕国际上遥感应用最为广泛的土地利用/土地覆盖领域变化开展研究工作。

环境健康遥感诊断研究是环境遥感技术发展和应用的重要基础之一。公共卫生领域空间信息技术应用研究中心是国内首个从事传染病时空传播分析与环境健康遥感研究的机构。它有一支由遥感和公共卫生领域专家与青年人才组成的国家研究团队，其研究能力、成果、仪器设备等方面在国内都是先进的，且在国外有一定的影响力。公共卫生领域空间信息技术应用研究中心立足于“环境健康遥感诊断”这一新的学科方向，在 SARS、甲流感等严重威胁我国人民群众生命安全的突发性重大传染病的防疫和控制上做出了巨大的贡献。该研究中心先后承担了多项国家重大项目，极大地推动了以遥感和地理信息系统技术为主体的空间信息技术在我国公共卫生领域的应用研究。

二、沿　　革

1993 年遥感所成立全球变化遥感研究室。2002 年 10 月更名为环境遥感前沿研究室，直至 2012 年 11 月；2007 年 9 月～2012 年 11 月由于学科发展的需要又重建全球变化遥感研究室。2003 年 SARS 期间，成立了公共卫生空间信息技术应用研究中心，挂靠在环境遥感前沿研究室。

（一）历届研究室负责人

全球变化遥感研究室主任王长耀（1993 年 1 月～1997 年 4 月，1997 年 4 月～2002 年 10 月），牛铮（2007 年 9 月～2012 年 9 月）。

环境遥感前沿研究室主任牛铮（2002 年 10 月～2007 年 9 月）。

公共卫生空间信息技术应用研究中心主任李小文（2003～2012 年）。

执行主任曹务春（军事医学科学院微生物流行病研究所所长）（2003 年至今），曹春香。

（二）业务秘书

郑兴年（第一届），吴秋华（第二届）。

三、学术方向与学科发展

（一）学术方向与定位

通过遥感反演，重点研究全球和区域的地学、生物学各要素的属性、分布和分异规律，以及地物间的联系与制约模式；通过遥感与非遥感数据的复合分析，构建专题应用数学–物理模型，对各个景观要素进行定位、定性和定量分析，研究对全球和区域变化全面认识的理论与方法。

环境健康遥感诊断从生态环境健康状况、大气健康状况、水体健康状况、灾害影响程度及人类活动状况 5 个方面刻画环境健康，构建环境健康遥感诊断指标体系，并围绕环境健康遥感诊断研究中的科学问题及关键技术，重点发展森林健康遥感诊断、湿地健康遥感诊断、大气健康遥感诊断、人类活动遥感诊断 4 个研究方向。应用空间信息技术分析疾病数据的空间分布特征，探讨疾病的流行区域与流行特征。应用空间信息技术探讨流行病的分布与周围环境的联系，探讨疾病的传播规律，建立流行病学模型等。

（二）学科发展

1. 土地覆盖变化遥感监测研究

目前，大多数人的看法倾向于全球变化的加剧，其主要是由人口的快速增长、社会对资源的无度消费引起的。从陆地生态系统的演化趋势来看，人口科学家预言未来的 30 年内，世界每年差不多将增加 1 亿人口。人口急剧增长需求的巨大压力，将导致人均资源消费的增加，全球的土地利用/土地覆盖变化（LUCC）将是最重要的内容。未来 30～50 年，急剧增长人口对衣食住行的需求猛增，首当其冲的是作物的产量，每年要稳定增加 2%的产量。城市的扩张随之而来的“三废”污染，吞噬了大片良田，然而扩大耕地面积将导致更多的森林和草地的消失，从而将导致水资源过度开采、土壤侵蚀加剧及土地退化盛行，其结果只能是引起全球气候发生更快、更剧烈的变化，但在地区表现上呈现不平衡状态，结果是带来生态灾难。1998 年 3 月在西班牙巴塞罗那举行的科学讨论会上，由 IGBP 和 IHDP 主持的全球变化与陆地生态系统（GCTE），以及土地利用/土地覆盖变化核心计划就主要围绕：气候和大气成分变化对生态系统功能的影响，以及与地球系统的关系；土地利用变化的驱动力及它的生态影响；植被和土地覆盖在局部、区域和全球范围的变化；全球变化对农业产量、林业、生物多样性及人类生存其他问题的影响；欧洲、亚洲、非洲和美洲的区域全球变化研究 5 个方面来展开。

1）覆盖全球的中低分辨率遥感数据处理技术研究

全球变化研究由于覆盖区域大，需要中低分辨率遥感数据，如中分辨率成像光谱仪（MODIS）数据是一种重要和新型的卫星遥感数据（包括可见光到近红外，36 个波段），它的空间分辨率（不同波段分辨率分别为 250m、500m、1000m）要比 NOAA/AVHRR 高许多，合理利用将使全球变化研究取得新的进展。但由于存在 MODIS 探测器对地球观测的视野几何特性、地球表面的曲率、地形起伏和 MODIS 探测器运动中的抖动等因素，所接收到的 MODIS lA 和 MODIS1B 数据存在几何畸变。该研究室有关科技人员通过搜集大量与 MODIS 有关的资料，分析了 MODIS lB 数据产生几何畸变的原因，通过在 Visual C++6.0 环境中的编程，实现了 MODIS lB 数据的几何纠正和投影变换；利用 MODIS 同时相的坐标进行纠正，图像的条带错位完全得到消除，并能基本保持原有的清晰度。这就奠定了进一步对 MODIS 数据开发利用的基础。本项研究采用的三次样条曲线对经纬度坐标进行插值，具有一定的创新性。

云是大气的经常性现象之一，云的出现对于遥感器接收向上穿过大气层的地物波谱信息来说就成了干扰因素。在完成对植被物候时间序列特征分析的基础上，该研究室归纳出 6 种典型的云覆盖特征，分别提出针对性的处理算法，从而比较有效地解决了云覆盖对土地覆盖分类结果造成的影响，这是一种引入了新的消除云覆盖的新算法。目前，在大部分的全球土地覆盖分类制图过程中，对这一经常出现的局部性影响因素还没有充分考虑到。

2）土地覆盖遥感分类方法研究

该研究室基于遗传算法的人工神经网络多光谱分类模型，提出了土地覆盖遥感分类方法。这一方法首先通过比较人工神经网络前向反馈算法、遗传算法和反向传播算法等，从而确认人工神经网络多层感知器，得出基于遗传算法的多层感知器（GA-MLP）和反向传播人工神经网络（BP-MLP）的分类精度分别达到 97%和 93%，就误差残差而言，GA-MLP 精度高于 BP-MLP。最大似然分类（MLC）的精度是 89%，所以感知器（MLP）的分类精度也超过最大似然率分类（MLC）。试验证明，遗传算法作为一种前向随机最优化算法，大部分精确调整发生在第一层（输入层和隐层之间的连接权重）上；反向传播算法作为一种后向随机最优化算法，大部分精确调整发生在最后一层（输出层和隐层之间的连接权重）上。它们的融合可以得到更高的连接权重调整精度，达到更好的分类结果。

3）全国土地利用宏观遥感调查与全国性土地资源数据服务系统的研究

土地利用是国家经济建设中最基本也是最受关注的资源。随着人口的增长和工业的发展，耕地的开垦规模迅速扩大，一方面原有的耕地被各项建设所占用，另一方面工业化导致环境破坏和土地退化，所以耕地相对数量日趋减少。土地供需矛盾日益尖锐已成为世界性问题。我国用占世界 7%的耕地，养活占世界 1/5 的人口，更是深切地感受到耕地不足的巨大压力。解决全国人民的温饱从来就是我国政府最为关注的事情，因而土地的开发利用状况和质量水平是管理者和决策者、公众和市场都需要掌握的重要信息之一。在国家攻关及省部级等科研项目的支持下，重点开展了利用彩色红外在农业发达地区进行土地利用现状详查研究、高山地区土地资源遥感调查研究，以及全国土地利用宏观遥感调查与建立全国性土地资源数据服务系统的研究。

利用彩色红外对农业发达地区进行土地利用现状详查，历时一年零九个月，开展了航空摄影，土地利用判读，制图与面积量算，查清其数量、分布、利用现状和权属关系等航空遥感技术应用于土地利用详查的方法研究，提高了调查精度，节省了时间和人力；提交的完整的详查数据，经专家鉴定，符合国家规范要求，荣获国家颁发的验收合格证书，使天津市成了全国第一个完成土地利用现状详查工作的省（自治区、直辖市）级单位。

2. 植被与农作物变化检测方法研究

1）探讨中国植被的遥感分类

植被变化是影响全球变化的重要因子，也是全球变化的重要响应指标之一。不同类型的植被对全球变化的影响与响应是不同的。遥感的植被分类主要依据它们的影像信息，以及对与其他地物的内在联系的分析。依托于土地覆盖遥感分类方法和图像处理算法研究，采用 1992 年 4 月～1993 年 3 月一年间的中国地区 NOAA/AVHRR 的可见光、近红外通道数据，合成这一年内基于 1km 的按月（共 12 个月）、按旬（共 36 旬）的时间序列归一化植被指数（NDVI）数据集。然后，以非监督分类方法对 12 个月 NDVI 数据集进行聚类（60 类），对这 60 类，再参考 2000 多个已知样本及 1∶4000000 中国植被图图斑进行归并，形成了森林：落叶针叶林、常绿针叶林、针阔混交林、落叶阔叶林、常绿阔叶林、硬叶常绿阔叶林、常绿落叶阔叶混交林、热带雨林、季雨林；草甸与草原：草甸草原、草本沼泽、典型草原、荒漠草原、稀树灌木草原、高寒草甸、高寒草原；灌丛：常绿灌丛、落叶灌丛、常绿落叶混交灌丛、灌草丛；农作物：单季农作物、双季或三季农作物；以及荒漠、居民点、裸地、水体、雪冰等无植被地段的系统。其中，森林采用第 2～第 32 旬数据，利用神经元网络进行监督分类；草甸与草原、灌丛、作物三大类的细分利用 12 个月 NDVI 数据集的非监督聚类方法进行分类。在采用超过 1200 多个训练样本的基础上，应用按月、按旬生成的并经过消云算法处理形成的 NDVI 数据集，结合非监督分类算法和有监督的神经元分类算法，最终完成了中国植被分类制图。

2）植被参数遥感反演

植被覆盖度与 SNDVI（Scaled NDVI）有很强的函数关系。为了计算中国地区植被覆盖度，该研究室采用 1992 年的基于 1km 的 NOAA-AVHRR 图像的 NDVI 信息制作植被覆盖度图。其方法是首先对每一个像元分别计算其年 NDVI 最大值，为了降低云、多角度成像、太阳高度角不一致造成的影响，又采用 3×3 滤波器对结果进行平滑。遥感数据得到的 NDVI 能很好地反映植被覆盖状况。植被层对入射光合有效辐射的吸收比例（FPAR）与植被指数 VI（VI=NIR/VIR）之间存在近线性关系。在模型中，FPAR 由 NDVI 和植被类型两个因子来表示，表明当地表被植被完全覆盖时 FPAR 达到最大值，无植被地段的 FPAR 值最小。净初级生产力（NPP）是植物生物量增加与其他过程间相互作用的、与碳相关的核心变量，在全球尺度上，可看作是一个模型化的、可以估计的参数。它对于气候、地形、土壤、植物、微生物的干扰及人为影响等控制因子都很敏感。这些主要控制因子彼此间存在强烈的相关性。要打破这种相关性，需要建立更敏感的、包含更丰富调控参数的净初级生产力模型，由于目前缺乏全球性观测数据，许多关键性数据（特别是用于过去和将来研究时）难以获得，限制了这种模型的作用。但是，通过理解和模拟调节植物与资源有关的生理及结构的生态学过程，有助于克服由数据缺乏所带来的某些问题。

基于 1km NOAA-AVHRR 的 NDVI 数据，该研究室采用 CASA 模型估算了中国陆地净初级生产力。CASA 模型是利用生态学原理、以月为步长的卫星数据加以估算，通过光合有效辐射（APAR）和光能利用效率进行计算。选择用 1992 年 4 月～1993 年 3 月的遥感影像数据进行试验，成功生成了空间分辨率为 1km 网格的中国陆地生态系统逐月净初级生产力数据集。

3）农作物生长变化监测

农作物长势与产量估算是全球变化研究遥感应用的一个重要方面。该研究室参加与主持的“八五”期间开展的“重点产粮区主要农作物遥感估产”项目，在国内外首次利用遥感（RS）、地理信息系统（GIS）

和全球定位系统（GPS），以及地面实测、分层采样相结合的技术方法，实现对大面积小麦、玉米和水稻种植面积提取（生长期的2～3个月）、长势动态跟踪监测和单产与总产（收获前的1～2周）预报。这种针对我国地形破碎、种植制度复杂的特点，突破气象卫星混合像元分解、气象卫星与陆地卫星数据信息匹配等前沿技术，创造性地利用综合集成技术，利用多种遥感信息源，在地理信息系统支持下，实现对种植面积的提取，建立大面积的植物生长期不同阶段遥感跟踪监测，建立绿度指数–温度–绿度变化速率小麦模型、玉米遥感估产因子构建的遥感综合模型，达到估测多种农作物的播种面积、单产与总产的目的，并对美国小麦长势与产量开展了预报研究，为国家掌握农业生产的动态过程、粮食总产量数字以及粮食市场运作的决策等提供了科学依据。主要农作物遥感估产的成功，其意义超出了估产本身，这种应用遥感和地理信息系统等高新技术，加上为数有限的实地采样观测数据的综合动态探测系统，也为广为分布的其他绿色植物的分布、生物量调查及生长发育过程的动态监测奠定了技术基础，其实际上也是研究全球变化在基础理论和技术体系方面的预演。作为资源和环境大国的这一成就，其具有全球变化趋势预测中间试验的意义。

棉花是世界性重要的经济作物，新疆是我国最大的产棉区和最大的商品棉基地，新疆棉花的播种面积和产量变化直接影响着全国棉花的产量和库存情况；新疆棉业的每一步发展都将对我国的棉花产业和纺织业发展产生巨大的影响，科学地监测棉花的面积、长势，为各级政府提供及时、准确的棉花生产农情，对农业的现代化管理和政府部门的宏观决策都具有重要意义。

新疆土地面积辽阔，沙漠广布，交通不便，环境条件较差，完全靠人工进行棉花种植面积调查和部门逐级统计上报，再根据各主管部门处理会商取得结果，难以快速获取棉花种植面积数据或可靠的信息，不能真实反映新疆棉花种植的实际情况。因此，2009年以来，国家统计局委托遥感所承担了“新疆地区棉花种植面积遥感调查研究”的任务，根据国家统计局在棉花种植面积统计上的业务流程，经过多年的试验研究，在吸收国内外先进遥感技术农作物调查经验的基础上，利用“3S”等高新技术，结合国家统计局与新疆现有的调查队伍和野外统计抽样调查样方的优势，开展以建设业务系统为目标，将遥感技术与统计抽样调查方法有机结合，突破统计调查数据支持下的新疆棉花种植面积遥感一系列关键技术，包括新疆棉花调查遥感区划、最佳遥感数据时相选择、遥感与统计结合的抽样方法、格网化抽样框架布设、遥感图像处理、棉花种植面积遥感提取、野外调查规范等调查方法。它们在新疆全区棉花种植面积遥感调查中全面实施，为统计部门提供更快速、更准确的新疆全区棉花种植面积信息。

3. 荒漠化遥感监测与分析

近几十年来，由于人口急剧增长带来的食物需求及人类不合理的开发利用土地，土地资源不断退化，产生严重的荒漠化现象，严重威胁到人类社会的可持续发展。我国是世界上荒漠化比较严重的国家之一，荒漠化问题已严重影响到人们的生存环境和社会经济的可持续发展。

土地荒漠化是我国最严重的生态环境问题之一，其实质是土地退化，是土地对植被支持力、动物承载力和人口承载力的降低或丧失，也是生态系统对人类服务功能的降低与劣化，它不仅是重要的环境问题，也是人类所面临的一个严峻的经济和社会可持续发展问题，威胁到人类的生存环境，制约了国家经济发展和影响社会稳定，荒漠化形势严峻，是我国的一个重要国情。

利用卫星遥感技术快速、高效、及时的特点，开展全国尺度的荒漠化监测，分析评价不同地区、不同时间的荒漠化状况，确定荒漠化对资源环境的影响程度，促进社会发展和改善人类生存质量，促进人与自然和谐发展。联合国亚太经社理事会于2001年提出了利用遥感与GIS技术进行“干旱区水土资源集成系统”的研究，并于2001年得到了批准（ESCAP5-4-401）。环境遥感前沿研究室一直从事沙漠化和土地退化等研究。该项目由中方遥感所负责，并邀请干旱半干旱地区有关国家参加，以交流利用遥感和GIS进行水土资源管理的经验，并增强发展中国家的区域合作。中国选择新疆石河子市为研究区，利用遥感和 GIS 对水土资源进行综合管理示范。该项目促进了我国的中巴卫星数据、GIS 软件及水土资源管理技术方法的交流，参加国家有朝鲜、蒙古国、哈萨克斯坦、乌兹别克斯坦、巴基斯坦等。通过主持联合国亚太经济与社会理事会（UN ESCAP）关于“基于遥感与 GIS 的干旱半干旱地区水土资源综合管理”项目，以及欧盟的 DeSurevy 重点项目，与多国开展了中亚地区、内蒙古科尔沁沙地荒漠化遥感监测研究，研究了我国及中亚地区的荒漠化气候分区方法，荒漠化遥感监测指标体系和基于遥感反演参数的荒漠化监测方法，以及应用地质统计学影像纹理的非生长期荒漠化监测方法、应用植被群落空间结构特征纹理的生长期荒漠化动态监测方法和植被群落动态变化监测方法等动态监测方法。结果表明，在沙质荒漠化土地程度分级和遥感监测判别指标体系确立后，采用合适的方法可以在短时间内完成大范围的动态监测，使土地沙质荒漠化的定量评价成为可能。在此基础上，利用遥感数据对沙质荒漠化的发展方式与成因进行了深入的探讨，并有针对性地提出了区域沙质荒漠化的防治对策。

4. 生态系统碳循环的遥感研究

缺乏全球性的观测数据库是阻碍大区域和全球生态系统模拟的主要瓶颈。这种状态将随着不断更新的航天技术和卫星系统而得以改善。在大范围的系统模拟中，卫星遥感数据是最可靠、最有效的数据来源。目前，通过 AVHRR/NDVI 数据产生的 LAI，已广泛应用于构建不同尺度的生态模型中。数字化数据与计算机的结合，不仅改进了模型的质量和可信度，而且还可以用来检验预测模型的实用性。

植被参数的时空尺度转换揭示了生态系统过程和通量的一个重要方面，特别是实现从利用涡度相关技术进行生态系统生理学特性研究的样地尺度（$<1\ km^2$）到利用种种模拟和获取数据方法研究的区域景观尺度（$10\ km^2$），以及全球尺度（$100\ km^2$）的尺度转换具有重要意义。尺度转换的重要作用之一，就是在样地尺度的生态系统参数与遥感获得的较大尺度生态系统参数之间建立起关系，可以通过样地到区域、区域再到全球的途径，获得对大尺度生态系统格局和过程的深入认识。在生态系统碳循环模型验证过程中，尺度转换和结果验证都考虑了以上 3 个空间尺度。

利用土壤–植被–大气传输模型模拟由通量塔观测的 NEP 时，必须掌握通量塔覆盖区最小面积为 3km×3km 的样地植被参数信息，为遥感得到的植被 LAI 和 NPP 产品提供地面真值；还要用复合植被区来评价通量塔和遥感图像采样点对于较大的植被/大气复合体的代表性；只有对这些观测尺度进行相互验证后，才能实现地面数据、生态模型和遥感数据可靠的综合应用。

5. 环境健康遥感诊断研究

环境健康遥感是当今遥感科学研究发展的前沿方向之一。环境变化已经在局部、地区乃至全球范围影响到人类的健康模式，旧传染病的死灰复燃、新传染病的不断出现和流行，已越来越受到全球公共卫生部门的关注，这种新的形势要求开发和应用新的疾病监测体系，并使用新的方法和工具去研究疾病与环境的联系。空间信息技术是解决时空问题的强有力的工具，并在各领域得到广泛应用。

当人类不舒服时，可以到医院看医生，医院通过各种现代化的设备对人的健康状况进行判断，这个过程称为“健康诊断”，那么环境健康问题该如何去把握、判断？使用什么方法？如何为解决环境问题提供一个迅捷、可靠、经济的判断依据？2011 年，在首届“环境健康遥感诊断”国际学术研讨会上，遥感所曹春香研究员提出“环境健康遥感诊断”的概念，推动建立“环境健康遥感诊断”交叉学科方向，并在森林健康遥感诊断、湿地健康遥感诊断、大气健康遥感诊断、人类活动遥感诊断 4 个研究方向推动了学科发展。

1）森林健康遥感诊断

基于光学、激光雷达和 SAR 等主被动多源遥感数据，实现了森林树高、胸径、冠幅、郁闭度、叶面积指数和生物量等参数的高精度反演和估算。以大兴安岭森林火灾为例，对灾后植被恢复状况进行了遥感诊断和评价。以栎树猝死病为例，对森林病虫害在中国的适生性及爆发风险进行了预测预警。针对内蒙古五大沙漠和五大沙地区荒漠化状况进行了遥感动态监测，并分析了其变化趋势，为森林健康诊断和森林资源可持续利用提供了技术支撑。

基于遥感等空间信息技术获取的气温等地理气候数据，结合寄主植物分布、病菌生理特征等特征，分别采用层次分析法（AHP）–模糊综合评价方法、气候相似性分析方法及生态位模型等预测“树流感”病菌在中国的适生分布，诊断得到“树流感”在中国的潜在适生区，进而评估“树流感”在中国爆发和传播的风险。

基于内蒙古2000～2012年植被生长季的MOD13A2 NDVI数据和气候数据，完成了基于遥感手段的气候变化和重点生态建设工程对内蒙古植被变化的影响诊断研究。研究通过植被覆盖度对内蒙古六大林业重点建设工程引起的植被显著恢复区域进行验证，验证结果表明，主要受重点生态建设工程影响的植被显著恢复区域均对应植被覆盖由稀疏到浓密的区域，或从非植被区到植被区，因此表明研究方法的可靠性与诊断结果的有效性。

2）湿地健康遥感诊断

从湿地生态系统健康、功能、价值3个方面选取了13个一级指标和28个二级指标，构建了科学、合理、可操作性强的湿地生态系统评价指标体系，并在全国范围内围绕湿地面积提取、湿地生态系统健康评价及湿地针对旱涝灾害的响应分析等开展了一系列示范应用，形成了可用于实际操作的《指标体系》和《技术手册》，填补了我国湿地生态系统定量监测诊断领域的空白。

基于构建的湿地生态系统评价指标体系，在国家和地方各级湿地管理部门和研究单位的协作和支持下，历时3年，对中国45处国际重要湿地的生态系统健康、功能和价值进行了诊断。结果表明，湿地健康状况总体良好，湿地面积稳定，周边人口适中，地表水水质和土壤环境较好，生物种类丰富，景观类型多样；湿地调节功能突出，文化功能显著，物质生产和保护生物多样性能力较强；诊断结果为中国国际重要湿地的保护管理和履行《湿地公约》等提供科学依据。

基于标准化降水指数（SPI），提取了长江中下游5个省区3个时期的湿地水体面积，并以其时空变化表征旱涝急转灾害严重程度。研究通过3个时期的HJ-1A/B数据分析发现，在小流域尺度上，湿地水面积变化与SPI变化显著相关，响应关系在旱涝急转灾害的不同阶段有所不同，旱灾时期，湿地水面积变化与SPI变化相关性更好，而在旱涝急转后，湿地水面积变化与SPI本身相关性更高。诊断结果表明，旱涝灾害的严重程度是湿地水面积空间变化格局最主要的影响因素。

3）大气健康遥感诊断

结合多源遥感和地面数据，综合分析北京沙尘暴期间气溶胶光学特性和气象参数的变化。首次基于卫星气溶胶产品对比分析空气污染指数和空气质量指数，估算了北京中心区域长时间序列PM2.5，以及由于长期暴露于PM2.5的过早死亡数。大气健康遥感诊断使大气监测从局部走向宏观、从地面升到空中。

围绕北京长时间序列（2001～2012年）PM2.5浓度估计和PM2.5对人类健康的影响开展研究，分析AERONET AOD与PM2.5的相关性，引入相对湿度和大气边界层高度来提高两者的相关性并估算长时间序列PM2.5；利用健康影响方程，计算北京中心区域由于PM2.5导致的缺血性心脏疾病（IHD）、脑血管疾病（CEV）、慢性阻塞性肺疾病（COPD）、肺癌（LC）和急性下呼吸道感染（ALRI）5类疾病的过早死亡数。结果表明，2001～2012年，北京中心区域由于PM2.5导致的过早死亡数平均值是6100例/年，而在2010～2012年，对应数字是7627例/年。

4）人类活动遥感诊断

人类活动遥感诊断基于空间信息技术研究环境因素与重要流行病传播危险性的关系，形成了一套我国自有的完善的流行病分析和预警系统，来预测发病趋势、发现潜在的疫源地，以实现流行病真正意义上的早期预警。其主要包括两方面的研究任务：①流行病环境遥感监测体系与多要素信息遥感实时动态获取。其主要任务是在流行病环境要素遥感信息提取模型的基础上，综合卫星、传感器参数和流行病环境要素的时空需求，研究遥感数据最佳参数选取的理论和试验依据、实时监测体系的设计。②流行病流行与地理环境因素关系分析研究。其主要任务是进行流行病时空分布分析与动态模拟，并在地理空间分析方法中首次提出“时空邻近度”的概念；构建不同尺度、不同类型的时空传播动态模型，在典型样区完成模型验证后，对流行病发生的地域和时间进行风险评估，对流行强度进行预测，以期实现重要流行病的早期预警。

围绕全球重大传染病疫情的监测与预警，在禽流感时空传播风险预测、中国霍乱发病危险分区、鼠疫疫源地划分、手足口病环境危险要素分析、地震灾区传染病暴发风险评估、甲流感全球早期传播模拟等方面做了大量应用研究，研发了传染病多维可视化与预测预警系列软件，为公共卫生应急响应提供了空间信息技术支撑服务。基于遥感及基础地理信息数据提取候鸟的迁徙路线和疫情点与湖泊、高速公路等的距离，基于贝叶斯最大熵模型，对 2004 年中国大陆地区高致病性禽流感爆发风险进行了模拟和预测，其总体精度相比传统的二分量 Logistic 模型提高了 8.8%。针对 2013 年中国爆发的 H7N9 禽流感疫情，基于 MaxEnt 模型，分析了气温、相对湿度、活禽分布、候鸟迁徙、湿地等环境要素对中国大陆地区 H7N9 传播的影响，并基于此预测了 H7N9 疫情暴发的重点风险区域。

（三）学 科 特 色

全球变化虽然由太阳系和宇宙其他星球的作用所引起，但不一定必须在世界各国都提供动态资料之后才开始进行全球变化的研究。因为地球表层环境是一个统一的受体，它的任何部分（陆面或海面）的局部变化都是地球表层综合体在外在因素作用下的内在反映，属于整个综合体的有机组成部分。因此，世界各国在领土范围内预先进行区域资源与环境演化的研究成果，都是对全球变化研究的有益的科学积累。特别是我国幅员辽阔、海陆兼备、地跨纬度 50°、自然条件复杂多变，率先一步研究更具有重要的意义。但这种局部和整体关系的物理、化学和生物过程是错综复杂的，尽管人类在最近数十年内以高新科技手段取得了对地球表层变化的研究成果，但还只是全球长期变化的一个近期片段，而且大多是局部的片段，还不足以用来对全球的变化情况做出确切的判断。另外，要解析海量遥感数据信息的真正含义也还必须有世界各地一定密度的实验场地，定点观测累积数据的配合，这显然不是短时间内可以满足的；而我国面积广大、生物多样性丰富、人类活动历史悠久是全球变化研究中不可替代的典型区域，所以“解剖麻雀”，从中国区域的动态变化的研究做起，建立对于资源与环境演化程度和规律性认识的途径和方法，无疑是研究全球变化的一个有益的、必不可少的认识过程。在 20 世纪最后十年，遥感所就着手抓超大区域的资源环境研究工作，并投入力量到全球变化的超前研究方面。但是，当时在国内大气、海洋、生态等领域早已开展了全球变化研究，建立了与国际上相应的机构；而我们遥感所与这些领域相比，开展全球变化研究是一个新的领域，该研究室建立后主要围绕国际上遥感应用最为广泛的土地利用/土地覆盖变化、植被变化、荒漠化及碳循环领域开展研究工作。

现代快速发展的遥感空间技术、计算机技术与网络技术，为环境健康科学研究及环境健康诊断提供了新的研究模式与高新技术手段。环境健康遥感诊断针对影响环境健康的主要因素的遥感诊断研究提供基础数据与实时动态数据平台，以及其遥感诊断指标体系的多维数据可视化、模型计算与可视化模拟分析平台建设，提高环境健康领域的数字化与信息化水平，综合分析研究影响环境健康的流行病的发生和传播的时空特征与规律，建立环境健康遥感监测、诊断、预测、预警及处置的应急系统，为破坏环境的突发性环境事件的应急反应与决策等提供科学依据。

环境健康遥感诊断交叉学科在以下 4 个方面具有鲜明的研究特色：理论方面，阐明自然和人为因素导致的环境变化对流行病等人类健康的影响机制；技术方面，依托环境参数的定量遥感反演技术，建立基于现代遥感空间信息技术的多种类型流行病监测、预警方法体系；实验方面，为我国环境健康事件的有效应对提供先进的技术支撑平台，推广辐射到整个环境健康领域，在我国环境健康事件的应急处置中发挥作用；人才方面，通过跨学科的交叉研究，将空间信息技术应用于环境健康领域，培养和造就一批富有创造力、具有国际影响的中青年学术带头人。

四、科研任务、项目与成果

（一）承担的项目与任务

该研究室共承担项目 34 项，其中 973、863、自然科学基金、国家重大专项、国家科技攻关等重点项目 12 项，中国科学院项目 10 项，部委级科技合作项目 9 项，国际合作项目 3 项等。

（二）研究成果与推广应用

1. 成果

出版专著 2 部；组织专刊 2 部；发表论文 127 篇，其中 SCI 论文 30 篇、EI 论文 28 篇、核心期刊论文 42 篇、大会特邀报告 19 篇。获奖 4 项，其中获国家科学技术进步奖二等奖 1 项，获北京市科技进步奖一等奖 1 项、三等奖 1 项，获第九届国际海洋遥感会议报告三等奖 1 项。申请发明专利 4 项，获得软件登记著作权 4 项。

2. 成果转让与应用

（1）2008 年该研究室负责的中国意大利合作项目“广东省北江流域防洪决策 3S 技术支持系统”为广东省三防办公室建立了北江流域防洪综合数据库，实现了项目数据库与防汛部门相关数据库的连接与共享；采用 CS+BS 混合结构，利用 ArcGIS 二次开发建立了 GIS 使用操作平台，实现了防汛信息的查询、检索、分析和发布等功能；在国内防汛部门建立了基于 GPS 技术的降雨预报模型，实现了滨江 24h 的逐时的降雨量预报；开发了堤围保护区洪水演进模型，分析了洪水风险区受洪水威胁的风险程度，实现了基于 GIS 技术的洪水监测与洪灾的评估功能，可以实现二维与三维有机结合的北江流域的可视化表达。

（2）2009 年该研究室承担“新疆地区棉花种植面积遥感调查研究”任务，根据国家统计局在棉花种植面积统计上的业务需求，利用 RS、GIS 和 GPS 技术与网络通信技术，结合国家统计局与新疆现有的调查队伍和野外统计抽样调查样方的优势，将遥感技术与统计抽样调查方法有机结合，开展新疆地区遥感棉花面积调查方法研究，突破统计调查支持下的新疆棉花种植面积遥感测量一系列关键技术，形成格网化空间抽样体系与相关棉花遥感调查规范和适用于业务化运行的棉花识别与面积提取遥感调查方法，设计并开发了“业务化运行的新疆棉花面积遥感调查系统”，目前已经在全疆棉花实现了业务运行，为政府相关部门及时掌握新疆棉花生产信息和进行科学决策管理提供科技支撑。

（3）联合国亚太经社理事会为完成“基于遥感与 GIS 的干旱区水土资源集成系统”项目，投入 2.5 万美元，相当 20 万元人民币。联合国亚太经社理事会通过第一个合作项目，感受到遥感技术在第三世界国家监测农作物的重要性及合作的发展前景。为了促进中亚地区国际合作和推广交流这一技术，联合国亚太经社理事会又支持了“作物监测与估算能力建设以促进自然资源持续发展与扶贫”这一后续项目，经费为 1.5 万美元，参加这一项目的国家有土库曼斯坦、哈萨克斯坦、乌兹别克斯坦、巴基斯坦、蒙古国、印度、伊朗等国。该项目建立了新疆石河子水土资源管理运行系统，为了使本系统能够在石河子地区运行，发挥作用，该市科委投资 10 万元建立该系统，并维护运行服务。

中亚地区国家不少是苏联解体后独立的，目前俄罗斯对这些地区的支持与以前相比要小，而美国的卫星数据和软件比较昂贵。中国质量好、价格低的卫星数据和应用软件非常受到这些国家的欢迎，已向几个国家提供了卫星数据和软件，这就为我国推广技术创造了条件。

中亚国家都位于同一地理气候区，都面临同一脆弱的生态环境问题。在利用空间技术服务于持续发展方面有着同样的兴趣，因此通过该项目的多次交流，可以有助于形成稳定的科技交流机制。该项目在执行中吸纳发达国家利用遥感与 GIS 进行水土资源管理的先进技术与方法，同时对中国已成熟的技术、卫星数据及 GIS 软件与参与项目的发展中国家进行共享，促进了国际的科技交流。

（4）面向遥感应用研究，联合国际知名遥感专家创立了“环境健康遥感诊断”交叉学科方向；在推动第三十届亚洲遥感会议首次设立“空间信息与人类健康”专题和应邀担任 IGARSS“Earth Observation for Public Health”分会主席的基础上，构筑了“环境健康遥感诊断国际学术研讨会”系列会议平台，为国际合作与交流搭建了世界上首个环境健康遥感诊断学术研讨的国际化平台。

基于建立的典型应用领域全球定量遥感指标体系、关键算法模型、技术流程等，以全球定量遥感共性产品为基础数据源，研发面向全球林业、农业、矿产、水资源、生态环境等典型应用领域定量遥感专题产品生产系统，并分布式部署在国家林业、农业、矿产、水资源、生态环境等相关业务部门，形成 20 种以上典型应用领域定量遥感专题产品生产能力，以及 20 种以上生态环境要素监测与诊断产品生产能力，并依托于服务与运营系统，面向政府及公众用户提供定量遥感专题产品。该系统建成后将在全球森林生物量和碳储量遥感估测方面生产全国 100m 格网、境外重点区域 300～500m 格网森林生物量与碳储量分布图 2 期；在全球大宗作物产量遥感估算方面，实现按月、季度、年度作物长势、旱情与产量监测结果发布能力，覆盖全球 90%以上作物产量；在全球巨型成矿带重要矿产资源与能源遥感探测和评价方面，构建全球矿产资源和能源遥感探测与评价系统，完成南美洲巨型成矿带重要矿产资源与能源多尺度遥感探测与评价；在国际河流地区水文模拟预报与遥感监测信息管理平台方面，实现突发灾害监测在数据获取后 10h 内提交监测报告；在生态环境遥感监测方面，生产 20 种以上全球变化敏感区生态环境要素应用示范产品。

（5）通过强化传染病环境遥感监测与多要素信息遥感实时动态获取方法、多源多尺度传染病综合数据的一体化组织管理、传染病多维信息可视化、虚拟地理环境中传染病时空传播的智能体模拟等新方法、新手段的研究工作，将这些技术成果无偿提供给中国疾病预防控制中心（CDC）、深圳 CDC 等业务运行单位，可以更合理地进行资源配置和组合，最大限度地降低突发环境健康危害损失，可以为国家环境健康能力的布局提供科学参考，指导建立更加合理科学的应急体系，合理配置应急资源，提高我国应对突发环境健康事件的质量和效率，为全面构建我国和谐社会保驾护航。

公共卫生领域空间信息技术应用研究中心自 2003 年成立以来的十年时间里，在推进空间信息技术在公共卫生领域的研究与应用、促进相关学术交流和项目合作、探索解决公共卫生领域问题的新方法、新思路等方面做出了重要贡献，中心工作成果得到了国家卫生部、科学技术部、中国科学院等各级领导的认可和支持。公共卫生领域空间信息技术应用研究中心应用疾病、传播媒介、卫生资源、人口分布、社会经济等信息建立空间决策支持系统和疾病地理信息应用系统，为公共卫生问题、卫生突发事件提供信息咨询、分析工具和应对策略。

经过科学的论证，2013 年 3 月 13 日，公共卫生领域空间信息技术应用研究中心批准成立了北京、上海、深圳、成都、江西、河北、内蒙古 7 家分中心，极大地拓展了环境健康遥感诊断的应用空间，强化了组织机构建设，提升了公共卫生领域空间信息技术应用研究中心科研成果应用转化的成效。未来中心还将进一步成立 27 个省级和具有区域代表性的分中心，旨在实现中心与分中心的通力合作，实现产学研的人才培养和人才梯队建设构想，探索出一套符合我国国情的思想体系，为确保我国乃至全球环境健康遥感诊断做出应有贡献。

五、科研队伍建设与人才培养

（一）科技人员组成、结构与培养

该研究室有研究员6名，副研究员6名，助理研究员20多名，90%以上是中青年科技人员。

先后在该研究室工作的人员有王长耀、牛铮、郑兴年、吴秋华、庄大方、郭杉、张金胜、布和、王汶、张庆员、贾淑萍、瞿红、占玉林、王力、邬明权、吴朝阳、高帅、黄妮、郭子祺、宫鹏、龚建华、牛振国、刘纯波、曹春香、张颢、贾慧聪、徐敏、许允飞、李莎、李娜、高丽丽、闫小雨、徐征峡、李丹丹、王毅、黄华兵、李毅、李文航、柳彩霞、王雷、郑姚闽、周洁萍、田野、乔彦超、赵向军、张海英、徐志刚等。

（二）研究生培养

该研究室共培养硕士研究生10余名，博士研究生30余名，博士后4名。

（三）研究室向所或所外输送的干部

吴秋华于2005年为国遥新天地科技有限公司总经理；尹连旺于2008年任海军遥感研究所副所长；谷晓平于2008年为贵州气象研究所所长；徐志刚于2012年任国家禁毒局处长；张颢任遥感所科技处副处长。

（四）研究室成员的国际学术组织任职

2009年，在曹春香研究员的建议下，第三十届亚洲遥感会议上首次设立了“空间信息与人类健康”专题，并担任专题主席，标志着人类健康问题正式纳入到亚洲遥感科学研究领域。

2010年，在日本举行的第28届国际摄影测量与遥感大会上，曹春香研究员被邀请为第八工作组成员，组织并参与人类健康研究工作组，进一步推动了中国与其他国家在空间信息与公共卫生领域的国际交流与合作。

2012年，曹春香研究员应邀担任IGARSS2012公共健康对地观测（“Earth Observation for Public Health”）分会主席。

（五）优秀中青年人才

在培养中青年人才方面，老同志热情关心与支持，中青年人才刻苦努力，认真钻研，迅速成长，有的已处于学术和业务活动的中心位置。一些优秀青年科学家已经受到了科研和管理实践的锻炼，积累了一定的经验，他们已经具有较强的学术、业务及管理工作能力和水平，为实现世纪转移和新老交替做好了准备。在国际合作方面，年轻人独当一面，出国学习或单独出国执行任务，受到很高评价，他们已成长为很优秀的学术接班人。该研究室已为遥感所培养出了5位百人计划人才。吴朝阳于2015年获国家自然科学基金优秀青年基金资助。在研究室组建以来，该研究室有10余名青年科技人员晋升为高级职称。

中青年科技人员，他们在老一辈科学家们的指导下经受了科研和管理实践的锻炼，积累了一定的经验，他们已经具有较强的学术、业务及管理工作能力和水平，为实现世纪转移和新老交替做好了准备。2011年送至日本京都大学留学的陈伟博士在大兴安岭火灾过后植被恢复遥感监测研究方面取得了突出成绩，并在本领域 SCI 期刊上发表了 6 篇论文；该研究室与美国波士顿大学联合培养的倪希亮博士发展了基于多源遥感数据的森林生物量遥感反演算法。

（六）人才培养措施

人才培养是我国科研工作可持续发展的重要保证，是科学研究机构的重要任务之一。建室以来，其就把科研队伍的建设与培养放在重要位置，尤其重视培养年轻的跨世纪再生资源遥感高级研究人才和学科带头人才，同时注意加强合作单位全球变化遥感及环境健康遥感诊断等学科的骨干培养。

为了尽快培养出一批高水平的优秀科技人才，以适应当今国际科技竞争和跨世纪发展的需要，我们采取的一些主要措施如下。

1. 鼓励支持科技人员出国参加国际学术会议

进行国际遥感技术学术交流是培养青年科技人员的重要途径，让他们得到更多交流的机会，在与国际一流科学家的直接交往中得到锻炼和提高，尤其是对于在国内召开的各类国际遥感会议，一般尽量派多名青年科技人员参加会议，以便他们能更多地了解到新的信息。建室以来，该研究室派出出席国际会议的有 50 余人次。

2. 在国际合作中培养

通过国际合作项目的共同实施，以“送出去”和“引进来”两种手段，培养青年科研人员。通过主持 UN ESCAP 关于“基于遥感与 GIS 的干旱半干旱地区水土资源综合管理”项目及欧盟的 DeSurevy 重点项目，作为对中国科学院和遥感所一次有启迪作用的重要的科学实践，也表明国际协作是科研工作开阔视野、提升水平的重要途径。通过筹建老中青结合的精干班子，参加项目的管理和研究；通过与亚洲和欧洲多个国家和多名科学家的合作，在参数获取、模型建立、遥感数据处理、软件开发、机理分析与规划管理等方面取得了经验，同时由于参与项目申请、建立、计划安排、总结整理、财务报告等工作，培养了青年骨干，促进了项目的顺利完成。

通过具体的项目合作，实现优势互补，拉动研究室今后成为遥感所开展高水平定量遥感基础研究、环境健康遥感战略高技术研究和我国生态环境公益性研究等人才培养的摇篮。通过研究室每年主办一次的“环境健康遥感诊断国际学术研讨会”和其他相关的国际学术会议，聚集我国环境健康遥感领域的优秀人才。

3. 鼓励在职科研人员攻读研究生

为了使在职科研人员能及时跟上遥感科技发展的步伐，提高专业理论水平，不断进行知识更新，我们积极鼓励在职科研人员攻读研究生，该研究室共培养在职硕士研究生 4 名，他们都已成为全球环境变化遥感研究领域的主要科研骨干。

4. 引进来，输出去，培养人才

该研究室引进了本领域国际知名学者 3 名和国内专家 1 名担任特聘研究员，推动获得学位的研究生均进入中国科学院系统、国家航天部门、国家林业系统等建功立业；选派年轻职工和学生到美国波士顿大学和日本京都大学等国际知名高校和学术机构学习；面向社会，为国家林业局及国家与地方疾病预防控制相关部门等培训了一批批环境健康遥感诊断专业人才；面向社会公益活动，也作为女科学家的代表在中国妇联、中国女科学家协会组织的讲堂里向民众及中学生等科普环境健康遥感诊断知识。

第十三章　再生资源与生态环境遥感研究室

一、概　述

（一）成 立 背 景

地球资源技术卫星开创了人类从宇宙空间观察和研究地球的新时代，其影像信息真实地反映了地学宏观现象与规律，对重新认识国土、资源利用及监测环境有重要价值。尤其是对于我国这样国土辽阔、自然条件复杂的大国，遥感图像可以应用到很多领域，因此，遥感技术应用的作用就变得更加重要。再生资源是遥感应用的重要领域之一，为了发展该领域的遥感应用研究，遥感所在原判读研究的基础上，1985 年专门成立了再生资源遥感应用室。

1993 年 1 月徐冠华担任所长后，对研究所各研究室进行重组。再生资源与生态环境遥感研究室是遥感所两个应用研究室之一，肩负着发展遥感应用研究，把遥感推向国民经济建设主战场的重要任务。该研究室的组建是在原计算机辅助制图研究室、再生资源研究室和地理信息系统研究室的基础上组建，集中各专业学科优势，形成特色，为国民经济建设服务。

遥感所第五届领导机构于 1997 年 4 月提出“发展遥感信息科学，服务国家经济建设”的目标。遥感所包括遥感信息科学、遥感应用和遥感信息工程 3 个模块。遥感应用模块重点开展以资源调查与环境监测为主的应用研究，下辖再生资源与生态环境遥感研究室、固体地球与海洋遥感研究室、全球环境变化遥感研究室 3 个研究室。对于应用研究和工程开发，以对国家经济发展贡献率、对国家宏观决策支持服务程度为导向。再生资源遥感研究室在继承传统研究领域的基础上，以资源环境遥感应用研究为主要领域，特别是针对土地资源的利用及其环境效应开展持续的连续监测、分析、评估研究。

（二）建立的必要性

再生资源是指一个连续、开放、复杂的地球表层（主要指地表的生态环境），其涉及地圈、水圈、生物圈、人文圈，以及各圈层内的地物特性、分布和演变规律的研究。但常规的地学调查方法靠的是“一双眼睛两条腿，罗盘地图加铁锤”的考察手段，常年活动在野外。面对那些高耸的冰川，陡峭的石壁、山岩，浩瀚的戈壁、沙漠，绵延千里的海岸、滩涂，因为受到视野和交通条件限制，所以难以取得实地调查资料。

资源与环境是社会经济稳定和可持续发展的基础。随着社会经济的发展，国家需求已经不仅仅着眼于了解现状，更重要的在于从深层次上掌握资源环境及其与区域之间的相互关系、发展过程，以及发展趋势。这是国家针对资源优化配置及其可持续利用、保护生态环境进行科学规划与制定战略措施所迫切需要了解和解决的基础性问题。

资源环境遥感在现代科学中占有十分重要的地位。国际上大型对地观测计划对资源、环境问题予以广泛和持续重视，多数遥感技术的发展也将资源环境作为探测目标。资源环境遥感研究需要实现信息向知识的转化。针对资源环境问题的整体性、相互性、演化性，实现信息获取与处理方法和资源环境综合研究的结合，对国家宏观决策、实现可持续发展的实施做出适时反应，并提供决策知识。

因此，开展再生资源遥感应用研究是遥感广泛深入应用发展的需要，作为中国科学院的遥感应用研究所十分必要建立专门从事再生资源遥感应用的研究室。

（三）在所及学科中的地位

由于我国当时正处于遥感技术从国外引进的起步阶段，而遥感所前身地理所于1960年在北京进行了首次以地学判读为目的的航空摄影试验。组织地学专业人员分头在土地利用、植被、地貌、土壤、河道演变和水利设施等方面，开展了综合利用研究。遥感所在判读应用、气象卫星数据接收、资源卫星像片引进、卫星数据处理技术等方面已经先行了一步。因此，在研究能力、科学积累、人才队伍、成果、仪器设备等方面都是国内先进的，可以为国内再生资源遥感应用研究与推广起到示范作用。

二、沿　　革

随着遥感应用需求的日益迫切，1985年2月26日，在所务会议上正式决定将原遥感地学判读应用研究室分为再生资源与生态环境遥感应用研究室和地质找矿与工程环境遥感应用研究室。自1989年5月第三届领导机构将其更名为国土资源与生态环境遥感应用研究室。

1993年1月，正值遥感所进一步深入开展结构调整时期，第四届领导机构在原有的计算机辅助制图研究室和国土资源与生态环境遥感应用研究室的基础上，通过双向选择，重新组建再生资源与生态环境遥感研究室。遥感所第五届领导机构于1997年5月开展研究室主任竞聘工作，并于7月正式成立新的再生资源与生态环境遥感研究室。

1998年，中国科学院“知识创新工程”启动，遥感所1999年围绕“知识创新工程”的要求部署研究机构，1999年10月，在再生资源与生态环境遥感研究室的基础上，建立了国土资源遥感方向。

2001年1月，在国土资源、灾害、农业等相关研究室的基础上，组建了资源环境遥感应用中心。

（一）历届研究室负责人

主任：王长耀（1985年2月～1993年1月）、崔伟宏（1993年1月～1997年4月）、张增祥（1997年4月～2002年10月）。

副主任：刘纪远（1985年2月～1993年1月）、张增祥（1993年1月～1997年4月）。

（二）中国共产党的支部

支部书记：王长有、王为民。

（三）业务秘书

郑兴年（1988年9月～1993年1月）。

三、学术方向与学科发展

（一）学术方向与定位

再生资源与生态环境遥感研究室成立初期学术方向与定位为根据地学、生物学各要素的属性、分布和区域分异规律，以及地物间的联系与制约模式，通过遥感与非遥感数据的复合分析，构建专题应用数学–物理模型，对各个景观要素进行定位、定性和定量分析，研究并实现对整个研究区域的全面认识的理论与方法。1993 年 1 月～1997 年 4 月定位为研究再生资源与生态环境遥感应用的方法与理论，利用 GIS、计算机辅助制图（CAM）工具，开展遥感技术在土地、水资源、植被及生态环境中的调查、动态监测、分析评价、决策支持及区域治理等方面的应用研究。1997 年 4 月～2002 年 10 月定位为满足国家对资源环境信息的持续需求是明确目标和确定研究方向的重要基础。再生资源与生态环境遥感研究室的发展立足于采用遥感与 GIS 技术，以开展资源与环境的相互过程和相互关系研究为主要方向，以解决资源环境重大问题和热点问题、促进区域可持续发展为目标，探索应用技术，拓展研究领域，加强研究深度。

（二）学 科 发 展

针对中国重大资源环境问题发生与发展历史和现代过程，再生资源与生态环境遥感研究室的科研工作致力于实现全数字式的资源环境状况时空重建，定量研究自然环境变化与人类活动共同作用下的资源环境时空过程及其机理，发现交互影响规律，为预测变化趋势创造条件，为国家资源环境宏观决策提供科学数据支持。其具体体现在：①发展并完善遥感与 GIS 一体化的全数字资源环境信息遥感分析方法；②完善时空型资源环境数据信息的数据集成与综合分析方法；③研究并建立国家级资源环境动态遥感快速监测方法和信息更新技术；④形成并发展国家级资源环境宏观信息服务能力。

1. 土地利用调查遥感应用方法研究

土地利用是国家经济建设中最基本也是最受关注的资源。随着人口的增长和工业的发展，耕地的开垦规模迅速扩大，一方面是原有的耕地被各项建设所占用，另一方面工业化导致环境破坏和土地退化，所以耕地相对数量日趋减少。土地供需矛盾日益尖锐已成为世界性问题。我国更是深切地感受到耕地不足的巨大压力。因而，土地的开发利用状况和质量水平是管理者和决策者、公众和市场都需要掌握的重要信息之一。在国家攻关及省部级等科研项目的支持下，该研究室重点开展了利用彩色红外在农业发达地区进行土地利用现状详查研究、高山地区土地资源遥感调查研究，以及全国土地利用宏观遥感调查与建立全国性土地资源数据服务系统的研究。

1）航空遥感土地利用现状详查研究

土地利用是国家经济建设中最基本也是最受关注的资源。1978 年国家组织了第二次“全国土地资源和土壤普查”。紧接着 1980 年又公布了《土地资源调查技术规程（草案）》，提出加速县级土地利用详查的进程的要求。但我国土地资源的数量、质量、分布状况不清的问题依然十分突出，严重影响到改革开放和社会主义现代化建设。为了要及时、详细、准确、经济地完成大面积土地利用现状详查，航空遥感是可以采用的一种日趋成熟的新技术。于是，从 1982 年开始，遥感所应用彩色红外对农业发达地区进行土地利用现状详查，开展了方法研究，提高了调查精度，节省了时间和人力；提交了完整的详查数据。

2）高寒地区土地利用现状遥感调查研究

青藏高原号称世界屋脊，平均海拔在 4000m 以上。西藏是青藏高原的主体，面积 120 万 km^2，占全国土地面积的 1/8。由于自然环境恶劣、人烟稀少、交通极其不便、经济不发达及历史原因，其从未开展过全区的土地资源调查。长期以来家底不清，影响着全区国民经济的发展。准确掌握土地资源的分布是西藏改革开放的必需，也是巩固边防的必要条件。

1985 年农牧渔业部、西藏农业区划委员会和遥感所签署协议，正式委托遥感所作为西藏历史上首次土地资源详查的技术负责单位，担负总体技术路线设计、遥感图像获取及处理和人员培训，组织并实施遥感调查，负责各级调查成果汇总的关键技术问题及全面的技术把关等。我们采取了航空遥感与航天遥感相结合的方法，以及以彩红外航空图像判读测算非耕地系数为核心的技术路线，在调查比例尺上，根据当地特点“一江两河”重点农区定为 1∶25000、藏南和藏东半农半牧区定为 1∶100000，藏北牧区和“无人区”放宽到 1∶200000，并同时创造性地解决了不同比例尺遥感调查分区控制面积的衔接；航天遥感图像高原特色的综合分析；无人区的遥感调查方法和非耕地系数测算等问题，同时还认真分析了西藏土地利用的特点、规律，提高了西藏土地利用研究的科学水平。

3）国家资源环境遥感宏观调查研究

20 世纪 90 年代以来，国民经济的持续发展和人口的增长，对国家资源环境的开发与保护产生了新的压力。为了提供国家和地方部门对重大资源利用与环境保护项目决策的科学依据，保证资源环境的可持续发展，就要全面、客观地掌握国家资源与环境的真实状况。为此，该研究室在再生资源与生态环境遥感应用方面，把研究重点由区域性转向全国范围。通过承担中国科学院重大项目和知识创新工程项目、国家科技攻关项目，以及有关部委的委托、合作项目，有意识地进行全国性土地资源调查，达到以其系列数据初步建成我国第一个中等比例尺的“全国土地利用数据库”的目标，并在 5 年内成功地实现了数据的遥感更新，两期试验研究成果组成了可更新的资源环境时空数据库，并在原有的基础上成功地建成了我国自 20 世纪 80 年代末期到 90 年代末期的土地利用动态信息系统，构成了我国国土资源遥感时空数据系列，组成了完整的时空数据标准和元数据标准，形成了数据库使用和数据管理的操作规范。作为国土、资源、环境分析的重要数据平台，并为进一步开展国土资源环境的科学研究与动态监测奠定了技术基础。在土地利用动态变化的时空规律研究中提出了“动态的格局”和“格局的动态”的概念，以此作为土地利用/土地覆盖时空过程分析的主要思路，基于国土资源遥感时空数据，对我国土地利用/土地覆盖近 10 年过程的时空格局进行了全面分析；再现了土地利用以不同方式、变化量、区域分布等为基本特点的历史演化轨迹，为今后连续开展全国土地利用动态过程与空间格局研究打下了坚实的基础。

2. 全国土地利用遥感监测与数据库建设

长时期内，我国土地资源家底不清，遥感和 GIS 技术的发展为改变这种状况提供了可能。在国内，科学技术部组织于 1996 年实施了国家“九五”重中之重科技攻关“遥感、地理信息系统和全球定位系统技术综合应用研究”项目，遥感所作为第一课题“国家级基本资源与环境遥感动态信息服务体系的建立”的负责单位，由再生资源与生态环境研究室（即后来的国土资源遥感方向）联合所内相关研究室和其他兄弟研究所共同承担。1997 年，国家统计局“农业普查”专项委托遥感所开展“全国县级农业土地资源遥感调查”，由该研究室具体承担。由此，正式开始了全国范围的土地利用遥感监测与数据库的建设工作，为了满足国家统计工作的需要，将数据库比例尺由原定的 1∶25 万提高到 1∶10 万。1998 年 8 月完成了我国第一个分县土地利用数据库。在 1∶10 万比例尺上采用矢量方式，再现了 1995 年的各种土地利用类型及其面积和分布。在上述国家和部门重大项目的支持下，遥感所形成了针对耕地、城乡工矿居民用地等主要土地利用类型的年度监测与更新能力，并确立了 3～5 年为周期的全国全要素更新的发展目标。2000 年首次实现了全国范围所有土地利用类型动态变化的遥感监测与数据库更新，形成了一套全国各大区域的土地利用遥感判读标志，建立了我国大部分地区的实况照片数据库，保证了数据库成果质量。建立了全国 1995～1996 年和 1999～2000 年两个时期的陆地卫星 TM 影像数据库。在全国范围内成功实现了耕地、城镇动态采样更新和 5 年为周期的全要素更新，建立了土地利用动态更新数据库和 2000 年度土地利用数据库，为分析我国土地利用动态变化提供了数据支持，并形成了运行能力。其成果在政府决策、规划管理、科研教学和国际合作等方面的应用取得了社会效益和经济效益。

1996 年开始采用全数字方式进行的中国 1∶10 万比例尺的土地利用遥感调查和动态监测，基于遥感所主持制定的土地利用遥感分类系统，以陆地卫星 TM 数据等中等分辨率遥感数据为主要信息源，结合实地考察和其他参考资料，于 1998 年建设完成的 1∶10 万比例尺土地利用数据库成为后续近 20 年间全国性土地利用遥感动态监测的本底。该数据库采用矢量数据方式，分类系统包括耕地、林地、草地、水域、城乡工矿居民用地和未利用土地 6 个一级土地利用类型和 25 个二级类型，耕地类中还根据所在部位的地形特点进一步划分出 8 个三级类型，首次以数据库的方式反映了 1995 年中国土地利用的类型、数量、分布等信息。2000 年，通过数据库更新，建立了 2000 年中国土地利用数据库和 1995～2000 年中国土地利用动态数据库，对 5 年间我国土地利用类型的变化，包括变化数量、类型转换、动态分布等信息进行了系统表现。2002 年，实现了 20 世纪 80 年代中国土地利用的恢复重建。

伴随着科研项目的完成，在遥感所形成了持续开展全国土地利用遥感监测与分析的能力，1998 年 12 月基于再生资源与生态环境研究室（1999 年 10 月改称国土资源方向）建立了"国家级基本资源与环境遥感动态信息服务系统"，其成为遥感所"三大运行系统"之一。

在中国科学院"知识创新工程"的推动下，1999 年启动了"国土环境时空信息分析与数字地球理论技术预研究"项目，在 2000 年中国土地利用数据库的基础上，采用遥感方法恢复重建了 20 世纪 80 年代末期中国土地利用状况，同步建设了土地利用数据库及其动态库，发展并实现了利用遥感技术建设历史空间数据库的技术方法，建立了 80 年代后期覆盖全国的 TM 影像库和土地利用空间数据库，与 90 年代中期、末期的国土资源遥感时空数据库共同构成我国国土资源遥感时空数据系列，为进一步开展国土资源环境动态监测与科学研究奠定了技术和数据基础。其在揭示我国 10 年来土地利用/土地覆盖变化时空规律及其驱动机制、实现土地利用/土地覆盖变化格局与过程的集成研究方面有重大创新，初步建成了一个国土环境遥感时空信息研究基地，形成了一批高素质的科研队伍，对地理科学和地球信息科学的发展做出了应有的贡献，为国家有关部门、地方政府部门和科研单位提供数据信息服务，已初步形成了跨部门、跨区域、跨学科的应用局面，取得了良好的社会、经济效益。基于此成果，撰写了《20 世纪 90 年代中国土地利用变化的遥感时空信息研究》专著，并于 2005 年由科学出版社出版。

3. 生态环境工程遥感调查方法研究

1）黄土高原遥感技术综合调查研究

黄土高原地区在国家现代化建设中的重要地位与脆弱生态环境之间的巨大反差及其广泛影响，一直是国家非常重视的焦点问题。1980 年国务院提出了建设林果基地和牧业基地的设想；1981 年随着神府大煤田被发现，再次被国家列为全国农业发展重点攻关地区。进一步的研究发现，过去的多次考察的范围、领域和方法互有区别，资料和结论不尽相同，难以满足编制新时期全面综合开发整治规划的需求。1983 年国家计划委员会向中国科学院提出了"重新开展黄土高原考察研究"的要求，1984 年中国科学院黄土高原综合科学考察队宣告成立。两年的实地考察再次证明，考察进程赶不上开发治理的步伐，于是决定把"黄土高原的开发治理"列入国家"七五"科技攻关计划，构成史无前例的黄土高原遥感研究大会战态势，突显出今日的黄土高原对国家经济建设和可持续发展占有多么重要的地位。在攻关过程中，其明确提出了"应用常规调查与遥感调查相结合的方法"进行调查分析和研究，开展了利用遥感技术综合编制 1∶10 万土壤侵蚀、土地利用、森林类型、草场资源、土地类型、土地评价等系列图件的方法研究，并通过对它们互为相关条件的分析研究，取得了一批有科学意义的新见解。对成果的综合分析证明，在表达遥感成果时，无论精度还是速度都大大优于利用同比例尺的地形图。遥感数据对于传统的调查与统计资料的优势非常明显，从而大大地提高了自然资源清查的精度和环境条件评价的准确性，增强了成果的说服力。

2）"三北"防护林遥感调查研究

"三北"防护林建设工程规模巨大，投资浩繁，并且对我国生态环境具有独特意义。在"三北"防护林一期工程（1978～1985 年）结束、二期工程即将铺开、三期工程着手制订规划之际，迫切需要了解一期工程投放的巨资的实际效果，检验投资政策和技术措施是否合理等，这些都是对防护林建设具有关键性、全局性和长远意义的问题。鉴于工程涉及从东北的西部、华北的北部到西北的全境，面积占我国陆地总面积的 42.4%，在生物气候带上跨越了半湿润、半干旱、干旱和极干旱等气候地带，境内横亘着我国全部 13 片大沙漠（地）和以严重水土流失著称、沟壑密布的黄土高原。在这样的生态环境条件下，天然林稀少，人工林面积小而分散，采用地面调查方法难度很大。该研究室在主持“三北”防护林遥感调查制图过程中，在判读标志和判读方法上，制订了适应于面上调查的并同相关课题相兼容的草地和森林的分类系统，以适应草地块小、分散、质差，以及森林分布分散零散、生长不良保存率低、幼林比例高等特点，其为全试验区的森林和草地的遥感分析指出了方向、准备了条件，更重要的是调查任务除了获取林地分布信息之外还必须了解林地的环境质量，该项研究还开展了环境质量信息在全部调查区域的空间、时间和影响因素上的可比性分析、对比和评价。

4. 广域水域动态变化遥感监测与分析

水是人类生存和生产活动不可或缺的重要资源，水又具有再生能力，是自然界极活跃的因子。地球拥有水圈这个浩瀚的水域，但能够被人类直接利用的仅仅是其中的百分之二而已！就这么一点水资源，还因为受到越来越严重的污染使人类面临空前的水危机。在我国，城市缺水，大部分农村也缺水，其制约人民生活和经济发展水平的提高。现在对水资源不能准确掌握，对它的自然演变及在人类无度利用下的水资源动态变化情况就知之更少。为此，该研究室利用陆地卫星 MSS、TM 图像和航天飞机 SIR-A 像片，在水资源分布及其动态变化方面开展了遥感应用研究。在国家“六五”计划期间，中国科学院把“遥感动态分析综合应用试验研究方法研究”列为重点科研项目，选择河流、湖泊、洼淀、滩涂等水资源类型齐全，水问题和水环境恶化都十分突出的黄淮海平原进行了水域动态演变遥感分析。黄淮海平原水资源状况的恶化，将使几亿人口的生产和生活受到威胁。为了应对这一挑战，中国科学院于 1984 年委托遥感所主持，联合河北省地理研究所、水利电力部黄河水利委员会和治淮委员会、中国科学院地理研究所，以及南京大学地理系等单位，启动了广域（约 40 万 km^2）水域动态遥感研究。

5. 全国土壤侵蚀遥感调查

水土流失是中国头号环境问题，已经成为我国可持续发展的重要限制因子，引起了社会各界的广泛关注。中华人民共和国成立以来，水土流失综合治理虽然取得了举世瞩目的成就，但由于人口膨胀、开发强度大，加之人为破坏，水土流失状况仍然非常严峻。

20 世纪 80 年代末，水利部进行了全国第一次土壤侵蚀遥感调查，其成果为领导决策和推动全国水土保持工作发挥了重要作用。然而，10 年来，由于人为和自然因素的影响，尤其是水土保持工作的快速发展，土壤侵蚀状况较 1990 年有了较大变化，开展全国第二次土壤侵蚀遥感调查已成当务之急。为此，1999 年 4 月，水利部决定开展全国第二次土壤侵蚀遥感调查工作。

该研究室 1998 年完成中国 1∶10 万比例尺土地利用数据库建设后，随即产生显著的社会影响，开始为国务院办公系统、国家统计局等提供信息服务，也直接支持了水土流失监测与防治研究。1999 年，水利部联合中国科学院开展了“全国（第二次）土壤侵蚀遥感调查”工作。遥感所作为技术主持单位，制定了技术方案，培训了各省域承担单位的技术人员，并在省级成果通过实地验收后，于 1999 年底完成了全国数据集成和土壤侵蚀数据库建设。其成果于 2000 年在我国北方沙尘天气形成原因及其防治研究中得到初步应用。2001 年 4 月通过验收鉴定认为“该项目以遥感和地理信息系统为核心技术，依据中华人民共和国行业标准《土壤侵蚀分类分级标准》（SL 190–96）要求，取得了制图精度可靠、时效性较强的全国土壤侵蚀调查数据和图件，首次建立了全国土壤侵蚀图形数据库和属性数据库，以及全国耕地地形坡度分级数据库，在实现全国土壤侵蚀动态监测与数据库快速更新能力等方面均有突破与创新，其成果内容丰富，科学性、系统性、时效性强，对于我国生态建设与环境保护具有重要科学意义和应用价值，该项成果在宏观尺度和多类型土壤侵蚀综合调查方面达到了国际先进水平。”2002 年 1 月，水利部举行新闻发布会，将我国的水土流失状况以《全国水土流失公告》的形式发布。项目成果于 2004 年 10 月获得水利部大禹水利科学技术奖二等奖。在此基础上，2000 年 12 月启动实施了“全国土壤侵蚀动态遥感监测与数据库更新”工作，2003 年完成，2004 年通过验收。

中国土壤侵蚀状况的遥感监测及其数据库建设充分利用了土地利用等专题数据库，而且面向应用需求，采用的分类系统按照中华人民共和国行业标准《土壤侵蚀分类分级标准》（SL 190–96）制定，包括水力侵蚀、风力侵蚀、冻融侵蚀、重力侵蚀和工程侵蚀 5 个以侵蚀应力为主的一级类型和 18 个侧重侵蚀强度的二级类型，工程侵蚀即通常的人为侵蚀。在建立 1995 年的 1∶10 万比例尺中国土壤侵蚀数据库的过程中发现，重力侵蚀和工程侵蚀数量少、规模小，进行 1995～2000 年动态更新过程中，不再保留此类内容，现有数据库的分类系统包括 3 个一级类型和 16 个二级类型。建立的 1995 年和 2000 年中国土壤侵蚀数据库同土地利用数据库一样，成为后续监测与数据库更新的基础。

6. 生态环境综合监测与评价

西藏“一江两河”地区是西藏的政治、文化和经济中心，其受人类活动的影响最显著、最深刻，也是西藏的腹心地区和粮食主产区。1991 年 5 月 15 日，国务院以国函[1991]27 号文正式批复，将西藏自治区“一江两河”中部流域地区综合开发列为国家“八五”计划和十年规划的重点建设项目。为了了解综合开发建设活动的实施效果，特别是对环境的影响及其由此引起的环境状况变化，1991 年 10 月 9 日，西藏自治区江河办和西藏自治区计委联合以开建办发[1991]21 号文下达了《关于建设“一江两河”中部流域综合开发区遥感动态监测计划任务书的批复》，由该研究室承担。

20 世纪 90 年代初开始实施的“西藏自治区‘一江两河’中部流域地区综合开发建设”是国家“八五”计划和十年规划的重点建设项目。这个地区处于半干旱地区，生态环境比较脆弱，项目一经提出，监测和保护生态环境的问题就得到了国家和西藏自治区政府的极大重视。生态环境综合监测与评估就是 1991～1997 年针对高原区域开发建设活动的生态环境影响进行的，提出并实现了多指标要素支持下的区域生态环境综合评估方法，“针对当地环境问题十分脆弱，而开发计划中的环境保护问题至关重要的区域特点，开展环境变化研究，着重探讨了自然环境因子的定量化分析问题，以土壤侵蚀、水热状况、地形地貌与土地覆盖为主，提出的用有序数值阵列方法建立数字环境模型，以及山区复杂地形气温分布模型，对我国西部，特别是高寒农业区，有推广价值”“在选定环境因子和设计建立数字环境模型的基础上，设计了完整的环境指标体系和环境评价模型，通过遥感和 GIS 相结合的方法，对环境状况和动态进行了监测与评价，取得了可准确反映实际情况的结果，实现了对该地区环境状况和环境动态的空间定量表达，在方法技术上有所创新”“改进了以往环境评价以耗费大量人力和物力为代价去获取环境背景数据的传统做法，取而代之以航天和航空遥感信息为主，结合地面观测资料，使开展中等尺度的环境评价的信息更丰富、客观。这既可避免传统评价方法中选点与评价脱节的缺陷，又可增强环境评价中的区域意识和整体观念，从而提高环境保护决策的正确性”。根据相关成果撰写的《西藏自治区中部地区资源环境遥感监测与综合评价研究》专著，于 1998 年由宇航出版社出版。1998 年，中日信息化合作项目“基于遥感和 GIS 的环境监测、灾害监测信息系统”，以湖北省为试验区，验证并完善了这一环境监测与综合评价方法。1999 年，在国家“九五”科技攻关重中之重项目“国家级基本资源与环境遥感动态信息服务体系的建立”课题实施中，为了有效地分析我国土地利用的时空特点及其自然条件差异，基于该方法建设完成了全国区域的生态环境背景数据库，利用 1∶100 万和 1∶25 万 DEM 数据、AVHRR 数据和温度、降水等地面观测数据，构建了生态环境背景数据库，为土地利用数据的应用和综合分析提供了支持。

类似于土壤侵蚀遥感监测，生态环境遥感监测与综合评价研究也是直接针对综合开发建设的生态环境效益变化开展起来的遥感应用研究。该研究中着重探讨了自然环境因子的定量化或数值化分析方法，从土壤侵蚀、水热状况、地形地貌与土地覆盖等不同方面选取18个环境影响因子建立指标体系，提出了采用有序数值阵列建立数字环境模型、山区复杂地形气温分布模型的研究思路，主要通过遥感和GIS相结合的方法，对环境状况和动态进行了监测与评价，并予以空间量化表达。1991年建立的多指标监测与综合评价方法不断完善，逐步扩展应用到全国区域的生态环境背景数据库建设与应用分析。近年来的大量同类研究多采用此类方法。

7. 超图概念模型为基础的区域可持续发展空间决策支持系统研究

首先，开展了超图数据结构（Hypergrap-based Data Structure，HBDS）分析方法研究，以超图概念为基础，以CoBert三维模型为支撑，研究城市和生态环境中超图分析模型、目标分析与层次分析、双向空间分析方法及应用。

其次，以超图概念模型为基础，开展区域可持续发展空间决策支持系统研究。其主要包括：

（1）可持续发展系统HBDS数据库单元设计，在CoBert三维模型基础上开展HBDS数据转换方法，HBDS空间分析方法研究；

（2）可持续发展系统数据库逻辑设计及物理设计；

（3）HBDS一体化数据结构设计研究；

（4）以HBDS结构为基础的目标定向分析和空间层次分析双向分析系统研究及试验；

（5）可持续发展地理综合编码系统（GIESS）研究及试验；

（6）在HBDS支持下区域可持续发展模型研究。

8. 黄淮海地区社会经济可持续发展决策支持系统研究

1）主要目标

主要目标是开展黄淮海地区五省二市35万km^2 315个县两个层面的社会经济可持续发展的战略预测和决策研究。

（1）黄淮海客观区域的可持续发展研究，比例尺为1∶10万和1∶25万，覆盖黄淮海平原和滨海地区及部分丘陵地区。

（2）黄淮海县级试验区的可持续发展研究，包括山东周村、蓬莱；江苏大丰；河北正定；山东铜山共5个县，比例尺为1∶5万，局部地区为1∶1万。

2）主要研究内容

（1）黄淮海地区资源与环境调查，将遥感调查与非遥感调查相结合，多种遥感数据覆盖获取黄淮海地区资源与环境基础数据。调查内容包括土地利用现状、水文地理、土地类型、森林分布、城市发展与交通网络、农业地貌、生态环境、生物灾害与社会经济。

（2）黄淮海地区数据库系统，包括黄淮海地区以县为单位的国土基础数据、土地资源与生态环境数据、统计数据（人口普查、工业普查、生态环境调查及其他经济、社会数据，以及黄淮海地区遥感数据库和政策法规数据库）。

（3）动态监测。以10年为周期，包括土地利用动态监测、土壤水分动态监测、水土流失动态监测等。

（4）黄淮海水土资源评价，包括建立土地资源评价与区位分析评价模型、土地资源预测模型、土地覆盖类型交错地带动态度模型、水资源的综合利用模型。

（5）黄淮海地区农业资源的生态评价，包括区域生态过程分析、生态敏感区及生态脆弱区评价及预警、生态经济区划。

（6）预测分析，包括土地利用变化预测、土地结构变化预测、农业经济发展预测。

（7）黄淮海地区农村经济发展分析与评价。

（8）黄淮海地区可持续发展决策支持系统，包括黄淮海水、土资源与社会可持续发展系统、黄淮海地区人口–经济–自然管理系统，县级可持续发展决策支持系统。

（三）学 科 特 色

在长期的知识累积和研究与实践中，生态环境遥感监测与管理作为新的学科领域在遥感所得到迅速发展，并把这一技术方法由西部移植到东部及沿海地区，生态环境的调查、监测和管理以人类社会的可持续发展为目标，把组成生态环境诸要素作为一个统一的系统进行综合分析和评价，并监视其演化和发展的趋势，了解各因素间相互依存和制约的关系，确立资源开发利用与环境保护的科学发展观，以协调社会与自然的协调有序和安全发展。由此可见，它包含了探测寻觅、记录识别、分析综合、决策管理和预测预报等环节。其既以土地资源和再生资源遥感为基础，又是它们的深入和延伸、集成和分解，并引进社会学和生态学的原理和方法，进行有目标的评价。再生资源与生态环境遥感研究室已具备自己的研究成果，达到能够回答国民经济建设中提出的变不变、怎么变、变多少、怎么办等问题的新高度，为“国土安全”提供准实时的和动态的数据信息，使绿色信息通道进入主管部门的指挥、决策领域。

四、科研任务、项目与成果

（一）承担的项目与任务

该研究室共承担项目 36 项，其中国家科技攻关等重点项目 6 项，载人航天项目 1 项，自然科学基金项目 2 项，中国科学院项目 10 项，省部委级科技合作项目 9 项，国际合作项目 5 项，其他项目 3 项等。

（二）研究成果与推广应用

1. 成果

出版专著 6 部。发表论文 115 余篇，核心期刊论文 80 篇，大会特邀报告 6 篇。获奖 10 项，其中获国家科学技术进步奖二等奖 1 项、获中国科学院科学技术进步奖特等奖 1 项、一等奖 2 项、二等奖 2 项，获全国统计科学技术进步奖特等奖 1 项，其他奖项 3 项。

2. 成果转让与应用

天津市土地利用的航空彩红外遥感详查给人留下的最深刻印象就是开了按国家规范完成土地利用遥感详查的先河，其是一件震动全国遥感界的重大事件。天津市土地详查显示，遥感所已拥有按国家规范快速全面地完成省（市）级土地详查的技术系统和专家队伍。该研究室通过这次详查，针对国家规范和山区、平原及海岸带等不同环境，制定了一套既保证调查精度，又节省资金的航摄比例尺系列、时相序列和成图流程；优选了一组能分别保证规则图斑、不规则图斑、细小图斑、狭长图斑和线性地物量测精度的仪器组合及计算方法；建立了一个遥感专业队伍。天津市土地详查在遥感所培养了一支土地资源和再生资源遥感调查的骨干队伍，在日后的旱涝碱、水域动态、西藏土地利用及全国资源环境遥感宏观调查与动态研究等遥感项目中都是中坚力量。天津市土地详查以准确、全面的数据说服了天津市的土地管理部门，他们成了遥感技术实用化的义务宣传者，更重要的是试验结果得到了国家计委、国家测绘局和农林水产部的首肯和重视。在国务院“限期全国在 1990 年前完成全国县级土地利用现状调查”的国发[84]70 号文件下达各级政府之后，这一技术方法大大加速了我国土地利用现状调查的步伐，使国家和各省（市）能够更加准确地掌握实现“四化”所必需的家底。

西藏土地利用遥感调查项目于 1991 年 8 月由国家土地管理局组织通过的验收，认为，各级接边控制面积和各类土地面积汇总等成果完备、资料齐全、数据准确、汇总面积和各种图表的编制方法有所创新。项目完成的西藏全区 1∶100 万土地利用现状图、标准分幅图等 9 种图件反映了该区的土地利用现状、特点及分布规律，揭示了土地利用结构、土地利用水平及土地利用分区特征，为其他省（区、市）编图提供了有益的经验。项目报告全面、系统地展示了全区土地利用现状及历史演变和地域分异的客观规律，提出了今后合理开发利用全区土地资源的建议，其为编制国民经济计划，制定开发利用全区土地资源的规划决策，加强土地管理，指导农业生产提供了重要的科学依据。对土地利用程度及区域差异的研究，对土地利用空间格局和垂直分布规律的研究，采取专家经验判别和计算机辅助判别相结合的土地利用分区界线划分方法等，都具有科学性和实用价值，为今后同类土地问题的研究提供了借鉴。本项成果首次查清了各级行政境界，对边界勘定、土地管理有重要意义；针对各地土地利用的特点和问题，该项研究提出的土地开发建议已经得到应用，并取得了显著效益。在列入国家十年规划重大项目的“一江两河”开发建设项目总体规划和部门规划中，在联合国世界粮食计划署援助的拉萨河流域 3357 工程中，西藏尼洋河流域规划、珠穆朗玛峰保护区及藏东自然保护区规划、邦达草原建设规划和“一江两河”环境动态监测等自治区重大建设和科研项目中，使规划和研究时间大大缩短，节省了大量调查经费，尤其是对提前上马的项目将产生数以亿计的经济效益。

“七五”再生资源遥感以调查面积超大、学科综合性强、规范化程度高、涉及的资源领域广和动态监测试验普遍为特色。在地域上，遥感所的遥感研究已涵盖了我国三大阶梯的各种主要环境类型，因而为开展全国性的遥感调查和打开国际合作的大门创造了条件，尤其是为进行生态环境遥感监测和管理奠定了良好的基础。正如陈述彭院士在评价“三北”专著所说的，攻关任务的出色成就标志着我国的遥感应用已进入到超大规模的生态系统工程领域，使多学科的综合调查、监测与评估及管理与规划跃进到一个新的历史阶段。据此，他还迅速组织了“再生资源动态变化遥感监测的预试验研究”，从而得出了某种或某些资源要素的变化，其通常同另一种或另一些要素的变化相关联，而它们的演化则是以社会和自然环境的变化为动因的，反过来，又对社会与环境施以正面的或负面的影响。所以，这种监测应是以人类可持续发展需求为目标，对资源和环境进行生态学评价和管理过程的结论，因而催生了一个全新的学科领域——生态环境的遥感监测与管理。

以土地为核心的资源环境遥感数据库在建设初期就确定了“边建设边应用”的目标。随着数据库建设的不断进展，土地利用数据库、土壤侵蚀数据库等逐步在环境、水土流失、生物多样性、灾害、农业、林业、区域规划、国土整治等方面得到应用，支持了一系列科研项目的实施和国家宏观决策等。

1998 年建设完成的 1995 年中国土地利用数据库，通过国家遥感中心直接移植到国务院办公系统，这是第一次全面系统的应用。同时，该数据库直接支持了中国科学院“九五”重大和特别支持项目“中国资源环境信息系统及农情速报”，中国科学院和国家统计局合作开展的“全国农业土地资源遥感调查”，中国科学院资源环境科学与技术局同水利部水土保持司、水土保持监测中心合作开展的“第二次全国土壤侵蚀遥感调查”等项目的开展与完成。2000 年针对我国北方地区的沙尘天气灾害，在中国科学院地学部的组织下，参加沙尘天气过程遥感监测、沙尘天气成因分析、未来变化趋势与治理对策等研究，向国家提交了《我国华北沙尘天气的成因与治理对策》的专题分析报告，得到了时任国务院总理的批示。

此期间，国家、地方、科研单位、教育机构等在决策、规划、科研、教学等方面的应用超过数百次。

五、科研队伍建设与人才培养

（一）科技人员组成、结构与培养

先后在该研究室工作的科研人员有46人，其中研究员9名、副研究员和高级工程师16名、助理研究员20名、研究实习员1名。研究人员有王长耀、刘纪远、崔伟宏、张增祥、罗修岳、濮静娟、李爽、林树道、黄秀华、王为民、王长有、郑兴年、徐爱义、夏明宝、刘静航、张宗科、庄大方、李良群、郭杉、张金胜、谭星明、师长安、周静茹、任凤清、李小民、关威、刘斌、狄志萍、关燕宁、张磊、俞志谦、金燕虎、吴晓清、彭旭龙、赵晓丽、何剑锋、陶永轶、刘俊灵、吴晨英、卢冬梅、张显峰、周全斌、闫珺、刘东晖、瞿红、凌杨荣。这些人员主要从事地学分析、GIS、数据库系统，是一支具有丰富实践经验的队伍。

（二）研究生培养

该研究室共培养硕士研究生13名，博士研究生19名，博士后2名。

（三）研究室向所或所外输送的干部

刘纪远于1993年1月任遥感所副所长，于1997年6月任遥感所党委书记，于1999年12月任中国科学院地理与资源研究所所长；王为民于1994年任科技处副处长；张增祥于1997年5月任再生资源与生态环境遥感研究室主任。

（四）优秀中青年人才

中青年人才，刻苦努力，认真钻研，在老同志的关心与支持下，他们迅速成长，有的已处于学术和业务活动的中心位置。一些优秀青年科学家已经受到了科研和管理实践的锻炼，积累了一定的经验，他们已经具有较强的学术、业务及管理工作能力和水平，为实现世纪转移和新老交替做好了准备。在西藏高原土地利用遥感应用研究领域有刘纪远、张增祥等，他们都是很优秀的学术接班人。在国际合作项目执行过程中，有的年轻人独当一面，单独出国执行任务，受到很高评价，如郑兴年发展了土地资源遥感评价方法方法，并开发了应用系统。

（五）人才培养措施

人才培养是科研工作可持续发展的重要保证，是科学研究机构的重要任务之一。建室以来，该研究室就把科研队伍的建设与培养放在重要位置，尤其重视培养年轻的跨世纪再生资源遥感高级研究人才和学科带头人才，同时注意加强合作单位再生资源遥感调查的骨干培养。为了尽快培养出一批高水平的优秀科技人才，以适应当今国际科技竞争和跨世纪发展的需要，我们采取的一些主要措施如下。

1. 鼓励支持科技人员出国参加国际学术会议

进行国际遥感技术学术交流是培养青年科技人员的重要途径，让他们得到更多交流的机会，在与国际一流科学家的直接交往中得到锻炼和提高，尤其是对于在国内召开的各类国际遥感会议，一般尽量派多名青年科技人员参加会议，以便他们能更多地了解到新的信息。建室以来，该研究室派出出席国际会议的有 6 人次。

2. 在国际合作中培养

“脆弱生态环境监测与管理”是亚洲开发银行 1991 年在我国晋陕蒙接壤地区启动的遥感项目。它的创意、立项、施行及取得的成果对中国科学院和遥感所都是一次有启迪作用的重要科学实践，也表明国际协作是科研工作开阔视野、提升水平的重要途径。通过筹建老中青结合的精干班子，参加项目的管理和研究，承担同亚行官员、咨询公司和指导专家处理相关的业务，参与项目的图像处理、计算机和工作站管理及静电制图等工作，培养了青年骨干，促进了项目的顺利完成。

3. 鼓励在职科研人员攻读研究生

为了使在职科研人员能及时跟上遥感科技发展的步伐，提高专业理论水平，不断进行知识更新，我们积极鼓励在职科研人员攻读研究生，该研究室共培养在职硕士研究生 2 名，他们都已成为生态环境遥感研究领域的主要科研骨干。

4. 加强再生资源遥感调查的骨干培养

天津市土地详查在遥感所培养了一支土地资源和再生资源遥感调查的骨干队伍，他们在日后的旱涝碱、水域动态、西藏土地利用，以及全国资源环境遥感宏观调查与动态研究等遥感项目中都是中坚分子。参加协作调查的人员，无论是来自内地的还是来自西藏的，几乎都不具备遥感调查的知识，必须加以培训。1986 年，该研究室在西藏的林芝开办了遥感培训班，西藏各地、市及内地援藏队的 80 余名藏、汉科技人员参加了培训。遥感所人员自编教材，自制教具，深入浅出讲授，使每位学员基本上掌握了遥感调查方法。正是通过近 8 年的实践锻炼，一批藏、汉族科技人员在迅速成长。特别是西藏地方干部，他们既熟悉当地情况，又掌握了先进的遥感技术，很快就成为西藏科技战线和经济规划、土地管理的骨干，有的还因此走上领导岗位，发挥他们的聪明才智。这些在青藏高原上撒播的遥感种子的茁壮成长，是土地资源详查的又一硕果。

第十四章　国土资源遥感研究室

一、概　　述

资源与环境是社会经济稳定和可持续发展的基础。随着社会经济的发展，国家需求已经不仅仅着眼于了解现状，更重要的在于从深层次上掌握资源环境及其与区域之间的相互关系、发展过程，以及发展趋势。这是国家针对资源优化配置及其可持续利用、保护生态环境进行科学规划与制定战略措施所迫切需要了解和解决的基础性问题。

资源环境遥感在现代科学中占有十分重要的地位。国际上大型对地观测计划对资源、环境问题予以广泛和持续重视，遥感技术的发展也多数将资源环境作为探测目标。资源环境遥感研究需要实现信息向知识的转化。针对资源环境问题的整体性、相互性、演化性，实现信息获取与处理方法和资源环境综合研究的结合，对国家宏观决策、实现可持续发展的实施做出适时反应，提供决策知识。

我国幅员辽阔，人口众多，合理利用每一寸土地尤为重要，查清土地资源的利用状况、监测其变化是加强土地资源科学规划、有效管理、合理利用的保证，对于实现国民经济持续、健康发展具有重要意义。

1998 年 6 月 9 日的国家科技领导小组会议审议并原则通过了中国科学院上报国务院的《关于中国科学院开展<知识创新工程>试点的汇报提纲》，标志着中国科学院“知识创新工程”正式启动。中国科学院 1999 年度工作会议召开资源环境有关研究所会议，时任副院长陈宜瑜就国家目标和科学目标的关系指出，资源环境领域必须有非常明确的国家目标，一定要面向国民经济主战场，解决国家在人口、资源、环境、农业领域的重大问题，资源环境领域的研究要达到影响国家的程度。

1998 年遥感所成为中国科学院认定的知识创新工程定位试点单位，1998 年 10 月的“中国科学院遥感应用研究所定位试点方案”明确提出开展资源环境遥感应用工程化、产业化的关键技术研究，满足国民经济建设需要的动态科学信息，服务于国家经济建设。针对学科定位提出的发展目标是满足实现国家目标所需信息的准确性、时效性和全国范围的要求。土地资源信息是国民经济建设和社会发展急需的重要信息，开展国土资源遥感十分必要，其成为遥感所重要的学科方向。

二、沿　　革

（一）机 构 变 化

1998 年党中央、国务院决定由中国科学院开展知识创新工程试点，遥感所结合知识创新的要求，在科研组织和机构方面进行了适当的调整，1999 年 10 月建立国土资源遥感方向。 2000 年初，在国土资源、灾害、农业等相关研究室的基础上，组建了资源环境遥感应用中心。国土资源遥感是其中的方向之一，事实上，仍以研究室方式运行。根据 2006 年 12 月 26 日中国科学院遥感应用研究所（发文遥〔2006〕业字第 124 号）精神，遥感所决定设立国土资源遥感研究室。2007 年 1 月按照遥感所的统一部署重新设立国土资源遥感研究室。

（二）历届研究室主任

张增祥。

（三）历届党支部书记

王长有。

三、学术方向与学科发展

（一）学术方向与定位

国土资源遥感研究室秉持一贯的以资源环境遥感应用研究为核心的学科特色，在系统、连续开展土地资源及其环境遥感应用研究的同时，以地理科学、环境科学理论为基础，以遥感和地理信息系统技术为支撑，逐步拓展研究领域，从更广泛的视角加强资源环境遥感应用研究。在继承传统研究领域的基础上，以资源环境遥感应用研究为主要领域，特别是针对土地资源的利用及其环境效应开展持续的监测、分析与评估研究，更好地满足国家对资源环境时空信息的迫切和持续性需求。

根据遥感所发展部署，国土资源遥感研究室以空间遥感数据为核心，研究国家土地资源遥感监测中的关键技术问题，研究全国、地区及重点城市的土地资源现状和动态变化，为国家提供科学数据。

按照研究领域相关工作开展的先后，国土资源遥感研究室的主要研究内容包括土地利用、生态环境、土壤侵蚀、土地退化、城市扩展、土地覆盖和海岸带遥感等。

（二）学 科 发 展

在长期开展全国范围土地利用、土壤侵蚀遥感应用研究的基础上，逐步形成土地覆盖、城市扩展等新的研究领域。国土资源遥感研究室将开展我国土地资源与环境的长期监测和时空变化分析作为长期发展目标，通过一系列科研项目的开展，致力于建设长时间序列的土地利用、土壤侵蚀、土地覆盖和城市扩展数据库，跟踪并适时发现我国的资源环境变化，形成稳定、连续的资源环境科学数据服务能力，支持国家决策和科学研究。

1. 土地利用遥感监测与研究

遥感所的全国性土地利用遥感监测与研究工作始自1996年启动的国家“九五”重中之重科技攻关“遥感、地理信息系统和全球定位系统技术综合应用研究”项目的第一课题“国家级基本资源与环境遥感动态信息服务体系的建立”等。该项目的完成，奠定了20世纪90年代中期和末期的中国土地利用数据库的基础，形成了系统、全面、周期性开展全国范围土地利用动态遥感监测的技术能力，培养和稳定了开展此类研究的科研队伍及其合作方式，建立并计划运行“国家级基本资源与环境遥感动态信息服务体系”主体部分，特别是确定了以5年为周期的全国全要素更新的发展目标。

（1）在项目完成后的2005年首次进行了全国土地利用动态遥感监测与数据库更新工作。为了保持土地利用数据库的连续性，以期发挥更大的作用，以国土资源遥感研究室为主体，联合各合作单位，自筹资金，于2006年6月启动了此项工作，并于2008年4月完成，建立了2005年中国土地利用现状数据库和2000～2005年土地利用动态数据库，其成为2007年启动的中国科学院知识创新工程重大项目“耕地保育与持续高效现代农业试点工程”相关研究的基础，更重要的是保持了中国土地利用遥感监测工作的连续性。

（2）针对“18 亿亩耕地红线”，2007 年 7 月，中国科学院知识创新重大项目“耕地保育与持续高效现代农业试点工程”启动实施，目标之一是在 2000 年全国土地利用数据库的基础上，将耕地等内容逐步更新到 2005 年、2008 年和 2010 年，获得不同时期我国耕地的动态变化信息，并开展耕地时空特征及其耕地动态的驱动因素及其影响分析。实际上，在充分重视耕地资源的同时，同步完成了中国土地利用数据库的全要素更新，建立了 2000～2005 年、2005～2008 年和 2008～2010 年 3 个时段国家尺度耕地动态矢量、栅格数据库与耕地资源背景数据库，以及 20 世纪 80 年代以来我国新增耕地开垦年龄数据库，评估了中国 21 世纪前 10 年耕地资源变化及其对粮食产粮能力的影响，揭示了城市化和生态保护工程对我国土地利用变化和耕地产能变化的影响，编写了 2000～2008 年、2000～2010 年两期中国耕地资源动态变化及其对粮食生产能力的影响分析报告，及时地掌握了我国进入 21 世纪以来耕地的时空变化。2011 年 5～8 月，按照项目统一要求进行成果凝练，完成了“20 世纪 80 年代～2010 年全国耕地资源遥感动态监测与科学分析报告”并向中国科学院领导汇报。基于该项成果完成的咨询报告得到国家领导人的批示。

（3）2006 年 6 月～2011 年 5 月，中国土地利用数据库先后进行了多次更新与动态监测工作，整体上形成了 20 世纪 80 年代末～2010 年的时间系列，包括 20 世纪 80 年代末、1995 年、2000 年、2005 年、2008 年和 2010 年 6 个年度的土地利用现状和其间 5 个时间段的土地利用动态 2 个数据库系列。每个年度的现状数据库有 400 万个左右地块的矢量图斑，每个时间段的动态数据库有 30 万个左右的变化地块，成为反映我国改革开放后详细土地利用时空特点的科学数据基础。以中国土地利用时空数据库为基础，撰写了《中国土地利用遥感监测》，编制了《中国土地利用遥感监测图集》，其于 2012 年由星球地图出版社同步出版。

2. 土壤侵蚀遥感监测研

（1）基于 1995～2000 年中国土壤侵蚀时空数据库，在 2006 年启动实施的国家科技支撑计划“国家生态恢复重建的综合监测评估关键技术研发”项目中，承担并完成了“水土保持调节功能时空数据集成与分析”课题，建立了基于土地利用动态数据库、植被指数、DEM 等辅助数据的数据库更新方法，独立实现了全国土壤侵蚀数据库全面更新，建设了 2005 年中国土壤侵蚀数据库和 2000～2005 年土壤侵蚀动态数据库，2010 年相关成果通过了验收。

（2）基于长期开展全国范围土壤侵蚀遥感监测的成果积累，从 2012 年开始，国土资源遥感研究室致力于建设更长时间序列、现势性更好的土壤侵蚀时空数据库。截至 2013 年，已经建设完成了 20 世纪 80 年代～2010 年完整系列的土壤侵蚀数据库及其动态数据库，直接支持了 2013 年国家科技支撑计划“十二五”项目“国家生态系统观测评估技术集成研究与示范”启动实施，为了解我国土壤侵蚀近年来的变化及其影响创造了条件。

（3）完成的中国土壤侵蚀数据库保持 1∶10 万比例尺的矢量数据方式，共包括 20 世纪 80 年代中后期、1995 年、2000 年、2005 年和 2010 年 5 个年度现状数据库和 4 个时间段的动态数据库。其在时间上与中国土地利用数据库、中国土地覆盖数据库等保持一致，构成综合性的中国土地资源与环境时空数据库。

3. 土地覆盖遥感监测研究

（1）2007 年，在“国家科技基础条件平台建设——地球系统科学数据共享网”的支持下，遥感所等组织实施了全国范围的土地覆盖遥感监测，进行了中国 1∶25 万比例尺的土地覆盖遥感制图和动态监测，全面、系统地掌握了我国陆地及其近海岛屿的土地覆盖状况，建设了 20 世纪 80 年代末和 2005 年的中国土地覆盖数据库及其该时间段动态变化数据库。中国土地覆盖数据是国家科技基础性条件平台—地球系统科学数据共享网的重要基础数据之一，对地球系统科学、全球环境变化和可持续发展研究具有重要意义，在相关领域中也具有重要的应用价值。以此为基础撰写的《中国土地覆盖遥感监测》专著，于 2010 年由星球地图出版社出版。

（2）土地覆盖与土地利用相辅相成，是国际上 LUCC 研究的核心内容，也是全球变化研究的重要组成部分。前者侧重于地表覆盖的自然特点，后者更多考虑土地资源的利用属性。长期以来，已建立的全球性数据库更多关注的是土地覆盖。2007 年开展的“中国土地覆盖遥感制图”工作，首次尝试在全国性工作中将土地利用与土地覆盖加以区分，并实际应用于数据库建设和相关研究。基于土地利用数据库开展的土地覆盖遥感制图工作，“充分借鉴了国内外该领域的技术前沿进展，考虑了我国目前该领域的科研成果，设计合理，可行性强”。针对中国土地覆盖的实际情况，在基于国际土地覆盖分类体系（LCCS）和中国相关分类体系的基础上，从遥感制图角度和陆地生态系统观点出发，建立了一种新的土地覆盖遥感分类系统，包括森林、草地、农田、聚落、湿地与水体、荒漠 6 个一级类型和 25 个二级类型，并对每一种土地覆盖类型进行了相应定义。其对实现全国土地覆盖遥感分类制图、建立我国土地覆盖遥感分类系统并与国际相关分类体系接轨奠定了良好基础；所建立的基于框架数据、遥感和 GIS 支持的数据库建设与更新技术方法，满足了数据库更新的需要。

（3）中国土地覆盖遥感研究建立的分类系统充分考虑了国际上常用分类系统的特点，其整体上与中国土地利用分类系统有密切的传承关系，而且与国际上主要的土地覆盖分类系统有很好的衔接。在采用 IGBP 分类系统建立中国土地覆盖数据库的过程中，除不再保留稀疏林草地、农田与自然植被混合 2 个类型外，其他类型之间有比较好的对应关系。这一点为后来开展的基于 IGBP 分类系统的中国土地覆盖数据库建设创造了先决条件，直接支持了大区域的气候模拟研究。

（4）中国土地覆盖数据库建设的基础数据是 1∶10 万比例尺，以矢量数据方式建库，在林地、草地、耕地等核心内容的详细划分中，利用时间系列的遥感分类方法获得次级类型属性信息，能够满足 1∶25 万比例尺的制图要求。

中国土地覆盖数据库采用独立的土地覆盖遥感分类系统建设与更新，2012 年已形成 20 世纪 80 年代～2010 年完整系列的土地覆盖数据库及其动态数据库系列。同时，为了支持气候模拟研究，采用国际上常用的 IGBP 分类系统，同步建立了独立的中国土地覆盖数据库。

中国土地覆盖数据库采用 1∶25 万比例尺的矢量数据方式，包括 20 世纪 80 年代中后期、1995 年、2000 年、2005 年、2008 年、2010 年 6 个年度的现状数据库和 5 个时间段的动态数据库。中国土地覆盖遥感分类与 IGBP 分类等两个分类系统系列同步建设。

（5）2010 年启动的国家重点基础研究发展计划“大尺度土地利用变化对全球气候的影响”项目，旨在通过遥感与地面观测资料的集成分析和数值模拟，揭示大尺度土地利用与土地覆盖变化过程、驱动机制及其区域差异；考察大型工程的环境影响及城市化过程的气候与生态效应；定量分析 LUCC 对生态系统结构、过程、功能及区域气候变化的影响；理解人类活动和气候变化对 LUCC 的互馈机理，模拟未来 50～100 年全球 LUCC 的变化情景及其对全球变化的影响。为了开展“大尺度 LUCC 过程及其驱动机制的国际对比研究”的需要，设立了“中国 LUCC 时空过程与驱动机制分析”专题，目的在于以现有的中国土地利用/土地覆盖时空数据库为基础，构建近 30～50 年中国 LUCC 时空过程遥感监测数据库，提炼近 30～50 年中国 LUCC 时空过程的基本规律，分析其驱动机制。

4. 土地退化遥感监测研究

在中国科学院知识创新重要方向项目“生态安全相关要素定量遥感关键技术研究”的“土地退化的遥感监测指标定量提取与评价技术”课题的支持下，2002 年 11 月，分别选择水蚀、风蚀研究区，开展土壤类型遥感识别、土地退化程度评估等研究，课题成果于 2006 年 8 月通过验收。验收专家认为，“①采用遥感与 GIS 相结合的方法，完成了新疆艾比湖、陕西安塞县两个示范区 1∶10 万比例尺的近 30 年来土地利用与土壤侵蚀变化过程的重建和规律分析；②利用多源遥感数据，开展了植被覆盖、生物量、植被类型、土壤类型、土壤质地、土壤相对湿度等监测指标的遥感信息提取研究，建立了土地退化状况遥感综合分析模型，在此基础上，分析和评价了艾比湖示范区 2000 年 8 月～2004 年 8 月的土地退化状况；③所提出的基于景观分类的土壤盐碱化程度定量信息提取方法具有创新性。”

5. 城市扩展遥感监测研究

根据对我国土地利用的长期和持续性遥感监测发现，我国土地利用变化有明显的时空特征，特别是改革开放以来，国民经济高速发展，城镇化过程成为我国土地利用中一个明显的特点。城市区域由于其特殊的地位，集中了大量和典型的土地利用活动，所产生的影响最大。

利用长时间序列的遥感数据开展城市扩展过程监测有独特的优势，不仅能够掌握不同时间的城市用地规模，而且有助于区分城市规模扩大过程中对其他类型土地的影响，以及对区域环境的影响。城镇用地作为土地利用中建设用地的重要组成部分，城市扩展监测在内容上保留了土地利用的类型划分和动态表示方法，在周期上缩短，在时段上延长，数据库依然采用矢量数据建库。

（1）建立的中国城市扩展数据库已形成 20 世纪 70 年代初期以来的长时间系列，包括不同年度的城市用地规模和各个时间段的扩展动态 2 个数据库系列。

（2）中国城市扩展遥感监测是在全国土地利用遥感监测的基础上，针对城市扩展影响的重要性开展起来的一项工作，通过监测周期的缩短和监测时段的延长，更深入具体地解剖我国土地利用变化的重点区域和主要内容。

（3）2003 年以来，逐步形成针对城市扩展开展系统性监测与分析的研究思路，以期利用遥感数据中记录的城市发展过程，发掘我国城市扩展的时空信息，比较改革开放前后城市扩展特点，同时相对于全国区域的土地利用，有选择的重点解剖，深入揭示城市扩展与土地资源的内在关系，从而形成很好的互补。2005 年，首先针对全国的直辖市、省会（或首府）城市与特区城市等 34 个城市，国土资源遥感研究室自行启动了 20 世纪 70 年代以来的扩展过程及其影响的遥感监测，建立了 1972～2005 年的城市扩展数据库，撰写了《中国城市扩展遥感监测》专著，于 2006 年由星球地图出版社出版。

（4）2009 年，与中国发展研究基金会合作延续了中国城市扩展的遥感监测与分析工作，为了更全面地获得中国城市扩展的时空信息，在选择直辖市、省会（首府）等城市基础上，进一步增加了中小城市，系统开展了 60 个城市的扩展过程监测，将监测时段延伸到 2008 年，相关成果收入于 2010 年人民出版社出版的《中国发展报告 2010——促进人的发展的中国新型城市化战略》一书及其背景报告“中国城市遥感监测报告”（中国发展研究基金会报告第 74 期）中。

由于上述研究的基础，在国家遥感中心的组织下，国土资源遥感研究室承担了“中国城市扩展遥感监测”，是“全球生态环境遥感监测 2013 年度报告”的 5 个报告之一。其要求将监测时段延长到 2012 年，实际上，完成了 1972～2013 年的 60 个城市扩展的遥感监测，揭示了我国城市扩展的总体时空特点，并从城市类型、规模、地域等方面进行了比较分析，初步归纳了我国城市扩展的基本过程模式，重点探讨了城市扩展对耕地资源的影响。

6. 海岸带遥感研究

大区域的土地利用变化影响了沿海地区的资源开发格局及其环境，气候变化也对中国海岸带环境和生态系统产生了日益明显的影响，主要表现为近 50 年来中国沿海海平面上升有加速趋势，造成海岸侵蚀和海水入侵，致使沿海区域环境恶化，滨海生态系统出现退化现象。

国土资源遥感研究室的海岸带资源环境遥感应用研究始于国家海洋局的合作项目。就该研究室的发展设想而言，海岸带遥感与城市扩展遥感监测类似，也是针对重点区域的资源环境问题开展的针对性研究。

（1）2008 年，国家海洋局依托“海洋环境保护与减排”财政专项，设立了“渤海环境立体监测与动态评价”任务单元，旨在通过引进先进的海洋环境立体监测手段，构建业务化创新体系，开展业务化监测与评价工作，获取渤海入海污染物总量、渤海海峡污染物输出量、渤海及重点海域环境容量、渤海海岸带开发状况及承载能力相关的监测数据和评价产品，为渤海环境管理和污染物总量控制机制的制定与实施提供决策依据。遥感所承担第四专题“渤海环境遥感监测技术开发和业务化应用”，专题内设立的第二课题“渤海周边地区土地利用遥感动态监测”由国土资源遥感研究室负责完成，主要针对环渤海区域内 13 个地市，在 1990～2008 年的土地利用、滨海湿地、海岸线等状况及其变化方面开展了遥感监测与分析。

（2）在上述项目工作基础上，国家海洋局北海分局委托研究室承担“北海区海洋环境质量综合评价项目”的“北海区海洋环境质量综合评价遥感数据研究”课题，连续开展环渤海及其邻近区域 2008～2012 年的湿地、海岸线、围填海和典型海岛土地利用等年度监测与分析评估，从海岸带生态调节能力角度提供科学数据，支持海洋环境质量评价。其实际工作包括：①北海区滨海湿地遥感监测规程制定及其动态监测及分析；②北海全海区海岸线遥感动态监测及分析；③北海区围填海遥感识别方法构建及其遥感监测及分析；④北海区典型海岛土地利用、湿地和海岸线遥感监测及分析。

（3）根据《气候变化对我国海洋/海岸带的影响研究项目技术开发协议书》的要求，2012 年，国土资源遥感研究室承担了气候变化对我国海洋/海岸带的影响研究。采用遥感方法获取了过去 10 年的全国海域海岸线、典型海域滨海湿地监测数据，并区分了海岸线、滨海湿地类型，数据采用 1∶10 万比例尺，归纳了过去 10 年我国海域海岸线的时空变化特点，选择自然保护区内的典型海洋生境（滨海湿地），分析了海岸带生态环境的变化程度及其影响因素。

7. 推进了再生资源与生态环境遥感应用学科研究

国土资源遥感研究室长期以遥感和 GIS 为技术依托，综合应用地理学、环境学、生态学等多学科综合知识，在遥感和 GIS 技术的支持下，面向国家经济建设和环境保护的需求，在全国范围的土地资源与环境遥感应用领域，开展了系列的调查、监测、分析和评估等研究，提出了技术流程，发展了数据提取和更新方法，推进了土地资源与环境遥感应用发展。

1）形成了人机交互为特点的土地资源和环境遥感监测与数据库更新方法

国土资源遥感研究室在继承传统研究领域的基础上，以资源环境遥感应用研究为主要领域，特别是针对土地资源的利用及其环境效应开展持续的连续监测、分析、评估研究。在资源环境遥感应用研究过程中，建立了规范化的全国土地资源调查和监测技术流程，在遥感信息源选择与处理、外业调查、判读分析、专题制图、质量检查、面积量算与平差、数据汇总与表册编制、成果图制作和数据分析等各个环节，制定并实践了技术规范，有效地保障了数据精度和成果可解读性。随着计算机技术的逐步应用，整个技术流程的自动化程度逐步提高，遥感数据处理、面积量算与平差、数据汇总与表册编制、成果图制作等，均可以机助完成，加快了进度，增强了监测能力，提高了成果的现势性。

针对土地资源与环境开展的持续性遥感应用研究实践了完整的技术流程，形成了兼顾专家知识与 GIS 技术优势的人机交互判读与数据库更新方法，在诸多相关的国家级科研项目中得到实际应用并趋于完善，其成为一种兼顾成果质量和 GIS 技术优势的行之有效的技术手段。

2）率先建设了综合性的土地资源与环境时空数据库

以此为技术支撑，利用遥感和 GIS 技术，1998 年首次建立了全国 1∶10 万比例尺土地利用数据库，该数据库依靠人机交互判读分析和实地验证，保证了数据库成果质量，采用矢量数据方式确保了土地分类面积产出这一核心目标的实现，在此后的近 20 年时间内，其甚至是唯一和精度最高的全国性土地利用矢量数据库。同时，在全国范围内成功实现了耕地、城乡工矿居民用地的年度更新和以 5 年为周期的全要素更新，为分析我国土地利用变化提供了数据支持，并形成了运行能力。伴随中国科学院“知识创新工程”的“国土环境时空信息分析与数字地球理论技术预研究”项目在 2002 年完成，发展并实现了利用遥感技术建设历史空间数据库的技术方法，为进一步开展国土资源环境动态监测与科学研究奠定了技术和数据基础。

在成功建设与更新全国土地利用数据库的基础上，逐步形成了基于遥感和地理信息系统技术开展土地资源与环境遥感应用的综合研究能力，其相继拓展到生态环境、土壤侵蚀、土地退化、土地覆盖、城市扩展、海岸带变迁等领域，2000 年建成了第一个全国 1∶10 万比例尺土壤侵蚀数据库，2005 年建成了第一个中国主要城市 1∶10 万比例尺城市扩展数据库，2008 年建成了第一个全国 1∶25 万比例尺土地覆盖数据库，实现了点面结合、重点和整体兼顾、动态和静态互补的多专题融合，这些专题数据库基于相同的遥感信息源基础，采用相同的技术流程和技术参数，时空一致性高，内容互补性强，得以从不同侧面为资源环境研究和国家宏观决策提供连续、客观的科学数据支持，综合性的土地资源与环境时空规律分析有助于提出针对性更强的咨询建议。以土地利用、土地覆盖、土壤侵蚀和城市扩展 4 个专题数据库为核心的土地资源与环境时空数据库，目前仍然是唯一的综合性、持续性遥感应用时空数据库。同步建设的精纠正遥感影像库、景观照片库、生态环境背景数据库等，一方面保证了数据库的质量，也支持了资源环境研究，使土地资源与环境时空数据库得到了普遍认可和广泛应用。

3）拥有自主更新与持续服务能力

多年来，国土资源遥感研究室通过承担科研项目和自筹经费，成功实现了土地利用动态遥感监测和数据库更新，并建设了土壤侵蚀数据库、土地覆盖数据库和城市扩展数据库，拓展了应用领域，深化了成果的分析与应用。

该研究室采用遥感和 GIS 技术恢复重建和动态监测方法，已建立并更新的土地利用、土地覆盖、土壤侵蚀时空数据库涵盖了 20 世纪 80 年代中后期以来近 30 年的时段，中国主要城市扩展遥感监测时段已能够反映 1972～2013 年 40 年的变化过程，其成为反映土地资源与环境变化时间最长的空间数据库，为资源环境现代过程研究和驱动力分析奠定了数据基础。伴随周期性更新，数据时段不断延长，其一直保持着现状库和动态库同步建设、多专题互补的特点。

（三）学 科 特 色

针对中国重大资源环境问题发生和发展历史与现代过程，国土资源遥感研究室的科研工作致力于实现全数字式的资源环境状况时空重建，定量研究自然环境变化与人类活动共同作用下的资源环境时空过程及其机理，发现交互影响规律，为预测变化趋势创造条件，也为国家资源环境宏观决策提供科学数据支持。其具体体现在：①发展并完善遥感与 GIS 一体化的全数字资源环境信息遥感分析方法；②完善时空型资源环境数据信息的数据集成与综合分析方法；③研究并建立国家级资源环境动态遥感快速监测方法和信息更新技术；④形成并发展国家级资源环境宏观信息服务能力。

国土资源遥感研究室将以开展我国土地资源与环境的长期监测和时空变化分析为长期发展目标，通过一系列科研项目的开展，支持研究目标的实现，其致力于建设长时间序列的土地利用、土壤侵蚀、土地覆盖、城市扩展数据库，跟踪并适时发现我国的资源环境变化，分析其影响，形成稳定、连续的资源环境科学数据服务能力，支持国家决策和科学研究。这些科学数据已经形成鲜明的特色，并得到日益广泛的应用。

多年来，国土资源遥感研究室逐步形成了基于遥感和地理信息系统技术开展遥感应用研究的能力，其应用领域在全国土地利用遥感监测的基础上，逐步拓展到生态环境、土壤侵蚀、土地退化、土地覆盖、城市扩展、海岸带等方面，实现了点面结合、重点和整体结合、动态和静态结合，能够从不同侧面为资源环境研究和国家宏观决策提供连续、客观的科学数据支持。

四、科研任务、项目与成果

（一）承担的项目与任务

承担的主要科研项目 22 项，其中国家“973”项目 2 项，国家科技支撑项目 1 项，国家青年基金项目 4 项，中国科学院项目 3 项，国家海洋局项目 2 项，国家发展和改革委员会项目 2 项，其他横向项目 4 项，所创新工程项目 4 项等。

（二）研究成果与推广应用

1. 成果

2002 年 10 月～2012 年底发表论文 133 篇，出版专著 7 部。获奖 4 项，其中获得西藏自治区科学技术进步奖一等奖 1 项、海洋工程科学技术奖一等奖 1 项、水利部大禹水利科学技术奖二等奖 1 项、四川省科学技术奖三等奖 1 项。

2. 成果转让与应用

资源环境数据库成果在持续支持决策与规划、教学与科研等方面应用的同时，作为国家“电子政务工程”建设的主要内容之一，期望其作为“第三方声音”的科学数据发挥更多的参考与辅助决策作用。

自主启动的 2005 年中国土地利用数据库更新工作于 2008 年 4 月全部完成。5.12 汶川地震后，该数据库及时地服务于所内外的地震灾害监测、损失评估、灾后恢复重建规划等工作。

2010 年中国土地利用数据库直接被“第一次全国水利普查水土保持情况普查”使用，被评估认为该数据“能够反映 2010 年全国土地利用现状，数据生产的技术方法、流程设计可靠，是国内目前除第二次全国土地调查成果外，公开使用的覆盖范围最广、认可程度最高、唯一的全国性土地利用数据。该数据可以作为生成全国植被覆盖度的基础数据，2010 年数据总体准确率达到 97.15%，能够满足第一次全国水利普查水土保持情况普查的精度要求”。

中国土地利用数据库成果已经在“全国土地覆盖遥感制图”项目、国家发展和改革委员会“电子政务数据整合改造工程”项目，以及国家“十二五”农业、生态规划等方面得到应用，成果在农业、气候、生态领域具有广泛的应用前景。

该研究室建立的多种数据库成果得到普遍认可和广泛应用，支持了国家级科研项目和宏观决策。

人机交互判读分析方法确保了土地资源时空数据库的质量和可信性，支持了一系列国家级科研项目的实施和完成。开展的主要工作包括 1999 年启动的水利部合作项目“全国（第二次）土壤侵蚀遥感调查”、1999 年启动的中国科学院知识创新重大项目“国土环境时空信息分析与数字地球理论技术预研究”、2000 年启动的“全国土壤侵蚀动态遥感监测与数据库更新”、2000 年启动的中国科学院遥感应用研究所知识创新领域前沿项目“国家资源环境遥感时空数据库建设与时空特征研究”、2002 年启动的中国科学院知识创新重要方向项目“生态安全相关要素定量遥感关键技术研究”、2007 年 7 月启动的中国科学院知识创新重大项目“耕地保育与持续高效现代农业试点工程”、2007 年“国家科技基础条件平台建设——地球系统科学数据共享网”支持开展“中国土地覆盖遥感监测”、2010 年启动的国家 973 计划“大尺度土地利用变化及其对气候与生态系统的影响研究”等。同时，数据库成果还直接支持了科研、教学、规划、监管等相关部门更多的科研和管理工作。

依托土地资源时空数据库，选择我国资源环境的热点问题或热点区域，开展了有针对性的深入研究，根据土地资源合理利用、区域生态环境保护、耕地保育、城镇化等方面的专题分析，多次向中国科学院和国家提交咨询报告，响应了中国科学院“知识创新工程 2011—2020 方案”提出的“服务国家宏观决策更加有力。不断提出有重要影响的科学思想和有重要价值的咨询建议，不断提供系统翔实的科学数据，定期发布科技发展路线图等系列战略研究报告”的明确要求。

在数据库建设与更新过程中，“初步形成了跨部门、跨区域、跨学科的应用局面，取得了良好的社会、经济效益”，目前的应用范围更加广泛，应用更为深入。

五、科研队伍建设与人才培养

（一）科技人员组成、结构与培养

截至 2012 年 11 月，先后在国土资源遥感研究室工作的研究人员有 15 人，其中研究员 2 名、副研究员或高级工程师等 6 名，助理研究员 7 名。他们是张增祥、赵晓丽、王长有、刘斌、易玲、周全斌、谭文彬、张宗科、何剑锋、汪潇、徐进勇、温庆可、左丽君、刘芳、胡顺光等。

（二）研究生培养

国土资源遥感研究室在 2002～2012 年培养研究生 27 名，其中硕士研究生 7 名、博士研究生 20 名。

第十五章　遥感地质找矿与工程环境遥感应用研究室

一、概　　述

（一）成立背景

近几十年来，资源、环境、人口、灾害成为人类生存与发展面临的四大基本问题，也是认知和揭示地球表层系统人–地关系发展规律的窗口。面向我国国民经济的发展、大型工程建设加快及其对矿产资源的需求，加上自然环境的破坏、资源枯竭、地质灾害频发等问题，发展快速有效的遥感应用技术已成为国家的急需。为此，遥感所以遥感技术为依托，运用地质学、地球物理学、地球化学以及地学新技术综合研究方法发展遥感应用技术，开展地质找矿、大型工程环境遥感监测评价、油气遥感勘探等领域的应用研究势在必行。

1972 年，美国第一颗人造地球资源卫星搭载的 MSS 多光谱扫描仪，首次获取地球表面多波段遥感图像，以空间视角揭示了大量地面工作无法观测到的新现象、新规律，为地质找矿、油气遥感勘探、大型工程环境遥感监测评价带来了新的发展机遇。1978 年中国科学院地理研究所二部（遥感所前身）在云南腾冲开展了航空遥感综合实验，成功地向我国地质界推广了遥感找矿新理念。1978 年在地理所二部的全力支持下，北京大学举办了我国第一届地球资源卫星遥感应用高级研讨班，促进了遥感地质找矿、油气遥感勘探、大型工程环境遥感监测评价研究理论的升华。1980 年，中国科学院将“雅砻江二滩水力开发可行性若干问题综合研究”列入重大专项，并由中国科学院能源研究委员会主持，其中“西南水力开发航空遥感试验”项目，由遥感所牵头完成并取得了显著的成果，在国内开拓了“大型工程环境遥感监测评价”新领域。1985 年，国家科委第一次在国家科技攻关 305 项目中设立了“遥感技术在地质找矿中的应用研究”专题，遥感所承担了该项目的实施。1989 年，遥感所参加石油部首次设立的“油气遥感”专项。遥感所承担的这些科研项目，为大型工程环境和地质找矿遥感及油气遥感的研究奠定了基础。

（二）建立的必要性

20 世纪 80 年代后期，随着我国地质找矿活动与大型工程建设项目增多的新形势，遥感应用领域拓宽和遥感技术本身的快速发展及其相关学科、技术的渗透，遥感应用的研究内容、技术方法、分析能力、成果资料的可靠性及其应用地域等都有了新发展、提高与深化，需要拓宽遥感应用领域，提升工程环境和地质找矿遥感方法。

遥感技术是一种基于电磁波辐射与传输理论的空间探测与表达，具有超强的信息获取能力及时空特征与地学规律的揭示能力。与地面直接观察、取样分析的传统方法明显不同，遥感地质找矿、油气遥感勘探、大型工程环境遥感监测评价是从空间角度“非接触式”地获取光谱和空间图像数据，通过数据处理和图像分析进行找矿、油气遥感勘探、大型工程环境遥感监测评价。面对日新月异的信息获取新技术及其呈几何级数增长的遥感地学数据，遥感地质找矿、油气遥感勘探、大型工程环境遥感监测评价都面临新的挑战。

我国资源环境现状和发展形势严峻。已探明的矿产资源保有量快速消耗、大型工程导致的自然环境变化等问题急需解决。急需发展新型资源环境勘查及监测技术与研究方法，以适应新形势的需要。首先要通过地表地物与电磁波相互作用机理研究建立有效的信息提取技术。然后从空间观测新视角认识地球表层信息所揭示的地学规律。发展空间对地观测方法论，实现新的矿产资源和大型工程区域环境的勘查突破。除了继续发展数字化、定量化等遥感勘查新技术，提升面向目标的遥感探测能力外，还必须以动态的观点、演化的视角认知地球系统的过程，提高预测能力。这些问题是遥感地质找矿与工程环境遥感应用研究的基础和前提。为适应我国经济建设发展需求，在成矿探测和大型工程环境的整体规律认识上发挥无法替代的作用，建立专门的遥感地质找矿与工程环境遥感应用研究室是非常必要的。

（三）在所及学科中的地位

遥感地质找矿与工程环境遥感应用研究室是我国最早的遥感找矿与工程环境遥感应用科研机构，最早承担国家遥感找矿、油气遥感与工程环境遥感科技攻关、中国科学院重大、国家行业部门科学基金等项目。该研究室的发展过程是不断服务于国民经济建设主战场、满足国家对资源环境信息需求的过程，是直接应用遥感技术为国民经济服务的重要窗口。

在遥感三大战役及国家连续的科技攻关项目中，遥感地质找矿与工程环境遥感研究室在遥感地质、资源调查、环境监测、大型工程建设前期研究等领域都开创过我国“首次”研究的先河，在国内起到应用示范的引领作用，有多年科学积累和人才队伍建设基础，在科研能力和科技成果水平等方面都达到了国际先进水平，特别是在遥感找矿软硬件研究、大型工程建设前期的遥感应用研究等方面进入国际先进行列，在国内外产生了较大影响。

二、沿　革

（一）机构变化

遥感地质找矿与工程环境遥感应用研究室由遥感所遥感应用研究室（第三研究室）演变而来。1984年年底，遥感所第二届所领导机构依据学科建设、发展和国家建设的需求，整合了原遥感应用研究室的工程环境遥感应用研究与地质找矿方面的研究工作和研究人力，并于 1985 年 2 月 26 日宣布建立了遥感地质找矿与工程环境遥感应用研究室。1988 年 9 月遥感所领导班子换届后，第三届所领导机构继续保留了遥感找矿与工程环境遥感应用研究室，并一直存续到 1993 年 1 月。1989 年 5 月，遥感所第三届所领导机构将新成立的油气遥感组挂靠在该研究室。

（二）历届负责人

研究室主任：陈正宜（1985 年 2 月～1993 年 1 月）。副主任：郭华东（1984 年 3 月～1989 年 5 月）、林恒章（1989 年 5 月～1993 年 1 月）、蔺启忠（1992 年 1 月～1993 年 1 月）。

研究室党支部书记：李乃煌。

业务与行政秘书：吴纫玲。

三、学术方向与学科发展

（一）学术方向与定位

遥感地质找矿与工程环境遥感应用研究室旨在以遥感应用研究与应用技术开发为基础，持续发展资源、环境等领域内具有前瞻性、先导性和探索性的遥感应用研究，推动遥感应用技术进步与发展；综合体现遥感在地质与工程环境领域应用的关键技术研发与创新能力，提高遥感应用研究水平和核心竞争力；为国民经济建设服务，向国家行业部门、地方政府等提供遥感应用示范与技术支持。

该研究室由遥感地质找矿和工程环境遥感等学科组组成。油气遥感组的挂靠在该室后，该研究室的学术方向与定位是发展矿产和油气资源勘查、工程环境评价等遥感应用的技术与方法。

在遥感地质找矿方面：研究多光谱遥感与成像雷达遥感信息提取技术，发展多源遥感找矿、多元地学数据复合与遥感制图技术，建立遥感地质找矿的工作流程，发展遥感找矿理论与方法。

在油气资源勘查方面：采用油气地质学、地球化学为应用基础理论，以经济、有效、快速的综合评价方法，实现地下油气藏寻找和资源勘查。

在工程环境遥感应用方面：完成中国科学院重大专项“雅砻江二滩水力开发可行性若干问题综合研究”等项目。这些项目以技术集成为特点，为大规模、高速度、影响范围广的现代大型工程建设前期提供了工程建设所需的图件、数据、报告。并深入研究人类大型工程活动与资源环境之间的相互关系，提出正确认识、利用、优化工程区域资源环境的科学依据。

（二）学 科 发 展

1. 遥感地质找矿

在遥感地质找矿方面完成了“遥感技术在北疆地质找矿中的应用”“利用遥感技术评价金锡铜找矿靶区”“遥感技术在西北干旱地区金矿找矿中的应用研究”“遥感技术在西天山地质找矿中的应用”“微波遥感应用”等国家攻关和中科院重中之重和重点研究项目。通过项目研究取得如下成果：

1）*遥感找矿模型与方法研究*

遥感找矿模型是遥感探测与评价的基础和依据，利用中低分辨率多光谱遥感信息建立找矿模型是遥感找矿难点的热点。初期的卫星 MSS 多光谱数据只能提供简单的岩石光谱和空间信息，图像的目视解译和定性分析是主要研究方法。利用航天遥感的概括性和综合性，建立了弧形影像构造体遥感找矿模型。研究表明，弧形影像构造体集构造（断裂）、地层（岩石）、蚀变为一体，是地球浅层普遍存在的一种微型成矿构造单元。在强挤压构造应力场中形成局部扩容空间，有利于低温热液矿产的形成。利用弧形影像构造模型在阿尔泰地区圈定金矿找矿靶区，并全部见矿（矿化），该模型在不同地区推广应用中发现不同规模的弧形构造体控制着不同规模的金矿成矿单元。结合弧、环形影像等地质特征，还建立了研究区铜、锡等多金属遥感找矿模型。通过遥感地质找矿实践发展了遥感找矿模式（遥感找矿三部曲）：遥感空间定位，遥感化探定性，遥感地质工程定量。上述模型与方法研究为遥感地质找矿发展奠定了基础。

2）*矿产多光谱遥感信息增强技术研究*

多光谱遥感能够提供多个波段范围岩石矿物的反射特征信息，但由于波段范围较宽以及波段间相关性产生的图像饱和度过小，多光谱遥感图像不能提供地质体间微细光谱差别而影响找矿效果。研究区含金石英脉型金矿分散、规模小以及易受干扰的产出条件，从复杂背景图像中精确识别、圈定石英脉位置、产状、规模具有重要找矿意义。我们利用 SPOT 卫星多光谱图像开展 HIS 变换方法实验研究，依据含矿岩石光谱特征在芒赛尔坐标空间重新定义色调和饱和度的概念，确立了变换公式，成功得到转换后 HIS 空间的含矿地质体精细的反射信息，提高了含金石英脉的识别准确率和可靠性。课题组还利用数量极少 TM 图像，开展基于对羟基（–OH）蚀变矿物和含铁离子（Fe^{2+}，Fe^{3+}）蚀变矿物光谱特性的认识，对不同的 TM 波段组合进行了主成分分析，识别出不同蚀变类型，然后通过地理信息系统工具包（GIST），对断裂构造和不同蚀变类型分别以线和多边形方式进行解译，同时将有关属性存入数据库。最后，将不同的信息层综合成统一的成图文件并进行必要的编辑和注记，以不同的方式进行显示、屏幕硬拷贝或绘图输出，实现了蚀变信息提取和成图一体化。

3）生物地球化学找矿技术研究

生物地球化学找矿和地植物找矿在 20 世纪 30 年代就已出现，70 年代开始尝试遥感技术与生物地球化学找矿方法结合，即利用遥感宏观、快速技术优势对大范围植物反射光谱特征进行检测，以期发现由于对土壤或岩石成矿元素过度吸收“中毒”而导致的植物光谱异常，建立以植被光谱异常为目标的生物地球化学遥感方法。为探讨成矿元素、化探异常与植被光谱异常的形成机理及其相互关系，我们选择典型矿化与化探异常复合带开展植物同类型、同部位样品系统取样，开展植物灰分元素与光谱分析，得到如下研究成果：①发现成矿带能造成植被群落生理异常，表现为叶片稀疏、早枯；②典型成矿元素能造成单株植被光谱异常，不同矿化部位“中毒”程度不同；③植被光谱异常与化探异常没有完整对应关系，前者数量较后者少得多，“中毒”现象受地形、水文以及元素稳定性等条件影响。上述成果对开展生物地球化学遥感找矿具有重要参考价值。

4）机载 SAR、TM、SPOT 多源遥感数据融合找矿技术研究

数据融合是地质找矿重要的方法之一，能使不同类型成矿信息得到有效补充，提高勘查效果，关键是要根据研究区成矿地质条件和探测目标特征选择不同数据组合。数据融合包括多源遥感数据融合与多元地学数据融合。

（1）机载 SAR、SPOT 和 TM 图像数据融合。对于地质找矿来说全面提供构造、岩性和蚀变信息是找矿的前提，因此需要通过不同遥感数据融合来提高成矿信息的互补性。机载 SAR 高空间分辨率图像对地质构造、岩石变形探测效果好，适于控矿构造研究。TM 波段对 Fe 离子、含氢氧根和碳酸盐矿物蚀变矿物比较敏感，适于构造蚀变填图。SPOT 图像含有较高的空间和光谱信息，对划分岩石类型具有良好的效果。经过不同遥感数据融合研究表明，SAR+SPOT、SAR+TM、SPOT+TM 组合对不同地质特征具有不同增强效果。

（2）遥感与地球物理数融合。地质找矿离不开对地表地质特征探测，同时还需要对深部信息的研究。通常航磁、重力资料都包含深部地质构造或隐伏地质体信息，与其数据融合可弥补遥感图像对深部信息探测的不足。我们选择遥感数据首先突出地表构造和岩性特征，然后选择经过处理的航磁、重力数据与遥感图像进行等值线图的套合处理。在遥感与地球物理数据融合图像上，遥感色调异常与呈串珠状展布的物探异常重合，显示深大断裂（隐伏断裂）的存在和对含铜磁铁矿信息的揭示，为找矿靶区圈定提高可靠依据。

5）ARC/INFO 地理信息系统支持下的综合信息成矿分析技术

ARC/INFO 地理信息系统软件的出现预示着多元数据综合找矿新时代的开始，在新疆国家科技攻关 305 项目中我们首先尝试了多元数据综合找矿实验，重点研究遥感、地球物理、地球化学数据处理与分析方法。我们选择遥感图像、地形图（1∶20 万）、地质矿产图（1∶20 万）、航磁图（1∶20 万）、重力图（1∶50 万）、地球化学元素图（1∶20 万），以及矿点、矿化点为数据源，开展了拓扑叠加、特征提取、特征合并、建立缓冲区、自动绘制等值线、三维显示、趋势面分析等数据处理方法研究，在 ARC/INFO 地理信息系统的支持下实现了多元地学数据融合，为成矿分析提供了可靠的基础图件支持，也为后期多元数据综合找矿积累了宝贵经验。

6）雷达遥感地质矿产探测技术研究

20 世纪 70 年代后期，SAR 卫星及其成像技术的研究引起国内外广泛关注。雷达遥感以其全天候、

主动式以及对云层和植被等地物的具有一定的穿透能力成为地质找矿首选应用领域。我们在北疆实施国家305项目金矿带勘查中开展了C波段、单极化机载SAR试验，主要研究内容：①侧视雷达视向与地质构造带走向平行和垂直二种情况下的探测效果；②侧视雷达入射角对地质构造识别影响；③雷达遥感对岩石（性）的识别能力以及雷达遥感图像与光学遥感图像复合方法探讨。实验结果表明：雷达视向与构造走向平行有利于大型构造探测，垂直则有利于小构造探测；小入射角更有利于古老构造和半隐伏状态构造识别；雷达入射角是岩石（性）识别的重要参数，与研究区地形条件和地貌特征密切相关；雷达图像与光学图像融合有利于构造、岩性识别。上述研究成果为后期雷达遥感找矿积累了经验。

2. 油气遥感勘探的综合评价

油气遥感勘探主要是在陆地上进行，分为遥感间接勘探和遥感直接勘探。油气遥感间接勘探是指利用遥感图像进行目视地质构造解释，推断沉积盆地的地质构造发育，寻找油气有利聚集区的方法。油气遥感直接勘探主要是指利用遥感技术通过探测油气藏烃类微渗漏现象，实现寻找地下油气藏的存在。

该研究室研究了油气遥感勘探的综合评价方法，可直接评价油气资源聚集的存在。其方法如下。

（1）遥感地质法：通过地表的遥感影像特征来推断地质构造的方法，提供含油气盆地的基底格局、二级构造的分布及油气聚集的有利地段。

（2）遥感化探法：通过遥感探测地下油气聚集烃类微渗漏的地表波谱特征，圈定油气可能聚集区的方法。具体方法有土壤烃组分异常法、碳酸盐总量异常法、色调结构异常法、红层褪色法、黏土矿物丰度异常法、地表热惯量异常法等。

（3）地表地球化学法：作为油气遥感异常地面核查手段，主要采用土壤酸解烃异常法、土壤△C 异常法、土壤荧光分析法、土壤重烃（>C5）分析法等。

（4）地表放射性测量法：作为油气遥感异常的地面核查手段，主要采用地面γ能谱法、RaA测氡法.土壤中氦气法等。

（5）地植物学法：作为油气遥感异常的地面核查手段，主要采用地植物填图法、植物灰分析法、植物地球化学法等。

3. 大型工程环境遥感监测评价

大型工程环境遥感应用主要是针对水电、火电、核电、高铁、机场、高速公路、新居民区等大型工程的建设前期设计阶段，完成快速准确地选址及其工程建成后的稳定性的遥感综合评价。通过对大型工程稳定性主要影响因子的综合评价，构建稳定性模型，特别是对工程设计规范范围内的活动断裂构造、地质灾害、环境承载能力等进行评价，决定工程选址的可靠性。例如，1986年该研究室承担的广西龙滩大型水电站的区域稳定性、库岸工程地质条件、电站水库淹没损失调查统计，以及移民开发区土地利用条件等的遥感调查与制图等。大型工程环境遥感监测评价的主要研究内容如下。

1）工程规范范围的区域稳定性分析

工程建设规范范围内的稳定性分析是工程选址和开发建设的基本条件。工程选址的宏观区域可达数万平方千米乃至数十万平方千米。通过遥感图像的宏观地质构造背景分析，提取其中环形和线性断裂构造，特别是活动构造信息，并在统一地理坐标系统的基础上，与历史地震与地质灾害、地震烈度分区、人工地震、航磁、地磁、物探等多元信息作复合对比，最终选择相对稳定且在百年内都没有发生过地震和地质灾害的安全区作为工程的厂（站）址。

2）工程场地灾害和不良工程地质的研究

工程场地灾害的遥感应用研究，其目的在于发现不良的工程场地条件，分辨出松散沉积物之下的活动构造，并结合地震烈度评定资料，最终对工程选址区做出工程场地条件的评定。京山铁路复线修建时，铁道规划部门委托该研究室应用卫星图像分析铁路沿线各种场地灾害和不良工程地质条件，圈定了京山铁路复线穿过涞河河谷的安全地带，避免了工程场地灾害的发生。国家能源部后来在全国推广此方法，并委派专业人员来遥感所学习。受有关设计单位委托，由遥感所完成的山东龙口、宁夏大坝、内蒙古乌海等电厂选址及其工程稳定性分析，在电厂建成运行30多年后的回访中，都没有发生过因工程选址不当造成的工程地质问题。

3）工程占地损失的遥感测算

遥感方法测算工程占地损失的质量、数量指标是工程建设所必需的重要科学数据。其资料、图件、数据的客观准确性常常成为工程占地损失赔偿纠纷中权威性的仲裁标准，关系到国家、集体和工程被占用土地区人民的利益，以及工程建设经济效益的发挥。工程占地损失调查项目繁多，可按工程的不同设计阶段，即可行性研究、规划设计和施工设计等阶段，分别采用不同分辨率航天和航空遥感信息源，经过特殊要求的图像处理、制图及其判读测量，再通过 GIS 技术的支持，获得工程占地损失评估所需的图件和数据指标。例如，1986 年该室承担的广西龙滩大型水电站的水库淹没损失调查统计解决了该工程规划设计单位与地方政府长期争论不决的水库淹没损失数据不统一的问题，保证了工程建设进展。后来，又对金沙江下游白鹤滩至乌东德段干流两侧各 5km，涉及云南、四川两省 7 县市的白鹤滩水电站库区的淹没损失类型进行了航空遥感调查。这次调查除了对通常的工程占地损失进行遥感测算外，还增加了地面生命线工程损失、淹没区人口与工矿数量的遥感模型计算，以及其规模调查等内容。

4）工程移民区资源环境承载能力的调查与评估

大型工程占用土地存在一个移民问题，特别是大型水利工程涉及的移民规模大、难度高、政策性强。当地政府一般采取就地安置的“后靠移民”为主，尽可能不让移民背井离乡。龙滩、三峡等大型水利工程的移民都实施了这种移民的政策。大型水利工程移民“后靠区”的土地承载力及其生物量是否能因地制宜地保证移民在若干年人口增长后的生存条件，使移民“既要搬得出，还要安得住”，则需要详细调查移民区地表景观、水文规律、土壤状况、地质地貌条件、人文和经济地理状况等，并开展综合分析评价。遥感应用为解决这一问题提供了重要的科学依据。该室以自身的技术优势及时提供了工程移民安置区资源环境承载力的调查评价成果，采用彩色红外编制完成了龙滩水电站水库区 1∶5 万比例尺的《龙滩水电站水库库周移民区土地利用现状图》及其相应的数据统计。后来，遥感所与水电部遥感中心合作完成了 1∶1 万比例尺的《三峡工程水库区及库周区的土地资源及其利用状况的调查与制图》，从土地资源的结构特征、利用状况及其空间分布上论证了库周移民区的土地承载力，评价了移民区的环境容量。

5）各类工程的特殊环境问题研究

在“八五”科技计划中，该研究室完成了亚洲开发银行技术援助项目“晋陕蒙接壤地区脆弱的生态环境遥感监测与管理”。1994 年，国家科委又在此基础上立项，开展“晋陕蒙接壤地区资源环境治理研究”，其中，列入“矿区遥感调查及环境变化趋势研究”。课题组利用 1400km^2 矿区的 1978 年、1994 年两期的 1∶5000 比例尺彩色红外航空影像完成了陕西神木大柳塔矿区和内蒙古伊金霍洛旗补连沟矿区土地覆盖类型图、矿区环境要素基础数据库和环境变化图及其相应数据库，然后在地理信息系统的支持下开展“矿区环境变化趋势研究”，所提交的工作报告对煤矿矿区工程的生态环境监测、管理与治理提供了极其重要科学依据。另外，某些大型工程建成后可能产生一些特殊的工程环境问题，需要采用遥感方法解决。天津于桥水库是天津人民生活和工农业用水的大型蓄、供水水库。水库建成并运行后，水库水质富营养化日趋严重。为了查清原因，提供治理规划依据，该研究室与天津师范大学地理系合作，选择苏联“礼炮”7 号太空站拍摄的航天遥感图像编制了《于桥水库流域植被类型及其覆盖特征图》《地形坡度图》《水系与沟谷分布图》《地貌类型图》《土地利用图》《地表组成物质分布图》等，并在此基础上完成了土壤侵蚀调查和水土保持分区及其综合治理规划，探讨了土壤侵蚀与氮、磷元素流失的关系，提供了相应的图件和数据，为于桥水库水质富营养化问题的治理提供了科学依据。

6）工程建设后效分析

从遥感图像所反映的宏观背景、历史遗迹和现状条件分析着手，论证工程建设的后效性得到了工程设计人员的高度评价。由该研究室执行的“中国–加拿大微波遥感”合作项目，利用 Globe SAR 图像对我国广东肇庆地区的西江、北江古河道、河道行洪障碍等水文地理要素进行分析，并以此分析结果作数据基础，建立了区域水文地理要素及其演化数据库，并在 GIS 支持下，通过数据分析得出该地区共有 7 处、全长 694km 受洪水灾害威胁的危险河段。这些河段涉及耕地 55.42 万亩，人口 51.03 万人。这一成果受到广东省“三防”指挥部的高度重视，并被 Global SAR 亚洲地域研究会议评为最佳成果、论文。此外，该研究室为水利部门提供的内蒙古达拉特发电厂黄河取水口的河岸稳定性遥感分析，黄河口、海河口、赣江河口等稳定性分析，所提供的工程后效性分析意见均被有关水利工程建设设计部门采用。

1992 年，通过参加 Global SAR 计划，利用雷达的穿透能力发现了我国西北干旱区沙漠覆盖下的明代古长城遗址，展现了遥感考古的巨大潜力。

4. 区域“遥感技术开发”典型研究

该研究室工程环境遥感学科组完成了国家“七五”科技攻关项目“遥感技术开发”中的典型研究课题“黄土高原重点治理区遥感调查与系列制图”，对晋陕蒙三省（区）研究范围 40430.93 km^2 黄土高原重点治理区应用遥感方法研究水土流失、生态环境和土地利用等方面的问题。取得重要成果包括：①黄土丘陵区沟谷密度的遥感分析；②沟谷地和沟间地遥感分析；③黄土高原重点治理区土地利用现状及存在的主要问题；④黄土高原重点治理区土地资源与环境质量低劣、垦殖过度等问题分析；⑤黄土高原重点治理区人口超载与土地利用不合理的关系分析；⑥提高、改善生态环境的重要措施和基本途径；⑦黄土高原重点治理区分区治理方案等。为区域治理、开发提供了科学依据。

1992 年 6 月～1993 年 12 月，工程环境遥感学科组还完成了亚洲开发银行技术援助项目“晋陕蒙接壤地区脆弱生态系统遥感监测与管理研究”，取得了遥感应用、GIS、建立专题应用模型、自动系列制图及区域调查与规划等多种系列成果。通过遥感调查与 GIS 应用，在一个地域广阔、环境复杂范围内，实现了以空间模型的方式进行统计分析、评价、规划及自动系列制图的系统工程，将遥感与 GIS 新技术应用于区域环境监测、治理、规划方面做出了重要贡献，其成果总体上达到国际同类研究的先进水平，有广泛的推广应用价值。

四、科研任务、项目与成果

（一）承担的项目与任务

该室承担各种课题项目 20 项，其中自然科学基金项目 2 项、国家科技攻关项目 5 项、中国科学院重大项目 4 项、部委地方项目 9 项。

（二）研究成果与推广应用

1. 成果

出版专著 3 部，参加共同编写专著 1 部。发表论文 30 篇，其中 SCI 论文 3 篇，IEE、EI、核心刊物

28篇。获奖9项，其中获国家科技进步奖二等奖2项、中国科学院科技进步奖特等奖1项、中国科学院科技进步奖一等奖1项、中国科学院科技进步奖二等奖3项、中国科学院科技进步奖三等奖1项、地质矿产部优秀找矿成果奖1项。广西龙滩水电站的遥感调查与制图的综合研究成果还被国家科委列为国家级科技成果。获得软件著作权2项。

2. 成果转让与应用

通过上述研究，结合找矿实践，获得了一些重要发现。确认了遥感地质矿产探测技术新疆研究区三条近南北向横向构造；确定了垗萍以南，北东东向脆韧性剪切带；发现已知金矿与受构造控制的线性垄岗状山脊有关，发现了陈家河金矿点。

对红色黏土型金矿的新认识。该金矿类型为新发现的金矿类型，主要产于喀斯特岩溶盆地中。

遥感新发现金铜成矿有利地段异常区6处。20世纪90年代初，该研究室参加305项目“航天遥感技术寻找大–超大型矿靶区应用研究”课题组率先开展对比研究，编制了天山西端卫星影像镶嵌图和诺阿气象卫星影像镶嵌图。穆龙套金矿位于两翼转折最大部位，矿区外围清晰地显示了一直径数十千米的围限线性构造的环形影像异常，矿床主要产于穆龙套复式背斜的次级向斜构造中。南北向和东西向“穿透性构造带”交汇于矿区。穆龙套金矿发育在基底古隆起顶缘，刚性地块边部转弯接合部。复式褶皱中的次级褶皱的倾伏端及穿透带交切中心，平面上和剖面上部呈现多弧形重叠的特殊构造空间是聚油、聚气和聚矿的最佳构造部位，具有“异常成矿构造体”的典型特征，符合“边缘成矿”规律。其发现我国南天山北坡阿克苏河上游一带也发育有南北向穿透性构造，长几十千米、宽数千米的化探异常，预示着该区巨大的成矿潜力，其成为寻找穆龙套型金矿的重要靶区。

矿物组分精细鉴别系统已被应用到国家自然科学基金、国家科技支撑、863计划，以及国土资源相关部门等多个非再生资源遥感调查项目中。

利用“背景+事件”遥感找矿方法在西昆仑地区成功发现长约30km、宽约3km的大型破碎蚀变带（被称为中国金腰带西延段），最高金矿化达2000g/t。

油气遥感综合勘探技术是当前非地震勘探技术中最有应用前景的方法之一，可以快速有效地发现新的油气储集地区，是一种经济、快速、有效的方法，有着广阔的应用前景。20世纪90年代中期，遥感所正式开始油气资源遥感探测的科学实践。首先，在深化油气藏烃类渗漏理论及遥感探测机理研究的基础上，与中国科学院地球物理研究所联合在渤海海域进行了以卫星SAR数据为主体的遥感探测试验。

遥感所完成的国家科委重点科技项目《合成孔径雷达遥感应用试验研究》中，利用中国科学院CAS/SAR数据，对长江中游下荆江段古河道及其河曲形成与演变进行分析，建立了自明代初期以来6个不同时期古河道的模型和15处河曲截弯取直分析模型，回答了水利工程设计人员十分关心的“万里长江，险在荆江”有关下荆江的河曲形成与演变的规律、河势控制、新中国成立之后通过水利工程措施对下荆江河道整治的效果等。其成果已为长江水利委员会长江科学院、中国水利水电科学院泥沙所、中国科学院生态环境研究中心等单位使用。

五、科技队伍建设与人才培养

（一）科技人员组成、结构与培养

先后在该室工作的有62名人员，其中，有研究员6名、副研究员20名、助理研究员34名、其他2名。先后在该室工作的人员如下。

地质找矿部分有郭华东、蔺启忠、王超、李乃煌、邵芸、林树道、崔承禹、张满郎、魏秀萍、陈锡杰、黄长林、郭子祺、王志刚、王长林、燕守勋、卢亚飞、杨大川、马建文、师长安、李林、谭星明、董品亮、范西模。

工程环境和地质灾害部分有陈正宜、林恒章、周上益、魏成阶、张圣凯、李涛、吴纫玲、张兵、陈楚群、付秀银、吕克解、赵英时、张宗科、朱博勤、张浩信、魏永明、于天旭、高志明、张渊智、石军梅、石韧、夏明宝、关威、任凤清、聂跃平、谢京立、陈捷、闫子健、杨敏、张会来。

油气资源探查部分有朱振海、黄秀华、陈宝文、张建中、杨红、王进、林恒章、钱育华、朱博勤、倪平、李加洪、黄晓霞等。

（二）研究生培养

该室培养硕士研究生 11 名，博士研究生 2 名，博士后 1 名（人员名单见第九篇第二章）。

（三）研究室向所或所外输送的干部

郭华东 1988 年 9 月任遥感所副所长。

（四）优秀中青年人才

留下了一批优秀毕业生，形成以中青年组成的骨干研究队伍。他们中有 2 人竞聘为研究员职称。

（五）人才培养措施

鼓励年轻科技人员出国进修和参加大型国际会议，在科研工作中锻炼他们的独立科研能力、提高学术和科研管理水平，并在国际合作中发挥重要作用。

第十六章　固体地球与海洋遥感应用研究室

一、概　　述

（一）成立背景

板块构造学说是 20 世纪 60 年代提出的关于地壳运动的全新学说。以板块活动论为核心的地球系统科学新思维，促使固体地球科学运用地质学、地球物理学、地球化学以及地学新技术综合研究方法，开展诸如地质演化、环境变化、生命进化、火山地震以及自然灾害、矿产资源等地球系统行为研究。遥感应用研究的创新要适应板块构造学说的发展。

遥感新技术是揭示地球表层系统各地学要素的形态、性质、变化以及多圈层相互作用规律研究的有力工具。遥感技术以全新的空间视角观测整个地球、感知固体地球，对于固体地球科学的发展具有重要意义。

国家海洋竞争能力标志着国家综合国力和科学水平。遥感应用研究一定要考虑对海洋国土的勘探。我国国土面积，除了常说的 960 万平方千米的陆地面积外，还有 300 多万平方千米可管辖的海洋国土。开发海洋国土，拓宽生存和发展空间，已成为我国的国家战略。我国政府在《中国 21 世纪议程》中特别强调了这方面的科学研究工作。

为了适应国家发展战略，遥感所重视固体地球科学的发展，认识到要发展固体地球遥感应用技术，就必须深化相关领域的遥感应用研究。从 20 世纪 90 年代初，遥感所就开始了以固体地球科学理论为指导的矿产地质、海洋油气资源、工程环境、重大自然灾害等遥感应用的深化研究。在这种背景下，遥感所在科学研究体系上进行了调整，将原有的遥感地质找矿与工程环境遥感应用研究进行了整合，通称为固体地球遥感应用研究，特别重视利用遥感应用研究，以及油气藏烃类微渗漏现象，实现对海洋油气藏的勘探。

（二）建立的必要性

中国地域广大、资源环境问题突出，急需发展新型资源环境应用技术以适应新形势的需要。在我国政府的《中国 21 世纪议程》中明确地把资源环境列为国家重大科学问题之一。现代科学发展趋势是科学–技术–方法高度融合，具体讲就是利用地球系统科学理论的新思想、新观念，实现与包括遥感在内的对地观测高新技术方法论的统一，形成一个整体知识体系和一个科学方法论的集合。固体地球科学研究包括基础地质、矿产地质、工程环境地质、灾害地质等一系列与人类文明息息相关的重大科学问题，是社会经济发展的基础之一。

遥感技术具有的多平台、多尺度、多层次、多角度、大信息量、快速更新，以及与 GIS、GPS 技术融合等特点。它在资源、环境、减灾等重大问题的系统研究和预测中能最大限度地发挥其自身优势，并形成遥感技术的应用理论、技术和方法体系。这也是发展固体地球遥感应用研究的根本方向。遥感技术在地学现象要素探测上、区域整体规律认识上、全球范围的特征对比上，都能发挥其他探测手段无法代替的作用。因此，在国家战略的指导下，在遥感所加强固体地球与海洋遥感应用研究，特别是将原来已经在陆地上进行的油气遥感勘探，发展到对我国海洋油气资源的遥感综合勘查是非常必要、非常及时的。

（三）在所及学科中的地位

随着遥感技术发展，固体地球与海洋遥感应用研究领域不断培育、分离新的研究方向和应用领域，可以说，遥感所大部分应用研究追根溯源都与固体地球与海洋遥感应用研究室有关。固体地球与海洋遥感应用研究室的发展过程是遥感应用研究不断发展与完善的过程，也是在连续的遥感应用研究的国家科技攻关中，深化发展遥感应用研究，使该研究室在遥感地质、资源调查、自然灾害、文化遗产等领域更好地为国民经济建设主战场服务、满足国家需求的过程。该室除了在遥感地质找矿、资源调查、环境监测等领域的遥感应用研究继续保持国内领先外，在自然灾害评估、文化遗产等领域又开创了我国“首次”研究，起到应用示范的引领作用。特别是地震灾害的遥感应用研究开创了从空间研究地震的新局面。

二、沿　　革

（一）机 构 变 化

1993 年 1 月，遥感所第四届领导机构将地质与工程环境遥感应用研究室整合为固体地球遥感应用研究室。1997 年 6 月，遥感所第五届领导机构为加强海洋油气遥感，将固体地球遥感应用研究室更名为固体地球与海洋遥感应用研究室。固体地球与海洋遥感应用研究室存续至 2002 年。

（二）历届负责人

室主任：朱振海（1993 年 1 月～2002 年 6 月，两届任期）、副主任：蔺启忠（1992 年 1 月～2002 年 6 月，两届任期）。

（三）固体地球遥感研究室党支部

书记：魏成阶（1993 年 1 月～2002 年 6 月，两届任期）。

（四）业务与行政秘书

秘书：张建中、朱博勤。

三、学术方向与学科发展

（一）学术方向与定位

固体地球与海洋遥感应用研究室，继续发展资源、环境等领域内具有前瞻性、先导性和探索性的遥感应用研究，推动灾害、考古等领域遥感应用技术的进步与发展。综合体现遥感在固体地球研究与海洋油气勘探领域应用的关键技术研发与创新能力，提高遥感应用研究水平和核心竞争力，为国家行业部门、地方政府提供遥感应用示范与技术支持，为国民经济建设服务。该研究室由遥感地质找矿、工程环境遥感、油气勘探和遥感考古等学科组组成。学术方向是发展矿产资源勘查、地质灾害检测、工程环境评价、古遗址探测等遥感应用的理论、技术、方法体系。

在矿产资源勘查方面：重点研究岩性信息提取与挖掘矿产弱信息技术、建模技术、融合技术，空地一体化勘查技术；研究成矿时空分析与预测技术、深部成矿信息检测技术、多元数据综合制图技术；构建矿产资源勘查数字平台和工作流程；开展隐伏矿产预测与找矿靶区快速圈定应用示范。

油气遥感勘探的综合评价方面：以空间技术、分子光谱学、计算机技术等的最新研究成果为技术手段，实现从陆地向海洋发展的油气藏寻找和资源勘查。

在工程环境遥感应用方面：除了继续发展以技术集成为特点的现代大型工程建设前期遥感应用技术外，加强自然灾害管理技术系统和信息运行的研究。

在遥感考古方面：创建遥感考古技术，探查新的古遗址。

（二）学 科 发 展

1. 遥感地质找矿

1996～2002 年，在矿产资源勘查方面完成了“航天遥感技术在昆仑–阿尔金找矿预测及靶区优选中的应用研究”“多光谱（成像光谱）遥感快速识别金铜矿化带新方法研究”“中国金矿数据库”“胶东金矿集中区及矿构造遥感快速识别及金矿遥感地质数据库研究”等国家攻关和中国科学院重大创新项目，发展遥感地质矿产预测与地质环境遥感评价技术。取得成果如下。

1）遥感找矿模型与方法研究

高山深切割区大型矿产找矿靶区快速预测。①“背景+事件”遥感找矿方法。该方法是矿产地质研究的热点。通过对成矿地质背景和成矿事件的研究能够深化对成矿作用的理解，有助于找矿标志的确定。利用该方法在西昆仑地区成功发现长约 30km、宽约 3km 的大型破碎蚀变带（被称为中国金腰带西延段），最高金矿化达 2000g/t。在多尺度、多层次遥感探测技术基础上，发展了适于高山深切割区大型矿产靶区预测的“背景+事件”航天遥感找矿方法。②掩膜+主成分分析靶区圈定方法研究。通过掩膜+主成分分析实现找矿靶区快速圈定。我们将地形、植被、土壤、水体等明显与成矿无关的信息掩膜去除，最大限度增强地质矿产信息，并结合研究区主要岩石光谱特性和其空间分布规律，利用主成分分析技术降维、有针对性地提取目标信息。将二者组合使用，优势互补，发展了基于掩膜+主成分分析的找矿方法。实践证明，掩膜+主成分分析是一种快速、有效、实用的低成本找矿技术。该方法在国内产业部门得到广泛推广应用。③比值+彩色空间变换靶区圈定方法研究。将波段比值和彩色空间变换两种图像处理技术组合，先进行波段比值去除地形阴影影响，再利用彩色空间变换处理改善多波段遥感图像间的饱和度关系，可有效增强成矿弱信息，实现圈定遥感找矿靶区的目的。该方法在西昆仑地区遥感找矿中发挥了重要作用。

2）航天遥感寻找大–超大型矿产靶区方法研究

（1）聚矿构造模型为核心的成矿分析方法。

大–超大型矿床的概念是我国著名矿床学家涂光炽先生 20 世纪 90 年代提出，并倡导的研究课题。利用航天遥感开展大–超大型矿床研究是全新领域。我们根据中亚地区大–超大型矿床成矿地质条件的航天遥感研究，开拓了新的遥感应用领域，系统总结出有利于大–超大型矿床形成的聚矿空间特征，并建立了航天遥感影像模式。该模式成为后期国家 305 项目开展大–超大型矿床研究的标志之一。

弧形构造影像模式。航天遥感研究表明，当地壳中多级弧形构造耦合在一起时，是大–超大型矿床聚集的最有利场所，如穆隆套型金矿。

环形构造影像模式。环形构造是深部构造要素的反映，其常与地球热动力环境有关，是重要的深部聚矿构造。

横向构造影像模式。横向构造是大–超大型矿床形成的有利场所，控制岩浆活动、矿液、油气和热流的运移和聚集，以及变质和地震活动。在低分辨率航天遥感影像中反应明显。

（2）超视距宏观地质特征对比。

根据大–超大型矿床特殊的成矿条件和探测目标特征，我们选择低分辨率的 NOVA 气象卫星图像为主要数据源，探测大型聚矿构造宏观地质特征，系统地总结了中亚地区大–超大型矿床铜金矿床的航天遥感影像特征，圈定出大–超大型矿床的有利地段。结果表明，超视距宏观地质特征跨区域对比研究是圈定大–超大型矿床找矿靶区的有效手段。

3）植被、土壤覆盖区矿产遥感方法研究

（1）利用土壤光谱特征揭示下伏母岩信息。

利用西秦岭地区典型岩石和土壤 0.2～2.5 μm 实验室反射光谱数据定量分析，进行矿区垂直分带光谱信息的传递特征研究。探讨母岩在风化成壤过程中光谱特征的变化、不同成壤阶段光谱成分增减的趋势、不同类型土壤层对下伏岩石光谱信息向地表“传递屏蔽”。研究结果表明，西秦岭黄土覆盖有两种类型：具有屏蔽作用的土壤包括风成黄土、异地搬运的冲积土壤，它们属于需要剔除的干扰信息；具有传递作用的土壤包括淀积层和母质层，它们基本反映母岩的光谱特征，甚至有所增强。

（2）不同黄土覆盖类型快速识别与分离。

研究区土壤光谱研究表明，黄土、原岩风化土、接触蚀变带土光谱特征在 TM5 波段范围内反射率明显存在差异，按反射能力大小顺序依次为原岩风化土、黄土和接触蚀变带土。它们与某些元素的分解流失密切相关，如原岩中有机碳和暗色矿物的分解导致接触蚀变带 turned 反射率提高，有机质对岩石光谱的“压抑”作用导致反射率整体下降，钾长石晶格中置换铝的三价铁流失可引起 0.76 μm 斜边下降。利用这种反射率差异分别选择相应的阈值，可准确将三种土壤类型分开，为利用土壤信息揭示矿化蚀变带打下基础。

（3）植被、有机质干扰下的土壤和岩石信息。

依据健康绿色植被和植被有机质的实验室光谱及图像光谱 2.05～2.14 μm 木质素和 2.30 μm 纤维素的吸收特征，采用转换后的 TM 视反射率图像（TM5/TM7）/（TM3/TM4）的比值方法，使绿色植被（冬季的长绿叶林、冬小麦）和干枯腐败的有机质得到双向比值增强，通过图像阈值选择后制作的二值掩膜图像，能有效突出冬季相对较纯的土壤和岩石信息。

（4）补偿置换方法定量消除植被覆盖影响。

植被覆盖是西秦岭遥感的难点。依据线性混合像元分解模型发展了补偿置换方法定量压抑植被覆盖新方法。首先对原始 TM 图像预处理，包括综合纠正、视反射率反演等。选择合适的端元组分（特别是植被端元)。通过公式求解，得出各个端元组分丰度图。由植被丰度即植被在各个波段区间的反射值可得出影像中植被的贡献。减除植被的贡献剩余非植被的贡献图像。根据公式可求出整个非植被地物的丰度，最后利用非植被贡献与非植被丰度获得最终补偿置换消除植被影响的结果。

（5）减少地形阴影等因素的影响。

利用 DTM 地形模型校正地表照度，可以直观地反映中等粗糙度的工具组地貌信息，但对微细地表结构效果不佳；选择矢量空间光轴曲线的夹角为分类统计量，利用光谱角填图法（SAM）在一定程度上能够消除地形阴影的影响但地物的识别能力不理想，原因是 SAM 方法仅依据谱形识别地物，而对非选择性吸收引起的总反射强度差异的区分能力不好。

4）多光谱技术识别矿化带的新方法研究

（1）基于向量空间多因子逐步正交变换技术的矿化带信息增强。

通过对多波段遥感数据方差协方差矩阵的多步旋转，求取不同角度的最大方差最大正交轴，反复迭代最终可以得到全部最大方差正交轴。当方差协方差矩阵旋转成对角矩阵时，得到的特征值和特征向量为主成分分析结果。通过对旋转过程中变量载荷因子的分析，得到不同旋转位置在原始数据的载荷分配，从而达到突出和提取有用岩石信息的目的。应用该方法有效突出了礼坝金矿区矿化蚀变带。

（2）基于像元尺度地–空对应分析的蚀变岩石比值增强。

将像元色调逐个与研究区地层、岩石样品光谱比较，建立二者的地–空对应关系，以此为选择比值方案和信息增强的依据，可达到准确增强不同类型矿化蚀变信息目的。该方法经与岩石土壤样品化学成分数据相关分析验证，结果可靠。

2. 油气遥感勘探的综合评价

在中国石油天然气总公司的支持下，从 1987 年开始了油气遥感勘探技术的研究，先后在新疆准噶尔盆地东部、轮台地区、塔克拉玛干大沙漠中部及陕北地区和内蒙古二连盆地区先后开展了油气遥感勘探技术试验研究。1994 年在中国科学院和中国海洋石油总公司的支持下，又开展了海洋油气遥感勘探技术的试验研究。发展了比较系统的油气遥感勘探技术理论和技术方法。

1）油气藏烃类微渗漏的遥感探测基础理论研究

利用遥感技术探测油气藏烃类微渗现象，寻找地下油气藏的存在，包括 3 方面的理论研究：油气藏烃类微渗漏的理论及其普遍性；油气藏上方地表物质的变异与烃类微渗漏的关系；烃类“蚀变”物遥感探测的机制。

微渗漏的烃类在向地表运移过程中，必然会引起油气藏上方物质的变异，主要是由于烃类及其伴随物（如硫化氢类）经与地下水作用生成酸，改变了原来的氧化环境，引起了氧化还原电位/氯离子浓度（Eh/pH）的调配反应，从而油气藏上方地层产生柱状活化，使地表或近地表物质的理化性质产生变异，主要表现为土壤烃组分异常，红层褪色、黏土矿物丰度增大、碳酸盐总量增高，地表放射性异常和热惯量异常等，这些异常即为探测烃类微渗漏的标志。遥感技术利用精细波谱探测这些异常标志的波谱特征，判断烃类微渗漏的分布，推测油气圈闭勘探靶区，较传统的遥感（间接）勘探技术提高了遥感油气勘探技术和油气资源勘探中的实用性和应用价值。

2）发展油气遥感勘探的综合评价方法

油气遥感勘探是以空间技术、遥感技术、分子光谱学、计算机技术的最新研究成果为手段，以油气地质学、地球化学为应用基础，经济、有效、快速的油气综合评价方法。其分为油气遥感间接勘探和遥感直接勘探。油气遥感间接勘探是指利用遥感图像进行目视地质构造解释，推断沉积盆地的地质构造发育，寻找油气有利聚集区的方法。

采用特尔菲专家评价法，全面综合油气地质和遥感地质专家的经验和知识，在油气遥感勘探的综合评价方法中，贯彻以遥感探测为主，以地面核查为辅；以土壤烃组分异常探测为主，以其他异常探测为辅的原则。遥感技术勘探油气，绝不能凭借单一的手段和单一的技术指标。地表自然景观多种多样，油气藏微渗漏的烃类造成地表物质“蚀变”的类型也各不相同，必须采用多种指标综合分析。

3）提出生产实用型的油气遥感勘探综合评价系统

系统主要包括四大部分。

（1）遥感信息获取：包括各种航天和航空平台较成熟的探测技术，对油气藏烃类微渗漏信息的探测。

（2）遥感图像处理：通过计算机特征信息提取、模式识别和判别分析，直接获得油气遥感异常的分布图和提供目视解释的专用图。

（3）地面信息获取：包括多学科对油气藏烃类微渗漏地表信息的测量及区域地理景观和地质构造的

调查，提供与油气遥感信息复合分析。

（4）综合评价分析：以油气遥感信息为主体，多源信息复合分析，对遥感油气异常进行综合评价及分类排队。

这套评价系统是一个以油气遥感为主的油气综合评价信息系统，进一步发展专家智能系统与之配合，将是一个现代化的油气评价工具。其特点如下。

（1）评价方法的直接性。不仅寻找有利油气聚集的客体空间，还能直接给出油气可能聚集的地带——油气藏所在，摆脱了对复杂的地下地质构造的研究。

（2）评价方法的综合性。系统采用立体勘探方式。空中与地面多层次联合作业，既有多元遥感信息，又有多元非地震法勘探信息，具有综合的特点，评价方法具有较高的可信度。

（3）评价方法的模型化。充分利用各种信息的已知含油气模型来识别未知的油气聚集，使其具有较高的成功率。

（4）评价结果的高精度。采取面积连续扫描探测的方式，以其地面分辨率大小为单位，逐点采集信息，不会漏掉任何有用信息，也不会造成“以点代面”的误差。

（5）评价方法的优越性。以遥感技术为主体，具有作业迅速、成本低廉、适应性强等固有的优越性。

4）开拓我国海洋油气资源遥感综合勘查技术应用领域

海洋油气资源遥感是当前最具经济效益和社会效益的重要发展方向。我国拥有 300 万 km^2 的海域。海洋油气资源有巨大的蓄积量，但勘探程度还很低，近海探明的地质储量仅为油气资源地质储量的 4.7%。开拓新理论、新思想、新技术、新方法，探索一种经济、快速、有效的综合勘探油气资源，对我国经济持续发展具有重大的经济意义和很好的社会效益。

（1）深化海洋油气藏烃类渗漏理论研究。

进一步探讨了一系列遥感探测有效标志的机理：海洋油气资源遥感探测的有效标志，海表面烃类浮油膜、海水烃组分异常、海洋水色异常等。

（2）建立海洋环境对探测标志影响的动力模型。

采用多时相遥感数据的复合分析，根据海洋动力环境过程纠正推测出的烃类渗漏源的大致位置，掌握精确航磁和地震资料微观解释直接预测油气藏的方法，实现多元信息复合分析，给出油气藏的地理位置和埋藏深度。

（3）研究了海洋油气资源远景靶区勘查的遥感综合方法技术。

将遥感方法作为主要探查手段，结合航磁和重力异常等地球物理信息和地质信息，在油气资源信息系统的支持下，研究了海洋油气资源远景靶区勘查的遥感综合方法技术，为加速中国油气资源的勘探开发建立一种经济、快速、有效的遥感综合勘查和评价方法。该方法应用于中国近海渤海湾盆地和珠江口盆地的油气资源远景遥感综合勘查和评价具有很好的成效。油气遥感综合勘探技术是当前非地震勘探技术中最有应用前景的方法之一，可以快速有效地发现新的油气储集地区，是一种经济、快速、有效的方法，有着广阔的应用前景。

3. 大型工程环境遥感监测评价

大型工程环境遥感应用通过 10 多年在二滩、龙滩、白鹤滩、三峡等水电站中的遥感监测评价的科学实践，已经形成了一套切实可行的技术方法，并在工程设计单位普通推广使用。固体地球与海洋遥感应用研究室成立后，工程环境遥感应用学科组除了继续发展工程区域稳定性分析、工程场地灾害和不良工程地质的研究、占地损失的遥感测算、工程移民区资源环境承载能力的调查与评估等技术外，还进行了如下研究。

1）城市特殊环境问题研究

1993 年夏，我国第一个经济特区深圳市发生了两次洪水。部分在建的工程项目和城镇被淹，引起了外商对深圳市投资环境的疑虑。对此，中国科学院和深圳市急需快速地对这两次洪水产生的原因做出科学地解释。遥感所应用 1984 年和 1993 年卫星图像进行对比分析，认为人工大面积开挖表土引起高强度土壤侵蚀，以及城市水泥建设造成大面积不透水层的增加是导致这两次洪水的主要原因。对比分析认为，1993 年深圳市深圳河流域（深圳部分）因人工开挖表土而引起的高强度土壤侵蚀的面积较 1984 年增加了 10.5%。前后相隔 10 年的两期卫星图像极其清楚地显示了随着深圳市经济的迅速发展，工程建筑及城市化、工业化进程加速所造成的资源环境迅速恶化是深圳市发生水患的主要原因，这一结论通过深圳市上报，给其他城市的“城市化”起到了警示作用。

2）工程环境信息系统开发

工程环境信息系统是一种专门用于工程区域资源环境的评价和工程管理、规划和辅助决策的现代化工具。多年来，该研究室将遥感与 GIS 技术结合，将城市建设工程作为特殊的区域进行综合研究，建立以城市工程建设职能和空间结构特征的工程环境信息系统。1993 年，遥感所主持完成的《广西北海市城市工程建设用地信息系统》就是一种新的遥感应用探索。为了使该系统所生成的图件和数据成果标准化、规范化，我们以建设部 1992 年 4 月 1 日颁布实施的中华人民共和国行业标准《城市用地分类与规划建设用地标准》和《城市用地分类代码》为标准，用航空遥感获取信息源，建立各类城市用地模型，并完成空间分布分类。然后，在微机 ARC/INFO 系统的支持下，建立了北海市城市用地数据库，实现了信息系统管理。该系统可以为城市用地现状及动态变化研究、城市绿地分析规划、城市污染研究、城市工程环境背景分析、城市交通运输状况、城市工业布局合理性分析、城市居住和公共设施分布研究、城市商业金融、城市结构边缘发展、旅游资源的分析利用等提供信息咨询。利用该系统我们为北海市政府提供了关于影响城市发展的主要因素，以及城市化所带来的若干问题的科学数据，查明了北海市城市功能现状和现有工业基础及其进一步发展的可能性，预测了城市今后发展的合理规模。该研究室完成的《广西北海市城市工程建设用地信息系统》是我国最早的“数字城市”的雏形，其为后来中小城市的数字化发展提供了借鉴。

3）工程区域资源环境功能区划

在遥感与 GIS 技术的支持下，查明工程区域的资源环境本底，建立基础数据库及其管理运行系统之后，按照国家有关的行业规范标准，优化各种资源环境的配置，规划开发利用方向，最终使工程区域能够达到持续发展的目的。1994 年，该研究室主持了国防科工委《卫星应用重点技术研究资助项目》“海南省海岸带工程资源环境的功能区划研究”，在我国首次将工程环境的遥感应用扩展到海洋工程。该项目依据《全国海洋功能区划简明技术规定》的要求，通过卫星遥感调查海岸带的自然环境、自然资源区位条件和社会经济状况，并以此为基础，以海岸带土地资源类型为主要对象，按其自然属性及其利用现状和经济发展的需要，对海岸带的各类主导功能进行定性、定位、定量的功能分区。功能分区是在微机上对海岸带的 6 种地貌单元的 25 种土地类型、7 种海岸类型和八大土地经营方向及 32 种土地利用类型的基础数据进行综合分析评价后完成的。其总的方针是因地制宜，统一规划，综合利用，协调发展，强化管理和保护，合理地、充分地利用海岸带，并将海南岛海岸带总体上划分为四大功能区，5 个大类，20 种二级类型的功能。

如今，遥感应用已经成为我国大型工程建设前期的常规技术，除了工程选址、布局开始，到工程基础条件、工程环境等的调查和评价之外，还深入到工程建成后的运行及其环境影响、演变的监测领域，成为确保“百年大计”的技术保障。在地质新构造活动和全球气候变化的大背景制约下，我国工程建设的环境影响及其演变的遥感监测任重道远，前途光明。

4. 地震灾害遥感与 GIS 监测评估系统建立

1）遥感与 GIS 监测评估地震灾害技术系统框架

遥感所与国家地震局分析预报中心等单位合作，在“八五”国家科技攻关“重大自然灾害遥感监测与评估”项目中，主持开展了“地震灾害损失快速调查评估与减灾辅助决策”的专题研究。由于有了以前多次强烈地震后应用航空遥感方法调查与评估地震灾害的经验，再根据地震部门的行业标准和需求，遥感所在我国首次系统地编制《地震灾害航空遥感调查技术规程》，并建立了“地震灾害遥感与 GIS 监测评估技术系统框架”，实现了在 GIS 支持下，通过遥感数据输入、深加工处理、人机对话对地震灾害分类分级的快速调查和地震烈度包络线的快速生成等一体化技术处理。

2）《震害遥感信息的地震烈度标志》

在“地震灾害遥感与 GIS 监测评估技术系统框架”中，采用遥感信息划分地震烈度是一项开创性的工作。采用遥感信息划分地震烈度标志值，以《中国地震烈度表》（1980 年）（后来有新的中国地震烈度表，GB/T 17742–1999）中的烈度值及其大多数房屋震害程度、震害指数、平均震害指数和其他现象为依据，将唐山、邢台、海城、澜沧–耿马等强烈地震的震害资料和各种震害模型建立相关关系，将地面调查确定地震烈度的指标耦合为遥感图像分析所能识别的指标，建立起《震害遥感信息的地震烈度标志》（1990 年）。然后，将《中国地震烈度表》（1980 年）中的烈度划分标准与《震害遥感信息的地震烈度标志》（1990 年）的烈度划分指标建立对应关系，形成《地震烈度划分比较表》。两表均强调了建筑物群倒塌或破坏率、构筑物、生命线工程和场地震害等宏观标志及其不同烈度区的研究尺度内房屋综合破坏的现象。依据影像判读、计算分析所得到不同类型房屋震害的量化分级，进而建立烈度与房屋倒塌率之间的线性关系。《震害遥感信息的地震烈度标志》评估地震烈度标志主要来源于遥感图像及其判读分析，可以节省大量的时间、精力和费用，解决了采用遥感信息评定地震烈度的关键技术，使工作效率提高了 10 倍。

3）地震区地理背景数据库

地震区地理背景数据库是生成地震烈度包络线的基础。主要地理要素如下：①房屋建筑物群图形、属性数据，即老式民房、多层砖混结构民房、7 层以上高层楼房及企事业和商业用房的范围；②构筑物图形、属性数据，高炉、烟囱、储油罐、储气罐和其他工程设施的空间分布；③地面生命线工程图形、属性数据：公路、铁路、桥涵、机场、港口、通信、供电、供排水、供气和水利设施的空间分布；④行政单元图形、属性数据，市、县、乡的境界及人口分布等数据；⑤地震地质图形、属性数据，即工程地质、地形地貌和水系类型；⑥震害的影像判读模型原型数据，即依据邢台、海城、唐山、澜沧–耿马地震的震害影像特征，统一震害分类分级标准，逐一地建立包括房屋、构筑物、地面生命线和地震地质等震害的影像判读模型原型数据库，包括政府首脑机关、医院、治安机关、火车站、电视塔、微波站、发电厂、变电所、超高压输电塔架、机场指挥通信系统、供水系统中的水塔、主干供水管道等判读模型数据库。

以地震区地理背景数据库为数据基础，在 GIS 的支持下，以最新获取的地震区遥感图像为震害信息源，采取人机交互的方式对震害进行分类分级判读，并在地震区地理背景数据中，赋以震害的属性编码。据分析，1m 空间分辨率的遥感影像上，各种震害类型的定性、定位、定量精度可达 90%，完全可以满足震害损失评估的要求。

根据“地震灾害分类分级数据”的空间分布，按照《地震烈度划分比较表》的定性、定量指标，分别从数据库中提取各种烈度的相应指标，并通过人机交互的方式，直接勾绘出地震区不同地震烈度等值线，生成地震烈度包络线图。

4）地震灾害遥感应急反应

地震灾害是我国面临的最严重的自然灾害之一。强烈地震具有突发性、毁灭性的特点。对震中及其临近地区的破坏性是全面的、多样的，往往引起交通和通信系统的瘫痪，使得及时了解震害变得十分困难。在目前还不能预报地震的情况下，震前积极防御、震后快速完成灾害调查与损失评估是一种有效的救灾、抗灾辅助决策手段，是降低地震灾害损失的有效途径。该研究室多年实践充分地证明，遥感技术系统为救灾、减灾决策提供了一种高效的方法。地震灾害遥感应急反应的重要基础信息包括建筑物、构筑物、生命线工程等建筑物破坏程度快速调查；地震断层位移及活动性；地震烈度评定；地震灾情损失动态监测；各类直接经济损失快速评估；滑坡类型，滑坡体积、规模及影响范围、程度及其预警；滑坡与崩塌体的动态监测；受灾居民房屋间数、人口快速评估；城市地裂缝、地面沉降动态监测及活动特征；地震海啸危害程度、海岸侵蚀速率、动态变化及侵蚀量；地震后海岸盐渍化及其对城乡建设、海岸生态环境的影响；海岸侵蚀对沿岸沉积物流及动态变化；地震后土壤侵蚀速率，沟谷密度、长度、坡度，侵蚀强度、侵蚀土方量计算；等等。

该研究室在我国首次利用高分辨率卫星遥感资料快速评估地震灾害。实践证明，卫星遥感方法所抢得的时间对减灾决策的价值是不可低估的。遥感技术经过几十年的发展和前期积累，遥感监测系统的构建条件日臻完善，遥感获取震害信息的技术在我国已进入实用化、工程化阶段。“地震灾后恢复重建遥感信息服务系统”对地震区灾后恢复重建，进行宏观、全面、系统、动态的遥感监测及其信息服务，强化政府职能，提高现代化管理水平都是有利的。

5. 遥感考古

运用以遥感技术为主的空间信息技术，结合我国文物事业与考古研究的需要，开展多方位、多层次的技术服务与应用研究，为我国古遗址的遥感探测提供技术支持。该研究室率先在国内开展了古遗址的遥感探测研究。例如，三峡水利工程水库淹没区存在大量的古遗址，在开工前需要对它们进行抢救性发掘，急需事先对水库淹没区的古遗址进行定位探测。在时间紧、任务重的紧急情况下，该研究室接受国家文物局和三峡工程建设委员会邀请，在中国科学院院长基金资助下，率先开展了“三峡库区古遗址遥感探测示范研究”。研究工作先在北京郊区战国时期的“乐毅墓”作遥感探测模拟试验，并遥感制图，然后将有效的遥感探测方法用于三峡工程水库区的“故陵”探测，并做出综合分析评价。研究结果为后来接受水电部和国家文物局委托的“三峡工程水库区古遗址的探测研究”任务提供了科学依据。

四、科研任务、项目与成果

（一）承担的项目与任务

该室承担各种项目课题 27 项，其中自然科学基金项目 9 项、863 高技术计划项目 1 项、国家科技攻关项目 5 项、中国科学院重大项目 1 项、部委地方项目 11 项。

（二）研究成果与推广应用

1. 成果

出版专著 9 部，参加共同编写专著 3 部。共发表论文 22 篇，其中 SCI 论文 3 篇，IEE、EI、核心刊物 19 篇。获奖 9 项，其中获国家科技进步奖二等奖 1 项、中国科学院科技进步奖特等奖 1 项、中国科学院科技进步奖一等奖 2 项、中国科学院科技进步奖二等奖 2 项、中国科学院科学进步奖三等奖 2 项、北京第一届国际博览会金奖 1 项。获得软件著作权 4 项。

2. 成果转让与应用

（1）确认了研究区三条近南北向横向构造。具有如下特征：①在元古界、古生界以及花岗岩等相对刚性地质体中形迹明显，在固结程度低地层中不甚发育，反映出隐伏构造信息向地表传递的差异性；②横向构造控制着花岗岩及喜山期中基性火山岩活动的相对集中分布，并对金矿化集中区具有较明显的控制作用；③横向构造具有弱旋扭的隐伏构造性质，至少形成于印支晚期，与本区印支期花岗岩及金的成矿期基本吻合。

（2）确定了垗萍以南，北东东向脆韧性剪切带。该带平行于大型垗萍断裂，西起代家庄、东至下垗萍，长 40 余千米，具有脆韧性逆冲断裂特有的正弦波断裂组合，是含金构造带。

（3）确认了中川岩体具有褪色化特征的接触蚀变带。推断为褪色化硅化蚀变，反映出外接触带褪色化蚀变岩和斑点板岩两种不同类型的空间分布特征，分析表明，相对开放的斑点板岩外接触带是寻找大中型金矿的有利地段。

（4）确认了西和县南金矿化集中区，发现已知金矿与受构造控制的线性垄岗状山脊有关，热液活动相对集中于构造控制的裂隙带产生蚀变，增强了岩石抗风化能力。依据上述地貌特征发现了陈家河金矿点。

（5）对红色黏土型金矿的新认识，该金矿类型为新发现的金矿类型，主要产于喀斯特岩溶盆地中。遥感图像显示浅变质细碎屑岩及斑点斑岩为矿源层，矿体为碳酸盐溶洞和裂隙中未固结的红色黏土，矿化发育在秦岭分界南侧，温度和湿度是金矿成矿的条件之一，因此应考虑新生代成矿的叠加作用。

（6）遥感新发现金铜成矿有利地段异常区 6 处。

上述成果均通过国土资源部组织的验收委员会验收。

（7）20 世纪 90 年代中期，遥感所正式开始油气资源遥感探测的科学实践。

首先，在深化油气藏烃类渗漏理论及遥感探测机理研究的基础上，与中国科学院地球物理研究所联合在渤海海域进行了以卫星 SAR 数据为主体的遥感探测试验。在试验海域内提取出了南堡、秦南、渤中、塘沽和蓬莱 5 个油气遥感异常区块作为勘探靶区。其中，两个油气遥感异常对应着已探明的两个亿吨级大油田。1999 年 5 月在油气遥感异常范围内钻探见到工业油流，并于 2000 年钻探发现新的油气层，储量达到 6 亿 t。

“地震灾害遥感 GIS 监测评估技术系统框架”建成后，首先在唐山地震区完成了模拟试验，并在 1999 年中国台湾省南投 Ms7.6 级强烈地震和 2003 年新疆巴楚–伽师 Ms6.8 级强烈地震的地震灾害监测评估中得到应用与检验。

1994 年，由该研究室完成的国家航天办资助项目“海南省海岸带资源环境调查与功能区划”，通过卫星遥感调查海南省海岸带的自然环境、自然资源区位条件和社会经济状况的成果，形成了《关于海南岛海岸带若干生态环境问题的报告》，并及时报告到国家航天办和海南省政府。其中，关于“海南岛红树林生态环境破坏严重的”的资料，受到中央电视台的重视，并在随后进行了实地采访报道。海南省政府为此采取措施，制止了海南岛红树林生态环境进一步人为破坏。

1994 年，国家天文台邀请遥感所对 500 米口径球面射电望远镜（FAST）工程选址进行预研究。该研究室在我国首次提出利用我国 KARST 岩溶洼地作为建造台址的思路，并最终应用遥感与地理信息系统技术在贵州南部平塘县找到了适合于建造该工程的 KARST 岩溶洼地——大窝凼，为“十一五”规划的国家大科学工程立项打下了关键性基础，成为该工程的三大创新点之一。

五、科技队伍建设与人才培养

（一）科技人员组成、结构与培养

先后在该研究室工作的有40名人员，其中，先后有研究员10名、副研究员18名、助理研究员12名。

地质找矿部分有蔺启忠、崔承禹、王超、邵芸、廖静娟、黄长林、郭子祺、王志刚、王长林、燕守勋、马建文、师长安、李林、谭星明、董品亮。

工程环境和地质灾害部分有魏成阶、张圣凯、张兵、张宗科、陈楚群、高志明、吕克解、于天旭、张渊智、石军梅、石韧、夏明宝、关威、聂跃平、郭庆三。

油气资源探查部分有朱振海、林恒章、黄秀华、黄晓霞、陈宝文、张建中、杨红、王进、朱博勤、倪平、李加洪、李效民。

（二）研究生培养

该研究室培养硕士研究生6名，博士研究生8名，博士后1名（人员名单见第九篇第二章）。

（三）研究室向所或所外输送的干部

郭华东1997年4月任遥感所所长；李乃煌1997年4月～2001年7月任遥感所副所长。

（四）优秀中青年人才

加强中青年科技人才培养，初步形成了以中青年组成的骨干研究队伍。他们中有 4 人被竞聘为研究员或正高级工程师职称。

（五）人才培养措施

抓紧年轻科技人员的思想教育，在科研工作中根据他们的各自特点，明确任务分工，锻炼他们独立科研能力、提高学术和科研管理水平，使年轻科技人员尽快成为各科研小组的骨干。

第十七章　非再生资源遥感研究室

一、概　　述

（一）成 立 背 景

非再生资源是指经人类开发利用后蕴藏量不断减少，在相当时间内不可能再生的自然资源，主要是指自然界的各种矿物、岩石和化石燃料，如金属矿产、煤炭、石油、天然气、铁矿等资源。非再生资源以其不可再生性和在现代工业生产中的不可替代作用，对我国国民经济建设的发展起着非常重要的作用。我国幅员辽阔，历史悠久，地形地貌类型及气候多样，矿产资源种类丰富，对非再生资源的探测、开发、利用研究成为科学技术服务国家经济建设的重中之重。以遥感技术为依托开展非再生资源研究日益迫切。

随着遥感与地理信息系统、GPS 技术的不断发展完善及其相互结合，以遥感为核心技术手段，参与非再生资源领域的应用研究能力得到了极大的提高。发展更快速、有效地遥感应用技术，在非再生资源领域开展深化研究是新形势发展的需要，也是认知和揭示地球表层系统人–地关系发展规律的窗口。

遥感所在遥感地质找矿、大型工程环境评价等领域的工作已经有了近 20 年的发展历史。其理论、技术方法取得了长足进步。在此基础上，发展非再生资源领域的遥感技术，开展深化研究，把以遥感为核心技术的空间信息综合勘查技术能力提高到新水平成为我们的重要目标。国家和地方十分需要遥感应用研究继续进行非再生资源领域技术平台的创新。

为此，遥感所第六届所领导机构明确提出开展非再生资源遥感研究，遥感所要继续进行地质找矿、大型工程环境评价、遥感考古等研究工作。为了与可再生资源遥感研究相区别，在遥感所研究机构调整中，将原有的固体地球与海洋遥感应用研究室调整为非再生资源遥感研究室。

（二）建立的必要性

从地球系统观点来看，非再生资源是地球物质演化到一定阶段的产物，具有典型的时间、空间分布，以及时空复合分布特征。近 20 年来，遥感应用研究除了利用遥感技术的多传感器、多平台、多角度、多极化、多尺度等全面揭示非再生资源的空间特性之外、发展高光谱等技术实现了新的突破。继续发展数字化、定量化、精细化等遥感新技术，全面提升面向目标的遥感探测能力，还必须以动态的观点、演化的视角，认知非再生资源生成发展与相互作用的过程，提高预测能力，从而实现非再生资源探测由技术导向，向科学导向的转变。

我国探明的矿产资源已经开采了几十年乃至上百年，有的矿产资源已近枯竭。大型工程建设和人为活动对自然环境和文物遗址的破坏损毁加剧，地质灾害频发。在人类难以到达的边远地区需要寻找新的非再生资源。这些都是非再生资源探测目前亟待解决的问题。遥感技术有覆盖面积广、几何分辨率和波谱分辨率高、覆盖周期快等优势，为解决这些问题提供了重要的技术手段。因此，建设非再生资源探测的遥感技术平台和遥感应用体系是非常必要的。

（三）在所及学科中的地位

非再生资源遥感研究室是直接应用遥感技术为国民经济服务的窗口，其前身承担了大量工程环境遥感应用和地质找矿、油气探测等项目。特别是在工程环境遥感应用方面，遥感所在国内起步最早。我国一批重大工程，如红水河电站、雅砻江电站、三峡电站、500 m 射电望远镜工程等的遥感工程选址与环境评价。这些年来，该研究室通过完成这些任务，积累了多年的科学经验，培养了大批相关人才，在科研能力、成果、遥感软硬件等方面都达到国际先进水平，在国内外具有较大的影响。水利电力部、交通部、国家地震局、中国科学院内其他地学研究所等单位都曾经派人到非再生资源遥感研究室的前身进修学习。发展非再生资源遥感技术，在已经取得的科学成果基础上，开展深化研究，把遥感空间信息综合勘查技术能力提高到新水平是完全可能的。

二、沿　　革

（一）机 构 变 化

1997 年 6 月，遥感所第五届领导机构为加强海洋油气遥感，将固体地球遥感应用研究室更名为固体地球与海洋遥感应用研究室。在此基础上，2001 年 10 月，第六届领导机构为突出遥感应用特色，并与可再生资源遥感研究室相对应，将固体地球与海洋遥感应用研究室改名为非再生资源遥感研究室。2001 年 11 月，成立了“中国科学院、教育部、国家文物局遥感考古联合实验室”，挂靠在非再生资源遥感研究室。

（二）历届负责人

室主任：蔺启忠（2002～2007 年）。

室主任：聂跃平（2009～2013 年，并兼任遥感考古实验室负责人）。

（三）业务与行政秘书

秘书：于丽君。

三、学术方向与学科发展

（一）学术方向与定位

非再生资源遥感研究室旨在持续发展资源、环境、灾害、考古等领域内具有前瞻性、先导性和探索性的遥感应用技术，推动遥感技术的发展，综合体现遥感应用技术创新能力，提高研究能力和竞争力，实现遥感关键技术的突破与创新，为国家行业部门、地方政府提供遥感应用技术支撑，为国民经济建设服务。

该研究室由遥感地质找矿和遥感考古及工程环境遥感等学科组组成。学术方向是发展矿产资源勘查、古遗址探测、地质灾害监测、工程环境评价等遥感应用理论、技术、方法体系。

在矿产资源勘查方面：重点研究非再生资源空间信息特征与分布规律和目标的电磁波谱特征与遥感探测机理，遥感信息模型、勘查理论与技术方法。开展隐伏矿产预测与找矿靶区快速圈定应用示范。

在遥感考古与工程环境遥感应用方面：深入持久地开展古遗址的遥感探测机理、空间特性、遥感识别方法、动态变化过程的研究，创建遥感考古技术系统工程。发挥遥感技术优势，以技术集成为特点，研究人类大型工程活动与资源环境之间的相互关系，提出正确认识、利用、优化工程区域资源环境的科学依据。

（二）学科发展

1. 遥感地质找矿

地质找矿成为非再生资源遥感研究室的重点研究工作和主要方向。通过国家攻关项目“金矿遥感信息多层次分离定量提取技术及 GIS 多元信息预测评价模型”，国家科技支撑项目“典型覆盖区金属可矿产遥感信息挖掘与大型找矿靶区快速预测”“植被覆盖区微细侵染型金矿产遥感信息提取技术与示范”“西准噶尔地区矿产资源遥感定量评价及组合技术与应用研究”，中国科学院创新项目“大型斑岩铜矿带矿产信息遥感定量评价与找矿靶区预测技术研究”等任务的完成，重点研究非再生资源空间信息特征与分布规律，岩石目标的电磁波谱特征与遥感探测机理，遥感信息模型、勘查理论与技术方法。

1）非再生资源遥感勘查理论与方法

（1）空地一体化遥感找矿方法。

随着高精度（高光谱、高空间分辨率）遥感技术不断完善，非再生资源遥感从以空间平台观测为主到空地一体化遥感探测方式的转变。高精度遥感需要高精度地面实测数据的支持和验证。为此，我们开发了遥感矿化信息地面验证系统，能随时提供地面实地矿化蚀变信息验证结果，成为高光谱遥感找矿可靠的辅助设备和技术手段。为满足不同空间尺度地质特征探测需求，我们结合高、中、低分辨率遥感数据特长开发面向成矿地质背景、成矿带（区）、矿化蚀变等不同地质目标特征信息系列提取技术，能够满足岩石（性）、构造、蚀变矿物、地球化学元素多种地质要素信息定量化提取。在我国新疆、内蒙古、河北、贵州、云南等遥感找矿实践中健全了空地一体化遥感操作规范和技术流程，形成了速度快、机动性强、适应范围广和准确性高的遥感找矿技术优势。

（2）高精度地质环境空间信息提取方法。

针对地质环境空间信息提取技术所具有的共性问题，如精度和速度之间的矛盾、算法适用范围窄等，提出了“谱带强度与波形特征相结合”的思想。在该思想的指导下，构建了“光谱能级匹配法”“光谱相关能级波形匹配法”“光谱角余弦能级波形匹配法”等系列高精度地质环境空间信息提取方法。它们通过综合利用谱带强度与波形特征参数，不仅消除了加性因子，而且对参考光谱和地物光谱间的匹配要求更加严格，具有精度高、速度快、适用范围广的特点，这些方法被应用于“高光谱遥感目标识别与特征参数提取”“蚀变矿物信息提取与成矿预测”“岩性分类”等领域，解决了地质环境空间信息提取的共性瓶颈问题，对提升地质环境空间信息提取方法的智能化程度发挥了积极推动作用。

（3）土壤地球化学遥感。

利用天津地区的土壤室内反射光谱研究了土壤中营养元素含量（N、P、K）与可见光/近红外光谱之间的关系。研究结果表明，土壤反射率光谱与营养元素含量之间存在良好的相关性，尤其是 N 元素，其预测值与实测值之间的相关系数 R 可达到 0.89；偏最小二乘回归模型的验证精度比起多元逐步回归分析总体来说略高一些，在多元逐步回归分析中反演精度较高的是反射率和 log（1/R），而在偏最小二乘回归分析中 Depth 和 FDR 的反演精度较高，且收敛速度很快；对原始光谱进行倒数的对数计算对于提高估算精度作用不大，只要原始光谱经过很好的预处理，同样可以取得满意的结果。

（4）遥感地球化学找矿方法研究。

元素地球化学异常特征是指示找矿的重要标志，传统的方法是基于化探资料进行地球化学异常的分析，从而建立地球化学找矿标志。随着高光谱遥感技术的发展，使得获取岩石的化学元素组分数据及高光谱分辨率反射数据成为可能。应用遥感方法进行元素地球化学异常特征分析不仅为一种找矿的新思路，而且对于缺少化探资料地区的找矿探矿无疑具有举足轻重的意义。我们利用偏最小二乘方法在内蒙古某地铜矿遥感地球化学实验，开展与岩体有关的铜矿遥感勘查实验，Cu 相关性最强的元素为 Fe，其次为 Ti 和 As，而 Fe 与 Cu 的强相关性与 Cu 异常和铁染蚀变关系密切的结论是吻合的。在 Cu 与反射光谱的相关分析中，发现 Cu 含量与反射光谱具有负相关性，且 Cu 含量越高，相关性越强。遥感地球化学找矿方法为非再生资源遥感调查提供了新的辅助手段。

（5）光谱地质剖面研究。

遥感信息具有光谱特性，也具有时间和空间属性。现实中的遥感地质却将它们割裂开来研究，“遥感地质二层皮”现状长期困扰非再生资源遥感深化发展。对此，我们开展了“光谱地质剖面”研究方法的探索。将高光谱技术与地质剖面方法相结合，在地质剖面基础上叠加光谱测量机制，把光谱特性研究置于地质演化时空框架中，实现了光谱特性和时间、空间属性研究方法的统一，在非再生资源遥感评价中具有如下优势：①能精确描述光谱特征的连续变化（如羟基吸收位置的移动、特征吸收深度变化）与时空特征，利于建立遥感示矿要素的时、空序列与关联模式；②将遥感信息在光谱维、空间维和时间维展开研究，突破了遥感异常信息提取以像元为单位进行“点–点”类比的限制，有利于面向成矿地质事件的整体特征识别；③容易建立非再生资源遥感信息时空尺度戳标识，揭示点–面转换、尺度转换规律，为数据挖掘、信息融合、信息模拟，以及空地一体化遥感提供科学依据。

光谱地质剖面研究为非再生资源遥感提供了新的研究思路和方法。

2）蚀变矿物填图技术

围岩受到汽水热液的交代作用后而发生的各种变化，称为围岩蚀变。从蚀变岩石中的矿物成分可以推测原来热液的一些物理化学性质和矿物形成的条件，从而可以帮助分析成矿物质的富集规律和矿床的形成等，成为一种重要的找矿标志。不仅可以识别地面矿体的形态和位置，而且也能指示地下盲矿体的存在。利用蚀变岩石组合的组成矿物、分布范围和强度，可以预测矿产的种类、赋存位置以及富集程度。

（1）矿物组分精细鉴别技术。

近红外光谱分析技术是一种快速、高效、适合在线分析的工具，大量光谱测试研究表明，地球表面大多数物质在 0.4～2.4μm 谱段均具有可判断属性的光谱吸收特征。基于此，我们在前人研究的基础上从物理、数学、化学角度提出了一个基于近红外数据的地物组分快速定量提取方法。以地物矿物组分提取为例，利用该方法进行建模，并通过编程实现。经实验室合成数据验证，本模型精度接近 100%。经野外实测数据验证，本模型平均精度为 64.6%，远高于国内外现有的两个模型精度（分别为 33.8%、8.1%）。若光谱数据获取足够精确，本模型精度将不低于镜下鉴定方法，但效率比镜下方法提高了 20 倍左右，且能够满足在线实时获取鉴定结果的需求。该模型在新疆包古图地区遥感矿产勘探中用于分析钻井岩芯样品，结果与新疆有色金属研究所的结果及现有文献上信息高度一致。这些都足以说明方法的可靠性，且具有很好的推广前景。

（2）基于统计分析的蚀变矿物填图。

传统的蚀变矿物填图方法对野外实测光谱的应用不够充分，一般只是简单的通过对光谱的比较观察中找到合适的波段比值增强某类信息，或者将野外实测光谱有选择地进行均值处理后作为参考光谱进行蚀变矿物填图。这种比较多地依赖于研究者对不同蚀变矿物光谱的认识，研究者的水平对判断结果的影响较大。而统计分析方法，如聚类与判别分析方法等，则以数据为基础，从数据中总结与发现规律将其引入到对野外实测光谱的分析中，得到的结果客观、准确、可信度高。

（3）矿区钻孔岩芯蚀变矿物立体填图。

矿区三维蚀变矿物填图是开展矿区深部和外围找矿的重要方法之一。随着矿产资源勘探与开发程度的不断深入，开展深部找矿的现实性和重要性尤为突出。许多深部地球物理探测结果、超深钻探直接揭露以及深部找矿和采矿的实践证明，在地壳垂直空间范围内进行找矿的潜力非常大。因此，深部找矿可以理解为在已知矿床的深部（或外围）寻找类似的或不同的有利成矿环境和发现同类或不同类型的矿床，即“矿下找矿”或“矿外找矿”。它更强调的是在深部有别于浅表部位的地质构造环境中寻找类似或有别于浅表部位已知矿床的新矿种或新矿床。将矿物组分精细鉴别技术应用到新疆包古图 V 号岩体的 6 个钻孔进行蚀变矿物立体填图，建立了“鸭蛋壳”成矿模型，揭示出该岩体的金属矿物在水平方向和垂直方向上的分带性，为进一步找矿确定了方法。

（4）遥感岩性信息挖掘技术。

隐伏小岩体是重要的找矿目标，针对隐伏岩体面积小、信息隐蔽、发现比较困难的特点，我们借鉴免疫学原理，建立了“分区记忆模式免疫网络模型”，进行岩体信息挖掘技术研究。将遥感图像的像元看作具有多维特征的抗原，像元各个波段的值作为抗原的特征值，抗原分两种情况作用于 RAIN 网络内的抗体。在初次免疫响应中，选取的抗原是已知类型的地物样本，实现了 RAIN 网络内各特异记忆抗体对已知类型抗原（样本）特征的学习和记忆。在二次免疫响应中，抗原为遥感影像中未知类型的像元值，经过训练的 RAIN 各特异记忆抗体根据其产生的不同激励，来竞争识别未知抗原，实现对遥感影像的分类和提取。实践证明，该项技术在荒漠戈壁区、植被覆盖区的岩性（体）信息挖掘中效果突出。

3）遥感找矿系统研发

（1）遥感找矿信息快速评价系统。

遥感找矿信息快速评价系统是天地一体化遥感的有机组成部分，是非再生资源遥感勘查不可或缺的技术环节。该系统由 ASD 光谱仪、X 射线荧光分析仪、GIS+GPS 及地质野外勘查工具（地质锤、罗盘、放大镜）等硬件构成，软件是自主开发、具有知识产权的岩性信息挖掘、蚀变矿物制图、矿物组分精细鉴别等系列算法平台。该系统集识别、鉴定、分析、预测为一体，快速、机动、灵活，适应性强；以测谱技术的原理和方法为纽带，强化地学宏观分析–微观验证、野外调查–室内试验研究方法的结合，体现了地球科学与空间信息技术的渗透与融合，实现了遥感探测定性、快速与微观鉴别定量、精准的技术优势互补，大幅度提高了非再生资源勘查工作效能，是一种全新的找矿思路与勘查方法。

（2）岩矿组分精细鉴别系统。

矿物是指由地质作用形成的天然单质或化合物，是组成岩石的基本单元。矿物含量及其变化揭示了矿床类型、成矿物质的富集规律和矿床形成过程，对矿产资源勘查起“指示剂”的作用。为了快速验证遥感提取矿物信息，针对影响矿物提取精度的因素，如样品光谱噪声、光谱库的选择、混合像元等，课题通过分段滤波、区域矿物端元库等方法，研发了“矿物组分精细鉴别系统”，申请了软件登记，实现了光谱数据显示/编辑，光谱数据预处理和矿物组分快速鉴别等功能。具有精度高、速度快的特点，可被应用于岩矿鉴定、地球化学、遥感找矿、矿产资源勘查、成矿模型等领域。已被应用到国家自然科学基金、国家科技支撑、863 计划以及国土资源相关部门等多个非再生资源遥感调查项目中。

（3）成矿远景区遥感预测系统。

基于数学统计原理的非再生资源预测与评价是一种常用工具，但不同样本划分方案的统计结果差异较大。针对当前的证据权重法所具有的严重依赖地质变量的数目和空间网格划分的大小，成矿有利度常常被低估，缺乏对已知矿点规模的考虑，我们按照已知矿点规模大小区别设置权重，应用专家经验修正证据因子权重，优选评价单元的矩形尺寸来改进证据权重法，建立多元信息找矿模型。由于该方法不仅关注矿点有无，而且还根据矿点规模进行权重设置，以突出大型矿点对评价单元成矿有利度的作用，结合专家经验给各类信息的作用程度评判打分，兼顾数据驱动和知识驱动，有效综合各类信息对成矿远景区进行预测，提高了预测精度，缩小了预测远景区的面积，在非再生资源遥感靶区圈定工作中达到实用化阶段。

4）隐伏矿床定位预测技术

（1）黄土覆盖区遥感、地球物理组合定位预测。

隐伏矿定位预测是地质找矿的热点也是难点，我国北方广泛分布的黄土覆盖区隐伏矿定位预测是我国国家科技攻关的重要研究内容。黄土覆盖对地球物理信号会产生一定的屏蔽效应，对遥感来说，黄土覆盖区几乎屏蔽掉了所有岩石露头信息。针对黄土覆盖区成矿环境特点我们采用遥感+地面找矿信息快速评价系统+CSAMT 电阻率法技术组合进行隐伏矿定位预测研究。利用 ASTER 卫星遥感数据开展了蚀变矿物填图、地面矿化蚀变信息验证和遥感地球化学调查及 CSAMT 反演电阻率三维立体制图，分别提取地面和深部构造、岩性、蚀变矿物、地球化学等信息，经数据融合、综合数据对比分析发现三种技术手段揭示的黄土覆盖区成矿信息虽有差异，却是互补的。经钻探在地下 390m 处见到矿体，说明上述技术组合有效，也证实遥感在覆盖区隐伏矿定位预测能发挥重要作用。

（2）植被覆盖区隐伏矿床定位预测。

我国南方大部为植被覆盖，是另一种覆盖特点的找矿困难地区。针对地表植被覆盖度高，岩性信息弱，地表起伏较大，阴影对遥感分析影响严重的问题，首先采用最小噪声分析 MNF 和像元纯度指数 PPI 法，选择研究区的阴影、植被、水体等端元，然后基于光谱线性分解方法，去除阴影、植被、水体端元信息。然后，利用光谱线性恢复方法，恢复影像光谱值，并对光谱异常值，进行掩膜。接着，利用 MNF 和 PPI 法来重新选择主要岩性信息的端元光谱。最后，利用免疫分区模型进行岩性信息的深入挖掘。结果表明，研究区的主要地层，与 RAIN 遥感信息提取结果有较好的对应关系，均以不同色彩或色彩组合进行了表现。预测靶区地表均见矿化。

2. 遥感考古及大型工程环境遥感

（1）通过国家科技支撑项目“空间信息技术在大遗址保护中的应用研究（以京杭大运河为例）”“遥感技术在中华文明探源中的应用研究”“新疆文物普查特殊地区遗址遥感探测”，国家基金项目“塔克拉玛干沙漠腹地考古特征雷达遥感探测研究——以尼雅遗址为例”，运用以遥感技术为主的空间信息技术，结合我国文物事业与考古研究的需要，开展多方位、多层次的技术服务与应用研究；承担国家和地方重大遥感考古科研任务，提供面向社会服务与考古研究的集成系统，促进空间技术在考古领域的系统化、常规化应用；从空间角度探索人类文明起源和传播的规律，提高我国考古研究的科技含量和国际竞争力，推动遥感考古技术的发展。取得的成果及其应用见第三篇第七章。

（2）陈述彭院士指出“遥感应用始于工程环境”。工程环境遥感应用的探索与创新在遥感所进行了数十年，成套的遥感应用试验成果，系统的工程环境遥感应用试验和技术系统、信息系统的构建在国内都属首次。不仅为大型工程建设提供强有力的技术支持，也为工程环境遥感的发展与完善指明了方向。

通过国家大科学工程“500 米口径球面射电望远镜（FAST）工程选址”，国家大型建设项目“南水北调西线工程区活动断裂遥感调查”“马吉水电站工程地质环境遥感调查”“石家庄–太原客运专运线工程航片地质解译”“罗湖城市综合管理信息公共服务平台总体设计方案”“罗湖区城市地理信息系统实施方案”“滇池湖区生态环境管理的遥感与 GIS 分析与可持续发展决策研究”，中国科学院创新项目“滇池水质遥感定量监测”，国家基金项目“核电等大型工程环境稳定性研究”，中国科学院国际合作项目“埃及农业环境遥感监测系统”，中国科学院重大项目“青海湖区域重要野生鸟类资源及疫病监测与风险评估研究e-Science 应用” 及“成都青白江区城乡统筹规划遥感分析信息系统”“城市生态规划–长春吉林”“成都青白江区城乡统筹规划遥感分析信息系统”的完成，通过地物实体相互作用与影响量化关系的遥感挖掘方法研究，提高了遥感融入多学科领域的水平，随着与多学科领域交叉深入，研究与交流平台得到进一步提升。遵循生态原则，根据不同区域提出了“多样性”结构整合，“扩展与保护”方式，生态效应实现方式等方面的判断。已在各学科领域建设和国家关于生态环境重大决策中发挥了关键作用。

如今，遥感应用已经成为我国大型工程建设前期的常规技术，除了工程选址、布局开始到工程基础条件、工程环境等的调查和评价之外，还深入到工程建成后的运行及其环境影响、演变的监测领域，成为确保“百年大计”的技术保障。在地质新构造活动和全球气候变化大背景的制约下，我国工程建设的环境影响及其演变的遥感监测前途光明。

非再生资源遥感研究室取得了如下成果。

（1）遥感找矿利用羟基吸收位置的移动、特征吸收深度变化与时空特征，建立了遥感显示矿产要素的时、空序列和关联模式；对遥感信息的光谱维、空间维和时间维展开研究，突破了遥感异常信息提取以像元为单位进行“点–点”类比的限制，有利于面向成矿地质事件的整体特征识别，建立了非再生资源遥感信息时空尺度戳标识，揭示点–面转换、尺度转换规律，为数据挖掘、信息融合、信息模拟，以及空地一体化遥感提供科学依据。

（2）非再生资源研究多学科交叉遥感应用方法研究和资源环境科学数据库建设，注重多学科，多领域需求，面向学科交叉研究与应用，构建以遥感背景信息，遥感基础数据，遥感特征信息和遥感分析信息为主体的资源环境遥感信息体系。其可持续地提供多层次标准化遥感信息产品，研制和提供多学科领域面向的专项遥感特征信息产品。

（3）非再生资源研究开创了气候变化与人类活动对生态环境的影响遥感应用方法研究，将气候变化与人类活动对生态环境的影响遥感应用前沿技术用于各类城市规划与大型环境工程生态评价的决策、跟踪和检验，即通过对生态环境问题的研究，引导人类通过有序人类活动，克服人类对自身活动认识的局限性，提升生态环境恢复工程中的系统性、科学性。

四、科研任务、项目与成果

（一）承担的项目与任务

承担各种项目课题 27 项，其中国家 863 项目 1 项、国家科技攻关项目 2 项、国家支撑计划项目 6 项、国家自然科学基金 6 项、国际大科学工程项目 1 项、中国科学院重大项目 1 项、中国科学院国际合作项目 1 项、部委地方项目 9 项。

（二）研 究 成 果

1. 成果

出版专著 3 部。发表论文 43 篇，其中 SCI 论文 5 篇，IEE、EI、核心刊物 38 篇。2005 年获北京市科学技术奖一等奖 1 项。获专利软件著作权 4 项。

2. 成果转让与应用

工程环境遥感应用的探索与创新在遥感所进行了数十年。成套的遥感应用试验成果，系统的工程环境遥感应用试验和技术系统、信息系统的构建在国内都属首次。不仅为大型工程建设提供强有力的技术支持，也为工程环境遥感的发展与完善指明了方向。该室转让的成果有：①“十一五”国家大科学工程500米口径球面射电望远镜（FAST）工程选址，于1994年提出利用我国KARST洼地作为台址进行工程建造的思路，并应用遥感技术在贵州南部平塘县找到了适合于建造该工程的KARST洼地，为该工程的立项打下了关键性基础，其成为该工程的三大创新点之一。2008年至今聂跃平聘任为该工程台址开挖系统总工程师，负责台址勘察、开挖、不良工程地质问题处理及开挖工程进度和质量的遥感监测。②埃及国际合作项目，以国产遥感影像为主要数据源，针对埃及自然环境特点，结合经济发展对信息数据的需求，开展埃及国土资源、农业生态环境、耕地后备资源以及农作物产量等调查与评估。相关合作研究可为埃及政府制定合理的农业生产规划提供科学依据，为非洲培养高技术人才，促进非洲遥感与地理信息系统技术进步，帮助非洲国家解决面临的环境、生态和灾害等方面的重大问题，服务于非洲国民经济建设、全面提升人民生活水平，促进我国遥感卫星数据和技术在非洲推广应用，加深中非传统友谊。

五、科技队伍建设与人才培养

（一）科技人员组成、结构与培养

地质找矿部分有蔺启忠、郭子祺、王志刚、王长林、燕守勋、马建文。

遥感考古和工程环境部分有聂跃平、关燕宁、郭杉、黄晓霞、张宗科、魏永明、邓飚、魏显虎、于丽君、张春燕、朱建峰、李霞、蔡丹路。

（二）研究生培养

该研究室共培养硕士研究生9名、博士研究生3名（其中朝鲜1人，人员名单见第九篇第二章）。

（三）研究室向遥感所或所外输送干部

郭华东2002年任中科院副秘书长兼国际合作局局长，2007年任中科院对地观测与数字地球科学中心主任，2012年任中科院遥感与数字地球研究所所长。

（四）人才培养措施

近年来，该研究室重视中青年科技人才的培养，加强政治思想教育，在科研实践中锻炼创新能力，鼓励青年人出国进修，现在已初步形成了以中青年人组成的骨干研究队伍。已有5人竞聘为研究员和正高级工程师职称。经过锻炼和实践，年轻人进步很快，现在大部分已成为各科研小组的生力军，并在国际合作中发挥了重要作用。

第十八章　农业与生态遥感研究室

一、概　　述

（一）成立背景

“九五”期间，为了保持中国科学院在国内的领先地位和在国际上占有一席之地的同时，为国家、部门和地方的宏观决策、制定全球战略，以及为确保我国的粮食安全提供科学的、客观的信息服务，中国科学院组织全院科研力量，以遥感所牵头，开展中国资源环境遥感信息系统及农情速报研究工作，建成集中运行的多种农作物统一的“全国农情遥感速报和农作物估产业务系统”，实现全国范围内的多种农作物，如小麦、水稻、玉米及棉花（部分实验区）的农情速报和估产，以科学客观的农情信息和主要农作物产量信息服务于国家和省级地方决策部门，为国家和地方制定宏观调控政策提供科学依据。

农业与生态遥感研究室是在项目的牵引下诞生的。

（二）建立的必要性

农业在我国国民经济建设中占据重要地位，粮食是关系国计民生的重要战略物资和特殊商品，粮食安全问题涉及全球当前和长远的生态、经济和社会的发展，历来是世界各国共同关注的问题。在经济全球化背景下，粮食供需的宏观调控不仅关系着一个国家的安全，又涉及国际贸易中巨大的经济利益。对于拥有 13 亿人口的中国，提高国家粮食生产、流通和储备的实时调控，对于保障我国粮食安全、提高粮食行业的经济社会效益具有重要意义。

利用计算机、数据库、地理信息系统、网络通信等高技术手段，开展农作物遥感估产，实时掌握各国、各地区的作物长势与产量情况，已经是粮食调控不可缺少的手段，有利于增强我国粮食宏观调控和科学决策能力，及时、准确、连续的农作物监测与评估结果可为国家重大决策提供可靠的信息支持。

（三）在所及学科中的地位

农业与生态遥感研究室立足于农业与生态遥感应用领域，基于长期以来连续执行的项目，逐渐形成了农业遥感、区域综合生态遥感、毒品原植物遥感、水资源遥感、储粮数量检测仪器 5 个科研方向，相应地形成 5 个科研团队。其研究成果为国家粮食安全、水资源管理、生态环境保护、特种植被监测和综合信息管理提供了优质的信息和服务。

二、沿　　革

（一）机构变化

1999 年，“农业与生态遥感课题组”成立，隶属于“遥感应用中心”。2002 年 7 月 29 日，由国务院三峡办水库司、原中国科学院资源环境局及遥感所联合共建工程生态与环境监测信息管理中心，挂靠在农业与生态遥感研究室。2004 年国家禁毒委员会办公室依托遥感所成立国家禁毒委员会办公室非法毒品原植物遥感监测研究中心，挂靠在农业与生态遥感研究室。2006 年，“农业与生态遥感课题组”改名为“农业与生态遥感研究室”。2008 年，在国务院三峡办和中国科学院的支持下，成立三峡工程生态环境遥感监测重点站，依托单位为遥感所，挂靠在农业与生态遥感研究室。

（二）历届研究室主任

吴炳方研究员。

（三）中国共产党的支部

研究室第四党支部。

（四）业务秘书

张磊、黄慧萍、曾源、闫娜娜。

（五）行政秘书

张磊、黄慧萍、田亦陈、傅黎。

三、学术方向与学科发展

（一）学术方向与定位

农业与生态遥感研究室学术方向包括农业遥感、区域生态遥感、毒品原植物遥感、水资源遥感和储粮数量检测仪器共 5 个方面。

（二）学科发展

1. 农业遥感

农业遥感历经发展与积累，面向粮食生产过程，形成了以作物长势、农业旱情、种植面积、单产和产量、种植结构与复种指数等为核心的运行监测体系，开辟了以作物健康、农田水分胁迫遥感的新方向。

1）中国农情遥感速报系统

1998 年，在中国科学院和原国家发展计划委员会的支持下，遥感所总结以前的研究成果，开始了对农作物遥感估产的集成，筹建“中国农情遥感速报系统”，边运行、边探索、边发展，当年实现全国范围的农作物长势监测，并逐步开展覆盖全国的小麦、玉米、稻谷、大豆估产和粮食总产量估算，为国家有关部委的决策提供了科学依据，尤其是在 1998 年的洪涝灾害后的重建和粮情判断方面发挥了重要作用。2000 年以来，遥感所逐步将“中国农情遥感速报系统”的监测范围推向全球尺度，开始启动全球主要小麦和大豆出口国的粮食估产试验，先后开展了北美、南美、澳大利亚和泰国等地区的作物长势动态监测和作物总产量预测。

自1998年以来，中国农情遥感速报系统从建设到运行至今。目前的中国农情遥感速报系统包括作物长势监测、主要作物产量预测、粮食产量预测、作物时空结构监测和旱情监测5个子系统。

（1）作物长势监测子系统。

作物长势指作物苗情的生长状况及其变化。作物长势监测是农情遥感监测与估产的核心部分，其本质是在作物生长早期阶段就能反映出作物产量的丰歉趋势，通过实时的动态监测逐渐逼近实际的作物产量，因此作物长势监测是一个动态监测的过程，需要对作物的生长期进行持续的监测，跟踪作物的生长过程，尽早地获得作物产量的变化情况。这对于粮食生产者、政府部门和期货市场至关重要。

作物长势遥感监测主要是运用半定量的方法，采用年际间同期遥感影像对比分析，通过差值影像的分级显示，反映区域作物生长状况的相对差异。作物长势监测系统主要包括生成标准化遥感数据产品、实时作物长势监测、作物生长过程分析、作物旱情遥感监测、作物长势综合分析5个方面的内容，实现了作物长势遥感监测综合分析，能够提供每旬或每月监测结果。

（2）主要农作物产量预测子系统。

主要农作物产量预测包括冬小麦、春小麦、早稻、中稻、晚稻、春玉米、夏玉米、大豆8类作物，其监测范围是该类作物在全国范围内的种植区，基础统计单元是县级行政单元，然后逐渐汇总到省级行政单元。作物产量遥感预测采用总产=单产×种植面积，并以农作物遥感估产区划为基础，分别通过农作物种植面积的多级采样估算和分区单产模型预测。①作物面积监测系统。中国自然环境和种植制度的复杂因素，导致作物插花种植现象明显，使作物的遥感识别存在相当的难度，实验证明，即使采用1m高空间分辨率的遥感图像仍然存在分类精度问题。与此同时，中国范围广大，不可能采用数据密集型的全覆盖方式。因此，在中国进行作物种植面积监测，必须将遥感技术与抽样技术结合起来进行。“中国农情遥感速报系统”在作物种植面积区划的基础上，提出了将遥感技术和抽样技术相结合的综合监测方法。其采用两个独立的抽样框架解决了作物种植面积遥感监测问题：一是在整群抽样理论的支持下，以1∶10万地形图标准分幅为抽样群进行整群抽样，指导遥感数据的选购，经过影像处理与分析得到作物种植成数；二是在样条抽样框架和GVG抽样系统的配合下，调查作物分类成数。新的种植面积估算技术与原来的技术体系相比，系统化更强，尤其是对作物种植成数的估算，充分发挥了遥感的特点和能力，保证了作物种植成数的估算精度。②作物单产预测系统。作物单产是当年作物生产水平的度量，同时也是作物产量预测或产量估算的重要环节之一。在全国作物总产量预测中，单产预测与面积监测同等重要。“中国农情遥感速报系统”主要采用技术上成熟可靠的农业气象模型来估算作物单产。中国农情遥感速报系统建立了一套用于全国作物单产预测的农业气象估产模型集，并在此基础上开发了作物单产预测系统。作物单产的模拟是在作物单产区划的基础上进行的，在每个区划单元内，选定一些代表性的县进行单产模拟和精度检验。然后，根据作物单产水平的空间变异规律，采用空间插值方法将单点模拟生成的单产预测数据外推到整个区划单元。最后，对耕地像元上的单产值进行统计平均，得到区域内的平均作物单产。

（3）粮食产量估算子系统。

国家需要的是总的粮食产量信息，根据国内习惯，一般分成夏粮、早稻和秋粮3类。早稻已在作物产量监测中完成，需要估算夏粮和秋粮的总产量。

“中国农情遥感速报系统”在分析影响粮食产量关键因子的基础上，通过估算粮食产量变幅实现最终的粮食产量估算。同时，将粮食产量变幅分解为单产变幅和种植面积变幅两个部分，然后根据基于遥感参数过程曲线的单产模型得到，面积变幅根据地面采样结果得到，最终形成独立的粮食遥感监测方法。

夏粮和秋粮的产量估算通过前一年的粮食产量与当年产量变幅来完成，即夏（秋）粮总产量今年=夏（秋）粮总产量去年×变幅。当年产量的变幅包括种植面积变幅和单产变幅两部分。对全国及分省粮食产量（粮食总产量、夏粮产量、秋粮产量）进行预测和估算，预测指在粮食作物收割前，估算指在收割后。

种植面积的变幅是基于整群抽样技术，通过两年间的遥感影像分类监测对比得到。单产变幅通过建立基于遥感参数的粮食单产预测模型获得。

（4）作物时空结构监测子系统。

作物时空结构的监测包括两方面内容：一是作物种植结构及其变化的监测（空间结构）；二是复种指数及其变化监测（时间轮作）。作物时空结构的监测是作物长势、种植面积与粮食总产之外能够有效反映粮食生产能力和潜力的关键因素，其有同样重要的监测意义。

“中国农情遥感速报系统”采用样条采样框架技术与 GVG 农情调查系统，通过野外调查的方式进行作物种植结构监测。样条采样框架技术是在作物种植结构区划的基础上，基于面积采样框架技术设计适用于低成数、多插花种植地区的采样技术。

“中国农情遥感速报系统”采用时间序列 NDVI 曲线监测复种指数。首先，通过作物物候区划进行作物熟制分区，形成熟制基本一致的区划单元。然后，在每个物候区划单元内，采用时间序列谐波分析（HANTS）技术对 NDVI 数据集进行时间序列重构，形成具有峰态的 NDVI 过程线，每个峰代表了一次耕地利用或作物生育期。最后计算每个像元的极大值个数，得到每个像素的峰频图像，即复种指数图像，将其统计到行政单元或指定的区域，形成复种指数图像。利用该技术，通过连续监测，即得到复种指数变化趋势图像。

2）农情遥感监测技术体系的建立与发展

“中国农情遥感速报系统”自 1998 年开始建设运行，经历了“边运行、边发展”的历程，对监测技术进行了大量的改进与革新，在不断提高监测精度的同时，逐渐形成了农情遥感监测技术体系，包括数据标准化处理、农作物长势监测、农作物种植面积估算和农作物单产估算、新的农情信息发掘 5 个方面。

（1）数据标准化处理技术体系。

数据标准化处理工作是农情遥感速报系统的一项重要内容，1998 年根据农作物长势监测需要，建立了一套针对 NOAA-AVHRR 数据处理的基本流程，实现了低分辨率卫星数据的流程化处理，开展了日常运行业务，满足了 1998～2001 年的农作物长势监测的需要。2002 年对 1998 年形成的基本处理流程进行了标准化建设，形成了包括传感器标定、天顶角纠正、辐射标定、日地距离纠正、云检测、几何纠正、大气纠正、双向反射因子纠正、地表温度反演在内的标准化处理流程，并对其中的云检测技术和大气纠正技术进行了改进。利用每日真实的大气参数进行遥感数据的标准化处理，完成了作物长势监测、时空结构监测和粮食产量估算。

（2）农作物长势监测技术体系。

自 1998 年开始，农作物长势监测经历了从定性监测到定量监测再到综合监测的过程。从 1998 年开始，使用植被指数来判断农作物生长态势，通过连续两年的对比，将全国分为明显好于往年、好于往年、与去年相等、比往年差、明显比往年差 5 个等级。1999 年，引入植物归一化水分指数（NDWI）进行作物缺水分析，2000 年，考虑到作物种植的特征，根据全国土地利用数据库，对水田作物和旱地作物分开监测。但这些均是对农作物长势的定性监测。到 2001 年年底，开始对农作物长势进行定量监测，对农作物长势与去年相比的优劣进行量化评价，发布作物长势比去年或优或劣的百分比，如与去年相比好 30%，并在作物主产区发布了不同长势等级地区的面积百分比。

同时，农作物长势监测技术上也经历了一个从简单到综合的过程，1998 年植被指数是评价作物长势的唯一信息。1999 年开始引入作物叶面缺水指数，与植被指数一起分析作物长势。2001 年开始引入农作物长势的过程监测，从作物生长过程的角度对作物长势进行评价，使农作物长势监测形成以实时作物长势监测和生长过程监测为主的综合监测体系。

（3）农作物种植面积估算技术体系。

1998 年，通过分析中国农作物种植制度特征提出，在 1∶10 万中国土地资源数据库和农作物种植结构区划的基础上，综合采用遥感技术与抽样技术相结合的方法估算农作物种植面积。利用遥感监测农作物种植成数，利用样条采样框架技术与 GVG 农情采样系统，调查农作物分类成数。经过 5～6 年的发展，到 2003 年已经形成完善的农作物种植面积估算体系。

1998 年，根据中国农情遥感速报系统的种植面积估算需要，根据农业生产的自然条件、种植结构特征及作物生产水平等因素，进行了农作物种植结构区划，共包括 11 个一级区划，44 个二级区划。同时，在二级区划的基础上，进行了样条采样框架布设，并开发了 GVG 农情采样系统。2000 年参考联合国粮食及农业组织在农业区划中考虑垦殖水平因子，利用全国 1∶10 万比例尺的土地资源数据，按垦殖率水平将全国划分为 5 种类型区，然后将之与二级区划进行叠加，并与省界叠加，整理后形成 102 个三级区划单元。在农作物种植结构三级区划的基础上重新布设采样线路，提高了采样率，并研制了新一代 GVG 农情采样系统。

2003 年，为了进一步完善农作物种植面积遥感技术体系，提出了基于两个独立抽样框架的农作物种植面积遥感监测方法。第一个抽样采用整群抽样技术，选购合适位置的遥感影像进行农作物种植成数的估算，抽样过程中，以二级区划为基础，以 1∶10 万地形图国际标准分幅为抽样框，利用遥感数据进行分层整群抽样。在每个层内抽取能满足估算精度要求的一定数量的面积样方，在每一个样方内利用 TM 影像提取农作物总播种面积，以此来估算层内农作物总种植成数（即所有作物的种植面积占耕地面积的比例）。第二个抽样以第三级区划为基础，借鉴面积采样框架技术，提出了一种适合中国农作物种植结构特征的样条采样框架，用于不同农作物类别在所有播种作物中的分类成数。同时借助 GVG 农情采样系统，通过野外采样，调查作物区内每种作物类型的分类成数。种植成数与耕地面积相乘得到具体每种作物类型的种植面积。

水稻种植面积估算同时采用了雷达数据和光学遥感数据，由于雷达数据监测水稻种植面积精度较高，能够满足运行化要求，而光学数据的提取精度相对较低，因此水稻种植面积估算是混合性的方法，对于有雷达数据的区划单元采用面积抽样框架方法，对于有光学数据的区划单元采用两个独立的抽样方法。

（4）农作物单产估算技术体系。

在 1998 年系统建设之初，“中国农情遥感速报系统”的农作物单产预测就直接采用在中国具有良好使用基础和精度保证的农业气象模型。通过农作物生产类型区划，建立模型规范化使用标准和原则，使各种农业气象模型在空间范围和模型参数上重新得以膨化，形成了“中国农情遥感速报系统”自己的农业气象单产预测模型集，形成独特的农作物单产预测系统。

1998 年，根据中国农情遥感速报系统的单产预测需要、农业自然条件、单产水平等因素进行了夏粮作物生产类型区划，但在以后的使用过程中，发现区划方案在物候节律、土地利用方式、作物类型等方面存在较大的局限性。2001 年在完成农作物种植结构区划的同时，将中国农业气候资源和农业气候区划叠加入农作物生产类型区划，并利用 GIS 对分区边界的空间一致性进行修正，生成农作物单产区划，包括 132 个农作区和一个非作物区，共 133 个区划单元。新的农作物单产区划对于提高农作物单产估算精度有很大帮助。

3）“中国农情遥感速报系统”运行

“中国农情遥感速报系统”自 1998 年运行以来，其监测内容、监测范围、监测频率等各个方面都在不断拓展，以满足用户对信息的需求。

（1）监测内容与监测范围的开拓。

“中国农情遥感速报系统”的监测内容与监测范围方面，自 1998 年开始一直处于开拓阶段，从最初的中国东部作物长势监测到全国范围的长势、种植面积和总产业务运行，从 2001 年开始，走出国门开展北美、南美、澳大利亚、泰国的作物总产监测。

1998 年，监测业务仅局限于农作物长势监测，空间范围是从中国东部逐步拓展到全国范围，共发布了 3～9 月 8 旬农作物长势通报，为 1998 年洪水过后的灾后重建和农业生产形势判断方面，为国家有关部门提供了科学依据。

1999 年，将农作物长势监测频率确定为常规业务，3 月下旬至 9 月下旬以旬为周期发布全国农作物长势信息，同时在全国范围开始农作物产量估算，在作物收割前 1 个月内，开展全国范围内 8 种主要农作物（包括冬小麦、早稻、春玉米、春小麦、中稻、夏玉米、大豆、晚稻）的种植面积估算和总产量预报，全年发布产量通报 6 期。

2000 年，农作物长势监测、种植面积估算和总产量预报纳入运行日程，开始全国粮食总产量的预测、估算及年度变幅估计，并在旬报上发布。粮食遥感监测信息开始用于粮食供需的决策，解决了区域粮食供需平衡分析中动态信息短缺的问题。粮食遥感监测信息的动态更新特点满足了区域粮食供需平衡的要求。

2001 年，利用作物生长过程监测作物长势，开展省级作物长势监测，形成长势监测技术体系。在作物种植面积估算方面，布置了江苏江宁、吉林德惠两个检验样地，对分类成数（种植）的 GVG 调查方法进行精度检验，并开展 LAI 等作物生理参数的定期观测。同时，将监测范围迈出国门，开展全球性农情遥感监测，当年监测范围包括北美的加拿大、美国和墨西哥，发布每月一次的长势监测通报。另外，在农情信息的发布形式上，除保留原来的旬报形式外，开始发布 4～10 月的月度“中国农情遥感速报”，每年 7 期。

2002 年，继续完善利用作物生长过程监测作物长势的技术，开展粮食主产区的作物长势监测，并加强分省作物长势监测。同时，开始发布全国种植结构变化监测结果和种植面积年度变化监测结果；增加地面实验样地，布置江苏江宁、吉林双阳、湖北新州、河北栾城共 4 个样地，开展作物地面参数测量和样条采样框架的检验工作；此外，进一步扩大全球农情遥感监测范围，开始进行南美（巴西、阿根廷）、澳大利亚和北美等地的作物长势监测和粮食总产预测试验，并对泰国水稻面积进行了遥感监测。

2003 年，为进一步开展作物地面参数及样条采样框架的检验工作，将地面实验样地增加到 9 个，进一步完善长势监测中的叶面积指数的检验工作，布置了 1 个旱情监测样地，开展地面参数观测。

（2）监测频率的调整与形成。

中国农情遥感速报系统自 1998 年运行，在监测频率上也有较大调整，在 1998 系统试运行之时，仅进行了 8 个关键时期的长势监测。1999 年开始监测频率固定为作物生长期的每旬一次，每年进行 20 次监测。2001 年开始，新增加每月一次的月度监测，除国内农作物长势监测外，还进行北美、南美、澳大利亚等全球农作物长势监测，每年进行 27 次信息发布。

农作物产量估算工作开始于 1999 年，于作物成熟前 1 个月进行作物种植面积、单产和总产监测。2002 年，根据需要对每种作物进行两次监测。第一次于作物成熟前 1 个月，用于作物单产预测、种植面积，估算和作物总产预测。第二次于作物成熟期进行，用于估算作物单产和总产。两次前后相差 1 个月。

根据国家有关部委的惯例，粮食产量包括夏粮、早稻和秋粮 3 个方面。由于早稻产量已经在作物产量估算中完成，因此粮食产量估算的频率每年分 3 次进行，分别为夏粮产量估算、秋粮产量估算和全年粮食估算。

4）精度检验

农情遥感监测结果在得到各部门使用的同时，也受到用户对监测精度的质疑。2000～2002 年的运行表明，遥感监测的结果与市场经济的运行数据相近，误差很少，但尽管如此，只有对遥感监测过程是否精确可靠进行全方位的检验，才能使用户在使用监测结果时放心，做到心中有数，这一问题已成为农情遥感监测能否顺利进入决策流程的关键。

“中国农情遥感速报系统”在建立之初就重视检验体系的建设，经过 3～4 年的建设，初步形成了独立的检验体系。检验内容包括作物种植面积、作物单产、粮食产量、作物长势、旱情及种植结构等各个方面。目前，在农作物种植成数和分类成数及作物长势监测精度检验方面取得了很好的结果。随着检验体系的完善与检验内容的不断增加，“中国农情遥感速报系统”的监测精度水平会越来越高。

2. 区域综合生态遥感

区域综合生态遥感集综合性、复杂性、区域性为一体，面向区域生态问题进行多学科交叉研究。该方向面向区域尺度（如地区、区域、国家、全球热点地区等）的生态环境问题，以生态参量遥感监测关键技术研究为基础，结合生态、地理、水文、生物、环境等多学科专业研究手段，解决区域综合生态问题，实现区域可持续发展。

1）全国植被变化分析

陆地植被作为地球陆地表面重要的组成部分，其变化直接影响着地球系统物质与能量的平衡。采用 1982～2006 年 NOAA/AVHRR 的 NDVI 数据和 2001～2009 年 MODIS 的 NDVI 数据，从全国尺度上分析了近 30 年来农业植被、森林植被、草地植被与稀疏植被区植被活动的变化特征，并利用气候数据与农业生产统计数据探讨了它们之间的关系。研究结果显示，近 30 年来中国陆地植被活动整体趋于增强，但在不同时期，地区差异较大；植被活动变化在区域上受人为因素的影响明显，如在西北稀疏植被区与南方森林植被区；通过对农业生产统计数据的分析发现，植被活动直接左右着农业生产，但在时间上存在一定的滞后性。

2）三峡库区生态遥感研究

（1）三峡水库建设前后库区土地覆盖变化。利用定量遥感监测手段，开展三峡库区土地覆盖监测，采用联合国粮农组织土地覆盖分类系统，在 1∶50000 尺度下划分 38 类土地覆盖类型，利用面向对象的信息提取方法，通过多尺度分割和模糊判别的手段开展土地覆盖的信息提取。①三峡库区农林用地变化遥感监测及模拟预测：随着三峡工程的建设，库区生态环境变化及城市扩张影响已引起广泛关注。我们利用面向对象方法分析工程前期（1992 年）与中期（2002 年）农林用地的变化特征；并在 SLEUTH 模型本地化的基础上，模拟预测了重庆地区未来城市扩张及土地利用/覆盖变化过程，研究城市化对该地区农林用地的影响。结果表明，10 年间三峡库区耕地减少而林地增加。模拟显示，在未来十几年，研究区将有一个缓慢的城市扩张过程，并伴有新的增长点，同时耕地与林地也减少。在当前活动强度与开发力度下，库区农林用地的减少趋势仍然较为明显。②三峡工程建设期库区耕地的时空变化及驱动力分析：通过三峡工程建设前后 15 年三峡库区耕地的遥感动态监测和耕地变化分析，揭示出耕地变化的影响因子。2007 年三峡库区耕地垦殖指数为 0.25，三峡工程建设期，耕地资源减少 4%。耕地占补比例为 26∶1，占补不平衡，土地承载能力不足；减少耕地中优质耕地占 61%，耕地质量总体下降；库区 2007 年人均耕地为 0.069hm^2，低于国家 18 亿亩红线要求的人均耕地水平，人地关系紧张，而城市化过程减轻了农村人口耕地资源的压力；引起耕地减少的原因包括城市发展、退耕还林/草、果业发展和水库淹没，城市发展是主要原因，三峡工程蓄水淹没的耕地只占减少耕地的 16%。③三峡库区植被生物量遥感估算方法研究：

利用遥感手段估算三峡库区植被的生物量，相关性分析表明，Landsat TM 多光谱数据能较好地反映该地区的植被生物量水平。利用 TM 数据分别建立了针对三峡库区的阔叶林、针叶林、针阔混交林、灌木林和草本植被 5 种主要植被类型的生物量遥感估算模型，计算了该区域 2002 年植被的地上生物量总量，同时开展了基于几何光学模型的区域尺度森林冠层郁闭度反演方法及其在三峡库区的应用研究，其中基于物理学的冠层反射模型反演方法具有更强的适用性。

（2）三峡水库 156m 蓄水位消落区植被恢复遥感及生态环境动态监测研究。①三峡水库 156m 蓄水位消落区植被恢复遥感动态监测研究：基于 2007～2009 年的 Landsat5-TM、HJ-1A/1B-CCD 遥感数据，利用像元二分法对三峡水库 156m 蓄水位消落区的植被覆盖度进行了计算，分析了消落区植被恢复的时空变化特征，探讨了植被恢复时空变化的影响因子。2007 年、2008 年、2009 年 3 年 156m 蓄水位消落区植被覆盖度分别为 51.2%、51.5%、49.2%，其中支流消落区的植被覆盖度高于干流，这与地形条件有关，坡度的大小决定了消落区植被覆盖的空间差异。2008 年与 2007 年消落区植被覆盖状况基本一致，而 2009 年的植被覆盖度低于之前两年，这与三峡大坝水位调度方案不同有关，退水较晚时，植被生长时间较短，其植被覆盖度较低。②三峡水库消落带时空过程监测研究：我们基于三峡水库高水、低水位期 HJ-A/B 星 CCD 数据开展了三峡水库消落带时空过程监测，掌握了消落带消涨的空间分布，结合消落带地形、土壤质地、浸水时间等基础数据，分析了消落带基底类型及其功能适宜性。结合高分辨率的 IRSP5、SPOT5 多光谱与全色波段数据等，开展了以影响水环境为目标的消落带土地覆被特征监测，掌握了消落带范围内淹没陆地本底结构特征，从而为客观地解读三峡消落带生态环境问题提供依据。

（3）三峡库区农村移民人居环境评价及家庭生活安置现状分析。①三峡典型区农村居民点格局及人居环境适宜性评价研究：与我国平原区农村居民点呈团簇状分布不同，三峡库区农村居民点规模小、密度大、分布散乱，呈现出“满天星”状的分布格局。以渝北、万州和秭归移民区作为三峡典型区，利用面向对象分类和监督分类相结合的方法，从高分辨率遥感影像提取了农村居民点，在此基础上利用 GIS 技术对农村居民点空间分布规律特征和制约农村居民点分布的要素，如海拔、坡度、坡向、道路、水源等进行了分析；借鉴农用地评价方法，利用评价中的多指标综合评价法，结合层次分析法（AHP）生成人居环境适宜性评价图。结果表明，三峡农村居民点受到海拔、坡度、坡向等因子的影响呈现出较明显的空间分布规律。三峡典型区农村居民点格局及人居环境适宜性评价结果为农村居民点布局的合理规划提供了参考和依据。②三峡库区农村移民家庭生活安置现状分析：三峡移民作为迄今为止动迁规模最大、涉及面最广的非自愿性工程移民群体而广受关注。通过 2009 年大量的抽样调查数据来讨论三峡农村移民家庭的生活安置适应性问题得到的基本结论是：三峡库区农村移民家庭适应目前的居住生活，移民家庭的居住条件、医疗保障普遍得到了改善；三峡农村移民家庭的生活也存在生活成本增加和建房费用可能导致的负债隐患，这可能对移民总体的生活安置满意度的选择造成一定的负面影响；三峡农村移民家庭生活安置适应性受到搬迁时间的影响显著。因此，建议关注移民居住生活，移民的适应性与移民的可持续发展还要建立相关体系和指标，做进一步的讨论和研究。

利用三峡库区农村移民社会经济环境调查数据，对三峡库区农村环境保护设施现状、农村移民的环境素质进行了分析，认为库区农村环境基础设施有了很大进步，但是库区农村环境基础设施仍然不足，饮用水不够安全，化肥施用量过度，生物、环保防虫技术很少被采用，移民缺乏环境保护的基本知识，对环境保护的重要性认知不足，仅具备浅层次的局部的“日常环保型”意识，参与环境保护的经济能力和动力不足。因此，需要加强库区农村环境基础设施建设，改善饮用水安全状况，推广高效、生态、安全的农业生产技术，加强库区农村移民的环境教育，提高三峡库区农村移民的环境素质，也提高其参与生态环境保护的自觉性，改变其对环境不友好的生产生活行为习惯。

（4）三峡水库地区环境污染及温室气体排放监测评价研究。①三峡水库香溪河支流水域温室气体排放通量观测：开展对香溪河支流水体的温室气体排放观测，有助于增加对三峡水库支流温室气体排放情况的了解，以及水华对温室气体排放的影响。结果表明，观测期间香溪河支流的二氧化碳平均排放通量约为 76.52mg/（m^2·h），排放强度与水体中叶绿素 a 浓度呈显著负相关，支流水华期间，二氧化碳排放通量小于 0，表现为对大气中二氧化碳的吸收；支流甲烷平均排放通量约为 0.2449mg/（m^2·h）；氧化亚氮平均排放水平约为 0.0117mg/（m^2·h）。通过将甲烷平均排放水平与三峡水库其他区域开展的研究结果进行对比分析，结果表明，三峡水库的甲烷排放水平很低，明显不同于已有基于国外水库平均排放水平对三峡水库全区甲烷排放的估算结果。②三峡水库发电和航运的碳减排效果评价：水电作为一种清洁能源，在我国调整能源结构，发展低碳经济的战略部署中发挥着重要作用。三峡工程作为国际大型水利水电工程，其所拥有的防洪、发电、航运等功能带来的温室气体减排效益，充分体现了三峡工程低碳、减排的“绿色”特征。基于联合国清洁发展机制执行理事会标准，对三峡水库温室气体排放量的估算表明，水库的温室气体排放在水电 CDM 项目计算中可以不予考虑，而通过开展对三峡库区水体的温室气体排放观测与分析，发现其单位发电量产生的温室气体排放远低于火电的排放标准，相比三峡工程带来的巨大环境与经济效益可以忽略不计。鉴于目前国内水电开发程度较低，能源消耗过多依赖于原生资源的现状，水电在我国能源结构调整中仍拥有巨大的潜力。

（5）三峡工程生态与环境监测系统的建立。针对三峡工程可能引起的生态环境问题，我们建立了长江三峡工程生态与环境监测系统。自 1996 年建立以来，监测系统按照规定的监测指标体系和操作规范，对三峡生态环境进行全过程跟踪监测，取得了大量生态与环境数据及资料，为三峡生态环境的监测与保护发挥了重要作用，也为我国大型江河湖泊的综合性生态环境监测工作做出了积极探索和有益尝试。随着水库逐步转入正式运行期，三峡监测系统的监测重点也由为工程建设服务转向工程运行服务阶段。通过对三峡工程监测系统发展至现阶段进行总结研究，梳理了三峡工程监测系统的特点、运行成效、示范意义等，并指出了监测系统今后一个阶段内的发展方向。

3）典型地区生态环境监测评价研究

（1）生态环境典型治理区 5 年期遥感动态监测。

1998 年以来，中国在生态环境脆弱区实施了一系列生态建设工程，为了评估工程的效益、监测工程实施地区的生态环境变化趋势，在生态脆弱区选择了具有代表意义的 5 个典型区，采用遥感与地理信息系统技术相结合的方法，对这些地区在 1997～2002 年 5 年内的生态环境变化进行了动态监测。监测结果表明，这 5 年来，退耕还林还草、天然林保护、防护林建设和小流域治理等生态环境建设工程已经取得较大进展，各治理区的环境正在逐渐改善。

（2）近 25 年“三北”防护林工程区土地退化及驱动力分析。

以长时间序列的遥感数据 NOAA/AVHRR NDVI 为基础，利用 Sen 趋势度与 Mann-Kendall 分析法分析了“三北”防护林工程区 1982～2006 年的土地退化趋势，结合气候因子降雨，运用残差法模型评价了人类活动在工程区内土地退化中所起的作用。结果表明，区域内土地退化程度整体趋于减轻，即植被上升的区域大于下降的区域，13.00%的地区退化程度显著减轻，6.20%的地区退化程度显著加重。其中，绝大多数省份的土地退化程度趋于减轻，尤以内蒙古、青海和新疆最为明显，只有甘肃省土地退化程度明显趋于加重。而人类活动对植被变化起显著正作用的占 11.93%，起显著负作用的占 6.19%。这说明在干旱、半干旱区，由于降雨随时间的变化不显著，对植被变化的影响相对较为微弱，植被显著变化主要受人类活动的影响。

（3）海河流域生态环境遥感研究。①基于 MODIS 数据的海河流域植被覆盖度估算及动态变化分析：

以 MODIS-NDVI 时间序列数据为基础，利用像元二分模型，对海河流域 2000～2007 年的植被覆盖度进行了估算，分析了年最大植被覆盖度的时空变化特征，并对植被覆盖度与降水量之间的响应关系进行了深入探讨。结果表明，海河流域 2000～2007 年平原农业区植被覆盖度整体较高，介于 60%～80%；

永定河上游区域植被覆盖度较低，小于 30%；近 8 年来，海河流域植被覆盖度整体呈增加趋势，只有东南部的部分农田及城市扩展区，植被覆盖度有所减少；海河流域植被覆盖度与当年 3～8 月的降水总量相关性最高，该时段内降水量与植被覆盖度年际变化的总体趋势相似，在绝大多数年份，两者的增减具有一致性。②海河流域湿地格局变化分析：湿地具有独特的生态服务功能和很高的生态效益。目前湿地恢复的相关研究主要集中在恢复举措等宏观方面，存在从整体上考虑湿地之间的连通性及其空间结构的影响因素等问题。我们在流域尺度上，对湿地的可恢复性进行评价，综合考虑湿地结构、湿地景观特征等自然因素，以及人类建设活动干扰下流域下垫面等因素，对整个流域内湿地恢复的影响利用遥感和 GIS 技术，制作了海河流域 1980 年、1990 年、2000 年和 2007 年 4 期湿地分布图，分析了湿地格局变化过程与区域气候变化及人类活动的影响。结果表明，流域内天然湿地面积萎缩趋势明显，由 1980 年的 5360km^2 降至 2007 年的 4331km^2；人工湿地面积先增加后减小，由 1980 年的 3492km^2 增至 1990 年的 5245km^2，之后逐渐减小，至 2007 年降为 4499km^2；平原区湿地面积先增加后减少，其主要影响因素为农用湿地的变化。山区湿地面积呈递减趋势，主要受河流湿地和河流洪泛湿地面积递减的影响；1980 年，流域内河流湿地面积分布最广，之后河流湿地逐渐萎缩，而农用湿地、水库/库区湿地、海水养殖场/盐田和浅海水域湿地面积逐渐增加；受气候变化和人类活动影响，湿地格局呈斑块破碎化和空间分布均匀化与孤立化的演变趋势。③区域尺度海河流域水土流失风险评估：借鉴 USLE 的因子选择及综合方法，在遥感和 GIS 的支撑下，对海河流域的水土流失风险进行评估，并对其空间分布特征进行分析。结果表明，海河流域山区水土流失风险显著高于平原地区，北三河山区水土流失风险最低，太行山区最高，永定河上游介于两者之间，水土流失风险“很低”等级主要分布在小于 5°的平坦地区，“中”“高”水土流失风险面积主要集中在 8°～15°与 15°～25°两个坡度带内，约占总面积的 65%，且“高”水土流失风险面积所占比例随坡度的增加而增加，未来的治理应依据水土流失风险的高低有针对性地开展，以达到事半功倍的效果。

（4）密云水库地区生态遥感研究。①密云水库上游植被覆盖度的遥感估算：在对像元二分模型 2 个重要参数推导的基础上，改进了已有模型的参数估算方法，建立了用归一化植被指数定量估算植被覆盖度的模型，并根据实际运用时的两种情况，提出了估算植被覆盖度的方案。研究结合密云水库上游实际情况，设计了模型应用的技术路线和实施方法，对研究区植被覆盖度进行了估算。通过密云流域的实地考察，利用照相法对植被覆盖度的估算结果进行了验证，估算精度达 85%，结果表明，使用该改进模型进行植被覆盖度遥感监测是可行的。②基于遥感和 GIS 的密云水库上游土壤侵蚀定量估算：密云水库是当前北京唯一的一个地表饮用水源。其上游地区的水土流失一方面将造成土地退化和农业生态环境恶化，另一方面将导致大量泥沙淤积水库，使水质受到污染，缩短水库使用期限，所以其上游的水土保持生态环境对于水源涵养和水库水环境具有重要意义。我们利用遥感数据，获取水土流失的植被和土地利用信息，收集降雨资料和土壤数据，在通用土壤流失方程框架的基础上建立区域土壤侵蚀模型，对密云水库上游 2001 年和 2002 年土壤侵蚀量进行定量估算，认为利用遥感和降雨数据，实现密云水库上游土壤侵蚀量的年度估算是可行的。③密云水库上游降雨与植被耦合关系对土壤侵蚀的影响分析：基于 TRMM 降雨资料时间序列数据和 MODIS-NDVI 16 天合成产品的时间序列数据，分析了密云水库上游降雨与植被的耦合关系对侵蚀的影响。结果表明，侵蚀将发生在降雨强度大，同时植被覆盖差的时段，而密云水库上游地区植被的年内生长曲线形态与降雨的分布形态相似性较大，表明研究区的植被具有较好的保护水土能力；研究区侵蚀主要发生在 7～8 月，而在 1～3 月及 11～12 月几乎不会发生侵蚀；研究区侵蚀的发生与植被覆盖有很紧密的联系，大部分的侵蚀发生在植被覆盖差的“其他”类内。其研究结果将为在年内选择具有代表性的时段分析侵蚀状况提供很好的参考资料。

（5）官厅水库上游近 20 年土壤侵蚀强度时空变化分析。

官厅水库上游地区从 1982 年就被列入国家级水土保持重点治理区，国家不仅在水土流失治理方面大力投入，而且进行了多次土壤侵蚀遥感调查。各次土壤侵蚀遥感调查的成果在时间上形成序列，客观上为进行区域土壤侵蚀状况和生态环境变化的趋势动态分析提供了可能。在历年土壤侵蚀调查结果的基础上，进行了官厅水库上游永定河流域近20年来土壤侵蚀强度的时空变化分析，确定了区域内水土流失强度在空间和等级的变化情况。

（6）延河流域阔叶林地上生物量遥感监测及空间分布特征分析。

黄土高原地区水土流失严重、生态环境恶化，研究其代表区域——延河流域有利于指导植被建设。利用2009年生长季的环境减灾小卫星影像，以基于遥感的统计模型法，估算了延河流域的阔叶林地上生物量，分析了阔叶林地上生物量与自然、社会条件等方面的相关性，探寻了影响阔叶林地上生物量空间分布的因素。分析结果表明，延河流域阔叶林地上生物量均值为34.45t/hm^2，其空间分布特征是南高北低、东西低中部高，其最高值可达209.2t/hm^2；气候、地形、植物种类、人类活动4项因子都对生物量的空间分布产生了影响，但制约该地区森林发育的最重要因子还是气候影响中的水分；人类生产生活与阔叶林地上生物量有着相似的分布区域，形成了经济发达地区阔叶林生物量高于欠发达地区的格局。

（7）南水北调中线水源区植被覆盖度遥感监测分析。

南水北调中线工程是我国大规模跨流域调水工程的一部分，开展该区域植被覆盖度变化的研究与分析对于保护该区域的生态环境及水质具有重要意义。以2000年和2009年两期遥感图像为本底数据，利用基于NDVI的像元二分模型对南水北调中线水源区的植被覆盖度进行了估算，并分析了该区植被覆盖度的时空变化特征。结果表明，2000年该水源区植被覆盖度的平均值为67.5%，2009年的平均值达到72%，植被覆盖度总体呈增长趋势；植被覆盖度增幅的空间特征表现为水源区中部地区高、东西部地区相对较低；在不同植被类型中，落叶针叶林的覆盖度平均值增幅最大，草地覆盖度增幅最小；位于水源区的大多数县（市）的植被覆盖度在近十年来都有不同程度的增加，其中柞水县的植被覆盖度平均值增长幅度最大，这与国家实施退耕还林、封山育林、基本农田建设等政策有关。

4）水土流失风险度和土壤侵蚀水环境影响评价方法研究

（1）耦合过程和景观格局的土壤侵蚀水环境影响评价。

将景观格局的作用纳入到土壤侵蚀的生态环境影响评估中具有方法上的实用意义，可为水体泥沙源区识别、评价立地侵蚀对目标水体的泥沙输出风险和流域景观格局对土壤流失抑制潜力提供一种途径。将RUSLE模型作为模拟立地土壤侵蚀强度的工具，考虑植被覆盖和地形对泥沙输送的阻滞作用，从点（栅格）和子流域两个尺度，采用景观格局表征方法，定量评估南水北调中线水源区土壤侵蚀对河流、水库的影响。在点（栅格）尺度，提出土壤侵蚀影响强度指标表征土壤侵蚀对水体的泥沙输出风险；在流域尺度，利用反映流域景观格局留滞泥沙能力的渗透指数指示泥沙进入水体的风险。结果表明，耦合景观格局信息和侵蚀过程的指标能在空间分布上有效反映立地土壤侵蚀对水体泥沙输入的影响强度；渗透指数与流域平均景观阻滞、平均植被覆盖度呈显著的指数关系，子流域输沙模数与渗透指数呈显著的指数关系，说明基于土壤侵蚀过程表征景观格局、将景观格局信息与景观土壤保持功能结合起来的评价方法可为土壤侵蚀风险评价提供新途径。

（2）水土保持监测信息系统的设计与实现。

分析计算机技术在水土保持领域的综合应用，探讨基于“3S”技术、组件技术、空间数据库技术、三维仿真技术、多媒体技术等综合技术应用下的官厅、密云水库上游水土保持监测系统的体系架构、总体功能及其关键技术与特点。该系统不仅在海河流域生态环境治理过程中发挥技术支撑的作用，同时也为其他流域水土保持管理的信息化建设提供示范与借鉴。

3. 毒品原植物遥感

毒品犯罪是全球性的社会公害。面对严峻的犯罪态势，国家禁毒委员会在 1991 年明确提出了“三禁并举，堵源截流，严格执法，标本兼治”的禁毒工作方针。常规监测方法效果不能满足禁毒的要求。为了提高禁种铲毒工作力度及效率，国家禁毒委员会办公室（公安部禁毒局）在 2001 年委托遥感所开展利用卫星遥感技术监测非法种植罂粟活动的实验。通过 3 年的技术攻关与实验，建立了基于卫星遥感技术的非法种植罂粟遥感监测技术体系，并在国内外一些重点毒区开展了一系列试验，初步取得监测效果。

2004 年 2 月，国家禁毒委员会办公室（公安部禁毒局）启动试运行监测，取名为天目行动，选取了 3 个重点毒区，开展了试运行监测，并取得了成功，公安部各级领导对此项监测工作予以高度重视。2004 年下半年，公安部禁毒局为切实掌握“金三角”地区的罂粟种植数量和国际禁毒合作的需要，启动了缅北地区的罂粟遥感监测计划，发布了缅北地区的罂粟种植面积，摸清了该地区的种毒形势。

通过多年罂粟光谱和生化参数特征分析，结合非法种植罂粟环境、物候等特征规律信息，利用毒品种植区多时相对比特征的排除技术，针对毒品种植心理、物候特征和环境特征，构建非法种植罂粟识别技术与非种植区排除技术，形成业务化的非法种植罂粟监测技术，取得了良好的监测效果。

经过多年的研究和“天目–04”行动的实战检验，利用遥感可以监测到非法种植的毒品源植物，能为地方铲毒队伍提供比较准确的可疑靶区和靶标，对于发现和铲除非法毒品源植物、提高铲毒效率、降低铲毒成本具有重要的意义和应用价值，并自 2005 年起继续推进“天目”行动和“缅北罂粟遥感监测”计划，以促进国内和“金三角地区”种毒形势的根本遏制。

4. 水资源遥感

水资源遥感面向流域水资源管理，研究流域水循环要素遥感监测技术，发展了大尺度、高分辨率、长时间序列处理需求的降水量、蒸散发（ET）、陆地水储量、土壤含水量等遥感估算方法。

遥感技术监测流域蒸散发用于流域水管理的研究，利用卫星遥感监测 ET 比传统地面监测 ET 方法具有更高的经济合理性和实用性。通过遥感监测的蒸散发，不仅可以对农业用水效率、灌溉系统性能做出更符合实际的评价，还可服务于流域水资源管理和区域水资源利用规划。

1）基于遥感的区域蒸散量监测方法研究

地表蒸散数据在农业、水文、森林和生态等领域有着广泛的需求。在地表能量平衡的理论框架下，结合大气湍流交换理论，热红外遥感一直是估算大范围蒸散发的有力工具。ETWatch 是用于区域蒸散遥感监测的业务化运行系统，集成了具有不同应用优势的遥感蒸散模型，并以 Penman-Monteith 公式为基础，建立了下垫面表面阻抗估算方法，利用逐日气象数据与遥感反演参数，获得逐日连续的蒸散分布图。所生成的从流域级到地块级的数据产品能动态反映区域蒸散发的时空变化规律。利用地面观测资料对蒸散遥感监测产品的验证表明，涡度相关观测数据能量闭合率在 0.9 以上时，1km 级的日蒸散结果的平均偏差约 10%；对于地块级（30m）的蒸散发，受混合像元的影响，相对于土壤水分消耗法测量的作物蒸散发，遥感监测作物蒸散发的平均误差在 12.7%左右。

ETWatch 是面向流域规划与管理和农业水管理的实用需求，针对遥感应用而设计的遥感蒸散监测系统，可用于计算流域地表净辐射、显热、潜热的空间分布及其时间过程，提高 ETWatch 模型的精度和可靠性的关键在于发展多源遥感数据的参数化方法。该研究室在调研国内外研究进展的基础上，总结了流域蒸散遥感估算参数化中存在的主要问题，包括非均匀下垫面参数获取、时空尺度转换、多源遥感数据集成、真实性检验与模型校正等，并结合上述问题发展了 ETWatch 中的模型与方法。

2）ETWatch 中不同尺度蒸散融合方法研究

高分辨率遥感蒸散数据集的构建受到数据源的限制和云的影响，单一传感器无法达到高时空分辨率覆盖。该研究室分析了 ETWatch 不同尺度遥感蒸散结果的空间特征，通过几种融合方法的比较，分析了数据融合前后的数据特征和信息量，将时空适应性反射率融合模型（STARFM）集成到 ETWatch，用于不同尺度遥感蒸散数据的融合，该方法可以很好地结合高低分辨率数据的空间分布和时间分布信息，在时间上保留了高时间分辨率数据的时间变化趋势，空间上又反映了高空间分辨率数据的空间细节差异，STARFM 融合后的日蒸散发数据与融合前 1km 日蒸散发数据的平均相对误差为 1.75%，融合后的月蒸散发数据与融合前 1km 月蒸散发数据的平均相对误差为 0.2%，STARFM 适合于不同尺度下遥感蒸散发数据的融合。

3）ETWatch 中的参数标定方法研究

为深入了解遥感蒸散量估算中的不确定因素，将其通量计算过程分为地表温度、地气温差、短波与长波辐射、水体热通量、显热通量等环节与地面数据进行对比和逐项的标定。利用站点地面观测资料对模型输入的蒸发比的比较表明，参数标定可有效提高遥感与地面蒸散观测的吻合程度。

4）遥感蒸散模型的时间重建方法研究

提出的遥感蒸散模型时间重建方法考虑了逐日蒸散可能的变化情况，在阻抗–彭曼单层模型的基础上，将图像去云处理与时间重建结合在一起，先使用能量平衡余项模型（SEBS）获得晴好日的地表阻抗信息，选择了叶面积指数作为反映植被表面阻抗的参量，通过时间序列谐波分析（HANTS）获得逐日逐像元的 LAI 信息，将晴好日的阻抗信息扩展至待定日，并使用因子函数表达了极端温湿条件对植被叶面阻抗的限制作用。使用中国科学院禹城站 2003 年作物季的大型蒸渗仪数据对模型所得逐日蒸散结果进行了验证。在作物生长季，模型结果相对于实测结果表现出了良好的相关性（$R^2 \approx 0.7$）远优于作为对比的蒸发比不变法。受单层模型假设局限，该方法在裸地及稀疏植被上的结果还存在着较大的误差。针对遥感估算蒸腾蒸发量的时空尺度推演及应用，提出了适合任意蒸腾蒸发量的时空尺度推演方法，建立了不同土地类型区域的水分盈亏计算方法。利用 NOAA/AVHRR 和 Landsat TM 遥感数据分别反演出影像，获取当天的实际蒸腾蒸发量，通过 Penman-Monteith 公式并使用气象数据计算出参照蒸腾蒸发量，然后用空间和时间的推演法，形成高分辨率、长时间序列的遥感反演蒸腾蒸发量结果，同时对降水量进行样条插值得到数字图像。

5）流域耗水平衡方法与应用

流域水量平衡分析是水资源现状评价与水资源合理调度研究工作中的一个核心。我们基于遥感技术估算的蒸散，结合监测统计数据，提出了流域耗水平衡方法，以海河流域为例，进行了 2002～2007 年流域及子流域的耗水平衡分析，流域多年平均蓄变量为–62.3 亿 m^3，其中农业生产是流域水资源消耗的主要因素，占耗水总量的 54.3%，年际变动范围较小（–5%～8%）。通过对流域蓄变量变化和流域蒸散结构的分析，揭示海河流域存在的水资源问题，为流域水资源管理和节水型社会建设耗水控制及节水方案提出建议。

5. 储粮数量检测仪器

农业与生态遥感研究室建立了基于阻抗分析仪和粮食密度与介电常数关系测量筒的实验环境，研究了利用多频率电磁波检测粮堆密度的方法，提出并验证了粮食密度与电磁波速度的关系模型，研制了粮食密度传感器等检测设备，实现了检测设备的小型化、便携化。

（三）学 科 特 色

1. 全球农情遥感速报系统

“全球农情遥感速报系统”（CropWatch）所使用的主要数据来自卫星遥感观测和地面观测，数据处理流程和监测方法为独立研究开发形成，因此监测结果具有独立性和客观性的特点。

2. 区域生态遥感

研究以土地覆被、植被生理参量、土壤侵蚀等为核心的遥感监测技术体系，实现了区域地表生态参量反演到综合评价的流程，形成关键技术研究和业务服务一体化的科研业务发展模式。

3. 毒品原植物遥感

研究罂粟遥感识别方法，准确地进行罂粟的目标识别和提取。其特色是以高分辨率遥感、毒品原植物光谱、生态生理学特征、犯罪心理学为基础的非法种植罂粟遥感监测技术的应用研究。以技术研究促进运行监测，以运行带动技术研究。

4. 水资源遥感

其学科特色是形成了从水循环要素反演与估算、耗水平衡分析、水资源利用效率评价模型构建的技术体系。

5. 储粮数量检测仪器

研制粮食密度测量原理和方法，解决粮仓储粮数量检测问题。

四、科研任务、项目与成果

（一）承担的主要项目与任务

该研究室承担各种项目课题 30 项，其中，国家 863 高技术计划项目 3 项、973 国家基础研究项目 1 项、国家自然科学重点基金项目 1 项、国家科技攻关/科技支撑等项目 5 项、国家发展和改革委员会项目 3 项、国务院三峡办项目 2 项、相关部委项目 4 项、中国科学院重大项目等 7 项、地方政府项目 1 项、国际合作项目 3 项。

（二）研究成果与推广应用

1. 成果

出版专著 1 部、专刊 3 部，发表论文 200 余篇，其中 SCI 检索论文和代表性论文 20 篇。获奖 2 项，其中获国家科技进步奖二等奖 1 项，获水利部科技进步奖二等奖 1 项。获得专利 6 项，软件著作权 18 项。

2. 成果转让与应用

目前，由遥感所建设和运行的“全球农情遥感速报系统”，是世界上开展全球尺度农情遥感业务监测的主要运行系统之一，可以在中国和全球尺度提供作物长势、单产、种植面积、产量和旱情等农情信息。其已经发展成为一个独立运行、监测内容全面、技术先进、监测结果可靠，并具有快速响应能力的系统。2005～2009 年，通过对“全球农情遥感速报系统”的不断完善，提高了系统的独立性和运行效率，并在 2008 年春季雪灾、汶川地震、2009 年冬小麦种植区春季干旱、2010 年西南大旱等关键时期发挥了重要作用。

“全球农情遥感速报系统”为国家有关部门提供了及时、准确的农情动态变化信息，是国家粮食宏观调控和粮食安全政策的主要决策信息源之一；蒸散发遥感监测与应用系统在海河流域等区域水资源管理中得到了广泛应用；在生态领域研究和发展的土地利用/覆盖、植被覆盖度、生物多样性、生物量和水土流失遥感监测方法体系，被成功应用于三峡工程、“三北”防护林工程和海河流域治理工程的生态环境效应评估；面向毒品原植物建立的基于遥感技术的罂粟遥感监测技术体系，是国家禁毒办关于禁种铲毒和“金三角”地区禁毒工作不可替代的信息源；而构建的“三峡工程生态与环境监测信息系统”实现了区域水文、生态、水质等生态信息的集成管理；研制的粮仓储粮数量检测仪器为国家粮食局组织的“清仓查库”工作提供了科学、准确、快速的粮食数量检测手段。

从 2005 年起，非法种植罂粟遥感监测技术的应用已经替代了原有的航空器使用，成为我国禁种铲毒工作的主要技术手段，提高了禁种铲毒工作的安全性，为禁毒实战部门提前提供了大量非法种植罂粟信息，有效地提高非法种植罂粟的发现能力，震慑非法种植者，使种植面积逐年减少，罂粟非法种植形势得到根本的遏制，改变了长期以来禁种铲毒的被动局面。监测成果有效配合了境外毒源地种植毒品情报收集分析，为国家制定遏制境外毒品渗透决策提供了科学依据。通过利用科研成果参与禁毒国际合作，提升了我国禁毒的国际形象。监测成果得到国家领导人的赞赏和批示。2012 年，因在“金三角”湄公河毒品案件中提供技术支持，受到公安部与中国科学院致函表扬。

五、科研队伍建设与人才培养

（一）科技人员组成、结构与培养

2012 年职工 18 人（在编 9 人、项目聘用 9 人）；其中，11 人拥有博士学位、8 人拥有硕士学位；研究员 2 名、副研究员 7 名、助理研究员 9 人，博士后、博士研究生、硕士研究生等 15 人，其他人员 6 人，共计 39 人。

曾在该研究室工作过的职工（按拼音排序）：常胜、杜鑫、傅黎、高琅琅、黄慧萍、李发鹏、李强子、李晓松、刘国水、卢善龙、蒙继华、孟庆岩、任鸿瑞、田亦陈、文美平、王秀利、吴炳方、吴方明、邢强、熊隽、闫娜娜、杨雷东、尹锴、袁超、曾红伟、曾源、张超、张飞飞、张磊、赵旦、周月敏、朱亮。

（二）研究生培养

培养硕士研究生 18 名，博士研究生 28 名，博士后 5 名。

（三）研究室成员的国际学术组织任职

吴炳方研究员：*Int. J. Applied Earth Observation & Geo-information* 杂志副主编；“GEOSS Ag-07-03 农业主题”联合主席。

（四）优秀中青年人才

截至2012年，1人晋升为研究员，8人晋升为副研究员，3人为硕士研究生导师。

（五）人才培养措施

该研究室注重对青年科研人员的培养，鼓励多学习、多交流、多创新，并一直向着打造国际化研究团队的目标努力。

第十九章　减灾与应急遥感监测研究室（灾害与环境遥感研究室）

一、概　　述

（一）成立背景

我国是一个自然灾害频发、灾害种类繁多、危害严重的国家。地震、洪涝、台风、干旱、风雹、雷电、高温热浪、沙尘暴、地质灾害、风暴潮、赤潮、森林草原火灾、植物森林病虫害等灾害在中国都有发生。中国 70%以上的城市、50%以上的人口分布在气象、地震、地质、海洋等自然灾害严重的地区。每年因自然灾害造成的经济损失高达 1000 多亿元。最大限度地减少自然灾害损失，对促进国民经济发展和保持社会稳定有着极为重要的意义。面对自然灾害对人类社会的挑战，遥感技术就以其技术优势，在减灾、救灾和防灾中发挥着不可替代的作用，受到世界各国和国际组织的极大关注。

1966 年，我国河北省邢台发生 6.8 级和 7.2 级强烈地震。周恩来总理决策在我国首次“采用航空方法开展邢台地震的震害调查”。

20 世纪 70 年代初期，中国科学院与林业部、黑龙江省合作，进行了机载红外遥感林火探测系统研制和试验，在 3000m 高空透过烟雾取得了火场的实况图像。

1976 年 7 月 28 日，唐山发生 Ms7.8 级地震，党中央、国务院立即决定进行大面积、大比例尺的航空摄影，快速完成震害调查，形成 1∶10000 和 1∶25000 比例尺地震区震害分类分级判读图。

1979 年，遥感所成立。国家对遥感技术和应用发展越来越重视，并相继在多个五年计划中设立与灾害有关的遥感技术科技攻关项目。遥感所通过负责实施或参加这些科技计划，使得中国的灾害遥感发展迈向新的台阶。

1987 年 6 月，遥感所参加了国家科委组织水利部、中国科学院、国家测绘局等部门实施的“防汛救灾遥感应用计划”，在永定河下游开展试验，首次在中国实现了机载真实孔径侧视雷达图像实时传输和准实时传回河道电视图像，实时进行计算机处理，并建立了永定河蓄、滞洪区的防洪数据库和河道现状查询库。

1988 年，在黄河下游开展试验，建立了一套完整的实时监测黄河洪水险情与灾情的遥感信息系统。

1989 年，在淮河、荆江和洞庭湖地区，采用中国科学院电子学研究所研制的合成孔径侧视雷达，第一次在夜间获得了长江荆江河段近 $2000km^2$ 的高分辨率雷达影像，实现了对洪水的全天候监测，并突破了准实时传输技术等。

中国科学院先后在 1988 年和 1989 年进行了航空遥感林火实时监测系统的试验。由飞机传输到地面的图像，不仅分辨率较高，而且还标明了火源的地理坐标，为以后的林火实时监测提供了一种先进的技术手段。中国科学院上海技术物理研究所、中国科学院空间科学与应用研究中心、遥感所共同完成了森林火情监测系统，第一次在中国实现了红外探火、实时成像、图像实时传输及火情定位一体化的火灾监测，达到了国际先进水平。

遥感所作为主持单位之一，组织开展了由中国科学院牵头的国家“八五”科技攻关项目“遥感技术应用研究”。在“七五”科技攻关的基础上，以应用为导向，通过攻关研究，建立一个具有快速、准确，机动和集成特点的灾害和作物估产系统，开展了中国重大自然灾害遥感监测评价研究和试验运行服务，为相关产业部门的遥感应用提供技术支持，使中国遥感应用成套技术的发展提高到一个新水平。

上述灾害遥感应用研究为灾害遥感领域奠定了雄厚的理论、方法、技术和成果基础，并为该研究方向培养了一大批高水平的研究人才。

（二）建立的必要性

自然灾害往往具有突发性，如地震、洪涝、滑坡、泥石流、林火等灾害令人猝不及防，造成的生命和财产损失非常严重。为了救灾，需要迅速掌握灾害的发生地点、范围、损失程度等，而常规的人工调查方法十分有限。有时灾害会造成交通受阻、通信中断，给抢险救灾带来巨大困难。遥感技术可以迅速获取大面积地表信息，其是监测灾害十分有用的手段，因此，研究灾害信息快速获取、处理、提取、分析，建立灾害监测评估系统，开展灾害监测评价运行服务是遥感为国家建设和社会发展必不可少的技术手段。为促进灾害监测和应急服务能力的提高，在遥感所已有工作的基础上，建立从事“减灾与应急遥感监测”的研究室是非常必要而及时的。

（三）在所及学科中的地位

减灾与应急遥感监测研究室是遥感所专门从事灾害遥感预警、监测、评价的研究机构。通过灾害信息快速提取方法、评价模型、灾情数据库、灾情速报系统的建立，开展了我国重大灾害的监测、评价和主体功能区划工作，其在多种灾情监测、快速评估、运行服务等方面具有明显的优势，成为国内综合灾情遥感监测的主要系统，在为国家和地方政府服务等方面成绩显著，在国家减灾救灾方面发挥了重要作用。

二、沿　革

（一）机 构 变 化

1997 年 6 月，遥感所第五届领导机构在国家遥感应用工程技术研究中心设立地理信息工程部。1998 年，中国科学院开始实施“知识创新工程”试点工作，遥感所首批进入知识创新工程体系。根据知识创新工程和遥感信息科学事业发展的需要，遥感所决定正式设立“灾害遥感”创新领域，并在地理信息系统工程部的基础上组建“灾害与应急遥感”研究室。

新时期国家发展战略对灾害遥感提出了新的重大需求。遥感信息科学的创新发展也对“灾害遥感”提出新的挑战。适应新形势、面对新挑战、做出新贡献，激励着“灾害遥感”的创新与跨越。为适应新形势发展的要求，在 2007 年 9 月新一届所领导机构换届时，在原灾害与应急遥感研究室的基础上，建立了减灾与应急遥感监测研究室，保持了原有的学科方向，直到 2012 年 9 月遥感所整合。

（二）历届研究室主任

王世新。

（三）中国共产党的支部书记

魏成阶、周艺。

三、学术方向与学科发展

（一）学术方向与定位

面向全球和区域性重大灾害和突发性环境事件，研究和发展利用遥感、地理信息系统技术进行预警、监测、评价和应急反应的理论、技术和方法，构建灾害与环境遥感综合监测评价体系和应用系统，形成国家灾害与环境遥感科学和信息服务基地，为减灾救灾和可持续发展提供决策支持。

（二）学 科 发 展

1. 基于网络的洪涝灾情遥感速报系统

这是继承地理信息系统研究室的研究工作。减灾与应急遥感监测研究室在原有工作的基础上，通过国家“九五”攻关97-759项目的支持，进一步建立、完善了“基于网络的洪涝灾情遥感速报系统”。该系统的主要功能有6个方面：①多源遥感数据的预处理和融合；②多源遥感数据中洪涝灾情淹没损失目标的人机交互判读及信息提取；③灾情基础背景数据库支持下的灾情评估；④灾情图像、图形、数据、报表、报告的快速编辑和灾情信息网络发送；⑤灾情信息网络联机服务；⑥灾情信息查询。系统达到的技术水平如下：①可以对洪涝灾害的发生、发展到减弱的全过程进行大范围、快速、连续的动态监测；②在资源环境数据库的支持下，对洪涝灾害的损失给出以县为行政单元的定位（受灾分布范围）、定性（洪涝淹没的各种类型土地）、定量（各种被淹类型土地的数量）的评估结果，包括评估图件和相应的数据表格等，与1∶100000比例尺资源环境遥感数据库结合，实现土地利用淹没评价技术和模型；③利用星载和机载雷达数据，可以对洪涝灾情进行全天候全天时的监测，做到了重大灾情无漏测；④利用灾前、灾中、灾后的遥感数据和地理信息系统中的空间背景数据库相叠加与融合，可以及时地提出不同受灾地区防洪减灾的建议；⑤通过国家科学技术部和国家信息中心的计算机网络系统，及时向国务院和各省防汛指挥部发送当天的灾情信息。

2.“国办遥感信息服务系统”和“警戒水域”遥感数据库建设

通过开展国家高技术研究发展（863）计划课题研究，针对洪涝灾害遥感监测中存在的缺乏统一本底参照的问题，根据中国东部七大江河中下游洪涝灾害易发区历年来发生洪涝灾情的特点和淹没范围，提出了洪涝灾害“警戒水域”的概念。将“警戒水域”定义为在洪涝灾害易发区遥感图像中，“可确定的淹没损失的临界特征水域”，其可作为判定洪涝灾害淹没损失的定性、定位的统一标准和依据。警戒水域数据库的建立对规范洪涝灾害的定位、定性、定量监测评估，提高监测评估的精度和时效性具有极为重要的意义。

遥感所与中国气象局卫星气象中心、水利部遥感技术应用中心等单位合作，首次完成了“全国洪涝灾情遥感警戒水域数据库”的建设，并在以后历次的洪涝灾害监测中发挥了重要作用。同时，根据国务院办公厅对灾情信息的服务要求，利用当代网络技术和地理信息系统技术，依托科学技术部国家遥感中心建立了“国办遥感信息服务系统”，其成为遥感为国家决策服务的专门信息渠道。

3. 灾害数据库和灾害重现特征、灾害危险性遥感评价研究

通过搜集整理我国历史文献，结合近 20 年灾害监测结果，利用空间统计和空间插值的方法，实现了自 1470 年以来的 540 多年间水旱灾害历史记录数据的序列化、网格化，形成了我国水旱灾害长序列时空数据集。利用该数据集，分析归纳了我国水旱灾害强度、频次、重现周期等时空分布特征，实现了我国水旱灾害的危险性评价和类型分区，为减灾防灾规划等提供了重要基础。

4. 灾害信息遥感提取模型研究

针对中国环境特征和植被燃烧特点及火灾发生发展机理，构造了基于遥感的森林草原火险指数，用其来衡量火灾发生的可能性、扩展速度和扑灭难度。通过对多年的资料统计发现，降水量、湿度、气温、风速与草原火灾的发生存在着密切关系。因此，在该研究中，选择了陆地地表温度和植被叶面水分作为气象因子。可燃物状况采用枯草率、可燃物重量、草地连续度等 5 个参数来构造和计算草原火险等级指数。每旬发布森林草原火危险性分布产品。每天在接收 MODIS 数据处理 1～2h 内提供火点分布产品、异常高温点分布产品，精度达到 90%。监测结果可以及时为防火减灾提供辅助决策依据。

在深入研究叶片的光谱曲线与水分含量关系的基础上，开展农作物水分含量模型研究。通过对植被指数与叶片、冠层的水分含量间的相关分析，利用实测数据对农作物水分遥感模型精度进行了定量评价。针对 GVMI 模型农作物水分反演的缺陷，利用 SANI 指数容易区分地面覆盖类型的优势，提出了农作物水分含量反演的 GVMI/SANI 模型，有效解决了农作物水分监测中农作物覆盖稀疏或裸土区域的土壤背景影响问题，提高了反演精度。通过建立农作物水分含量与土壤相对含水量间的关系，提出了农作物缺水状况等级划分量纲。

5. 灾害损失遥感评价模型研究

研究发展了基于遥感数据的社会经济指标空间化技术。实现了人口、GDP 及产业结构等统计数据的千米格网化，研究获取了我国 2000 年以来逐年人口、GDP 及产业结构密度的空间分布数据，为开展灾害的定量损失评价提供了重要基础。

对我国主要灾害相关部门的灾害损失评估统计制度和灾害损失指标进行归纳和分析，整理形成了重大自然灾害损失评估综合指标体系；重点开展了房屋建筑、交通基础设施、水利设施、工矿企业、农作物等主要受灾体的不同尺度下、应急条件下的指标优化，形成了重大自然灾害的灾害损失遥感评价指标体系。

运用多源遥感及地理信息系统技术快速获取灾害最大受灾范围、灾害强度等级、受灾区人口密度、GDP 密度空间分布等信息，通过空间分析、统计分析等方法，建立灾害人口、经济、生态等受灾损失快速评估模型，快速准确地评估灾区的受灾情况。在地震灾害遥感监测实践中，发展了基于纹理特征空间的地震损失建筑物快速提取模型。

6. 水环境遥感定量监测和评价方法

在实施中国科学院重大项目和知识创新方向性项目过程中，通过开展水质参数诊断性光谱分析及最佳波段选择、水质参数高光谱遥感定量监测技术、水质参数多光谱遥感定量监测技术、湖泊营养状况遥感评价技术、黄色物质信息遥感提取方法等研究，实现了水质遥感定量监测与评价技术的突破，发展了利用中分辨率乃至低分辨率遥感数据进行水质参数反演的技术方法。通过混合光谱分解、光谱匹配模型提取水质光谱，有效地抑制了环境和其他物质的干扰，提高了模型反演的精度。

该研究室发展了“藻华”微波遥感监测方法，实现了多云、多雨地区“藻华”灾害的连续跟踪。

7. 主体功能区遥感监测技术研究

围绕主体功能区规划三级指标体系，开展了规划指标的可遥感化研究。充分利用国内外，尤其是遥感所内的理论、方法、技术和数据资源，结合自主研究成果，发展了相关数据、模型、技术、流程的整合处理技术与复合模型，形成了适用于主体功能区遥感动态监测评价的指标体系，实现了主体功能区规划与实施监测的有机衔接。

利用上述监测指标体系，选择京津冀（优化开发区）、中原经济区（重点开发区）和三江源地区（限制开发区）开展遥感监测，编制了监测报告和支撑图集，为主体功能区实施效果评价及规划方案的修订、调整提供重要依据。

8. 城镇化率遥感监测模型研究

针对城镇化率监测指标具有自然和社会经济双重禀赋的特征，发展了社会经济数据与遥感等多元数据的复合处理技术，提出了城乡人口比例–产业结构–城乡居民用地比重–遥感灯光强度数据相复合的城镇化率计算模型，为开展我国城镇化率动态监测提供了重要的技术手段。

（三）学 科 特 色

面向全球和区域性重大灾害和突发性环境事件，系统地开展了利用遥感、地理信息系统技术进行预警、监测、评价和应急反应的理论、技术和方法，构建了灾害与环境遥感综合监测评价体系和应用系统，并对国家和地方政府的需求开展运行服务，形成了理论方法和实际应用相结合的学科特色，在监测的灾种的综合性、评价模型的先进性、数据库的全面性、系统的功能性、运行服务的时效性等方面，在国内几个灾情遥感监测系统中具有鲜明的技术服务特色，保持领先地位，并为国务院“国办遥感信息服务系统”所认可。

四、科研任务、项目与成果

（一）承担的项目与任务

承担主要和重点项目 21 项。其中，国家科技攻关/科技支撑项目 3 项、国家科技重点/重大专项项目 5 项、863 计划项目 2 项、国家自然科学基金项目 2 项、国家发展和改革委员会电子政务项目 1 项、中国科学院创新方向性项目 5 项、中国科学院重大项目 1 项、其他项目 2 项。

（二）研究成果与推广应用

1. 成果

发表论文 463 篇，其中 SCI 检索论文 121 篇、EI 检索论文 195 篇、CSCD 论文 117 篇、会议论文 30 篇。编写专著 5 本。获奖 6 项，其中获得国家科技进步奖一等奖 1 项、二等奖 1 项，中国科学院科技进步奖一等奖 1 项，国防科工局科技进步奖一等奖 1 项，工业与信息化部科技进步奖一等奖 1 项，海洋工程科学技术奖（社会公益类）一等奖 1 项。其他表彰 5 项。获得专利 6 项、软件著作权 23 项。

2. 成果转让与应用

利用“基于网络的洪涝灾情遥感速报系统”“国办遥感信息服务系统”“警戒水域遥感数据库”，开展了重大灾害和环境事件遥感监测。

1）1998 年长江流域、嫩江–松花江流域特大洪涝灾害监测评价

1998 年夏季，中国长江流域、嫩江–松花江流域发生了历史上罕见的特大洪涝灾害。在抗洪救灾期间，遥感所与中国科学院遥感卫星地面站、国家信息中心数据库部、中国科学院电子学研究所和中国科学院测量与地球物理研究所等单位通力合作，应用“基于网络的洪涝灾害遥感速报系统”开展了大量的灾情监测评估及灾情信息的网络服务，先后采用近 80 个时相的 NOAA/AVHRR 气象卫星数据、RADARSAT-1 SAR 数据 18 景，以及 Landsat TM、SPOT 卫星等遥感信息源开展动态监测；同时，遥感所与中国科学院电子学研究所联合，利用国家 863 计划支持、中国科学院电子学研究所研制的 3m 分辨率 L-SAR 传感器，对洞庭湖与鄱阳湖地区开展 6 万多平方千米覆盖范围的航空监测，取得遥感监测图像、图形共 70 余幅，灾情分析报告和简报 52 期，通过网络迅速传送到国务院及有关部委和省（市），及时而有力地支援了抗洪救灾工作，受到了中央和各省市领导的好评。

在监测过程中，重点开展了以下几个方面的遥感分析和评价。

（1）洪涝灾害淹没损失动态变化监测。

1998 年 6 月 19 日～8 月 31 日，利用多种平台、多种传感器遥感数据，开展了重点灾区全覆盖、连续的遥感监测评估工作。在为国家提供不同地区、不同时段灾情服务信息的同时，还全面、较客观地掌握了中国整体受灾情况，为国家实施救灾、救助和灾后恢复重建提供了科学依据，监测结果得到党中央、国务院的重视和采纳。

（2）全国洪涝灾情对农作物影响的损失评估。

通过监测结果空间分析认为，“1998 年全国洪涝灾害对局部地区农作物的当年收成影响很大，但就全国而言，大部分地区为丰收年，可以弥补因洪灾所造成的损失。1998 年的农作物产量就全国而言，丰收与减产将会是总量基本平衡，与 1997 年相比，应该持平，或略有增长”。国家发展和改革委员会农经司采纳了上述评估数据及结论。

（3）长江干堤险工险段调查和防洪工程的有效性分析。

河道干堤的险工、险段是引发洪涝灾害重大灾情的隐患。1998 年长江流域洪水造成九江段发生一处严重的干堤决口。除了干堤本身的质量问题外，利用机载 L-SAR 数据提取的古河道信息和地貌、水文特征，对该地区干堤决口的地理背景进行了成因分析，取得了“九江段干堤决口是由地下古河道形成管涌所造成的”分析结论。同时，利用灾前、灾中的遥感数据对具有重大潜在危险性的堤段开展了险工、险段的稳定性调查和评价。

（4）城市洪涝灾害的监测评估。

城市是人口和社会经济的集聚区，城市洪涝灾害一直是防灾减灾的主体之一。遥感所是国内最早提出城市洪涝灾害预警、监测、评估的科研单位。1993 年夏季，我国第一个经济特区深圳市发生了两次洪水，部分在建的工程项目和城镇被淹，遥感所采用卫星图像对比分析，认为“工程建筑及城市化、工业化进程加速所造成的资源环境迅速恶化是深圳市发生水患的主要原因”，这一结论给其他城市起到了警示作用。随着遥感技术的发展，空间分辨率和时间分辨率的不断提高为城市洪涝灾害的动态监测评价提供了数据保障。后来，1998 年武汉市区洪涝灾害监测工作为人员疏散和城市排涝决策发挥了重要的辅助作用。

（5）重要工业区及生命线工程易损性评估。

1998 年夏季，在嫩江流域发生了历史上罕见的特大洪涝灾害，大庆油田被淹，我们利用 RADARSAT-1 SAR 数据，通过金属地物对雷达波具有极强回波这一重要特征，开展大庆油田地区生命线工程和工业设施被淹状况分析和评价，准确获取了被淹没铁路、输油管道的位置、长度和油井位置及其个数。

（6）灾后重建家园功能分区规划。

1998 年全国特大洪涝灾害以后，国务院提出了关于灾后重建的“三十二字”指导方针。为贯彻这一

方针，在湖北省下荆江地区，进行了灾后重建的功能分区规划的试验工作。通过综合分析研究各种与洪涝灾害有关的专题信息，进行多种方案的可行性比较和优化，提出受灾地区生产、生活活动、生态保护区功能重建的空间规划图。

2）1999 年台湾南投 Ms7.6 级大地震监测

1999 年 9 月 21 日，中国台湾省南投县发生 Ms7.6 级地震。大陆方面时刻牵挂着台湾同胞的生命与财产安全，急需了解当地灾情。在党中央、国务院急需了解灾情的情况下，遥感所首次成功采用高空间分辨率卫星遥感图像，监测评估了这次地震灾害。在使用星载雷达图像分析地震构造背景的基础上，经过对地震前后高空间分辨率卫星图像的变化检测，提取房屋建筑、交通、景观等震害信息，用定量指标和模型，生成了地震烈度包络线。这套方法在 2003 年 2 月 24 日的新疆伽师–巴楚 Ms6.8 级强烈地震的遥感调查和评估中得到进一步应用和发展。

3）2000 年西藏易贡湖特大滑坡、2004 年西藏帕里河堰塞湖监测

2000 年 4 月 9 日，西藏林芝地区波密县易贡藏布下游发生特大规模山体滑坡，滑坡堆积体截断了易贡藏布河，使易贡湖面积急速扩大，随时存在溃坝的危险，严重威胁到下游群众的生命财产安全。遥感所采用多平台、多时相的遥感数据，对易贡湖进行了动态监测，取得了各时相的湖面范围；结合数字高程模型，定量确定各时相的湖水水位和湖水蓄积量。根据这些数据，对易贡湖滑坡发展趋势和溃坝危险性进行了分析和预测。

2004 年 6 月 22 日，中国西藏自治区阿里地区札达县曲松乡中印边界附近发生滑坡，并堵塞帕里河，形成堰塞湖，对下游地区造成严重威胁，并波及下游的邻国——印度。印度政府向中国政府提出提供灾情预报的请求。中国政府对此高度重视，并迅速做出部署。遥感所利用 RADARSAT-1、CBERS-2、MODIS 等遥感数据，对该地区的堰塞湖水面的变化情况进行了跟踪监测，准确无误地预报了堰塞湖溃坝时间和可能的灾害范围，有效地避免了一次灾害的危害，印度政府为此向中国政府表示感谢。

4）2003 年淮河流域大洪水监测评价

2003 年 7 月，中国淮河流域发生了自 1991 年以来最大的一次流域性洪水。按照国家防汛抗旱总指挥部的部署和中国科学院院领导的指示，遥感所与中国科学院电子学研究所组成联合工作组，迅速启用遥感飞机，搭载由电子学研究所最新研制的高分辨率 SAR 设备，紧急飞赴灾区，对王家坝以下的淮河干流、洪泽湖和里下河地区进行航空遥感监测，连续飞行 11 架次，监测面积 16000km^2，快速形成监测评价图像和报告共 15 期，及时为淮河洪水的抗洪抢险提供了科学依据。

5）2004 年印度洋海啸损失评估

2004 年 12 月 26 日，印度尼西亚苏门答腊岛西北海域发生了 Ms8.7 级的强烈地震（震中位于北纬 3.6°、东经 96.28°），由此引发的海啸，袭击了印度洋沿海的 11 个国家和地区，约 30 万人口在海啸中遇难。遥感所对地震海啸灾害最严重的印度尼西亚亚齐特别自治区进行了海啸损失评估。主要数据有 2005 年 1 月 7 日的两景 32 m 分辨率的 DMC 小卫星多光谱影像和 1 m 分辨率的 IKONOS 图像。所获得的小卫星图像经预处理后，通过对图像中受损失地物的光谱信息分析、受损失信息与环境背景信息的对比分析，进而建立其判读标志；并在此基础上进行损失程度分级判读、统计分析等，实现了从小卫星图像上对海啸灾情损失的遥感快速监测评估。

6）2006 年重庆、四川大旱监测

2006 年夏天，重庆、川东等地遭遇罕见持续高温热浪袭击，局部地区达气温 41～44℃。重庆、四川

两地出现了1951年以来最严重的干旱，重庆大部地区更是遭遇了百年一遇的特大伏旱。两地因旱出现饮水困难的人口达1887万人，农作物受旱面积3.20多万 km^2，绝收面积7270 km^2，粮食减产500万t左右，直接经济损失达150亿元。为全面服务于国家的抗旱救灾工作，遥感所利用MODIS等多种数据源，迅速开展旱灾分布和受损程度监测工作，取得了6期监测结果和综合分析报告。

7）2007年太湖蓝藻水华污染事件监测评价

2007年5～6月，一场突如其来的饮用水危机降临到江苏省无锡市，其罪魁祸首就是太湖蓝藻。这让无锡市民年年都要受到侵扰的“常客”比往年来得更早、更凶。小小的蓝藻在一夜之间打乱了数百万群众的正常生活，也触动了中国经济发展和环境保护的敏感神经。从5月29日开始，江苏省无锡市大批城区居民家中的自来水水质骤然恶化，气味难闻，无法正常饮用。蓝藻暴发后，无锡市出现了众多市民抢购纯净水的现象，饮用水一度成为无锡市面上最为抢手的商品。面对紧急的水污染事件，国家环境保护部委派遥感所开展太湖蓝藻水华的遥感监测评价工作。利用2007年3～6月的CBERS-2、SPOT-5、MODIS等数据，对蓝藻水华的始发、迁移、扩散和集聚进行了全过程监测，对主要排污口和水质参数开展定量与定性相结合的调查、分析，系列结果通过综合、集成形成专题报告，报送国家环境保护部等部门，受到行业部门的高度认可，进而促成了“国家环境保护卫星遥感重点实验室”的建立。

8）2007年秸秆焚烧大气污染事件监测

受传统耕作方式和综合利用技术的影响，就地焚烧已成为许多地区作物秸秆的主要处理方式。尤其在小麦抢收、作物抢种期间，浓烟滚滚成了广袤大地的一大“景观”。秸秆焚烧带来的后果是污染空气环境，危害人体健康；引发交通事故，影响道路交通和航空安全；对区域的环境形象造成严重破坏。2007年5～6月，作为奥运举办城市的首都北京再次受到周边地区秸秆焚烧烟雾污染，严重影响了绿色奥运的筹办工作。为迅速查明污染源、制定未来的禁烧政策、确保北京奥运空气质量，国家环境保护部委托遥感所利用遥感数据开展火点和烟雾分布调查。通过开展2007年3～6月的连续监测，查清了中国秸秆焚烧自南向北的季节迁移规律，确定了秸秆焚烧严重地区的具体分布及其对京津地区的影响，形成了完整的评价报告后报送到国家环境保护部。2008年，国家环境保护部和国家农业部联合部署了秸秆禁烧工作，2008年5月初到9月底，北京、天津、河北、河南、山东、山西、安徽、江苏、辽宁等省市作为重点禁烧区域实行全面禁烧。同时，国家环境保护部将遥感监测秸秆禁烧的任务正式纳入日常监管工作中。

9）2008年南方低温雨雪冰冻灾害评价

2008年1月10日起，中国南方发生了罕见的低温雨雪冰冻灾害。持续的低温雨雪冰冻天气影响了贵州、湖南、湖北、安徽、江西、广西、重庆、广东、浙江、福建、四川、陕西、江苏、云南、甘肃、河南、青海、西藏、山西、上海20个省（自治区、直辖市），给受灾群众生命安全和生产生活带来严重影响。雨雪冰冻灾害造成高速铁路、公路、民航受阻，旅客大量滞留，生活和生产物资运输中断，公路险情不断；受雪灾影响，电力设施损坏，全国电力告急，贵州、湖南及云南等地出现大范围停电断电情况，国家电网的煤炭库存已降至历史最低水平；农业和林业生产也遭受严重创伤。在全国上下众志成城、抗击冰雪的斗争中，遥感所也克服数据、技术等方面的种种困难，积极投身到冰雪灾害的监测和评价工作中。利用灾中的微波辐射计等数据，开展冰雪覆盖范围和深度探测，取得了两期监测报告。利用灾前和灾后的MODIS数据，开展农作物、林地等受损状况分析，评价了重点省区的受损范围和程度。

10）2008年四川汶川Ms8.0级特大地震监测评价

2008年5月12日14时28分，中国四川汶川发生Ms8.0级地震（震中位于北纬31.0°、东经103.4°，震源深度约14 km），这是中华人民共和国成立以来发生的破坏性最为严重、波及范围最广，而且援救难度最大的一次特大地震灾害。地震发生后，中共中央、国务院、中央军委，以及各相关部门和地方政府立刻部署抗震救灾工作。

2008年5月12日下午，遥感所紧急启动应急工作机制，成立“抗震救灾领导小组”和“抗震救灾技术小组”，动员所内相关研究室的力量，开始处理灾区背景数据和灾后卫星遥感数据的准备工作。遥感所会同中国科学院水利部成都山地灾害与环境研究所、中国电子科技大学、西南交通大学、北京安翔动力科技有限公司、成都军区某陆航团、成都军区测绘信息中心等单位联合组成“超低空航空遥感工作组”，在前方获取、处理重灾区航空遥感影像，并开展地震与次生灾害灾情分析，直接服务于成都军区抗震救灾联合指挥部、四川省抗震救灾指挥部、水利部抗震救灾指挥部前线领导小组；与交通运输部交通科学研究院和公路司共同成立“汶川灾区交通遥感联合工作组”，开展灾区道路情况遥感调查工作，直接为交通运输部的道路抢修与交通指挥服务。该研究室作为中国科学院的核心和主要力量，积极参与了“中国科学院汶川地震灾害遥感监测与灾情评估工作组”的工作；作为国家遥感中心研究发展部，积极承担了国家科学技术部下达的灾情监测与分析任务，为国务院抗震救灾总指挥部和国家发展和改革委员会、交通部、水利部、国土资源部、国家地震局等部门提供了抗震救灾信息和决策依据。

抗震救灾期间，遥感所利用多源、多时相高分辨率雷达卫星遥感数据、光学卫星遥感数据、航空遥感数据，共完成灾情监测报告60份，报送了灾后第一份北川县唐家山堰塞湖监测报告、第一份都江堰市房屋受损情况雷达图像分析报告。

从2008年5月12日开始，通过北京视宝卫星图像有限公司获得重灾区灾前SPOT-5 2.5m全覆盖数据和灾后数据多批；通过国家遥感中心协助，获得灾区国产卫星（中巴资源卫星系列、北京一号、资源二号、遥感一号等）遥感影像多批，通过北京国遥万维信息技术有限公司获得台湾“福卫二号”高分辨率光学遥感影像14批。其中，2008年5月14日上午，台湾“福卫二号”高分辨率光学遥感影像获取的北川地区遥感影像是国内外最早灾区有效光学遥感影像。据此，遥感所最早发现了北川县城周边地区的滑坡分布和唐家山堰塞湖等，经中国科学院办公厅紧急报请国务院抗震救灾总指挥部，并将有关监测报告直接报送水利部、国土资源部等部门。

按照国务院的统一部署，遥感所作为重要成员参加了由中国科学院牵头负责的，国土资源部、环境保护部、住房和城乡建设部、中国地震局和中国气象局等部门参加的地震灾区恢复重建规划“资源环境承载能力评价”项目组。根据国家汶川地震灾后重建规划组的要求，运用空间运筹模型，设计了基于GIS的资源环境承载能力评价与决策支持系统，以背景数据库、灾情遥感监测结果与实地调查数据为基础，从技术上有力地支持了地震灾区重建条件适宜性分区。与项目组成员一道，按时向国家汶川地震灾后重建规划组提交了评价报告，作为国家汶川地震灾后重建规划和各专项规划的重要基础和依据。

11）2008年黄海青岛海域浒苔暴发事件监测评价

2008年6月中下旬，在北京奥运会召开前夕，作为奥运会协办城市的青岛，其周边黄海海域暴发了大面积浒苔灾害，严重影响了奥运会帆船赛区运动员训练和举办城市的国际形象。为支持山东省、青岛市政府前线指挥部浒苔打捞治理指挥决策，遥感所应国家海洋局紧急支援请求，所领导亲自主持调集所内相关研究室的科研团队，从2008年6月23日起对浒苔灾害和治理状况进行遥感监测，同时，为前线指挥部提供奥运会帆船赛区警戒水域及周边海域浒苔分布面积、密集度、重量估算、态势分析、来源追溯等应急动态监测信息。“遥感所最早提供青岛浒苔分布卫星遥感监测图、分析报告和奥运会帆船赛区及周边海域浒苔分布、重量估算；最早确定浒苔灾害发源地点和时间；最早提供奥帆赛区浒苔面积、密集度航空遥感高精度定量监测结果”。在不到两个月的时间里，遥感所提供的监测数据成为前线指挥部的“千里眼”“顺风耳”，为抗击浒苔灾害提供了有力的信息支持，保障了奥帆赛的顺利进行。

12）2010 年青海玉树 Ms7.1 级地震损失评估与分析

2010 年 4 月 14 日 7 时 49 分，我国青海省玉树藏族自治州玉树县发生了 Ms7.1 级地震（震中为北纬 33.2°，东经 96.6°，震源深度为 14km），当地人民群众的生命和财产受到严重损失。地震发生后，遥感所利用卫星和航空遥感数据，开展了玉树地震灾区的遥感监测与评估工作。其采用中等空间分辨率、幅宽大、便于开展大区域宏观分析的北京一号小卫星多光谱遥感影像，对青海玉树地震的构造背景进行分析。结合玉树地震灾害的特点，针对应急和恢复重建的需要，以高分辨率的航空和卫星遥感影像为基础，对房屋建筑的倒塌、场地灾害、生命线工程损毁等震害进行了遥感评估与分析，为玉树地震的救灾、减灾和应急决策发挥了重要作用。2010 年 4 月 23 日，根据国务院统一部署，中国科学院牵头开展玉树地震灾后恢复重建“资环境承载能力评价”工作。遥感所与兄弟单位一道，历时一个月，完成了相关研究报告，按时提交给国家发展和改革委员会。

13）2010 年舟曲特大泥石流遥感监测评价

2010 年 8 月 7 日 22 时左右，甘肃省甘南藏族自治州舟曲县城东北部山区突降特大暴雨，降水量达 97mm，持续 40 多分钟，引发三眼峪、罗家峪等 4 条沟系特大山洪地质灾害，泥石流长约 5km，平均宽度 300m，平均厚度 5m，总体积 750 万 m^3，舟曲县城由北向南 5km 长、500m 宽的区域被夷为平地，受灾人数约 2 万人，遇难 1481 人，失踪 284 人。

根据时任国务院温家宝总理的指示，由中国科学院牵头，甘肃省、国土资源部、水利部、住房和城乡建设部、环境保护部，以及国家地震局、林业局、气象局、测绘局等单位的专家组成工作组，负责对舟曲特大山洪泥石流灾害的成因、区域地质灾害危险性、工程地质和水文地质状况、生态环境状况及容量等方面做出综合评价。工作组成立后，遥感所与兄弟单位一道，对灾区进行了全面考察，并结合国土、水利、林业等部门长期积累的资料，完成了《舟曲灾后重建资源环境承载能力评价报告》中的相关工作。

上述监测结果均通过中国科学院办公厅、科学技术部国家遥感中心等渠道，报送国务院办公厅、国家抗震救灾总指挥部、国家防汛抗旱总指挥部、国家发展和改革委员会、水利部、环境保护部、农业部、交通运输部、国土资源部、国家地震局等有关部门和地方政府，多次受到党和国家领导人的具体批示和肯定。

五、科研队伍建设与人才培养

（一）科技人员组成、结构与培养

合并前该研究室正式职工为 15 人，先后在该研究室工作的人员 22 人，包括研究员 5 名、副研究员 5 名。这些人员是王世新、魏成阶、王为民、刘亚岚、周艺、张宗科、阎福礼、方俊永、王丽涛、王福涛、杜聪、王峰、刘文亮、侯艳芳、朱金峰、赵清、王潇、张晓红、赵冬、魏显虎、熊金国、刘学等。

（二）研究生培养

培养博士研究生 35 名、硕士研究生 28 名。

（三）优秀中青年人才

中国科学院青年促进会成员：方俊永、王福涛。

第二十章　遥感定标与真实性检验研究室

一、概　　述

（一）成 立 背 景

随着定量化遥感的发展及全球环境变化和遥感监测的需要，人们对卫星遥感数据的精度和遥感定量产品的可靠度提出了越来越高的要求。不仅要求不断改进和研制新型的遥感器，而且需要对遥感器进行高精度辐射定标，并对遥感反演产品能否准确反映地球物理参数进行检验，由此提出了辐射定标（calibration）和真实性检验（validation）的问题。定标（通常指辐射定标）的目的就是把卫星传感器的计数值准确地转换成传感器接收的辐射能量值，主要包括传感器的发射前定标、在轨星上定标、地面定标场定标及传感器间的交叉定标等方法。而真实性检验则是遥感数据产品提供给用户之前，对其精度、可靠性等进行检验、分析和评估。真实性检验包括各种算法的检验、辐射定标结果的检验、几何定位精度的检验、各种传感器反演得到的大气/地表物理参数产品的检验，以及遥感应用结果的检验等。

进入 21 世纪以来，我国逐步形成了气象卫星、海洋卫星、资源卫星、环境卫星等多种系列卫星，卫星数量越来越多，传感器类型也日益多样，其数据质量和空间分辨率也有明显提高。随着各行业用户对遥感应用的逐步深入，对国产卫星定量化的要求也越来越高。在此背景下，开展针对国产卫星的在轨卫星传感器定标及卫星反演产品的真实性检验研究，对于提高国产卫星数据质量、保证相关定量化产品的精度和可信度、促进各行业定量化遥感的发展具有非常重要的意义。为此，遥感所于 2006 年成立了定标与真实性检验研究室（简称“定标室”），开展针对国产卫星的在轨辐射定标与真实性检验方面的研究。

（二）建立的必要性

在整个遥感的全数据链中，需建立相平行的精度质量分析评价、诊断、认证链，对应的验证评价体系可总结为 CVVA，对应的含义定标（calibration）、真实性检验（validation）、验证（verification）、认证（accreditation）。这里，定标和真实性检验是整个评价体系的核心和基础，也是当前定量化遥感领域重点发展的方向之一。

定标是真实性检验的基础，没有经过辐射定标的数据和产品，无法进行真实性检验。真实性检验是定标的进一步研究，是对定标结果的验证和肯定。真实性检验具有比辐射定标更宽的含义，也比辐射定标更难开展研究。但是它又是定量化遥感中至关重要的环节，是确保卫星数据产品的准确性可靠性、提高卫星遥感数据利用率的关键。只有经过定标与真实性检验研究，遥感反演得到的产品才具有可信度，遥感技术才能深入应用到各个行业中去，才能从根本上促进定量化遥感的发展。

我国气象、海洋、环境、资源等系列卫星自发射以来，获取了海量的国产遥感数据。为精确监测卫星在轨性能，确保国产卫星数据和遥感产品的质量，提高国产卫星的数据利用率，必须开展在轨定标与真实性检验方面的工作。当前，中国卫星应用与自主应用卫星有效对接是现阶段中国遥感应用的新特点。如何拉近两者的距离，促进自主信息源“能用、好用”，开展定量化评价与应用系统建设是关键。因此，建立专门从事在轨定标与真实性检验的研究室是十分必要的。

（三）在所及学科中的地位

遥感卫星载荷在轨定标与遥感产品的真实性检验是实现定量化遥感应用的重要基础之一。自2006年成立以来，定标室针对国产卫星开展了大量的在轨定标与真实性检验方面的工作，培养了一批从事在轨辐射定标与真实性检验的科研人才，其中一大部分毕业生现已成为我国气象卫星中心、资源卫星中心、环境卫星中心等国产卫星业务化运行单位在轨辐射定标方面的科研骨干。经过多年的发展，定标室在定标与真实性检验方面，其研究能力、成果、人才培养方面都在国内具有较高的影响力，同时定标室也是国内第一个以定标与真实性检验命名的研究室，并出版了国内第一本航天遥感在轨辐射定标原理与方法的专著。

二、沿　革

（一）机 构 变 化

定量遥感是当今遥感科学研究发展的重要方向之一。随着人们对遥感研究的深入和多颗国产卫星的发射，人们对在轨定标与真实性检验的工作也越来越重视。为此，遥感所于2006年成立了定标室。定标室在所领导的大力支持下，成立几年来得到了快速的发展。由早期学生导师加起来不到十个人发展到当前职工数十人、学生（包括联合培养学生）上百人的科研团队，成为所内最大的研究室。

（二）历届研究室负责人

主任余涛，副主任孟庆岩。

（三）业务秘书、行政秘书

付鹤、班春萍、朱艳、刘红梅、周玲。

三、学术方向与学科发展

（一）学术方向与定位

定标室重点发展以定标与真实性检验为核心的遥感卫星发展全过程质量监督体系，专注于遥感数据与信息产品精度质量的在轨评价与验证理论、技术、方法、手段、条件等多个方面，建立以前瞻性、基础性遥感探测与检测技术为重点的遥感新技术论证模式，对我国民用遥感发展提供技术支撑，推动遥感数据的定量化、标准化和数据的共享服务。

（二）学 科 发 展

定标与真实性检验实验室是在中国民用航天快速发展、遥感应用定量化程度、工程化程度不断提高的背景下成立的研究室。作为遥感所新增加的重要学科发展方向之一，在遥感所的大力支持下，定标室快速成长，形成了自身的学术特点，完成了团队建设并逐步实现战略部署。

1. 定标与真实性检验理论方法研究

定标室在辐射定标与真实性检验方面，针对国产卫星的数据特点及国内遥感应用需求，开展了一系列的理论方法研究，其研究方向包括以下几个方面。

1）可见近红外传感器在轨场地定标方法研究

定标室针对环境卫星、中巴资源卫星、北京一号卫星等国产卫星的在轨辐射定标方法开展研究，重点以反射率基法和辐照度法作为主要的定标方法，建立了地面在轨星地同步实验测量规范，逐步形成并完善了在轨场地定标的处理流程，详细分析了在轨辐射定标过程中大气测量、地面光谱测量、图像噪声、辐射传输计算等不同环节的定标不确定性，并最终给出相应的定标系数和不确定度。

2）可见近红外传感器在轨交叉定标方法研究

定标室开展基于标准卫星的在轨交叉定标方法研究，推导出在轨交叉定标基本公式，完善了在轨交叉定标处理流程，以国际上定标精度较高的 MODIS、Landsat 卫星作为标准卫星，对我国的中巴资源卫星 02、02C 及环境卫星等，开展基于多个采样点的交叉定标方法研究，分析了交叉定标过程中各个环节对定标精度的影响，最终给出国产卫星不同时间的在轨定标系数。

3）像元级在轨定标方法研究

像元级辐射定标是基于地面像元尺度上对像元辐射能量的标定。它包括对传感器本身调制解调函数（Modulate Transform Function，MTF）的校正、图像噪声、传感器探元响应不均一、扫描线不同等其他像元级辐射误差的校正。传感器本身 MTF 的校正是像元级辐射定标的核心部分，是对传感器 MTF 引起的有效瞬时辐射响应扩大的校正，因此狭义上像元级辐射定标可理解为传感器 MTF 校正。针对我国的中巴资源卫星，研究室分别采用高空间分辨率图像法、线性地物法和边缘法等对中巴资源卫星 02 星的 CCD 相机、WFI 相机开展在轨 MTF 测量与补偿，在此基础上实现了中巴资源卫星的高精度在轨定标。

4）高光谱在轨定标方法研究

定标室针对我国环境卫星超光谱成像仪特点，开展相对辐射定标（去条带）、场地定标、定标系数的真实性检验等 3 个方面的研究，提出了加性噪声法、乘性噪声法、矩匹配方法、基于多波段匹配的去条带方法、基于中值滤波的噪声去除方法等去条带方法。基于 2008～2010 年 3 年敦煌实验场的星地同步实验数据，通过改进传统的场地定标方法，实现了环境卫星超光谱成像仪的在轨辐射定标，并分析了在轨辐射定标过程中各个环节的不确定度。利用内蒙古达里湖、澳大利亚弗罗姆湖（Lake Frome）实验场地面试验数据，对 2008～2010 年敦煌辐射定标系数进行真实性检验研究，给出了最终的定标系数验证精度。结果表明，除少数气体吸收波段和条带噪声波段外，敦煌定标系数的误差小于 10%。

5）热红外相机在轨定标方法研究

定标室针对我国中巴资源 02 星和环境卫星上的热红外相机，开展基于青海湖的地面星地同步在轨试验，建立了基于热红外波段的场地定标方法，给出了基于地面试验数据的定标系数，同时分析了基于星上黑体的定标方法，给出了相应的定标公式和处理流程，形成了以 MODIS 为参考的交叉定标方法，实现了国产卫星热红外相机的在轨交叉定标，并给出了不同时间段的交叉定标系数。

6）真实性检验理论研究

当前，遥感数据与方法进入定量化应用阶段，保证数据质量与方法的可靠性变得尤其重要，遥感产品真实性检验的意义尤为突显。我国已建立的遥感实验场往往将注意力集中在定标上，而缺少真实性检验的手段。定标室承担了“十二五”预先研究项目“在轨自主卫星遥感应用产品质量及服务质量评价关键技术”。该项目针对我国在轨自主民用典型卫星数据，建立数据质量、遥感应用产品质量及服务质量评价标准体系，制订卫星数据质量、应用产品质量与服务质量评价标准及流程，支持业务运行卫星的应用产品质量与服务质量的检验。在该项目的支持下，定标室针对国产卫星开展了遥感应用产品真实性检验技术与产品评价研究，建立了相关的评价流程与标准规范体系，开展了相关的验证试验，并进行相关数据库和软件系统的建设。

2. 实验场网建设

开展定标研究需要有均匀平坦的地表与干洁无云的大气条件，开展真实性检验需要较大面积的典型目标，开展应用能力评价需要对复杂条件区域进行综合评价。此外，对于科学研究需要场所较近以便多次试验，对于冬季试验，最好选择太阳高度角较高的南半球。以上需求急需建立一个较完整的实验场网络。

定标室通过与资源卫星应用中心、国家卫星气象中心和国家卫星海洋应用中心，法国 INRA 及澳大利亚 CSIRO 等单位合作，逐步形成了中国敦煌、苏尼特左旗、达里湖、广西北部湾试验场，长江三角洲遥感综合场，珠江三角洲遥感综合试验场，怀来遥感综合试验场，法国 La Crau，澳大利亚 Tumbarumba 和 Lake Frome 的全球化定标与真实性检验场网。

1）敦煌试验场

敦煌场区位于敦煌市西北 20km 处的党河再生冲积扇上，海拔为 1160m，场地面积为 25km×25km，地理坐标为 94.170～94.50°E、40～40.280°N，敦煌大气干洁，地处内陆，四周被沙漠、戈壁包围，属于典型的大陆性气候，具有太阳辐射强、光照充足、降水量少、蒸发强烈和能见度较好的特点。敦煌辐射校正场地表层基本无植被生长，场区面积平坦，由砾石、砂及少量黏土组成。

2）达里湖试验场

达里湖试验场地位于内蒙古自治区赤峰市克什克腾旗的达里湖及北岸贡格尔草原上，距赤峰市 300km，距锡林浩特城区 87km，交通便利。实验场区有砧子山和达里湖这两大标志性地物，容易辨认。达里湖北岸码头经纬度是 116°39′39.6″E、43°22′43.3″N，以及北部草地经纬度约为 116°48′E、43°24′N。草场距离达里湖北岸码头大约 20min 路程。达里湖实验场包括贡格尔草原，达里湖和岗更湖 3 个实验场地，可实现中反射率和低反射率目标的定标。贡格尔草原具有较好的表面均一性，最大高差为 12m。2006 年经过实地踏勘，已经在此处建立实验场地大约 3km×3km。

达里湖是典型的高原内陆湖泊，它位于内蒙古自治区赤峰市贡格尔草原的西南部，面积为 238km^2，湖水含盐 50%，湖面海拔 1226m。岗更湖又名岗更诺尔湖，岗更湖的形状和达里湖相似，处于达里湖的上游，位于达里湖东南约 20km 处，海拔为 1247m，面积为 21km^2。湖区属高原性气候，年降水量在 300～500mm，且大部分集中在 6～9 月，年蒸发量为 1370mm 左右。

3）二连浩特试验场

二连浩特位于锡林郭勒盟西部，地处 111°53～112°14″E、43°22′～43°45′N。二连浩特远离海洋，受蒙古高气压影响，属中温带大陆性季风气候和干旱荒漠草原气候。夏季短，炎热；冬季长，寒冷；常年干旱多风。全年盛行西北风及西南风，年平均大风 72.2 天。年平均降水量为 142.2mm，蒸发量为 2695mm。

二连浩特沙地地表覆盖类型以骆驼刺为主，土壤为亮沙地。整个场地的骆驼刺呈簇状分布。

4）苏尼特左旗试验场

苏尼特左旗位于锡林郭勒盟西北部，地理坐标为 111°30′～115°127′E、42°48′～45°05′N。其地处蒙古高原东南部，属中温带半干旱大陆性气候。冬季寒冷，夏季炎热，春季多风，平均气温为 3.3℃，最低气温负 36℃，最高气温为 39.3℃，年降水量 197mm，无霜期为 149 天，平均风力 4 级左右，年平均风沙日为 110 天。整个场地由细沙和绒茅草组成，草地较稀疏，整个光谱以沙地反射率为主。

5）苏尼特右旗试验场

苏尼特右旗位于锡林郭勒盟西部，地理坐标为 111°08′～114°16′E、41°55′～43°51′N，冬季处于蒙古高气压控制下，具有典型的大陆性气候特点。每当大陆高气压向南扩展时，气温急剧下降，气压增高，出现寒流。夏季因受东南山地阻挡，季风只能到达南部山丘地带即消失，夏季干燥少雨，年均降水量为 170～190mm，年平均蒸发量为 2703mm 左右。苏尼特右旗草地均匀、地势平坦，土壤下界面为橙黄色沙地，植被为低矮的绒毛草，高度约小于 10cm，覆盖度小于 50%。

6）广西北部湾试验场

广西北部湾经济区毗邻中国经济发达地区粤港澳，面向东盟。它对内是西南地区最便捷的出海大通道，对外是促进中国与东盟全面合作的重要桥梁和基地。广西北部湾地区包括南宁市、北海市、钦州市、防城港市、玉林市和崇左市，该地区地处热带及亚热带地区，地形复杂，植被繁多，是在秋季进行多个遥感产品真实性检验的理想场所。

7）长江三角洲遥感综合实验场

长江三角洲遥感综合实验场依托余杭观测站、西溪湿地观测站、杭州湾观测站 3 个真实性检验站，向周边区域辐射，覆盖山地–丘陵–平原–城市–湖泊–河流–滨海湿地等多种类型。其中，余杭站处于丘陵到平原的过渡地带，以森林和农田观测为主；西溪湿地观测站以河流等内陆水体观测为主；杭州湾观测站以近海湿地类型观测为主，目的是在长江三角洲地区建成一个满足几何、大气、水体、植被等多种遥感产品真实性检验的综合实验场。

8）珠江三角洲遥感综合实验场

珠江三角洲遥感综合实验场分别由从化流溪河林场、从化温泉镇、华南农业大学增城教学科研基地、华南农业大学校园、番禺莲花山名花园和南沙湿地公园 6 个检验站点组成，涵盖了丘陵山区、丘陵盆地和沿海冲积平原等典型的岭南沿海丘陵地区地貌类型。其中，华南农业大学增城教学科研基地占地 3863 亩，基地内土地类型多样，有生态公益和经济林地 1270 亩、旱坡地 1563 亩、水田 800 亩、水库和水塘 230 亩。增城基地自然条件良好，交通便利，水利等设施比较完善，生态环境优良，基地功能已形成农、林、牧、副、渔的种业资源技术研发特色及产学研并举的综合格局，为我国在华南地区建立高分遥感综合实验场奠定了基础。

9）怀来遥感综合实验场

怀来遥感综合实验场坐落在河北省怀来县东花园镇（距北京 83km），位于延怀盆地的中部，地理坐标为 115º46′59.569″E、40º20′55.093″N，海拔为 488.3m。延怀盆地及其周边地区属于华北平原与内蒙古高原过渡的一个台阶，具有华北西部典型的山–盆结构，是地貌类型较全、生物多样性较丰富的一个亚高原地区。同时，该地区属于生态环境较脆弱的北方农牧交错带，气候和环境生态具有明显的区域代表性。

目前场站内依托高架塔建有一套全波段遥感综合观测系统，在站外规划了 2km×3km 的固定观测样地及一整套卫星尺度的遥感辐射和水热循环观测系统。

10）澳大利亚 Tumbarumba 和 Lake Frome 实验场

澳大利亚地处南半球，有着与北半球互补的气候，澳方实验场地纬度跨度不大，可在除冬季以外的任何时候进行实验，而澳方的冬季正是中国实验场比较适宜的夏末季节，因而澳方的实验场地与中方的实验场地刚好形成气候上的互补，使定标实验的全季节实施具有可行性。澳大利亚地广人稀，工业污染少，大气条件好，实验场地气溶胶季节变化规律明显，年平均光学厚度小于 0.1。在澳大利亚实验期间，对其中的两个实验场进行考察，分别为 Tumbarumba 实验场和 Lake Frome 实验场。

Tumbarumba 实验场为大面积森林覆盖区，树种以桉树为主，经纬度为 148°15'E、35°45'S，海拔为 1200m，植被覆盖率可达 70%～90%；Lake Frome 实验场位于澳大利亚中南部的东北角，经纬度为 139°45′E、30°51′S，面积为 2700km^2，为平坦的干盐湖床，具有高的地表反射率（可达到 60%），场地高度接近海平面。

11）法国 La Crau 实验场

La Crau 实验场位于法国东南部，经纬度为 4.870°E、43.500°N，在马赛市的西北约 50km 处。La Crau 实验场面积约为 60km^2，地面平坦，由小型鹅卵石组成。部分地区由少量低矮及枯萎植被覆盖。该地区气候干燥，日照时间长，大气干洁，全年地表稳定，光谱反射率变化较小。

3. 定标处理软件与野外实验数据库研发和建设

1）数字航摄仪辐射特性与分辨率检定软件研发

数字航摄仪辐射特性与分辨率检定软件是定标室为中国测绘科学研究院研发的一套用于机载相机在轨辐射定标的数据处理系统。其软件包括三大功能：地面数据处理、辐射特性检定和分辨率性能检定。其中，地面数据处理实现地面光谱反射率和大气气溶胶光学厚度反演，以及相关的辅助功能，对应模块为地面光谱数据处理模块、大气数据处理模块、辅助功能 3 个模块（太阳角度计算模块、辐射传输计算模块、影像裁剪及灰度值提取模块）；辐射特性检定包括 3+1 检定模块（绝对辐射定标、线性度检定、动态范围检定、辐射分辨率检定）、重复性检定模块、信噪比检定模块；分辨率性能检定包括 MTF（双边缘法跨轨、双边缘法沿轨）测量模块、空间分辨率计算模块等。

2）CBERS 与北京一号卫星交叉辐射定标软件开发

CBERS 与北京一号卫星交叉辐射定标软件是在国家 863 项目“无场地绝对辐射定标关键技术”的支持下，由定标室开发的软件系统。该软件针对辐射定标所用的地面和大气观测仪器的测量数据进行预处理工作，得到各种有用的大气地表光学辐射参数，并将这些参数和其他相关参数输入到辐射传输模式，计算出卫星入瞳处的表观反射率和表观辐亮度及其他结果，表观反射率和表观辐亮度与卫星通道计数值比较计算出卫星通道数的定标系数。该系统可用于我国资源卫星、北京一号卫星与环境卫星等遥感卫星传感器的在轨定标处理，定标过程的光谱数据处理、大气数据处理等可服务于专业技术人员科研与数据处理过程。软件所提供的辐射定标结果可将卫星数据用于农业、林业、环境、城市规划、资源等各行业。

软件的功能模块包括：地面光谱数据处理模块、CE318 数据处理模块、照明条件计算模块、光谱匹配因子计算模块、交叉辐射定标模块与定标结果计算模块。

3）MTF 补偿与数据归一化处理软件开发

MTF 补偿与数据归一化处理软件是在国家 863 项目“无场地绝对辐射定标关键技术”的支持下，由定标室开发的一套软件系统。其中，在 MTF 测量与 MTF 补偿模块主要是针对我国资源卫星 CCD 相机、环境卫星等中高空间分辨率卫星数据，选择针对中高空间分辨率的在轨 MTF 测量算法，选用适合传感器 MTF 在截止频率比较低的 MTF 补偿算法对遥感图像进行 MTF 补偿，具备对卫星图像进行 MTF 补偿的功能。MTF 补偿与数据归一化处理软件中数据归一化处理主要是对图像进行双向反射分布函数（BRDF）归一化的功能，BRDF 归一化功能主要是针对参考传感器图像，即 MODIS 图像。该软件还包含了相对辐射校正，主要是针对推扫型传感器进行 CCD 探元响应不均一的校正。卫星地面站对卫星下传数据已进行了相对辐射校正处理，因此软件中的相对辐射校正是对卫星地面站相对辐射校正后图像的残余条带进行校正。

MTF 补偿与数据归一化处理软件中的 MTF 测量与 MTF 补偿模块可以改善图像的质量，使图像更清晰，改善后图像可更好地服务于测绘、土地利用等行业。数据归一化可用于遥感定量化应用，如环境方面。软件包括相对辐射校正、在轨 MTF 测量、MTF 补偿、数据归一化等功能。

4）遥感图像定标处理与多源遥感数据归一化处理集成软件开发

遥感图像定标处理与多源遥感数据归一化处理集成软件是在国家高技术研究发展计划（863 计划子课题“卫星遥感数据境内外交叉定标技术研究”）的资助下，定标室开发的一套软件系统。该软件针对境外研究区，解决多源遥感数据归一化、场景分析与选择、高精度辐射校正等交叉定标的关键技术，实现无场地多源遥感数据的辐射标定，建立规范化和标准化的无场地定标体系，并形成软件，实现我国现有卫星，尤其是 CBERS02 和 HJ-1A/B 卫星载荷的高精度、高频次无场地绝对辐射定标。其主要包括以下几个方面的内容。

多源遥感数据交叉定标技术，包括：特殊目标地物光谱匹配因子异同性和高精度交叉辐射校正关键技术；定标场网联合定标技术；交叉定标参考数据库与软件系统建设；制定无场地定标精度评价指标体系。

复杂环境下多源遥感数据辐射归一化技术，包括：多源遥感图像辐射特性归一化；多源遥感图像角度归一化；多源遥感图像时间归一化；归一化准则与规范的制订与归一化数据库的建立。

基于样本库的地物真实性检验技术，包括：地面真实性检验实验场网络的选定与建设；真实性检验数据库的建立；真实性检验方法与标准规范。

5）高光谱图像自适应滤波软件开发

高光谱图像自适应滤波软件是在“十二五”预先研究项目子课题“高光谱图像自适应滤波去噪方法研究”的支持下，定标室开发的一套跨平台的软件系统。该软件针对在轨的 Hyperion 卫星、环境卫星超光谱成像仪和机载 PHI 高光谱成像仪的原始数据开展研究。针对各类高光谱原始影像中存在的条带噪声、随机噪声、光谱噪声等各类噪声，通过相对辐射校正、绝对辐射定标、大气校正和光谱滤波等处理，将原始的灰度值图像转换成去除大气影响的地表反射率图像，提出一种基于参考光谱库的自适应光谱滤波方法，实现地表反射率图像的光谱滤波，显著提高了图像质量，促进了高光谱遥感影像数据的后续定量化应用。

软件包括五大处理模块，可实现 Hyperion、环境卫星超光谱成像仪和机载 PHI 高光谱遥感影像的图像噪声去除，绝对辐射定标，大气校正和光谱维自适应滤波的处理，并可对处理后的结果进行评价。

4. 大气遥感研究

1）气溶胶研究

定标室面向环境污染监测和气候变化评估的迫切需求，以提高中国地区气溶胶遥感反演的精度和数量、降低中国区域气溶胶环境效应和气候效应的不确定性为目标，针对新型多角度偏振遥感技术的应用潜力及气溶胶物理光学特性探测的难点，以气溶胶遥感的新机理和新方法为突破口，在气溶胶物理光学特性偏振卫星遥感反演这个国际前沿问题进行了创新性研究。其研究团队先后承担科技部全球变化重大科学研究计划（973）项目，国家科技重大专项（高分辨率对地观测系统），中国科学院战略性先导科技专项课题，以及国家自然科学基金等项目。项目组开展了针对机载多角度偏振相机的数据预处理、地表参数反演、气溶胶参数反演研究，形成了针对多角度偏振相机（DPC）数据应用的整个技术链条。

2）云监测

定标室利用多种卫星遥感数据反演云量和云类型的方法，综合利用多光谱、偏振、激光等遥感手段反演云物理参数。通过地面观测结果验证反演产品的质量，为气候效应评估、模式模拟验证等提供基本参数，具体方法包括：①采用优化的云识别算法，通过特征提取的方法获得卫星数据较准确的云量估计。反演方法的基础是云检测的准确性，尽可能准确地找出完全云盖或晴空条件下的反射率或亮温。②基于卫星数据，利用卫星遥感探测在后向散射区间对云滴形状和云相态敏感的特性，直接判断冰、水云的分布，区分云类型（冰云或水云）。具体研究的卫星遥感数据包括高分系列卫星，如已经发射的 2/8m 全色/多光谱、16m 多光谱的 GF1 号图像和 1/4m 全色/多光谱的 GF2 号图像的云检测算法；环境星多光谱和红外图像的云检测算法；MODIS TERRA/Aqua 中等分辨率多光谱的遥感数据和 PARASOL 偏振遥感数据的云检测和云类型研究。

3）痕量气体遥感反演研究

定标室对痕量气体的研究包括对二氧化氮和二氧化碳的研究。

二氧化碳是大气中主要的温室气体，大气二氧化碳浓度增加造成全球变暖已成为人类面临的最严峻的环境问题之一。定标室采用全物理的大气二氧化碳柱浓度反演方法。在获取太阳光谱数据、高光谱分辨率大气吸收参数数据库、全球大气廓线和地表参数数据的基础上，根据超光谱数据特点，选择合适的前向模型，模拟计算卫星观测光谱和权重函数。根据卫星观测特点和大气地表特征，选择合适的反演参数，基于统计最优化的原则，开展全物理大气二氧化碳反演关键技术研究和精度分析，并利用当前在轨卫星 GOSAT 超光谱数据对反演方法进行试验。基于 TCCON 地面高精度观测结果，对该方法反演结果的精度进行验证，开展反演模型和参数实用性分析及精度评价，进一步提升反演精度和速度。在此基础上，针对中国典型区域开展大气二氧化碳浓度时空分析应用。

利用遥感监测技术对二氧化氮浓度、分布和变化规律进行探测，定量获取区域及全球尺度的污染分布和传输过程，对认识污染的成因及其对气候变化的影响和制定相应的污染控制对策具有重要意义。定标室利用高光谱分辨率大气痕量气体星载遥感仪器获取的太阳光谱信息，开展对流层二氧化氮反演算法、处理流程及算法验证研究。基于差分光学吸收光谱法计算整层二氧化氮斜柱浓度，根据先验廓线和前向模型参数，使用高光谱分辨率的辐射传输模型计算大气质量因子和估算平流层二氧化氮浓度，以获得对流层二氧化氮垂直柱浓度。利用在轨卫星 OMI 反演对流层二氧化氮，采用大气变化监测网络（NDACC）地面监测数据进行算法验证，并结合卫星遥感监测和地面站点监测的数据分析二氧化氮的时空分布和变化规律。

4）星载机载大气辐射传输软件 SAART 开发

近几十年来，与大气辐射传输有关的应用需求增长极快，使大气辐射传输的过程研究与定量化算法研究蓬勃发展，各种数值离散求解方法不断涌现出来并得到完善和发展。然而，现有辐射传输求解模型缺乏耦合中国区域特点的辐射传输模块，无法直接用于我国卫星遥感参数的反演；此外，现有辐射传输模型不具备并行计算的特点，无法满足现有高分辨率对地观测卫星的业务化应用。因此，针对我国地区典型大气、地表特点，引入新型计算机高性能计算技术，建立一套完整的适合我国区域应用的新型快速星载大气辐射传输软件，以提高我国遥感应用的精度和效率。

为此，定标室开展 SAART 软件机理的研究，主要是通过地气解耦（倍加累加、离散坐标等方式），正向模拟、计算地气系统中太阳辐射的传输过程，最终得到卫星入瞳处的辐射值信息。辐射传输方程采用高度非线性化的微分积分方程，其研究对象为具有半边界条件的物理问题，除简单的二流或四流近似外，采用数值分析的方法来逼近求得近似解。

5. 其他研究方向

1）新型遥感器研究及技术开发验证

为给新型载荷发展提供依据，定标室在已有遥感技术研究成果的基础上，进行了遥感新技术的研究工作。主要工作分为多角度偏振新型传感器研究和 CCD 四波段成像仪研究。

定标室对星载多角度多光谱偏振和多角度红外遥感器的工作模式、技术指标、数据处理和应用产品开发等进行综合论证，形成数据格式与规范、数据预处理算法、产品反演算法；研制多角度偏振遥感数据处理原型系统，实现机载多角度偏振和红外数据的预处理、产品反演；完成星载技术指标的综合论证，为星载多角度多光谱偏振遥感系统的研制和应用奠定基础。

定标室开发出 CCD 四波段光谱成像仪原理样机，用于模拟航天 CCD 载荷的应用分析。经过设计、加工、实验室定标、航空实验、数据预处理系统开发 5 个阶段，形成了整套的航空遥感相机系统，支持了中分辨率多光谱遥感数据应用效能评价。

2）国产卫星应用示范研究

定标室结合 HJ-1 应用示范，开展遥感应用共性技术研发；建立面向区域服务的大气–陆表–水体遥感监测原型系统；业务化生成遥感信息产品，并提供网站服务；HJ-1 数据产品算法集成平台建设。定标室重点发展以定标与真实性检验为核心的遥感卫星发展全过程质量监督体系，专注于民用航天遥感论证所涵盖的理论、技术、方法、手段、条件等多个方面，建立以前瞻性、基础性遥感探测与检测技术为重点的遥感新技术论证模式，对我国民用遥感发展提供技术支撑，推动遥感数据的定量化、标准化和数据的共享服务。

（三）学 科 特 色

开展针对国产卫星的在轨辐射定标与真实性检验及大气遥感等方面的研究，对于提高国产卫星的数据质量和产品精度，提高国产卫星的数据利用率具有重要的研究意义。定标室侧重遥感在轨定标与真实性检验、大气遥感理论与反演等方面的研究。重点针对我国自主研制的资源卫星、环境卫星等，对卫星在轨评价、数据产品的真实性检验及定量化应用中存在的各种基础性问题开展研究工作，其具有目标明确、针对性强等特点，形成了理论研究与国产卫星数据紧密结合的学科特色。

其中，基于地面试验站网的在轨定标与真实性检验评价和基于多角度偏振的大气气溶胶监测，发展针对我国传感器的在轨定标与真实性检验方法与体系，实现面向国内大气特点的气溶胶、痕量气体、云类型等的反演，是定标室的研究特色与重点发展方向。

四、科研任务、项目与成果

（一）承担的项目与任务

定标室共承担项目 90 余项，其中，国家高分辨率对地观测重大专项项目 7 项，国防科工局民用航天项目6项，国家基础研究973计划项目1项，国家高技术863计划项目2项，国家科技支撑项目3项，国家自然科学基金面上项目14项，中国科学院知识创新工程重要方向项目1项，中国科学院战略性先导专项项目1项，国际合作项目4项，国家发展和改革委员会卫星应用产业化专项1项等。

（二）研究成果与推广应用

1. 成果

出版专著四部；发表论文245篇，其中SCI论文47篇、EI论文68篇、核心期刊论文90篇、其他刊物与会议论文40篇。获奖6项，其中获国家科技进步二等奖1项，获海洋工程科技一等奖1项，获测绘科技进步一等奖1项，获地理信息科技进步一等奖1项，获新疆科技进步一等奖1项，获中国地理信息优秀产业工程银奖1项。已获授权专利11项，包括发明专利4项、实用新型专利7项。 已获软件著作权登记33项。

2. 成果转让与应用

遥感所定标与真实性检验研究室立足于国内卫星，开展国产卫星的在轨辐射定标和遥感数据的真实性检验研究。自研究室成立以来，开展了多次针对国产卫星的在轨辐射定标与真实性检验实验，积累了大量的实验数据，为我国的资源卫星、环境减灾卫星及北京一号小卫星在轨辐射性能评价和遥感产品验证，实现多颗星不同时期的卫星数据产品评价提供基础数据。2009年12月8日，定标室将环境卫星超光谱成像仪及多台CCD相机的最新定标成果提交给国家减灾委、环境保护部等相关部门，进一步提高我国遥感的定量化水平，促进国产数据的深入利用。

2008年6月中下旬，青岛及周边海域暴发大面积浒苔灾害，严重影响奥帆赛区运动员训练和奥帆赛举办城市的国际影响，形势严峻。为支持山东省、青岛市政府前线指挥部浒苔打捞治理指挥决策，定标室参加了由遥感所组织的浒苔灾害和治理状况遥感监视监测，同时为前线指挥部提供奥帆赛区警戒水域及周边海域浒苔分布面积、密集度、重量估算、态势分析、来源追溯等应急动态监测信息，并紧急开发浒苔卫星遥感监测及统计分析系统、浒苔航空遥感数据快速处理系统，为决策部门提供准确的数据和决策依据。

定标室主持了民用航天“十一五”预研项目“多角度多光谱偏振遥感应用关键技术研究”，科学论证了多角度偏振载荷的关键技术指标，与中国科学院安徽光学精密机械研究所一起联合研制了机载多角度偏振相机（DPC），并开展了数据预处理与算法研究，其整套技术被重大专项高分辨率对地观测系统所采用，预研成果支撑了GF-5有效载荷“多光谱偏振相机”的立项，并为GF-5卫星多角度偏振相机的成功应用奠定了坚实的基础。

五、科研队伍建设与人才培养

（一）科技人员组成

定标室有34名研究人员，其中研究员4名、副研究员9名、助理研究员21名。这些人员是顾行发、田国良、余涛、孟庆岩、陈继平、程天海、胡新礼、杨健、谢勇、李娟、李丽、李家国、高海亮、王春梅、魏香琴、赵利民、董文、李玲玲、孙源、方莉、刘其悦、郭红、王更科、李斌、王丹瑞、刘苗、王栋、米晓飞、鞠颂、吴俣、陈好、徐辉、臧文乾、赵亚萌。

（二）研究生培养

定标室共培养博士后8人，博士研究生26名，硕士研究生197名。

（三）研究室向所或所外输送的干部

顾行发于2005年7月任中国科学院遥感应用研究所常务副所长，2007年9月～2012年11月任中国科学院遥感应用研究所所长。

（四）研究室成员的国际学术组织任职

顾行发任国际科学技术数据委员会发展中国家数据保护与共享任务组共同主席，联合国信息通信技术与发展全球联盟促进发展中国家科学数据共享与应用全球联盟执行委员会副主席，亚洲遥感协会副秘书长，SPIE对地观测系统会议共同主席。

田国良任国际农业与林业遥感会议学术委员会委员。

（五）优秀中青年人才

定标室70%以上是中青年科技人员，在老一辈科学家的关心与支持下，他们迅速成长，有的已处于学术和业务活动的中心位置。一些30～35岁的优秀青年科学家已经得到科研和管理实践的锻炼，积累了一定的经验，他们已经具有较强的学术、业务及管理工作能力和水平，为新老交替做好了准备。在大气气溶胶特性研究领域有程天海、许辉、吴俣等，在定标与真实性检验研究领域有谢勇、高海亮、李家国等，在仿真领域有胡新礼、赵利民等。

其中，程天海博士获2009年"中国科学院院长优秀奖"，2010年度"中国科学院优秀博士论文奖"，2011年度"全国优秀博士学位论文提名"。在定标室组建的7年中，定标室有8名青年科技人员晋升高级职称。

（六）人才培养措施

建室以来，定标室十分重视科研队伍的建设与培养，提高青年队伍的能力建设，以适应当今国际科技竞争和国内定量化遥感发展的需要，主要采取了如下措施。

1. 鼓励支持科技人员出国参加国际学术会议

从定标室成立以来，每年都派青年科研人员参加国际IGARSS、SPIE等国际遥感会议，使他们在与国际一流科学家的直接交往中得到锻炼和提高。

2. 鼓励在职科研人员攻读研究生

为了提高在职科研人员专业理论水平，不断改善定标室人员的知识结构，我们积极鼓励在职科研人员攻读研究生，3年来，定标室共培养在职硕士研究生5名。

3. 加强学术文化的培养

经过了多年发展，定标室逐渐形成了自己的文化理念——"专业专注，重在养成，持续改进，不断提高"。在学术上，有定期以组为单位的学术活动，这些学术活动锻炼了同学们的表达能力，拓展了学识，增进了同学与同学、老师与同学之间的关系；在工作中，每位成员以"以人为本，团结友爱、勤奋向上"的精神，做好每一件事情；在生活上，定标室组织了一些文体活动，如爬山、游泳、聚会等，丰富了业余生活，增强了体质，营造了健康、积极、向上的精神氛围。

第二十一章　遥感空间信息系统研究室

一、概　　述

（一）成 立 背 景

早在2006年，路甬祥院长就高屋建瓴地指出“地理科学面临着深刻变革，地理科学必须从传统的、学院式的研究中走出来，面向需求、面向市场、面向公众”，并针对地理空间信息提出 3 个目标：“组织院内外有关力量，建立国家大地图集数据库，制作21世纪网络化国家大地图集；面向市场、面向社会发展、面向国家安全，开发国际一流的数字化动态综合地理信息平台；创建产学研一体化的空间信息服务企业，建立空间信息综合服务系统，向社会提供空间信息综合服务。”2007年，遥感所积极响应院里的号召，将遥感空间信息系统（Remote Sensed Spatial Information System）建设列入研究所三期创新方案中重要的组成部分，并建立了遥感空间信息系统研究室，专门从事此项研究工作。

（二）建立的必要性

在中国科学院遥感应用研究所的三期创新方案中，智能化遥感空间信息处理与分析和高性能遥感空间信息计算成为遥感所创新研究链条中的重要组成部分。“高性能遥感空间信息计算”的重点是开展高空间分辨率影像信息提取和目标识别技术的研究与开发，其核心目标是建立通用的遥感影像数据计算平台，为遥感空间信息服务提供支持。“遥感空间信息系统”研究团队的建立，确立了遥感空间信息计算、空间信息共享与服务等两大研究方向，贯穿了遥感空间信息应用服务整个技术链，有利于促进多学科交叉及创新，其也是遥感所遥感空间信息技术研究的重要力量。

（三）在所及学科中的地位

在遥感空间信息产业链中，遥感空间信息系统是介于遥感信息机理研究和遥感应用研究之间的中间技术环节。遥感空间信息系统研究室在遥感所的研究定位是在遥感信息机理理论和方法的支撑下，面向重大应用主题，研究遥感空间信息计算、共享和决策服务等关键技术，以专业化信息产品为核心，构建信息平台和服务系统，为政府、行业、公众等提供遥感空间信息服务支持。

二、沿　　革

（一）机 构 变 化

遥感空间信息系统研究室是随着第七届领导机构的成立而诞生的，主要整合了研究所内从事遥感空间信息系统/平台建设、遥感空间信息共享和决策服务等方向的研究力量，以遥感信息机理理论为基础，面向具体应用、面向市场，为广大用户提供遥感空间信息服务支持。

（二）历届研究室主任

研究室主任骆剑承，首席科学家池天河。

（三）业 务 秘 书

王秀利。

（四）行 政 秘 书

王秀利（兼）。

三、学术方向与学科发展

（一）学术方向与定位

遥感空间信息系统是实现“遥感数据计算–信息综合集成–应用决策服务”为一体化的技术和应用体系。在技术研发上，制定遥感空间数据标准与技术规程，研究多源、多尺度遥感信息提取与目标识别技术，突破遥感空间信息的综合集成与应用分析技术，研究开发“遥感空间信息计算系统、信息共享平台和决策服务系统”等基础性软件平台，建立面向应用主题的空间分析模型库和知识库；在技术应用上，重点围绕“城市信息化、区域生态环境保护和可持续发展、数字海洋”等领域的重大应用问题，发展“三维城市构建平台、数字海洋原型系统”及“公众地图服务系统”等专业化遥感空间信息应用与服务系统，通过成果转化为遥感空间信息产业化构筑技术支撑平台，服务于国家、地方和行业的重大决策和社会公众的广泛需求。

（二）学 科 发 展

1. 遥感空间信息计算技术研究

采用高效能计算技术，研究基于遥感数据的空间信息挖掘技术，开发网络环境下的遥感空间信息计算平台。重点面向城市信息化和区域可持续发展两大应用领域，开展具体的信息计算方法研究和相应的分布式软件平台开发。围绕城市规划领域的需求问题，进一步发展高分辨率遥感信息提取和目标识别算法，建立规范化面向城市的遥感空间信息产品分类体系及其生成技术，研究基于遥感空间信息的城市规划模型和城市人居环境模型及其可视化软件模块，开发网格化城市公共信息管理平台，为城市规划决策提供遥感空间信息技术支撑。研究主要包括以下几个方面。

1）高分辨率遥感信息提取与目标识别方法研究

重点研究了城市主要实体的遥感信息提取算法，包括：建筑物、道路网、绿地等，研究城市功能格局划分方法；开发城市实体模型和格局的可视化软件模块；研究航空遥感信息处理技术，为开发视景模拟飞行系统提供了信息支撑。

2）生态环境指标的遥感信息计算方法研究

重点研究了基于 MODIS 数据的区域生态环境参数的计算方法及相关应用，主要包括陆地表面反射率

（MOD09）、植被指数（MOD13）、植被覆盖类型（MOD12）、地表温度（MOD11）、叶面积指数（MOD15）、地表蒸散（MOD16）、干旱指数等 MODIS 陆地数据产品的生产及应用。

3）网格化遥感空间信息计算技术研究

重点研究了算法中间件、网格计算环境，以城市为应用目标，建立了网格化城市公共信息管理平台。

4）基于遥感空间信息的城市规划和人居环境建模技术研究

重点研究了遥感空间信息提取方法，特别是结合高分辨率遥感影像提取城市目标的识别方法，同时结合城市规划和人居环境评价中的模型，研究了基于空间单元的城镇规划环境（大气、水、声环境）影响模拟适用模型和城镇尺度的气象环境评估模型，通过三维球体模型可视化系统实现了城镇规划环境影响预测、模拟和评价。

2. 遥感空间信息综合集成技术研究

以遥感信息为主要信息来源，研究多源空间信息的综合集成及网络环境下海量空间信息的组织管理技术，开发以数据仓库为核心的空间信息平台和相应的共享服务前端工具，建立遥感空间信息共享服务技术平台。重点以“数字海洋”为应用领域，建立规范化海洋信息产品的分类体系，研究多源海洋立体监测数据的融合同化方法和各级海洋信息产品的生成技术，构建基于统一时空框架体系的海洋信息数据仓库，开发“数字海洋”原型系统的服务器技术产品，实现对海洋信息产品的一体化组织管理和可视化表达，为实现面向各级用户的信息服务系统提供信息和技术支持。研究主要包括以下几个方面。

（1）海洋立体监测数据的同化融合方法研究。

（2）重点研究海洋各类监测数据的集成、管理与同化技术，包括海洋监测数据的实时入库、数据管理模型、多源监测数据的同化方法等。

（3）研发相关海洋监测数据实时入库软件模块，为海洋立体监测数据的统一规范管理提供技术支持。

（4）基于统一时空框架的海洋信息产品的组织与管理技术，研究了海洋信息产品的数据模型及基于统一时空框架下的组织与管理技术，主要包括海洋信息产品数据模型研究、相关数据组织规范研究等内容。

（5）海洋信息数据仓库开发及其前端工具构建技术研究，重点研究了海洋信息数据仓库的构建技术，包括数据仓库结构研究、数据清洗等工具研发及数据仓库应用接口研发等。

（6）海洋基本要素的可视化表达模型的研究，重点研究了主要海洋要素基于三维球体模型的可视化表达技术，包括温、盐、密、声等常规海洋要素的空间分布和时空变化表达。

3. 遥感空间信息决策服务技术研究

在空间信息共享平台基础上，研究面向应用主题的专业模型计算和知识运用技术，开发了可视化虚拟地理环境支持下的工作流建模工具，建立了遥感空间信息决策服务技术平台。重点以“数字海洋”为主要应用领域，建立各级海洋信息产品的服务模式和供应体系，研究温盐流场、风暴潮、海流、赤潮预警、海上突发事件应急响应等专业化模型计算及其可视化表达技术，开发了“数字海洋”原型系统智能客户端产品，建立了面向政府决策、业务管理和社会公众的知识库系统，通过“一站式”门户的海洋信息的综合集成技术，构建了海洋立体监测信息服务平台。研究主要包括以下几个方面。

（1）海洋专业化模型计算和知识运用技术。

（2）主要研究海洋专业模型集成技术以及综合应用技术，包括海洋专业计算模型集成方法、相关集成规范及基于空间信息服务的集成应用等内容。

（3）数字海洋“原型系统”的球体模型构建技术。

（4）以“数字海洋”为主要研究和应用领域，研究球体模型的构建技术和基于球体模型的基础信息表达技术研究等。

（5）海洋现象和海洋过程的可视化表达技术，在球体模型研究的基础上，针对主要海洋现象和海洋过程，研究不同特征海洋现象的可视化表达方法和实现技术。

（6）“一站式”门户的海洋信息集成技术，重点研究海洋信息集成与共享技术，主要是研究“一站式”门户的海洋信息集成方案，研发“数字海洋”门户网站，为不同层次用户提供具有针对性的海洋信息服务。

（7）工作流和服务流技术，研究基于标准服务和工作流技术的服务流构建技术，重点针对海洋管理与应用业务，研究海洋服务流动态构建方法和技术，并研发相应组件，在“数字海洋”系统中开展应用。

4. 遥感空间信息工程技术研究

在遥感空间信息计算技术、综合集成技术和决策服务技术的研究基础上，针对城市信息化、数字海洋、区域可持续发展和社会公众信息服务等的具体工程项目提出的需求，组织了稳定持续的技术开发队伍，研发了各类专业化应用服务系统，并逐步通过积累，发展了遥感空间信息系统通用软件平台。同时，重点以面向企业和社会公众地图服务为应用研究领域，研发基于位置服务（LBS）等导航定位技术，开发了移动车载导航系统和网络化公众地图服务系统。研究主要包括以下几个方面：

（1）遥感空间信息集成技术；

（2）LBS 技术；

（3）面向社会公众的地图服务技术。

5. 月球巡视和极地遥感研究

主要研究方向包括以下几个方面：

（1）月面巡视探测器（月球车）高精度导航定位和月球高精度测图技术；

（2）机载集成型遥感制图系统的研制及其在不同领域的应用；

（3）极地/高山遥感与测绘。

6. 人工智能分析与空间信息分析技术结合进行空间智能框架研究

主要研究包括以下几个方面。

1）空间模拟

将空间对数回归模型与时空分析结合，研究土地利用时序变化，对主要土地类型的动态变化进行科学、合理、准确预测。

2）空间优化分析

将蚁群算法和遗传算法与 GIS 结合，进行多目标的多设施定位问题、多目标路径选择和土地用分配优化问题研究。

3）空间信息提取

探索偏微分水平集，解决从多源图像数据中快速准确信息提取和挖掘的方法等。

（三）学 科 特 色

遥感空间信息系统是以实现“遥感数据计算—时空信息共享—应用决策服务”为一体化的技术和应用体系为主要目标。相对于传统遥感机理研究，其更侧重于以市场和用户需求为导向，满足政府、部门及公众对于遥感空间信息的迫切需求，是将遥感推向产业化的必经之路。在整个技术链条中，遥感数据的高性能计算是基础，可满足不同级别服务的需求；应用决策服务是对外窗口，真正面向市场，服务于国家、地方和行业的重大决策与社会公众的广泛需求。

四、科研任务、项目与成果

（一）承担的项目与任务

自研究室成立以来，共承担项目50余项，其中国家自然科学基金项目11项，科技部863、科技支撑计划项目18项，中科院项目2项，国家国际科技合作项目1项，其他部委委托项目9项，横向委托项目11项。在创新研究目标的总体指导下，结合创新体系3个方面的研究内容，在相关项目支持下，项目组成员主要从遥感空间信息系统基础理论与方法、高性能遥感信息计算平台、多源遥感空间信息集成与服务系统及3个综合应用系统等6个方面展开项目申请和研究工作。

（二）研 究 成 果

出版论著1部，获奖5项，其中获国家科技进步奖二等奖1项，获天津市科技进步奖二等奖1项，获英国地球与太空基金会“地球与太空奖”1项，其他奖励2项。获得授权专利4项，实审2项。软件著作权登记13项。

五、科研队伍建设与人才培养

（一）科技人员组成

该研究室有16名研究人员，其中研究员6名、副研究员2名、助理研究员8名。他们是骆剑承、池天河、刘少创、黄波、李红旮、彭玲、沈占锋、张新、高海涛、郜丽静、董文、胡晓东、杨邦会、杨丽娜、陈华斌、黄嵘等。

（二）研究生培养

由该研究室培养并已毕业的博士研究生16名，硕士研究生7名，另有二十余名研究生在读。

（三）优秀中青年人才

该研究室有 80%以上是中青年科研人员，他们在老一辈科学家的关心和支持下，积累了丰富的科研和管理经验，具备较强的学术、业务和管理能力。例如，张新主持的国家海洋局 908 专项课题“数字海洋”原型系统研发，其研究成果——中国“数字海洋”原型系统（公众版）在第二届中国“数字海洋”论坛暨iOcean中国数字海洋公众版发布典礼上正式发布，访问量超过50万人次，在国内产生了强烈积极反响，Google搜索到相关信息超过100万条，受到新华社、人民日报、光明日报、China Daily等16家媒体报道；沈占锋获得了中国科学院多项人才类奖项（卢嘉锡青年人才奖、王宽诚博士后奖学金），并于2009年以飞行时景模拟项目获得天津市科技进步奖二等奖。

（四）人才和团队培养措施

围绕遥感空间信息系统研究室的研究方向和研究目标，该研究室在人才培养、组织管理与运作模式方面主要按照以下几方面来执行。

1. 打造国家遥感应用工程技术研究中心的核心研究团队，发挥总部作用

在已有比较完整的遥感空间信息系统研究团队的基础上，其进一步整合了遥感所里有关遥感空间信息工程技术（测绘工程、可视化）方面的研究力量，按照遥感空间信息系统的产业链进行有机组合，以及相互之间资源和人才穿插，围绕工程中心产业发展部署来设置研究方向和构筑研究团队，成为工程中心的核心研究团队和总部，为遥感所遥感空间信息产业化提供技术支撑平台。

2. 构筑“金字塔”式梯队架构

围绕遥感空间信息系统的研究方向来构造研究团队，按照“金字塔”架构进行队伍的组织和管理。该研究室作为国家遥感应用工程技术研究中心的总部，完全听从工程中心的指挥和调配，工程中心负责人同时也作为研究室的首席科学家，负责对研究室总体发展规划和部署；该研究室的管理层设 1 个主任、1 个综合办公室和 1 个产业化办公室（总工），其中室主任全面负责研究室的学术研究和组织管理，综合办公室负责研究室的日常管理工作，产业化办公室（总工）负责研究室的技术研发、工程化和产业化工作；在管理层之下，整个研究团队分为“信息计算”“信息集成”“信息服务”3 个以研究生为主体的研究小组和一个以项目聘用人员为主体的工程小组，挑选久经考验、德才兼备、具有培养前途的技术骨干作为小组负责人，一起构成研究室的核心力量。

该研究室注重对副研究员一级的核心技术人才的培养，采用民主集中制原则来制定研究室发展大计和决策重大问题，根据预算制和任务书将责权利下放到小组一级，按照定量化的绩效考核制度来体现个人价值，确保“公开、公平和公正”，从而保障研究团队的可持续性和稳定健康的发展。

3. 探索“矩阵”式管理与协作开发模式

按照“矩阵”式运行模式来落实各个研究小组和工程小组的任务分工。研究小组不等同于工程小组，研究小组主要围绕研究室长期学术研究方向，工程小组则主要面向短期高强度攻关项目。对于长期稳定的计划性科技攻关项目，主要依靠于各个研究小组，按照研究方向进行任务分解，围绕通用技术产品的研发，长期稳步发展；对于其中重点攻关节点和短平快项目，则主要依托工程小组，并短期地从研究小组中适当抽取开发力量形成项目组，在项目经理的带领下完成课题攻关。通过研究方向和攻关项目的“矩阵”式管理，一方面保障研究室学术方向的稳固健康的发展，同时全面提高工作效率，营造良好的团队氛围，培养团队协作精神，保障全面发展。

4. 制定严谨的学术培养和严格的技术训练体系

研究生是研究团队的主要力量，也是梯队化发展的重要源泉，研究生培养是该研究室的核心任务之一。建立导师组（导师＋学术指导＋研究小组负责人）制度，开展对研究生的共同指导，制定严格的培养计划，稳定学生的研究方向，积极培育浓厚的团队学术氛围和个人研究兴趣，积极让学生参加相关的研究项目来接受严格的技术训练，建立梯队化的“传帮带”机制，保障学生的学术水平和技术能力的协调发展。

第二十二章　数字地球与导航定位研究室

一、概　　述

（一）成 立 背 景

自20世纪70年代末、20世纪80年代初期我国开始发展遥感、地理信息系统技术以来，我国的“3S”技术在经历了准备、起步阶段后，在20世纪90年代进入了快速发展阶段。从初步发展时期的研究实验、局部实用走向实用化和生产化，实现了基础环境数据库的建设，推进了国产软件系统的实用化、遥感和地理信息系统技术一体化，我国的“3S”技术得到了飞速发展。

1998年1月美国副总统在加利福尼亚科学中心开幕典礼上发表的题为“数字地球：认识二十一世纪我们所居住的星球”演说时，提出“数字地球”的概念，认为数字地球是一种能嵌入海量地理数据、多分辨率和三维的地球表示。该概念的提出引起了全世界各国的迅速反应，我国政府和学术界的反应更为强烈。在国家“十五”发展计划中，将“数字城市”“数字国土”等列入国民经济和科技发展重点计划，同时，很多行业和部门都建立了或正在规划建立各种信息资源决策支持系统，这些系统以多源遥感数据、地理信息数据、野外调查数据及相应的社会经济统计数据为基础，通过各种资源模拟模型等来对行业和部门的资源状况进行细致分析，通过资源优化配置来确定各个行业部门计划，并通过决策平台工具来辅助管理部门制定科学合理的资源决策方案。

遥感所在整合了所里原来地理信息系统、网络地理信息系统、虚拟现实与可视化等方面的主要技术队伍后，形成了一支非常有战斗力的队伍，组建了数字地球与导航定位研究室。该研究室肩负着大力发展GIS学科，发展GIS与GPS应用系统的重任，代表遥感所参与国内外竞争，形成品牌产品；并肩负着在理论研究与技术开发上实现突破的重大责任。

（二）建立的必要性

数字地球是20世纪70年代以来“信息革命”的一个自然的发展，是空间技术、信息技术、网络及其应用技术发展到一定阶段的产物；而随着空间信息技术的快速发展，导航定位系统已从最初的军事应用发展到各个应用领域，并已开始为人们的日常生活服务。因此，建立专门从事数字地球与导航定位的研究室是十分必要的。它不仅可以以科学研究、技术开发为研究内容，还可以开展应用推广和高新技术产业化等诸多方面的应用研究，同时，还可以形成具有我国自主知识产权和特色的商业产品，进入国内外技术市场，促进“3S”技术在各个领域的推广与应用，并由此产生巨大的经济效益。产品的广泛普及与应用将会有效提高空间信息生产与加工的工作效率，为数字化管理提供稳定快速的数据支持，改善国家及各级政府部门的科学决策水平，推进社会主义和谐社会建设的进程，迅速缩小我国与国外及国内地区之间决策信息化程度的差距，有力地促进我国决策信息化发展。

（三）在所及学科中的地位

数字地球与导航定位的研究是在开展数字地球、WebGIS、虚拟地理环境、空间信息决策支持、导航定位等方面的理论与关键技术研究的基础上，开发相应的地球空间信息服务和决策支持系统。它不仅与遥感技术、地理信息系统、计算机技术、网络技术、多维虚拟现实技术等高新技术密不可分，还与可持续发展决策、农业、灾害、资源、全球变化、教育、军事等方面紧密联系在一起。

（1）从科学的角度看，“数字地球与导航定位”的研究内容涉及自然科学、社会科学和技术科学的众多领域。地理信息系统、遥感技术、全球空间卫星定位系统、计算机网络通信技术、虚拟技术等为数字地球提供了强有力的技术支撑；地球系统科学和信息科学的发展为其理论的建立奠定了坚实的基础。

（2）从技术角度看，数字地球以计算机网络技术、信息技术等作为其硬件的基础，以各行各业作为其软件技术开发应用领域。

（3）从研究课题看，数字地球、空间信息技术的研究，土地、林业、灾害等各行业领域的信息系统开发项目，数字城市类的地方区域项目，将成为数字地球研究的重要课题。

二、沿　　革

（一）机 构 变 化

2002 年 1 月，中国科学院遥感应用研究所、国家遥感应用工程技术研究中心下属地理信息系统组。

2003 年 4 月，中国科学院遥感应用研究所技术部地理信息系统组。

2006 年 10 月，中国科学院遥感应用研究所、国家遥感应用工程技术研究中心下属数字地球与导航定位研究室。

（二）历届研究室负责人

2006 年以前，数字地球与导航定位研究室尚未成立，有关的各个团队分布于国家遥感应用工程技术研究中心、空间信息技术部等部门，包括地理信息系统乔彦友团队、WebGIS 杨崇俊团队等。

2006～2008 年，杨崇俊研究员担任数字地球与导航定位研究室主任。自 2008 年后，乔彦友研究员任该研究室主任。

（三）中国共产党的支部

2002 年 7 月～2006 年 6 月，属于遥感所技术部支部，由乔彦友课题组、杨崇俊课题组、马建文课题组、李树楷课题组、崔伟宏课题组等团队的党员组成，先后有党员 15 人左右，支部书记为乔彦友，其他支委委员有苏林、马建文。

2006 年 7 月～2011 年 6 月，属于遥感所第六党支部，由数字地球与导航定位研究室、遥感空间信息系统研究室的党员组成，先后有党员 20 人，支部书记为乔彦友，其他支委委员有沈占锋、岳宗玉。

2011 年 6 月～2012 年 9 月，属于遥感所在职第四党支部，该支部由数字地球与导航定位研究室、遥感空间信息系统研究室，以及定标与地面真实性检验研究室的党员组成，有党员 40 人左右，支部书记为乔彦友，其他支委委员有孟庆岩、张新、沈占锋、程天海。

（四）行 政 秘 书

韩冰梅。

三、学术方向与学科发展

（一）学术方向与定位

数字地球与导航定位研究室主要从事数字地球与网络空间信息系统、地理信息系统与空间决策支持系统、影像的高精度几何处理及其在导航定位中应用、数字地球与循环经济 4 个研究方向的科研工作。其专门研究网络环境下空间信息（遥感影像，地理数据，定位数据）的模型、传输、管理、分析、应用的理论与技术。

（二）学 科 发 展

1. 数字城市

数字城市主要以计算机技术、多媒体技术和大规模存储技术为基础，以宽带网络为纽带，运用遥感、全球定位系统、地理信息系统、遥测、仿真–虚拟等技术，对城市进行多分辨率、多尺度、多时空和多种类的三维描述，即利用信息技术手段把城市的过去、现状和未来的全部内容在网络上进行数字化虚拟实现。

1）研究中小城市数字城市的体系

“十五”期间，在国家 863 项目“重大行业 3S 应用示范——中小城市”（一期、二期）的支持下，开展了数字城市的研究，主要研究了数字城市的总体架构，提出了将基础地理信息数据集中存储、部门专业数据分别存储的“中心节点+部门专业节点”的分布式平台构架；制定了城市空间数据标准规范，包括城市基础地理信息数据分类编码标准、城市地理空间元数据标准、城市地理信息采集标准、行政区划编码标准等，它们为数字城市建设提供了坚实的理论基础。

2）研究城市 GIS 专题应用系统的标准模式

在建立城市的基础地理信息平台架构的基础上，开展城市 GIS 专题应用系统与城市基础地理信息平台之间的数据共享的研究，探索城市 GIS 专题应用系统的标准模式，用于指导城市所有部门 GIS 专题系统的开发，不但能够大幅度提高专题应用系统的开发与运行效率，而且可以有效促进系统之间的互操作。在标准模式的基础上，建立了城乡一体化地籍信息系统、城市环保信息系统、城市开发区信息系统。

2. 地理信息系统研究

GIS 是用于采集、模拟、处理、检索、分析和表达地理空间数据的计算机信息系统，主要研究方向为移动 GIS、WebGIS。

1）移动 GIS

移动 GIS，是以无线网为支撑，以智能手机、PDA 或平板电脑等手持移动设备为终端，结合北斗、GPS 或基站为定位手段的 GIS 系统，是继桌面 GIS、WebGIS 之后又一新的技术热点。其研究重点包括：移动 GIS 的体系结构；针对移动设备硬件限制进行的空间数据预读、索引、显示、分析技术；分布式空间数据管理技术。

2）WebGIS

WebGIS 的研究分为空间数据发布、空间查询检索、空间模型服务、Web 资源的组织几个方面。在上述研究的基础上，该研究室开发了省级林业有害生物管理系统，它是全国林业有害生物测报管理信息系统体系的重要组成部分，旨在实现灾害信息的实时上报、查询、分析、评价、共享与决策支持。该系统综合运用数据库技术、GIS、网络技术、通信技术等多种手段，实现了省级范围内多级化、服务化、空间可视化的林业有害生物信息管理，实行省市县三级管理模式，满足分布式管理要求。系统架构满足近期和中长期一致性，支持海量数据与高并发操作，具备安全稳定的数据库，建立了完善的业务流程机制。

3. 可持续发展信息综合分析与服务系统建设

1）WebSDSS 总体结构研究

研究基于 Web 的空间决策支持系统（SDSS）总体结构，提出在服务器端建立决策支持系统总体架构，为网络决策提供运行环境和各种资源支撑。其包括空间数据服务管理、空间分析模型服务管理、决策支持实例工作流灵活生成与可控运行、工作流服务语义解析引擎、服务工作流管理、空间决策结果相关空间信息可视化等功能模块的设计。

2）空间决策支持系统中模型与异构数据集成研究

在网络决策支持中，模型和数据都分布在互联网环境内的异地服务器上，模型与数据之间不存在任何依存关系，只是在需要时才捆绑在一起进行运行。为了保证模型的顺利启动和运行过程的正常进行，该研究提出了网络环境下模型的标准化方法，并用 Web Service 对模型进行封装，解决目前空间决策支持系统无法实现异构空间数据及模型互操作，不能跨平台，开发、调试和维护困难等局限性，从而有效提高模型和数据等资源的共享和集成。

4. 网络空间信息技术

网络空间信息技术主要研究网络环境下空间信息（遥感影像，地理数据，定位数据）的模型、传输、管理、分析、应用的理论与技术。数字地球与导航定位研究室从 1997 年开始专注于网络地理信息系统相关技术及软件产品的研究，当年推出地网 GeoBeans1.0 版本。在不断沉淀、完善网络地理信息工程重要理论技术创新成果的基础上，突破了网络环境下三维数字地球技术、数字城市空间信息共享平台技术、TB 级空间信息服务技术、分布集中混合部署软件技术、虚拟四叉树数据组织技术、指挥文书地图自动标绘技术、空间信息网络搜索技术、空间信息隐形搜索与服务等关键技术，研发的地网 GeoBeans 已推出四代 15 个版本。

第一代地网 GeoBeans 以 Applet 客户端为特征，实现跨平台网络地理信息系统快速构建与应用。1999 年 5 月 19 日发布使用该软件研发的北京政府网之“网上北京通”，开国内网络地理信息系统大型应用的先河。在后续的两三年时间里，有数以百计的单位使用了该软件。

第二代地网 GeoBeans 以三维为特征，完善丰富了平台软件功能。2004 年春发布使用该软件研发中国最早的大型三维地理信息系统：数字地球和数字地球中国军事版。

第三代地网 GeoBeans 以完备的客户端、服务器端软件、工具集为特征，形成多模式网络地理信息平台软件。

第四代地网 GeoBeans 以超大规模超高性能服务器端的空间云平台为特征，支持亚 PB 级空间数据、百万级在线用户访问、电信级 24h 运行。该软件正在人民搜索网调试应用。基于此，其还研制了集成硬件、软件和数据的一体机，方便用户使用此种大型复杂软件。目前，GeoBeans 已经形成了一个多模式地理信息系统成果，在数据共享、互操作、协同计算、交互使用、数据质量、传输速度、移动终端等方面改进形成了一个开放式的、组件式的、多层级的、可伸缩式的网络地理信息系统平台，另外，还研发了词虎、军标中间件等软件产品。

1）地理空间信息隐形搜索与服务技术方法

该研究室提出了地理空间信息隐形搜索与服务技术方法，该方法能在用户使用其他软件时，不用启动地理信息系统就可获得地理信息主动服务。2000 年开始研究地理空间信息智能搜索与服务、2001 年提出文图自通概念、2002 年提出隐形搜索概念、2004 年提出信息系统结构旋转矩阵，2005 年 4 月正式推出相应软件词虎（CIHU，Can I Help You，意为用户你是否需要地理信息服务，需要的话马上提供地理信息服务）。该技术方法和软件融合了 5 种界面取词方式、海量中文地名识别和网络地理信息集群服务等多项技术，实现了随鼠标的移动或一键触发而实时动态地获取地理信息。该技术方法含搜索网络上其他地理数据源。词虎软件在北京市政府网、政务图典等数十个项目中被使用。

2）多级分布地理空间数据虚拟四叉树组织技术方法

针对大型全国性行业分布式地理信息工程的需求，该研究室首次提出了多级分布地理空间数据虚拟四叉树组织技术方法，一种基于子树挂接的虚拟四叉树模型，支持分布式环境下海量数据的多级无缝组织，将分布式数据联系起来形成逻辑上统一组织的松散耦合的多级海量空间数据组织体系，解决了各地区各部门存储和维护本地数据的问题，并组织研发了相应的软件，在全国警用地理信息平台、内蒙古警用地理信息平台等数十个项目中使用。

3）面向多级架构的分布集中混合式网络地理信息应用平台技术

针对具有横向多支、纵向多级结构特点的大型组织内部建立地理信息工程的需求，该研究室首次提出了面向多级架构的分布集中混合式网络地理信息应用平台技术，使得大型组织各级应用系统的软硬件和数据可根据实际需要灵活地部署，即具有软硬件条件的单位可在本地部署软件平台及应用系统，没有条件的单位可把平台及应用系统部署在上一级单位，形成逻辑集中物理分散的分布集中混合式软件平台。该技术方法及软件在××综合指挥平台、国家减灾中心应急响应综合信息集成关联分析系统等数个项目中使用。

采用全行业地理信息系统整体建设原创性技术构架，与其他单位共同开发警用地理信息应用平台，结合公安部金盾工程二期，以低成本建立了全国警用地理信息基础平台，进行了规模化应用。已建 300 多个全国联网省市级警用地理信息基础平台（正扩展为全国所有地级机关），来支撑全国各地公安机关指挥调度、巡逻防控、警卫勤务、大型活动安保、人口管理、案件侦破、智能交通等数千个业务系统。

4）在线动态军标标绘和异地联合标绘理论并进行相应技术研发

动态军标采用组件技术开发，组件采用面向对象设计思想，使用 ATL 库开发，为用户提供方法、属性和事件 3 类接口，通过这些接口用户可以对其进行灵活的控制与交互。异地联合标绘实现了位于不同地点的多用户之间的协同标绘。异地联合标绘在网格技术的基础上改造传统的单用户 GIS 系统，突破了协同模型、协同控制功能、协同消息等关键技术。网格调度器控制多用户协同操作。在网络环境下，协同指令通过网格调度器向各个协同客户端转发。协同客户端在接收到协同指令后，将指令还原为标绘命令实现地图标绘，从而实现网格环境下的分布式实时协同制图。异地联合协同标绘对于多人参与的态势推演等应用具有重要的实用价值，已经成功应用于××综合指挥平台等系统。

5. 循环经济信息化技术

发展循环经济是当前我国经济社会发展的一项重大战略，是贯彻落实科学发展观，建设资源节约型和环境友好型社会，促进经济增长方式转变的重要举措。

1）循环经济的基础研究

循环经济的发展是按照一定的客观规律运行的，研究循环经济的科学基础就是研究其客观运行规律，主要从物理学基础、生态学基础、系统科学基础和区域科学基础4个方面开展研究。

2）循环经济的信息化技术研究

循环经济的信息化技术是通过信息负熵推动负熵过程的控制和管理，其针对大气、河流水源、环境等建立的全方位监测系统、预警系统、数据收集、储存系统等。

6. 区域可持续发展研究

1）区域可持续发展信息分类研究

在国家“十五”科技攻关项目（2001BA513B0101）的支持下，综合地理信息的本质特点，分析了区域可持续发展相关的分类和编码体系，提出了多维区域可持续发展信息分类和编码的方案，采用了线分类和面分类相结合的分类方法。

2）农业产业机构调整可持续发展

在国家社会发展综合实验区域可持续发展决策支持系统研究与示范项目中以正定为例，其以信息化技术为支持，建立全县农田基本信息查询系统，选用多目标规划模型，综合考虑经济、社会、生态及资源利用等方面，进行农田种植业结构调整多目标决策研究。

7. 现代农业信息化发展研究

1）中国农业信息元数据内容体系研究

通过分析现有的GIS元数据内容体系，研究农业信息元数据库的内容框架。针对农业信息表达不够全面的问题，提出了5层元数据内容体系：数据层元数据、数据库层元数据、模型层元数据、子系统层元数据、分布式系统层元数据，以扩展现有的地理信息系统元数据内容体系，从而促进完备的信息共享。

2）特色农业——烟草种植精益管理信息化及物联网和智能化的应用

其研究内容主要包括：研究“3S”技术在烤烟生产中的综合应用、运用遥感技术检测烟草种植面积的模式研究、现代烟草农业“3S”信息综合管理系统。

（1）现代烟草农业遥感监测：包括烟田面积空间分布遥感监测、烤烟种植长势监测、区域主要经济作物遥感监测（葡萄、三七、小米辣、蔬菜大棚、雏菊、玉米等）、区域水资源空间分布及变化遥感监测、土地利用类型变化遥感监测等。

（2）现代烟草农业信息化、智能化：主要包括现代烟草农业“3S”系统、主要经济作物种植监测系统、基于物联网的现代烟草育苗智能化、烤烟收购智能化、烤烟配送智能化管理等。

（3）现代烟草农业可持续发展研究：主要包括烤烟种植适宜性等级空间分析、烤烟种植空间布局优化分析、烤烟与其他主要经济作物经济效益对比分析、烤烟与其他经济作物空间分布优化布局、现代烟草农业的减工增效研究、烟水工程建设优化布局及效益分析、现代烟草农业测土配方等。

8. 气候变化不确定性研究

跟踪国际上气候变化不确定性研究，总结气候变化不确定性的研究方向及成果，对空气中二氧化碳来源进行定量分析等。综合分析气候变化的各种驱动因素，同时应用碳同位素技术、采集树木年轮数据，研究大气中二氧化碳来源于石化产品的比例与变化。应用遥感与空间信息技术分析中国近60年气温变化时空分布特征，近10年来近地面二氧化碳浓度空间分布特征及影响因素，太阳能、风能空间分布特征与综合利用适宜性研究。出版著作《自然是气候变化的主要驱动因素》。

（三）学 科 特 色

数字地球与导航定位研究是地理信息技术、遥感技术发展和应用的重要基础之一。数字地球与导航定位研究室是遥感所和国内专门从事数字地球与导航定位研究的机构。它有十多年的科学积累和人才队伍建设的实践，其研究能力、成果、仪器设备等方面在国内都是先进的，有一定的影响力。

网络地理信息系统核心技术、三维数字地球技术、数字城市空间信息共享平台技术、TB 级空间信息服务技术、分布集中混合部署软件技术、虚拟四叉树数据组织技术等方面在国内具有领先地位，空间信息网络搜索技术、空间信息隐形搜索与服务技术等方面在国际上具有领先地位。

四、科研任务、项目与成果

（一）承担的项目与任务

建室以来，先后承担各类项目 60 项，其中国家科技攻关或支撑项目 8 项、863 高技术计划项目 11 项、973 基础研究项目 2 项、国家重大科技高分专项 2 项、国家其他科技项目 3 项、国家自然科学基金项目 1 项、省部级项目 15 项、地方项目 16 项、国际合作项目 2 项。

（二）研究成果与推广应用

1. 成果

发表各类相关研究学术论文 140 余篇。获奖 5 项，其中获国家科学技术进步奖二等奖 3 项，获公安部科学技术奖二等奖 1 项，获北京市科学技术奖三等奖 1 项。获得实用新型专利 1 项、使用新型专利 1 项、发明专利 1 项，申请发明专利 4 项。获软件著作权登记 22 项。

2. 成果转让与应用

1）基于 GIS 的林业有害生物监测管理系统及网络管理系统

省级林业有害生物灾害管理信息系统（简称省级系统）与县级林业有害生物灾害管理信息系统（简称：县级系统），是根据我国的林业实际监测调查工作，提出的全国林业有害生物监测系统体系的 2 个子部分。

省级系统是利用 Web Service 和 WebGIS 技术开发的一个三层架构网络信息系统，该系统是一个用于在全省范围内进行病虫害信息管理的软件产品。它作为省级系统不仅可以通过网络及时获取下级用户的调查信息，还可以通过利用这些数据进行空间分析，做出相应的决策。到目前为止，省级系统已先后在安徽、辽宁、福建、海南四省开始使用，已取得了认可。该系统有很强的可扩展性，能适应国内不同省份的需求，具有很大的市场前景。

县级系统是一个以全县范围内的基于小班或其他精细管理单元的林业资源数据为基础数据的有害生物管理系统。它可以帮助用户管理和分析林业有害生物信息的基本信息与调查监测得到的发生、防治的信息，并通过对这些信息的空间分析、查询及可视化，使用户能够了解有害生物在空间和时间上的发生、发展和扩散情况，找出其发展的内在规律，还可以了解治理有害生物采取过的措施，用来指导有害生物减灾防灾工作的实施，最大限度地减少灾害的损失。县级系统是一套先进的、规范的、通用的，适用于县级林业有害生物监测管理的行业软件，它很好地填补了我国在该领域的空白。目前，该产品已在安徽、河南、辽宁、福建四省中的 30 多个县使用。

2）基于 GIS/GPS 的林业有害生物监测数据记录系统

基于 GIS/GPS 的林业有害生物监测数据记录系统是遥感所在参加“十一五”国家科技支撑计划项目“林业有害生物灾害监测与预警技术研究”（2006BAD23B0401）时，所取得的一项关键技术成果。它作为全国林业有害生物监测系统体系的最底层，面向一线监测调查的工作人员，具有操作简单、携带方便、记录准确等特点。目前，该成果已经在全国大部分省份获得了成功的示范应用，示范用户超过 3000 个，获得基层用户的认可。

该系统采用基于平板电脑 PDA 的有害生物灾情调查方式，从根本上解决了传统调查方式所存在的问题，为林业有害生物管理提供及时准确的数据源；在数字地图及 GPS 的导航下，可以方便地进行空间定位，快速确定调查单元的位置，提高了工作效率；能够对林业有害生物灾情进行标准化记录，记录结果可以通过与计算机的连接而进入数据库，无须重新数字化；能够对调查数据进行监督检查，通过数据采集时自动记录的位置点坐标、灾情历史数据、林业资源基本数据，从是否进行过调查、调查区域是否合理等方面进行检查；具备有害生物灾情数据的自动统计汇总功能，可以解决基层管理人员对相关数据混淆等问题；具有导入国家库功能，便于县级林业单位与国家林业局进行数据通信；可以在县级森防站、各级测报点进行实际应用，监测调查尺度可以细化到各地区的最小调查单元（小班、细班等），从而具备在广大基层部门产业化推广的条件。项目产品主要用于林业有害生物监测调查，其适合于在县级森防站、各级有害生物测报点进行应用，可以在全国进行推广应用，具有很好的应用前景。

3）基于地网 GeoBeans 开发的系统

（1）地网 GeoBeans 作为优秀国产网络地理信息系统软件，被用于完成数以百计的政府及企业网络空间信息系统项目。基于地网 GeoBeans 为国家旅游局开发的“中国旅游地理信息系统”、为国家发展和改革委员会开发的“中国小城镇地理信息系统”、为国家统计局开发的“中国经济监测预警地理信息系统”、为中国银监会开发的“中国银行业农村服务地理信息系统”都体现了当时最先进的网络地理信息系统平台与应用技术。

（2）团队基于地网 GeoBeans 开发了“非典网络地理信息系统”（含中、英文的“全球非典网络地理信息系统”“中国内地非典网络地理信息系统”和北京、河北、内蒙古、山西、广东“非典网络地理信息系统”）。据不完全统计，国内外 51 家网站直接采用该系统；网友来自 65 个国家或地区；访问总量超过 1100 万人次。一些重要领导和人士访问了该网站，予以好评；部分用户也来电来函反映非常好，认为系统的疫情图帮助群众了解发展态势，稳定人心。中央电视台新闻频道（CCTV13）、中央电视台国际新闻频道（CCTV4）和中央电视台科技博览栏目（CCTV1）均对该系统有所介绍。该系统利用优秀国产 WebGIS 软件 GeoBeans，把“非典”的各类数据图形化地展示出来，并配有相关的疫情走势图、动态图。该系统高度智能化，卫生部数据在网上公布后 3min 内，该系统即可完全更新。

（3）基于地网 GeoBeans 研制了低成本全行业使用的综合指挥平台，包含分布部署在全国服务器的上百 TB 遥感地理数据、船舶定位信息、车辆终端信息、视频终端、出入境船只信息、共性与业务系统，支撑多个全国各级业务应用系统，已连续运行多年，成为全国各级相关部门必须且唯一的地理基础设施。采用原创新技术和地网 GeoBeans 使得建设经费节约 9000 万元。

（4）在 GeoBeans 3D 软件的基础上，团队于 2004 年春完成了中国最早的三维网络信息系统“数字地球××版”开发。这是一个建立在多级全球数字高程模型（DEM）基础上，以海量卫星数据为主体，以海量地理数据和业务文本数据为支撑的服务于实际需求的交互式数字地球三维网络信息系统。

（5）2008 年 5 月，汶川“5·12”特大地震发生后，该研究室紧急组织强大的技术队伍，以最快的速度研制出“四川灾区三维地理信息系统”。该系统在“三维数字地球”平台软件，即 GeoBeans 3D 软件的基础上，可以对汶川地震灾区周围 6 万 km^2 区域的地图、影像、灾情信息等进行全面的二维三维展示。系统还包含全国范围内 1∶25 万数字高程模型，灾前的 30m 分辨率卫星影像，以及整个四川灾区 1∶5 万数字高程模型，部分灾区灾后的 2m 或 8m 分辨率卫星影像和 0.5m 分辨率航空影像，以及部分灾情信息。通过该系统可以同时供多人快速定位查看某一灾区及其周边地区的真实三维地形地貌，以及灾后的大致情况。四川灾区三维地理信息系统第一版于 2008 年 5 月 16 日在四川电视台、国家减灾中心等单位开始使用，新版系统同时提供给了总参作战部、武警森林部队司令部、国家地震局、交通部等单位。

（6）自 2008 年 3 月以来，GeoBeans 作为 3 个核心 GIS 软件，参与研发了全国××地理信息平台，该平台规划了全行业地理信息系统整体技术构架，制定了全行业地理信息系统标准，建立了全国××地理信息基础平台软件，并支持了全国范围内的规模化应用。该平台已覆盖全国 93%区域的 300 多个全国联网省市级××地理信息基础平台，支撑全国各地相关机构指挥调度、防控勤务、大型活动安保、人口管理、案件侦破、智能交通等数千个业务系统。

（7）结合多年参与住建部智慧城市顶层设计和实际调研经验，基于 GeoBeans GIS 软件研发了一套多责任大网格管理平台。多责任大网格管理平台在一个统一的网格基础上，通过业务属性不同，实现多项业务工作的开展，具有基础数据共享、多业务部门接入、多入口统一受理、业务流程随意编排、人工或智能工单流转、七步闭环流程、综合考核评价等特点。该平台已在 7 个区县得到应用，并获得地方政府的高度认可。GeoBeans 软件已被列为住建部智慧城市公共信息平台时空承载软件。

（8）地网 GeoBeans 系列产品已有 1478 家专业版用户，17257 家教学版用户。GeoBeans 产品应用领域涉及公安、交通、农业、环保、气象、电力、智慧城市等领域。

4）“3S”技术在烤烟生产中的综合运用

在烤烟生产中引入“3S”技术，推进了烟叶生产管理由传统烟草农业向现代烟草农业的转变，是我国第一个在烟草行业综合运用“3S”技术和网络通信技术的重大成果，具有国际领先水平。其攻克了综合应用定位、烟叶识别模式建立、系统对接集成等难题，建立了基于多种作物物候特征的多时相、多元数据烟草面积遥感监测模型，建立了包括系统管理平台、地理信息采集平台、地理信息数据管理平台、网络地理信息发布平台及网络电子地图等内容的“3S”烤烟生产管理应用体系。

其建立了四川省现代烟草农业“3S”信息综合管理系统，该系统结合《会理县现代烟草农业试点规划》制定的基本原则，以及“一基四化”的要求和“减工降本、提质增效”的目标，开发符合实际需求、体现现代烟草农业更高水平的烟草“3S”信息综合管理系统。系统功能主要包括以下内容。

（1）烟叶生产基础设施分析与管理：基本烟田查询与信息展示，基础设施空间位置查询展示，基础设施覆盖范围查询分析，基础设施配套合理化分析。

（2）烟叶生产种植规模化分析：烟田空间查询与展示，耕地基本空间特征分析，土壤理化信息管理与分析，烟田与基础设施叠加分析，连片烟田适宜耕地提取。

（3）烟叶生产经营集约化分析：集约化育苗工场查询与展示，育苗工场供苗范围分析，密集型烤房查询与展示，烤房烘烤服务覆盖范围分析。

（4）烟叶生产服务专业化分析：专业化服务队查询与展示，专业化服务覆盖范围分析，专业化服务减工降本效果评估。

（5）“3S”信息支撑服务：卷烟销售子系统，专卖管理子系统，安全管理子系统。

五、科研队伍建设与人才培养

（一）科技人员组成、结构

2002～2012年，数字地球与导航定位研究室有30名科技人员，其中研究员4名、副研究员7名、助理研究员14名、研究实习员4人、高级工程师1人（职称以2012年时的职称为准）。这些人员是乔彦友、杨崇俊、崔伟宏、邸凯昌、赵健、肖春生、武晓波、李津平、任应超、刘冬林、蒋致平、董鹏、荐军、常原飞、张迎、刘丽、张福庆、王刚、岳宗玉、刘召芹、乔丽、张会娟、宋子辉、蒋样明、易雄鹰、吴磊、陈岩、王文英、朱红缘、郝景燕。

（二）研究生培养

2002～2012年，该研究室培养研究方向为地图学与地理信息系统、电子与通信工程的硕士研究生20人、博士研究生67人、博士后7人。

（三）人才培养措施

为充分调动科研人员的积极性，加速优秀人才的培养，该研究室从建立之初就十分重视科研队伍的建设与培养，一直注意把培养年轻的跨世纪高级研究人才和学科带头人作为主要任务来抓。为了尽快培养出一批高水平的优秀科技人才，以适应当今国际科技竞争和跨世纪发展的需要，我们主要采取了以下一些措施。

（1）鼓励年轻科技人员涉足学科前沿领域，鼓励和推出有水平、有能力的青年科研人员参与或主持项目的申请。

（2）支持科技人员出国参加国际学术会议，以便得到更多交流的机会，使他们在与国际一流科学家的直接交往中得到锻炼和提高，组织科研人员参加在国内召开的各类 GIS、遥感会议，以便使更多的人能学到新知识。

（3）为了提高在职科研人员的专业理论水平，不断改善该研究室人员的知识结构，积极鼓励在职科研人员攻读研究生。

（4）加强国际合作，输送青年科技人员出国进修或合作，出国考察、访问，使他们在激烈竞争的国际环境和高水平的科研工作中提高水平，增长才干，也为他们尽快进入国际前沿研究领域创造条件。

（5）加强学风培养，该研究室重视科研人员素质培养，加强理论基础和野外试验科学研究的训练，加强严谨的学风培养，在科研工作中从难从严，提倡办实事、讲实话，重视整体素质的提高。

第二十三章　大气遥感研究室

一、概　述

（一）成立背景

由于经济规模的迅速扩大和城市化进程的加快，目前我国在环境问题上面临着前所未有的挑战，其中大气污染问题已成为影响我国城市和区域可持续发展及环境外交的重要因素。卫星观测表明，我国约30%的国土面积、近5亿人口正遭受灰霾的危害，其中，泛渤海、长江三角洲和珠江三角洲等区域面临的灰霾污染尤为严重。国务院《关于推进大气污染联防联控工作改善区域空气质量的指导意见》中明确指出:“近年来，我国一些地区酸雨、灰霾和光化学烟雾等区域大气污染问题日益突出，严重威胁群众健康，影响环境安全。”大气污染是全球环境变化的焦点，全面掌握大气污染的区域分布情况及其变化规律对环境治理和规划尤为重要。遥感所对基于遥感卫星的大气环境监测重视，为此成立了一个致力于从事大气环境遥感监测研究的实验室。

（二）建立的必要性

卫星遥感监测与基于地面设点的物理或化学分析测量的传统方法相比，具有宽覆盖、连续、动态等特点，可以得到大尺度、长时间序列的污染物时空分布特征和变化趋势，在大气环境质量变化的连续性、空间性和趋势性监测方面具有明显的优点，基于卫星遥感的大气环境监测研究在遥感科学中占有十分重要的地位。因此，建立一个专门从事大气环境遥感监测研究的研究室和团队，基于遥感卫星平台，监测和研究各大气污染气体的分布、形成机制，满足国家决策需求，意义重大。

（三）在所及学科中的地位

大气遥感研究室以国家在全球气候变化、环境空气质量遥感的重大需求为牵引，研究适合我国大气特征的大气辐射传输方程及其解法的基础理论与方法，建立大气参数遥感探测的技术方法体系，实现我国甚至全球范围气候变化参数与大气污染参数卫星遥感监测能力。

二、沿　革

（一）机构变化

大气遥感研究室是“遥感科学国家重点实验室”下设的一个基层科研单元，筹建于2010年10月，在2011年9月18日得到批复正式准许成立。2012年11月遥感所和中国科学院对地观测与数字地球科学中心合并成立遥感与数字地球研究所以后，大气遥感研究室与海洋遥感研究室联合组建了“地表能量平衡遥感研究室”。

（二）历届研究室主任

陈良富研究员。

三、学术方向与学科发展

（一）学术方向与定位

研究方向包括：大气辐射传输与反演的基础理论、大气成分遥感、气溶胶–云相互作用及其辐射效应遥感、大气环境卫星遥感综合论证及多源卫星遥感监测系统。目标是将大气遥感研究室建设成国内领先，并在国际上具有特色和一定影响力的一支大气遥感研究团队。

（二）学 科 发 展

1. 大气遥感基础理论研究

1）气溶胶高值区的大气辐射传输研究

中国地区颗粒物污染较为严重，灰霾天气频发，其在影响空气质量、能见度及人体健康的同时还加剧了大气的多次散射效应。太阳光子在大气中的传输路径直接取决于气溶胶的辐射特性及气体的吸收特性，其中气溶胶的辐射特性和颗粒物浓度不仅可以直接改变太阳光子的传输方向，还可以通过影响光子发生散射而间接改变光子传输路径的长度，进而影响气体分子对太阳辐射的吸收。因此，多次散射效应的增强不仅可以直接影响辐射强迫，还会给 CO_2、NO_2、SO_2 等气体的卫星遥感探测带来较大的误差。

（1）霾天复杂颗粒辐射特性模拟研究。

针对中国地区气溶胶粒子形态多样、物理化学特性复杂及颗粒物高浓度的特点，该研究室在考虑粒子内混合、半外混合状态的前提下，提出了复杂气溶胶粒子参数化建模方案，并在此基础上实现了霾天非均质、非球形气溶胶粒子的吸收截面、散射截面、消光截面、单次散射反照率与不对称因子等散射参数库的模拟模型构建工作，为中国地区正向辐射传输模拟，以及气溶胶、气体的遥感反演算法精度的提高奠定了理论基础。

（2）霾天颗粒物多次散射与整层大气辐射特性蒙特卡罗模拟研究。

为了进一步解决灰霾等高颗粒物浓度情况下的多次散射问题，我们基于蒙特卡罗方法发展了一种地–气耦合的大气多次散射模型，并通过将霾天气溶胶粒子散射参数库引入该模型，实现对灰霾等重颗粒物污染条件下的多次散射模拟。同时，为了满足 CO_2、NO_2、SO_2 等气体遥感探测对高光谱分辨率的需求，我们还通过将逐线积分模式中部分模块与多次散射模型进行耦合，建立了一套适用于紫外–近红外波段的正向大气辐射传输模型，该辐射传输模型既能够满足高光谱分辨率的需求，又可以同时考虑多次散射，从而为气溶胶辐射强迫效应估算及气溶胶、气体的高精度反演等工作奠定了基础。

2）临边探测机理研究

目前，国际社会公认与人类活动相关的臭氧（O_3）损耗和全球升温已经成为严重的环境问题。确定大气臭氧浓度的自然变化以及人为活动引起的变化，对了解它的全球循环收支及其气候效应是非常重要的。平流层大气中的一些微量成分，如含氯、含氢自由基、氮氧化物等对平流层臭氧的分解具有催化作用，参与化学过程的这些许多痕量气体含量很小，无法通过天底方式实现探测，因为其弱信息常常被低层大气中的气溶胶或地表信息所淹没。对这些痕量气体的探测，天底探测器已不能满足要求。另外，随着遥感观测和反演技术的进步，臭氧及其他大气痕量气体的监测由总量向垂直分布探测发展，大气遥感探测从天底探测、掩星探测发展到临边探测。

临边探测记录的信息少于掩星模式，但它能提供与掩星观测相当的高垂直分辨率大气痕量气体廓线，而且它还弥补了掩星模式观测范围有限这一缺憾，具备同天底观测一样近全球覆盖的特点。与天底探测相比，临边观测模式可实现对对流层、平流层和中间层大气的分层扫描，实现较高垂直分辨率探测，其中通常情况下垂直分辨率为 2～3km。除了探测大气成分，太赫兹临边探测可以对云物理与光学特性进行探测。云在全球动力、水文、辐射与化学过程中起了很大作用，因此临边探测的发展提供了高层至对流层三维的高精度痕量气体、云等信息，从而促进空气质量监测与全球变化研究。

（1）临边探测机理及大气成分在各波段的辐射传输特性研究。

研究紫外 / 可见光波段散射机制，分析不同气溶胶模式及其垂直分布在切点处的散射特性，分析切线光程中膝点高度；研究红外波段大气温度和大气水汽对临边探测的热辐射效应，分析底层辐射噪声的传输机制；研究太赫兹波段氯化物等痕量气体辐射机制，研究有云条件下太赫兹波段的辐射传输机制。

（2）临边探测大气辐射传输模型研究。

紫外/可见光临边探测大气辐射传输模型研究：研究紫外 / 可见光临边探测波段内具有吸收特性的痕量气体的散射作用对辐射传输的影响；研究大气分子吸收和散射作用对膝点高度的影响；分析不同大气模式和不同气溶胶组成模式下，气溶胶散射和地表反射对临边辐射传输及膝点高度的影响；建立紫外/可见光临边探测大气辐射传输模型。

红外临边探测大气辐射传输模型研究：研究各种具有特征光谱吸收谱线或谱带大气成分的红外辐射、地表辐射对目标气体热辐射的影响；构建红外临边大气辐射传输模型。

太赫兹临边探测大气辐射传输模型研究：分析太赫兹波段无云大气的辐射传输中分子吸收与发射模型；研究太赫兹临边探测对流层云的多次散射效应；建立在无云及有云大气条件下的太赫兹临边探测的大气辐射传输模型。

2. 大气遥感反演算法研究

1）对地观测气溶胶和颗粒物卫星遥感反演

（1）气溶胶卫星遥感反演方法研究。

大气气溶胶是指悬浮在地球大气中沉降速度小、尺度范围为 0.001～100μm 的液态或固态粒子。气溶胶的来源主要有两个：自然源，包括火山尘埃、海水溅沫、花粉与种子、沙暴、林火烟灰，以及由光化反应形成的酸性粒子；人工源，由工业、交通、农业、建筑等直接排放到大气中的尘埃与污染气体的光化学反应形成的粒子。大气气溶胶粒子通过对电磁波的吸收和散射作用，对气候模拟、大气传输、遥感应用等有着重要的影响，同时气溶胶本身（PM2.5、沙尘、灰霾等）也对环境空气有着显著的影响。应用卫星遥感手段可以获得宏观、大范围的气溶胶观测结果，自 20 世纪 70 年代以来，国际上实施了一系列卫星观测计划，以获取气溶胶光学特性的全球分布及其季节和年度变化，大大推进了气溶胶遥感观测的发展。目前，国际上主要有 MODIS、POLDER 等传感器可以提供全球的气溶胶分布，而反演算法也发展得比较成熟，主要有暗目标法、深蓝法、多角度偏振法等。

该研究室自 2006 年以来，在国家 863 重大项目、“十一五”国家科技支撑、中国科学院知识创新工程等项目的支持下，开展了陆地气溶胶的遥感反演研究。气溶胶光学厚度的卫星反演问题除了云污染的精确剔除以外，如何分离地表反射噪声和估算气溶胶组成模式是反演的核心科学问题。针对我国新型的国产卫星 CBERS、HJ-1、GF-1 等传感器没有短波红外探测波段出现的信息缺失问题，研究团队提出了基于植被指数的改进暗目标法，即利用地面观测的典型地表光谱数据，分析了浓密植被等暗目标的波段特征，开展了暗目标法的适用性研究，基于多波段 CCD 数据提出了改进的暗目标法，反演结果在北京、天津、浙江等地进行了实地验证，取得了较好的效果，与地面观测数据的相关系数在 0.8 以上。

利用气溶胶在蓝光波段有较强信号的特点，开展了深蓝算法的应用研究，以历史 MODIS 地表反射率产品为预设值，分析了 MODIS 与 HJ-1 数据的波段响应差异，建立了适于 HJ-1 数据的深蓝反演算法；利用 POLDER 系列的多角度偏振数据，开展了多角度偏振算法的研究，研究了多角度偏振反演中的最优气溶胶模式拟合，同时研究了引入多角度标量数据辅助约束多角度偏振反演结果，不仅反演得到了气溶胶光学厚度等光学参数，而且得到了气溶胶的谱分布等物理性质。

（2）灰霾识别算法研究。

灰霾条件下的气溶胶反演是大气遥感的难点和热点之一。由于霾层与薄云、雾等的光学特性相似，国际上常用的 MODIS 暗像元算法在中国东部雾霾天气下常出现值缺失的情况。为了解决中国地区典型的重污染背景下的气溶胶反演问题，我们在 2008 年发展了基于多波段阈值算法的霾识别算法，根据气溶胶的散射和辐射特性，识别区域霾层的空间分布。同时，基于短波红外与可见光波段在浓密植被处的线性关系的暗像元算法在高浓度气溶胶下误差增大，存在很大的误差。为了定量反演霾天下的气溶胶光学厚度，我们选取每 8 天中最小的地面反射率建立地表反射率库，作为真实的地表反射率进行气溶胶反演。此外，晴空条件下的气溶胶光学特性与灰霾天气下的高浓度污染具有明显差异，我们根据地面的连续观测，建立了专门的霾气溶胶模式。综合以上工作，我们在国际上首次实现了中国地区的区域灰霾气溶胶反演。

传统的灰霾污染研究以地基站点的化学采样为主，既无法监测中国东部典型的区域灰霾的分布范围，也难以获取灰霾的形成和变化过程。我们利用 NASA 的 A-Train 系列卫星，首次从区域尺度研究了我国区域灰霾的时空分布和典型光学特性。研究发现，我国的区域灰霾与常见的局地积聚污染不同，主要是在高浓度人为排放背景下，由南来水汽与西北浮尘等自然因素驱动形成。

（3）颗粒物卫星遥感反演算法。

近地面可吸入颗粒物（PM10）与细颗粒物（PM2.5）是我国大气环境中最主要的污染物，其中细颗粒物是造成霾天能见度下降的主要原因，对公众健康及交通安全造成了严重的威胁。尽管国家已投入巨大的资金和人力建设空气质量地面监测网络，但相对于广袤的国土面积，现有站点的数量仍十分有限，且空间分布不均，难以准确反映颗粒物污染的空间格局和区域传输。卫星遥感以其大空间覆盖、连续动态观测的优势可获取区域颗粒物分布的重要信息，其与地面监测相互补充。然而，在我国相对复杂的大气污染背景下，基于卫星数据准确反演近地面颗粒物含量面临着一系列科学问题与技术瓶颈，亟待突破与提高。

研究团队 2006 年承担“十一五”863 重大项目课题“多源卫星遥感大气污染综合监测技术”的研究工作，开始针对颗粒物卫星遥感反演的难点与关键技术开展研究攻关，先后实现了基于 MODIS 数据的高分辨率气溶胶光学厚度（AOD）反演和基于 POLDER 数据段多角度偏振气溶胶反演，为颗粒物反演打下了基础。在 2007～2008 年中国科学院“奥运大气行动计划”的进一步支持下，研究团队在遥感所建立了兼具主被动遥感与采样观测能力的“大气环境监测超级站”，能够同时观测 PM10、PM2.5、黑炭、多种污染气体及气象参数。在机理分析和实测数据的支持下，针对大气污染特点提出基于气溶胶光学厚度的垂直订正与基于颗粒物吸湿增长模型的吸湿订正的颗粒物反演模型，并成功用于北京地区的 PM10 与 PM2.5 反演。

为了进一步将基于“垂直订正—吸湿订正”的颗粒物双订正反演模型扩展到更大的区域尺度，研究团队引入区域大气模式数据，提供与卫星数据的时空尺度匹配的颗粒物垂直分布、吸湿增长特性与相对湿度信息，支持大范围、长时间序列的颗粒物卫星反演。基于中尺度气象模式（RAMS）提供的大气边界层高度与近地面相对湿度，实现了华北等地的 PM10 与 PM2.5 反演，相关结果成功地用于评价 2008 年奥运会前后北京及周边省份大气综合治理的成效。基于区域大气化学模式（CMAQ）提供的颗粒物垂直廓线与区域吸湿增长特性，实现了长时间序列的区域颗粒物遥感反演。基于该方法获取了珠江三角洲地区近十余年的 PM2.5 分布，直观地反映出该地区大气联防联控、综合减排防控的显著成效。目前，研究团队在颗粒物遥感反演方面的相关算法与模型已在环境保护部卫星环境应用中心、北京市环境监测中心、广东省环境监测中心等国家与地方环境保护部门投入业务运行，为我国日常的大气污染监测提供重要的支持。

2）对地观测气体成分卫星遥感反演

（1）污染气体遥感反演方法研究。

大气污染直接影响大气环境质量状况和全球气候变化，是全球关注的重要环境问题。大气污染对气候、植物和人类健康产生的不良影响越来越显著，如何减轻大气污染成为全世界需要共同解决的问题。近二十多年来，随着我国工业化和城市化进程的加快，各种大气污染物高强度、集中性排放，大大超过了环境承载能力，导致空气质量严重退化。在中国东部、首都北京及周边地区、长江三角洲地区、珠江三角洲地区，大气复合污染问题一直是困扰大气环境质量的关键因素，已成为影响城市和区域可持续发展的重要因素。

自工业革命以来，大气成分，尤其是对流层大气成分发生了很大变化。在经历了人类活动产生大气污染、污染影响人类生活、人类发现污染、进行治理几个阶段以后，这种大气成分的变化仍然在持续；这是由于大气污染和大气环境治理保护同时在我们现在居住的地球上发生着。在各种各样的大气痕量气体成分中，氮氧化物 NO_x（NO_x=NO+NO_2），尤其是二氧化氮（NO_2）在最接近人类的大气对流层中起着非常重要的作用。

作为一种痕量气体，NO_2 影响气候的辐射强迫，但是它对全球变暖的直接作用却不大；在平流层和对流层大气中，NO_2 对强氧化剂 O_3 和 OH 氢氧自由基的光化学反应过程，起到关键作用。另外，NO_x 和挥发性有机物一起还可以制造光化学烟雾。

研究团队对星载天底观测的 NO_2 对流层柱浓度的反演方法进行了研究。利用臭氧探测仪 OMI 传感器可见光波段高光谱太阳光谱数据和地球后向散射光谱数据，选择 NO_2 的吸收波段 405～465nm，基于差分吸收光谱仪（DOAS）的原理，解决 5 个科学问题，包括气溶胶和地表噪声问题，大气拉曼散射问题，多种吸收气体贡献的分离问题，柱浓度的垂直归一化问题和平流层污染物浓度剔除问题。其中，利用最小二乘法对 NO_2 的整层斜柱浓度进行反演；利用辐射传输模式软件 SCIATRAN 计算大气质量因子，获得了垂直柱浓度；利用空气质量模式计算平流层的浓度，从而获得了对流层柱浓度。对反演中的具体环节进行了实现和研究，完成了反演算法，目前，研究团队在 NO_2 对流层柱浓度反演方面的相关算法与模型已在环境保护部卫星环境应用中心、北京市环境监测中心、广东省环境监测中心等国家与地方环境保护部门投入业务运行，为我国日常的大气污染监测提供重要的支持。

二氧化硫（SO_2）是最常见的硫氧化物，大气中 SO_2 浓度的时空变化及其气粒转换过程对全球辐射能量平衡和人体健康产生重大影响。大气中 SO_2 排放源主要有自然源（含硫矿石的分解、浮游植物产生的硫酸二甲酯、火山喷发及非喷发期岩浆挥发等）和人为源（含硫矿石的冶炼，煤、油、天然气的燃烧，工业废气和机动车辆的排气等）。随着工业化和城市化的加速，城市人类活动向大气中排放的 SO_2 污染物也随之激增，从而引发了酸雨、灰霾等一系列城市环境污染问题。SO_2 在大气中的寿命较短，近地面的 SO_2 会在一天的时间内转化为硫酸盐，平流层的 SO_2 也只有一个月的寿命。在有云情况下，SO_2 迅速转换为液态硫酸盐，寿命仅几个小时。在无云情况下，SO_2 氧化过程（氧化物包括 H_2、O_2、O_3 和 OH 自由基等）在气态过程完成，寿命大约为几天。因此，城市 SO_2 污染气体最终转化成硫酸和硫酸盐颗粒物，经湿沉降和干沉降从大气中消除。我国存在 5 个硫沉降强度高值区：以贵州为中心的西南区、以长江三角洲为中心的华东区、以珠江三角洲为中心的华南区、冀鲁豫地区和京津冀地区。硫沉降强度超过临界负荷的区域占全国陆地面积的 20%以上，其中重庆贵州一带、长江三角洲和珠江三角洲地区的硫沉降强度严重超临界负荷。同时，各省（自治区、直辖市）间存在致酸物质的远距离输送和相互影响。

该研究室对星载天底观测的 SO_2 柱浓度的遥感反演方法进行了研究。利用卫星观测一级天顶辐射值，选择紫外区域合适的波段，依据差分吸收光谱系统（DOAS）和二氧化硫吸收对的参差法（BRD）算法原理，对反演中的具体环节进行了实现和研究，完成了大气中 SO_2 斜柱总量的遥感反演。利用辐射传输软件 SCIATRAN 计算大气质量因子，获得了反演垂直柱总量，并将反演结果与卫星二级产品进行了比较分析。利用多轴差分吸收光谱系统（MAX-DOAS）地基观测，对卫星载荷臭氧探测仪 OMI 数据的 SO_2 柱总量进行了验证比较，并对影响 SO_2 反演的误差来源进行系统分析，针对行异常情况提出了两种有效的校正方法，分别适用于北半球行异常和全轨行异常两种情况。对不同卫星传感器及不同遥感反演算法获得的 SO_2 柱总量进行了比较分析。最后结合多尺度空气质量模式系统 RAMS-CMAQ 模拟的逐网格垂直廓线分布信息，获取卫星观测近地表 SO_2 浓度，并利用地基观测结果对其进行了验证。该研究室在 SO_2 柱浓度反演方面的相关算法与模型已在环境保护部卫星环境应用中心、北京市环境监测中心、广东省环境监测中心等国家与地方环境保护部门投入业务运行，为我国日常的大气污染监测提供重要的支持。

（2）温室气体卫星遥感反演。

全球变暖、气候变化是当今国际社会广泛关注的全球性环境问题，是人类社会存在与发展所面临的一个严峻挑战，研究表明，全球温室效应与人类活动导致的大气中 CO_2、CH_4 等温室气体浓度升高关系密切，因此对于 CO_2、CH_4 等温室气体浓度的监测成为地球系统中碳循环及全球气候变化研究中的一个重要环节，据此开展了温室气体卫星定量遥感反演研究，反演包括两个方面：一是基于红外波段 CO_2、CH_4 吸收通道开展 CO_2、CH_4 垂直廓线反演；二是基于短波红外 CO_2、CH_4 吸收通道开展 CO_2、CH_4 柱浓度反演。

在 CO_2、CH_4 等温室气体的热红外遥感反演方面，反演的主要问题是如何约束大气温湿度廓线反演误差的传递？如何将观测误差进行先验表达？如何获得合理的平滑因子使反演迭代收敛等。该研究室开展了基于经验正交函数的特征统计方法反演 CO_2、CH_4 研究，建立了卫星观测数据与目标气体浓度间的统计回归模型，准确快速反演 CO_2、CH_4 浓度分布。

在短波红外反演 CO_2、CH_4 方面，尤其是 CO_2 的反演要求达到 1%的精度，甚至是 1～2ppm（1ppm=1mg/L），所以反演过程中的主要问题是在精确识别冰云的情况下，如何估算我国气溶胶多次散射效应对 CO_2、CH_4 等气体反演的影响？我们依据大气辐射传输方程，借助最优化估计理论，研究发展了基于辐射传输物理模型的温室气体非线性迭代反演模型。物理反演方法研究进程中，针对先进星载传感器获取的高光谱数据，在进行光谱通道的敏感性与通道信息熵分析的基础上建立了高光谱数据通道选择方法；同时，充分考虑辐射传输模型的非线性，构建了非线性迭代反演过程的约束模型，保证迭代反演稳定快速收敛。此外，对于气溶胶散射导致的短波红外温室气体遥感观测误差问题，我们研究了基于氧 A 通道观测辅助的气溶胶散射等效估算模型，进而构建了针对中国气溶胶高值区的 CO_2、CH_4 反演模型。

3）临边探测卫星遥感反演算法研究

临边探测可以反演高垂直分辨率的大气成分廓线与温度廓线。在卫星遥感大气探测中，所有波长下观测的是大气辐射，而不是直接观测目标大气参量。因此，从紫外到太赫兹，反演问题解决的是大气参量与所测量的大气辐射能量匹配的问题。然而，不同波长能反演的气体不同，影响因素也有区别，所以反演算法也会有不同的考虑。

（1）紫外/可见光临边探测大气成分演算法研究。

研究大气云、气溶胶和地表反照率等因子引起的单次和多次散射影响，以及大气参量与辐射值之间的辐射传输模型；研究基于数学优化算法得到大气成分在紫外/可见光的反演算法；基于光谱分析技术，研究临边散射辐射大气痕量气体高精度垂直分布廓线反演算法。

（2）红外临边探测大气成分反演算法研究。

研究红外波段大气水汽与温度垂直分布对其他大气成分辐射的影响；研究水汽、温度与目标气体垂直分布一体化联合反演的约束条件和目标气体先验协方差矩阵，建立红外临边探测下大气成分反演算法；开展反演算法的误差来源分析及精度评价。

（3）太赫兹临边探测大气成分反演算法研究。

研究太赫兹波段内具有特征吸收线的 HCl、ClO 等卤族元素反演中不同大气参数的影响效应；研究建立 HCl、ClO 等卤族元素垂直廓线反演算法。

3. 大气遥感反演系统建设

在国家科学技术部和中国科学院的支持下，研究团队先后承担了 863 计划资源与环境领域重大项目“重点城市群大气复合污染综合防治技术与集成示范”第三课题“多源卫星遥感大气污染综合监测技术（2006AA06A303）”，以及中国科学院 2007 年“北京地区大气环境监测行动计划”，2008 年“北京及周边地区奥运大气环境监测和预警联合行动计划”等知识创新工程项目有关环境空气质量的卫星遥感监测技术课题，紧密围绕我国环境监测与管理工作的迫切需求，开展了多源卫星遥感大气污染综合监测技术研究，以及环境空气质量卫星遥感技术工程化及应用研究，系统攻克了环境空气质量多源卫星遥感综合监测关键技术，全面创新了环境空气质量反演方法、应用模式、平台系统与业务应用。2010 年，研究团队中标“国家环境保护部卫星环境应用中心业务运行系统——环境空气遥感分系统”项目。该项目是在前述理论与技术研究成果的基础上，完全结合我国环境保护部门的卫星遥感监测业务需求，建立的一套基于国内外主流卫星遥感数据的环境空气质量卫星遥感反演系统。该系统开拓建立了国家环境空气卫星遥感监测工程化技术体系，有效支撑了我国大气污染防治与环境空气保护等重点工作，促成了我国环境空气监测跨入卫星应用时代。

（三）学 科 特 色

针对我国大气环境研究污染的现状，大气环境遥感学科面临以下重要问题：我国灰霾天气频繁，灰霾天的能见度极低，首先，灰霾天的细颗粒物污染物浓度很高，而且颗粒物成分多样，结构复杂；其次，灰霾天的气态污染物浓度很高，如无机二氧化氮、二氧化硫，以及有机的甲醛和乙二醛等气态污染物；最后，是温室气体，如二氧化碳、甲烷、氧化亚氮和一氧化碳等，而且高浓度的气溶胶多次散射问题严重影响了温室气体的浓度反演，当然大气温度和湿度垂直分布廓线问题一直是大气遥感关注的问题。所以，大气遥感研究室从我国大气环境的特点出发，开展了霾天各种颗粒物成分不同混合态的微物理特性和光学特性模拟形成的散射相函数、吸收截面、散射截面、单次散射反照率和对称因子数据库研究；并开展了霾中污染的气溶胶反演，以及近地面颗粒物浓度的物理反演，这些都是创新性的工作；而且在反演气态污染物和温室气体时充分考虑了高浓度气溶胶多次散射的影响，提高了反演精度，并考虑反演算法的工程化和业务化的高效处理需求。这些主要集中在卫星监测污染状况的内容，监测结果可以集成为国家大气环境监测服务。此外，如何基于卫星遥感进行排放源清单的快速校验及开展高空大气环境的探测，是我们今后需要加强研究的问题。我国大气环境问题主要是由人为排放引起的，人为活动的气溶胶的直接辐射效应问题，以及气溶胶对云间接辐射影响的机理与辐射效应问题，是目前全球气候变化研究中不确定性最大的科学问题，也是我国大气遥感必须重视的研究领域。所以，大气遥感研究室是直接面对科学问题和国家应用需求的一个极具特色的研究单元。

四、科研任务、项目与成果

（一）承担的项目与任务

该研究室共承担项目 28 项，其中国家自然科学基金重点项目 1 项、面上基金项目 3 项、青年基金项目 3 项、国家高技术 863 计划课题 3 项、973 计划课题 1 项、科技支撑课题 1 项、科学技术部国际合作项目 1 项、国家重大科技计划项目 2 项、中国科学院先导项目课题 2 项、中国科学院知识创新工程项目 4 项、行业转化应用项目 7 项等。

（二）研究成果与推广应用

1. 成果

该研究室出版专著4部；共发表论文150余篇，其中SCI论文42篇、核心期刊论文15篇、大会特邀报告15篇。获奖4项，包括国家科技进步奖二等奖1项、国家测绘地理信息局“测绘科技进步奖”一等奖1项、北京市科学技术奖二等奖1项、其他奖1项。已获得授权实用新型专利2项，申请发明专利16项（公示中）。

2. 成果转让与应用

2009年4月20日，大气遥感研究室团队中标国家环境保护部环境卫星应用中心筹备办公室的业务化运行系统“环境与灾害监测预报小卫星星座环境应用系统软件工程——第六标段：环境空气遥感分系统”。该软件是为环境保护部实现环境空气遥感监测而开发的软件。该软件处理的对象是环境卫星遥感数据、其他卫星遥感数据和地面监测数据等；其总体目标为应用环境卫星数据并辅以其他卫星数据和地面监测数据，对颗粒物污染、雾霾污染、沙尘/沙尘暴、秸秆焚烧、污染气体和温室气体等大气质量指标进行动态监测，实现基于环境空气遥感数据的时空合成、统计分析、可视化表达、专题数据产品和应用数据产品生产、环境空气质量综合评价，为我国环境空气监测与管理工作提供遥感技术与信息支持。

2011年7月4日，大气遥感研究室团队中标北京市环境保护中心“北京市环境保护局细颗粒物（PM2.5）等重点大气污染物监测体系建设项目——PM2.5遥感监测软件系统开发”项目。该软件是为北京市环境保护中心实现北京市PM2.5遥感监测而开发的软件。PM2.5遥感监测软件系统的建设目标是，为满足北京市在环境监测方面的应用需求，在以甲方自主接收的卫星数据为主要数据源的基础上，通过天线接收和光缆传输系统获取国内主要卫星遥感数据源，并结合地面环境监测数据，开展以PM2.5为中心的相关大气与生态质量的卫星遥感监测，形成天–地统筹的北京市级环境监测技术体系，实现北京市环境大范围遥感监测，提高北京市环境监测水平。

五、科研队伍建设与人才培养

（一）科技人员组成、结构与培养

该研究室由10名研究人员组成，其中研究员2名、副研究员3名、助理研究员5名。成员为陈良富、苏林、陶金花、王子峰、李莘莘、张生雷、陶明辉、张莹、范萌、邹明敏。

（二）研究生培养

该研究室自2006年开始招收博士研究生，至2012年培养毕业博士研究生12名、硕士研究生10名。2012年在读博士研究生6人、硕士研究生3人。

（三）人才培养措施

研究室瞄准国际前沿，强调我国大气污染自身的特色，并针对国家大气污染监测与防治的总体需求，充分重视为大气辐射传输的基础科学素质教育，培养学生解决科学问题的能力，提升学生实际科研工作能力。建立了具有国际影响力的全面覆盖气溶胶、颗粒物、气态污染物、温室气体和云物理参数的我国大气环境遥感队伍。

第二十四章　海洋遥感研究室

一、概　　述

（一）成 立 背 景

海洋是我国重点发展的战略领域，也是中国科学院创新2020的重点发展学科。全球海洋环境信息是全球气候变化研究、海洋资源开发、生态环境保护、海上安全保障、海洋防灾减灾不可或缺的基础资料，也是国际政治、经济和军事热点问题博弈的重要支撑。近年来，遥感所非常重视海洋遥感学科建设，引进和培养了一批科研骨干，并通过承担国家、部委等科技项目积累了实践经验，成立海洋遥感研究室的时机和技术条件日渐成熟。

（二）建立的必要性

海洋占地球表面积的 71%，不断运动又相互连通的大洋构成一个庞大、完整的动力系统，并对全球气候、人类生活有着深远的影响。然而，海洋现象具有范围广、幅度大、变化快的特点，常规的船载、浮标测量无论在规模、范围还是频度上都受到极大限制，因此利用传感器对海洋进行远距离非接触观测，以获取海洋景观和海洋要素的图像或数据资料的海洋遥感技术成为人类探测海洋、认识海洋的重要手段。目前，我国海洋业务化工作对海洋遥感技术的需求日趋紧迫，国家将通过重大海洋科学计划支持海洋科学发展和海洋科技人才培养，这也为遥感所海洋遥感提供了重要的发展机遇。因此，开展海洋遥感学科建设是遥感应用发展的需要，同时也为遥感所强所战略和持续发展提供重要增量。

（三）在所及学科中的地位

海洋遥感是遥感技术应用的主要方向之一。海洋遥感研究室是遥感所专门从事海洋遥感机理、前沿技术、定量反演、业务化应用系统建设的部门。该研究室成立 5 年来，承担多项国家和部委科研项目，为国家海洋环境信息保障、防灾减灾、污染治理、海域管理提供了技术支撑，主要研究成果达到国内领先、国际先进水平。

二、沿　　革

（一）机 构 变 化

近年来遥感所非常重视海洋遥感方向建设，不断加大国际合作力度，促进遥感所与国内涉海机构战略伙伴关系的建立，2007 年顾行发所长带领的第七届领导机构开始着手筹建海洋遥感研究室，通过引进海洋遥感方向创新岗研究员，带动遥感所海洋遥感人才队伍培养，并于 2010 年 8 月正式组建了海洋遥感研究室。

（二）历届研究室主任

研究生主任：李紫薇，副主任：杨晓峰。

（三）业务秘书

杨晓峰（兼）。

（四）行政秘书

于暘。

三、学术方向与学科发展

（一）学术方向与定位

从事海洋遥感科学与前沿技术、系统开发与集成、业务化应用关键技术研究；重点开展全球导航系统–反射信号源 GNSS-R（Global Navigation Satellite System-Reflection）海洋遥感探测、海洋环境遥感定量反演与试验验证、海气相互作用机理、海洋遥感信息融合同化与可视化、海岸带环境动态监测研究工作；提升遥感所海洋遥感科研能力和国内外影响力。

（二）学科发展

1. GNSS-R 海洋遥感探测技术

全球卫星定位系统不仅为空间信息用户提供了导航定位信息，还提供了源源不断的 L 波段微波信号资源。通过承担国家海洋防灾减灾重大专项重点项目和中国科学院重大装备研制项目，利用 GNSS 导航卫星直射和海面反射信号源，研制了星载 GNSS-R 载荷工程样机和机载一体化机。采用双基雷达异源观测模式，突破多源信号同步接收与实时相关处理、海洋环境要素反演和试验验证等关键技术；为海面风场、有效波高、海面高程等海洋环境要素探测提供了新型海洋微波遥感手段。

1）GNSS 海面回波散射信号接收技术

GNSS 直射信息接收技术较为成熟，研制用于海面反射信号接收的左旋阵列天线存在技术难点。信号接收天线通常依靠增大天线增益来提高微弱信号接收的信噪比，但相同情况下天线波束将变窄，覆盖范围变小，不利于多源卫星海面反射信号的同步接收。我们研制的左旋天线由 4 个 3dB 天线通过单馈点结构，实现天线阵列单元的组阵；采用连续旋转馈电结构，降低各天线单元之间的互耦系数；通过旋转串行馈电技术，增加天线阻抗带宽，降低 E 面和 H 面的旁瓣并利用其寄生辐射提高天线的圆极化特性；在以上技术支持下，保证了复杂背景下多源多路 GNSS 海面反射信号的有效接收。

2）GNSS-R 海面微弱信号增强技术

与 GNSS 直射信号相比，GNSS 回波信号的强度下降、信噪比急剧恶化；为保障从接收的反射信号中能够有效提取相关特性，低信噪比弱散射信号增强技术成为技术难点。对于低信噪比信号，通常采用延长相关累加时间和非相关累加的方法进行处理，但该方法会对高动态、低信噪比的回波信号跟踪带来困难。我们利用直射信号辅助的方法对反射通道信号进行开环跟踪，并采用延后处理的方法消除载波多普勒变化和导航电文数据位对长时间累加造成的影响，该项技术成为遥感器内部信号增强的核心算法。

3）GNSS-R 信号实时相关处理技术

遥感器原始信号采集量大，且需同时处理多路直射和反射信号，在专用相关器中设置了 82 通道，以满足信号分类和实时计算对资源的需求。为保障专用相关器中信号相关处理速度和精度，研究了多载波信号生成、多延迟 C/A 码声场和多普勒–码延迟二维相关运算算法，通过块处理和 FFT 的二维相关功率运算电路，有效利用现场可编程门阵列 FPGA（Field-Programmable Gate Array）资源，实现接收信号本地复制码快速相关；研究了高灵敏度信号捕获、高精度码跟踪环路、载波跟踪环路、反射信号开环跟踪和反射信号累加算法，与 FPGA 结合使用，实现通道资源合理配置、利用直射信号导航定位、利用反射信号计算时延多普勒相关功率，确保了遥感器内部信号实时相关处理效率。

4）GNSS-R 要素定量反演技术

现有海洋微波遥感手段为同源模式，采用海面后向散射特性进行要素反演的方法较为成熟，针对 GNSS-R 前向散射特性的海面风场/海面高程/有效波高要素反演模型缺乏。我们利用海浪谱模型、海面坡度概率密度和散射信号相关功率函数，建立海面散射信号功率模型与风场反演要素之间的关系，获得数值积分理论功率曲线，通过实测数据与理论波形匹配方法进行风速风向反演；利用实测海面观测点镜面反射信号与直射信号的时间延迟和导航定位解进行海面高程测量；利用海面回波相关功率曲线前沿斜率与风向值建立有效波高反演经验模式函数，得到有效波高查找表，通过计算实测海面观测点一定风向下的前沿斜率，查找获得有效波高反演值。利用海空同步观测试验数据进行反演模型校验、反演要素精度评估。

2. 海洋环境遥感定量反演研究

遥感，尤其是卫星遥感是获取海洋环境信息的有效手段，通过国家海洋局渤海环境专项、国家高分对地观测重大专项等项目的支持，开展了海表温度、海洋水色、海面风场等参量的遥感定量反演方法研究，开发了以自主卫星为主要数据源的海洋环境遥感定量反演系统，其成果已在国家海洋环境监测中心等单位业务化运行。

1）海表温度遥感反演方法研究

针对我国部分卫星采用的红外单通道技术体制，对海温单通道物理反演法的参数敏感性进行了分析，发现中红外波段对海水比辐射率、大气上行/下行辐射亮度和大气透过率等反演输入参数的敏感性远小于热红外波段，提出了首要影响因子—大气温湿廓线的精度需求，建立了适用于中红外波段的海温反演算法。此外，针对海表温度红外遥感业务化算法需要定期校正算法系数的问题，利用中红外通道对温度敏感性强、受大气水汽干扰小等特点，将通过中红外波段的单通道物理法反演的 SST 作为标定数据，提出了无浮标海域海温劈窗算法系数拟合方案，有效解决了无浮标海域的海温反演问题。

2）海洋水色遥感反演方法研究

针对自主高分辨率卫星载荷波段少、刈幅大等特点，开展了海洋水色参数反演算法研究，突破了宽波段低反射率场景大气订正、查找表高效组织与快速检索、近海生物光学建模等关键技术，建立了海洋叶绿素 a 浓度、海水总悬浮颗粒物浓度、海水透明度定量反演模型算法与产品生产技术流程，为我国高分信息产品生产系统提供了具备业务运行能力的海洋水色参量定量反演软件插件。此外，利用卫星可提供的海洋环境遥感产品，结合常规生化监测手段，依据海洋水质国家标准，通过多因子耦合关联分析，建立了基于遥感监测指标的近岸海域水质类型分类体系，实现了利用高分卫星遥感数据的近海水质自动分类。

3）海面风场遥感反演方法研究

针对我国后续合成孔径雷达卫星发射计划，对 C 波段、X 波段和 L 波段 SAR 反演海面风场关键技术进行了预先研究。对遥感数据预处理算法和反演模型精度检验方法进行了研究；对图像噪声去除算法、辐射校正算法、雷达 VV/HH 极化比转换模型、地球物理模式函数等开展了精度检验工作，定量分析了海气边界层稳定度、陆地临近效应、人工目标、降雨、内波、大气重力波等因素影响风场反演精度的机理及其误差订正方法，全面分析了国际已有风场反演地球物理模式函数的优缺点和现有模型算法中存在的限制因素，提出了基于我国自主卫星数据源的 SAR 风场反演业务化系统建设方案。

3. 海气相互作用机理研究

海气界面是海气之间能量、动量和物质交换的场所，遥感技术以海表层为探测对象，是研究海气相互作用的重要工具。通过国家自然科学基金青年、面上和海外联合研究项目的持续支持，对海气界面的物质交换过程、电磁波散射与雷达成像机理、边界层过程生消机制等进行了深入研究，探索了遥感手段在全球气候变化和地球系统科学研究中的应用方法。

1）海气界面二氧化碳通量遥感方法研究

近岸海域海气界面二氧化碳通量变化监测是全球碳循环过程研究的重要领域。通过对我国黄渤海区域的不同季节的走航实测数据进行综合分析，发现了遥感得到的海表温度和表层叶绿素浓度与海水二氧化碳分压存在较好的相关关系，使用分段线性回归方法建立了基于卫星遥感数据的近岸海域区域性海气界面二氧化碳分压反演经验模型，为研究我国海洋碳循环提供了新的技术手段。

2）海气边界层稳定度对雷达成像影响研究

在海气边界层稳定度影响雷达后向散射强度的物理机制上，国际学术界尚无统一的研究结论。通过分析大量湾流西边界等海气相互作用剧烈区域的高分辨率星载 SAR 数据，从电磁波与海面相互作用机理入手，创新性地将海面张力说与海气相互作用说进行了统一，建立了同时考虑海水固有物理特性和大气边界层稳定度贡献的雷达后向散射系数海温影响订正模型，并且利用海洋固定浮标现场测量数据对模型精度进行了验证，结果发现，建立的模型可明显提高湾流、黑潮等海表温度梯度变化剧烈海域的海面风场雷达遥感反演精度。

3）遥感与模式结合的边界层过程生效机制研究

海气边界层的物理现象，如大气重力波、风条纹、降水、冷/暖/锢囚锋面、大气涡街等在海气之间能量、动量和物质交换过程中起决定性作用。这些现象会改变风场的分布，对海洋表面毛细波和重力波波谱产生调制作用，影响到海面粗糙度，因而可被高分辨率遥感影像记录。随着 SAR 卫星的不断发射，SAR 观测到的边界层现象也不断增多。通过系统分析多年来在中国海区收集到的包含此类现象的星载 SAR 图像，同时利用中尺度业务化气象预报模式及雷达仿真模式对各类现象进行模拟研究，形成了最优化数值模式行星边界层参数化方案，使数值模式的模拟结果最接近遥感图像。通过将基于数值模式模拟的雷达成像仿真结果同实际遥感图像进行对比，改进和优化了雷达仿真模式的参数化方案。动力学分析数值模式时间序列结果，揭示了多种典型边界层现象的发生发展和灭亡规律。

4. 海岸带环境动态监测研究

海岸带是人类生活娱乐和资源开发的重要区域，通过国家公益性海洋科研项目和载人航天计划项目等的资助，研究了我国海岸线、围填海和滨海湿地的卫星遥感动态监测方法，以及近海水深与海底地形的遥感探测方法，其为海岸带生态环境保护和资源可持续开发提供了技术支撑。

1）浅海水深高光谱遥感反演

珊瑚环礁等浅海区域是海洋生物多样性、海洋生态环境变化和全球气候变化等研究的重点对象，也是热带海域多国重要的海军基地所在地。利用遥感手段获取珊瑚礁周边海域水深分布对国防和民用经济建设均有重要意义。在分析总结国外现有反演技术的基础上，针对自主超光谱载荷波段设置、定标精度和数据质量特点，提出了黄/蓝/绿波段比值算法和稀少控制点水深绝对分布反演方法。通过对比反演结果与船载多波束水深实测数据发现，该方法获得的水深结果空间分布合理，反演误差在 1.5m 以内，具有较高的应用推广价值。

2）海底地形 SAR 遥感监测

近岸强潮汐区，潮流与浅海水下地形的相互作用改变海表层流场，变化的海表层流场与风致使海表面微尺度波相互作用，改变海表面微尺度波的空间分布，海表面微尺度波与雷达波相互作用，改变雷达观测到的海表面后向散射截面，在 SAR 图像上形成明暗相间的条纹。采用二维三层海洋模型分析了 SAR 深海地形成像机制，并利用海水密度廓线现场测量数据，结合二维谱分析技术对模型进行验证，与船舶现场声呐探测数据对比发现，在水深超过 600m 的海域，海底地形仍然可以影响海面雷达后向散射强度，在国际上首次验证了雷达遥感探测深海地形的可能性。

3）海岸线与滨海湿地遥感动态监测

面向海域使用管理对我国海岸线和滨海湿地动态变化监测需求，利用中巴资源卫星、环境减灾卫星、高分专项卫星等中高分辨率自主遥感卫星数据，建立基岩、淤泥、砂质、人工和生物类海岸线遥感解译标志，研究海岸线变迁遥感监测方法；提出湿地提取、面积统计、类型确认，以及湿地景观格局参量遥感方法，开展滨海湿地景观变化驱动力分析，形成基于遥感数据的滨海湿地生态评估技术方案；开发海岸线与滨海湿地遥感监测软件系统，为国家海域动态遥感监视监测系统提供技术方法和工具支撑。

（三）学科特色

海洋遥感技术发展的目标是提供面向各类海洋应用需求的精确、实时、高分辨率遥感数据及相关地理空间信息产品，更好地服务于海上交通、海洋维权执法、海洋工程及海洋生态环境保护等方面。为此，将新型海洋遥感机理、海洋环境参量定量反演、海气相互作用、海洋热点问题应用分析等科学研究作为海洋遥感研究室的工作重点，同时紧密跟踪国际前沿技术，重视与军地业务化部门合作，进一步促进海洋遥感成果的业务化应用，形成了基础研究与应用研究紧密结合、理论成果与业务应用紧密衔接的学科特点。

四、科研任务、项目与成果

（一）承担的项目与任务

该研究室从 2008 年筹建以来，承担科研项目共计 20 项，其中国家自然科学海外学者合作研究基金项目、青年基金项目各 1 项，国家重大专项课题 6 项，国家高技术 863 计划项目及子课题 2 项，科技支撑项目 1 项，中国科学院重大装备研制项目 1 项、部委项目 8 项等。

（二）研究成果与推广应用

1. 成果

共发表论文 49 篇，其中 SCI 论文 20 篇、核心期刊论文 17 篇。获奖 3 项，其中获××科技进步奖一等奖 2 项、获海洋工程科学技术奖一等奖 1 项。获得 5 项技术专利，其中发明专利 1 项、实用新型专利 1 项，软件著作权登记 3 项。

2. 成果转让与应用

中国北斗二代、美国 GPS 等导航卫星直射和海面反射信号源的 GNSS-R 海洋微波遥感载荷具有全天候、多信号源、宽覆盖、轻小型、低功耗等特点。通过国家 863 计划课题和院装备研制项目开展的 GNSS-R 海洋遥感机理研究，以及信号接收与实时处理、海洋环境要素反演、几何关系三维动态仿真等关键技术突破，形成的 5 项技术专利在“星载 GNSS-R 海洋载荷及其地面系统建设”和“机载 GNSS-R 海洋微波遥感一体化机”系统研制与应用中得到了成果转化，为海洋环境监测提供了新型微波遥感手段，引领并推动了我国 GNSS-R 遥感技术的发展，其对于增强我国海洋环境综合探测能力、推动海洋遥感科学技术进步、拓展北斗二代应用领域具有重要科学意义和实用价值。

五、科研队伍建设与人才培养

（一）科技人员组成、结构与培养

海洋遥感研究室由 7 名研究人员组成，其中研究员 4 名（包括外聘教授/研究员 3 名）、副研究员 1 名、助理研究员 2 名。这些人员是李紫薇、杨晓峰、于暘、陶醉、郑全安（外聘专家）、李晓峰（外聘教授）、赵进平（外聘专家）。

（二）研究生培养

该研究室共培养硕士研究生 8 名，博士研究生 11 名，其中有 5 名硕士研究生毕业、5 名博士研究生毕业。

（三）优秀中青年人才

该研究室青年科技人员在老一辈科学家的关心与支持下迅速成长，他们已处于学术和业务活动的中心位置。在国际合作项目执行过程中，青年人能做到独当一面，独立出国执行任务，并受到很高评价，特别是杨晓峰副研究员多次参加国际学术会议，其中担任分会主席 1 次，特邀口头报告 3 次。

在该研究室取得的 2 项获奖科研成果中，杨晓峰、于暘等青年人均做出了重大贡献。在该研究室发表的 49 篇论文中，80%以上由青年人作为第一作者。

在研究室组建的 5 年中，该研究室有 1 名青年科技人员晋升高级职称。

（四）人才培养措施

海洋遥感研究室自筹建以来就十分重视科研队伍的建设与培养，通过外聘国内外知名专家进行科研方向布局和学术指导，并鼓励青年人进行国际交流合作拓展视野，我们主要采取了以下一些措施。

1. 鼓励支持科研人员参加国际学术会议

为使青年人能把握国际前沿动态、锻炼和提升自身科研水平，该研究室一直鼓励和支持他们参加各种国际学术会议，5 年来该研究室青年科研人员及学生参加国际会议的达到 10 人次。

2. 与国内外知名专家密切合作

该研究室在筹建初期就与美国马里兰大学、美国 NOAA、中国海洋大学等国内外海洋遥感领域知名专家展开了密切合作，通过学术报告、学术交流、硕博士研究生指导及科研项目联合申请等方式，紧跟国际科研前沿，在海洋环境参量反演、海气相互作用研究及新兴微波遥感器研制等方面取得了一系列高水平科研成果。

3. 加强学风培养

该研究室重视科研人员素质培养，加强理论基础和野外试验科学研究的训练，加强严谨的学风培养，在科研工作中从难从严，提倡办实事、讲实话，重视整体素质的提高。

第二十五章　行星制图与遥感研究室

一、概　　述

（一）成立背景

自20世纪50年代末开始，行星科学观测和研究随着大量空间探测任务的成功实施得到了迅猛发展，行星遥感作为最主要的行星探测和研究手段，成为国际上行星科学和深空探测领域最重要的研究方向之一。同时行星遥感对行星探测工程的实施也具有重要意义，探测工程科学目标的制定、着陆区选择、着陆后探测目标的选择及高效安全巡视探测都离不开行星制图与遥感的成果及技术支撑。

美欧发达国家行星遥感研究发展十分广泛，美国月球与行星研究所、亚利桑那州立大学的地球与太空研究学院、亚利桑那大学的行星科学系、布朗大学的地质科学系、美国国家航空航天局喷气推进实验室、德国宇航中心行星研究所等机构开展了大量的相关研究，取得了丰硕的成果。目前，美国已有上百所大学开设了类似的“地球与行星科学”专业，许多国外高校的“遥感学”专业立足于太阳系各个行星，相关的遥感学专著中往往也将地球与其他行星进行对比研究。在国内，嫦娥一号和嫦娥二号的月球探测任务的成功实施也激发了我国科研机构、高等院校对月球与深空探测的研究热情，催生了一批相应的研究团队和实验室。

（二）建立的必要性

作为遥感科学和应用的国家队，遥感所长期以来以地球遥感研究为中心取得了丰硕的成果，数据获取、项目申请等条件的限制没有将丰富的遥感研究经验用于行星遥感领域的相关研究。行星遥感研究是遥感科学研究的一个不可或缺的组成部分，是遥感应用从地球观测到外太空探测的自然延伸的需要；同时，通过行星遥感和比较行星学的研究还可以深化对地球的认识，因此在遥感所开展行星遥感研究十分必要。成立行星制图与遥感研究室有利于开拓遥感科学本身的研究，同时也有利于汇集相关人才和技术以支撑我国的月球和深空探测的重大工程任务。

（三）在所及学科中的地位

行星遥感在遥感所现有体系中属于新的研究方向，是遥感学科中重要的新兴研究领域。行星制图与遥感研究室具有较强的人才与技术力量，在国内外国际行星制图与遥感领域有一定的知名度和影响力。

二、沿　　革

（一）机构变化

2010年8月行星制图与遥感研究室成立，英文名为 Planetary Mapping and Remote Sensing Laboratory

（PMRS Lab）。2011 年 12 月，以该研究室为主体，遥感卫星应用国家工程实验室与北京航天飞行控制中心航天飞行动力学技术国家级重点实验室共同组建了“深空探测遥操作联合研究中心”，结合各自资源优势，共同开展深空探测车遥操作关键技术研究，使科学研究与工程应用紧密结合。

2012 年 11 月两所整合后，行星制图与遥感研究室联合航磁探测团队和量子遥感团队组建了新概念遥感研究室，隶属于遥感科学国家重点实验室。

（二）历届研究室主任

邸凯昌。

三、学术方向与学科发展

（一）学术方向与定位

该研究室面向国际行星遥感学术前沿、面向国家深空探测工程和高分辨率对地观测系统工程与重大需求，系统研究行星及其卫星高精度遥感制图与探测器导航定位一系列的理论方法，研究行星物质成分探测与地质过程机理，研发深空探测遥操作关键技术，并将其应用于对地观测、近地空间探测、月球探测、火星探测及近地小行星探测。

（二）学 科 发 展

1. 行星空间定位与精细制图理论与方法

行星探测活动中探测器自身的定位及探测器对探测目标的定位是行星探测的基础，对探测目标的精细制图能够为着陆及进一步的科学探测提供精准的形貌信息。行星探测的空间定位不同于地球，由于外太空环境的复杂多样，无导航定位系统、缺乏统一的空间基准，传统的应用于地球环境中的定位与制图方法难以直接用于行星探测中。因此，研究适用于行星表面环境特点的定位与精细制图理论和方法，实现行星探测高精度定位并生成精细制图产品，是行星遥感研究的首要问题。

研究内容包括：①行星定位时空基准研究。基于测控数据、卫星遥感影像数据、激光高度计数据、地面探测数据建立满足空地一体化定位要求的时空基准，研究时空基准间的转换关系。②深空探测器的自主定位理论与方法研究。实现自主定位能够增强深空探测器与宇航员的自主生存能力，保证探测活动的安全。通过研究多传感器集成的自主定位方法，提高自主定位能力，实现快速、连续、高精度的自主定位。③针对行星表面环境贫乏纹理的特点，充分利用影像中地形构造的线特征和区域特征引导和控制贫乏纹理区的匹配，并研究深空探测影像整体密集匹配方法，结合成像时的光照参数研究整体匹配与光照条件融合制图的模型。

在自然科学基金、863、中国科学院“百人计划”等项目的支持下，在高精度行星遥感制图理论与方法上取得系统性成果，建立了月球和火星轨道器影像严格几何模型和自检校平差模型，提高了轨道器影像的定位精度；提出了地形约束的月球轨道交叉点平差模型，在嫦娥一号激光高度计轨道交叉点平差的基础上生成了新的全月球高精度 DEM；提出了特征约束的行星立体影像密集匹配方法，实现行星遥感影像精细三维制图；提出了基于多特征的多源行星数据配准方法，实现了卫星影像、激光高度计数据、降落影像和探测车影像间的配准和空间基准精确统一；针对我国高分辨率遥感影像的特点，研发了自适应高精度几何模型精化方法和 CPU/GPU 协同的快速几何校正系统。

2. 行星物质成分探测与地质过程机理

行星表面物质成分探测是行星遥感探测的关键科学问题之一，其对于研究行星起源与演化、行星表面水的含量及分布、行星表面地质环境等都具有重要意义。行星地质过程机理研究是深化行星演化认识的主要手段，其中与行星地质演化和生命起源关系最为密切的是撞击过程与水活动，对这些过程的机理研究是行星遥感探测的关键科学问题。

研究内容包括：①行星物质成分探测理论和反演方法。研究多光谱和高光谱目标探测算法在行星光谱探测数据低信噪比条件下的适用性和准确性，研究不同地质背景下多种光谱解混方法的适用性和局限性，提高端元识别正确率，进而提升组分丰度反演精度。②行星地质信息提取。基于图像特征和机器学习方法，自动提取典型地质体。③行星地质过程的数值模拟。通过对撞击坑形成过程的数值模拟，分析撞击熔融玻璃含量及分布，以及由撞击引起的热液活动等；通过对冲沟的数值模拟分析水的存在形式、水的含量及状态等信息。

在自然科学基金等项目的支持下，在行星物质成分探测、地质信息提取、行星表面撞击过程等方面都取得了一些创新成果。基于 Clementine 多光谱数据探测月球表面橄榄石矿物的分布；利用 TES 数据识别火星表面主要造岩矿物的分布；将 OMEGA 高光谱数据与 HiRISE 高分辨率图像相结合，识别 MawrthVallis 区域含水矿物的分布与起源；利用嫦娥一号影像自动识别与提取月球 IQ-4 区域的撞击坑；提出了一种火星车影像与地形模型相结合的火星石块自动提取和形貌特征分析方法；对月表哥白尼撞击坑的形成过程进行数值模拟，借此深入分析了其中央峰橄榄岩的起源，发现当陨石在月表的撞击速度低于 12km/s 时，大部分在熔融后可以残留下来，而且在撞击坑的后期改造过程中主要积聚在中央峰，以定量化的方式分析了哥白尼撞击坑中央峰物质的可能来源，也为寻找可能的陨石残留物提供了关键信息。

3. 深空探测遥操作前沿技术

深空探测遥操作系统作为探测器生命周期的监测、操作、控制、管理与支持系统，是保障深空探测科学目标的重要组成部分，也是探测任务成败的关键因素。由于探测环境的复杂性和不可预知性，现有人工智能技术无法保证探测器在太空环境下有效完全自主作业，遥操作一直以来是深空探测过程中的最主要方式。深空探测遥操作技术是深空探测研究中的前沿研究领域，也是深空探测工程应用中的关键技术和深空探测任务顺利实施的重要保障。

研究内容包括：①行星遥感环境感知。研究基于深空轨道器载荷和表面巡视器载荷的行星表面大场景及局部环境感知与恢复理论和方法。②深空探测器导航。在探测器高精度自主定位和环境感知的基础上，研究行星表面巡视器在复杂太空环境下的路径规划与避障技术。③遥操作可视化。研究大场景下遥操作数据的快速存取与显示技术；研究基于人类视觉感知特性的深空探测遥操作人机交互技术。④遥操作空间信息系统。研究大数据量的遥操作数据的存储与查询策略；研究类型多样的遥操作数据的管理模式。

在自然科学基金、863、973 等项目的支持下，该研究室提出了一种长序列视觉导航定位方法，提高了定位精度；提出了一种通过探测车影像与轨道器影像自动匹配的探测车高精度定位方法；研发了 IMU、里程计和影像组合精密导航定位软件系统；研发了准实时月表环境重建和障碍物提取系统；提出了一种三维可量测虚拟现实环境构建方法；研发了月球巡视器遥操作成果管理和制图系统。

（三）学 科 特 色

基础理论和关键技术研究与国家重大工程应用相结合是该研究室学科发展的主要特色。该研究室发展的科学目标是在行星及其卫星遥感与探测器高精度导航定位的理论方法上实现原始创新和集成创新，与国际学术前沿同步。该研究室发展的工程目标是为国家深空探测工程和高分辨率对地观测系统工程提供技术支撑。

四、科研任务、项目与成果

（一）承担的项目与任务

该研究室成立以来，承担各类科技项目 20 项，包括国家自然科学基金项目 3 项、863 项目 1 项、973 专项课题 1 项、院“百人计划”择优支持项目、高分辨率对地观测重大专项（民用部分）科研课题各 1 项、嫦娥三号探月工程协作项目等。

（二）研究成果与推广应用

1. 成果

发表论文 43 篇，其中 SCI 论文 10 篇、核心期刊论文 10 篇。获奖 3 项，其中获北京市科学技术奖一等奖 1 项、国际会议优秀论文奖 2 项。获得专利及软件著作权各 2 项。

2. 成果转让与应用

在高精度行星遥感定位制图与遥操作前沿技术研究的基础上，针对嫦娥三号着陆器和巡视器探测任务的工程需求，研发了月表地形快速重建、视觉导航软件系统及遥操作成果制图系统，实现了月球车在嫦娥二号影像、降落相机影像、导航相机影像上的一体化定位和三维制图；利用巡视器导航相机影像快速重建高分辨率 DEM 和 DOM，并生成坡度图、坡向图等制图产品用于巡视器的路径规划；利用视觉定位技术实现巡视器导航点间高精度定位；利用遥操作成果制图平台可以快速输出整体规划图、周期规划图、单元规划图等成果图件。上述技术及软件系统在嫦娥三号着陆后直接应用于北京航天飞行控制中心的遥操作任务，为月球车安全行驶和高效执行科学探测任务提供了关键技术支撑。

五、科研队伍建设与人才培养

（一）科技人员组成、结构与培养

该研究室由 6 名人员组成，其中研究员 1 名、副研究员 2 名、助理研究员 3 名。成员为邸凯昌、刘召芹、岳宗玉、刘斌、彭嫚、万文辉。邸凯昌研究员入选中科院“百人计划”。

人员的学科背景涵盖摄影测量与遥感、遥感地质和地图学与地理信息系统。

（二）研究生培养

该研究室自 2009 年开始招生，至 2012 年培养毕业博士研究生 2 名、硕士研究生 1 名。2012 年在读博士研究生 3 人、硕士研究生 2 人。

（三）研究室成员的国际学术组织任职

邸凯昌研究员自 2008 年起担任国际摄影测量与遥感学会第四委员会“行星制图与数据库”工作组共

同组长。

（四）人才培养措施

始终瞄准国际前沿，专注研究方向，研究内容专而精；加强国际学术交流，支持和定期安排该研究室人员赴外进修或参加国际学术会议。

该研究室副研究员岳宗玉在中国科学院留学基金的支持下，于 2011 年 2 月～2012 年 2 月在普渡大学进行了为期一年的交流访问，合作导师为普渡大学 Jay Melosh 教授，其主要研究方向为撞击坑形成过程的数值模拟，研究成果在 *Nature Geoscience* 2013 年第 6 期发表，引起国际同行和科技媒体广泛关注。

第二十六章　环境遥感应用技术研究室

一、概　　述

（一）成 立 背 景

鉴于环境保护部已经把建立先进的环境监测预警体系作为加强环境监测能力建设的重要内容，因此迫切需要充分利用先进的卫星环境遥感监测技术，不断开辟生态与环境遥感应用新领域，提高我国生态环境保护和环境监测预警的能力，促进和保障国家环境保护与可持续发展。2007 年 12 月，国家环保总局下发了《关于批准国家环境保护卫星遥感重点实验室建设的通知》，正式批准以中国科学院遥感应用研究所与环境保护部卫星环境应用中心作为依托单位，联合建设“国家环境保护卫星遥感重点实验室”。依据国家环保总局下发的《关于批准国家环境保护卫星遥感重点实验室建设的通知》的要求，经 2007 年 12 月 21 日所长办公会决定，成立环境遥感应用技术研究室。

（二）建立的必要性

我国政府高度重视卫星遥感技术在环境监测中的应用，于 2008 年发射专门用于环境监测的卫星系统——环境与灾害监测预报小卫星星座（环境一号卫星 HJ-1），其是一个具有中高空间分辨率、高时间分辨率、高光谱分辨率、宽覆盖，能综合运用可见光、红外与微波遥感等观测能力的环境遥感监测系统，它能够与地面环境监测有效结合，结合地面环境监测网络实现全天候、全天时的国家环境变化动态监测。

我国环境遥感应用技术虽发生了跨越式发展，但与环境监测的业务化要求仍有一定差距。现有应用技术研究多为经验性、个别性和表面性的，系统性、实用性差，与国际先进的环境遥感应用研究水平和环境遥感监测实际需要存在很大差距；从卫星数据处理、参数反演、应用模型到专题数据生产和业务应用系统开发都有许多关键技术未能解决。基于国产卫星遥感数据进行环境监测的系统研发和应用示范还未形成体系，这已成为制约我国环境监测和环境卫星应用发展的突出问题，如得不到有效解决将直接影响国产卫星系统进入环境保护与管理业务系统，以及我国环境遥感监测技术的发展。

（三）在所及学科中的地位

环境遥感应用技术研究室是遥感所针对卫星环境保护应用设立的研究机构，其对于环境遥感学科方向的发展具有重要意义。在学科方面，国际上以环境遥感（*Remote Sensing of Environment*）为代表的环境遥感期刊在遥感类期刊中排在顶级位置，说明国际上对环境遥感学科方向的重视程度，应该说遥感所设立环境遥感应用技术研究室具有很好的学术前瞻性。在研究所内部，环境遥感应用技术研究室系统研究基于卫星的环境遥感监测关键技术，为国家环境变化监测和环境卫星遥感应用系统的建设提供必要的技术支撑，为已经发射和即将发射的国产卫星在环境保护中的业务化应用提供必要的技术保障。此外，环境遥感应用技术研究室作为环境保护部国家环境保护卫星遥感重点实验室的综合部，具有管理和业务双重功能：①管理功能。负责环保遥感重点实验室日常事务、发展规划、科研管理、开放基金、技术集成和对外联络。②业务功能。承担环境遥感关键技术集成、应用系统开发及环境保护部环境遥感业务工作技术支撑任务。

二、沿　　革

（一）机 构 变 化

成立时间：2008 年 2 月 25 日。

（二）历届研究室负责人

第一届（2008～2010 年）主任：尹球；第二届（2011～2012 年）主任：李正强。

（三）中国共产党的支部

中国科学院遥感应用研究所第二党支部。

（四）行政、业务秘书

李莉。

三、学术方向与学科发展

（一）学术方向与定位

环境遥感应用技术研究室定位于开展大气、水体和生态等环境质量遥感监测技术研究，发展环境突发事件遥感应急监测和跟踪、环境卫星遥感图像处理等关键技术，开展环境卫星遥感应用系统建设，制定环境卫星遥感监测技术指标、规范和标准体系等。

（二）学 科 发 展

环境遥感应用技术研究室因应我国环境卫星发展而设，成立之初即设立了 5 个方向：水环境遥感、大气环境遥感、生态环境遥感、软件系统和业务运行技术。其研究发展方向主要包括环境遥感基础研究和环境遥感应用研究两方面。基础研究主要有遥感数据处理关键技术、星地协同反演与参数提取关键技术研究等；遥感应用研究包括大气环境遥感监测关键技术、水环境遥感监测关键技术、生态环境遥感监测关键技术、突发性环境灾害应急响应及跟踪监测技术、环境应用系统建设、环境遥感业务运行研究等方面。但由于建设初期事务繁多，科研精力相对有限，学科的深入研究主要集中于水环境和大气遥感监测，于是开展了以下有特色的研究。

1. 水环境质量遥感监测

随着经济的高速发展，中国陆域和近岸海域水环境污染与富营养化问题日益严重。要解决好中国水污染治理问题，环境监测是基础，水环境监测一直是中国环境保护的基础性工作。长期以来，中国水环境监测主要采用基于地面布点采样的物理或化学分析测量方法。常规监测缺乏时、空上的连续性，且费用较高。基于不同水质条件下遥感探测水体光谱信号差异及不同水质指标之间的内在联系，利用遥感手段可以有效监测水质状况，该研究室开展了如下工作。

1）开展遥感监测水质方法研究

遥感技术能够实现水环境质量的大范围、快速监测和动态跟踪。通过天地一体化观测，实现信息的综合应用，能够大大改善对水环境状况的把握能力，减少管理与决策的盲目性。研究遥感监测模型提取悬浮物含量、水体透明度、叶绿素 a 浓度、可溶性有机物、水温、透明度、溶解氧、化学耗氧量、总氮（TN）、总磷（TP）等水质参数，以及营养状态指数等综合污染指标的方法；发展扩散模型用于水质监测和模拟，在此基础上提取关键评价因子开展综合评价；建立了满足江河水质高光谱定量遥感需要的光谱测量与采样分析同步实验技术；建立了多水质指标的特征光谱与特征光谱组合响应定量数学模型。

2）饮用水源区环境监测

基于环境卫星的水环境遥感反演模型，得到不同水体的水质状况空间分布信息，提取关键评价因子开展综合评价，并根据国家地表水环境质量标准确定水质等级。

3）工业废水排放监测

基于环境卫星红外相机数据，结合水质参数反演，发展了分析核电站排出热水的时空变化遥感监测方法。对入海江河、污染口、养殖区、湿地、岸线，以及大气、水质等环境要素进行遥感监测，建立了入海口污水排放监测方法。

4）水质监测分析模型、离水辐射反演模型研究

针对环境星数据建立了离水辐射反演模型，结合实验室水体参数分析手段，并分析环境星高光谱数据所有波段与叶绿素浓度之间的相关性，寻找悬浮物浓度反演的敏感波段，然后选择敏感波段建立遥感模型。应用构建的悬浮物、叶绿素浓度反演模型，对太湖、鄱阳湖、黄海等湖泊、海洋进行了综合监测，建立了太湖的吸收和后向散射的简化辐射传输模型，通过对水体辐射传输机理的模拟，利用可见光的 3 个波段，可以同时提取叶绿素 a、SS 和黄色物质吸收系数。

5）地表水环境遥感监测技术系统研究

该研究室研制出“水环境监测评价系统”，不仅能够处理国内外多种卫星遥感器数据，而且集成多种水环境遥感监测反演模型，实现了从读入数据、几何和辐射预处理、信息反演、专题分析与制图，到形成评价报告输出，全流程一体化，具有业务运行能力。它具体包括了内陆大型水体水环境评价、主要河流河口水质状况评价、近海海域水质状况评价、城市饮用水源定点监测和电站温排水热污染定点监测 5 个子系统。系统输出的主要产品涵盖了叶绿素、悬浮物、透明度、水域面积、水华或赤潮、营养状态指数、水温、热污染、石油类污染等。

2. 中国区域气溶胶微观特性研究

环境遥感应用技术研究室围绕气溶胶粒子的光学、物理和化学特性，发展了气溶胶地基综合观测手段并研究新的信息提取方法，同时确定了尽可能多的气溶胶微观特性参数。在此基础上，针对卫星遥感、气溶胶时空分布规律和气候变化应用，建立我国典型气溶胶微观模型，为气候变化模拟和全球变化研究提供合理、易用的气溶胶微观信息。同时，特别关注中国及全球重点区域气溶胶微观特性的差异，通过地基遥感联合观测，发展统一的定标和数据处理方法，产生准确、有说服力的对比结果，为自主评估中

国及全球重点区域气溶胶气候效应奠定基础。

1）典型地区大气颗粒物成分特性及气溶胶模型

大气气溶胶的组成和含量随时间和空间变化有很大不同，气溶胶化学成分与局地气候、自然环境、人为活动等因素息息相关。针对典型的城市工业型（北京站点）、乡村型（张掖站点）、沙漠型（民勤站点）和海洋型（舟山站点）气溶胶，利用地基太阳–天空辐射计观测资料，应用该反演模型获得各站点的整层大气气溶胶化学成分含量，对比各站点气溶胶成分含量的平均水平，分析各类型气溶胶成分含量的季节变化特征，并利用地基观测资料验证反演的合理性和有效性。

根据不同区域的长期观测资料，建立我国典型区域气溶胶特性模型。选择超过一年连续观测的站点，建立基于统计平均的我国城市、乡村和灰霾典型气溶胶特性模型。该模型突出的特点是，建立气溶胶浓度与粒子大小及光学参数之间的动态模型。观测结果显示，气溶胶粒子大小分布与光学厚度之间有一定的联系。例如，北京灰霾天气下，细粒子平均半径随着气溶胶光学厚度 AOD 的增加而变大。因此，考虑气溶胶粒子谱分布和 AOD 之间的动态关系，并据此建立 3 种典型的气溶胶类型：城市、乡村和灰霾型。

2）气溶胶理化–光学特性转换模型

气溶胶微观特性的最大特点就是性质复杂、参数多、互相关联。非球形粒子的光散射问题已成为气溶胶遥感、辐射强迫和全球气候变化领域的热点和难点问题之一。研究结果表明，与强度遥感信息相比，偏振对气溶胶粒子的形状特性更敏感，非球形偏振遥感的发展有助于获取更丰富的气溶胶粒子微观特性信息，帮助建立更真实的气溶胶微观模型。

在以前的研究中，利用大气气溶胶光学特性反演气溶胶成分仅可辨识散射性气溶胶、吸收性气溶胶及水分，不能将吸收性气溶胶进一步细化为黑炭、吸收性有机碳和沙尘。该研究室在已有方法的基础上新增气溶胶光学/物理参量，将气溶胶模型中的吸收性物质细化为上述 3 种成分，对气溶胶成分进行系统反演。我们的研究考虑了复折射指数虚部的光谱特性，从而成功将黑炭（BC）分离出来。

气溶胶成分混合状态显著影响气溶胶的光学和物理性质，进而影响到气溶胶辐射效应。目前的气溶胶混合模型仅仅基于简单的体积平均混合规则，虽然计算简便，但其单一的“均匀内混合”假设无法很好地适用于真实大气中气溶胶不同的存在状态，据此开展了更符合实际情况的气溶胶混合状态研究。考虑几种常见的气溶胶内混合状态，发展了利用不同内混合规则反演气溶胶成分含量的研究方案，研究了 3 种混合规则的适用条件。

在大气辐射传输算法的研究中，以多次散射为特征的大气短波辐射传输是最为困难的问题。在利用逐次散射算法计算辐射传输过程时，对于光学厚度比较大的介质（灰霾气溶胶和云），算法的收敛速度缓慢，要达到一定的计算精度，这就需要增加要计算的散射光次数，这样对应的计算量也随着增加。通过研究发现，在逐次散射过程中，随散射次数的增加，相邻两次散射强度的比值逐渐趋向于一个定值。这是由于经过一系列散射，光子失去了对它们开始散射时的记忆，辐射场渐近达到了一个扩散的平衡状态，利用实测气溶胶光学厚度进行逐次散射计算验证了这一结果。

3. 中国及全球重点地区的气溶胶性质对比

在全球气溶胶监测网络（AERONET）中选取六大洲的 7 个典型站点：欧洲的威尼斯（Venise，意大利）、北美洲华盛顿的戈达德太空飞行中心（GSFC，美国）、南美洲的圣保罗（Sao Paulo，巴西）、非洲的达喀尔（Dakar，塞内加尔）、大洋洲的堪培拉（Canberra，澳大利亚）、亚洲的坎普尔（Kanpur，印度），与北京（Beijing，中国）进行对比分析。所选地基遥感观测站点采用同样型号的太阳辐射计，以及同一套标准的数据处理方法，开展连续观测的时间均超过 10 年，其中观测时间最长的站点（GSFC）已积累有 20 年的观测资料。根据这些长时间序列的地基遥感观测资料，分析了中国和全球重点地区气溶胶光学厚度的多年平均和年际变化特征。从中国和全球重点地区典型站点 440nm 波长气溶胶光学厚度多年平均值比较可以看出，中国北京的气溶胶光学厚度多年平均值在全球重点地区所选的 7 个站点中最大（0.83），比印度的 Kanpur 和非洲撒哈拉沙尘影响站点 Dakar 的气溶胶光学厚度还要大。欧洲的 Venise、北美洲 GSFC 和南美洲 Sao Paulo 气溶胶光学厚度较小，大洋洲的 Canberra 气溶胶光学厚度多年均值最小（仅 0.07）。

大城市中的混合气溶胶是人类活动产生的一次气溶胶与二次气溶胶复杂的结合。北京和 Kanpur 都位于亚洲季风区，并且这两个地区的气溶胶都是由粗粒子和细粒子混合而成。北京和 Kanpur 是发展中国家污染比较严重的城市，是研究人为气溶胶对环境和气候影响的典型区域。为了更好地研究气溶胶光学和物理特征的季节变化，区分北京和 Kanpur 地区气溶胶的主要来源，气溶胶组分信息是必不可少的。基于全球气溶胶监测网络 AERONET 数据，利用五组分（黑炭，BC；吸收性有机碳，BrC；沙尘，DU；盐类，AS；水分，AW）模型模拟分析了北京和 Kanpur 地区近十年气溶胶组分逐年变化特征，其研究成果为评估人为气溶胶对气候和环境的影响提供了帮助，并为控制大气污染、改善大气环境提供了参考。

雾和霾接续出现已经成为我国严重灰霾污染时的重要特征。目前，对于从雾转化为霾的过程研究还不充分，导致对这类严重灰霾形成的机理了解不足，尤其是从雾到霾转变过程的观测是目前研究的难点。利用北京等站点灰霾天气下的观测数据，发现了在严重灰霾污染的情况下，气溶胶粒子尺度谱分布不同于常见的双峰尺度分布，而是存在一个新的亚微米模态，并提出了气溶胶粒子亚微米模态模型。为验证该亚微米模态模型，在全球各地（印度、巴西、智利、美国等）的类似污染过程中也发现存在相同的模态，说明 SMF 模态广泛存在于国内外多个站点的类似污染过程中，它可能是雾霾转化过程中的一个重要中间环节。该研究为加深对雾霾转换过程、严重雾霾形成机制、灰霾控制机理等的了解提供了一条重要途径。

4. 太阳–天空辐射计地面遥感监测网

环境遥感应用技术研究室于 2009 年起逐步建立了太阳–天空辐射计地基观测网（SONET），它基于国际最新一代的全偏振太阳–天空辐射计，集成分布在城市、乡村、荒漠、海洋、高原、盆地和丘陵等全国多个站点的辐射计观测数据及多种气溶胶反演结果，其具有覆盖区域广、时间序列长、数据精度高的特点。同时，SONET 地基观测网数据处理中心建立了“自动观测、自动传输、自动处理、自动存储、多用户访问、自动分级质控”的自动化网络观测系统，可近实时显示太阳–天空辐射计观测的原始数据和反演的气溶胶光学及微物理参数产品。

1）气溶胶地基观测定标中心

定标是观测数据质量保证的重要因素，也是制约我国气溶胶地基遥感观测相关研究的瓶颈。在太阳–天空辐射计定标方面开展了系统性的研究，其中包括北京全室内气溶胶地基遥感设备定标中心的建设、太阳–天空辐射计视场角测量新方法和系统、直射通道对比定标、天空通道室内积分球传递定标，以及偏振通道室内偏振盒定标系统和方法的研究。

基于激光导入积分球定标方法，在实验室能获得太阳辐射计通道内的绝对光谱辐照度响应度曲线，我们利用激光点阵扫描（SUN 通道绝对光谱响应度）与单色仪（SKY 通道相对光谱响应度）联合定标方法，SUN 通道和 SKY 通道共用一套光、电探测系统，获得 SUN 通道的绝对光谱辐照度响应度。

太阳辐射计视场角（FOV）是太阳辐射计传递定标方法和室内积分球光源对比定标方法的关键参数。发展了专门的室内测量系统，调研显示，该系统在国际上属原创，进一步研究获取高精度 FOV 的测量方法——矩阵扫描测量方法。

太阳–天空辐射一直存在衰减，平均每年有 1%～10%的幅度，因此为保证观测的准确性，课题组在北京组建了全室内气溶胶地基遥感设备定标中心，用于标定太阳–天空辐射计观测网中气溶胶观测仪器。该定标中心标准光源采用 LED——溴钨灯积分球光源，波长范围为 340～2500nm，该光源具有很好的面均匀性、角度均匀性和稳定性，可广泛用于遥感设备的辐射定标。

2）气溶胶地面监测网数据处理中心

以数据处理中心为牵引，联合国内气溶胶地基观测力量，建立气溶胶地面观测联盟，同时在项目执行期内收集中国典型区域长期观测资料。基于国际最新一代的全偏振太阳–天空辐射计，集成分布在全国的多个站点的辐射计观测数据及多种气溶胶反演结果，其具有覆盖区域广、时间序列长、数据精度高的特点，建成了基于 Web 浏览器的太阳天空辐射计地基观测网数据自动处理系统，可近实时显示太阳–天空辐射计观测的原始数据和反演的气溶胶光学及微物理参数产品，它可设置多种权限等级。在未来的发展中，继续增添在线支持质量控制模块，可对数据进行在线云剔除等人工控制。

3）典型区域较长期的地基光学厚度观测资料

基于太阳–天空辐射计地基观测网（Sun/sky-radiometer Observation network，SOnet），形成了我国的城市、乡村、荒漠、海洋、高原、盆地和丘陵等典型地区的长期或阶段性气溶胶微观特性观测。SOnet 观测网站点的布设充分考虑到大气区域均一性（不同地区）、地表类型覆盖（不同地表类型）、地形地势、典型灾害性天气（如沙尘暴多发区）和强排放源（雾霾多发城市）等因素，具有全面覆盖性和典型代表性。

在已建立的 7 个站点（北京、张掖、民勤、舟山、拉萨、成都、嵩山）持续进行地基气溶胶遥感观测，分别采集我国城市、乡村、荒漠、海洋、高原、盆地和丘陵等典型区域不同类型的气溶胶观测基础数据，不但能提供气溶胶光学厚度参数，还能反演气溶胶粒子大小、折射指数等其他光学和微物理参数，其对于研究气溶胶特性、区域环境污染、全球气候变化研究、卫星气溶胶产品验证、卫星影像大气校正等具有重要意义。

（三）学 科 特 色

环境遥感应用技术研究室的建立及进一步发展具有重要的科学意义和应用价值。其目前已经初步建设成为我国开展环境卫星遥感基础研究和应用方法研究、聚集和培养优秀科技人才、广泛开展环境遥感学术交流的基地，支撑了国家环境保护部环境遥感天地一体化业务运行系统的建设与我国新型环境遥感有效载荷和观测体系设计论证，是国家环境领域先进技术的创新先锋，在我国环境保护领域承担了重要任务、发挥了重要作用。该研究室的建设及运行，切实提高了遥感技术在环境保护领域的应用水平。在面对和解决环境领域重大问题时，该研究室能够提供先进的技术方法和及时准确的环境信息，提高环境保护天地一体化的监测、评估能力，增强我国环境保护管理与决策能力，使我国综合环境监测更加科学化、现代化，进而支撑并推动我国环境保护事业的发展，促进环境科学技术的发展，为实现国家环境保护目标和可持续发展提供科学理论与技术支持。

（四）机 构 组 成

环境遥感应用技术研究室设立学术委员会，实行主任负责制，下设总体部、研究部和应用推广部 3 个部门，这 3 个部门共同构成了重点实验室完整的业务系统，在重点实验室主任领导下开展工作，并通过学术委员会专家对实验室科研工作进行学术指导和监督。

四、科研任务、项目与成果

（一）承担的项目与任务

先后承担国家重大科技专项、科技部全球变化重大科学研究计划（973）、国家高技术研究发展计划（863）、国家科技支撑计划、国家自然科学基金、中德国际合作基金、中国科学院战略性先导科技专项等20余项科研项目。目前正在开展研究的项目包括多尺度气溶胶综合观测和时空分布规律研究（973）、环境保护遥感动态监测应用示范系统论证（国家科技重大专项）、基于环境一号等国产卫星的环境遥感监测关键技术研究（国家科技支撑计划）、国家水环境遥感技术体系研究与示范（国家重大科技专项）、全国生态环境十年变化遥感调查与评估、环境污染事故航空遥感应急监测关键技术研究与应用示范等。

（二）研究成果与推广应用

1. 成果

出版专著3部，发表论文150篇，其中SCI检索论文32篇、英文论文62篇、中文论文88篇。环境质量分析与业务化运行系统图集2部。获奖2项。申请发明专利12项，获得计算机软件著作权15项。

2. 成果转让与应用

（1）我国重点湖泊水环境监测：环境遥感应用技术研究室从2008年3月开始，利用美国TERRA/AQUA MODIS卫星遥感数据，对太湖、巢湖和滇池3个主要污染湖泊持续进行水环境遥感监测，形成了水体分布、叶绿素浓度、营养状态指数、水华分布、高锰酸盐指数、水体表面温度、悬浮物浓度、透明度等指标的动态分析和评价。截至2008年12月31日，已制作57期遥感监测评价报告，环境保护部环境卫星中心筹备办公室将太湖蓝藻水华监测结果多次上报国务院，受到国务院领导重视，并做出重要批示。其作为常规的业务监测，反映了环境遥感应用技术研究室的水环境遥感监测评价原型系统具有稳定的运行能力。

（2）浒苔遥感动态监测：代表中国科学院参与国家海洋局、环境保护部奥帆赛区浒苔动态监测。从2008年5月中下旬开始直至2008年9月残奥会结束，环境遥感应用技术研究室利用每天上午和下午两个时相卫星遥感数据，展开以青岛奥帆赛海域为核心及周边日照、海阳、乳山、文登海域的浒苔分布地点、面积和影响范围遥感监测与分析，并扩大监测范围到连云港、盐城、南通近海海域，以动态跟踪浒苔的来源及发展趋势，为党中央、国务院和地方政府提供卫星遥感监测信息，为奥帆赛海域水质保障和现场打捞工作提供支持。

（3）地震灾区环境影响遥感分析：2008年5月汶川地震发生后，环境遥感应用技术研究室在遥感所的统一组织下，积极参与到地震灾区环境影响遥感分析工作中，为环境保护部领导掌握地震对该地区环境的影响情况，为灾后环境保护、修复和灾区重建工作提供了决策依据。

五、科研队伍建设与人才培养

（一）科技人员组成、结构与培养

环境遥感应用技术研究室自成立以来，先后在研究室工作的科研人员有23名，其中研究员5名、副研究员6名、助理研究员12名。这些人员为尹球、李正强、陈良富、刘亚岚、苏林、许华、李莉、任玉环、武坚、陈正华、陶金花、张莹、李莘莘、侯伟真、吕阳、罗巍、汪爱青、王树东、张倩、柴向婷、王红梅、夏石明、王琳等。

（二）研究生培养

环境遥感应用技术研究室成立以来，先后培养遥感所及客座博硕士研究生 34 人，其中培养博士研究生 19 人，硕士研究生 15 人，已出站博士后 3 人。他们中大部分现在都成了环境遥感行业的骨干研究力量。

（三）研究室向所外输送的干部

环境遥感应用技术研究室成立以来，先后向中国科学院大学（原中国科学院研究生院）、环境保护部卫星环境应用中心、国家气象局、广西大学、国家航天局航天遥感论证中心等单位输送科研人员 23 名，包括尹球、武坚、陈正华、刘佳、王子峰、王堰、王玲、罗巍、尹鹏飞、吉东生、严俊霞、韩东、贺宝华、王智慧、邢旭峰、王启华、卞良、范俊川、胡蕾秋、刘珠妹、刘萌萌、余超、蒋哲。

（四）研究室成员的国外学术组织任职

李正强研究员任国际辐射委员会（IRC）委员，欧盟 ACTRIS 项目（气溶胶、云和痕量气体研究基础设施网络）跨国访问评审委会委员。

（五）优秀中青年人才

“百人计划”入选者：李正强研究员

（六）人才培养措施

环境遥感应用技术研究室高度重视人才引进和培养，吸纳国内外环境遥感领域高端人才，建设多层次、创新型环境遥感人才队伍，其中聘请国内外相关领域的尖端人才为学术顾问，从国外著名学术机构聘请知名学者为客座研究员。为了扩展大气遥感方面的研究能力，从法国里尔（Lille）大学大气光学实验室引进“百人计划”入选者李正强博士担任研究室大气遥感方向学术带头人。此外，该研究室还引进了环境遥感领域具有丰富经验的客座、兼职研究人员，以及联合培养博士与硕士研究生等流动人员，与该研究室科研人员进行交流，拓展与提高环保前沿领域的研究思路与研究能力。

第二十七章　遥感与地球系统模拟研究室

一、概　　述

（一）成 立 背 景

在全球气候变化的背景下，能量和水分循环的变化包括区域降水机制、蒸发作用的增加及极端水文事件（如洪水和旱灾）的增加等，其对人类经济、政治和社会系统都会造成很大的影响。地球系统能量和水交换包括了许多交互式的过程，对这些过程的理解和预报需要一项复杂的多学科的研究计划、创新的观测工具，以及先进的模型发展。遥感所一直以来致力于地球科学和全球变化研究。

（二）建立的必要性

结合遥感观测、理解并模拟地球系统，以了解地球是如何变化的及对地球上生命的影响，提高人类对地球系统的科学认识，包括提高关于地球系统对自然与人为变化响应的科学认识，改进现在和将来对气候、天气和自然灾害的预测和预报，是遥感科学发展的一个重要的前沿应用领域。对地球系统的研究是当前地学研究发展的一个重要方向，结合遥感观测加强地球系统研究，遥感科学国家重点实验室部署成立了一个研究室专门，从事遥感与地球系统模拟研究。

（三）在所及学科中的地位

地球系统科学研究需要遥感观测的时空信息。目前，对卫星遥感数据的定量反演方法的研究均是针对单一地球物理参数和单一卫星上的特定的传感器进行设计而发展起来的，同一传感器不同参数的反演相对独立，有些卫星遥感数据产品与模型需求存在差异，极轨卫星瞬时观测与地球系统有明显日变化特征的物理参数不匹配。地球系统研究需要改进观测系统，形成学科交叉的研究方式。以遥感科学国家重点实验室和遥感所的发展方向和国家重大战略需求为牵引，发展新一代的遥感与地球系统科学结合的理论、技术和方法。

二、沿　　革

（一）机 构 变 化

地球系统模拟除了需要一个基于动力学方程组和物理参数化方案的高性能数值模式外，还需要一个完整、准确地描述给定时刻状态三维结构的初始资料或者强迫数据。随着遥感观测手段的提高，卫星数据从 20 世纪 90 年代开始通过同化算法很大程度上提高了数值天气预报准确率。目前，同化系统中所使用的卫星观测数据只占到观测资料的 5%，卫星观测在数值模式中的应用还需要创新的研究思路。2009 年 3 月 30 日，遥感与地球系统模拟研究室正式成立。

（二）历届研究室主任

施建成。

（三）业 务 秘 书

梅婷。

（四）行 政 秘 书

梅婷（兼）。

三、学术方向与学科发展

（一）学术方向与定位

发展面向地球科学的遥感理论、技术及应用；建立新一代的水、能量、碳循环（生态系统）空间观测系统，定量反演主要的地球系统参数；展开跨学科研究，通过提高和改善观测与数据同化能力，改进陆面模型的物理、生态过程表述和预报系统能力。

（二）学 科 发 展

1. 发展多传感器、科学应用导向的、综合各关键参数遥感反演技术

打破目前单一传感器、单一参数的研究方式，针对水、能量、碳循环的陆面过程模式，针对具有物理和生态意义的地球科学参数，从当前国际最先进的理论和技术出发，针对各参数反演算法中存在的主要问题，不断改进反演模型的理论和技术，发展综合多传感器和多平台数据的综合反演技术。

2. 进行遥感关键参数的系统集成

打破目前反演各参数中相互独立的研究方式，形成综合反演系统。利用多源卫星观测和各反演参数在水、能量、碳循环过程，以及附属传输模型中的内在关联，校正大气、地形、不同地表覆盖、混合像元等对参数反演的影响，在统一的时空坐标下生成更高精度和普适性的多种参数产品。

3. 开展遥感、气象、陆面过程模型跨学科的研究

耦合遥感获取的各类水、能量、碳循环参数及前向辐射传输模型，改进气象、气候、陆面模式中模型参数化方案和观测算子，提高模式的预报精度。

4. 建立基于卫星观测到同化校正系统

为模型改进，发展超级参数化的理论和技术。

（三）学 科 特 色

新一代遥感与地球系统科学结合的理论、技术和方法是本学科特色。遥感观测为传统的地球系统模

拟提供了丰富的观测数据，改进了模型的初边值条件和参数化过程，发展了模式。另外，利用地球系统模式提供的可靠大气和地面参数，来发展新的遥感反演理论和技术，这将显著减小反演模型中的未知参数，简化反演模型，提高反演精度。

四、科研任务、项目与成果

（一）承担的项目与任务

该研究室共承担项目 16 项，其中杰出人才项目 3 项，973 项目 3 项，国家自然科学基金重点项目 1 项，面上基金 2 项，青年基金 3 项，中国科学院项目 3 项，国际合作项目 1 项等。

（二）研 究 成 果

发表 SCI 论文 44 篇。

五、科研队伍建设与人才培养

（一）科技人员组成、结构

研究室主任施建成（研究员）。
特聘研究员施建成、贾立、孙国清、卢立新。
其他人员杜今阳、过志峰、倪文俭、雷永荟、欧阳晓莹、王天星、王昆。

（二）研究生培养

已出站博士后 4 人，已毕业博士 3 人。

（三）研究室优秀人才

国家千人计划施建成；中国科学院百人计划贾立。

第五篇　主要科研项目

科研项目是科研经费的主要来源，是科学研究机构建立与发展的基础，是出成果、出人才的源泉。遥感所能成为中国遥感领域的国家队和领头羊，正是它30多年来在国家科技发展的制高点上，参与国家遥感科技发展规划、计划的制定，承担并出色地完成了一大批国家重大科研项目，包括直接为国民经济建设服务的国家科技攻关项目、瞄准国家重大战略需求的科技发展前沿项目，为做好科学技术储备的重大基础研究项目及国际科技合作项目。在应用基础研究、技术发展研究、应用研究和开发研究，直至产业化发展领域取得了大量有价值的科研成果。

第一章　国家科技攻关项目

一、“六五”遥感技术应用

（一）天然文岩渠流域遥感应用研究

1. 项目概况

国家“六五”科技攻关项目“天然文岩渠流域遥感应用研究”由中国科学院遥感应用研究所主持，负责人陈正宜，参加人员有林恒章、罗修岳、林树道、黄秀华、吕克解、石韧、卢亚非、刘纪远、胡征宇、赵俊琳、任凤清、张圣凯、颜铁森、铁佩如等。项目经费 15 万元（遥感所获得部分），起止时间为 1983 年秋至 1985 年秋。

2. 立项依据

1982 年 9 月，党的十二大确定了到 20 世纪末我国经济建设的战略目标、重点和步骤，着重解决农业、能源、交通、教育和科学问题，并把加快农业发展摆在了首要位置。黄淮海平原面积大，旱涝盐碱等自然灾害频繁，严重制约当地经济发展。为此，中国科学院把“黄淮海平原中低产地区综合治理和综合发展研究”及“黄淮海平原综合治理科技攻关中的遥感应用研究”专题列入国家“六五”科技攻关项目“遥感技术应用”。遥感所与土壤所等 19 个单位、300 余名科技人员承担了“黄淮海平原中低产地区综合治理和综合发展遥感应用研究”课题，遥感所承担了“典型研究试验示范区——天然文岩渠流域的遥感应用”研究。

3. 主要研究内容

探讨在黄淮海平原综合治理中遥感应用的技术途径和方法主要有以下几种：

（1）黄淮海平原地区 1∶50 万假彩色卫星影像图的编制；

（2）天然文岩渠流域地区卫星磁带数据处理的技术方法研究与 1∶20 万数字彩色卫星影像图编制；

（3）彩色红外航空相片的获取及应用；

（4）农业土地资源的遥感分析与系列制图；

（5）天然文岩渠流域分区治理方案的遥感分析。

4. 取得的主要成果

见第六篇第一章获奖成果十四。

（二）黄土高原遥感调查 安塞试验区遥感研究

1. 项目概况

“黄土高原遥感调查安塞试验区遥感研究”是国家“七五”重点攻关项目（编号为 75-04-03-02），由中国科学院主持，中国科学院自然资源综合考察委员会、遥感所、地理所等 27 家单位承担。项目负责人为陈光伟、 王长耀、 何建邦。参加人员（遥感所）有罗修岳、林恒章、黄秀华、郑兴年、张增祥、魏成阶、朱博勤、林华强、崔伟宏、王蓓、朱重光、赵炜、 张金胜、王长有、赵晓丽、关燕宁、李小民、李健、查勇等。项目1986年立项，1988年完成。

2. 立项依据

建国30多年来，限于黄土高原地区自然环境复杂特殊、社会经济贫穷落后、科学技术力量薄弱等各方面的条件，经多次综合考察与专业调查，还没有一套完整的图件和科学数据。

“黄土高原遥感调查”项目主要是应用航空与航天遥感等多种手段，查清黄土高原区域的自然资源与环境条件，为黄土高原的开发治理提供较确切的基础资料，也为黄土高原综合治理决策服务。

“黄土高原遥感调查安塞试验区遥感研究”是整个“黄土高原遥感调查”项目的前期预研究，选择黄土高原的安塞县为遥感试验区，进行多种信息源和多种方法编制系列图的实验，以便为全区遥感调查积累经验。

3. 主要研究内容与研究方法

1）研究内容

（1）完成系列图的编制，提供资源环境数据清单与报告。图件包括土地利用图、森林类型图、草场资源图和植被类型图，土壤类型图和土地类型图、土地资源评价图，土壤侵蚀类型图等。

（2）专题研究：多种信息源处理方法与和实用性评价，专题图系列制图方法，精度分析与控制，资源环境信息系统试验等。

（3）制定总体方案：在安塞试验区研究的基础上提出重点区遥感总体调查方案。

2）研究方法

（1）采用多种信息源进行评价：试验区采用了1∶6.5万，1∶7.5万的彩色红外航空相片和TM陆地卫星像片，在米兹试验区采用了SPOT卫星图像；通过多种信息源应用效果评价，为全区信息源选择提供依据。

（2）制订统一的系列制图方法：统一的工作底图和出版底图；一致的生物气候界线和地貌地形界线；统一的信息源组合和图像判译流程；统一的制图规范和分类含义，以及量算控制要求和验收标准。

（3）建立试验地理信息系统：通过建立真武洞镇和侯沟门流域地理信息系统，为全区建立信息系统取得经验。

4. 取得的主要成果

（1）安塞县12种遥感系列图件和说明书，以及资源清单和有关专题报告。

（2）有关信息获取、图像处理、解译制图、系列成图、信息系统、资源环境开发利用保护分析等专题研究报告。

（3）建立了安塞县及真武洞资源与环境信息系统及初步应用，安塞县滑坡湾塌地类型信息系统，安塞县遥感试验项目管理系统等。

（4）为重点区遥感调查资料、技术、物质和组织做好了准备，提供了总体方案，积累了经验，锻炼了队伍。

二、“七五”遥感技术开发

（一）高空机载遥感实用系统

1. 项目概况

“高空机载遥感实用系统”是国家“七五”科技攻关项目（75-73-01），属技术发展研究类。项目由中国科学院主持，遥感应用研究所承担，参加的单位包括中国科学院上海技术物理研究所、中国科学院空间科学与应用研究中心、中国科学院长春光学精密机械与物理研究所、中国科学院长春地理研究所、中国科学院上海光学精密机械研究所、中国科学院安徽光学精密机械研究所、中国遥感卫星地面站、上海交通大学、清华大学、天津大学、中国科学院电子学研究所、北京邮电学院、上海化工学院、国家测绘局测绘科学研究所。项目由童庆禧负责，何欣年任总工程师，参加人员（遥感所）：岳志夫、王尔和、倪平、余琦、李加洪、张红松、郑兰芬、侯宏飞、金问信等。项目总经费为 1276.22 万元，起止时间：1986～1991 年。

2. 立项依据

面对我国的国情和社会主义建设的实际需求，特别是人口、资源、环境三大迫切问题，需要摸清我国的家底，迫切需要利用高新技术，动态地采集各类信息，通过综合分析，为各经济领域的规划、决策提供依据。航空遥感具有机动性好、目的性强、仪器装载多、分辨率和作业精度高、时效性强、投入及运行成本较低等独特优势。

国外多个国家已经开发出多个民用和军用航空遥感系统。从吸收国外遥感技术发展的经验教训和我国国民经济的发展在当前对遥感提出的应用要求及今后遥感应用的预测出发，我国特别需要建立一个性能较先进、遥感仪器装备较全、具有较完善的导航、控制监视、记录和实时传输的具有高空作业能力的高空机载遥感实用系统，以扩大信息采集范围和高分辨率覆盖范围，提高宏观性和遥感识别精度。发挥多种遥感手段的综合探测及全天候、全天时的遥感能力。该平台还能为航天遥感部分预研、仪器检验及模拟试验提供有效的手段。

在“六五”期间，中国科学院各研究所和高校分别研制出不同波段的遥感器，以中国科学院引进的两架小型飞机作为平台装备多种遥感器，建立具有我国特色的航空遥感技术系统是完全可行的，其对我国国民经济各领域的发展必将有重大的推动作用。

3. 主要研究内容

以中国科学院引进的两架小型飞机为遥感平台，其中一架用于装备可见光和红外遥感器，另一架用于装备航空相机和合成孔径成像雷达，使其成为具有信息获取、信息采集记录、信息传输及信息处理分析等功能配套的先进航空遥感系统。

1）航空遥感信息获取技术系统的研制与配套

在“六五”以前工作的基础上，改进并提高遥感仪器的性能（稳定性、可靠性、配套性……），在框幅摄影、光–机扫描和光谱、微波、激光遥感等方面形成系列，构成具有宽电磁波（紫外到微波）覆盖的全天候、全天时的高空遥感信息获取系统。具体课题如下：①基本仪器系统的配套：包括有多光谱及红外扫描仪、多波段照相机、真实孔径侧视雷达、多极化合成孔径侧视雷达、航空光谱仪、微波辐射计及激光测高/测深仪等；②扩充与开发：扩充的仪器主要有窄波段多通道专题应用扫描仪与多频道微波辐射计/散射计系统等；③前沿项目的预研：拟安排成像光谱仪、激光荧光遥感技术系统及激光三维扫描仪等。

2）技术总体与配套系统研究

研究仪器的总体操作、监视、控制和实现遥感信息的记录、传输、接收处理及显示，同时对部分有条件的地面遥感试验场予以适当支持，促进遥感仪器及图像的定标和定量化。具体课题如下：①机载遥感仪器的集中监视、控制和记录系统的研究；②遥感信息的机–地实时传输、接收、显示系统（侧重传输侧视雷达，电视图像）；③遥感试验场基本数据收集及遥感基础实验，包括试验场基本地理、地质、植被、气象、环境专业要素的测量与收集，地物波谱的测量与数据库，以试验场为基地的遥感应用基础试验，如几何纠正、大气传输研究等。

3）遥感信息处理技术与系统研究

首先保证对航空遥感资料的预处理，实现实用化输出产品的标准化、规格化和通用化，形成胶片及磁带图像产品生产能力，完成对航空遥感图像的缩微、存储和自动检索，并开展图像处理软件的系统化及部分处理技术的预研。具体课题如下：①光学与摄影处理系统的研制与配套：研究多波段摄影图像的处理、复制、扩放及流动式摄影处理系统；图像缩微、存储及自动化检索系统；②航空遥感磁带图像的预处理系统：实现航空磁带信息的转换、回放、快视、处理、规格化及标准初级 CCT 产品的生产及复制，以适应图像分辨率高、通道多、数据量大及快速处理；③光学及计算机混合式图像处理技术研究：研究光学–计算机混合式图像处理系统适应性及实施技术途径，完成实用处理系统及软件。

4. 研究取得的主要成果

见第六篇第一章四十二成果内容。

（二）“三北”防护林遥感综合调查

1. 项目概况

“七五”国家重点科技攻关项目（75-73-02）“‘三北’防护林地区遥感综合调查”由中国林业科学研究院和中国科学院主持，承担单位包括中国林业科学研究院资源信息研究所和中国科学院沈阳应用生态研究所、遥感应用研究所等共 112 个单位。遥感所由土地资源与生态环境遥感应用研究室承担。项目负责人为徐冠华、徐吉炎、王长耀，遥感所参加人员有罗修岳、黄秀华、郑兴年、张金胜、关燕宁、师长安、赵晓丽、李小明、朱重光、郑柯、郑天河、艾新元等 20 多人，主持一个课题（区），参加其余 5 个课题（区）的相关工作。项目总经费 350 万元，起止时间为 1986～1990 年。

2. 立项依据

“三北”防护林，即“三北”地区防护林体系建设工程，含 13 个省（自治区、直辖市），包括 196 个重点造林县和 39 个一般造林县，调查面积约 128 万 km^2。

《“三北”地区防护林体系建设工程》任务是营造农田防护林、水土保持林和防风固沙林，修复和优化区内生态环境。

“三北”地区是中国主要少林、无林地区，干旱、风沙、水土流失和荒漠化等灾害严重，给黄淮海平原带来严重的水、旱、涝灾隐患。为达到把该区的森林覆盖率由 3.8%提高到 9.5%；畜牧业在农牧业总产值中的比重由 16.9%提高到 40%的目标，规划于 1978～2050 年分期分批完成。

1978～1985 年为第一期工程，中央和地方政府迫切需要了解巨额资金投放与施行的经济政策和技术措施的实际效果，以便改进工作措施和加快三北防护林体系工程建设的步伐。该项目除了回答这些实际问题外，还肩负着发展遥感应用技术和促进空间遥感技术实用化的学科任务。

3. 主要研究内容

应用遥感技术和系列制图方法，在重点造林区调查土地利用状况。

防护林的类型、分布、面积和保存率；草地的数量、质量和分布；土地资源的类型、质量、数量与分布；造林立地的类型和分布；建立资源与环境信息系统，为管理实施提供连续可靠的资料数据。编制 1∶10 万（或 1∶20 万）的系列专题图，完成重点造林县的再生资源统计和分析；评价典型县防护林建设及其生态效益；出版典型县 1∶10 万和省级重点造林县 1∶50 万的系列专题图；建立典型县和全区 196 个重点造林县和39个一般造林县的资源与环境信息系统；开发前沿性和基础性的遥感应用技术体系。

4. 取得的主要成果

见第六篇第一章十七成果内容。

（三）黄河流域典型地区遥感动态研究

1. 项目概况

国家科技攻关项目（75-73-02-02）“黄河流域典型地区遥感动态研究”由中国科学院遥感应用研究所主持，承担单位包括中国科学院兰州冰川冻土研究所，中国科学技术大学，中国科学院地理研究所。遥感所由地物波谱特性研究室承担。项目负责人田国良，遥感所参加人员有隋洪智、李建军、李付琴、朱重光、郑柯、杨习荣、赵昌龄、耿淮滨、李升平、王松、余涛等。项目经费40万元，起止时间为1986～1990年。

2. 立项依据

黄河流域有着丰富的水土资源，在其面貌发生着日新月异变化的同时，也存在严重的旱涝盐碱等自然灾害。为了促进黄河流域国民经济建设的发展，应及时了解其流域内水土资源的动态变化，其为该区水土资源的合理开发和利用提供科学依据。遥感技术可以为研究地表动态变化提供多时相、大范围的实时信息。开展黄河流域遥感动态研究是当前国民经济建设发展的迫切需要。要将遥感技术应用于黄河必须先解决方法和理论问题，为此国家“七五”重点科技攻关项目中列入了“黄河流域典型地区遥感动态研究”专题。

3. 主要研究内容

1）黄河上游冰雪覆盖动态监测与融雪径流预报模型研究

完成黄河上游冬季积雪动态变化及融化对河流水文情势影响的分析，建立实用的定量化春季融雪径流长期预报及短期预报模式和试验流域冰雪水资源信息系统，绘制1∶150万黄河上游积雪分布图，供分析积雪时空分布规律。

2）黄河下游平原地区土壤水分动态监测方法研究

研究土壤水分与地物反射特性、辐射温度特性及微波特性的关系，建立土壤水分监测模式。研究不同覆盖度情况下，多时相、多空间的土壤水分与卫星和航空遥感图像的关系，提出土壤水分的半定量遥感监测方法。

3）黄河尾闾摆动及泥沙淤积的研究

研究黄河河口尾闾摆动规律，泥沙淤积造陆过程与三角洲的淤进蚀退的动态变化，探讨黄河输沙在河口近海海域沉积的模式。

4. 取得的主要成果

（1）分析了黄河上游流域水文气象基本特征，研究了流域积雪形成与分布特征之后，开展了用NOAA卫星对黄河上游冰雪覆盖的遥感监测，建立了黄河上游典型地区冰雪水资源信息系统，发展了3个实用化的融雪径流预报模型，连续3年预报黄河上游春季各旬平均流量取得成功，经实测验证，其均符合生产部门的要求，可为水库运行管理及时提供服务。

（2）分别研究了裸地及有植被覆盖条件下的土壤水分遥感动态监测方法，发展了相应的土壤水分定量化监测模型。在国内首次应用国产机载合成孔径雷达图像研究土壤水分监测；应用 NOAA-AVHRR 图像和气象数据，发展了热惯量方法和蒸散及作物缺水指数法估算土壤水分及其蒸散。实现了定量化，大面积、动态监测土壤水分的目标，其估算精度达到了可供实用的程度。

（3）利用多时相遥感图像和地学调查数据，深入研究了黄河泥沙输送与三角洲的形成及其机制，分析了黄河口海域特征、海域等深线与海底地形，掌握了海底地貌和河口海岸线的特征，提出了 10m 等深线与许多地学现象有关的概念，用定量分析方法进行河口流路规划，提出稳定清水沟流路整治与河口治理方案。

该研究已达实用化阶段，向龙羊峡水电厂发布的预报检验了模型实用化的程度；提出的两种积雪识别方法在理论和方法上有实用意义。在国内首次使用合成孔径雷达图像监测土壤水分，发展了以遥感图像为主、与气象数据相结合的大面积监测土壤水分动态变化方法，特别是利用气象卫星大面积估算作物蒸散和有植被覆盖条件下的土壤水分方法，方法上有所创新和突破，达到了定量化的要求，使得估算精度可供实用；利用卫星图像与地学资料的综合分析，提出了黄河口海域 10m 等深线与多种地学现象存在紧密关系，在黄河尾闾流路规划中，使用模糊数学方法进行了计量评分，定量评价，对泥沙及黄河三角洲形成等物理机制研究等方面都有所发展。

5. 成果验收意见

专题验收小组一致认为：按专题合同书的要求，圆满完成了各项研究任务。

专题经济社会效益显著：①根据龙羊峡水电厂提供的资料，仅于 1989 年发布的预报增发了 3 亿 kW·h 电，缓解了西北电网严重缺电的局面。②土壤含水量的高低不仅直接影响农作物产量，同时也与暴雨洪水季节洪涝危害程度密切相关。大面积遥感监测土壤水分，为农田管理、合理灌溉、灾害监测，特别是黄河下游平原地区水源不足状况下的节水农业提供了快速可行的监测方法，具有实际指导意义。③黄河尾闾摆动和泥沙淤积规律的研究成果，为黄河三角洲的开发、河口的治理、东营市的规划和胜利油田的建设等提供了一份基础性参考资料。编制的黄河三角洲卫星影像图已在山东东营市及全国有关部门推广使用。④该专题成果具有广阔的应用前景。其发展的模型和方法符合生产部门的要求，为工农业生产、灾害监测、环境变化研究等方面提供了一个科学、客观、及时、准确的动态方法。其除在研究区继续推广使用外，可推广到类似地区使用，推广后还可继续产生重大的经济效益和社会效益。

该专题设置正确，经费使用合理，科技队伍稳定，管理高效，保证了科研计划的顺利完成，验收组通过验收。

（四）我国遥感技术领域中的软科学研究

1. 项目概况

国家科技攻关项目“我国遥感技术领域中的软科学研究”由中国科学院遥感应用研究所主持，具体由资源与环境信息系统研究室承担，项目负责人阎守邕，参加人员包括郑立中、武国祥、何昌垂、詹慈祥等。该项目于 1990 年立项、1991 年完成。

2. 立项依据

随着我国现代经济与科学技术的发展，作为自然科学、社会科学与工程技术等多种学科结合与交叉产物的软科学正在迅速兴旺发达起来。它以具有一定规模的经济系统、社会系统和科技系统为对象，采用信息科学、系统科学、行为科学、管理工程和现代数学等学科的理论和方法，研究和论证它们及相互协调发展中的有关战略、政策、规划、管理等重大问题，在各级各类决策的科学化与管理的现代化中发挥着越来越重要的作用。这种研究投资小、效益大、成果的效应时间长、兼容性大，具有明显的潜在性、无形性、社会性及实用性。

遥感技术及其应用作为一种涉及面广、构成复杂、规模庞大的科学技术系统，存在许多软科学问题要研究。自20世纪70年代末和80年代初以来，遥感所参与或牵头承担了国家科委、国家计委、国防科工委，以及中国科学院等领导部门下达的一系列软科学研究任务，与有关部门的专家密切配合，有效地推动着我国遥感技术及其应用的不断深入和日益广泛的发展。这些任务涉及遥感技术系统分析、效益分析、发展战略、科技政策和攻关计划的制定等内容。

3. 主要研究内容

①遥感技术系统分析方法研究，以系统工程的方法和观点对遥感技术及应用进行系统分析，并将其作为遥感软科学研究的基础和出发点。②实时监测与分析评价系统示范研究。③遥感技术效益分析模型研究。④遥感技术发展战略研究。

4. 取得的主要成果

见第六篇第一章二十一成果内容。

（五）资源与环境信息系统中若干重要软件研制

1. 项目概况

“七五”国家科技攻关项目（75-73-03-08）“资源环境信息系统中重要软件研制”由中国科学院遥感应用研究所主持，承担单位有中国科学院应用数学研究所、北京大学信息中心等。遥感所资源与环境信息系统研究室负责，项目负责人阎守邕、詹慈祥，参加人员（遥感所）有任伏虎、赵健、王世新、刘玲玲、董小民、濮静娟、周艺、丁纪、武晓波。项目起止时间为1986～1990年。

2. 立项依据

从20世纪60年代以来，资源与环境信息系统经历了发展、巩固和突破的阶段，由存取绘制专题图件的简单系统，发展到综合各种现代自然科学技术、社会科学和管理科学的复杂系统，其应用领域日益广泛，国际上完整的GIS系统已数以百计。国内已做了不少软件开发，但仍未有完整实用的GIS软件系统，仍处于引进软件系统的消化吸收阶段。为适应我国国民经济建设迅速发展的需求，加快遥感地理信息系统的发展，国家将资源环境信息系统重要软件研制列入“七五”科技攻关项目是十分必要的、适时的。

3. 主要研究内容

“资源环境信息系统中重要软件研制”主要研制实用化通用的资源与环境信息系统软件系统。其纵向包括资源库、资源库管理和系统管理3个层次，横向包括数据管理、模型管理、知识管理。整个系统达到运行可靠，使用方便，并且有扩充能力。

1）空间信息管理系统

矢量网格数据结构，用关系数据库管理系统进行数据管理，研制人机交互图形显示与编辑系统，以改善用户接口，采用GKS以增强通用性。管理系统能完成空间实体图形数据输入、属性编码、数据编辑、多幅图多码查询检索、图形显示、基本分析与处理并具有一定汉字能力、移植能力。

2）区域资源与环境分析评价模型

研究和建立具有实用意义的区域资源与环境综合分析评价模型体系，研究和建立模型库管理系统，有效而灵活地管理模型。

3）遥感信息更新数据库的技术方法

地理信息系统与遥感图像处理系统的联结与判读分析光学系统的连接，利用遥感数据更新数据库的模型方法和软件。遥感图像空间信息抽取和描述以及与波谱和辅助信息结合综合分类的方法。

4）遥感信息判读分析软件

通过建立水系与地质构造、地貌、土壤、植被、降水关系的判读模型以及城市分区和农作物类型与波谱纹理空间结构、时间变化之间关系的判读模型，研究利用地理信息系统数据，提高遥感信息判读分析的精度和效果的方法。研究专家系统在遥感信息分析中的应用方法和软件。

5）数据采集技术方法的改进

研究用扫描数字化的数据自动处理生成 GIS 格式的软件，手扶跟踪数字化结果的自动检错和交互编辑的软件，提高数字化的速度和精度。

4. 研究取得的主要成果

见第六篇第一章二十七成果内容。

5. 成果验收结论

专题验收组一致认为，该专题已取得以下重要成果。

（1）完成了微机地学与遥感 YY7 管理系统（GRAMS）工具软件系统。

（2）研制了 VAX/VMS 环境下的空间信息数据管理系统（SIMS）的主体软件系统。

（3）研制发展了一批区域资源与环境分析评价模型及设计了模型自动生成系统。

（4）开发了水系图形分析及城市判读模型，开展了遥感图像判读专家系统的设计及试验研究。

（5）出版了专题论文集《资源与环境信息系统软件研究》，撰写了有关理论与技术论文报告 31 篇。

以上 5 个方面的研究成果为今后地理信息系统软件的发展积累了有益的经验、打下了良好的基础，其开始在科研和生产业务部门得到应用，取得了比较好的经济效益和社会效益。

专题组能在科技人员和研究条件变动较大的情况下及时采取措施，调整计划和部署，充分发挥了科研人员的积极性，科研人员团结协作，保证科研任务的完成，在出成果和出人才方面积累了良好的经验。

综上所述，该专题组已完成了各项研究任务，取得了重要的科研成果，经鉴定委员会鉴定，认为该专题研究达到国际先进水平。

验收组一致同意通过验收。

（六）遥感应用基础研究

1. 项目概况

“七五”国家科技攻关项目“遥感应用基础研究”由中国科学院遥感应用研究所主持，参加单位包括中国科学院空间中心、大气物理研究所，浙江大学，北京大学，华东师范大学等。遥感所由地物波谱特性研究室承担，项目负责人万正明、赵昌龄，遥感所参加人员有郝卫星、李升平、李晓红、杨习荣等。

项目总经费 41.1 万元。该项目于 1986 年正式立项，于 1990 年底完成。

2. 立项依据

设置专题时，已考虑在“七五”期间，除了发展航空遥感实用技术系统外，有必要跟踪国际遥感的新发展，加强若干新领域。为此，在“多种遥感数据的综合分析”课题中设立一个“遥感应用基础研究”专题，重点要做两方面的研究：“微波遥感中若干基础研究”和“遥感定量化应用基础研究”。

云、雾、雨、雪对微波无明显影响，对地表干燥土壤、植被和冰雪层有相当强的穿透力，具有全天候、全天时的优点。我国在有源和无源微波遥感技术方面取得了长足的进步。科学技术的迅速发展就要求微波遥感应用基础研究有新的发展，在微波的穿透、介电、散射特性和多波段、多极化雷达遥感技术给出科学的评价，开展大气、云雨修正方面的理论和实验研究，为微波遥感图像分析、处理和应用提供依据。

遥感数据定量化应用技术基础包括两个方面：首先，研发新型遥感器，在紫外、可见光、近红外和热红外波谱范围内提供多波段（几十直至 100 个以上）数据或区域性的高波谱分辨率数据，如 HIRIS 等，它们将为定量研究地球资源环境提供新的高质量数据，并通过不断完善的计算机技术推动遥感定量化应用基础研究，使得“大气影响修正”和“地形影响修正”两大难题有可能得到很好的解决。

3. 主要研究内容

该项目主要研究集中在遥感应用基础方面，涉及从紫外到微波各个波段。研究内容包括：陆面温度反演模型、南极臭氧层稀薄的影响、地形修正和阴影变换；微波对地物的穿透、散射和复介电特性，以及大气的吸收衰减和散射作用；星上遥感数据辐射订正和实验场选址等方面的问题。其结果对遥感数据定量化应用有重要贡献。

4. 研究取得的主要成果

1）地形和大气辐射对 TM 遥感图像的影响及修正模型

利用卫星遥感数据估算陆面温度和用地面遥感数据监测南极臭氧稀薄对地面紫外辐射影响的数值模型。陆面温度模型的精确度达 1K，大气臭氧层模型精度达 10DU，地面反射率估算精度约为 0.1。

2）微波遥感应用中有关穿透、散射、复介电特性和云雨大气影响的研究

从理论和实验两方面研究了微波穿透特性和有植被覆盖条件下遥感土壤湿度问题，给出了穿透深度与微波入射角、波长、极化方式和土壤湿度之间的函数关系，相关系数达 0.85～0.97。

在云雨大气对微波传输的影响研究中，提出了计算氧分子吸收系数的简化公式，其具有精度高、计算时间短的特点。

3）星上遥感数据辐射订正和实验场址选择的研究

针对地面实验场选址中的辐射校正方法，卫星辐射校正的基本设想及模型软件系统，得出 0.25～2.5μm 辐射定标系统基本上可以满足星上遥感器辐射定标的要求。

（七）陕北黄土高原地区遥感调查与系列制图研究

1. 项目概况

“陕北黄土高原地区遥感调查与系列制图研究”是国家“七五”科技攻关遥感应用研究类项目，由中

国科学院遥感应用研究所主持。参加单位包括中国科学院水利部西北水土保持研究所、陕西师范大学、西北林学院、中国农业科学院草原研究所和陕西省榆林地区土壤肥料站等。遥感所由地质与工程环境遥感应用研究室承担。项目负责人陈正宜，参加人员有林恒章、魏成阶、陈捷、张宗科、张浩信、朱博勤、陈楚群、阎子健、张圣凯、石军梅、关威、朱重光等。项目起止时间为1987～1990年。

2. 立项依据

陕北黄土高原地区遥感调查与系列制图研究，是“遥感技术开发”项目中的典型研究课题。应用遥感技术研究黄土高原地区的水土流失和生态环境，可以为区域开发提供重要的科学支持和现实依据。

3. 主要研究内容

该课题是“黄土高原重点治理区遥感调查与系列制图”项目中的子课题之一，研究范围涉及40430.93多平方千米，是上级总课题面积的1/2。主要研究内容包括陕北15个县（市）40430.93多平方千米的土地资源条件系列制图。包括含土壤侵蚀、土地利用、土地类型、森林类型和草场类型5种专题图，比例尺为1∶10万，并以县为单位量算各类土地资源的面积。

1）土壤侵蚀类型与强度的遥感调查

调查出侵蚀模数大于5000t/（km^2·a）的地区占研究面积的72.71%；侵蚀模数大于15000 t/（km^2·a）的，占34.98%；而侵蚀模数超过25000 t/（km^2·a）的也占18.02%，足以见本区水土流失的严重程度。

2）土地利用遥感调查与合理开发

提出合理利用土地的建议：①先解决农民的温饱问题，以人均375 kg粮食作为基本约束条件；②调整农林牧用地结构，农耕地近期内应退耕陡坡地190.28万亩，由占总土地面积的36.59%调整到25.59%；③加强发展以草灌为主的绿色生物，改善生态环境；④就地蓄水，保持或扩大灌溉农田面积；⑤改进耕作方式，发展生态农业；⑥有效控制人口，提高人口素质等。

3）土地类型遥感调查

拟定出5条土地类型的分类原则，将陕北黄土高原地区分为河谷地、黄土残塬、沟间地、沟坡地、沟底地、石质山地、风沙地和风沙滩地8个一级类型，然后再以植被覆盖、地貌部位和特性等为指标细分出30多个次一级类型，并列表分别说明其特征和性质。

4）林地和草地资源调查与制图

4. 取得主要成果

1）黄土丘陵区沟谷密度的遥感分析

用遥感方法统计出的沟谷密度值：在1∶10万的TM图像上统计出冲沟一级的沟谷密度，已达8km/km^2。而在1∶1万比例尺的航空相片上，可以揭示出切沟、浅沟和细沟等沟谷形态，统计出其沟谷密度值一般为20 km/km^2，局部地区高达30 km/km^2以上。以往的文献中，这个指标都是6 km/km^2，最大的为8 km/km^2。这个新的沟谷密度值，是以往常用密度值的2～4倍。

2）沟谷地和沟间地分析

遥感图像上多以明显的坡折线为分界，习惯上称其为“沟缘线”，将黄土丘陵地貌分出沟谷地和沟间地两大类型单元。沟缘线以下的沟谷地，常有流水冲刷及滑坡、崩塌和泻溜等重力侵蚀作用发生，侵蚀强度大；而沟缘线以上的沟间地是正地形，以梁、峁坡面侵蚀为主，侵蚀方式单一，侵蚀强度相对较弱。

3）土地利用及存在的主要问题

据 11 个县（市）土地利用现状调查，全区总面积为 4728.35 万亩，其中耕地面积为 1729.98 万亩，占总土地面积的 36.59%。旱地为 1588.27 万亩，占耕地总面积的 91.81%，有林地为 673.15 万亩，占总土地面积 14.24%，其中乔木林为 224.04 万亩，占总土地面积的 4.71 %。

4）土地资源与环境质量低劣，垦殖过度

90%以上的耕地水土流失严重，缺水缺肥，土壤肥力低。据米脂县抽样调查，用 1∶1 万彩色红外航空相片编制的土地利用现状图与同比例尺地形图进行对比分析证明，在现有耕地中，有 27%分布在国家限耕或禁耕的大于 25°的陡坡地上。经测试，其侵蚀强度，超出非耕地的 4 倍。

5）人口超载，土地利用不合理

遥感调查表明，黄土丘陵沟壑区的林地覆盖率一般只有 6%左右，林地的增长率和造林成活率都很低。据佳县黄土丘陵区航片抽样调查，1977 年的林地覆盖率为 3.64%，1987 年的林地覆盖率为 4.93%，10 年间，林地面积仅增长了 1.29%。

6）提高、改善生态环境的重要措施和基本途径

实践证明，小型的工程措施（如修建梯田、坝地、小水库等）对提高产量、防止水土流失和改造环境效益明显，其比造林的实际效果好得多。因此，今后需要改变国家在黄土丘陵区的投入方式和治理方向，只有搞好农田基本建设，才能为造林和改善环境创造条件。

7）分区治理方案

陕北黄土高原地区存在有不同的自然景观类型区，其物质基础、环境条件、存在问题及发展方向等都截然不同，因此，需要采取因地制宜的措施进行分区治理。分区的原则如下：一级分区按物质基础分为西北部防风固沙区、中部黄土丘陵水土保持区、东部基岩河谷区和黄河滩地平原区 4 个大区；二级分区拟按地貌和植被分为 10 个亚区。现将各区的基本情况及特征分别叙述如下：防风固沙区、防风固沙滩地区、沙丘、沙盖蕖袄豆蔭区、黄土丘陵水土保持区、沙黄土梁状丘陵区、黄土涧地梁状丘陵区、黄土峁状丘陵区、黄土峁梁丘陵区、残塬梁状丘陵区、森林低山丘陵区、基岩河谷区、黄河滩地平原区。

8）出版《陕北黄土高原地区遥感应用研究》论文集（1991 年 8 月由科学出版社出版）

发表论文 35 篇，分别对各项专题研究成果及其技术方法进行了总结。

（八）黄土高原地区资源与环境遥感调查和系列制图

1. 项目概况

“黄土高原地区资源环境遥感调查与系列制图”是国家“七五”重点攻关遥感应用研究类项目（编号为 75-73-04-03-02），项目主持单位为中国科学院，承担单位包括中国科学院自然资源综合考察委员会、遥感应用研究所、地理研究所等 27 家单位。其中《黄土高原地区资源环境遥感调查与系列制图》由王长耀、罗修岳负责，参加人员有黄秀华、郑兴年、张增祥，林恒章、魏成阶、朱博勤、林华强、崔伟宏、王蓓，李树楷、朱重光、赵炜等；《黄土高原地区森林类型图》由中国科学院遥感应用研究所负责，协作单位有甘肃省林业勘察设计院、西北大学地理系、山西师范大学地理系、中国农业科学院草原研究所、

中国科学院西北高原生物研究所、宁夏回族自治区遥感中心、河南省土地管理局。参编人员（遥感所）有张金胜、王长有、赵晓丽、关燕宁、李小民、查勇。项目总经费包括《黄土高原地区资源环境遥感调查与系列制图》96万元、《黄土高原地区森林类型遥感制图》16.5万元。项目1986年立项，1990年完成。

2. 立项依据

30多年来，限于自然环境复杂特殊、社会经济贫穷落后、科学技术力量薄弱等各方面的条件，经多次综合考察与专业调查，还没有一套完整的图件和科学数据。

通过航天与航空遥感图像信息，结合地面调查进行系列制图，可提供一套完整、系统且现势性强、可比性高的图件和数据，填补没有一套专家共同认可的、完整的图件和科学数据的空白，提供有明确针对性的实用图件和数据。

3. 主要研究内容

1）该研究课题采取“以条条为纲，块块分割”的组织原则确定了3个图组、7种图件

（1）生物资源图组：包括土地利用图、森林类型图、草场资源图和植被类型图。

（2）农业资源图组：包括土壤类型图和土地类型图。

（3）环境条件图组：土壤侵蚀类型图等。

2）研究方法

（1）试验研究与“七五”国家重点攻关项目《遥感技术开发》中的《黄土高原水土保持林区遥感综合调查》课题联合，选择陕西省安塞县为试验区。

（2）信息源制备：以彩色红外航空相片为先导，以TM陆地卫星像片（共44景）为主体，辅以SPOT和国土卫星图像；在广泛搜集先前的文字、图件、观测成果的基础上，分析筛选，择优录用。

（3）制定规程：提出“十个统一”的系列制图模式，即统一的工作底图和出版底图；统一的生物气候界线和地貌地形界线；统一的信息源组合和图像判译流程；统一的制图规范和图例含义；统一的量算控制要求和验收标准，为产出协调性好、可比性强、科学性高、通用性广的系列图件和数据提供技术保证。

4. 取得的主要成果

见第六篇第一章三十一成果内容。

（九）资源环境遥感动态与模型分析试验研究

1. 项目概况

“资源环境遥感动态与模型分析试验研究”是中国科学院“八五”应用研究类预研项目。主持单位为中国科学院遥感应用研究所，承担单位包括中国科学院中国遥感卫星地面站，北京市农林科学院等。遥感所由土地资源与生态环境遥感应用、计算机辅助制图和地物波谱特性等研究室参加，项目负责人王长耀，参加人员（遥感所）有郑兴年、崔伟宏、田国良、朱重光、师长安、刘行华、李付琴、胡宝新、郭杉、刘斌、王为民、许玉芬、隋洪智、狄志萍、吴秋华等。项目总经费19万元（本所），该项目于1989年3月开始，1990年12月完成。

2. 立项依据

近代以来，人类大规模活动与自然资源开发导致资源环境加速变化，从而引起了世界关注；一些发

达国家利用遥感手段快速、准确、大范围地获取资源环境动态变化数据的优越条件，制定了一系列“全球变化”遥感监测计划，使得资源环境动态监测和预测成了遥感应用研究的一个前沿研究领域。

“六五”和“七五”期间，我国遥感技术着重于资源环境现状的调查研究，而动态变化的监测研究方法比较单一，尚未进入将遥感、GIS 和模型分析进行有机联系和系统应用的领域。

因此，研究图像处理与信息系统一体化的方法，把资源环境信息从目视判读，提高到信息自动提取和数字分析的水平；把半定量、定量研究提高到建立数学模型，并进行预测、预报已成为遥感应用领域急需解决的问题，为此，中国科学院把“旱情监测”“农作物（小麦）估产”“北京城市土地利用变化”3 个应用模型研究和一个动态监测支持系统列入了“八五”预研项目。

3. 主要研究内容

1）旱情监测模型

利用 NOAA-AVHRR 不同通道数据，处理计算取得热惯量，建立其与土壤水分的关系，估算有作物覆盖下的土壤水分，其精度达到 38%以上。采用水分平衡原理建立干旱指数模型，编制京、津、冀地区干旱指数分布图，较好地反映旱情分布规律。

2）冬小麦种植面积自动提取和综合估产模型的建立

以最佳季相陆地卫星 TM 图像为基础，通过模拟目视分辨法、神经网络和专家系统划分出小麦种植区，以及利用小麦不同生长期的 NOAA-AVHRR 数据求取土壤回归线，结合气象因子与垂直植被指数（PVI），逐段订正灰色模型 G（O，2），建立估产综合模型。

3）土地动态变化“超图数据结构”（HBDS）和空间分析研究

城市土地利用变化的快速提取开发了基于知识分级结构的遥感图像自动分类方法，提高了分类精度，以北京市朝阳区为对象，监测产生“超图数据结构”的“实体”“类别”“实体属性”“类别属性”“实体间链接”和“类型间链接”6 个类型数据及模型计算，并对发展趋势进行了预测。

4）利用空间分析系统实现遥感、地理信息系统与模型的一体化分析

在完成图像的分类、配准、向空间分析系统（GAGS）格式转换以后，把每个网络作为公共地理单元（LCGU），加入非遥感属性进行空间搜索分析，重新赋值分类；一方面提高分类精度，另一方面进行多层面覆盖分析，建立分析和预测模型与空间数据的连接，实现动态监测分体集成系统。

4. 取得的主要成果

1）发展了新的遥感动态图像处理方法

以局部强迫逼近几何纠正方法，克服采用最小二乘法图像几何纠正的缺点，实现了陆地卫星 TM 的快速纠正及按行政单元和地形图单元的快速分幅。这一方法比“七五”遥感技术攻关有所创新和发展。

2）首次建立了干旱指数遥感分析模型

以能量和水平衡为基础，发展了利用 NOAA-AVHRR 气象数据估算大面积土壤水分和冬小麦田蒸散的方法，构建出适合国情的干旱指数模型，在与澳大利亚合作及国际交流中受到了高度评价。

3）建立了遥感–气象小麦单产预测综合模型

首次采用逐段订正的阶乘模型，选择小麦抽穗期垂直指数 PVI 和 5 月下旬平均气温作为预报因子，

用灰色系统建立遥感–气象综合模型。克服只采用单一植被指数与作物单产建立统计模型的缺点；该模型比单一模型估产精度提高了 7%，单产估产精度经当地验证达到 95%。

4）首次进行资源环境动态监测集成系统的试验研究

研究中发展并利用“空间分析与引导系统”（SAGS）和“超图数据结构”（HBDS）实现了遥感、GIS 和机助制图系统相结合，统计分析与空间分析相结合，资源环境动态变化与预测相结合，静态判断与动态反馈相结合；实现了动态变化彩色、快速彩色打印、网与多边形转换和绘图机绘图；完成了遥感信息获取、处理、模型分析、地理信息系统，以及机助制图各部分之间连接的试验研究；建立了初步的遥感、地理信息系统与机助制图三位一体的资源环境动态监测信息系统。

5. 成果鉴定验收意见

课题于 1991 年 7 月 20 日在北京通过了中科院资环局主持的验收鉴定。与会专家一致认为该课题所采取的技术路线均为国际当前发展的前沿，课题人员在此领域开展了具有开拓性的研究工作。

该课题在短短两年多时间内所取得的成果，已为国家“八五”遥感技术攻关立项起到了积极作用。该课题所采取的技术路线均为当前国际发展的前沿，在该课题的研究中，课题人员做了大量的开拓性研究。

该课题按合同要求利用遥感技术对小麦长势监测与估产、土壤旱情监测与城市动态监测等进行了比较深入而细致的研究，提出了前瞻性意见，认为利用遥感技术进行这方面的动态监测是可能的，为“八五”及今后研究打下了方法论基础。

经讨论，鉴定验收小组一致认为，该课题圆满完成了原合同规定的任务，予以验收，并建议申报奖励。

（十）黄土高原重点小流域治理实验示范区水土流失与综合治理效益的遥感监测

1. 课题概况

“黄土高原重点小流域治理实验示范区水土流失与综合治理效益的遥感监测”是国家“七五”科技攻关项目第 73 项“遥感技术开发”中的公开招标课题，由中国科学院水利部西北水土保持研究所和中国科学院遥感应用研究所联合投标获得。课题由中国科学院水利部西北水土保持研究所主持，由中国科学院西北水土保持研究所和中国科学院遥感应用研究所共同承担。课题负责人（遥感所部分）翁祖平、王玉如；参加人员（遥感所）有刘桂云、肖坤、马岚华、郑威。课题起止时间为 1987～1990 年。

2. 立项依据

水土流失问题严重制约我国经济发展和当地人民的生产与生活，小流域是产沙输沙的基本单元，因而对小流域进行综合治理是防止水土流失，保护、开发和利用土地资源的重要措施，是黄土高原综合治理的一项最基础性工作。为此，“黄土高原重点小流域治理实验示范区水土流失与综合治理效益的遥感监测”被列入国家“七五”科技攻关公开招标课题。中国科学院遥感应用研究所联合中国科学院水利部西北水土保持研究所选择水土流失严重的安塞县范家沟和纸房沟流域为样区，采用遥感与地理信息系统技术相结合的方法投标并获得成功。

3. 主要研究内容与分工

（1）多级航天、航空遥感数字化资料处理与应用评价（中国科学院水利部西北水土保持研究所负责)。

(2)小流域 1∶5000 专题制图及数据清单(中国科学院水利部西北水土保持研究所负责)。

(3)地面立体摄影制图与检测精度评价(遥感所翁祖平负责，刘桂云、肖坤、马岚华参加)。

(4)地面监测系统水土流失因子分析与模型建立(中国科学院西北水土保持研究所负责)。

(5)遥感监测信息系统与综合评价模型(遥感所王玉如负责，郑威参加)。

4. 取得的主要成果

见第六篇第一章二十四成果内容。

(十一)陆地卫星 TM 资料专题系列成图规范化研究

1. 项目概况

“陆地卫星 TM 资料专题系列成图规范化研究”是国家“七五”科技攻关计划应用研究类项目，由东北师范大学、武汉测绘科技大学、中国科学院遥感所、国家测绘局测绘研究所、南京大学、华东师范大学、北京师范大学和青岛大学等单位主持和承担。负责人林华强，参加人员(遥感所)有朱重光、王为民、狄志萍、吴晓清、李灼华和王蓓等。项目总经费 12 万元，从 1986 年论证开始，1990 年 12 月 8 日鉴定验收结束。

2. 立项依据

从 20 世纪 70 年代中期开始，我国就对卫星遥感资料的区域或单幅制图方法进行了研究。80 年代发展成为区域性的资源与环境及专题系列陆地卫星影像图，这些成果在“六五”期间得到了广泛应用和高度评价，处于国际领先地位。

“七五”科技攻关项目中，确立了“陆地卫星 TM 资料 1∶50000 比例尺专题系列成图规范化研究”课题。其目标是制定“七五”期间的系列制图规程，编制《陆地卫星 TM 资料 1∶50000 比例尺专题系列制图建议规范》。

3. 主要研究内容

该专题以双阳县荒山景观生态建设系列专题地图的编制和研究为主要依据，通过目视解译手工成图、数字化成图及全数字化成图等多种手段，试验、探索和总结利用遥感资料编制专题系列图件的基本模式、规程和方法。经过分析比对，提出编制卫星遥感资料系列成图规范化的建议草案。

4. 取得的主要成果

在对 TM 的 CCT 经过精纠正后的以光学信息提取和目视解译成图两种方式实验中取得了以下成果。

(1)证明目视解译是当前可以实际应用的方法，它可以根据影像特征和地学基础分析判断，取得符合实际的结果，而计算机分类成图有赖于图像识别分类和专家系统的支持。单幅专题全数字化成图是可行的，而系列全数字化成图则必须有地理信息系统的支持，并且存在“同物异谱和异物同谱”的决策难题。

(2)TM 图像资料不经过精纠正，不适合直接用于大比例尺系列成图。

(3)TM 图像信息经过精纠正后信息量有一定的损失，而目视解译制作较大比例尺专题系列地图则无多少影响。

（4）TM 资料经精纠正后，回放影像比例尺大到 1∶50000，其边缘像点最大几何误差达 0.5mm，3 个波段合成的配准误差为 85%，小于 0.1mm，其精度可以满足专题解译的要求。因此，结合相关资料，采取光学信息提取和地学相关分析相结合的方法，编制 1∶50000 专题系列地图是可行的。

（5）需要选定某一时相的影像作为系列专题地图内容的影像基础底图，其他时相的影像则为辅助资料。

（6）系列制图是一项系列工程，统一协调在系列制图中起着系统控制作用，尤其在编制线划基础底图和影像基础底图过程等。

（7）自然现象的复杂性和分析方法的局限性使得计算机自动分类的精度尚无令人满意的结果。

（8）解决了多色地图的快速复制，可用现有计算机的分色扫描设备完成分段复制过程，简化了工艺，缩短了周期。

（9）经过双阳县探索编制的 1∶50000 标准地形图分幅的土地利用图的全数字化方法，以数字处理方式为主，以地学分析方法为辅，进行专题内容的提取和显示，其为遥感系列专题制图提供了条件，并为在地理信息系统支持下的自动分类与制图奠定了基础，可形成遥感信息–地理信息系统–机助制图的新工艺。

（10）参考双阳县荒山景观生态建设系列地图编制研究的第一手资料，处理与绘制出 46 幅影像和线划图。

（11）编写出版论文 22 篇。

（12）完成了《陆地卫星 TM 资料 1∶50000 比例尺专题系列制图建议规范》。

5. 成果鉴定验收意见

该课题于 1990 年 12 月 5～8 日在北京通过验收鉴定。专家组认为，该课题已全部完成合同要求的各项内容，并取得了多项国际水平的成果。其中，部分成果已用于生产实践，取得了较大的经济效益和社会效益。

该专题所完成的以电子扫描分色扫描仪为制版基础的彩色地图快速制印工艺具有经济、快速、易于推广等特点，非常适合我国国情。

利用陆地卫星 TM 资料编制 1∶50000 比例尺专题系列地图，经实验证实是可行的，这个结论在国内外尚属首次。这里的条件是目前只能采用多种信息复合技术和目视解译的方法实现，而全数字化的方法，关键在于计算机图像识别分类尚不能完满解决，有待专家系统的进一步开发，但后者是具有方向意义的方法。

6. 获奖情况

该项目获国家教委科技进步奖二等奖。

（十二）实用化遥感图像按地形图分幅、机助分类与自动化制图软件研究

1. 项目概况

“实用化遥感图像按地形图分幅、机助分类与自动化制图软件研究”是国家“七五”科技攻关计划应用研究类项目，主持与承担单位分别为北京农业大学全国农业遥感应用与培训中心，中国科学院遥感应用研究所，国家测绘局测绘科学研究所。项目负责人林华强，参加人员（遥感所）有王为民、王蓓、狄志萍和吴晓清等。项目总经费 18 万元，从 1986 年论证开始，1990 年 12 月 19 日鉴定验收结束。

2. 立项依据

黄土高原千沟万壑，是我国土壤侵蚀最为严重的区域。土壤侵蚀不仅严重影响工农业生产和人民生活，也严重影响了黄河下游的防洪、灌溉和水电工程。中华人民共和国成立以来虽连续多次综合调查，但土地资源情况仍不十分清楚。

遥感技术的发展，虽有助于解决这些问题，殊不知黄土高原地形切割破碎，大量宽度小于 10m 的切沟、梯田和面积小于 0.3 km^2 的草地、林地都低于 TM 和 SPOT 等的地面分辨率，而彩红外航空摄影价格昂贵。所以，尽管应用遥感技术难度很大，有不少关键技术未解决，但仍然是未来突破的方向。

因此，探讨各种遥感资料应用于黄土高原资源调查方面的适用性、技术流程和应用潜力，是国家科研攻关设置“黄土高原遥感专题研究”专项的主题目标。

3. 主要研究内容

该项目为“黄土高原遥感专题研究”的子专题。其研究目标在于解决从遥感图像中自动识别、提取和绘制专题地图的方法，使图像处理及专题信息识别和提取由计算机衔接起来，以影像的纠正和按地形图分幅镶嵌及影像增强处理代替遥感影像解译和勾绘专题界线，再由人工转绘成专题地图的传统办法，以提高图像识别和专题分析的技术水平，快速提供资源方面清单、动态数据和专题图件，满足黄土高原土壤侵蚀和土地利用分类的要求。

4. 取得的主要成果

1）黄土高原地区卫星影像处理的技术方法

（1）图像处理：包括一般性图像处理与影像增强、图像叠加和图像镶嵌技术。

图像增强：包括线性拉伸、比值增强和边缘增强等方面，地形破碎以边缘增强效果较好。图像叠加：SPOT 与 TM、彩红外与 TM（局部）等的叠加，使地面分辨率和光谱分辨率的优势结合在一起，提高了解译判读的精度。图像镶嵌：根据地形图分幅，将相邻像幅的光谱信息与空间信息进行调整、配准与复合。

（2）图像分类：通过对比实验发展了相同类别的比较程序（TV），即在土地利用分类中，利用不同影像系统的比较信息，实时判断不同时相的类别和变动情况。

2）自主编制的栅格数据矢量转换的软件 1 套

图像的后续处理，包括数据转换及子图化、综合取舍和邻幅接边等；数据类型转换，包括提取类域边界坐标及结点和矢量化处理等。

3）遥感图像自动制图系统软件 2 套

4）利用 TM 图像自动编制的《安塞县真武洞乡土地利用图》1 套，《安塞县真武洞乡土地利用分类影像图》1 套，评价报告 2 篇，论文 4 篇

5. 鉴定验收意见

1990 年 12 月 19 日，该项目在北京由中国科学院资源环境局组织的鉴定验收。专家组认为，经过不到 5 年的艰苦努力，各子专题和有关单位协同攻关，严格按照专题总体设计和实施方案，充分利用多级遥感的丰富信息（TM，SPOT，1∶5 万的彩红外航片和部分 1∶1 万彩红外航片），采用国内外先进的数据处理设备和方法，进行遥感信息的计算机处理、光学处理、光谱特征分析、专业机助分类与制图，以及黄土高原资源遥感调查和定量化研究，特别是多级遥感信息源在土地利用现状和土壤侵蚀调查中的应用评价，土地结构与土地承载力的遥感分析，土壤侵蚀的遥感定量研究和土壤侵蚀信息系统的建立，为

今后的黄土高原资源调查和监测、土地的综合利用、水土保持规划提供了科学的决策依据。同时，专题组在总体设计时特别强调了对遥感专业应用研究的方法论的探索。有关子专题还分别提交了典型试验区陕北米脂县1∶5万的土地利用现状图、森林草场资源图、土壤侵蚀图等系列图件和相应的遥感专业制图的方法规程和技术报告。无论是在理论基础探讨上，还是在应用技术方法上，该项目都获得了具有实际意义的先进成果，圆满地完成了任务，达到了预期目的。而且，有些技术指标还超出了合同攻关目标。该项目总体上达到了国际先进水平。

6. 获奖情况

该项目获1992年度农业部科技进步奖二等奖。

三、“八五”遥感技术应用（85-724）项目

（一）重大自然灾害遥感监测评价

1. 项目概况

“重大自然灾害遥感监测评价”是“八五”国家科技攻关遥感应用研究类项目（85-724-01），由中国科学院地理研究所和中国科学院遥感应用研究所主持，承担单位还有中国林业科学院资源信息研究所和中国科学院兰州冰川冻土研究所等。负责人（遥感所）田国良，主要参加人员（遥感所）：余涛、崔承禹、魏成阶、池天河、李树楷、武晓波等。项目总经费：746万元，其中国家拨款619万元，自筹127万元。项目起止时间为1991年9月～1995年12月。

2. 立项依据

灾害遥感广泛应用的势头在联合国减灾10年计划的推动下得到进一步加强。我国是一个自然灾害种类繁多、发生频繁且危害严重的国家。如何应用遥感、信息系统和计算机等高新技术，对重大自然灾害进行监测评价，为政府和有关专业部门提供及时、准确和可靠的信息，为减灾救灾提供充分的科学依据，成为国民经济建设和社会保障的重大问题。

我国现有的灾害遥感监测评价试验系统构成松散，在快速、机动、准确和集成（包括系统完整性和多用性）性能上，离实用系统的要求尚存在很大差距，其中许多技术问题有待深入攻关解决。

3. 主要研究内容

（1）建立重大自然灾害的历史数据库和背景数据库，从全国范围的角度，宏观地研究自然灾害的危险程度分区和成灾规律。

（2）选择洪水、林火、干旱、雪灾、森林虫害、地震和沙漠化7个灾种进行详细的监测评价与应对突发性灾情技术方法研究，建立各自的遥感–地理信息系统，实现对常发性和突发性自然灾害的监测评价的功能。

（3）进行工程性的系统集成，包括各灾种数据库和监测评价模型的集成，形成能实现业务运行的、综合性的重大自然灾害监测评价技术集成系统。

4. 取得的主要成果

见第六篇第一章五十一成果内容。

（二）重点产粮区主要农作物遥感估产

1. 项目概况

“重点产粮区主要农作物遥感估产”是国家“八五”科技攻关（85-724）遥感技术应用项目，主持单位是中国科学院–全国农业区划委员会资源与农业发展综合研究中心。承担单位中国科学院自然资源综合考察委员会和中国科学院遥感应用研究所。项目负责人：陈光伟、王长耀。参加单位有中国科学院、农业部、国家教育委员会和国家气象局等所属的40多个单位。项目起止时间为1991～1993年。

2. 立项依据

我国幅员辽阔，粮食及主要农作物生产受多种因素影响，产量经常出现波动。及时准确掌握我国小麦、水稻、玉米等主要农作物产量数据，对国民经济发展具有重要意义。自下而上的统计报表存在数据时效短、时滞长、尺度小和费用大、带有人为干扰等缺陷。随着遥感应用研究的深入，在农作物长势监测、种植面积测算和产量估算方面已经获得实用性进展。中国科学院把我国“重点产粮区主要农作物遥感估产”列入了国家“八五”科技攻关“遥感技术应用”项目。

3. 主要研究内容

《重点产粮区主要农作物遥感估产》课题的目标是研究建立一个快速、准确、机动和集成的遥感估产试运行系统，为全国重点产粮区主要农作物遥感估产研究和试运行服务。其主要研究内容如下。

（1）主要农作物遥感估产中的关键技术（播种面积提取、多种信息复合、遥感估产模型和全数字化计算机估产作业等）研究。

（2）研究建立具有不同层次、不同品种的可操作的农作物估产系统。

（3）研究建立适合我国国情的主要农作物遥感动态监测与估产的理论、技术与方法。

4. 取得的主要成果

见第六篇第一章五十成果内容。

（三）多级平台遥感信息获取技术系统

1. 项目概况

“多级平台遥感信息获取技术系统”是国家“八五”科技攻关遥感技术应用类项目（85-724-03-02）。主持单位中国科学院遥感应用所，承担单位有中国科学院遥感应用所、中国科学院空间科学与应用研究中心、中国科学院上海技术物理研究所、中国科学院长春光学精密机械与物理研究所、中国遥感卫星地面站和中国林业科学研究院资源信息研究所。负责人何欣年，参加人员（遥感所）杨习荣、李加洪、鲍士柱、张宁、王玉如、赵昌龄、李晓红、李升平、赵亮、张红松、周力田、倪平和余琦。项目总经费415万元。起止时间为1991～1995年12月。

2. 立项依据

我国是世界上灾害频发、损失巨大的国家之一，仅1994年灾害损失即达1790亿元。我国又是人口大国，用世界7%的耕地养活了占世界22%的人口，粮食问题一直是我国政府和人民关注的头等大事，粮食的丰与歉直接关系到经济的发展和社会的安定，从而国家将“主要农作物估产”与“重大自然灾害监测与评估”，以及建立与之配套的“多级平台遥感信息获取技术系统”列入了“八五”科技攻关项目。重大灾害遥感监测与评估和主要农作物估产两大课题对遥感信息提出了一系列特定要求。

快速、准确、定时及周期提供地物及环境的不同波段、不同分辨率、不同时相的遥感信息，以此满足周期性、大面积、准实时要求，气象卫星具有高度复率（每天34次）、大范围检测、动态性强的特点，是自然灾害宏观监测和建立农作物动态模型的信息源，但分辨率稍差，陆地卫星资料分辨率高，二者共同组成可靠信息源，但航天信息受卫星运行轨迹、气象条件限制，应用必须辅以典型区的机动、灵活、分辨率高的航空遥感信息，以满足实时或准实时的要求。

我国已建成了北京陆地卫星地面站，可为国内用户提供TM和MSS图像数据；气象卫星图像具备提供接收并进行地理编码的能力，并开发了系统软件和应用软件；"高空机载遥感实用系统"已研制成功实现光谱范围从紫外、可见光、近红外、热红外到微波各波段，机载集中监控和机–地图像实时传输已取得了突破，航空遥感图像予处理系统实现了快速、粗校正和图像数据输出，这些成果也为该项目的立项奠定了良好的技术基础。

3. 主要研究内容

1）目标

为自然灾害监测、评价和主要作物估产建立一个具有快速、准确、机动和可靠的遥感信息获取系统。

2）主要内容

（1）气象卫星灾害及作物长势宏观监测系统研制，提供气象卫星图像磁带产品，进行灾害预警系统集成，建立作物长势动态监测技术集成与运行服务。

（2）陆地卫星数据获取系统能力改进。①快视技术研究。建立实时快视系统具有移动窗单色显示，提供按世界参考坐标系（WRS）分幅的快视图像磁带产品。该产品具有景中心地理信息日期等注记。② TM快速处理及成像输出能力改进。提供按WRS分幅的浮动景中心产品，研制大幅面扫描图像输出，开展快速几何配套和镶嵌以及建立小麦估产区地面控制点数据库。

（3）航空遥感数据获取系统建立。①多组态数据获取系统的配套与扩充，包括A．CCD线扫描相机系统研制：CCD扫描相机、高速大容量磁带记录系统配套、机载定位及几何校正；B．合成孔径雷达地面数字化设备研制。②机动遥感图像传输、显示、调度系统配套与扩充，包括模／数兼容机—地传输系统，地面快视显示、处理、记录系统、地–星–地传输系统、话路通信系统等。

4. 取得的主要成果

（1）动态监测能力。利用气象卫星图像和绿色植物的光谱特性、归一化差值植被指数，获得监测作物长势和产量预估，准确度达95%左右，可应用于小麦、水稻、玉米和牧草的估产和长势监测。利用波段有最大的发射率差，确定水陆分界，用于监测海岸线和湖泊的动态变迁及河流水量增减，监测洪涝灾害。应用研制的林火信息增强处理软件和相关通道反映的林火燃烧区高温，以及通道4或通道5反映熄灭区地表温度差异，突出林火信息，成功在1994年4月16日监测到了红花尔基林火。

（2）研制了TM格式同步器和快视系统及相应软件，实现了单段或三波段任意组合的彩色动态显示，快视图像数据存盘，开发的友好人机界面操作方便，可对数据质量进行评估，可为农作物估产及自然灾害监测提供周期的遥感数据。

（3）国内首次研制成功机载线扫描CCD相机，2048像元，可见光及红外3个波段数字磁带记录，是一新型航空遥感仪器，其图像数字输出对实时获得地面信息具有实用价值。

（4）机–地图像实时传输。首次试验成功，最大传输距离大于200km，使洪水灾情快速、实时获取数据成为可能，为抗灾、救灾提供了新途径。

（5）在我国首次将航空遥感 CCD 相机数据与机载 GPS 导航数据同步采集纪录。惯性导航记录了经纬度、俯仰、滚动、偏航角、高度和时间等数字量，但精度不高，又有误差积累，而 GPS 数据的时间、经纬度和速度等均具有较高精度，经后处理和校正，可提供实用遥感图像。

（6）在我国首次实现了远程合成孔径雷达图像数据传输。由于合成孔径成像雷达数据量大，以前采用胶片成像后数字化存储，以后由飞机将图像送回北京处理，因而有几个小时的滞后，而对于某些自然灾害，时间就是生命，分秒必争，因此在本系统将滞后缩短，即雷达图像从飞机上经机–地数据传输系统送到地面接收后经研制的编码写在压缩单元，压缩比达到 10 以上，经省际的电话载波线路，速率达 28kbs，1995 年该系统实现了从江西南昌向北京的传送灾害现场图像，达到了攻关预期目标。

5. 成果验收意见

1996 年 1 月 4 日中国科学院组织验收。验收委员会认为：①该专题所提交的资料齐备，符合要求，经费使用合适，符合有关规定；②对照合同文本有关条文，已圆满完成攻关任务；③专题研究工作和实用考核，有如下特点和创新。

（1）建立了包括气象卫星，陆地卫星以及高、低空遥感的综合配套信息获取系统，覆盖范围从数千公里到数公里，空间分辨率从千米级到厘米级，实现了多种信息的综合与补充，以及全天候的灾害监测，提供了作物面积精确测算及长势连续监测的信息保证。

（2）形成了高比率数据压缩、远距离高速率信息传输和现场实时处理，保证了灾害监测与评估的快速性和及时性，形成了该系统的特色。

（3）形成了生成系列化遥感信息产品的能力，可为多领域应用提供图像、数据、图形、磁带、胶片和像片等多种信息产品。

（4）经过洪涝、林火等自然灾害监测评价和作物估产应用的考核，特别是 1995 年江西鄱阳湖地区洪水监测，对抗洪救灾工作发挥了指导作用，产生了明显的社会经济效益。据此，验收委员会一致通过专题成果验收。

（四）新型遥感器及其配套技术研究——成像光谱仪专题

1. 项目概况

“新型遥感器及其配套技术研究——成像光谱仪专题”是“八五”国家科技攻关技术发展研究类课题（85-724-04-01）。主管部门为中国科学院协调局，承担单位为中国科学院上海技术物理研究所，参加单位为中国科学院遥感应用研究所。负责人王建宇和薛永祺。参加人员有郑兰芬等。项目总经费 200 万元，其中国家拨款 165 万元、单位自筹经费 35 万元。起止时间为 1991 年 1 月～1995 年 12 月。

2. 立项依据

新一代先进光电遥感器——成像光谱仪，将成像技术和光谱技术结合在一起，在探测物体空间特征的同时，对每个像元色散形成几十个或几百个波长带宽为 10～100nm 的光谱波段，通过这些光谱图像数据，有可能在空间快速判别地球表面物质的类别，这将为地球科学开创新的应用前景。

“八五”期间，在预研的基础上，研制出实用化机载成像光谱仪，并进行地质、植被和海洋等典型示范应用研究，跟踪国际遥感水平，取得我国遥感技术和应用的新进展。

3. 主要研究内容

1）面阵高分辨率成像光谱演示系统研究的关键技术

①望远成像和光谱分光相结合的光学系统，非球面光学和特殊光栅技术。②面阵探测器件及其性能

测试。③高数据率、大容量记录仪器、接口研制。④数据编辑和压缩技术研究及成像光谱数据处理方法。⑤光谱定标技术。

2）近红外地物光谱仪系统研究的关键技术

①采用快速分光光学系统，使光学系统的相对口径达到 1/2。②采用四元硫化铅探测器和引入光导纤维。③用数字相关处理技术代替模拟锁相放大电路。④实时光谱液晶显示和数据存储能力满足室外的测量要求。

4. 取得的主要成果

研制完成了机载成像光谱仪实用系统一套（含地面配套测试及预处理系统）。

在研制过程中解决的主要技术关键如下：

（1）立足国内技术基础，实现高性能、实用化的系统优化设计。

（2）提高主光学系统和分光系统的光学效率，改善系统信噪比。

（3）高光谱分辨率、高品质的可见/近红外、短波红外、热红外光谱仪研制。

5. 成果鉴定、评审、验收意见

1995 年 11 月 28 日，验收委员会的验收结论如下。

近年来，成像光谱仪技术是国际遥感领域发展的前沿技术，85-724-04-01 专题在国家“七五”预研攻关的基础上，积极跟踪国际遥感仪器发展的前沿，在国家“八五”攻关中，解决了系统的小型化和模块化结构；高效率、大口径和低 F 数光机系统；非球面光学和特殊光栅加工技术；高速、大容量数据采集、记录和预处理及压缩系统；成像光谱仪数据处理和信息提取方法等关键技术问题。

中国科学院上海技术物理研究所研制出的我国新一代具有先进水平的 71 通道的机载成像光谱仪实用系统及近红外地物光谱仪、光谱和辐射定标、地面数据回放、地面检测等有关配套系统，进行了成像光谱仪在地质、植被、海洋和海岸带的典型示范应用，并进行了高分辨率面阵式演示系统的研究。对照合同文本，已全面完成国家攻关任务。系统文件资料齐全，经费使用合理，一致通过该专题验收。

专题合同验收意见为该仪器已提供国际、国内有关地质、海洋、环境和资源等遥感应用，均获满意结果。初步完成成像光谱图像信息提取的技术方法和部分软件，并在遥感所和华东师范大学建立了应用示范点。该系统已具备了商业运作能力，将在国内外多光谱遥感应用中发挥更大的作用。

（五）新疆国家 305 项目：遥感技术在新疆地质找矿中的应用研究

1. 项目概况

“遥感技术在地质找矿中的应用研究”是国家科委和新疆国家 305 项目，属于遥感应用研究。主持单位为新疆国家 305 项目办公室，承担单位包括中国科学院遥感应用所、中国科学院地质与地球物理研究所、兰州地质研究所、中国科学院长沙大地构造研究所、中国科学院广州地质新技术研究所、北京大学等。项目负责人郭华东，参加人员（遥感所）有崔承禹、蔺启忠、林树道、张圣凯、朱重光、李乃煌、颜铁森等。项目总经费为国家拨款 78 万元，院匹配 80 万元，合计 158 万元。起止时间为 1986 年 4 月～1989 年 10 月。

2. 立项依据

在一定地质条件下，含矿地质体会以其构造岩性特征、蚀变特征或受其影响产生的地形、地貌、水系、土壤和植被等异常特征反映于地表或近地表层，形成相关的信息场。同时，不同矿种和不同类型矿

床具有其特征的成矿规律性，这种规律性常以其物理化学形式表现出来。现代航天航空遥感技术具有识别地物波谱特征及几何特征的能力。有良好业务素质的遥感地质工作者用工作在可见光、红外至微波波段的传感器系统，能较好地分析富矿地质特征。对遥感数据的计算机处理、专题信息提取和多源遥感数据复合，使找矿的时效性、可靠性进一步提高。在此基础上，利用非遥感手段的配合及野外工作，达到寻找矿产的目的。

3. 主要研究内容

（1）研究有色金属矿产与其他矿产及物、化探异常及地层、岩体、围岩蚀变和关系的构造，找出主要控矿地质构造条件，归纳矿产在影像上的特征，为圈定成矿有利地段或找寻隐伏矿床提出准确的依据。

（2）仔细深入研究遥感图片上的地质信息形成机理及其特殊的地质意义，提高遥感在地质找矿方面的应用水平。

（3）研究线性、环形火山机构和特殊岩性等影像特征及其控岩与控矿的关系，对于成矿有利的褶皱断裂构造、火山机构和含矿岩体等做出定性、定量解译。

（4）通过对重要成矿区带航片、卫片资料，多光谱磁带的处理、光学合成处理和物化探等资料进行叠合，再进行计算机图像处理，获得矿床、矿体赋存部位的影像标志，并为寻找隐伏矿床、矿体和隐伏岩体构造提供可靠资料。

（5）选择成矿有利地区，进行彩红外摄影（1∶1.5 万），大像幅多波段摄影（1∶3 万）和黑白红外摄影（1∶3 万～1∶1 万）。探讨多信息源在综合找矿中的互补作用，发现影像成矿区和圈定找矿靶区，形成一条高效、可靠的遥感地质找矿准则。

4. 取得的主要成果

见第六篇第一章获奖成果十九成果内容。

（六）遥感技术在寻找大–超大型矿床中的应用研究

1. 项目概况

“遥感技术在寻找大–超大型矿床中的应用研究”是国家科委和新疆国家 305 项目，属于遥感应用研究。主持单位卫星像片新疆国家 305 项目办公室，承担单位为中国科学院遥感应用研究所。项目负责人：蔺启忠，参加人员有郭华东、满发胜、王琪、王志刚、燕守勋、李林、林树道、邵芸。项目总经费为 27.5 万元。起止时间为 1992 年 6 月～1995 年 4 月。

2. 立项依据

大–超大型矿床能够产生巨大的经济效益和社会效益，迅速改变区域性工业结构，世界上 80%以上的主要金属量来自仅占世界矿床数量不足 5%的大–超大型矿床。20 世纪 90 年代，寻找大–超大型矿床已成为世界性潮流。利用航天遥感技术寻找大–超大型矿床，不仅具有快速、经济和高效的特点；成矿环境的认识、构造背景的揭示及宏观地质特征等航天遥感研究方法也大大丰富了大–超大型矿床的研究内容。

大–超大型矿床作为地壳物质的有机组成部分，其形成伴随大规模地壳运动、岩浆活动和变质作用，在大空间尺度上形成与成矿作用相关的构造、岩石、蚀变等宏观地质现象，受其影响，还能直接或间接反映在地貌、土壤、植被等的异常分布，这些共同构成大–超大型矿床成矿空间信息场。

利用多波段、多平台航天遥感独有的宏观性、概括性和抽象能力，大–超大型矿床成矿空间信息场等特征，结合大–超大型矿床成矿规律（如成矿偏振性），通过与典型大–超大型矿床宏观地质特征对比，建立大–超大型矿床勘查模型等的识别和研究，从而达到寻找大–超大型矿床的目的。

3. 主要研究内容

在深入研究新疆境内和邻省、邻国大–超大型矿床航天遥感信息的基础上，结合成矿地质条件分析，进行类比研究，正确圈定找矿有利地段和靶区，并进行实地验证，以达到快速找矿的目的。

以塔里木盆地以北的新疆北部地区为研究区；主攻矿种为金、铜，兼顾其他有色金属。圈定大–超大型矿床有利地段，发现遥感找矿靶区 6～8 处，检查与评价其中的 3～4 处，力争发现有大型矿成矿前景的矿产地 1～2 处。

4. 取得的主要成果

（1）研究发展了一套先进的、系统的、实用的航天遥感找矿技术方法，包括大–超大型矿床特殊构造环境的遥感识别方法，宏观地质特征相似性对比方法，聚矿构造空间模型分析技术和积雪、植被覆盖区含矿信息提取技术等。

（2）发现并确定了金、铜、银等多金属矿靶区 11 处，其中具有大型成矿前景矿产地 2 处，发现其他金属及非金属矿 12 处，预测有可观前景的金、银铅锌多金属及高级绿色建材储量。

5. 鉴定验收意见

经新疆国家 305 项目办公室进行形式和技术性审查，认为“该专题完成了合同书所规定的任务、提交的文件和技术性资料齐全；承担单位和主要人员排序正确，未发现成果权属争议问题；提交的原始资料基本齐全，其中找矿靶区评价专题的原始资料齐全、完整、丰富，报告所列工作量基本符合实际情况；部分原始资料欠规范，缺少完整的实际材料图，可在正式上交成果和资料前予以完善”。

鉴定委员会认为：“该专题提交了大–超大型遥感找矿靶区 12 处，筛选出有大型成矿远景的矿产地 3 处，圆满地完成了合同书规定的任务。该专题研究报告内容丰富、资料翔实、学术思路新颖、技术方法有创新，特别是在图像处理方法上有新的开发，获得一系列最佳图像，发展了一套先进、完整和实用的遥感找矿技术方法，提出了新的遥感找矿模式，找矿预测效果明显，总体上是一项国内领先水平成果，其中图像处理技术和遥感找矿模式方面达到国际先进水平”。

专题验收小组同意上述审查和鉴定意见，认为该专题出色地完成了合同规定的专项任务，确认该专题成果达到了国内领先水平，部分达到了国际先进水平，一致同意予以验收。

四、“九五”科技攻关重中之重项目

（一）遥感、地理信息系统、全球定位系统技术的综合应用研究

1. 项目概况

“遥感、地理信息系统、全球定位系统技术的综合应用研究”是国家“九五”科技攻关重中之重项目，属遥感应用研究。主持单位与承担单位包括国家遥感中心，中国科学院遥感应用研究所等。其中中国科学院遥感应用研究所负责“国家级基本资源与环境遥感动态信息服务体系的建立”和“新型遥感技术的应用开发研究专题”。负责人（遥感所）：田国良、刘纪远、童庆禧，主要参加人员（遥感所）有王长耀、张增祥、庄大方、张金胜、何剑锋、吴秋华、郑兰芬、张兵和潘广东等。项目总经费达 24878.75 万元，其中国家拨款经费 6920 万元，其余为部门拨款、单位自筹和银行贷款等。起止时间为 1996～2000 年。

2. 立项依据

我国遥感、地理信息系统和全球定位系统技术已从传感器研制和单项应用研究，走向系统化集成和综合应用阶段。在“八五”期间，分别形成了重大自然灾害监测与评估、主要农作物估产、全国重点地区资源与环境调查和分析等综合性关键技术及试验性系统。实践证明，遥感、地理信息系统和系统技术综合应用可以为国家提供科学的宏观信息和辅助决策，为促进国民经济的发展发挥重要作用。

当前，我国经济高速发展，使得资源与环境的状况变化迅速加剧。从宏观决策的角度，我国急需了解全国范围和部分重点地区资源与环境状况，尤其是农业资源状况及其动态变化情况；自然灾害造成的巨大损失如何有效地监测与评估以减少损失，同时，国际上发展起来的新型遥感系统及其应用技术又对遥感和地理信息系统的应用提出了新要求和新机遇。为此，国家专门列了“九五”科技攻关重中之重项目“遥感、地理信息系统、全球定位系统技术的综合应用研究”（简称“3S”技术综合应用研究）。

3. 主要研究内容

1）国家级基本资源与环境遥感动态信息服务体系的建立

建立国家空间型数据信息系统，形成每年动态更新一次的能力；可以向国家高层决策部门提供以国家农业土地资源和城市化发展及其动态变化为主的数字与图件信息。

2）重大自然灾害监测与评估运行性系统的完善

在“八五”机–星–地系统、灾害综合监测与评估系统，以及其他相关研究成果的基础上，形成以水、旱灾害为重点的运行性综合监测与评估系统并投入相关业务部门使用，其具有定期发布全国旱情、准时监测评估洪涝灾害和对重大自然灾害的应急反应能力。

3）地理信息系统基础软件的开发与商品化

通过对我国已有各项成果的调查与评估，重点支持发展具有我国自主版权的地理信息系统基础软件，解决其实用性、先进性及商品化中的关键技术问题，形成具有发展潜力的商品化软件并推向市场，扩大应用，形成产业。

4）新型遥感技术的应用开发

针对国际前沿发展趋势，结合国家需求，重点进行高分辨率遥感和雷达遥感信息的应用研究与开发，开展雷达及高光谱遥感信息对水稻识别、小块种植面积测定和监测技术研究、高分辨率遥感数据与地理信息系统的融合处理技术研究、遥感大数据量的快速处理与信息提取技术研究。

5）地理信息系统应用示范工程

利用国产地理信息系统软件，分别在电力、城建、电信、精准农业、空间数据建设和民政等领域建立应用示范系统，重点解决示范系统建设中的关键技术问题，并在相关部门投入业务运行。建立“香港地理信息系统”“国民经济辅助决策地理信息系统”和解决国家空间基础设施建设中的若干关键技术问题。

4. 取得的主要成果

取得攻关成果 83 项，开发新产品 51 项，发展新技术 47 项，研制新设备 6 套，成果推广应用达 258 项。签订技术转让合同近 600 项，实际转让金额达 8000 余万元，取得直接经济效益 3.35 亿元，间接经济效益 15 亿元。在资源调查和减轻灾害方面也取得显著的社会效益。

（1）在建设国家级资源环境遥感动态信息服务体系的工作中，解决了针对资源环境遥感调查精度检验、多重采样框架布设和细小地物采样等技术难题，以全数字化方法建设了全国和若干省级、部级、示范区和县级土地资源数据库与生态环境背景数据库，实现了业务化、网络化运行，为国家西部大开发及水土保持规划等提供了有效的信息服务。相应地，在卫星数据深加工、4D 技术开发应用、资源环境信息网络服务等方面提高了业务能力。

（2）通过自然灾害监测评估领域的攻关，建设了以水旱灾害为重点的灾害监测评估集成化业务运行系统，在机–星–地系统、高分辨率遥感和气象卫星宏观监测 3 个方面完善了遥感信息获取与传输、数据编辑与处理、灾情评估、网络发布与制图输出等子系统。自 1998 年长江、嫩江和松花江发生流域性特大洪水时投入业务试运行，直接为有关决策部门及时提供灾情信息。几年来，用高分辨率卫星监测洪涝灾害 20 次，用机载雷达监测洪涝灾害 4 次，用气象卫星监测水情 222 次、森林和草原火灾 52 次、雪灾 70 次、旱情 52 次。这些监测评估成果直接送入国家防汛抗旱总指挥部办公室的局域网，并通过国家遥感中心送往国家有关领导部门，根据需要还可以直接送到地方，为防洪减灾适时服务。

（3）通过地理信息系统软件技术的应用示范，初步建立了我国地理信息系统软件产业。择优支持，滚动发展，逐步培育了 MapGIS、GeoStar、GROW 等一批有市场竞争力的优秀国产软件产品，扶植了武汉中地、武汉吉奥、深圳雅都等快速成长的软件企业。5 年来，国产 GIS 软件产业规模以每年一倍的速度发展，国产 GIS 软件的市场占有量逐步上升到 30%左右。通过在天津塘沽城市建设、北京城区供电管理、海口电信、山东勘界、首都基础设施管理和北京智能化农业等一系列示范应用，在推动 GIS 应用与改造传统行业方面发挥了显著作用。

（4）支持发展了国民经济辅助决策地理信息系统，初步形成国家政务多尺度辅助决策的信息支持能力。通过宏观地理信息网络传输支持系统，建立稳定可靠的数据传输交换通道，为国家有关部门获得遥感信息提供了有效保障。推动了国家空间信息基础设施建设，在大型多源空间数据库网络集成与传输交换、空间决策支持网络平台关键技术开发和应用示范等方面取得重要突破，形成国家空间信息交换中心运行系统和地区经济监测预测网络应用示范系统。在香港、澳门顺利回归过程中，项目支持的 GIS 技术开发成果也得到成功的应用，得到进驻部队的好评。

通过追踪国际前沿，在高分辨率遥感农作物分类和识别、星载 SAR 水稻和棉花识别及其面积测算技术方面达到 92%以上的高精度，实现了大型遥感图像快速处理，研制成功了空间数据库支持的遥感数据融合和定量分析技术，明显缩短了空间数据获取和信息更新的周期，为“数字中国”建设奠定了坚实的基础。

5. 成果验收意见

2001 年 1 月 10 日，科学技术部发展计划司在北京主持召开项目的验收会。验收委员一致认为如下。

（1）该项目提交的验收资料齐备，符合要求；经费使用合理，符合规定。

（2）项目中主要课题和专题均通过了组织部门的验收。

对照项目的考核目标，攻关成果全面达到项目总体实施方案中的预期指标，研究内容全面完成并有所超额，项目进度按计划执行，组织管理规范、有效，项目攻关取得了高水平的成就。

（3）项目主要成果具有以下特点。

第一，建立了国家级基本资源与环境遥感动态信息服务体系。

“国家资源环境遥感动态信息服务系统”形成了一套完整的遥感动态信息获取、处理和分析的数字化技术流程，实现了系统的业务化试运行，建成了覆盖全国的两期土地资源及其生态环境背景数据库，实现了更新能力。数据类型全面，其质量符合设计要求，同时完成了多种卫星遥感数据的深加工系统的建设，建成了农业部、国家林业局的部级资源与环境信息服务系统，建立了若干省级资源环境信息服务示范系统，开展了珠江三角洲地区的“4D”资源环境遥感技术的研究与典型区示范工作，建成了包头等 5 个县市资源环境动态监测业务系统。上述成果已经向国家有关决策部门、地方政府和科研单位等提供信息服务，为土地利用动态监测、抗洪救灾、沙尘暴监测和西部开发等提供信息支持，取得显著的社会经济效益。

第二，完善了重大自然灾害监测与评估运行性系统。

开发了重点灾区的社会经济背景数据库，建设了洪涝灾害监测评估与指挥决策支持系统、以水旱灾害为重点的气象卫星宏观监测与评估业务系统，并在国家防汛抗旱总指挥部等部门投入使用，完成了航空遥感实时传输系统的工程化及其改进，实现了3m分辨率SAR图像和GPS数据的复合传输，系统稳定性和可靠性有明显提高。在1998～2000年洪涝灾害监测及其他任务中发挥了重要作用。

第三，开发国产GIS软件，推动应用与产业化。

通过年度测评和择优支持，国产地理信息系统基础软件MapGIS和GeoStar与应用开发平台GROW等脱颖而出，国产软件的市场份额逐步提高到了 30%左右。其通过在北京城区电力、天津塘沽建委、海南电信、山东民政、首都基础设施管理和北京农业信息化等领域的示范应用，逐步推动了产业化发展。

第四，应用开发前沿性新型遥感技术。

深入研究高分辨率遥感信息特征，综合发展了高光谱农作物细分类模型，形成了对水稻、棉花等主要农作物的信息提取的雷达遥感成套技术，研制了微机大数据量图像及一系列有针对性的算法，开发了遥感与地理信息系统数据融合处理和快速更新技求，形成了具有特色的技术系统。

第五，推动了国家政务信息化及空间信息基础设施建设。

建设了多尺度国民经济辅助决策地理信息系统，受到国务院领导的高度评价，开展了香港地理信息系统核心技术研究和系统建设，为香港、澳门顺利回归做出了贡献；扩充了全国资源环境与区域经济网络应用集成系统，开展了国家空间信息交换中心网络应用技术研究，形成了国家科技信息交换中心技术平台，并在国家信息中心初步运行；实现了宏观地理信息网络传输支撑系统的运行，向国家决策部门及时提供了自然灾害信息。

（4）以上成果是在以往科技攻关基础上的发展和完善。

该项目的立项和实施针对国家发展中的资源与灾害问题，以及高技术产业化方向，选题正确并具有重大意义。其技术路线先进合理。通过执行攻关任务培养了人才，锻炼了队伍。其科技成果具有广泛性和示范意义，将为“十五”时期遥感技术的进一步发展奠定坚实的基础。

验收委员会一致同意该项目通过验收。

（二）国家级基本资源与环境遥感动态信息服务体系的建立

1. 项目概况

“国家基本资源与环境遥感动态信息服务体系的建立”是科技部国家科技攻关重中之重项目中的课题，属于遥感应用研究类。主持单位为中国科学院遥感应用研究所，承担单位包括中国科学院遥感应用研究所、中国农业科学院农业资源与农业区划研究所、中国林业科学院资源信息研究所、中国测绘科学研究院和中国气象局国家卫星气象中心等。负责人刘纪远，参加人员（遥感所）有魏成阶、王长耀、张增祥、庄大方、王长有、赵晓丽、刘斌、吴秋华、彭旭龙、连石柱、高志强等。项目总经费5250万元（国拨1600万元）。该项目于1997年正式立项，于2000年底完成。

2. 立项依据

1981年以来，国家在科技攻关计划中连续安排了4个五年计划，将遥感技术应用列为重中之重项目或重大项目加以支持。4个五年计划以来，我国的遥感技术在应用方面取得了长足的进展。“六五”和“七五”计划期间，国家设立了黄淮海平原、黄土高原和三北防护林等一系列遥感应用项目，主要针对典型区域资源环境问题开展攻关。“八五”期间，中国科学院首次实现全国范围的资源环境遥感调查并开展了典型区动态监测与研究，其成果荣获国家科技进步奖二等奖。

“九五”计划中，科技部根据有关专家建议，在总结中国科学院取得的成果的基础上，在国家重中之重科技攻关项目中安排了“国家级基本资源与环境遥感动态信息服务体系的建立”课题。该课题全面应用中国遥感卫星地面站接收和处理的陆地卫星遥感数据，在1∶10万比例尺的水平上，对国家耕地面积每年的变化情况、全国各个土地利用类型（包括森林、水域、草地、荒漠和滩涂等）每五年的变化情况进行全面的动态监测，从中发现变化，并找出变化的主要原因，为国家提供科学依据和决策支持。

3. 主要研究内容

针对全国范围内的基本土地资源与生态环境状况，建立空间型信息系统，应用卫星遥感手段，形成每年动态更新一次的能力，并在此基础上向国家高层次部门提供以国家农业土地资源、城市化发展及其动态变化为主的数字图件，其中包括全国及重点区域的土地资源及其生态环境背景图件和数据；重点开发地带和大城市周边地区的图件和相应的数据库，每年一次中国东部耕地与城镇动态变化图件和数据库，较为完整的全国基本土地资源和生态环境背景数据库；对国家资源热点问题，如耕地动态变化和城市化等提供专题报告。在此基础上，建立网络型国家级信息服务体系，提供相应的资源环境信息及辅助决策信息，保证系统连续稳定运行。

4. 项目取得的主要成果

该项目由中国科学院遥感应用研究所主持，来自中国科学院、中国测绘科学研究院、中国农业科学院、中国林业科学院和中国气象局国家卫星气象中心等科研院所的100多名科技人员，通过4年多的攻关和系统试运行，解决了针对资源环境遥感调查精度检验与提高的多重采样框架布设和细小地物采样的技术问题，形成了完整的空间采样技术方法；完成了国家级基本资源与环境本底数据库的建设与更新；形成了国家级基本资源与环境遥感动态信息服务系统的数据库、信息系统及服务运行系统的标准规范；建设完成了基于多种遥感影像的图像深加工系统、国家级基本资源与环境遥感动态信息服务体系技术系统、资源与环境遥感动态数据的综合分析及决策支持系统，并完成了系统的试运行；建成了国土资源环境遥感动态信息系统的网络站点并投入日常运行；开展了国家级基本资源与环境遥感动态信息服务运行体系的应用示范工作，同时开展了江苏、福建和安徽3省的省级综合应用示范，农业部和国家林业局的部门级应用示范、珠江三角洲地区的“4D”技术应用示范，以及内蒙古、吉林、福建和四川等地区的多个县市的资源环境信息服务系统的应用示范工作。

（三）国土资源环境和区域经济信息系统与国家空间信息基础设施关键技术研究

1. 项目概况

“国土资源环境和区域经济信息系统与国家空间信息基础设施关键技术研究”是国家计委立项的国家“九五”科技攻关项目，由中国科学院、教育部主持，承担单位包括中科院遥感应用研究所、北京大学、国家信息中心、国家计委宏观经济研究院、国家基础地理信息中心、国土资源部信息中心等15个单位。项目总负责人为中国科学院陈宜瑜院士和北京大学迟惠生教授，参加人员（遥感所）有王世新、魏成阶、阎守邕、庄大方、邵芸、张鹿、武晓波、赵昌龄、李升平、刘亚岚、曹兆丰、周艺、赵健、张宗科、乔彦友、田青和肖春生等。项目总经费2740万元。起止时间是1997～2000年。

2. 主要研究内容

1）追踪国际 NSII 领域的前沿技术

其目的是要设计国家空间信息基础设施（NSII）的框架，开发 NSII 的主要关键技术和建立 NSII 的技术原型。其重点在于向国家提出 NSII 和国土资源环境与地区经济信息系统（NREDIS）规划建议；制定空间元数据标准、空间数据转换标准、NREDIS 指标体系和编码方案；在空间信息共享与处理、空间信息压缩与传输、超媒体空间信息系统和空间决策支持系统等方面取得实质性进展；建立国家空间信息交换中心（Clearinghouse）原型。

2）建设国土资源环境与地区经济信息系统（NREDIS）

实现国家级重点资源环境与地区经济数据库的空间集成和网络共享，在国家信息中心初步实现 NSII 数据、技术和应用的集成和示范。其重点在于形成空间数据库和空间元数据文档、建立 NREDIS 综合数据库站点；开发 NREDIS 网络应用集成系统、实现关键技术集成、支持分布式空间数据规范化共享、参与共享数据 20GB，联网站点达到 3 个，主要任务分别是部门和省级站点建在水、土、矿、林、海洋和测绘部门，分别实现自身的数据规范化、共享交换；开展数据规范化、共享交换和技术开发的试验研究；达到国内外社会用户可以通过网络浏览、索取和使用数据的目标。

3）促进地球空间技术在资源环境和地区经济管理中的应用

开发面向国家宏观管理的空间决策支持系统，各个专业数据库在地理信息系统支持下开发 1 种以上的图形分析产品。其重点目标为研究建立我国洪涝、干旱、农作物长势与估产的农情遥感速报系统的试运行服务；建立我国区域可持续发展评价系统；研发资源环境和区域经济专题分析图形产品。

3. 取得的主要成果

（1）提交了国家空间信息基础设施和国土资源环境与区域经济信息系统规划；形成了空间元数据、空间数据转换、空间数据定位质量评定、NREDIS 指标体系和编码 4 个标准草案、试验报告和 2 个试行方案。

（2）提交了基于网络的洪涝灾情遥感速报系统、空间决策支持系统开发平台、遥感影像人机交互判读系统、空间元数据技术平台、国家空间信息交换中心技术原型、区域可持续发展评价系统、地区经济监测预测系统，以及资源环境和区域经济空间信息共享应用网络等应用软件系统成果。

（3）实现了 10 个项目参加部门和地方的空间数据库集成与应用，盘活了大批数据资源，集成数据的总量达 38Gb。其中，8 个数据库已融入所在部门原有信息系统的运行环节，1 个尚需与现有运行环境衔接，1 个处在应用试验系统状态。它们产生了新的应用产品 90 多种。与此同时，项目形成了比较完整的数据集成管理和信息交换的规章制度，为今后我国地球空间信息共享的协调提供了依据。

（4）资源环境和区域经济空间信息网络的共享服务。基于网络的全国农情遥感速报系统已运行 4 年，连续提供全国洪涝灾害、旱情监测以及主要农作物长势与估产方面的动态信息，提供洪涝灾情信息 112 期，在抗击特大洪涝灾害中发挥了巨大作用。地区经济监测预测系统已连续运行 3 年，提交年度和季度监测预测报告 15 份，形成了系列分析图件和报表，其成为地区经济管理的重要手段和依据；国家基础地理信息网站通过空间元数据库发布 1∶400 万、1∶100 万基础地理数据库和 1∶50 万地理底图的元数据，是目前国内互联网上唯一提供空间矢量基础地理信息数据下载的网站；全国土地资源综合数据库空间集成系统，首次实现了数据的空间查询、图形分析和显示、输出及发布等功能与服务。

4. 鉴定验收意见

由中国科学院组织鉴定，鉴定意见如下。

（1）基于网络的洪涝灾情遥感速报系统于 1998 年 11 月 26 日鉴定。

鉴定委员会认为，该系统在洪涝灾害监测、评估方面处于我国领先地位，跻身国际先进行列。希望进一步改善数据通信系统，提高数据交换速率，使该系统能够更加及时、快速地提供信息服务。

（2）空间决策支持系统开发平台于 1999 年 9 月 9 日鉴定。

鉴定委员会认为，“空间决策支持系统开发平台”的设计新颖、技术先进、结构合理、界面友好、应用面广，是一项创新性成果，居国内领先地位、具有国际先进水平，希望今后进一步扩充广义模型库的内容、提高空间分析能力、加强成果的推广应用，使之尽快转化为现实的社会生产力。

（3）遥感图像人机交互判读系统于 1999 年 12 月 8 日鉴定。

鉴定委员会认为，遥感图像人机交互判读系统的设计新颖、技术先进、结构合理、界面友好、简便易学、实用性强，是一项创新性成果，填补了国内空白，具有国际先进水平，希望系统加速其产品化的进程与推广应用，进一步提高系统的整体性能和智能化水平。

（4）空间元数据技术平台于 1999 年 12 月 9 日鉴定。

鉴定委员会认为，该系统的功能齐全、性能稳定、操作方便、实用性强，具有很好的推广应用和产业化前景。其在空间元数据技术平台研发方面达到国际先进水平；在空间元数据存储、多标准适应能力及其他辅助国内方面尚需继续提高，使系统更加灵活、易用，为更加广泛的信息共享提供支持。

（5）资源环境、区域经济空间信息共享应用网络（NREDISA）于 2001 年 12 月 5 日鉴定。

鉴定委员会认为，资源环境 NREDISA 是我国地理空间信息基础设施领域里的一项意义重大、具有开创性的成果，居国内领先地位，具有国际先进水平，希望有关方面对这个成果中的许多新的生长点，继续给予大力支持。

5. 获奖情况

“资源环境、区域经济空间信息共享应用网络”获 2003 年的国家科技进步奖二等奖，遥感所为第一完成单位，阎守邕为第一完成人。

（四）基于网络的洪涝灾情遥感速报系统

1. 项目概况

“基于网络的洪涝灾情遥感速报系统”是国家科技攻关应用研究类项目，由中国科学院遥感应用研究所等单位主持与承担，负责人王世新，参加人员有阎守邕、魏成阶、周艺、刘亚岚、肖春生、武晓波、徐枫、庄大方、邵芸、张鹿、赵昌龄、李劲峰、李升平、曹兆丰、张宗科、蓝文纪等。项目总经费 80 万元。该项目于 1996 年正式立项，于 1999 年完成。

2. 立项依据

自古以来，洪涝灾害就是对我国危害严重的自然灾害之一。我国北起黑龙江、南至珠江，全国嫩江–松花江、辽河、海河、黄河、淮河、长江、珠江七大江河中下游冲积平原是遭受洪涝灾害威胁最严重的地区。该地区洪涝灾害发生频度高、强度大、影响面广，给国民经济和人民生命财产造成的损失严重。据统计，该区域涉及我国 8%的国土面积、35%的耕地，40%的人口和 200 多座大中城市，以及 60%的工农业总产值。

在过去几十年的防洪减灾中，多依靠人海战术，高科技的应用未得到应有的重视，鉴于这种情况，国家“八五”科技攻关项目组织了“重大自然灾害遥感监测评价”课题的科技攻关，解决了洪涝灾情遥感监测评价的部分关键技术，积累了监测评估经验，奠定了技术方法和设备条件等方面的基础，培养了一批专业人才。但是，在技术系统业务运行的稳定性操作，基础数据库建设，多源数据复合技术、监测评估结果的时效性，特别是恶劣天气条件下，连续动态监测和信息资源快速服务于用户，实现灾情信息资源共享等方面存在不足，有待于深化研究与提高。为此，遥感所与有关单位协作，在“八五”科技攻关的基础上，在中国科学院院长基金、中国科学院“九五”重大和特别支持项目，以及国家“九五”科技攻关 97-759 项目等的要求和资助下，开展了“基于网络的洪涝灾情遥感速报系统”的研制。

3. 主要研究内容

（1）建成一个面向全国，特别是对我国七大江河中下游进行洪涝灾情遥感速报和信息服务的业务运行系统。该系统应做到技术流程畅通、运行稳定、性能良好、使用方便、费用节省，并且不受天气条件限制，能进行大面积的洪涝灾情快速、准确、连续、动态监测评估，保证重大灾情无错报、漏报。

（2）探讨采取全数字化作业，充分利用航天航空遥感获取数据、遥感数据处理技术、地理信息系统、信息交换与互联网络等多种高新技术，实现基于网络的洪涝灾情遥感速报。

（3）建设一个洪涝灾情遥感应用网络集成系统。通过网络集成各种技术成果和数据，提高信息服务水平和信息共享能力，特别是在实现基于元数据的洪涝灾害信息交换技术，扩充网络服务的用户范围，建立一套用户快捷、方便的网上交互查询及其下载信息的方法等方面应有所创新和突破。

（4）系统基于多种网络，以多源数据为输入，以数字人机交互技术为主要特点，将人脑和电脑有机结合、优势互补，为充分发挥科技人员专业素质，工作经验和知识创新能力提供良好的工作环境，为中央和各级政府提供更多、更好、更全面的洪涝灾情信息服务。

4. 取得的主要成果

见第六篇第一章五十七成果内容。

五、“十五”科技项目——农业信息资源开发与共享技术研究

1. 项目概况

“农业信息资源开发与共享技术研究”是国家科技部科技攻关计划“十五”属技术发展研究类项目，主持单位为中国科学院遥感应用研究所，参加单位有中国气象科学研究院和农业部规划设计研究院。项目总经费 330 万元。负责人吴炳方，参加人员（遥感所）有范锦龙、张磊、李强子、刘成林、张勇和许文波。起止时间为 2001 年 6 月～2002 年 12 月。

2. 立项依据

农业现代化的重要特征是农业信息化和知识化。要实现产业化则必须要依靠信息技术的支持。为了将农村市场的层次提高和容量扩大，必须大力开发农村和农业的信息应用技术，并形成相应的信息产品；建设农村信息网络，必须开发大量的各类农业知识学习软件，提高农民素质。该项目是国家科技部于 2001 年启动的“《农业信息化技术研究》”项目下的一个课题。

3. 主要研究内容

（1）耕地面积、作物种植面积、作物复种指数和种植结构遥感动态监测。
（2）旱情遥感动态监测。
（3）每日太阳辐射、极端高、低温遥感动态监测。

（4）作物长势定量监测。

（5）主要作物产量预测。

（6）农业气象信息标准化、规范化技术，建成网络共享数据库。

（7）农业信息资源网络服务的需求分析，农业信息资源服务与信息发布系统。

4. 取得的主要成果

农作物种植结构监测技术。其调查技术的基础是样条采样框架和 GVG 农情采样系统。GVG 农情采样系统集 3S 技术于一体，用于采集农作物种植成数。

粮食产量预测系统。通过研究，提出了夏粮与秋粮产量的预测采用粮食产量=上年粮食产量×（1+种植成数变幅）×（1+单产变幅）的方法。

主要作物气象因子评价及作物产量预测模型系统，可以对资料进行时间序列处理，分离出反映气象波动影响的气象产量，然后选择相应台站的旬温度、光照和降水量因子，建立了 6 种作物各省产量动态预报模型，并给出作物生长期内逐旬光、温和水要素对气象产量影响大小的曲线图。

复种指数遥感提取技术。在全国农作物调查分析的基础上，使用 HANTS 方法对时间序列的遥感数据集进行重构，然后采用求极大值的方法提取时间序列 NDVI 曲线峰值的频数，最后进行空间统计，将复种指数表达到相应的行政单元。

5. 成果验收意见

中国科学院资源环境科学与技术局于 2003 年 7 月 4 日对该课题进行了验收。验收组认为如下。

该课题开发了 4 类农情信息资源及提取技术，包括全国粮食产量预测技术、农作物种植结构监测技术、复种指数监测技术和主要农作物气象因子评价及预测技术。

该课题提高了已有信息的精度和可靠性；完善了作物长势监测的定量化方法；开展了农情采样与种植面积估算的精度检验；初步实现了农作物产量预测目标；改进了 GVG 农情采样系统。

该课题开展了农业信息资源服务，建立了农情遥感网站和农业气象信息服务网站；发布了农作物产量和农作物长势预测预报信息，共计月报 13 期和旬报 42 期，为农业生产提供了实时、动态、快速、高效的农业气象信息服务。

该课题完成了农业气象信息资源标准化和规范化的研究工作，建立了面向网络服务的全国 584 个站点基本气象要素、作物生长发育状况、土壤水分状况和农业气象灾害 4 类全国农业气象信息数据库。

该课题完成了农业信息资源网络服务的需求分析，提交了既能满足宏观农业管理，又能提供农业生产需求和功能分析的报告。

六、“十一五”科技支撑计划项目

（一）粮食宏观调控信息保障关键技术研究与应用示范——粮食供应数量信息采集与价格预测技术

1. 项目概况

“粮食宏观调控信息保障关键技术研究与应用示范——粮食供应数量信息采集与价格预测技术”是国家科学技术部“十一五”科技支撑计划技术发展和应用研究类项目。主持单位为遥感所，参加单位包括清华大学电子工程系、中国科学院电子学研究所、中国科学院地理科学与资源研究所、中国农业大学、国家粮食局科学研究院和河南工业大学。负责人吴炳方，主要参加人员（遥感所）有杨雷东、吴方明、蒙继华、闫娜娜和李强子。项目总经费 2390 万元。项目起止时间为 2008 年 1 月～2010 年 12 月。

2. 立项依据

科研部门提供我国粮食宏观调控的信息保障关键技术既迫切又重要，通过对粮食粮源数量信息采集、粮食价格预测和粮仓清仓查库等技术的突破，可带动制约粮食宏观调控信息采集瓶颈的解决，提高粮食供求和储藏等宏观调控环节的信息采集、监控、信息分析能力，为国家粮食宏观调控提供信息保障，提高粮食生产的宏观调控的信息化水平。

3. 主要研究内容

（1）非接触式储粮数量快速检测技术研究。

（2）中长期粮食供应数量与价格预测技术研究。

（3）短期的粮源、储量与供应数量监测与价格预测技术研究。

4. 取得的主要成果

该课题共取得国家专利 8 项，软件著作权 9 项，发表论文 35 篇。

该项目研究的粮仓储粮数量检测仪器，可以作为粮库管理的标准，在粮堆中除了布设温度和湿度传感器外，增加布设声波传感器和电磁波传感器可以进行快速的密度测量。同时，依靠三维激光扫描仪和粮仓监控摄像头，可以快速得到仓内储粮和体积数据，并计算出准确的粮食数量，还可以通过信息系统将粮仓储粮数量检查信息及时汇总和上报，以提供粮食管理部门和决策部门迅速、准确掌握粮食储备数量的可靠宏观决策系统。

粮源数量与价格预测表现为增强宏观调控能力，据此可以及时掌握粮源供应数量和价格，有效提高工作效率和管理水平等。通过该项目的成果应用，可以实时地开展全球粮食供应能力预测，直接服务于粮食宏观调控，使我国在国际贸易及相关决策中处于主动位置。

5. 成果验收意见

2011 年 3 月 16 日，国家粮食局组织专家在北京召开验收会。验收意见如下。

（1）课题研制了非接触式小麦粮仓库存实物特征快速检测技术与设备样机，包括用于粮仓储粮和粮堆体积测量的三维激光扫描技术与设备、用于装粮面位置测量的超宽带雷达装备和超声波测量技术、用于装粮面位置测量的超宽带雷达设备；面向粮食储藏密度检测的收发分离的电磁波测量介电常数方法与设备、平面电容测量振荡频率方法与设备、粮食密度与介电常数关系测量筒以及粮食密度声波测量方法与设备；完成了粮食库存实物检测装备的集成，开发了粮食库存实物检查软件，在 17 个直属库进行了安装、测试，达到了课题任务书预期检测精度。

（2）该课题完成了粮源数量短期遥感监测与预警研究；建立了粮食数量和价格短期预测模型（含饲料粮需求预测与农已自留粮预测模型），开展了预测和预警。粮食供应数量和价格短期预测精度与可靠性>90%。

（3）该课题 完成了全球变化背景下粮源供应数量的中长期预测技术研究；建立了中国及区域（省级）粮食中长期价格预测模型（CAPSiM），实现了粮食数量和价格中长期预测与预警，其结果与国家统计局数字对比，粮食供应数量预测精度>90%，价格预测精度>95%。

（4）该课题申请发明专利 8 项，软件著作权登记 9 项，制定标准 1 项，发表文章 35 篇，其中 SCI 或 EI 收录 11 篇。

（5）该课题技术路线合理，研究方法得当，实验充分，数据翔实，技术资料齐全，完成了该课题任务书规定的研究内容，达到了预期的技术指标。

（6）该课题经费管理及预算执行符合专项经费管理办法规定，经费结余合理。

（7）验收专家组一致同意通过课题验收，建议进一步开展科技成果的应用化研究。

（二）基于卫星热红外遥感的地震综合信息处理与应用技术研究

1. 项目概况

"基于卫星热红外遥感的地震综合信息处理与应用技术研究"是科学技术部国家科技支撑计划技术发展研究类课题，主持单位为中国地震台网中心；承担单位包括中国科学院遥感应用研究所、中国地震局地质研究所和地震预测研究所。课题负责人孟庆岩，参加人员有李家国、田国良、朱利、李莉。项目总经费316万元，起止时间为2008年1月～2010年12月。

2. 立项依据

（1）地震监测是《国家中长期科技发展规划纲要》重点支持领域的优先课题。在国家中长期科技发展规划纲要中，重大自然灾害监测与防御被列入"公共安全"研究领域重点支持的优先主题，重点研究开发地震、台风、暴雨、洪水、地质灾害等监测、预警和应急处置关键技术。而地震是引起重大自然灾害的主要因素之一。该课题将利用空间红外遥感技术，探测地震活动监视区的红外辐射参数背景场特征及地震红外异常时空演化特征，为地震的监测预测探索新方法和新途径，其属于国家中长期科技发展规划纲要的支持范围。

（2）在《国家地震科学技术发展纲要（2007～2020年）》和《地震科学技术发展规划（2006～2020年）》中，将地震电磁、InSAR、重力、热红外等多源多类型遥感卫星及地面应用系统，天地一体化观测数据处理技术和地震信息识别与提取方法列入重点发展领域与优先研究主题。

由中国地震局制定的《地震科学技术发展规划（2006～2020年）》也明确提到"亟待发展高密度、高分辨率、立体化的观测系统。亟待加强空间大地测量技术在地震观测中的应用。需要进一步加强InSAR、卫星热辐射、空间电磁场等观测资料在地震研究中的应用。需要关注和发展新型的探测手段、探测系统"。通过该课题的实施将进一步推进卫星热红外遥感技术在地震预报研究中的应用，为地震监测预测提供新的技术途径。

（3）该课题作为"高分辨率对地观测系统"重大专项提供技术和应用支撑。尽早开展红外、InSAR和卫星电磁等若干对地观测技术在地震监测预报中的应用研究，将为更好地发挥高分辨率对地观测系统的社会和经济效益提供重要支持。

（4）红外遥感观测以覆盖范围大、时空分辨率高、数据连续可靠等优势为开展地震热异常的短临监测提供了技术保障，数据连续可靠和成本廉价。NOAA/MODIS等极轨气象卫星可以提供1km空间分辨率和12h观测周期的红外波段数据，3幅条带图像即可覆盖我国大陆。这种高时空分辨率、大观测宽度的红外数据可以快速获取大区域的地表热状态信息，为研究地震活动区的地表热背景动态变化和提取地震短临热异常信息提供了丰富的数据源。

（5）红外遥感技术虽然经过10多年的探索，但由于缺乏深入、全面和多卫星源多参数的综合分析研究，未取得突破性进展，在地震热异常的识别和判定方面尚缺乏有效的、普遍认同的提取方法和判别指标。不同学者对同一震例的红外异常分析结果也有不同意见。该课题将针对目前地震红外信息提取的研究现状，选取典型地震活动区（如青藏构造块体、川滇实验区、首都圈地区），利用不同时空尺度的多星红外遥感数据，开展深入、细致的系统性研究，努力突破红外遥感在地震监测预测中的技术瓶颈。

3. 主要研究内容

基于多星遥感数据，开展复杂地表条件下地面温度反演及真实性检验方法研究；分析不同构造区红外多参数动态背景场特征；研究并建立红外地震短临异常信息的提取方法；建立多星、多参数地震红外异常信息综合处理系统。

4. 取得的主要成果

该课题共完成了 6 个地震异常信息提取相关软件，包括地震信息云检测产品生产系统软件、地震信息遥感综合产品生产原型系统软件、长波辐射地震异常信息提取软件、静止卫星遥感长波辐射（OLR）资料处理软件、卫星红外亮温地震信息处理软件、NCEP 再分析气温与地表潜热分析系统软件和基于遥感热红外数据地震综合信息处理系统软件，并对这 7 个软件进行了登记。该课题共发表撰写文章第一标注的 24 篇，其中 4 篇 SCI、9 篇 EI、11 篇中文核心期刊。该课题共培养 3 名博士和 9 名硕士，其中已毕业的博士研究生和硕士研究生各 3 名。

5. 鉴定验收意见

（1）开展了地震红外信息提取所需的、复杂地表条件下多星遥感数据的云检测、地面温度反演及真实性检验方法研究，亮度温度等参数反演精度均达到考核指标要求；提出了可用于地震短期和短临预报的地震异常提取方法，包括涡度背景场法、标准差阈值法、功率谱相对变化法、历年同期亮温偏移指数 K 值算法和线性二阶亮温趋势线偏移算法；分析了 2004 年以来大陆 6 级以上、全球 7 级以上共计地震 95 个，总结了大震前红外异常的时空演化特征。

（2）该课题形成了红外多参数分析处理软件集成系统，整合了地面温度反演与云检测、卫星红外亮温地震信息处理、长波辐射、NCEP 及潜热通量遥感红外资料处理、MODIS 卫星红外数据处理与应用等软件模块，完成了相关模块软件著作权登记 7 项。该系统在中国地震台网中心等 10 家单位推广试用，反映良好。

该课题在研究过程中积累了一批红外数据，探索了一套完整的地震异常红外预测方法与流程，为后续地震异常研究打下了基础。

6. 获奖情况

2014 年，中国地理信息产业优秀工程金奖。

2014 年，中国地理信息科技进步奖二等奖。

（三）面向环境监测的多源遥感数据协同反演与同化技术及软件研发研究

1. 项目概况

“面向环境监测的多源遥感数据协同反演与同化技术及软件研发研究”是国家科学技术部“十一五”科技支撑计划项目“基于环境 1 号等国产卫星的环境遥感监测关键技术及软件研究”（2008BAC34B03），属于应用基础研究与技术发展类项目。主持单位为国家环境保护部卫星环境应用中心，承担单位为中国科学院遥感应用研究所。课题负责人柳钦火，主要参加人员有仲波、辛晓洲、杜永明、李静、闻建光、李丽、肖志强、申文明、吴纪桃、孙林、占玉林、过志峰、杜今阳、张立福和唐娉等。课题总经费 444 万元，起止时间为 2008 年 1 月 1 日～2010 年 12 月 31 日。

2. 立项依据

“基于环境 1 号等国产卫星的环境遥感监测关键技术及软件研究”立项建议书，2007 年国家科学技术部发布项目指南，该课题通过评审和答辩，当年批准立项。

3. 主要研究内容

为攻克面向环境监测的多源遥感数据协同反演技术，以环境 1 号等国产卫星遥感数据为主，研发环境遥感监测共性产品；初步解决卫星遥感数据与地面环境监测台站观测数据的同化技术，形成环境变化遥感监测主要参数定量反演算法集和模型体系框架，研发相应算法与软件。该课题的主要研究内容如下。

1）共性环境遥感参数的多源遥感协同反演技术研究

综合利用环境 1 号等国产卫星及收集国外卫星遥感数据，研究基于光学与微波遥感数据协同的土地覆盖提取与变化检测技术，基于多源遥感数据的地表反射率与大气气溶胶同步反演技术，大气气溶胶与离水辐射率同步反演技术，大气水汽含量与地表温度的协同反演技术，植被指数、叶面积指数与生化组分的协同反演技术，光学与微波遥感协同的土壤含水量遥感反演技术。

2）面向环境遥感监测的环境 1 号等国产卫星数据关联整合方法研究

基于环境遥感数据，反演的环境监测共性产品数据；基于地面环境监测站点的环境监测数据、基础地理信息的环境背景数据，以及其他相关社会经济统计数据的关联与整合，构建满足环境遥感监测参数反演、数据同化及模型运行等需要的数据库系统框架。

3）面向环境遥感监测的环境 1 号等国产卫星数据同化技术研究

利用基于环境 1 号等的遥感观测及其定量反演的环境变化参数，研究耦合大气污染扩散模型、水污染扩散模型、生态变化过程模型等过程模型的数据同化技术；解决遥感观测和反演参数的误差特征分析和订正、观测算子的优化改进、集合卡尔曼滤波等关键技术。

4）多源遥感数据尺度转换与环境参数遥感定量反演产品的真实性检验方法研究

研究以环境 1 号卫星为主的多源遥感数据的空间尺度效应和时间尺度效应，研究环境参数遥感定量反演产品的真实性检验方法，通过实验区和示范区地面同步测量数据、地基遥感数据、航空遥感数据及其他卫星遥感数据，验证环境监测共性产品的反演精度。

5）环境监测共性产品遥感反演与同化软件开发、集成与测试

基于 HJ-1 等国产卫星及多源遥感数据的大气、水体、生态等各参数定量反演技术，开发各反演算法的实现模块，各模块通过技术集成，建立具有统一界面能提供各种用户应用服务程序接口的集成系统软件，软件中集成各参数反演、产品生成及数据同化模块，模块间实现数据自动传输。

4. 取得的主要成果

通过该课题的实施，系统地突破了综合利用环境 1 号卫星等国产卫星的 CCD、热红外、高光谱和 SAR 等卫星遥感数据，以及国外卫星数据反演环境共性参数的关键技术，形成了适合我国国情的环境遥感监测的环境参数反演方法体系，建立环境空气、水环境和生态环境遥感监测相关的共性参数反演软件，初步为我国环境保护工作和环境遥感预警技术发展与应用示范工作提供技术支撑。该课题所获得的国家环境遥感监测共性产品反演关键技术、反演软件平台和数据库框架等均属于我国首次，将填补我国环境卫星应用定量产品开发的空白，既有原始创新，也有集成创新，在国际上具有特色，为我国环境卫星业务系统建设提供强有力的技术支撑。

该课题研究中突破的技术创新点主要包括：针对 HJ-1 卫星平台和传感器的特点，实现了五大类 30 种定量遥感产品的算法和大部分产品的批量生产；基于以 HJ-1 卫星为主的多源遥感数据，构建了 ASK

二向反射核模型，并利用该模型结合多源遥感数据反演 HJ-1 卫星的地表反照率；根据 HJ-1 卫星热红外数据的特点，实现了 HJ-1 卫星数据单通道 LST 反演算法，并建立了参数化模型，实现了 HJ-1 卫星 LST 产品的快速生产技术；利用 MODIS 数据地表反射率地图，实现了 HJ-1 卫星的大气气溶胶光学厚度产品的业务化生产技术；实现了 HJ-1 卫星植被覆盖度和叶面积指数的反演算法，并在反演过程中考虑了 HJ-1 卫星大角度观测的特点，利用时间序列上的 MODIS 植被指数产品，对反演的植被覆盖度和叶面积指数进行归一化，使反演得到的植被覆盖度和叶面积指数更加准确，并更具业务化运行能力；通过光学与微波协同反演生物量等环境参数；将星载高分辨率数据作为桥梁用于尺度转换，实现遥感监测数据与台站环境监测数据的关联和整合；将遥感反演的环境参数与污染物扩散模型、陆面过程模型等时间动态过程进行同化，得到连续的环境监测时间序列数据；利用时间序列观测技术，结合遥感 1 号卫星微波数据的特点，开发单极化 S 波段合成孔径雷达（SAR）土壤水分参数定量反演的新算法。

5. 成果验收意见

2011 年 10 月 17 日，国家环境保护部科技标准司组织专家组对该课题进行了验收，认为该课题研究了以环境 1 号卫星为主的多源遥感数据协同反演与同化技术，研制了 30 余种环境监测定量遥感产品反演软件模块，集成研发了基于流程定制的多分辨率多源遥感数据的定量遥感产品自动化生产与服务系统，为环境 1 号卫星环境监测应用业务运行提供了技术支撑，完成了课题目标任务。

七、“十二五”科技部国家科技支撑计划重点项目

（一）开放式遥感数据处理工具集研发

1. 项目概况

“开放式遥感数据处理工具集研发”是国家科技部科技支撑计划技术发展研究类课题，主持单位为地理信息系统产业技术创新战略联盟，由中国科学院遥感应用研究所承担。课题负责人骆剑承。参加人员有沈占锋、郜丽静、董文、胡晓东、吴炜、朱长明、程熙、乔程、夏列钢、周亚男、赵威、朱志文、张章、杨海平和姚方方等。课题总经费 1225 万元。起止时间：2011 年 1 月 1 日～2013 年 12 月 31 日。

2. 立项依据

在当今地理空间信息技术体系中，遥感在其中担当着获取多源海量地表感知数据、挖掘精细对地观测信息、输送标准化地理空间信息、拓展多样化专业应用服务等重要使命。遥感数据处理后端与应用模型相结合形成广泛的专业化信息产品，如地质灾害调查信息、土地资源监测和环境预警信息等。国际上通用软件系统主要包括加拿大 PCI 公司开发的 PCI Geomatica、美国 ERDAS LLC 公司开发的 ERDAS Imagine 和美国 Research System INC 公司开发的 ENVI 等，上述软件在国际商品化遥感处理软件市场中占大部分份额。

将不同层面的遥感处理工具有机协同起来，开展遥感数据的综合处理已成为目前国际遥感技术发展的主流方向，国外发展了多套大型遥感数据处理系统，可实现 dm、m、10m 等不同分辨率级别影像的自动配准，自动正射纠正等功能，初步形成了规模化遥感数据产品的生产能力，大大提高了数据产品的生产效率，代表了当前遥感影像数据处理工具集成系统的最新发展方向。但其开放性和针对用户的可扩展性都较弱，存在严重的“技术垄断”现象，且其使操作规程也不符合中国国情，技术门槛要求过高，尤其不能对国产卫星数据处理分析提供有效支持。

遥感数据处理技术常规遥感软件“大而全”的计算模式，阻碍了遥感信息多元化应用的弹性拓展能

力，也限制了海量空间信息计算效率的进一步提升潜力，其已成为遥感通向更广阔市场的技术瓶颈。面向新一代地理信息计算体系，研发小粒度遥感数据处理工具，切实解决行业内普遍存在的“技术壁垒”问题，连接信息“孤岛”，打通技术环节，提升计算能力，实现工具开放，推动地理信息产业发展迫在眉睫。

3. 主要研究内容

遥感数据处理技术流程对课题任务进行了层次结构的划分，涵盖“数据–信息–知识”3 个层次。数据层：国产卫星数据专用预处理工具子集及遥感数据通用处理工具子集；信息层：遥感信息提取工具子集；知识层：遥感专业应用工具子集，分别对应普适性的基本数据处理，专用化的传感器数据处理与信息提取，以及专业化的行业与区域应用 3 个重要环节。

通过该课题的研究开发，将建立 100 余种国产卫星数据的专用预处理工具 10 余种，遥感数据通用处理工具 40 余种，遥感专题信息提取工具近 40 余种，遥感信息专业应用工具 20 余种。在研究内容部署上可划分为六大部分。

1）微内核环境中的遥感数据操作工具集

其操作功能是所有遥感处理工具运行的支撑，将提供基本的、公共的数据读取、可视化和互操作服务；同时，通过信息传递机制和“矢量–栅格”一体化数据模型，为该课题内部工具集集合及其与地理空间数据聚合提供基础的操作环境。微内核的开发主要是在微内核技术规范的基础上，针对遥感数据处理功能独特的运行需求进行接口开发，形成对总体微内核环境的有机扩展。

2）国产卫星数据预处理工具集

根据国产卫星传感器参数设置、影像质量及数据呈现的特点，研发面向国产卫星数据辐射处理、几何纠正及其他面向传感器的专用处理算法，形成一系列专门针对我国国产卫星数据综合处理的算法工具，生成标准化的数据产品。

3）遥感数据通用处理工具集

该处理工具集实现在遥感工具微内核基础上，针对通用遥感数据进行预处理、处理、信息计算等系列功能，为多元化中小型应用提供细粒度工具服务的基本支撑。

4）遥感专题信息提取工具

以多平台和多传感器遥感影像为数据源，在针对性数据预处理和通用处理工具集研发的基础上，进一步实现对多种类别、多种尺度信息提取算法的技术创新突破和实用化改进，进一步集成形成面向地理信息智能挖掘的新型工具体系。

5）遥感专业应用工具集

通过该遥感专业应用工具集开展示范工作。首先针对农林行业的应用目标，研发一系列以农林地块参数精确提取为基础的资源遥感分析工具；同时，针对滨海城市区域的环境监测应用需求，重点开展城市环境水质和大气质量环境因子反演与监测评价等专业化工具，并结合海陆分离、岸线提取、岛礁识别、港口船舶提取等高分辨率遥感目标识别及分析工具，综合开展城乡人居环境评价及设施规划。

6）遥感工具集的部署及服务

上述各遥感工具将在自组织、自适应的网络化地理空间信息工具集服务平台上统一集成，通过规范化的接口封装，分别以运行程序、组件和中间件等多种形式进行部署。同时，遥感工具集开发应具备功能灵活扩展的接口，可按多种粒度实现自由搭建，通过规范化服务平台，为不同层次的行业和区域应用提供简洁、灵活的装配式服务。依据标准规范进行遥感工具集的研究开发，协助完成遥感工具集在网络平台上部署及对外服务。

4. 取得的主要成果

该课题严格按照任务书中的计划与安排完成了相应的研发任务，取得的成果如下。

（1）完成了 120 余个遥感工具的开发、测试和技术文档撰写工作（包括黄河流域土地利用、海岸带监测、林业应用 3 套专业应用示范工具），完成了近 100 个工具在课题 4 平台上的集成与部署，为形成对外开放的细粒度、个性化遥感分析服务的课题目标提供了坚实的基础。

（2）课题组共发表学术论文 14 篇，其中 SCI 检索 2 篇，EI 检索 5 篇，国际会议论文 2 篇，核心期刊论文 5 篇；申请发明专利 4 项，目前已全部进入实审状态。

（3）人才培养方面：培养并已毕业的博士研究生 6 人，硕士研究生 2 人，正在培养硕、博士研究生 10 余名。

5. 成果验收意见

通过单位整合，成果未评审验收。

八、国家海洋局 908 项目

（一）数字海洋原型系统研发

1. 项目概况

“中国数字海洋原型系统研发”是国家海洋局我国近海海洋综合调查与评价专项应用研究类项目。主持单位与承担单位为中国科学院遥感应用研究所，负责人池天河，参加人员有张新、王华、骆剑承、董文、刘健、李凯、高海涛、刘贤三、李红旮、沈占锋、邹亚荣、邹斌、郑志刚、纪翠玲、胡荣强、姜华伟、王晓民、陈宝华、赵雯等。项目总经费 512 万元。该项目于 2007 年正式立项，2011 年底完成。

2. 立项依据

“数字海洋”是在海洋科学长期积累的基础上，依托信息科学与空间技术的最新进展，利用天基、空基、海基、陆基等海洋数据获取更新监视监测手段，应用遥感（RS）、地理信息系统（GIS）和全球定位系统（GPS）等技术，构建多分辨率、多时相、多类型的动态海洋时空数据平台，以空间位置为核心关联点，对海洋各种信息进行实时采集、有序处理、快速传输、多维显示、逼真描述的综合性数字化信息系统。

“数字海洋”通过数字化、可视化和网络化等技术手段，为海洋综合管理和宏观决策、海洋经济及社会发展、海洋国土安全维护等提供综合支持与服务，实现海洋信息化战略目标。其是一项长期战略任务。

“数字海洋”原型系统旨在构建一个以 908-01 海洋调查数据、908-02 评价数据、海洋基础地理数据、遥感数据及各类海洋信息产品数据为基础、海洋基础地理数据和海洋业务数据为支撑的基于地球球体模型的交互式三维可视化网络信息系统，实现中国海域海底、水体、海面及海岛、海岸带等海洋自然要素、自然现象及其变化过程的数字化模拟再现、预测和预现，突破关键性和前瞻性技术，逐步积累经验，为我国海洋开发、管理、决策、权益维护的数字化，为我国海洋事业的可持续发展，为全面建设“数字海洋”奠定技术基础。“数字海洋”原型系统管理版和公众版软件以“数字海洋”原型系统需求分析和详细设计为主要依据，结合不同用户的业务需求进行软件功能模块的划分和研发。同时，根据“数字海洋”908-03总体集成的技术要求，“数字海洋”原型系统管理版将为综合管理信息系统集成提供软件集成接口，基于“数据总线”和“服务总线”实现与综合管理信息系统的相互调用。

3. 主要研究内容

（1）研发“数字海洋”原型系统公众版：完成基于地球球体模型的大尺度海洋基础地理数据、专题数据集成与海洋监测、预报信息的实时更新，通过Internet实现面向公众信息查询、信息产品及科普知识的发布。

（2）研发“数字海洋”原型系统管理版：完成基于地球球体模型的小尺度海洋基础地理数据、专题数据集成与海洋监测、预报信息的实时更新，运行于“数字海洋”专网，面向管理用户、专业用户，实现区域性数据的多种表达，海洋信息及数据的查询检索、简单分析模型运算、海洋管理过程中产生的业务信息的展示和发布等。

（3）研发“数字海洋”原型系统数据处理模块：根据地球球体模型对“数字海洋”信息的表达要求，开发数据处理模块，实现海洋信息及产品的信息转换和空间化改造，完成地球球体模型的数字海洋原型系统的展示。

（4）研发海洋信息表达库模型：参照海洋要素图形表达标准（图式图例标准），完成表达海洋信息的三维表达模型库开发，实现表达形式的统一和标准化。

（5）实现“数字海洋”原型系统数据更新：开发数据加载工具；进行数据加载测试，检测系统功能，完成同“数据仓库”相关子系统的接口开发，实现对从海洋信息产品库和专题数据库读取海洋信息和产品，经数据处理模块处理后自动叠加到原型系统进行动态展示和自动更新。

（6）实现与综合管理系统及集成框架的集成：通过数据层次、业务层次等不同层次的集成，完成与八大综合管理信息系统的集成，实现业务数据在地球球体模型上的展示、信息查询与同步更新，并向集成框架提供系统登录、菜单权限查询等集成相关的接口实现，保证原型系统能够通过集成框架登录和调用。

（7）参与集成联调测试：参与集成接口相关的集成联调和联调测试工作。

（8）完成原型系统部署工作：对甲方现有网络及硬件进行充分调研，并制定详细的、切实可行的部署方案。配合总集成单位，完成原型系统在国家级和省级节点的部署。

4. 取得的主要成果

该课题完成的中国“数字海洋”原型系统（管理版）作为我国“数字海洋”建设里程碑式的成果在2008年首届中国“数字海洋”论坛推出，中央电视台、江苏电视台、科技日报和海洋日报等多家媒体报道；中国“数字海洋”原型系统（公众版）在2009年第二届中国“数字海洋”论坛暨iOcean中国数字海洋公众版发布典礼上正式发布，访问量超过50万人次，在国内产生了强烈积极的反响，新华社、人民日报、光明日报、*ChinaDaily*、科技日报、中国海洋报、人民网、新华网、中国新闻网、新浪网、中国国际广播电台和中央人民广播电台等16家媒体报道。通过研究发表了学术论文20多篇，其中SCI论文3篇，EI论文10多篇，一级学报论文十多篇。

（二）WY10区海岛与海岸带遥感调查与研究

1. 项目概况

“WY10区块海岛、海岸带遥感调查与研究”是国家海洋局908专项应用研究类项目，主持单位为中国科学院南海海洋研究所，承担单位有中国科学院遥感应用研究所、国家海洋卫星应用中心。负责人池天河。参加人员有刘亚岚、魏成阶、刘建强、周亚荣、胡蕾秋、曾韬、朱海天、邹斌、范俊川、邓中、吴珍珍、王秀利等。项目总经费 760 万元，起止时间为 2005～2010 年 7 月。

2. 主要研究内容

利用遥感技术，调查南沙群岛南部 WY10 区块内岛礁的位置、类型、面积和分布；岛礁的岸线位置、类型和长度；岛礁的潮间带类型、面积和分布；岛礁的植被类型、面积和分布；土地利用类型、面积和分布；岛礁地貌特征等。

3. 取得的主要成果

遥感调查发现，WY-10 区域内一级岛礁 28 个、二级岛礁共 151 个、三级岛礁共 160 个。对比历史资料，实际判读出来的 28 个一级岛礁，与历史资料对应的有 21 个；确定了历史资料中的疑似岛礁 2 个，即簸箕礁与息波礁；发现未命名一级岛礁 5 个，即白玉暗沙东南 6km 和曾母暗沙南 37km 处的暗沙 2 个，以及海宁礁南偏西 33km、曾母暗沙西南 25km 与曾母暗沙西南 28km 附近的人工建筑 3 个。

岛礁自由分幅专题图 50 幅，标准分幅专题图 65 幅，自由分幅影像地图 14 幅，标准分幅影像地图 65 幅，全貌图 2 幅，挂图 1 幅（自由分幅）及统计报表，元数据和调查研究报告等，数据量：成果资料 50.5G。

4. 成果验收意见

国家海洋局科技司组织的验收，获得了专家的一致好评：验收材料齐全、完整，符合专项验收要求；完成任务合同书规定的工作内容和工作量，采取的技术路线和方法科学、合理，达到了任务合同书和技术规程的要求；收集了多种光学和 SAR 影像数据，结合历史调查资料，在综合分析的基础上，解译确认了历史资料中疑似的 2 个岛礁，发现了 5 个未命名的岛礁和 3 个人工建筑；在规程基础上细化了分类。任务承担单位在执行过程中遵照《908 专项质量监督管理办法》和相关实施细则等质量规定，通过了专项质量监督管理机构的质量评估，综合评定结果良好。任务承担单位按照有关规定完成资料汇交，并通过了专项资料管理机构组织的审核验收。任务承担单位组织管理有效，保障措施得当，根据第三方出具的审计报告，经费使用基本符合《908 专项经费管理办法》的有关规定。

九、国家发展和改革委员会项目

（一）国家主体功能区规划及遥感监测

1. 项目概况

“国家主体功能区规划及遥感监测”是国家发改委应用研究类项目，主持单位与承担单位为中国科学院遥感应用研究所，负责人及参加人员王世新、周艺等，起止时间为 2006～2010 年。

2. 立项依据

主体功能区规划是我国面向新时期进行国土空间开发和管制而开创性地提出的空间统筹协调发展的重大战略部署。自“十一五”规划中首次提出这一概念，目前主体功能区规划已逐步上升到国家战略层面、制度层面。

在国家主体功能区规划和动态监测过程中，遥感技术具有独特的、不可替代的优势。通过构建航天遥感、航空遥感和地面调查相结合的一体化对地观测体系，可以全面提升我国国土空间开发的数据获取与分析能力，形成覆盖全国、统一协调、更新及时、反应迅速、功能完善的主体功能区动态监测管理系统，实现主体功能区规划与实施全过程的监测、分析和评估。

3. 主要研究内容

（1）国家主体功能区规划指标可获取性和持续性分析研究，包括国家主体功能区规划本底数据的采集、整合与处理分析，国家主体功能区规划数据省级层面共享服务，国家主体功能区规划社会经济指标更新调整研究，基于空间分析技术的国家主体功能区划分研究等。

（2）主体功能区划分的备选技术方法，利用土地资源、水资源、环境容量、生态系统脆弱性、生态系统重要性、自然灾害危险性、人口集聚度、经济发展水平和交通优势度九大指标进行国家主体功能区分类，计算得到国家优化开发区、重点开发区、限制开发区。

（3）全国主体功能区遥感监测指标体系、全国主体功能区遥感监测指标提取方法和模型、全国主体功能区遥感监测信息平台、全国主体功能区遥感动态监测应用示范、全国主体功能区评估报告等关键技术与方法研究。

（4）以自主高分卫星遥感数据为主，对主体功能区功能要素提取处理技术、主体功能区高分遥感监测技术及应用示范等关键技术与方法研究。

4. 取得的主要成果

上述研究工作把对地观测数据与社会经济数据有机结合，为全国主体功能区规划的编制、实施和建设提供了重要科技支撑，有力促进了省级主体功能区规划建设进程，取得了一系列有特色的研究成果。研究团队向国家发展和改革委员会等部门提供了《国家级主体功能区信息支撑图集》等图集3本，《国家级主体功能区信息支撑报告》《关于京津冀地区国土开发、生态环境与大气污染高分遥感监测的简报》等报告、简报5份，可利用土地资源产品等专题产品96个。其中，部分图件、报告、简报得到了中央、国家发展和改革委员会等领导的批阅。

第二章　国家 863 计划项目

一、星载 SAR 应用研究

1. 项目概况

“星载 SAR 应用研究”是国家 863 计划 308 主题应用研究类项目，主持单位为中国科学院遥感应用研究所和中国林业科学研究院资源信息研究所，参加单位包括国家海洋局第二海洋研究所、中国国土资源航空物探遥感中心、水利部遥感技术应用中心、北京农业大学和中国测绘科学研究院。负责人徐冠华、郭华东，参加人员有邵芸、李增元、黄韦艮、周长宝、杨清华、车学俭、王超、刘浩、张玮、钟劭南、董文敏和魏秀萍等。项目总经费 100 万元，该项目于 1991 年立项，于 1995 年完成。

2. 立项依据

20 世纪 90 年代以来，国外已经有一系列大型 SAR 计划相继问世，苏联欧洲空间局、日本、加拿大及美国等国的航天飞机成像雷达均成功发射升空。在不到 5 年的时间内，星载 SAR 系统投入运行如此之多，这是其他航天传感器发展史上所没有的。863 高技术的决策者和 308 主题的专家审时度势，决定开展我国星载 SAR 研究，为跟踪和赶超世界高新技术的发展，探索和开拓星载 SAR 的应用前景，并为我国星载 SAR 系统参数的选择提供科学依据和应用经验。该项目在 SAR 成像机理、理论模型、图像处理分析和专业信息提取技术，以及农、林、水文、地矿和海洋等应用研究取得相应成果，为加速我国 SAR 技术及应用的发展提供了宝贵经验和理论方法。

3. 主要研究内容

研究内容包括星载 SAR 的成像机理、信息获取与处理技术，以及在林业、地质矿产、海洋、农业、水利等领域的应用研究。

4. 取得的主要成果

见第六篇第一章四十五成果内容。

二、三维信息获取技术

1. 项目概况

“三维信息获取技术”是国家 863 计划技术发展研究类项目，主持单位与承担单位为中国科学院遥感应用研究所和上海仙通信息技术研究所。负责人李树楷、薛永祺，主要参加人员（遥感所）有尤红建、刘少创、江月松、邵辉、沈在壎、刘彤、向茂生、陈继平、马景芝、金东华、徐蓬亮、方抗美、刘建明、刘震、徐昶、钱育华、郭冠军等。项目总经费 820 万元，该项目分 1991～1993 年和 1995～1999 年两期进行。

2. 立项依据

对地观测定位技术，就其完整性而言，始于 1971 年美国阿波罗（Apollo）号宇宙飞船，完成了月球表面的摄影制图，其采用地形摄影机、恒星摄影机、全景摄影机、测高仪等获取摄影相机投影中心的位置与姿态参数，实现了对月球的测量制图，但它只是一个模拟图像型的事后系统，非数字式的实时系统。通过模拟图像系统（摄影系统）实现实时处理还是非常困难的。

20 世纪 80 年代欧洲太空局发射的 SPOT 系统是一种可构成立体观测的 CCD 推扫型的卫星，图像分析可逐渐向三维信息获取与实对处理系统方向趋近。

20 世纪 90 年代，在传感器技术的发展中，光学传感器（用于对地观测的）由线阵 CCD 向面阵 CCD 发展，立体观测功能大量使用，同轨前后视观察构成立体观测的方式成为主流；测高仪中，激光测高仪、微波测高仪发展迅速、高频扫描测高、测距设备成为明显的发展趋势，由多台不同性能的设备构成组合对地观测系统成为必然趋势。

GPS 加数字图像区域相关作末端制导是一种实时处理系统，再加上 GPS 导航，实时传输，命令发布组成了星载、机载复合系统等。传感器技术、GPS 技术、实时传输技术、高频扫描测距技术、计算机技术和软技术是组成三维信息获取与实时处理技术系统的重要环节，作为预研和应用。

该项目即三维信息获取与实时处理技术研究。利用 SPOT 可立体观测的数字图像数据为模拟数据源，通过从立体 SPOT 数字图像数据中提取三维信息的研究，探索三维信息获取与实时处理技术的最佳系统方案及可行性论证。

3. 主要研究内容

863 计划 308 主题“机载三维成像仪”，以“实时”“准实时”的效率为目标研制的一套自主的高效机载遥感系统。主要研究内容包括：三维信息获取与实时处理技术的软模拟研究；三维信息获取与实时（准实时）处理技术系统原理样机研制；实用型机载三维成像仪和机载对地观测总体技术研究。

机载三维成像仪包括两个分系统：扫描激光测距技术、多波段成像技术、INS/GPS 复合姿态测量技术、GPS 技术等按设计原理高度集成的机载信息获取分系统；按设计原理新开发的直接对地定位软件和同步生成已准确匹配的地学编码影像与 DEM 等软件组成的信息处理分系统。

其主要功能如下：一次同步生成地形影像图，也可单独提供等高线图、正射影像图。其二级产品包括三维显示图（包括城市建筑物）、专题图、各种量算功能等。

4. 取得的主要成果

1991 年 6 月立题，7 月开始研究，近半年的时间里取得了合同规定的研究成果，开发了软件，三维信息提取定向点交会精度为 δ_x=10.4 m，δ_y=12.5 m，δ_z=9.8 m 的试验成果，影像匹配精度达 0.6 个像元，并通过近半年的调研，咨询，潜心分析各种方案及可行性，形成了初步的系统方案。

机载三维成像仪在同等条件下生成 DEM 和正射影像较之常规技术有以下 4 个优点：①机载三维成像仪只需一个作业步骤，常规技术需 3 个作业步骤；②人工劳务量的介入，机载三维成像仪仅在 GPS 差分情况下需要人工劳务（约 5%），常规技术需要 80%以上；③机载三维成像仪的效率相当于常规技术的 100 倍以上，具体地说，当天飞行的数据处理经 8～16 h 即可完成，而常规技术则需 4～5 个月；④该系统成本与常规航测相当或略低。该项目构成了“三维信息获取与实时（准实时）处理技术系统原理样机”的全部研制内容。该“原理样机研制”的完成，实现了无地面控制实时、准实时地获取已准确匹配的遥感图像和 DEM 的创新设计思想。

这套技术系统的主要功能与特点包括 4 个方面。

（1）直接获得遥感图像的同时，在无地面控制点的条件下同步获得已与遥感图像准确匹配的地面数字高程模型 DEM，即地形数据。将以往遥感技术中的图像几何校正，从地形图生成 DEM，图像与 DEM

的匹配这三个步骤一步实现。

（2）一次飞行后，输出地学编码遥感图像和DEM的计算机信息处理的时间由以往同样条件下需要4个月以上的时间缩短到现在的几个小时，效率提高100倍以上。

（3）缩短了遥感作业流程周期，使以往因作业过程太烦琐仅能作研究的提高目标识别精度的方法，现可以成为实用技术；解决了遥感信息及其成果直接成为地理信息系统的信息源的困难问题，使遥感更快、更及时地为政府宏观决策服务开创了一条新的技术途径。

（4）技术作业周期短、目标识别精度高，能快速提供社会发展急需的各种遥感专题图件、数据，是当今无可替代的快速型遥感新技术。

定性、定位一体化的机载三维成像仪系统，与美国NASA的单纯激光地形仪同步，但在功能上居先。863专家组认为其是“独创”，获国家发明专利，同比效率提高1～2个数量级，先后在澳门、珠海、中关村科技园区和奥运规划区、上海浦东开发区等地区飞行制图，实时为国家提供了图件并证实了“高效率”（达到精度要求）的突出优点。

该系统目前已达1∶1万比例尺地形图精度，它除了具有与常规航空遥感相同的应用范围外，具有特殊优势的应用领域有：①常规航空遥感应用领域中的快速技术（城市、耕地、资源环境等）；②大型工程进展监测（2～3天一周期或当天）；③地面工作与立体观测困难区，如滩涂、沙漠、草原等；④军事快速测绘保障、武器系统中的地形跟踪技术；⑤双星定位系统中急需的DEM获取；⑥全国大、中比例尺DEM建立与更新、地形图快速更新等。

5. 鉴定验收意见

该项目于1997年1月27日通过中国科学院主持的鉴定。专家组认为如下。

社会需求是高技术发展的动力。在国家科委的大力支持下，在863-308主题专家组的精心规划立项，多位著名科学家的关心和指导下，用两年时间，经遥感所与上海仙通信息技术研究所通力合作，完成了“三维信息获取与实时（准实时）处理技术系统原理样机研制”，为适应社会发展的“时效性”要求迈出了遥感高技术开创性的第一步。

该项技术主要的应用领域如下：①小范围、资源环境及地表变化比较剧烈地区的遥感快速动态监测，如经济发达区的资源环境、大江大河的三角洲地带的遥感专题制图，大型工程的进度监测、林业快速调查、农作物长势监测、耕地面积、矿区重建、城市化监测与制图等；②在地面工作极度困难地区，如沙漠、荒漠、滩涂等亟待开发区的资源环境调查，海岛、礁盘等测量困难区的专题制图；③地形图的修测及国家基本地形库的快速建立，如1∶5万地形库，1∶1万地形库以及经济发达区的规划图更新等；④以年为周期，提供政府宏观决策依据的遥感资源环境调查技术系统由卫星遥感技术、高空机载快速型遥感技术和该项目的中低空机载实时、准实时遥感技术3种高度的遥感技术系统组成，以提供遥感信息源、应用新技术方法并达到年周期提供数据的能力，如耕地面积、城市化趋势等。随着这套技术系统的实用化、完善化，其将在上述各方面有广泛的应用领域和扩展应用潜力。

这一套创新的设计思想是中国人提出的，这一套集成技术系统是中国人研制成功的。经文献查新、专利查询及多种渠道的调研了解，其属国内外第一份成果。国家专利局已受理了本项目的发明专利申请。鉴定委员会认为，该系统为我国在世界科学之林争得一席之地做出了贡献。

6. 获奖情况

项目组获863计划15周年“先进集体”。

三、中国农业状况电子图集

1. 项目概况

“中国农业状况电子图集”是国家 863 高技术计划类项目，主持单位与承担单位为中国科学院遥感应用研究所。负责人阎守邕，参加人员有肖春生、田青、周艺、王世新、崔景年、赵健、武晓波、全刚和董小民等。项目总经费 30 万元，起止时间为 1995～1996 年 12 月。

2. 立项依据

统计数据在国家宏观规划、管理和决策活动中，从信息、咨询和监督等方面发挥着重要作用。地理信息系统研究室在这方面进行了一系列的尝试和努力。

（1）1994 年 7 月～1995 年 10 月，该研究室在自行研制的 GIS 通用软件工具 GCODE 的支持下，完成了中国妇幼卫生管理信息系统（MCH/MIS）的研制任务，形成了面向统计数据的 GIS 专用软件工具：统计分析制图系统（SAMS）的原型。

（2）1995 年初，项目组用李振声院士“我国农业生产的问题，潜力与对策”的报告所附的数据，编制了一套以省为单元的农业统计地图，并做好了进一步编制我国分县农业统计地图的准备工作。

（3）如何使遥感技术最终能够直接地进入我国高层次的规划管理决策过程是一个亟待解决的问题。

中国农业统计地理信息系统（CAS/GIS）和中国农业状况电子图集（EACAS）在我国宏观规划、管理和决策中的地位和作用、总体目标是建立、编制和应用 CAS/GIS 及 EACAS，从整体上提高我国农业管理工作的科学化和现代化水平，充分和有效地利用各种可能利用的信息资源，最大限度地去实现我国“九五”计划和 2010 年有关农业的各项任务和战略目标服务。

具体目标是使遥感技术最终能够直接进入我国高层次的农业规划、管理和决策过程，为中央有关部门进行农业宏观规划、管理和决策提供先进的技术手段。

3. 主要研究内容：中国农业统计地理信息系统及软件工具

1）硬件平台

（1）计算机。CPU：486、586 PC 机或相应的兼容机，内存不小于 8MB，外存不小于 200MB，显示器 SVGA，1024×768×256。

（2）输出设备。针式宽行打印机和彩色喷墨打印机。

2）软件环境

（1）MS-DOS 5.0 以上版本，Windows 3.1 以上版本，中文 Windows 3.1 或中文之星 2.0 以上版本，Foxpro 2.5b 以上版本。

（2）空间数据管理系统。由遥感所地理信息系统研究室已有成果改造而成，主要对系统中的空间数据，包括 GRD、BMP、DBF 格式的数据文件进行统一管理。

3）应用软件

主要包括数据准备、信息查询、专题分析、统计制图、演示输出等子系统。

（1）编制《中国农业状况图集》。《中国农业状况图集》是一部反映我国农业状况及其时空分布规律，供宏观决策参考使用的统计图集。它由 47 幅全国分县农业统计专题图和相应的 47 个统计说明表组成。

（2）完成中国农业统计地图集的编制及我国粮食生产发展的分析报告。

4. 取得的主要成果

1）中国农业状况电子图集

《中国农业状况图集》是利用国家统计局1985年和1994年全国分县农业统计数据编制而成的一本反映我国农业生产概要的统计图集。它由农业综合和粮食、棉花、油料、肉类专题5个图组、47幅农业统计地图和相应的说明表格组成。它形象、直观地揭示了我国农业生产状况、进展、问题，以及时空总体分布规律，对农业宏观决策有较大的参考价值。

2）中国农业统计地理信息系统

研制成功中国农业统计地理信息系统。CAS/GIS是一种统计型的地理信息系统，其有如下技术特点：①该系统以统计数据为主，能定量、总体和动态地描述客观世界；②该系统充分频繁利用各级政区地图，对成果的表达能力强、效果好；③该系统分析功能与模型丰富多样，数据的利用程度比较深入而有效；④该系统具有多层次、模块化的体系结构，进行扩充和裁剪都很方便；⑤该系统与用户之间的界面友好、文档齐全、易学好用、图文并茂。

5. 成果鉴定验收意见

见第六篇第一章获奖成果五十四“验收和鉴定意见。”

四、西部生态环境遥感监测网络系统总体

1. 项目概况

“西部生态环境遥感监测网络系统总体”是国家863计划技术发展与应用研究类项目，主持单位为中国科学院遥感应用研究所，参加单位包括清华大学和中国气象局卫星气象中心。负责人：吴炳方，参加人员有黄签、孙卫东、管海晏、杨武年、陈嘻、姚茂文、陈贤章、唐川和殷青军等。项目总经费60万元，起止时间：2000年7～12月。

2. 立项依据

在西部大开发中，生态环境的建设与保护是实现可持续发展的战略性措施。在西部区域整体范围内，缺乏全面的、完整的、可靠的、高精度的和兼容的生态环境信息，其成为建立有效的西部大开发环境政策的一个主要阻碍。面对当前西部大开发的急需，应用我国自主开发的空间对地观测技术，面向21世纪国内外空间信息技术发展的前沿，提出并组织实施“西部金晴行动”，快速查明西部生态环境的本底现状，以及影响生态环境变迁的主要原因，建立我国西部生态环境遥感监测网络系统及西部生态环境动态数据库是极端重要课题。

3. 主要研究内容

以建立西部生态环境遥感监测网络系统为最终目标，做好技术准备和示范系统建设，以协调组织专题内各课题的工作，参与各课题的过程管理。主要研究内容包括：

（1）完成系统的需求分析、功能设计、系统总体设计；

（2）制定本底调查的技术标准，提出质量控制与验证方法并组织落实；

（3）组织、指导、检查各课题的执行情况及质量保证；

（4）验收各课题成果，完成数据集成，进行数据管理；

（5）信息表达能力建设及遥感监测的三维空间虚拟现实示范；

（6）制作西部遥感影像图；

（7）组织遥感飞行；

（8）主持专题总体的日常技术工作。

4. 取得的主要成果

（1）提出了生态环境本底分类系统。

（2）生态环境本底调查技术指南。为配合分类系统的实施，详细地规定了本底调查的技术细则和实施步骤、数据处理要求、解译方法与步骤、数据管理要求、标志度建立要求、质量控制措施，以及精度检验等各方面的内容，为该项目本阶段的实施提供了保证。

（3）典型区本底调查与动态监测。该项目在目前阶段开展了 7 个典型区本底调查和动态监测。项目紧扣地方关心的重大生态环境问题，响应地方的迫切需求，也回报地方的支持和热情。

（4）西部生态环境遥感监测网络系统。该项目完成了“西部生态环境遥感监测网络系统”的需求分析、功能设计和系统总体设计。这 3 项设计由“西部金睛行动”可行性报告和 12 个技术指南组成，包括群落生态质量遥感调查技术指南、土地生态质量遥感评价技术指南、生态水环境遥感量化调查技术指南、景观多样性分析技术指南、现场调查方法、TM 预处理方法、精度评估技术指南、元数据库标准、质量检查方案等。

5. 成果验收意见

课题组在短时间内配合专家组做了大量、卓有成效的组织管理和技术指导工作。结合实际工作需要和已有基础，提出了 12 项分类技术指南，形成一套项目管理文本，提交了西部三维空间虚拟现实演示系统。其工作成效表明对这类时间短、意义大、范围广的项目采用总体组的管理模式是十分有效的。

希望在三维虚拟现实工作中再下些功夫，提高比例尺和改善视觉效果，关键地区用两个时相加以对比演示，效果会更好。分类指南（作业规范）要与国家相关标准一致，可逐步加以完善，使之成为“行业”规范。综合评价：A 级，全面完成任务，有突破，水平高，经费使用合理。

五、先进对地观测技术农业应用系统

1. 项目概况

“先进对地观测技术农业应用系统”是国家 863 计划应用研究类项目，主持单位为中国科学院遥感应用研究所，参加单位包括中国农业科学院农业自然资源与农业区划研究所，中国气象局国家卫星气象中心和北京市农林科学院等。负责人：王长耀，主要参加人员牛铮、王汶、张庆员、姜小光、尹连旺和刘正军等。起止时间为 1996 年 12 月～2004 年 3 月。

2. 立项依据

高光谱分辨率遥感或成像光谱遥感技术是近年来国际上对地观测技术方面取得的重大技术突破之一，能够同时获取连续类似于实验室测量的地物光谱图像，取得传统遥感器无法获得的精细光谱信息，有利于定量分析地球表层生物物理化学过程与参数。因此，这种遥感器在农业领域具有广阔的应用前景，不仅可以提高对农作物类型的识别能力，还可以更精确地鉴别农作物生长状况和反演农作物理化特性，有利于提高农业现代化管理水平。

中国作为农业大国，农业的发展是重大问题。但我国耕地地块较小，作物类型混杂，农作物种植结构变化迅速，政府很难及时得到准确的农业信息。已运行的陆地卫星由于只有几个离散的光谱段，而且光谱分辨率较低，都在 50nm 以上，很难区分出不同作物类型，更难以探测农作物理化特征。针对现有遥感器存在的问题，我国发射的新型机载和飞船成像光谱仪在农业应用方面应选择哪些参数，如何处理几十至上百波段的成像光谱海量数据，如何从这些数据中提取有用的农业信息，是亟待解决的问题。

为此，1996 年国家设立了“对地观测技术农用性能试验与示范”重大项目。

3. 主要研究内容

通过研究，提出航空及神州三号成像光谱仪农业应用所需的特性和参数，解决成像光谱仪数据处理和农业信息提取关键技术问题，建立应用示范集成系统，并为扩大应用提供技术方法。

4. 取得的主要成果

（1）建立了机–星–地三级农业应用试验规范和流程。

（2）建立了制订成像光谱农业应用试验规范与软件升级方案、建立了机–星–地三级尺度农业遥感试验流程和选择了具有代表性的试验区开展飞行试验。

（3）提出或改进了多种遥感数据预处理的条带噪声去除算法和图像复原算法。

（4）明确了我国自行研制成像光谱仪农业应用参数选择和我国自行研制成像光谱仪农业应用性能评价方法。

（5）建立了一套成像光谱数据农业信息反演模型，开展了多尺度、多平台、多遥感器的应用示范，全面提高了农业遥感监测的精度和水平。包括温度植被角度模型、旱情监测模型、农作物产量估算、农作物生化组分反演模型、自主开发神经元网络算法软件，实现农作物品种识别和神州三号 CMODIS 土地利用分类和农情监测。

（6）建立了先进的对地观测技术农业应用系统。

包括系统体系结构和模块功能的主要成果及技术性能指标如下。(a) 通过建立系统观测规范、评价模型和设计地面–飞机–卫星三级综合试验流程和通过试验，为我国自行研制航空成像光谱仪和神舟三号飞船 CMODIS 农业应用参数选择与性能评价提供科学依据。(b) 开发适用于我国自行研制的机载、星载成像光谱数据，以及其遥感数据的预处理软件，发展并改进矩匹配条带噪声去除方法，基于窗口内均值与均方差比值序列差值的统计比值、差值排序噪声滤器（SRROD），以及辐射纠正估计双向反射（BRDF）角度的算法等辐射校正和噪声去除方法已被国际刊物（SCI）接收和发表。(c) 自主开发了国际遥感界目前提倡的成像光谱、雷达数据分类软件，遗传与神经元网络结合算法软件。它与传统的遥感分类算法不同，具有自适应和非线性映射功能，不假设遥感数据服从高斯分布，因此提高了分类精度，并在国内首次利用遗传算法选择最佳波段与神经元网络结合，利用成像光谱数据进行农作物识别，结果表明，该方法不仅可以区别出不同的作物类型，而且区分出了 4 种不同小麦品种，这一成果在国际上未见报道。(d) 开展了利用成像光谱数据反演农作物生化参数（叶绿素、蛋白质、可溶糖和 N、P、K 等）取得良好进展；并通过应用研究，建立了一系列对地观测技术农业应用实用分析模型，为我国对地观测技术在精细农业的应用开辟了新的途径。其中，利用温度植被旱情指数（TVDI）构造特征空间，从植被冠层角度，运用全国分区旱情监测方法能够较好地评价土壤水分状况。(e) 建立了先进对地观测技术农业应用系统，通过对比试验，自主开发了光谱分析、数据预处理、农作分类与变化监测、农业应用模型，4 个组件式农业专业实用软件模块，该模块具有对航空、星载高光谱及雷达进行数据处理及 GIS 的分析功能，适用农业现代化管理和应用。其是将图像处理、图形处理、数据库和模型库有机结合的新颖集成系统。

六、多源卫星遥感大气污染综合监测技术

1. 项目概况

“多源卫星遥感大气污染综合监测技术”是国家高技术研究发展计划（863 计划）应用基础研究类项目。主持单位为中国科学院遥感应用研究所，参加单位包括中国环境监测总站、中国科学院安徽光学精密机械研究所、北京大学物理学院和中国科学院大气物理研究所。负责人陈良富，参加人员有王桥、谢品华、李成才、王中挺、赵峰、张民伟、刘诚、杨晓峰、胡新礼、王子峰、怀红燕、厉青和魏斌等。项目总经费 921 万元（专项拨款 621 万元，自筹 300 万元）。项目起止时间为 2007 年 1 月～2010 年 12 月。

2. 立项依据

针对重点城市群区域大气复合污染控制的需求，该项目拟研究和开发大气复合污染监测的关键技术、标准和规范，建立动态源清单技术，构建区域性立体监测网络和预警系统，开发与污染控制有关的关键污染源控制技术和设备，初步建立起大气复合污染综合防治的区域调控机制和运行体系，结合现阶段典型城市群区域，通过制定长期战略和动态控制目标，推动中国清洁空气计划的实施，在今后 10～15 年的经济增长过程中，防止空气污染给人体健康和环境带来危害。

3. 主要研究内容

（1）大气气溶胶遥感综合反演与检验：包括中尺度卫星遥感 MODIS 数据气溶胶光学厚度反演技术研究，基于高分辨率环境与灾害监测预报小卫星星座数据的气溶胶反演技术研究，多角度偏振遥感数据 POLDER/PARASOL 反演气溶胶光学厚度技术研究，FY-2 静止卫星数据反演城市群气溶胶光学厚度技术研究，卫星遥感反演气溶胶光学厚度结果的检验和遥感获得近地面颗粒物质量浓度（PM10、PM2.5）的关键技术探讨。

（2）大气污染气体卫星遥感反演与验证：包括大气污染气体 SO_2 和 NO_2 成分的 DOAS 反演技术研究，大气温室气体 O_3、CO_3 和 CH_4 的反演算法与检验关键技术探讨，基于机载面阵 Max-DOAS 探测数据对卫星反演结果的检验技术和基于地基 Max-DOAS 探测数据对卫星反演结果的真实性检验技术。

（3）“星–机–地”遥感综合实验与大气污染卫星遥感前沿探测技术：包括珠江三角洲城市群“星–机–地”遥感同步综合实验、机载大气成分探测仪改造和地基大气成分探测仪器的改造。

（4）多源卫星遥感大气环境监测原型系统研制与大气污染监测示范：包括研制针对我国东部大气气溶胶光学厚度的多源卫星遥感监测原型系统、研制多源卫星遥感监测污染气体的原型系统和多源卫星遥感监测大气污染的应用示范。

4. 取得的主要成果

1）关键技术突破和算法创新

突破多项气溶胶卫星反演关键技术，实现基于卫星气溶胶观测的近地面颗粒物估算，实现基于 DOAS 的主要污染气体反演并创新了 Ring 效应计算方法，实现机载、地基大气成分探测仪的改造和完善，成功实施大气环境“星–机–地”遥感同步综合实验和研制开发多源卫星遥感监测污染气体的原型系统，并在珠江三角洲地区开展示范应用。

2）发明专利、学术及学位论文

共完成发明专利 3 项，软件著作权登记申请 10 项（已经批准 9 项），发表学术论文 28 篇，学位论文 9 篇。

5. 成果鉴定验收意见

验收专家组一致同意通过课题验收，具体意见如下。①该课题提交的验收材料和技术材料齐全，内容完整，符合验收要求。该课题完成了合同中规定的任务，达到了合同规定的考核目标和技术指标。②该课题在灰霾光学厚度、近地面颗粒物浓度、HJ-1 卫星 CCD 数据繁衍气溶胶、NO_2和SO_2气体反演中 Ring 效应的遥感估算、CH_3和 CO 气体红外物理反演算法等关键技术上取得了创新性成果；开发了一套多元卫星遥感大气污染综合监测系统，其中星载大气成分反演软件、被动差分吸收光谱大气痕量气体在线检测系统、机载成像查分吸收光谱仪数据采集及处理系统等具有自主知识产权。③该课题已申请国家发明专利 3 项，获得软件著作权登记 9 项，形成了大气污染多源卫星遥感综合监测技术研发团队，相关成果已经得到推广应用。④该课题专项经费按照 863 经费使用的有关规定执行，各项费用的实际支出与经费预算基本一致，各项开支基本合理。

科技部验收结论：同意该课题结题。

第三章　国家重大基础研究项目

一、国家重大基金项目

（一）地表遥感信息传输及成像机理研究

1. 项目概况

“地表遥感信息传输及其成像机理研究”是国家自然科学基金重大应用基础研究类项目，主持单位为中国科学院遥感应用研究所，承担单位包括中国科学院遥感应用研究所、中国科学院大气物理研究所、中国科学院电子学研究所、中国科学院上海技术物理研究所、中国科学院地理科学与资源研究所、国家海洋局第二海洋研究所、清华大学等。负责人：陈述彭、童庆禧、郭华东，参加人员（遥感所）有田国良、邵芸、郑兰芬、王超、王长耀、余涛、张兵等。项目总经费 500 万元，起止时间为 1994 年 3 月 15 日～1998 年 8 月 18 日。

2. 立项依据

进入 20 世纪 90 年代，成像光谱和成像雷达技术代表了新一代遥感发展的方向。其光学波段、光谱分辨率达到纳米级，在微波范围，多波段、多极化、主被动方式的结合均体现在航空和航天对地观测系统中。与此同时，遥感信息机理和成像规律方面的研究在国外也受到普遍重视。我国的遥感虽然在整体上起步较晚，但发展很快，其应用更是广泛展开并形成了自己的特色，与国际遥感发展趋势相当。我国也存在着应用滞后于技术发展的现象，其是遥感信息机理、信息传输规律方面的基础研究薄弱的一个重要原因。一些关键性的基础和应用基础问题，如遥感信息与复杂环境，特别是与地学特征之间的定量关系，对遥感信息载体–电磁波的理解及其与环境和对象的相互作用，纳米级精细光谱信息的表达、处理、识别和提取，多波段、多极化成像雷达信息的散射、极化和穿透特性，遥感信息在大气、岩石、土壤、植被等介质中的传输规律，特别是大气电磁波特性对遥感信息的影响及其校正等方面均缺乏系统深入的研究。这些都影响了对遥感信息的定量化、遥感信息的理解与知识挖掘、信息的处理、分析与提取水平的提高，当然也在很大程度上阻碍了遥感在深层次上应用的发展。

中国遥感技术与应用的进一步发展，呼吁对遥感信息机理的探索研究。该项目的开展，对中国遥感的科学与技术创新、发展与提高，特别是走向与国际接轨的道路无疑是很大的促进。

3. 主要研究内容

（1）对遥感信息地学特征理论、高光谱分辨率遥感信息机理与地物识别、地物微波遥感信息处理与成像机理，以及地表遥感信息在介质中传输规律 4 个方面，进行原理创新探索与实验技术研究。

（2）研究的重点之一就是研究遥感信息与地学特征间的重要关联问题和定量化的信息理解问题，如在电磁场中分离几何特性和物理特性问题、地学分析的物理和信息模型问题。

（3）主要针对高光谱分辨率遥感和成像雷达遥感这两项前沿技术和信息的重要特征，如高光谱遥感的纳米级精细光谱，雷达波的波段、极化、干涉和穿透特征开展研究，开展信息理解、信息处理、分析、识别和提取，以及模型研究。

（4）主要研究遥感信息在大气、土壤、植被、岩石和水体中的传输特性，建立信息传输模式，以支持我国的遥感信息的深入应用。

4. 取得的主要成果

1）遥感信息地学特征的理论研究

该项目提出了粗糙表面几何参数与物理参数分离的原创思维，即小扰动模型下几何参数与物理参数的分离理论。通过研究推出了反演电磁参数的表达式，结果表明，用寻优方法求解积分方程得到的反演这两种特征参数是令人满意的，与此同时，还发展了土壤湿度与介电常数关系的理论和经验模型；建立了波导长试样法、开端同轴线法、空间波法 3 种介电常数测试系统；在综合分析大量野外实测光谱数据的基础上，揭示出水体的物理光谱及遥感信息表达特征；建立了基于水体光谱矢量的多波段水体自动识别模型和华北平原试验区地学背景数据库。

2）高光谱分辨率遥感信息机理与地物识别研究

该项目发展和采用了多种光谱分析和匹配模型，成功地对含绿泥石的蚀变玄武岩和含绢云母的蚀变凝灰岩进行了区分、提取和制图；充分利用高光谱遥感图像、图谱合一特征，发展了基于高光谱影像的导数光谱分析模型，成功地实现了湿地植被的精细分类和生物量制图；在国内首次研制了集成多种算法和模型的高光谱遥感图像处理与分析软件系统（HIPAS）；研究了海洋水色中来自叶绿素、悬浮泥沙和黄色物质的贡献及它们与离水辐射率的定量关系，为大范围海洋水色研究提供了依据；自主创新设计和发展了具有国际先进水平的 244 个光谱通道固态面阵 CCD 推扫式高光谱成像仪实验样机。

3）地物微波遥感信息处理及成像机理研究

该项目提出了“波形推进吸收边界条件”新方法，进而导出边界外电磁散射均匀分布的近似值，得到足够大尺度粗糙面的电磁散射数值解；建立了岩石介电常数与岩石密度、化学组成及岩石结构之间的关系：与航天飞机成像雷达飞行同步所进行的雷达波的定量穿透性实验表明，L 波段对干沙有较强的穿透性，穿透深度可达 2.82m。

该项目提出雷达图像自动检测点目标的方法，提高了点目标快速提取能力；提出了一种新的基于数据复合的人工神经网络模型及目标分类识别方法；研究发展了从单幅雷达图像提取目标三维信息的方法和干涉雷达数据处理软件；通过研究发现了昆仑山 5 个新的火山口和两期熔岩流，发现了植被覆盖下成层构造信息，识别出宁夏地区被干沙掩埋的隋、明两代长城。

4）地表遥感信息在介质中传输规律研究

该项目发展了 0.75μm 波长气溶胶光学厚度的遥感宽带消光法、高精度的调制δ-Eddington 二流辐射模式和中国大气柱气溶胶和水含量的经验模式，在此基础上，计算和反演了 1980～1994 年北京等 12 个地方气溶胶光学厚度的区域和时间分布，提出了一个综合应用地面气象能见度和水汽压信息确定中国大气柱气溶胶光学厚度的参数化模式，建立了北京等 20 个地方大气柱水汽含量与地面水汽压的依赖关系的经验表达式；研究发展了一个基于大气传输方程的求解方法，可将地表反射率对辐射的影响分离出来，并在地表反射率未知的情况下完成计算，实现大气校正。

该项目发展了新的土壤热惯实测方法和土壤水热耦合方程求解方法；建立了多谱段水体自动识别和提取模型；发展了植被辐射传输的双层模型，对华北平原地区农田蒸散和土壤水分估算及黄淮海平原旱情进行了监测，其精度比单层模型提高了十几个百分点；发展了基于地表能量平衡方程，通过遥感图像直接计算土壤热惯量和水分的新的简化方法，可从遥感图像数据得到热惯量和土壤水分分布；建立了土壤水热耦合运动方程，实现了对不同层深土壤水分的估算。

5）该项研究所发展的高光谱成像仪、高光谱遥感植被精细分析和分类模型已被日本采纳为中日国际合作的基本技术和基本方法

依托该研究所发展的高光谱技术，项目组已两次赴日本和一次赴马来西亚开展合作研究并探求产业化途径。在国内，已得到863计划的进一步支持，并作为产业化基地建设支撑技术之一。“高光谱湿地环境研究”一文获得国际航空遥感大会最佳论文奖。《微波遥感对地观测》一书被国际经典遥感专著《遥感手册》列为国际雷达遥感教科书之一，其是亚太地区唯一入选书目。两篇多极化雷达遥感论文被加拿大航天局雷达卫星二号论证报告引用。

干沙掩埋下古长城的发现被誉为航天飞机雷达计划应用方面的“三大新发现之一”。

0.75 μm 波长遥感气溶胶光学厚度的宽带消光法和我国整层大气可降水量同地面水汽压关系模式已被多名学者用于研究我国气溶胶光学厚度近30年来的区域分布和遥感图像的大气订正。

依据该项目提出的“地理信息环境下的遥感分类方法”和“城市环境遥感监测综合实验方案”，参与了863计划在香港的遥感实验，成功实现了多源遥感数据的获取、处理和融合，出版了《香港揽胜——太空影像地图集》，该地图集在香港发行，颇受欢迎，时任香港特别行政区的行政长官欣然为本图集题词。

（二）长江三角洲地区大气–生态系统近期变化的动态分析研究

1. 项目概况

“长江三角洲地区大气–生态系统近期变化的动态分析研究”是国家自然科学基金重大项目“长江三角洲低层大气物理化学过程及其与生态系统的相互作用”（49899270）中的第一课题。属应用基础研究类。主持单位与承担单位为中国科学院遥感应用研究所、中国气象科学研究院。负责人田国良，参加人员有陈隆勋、柳钦火、布和敖斯尔、何剑锋、庄大方、周自江、邓孺孺、朱文琴和徐兴奎。课题总经费56万元。起止时间为1998年4月～2002年3月。

2. 立项依据

长江三角洲在我国社会经济与文化事业发展中占有举足轻重的地位。改革开放来，由于城市化与经济建设持续高速发展，土地利用引起地表结构的急剧变化，对地区气候、环境与生态系统产生了十分显著的影响，长江三角洲是我国城市化进程的一个典型地区和经济高速发展地区。人们环境与资源保护意识薄弱，导致城市化进程和乡镇企业发展的区域环境质量严重恶化，引起了国内外的关注和重视。

揭露地球表层系统中大气、地表与生态之间物理、化学与生物过程及其相互作用的机制与规律，预测其变化趋势，研究其调控因子，以寻求并设计优化的地表结构格局，促进社会经济与生态环境之间相互作用的良性循环，是社会经济与自然环境协调发展需要解决的基础科学问题，也是全球变化研究的重点之一。该项目把长江三角洲城乡复合体作为一个典型区域进行分析研究，发展建立具有普遍意义的理论和方法，其对全球变化研究和长江三角洲地区社会经济发展都具有重要的理论意义和应用价值。

解决上述任务的根本途径之一是发展建立区域大气–地表–生态系统动态和耦合动力学模式。该项目选取一个占土地面积十余万平方千米的具有三维结构的城乡复合体，地表特征水平分布不均匀。而地基观测站分布不可能很密，用卫星等空基遥感技术探测复合体的物理、化学与生态结构分布在原理和技术上还有不小难度，为此把地基观测、空基探测与系统动力学结合起来，通过地基观测与空基探测相结合，研究基本的物理化学与生态系统结构的状况变化。同时，用有限时空密度的观测资料来检验系统动力学模式的数值模拟结果，由此建立科学的高分辨率区域大气–地表–生态系统耦合动力学模式，进入现代计

算机上实现大量的数值模拟试验，全面深入研究揭露系统的变化机制，评估其未来变化，分析其变化的调控因子，提出优化系统变化的对策。该课题就是基于遥感数据开展长江三角洲地区大气–生态系统近期变化的动态分析研究。

3. 主要研究内容

在充分收集和利用研究地区近20年来气候、空气质量、人口统计等时空分布数据，并应用陆地卫星和气象卫星数据，调查地区的地表覆盖与土地利用变化，建立一个有较高分辨率的基于遥感和地理信息系统的长江三角洲地区局地气候、空气质量与地表特征变化动态的科学数据库，为其他课题共享数据库与地理信息系统服务，并开展该地区局地气候–空气质量–地表特征的时空分布和动态变化分析，建立动态分析模型。

具体研究内容如下：①研制长江三角洲地区 0.5°×0.5°经纬度的网格气候要素近期动态数据库；②研制长江三角洲地区 1km×1km 网格近期动态地表特征遥感调查数据库；③研制长江三角洲地区人口密度栅格数据库；④进行长江三角洲地区的气候/空气质量变化与地表特征/土地利用变化的动态分析。

4. 取得的主要成果

（1）该项目建立了该地区气候和环境数据库，对上海热岛效应分析发现，上海城中心已成为年气温、年最高最低气温的中心，城区土壤温度已成为变冷中心；长江三角洲地区大城市周边地区属于土地利用快速变化型，变化的显著特点是耕地减少和城市扩展；为此发展了一个用于地表能量交换研究的动态地表特征模式和遥感监测大气污染的方法，对该地区大气污染监测，结果证实，该地区各大中城市的大气污染在快速加剧。主要成果如下。长江三角洲地区在变暖而邻近地区变冷，因而是一个区域性热岛；随区域性热岛加强，降水增加，日照时数和能见度减小，酸雨加强，最高温度明显增暖，因而可以推测影响长江三角洲气候变化的机制有 3 个：一是生产发展和生活需要的能源使用增加，人类活动产生的加热加强，1995 年该地区能源使用的加热强度达 1～2 W/m^2；二是随着生产发展引起的污染气溶胶增加，影响变冷；三是温度效应加强。对地区能源加热影响最大，气溶胶致冷其次，温度效应最小，造成区域性热岛加强，而邻近地区气溶胶致冷最大，能源加热和温度效应次之，形成变冷。

研究发现，上海城中心已成为年气温、年最高、最低气温中心，并正在加强，此外城区土壤温度已变为冷中心，日照时数和能见度减少，降水增加。从卫星遥感监测的气溶胶污染面积在 1987 年 8 月～1997 年 10 月的 10 年间由 530 km^2 增加到 801 km^2，增加了 51%。热岛形成的机制分析表明，和区域热岛形成的机制一样，首先是人类活动加热造成变暖。依 1995 年上海城区能源使用强迫加热为 25 W/m^2，而郊区为 0.5 W/m^2，可以造成 1℃以上温差。

（2）该项目系统地研究了长江三角洲地区土地利用 20 年的动态变化，大城市周边地区属于土地利用快速变化型，年变化幅度在 0.3%～10%，土地利用变化的显著特点是耕地减少和城市扩展。随着土地开发程度的提高和农业多种经营的加速，以及大城市人口快速增长，耕地减少在加快。地表面状态的变化影响着局地气候的形成，以上海市为中心形成了城市热岛。

（3）该项目发展了一个用于地表能量交换研究的动态地表特征模式，包括地表特征数据库的建立，地表反照率、温度和粗糙度的反演和计算，从中获得地表特征参数的时空分布。地表特征参数具有月季和年际变化，在区域数值模拟和区域气候–空气质量–生态耦合系统动力学模式中，考虑到地表特征的变化，能获得动态的下边界条件，提高模型计算精度。

（4）该项目研究了用遥感数据监测大气污染的方法，建立了较符合实际的非线性像元光谱组合模型，在此基础上用像元信息分解方法，从卫星遥感数据中提取人为成因的气溶胶信息，较之基于地物光谱为线性组合的传统像元分解方法和已有的大气污染遥感方法具有更高的精度。利用 Landsat TM 和 MODIS

图像对长江三角洲地区大气污染信息进行提取和监测，发现长江三角洲各大中城市的大气污染正在快速加剧。

（5）该项目建成的“长江三角洲地区气候数据库”和“地表特征数据库”已为项目内各课题共享，使气候模式计算空间分辨率从原来的50km或10km，提高到5km或1km，地表特征的动态数据改变了气候模式地表特征不变的静态数据的假定，大大提高了区域大气、地表、生态系统耦合动力学模式的计算精度。该课题提供的长江三角洲地区20年来土地利用变化分析被国家基金委采用并向政府相关部门进行了报告。

（6）已发表论文8篇，其中SCI 1篇，SCIE 2篇，国内核心期刊5篇。编写项目专著《长三角洲低层大气与生态相互作用研究》的第一章“长三角洲地区大气、生态系统近期的动态分析”。

5. 成果验收意见

对整个项目“长江三角洲低层大气物理化学过程及其生态系统的相互作用”进行了验收（没有对第一课题专门验收），该项目评为优。

2004年7月18日，国家自然科学基金委员会地学部在北京主持了对“长江三角洲低层大气物理化学过程及其与生态系统的相互作用”重大项目的验收意见如下。

通过项目组全体科研人员的共同努力，已按原来预定目标圆满地完成了对长江三角洲地区大气、生态系统近期变化的动态分析，大气环境物理化学特征及有关痕量气体源汇分布；水、热与物质（C、N）通量输送与转化的综合观测试验和数值模拟试验；大气环境变化对典型农业生态系统影响的实验与评估；区域气候–空气质量–地表系统耦合动力学模式研究，以及长江三角洲地区大气–生态系统变化趋势及调控对策的分析等研究任务。

在完成上述研究工作的基础上，该项目取得了以下方面的主要研究成果进展。

建成了长江三角洲地区近20年来气候、环境、土地利用、地表物理特征与人口等变化的数据库，以及典型地区人类活动引起的SO_2、NO_x、CO、HC及VOC排放源分布清单，并进一步揭示了土地利用和地表物理特征时空变化特征及规律、区域性热岛和城市热岛的气候变化特征和机制，为该地区气候、环境及人类活动研究提供了科学的基础。

揭示了长江三角洲区域大气O_3及其前体物时空变化特征及规律，发现了春末夏初与秋季两个O_3季节变化的高峰值；确定了主要萜烯及其相关反应产物的标准谱图和特征峰，得到特征峰的红外吸收系数和气态标准红外吸收光谱；完成了β-蒎烯/OH自由基气相反应机理的数值模拟，对臭氧光化反应机理提出了一些新认识。

利用涡动相关与条件采样法测定了稻田与大气能量、水分及CO_2、N_2O和VOC垂直输送通量，以及O_3、SO_2、NO_x、NO和NO_2的沉降通量及沉降速度；揭示了该地区稻田与大气能量、水分CO_2、NO_2通量的日变化与季节变化规律；探讨了近20多年来蒸发散量时空分布规律及其变化机理。

建立了大气O_3浓度与水稻、冬小麦、菠菜等农作物产量关系的定量公式；揭示了O_3浓度对不同农作物生长发育、产量与质量的影响；探讨了大气O_3浓度对农作物影响的植物生理机制。

建立了适用于该地区的与农作物生长过程相耦合的农田生物地球物理化学模式，以及高分辨率区域气候–空气质量–地表耦合动力学模式，分析了农田施肥、农作物产量与温室效应综合协调的相互关系，以及长江三角洲地区土地利用及地表非均匀分布对局地环流、局地气候及区域空气质量变化影响的机理。

给出了长江三角洲近20多年来人类活动影响下典型生态系统痕量气体排放源时空分布状况，以及2010年区域排放情景的预估及相应对策。

该项目与美国、香港地区开展了有效的合作与交流，为项目的完成奠定了扎实的外场观测试验基础，保证了观测数据的国际可比性，取得了高质量的研究结果。

通过项目的实施共培养了 19 名硕士研究生，13 名博士研究生。发表学术论文 90 篇，其中 SCI 收录 20 篇，EI 收录 4 篇；提交到国际学术会议学术报告共 40 篇；完成专著一部。

验收专家组认为，该项目出色地完成了任务书中所规定的研究内容，管理组织严格，经费使用合理，技术文档齐全，一致同意通过验收。

鉴于该项目研究问题的重要性，验收专家组建议继续支持该类研究，并注意加强科学数据的系统采集和综合分析研究。

二、遥感攀登计划项目

1. 项目概况

“地球表面能量交换的遥感定量研究”是国家科学技术部国家攀登计划预选项目，属于应用基础研究类，由中国科学院遥感应用研究所主持，承担单位还有北京大学、北京师范大学、中国科学院地理科学与资源研究所、中国科学院研究生院和总参科研一所等。负责人李小文、田国良，主要参加人员（遥感所）：王锦地、柳钦火、郑兰芬、邵芸、牛铮、陈良富、闫广建、苏红波、刘强、肖青、苏理宏、王进、支毅桥、吕永红、徐兴奎和邓孺孺等。项目总经费 502.06 万元，项目于 1997 年 9 月正式立项，于 2000 年 12 月完成。

2. 立项依据

目前，地球科学正朝着更精确的定量化方向发展，并酝酿着新的突破。地表能量交换是地气系统中水、气、碳循环等过程的主导因子，其精确定量是在地学，特别是在全球环境变化研究中最重要和亟待解决的问题之一。利用遥感手段，在区域和全球尺度上，快速精确地获取地球表面能量交换信息，实现多维遥感信息的融合，大幅度提高遥感定量反演精度，不仅将为遥感信息科学提供新的理论和方法，全面促进遥感应用向更深层次发展，还将推动地学诸多相关领域的研究在定量化方面上一个新台阶。

多年来，大气、水文、生态等学科采用常规方法获取地表能量交换因子，只能代表某个点的实况，若以点推广到面上，存在着科学上的局限性，误差较大。而通过遥感探测和定量反演，可以节省大量繁杂的地面工作，实现待测数据获取的空间连续性和时间序列性。遥感信息具有全球覆盖、多光谱和多时相的特点，其为研究地球系统、地表物理过程，特别是能量交换过程提供了丰富的信息和强有力的手段，尤其是它把地球作为整个系统来研究，快速、精确地获取区域和全球尺度的地表能量交换信息，遥感是一种不可取代的手段。

3. 主要研究内容

该项目致力于可见光、近红外、热红外遥感基础理论研究，以地物结构与遥感信号的产生机理及遥感信息定量反演为主线，以热红外辐射的方向性和亚像元尺度上组分温度的反演为重点突破口。

（1）遥感探测机理与建模研究。包括建立热红外辐射方向性的几何光学模型系列，比辐射率的方向性机理及其测定方法研究，基于地物方向特性的遥感信息大气影响订正研究。

（2）遥感信息定量反演研究。包括地表反照率、比辐射率、温度的反演，植被结构参数的反演，土壤含水量、植被水分亏缺因子、地表粗糙度的反演，近地表大气湍流能量交换和水汽交换因子的反演。

（3）开展多尺度地面模拟试验及其模型验证；为了验证前向模型与反演结果，该项目将进行一系列不同尺度的地面模拟实验和卫星遥感数据的定标及星地同步观测实验。

（4）中国典型地区地表能量交换遥感监测示范研究。以青藏高原、华北平原、近海区域为示范，进行地气相互作用、作物旱情监测、海面温度场分布等多种应用研究。

（5）全球环境变化中地表能量交换遥感定量研究及综合分析。

4. 取得的主要成果

1）地表能量交换相关参数的遥感探测机理模型研究取得突破

在可见光、近红外波段、热红外辐射方向性几何光学模型系列方面，创立了地表像元尺度上的热红外辐射方向性模型，建立了可见光、近红外波段、热红外辐射方向性几何光学模型系列，通过大量的计算机模拟实验和地面观测实验，对模型进行了验证，从理论和实验上解释了影响地表像元尺度上的热红外辐射方向性的主要因素和关键因子，为提高热红外遥感的定量精度奠定了基础，解决了其中的关键理论问题。针对大多数地表像元很难满足 Planck 公式适用的同温条件这一事实，提出了非同温像元有效比辐射率的新定义；提出了像元尺度上由于组分温差引起的有效比辐射率视在增量这一全新的概念，明确引入了像元表面的几何光学特征，来描述由结构和温差分布而导致的附加方向性和波谱变化，首次建立了适用于非同温地表热辐射方向性的概念模型。

2）建立了地表能量交换中关键参数的遥感定量反演方法

建立了遥感模型定量反演方法，提出了基于地表先验知识的反演策略和多阶段目标决策的反演模型，发展了针对具体的遥感模型和反演参数的反演算法，实现了在有限数据条件下多种地表参数的反演；发展了可见光近红外多角度遥感数据的大气影响订正、热红外波段大气效应的纠正和下行辐射效应的近似计算和误差估计等方法；提出了非线性迭代温度反演模型；证实了热红外遥感波段的相关性，发展了新的反演方法；提出了多组分像元热红外辐射模型的线性反演方法；发展了用具有 2 个方向观测的 ATSR 遥感数据反演地表分组温度的方法，以及用分裂窗方法反演地表辐射温度方法；提出了水平均匀结构参数的贝叶斯反演方法，开展了小麦玉米结构参数季相变化规律研究，进行了基于先验知识的数据融合。

3）发展了方向辐射及比辐射率的测量方法

研制出一套 CO_2 激光测量方向辐射及比辐射率方向性的测量装置，并获得了中国专利局授权专利；研制了一套改进型的双黑体筒法方向比辐射率测定装置；改进和研制了封闭筒式的比辐射率测定装置；提出了用热像仪和红外测温仪联合使用，提高多角度辐射温度观测精度的新方法；提出了全自动测定野外地物方向比辐射率的新方法；提出并制作了方向辐射温度自动变角的测定装置，并开展了遥感平台上直接测量比辐射率的研究方法的可行性研究；提出了土壤热惯量测定的新方法，剖析了地物阴影的潜在信息，建立了地物参量和热惯量的耦合模型，开创了单时相下获取热惯量的信息和反演土壤水分含量的新路子。

4）开展综合性模拟实验，取得非常有价值的实验数据

开展了目标和背景非同温时的热红外辐射方向性研究的模拟实验；制订了测试规范并在山东禹城、北京顺义、河北栾城、青藏高原等地多次进行野外综合试验；获得的数据集包括光谱特性测量、方向特性测量、时间尺度效应模拟实验测量、空间尺度效应模拟实验测量、遥感模型的验证与定量遥感反演精度的检验测量等，常规气象数据，航空及航天遥感数据：航空 128 通道高光谱成像仪数据、航空多角度多光谱数据以及卫星数据等定量的遥感数据；开展了青藏高原和华北平原卫星热红外辐射定标实验；建立了用于模型验证的计算机模拟系统，提出蒙特卡罗反向追踪法是模拟计算复杂目标方向比辐射率最有效的方法，完成了水平均匀植被的热辐射方向性模拟和典型三维结构像元热辐射方向性模拟。

5）应用示范研究取得很大进展

获取了一批星地同步观测数据，为模型分析及验证提供了重要的科学基础；验证了与该项目有关的

遥感模型；建立了与应用相关的地面参数反演模型和相关的遥感应用模型，如作物水分亏缺模型、遥感光合估产模型、非单一地表蒸散模型、作物长势监测模型、林火扩展速度模型等；定量评价了多角度遥感信息的加入能有效提高分类精度和改善方法；先后开展了区域地表通量与青藏高原地气相互作用的耦合研究、农业应用–作物估产与旱情监测（黄淮海平原、川中丘陵区）、大兴安岭林火预警研究、多角度遥感信息应用研究和热红外伪装技术研究，均取得了很好的应用效果。

5. 成果验收意见

2001 年 11 月 28 日，受科技部委托，中国科学院资源环境科学与技术局组织验收专家委员会对项目进行验收。验收专家形成如下验收意见。

（1）该项目以研究地球表面能量交换若干关键因子的遥感探测机理和定量反演理论为核心。项目组在 4 年中，开展了大量的室内外观测实验，获得了丰富的第一手数据，取得了高水平的研究成果，完成了项目预期目标。该项目获得 2 项研究专利，在国内外发表论文 150 篇，其中 SCI 刊物论文 25 篇，经检索已有 21 篇被 SCI 收录，被引用 25 次，超过了预期目标。

（2）该项目在以下几个方面取得了重要进展。

第一，发展和完善了可见光近红外多角度遥感信息模型，根据以前积累的实验数据或应用计算机模拟的数据，对不同植被类型的植被冠层反射模型进行了验证，发展了原有的可见光、近红外波段二向性反射模型，建立了植被冠层反射模型库，提出二向性归一化植被指数（BiNDVI）的概念，能明显改进 MODIS-BRDF 的数据产品质量。

第二，建立了热红外多角度遥感信息模型系列。基于可见光近红外多角度遥感机理研究和遥感像元大多非同温的特点，创立了地表非同温表面有效方向性发射率概念模型，解释了非同温表面热红外辐射方向特性的产生机理，在此基础上建立了非同温地表热辐射方向性的概念模型和各种典型地物热红外辐射方向性模型系列。

第三，提出了基于先验知识的遥感定量反演理论方法。首次明确提出遥感反演是观测信息量相对不足的欠定问题，并引入了地球物理学中的 Tarantola 信息理论，提出了以贝叶斯理论为基础的基于知识的分阶段不确定性反演方法。这一反演思路具有重要的科学意义和应用意义，在国际学术交流中引起广泛关注。该项目已初步建立了典型地物的先验知识库和波谱数据库的雏形。

第四，室内外模拟实验测量方法和结果取得了重大进展。开展了室内外实验，发展了测量方法，形成了包括数据自动采集、方向反射可视化到模型验证和目标结构参数反演的实验与分析系统，获得两项专利。开展了一系列不同尺度的遥感模拟实验，取得了一系列为模型验证所需的实验数据。

第五，拓展了定量遥感在大气和生态环境监测中的应用领域。包括地表参数与地气相互作用模型的耦合，区域农作物旱情监测，全国大面积旱情监测，叶面积指数、叶倾角分布、叶片反射率、叶片透过率等农学参数遥感信息提取，遥感地表真实温度用于大兴安岭林区森林火险预警，遥感在农牧交错地带环境监测中的应用，热红外伪装技术研究等。

第六，推动了遥感信息尺度效应研究的发展。给出了赫姆霍兹互易原理在遥感像元尺度上非普适性的证明，给出了互易原理应用于非均一像元方向，方向反射计算的约束条件，将普朗克定律的尺度纠正推广到一般的非同温三维结构非黑体表面，具有重要的科学意义和应用价值。

（3）该项目研究目标明确，课题设置科学合理。项目组重视青年人才的培养，涌现出了一批年轻的学科带头人，共培养博士后 5 人、博士研究生 17 人、硕士研究生 17 人。在项目实施过程中重视开展国际合作和学术交流，取得了良好成效。经费使用合理，验收资料文件齐全，符合有关规定。

专家委员会认为该项目已圆满完成了研究任务，一致同意通过验收。该项目综合评价为优。

三、国家973计划项目

（一）陆表生态环境要素主被动遥感协同反演理论与方法

1. 项目概况

“陆表生态环境要素主被动遥感协同反演理论与方法”是科学技术部国家重大基础研究计划（973）应用基础研究类项目，由中国科学院遥感应用研究所主持，参加单位有北京师范大学、中国林业科学研究院资源信息研究所、武汉大学、中国科学院地理资源研究所、中国科学院研究生院和电子科技大学等。项目首席科学家李小文院士，专家组成员有李小文、张仁华、徐希孺、李增元、王锦地、柳钦火、张立新、王纪华和赵英时。主要参加人员如下。第一课题：李小文、肖青、张仁华、刘绍民、柳钦火、闻建光和杜永明等；第二课题：阎广建、柏延臣、焦子锑、杨华、龚建华、张颢、刘强、辛晓洲、范闻捷、张景雄和黄华国；第三课题：张立新、施建成、陈云浩、张钟军、刘素红、蒋玲梅和刘志刚；第四课题：李增元、陈尔学、孙国清、庞勇、过志峰和曹春香；第五课题：廖民生、罗志才、王勇，徐新、廖明生、张路、徐凯、朱忠礼；第六课题：牛铮、马建文、刘团结、郭子祺、耿修瑞、宋晓宇和贾立。项目总经费3067.59万元。起止时间为2007年7月～2011年8月。

2. 立项依据

2007年科技部发布项目指南，中国科学院遥感应用研究所李小文院士牵头组织申请，通过项目评审、答辩，批准立项。

3. 主要研究内容

1）生态环境定量遥感综合试验与应用示范

基于服务地表生态环境要素主/被动遥感反演算法验证、尺度转换、真实性检验等需求，建立地表生态环境要素定量遥感综合试验场。开展地表生态环境要素定量遥感综合实验，构建实验数据共享平台，为地表生态环境要素遥感反演、界面过程遥感模型的构建、定标与产品真实性验证提供星–机–地观测数据。研究定量遥感产品真实性检验的技术标准、操作规范和业务流程，提供像元尺度上遥感产品真实值的地面试验方法。开展地表生态环境要素主被动定量遥感产品的示范应用，实现地表生态环境要素遥感反演的点面扩展、时间过程扩展、立体空间扩展等，促进主被动定量遥感在生态环境和农业等方面的应用。

2）地表时空变化特征参数的遥感定量描述与尺度转换

紧密围绕尺度效应及尺度转换的研究目标，基于理论分析、方法设计、模型模拟和地面验证相结合的研究思路展开研究。研究表征参数时空分布的过程模型与遥感机理模型的尺度效应、影响尺度效应的关键要素及其综合作用机理，发展遥感模型和地表过程模型的尺度转换和尺度匹配方法；研究参数反演结果中的尺度效应及其影响因素和综合作用机理（从不确定性分析角度），并在尺度效应机理研究的基础上，研究以提高反演精度为目标，选择合适遥感数据空间分辨率的方法；探索利用地表参数空间分布的多尺度层次特性，利用多尺度遥感数据提高参数反演精度的途径；研究生态环境参数在不同空间尺度上的信息转换规律，建立多尺度间的信息转换模型和尺度阈（scale threshold）的确定方法。最终实现定量描述遥感反演生态环境参数的时间尺度效应，建立面向不同过程模型的时间尺度转换模型。

3）被动遥感反射辐射机理与参数反演

研究以陆面模式和生态环境模式输出参数为基础，结合遥感知识库构建，改进地表从可见光到微波波段反射与辐射模型，重点考虑地形影响和尺度效应等因子，发展卫星数据模拟理论与方法，建立可运行的快速模型；考察遥感生态环境要素表征参数对模拟结果的敏感性，重点剥离土壤水分、雪水当量、冻融交替相变水量、植被冠层含水量等参数的提取，建立与其他相关地表参数的耦合关系，改进正向模拟迭代反演算法的质量。利用实验和模拟数据，改进和开发充分利用多模式遥感信息的参数化模型，并优化土壤水分、雪水当量、冻融交替相变水量、植被冠层含水量等参数的反演算法。积雪遥感和数据同化的内容包括：基于光学卫星遥感雪盖制图、基于高光谱卫星遥感雪粒径制图、微波卫星遥感雪水当量制图，以及积雪参数的多源遥感与数据同化。

4）主动遥感散射机理与植被三维结构参数反演

研究典型森林植被的微波极化相干散射模型和激光雷达回波模型，对近真实三维森林植被覆盖场景进行相位保全极化散射矩阵模拟、极化干涉 SAR 数据模拟和激光雷达波形数据模拟，为森林结构参数和植被覆盖下的表面参数提取提供理论基础和试验仿真数据。研究极化 SAR 目标分解模型，可实现主要散射机制的有效分解和主要地类的高精度识别。研究极化干涉 SAR 森林平均高度、冠层深度、地上生物量和蓄积量等结构参数定量反演模型和方法。通过对真实三维森林分布场景干涉 SAR 后向散射信号、激光回波波形的正向模拟，分析两种传感器模拟信号及其分量或其特征描述参数对森林结构及地形参数的敏感性，发展 InSAR 和激光雷达森林参数综合反演模型和方法。

5）地表形变场与地下水热参数探测的理论与方法

在时间序列 InSAR 点目标分析方法的基础上，针对不同地形特点和形变分布特点精确反演地表形变参数，重点突破植被覆盖地区快速、大范围反演地表形变场的核心理论与关键技术。结合 GPR 技术、重力测量、热辐射数据和地球物理模型，探索地表形变场时空变化与地下水、热分布相互作用关系模型，揭示岩石灾变的 3 种信息的异常特征及关联规律；探索地下水、热相关参数探测的新途径。

6）基于多模式多时空遥感信息融合的理论与方法

开展遥感数据自动融合与特征提取理论研究，形成多模式、多时空遥感数据融合新模型；以遥感成像机理模型为基础，以地表植被结构、生化参数和地表水热信息提取为目标，探索基于主被动遥感数据融合的机理性融合理论与方法；在尺度效应理论基础上进行遥感数据和地面观测台站数据融合研究；以利用图像模拟和地表过程的知识为基础，建立非同性遥感数据融合的理论与方法，增强遥感数据在空间、时间等多时空维对地表格局与过程描述和表达能力。

7）基于知识的地表过程关键参数综合遥感反演与产品优化理论和方法

面向生态环境遥感应用，建立支持定量遥感反演的地表参数知识库系统；研究基于知识库的地表参数综合定量遥感反演理论，探索集成先验知识的地表参数反演中的知识更新机制，研究发展综合利用主被动对地观测数据的遥感地表参数综合反演模式；研究将遥感模型和地表过程模型相结合的数据同化方法，研究利用过程模型中随时间变化的参数信息提高地表参数反演精度的方法；集成项目各课题研究成果，提出改进遥感数据产品的优化理论和方法，形成遥感数据产品生成的支撑技术。

4. 取得的主要成果

该项目实现了叶面积指数、冠层高度、植被覆盖度、生物量、植被指数、土壤水分、反照率、地下水和地表通量等遥感综合定量反演，重点研究了主被动遥感综合定量反演理论与方法，形成了地表生态环境要素标准卫星数据产品生成的支撑技术和优化方法，并且提供了一套高质量的典型生态环境要素的卫星数据标准产品，发展了验证多尺度遥感数据产品质量的真实性检验理论和方法。取得的代表性成果如下。

1）复杂地表主被动遥感机理与几何光学建模

对森林冠层结构进行简化，建立了 LiDAR 立体散射体模型，通过分析随时间变化的入射脉冲能量对返回波形的影响，得到了时长变化量与森林冠层空间特征之间的对应关系。以黑河流域大野口森林水文试验区为对象，以线性光谱分解模型和几何光学模型为基础，将机载 LiDAR 数据作为两个模型的纽带，协同 SPOT5 HRG 多光谱数据反演了森林冠层覆盖度和叶面积指数。实施拓展了几何光学模型的应用范围，发展了基于几何光学模型的复杂地表主被动微波定量遥感模型。

2）多源遥感数据的空间尺度效应

建立了空间尺度转换的普适性模型，进一步研究了一系列遥感特征参数的尺度效应机理和尺度转换方法，包括土地覆盖/利用、地表反照率、植被指数、植被覆盖度、叶面积指数（LAI）、吸收的光合有效辐射比例（FAPAR）、地表温度、土壤湿度、地表蒸散等；发展了大场景计算机模拟技术，克服了原 RGM 模型不能计算大数据量的问题，实现了基于计算机模拟的空间尺度效应分析。在像元尺度上，考虑各地表参数的尺度效应，合理布设特征参数的无线传感器网络观测节点，实现了分布式的地面观测，用于定量刻画遥感像元尺度时空变异性较强的地表特征参数的不确定性，其成为实现地面与遥感精确同步的遥感真实性检验的全新技术手段。

3）时间尺度效应与遥感四维同化

通过对遥感光谱、辐射和几何等特性信息、重复观测信息和地面连续观测信息的理解和挖掘，研究被动与主动遥感反演二维和三维信息特点的自动融合处理技术，开展了遥感数据自动融合与特征提取理论研究，形成了多模式、多时空遥感数据融合新模型，并且以遥感成像机理模型为基础，以陆表生态环境参数信息提取应用目标为对象，建立了基于遥感机理模型的多源对地观测信息融合的理论与方法，探索了基于主被动遥感数据融合的机理性融合理论与方法；在地表过程、尺度效应理论基础上，建立了遥感数据和台站数据融合理论与方法，提高了陆表参数的提取精度。

4）定量遥感协同反演中的信息转换机理

在黑河综合遥感试验数据获取与地表参数知识库构建地表植被、水环境和大气参数的综合遥感反演方法、遥感数据产品优化方法、构建对地观测数据同化系统研究方向上取得了大量研究成果。提出了从长期积累遥感数据产品中提取地表参数时空分布知识的有效方法，构建了基于遥感像元的参数反演背景场知识，实现了参数反演中先验知识与遥感数据的尺度匹配，以支持将基于先验知识的遥感反演方法应用于遥感数据产品生成。发展了基于地表参数知识数据的地表参数遥感综合反演方法，提出了综合利用主被动遥感数据的地表参数遥感反演方法。

出版专著 9 部，发表论文 609 篇，其中 SCI 论文 197 篇，研究成果已授权专利 15 项。

5. 成果验收意见

2011 年 11 月 16 日，科学技术部组织专家组进行了项目验收。专家组认为该项目按计划完成，在星机地综合定量遥感实验，复杂地表主被动遥感机理与几何光学建模，多源遥感数据的空间尺度效应，时间尺度效应与遥感四维同化和定量遥感协同反演中的信息转换机理等方面的研究工作取得显著进展。

（二）多尺度气溶胶综合观测和时空分布规律研究

1. 项目概况

“多尺度气溶胶综合观测和时空分布规律研究”是科学技术部全球变化研究重大科学研究计划应用基

础研究类项目，由中国科学院遥感应用研究所主持，参加单位有国家卫星气象中心、中国科学院大气物理研究所、环境保护部卫星环境应用中心、中国科学院合肥物质科学研究院和中国人民解放军理工大学。项目负责人顾行发、李正强，参加人员（遥感所）有顾行发、李正强、薛勇、余涛、程天海、光洁、雷永荟和陈良富。项目总经费 3137 万元，起止时间为 2010 年 6 月～2014 年 12 月。

2. 立项依据

为妥善应对全球变化，特别是以全球变暖为主要特征的全球气候环境变化问题，科学技术部应急启动了全球变化研究重大科学研究计划，其中指出气溶胶综合观测及其对全球气候变化影响的研究。我国气溶胶研究面临两大课题：一是摸清我国气溶胶的家底，提供中国气溶胶总量与国外对比的准确数据是相关研究面临的首要课题。二是深入认识气溶胶对区域和全球气候变化的影响，了解气溶胶对气候和环境的影响也是制定环境政策、污染监测法规的国家重大需求。

大气气溶胶是悬浮于空气中的微小固体或液体颗粒状物质，其来源包括自然源与人工源。气溶胶通过散射与吸收短波和长波辐射改变大气和地表的辐射收支，这称为直接气候效应。气溶胶还作为水云或冰晶凝结核影响云的形成与发展。在大气含水量不变时，气溶胶增多可减少云滴直径，延长云生命期，提高云的反照率，减少到达地面的太阳辐射，这称为第一间接气候效应。而气溶胶作为凝结核增加雨滴凝结率，减少雨滴尺寸和影响降水效率是其第二间接气候效应。气溶胶（包括直接和云反射效应）的很大不确定性直接导致了目前对人为气候影响评估的不确定，除非对气溶胶的辐射强迫估计有了更坚实的基础，并且深入了解了它的气候效应，否则气候变化评估不确定性程度就难以降低。

中国是世界上公认的气溶胶总量较高的国家之一。从科学意义的层面上来说，了解中国气溶胶的时空分布特性及其对气候变化的影响，可望帮助改善全球气候模式的模拟精度，为更好地预测未来气候变化的趋势和程度提供科学基础。

3. 主要研究内容

1）气溶胶理化和光学特性

以全面研究气溶胶粒子的光学、物理和化学特性为基础，针对卫星遥感和气候变化应用，建立典型地区、典型气溶胶类型的气溶胶微观模型，并研究气溶胶粒子的混合方式，为气候变化模拟提供合理的混合情景（内混合还是外混合）参考信息。同时，通过地基遥感联合观测，发展统一的定标和数据处理方法，产生准确、有说服力的对比结果，建立自主评估中国及全球重点区域的气溶胶气候效应的可靠基础，也为卫星观测验证提供基准。

2）空间无缝、时间连续的气溶胶时空分布特征

重点研究天基多平台、多传感器的气溶胶遥感信息获取方法，以及历史长时间序列观测数据重定标和从弱敏感性观测数据提取气溶胶信息的数据挖掘方法。特别针对我国自主的卫星传感器平台，提高它们的气溶胶信息观测获取能力，并从方法上解决目前气溶胶遥感观测中地面覆盖类型受限、覆盖范围小、时间分辨率低等瓶颈。

3）气溶胶时空分布格局变化分析

综合观测数据，分析近 30 年来中国气溶胶分布格局特征，需要弥补历史观测数据及关键时间、关键区域可能的数据缺失，需用发展地面与卫星历史观测数据重定标和气溶胶信息挖掘方法。在数据一致性方面，考虑发展新的多源数据融合方法，并建立气溶胶微观特性和宏观特征关联的途径，以建立一致性的中国/全球气溶胶数据集。大批量观测资料的数据挖掘和分析也需要并行计算和一站式数据库技术的支持。

4）气溶胶影响气候的机理

在气溶胶对气候的影响研究方面，基于多尺度综合观测、辐射传输计算和气候模式，准确估计中国区域气溶胶辐射强迫。气溶胶光学厚度（AOD）是模式估计气溶胶直接辐射强迫时的首要约束条件，使模式 AOD 更好地约束于经过细致再评估并且偏差减小的卫星 AOD 或直接采用空间无缝、时间连续的气溶胶时空分布观测作为模式输入，其是显著减少模式估计气溶胶强迫不确定性的途径，同时进行气溶胶模块参数本地化及验证，以示范该项目的综合研究成果对气溶胶影响气候效应评估的改进。

4. 取得的主要成果

发展了国际领先的偏振观测处理和反演方法技术体系；建立了颗粒物化学成分模型，发展了基于太阳–天空辐射计遥感观测的气溶胶组分反演方法；替代高山定标的实验室激光扫描定标方法；初步建立了长时间历史序列气溶胶卫星数据反演算法；亮地表区域（如城市、沙漠、冰雪等）上空气溶胶反演算法；针对东亚地区气溶胶特性的卫星遥感反演研究；首次获得了京津唐地区夏季的气溶胶高精度多参数时空分布特性；卫星遥感长时间序列气溶胶数据集区域适用性分析；多源气溶胶信息融合算法研究；基于趋势评估因子的气溶胶时空分布特性研究；气溶胶长距离污染输送影响；模式模拟东亚地区气溶胶光学厚度空间分布和季节变化特征；20 世纪我国主要人为气溶胶浓度和直接辐射强迫的年代际变化。

5. 项目评估意见

中期评估意见为：该项目各课题均紧紧围绕研究目标和任务要求，能够抓住要点，针对不同的科学问题，从不同的角度开展了大量有实质性进展的工作，都完成了或超额完成了该项目前两年的任务，取得了一定的成果和进展，可望对全球尺度的气溶胶数据的完善提供丰富的资料，其对研究全球气候变化具有十分重要的意义。

各个课题应对所承担的任务进行深入总结，进一步明确重点，最后集成一个能解决国家需求的成果，即提供我国气溶胶辐射特征的时空分布和变化规律。针对各课题可能的重复部分，应该区别对待，更要有统一的、相互印证的事先设计。同时，4 个课题之间的衔接尚不严密，需要注意与气候变化的项目相结合。

该项目资料很丰富，但分析投入度较少，后期应关注资料的可用性和反演改进，给出好的历史资料。

四、国家重点基金项目

（一）地面目标二向反射分布特征研究

1. 项目概况

“地面目标二向反射分布特征研究”是国家自然科学基金重点项目，属于应用基础研究类。由中国科学院遥感应用研究所主持，参加单位有北京师范大学和中国科学院长春光学精密机械与物理研究所。负责人李小文，参加人员有朱重光、王锦地、胡宝新。项目总经费 90 万元。该项目于 1993 年立项，于 1994 年 1 月～1996 年 12 月完成。

2. 立项依据

该项目依据多角度遥感技术发展的国际前沿、新型遥感数据应用对遥感机理研究的需求及项目组长期相关研究基础和优势，提出立项建议。

3. 主要研究内容

该项目旨在建立地面目标的二向性反射分布函数（BRDF）的辐射传输（RT）–几何光学（GO）一体化综合模型，并在目标（特别是森林植被）空间结构特征参数和生物学参数的室内外测量上形成自己的系列技术，以期验证一体化模型的精度，使我们在该领域从理论研究到室内外验证测量技术上形成总体优势，并在国际上争得一席之地。

1）方向性反射的建模

（1）进一步发展和扩充几何光学间隙率模型，在冠幅内和冠幅间的尺度上建立几何光学与辐射传输相结合的物理模式，即混合模型。新模型能在分立的植被冠层的任一高度上给出方向反射和辐射通量密度。新模型采用间隙率和条件路径长度分布来描写冠层物质与背景的衰减和辐射的一次散射。因此，冠层的热点效应和相互阴影是处在叶片和冠层的尺度。可用同样的方法计算二个连续的高次散射。在分立的植被冠层的任一高度，新的综合模型可有效地描述方向反射和辐射通量密度。

（2）继续完善和增进业已存在的几何光学和辐射传输模型的效能。

（3）蒙特卡罗（Monte Carlo）模拟：用蒙特卡罗方法模拟单一树冠及森林冠层的光子散射与吸收机制。工作拟通过国际合作，使用美国波士顿大学并行处理 CM-5 巨型计算机进行。

2）植被的 BRDF 与结构的远程测量

（1）在太阳模拟实验室，检查与调整探测器和滤光片的响应，确保实验数据可靠性。

（2）建立植物单叶 BRDF 测量装置，观测单叶与光子相互作用时的反射、吸收、透射与偏振行为，同时在室内测量叶片的生物学参数，以进一步阐明相互作用机理。

（3）完善室外 BRDF 测量装置。植被的 BRDF 实测数据对验证与发展模型十分重要，由于天空状况多变，野外实际测量十分困难，国际上可引用的数据极少，因而更显得珍贵。本项目要完善野外测量和数据采样装置，以快速获取 BRDF 数据。

（4）植被结构的远程测量。树木枝干面积指数、叶面积指数和叶倾角分布等参数，测量十分困难。本研究中应用计算机投影重构原理，由底视冠层摄影数据来重构树冠，以确定上列结构参数。

3）多角度图像数据处理

（1）多角度图像配准、压缩和识别分类。图像配准的目的是要确定两幅以至多幅图像最佳的空间对准，配准精度决定其使用价值。在匹配基础上，应用局部拟合的方法进行配准，然后进行数据压缩和分类等处理。

（2）多角度遥感图像（NOAA-AVHRR 及 ASAS）的目标方向反射特征研究并发展其实际应用。对于森林、林地，其图像作为观测位置、照射位置和像元空间尺度的函数，建立图像空间方差模型并评价从该模型反演所提取的结构信息。

4. 取得的主要成果

（1）在建模方面的进展：建立了几何光学–辐射传输混合模型（GORT），适用于森林辐射度和森林二向反射的计算；对 GORT 模型用实验数据进行了验证。使用的实验数据有 BOREAS、ASAS、长春、禹城、栾城及昌平的实验数据，根据验证结果，对 GORT 模型做了进一步简化，目的是使 GORT 模型可以反演；完成了供实验用的 TCT（Tree Computed Tomography）样机，并进行了野外测量，开发了新的由底视广角摄像推算叶面积密度的间接测量方法；按计划参与美国地球观测系统（EOS）方向反射数据的地面参数反演；通过开展与美国 Goel 教授的合作，完成了对 DINNA 模型的改进，开始提供景真实模拟数据，供模型验证和反演研究。

（2）多角度遥感图像预处理方面的进展：导出了大倾角遥感的大气点扩散函数用于解决多角度图像的大气纠正问题；提出了基于图像灰度和图像特征的配准方法，由局部自适应样条函数的表面拟合获得高精度的配准图像，特别是在 GPS 的引导下，获得了 POLDER 图像的平均配准误差小于 1 个像元的结果，在配准基础上，实现了对 POLDER 数据的 BRDF 信息提取。

（3）室内外实验及模拟试验取得的进展：室内太阳模拟实验室实现了从目标的 BRDF 数据全自动采集到 BRDF 三维可视化显示，形成了包括数据自动采集、方向反射可视化到模型验证和目标结构参数反演的一套完整实验与分析系统；实施了航空、遥感车和地面三同步的多角度遥感试验，取得了一套为模型验证所用的较完备的试验数据；研制成功了根据投影重构原理的冠层结构参数底视估算法；研制成了单叶的偏振、反射和投射的方向性测量的数据自动采集装置（已获专利）；设计了多波段 CCD 摄像系统，应用于地面目标的四分量测量；30m 高塔平台的室外 BRDF 模拟试验，验证了二向互易性原理并取得了高质量数据；设计了一系列冠层参数及其光学特性的常规观测方法，提出了逐级采样与图像处理相结合的叶面积估算法。

5. 项目验收意见

验收组受国家自然科学基金委员会委托，于 1997 年 1 月 24 日对项目进行验收。验收组认为如下。

（1）完成了二向反射的几何光学与辐射传输理论混合模型的建模工作，并按反演的需要对模型进行了必要的简化，有力地推动了模型一体化研究工作的进程。在多角度遥感图像的研究工作中开展了高倾角成像条件下大气交叉辐射影响的纠正和大倾角图像配准的研究。

（2）以多种途径完成了室内外 BRDF 数据获取和模型验证。在太阳模拟实验室，建立了从 BRDF 数据的自动采集到可视化显示系统，完成了研究单叶反射、投射、偏振装置，树冠底视广角摄像装置（TCT），航空宽视场双摄像机成像系统及其他地面 BRDF 测量的辅助设备，先后在北京昌平苹果园、山东禹城和栾城进行了多平台的野外测量，并成功地实现了模型验证。

（3）该项目全面完成了预期目标，在理论研究到室内外 BRDF 数据获取技术和国际合作方面均有自己的特色，是一项处于国际领先水平的研究工作。3 年中培养硕士研究生 5 名，联合培养博士研究生 3 名，共完成论文 45 篇，其中已发表 29 篇，论著一本，已建立数据库和程序集，已申请专利一项，为开展进一步的研究打下了良好的基础。

资料齐全，符合基金委项目结题要求，同意验收。

（二）新型成像雷达对地观测机理与地物识别研究

1. 项目概况

“新型成像雷达对地观测机理与地物识别研究”是国家自然科学基金项目，属于应用基础研究类。主持单位与承担单位为中国科学院遥感应用研究所，由中国科学院遥感信息科学重点实验室承担，负责人郭华东，参加人员有邵芸、王超、廖静娟、王长林、李震、董庆、李新武、韩春明、范湘涛、刘浩、王心源。起止时间为 1985 年 1 月～2003 年 3 月。

2. 立项依据

遥感可分为光学遥感和微波遥感两大类，微波遥感又由主动微波遥感和被动微波遥感组成，雷达遥感代表了主动微波遥感的主要方向。由于雷达遥感具有全天候、全天时数据获取能力，其迅速成为探测地球的新技术和地球科学研究的新手段，得到广泛重视与快速发展。但是，雷达遥感的成像机理十分复杂。应用上，雷达遥感的发展不断受到制约：面对大量的微波遥感信息，面对丰富的雷达图像，人们却往往难以得到客观的分析结果；研究雷达数据处理方法时，由于对雷达成像机理的认识不足，使方法的实用性受到质疑，研究新的机星载雷达系统时，对雷达系统参数的选择缺少科学依据，这些影响了雷达遥感，特别是新型成像雷达的发展与应用。于是，研究地物与微波电磁波的相互作用，研究从雷达数据中提取专题信息的方法，研究不同地物对雷达的回波响应特征，成为要解决的关键问题，也是雷达遥感要解决的重大科学问题。

3. 主要研究内容

该项目的主要研究内容是："开展在极化雷达和干涉雷达前沿领域的研究工作，注重机理和关键技术研究；以解决在国际上关于地物识别和信息提取中一些尚未解决的问题，为我国发展新一代星、机载对地观测雷达提供科学依据，提高雷达遥感定量化研究水平。"研究重点是：①典型地物的实验室模拟方法研究，为微波后向散射模型的建立和模拟提供依据和参数；②地物的极化波雷达信息提取方法与应用研究；③干涉雷达、差分干涉雷达信息提取及应用研究；④极化干涉雷达信息提取及地表参数提取研究；⑤雷达图像复原及边缘信息提取研究。其中，极化干涉雷达研究和雷达图像复原及边缘信息提取研究是该课题根据国内外研究的新发展而增加的研究内容。

4. 取得的主要研究成果

该项目的进展基本上按预期计划完成，取得的进展和成果如下。

典型地物介电特性分析实验：微波传感器记录的复介电常数与物质体内自由水含量高度相关，据此，微波遥感技术可作为定量探测土壤水分最为有效的工具之一。国内外发表众多研究论文，基本上都限于土壤介电常数实部的研究，对虚部的研究极少。该项目采用微波网络分析仪（EP8510C），首次在实验室系统测量了不同含水含盐量土壤的复介电常数；并在内蒙古吉兰泰盐湖区，沿盐分变迁剖面系统测量了区内土壤的介电常数，在与同步过顶的雷达卫星图像进行了相关分析后，结果表明，雷达图像记录的后向散射强度与含水含盐土壤复介电常数实部的相关系数为0.23，而与虚部的相关系数 为0.66，首次观测证明了雷达图像观测的含水含盐土壤后向散射强度与土壤的含盐量相关性较高。这为利用微波遥感进行土壤盐碱化程度监测提供了可能和实验依据。其成果论文已被 *IEEE Transactions on Geoscience and Remote Sensing* 接收。

利用植被介电常数的 Debye-Cole 双频色散模型，模拟计算了广东肇庆水稻试验区晚稻、早稻从插秧期、移苗期、分蘖期、扬花期到成熟期各生长期的介电常数值，根据计算结果探讨了电磁波频率、水稻含水量、温度、含盐度及水稻冠层干体密度对介电常数的影响。该成果论文发表在《遥感学报》上。

（三）青藏高原近20年土壤水分及雪水当量的参数反演研究

1. 项目概况

"青藏高原近 20 年土壤水分及雪水当量的参数反演研究"是国家自然科学基金重点项目，属于应用基础研究类。主持单位与承担单位为中国科学院遥感应用研究所，项目总经费 90 万元。负责人施建成，参加人员有孙国清、李震、王建明、刘伟、庞勇、过志峰、董彦芳、张仲军、蒋玲梅。起止时间 2004 年 1 月～2007 年 12 月。

2. 立项依据

大气环流，尤其是在中尺度水平上，对地面的时间和空间性质非常敏感，因此目前特别需要清楚地了解大气和地面在不同尺度上的相互作用，对气候过程中的主要因素做系统而全面的研究。由于气候系统中的地面组成部分在大气和地面耦合系统中起着主导作用，因此地面的动态变化研究显得尤为重要。2001 年的政府间气候变化专门委员会（IPCC）报告中指出，地面变化对气候的作用和大气的组分同样重要，但是目前却没有与其重要性相当的研究，尤其地表关键参数——土壤含水量和雪水当量在气候、气象及大尺度水文模型中没有得到很好的应用。

积雪和土壤水分是气象学和水文学中一个非常重要的参数。积雪的多寡不仅是影响气候变化的重要因子，也是影响干旱和半干旱地区农牧业发展的重要因素。中国积雪主要分布在西部地区，其中青藏高原为我国降雪最多的地区，素有雪域高原之称。该地区积雪地理分布极不均匀，呈现出非地带性规律。青藏高原周边多雪，尤其是东南部较为丰富。青藏高原是全球环境变化小、人类干扰少的背景区域，青藏高原的气候变化是我国西北地区气候变化的先兆。重点开展这些背景区域环境演变过程研究和对比研究对我国气候变化研究以及由此引起的区域水文、水资源变化研究意义重大。监测季节性雪覆盖的范围，以及冰川的堆积和消融地带，对于理解全球水循环是十分必要的。气候变暖对西北干旱地区径流的影响主要表现为冰川积雪消融量增加，流域总蒸散发量增加，高山区降水形态变化，依赖于气温升高的幅度及流域海拔，高山冰雪冻土带的冰雪融化量和山区植被带的季节积雪融化量、蒸散发量，以及固态、液态降水的变化量是不同的。由于缺乏不同尺度大范围高精度气象及水文观测数据，这一地区气候变化的时间和空间演变特点还不清楚，迫切需要用新的科学手段加以研究解决。

雪水当量、地表土壤水分等参数是气候及水文模型中的重要参数，而其中的参数只是来自于传统的点观测的气象台站的数据，或者是理论上的经验参数值，因此这些模型的应用只涉及了有限的地区和相对简单的系统。然而，对于气象台站的点数据，明显的问题是离散点的气象观测和数据的空间分布与模型的尺度性不仅具有很大的不确定性，理论上的经验值往往来自一个很小的尺度范围（NMP）或只有很低的空间尺度（GCM），而且这种方法烦琐、耗资大。因此，传统的方法很难大范围、高效率和全过程地对气候及水文模型中的重要参数进行常规测量。

与传统观测手段不同，遥感把传统的“点”测量方法获取的有代表性的信息扩展为更加符合客观世界的“面”信息（区域信息），这使我们真正地对地表参数进行定量分析成为可能。利用遥感手段获取的不同尺度大范围、高精度地表参数不仅为定量研究近几十年来青藏高原气候变化的具体模式及时空特性，评估青藏高原气候变化对我国水资源平衡的影响，为我国和国际陆面过程和陆–气相互作用的研究提供宝贵科学试验数据和研究结果，而且也将为国家实施西部大开发战略在水文、生态、环境等方面积累宝贵的数据资料，为西部生态环境演变规律与水土资源持续利用研究、西部生态环境监测、西部资源开发和经济社会可持续发展提供科学依据和技术支撑。

高分辨率卫星数据不仅费用较高而且时间周期长，通常需要一个月才能覆盖全球一次，因而不能满足气象、气候及水文循环研究在时间尺度上的要求。而该项目将利用目前可用的免费或价格非常低的低分辨率卫星数据，结合微波和光学传感器，包括早期卫星的 SSMR、SSM / I、AVHRR 和当前的对地观测 EOS 系列卫星（AMSR-E、AMSR、ERS-1/2WSC、MODIS 和 TRMM），立足当前的国际最先进算法，结合青藏高原地区特点，改进当前反演算法并开发新的定量反演算法来获取长期、系统的陆面和水文定量反演参数——土壤水分和雪水当量，为气象、气候、大尺度水文研究提供定量的满足时间尺度需要的时空分布参数。

通过该方法获取的 20 多年青藏高原的雪水当量及土壤水分的定量数据将比用单个传感器获取的数据精度更高，这不仅将加深气候研究、水文研究中对雪-地相互作用过程的理解，也将为其他全球水循环研究做出重要贡献。

3. 主要研究内容

（1）通过地面试验及对辐射传输理论模型验证，不断改进现有微波辐射和散射模型，更准确地描述土壤–植被和土壤–积雪微波辐射、散射传输规律及其与辐射强度、散射强度和极化频率特征的对应关系。

（2）以大尺度被动微波传感器 SSM /I、SSMR、AMSR/E、AMSR、TRMM 为主，针对现有被动微波传感器的雪水当量反演算法存在的问题，结合青藏高原的特征，改进和开发现有的被动微波雪水当量新算法。

（3）开发基于 ERS-1/2 散射计土壤表层水分反演算法，利用 ERS-1/2 散射计双入射角的同时观测的特征，用 IEM 后向散射模型估计地表粗糙度的影响；利用辐射传输模型重点研究在双入射角下消除植被主动微波土壤水分反演算法；开展如何利用 ERS-1/2 散射计数据多时相特征来消除植被影响，以提高用 ERS-1/2 散射计进行土壤水分反演的精度。

（4）改进与开发辐射计土壤水分反演新算法，利用 IEM 面辐射模型及多频率多极化特征发展消除地表粗糙度影响的方法，以改进现在的 AMSR/E 和 AMSR 的土壤水分算法，并开展利用其他被动微波传感器 TMISSM/ISSMR 的多频率土壤水分反演算法研究。

（5）与美、日 AMSR/E 和 AMSR 研究小组合作，参加在美国和青藏地区土壤水分及雪水当量反演算法的地面验证实验，在此基础上对算法进行必要的修正和改进。

（6）为气象、气候模型和大尺度水文模型提供 20 年青藏高原的时空分布的雪水当量和土壤水分。

4. 取得的主要成果

（1）改进现有微波辐射和散射模型：建立土壤水分、雪水当量反演算法的思路是利用这些模型建立包括各种各样情况下的模拟数据库，对各类参数进行敏感性试验，然后以简化模型为原型，用模拟数据库数据对简化模型进行参数化，反演出土壤水分、雪水当量，最后用实测数据对反演结果进行验证。我们通过地面试验及对辐射传输理论模型验证，不断改进现有微波辐射和散射模型，使我们的模型继续保持着国际领先水平，并能够更准确地描述土壤–植被和土壤–积雪微波辐射散射传输规律及其与辐射强度、散射强度和极化频率特征的对应关系。

（2）改进与开发被动微波辐射计土壤水分的反演新算法：针对这个目标，我们对被动微波土壤水分反演中的关键问题进行了一系列基础研究，并进行了目前国际上的 AMSR/E 的土壤水分反演算法，改进了当前国际 AMSR/E 等被动微波传感器土壤水分反演算法软件包。改进的算法包仍以土壤水分多通道迭代反演算法为框架，增加了对观测亮温的地形校正、混合像元校正等前期数据处理，引入了新发展的 QP 模型，并将其作为地面辐射的理论模型，在土壤水分的迭代反演算法中引入了 GLDIS 的陆面温度和植被微波指数，用于地面温度和植被参数初值与范围的估算。对于裸露的地表，该算法采用新发展的裸土反演算法直接估算土壤水分。

（3）改进和开发被动微波雪水当量的反演新算法：我们的目标是以大尺度被动微波传感器 SSMR、SSM/I、AMSR/E、TRMM 为主，针对现有被动微波传感器的雪水当量反演算法存在的问题，并结合青藏高原的特征，开发被动微波雪水当量的反演新算法。其包括：发展了精度高、形式简单并具有物理意义的积雪辐射参数化模型和针对纯雪像元的、具有物理意义的雪水当量统计反演新算法。

（4）开发基于主动微波 ERS-1/2 散射计土壤表层水分的反演新算法：与目前现有国际 ERS-1/2 散射计土壤水分的反演算法不同，研究利用 ERS-1/2 散射计双入射角的同时观测的特征，发展了土壤水分反演新算法。面散射部分，通过使用 AIEM 进行数值模拟，首先分析了不同角度下雷达后向散射系数对土壤介电常数和粗糙度的敏感性，进而使用 AIEM 后向散射模型开发了简单的参数化后向散射模型，发展了利用散射计双入射角的同时观测的特征和新发展的简单参数化模型来估计裸土土壤水分和粗糙度的反演算法，并对该算法在青藏区域进行了地面验证，结果表明，该算法精度较好；植被部分，着重发展了两种不同的植被校正方法，即利用光学传感器反演的植被信息和利用辐射传输模型，重点研究在双入射角下消除植被影响的主动微波土壤水分反演算法，并对该算法进行了地面验证。

（5）反演算法的地面验证：与美国和日本的研究小组合作，针对不同地表类型进行了理论模型和反演算法的验证，以提供算法可信度和误差评价。

（6）为气象、气候模型和大尺度水文模型提供20年青藏高原的时空分布的雪水当量和土壤水分库。

该项目执行期间，发表论文37篇，其中SCI论文7篇、EI论文14篇、核心论文2篇、其他论文14篇，培养硕士8名、博士8名。

（四）传染病流行与地理环境因素关系分析

1. 项目概况

“传染病流行与地理环境因素关系分析”是国家自然科学基金委员会应用基础研究类项目，由中国科学院遥感应用研究所主持并承担。项目负责人宫鹏，参加人员有辜学广、徐冰、龚建华、陈红根、鲍曙明、程晓、马骏和王道军。项目总经费140万元，起止时间为2005年5月～2010年7月。

2. 立项依据

2005年8月，国家基金委批准“基于现代信息技术研究传染病时空传播与流行规律”立项，其中第二课题“传染病流行与地理环境因素关系分析”由遥感所承担。

3. 主要研究内容

研究血吸虫病时空传播规律，建立我国血吸虫病早期预警系统。主要致力于建立模型对两类状况进行预测：①疾病突发、复发区域和非流行区变为流行区的传播控制或阻断地区的重新流行；②疾病负荷出现加重趋势的区域，针对血吸虫病从轻转重的区域，采用国际常用的早期预警系统基本构架，沿以下3个主要方面开展研究。

（1）建立数据库，这一步包括实时环境因子监控（环境变化和特大灾害信息）和卫生信息监测，以及数据整合；由该项目第一课题提供技术支持、数据库标准和环境医学基础数据库。通过该课题搜集与血吸虫病流行有关的卫生数据建立数据库。

（2）通过分析影响血吸虫病传播动态的主导因素，结合已建立的小尺度血吸虫病传播模型，试验不同类型的模型，完成血吸虫病时空传播的建模、模型验证、时空预测、不确定性评价等。

（3）风险管理，包括风险反应、风险信息交换、卫生决策、控制效果监测、卫生决策执行部门可持续参与和整个反应评估机制，致力于应用血吸虫病传播动态模型进行不同控制效果的模拟和卫生决策支持。

4. 取得的主要成果

1）发展了多尺度血吸虫病时空传播模型

血吸虫病的传播系统同其他地理系统和生态系统一样，是各种时间和空间尺度上相互作用的过程组成的复杂系统，没有“单一正确尺度”可以描述整个系统的行为。血吸虫病的传播是多尺度上的多因素（气候、土壤、植被、土地利用、地形、水文等）综合作用下的时空演变过程，因此，在它的传播模拟中的尺度是非常重要的因素。为了更全面地模拟血吸虫病传播过程和机理，该课题发展了多尺度血吸虫病时空传播模型及多尺度自适应血吸虫病预警系统。

2）在山区模型的基础上，发展了湖区血吸虫病时空传播模型

除了对尺度进行扩展，由于山区血吸虫与湖区血吸虫传播的机理存在很大不同，所以还需进行传播模型类型的扩展，构建湖区模型。湖区洲滩钉螺模型是水文–气候驱动下的水文–水生物–钉螺–血吸虫复杂系统。因此，为了建立湖区模型，除了在中坝洲滩的钉螺调查工作外，我们还进行了大量的前期准备工作，包括多源遥感数据、水文、气候数据和其他相关环境数据的收集和整理；淹没范围动态的提取、植被调查、遥感解译和植被生长模型等。

3）国内外学术合作交流与人才培养

项目组与国内外保持密切合作，徐冰教授在2008年以前，每年回国工作达3个月，并于2008年回国成为清华大学环境科学与工程系教授，有效地推动了该项目的开展。俄亥俄州立大学梁松教授、纽约州立大学布法罗分校卞玲教授也被该项目所吸引，主动前来加盟合作。同时，在国内外会议上积极宣传该课题组的研究成果，2007年赴意大利参加中欧合作环境监测与健康会议，2008年和2009年参加国际流行病学大会并作报告，2009年参加在南非举办的国际地球科学与遥感会议，2010年在美国地理学家年会上做口头报告，均获得较热烈的反响。

已发表15篇SCI论文和2篇核心论文，并在该项目的基础上，申请国家自然科学青年基金一项。

通过该课题，培养博士研究生4名，硕士研究生2名，支持4名研究生开展研究。

（五）光学与微波遥感的模型协同及联合反演研究

1. 项目概况

“光学与微波遥感的模型协同及联合反演研究”是国家自然科学重点基金项目，属于应用基础研究类，由中国科学院遥感应用研究所主持并承担，项目负责人柳钦火，参加人员有覃文汉、陈良富、刘强、李新武、郭志峰、范闻捷、杨习荣、肖青、辛晓洲、黄华国、杜永明、李静、闻建光等。项目总经费160万元，起止时间为2008年1月～2011年12月。

2. 立项依据

2007年项目通过评审立项。

3. 主要研究内容

（1）发展和改进光学与微波遥感辐射传输模型：研究土壤（含水量和温度的垂直分布、粗糙度）、农作物（叶面积指数的垂直分布、播种方式）和森林（叶面积指数的垂直分布）的关键参数对可见/近红外反射率、热红外发射率、微波发射率和后向散射的影响，建立土壤、农作物和森林反射、辐射与散射模型协同机制。

（2）像元尺度真实三维场景的地表辐射与散射特性计算机模拟，实现了低植被覆盖的裸土、农作物和森林三维空间结构可见/近红外波段的地表二向反射特性、热红外辐射特性、微波辐射特性和散射特性的计算机模拟；在此基础上，研究大场景混合像元真实场景的计算机模拟。

（3）多源遥感联合反演中的信息传播机制：研究多波段、多角度、不同空间分辨率的遥感数据的信息传播和互补机制。综合利用多星多传感器构成的遥感数据集，研究不同波段、角度的遥感数据所包含的植被结构信息量的数据表达及其信息冗余；研究各种地表复杂性条件下像元空间分辨率与遥感观测信号之间的尺度效应，进而设计科学的反演方法与反演策略。

（4）关键地表参数的多源遥感信息联合反演与验证：利用多颗卫星的可见光、近红外和微波遥感数据构成多角度观测数据集，研究植被结构参数（叶面积指数、角度归一化植被指数、冠层覆盖率等）、地表温度及组分温度的遥感综合反演方法；研究有云条件下，利用雷达遥感数据反演植被叶面积指数和地表温度的方法。开展全波段的地物辐射与散射特性野外联合实验，获取统一的地表结构参数和目标特性参数条件下的观测实验数据，对模型和方法进行验证。

4. 取得的主要成果

项目取得的主要成果和创新点如下。

（1）研制了光学与微波集成的遥感实验系统，开展了全波段的反射、辐射和散射特性观测试验：建成了30m高架三维观测平台及20m车载遥感实验平台，其成为国内首个近地面光学与微波遥感联合实验系统；申请专利两项：轨道式多维测量平台、移动式多维测量平台。开展了以玉米、油松、侧柏、杨树和裸土等典型地物可见光/近红外二向性反射、热红外辐射、微波后向散射与辐射联合观测试验，获得了40GB光学与微波联合观测数据集。

（2）发展了农作物、森林等混合大场景的可见光/近红外二向性反射、热红外辐射，以及微波散射特性的计算机模拟模型：发展非均匀混合像元二向性反射模型、热红外辐射方向性模型，提出大场景辐射度求解算法，实现500m像元尺度的二向性反射与热红外辐射方向性模拟，开发了“大尺度遥感辐射度模拟系统 V 1.0”；发展森林三维真实大场景的二向性反射和微波散射特性的计算机模拟模型，开发了“基于3D场景的森林相干散射模拟软件”。

（3）发展和改进了裸土、农作物、森林等地表的光学与微波遥感辐射传输模型，探索了光学与微波遥感模型的协同机制：针对农作物不同生长期，建立行播作物和连续植被冠层统一可见光/近红外二向性反射模型；完善冠层内多次散射的计算，使得森林微波后向散射模型模拟精度得到提高；将雷达散射模型扩展全极化相干模型，建立适用于玉米和小麦农作物的微波相干散射模型，使其适应小麦、玉米不同生长时期的雷达模拟；基于统一冠层结构和地表参数，构建了农作物可见光BRF和微波后向散射系数拟合模拟库。发展基于Matrix Doubling方法的森林被动微波辐射模型，完成玉米微波辐射数据库的构建；利用土壤水热耦合模型结合微波辐射传输模型，分析建立了L波段微波等效温度与红外地表温度的关系模型；实现了作物冠层热红外与微波辐射传输的一体化建模。

（4）发展了地表反照率、地表温度、土壤水分、叶面积指数、森林树高和生物量等参量的多源遥感数据联合反演方法：研究了不同数据源在反演过程中的信息传输机制，基于熵及冠层反射率模型，推导出衡量信息量的熵差分析方法；建立多角度多波段的核驱动BRDF模型（ASK BRDF Model），发展了基于多源卫星遥感数据的地表反照率反演新算法；提出了激光雷达与光学数据联合反演叶面积指数和高度，机载激光雷达数据、可见光数据与热红外数据协同反演组分温度的算法；实现基于统一农作物冠层参数的可见光BRF和微波后向散射系数的联合模拟，提出了关键农田植被结构参数的光学和微波遥感联合反演方法；提出了基于极化数据和光学数据的LAI联合反演方法；提出了基于雷达与光学数据的树高协同反演方法；提出了热红外与被动微波联合反演作物LAI及土壤含水量的方法。

在国内外主要学术刊物上共发表论文62篇，其中SCI收录期刊文章22篇、EI收录期刊文章14篇、CSCD论文23篇；完成软件著作权登记3项、专利3项。

5. 项目验收意见

2012年2月20～22日，国家自然科学基金委员会组织专家进行了项目验收，认为该项目按计划完成，在光学与微波集成的遥感实验系统、基于地表真实三维结构的混合大场景计算机模拟模型、光学与微波遥感辐射传输模型协同机制与联合反演等方面的研究工作取得较好进展。

（六）卫星遥感反演 CO_2 误差分析和低层大气 CO_2 模拟

1. 项目概况

“卫星遥感反演 CO_2 误差分析和低层大气 CO_2 模拟”是国家自然科学基金重点项目，属于应用基础研究类，主持单位为中国科学院遥感应用研究所，参加单位有中国科学院大气物理研究所和环境保护部卫星环境应用中心。项目负责人陈良富，参加人员有施建成、张美根、詹志明、高彦华、陶金花、李莘莘和严俊霞等。项目总经费 270 万元，起止时间为 2012 年 1 月～2016 年 12 月。

2. 立项依据

为应对气候变化，我国承诺了减排义务，并在墨西哥坎昆决议上坚持了《京都议定书》和“共同但有区别的责任”的原则。但经济快速发展的需求更凸显我国减排面临“可测量、可报告、可核实”核查的压力，“可测量、可报告、可核实”核查的难点是大气低层 CO_2 浓度。而低层 CO_2 是排放的 CO_2 在大气传输中与地表交换的结果。但卫星观测只获得粗分辨率整层 CO_2，再加上国外卫星算法对我国 CO_2 排放浓度存在高估现象，所以必须增强我国 CO_2 反演误差分析与大气低层 CO_2 浓度模拟能力，以掌握大气低层 CO_2 核查技术。

3. 主要研究内容

1）大气 CO_2 浓度的卫星遥感反演算法

开展短波红外 CO_2 反演算法研究；明确气溶胶粒子的非球形假设方案，基于蒙特卡罗方法建立大气辐射传输的气溶胶多次散射模拟模型；研究多次散射引起的太阳光程的改变对 CO_2 浓度反演影响的机理，以及多次散射效应校正模型；针对我国气溶胶光学厚度高值区，探讨我国气溶胶高值区 CO_2 浓度高精确反演算法；验证和评价卫星反演的 CO_2 的模拟精度。

2）陆地生态系统 CO_2 通量模型研究

开展不同生态系统类型光合作用初级生产力遥感参数化模型研究；建立不同类型生态系统呼吸的遥感估算模型，客观反映生态系统呼吸的空间差异，提高 CO_2 通量的估算精度；基于 China FLUX 的通量观测数据，进行陆地生态系统 CO_2 通量遥感反演模型参数化，以及估算结果的验证与精度评价相关研究，以明确不同类型生态系统地表 CO_2 通量遥感估算精度的差异与影响因素。

3）大气输运过程与边界层 CO_2 浓度模拟

利用上述卫星遥感与地面（台站、高塔和流动观测系统）监测 CO_2 浓度数据集，发展一个以区域大气化学传输模式 RAMS-CMAQ 为载体，耦合不同生态类型光合作用总生产力参数化模型，综合卫星遥感与模型模拟的融合方法，以获取高时空分辨率与高精度的 CO_2 浓度分布，构建应用示范区域大气边界层 CO_2 浓度分布的数据集。

4. 项目取得的主要成果

（1）针对我国气溶胶高值区多次散射效应修正 CO_2 浓度卫星遥感反演算法。

（2）基于大气 CO_2 卫星观测，地表高空间分异 CO_2 通量估算，以及考虑区域输运过程与地表 CO_2 相互交换机理，实现大气底层 CO_2 模拟的技术体系。

编制中国地区 2012～2014 年大气底层 CO_2 浓度数据集。已发表论文 18 篇，其中 SCI 论文 11 篇（包括第一资助 7 篇）。

（3）培养博士研究生 6 人、硕士研究生 2 人。

五、其他国家级及部委级的科学基金项目

序号	项目名称	项目类别	负责人	批准金额/万元	开始日期	结题日期	资助年份
1	多幅连续卫星遥感图像几何模式的研究	面上项目	李树楷	3	1987/1/1	1988/12/31	1986
2	计算机遥感图像空间信息抽取和综合分析系统	面上项目	詹慈祥	8	1987/1/1	1990/12/31	1986
3	不连续植被的遥感定量分析模型	面上项目	李小文	3	1988/1/1	1989/12/31	1987
4	遥感传感器智能化的应用基础研究	专项基金项目	万正明	5	1988/1/1	1990/12/31	1987
5	岩石矿物的红外辐射特性研究	面上项目	崔承禹	4	1988/1/1	1990/12/31	1987
6	地物结构特征与地物方向谱之间关系的几何光学模型	面上项目	朱启疆	8	1989/1/1	1991/12/31	1988
7	城市信息系统中 HBDS 研究	面上项目	崔伟宏	3.7	1989/1/1	1991/12/31	1988
8	自适应几何变换方法及软件应用系统	面上项目	朱重光	5	1990/1/1	1992/1/1	1989
9	地物的微波特性和微波遥感应用基础研究	面上项目	赵昌龄	7	1990/1/1	1992/12/31	1989
10	土壤水分的热惯量模型研究	面上项目	田国良	5	1991/1/1	1993/12/31	1990
11	成像光谱信息处理及分析技术研究	专项基金项目	童庆禧	8.5	1992/1/1	1994/12/31	1991
12	遥感信息地物理解专家思维模型	专项基金项目	刘行华	2.5	1992/1/1	1993/12/31	1991
13	航空红外扫描图像辐射畸变纠正方法研究及其保真度评估	面上项目	朱振海	5	1993/1/1	1994/12/31	1992
14	大型工程选址遥感信息判读模型研究	面上项目	陈正宜	6	1993/1/1	1995/12/31	1992
15	SAR 图像几何特征分析对地定位处理模式研究	专项基金项目	陈继平	5	1993/1/1	1995/6/1	1992
16	JERS-1OPS 立体图像的系统应用模式研究	面上项目	李树楷	7	1993/1/1	1995/12/31	1993
17	超图概念模型为基础的区域发展空间决策支持系统研究	面上项目	崔伟宏	7	1994/1/1	1996/12/31	1993
18	遥感图像的分数维压缩、分类及图像数据库方法研究	专项基金项目	连石柱	8	1994/1/1	1996/12/31	1993
19	泥石流的遥感应用模型研究	青年科学基金项目	魏永明	8	1995/1/1	1997/12/31	1994
20	黄淮海平原旱涝情与地貌影响机理	面上项目	濮静娟	6	1995/1/1	1997/12/31	1994
21	双波段全极化雷达对地观测机理与地物识别模型	青年科学基金项目	邵芸	12	1996/1/1	1997/12/31	1995
22	基于扩展关系模型的整体地理信息系统的研究	青年科学基金项目	赵健	8	1996/1/1	1998/12/31	1995
23	岩石摩擦滑动的红外辐射基础试验与探索	面上项目	崔承禹	13	1997/1/1	1999/12/31	1996
24	基于季相及经度模型的土地覆盖变化遥感研究	青年科学基金项目	布和敖斯尔	14	1998/1/1	2000/12/31	1997
25	作物的干涉雷达相关特征分析	专项基金项目	王超	2	1997/1/1	1997/12/31	1997
26	干涉雷达数据的相关分析及在作物分类中的应用	专项基金项目	王超	12	1998/1/1	2000/12/31	1997
27	震前遥感热异常信息机理研究	青年科学基金项目	郭子祺	15	1999/1/1	2001/12/31	1998
28	遥感应用模型与方法	国家杰出青年科学基金	宫鹏	30	1999/1/1	2001/12/31	1998

续表

序号	项目名称	项目类别	负责人	批准金额/万元	开始日期	结题日期	资助年份
29	地球空间信息科学遥感发展战略研究	专项基金项目	童庆禧	5	1998/1/1	1998/12/31	1998
30	油气微渗漏热红外谱型形成机理的地学研究	面上项目	黄秀华	15	1999/1/1	1999/12/31	1998
31	青藏高原地表反照率遥感反演及冷热源作用的研究	面上项目	田国良	16	2000/1/1	2002/12/31	1999
32	新型成像雷达对地观测机理及地物识别技术	专项基金项目	郭华东	60	2000/1/1	2002/12/31	1999
33	遥感与地球空间信息科学	专项基金项目	童庆禧	10	1999/2/1	1999/12/31	1999
34	极化和干涉雷达数据反演积雪参数	青年科学基金项目	李震	18	2001/1/1	2003/12/31	2000
35	海洋油气藏烃类渗漏形成表面油膜的时空变化特征研究	青年科学基金项目	黄晓霞	17	2001/1/1	2003/12/31	2000
36	中法遥感定量化应用研讨会	国际（地区）合作与交流项目	童庆禧	3	2000/1/1	2000/12/31	2000
37	SRTM 干涉测量的植被效应与散射机理分析	面上项目	王超	18	2001/1/1	2003/12/31	2000
38	基于层服务模型的万维网空间数据模型研究	面上项目	杨崇俊	25	2001/1/1	2003/12/31	2000
39	分划极低级变质带的黏土矿物光谱标志研究	面上项目	燕守勋	18	2001/1/1	2003/12/31	2000
40	多（超）光谱遥感图像有损压缩累进无损技术研究	青年科学基金项目	唐娉	23	2002/1/1	2004/12/31	2001
41	机载三维成像仪带有附加参数的自检校平差理论与方法	面上项目	刘少创	23	2002/1/1	2005/12/31	2001
42	区域可持续发展时空数据模型研究	青年科学基金项目	牛振国	18	2003/1/1	2005/12/31	2002
43	基于新型机载遥感数据的建筑物提取研究	青年科学基金项目	尤红建	23	2003/1/1	2005/12/31	2002
44	基于语义单元的城市遥感影像群判读理论方法研究	青年科学基金项目	刘亚岚	25	2003/1/1	2005/12/31	2002
45	用 CCD 相机研究岩石高光谱响应机理和矿物组成反演模型	青年科学基金项目	赵永超	23	2003/1/1	2005/12/31	2002
46	基于高光谱遥感的光谱指数时间谱特性研究	面上项目	童庆禧	38	2003/1/1	2005/12/31	2002
47	植物冠层碳氮比遥感定量反演研究	面上项目	牛铮	28	2003/1/1	2005/12/31	2002
48	缺少控制点的遥感图像精纠正与定位理论研究	面上项目	任留成	10	2003/1/1	2004/12/31	2002
49	国际地球科学与遥感专题讨论会	国际（地区）合作与交流项目	燕守勋	0.9185	2003/7/20	2003/8/26	2003
50	“中美关系：过去、现在和未来”国际会议	国际（地区）合作与交流项目	崔伟宏	12	2003/11/4	2003/12/5	2003
51	空间技术在干旱、半干旱区持续发展应用国际学术交流会	国际（地区）合作与交流项目	牛铮	3.5	2003/5/20	2003/5/22	2003
52	SARS 传播时空模型研究	专项基金项目	李小文	40	2003/5/1	2003/12/31	2003
53	协同虚拟地理环境及其在小领域坝系规划中的应用研究	专项基金项目	龚建华	10	2004/1/1	2004/12/31	2003
54	农业环境土壤地球化学的遥感机理研究	面上项目	蔺启忠	30	2004/1/1	2006/12/31	2003
55	卫星遥感像元的邻近效应与处理方法研究	面上项目	马建文	30	2004/1/1	2006/12/31	2003
56	植被组分温度分布特征及其时空尺度效应研究	面上项目	柳钦火	35	2004/1/1	2006/12/31	2003

续表

序号	项目名称	项目类别	负责人	批准金额/万元	开始日期	结题日期	资助年份
57	垄行作物热红外辐射方向特性与农田叶面积指数关系研究	面上项目	余涛	10	2004/1/1	2004/12/31	2003
58	青藏高原近20年土壤水分及雪水当量的参数反演研究	重大研究计划	施建成	90	2004/1/1	2007/12/3	2003
59	中国东北和俄罗斯远东边境地区可持续发展研究	国际（地区）合作与交流项目	牛振国	5.1	2004/1/1	2004/12/31	2004
60	遥感考古国际会议	国际（地区）合作与交流项目	施建成	4		2004/11/15	2004
61	非线性光谱分解用于提取冠层结构参数的方法研究和验证	青年科学基金项目	刘强	25	2005/1/1	2007/12/31	2004
62	基于网格计算平台的MODIS数据气溶胶快速监测建模与中间件研究	面上项目	薛勇	33	2005/1/1	2007/12/31	2004
63	FPAR遥感探测中信息饱和问题的机理与模型研究	面上项目	陈良富	33	2005/1/1	2007/12/31	2004
64	基于虚拟地理环境的SARS传播与控制模拟研究	面上项目	龚建华	32	2005/1/1	2007/12/31	2004
65	传染病流行与地理环境因素关系分析	重大项目	宫鹏	140	2005/5/31	2010/7/31	2005
66	高光谱遥感图像小目标探测技术研究	青年科学基金项目	耿修瑞	27	2006/1/1	2008/12/31	2005
67	极化干涉SAR植被覆盖区土壤水分反演研究	青年科学基金项目	李新武	27	2006/1/1	2008/12/31	2005
68	基于CRYOSAT雷达高度计的冰盖高程提取及变化监测研究	青年科学基金项目	程晓	28	2006/1/1	2008/12/31	2005
69	地表参数微波遥感研究高级研讨座谈会	国际（地区）合作与交流项目	施建成	8	2005/8/25	2005/8/31	2005
70	中国东北和俄罗斯远东边境地区可持续发展研究	国际（地区）合作与交流项目	牛振国	3.7	2005/1/1	2005/12/31	2005
71	多源遥感数据中目标的多特征动态模型构建与变化探测	面上项目	马建文	32	2006/1/1	2008/12/31	2005
72	中分辨率混合像元雪填图算法研究	面上项目	施建成	35	2006/1/1	2008/12/31	2005
73	基于模型的SAR数据定量反演山地森林生物量研究	面上项目	孙国清	32	2006/1/1	2008/12/31	2005
74	利用干涉成像光谱仪进行月球表面元素定量遥感探测的机理与方法研究	面上项目	张兵	48	2006/1/1	2008/12/31	2005
75	基于宽光谱遥感数据的细分光谱遥感图像模拟研究	面上项目	牛铮	30	2006/1/1	2008/12/31	2005
76	基于特征的高分辨率遥感城市道路网自动提取方法研究	青年科学基金项目	沈占锋	27	2007/1/1	2009/12/31	2006
77	遥感像元中植被蒸腾与土壤蒸发的分解及其在旱情监测中的应用	青年科学基金项目	辛晓洲	28	2007/1/1	2009/12/31	2006
78	基于直方变差图的叶面积指数反演尺度效应研究	青年科学基金项目	张颢	28	2007/1/1	2009/12/31	2006
79	基于植被指数时间谱的作物种植模式信息提取研究	青年科学基金项目	张霞	28	2007/1/1	2009/12/31	2006
80	空间智能的理论与应用	国际（地区）合作与交流项目	龚建华	25	2007/1/1	2009/12/31	2006
81	激光雷达森林测量研究	面上项目	宫鹏	35	2007/1/1	2009/12/31	2006
82	野外遥感测量中传感器大视场角观测的误差研究	面上项目	余涛	10	2007/1/1	2007/12/31	2006
83	混合像元热红外辐射方向性模型及其时空尺度效应	面上项目	柳钦火	40	2007/1/1	2009/12/31	2006

续表

序号	项目名称	项目类别	负责人	批准金额/万元	开始日期	结题日期	资助年份
84	基于小基线子集的干涉SAR青藏高原冻土形变规律分析	面上项目	李震	30	2007/1/1	2009/12/31	2006
85	内陆水体生物光学特性和多尺度反演模型研究	面上项目	王世新	30	2007/1/1	2009/12/31	2006
86	城市下垫面大气气溶胶多尺度遥感定量反演建模研究	面上项目	薛勇	30	2007/1/1	2009/12/31	2006
87	我国月面巡视探测器高精度定位技术基础研究	面上项目	刘少创	35	2007/1/1	2009/12/31	2006
88	低概率出露蚀变岩及相关地质体的高光谱遥感探测机理与方法研究	面上项目	燕守勋	36	2007/1/1	2009/12/31	2006
89	合成孔径雷达积分时间内海面相干时间估算理论	面上项目	董庆	36	2007/1/1	2009/12/31	2006
90	中国科学院科技人才早期培养计划	专项基金项目	袁志宁	25	2006/1/1	2006/12/31	2006
91	基于传感器MTF与大气MTF分离模型的MTF补偿研究	青年科学基金项目	李小英	19	2008/1/1	2010/12/31	2007
92	穗叶复合模型的扩展和反演研究	青年科学基金项目	杜永明	19	2008/1/1	2010/12/31	2007
93	三维森林林分场景动态构建及其在遥感模型模拟中的应用研究	青年科学基金项目	过志峰	19	2008/1/1	2010/12/31	2007
94	基于野外光谱的土壤重金属定量反演方法及机理研究	青年科学基金项目	吴昀昭	19	2008/1/1	2010/12/31	2007
95	浅水下垫面光学效应与水体水质光学辐射传输模型研究	青年科学基金项目	阎福礼	19	2008/1/1	2010/12/31	2007
96	多海况SAR成像模拟关键问题研究	青年科学基金项目	谢涛	19	2008/1/1	2010/12/31	2007
97	高空间分辨率遥感影像信息提取的最佳尺度定量化研究	面上项目	丁琳	13	2008/1/1	2011/12/31	2007
98	基于法拉第旋转效应的地表磁场遥感探测方法研究	面上项目	韩春明	40	2008/1/1	2010/12/31	2007
99	黔西南红（黏）土型金矿ASTER光谱指数研制与填图研究	面上项目	武晓波	31	2008/1/1	2010/12/31	2007
100	中国科学院科技人才早期培养计划	专项基金项目	袁志宁	40	2007/1/1	2007/12/31	2007
101	基于叶片和棉花棉桃组分光学特性研究的模型改进及棉花棉絮量的模型反演方法研究	青年科学基金项目	李静	19	2009/1/1	2011/12/31	2008
102	基于生物量精准监测的冬小麦单产预测方法研究	青年科学基金项目	蒙继华	19	2009/1/1	2011/12/31	2008
103	矢量空间数据的高精度网络渐进传输模型	青年科学基金项目	任应超	19	2009/1/1	2011/12/31	2008
104	联合角反射器和相干稳定点的DInSAR技术监测低相关区滑坡移动的研究	青年科学基金项目	傅文学	19	2009/1/1	2011/12/31	2008
105	基于航空激光雷达数据的城市建筑容积率计算方法研究	青年科学基金项目	汪承义	19	2009/1/1	2011/12/31	2008
106	干涉SAR与LiDAR森林参数协同反演模型与方法	面上项目	曹春香	37	2009/1/1	2011/12/31	2008
107	植被辐射温度对光合作用的影响机理及其模型研究	面上项目	陈良富	54	2009/1/1	2011/12/31	2008
108	我国北方农村混合像元及其对定量遥感反演的影响研究	面上项目	刘强	35	2009/1/1	2011/12/31	2008
109	基于个体的人–地时空建模与传染病传播模拟研究	面上项目	龚建华	48	2009/1/1	2011/12/31	2008
110	无线GIS中的时空间查询优化理论与技术研究	面上项目	李红旮	42	2009/1/1	2011/12/31	2008
111	深空探测中卫星与地面数据支持的探测车自发定位与制图方法研究	面上项目	邸凯昌	45	2009/1/1	2011/12/31	2008

续表

序号	项目名称	项目类别	负责人	批准金额/万元	开始日期	结题日期	资助年份
112	基于指数的多层次遥感专题信息高精度自动提取方法研究	面上项目	骆剑承	38	2009/1/1	2011/12/31	2008
113	极地极端环境无线传感器网络技术冰雪遥感监测研究	面上项目	程晓	46	2009/1/1	2011/12/31	2008
114	中国科学院科技人才早期培养	专项基金项目	袁志宁	40	2008/1/1	2008/12/1	2008
115	X 和 Ku 波段雷达观测在自然积雪场景下的建模与分析	青年科学基金项目	杜今阳	18	2010/1/1	2012/12/31	2009
116	复杂地形条件的地表反照率遥感反演与尺度效应研究	青年科学基金项目	闻建光	18	2010/1/1	2012/12/31	2009
117	耦合大气边界层模型的地表水热通量建模与反演方法研究	青年科学基金项目	熊隽	18	2010/1/1	2012/12/31	2009
118	基于背景学习的并行粒子滤波红外弱小目标 TBD 算法研究	青年科学基金项目	陈雪	18	2010/1/1	2012/12/31	2009
119	地面激光雷达提取森林单木结构参数研究	青年科学基金项目	黄华兵	18	2010/1/1	2012/12/31	2009
120	基于长时间序列的黄河三角洲耕地及其生产能力变化遥感动态监测	青年科学基金项目	汪潇	18	2010/1/1	2012/12/31	2009
121	被动微波遥感在生态系统监测和碳循研究中的应用	重点项目	施建成	164	2010/1/1	2013/12/31	2009
122	汶川地震震害遥感判读知识谱系及其认知模型研究	面上项目	刘亚岚	35	2010/1/1	2012/12/31	2009
123	双光源照射条件下植被冠层方向反射模型研究	面上项目	牛铮	45	2010/1/1	2012/12/31	2009
124	联合大脚印激光雷达垂直采样与 SAR 面成像功能的森林生物量制图研究	面上项目	孙国清	35	2010/1/1	2012/12/31	2009
125	地表水热通量卫星遥感的时间尺度扩展方法研究	面上项目	辛晓洲	35	2010/1/1	2012/12/31	2009
126	基于光谱特征分析的喀斯特石漠化信息遥感提取研究	面上项目	张霞	34	2010/1/1	2012/12/31	2009
127	无线传感器网络支持下的水质遥感动态监测关键技术研究	面上项目	郭子祺	35	2010/1/1	2012/12/31	2009
128	基于多波段作物遥感辐射模型的 LAI 协同反演与真实性检验研究	面上项目	孟庆岩	35	2010/1/1	2012/12/31	2009
129	高分辨率遥感影像多尺度特征基元提取及其集群计算方法研究	面上项目	沈占锋	35	2010/1/1	2012/12/31	2009
130	基于通用陆面过程模式和复杂地表微波辐射传输模型的卫星数据模拟和土壤湿度同化研究	面上项目	张生雷	35	2010/1/1	2012/12/31	2009
131	中国科学院青少年科普创意大赛	专项基金项目	马强	15	2009/3/1	2009/12/31	2009
132	中国科学院科技人才早期培养	专项基金项目	袁志宁	50	2009/3/1	2009/12/31	2009
133	非球形气溶胶粒子模型和光学厚度的多角度偏振遥感算法研究	青年科学基金项目	程天海	19	2011/1/1	2013/12/31	2010
134	联合干涉雷达、摄影测量与激光雷达数据反演森林生物量研究	青年科学基金项目	倪文俭	19	2011/1/1	2013/12/31	2010
135	基于像元反射率变差分析与模拟的遥感数据时空维融合方法研究	青年科学基金项目	王力	19	2011/1/1	2013/12/31	2010
136	基于高光谱遥感数据的植被光能利用率反演研究	青年科学基金项目	吴朝阳	19	2011/1/1	2013/12/31	2010
137	基于辐射传输模型和短时相组合遥感数据的积雪反照率反演方法研究	青年科学基金项目	徐元柳	19	2011/1/1	2013/12/31	2010
138	近海测高卫星回波模型改进及波形重构技术研究	青年科学基金项目	杨乐	19	2011/1/1	2013/12/31	2010

续表

序号	项目名称	项目类别	负责人	批准金额/万元	开始日期	结题日期	资助年份
139	基于异侧双视向高分辨率SAR图像的建筑物边界与三维结构参数提取	青年科学基金项目	张风丽	19	2011/1/1	2013/12/31	2010
140	基于高光谱数据的农业用地土壤重金属污染定量反演模型研究	青年科学基金项目	赵冬	19	2011/1/1	2013/12/31	2010
141	基于遥感数据的海岸带生态系统健康研究——以浙江省海岸带为例	青年科学基金项目	陈正华	18	2011/1/1	2013/12/31	2010
142	塔克拉玛干沙漠腹地考古特征雷达遥感探测研究——以尼雅遗址为例	青年科学基金项目	邓飚	18	2011/1/1	2013/12/31	2010
143	宽覆盖、中高分辨率的线阵CCD与红外传感器的定位模型研究——以环境一号小卫星为例	青年科学基金项目	黄青青	18	2011/1/1	2013/12/31	2010
144	遥感图像分类中构造和使用具有不变性的特征的相关问题研究	青年科学基金项目	王杰	18	2011/1/1	2013/12/31	2010
145	乡镇建成区遥感自动识别算法	青年科学基金项目	王雷	18	2011/1/1	2013/12/31	2010
146	基于永久散射体技术的滨海湿地水位变化监测研究	青年科学基金项目	谢酬	18	2011/1/1	2013/12/31	2010
147	耦合遥感时空数据和计量经济模型的耕地利用效率定量评估研究	青年科学基金项目	左丽君	18	2011/1/1	2013/12/31	2010
148	基于嫦娥一号卫星CCD立体影像数据与激光高度计数据的月球撞击坑及其三维特征自动提取方法研究	青年科学基金项目	岳宗玉	19	2011/1/1	2013/12/31	2010
149	CCD相机对气溶胶MTF与湍流MTF的影响机理以及模型研究	面上项目	李小英	40	2011/1/1	2013/12/31	2010
150	作物养分空间维和时间维扩展遥感监测研究	面上项目	黄文江	38	2011/1/1	2013/12/31	2010
151	作物种植面积遥感估算不确定性研究	面上项目	李强子	38	2011/1/1	2013/12/31	2010
152	基于下降影像的月面着陆区高精度测图技术研究	面上项目	刘少创	38	2011/1/1	2013/12/31	2010
153	高光谱遥感岩矿多维数据库关键技术研究	面上项目	张立福	44	2011/1/1	2013/12/31	2010
154	大气气溶胶粒子化学组成的遥感反演方法研究	面上项目	李正强	18	2011/1/1	2011/12/31	2010
155	中国东部土地利用和土地覆盖变化对区域能量、水、碳循环以及天气和气候的影响研究	面上项目	卢立新	58	2011/1/1	2013/12/31	2010
156	耦合大气边界层模型的地表水热通量建模与反演方法研究	国际（地区）合作与交流项目	熊隽	1.3	2010/5/31	2010/12/31	2010
157	九龙江流域非点源污染景观源汇格局及其尺度依赖性研究	面上项目	张新	36	2011/1/1	2013/12/31	2010
158	无线传感器网络支持下的鄱阳湖洲滩钉螺生境与人畜活动监测	青年科学基金项目	胡海棠	22	2011/1/1	2013/12/31	2010
159	基于遥感和数据同化的黑河中–下游植被与陆表水循环的相互作用研究	重大研究计划	贾立	60	2011/1/1	2013/12/31	2010
160	干旱区陆表蒸散遥感估算的参数化方法研究	重大研究计划	吴炳方	200	2011/1/1	2014/12/31	2010
161	中国科学院科技人才早期培养	中国科学院科技人才早期培养	袁志宁	50	2010/1/1	2010/12/31	2010
162	谱可变（2+1）维变系数模型可积性与孤子解动力学研究	青年科学基金项目	李娟	22	2012/1/1	2014/12/31	2011
163	非洲生态系统监测、研究和管理能力评估	国际（地区）合作与交流项目	吴炳方	300	2011/9/1	2014/8/31	2011
164	黄河下游河道输沙和形态对不同流量的响应	青年科学基金项目	马元旭	28	2012/1/1	2014/12/31	2011

续表

序号	项目名称	项目类别	负责人	批准金额/万元	开始日期	结题日期	资助年份
165	基于元胞自动机模型的城市群空间扩展模拟与预测过程中的不确定性分析	青年科学基金项目	刘芳	23	2012/1/1	2015/12/31	2011
166	耦合地表 BRDF 特性的陆地气溶胶遥感定量反演研究	青年科学基金项目	光洁	25	2012/1/1	2014/12/31	2011
167	区分直射与散射的植被光合有效辐射吸收模型研究	青年科学基金项目	李丽	25	2012/1/1	2014/12/31	2011
168	像元尺度地表发射率方向性建模及地表温度遥感反演研究	青年科学基金项目	历华	25	2012/1/1	2014/12/31	2011
169	基于风云二号静止气象卫星时间序列数据地表温度反演及其有效性验证	青年科学基金项目	欧阳晓莹	25	2012/1/1	2014/12/31	2011
170	基于大气学模式的近地面颗粒物反演方法研究	青年科学基金项目	陶金花	24	2012/1/1	2014/12/31	2011
171	利用大气中性点进行地–气偏振效应分离的机理研究	青年科学基金项目	吴太夏	25	2012/1/1	2014/12/31	2011
172	陆面过程模型不确定性分析与数据同化的参数化方案研究	青年科学基金项目	王昆	25	2012/1/1	2014/12/31	2011
173	洪水演进虚实耦合实验机理与关键技术研究	青年科学基金项目	李毅	23	2012/1/1	2014/12/31	2011
174	协同图谱特征的遥感影像全自动分类方法研究	青年科学基金项目	胡晓东	23	2012/1/1	2014/12/31	2011
175	基于 MODIS 与 Landsat 数据融合的区域水土流失风险评价	青年科学基金项目	李晓松	23	2012/1/1	2014/12/31	2011
176	基于遥感与大气模式数据的霾光学厚度反演算法研究	青年科学基金项目	李莘莘	23	2012/1/1	2014/12/31	2011
177	基于多源异构数据的湖泊水储量遥感估算方法研究	青年科学基金项目	卢善龙	23	2012/1/1	2014/12/31	2011
178	多通道卫星波段配准误差及其对数据产品影响的研究	青年科学基金项目	谢勇	23	2012/1/1	2014/12/31	2011
179	基于高分辨率遥感影像的城市森林固碳释氧生态服务功能综合评估方法研究	青年科学基金项目	尹锴	26	2012/1/1	2014/12/31	2011
180	陆地气溶胶偏振遥感反演中偏振多波段地气解耦合研究	青年科学基金项目	胡新礼	24	2012/1/1	2014/12/31	2011
181	基于作物参数遥感反演的作物单产预测方法研究及其在东北欧亚大陆的验证	国际（地区）合作与交流项目	蒙继华	8.76	2011/1/1	2012/12/31	2011
182	典型农作物冠层全生长期辐射方向性模型构建研究	面上项目	杜永明	60	2012/1/1	2015/12/31	2011
183	基于多源遥感数据的中国热带雨林地上生物量估算及其时空变化分析研究	面上项目	过志峰	60	2012/1/1	2015/12/31	2011
184	基于空间信息技术的中国树流感风险与森林健康相关性分析研究	面上项目	曹春香	60	2012/1/1	2015/12/31	2011
185	基于 HJ-1 数据的作物成熟期遥感预测方法研究	面上项目	蒙继华	58	2012/1/1	2015/12/31	2011
186	登月宇航员月面导航定位方法研究	面上项目	邸凯昌	60	2012/1/1	2015/12/31	2011
187	基于生态细胞和数字低碳的老年社区智能信息服务方法研究	专项基金项目	蒋祥明	72	2011/6/1	2015/12/31	2011
188	黑河流域生态–水文过程综合遥感观测试验：航空光学遥感	重大研究计划	肖青	300	2012/1/1	2015/12/31	2011
189	中国科学院科技人才早期培养	专项基金项目	袁志宁	250	2011/1/1	2013/12/31	2011
190	气溶胶光学厚度垂直订正方法的验证与评价研究	青年科学基金项目	王子峰	25	2013/1/1	2015/12/31	2012
191	氧气吸收通道的光谱定标影响机理及光谱定标模型研究	青年科学基金项目	高海亮	25	2013/1/1	2015/12/31	2012

续表

序号	项目名称	项目类别	负责人	批准金额/万元	开始日期	结题日期	资助年份
192	多光谱与激光雷达相结合的森林叶面积指数垂直分层分布反演研究	青年科学基金项目	高帅	25	2013/1/1	2015/12/31	2012
193	干燥地表雷达遥感多层介质性质耦合机制研究	青年科学基金项目	宫华泽	25	2013/1/1	2015/12/31	2012
194	有云条件下地表辐射量多传感器联合反演算法研究	青年科学基金项目	王天星	25	2013/1/1	2015/12/31	2012
195	高光谱遥感影像地表反射率一体化反演模型研究	青年科学基金项目	杨杭	25	2013/1/1	2015/12/31	2012
196	基于多特征关联的复杂地形高分辨率遥感图像匹配技术研究	青年科学基金项目	杨健	25	2013/1/1	2015/12/31	2012
197	海气边界层稳定度对C波段雷达遥感海面风场影响机理研究	青年科学基金项目	杨晓峰	20	2013/1/1	2015/12/31	2012
198	基于几何光学模型反演林冠郁闭度的普适性方法研究	青年科学基金项目	曾源	25	2013/1/1	2015/12/31	2012
199	云天下行短波辐射遥感估算方法研究	青年科学基金项目	张海龙	25	2013/1/1	2015/12/31	2012
200	热红外甲烷廓线物理反演中稳定性机理分析和模型研究	青年科学基金项目	张莹	24	2013/1/1	2015/12/31	2012
201	支持室内呼吸道疾病传播模拟的多层次人地关系建模研究	青年科学基金项目	李文航	25	2013/1/1	2015/12/31	2012
202	基于蜂群算法和多智能体的多目标空间位置优化搜索和并行计算研究	青年科学基金项目	杨丽娜	25	2013/1/1	2015/12/31	2012
203	基于潜在火环境的森林火险等级遥感评估方法研究	青年科学基金项目	刘文亮	25	2013/1/1	2015/12/31	2012
204	国产卫星在东南亚地区典型生态类型识别中的关键技术研究	青年科学基金项目	吕婷婷	25	2013/1/1	2015/12/31	2012
205	城市空间三维变化对城市冷桥效应影响机理分析与模拟模型研究	青年科学基金项目	温庆可	25	2013/1/1	2015/12/31	2012
206	基于遥感数据的空气动力学粗糙度和零平面位移高度估算	青年科学基金项目	杨阿强	25	2013/1/1	2015/12/31	2012
207	我国高寒湿地边界确定方法研究——以若尔盖高原为例	青年科学基金项目	郑姚闽	25	2013/1/1	2015/12/31	2012
208	基于立体匹配和明暗恢复形状集成的嫦娥影像月球精细制图	青年科学基金项目	彭嫚	25	2013/1/1	2015/12/31	2012
209	中国冻土带天然气水合物遥感表征信息提取研究	青年科学基金项目	岑奕	24	2013/1/1	2015/12/31	2012
210	基于3S技术与碳氧平衡需求分析的城市森林定量景观规划	国际（地区）合作与交流项目	尹锴	2	2012/10/5	2012/12/31	2012
211	基于SMOS和AMSR-E被动微波数据的全球生态系统监测研究	国际（地区）合作与交流项目	施建成	9.6	2012/2/1	2012/12/31	2012
212	大气气溶胶成分遥感	优秀青年科学基金项目	李正强	100	2013/1/1	2015/12/31	2012
213	基于星载SAR和中尺度气象模式的中国近海海气边界层物理现象动力机制研究	海外及港澳学者合作研究基金	李晓峰	20	2013/1/1	2014/12/31	2012
214	海河流域土地利用与土地覆被变化对河流水质的影响	专项基金项目	田野	20	2013/1/1	2013/12/31	2012
215	野外红外发射率测量方法研究	专项基金项目	肖青	20	2013/1/1	2013/12/31	2012
216	核电等大型工程环境稳定性遥感评价模型研究	专项基金项目	魏永明	20	2013/1/1	2013/12/31	2012
217	痕量气体卫星反演中大气Ring效应的同步探测机理与估算模型研究	面上项目	韩冬	60	2013/1/1	2016/12/31	2012

续表

序号	项目名称	项目类别	负责人	批准金额/万元	开始日期	结题日期	资助年份
218	非均质混合像元遥感反射波谱模型构建及叶面积指数反演方法研究	面上项目	李静	65	2013/1/1	2016/12/31	2012
219	“图–谱”耦合迭代的地表覆被因子自适应遥感提取方法研究	面上项目	骆剑承	65	2013/1/1	2016/12/31	2012
220	多源遥感数据地表 BRDF/反照率联合反演方法及试验验证	面上项目	闻建光	65	2013/1/1	2016/12/31	2012
221	中国湿地分布的时空变化模拟研究	面上项目	牛振国	70	2013/1/1	2016/12/31	2012
222	空气动力学粗糙度多源数据协同反演模型研究	面上项目	吴炳方	70	2013/1/1	2016/12/31	2012
223	基于动态端元束的岩芯成像光谱数据快速解混技术研究	面上项目	王晋年	85	2013/1/1	2016/12/31	2012

第四章　国家重大专项

一、高分重大专项应用系统总体方案设计（一期）

1. 项目概况

"高分重大专项应用系统总体方案设计（一期）"是国防科工局高分辨率对地观测系统重大专项［国务院《国家中长期科学和技术发展规划纲要（2006～2020 年）》确定的 16 个重大专项之一］应用研究类项目，由中国科学院遥感应用研究所主持，参加单位有武汉大学、中国人民大学、中科院地理科学与资源研究所、南京大学、浙江大学、河南大学、二十一世纪空间技术应用股份有限公司、华迪宏图信息技术有限公司、中科遥感信息技术有限公司、中国软件评测中心等。项目负责人顾行发（遥感所），技术负责人余涛（遥感所），参加人员（遥感所）：杨健、王晋年、孟庆岩、周翔、刘其悦、占玉林、李娟、李家国、方莉、刘书含、王春梅、郭红、孙源、高海亮、刘李、谢东海、郑逢杰、栾海军、王舒鹏、李晓璐、徐辉、熊攀、王艳霞、邓安健、刘军、吴俣、赵利民、陈好、郭婧、郭丁、李玲玲、魏香琴、李斌、郑丽娟、王丹瑞、刘苗、魏曦、王栋等。项目总经费 1100 万元，项目起止时间为 2010 年 10 月～2013 年 3 月。

2. 主要研究内容

主要研究应用系统建设，组织与实施方案设计；应用系统质量、设施、数据、产品、系统、应用等技术规划；应用系统总体方案、指标体系设计；应用技术中心系统需求分析与总体设计；高分应用示范系统需求分析与总体设计；高分应用集成原型系统研发与案例分析等（详见所存档案）。

3. 取得的主要成果

书面成果 106 套，原型系统 2 套，申请专利 4 项等（详见所存档案）。

4. 项目验收意见

2013 年 3 月，国防科工局在北京组织召开了应用系统总体方案设计项目的验收评审会。会议技术专家、财务专家、档案专家一致同意应用系统总体方案设计项目通过验收（详见所存档案）。

二、高分应用综合数据库系统先期攻关项目

1. 项目概况

"高分应用综合数据库系统先期攻关"是国防科工局高分辨率对地观测系统重大专项（国务院《国家中长期科学和技术发展规划纲要（2006～2020 年）》确定的 16 个重大专项之一）应用研究类项目，由中国科学院遥感应用研究所主持，参加单位有浙江大学、中国科学院地理科学与资源研究所、北京师范大学和国家信息中心等，项目负责人顾行发（遥感所），技术负责人：孟庆岩（遥感所）。参加人员（遥感所）有余涛、黄祥志、牛铮、占玉林等。项目总经费 950 万元，起止时间为 2011～2012 年。

2. 主要研究内容

高分应用综合数据库系统先期攻关项目主要任务为收集整编现有数据，搭建基础空间数据库和运行管理数据库，开发高分应用综合数据库运行管理系统，并提供统一的数据接口、数据管理与数据访问渠道，满足共性技术系统对信息产品与实验特征数据的存储管理需求，支持标准信息产品、信息集成共享与服务等系统的业务运行（详见所存档案）。

3. 取得的主要成果

高分应用综合数据库系统先期攻关项目按计划已完成各项内容并符合指标要求。取得的主要成果见所存档案。

4. 项目验收意见

2014 年 2 月，国防科工局在北京组织召开了高分应用综合数据库系统先期攻关项目的验收评审会。会议技术专家、财务专家、档案专家一致同意高分应用综合数据库系统先期攻关项目通过验收（详见所存档案）。

三、高分信息产品“生产线”系统先期攻关项目

1. 项目概况

“高分信息产品“生产线”系统先期攻关项目”是国防科工局高分辨率对地观测系统重大专项［国务院《国家中长期科学和技术发展规划纲要（2006～2020 年）》确定的 16 个重大专项之一］应用研究类项目，由中国科学院遥感应用研究所主持，参加单位有中国测绘科学技术研究院、武汉大学、华中科技大学、河南大学和赛迪公司。项目负责人顾行发（遥感所），技术负责人余涛（遥感所），参加人员（遥感所）有周珂、邸凯昌、柳钦火、单小军、冯铮、陈静波、许华、杨晓峰、程天海、杨健和刘亚岚。项目总经费 1300 万元，项目起止时间为 2012～2014 年。

2. 主要研究内容

主要包括研究生产线系统的总体技术方案；突破高分信息提取、信息产品研发关键技术；研发生产线系统软件原型，并支持高分一号和二号卫星的试运行等（详见所存档案）。

3. 取得的主要成果

高分信息产品“生产线”系统先期攻关项目按计划已完成各项内容并符合指标要求，取得的主要成果见所存档案。

4. 项目验收意见

2014 年 2 月，国防科工局在北京组织召开了高分信息产品“生产线”系统先期攻关项目的验收评审会。会议技术专家、财务专家、档案专家一致同意高分信息产品“生产线”系统先期攻关项目通过验收（详见所存档案）。

四、高分遥感应急示范工程先期攻关项目

1. 项目概况

“高分遥感应急示范工程先期攻关项目”是国防科工局高分辨率对地观测系统重大专项［国务院《国

家中长期科学和技术发展规划纲要（2006～2020年）》确定的16个重大专项之一］应用研究类项目，由中国科学院遥感应用研究所主持，参加单位有中国地震局地震预测研究所、民政部国家减灾中心和中国科学院水利部成都山地灾害与环境研究所。项目负责人顾行发（遥感所），技术负责人邵芸（遥感所），参加人员有谢酬、王世新、张风丽、周艺、王福涛、胡新礼、田维、宫华泽、王丽涛、赵清、杜聪、熊金国、王峰、杨眉、卞小林、王世昂、李坤、张婷婷、袁名欢、王龙飞、王国军、刘龙、方亮、杨硕、宋宜全、郭亮、徐旭、张云俊、杨知、高荣俊、崔玉荣、谢东海、邱亚辉、关小果、贾西茜、李红林、张欢、王家峰、王晓丽、孔辰浩、郑光辉、李二俊、蔡龙洲、徐丹、刁静静、王更科、利民、熊攀、柳鹏、栾海军、李辰、张彩、石继香、谢燕华、张伦、林英豪、谭振华、魏曦、张会娟、卢遥、马样、刘文亮、韩昱、侯艳芳、姚尧、朱金峰、潘文斌、岳玉娟、赵向军、杨荔阳、张立辉、孙麇（遥感所）。项目总经费540万元。项目起止时间为2011年1月～2014年6月。

2. 主要研究内容

主要包括高分遥感应急示范工程总体设计、高分遥感应急关键技术攻关、高分遥感应急应用示范（详见所存档案）。

3. 取得的主要成果

高分遥感应急示范工程先期攻关项目已按计划完成各项内容并符合任务要求。取得的主要成果见所存档案。

4. 项目验收意见

评审专家认为该项目的研究目标、研究内容、预期成果、研究周期和经费符合项目批复表的要求，关键技术突破，已按计划完成各项内容。评审专家组一致同意项目通过评审（详见所存档案）。

五、高分应用技术中心信息共享与服务系统先期攻关项目

1. 项目概况

“高分应用技术中心信息共享与服务系统先期攻关”是国防科工局高分辨率对地观测系统重大专项［国务院《国家中长期科学和技术发展规划纲要（2006～2020年）》确定的16个重大专项之一］应用研究类项目，由中国科学院遥感应用研究所主持，参加单位有浙江大学、武汉大学、河南大学、北京大学和中科遥感信息技术有限公司。项目负责人顾行发（遥感所），技术负责人王晋年（遥感所），课题负责人为余涛、李家国、王栋、杨崇俊、杨健、李娟（遥感所）。参加人员（遥感所）有任伏虎、范海生、杨邦会、刘莉、刘冬林、董鹏、宋子辉、乔丽、邓富亮、张会娟、吴磊、李津平、王刚、任应超、范协裕、唐建智、占玉林、丁琳、王珂、方莉、王艳霞、徐辉、龙明涛、刘其悦、米晓飞、李少鹏、彭玉泉、李旭、潘英、王春梅、郑利娟、刘苗、王蕊和、李慧芳。项目总经费693万元，项目起止时间为2012年1月～2013年6月。

2. 主要研究内容

在应用系统总体设计框架下，开展高分应用信息集成共享与服务系统需求调研和任务分析，完成总体方案设计；突破高分信息集成共享与服务关键技术，建立高分应用技术中心信息集成共享与服务应用示范原型系统，为试验应用系统建设和支撑各级用户服务奠定基础（详见所存档案）。

3. 取得的主要成果

完成高分集成共享与服务系统的总体设计，以及原型系统的建设，并实际应用，实现对行业、区域

用户、专家用户和大众用户等不同用户的初步支撑（详见所存档案）。

4. 项目验收意见

2014 年 3 月，国防科工局在北京组织召开了高分应用技术中心信息共享与服务系统先期攻关项目的验收评审会。会议技术专家、财务专家、档案专家一致同意高分应用技术中心信息共享与服务系统先期攻关项目通过验收（详见所存档案）。

六、高分应用技术中心实验验证系统先期攻关项目

1. 项目概况

“高分应用技术中心实验验证系统先期攻关项目”是国家国防科技工业局国家重大科技专项应用研究类项目，由中国科学院遥感应用研究所主持，参加单位有国家海洋局第二海洋研究所、中国科学院大气物理研究所、武汉大学、中国科学院地理科学与资源研究所、南京大学、杭州师范大学、华南农业大学。项目负责人：顾行发，技术负责人：余涛，参加人员（遥感所）有谢勇、李正强、高海亮、孙源、王春梅、占玉林等。项目总经费 1971 万元，项目起止时间为 2012～2014 年。

2. 主要研究内容

主要包括开展实验验证系统总体方案设计，开展共性关键技术攻关研究等（详见所存档案）。

3. 取得的主要成果

高分应用技术中心实验验证系统先期攻关项目已按计划完成各项内容并符合指标要求，取得的主要成果见所存档案。

4. 项目验收意见

2014 年 3 月，国防科工局在北京组织召开了高分应用技术中心实验验证系统先期攻关项目的验收评审会。会议技术专家、财务专家、档案专家一致同意高分应用技术中心实验验证系统先期攻关项目通过验收（详见所存档案）。

第五章　院、省、部级项目

一、津渤环境遥感试验

1. 项目概况

“津渤环境遥感试验”是中国科学院和天津市重点科研项目，属于应用研究类，由中国科学院环境科学委员会和天津市环境保护局主持，承担单位为中国科学院遥感应用研究所。参加单位包括，中国科学院：上海技术物理研究所、长春光学精密机械研究所、长春物理研究所、安徽光学精密机械研究所、环境化学研究所、高能物理研究所、贵阳地球化学研究所、植物研究所、遥感应用研究所；国家海洋局：海洋第一研究所和第二研究所、海洋环境保护所、海洋技术研究所和北海分局；石油部海上石油勘探局；水利部南京水利科学研究所、天津水利科学研究所；化工部第一感光胶片厂；总参二部五十九所；交通部天津水运工程科学研究所；南京大学地理系；天津市：环境保护局、环境保护研究所、环境保护监测中心站、南开大学生物系、规划局、园林绿化局、园林绿化研究所、气象科学研究所、市政工程勘测设计院、公安局交通民警大队、塘沽环境保护局、塘沽汉沽环境保护监测站和天津师范大学地理系等。

项目负责人陈述彭，课题负责人：①航空遥感监测试验，童庆禧；②地面应用试验研究，郭之怀；③海洋遥感试验，王建文。专题负责人：①地物波谱特征研究，田国良；②大气、水体污染的生物效应遥感分析，罗修岳；③城市热岛效应和热污染遥感分析，郭之怀；④天津水环境遥感分析，李涛、朱来东；⑤天津市区土壤中某些重金属元素的可浸取含量及其分布，林树道；⑥天津市河北区土地利用，石韧；⑦天津城近郊土地利用现状的遥感调查，王长耀；⑧环境地物光谱测试，任凤清；⑨城市车流遥感监测，颜铁森；⑩天津上空气溶胶的某些分布特征，杨超武；⑪天津地区植物季相节律的遥感信息初步研究，刘纪远；⑫《津渤环境遥感图集》，郭之怀；⑬彩色红外在城市园林绿化调查中的应用，罗修岳。主要参加人员近 300 人，其中遥感所有林树道、王长有、李乃煌、黄秀华、卢亚非、杜端秉、魏成阶、刘永庚、郑兰芬、范惠茹、张圣凯、关威、石军梅、孙建国、黄玉山、王克新、钱育华、鲍士柱、金问信、刘承恩、李小民、胡征宇、郭世忠、徐珍元、袁志宁、包佩丽、王乙欣、孙晓勤、王尔和、岳志夫、冯勇进和李聪敏等。项目总经费 50 万元，起止时间为 1979～1983 年。

2. 立项依据

地理所二部（即中国科学院空间科学与应用研究中心遥感技术应用研究部）认为，腾冲航空遥感试验获得重大成功仅仅是我国遥感技术在资源调查领域迈出的第一步，接着应该在能源、环境领域继续迈出第二步、第三步。这一思想得到中国科学院郁文秘书长的大力支持，也得到中国科学院环境科学委员会的积极响应。原国务院环境保护领导小组办公室决定由中国科学院和天津市政府在天津–渤海湾地区组织一次航空遥感试验。一是为天津市人民做一次切实有益的科学实验，希望进行一次试验，多方受益；二是检验航空遥感在城市环境监测的可行性。

1979 年 10 月地理所二部先后派出了郭之怀、罗修岳和周上益等组成调研小组，在天津市区、郊区及渤海湾西部进行了深入细致的调研，考察了海河、蓟运河及其入海口污染状况和发电厂、炭黑厂、酸站、碱厂和造纸厂等重点污染源；走访了城市规划、园林局、各区县环保局和监测站等部门。调查结果表明，津渤地区环境污染确实严重，“天上孽龙飞，地上浊水流，废渣堆成山，噪音令人愁”，这个民间谚语基本概括了当时天津的环境状况。但该区工作基础较好，环境资料数据较多，有利于开展环境遥感试验。地理所二部领导和有关研究室的科技骨干听取了调研小组的汇报，经认真分析论证后，确定以水、气、热、渣等环境污染和城市交通车流量的遥感调查与监测为主要试验内容，提出了《津渤环境遥感试验方案》报院审批。

1980 年 1 月初在天津宾馆召开了津渤环境遥感试验工作会议。国务院环境保护领导小组陈西平出席会议并讲话，中国科学院环境科学委员会、遥感应用研究所和有关单位；天津市环保局、规划局及其有关单位，以及国家海洋局有关单位的领导参加了会议。遥感所陈述彭所长做了《津渤环境遥感试验》主题报告，提出做到“三结合”，即宏观与微观，点、线、面，自然环境和社会环境相结合的试验模式。会议决定成立津渤环境试验领导小组和办公室，负责试验实施的领导与组织协调。

3. 主要研究内容

根据商定的试验计划，这次试验的主要目的是为天津市的水源保护、环境绿化、城市规划和污染源追踪、污染危害评价提供最新遥感资料和监测技术手段，主要研究内容有红外、微波等航空遥感技术试验；城市环境地物波谱特征研究；海河两岸主要污染源状况及区域水文地质条件遥感分析；市区上空大气污染状况遥感分析；海河及天津市区温度场分布和热污染状况遥感分析；津渤地区生态环境遥感分析及绿被类型与分布图编制；海河、蓟运河河口污染悬浮物质稀释扩散规律遥感分析；海岸带调查及滩涂遥感分析；天津地区土地利用现状调查；近岸海水叶绿素含量，油、热污染遥感分析及《津渤环境遥感图集》的编制等。

4. 取得的主要成果

1）航空遥感图像资料

累计进行天津–渤海湾地区彩色红外航摄 1∶2.5 万 1800km²、1∶1 万 1330km²、1∶5000120km²；共获取彩色红外航空相片 2470 张。红外扫描共 2226km² 等航空遥感图像。

2）研究论文报告

天津–渤海湾地区环境遥感试验综合研究；天津–渤海湾地区环境航空遥感监测技术；遥感技术在城市环境研究中的应用效果；天津地区环境地物的波谱特性；天津城市热岛效应和海河热污染遥感研究；大气、水体污染生物效应遥感调查；天津上空气溶胶的某些分布特征；彩色红外航空相片在城市园林绿化调查中的应用。

3）津渤环境遥感专题图件

除以上提交鉴定的主要成果外，还有城市车流的遥感监测、天津城市热环境研究、天津地区植物季相节律遥感信息初步分析、天津水环境、蓟运河污染上朔、天津城近郊土地覆盖及河北区土地利用、天津–渤海湾地区环境类型和天津地区古河道的遥感图像分析等。

为了促进我国环境遥感科学研究的进一步开展，交流研究成果，根据鉴定委员会的建议，编辑出版了《天津–渤海湾地区环境遥感论文集》。

二、IRSA-2 遥感图像处理系统的研制

1. 项目概况

“计算机遥感图像处理系统研制”是国家科委“建立国家遥感中心”项目科学研究计划、中国科学院

82-44 重点课题，属于技术发展研究类。主持单位与承担单位为中国科学院遥感应用研究所、国家遥感中心研究发展部。负责人杨世仁，参加人员有李丽、朱重光、沈在壎、高朋、李秀云等。项目总经费由联合国投入 53 万美元，中国科学院投入 46 万美元，起止时间于 1983 年开始，于 1986 年完成。

2. 立项依据

数字图像处理技术是遥感技术系统的一个重要组成部分。发展先进的计算机图像分析处理系统是遥感应用部门面临的一项紧迫任务，它在国防和国民经济有关领域，如测绘制图、工程技术、医学和生物科学等领域中具有广阔的应用前景，引起国际、国内的高度关注。

美国喷气推进实验室（JPL）、美国地质调查局（USGS）、环境遥感研究所（ERIM），各大医疗仪器制造公司如 Diasontic 公司、飞机和汽车制造业、福特通用及机器人研究与生产领域，正在发展和应用先进的计算机图像处理及辅助制图系统。

美国 International Imageng System Inc.，Log E/spatial Data Inc.，OptronicS Internat Inc.，Comtal IncIntergraph Inc.，加拿大的 Dipix Inc.等为生产计算机图像处理和计算机辅助制图设备的主要厂商。近 5 年来，我国引进的各种系统已超过 50 个以上。

国内，清华大学、北京大学、南京大学、复旦大学和中国科学院自动化所、中国科学院空间科学与应用研究中心，以及计算机总局十五所、北京邮电学院等，先后研制各种中小型的计算机图像处理系统。中国科学院为最先从事这方面研究发展工作的单位，1974 年就着手研制滚筒式电子分色扫描数字化器和扫描绘图机，并于 1977 年实现了扫描数字化器和扫描绘图机与 NOVA-840 计算机的联机运行。该系统荣获 1978 年全国科学大会奖。1978 年，中科院组织研制的扫描数字化器和扫描绘图机和 NOVA-840 计算机联机运行后，开发了与之相适应的图像处理软件，构成了扫描图像处理系统（IRSA-1，即遥感所 1 型计算机遥感图像处理系统），该系统有扫描数字化器、扫描绘图机、控制器与 NOVA-840 计算机连接器硬件接口，以及有关驱动程序和试验程序等。其可用于照片、数字图像磁带的输入输出及各种处理。此外，还能用于将多光谱扫描仪的模拟磁带数据回放成计算机兼容磁带及图像。扫描图像处理系统的成功研制，为进一步发展完善计算机遥感图像处理系统打下了坚实的基础。

1981 年，国家科委在联合国技术合作部的支持下，决定建立中国国家遥感中心，并把国家遥感中心研究发展部设在遥感所，为计算机遥感图像处理系统的进一步发展提供了难得的机遇。在中国科学院的支持下，国家遥感中心研究发展部把建立“IRSA-2 计算机遥感图像处理系统”（即遥感所 2 型计算机遥感图像处理系统）列入了国家科委“建立国家遥感中心”项目科学研究计划，利用联合国项目资金购买了当时较为先进的 COMTAL 图像显示器和 S140 计算机，使在扫描图像处理系统的基础上，发展更为先进的计算机图像分析处理系统成为可能。

3. 主要研究内容

（1）IRSA-2 计算机图像处理系统的硬件连接。实现 ECLIPSE140 计算机与 96MB 磁盘和磁带驱动器，彩色图像显示器及影像扫描输入出机等设备的硬件连接。

（2）发展 IRSA1-2 数字图像处理软件系统，包含图像文件管理、图像灰度和边缘增强、几何纠正、自动配准和镶嵌、傅氏变换和反变换、空间域和频率域的滤波、特征抽取、分类和类聚及线划图形、数据处理等软件，构成完整的 IRSA-2 数字图像处理系统。该系统因能直接处理陆地卫星磁带数据和各种航空遥感照片，成为我国第一个实用的图像处理系统，使遥感所能承担使用多种遥感手段的大面积遥感应用研究项目。

4. 取得的主要成果

IRSA-2 图像分析处理系统以 ECLIPSE S140 计算机为主机，通过硬件接口与 COMTAL 图像显示设备联结，并纳入 A0S 操作系统，进一步发展了各种图像处理用程序，建立了数字图像分管系统，从而完成了便于使用、功能齐全、效率较高、具有我国自己特点的遥感图像处理系统。它能够满足遥感图像（卫星、航空）和其他图像数据处理的需要。

（1）发展了 COMTAL 驱动程序并设计了进程通信方式的软件接口，圆满地解决了显示设备纳入 A0S 操作系统的问题。使图像软件系统可在任一级用户目录下工作，有多用户及进程通信功能。计算机还可同时进行图像处理以外的各种计算任务，充分发挥计算机资源利用率。

（2）完成了图像分管系统软件。

（3）发展了各种应用程序，具有较强的处理功能。它包括图像文件管理，各种 CCT 磁带格式和磁带数据格式转换，磁盘和磁带文件与 COMTAL 显示设备之间数据转换及显示，各种应用程序的实时处理；各种统计计算及直方图变换；灰度增强及边缘增强；各种空间滤波卷积运算；图像数据的算术 / 逻辑运算；几何纠正；转角程序；有关图像自动配准及镶嵌处理程序；图像特征抽取；数理分析；分类及类聚；图像数据傅里叶巴特沃斯正、反变换；三维图像；图形处理；卫星影像放大复原；图形的行扫描方式和矢量方式之间的变换各种图形绘图程序；等等。处理功能约 190 项。

（4）扩展了兼容性。在 IRSA-2 软件系统下，COMTAL 原有的处理命令都可执行。

（5）探讨了新方法。采用了高速算法及特殊的程序技巧，使图像的几何纠正速度比国外同类系统快得多。三次双线性内插 512×512，2min50s。三次双线内插 1024×1024 处理速度小于 10min。而在引进的 MODEL575 系统中，处理时间却要 3 个多小时。在 loge VIEW 系统中也要 1.5h。

（6）发展了最小灰度差接缝的二维镶嵌程序，提出了两维接边选择方法，镶嵌效果明显优于已引进的 MODEL70 及 MODEL575 等系统的镶嵌程序效果。

（7）发展了相应的处理程序，丰富了软件功能。对卫星影像复原放大、纹理分析、三维显示处理，模糊集增强、黑箱滤波增强、KP 算子边缘增强和新的组合比值增强进行了探索，取得了较好的效果。

在鉴定后的一年多时间里又发展了数据库软件。在运行服务中，丰富扩充了一些应用软件，并且优化驱动系统，进一步加快处理速度。如几何纠正 512×512 处理时间由 2min50s 缩短到 1min10s；512×512 旋转 90°需时由 90s 缩短到 40s 等。该项工作具有科学和实用价值，对图像处理技术发展有重要意义。

三、光学自动绘图系统

1. 项目概况

“光学自动绘图系统”是中国科学院制图自动化系列设备研制计划技术发展研究类项目，由中国科学院遥感应用研究所主持，合作单位有中国科学院长春光机所、沈阳自动化所和西安仪表厂。负责人何欣年，参加人员有中国科学院长春光机所许炳吉和刘金环，中国科学院沈阳自动化所孙国良和王太耀。项目起止时间为 1981～1983 年。

2. 立项依据

回顾人类文明的发展史，图形是人们相互交换信息的主要方法之一。随着生产力的发展，特别是最近 20 年来电子技术和计算机技术的飞速发展，千百年来传统的手工绘图正逐步被自动制图所取代，从而解决了制图工序繁杂、周期长、精度低的问题，并把人们从繁重的手工劳动中解放了出来。自动制图系统又为微电子学、大规模集成电路制造、微处理机生产及现代科学技术发展提供了有力的手段，其应用领域已遍及机械制造、工程设计、航空、交通、农业、水利、地震、地质、地理和医疗科研等各个部门，仅到 20 世纪 60 年代末期，据美、英、法、德、日本和瑞士等国的不完全统计，自动绘图机型号就达百种以上。我国造船、航空等部门在 70 年代也根据不同的使用要求研制了一些不同类型的自动绘图机。

3. 主要研究内容

（1）研究步进电机的开环控制系统结构及工作原理。
（2）研究输入控制系统。
（3）研究输入运算方法。
（4）研究插补运算方法。
（5）研究输出控制系统。
（6）研究速度控制系统。
（7）研究光学绘图系统，包括亮度控制、快门控制、符号盘控制、切向控制等。

4. 取得的主要成果

完成了光学自动绘图系统的研制，该机具有以下主要特点。

（1）采用滚珠丝杠转动，高速步进电机驱动，精度较高，兼顾了绘图速度及绘图精度两项主要指标。

（2）设计上将输入运算与插补运算分开，避免了插补运算等待数据输入的时间，从而提高了整机绘图速度。对难以用数学方程描述的不规则曲线，为保证曲线光滑连续，一般在计算机处理后，每一段长度是很小的，分开运算的结果几乎使整机绘图速度提高一倍。

（3）机器规定，数据高位为零时不必写出。对于绘制地图这类复杂曲线而言，可大大节省数据带及数据输入时间。

（4）步进电机功放采用斩波法电路减小了功率损耗，简化了线路，节省了元件。

（5）输出部分附有坐标显示，可用于检查纸带及人工精密定位和测量。

（6）目录号可正向、反向自动检索，大大节省了数据输入时间。

（7）直线插补采用了符合增量插补算法较通常四象限算法，使机器绘图速度最大可提高 1.4 倍，同时提高了机器工作可靠性及绘图质量。

（8）速度控制采用了线性电压形成电路及变参量减速点控制，提高了整机绘图速度及绘图质量。

（9）具有光学绘图系统，能直接获得高质量的感光胶片，从而简化了制图工艺，除可画线外，还可绘制各种符号。光学绘图填补了我国一项空白，可望在地图、测绘、集成电路制造、电路印刷版加工、轻工等方面得到广泛应用。

5. 成果鉴定、评审、验收意见

该系统经中国科学院组织鉴定。运行结果表明，机器工作稳定可靠，各项性能指标均符合技术要求。该成果由西安仪表厂投产，航天部二院使用。

6. 获奖情况

该成果 1983 年获中国科学院科技成果奖一等奖。

四、人机交互制图系统的建立

1. 项目概况

“人机交互制图系统”是中国科学院 82-44 重点课题计划应用研究类项目。主持单位与承担单位为中国科学院遥感应用研究所、清华大学；负责人汪劲松、林华强，参加人员有王为民、邓柏樵、冯惠琳、倪平、陆燕琴、俞纪华和葛中海等。项目总经费 30 万元（遥感所），该系统 1982 年 5 月开始研制，1984 年 12 月完成。

2. 立项依据

20 世纪 70 年代，自动化制图逐渐发展和形成一门地图学新的分支学科。它以计算机及其控制的图形输入、输出设备为主要工具，以数学逻辑方法为科学语言，研究地图信息的采集、处理、储存、分析和图形输出的理论方法和技术工艺，这不仅标志着现代地图学发展的革命性转变，其发展潜力也深深触动了中国科学院。

为此，制图自动化被列入中国科学院的重点研究项目。经过调研，组织全院技术力量联合攻关。该项目规划为矢量绘图系统、扫描绘图系统、汉字图面注记系统及计算机辅助制图软件系统 4 个系列。

1973 年，经我国有关部门努力，把在我国展览的加拿大 GRADICON 数字化仪、法国的 BENSON 绘图机等留在我国，装备在地理所。与此同时，从日本引进了 NOVA-840 计算机。

但是，上述设备因“国籍”不同，厂家各异，语言不通，只能脱机工作，没有形成系统。若绘制一张地图，程序相当繁复，除了配置软件的演示外，体现不出自动化的优点。只能择其单台机器的单项功能使用，如人员培训和数字化仪的长度面积量算等，造成宝贵的硬件闲置，资源浪费。

为了适应遥感所各学科的设置和开展遥感应用实验与研究的需求，建立开展计算机辅助制图实验与研究是非常必要的。

当前计算机向小型化、微型化迅速发展的趋势，为自动制图系统的构成创造了有利的条件。微型计算机具有应用较灵活、价格较低廉、可靠性较高等优点，因此以微型机构成自动绘图系统是现实可行的办法。

在进行大量的调查研究基础上，结合我们当前的实际情况和可能的条件，在已有的 BENSON222 绘图机和 GRADICON 图形数字化器的基础上，开展机助制图应用研究，提出系统的配置方案。

目前，在计算机辅助制图（CAD）领域中，许多国家都有各种类型的实用系统正在运行，如联邦德国地学与原料研究院的 CD-400 对话式制图系统，它是一个通用系统，主要用于工业设计、地质测绘、农林水利等方面。

瑞士 ETH 机助地图制图系统主机是 PDP-11／40，由两个分系统组成：一个是人机对话矢量绘图系统，另一个是精密绘图系统。加拿大水道测量局机助地图制图系统，主机由 PDP-11／34 硬件构成，基本与 CD-400 相同。我 国引进较多的日本 XYNETCS 自动绘图系统，主机是 NOVA3D。总之，国外自动绘图系统的基本结构大体相同。计算机的规模与容量不相上下、功能各有所长，但均具有人机对话的功能。

3. 主要研究内容

该课题的目标就是建立具有图形输入输出功能的人机交互方式计算机辅助制图系统。任务是以 PDP11/23 微型机系统为中心，与遥感所现有的脱机装置的数字化器、绘图机、图形显示器等外部设备联机，实现图形输入、数据处理、显示与绘图功能；研制在特定的操作系统下各不同外部设备的联结驱动程序；基本子程序和绘图显示程序等，实现计算机辅助地图制图。

其主要内容包括：①优选硬件设备，包括购置 PDP 11／23 微型计算机、磁盘终端、打印机、彩色图形显示仪、磁带机等；②进行机房改造；③实现 BENSON 绘图机、GRADICON 数字化器与微型或小型计算机的实时连接；④实现绘图机数字化器分别通过微机与磁带机的连接；⑤研制发展基本绘图软件；⑥研制发展数字制图应用软件；⑦开展应用试验。

技术要求：将 4 件脱机工作的外设、数字化器及纸带穿孔机、绘图机及光电输入机两个脱机的子系统与计算机系统相连，使其具备在人机交互的条件下完成图形输入、显示和绘图输出。其硬件的连接简便，减少软件的研制，同时保证计算机同外设通信和操作的方便，外设的驱动和功能靠软件实现，实现人机交互功能，具有联机数字化编辑和处理软件，显示和绘图的基本子程序和应用程序包，建立一个实用性系统。

4. 取得的主要成果

（1）硬件设备已购置完成。主机 PDP 11 / 23，内存 256KB，96MB 硬盘，lMB 8 寸双驱动器软盘，两台 VT100 终端。其中一台带有 G-100-PLUS 图形显示板，两台 TV910 终端，U83 打印机。配备了扩充机箱，还有 GRADCON 图形数字化器，BENSON 绘图机和光电输入机，纸带穿孔机等。

（2）完成了机房的改造。

（3）建设了净化间。实现了几个外设与计算机的有机连接。

（4）完成了数字化输入与数据处理软件包。它的功能包括：①消除数据采集中的机器和人为错误；②显示及打印数字化结果并生成新的数据文件；③长度与面积量算包括量算单块面积；多次循环量算面积、几块的总面积，以及计算环形区域面积；④多边形信息编辑处理与图形输出，包括结点坐标匹配程序、公共边界线的传输程序、多边形坐标文件生成程序、多边形内环形区域的处理程序、晕线程序。

（5）完成了显示—绘图程序库建设。①显示（DSPLIB）程序库；②绘图（PLTLIB）程序库。

（6）建立了制图数据库系统。选了 3 种不同类型进行了建库与应用试验：多边形数据的建库与应用；格网数据的建库与应用；地形图的建库。

（7）系统应用。该系统已用于《天津市环境质量图集》的计算机辅助制图工作，该项目荣获中国科学院科技成果奖二等奖；用于国家“七五”科研攻关项目“黄土高原遥感专题研究”的“实用化遥感图像按地形图分幅、机助分类与自动化制图软件研究”。

5. 成果鉴定验收意见

人机交互制图系统于 1985 年 1 月 30 日在北京通过了鉴定。专家们认为，该系统具有以人机交互方式进行图形输入、图形数据库、处理及图形显示与绘图等多种功能。该系统经过半年多时间的实际运行验证，系统稳定可靠，能投入使用。利用 PDP11 / 23 微机与绘图机和图形数字化器等联机建立人机交互制图系统在国内还是首次尝试。开发研制的软硬件接口、显示及绘图程序库，以及制图应用程序等具有功能较全的实用意义，可用于区域规划、环境保护等领域中地理信息分析与专题制图，在微型机地图制图系统中具有国内先进水平。

6. 获奖情况

该项成果获 1992 年度农业部科技进步奖二等奖。

五、天津市环境质量图集的编制

1. 项目概况

“天津市环境质量图集的编制”是中国科学院和天津市重点科研项目，属于应用研究类。主持单位与承担单位为中国科学院遥感应用研究所、天津市环境保护局和城市规划局等。主编陈述彭，负责人（遥感所）林华强，参加人员（遥感所）有王树杰、崔伟宏、王为民、俞纪华、刘威威、李利军、陆燕琴、李灼华、狄小春等。项目总经费 80 万元，起止时间为 1980～1986 年。

2. 立项依据

城市是一个自然、经济、社会有机结合的综合体。为了保护城市生态系统，提高城市环境质量，创造一个自然环境和社会环境交融和谐的城市空间，人们进行了大量探索。

国际上，20 世纪 70 年代加拿大采用计算机制图出版了多专题的环境地图集，80 年代初着手图集的更新。英国自然环境研究委员会用了 10 年时间建立了水环境信息系统，并进行了水环境综合制图。法国国家地理学院在“Z 数据库”的支持下，进行 1∶2.5 万土壤、植被及水资源的数字化及自动化环境制图。美国环境系统研究所曾对阿拉斯加、洛杉矶、芝加哥等地进行了环境制图。1976 年，国际地图制图协会成立了环境地图集工作组，进行了世界环境数据库和制图的研究。

我国的环境制图也取得了蓬勃发展，相继采用常规制图方法编制出版了《北京西郊环境质量综合评价图集》《白洋淀环境保护图集》《第二松花江环境质量图集》等一批环境图集。这些图集不仅反映了区域环境研究的成果，同时也在环境规划及综合治理中发挥了重要作用。

天津市环境问题复杂多样，一直进行“天津市环境质量评价及污染综合防治研究”，获取的环境质量评价、城市规划、农业区划及环境监测、调查与分析资料丰富；特别是 1980 年津渤环境遥感试验取得的大量遥感资料和通过图形数字化自动量算取得的数据，构成了《编制环境质量图集》的资料基础。

计算机辅助制图技术的发展，为环境的区域研究提供了各环境要素区域分布的数字模型、数字处理和图形显示的技术手段。环境数字模型的建立为环境研究中的系统结构分析、合成研究、近期与长期变化的预测研究、环境评价及建立环境信息系统创造了有利条件。

遥感所具有丰富的科学数据资料和环境研究及环境制图研究的科学依据和基础。在国内首次以机助制图为主编制地图集符合国内外环境制图的新趋势，是一新的尝试。

3. 主要研究内容

（1）开发通过遥感和机助制图获取数据的技术方法。例如，从航空遥感获取城市绿化覆盖率的数据，用机助制图方法获取城市居住建筑面积及建筑展开面积的数据，并在此基础上完成机助制图。

（2）将机助制图这一技术手段应用于大城市的环境制图。初步建立了城市环境数据处理系统，并初步形成了城市环境制图方法和制图软件系统，是建立城市环境信息系统的一次预试验。

（3）初步探索出既适合于城市环境特点，又能发挥机助制图特长的，以六种结构类型图形为基础的多元多层多结构对比分析的制图方法。

（4）提出若干新颖构思的选题，特别是社会环境及以人口为中心，人与环境相互关系方面的选题，应用机助制图方法进行编制。

（5）建立城市环境空间数字模型，有助于提高对城市环境新规律的认识。

（6）编制出版《天津市环境质量图集》。

4. 取得的主要成果

见第六篇第一章十一成果内容。

六、陆地卫星影像中国地学分析图集

1. 项目概况

“《陆地卫星影像中国地学分析图集》”是国家科委国家遥感中心、中国科学院重点科研项目，属应用研究类。主持单位与承担单位为国家遥感中心研究发展部和中国科学院遥感应用研究所。负责人陈述彭，参加人员有郑长在、黄绚、励惠国、赵挥、夏明宝、姚岁寒、刘亚军、张豪禧、夏福祥、刘高焕和罗庆渝。该项目于 1980 年立项，于 1984 年 11 月完成。

2. 立项依据

1）当前国外同类先进技术概况

遥感影像图集是一种综合性的科学技术成果。它既能直接反映区域性或专题性遥感技术科研和应用的成果，又能反映图集编辑出版人员在编辑过程中创造性工作的成果和水平。因此，国内外遥感科技界很重视遥感图集的编辑和出版。美国遥感技术水平世界领先，迄今为止，出版过几十种遥感图集，包括反映阿波罗登月飞船、雨云卫星、地球资源技术卫星、天空实验室等所取得的航天遥感资料的影像图集，内容涉及月球、地球，特别是世界许多典型地区的自然、人文现象。日本、加拿大、法国和原苏联等许多先进国家也在陆续编辑出版同类图集。各国遥感影像图集的水平、科学内容各有千秋，但在影像处理、印制技术上均为世界一流。

2）国内外已有的同类技术的综合对比分析

《陆地卫星影像中国地学分析图集》应是一部以卫星影像为主，结合地面实况调查和历史资料进行专题分析的多学科、综合性遥感影像图集。它在总体设计上体现了结构的科学性、系统性、严密性，重点突出、体系新颖，由表及里，由直接影像信息到间接标志，由典型到综合，独具特色。其反映了近十年来我国在陆地卫星影像地学分析应用领域的进展和成果；反映了遥感技术应用于资源勘查和环境监测中的水平和能力；其是现阶段我国遥感应用领域，特别是典型区域专题地学分析方面较完整的总结性成果。该图集围绕 4 个专题，选择 85 个典型样区，反映多学科分析研究的成果，这在许多国内外同类图集中是没有的。例如，美国《从太空观测地球》虽然样区多、分布广，遍及全球，但相互间没有联系；加拿大《地球上的人》以历史发展和人文活动为主题，缺乏深入的地学分析；日本《陆地卫星画像日本列岛地图集》以地域单位分区，缺乏分析内容。总的来说，国外一些具有代表性的同类图集，在图像处理和制印水平堪称一流，但在分析水平和深度上并不优于该图集。国内同类图集有《航空遥感图集（腾冲试验区）》《山西太原幅陆地卫星影像解译图集》《中国活动构造典型影像图集》等，或是由于区域小，或是专题内容少，有的则典型性不足，在制印水平上还赶不上国际先进水平。

3. 主要研究内容

1）对编辑图集的目的提出新思路

该项目反映迄今为止我国遥感影像地学分析及其应用的进展和成果，以及遥感技术应用的能力和水平，同时通过几个专题，对一批典型样区进行分析研究，采花酿蜜，集腋成裘，以供同行交流和初学者参考。

2）创新图集选材、编辑体系和分析文稿撰写的技术方法

（1）卫星影像的选择：选用美国第一、第二号地球资源技术卫星于 1975～1980 年不同日期、质量较好的四波段扫描影像，按不同目的要求，分别选用其中 3 个波段合成假彩色影像。

（2）典型区域的选择：在资料许可范围内，力求在不同自然地带中，选择若干研究程度较高的地区，并对其自然历史过程中突出的主导因素进行典型分析，尽可能避免样区的重复。

（3）地学分析专题的选择：遵循由表及里、由此及彼的逻辑顺序，先是土地覆盖，次为水系，然后是地表形态和地质构造。

（4）卫星影像地学分析：它是一个反复认识的可逆过程，即卫星影像提示某些前所未有的认识和概念；而地学规律又能加深我们对卫星影像信息的分析能力。

（5）全国性分析参考图的选辑：为便于读者分析参考，图集选辑了 12 幅全国基础资料性的参考图，为卫星影像地学分析提供地理参考数据和一些自然地理要素的分布规律。

（6）图集内容的表现方法：图集的内容以卫星影像、分析图和精炼的文字说明为主体，辅以航空影像、雷达影像、数字图像处理影像、地面景观照片、立体图、素描图、剖面图、曲线图和表格等，图文并茂，各种形式不拘一格，灵活采用，生动活泼，相得益彰，力求科学性和艺术性较完美的统一。该图集收集了各种彩色和单色的影像和照片近 300 帧。

4. 项目取得的主要成果

《陆地卫星影像中国地学分析图集》为大 8 开 240 页布面精装附彩印涂塑护封，由上海中华印刷厂印

刷，由科学出版社于1984年出版中文版、于1986年出版英文版。详见第六篇第一章获奖成果。

七、天津市土地利用现状航空遥感详查

1. 项目概况

“天津市土地利用现状航空遥感详查”是天津市农业区划委员会应用研究类项目。主持单位为天津市农业区划委员会，承担单位有天津市农林局和中国科学院遥感应用研究所，参加单位包括天津市民政局、水利局、规划局、农垦局、南开大学、天津农学院和天津师范大学等。技术指导单位为中国科学院遥感应用研究所。遥感技术负责人王长耀，详查专业组有王长耀、刘纪远、王长有、赵英时、吕克解、胡征宇、谭星明、史继东等15人。参加人员包括天津市区（县）及有关单位专业人员200余人。项目总经费：50万元。起止时间为1982年9月～1984年4月。

2. 立项依据

1992年8月天津市农业区划委员会办公室与中国科学院遥感应用研究所达成了利用航空遥感技术完成天津市土地利用现状详查的协议，协议规定由中国科学院遥感应用研究所为详查工作做技术指导，天津市农林局具体组织实施。

3. 主要研究内容

该项目主要研究在天津市土地利用现状详查中彩色红外航空遥感技术应用的理论、技术和方法，包括调查区遥感资料的获取与工作底图编制的技术，土地利用分类及在彩色红外航空相片上土地利用类型的识别方法，转绘及土地管辖界线确认的技术与方法，土地利用现状详查中面积量算的技术与方法，土地资源调查中数据精度控制与汇总的技术与方法，各行政区划等级土地利用现状图拼接的技术与方法和土地利用现状详查质量检查的方法。彩色红外航空遥感技术在天津地区荒山、荒地、草场、水域、盐场、滩涂与海岸带等土地资源类型调查中应用的针对性技术与方法等。

4. 取得的主要成果

见第六篇第一章三成果内容。

八、西南水力资源开发航空遥感试验

1. 项目概况

“西南水力资源开发航空遥感试验（8012工程）”是国家计委、中国科学院应用研究类项目。主持单位为中国科学院能源委员会，承担单位中国科学院有遥感应用所、地质所、成都山地所、成都生物所、大邑光电所、成都科仪厂、成都计算站、中国科学院成都分院等。项目负责人为陈述彭（遥感所）、谷德振（地质所）、廖伯康（成都分院）等，参加人员（遥感所）有林恒章、何建邦、郑长在、徐庚庆、钱育华、鲍士柱、颜铁森、夏明宝、刘永庚、魏成阶、陈正宜、郭杉、姜建华、付秀银、陈明扬、廖彩智、吕克解、童寿彬、黄绚、励惠国、陈子南、王玉如、郭华东、周海荣、张国义、陈晓莉等。项目总经费155万元（遥感所43.94万元）。起止时间为1980～1982年。

2. 立项依据

能源是国民经济建设的重要支柱之一。水力发电是一种相对洁净的能源。我国大渡河、雅砻江、金

沙江、怒江和澜沧江等五大江河就蕴藏着我国 70%的水力资源。西南地区水能开发、利用对我国的现代化建设和缩小东西部的差异具有重要的战略意义。刚刚建立的遥感所领导陈述彭清楚地认识到，遥感技术在大型水电工程规划、选址和初步设计阶段等前期调查研究工作中具有独特的优势，为此把水力资源遥感作为重要的科研方向之一，并与中国科学院地质研究所水文地质与工程地质研究室主任谷德振取得共识，同时得到中国科学院能源研究委员会和中国科学院成都分院的支持与配合，共同研究决定选择二滩水电站作为突破口，组织开展我国第一次山区水力资源开发遥感应用试验。此事得到水利电力部成都勘测设计院、武警水电工程部队的大力支持，共同签署了《关于加速二滩水力开发前期科学研究工作的协议书》。1979 年 12 月 22 日，中国科学院能源研究委员会将“西南水能资源遥感试验”（8012 工程）项目列入中国科学院年度研究计划，并与各课题承担单位签订了第一阶段合同协议书，1980 年初试验正式启动。

3. 主要研究内容

（1）雅砻江区域构造特征与地壳稳定性分析；
（2）岩石建造类型的遥感地质研究；
（3）二滩工区雅砻江东西两侧活动性大断裂研究；
（4）水库诱发地震研究；
（5）河谷地质结构形态类型发展史与岸坡稳定性分析；
（6）库区泥石流分布及危害性研究；
（7）金龙山滑坡稳定动态观测；
（8）区域水文地质研究；
（9）土地覆盖分类制图及利用；
（10）遥感试验区植被及制图研究；
（11）安宁河裂谷构造特征与攀枝花铁矿等成矿规律研究；
（12）高山峡谷区航空遥感和地面遥感试验；
（13）地物光谱测试及陆地摄影；
（14）建立二滩–渡口地区环境信息系统及其应用研究。

4. 取得的主要成果

见第六篇第一章八成果内容。

九、县级微型计算机地理信息系统的建立及应用

1. 课题概况

“县级微型计算机地理信息系统的建立及应用”是中国科学院技术发展与应用研究类项目，由中国科学院遥感应用所主持，协作单位为四川省盐边县政府。课题负责人王玉如，参加人员有郑威、刘健（遥感所）及方为康（四川省盐边县）。起止时间为 1982 年 10 月～1985 年 10 月，1985 年 3 月在盐边县应用。

2. 立项依据

1979 年遥感所成立，陈述彭院士对地理科学的发展远见卓识，提出古老的理论科学应与当代新技术空间科学、计算机技术、信息科学相结合，从平面向立体化发展。在中国科学院的支持下成立遥感所并

组建地理信息系统研究室，面对海量信息，除传统的地面地理坐标数据到空间定位数据、环境大气数据、地物光谱特性数据等，这样大批量的数据已不是传统的数字记录、报表所能承受的，更不用说检索查询分类和数据分析应用了。因此，应用计算机技术，发挥其存储容量大、计算速度快、输入输出方式多、图形图像显示客观的优势，建立计算机地理信息系统，研究其信息特征，存储方法，检索查询功能，应用软件开发，计算机输出功能，这一前瞻性的设计对遥感科学发展无疑具有重大意义。在改革开放之初的80年代初，我国计算机地理信息系统研究尚处于一片空白，遥感所率先开展该项研究必将起到科学引领作用。

20世纪80年代初，我国计算机工业刚刚起步，从分立元件的大计算机向集成电路化转变。当时虽从国外引进了少量中小型计算机，遥感所也从日本引进了一台S-140计算机，但在当时遥感所计算机尚少，只能提供少数课题项目研究使用。后来，中国科学院引进了一批TRS-80微机，其CPU是Z80，内存只有 48K，存储量小，软件也不配套，但是微机用于县级地理信息系统管理是有现实意义的。首先，系统通过采用数据分析处理等技术，把县级社会经济、自然要素、环境背景及分布位置信息结合起来，成功地解决了微型机资源有限和处理大批量数据的问题，并配合二滩水电站建设，预估水电站建设对本地区带来的影响。选取四川省盐边县建立县级区域地理信息系统。全部程序应用BASIC语言编写，人机对话式三级菜单控制，用户易于学习和掌握。

3. 主要研究内容

（1）县级微机地理信息系统研究。

（2）县级微机地理信息系统数据库研究。

（3）县级微机地理信息系统应用研究。

4. 取得的主要成果

1）县级微机地理信息系统设计

（1）数据采集系统：根据系统设计目标和用户需求进行数据采集。

（2）主要数据来源：①遥感信息；②图形信息；③统计数据；④其他信息。

（3）基本要素提取：①地理参考系统；②行政界线；③农业自然条件；④社会经济情况；⑤农业生产现状；⑥林园业；⑦牧业；⑧矿产资源；⑨交通状况。

（4）数据组织方式：①格网法；②按行政区划编码。

（5）数据编码方式：采用树结构编码方式。

2）县级微机地理信息系统数据库设计

区域地理信息系统的特点是三维空间信息结构。该系统结构方式采用格网结构及多边形结构两种方式。格网方式按精度要求将区域划分为格网，每个格网按属性特征描述；多边形结构则以乡作为记录单元，由相关属性特征描述。将每个格网及多边形进行编码，并将每个单元作为一个记录，从而区域信息系统数据库数学模型所反映的客观世界的有限集合可用二维矩阵表示，其中矩阵的行向量为矩阵记录，矩阵的列向量表示实体的属性，即实体特征。每一列的属性值即叶结点数值。从而该矩阵可用二维表表示，并用关系数据库模式进行处理。

该系统采用人机对话方式，三级菜单，显示全部功能。主要功能包括建立区域地理信息数据库、建立数字地形模型和进行统计分析等。用户键入功能号，系统转入二级菜单，如键入2，即运行库管理程序；键入3，转入运行建立数字地形模型程序。

3）县级微机地理信息系统的应用

该系统可用于县级土地利用现状分析及区域开发；土地利用、土地资源普查及详查；城乡规划和交通设施布局分析及统计分析等。

该系统建成后，通过 8 个月的运行，系统稳定可靠，数据处理正确，能满足县级管理的要求。

5. 成果验收意见

该项目的成果于 1985 年 3 月验收，认为系统运行正常，稳定可靠。1985 年 6 月召开成果鉴定会，认为该系统采用航空遥感，以地图统计资料为信息源，利用现代信息技术、科学管理手段，是在微机上建立县级信息系统的初步尝试。该系统的建立为建立区域信息系统提供了有效途径和技术手段。该系统在四川省盐边县的试验表明，可满足县级区域管理和规划要求，有推广和应用价值。该系统成功地解决了微机处理大批量数据的问题，为微机开发及应用探索了新的途径。该系统具有制表、制图、检索查询、统计分析功能，可用于资源管理、区域规划和国土整治等领域。该系统在开发 TRS-80 微机资源与县级地理信息系统方面具有国内先进水平，同意申报院科技进步奖二等奖。

十、红外多光谱遥感技术在新疆托里–艾比湖地区金矿调查中的应用研究

1. 项目概况

“红外多光谱遥感技术在金矿调查中的应用研究”是中国科学院“七五”重中之重项目，属遥感应用研究类。由中科院资源环境局主持，承担单位为中国科学院遥感应用研究所，参加单位有上海技术物理研究所、贵阳地球化学研究所等。项目负责人童庆禧，参加人员（遥感所）有郑兰芬、王晋年、杨超武、侯宏飞。项目总经费 83.44 万元，起止时间为 1985 年 10 月～1990 年 12 月。

2. 立项依据

该项目的目的在于充分发挥中国科学院在遥感技术方面的优势，与院内黄金地质人员紧密合作，快速、大范围地获取遥感信息，并通过分析、解译，研究划出若干成矿有利地区、远景区以至找矿靶区，为中国科学院提交黄金地质储量和工业储量创造条件。

利用陆地卫星遥感资料找矿在国外始于 20 世纪 70 年代，其是借助于影像的线性构造和环形构造分析，进行成矿预测和找矿，取得了一些明显的成效。随着航空遥感几何分辨率的不断提高，探测波段的不断细分和成像光谱仪的成功研制，使遥感找矿从成矿的环境分析逐步发展到识别岩性，特别是分析和研究围岩的蚀变及植被的异常来实现“遥感化探”。近年来遥感技术在地质找矿领域的应用发展相当迅速，进行了大量基础性和技术性的研究工作。美国专门安排了一项 0.4～2.5 μm 的金银矿石光谱特征研究工作，在此基础上专门利用红外光谱开展了美国西部金矿的研究。Knohn M.D.应用热红外多光谱扫描技术进行了内华达奥斯古德山蚀变与金矿的关系研究，证明这一技术的有效性。

遥感找矿在我国虽然起步较晚，但成效突出。根据图像分析，在黑龙江找到了古河床砂金已众所周知。近三年来，中国科学院在找金矿的遥感技术和应用研究中取得了可喜的结果，发展了红外细分光谱扫描仪，参加新疆 305 项目，黄金遥感研究人员和红外细分光谱遥感研究人员等不仅在研究技术方法上有了新的发展，而且还发现了一批金矿点和矿化点，提交了一定数量的靶区，为中国科学院遥感找金矿积累了实践经验和理论认识，为采用遥感技术扩大远景区，争取新的发现和突破创造了条件。

总之，遥感技术在地质找矿的应用中已逐步从间接性、外围性和辅助性向直接应用的方向迈进，这是地质遥感技术发展的重要趋势。

3. 主要研究内容

该课题的主要目标在于通过对遥感信息的成矿构造分析和光谱辐射特征分析，建立成矿构造与金矿的关系，进而在识别和确定金矿富存的岩类和地层，特别在研究蚀变信息的基础上，发挥遥感技术的优

势，在较大范围内圈出有利的成矿地段、矿化带和矿化点的可能位置，为金矿地质研究人员提供目标明确的成矿远景区和找矿靶区，进而与地质人员相结合，并在深入研究的基础上建立遥感找矿的模式，为今后进一步开展工作提供指导性的理论和技术依据。

该课题的研究内容在于通过成矿构造分析，以确定金矿成矿的有利部位，通过岩性分析，特别是蚀变带的识别和圈定找矿的靶区。工作中着眼于对遥感判读标志和遥感找矿分析模式的研究。具体研究内容是成矿构造格局的遥感分析研究；岩石蚀变特征的分析研究；遥感成矿模式及矿化特征信息提取技术的研究和对 2～3 个靶区进行遥感地质综合评价。

4. 取得的主要成果

见第六篇第一章二十成果内容。

十一、黄淮海平原水域动态演变遥感分析

1. 项目概况

“黄淮海平原水域动态演变遥感分析”是中国科学院应用研究类项目，由中国科学院遥感应用研究所主持，参加单位有河北省科学院地理研究所、黄河水利委员会、淮河水利委员会。 项目负责人：王长耀，参加人员（遥感所）有赵英时、张圣凯、林恒章、魏成阶、黄秀华、王长有、张增祥、张金胜、李涛、胡征宇、周静茹、朱来东、关燕宁、吕克解等。起止时间为 1984 年 10 月～1986 年 7 月。

2. 立项依据

立项依据：近年来，随着遥感技术的发展，多平台、多时相遥感资料的不断取得，为人们研究自然环境的变化创造了条件。为了把遥感应用从静态分析推进到动态变化的研究，在国家“六五”计划期间，中国科学院把“遥感动态分析综合应用试验研究”列为重点科研项目。

3. 主要研究内容

探讨航天、航空遥感资料在研究黄淮海平原河流、湖淀、海岸带的历史演变和定量研究水域近期动态变化方面的应用方法与效果。主要根据水域动态变化在遥感图像上呈现的“痕迹”特征，来研究它们的演变规律。

1）多种遥感资料判读标志的建立

该课题采用航空黑白、彩色红外片；热红外扫描图像；陆地卫星 MSS 和 TM 图像；航天飞机雷达图像等 6 种遥感资料，系统建立了古河道、古湖淀和古海岸线的判读标志。

2）多时相、多时期遥感资料分析

该课题尽量收集了研究区不同季节、多时期的遥感资料，如黄河郑州段采用了 9 个年份的航片；白洋淀地区采用了 3 个时期的航片，十多个时期的卫片。通过这些研究提出了夏秋季的卫片为研究古水域的最佳时相，并通过不同时期的对比，取得了水域变化的定量数据。

3）图像增强与匹配分析

为了突出古水域演变“痕迹”，在研究中利用计算机遥感图像处理系统进行了反差增强等多种处理研究，取得有效的增强方法。同时，对白洋淀地区的陆地卫星 MSS、TM 资料及 SIR-A 图像进行了复合和匹配分析，总结了研究水域变化有效的比值和匹配方案。

4）影响水域变化因素的模式分析

对白洋淀重点研究区，在地形图上建立网格，利用不同时期遥感资料进行判读，将数据输入 PDP11/23 机助制图系统，取得了不同水域环境类型变化数据，初步建立了水域变化与影响因素的数学关系模式。

4. 取得的主要成果

1）河流变迁

该系统完成了本区 1∶50 万河流变迁分析图件，识别出古河道 150 多条，总结出一些平原河流在历史演变中，先行北道，后南道，然后返回中道的变迁规律，以及本区大的河流近代受人工控制，变迁幅度和频率大为减小的特征。尤其对黄河郑州段新中国成立以来多期的分析，进一步论证了黄河现行河道可以继续行水 50 年的意见。

2）湖泊洼地演变

该系统完成了本区 1∶50 万湖泊、洼淀演变分析图，识别出唐、宋以前本区有大型湖泊、洼淀 240 多个，面积约 1.2 万 km^2，而目前，只剩下大型湖洼、洼地 30 多个，面积减少了一半。通过对白洋淀 1961～1984 年的遥感资料进行分析，取得了本区 23 年来水面减少了 60 多万亩的数据。通过分析，提出了本区湖泊、洼地面积逐渐缩小，尤其近年来，水面减少更加迅速的结论。

3）海岸带变迁

完成了本区 1∶50 万海岸带变迁图件，系统地区分出 6～7 条古海岸线，并根据全区海岸带变化特点，提出了近两千年来，除河口三角洲地区海岸向外迅速扩展以外，其他地区海岸线变化不大的结论。通过利用遥感资料对黄河三角洲 130 年来变化的计算，取得了黄河三角洲每年新造陆二十多平方千米的数据。

4）对影响水域演变主导因素的分析

通过对水域演变因素的对比分析，提出了在历史时期，黄河的变迁对本区河流、湖淀、海岸带的发生、变迁和消亡起着主导作用；而在近代，人为因素对水域变化的影响越来越大，尤其通过对影响白洋淀水面变化多变量的相关分析，进一步证明了人为因素是影响近代水域变化的主导因素的结论。

十二、油气资源遥感直接勘探技术研究

1. 项目概况

“油气资源遥感直接勘探技术研究”是石油部委托项目，属应用研究类。主持单位与承担单位为中国科学院遥感应用研究所等，项目负责人朱振海，参加人员陈宝文、张建中、杨红、王进、何欣年、林恒章、钱育华、朱博勤、倪平和李加洪等。该项目于 1988 年正式立项，于 1991 年完成。

2. 立项依据

能源是世界四大问题之一。油气遥感不仅是中国也是世界的重要课题。国际上很重视遥感技术的应用，在国外其已成为大公司的日常技术手段之一。但公司之间互相封锁，具体应用不谈。我国石油生产不容乐观。这方面我们在探索，已迈出可喜的一步。

中国科学院将“油气遥感地质综合勘探评价技术”列为“七五”的重中之重课题，和中国石油天然气总公司“新疆准噶尔盆地油气遥感勘探方法试验”及塔里木石油勘探开发指挥部“轮南—库南油气遥感直接勘探试生产研究”等属于同一目标，互相衔接的应用基础研究及发展研究。

油气在勘探中强调综合技术有两个方面：一是要进一步深化机理研究；二是要提高实际应用效果。

在深化机理的同时，要更重视单因素，不一定把很多信息复合在一起，在单因子深化的基础上，再搞复合研究。

遥感对油气的直接勘探研究分 3 个方面：①岩石地层识别，常用的低分辨率信息难以解决，如果通过高分辨率光谱扫描在岩石及地层识别上有大的提高，可能对油气的地质环境有深入的了解。②构造问题，采用高分辨率、高技术搞环境构造可能较好。③直接勘探烃类在地表的显示，进行岩石、土壤的识别，探测烃类在土壤中的积累。

该项目以油气藏上方普遍存在烃类物质的微渗漏理论为基础。微渗漏的烃类在地表形成明显的与地下油气藏相对应的烃物理场和化学场。这些烃类中的甲基（-CH3）、亚甲基（-CH2）和芳烃（CH）分子基团振动的倍频和射频，在 2.27～2.46μm 的电磁波谱段显示一个宽谷（近 0.2 μm 宽）双峰（2.31μm 和 2.348μm）的强吸收带，吸收强度大于 15，且不同地质年代、不同组分的原油在这一谱段都具有稳定的吸收现象；航空短波红外细分多光谱探测技术手段已经具备对应于该吸收峰的探测谱段，提供特征波谱信息，利用计算机的多项式数理统计识别模式，进行油气微渗漏烃类信息的专题提取并直接输出异常图像，从中得到油气藏的遥感异常斑块，对应着地下油气储层的分布范围。通过与其他遥感信息、地球物理信息、地球化学信息的复合研究和已知油流区块的复合验证，建立起油气资源遥感直接勘探的程序和综合评价系统，并进行分类评价，提出生油盆地的油气资源勘探靶区。

3. 主要研究内容

该项目以油气藏烃类微渗漏理论为基础，以航空短波红外细分多光谱探测技术为手段，利用计算机多项式数理统计模式识别及油气信息专题提取处理方法，采用多种遥感探测信息复合，多学科探测信息复合，建立油气资源遥感直接勘探的综合评价程序。在遥感技术应用研究和以下方面力求取得进展。

1）深化解析油气藏烃类微渗漏理论

根据石油地质学基本原理，具有工业价值的油气藏在致密的盖层保护下，其内部具有巨大压力，与地表间存在着相当的压力差，促使油气藏烃类物质依压力梯度的方向，沿着盖层普遍存在的微裂隙、节理、劈理等为主要运移通道，垂直于地表产生微渗漏现象，以发现微渗漏到地表的烃类物质。

2）系统进行烃类物质遥感探测的机理研究

在大量原油的实验室波谱测定的基础上，并通过实验室模拟实验及大量土壤有机的地球化学分析和波谱测量，开拓以异常吸收带为标志的航空遥感直接勘探油气资源的新途径和新方法。

3）进行方法比对试验

在已知油气区试验研究，对遥感异常斑块和已知油流区块进行符合率比对。

4）改进与建立模型

通过开发性研究，改进油气藏烃类微渗漏模型，建立计算机多项式油气遥感信息处理、识别程序等。

4. 取得的主要成果

见第六篇第一章三十三成果内容。

十三、合成孔径雷达遥感应用试验研究

1. 项目概况

“合成孔径雷达遥感应用试验研究”是国家科委重点科技应用研究类项目（K89-01-05），主持单位与

承担单位为中国科学院遥感应用研究所、中国科学院电子学研究所，项目负责人郭华东，参加人员（遥感所）有田国良、邵芸、魏成阶、濮静娟、何欣年、王尔和、吕永红、李彤、张宗科。起止时间为1989年8月～1992年12月。

2. 立项依据

1989年8月，由国家科委基础研究与高技术司及中国科学院资源环境局组织的专家委员会通过了由中国科学院遥感应用所及中国科学院电子学研究所提交的项目论证报告，随之签订合同书开展了正式研究。

3. 主要研究内容

（1）研究雷达图像处理方法，研究多极化雷达图像成像特点。

（2）研究雷达图像在土壤水分监测及植物鉴别中的应用，雷达图像在地质构造、岩性识别中的应用；雷达图像在水文学及土地利用调查中的应用。

（3）评价雷达图像应用效果，提出进一步应用的方向。

4. 项目取得的主要成果

（1）雷达图像处理技术。独创处理雷达图像的“方向溶解算子”算法，该技术可较高程度地滤除雷达数据的缺陷——相干斑点噪声；研究出雷达图像R-G几何校正方法，该方法兼具多项式校正及模型校正方法的优点，有很强的实用性，国内外尚未有人做过类似工作；在国内首次引进航天飞机SIR-B雷达数字磁带，图像处理与信息提取研究结果的水平与先进国家同步。

（2）多极化雷达数据处理技术。对HH、HV、VV极化雷达图像进行几何校正及辐射校正，实现了多极化图像的复合，这是在我国诞生的第一幅多极化合成孔径雷达图像，同时研究发展了多极化雷达图像的变换处理技术。

（3）雷达图像复合及信息提取技术。实现了SIR-A、SIR-B、CAS/SAR、ERR相互间及SAR与可见光–红外遥感数据的复合及信息提取，几何及分类精度较高，这是国内第一批雷达数据复合成果。

（4）雷达图像定量分析技术。将图像目标归为点、线、面目标，实现计算机信息自动提取，研究出用多元统计方法自动提取雷达图像岩性信息技术，研究出对雷达数据的宏观纹理分析技术，这些方法属国内首创，在国际上比较先进。

（5）研究设计出“中国最佳雷达俯角图”，这是国内外第一份图件，是该项目所创造的；首次开展了雷达定标试验，对金星雷达图像进行了研究，用雷达图像发现了金矿带，这在国内均属首次；同时研究发现了穿透现象，这个现象成为国际上仅有的几个报道之一，其成果已被美国国家航空航天局录入。

（6）研究发展了合成孔径雷达技术。对雷达系统的小型化、模块化和标准化方面取得较大进展，在天线馈线系统的密封和充气增压、脉冲压缩技术方面有较大提高，系统的可靠性大为增强。

（7）提出地表物体多极化回波各异机理，发展了微波面散射理论，建立了合成孔径雷达图像灰度与土壤水分关系的数学模式，这种对雷达散射特性的研究结果在国际上也是比较有特色的。

（8）发展了一套综合分析与应用技术，取得的成果包括用多极化雷达图像识别出新的地质体，发现了具有工业意义的金矿成矿带，揭示出对区域防震和经济建设有重要意义的大型走滑断裂；探测出荆江河段6期古河道；提出植被鉴别及土壤水分监测定量分析结果；做出土地利用现状雷达图像分析图；在洪涝调查中，发展了一套快速、实用评估技术。

5. 获奖情况

1993年获得中国科学院科技进步奖三等奖。

十四、西藏自治区土地利用现状遥感调查

1. 项目概况

“西藏自治区土地利用现状遥感调查”是国家土地管理局、西藏自治区农业区划委员会应用研究类项目。主持单位与承担单位为中国科学院遥感应用研究所，项目负责人刘纪远，参加人员有李爽、张增祥、王长有、庄大方、俞志谦、金燕虎、彭旭龙、杨平、朱重光、徐爱义、夏明宝、刘斌和张圣凯等。项目总经费 178 万元。该项目于 1985 年正式立项，于 1991 年底完成。

2. 立项依据

西藏自治区土地利用现状遥感调查是 1984 年国务院部署的全国土地详查工作的组成部分，遥感调查的总体技术路线设计、关键技术问题研究、土地利用研究及全面技术把关由农牧渔业部和西藏自治区农业区划委员会正式委托中国科学院遥感应用研究所承担。

3. 主要研究内容

（1）针对全区土地利用开发程度差异确定不同调查对象、资料、比例尺和遥感技术应用分区，解决分区调查中不同遥感图像、不同比例尺衔接的技术问题。

（2）研究应用彩色红外航空遥感和计算机图像处理技术测算农田非耕地系数的新方法。

（3）进行了西藏自治区土地利用与自然环境相互关系及区域分异规律方面的数学模型研究。

（4）建立西藏自治区土地利用现状数据库。

4. 项目取得的主要成果

研究西藏的特定高原地理环境和土地开发利用程度，综合采用航天航空遥感技术与计算机技术，并形成了完整的技术路线，通过遥感信息在高原三维空间分布特征的研究，地物光谱特征研究，以及航空彩红外条带采样和计算机图像处理等手段，提高卫星图像的判读分析质量与调查精度，解决了遥感调查分区控制面积衔接与不同遥感图像调查内容衔接、航天遥感图像综合分析、非耕地系数测算的彩色红外遥感方法、调查精度分析等一系列关键技术问题，使西藏自治区在全国率先完成了县级调查和自治区汇总，完成了县级调查和地市、自治区两级汇总的数据、图件、文字三方面的全面成果。通过条带采样彩红外样片和非耕地系数测算检索表的使用，将非耕地系数值落实到每一个基本图斑，最大误差控制在 5%以内，提高了耕地调查成果的质量。在此基础上建立了西藏自治区土地利用现状数据库，开展了西藏自治区土地利用与自然环境相互关系及区域分异规律方面的数学模型研究及深入的土地利用理论分析，运用判别分析、回归分析和趋势面分析手段，实现了土地利用研究的定量化和数学模型表达。

十五、西藏自治区“一江两河”中部流域地区环境动态遥感监测

1. 项目概况

“西藏自治区‘一江两河’中部流域地区环境动态遥感监测”是西藏“一江两河”开发建设委员会的应用研究类项目。主持单位为中国科学院遥感应用研究所，承担单位是西藏自治区气象局和中国科学院遥感应用研究所，课题负责人张增祥。起止时间为 1991 年 7 月～2002 年 3 月。

2. 立项依据

西藏自治区中部地区指雅鲁藏布江、年楚河和拉萨河中游（简称“一江两河”中部流域地区）。“一

江两河”地区总面积为6.65万km^2，共包括拉萨市、日喀则地区和山南地区的18个县市，计241个乡级行政区域，该地区是西藏自治区的政治中心，也是社会、经济的中心。1991年开始，“一江两河”地区的综合开发建设项目启动实施，计划通过兴修水利、改造中低产田、改造草场和植树造林等生物技术工程措施，使作为西藏自治区腹心和粮食重要产区的“一江两河”地区的农业生产有一个稳固、坚实的基础和良好的生态屏障，这对促进西藏自治区经济、社会发展具有重要意义。

西藏自治区“一江两河”中部流域地区综合开发建设项目是国家“八五”计划和十年规划的重点建设项目。“一江两河”中部流域地区处于半干旱高原地区，生态环境脆弱，该项目一经提出，监测和保护生态环境的问题就得到了国家和西藏自治区政府的极大重视。受西藏“一江两河”开发建设委员会委托，西藏自治区气象局和中国科学院遥感应用研究所共同承担和实施“西藏‘一江两河’中部流域环境动态遥感监测”项目，该项目的可行性研究报告于1991年7月通过“一江两河”开发建设委员会主持的专家评审，随后得到西藏自治区政府的正式批准。

3. 主要研究内容

“一江两河”环境动态遥感监测的主要目的是利用遥感和地理信息系统技术，适时监测开发建设活动的效果及其影响，通过对综合开发建设的效果及其对生态环境的影响进行全区域监测、评价和预测，实施有效监控，确保开发区的生态环境沿着良性循环的轨道发展，使土地资源得到科学合理的利用，具体包括：通过对林地、草地与作物等各种天然和人工植被覆盖率的变化、植被指数的变化、水土流失状况的变化、气候和陆地水文要素的变化等的分析研究，对开发区生态环境进行综合评价与动态监测；采用多时相航空、航天遥感信息，对各类土地开发的面积、范围和耕地、人工林地、人工草地的开发营造质量、水利工程及其对周围环境的影响进行动态监测和分析，监测各开发项目的开发效果；对综合开发区内的重大规划项目进行开发效果预测，利用模型分析的方法，实现对土地利用、水利建设、人工林、人工草地、土壤侵蚀与植被等的动态监测和预测；利用与土地资源有关的资源环境本底资料，通过多种数学模型分析，完成对土地资源动态的遥感监测和区域环境状况的综合评价。

4. 取得的主要成果

项目实施过程中，将遥感、地理信息系统等技术和地面调查与观测有机结合，充分发挥遥感技术的快速、实时及多时相特点，及时了解区域内的环境基本状况及其动态变化过程，在地理信息系统技术的支持下，进行多专题的综合分析，比较全面地掌握土地资源、生物资源、水文环境和气象状况等生态环境要素的综合状况及其相互关系，通过一系列的模型分析，包括数据标准化处理和三维数值（仿真）模型、数字高程模型（DEM）、土壤侵蚀强度判别模型、水热三维分布模型、土地利用程度模型、人工植被分析、植被覆盖度分析、环境评价模型、指标体系层次结构模型、环境评价模型和动态监测模型等，全面实现环境评价及其动态监测的预期目标。针对“一江两河”地区生态环境状况，在全国范围内，广泛征询了包括院士和青藏高原研究专家的意见，建立了符合高原地区环境评价需要的指标体系和环境评价方法；全面采用航空、航天遥感技术与地面观测相结合的方法，开展了系列专题制图，各专题制图内容均形成切实可行的分类体系和统一的编码方法；建立了包括图形数据库、属性数据库、统计数据库和专家知识库为主要内容的数据库系统；建立了全开发区生态环境分析、评价与动态监测模型。

为了切实评价综合开发建设的生态环境效益，从中等区域尺度上开展工作，“针对当地环境问题十分脆弱，而开发计划中的环境保护问题至关重要的区域特点，开展环境变化研究”“着重探讨了自然环境因子的定量化分析问题，以土壤侵蚀、水热状况、地形地貌与土地覆盖为主”“提出的用有序数值阵列方法建立数字环境模型，以及山区复杂地形气温分布模型，对我国西部，特别是高寒农业区有推广价值”。

西藏“一江两河”环境评价与动态监测系统的建立，“在选定环境因子和设计建立数字环境模型的基础上，设计了完整的环境指标体系和环境评价模型，通过遥感和GIS相结合的方法，对环境状况和动态进行了监测与评价，取得了可准确反映实际情况的结果，实现了对该地区环境状况和环境动态的空间定量表达，在方法技术上有所创新”“改进了以往环境评价以耗费大量人力和物力为代价去获取环境背景数据的传统做法，取而代之，以航天和航空遥感信息为主，结合地面观测资料，使开展中等尺度的环境评价的信息更丰富、客观。这既可避免传统评价方法中选点与评价脱节的缺陷，又可增强环境评价中的区域意识和整体观念，从而提高环境保护决策的正确性”。

1996 年 8 月，阶段成果提交在瑞典和挪威召开的第四届国际高山遥感制图讨论会上，相关论文引起了国际同行的广泛兴趣。

十六、山东龙口火电厂选址

1. 项目概况

“山东龙口火电厂选址”是水利电力部西北电力勘测设计院遥感应用类项目。主持单位与承担单位为中国科学院遥感应用研究所，课题负责人魏成阶。参加人员有陈明杨等。

2. 立项依据

20 世纪 80 年代初期，国家实行“改革开放”政策，提出实现“四个现代化”的国民经济发展目标。为发展经济，基础工业必须先行，电力工业更需优先、大力发展。因此，国家主持发展各类电力建设的有关部门，极力要求应用新的遥感技术，投入其电站选址及其环境条件的调查研究工作。20 世纪 80 年代在国家“把科学技术投入国民经济主战场”方针的指导下，遥感应用研究室为拓展遥感应用研究领域，相继开展了火电、水电和核电等多项工程建设的选址及其环境分析评价研究，山东龙口火电厂选址是其中之一。

3. 主要研究内容

1980 年 10 月接受水利电力部西北电力设计院的委托，承担山东黄县龙口火电厂区域的地质构造稳定性评价。其厂址选在平原屺坶岛连岛沙坝近陆地的颈部，地表覆盖有新生代沉积，下伏基岩和断裂构造需要采用遥感技术予以查明。

4. 取得主要成果

利用判读地貌特征，通过卫星图像信息分析了下伏线性构造，揭示了黄县平原地表下分布有 4 个方向断裂分割出大小不等的菱形断块，其中有些具有多期活动特征。龙口电厂所选的厂址位置，其菱形断块近期呈上升状态，边界完整，历史强震震中均分布在断块外，断块相对稳定。但遥感信息显示厂址下有一条北东向线性形迹（断层），经现场地球物理和浅钻验证，在海积沙层下钻打出了破碎带，并发现两盘上覆的沙层厚度也不等，表明具有新构造活动性。厂方根据遥感所建议，将主厂房东移 3km，并完成施工设计。

5. 成果验收意见

该厂于 1981 年 11 月投产。1988 年 7 月 5 日厂方来函说明“通过建厂以来的沉降观测，没有发现严重沉降”“原始资料可靠，设计合理”。

十七、红水河龙滩水电站库区及库周区遥感调查

1. 项目概况

“红水河龙滩水电站库区及库周区遥感调查”是水利电力部中南勘测设计院应用研究类项目。主持单

位与承担单位为中国科学院遥感应用研究所，项目负责人陈正宜，参加人员有林恒章、魏成阶、李树楷、吕克解、陈捷、张浩信、张宗科、朱博勤、张圣凯、李乃煌、夏明宝、钱育华、鲍士柱、李丽等。项目总经费67.8万元，该项目于1985年7月开始，于1988年11月结束。

2. 立项依据

龙滩水电站是我国计划兴建的仅次于长江三峡的大型水电建设工程，装机容量达500万kW。该项工程可行性设计报告已经国家审查，拟转入初步设计阶段的工作。1985年3月，水利电力部中南勘测设计院根据钱正英部长的指示，决定采用彩色红外航空遥感综合分析与制图方法进一步落实水库淹没损失的各项实物指标，并为开发性移民规划提供准确的各类土地利用状况数据，以及对库岸失稳性和区域地质构造进行分析评价，为龙滩水电站初步设计提供可靠依据，并委托中国科学院遥感应用研究所承担该项任务，以便提高调查水平，确保成果质量，加快工程进度。

3. 主要研究内容

1）航空遥感资料的获取

遥感范围包括库区及库周地区1∶3.8万～1∶3.5万彩色红外航空遥感图像。

2）450m等高线以下的库区土地利用现状调查

应用1∶3.8万～1∶3.5万彩色红外相片放大分析方法，按国家土地利用现状调查规程二级分类项目要求，提供库区1∶1万比例尺土地利用现状图。

3）450m等高线以上库周地区土地利用现状调查

按国家土地利用现状调查规程二级分类项目要求，提供库区1∶5万比例尺土地利用现状图，并统计各类土地面积。

4）库区边坡（长600余千米）稳定性分析

编制成1∶5万库区边坡稳定性分区图。

5）电站库岸区域构造稳定条件分析

应用1∶3.8万～1∶3.5万彩色红外相片和陆地卫星图像（用CCT磁带回放处理）分析以水库为中心的3.5万km^2面积的线性构造、环状构造和断线盆地分布，以1∶20万比例尺成图，并写出分析报告。

4. 取得的主要成果

（1）研究了一套适用于红水河龙滩水电站高山峡谷地区的遥感技术方法，及时取得了库区和库周地区1.8万km^2范围、摄影比例尺为1∶3.4万的彩色红外航空遥感图像。

（2）采用编制正射影像图的方法，完成了龙滩水库库区450m等高线以下269幅比例尺为1∶1万土地利用现状图和库周地区42幅比例尺为1∶5万土地利用现状图，并量算出各类土地面积。

（3）应用彩色红外遥感图像立体分析方法，划分库区断层切割岸段、滑坡岸段、崩塌岸段、泥石流发育岸段、砂页岩层顺向坡岸段和相对稳定岸段，编制了1∶10万库岸边坡稳定性分区图，对库岸稳定性进行了分区评价。

（4）应用陆地卫星MSS磁带数据进行计算机处理并和彩色红外航空遥感图像相结合，分析了以水库为中心的3.5万km^2面积的线性构造、环状构造和断陷盆地分布，编制了1∶50万区域构造条件分析图，并对龙滩水电站地区地质构造稳定性做出评价。

5. 验收意见

上述成果已于 1988 年 3 月由水利电力部中南勘测设计院审查验收，各项技术指标均达到 1985 年 5 月双方签订的协议书规定的要求，满足了龙滩水电站初步设计的需要。

十八、广东核电站地区地质结构与区域稳定性遥感图像分析

1. 项目概况

“广东核电站地区地质结构与区域稳定性遥感图像分析”是广东省电力勘测设计院遥感应用类项目，主持单位与承担单位为中国科学院遥感应用研究所，课题负责人陈正宜，主要参加人员有林恒章、郭杉、陈忠忠等。起止时间为 1981 年 2 月～1981 年 10 月。

2. 立项依据

广东核电站是我国开始建设的第一个核电站，为确保核电站选址的安全稳定，广东省电力勘测设计院要求广东省地质局、地质部地质力学研究所和中国科学院遥感应用研究所 3 家用不同的技术手段，同时进行该项选址工作并得到陈述彭先生的大力支持。

1976 年，遥感所曾用遥感图像编制过京津唐地区断裂构造骨架图，1978 年又曾利用遥感技术修编了海南岛 1∶20 万地质图，其具有利用遥感技术分析评价区域地质结构和区域稳定性的经验和条件。

3. 主要研究内容

根据遥感图像的判读分析，研究了工作区内的线性断裂构造和由地壳内部的岩浆热液作用所形成的环形块体构造。从成因上分析，早期的断裂构造多有被后期上升的岩浆热液作用所重熔、焊接或充填等改造作用，因而由岩浆热液作用所形成的环形块体构造应属于相对稳定地段。广东核电站厂址，即选在这类地质结构相对稳定的环形块体构造地段。经与地球物理和历史地震资料对比分析，广东核电站厂址属稳定地段。

4. 取得主要成果

根据协议的要求，编制如下 3 幅地质结构分析图，并提出相应的说明和区域稳定性问题分新报告。

（1） 编制电站外围地区 1∶50 万地质结构分析图。测区范围：东经 113°～116°，北纬 22°～24°的陆域地区。

（2）编制大鹏半岛地区 1∶5 万地质结构分析图。测区范围：东经 114°43.5′～114°58.5′，北纬 22°47.5′～22°32.5′。

（3）编制平海半岛地区 1∶5 万地质结构分析图。测区范围：东经 114°44′～115°59′，北纬 22°32′25″～22°47′30″。

（4）按时提交了“广东核电站地区地质结构与区域稳定性遥感图像分析报告”。

5. 成果验收意见

（1）1981 年 12 月 19 日广东省电力勘测设计院验收报告指出：“成果质量较高，能从工程出发详细研究厂址地区的构造信息，结合工程有的放矢，为选址工作提供了基础材料，达到了预期的目的。”

（2）广东核电站规划选厂地震地质成果验收会议对“遥感图像分析报告”的评议意见。

第一，报告中介绍的资料，阐述的内容，符合“协议书”的要求，资料质量是可取的。

第二，卫片解译结果基本合理，比较客观地提出了有关线性、环状构造及其相互作用和成因性质等方面的一些独到见解，不仅对评价区域稳定性有一定参考价值，且对地壳表层构造成因，也有较好的学

术思路。

第三，除按“协议书”要求开展了大量室内分析工作外，还进行了野外验证工作，提高了图像分析结果的可靠程度，为其他专业手段的综合分析提供了有利佐证。

考虑到核电站工程的重要性，提高利用遥感图像在核电站工程选厂中的应用价值，并从中摸索出一套经验（广东核电站规划选厂地震地质成果验收会议，一九八一年九月二十八日）。

十九、GPS导航技术在农业飞防中的应用研究

1. 项目概况

“GPS导航技术在农业飞防中的应用研究”是北京市应用研究类项目。主持单位与承担单位为中国科学院遥感应用研究所、北京航空航天大学、清华大学和北京工业大学，负责人李树楷，主要参加人员（遥感所）有钱育华、沈在壎、刘建明、刘彤、陈继平、徐昶和刘少创等。项目总经费20万元，起止时间为1989～1998年。

2. 立项依据

航空航天遥感图像的对地定位，长期以来，是以已知的地面坐标系中的控制点为基础，与图像上相应点的图像坐标间建立某种投影交换关系式，依此变换关系式，将遥感图像按地面控制点强制符合在地面坐标系中，来完成遥感图像的对地定位。这种定位方式已沿用了近百年之久（包括航空摄影测量测制地形图）。

这类对地定位方式，使得遥感图像的应用技术变得复杂。需要相当的人力选读地形图上的控制点，使人为误差增加，且其是遥感应用技术系统自动化的障碍之一。这类对地定位方式使得适时、快速、短周期为特点的遥感技术与使用更新周期以10年计的地形图作为定位基础，两者形成尖锐的矛盾。

GPS（或其他全球定位系统）遥感信息对地定位，是以GPS与惯性导航系统（INS）等，复合技术实时获取传感器的高精度位置与姿态数据，采用简单的处理即可获得地学编码遥感图像的先进技术，其是国际上热门的高技术领域。它成功地应用于遥感技术后，将使遥感应用技术系统产生变革性的进展。

中国科学院遥感应用研究所于1989年提出设想，立题研究，在1990年与北京航空航天大学、清华大学及北京工业大学合作，先后在北京地区进行了3次验证性实验，取得了初步实验结果。3次实验结果证明TANS接收机在实验条件下的单点定位精度为4.114m。X方向中误差为8.00m，Y方向为6.75m。这个精度完全能满足灾害监测遥感图像对地定位的精度要求，只要稍加改进中国科学院高空遥感飞机的平台和传感器接口，即可在灾害遥感监测中发挥重要作用，其也是实现GPS/INS复合技术遥感信息对地定位研究的重要步骤之一。

3. 主要研究内容

从1980年起，北京市采用超低空飞机（高度7～30m）喷洒农药防治小麦蚜虫（简称飞防）。飞防的进度快、效果好的优点已成为北京市历年保证小麦增产的一项重要的农事活动。

但以往采用地面信号员为飞机导航的方法，需要有庞大的指挥系统、交通车辆、通信设备、大量人力，践踏小麦及浪费飞机机时、信号队难到位等问题严重影响飞防效果。

这些农业生产中的问题，由北京市植物保护站于1991年提到了率先在飞机上刚刚做过试验的三校一所（遥感所、清华大学、北航和北工大）组成的“动态GPS联合试验组”面前。

在北京市植物保护站的组织下，项目组在GPS尚未在全球范围正式运行、国内导航型GPS也仅有为数不多的几台的条件下，于1991年10月起在房山县连续几年进行如下研究试验工作，边研究边试应用：进行GPS农业飞防导航精度测定；适用于农业飞防的GPS选型试验；农业飞防适用差分GPS导航系统

的研制；利用广播电台调频副载波作数据通信的差分GPS系统实验研究；航线设计自动化软件研制；农用飞机适用GPS导航控制显示器研制；作业流程的设计建立和作业规程（草案）的编写等研究试验工作。

4. 取得的主要成果

1992年、1994年和1995年累计飞防作业82000亩。1995年实现了完全GPS导航，取消了地面信号队，达到了防治蚜虫效果90%以上的飞防要求。为此，北京市特以农业飞防GPS导航技术为主题，于1995年7月召开了北京市第十次科学技术“季谈会”。市长感慨地说，你们为高技术在农业现代化中的应用开了个很好的头。对于项目组各单位有人出人，有设备出设备，“勒紧裤带”（经费很少）为农业现代化做贡献的精神给予高度赞扬，当场从市长基金中拨10万元稍作补偿，并在设备购置、试验经费方面给予特别考虑，下达了1996年20万亩小麦飞防任务。

1996年的扩大生产性试验在顺义县收到了实效。随即下决心于1997年50万亩、1998年33万亩均顺利完成。粗略统计，8年实际飞防小麦面积累计112.4万亩，为农业节省了4000多万元的经费，形成了成套作业流程，具备了推广应用的条件。

该项目的成功和效益在于为农业飞防极大地解放了农业生产力。在这个问题上解放了县、乡、村三级干部，大大减少了农业投入。正如房山县一位农办主任所说：GPS农业飞防导航成功之日，就是我们县、乡、村三级干部解放之时。1996年20万亩飞防时，尚在观望的顺义县植物保护站长表示立即向县委汇报。1997年50万亩全用GPS导航不用信号队了。在麦田中查看GPS导航是否可行的农村干部站在航线经过的地面上看到飞机不偏不斜地正从头顶飞过去，立即通过对讲机向机场指挥部讲：感谢飞行员，感谢GPS导航！飞行员也看到站在麦田头上的农民向他们热烈鼓掌。

该项目的成功也为大农业的发展创造了条件。打破了乡界，麦田面积越大，飞防效益越高。多年的运行实践，有力证明了GPS技术、GIS技术、通信技术、自动控制与检测技术和遥感技术等高新技术的集成型技术系统在大农业的现代化运营与管理中有广阔的应用前景。

二十、唐山市集中供热微机遥测遥控系统

1. 项目概况

“唐山市集中供热微机遥测遥控系统”是河北省唐山市热力公司技术发展研究类项目。主持单位与承担单位为中国科学院遥感应用研究所和北京航空学院等，负责人（遥感所）黄扬，参加人员（遥感所）有袁志宁、包佩丽、杨习荣和耿怀滨等。项目总经费29万元（遥感所），该项目从1985年3月开始，于1986年3月结束。

2. 立项依据

近几年来，我国集中供热事业已被国家列为节能的重要措施之一，1986年2月国务院批转了城乡建设环境保护部、国家计划委员会关于加强城市集中供热管理工作的报告，并指出，“城市集中供热的设施是现代化城市的基础设施之一”。它不但具有节约能源、减少污染、改善环境、文明城市等特点，并且具有很多综合的社会效益和经济效益。唐山市是地震后重建的新型城市，已建有供热面积达150万m^2，供热主、支线管网23.3km，已投入运行29座热力站，是大型集中供热基础设施。然而，通过多年的运行，深感目前的设备不够先进，整个管网缺乏现代化的监控手段。为提高热能利用效率，保持整个热网处于最佳运行状态，提高管理水平，急需研制一套热网遥测、遥控系统。

3. 主要研究内容

城市集中供热的设施是现代化城市的基础设施之一，但其测控及管理手段比较落后，仍然停留在传

统的人工读表、汇总、经验调度上，使热网不平衡，发挥不出应有的效益。如果能有效地提高管理水平，经济效益和社会效益是相当显著的，像唐山这样规模的供热设施一年就能节约百万级的经济收益，为此我们设计了这种通用性和扩展能力强的系统，其比较合理的性能价格比，以及具有较高的技术水平，完全符合中国的国情。

4. 取得的主要成果

研制完成了唐山市集中供热微机遥测遥控系统一套。其成果内容见第六篇第一章十三。

二十一、国家资源环境遥感宏观调查与动态研究

1. 项目概况

“国家资源环境遥感宏观调查与动态研究”是中国科学院“八五”重大应用研究项目，属应用研究类。主持单位与承担单位为中国科学院遥感应用研究所，负责人刘纪远，参加人员有张金胜、王长耀、魏成阶、郭杉、张宗科、吴秋华等。项目总经费450万元。该项目于1991年正式立项，于1993年年底完成。

2. 主要研究内容

研究并制订大尺度遥感宏观资源环境快速调查的完整技术路线和技术规范，用一年半至两年的时间完成全国范围内的主要再生资源与环境要素的遥感调查，提交以耕地、城镇为重点的，包括林地、草地、水域、未利用土地在内的二级分类土地资源数据，成果数据同时具有地理环境背景属性和行政归属属性，其中地理环境背景属性含地势、地貌、气候带和湿润度，行政归属含全国、省（市）、县三级。

建成全国资源环境基本数据库，初步建成为国家资源与环境信息系统提供本底数字专题图的图形数据库。在数据库的支持下完成全国资源环境空间布局结构模型，典型地区动态分析模型，资源环境宏观规划辅助决策模型，以及全国资源环境遥感信息系统研究等系列专题研究成果，提交研究报告。

3. 项目取得的主要成果

1）全国资源环境遥感宏观调查技术规范与技术系统

（1）该项目形成了以遥感地理信息系统技术为依托的技术路线，制定了操作性很强的技术规范，保证了项目的实施与完成。为使本次调查成果满足国家资源环境信息用户的持续的数据需求和今后资源环境数据定期更新和动态监测的需求，该项目研究并建成了自遥感信息获取、数据库建立到调查成果生成的完整的全国资源环境遥感宏观调查技术系统，该技术系统具有以下基本特点。以全数字方式完成资源环境分层判读图件的数据量测与汇总。

（2）分层专题图的数据量测过程和图形数据库的建库过程合并，分层专题图数字化后进入GIS系统，实现空间数据管理，建立图形数据库，与此同时，在GIS系统中直接量算分层分类面积并实现数据汇总。

（3）全部入库图形数据和量算汇总生成的基本数据直接进入空间数据库和属性数据库管理，调查所需的数据册和图件不再经过手工处理，而经由数据库直接进行编辑和分析生成。

（4）在技术系统中研制了必要的应用软件，以支持图形数据的空间叠加分析、时间序列更新和动态分析及属性数据的多要素组合检索，最大限度地满足国家资源环境动态信息系统的建设需要和各种资源环境信息用户的需求。

2）全国土地资源及生态环境调查成果

（1）全国土地资源与生态环境组合分类系统。

该项目选择了土地资源作为核心调查与制图内容，同时采用地形图气象气候数据结合进行卫星图像

判读，完成与土地资源等比例尺的基本地理单元调查与制图，最终在地理信息系统（GIS）的支持下，实现土地资源与基本地理单元两个分类系统的数字专题图叠加，构成资源–环境组合分类系统。这一分类系统在 GIS 中的实现，可以形成用户所需的各类资源环境组合分类数据和组合分类图件，并可在系统内实现任意资源类型的任意环境背景属性检索，从而满足资源环境信息用户各方面的要求，同时为评价各类土地资源的利用现状和动态变化情况提供数据支撑。

（2）国家资源环境宏观调查数据与图件。

在项目整体技术路线和规程的指导下，在技术系统的支持下，该项目取得了国家资源环境宏观调查的数据和图件成果如下。

（a）国家、省、县三级土地资源与生态环境背景组合分类统计数据，其中土地资源含耕地、林地、草地、水域、城乡建设用地和未利用土地 6 个一级类型和 24 个二级类型；生态环境背景分为温度、湿润度、地貌和地表质地 4 个层面 23 个类型和 38 个亚类。

（b）全国东部 1∶25 万、西部 1∶50 万国际标准分幅土地资源与基本地理单元图形数据，分土地资源、水热条件、地貌与地表质地、行政界钱、重要交通线和水系 5 个层面进行管理。全国陆地部分国际标准分幅图东部 1∶25 万比例尺计 395 幅，西部 1∶50 万比例尺计 90 幅，在此基础上经过整编录入，又进一步完成了全国 1∶100 万多层面专题图形数据。另有部分重点省（自治区、直辖市）按照行政辖区进行了图形文件编辑，形成了省级图形数据。上述分类数据和图形数据均在计算机信息系统中存储和管理，构成了已于 1995 年完成第一期建设工程的“中国科学院全国资源环境数据库”的主体。

上述专题图件与数据的调查精度均达到相应比例尺 90%以上的精度。

3）全国土地资源及生态环境背景数据分析与研究成果

（1）耕地资源动态分析与生态环境质量评价成果。

该项目使用调查成果数据与 20 世纪 80 年代初完成的全国土地资源概查数据进行对比分析，得到我国耕地资源近 10 年来的动态变化情况。与此同时，综合分析了耕地资源及耕地后备资源的生态环境质量，经过模型分析给出了宏观评价的结论，用图表方式表明了我国各不同等级耕地及后备耕地的分布状况。在分析耕地动态和耕地资源生态环境背景的基础上，提出了目前我国耕地资源开发利用保护中几个突出的问题，以及今后耕地与耕地后备资源开发利用保护的建议。

（2）国家资源环境状况的模型分析成果。

根据该项目获取的数据，以及这些数据构成的资源环境数据库，就国家资源环境状况开展了一系列的建模和数据分析工作。主要分析成果有全国土地资源空间分布的影响因子模型分析、全国土地利用程度综合分析模型、全国资源环境开发利用与保护区域辅助决策支持模型方法、耕地与耕地后备资源的生态环境背景质量评价模型等。

二十二、黄淮海平原县级农业可持续发展决策支持系统

1. 项目概况

“黄淮海地区县级农业可持续发展决策支持系统”是中国科学院重大项目，属应用研究类，由中国科学院遥感应用研究所主持与承担。项目负责人崔伟宏，参加人员有陶永轶、徐爱义、李良群、吴晓清、刘静航、张磊、王为民、吴晨英、卢冬梅、张显峰和狄志萍等。项目总经费 78 万元。该项目于 1991 年正式立项，于 1993 年底完成。

2. 立项依据

可持续发展研究已成为当今世界各国研究的热点。

农业土地资源系统和遥感等高技术的发展应用是实现农业现代化管理，合理利用土地资源，促进农业发展的重要途径之一。20 世纪 80 年代中期，美国就着手大规模应用 GIS 和 RS，逐步取代 CAMP。遥感所与美国弗吉尼亚理工学院合作，在 Chesapeakea Bay 地区进行大范围的农业土地资源信息系统研究并取得成功，其得到了联邦政府的支持，目前已经扩大到 45 个县。加、澳、法、英等国也在进行卫星和 GIS 相结合，空间分析与系统动力学相结合，遥感和非遥感技术相结合的综合性研究，以便解决农业土地资源的保护、管理、预测与决策研究中的相关问题，其并正向实用化方向发展。

农业可持续发展研究，对于我国这样一个农业大国，具有非常重要的意义。黄淮海地区是我国最重要的农业生产区之一。农业发达，人口密集，但由于土地不断退化，水资源短缺、旱涝盐碱频繁，已经形成了严重的区域性环境问题，影响和制约了该地区社会、经济的可持续发展。上述问题的解决，直接关系中国农业的现在和未来，寻求解决途径成为党和政府关心的焦点和当务之急。该项目的完成，将为我国县级区域农业可持续发展研究探索新路。

区域是地球空间一个不断发展变化的多层面的综合体。按照世界环境与发展委员会（WCED）布伦特夫人提出的概念“持续发展是既满足当代人的需要，而又不对后代人满足其需要的能力构成危害”，本地区的发展不对其他地区的发展构成危害，反映了区域的持续发展包含着空间性、时间性、需求性、限制性和公平性的科学内涵。这要求区域可持续决策支持系统必须建立在空间的、动态的、定量的和智能的 3S 一体化支持的基础上。因而，该项目在纵向上：宏观规划、中观管理评价、微观的工程决策 3 个层次结合；在横向上：动态监测–动态分析–动态规划反映动态性；精确的地理定位和覆盖分析反映空间性；多种信息源、多种数据结构反映需求性和限制性；科学的指标评价体系反映公平性。纵、横两条线构成该项目的技术路线。

3. 主要研究内容

该项目的主要目标为以水土资源的动态监测、分析评价、预测为中心，为研究黄淮海地区保护基本农田，农业后备资源的开发，控制水土流失提供决策支持，为地区发展战略和对策研究提供科学依据。

1）*黄淮海试验区农业土地保护决策支持系统的开发*

该系统以满足农业、水土资源调查、监测与分析、管理与规划及宏观决策为主要目标，在空间分析与引导系统的基础上进一步发展，在系统的逻辑设计、数据结构基本功能等方面具有更高的综合能力和实用性。

2）*土地资源动态监测与预测分析*

以遥感和空间数据库的逻辑连接为基础，通过多要素复合分析，对耕地消长、四荒的开发利用、基本农田的保护、海水浸染、盐碱地的扩展、中低产田的变迁进行动态监测评价与预测分析。

3）*土地承载力分析*

通过水、土资源的评价研究，水资源的合理利用，土地的生产潜力，人口的预测分析，水土流失的定量分析等，测定农业土地最大承载力，为地区规划和经济发展决策提供依据。

4）*农业土地动态规划*

在土地评价与区位分析的基础上，发展和建立农业土地评价系统。系统动力学与空间分析相结合，时间系列的纵向变化与同一时间坐标的横向分析相结合，发展农业土地决策的动态规划系统，为黄淮海试验区的规划与战略决策服务。

5）农业土地保护决策支持模型系统的研究

模型系统的设计将考虑把各主要模块连接起来，通过监测，评价分析预测与规划形成一个整体，模型系统包括土地资源的动态监测、水资源的评价；土地评价与区位分析，土地承载力，土壤养分与苗情管理，中低产田评价，多目标动态规划，海水浸染生态环境变化分析等。

4. 项目取得的主要成果

见第六篇第一章三十七成果内容。

二十三、北疆地区遥感金矿靶区地质评价及新靶区遥感预测研究

1. 课题概况

“北疆地区遥感金矿靶区地质评价及新靶区遥感预测研究”是中国科学院“七五”重中之重项目，属应用研究类。主持单位为中国科学院遥感应用研究所，承担单位包括中国科学院所属遥感应用研究所，广州地质新技术研究所，长沙大地构造研究所和兰州地质研究所。负责人郭华东，参加人员（遥感所）有林树道、蔺启忠、李林、董品亮、王志刚、张满郎、崔承禹、张圣凯、李乃煌、郭子祺、魏秀萍、黄长林、陈锡杰、付秀银、朱重光、鲍士柱、邵芸、范西模和肖柯。课题总经费：50 万元。该课题研究工作从 1988 年开始，到 1990 年结束。

2. 立项依据

“七五”初期，由中国科学院遥感应用研究所牵头，中国科学院院内 6 个研究所 50 多位科技人员参加，组成的“中国科学院新疆遥感找矿科研队”执行国家“七五”科技攻关项目“加速查明新疆矿产资源的地质、地球物理、地球化学研究（国家 305 项目）”中的“遥感技术在地质找矿中的应用研究”课题，经过 1986 年和 1987 年两年的工作，这个课题获得了丰硕的成果，充分显示出多源遥感技术的优势，在新疆北部发现了多处金矿靶区和远景区，1988 年年初，中国科学院决定设立院“七五”重中之重的黄金科技项目，该课题在前述 305 课题工作成果的基础上提出了申请，得到中国科学院资源环境局的批准。

3. 主要研究内容

1）遥感技术方法研究

该课题研究中发展了多源遥感方法，使用的波段范围包括可见光、红外至微波，成功地用彩色空间变换方法提取含金地质体信息，用主成分分析及比值处理方法识别蚀变岩，在多视向雷达图像上提取控矿线性体信息，进行了多源数据的复合分析，将信息系统用于金矿调查中，设立了金矿区数字地形模型，进行了遥感与物化探数据复合研究。

2）成矿靶区和远景区预测

在已承担的国家 305 项目科研成果的基础上，结合对北疆地区中小比例尺遥感图像的分析，依据矿床学、地球化学等地质科学原理，进行成矿条件分析，确定以下地区为主要研究区，它们是位于阿勒泰地区的哈巴河县和青河县，位于准噶尔盆地东西边缘的卡拉麦里地区和乌尔禾地区，位于东疆的哈密地区。

3）科研预测储量探求

在哈巴河县境内，恰奔布拉克北地区进行了进一步的遥感分析和地面考察，认为该地区的金成矿应属于中低温热液含金石英脉型。在此认识的基础上，从已圈定的 292 条石英脉中，选定了 46 条石英脉，

进行了取样化验，包括捡块取样，槽探工程揭露，刻槽取样和钻探工程岩心取样（钻探工程由武警十五支队承担，样品化验由阿勒泰地质四大队承担）。

4. 取得的主要成果

该课题原定的研究目标是，提交15t金矿科研预测储量，预测2～3个遥感金矿靶区，在遥感技术用于地质找矿的方法方面进行一些探索。

1）*在遥感技术方法研究方面*

提出了遥感空间定位，遥感化探定性，遥感地质工程定量的遥感找矿程序，建立了遥感金矿地质调查模式。

2）*在成矿靶区和远景区预测方面*

对上述5个研究区进行了更深入的遥感影像分析、成矿地质背景分析，配合一些地面考查，取样化验，最后确定了3个遥感金矿靶区和两个远景区。它们是在哈巴河县研究区内的阿希勒找矿靶区；位于西准噶尔盆地、克拉玛依–阿勒泰公路东侧的阿拉丹乌拉找矿靶区；位于东准噶尔卡拉麦里地区黄羊山（萨惹什克山）以南的黄羊山南金矿靶区；位于青河县境内，富蕴–二台公路以东，青格里河与布尔根河汇流点以西的克孜勒他乌金（银）成矿远景区，位于东疆哈密与星星峡之间，黑峰山地区的黑峰山–沙泉子成矿远景区。

3）*在科研预测储量方面*

通过在14条石英脉上，施工探槽37条，获得了最高含金量达39.60g/t的刻槽样品位，工程揭露出的最大矿体厚度达11.45m。为验证含金石英脉的延伸深度，设计了两个钻孔，分别打了115.4m和139.95m，对钻孔岩心分析化验结果，证实了深部含金情况良好。按照院黄金科技领导小组办公室“关于金矿地质工作若干技术要求”的规定，并参考有关储量计算的要求，对该地区46条含金石英脉进行了储量计算，求得了25311.2kg含金量（25.3t）。如果把少量接近边界品位的部分也计标进来，得出的预测储量是26.7t。课题验收时，验收组按照院黄金科技领导小组办公室“关于金矿地质工作若干技术要求”的规定详细核实之后，同意验收的科研预测储量是18.8t。

文字成果有：“北疆地区遥感金矿靶区地质评价及新靶区遥感预测研究”报告一份，子报告8份。

二十四、全国土壤侵蚀遥感调查与数据库建设

1. 项目概况

“全国土壤侵蚀遥感调查与数据库建设”是水利部应用研究类项目，由中国科学院遥感应用研究所主持，整个工作共组织了水利部、高校、中国科学院以及地方研究单位等共数十家科研机构的数百名科研人员共同完成。项目负责人和技术组组长张增祥。参加人员有赵晓丽、刘斌、周全斌、谭文彬、张宗科、易玲等。项目于2000年2月启动，2001年4月提交验收。

2. 立项依据

中国科学院资源环境科学与技术局同水利部水土保持司、水利部水土保持监测中心于1999年3月开始合作，开展全国土壤侵蚀遥感调查与数据库建设工作，即“全国第二次土壤侵蚀遥感调查”。水利部水土保持监测中心负责组织各省（自治区、直辖市）水利厅分省承担并实施，中国科学院遥感应用研究所通过竞标成为该项工作的技术主持单位，由再生资源与生态环境遥感研究室承担，项目以“全国土壤侵

蚀遥感调查与数据库建设”为核心目标，负责各省域承担单位人员的技术培训、质量控制与检查、全国数据集成等。

3. 主要研究内容

遥感所再生资源与生态环境遥感研究室作为具体承担和执行单位，成立项目课题组和技术组，负责制定项目实施方案和技术规程，并对各省域承担单位的技术人员集中进行系统的技术方法培训，解决实施期间遇到的技术问题，保证各省（自治区、直辖市）工作的顺利完成，全面实现全国数据集成。

4. 取得的主要成果

在全国土壤侵蚀遥感调查数据库成果的基础上，水利部水土保持司决定进一步开展全国水蚀–风蚀交错区土壤侵蚀状况遥感调查，这也是在全国范围内首次开展此项工作。项目启动后，组织了新疆、陕西、甘肃、宁夏、内蒙古、青海、河北、河南、山东、吉林、辽宁、黑龙江和福建13个省（自治区、直辖市）的科技队伍，遥感所作为技术支持单位设立了技术组，制订了实施方案，负责技术指导与培训，承担并完成了全国数据集成。全部工作于2000年完成，首次获得全国水蚀–风蚀交错区的土壤侵蚀状况数据，建立了空间数据库。

全国土壤侵蚀遥感调查数据库成果由水利部上报国务院批准后，于2002年1月21日水利部举行新闻发布会，公开发布了《全国水土流失公告》。

二十五、全国土壤侵蚀动态遥感监测与数据库更新

1. 项目概况

“全国土壤侵蚀动态遥感监测与数据库更新”是水利部应用研究类项目，主持单位与承担单位为中国科学院遥感应用研究所。项目负责人和技术组组长张增祥，参加人员由遥感所资源环境遥感应用中心组成的项目技术组有关人员。该项目于2000年12月启动，于2003年12月完成。

2. 立项依据

改革开放以来，我国社会经济高速发展，全国资源环境状况发生了显著变化。各个区域和全国范围的水土流失问题得到了我国政府的长期重视和保护恢复、治理，20世纪90年代中期的全国土壤侵蚀数据库客观反映了该时期以前的全国水土流失特点，但在满足近期规划需求方面已经难以反映现状。面对21世纪的生态环境建设与保护工作，特别需要掌握我国近年来水土流失的变化过程和时空特点，水土流失动态监测与数据库更新工作尤为迫切。鉴于中国科学院遥感应用研究所在承担“全国第二次土壤侵蚀遥感调查”中的优秀表现，水利部水土保持司直接委托中国科学院遥感应用研究所资源环境遥感应用中心国土资源遥感方向（即原再生资源与生态环境遥感研究室），开展了全国范围的水土流失动态监测工作，承担为此设立的“全国土壤侵蚀动态遥感监测与数据库更新”项目。

3. 主要研究内容

设计水土流失动态遥感监测实施方案，对水利部系统各省区承担单位技术人员进行培训，完整地获取近年来我国水土流失变化状况的时空信息，开展水土流失变化特点、空间差异特点及变化原因的科学分析，保证全国范围内数据更新工作的顺利完成。

该项目实施期间，根据组织单位的安排和研究内容的增补，更名为“全国土壤侵蚀动态遥感监测与环境背景数据库建设”，也称为“全国第三次土壤侵蚀遥感调查”。

4. 取得的主要成果

2000 年 12 月项目工作启动后，遥感所资源环境遥感应用中心组织了原来参加“全国土壤侵蚀遥感调查与数据库建设”的核心科研人员，以技术主持部门的身份，设计了完善的水土流失动态遥感监测实施方案，完成了对于水利部系统各省区承担单位技术人员的培训，采用遥感与 GIS 技术相结合的方法，成功实现了 1∶10 万比例尺全国土壤侵蚀数据库的全面更新，完整地获取了 1995～2000 年期间我国水土流失变化状况的时空信息，并开展了水土流失变化特点、空间差异特点及变化原因的科学分析，保证了全国范围内更新工作的顺利完成。

5. 成果验收意见

2004 年 10 月 21 在北京通过水利部组织的验收。专家组认为如下。

建设完成的全国土壤侵蚀遥感监测数据库成果是我国第一个，也是内容最完整和最规范的水土流失时空信息数据库。数据库采用同土地利用数据库相一致的技术参数，内容符合国家标准，包括水蚀及其强度等级、风蚀及其强度等级、冻融侵蚀及其强度等级，以及工程侵蚀和重力侵蚀，共有 18 个二级侵蚀类型和强度等级。

该数据库以 20 世纪 90 年代中期和末期 1∶10 万比例尺全国土壤侵蚀数据库为核心，覆盖全国各省（自治区、直辖市）和长江、黄河、珠江、松辽河、海滦河、淮河和太湖等七大流域，以及其他内流区和直接入海河流区等，同步建设了 1995～2000 年全国 1∶10 万比例尺土壤侵蚀动态数据库，反映了各省（自治区、直辖市）和各流域的土壤侵蚀变化。

6. 获奖情况

鉴于项目技术组在我国水土流失工作中的贡献，2001 年 8 月荣获水利部“全国水土保持先进集体”、项目负责人和技术组组长张增祥荣获“全国水土保持先进个人”等荣誉称号。

二十六、三峡工程生态环境遥感监测与评价

1. 项目概况

“三峡工程生态与环境遥感动态”是国务院三峡工程建设委员会办公室应用研究类项目，由中国科学院遥感应用研究所主持并承担，负责人吴炳方，主要参加人员（遥感所）有张磊、周月敏、颜长珍、徐文婷、曾源、黄健熙、朱亮、李锦业、董立新、魏彦昌、任鸿瑞、张宁和袁超。项目总经费 590 万元，起止时间为 2002 年 7 月～2008 年 12 月。

2. 立项依据

三峡工程是举世瞩目的水利工程，它在建设期间和建成之后，对流域生态环境将产生一定的影响，为此通过流域–库区–移民区 3 个层次对长江三峡工程兴建前和兴建中不同时期的资源、生态和环境进行遥感监测，分析工程建设对资源、生态和环境的影响，及时发现问题并提出对策，预测不良趋势并发布警报；分析评价三峡库区的可持续发展能力，提出建设并加强库区的可持续发展能力的对策建议；同时为《三峡工程生态与环境监测信息系统》提供丰富的、动态的、全范围的数据和信息保障。

3. 主要研究内容

开展长江上游流域 1km 植被初级生产力和生理参数动态监测，三峡库区 1∶5 万生态环境遥感监测和三峡移民区 1∶1 万土地覆被遥感监测与分析。

4. 取得的主要成果

截至2009年12月底，取得软件著作权2项，发表论文20篇。

完成了长江上游流域植被动态监测。完成了三峡库区生态环境土地覆盖、水土流失和植物多样性等综合监测。完成了三峡移民区遥感监测。发展了复杂地表条件下遥感监测影像预处理技术，构建了对象的土地覆盖信息提取方法，建立了区域尺度植被参数的反演模型，完成了移民区的三维动态可视化模型。构建了三峡工程多尺度基础地理空间数据库。

5. 成果验收意见

2009年2月27日，国务院三峡办水库司和中国科学院资源环境科学局在北京联合主持召开了《三峡工程生态与环境遥感动态与实时监测》项目验收会，形成的验收意见如下。

（1）项目完成了三峡库区和移民区的基础空间数据库建设，三峡库区 1∶5 万生态环境动态监测（1992年与2002年），移民区 1∶1 万生态环境监测（2006年）、长江上游植被生理参数监测（2004～2006年）及系统建设，以及三峡库区森林冠层郁闭度、生物多样性等遥感监测。

（2）项目完成了三峡库区土地覆被/利用、植被覆盖度、森林郁闭度、水土流失时空变化趋势分析，通过遥感与 GIS 技术，准确地提取了移民区、绿化带及农村居民点的空间范围，结合实地资料，分析了消落带本底及动态变化，掌握了库周绿化带实施总体状况，剖析了农村居民点生态环境质量。

（3）项目开发了“高差起伏大与云雾覆盖”复杂天地条件下的卫星数据精准处理技术方法，研发了森林冠层郁闭度、植被垂直结构和植物多样性遥感监测方法，建立了植被生理参数遥感监测模型，构建了地块破碎条件下基于决策树、面向对象的信息自动提取方法，采取了一系列的质量控制措施，开展了大量地面调查工作，保证了项目成果的质量。

（4）项目工作扎实，技术路线先进，数据处理工作量大，监测与分析工作精细、规范、严谨，提交的基础数据、监测数据和分析成果完整、可信，验收资料齐全，项目经费使用合理，符合合同和有关财务规定。

二十七、中国资源环境遥感信息系统与农情速报

1. 项目概况

“中国资源环境遥感信息系统与农情速报”是中国科学院“九五”重大项目和特别支持项目，属应用研究类，由中国科学院遥感应用研究所主持，承担单位包括中国科学院地理研究所、自然资源综合考察委员会、长春地理所、南京湖泊地理研究所、武汉测地所、成都山地所、兰州沙漠所和新疆地理所。项目负责人郭华东，主要参加人员（遥感所）有童庆禧、刘纪远、田国良、吴炳方、杨崇俊、庄大方、张磊、连石柱、王世新、周艺、赵昌龄、王劲峰、王汶、张增祥和马建文等。项目总经费1000万元，其中遥感所480万元。起止时间为1997年9月～2000年12月。

2. 立项依据

1997年，当我国遥感、地理信息系统和资源环境研究经过20余年的发展后，面临两个关键性的问题：一是如何共享长期积累的科研成果、科学数据和分析方法及技术设备，充分发挥资源环境领域的综合分析和决策支持能力的优势；二是在我国经济发展战略立足于“利用国内国外两种资源和占领国内国外两个市场”，且经济的全球化趋势愈演愈烈和环境问题日益成为国际关系中的热点问题时，遥感应如何为国家和地方的决策服务。“中国资源环境遥感感信息系统及农情速报”项目旨在通过充分整合、集成，并发展中国科学院资源环境、遥感与信息系统研究方面已有的科研成果、科学数据积累、技术方法、设备条

件、人才队伍，以及“九五”期间中国科学院承担的国家项目的成果，发挥遥感快速、客观和精确的特点，在这些关键问题上获得突破的同时，夯实并发挥遥感、地理信息系统与资源环境研究方面的基础和综合作用，为国家、部门和地方的宏观决策、制定全球战略，以及为确保我国粮食安全提供科学的客观的信息服务。

3. 主要研究内容

（1）建设面向国家宏观决策与调控，同时也为地方决策部门服务的、运行化的“中国资源环境遥感信息系统”。

（2）建成集中运行的多种农作物统一的“全国农情遥感速报和农作物估产业务系统”。

（3）发展和探索遥感信息科学理论。

4. 取得的主要成果

4 年来，该项目在国内外发表论文 77 篇，其中 SCI 刊物论文 8 篇，CSCD 论文 15 篇，EI 论文 11 篇，专著 3 本，图集 1 册，超过了预期目标。

（1）建成了“中国资源环境遥感信息系统”，它是我国第一个大规模的、运行化的资源环境遥感信息系统，已经成为我国资源环境领域的重要基础设施。该系统以标准方式沉淀中国科学院长期积累的多学科、多尺度、多类型的科学资料和信息，数据量高达 750GB。

（2）开发了“全国农情遥感速报和主要农作物估产业务系统”。在国内第一次实现了全国范围的农作物长势动态监测和全国范围 8 个主要品种作物的种植面积估算与总产量预测。创新性地提出了以样条（线状）采样框架为核心的作物种植面积遥感估算技术体系，该体系具有效率高、费用低、灵活性强、简单易用和多用途的特点，可以对多达十几种作物面积进行估算，精度可达到 95%以上。该系统投入运行两年半，从 1998 年 7 月起共发简报 83 期，满足了国家重大需求，形成以国家计委、农业部、国家统计局、国家粮食储备局为主的用户部门，取得了显著的效果和效益。

（3）形成了具有自主知识产权 GVG 农情采样系统。GVG 不仅可用于估算作物种植成数，可以为遥感图像分类提供实况数据，进行长势监测的地面检验、数据叶面积指数计算，还可用于资源调查、生态环境调查、环境监理和农业调查等。

（4）研制成功数字多光谱相机实验系统。研制出极化雷达数据分析软件并实现了对地面参数的自动提取，提出小样本多区域报告的空间采样模型，建立了遥感数据场的角度分析模型。

5. 成果验收意见

2001 年 3 月 21 日，中国科学院综合计划局会同资源环境科学与技术局组织验收专家委员会，对中国科学院“九五”重大及特别支持项目“中国资源环境遥感信息系统与农情速报”进行验收，形成如下验收意见。

（1）该项目利用中国科学院长期积累的科学数据、分析方法、设备条件和人才队伍，夯实并发挥中国科学院在遥感、地理信息系统与资源环境研究方面的基础和综合优势，集中建设我国第一个运行化的“中国资源环境遥感信息系统”，该系统以中国科学院为主体，以国家和地方决策部门与中国科学院地学、生物学口为服务对象，提供全国范围内的多种农作物农情遥感速报、亚洲东部地区的生物量；同时，开展前沿遥感信息形成机理的研究和地球信息的认知理论、模拟方法及其时空信息谱系的研究，发展地球信息科学理论。在保持中国科学院在国内的领先地位和在国际上占有一席之地的同时，为国家和地方的宏观决策、粮食安全、对外关系提供科学的客观的信息服务。该项目具有重要的科学意义和应用前景。经过 4 年的工作，该项目已完成预期目标和计划规定的任务。

（2）该项目成果转化效果显著，国家计委连续三年购买服务。中国资源环境遥感信息系统和 GVG 农情采样系统有很好的产业化前景。农情遥感速报系统已初步具备向产业部门移交或转化的条件。

（3）该项目重视承上启下，有意识地创造条件让优秀青年科学家担任总体组、课题和专题负责人，给他们压担子，充分发挥他们的才干。通过该项目科研工作的实施，一批青年科学家得到锻炼，成为遥感应用研究领域的主要科研骨干。共培养博士后5人，博士研究生21人，硕士研究生32人。

（4）该项目重视开展国际合作与交流，同美国、欧盟、FAO、加拿大、日本、印度、UNDP/ESCAP等国家和国际组织进行合作研究，包括数据共享、技术交流和联合申请项目等，并于2000年成功组织了中美欧三方农作物遥感估产专家高峰会。

二十八、全球农情遥感监测关键技术研究

1. 项目概况

“全球农情遥感监测关键技术研究”是中国科学院知识创新工程（十五）重点方向项目，属技术发展研究类。主持单位与承担单位是中国科学院遥感应用研究所，项目负责人吴炳方，参加人员（遥感所）有张峰、范锦龙、孟庆岩、黄进良、李强子、刘成林、张勇、许文波、闫娜娜、张磊和王秀丽。项目总经费国拨300万元。项目起止时间为2000年8月～2003年11月。

2. 立项依据

我国加入世界贸易组织后，一方面要求我国开放农产品市场，我国的粮食生产与供应将面临发达国家的竞争；另一方面，我国的粮食生产与供应也将直接参与国际分工。在进口部分粮食的同时，利用自己的劳动力优势，出口一部分肉类等其他农产品，实现资源替换，优势互补。保护国内粮食市场，并从粮食国际市场和期货市场中获取利益，必须了解全球的农作物生产形势，开展全球遥感估产，为国家的粮食进出口提供科学依据。全球农作物遥感监测将为我国粮食进出口计划的制定、粮食的期货贸易的分析提供依据。金融部门需要根据农业生产形势准备农产品收购资金，并监督各地的收购量是否超过生产量，以免出现套用收购资金行为，客观的农作物遥感监测数据同样是最重要的参考依据。

3. 主要研究内容

（1）数据源建设与全球遥感数据的获取。

（2）数据库建设与管理。根据统一标准和规范，采用统一的技术指标建设全球农作物估产数据库。

（3）全球作物生长因子遥感提取技术研究。建立地表太阳光合有效辐射遥感估算模型。开发利用遥感数据监测农业灾害（干旱、冻害和高温等）技术。研究卫星反演气象参数与常规气象要素间的归一化方法。

（4）全球农作物长势监测方法研究。

（5）全球农作物遥感估产方法研究。以国家（或美国的州）为单元，对多种全球估产方案进行研究，从中优选出可行的全球遥感估产方案。农作物（粮食）种植面积的遥感估算方法研究；农作物产量（总产量）预测方法研究；建立全球农作物遥感估产检验体系。

（6）全球作物遥感估产示范系统建设。运行系统的主要功能是数据管理、数据更新、数据分析和信息提取及知识发现；客户系统以网络用户为主，主要功能是调用、汇总、查询及分析主系统的数据、信息和分析结果。

（7）全球农作物遥感估产决策支持研究。建立粮食产销决策支持模型；建立农作物品种结构评价模型。

4. 取得的主要成果

（1）提出了区域作物生长过程的遥感提取方法。

（2）发展了基于分层的两级抽样的技术。在我国现有的耕地数据库基础上，根据两次抽样获得的成数，计算得到具体的某一种农作物类别的种植面积，同时也可进行种植结构分析。

（3）开发了基于遥感估产和农业统计的粮食供需平衡模型。该项目提出了适用于年内动态平衡的我国粮食供需平衡模型，该模型可同时利用遥感估产数据和统计数据，对我国世纪之交的粮食供需平衡的现状进行研究。

该项目发表论文 26 篇，专利 1 项，咨询报告 20 份。

5. 成果验收意见

2013 年 10 月 28 日通过中国科学院资源环境科学局组织的验收，验收结论为优。

二十九、耕地保育与持续高效现代农业试点工程

1. 项目概况

“耕地保育与持续高效现代农业试点工程”是中国科学院知识创新工程“十一五”重大项目，属应用研究类。由中国科学院遥感应用研究所主持，承担单位包括中国科学院遥感应用研究所（第一主题“耕地资源和耕地产粮能力监测与预警”）、南京土壤研究所（第二主题“耕地土壤质量分等定级与生产潜力评估”）、中国科学院遗传与发育生物学研究所（第三主题“持续高效现代农业技术体系研究”）和中国科学院地理科学与资源研究所（第四主题“保障粮食安全与持续高效现代农业政策研究”）。项目首席科学家刘纪远；“全国耕地资源动态遥感监测”课题负责人张增祥，国土资源遥感研究室派人参加；“中国耕地产粮能力遥感监测与预警”课题负责人吴炳方，农业与生态研究室派人参加。起止时间为 2007 年 7 月～2011 年 5 月。

2. 立项依据

温家宝总理在 2007 年政府工作报告中指出：“在土地问题上，我们绝不能犯不可改正的历史性错误，遗祸子孙后代。一定要守住全国耕地不少于 18 亿亩这条红线。坚决实行最严格的土地管理制度。”

在此背景下，中国科学院计划局、生物科学局、资环与环境科学局于 2007 年 7 月联合提出“耕地保育与持续高效现代农业试点工程”这一中国科学院重大交叉项目建议书，围绕守住 18 亿亩耕地是保障粮食安全的重大战略性举措、18 亿亩红线能否守住、守住什么样的 18 亿亩耕地、保障粮食安全的关键问题、中国科学院在农业科技创新中存在的主要问题及重拾中国科学院战略地位的机遇等问题和思考，主要目标包括：明确“18 亿亩的耕地红线”指标及粮食生产能力预警、掌握耕地质量现状，提出耕地质量评价及分级国家标准，发展实现年增长 1%以上的现代农业技术体系及应用示范，培养造就若干农业战略科学家等。

3. 主要研究内容

建议书确定的主要研究内容包括：耕地资源监测与粮食生产能力预警、耕地质量评价与分等定级、后备耕地资源及其开发潜力、可持续农业技术集成示范、粮食安全与耕地保护政策研究等。

“耕地保育与持续高效现代农业试点工程”作为中国科学院知识创新工程重大项目于 2007 年 7 月启动实施，设立 4 个主题和 7 个试区。中国科学院遥感应用研究所为项目主持单位，刘纪远为首席科学家（时任中国科学院地理科学与资源研究所所长）。第一主题“耕地资源和耕地产粮能力监测与预警”由遥感所承担，集中资源，加快进度，结合遥感与航测，争取短期内取得我国耕地数量的结论性成果，并在课题启动初期集中力量开展耕地面积和粮食种植面积监测，提出咨询报告。第二主题“耕地土壤质量分等定级与生产潜力评估”由中国科学院南京土壤研究所承担，重点放在试区所在县，加强与农业、国土等相关部门的衔接；根据重大项目的时间节点，紧密结合各试区工作，及时分析耕地质量与粮食生产潜

力的定量关系与变化动态，在区域层面上建立土壤质量分等定级体系，明确耕地面积粮食生产潜力与态势；直接服务于我国典型区粮食生产对耕地数量与质量的迫切要求，第一年集中力量在1～2个试点县实现突破，做出样板，并能尽快地利用研究成果，指导地方的耕地保育和粮食生产。第三主题“持续高效现代农业技术体系研究”由中国科学院遗传与发育生物学研究所承担，针对各试区的特点，确定一到两个最佳的典型配套技术重点，在面上的大尺度范围内予以推广，实现点面结合；示范推广工作建议由计算机信息专家系统辅助支持。第四主题“保障粮食安全与持续高效现代农业政策研究”由中国科学院地理科学与资源研究所承担，突出耕地宏观调控机制和政策研究，集中人力和资金，在沿海经济发达地区（如山东省）和内陆省份（如陕西省）两个省份集中开展政策研究，将典型省份的耕地问题阐明说透并提出政策建议。7个试区分别是河南封丘试区侧重开展耕地数量、质量评价和农业可持续发展的核心技术体系研究，重点为耕地质量评价与提高土壤肥力；山东禹城试区侧重开展省域尺度耕地问题的研究，在山东省经济和社会发展存在区域差异的背景下，定位山东禹城耕地流转的主要问题，开展耕地占补平衡调控机制的研究；陕西长武试区重点为黄土高原区的水循环和农业节水，对粮果关系等一系列问题进行考虑；江西鹰潭试区以水稻田为主要工作对象，根据南方红壤区和外调商品粮的实际状况，开展耕地保育与持续高效农业试点工作；黑龙江海伦试区重点为黑土的退化与保护机制，围绕退化黑土，土地熟化技术，连作减产调控等技术开展研究，处理好商品粮基地的粮豆关系；新疆试区重点研究新疆可作为后备耕地的潜力，集中搞清后备资源的数量和位置，对新疆粮食供需平衡的现状、后备耕地开发的不同观点做更加详尽的分析；河北栾城备选试区利用华北山前平原试区的研究重点，回答在水资源日益贫乏、良田向旱田转化的趋势下，如何在华北地区实现保面积、攻单产，确保粮食作物持续高产的大问题。

4. 取得的主要成果及验收意见

2011年5月19日，中国科学院知识创新工程重大项目“耕地保育与持续高效现代农业试点工程”项目总体组对课题“耕地资源和耕地产粮能力监测与预警”（KSCX1-09-01）进行了验收，验收专家组认为，“应用多源遥感信息，建立了2000～2005年、2005～2008年和2008～2010年3个时段国家尺度耕地动态矢量、栅格数据库与耕地资源背景数据库，以及20世纪80年代以来我国新增耕地开垦年龄数据库，评估了中国21世纪前10年耕地资源变化及其对粮食产粮能力的影响，揭示了城市化和生态保护工程对我国土地利用变化和耕地产能变化的影响，编写了2000～2008年、2000～2010年两期中国耕地资源动态变化及其对粮食生产能力的影响分析报告。该课题从作物种植结构、种植面积及复种指数等方面开展了农田利用强度遥感监测，试验了基于无人机的作物种植结构调查技术，在全国范围内开展作物种植结构及水资源利用强度遥感监测，以及全国作物旱情、全国耕地产粮能力遥感监测，建立了遥感数据强迫的作物生长模型，通过作物生物量与收获指数的遥感反演，实现了像元尺度的作物单产精准监测；建设了中国耕地产粮能力预测预警系统，开展了2015年与2020年两个阶段的中国耕地产粮能力预测、预警；及时地掌握了我国进入21世纪以来耕地的时空变化，并有效监测与预警我国近年来气候异常等突发性事件对粮食生产能力的影响。该课题生成的数据库可为广大科研人员提供大量的基础研究数据，促进数据的共享，提高科学研究的效率。其阶段性数据成果已经在全国土地覆盖遥感制图项目、国家发展和改革委员会电子政务数据整合改造工程项目以及国家“十二五”农业、生态规划等方面得到应用。其成果在农业、气候、生态领域具有广泛的应用前景。该课题研究成果为国家有关社会经济方针政策的制定提供了科学依据，并获得国家领导人批示，被国办（中办）等采用15次，发表论文76篇，其中SCI/EI论文33篇，获得软件著作权4项。该课题研究计划、技术路线、专题设置科学合理，凝练与培养了一批农业遥感、生态等方面的科研骨干。通过广泛参加国内外学术交流会，促进了课题组成员与国内外科学家的联系，提升了研究能力和水平。”验收专家组一致同意通过课题验收。

三十、重大工程生态环境效应遥感监测与评估

1. 项目概况

“重大工程生态环境效应遥感监测与评估”是中国科学院知识创新工程“十一五”重大项目，属应用研究类。主持单位为中国科学院遥感应用研究所，承担单位有中国科学院南京地理与湖泊研究所、中国科学院沈阳应用生态研究所。项目负责人吴炳方，参加人员（遥感所）有曾源、闫娜娜、魏彦昌、卢善龙、熊隽、张喜旺、李晓松、童立新、王浩、柳树福、黄永喜、张磊、周月敏、朱亮、王鹏、王强、尹锴、张宁、袁超、欧阳宁雷和李伟萍。项目总经费2500万元，其中遥感所730万元。起止时间为2007年11月～2010年12月。

2. 立项依据

三峡工程的兴建在防洪、发电、航运等方面带来了巨大的经济效益和社会效益，同时也对库区和中下游沿岸的生态环境产生显著影响，水库蓄水运行后，使库区回水区、下游干流的水文情势发生变化，并导致原本总体稳定的干流河道发生长时间、长距离的冲刷，这种长期变迁趋势，对江湖关系、河势稳定、堤防安全、两岸取水、湿地与水生生态保护等产生重要影响。

“三北”防护林工程自1978年启动以来，各种复杂关系所引起的防护林生态防护效应不能正常发挥的现象一直存在，有时甚至因为决策失误产生负面的生态环境效应。在“三北”防护林工程第二阶段（第四期）工程已经启动期间，产生生态环境效应的主体——防护林体系出现较为严重的衰退现象，进而影响了生态防护效应的发挥，与此同时，也出现了新的或工程前期没有预测到的社会问题。

1963～1980年，海河流域开展了大规模防洪、水利和城市供水工程建设，形成了高度人工化的河网水系。伴随着流域内治理工程的大规模兴建与实施，从20世纪50年代起，流域内生态环境状况从自然平衡阶段（1950年至20世纪60年代中期）、平衡转向恶化阶段（60年代中期至1980年），逐渐转向持续恶化阶段（1980年以后）。流域内生态环境问题成为影响区域社会经济正常发展的主要障碍之一。

因此，如何科学、客观地评估三大工程的生态环境效应，如何规避工程建设对生态环境的负面效应，高效、稳定、可持续发挥工程生态环境的正面效应，成为三大治理工程建设与经营过程中最重要的现实需求和需要解决的科学问题。从国家战略需求出发，建设好、经营好三大工程，发挥工程的最大综合效益，促进工程所在区域的可持续发展和社会稳定，意义十分重大，国家需要通过科学客观的途径，开展对工程实施的后评估、中评估与跟踪评估，掌握工程建设、经营的真实成效，及时发现工程建设与经营中存在或新出现的问题，提出对策，以便于从宏观上调整工程建设或经营模式，保证工程效益得到最大限度的发挥。

为了应对上述需求，中国科学院资源环境科学与技术局批准“重大工程生态环境效应遥感监测与评估”作为2007年度中国科学院知识创新工程重大项目立项。

3. 主要研究内容

该项目以遥感、地面观测数据与生态学相结合的方法，针对重大工程运行中的生态环境影响进行监测评估，围绕三大典型重大工程（三峡工程、“三北”防护林工程、海河治理工程）的生态环境效应，开发定量监测技术，对影响重大工程生态环境效应的诸多要素进行定量化监测和综合评估，建立重大工程生态环境效应监测与评估技术体系，实现三大典型重大工程生态环境效应的监测与评估，为国家宏观决策提供准确可靠的科学依据与信息基础，实现重大工程综合效益的最大化，并为其他重大工程提供借鉴。

（1）三峡库区人地关系变化及对水环境影响监测与评估，坝下水文情势及其对通江湖泊与敏感区陆域生态过程影响评估，长江水生生物资源影响评估，生态环境影响综合评估与工程优化调度方案建议。

（2）典型区防护林生态环境效应遥感监测与评价，“三北”防护林生态环境效应综合遥感监测、区划与评估。

（3）海河流域生态环境本底遥感监测，治理工程生态环境效应评估，生态环境变化情景模拟。

4. 取得的主要成果

（1）该项目实现了遥感与生态学的有机结合，建立了重大工程生态环境效应监测与评估方法。

（2）该项目完成了三大工程区的生态环境效应遥感监测与评估。

（3）该项目服务于重大工程管理的需求，编撰了《长江三峡工程生态与环境监测综合分析报告》，撰写了《“三北”防护林工程建设成效、存在问题与未来发展对策建议》咨询报告，相关成果在《海河流域综合规划》的修编中得到应用。

5. 成果验收意见

2012年8月22日下午，中国科学院计划财务局会同中国科学院资源环境科学与技术局在北京组织召开了中国科学院知识创新工程重大项目“重大工程生态环境效应遥感监测与评估”验收会。验收专家组（名单附后）听取了该项目工作报告及各课题的学术报告，审阅了项目组提供的有关材料，经认真质询和讨论，形成的验收意见如下。

（1）该项目实现了遥感与生态学的有机结合，发展了遥感与地面观测的数据同化方法。项目建立了重大工程生态环境效应监测与评估方法，提出了长江中游江湖耦合水动力模型、流域耗水管理方法和生态环境综合模拟模型等一系列重大工程生态环境效应评估方法和模型。在三大工程区改造和建立了10个地面观测台站，提出了陆域生态关键参数的精准遥感反演方法，形成了陆域下垫面结构、水循环和生态关键参数的遥感监测技术体系，生成了土地覆盖、生态、水循环、工程治理、环境效应监测/观测数据集（360GB）。监测理论与技术为重大工程生态环境效应评估提供了借鉴，具有广泛的应用前景。

（2）该项目完成了三大工程区的生态环境效应遥感监测与评估，评估了三峡工程蓄水运行对库区人地关系及其水环境、坝下水文情势及江湖关系、中游湖泊湿地与敏感区陆域生态、库区特有鱼类群落、坝下四大家鱼和长江口生物群聚的影响，形成了三峡工程蓄水运行生态环境影响阶段性结论与减缓对策；构建了防护林类型与生态环境变化的定量关系模型，评估了“三北”防护林工程建设30年的成效，揭示了“三北”防护林衰退机制及片状林保存量低的原因，提出了“三北”工程建设区划新方案；评估了海河流域治理工程对水资源时空格局、农业耗水、湿地变化、水土流失和流域活力的影响，揭示了流域治理工程的生态环境效应和响应过程，提出了恢复海河流域活力的适应策略。

（3）该项目服务于重大工程管理的需求，编撰了《长江三峡工程生态与环境监测综合分析报告》，撰写了《“三北”防护林工程建设成效、存在问题与未来发展对策建议》咨询报告，相关成果在《海河流域综合规划》的修编中得到应用。

（4）该项目共发表学术论文207篇，其中，SCI论文47篇、EI论文28篇、CSCD论文132篇；出版或编撰专著9部；提交咨询报告4份；申请实用新型和发明专利4项，软件著作登记权8项；培养博士后6名，博士研究生56名，硕士研究生63名，形成了一支结构合理、团结协作、具有转移转化创新能力的研究队伍。

（5）该项目提交的验收资料齐全、数据翔实，符合验收要求。该项目经费使用符合国家财务制度和中国科学院的有关规定。

综上所述，该项目完成了任务书规定的各项指标，专家组一致同意通过该项目验收。

三十一、北京及周边地区大气污染卫星遥感观测

1. 项目概况

“北京及周边地区大气污染卫星遥感观测”是中国科学院知识创新工程应用研究类项目，主持单位与承担单位为中国科学院遥感应用研究所，负责人陈良富，参加人员有顾行发、余涛、龚建华、苏林、周洁萍、陶金花、许华、杨晓峰、王中挺、程天海和王子峰。项目总经费110万元，起止时间为2007年7月1日～9月30日。

2. 立项依据

作为空气质量综合立体监测技术的重要组成部分，作为先进科学技术的典型应用，空气质量卫星监测技术可以为北京2008年奥运会及以后的空气质量保障研究做出重要贡献。

3. 主要研究内容

（1）提供空气质量要素的卫星遥感反演数据，包括AURA- OMI等卫星仪器的NO_2、SO_2等对流层含量，每日覆盖，分辨率为13km×24km。

（2）提供颗粒物污染卫星遥感反演数据，包括Terra卫星仪器MODIS数据的气溶胶光学厚度、霾分布，以及北京市近地面颗粒物浓度，分辨率为1km×1km，每日覆盖。

（3）提供华北平原秸秆焚烧卫星监测数据，即Terra卫星仪器MODIS数据反演秸秆焚烧点温度异常信息，给出焚烧点地理位置信息。

（4）开展污染气体和颗粒污染物卫星遥感反演结果的验证。

4. 项目取得的主要成果

1）发展了雾霾天气溶胶光学厚度监测方法

地气分离技术一直是影响气溶胶光学厚度反演精度的关键问题之一。该课题在国际比较流行的暗目标算法、基于地表植被指数NDVI建立近红外波段与550nm波段之间的反射率关系算法的基础上，加入结构函数算法和地表反射率反演算法相结合的方法，实现对雾霾等天气情况下的气溶胶光学厚度反演，发展了气溶胶光学厚度的卫星遥感反演算法。

2）对秸秆焚烧火点探测算法进行改进

在实现背景对比火点探测算法的基础上，对实际监测结果进行综合分析，调整了原算法中若干关键参数及阈值；同时结合IGBP地表分类数据，将监测出的火点分为秸秆焚烧、林火和草原火3种类型，并分别对其表观亮温等关键参数进行了统计分析，在探索火点辐射特性随火点类型变化的规律方面进行了初步的尝试。

3）完善了数据集成、实时传输系统

本项目所使用的仪器类型多样，除颗粒物和污染气体的常规观测外，主要应用了具有自主知识产权的中国科学院安徽光学精密机械研究所的环境光学仪器；除地面监测仪器外，还有高塔、地基立体监测设备，卫星监测等；除北京市区奥运村超级站外，还有交通站、移动站，以及北京周边地区等，形成了复杂的立体监测系统。另外，其也说明了这个复杂立体监测系统数据的实时集成的难度。在原来的基础上完善了整个数据集成，并实现了数据的查询显示，为大气监测的进一步实施和结果的分析提供了很好的平台。

三十二、地表关键参数遥感反演与数据同化系统研究

1. 项目概况

“地表关键参数遥感反演与数据同化系统研究”是中国科学院重要方向项目，属应用研究类。主持单位与承担单位为中国科学院遥感应用研究所和中国科学院寒区旱区环境与工程研究所。负责人陈良富、黄春林，参加人员有施建成、唐伯惠、辛晓洲、阳坤、邵芸、李召良、杜今阳和贾立等。项目总经费290万元。起止时间为2009年1月～2011年12月。

2. 立项依据

地球系统地表过程包括自然过程和人文过程，但其科学问题是地表辐射与能量循环、水循环和生物地球化学循环。该项目将从当前国际最先进的理论和技术出发，利用多源卫星遥感数据，改进和不断完善当前地表过程观测能力，发展同地表辐射与能量平衡、水循环与碳循环过程相关的地表关键参数的遥感综合反演与同化系统，其重要的科学意义在于：

（1）通过地面台站观测数据、遥感观测数据与地表过程模型的同化，为地表过程研究提供时空连续的多尺度关键参数产品，推动地表辐射与能量平衡、水循环与生态循环过程的研究；

（2）促进我国流域自然地表过程、城市扩展中的人文过程科学研究；

（3）有利于回答地表辐射与能量平衡、水循环与生态循环过程是如何受全球气候系统变化影响的；

（4）有利于回答地表过程变化是如何驱动全球气候系统变化的。

3. 主要研究内容

1）陆地水循环关键要素的遥感模拟与反演

以国内的传感器为主，结合国际相应的传感器建立一个基于空间观测的水文循环系统的原型。该原型包括所有基本的水平衡的参数，解决目前单一传感器参数及单一参数反演结果相互不一致的缺陷。

2）陆地能量循环关键要素的遥感模拟与反演

分析、改进和建立陆地辐射能量循环主要要素的遥感正向模拟模型。研究模型参数遥感反演的尺度转换方法，并在此基础上建立全国及重点研究区的遥感反演系统；与过程模型同化结合，生产不同时间尺度和空间分辨率的产品。

3）陆地生态系统关键要素的遥感模拟与反演

分析、改进和建立陆地生态系统主要要素的遥感正向模拟模型；提出多源遥感数据综合反演陆地生态系统主要要素的方法，建立全国及重点研究区的遥感反演系统；提供全国及重点研究区域陆地生态系统关键参数的遥感反演产品。

4）高分辨率的驱动数据和陆面过程模型改进

其包括再分析资料的比较、动力降尺度方法研究、遥感和台站资料的结合、再分析资料和台站资料的结合、利用中国科学院资源环境科学领域的野外台站资料测试、分析、评价并改进陆面过程模型。

5）陆地表层系统环境要素多源数据同化系统集成

发展适合于多源数据的快速、稳健、能够自动纠错、物理约束更强的同化算法；建立中国陆地表层系统环境要素多源数据同化系统；生产陆地水循环、能量循环和陆地生态系统相关变量的长序列时空连

续分布的同化数据集。

4. 项目取得的主要成果

1）算法模型、数据集与系统

（1）建立地表关键参数的遥感反演原型系统。

（2）建立中国陆地表层系统环境要素多源数据同化系统。

（3）制备不同空间分辨率的地表水循环、能量循环和碳循环相关的关键变量的遥感反演产品，包括降水、土壤水分、蒸散和积雪，气溶胶光学厚度、反照率、地表温度、发射率，叶面积指数和光合有效辐射比例等。其中全国区域的产品空间分辨率为0.1°，重点流域（黑河流域、塔河流域、太湖流域）为1～5 km，重点试验点产品空间分辨率小于1 km。

（4）完成了1981～2008年时间分辨率3h、空间分辨率0.1°的气象驱动数据，完成了2002～2008年同化数据产品。

2）论文与专利

（1）发表论文33篇，其中SCI论文22篇（包括第1资助10篇）。

（2）申请专利6份，其中已申请并获授权的专利3份，专利名称：①中国陆面数据同化系统，登记号2010SR073375；②基于多源遥感数据的定量遥感反演系统V1.0，2010SRBJ5314；③高分辨率多源遥感数据同化系统，登记号2011SR063384。

3）人才培养

博士后出站人数4人，获得博士学位的毕业生17人，获得硕士学位的毕业生2人。

4）相关项目经费申请

项目参加人员在该项目实施期间，争取到的与该项目相关的项目总数共28项，金额2526万元。其中，承担重大基金课题共19项，金额1061万元；中国科学院项目共3项，金额670万元，科技部项目共4项目，金额575万元；行业专项课题2项，金额220万元。

5. 成果验收意见

2012年9月9日，中国科学院资源环境科学与技术局组织验收专家委员会，对中国科学院知识创新工程重要方向项目“地表关键参数遥感反演与数据同化系统研究”（kzcx2-yw-Q10-2）进行了验收。验收专家听取了项目负责人的汇报，审阅了有关资料，并进行了质疑，形成如下验收意见。

（1）该项目发展了水循环变量（土壤水分、积雪、蒸散等）、能量平衡变量（辐射、地表温度、反照率等）和生态变量（LAI、FPAR等）的遥感反演方法，开发了地表关键参数的遥感反演原型系统。

（2）基于Princeton再分析数据（气温、气压、比湿、全风速）、卫星遥感数据（向下短波辐射、向下长波辐射和降水率）和气象局700余站的观测数据，发展了大气驱动数据降尺度方法，生成了中国区域高时空分辨率（空间分辨率0.1°，时间分辨率3h）的地面气象要素数据集。

（3）实现了中国气象局陆面数据同化系统（CLDAS），在该系统中陆面过程模型采用CoLM模型；观测算子包括针对不同地表（裸土、冻土、积雪、水体、植被）的微波辐射传输模型；数据同化算法采用集合Kalman滤波算法；可同化的观测数据包括MODIS陆地产品（雪盖产品、叶面积指数产品和地表温度产品）、AMSR-E亮度温度数据产品，以及反演的土壤水分、积雪和叶面积指数等遥感产品；驱动数据采用最新发展的全国范围空间分辨率为0.1°、时间分辨率为3h的大气驱动数据；输出数据包括时间分辨率为 1 小时、空间分辨率为 0.1°的地表变量同化数据集。

（4）发表学术论文 33 篇，其中 SCI 22 篇，参与出版专著 1 部。土壤水分反演算法已经成功用于我国自主气象卫星 FY3 微波辐射计的业务化应用、中国区域高时空分辨率气象要素数据集和地表变量同化数据集已在“西部数据中心”发布。

该项目组织管理规范，经费使用合理，验收资料齐全，圆满完成了任务书中规定的各项任务和考核指标。验收专家委员会一致同意该项目通过验收。

三十三、奥运环境遥感动态监测研究

1. 项目概况

“奥运环境遥感动态监测研究”是国家科技攻关奥运科技专项，中国科学院奥运科技专项应用研究类项目，主持单位与承担单位为中国科学院遥感应用研究所，负责人郭华东、邵芸，参加人员有朱博勤、范湘涛、王尔和、马建文、蔺启忠、薛勇、刘建明、黄永平、王长林和廖静娟等。项目总经费 200 万元，该项目于 2002 年 9 月正式立项，于 2006 年 12 月完成。

2. 立项依据

北京 2008 奥运会是中华民族的盛事，是首都现代化进程中难得的历史机遇。举办一届历史上最出色的奥运会是中国人对世界做出的庄严承诺。奥运会是影响面最大、观看人数最多的世界体育盛会。各主办城市均竭尽全力为大会成功举办投入最新的科技成果，奥运和科技进步密不可分。回顾奥运历史，遥感及相关联的 GIS、GPS 尚没有在奥运会中发挥应有作用。在空间技术、信息技术如此发达的今天，在现代奥运建设中，再不利用“从空中看奥运”的这项先进技术，将会是一项重大缺憾。2001 年 7 月科学技术部联合 9 个部门提出了“奥运科技 2008 行动计划”，奥运科技行动计划中的“数字奥运”是一个综合运用遥感、地理信息系统、全球定位系统、遥测、网络、通信、电子商务、多媒体，以及虚拟仿真技术对城市的基础设施、功能机制进行自动采集、动态监测管理和辅助决策的技术系统。“数字奥运”的空间信息源是由遥感、地理信息系统、全球定位系统提供，为城市管理和规划、交通、环境、绿化、城市的各种资源进行合理的配置、管理提供决策支持。利用遥感技术对奥运主场馆区的场馆工程建设和环境工程建设进行监测将是“科技奥运”的直接体现，并可直接服务于“绿色奥运”。

利用航天、航空遥感数据接收、获取、处理、分析等综合技术能力，可以对北京奥运主场馆区工程建设过程中环境、交通、场馆等焦点问题的改善和变化指标，进行立体的连续观测与季报、年报信息发布。这些立体、连续、累积的观测数据与标准化系列产品的直接用户是奥运组委会和北京市政府。该项目研究结果不仅落实了“绿色奥运”的科学数据与信息，展示“奥运科技行动计划”成果，而且是“数字奥运”的核心空间信息源。

3. 主要研究内容

1）多源、多时相、高分辨率遥感数据的统一编码和辐射归一研究

利用获取的地面光谱数据、GPS 定位数据，研究遥感数据辐射定标、几何定位和统一编码；研究 SPOT-5、IKONOS、QuickBird 等高分辨率卫星遥感数据和航空数据有效提取建筑物、场馆建设、道路、绿地、水体等专题信息的参数与波段组合；研究多源遥感数据的快速融合方法。

2）奥运主场馆区场馆工程、环境工程动态监测快速处理研究

结合北京奥组委、北京市建委对奥运会工程环境动态监测的具体要求和技术指标，应用高分辨率卫

星数据和航空遥感数据，研究适用于建筑物、场馆建设、道路、绿地和水体等专题信息的光谱匹配波段；基于 GIS 技术和最佳光谱波段组合，研究快速提取建筑物、场馆建设、道路、绿地、水体等专题信息的技术流程和方法。

3）奥运环境专题信息库的生成与工程环境动态变化研究

依据 15 天为周期的实地考察和采集数据，交互生成建筑物、场馆建设、道路、绿地和水体等工程环境主要素的专题图；空间复合、配准不同时相工程环境主要素专题信息矢量数据，研究场馆工程、环境工程主要素的时间、空间变化特点；研究奥运工程遥感数据库和专题信息库的高效管理技术。

4）虚拟仿真平台建设

研究与开发奥运中心区、五棵松体育场馆区，以及北京其他比赛场馆的虚拟仿真环境，实现工程环境建设动态监测结果的虚拟仿真方法；研究 VR-GIS 与网络 GIS（WebGIS）、Com-GIS 相结合的技术，以及面向对象的 VR-GIS 技术；研究实时交互技术，利用人的感知和视觉特点等，实现快速实时的三维图形计算和绘制、平滑的空间漫游、实时的交互能力。

5）研究和开发基于 Internet 的虚拟奥运场景发布与浏览系统

研究基于 Microsoft DNA 的 Server/Client 进行虚拟奥运网络发布系统结构设计，开发三维模型的数据库；Server 端软件设计，包括三维场景数据的存储、查询、压缩，以及分发功能；Client 端浏览软件插件的设计，包括基本的虚拟场景浏览器的功能、三维场景数据的解压等。

4. 项目取得的主要成果

（1）2002～2006 年连续 5 年获取了奥林匹克及周边地区 400km^2 航空遥感图像，为奥运公园规划及周边交通规划提供了重要的基础空间信息。2002 年奥运场馆规划区开始拆迁，航空遥感技术在奥运场馆规划、拆迁和建设用地统计等工程的监测、监理和监控中发挥了巨大的作用，为朝阳区政府提供了亚运村及奥运规划区的真彩色影像图；结合地面调查与拆迁办合作，做了拆迁地区用地分类、拆迁面积、人口等专题图工作，为首都机场扩建工程、温榆河治理等工程提供了大量资料，同时也为奥运积累了历史资料。

（2）利用卫星遥感数据进行北京市耕地、城镇、绿地和水体变化检测统计，对近 20 年耕地、城镇、绿地和水体动态变化现状、类型、数量和分布等基本要素进行定量提取、变更分析。同时，从 2002 年 11 月奥运场馆规划区开始拆迁起，即对拆迁过程进行了实时地面监测和航空遥感影像分析。

（3）奥运环境大气污染监测：大气中悬浮的气溶胶粒子是空气中主要的污染物，因此，利用卫星遥感监测大气中气溶胶的浓度及分布变化，可以反映环境的污染状况。气溶胶粒子主要来源于工业的活动、生物的燃烧等人为污染源，以及沙尘、海洋粒子等自然源，近年来，研究表明，气溶胶对太阳的辐射有很大的直接作用，对云的微物理过程的影响、对大气化学过程等具有显著影响，从而获取准确的气溶胶信息及其预测，对于奥运生态环境治理结果和户外运动项目安排具有关键意义。利用美国 EOS-Terra 卫星平台上的 MODIS 传感器数据反演监测奥运环境大气污染。对北京及周边地区的气溶胶的遥感监测分析，可以及时获得环境污染状况信息、污染的分布规律，从而分析污染的原因，为改善治理污染提供科学依据，为创造良好的奥运环境服务。

（4）奥运规划区三维仿真系统建立：根据奥组委工程规划部制定的“北京奥林匹克公园规划设计方案”（一期），按照功能区域划分，分别对场馆区、商业区、奥运精神纪念公园区、文化轴线千年步道及森林公园区域等进行虚拟场景开发，借鉴国内外现有建筑风格，进行了创造性开发，建立了基于奥运中心区的虚拟仿真场景。利用 VC++开发工具结合二次开发平台，对所建立的三维仿真场景数据进行信息管理与分析，建立了基于 Windows 和 SGI 平台的两套仿真系统，初步实现实时三维场景的功能有模型编辑、添加、删除，体量变化与旋转、移位，信息查询与分析，浏览控制，环境参数变化等。

（5）奥运场景虚拟现实研究与发布：以虚拟现实技术为基础，通过对场馆工程、交通工程和环境工程的观测与监测，应用虚拟仿真技术来模拟工程环境的动态变化，展现工程环境建设进展，实现虚拟奥运网络发布与浏览，建设数字奥运空间数据综合信息平台，构筑的一个三维、动态、实时、可交互、可查询及可进行多种分析的“数字奥运”虚拟环境平台，为奥运规划区的总体规划、方案设计、工程管理、功能测试和决策支持等多方面服务。

（6）提交了 2003～2006 年奥运环境监测的系列年报。

5. 成果展示与汇报

2003 年 9 月 12～15 日，项目组参加了“第六届中国北京国际科技产业博览会”“数字奥运技术装备”主题的展览，获得了观众好评。2004 年 3 月 23～25 日，参加了国家信息产业部组织的“数字奥运”展览，观众反应热烈。

2003 年 7 月 11 日项目组在北京奥组委向奥组委常务副主席刘敬民副市长汇报了该项目的进展情况，用生动的多媒体演示了该项目近期的成果，明确提出对大三区、小三区实施为期 10 年的连续观测，通过空间遥感技术为科技奥运、绿色奥运尽中国科学院的责任与义务。通过 2002 年、2003 年航空遥感影像图的对比可见，奥运工程进展明显，成绩喜人。刘副市长边听汇报边提问题，对该项目下一步的工作提出了具体要求：①希望将本项研究与虚拟现实技术结合作为奥组委信息平台的一部分；②关注奥运场馆区的环境与工程建设进展的动态监测；③及时相互通报信息，希望遥感技术能为“三个奥运”做出切实的贡献。

三十四、环境与灾害监测预报小卫星星座环境应用系统软件工程第六标段：环境空气遥感分系统

1. 项目概况

“环境与灾害监测预报小卫星星座环境应用系统软件工程第六标段：环境空气遥感分系统”是环境保护部卫星环境应用中心筹备办公室技术发展、应用研究项目。主持单位与承担单位为中国科学院遥感应用研究所，负责人陈良富，参加人员有苏林、陶金花、王子峰、李莘莘、张林、贺宝华、管宏伟、杨健、闫欢欢、陶明辉、张莹、韩冬、余超、范萌、夏石明、王红梅和柴向停。项目总经费 562 万元，起止时间为 2009 年 5 月 1 日～2014 年 8 月 29 日。

2. 主要研究内容

应用环境卫星数据并辅以其他卫星数据和地面监测数据，对颗粒物污染、雾霾污染、沙尘/沙尘暴、秸秆焚烧、污染气体和温室气体等大气质量指标进行动态监测，实现基于环境空气遥感数据的时空合成、统计分析、可视化表达、专题数据产品和应用数据产品生产、环境空气质量综合评价，为我国环境空气监测与管理工作提供遥感技术与信息支持。

3. 项目取得的主要成果

（1）环境空气遥感应用系统基础数据库。

（2）环境空气遥感分系统（包括完整的软件源代码和可执行程序、安装程序等）。

（3）环境空气遥感模型与方法库。

（4）环境空气遥感分系统在我国环境空气污染监测重要区域（包括京津唐地区、长江三角洲地区、珠江三角洲地区、重要能源与工矿地区及重工业基地等）应用示范产品集。

4. 成果验收意见

2011 年 11 月 11 日，环境保护部卫星环境应用中心在北京组织召开“环境与灾害监测预报小卫星星座环境应用系统软件工程第六标段：环境空气遥感分系统”最终验收评审会，验收评审会由 7 名专家组成验收组，该项目总集成、总监理单位代表全程参加了验收会。验收组听取了该项目承建单位所做的环境空气遥感分系统验收汇报，观看了系统演示，查阅了有关资料，经过质询和讨论，形成的验收意见如下。

（1）环境空气遥感分系统按照国家有关软件工程化管理的要求，完成了合同规定的研制任务。

（2）环境空气遥感分系统通过了用户测试并经用户试运行，系统功能、性能各项指标达到合同要求，满足用户需求。

（3）环境空气遥感分系统研制过程质量受控，各项验收文档规范、齐全，符合验收要求。

（4）验收组一致同意环境空气遥感分系统通过最终验收。

5. 获奖情况

该项成果获 2013 年度国家测绘科技进步奖一等奖。

三十五、细颗粒物（$PM_{2.5}$）等重点大气污染物监测体系建设项目

1. 项目概况

细颗粒物（PM2.5）等重点大气污染物监测体系建设项目之“PM2.5 遥感监测软件系统”是北京市环境保护监测中心技术发展、应用研究类项目。主持单位与承担单位为中国科学院遥感应用研究所，负责人陈良富，参加人员有苏林、陶金花、李莘莘、张莹、余超、邹铭敏、闫欢欢、陶明辉、范萌、张朝阳、武卫玲、尚华哲、贾松林、张倩、王红梅、柴向停、夏石明、王琳、马鹏飞、祁建春、顾坚斌和滕维远。项目总经费 240 万元。起止时间为 2012 年 6 月 22 日～11 月 30 日。

2. 主要研究内容

环境质量卫星遥感监测系统具有 PM2.5 等颗粒物浓度卫星监测、PM2.5 颗粒物的气态前体污染物卫星监测、PM2.5 颗粒物的城市源卫星监测、PM2.5 二次有机颗粒物卫星监测、PM2.5 自然源的卫星监测等遥感监测产品，并能对上述产品浏览展示、专题制图、统计分析及报表制作，最后得到监测分析报表，并能提供完善的系统管理功能，用于系统管理员对系统进行监控与管理。

3. 项目取得的主要成果

（1）PM2.5 遥感监测软件系统数据库。

（2）PM2.5 遥感监测软件系统（包括完整的软件源代码和可执行程序、安装程序等）。

（3）PM2.5 遥感监测软件系统北京地区应用示范产品集。

4. 项目验收意见

2013 年 5 月 22 日，北京市环境保护监测中心组织召开了北京市环境保护局细颗粒物（PM2.5）等重点大气污染物监测体系建设项目（集成预报系统软硬件及系统传输改造、遥感监测硬件平台、遥感监测软件系统开发、遥感监测数据及配套软件 4 个标段）竣工验收会。验收专家组听取了该项目建设单

位北京市环境保护检测中心，承建单位北京海通金星科技发展有限责任公司、北京润成恒信科技有限公司、中国科学院遥感与数字地球研究所及 21 世纪空间技术应用股份有限公司，监理单位北京北咨信息工程咨询有限公司的项目工作汇报，审阅了项目相关文档，经过系统演示、质询和讨论，形成以下验收意见。

该项目结合目前卫星遥感算法的最新发展水平，并辅以其他地理基础信息数据，实现数据的获取、处理与统一规范化的管理，能够对北京地区 PM2.5 浓度及其前体物、污染来源等相关要素进行实时遥感监测，及时获取 PM2.5 等污染的空间分布特征，并为空气质量预报及污染控制提供基础支持。

系统各个功能模块能够正常运转，为遥感业务监测提供一个实用和可靠的监测平台。系统界面友好、使用方便、操作简单、具有较高的容错能力及较强的可扩展性。遥感业务监测产品的制作发布达到了项目合同书的要求。

该项目能够弥补现有大气环境监测手段在区域空间尺度上的不足，为摸清大气污染来源、实现各类污染源的监督管理、减排控制提供科学依据，也为保护环境、合理使用资源、制订环境法规、标准、规划等服务。

综上所述，该项目完成了合同约定的建设内容，达到了原方案设计目标。经过 5 个月的系统试运行后，设备运行稳定，系统运行正常，该项目实现了合同约定的所有功能，各项功能能够正常使用，用户反映良好。该项目管理规范，文档齐全，监理工作到位。

验收专家组认为该项目符合验收条件，一致同意该项目通过竣工验收。

5. 获奖情况

该项目成果获 2014 年度北京市科学技术奖二等奖。

三十六、香港维多利亚港船行海浪的遥感研究

1. 项目概况

“香港维多利亚港海浪研究”是香港特区政府土木工程拓展署、香港大学应用研究类项目，主持单位与承担单位为中国科学院遥感应用研究所。负责人朱振海，参加人员有钱育华、孙建国、王丹和王红梅。项目总经费 17 万元（港币）。起止时间为 1996 年 6～12 月。

2. 立项依据

本项工作是香港特区政府土木工程拓展署委托香港大学牵头的多家合作项目。

3. 主要研究内容

该课题主要是利用遥感技术观测维多利亚港船行波浪及入/反射波的各种参数（波高、波长、波向等），对维多利亚港的波浪状况进行分析。

4. 取得的主要成果

具体利用 UMK10/1318 立体摄影经纬仪进行波浪的同步测量，经室内测绘，制成波浪表面轮廓图，计算船速、波高、波向等要素，经统计分析，测量出各种船舶行波特点、对海岸的影响、入/反射波的过程及参数特征，最终确定了这种技术的实用性和可靠性，为今后开展波浪测量开拓了一种精度高、经费少的方法。

利用 UMK10/1318 立体摄影经纬仪对维多利亚港船行波及入/反射波的同步摄影，经内业解译制图，编绘出 54 幅船行波及入/反射波的过程特征。该结果与理论值最接近，证明其实测的可靠性。

三十七、多源遥感数据协同反演与信息融合关键

1. 项目概况

“多源遥感数据协同反演与信息融合关键（KZCX2-YW-313）”是中国科学院知识创新工程重要方向性项目，属应用基础研究类。主持与承担单位为中国科学院遥感应用研究所，项目负责人柳钦火，主要参加人员有马建文、邵芸、程晓、薛勇、唐娉、孙国清、廖静娟、李新武、辛晓洲、韩春明、占玉林、陈雪、杨习荣和王志刚等。项目总经费 250 万元，起止时间为 2007 年 1 月 1 日～2009 年 12 月 31 日。

2. 立项依据

2006 年中国科学院资源环境科学与技术局发布中国科学院知识创新工程重要方向性项目申请指南，在所领导的大力支持下，遥感所由柳钦火牵头组织申报，通过项目评审、答辩，批准立项。

3. 主要研究内容

为解决单一遥感传感器遥感反演地表参数面临的信息量不足、反演精度不能满足要求的问题，该项目将选择光学遥感数据 BJ-1，FY1/ MVIRS，EOS/MODIS，SPOT/VEGETATION，ENVISAT/MERIS，ENVISAT/（A）ATSR，NOAA/AVHRR 等已有传感器为主要数据源，通过图像的交叉辐射定标和图像配准，在 1km 尺度协同反演关键地表参数，通过理论模拟和野外星地同步实验，验证评估产品精度；结合微波传感器 AMSR-E，SSM/I、SIR-C、ALOS/PALSAR、RadarSat2、Terra-XSAR、EnviSat 等数据，研究微波遥感与光学遥感、激光雷达遥感数据的信息融合模型和方法；分析评估各种新型卫星遥感数据，如美国的 NPP、NPOESS、我国的 FY3、HJ 小卫星等多星多源遥感协同反演的可行性和应用潜力，主要研究内容包括以下几个方面。

（1）多源遥感数据的模型协同与融合反演理论：研究多源遥感联合反演中的信息传播机制，基于多源数据融合的土地利用/土地覆盖提取技术，大气气溶胶/大气水汽的、地表二向反射率/地表反照率、植被指数/叶面积指数，以及地表发射率/地表温度的多星多源遥感协同反演技术，基于激光雷达数据的植被结构参数提取技术。

（2）面向地表参数提取的微波与光学遥感图像融合技术：研究面向 SAR 图像处理的融合技术，多极化、极化 SAR 和 TM 或北京 1 号（BJ-1）光学数据协同的植被叶面积指数反演，主动和被动微波遥感技术融合反演土壤水分的方法，基于高分辨率雷达遥感数据与光学融合技术的湿地生物量提取，光学、雷达和激光雷达遥感理论模型的联合模拟及森林结构参数反演。

（3）多源遥感图像配准与融合技术和方法：研究多源遥感图像自动配准技术，光学与雷达遥感图像的快速融合技术，多光谱图像和全色的高分辨率图像融合技术。

（4）多源遥感数据协同反演与信息融合算法集成与实验验证：研究基于模型同化的台站观测数据与遥感信息产品融合方法，集成开发多源遥感协同反演与信息融合软件，进行多源遥感协同反演与信息融合算法实验验证。

4. 取得的主要成果

经过 3 年的研究，该项目进展显著，发表论文 115 篇，其中 SCI 源刊论文 30 篇，EI 论文 42 篇，出版与待出版专著 2 本。主要成果包括以下几个方面。

1）多源遥感数据协同反演模型和算法

提出了光学和微波、光学和激光雷达遥感数据联合反演植被结构和土壤水分等参数的理论和方法，

分析了不同数据源在反演过程中的信息传输机制；提出了基于熵差法的多角度数据反演叶面积指数的信息量分析方法；设计了综合使用高空间分辨率与高时间分辨率遥感数据获取田块波谱信息的 PSP 方法；构建了考虑地表 BRDF 效应的大气气溶胶光学厚度（AOD）和地表反射率的遥感定量反演解析模型，并成功用于 MODIS 双星数据，以及 MODIS 与 AATSR 数据的协同反演；建立了多角度多光谱核模型（ASK Model），引入组分光谱，重组几何光学核和体散射核，实现多角度与多波段联合反演，突破了多传感器因波段设置差异而制约了联合反演的限制，为多源遥感数据的协同反演提供了有效途径。基于高分辨率雷达遥感数据与光学融合技术，建立了湿地水生植被雷达后向散射系数与其生物物理参数的关系，提出了一种改进的理论模型（MIMICS 模型）和神经网络相结合的方法，利用神经网络和 EnviSat ASAR 多极化数据与光学数据融合估算鄱阳湖湿地总生物量；提出了联合星载大脚印激光雷达 GLAS 波形与 MODIS 数据，以及雷达数据进行森林生物量反演的算法，结果具有较好的准确度，为今后开展北方森林碳吸收/存储研究提供了数据支撑。基于航空激光雷达和高分辨影像信息融合算法，研制了航空激光雷达单木分割、冠幅和树高提取算法。融合 MODIS 地表参数和 AMSR-E 土壤水分观测数据，实现了中国区域的陆面过程同化，获得了中国区域多年的时空分布连续的、高质量的土壤湿度和地表能量平衡各分量的同化产品。

2）多源遥感数据融合与特征提取技术

构建了禁忌免疫组合搜索策略和组合优化算法（TC）与脉冲耦合神经网络（PCNN）影像分割算法，开发了光学与光学、光学与 SAR 影像自动配准软件系统，实现了遥感影像的自动配准。光学与光学影像几何精度接近 1 个像元，平原区光学与 SAR 影像自动配准精度接近 2 个像元。TC 技术帮助解决影像配准参数搜索的非线性、多峰、非凸的优化搜索问题；PCNN 帮助解决遥感影像区域特征分割中出现的欠分割或过分割问题。

建立开发了遥感影像形态学特征与光谱特征（光学和 SAR）融合提取框架技术（M-SF），其是创新性的多种目标特征融合提取的二次开发工具。开发了通用性强的不同目标融合提取软件开发工具，对地震倒塌房屋自动识别率超过 85%，能正确识别油罐和圈定飞机等目标。利用 M-SF 框架建立不同目标的形态模型与多光谱波段归一化、光谱水平调整。

建立了多时相-空间 SAR 图像斑点滤波方法的技术方法，充分利用多时相数据之间的关系和地物的空间关系来获得相关的像素，通过降低图像的方差，使地物的空间结构特征得到显现处理。多时相融合图的质量相较于任何一景原始图像都有很大提高，特别是斑点噪声得到了明显抑制，图像光滑美观。在融合图像上，地物的边界清晰，人工建筑物细节清楚，空间分辨率得到了明显提高。通过多时相数据融合，显著提高了雷达图像数据的分辨率，线状地物信息（公路和水系）得以很好的显示。

3）多源遥感数据定量遥感产品生产与服务系统

构建了多源遥感协同反演地表参数算法的集成平台，可以综合利用 EOS/MODIS，NOAA/AVHRR，FY-3/MERSI，FY-3/VIRR 等中低分辨率和 Landsat TM/ETM+、HJ-1 等中高分辨率数据，并匹配静止卫星数据，以及必要的高光谱数据和微波数据生成高精度定量遥感产品。该系统由数据库、数据预处理、定量遥感产品生产、真实性检验等分系统组成，包括任务处理和业务化运行两种模式。该软件系统具有完整性、复杂性和高度自动性等特点，产品生产采用了先进的流程定制技术，方便易用，提高了效率。申请计算机软件著作权，“多源遥感数据定量遥感产品生产与服务系统”（2010SRBJ5314）。以该系统为平台，对项目组开发的其他软件模块进行了集成，具体如下。

面向参数反演的微波遥感数据融合软件。面向参数反演的微波遥感数据融合软件，目前处理的遥感数据包括：光学数据，TM 或北京 1 号（BJ-1）；雷达数据，ASAR、PALSAR、RADARSAT-2；辐射计数据，PALS、AMSR-E，支持通用的栅格数据与简单的文本数据。软件的功能主要包括遥感影像基本处理、雷达数据融合、叶面积指数反演、土壤水分反演和生物量反演。申请计算机软件著作权“面向参数反演的微波遥感数据融合软件（2009SR061186）”。

PCNN 算法软件，实现了光学影像之间、光学影像和 SAR 影像间的快速自动配准；申请国家计算机软件著作权，“PCNN 遥感影像处理系统（2007SR14953）”，开发了特征信息融合提取框架技术（M-SF）软件，为综合利用高分辨率影像几何特征和光谱特征（光学和 SAR）完成目标特征提取问题，提供创新性的多种目标特征融合二次开发工具。申请国家计算机软件著作权“多源遥感影像自动配准与融合软件”（2008SR36391）。

5. 项目验收意见

2011 年 4 月 15 日，中国科学院资源环境科学与技术局组织专家，在北京对该项目进行了验收，认为该项目按计划完成，在多源遥感数据协同反演模型和算法、多源遥感数据融合与特征提取技术、多源遥感数据定量遥感产品生产与服务系统研发等方面的研究工作取得很好进展。

第六章　遥感所自选课题

一、微机光学绘图系统及微机数据磁带控制器

1. 项目概况

“微机光学绘图系统及微机数据磁带控制器”是遥感所技术发展研究类自选课题，由中国科学院遥感应用研究所主持，合作单位有沈阳自动化所、长春光机所和泰州磁带机厂。负责人何欣年，参加人员有黄明德、张建昉和刘静航。起止时间为1981～1984年。

2. 立项依据

20世纪70年代，中国科学院重点项目“制图自动化”，其中第一系列设备包括数控绘图机和图形数字化仪，绘图机绘图幅面1100mm×900mm，绘图分辨率0.01mm，总精度0.1mm，绘图速度8.4m/min，采用平台结构，滚珠丝杠传动，开环步进电机驱动，限于20世纪70年代初我国计算机技术尚处于起步阶段，绘图数据输入还是穿孔纸带，绘图数据的运算处理，控制均由硬件各类功能插件实现，整机控制系统体型庞大、功耗大，尤其当时我国数字集成电路尚处于试制阶段，均为小规模集成电路，配以各类晶体管，元器件的运行可靠性难以保证，运行维护困难较大，因此确定使用微机以软件代替庞杂的硬件控制系统，以大容量的半吋磁带机作为绘图数据的输入/输出介质代替原有的纸带穿孔机。

3. 主要研究内容

限于当时要求微机内存不大于64K，所以以当时中国科学院引进的TRS-80为主机，以单板计算机为控制机，并自行开发了半吋磁带机控制器，组成一个可靠性高、操作方便、运行效率高的绘图系统，在当时尚无超大规模基础电路、大容量磁盘、高数据通道的情况下，这无疑是适合我国国情的一条合理而可行的途径。

4. 取得的主要成果

完成了磁带微机控制器和微机控制绘图系统的研制。

作为绘图数据的存储，输入/输出设备采用了半吋磁带机，由于当时微机的输入/输出只配备卡式带机，其存储容量小，I/O输入速度低，不能满足要求，所以自行开发了微机磁带机控制器，磁带中存储的数据经高速并行接口送往单板机1，磁带机的启/停信号及数据检错等信号由单板1发送，控制磁带机运行。单板1中数据缓存后，批量通过并行接口送往单板2，当单板2中数据已完成绘图输出后，数据请求信号送单板1，并启动磁带机，再次由磁带机往单板1输送数据，控制程序均固化在单板机1的只读存储器中，所以研制的磁带微机控制器体积小，成本低，可靠性高，并极大地扩充了微机的功能，使微机具有了输入/输出和处理大量数据的可靠性。

微机控制绘图系统由单板2完成，绘图数据在主机，如TRS-80，IBMXT，AT，286，386，486等生成后，经由并行高速接口送到单板机2，开发了一系列控制软件模块：输入/输出模块、辅助运算模块、笔控模块、速度控制模块等，插补算法，数据采集如由图形数字化仪将曲线分成海量的小直线段存储，也可将局部图形用小圆弧逼近，因此研制了相应的辅助程序，按算法输出X或Y数据信号以驱动相应的

X轴或Y轴步进电机。

在点位控制系统中，逐点比较法得到了广泛应用，大多采用四象限辅助算法，即每进行一次迭代运算只有一个轴X或Y有增量，因而主电机驱动脉冲是不连续的，而考虑到步进电机的负载是惯性负载，以及电机的转矩——频率特性，电机不能突跳，所以绘图速度难以提高，并由于产生机械震动，使绘图质量下降，而在一些应用领域，如地图绘图，对绘图质量有很高的要求，为此研发了一种八卦限插补算法，即首先比较X值和Y值的大小，大者选定为主轴，在每次迭代运算中都输出增量，因而输出脉冲是连续的，这就极大地改善了步进电机的工作状态。运行表明，这一算法使绘图速度和绘图质量有了极大提高。由于实时控制要求，所有软件均以机器代码编写，固化在只读存储器中，以软件代替了大量的硬件控制单元，不仅提高了运行可靠性，而且缩短了研制周期，开发的费用只有原硬件控制的百分之几，更有助于推广应用。

二、中国卫星影像系列彩色图的编制研究

1. 项目概况

“中国卫星影像系列彩色图的编制研究”是遥感所应用研究类自选课题，主持单位为中国科学院遥感应用研究所，负责人张圣凯，参加编制人员有夏明宝、石军梅、关威、刘桂云、刘斌、陈子南、李征等。该项目从1990年初开始，同年10月完成。

2. 立项依据

改革开放迎来了我国科学技术发展的第二个春天，遥感所科技人员根据“六五”“七五”国家科技攻关的需要，先后在省区范围，以快速、实用、节省为宗旨，将几幅、几十幅乃至几百幅卫星影像图，按照一定的数学控制基础，先后编制了京津唐、海南岛、辽宁省、宁夏、三北防护林等省区中小比例尺彩色卫星影像图26幅，为了更加广泛推广应用上述彩色卫星影像图，在科学出版社的大力支持下，先后出版了8幅彩色卫星影像图，为各省区提供了遥感应用基础图像，在地学研究及国民经济建设中发挥了良好的作用。

国家“七五”计划的胜利完成，激发了对国土整治宏观决策与管理、环境动态变化监测研究的热情。对于研究全国的课题来说，地理所编制的黑白《中国卫星影像图》已经满足不了需要。遥感所张圣凯、夏明宝、石军梅和关威等科技人员根据多年来积累的科学资料和光学图像处理的经验，于1990年2月提出了编制1∶100万中国彩色卫星影像图的设想，立刻得到陈述彭院士的大力支持和热忱帮助。他在审阅《1∶100万中国假彩色卫星影像图编制设计方案》时，有一段入木三分的批注：根据他们长期科学积累和图像处理方面的丰富经验，在原已覆盖70%的国土面积的卫星影像图的基础上，填平补齐，继续完成其余30%的工作，从而获得全国范围成套卫星影像图，其在技术上是成熟的，在科学意义上则又是一次新的突破。因为全国1∶100万卫星影像图，将成为遥感动态分析的本底资料，作为20世纪70年代的历史记录，所以该项工作具有承先启后的深远意义。

1990年4月，在中国环境遥感学会的支持和建议下，遥感所将编图方案列为1990～1991年科研计划，成立了由所内外19名专家组成的编委会，并拨出所长基金启动课题。

3. 主要研究内容

（1）彩色卫星影像图总体设计与编制工艺研究。

（2）卫星影像资料的选择、假彩色合成方法与彩色协调技术研究。

（3）影像图的平面控制、图面配置与数学精度研究。

（4）国土疆域控制与表示方法研究。

（5）特大幅面彩色卫星影像图制印工艺技术研究。

4. 取得的主要成果

编制巨幅彩色卫星影像图工艺复杂、技术难度大，课题组人员在广泛收集卫片资料和有关图件的基础上，以精益求精的科学态度，认真分析全国不同区域的特点，制定了切实可行的编制工艺方案，较好地解决了一系列技术难题。资料选择方面，鉴于我国幅员辽阔，大陆部分南北季相的差异性大，地形地貌也相当复杂，而我国遥感卫星地面接收站尚未建成，国内已有的陆地卫星图像都是各单位根据自身的需要分别引进的，要找到时相接近的优质卫星影像是相当困难的。只能通过对全国 32 个单位的 2500 景 MSS 影像反复查询和对比，从中选用时相和清晰度比较好的以 584 景夏秋季成像为主的图像作为编图的基本资料。彩色协调方面，地区不同，光照条件不同，往往导致影像的密度和反差不一，合成 1∶100 万假彩色相片时，必须采用定量测试分析方法，确定相邻相片的最佳合成条件，使相邻相片色彩自然过渡，达到总体色彩和谐一致。为使 1∶100 万彩色卫星影像图具有一定的数学精度，必须先按 1∶100 万地形图作控制，将单景影像镶嵌拼贴成 15 个分区影像图，把总体误差按区域配赋在可控制的范围内，以保证影像图的区域精度。图面配置方面，由于西部高山地区有的终年覆盖冰雪，有的卫片影像欠佳，地形难以准确判别，无法勾绘境界。为此采取参照中国政区图，在内陆边境留出 2～4cm，采用外缘由近似直角转折的折线形边界，不标出线状国界的具体位置，这样既保持了边界附近影像完整，又反映了我国大陆国土的大致形状；东部海域则大体参考经济管辖区所涉及的范围，保留东经 125°以西的海域影像；南海诸岛由于缺少影像，采用中国政区略图表示我国完整的领土范围。

中国系列彩色卫星影像图成果包括 1∶600 万、1∶400 万、1∶250 万和 1∶150 万四种比例尺，由科学出版社出版。

三、中国土地覆盖遥感监测与制图

1. 项目概况

主持单位为中国科学院遥感应用研究所，项目负责人张增祥，遥感所主要参加人员有王长耀、汪潇、赵晓丽、刘斌、温庆可、左丽君、徐进勇、易玲、董婷婷等。项目于 2007 年 6 月筹备，实施方案于同年 9 月通过了专家评审。

2. 立项依据

土地覆盖是全球变化研究的重要组成部分，也是资源与环境研究的核心内容之一。土地覆盖与土地利用的结合，能够从自然与社会等方面，更好地支持区域资源环境研究及其成果应用，为实现可持续发展战略提供科学数据支持。该项目是针对国家科技基础条件平台建设地球系统科学数据共享网的需要，为系统、全面掌握我国土地覆盖状况及其变化，建设拥有自主知识产权的空间数据库，支持资源合理利用和生态环境保护研究实施并完成的。

3. 主要研究内容

长期以来，全国性的土地覆盖动态监测工作基本上没有开展，更多情况下是采用“土地利用/覆盖”的方式，将土地覆盖与土地利用视为一体，且更多地将土地覆盖作为土地利用的附属或补充，不利于从自然和社会等方面更清晰地认识和理解区域特点，也不利于更客观和比较完整地评价人类活动对区域资源环境变化的影响。面对科学研究和政府决策对土地覆盖时空信息的迫切需求，在“国家科技基础条件平台建设——地球系统科学数据共享网”的支持下，中国科学院相关研究所组织实施了全国区域的土地覆盖遥感监测，进行了中国 1∶25 万比例尺的土地覆盖遥感制图和动态监测，全面、系统地掌握了我国陆地及其近海岛屿的土地覆盖状况，建设了自 20 世纪 80 年代至 2005 年的中国土地覆盖及其变化数据库，分析了我国土地覆盖的时空特点。2010 年 5 月由星球地图出版社出版专著《中国土地覆盖遥感监测》。在全国 2005 年和 20 世纪 80 年代土地利用数据库成果的基础上，采用全数字人机交互与遥感分类相结合的方法，完成全国 1∶25 万比例尺土地覆盖遥感制图，并恢复重建 20 世纪 80 年代土地覆盖状况，掌握我国土地覆盖的变化地点。

4. 取得的主要成果

（1）结合专家分析和遥感自动分类优势，建立了基于框架数据、遥感和 GIS 技术支持的全数字土地覆盖遥感监测与数据库建设方法。

（2）提出了中国土地覆盖遥感分类系统，实现了遥感监测与制图。

（3）首次以 1∶25 万比例尺矢量方式建立了中国土地覆盖数据库并实现全面更新。

（4）《中国土地覆盖遥感监测》专著。

5. 项目验收意见

项目成果于 2009 年 4 月通过专家验收。验收意见为：①中国土地覆盖遥感监测与制图“充分借鉴了国内外本领域的技术前沿进展，考虑了我国目前该领域的科研成果，设计合理，可行性强”。②所提出的中国土地覆盖遥感分类系统，对实现全国土地覆盖遥感分类制图、建立我国标准的土地覆盖遥感分类并与国际相关分类体系接轨奠定了良好基础。③数据库“首次以 1∶25 万比例尺矢量方式再现了我国的土地覆盖状况。数据库建设结合了专家判读分析和遥感自动分类方法的优势，以专家判读的土地利用数据库为基础制作框架数据，在遥感数据自动提取，林、草、水浇地等信息的基础上，实现了全部土地覆盖类型的人机交互制图，保证了全国土地覆盖遥感制图的质量”。④“中国土地覆盖数据是国家科技基础性条件平台–地球系统科学数据共享网的重要基础数据之一，对地球系统科学、全球环境变化和可持续发展研究具有重要意义，在相关领域中也具有重要的应用价值。”

第六篇　重要科研成果

遥感所通过多年与国内、外遥感界的合作，承担了多项国家科技攻关、863、973、攀登、重大及重点自然科学基金、国家重大专项等项目。取得了各类科技成果300余项；102项获奖。其中包括获国家级奖励24项（一等奖1项、二等奖18项、三等奖5项）；省部级奖励78项（特等奖5项、一等奖18项、二等奖27项、三等奖28项）。获得实用新型和技术发明专利46项。获得软件著作权229项。取得核心技术成果11项。建立了9个大型遥感应用运行系统。一些成果在国内、外产生了重要影响。丰富多彩的出版物，涵盖科技专著、文集，地图集、地图，词典、词汇工具书和科教影片等类别。所有这些遥感科技工作者辛勤劳动的结晶，为发展我国遥感信息科学和国民经济的可持续发展做出了重大贡献。

第一章　获 奖 成 果

一、北京及其邻近地区主要断裂卫星像片解析

1. 成果简况

唐山大地震后，由中国科学院遥感应用研究所等承担（原由地理所航空相片与卫星像片判读利用研究室承担）、并于1980年完成的北京地震地质会战第一专题“北京及其邻近地区主要断裂卫星像片解析”于1980年底获北京市科技成果奖三等奖、1981年又在整个北京地震地质会战中获北京市科技成果奖二等奖。该项目遥感所的主要完成人员为魏成阶、陈述彭、郑威、陈正宜、林恒章、周上益、张圣凯等。

2. 成果内容

唐山大地震后，我们（时称地理所航空相片与卫星像片判读利用研究室）主动请战，首先用从美国进口的资源卫星图像镶嵌成1∶50万比例尺《京津唐地区卫星影像图》，对唐山大地震的构造背景进行分析，编制完成了同比例尺的《京津唐地区断裂构造卫星影像判读图》《京津唐地区活动断裂分析图》及相应的文字报告。利用卫星影像信息判读显示出京津唐地区断裂构造的骨架和活动断裂分布状况，为中央抗震救灾决策和唐山市重建提供科学依据，也为唐山大地震研究留下宝贵的历史资料。该成果引起巨大的社会影响和效应。当时，重病中的毛泽东主席通过中央办公厅调阅了这些成果。北京市白介夫副市长及北京市抗震救灾指挥部马上邀请我们参加北京市地震地质会战，并担任第一专题“北京及其邻近地区主要断裂卫星像片解析”的负责人。历经5年，在遥感所的主持下，组织来自中国科学院地理所和地质所、北京地质局、北京大学地质地理系与中国地质科学院地质力学所等单位的遥感、地质、地貌、古地理和物探等20多位专家进行进一步的图像处理与分析，以及文物史料查询、古迹考察和断裂构造实地验证，研究成果最终定名为《北京及其邻近地区主要断裂卫星像片解析》。

成果结论为：卫星影像判读发现，北京及其邻近地区共有5组主要断裂构造，即北北东向断裂构造影像形迹清晰，延伸较长，规模不等，活动有强弱。北东向断裂构造影像形迹平直，且长。北西向断裂构造影像形迹清晰，大小不一，平直延伸，规模不及前面两组断裂。近南北向断裂形迹在山区清楚，在平原区模糊，规模较窄，走向平直，形成较早，延伸长度不一。近东西向断裂构造规模巨大，成带状分布，延伸较长，走向平直，反映压性断裂的形态特征。这5组主要断裂构成北京及邻近地区的断裂构造骨架。

以上5组主要断裂的规模和活动性都得到实地或其他资料的验证。据此认为，北京城区被这几组活动断裂交叉分隔，处在相对安全的一个“安全岛”上，发生强烈地震的可能性不大。天津地区的发生较强地震的概率相对较高，应引起注意。在天津至北京之间存在的一组活动的北西向断裂，若天津地区发生强烈地震，可能牵动这组断裂的进一步活动，提高北京地区的地震烈度，尤其是顺义、通县、三河、香河一带，有关方面应加强监测。

二、彩色红外反转片

1. 成果简况

1983年完成的“彩色红外反转胶片”课题由化学工业部第一胶片厂研究所和中国科学院遥感应用研

究所共同承担。该项目成果于1983年获化学工业部科技进步奖二等奖。遥感所的主要完成人员为钱育华、张佩红、刘建明和孙建国等。

2. 成果内容

彩色红外反转胶片的研制是根据国家科委全国遥感科学技术规划，于1980年立项。化学工业部第一胶片厂研究所于1981年与遥感所商定技术性能指标，签订合作研究协议，共同进行胶片研制、应用试验与复制工艺研究。经过3年多时间，研究实验达到了预期指标，效果良好，完成了研制任务。

其技术指标为：感光度（白加黄）实拍21DIN；灰雾密度≤0.30；反差系数 2.5～4.0；解像力≥60线/mm；感光范围 400～900nm；保存期在零度冰箱保存1年；胶片熔点≥70℃；药膜厚度（25±1）μm；片基厚度（135±8）μm。

3. 鉴定意见

1983年12月举行成果鉴定会。专家认为如下。

（1）彩色红外反转胶片经过3年多来多次地面与航摄试用考验，证明该胶片记录的影像信息彩色鲜艳，影像清晰，摄影性能已达到原设计指标。在正确曝光和严格冲洗条件下，能获得优质图像。主要照相性能接近美国2443片水平，为我国遥感技术发展提供了新的胶片品种，填补了我国胶片工业上的一项空白。

（2）彩色红外反转胶片经 3 年多的试生产实践，认为生产工艺成熟，技术性能稳定，保存性较好，显影加工工艺实用，原材料立足国内，可以投入生产。

（3）中国科学院遥感应用研究所对彩色红外反转片的应用技术进行了系统研究，取得了成果，为该胶片的应用和推广起了重要作用。

（4）该片适用于军事侦察、资源调查、环境污染监测、林业、农业和医学研究，对国防和国民经济建设具有重要意义。

（5）希望进一步提高质量，简化加工工艺，加强技术服务工作。

4. 成果特色与创新点

彩色红外反转胶片是一种伪彩色片，具有彩色、红外、反转3个特点，它与自然彩色反转片不同，既可记录可见光信息，又可记录生理视觉不可见的红外光信息，显示的影像颜色和景物也不同，能增加影像的色差，提高和丰富表达能力，信息容量大，具有直观、直接可用、信息损失少的特点，影像清晰易辨，有利于判读。

5. 推广应用情况、经济与社会效益

1981～1983年，采用4种不同性能的航空相机，在不同季节、不同自然地理区、不同气象条件和不同航高（2000m、3000m、7000m和10000m）下，在南京、天津、山东等地进行 8 次航摄试验，加工工艺采用21℃和30℃两种，获得了较好的资料。使用单位认为，胶片的照相性能指标能满足遥感应用需要。其曾在1984年和1985年两次用于“尖兵一号”卫星，获得信息丰富的优质画面，被用户誉为“国宝”。

应用1∶25000航空彩色红外反转片对湖泊中天然有机物进行应用分析，目视判读与实地验证表明，湖泊水体中天然有机物含量不同，水体影像假彩色再现为“蓝-绿”色彩系列。当水体中天然有机物含量较低时出现不同程度的蓝色或蓝绿色调；含量较多时显示为蓝绿、绿以至墨绿。这一假彩色再现特征，对于大范围湖泊水体环境调查具有重要意义。

三、天津市农业土地资源的航空遥感清查

1. 成果简况

该项目由中国科学院遥感应用研究所等承担，于1984年4月完成。该项目成果于1985年获中国科

学院重大科研成果奖二等奖，国家农业区划委员会区划成果奖二等奖及天津市农业区划成果奖一等奖。遥感所主要完成人王长耀、刘纪远、王长有、赵英时和吕克解等。

2. 成果内容

土地资源调查是国家的一项重大任务，是编制国民经济计划、制定有关政策、提供重要依据的一项基础性工作。国家农业区划委员会要求 1990 年完成全国土地利用现状调查。目前，我国在省市一级的范围内采用遥感技术进行农业土地利用现状详查尚无先例，国外一些发达国家虽然做过大量工作，但由于情况条件不尽相同，也无完整的技术方法可为借鉴。为此，1983 年遥感所受天津市农业区划委员会的委托，与天津市有关土地资源调查和农业区划部门合作，利用航空遥感技术开展了天津市土地利用现状遥感详查。主要包括两个内容：研究并制订出一套适用于我国东部农业发达地区进行土地利用现状详查的遥感技术及应用方法；完成天津 12 个区县的土地利用现状详查。

遥感技术的研究和方法的发展如下。

（1）研究制定了一套适合于我国土地利用现状详查的航空遥感技术方案，并利用遥感应用所的技术条件组织实施，经过合理的航空遥感飞行设计，进行全市 10000 多平方千米的彩色红外航空摄影，获取较小比例尺（1∶5 万）彩色红外遥感图像。以天津市测绘处已有的 1∶1 万影像地图作为控制，利用彩色红外遥感图像的丰富信息，经放大判读结合典型区实地调查，完成全区制图，降低了成本，提高了精度，加快了速度。

（2）采用综合分析方法，建立土地利用分类判读的标志，运用色密度、光谱、农时历、地学分析和辅助于实地调查的综合判读方法，建立了三级 52 种土地利用类型的分类系统，把大量野外调绘工作转入了室内，经全市抽样检查，判读精度为 95%～100%。

（3）总结并完善了平原区和山区土地利用专题制图的转绘方法。利用国际上常用的 PPO-8 正射投影仪和 topocavt-B 微分纠正仪制作蓟县山区黑白和彩色正射影像图的方法，解决了山区航片的转绘问题，采用彩色红外航片与影像图相结合的方法，完成了平原区航片的转绘、外测，确认各级土地利用界线。经全市检查验收，转绘精度为 90%～98%。

（4）解决了图纸变形误差的影响。纸质图件在面积量算过程中，受气温、湿度变化的影响，变形不可避免，采用聚酯薄膜制作面积量算图，并把图纸变形误差配赋于分析值中，解决了这一问题。同时在量算中采用了日本 ZSCP 求积仪和两次控制、两次平差的方法，保证了面积量算的精度。经全市检查验收，图斑面积量算精度为 93.6%～98.7%，通过实地抽样测量其平均限差为 1/119。

（5）通过判读和量测，完善了采用回归分析进行线形地物扣除的方法，节约了时间，提高了精度。经检查，线形地物量算精度为 90%～98%。

（6）编制了利用小型计算机进行土地资源数据运算和汇总专用程序，提高了运算速度和数据可靠性。

（7）采用了缩微-复印编图法，减少了编图工序，缩短了工作时间。

（8）完成了天津市 12 个区县总土地面积 11946km^2 范围 1∶1 万国际分幅黑白影像图 569 幅。取得了 1∶1 万土地利用现状界线图、面积量算图、分幅土地利用现状图共 1707 幅；1∶1 万分级土地利用现状图 13 幅；求积记录表、线形地物面积量算表、各类土地面积汇总表共 60 套；处理总数据 680 万条；比较详细地划定了各种地类界及 218 个乡、3879 个村及 20 个农场的土地使用界线；查清了各行政单位及 52 种土地类型的面积和分布特征，达到了地界清，权属明，面积准，改变了天津市多年来资源不清的状况，为农业区划和规划提供了科学依据。

（9）查清了天津市荒山、荒地、水域、滩涂和草场的面积和准确数据，并对它们的成因、类型、分布，以及动态变化和利用状况进行了专题分析，为开发利用这些资源提出了合理化建议。

（10）由于应用了遥感技术，天津市成为全国第一个完成土地利用现状详查的市，比国家提出的概查和详查要求分别提前了 2 年和 6 年，并节省了大量人力和物力，显示了遥感技术应用的优势和效益。

3. 验收和鉴定意见

天津市是京津唐国家重点经济建设区的重要组成部分，但长期以来土地资源的数量不清，严重地影响了该区经济建设计划的开展，而采用常规方法在短时间内完成清查全市土地资源数量的任务是十分困难的，因此在天津市开展土地利用现状的遥感详查，既有重要的生产意义，又为土地资源详查探索了新的技术途径。

天津市的土地利用详查，运用彩红外航空遥感方法，无论在深度和广度上都有较大的发展，该项工作的总体方案是比较好的，工作中采用的技术方法是科学的、先进的。

在工作中利用调查成果进行分析，提交专题报告 16 篇，专题图件 17 幅，完成各区、县土地资源详查报告 12 篇。

由于采用了遥感技术，把大量外业工作转入室内，不仅大量节约了人力、物力和时间，而且提高了调查精度，比天津市原计划提前两年完成了任务，比全国农业区划委员会要求 1985 年各省市完成土地利用现状概查，1990 年完成详查，分别提前了 2 年和 6 年。利用彩红外航空遥感技术进行大面积土地利用现状详查工作在国内是首次，达到了同类工作的国际水平。

天津市土地利用现状遥感详查成果，对于我国东部平原农业区的土地利用现状详查有重要的参考价值，可以推广。希望将此项成果印刷提交有关单位使用，建议在本次调查已经取得的科学资料的基础上，逐步建立土地资源数据库，以便进行土地资源监测和管理。

4. 成果特色与创新点

1）航空遥感最佳方案设计及像片影像图的应用

选择国产 180 型航空彩色红外胶片进行航空摄影，不仅可以记录物体在可见光和近红外光谱段的反射率差异，而且通过不同的颜色来反映这种差异，大大提高了遥感图像的信息量。这种胶片对于因为不同植被在近红外光谱段的反射率差异远较可见光波段明显，在彩红外航片上容易区分。

在航空遥感方案设计上，为使一次航空摄影所取得的彩色红外航片可以识别较多的植被及土地利用类型，就需要选择各种植被和土地利用类型反射光谱差异最大的季节进行航空摄影。为此，重视了植被物候及作物农事历的调查研究，并研究分析了各种植被波谱反射特性的物候差异。研究结果证明，初秋是获取丰富的农作物及土地利用类型遥感信息的最佳时段。

在理想的彩色红外航片上，全面采用了经过正射投影纠正制成的 1∶1 万像片影像图作为调查底图，并将分类判读结果直接在影像图上进行勾绘，由此可以室内的直接判读勾绘取代大量的野外调绘、补测和室内仪器转绘的工作量并保证了调查精度。

2）彩色红外航片判读标志的建立

为了准确地在彩色红外航片上进行分类判读，必须建立彩色红外航片的判读标志。为此，进行航片彩色密度分析、野外地物光谱反射特性测试及农事调查之后。但在同一相幅内，各类必须区分的地物之间的相对色密度差异显著，在不同相幅内，这种差异的趋势也是一致的，可以据此来建立不同土地利用类型的色调判读标志。

不同植被与作物在航空摄影时段内，在彩色红外航片各感光波段，尤其是近红外波段反射率的差异，以及由此而产生的影像色调差别，可以将这些土地覆盖类型在彩色红外航片上准确地加以识别，并确定其类型界线。

由于在遥感图像获取时段内，各种作物生长阶段的不同，其在近红外波段的反射率差异往往大于作物种类不同而造成的色彩不同，由此形成的影像色差足以判读水田、一年一作旱地和一年二作旱地。

综合以上三方面研究，加之对影像形态、影纹、阴影和相关位置等特征的综合分析，建立了天津市土地利用类型的判读标志系统，使全市调查工作中彩色红外航片的定性判读精度普遍达到95%以上。

5. 推广应用情况、经济效益与社会效益

天津土地利用现状调查由于采用了彩色红外航片和相应的先进技术，大大节省了外业调绘、补绘、土地使用界确认及线状地物实测等工作量，提高了量算和成图工作的质量和速度，整个工作的时间和人力均节省，经费也节省，取得了突出的直接经济效益，在此基础上，还开展了荒山、荒地、滩涂、草地和水域等资源的专项调查，完成专著 1 部，论文 10 余篇，专题报告 16 份，专题图件 17 种，实现了“一次遥感飞行，多方受益”的目的。通过本次调查工作，还为天津市培训了上百名遥感农业资源调查技术人员。

该项研究成果达到了 20 世纪 80 年代同类工作的国际先进水平。由于成果的完成期正值全国部署县级土地资源详查的初始阶段，因此为各地的土地资源调查工作提供了宝贵的经验和借鉴。目前，在全国各地的土地利用现状调查工作中，彩色红外航片、影像地图及其他配套遥感手段已得到较为广泛的应用。

四、微型计算机数字磁带机控制器

1. 成果简况

该项目由中国科学院遥感应用研究所等承担，于 1984 年完成。该项目成果于 1985 年获中国科学院重大科研成果二等奖。主要完成人何欣年、黄民德、张建昉和刘静航等。

2. 成果内容

20 世纪 70 年代，我院重点项目“制图自动化”的第一系列设备包括数控绘图机和图形数字化仪，绘图机绘图幅面 1100 mm×900mm，绘图分辨率 0.01mm，总精度 0.1mm，绘图速度 8.4m/min，采用平台结构，滚珠丝杠传动，开环步进电机驱动，限于 20 世纪 70 年代初我国计算机技术尚处于起步阶段，绘图数据输入还是穿孔纸带，绘图数据的运算处理，控制均由各硬件各类功能插件组成，整机控制系统体型庞大、功耗大，尤其当时我国数字组成电路尚处于试制阶段，均为小规模集成电路，配以各类晶体管，元器件的运行可靠性难以保证，运行维护困难较大，因此确定使用微机以软件代替复杂的硬件控制系统，以大容量的半吋磁带机作为绘图数据的输入/输出介质代替原有的纸带穿孔机。

限于当时要求微机内存不大于 64K，所以当时中国科学院引进的 TRS-80 为主机以单板计算机为控制机，并自行开发了半吋磁带机控制器，组成一个可靠性高、操作方便、运行效率高的绘图系统，在当时尚无超大规模基础电路、大容量磁盘、高数据通道的情况下，无疑是适合我国国情的一条合理而可行的途径。

3. 验收和鉴定意见

该项成果于 1983 年由中国科学院组织验收鉴定。

4. 成果特色与创新点

作为绘图数据的存储，输入/输出设备采用了 1/2 英寸磁带机，由于当时微机的输入/输出只配备卡式带机，其存储容量小，I/O 输入速度低不能满足要求，所以自行开发了微机磁带机控制器，磁带中存储的数据经高速并行接口送往单板机 1，磁带机的启/停型号以及数据检测信号由单板 1 发送控制磁带机运行，单板 1 中数据缓存后，批量通过并行接口送往单板 2，当单板 2 中数据已完成绘图输出后，数据请求信号送单板 1，并启动磁带机，再次由带机往单板 1 输送数据，控制程序均固化在单板 1 的只读存储器中，所以研制的磁带微机控制器，体积小、成本低、可靠性高，并极大地扩充了微机的功能，使微机具有了输入/输出和处理大量数据的可靠性。

微机控制绘图系统由单板 2 完成，绘图数据在主机，如 TRS-80，IBMXT，AT，286，386，486 等生成后经由并行高速接口送到单板机 2，开发了一系列控制软件模块：输入/输出模块、辅助运算模块、笔控模块、速度控制模块等，辅助算法，数据采集如由图形数字化仪将曲线分差海量的小直线段存储，也可将局部图形用小圆弧逼近，因此研制了相应的辅助程序，按算法输出 *X* 或 *Y* 数据信号以驱动相应 *X* 轴或 *Y* 轴步进电机。

5. 推广应用情况、经济效益与社会效益

在该控制系统中，逐点比较法得到了广泛应用，大多采用四卦限辅助算法，即每进行一次迭代运算只有一个轴 *X* 或 *Y* 有增量，因而主电机驱动脉冲是不连续的，而考虑到步进电机的负载量负载，以及电机的转矩—频率特性，电机不能突跳，所以绘图速度难以提高，并由于产生机械震动，转绘图质量下降，而在一些应用领域，如地图绘图，对绘图质量有很高的要求，为此研发了一种八卦限辅助算法，即首先比较 *X* 值和 *Y* 值的大小，大者选定为主轴在每次迭代运算中都输出增量，因而输出脉冲量是连续的，这就极大地改善了步进电机的工作状态，运行表明这一算法做绘图的绘图质量有了极大提高，由于实时控制要求，所有软件均以机器代码编写，因此在只读存储器中，以软件代替了大量的硬件控制单元，不仅提高了运行可靠性，而且缩短了研制周期，开发的费用只有原硬件控制的百分之几，更有助于推广应用。

五、腾冲区域航空遥感应用技术

1. 成果简况

该项目由中国科学院遥感应用研究所等承担，于 1981 年 11 月完成。该项目成果于 1984 年获中国科学院科技成果一等奖；1985 年获国家科技进步奖二等奖。遥感所主要完成人李秉枢、陈述彭、童庆禧、张时、周上益、马境治、韩庆泰、郑威、黄绚、李树楷、陈正宜、罗修岳、钱育华、龚家龙、田国良、朱振海、阎守邕、郑兰芬、王长耀、何建邦、崔伟宏、励惠国、夏明宝、张圣凯、郭之怀、孙成国、濮静娟、徐珍元、张佩红、包佩丽、王乙欣、廖彩智、胡西亮、鲍士柱、黄秀华、王为民、范惠茹、关威、颜铁森、郭世忠、黄玉山、刘永庚、吴纫玲、王淑蓉、李涛、杜端秉、赵挥、杨超武、吕克解、付秀银、柯宝嘉、郭桂林、何昌垂、戴锦芳、周海荣、谭星明、孙涛、王长有、任凤清、石军梅、孙建国、纵坚平、王连琴、史继东、侯伟学和冯勇进等。

2. 成果内容

1）飞行试验成果

取得了腾冲试验区包括黑白全色、黑白红外、天然彩色、彩色红外和多光谱 5 种航空摄影相片，多光谱、热红外两种扫描图像和激光测高等一系列遥感资料。同时从直升机上获得 100 多组地物波谱的航空测试数据。现场航空试验历时 50 天，飞行 46 个架次，完成 136 个飞行时，累计遥感覆盖面积达 3 万多平方千米，拍摄胶片 1100m，磁带 90 卷。

2）基础研究成果

集中各种型号的光谱仪样机包括棱镜分光和滤光片式等 3 种类型的 8 台仪器，进行对比测试，对 100 余种树木、作物、土壤、水体、地质体测得地物波谱曲线 1000 多组，为以后制定统一的标定、测试规范、

仪器改型，提高自动记录水平，为最佳波段选择和特定波段的开发，获得了第一批实验数据。

3）应用成果

通过系统地调查研究，显示腾冲试验区的自然资源和自然环境，提出了对腾冲地区资源开发利用和环境保护的建议。完成 17 项专题，写出学术论文和技术方法总结 121 篇，汇编成“空中试验”“农林应用”“地质应用”“水资源应用”和“测绘制图”5 个分册，共 20 余万字。在遥感分析应用的理论和方法上进行了新的探索，提高了认识深度和应用效果。试验成果在科研、教学、生产等部门得到推广和应用。

4）图集、图件

《腾冲航空遥感图集》《腾冲县农业统计地图集》《腾冲彩色红外相片镶嵌图》《腾冲地区陆地卫星影像图》。

5）科教影片

拍摄完成《遥感》《腾冲火山与热泉》两部。

3. 验收和鉴定意见

该项目邀请 30 余位国内知名专家，采用通讯评审方式进行评审，认为：这是我国组织开展的第一次规模最大、学科最多、综合性很强的遥感技术及其应用试验，其试验项目、应用范围和综合研究的深度和广度方面，达到国际先进水平。

本项研究投资不到 70 万元，完成 70 多项专题研究，并在农林水土资源调查、地质区测找矿、测绘制图生产与铁路工程选线等项工作中都获得了大量的经济实效，培养了近 200 名遥感专业技术骨干，为我国陆续建立的许多专业遥感机构培养了干部，为我国遥感技术的发展起了历史的奠基和推动作用。

4. 成果特色与创新点

1）成果特色

（1）层次高：任务来源是国务院，真正属于国家层面的重大科技项目。

（2）规模大：有 16 个部委所属来自全国各地的 68 个单位 700 多名科技人员参加试验。开展了 70 多个专题的研究，涉及科研、高校、产业部门和文化部门。三架飞机同时执行一项科学实验任务，是一次大规模的科学实验活动。

（3）学科多：参加试验的有地学（地质、地理、地球物理、地球化学、冰川、沙漠和测绘）、生物学（农林、水土）、物理、数学、技术科学、铁路和海洋等学科专业，专业相当齐全。

（4）综合性强：遥感是一门综合性的科学技术，需要众多科学技术的交叉与融合。这次试验把遥感仪器的设计研制、遥感仪器性能的飞行检验、遥感资料获取、遥感信息处理与遥感在各专业领域的应用相结合，实现了“一次试验，多方受益”。

2）创新点

（1）这次试验原本与某国合作进行，后来合作协议被撕毁。在国务院、中央军委的支持下，决定依靠自己的力量开展试验，并取得成功，创造了具有中国特色自主发展遥感技术的成功之路。

（2）试验全部采用国产遥感仪器、记录磁带和感光胶片，成功地获取了大量的遥感信息，特别是利用中国科学院上海技术物理所研制的 9 通道多光谱扫描仪、中国科学院长春光机所研制的四波段多光谱相机、感光所和保定胶片厂研究改进的高分辨率黑白和彩色红外胶片获取的遥感信息，及时提供有关应用部门使用，在国内均属首次。

（3）机组在没有夜间导航设备，甚至机场也无夜间飞行起降的条件情况下，采用机场跑道摆马灯、地面点火把的方式，瞄准目标、重复飞行，每一次通过，更换一次波段记录，这种获取热红外多光谱扫描数据的方式为腾冲航空遥感试验独创。

（4）将地物光谱仪安装在直升机上进行地物光谱测试，获取了我国第一批地物的航空光谱数据。

（5）信息共享。由中国科学院负担试验经费，地理所二部负责航空飞行和彩色红外相片的暗室处理，昼夜作业、现场分发，按专业需求，提供彩色红外相片和光谱测试资料，基本信息源满足了各单位判读、验证、制图的需要。

（6）统筹规划、分工合作，全面组织地面实况调查，然后在统一设计的底图上，参照试验区的景观类型单元及其分异规律，作为指导编制各种专题地图的科学指南，促进遥感影像与地图信息的融合，提高专题地图的分类程度与地学精度。

（7）破除了学科的门户之见和部门分割的管理体制，充分发挥各单位专业特长，各自为遥感应用和专题制图做出独特的贡献。遥感技术效益得到了充分发挥，在各专业应用领域取得了一大批创新性成果。

5. 推广应用情况、经济效益与社会效益

1）技术效益

（1）新型遥感仪器和感光胶片所取得的图像数据及处理质量均达到了当时的国际先进水平。后来在国内的航空航天遥感业务中得到广泛应用。例如，红外扫描仪与美国地质调查局合作，在美国找到了多金属矿床，彩色红外负片进入了国际市场。

（2）遥感应用领域的开拓。通过试验，林业部门提出树种识别的彩色红外片色扇分析、森林材积估算、立地因子解析。海洋部门提出利用多光谱图像估算水深与悬浮泥沙的方法。中国科学院提出景观结构树族分异原理，用于划分土地类型和评价土地资源；波谱特性数据和亮度系数用于土壤成分的聚群和自动分类。工业部门提出火山活动和湖盆沉积的发育模式，褐煤层分布和次生富×矿床形成机制的遥感图像分析。地矿部利用遥感图像修订地层分布界线和接触变质过渡关系，试验更新修测地质图的方法。这些应用都是具有中国特色的。

（3）编制了 1∶10 万比例尺系列专题地图 26 幅。出版了大型《航空遥感图集》和《经济统计地图集》，系统而全面地反映了试验区的自然资源和开发水平。实现了多学科的综合性遥感制图。国外利用一次遥感资料一般只完成三、五种专题地图。试验中设计的陆地卫星数字图像处理程序和计算机自动制图软件被国家科委列为当时的重大科研成果。该试验综合报告和地图集先后在亚洲遥感会议、国际环境遥感会议和国际制图会议上发表，日本、法国、加拿大、美国和澳大利亚的一些专家给予很高评价。

2）经济效益

（1）林业部门修订了森林储积量的估算模式，参数由 13 个减少为 9 个，可信度由 85%提高到 93%，提高了森林资源调查的精度和速度。

（2）工业部门修订了热水成矿机理和构造控矿模式，圈定了两个成矿远景区和一个三级成矿远景区，经钻探验证增加了×矿储量。

（3）地矿部门根据遥感图像解译进行地质测绘，完成了 1∶20 万地质区测图，腾冲幅成图周期由过去 2 年缩短为 8 个月，经野外验证符合国家验收标准。他们结合控矿构造、岩相光谱及物探数据证实根据遥感图像修订的地层分布和构造格局的合理性，发现了中型铜矿，圈定了金属矿远景区，后来为英国伦敦大学生物地球化学教授 M.Cale 进行的卫星图像分析所证实。

北京大学等单位利用遥感技术共同查明了腾冲火山地热、地下水和热泉的机理和资源，估计可发电 40 万 kW，为发展温室育秧、热水养鱼、温泉疗养提供了资源评价意见，受到国外地热专家的好评，并为当地政府所采纳。

（4）铁道部在遥感模拟选线设计中，避开了一个 4km^2 的大滑坡，隧道长度缩短了 2km，设计中改变了 400m 高差的迂回线路方案，估算可节约投资数百万元。

（5）云南省利用遥感技术在腾冲县进行农业区划试点，核实了水田面积，查明森林覆盖在 20 年内由 50%降为 34%，荒山、荒地增加 37.6 万亩，为调整农业生产布局和结构提供了科学依据。

（6）海洋部门利用遥感技术进行水深透明度估测，航测外业调绘和大比例尺影像地图的制作都达到了预期目的。

（7）中国科学院利用遥感技术进行水土资源调查，论证了航空遥感技术进行国土普查和土壤详查的可行性。这种技术方法逐步为各省区土地利用详查和土壤普查所广泛利用。

（8）腾冲航空遥感试验估算总投资不到 70 万元，共完成 71 项专题，平均每个专题不到 1 万元，取得了一次试验、多方受益的组织经验和经济效益。

3）社会效益

腾冲航空遥感试验的直接经济效益很难用具体数字进行计算。由于各部门直接参加，科学试验和生产应用密切结合，技术成果得到推广与应用，为之后引进成套大型遥感设备提供了科学依据，减少了一些引进和投资的盲目性。腾冲航空遥感试验采用的传感器、红外胶片和分析利用方法后来仍在全国各项科研、教学和生产任务中得到推广使用，继续产生经济效益和社会效益。

腾冲航空遥感试验之前，北京大学和中国科学院合作举办了遥感应用研究班，为这次遥感试验进行了业务上的准备。在试验过程中，云南省近 300 人参加实际工作，中央 15 个部、中国科学院 25 个研究单位派出 300 多人参加，为我国开展遥感应用培训了大批技术骨干，各部门增强了应用遥感技术的信心和决心。腾冲航空遥感试验后，各省（自治区、直辖市）或建立遥感中心，或扩充专业遥感机构、引进遥感设备。此后，进行 10 多次遥感试验，全国 100 多个单位陆续开展专业遥感工作，在党和政府的重视和支持下，遥感应用打开了新局面。

20 世纪 70 年代末，我国遥感尚处于起步阶段，腾冲航空遥感试验对促进机载遥感仪器和特种胶片的研制，开拓航空遥感应用领域，起到了历史性的作用。对促进地学、生物学、环境科学应用遥感技术产生了深远影响。

六、京津渤区域环境综合研究

1. 成果简况

该项目由中国科学院遥感应用研究所等参加承担，于 1984 年完成。该项目成果于 1985 年获国家科技成果二等奖。遥感所主要完成人陈述彭、童庆禧、郭之怀、李涛、田国良、罗修岳、李乃煌、魏成阶、赵英时、王长有、林树道、张圣凯、任凤请、刘纪远、朱来东、王长耀、石韧、杜端秉、黄秀华、关威、石军梅、孙建国、卢亚飞、刘承恩、李民、金问信、鲍士柱、钱育华、郑兰芬、范惠茹、刘永庚、颜铁森、包佩丽、郭世忠、徐珍元、袁志宁、王乙欣、孙晓勤、王尔和、汪水花、岳志夫、胡西亮、黄玉山、王克新、冯勇进和李聪敏等。

2. 成果内容

京津渤区域环境综合研究是国家重点科研项目也是中国科学院环境科学委员会主持、组织实施的科研项目。研究区域陆地面积 34000km^2，渤海湾海域 16000km^2，人口 1900 多万人。该项研究部分成果已收录在《京津渤区域环境综合研究》第一、第二辑中，主要研究成果如下：①京津渤地区污染规律和环境质量研究；②京津渤区域环境演化开发与保护途径研究；③津渤的环境遥感试验综合研究报告。该试验取得了多类型、多时相、多种比例尺的遥感图像和资料；在国内首次进行大气气溶胶浓度分布的遥感测定，得到了一批说明气溶胶空间分布的有价值的资料；对大气污染生态场的圈定做了较为深入的研究；利用热红外图像对城市热岛效应和海河热污染做了成功的分析；对于绿地的分布和合理布局做了有价值的系统研究；对由污染引起的地物光谱的变化做了系统的基础研究；在国内首次应用航空遥感对城市车流量进行了检测；编制了 3 幅大型彩色红外图和全面反映这次试验成果遥感图。此外，还研究了天津地区断裂构造、天津地区植物季相节律、天津水环境、蓟运河污染上溯、天津城近郊土地覆盖及河北区土地利用、渤海湾海岸变迁等。

3. 推广应用情况、经济效益与社会效益

津渤环境遥感经验在北京、太原、洛阳、上海和沈阳等多个大中城市得到推广应用，经济效益与社会效益明显。

七、津渤环境遥感监测及应用方法总结

1. 成果简况

该项目由中国科学院遥感应用研究所等承担，于 1984 年完成。该项目成果于 1985 年获中国科学院科技成果二等奖。遥感所主要完成人陈述彭、童庆禧、郭之怀、李涛、田国良、罗修岳、李乃煌、王长有、林树道、张圣凯、任凤请、刘纪远、朱来东、赵英时、魏成阶、王长耀、石韧、杜端秉、黄秀华、关威、石军梅、孙建国、卢亚飞、刘承恩、李小民、金问信、鲍士柱、钱育华、郑兰芬、范惠茹、刘永庚、颜铁森、包佩丽、郭世忠、徐珍元、袁志宁、王乙欣、孙晓勤、王尔和、汪水花、岳志夫、胡西亮、黄玉山、王克新、冯勇进和李聪敏等。

2. 成果内容

津渤环境遥感监测及应用方法是在津渤环境遥感试验的基础上总结提炼的一整套区域环境遥感监测的观点与方法。这些成果全部反映在《天津–渤海湾地区环境遥感论文集》里面，具体内容如下。

1）*环境遥感理论方法方面的成果*

（1）摸索了一套进行区域环境航空遥感监测的方法。一次试验达到多手段、多时相、多高度的遥感监测目的，“一次试验，多方受益”。

（2）提出了环境遥感要充分利用季相节律的思想。环境的运动是一个动态变化过程，污染物的排放、植物的生长、土壤盐碱的变化、天气条件等都随着时间的推移而变化，而遥感只是瞬时的，它只是截取一个时段，因此，为了达到遥感反映环境的本质，必须根据环境各要素的季相节律捕捉最佳遥感时机。

（3）选出了适于津渤地区的最佳遥感波段，对环境污染引起的地物波谱特征做了多方面的分析研究，探索了污染物与波谱之间的关系，提出了波谱测量可作为环境监测的一种物理方法，可以起预警作用。

（4）提出了植物的生态信息可作为环境质量评价的生物学指标。植物对环境的变化反应敏感，是常年不动的监测哨，植物的形态和活力状况、季相节律的差异、群落分布等都与环境有关，是大气、水体、土壤、光照、温度和风场等条件的综合作用和长时间积累的结果。因此，植物生态特征的一些差异具有一定的指示污染的作用，对追踪污染源、圈定污染范围、划分污染等级、进行环境质量评价等都有重要意义。

（5）提出了城市环境研究中开展热环境研究的观点与方法，首次提出了热力景观和热源强度的概念，

并应用红外热图像，从城市下垫面的热力景观结构上研究了城市热岛的形成机制。城市热岛可为城市规划、城市小气候和大气污染物的扩散与运移研究提供基础资料。“热”是环境中的一个要素，它是社会环境和自然环境共同作用的结果，各种污染通常都伴随着温度的上升显然“热”在一定程度上反映了城市的环境质量，因此可作为城市环境质量评价的一个指标。

2）环境遥感应用方法方面成果

（1）应用彩色红外遥感影像提供的生态信息，研究了天津的城市生态环境。以树木的生长状况和季相特征作为大气污染的指示物，圈定了大气污染源和污染范围。通过遥感监测对污染指示植物——莅菜的追踪，发现海河仍存在一定的有机污染。

（2）应用热红外遥感图像和等密度分割技术，结合地面监测、采样，查明了海河全线的热污染，并根据各河段温升数值、热排水口密度、热水与冷水比率、热排口最大温升值、浮游生物指数、颤蚓类生物指数等数据，分段分级进行了评价，提出了海河热排水指标应控制在35º C以下的建议。为缓和天津用水困难，建议滨海地区尽量利用海水冷却，以及充分利用余热等建议。

（3）应用彩色红外遥感影像查明了天津市区的绿地现状，进行了分区分类评价。

（4）采用18通道粒子计数器和KB-120空气采样泵，在津渤地区上空进行了大气采样，查明了天津上空颗粒物的分布特征、运移规律、化学组分及富集情况。

（5）采用黑白航空摄影和陆地摄影，监测了天津市区主要街道的车流量和车流密度。

（6）在专题分析和环境背景分析的基础上，编制了遥感图集。

3. 验收和鉴定意见

津渤环境遥感试验于1984年2月在北京香山饭店通过联合鉴定。

鉴定委员会认为:“津渤环境遥感试验是在天津多年环境科研和监测工作的基础上，以城区为主要试验区的一次大面积、多手段、多途径的城市环境遥感综合研究。实验目的明确、贯彻了科学研究面向经济建设的方针。做到了理论和实际相结合，宏观与微观相结合，自然和社会环境相结合。一次试验多方受益。设计思想合理，采用的技术手段先进，除了采用进口设备外，还使用了本国所研制的设备，这些设备经实际检验，性能良好。地面、海上和空中同步观测和地面验证工作做得较好。空中和地面的数据可靠，取得了大量的、宏观的、大范围的、多元的环境信息，为我国的城市环境遥感研究提供了较好的经验。为天津城市建设、环境污染综合防治、园林绿化提供了科学依据。部分成果已被天津市环境保护和城市规划部门所采用。同时在发展遥感技术方面也取得了一些新的进展。例如，在国内首次进行大气气溶胶浓度分布的测定，得到了一批说明气溶胶空间分布的有价值的资料；对大气污染生态场的圈定做了较为深入研究；利用热红外图像对城市热岛效应和海河热污染做了成功的分析；对于绿地的分布和合理布局做了有价值的系统研究；对污染引起的地物光谱的变化做了系统的基础研究；图集的编制较为合理，全面地反映了这次试验的成果。从研究的地区和内容来看，既包括了城市和农村，还包括了海洋，又包括了大气、水体、植被和环境背景，对信息量如此丰富和多样的地区进行综合性的研究，在国内尚属首次。其学术水平、应用范围和效果均居国内领先地位。”

4. 推广应用情况、经济效益和社会效益

津渤环境遥感试验在国内开启了城市环境综合研究的先河，开展了多学科的研究与利用，遥感成果不仅在环境部门得到应用，而且在城市规划与改造、园林绿化、城市交通、海洋、水利、地质和农业等领域得到了应用，做到了信息共享，多方受益，其环境效益和经济效益及社会效益明显。即使对于某一工作来说，效益也是明显的。例如，海河热污染调查，为查明一个热排水口附近河面的温度分布状况，动用了11个人，两辆汽车，一只小船，费了一天的时间才完成，而应用热红外遥感图像，一个人只用2h，即可查出海河全线40多个排水口，而且在图像上可直观地显示温度的分布及扩散范围。

该项成果为天津城市建设、环境污染综合防治、园林绿化提供了科学依据。部分成果已被天津市环境保护和城市规划部门所采用，并在太原、北京、沈阳、上海及洛阳等大城市推广应用。

八、雅砻江二滩水力开发可行性若干问题综合研究

1. 成果简况

该项目由中国科学院遥感应用研究所牵头，中国科学院有关所和各部委、省属有关研究部门等承担，于1982年完成。该项目成果于1985年获中国科学院科技进步奖一等奖。遥感所主要完成人员陈述彭、林恒章、何建邦、徐庚庆、吕克解、童寿彬、黄绚、励惠国、郑长在、魏成阶、王玉如和周海荣。

2. 成果内容

1）高山峡谷区工程地质稳定性航空遥感和地面遥感试验

遥感所在其中具体负责遥感试验的总体设计，协同民航机组、保定胶片厂，无锡光学仪器厂、中国科学院上海技物所、成都地理所和云南地理所共同进行了二滩电站水库回水范围和周边地区的航空遥感飞行，获取了23948 km^2范围的1：4 .5万及1000 $km^2$1：1.5万的彩色红外像片；热红外扫描图像；二滩–桐子林地区及重点矿区920 $km^2$1：7万的四波段多光谱图像。洗印彩色红外像片18500张、热红外扫描片1876张、多光谱片1980张。提供院内外14个单位开展地质、地理，资源、矿产、环境和生态等多个学科，进行各自的遥感应用研究。

中国科学院地质所、国家地震局地质所、中国科学院成都地理所、成都生物所、遥感所及水科院抗震所等配合航空遥感试验进行了大量的地面实况调查，取得岩石、土壤、水体、植被波谱测试数据600余组；采集标本、样品进行了C14及热发光等地质年龄测定数据；查出电站水库库周区大于10万m^2以上的滑坡114个、泥石流沟谷89条；深化了对工程环境问题的认识。分析了水文地质特征，探讨了地下向外渗漏的可能性；调查以植被为主体的生态现状，列出了水库淹没区的植物名录，编制了库区《植被图》，预判水库蓄水后局部水热条件形成的小气候可能引起的生态环境变迁，并估算了综合经济效益。二滩水电站站址经成都市水利电力勘测设计院和武警水电部队8年的调查，初步确定并做出坝址处在相对独立的“共和断块”内。断块相对稳定，适合兴建大型工程的认识；这次遥感试验中，院地质所经过地面地质调查和遥感地质分析也得出了“共和断块”内部断裂规模较小，没有大型断裂，而国家地震局地质所则提出不同的见解。

2）二滩水电站站址区地质构造及活动性遥感信息分析

二滩水电站站址处于著名的川西滇北经向强烈地震带内，存在区域地壳不稳定的问题。遥感所利用陆地卫星MSS图像和航空彩色红外像片，完成了坝址区域遥感断裂构造特征及其活动特点分析和滑坡体分布的制图，以及影响重大的滑坡体的地面立体摄影测量，进行了一市两县《土地利用图》的编制，用遥感方法估算了二滩电站水库淹没损失清查以及建立了资源环境数据库等方面的专题试验研究。

兄弟单位开展了以下方面的应用研究：二滩、渡口和锦屏地区的地质构造、新构造运动和活动断层研究；雅砻江下游河床松散沉积物的时代及变形研究；二滩坝址区断裂构造特征、活动性、地震烈度区划研究，对坝区工程地质条件及地壳稳定性做出评价；分析了锦屏大河弯和二滩地区的水文地质条件，探讨了电站水库蓄水后向外渗漏的可能性；应用遥感图像分析和地面调查相结合的方法，查出电站水库库周区大于10万m^3以上的滑坡114个、泥石流沟谷89条；还提出水库淹没区的植物名录，编制库区《植被图》，研究了工程环境有关问题。这些遥感应用专题研究，涵盖了几乎所有的和工程有关的重要项目，

深化了对工程地质构造稳定性和生态环境问题的认识。

在活动构造带内能否找到适合兴建大型工程的相对稳定场址？西南水电规划设计部门经过8年调查，选择了雅砻江下游二滩电站坝址，认为是处在相对独立的“共和断块”内。虽然周围的安宁河、金河—菁河、冕宁—南河、华坪—渡口和宁南—会理等活动性很强的深断裂（带），历史上发生过强烈地震，从公元前116到公元1980年，共记录到大于5级的强烈地震33次，其中6～7级10次，大于10级的有2次（震中都在西昌）。但位于构造带内的“共和断块”内没有大型断裂，也没有与上述活动深断裂带存在直接联系，得出了“共和断块”内部只有个别断裂或断裂的一段经地面调查发现具有活动迹象，历史地震属于弱震且震中分散，属于相对稳定的块体，二滩水电站坝址相对安全。

遥感所通过卫星和航空影像分析发现：“共和断块”虽然存在，但边界并不完整，面积仅百余平方千米。内部的次级断裂相当发育，相互交叉分割出次一级的断块。该坝址区实际是被限围在一个由NW向、NE向和NEE向线性构造分割的小菱形构造块体内，存在断续、成束出现左行、等距的NE向和NEE向线性构造，其中有一条北东向线性构造束切过左坝肩附近（我院计算所独立进行的图像处理曾得到相同结果，野外期间撤回）。在1∶400万全国卫星影像图上，这组NE向和NEE向线性形迹遍及滇北和川西南地区。它正处于印度板块呈犄角挤压的正前方，遥感所赞同云南省遥感地质界做出是基底断裂复活引起的盖层破裂产物的看法，很值得重视。为了验证，遥感所收集到航空磁异常图，请原地矿部航空物探中心资深分析人员背靠背解析磁异常断层，结果竟也解析出一个同形同大小的孤立负异常区块，和遥感线性形迹不谋而合，特别是也解析出左坝肩有一条北东向断裂存在，部位正与遥感现行构造行迹吻合。这也是客观事实，并感到这个菱形块体与工程规模相比毕竟是太小了，不堪构建出相对稳定的工程环境。将“附近8 km范围内没有大型的对工程有威胁的活动断裂通过”作为判断标准未必无忧。遥感分析出的NE向和NEE向遥感线性构造也引起试验领导层的注意，中国科学院能源委员会和成都分院为此组织18个有关专业人员进行其地质意义的野外验证。很可惜，勘探和设计单位没有提供任何地下钻探和物探资料，只用3天时间的纯常规路线踏勘，要验证设计院方面用相同手段进行了8年地质构造勘测的结果根本不可能，只能得出“图像特征较为清晰的那些形迹多数是区内较重要的断裂；但图像特征显示一般的那些形迹有些是断裂，有些不是断裂，后者的地质意义有待进一步研究”的结论也属必然。只提出“有待进一步研究”而无法落实。诚然，某些遥感分析结果确实有多解性，凭着各自的专业素养和经历，见仁见智也属自然。遥感图像信息分析方法刚刚起步，更加需要经受重复试验和验证，以及与其他科技手段的复合才可望提高准确度。

从地质历史尺度看，500年内会发生的就是新构造地震，而预测200年内是否发生强烈地震难度很大。我们既然承认地学研究还处在依靠大量样本统计积累“趋势规律”的经验科学阶段，成绩和遗憾并存常常难免，任重道远，在一个信息采集和分析手段不断精深化的未来，从不同角度继续探索将一步步趋于真实，前景可待。

3）水电站水库淹没损失遥感调查

高山峡谷地区可耕地非常宝贵，水库淹没居民点和耕地，搬迁是难题。淹没实物赔偿的依据是准确的质和量的评定，对此，遥感方法有它的优势。遥感所尝试利用航天、航空遥感影像，调查水库正常蓄水位1200m以下101 km^{2}范围内的耕地、林地和草地，并估算实际面积。其中对淹没损失最集中的盐边盆地，利用了专门制作的航空正射影像图，并把最小图斑面积确定为1 mm^2，用遥感所自行研制的图数转算仪（数字化器的分辨率为1μm），划分和量测了水旱田、冬水田、冬炕田、坡地、梯地、中密针叶林、密针叶林、中密混交林、疏林、灌木林、稀树灌丛草坡及荒草坡等类型和面积。为保证主要类型的面积精度，水田和梯田还特别通过抽样测量得出道路和田埂的扣除系数和扣除平均坡度系数求得坡地的净面积。对其他的受淹土地数量少而分散的河谷，是以精度能够能满足可行性论证阶段需要为原则，采用未纠正的像主点周围 5cm 的影像进行土地利用类型判读，量测时将地形图等高线转绘到像片上，分带计算出各个带内的平均比例尺，再求出淹没实物的面积。此外，还将陆地卫星 MSS 图像通过边界配准和套合，确定区域边界，进行淹没土地利用类型的计算机监督分类，并利用像元统计方法量测面积。其精度虽然比较差，但可满足规划阶段的需要。

电站水库面积通常广阔，对周边生态环境有明显的影响。为此，遥感所还编制了渡口、盐边和米易三个县（市）的 1∶5 万土地利用与土地覆盖图；1∶5 万地貌类型图，1∶30 万气候图组和社会经济图组。试验建立了渡口城市数据库、盐边水库淹没样区数据库和二滩–渡口地区区域数据库。以其具有信息查询、检索、系统分析和趋势预测、机助制图等功能，移交给渡口市作为区域管理和服务的新手段使用。

二滩遥感试验证明，开展多学科遥感应用试验研究，不但可以满足大型、特大型工程建设前期的规划、可行性论证阶段对于资源和环境基本数据的整体需求，而且由于采取齐头并进的、互为印证的研究方法，节约了大量时间和野外工作量，可以大大提高工作效率，蕴涵更高的经济和社会效益。仅是试验摄取的彩色红外像片一项，在后来的几年里又陆续提供给地质区域测量、地图测绘、铁路选线、林业调查、农业规划和环境保护等部门应用，就继续扩大了其经济效益和社会效益，进一步提高了此次遥感试验的投入产出比。腾冲遥感试验“一次试验，多方受益”的传统得到了发扬光大。二滩水电站已经建成发电。

4）建立资源环境数据库的试验研究

电站水库面积通常广阔，对周边生态环境有明显影响。为此，我所还编制了渡口、盐边和米易 3 个县（市）的 1∶5 万土地利用与土地覆盖图、地貌类型图，以及 1∶30 万气候图组和社会经济图组。建立二滩–渡口地区区域数据库、渡口城市数据库和盐边水库淹没样区数据库。两个数据库具有信息查询、检索、系统分析和趋势预测、机助制图等功能，移交给渡口市以作为区域管理和服务的新手段使用。

二滩遥感试验证明，多学科遥感应用研究进一步提高了遥感应用方法的投入产出比。二滩水电站遥感综合试验研究成果为雅砻江梯级开发打开了新途径，也为西南地区五大江河水能开发的可行性研究，提供了高新技术手段，前景可观。水电部中南水电勘察设计院，通过交流与谈判，签订了委托合同。正式将遥感方法引入龙滩大型水电站的后期验证和水电站水库淹没损失的理赔中，发挥显著的综合经济效益。

3. 成果特色与创新点

航空和航天遥感信息处于起步阶段，分析和专业判读水平还不高，但对于我国西部水力资源丰富又未进行过航空摄影的广大地区来说，能够用这种别开生面的快速估算淹没损失类型和面积的方法满足规划阶段的使用需要也算不小的贡献。其不失为一个新途径。更重要的是，随着遥感传感器和分析判读软件的发展，对地壳的广度和深度的揭露能力更具巨大的前景。

4. 推广应用情况、经济效益和社会效益

二滩水力发电工程经国务院批准，并于 1991 年 9 月开工，1998 年 7 月开始发电，2000 年全部建成。电力输向中南和华东华南地区，对南部中国工农业和社会经济发展起重大作用，产生了巨大的经济效益和社会效益。

九、陆地卫星影像中国地学分析图集

1. 成果简况

该项目由中国科学院遥感应用研究所承担，于 1984 年完成。该项目成果于 1986 年获中国科学院科

技进步奖二等奖。主要完成人员陈述彭、郑长在、黄绚、励惠国、赵挥、夏明宝、姚岁寒、刘亚军、张豪禧、夏福祥、刘高焕和罗庆渝等。

2. 成果内容

《陆地卫星影像中国地学分析图集》（简称《图集》）是一部以卫星影像为主、结合地面实况调查和历史资料进行专题分析的多学科、综合性示范图集。它反映了我国20世纪70年代中期至80年代中期在陆地卫星影像地学分析应用领域的进展和成果；反映了遥感技术应用于资源勘查和环境监测的水平和能力，是现阶段我国遥感应用领域，特别是典型区域专题地学分析方面较完整的总结。《图集》围绕4个专题，选择了85个典型样区，反映了多学科分析研究的成果。

《图集》系大8开240页布面精装彩印涂塑护封，由上海中华印刷厂印刷、科学出版社于1984年出版中文版，1986年出版英文版。在结构上体现了科学性和系统性，即由表及里，由直接影像信息到间接标志，由典型到综合。主要内容包括以下4部分专题分析和一组全国分析参考地图。

1）土地覆盖和土地利用

它是分析水、土资源和生物资源不可缺少的基础资料，又是用于研究自然演变过程痕迹、分析区域开发历史和现状，推论地质构造背景的间接标志。这部分有22个典型样区，涵盖土壤、植被、森林、草场、沼泽以及土地类型和土地利用等专业。

2）水文动态迹象

水是地表诸要素中最活跃的因素。这部分通过22个典型样区，明显地反映了我国东南湿润外流区和西北干旱内流区的陆地水文特征，并着重于陆地水文学和海洋动力学的典型影像特征分析。专题分析内容包括水系、湖泊及海岸变迁、河口及三角洲的发育及演变、冰川、冻土等。

3）地表形态特征

地表形态直观、形象，并且可结合土地覆盖和水文动态特征深化对它的认识。卫星影像清晰地描绘出侵蚀和堆积作用的地理分布轮廓。这部分有25个典型样区，显示出我国国土地表的多样性。

4）地质构造形迹

卫星影像的线性形迹和环形形迹为分析地质构造开拓了一个崭新的技术途径，提供了16个典型样区的分析实例，分析对象有线性构造、环形构造、断裂构造、断裂带、断裂格架、区域地质和水文地质等多种构型形式及其他地表特征。

专题分析需了解一些基本的地理参考数据和自然地理诸要素的分布规律，显示专题的背景。为此《图集》选辑了12幅全国性基础图件，其包括中国影像、土地覆盖与土地利用、河流与湖泊、水系结构与密度、水系与相对地势、地表侵蚀与堆积、气候地貌标志、断块构造体系、线性构造、主要构造带、热动力构造岩块、地壳运动与火山形迹等，并附以文字说明。

3. 验收鉴定意见

（1）由国家遥感中心研究发展部、中国科学院遥感应用研究所主持编辑的《图集》，全面系统地反映了近10年来应用陆地卫星影像对我国主要典型区域进行专题地学分析的重要集体研究成果。是我国现阶段遥感应用领域完整的总结性专门著作。

（2）《图集》在总体设计上，结构严密、体系新颖、重点突出。从“土地覆盖与土地利用”“水文动态迹象”“地表形态特征”到“地质构造形迹”与一般传统顺序不同，符合由表及里，由此及彼，由典型到综合的认识过程。《图集》取材广泛、典型，内容丰富，概念清楚，充分利用我国地学与遥感应用研究的成果；分析严谨、中肯，具有相当的深度；从《图集》中不仅可以获得环境特征、演变规律等信息，而且还可以得到自然资源开发利用新知识。与国外同类图集比较，在总体设计、学科内容和分析深度上具有国际先进水平。

（3）《图集》的表示，以陆地卫星影像、分析图和精炼的文字说明为主体，并配有航空影像、合成孔径侧视雷达影像、地面景观照片、立体图、素描图和剖面图等。还有曲线图和表格，图文并茂，各种形式不拘一格，生动活泼，具有独特的风格和较高的艺术性。《图集》还采纳了各不同学派的意见，提供读者独立思考，体现了“百花齐放、百家争鸣”的方针。

（4）《图集》精选的影像色彩鲜艳，印刷精美，装帧优良，光学影像处理和制印技术达到国内先进水平。

（5）《图集》中的影像和线划图的配合、图文配合有些地方不尽协调一致，影像的植被信息尚可进一步提取；个别影像的镶嵌质量有待改进提高。

（6）《图集》内容较充分地发挥了遥感应用的优势，对教育和科研有重要的示范和指导意义，具有较高的学术价值，同时，对于我国资源调查、农业规划、区域开发模式、工程建设条件分析等方面都具有现实的生产意义，对我国的遥感事业发展有推动作用。

4. 成果特色与创新点

（1）《图集》系统地反映了我国在遥感影像地学分析研究的成果和水平，体系新颖、组织巧妙、内容丰富。

（2）专题编排突破了传统的习惯，遵循分析的逻辑顺序，即由表及里、由此及彼得原则。即首先是土地覆盖，其次是水系，然后才是地表形态和地质构造，最后以全国性参考图概括。

（3）典型样区的选择充分考虑其复杂性和地带性差异，并且侧重地学研究程度较高的地区。

（4）《图集》的表示方法，以陆地卫星影像分析图和精炼的文字说明为主体，图文并茂。各种形式不拘一格，组成灵活多样，生动活泼，相得益彰。

5. 推广应用情况，经济效益与社会效益

《图集》按新华书店 1150 册的征订数，已先后应用于国内许多遥感、地学、生物学的科研、教学和生产部门。据不完全统计，提出订购的有 400 多个单位，特别是高校，还有的提出希望提供散页本和幻灯版。《图集》还受到国际上遥感、制图和地学界的赞誉，认为它代表遥感地学分析领域的国家水平。作为联合国援建的国家遥感中心的研究项目，联合国科技发展基金系统的官方认可了这项成果，并给予高度评价。《图集》在国家科委和其他有关部门科技国际交流中作为礼品赠送重要外宾，受到高度评价，产生了良好的国际影响。如泰国王室诗琳通公主曾为此致信《图集》主编陈述彭，表示感谢。《图集》还受邀参加了在巴黎召开的第 18 届环境遥感国际讨论会，参加了法兰克福国际图书博览会。

《图集》这一综合性科技成果对我国遥感事业的发展起了促进作用；对提高我国遥感、地学科技在国际上的学术地位，促进国际交流与合作，起了推动作用，并对提高我国遥感、地学分析教学与科研水平，加速专业人才培养，促进科学普及，有显著作用；总之，《图集》将为提高遥感地学分析水平，促进其转化为生产力，为四化建设服务，发挥其持续的社会经济效益。

十、IRSA-2 型遥感图像分析处理系统

1. 成果简况

该项目由中国科学院遥感应用研究所承担，于 1986 年完成。该项目成果于 1986 年获中国科学院科

技成果奖二等奖。遥感所主要完成人员杨世仁、李丽、朱重光、沈在壎、高朋和李秀云等。

2. 成果内容

数字图像处理技术是遥感技术系统的一个重要组成部分。发展先进的计算机图像分析处理系统是遥感应用部门普遍面临的一项紧迫任务。

根据国家科委“建立国家遥感中心”项目科学研究计划，在联合国技术合作部、国家科委和中国科学院的支持下，遥感所从 1982 年以来陆续引进了 COMTAL 图像显示器和 S140 计算机，在原有的扫描图像处理系统（即 IRSA-1，已于 1977 年受到全国科学大会的奖励）的基础上，发展了 IRSA-2 型遥感图像分析处理系统。

该系统由 S140 计算机、COMTAL 图像显示器和计算机图像分析处理软件系统构成。它具有较完整的数字图像处理功能。在处理方法上具有一定的独创性，可提供农林、地质、制图、医学等生产、科研、教学部门广泛使用。该系统的主要科学技术内容包括如下。

（1）COMTAL VISION ONE/20 图像显示器与 ECLIPSE S140 计算机的硬件接口的研制和有机连接。

（2）完成的数字图像分析处理管理系统。它具有下列特点：①在 AOS 操作系统的用户目录下运行，用于管理各应用程序的执行，因此该系统具有多用户的功能；②各应用程序在操作系统管理下可在命令清单和命令两种方式下运行。因此，即使不熟悉计算机的用户也容易掌握；熟悉计算机的用户可在高效率下工作；③界面友好，处理功能易于扩充。

（3）发展了多种系统软件及应用程序，包括下列内容：各种格式的 CCT 磁带输入/出；磁盘文件和磁带文件的直接显示；图像灰度增强程序；边缘增强程序；空间域滤波程序；图像数据的算术逻辑运算程序；几何纠正程序；镶嵌配准程序；分类和类聚程序；设备管理等多达 100 余个程序。

该系统研制过程中和完成后，进行了多光谱扫描模拟磁带的回放及转换成计算机兼容磁带的工作，并进行了有关处理，效果十分明显，同时为国内多用户提供运行性服务，受到国内外专家和用户的普遍认可和好评。

3. 验收和鉴定意见

1984 年 11 月 28～29 日中国科学院地学部在北京主持召开有专家教授共 17 名参加的鉴定会。会前组成了清华大学等五单位（共 7 人）的测试小组，于 11 月 26～27 日对该系统进行了为时两天的全面测试，（测试结果见测试报告）。28 日上午鉴定委员听取了系统研制报告、测试小组的测试报告。28 日下午检查了“IRSA-2 型图像分析处理系统”的操作表演。29 日鉴定委员会作鉴定如下。

（1）实现了 COMTAL 图像显示器和 S140 计算机的硬件连接，特别是把该系统纳入 S140 计算机的 AOS 操作系统，开发相当完整的、能满足当前遥感需要的图像处理软件系统，成功地建成运行性的数字图像分析处理系统是一件难度较高的技术。

（2）该系统的几何纠正处理速度比国外引进的同类产品有明显的提高，发展了最小灰度差接缝法的镶嵌程序，效果良好。

（3）该系统应用了模糊集增强、K-P 算子的边缘抽取、纹理分析分类等新的图像处理技术，系统中的三维图像处理和显示具有较大的实用价值。

（4）系统采用的多级功能清单和命令行两种方式，使系统操作具有灵活性，便于用户掌握和使用，也有利于用户发展和扩充自己的软件，把应用软件移植到其他系统上。因此该系统具有实用和推广价值。

经鉴定：IRSA-2 型遥感图像分析处理系统运行正常，稳定可靠，处理结果正确，达到了预期的功能要求，具有国内先进水平。在应用软件方面，其性能相当于已从国外引进的同类系统的水平；某些方面优于已引进的同类系统。同意该图像分析处理系统通过院级科研成果鉴定。

4. 成果特色与创新点

IRSA-2 图像分析处理系统功能齐全效率较高，具有我国自己特点的遥感图像处理系统。它能够满足遥感图像（卫星、航空）和其他图像数据处理需要。其主要特点如下。

（1）发展了 COMTAL 驱动程序并设计了进程通讯方式的软件接口，圆满地解决了显示设备纳入 A0S 操作系统的问题。使图像软件系统可在任一级用户目录下工作，有多用户及进程通信功能。计算机还可同时行图像处理以外的各种计算任务，充分发挥计算资源利用率。这是 S140 计算机扩大使用面，充分发挥效率的一个成功例证。

（2）图像分管系统软件管理性能较完善，具有一定容错性能和保护措施，可靠性能好。软件系统也易于扩充和修改。

（3）图像分管系统的设计用两种方式来控制应用程序，即多级分支功能清单和命令行方式。功能清单方式结构简单，清晰直观，提示性强，容易使用；命令行方式较直接进入处理，效率较高，在每级功能清单下都可转入命令行方式，使用灵活方便。

（4）系统的所用程序均用 FORTRAN 语言编写。机器针对语句用专门的子程序调用来替代便于把软件移植到其他计算机系统中。

（5）发展了各种应用程序，具有较强的处理功能，处理功能约 190 项。

（6）在 IRSA-2 软件系统下，COMTAL 原有的处理命令都可执行（COMTAL 本身有一些针对 512×512 图像的命令）。

（7）采用了高速算法及特殊的程序技巧，使图像的几何纠正速度比国外同类系统快得多。三次双线性内插 512×512，2min50s。三次双线内插 1024×1024 处理速度小于 10min，而在引进的 MODEL575 系统中，处理时间却要 3 个多小时。在 LOgE VIEW 系统中也要 1.5h。

（8）发展了最小灰度差接缝的二维镶嵌程序。提出了两维接边选择方法，镶嵌效果明显优于已引进的 MODEL70 及 MODEL575 等系统的镶嵌程序效果。

（9）对卫星影像复原放大、纹理分析、三维显示处理，模糊集增强、黑箱滤波增强、KP 算子边缘增强、新的组合比值增强进行了探索，取得了较好效果。发展了相应的处理程序，丰富了软件功能。

在鉴定后的一年多时间里又发展了数据库软件在运行服务中，丰富扩充了一些应用软件，并且优化驱动系统，进一步加快处理速度（如几何纠正 512×512 处理时间由 2min50s 提高到 1min10s；512×512 旋转 90°需时由 90s 提高到 40s 等）。此项工作具有科学和实用价值。对图像处理技术发展有重要意义。

5. 推广应用情况、经济效益与社会效益

经过一段时间的实际运行，该系统都得到满意的结果。例如，西藏和红水河卫星磁带数据精纠正及镶嵌黄淮海航空多光谱模拟磁带信息转换成效字信息；对红外及可见光四波段纠正配准及热惯量计算，对土壤水分含量给出了定量结果，这在我国还是首次。本系统除开放服务外，也作为所内研究发展的主要工具使用。

该项目是利用已有小型计算机发展成图像处理系统，这本身就创造了经济效益。经过后来的运行服务也直接取得经济效益和社会效益，继续推广则存在很大的潜在经济效益。

此项技术可直接推广到 100 系列机。NOVA 及 ECLIPSE 系列机使之成为很经济的小型机图像处理系统。其图像软件可以移植推广，根据不同需要还可将个别处理软件单个推广。

此外，作为本研究成果的延伸，本单位有能力从事下列技术推广和开展工作继续产生经济效益：可承担图像处理系统的研制及咨询；微机图像系统的配置和开发；软件及方法的技术转让和开发；各种图像处理的应用服务等。

十一、《天津市环境质量图集》及计算机辅助制图软件系统

1. 成果简况

该项目由中国科学院遥感应用研究所、天津市环境保护局等承担，于1986年完成。该项目成果于1985年获中国科学院科技成果二等奖。1986年获国家环保局环保科技进步奖（部级）二等奖；1987年被中国地理学会评为优秀地图作品。遥感所主要完成人员陈述彭、林华强、王树杰、崔伟宏、周上益、王为民、俞纪华、刘威威、李利军、陆燕琴、李灼华和狄小春等。

2. 成果内容

本项科研成果分两大部分：《天津市环境质量图集》和计算机辅助制图软件系统。

1）天津市环境质量图集

《天津市环境质量图集》是一部以城市环境为中心内容的综合性环境地图集，是天津市环境质量评价，蓟运河与渤海湾等地环境科研成果的全面汇集。

该图集为两种装帧（活页装和蝴蝶装）大8开本。由航天、航空遥感影像和各种专题图（共170幅）及文字说明构成图集内容的主体，辅以其他各种资料，内容丰富多样，结构严谨合理。特别是该图集采用了以计算机辅助制图为主的技术方法，这在我国还是首次尝试。

《天津市环境质量图集》就是一部利用长期环境监测、环境科研、社会调查、综合分析获取的资料和遥感信息，综合各方而取得的工作成果，系统地反映自然和社会各要素的现状和发展的作品。其不仅是区域环境科学研究成果的综合概括和科学总结，也是反映人类对地区环境条件认识深化的一种科学表达形式。

该图集在总体设计上特别强调了环境系统的观念和全环境的观点，在科学内容编排上，从城市生态系统的构成及系统指标体系的相互关联上选题，确定了包括自然环境和社会环境两方面内容的8个图组。

（1）序图组：选编了天津市地理位置、行政区划、3个历史阶段的城市地图及彩红外市区和分区图。开篇即向读者展现了天津市自然地理、政区及历史变迁的概貌。

（2）社会环境图组：该图组包括城市人口分布、居住环境、道路交通、社会环境评价和土地利用、绿化等图件。

（3）水环境图组：科学用水、保护水源是重大问题。从这个主题出发，该图集汇集了河流水库、渤海湾、地下水、给排水系统及降水量等反映水环境各个环节的概况。

（4）大气环境图组：该图组反映天津市煤烟型大气污染状况和特征。

（5）农业环境图组：该图组介绍天津土地资源状况并表现土壤、种植、背景值、污水灌溉和农药施用等内容。

（6）城市噪声图组：以环境噪声、交通噪声为主表达天津市城市噪声的分布特征及污染程度。特别选入了噪声源结构及分布，用来说明老工业城市噪声构成特点和现代城市环境噪声问题。

（7）地面沉降与地震图组：不合理的开采地下水，使城市大面积地面明显沉降，该图组对地面沉降扩展速率、分布变化及地质构造体系和地震震中分布等做了表达。

（8）人群健康图组：该图组选用了人群总死亡率、全癌、肺癌、呼吸系、消化系、循环系、脑血管疾病、婴儿死亡率及地方病等与环境相关的疾病死亡地理分布资料。

该图集按不同层次、结构，从城市生态系统的构成、环境背景及相互关联，注重选取基础性的、广

泛应用的内容。该图集以计算机辅助制图为主，少数图幅兼用常规方法编制。

2）计算机辅助制图软件系统

机助制图逐步形成了包括130多种程序的城市环境制图软件系统和7万多个数据、100多个数据文件的环境数据系统。该系统兼容于小型、微型计算机。

该系统包括基本绘图软件、绘图功能软件和城市环境信息处理及绘图软件等。绘图基本软件和绘图功能软件提供最基本的绘图功能。

城市环境信息处理软件系统的功能是处理监测数据、调查统计数据、地图、人工解译后的航片和环境系统分析与评价数据、实现环境要素的定位与定量化，将数据统一纳入城市环境数据系统，形成数据文件和6种结构图形的自动制图等多项功能。软件系统提供3种图形输出的可能，即绘图机输出、宽行打印输出和屏幕显示。

城市环境制图软件采用积木式结构共包括八大部分，可以绘制等位线、多种立体图、各种网格图、各种符号图、动线图、多边形图及组合符号打印图等，并可以对地图进行整饰和量算。

图集采用6种结构作为城市环境机助制图的主要模式，用以反映城市环境要素的不同空间分布规律及图集设计上的不同需要。

3. 验收和鉴定意见

《天津市环境质量图集》的编制按计划圆满地完成了任务。

该图集是在“天津市环境质量评价及污染综合防治研究”和“环境制图研究”的基础上，综合了多年环境科研监测、城市规划、农业区划、津渤环境遥感试验，以及其他环境工作取得的大量资料进行编制的。因此，该图集具有丰富的科学数据资料和环境研究及环境制图研究的科学依据。

该图集是一部以天津市的自然环境与社会环境为主要内容的专题地图集。其设计上应用了城市生态系统的观点，选编了包括社会（生活）环境和自然环境等8个图组，较全面地反映了天津市环境质量基本面貌，揭示了主要的城市环境问题。该图集的选题坚持了为国民经济发展服务的原则，内容丰富实用，在环境科研、城市规划、环境监测和环境管理等方面具有实用价值。

在城市环境质量图集的60%图幅中使用了先进的计算机辅助制图技术，机助制图在环境制图方面从实验走向应用阶段，初步形成了包括100个数据文件、包括约7万数据的天津城市环境数据系统。根据制图需要还发展了一部分软件，为适应天津市城市环境质量的不断变化，迅速更新环境质量图提供了可能，使该图集具有自己的特色。

该图集突出天津城市环境特点，设计思想明确、内容丰富、结构比较合理严谨。在图集编制过程中，采用了较为先进的机助制图方法，发展了相应的城市环境制图软件，便于及时掌握城市环境质量的动态变化。因此，该图集是目前国内编制效果较好的一本环境地图集，其软件系统有推广应用价值。该图集的学术水平和实用性均居国内领先地位。在国外，同类性质的图集也还不多。

4. 成果特色与创新点

图集以城市环境为明确研究对象，为城市环境规划提供了一套科学方法。

（1）注重内容的系统性完整性。

（2）从历史发展角度表现天津地区的环境特点，城市的历史变迁，加深了对天津地区环境特点形成和演变过程的认识。

（3）以计算机辅助制图与常规制图相结合的方法，适应了环境地图多样性的要求，发挥了环境制图中的优越性。

（4）采取编“活图”的形式，该图集采用散页装帧，内容可随时补充更新。

5. 推广应用情况、经济效益与社会效益

图集的编制引入机助制图软件系统，为城市环境信息的快速更新提供了可能，成为天津市的管理、决策、科研、规划的有力工具，为天津市建立城市环境信息系统、环境区域分析和环境数据库等研究创造了条件。

编图完成了一些用手工方法难以完成的新课题，如城市环境数据系统的建立、城市环境数据的计算机分析、三维立体制图和计算机组合符号打印制图等，实现了高精度数据采集和高速度显示绘图。根据土地利用现状定量分析和住宅建筑量的分析实现了定位与定量数据比较，具有示范意义。

当环境数据纳入系统后，可根据需要随时快速输出不同类型的地图，并可反复输出，对环境动态监测意义重大。

此外，城市环境机助制图提供的各环境要素区域分布的空间信息数字模型和数字处理、图形显示的技术手段，对于环境的区域研究在理论和方法上将产生深远影响。环境空间信息的数字模型的建立为环境研究走向系统结构分析，合成的环境研究，近期和长期变化预警研究及环境评价，研究“人与环境”的相互关系，创造了有利的条件。同时，数字模型的建立也有助于认识和发现城市环境的新规律，如通过昼夜人口比值分布规律、城市交通流量和居住人口的相关关系，发现了天津市内交通堵塞的“卡口”，为立交桥的选址和环形路的建设提供了依据。

十二、多光谱胶片

1. 成果简况

该项目由化工部第一胶片厂、中国科学院遥感应用研究所承担，于 1984 年完成。该项目成果于 1984 年获化工部科技成果奖三等奖。遥感所主要完成人员有钱育华、鲍士柱和张佩红等。

2. 成果内容

多光谱胶片是配合我国航空遥感多光谱摄影而研制的一种新型遥感胶片，遥感所承担应用试验，于 1981 年正式立项，开展研究研制多光谱胶片照相性能指标和应用试验。

照相性能指标经过三年的多次试验，取得好的应用成果。

3. 鉴定意见

（1）多光谱胶片经 3 年的研制与应用试验，实践证明该片已达设计指标，具有信息容量大、分辨率高、有较强消除大气烟雾能力等特点。经彩色合成后，色彩鲜艳，目标特出，便于识别各种地物。所获取的多光谱影像，图像清晰、信息丰富、密度适中，为我国开拓资源调查、识别伪装的研究和应用提供了一种新型全波段的摄影感光胶片，满足多光谱摄影的需要，为我国感光材料填补了在这一领域中的空白。

（2）中国科学院遥感应用研究所对多光谱胶片的应用技术进行了系统研究，为多光谱胶片的推广应用起了重要作用；并在自然资源调查、土地利用、环境污染监测等领域获取大量的图像资料，为我国的空间科学技术发展做出了积极的贡献。

（3）多光谱胶片成功地采用一系列新技术，使胶片性能不断完善，质量基本稳定，生产工艺成熟，业已具备工业化生产条件。

4. 成果特色与创新点

多光谱胶片是具有感蓝、绿、红、红外波段（光谱范围 400～900nm）的黑白全色红外负片。该胶片与相应的滤光镜相匹配，可获取同一地物 4 个光谱段光谱影像。将 4 张不同波段黑白光谱负片，经彩色合成，形成自然彩色或假彩色画面，并由于彩色合成具有灵活性，可按人为意图，选择最佳组合，突出判读目标。因此，其信息量优于其他彩色红外片。由于多光谱影像反映地物光谱特性，具有记录真实、景物信息丰富、影像直观、容易判读和分辨率等诸多特点，并具有良好的消除大气烟雾的能力。

5. 推广应用情况

在国内已先后在农林、海洋、地球资源、地质构造的调查，以及军事侦察、环境污染监测等领域的资源和环境应用研究中，对我国国防和经济建设、科学研究具有重要意义。

十三、唐山市集中供热微机遥测遥控系统

1. 成果简况

该项目由中国科学院遥感应用研究所、北京航空学院等承担，于 1986 年完成。该项目成果于 1987 年获中国科学院科技进步奖三等奖。遥感所主要完成人员有黄扬、袁志宁、包佩丽、杨习荣和耿怀滨等。

2. 成果内容

研制完成了唐山市集中供热微机遥测遥控系统一套。

该系统由主监控端、外部设备及 I/O 接口、系统应用软件、通信讯道、执行终端、工业仪表传感器等部分组成。

主监控端完成中心调度测控数据的采集传送、处理。I/O 接口是主监控制端与通信讯道之间的数据通道。执行终端在主监控端命令的控制下，采集电信号并将原有被测模拟量变成数字量传送到主监控端，并按命令执行遥讯和遥控动作。工业仪表则利用原先的工业 DDZⅡ型仪表系列。

微机遥测遥控系统的核心是一台具有汉字处理功能的 IBM-PC 兼容机一日产 UTEK-PC 机，由它完成遥测数据的采集，处理、显示及打印采集的数据，绘制参数曲线并向被控端发出遥控指令。该系统利用原电话网线，设计了通信接口装置，采用载波技术，在不影响正常通话的前提下，对站点进行测控，实现数据传送和通话同时工作。

该系统各个站点设置智能终端，以单片机 8039 为其核心，在主控端的控制下，完成数据采集及传送，并给电动执行器控制信号，实现遥调。

目前，我国集中供热的现状是方式较为先进、管理则十分落后。由中国科学院遥感应用研究所和北京航空学院电子工程系联合投标并与唐山市热力公司联合研制的集中供热微机遥测遥控系统，考虑到唐山市的发展远景，以及其他工业和城市公用事业（如电力、自来水、煤气等）的共同需要，因此该系统具有较大的通用性和扩展能力。

3. 验收和鉴定意见

1986 年 3 月 18 日，由中国科学院地学部和唐山市科委组织，鉴定委员会对“唐山市集中供热微机管理遥测遥控系统工程”进行了技术指标测试和资料审查，测试结果表明，该系统达到设计指标，资料齐全。鉴定委员会认为如下。

（1）该系统设计合理，功能齐全，使用方便、成本低廉，提高了集中供热的自动化和现代化管理水

平，提高了热能利用效率，减少了热力系统投资和管理费用，具有较大的经济效益和社会效益，在国内供热管网集中监控技术范畴中，是最先投入使用的先进系统，填补了国内空白。

（2）经测试和试运行，各项技术指标达到设计要求。系统工作稳定可靠，用户满意。

（3）该系统设计思想先进，主控端和运程智能终端都采用微计算机，组成计算机网络，使该系统具有较强的通用性，达到了世界 70 年代末的先进水平，并采用了一些 80 年代的新技术。在很多领域，如煤气、自来水、电力、工矿企业等都具有推广使用价值。

（4）该系统较好地解决了测/控信息的传输讯道问题，即利用普通的调度电话讯道，实现电话和测、控信息数码的混合传输。这种新颖的设计方案，对解决我国为数众多的热力管网的监控信息传输，提供了一种新的途径。

希望今后总结运行经验，进一步提高使用效益。

4. 成果特色与创新点

该系统是我国第一次把微机遥测系统应用在集中供热设施中，它达到了国外先进国家 20 世纪 70 年代末的技术水平，有很大的经济和社会效益。如果每天能把热电厂出口温度下降 1℃，一天就可节约 1000 元，一年内可收回成本。它的出现提高了科学管理水平，为进一步合理利用热能奠定了基础。

（1）该系统提高了集中供热的自动化、现代化管理水平，提高了热能利用效率，减少了热力系统投资和管理费用，在国内供热管网集中监控技术范畴中是最先投入使用的先进系统。

（2）该系统设计思想先进，主控端和运程智能计算机网络，还采用了一些 20 世纪 80 年代的新技术。

（3）该系统较好地解决了测/控信息的传输讯道问题，对解决我国为数众多的热力管网的监控信息传输提供了一种新的实现途径。随着该系统的实现，我国集中供热现代化管理水平及设施现代化提高了一大步。

该系统是遥感所利用多学科的技术优势，第一次以电子学、计算机等实用技术应用在国民经济中，并产生直接的经济效益和多种综合社会效益。

5. 推广应用情况、经济效益与社会效益

完成该项目是一个技术工程任务，表明我们有能力承担大型微机遥测遥控工程。据测算，唐山市热电部门出口温度下降 1℃，仅 1985 年一年总计经济效益就有 50 万元。国内先后有多家采用了该系统。微机集中供热监控系统正逐步成为集中供热重要的基础设施。沈阳投资在 300 万元；太原投资也在 200 多万元，发展测控系统市场的潜力有多大，不可忽视。

该系统正向小型多用化发展，全网也从简单的网络结构变成树状、总线结构或多种类型结构的组合。而执行终端变成能够执行主控端指令动作，并能本地显示、控制，取代了传统的多表显示，节省了投资，可靠性提高。加上与热工专业密切结合能产生巨大的经济效益和社会效益。

十四、黄淮海平原中低产地区综合治理和综合发展研究——天然文岩渠流域遥感应用研究

1. 成果简况

该项目由中国科学院遥感应用研究所等承担，于 1985 年完成。该项目成果于 1988 年获中国科学院科技进步奖特等奖、国家科技进步奖二等奖。遥感所主要完成人员有童庆禧、陈正宜、林恒章、罗修岳、林树道、黄秀华、吕克解、石韧、卢亚非、刘纪远、胡征宇、赵俊琳、任凤清、张圣凯、颜铁森和铁佩如等。

2. 成果内容

天然文岩渠流域遥感应用研究是国家“六五”科技攻关项目“黄淮海平原综合治理科技攻关中遥感应用研究”的一个典型研究示范区。本专题探讨黄淮海平原综合治理中的遥感应用技术途径和方法，进行了以下几方面的研究试验。

1）编制黄淮海平原地区 1∶50 万假彩色卫星影像图

黄淮海平原的综合开发治理联合攻关研究。需要遥感所编制黄淮海平原地区 1∶50 万的假彩色卫星影像图，以展现黄淮海平原的全貌及其区域分异特征和性质，为研究黄淮海平原的开发治理提供了一项具有广泛应用价值的基础技术手段和信息。其在 1984 年正式出版后得到广泛应用和好评。

2）编制天然文岩渠流域 1∶20 万彩色影像图

为天然文岩渠流域专题研究，还经计算机增强处理、光学放大、合成编制了 1∶20 万彩色影像图。该影像图清晰地显示出天然文岩渠流域正处于黄河在该地区所形成的巨型的、复式结构的洪积扇中心部位，形象地展现了天然文岩渠流域地区的平原地貌结构及其成因性质，为进一步深入研究该地区的土地资源条件奠定了基础。

3）编制天然文岩渠流域农业土地资源条件系列图

在利用卫星影像图和彩色红外相结合的判读分析的基础上，编制了天然文岩渠流域地区 1∶5 万农业土地资源条件系列图。其技术流程如下：①先用彩色红外，编制出天然文岩渠流域地区 1∶5 万的黑白影像像片平面图，作为编制系列图统一的黑白影像工作底图；②各专题判读分析人员，根据遥感影像进行专题分类、分级判读研究，确定判读标志；③各专题将利用彩色红外航片判读分析成果标绘到统一的 1∶5 万黑白影像工作底图上，形成专题图件。按这种流程进行系列制图，既提高了专题制图的成果质量和工作效率，又保证了系列图之间的科学协调。本项研究共完成天然文岩渠地区 10 种农业土地资源条件系列专题图：包括天然文岩渠流域黄河决口泛滥及其泛流形迹图；天然文岩渠流域平原地貌类型图；天然文岩渠流域土壤类型图（南京土壤所编）；天然文岩渠流域盐渍化土壤分布类型区划图；天然文岩渠流域涝情分析图；天然文岩渠流域水资源图（水利科学院编）；天然文岩渠流域植被类型图（北京植物所编）；天然文岩渠流域土地利用图；天然文岩渠流域综合治理区划图；天然文岩渠流域土地类型图。

4）提出了天然文岩渠流域地区的分区治理方案

依据地学相关规律，利用卫星与航空遥感图像相结合的分析方法，查明了天然文岩渠流域各地区的农业土地资源条件，并根据各地区土地资源条件成因性质的不同，由北向南可分为以下几个平原地貌类型区。

（1）黄河故道区：该区位于天然文岩渠流域北部，是黄河故道堆积的微岗起伏的沙丘和风沙地；其环境特性是以沙土物质为主，存在着较严重的干旱和风沙灾害，土地利用率较低，应大力植树造林，防风治沙。

（2）冲积泛滥平原区：这是天然文岩渠流域的主体区。它是黄河由上述黄河故道区向南决口冲积泛滥所形成的复式洪积扇平原区；它是由不同时期的决口扇形微岗地和洪积扇前沿洼地所组成，其内部结构复杂，旱、涝、盐碱灾害也因地而异，是研究整治的重点区域。

（3）黄河大堤北侧背河洼地区：这里因受黄河大堤不断加高的影响，地势低洼，同时又受黄河大堤内地下水侧渗，因而造成背河洼地区排水不畅，是地下水位高和土壤盐渍化程度严重的易涝地带。

（4）黄河大堤内的北滩地区：这是黄河冲积的良田区，但受黄河洪水威胁，遇有黄河洪水漫滩，生产成果无保证。

5）利彩色红外深化区域研究

（1）根据黄河决口泛流所形成的复式洪积扇形平原特性，利用彩色红外显示的影像信息和地学相关规律分析方法，在天然文岩渠流域地区可进一步深化，细分不同时期的决口泛流所形成的扇形微岗地和扇前洼地。微岗起伏的洪积扇，从扇顶向扇沿倾斜，土质由粗变细，土壤水分由润变湿，土壤盐渍化程度由轻变重。在这样的地貌环境条件下，洪积扇前沿常常形成弧形的易涝洼地和土壤盐渍化带。这是治理土壤盐碱化和涝灾的重点地区。

（2）在春季的彩色红外上，盐渍土呈浅色影像（因盐晶斑及作物长势差的影响），比较容易勾绘出盐渍土的分布区。进而还可根据影像色调将盐渍化程度，区分出三个等级：①重度盐渍化程度影像呈白色（缺苗率 30%～50%）；②中度盐渍化程度影像呈淡白色（缺苗率 20%～30%）；③轻度盐渍化程度影像呈浅白带蓝绿色，作物长势受抑制。

（3）对比春、秋两个季节的影像色调差异，不难将盐化盐渍土与碱化盐渍土区分开。沙质土虽然也呈浅色，但根据其分布位置和地貌形态等间接标志，也不难与盐渍土区分开。

（4）利用秋季的彩色红外进行涝情分析。本次航空遥感正是 1983 年 9 月 14 日一次大暴雨之后拍摄的彩色红外像片，它所显示的涝区分布，完全和上述遥感分析的平原微地貌条件相吻合，证明天然文岩渠流域的致涝因素（微地貌）是长期存在的，也勾勒出常涝、易涝区的分布规律，为综合治理提供了可靠的依据。用彩色红外遥感信息查明了该流域当年秋季的涝情，统计出了受灾总面积为 416545 亩（占全区总面积的 8.13%）。

6）编辑出版《天然文岩渠流域遥感应用研究》论文集

各专题分别对其遥感应用技术方法及其应用效果进行了总结，编辑出版了《天然文岩渠流域遥感应用研究》论文集（1987 年，科学出版社出版），共发表论文 12 篇。

遥感是一门新的科学技术手段，应用领域广阔。不同的专业领域，因其专业性质和任务要求不同，需要研究设计最适用、合理的遥感图像类型、时相、比例尺及图像处理技术。

例如，天然文岩渠流域的遥感应用研究，选用了卫星和航空两种图像。为了研究旱、涝、盐碱及风沙灾害的需要，试用了春、秋两个时相、两种比例尺的航空摄影。试验结果证明，春季摄影图像（1∶8 万）用于研究盐碱灾害，秋季摄影图像（1∶3 万）用于研究旱涝情是合理有效的。但在摄影比例尺上，不宜盲目追求过大的摄影比例尺。

选择摄影比例尺的原则，应以像片被放大后能满足专业判读分析的定性、定量要求为宜。在平原地区，1∶8 万～1∶5 万的航空摄影比例尺是比较适宜的。利用小比例尺摄影底片放大使用是比较经济实用的技术方案。如果摄影比例尺过大，单张像片的视野缩小，像片数量成倍增加。例如，天然文岩渠地区的航空摄影，全区 1∶8 万的像片只要 72 张，而 1∶3 万的像片则多达 547 张，不仅大大增加摄影时间、材料和成本，而且大大增加了应用过程中各个方面的工作量，降低了判读分析的工作效率。

目前，我国生产的 1821 型彩色红外胶片，分辨率是 60 线对/mm，在正常情况下，放大 5～8 倍仍可保持良好的影像清晰度，可以达到土地资源清查的要求。

3. 验收和鉴定意见（1985 年 12 月 6 日）

本专题选题密切结合国家农业建设要求，是一次成功的业遥感探索，提交了较高水平的科研成果，并为开发黄淮海平原天然文岩渠地区的国土资源与农业规划做出了明显的贡献。

（1）采用了航空航天遥感为主，结合常规资料对比、野外实查及多学科综合研究的方法，技术路线正确，工艺先进，成果质量较高，经济效果明显。

（2）提交的 7 种专业图件和文字报告，资料依据充分，数据可靠，图件的分类基本正确，精度符合要求，具有较高的科技水平和实用价值。

（3）科研中重视了基础科学理论问题，注意了多学科与区域综合研究，提出了—些有一定科技水平的建议和见解。结论基本正确、全面。对本区业建设有重要参考价值。

（4）科研中提出了一些新见解和新经验，如提出小比例尺彩色红外航空摄影高倍放大使用的见解；用反照率比区分盐渍化土类型和程度的探索等，对改进国土资源调查、农业工程勘测和遥感技术应用的发展有促进作用。

该科研成果达到原科研计划要求，技术方案和成果质量达到了国内外先进水平。根据科研工作对业遥感的贡献，建议给予较高科学技术进步奖或成果奖励。

经评审答辩，鉴定委员会一致同意通过验收。

十五、龙滩水电站地区遥感综合调查与制图

1. 成果简况

该项目由中国科学院遥感应用研究所等承担，于 1988 年 2 月完成。该项目成果于 1989 年获中国科学院科技进步奖二等奖。遥感所主要完成人员有陈正宜、林恒章、魏成阶、吕克解、陈捷、张浩信、张宗科、朱博勤、张圣凯、李乃煌、李树楷、夏明宝、钱育华、鲍士柱和李丽等。

2. 成果内容

广西红水河龙滩水电站是我国计划兴建的大型项目，装机容量为 500 万 kW。工程经水利电力部中南勘测设计院勘探设计基本完成。唯有水库淹没损失理赔上，勘测设计院与地方政府数据，分歧较大，双方未能签字执行。为了能早日动工，该院于 1985 年 8 月正式委托遥感所，利用航空和航天遥感技术，对龙滩水电站地区进行遥感综合调查与制图，重点是提供淹没损失的土地类型和面积等的精确数据，兼顾工程地质和区域开发。根据双方签订协议要求，主要完成如下几方面的工作。

1）获取航空遥感图像

中南勘测设计院要求必须在 1985 年 10 月 1 日前取得航空遥感图像，遥感所调用的飞机，于 8 月下旬进驻“天无三日晴”的云贵高原机场，直到 9 月 30 日才抓住两天难得的晴天，完成了水库流域内 19000 平方千米彩色红外航空摄影任务，为完成合同任务奠定了基础。

2）快速编制了水库地区 269 幅 1∶1 万的土地利用现状图

按照国家《土地利用现状调查技术规程》二级分类标准，为保证山区的判读制图精度，特别将重点地区的 1∶34000 彩红外照片放大编制成 1∶10000 正射影像，以保证定性、定量精确的实用要求。并以乡为单位量算，列出各种淹没地类的面积数据表格。经过野外实地 3 次定性验证，精度在 95%左右；经 393 块水田的平板仪实测，平均精度为 91.4%，误差以偏小占多，考虑到平板测量封闭多边形是内接的，面积必然小于实地，如果按照正负抵消原则，实际精度应不低于 95%，满足了合同要求。

3）为移民规划、布局提供科学依据

水库淹没影响移民总数超过百万人，按就地“后靠上山”原则，调查水库周边土地开发利用现况和土地资源环境承载力。编制了水库周边地区 1.9 万 km^2 的 1∶5 万土地利用类型图 42 幅，并量算了各类土

地面积。

4）对电站大坝地区的地质构造稳定性的分析与评价

5）库岸边坡稳定

利用陆地卫星 TM 图像和复合处理与判读，编制了电站周边约 3.4 万 km^2 的线性构造图。与历史地震和部分地球物理资料复合分析表明，水电站地处四周被深部断裂包围分割、相对独立的“凤山”断块内；和北西向的垭都–紫云和右江的中强断裂带没有直接联系，水电站地区属于相对稳定块体。从的立体分析结果，没有发现大型深厚的滑坡体和崩塌锥。

经过龙滩和二滩的遥感实验，为水电站建设的前期研究积累了一套较完整的遥感调查分析与制图方法，为改善大型水库建设前期调查研究提供了新的技术途径。

3. 验收、鉴定意见

遥感综合调查与制图成果，已于 1988 年 10 月由水电部中南勘测设计院正式验收。验收意见是：遥感所提交的上述成果，符合双方协议规定的要求。

中国科学院资源环境局于 1989 年 1 月 5 日在北京组织专家进行鉴定。鉴定委员会听取了该项目各课题负责人的汇报，审阅并抽查了各项成果报告、图件、数据及有关原始资料；听取了中南勘测设计院的验收意见。经过提问，答辩后，评委会认为如下。

（1）在水库淹没损失调查中，制作了大范围的 1∶1 万正射影像图，并据此编制了同比例尺的土地利用现状图。这种方法保证了制图界线和面积精度，大大提高了判读制图的工作效率，经双方三次实地抽样测量验证，面积量算精度都在 90%以上。

（2）为移民规划进行了水库周边地区，18000km^2 1∶5 万的土地利用现状遥感调查与制图（42 幅）；客观地反映了龙滩地区的土地开发利用程度及存在问题。

（3）利用精纠正的镶嵌卫星影像图，从宏观上分析了龙滩地区的环形，块状地质结构特征，以及深大断裂的延伸方向和活动性质，并与历史地震和物探资料相结合，对区域构造稳定性进行分析评价，证实龙滩水电站位于大型的块体构造之上，属于相对稳定地段。为论证电站选址的合理性，提供了依据。

（4）利用的立体分析方法，标出了库岸不稳定的滑坡体，多数为浅层小型滑坡，且目前大部分处于稳定状态。

（5）龙滩水电站地区遥感综合调查与制图，在遥感应用技术方法上有所发展和创新，形成了一个比较完整的技术系列，提高了工作效率和经济效益。保证了高山地区的判读制图精度，技术上比较成熟，可以推广应用。

鉴定委员会一致认为：“龙滩水电站地区遥感综合调查与制图”紧密联系生产建设的实践，技术路线合理，学术思想正确，在精度、质量、应用水平方面均属国内领先地位，达到了国际先进水平，建议申报科技进步奖。

4. 成果特色与创新点

采用卫星遥感图像和航空摄影相结合的技术路线，区域地质构造研究分析以卫星图像为主、航空摄影图像为辅；水库淹没类型调查则以正射影像图航空照片测绘技术为主，节省了时间并保证了质量。又用航空遥感图像正射投影放大处理技术，确保耕地净面积调查精度不低于 90%。

遥感图像地物影像直观、易辨，农民也看得懂、信得过，迅速弥合解决甲、乙双方之间存在的分歧，签订了合同，推动了龙滩水电站工程早日开工建设。龙滩水电站遥感调查取得的淹没损失类型、指标，库区各县、乡接受了赔偿损失数额，龙滩水电站建设顺利进入程序。

5. 推广应用前景及效益预测

我国水电站建设选址及水库区调查等前期调查，常规采用实地勘测、调查、访问的方法，工作量大、效率低、周期长，难以满足工程急需。遥感技术不仅可以进行地质构造稳定性、库岸稳定性、水库淹没损失的土地类型和面积调查，同样对移民安置区土地利用、库周区的生态环境等进行综合研究分析。龙滩水电站地区遥感调查既能解决工程设计中的矛盾和问题，又加快了工程上马进度，节省了经费，保证了尽早开工。遥感综合调查与制图，在技术方法上形成了一个比较完整的技术流程，可以推广到类似水电工程的前期研究中应用。

中南勘测设计院已决定在该院的四川、云南地区的电站选址前期研究中，继续采用遥感综合调查方法，以遥感方法为主、常规方法为辅的勘测新模式。据初步测算，遥感方法时间可缩短一半，投资可减少1/3～1/2。龙滩水电站于2001年7月开工，2009年投产，电力供华南和华东地区。

十六、微机空间分析与引导系统（SAGS）

1. 成果简况

该项目由中国科学院遥感应用研究所、天津市海岸带开发咨询服务公司承担，于1988年完成。该项目成果于1989年获中国科学院科技进步奖三等奖。遥感所主要完成人员有崔伟宏、俞纪华、王蓓、陆燕琴和王进等。

2. 成果内容

本项研究是根据天津市科委关于“建立天津市资源与环境信息系统”的计划，包括天津蓟县试验区的“微机空间分析引导系统”研究和“天津市资源与环境信息系统可行性论证。”

微机空间分析与引导系统（SAGS）是在IBM-PC微机上由人机交互数据采集系统、空间分析指令系统、引导系统、空间分析模型和多功能彩色图形显示系统等多层次结构所组成，同时发展了与其他统计数据库、统计分析软件、图形分析软件系统相连接的友好界面，从而形成以微机为基础的、以空间分析为核心的多功能的、综合性的资源环境信息系统，是地理信息系统实用化和微机化的一个新发展。

该系统的主要科学技术内容包括如下。

（1）空间数据标准化和分类编码体系。

（2）以DBASE-Ⅲ为基础，建立了人口、能源、施肥、农作物、牧业和收入六个子库。

（3）以空间信息系统为基础，建立了十个空间子库以及TM图像和统计数据转换到空间数据，总数据量92万个，总容量为3.6MB。

（4）空间分析与引导系统软件包括以下几部分。

第一，数据采集与处理软件系统一采用图形分解、直接网络数字化方法，由计算机完成编码工作，人机交互对话实行图形编辑，程序设计采用结构式设计方法。

第二，空间分析指令系统一以对相邻点和重合点进行计算处理，在空间搜索分析、空间覆盖分析的基础上，通过“空间分析语言库”的驱动，形成大约100条空间分析指令，每条指令由主题词、辅助词、关系词及输入输出文件名所组成。

第三，引导系统一以空间分析模型为基础，建立空间分析指令系统与模型分析之间的模块，为用户对某种决定性的，但不确定的目标提供决策与警戒，并建立引导指令（包括动态分析、最优替换、资源定位、结构分析等）。

第四，围绕耕地动态监测、道路选线、通道分析、洪水泛区预测、旅游路线选取，发展了 5 个实验模型，研制了在 SAGS 支持下的算法和软件系统。

第五，发展了在低分辨率显示器基础上的汉字多色显示绘图软件系统及彩色打印系统，整个系统软件占存储器约 2.4MB。

3. 验收和鉴定意见

该课题的专家评审鉴定会于 1988 年 12 月 13 日在北京举行。会议由天津市科委和中国科学院资源环境局共同主持，出席会议的有 32 个单位的领导和专家共 60 余人，评审鉴定委员会听取了研究单位所做的研究报告，观看了蓟县试验区微机系统的演示，一致认为如下。

（1）同意检测组的检测报告。

（2）该研究的微机空间分析系统提出了空间数据标准化新内容和引导系统新概念；发展了汉语拼音引导指令和软件；实现了统计、空间和 TM 遥感数据的逻辑联结；探讨了空间分析系统支持下，改进遥感图像分类精度的新方法；发展了多功能汉字显示绘图系统新手段，整个系统具有较强的空间分析能力。在以栅格数据为基础的地理信息系统微机化、实用化方面取得了新发展。

（3）天津市资源与环境信息系统可行性研究从宏观辅助决策角度看技术路线可行，具有我国自己的特色，该项研究达到国内先进水平。

微机空间引导系统的设计和空间分析软件系统的开发成果达到国际先进水平。

鉴于建立“天津市资源与环境信息系统”一件非常复杂的工作，建议在此研究基础上扩大试验区域，加强数据标准化工作，充分利用天津市计算机资源和数据资源，提出切实可行的建立系统的总体方案，并尽快决定建立天津市级系统。

4. 成果特色与创新点

微机资源与环境信息系统的研究是当前地理信息系统发展的一个重要方向，也是信息系统走向实用化的一个重要步骤。近几年来，32 位微机处理器的推广，300M 和 600M 大型磁盘机的微机化，软件支撑系统和彩色图形处理系统得到进一步完善，有力地推动着微机 GIS 研究的深化，为其迅速推广与应用创造了良好的条件。

在该项研究试验中，对空间分析理论与方法、引导系统的设计、统计数据库与空间数据库的逻辑联接、遥感信息与空间信息系统整体化、图形数据采集与处理系统、汉字多色显示绘图与打印系统等方面进行了新的探索；对空间数据标准化与各要素分类体系进行了初步试验；对耕地动态监测、道路选线、通道分析、洪水泛区预测及旅游路线选取等应用模型进行了设计和试运行。

在整个试验研究中，该项目提出了一些新概念、新设计、新技术和新方法，并取得了可喜的研究成果。为了总结经验，促进微机资源与环境信息系统的发展，特将试验中所取得的各项成果汇编成《微机资源与环境信息系统研究》一书，公开出版发行，并进行交流。

十七、“三北”防护林遥感综合调查的研究

1. 成果简况

该项目由中国林业科学研究院资源信息研究所、中国科学院沈阳应用生态研究所、遥感应用研究所等包括高教部的 28 个科研部门承担，于 1990 年完成。该项目成果于 1990 年获林业部科技进步奖一等奖。遥感所主要完成人员有王长耀、罗修岳、黄秀华、郑兴年、张金胜、关燕宁、李小明、师长安、查勇、刘斌、艾新元、朱重光、郑柯等。

2. 成果内容

（1）完成196个重点县及39个一般县的系列专题图1747幅，包括平泉县及9个典型县的1∶10万系列专题图共94幅；235个县的1∶50万系列专题图共173幅；196个重点造林县和8个一般造林县的1∶10万及1∶20万的草图共1480幅及其面积的量测工作。

（2）建立全试验区资源与环境信息系统。

（3）撰写论文386篇（27篇在国际会议上发表），出版《“三北”防护林遥感综合调查技术规程》等专著十八部。

3. 验收和鉴定意见

（1）验收和鉴定意见认为：①“‘三北’防护林遥感综合调查”，阐明了控制“三北”防护林地区林、农、草的类型、质量及其时空分布的主导性因素，并据以剖析其成因；②为完善“三北”防护林的规划、建设、管理和监测，也为我国北部的国土资源开发、环境保护、生态优化和社会经济的持续发展，提供了图文并茂、数据翔实的科学依据；③集中了近千名科研和管理人员的劳动和智慧，旁征侧引、取精用宏，纂成巨著，上升为理论和方法，提出了独到的见解，做出了开拓性的贡献。

（2）验收和鉴定意见指出，各个课题组均已在科学院和林业部申请了奖项，获得了丰厚的奖励和崇高的荣誉；国家对项目投入巨大，编撰著述是我们应尽的义务。

4. 成果的特色与创新点

（1）攻关工程艰巨。“三北”防护林地区范围广阔，覆盖我国国土面积的42.3%；生态条件严酷，沟壑密集、沙漠广袤、大风多降雨少，是“七五”攻关课题中覆盖面积最广、调查条件最艰苦的任务之一。

（2）攻关目标明确。既直接检验前期的建设成果、又研发后续建设的规划和措施，直接服务生产应国家的迫切要求。

（3）提出“三北”防护林建设的新理念。攻关研究认为：根据三北地区的环境条件和国家开发大西北的要求，“三北”防护林的建造应当摈弃“单纯造林种树”的旧认识，树立“构筑国土生态长城”的新理念，以治理、修复、优化区域生态环境和社会经济的可持续发展为目标。

（4）对“三北”防护林建设进行新的定位。强调“必须把‘三北’防护林建设纳入区域国民经济规划之中”，既为农、林、牧全面发展服务，又把自身作为“草业”“林业”来建设运营，促进“国土生态长城”的有序建设和长盛不衰。

（5）建议“建立新的‘三北’防护林建设框架”应该因地制宜，进行农、林、牧结构调整，落实“三北”防护林的建设用地，再进行“三北”防护林建设规划。宜农则农、宜林则林、宜草则草，扭转重农轻林忽视草的倾向；实行退耕还林、还草、还湿地；造林要宜乔则乔、宜灌则灌；用材林经济林并重；植树时要人工措施和工程措施并举；推行“造、管、护”责任制；责权分明，谁种植谁收益；发展人工草地，提倡轮牧圈养。

（6）创新研究方法。采用遥感系列制图的先进理论方法，对“三北”防护林建设成效进行多要素的综合调查和研究，节约了大量的资金和时间，提高了成果的数量和精度，增强了研究成果的实用性。如：①以森林发生学为依据，修订了《森林图图例系统》。既适应“系列制图”的需要，也实现了在图例含义上同“草地”、“土地资源”等相关图种的沟通与协调；②提高森林面积的可信度。片林用图斑直接量测；带状林用图像样方辅以地面实测样地求得；四旁林用两阶不等概抽样测算，使调查结果更加接近于资源的现状；③创新《立地条件图》的编制理论和方法。首次采用区域与类型相结合的综合型、多因子分类系统进行全区的立地条件遥感制图，将“三北”防护林建设地区划分为3个区域、8个质量等级、256个类型区，共1263个类型组，更具体、准确的指导因地植树造林。

5. 推广应用情况、经济效益与社会效益

该项目对“三北”防护林建设局第一期工程的执行情况和取得的成果进行针对性的调查，也对即将铺开的二期工程的资金投向和建设的规划、布局及措施进行综合性的系统研发，整套成果交付给国家“三北”防护林建设局，得到高度的评价与赞许，提出的措施及建议基本得到采纳和贯彻实施；有的（如严禁滥采乱伐，过牧毁草等建议）还形成政策施行，严禁滥采乱伐，过牧毁草。经20多年的精心努力，社会、经济和生态效益十分显著，其中尤以退耕还林、还草、还湿地最为深入人心，草地面积也快速扩展，经济林和灌木林明显增加，湿地有所扩大，绿地覆盖率明显提高。

十八、黄土高原水土保持林区的遥感综合研究

1. 成果简况

该项目由中国科学院遥感应用研究所等承担，于1990年完成。该项目成果于1991年获中国科学院科技成果三等奖。遥感所主要完成人员有王长耀、罗修岳、黄秀华、郑兴年、朱重光、张金胜、关燕宁和郭杉等。

2. 成果内容

该课题经13个单位，近百名科技人员，5年协同攻关，从数量上和质量上都超额成了合同规定的任务和指标。利用遥感技术完成了两个造林典型县1∶10万和50个造林重点县（10万km^2）1∶50万森林、草地、土地利用、土地评价和立地条件等系列图件的编制（编绘草图为1∶20万～1∶10万），取得了研究区客观的比较准确的森林、土地、草地等资源环境条件科学数据，利用多种数学模型进行了系统分析，建立了典型县资源环境信息系统，发展了一套适合于黄土高原调查的信息源评价、处理、分类和制图方法，在信息获取、信息处理、判读制图、地理信息系统、模型分析等遥感应用工程系列化、实用化。

1）专著、报告

综合总结报告，SPOT卫星与陆地卫星TM数据复合研究，卫星影像计算机–光学混合处理的研究，陆地卫星数据计算机自动分类的试验与研究，“三北”防护林黄土高原水土保持林区森林资源遥感调查与研究，“三北”防护林黄土高原水土保持林区土地资源评价遥感研究，“三北”防护林黄土高原水土保持林区土地利用遥感调查与研究，“三北”防护林黄土高原水土保持林区草地资源遥感调查与研究，“三北”防护林黄土高原水土保持林区植被分布模式的遥感研究，用抽样方法估测小块林地和农田林网的森林覆盖率的分析评价，遥感信息在“三北”防护林气候及生态效益分析中的应用研究，“三北”防护林黄土高原水土保持林区森林立地条件类型调查与研究，沙漠化动态监测中的空间分布趋势分析，沙区草地资源的遥感定量分析，基于专家系统的榆林市土地资源评价应用研究，榆林市地理信息系统（YLIS）建造，大宁县土地资源遥感评价及其开发利用研究，大宁县森林资源动态变化遥感研究等，总共47篇，约45万字。

2）系列图件

（1）1∶50万“三北”防护林黄土高原水土保持林区系列图件：“三北”防护林黄土高原水土保持林区森林类型图；“三北”防护林黄土高原水土保持林区土地资源评价图；“三北”防护林黄土高原水土保持林区土地利用图；“三北”防护林黄土高原水土保持林区草地资源图；“三北”防护林黄土高原水土保持林区森林立地条件类型图。

（2）1∶10万榆林市系列图件：榆林市森林类型图；榆林市森林类型动态变化图；榆林市土地利用图；

榆林市草地资源图；榆林市草地资源遥感动态变化图；榆林市土地资源评价图；榆林市森林立地条件类型图。

（3）1∶10 万大宁县系列图件：大宁县森林资源遥感动态变化图；大宁县土地资源评价图；大宁县森林立地条件类型图；大宁县草地资源图；大宁县土地利用图；大宁县森林类型图……总共 24 个图种 214 个标准幅。

3）数据量测

1∶50 万全区分县数据清册一本，大宁县分乡数据清册一本，榆林县分乡数据清册一本，总共约 20 万组数据。

4）典型县地理信息系统

榆林市地理信息系统（YLIS）；大宁县地理信息系统（DNIS）。

3. 验收和鉴定意见

1990 年 12 月 9 日，鉴定委员会在认真听取了项目负责人所做的关于该项目研究的工作和技术报告，审阅了各种成果、资料和图件，经审议一致认为如下。

（1）课题组完成了重点研究区 1∶10 万森林资源分布等系列图及 1∶50 万全区系列图。该项目利用多种遥感资料快速和比较准确地调查了黄土高原水土保持林区土地利用、森林、草场、土地资源评价及立地条件等资源环境状况，为国家和地区了解大面积地区防护林等资源情况起到示范作用，并为其长远规划，以及该区的综合治理和开发等工作提供了可靠的科学依据。

（2）初步实现了遥感信息获取–信息处理–系列制图–信息系统一体化的研究，达到了实用化的程度。

在进行适合于黄土高原资源与环境调查的图像增强与分类研究中，成功地探索出了联盟号图像光机混合处理方法，并首次在国内采用了神经元网络模型。

在微机资源环境信息系统研究中，初步实现了图像处理系统与地理信息系统的联接，建立了图像、图形数据库，形成了一套软件包。

发展了一套适用于遥感系列制图的某些新方法。在图像几何纠正处理与地形图光机迭合方面有创新。

应用了区域回归、造林适宜度、土地评价、土地潜力及承载力，多目标规划和自然植被分布等模型，对本区进行了系统分析。

鉴定委员会一致认为，专题组超额完成了原合同规定的任务。该项目在遥感技术系统地应用于黄土高原水土保持、资源环境研究方面有所创新和突破，达到了国际先进水平，并建议申报奖励。

4. 成果特色与创新点

该项目成功地探索出了联盟号图像光机混合处理方法，并首次在国内采用了神经元网络模型；在微机资源环境信息系统研究中，初步实现了图像处理系统与地理信息系统的联接，建立了图像、图形数据库，形成了一套软件包；发展了一套适用于遥感系列制图的新方法，在图像的几何纠正处理与地形图的光机叠合方面有所创新。

应用了区域回归、造林适宜度、土地评价、土地潜力及承载力，多目标规划和自然植被分布等模型，对本区进行了系统分析。

5. 推广应用情况、经济效益与社会效益

该课题所研究的方法可以在农、林、牧生产，生态环境治理可在研究区和国内其他地区推广。

（1）该课题研究的进一步完善可用于遥感快速成图，具有很大的发展前景。在我国约 1/3 地区为干旱、半干旱区，特别是沙漠化动态监测方法和计算机系统可以推广，并可供其他地区借鉴。

（2）该模型分析方法可推广到农、林、牧、灾害和环境变化等定量研究工作中。

（3）该调查成果自1988年以来，当地农林部门均不同程度地参考和利用了本成果内容。成果公布后将会产生更大社会经济效益。

该研究仅实用3年多时间，与常规方法相比节约经费和时间1.5倍、人力5倍以上，其经济效益明显。

十九、遥感技术在地质找矿中的应用研究

1. 成果简况

该项目由中国科学院遥感应用研究所、长沙大地构造研究所、地球化学研究所广州分部、地质研究所、新疆地理研究所承担，于1990年5月完成。该项目成果于1991年获中国科学院科学进步奖一等奖，1992年获国家科学进步奖三等奖，1993年获北京第一届国际博览会金奖，1991年获地质矿产部优秀找矿成果奖。遥感所主要完成人员有郭华东、崔承禹、蔺启忠、林树道、张圣凯、朱重光、李乃煌和王志刚等。

2. 成果内容

该项目在不到3年的时间里，发现并确定了14处金、锡、铜矿靶区及远景区，其中金矿和锡矿靶区各一处经后续工作已成为工业矿床，构成国际范围内遥感直接找矿具工业意义金属矿产的鲜明实例。同时，总结提出一套系统完整的遥感找矿理论和方法，充分发挥了遥感技术快速、经济、高效的特点和宏观优势。

该成果在国家及地方政府部门的黄金找矿决策起了重要作用，诸多系统和部门在矿产资源调查中重视加强了这一技术的应用。发现的一处金矿靶区，已由武警黄金部队作为重要的勘探基地求取工业储量；一处锡矿靶区由地质部门立项勘探。在“八五”新疆矿产调查开发国家科技攻关项目中，将该成果作为继续深入攻关的重点之一。

3. 验收和鉴定意见

评审委员会在听取了课题汇报并审阅了有关研究报告与图件，一致认为如下。

（1）该课题具有重要的生产意义与科学价值，课题设计合理、构思严密、出色地超额完成了任务，为加速查明新疆金属矿产资源，提供了一批重要的遥感地质资料和卓有成效的找矿方法。

（2）根据成矿机理与遥感信息的相关规律，找到了较多的矿产远景靶区和有利地段，并在区域成矿地段构造背景方面提出了新的认识，出色的超额完成了任务。

（3）该课题在遥感技术应用于找矿方法上取得了新的进展，使用的遥感信息类型丰富，并在气象卫星地质应用、多元信息复合、数字地质、生物地球化学方法的使用方面有新的创新，完善了遥感找矿作业程序，进一步明确了遥感在普查找矿中的先行作用，在技术上有纵深发展的潜力，结果表明，遥感找矿方法具有广泛的社会效益与明显的经济效益。评审委员会一致认为：该项研究成果已达到国际先进水平，同意交付验收建议报国家科技进步奖。

（4）建议在“八五”期间继续安排计划对区域地质构造成矿预测，隐伏矿床和其他原生矿床的寻找，继续深化研究，完善方法体系，以便得到更广泛的应用。

4. 成果特色与创新点

关键技术 8 项：含矿地质体遥感信息计算机提取技术；多源遥感数据复合及与非遥感数据复合分析

技术；控矿构造合成孔径雷达图像分析技术；大地构造与成矿带分析中气象卫星数据应用技术；预测金矿有利地段的遥感数据地质分析技术；遥感生物地球化学找矿技术；地理信息系统支持下的地质数据集分析技术；促进了不同矿种不同成因类型矿床遥感找矿模式的建立。

创新点 7 项：利用 IHS 变换及反变换算法提取石英脉及蚀变围岩取得显著效果；将遥感分析与数学地质相结合，提出金矿赋存地段；将 ARC/INFO 和 GIST 地理信息系统用于金矿调查中；用气象卫星图像划分了具有重要找矿意义的大地构造带；将侧视雷达图像成功地应用于与破碎蚀变带岩型金矿有关的构造分析中；提出了弧形构造控矿的理论模式，实践证明，该模式也适用于新疆研究区以外范围；总结提出遥感找矿三部曲程序，即遥感信息空间定位、遥感化探法定性和遥感地质工程定量。

5. 推广应用情况、经济效益与社会效益

该项目组提交的阿尔泰山前 3 个金矿靶区及远景区已被确定为阿尔泰山南缘 3 个金矿主攻区。恰奔布拉克金矿靶区已求出科研预测储量 20.85t，在此基础上将该靶区交给武警黄金部队，其已成为该部队的一个重要的金矿勘探基地，现已求出 D 级工业储量，确定为复合成因类型的金矿床。喀拉萨依锡矿靶区提交后，钻探结果表明具有中型矿产规模；喀拉套金矿靶区提交后，305 项目办组织有关单位开展深入评价，已求得 15t 黄金科研预测储量。

该项目提交给 305 项办 4 万 km^2 1∶5 万彩红外底片一套，图像 2 套，对项目办的技术决策起了积极作用，同时应要求将彩红外图像提供给地矿部 562 队、地矿部矿床所、305 项目Ⅱ1 课题组等单位，在金、锡矿产调查中均不同程度地利用了这批资料；地矿部南京矿床所、新疆地质四大队、新疆有色 706 队也在研究工作中参阅了这些资料；将 1∶20 万卫星影像图提供给地质四大队，在编制阿尔泰系列地质图中起到了较好的作用。

该课题研究发展的图像处理及信息提取软件，提出的遥感找矿程序已被有关单位采用，编制出版的新疆 1∶100 万卫星影像图，已提交给新疆有关单位 300 幅以上，在管理决策、地质矿产、地震、农业、生态环境、水利及有关资源环境调查中产生积极效果，证明具有广泛的使用价值。

研究发展的整套遥感找矿方法及找矿模式计划在我国西北及北部地区推广应用。也具有在干旱半干旱地区推广应用的潜在价值。

1）直接经济效益

（1）提交 86000 km^2 面积为 1∶20 万成矿远景预测图，相当于同样面积的常规地质填图需投资 1040 万元（80 万元/幅），按其工作量的 25%投资折算（按填图参数计算），经济效益为 260 万元。

（2）提交的 35000 km^2 面积 1∶5 万遥感找矿图，为 87.5 km^2 常规普查找矿范围，相同面积地质填图需投资 3500 万元（40 万元/幅），按 30%折算（按填图参数计算），经济效益为 1050 万元。

（3）本课题发现并进一步评价的恰奔布拉克金矿已取得科研预测储量 20.85t，以 5%作为找矿效益（参见地矿部标准），产出效益 5125 万元，考虑到是科研预测储量，再按 50%折算，经济效益为 2600 万元。

（4）本课题发现的喀拉萨依锡矿，经钻探验证可达中型矿床，其金属资源量按中型矿床中间数计算，按 5%作为找矿效益费，折合 1000 万元经济效益。

（5）供提交金、锡、铜矿靶区、远景区及成矿有利地段 14 处，同时完成 510km^2 面积 1∶1 万地质矿产图。经济效益按 400 万元计算。

以上合计产生出经济效益经费 5310 万元。本课题投入研究经费仅 160 万元，直接经济效益 5150 万元.

2）潜在经济效益

（1）求得黄金预测储量 20.85t，以金属量 5t、单价 50000 万元计算，经济效益为 2.5 亿元。

（2）预测锡矿金属量 5000 吨，以单价 2 万元计算，产出效益为 1 亿元。

以上合计，潜在经济效益为 305 亿元。

此外，该课题提出的大量找矿信息存在发展成为成型矿床的潜力，具有较大的潜在经济效益。遥感找矿方法快速而经济，有很高的技术效益。

二十、红外多光谱遥感技术在金矿调查中的应用研究

1. 成果简况

该项目由中国科学院遥感应用研究所等承担，于 1990 年 12 月完成。该项目成果于 1991 年获中国科学院科技成果二等奖。遥感所主要完成人员为童庆禧、郑兰芬、王晋年、杨超武和侯宏飞等。

2. 成果内容

（1）卫星影像分析确定的一个 600km^2 的成矿远景区，红外细分遥感在其内显示出两条长 10km 的光谱异常带，通过红外细分遥感在其内显示出两条长约 20km 的光谱异常带，经地面验证为两条稳定的金矿化带（博孜阿特矿化带），自西向东地表检块样金的高品矿值分别有 23.77g/t、11.30g/t、60.12g/t、109.7g/t、64.33g/t 和 7.08g/t，并对该矿化带东部（A 区）进行了地质工程验证与填图，结果表明，A 区是一个深部很有潜力的金矿靶区。另外，根据哈图金矿带的地质成矿背景分析，哈图金矿及其西部（该研究圈定的成矿远景区）将成为在新疆寻找大型-超大型金矿的重要目标区。

（2）在无前人找金矿活动痕迹的玛依勒断裂带的雅玛图地区，图像显示出一个环状光谱异常，经地表验证，首次发现了明金和含金石英脉及蚀变带。显见这个环形含金蚀变带可以构成第二个找矿靶区。这一发现对于重新认识和评价玛依力断裂带金矿资源的潜力，无论在实际上或理论上都有重要意义。

（3）加速了我国光谱遥感技术的发展。1985 年上海技物所研制的 6 通道机载红外细分光谱扫描仪的波段位置是根据美国提供的参数选定的。由于研究对象和所要获取的矿物蚀变信息的不同，对原有使用的波段必须加以改进和完善，我们重新选择出 12 个最佳波段，以适应黄金资源的探测。实践证明，改进的 12 通道红外细分光谱扫描仪在金矿获取方面发挥了作用。在此基础上，上海技物所改进研制出了 71 通道的航空成像光谱仪（0.4～13μm），它在瞬间视场、动态范围诸性能指标方面优于目前世界公认的美国 GER 公司推出的 64 通道航空光谱扫描仪。

（4）丰富了光谱遥感找矿理论基础。主要表现在金矿化蚀变类型、蚀变强弱的光谱行为及机理分析；金矿及金属硫化物矿床氧化带-铁帽的光谱行为及遥感探测；金矿遥感最佳通道的选择及地质内涵等。

3. 验收和鉴定意见

1）鉴定意见

鉴定委员会认真听取了课题组的研究报告和验收组的介绍，审查了有关图件和遥感图像，一致认为：

（1）自行设计与研制的细分红外光谱扫描仪，已成功地用于新疆西部进行的黄金找矿的研究，取得了明显的效果；

（2）在红外波段选择的扩充选择方面依据充分，所取得的实际找矿效果表明是合理有效的，把光谱遥感找矿技术提高到了新的水平；

（3）应用红外细分光谱技术所获得的数据进行研究区蚀变岩的识别与图像处理技术取得了明显的成功，这项包括蚀变岩光谱数据库的建立，多通道红外光谱数据的预处理、蚀变岩信息特征提取等一系列综合配套技术与方法，具有高标准的专业水平与实际应用价值。

鉴定委员会认为，红外细分光谱技术是当前遥感研究的前沿。该项研究发展的成套技术，在国内外处于领先水平，并达到了国际上同类研究的先进水平，具有广泛的应用前景和推广价值。

2）项目评审验收意见

1990 年 11 月 26～27 日，中国科学院黄金科技领导小组和中国科学院资源环境科学局在北京组织专家验收组对该项目的总结报告和两个金矿遥感靶区进行了评审和验收。

课题组提供在航空飞行、图像处理、地质–工程验证与化学分析，提交了博孜阿特 A 矿带和雅玛图两个找矿靶区。

验收组认为课题组所提出的红外细光谱遥感寻找蚀变岩和含金石英脉的理论基础是正确的；所发展的仪器及成套技术是先进的，展现出红外细分光谱技术是一种快速有效的探测矿物资源的新技术，具有广泛的应用前景。经过 3 年多的实验研究，在实验区内与已知矿点偶合极好，在国内处于领先地位，在国际上亦属于先进行列。所提交的两个找矿靶区，具有遥感影像异常带与地质构造复合较好的特点，地面验证发现此异常范围内分布若干矿点和矿化点，经地表探槽揭露和刻槽取样，已有 20%左右的样品达到工业要求。验收组对这两个靶区表示认可，可作为进一步开展普查找矿的有利地段。所提交的博孜阿特远景区，验收组亦予以肯定。

4. 成果特色与创新点

（1）自行设计与研制的细分红外光谱扫描仪，成功地用于新疆西部进行的黄金找矿的研究，并取得了明显的效果。

（2）在红外波段选择的扩充选择方面依据充分，所取得的实际找矿效果表明是合理有效的，把光谱遥感找矿技术提高到了新的水平。

应用红外细分光谱技术所获得的数据进行研究区蚀变岩的识别与图像处理技术取得了明显的成功，这项包括蚀变岩光谱数据库的建立，多通道红外光谱数据的预处理、蚀变岩信息特征提取等一系列综合配套技术与方法，具有高标准的专业水平与实际应用价值。

二十一、我国遥感技术系统的软科学研究

1. 成果简况

该项目由中国科学院遥感应用研究所承担，于 1991 年完成。该项目成果于 1991 年度获国家科技进步奖三等奖。遥感所主要完成人员为阎守邕、何昌垂和詹慈祥等。

2. 成果内容

1）遥感技术系统分析方法

以系统工程的方法和观点，对遥感技术及应用进行系统分析，是遥感软科学研究的基础和出发点。在大量分析研究工作基础上，提出了遥感技术系统分析框图，以图解的方式，简单明了地说明了遥感技术的内容、组成及它们之间的相互关系。从总体上来看，遥感技术的工作过程由 3 个基本环节组成。它们是遥感数据获取、专题信息抽取和实际应用。遥感技术的研究内容包括任务实施、技术手段和基础研究 3 部分。从遥感数据中抽取专题信息可以通过人工目视判读系统和计算机分析处理系统或两者的配合实现；遥感应用，特别是动态遥感数据的应用需要有地理信息系统的支持。上述各种技术手段的发展、使用和效果，不仅取决于应用目的和任务要求，而且还和支持它们的基础研究工作的深入程度密切相关。在整个遥感任务实施过程中，遥感应用既是这个过程的始发点，又是这个过程的终止点。

2）实时监测与分析评价系统

项目除对遥感技术进行了上述一般性的系统分析外，还对全国重大自然灾害遥感实时监测与分析评价系统，全国资源环境遥感快速调查与分析评价系统以及遥感应用与技术发展支持系统进行了较深入、系统分析工作，它们对这些应用系统的发展具有指导性的作用。

3）遥感技术效益分析模型

在上述遥感技术系统分析的基础上，给出了其效益分析模型及相应的一套计算方法。通过这种分析，有助于找出不断提高其效益的关键所在。这对制定我国遥感技术的发展战略、科技政策及中长期规划，使我国已有的遥感技术和应用的潜力迅速地转化为强大的生产能力，在国民经济建设中充分发挥作用，具有明显的指导意义和重要的实际价值。

4）《中国遥感技术系统的软科学研究》专著1部

3. 成果特色与创新点

该项目从我国的国情出发，把我国遥感技术及其应用置于国际背景中，站在一个恰当的高度上系统地进行了分析研究。研究成果包括4个部分和7个附录。第一部分概要地对遥感技术进行了系统分析，给出了其系统分析框图；第二、第三部分分别论述了国际遥感技术的发展趋势，以及我国遥感技术及其应用的现状；第四部分提出了研究者对我国遥感技术的发展战略、科技政策及业务规划等问题的看法和建议。7个附录中，分别介绍了国外空间站的发展概况、美国地球观测系统、我国遥感活动大事记、国外空间组织机构与管理、遥感技术效益分析计算方法、资源卫星应用与遥感技术发展支持系统，以及我国遥感应用成套技术与基础研究。提出的建议可供遥感技术、空间技术及生物地学领域里的科技、教学、管理和决策人员参考使用。

4. 推广应用情况、经济效益与社会效益

随着我国现代经济与科学技术的发展，作为自然科学、社会科学与工程技术等多种学科结合与交叉产物的软科学，正在迅速兴旺发达起来。它以具有一定规模的经济系统、社会系统和科技系统为对象，采用信息科学、系统科学、行为科学、管理工程和现代数学等学科的理论和方法，研究和论证它们及相互协调发展中的有关战略、政策、规划和管理等重大问题，在各级各类决策的科学化与管理的现代化中将发挥着越来越重要的作用。这种研究一般投资小、效益大、成果的效应时间长、兼容性大，具有明显的潜在性、无形性、社会性及实用性。

二十二、黄河流域典型地区遥感动态研究

1. 成果简况

该项目由中国科学院遥感应用研究所等承担，于1990年11月完成。该项目成果于1991年10月获中国科学院科技成果奖三等奖。遥感所主要完成人员为田国良、李付琴、隋洪智、郑柯和李建军等。

2. 成果内容

该专题的目的是利用多种遥感资料和水文、水利、气象及其他数据的综合分析，开展黄河流域典型地区遥感动态研究，建立本区水土资源定量/半定量动态分析方法，其是国家科技攻关项目“遥感技术开发”的一个前沿性专题。该成果分3部分。

（1）在黄河上游冰雪覆盖监测与融雪径流预报模型研究方面，建立了以遥感资料为主，冰雪水资源

信息系统支持下提取积雪信息，开展融雪径流预报，达实用化阶段，已取得显著的经济社会效益。

（2）在黄河下游平原地区土壤水分动态监测方法研究方面，发展了以遥感图像为主，与气象数据相结合的大面积监测土壤水分动态变化的方法，达到可供实用的精度，在方法上有所创新和发展，同时在国内首次使用雷达图像监测土壤水分。

（3）开展黄河尾闾摆动及泥沙淤积规律的研究，提出了河口流路规划及治理方案，分析了泥沙淤积的动态演变及空间分布规律，三角洲的形成和发展及河口海域的基本特征。

3. 验收和鉴定意见

1990 年 11 月 6 日，鉴定委员会认为如下。

（1）在黄河上游冰雪覆盖遥感监测与融雪径流预报模型研究方面：①建立的冰雪水资源信息系统与遥感资料结合，在大面积监测积雪动态变化中，达到了较高的精度。②建立了以遥感资料为主的融雪径流预报模型其符合实用化的要求，根据龙羊峡水电厂提供的材料，1989 年向龙羊峡水电厂发布的水情预报及时准确，因而总计增发了 3 亿 kW·h 电，取得了显著的经济效益。③提出的两种积雪识别方法具有重要的科学意义和实用价值。

该研究成果在同类型工作，特别是在与生产实践相结合方面达到国际先进水平。

（2）在黄河下游平原地区土壤水分遥感动态监测方法研究方面，发展了以遥感图像为主，与气象数据相结合的土壤水分动态监测，特别在有作物覆盖条件下的土壤水分估算中，利用作物蒸散等综合方法达到了一定精度，可供实际应用，并且在国内首先使用了机载合成孔径雷达图像监测土壤水分等。该方法在对大面积土壤水分动态监测和估算方面具有一定创新和发展；在国内同类工作中处于领先地位。利用 NOAA 卫星进行这么大面积土壤水分监测试验方面在国际上也是少有的。

（3）利用卫星图像与地学资料的综合分析，研究黄河尾闾摆动的规律，根据遥感资料和调查数据应用模糊数学方法，研究黄河三角洲的形成、尾闾摆动及泥沙淤积的动态演变和空间分布规律及其物理机制，对黄河三角洲的开发与流路规划具有重要参考价值。该成果在研究方法的系统性，所用资料的综合性，研究方法的先进性方面，在国内同类研究中处于先进水平。

鉴定委员会一致认为，本专题系统地利用多种遥感数据开展了黄河流域典型地区的遥感动态研究，这么大范围的动态研究在国内尚属首次。本专题所发展的模型与方法，为工农业生产、灾害监测、环境变化研究等方面，提供了一个科学、客观、及时、准确的动态方法，已产生了明显的经济效益与社会效益。建议将本专题的研究成果，在类似的地区推广应用，以发挥更大的作用，并建议申报国家级科技进步奖。

4. 成果特色与创新点

1）在黄河上游冰雪覆盖监测与融雪径流预报模型研究方面的创新点

（1）在对大量野外调查和水文气象及地物光谱测试数据，以及遥感图像全面分析、系统研究的基础上，发展了提取流域雪盖的方法。由 AVHRR 数字图像统计出某时段全流域的积雪覆盖率。

（2）提出了两种模糊聚类识别积雪方法，识别精度可提高 10%左右；由于模糊聚类法在传统方法的基础上引入了内机诱导矩阵的概念，使分类结果尽量符合原始数据的几何拓扑形状，识别精度可达 89.4%。

（3）建立了典型试验区以遥感资料为更新内容的冰雪水资源信息系统（ISWRI），使利用卫星资料向龙羊峡水库提供春季融雪径流的业务预报标准化、系统化、实用化。

（4）发展了以流域积雪覆盖率为主要输入参数的融雪径流预报模型，即灰色系统 GM（O，N）模型，岭回归预报模型，融雪径流模型（SRM），即春季径流周期分析与趋势预报等短、中期预报模型和超长期预测预报模型，在冰雪水资源信息系统的支持下，实现了融雪径流预报模型的实用化。经 1987 年、1989

年及 1990 年应用单位用实测资料检验，春季径流总量预报值与实测值之间的平均误差小于 15%，预报精度满足生产部门的需要和水文预报规范的要求。

2）在黄河下游平原地区土壤水分遥感动态监测方法研究方面的创新点

（1）在几年野外测量了大量数据的基础上，提出了微波后向散射系数法、表观热惯量法和作物缺水指数法估算土壤水分的模型，并经过大量野外数据的检验，证明是行之有效的。

（2）建立了不同长势，即不同覆盖率和高度的小麦田的辐射温度日变化轨线，可利用卫星通过的一次地表温度估算每小时的地表温度和蒸散，提出了利用正午地表一次热红外温度和气温差及空气动力阻力估算日蒸散量的方法。

（3）发展了一套气象卫星 AVHRR 数字图像和气象数据综合分析软件，这种软件可实现对卫星图像的处理，气象数据的差值运算，克服了一个县只有一个气象数据，而与像元不对应的问题，并提高了图像处理和数据计算速度约 3 倍，这套软件可以同时得到十分有用的地表热惯量、净辐射、蒸散、作物缺水指数和土壤水分分布数据。

（4）实现了用遥感图像大面积估算土壤水分。其中微波后同散射系数法估算河南省封丘县黄河北岸的土壤水分平均相对误差为 21%和 15%（土壤水分用占田间持水量百分比表示）。表观热惯量法估算河南省中北部 72 个县 1988 年秋和 1989 年初春土壤水分平均相对误差分别为 14%和 15%; 而作物缺水指数法估算上述地区冬小麦田的土壤水分 1988 年和 1989 年春季平均相对误差为 18.3%。以上结果达到了可供实用的精度。

3）在黄河尾闾摆动和泥沙淤积规律研究方面的创新点

（1）从 1976～1987 年的陆地卫星图像 MSS、TM、NOAA-AVHRR、SPOT 及国土普查卫星图像上提取信息，对河口海域图像采用了二次增强，实测泥沙及海深等深线复合方法，分析河口海域特征。

（2）从 1976～1987 年的陆地卫星图像上，计算出海岸线向海推进的速率每年平均不少于 1km。

（3）提出了 10m 等深线是一条重要的等深线的概念，泥沙流、水下地貌类型、海域深水区的边界，以及海底倾斜平原的分布范围，都与 10m 等深线的走向一致或有关。

（4）结合实测调查数据应用模糊数学的方法，对黄河尾闾流路进行了综合计分定量评价研究，提出了河口整流规划和稳定清水沟流路的建议。

5. 推广应用情况、经济效益与社会效益

该项研究所发展的模型和方法，对工农业生产、灾害监测、环境变化研究等方面提供了一个科学、客观、及时、准确的动态监测方法，这些方法用于上述领域也会产生重大的效益。

黄河上游水力资源十分丰富，而部门用水矛盾日益突出。自 1987 年以来向龙羊峡水电厂提供 4 月上旬至 6 月上旬逐旬入库流量预报和唐乃亥春季总径流量预报，经 3 年实测资料检验，预报精度符合生产部门的要求，仅 1989 年为龙羊峡水电厂所做的 4～6 月 70 旬的入库流量预报准确率高，为汛前水库的蓄水发电提供了水情依据，比计划增发了 3 亿 kW • h。按目前北京科研用电每度 0.23 元计算，1989 年增加 6900 万元的效益。

在社会效益方面，对黄河上游融雪径流的预报，为龙羊峡水库蓄水和排放的调控提供了科学依据，对龙羊峡水电厂生产运行起了指导作用，对融雪径流造成的洪涝提供了基本依据。土壤含水量的高低不仅直接影响农作物产量，同时也与暴雨洪水季节洪涝危害程度密切相关。大面积遥感监测土壤水分，为农田管理、合理灌溉、灾害监测，特别是黄河下游平原地区水源不足情况下的节水农业提供了快速可行的监测方法，具有实际指导意义。黄河尾闾摆动和泥沙淤积规律的研究成果为黄河三角洲的开发、河口的治理．东营市的规划和胜利油田的建设等提供了一份基础性参考资料，编制的黄河三角洲卫星影像图已在山东东营市及全国有关部门推广使用。

二十三、黄土高原（安塞试验区）遥感调查与信息系统研究

该项目由中国科学院地理研究所、中国科学院遥感应用研究所等承担，于 1991 年完成。该项目成果于 1991 年获国家科技进步奖三等奖。遥感所主要完成人员为王长耀等。

二十四、黄土高原重点小流域水土流失与综合治理遥感监测

1. 成果简况

该项目由水利部西北水土保持研究所与中国科学院遥感应用研究所承担，于 1990 年完成。该项目成果于 1992 年获中国科学院科技成果奖三等奖。遥感所主要完成人员为翁祖平、王玉如等。

2. 成果内容

1）课题主要研究内容

（1）多级航天、航空遥感数字化资料处理与应用评价。

（2）小流域 1：5000 专题制图及数据清单。

（3）地面立体摄影制图与检测精度评价。

（4）地面监测系统水土流失因子分析与模型建立。

（5）遥感监测信息系统与综合分析评价模型。

2）研究过程

在实验区陕西省安塞县茶坊水土保持站辖区，选择了小范家沟（治理沟）和大范家沟（非治理沟）进行实验与研究。

野外实验主要是两项任务：一是对实验沟进行独立坐标系统的平面和高程控制测量；二是对实验沟同一部位汛前（6 月前）和汛后（9 月后）进行两次地面立体摄影，以此编制成投影地形图。根据绘制之地形图用数字化仪求测每一等高面面积。根据汛前、汛后同一等高面积变化求出同一摄影部位土壤流失体积变化，并根据公式求出土壤侵蚀模数。

3）计算结果

（1）利用 1：200 地形图求算的治理沟小范家沟在急陡坡上的土壤侵蚀模数，1988 年为 2603 t/km^2，1989 年为 3621t/km^2，均属于中度侵蚀；求算的非治理沟大范家沟在陡坡上的土壤侵蚀模数，1988 年为 33721t/km^2，1989 年为 34307t/km^2，属于剧烈侵蚀；利用 1：500 地形图对大小范家沟 5000m^2 相似坡面进行对比，结果表明，1988 年 6 月～1990 年 6 月，小范家沟年平均侵蚀模数为 2146t/km^2，大范家沟为 12275t/km^2，后者为前者 5.7 倍。这说明，在重要部位种植柠条等灌木，具有良好的水土保持效益。

（2）利用地面立体摄影遥感方法监测小流域水土流失与径流小区实测对比，所求土壤侵蚀模数相近，差值在 2.5%～14.6%。

课题组撰写的《小流域水土流失与综合治理遥感监测》科学专著于 1995 年由科学出版社出版。

3. 评审意见

该项目于1992年在西安举行评审会，该会由中国科学院资环局主持，通过评审。此外，项目课题组被评为中国科学院“七五”重大科研任务先进集体。

二十五、遥感技术在西藏自治区土地利用现状调查及研究中的应用

1. 成果简况

该项目由中国科学院遥感应用研究所承担，于1991年完成。该项目成果于1992年获中国科学院科技成果一等奖。遥感所主要完成人员为刘纪远、李爽、张增祥、王长有、庄大方、俞志谦、金燕虎、彭旭龙、杨平、朱重光、徐爱义、夏明宝、刘斌和张圣凯等。

2. 成果内容

该课题采用了航空与航天遥感相结合的一整套技术路线，研究解决了一系列应用技术问题，并高质量、高效率、创造性地完成了西藏自治区土地利用现状遥感调查任务。具体成果如下。

（1）大区域分区调查中不同遥感图像、不同比例尺衔接的技术方法。

（2）研究出了应用彩色红外航空遥感信息和计算机图像处理技术测算农田非耕地系数的新方法。

（3）西藏自治区土地利用与自然环境相互关系及区域分异规律方面的数学模型研究。

（4）建立了西藏自治区土地利用现状数据库。

（5）首次采用微机量测系统进行坐标拟合的方法，测试调查成果的综合精度及界线精度。

3. 验收和鉴定意见

1991年8月28日在国家土地局和西藏自治区科委的共同主持下通过了专家鉴定。

鉴定专家一致认为技术路线是正确的，并在一系列关键性技术手段和方法上，如采用彩色红外航片，进行耕地中非耕地系数测算方法、省际接边中有关问题的处理、建立省级土地利用现状数据处理信息系统等方面都有所创新。对土地利用现状的分析研究和采取的研究方法，如对土地利用程度及区域差异的研究、土地利用空间格局和垂直分布规律的研究，采用专家经验判别和计算机辅助判别相结合的土地利用分区方法等都具有科学性和实用价值。该项成果填补了国家和西藏自治区土地资源调查和土地学科研究的空白，在遥感技术应用和土地利用调查成果及土地利用研究方面达到了国际领先水平。

4. 成果特色与创新点

（1）针对全区土地利用开发程度差异，确定不同调查资料比例尺和遥感技术分区应用，解决了分区调查中不同遥感图像、不同比例尺衔接的技术问题；在调查中通过对遥感信息在高原三维空间分布特征的研究，地物光谱特性的测量，以及航空彩色红外的条带采样和计算机图像处理等手段，提高了卫星图像的判读分析质量与调查精度，使调查数据落实到遥感图像的基本图斑上，提高了成果的可靠性和实用性。

（2）研究出应用彩色红外航空遥感和计算机图像处理技术测算农田非耕地系数的新方法，通过条带采样彩红外样片和非耕地系数测算检索表的使用，将非耕地系数值落实到每一个基本图斑，将最大误差控制在5%以内，提高了耕地调查成果的质量。

（3）进行了西藏自治区土地利用与自然环境相互关系及区域分异规律方面的数学模型研究，运用判

别分析、回归分析和趋势面分析等手段，实现了土地利用研究的定量化和数学模型表达，提高了对西藏自治区土地资源研究的科学水平，同时对西藏自治区的宏观土地总体规划工作具有重要的指导意义。

（4）建立了西藏自治区土地利用现状数据库，该数据库用户界面良好，有较强的检索、更新功能；数据库统计图形和空间图形产品直观、清晰地表达了全区土地利用的一些区域分异规律，有明显创新。

（5）首次采用微机量测系统进行坐标拟合的方法测试调查成果的综合精度及界线精度，结论准确，具有说服力，对全国土地详查的精度分析有借鉴意义。

（6）遥感调查技术路线的全面应用和上述各项关键技术问题的研究解决，使该项国家任务得以圆满完成，取得的全自治区各级数据、图件、文字成果完整，内容丰富，系统性强，为全区土地科学发展的重要科学积累，填补了西藏自治区土地资源调查和土地科学研究的空白。

（7）在省级土地利用现状调查成果汇总的总体方案形成、图件编制、接边、数据库研制等方面进行了探索，为省级汇总工作提供了经验和借鉴。

（8）该项成果首次在我国边远地区的土地资源调查中实现了航天与航空遥感技术的大面积全面综合应用，使西藏自治区的土地利用现状调查较常规方法效率成倍提高，调查经费大量节省。

5. 推广应用情况、经济效益与社会效益

在调查成果中，“一江两河”重点农区为1∶2.5万比例尺，藏东与藏南半农半牧区为1∶10万比例尺，藏西北牧区为1∶20万比例尺，藏北“无人区”为1∶20万比例尺，全部成果数据落实到基本地块图斑，并有对应的遥感影像依据，满足了西藏自治区国民经济计划和土地管理与规划工作的急需。本次调查所形成的完整的高原土地利用遥感调查技术路线，对于西藏自治区今后的土地资源动态调查和其他资源调查提供了系统的方法论，对全国广大边远地区的土地资源调查有普遍的推广意义。采用遥感技术使整个调查得以及时完成，查清了土地资源及其利用状况，深入研究了土地利用的内在规律与特点，满足了西藏自治区国民经济建设事业的急需，成果除已在多专业资源调查和国家十年规划重点建设项目——“一江两河”开发建设项目规划工作中得到全面应用外，已进一步应用于西藏自治区国民经济计划、农业区划、土地规划、土地管理、环境监测等各个领域，并产生重大的经济效益和社会效益。

二十六、防洪遥感应用试验成果

1. 成果简况

该项目由水利部、中国科学院、国家测绘局、国家气象局和国家教委等承担，于1989年完成。1990年获水利部科技进步奖一等奖；该项目成果于1992年获国家科技进步奖一等奖。遥感所主要完成人员阎守邕、濮静娟、丁纪、周海荣、周郑林、王海林等。

2. 成果内容

国家科委会同水利部，组织中国科学院、国家测绘局、国家气象局、国家教委、空军、国家海洋局及中国广播卫星公司等24个单位，连续3年（1987～1989年）相继在永定河下游、黄河下游和荆江洞庭湖区域实施防汛遥感应用试验。该课题研究利用现有条件实现了遥感技术、通信技术和地理信息系统的合理组合，经过多次试验已形成了一套具有全天候、准实时特点的、行之有效的洪水灾情动态监测与评估的实用技术体系。

（1）试验成功两种洪水遥感监测系统，即由装载有真实孔径侧视雷达的中低空遥感飞机和电视摄像、水位数据接收和图像水文数据转发系统、自动水文数据测报站和地面接收，处理系统组成的实时监测系统；以及由机载合成孔径雷达的遥感飞机、地面雷达相关处理器，数据传播站和处理中心组成的全天候准实时监测系统。

（2）在试验区建立了在防洪数据库支持下的洪水灾情快速查询示范信息系统。

（3）利用卫星遥感资料和彩红外航空遥感像片编制了多种防洪用图。

（4）利用极轨气象卫星监测洪水取得了宏观监测的经验。

1991 年成功地应用于华东水灾准实时监测，为国家防汛总指挥部及时提供灾情信息。

3. 验收和鉴定意见

由国家科委主持的成果鉴定会于 5 月 31 日在水利部召开，参加鉴定会的专家们对所取得的成果给予了很高的评价。

（1）这些成果，通过边试验边应用，已在中央、省市级管辖的流域防汛部门中应用，为防汛指挥决策闯出了一条新路，并在进行的 4 个试验区取得了明显的效益。

（2）在试验实施中，统一领导，协调配合，目标明确，措施得力，用系统工程方法把已有的、分散的科技成果迅速地系统化、实用化，在技术难度、研究深度和应用效果上循序渐进，一年上一个新台阶。

（3）以防汛救灾为目标的多学科、跨部门的遥感应用试验，充分利用现有条件，实现了遥感技术、通讯技术和地理信息系统的合理组合，发挥了综合技术优势，形成了一套行之有效的洪水灾情动态监测与评估的实用技术系统。在总体技术应用上达到了国际先进水平，受到了联合国有关组织的重视。

二十七、资源与环境信息系统中的一些重要软件

1. 成果简况

该项目由中国科学院遥感应用研究所、北京大学信息科学中心承担，于 1992 年完成。该项目成果于 1987 年获中国科学院科技进步奖三等奖。遥感所主要完成人员为阎守邕、詹慈祥、任伏虎、赵健、王建方、陈康、王世新、刘玲玲、董小民、崔晋川和张文等。

2. 成果内容

1）地学与遥感应用管理系统（GRAMS）

采用 C 语言在微机上自主开发，由空间信息管理系统、图形数字化输入、遥感判读更新、空间应用模型、地图报表输出等子系统组成。

2）空间信息数据管理系统（SIMS）

在 MircoVAX-II 计算机与 VMS 操作系统、Oracle 关系数据库管理系统和 PLOT-10 GKS 图形核心系统环境的支持下，逐级向上开发的地理信息系统（GIS）软件，已完成以矢量数据为基础的空间信息管理核心系统（SIMKS）、手扶跟踪和扫描输入编辑子系统、空间图形分析操作子系统以及面向对象的查询语言（QSQL）等内容。其在多边形拓扑关系自动生成、空间实体拓扑关系操作、图幅更新，以及面向对象的查询语言等方面优于 ARC/INFO。

3）区域资源与环境分析评价模型软件及模型自动生成系统设计

模型软件主要包括变弧费用网络流分配、最短路径、线性规划、混合整数规划、目标规划等基础模型软件，以及流域水资源规划通用模型、城市大气环境分析模型和城市体系空间结构分析模型及其在中国城市带、城市群、城市化研究等方面取得的重要进展。

4）遥感图像判读模型及判读专家系统设计

完成了卫星图像水系判读模型、遥感图像城市判读模型的建立及判读专家系统的试验研究与设计，特别在专家系统领域进行了有益探索。

3. 验收和鉴定意见

1991年2月5日，由中国科学院资源环境科学局在北京主持专题研究的鉴定会。鉴定委员会认为如下。

（1）地学与遥感应用管理系统（GRAMS）是在微型计算机上，采用C语言，全部自主研制的一个遥感地理信息系统软件工具。它包括统一管理矢量图形、栅格图形图像、属性数据及图形符号的空间信息管理系统、手扶跟踪数字化和拓扑自动生成输入子系统、人机交互遥感图像分析判读更新子系统、以DTM和网络分析为主的空间应用模型子系统、矢量和点阵绘图打印制表输出子系统等。这个系统在多种数据统一管理、遥感和GI紧密结合、人机交互判读制图，中西文兼备和汉化用户界面均显示了自己的特色。该系统基本功能完备、性能良好、使用灵便。

（2）空间信息管理系统（SIMS）是一个在MicroVAX-II计算机系统及VMS操作系统、Oracle关系数据库管理系统和PLOT-10 GKS图形核心系统环境支持下，自底层逐级向上开发的GIS软件。已完成以矢量数据为基础的空间信息管理核心系统（SIMKS）、手扶跟踪和扫描输入编辑子系统、空间图形分析操作子系统以及面向对象的查询语言（OSQL）等内容。在多边形拓扑关系自动生成、空间实体拓扑关系全操作、图幅更新以及面向对象的查询语言（OSQL）等方面优于ARC/INFO。

（3）区域资源与环境分析评价模型软件及模型自动生成系统设计。模型软件主要包括变弧费用网络流分配、最短路径、线性规划、混合整数规划、目标规划等基础模型软件以及流域水资源规划通用模型、城市大气环境分析模型和城市体系空间结构分析模型等应用模型软件。其中变弧费用网络流分配模型、城市体系空间结构分析模型及其在中国城市带、城市群、城市化研究等方面取得重要进展。

（4）遥感图像判读模型及判读专家系统设计。完成了卫星图像水系判读模型、遥感图像城市判读模型的建立以及判读专家系统的试验研究与设计，特别在专家系统这一前沿领域的研究进行了有益探索。

鉴定委员会认为：该专题研究文档齐全，总体水平达到了国际先进水平。

4. 成果特色与创新点

（1）分别在微机和超微机上完成了空间信息数据系统管理，在多种数据统一管理及遥感和GIS紧密结合等方面显示了自己的特色，其在多边形拓扑关系自动生成、空间实体拓扑关系全操作、图幅局部更新，以及面向对象的查询语言（OSQL）等方面优于ARC/INFO。

（2）结合流域水资源规划、城市大气环境分析及其空间结构等专题形成了一些应用模型。对前者，新发展了变弧费用网络流分配模型；对于后者，在城市体系空间结构分析模型及其在中国城市群、港口腹地计算及城市化等方面的应用，提出了一些有价值的新见解。

（3）在遥感更新GIS数据库方面重点发展了人机交互判读技术，在人脑和电脑有机地结合的前提下，充分发挥影像增强及目视判读两方面的综合优势。

（4）在GIS支持下改善遥感数据分类精度方面，着重开展了判读专家系统的试验研究系统进行了专家判读知识和经验的总结提炼，分别形成了水系及城市判读模型、城市遥感图像判读的基本原则及四级判读模型，为城市判读专家系统的探索和发展奠定了良好的基础。

（5）在图形快速输入软件方面，除手扶跟踪数字化外，着重发展了图形扫描输入软件系统，在算法和速度均较前者有明显提高。

5. 推广应用情况、经济效益与社会效益

该项研究成果的微机地理信息系统软件工具 GRAMS 功能齐全，性能良好，使用方便。易于大范围推广应用，在 Micro VAX-Ⅱ上发展的 SIMKS 系统目前提供该研制单位进一步开发和完成一些具体任务使用。

1）经济效益

GRAMS 已转让一套，收入 2.0 万元，该软件经受更多考验和完善后，将产生显著的经济效益。
由于该项目的完成，争取到“八五”国家攻关专题“灾害和估产信息系统”，经费 80 万元。

2）社会效益

（1）为改变国外 GIS 软件向我国大量倾销的被动局面做出了贡献，并积极向国外推广应用，扩大我国遥感技术发展在国际舞台上的影响。

（2）在国内各级政府部门和中小型企事业单位推广应用，有助于我国管理水平的不断提高；向国内大专院校推广应用，有助于遥感地理信息系统及相关领域科技人才培养和科学水平的提高；提供有关生物地学等领域的科学研究，提供新的技术手段或工具，对它们的发展产生深远影响。

（3）为今后我国独立自主发展遥感地理信息系统技术，形成自身的体系与风格创造条件，积累经验。

二十八、遥感应用基础研究

1. 成果简况

该项目由中国科学院遥感应用研究所、浙江大学、中科院空间中心、中科院大气所、北京大学和华东师大等承担，于 1990 年完成。该项目成果于 1992 年获中国科学院自然科学奖二等奖。遥感所主要完成人员为万正明、赵昌龄、郝卫星、李升平、李晓红和杨习荣等。

2. 成果内容

研究涉及从紫外到微波各个波段。研究内容包括陆面温度反演模型，南极臭氧层稀薄影响，地形修正和阴影变换；微波对地物的穿透、散射和复介电特性，以及大气的吸收衰减和散射作用等；探讨了星上遥感数据辐射订正和实验场选址方面的问题。

3. 验收和鉴定意见

1991 年 2 月，经陈述彭等 7 位知名遥感专家评审验收，一致认为该项目成果在提高我国卫星遥感水平方面取得重要进展，对我国遥感数据定量化应用有推进作用，总体成果达到或接近国际先进水平，其中陆面温度反演模型的研究达到国际领先水平。

4. 成果特色与创新点

1）遥感数据定量化应用基础研究

（1）应用可见光和近红外遥感数据（如 TM）研究地形影响及其修正模型。实验测量冬小麦和不同湿度土壤的光谱特性。深入研究大气点扩散函数，即大气散射对地面辐射对比率的影响。

（2）热红外遥感数据的定量化应用研究。大气辐射输运数值模拟，大气和太阳光对卫星测量地面温度的影响及其修正模型。对我国若干典型地区的年平均大气温度垂直分布和水汽分布进行了研究。

（3）对南极大气臭氧层稀薄对地面紫外辐射影响的定量化研究。

2）微波遥感应用基础研究

（1）微波穿透特性研究。对微波穿透深度与波长、极化、入射角，以及地物复介电常数之间的关系进行理论分析和模拟计算，开展了雷达散射对沙土层穿透能力的实验研究。

（2）微波复介电特性研究。对不同类型岩矿石、土壤等典型地物用微波网络分析仪系统地深入研究其复介电常数波谱特性。

（3）微波散射特性研究。比较系统地研究了微波后向散射系数与入射角、极化方式、裸土含水量、植被覆盖下土壤含水量之间的关系，为微波遥感器研制和图像应用提供基本依据。

（4）大气微波遥感特性的分析。针对大气云雨修正问题，从理论和实验两方面开展研究工作。研究结果为微波雷达和成像辐射计数据的分析和处理提供必要依据。

3）星上数据辐射修正方法和试验场方案

（1）研究卫星数据辐射修正方法及相应的软件系统。

（2）研究提出试验场址选择方案。

5. 推广应用情况、经济效益与社会效益

该专题主攻遥感数据定量化应用，有理论和实验方面的成果，建立了多个有实用价值的估算模型，为开拓遥感应用新领域和新遥感仪器的研制提供了理论和实验依据，在推动科学技术进步方面发挥着积极作用，产生了良好的社会效益。

二十九、北疆地区遥感金矿靶区地质评价及新靶区遥感预测研究

1. 成果简况

该项目由中国科学院遥感应用研究所、广州地新所和长沙大地物造所等承担，于 1990 年 10 月完成。该项目成果于 1991 年获地质矿产部科技成果奖；1998 年获中国科学院科技进步奖特等奖；1999 年获国家科技进步奖二等奖。遥感所主要完成人员为郭华东、林树道、蔺启忠、李林、董品亮、张满郎、崔承禹、张圣凯、李乃煌、郭子祺、魏秀萍、黄长林、陈锡杰、付秀银、朱重光、鲍士柱、邵芸、肖柯等。

2. 成果内容

课题组提出了靶区、远景区成果和科研预测储量成果。从遥感至找矿，直至拿到科研预测储量，是一项开创性的系统工程，在国内居领先地位，在国际上居先进水平，对我国快速准确进行金矿和其他矿产的找矿勘探开辟新的有效途径起积极推动作用。

课题组选取了 5 个重要金矿地质遥感工作区，根据地质遥感影像分析，区域成矿地质条件的遥感分析和地质、地球化学分析，发现多个有找矿意义的异常区，进行找矿条件分析，预测靶区，并通过对预测区内若干矿产、矿化产的勘探验证，最后定出遥感靶区，提交了阿希勒、阿拉丹乌拉和黄羊山南三个金矿遥感靶区，以及克孜勒他乌金（银）矿和里峰山–动泉子金（铜）矿两个成矿远景区，最终选定恰奔布拉克金矿靶区为典型解剖区，提交金矿科研预测储量。

此外，对区内侵入岩、岩脉、构造进行详细遥感分析，研究了遥感找矿模式，确定区内含金地质体是石英脉和基性光体中含金石英脉两侧的触变辉长岩。验收组经过详细核实，同意该课题组提交的金矿

科研预测储量为 18.8t。

3. 验收和鉴定意见

1990 年 11 月 26～27 日，中国科学院黄金科技领导小组和中国科学院资源环境科学局在北京召开验收会议，组织专家对该课题组提交的 3 个金矿遥感靶区和 26.7t 金科研预测储量进行了评审验收。

验收组认为：课题组经过 3 年的艰苦努力，在自然条件差，研究程度低的北疆地区提出了方法性成果，靶区远景区成果和科研预测储量成果。从遥感至找矿，直至拿到科研预测储量，是一项开创性工作，是一项艰巨的系统工程，课题组为此做出的努力和取得的一系列成果，在国内居领先地位，在国际上居先进水平，它必将为我国快速准确进行金矿和其他矿产的找矿勘探开辟新的有效途径起积极推动作用。

课题组在承担国家 305 项目遥感课题研究的基础上，选取了 5 个重要金矿地质遥感工作区，根据地质遥感影像分析，区域成矿地质条件的遥感分析和地质，地球化学分析，发现了许多有找矿意义的异常区，在此基础上进行找矿条件分析，进行靶区预测，并通过对预测区内若干矿产，矿化产的勘探验证，最后定出遥感靶区。这个工作程序是严谨的，通过这些工作确定的金矿遥感靶区是有较充分的科学依据的。验收组同意他们提交的阿希勒、阿拉丹乌拉和黄羊山南三个金矿遥感靶区，对他们提交的克孜勒他乌金（银）矿和里峰山—动泉子金（铜）矿两个成矿远景区，验收组亦予以肯定。

课题组选定以恰奔布拉克金矿靶区为典型解剖区，提交金矿科研预测储量。进行了区内侵入岩、岩脉、构造的详细遥感分析、研究了遥感找矿模式，确定区内含金地质体是石英脉和基性光体中含金石英脉两侧的触变辉长岩。他们对预测储量的矿脉进行了勘探和部分钻探控制，达到了规定要求，他们的计标方法合理。恰奔布拉克地区可能成为一个很有远景的勘探基地，课题组未能在很有潜力的几个矿脉布置工程和刻槽取样，致使一部分科研预测储量受到一定影响。验收组经过详细核实，同意该课题组提交的金矿科研预测储量为 18.8 吨。

1990 年 11 月 29 日，8 位专家组成的鉴定委员会，对课题进行了鉴定。

鉴定委员会认真评审了课题研究报告，图件和图像资料，听取了科研成果汇报，并听取了中科院验收意见之后，一致认为如下。

（1）科研队超额完成原定计划找金矿指标，对金矿普查做出明显贡献，提交出金矿科研预测储量 18.8t，发现金矿遥感靶区 3 个，金矿远景区 2 个，矿产发现成果已经中国科学院组织验收通过（参见《验收意见》）。

（2）采用多层次、分类型遥感信息、经过多种途径的信息处理，运用遥感地理信息系统技术进行了多源信息的地质分析，信息开发利用比较充分深入，对遥感地质找矿方法有重要的充实和发展。

（3）系统总结出“遥感空间定位（选区、选点）、化探定性、地质工程定量的遥感地质找矿程序和新的金矿遥感地质调查模式”，可以在类似条件下推广应用。

综合科研成果的科技指标和实际贡献，评委会认为“北疆地区遥感金矿靶区地质评价及新靶区遥感预测研究”课题成果在国内本专业居领先地位，并达到国际上目前的先进水平。

4. 成果特色与创新点

“七五”期间遥感技术作为一种新技术手段，在用于地质找矿方面也取得了重要进展。该课题把遥感技术作为地质勘查、找矿过程中的一种重要技术手段，充分发挥了遥感技术的优势，取得了重要成果，具有以下特色。

（1）选用的遥感资料种类多，波段范围广，包括了可见光、红外至微波各波段。

（2）对多种遥感资料进行了信息提取及处理，比较了它们的效果。

（3）在典型地段进行了遥感数据与常规地面数据结合分析，进行多方面的处理，使得遥感信息在分析成矿条件、指导找矿方面起了重要作用。

（4）在对遥感成矿有利地段进行了比一般遥感研究深入详细的地面工作，配合了大量的、传统的地质找矿工作，得出的找矿远景分析和评价有较高的可信度。该课题研究提出的18.8t金科研预测储量和三个金矿靶区、两个成矿远景区，都很大程度地超出了当时一般遥感研究已达到的程度，因而它有力地论证了遥感技术用于地质找矿的可行性。

该课题研究的创新点在于提出了遥感空间定位、遥感化探定性、遥感地质工程定量的遥感找矿程序，建立了遥感金矿地质调查模式。

5. 推广应用情况、经济效益与社会效益

该成果适用于干旱半干旱地区黄金及多金层矿产资源的探测，可在全国及国外大面积范围内推广应用。在金矿资源调查中，其具有重要的实用价值。“七五”以后，遥感找矿得到了迅速的发展，该课题的研究成果起了很大的推动作用。

该课题提出后，当地民间小矿到这些遥感有利部位开采金矿。课题结束后，哈巴河渠又与课题组继续合作，又提交了比该课题科研预测储量可靠程度更高的黄金储量10t。

其成果在新疆及国内外产生了较大的影响，在国际性会议上已引起高度重视，可以预见这个研究成果将产生更深刻的社会效益。

三十、西藏自治区土地利用现状遥感调查与土地利用研究

1. 成果简况

该项目由中国科学院遥感应用研究所、西藏自治区土地管理局等承担，于1991年完成。该项目成果于1993年获国家科技进步奖三等奖。遥感所主要完成人员为刘纪远、李爽、张增祥、王长有、庄大方和俞志谦等。

2. 成果内容

该课题通过航空与航天遥感相结合的一整套先进技术路线，研究解决了一系列应用技术问题，并高质量、高效率、创造性地完成了西藏自治区土地利用现状遥感调查任务。

（1）针对区内土地利用开发程度差异确定出不同调查资料比例尺和遥感技术应用分区，解决分区调查中不同遥感图像、不同比例尺衔接的技术问题；通过对遥感信息在高原三维空间分布特征的研究、地物光谱特征研究，以及航空彩色红外条带摄影和计算机图像处理等手段，提高卫星图像的判读分析质量与调查精度。

（2）研究应用彩色红外航空遥感和计算机图像处理技术测算农田非耕地系数的新方法，通过条带采样彩红外像片和非耕地系数测算检索表的使用，将非耕地系数值落实到每一个基本图斑，把最大误差控制在5%以内，提高了耕地调查成果的质量。

（3）对西藏自治区土地利用与自然环境相互关系及区域分异规律方面进行了数学模型研究，运用判别分析、回归分析和趋势面分析等手段，实现了土地利用研究的定量化和数学模型表达。

（4）建立了西藏自治区土地利用现状数据库，开展了自治区土地利用与自然环境相互关系及区域分异规律方面的数学模型研究及深入的土地利用理论分析。

项目的完成使西藏自治区在全国率先完成了县级调查和西藏自治区汇总，完成了县级调查和地市、自治区两级汇总的数据、图件、文字3方面的全面成果，第一个获得国家土地局颁发的省级调查合格证书。

3. 验收和鉴定意见

1991 年 8 月 28 日在国家土地局和西藏自治区科委共同主持下通过了专家鉴定。

鉴定会上与会专家一致认为技术路线是正确的，并在一系列关键性技术手段和方法上，（如采用彩红外样片），进行耕地中非耕地系数测算方法、省际接边中有关问题的处理、建立省级土地利用现状数据处理信息系统等方面都有所创新。对土地利用现状的分析研究和采取的研究方法，如对土地利用程度及区域差异的研究、土地利用空间格局和垂直分布规律的研究，采用专家经验判别和计算机辅助判别相结合的土地利用分区方法等都具有科学性和实用价值。专家们认为该项成果填补了国家和西藏自治区土地资源调查和土地学科研究的空白，在遥感技术应用和土地利用调查成果及土地利用研究方面达到了国际领先水平。

4. 成果特色与创新点

（1）针对全区土地利用开发程度差异，确定不同调查资料比例尺和遥感技术应用分区，解决了分区调查中不同遥感图像、不同比例尺衔接的技术问题；在调查中通过对遥感信息在高原三维空间分布特征的研究，地物光谱特征研究，以及航空彩红外条带采样和计算机图像处理等手段，提高了卫星图像的判读分析质量与调查精度，使调查数据落实到遥感图像的基本图斑，提高了成果的可靠性和实用性。

（2）研究应用彩色红外样带的航空遥感和计算机图像处理技术测算农田非耕地系数的新方法，通过条带采样彩红外样片和非耕地系数测算检索表的使用，将非耕地系数值落实到每一个基本图斑，最大误差可控制在 5%以内，提高了耕地调查成果的质量。

（3）进行了西藏自治区土地利用与自然环境相互关系及区域分异规律方面的数学模型研究，运用判别分析、回归分析和趋势面分析手段，实现了土地利用研究的定量化和数学模型表达，提高了对西藏自治区土地资源研究的科学水平，同时对西藏自治区的土地总体规划工作具有重要的宏观指导意义。

（4）建立了西藏自治区土地利用现状数据库，该数据库用户界面良好，有较强的检索、更新功能；数据库统计图形和空间图形产品直观、清晰地表达了全区土地利用的一些区域分异规律，有明显创新。

（5）首次采用微机量测系统进行坐标拟合的方法，测试调查成果的综合精度及界线精度，结论准确，具有说服力，对全国土地详查的精度分析工作有借鉴意义。

（6）遥感调查技术路线的全面应用和上述各项关键技术问题的解决，使该项国家任务得以圆满完成，取得的各级数据、图件、文字成果完整，内容丰富，系统性强，填补了西藏自治区土地资源调查和土地科学研究的空白，对全区土地科学的发展做出了重要的科学积累。

（7）该项成果首次在我国边远地区的土地资源调查中实现了航天与航空遥感技术的大规模全面综合应用，使西藏自治区的土地利用现状调查较常规方法效率成倍提高，大大节省了人力、物力和财力。据粗略估算，工效较常规调查提高 3～5 倍，经费节省 2～3 倍。调查成果已在多专业资源调查和国家十年规划重点建设项目——“一江两河”开发建设规划、全国农业区域综合开发规划及一大批当地经济建设、农业区划、土地规划、环境监测项目中得到广泛应用，取得了明显的效益。

5. 成果推广应用情况和社会经济效益

该次调查所形成的完整的高原土地利用遥感调查成果满足了西藏自治区国民经济建设事业的急需，除已在多专业资源调查和国家 10 年规划重点建设项目——“一江两河”开发建设项目规划工作中得到全面应用外，还进一步应用于西藏自治区国民经济计划、农业区划、土地规划、土地管理及环境监测等各个领域，并产生重大的经济效益和社会效益。

三十一、黄土高原地区资源与环境遥感调查和系列制图

1. 成果简况

该项目由中国科学院遥感应用研究所等承担，于1990年12月完成。该项目成果于1993年获中国科学院科技成果二等奖。遥感所主要完成人员为王长耀、罗修岳、张金胜、王长有、赵晓丽、关燕宁和李小民等。

2. 成果内容

完成《黄土高原地区森林类型图》等7种图件168幅；制图规程7种；数据集7册；说明书7套；专著3本。

3. 验收和鉴定意见

该项目采用的技术手段和研究方法先进，成果丰富，内容翔实，定位、定性和定界准确，充分反映了区内各种资源的空间分布规律；数据和资料真实可信，完整性和系统性强，具有较高的实用价值；已被相关课题用于制定国土规划、开发方案和宏观决策；将是建立国土地资源数据库的基础数据；其成果得到省、地、县各级政府和业务部门的好评。

在成图区域广阔、区域条件严酷、地形破碎的黄土高原地区完成如此巨大的科学工程，是一项不平常的科技突破。研究成果总体上达到国际先进水平，在应用规模、完整性和系统性方面达到了国际领先水平。

4. 成果特色与创新点

1）八个特色

（1）系列图件与数据填补了30多年来还没有一套行家共同认可的、完整的科学图件和数据可利用这一空白。

（2）理念严谨：依据资源与环境的系统观念，及其要素间相互关联和彼此制约的观点，进行严谨、科学的论证，并进行选题和组织，确定的3个图组7种图件正确、合理。

（3）最大限度地发挥学科的综合优势：采取“在条条为纲的基础上，进行块块分割，协作包工”；采用以遥感数据为主，遥感与非遥感数据相互复合、印证的技术方法。

（4）采用先进行试验研究，取得经验，统一认识，然后再全面展开的技术路线；与“七五”国家重点攻关项目“遥感应用工程”的“黄土高原遥感综合调查”联合，选择陕西省安塞县为试验区，节省开支和人力。

（5）按照“统一工作底图、统一出版底图、统一生物气候界线、统一地貌地形界线、统一信息源、统一判译标志\统一制图规范、统一图例含义、统一量算控制、统一验收标准”，即“十个统一”的要求，严格保证了质量。数据协调性好、可比性强、通用性广。

（6）成果丰富系统。以1∶50万《黄土高原地区森林类型遥感制图》为例，《黄土高原地区森林类型图》含21个标准图幅、编图规程、数据集、说明书、覆盖率分布图。

（7）制图区域广阔，完整地覆盖了黄土高原地区各个地理单元。研究区域条件复杂、地域差异显著，涉及我国地形架构的三大台阶，相对高差超过5100m；年降水量200～700mm、年降水量仅是年蒸发量的1/5～1/2，地形破碎、沟谷密集，每千米土地上的沟谷长度可达13km；原生林地荡然无存；沙漠、绿洲，梁峁、塬地，石山、平川等各种反差强烈的生境，相互交错，陡增调查的难度，其成果实属宝贵。

（8）解国家和人民的燃眉之需。黄土高原生态环境脆弱焦点地区，具有建成我国的能源重化工基地、果林基地、畜牧业基地和发展特色旅游业的优良条件，森林是改善生态环境的重要因素，摸清现有森林的家底和人工造林的成效，对促成林草绿化意义巨大，也是各界的迫切要求。

2）四大创新点

（1）鲜明的针对性。①季相选择，要求获取森林生长最活跃、最旺盛时节的信息；②波段组合，筛选出敏感性较强的 TM4、TM5、TM3 及 TM4、TM7、TM2 的假彩色组合；③航拍的航带布设，兼顾了生物气候地带和景观区类的不同类型；④从信息的同步性出发，只选用 1985～1986 年的卫片，达到准同步性的效果；⑤用彩色红外航空照片样带进行细部订正系数的求取。

（2）为扩展《森林类型图》的通用性，①以森林的起源和种属分类及其生态型差异为依据，对前人的图例系统进行删节、简化与增补，使森林图图例系统的制定；②建成包括 3 个等级序列、4 个一级分类单位、9 个二级分类单位、41 个三级上图单元和一组符号的新图例系统；③技术总体组在实践中，将关于以自然综合体结构的逻辑顺序为指导，分步作业，“以生物图组为中心、以土地利用现状图为先导”的规程，改成“森林图先行”。

（3）数据集以信息源的准同步性质，加上“十个统一”“四步协调”和“一个订正”等保证措施，达到协调性好、可比性强、科学性高、通用性广等突出特点。

（4）资源与环境意义显著。①首次取得全区、省级、地区级、县级的覆盖率及其结构和分配、分布数据。②揭示了环境的干湿状况是控制森林覆盖率地域分布的主导性生态因素的规律：证明区内的森林覆盖率，自然林、人造林、乔木林的数量，乔/灌比值、林地种类组成的复杂程度等，都随干湿度的降低而减小、减少、降低，造林规划、措施和指标确定，种类配比及其布局，都依环境的干湿度情况因地制宜；提出造林绿化过程应重视天然草地、林地的保护和培育；重视绿化的后续培护；要重视工程措施与生物措施并举、工程措施先行，以保成活、促生长、增效益。

5. 推广应用情况与社会技术效益

全部成果被《黄土高原地区区域综合治理》项目采纳，并用以区域治理的规划和设计。“遥感系列制图”在提振能力建设上意义重大：它是能使遥感成果逐步接近客观真实，达到一次遥感多方受益、消除部门利益歧见、促进和谐共赢的客观效果，证明遥感信息虽然尚未达到绝对的精确、无误、无瑕，但它显示的信息却是真实、可信的。促成“遥感系列制图”成为经典性的优势领域，并被学界所认可。

三十二、中国系列彩色卫星影像图

1. 成果简况

该项目由中国科学院遥感应用研究所承担，于 1992 年完成。该项目成果 1993 年获中国科学院科技成果三等奖。遥感所主要完成人员为张圣凯、夏明宝、石军梅、关威、刘桂云、刘斌、陈子南、李征、郭华东、王超。

2. 成果内容

采用 20 世纪 70 年代获取的陆地卫星影像，采用 MSS4、MSS5、MSS7 波段黑白底片分层曝光合成出 1∶100 万假彩色相片 2000 多张，从中精选 584 幅优质图像，采用 1∶100 万地形图作控制、配准，进行平面交叉切割镶嵌成 1∶100 万全中国彩色卫星影像图。

3. 验收和鉴定意见

评审专家们认为，中国卫星影像系列彩色图构思设计科学，时相选择适当，投影方法正确，光学处理先进，镶嵌制图精巧，印刷成品精美。中国彩色卫星影像图的编制成功，填补了全国彩色卫星影像图的空白，是对我国遥感制图理论和技术的重要发展。与国外同类图件相比，达到国际先进水平。

该图代表中国参加SVFISY（华盛顿）世界空间大会。在国际科学技术专家组会议、亚太地区空间大会、国际地图大会、国际摄影测量与遥感会议及国际地理大会等10多个高层次国际学术会议展出，均受到高度评价。不列颠图书馆部长称为“了不起的作品”，日本遥感所主任研究员田中总太郎评价“这是一幅吸引人的科学作品”。在第27届国际地理大会上，大会展览部主任称为“是这次展览中最精彩的图件”，参加新加坡第12届亚洲遥感会议获最佳展示奖，为我国争得了荣誉。

4. 成果特色与创新点

全图优选584幅陆地卫星图像，以多角圆锥投影为控制基础，利用现有的光学图像处理仪器设备和简陋的工作条件，仅用9个月时间就编制成，这是科技人员多年来在技术经验和资料积累基础上取得的一次新突破。

这幅图颜色富丽，地形地物影像清晰，层次丰富，直观形象地显示了我国自然地理景观多样性和复杂性。它是“地图与影像的结合、科技与艺术的结合，它既可研究，又可应用，还可欣赏，”圆了许多科技工作者多年来的梦想。1992年11月在新加坡第十二届亚洲遥感会议展示交流，并获得最佳展示奖和证书。

5. 推广应用情况、经济效益与社会效益

1）推广应用情况

1∶100万中国彩色卫星影像图分四种比例尺印刷出版，为国际合作交流提供了有效的图像资料。在国内外发行为很多单位和部门所采用，取得较好的经济效益。

2）经济效益

按影像图印数及定价计算，科学出版社和中科院遥感所可获得70万元人民币的直接经济收益，生产和科研使用该图产生的潜在经济效益更大。该图出版之后1年时间内，就向各级领导部门及国内外专家赠送图件2000张，折合人民币约4万元。

3）社会效益

（1）向国际空间年献礼，为国争光：1992年是国际空间年（ISY），国际空间委员会决定编制1∶150万全球卫星影像图7000幅，号召各个国家参加这一学术活动。我国第一个按国际空间委员会的规定以1∶150万、1∶250万两种比例尺率先印刷出版，代表我国参加国际空间年的展出，为国家争得了荣誉。同时，在国际第四纪地质大会、地球科学技术专家国际会议，第11、第12、第13届亚洲遥感会议等大型国际学术会议上展示，已在国际学术交往中发挥了重要作用。

（2）为研究和生产部门提供了科学资料：该图已应用于“全国再生资源与环境遥感宏观调查”的研究（院重大项目）；遥感所以“该图”为基础，分析和编制了“全国地质构造”“地貌类型”“土地利用程度”及“综合生态区划”等典型分析图。

（3）为普及科学知识，进行爱国主义教育提供了有益的教材：“中国卫星影像图”气势磅礴，充分反映了祖国的壮丽山河，给人以美好的感受。因此，该图很快被《中国自然景观》《中国自然大地图集》《中国自然灾害图集》《中国最美丽的地方》《百科全书——中国地理卷》《人民画报》《世界科学》《科学画报》《中国国情国力》《地理知识》《现代中国经济报》（香港出版）等十几部大型图册和刊物选登为弘扬我国的科学文化，普及遥感科学知识、培养年轻人的爱国情操起了重要作用。

三十三、油气资源遥感直接勘探技术研究

1. 成果简况

该项目由中国科学院遥感应用研究所承担，于 1991 年完成。该项目成果 1993 年获中国科学院科技进步奖二等奖。遥感所主要完成人员为朱振海、陈宝文、张建中、杨红、王进、何欣年、林恒章、钱育华、朱博勤、倪平和李加洪等。

2. 成果内容

该项研究为中国科学院“七五”重中之重的“油气遥感地质综合勘探评价技术”课题和中国石油天然气总公司“新疆准噶尔盆地油气遥感勘探方法试验”及塔里木石油勘探开发指挥部“轮南–库南油气遥感直接勘探试生产研究”等同一目标，互相衔接的应用基础研究及发展研究的系统成果。

在国内首次以油气藏烃类微渗漏理论为基础，以航空短波红外细分多光谱探测为技术手段，利用计算机多项式数理统计模式识别，建立油气信息专题提取的理论与方法，采用多种遥感探测信息，多学科探测信息复合，建立了油气资源遥感直接勘探的综合评价程序，并获得了重大进展。

（1）深化了油气藏烃类微渗漏理论。根据石油地质学基本原理，具有工业价值的油气藏内部具有巨大的压力，促使油气烃类物质依压力梯度的方向，沿着盖层普遍存在的微裂隙、节理、劈理等为主要运移通道，垂直向上地表产生微渗漏现象。微渗漏到地表的烃类物质，从 C_1 到 C_{30} 可被地表的松散沉积物或土壤所吸附。其中，重烃（$>C_7$）部分较稳定，与地下油气藏呈圆形斑块状顶端效应。

（2）系统的机理研究，证明在大量原油的实验室波谱测定的基础上，可划定一系列的强吸收带，并通过实验室模拟实验及大量土壤有机的地球化学分析和波谱测量，证明主要由土壤吸附的重烃组分所引起。在明确了其他物质的干扰域之后，开拓了一种以 2.27～2.46μm 的异常吸收带为标志的航空遥感直接勘探油气资源的新途径和新方法。

（3）在近万平方千米的已知油气区方法试验证中，遥感异常斑块和已知油流区块符合率达到 63.6%，证明了这一技术比常规方法具有更高的勘探效率。

（4）通过之后的两次半开发性实验研究，改进了油气藏烃类微渗漏模型，建立了一套计算机多项式油气遥感信息处理、识别程序，并提取出遥感波谱吸收异常斑块，且和已钻遇油气流的区段有较好的对应关系，证明这项技术已具备良好的实用价值。1992 年已在实施塔里木盆地腹地探井见油气显示地区知面积 3 万 km^2 遥感勘探任务，一套具有经济、快速、有效特点的、以油气资源“有、无”为目标的油气资源直接勘探和综合评价程序已经形成。该项研究是一典型的多波段遥感应用成果，在油气遥感应用理论上有所创新，在多波段遥感信息计算机图像处理方面达到了较高水平，多信息复合分析和油气勘探综合评价等工作具有新意，属于遥感应用研究的前沿。

3. 验收和鉴定意见

1992 年 1 月 4 日中国科学院组织项目成果鉴定验收会议。鉴定委员审阅了研究报告、试验数据、成果图件和生产部门的验收意见之后，一致认为如下。

（1）该项目研究以油气资源遥感直接勘探技术为核心，以油气藏烃类微渗漏理论为基础，经过多次探索和试验，在国内外首次提出以 2.27～2.46μm 短波红外吸收波段用于油气资源直接勘探，重点研究了

遥感探测的机理及干扰因素的排除，开拓了一种确有实效的油气资源遥感直接勘探的新途径。

（2）在新疆准噶尔盆地的方法试验和塔里木盆地的试生产研究中，油气遥感异常经钻探证实或部分证实的符合率高于 60%，还有一些油气遥感异常尚待验证。现有成果遥感技术对油气聚集的直接勘探业已取得开创性的系统成果，具有重要的科学价值。

（3）应用系统工程理论，补充发展一套比较系统完整的油气资源遥感勘探程序，体现出经济、快速、有效的特点，具有实际应用前景和进一步发展的潜力。

（4）在理论研究和试验研究中，改进了油气藏烃类微渗漏的模型，建立了一套有效的遥感信息获取、特征信息提取和综合分析的模式，具有较高的理论水平，是对遥感油气勘探应用研究的一个新的发展。

鉴定委员会认为：油气资源遥感直接勘探技术是当今遥感应用研究的前沿课题，该项研究以油气藏烃类微渗漏理论为基础，利用 2.27～2.46μm 红外吸收波段遥感成像技术，对油气资源直接勘探，在国内属于首创，在国际上居于领先水平，具有广泛的应用前景和推广价值。

4. 成果特色与创新点

该项目的关键是要从理论上建立反映油气藏存在的地表直接标志、标志的物理场和化学场的特征、遥感探测的可行性及最佳工作波段组合、计算机油气遥感异常自动识别技术等。经过理论与实践相结合的研究，基本上得到较圆满的突破，其创新点如下。

（1）深化了油气藏烃类微渗漏理论，实验证实垂直于地表产生微渗漏现象。

（2）系统地进行了烃类物质遥感探测的机理研究。在大量原油的实验室波谱测定的基础上，确定了一系列的电磁波谱强吸收带，并通过实验室模拟实验及大量土壤的有机地球化学分析和野外波谱测量，证明主要由土壤吸附的重烃组分所引起。在明确了其他物质的干扰域之后，开拓了一种以烃类 3.27～2.46μm 的异常吸收带为特点的航空遥感直接勘探油气资源的新途径和新方法。

（3）提出了航空油气遥感数据的计算机图像处理方法。成功地解决了航空遥感扫描图像的辐射纠正及几何纠正技术，保证不同时间、不同地域的油气遥感图像的可比性，为大面积实际应用奠定了基础。创造性地利用系统式计算法，解决了高相关遥感数据信息提取技术，保证该项研究取得较好的成果。

（4）提出系统的油气遥感勘探综合评价模式。传统的油气勘探评价主要是“有无、多少、好坏”的指标，但不经钻探不可能得出正确的评价。该项研究以一套较完整的油气勘探综合评价模式，可直接勘探出地下油气的有无存在，而且成功率在 70%以上，在观念上是一种革命性的飞跃。

5. 推广应用情况、经济效益与社会效益

通过对新疆准噶尔盆地北三台油气区的实地验证，遥感烃类异常斑块和已知油流区块的符合率达 63.6%，比常规勘探提高两倍。在后期钻探中于 10 个遥感异常范围内布井检查，有 7 个遥感异常为含油气性（或半合油气性），证明具有较高的勘探成功率。

在新疆塔里木盆地北部的轮南油气区，遥感异常和已见油气地段仍存在良好的对应关系。且证明轮南断垒带和桑塔木断垒带之间是连片的含油气区，在后期的 55 口钻井中，有 32 口钻井见到工业油流，成功率达到 58.2%。生产部门在验收报告中肯定遥感异常提供了有价值的信息。

这项技术用在环境条件极其恶劣的塔里木盆地等大型干旱盆地的经济效益更为显著。以 1 万 km^2 面积的油气资源普查为例，如以 10km×10km 网距反射地震测量方法计算，需 2000km 的测线。按每千米勘测费 1 万元计，需费用 2000 万元，所发现的还只是地下圈闭构造并不能肯定有油气储存，据国际统计资料，找到油气藏的成功率在 30%上下；而同样面积的遥感直接勘探费用仅需 100 万元，成功率还有明显提高，可谓十分经济。在沙漠中少打一口干井，便可节约成千万元经费，其效益就远远超过投入的成本。如在轮南半开发油区，遥感勘探油气异常斑块之外，经钻探证明都是干井，如果遥感勘探在先，便可参

考遥感勘探结果布井，就可以只布控制性钻井而节约上千万元勘探费用。

初步测算该项技术作为油气资源普查的基本手段，在西北广袤沙漠地区推广，其经济效益可以亿元计。

三十四、资源环境遥感动态与模型分析试验研究

1. 成果简况

该项目由中国科学院遥感应用研究所等承担，于1990年12月完成。该项目成果1994年获中国科学院科技进步奖三等奖。遥感所主要完成人员为王长耀、郑兴年、崔伟宏、田国良、朱重光、师长安、刘行华、李付琴、胡宝新、郭杉、刘斌、王为民、许玉芬、隋洪智、狄志萍和吴秋华等。

2. 成果内容

（1）在图像处理研究中，Landsat和TM遥感信息的快速纠正和按行政单元快速分幅，加上专家系统、模糊聚类、模拟目视分辨的SVD分类以及视神经网络等辅助分类方法，构造了“七五”遥感技术攻关的基础。

（2）该课题在国内首次以能量平衡和水平衡为基础建立的干旱指数模型，将土壤水分、作物蒸散和耗水量结合起来，依据遥感图像信息，以及气象和作物有关数据及物理模型共同建立综合模型，并将其应用于大面积旱情监测。

（3）在小麦估产研究中，利用图像处理快速提取出行政单元的小麦分布的面积，以NOAA卫星遥感数据为基础，结合气象因素与垂直植被指数，建立了用灰色系统模型和逐段订正的动态估产综合模型。其精度比单纯遥感信息模型更精确。

（4）在国内初步进行了对资源环境动态监测系统中的遥感信息获取、处理、模型分布以及信息系统各部分联结的试验研究。

（5）在微机动态分析系统研究方面，利用空间支持系统在平原地区城市及郊区进行了土地资源动态的分析，实现了遥感、GIS和机助制图相结合，统计分析与空间分析相结合，监测与预测相结合，静态判断与动态反馈相结合，构成了动态彩色显示、快速彩色打印，网格与多边形转换、绘图机绘图三位一体的综合系统。

3. 验收和鉴定意见

课题于1991年7月20日在北京通过了中科院资环局主持的验收鉴定。与会专家一致认为该课题所采取的技术路线均为国际当前发展的前沿，课题人员在此领域开展了具有开拓性的研究工作。

该研究在短短两年多时间内所取得的成果，已为国家“八五”遥感技术攻关立项起到了积极作用。该课题所采取的技术路线均为当前国际发展的前沿，在该课题的研究中，课题人员作了大量的开拓性研究。

该课题按合同要求利用遥感技术对小麦长势监测与估产，土壤旱情监测与城市动态监测等进行了比较深入而细致的研究，提出了前瞻性意见，认为利用遥感技术进行这方面的动态监测是可能的，为“八五”及今后研究打下了方法论基础。

经讨论，鉴定验收小组一致认为，该课题圆满完成了原合同规定的任务，予以验收，并建议申报奖励。

4. 成果特色与创新点

1）发展了先进的遥感动态图像处理方法

发展了局部强迫逼近几何纠正方法，克服国内通常采用的最小二乘法图像几何纠正的缺点，实现了

陆地卫星 TM 的快速纠正，按行政单元和地形图单元的快速分幅，首次将神经元网络应用到专家系统分类方法中，这一种将图像处理技术和人工智能结合的“智能分类”模式识别方法比“七五”遥感技术攻关有所创新和发展。

2）首次建立了干旱指数遥感分析模型

旱情监测是一个公认难题，国内多以降水、土壤水分及水量平衡为指标，难以大面积监测。该研究以能量和水平衡为基础，发展了利用 NOAA-AVHRR 气象数据估算大面积土壤水分和冬小麦田蒸散的方法，构建适合国情的干旱指数模型，在与澳大利亚合作及国际交流中受到高度评价。

3）建立了遥感–气象小麦单产预测综合模型

在国内外首次采用逐段订正的阶乘模型。选择小麦抽穗期 PVI 和 5 月下旬平均气温作预报因子，用灰色系统建立遥感–气象综合模型，克服了通常只采用单一植被指数与作物单产建立统计模型的缺点，估产精度提高了 7%。

4）在国内首次进行了资源环境动态监测集成系统的试验研究

研究中发展并利用“空间分析系统”（SAGS）和“超图数据结构”（HBDS），实现了遥感、GIS 和机助制图系统相结合、统计分析与空间分析相结合，资源环境动态变化与预测相结合、静态判断与动态反馈相结合。实现了动态变化彩色、快速彩色打印、网格与多边形转换及绘图机绘图，这种“三位一体”的综合系统在国内外都不多见，实现了遥感信息获取、处理、模型分析、地理信息系统，以及机助制图各部分之间连接的试验研究，建立了初步的遥感、地理信息系统与机助制图三位一体的资源环境动态监测信息系统。

5. 推广应用情况、经济效益与社会效益

（1）小麦估产的预研究及旱情监测预研究。分别为“八五”遥感攻关项目中的“农作物遥感估产”课题及“旱情监测”专题的立项、可行性方案论证提供了科学依据，进行了技术准备。

（2）城市土地利用动态变化研究。为“八五”院科技促进经济重大项目“遥感应用前沿及技术方法研究”的立项提供了科学依据，有助于对城市发展及资源环境变化研究进行方法探讨。

（3）资源环境动态监测试验系统研究。对监测资源环境动态变化，实现“快速成图”，对“八五”遥感攻关项目中“技术支持系统”的集成方式的确定有一定参考意义。

（4）有关北京市朝阳区 1989 年土地利用变化研究的成果（包括 1∶5 万的图件和数据）。已被朝阳区农业区划办公室采用，并被北京市农业区划委员会进行全市图件、数据汇总使用；顺义县 1990 年小麦遥感估产的成果（包括小麦种面积、单产、总产估算）已被该县农业部门所接受，并在小麦产量统计调查工作中参考应用。

三十五、地物结构特征与地物方向谱之间关系几何光学模型

1. 成果简况

该项目由中国科学院遥感应用研究所等承担，于 1991 年 12 月完成。该项目成果 1994 年获中国科学院自然科学一等奖。主要完成人员为李小文、朱启疆、朱重光、王锦地。

2. 成果内容与创新点

该课题是 20 世纪 80 年代初以来，对森林灌丛等不连续植被的遥感信号产生机理研究的延续和发展，

其主要内容与创新点如下。

（1）建立了不连续植被的间隙率模型，明确区分了树冠间的间隙率与树冠内间隙率的概念，并通过对植被内光程的统计描述建立模型。

（2）进一步发展了李小文-Strahler 几何光学模型，比较严谨地描述了自然植被中树冠间相互遮蔽现象及其在入照和观测两个方向的相关性。

（3）在运用几何光学模型解决了树冠承照面空间分布和植被内光程分布的基础上，运用辐射传输模型描述植被内光的散射、多次散射、最终被吸收或逸出的过程，这些为充分利用几何光学模型和辐射传输模型这两大流派在不同尺度上各自的优势建立混合模型做出的开拓性工作。

（4）多角度图像的几何配准是遥感应用必将面临的困难问题之一，配准的精度严重影响多角度图像的实用价值。该课题采用了在边缘特征及其邻域搜索高曲率点作为特征点，并利用多重信息进行图像匹配，在此基础上再局部表面拟合进行配准。

（5）自 1988 年起，课题组人员连续 4 年组织了长春净月潭遥感实验站和室内模拟实验室，及四川王朗自然保护区的主要农作物和森林冠层的二向性反射分布函数（BRDF）的测量，并参加了果园结构测量的 MAC-IV 实验。课题参加者还发展了间隙率测量的实验技术，其中森林间隙率测量的摄影技术，尤以树冠构造参数的断层重构为我首创。

3. 验收和鉴定意见（推荐意见）

从获取的遥感信号中识别地物，其主要特征包括辐射波谱和空间结构两大类。在国家科学基金项目支持下，李小文等的工作在空间结构实验分析方面获得了重大发展。

针对在遥感像元尺度上影响植被二向性反射的主导因子，用几何光学的方法解释了遥感观测中的“热点效应”及植被反射的方向性变化，首次较严谨地解决了国际上流行的辐射传输模型在植被遥感中难以解决的问题。在此基础上，又进一步发展了间隙率模型，为在像元尺度上的几何光学模型与在叶片尺度上的辐射传输模型的结合奠定了基础。

李小文等在几何光学模型方面的研究和应用，以及植被遥感模型研究在国际上及我国均处领先地位，已逐渐形成一新的学派，产生了很大影响。

4. 项目研究的科学意义与应用前景

植被与电磁波的相互作用对于人类的重要性是不言而喻的。然而，迄今为止，主要因为植被复杂的三维空间结构，人们还不能够精确估计树林、果园、灌丛等对入射光的截取吸收和散射模式（BRDF），更不能从遥感信号精确反演不连续植被的空间结构和生理、生化参数。

对于大田农作物等连续植被，已有很多较成熟的辐射传输模型，但由于不连续植被的空间结构更为复杂，尽管几十年来各国科学家做了大量工作，提出了各种模型，但仍不能较好地解释其机理。李小文-Strahler 几何光学模型抓住了树冠投射阴影在传感器视场尺度上影响遥感信号这一主要因素，进一步解决模型中存在的不足，发挥其长处的研究成为遥感机理研究的前沿课题之一。这些研究已见大量创新成果，必将对遥感技术的应用产生深远影响。

国际学术界对于 BRDF 的建模与验证都极为重视，二向性反射研究已引起卫星遥感观测方法的革新，已设计成功多角度观测的机载遥感系统 ASAS 并进行了飞行，且用在俄勒冈州和缅因州取得的数据对李小文-Strahler 模型进行了验证。星载的地球观测系统（EOS）的多角度观测系统 MISR 及 MODIS 也将计划于 1998 年运行。如何利用大量的星载多角度遥感数据提取地面实况的三维信息，有赖于对遥感信息产生机理的透彻了解。在最近 EOS 陆地 BRDF 产品方案拟选用的 4 类模型中（分别适用于地表起伏像元、连续植被像元、不连续植被像元和混合像元），李小文-Strahler 模型是第一和第三类像元的无争议候选模型，可以预期通过研究在新一代多角度遥感数据中会得到更广泛的应用。此外，我们在研究中所阐明的电磁波与不连续植被相互作用的机理也可以直接应用于林业、气象等有关方面。

三十六、成像雷达遥感应用研究

1. 成果简况

该项目由中国科学院遥感应用研究所、中国科学院电子学研究所承担，于 1992 年完成。该项目成果 1994 年获中国科学院科技进步三等奖。遥感所主要完成人员为郭华东、邵芸、田国良等。

2. 成果内容

雷达遥感图像的应用，主要包括雷达图像用于土壤水分监测及植被识别评价，在岩性识别、构造分析、土地利用、古河道探测及洪涝灾害损失评估中也分别进行应用研究。

在土壤水分监测研究中，分析了 3 个季节的相应应用效果并进行了评价，得出可行的结论，但对于 X 波段雷达，适用于估算裸地或低矮植被覆盖区的土壤水分，其估算精度和效果直接取决于 SAR 图像的质量、成像季节、入射角和极化方式。

在植被鉴别方面，将多极化图像或其比值图像分别进行彩色合成，显示出不同植被特征。通过比较不同的方法显示，将不同极化图像进行逐成分变换形成新图像鉴别植被效果较好。

在岩性识方面，在阿拉善地区，CAS/SAR 图像解译能划分出花岗岩、片麻岩、大理岩、砂岩等 10 种岩性单元及酸性花岗岩体中的基性岩脉；在张家口地区，多极化合成图像识别出了覆盖在杂岩体边缘的更新世黄土状亚砂土沉积。

在构造分析方面，在阿拉善地区，CAS/SAR 图像上解译出了 300 余条线性体，在对线性体进行统计分析后，发现该区存在两束频率最高的线性体，同时还利用 SAR 图像大同地区识别出了火山机构，并发现新的线性构造和环形构造。

在古河道探测方面，SAR 图像在下荆江地区共识别出 6 期古河道，并分析出河曲发生、发展到衰亡的演变过程，同时对该地区土地利用现状共识别出 6 个一级类型，19 个二级类型，在此基础上编制出了“荆江地区土地利用现状图”。

在洪涝灾害损失评估中，CAS/SAR 图像提供了 1991 年滁河流域灾区大范围内的情况，提供了灾区洪涝分布图、土地利用现状图、最高洪峰淹没区土地类型统计数据和分洪蓄洪区面积统计数据等，为灾区恢复生产和水利建设布局提供了重要的科学依据。

3. 验收和鉴定意见

1989 年，我国国家科学技术委员会基础高技术司设立了国家科委重点科技项目“合成孔径雷达遥感应用试验研究”课题，并通过中国科学院资源环境局组织中国科学院遥感应用研究所及电子学研究所开展这项研究，该课题圆满完成了计划任务。

该课题获得了高质量的 CAS/SAR 雷达图像，该图像在土壤水分监测、植被识别、岩性识别、构造分析、土地利用、古河道探测、洪涝灾害调查及灾害损失评估应用中显示了良好的效果。

4. 成果特色与创新点

（1）获得的高质量雷达遥感图像用于诸多应用领域，显示了良好的应用效果。

（2）多极化成像具有可分辨岩性单元及植被类型能力，显示了在恶劣气候条件下监测洪水灾害的能力。

5. 推广应用情况、经济效益与社会效益

国际上雷达遥感高潮的兴起为发展 SAR 技术及应用提供了良好的环境，该成果促进了我国机载 SAR

的进一步发展，为我国星载SAR技术的发展与应用做好了必要的、及时的准备。

三十七、黄淮海平原县级农业可持续发展决策支持系统

1. 成果简况

该项目由中国科学院遥感应用研究所承担，于1993年完成。该项目成果1995年获中国科学院科技进步奖二等奖。遥感所主要完成人员为崔伟宏、陶永轶、徐爱义、李良群、吴晓清、刘静航、张磊、王为民、吴晨英、卢冬梅、张显峰和狄志萍等。

2. 成果内容

（1）建立了我国第一个在遥感、地理信息系统和多媒体技术共同支持下具有多目标、一体化集成的县级农业可持续发展决策支持系统。①农业可持续发展软件系统：在微机平台Windows软件环境下，采用模块化和面向对象的程序设计方法，包括超图数据采集系统、空间分析系统、多媒体地理信息系统、超图数据库系统、统计图形分析系统和三种图形输出软件等。②可持续发展模型体系：黄淮海地区为实现农业可持续发展的战略目标，建立了相互独立而又相互关联的9个方面的土地利用动态监测、水资源、社会经济决策支持、人口预测经济、施肥配方、土地评价与农业后备资源、海水入侵环境评价、水资源管理、土地承载力预测和农业可持续发展动态规划等模型。③建立了黄淮海地区县级农业可持续发展数据库体系（周村、铜山、蓬莱），包括空间基础数据库、空间专业基础数据库、统计数据库、文本数据库、图像数据库等。

（2）面向不同区域特征目标，完成了3个专题系统。①农业可持续发展综合决策支持系统（周村）；②农业可持续发展工程决策支持系统（铜山）；③农业后备资源开发和可持续发展决策支持系统（蓬莱）。

（3）研制了黄淮海试验区水土资源评价和分析方法。

（4）提交了莱州湾蓬莱试验区海水浸染动态监测与评价技术。

（5）总结了黄淮海试验区农业土地动态规划理论和方法。

（6）出版了《农业可持续发展决策支持系统研究》专著一部。

3. 验收和鉴定意见

1994年12月13日中国科学院自然与社会协调发展局在北京组织了该课题成果鉴定会。鉴定委员会听取和审查了工作报告、课题研究报告和系统测试组对系统检测结果报告，观看了系统的演示。通过认真讨论，一致认为如下。

（1）黄淮海地区县级农业可持续发展决策支持系统研究是我国第一个在遥感、地理信息系统和多媒体技术共同支持下具有多目标、一体化集成的农业可持续发展决策支持系统。在理论和方法上具有重要的开创意义和实际应用价值，为农业决策部门提供了科学的依据和先进的手段。

（2）该系统将新的数据结构理论研究和应用研究紧密结合，以超图数据结构概念模型为基础，建立了遥感和地理信息系统一体化数学模型。以农业可持续发展为中心建立了遥感动态监测、分析评价、预测预警、管理规划与决策支持的完整体系，研究的内容、理论和方法先进。

（3）该系统软件结构完整、设计先进合理，并在Windows软件环境下，采用模块化和Borland C++面向对象的程序设计方法独立开发。采用了多媒体技术，为用户提供了视觉化、形象化和音响化的新手段。系统用户界面友好，易于掌握。该系统在微机上实现，符合县级农业可持续发展决策的需求，具有很强的实用价值和广阔的应用前景。

（4）根据不同的区域特征、发展方向和设计目标，建立了农业可持续发展综合决策支持系统（周村），农业可持续发展工程决策支持系统（铜山），农业后备资源开发和可持续发展决策支持系统（蓬莱），具有一定的代表性；建立了以乡镇为空间基础，以年度为时间段的农业可持续发展评价体系及水资源决策、土地评价、海水浸染分析、土地承载力、人口预测和土地利用动态监测模型；应用人工智能技术建立了土壤施肥专家系统和水资源管理决策系统。在多目标线性规划的基础上，发展了滚动的可持续发展动态规划，从而提高了区域可持续发展研究的空间性、动态性、综合性和可操作性。该系统在 3 个实验区的试运行中已得到全面应用，并取得了明显的效果，为可持续发展研究走向实用化开辟了一条新途径。

鉴定委员会一致认为，该系统研究难度大，基础工作扎实，是一项开拓性研究，尤其是在超图数据结构理论方法和应用上，在农业可持续发展决策支持系统的空间性、动态性和可操作性上具有重要创新，成果在总体上达到了国际先进水平。

4. 成果特色与创新点

（1）科研难度和工作量大。

（2）理论和方法上以最新的一体化 HBDS 超图数据结构作为整个系统的支撑，数据组织和管理灵活；首次提出可持续发展值的新概念，进行了县级区域的农业可持续发展潜力的定量化评价，提高了区域可持续发展研究的空间性、动态性、综合性和可操作性；系统在 Windows 软件环境下，采用模块化和面向对象程序设计方法开发，并采用了多媒体技术，使系统软件开发水平达到了新高度。

（3）在理论上突破了遥感仅用于资源调查的常规，建立了遥感调查一分析评价一预测预警一规划决策一体化的模型体系。

（4）采用国际上最新的超图数据结构方法构造和支撑整个系统格架，解决了系统中多种信息源、多种数据模型、多种数据结构之间的转换、协调和管理，它不同于以往地理信息系统采用的关系、网状和树状数据结构管理方法，具有快速和灵活的数据搜索、模型管理能力，使系统成为一个多目标的综合决策支持系统，这是 GIS 理论方法的新发展。

（5）该系统以最小栅格而不是行政单元为空间基础建立了土地定量化评价模型、土地利用动态监测模型、土地承载力分析模型和海水入侵环境评价模型，提高了分析评价的定位精度，采用系统动力学方法、专家系统方法建立的水资源管理决策模型和土壤施肥专家系统，提高了模型分析的智能化和自动化；在多目标动态规划和对偶规划基础上发展的区域可持续发展动态规划模型，提高了区域可持续发展研究的综合性和可操作性。

（6）该项目首次充分利用多媒体的动画、伴音、图像和图形技术，并将其应用于地理信息系统中，为辅助决策支持系统提供了视觉化、形象化和音响化的新手段。

5. 推广应用情况、经济效益与社会效益

该项目因地制宜，根据不同的区域特征、发展方向和设计目标，具有一定的代表性和广泛的应用前景。

该项目的具体科研成果，已在铜山县、蓬莱市和周村区大农业示范推广应用，成为政府实施农业管理、决策现代化的主要先进工具和手段。各实验区领导和有关部门，根据该科研成果数据模型，进行了农业结构的调整，制订了 2000 年以前的发展模式，大力发展畜牧业和高效节水型农业，使其向规模化、区域化发展，进一步深化加工增值，实现种、养、加、贸、工、农一体化经营，经过大力调整和优化，铜山县新增产值 2 亿多元，蓬莱市新增产值 2.4 亿元，周村区新增产值 200 万元。

铜山县利用水产资源合理利用模型，加快了南水北调和东水西引工程建设，山区节水灌溉 20 万亩，增加有效灌溉面积 80 万亩；蓬莱市根据土地后备资源利用模型，大力开发荒山资源，统一规划，共开发宜农荒山 1.4 万亩，栽植果树 2.3 万亩，发展牧草地 1 万亩；周村区根据水资源、社会经济决策模型，调整吨粮田方案，由规划中的 8 万亩调整为 6 万亩，以适应水资源短缺的实际情况，同时大力发展畜牧业，实施综合节水方案。

该项目研究成果可以推广到全国 2000 多个县，对于迎接 21 世纪人类所面临的资源与环境问题的挑战有重大意义。如果在全国 1/3 个县得到推广（约 800 个县），每个县应用该项目成果提高国民经济效益 1 个百分点（每个县国民经济总产值 4 亿元），那么 800 个县总效益将达 32 亿元。该项目研制的软件系统、模型方法及数据库等，还可以作为重要的信息产业，推广到区域开发、投资咨询、规划与管理等许多方面，其更具客观的社会效益与经济效益。该项目已被列为中美农业科技合作项目。

三十八、粤西—海南金矿带多层遥感多源信息优选金矿靶区研究

该项目由中国科学院地广州地球化学研究所、中国科学院遥感应用研究所等承担，于 1993 年完成。1994 年获中国科学院科技成果奖三等奖。遥感所主要完成人员为郑兰芬等。

三十九、华北地区水资源开发对水环境影响研究

1. 成果简况

该项目由中国科学院地理研究所、遥感应用研究所、地质研究所承担，于 1990 年完成。该项目成果 1994 年获中国科学院科技成果奖二等奖。遥感所主要完成人员为刘静航等。

2. 成果内容

该项目是“七五”国家重点科技攻关项目第 57 项《华北地区及山西能源基地水资源研究》专题。

组织水利、环保、教学和科研部门 10 余个单位大协作，收集了华北地区有关的气候、水文、水文地质、水利、环境等方面的历年资料，主要有中国科学院地理研究所、中国科学院遥感应用研究所和中国科学院地质研究所。

山西能源基地；河北黑龙港地区；山东胶东半岛地区；京津地区。主要水环境影响的评价与预测研究；水资源开发利用对水环境影响的发展研究。

1990 年出版了文集《水资源开发与环境》。

3. 验收和鉴定意见

由水利部 57 项办公室、项目负责单位水利部水利科学院进行了验收。

四十、黄土高原重点治理区遥感调查与系列制图

1. 成果简况

该项目由中国科学院遥感应用研究所等承担，于 1990 年完成。该项目成果 1994 年获中国科学院科技进步奖三等奖。遥感所主要完成人员为陈正宜、林恒章、魏成阶、陈捷、张宗科、张浩信、朱博勤、

陈楚群、闫子健、张圣凯、石军梅、关威和朱重光等。

2. 成果内容

陕北黄土高原地区遥感调查与系列制图研究是国家“七五”科技攻关项目“遥感技术开发”中的典型研究课题之一，即应用遥感方法研究黄土高原地区的水土流失、生态环境和土地利用等方面的问题，为区域开发提供科学依据。该课题研究范围跨三省（区）面积为 40430.93 多平方千米，黄土高原重点治理区上的 1/2 按时完成了以下几方面的研究工作。

1）判读编制土地资源条件系列制图

该课题先后组织 50 多位科技人员，历时 4 年完成了陕北 15 个县（市）1∶10 万土地资源条件系列图（含土壤侵蚀、土地利用、土地类型、森林类型、草场类型等 5 种专题图），并以县（市）为单位量算了各类土地资源面积，为区域开发和治理规划提供了科学依据。

（1）土壤侵蚀类型与强度的遥感。调查结果表明侵蚀模数大于 5000t/（km^2/a）的地区占全区面积的 72.71 %；其中，侵蚀模数大于 15000 t/（km^2/a）的，占全区的 34.98%；而侵蚀模数超过 25000t/（km^2/a）的地区也占到全区的 18.02%。可见，该区水土保持工作刻不容缓。

（2）依据土地利用遥感调查提出了合理利用土地的建议：以解决好农民温饱为前提，以人均保有 375kg 粮食作为基本约束条件；调整农林牧用地结构，提出近期内应退耕陡坡地 190.28 万亩，加强以草灌为主的生物治理，改善生态环境，就地蓄水、保持或扩大灌溉农田面积；改进耕作方式，发展生态农业；有效控制人口，提高人口素质等。

（3）土地类型拟定出 5 条分类原则，并以此将陕北黄土高原地区分为河谷地、黄土塬、沟间地、沟坡地、沟底地、石质山地、风沙地和风沙滩地 8 个一级土地类型。然后，依据植被覆盖、地貌部位、特性等细分出 30 多个次一级类型，并列表分别详细说明其特征、性质等。

（4）森林资源调查与制图。

（5）草场资源调查。

（6）黄土丘陵区沟谷密度和沟谷地和沟间地的遥感分析。

（7）黄土丘分为沟间地和沟谷地，两者之间多有明显的坡折线为分界，习惯上称之为“沟缘线”。沟缘线以下的沟谷地，有流水冲刷及滑坡、崩塌和泻溜等重力侵蚀作用，侵蚀强度沟间地大，是正地形，以梁、峁坡面侵蚀为主，侵蚀方式单一，侵蚀强度相对沟谷区来说也较弱。遥感图像清晰地反映了黄土丘沟缘线，以及细沟、浅沟、切沟与冲沟等沟谷系统，在 1∶1 万比例尺的上，则可以确定沟谷的密度值。

2）土地利用遥感调查的主要成果及土地利用中的问题

据 11 个县（市）土地利用现状调查，全区总面积为 4728.35 万亩，其中耕地面积 1729.98 万亩，占总土地面积的 36.59%。旱地 1588.27 万亩，占耕地总面积的 91.81%，主要分布在黄土梁峁顶部和和缓沟坡上及沟坝内。全区有林地 673.15 万亩，占总土地面积的 14.24%，其中乔木林 224.04 万亩，占总土地面积的 4.71%，主要分布在北部风沙区和延安市以南的丘陵林区，其次是黄土丘陵沟壑区内的水库、居民点周围及川沟地内的绿化地和防护林带。

（1）土地资源与环境质量低劣垦殖过度：在黄土丘陵区，90%以上的耕地都是分布在黄土梁峁顶部，土地资源质量和环境条件低劣。据米脂县抽样调查，1∶1 万彩色红外编制的土地利用现状与同比例尺地形图进行对比，有 27%分布在国家限耕或禁耕的大于 25° 的陡坡地上。据有关方面测试，坡地的侵蚀强度，超出非耕地的 4 倍，增大了土壤侵蚀。

（2）土地绿化进度缓慢：最新的遥感调查资料表明，黄土丘陵沟壑区的林地覆盖率一般只有 6%左右，林地的增长率和造林的成活率都很低。据佳县黄土丘陵区航片抽样调查，1977 年的林地覆盖率为 3.64%，1987 年的林地覆盖率为 4.93%，10 年中，林地面积仅增长了 1.29%。

（3）改善生态环境的重要措施和基本途径：实践证明，小型的工程措施（如修建梯田、拦淤坝地、小水库等），对提高作物产量、防止水土流失效益明显，比造林的实际效果好得多。搞好了农田基本建设，就为造林和改善环境创造了条件。

3）分区治理方案

黄土高原重点治理区的发展方向截然不同，因此，需要采取措施，因地制宜地进行分区治理。分区的原则是：一级分区按物质基础分为西北部防风固沙区、中部黄土丘陵水土保持区、东部基岩河谷区和黄河滩地平原区 4 个大区。二级分区拟按地貌和植被分为 10 个亚区。现将各区的基本情况及特征分别叙述如下：Ⅰ西北部防风固沙区；Ⅰ1 西北部防风固沙滩地区；Ⅰ2 沙丘、沙盖蕖袄豆莇区；Ⅱ中部黄土丘陵水土保持区；Ⅱ1 沙黄土梁状丘陵区；Ⅱ2 黄土涧地梁状丘陵区；Ⅱ3 黄土峁状丘陵；Ⅱ4 黄土峁梁丘陵区；Ⅱ5 南部残塬梁状丘陵区；Ⅱ6 南部森林低山丘陵区；Ⅲ东部基岩河谷区；Ⅳ黄河滩地平原区。

4）出版物

出版了《陕北黄土高原地区遥感应用研究》论文集（1991 年 8 月科学出版社出版）。发表了论文 35 篇，分别对各项专题研究成果及其技术方法进行了总结。

3. 验收和鉴定意见

中科院资源环境科学局 1991 年 1 月 27 日组织的专家鉴定意见：“鉴定委员会高度评价本专题的研究工作。该专题在地形破碎、工作难度大的黄土高原重点地区进行大面积、大中比例尺的以类型为基础的大工作量的遥感调查和系列制图，提供配套的图件、数据和报告，以类型为基础提供成套图件和资源清单，遥感调查与区域开发紧密结合等方面都处于国际遥感应用的前沿，总体上达到了国际先进水平，在应用规模上达到国际领先地位”。

四十一、山东沂蒙山区（五县）地下水资源系统勘查与综合研究

1. 成果简况

该项目由中国科学院自然资源综合考察委员会、遥感应用研究所、地质研究所和地球物理研究所承担，于 1994 年完成。该项目成果 1994 年获中国科学院科技进步奖三等奖。遥感所主要完成人员为郑兰芬和颜铁森等。

2. 成果内容

沂蒙山区是一个十分缺水的地区，尤其是深山区，一直没有完全解决人畜饮水问题。“利用航空遥感技术，在沂蒙山区寻找地下水资源”项目历时 3 年时间，完成了 10000km^2 的地下水资源勘查任务，项目经费总额为 106 万元，实际到账 56 万元。初步摸清了工作区地下水资源的分布特征、运行规律、建立了以环套理论为基础的立体找水模型并通过钻井验证。设计 12 口井位，出水 10 口，最小井出水量为 6m^3/h，最大井出水量为 40m^3/h，打井成功率为 82%，远远超出了我国在老片麻岩地层（即基岩裂隙水）打井成功率（仅 32%）的水平。

3. 验收和鉴定意见

专家认定为处于国内领先地位，基本解决了革命老区10万人畜饮水的问题，达到了国际先进水平。

4. 成果特色与创新点

建立的以环套理论为基础的立体找水模型通过钻井验证，钻井见水率比常规高出1.5倍。

5. 推广应用情况、经济效益与社会效益

此次在贫困山区找水成功，不仅反映出广大科技人员吃苦耐劳、勇于为老区人民做奉献的革命精神，而且充分证明了高科技在扶贫工作中是可以大有作为的，同时充分表现出其快速、高效、准确和低成本的特点。再一次证明了地质找矿，遥感先行，多兵种联合作战的优势，为以后在贫困山区找水树立了典范。

四十二、高空机载遥感实用系统

1. 成果简况

该项目由中国科学院遥感应用研究所、上海技术物理所、空间科学与应用研究中心、长春光机所、长春地理所、上海光机所、安徽光机所、遥感卫星地面站、上海交通大学、清华大学、天津大学、电子学研究所、北京邮电学院、上海化工学院和国家测绘局测绘所承担，于1990年完成。该项目成果1993年获中科院科技成果特等奖。遥感所主要完成人员为童庆禧、何欣年、岳志夫、王尔和、倪平、余琦、李加洪、张红松、郑兰芬、侯宏飞、金向信等。

2. 成果内容

1）航空遥感技术系统

（1）信息获取子系统。

探测仪器由包括光学遥感系统在内的9类13台探测器组成，探测波段从紫外—可见—红外直至微波，实现了对所有可利用波段的全覆盖。

可见光系统由两台航空摄影测量相机、四波段多光谱照相机和航空光谱辐射计组成。摄取1∶130000～1∶2000的各种比例尺航空照片。

四波段多光谱航空相机在可见光范围内设计了4个与陆地卫星MSS、TM的4个波段对应的光谱照片，波谱范围：Ⅰ型为0.4～1.1μm，光谱分辨率为10nm；Ⅱ型的波谱范围为1.5～2.5μm，光谱分辨率为20nm。经信号处理后以磁带的形式记录地面的光谱信息。512元硅阵列探测器可同步录像记录，由集中监控系统通过接口对光谱辐射计进行控制操作。

光学机械扫描式遥感系统：红外/多光谱扫描仪包括标准多光谱扫描仪、专题扫描仪和航空超多波段扫描仪。标准多光谱扫描仪的扫描视场为90°，探测波段19个，包括0.4～1.1μm16个波段，1.6μm、2.0～2.5μm，以及8～12.5μm各1个波段，图像数据及飞机姿态可实时显示或光盘记录；专题扫描仪是红外/紫外双通道扫描仪，1.5～2.5μm红外细分光谱扫描仪具有16个波段，可实时显示，磁带光盘或与惯导数据组合，由激光盘记录；新型热红外多光谱扫描仪，仪器的总扫描视场为90°，在8～12.5μm光谱范围内分为7个波段，各种数据可实时显示，用激光光盘或模拟磁带记录；航空扫描式成像光谱仪波段数多、总视场大、空间分辨率高，总视场90°，波长范围0.4～12.5μm，共71波段，扫描速率10～20线/s。

微波遥感系统：包括被动式和主动式两种。

被动式微波遥感系统主要由不同频道的微波辐射计组成。系列多频段微波辐射计，包括 8mm、13.5mm、3cm、5cm、10cm 和 21cm 6 个频段。在陆地和海洋等方面得到广泛的应用。其中，机载 8 mm 成像微波辐射计，灵敏度 0.6K，数字磁带记录，实时显示假彩色图像，适于土壤湿度、土壤盐碱化、冰监测和海洋油污染监测；机载 3cm 微波辐射计，灵敏度 0.5K，数字磁带记录，假彩色图像处理；机载 5cm 微波辐射计，灵敏度 0.3K，数字磁带记录，适于全天候海洋表面温度探测；机载 21cm 微波辐射计，灵敏度 0.5K，数字磁带记录，适于海水盐度探测、土壤水分监测、冰雪厚度及类型检测；此外，机载 X 波段微波辐射计，适用于冰、雪、土壤湿度、植被和油污染测量，也适用于海洋风场测量，积雪和海冰、土壤湿度、农作物种类、岩石和地质结构等的探测和提供雷达数据处理参数。微波辐射计系统具有全天候、全天时的遥感性能。

主动式微波遥感系统有真实孔径侧视雷达和合成孔径侧视雷达，后者是当今遥感技术发展的重要标志之一。X 波段真实孔径侧视雷达主动和被动微波遥感器波长 3cm，在离航迹 1000m 处，其方位分辨率分别为 9m 和 7m，影像数据可实时屏幕显示、摄影硬拷贝及视频磁带记录，并装有下行传输接口，适用于灾害遥感实时监测；多极化合成孔径侧视雷达系统由机载合成孔径雷达、雷达信息的机–地数据传输以及地面的光学处理器三大系统组成。工作波段：X 波段具有 HH、HV、VH、VV 四种极化方式；可左右侧视，波束视角可变；最大探测距离 55km，测带宽 35km；图像空间分辨率 10m×10m；机上胶片记录或经机–地数据实时传输后在地面胶片记录；最大高度 5000～10000m，最大速度 450～750km/h；有比较强的抗干扰能力。

激光遥感系统：由激光测高仪和激光探测仪两种仪器组成。它充分利用激光光脉冲功率大、聚焦好等优点，通过发射与接收激光回波，经信号探测与处理获得地理剖面和浅海深度信息。机载激光测高仪：采用激光器 YAG，波段为 1.06μm，脉冲频率 5Hz×10Hz；测高范围 200～1300m；测量精度±0.15m，实现操作控制、状态检测、测高信息及惯导数据同步存储，效果良好；机载激光探测仪：采用激光器 YAG、波长 5320 埃；脉冲频率 5～10Hz；测探范围：清洁海水水深 30m，测探精度±0.5m。

（2）总体配套子系统。

集中监视、控制与信息记录系统：为实现兼容运行及组合遥感作业，系统采用高性能微机做主控制器，通过 IEEE488 总线和 GPIB 接口分时分址实现主机与各类遥感器件的信息交换和传输，实现了系统标准化。国内首次使用 32000M 大容量激光盘作记录器，研制了高性能的数据接口。数据经标准的 SCSI 接口记录，各类遥感器的工作状况及参数均可在终端上显示。在外国公司不合作的情况下，自行分析并完成惯导参数（包括时间，经纬度标，飞机姿态，航高等）信息采集记录，使系统具有实时显示航迹及航区功能，为遥感图像的定位、几何校正等后续处理提供了必要的数据。软件采用自顶而下的功能模块结构，低层语言采用汇编语言以保证实时性。

遥感图像机–地实时传输系统：机上获取的数据由机载发射单元实时传输到地面接收站。机载系统包括模拟数字调制、微波频率变换、功放及发射天线。工作频率：S 波段，调频制。地面接收包括微波前放，混频，宽频模拟数字解调，天线微机跟踪控制，抛物面天线直径为 1.4m，最大有效传输距离为 250km。

（3）信息处理子系统。

光学胶片处理：像片及图像可现场冲印、缩微、存储和检索。雷达光学处理器采用线阵 CCD 器件及微机，将雷达相干图像转换为视频图像再经 CCD 线转换为数字。

航空遥感图像预处理系统：由专用高速处理系统和通用图像处理系统组成，主机 Micro VAXⅡ，内存 5M，外存 520MB，完成波段组合、快视、格式变换、几何校正（TAN 失真，滚动偏航校正）辐射特性统计和辐射校正，形成标准 CCT 磁带。由于采用多微机并行处理及相应的硬件模块处理，速度提高了几十倍。软件除通用图像处理软件外，开发有航空图像姿态校正、灰度校正、条带合成、彩色合成、K-L 变换、监督分类、无监督分类及交互查询等。

2）地面配套与支持系统

该项目在全国典型地区及不同自然条件、不同景观单元设置了 13 个遥感基础试验场。

（1）试验场适应于范围。

不同专业应用目的，如有关农业、林业、环境、地理、地质、海洋，及辐射校正、几何纠正等。

不同的地理环境和景观单元，如平原、丘陵、山地、荒漠、海洋。

（2）试验场主要工作内容。

试验场担负基本信息采集及专业基础图件编制；地物波谱辐射特性测量及应用研究；建立有统一格式、精度可靠、数据共享，有优化的管理程序和应用软件的地物波谱数据库；激励遥感试验场工作和测试规范，开展遥感基础实验和应用效果评价研究。

（3）试验场取得的工作成果。

完成了各类试验场站的地面实况调查及分析，如森林资源调查，树种分类，森林病虫害研究，近海海洋生物及热污染研究，冰雪、冰川、沙漠发生、发展变化研究，水资源遥感与应用研究，黄土高原土壤及作物研究，黄淮海农业遥感模式及作物估产研究，城市环境及信息系统研究，植被垂直分布及山地泥石流洪水灾害研究，东南沿海作物，土壤水资源和环境综合遥感研究，航空航天遥感图像几何纠正研究，辐射校正研究等。

几年来各试验场共提供为各专业应用研究了 19 类大比例尺专业图件共 309 幅。

对大宗农作物，如小麦、水稻、玉米、棉花和小米进行了多时相光谱测量，为农作物长势监测及估产提供了可靠的地面数据，并对植被，作物、森林、水体、土壤、地质体、流域、城市及山地等的地物光谱进行了空中测量与地面测量及其关系研究，提高了卫星资料判读精度；以严格定标的仪器统一的测量规范，对水体、岩矿、植被、作物、人工目标等地物分 140 个条目进行了测查，共获得 15026 条光谱曲线，并记录了测量时的环境参数，从而使过去孤立测量记录进入系统化、规范化的地物光谱信息系统的新阶段。

完成了南北方 4 种主要作物——小麦、水稻、玉米和棉花的整个生长过程的灌溉、施肥、环境及管理等的具体情况才能达到精确估产的目标。因此，该项研究对于“八五”运用遥感方法对我国主要农作物估产及农业宏观控制具有很大意义。

建立了地物波谱特性数据库，在对光谱数据进行标准化、规范化设计的基础上，完成了数据的存储、查询、检索及光谱信息系统的建立。

将土壤、植被、水体、岩矿和人为建设五大类地物的光谱测量数据按统一标准及规范入库。光谱数据库建立在我国通用的 IBM 微机及其兼容机上，具有调制解调器可实现远程通信、数据交换，该系统配有丰富的系统软件及大气辐射校正、波段选择、统计分析等应用软件。

遥感试验场基本数据的收集及地物波谱特性数据库的建立，为我国航空遥感及航天遥感机理研究及定量分析与应用奠定了坚实的基础。

3）遥感前沿技术跟踪及创新系统

该项目紧紧跟踪当代遥感发展动向和国际遥感技术研究的前沿，开展了成像光谱技术，激光荧光系统，三维激光扫描系统的研究，并已取得重大进展。

（1）成像光谱仪。

把每个空间像元色散成几十个或几百个波长带宽在 10nm 左右的光谱波段，以高光谱分辨率，为遥感在地球科学领域开创了崭新的应用领域，使根据电子跃迁和分子振动直接区分多种矿物成为可能。

该项目完成的线阵光机扫描成像光谱仪样机，它具有 71 个波段：可见、近红外光谱区（0.46～1.1μm）

为 32 个波段，光谱取样间隔为 25nm，分别采用了 32 元线列硅探测器件和 16 元短波红外碲镉汞线列器件，瞬时视场 1.5mrad，总视场 90°，每行像元数 1024 个，扫描率 10～20 线/s。加上 7 个热红外波段，该仪器系统的总波段可达 71 个。

（2）激光荧光系统。

专题完成了激光荧光遥感试验样机，并进行了海上船载测油污试验，该系统由氮分子激光器、接收望远镜分光系统、信号接收和处理系统构成。激光单脉冲能量 1～6mJ，波长 337nm，发射角 3～6mrad，重复频率 1～25Hz，实验室试验时探测距离达 60m。

（3）激光三维扫描系统。

通过理论分析与系统的实验室试验，激光源以声光染料双调 QYAG 激光器较适用，其重复频率为 1～10kHZ，脉宽 100～300ns，发散角 10mrad，峰值功率为几千千瓦量级，考虑到我国加工技术水平，采用了多面体转镜外反射式扫描系统，它能保证一定的扫描速率，扫描宽度，并能保证较高的光能利用率。本项目研究为实现高速、大面积、高分辨率、高精度地获取地面三维信息提供了科学依据。

在遥感前沿技术研究方面均已取得了突破性进展。成像光谱技术方面，我国已成为国际上少数掌握这种技术的国家之一，并走出国门开展国际合作，在资源遥感中显示了深厚的应用潜力，受到国际遥感界的关注，并获得较高声誉。

3. 验收和鉴定意见

验收组认为：该系统的建立并与中科院遥感飞机相配合为我国提供了一套光谱覆盖全面、各种遥感方式齐全，性能指标先进的航空遥感技术系统，类似系统在国内仅此 1 套，在国外也不多见。从总体来看，该系统属国内领先和国际先进水平。该专题技术资料、图纸齐全，经费使用合理，予以验收。

鉴定意见：这是我国规模最大，功能配套的先进遥感系统，总体上达到国际先进水平。它已在自然灾害与环境监测、再生资源调查、石油天然气黄金找矿及国际合作等方面发挥了巨大作用。大量节约投资，缩短工作周期，各项效益显著。

4. 成果特色与创新点

该项目的完成使我国航空遥感水平进入世界上少数几个能自行发展并拥有综合遥感能力国家的行列，在遥感理论与技术上取得了一系列进展、突破与创新。

（1）应用小型高空飞机实现多种遥感器组合作业技术。一次作业同时获取多种遥感信息，不仅提高了作业效率，而且由于是同步采集信息，使图像解译的时效性及判读分析水平达到一个新水平，各类遥感器采用模块化设计，微机集中监控，标准化通用接口，具有高的兼容和扩充能力及可靠性。

（2）光机扫描仪已形成系列，波段从紫外直至热红外，具有 19、32、71 通道多种型号，可适应不同地物特性及应用要求，实现编程选择波段及增益控制，具有很高的灵活性及适应性。

（3）微波遥感器已形成系列，特别是可变极化合成孔径雷达在接收机高频低噪声放大、地速全硬件补偿、天线舱温度控制等方面均有突破，从而可实现“全天候”运行。

（4）突破了激光盘存储大容量航空遥感信息技术及惯性导航数据采集记录，解决了接口速度匹配、写读控制、数据管理等关键技术，实现了图像实时定位，平台姿态、航向参数、时间同步记录，为解决大畸变航空遥感图像的后续处理这一技术难题创造了条件。

（5）实现了航空遥感图像机–地实时传输，在信号变换、调制解调、弱信号提取、低噪声功率放大等方面均有突破，传输距离达 250km，为快速实时获取信息（如灾害）创造了条件。

（6）功能完善的图像预处理系统，除通用处理功能外，为多种介质输入，采用了多微处理器硬件管道处理技术，设计独特，处理速度提高了数倍，具有更高的应用效率。

该项目在 6 个方面与国外同类先进技术进行对比，各项技术指标、性能参数和应用水平均处于当代航空遥感系统前列。

5. 推广应用情况、经济效益与社会效益

1）直接为国民经济服务

（1）矿产资源及能源调查：中日合作塔里木油气资源，中苏合作库尔斯克遥感，中澳合作矿产资源，山西煤炭资源，广西新宁核能源资源，甘肃柳园核能资源，内蒙古地质构造调查。

（2）再生资源调查：黄土高原资源清查，“三北”防护林生态资源调查，东海渔业资源调查，舟山海洋遥感。

（3）环境监测：黄海海洋污染监测，胶州湾油污染监测，东海黄海海水温度分布调查，大亚湾马尾藻调查。

（4）自然及人为灾害监测：渤海、黄海北部海冰监测，荆江、江淮、黄河洪涝监测，林火监测试验。

（5）基础研究：土壤湿度，海水盐度分布，海洋风场散射特性研究，湖南水稻生长期散射特性研究。

（6）技术开发应用：UNDP 海洋污染监测系统，丹麦扫描图像机载实时显示系统，机载多通道扫描数字化记录装置，飞机飞行参数检测，资源一号卫星 CCD 相机航空模拟校飞。

2）经济效益情况

直接收入人民币 140 万元，美元 20 万元；间接收益（在“七五”成果基础上争取到 863 等）1400 万元。

在黄土高原资源清查，“三北”防护林生态资源调查中为这两项“七五”攻关任务提供了可靠的科学数据，从而可实现合理规划、开发，缩短了调查周期，节约了大量人力及资金，实现了动态监测。

应用高分辨率红外扫描仪成功地标定了油气靶区和远景区，开辟了油气资源遥感直接勘查方法，少打一口干井即可节约上千万元。

3）社会效益

应用该项目研究成果的航空摄影，为国内培养了一支老中青结合、多学科协同的高水平科技队伍。合成孔径雷达及时提供的遥感信息为上级领导决策及灾害损失评估提供了客观依据，发挥了巨大社会效益。

在国际合作中充分显示了先进性和优异性能，获得广泛好评，建立了信誉，技术系统在多次国际招标竞争中中标，受到国外用户的赞誉。

四十三、中日合作塔里木地区资源遥感信息技术研究

1. 成果简况

该项目由中国科学院自然资源综合考察委员会、遥感应用研究所、地质研究所和地球物理研究所承担，于 1996 年 6 月完成。该项目成果 1995 年获中国科学院科技成果奖三等奖。遥感所主要完成人员为童庆禧、郑兰芬、王晋年、朱重光、侯宏飞、郑柯、田庆久、胡宝新、董卫东、王向军、张满郎、张兵、党顺行、杨超武、丁志和任伟等。

2. 成果内容

在遥感所与日本地球科学综合研究所进行了长达 9 年（1987 年 10 月～1996 年 6 月）的合作研究中，

开展了基于国际新近发展的高光谱遥感技术的石油资源和矿产资源的航空与卫星遥感研究，在我国新疆库车、阿克苏柯坪和吐鲁番地区，既应用了我院新近研制的模块式成像光谱仪（MAIS），也使用了国外生产的高光谱仪器。

通过航空遥感信息获取、航空和卫星遥感影像处理和信息提取、地面实况调查、岩石矿物采用测量和分析，获取了大量航空成像光谱数据和地面调查数据。

（1）完善了成像光谱图像立方体（CUBE）数据处理技术和图像光谱信息提取技术，所提的岩石光谱曲线与野外和实验室测量结果有很好的一致性，为地质矿产分析奠定了基础。

（2）成功地区分识别了不同地层的岩性和矿物信息较当地现有的地质图有较大的提升，在柯坪地区成功区分了从寒武、奥陶、志留、泥盆、石炭、二叠纪的各类地层，显示成像光谱技术在地质上的广阔应用前景。

（3）通过对 MAIS 的热红外波段图像的处理和分析，证实了随着岩石中 SiO2 含量的增加，在 10.0μm 附近的低发射率带这一特性的存在越来越明显。

3. 验收和鉴定意见

通过对塔里木盆地北缘高光谱分辨率遥感信息的处理与分析，以光谱–图像合一的特点，发展完善了高光谱分辨率图像矿物识别与填图技术，主要在光谱维上进行图像信息的展开，达到“直接识别”地表矿物成分的目的。应用该技术完成了塔里木盆地北缘成像光谱信息处理与矿物填图，为塔里木盆地油气资源勘探提供了地表矿物成分的遥感信息，同时对日本 JERS-1 进行了有效的模拟评价。

四十四、山东地下水资源遥感探测研究

该项目由中国科学院遥感应用研究所等承担，于 1994 年完成。该项目成果 1995 年获中国科学院科技成果奖三等奖。遥感所主要完成人员为郑兰芬等。

四十五、星载 SAR 应用研究

1. 成果简况

该项目由中国科学院遥感应用研究所等承担，于 1995 年完成。该项目成果 1996 年获中国科学院科技进步奖二等奖，1997 年获国家科技进步奖三等奖。遥感所主要完成人员为徐冠华、郭华东、邵芸、王超、刘浩和魏秀萍等。

2. 成果内容

（1）建立了星载 SAR 几何构像模型、森林微波后向散射模型和裸露岩石表面微波后向散射模型，完成了农作物微波后向散射特性、海面雷达后向散射特性和海岸带目标的雷达后向散射特性研究。

（2）发展了 SAR 图像处理方法，包括图像增强与纹理分析、图像复合等方法。

（3）开展了 SAR 应用研究，如下。

森林应用研究：包括森林类型分类、森林蓄积量估测、星载 SAR 森林应用优化参数选择等。

地质矿产应用研究：利用星载 SAR 图像首次在我国发现了陨石撞击的构造遗迹，为行星地质学研究提供了有利线索。利用 SAR 图像识别了栖霞县境内的人形剪切带，对指导当地的金矿勘探工作具有重要意义。

在山东蓬莱附近海区首次利用 ERS-1 SAR 图像进行了探测浅海水下地形，表明星载 SAR 在港口设计、

航道选择、海浪预报、交通管理等方面将得到重要应用。

利用星载 SAR 图像开展了水资源调查和土壤水分监测研究，给出了区域水资源分析和土壤水分分布图。

（4）对我国星载 SAR 参数选择提出了建议。

（5）出版了《星载雷达应用研究》专著一部。

3. 验收和鉴定意见

1995 年 863-308 专家组在北京组织了课题验收会，与会专家认为：该课题在星载 SAR 几何构像模型和散射模型的建立取得了创造性成果；发展了若干有效抑制 SAR 图像斑点噪声的方法。进行了多层纹理分析、信息层分离、局部参数增强、线性构造提取、极值与结构单元纹理分析以及 SAR 图像和 TM 图像复合技术等试验。有效地实现了星载 SAR 图像有关专业信息的增强、提取与分析；利用基于 B-P 算法的神经元网络专家森林类型分类系统在暖温带地区对单时相或多时相的 JERS-1 SAR 图像进行分类获得了满意的结果；利用星载 SAR 图像首次在我国发现了陨石撞击的构造遗迹，为行星地质学研究提供了有利线索和证据；在山东蓬莱附近海区首次利用 ERS-1 SAR 图像进行了探测浅海水下地形，说明星载 SAR 在港口设计、航道选择、海浪预报、交通管理等方面将得到重要应用。该项研究成果的完成，标志着我国星载 SAR 的应用研究跨入了世界先进行列。

4. 成果特色与创新点

（1）创造性地建立了星载 SAR 几何构像模型和散射模型，发展了若干有效抑制 SAR 图像斑点噪声的方法；

（2）实现了星载 SAR 图像有关专业信息的增强、提取与分析，基于 B-P 算法的神经元网络专家森林类型分类系统，在暖温带地区对单时相或多时相的 JERS-1 SAR 图像进行分类，获得了满意的结果。

5. 推广应用情况、经济效益与社会效益

该成果奠定了我国星载 SAR 应用的基础，为我国星载 SAR 系统的参数选择提供了参考，为我国星载 SAR 系统的发射提供了支持。

四十六、遥感用于地震预报的基础理论和实验研究

1. 成果简况

该项目由国家地震局综合观测中心、中国科学院遥感应用研究所、国家地震局地球物理所和国家航天局第二研究院二〇七所等承担，于 1995 年完成。该项目成果 1996 年获获国家地震局科技进步奖三等奖。遥感所主要完成人员为崔承禹、支毅乔、张晋开、吕永红和刘毅等。

2. 成果内容

该课题开展遥感应用于地震预报的基础理论和实验研究。研究了物理机理和理论，并对岩石单轴加载的震源物理实验研究，用红外热像仪、红外辐射计、红外光谱辐射计、8mm、2cm 和 10cm 微波辐射计，以及岩石力学性质的应变仪、位移计、声发射仪进行观测，研究在应力加载时岩石的红外和微波辐射的特征，变化规律，结合理论分析，为遥感用于预报地震提供一种理论依据和方法。

在基础理论研究中，基于地物的波谱特性，结合地物的组成和结构，从理论上分析了当介质受到的外力增大到一定程度，介质所获得的机械能足以使物质的原子、分子的运动从一种状态过渡到另一种运动状态时，其能量随之发生改变，导致电磁能量的吸收或发射，物质的波谱特性随之发生改变的机理。

地震发震前，震源体及其周围介质受力的状况将由逐渐发生变化到发生巨大变化，引起了地下介质的原子、分子运动状态也随之发生变化。介质获得的机械能，一部分转换为热能，一部分转换为电磁能，于是造成介质的温度发生变化，介质向外辐射电磁能量随之发生变化，当变化量达到遥感探测器灵敏度时，就能被遥感感测到。通过遥感感测到的辐射能的变化量可反演出介质受到的应力。这就是遥感用于地震预报的理论基础。

在实验研究中，观测到随应力增大，岩石内部温升较高，岩石表面红外辐射能量也增高，增高的量级达到了被目前的地面和机、星载红外遥感仪器探测。

对不同岩性和结构不同的岩石试件进行了加载实验后发现，岩石试件的微波辐射能量随岩石应力加大而显著变化，达到能够被卫星微波遥感探测器探测到的程度。

实验结果表明，遥感能够成为一种新的前兆地震预报的方法和手段。遥感方法能主动地、尽早地发现异常区，为其他前兆观测手段的强化观测指明方向，也为世界其他地区强烈地震的震前和震后均有卫星遥感观测、验证和总结提供机会，还为进一步研究又一个新途径、新领域打下了基础。

3. 验收和鉴定意见（推荐意见）

该项目对岩石标本及钢材、混凝土标本在实验室进行了加载实验。通过实验研究发现岩石的红外辐射能量和微波辐射能量随应力状态变化而变化，岩石内部物理温度随应力状态变化而变化，钢材和混凝土试件也具有此种物理现象。上述发现，对于遥感用于地震预报提供了重要的实验依据，开拓了地震预报新的研究领域，得到了有关专家的重视。经中国科学技术信息研究所国际查询检索，上述发现属国际首创。

评审组的意见：该项目的研究是遥感用于地震预报的第一步，为研制用于地震预报的机载和星载遥感传感系统，信息接收和信息处理等地面系统提供依据。为发展地震预报理论与方法，探索地震孕育过程和地震前兆的微观物理力学机制，开辟了新的研究领域。这一发现还能用于工程，如对矿爆、岩爆的监测和预报，对大型隧道、水库大坝等工程因受应力集中或加强造成工程可能发生危险或遭到破坏的监测和预报，可作为矿山及工程应力测量的一种新方法。该项研究具有重要的应用价值，是遥感技术在新领域的应用。

4. 成果特色与创新点

该成果从理论上研究证明，机械能可以激发构成物质的分子的转动态，当转动能级间发生跃迁时，物质的红外和微波辐射能量随之发生改变，同时证明了这一原理的普遍性是一个创新点。在野外现场选取了 34 种不同岩性不同结构的岩石标本，对 106 块岩石试件进行了实验，测量的波长范围从可见光、红外直到微波，经历 5 年的研究，发现了下列物理现象。

（1）岩石红外辐射强度和红外辐射温度随岩石的应力状态变化而显著变化的物理现象。实验的波长范围为 2.5～15.0μm，在不同波段变化量级不同。

（2）岩石的微波辐射能量随岩石的应力状态变化而显著变化的物理现象。实验了 8mm、2cm 和 10cm 三个波段，实验了水平和垂直两种极化方式的波，发现不同岩性的岩石对于不同极化波、微波辐射能量的变化量不同。

（3）水在受力岩石的红外辐射中起两种完全不同的作用：第一种是水对岩石自身固有的（未受力状态）红外辐射起吸收作用，使向外辐射的能量降低；第二种是当岩石受力引起岩石红外辐射能量发生变化时，水对于由力引起变化的这部分能量起增强作用，不同波段增强的程度不同，比同种干燥岩石增强 2～5 倍。

（4）实验发现不同标号（强度）的混凝土和不同性能的钢材的应力状况红外辐射能量和微波辐射能

量随这些材料发生显著变化。

（5）岩石、混凝土和钢材试样临破裂前出现红外辐射温度异常条带，试件体沿出现的异常条带破裂；试件体临破裂前出现红外辐射强度和微波辐射强度急剧变化，随即试件体破裂或断裂等遥感前兆异常。

（6）红外辐射能量和微波辐射能量的变化量级能够被遥感探测到。

（7）观测到了岩石试件破裂时发出的可见光，并测出了波长和发光时间，发光波长范围为 0.55～0.6μm（黄光的波长范围是 0.577～0.597μm），发光持续时间约为 70ms。

（8）测出了岩石内部物理温度随岩石应力状态改变引起岩石热状态改变的结果。其中，斑状花岗岩（颗粒粒径 5～10mm）温度变化量级 1～4℃，细粒花岗岩（颗粒粒径小于 2mm）温度变化量级 2～6℃。同一块岩石试件的内部温度变化呈不均匀性，一测温点与另一测温点的温度变化量可相差几摄氏度。

（9）这些物理现象证实了物质的红外辐射能量和微波辐射能量随机械力的改变而改变，证明了遥感用于地震预报的基本原理是正确的，已经有所突破，这在国内外属首次发现；为卫星遥感预报地震、用卫星遥感观测地球表面应力场分布及其演变、用遥感方法监测工程稳定性等方面提出了依据，奠定了物理基础；为遥感应用开拓了新的领域；为电磁辐射理论和分子光谱理论增添了新内容。

5. 推广应用情况、经济效益与社会效益

（1）该系统试运行期间监测到了张北地震前兆热红外异常，并报告给国家地震局分析预报中心。

（2）发现北京地区、天水地区的热红外异常，并进行跟踪监测。

（3）遥感方法测到的岩石破裂前兆信息的物理现象为地震预报提供了理论依据和新的研究方法。还为矿山、隧道的岩爆、矿爆等的预报和监测，以及大型水坝、桥梁等由应力引起的灾害的监测与研究提供了新的方法。用于岩石力学，遥感技术与岩石力学相结合，将导致建立一个新的学科领域—遥感岩石力学，存在广阔的应用前景。

四十七、遥感技术在寻找大–超大型矿床靶区中的应用研究

1. 成果简况

该项目由中国科学院遥感应用研究所承担，于 1995 年 5 月完成。该项目成果 1996 年获中国科学院科学进步奖三等奖。遥感所主要完成人员为蔺启忠、郭华东、王志刚、燕守勋、李林、林树道和邵芸等。

2. 成果内容

世界上 80%以上的主要金属量来自仅占世界数量不足 5%的大–超大型矿床。20 世纪 90 年代，寻找大–超大型矿床已成为世界性潮流。利用航天遥感技术寻找大–超大型矿床，具有快速、经济和有效的特点，对大–超大型矿床成矿环境的认识、构造背景的揭示，以及宏观地质特征航天遥感研究方法等也大大丰富了大–超大型矿床的研究内容。

大–超大型矿床作为地壳物质有机组成部分，其形成伴随着大规模的地壳运动、岩浆活动和变质作用，在大空间尺度上形成与成矿作用相关的地质构造、岩石、蚀变等宏观地质现象，还能直接或间接反映在地貌、土壤、植被等地理环境的特殊变化，因而此为大–超大型矿床成矿空间信息场的一部分。

利用多波段、多平台航天遥感独有的宏观性、概括性和抽象能力，识别、研究大–超大型矿床成矿空间信息场特征，结合大–超大型矿床成矿规律（如成矿偏在性），通过与已发现的大–超大型矿床宏观地质特征对比，建立大–超大型矿床的遥感勘查模型，从而达到寻找大–超大型矿床的目的。

3. 验收与鉴定意见

经国家 305 项目办公室进行技术性审查，认为“该专题完成了合同书所规定的任务、提交的文件和资料齐全”；承担单位和主要人员排序正确，未发现成果权属争议问题；提交的原始资料基本齐全，其中找矿靶区评价专题的原始资料齐全、完整、丰富，报告所列工作量基本符合实际情况；部分原始资料欠规范，缺少完整的实际材料图，可在正式上交成果和资料前予以完善。

成果鉴定委员会鉴定，认为“该专题提交了大–超大型遥感找矿靶区 12 处、筛选出有大型成矿远景的矿产地 3 处、圆满地完成了合同书规定的任务。专题研究报告内容丰富、资料翔实、学术思路新颖、技术方法有创新、特别是在图像处理方法上有新的开发，获得一系列最佳图像，发展了一套先进、完整、实用的遥感找矿技术方法，提出了新的遥感找矿模式，找矿预测效果明显，总体上是一项国内领先水平成果，其中图像处理技术和遥感找矿模式方面达到国际先进水平。”

专题验收小组同意上述审查和鉴定意见，认为该专题出色地完成了合同规定的专项任务，确认该专题成果达到了国内领先水平，部分达国际先进水平，一致同意予以验收。

4. 成果特色与创新点

1）关键技术

（1）在天山积雪较厚、植被发育，积雪、植被覆盖条件下研究出航天成像雷达识别技术，并利用其独到的探测能力，识别出大型控矿构造。

（2）提出并发展了相似性对比原理及方法，并成功地应用与大–超大型矿床空间特征的识别与研究。

（3）研究发展了多源地学数据综合模型分析技术，准确、客观地揭示出大–超大型矿床形成的内在因素。

2）创新点

（1）利用气象卫星数据在中亚天山东西长约 2000km 的范围内，首次识别出具有重要控矿意义的大型“横向构造”30 余条，全面揭示了中亚天山地区大–超大型矿床的空间规律，同时指出其在天山的隆起与演化、构造推覆地质活动中所起的重要作用。

（2）利用 Crosta、HIS 和小波增强等算法提取含金层位、蚀变带及控矿构造信息效果显著。

（3）成功地将航天成像雷达及多源数据库技术用于靶区预测。

（4）确定了特克斯推覆提存在，提出了“穆隆套”型金矿空间定位的成矿动力学机制。

（5）发现了伊什基里克山“卡林”金矿类型，突破了前人找矿方向。

（6）建立了以聚矿构造（弧形、环形、横向）为核心的遥感找矿模式，实践证明该模式有指导找矿意义。

5. 推广应用情况、经济效益与社会效益

1）推广应用情况

该项目提交的 11 处找矿靶区和 2 处具有大型成矿前景的矿产地已被国家 305 项目及新疆维吾尔自治区政府作为依据纳入“九五”找矿主攻区域，于 1995 年拨专款在西天山地区寻找“穆隆套”型金矿靶区和“卡林”型金矿靶区开展深入研究。中天山伊什基里克金矿靶区中部分地区已由昭苏县联合武警黄金部队 15 支队进行勘探开发；阿依墩革尔银多金属矿和云母矿已由昭苏县云母公司开发，夏塔绿色花岗石矿吸引投资 800 万元正在开发，东疆黑峰山一带诸金矿点已被区测队、哈密市科委实验站等单位和个人开采。

2）社会效益

该项目中评估后，305 项办给予 7.5 万元滚动奖励经费。地方政府对部分成果进行开发，很快产生了巨大的经济效益；该项研究发现的“卡林”型金矿类型，突破了新疆金矿找矿工作方向，引起国际同行的高度重视，澳大利亚 GRA 和西部矿业公司多次来遥感所洽谈合作研究。

3）经济效益

（1）直接经济效益 3683 万元：发现的金矿：新增产值 120 万元，新增利税 24 万元；直接节支 15 万元，年增收金额 30 万元；在西天山新发现金属矿和非金属矿：新增产值 2408 万元，新增利税 1025 万元（有经济效益证明）。

（2）间接经济效益 5370 万元：提交 36500km^2 1∶20 万成矿靶区预测图，相当于同样面积的常规地质填图投资 480 万元，按其工作量的 25%投资折算，经济效益 120 万元；新发现和评价出金地质储量 3.07t，以 5%为找矿效益，再以 50%折算（参见地矿部标准），经济效益 750 万元；绿色高档建材矿，储量 30 万立方米，经济效益 45000 万元。

（3）潜在经济效益 5.5 亿元：金地质储量以金属量 1t 计，经济效益 1 亿元；建材矿以 50%回采率，以 3000 元/m^3 单价计，经济效益 4.5 亿元。

四十八、蓬莱市农业后备资源开发可持续发展决策支持系统

1. 成果简况

该项目由中国科学院遥感应用研究所承担，于 1993 年完成。该项目成果 1996 年获中国科学院科学进步三等奖。遥感所主要完成人员为崔伟宏、陶永轶、徐爱义、李良群、吴晓清、刘静航、张磊、王为民、吴晨英、卢冬梅、张显峰和狄志萍等。

2. 成果内容

遥感应用研究所以蓬莱市为实验区，利用联合国粮农组织土地生产力指数公式，建立了一套定量化的土地资源评价（适宜性评价和土地质量评价）指标体系，并采用逐步回归数学方法，分析了试验区造成中、低产田的制约因子，为试验区农业可持续发展模式提出了一套土地利用和后备资源开发决策支持方案，并完成了系统建设。其成果如下。

1）建立了综合性数据库实体

（1）国土基础数据库，主要包括各试验区政区图数据及地形、水系、交通、境界及居民地数据。

（2）空间资源和环境专题数据库，包括地貌、土壤类型、土壤综合养分、土地利用现状、水文地质，高、中、低产田分布，林业资源、水利区划、农作物区划、林业区划、影像解译等，共计 55 个数据库。

（3）资源环境与社会经济统计库，主要包括人口统计、农业后备资源调查、农业基本情况、农田基本建设情况调查、农业区域总体开发规划、农业经济收益分配、工农业总产比重、农业总产值构成和农田水利基本建设等共 61 种数据。

2）农业可持续发展决策模型分析系统

包括人口预测与分析模型，土地利用动态监测模型，土地评价与农业后备资源规划决策模型，土地承载力模型，中、低产田评价与分析模型，农业用水资源合理利用模型，海水侵入环境变化评价模型，农业可持续发展宏观规划模型，施肥配方专家模型等共计 17 个模型。

3）出版物

出版了《农业可持续发展决策支持系统研究》专著一部。

3. 验收和鉴定意见

1994 年 12 月 13 日中国科学院自然与社会协调发展局在北京组织成果鉴定会。鉴定委员会听取和审查了工作报告、课题研究报告和系统测试组对系统检测结果报告，观看了系统演示后，一致认为如下。

（1）黄淮海地区县级农业可持续发展决策支持系统研究是我国第一个在遥感、地理信息系统和多媒体技术共同支持下具有多目标、一体化集成的农业可持续发展决策支持系统。在理论和方法上具有重要的开创意义和实际应用价值，为农业决策部门提供了科学的依据和先进的手段。

（2）该系统将新的数据结构理论研究和应用研究紧密结合，以超图数据结构概念模型为基础，建立了遥感和地理信息系统一体化数据模型。以农业可持续发展为中心建立了遥感动态监测，分析评价，预测预警，管理规划与决策支持的完整体系，研究的内容、理论和方法先进。

（3）该系统软件结构完整、设计先进合理，并在 Windows 软件环境下，采用模块化和 Borland C++面向对象的程序设计方法独立开发。采用了多媒体技术，为用户提供了视觉化、形象化、音响化的新手段。系统用户界面友好，易于掌握。该系统在微机上实现，符合县级农业可持续发展决策的需求，具有很强的实用价值和广阔的应用前景。

（4）根据不同的区域特征、发展方向、设计目标，建立了农业可持续发展综合决策支持系统（周村），农业可持续发展工程决策支持系统（铜山），农业后备资源开发和可持续发展决策支持系统（蓬莱），具有一定的代表性。建立了以乡镇为空间基础，以年度为时间段的农业可持续发展评价体系及水资源决策、土地评价、海水浸染分析、土地承载力，人口预测和土地利用动态监测模型，应用人工智能技术建立了土壤施肥专家系统和水资源管理决策系统。在多目标线性规划的基础上，发展了滚动的可持续发展动态规划，从而提高了区域可持续发展研究的空间性、动态性、综合性和可操作性。系统在三个实验区的试运行中已得到全面应用，并取得了明显的效果，为可持续发展研究走向实用化开辟了一条新途径。

鉴定委员会一致认为该系统研究难度大，基础工作扎实，是一项开拓性研究，尤其是在超图数据结构理论方法和应用上，在农业可持续发展决策支持系统的空间性、动态性和可操作性上具有重要创新，成果在总体上达到了国际先进水平。

鉴定委员会建议项目组进一步将本实验系统开发为商品化的实用化系统，加速成果推广，并且在今后的推广应用中尽量充分地吸收当地农业专家的意见，以保证当地农业可持续发展指标和适宜性评价指标选择的科学性和合理性。

4. 成果特色与创新点

在该系统设计和完成过程中，力求采用国际上先进技术和手段，同时考虑用户水平，做到系统的内核具有先进性、科学性，外核具有易操作性和实用性，归纳起来，有以下特色。

（1）在数据的组织管理上，采用超图数据结构来组织管理图形数据及属性数据，HBDS 数据采集是以超图理论为依据，建立在微机环境下，用 C++语言写成，该研究提供了高效、灵活的 HBDS 数据采集系统和超图数据库，超图数据绘图系统为推动 HBDS 实用化，实现 RS、GPS、GIS 一体化创造了条件。

（2）模型设计建立在微机 Windows 环境下，采用了先进的多媒体技术利用图像、文字和声音多种传播媒体来表现研究成果，使得决策行为更加直观化。

（3）在系统软件设计上，采用了面向对象的程序设计思想。

（4）系统界面采用 Windows 环境下的图形界面，几乎全部采用鼠标（mouse）操作即可，这极大地方便了用户，尤其是一般用户。

（5）模型设计除了运用地理学、生态环境学、区域规划和区域经济等思想方法外，更注重于农业可持续发展，即模型的目标是农业发展与人口、社会经济等对农业可持续发展的影响。

5. 推广应用情况、经济效益与社会效益

该项目的科研成果已在蓬莱市进行大农业示范推广应用，成为政府实施农业管理、决策现代化的主要先进工具和手段。实验区领导和有关部门根据该科研成果数据模型，进行农业结构的调整，制订了新的发展模式，大力发展畜牧业和高效节水型农业，向规模化、区域化发展，进一步进行深化加工增值，实现了种、养、加、贸、工、农一体化经营。该市还根据土地后备资源利用模型，大力开发荒山资源，统一规划，共开发宜农荒山 1.4 万亩，栽植果树 2.3 万亩，发展牧草地 1 万亩，新增产值近 2.4 亿元。同时，该项目研制的软件系统、模型方法及数据库等还可以作为重要的信息产业向区域开发、投资咨询、规划与管理等方面推广。

四十九、GPS 导航技术在农业飞防中的应用研究

1. 成果简况

该项目由中国科学院遥感应用研究所、北京航空航天大学、清华大学和北京工业大学承担，于 1998 年完成。该项目成果 1997 年获北京市科技成果奖二等奖；1998 年获国家科技进步奖二等奖。遥感所主要完成人员为李树楷、钱育华、沈在壎、刘建明、刘彤、陈继平、徐昶、刘少创等。

2. 成果内容

GPS（或其他全球定位系统）遥感信息对地定位，是以 GPS 与惯性导航系统（INS）等的复合技术实时获取传感器的高精度位置与姿态数据，采用简单的处理即可获得地学编码遥感图像的先进技术，成功地应用于遥感技术，将使遥感应用技术系统产生变革性的进展。

1）验证性实验

中国科学院遥感应用研究所于 1989 年提出设想立题研究，1990 年与有关单位合作，先后在北京地区进行了 3 次（l990 年 7 月 28 日、8 月 17 日、11 月 3 日）验证性实验。用 RC-10，A 由 A-T3 和 GPS 接收机：TANS 接收机（导航型）两台进行单点和趋势定位，以单点 25m 和差分为 5m 为接收机标清精度，使用 1/100s 显示的航摄机，以天文台世界时校准，以航测方法加拟合、内插、平差获取像片方位元素作为真值进行实验性飞行，所得的实验结果证明，TANS 接收机在实验条件下的单点定位精度为 4.114m。X 方向中误差为 8.00m，Y 方向为 6.75m。这个精度完全能满足灾害监测遥感图像对地定位的精度要求，只要稍加改进飞机的平台和传感器接口，即可在灾害遥感监测中发挥重要作用，也是实现 GPS/INS 复合技术遥感信息对地定位研究的重要步骤之一。

2）研究试验工作

共进行 8 项试验：①进行 GPS 农业飞防导航精度测定；②适于农业飞防的 GPS 选型试验；③农业飞防适用差分 GPS 导航系统的研制；④利用广播电台调频副载波作数据通信的差分 GPS 系统实验研究；⑤航线设计自动化软件研制；⑥农用飞机适用 GPS 导航控制显示器研制；⑦作业流程的设计建立；⑧作业规程（草案）的编写等研究试验工作。

3. 验收和鉴定意见

1996 年 10 月 24 日，项目鉴定会由北京市科委主持召开。鉴定委员会认为：把 GPS 导航技术用于农业

飞防，在国内属于首次，技术上达到了国际 90 年代同期先进水平，可在农业、林业等相关领域推广应用。

4. 成果特色与创新点

（1）北京市认为农业飞防 GPS 导航技术在农业现代化中的应用开了个很好的头。

（2）该项目成功解放了农业生产力；减轻了县、乡、村三级干部的工作量，大大减少了农业投入。

（3）该项目研究成果的提出也为大农业的发展创造了条件，打破了乡界、麦田面积越大，飞防效益越高。多年的运行实践有力证明了 GPS 技术、GIS 技术、通信技术、自动控制与检测技术、遥感技术等高新技术的集成型技术系统在大农业的现代化运营与管理中有广阔的应用前景。

5. 推广应用情况、经济效益与社会效益

先后于 1992 年、1994 年、1995 年累计飞防作业 82000 亩。1995 年取消地面信号队，实现了完全 GPS 导航，达到了防治蚜虫效果 90%以上的飞防要求。

为此，北京市特以农业飞防 GPS 导航技术为主题，于 1995 年 7 月召开了北京市第 10 次科学技术“季谈会”。认为项目研究为农业现代化做出贡献，当场从市长基金中拨 10 万元稍作补偿，并在设备购置、试验经费方面给予特别考虑。下达了 1996 年 20 万亩小麦飞防任务，同年扩大生产性试验使顺义县得到了实效。1997 年扩大到 50 万亩，1998 年 33 万亩均顺利完成。8 年实际飞防小麦面积累计 112.4 万亩，形成了成套作业流程，具备了推广应用的条件，为农业节省了 4000 多万元的经费。

GPS 导航技术仅仅是农业现代化进程中的重要一步，前景是诱人的。遥感等高科技是可以为农业现代化做出贡献的。

五十、重点产粮区主要农作物遥感估产

1. 成果简况

该项目由中国科学院遥感应用研究所等承担，于 1993 年完成。该项目成果 1997 年获国家科技进步奖二等奖。遥感所主要完成人员为王长耀和郑兴年等。

2. 成果内容

该课题的目标是研究建立一个快速、准确、机动和集成的遥感估产试运行系统，为全国重点产粮区主要农作物遥感估产研究和试运行服务。主要成果如下。

（1）解决了如播种面积提取技术；多种信息复合技术；遥感估产模型建立的技术和全数字化计算机估产作业技术等一批遥感估产中的关键技术问题。

（2）建立了 3 个层次 6 个可操作的估产系统，即：①前期综合试验估产系统（微机）；②小麦遥感估产系统；③玉米遥感估产系统；④太湖水稻遥感估产系统；⑤江汉平原水稻估产系统；⑥大面积估产综合运行和应用等（均在 Sun 工作站上实施）。运用上述系统，经 3 年的试验运行，分别估算出 3 个粮食品种的播种面积和总产量，其精度为小麦达 95%以上、玉米在 85%～90%、水稻在 85%以上，均符合系统设计指标。

（3）编写了《中国农作物遥感动态监测与估产》等 5 本系列专著和 1 本论文集。介绍了近年来国内外最新研究成果，系统地论述了遥感估产机理、方法实际应用、估产系统的建立、估产区划、地面样点布设、估产精度分析、面积提取及模型建立等一系列问题，是一套由我国学者经过多年攻关实践的总结，不论在学术上，还是在实用上都具有重要价值。

3. 验收和鉴定意见

由中国科学院自然资源综合考察委员会、中科院遥感所主持，40 余个单位参加的“八五”国家重点

科技攻关课题于1993年12月20日在北京通过院级鉴定；鉴定委员会听取了课题和专题的研究报告，审查了有关资料，观看了系统演示。经认真评审后，一致认为："该课题难度大，所属六个专题都全面超额完成了国家规定的各项任务，所取得的成果整体上处于国际先进水平，在 GIS 支持下，NOAA/AVHRR 与 TM 资料相结合，在提高多种农作物面积提取的精度等方面，处于国家领先水平。"

该课题经近 500 名科技工作者 4 年多的共同努力，在经费短缺的情况下，圆满超额地完成了科技攻关任务，取得了丰硕的科研成果，主要体现在以下几个方面。

（1）解决了一批遥感估产中的关键技术问题，如播种面积提取技术；多种信息复合技术；遥感估产模型建立的技术和全数字化计算机估产作业技术等。

（2）建立了 3 个层次 6 个可操作的估产系统：①前期综合试验估产系统（微机）；②小麦遥感估产系统；③玉米遥感估产系统；④太湖水稻遥感估产系统；⑤江汉平原水稻估产系统；⑥大面积估产综合运行和应用等（均在 Sun 工作站上实施）。上述各个系统，经 3 年的试验运行，分别估算出 3 个粮食品种的播种面积和总产量，其精度为：小麦达 95%以上；玉米在 85%～90%；水稻在 85%以上，均符合系统设计指标。

（3）编写了《中国农作物遥感动态监测与估产》等 5 本系列专著和 1 本论文集。介绍了近年来国内外最新研究成果，系统地论述了遥感估产机理、方法实际应用、估产系统的建立、估产区划、地面样点布设、估产精度分析、面积提取及模型建立等一系列问题，是一套由我国学者经过多年攻关实践的总结，不论在学术上，还是在实用上都具有很重要的价值。

这项科研成果从国家当前需求的实际出发，完成了遥感估产过程中的一系列技术环节，具有系统性、完整性、科学性和实用性的特点。在技术路线上采用了试验与大面积推广相结合；建设与运行相结合；科研与生产相结合，取得了重大进展，初步应用于农业部门，取得了显著的经济效益和社会效益。

4. 成果特色与创新点

（1）分层抽样样地空间分布的有效性研究。通过多种遥感信息源的作物和种植信息综合提取研究，在冬小麦面积、作物播种面积数据更新、TM、NOAA、航片在冬小麦播种面积估算方面相互验证 AVHRR 数据几何精纠正方法和软件设计、利用多种遥感信息对水稻面积求算等方面都取得明显进度。

（2）遥感估产机理与模型建立的研究方面在大面积冬小麦遥感估产模型的构造、小麦单产预测专家系统框架、水稻淹没损失评估专家系统、利用 NOAA 数据遥测陆面温度，建立玉米单产热模型、水稻遥感动力估产模型、NOAA 最大植被指数成图与样点观测数据的相关分析等取得实效。

（3）在大面积遥感估产系统的微机多种遥感信息处理与评价软件、估产模型自动生成工具、遥感图像分形特征和数据压缩与复原技术研究，以及遥感估产精度分析方法等方面都取得进展。

5. 推广应用情况、经济效益与社会效益

项目完成了遥感估产过程中的一系列技术环节，具有系统性、完整性、科学性和实用性的特点。在技术路线上，其采用了试验与大面积推广相结合，建设与运行相结合，科研与生产相结合，取得了重大进展，初步应用于农业部门，取得了显著的经济效益和社会效益。

五十一、重大自然灾害遥感监测评价

1. 成果简况

该项目由中国科学院遥感应用研究所、中国林科院资源信息所等承担，于 1996 年 12 月完成。该项目成果 1998 年获中国科学院科技进步奖一等奖。遥感所主要完成人员为田国良、余涛、崔承禹、魏成阶、

王涛、池天河、李树楷等。

2. 成果内容

（1）以实用性为目标，该项目建立了 8 个自然灾害历史和背景数据库，为课题的实用化提供基础数据。

（2）以解决关键技术为主线，遥感信息的定量反演和信息提取技术实用方面取得了突破性进展。发展了 NOAA 气象卫星甚高分辨率辐射计 AVHRR 数据的大气影响订正、几何校正、陆地卫星 TM 图像大面积镶嵌、多种遥感数据配准和复合、AVHRR 数据定量反演计算，以及遥感应用所需的反射率和辐射温度提取等技术，并且发展了卫星图像水体和积雪识别、云影消除、淹没面积计算方法、复杂火点的林火识别技术等。

（3）突出了在 GIS 支持下遥感数据的定量分析，以提高实用性、准确性，发展了灾害监测评价方法，实现了对各灾种的快速监测评价定量计算。洪水模拟模型计算出实际淹没面积、淹没水深和流速空间分布；发展了人工神经元网络和专家系统方法识别森林火点，提高了准确度；干旱监测模型实现了旱情的大面积动态监测；提出以损失概率为依据，考虑危险程度、易损性和价值的地震灾害定量化综合评价模型。

（4）建立了灾害监测技术支持系统和应急反应系统，形成遥感数据获取—遥感信息处理—遥感信息提取—模型分析计算—分析评价的配套技术系统，实现了对突发性灾害快速分析评价的实用能力。气象卫星接收系统投入运行，陆地卫星快视产品和大幅面镶嵌技术，大容量快速图像处理系统的研制，人机交互判读系统的使用，地图快速扫描输入和数据库快速生成技术的完成，灾害监测系统的建设，灾害应急评价指挥系统和应急技术系统的实施，使该课题完成了可操作和可运行系统的建立。

（5）建立了灾害监测评价二级集成系统，使其不仅对单一灾种进行监测和估算，而且可以对多灾种监测评价进行操作和运行，使其发挥整体优势。

（6）利用灾害遥感监测评价系统对我国自 1991 年以来发生的洪涝灾害、1993 年以来黄淮海平原地区的干旱、1994 年以来我国森林火灾、西藏那曲地区的雪灾、典型区的森林虫害等进行了监测评价，及时向国家及地方有关部门提供了灾情信息，为减灾救灾服务。

（7）该项目先后出版了 9 本专著，包括《中国自然灾害影响评价方法研究》《重大自然灾害遥感监测与评估研究进展》《数字地面模型》、*F1ood in China*、《森林火灾遥感监测评价理论及技术应用》《中国自然灾害区划》《人地关系演进及其调控——全球变化、自然灾害、人类活动中国典型区研究》《地震灾害的航空遥感信息快速评估与救灾决策》等。5 年来共发表论文和报告 286 篇。

总之，通过攻关，该项目已经全部达到考核目标的要求，部分内容超额完成，已经实现了在进入作业状态后 4～10h 内实时或准实时地提供灾害实况遥感监测图像数据的目标。在 1995 年江西省鄱阳湖的洪涝灾害监测中，在 4h 内就将灾情数据提供给江西省政府使用。在对 1995 年我国发生的 3 次大的洪涝灾害评估中，均实现了 2 天内完成初步评估和 2 周内完成详细评估的攻关目标。其他灾害的监测也达到了考核的精度，并在实际应用中取得了很好的效果。

3. 验收和鉴定意见

中国科学院“重大自然灾害遥感监测评价”研究成果鉴定委员会的鉴定意见认为：“该课题在完成攻关任务，发展高新技术，探索理论方法和提供实际应用等方面成果显著，有重大突破和创新，总体上达到了国际先进水平，在洪水、干旱、林火等灾害综合监测评估能力和时效性等方面处于国际领先地位。”

4. 成果特色与创新点

该课题的特色是以多种卫星及航空遥感为主要信息源，综合有关的地理、生态、环境、社会和经济等数据，形成遥感和地理信息系统一体化为主要的技术路线。以解决重要关键技术为主要目标。

（1）采取了卫星、航空、地面多级平台信息相结合的技术，解决了高时间分辨率信息，高空间分辨率信息采样，雷达遥感的全天候，以及自行研制的遥感器补充超高分辨率信息的不足等技术问题，保证不同自然灾害监测评价对多种信息源的需要。

（2）解决了对重大突发性灾害实施快速监测的一系列技术与程序问题，保证了反应的应急性，信息获取、传输、处理和分析的快速性和准确性。特别是该项攻关所发展的快速图像处理软件保证了信息流程的高速和有效性。在解决了对遥感信息的辐射、几何纠正、多种图像配准、信息提取、作物和灾情的识别技术后，提高了灾情评价的速度和精度。

（3）通过对灾害的不断监测，开展攻关，实施运行，检验技术，提供服务，取得如下突破：达到了在飞机出动后 4～10h 提供航空遥感数据。在与卫星遥感进行综合的情况下，两天内完成对灾情的初步评价，并在地理信息系统和各种数据库、模型的支持下，两周内提出详细评价报告的攻关指标。在黄淮海平原旱春季节每 10～15 天可提供关于旱情分布分析图，给出每一个县不同旱情等级面积及其分布的结果，精度达 83.6%；木材蓄积量损失的评估精度在 85%以上；对雪灾的判别精度也达到 85%以上。特别是通过对历史地震的评价反演所建立的航空遥感快速调查、评价系统，地震烈度包络线快速生成技术使我国具备了对地震灾害遥感调查和评价的能力。

课题的主要创新点如下。

（1）在我国首次建立了一个快速、准确、机动和集成的重大自然灾害监测评价系统；设计和建成了突发性自然灾害的应急技术系统和指挥系统；研制和建立了自主版权的适于灾害监测评估的地理信息软件系统。

（2）提出和发展了空间信息结构自适应模型、行洪模拟模型、干旱监测模型等；建立了多种自然灾害综合区划的指标体系和组合分类系；建成了集图形、图像和实体为一体的数据结构及人工神经网络和专家系统相结合的林火信息识别提取技术等。

（3）该系统是一个可以投入运行、实际运用的系统，已经接受了近 200 场（次）洪水、林火、干旱等灾害实际监测评估的考验。

5. 推广应用情况、经济效益与社会效益

（1）1994 年 7 月汇报广东洪灾监测评估，1995 年 6 月应江西省的要求对鄱阳湖地区洪涝灾害进行了监测，1995 年 7 月听取洪涝灾害遥感监测汇报会都得到国家和省有关领导的肯定，并指出，遥感技术可以及时准确地反映大自然的变化，如水、旱、火灾及农作物等的信息，这些技术的应用对农业生产有指导作用，遥感能及时准确地反映灾害的位置、程度，使领导决策用到了可靠的数据，指出遥感是一个非常先进的技术，应该很好的应用。结束时，卢副省长当场表示：遥感对防灾救灾非常有用。此次评估效率很高，对广东的防洪救灾起了重大作用。广东省有关专业部门决定对应用遥感和信息系统进行灾害防治的研究立项，希望中国科学院进行技术合作。

（2）黄淮海平原开发办公室指出，黄淮海平原旱灾遥感监测系统不仅为该区旱灾大面积监测提供了科学依据，有效地指导了抗旱救灾工作，科学地指导了农业管理工作，而且为农作物估产，农业规划、农田管理，水利工程建设，节水农业及地方政府决策提供了简捷、快速的方法及依据。

黄淮海平原旱灾遥感监测评价专题组自 1993 年将旱情监测结果及时提供给新乡市黄淮海平原开发办公室，用于对该区的 400 多万亩冬小麦的农田管理，指导合理灌溉，有效地指导了该区的抗旱减灾工作，每年可获得经济效益约 6000 万元。森林松毛虫预报准确，节约了 40 万～50 万元的飞行灭虫费。

五十二、机载成像光谱遥感实用系统

1. 成果简况

该项目由中国科学院上海技术物理研究所和中国科学院遥感应用研究所承担，于 1995 年完成。该项

目成果 1997 年获中国科学院科技进步奖二等奖。遥感所主要完成人员为郑兰芬和王晋年等。

2. 成果内容

实用化设计定型的机载成像光谱遥感实用系统一套。

中国科学院上海技术物理研究所在 1990 年研制出我国第一台机载成像光谱仪原理性实验样机并进行了首次航空试验。由此，成像光谱仪传感器的实用化设计定型，高速大容量数据采集、记录、辐射定标等关键技术取得突破，该所发展的机载成像光谱仪 Mais 在许多项目中证实了其实用性。

考虑到地质应用对热红外波段的需求，该系统以光谱仪置换的方式，增加了热红外探测波段。在提高系统信噪比和更高的光谱分辨率之间选择了前者，并立足国内现有的技术和工艺条件。为此，将实验样机中可见近红外光谱仪的凹面光栅改为平面光栅，短波红外光谱仪的透射系统改为反射系统，短波红外探测器改用热电制冷的 32 元 pbs 线列探测器。

为确保成像光谱仪具有足够的探测灵敏度，系统设计了 180mm 的通光口径。成像光谱仪的高光谱分辨率由可见/近红外、短波红外和热红外 3 个独立的光谱仪系统实现。成像光谱仪的光机系统设计成模块化结构，主要由 1 个光机扫描成像系统和 3 个光谱仪组件组成。为保证各波段的像元配准，采用全部光谱波段共用一个视场光栏的结构。光谱仪均采用光栅分光，在色散谱面上由线列探测器接受不同波段光信号。

该系统在反射光谱区的探测灵敏度通常用噪声等效反射率差 ne$\delta\rho$ 来衡量。根据定义，ne$\delta\rho \leqslant$（vn/vs）ρ。在晴天和高太阳情况下，以标准参考板为目标，测量系统前方输出。热红外波段用等效噪声温差 neδt 衡量，neδt=（vn/vs）δt。以已知温差的两块黑体板为目标测量，得到系统的 ne$\delta\rho$ 在可见/近红外波段为 0.2%～0.4%，短波红外波段为 0.5%～1.0%，热红外波段 neδt<0.5K。

3. 验收和鉴定意见

1996 年 1 月 29 日，由中科院自然与社会协调发展局在上海主持召开了“机载成像光谱遥感实用系统”鉴定会。鉴定委员会专家们一致认为该系统总体设计先进、配套齐全，所研制的 71 通道机载成像光谱仪具有高分辨率、高信噪比和宽视场等特点。该系统实现了硬件（数据获取系统），软件（数据处理及信息提取）和应用方法相结合，使用方便，性能稳定，实用性强。该系统已在上海、银川、新疆、祁连山和黄海、东海等地的地质、海洋、油气及矿产资源、勘探和环境监测中成功地完成了遥感技术服务。同时已在澳大利亚、日本、德国和美国的合作项目中投入使用，为我国遥感仪器走向世界开创了先例，为参加世界市场竞争做出了贡献。

4. 成果特色与创新点

成像光谱技术是国际遥感领域近年来迅速发展的前沿技术，“机载成像光谱实用系统”经“八五”攻关解决了系统的小型化和模块化结构；高效率、大口径、低 F 数光机系统；非球面光学和特殊光栅加工技术；高速大容量数据采集、记录、处理及信息提取方法等关键技术。

鉴定委员会专家们一致认为，该系统性能先进、实用性强在国内外有相当知名度。国内领先，在国际上已达 90 年代同类航空成像光谱仪系统的先进水平。一致建议有关部门在“九五”期间继续支持，进一步完善该实用系统，在国民经济中发挥更大作用。

5. 推广应用情况、经济效益与社会效益

机载成像光谱仪在完成实用系统研制过程中，参与了国内外多项成像光谱遥感试验和应用研究。在地质找矿、油气勘查、海洋及海岸带及生态环境等应用领域获取了一批高质量的成像光谱数据。通过光谱信息的提取和分析研究得到很好的结果。在 1992 年 10 月中日合作“塔里木盆地柯坪地区油气资源勘探遥感应用试验”中，利用成像光谱仪高光谱分辨率特性在 2.331μm、2.347μm 和 2.364μm 成功地区分出碳酸钙和碳酸镁吸收谱带的微小差异；1994 年 5 月在胜利油田昌潍试验区，进行油气靶区预测试验研究，表明成像光谱仪能敏感地收集烃类微渗漏地表异常信息，与测区内已知地面化探资料的复合率达 70%以上。1994 年 11 月和 1996 年 10 月该仪器还成功地为意大利 AGIP 石油公司和美国 TAXCO 等石油公司在中国塔里木盆地石油开发投标区进行了 1 万 km^2 和 3 万 km^2 的油气勘探遥感调查的商业应用。从获得的数十 GB 的可见光近红外、短波红外和热红外波段光谱图像数据，分析研究表明，成像光谱仪所提供的高分辨率光谱信息具有实际应用前景。

五十三、国家资源环境遥感宏观调查与动态研究

1. 成果简况

该项目由中国科学院遥感应用研究所等承担，于 1993 年完成。该项目成果 1998 年获中国科学院科技进步奖特等奖，1999 年获国家科技进步二等奖。遥感所主要完成人员为刘纪远、张金胜、王长耀、魏成阶、郭杉、张宗科、郭之怀和吴秋华等。

2. 成果内容

该项目基于国家需求和国内外技术发展，旨在解决国家宏观决策中的资源环境数据瓶颈问题。

1）全国资源环境遥感宏观调查技术规范与技术系统

经过反复研究与实践，项目形成了以遥感地理信息系统技术为依托的技术路线，制定了操作性很强的技术规范。为满足国家资源环境信息用户的持续的数据需求和今后资源环境数据定期更新和动态监测的需求，该项目研究并建成自遥感信息获取、数据库建立到调查成果生成的完整的全国资源环境遥感宏观调查技术系统。

2）全国土地资源及生态环境调查数据库

包括全国土地资源及生态环境组合分类系统；国家、省、县三级土地资源与生态环境背景组合分类统计数据；全国东部 1∶25 万、西部 1∶50 万国际标准分幅土地资源与基本地理单元图形数据；以及以上述图件及数据为基础的“全国资源环境数据库”。

3）全国土地资源及生态环境背景数据分析与研究

包括全国土地资源空间分布的影响因子模型；全国土地利用程度分析模型；耕地与耕地后备资源的生态环境背景质量评价模型，以及上述模型所产生的分析结果图件等。

3. 验收和鉴定意见

1996 年 12 月 13 日，由中国科学院召开成果鉴定会，意见如下。

（1）该项研究以遥感和地理信息系统为核心技术，仅用两年多的时间全面完成了全国土地资源和环境背景的调查，取得了地学内容完整、制图精度可靠、现势性很强的全国宏观调查数据和图件，在此基础上，建立全国空间型资源环境数据库，取得了典型区耕地变化、城市化、沙漠化、水体变化和土壤侵蚀等动态研究和全国资源环境时空规律方面的研究成果。

（2）该项目跟踪国际遥感与地理信息系统技术前沿，实现 RS 与 GIS 的结合，用航天遥感技术进行资源与环境动态监测、缩短了动态监测周期，提高了信息现时性，研究与发展国家资源环境宏观遥感调查与动态研究的技术方法论，项目中“基于地理信息系统的国家资源环境组合分类系统”的设计与实现；“全

国多级多层地理单元”的构建及其在宏观遥感调查中的应用；“全国资源环境数据库”提出和建成，使该研究与以往的全国性资源环境调查相比，实现了重大的技术飞跃，把全国资源环境调查与监测工作推进到一个崭新的阶段。

（3）该项目在建成全国资源环境空间型数据库的基础上，开展了土地资源分布与动态变化规律的研究，在“全国土地资源空间分布的影响因子及土地资源地域组合模型分析”“全国土地利用程度综合分析”“全国耕地与耕地后备资源的生态环境背景质量评价”等研究方面，为国家制定开发和保护耕地资源提供了宏观决策的科学依据，并得到中央领导的高度评价。

该项目在实施过程中其成果还在国家攻关、有关部门与地方项目中得到广泛的应用，应用领域包括农业、灾害、土地、草地、森林、水利、湿地、城市、国土规划等，其中数据库直接用于灾害监测使灾情评估时间缩短、精度大为提高；体现了该项目的高度实用性。

鉴定委员会认为，该项目在RS与GIS结合基础上，参照地理单元制定土地资源与环境组合分类系统，建成了庞大的图形与统计数据库，对全国耕地变化的时空分布和地域差异的快速调查与监测方面有重大突破与创新，研究成果内容丰富，科学性、现势性强，对我国国民经济宏观决策和资源环境科学的发展具有重大科学价值和应用价值，成果整体上处于国际先进水平。

建议有关部门给予持续支持，使之成为实用化运行系统。

4. 成果特色与创新点

（1）以快速、高技术、新信息源和新成果数据、动态研究为核心的关键技术指导方针在全国资源环境遥感调查中的实现。

（2）形成了各类资源环境组合分类数据和组合分类图件，满足了资源环境综合数据分析的需要。

（3）多级多层地理单元的构建在实现全国资源环境遥感宏观调查中发挥理论指导作用，在实现国家资源环境组合分类系统中直接提供多个生态环境背景层面数据。

（4）提出并建成系列比例尺和多项专题内容的全国资源环境数据库，建成相应的技术系统，为国家资源环境科学性研究提供了数字基础。

（5）构建一系列数学模型，研究并阐明了多项国家资源环境时空规律，完成了耕地和耕地后备资源的生态环境背景质量评价。

（6）首次揭示了近十年来我国耕地资源空间变化规律并提出相关建议。证明在20世纪80年代初至90年代初的10年间，我国耕地面积总量下降幅度不大，但耕地重心明显向西北偏移，已有1亿亩耕地生态环境背景质量下降了2～3个等级。该结论受到中央领导和有关主管部门的高度重视。

5. 推广应用情况、经济效益与社会效益

1）服务于国家宏观决策

中共中央办公厅将该摘要50本分送中央领导人和国家有关部门供他们在工作中参考。1997年7月李鹏委员长率邹家华、姜春云等5位副委员长到中国科学院遥感应用所视察工作，在听取该项目汇报后，做了重要指示，并在随后出台的《土地管理法》修改稿中得到充分体现。

2）服务于国家主管部门

该项目成果移植到农业部，较农业部单独进行调查和建设技术系统，至少节省500万元，时间缩短2～3年。国家计委信息中心和科技部21世纪议程管理中心在“九五”期间已经移植了该数据库的相关内容并提供了数据共享服务。

3）直接应用于灾害监测

采用该成果估算了 1995 年和 1996 年江西、湖南、辽宁的多次洪水淹没损失，使原计划的详细报损失时间由一周缩短至两天，报损精度比统计数据库分析方法大为提高。

4）形成了覆盖全国的资源环境遥感网络

该项目在实施过程中，通过培训、交流、示范等多种形式，形成了分布在全国各大区域的资源环境遥感技术系统、技术队伍，并构成分区完成全国遥感监测任务的网络格局。

五十四、中国农业统计地理信息系统和中国农业状况电子图集

1. 成果简况

该项目由中国科学院遥感应用研究所承担，于 1996 年完成。该项目成果 1997 年 12 月获中国科学院科技进步奖三等奖。遥感所主要完成人员为阎守邕、肖春生、周艺、田青、王世新、崔景年、赵健、武晓波、全刚和董小民等。

2. 成果内容

该项科研成果分中国农业状况电子图集和中国农业统计地理信息系统两大部分。

1）中国农业状况电子图集

（1）利用高技术手段和全国县级农业统计数据，形象、直观地揭示全国农业，特别是粮食、棉花、油料和肉类的生产状况及其时空分布规律，为中央及各有关部委宏观决策参考使用。

（2）为各级政府部门广泛、持续和方便地使用以省、县级行政区划为统计单元的农业数据，提供先进、实用的技术手段和分析工具，促进管理水平、工作效率及宏观调控能力的提高。

（3）探索遥感技术直接服务于国家高层次宏观决策与调控活动的有效途径，以充分发挥和显示信息获取与处理高技术的优势和效益。

该图集由 47 幅全国分县农业统计专题图和相应的 47 个统计说明表组成；按其内容共分为 5 个图组。

图集各图组利用全国分县农业统计数据，快速、形象和突出地表示我国农业的状况及其时空分布规律，供宏观决策参考使用。由于每张专题图的有效幅面较小，在编图时采用了非正规专题制图的表现方法。在图面上有意识地省略了经纬网、地名、水系和相应注记及地图比例尺等要素，各级行政区划界线也没有用规范化的线性符号表示，以使整个图面尽可能简洁，进而更好地突出统计制图的内容。

通过 1994 年和 1985 年两个年份统计数据的对比，所以反映农业发展的变化状况，也可以较好地体现出近十年来中国农业发展的变化。

为了从不同侧面反映和揭示我国农业发展的状况及其时空分布规律，利用 CAS/GIS 中的信息查询、专题分析等功能，编制了不同类型的分层设色统计专题图，主要的图类有分布图、变化图、排序图、差值图及类型图等。

2）中国农业统计地理信息系统（CAS/GIS）

CAS/GIS 是在 Windows、Foxpro、Visual C++，以及作者开发的通用 GIS 软件工具 Gcode 的支持下，适用于我国农业规划、管理和决策服务的统计型地理信息系统。其构成如下。

（1）硬件平台。计算机：486、586 PC 机或相应的兼容机；输出设备：针式宽行打印机、彩色喷墨打印机、显示器。

（2）软件环境。MS-DOS5.0 以上版本、Windows 3.1 以上版本、中文 Windows 3.1 或中文之星 2.0 以上版本、FoxPro 2.5b 以上版本。

（3）空间数据管理系统。它由成果改造而成，主要对系统中的空间数据，包括 GRD、BMP、DBF 格式的数据文件进行统一管理。

（4）应用软件。应用软件的基本功能为数据准备，信息查询，专题分析包括指标分析、单元分类、专题评价和变化预测等，统计制图，以及演示输出。

3. 验收和鉴定意见

1996 年 12 月 12 日中国科学院协调局主持召开了成果鉴定会。鉴定委员会一致认为如下。

（1）中国农业统计地理信息系统是在通用微机环境下，具有实用、高效、快速特点的自主开发的中文 GIS 应用软件系统。它由数据准备、信息查询、专题分析、统计制图、演示输出和电子图集等模块组成。系统的功能多样、性能稳定、界面友好、图文并茂、易学好用。

（2）中国农业统计地理信息系统不仅提供了多路径、多方式查询检索功能，而且还发展了许多专题分析与制图制表功能，包括特征计算、频率分布、单元排序、综合分类、专题评价、变化预测、统计制图、附表制备及演示输出等功能。它们可以为用户提供空间统计分析处理、以地图可视化形式直观表达的深层次信息。

（3）中国农业统计地理信息系统集成了我国省县市分布地图文件和中国农业统计数据，具有文件连接、指标选取、数据分级、色彩调配、图面整饰等统计制图的成套技术与工艺流程，制图效率大为提高。它是一个实用的统计专题图集的生成工具。

（4）中国农业状况电子图集，由农业综合、粮食、棉花、油料、肉类五类图组、45 幅专题农业地图及其说明表组成。通过绝对和相对指标在图面上反映排序、分类、评价、预测、时间变化和供需差值等状况，内容丰富、形象直观、富于联想，具有宏观决策参考价值。

（5）该成果为在宏观规划、管理和决策中广泛、持续地使用农业统计数据，提供了快速、经济、实用的先进技术手段，有助于统计数据方便使用，具有重要的开发和推广应用价值。

鉴定委员会认为：《中国农业统计地理信息系统和中国农业状况电子图集》设计先进、结构合理、实用方便、效益明显、易于推广，为提高我国农业宏观管理水平和工作效率，增强国家宏观调控能力等方面，提供了一种先进的、现代化的辅助决策工具。该项成果在农业统计地理信息系统应用领域居国内领先水平，达到同期的国际先进水平。

4. 成果特色与创新点

（1）提出了微机高效、整幅使用大数据量地图数据的成套技术。

（2）发展了模型与系统无缝连接以及用户与系统友好的接口技术。

（3）建立了高效、优质、编制生产专题统计电子图集的成套工艺。

根据中国科学院文献情报中心的查新报告，国外真正对统计地理信息系统本身进行研究的文献未见报道。完全在农业统计地理信息系统的支持下，以人机交互方式，用农业统计数据、高效率编制的农业电子图集目前尚未见报道。

5. 推广应用情况、经济效益与社会效益

（1）专用软件系统已被国家计委国土司、联合国儿童基金会等单位选中。目前，国家计委有关部门已决定把它向全国 10 个省转让，每套 0.8 万元，共计收益 8 万元；向联合国儿童基金会转让一套，收益

3000美元，如加强宣传、推广将会有更多的用户和收益。

（2）该图集已打印输出10册，分送给中央及有关省部级领导，受到好评，许多位领导提出评价意见。该图集在863-308专家组支持下，安排星球地图出版社公开出版，中英文版本各1000册。

五十五、中国东部沿海地区21世纪资源与环境战略

该项目由国家环保局和中国科学院遥感应用研究所承担，于1996年完成。该项目成果1997年获国家环保局科技进步奖三等奖。遥感所主要完成人员为布和等。

五十六、我国金矿成矿模型找矿方向及找矿选矿技术方法研究

该项目由中国科学院地质研究所和中国科学院遥感应用研究所等承担，于1996年完成。该项目成果1997年获中国科学院科学进步奖特等奖，1998年获国家科技进步奖二等奖。遥感所主要完成人员为郭华东、蔺启忠和郑兰芬等。

五十七、基于网络的洪涝灾情遥感速报系统

1. 成果简况

该项目由中国科学院遥感应用研究所、国家信息中心承担，于1998年完成。该项目成果1999年获中国科学院科技进步奖一等奖。遥感所主要完成人员为王世新、阎守邕、魏成阶、刘亚岚、周艺、肖春生和武晓波等。

2. 成果内容

基于网络的洪涝灾情遥感速报系统包括三大部分：洪涝灾情信息生成部分、洪涝灾情信息网络服务部分和洪涝灾情信息网络用户部分。它是在国内外已有成果的基础上，集成现代遥感、地理信息系统和互联网络等高技术，能够快速、准确对全国重大洪涝灾害进行监测评价，及时为中央、有关部委和全国各省市政府提供洪涝灾情信息服务，且具有“高、快、准、新”特点和业务运行能力的网络集成应用系统。该系统以中国经济信息网（CEINET）和中科院遥感所国家遥感工程中心地理信息系统实验室的局部网为依托，由遥感数据预处理、洪涝灾情信息提取、洪涝灾情损失评估、洪涝灾害数据库、灾害信息网络服务等分系统组成。

（1）建立了一个面向全国，特别是对我国七大江河中下游进行洪涝灾情遥感速报和信息服务的业务运行系统。

（2）该系统采取全数字化作业，充分利用航天航空遥感获取数据、遥感数据处理技术、地理信息系统、信息交换与互联网络等多种高新技术，实现基于网络的洪涝灾情遥感速报。

（3）通过网络集成各种技术成果和数据，提高信息服务水平和信息共享能力。

（4）该系统基于多种网络，以多源数据为输入，以数字人机交互技术为主要特点，将人脑和电脑有机结合、优势互补。

（5）该系统还采用元数据进行信息管理，大大缩短了数据检索周期，提高了实用化程度。

（6）响应速度：收到气象卫星NOAA/AVHRR数据后，2～3h给出灾情简报；收到雷达卫星SAR数据等卫星遥感数据后，8h内给出初步灾情监测报告，两天内给出详细的灾情评估报告；收到机载SAR数据后，4～5天给出详细灾情监测评估报告。

（7）监测评估精度：运行系统经过精度检测，遥感监测结果和地面调查实况作比较，淹没地物类型定性精度为95%以上，淹没面积定量精度为90%～95%及以上，淹没边界定位精度在1～2个像元。

（8）应用成果：对全国七大江河中下游地区的洪涝灾情进行了全天候、全天时的连续的动态监测，提供洪涝灾情信息简报112期，1000多人次上网访问了洪涝灾情信息主页。特别针对1998年长江中游和嫩江松花江流域历史罕见特大洪涝灾害，进行了灾情损失的详细评估和灾后重建的遥感分区功能规划。编制图件包括：洪涝灾害淹没状况动态变化图、防洪工程态势及其有效性分析图、水毁工程分布图、居民点受灾评估图、耕地受淹动态变化图及其损失评估、堤防工程潜在危险分析图、重建家园功能分区规划图等。

3. 验收和鉴定意见

由国家"九五"重点攻关项目和中科院重大项目和特别支持项目及院长基金项目支持、中科院遥感所国家遥感工程中心和国家信息中心研制开发的"基于网络的洪涝灾情遥感速报系统"在1998年11月28日在中国科学院资源环境科学与技术局主持下，在北京召开了鉴定会。

会上，专家、学者组成的鉴定委员会对该项目形成了鉴定意见。对其系统技术创新、有效运行及取得的丰硕成果给予高度评价。并认为《查新报告》证明："在检出的国内外文献中，像这样综合的成果尚未见报道。"该系统在洪涝灾害监测、评估方面处于我国领先地位，跻身国际先进行列。

4. 成果特色与创新点

作为系统主要特色之一是可以便捷地综合利用多种信息源：利用气象卫星NOAA/AVHRR数据，每天对全国洪涝灾害的分布状况、淹没范围、持续时间及影响程度等进行宏观监测评价；在灾情严重时，可以利用雷达卫星和遥感飞机获得的SAR数据、陆地卫星TM数据和其他数据，进行内容更详细和更多方面的监测评价，满足抗洪救灾和重建家园的需要。

形成了一套适合我国国情、行之有效的洪涝灾情遥感速报实用技术方法。经与国内外类似系统作对比，该系统有以下几点创新。

（1）系统除充分利用多种遥感高技术之外，还以与传统的地理学、水文学、气象学等基础学科相结合的方式，组成全数字化的作业流程及其相应的数据处理方法。

（2）该系统发展了不同类型、不同尺度的多源数据快速融合处理技术，优势互补，解决了恶劣天气条件下全天候、全天时的洪涝灾害的连续动态监测评估，避免了重大洪涝灾情的漏报。

（3）初步建立了重点洪涝灾区水域数据库。该数据库将河流、湖泊、水库、堤防，以及人类各种活动具体指标通过遥感和地理信息系统技术生成，它是在汛期用遥感方法确定洪涝灾害淹没损失作为临界特征水域，建立统一的洪涝灾害淹没灾情的评估指标。

（4）发展基于元数据的洪涝灾害信息交换技术，扩充了网络服务的用户范围，建立了快捷方便的网上交互查询及其下载信息的方法，提高了洪涝灾情信息资源的共享能力。

（5）形成了一套将遥感监测评估结果与防洪工程有效性分析、灾后重建家园功能分区规划等的结合，方便于利用GIS技术进行空间分析和总结其空间规律。

5. 推广应用情况、经济效益与社会效益

在过去3年汛期里，该系统定期为国务院、国家计委、科技部（原为国家科委）、水利部、农业部、民政部，以及湖北、湖南、江西、黑龙江、内蒙古等有关部委和省市政府提供洪涝灾情信息服务，发出简报共计112期；上网访问洪涝灾情主页千余人次。《简报》提供灾情遥感影像图和相应的文字说明，显示受灾地区、影响范围、严重程度、持续时间等内容。在灾情严重时，还附有受淹土地利用类型图及不同地类的分县受淹面积统计表，以定性定量定位结合的方式，一目了然。

特别是在1998年汛期南北洪灾肆虐时，该系统充分体现了基于网络的洪涝灾情遥感速报系统的技术，而且具体地指明了今后进一步开发应用的技术方向。

五十八、利用广播电台调频副载波作数据通讯的差分GPS系统研制

1. 成果简况

该项目由中国科学院遥感应用研究所等承担，于1995年完成。该项目成果1999年获中国科学院科技进步奖三等奖。遥感所主要完成人员为李树楷、钱育华、沈在壎、刘建明、刘彤、陈继平、徐昶和刘少创等。

2. 成果内容

该课题组建立了利用广播电台调频副载波作数据通信的差分GPS系统（FM/DGPS）。

调频（FM）广播（包括立体声）只占用了调频基带53kHz以下的频带。（57k±2.4k）Hz为数字广播信道（RDS），RDS是在立体声复合信号的基带上，用一个低电平的57kHz副载波传送数据信号：其他67kHz、76kHz、92kHz的辅助通信业务信道有些并未开发利用。

该课题利用广播电台调频副载波作数据通信的差分GPS系统（DGPS）就采用RDS信道传送DGPS信息。主要工作参数如下：①工作频率87M～108MHz；②副载波频率57kHz；③副载波频偏4kHz；④调制方式双相相移键控；⑤数据率和时钟频率1187.5bps、1187.5Hz；⑥编码方式为差分编码。

3. 验收和鉴定意见

1996年10月24日，由北京市科委主持召开项目鉴定会。鉴定委员会认为：把GPS导航技术用于农业飞防，在国内属于首次，技术上达到了国际20世纪90年代同期先进水平，可在农业、林业等相关领域推广应用。

4. 成果特色与创新点

该课题研究提出的差分GPS系统与通常差分GPS系统比较具有以下优点。

用户不必自购基准站GPS接收机、数据通信电台，也不需另外配备操作人员。仅需操作一台流动站GPS和一台简单的RDS接收机即可进行差分作业，减少了投资强度（资金和熟练技术人员），不存在另建基准站的问题。

广播电台本身是运行性的公共设施，同时其发射功率大，并具备较高的维护水准、抗干扰能力，有较高的发射天线，覆盖范围大，解决了差分GPS用户许多问题。

差分GPS的导航定位精度在一切按要求进行设计构建的差分系统中主要取决于GPS接收机和相应处理软件的档次。利用GARMIN SAVEYII作为基准站，GPS接收机提供给广播电台差分信号，用GARMIN 65型GPS接收机要同作为流动站用户GPS接收机时，流动站用户GPS接收机定位精度为10m以内，这与自建差分GPS系统的定位精度是一致的。

广播电台的调频台是一种通用的广播系统，RDS作为差分信号的数据传输技术在各广播电台均可实现。差分GPS用户只需要有一台可选频的调频接收机和用户GPS，就可以在很大范围内取得差分GPS定位效果。用户只要在进入另一个广播电台调频台覆盖区域时，将调频接收机调至当地调频台的频率即可。广播电台的收费可从调频接收机的销售收入中按规定提取，以维护整个差分系统的

正常运转。

5. 推广应用情况、经济效益与社会效益

先后于 1992 年、1994 年、1995 年累计飞防作业 82000 亩。1995 年实现了完全 GPS 导航，取消了地面信号队。

1996 年的扩大生产性试验使顺义县得到了实效，顺义县随即下决心于 1997 年飞防作业 50 万亩，1998 年飞防作业 33 万亩，均顺利完成。粗略统计，8 年实际用于飞防小麦面积累计 112.4 万亩，为农业节省了 4000 多万元的经费，形成了成套作业流程，具备了推广应用的条件。

五十九、全国县级农业土地资源遥感调查

1. 成果简况

该项目由中国科学院遥感应用研究所、兰州沙漠研究所、成都山地灾害与环境研究所、武汉测量与地球物理研究所、长春地理研究所、南京湖泊研究所、新疆生物与土壤研究所承担，于 1993 年完成。该项目成果 1999 年获国家统计局科技进步奖特等奖。遥感所主要完成人员为刘纪远、庄大方和张增祥等。

2. 成果内容

该课题在研究过程中强调遥感、地理信息系统一体化技术的全面应用。采用具有原始分辨率的陆地卫星 TM 数字图像，为主要图像提供农业土地资源的基本信息，通过无纸作业流程和全程质量控制保证体系，利用地理信息系统平台完成数据的计算与汇总，实现在年度时间周期内，完成全国县级行政单元的农业土地资源的全面调查和数据统计汇总。

通过采用人机交互判读生成的数字农业土地资源专题图件，并直接进入客户/服务器方式的地理信息系统，按照县级行政单元对农业土地资源数据进行管理、分析和统计汇总。采用作为主要信息源，利用空间统计学的方法和原理，对耕地中的细小地物进行采样，获取耕地中细小地物提取耕地调查面积的精度。通过采用全流程自动数据检验与数据汇总技术，实现数据按不同统计单元的自动计算与汇总，按县界、经纬度及面积大小等多种查询，实现各种复杂的空间分析功能，从而满足国家统计局部门的需求。

相对于国家以往的大面积资源调查项目，该项目具有全面采用遥感、地理信息系统以及计算机网络等当代高新技术手段。

凭借遥感和地理信息系统一体化先进技术，实现了以 1～2 年为一个周期的全国县级农业土地资源调查，并建成了完整的空间数据库，大大提高了成果数据的应用价值。

该项目中“遥感、地理信息系统技术支持下的全流程无纸作业、遥感、GIS 一体化全流程无纸作业”“基于网络的客户/服务器空间数据库技术系统平台”“图像、图形和属性一体的全国农业土地资源遥感调查数据库”“模块化的国家、省（市自治区）、县三级用户系统”“人工干预的全流程计算机自动作业的空间数据库集成系统”等核心设计思路的提出及其实现，均依托于遥感和地理信息系统前沿技术及高技术的优势，它们不但在项目中得到充分发挥，同时也为数据库的长期运行和定期更新提供了技术保障。

该项目采用全流程质量控制和保证，保证整个作业过程中成果的准确性，由于实行了图形、图像一体化管理，所有成果具有良好的可检查性，并通过采用多重空间信息采样技术，提高了调查数据的精度，保证了数据的准确性。

为保证该项目在 1～2 年完成全国县级农业土地资源调查并建成完整的图形、图像和属性数据库。该项目首次采用了从遥感数据源到最终数据成果的全流程无纸作业的技术路线，即采用数字陆地卫星图像为主要遥感信息源，利用计算机图像处理软件对图像进行波段合成、几何精纠正，并以省（自治区、直

辖市）为单位进行镶嵌后，形成数字化的农业土地资源调查基本作业图像基础，利用遥感、地理信息系统一体化解译判读软件为基本工作平台，通过野外路线调查确定解译判读标志后，利用专家知识对遥感图像进行人机交互判读分类，形成标准数据格式的数字专题数据后，直接进入地理信息系统进行数据的检查、编辑修改、标准化、拓扑生成、面积平差、线状地物面积和细小地物扣除、分行政区分利用类型面积汇总，最终产生的成果以县为管理单位存入数据库，构成完整的全国县级农业土地资源遥感调查数据库。该项目完成了在遥感、地理信息系统一体化人机交互解译判读软件，开发完成了人工干预下的农业土地资源计算机自动集成系统软件，从技术环节上全面实现了设计要求。

3. 验收和鉴定意见

1998 年 12 月 4 日，国家统计局和中国科学院联合邀请有关专家组成成果鉴定委员会，对该成果进行了鉴定。鉴定意见如下。

该项目采用了遥感和地理信息系统一体化技术，研究形成了全数字人机交互的农业土地资源专题信息提取与集成方法，首次在全国范围内快速、高质量地完成了 1∶10 万农业土地资源调查。

创建了一套快速、准确的全国县级农业土地资源统计调查新技术，保证了数据成果的现势性、准确性、客观性、可更新性及成果质量。

建立了空间型农业土地资源数据库，对于统计工作逐步实现空间化、动态化结合具有重要的促进作用。

在空间型农业土地资源数据库和资源环境数据库的基础上，开展了土地资源时空分布规律和质量评价研究，通过全国农业土地资源空间分布影响因子及地域组合模型分析、土地利用程度综合分析、不同农业土地资源生态环境背景质量分析、全国耕地生态质量及动态分析等工作，为合理开发和保护耕地资源及生态环境建设的宏观决策提供了科学依据。

项目实施过程中，其阶段性成果在国家“九五”遥感攻关项目和水灾监测中得到了实际应用，体现了项目成果的高度实用性。

该项研究，在我国农业土地资源统计调查方法方面有重大突破和创新，为进一步开展农业土地资源动态监测奠定了数据和技术基础. 研究成果内容丰富，科学性强，对全国资源环境研究与土地资源统计工作有重要科学价值和实用价值，成果整体上处于国际先进水平。

建议国家统计局和中国科学院继续给予支持，将遥感统计方法进一步完善、推广、应用；并建议在此基础上开展农业土地资源的遥感动态监测工作。

4. 成果特色与创新点

该项目提出并建成了图形、图像和属性一体的，以县级行政单位为管理单元的全国农业土地资源数据库，具备完整的空间数据查询与分析功能，是我国第一个针对县级农业土地资源的多层面、大规模、空间型数据库。

5. 成果推广应用情况和社会经济效益

在 1998 年长江流域和嫩江和松花江流域特大洪水期间，采用该方法完成了流域的洪水淹没损失评估，评估结果不仅被国务院完全采用；详细报损时间由 3～4 天缩短至 1～2 天，报损精度大有提高。

在“九五”期间，该数据库耕地面积和耕地分布的基本本底数据直接应用于估产，此外，还开展了采用该次调查成果数据，保证了农作物长势监测和作物估产的准确性。

其中土地利用专题数据在土壤侵蚀调查和监测中提供了各种覆盖度下的土壤侵蚀类型边界、地表植被覆盖度，其在确定土壤侵蚀类型和土壤侵蚀强度及建成完整的土壤侵蚀空间遥感数据库方面起到重要作用。

1999 年 3 月开始进行全国分省土壤侵蚀调查，该项目成果的全面应用，使调查能在一年周期内直接建成相应的数据库，并提高调查精度，不仅节约 600 万元左右的经费，同时提前进度 2～3 年。

六十、地表遥感信息传输及其成像机理研究

1. 成果简况

该项目由中国科学院遥感应用研究所等承担，于 1998 年 8 月完成。该项目成果 2001 年获中国科学院自然科学奖一等奖。遥感所主要完成人员为陈述彭、童庆禧、郭华东、田国良、邵芸、郑兰芬、王超、王长耀、余涛和张兵等。

2. 成果内容

提出了地物粗糙表面几何参数与物理参数分离理论，开展了相应的实验；建立了以空间波位相法为特色的介电常数测试系统和地学背景数据库；研究了农作物、土地利用与人类活动轨迹和水体信息提取的智能化模型。

在纳米级分辨率高光谱遥感信息的基础上，研究了岩石、植被和水体的高光谱成像规律、矿物识别、蚀变带和矿化带提取、岩石和地层区分、植被的精细光谱分类，以及海洋水色高光谱信息多因子分析。构思、设计并研制了一种先进的面阵推扫式高光谱成像仪。

以多波段多极化成像雷达遥感信息为基础，研究了典型地物的微波散射特性、目标极化特性，以及雷达波对地表的穿透特性，开展了典型地区地质体、植被、海面等的雷达散射特性分析、地物识别、雷达特征信息提取和目标分类识别方法研究。

研究了遥感气溶胶谱光学厚度的宽带消光法，并用于对我国北京一些地方多年气溶胶光学厚度资料的反演。研究了我国大气柱水汽含量计算模型，发展向天空辐射亮度的近似辐射模式、土壤热惯量实测方法和实用模型。

3. 验收和鉴定意见

国家自然科学基金委员会于 1998 年 8 月 16 日组织专家组进行了验收，并提出以下验收意见。

“地表遥感信息传输及其成像机理研究”是国家自然科学基金委员会与国家科技部联合资助的重大项目，经过 4 年的研究，该项目取得了一系列重要研究成果，共发表研究论文 134 篇，被 SCI 收录 16 篇，并出版了专著“遥感信息机理研究”，该项目在以下 4 个方面取得了重要进展和新的突破。

（1）在遥感信息地学特征理论研究方面，在微波遥感信息中分离几何特征参数与电磁特征参数的研究中获得重要进展，建立了 3 种介电常数的测试系统，测试方法有所改进，研究完成的多谱段水体自动识别和提取模型不仅技术先进，而且多次在我国洪水灾害遥感监测、评估中发挥了作用；多角度与多波段相结合遥感的应用模型的建立为植被冠层结构的信息反演提供了新的思路；建立的华北平原试验区地学环境背景数据库内容翔实、表达完整。

（2）在高光谱分辨率遥感信息处理及地物识别原理研究方面，推动和完成了我国第一个固态 CCD 推进式高光谱成像仪的研制；在高光谱遥感海量信息处理，特别是基于格式变换和集成化快速处理与高光谱遥感图像可视化表达方面有新的创意；高光谱数据外场定标和光谱数据库为高光谱遥感信息的定量化分析打下了基础；基于矿物吸收特征的吸收指数模型研究在地层和矿物的识别和信息提取方面取得了新的进展；植被红外特征光谱信息的导数分析和角度相似性匹配模型为高光谱遥感图像的生物量制图和植被、农作物的精细分类开拓了新的途径，为推动高光谱遥感在植被和农业上的应用奠定了基础；基于海面粗糙反射理论的太阳耀斑模拟模型为遥感图像获取避开太阳耀斑提供了有效方法，研究发展的海水次

表面离水辐射模式和海洋水色高光谱遥感多因子反演模型在叶绿素、悬浮泥沙和黄色物质三大海洋水色的定量研究和信息提取方面有所突破，并推动 SeaWiFS 卫星的海洋应用。

（3）在地物微波遥感信息处理成像机理研究方面，在电磁波散射和极化等研究方面所提出的“波形推进吸收边界条件”对电磁波散射值求解提供了新的思路；不连续冠层森林后向散射特征分析、海面特征雷达成像机理及信息提取方法，特别是雷达目标的自动识别、信息提取、雷达遥感地貌信息提取，以及地质研究和地质制图方面均取得了重要进展，在雷达对干沙的穿透性研究、雷达图像纹理信息提取、干涉雷达数据处理和数字地形模型（DEM）生成、单幅雷达图像提取地表三维信息方面的技术和方法等研究方面有所改进或突破，雷达遥感对地物的识别研究，如在干旱区对火山及熔岩的识别，植被覆盖区岩性和构造的分析，多波段多极化雷达影像对森林和农作物的识别，城市信息的揭示等对雷达遥感应用起了很大的推动作用，特别是利用多波段多极化成像雷达识别了位于宁夏–陕西交界处的一段隋代和明代的古长城引起了国内外的普遍关注。

（4）遥感信息在介质中传输规律的研究方面，在利用常规气象辐射站观测资料、反演大气气溶胶光学厚度与折射率虚部的理论和方法上取得新的突破，在此基础上研究了中国气溶胶光学厚度时空分布图，并分析了大气气溶胶光学特性变化规律；发展了国际上第一个参数化向上天空辐射亮度模式，调制 δ-Eddington 近似和双向反射地表–大气辐射耦合模式，建立了不对称边界条件下的云雨地表耦合的微波辐射传输模式，研究了大气云雨条件下微波辐射的衰减和我国北京等 20 个地方大气柱水汽含量与地表水汽压的依赖关系；发展了遥感信息大气影响校正模型，特别是将地表反射率对辐射传输的影响从与大气耦合中分离出来，从而可在地表反射率未知的情况下完成计算；提出了只要较少大气参数就可获得合理精度的简化红外辐射计算模型；植被辐射传输双层模型的发展，改善和提高了大面积平原地区农田蒸散和土壤水分的估算精度；提出了新的实用的土壤水热耦合运动方程求解方法和土壤热惯量野外实测方法，实现了遥感直接对地表热惯量和不同深度土壤水分的估算，在大面积干旱监测中发挥了重要作用。

验收专家组认为，该项目研究取得了丰硕的成果，达到了立项时所提出的研究目标，圆满完成了预定任务，该项目学术领导小组在组织协调与各课题工作等方面做了大量工作，积极推动了国际科技合作和学术交流，在项目实施过程中，较全面地成长了一支遥感基础研究方面的科技队伍，并涌现出多名杰出的青年科技人才。

验收专家组一致同意通过验收。评定项目实施等级：优。

4. 成果特色与创新点

该项目从机理研究上对中国遥感的科学与技术创新、发展与提高，促进与国际接轨，在国内外产生了很大的影响。由 9 个国家的 12 名专家对该项目进行过评估，认为：“遥感信息传输及其成像机理研究是当前世界遥感的前沿研究，它将推进遥感基础研究，并对未来产生重大影响。”这个项目“在遥感基础理论方面取得的成果，已在遥感领域达到很高水平，建议中国继续支持类似的基础研究。”

该项目取得了一批国际首创和领先，国内领先和国际先进水平的成果。其中，粗糙面几何参数与物理参数分离理论，自主创新研制的 224 波段固态推扫式航空高光谱成像仪，波型推进吸收边界条件的提出，根据雷达穿透原理识别出被掩埋的明、隋古长城，0.75μm 波长遥感气溶胶光学厚度的宽带消光法等方面居国际领先水平，该项目共发表论文 161 篇，SCI 收录 16 篇，EI 收录 32 篇，截至 1999 年底，76 篇论文累计被引用 122 次，其中 8 篇被 SCI 引用 9 次。《遥感信息机理研究》是我国遥感基础研究的重要专著，受到“自然科学进展”专评文章的高度评价。有 13 篇论文应邀在国际会议上做报告，主办 5 次国际会议和 3 次国际培训班，促成了多项国际合作项目。

该项目的创新点是，提出了粗糙表面几何参数与物理参数分离的原始思维，并在小扰动模型下得到证实。该项目建立了实验室 3 种介电常数测试系统，试验成功空间波位相法，理论上发展了双幅度法；

发展了基于高光谱遥感图像的矿物吸收指数和导数光谱分析模型，成功区分和提取了岩石、矿物和实现了植被的精细分类；国内首次研制了集成多种算法和模型的高光谱遥感图像处理与分析系统（HIPAS）；自主创新的固态推扫式航空高光谱成像仪；提出了“波型推进吸收边界条件”，进而导出边界外电磁散射均匀分布的近似值；进行航天飞机雷达过境时的穿透试验，发现了 L 波段雷达在内蒙古对干沙穿透深度大于 2m，进一步识别出被掩埋的明、隋古长城；提出了一种简化的极化度计算公式，据此用极化数据反演出地表参数；建立了干涉雷达海浪成像模型，用干涉雷达生成数字地形模型，并实现了从单幅雷达图像提取目标三维信息的方法；提出了遥感 0.75μm 波长气溶胶光学厚度的宽带消光法、高精度的调制 δ-Eddington 二流辐射模式和中国大气柱气溶胶和水含量的经验模式；创新了一种新的土壤热惯量实测方法和土壤水热耦合方程求解方法；建立了多谱段水体自动识别和提取模型，不因时相和区域差异而不同，具有通用性。

5. 推广应用情况、经济效益与社会效益

该项目共发表论文 161 篇，SCI 收录 16 篇，EI 收录 32 篇，被包括 SITP、INSPE 等数据库收录 163 篇。截至 1999 年年底，76 篇论文累计被引用 122 次（其中 8 篇被 SCI 引用 9 次）。13 篇论文应邀在国际会议上作特邀报告，主办国际会议 5 次，国际培训班 3 次。

该项目所研制和发展的高光谱成像仪与高光谱遥感植被精细分析和分类模型被日本采纳为中日国际合作的基本技术和基本方法（属技术输出性质），并为国内 863 高技术计划中产业化基地建设的支撑技术之一。“高光谱湿地环境研究”一文获得国际航空遥感大会最佳论文奖。

《微波遥感对地观测》一书被国际经典遥感专著《遥感手册》列为国际雷达遥感教科书之一，是亚太地区唯一入选书目。两篇多极化雷达遥感论文被加拿大航天局雷达卫星一号论证报告引用。用雷达对干沙掩埋下古长城的发现，在国际会议总结报告中被 SIR- C/X SAR 计划的首席科学家 Plant 誉为“该计划的三大新发现之一”；美国 NASA 发通稿（96—97 号）报道该成果；*Science*、*Science News*、EOM 期刊和 EOS 快讯等载文介绍；美国遥感考古会议主席 Weslman 特邀遥感所专家作大会报告。

0.75μm 波长遥感气溶胶光学厚度的宽带消光法和我国整层大气可降水量同地面水汽压关系的模式已被周秀骥、罗云高等学者用于研究近 30 年来我国气溶胶光学厚度的区域分布和遥感图像的大气订正。

依据该项目提出的“地理信息环境下的遥感分类方法”及“城市环境遥感监测结合实验方案”，并结合 863 项目在香港的实验区，完成了国产机载雷达、多光谱扫描仪的实验。依托地理信息系统平台，成功地实现了多源遥感数据的融合，出版了《香港揽胜——太空影像地图集》（科学出版社，1999 年），并在香港发行。由于影像与地图对照，颇受欢迎，香港特区行政长官欣然为其题词。

依据所提出的多源遥感数据融合原理，为中国人民解放军某部设计研制了大型遥感图像处理软件及目标数据库，2000 年通过鉴定验收并交付使用，运行正常。

采用空对地定位，行扫描测距，点像元匹配，姿态与位置矢量的高精度测量方法，按照定位、定量、定性一体化的创新原理，设计研制了机载激光遥感影像制图系统，被列为 863 特别资助项目，并获国家专利（2002 年 2 月，专利号 21961143061，专利证书 65663 号），扩展了该项成果的应用。

发展的遥感信息大气影响校正模型和方法、植被辐射传输的双层模型、土壤水热耦合运动方程、基于地表能量平衡方程通过遥感图像直接计算土壤热惯量和水分的一种新的简化方法等应用于华北土壤旱情监测与小麦估产中，取得了可观的经济效益。

该项研究首席科学家陈述彭院士在对遥感信息的时空分析和时态数据库建设的基础上，发表的“遥感信息的时空维”及“数字地球的科学制高点”（《遥感学报》）等前瞻性、战略性论文，在国内外产生了较大影响，荣获 1999 年度亚洲遥感学会特殊贡献金奖、陈嘉庚地球科学奖及泰国英德巴雅亲王遥感科学奖。

该项目在国内外产生了很好的影响和社会效益。国家自然科学基金委刊物《自然科学进展》对该项成果“遥感信息机理研究”专文书评，对该项目成果给予了高度评价。

该项目的研究成果之一，高光谱遥感信息机理及地物识别及其主要科学家被邀请为马来西亚遥感中心专家讲授高光谱航空遥感并拟将发展成为两国合作项目（中方由科技部支持）。

1999年在香港举行的第20届亚洲遥感会上设置了专门的研讨班，由该项研究的主要科学家讲授高光谱雷达遥感技术及应用。陈述彭院士和郭华东研究员被邀请作主题报告，童庆禧院士任该届国际会议组委会主席。

该项目成果正进一步扩大应用，组织技术出口：继2000年11月在吉隆坡为马来西亚举办高光谱遥感培训班之后，2001年5月又接待马来西亚国家遥感中心科技人员来华进修高光谱信息处理与分析。2001年该项目携发展的技术再次赴马来西亚开展实验研究。继2000年8月以我国高光谱技术项目在日本飞行之后，日方又邀请我于2001年8月携高光谱系统赴日开展合作飞行，并针对日本的农业、城市和海岸环境开展研究，在已取得成果基础上，又扩大并延伸参与国家重大基础研究项目（973）、北京市精准农业项目和总装备部有关目标特性的应用项目。

以该项目成果为基础，遥感所成功地组织了2001年北京顺义航天航空地面综合遥感基础试验，并申请到一个面上自然科学基金课题。

六十一、雨情气象信息接收处理应用系统

该项目由中国科学院遥感应用研究所等承担，于1996年完成。该项目成果1997年获水利部科技进步奖二等奖。遥感所主要完成人员为吴炳方等。

六十二、对地遥感模拟仿真研究

该项目由中国科学院遥感应用研究所等承担，于1999年完成。该项目成果2000年获海洋创新成果奖二等奖。遥感所主要完成人员为郑兰芬等。

六十三、防汛抗旱水文气象综合业务系统

1. 成果简况

该项目由中国科学院遥感应用研究所等承担，于2001年完成。该项目成果2002年获国家科技进步奖二等奖。遥感所主要完成人员为吴炳方等。

2. 成果内容

（1）雨情气象信息接收处理应用计算机系统：目前已建成了具有相当规模的雨情气象信息计算机网络环境和服务器/在户机业务运行系统，分别为数据库运行服务和业务处理及用户服务，且互为备份，另一台为研究试验和调试测试用服务器。专用计算机完成大量的自动和定时任务，以及系统状态监控，包括卫星云图接收处理、水文站雨量资料接收入库、中国气象局资料（地面高层观测报告、数值预报格点资料、气象传真图、热带气旋警报等）接收解码入库、天气雷达资料接收解码、固定时段雨量图制作、旱情监视产品制作、致洪暴雨天气信号提取、对外服务产品发布传输、系统运行调度控制和安全监测等。该系统可以长年连续运行，稳定可靠且高度自动化。

（2）雨情气象信息数据库：包括实时数据库和历史数据库。

（3）雨情气象信息服务体系：包括客户端服务，水利系统网络浏览器服务，电子信箱数据传输服务和远程维护，卫星广播服务，互联网水文网站服务，图表发布。

3. 验收和鉴定意见

该项目 1997 年 4 月通过水利部科技司主持的专家鉴定。

4. 成果特色与创新点

在计算机网络和地理信息系统的支持下，以 50 年以来的历史和实时雨情气象信息综合数据库为核心，以计算机网络为依托，集水文气象信息收集、处理、管理、应用为一体，为国家防汛抗旱工作及时准确地提供雨水情天气实况、历史分析和预测成果的综合信息服务业务系统。该系统由实时雨水情天气信息系统、热带气旋信息系统、致洪暴雨信息系统、降水天气信息综合分析系统 4 部分组成。其主要内容为各种水文气象实时数据收集、数据库运行管理、水文气象产品加工和应用服务，包括气象卫星云图应用、全国雨水情和天气信息查询应用、旱情监视、热带气旋预报警报、致洪暴雨信息查询和降水天气信息综合分析预报等。系统以客户端、浏览器、远程数据传输、数字广播、网站和纸质图表发布 6 种方式向用户提供水文气象产品服务。系统紧密结合防汛抗旱工作的实际需要，将水文、气象、地学、信息学等多学科紧密结合，实时信息与历史数据相结合，既有实时动态监测功能，又有数据挖掘及分析预测能力。该系统开发以地理信息系统、计算机互联网技术、空间数据处理统计和面向问题的数据查询等为技术支撑，逐步建成了稳定可靠和高度自动化的业务运行系统，做到了研究试验、技术开发和业务应用的平稳衔接，不断地将研究试验成果转化为业务应用产品，实现了系统的持续发展和完善。

5. 推广应用情况、经济效益与社会效益

该系统于 1995 年在水利部和国家防汛抗旱总指挥部办公室投入业务应用，在 1998 年、1999 年大洪水和 1999 年、2000 年、2001 年持续干旱的防灾减灾及调度决策中发挥了突出的作用。近两年来，该系统以 6 种方式提供信息服务，迅速地扩大了应用范围，已经成为水利系统各级防汛抗旱机构不可缺少的防汛抗旱信息服务系统，并已推广到黄河水利委员会、珠江水利委员会、湖北省、佛山市、岳城水库等 26 个流域、省（区）、地（市）和县级防汛抗旱指挥机构及水库等单位，也已推广到电力系统，取得了显著的经济效益和社会效益。

六十四、资源环境、区域经济空间信息共享应用网络

1. 成果简况

该项目由中国科学院遥感应用研究所等承担，于 2000 年完成。该项目成果 2003 年获国家科技进步奖二等奖。遥感所主要完成人员为阎守邕、王世新、庄大方、赵健和刘亚岚等。

2. 成果内容

在“国土资源环境与区域经济信息系统与国家信息空间基础设施关键技术研究”支持下，多部委联合协同攻关而获得的一个公益型、基础性、影响深远的重大科技创新成果。

（1）创建了通过数字通信网络把项目单位连接起来的资源环境和区域经济空间信息网络。

（2）首次提出适合我国国情、能与国际标准接轨的资源环境、区域经济空间信息共享应用网络（NREDISA）空间集成数据编码、空间元数据内容、空间数据格式转换、数据定位质量评价、空间数据应用模型等标准方案或建议，以及推广应用有关标准的软件工具。

（3）以创新的遥感影像人机交互判读系统、空间决策支持系统平台、元数据技术平台和空间数据格式转换服务系统等配套关键技术，实现专题信息、知识从数据中的高效提取，以及为广大用户应用共享的目标。

（4）创建了使参加单位原有和不断生成的数据转换为 NREDISA 网上共享应用资源的工艺流程与技术规范，完成了以全国统一、标准的数字地图为基准的数据空间集成示范任务，盘活数据 38GB。

（5）创建了遥感速报信息网络服务框架系统和全国地区经济监测预测系统，在区域可持续发展评价系统研制探索、区域信息网络发展，以及全国农业、城市体系空间决策支持研究等方面进展显著。

（6）创建了能够进行内部服务、交换共享、中介委托和公益服务等运作的 NREDISA 及其空间信息交换中心原型。

（7）首次提出了具有我国特色的国家信息空间基础设施（NSII）建设总体框架、发展模式及政策建议，已在国家发展计划、国务院批发的文件里得到体现。

开拓了作为 NSII 发展理论基础的人地系统科学新领域。其研究成果对发展全国及各部门、省市的空间信息共享应用网络，缩小了国内地区间及我国与国外的数码差距，做出了积极贡献。

3. 鉴定意见

（1）“资源环境、区域经济空间信息共享应用网络（NREDISA）”由信息网络、标准建议、关键技术、数据集成、信息应用、共享服务六部分内容构成，从多方面探索和解决了我国国家空间信息基础设施建设与发展中的有关理论、技术、方法、途径和机制的问题，做出了重要贡献，意义重大。

（2）该网络以国家信息中心为主节点，以国家计委宏观经济研究院信息咨询中心、水利部水科院水资源所、国家林业局信息中心、国土资源部信息中心、国家基础地理信息中心、国土资源部地籍司、国家海洋局信息中心、中国科学院遥感应用研究所及海南省信息中心等单位为分节点，基于中经网、构成了以各政府部门数据为主、可业务运行的地理空间信息网络。这种网络为我国地理空间信息共享应用网络的进一步发展，提供了原型，积累了经验，奠定了基础。

（3）该项目中的空间集成数据编码方案、空间元数据内容标准（草案）、空间数据转换标准（草案）、数据定位质量评价方案、应用模型的标准化建议，是一套基本适合我国国情、能与国际标准接轨、有利于我国数据共享和应用发展的标准建议。为推广应用其中的元数据内容标准和数据格式转换标准而专门开发的应用软件工具，已得到各有关单位的实际应用，对推动我国数据的规范化共享发挥了积极的作用。

（4）该项目研发了资源环境、区域经济空间信息共享应用网络建设所需要的系列配套关键技术，包括数据空间集成技术、数据网络共享技术、空间决策支持技术和数据分析应用技术，有一定的创新性。

（5）该项目实现了以全国统一、标准的数字地理底图为基准的数据空间集成示范，盘活了现存数据近 38GB。其成功经验将加速我国数据空间集成与应用的发展。

（6）该成果的全国遥感速报信息网络服务框架系统和全国地区经济监测预测系统已进入业务化运行阶段，可为用户提供日常服务。区域可持续发展评价系统研制和区域信息网络发展研究任务的完成，以及全国农业发展、城市体系的空间决策支持预研究的开展，为进一步示范应用提供了科学储备。

（7）在国家信息中心和部分项目参加的单位里，形成了自己的地理空间信息交换中心技术原型，可以通过内部服务、交换共享、中介委托和公益服务等模式，按照 NREDISA 的网络共享服务规范运作。

该项成果中的某些科学构思、发展政策建议已在我国有关的国家发展计划和我国国家空间信息基础设施建设及其指导性政策文件里得到了体现。

鉴定委员会认为：“资源环境、区域经济空间信息共享应用网络”是在我国地理空间信息基础设施领域里的一项意义重大、具有开创性的成果，居国内领先地位，具有国际先进水平。

4. 成果特色与创新点

资源环境、区域经济空间信息共享应用网络，是在我国空间信息及其应用领域里，首次探索、试验由各部门、各地区各自为政的状态，向扁平化的多部门、多地区网络共享应用服务转化，所取得的重大和具有突破意义的科技成果。其成果的特色具体由以下创新点体现出来。

（1）创建了具有用驱动信息规范化网络共享服务，由信息网络、标准建议、关键技术、数据集成、信息应用、共享服务 6 个部分构成的环境、区域经济空间信息共享应用网络及其运作机制。

（2）创建了用于建设与发展我国国家空间信息基础设施的关键技术，包括各部门/区域的数据空间集成技术、规范化的分布式空间数据共享技术以及基于广域网络的空间决策支持应用技术等。

（3）创建了用于建设与发展我国国家空间信息基础设施的有关基本概念、发展模式、技术体系、网络构造、优先领域等方面系统、完整的科学思想、发展政策、技术路线和应用经验。

5. 推广应用情况、经济效益与社会效益

直接应用情况：NREDISA 中的地矿、土地、林业、水利、海洋、测绘和中科院等单位盘活数据 38GB，投入运行的专题数据库 69 个、产生图形产品 90 多种、新工艺 5 项，为 20 多个应用项目服务，加速了这些部门信息化的进程，奠定了我国 NSII 进一步发展的基础。其地区经济监测预测系统在 1997～2002 年提交了监测预测报告 30 份，用于《中国经济年鉴》、全国计划工作会议参阅资料、国家计委综合司、投资司等的文件，以及上报国办的《计委信息（内刊）》，在国家宏观调控方面发挥了积极作用。1996～2000 年，其洪涝灾情遥感速报系统定期、持续地向国务院、国家计委、国家科委、水利部、农业部、民政部，以及湖北、湖南、江西、黑龙江、内蒙古等政府部门提供洪涝灾情信息，发出图文并茂的灾情简报 135 期，在全国防灾减灾，尤其是在 1998 年长江中游和东北松花江、嫩江特大洪涝灾害的抗洪救灾斗争中发挥了重大作用。

间接应用情况：NREDISA 的攻关推动了我国国家地理空间信息协调机构、机制、规划和标准的建立；国办发[2001]53 号文件《关于促进我国国家空间信息基础设施建设和应用若干意见》的形成，以及空间信息基础设施在全国、有关部委和各省市的健康发展；其后续发展在《中华人民共和国国民经济和社会发展第十个五年计划纲要》，以及有关国家重大信息化工程项目里得到立项，如国家自然资源和地理空间基础信息库建设，已成为中办 17 号文确定的“十五”期间电子政务建设的四大基础库之一。

该项成果属资源、环境和区域经济空间信息基础设施建设与发展领域里的公益类成果，其主要效益体现在社会效益方面有力地支持着我国各种与地理位置有关的活动，如资源调查、环境保护、生态监测、防灾减灾、城市/区域乃至全国的规划、管理和决策及科学技术创新等任务的顺利进行，加速了我国信息社会化，以及区域间、国家间数码差距缩小的进程。

六十五、海洋渔业遥感、地理信息系统技术应用服务系统

1. 成果简况

该项目由中国科学院遥感应用研究所等承担，于 2001 年完成。该项目成果 2001 年获中国科学院科技进步奖一等奖，2002 年获国家科技进步奖二等奖。遥感所主要完成人员为杨崇俊和党顺行等。

2. 成果内容

该课题将遥感、地理信息系统、专家系统综合应用于海洋渔业，以东黄海为示范区，开发了具有自

主知识产权、可业务化运行的海洋渔业遥感及地理信息系统技术应用服务系统。该系统每 7 天报告 1 次渔况：每渔汛期带鱼、鲐鱼、马面鲀等主要经济鱼种的资源量、可捕量估算，面向 3 省 1 市渔业公司、渔民及各级渔业管理部门提供信息服务。

该课题成果由多个单位共同完成。遥感所的主要成果为将开发的水灾预防决策支持系统应用到渔业地理信息服务系统中。

水灾预防决策支持系统是利用历史和实时数据进行河道模拟、降雨模拟和水位预报研究，它以完善的数学模型（如三维计算机视觉、动态流体建模），集成已有技术、经验和来自不同领域的知识，建立一个全面描述水灾分布、灾情模拟和分析的模型，为建立一个可以长期运行的水灾预防决策支持系统做出理论、技术准备和示范工程。

水灾预防决策支持系统在各种底层数学模型的基础上需要完成两个重要的功能：洪水模拟和灾情评估；建立三个独立运行的子系统（地理信息系统、场景建模、水灾模拟），以及最后的集成系统，即水灾预防决策支持网络信息系统，这一集成系统都将采用地网 GeoBeans 软件，以实现 Internet 环境下的实时数据处理、分析、模拟和多方信息共享。这样一来，水灾预防决策支持系统中复杂的场景建模、水灾模拟将在 3 个独立运行的子系统中实现，而相对简单实时的数据处理、分析、模拟和多方信息共享将由水灾预防决策支持网络信息系统来实现。

“水灾预防决策支持网络信息系统”设计为一个分布式计算的 Internet GIS 应用服务系统，它采用 Browse/Server 分布式计算模式，由分布在 Internet 上的客户端（Browser）、Web 服务器、应用服务器、多数据库服务器组成。在水灾预防决策支持网络信息系统支持下，分布在不同地点的专业用户可以根据需要，调用本地和多个异地数据库服务器中的数据或计算分析功能，进行各类分析、模拟；分布在不同地点的一般用户也可以根据需要，调用系统中的各类数据和分析、模拟的结果。

3. 成果特色与创新点

基于模块结构和远程处理的系统更接近大众，而且网络技术使 ANFAS 更容易获得数据，更方便地进行当地和远程之间交换数据。这一点对于水灾的总体管理是很重要的，对于流经不同国家和地区的河流更是如此。

该课题组开发出了友好用户界面，使人机交互界面成为 WWW 界面，它是一个开放的平台，并根据用户需求实现。信息集成系统是基于模块的集成，其目的是可以通过增加新的功能（即新的模块）或更新现有的功能使系统得到改进，这对保持系统的生命力很重要。在其他的为专门的应用开发的系统中重复使用同一个模块。

4. 推广应用情况、经济效益与社会效益

该项目为我国近海渔业资源可持续利用、外海渔场开发，海洋渔业生产管理，渔船周边国家港口救助、安全航行，以及我国海洋权益的维护提供了强有力的辅助决策信息和技术支持。

六十六、神舟飞船陆地遥感应用系统研究

1. 成果简况

该项目由中国科学院遥感应用研究所等承担，于 2005 年完成。该项目成果 2004 年获××科技进步奖二等奖。遥感所主要完成人员为郭华东、王为民、王长耀、蔺启忠、朱博勤、田国良、王超、邵芸、钟若飞、陈劲松、王世新、张宗科、朱振海、濮静娟、牛铮、崔伟宏、王志刚、余涛、燕守勋、张庆员、周艺、张建中、王心源、孙利国、张佳华、田庆久、郑兴年、王红梅、李林、刘素红、刘庆生和王汶等。

2. 成果内容

该项目以应用于神舟飞船中分辨率成像光谱仪和多模态微波民用遥感器为研究目标，围绕着生态水文和固体地球表层遥感探测，开展了为期 10 年的 3 个阶段研究，以及数据获取与处理技术、陆地地表分类和亮温生成、土地利用及农作物监测、地质构造与岩性填图、水文应用，以及数据库与电子图集 6 个子系统组成的神舟飞船陆地遥感应用系统，取得了一系列科研成果。

（1）应用神舟飞船中分辨率成像光谱仪和多模态微波遥感器，进行了 3 次航空遥感模拟试验，取得地面实测数据 4 套、岩石标本一套；建立了“神舟飞船陆地遥感应用示范系统” “农业应用实验与示范系统”和“遥感地质岩性填图应用示范系统”；开展了“舟–机–地”三位一体同步对地观测试验；进行了神舟飞船遥感专题信息解译与系列制图，编制了首幅 CMODIS 图像大型镶嵌图，完成了 CMODIS 专题信息解译电子图集，编制了《神舟飞船对地观测遥感综合实验应用研究图集》，推出了京津渤地区 CMODIS 图像成像立方体。

（2）建成了数据库体系，包括波谱数据库、CMODIS 图像库、地物波谱数据库和植被光谱数据库。

（3）推出了一批新的遥感应用模型和数据技术方法：农作物类型识别与反演模型；基于神经元网络方法的成像光谱仪数据分类方法；土壤水分监测模型等关键技术；积雪识别方法和融雪径流模型；区域成矿地质背景预测模型；适合于宽、窄波段遥感数据处理的地质对应分析方法；金矿成像光谱数据的识别模型；神舟飞船陆地遥感数据处理流程；神舟飞船陆地遥感数据专用处理方法。

（4）文字资料：在国内外期刊及学术会议发表了论文 44 篇，SCI 3 篇；在大型国际会议作大会报告 4 次；研究成果报告汇编 3 册；系统研究研制报告 1 部；总结报告 4 部。

3. 验收和鉴定意见

2004 年 4 月 13 日，中国科学院空间科学与应用中心召开成果鉴定会。鉴定意见如下。

该项目以神舟飞船中分辨率成像光谱仪和多模态微波遥感器应用研究为目标，围绕生态环境变化快速调查与监测、土壤水分和融雪径流监测、大型地质环境与成矿背景遥感探测、数据处理和系统集成等 4 个方面开展了为期 10 年的 3 个阶段的研究，形成了由数据获取与处理技术、陆地地表应用、土地利用及农作物监测、地质应用与岩性填图、水文应用、数据库与电子图集 6 个子系统组成的神舟飞船陆地遥感应用系统。该系统具有以下特色和创新。

（1）第一次推出由方法类、应用类共 6 个子系统组成的神舟飞船陆地遥感应用系统。建成了包括地物波谱数据库、植被光谱数据库、图像库、图形库和符号库等组成的数据库体系；研制完成了第一个《 神舟飞船遥感对地观测电子图集》，编制出第一幅中国境内 CMODIS 镶嵌图，处理得出第一幅 CMODIS 图像立方体。该系统具有集遥感、GIS、多媒体、网络为一体的特色和功能。

（2）通过开展“舟–机–地”三位一体同步观测试验，取得了三种平台同一试验区对地观测数据，为成像机理研究和地物识别模型建立提供了科学依据。

（3）首次将 SZ-4 微波辐射计数据用于陆地地表分类和亮温生成，给出青藏高原积雪厚度反演结果。用微波散射计数据生成全球散射系数图，并据此将全球划分为六大地表单元；提出了 CMODIS 条带噪声消除方法–有限长脉冲响应滤波方法，具有明显的创新性。

（4）开发了 CMODIS 数据土地利用、农作物和地质岩性识别的方法，建立了相应的遥感应用示范系统，发展了土壤水分监测模型关键技术。

（5）研究提出了一套以相关国家和行业标准为参照系的飞船陆地遥感应用规范，包括定标规范、野外测试规范、室内测量规范和制图规范，保证了数据的可靠性和可比性，并得到了实际应用。

（6）通过试验模拟和国外同类星载传感器数据的比对分析，对中分辨率成像光谱仪和多模态微波遥感器的数据和质量做出了评价，为新型传感器的研制和应用积累了科学数据。

鉴定委员会一致认为："神舟飞船陆地遥感应用系统研究"总体设计思想新颖、技术先进、涵盖面广、适应和扩展能力强、开发研制难度大，具有显著的创新性和明显的社会经济效益。项目成果总体上居国际先进水平。一致同意通过该项目成果鉴定。

4. 成果特色与创新点

(1) 推出国内外第一个由方法类、应用类共 6 个子系统组成的神舟飞船陆地遥感应用系统，具有集遥感、GIS、多媒体、网络为一体的特色和功能。

(2) 研究出一种新的 CMODIS 条带噪声消除方法–有限长脉冲响应滤波方法，提高了图像质量。该成果论文已在 IEEE TGRS 上发表。

(3) 制作完成了国内外第一个《神舟飞船遥感对地观测电子图集》，编制出第一幅中国境内 CMODIS 镶嵌图，处理得出第一幅 CMODIS 图像立方体和三维鸟瞰图。

(4) 在国际上首次将 SZ-4 微波辐射计数据用于陆地地表分类和亮温生成，给出青藏高原积雪厚度反演结果，生成全球散射系数图，并据此将全球划分为 6 种地表覆盖类型。

(5) 在国际上首次取得 3 种平台同一试验区对地观测数据，为成像机理研究和地物识别模型建立提供了科学依据。

(6) 开发了 CMODIS 数据的遥感应用子系统，发展了土壤水分监测模型关键技术。

(7) 制定了一套以相关国家和行业标准为参照系的飞船陆地遥感应用规范，并得到了实际应用。

(8) 对 SZ-3/4 对地观测数据开展了一系列的应用研究，研究范围从典型试验区到全球；研究时域涉及静态观测和动态监测。

5. 推广应用情况、经济效益与社会效益

该项目成果已被中国国土资源航空物探遥感中心、中国科学院空间科学与应用研究中心等单位在工作中应用；处理完成的 CMODIS 图像产品被上级主管部门广泛使用，荷兰专家评价"CMODIS 镶嵌图质量很高，会有很多潜在用户"。

中国国土资源航空物探遥感中心提供应用证明：我中心在科研工作中使用了经"神舟飞船陆地遥感应用系统"处理的 CMODIS 成像光谱数据和应用系统，认为系统对特殊平台获取的数据处理有效；去除了常用系统难以解决的不规则的条带噪声；图像条带拼接均匀化一；处理后的图像层次清楚，清晰体现了"图谱合一"的特点。该系统提供的地物波谱数据库与 CMODIS 图像数据库有机结合，为研究大尺度地质环境，特别是研究巨型地质体及海陆交互带地质环境，及地质构造格局，推测有关隐伏构造具有示范意义。该系统及相关成果体现了我国载人航天工程对地观测遥感的新成果，在国土资源遥感方面有重要实用价值。

中国科学院空间科学与应用研究中心的应用证明指出：中国科学院遥感应用研究所"神舟飞船陆地遥感应用系统研究"项目从微波遥感器发展动态、技术参数选择定标、用户需求及科学研究等方面做出的分析评价及大量应用研究成果，对于航天微波遥感器的设计、研制发展具有十分重要的意义。

六十七、西藏自治区"一江两河"中部流域综合开发

1. 成果简况

该项目由中国科学院遥感应用研究所等承担，于 2001 年完成。该项目成果 2004 年获西藏自治区第十届科学技术进步奖一等奖。遥感所主要完成人员为张增祥、刘纪远、赵宪忠、兰志明和李林等。

2. 成果内容

该项目旨在利用高新技术实时监测区域资源环境综合开发活动对环境的影响，采用多要素综合分析

的方法，定量反映区域环境的动态变化。该研究工作以多时相的遥感动态分析结合地理信息系统的全面应用作为核心技术，通过对影响环境状况的各个因素在开发建设过程中的动态研究，综合评价“一江两河”环境状况变化情况。①首次建立了西藏中部地区环境评价指标体系，它涵盖了水热指数、土壤侵蚀、土地覆盖、地形地貌四大方面的18个因子，并在专家知识的支持下，确定了研究区生态环境相关要素的影响权重。②建立了基于地理信息系统的西藏“一江两河”环境监测系统及其时空数据库，内容覆盖“一江两河”地区综合开发建设的全过程，是国内针对环境进行的持续时间最长的研究之一。该项目的实施为自治区有关部门提供了多期监测成果（信息），为合理开发“一江两河”提供了科学依据，为开展全区遥感监测与环境评价积累了资料、经验，掌握了技术，培养了人才。

该课题研究在地理信息系统技术的支持下，进行多专题内容和多时间尺度的综合分析与系列分析，全面地掌握了土地资源、生物资源、水文环境和气象状况等生态环境要素的综合状况及其相互关系，并通过数据标准化处理和三维数值（仿真）模型、数字高程模型（DEM）、土壤侵蚀强度判别模型、水热三维分布模型、土地利用程度模型、人工植被分析、植被覆盖度分析、环境评价设计模型及指标体系层次结构模型、环境评价模型、动态监测模型等，开展系列专题制图，各专题制图内容均形成切实可行的分类体系和统一的编码方法；建立了包括图形数据库、属性数据库、统计数据库和专家知识库为主要内容的时空数据库系统；建立了全开发区生态环境分析、评价与动态监测模型。所形成的结果及动态分析成果全面体现了环境研究的区域性、空间性、动态性等特点，具体表现在：①首次建立了适合于高原山地的环境评价指标体系，进行了为期10年的环境动态监测与综合评价分析研究，在国内尚属首次。项目针对高原特点选取了包括水热状况、土壤侵蚀、土地覆盖、地形地貌四个方面的18个因子作为环境评价的参评因子，并结合专家知识库建立了18个参评因子在环境评价中的环境评价指标。②数字化编制完成了全区域土地利用图、沟谷密度图、土壤侵蚀类型图等基础资料，实时进行了年度更新。③在地理信息系统的平台上完成数据运算、数据库建设、模型分析、图形编辑和制作，为生态环境遥感监测的进一步开展奠定了基础。④建立了基于地理信息系统的西藏“一江两河”环境监测系统时空数据库，填补了区内空白。

3. 验收和鉴定意见

1997年5月19日，该项目成果通过了由西藏自治区“一江两河”开发建设委员会办公室组织的验收。验收组专家充分肯定了该项目形成的技术方法和取得的各项成果。并对成果的消化吸收、滚动实施提出了明确要求。项目鉴定认为“既有理论创新，又具有很高的推广应用价值，达到国内领先水平”。

4. 成果特色与创新点

其最大的特点是能够将数据和空间定位联系起来、将空间区域和时间序列结合起来，可以直观、形象、逼真地显示和读取每一点、每一年度的生态环境各个要素的信息数据及其对区域整体环境的影响作用。

5. 推广应用情况、经济效益与社会效益

建立的西藏“一江两河”环境遥感动态监测与评价系统，不仅能够为有关部门实时、准确地提供“一江两河”开发区环境的动态变化情况及开发活动对环境的综合影响等信息，而且也能够为下一步开展“数字西藏”等一些大比例尺的综合信息系统的建立奠定基础。

六十八、全国第二次土壤侵蚀遥感调查

1. 成果简况

该项目由中国科学院遥感应用研究所等承担，于2001年完成。该项目成果2004年10月获水利部大

禹水利科学技术奖二等奖。遥感所主要完成人员为张增祥、赵晓丽、周全斌和刘斌等。

2. 成果内容

由水利部水土保持监测中心为项目主持单位，中国科学院遥感应用研究所为项目技术主持单位，组织完成了全国土壤侵蚀遥感调查。项目成果主要包括如下。

（1）首次建设完成了全国 1∶10 万土壤侵蚀数据库，实现了分省、分县和分流域数据管理。覆盖 32 个省，数据总量 1470M；2367 个县，数据总量 1820M；7 个主要流域，数据总量 1620M。

（2）形成并发展了全数字人机交互土壤侵蚀遥感判读分析方法，在全国 31 个省、市、自治区得到全面应用，为水利部系统培养数百位应用专业人员。

（3）制作完成全国 1∶600 万土壤侵蚀数字地图，以及 1∶250 万～1∶35 万分流域和分省数字地图，数据总量超过 2000M。

（4）首次利用 1∶25 万 DEM 和 1∶10 万土地利用数据，完成全国各省耕地地形坡度分析，数据总量超过 10GB。

3. 鉴定意见

2001 年 4 月 29 日，水利部主持召开项目成果鉴定会。鉴定意见如下。

（1）该项目以遥感和地理信息系统为核心技术，依据中华人民共和国行业标准《土壤侵蚀分类分级标准》（SL 190-96）要求，取得了制图精度可靠、实效性较强的全国土壤侵蚀调查数据和图件，首次建立了全国空间型土壤侵蚀数据库，并利用数字高程模型和土地利用数据取得了全国不同地形坡度等级下的耕地面积数据及其空间分布。

（2）该项目充分发挥遥感、地理信息系统的技术优势，充分利用我国遥感应用研究和水土保持工作中长期积累的成果，缩短了调查周期，全面完成了全国第二次土壤侵蚀遥感调查，提高了该项成果的时效性；研究和发展了全数字人机交互土壤侵蚀信息快速提取和全国数据集成方法，保证了成果客观性和准确性。

（3）该项成果提高了我国土壤侵蚀调查的技术水平，培养了一支新的技术队伍，为本底数据库的更新和土壤侵蚀动态监测奠定了基础。

项目进行期间，其技术方法与数据库在我国生态环境保护、西部大开发、国土资源调查、环京津地区土壤侵蚀动态监测、流域规划与治理等方面得到了应用，已初步体现了项目成果的实用性。

鉴定委员会认为，该项目利用遥感和地理信息系统技术建立了全国土壤侵蚀图形数据库和属性数据库，以及全国耕地地形坡度分级数据库，在实现全国土壤侵蚀动态监测与数据库快速更新能力等方面均有突破与创新，成果内容丰富，科学性、系统性、现势性强，对于我国生态建设与环境保护具有重要科学意义和应用价值，该项成果在宏观尺度和多类型土壤侵蚀综合调查方面达到了国际先进水平。

建议在此项成果的基础上加强对土壤侵蚀量计算与危险程度评估的理论与方法研究。并建议国家有关部门继续给予支持，加强土壤侵蚀监测体系的建设，提高数据库的更新与运行能力。

4. 成果特色与创新点

20 世纪 80 年代末，我国第一次利用遥感技术进行了土壤侵蚀调查，取得了一系列研究成果，查清了当时全国土壤侵蚀面积为 367 万 km^2，每年的水土流失总量在 50 亿 t 以上。这次调查尽管采用了先进的遥感技术，但对调查的技术规程及其结果并未建立数字文件，难以应用于动态监测。将遥感技术应用于水土流失调查和预测预报，国际上发达国家已进行了广泛的区域调查，国内科研单位也进行了试验研究，取得了许多研究和应用成果。与传统方法相比，遥感技术获取的信息具有较强的综合性和现时性，数据处理和信息提取速度快、精度高的特点，极大地缩短了调查周期。

以遥感和地理信息系统为核心技术，依据国家行业标准，取得精度可靠、实时性强的全国土壤侵蚀调查数据库和图件，首次建立全国土壤侵蚀数据库，在生态环境、西部开发和区域土壤侵蚀调查开发建设项目中得到广泛应用，体现出成果的实用性。中国科学院文献情报中心 2001 年 4 月 22 日完成的科技查新报告表明，国内外文献均未发现有与该项目特点相一致的报道。该项目在实现全国土壤侵蚀动态监测与数据库更新能力方面均有所突破与创新，在宏观尺度和多类型土壤侵蚀综合调查方面达到国际先进水平。

5. 推广应用情况、经济效益与社会效益

该项目成果提高了我国土壤侵蚀调查的技术水平，在我国生态保护、西部大开发、环京津地区土壤侵蚀动态监测、水土保持生态规划和流域综合治理等方面得到应用，初步体现了该项目的技术价值和作用。

全国土壤侵蚀遥感调查数据库成果由水利部上报国务院批准后，于 2002 年 1 月 21 日水利部举行新闻发布会，发布了《全国水土流失公告》。

六十九、先进对地观测技术农业应用系统

1. 成果简况

该项目由中国科学院遥感应用研究所、中国农业科学院农业自然资源和农业区划研究所、中国气象局国家卫星气象中心和北京市农林科学院作物研究所等承担，于 2004 年完成。该项目成果 2004 年获北京市科学技术奖一等奖。遥感所主要完成人员为王长耀、牛铮、王汶和张庆员等。

2. 成果内容

（1）在国内首次通过建立系统观测规范、评价模型和设计卫星–飞机–地面三级综合试验流程，为我国自行研制航空成像光谱仪与神舟三号飞船 CMODIS 农业应用参数选择和性能评价提供科学依据，其对发展我国遥感器也具有重要的参考价值。

（2）开发了预处理软件，发展了改进矩匹配条带噪声去除方法、基于窗口内均值与均方差值的统计比值差值排序椒盐噪声滤波器，以及辐射纠正估计双向反射（BRDF）角的算法等辐射校正和噪声去除方法。

（3）利用自主开发的遗传与神经元网络结合的算法软件，对成像光谱数据进行农作物识别，结果表明，可以区别出不同的作物类型，提高分类精度，而且可以区分出 4 种不同小麦品种。

（4）在国内率先开展利用成像光谱数据反演农作物生化组分（叶绿素、蛋白质、可溶性糖、N、P、K 等）的研究，建立了一系列成像光谱技术农业应用实用分析模型。

（5）建立了先进对地观测技术农业应用系统，通过对比试验自主开发了光谱分析、数据预处理、农作物分类–变化监测、农业应用模型 4 个组件式农业专业实用软件模块，具有对航空、星载高光谱及雷达影像进行数据处理及 GIS 的分析功能。

3. 验收和鉴定意见

2004 年 3 月 24 日，中国科学院资源环境科学与技术局组织鉴定委员会，形成以下鉴定意见。

（1）在国内首次通过建立系统观测规范、评价模型和设计卫星–飞机–地面三级综合试验流程，通过试验为我国自行研制航空成像光谱仪与“神舟三号”飞船 CMODIS 农业应用参数选择和性能评价提供科学依据，对发展我国遥感器具有重要的参考价值。

（2）开发了适合我国自行研制的机载、星载成像光谱仪数据，以及其他遥感数据的预处理软件，发展了改进矩匹配条带噪声去除方法、基于窗口内均值与均方差值的统计比值差值排序椒盐噪声滤波器，以及辐射纠正估计双向反射（BRDF）角的算法等辐射校正和噪声去除方法。

（3）利用自主开发的遗传与神经元网络结合的算法软件，对成像光谱数据进行农作物识别，应用试验观测结果表明该方法不仅可以区别出不同的作物类型，提高分类精度，而且可以区分出 4 种不同小麦品种，这一成果在国际上未见报道，是对地观测技术在农作物识别研究方面的重大进展。

（4）在国内率先开展了利用成像光谱数据反演农作物生化组分（叶绿素、蛋白质、可溶性糖、N、P、K 等）的研究，建立了一系列成像光谱技术农业应用实用分析模型，为我国对地观测技术农业应用的进一步发展积累了经验、奠定了基础。

（5）建立了先进对地观测技术农业应用系统，通过对比试验自主开发了光谱分析、数据预处理、农作物分类–变化监测与农业应用模型 4 个组件式农业专业实用软件模块，具有对航空、星载高光谱及雷达影像进行数据处理及 GIS 的分析功能，适用于农业现代化管理和应用。该系统软件已在有关单位实际应用，对推动我国先进对地观测技术农业应用起到了示范作用。

“先进对地观测技术农业应用系统”是将图像处理、图形处理、数据库和模型库有机结合的集成系统，是我国对地观测技术应用领域一项有重大意义的创新成果，整体上达到了国际先进水平，在探索小麦品种识别研究方面达到了国际领先水平。

4. 成果特色与创新点

“先进对地观测技术农业应用系统”是将图像处理、图形处理、数据库和模型库有机结合的集成系统，是我国对地观测技术应用领域一项有重大意义的创新成果。

5. 推广应用情况、经济效益与社会效益

该研究成果已在北京市顺义区开展了农作物识别与应用。

七十、新型成像雷达对地观测机理与地物识别研究

1. 成果简况

该项目由中国科学院遥感应用研究所承担，于 2003 年完成。该项目成果 2005 年获北京市科学技术一等奖。遥感所主要完成人员为郭华东、邵芸、王超、廖静娟、王长林、李震、董庆、李新武、韩春明、范湘涛、刘浩和王心源等。

2. 成果内容

（1）构建了无植被沙丘雷达几何散射模型。证明了 L 波段雷达对干沙的穿透性，提出 LHH 是识别线性掩埋地物的最佳波段极化组合。

（2）首次揭示出极化雷达相位信息与植被的几何、物理参数及雷达波频率和入射角等参数的相互关系，用极化雷达反演出地表粗糙度和介电常数。用极化干涉方法解决了常规干涉雷达在地表植被丰富地区不能获取高精度 DEM 的技术难点。

（3）首次证明了雷达图像观测的含水含盐土壤后向散射强度与其含盐量有较高的相关性。

（4）生成第一幅干涉雷达图像，用差分干涉雷达获得同震形变图并确定出形变中心和最大视向位移量。

（5）首次揭示了水稻后向散射随其生长发育变化规律，提出了水稻时域散射特性概念，可区分相差 5～

10天的早、中、晚熟稻。

（6）用多波段多极化雷达发现了昆仑山 5 个火山口及两类不同性质的熔岩流。用长波段雷达识别出植被冠层下的成层构造。

十余年系统研究，发表论文 239 篇，其中 SCI 论文 23 篇、EI 论文 76 篇、CSCD 论文 68 篇，他人正面引用 79 次。出版著作 5 部，其中英文 4 部。国际著名遥感期刊 *PE&RS* 专载书评由 Taylor & Francis 出版的该项目专著。《微波遥感对地观测》一书被列为国际雷达遥感教科书之一。国际同行评价："在雷达遥感领域起到了引导作用（leading role）"。

3. 验收和鉴定意见

围绕新型成像雷达对地观测机理这一前沿遥感课题，20 世纪 80 年代初期以来，该课题组承担了包括国家重大、重点自然科学基金项目与课题、国家 863 计划课题、中科院重大项目等一系列雷达遥感项目，并先后进入了分别由美国、加拿大、欧空局等主持的 7 个大型雷达遥感国际合作计划，持续开展了地物与电磁波的相互作用机理、雷达信息提取技术、复杂环境下典型地物识别方法等雷达遥感应用基础研究工作。课题研究内容在国际雷达遥感舞台与国外同行同步工作，取得系统性成果，为发展雷达遥感科学起到了推动作用。

该项科研成果的特色和科学创新主要反映在：提出利用多波段、多（或全）极化信息和振幅、相位等电磁波资源的学术思路，在雷达与地物目标相互作用机理、雷达图像处理分析技术、复杂环境地物识别方法和地学规律认识四方面，由五部著作和 200 多篇论文概括，已形成一套雷达对地观测理论与应用科学体系。具体体现为：建立了典型地物雷达散射模型；研发雷达遥感定量实验与分析手段；提出航天、航空雷达数据处理新算法和信息分离及融合方法；展开雷达遥感干涉、极化与极化干涉的前沿探索，给出地表参数定量数据等，形成了在雷达地学研究中的多项新认识，新发现，并逐步构成了雷达遥感信息科学的学科分支。

运用这些理论、方法与技术成果；在经济建设和社会发展上起了重大作用和影响。提出的雷达波段、极化、视角、分辨率等优化参数为我国星载雷达系统设计提供了科学依据；雷达遥感水稻长势监测成果被国土资源部国土大调查、全国农情速报系统等项目应用；雷达信息快速提取方法应用于 1998 的洪水监测，受国家防汛办及中央领导的表彰；雷达探测古长城研究的成果直接促成了中科院、教育部、国家文物局遥感考古联合实验室及其下设在全国的多个遥感考古工作站的建立；与加拿大合作研究直接促成了中科院遥感所与加拿大遥感中心为期 10 年的合作协议。

该项目的研究成果收到国内外关注，国际同行在引用结果的同时给很高的评价，所撰写的专著 *Microwave Remote Sensing for Earth Observation* 列为国际雷达遥感教科书；无植被沙丘雷达几何散射模型被经典著作 Manual of Remote Sensing 多次引用；干沙掩埋下古长城的发现被 SIR-C 计划确认为该计划的三大新发现之一，NASA 发通稿报道该成果，*Science*，*Science News*，EOM，EOS 等载文介绍；雷达遥感水稻长势监测论文被联合国粮农组织（FAO）选为全球最有参考价值的 15 篇文章之一，入选联合国《粮食安全报告》，等等。

综上所述，该项目对发展我国雷达遥感理论和应用基础做出了很大的科学贡献，在经济建设和社会发展上起了重大作用和影响。

4. 成果特色与创新点

（1）该研究的特点是在负责承担一系列国家基础性前沿项目的同时，参加了国际上 7 个大型雷达对地观测计划，与国际先进水平同步开展研究，是国际该领域有影响的研究团队。

（2）该项目以雷达与地物相互作用机理研究为主线，系统地开展了地物雷达散射特性、典型目标雷达散射模型、雷达数据处理技术与地物识别方法和基于雷达遥感的地学规律研究，在国内外同类研究中具有明显的系统性特征。

（3）该项目以 10 年的时间跨度，连续开展单波段、单极化、多波段、多极化、干涉、极化及极化干涉雷达信息研究，撰写的在 7 种国际最具代表性遥感期刊发表高水平论文、专著在国际上有很大反响。

5. 推广应用情况、经济效益与社会效益

1）国际、国内同行评价

NASA/JPL 主任 Elachi 院士认为该项目专著“是对雷达遥感和应用的重要贡献，在中国和国际雷达遥感研究与应用领域起到了引导作用（leading role）”。国际著名遥感期刊 PE&RS 刊载书评，称该书“对航天遥感科学家有极大价值”。该项目另一专著《微波遥感》被列为国际雷达遥感教科书。

无植被沙丘雷达几何散射模型被国际遥感权威著作《遥感手册》8 次引用，NASA 的 Ford、Elachi 在雷达金星探测中“支持郭的发现”。NASA/JPL 专著 SIR-B 引用郭的雷达干涉穿透性论点。干涉掩埋下古长城的发现被 SIR-C 计划首席科学家 Plaut 认为：“该计划的三大新发现之一”。NASA 发通稿报道该成果，*Science*，*Science News*，EOM 等载文介绍。

3 篇多极化雷达论文被加拿大航天局 Radarsat-2 论证书引用。水稻长势监测论文被联合国粮食及农业组织（FAO）选为全球最有参考价值的 15 篇文章之一，入选联合国《粮食安全报告》。

GlobeSAR 计划首席科学家评价该项目组：“你们的科学方法与经验均用于在南美开展的二期计划，使世界范围的用户受益”。

2）参加国际计划和组织、主办国际会议

该项目组负责人是 JERS-1、ERS-1/2、GlobeSAR、SIR-C/X-SAR、Radarsat、ALOS、SRTM 和 ENVISAT 等大型国际雷达遥感计划成员，是 SIR-C/X-SAR 计划 13 个成员国 52 个项目中唯一来自中国的 PI，是 NASA SRTM 计划中首批 42 位 PI 中唯一的中国专家；是国际 SAR 工作组中唯一的中国学者。5 次主办国际雷达遥感会议，国际会议特邀报告 15 次。

3）社会效益

（1）该研究成果“为我国雷达卫星参数选择与卫星立项做出了重要贡献”。

（2）雷达遥感水稻长势监测成果应用于日本、印度及韩国等国家，并被国土资源部国土调查、全国农情速报系统等项目应用，参与农业部秋粮会商会。日本联合我方提出东南亚水稻监测的多国合作项目建议。

雷达信息快速提取方法应用于 1998 年洪水监测，受到湖南、江西、国家防汛办及中央领导的赞誉。该项目主要完成人获科技部颁发全国科技界抗洪救灾荣誉证书。

七十一、××综合处理系统[①]

该项目由中国科学院电子学研究所、中国科学院遥感应用研究所等承担，于 2003 年完成。该项目成果 2005 年获××科技进步奖一等奖。遥感所主要完成人员为王为民、王世新、周艺、朱重光、郑柯等。

七十二、××技术研究

该项目由中国科学院遥感应用研究所等承担，于 2004 年完成。该项目成果 2005 年获××科技进步

① 该项目为保密项目，遂以“××”代替具体项目名称，下文有类似情况的做同样处理。

奖一等奖。遥感所主要完成人员为张兵等。

七十三、泰坦 V6.0 及其智能空间信息处理技术

该项目由中国科学院遥感应用研究所等承担，于 2005 年完成。该项目成果 2005 年获北京市科学技术奖二等奖。遥感所主要完成人员为张兵等。

七十四、遥感影像群判读系统

1. 成果简况

该项目由中国科学院遥感应用研究所承担，于 2004 年完成。该项目成果 2004 年获北京市科学技术三等奖。遥感所主要完成人员为阎守邕、刘亚岚、魏成阶、肖春生、王涛等。

2. 成果内容

遥感影像群判读系统（GrIS）是前后经历近 8 年努力，完成的一项具有原创性的成果，具有国际先进水平，其为解决优质、高效地从遥感数据中抽取有用信息这个世界性难题做出了重要贡献，由以下 4 部分组成。

（1）总结提出了遥感影像判读理论模式，判读的工作内容、过程实质、基本环节及影响因素。

（2）建立了由模块、系统和群系统等方法组成的判读方法体系；开拓了由模块方法构造目视判读、自动分类、分区分类、辅助波段分类、动态变化判读和人机混合判读等系统方法的技术途径；完成了分工判读制图、抽样检测订正、目标检出识别和判读培训等群系统方法。

（3）创建了基于数字通信网络的、能支持众多判读人员分工协作的优质高效完成遥感判读数据处理、专题信息抽取和判读任务的群判读技术系统。

（4）原创性地开拓了把遥感数据处理与目视判读、遥感与地理信息系统、信息技术与传统专业知识、人脑与电脑等优势结合，有效地满足了不同类型与规模的判读任务需要。

3. 验收和鉴定意见

（1）“遥感影像群判读系统”是由服务器与多个客户机联网组成的，多个作业人员参与的，人–机交互的，在计算机网络上进行的遥感影像判读系统。该系统集成了遥感图像处理软件、人工目视解译、计算机网络工具等技术，由分模块、子系统、系统三个层次构成，结构先进、功能完备，具有综合性与创造性。

（2）总结和提出了一套完整的遥感影像判读模式和技术流程。一般的遥感图像处理系统只有识别、提取、分类等简单性的功能，目视解译涉及各种复杂的判读标志和专业的先验知识，该系统可以在图像处理的基础上，接受目视解译，从而达到与人工目视解译相同的水平，而简单的功能由计算机处理，提高了解译的速度与精度。

（3）一般的遥感图像处理系统是个人操作的系统，“遥感影像群判读系统”由服务器分割遥感影像区域、分发任务到客户机，多个客户机可以同时进行人机交互判读，并解决了群体判读中的冲突和汇总等问题。这样就可以满足区域性大项目遥感解译的需求。

（4）该软件系统是在国家自然科学基金、科学院知识创新等多项科学研究的基础上多年累积的成果，是具有自主知识产权的软件。

综上所述，鉴定委员会认为：遥感影像群判读系统是在遥感影像判读领域里具有原创性的、推广应

用和产业化前景广阔的一项创新成果，居国内领先地位，具有国际先进水平。

4. 成果特色与创新点

（1）提出了一套完整的遥感影像判读理论模式，论述了影像判读任务的内涵和类型、影像要素的逻辑结构及构像规律、判读标志及表达方式、判读精度和效率的评价方法等。

（2）建立了由模块、系统和群系统等方法组成的遥感判读方法体系，开拓了由模块方法构造交互视判读、分区自动分类、辅助波段分类、动态变化判读和人机混合判读等系统方法的技术途径；创建了完成分工判读制图、抽样检测订正、目标检出识别和判读技术培训等应用任务的群系统方法。

（3）创建了基于数字通信网络的、能够支持众多判读人员以适当方式组织起来，分工协作、优质高效地完成遥感判读数据处理、专题信息抽取和判读应用任务的群判读技术系统。

（4）开拓了把遥感数据处理与影像目视判读、遥感与地理信息系统、先进信息技术与传统专业知识、人脑与电脑等方面优势结合起来，适应判读人员的常规作业方式和习惯，使判读人员能够轻松灵活、优质高效地从海量遥感影像数据里抽取专题信息，有效地完成不同类型、规模的遥感判读与成图。遥感信息抽取技术的发展，为解决遥感技术广泛、深入应用的世界性难题开拓了一条崭新途径。

5. 推广应用情况、经济效益与社会效益

早期成果（I3S）已无偿提供10多个科研、教学和产业部门使用，加速了后期成果的研制与改进。

社会效益一方面通过它能有效地提高遥感影像数据在农业林业、地质地理、水文海洋、区域规划、城市管理、测绘制图、教育培训、应急处理、军事侦察等领域里的应用水平和效益而体现出来；另一方面也通过它能推动遥感数据获取、数据处理、信息应用和共享服务等领域的技术进步、能力更新、产品形成和产业发展、中介机构和就业机会增多等方面的成效而展示出来。尽管目前GrIS项目的经济效益仍属于潜在的经济效益范畴，其快速地实现商品化之后，必将会进入国内外技术市场，产生巨大的经济效益，这种经济效益包括直接销售和由于GrIS带动了遥感数据获取、信息抽取、共享应用服务等产业的发展所产生的间接经济效益。

七十五、××××系统

该项目由中国科学院电子学研究所、中国科学院遥感应用研究所等承担，于2004年完成。该项目成果2006年获国家科技进步奖二等奖。遥感所主要完成人员为王为民、王世新、周艺等。

七十六、农业生态与环境遥感参数反演及干旱区水土资源综合管理系统

1. 成果简况

该项目由中国科学院遥感应用研究所、石河子科技开发服务中心和北京大学等承担，于2005年完成。该项目成果2006年获北京市科学技术三等奖。遥感所主要完成人员为王长耀、牛铮、王汶和张庆员等。

2. 成果内容

（1）提出了植被温度角度指数模型，改进了地表温度、土壤湿度和净初级生产力的遥感反演方法，并据此在国内首次系统地反演了农业生态环境参数，建立了全国植被指数、反照率、地表温度、土壤湿度、植被覆盖度、净初级生产力及土地覆盖7种农业生态环境数据集。

（2）提出了适用于荒漠化遥感监测的 5 个参数（改进型土壤调整植被指数、反照率、地表温度、土壤湿度及植被覆盖度），建立了用于荒漠化程度分类的遥感监测综合指标体系，对我国并首次对中亚地区进行了荒漠化监测，有效地提高了监测精度。首次应用植被萌芽事件和 NDVI 变异系数（CoV）分析了植被与非植被界线及荒漠化的动态变化过程。

（3）发展了针对中巴资源卫星数据的图像复原算法，提高了数据质量；提出了基于动态模板和等角变换地面控制点匹配算法，提高了影像自动匹配效率；发展了遗传—神经元网络算法，提高了土地利用和农作物分类精度。

（4）发展了棉花光谱匹配识别模型和归一化差异水分指数、蒸散、氮素指数及棉花产量估算模型，提出了基于地统计影像纹理分析的棉花长势识别算法。

（5）建立了基于遥感和 GIS 技术的干旱区水土资源综合管理信息系统。

3. 验收和鉴定意见

中国科学院资源环境科学与技术局于 2006 年 3 月 12 日在北京主持鉴定会议，形成以下意见。

（1）该项目提出了植被温度角度指数模型，改进了地表温度、土壤湿度和净初级生产力的遥感反演方法，并据此在国内首次系统地反演了农业生态环境参数，建立了包括全国植被指数、反照率、地表温度、土壤湿度、植被覆盖度、净初级生产力及土地覆盖 7 种农业生态环境数据集。在农业生态环境的物理特征研究方面取得了创新性的成果。

（2）提出了适用于荒漠化遥感监测的 5 个参数（改进型土壤调整植被指数、反照率、地表温度、土壤湿度及植被覆盖度），建立了用于荒漠化程度分类的遥感监测综合指标体系，对我国并首次对中亚地区进行了荒漠化监测，有效地提高了监测精度。首次应用植被萌芽事件和 NDVI 变异系数（CoV）分析了我国及中亚地区植被与非植被界线及荒漠化动态变化过程。

（3）发展了针对中巴资源卫星数据的图像复原算法，提高了数据质量；提出的基于动态模板和等角变换地面控制点匹配算法，提高了影像自动匹配效率；发展了遗传—神经元网络算法，提高了土地利用和农作物分类精度。

（4）发展了棉花光谱匹配识别模型和归一化差异水分指数、蒸散、氮素指数及棉花产量估算模型，提出了基于地统计影像纹理分析的棉花长势识别算法，为棉花等农作物的田间精准管理提供了一套先进的遥感监测方法。

（5）建立了基于遥感和 GIS 技术的干旱区水土资源综合管理信息系统，并在新疆石河子等地区得到了应用。该系统设计合理、技术先进、功能完善、运行良好，具有推广价值，适用于干旱、半干旱区水土资源和农业现代管理。

综上所述，该项研究是我国农业生态与环境遥感应用领域的一项具有重大意义的创新性成果，整体上达到了国际先进水平，在荒漠化遥感宏观监测研究方面达到了国际领先水平。

4. 成果特色与创新点

国内首次系统地反演了农业生态环境参数，建立了全国植被指数、反照率、地表温度、土壤湿度、植被覆盖度、净初级生产力及土地覆盖 7 种农业生态环境数据集。在农业生态环境的物理特征研究方面取得了创新性的成果。

5. 推广应用情况、经济效益与社会效益

建立的基于遥感和 GIS 技术的干旱区水土资源综合管理信息系统，在新疆石河子等地区得到了应用。

七十七、小流域坝系规划三维可视化决策支持系统

1. 成果简况

该项目由中国科学院遥感应用研究所等承担，于2006年完成。该项目成果2007年获水利部黄河水利委员会创新成果应用技术类二等奖；2007年获中国地理信息系统协会2007年地理信息系统优秀工程银奖。遥感所主要完成人员为龚建华、李亚斌、李文航、黄明祥、李毅、周洁萍和杨卫军等。

2. 成果内容

2003年黄土高原地区水土保持淤地坝工程全面启动，将建设淤地坝16.3万座迫切需要有新的技术评审手段来提高工作效率。

2006年遥感应用研究所进行为期3年的项目攻关，开发了一套“小流域坝系规划三维可视化决策支持系统”应用软件。基于现有的小流域基础数据，运用3S前沿技术、计算机图形技术、数据库技术、虚拟现实技术等技术手段，重点设计了坝系规划核心业务流程中的十多个关键自动计算算法，实现直观、准确、快速的坝系规划设计，同时可用于辅助开展坝系规划的审查工作。

3. 验收和鉴定意见

该系统于2006年12月在郑州顺利通过项目专家评审，受到了与会专家的一致好评。与会专家认为，该系统是目前国内水土保持领域先进的小流域坝系规划可视化决策支持软件，为水保工程规划信息化奠定了坚实基础。

4. 推广应用情况

对山西娄烦雷家庄小流域的坝系规划进行了全过程规划支持，应用结果良好，大大减轻了水土保持坝系规划人员的劳动强度，加快了规划进度，受到一线规划人员的一致好评。

七十八、精准农业关键技术研究与示范

1. 成果简况

该项目由中国科学院遥感应用研究所等承担，于2006年2月完成。该项目成果2007年获国家科技进步奖二等奖。遥感所主要完成人员为张兵等。

2. 成果内容

该项目提出了作物生长发育理化参量和农田信息遥感反演的理论方法体系，显著提高了作物、土壤信息获取精度和判读能力；研发了9种适合机载和掌上电脑等不同平台的农田信息采集和无线传输系统，有效地解决了农田信息快速获取的瓶颈问题。该项目建立了基于遥感数据的作物营养诊断和变量施肥算法，提出了变量施肥尺度效应理论和变量作业单元划分理论；开发了联合收割机产量数据处理系统，精准农业GIS管理系统，变量施肥、灌溉、喷药处方生成系统，可提供基于像元、农机作业单元、作业区和地块尺度的精准管理决策处方；研发了农田作业机械通用总线技术和电子控制单元技术；开发了基于CAN总线的导航控制系统和智能控制终端；研制了2种变量施肥机、2种变量农药喷洒机和国产联合收割机配套的智能测产系统。在国内率先研制出基于CAN总线的机电液一体化变量作业控制、导航、信息监测平台和软硬件一体化的精准农业集成技术平台，构建了我国主要作物精准农业生产技术体系，根据

我国农业不同类型区的实际特点，提出了3种精准农业技术应用推广模式。该项目获专利27项、软件著作权登记30项，发表论文222篇，出版专著9部。

3. 成果特色与创新点

该项目实现了精准农业关键环节的理论方法、技术产品和系统集成技术上的重大突破，填补了我国在该领域的多项空白。该项目国内外首次提出了变量施肥尺度效应理论和变量作业单元划分理论；该项目在精准农业系统集成技术上实现突破，在国内率先研制出基于 CAN 总线的机电液一体化变量作业控制、导航、信息监测平台和软硬件一体化的精准农业集成技术平台。

4. 推广应用情况、经济效益与社会效益

该项目成果在全国14个省市累计推广应用5707.71万亩，技术培训11.65万人次，取得了重大的经济社会效益，提高了我国农业机械化、信息化、智能化和现代化水平，对引领我国现代农业发展、推进新农村建设具有重大意义，在实践应用上取得了重大的经济社会效益。

七十九、数字地球原型系统（DEPS/CAS）及其应用

1. 成果简况

该项目由中国科学院遥感应用研究所承担，于2005年12月完成。该项目成果2008年获北京市科学技术奖三等奖。遥感所主要完成人员为郭华东、范湘涛、陈述彭、邵芸、杨崇俊、王长林、薛勇、连石柱、郭杉、马建文、聂跃平、廖静娟、韩春明、张兵和朱博勤等。

2. 成果内容

1）数字地球原型系统（DEPS/CAS）一套

数字地球原型系统（DEPS/CAS 1.0）完成了数据接收与快速处理、网格计算、空间信息数据库、元数据服务、模型库、地图服务与虚拟现实等多个子系统的建立，子系统紧密衔接，构成数字地球工作平台。7个主要子系统如下。

（1）元数据服务子系统：该子系统主要包括服务器端的空间元数据服务器、空间元数据库管理器，客户端的空间元数据查询工具，空间元数据管理工具。其用于管理整个系统的数据库中元数据信息，为系统合理快速利用数据库中元数据信息提供服务，将元数据信息输出给空间信息数据库子系统和模型库子系统，并从模型库子系统中获取算法和运用程序的通用模型。

（2）数据接收与快速处理子系统：该子系统主要包括天线和控制分系统、信道分系统、GPS 时码单元、数据摄入分系统、接收与处理平台分系统、数据记录和存档分系统，以及高端数据产品开发与应用软件分系统等。其用于接收与处理星载中分辨率成像光谱仪 MODIS 发射的数据，并快速处理入库，输出给元数据服务子系统，提供数字地球原型系统中其他子系统试验和应用的基础数据源。

（3）网格计算子系统：该子系统是针对遥感数据的处理平台。该子系统从远程数据服务器或本地获得数据，触发服务并监控其运行状态。在执行过程中将一个任务分割成若干个子任务，然后把子任务分配给网格计算池中的计算机（或高性能计算机）执行，回收及整合执行结果返回给用户，并分别与模型库子系统和空间信息数据库子系统实现数据的共享和互通。

（4）空间信息数据库子系统：该子系统是一个基于 B/S 模式的分布式应用系统，侧重数据的标准化加工与凝练。其分为三层：第一层是集遥感数据的处理、提取和分析于一体的数据标准化层；第二层是标准数据层；第三层是以遥感图像数据为主的遥感数据库层。其中，第二层是数字地球原型系统中遥感

数据的主体信息资源，形成适宜多领域规模化应用的数据库，分别与模型库子系统、网格计算子系统、地图应用服务子系统和虚拟现实子系统实现数据的共享和互通。

（5）模型库子系统：数字地球原型模型库中收录了近年来遥感所自主开发的模型及通用处理的模型。该模型库将不断收入新的模型，同时对已经收录的模型使用和改进，分别与元数据服务子系统、空间信息数据库子系统、网格计算子系统、地图应用服务子系统和虚拟现实子系统实现通用模型数据的共享和互通。

（6）地图服务子系统：该子系统是基于 Internet 环境下的全球可视化信息系统。系统基础结构支持基于包设备的流操作来传输不断更新的数据，配制成 turnkey ASP 解决方案，第三方数据可以独立发布，并与客户端反馈的主要数据融合，用于在因特网环境下实现全球信息的可视化，并分别与模型库子系统、虚拟现实子系统和空间信息数据库子系统实现数据的共享和互通。

（7）虚拟现实子系统：该子系统用于根据所建立的领域知识库和数据库，运用人工智能、模式识别技术进行建模、学习、规划和计算，实现视觉、触觉、听觉及动感的虚拟现实模拟，并分别与模型库子系统、地图应用服务子系统和空间信息数据库子系统实现数据的共享和互通。

2）重大应用成果

（1）设计开发了瘦服务器模式的“公共卫生网络地理信息系统”平台软件。

（2）建成了数字奥运环境动态监测两大系统。

（3）建成了安全警卫三维信息指挥模拟系统。

（4）建设了数字黄果树三维仿真系统。

（5）基于该系统对北京市的“老山数字考古”和“慕田峪长城数字考古”进行了研究，其结果被市文物局等单位采用。

（6）利用喀斯特洼地作为大射电望远镜的主反射面支撑条件选址。

（7）进行城市动态变化监测。

（8）2008 年 5 月 12 日以来，利用数字地球原型系统平台，为抗震救灾，抢险、排险提供了大量的第一手灾情形势评估信息，得到了国家领导、国务院应急办，以及国家有关部门、地方政府的高度评价。

（9）全国标准数字本底。

（10）提供的遥感标准数据产品。

3. 验收和鉴定意见

2006 年 3 月 7 日，中国科学院资源环境科学与技术局会同综合计划局组织成果鉴定委员会，对成果进行鉴定，形成鉴定意见如下。

（1）创建了一个以大型先进软硬件环境为核心，由数据接收、网格计算、元数据、模型库、空间信息数据库、地图服务和虚拟现实 7 个子系统组成的以国家和行业标准为参照的高效集成的数字地球原型系统。

（2）自主研发解决了系列关键技术，将网格技术与工作流技术结合实现了计算资源和数据资源的高效利用；开发出网络三维浏览系统，实现了不同虚拟环境的交互；采用服务器群集技术，解决了网络 GIS 传输瓶颈问题；建立了精校正同名控制点库并构筑了可测度标准数字平台，提高了数字产品精度和标准化水平；数据接收系统与总系统实现了高效集成，可异地操作。

（3）构建了数字地球概念模型和数字地球理论框架，提出了真实地球、意识地球、数字地球的互动思维。研究出新的数字地球数据挖掘算法，开发了地学反演软件，发展了多种数据融合技术，构建了无级比例尺 GIS 信息综合模型。

（4）在数字考古、数字旅游、数字灾害、数字城市、数字农业等领域取得系列应用成果。特别在数字奥运的环境动态监测、“十六大”信息指挥模拟系统的建设方面取得有意义的成果。表明了数字地球的广泛应用领域和巨大潜力，展示了数字地球在区域、全国、全球不同层次的重要作用。

该成果是自主研发的我国第一个数字地球原型系统，是国际上除美国外推出的又一先进数字地球原型系统。成果总体上为国际先进水平，特别是在系统的技术集成度和综合性方面、在将网格技术与工作流技术结合以实现异构、广域计算资源和数据资源的共享服务方面、在无级比例尺 GIS 信息综合模型研究方面取得了具有重要创新意义的成果。

4. 成果特色与创新点

（1）该系统解决了空间数据接收系统自动化处理、网格计算和工作流技术与地学计算的集成、TB 级服务器群集技术、分层分幅无缝漫游方法、大规模数据标准化处理、虚拟环境下的交互操作与协同、大地形数据实时渲染与漫游、纹理信息优化与 GPU 加速、DEM 的无损压缩、金字塔结构遥感数据快速压缩与回放等关键技术。

（2）该系统创建了数字地球原型技术系统；提出了数字地球概念模型并构建了数字地球理论框架；实现了用于数据处理和分析的网格计算技术、地学计算方法和工作流技术集成；开发出了金字塔层次影像压缩技术；研究出了大地形数据实时显示与漫游算法；建立了大幅度提高数字产品标准化水平的全国精校正同名控制点库。

（3）该系统对在全球范围内发展数字地球起到引领作用，是一里程碑式的成果，源于该项目，创建了总部设在我国的“国际数字地球学会”（ISDE），创刊由 Taylor&Francis 出版的“国际数字地球学报（IJDE）”，成立了中科院直属的对地观测与数字地球科学中心。来自联合国环境署等机构的 7 人国际专家组书面评议该成果：中科院研发的数字地球原型系统对构建数字地球起到重要的引导作用。由 12 位知名学者组成的国际数字地球学会专家组经观看演示、会议讨论后书面评价：数字地球原型系统在保持其在数字地球领域领导地位的同时将为国内外学者提供合适的环境，为开展大型研究项目提供研究平台。

（4）该系统是“国内第一个数字地球原型系统，是国际上除美国外推出的又一个先进数字地球原型系统”。

5. 推广应用情况、经济效益与社会效益

数字地球原型系统广泛地应用于全球、全国、区域 3 个不同空间层次的不同领域。特别是在党的十六大、十七大、十八大信息模拟、北京奥运环境评价、地震、洪水灾害监测、亚洲气溶胶与区域气候变化领域应用效果明显，在数字城市、数字考古、数字旅游及公共卫生方面也发挥了重要作用。

（1）设计和开发了瘦服务器模式的“公共卫生网络地理信息系统”平台软件。开发了 2003 年和 2004 年“非典网络地理信息系统”，非典数据多维可视化分析及禽流感疫情信息系统。

（2）建成奥运主场馆区工程环境高分辨率遥感监测技术系统与奥运工程环境虚拟仿真信息平台系统；形成了一套分析应用体系；根据奥运主场馆区工程环境建设进展，定期提交监测报告。该研究成果将直接服务于奥组委的工程环境建设指挥、管理，作为向国际奥委会等国际组织提交的工程环境建设进程、状况的重要科学数据与技术资料。

（3）安全警卫三维信息指挥模拟系统取得了明显成效，受到了中央领导和中办、公安部领导的好评。

（4）“数字黄果树三维仿真系统”的建设为黄果树风景名胜区在“全国最具魅力旅游景区”的评比中

增加了20分的分量，为其荣获“西部最具魅力旅游景区”的称号提供了强有力的技术保障。

（5）数字考古系统对北京市的“老山数字考古”和“慕田峪长城数字考古”进行了研究，其结果被市文物局等单位采用。

（6）工程选址：包括用喀斯特洼地作为500m口径大射电望远镜的主反射面支撑条件，提出贵州境内建造40余个单元组成的射电望远镜阵。

（7）城市动态变化监测利用多时空尺度遥感数据对城市环境进行连续动态监测，为城市土地资源总体规划提供技术基础资料和相关应用的运行平台。

（8）自然灾害监测2008年5月12日以来，为抗震救灾，抢险、排险提供了大量的第一手灾情形势评估信息。

（9）以“数字地球”理念为主导，以多种标准化对地观测数据为依托的系列数字本底研制同样也服务于系统开发和多领域学科应用。

（10）该系统提供的遥感标准数据产品对西南三江并流地区生态环境等方面的调查，以及提取行业所需的量化地表信息和进行领域之间的交流与合作具有重要的应用价值。

（11）该系统环境为新技术普及提供虚拟平台，科普宣传共接待1.2万人次社会公众。

（12）以该系统研究成果为主要依托，与国内外同行共同促成“国际数字地球协会”的建立。

（13）该成果体现了从单一技术向综合技术的集成，使得建设数字国家、数字区域、数字城市、数字流域等成为可能，在推动科技进步中作用重大。

八十、网络环境下海量多源地理空间数据交互式可视化的方法研究

该项目由中国科学院遥感应用研究所承担，于2007年完成。该项目成果2008年获测绘科技进步奖二等奖。遥感所主要完成人员为杨崇俊等。

八十一、多用途无人机航空遥感系统研制

该项目由北京大学、贵州盖克无人机有限责任公司和中国科学院遥感应用研究所承担，于2007年完成。该项目成果2008年获测绘科技进步奖二等奖。遥感所主要完成人员为童庆禧、张兵和方俊永等。

八十二、基于水管理对象的数字流域技术方法体系与实例研究

1. 成果简况

该项目由中国科学院遥感应用研究所承担，于2007年完成。该项目成果2008年10月获水利部大禹水利科学技术三等奖。遥感所主要完成人员为吴炳方、周为峰、周月敏、张峰、黄慧萍、黄健熙、张风丽、刘成林、黄文波和钱巧静等。

2. 成果内容

该研究成果以水管理对象为基础，提出了数字流域的内涵和总体结构，阐述了数字流域建设的关键技术；提出了从空间结构、时间过程、特征属性和客观规律4方面对水管理对象进行全息化描述，实现海量数据的有效管理；采用构件化方法高效构建应用系统，最终形成面向流域水事管理的“功能流域”。以此数字流域能有效实现对流域水事活动描述的全息化、过程规律的可视化，提出了数字流域建设的完整技术方法体系，保证了管理决策的效率、效能和科学性。

该成果构建了基于水管理对象的数字海河总体结构，具有数据、应用和服务三大基本元素；支撑层、基础层、应用层和服务层 4 个层次；信息资源采集、信息传输网络、数字流域基础平台、业务应用、决策支持、水电子政务、水信息网站及安全体系和标准体系 9 个组成部分，为流域内的各行各业提供水信息服务。

通过数字流域的建设，形成一个能够为水利管理各项业务服务、可以充分提供数据保障和应用支持的信息支撑平台，不断提高管理决策的水平和效率，扩展管理决策的宏观把握、微观控制能力，使得水管理工作能够“心中有数、神机妙算、运筹帷幄”。

3. 验收和鉴定意见

2007 年 5 月 26 日，水利部国际合作与科技司在北京组织召开成果鉴定会，鉴定意见如下：该技术体系的提出有利于实现水管理的数据共享和透明，打破条块分割的管理模式，降低开发成本和维护成本，提高知识和资源利用率。该研究成果已在《海河流域水利信息化建设规划》中得到使用；利用该研究成果，构建了水土保持监测等业务应用系统，建成的密云水库和官厅水库上游水土保持监测系统已投入使用，取得了良好的效果。该研究成果对其他流域的水利信息化建设具有重要的借鉴作用。该项研究成果总体达到国际先进水平。建议加强在其他水管理领域的推广应用。

4. 成果特色与创新点

该项研究成果提出了基于水管理对象的数字流域技术方法体系，实现了水管理对象的定量管理；提出了基于参数库、模型库和数据库的数字流域基础平台的建设方法；利用现代高新技术，尤其是 3S（RS、GPS、GIS）技术对水管理对象的空间特性、时间过程、特征属性和客观规律进行描述，实现了 3S 技术在水管理的集成创新；构建出数字流域的水管理的业务应用系统和决策支持系统。

5. 推广应用情况、经济效益与社会效益

根据该技术体系编制完成的《海河流域水利信息化建设规划》和《数字海河流域总体设计方案》，已经成为海河流域信息化建设的指导性文件和依据。在应用系统开发中，京津地区水资源实时监控项目、海委电子政务一期工程、GEF 海河流域水资源与水环境管理知识管理项目等，均按此技术方法体系开发建设，并已投入运用中，显示出在水管理管理领域推广应用的前景广阔。

八十三、飞行模拟视景关键技术研究

1. 成果简况

该项目由中国科学院遥感应用研究所等承担，于 2009 年完成。该项目成果 2009 年获天津市科技进步奖二等奖。遥感所主要完成人员为吴仁彪、沈笑云、何运成、沈占锋、万棣、骆剑承、王冠宇、赵忠明、马兰、郑海博和彭玲等。

2. 成果内容

飞行模拟机视景生成是一个多学科技术融合的工作，需要从事不同技术专业的研究人员协同配合，该项目的研究就是基于这样的研发趋势，结合参加课题各单位各自研发的特长，协同合作，开发研究适合中国民航飞行需求的飞行模拟机视景系统。该项目以信息科学学科图像处理技术为依托，为交通运输领域、航空航天飞行模拟培训及航空企业日常运控领域，还可以辐射到数字城市、数字乡村、城市规划、数据漫游等虚拟现实应用领域。

该项目采用先进的遥感处理技术，对遥感影像中重点区域的信息进行提取，着重研究了遥感影像上

相应纹理信息特征的提取与定量化表达，并将相应的特征信息与飞行员视景信息进行组合，辅助完成相应的飞行模拟过程。最后基于多分辨率遥感影像和实拍机场图像的基础上建立飞行模拟视景系统，并使该系统的视景显示图像达到投影立体显示，使得飞行员在飞行准备过程中就能了解到形象、生动的飞行目的地的虚拟现实影像，为飞行员的飞行训练和航前准备工作提供有力的支持。

该项目探索了一套自主研发飞行模拟视景系统库的实现方法，并针对我国复杂地貌建立了一套飞行模拟视景库，经与全任务飞行模拟机系统统调测试，各项飞行数据均满足飞行培训需要，达到了实用效果，为进一步完善我国民航飞行模拟视景库提供了宝贵的经验。

该项目打破了国外视景厂商在我国的垄断局面，解决了我国视景数据库更新不及时的现状，其成果取收到了较好的应用效果。

3. 成果特色与创新点

利用我国自主知识产权技术研发高清晰逼真飞行模拟视景数据库的方法体系，具体创新点如下。

（1）针对西部高原复杂地貌特征，建立了多源、多分辨率复杂地域遥感影像处理算法，形成一套机场遥感影像信息处理与特征提取软件。

（2）飞行视景模拟与分析结合机场建模精确采集的相关数据，研究出复杂地域飞行模拟视景建模技术体系，解决了飞行模拟视景数据库建模关键技术。

（3）基于飞行模拟视景数据库信息，建立微机飞行视景图像处理平台，首次实现基于微机平台的飞行模拟视景立体显示系统。

4. 推广应用情况、经济效益与社会效益

1）推广应用情况

（1）课题组完成了西藏林芝机场飞行模拟视景数据库；2007 年 10 月在珠海翔翼飞行培训中心通过统调测试，用于培训中心的飞行培训课程，取得了良好的飞行培训效果。

（2）2008 年 7 ～8 月，接受南方航空公司的委托，制作了云南丽江机场飞行视景数据库，完成了该机场飞行视景数据库，通过全任务飞行模拟机统调测试，达到了良好的飞行视觉效果。

（3）2008 年 10 月，承接了北京首都机场飞行视景数据库的建模工作。该机场原有的飞行视景数据库十分陈旧，远不能满足飞行培训的要求，急需更新视景数据库。重新建模工作量极大，课题组接受并圆满完成了新的视景数据库的建立工作。

（4）2008 年 11 月，通过了东方航空公司飞行模拟培训中心的试飞测试，并与该中心就合作开发基于飞行视景数据库的飞行程序及飞行程序培训教程达成合作协议。

（5）2009 年 1 月，又与天津中科遥感信息技术有限公司合作，建立天津新机场飞行视景数据库。

（6）2009 年 4 月，基于该项目成果与中航集团培训部洽谈合作，开发适合我国大飞机项目的飞行培训项目意向。

2）经济效益

2007 年度该项目实现业务收入 171.12 万元，发生成本和费用 103.03 万元，营业税金 0.21 万元，实现利润 68.69 万元，所得税 16.49 万元，净利润 51.99 万元。

2008 年度该项目实现业务收入 1376.32 万元，发生成本和费用 825.79 万元，营业税金 0.83 万元，实现利润 550.5 万元，所得税 132.13 万元，净利润 417.57 万元。

2009 年度第一季度该项目实现业务收入 469 万元，发生成本和费用 281.40 万元，营业税金 0.3 万元，实现利润 187.60 万元，所得税 45.02 万元，净利润 142.28 万元。

3）社会效益

2006 年 6 月，空客 320 组装生产线项目正式落户天津。随后，大火箭、直升机、无人机、卫星、空间站等纷纷落户天津。最近，国际航空航天博览会将永久落户天津，成为天津市新的支柱产业。

为了推进中国科学院与天津市政府的院地合作，成立了中国民航大学民航遥感信息处理与应用实验室，推动民航遥感信息处理与应用研发成果在产业化转化与市场运作，并促进中国民航大学民航遥感信息处理与应用领域学科建设与发展。

2006 年 12 月，民航遥感信息处理与应用实验室获得天津市科委立项资助，承担“飞行模拟视景关键技术研究”项目，并成功地推进了中国科学院遥感工程技术中心落户天津，2007 年 11 月天津中科遥感信息技术有限公司成立，为项目成果的产业化应用提供了平台。

该项目从根本上解决了我国民航飞行模拟视景数据更新不及时的问题，打破了外国模拟机制造厂商对飞行模拟视景的垄断，节省了大量用于购买飞行模拟视景数据库的外汇。通过该项目的不断推广应用，将逐步完善我国中小机场飞行模拟视景数据库，不断更新我国大型枢纽机场视景数据，为我国飞行员培训工作提供强有力的技术支持，从而为中国民航的飞行安全提供保障，也为我国航空产业的发展贡献力量。

八十四、森林资源遥感监测技术与业务化应用

1. 成果简况

该项目由中国科学院遥感应用研究所等承担，于 2009 年完成。该项目成果 2009 年获国家科技进步奖二等奖。主要完成人员为李增元、周成虎、张煜星、倪金生、武红敢、黄国胜、陈尔学、杨雪清、骆剑承、李英成、庞勇、韩爱惠、沈占锋、徐泽鸿和白黎娜等。

2. 成果内容

一类调查固定样地存在特殊对待、不可及调查、偏估等众多问题；二类调查中小斑边界的正确区划难以实现。林相图和森林分布的更新无法满足对森林资源的科学管理。遥感具有宏观、动态信息对地表进行监测的能力。

面向国家森林资源连续清查（一类调查）与全国森林资源规划设计调查（二类调查）的重大需求，以多源卫星遥感信息为手段，经过近十年的联合研究攻克了以下技术：①建立基于 GPS 精确定位的全国 280 万个遥感样地与 45 万个固定样地相关联的森林资源遥感调查综合样地系统和遥感图像解译标志数据库，以及包含 77310 个图形图像控制点的全国控制点数据库；②研究和开发基于高空间分辨率遥感影像的小班边界提取、基于解译标志数据库的森林资源类型分类、林分郁闭度与蓄积量分级估算、林分平均高激光雷达估算等高效而实用的森林资源信息遥感提取与定量反演技术方法；③研发具有自主知识产权、全组件化的森林资源调查遥感数据处理基础软件平台 TITAN Image；④构建基于自主遥感平台的国家和县级森林资源遥感调查业务化运行应用系统。

3. 验收和鉴定意见

（1）该成果以提高现有森林资源连续清查和森林资源规划设计调查质量与管理水平为目标，技术方法先进、高效、简便、实用，拥有自主知识产权。该项目跟踪了发达国家的森林资源监测和管理水平，着重解决了我国森林资源遥感监测中的技术难点和关键问题，形成了系统的技术流程，可以在我国森林资源监测体系中广泛应用，对于促进和提高我国森林资源监测与管理的信息化和现代化具有重要意义。

（2）该成果以现行森林资源清查体系为基础，在地理信息系统平台上开发研制形成的 3 个层次的遥感监测运行系统，在遥感数据的高精度快速几何精校正、地类和森林类型信息提取、变化概率信息提取、郁闭度和蓄积量分级信息提取等方面取得进展，在试点省建立了控制点影像库和遥感解译标志库，提高了图像处理的精度、效率和信息识别的灵敏度，改善了森林资源分布图生成方法。该成果首次在我国林业行业形成功能较为完整、运行良好的实用化的国家级森林资源遥感监测业务运行系统。

（3）该成果以我国森林规划设计调查要求为基础，以地理信息系统为平台进行集成，形成了基于 SPOT-5 遥感数据的以林相图更新和森林分布图生成为核心的县级遥感监测技术系统。该系统利用地面控制点、数字高程模型、星历参数等数据，对 SPOT-5 图像实施正射校正；基于 SPOT-5 遥感影像的林地边界信息提取，提出了县级森林资源数据采集与数据库建设的标准和技术规范。在这些关键技术的支持下，在我国林业行业形成功能较为完整、运行良好的县级遥感监测业务化运行系统。

综上所述，该课题开展的森林资源遥感监测的关键技术研究，以及以此为基础开发的国家级和县级遥感监测业务运行系统达到国际先进水平。

4. 成果特色与创新点

1）关键技术创新

（1）针对林相图快速、准确更新的业务需求，提出了“栅格–基元–格局”的影像数据计算思想，开发了 GMRF、Gabor 滤波器等 10 余种遥感影像分割算法，建立了基于高空间分辨率遥感影像的小斑边界提取技术方法。

（2）针对森林类型自动识别的需求，发展了以遥感综合样地系统为支撑、基于斜线决策树分类器的森林类型自动识别方法，与常用的神经网络分类方法相比，该方法具有处理过程效率高、过程可解释等优点。

（3）建立了以样本库为基础，可有效综合利用多源对地观测数据的基于逐步回归的森林郁闭度、蓄积量分级估测方法。

（4）针对卫星激光雷达，发展了大光斑激光雷达回波波形的高斯分解方法和基于分解波形特征参数的林分平均高估测方法，首次实现了东北三省林分平均高的估算和制图；针对机载小光斑单回波激光雷达数据，发展了基于上四分位统计参数的林分平均树高估测模型。

2）集成技术创新

（1）全国森林资源遥感监测综合样地系统：以经过正射纠正和辐射纠正的 TM/ETM 遥感影像为基础，在全国范围内系统布设了 284 万个遥感固定判读样地，并以省（自治区、直辖市）为单位建立了解译标志与遥感判读样地数据库。

（2）组件化森林资源遥感调查基础软件系统与专业化分析模块：研制了全组件化、大型国产化森林遥感信息处理与分析基础软件系统，实现从遥感影像输入、处理、分析、管理和制图的全部功能，并在快速影像几何纠正等方面有所创新；研发了森林资源变化监测、林地边界提取、森林类型识别、样地识别、小班边界识别、林分因子提取、林相图更新等专业化分析组件和系统。

（3）业务化森林资源遥感调查应用系统：以 TITAN Image 平台为基础，以森林资源综合调查样地系统和控制点库系统为支撑，首次建立了以林地面积精确计算、森林类型提取和森林蓄积量分级估算为核心的国家森林资源清查遥感业务运行系统，并在全国森林资源一类清查中推广应用；以二类调查要求为基础，根据生产技术流程，开发了具有自主知识产权的功能模块，首次建成了基于 SPOT-5 数据的以林相图更新和森林分布图生成为核心的县级遥感监测技术系统。

5. 推广应用情况、经济效益与社会效益

国家级森林资源遥感监测业务运行系统主要以中等分辨率TM为遥感数据源，适用于以省为单位（或总体）的森林资源遥感监测，现在已经在国家林业局直属的四大规划院全面应用，即在实施开展第七次森林资源清查的全国31个省（自治区、直辖市）和8个国有森林工业集团公司全部得到应用。

县级森林资源遥感监测业务运行系统主要采用高分辨率的遥感数据（如SPOT-5），适用于以县、林业局（或场）为单位的森林资源规划设计调查，可结合原有林相图进行数据更新，生成新的林相图和森林分布图，目前已在内蒙古、浙江、黑龙江、湖南、辽宁等的上千个县（区）的林业资源、工程管理与监测评价中得到生产应用。

TITAN Image 遥感图像处理平台除了已经在森林资源遥感监测领域得到典型应用外，还成功地应用在森林防火、城市规划、教育、科研、铁路、交通、民航、电力、水利、航空航天、测绘、公安、军队、国土资源调查、土地规划利用、地下管网管理、社区管理、国防建设、数字油田及数字城市等行业和领域，目前已在全国发展了5000多家用户。

该项目的直接经济效益体现在TITAN image软件平台的推广应用取得直接经济效益近1亿元；间接经济和社会效益体现在国家级森林资源遥感监测业务运行系统在可比条件下，森林资源多阶遥感监测抽样技术体系比常规体系成本降低20%。若按全国森林资源清查费用6.5亿/次计算，那么应用基于遥感技术的清查体系（5年）间接效益可达到1.3亿元。县级森林资源遥感监测业务运行系统中林相图和森林分布图比常规的制作效率提高2倍以上。若按每县二类调查平均投入100万元、提高效率2倍按节约成本5%计，全国开展二类调查成本每次可降低近亿元。

八十五、多平台多波段对地观测信息处理技术与应用系统

1. 成果简况

该项目由中国科学院遥感应用研究所、中国科学院对地观测与数字地球科学中心承担，于2007年完成。该项目成果2010年获国家科技进步奖二等奖。遥感所主要完成人员为郭华东、邵芸、范湘涛、廖静娟、王长林、王为民、李震、薛勇、马建文、杨崇俊、韩春明、董庆、李新武、蔺启忠和王心源等。

2. 成果内容

该系统研究了基于多平台（遥感卫星、航天飞机、神舟宇宙飞船、遥感飞机和地面观测平台）、多波段（可见光、红外、微波）的对地观测理论和技术，从对地观测机理和地物识别方法入手，研发了一系列空间信息分析处理的技术方法，丰富发展了空间地球信息科学，特别是在雷达遥感信息提取与地物识别方面；构建了中国第一个数字地球原型系统（DEPS/CAS 1.0），并在全球、全国和区域3个层次上成功应用。通过在国家重大活动信息模拟、奥运环境遥感动态监测、神舟飞船陆地遥感应用3个方面的应用示范，充分体现了该研究成果对国家社会发展与经济建设发展的推动作用。主要科技创新有3个方面。

1）丰富和发展了空间地球信息科学

在地物散射特性、成像机理、数据处理与信息提取方法、地物识别模式等方面取得系列研究成果，形成理论和应用体系，丰富发展了空间地球信息科学。

（1）雷达穿透性证实与地学发现：得出了L、C、X波段雷达波对干沙和植被的穿透能力结果，分析了影响电磁波穿透能力的衰减因素。提出了L波段HH极化是识别线性掩埋地物的最佳波段极化组合的论点，揭示了雷达对干沙掩埋下的明、隋古长城及明代两期长城的探测机理，发现了古河道和通信电缆的走向。

（2）建立雷达地物散射模型：提出了无植被沙丘雷达几何散射模型，揭示出沙丘区雷达成像效应。遥感试验对CASSAR和SIR-C/X-SAR数据进行了定标试验，为雷达成像机理研究提供了科学依据。研究发展了一套先进的数据处理方法，使多条带大面积雷达图像得以快速镶嵌，进而实现对地表的快速监测。通过对欧洲资源卫星1号WSC（风散射计）数据分析，计算得出了全球雷达后向散射系数系列图，划分出6类全球区域尺度地表覆盖类型，为全球变化研究提供了科学数据。

（3）含水含盐土壤介电特性与植被覆盖下的土壤水分反演：证明了雷达后向散射强度与土壤的含盐量相关性较高，扩展了经典的Dobson土壤混合介电模型，得出P-C、L-C波段组合可以反演土壤的含盐量，适用于微波遥感盐碱化程度监测。基于多时相雷达数据，在利用微波植被模型和积分方程模型模拟了各种地表土壤水分含量的情况下，建立了消除植被及表面粗糙度的影响模型，获取了反演地表土壤水分变化信息。

（4）地质体的多波段多极化雷达响应：精确测量了三大岩类7种岩性岩石标本的相对介电常数，研究了岩石矿物相对介电常数的分布特征及相对介电常数与岩石的密度、化学成分和结构的关系，提出了L波段HV极化是识别火山及熔岩流的最佳波段极化组合。

（5）水稻时域散射特性概念：在国际上首次提出了水稻时域散射特性概念，揭示了水稻后向散射系数随着水稻生长发育变化的规律，为单参数雷达遥感数据在农业中的应用找到了有效方法与途径。

（6）全极化雷达信息提取与干涉雷达方法研究：模拟相位差与植被的几何参数和物理参数、雷达入射波频率、入射角等参数的关系；首次将极化特征参数、散射矩阵与影响海面电磁散射的海面要素进行模型化关联，直接利用极化信息反演植被特征和海面参数。

（7）光学遥感数据处理与环境监测信息提取方法：研制开发了基于小波变换的多波段遥感图像条带噪声的去除、改进矩匹配条带噪声去除的方法，提出了陆地气溶胶光学厚度的MODIS双星协同反演算法，同时反演得到气溶胶光学厚度和地表反射率，对高反射亮地表同样有效，提出了耦合核驱动BRDF模型的MODIS气溶胶反演模型，将上述创新成果进一步发展到高空间分辨率、非朗伯体的城市下垫面上，同时提出了利用AATSR数据和MODIS数据协同反演气溶胶的算法。

2）数字地球原型系统（DEPS/CAS V1.0）

数字地球原型系统体现了理论、技术和应用的高度综合，攻克了多项数字地球核心技术，将网格计算等新技术成功地用于系统建设，并在多领域应用中取得实效。

（1）创建了中国第一个数字地球原型系统：该系统是由空间数据接收、地理元数据、模型库、网格地学计算、空间信息库、地图服务和虚拟现实7个子系统组成的，含300km^{2}演示空间的高度集成的数字地球原型系统。提出了数字地球概念模型，指出了现实地球、意识地球、数字地球三者之间的互动关联关系；构建了数字地球理论框架，包括数字地球抽象模型、地球圈层信息化模型和分析理论3个方面。

（2）数字地球原型系统的关键技术与处理算法研究：研发出6套数据处理与挖掘算法和软件，包括遥感参数反演软件（包括多源协同定量反演气溶胶模块）和无级比例尺信息综合模型与算法等技术方法，集成了网格计算技术、地学计算方法和工作流技术，用于数字地球原型系统中的数据处理和分析，根据遥感和网格计算的特点发展了遥感数据与计算平衡的管道调度策略，提供了高效能和便利的遥感数据处理服务，开发了金字塔层次影像压缩技术，形成了海量影像数据压缩和管理能力；解决了网络GIS传输瓶颈问题，确保大数据量地图服务应用高效运作。

3）空间信息应用系统

（1）党和国家重大活动信息模拟系统：通过信息指挥模拟系统的构建，加快信息化管理水平，提高大型活动预备工作的效率，为十六大、十七大和60周年国庆提供重要活动管理的技术保障和安全保障。

该系统以数字地球原型系统为基础，开展了基于多分辨率地形与多层次遥感影像三维虚拟场景技术方法、大规模混合场景数字虚拟环境编辑系统、真实三维虚拟环境建设与警用三维模型库和会议布置模型库建设、突发事件指挥模拟系统，以及安保模拟作战训练系统等多方面的研究，形成实用安保模拟系统用于大会的安全保卫。研究内容包括三维空间数据采集与生成技术研究、庆典区域建筑物仿真方法研究和多层次场景引擎研究。对四边形网格剖分算法和地物纹理提取算法的研究解决了高效快速建立庆典区域三维模型的问题、对古建筑内部结构和其三维建模过程的研究解决了逼真建立庆典区域古建筑模型的问题、对三维渲染引擎和基于视野计算的多分辨率地理模型的研究解决了高效实时三维场景渲染的问题，使得最终的系统不仅在可视化方面具有很高的效率和很好的显示效果，而且在数据管理、数据分析方面也具有很强的处理能力。

（2）奥运环境遥感动态监测系统：以卫星遥感、航空遥感为基础建立奥运环境动态监测系统，实现对北京奥运环境的立体观测。通过 10 年连续动态观测，重点对奥运实施过程中的环境、交通、污染、场馆建设等焦点问题进行遥感监测，定期提供观测成果的季报、年报。突破卫星遥感数据，尤其是高分辨率卫星遥感数据应用于奥运环境监测的信息提取和分析技术，实现航空遥感数据，尤其是 CCD、机载高光谱成像等新型机载遥感数据在城市环境监测上的应用。应用三维虚拟技术，并结合时空海量数据快速压缩与回放技术、多目标时空混合实现技术、三维动态显示技术、交互式虚拟场景技术等建成奥运环境信息集成平台系统，为奥运组委会规划、决策与管理过程做出贡献，其成为北京科技奥运信息平台的重要组成部分。

发展了贝叶斯网络方法对 1988～2006 年数据进行分类，定量提取和分析了奥运主场馆区 5 种地物的现状、类型、数量和分布，发展了奥运场馆区绿地直接变化监测方法。

提出了利用 AATSR 多角度数据反演大气气溶胶光学厚度的新方法，并结合 ADMS-Roads 交通污染模型，完成了汽车尾气 NO 污染扩散的动态数值模拟，为治理大气污染提供了科学依据。

研究了三维模型自动简化、纹理信息优化与图形处理器加速等新方法，以及大地形数据实时显示算法；自主研制了网络三维浏览系统，开发了包含地形、植被、建筑物、人物等模型的复杂场景可视化、网络化功能，实现了虚拟奥运环境的网络发布。

（3）神舟飞船陆地遥感应用系统：以神舟飞船中分辨率成像光谱仪和多模态微波遥感器应用为目标，围绕生态环境变化快速调查与监测、土壤水分和融雪径流监测、大型地质环境与成矿背景遥感探测、数据处理和系统集成 4 个方面，开展了为期 10 年的 3 个阶段的研究，形成了由数据获取与处理技术、陆地地表应用、土地利用及农作物监测、地质应用与岩性填图、水文应用、数据库与电子图集 6 个子系统组成的神舟飞船陆地遥感应用系统。

第一次推出由方法类、应用类共 6 个子系统组成的神舟飞船陆地遥感应用系统，建成了包括地物波谱数据库、植被光谱数据库、图像库、图形库和符号库等组成的数据库体系。

通过开展“舟–机–地”三位一体同步观测试验，取得了 3 种平台同一试验区对地观测数据，为成像机理研究和地物识别模型建立提供了科学依据。

首次将 SZ-4 微波辐射计数据用于陆地地表分类和亮温生成，发展了青藏高原积雪厚度反演方法。用微波散射计数据生成全球散射系数图，并据此将全球划分为六大地表单元，提出了 CMODIS 条带噪声消除方法–有限长脉冲响应滤波方法。

开发了 CMODIS 数据土地利用、农作物和地质岩性识别的方法，建立了相应的遥感应用示范系统，发展了土壤水分监测关键技术。

通过试验模拟和国外同类星载传感器数据的比对分析，对中分辨率成像光谱仪和多模态微波遥感器的数据和质量做出了评价，为新型传感器的研制和应用积累了科学数据。

该系统对舟载成像光谱仪和微波遥感数据开展了应用研究，完成了第一个《神舟飞船遥感对地观测电子图集》，编制出第一幅中国境内的 CMODIS 镶嵌图和第一幅 CMODIS 图像立方体。

3. 验收和鉴定意见

雷达卫星业主单位和卫星总体单位评价雷达遥感研究成果："为我国第一代合成孔径雷达卫星波段选择提供了科学依据，并为该星立项做出了重要贡献"。"他们的研究工作为发展我国的雷达遥感事业铺垫了科学基础"。

中国科学院空间科学与应用中心的成果鉴定认为："神舟飞船陆地遥感应用系统研究总体设计思想新颖、技术先进、涵盖面广、适应和扩展能力强、开发研制难度大，具有显著的创新性和明显的社会经济效益。项目成果总体上居国际先进水平。"

联合国环境署组织的 7 人国际专家组书面评议数字地球原型系统成果："中科院研发的数字地球原型系统对构建数字地球起到重要引导作用，具有里程碑意义。"

由 12 位知名学者组成的国际数字地球学会专家组会议评价数字地球原型系统成果："数字地球原型系统在保持其在数字地球领域领导地位的同时为国内外学者提供了合适的环境，为开展大型研究项目提供了研究平台。"

4. 成果特色与创新点

多平台、多波段对地观测信息处理技术攻关，突破了雷达遥感信息处理与地物识别技术；建成了位居国际前列的中国第一个数字地球原型系统；推出了三大空间信息应用系统。

该系统涵盖 20TB 广域数据资源、22 个异构数据库系统、131 个计算和处理模型，动态工作流定制和负载平衡技术，数据异步传输实时显示；具有 TB 级遥感图像和空间信息日处理、海量数据上网和多层面数据服务能力；实现了基于 TB 级遥感影像的大尺度三维场景动态生成、实时渲染，提供实时仿真平台。

5. 推广应用情况、经济效益与社会效益

雷达信息快速提取方法应用于 1998 年洪水监测，受到湖南、江西、国家防汛办及中央领导的赞誉。雷达遥感水稻长势监测成果应用于日本、印度和韩国等国家，并被国土资源部国土大调查、全国农情速报系统等项目应用，参与农业部秋粮会商会。

神舟飞船陆地遥感应用系统已被中国国土资源航空物探遥感中心、中国科学院空间科学与应用研究中心等单位应用。

数字地球原型系统提供的技术方法与手段，为国家博物馆的数字考古技术与应用提供了可视化的数据基础与信息研究的分析工具。

数字地球原型系统提供的遥感标准数据产品对水利部、国家环保局开展我国西南三江并流地区生态环境等方面的调查，以及提取行业所需的量化地表信息和进行领域之间的交流与合作具有重要的应用价值。

该项目在城市规划、土地资源动态监测、城市生态环境动态分析等方面发挥了重要的作用。其成果转化为"珠江三角洲地区土地用途变迁分析""合肥市总体规划土地资源遥感动态分析""哈尔滨市城市生态环境动态分析""苏州市总体规划土地资源动态遥感分析"等。

利用数字地球原型系统环境为新技术普及提供虚拟平台，几年来共接待国内外 1.2 万人次访问、参观。2008 年 5 月 12 日以来，利用数字地球原型系统平台，为抗震救灾，抢险、排险提供了大量的第一手灾情形势评估信息。

八十六、海洋环境与灾害应急天–空–地遥感综合监测技术系统及应用

1. 成果简况

该项目由中国科学院遥感应用研究所、国家海洋环境监测中心、国家海洋局北海分局和中国科学院

南海海洋研究所承担，于2009年12月完成。该项目成果2011年海洋工程科学技术奖（社会公益类）一等奖。主要完成人员为顾行发、房建孟、韩庚辰、邵芸、李紫薇、赵冬至、施平、刘亚岚、黄晓霞、王娟、张增祥、王世新、方俊永、霍传林和丁一等。

2. 成果内容

该项目立足于当前我国海洋环境保护及资源利用现状，发展海洋遥感理论和技术，综合利用卫星、航空、地面监测的多源遥感数据，构建从数据获取、处理、分析到应用服务的天空地海洋遥感应急业务化运行体系，并建立针对浒苔、溢油应急监测、渤海湾环境监测、油气勘探、岛礁识别的应用技术示范平台，实现我国第一个大型的综合性海洋环境应急遥感业务化运行体系。

（1）该项目自主研制了多模态航空数字相机和QRST-4B型四波段CCD相机、便携式并行计算装置，为海洋遥感数据的实时获取及快速处理提供了具有针对性的硬件平台。

（2）该项目综合利用卫星和航空遥感数据，以卫星遥感进行持续、大范围的动态监测，以及以航空遥感高分辨率对重点区域实行监测的方式，结合海上同步实测数据的真实性检验与校正，形成天空地一体化的海洋综合观测系统。

（3）该项目发展了针对多源、多谱段、多时相、多尺度的数据处理技术体系，构建了光学遥感数据处理子系统、微波遥感数据处理子系统和航空遥感数据处理子系统，可实现海洋遥感数据产品的批量生产及30min的应急处理技术指标。

（4）该项目围绕海洋资源环境特点及应急需求在探测范围、数据处理、信息提取和产品生产等方面展开相关研究，进行多源数据的综合使用及多元信息复合分析，提出一系列具有创新性的技术方法，有效提高了产品精度。特别是结合微波与光学遥感数据进行浒苔、岛礁监测，实现了对浒苔运移趋势的综合分析及岛礁的高精度识别。

（5）目前，“海洋环境与灾害应急天空地遥感综合监测技术系统”已成功应用并取得良好的经济效益和社会效益，特别是在2008年青岛奥运会帆船赛区浒苔灾害、2008年广西北部湾海域溢油及2010年大连新港溢油等事件中对指挥决策的支持力度，在我国重大突发事件应急处置中堪称之最。

3. 验收和鉴定意见

该项目组提供的技术文档齐全，符合鉴定要求。

（1）项目组针对海洋环境监测及灾害应急响应的重大需求，建立了“海洋环境与灾害应急天空地遥感综合监测技术系统”，系统设计合理，技术路线先进。

（2）该系统在天空地一体化多源数据的浒苔与溢油灾害遥感监测、合成孔径雷达与重磁力复合的海洋油气资源遥感探测、海洋环境与海岛海岸带信息提取、宽幅和多谱段海洋航空遥感相机等关键技术与系统集成方面取得了创新性成果。

（3）该系统在2008年青岛奥运会帆船赛区浒苔灾害应急监测、广西北部湾海域溢油事故监测、珠江口盆地油气资源遥感综合探测、渤海环境监测等方面得到了成功应用，社会经济效益显著，具有很好的推广前景。该系统技术难度大，集成度高，实用性强，总体上达到了国内领先、国际先进水平。

4. 成果特色与创新点

1）成果特色

该成果实现了多源数据、多技术平台和应用服务的有机结合，形成了海洋遥感综合业务化运行体系，在海洋环境保护、资源利用、权益维护、突发事件应急处理等方面发挥了重要的科技先导作用。

2）创新点

（1）针对海洋环境灾害应急需求，研制了具有自主知识产权的多模态数字相机、QRST-4B 型四波段 CCD 航空遥感相机、便携式并行计算装置。

（2）发展了基于浒苔的雷达数据不同波段、不同极化的后向散射特性和形态学特征的信息提取技术，在国内实现了动态监测及其漂移特征和运动趋势的综合分析与预测；自主研发、利用 SAR 图像实现了对海上溢油等污染的快速监测。

（3）突破了遥感科研成果在业务转化中的应用瓶颈，构建了卫星遥感多要素监测系统和业务化支撑系统，形成了海洋遥感业务化监测能力。

（4）以雷达遥感为主，综合航磁、卫星重力反演技术，实现了海洋油气资源遥感的多元信息复合分析，形成了一套可行、有效的海洋油气资源远景靶区遥感综合勘查方法和程序。

（5）解决了海上无控制点图像纠正精度问题，建立了一套岛礁卫星遥感识别方法与岛礁调查流程。

（6）突破了海洋环境快速、立体与动态监测的关键技术，形成了天–空–地一体化的技术体系。

5. 推广应用情况、经济效益与社会效益

目前，该项目成果已成功应用于浒苔监测、溢油监测、渤海环境监测、海洋油气探测、岛礁及岸线遥感识别等方面，取得良好的经济效益和社会效益。

（1）2008 年 5 月中下旬以后，青岛周边海域暴发大面积浒苔灾害，严重影响到 2008 年北京奥运会奥帆赛区的训练和正常举办。该项目利用综合遥感数据，大范围、覆盖式、不间断地动态监测浒苔灾情并分析浒苔的光谱特性，第一时间确定了浒苔大面积分布和重点区域的精细化分布，及时准确地提供浒苔分布面积、密集度、重量估算、态势分析，以及来源追溯等应急动态监测信息，为奥帆赛、残奥帆赛成功举办做出了突出贡献。

（2）2008 年 8 月中下旬，北部湾海域涠洲岛周边海域发生大面积溢油污染。该项目通过对多期次雷达卫星图像的解译分析，利用油膜自动识别系统提取了溢油污染物的特征参数，克服海面溢油雷达遥感探测的复杂性和不确定性，及时、科学、正确地判定溢油来自涠洲油田群 11-4A 至 12-1 平台之间的管线，并准确估算了此次污染事故的石油泄漏量，分析了溢油漂移的方向和趋势，为国家海洋局尽快查清污染源起到了关键的决定性作用。

（3）该项目在环渤海区域进行了入海污染源/污染物总量遥感监测、水质遥感监测、岸线和海岸带土地利用状况遥感监测以及遥感数据产品的可视化管理。海洋运行实践证明，海洋监测信息获取的效率和精度大大提高，有效减少常规海洋环境监测方法的作业量和劳动强度，带来了一定的经济效益。

（4）该项目开展了珠江口盆地海洋油气资源遥感勘查技术试生产研究，建立了海洋油气藏烃渗漏概念模型，提供了利用 SAR、雷达测高和航磁等遥感综合勘查海洋油气藏的技术方法，形成了海洋油气藏遥感综合勘查程序，给出了远景勘探靶区预测及其可信度，获得 40 个远景靶区，并提交了 1∶20 万遥感综合预测图。

（5）该项目在国内首次完成了对远离大陆地区海域岛礁的高分辨率卫星遥感识别方法与南沙南部海域岛礁调查的流程，全面掌握了该区块总面积约 36.2 万 km^2 内海岛环境资源现状，填补了空白，为该区块海岛主权保护规划、管理和合理利用等提供了现时性很强的基础资料。

八十七、环境一号卫星数据应用

1. 成果简况

该项目由中国科学院遥感应用研究所等承担，于 2013 年 12 月完成。该项目成果 2011 年获海洋工程科学技术奖（社会公益类）一等奖，国家科技进步二等奖。主要完成人员为顾行发、余涛、李小英、赵峰、汪承义、曾庆业、丁琳、张立福、方俊永、张风丽、童玲、程天海、李家国、张灏、张霞、周月敏、孟庆岩、蒙继华、易玲、刘亚岚、占玉林、尹球、阎福礼、杜今阳、王丽涛、过志峰、张磊、许华、刘闯、庄大方、江东、李名松、李虎、张永明、李茂堂、代玉丽、田庆久、王怀生、陈秀万、罗满建、周涛、李占元、黄照强、吴志伟、李强子、裴志远、洪志刚和王世新等。

2. 成果内容

环境一号卫星数据应用研究项目达到或超过任务书的规定，符合或超过任务书的要求。

1）应用基础研究技术成果

任务书要求根据 HJ-1 卫星 4 个载荷特点，完成不少于 30 种标准产品的研制。该项目实际完成了以下 40 余项标准产品的研制，为环境卫星数据产品服务奠定了技术基础。

（1）CCD：MTF 补偿产品；CCD 图像辐射归一化研究；HJ 星 CCD 影像正射纠正算法；HJ 星多光谱图像间自适应配准算法；云检测产品及其算法；云标识产品及其算法；植被指数标准产品及其算法；植被叶面积指数及光合有效辐射系数（fPAR）标准产品及其算法；净初级生产力产品及其算法；水质指标标准产品及其算法；气溶胶标准产品及其算法；地表反射率标准产品及其算法；地表反照率标准产品及其算法；土地覆盖标准产品及其算法；冰雪覆盖标准产品研究及其算法；土壤水分变化监测标准产品及其算法。

（2）高光谱成像仪：HJ-1A 高光谱数据预处理流程、算法软件与技术标准研究；植被指数标准产品及其算法；云检测产品及其算法；云标识产品及其算法；气溶胶标准产品及其算法；土地覆盖标准产品及其算法；HJ-1A 高光谱载荷数据质量评价与波段特性研究；HJ-1A 高光谱载荷数据分类方法研究。

（3）红外相机：HJ-1B 红外影像的正射纠正及其算法；云检测产品及其算法；云标识产品及其算法；水质指标标准产品及其算法；气溶胶标准产品及其算法；土地覆盖标准产品及其算法；土壤水分变化监测标准产品及其算法；植被覆盖度标准产品；地表蒸散产品及其算法；森林火点监测产品及其算法；地表温度标准产品及其算法；海表温度标准产品及其算法。

（4）S 波段 SAR：HJ-1-C 专用的基于共线方程的 SAR 正射纠正及其算法；典型地物 SAR 成像机制研究；S 波段 SAR 典型地物微波特性研究产品；S 波段 SAR 典型地物微波特性知识库设计与开发；基于 SAR 数据的水稻识别方法研究；S 波段 SAR 海洋内波研究；土壤水分变化监测产品及其算法；森林植被覆盖及类型分类产品及其算法；森林生物量反演产品及其算法。

2）应用关键技术与数据标准政策研究技术成果

研究数据处理、分发、数据和信息服务共享平台中的关键技术问题，完成数据处理标准规范、集成的数据处理软件系统开发、全过程质量检验体系的建设，该项目实际完成了以下应用关键技术研制，涉及各类 IT 技术的服务工具，工程“性能”提高，遥感大数据存储、检索、处理、传输、可视化及系统集成等环节中的要素类关键技术和集成类关键技术，完成了数据处理标准规范、全过程质量检验体系的建设，开发完成 1 个原型应用系统，达到了任务书的要求，包括：①新型几何与大气辐射一体化订正方法；②三维可视化系统（OPENGL、WorldWind、GoogleEarth）技术；③可视化互动在线语言–类语言（VIN）技术；④基于多源数据融合的空间信息分析与展示技术；⑤巨幅影像的快速傅里叶变换（FFT）研究；⑥“小巨人”高性能计算硬件环境研究；⑦P2P 在 WebGIS 中的应用研究；⑧空间重采样方法对图像信息影响研究；⑨五层十五级空间数据统筹方法研究；⑩基于内容的海量遥感影像并行检索技术；⑪分布式数据库与快速检索技术；⑫集群计算与 GPU 技术；⑬遥感应用网络安全研究；⑭基于网格的创新平台集成技术

（1 个计算中心+N 个胖终端）技术；⑮环境卫星数据产品分级、格式与政策研究；⑯地理空间信息技术数据规范与共享机制的政策研究；⑰环境卫星的经济效益分析报告；⑱环境卫星的社会效益分析；⑲全过程质量检验（GPP）与 9 级成熟度评价方法；⑳遥感应用产品高性能处理平台设计与构建；㉑遥感应用示范原型软件底层模块开发。

3）数据特性评价及标准产品真实性检验技术成果

该项目完成了包括与其他卫星同类载荷数据的交叉定标，环境卫星不同载荷标准数据产品的真实性检验工作；完成了环境卫星数据质量评价和验证，提高了环境卫星数据定量化应用基础，具体包括：①图像质量评价报告（HJ-1A/B）；②光学载荷定标与大气纠正关键技术研究真实性检验报告；③环境星辐射归一化真实性检验报告；④HJ 星 CCD 影像正射纠正精度评价；⑤HJ 星红外影像正射纠正精度评价；⑥HJ 星 SAR 模拟影像正射纠正精度评价；⑦HJ 星影像波段间配准精度评价；⑧HJ-1A 星高光谱载荷数据质量评价报告；⑨HJ-1A 星高光谱数据分类精度真实性检验报告；⑩HJ 星云与气溶胶标准产品研究–产品真实性检验报告；⑪植被指数标准产品–真实性检验报告；⑫面向环境小卫星 CCD 数据的植被叶面积指数精度评价报告；⑬面向环境小卫星 CCD 数据的植被 FPAR 精度评价报告；⑭HJ 卫星土地覆盖标准产品真实性检验报告；⑮HJ 星水体水质标准产品真实性检验报告。

4）行业与区域应用示范研究技术成果

该项目完成了任务书要求的开展环境卫星数据在多个行业专业性应用示范、综合性应用评价的研究工作，为环境卫星数据推广应用奠定基础，具体包括：①环境星应用示范系统建设；②甘蔗长势与估产遥感监测系统及能力评价；③林业领域应用示范林业资源与林浆纸原料基地遥感监测与生态评价系统；④CBERS02B/HJ-1 卫星遥感数据对广西北部湾典型森林识别能力评价及 LAI 真实性检验方法研究；⑤基于天地一体化监测的区域水库合理化应用示范系统；⑥基于环境一号卫星的 1∶25 万测绘能力评价；⑦基于 HJ-1 北部湾交通信息提取技术研究；⑧银滩–涠洲岛、三娘湾生态保护与旅游开发状况的遥感监测能力评价；⑨中高分辨率遥感数据在大湄公河次区域研究中的应用前期研究；⑩北部湾区域环境综合评价与监测；⑪广西北部湾区域可持续发展综合服务系统；⑫基于环境一号卫星数据的西天山森林资源环境遥感监测业务化系统研究；⑬HJ-1 及 CBERS02B 星曹妃甸工业区环境监测应用示范研究；⑭HJ-1 及 CBERS02B 星数据在黄土丘陵区水土保持和生态建设监测中的应用研究；⑮环境星在汶川地震灾区生态恢复监测中的应用；⑯www.qrstuv.cn 网站。

3. 验收鉴定意见

2013 年 12 月 24 日，中国科学院遥感与数字地球研究所组织了该项目验收会议，形成如下验收意见。

（1）该项目按照任务书和实施方案，开展了高光谱成像数据、宽视场成像数据、红外数据及合成孔径雷达数据特性、预处理核心算法、数据质量评价等 21 项技术攻关，完成了地表反射率等 34 项标准产品研制，进行了 17 次地面定标与真实性检验实验，完成了农作物长势等 43 个专题应用，全面完成了任务书批复规定的研究任务。

（2）该项目突破的无场地绝对辐射定标技术、基于大气 MTF 的大气校正技术、基于稀少控制点的 CCD、红外影像的正射纠正方法等关键技术、建立的适用于 S 波段的不同地物的微波散射等模型，以及五层十五级空间数据统筹方法都具有创新性。

（3）项目解决了环境一号卫星数据应用研究中数据预处理、标准产品、数据质量评价、数据处理系统研发的关键技术和难点，形成完整技术链条，为卫星数据快速转入应用和业务化运行服务奠定了技术基础，有力地支持了我国环境一号卫星应用、高分专项系统的建设与实施。

（4）该项目取得了各类研究成果报告约 280 份，发表文章 136 篇，开发算法模块 35 个，原型系统 1

个，软件著作权 7 项，申请专利 1 项，其他技术成果 16 项，项目成果已在部分行业、区域得到应用。

（5）该项目已通过国防科工局组织的财务决算审计。

（6）资料齐全规范，符合归档要求。

验收组一致同意该项目通过验收。

4. 成果特色与创新点

该项目成果解决了 HJ-1 卫星应用中的关键技术问题，完成了相关算法和软件，降低了遥感应用门槛；获得了针对污染状况、农业、林业、水资源、土地管理、生态环境、测绘、交通等多种应用领域，形成了遥感应用示范评价，打下了业务化运行基础，形成了应用示范成果；探索了多星多传感器服务区域发展的综合能力评价，形成了业务化运行的区域资源与环境动态监测系统。

5. 推广应用情况、经济效益与社会效益

该项目新形成的应用技术方法，形成的行业业务化应用的基础和服务建设方案，逐步成为应用推广服务体系、培训和应用研究成果。在全国范围对环境减灾星座进行了推广，并进行了国际合作和宣传，扩大了环境卫星的国际国内影响，为未来的卫星应用体系提供了参考模式，有效拓展与深化了我国对地观测体系建设，进一步加强了自主卫星遥感服务我国经济建设的能力，有效提高了我国应对环境变化和突发灾害的应对能力。

该项目所形成的技术模式和服务模式对高分系统有较强的借鉴意义。

八十八、大气环境综合立体监测技术研发、系统应用及设备产业化

1. 成果简况

该项目由中国科学院安徽光学精密机械研究所、北京大学和中国科学院遥感应用研究所承担，于 2012 年完成。该项目成果 2011 年获国家科技进步奖二等奖。遥感所主要完成人员为陈良富等。

2. 成果内容

该课题是 863 重大项目课题“重要大气复合污染物快速在线和时空分布监测技术系统开发”部分研究成果。

“大气环境综合立体监测技术研发、系统应用及设备产业化”研究实现了 PM2.5、激光雷达等相关技术成果的转移转化，以及大气环境污染卫星遥感监测系统的业务化应用，对于提高我国在新时期大气环境复合污染条件下的综合监测能力具有重要意义，同时也将进一步缓解国家在环境监测仪器研发方面的不足。

3. 鉴定验收意见

2012 年 8 月，由中科院安徽光学精密机械研究所承担、北京大学和中科院遥感所参与的国家 863 重大项目课题“重要大气复合污染物快速在线和时空分布监测技术系统开发”在北京通过 863 资源环境技术领域办公室组织的专家验收。

该课题是 863 重大项目“重点城市群大气复合污染综合防治技术与集成示范”滚动支持的课题。针对我国区域大气复合污染物快速在线和时空分布监测的技术需求，课题组自主研发了车载臭氧时空分布探测差分吸收激光雷达系统，构建了基于自主研发设备的大气复合污染快速在线和时空分布监测系统。

该课题实现了 PM2.5、激光雷达等相关技术成果的转移转化，以及大气环境污染卫星遥感监测系统的业务化应用，对于提高我国在新时期大气环境复合污染条件下的综合监测能力具有重要意义，同时也

将进一步缓解国家在环境监测仪器研发方面的不足。

八十九、主要农作物遥感监测关键技术研究及业务化应用

1. 成果简况

该项目由中国科学院遥感应用研究所等承担，于 2008 年 12 月完成。该项目成果 2012 年获国家科学科技进步奖二等奖。遥感所主要完成人员为王长耀和张庆员等。

2. 成果内容

从 1998 年开始，围绕“农作物空间信息获取–信息分析–信息应用与服务”主线，创建了多源多尺度农作物遥感监测技术体系，并首次创建了天（遥感）地（地面）网（无线传感网）一体化的农作物信息获取技术，在国内率先研制了面向农作物遥感监测的光谱响应诊断技术，研发了全面覆盖农作物和农田环境参数的定量反演算法和模型，建立了国内唯一稳定运行超过 10 年的国家农作物遥感监测系统（China agriculture remote sensing monitoring system，CHARMS），并成为国际地球观测组织（GEO）向全球推广的农业遥感监测系统之一。

3. 鉴定、评审、验收意见

经过专家鉴定，该项目成果整体上达到了国际先进水平，在业务化运行系统方面具有独创性，在探索小麦品种识别研究方面达到了国际领先水平。

4. 成果特色与创新点

该项目构建的国家农作物遥感监测系统和先进对地观测技术及农业应用系统，获得国际同行的高度肯定。该项目相关技术和系统已经成为农业部系统的主要运行系统，为国家农业主管部门科学管理和决策提供了信息服务，系统运行精度和可信度得到了国家发改委、农业部等部门的高度评价。

5. 推广应用情况、经济效益与社会效益

该项目成果首先在农业部进行推广应用。自 2002 年起，农业部相关司局利用该项目成果进行了全国主要粮食产区的小麦、水稻、玉米与大豆等主要农作物种植面积、长势、产量和土壤墒情的动态监测，为掌握粮食生产形势、指导农业生产、进行宏观决策提供了大量的信息服务。从 2004 年起，该项目成果产生的农作物动态监测信息纳入“国家农情信息发布日历”，成为农业部粮食信息会商的主要信息源之一。从 2007 年开始，该项目成果应用于国家发展和改革委员会的全国农业生产形势的动态监测和分析，为优化粮食生产布局、相关政策措施制定提供了重要技术支撑。从 2010 年开始，该项目成果产生的农作物长势、墒情监测信息被纳入《农业农村经济重要数据月报》，直送国务院和相关部委领导参阅，目前已被采用 30 余期，从 2003 年起，该项目成果先后在黑龙江、吉林、河南、山东、山西、四川和江西等 31 个省（自治区、直辖市）进行了推广应用，填补了省级农作物遥感业务化运行系统的空白，为当地农业主管部门提供了及时、准确的农情信息服务。

截至 2010 年，该项目实现我国主要农作物监测面积累计达 89 亿亩，产生间接经济效益达 108 亿元。

九十、中国遥感卫星辐射校正场技术系统

1. 成果简况

该项目由中国科学院遥感应用研究所等承担，于 2008 年 10 月 31 日完成。该项目成果 2011 年获海

洋工程科学技术奖（社会公益类）一等奖。主要完成人员为卢乃锰、顾行发、乔延利、邱康睦、文江平、戎志国、刘京晶、郑小兵、张玉香、胡秀清、闵祥军、张广顺、蒋兴伟、于宏和许丽生等。

2. 成果内容

在现代航天遥感定量反演地球物理参数中，如果辐射观测出现偏差，必然带来产品反演误差，甚至会造成产品无法使用。因此，需要不断校正卫星遥感器的衰减。利用地面辐射特性均匀稳定的目标，将其作为“基准”，在卫星过境时通过遥感器对“基准”观测、分析遥感器自身性能的变化，校准其偏差（辐射校正），成为确保在轨卫星观测精度的首要方法。

1996年，原国家计委和国防科工委启动了国家航天重大基础项目–中国遥感卫星辐射校正场技术系统（简称辐射校正系统）建设；2002年辐射校正系统投入运行，业务能力不断提升，标志着我国遥感卫星实现了从定性应用到定量应用的跨越。

由于星–地间自然环境的复杂性远非实验室可比，辐射校正技术难度巨大，一直是卫星遥感领域的世界难题。中国气象局、中国科学院等 7 部委围绕基准建立、仪器研制、理论方法和系统集成，开展涉及12个学科99项技术研究，经过8年联合攻关，取得4方面的创新性成果。

（1）突破了多学科理论模型复合分析、场地优选、上行微波辐射计算、复杂耦合过程误差控制等关键技术；创建了完整的辐射校正场指标体系；建成了国际最优的光学辐射校正基准场和首个业务化的微波辐射校正基准场。

（2）攻克了溯源于低温绝对辐射计的高精度仪器校准技术，建立了与美国计量标准局精度水平相当的辐射标准保持与传递系统；创建了野外宽谱段、多平台协同及长期稳定观测等核心装备系列，填补了国内相关技术的空白。

（3）发展了辐射校正同步测量理论和无同步测量快速辐射校正方法，在国际上首次提出卫星光学遥感器像元级辐射校正模型，实现了卫星遥感器的高频次、像元级辐射校正。

（4）建成了业务化辐射校正场技术系统，实现了对所有国产系列遥感卫星的辐射校正。

在该项目成果中，可见光遥感器整体辐射校正精度（6%）和初级应用光辐射功率标准不确定度（0.035%）两项指标达到国际先进；敦煌基准场的两项主要指标达到国际最优。

基准场的建设填补了国际红外和微波辐射校正的业务空白。辐射校正系统的建成确保了遥感卫星效益的发挥，使我国在这一领域进入国际先进行列。

3. 鉴定、评审、验收意见

（1）中国遥感卫星辐射校正场是“九五”国家卫星遥感应用重点科研、建设项目，建设项目主要由场地基础设施分系统，天气和环境参数观测分系统，实验室定标、校正和标准传递分系统，地物和大气辐射特性观测分系统和资料处理、存档和服务分系统五大部分组成。工程建设已按设计要求全部完成，在对场地特性观测和分析，各类对地观测卫星遥感仪器辐射校正工作流程设计及精度分析，辐射标准建立方案和标准传递方法研究，校正场同步观测方法和数据处理模型研究，资料存档、管理和服务及其他软科学问题研究和微波遥感辐射校正方法研究 6 个课题研究的基础上，形成了完整配套的场地辐射校正技术系统。为了检验项目建设和科研成果，先后于1999年、2000年和2001年3次针对风云气象卫星、中巴地球资源卫星和军事卫星进行了场地同步观测试运行。结果表明，该系统性能稳定可靠，达到了项目建设的技术指标要求。

（2）中国遥感卫星辐射校正场是国家级、多星共用遥感卫星辐射校正场，可为国内外多种遥感卫星及其他航天遥感仪器提供辐射校正服务。该项目的建成，将在提高卫星光学遥感仪器辐射定标精度、监视和校正在轨卫星传感器性能变化和支持多种遥感仪器、多时相遥感资料的综合应用等方面发挥重要作用，将成为国家级遥感卫星辐射校正和定量遥感技术的试验基地，促进我国航天遥感技术的发展，提高我国卫星定量化遥感技术和遥感数据定量化应用水平，使我国在这一领域进入国际先进行列。

（3）中国遥感卫星辐射校正场项目建设，多部门紧密合作，11 个科研和应用单位参加，制定了较为完整的项目管理规章制度，执行统一设计、统一规程、科学规范的现代化管理和严格的质量检查，科学家、工程师与管理人员三支队伍密切合作，工程建设和科研紧密结合，并坚持边建设、边服务的方针，对工程的高质量竣工、场地辐射校正同步观测和应用试验的成功起到了关键作用。

验收委员会认为，中国遥感卫星辐射校正场项目工程建设、科研任务全部完成，该项目的科学目标、各项功能、技术指标与场地卫星同步观测试验考核都达到了设计任务书和合同要求，该项目的科学意义、社会效益显著。该项目提交验收文档资料完整，建设与科研经费使用合理，符合国家建设项目经费管理规定，预算执行状况良好。验收委员会一致同意通过验收。

4. 成果特色与创新点

1）成果特色

该项目成果填补了我国遥感卫星辐射校正技术空白，对提高我国遥感卫星的定量化应用水平具有极为重要的意义，使我国卫星遥感辐射校正事业有了良好的开端，并在这一领域进入国际先进行列。

2）创新点

（1）建立了国际领先的卫星观测尺度辐射校正基准。

（2）研制了野外辐射测量核心装备，建立了国际一流的辐射标准传递系统。

（3）发展了高精度在轨辐射校正理论方法，国际上首创了卫星光学遥感器像元级辐射校正模型。

（4）建成了国际先进的全谱段高精度业务化辐射校正技术系统。

5. 推广应用情况、经济效益与社会效益

在 10 年业务运行期间，辐射校正系统为气象、海洋、资源、环境减灾和军事系列共 21 颗国产遥感卫星实施了辐射校正（仅用于台风监测的风云卫星图像就超过 22480 幅）。国际地球卫星观测委员会（CEOS）已将中国辐射校正场列为国际上极少具备现场观测条件的辐射校正基准场；世界气象组织（WMO）高度评价中国在国际辐射校正领域的主导作用。辐射校正过的图像通过 CMACast 在亚太 17 个国家和南美洲、非洲得到业务使用。

九十一、城市地质信息三维可视化关键技术研究与应用

1. 成果简况

该项目由天津城建大学和中国科学院遥感应用研究所承担，于 2011 年完成。该项目成果 2012 年获天津市科学技术进步奖三等奖。遥感所主要完成人员为龚建华、赵向军、张利辉、李毅、郭亮和朱军等。

2. 成果内容

该成果针对城市地质信息的三维数据表达与可视化，设计与构建了三维地质数据内插优化算法、三维地质数据模型、三维建筑模型优化、多源数据一体化建模等关键技术与算法，研发了支持城市地上与地下一体化的城市地质信息三维可视化系统。该系统可应用于地质环境管理与环境工程决策，以及城市地质信息管理与社会化服务，可增强地质信息获取与利用能力，提高政府城市建设规划管理、地下空间开发利用、城市突发事件的应急指挥与处置救助能力，促进政府的招商引资和天津滨海新区的开发开放。

第二章　技 术 专 利*

一、一种航空遥感平台机载作业控制系统

1. 专利简况

专利类型：实用新型；专利号：ZL201220172872.2；授权日期：2012-12-12。

2. 发明人

顾行发、陈继平、余涛、余国林、李家国和赵利民。

3. 专利简介

该实用新型公开了一种航空遥感平台机载作业控制系统，该控制系统安装在无人机上，电连接无人机的航姿系统、自驾仪、稳定云台，其特征在于，该控制系统设置有中央处理器，在航姿系统辅助下所述中央处理器发出驱动稳定云台、航拍相机的指令，对地面进行等距拍摄或等时拍摄，拍摄完成后将拍摄数据存储在机载数据存储器内，并通过数传电台向地面控制站传送所拍摄数据。该实用新型能按照作业规划软件设定的作业方式，在无人机飞行过程中自动控制遥感传感器及电子吊舱姿态测控系统执行遥感作业，能够接受地面指令控制，能够向地面通过数传系统回传作业执行信息，控制遥感传感器实时动态采集遥感数据。

二、一种波段可调的多光谱 CCD 相机

1. 专利简况

专利类型：实用新型；专利号：ZL201220169479.8；授权日期：2012-12-12。

2. 发明人

陈继平、顾行发、余涛、孟庆岩、李家国和高海亮。

3. 专利简介

该实用新型公开了一种波段可调的多光谱 CCD 相机，包括 CCD、镜头和转动轮，转动轮可以旋转，其上安装有多个不同波段的滤光片；镜头处于转动轮下方，旋转转动轮使其上不同波段的滤光片处于镜头正上方，被测对象光谱信息经过镜头及相应滤光片过滤，将所需的光谱信息发送至 CCD。该实用新型的波段可调的多光谱 CCD 相机，通过旋转转动轮控制其上安装的不同波段的滤光片过滤被测对象光谱信息，允许不同波段的光谱信息通过以实现波段可调。通过对滤光片的简单更换，在可见光范围内可以方便地实现对不同地物特定光谱信息的自由获取。这个特点使得该相机可以实现一机多用，拓宽了该相机的应用范围。

---

* 具有专利证书。

三、一种多波段成像遥感器标校装置

1. 专利简况

专利类型：实用新型；专利号：202599425U；授权日期：2012-12-12。

2. 发明人

顾行发、余涛、郑逢杰、孟庆岩、李家国和高海亮。

3. 专利简介

该实用新型装置公开了一种多波段成像遥感器标校装置，包括在室内建立的三维控制网，该三维控制网内设置有若干已知空间坐标的标志，以构成多波段成像遥感器的成像参数测试点，遥感器从室内拍摄三维控制网内的标志，标志之间互相不遮挡地在遥感器内成像。所述三维控制网内的标志呈三维阵列布置，空间坐标可调，配合标志三维阵列区设置两个可测量和复查标志坐标值的观测墩。该标校装置精度高，稳定性良好，可以进行长时间多次定标，监测遥感器系统性能的变化。

四、扩散程度可控的各向异性扩散图像去噪增强方法

1. 专利简况

专利类型：发明专利；专利号：ZL200910237252.3；授权日期：2012-12-05。

2. 发明人

陆丹、郭彤、唐娉、王杰和唐亮。

3. 专利简介

本发明提供一种扩散程度可控的基于迹模型的各向异性扩散图像去噪增强方法，包括以下步骤：计算每个像元点的结构张量和 Hessian 矩阵；对每个像元点的结构张量进行特征值分解；构建每个像元点的扩散张量，使该扩散张量的特征向量是结构张量的特征向量，特征值是结构向量特征值的函数，即扩散率函数，该函数可通过 5 个参数的调节使扩散程度可控，其中一个参数控制图像增强的效果；对迹模型迭代求解。采用该方法，可以有效对图像去噪增强。

五、阈值约束最小生成树算法的区域合并方法

1. 专利简况

专利类型：发明专利；专利号：ZL201110106740.3；授权日期：2012-12-05。

2. 发明人

唐娉和边钊。

3. 专利简介

本发明提供一种对分水岭分割产生的“过分割”区域进行阈值约束的最小生成树的区域合并方法。该方法包括以下步骤：对分水岭分割结果建立区域邻接图；对构建的图进行阈值约束最小生成树算法的

图合并，合并“过分割”区域，形成合并结果。

六、一种基于主从结构的计算机KVM信号传输装置

1. 专利简况

专利类型：实用新型；专利号：201220169383.1；授权日期：2012-11-21。

2. 发明人

陈继平、顾行发、余涛、高海亮、李家国和赵利民。

3. 专利简介

该实用新型专利公开了一种基于主从结构的计算机K V M信号传输装置，包括本地主机和远端从机，本地主机和远端从机上均设置有显示器信号输出接口和指令输入接口，本地主机和远端从机之间通过网络连通，其中，本地主机上还设置有用于选择本地主机和远端从机的指令输入接口之一进行指令输入的授权开关。该实用新型的K V M信号传输装置，授权开关处于打开状态时，装置授权连接在远端从机的鼠标接口与键盘接口的鼠标和键盘进行指令的输入，同时屏蔽本地主机上连接的鼠标和键盘的输入操作；授权开关处于关闭状态时则相反。因此，解决了本地主机和远端从机上连接的鼠标、键盘同时操作导致设备无响应和死机等问题。

七、一种太阳自动追踪系统

1. 专利简况

专利类型：实用新型；专利号：201220170121.7；授权日期：2012-11-21。

2. 发明人

顾行发、陈继平、余涛、宁开放、李家国和高海亮。

3. 专利简介

该实用新型公开了一种太阳自动追踪系统，包括光电式追踪机构和辅助该光电式追踪机构追踪太阳方位的视日运动轨迹算法追踪模块，所述光电式追踪机构包括检测太阳方位的四象限探测器，太阳光通过聚光镜头汇聚于所述四象限探测器，由四象限探测器检测太阳方位并且输出光电流，所述光电流的电流电压经过信号调理模块转换和放大，再经过模数转换模块数字化转换并传输给中央处理器，经过中央处理器的计算得出太阳光斑在四象限探测器上的坐标，再对比视日运动轨迹算法追踪模块所提供的数据，从而控制执行机构调整整个系统的姿态追踪太阳方位。

八、医疗机器人导航定位图像中的标记拾取方法

1. 专利简况

专利类型：发明专利；专利号：ZL201010183190.7；授权日期：2012-11-07。

2. 发明人

王杰、单小军、唐娉和张送根。

3. 专利简介

该发明专利公开一种技术方案，综合使用多种图像处理技术，准确、高效地自动拾取从C型臂X光机采集的医疗机器人导航定位图像中的定位标记点和标记线。其处理过程为：在图像中真实成像范围内，首先使用图像增强方法抑制噪声，突出目标，增强前、背景的对比；然后，使用图像分割技术分割出背景和前景，所有前景的内容作为备选区域；使用区域生长方法对备选区域做连通区域编号标记；再通过模板匹配获得候选标记点，在所有候选标记点周围检测标记线；最后，使用形状判别确定准确的标记点，并利用标记线确定标记点的分组和编号。该专利权与北京天智航技术有限公司（TINAVI）共同持有。该专利技术已经用于北京天智航技术有限公司的骨科机器人导航定位（GD-2000型）系统。GD-2000型骨科机器人导航定位系统于2012年2月获SFDA颁发医疗器械产品注册许可证。

九、具有边界保持特性的遥感图像多尺度分割方法

1. 专利简况

专利类型：发明专利；专利号：ZL201010588998.3；授权日期：2012-07-25。

2. 发明人

唐娉、冯峥、边钊和霍连志。

3. 专利简介

该发明提供一种针对遥感图像具有边界保持特性的多尺度图像分割方法。该方法包括以下步骤：采用基于正交滤波器组对图像进行滤波后再求取图像局部能量图的预处理方法，准确定位和检测地物边界；对预处理后的图像进行分水岭分割，得到初始的分割结果；将初始分割结果进行矢量化，生成分割矢量图层，使每个分割区域用多边形矢量来表达，建立矢量多边形之间的邻接关系；对多边形的矢量图层，构建图；基于图的最小生成树算法结合阈值控制进行分割区域的合并；并将图合并过程迭代进行，直到形成所需的尺度分割层次及结构。

十、利用全球卫星定位系统信号源的机载海洋微波遥感系统

1. 专利简况

专利类型：发明专利；专利号：ZL201010122963.0；授权日期：2012-07-04。

2. 发明人

李紫薇、周晓中、顾行发、张红雷、王晋年、杨东凯、张益强、路勇、杨晓峰、周翔、于暘、叶小敏、刘书明、李伟强、王炎、周雅楠和李明里。

3. 专利简介

该发明公开了一种利用全球卫星定位系统信号源的机载海洋微波遥感系统，GNSS-R遥感器接收和处理导航卫星直射和海面回波信号，输出不同时延多普勒相关功率和导航定位解；任务监控工作站进行航路规划、遥感器任务状态实时监控和数据存储管理；数据处理与应用工作站对遥感器采集的数据进行筛

选、规整、降噪预处理，将处理后的数据进行成像处理和要素反演，得到海面风场、海面高程、有效波高等海洋环境监测信息；仿真分析工作站提供 GNSS-R 全路径仿真信号。该发明系统有效地解决了目前海洋微波遥感设备缺乏、数据应用时效性不高等问题，将为有人/无人机航空平台提供全天候、全天时、多信号源、宽覆盖、高时空分辨率的新型任务设备及处理分析手段。

十一、一种基于光谱匹配的遥感影像专题信息自适应提取方法

1. 专利简况

专利类型：发明专利；专利号：ZL201010273084.8；授权日期：2012-07-04。

2. 发明人

乔程、朱志文、骆剑承、沈占锋、郜丽静和朱长明。

3. 专利简介

该发明提供一种基于光谱匹配度进行遥感影像专题信息自适应提取的方法。首先人工选择专题地物的样本区，在其内进行 PPI 计算，选取最大纯净度的像元作为专题地物端元并提取其光谱，之后利用综合了光谱间距离和形状相似性的整体匹配度指数计算影像上各像元与端元间光谱的匹配度；其次，采用图像直方图自动分割方法自适应确定光谱匹配度影像的分割阈值，以获得专题地物与背景整体上的初步分离；再次，统计分割影像上专题地物像素的灰度均值和标准差，自适应确定区域生长的阈值，遍历专题地物像素，以其作为种子点进行区域生长；最后，在生长后的专题地物局部单元内，采用迭代方法进行自适应局部分类，不断逼近真实的专题地物边界，从而获得最终的精细化地物提取结果。

十二、一种图像平滑抑制噪声方法

1. 专利简况

专利类型：发明专利；专利号：ZL201010544940.3；授权日期：2012-07-04。

2. 发明人

王杰、唐娉和郑柯。

3. 专利简介

该发明公开一种技术方案，综合使用逐像素加权平滑和相似子图像块加权平滑，能在相对较低的计算复杂度下实现较好的噪声抑制，方法不需要指定噪声模型，尤其适合用于雷达和超声图像的斑点噪声抑制。首先对原始图像进行双边滤波获得粗略平滑结果，将平滑结果图像划分为子图像块集合，相邻子图像块间部分重叠；然后集合中的每个子图像块在平滑结果图像中其邻域范围内搜索匹配，取最相似的若干块；再从原始图像中取对应位置的子图像块，综合加权获得对当前子图像块的估计；最后所有子图像块的估计结果按照对应位置加权聚合形成输出结果图像。作为可选步骤，其可以减小综合加权时使用的参数，在输出结果图像上进行一次迭代，去掉小瑕疵，获得优化结果。

十三、基于分段协同模型的内陆水体叶绿素 a 浓度遥感监测方法

1. 专利简况

专利类型：发明专利；专利号：CN200910000450.X；授权日期：2012-06-06。

2. 发明人

周艺、王世新、阎福礼、王丽涛和杜聪。

3. 专利简介

该发明针对以往叶绿素 a 浓度的遥感监测技术中的缺陷和不足，提供一种能够兼具叶绿素 a 的水体光学物理机制进行定量理论分析的优点和统计相关模型时计算简单、精度高的优点。其特征在于该方法包括如下单元：阈值确定单元、分段协同模型单元、模型联结单元以及模型计算单元四个单元，由上述四个单元共同组成的技术方法，可有效提高遥感数据对于叶绿素 a 的反演精度。

十四、一种基于飞行控制信息的无人机遥感影像自动拼接方法

1. 专利简况

专利类型：发明专利；专利号：ZL201010236403.8；授权日期：2012-04-25。

2. 发明人

吴炜、朱志文、骆剑承、沈占锋、郜丽静和周亚男。

3. 专利简介

该发明提供一种基于飞行控制信息的无人机遥感影像自动拼接方法，特别是实现了根据飞行控制系统获取的姿态参数进行无人机遥感影像的自动校正与拼接。该方法通过无人机飞行控制系统获取的姿态参数，进行影像的航偏角校正和确定影像的邻接关系；对校正后的影像进行特征点提取，并对邻接影像进行特征点匹配，提取同名点；根据影像解算模型计算输出影像的范围，并与根据姿态参数确定的范围进行比较，若在容差范围内，则认为相邻影像之间的同名点数量和质量满足“拼接”要求，认为其“连通”；依次计算所有影像之间的连通关系，并求取影像之间的最大连通分量；根据连通分量进行模型解算，确定变换参数，输出研究区的拼接影像。

十五、一种遥感影像多尺度分割的高性能实现方法

1. 专利简况

专利类型：发明专利；专利号：ZL200910157530.6；授权日期：2012-04-25。

2. 发明人

沈占锋、骆剑承、胡晓东、郜丽静和吴炜。

3. 专利简介

该发明提供一种基于面向对象方法的遥感影像多尺度分割的高性能实现方法，特别是高分辨率遥感

影像的信息提取过程中，需要实现较大数据量的遥感影像的快速、多尺度的影像分割及分割结果的层次结构关系的建立。该方法是建立在通过对该算法实现过程的分析并找出算法的计算密集段的基础上，再采用基于 MPI 及 OMP 模型实现算法密集段的并行分割，并对并行分割结果进行数据缝合；通过对算法初始分割结果的存储及后续多尺度合并实现影像的多尺度分割，并进行多个尺度的对象拓扑关系模型建立。生成的多尺度分割区域及对应的层次关系可为多种应用服务，相应的实现方法能够适合均值漂移等多种分割算法，并能够较大程度地提高算法可处理的数据量及处理效率。

十六、地表反照率反演方法及系统

1. 专利简况

专利类型：发明专利；专利号：CN201110034414.2；授权日期：2012-04-18。

2. 发明人

刘思含、柳钦火、王桥、刘强、张峰和李小文。

3. 专利简介

该发明公开了一种地表反照率反演方法，包括：S1，通过观测卫星的遥感数据上的每个像元获取多角度的地表二向反射率数据；S2，根据所述遥感数据中每个像元的地表类型，从先验波谱知识库选择对应的组分波谱数据；S3，针对不同传感器的波段设置，将所述组分波谱数据积分到对应波段；S4，从所述遥感数据中读取观测几何数据；S5，构建线性方程组；S6，计算黑半球波谱反照率、白半球波谱反照率，以及真实地表波谱反照率；S7，计算任意波段范围内的黑半球宽波段反照率、白半球宽波段反照率，以及真实宽波段反照率。该发明解决了测信息量不足，传统算法中窄波段向宽波段转化误差很大，以及遥感数据利用率低的问题。

十七、一种土壤盐碱化的雷达遥感监测方法

1. 专利简况

专利类型：发明专利；专利号：ZL200910089204.6；授权日期：2012-01-04。

2. 发明人

邵芸、宫华泽、蔡爱民、谢酬和王国军。

3. 专利简介

该发明公开了一种土壤盐碱化的雷达遥感监测方法。基于全极化 SAR 数据计算极化参数，进行裸地与植被覆盖区的划分，生成掩膜图像；划定试验区，利用测量数据建立含水含盐土壤介电模型；利用全极化 SAR 数据反演区域复介电常数图并进行 RD 地理编码、数据信息分离与转化；基于介电模型及区域复介电常数，利用遗传算法进行反演，得到区域含水量和含盐量，综合地理坐标信息和植被覆盖掩膜图，生成区域含水量图和含盐量图；利用区域复介电常数和区域含水量，进行盐土和碱土的区分。采用了该发明的技术方案，能够获取盐渍区土壤的区域含水量和含盐量，而且对地面辅助数据的依赖程度减小，同时可以很好地刻画含水含盐土壤的介电行为。

十八、获得雷达截面积的方法

1. 专利简况

专利类型：发明专利；专利号：ZL200910000152.0；授权日期：2011-09-14。

2. 发明人

王超、温晓阳和张红。

3. 专利简介

本发明涉及一种雷达遥感技术，特别是一种获得雷达截面积的方法。所述方法包括：当平行射线投向目标面元后，获取每条射线从入射到反射的路径参数；根据获取到的每条射线从入射到反射的路径参数，获取每条射线投射面的反射场；将获得的反射场通过面元积分公式：*S*=∫*S*#–[1]EXP[JKR（*I*–*S*）]d*S* 获得每条射线投射面的散射场；将获得的每条射线投射面的散射场进行叠加；该发明的优点是不仅速度快、准确度较高，而且有利于多角度多频率多极化的高频雷达截面积模拟，从而实现对高频雷达图像的模拟。

十九、用于离水辐射测量的便携式多角度定位装置

1. 专利简况

专利类型：发明专利；专利号：ZL200910246313.4；授权日期：2011-06-15。

2. 发明人

张兵、李俊生、申茜、吴远峰、张浩和吴迪。

3. 专利简介

该发明涉及离水辐射测量领域。离水辐射是指辐射能量进入水体后与水体发生吸收、散射、透射作用后，最后离开水面的辐射能量。离水辐射因为包含了水体的信息，而成为水质遥感研究的一个重要物理量。一般使用便携式光谱仪在水面上现场测量离水辐射，为了更好地避免太阳耀斑，该测量方法要求观测方位角是 135°，观测天顶角 40°。进行测量时，需要手持一根杆子，在一头绑上光谱仪探头，为符合规范的观测几何要求，用目视估计定位光谱仪探头，这种目视估计定位法的精度很差。此外，由于水体离水辐射具有二向性，因此不同角度离水辐射存在很大差异，对于多个角度离水辐射的测量，传统的目视估计定位的简易测量更无法采用。目前还没有在测量离水辐射时用来精确定位不同角度的装置。

该发明解决的问题在于提供一种用于测量不同角度离水辐射的手持装置，能够高精度、快速地将光谱仪的探头定位，使测量结果更准确。该装置包括：横杆，设置在横杆端部的光纤固定装置，设置在光纤固定装置后与横杆连接的角度测量装置；所述角度测量装置包括测量平行于横杆的与水平面相垂直的平面内角度的第一角度测量装置，测量垂直于横杆的与水平面相垂直的平面内角度的第二角度测量装置，测量水平面内角度的第三角度测量装置；以上各部件所处的平面为当横杆水平放置时的各部件所处的平面。使用该手持装置，可以在测量离水辐射时，将光谱仪的探头固定在手持装置上，通过能够在 3 个相互垂直的平面内测量角度的角度测量装置，可以实现探头在三维空间的立体定位，且定位精确。

GER 光谱仪、ASD 光谱仪两种光纤固定装置都可以通过设置与三脚架、相机的螺纹相匹配的通用螺纹口，安装在该发明中的横杆上。此外，手持装置还包括连接横杆与光纤固定装置的角度微调装置，所

述角度微调装置包括与所述中空管在同一平面内并与所述光纤固定装置相连接的活动板和固定在横杆上的固定板，活动板一端与固定板可旋转连接，活动板另一端设置以旋转连接点为圆心的弧形导向装置，固定板上相应位置处设置与弧形导向装置相配合的导向块，还设置将活动板位置固定的固定部件。

在测量离水辐射时，将光谱仪的探头固定在手持装置上，手持装置上安装有能够在 3 个相互垂直的平面内测量角度的角度测量装置，可以实现探头在三维空间的立体定位，且定位精确，使得离水辐射的测量更加快速、准确。

二十、一种地面成像光谱测量系统

1. 专利简况

专利类型：发明专利；专利号：ZL201010130916.0；授权日期：2011-08-10。

2. 发明人

童庆禧、薛永祺、方俊永、张立福、杨一德、亓洪兴、刘学和郑兰芬。

3. 专利简介

该发明属于遥感技术和光谱技术领域，涉及一种在地面获取地物成像光谱数据并对其进行预处理的系统。该系统包括成像光谱数据获取部分，数据采集存储与处理部分，驱动控制部分和多功能系统平台，地物通过一个垂直于轨道方向的狭缝成像，其光线经过准直镜后平行射出，经色散器件在垂直条带方向按光谱色散，经会聚镜成像在探测器的光敏面上，并进行进一步的数据处理和图像显示。利用该发明设计的地面成像光谱测量系统，可以获得地物连续的具有较高光谱分辨率和较高空间分辨率的地物目标的成像光谱数据，利用配套的控制软件和数据处理软件，可实现数据测量控制、回放、数据定标、光谱特征提取等功能，从而解决了非运动目标的运动光谱成像技术问题。

二十一、一种灰度图像的分割方法

1. 专利简况

专利类型：发明专利；专利号：ZL200810239510.7；授权日期：2011-06-15。

2. 发明人

王杰、蔡胜、唐娉、杨萌和李建初。

3. 专利简介

一种灰度图像的分割方法，目的是提供一种计算简单、参数依赖小、能在噪声和灰度分布不均匀条件下获得较好分割结果的方法。首先选定一个种子区域作为“当前区域”，计算该种子区域内像素灰度的均值和标准差；然后使用一个反复递归迭代的过程，向“当前区域”添加邻域像素，添加过程中，利用局部邻域的灰度均值与种子区域灰度均值之差，自适应计算可加入“当前区域”的像素灰度值范围；最后，当不再有新的像素添加到“当前区域”，则标记“当前区域”为前景对象，其他部分为背景。该方法既考虑了对象的灰度分布特点，又考虑了像素间的空间邻接关系，具有较好的抗斑点噪声能力；而且，可加入“当前区域”的像素的灰度值范围随局部灰度分布变化而自适应改变，能在一定程度上克服图像灰度不均匀引起的困难。

二十二、便携式并行计算装置

1. 专利简况

专利类型：发明专利；专利号：ZL201020164503.x；授权日期：2011-05-11。

2. 发明人

顾行发、余涛、胡新礼、周珂、赖积宝和刘士宽。

3. 专利简介

该实用新型公开了一种便携式并行计算装置，包括机柜、电源、并行处理系统和显示器，电源用于对并行处理系统和显示器供电；并行处理系统设置在机柜内，对遥感影像数据进行计算处理；显示器用于显示计算处理结果。该实用新型的便携式并行计算装置，将多台计算机并行连接构成并行处理系统，对要处理的任务分割成多个子任务让多台计算机同时进行处理，大大提高了运算精度和运算时间，保证了对海量数据的快速处理。该实用新型中的多台计算机均放置于机柜内，机柜底部设置了滚轮，两侧外面板设置了把手，平地可用手推拉，非平地可提起行走。机柜内还充分考虑了机器的散热、电磁屏蔽、防震和防尘。

二十三、一种新的自适应阈值化方法

1. 专利简况

专利类型：发明专利；专利号：ZL200810057465.3；授权日期：2011-04-13。

2. 发明人

陈凯、曾庆业、唐娉、郭彤和郑柯。

3. 专利简介

该发明提出了图像的一种新的自适应阈值化方法，该方法将图像划分为若干子图像，对每一个子图像，利用全局阈值化方法获得子图像的最优阈值，将所得阈值组成一个新的图像，将新的图像进行低通滤波，滤波前做必要的延拓，滤波后图像大小不变，并将滤波结果作为各子图像新的阈值。该方法可改善利用全局阈值化方法获得的子图像阈值，尤其适用于子图像有局部噪声的情形。

二十四、机载多普勒/延迟映射接收机

1. 专利简况

专利类型：实用新型；专利号：ZL201020132119.1；授权日期：2012-07-13。

2. 发明人

李紫薇、周晓中、顾行发、张红雷、王晋年、杨东凯、张益强、路勇、李伟强、王炎、杨晓峰、周翔、于暘、叶小敏、刘书明、周雅楠和李明里。

3. 专利简介

该实用新型提出的一种机载多普勒/延迟映射接收机，包括右旋天线、四阵列左旋天线，双通道频率

变化模块，双路 8 位数模转换模块，直射信号处理模块，回波信号处理模块，接口模块及电源模块。右旋天线接收 GNSS 卫星直射信号，四阵列左旋天线接收海面反射的 GNSS 信号，两路信号进入到双通道频率变化模块进行精密的变频、放大、滤波和增益控制处理，得到两路模拟中频信号后输出到双路 8 位模数转换模块，在双路 8 位模数转换模块进行模数转换得到直射通道的数字中频信号和反射通道的数字中频信号，直射通道的数字中频信号送到直射信号处理模块，完成直射信号的捕获、跟踪、定位，得到接收机的导航定位解信息，并将跟踪卫星的载波频率进行一系列多普勒频移，时间进行一系列延迟后送到回波信号处理模块与反射通道的数字中频信号进行二维相关运算得到不同延迟时刻、不同多普勒频率偏移情况下的二维相关功率，通过数据输出模块输出导航定位解信息和多普勒/延迟二维相关功率信息，以供反演使用。

二十五、一种基于历史数据及遥感数据的土地利用图自动更新方法

1. 专利简况

专利类型：发明专利；专利号：ZL200910119522.2；授权日期：2011-01-05。

2. 发明人

占玉林、牛铮和谢仁伟。

3. 专利简介

该发明公开了一种基于历史数据及遥感数据的土地利用图自动更新方法。首先对历史数据进行预处理，得到土地利用图斑编号图及土地利用方式代码图，并与遥感影像第一主成分图叠加，计算得到各种土地利用方式图斑特征结构数组，采用循环平均值显著性统计检验方法检测变化图斑，并将土地利用未变化区域作为各土地利用方式变化区域的本底，对土地利用变化区域进行最小距离监督分类，得到变化区域的土地利用图，并与土地利用未变化区域图像合并，获得新的土地利用图。该发明采用两种数据源，提高变化检测精度、实现土地利用图更新的自动化，可用于国土资源部门更新海量土地利用图数据、快速检测土地利用变化等场合，具有广阔的市场前景与应用价值。

二十六、单次全极化合成孔径雷达图像反演数字高程模型的方法

1. 专利简况

专利类型：发明专利；专利号：ZL200610081277.7；授权日期：2010-06-16。

2. 发明人

张红、陈曦和王超。

3. 专利简介

目前，通过 SAR 图像获取数字高程模型的方法主要有以下 4 种：雷达测角、雷达立体影像测量、雷达干涉测量和雷达极化测量。雷达极化测量是三维 SAR 成像技术中一种最新的发展方向，这种方法不同于雷达干涉测量的三维成像技术，不是利用两幅图像的相位差提取高度信息，而是利用雷达回波的极化综合信息监测地形高度。该发明是结合雷达极化和雷达测角技术的各自特点，从单次全极化合成孔径雷达图像反演数字高程模型的方法。使用圆极化方法从极化 SAR 数据估计极化方位角 ψ 偏移，并对 ψ 偏移

进行去奇异点处理，建立极化方位角 ψ 偏移与距离向坡度角 α 和方位角 β 之间的数据关系。在只有单次全极化 SAR 图像的情况，假设成像区域满足地表覆盖的同质性以及坡度起伏不大的条件，引入雷达测角中的从阴影到形状技术，建立地表后向散射强度与地表几何参数(包括距离向坡度角 α 和方位向坡度角 β)之间的数据关系。这样，由上述数据关系，计算出距离向坡度 α 和方位向坡度 β。由极化合成孔径雷达数据计算共极化响应信号图，然后从共极化响应信号图中提取权重图，用加权的最小二乘算法求解有关地面高程的离散泊松方程，从而反演得到合成孔径雷达观测区域的数字高程模型（DEM）。

该发明是基于雷达极化测量方法对方位向坡度敏感，而雷达测角技术对距离向坡度敏感的基础，结合这两种三维成像技术的各自特点，从单次全极化 SAR 图像反演数据高程模型的方法，从而具有容易实现、可满足大范围中等精度地形测绘需求的优点。

二十七、一种能同时测定植被群体辐射温度和光合作用的冠层叶室

1. 专利简况

专利类型：实用新型；专利号：CN201674820U；授权日期：2010-12-22。

2. 发明人

陈良富、严俊霞和李洪建。

3. 专利简介

该发明公开了一种能同时测定植被群体辐射温度和光合作用的冠层叶室的装置，它由底面开放、侧面封闭的正方体的通量箱和土壤基座两部分组成。通量箱是冠层叶室的主体，用于覆盖测定植被、基座起叶室和下部土壤之间的密封作用。箱体和基座用透明的有机玻璃和不锈钢薄板制作，通量箱可以与 Li-Cor6400 的 9864-174 适配器连接，连接适配器的箱壁上安有一热电偶，另两个侧面安装搬动把手，箱体顶面，通过 3 个圆孔和螺纹杆安装两个小型风扇和一个红外辐射温度探头。这种装置密封性好，接驳容易，造价低廉，结合 Li-Cor6400 可以对植被群体的辐射温度和碳通量进行同步测定，为研究植被辐射温度对光合作用的影响机理及其模型提供科学依据。这种能同时测定植被群体辐射温度和光合作用的冠层叶室，其特征是，它由正方体的通量箱和土壤基座两部分组成，通量箱的四周侧壁和顶壁用无色透明的有机玻璃制成，下部开放；通量箱两组相对的侧壁上设有把手，一侧壁上有直径大小不等的圆形孔，与光合作用仪的适配器相连；在安装适配器的侧壁上，通过一圆形孔装有一热电偶；在通量箱的顶壁通过圆形孔和螺纹杆在通量箱内安装两个小型风扇和一个红外测温仪的微型传感头；土壤基座由铝合金或不锈钢薄材制成，通量箱的基部和土壤底座的基座上各有一层单面密封胶条。

二十八、双通道叶片红外温度和光合作用同步测定叶室

1. 专利简况

专利类型：实用新型；专利号：ZL200920270896.X；授权日期：2010-11-03。

2. 发明人

严俊霞和陈良富。

3. 专利简介

一种双通道叶片红外温度和光合作用同步测定叶室。它由双通道红外测温仪和光合同化室两部分组成。双通道红外测温仪由微型传感头、电器盒及电缆线组成，光合同化室包括上盖和下室两部分，上盖盖子的材料为 2mm 厚的有机玻璃，盖子上嵌有一直径为 10mm 的 8μm 前截止圆形滤光片做红外测温仪的窗口，上盖、下室内分别装有光合有效辐射传感器和叶片温度热电偶。红外测温仪的两个传感头分别安放在叶室上盖一个角的斜上方和下室内。该装置连接 Li-Cor6400 可以对叶片上下表面的红外辐射温度及叶片的光合速率进行同步测定，数据自动记录，方便快捷，为研究植被辐射温度对光合作用的影响机理及其模型提供科学依据。

二十九、一种高频调制生成高分辨率多光谱图像的方法

1. 专利简况

专利类型：发明专利；专利号：ZL200610089547.3；授权日期：2010-06-09。

2. 发明人

唐娉。

3. 专利简介

该发明提供一种高频调制生成高分辨率多光谱图像的方法。包括：重采样低分辨率多光谱图像，获得超像素多光谱图像；将高分辨率全色图像和超像素多光谱图像实施多元线性回归，合成仿真低分辨率全色图像；高频调制生成高分辨率多光谱图像。其特征在于，在高频调制生成高分辨率多光谱图像部分，首先判定多光谱超像素图像各波段与原始高多分辨率全色图像的相关性，并对相关性不同的波段采用不同的高频调制方式。采用该方法能够减少弱相关波段的光谱畸变。

三十、一种刚体变换关系的图像的匹配方法

1. 专利简况

专利类型：发明专利；专利号：ZL200810057464.3；授权日期：2010-06-02。

2. 发明人

曾庆业、王杰、唐娉和马建伟。

3. 专利简介

该发明提供一种应用于符合刚体变换关系模型的图像匹配方法。步骤包括：在当前图像中有规律的选取多个小模板块（或特征点），并判断质量，剔除不合适的特征点（或按质量赋权值）；分别在前一图像中找到最匹配的对应位置；根据已知的几何约束，给每个匹配结果的坐标点对赋一个权值；然后拟合出当前图像相对前一图像的刚体变换关系。采用该发明的方法，在只增加少量计算的条件下，能有效提高匹配结果的鲁棒性。该方法应用于超声实时宽视野成像中的图像匹配，获得高质量的成像结果。

三十一、水环境野外综合采样分析仪

1. 专利简况

专利类型：发明专利；专利号：ZL200920000350.2；授权日期：2009-12-23。

2. 发明人

王世新、周艺、王丽涛、阎福礼和王峰。

3. 专利简介

该专利提供一种水环境理化参数和光谱信息的野外综合采样分析的仪器，其特征在于，包括实体模块的水质参数分析仪、ASD 光谱仪及便携式 PC 机，以及功能模块：理化参数获取模块、光谱实时处理模块、电子录入模块、数据整理模块和数据存储模块。通过该专利的应用，可大幅提高水环境野外采样的工作效率，有效降低人工参与带来的数据失真，提高数据采集效率和数据分析的实时性，保障采集数据的可靠性。

三十二、一种数字地球原型系统

1. 专利简况

专利类型：发明专利；专利号：ZL200710118012.4；授权日期：2007-06-27。

2. 发明人

郭华东和范湘涛。

3. 专利简介

该发明涉及数字地球技术领域，尤其涉及一种将各种历史数据、模型算法与技术进行优化整合提高，在全球背景下建立多尺度要素综合动态模型，实现学科新跨越，利用数字地球元数据管理、多维时空尺度结构框架对地球的可持续发展问题，进行多层次、多变量关联分析和演化规律的历史重建，对未来发展做出预测和预现的数字地球原型系统。

该系统包括：①数据接收与快速处理子系统，用于接收与处理星载中分辨率成像光谱仪 MODIS 发射的数据，并快速处理入库，提供数字地球原型系统中其他子系统试验和应用的基础数据源；②元数据服务子系统，用于管理整个系统的数据库中元数据信息，为系统合理快速利用数据库中元数据信息提供服务；③模型库子系统，用于为数字地球原型系统的空间数据处理与分析提供算法和应用程序的通用模型；④空间信息数据库子系统，用于管理数字地球原型系统中的空间数据，对客观模拟和反映现实世界的空间数据进行标准化处理、提取和分析，形成适宜多领域规模化应用的数据库；⑤网格计算子系统，用于根据用户需求从远程数据服务器或本地获得数据，触发服务并监控其运行状态，将一个任务分割成若干个子任务，然后把子任务分配给网格计算池中的计算机执行，回收及整合执行结果，将结果返回给用户；⑥地图应用服务子系统，用于在因特网环境下实现全球信息的可视化；⑦虚拟现实子系统，用于根据所建立的领域知识库和数据库运用人工智能、模式识别技术进行建模、学习、规划和计算，实现视觉、触觉、听觉以及动感的虚拟现实模拟。

在整个系统研发中，从数据获取，到数据分析与显示表达，子系统紧密衔接，构成数字地球工作平台。该发明提供的这种数字地球原型系统，是以大型先进软硬件环境为核心，并以网络为基础、以国家和行业标准为参照的大型空间信息服务平台。它构造了数字地球概念模型和数字地球理论框架，提出了真实地球、意识地球、数字地球的互动思维。该系统是一个通过多分辨率、多时相、多类型空间对地观测数据、地学数据和相关社会、经济数据的（数据）获取，建立以地理坐标为依据的、具有海量存储的分布式数据库体系，并利用科学计算、网络及虚拟现实等技术，实现真实地球及其相关现象的数字化重现和预测的模型系统。该数字地球原型系统通过原型系统的建立与应用示范，构建了数字地球原型系统的数据资源共享平台、知识共享平台、计算资源共享平台和协同工作平台，并通过原型系统的建立，解决了空间数据应用的科学服务平台建设的相关关键技术，形成了地球科学空间信息应用的服务体系。

三十三、一种集成化野外信息采集、定位和处理系统及方法

1. 专利简况

专利类型：发明专利；专利号：ZL01144228.X；授权日期：2005-12-26。

2. 发明人

吴炳方。

3. 专利简介

该发明所提出的是一种解决野外信息采集的方法和系统。该方法提出进行大量的视频照片自动采集，然后通过判读每张照片内用户感兴趣的信息，如作物种植结构等，再通过对判读信息进行统计汇总，最终得到用户感兴趣的区域尺度的信息。为了完成大量视频照片的采集、定位和判读以及统计汇总和分析的需要，该发明将全球定位系统、视频信息采集技术和地理信息系统等技术集成起来，组成一体化的野外信息采集流程，形成了一个集成化的地面信息采集系统和方法，实现了对大范围地面信息的快速采集、统计计算和管理。

该发明所提出的集成化的信息采集、定位和处理方法，采用如下方式进行。

（1）将视频传感器固定于特定的平台之上，自动或人工地采集野外视频照片。为了满足大范围、高密度信息采集的需要，可将平台置于移动交通工具上，沿事先确定的信息采集路线在运动过程中实时地进行野外现场视频照片拍摄，并将每张照片记录存储在相应的记录介质和媒体上。

（2）通过空间定位技术，确定信息采集地点的空间位置，包括经度、纬度、海拔高度和时间等。在沿野外信息采集路线进行大范围运动采集的情况下，空间定位技术自动记录下信息采集的运动轨迹。

（3）由视频传感器采集的野外照片，通过拍摄时间与全球定位系统确定的信息采集地点进行关联，得到每张照片的拍摄地点，形成包括采集位置、采集时间以及照片等内容在内的现场信息采集记录。

（4）通过对视频传感器记录下的照片进行解译，得到每条路线记录的信息内容，通过对连续记录解译结果的统计，得到采集范围内的信息，如作物长势、作物种植成数、种植结构、植被覆盖率、灾情、资源特征等。

（5）在地理信息技术的支持下，对野外采集的信息内容进行空间分析，得到用户所感兴趣的空间层次上的综合信息。

上述的信息采集、定位和处理的方法，其特点在于：一、通过大量现场照片的拍摄、空间匹配、照片判读与空间统计汇总，得到用户感兴趣的空间区域上的采集信息。二、将视频传感器获取的现场信息与空间位置信息进行匹配，从而使野外采集的信息包含了准确的空间位置信息。三、将视频传感器采集的连续

记录的解释结果进行统计，得到采集范围内的用户感兴趣的可以用于此后分析的地面信息。四、可以将地面采集的现场信息进行空间分析与汇总，得到不同空间区域或空间尺度（省市县）上的地面信息。

为了实现这种先进的新型野外信息采集技术，可以对该种方法进行系统化开发，形成可以推广使用的信息采集、定位和处理系统，使上述的信息采集技术更广泛地应用到农业、林业、水文、环保、资源调查等各个方面。

三十四、一种融合生成高分辨率多光谱图像的方法

1. 专利简况

专利类型：发明专利；专利号：ZL200610089546.3；授权日期：2008-09-10。

2. 发明人

唐娉。

3. 专利简介

该发明提供一种融合生成高分辨率多光谱图像的方法，其特征在于包括以下步骤：对来自光学遥感卫星系统的原始低分辨率多光谱图像和与其空间配准的高分辨率全色图像，首先对原始低分辨率多光谱图像按波段进行重采样，得到超像素多光谱图像；然后利用超像素多光谱波段和高分辨率全色波段之间的统计关系，合成出仿真的低分辨率全色图像，再利用高分辨率全色图像和仿真的低分辨率全色图像确定不同分辨率图像之间的细节图像，然后按比例将细节图像添加于原始低分辨率多光谱图像中生成高分辨率多光谱图像。采用该方法能够有效消除或减少融合的高分辨率多光谱图像所存在的光谱畸变，获得真正的高分辨率多光谱图像。

三十五、数字式土壤水分测量仪

1. 专利简况

专利类型：发明专利；专利号：ZL200420007337.7；授权日期：2005-08-31。

2. 发明人

王长耀和杨习荣。

3. 专利简介

该实用新型专利提供了一种数字式土壤水分测量仪器。包括不锈钢探针头，信号放大电路，单片计算机系统电路，具有数字显示器，仪器备有一个 RS-232 串行口。该实用新型专利的单片计算机系统可实现对测量数据的校正，根据需要，计算得出不同土壤水分表达方式的结果，由数字显示器显示，测量数据储存在仪器内，可通过 RS-232 串行口输出至通用的便携式笔记本或台式计算机。仪器成本低，操作简便，适用于大量的野外土壤水分测试工作。

三十六、遥感多维信息集成的装置和方法

1. 专利简况

专利类型：发明专利；专利号：ZL96114306.1；授权日期：2001-02-10。

2. 发明人

李树楷和薛永祺。

3. 专利简介

该遥感多维信息集成装置和方法，是将飞行器载光机扫描成像仪、光机扫描激光测距仪与姿态测量装置共同设置在一刚性平台上，并将成像仪与激光测距仪的主光路联合在一起共同组成测距成像组合遥感器。用与之共轴的同步控制器控制上述的测距成像组合遥感器，姿态测量装置，以及 GPS 接收机，使同步提供图像数据、位置数据、距离数据、姿态数据并经处理后，可直接获得多维遥感系列图像。可缩短作业周期大幅度提高效率。

三十七、用于航拍飞机上快速固定和拆卸的座椅

1. 专利简况

专利类型：实用新型专利；专利号：ZL201120514062.6；授权日期：2012-09-05。

2. 发明人

吴亮。

3. 专利简介

以前，采用奖状飞机进行航拍时，相机安装在机身中部。由于机内空间小，在相机旁一般只能安装固定一个座椅。但在实际操作时，往往需要另一个人协助拍摄，以更好地完成航摄任务。但另一个人由于没有座椅，加上这种小飞机摇摆、颠簸幅度大，给拍摄人员带来不便，甚至出现不安全的事故。为了达到上述目的，该实用新型有如下技术方案：该实用新型的一种用于航拍飞机上快速固定和拆卸的座椅，包括靠背、左支架、右支架和座布，其中，左支架与右支架的中部设有铰链，靠背与左支架或右支架顶部的横杆连接，座布连接在左支架、右支架顶部的横杆上；所述左支架、右支架的支撑脚底部设有盘状固定装置，靠背与左支架或右支架顶部的横杆铰链；在靠背底部的两侧有支撑板，该支撑板用于靠背打开后支撑在左支架、右支架上，以固定靠背；盘状固定装置顶部为管状体，该管状体与一根支杆连接，支杆与左支架、右支架的支撑脚铰链；左支架、右支架上还设有安全带和固定带。其中，盘状固定装置为橡胶吸盘，该橡胶吸盘顶部的管状体通过粘胶与支干连接，所述支杆与管状体的接合部设有凸起的细纹，用于防止管状体从支杆上脱落。盘状固定装置为封闭的盘状金属体，在该盘状金属体内有磁铁，盘状金属体顶部的管状体通过螺纹与支干连接。盘状固定装置包括盘状金属体、若干个弧形爪，若干个弧形爪与盘状金属体的下边沿连接，在若干个弧形爪的端部设有橡胶头。橡胶头底部为实心，或在橡胶头底部设有若干个气泡。该实用新型的优点在于：①左支架、右支架的支撑脚底部设有盘状固定装置，能使座椅快速固定在飞机的机身上，拍摄人员坐在上面系好安全带，并将固定带系在飞机的两侧壁上，能稳定地工作；②能够折叠，便于携带，既方便固定，又容易拆卸，不做拍摄时，不占用飞机内的空间。

三十八、基于近红外成像技术的积雪参数测量系统

1. 专利简况

专利类型：实用新型专利；专利号：ZL201120404320.5；授权日期：2011-10-21。

2. 发明人

邱玉宝。

3. 专利简介

自然积雪物理属性的测量研究一直得到地理学、气象气候学及水文学等学科科技工作者的广泛关注与重视，除了地面观测之外，随着遥感技术的不断应用，积雪监测在时空尺度上都获得了广泛的应用。特别是积雪的微波遥感监测具有独特的优势，微波对积雪层的穿透能力，使其信号可反映积雪雪层信息，从而使得雪水当量（雪深）的遥感监测具有很强的应用价值，且可以开展卫星业务运行。但是积雪微波辐射特性、积雪辐射模型以及验证，需要同步获得积雪雪层的物理特性，因此对于地面观测具有相应的需求，除了雪深之外，还需要获得积雪粒径、密度、温度和分层信息等。目前这些工作基本是靠手工来完成，为了提高速度和观测的稳定性，如何更加快速地定量地获取这些参数是目前地面测量中的关键。由于近红外光谱技术的快速发展，使得积雪的这些参数的快速照相定量估算成为可能。近红外积雪物理参数测量仪利用积雪的物理特性和（近红外）光学特性，可以客观清楚地记录雪层细节以及准确方便测量积雪的微观参数。

“一种基于近红外成像技术的积雪参数测量系统”涉及积雪物理参数地面测量技术领域。该系统包括互相连接的图像采集单元和图像处理单元。图像采集单元包括：相机、导轨和支架；导轨连接所述支架；其相机可滑动地设置在所述导轨上。其中图像处理单元为一台能够根据所述图像采集单元采集的积雪图像，处理得到积雪的反射率、比表面积（SSA）值或粒径中的至少一种参数的计算机系统。整个系统，通过设置导轨及附属链接件，能够在多种不同的地形条件下，多角度多位置、快速方便地采集积雪图像，进而为计算机计算积雪的反射率、SSA 值或粒径参数提供数据。

这种实用新型仪器主要基于现代近红外光谱分析技术，除了能对积雪参数观测之外，其在生物组织学、临床病理学、冶金学、地质矿物学、材料学、半导体检测、机器视觉、食品卫生及环境监测等学科领域也有很广阔的前景。

三十九、基于遥感图像的区域目标运动速度获取方法及装置

1. 专利简况

专利类型：发明专利；专利号：ZL201010106736.9；授权日期：2012-06-13。

2. 发明人

黄磊和李震。

3. 专利简介

该发明实施例涉及一种基于遥感图像的区域目标运动速度获取方法及装置，方法包括：在第一图像与第二图像中获取两个以上尺寸的相匹配的窗口分别对应的两个以上的速度场的变化因子；根据所述两个以上的速度场的变化因子，从第一图像的所选两个以上尺寸的窗口中获取最佳的窗口尺寸；计算所选最佳的窗口尺寸相对应的区域目标运动速度。该发明实施例提供的基于遥感图像的区域目标运动速度获取方法及装置，通过两个以上的速度场的变化因子从第一图像的两个以上尺寸的窗口中获取最佳的窗口尺寸，计算最佳的窗口尺寸相对应的区域目标运动速度，提高了速度场的空间分辨率，确保了速度场的平缓变化，提高了区域目标运动速度的准确度。

四十、一种远控多角度定位装置

1. 专利简况

专利类型：发明专利；专利号：ZL201010280828.9；授权日期：2012-05-30。

2. 发明人

张兵、申茜、李俊生、宋阳、吴迪、张浩和吴远峰。

3. 专利简介

该发明涉及探测设备技术领域，更具体地说，涉及一种远控多角度定位装置。

离水辐射是指辐射能量进入水体后与水体发生吸收、散射、透射作用后，最后离开水面的辐射能量。离水辐射因为包含了水体的信息，而成为水质遥感研究的一个重要物理量。传统方法测量离水辐射有以下缺点：①由于原有方法在多角度离水辐射测量过程中无法保证探头始终探测水面同一点，故假定实验观测的水面是同性的，这会带来误差。②目视估计方位角和天顶角具有很大误差，故传统方法的定位精度差。③传统方法以目视确定测量角度无法满足多角度测量离水辐射的要求。④传统方法的观测者和观测的对象水体十分接近，会影响测量精度。因此，用传统方法进行测量的准确性和精确度很低，无法满足遥感定量化实验对数据质量的要求，而目前国际上并没有比较成熟的用于多角度测量水面同一点离水辐射的装置。

鉴于此，该发明提供了一种远控多角度定位装置，能够高精度地将光谱仪的探头定位，依靠远程控制降低观测者对观测结果的影响，使测量结果更准确。该装置包括：支架本体，该支架本体上设有水平中空管；插设在水平中空管中的水平杆；固定在水平杆一端的旋转装置，旋转装置包括蜗轮蜗杆机构；一端和蜗轮的支撑轴相连的铅垂杆；固定在铅垂杆另一端上的半圆形架，该半圆形架上设有探头插槽；可转动的设置在水平杆另一端上的手轮；一端和手轮相连，另一端和蜗杆相连的传动轴。

该发明通过在水平杆的一端设置旋转装置，另一端设置手轮，并通过传动轴连接手轮和旋转装置的蜗杆，从而可将手轮的转动传递给蜗杆；铅垂杆上设置有半圆形架，半圆形架上设有用于卡装探头的探头插槽，铅垂杆和蜗轮的支撑轴相连。因此，可将手轮的转动通过蜗杆传递给蜗轮，蜗轮蜗杆机构就以一定的转速旋转铅垂杆，进而调整光谱仪探头的方位角。该发明可以精确调节探头在 X，Y，Z 三维空间中的定位，利用水平和垂直方向的杆体（水平杆和铅垂杆）长度的选择来调节探头与被测物的距离，极好地满足了多角度精确测量的需求。

需要说明的是，该发明提供的远控多角度定位装置还可以用于测量植被反射、土壤反射及岩矿反射等参数，其测量原理和离水辐射相同或相近，在此不再赘述。因此，用于离水辐射测量的用途不能构成对该发明保护范围的限制。

四十一、一种探测车在卫星图像上的快速定位方法

1. 专利简况

专利类型：发明专利；专利号：ZL201110029748.0；授权日期：2011-01-27。

2. 发明人

邸凯昌、岳宗玉、刘召芹和万文辉。

3. 专利简介

该发明公开一种技术方案，综合使用多种图像处理技术，实现了无障碍的平坦环境下探测车在卫星图像上快速定位，消除了探测车累积定位误差，将定位精度提高至卫星图像一个像素以内。处理过程为：首先输入以探测车为中心的360°范围内水平视角地面立体图像，经过特征点提取、匹配、三维坐标计算、三角网构建、高程内插等处理得到数据高程模型，结合图像位置和姿态信息，生成垂直视角的正射影像，并确定探测车在正射影像上的位置；其次分别对正射影像和卫星图像提取 SIFT 关键点，通过计算 SIFT 特征向量距离得到匹配同名点；针对匹配结果中的粗差，采用基于相似变换模型的 RANSAC 方法剔除粗差，最后，根据粗差剔除后剩余正确的匹配点计算卫星影像同正射影像坐标相似变换系数，结合探测车在正射影像上的位置计算得到探测车在卫星影像上的位置，实现探测车快速定位。

4. 转让和出售情况

该专利技术已经用于探月工程二期嫦娥三号遥操作成果制图系统软件中，为嫦娥三号着陆器定位及玉兔号月球车定位提供技术支持。

四十二、基于光线追踪技术的航空遥感成像几何变形仿真方法

1. 专利简况

专利类：发明专利；公开号：102243074A：授权日期：2011-11-16。

2. 发明人

顾行发、余涛、臧文乾、郭红、孟庆岩和徐辉。

3. 专利简介

该发明是基于光线追踪技术的航空遥感成像几何变形仿真方法，具体步骤为：①选取 DEM 数据构建三维地形场景；②根据传感器内、外方位元素模拟由传感器位置和姿态确定的投射光线；③对三维地形场景和投射光线进行求交计算，获取框幅式航空遥感影像在地形起伏状态下的影像覆盖的几何变形；④运用计算机 3D 图形可视化技术，将结果在计算机的虚拟环境中再现。该发明针对航空遥感框幅式相机成像过程中，可能出现的影像几何变形进行了仿真，以成像机理为基础，可视化展示了航空遥感成像的过程。通过该发明的模拟，用户可以模拟由于航空平台（飞机等）的抖动导致的姿态变化、传感器参数变化、地形起伏变化等因素影像下造成的影响几何变形。

第三章　软件著作权

遥感应用研究所软件著作权共229项，详见附录2。

通过研制开发获得软件著作权是中国科学院遥感应用研究所的重要计算机应用技术的科学研究成果。

本章软件著作权是指在遥感（RS）、地理信息系统（GIS）和全球定位系统（GPS）等领域，由中国科学院遥感应用研究所科研人员作为计算机软件开发者和权利人，依据著作权法的有关规定，对于软件作品享有的各种专有权利。

据不完全统计：从1999～2012年，中国科学院遥感应用研究所向国务院著作权行政管理部门的有关登记机关登记备案，并获得软件著作权的登记证书和软件产品登记证书的项目，共计有229项。向登记机关登记备案的内容，包括：软件名称（全称）、著作权人、登记号、登记年度、简要说明、转让或出售情况等。附录2以表格的形式展现了中国科学院遥感应用研究所的主要计算机软件著作权的项目成果。

第四章　遥感应用运行系统

一、国家级基本资源与环境遥感动态信息服务系统

该课题于 1996 年 6 月由遥感所作为第一承担单位启动实施，1998 年 8 月中旬通过中期评估，与会专家给予充分肯定并一致同意转入试运行阶段。

在中期评估基础上，1998 年 11 月，根据“九五”国家重中之重科技攻关计划 96-B02-01 课题，于 1998 年 12 月 25 日通过以冯思健、石玉林为主任和副主任的论证专家委员会的论证。

1. 系统概要

国家级基本资源与环境遥感动态信息服务系统是伴随着国家“九五”重中之重科技攻关“遥感、地理信息系统和全球定位系统技术综合应用研究”项目第一课题“国家级基本资源与环境遥感动态信息服务体系的建立”的实施和完成建立的。遥感所于 1998 年 12 月 21 日批复成立“‘国家基本资源与环境遥感动态信息服务体系’主体部”（遥 98 业字 135 号文件）。

2. 系统组成

国家级基本资源与环境遥感动态信息服务系统原则上立足于承担该系统建设的再生资源与生态环境遥感研究室的人员、技术、设备等方面的基础条件，人员总计 20 人左右，其中，主体部：10 人，包括负责 1 人、数据更新 6 人，模型开发与方法研究 3 人、业务办公室 2 人、质量控制办公室 2 人、信息服务部 1 人、数据库与系统维护办公室 2 人、其他辅助人员 3 人。

3. 系统功能

实现国家级基本资源与环境遥感动态信息服务体系的稳定运行，每年开展一次全国耕地资源城镇动态监测，每 5 年开展一次全国土地利用层面更新的调查、制图与建库，以长期稳定的资源环境动态信息产品为国家主管部门、相关部委、地方和社会各界提供广泛的信息服务。

（1）资源环境数据库更新。系统运行的数据更新主要包括以 5 年为周期的全国土地利用状况全面更新，重点地区及其突发事件区域随时更新。同时，采集相关时相和地区的陆地卫星数据作为信息源，并完成遥感影像数据库的补充、更新。

（2）资源环境时空特征分析。通过长期、稳定的运行，以不断积累的国土资源及其生态环境背景信息为数据基础，逐步建设我国资源环境时空数据库，开展我国资源环境时空特点分析，开展资源环境利用与保护辅助决策支持，为进一步开展资源环境时空过程模拟与观测研究积累数据信息、完善方法体系。

（3）数据信息服务。不仅满足国家规划、决策对于资源环境状况和演变过程信息的需要，满足相关学科开展科学研究对于基础数据信息的需要，而且通过应用促进该数据库的建设与完善。

（4）数据更新与分析技术方法研究。以遥感、GIS 技术为依托建设完成的国土资源与生态环境时空数据库，为开展系统运行和信息服务奠定了初步基础，通过运行，进一步开展数据更新方法、数据分析方法、信息服务方式等方面的深入研究，主要包括：资源环境信息快速提取方法研究；资源环境动态监测技术研究和时空过程分析技术与模拟、预测研究。

（5）数据内容扩充及其服务范围扩展。数据在环境、水土流失、生物多样性、灾害、农业、林业、

区域规划和国土整治等方面得到广泛应用，并随着应用范围的扩大，扩充资源环境信息系统数据内容，包括全国区域的土壤侵蚀、土地覆盖和生态环境背景等内容的补充，逐步形成专题系列、区域系列、时间系列和表现形式系列。

4. 主持测评单位和测评意见

科技部国家遥感中心于 1998 年 10 月 21 日发函中科院资环局，要求资环局提出近期课题实施计划，同时对 2000 年以后的系统运行经费保证等问题做出明确的安排。中国科学院于 1999 年 2 月 23 日致函科技部，明确以下 3 点。

（1）课题已于 1998 年 8 月 11～14 日通过了由科技部组织的中期评估。中科院以遥感所为牵头单位，联合有关 8 个研究所已初步建成内容完整、能够运行的国家级基本资源环境遥感动态综合运行系统。中科院将认真承担保证该系统持续运行的责任。其运行机制、人员安排等将与中科院结构调整、创新工程有机结合。采取有效措施，建立面向社会的运行系统。

（2）2000 年后系统运行费将在中科院专项经费中做出预算，每年将计划拨给遥感所约 300 万元运行费，稳定地为国家提供资源动态监测和分析报告，为高层领域科学决策提供依据。

（3）中科院将对课题 2000 年后业务化运行中的经费、机制、人员与设备及办公地点等做出合理安排。

1998 年 12 月 25 日，科技部国家遥感中心在万寿宾馆组织了“九五”国家重中之重科技攻关计划 96-B02-01 课题“国家级基本资源与环境遥感动态信息服务体系”试运行方案论证会。论证专家委员会听取了课题组的介绍和问题解答。经过认真讨论，形成如下意见。

（1）运行系统的“九五”任务和长期任务明确，安排合理，符合课题技术实施方案。

（2）试运行机构构想基本合理，可以保证近期任务的完成，有利于系统成果的推广应用，并为 2000 年以后正式业务运行系统的运行奠定基础。

（3）试运行系统的运行管理全面采用主任负责制，加强全流程质量控制和管理、数据安全与信息服务管理，有助于系统的稳定运行和保证数据产品质量、保证信息服务质量。

（4）试运行系统的数据库基础与技术系统保障条件良好。数据内容全面、数据库结构合理、遥感信息源有保障，技术支撑系统软硬件齐全，性能可靠，为系统试运行奠定了数据和技术基础。

（5）试运行系统经费匡算基本合理。“九五”期间，中国科学院以配套项目和设备方式承诺的相关配套已有正式文件；“九五”以后，由中科院资环局和遥感所对已承诺的经费负责落实。

论证专家委员会一致认为“国家级基本资源与环境遥感动态信息服务体系”试运行方案基本可行，通过论证。专家委员会建议，应进一步明确该系统的产品和用户，注意系统的稳定性、可靠性，并希望纳入有关业务主管部门的信息服务系统。同时，专家委员会希望课题主管部门、主持部门和承担单位在场所、机构建立、经费保障、队伍组织等方面尽快落实实施，保证课题的顺利开展和系统运行成功。

5. 主要运行人员和参加人员

以遥感应用研究所再生资源与生态环境研究室为主体，联合我院东北地理与农业生态研研究所、兰州寒区旱区环境工程研究所、成都山地灾害与环境研究所、新疆生态与地理研究所、武汉测量与地球物理研究所、南京地理与湖泊研究所等。

6. 运行情况与效益

在国家级基本资源与环境遥感动态信息服务系统建设完成后，实际上并未能按照原定计划实现，而是长期由该系统依托的再生资源与生态环境研究室自行运行，但运行效果非常明显，持续实现数据库更新和长期提供数据信息服务，社会效益、经济效益方面均有产出。

二、基于网络的洪涝灾情遥感速报系统

1. 系统概要

基于网络的洪涝灾情遥感速报系统是在国内外已有成果的基础上，集成现代遥感、地理信息系统和互联网络等高技术，给科技人员的专业知识和主观能动性发挥留有极大余地，能够快速、准确地对全国重大洪涝灾害进行监测评价，及时为中央、有关部委和全国各省市政府提供洪涝灾情信息服务，且具有“高、快、准、新”特点和业务运行能力的网络集成应用系统。

2. 系统组成

该系统以中国经济信息网（CEINET）和遥感所国家遥感工程中心地理信息系统实验室的局部网为依托，由遥感数据预处理、洪涝灾情信息提取、洪涝灾情损失评估、洪涝灾害数据库、灾害信息网络服务等分系统组成。该系统包含三大部分。

1）洪涝灾情信息生成部分

洪涝灾情信息生成部分在局域网上，由遥感数据预处理、洪涝灾情信息提取、洪涝灾害损失评价、灾害基础背景数据库及其网络灾情信息发送等分系统组成。其中，灾情信息发送分系统主要是通过网络将灾情信息传送到国家遥感中心和国家信息中心数据库部，必要时直接通过中国科学院呈送给中央领导同志和国家防汛总指挥部。

2）洪涝灾情信息网络服务部分

洪涝灾情信息网络服务部分由洪涝灾情信息联机网络服务、交换中心和网络应用集成技术环境等部分组成，并通过两个途径实现。洪涝灾情的遥感信息生成后，一方面通过国家遥感中心信息交换网络与国务院“防洪气象信息系统”联网，直接为国务院领导同志防洪决策服务；另一方面通过国家信息中心数据库部的局域网，以及国家经济信息网为各部委和各省市提供网络信息服务。

3）洪涝灾情信息网络用户部分

洪涝灾情信息网络用户部分是根据灾情数据保密级别的有关规定及用户各自的访问权限，分别可以通过国家信息中心局域网、国家经济信息网及 Internet 网，及时和持续地获取他们所需要或所能得到的洪涝灾情信息。用户可以用快捷方便的网上交互查询及其下载方法实现洪涝灾情信息的资源共享。

3. 系统工作流程及其功能

基于网络的洪涝灾情遥感速报系统工作流程及其功能包括 7 个方面。

1）多源遥感数据的预处理及其数据融合

通过对多种来源、多种形式的遥感数据进行深加工处理，如图像的增强、几何精纠正和图像数字镶嵌及其比例尺统一和投影变换等，然后，在地学专业知识的支持下，通过对多源遥感数据的综合分析及其相应的数据融合，实现某些洪涝灾情信息的突出显示，为人机交互判读提供高质量且能和地图精确配准的遥感影像基础数据。多源数据的融合，包括遥感数据之间、遥感图像数据与洪涝灾害专题数据，专题图件数据之间，以及图像、图形数据与统计调查数据之间复合分析等。

2）洪涝灾情淹没损失的人机交互判读及其信息提取

洪涝灾情淹没损失的人机交互判读及其信息提取使用经过预处理的图像或经多源数据融合后生成的数据作信息源，以高性能的 586 微机及其相应软件平台所组成图像判读系统，采用全数字化作业方式完成。其中，软件平台应具有图形栅格与矢量结合、多种数据格式的交换功能。人机交互判读及其信息提取的功能主要是尽快地给出洪涝灾情发生及其淹没的地理位置、面积范围、持续时间、灾情变化以及以省、市、县为行政单元的淹没损失状况等方面的应急信息。

3）背景数据库支持下的洪涝灾情详细评估

洪涝灾情背景数据库由灾区警戒水域数据库、资源环境数据库、行政区划数据库、历次洪涝灾情速报数据库，灾前、灾中、灾后多期遥感影像数据库，水利工程和堤防建设和社会经济统计数据库，以及用于多源数据复合的遥感影像控制点和地形图数据库等组成。这些数据库一方面为洪涝灾情损失的详细评估提供有效的数据支持和各种必要的参考信息；另一方面更多的是为了支持灾后重建家园而完成各种综合分析、专题分析、空间分析、数据统计分析等提供重要的信息资源。因此，背景数据库支持下的洪涝灾情详细评估除了给出灾后损失状况的定性、定位、定量的图件、数据等指标外，更重要的是为灾后重建家园提供了科学的决策意见。

4）洪涝灾情各种信息资源的快速编辑及其网络发送

经过灾情监测评估，洪涝灾情信息的图像、图形、数据、报表和报告等资料，需要通过计算机程序完成快速编写、编辑、整饰、打印及输出等工序，快速生成灾情信息的元数据。灾情信息元数据压缩打包后，通过网络传送到洪涝灾情信息网络服务分系统。

5）洪涝灾情信息网络联机服务

洪涝灾情信息网络联机服务由联机服务和信息查询两个部分组成。它们是两种不同工作原理和机制的信息服务系统。洪涝灾情信息网络联机服务在提供洪涝灾情信息为用户服务之前完成。其包括洪涝灾情信息接收、解包去压缩、信息编辑、主页生成、主页加载和用户使用灾情信息权限管理及其使用信息记录、主页维护等。洪涝灾情信息查询则是通过元数据的加载实现为用户服务。用户可以通过上网直接浏览和下载或者通过交互方式查询所需信息。

6）运行模式

基于网络的洪涝灾情遥感速报系统建成后有两种运行模式，即灾区的宏观监测评估和重点灾区的监测评估。宏观监测评估主要是利用气象卫星 NOAA/AVHRR 数据，每天两次对全国以七大江河中下游地区为重点的洪涝灾害易发区内的灾情分布状况、淹没范围、持续时间及影响程度等进行宏观监测评估，给出灾情图像、简报及其淹没损失数量的统计报表等。重点监测评估是利用宏观监测结果和天气条件，选用雷达卫星和机载 SAR 图像数据、陆地卫星 TM 数据、SPOT 卫星数据及其他来源的高分辨率数据对灾情严重地区，或天气条件恶劣时，进行多层次的监测和详细评估，并给出相应的灾情图像、详细评估报告和灾情损失的分区分类数据表格，同时提出灾后重建家园的决策意见。

7）系统的主要运行技术指标

基于网络的洪涝灾情遥感速报系统通过 3 年的运行实践表明，系统能覆盖全国，运行稳定，响应迅速，使用方便，效果显著，且经济实惠。技术性能指标已经达到以下标准。

（1）响应速度。①收到气象卫星 NOAA/AVHRR 数据后，2～3h 给出灾情简报；②收到雷达卫星 SAR 数据等卫星遥感数据后，8h 内给出初步灾情监测报告，2 天内给出详细的灾情评估报告；③收到机载 SAR 数据后，4～5 天给出详细灾情监测评估报告；

（2）监测评估精度。运行系统经过精度检测，用大比例尺的遥感监测结果和地面调查验证结果作比较分析；精度评定结果：①淹没地物类型定性精度：95%以上；②淹没面积定量精度：90%～95%；③淹没边界定位精度：1～2 个像元。

4. 主持测评单位和测评意见

由国家“九五”重点攻关项目和中科院重大项目与特别支持项目及院长基金项目支持、中科院遥感所国家遥感工程中心和国家信息中心研制开发的“基于网络的洪涝灾情遥感速报系统”，在中国科学院资源环境科学与技术局主持下，于 1998 年 11 月 28 日在北京召开了鉴定会。

会上，由孙鸿烈、周秀骥、胡启恒、陈芳允和马宗晋院士等有关领域的 13 位著名专家、学者组成的鉴定委员会认真听取了项目组的技术报告，系统应用报告，检测组的系统检测报告和有关用户评价材料，观看了系统演示及系统产出的图件、动态数据信息等成果，形成了鉴定意见。对其系统技术创新、有效运行及取得的丰硕成果给予高度评价。

《查新报告》证明：“在检出的国内外文献中，像这样综合的成果尚未见报道。”

鉴定委员会认为，该系统在洪涝灾害监测、评估方面处于我国领先地位，跻身国际先进行列。专家们希望进一步改善数据通信系统，提高交换速率，使该系统能够更加及时、快速提供信息服务。

5. 主要运行人员和参加人员

王世新、阎守邕、魏成阶、周艺、刘亚岚、肖春生和武晓波等。

6. 运行情况与效益

（1）1996～1998 年 3 年汛期内，基于网络的洪涝灾情遥感速报系统对全国范围内（主要是全国七大江河中下游地区）的洪涝灾情进行了全天候、全天时的连续的动态监测。

（2）提供洪涝灾情信息简报 112 期，1000 多人次上网访问了洪涝灾情信息主页。

（3）洪涝灾情信息内容除了受灾地区影响范围、严重程度、持续时间等灾情遥感图像及相应文字说明外，还包括重灾区受淹土地利用类型详细评估图件、数据及其报告。特别针对 1998 年长江中游和嫩江–松花江流域历史罕见特大洪涝灾害，开展了灾情损失的详细评估，并根据重建家园的需要，进行了灾后重建的遥感分区功能规划。

几种主要的图件产品是：洪涝灾害淹没状况动态变化图；防洪工程态势及其有效性分析图；水毁工程分布图；居民点受灾评估图；耕地受淹动态变化图及其损失评估；堤防工程潜在危险分析图；重建家园功能分区规划图等。

1998 年 6 月 19 日后，该系统又对全国的洪涝灾害进行了遥感动态监测，取得了以下成果。

（1）利用机载雷达（雷达为 863-308 主题重大项目；中科院电子所研制，L 波段，6.5m 分辨率；飞机为中科院遥感所奖状 II 型）；星载雷达（加拿大 RADARSAT，中科院遥感卫星地面站接收）和气象卫星（NOAA/AVHRR）数据，先后对我国珠江三角洲、福建闽江、淮河中下游、长江中游（鄱阳湖、洞庭湖、武汉市及其周边）、松花江、嫩江地区进行了 44 次监测评价。其中：①机载雷达于 8 月中旬对鄱阳湖和洞庭湖地区进行了 5 个架次的遥感飞行，覆盖面积达 5×5.5 万 km^2；②星载雷达进行了 16 次监测，覆盖了鄱阳湖、洞庭湖、武汉地区、松花江、嫩江地区；③气象卫星进行了 23 次监测，覆盖了大部分受灾地区。向国家有关部门提供了具体的农业生产受灾情况汇报并被采纳。

（2）上述监测结果均已通过科技部上报到国务院办公厅秘书局、国家防汛抗旱指挥部。有的结果则以中国科学院的名义直接上报到国务院和相关省市地方部门，并对具体区域的防洪体系建设提出具体建议。李岚清副总理在中科院的《利用遥感方法对洪灾监测报告》上批示："这就是科技为经济和社会发展服务的实例，应当进一步与水文、气象、防洪部门继续合作开发应用这方面的技术，最好能进行准确的预测预报"。

有关新闻媒体，如中央电视台、《科技日报》、《中国科学报》、《解放日报》、《北京青年报》等都进行了报道。同时，该项工作已引起国际关注。国际减灾委员会主席及世界粮食计划署表示希望得到有关灾情信息。

三、中国农情遥感速报系统

1. 系统概要

1998 年，在中国科学院和原国家发展计划委员会的支持下，中国科学院遥感应用研究所总结以前研究成果，开始了对农作物的遥感估产的集成，筹建了"中国农情遥感速报系统"，边运行、边探索、边发展，当年实现全国范围的农作物长势监测，并逐步开展覆盖全国主产区的小麦、玉米、稻谷、大豆估产和全国粮食总产量估算，为国家有关部委的决策提供了科学依据，尤其是在 1998 年的洪涝灾害后的重建和粮情判断方面发挥了重要作用。

2. 系统组成

2000 年以来，中国科学院遥感应用研究所将"中国农情遥感速报系统"的监测范围逐步推向全球尺度，开始启动全球主要小麦和大豆出口国的粮食估产试验，先后开展了北美、南美、澳洲和泰国等地区的作物长势动态监测和粮食总产预测。

1）农作物长势监测系统

农作物长势监测是基于作物在生长早期阶段就能反映出作物产量的丰歉趋势的原理，通过实时的动态监测逐渐逼近实际的作物产量，因此作物长势监测是一个动态监测的过程，需要对作物不同生长期进行持续的监测，跟踪作物的生长过程，尽早地获得作物产量的变化情况。作物长势监测系统主要包括生成标准化遥感数据产品、实时作物长势监测、作物生长过程分析、作物旱情遥感监测、作物长势综合分析 5 个方面的内容。

2）主要农作物产量预测

主要农作物产量预测包括冬小麦、春小麦、早稻、中稻、晚稻、春玉米、夏玉米和大豆 8 类作物，监测范围是该类作物在全国范围内的种植区，基础统计单元是县级行政单元，然后逐渐汇总到省级行政单元。作物产量遥感预测采用总产=单产×种植面积的思路，并以农作物遥感估产区划为基础，分别通过农作物种植面积的多级采样估算以及分区单产模型的确定而实现。

3）粮食产量估算系统

在本系统中需要估算夏粮和秋粮的总产量。夏粮和秋粮的产量估算通过前一年的粮食产量与当年产量变幅来完成，即

夏（秋）粮总产量今年 = 夏（秋）粮总产量去年×变幅。

当年产量的变幅包括种植面积变幅和单产变幅两部分，则：

粮食产量 = 去年粮食产量×（1+单产变幅）×（1+种植面积变幅）。

对全国及分省粮食产量（粮食总产量、夏粮产量、秋粮产量）进行预测和估算时，预测指在粮食作

物收割前，估算指在收割后。种植面积的变幅是基于整群抽样技术，通过两年间的遥感影像分类监测对比得到。单产变幅通过建立基于遥感参数的粮食单产预测模型获得。

4）作物时空结构监测

作物时空结构的监测包括两方面内容：一是农作物种植结构及其变化的监测（空间结构）；二是复种指数及其变化监测（时间轮作）。中国农情遥感速报系统采用样条采样框架技术与 GVG 农情调查系统，通过野外调查的方式进行农作物种植结构监测，同时采用时间序列 NDVI 曲线监测复种指数。

5）粮食供需平衡预警

区域粮食供需平衡是国家粮食宏观调控的重要内容，及时准确的区域粮食供需信息是宏观调控的基础。遥感估产信息作为国家粮食供需平衡分析的信息源，与统计数据相比，遥感监测信息可以更加客观、及时地对粮食生产进行预测，在粮食供需平衡预测中可以克服统计数据获取滞后的缺点。加上遥感监测数据具有空间分布特性和分作物品种监测的特点，因此利用遥感估产数据，结合统计数据进行粮食供需平衡预测分析比单纯使用统计数据具有更大的优点，使得供需平衡分析可以采用国家、省级甚至于县级尺度，有效提高国家粮食宏观调控决策的水平。

3. 系统功能

中国农情遥感速报系统自 1998 年开始建设以来，经历了“边运行、边发展” 6 年历程，6 年来对监测技术进行了大量的改进与革新，在不断提高监测精度的同时，逐渐形成了农情遥感监测技术体系。在数据标准化处理方面，根据农作物长势监测需要，建立了一套针对 NOAA/AVHRR 数据处理的基本流程。经过一系列程序编写，在国内第一个实现了低分辨率卫星数据的流程化处理，开展日常运行业务；在长势监测方面，经历了从定性监测到定量监测再到综合监测的过程，在作物长势的分析层面上，也经历了从国家级的单一层面到包括全球、全国、省和作物主产区 4 个层面的过程；在农作物种植面积估算方面提出了基于两个独立抽样的农作物种植面积遥感监测方法，形成了一种适合中国农作物种植结构特征的大范围作物种植面积估算方法；在农作物单产估算方面，在完成农作物种植结构区划的同时，将中国农业气候资源和农业气候区划叠加到农作物生产类型区划，这对于提高农作物单产估算精度具有很大帮助；在新的农情信息方面，中国农情遥感速报系统在对其监测技术完善与更新的同时，不断发掘新的农情信息，包括农作物时空结构变化监测和粮食产量遥感估算。

4. 主持测评单位和测评意见

2003 年 8 月 11 日，中国科学院资源环境科学与技术局组织项目鉴定委员会，对中国科学院“九五”重大及特别支持项目“中国资源环境遥感信息系统与农情速报”（K295T-3/K2951-A1-302）进行成果鉴定。鉴定委员会听取了项目组的成果汇报、审阅了有关文件和资料、测试了系统功能。经过充分讨论，形成如下鉴定意见。

（1）开发了运行化的“中国资源环境境遥感信息系统”。系统在中国科学院长期积累的科学数据、分析方法、研究成果的基础上，发挥了中国科学院在遥感、地理信息系统与资源环境研究方面的综合优势，以国家和地方决策部门和科研单位为服务对象，形成了全国多种农作物农情遥感速报、全国土地资源监测、亚洲东部地区的生物量、全国旱灾监测、全国水灾监测、粮食饥荒监测等多项应用服务平台，是我国第一个大型综合性资源环境遥感信息运行系统，也是我国资源环境领域空间信息建设的重要基础设施，为国家和地方的国土规划、粮食估产、生态环境保护提供了重要的科学决策依据。

（2）采用了空间数据仓库设计思想，以标准方式沉淀中国科学院长期积累的多学科、多尺度、多类型的科学资料和信息，数据量高达 750GB。其中 1995～1996 年的 1：10 万全国国土资源数据库和遍布全国的 GVG 图像是开展各类应用服务的重要数据基础。

（3）"全国多种农作物农情遥感速报系统"第一次实现了全国范围内 8 种主要作物长势动态监测、种植面积估算以及总产量预测。系统于 1998 年 7 月投入试运行以来运行良好，共发旬报 83 期，为中办、国办、国家计委、农业部、国家粮食局及国家统计局等部门提供了服务，取得了显著的效益。

（4）创新性地提出了以样条（线状）采样框架为核心的作物种植面积遥感估算技术体系，该体系具有效率高、费用低、灵活性强、简单易用和多用途的特点，可以对多达十几种作物进行面积估算，全国精度可达到 95%以上。

（5）GVG 农情采样系统将大量野外测量工作转成内业工作，节省费用和时间，提高效率和精度。GVG 不仅可用于估算作物种植成数，还可以为遥感图像分类提供实况数据，进行长势监测的地面检验、叶面积指数计算。在资源调查、生态环境调查、环境监测、农业调查等领域具有广阔应用前景。该方法已申报国家发明专利。

（6）项目成果转化效果显著，并获得多个国家业务部门的支持和应用。

成果鉴定委员会认为该项成果已达到了国际先进水平，建议申报国家科技进步奖。

5. 主要运行人员和参加人员

吴炳方、孟庆岩、李强子、张磊和范锦龙。

6. 运行情况与效益

系统边运行、边探索、边发展，当年实现全国范围的农作物长势监测，并逐步开展覆盖全国的小麦、玉米、稻谷、大豆估产和粮食总产量估算，为国家有关部委的决策提供了科学依据，尤其是在 1998 年的洪涝灾害后的重建和粮情判断方面发挥了重要作用。

四、全球农情遥感速报系统（CropWatch）

1. 系统概要

全球农情遥感速报系统（CropWatch）。

2. 系统组成

全球农情遥感速报系统由作物长势监测、作物旱情监测、粮食产量预测、作物种植结构和复种指数监测、粮食供应数量，以及粮食供需平衡预警 7 个子系统组成。

3. 系统功能

全球农情遥感速报系统各组成部分功能如下。

1）长势监测

作物长势监测包括作物长势实时监测与作物生长过程监测。作物长势实时监测，在作物生长期内，每旬利用当年与去年的植被指数的差异监测各个区域的作物长势好坏；作物生长过程监测，将不同行政单元的平均植被指数与去年及过去 5 年的作物生长曲线进行对比分析，监测作物生长状况。

2）旱情监测

旱情监测是利用卫星遥感数据计算各种对作物干旱具有指示意义的指标，进而利用这些指标建立作物旱情评估模型，综合分析作物干旱形势，并通过连续监测预测和估计旱情发展趋势。利用 MODIS 的历史序列植被指数和温度文件，全球农情遥感速报系统发展了基于植被与温度条件的农业旱情遥感监测方法。

3）粮食产量预测

全球农情遥感速报系统产量预测，主要包括小麦、水稻、玉米和大豆 4 种作物，包括种植面积估算、单产预测和总产预测 3 个方面。

全球农情遥感速报系统通过作物种植面积估算和单产预测两个方面估算世界各国大宗作物的总产信息，在作物收获期，将对作物总产进行一次核算和修正，为用户提供全国主要生产省份的主要作物种植面积和产量信息，以及全球大宗作物种植面积和产量信息。

4）作物种植结构调查

全球农情遥感速报系统采用 GVG 农情采样系统每年开展主产省各种主要作物种植成数的调查，精度均达到 96%以上。作物种类包括冬小麦、春小麦、早中晚稻、春玉米、夏玉米、大豆、薯类、油料、棉花、糖类、蔬菜瓜果等 20 多个类别。

5）复种指数监测

全球农情遥感速报系统通过复种指数的监测来揭示我国粮食生产潜力的利用程度。全球农情遥感速报系统对于复种指数的监测可以在点、县、地（市）和省 4 个层次上进行分析，为用户提供感兴趣省份、地市、县，甚至一个具体地点的粮食复种水平。每年 10 月，全球农情遥感速报系统以通报形式发布中国复种指数监测结果。

6）粮食供应数量

全球农情遥感速报系统对于粮食供应数量的估算主要通过估算粮食平均单产和粮食作物种植面积的变幅来完成。作物单产变幅及作物种植面积变化主要根据卫星遥感数据计算得出的参数计算得到。

7）粮食供需平衡与预警

全球农情遥感速报系统利用遥感估产数据，结合统计数据进行粮食供需平衡预测分析比单纯使用统计数据具有更大的优点，使得供需平衡分析可以在国家、省级甚至于县级等不同尺度上进行。

粮食供需平衡与预警子系统为用户提供感兴趣区域的粮食供需平衡分析结果和预警信息，并可根据用户的需求将系统放在一个特定的区域运行。

4. 主要运行人员和参加人员

全球农情遥感速报系统系统化的进行提高了系统运行效率，目前监测工作仅需 5 名工作人员和 5 名学生（不包括地面调查人员）就可以完成全国及全球 30 个粮食主产国的监测，与美国、欧盟及 FAO 的同类工作相比，完成相同的监测任务所需要的人员数量明显偏少。

全球农情遥感速报系统自建成以来，2000～2012 年的运行人员和参加人员不断发生变化，先后参加的人员包括吴炳方、张磊、孟庆岩、李强子、范锦龙、张峰、黄进良、刘成林、张勇、许文波、蒙继华、牟伶俐、徐新刚、闫娜娜、杨绍锷、曹文静、杜鑫、张飞飞、常胜、陈雪洋、董泰锋、张淼等。

5. 运行情况与效益

全球农情遥感速报系统每年 4～10 月定期发布全球主要粮食生产国的农情遥感监测信息，截至 2012

年 12 月，共发布《全球农情遥感速报》十二卷，共 84 期。全球农情遥感速报系统及时、准确、连续的监测结果为国家重大决策提供了可靠的信息支持，为我国决策部门的科学决策提供了科学依据。全球农情遥感速报系统已经被列为国家科技部重大成果推广计划项目和国家卫星应用高技术产业化专项项目。

在国内，中国科学院遥感应用研究所已经向郑州华粮科技股份有限公司、国家粮油信息中心、江西省遥感信息系统中心及陕西省遥感中心等单位进行了移植，并在这些单位进行了运行。其中，旱情监测系统已经移植到水利部水利信息中心和民政部减灾中心，系统集成到防汛抗旱指挥系统二期工程，并投入运行。

五、三峡工程生态与环境信息系统

1. 系统概要

受国务院三峡工程建设委员会办公室委托，中国科学院遥感应用研究所负责建设三峡工程生态与环境监测信息系统，其基础数据即来源于三峡工程生态与环境监测系统。信息系统正是在目前国内唯一的跨地区、跨部门、多学科、多层次及综合性的监测系统长年监测的基础上建设而成的。

2. 系统组成

该系统由信息发布网站、数据传输、数据处理、系统维护、查询与分析、决策支持信息服务和三维与多媒体演示共 7 个子系统组成，其中数据传输子系统是基于广域网的一种 C/S 系统；数据处理子系统和系统维护子系统结构相同，是信息管理中心局域网内的 C/S 系统；信息发布网站、查询分析子系统、决策支持子系统、三维与多媒体演示是 B/S 系统。

3. 系统功能

三峡工程生态与环境监测信息系统以三峡工程生态与环境监测系统数据为基础，采用企业级分布式多层总体架构模式进行设计，结合 WebGIS 和中间件技术进行建设，提供信息服务、信息共享、信息发布、信息综合分析和动态信息集中管理服务等功能。

（1）信息发布网站：为整个信息系统的窗口实现了三峡工程生态与环境监测系统信息发布和信息共享接口功能。它向公众提供三峡工程生态与环境方面的最新信息及动态信息，其题材主要包括三峡工程生态与环境监测系统的建立与发展、工作动态及相关的法律法规和规范、三峡水利工程概况及其移民问题、三峡新闻，以及三峡风光和风土民情、历史古迹等。

（2）数据传输子系统：以信息管理中心为服务器，以国务院三峡办、信息管理中心、各监测站为客户端，实现了用户管理、日志管理、消息传输、工作任务传输、正式文件传输、资料传输等功能。为国务院三峡办、信息管理中心、各监测站点之间的数据交换和传输提供了一个安全、方便、快捷的信息工具。

（3）数据处理子系统：实现非格式化监测数据的快速处理和导入，极大地提高了数据处理的效率，包括系统管理、监测数据处理、监测报告处理、图片信息处理、合同信息处理、公共信息处理及数据入库等功能。

（4）系统维护子系统：实现了数据仓库数据维护、元数据更新维护、用户管理和权限管理等功能。

（5）查询分析子系统：实现了监测数据查询和综合分析、空间信息查询，以及系统用户访问权限和页面访问安全管理等功能。

（6）决策支持信息服务子系统：实现了实时信息服务、综合查询、专题信息分析服务等功能。

（7）三维与多媒体演示子系统：采用三维建模和网络多媒体在线演示技术，从三峡工程的建设概况、三峡库区的现状、库区资源、库区生态环境、生态与环境监测系统及三维虚拟地表 6 个方面全方位地向海内外展示三峡工程生态与环境监测系统的面貌。

4. 主持测评单位和测评意见

2006 年 9 月，国务院三峡工程建设委员会办公室水库管理司委托国家应用软件产品质量监督检验中心对三峡信息系统做了第三方测试，测试结果表明，系统没有 S1 和 S2 级缺陷，达到了优秀水平。

2007 年 3 月，国务院三峡工程建设委员会办公室水库管理司组织专家对三峡工程生态与环境监测信息系统建设工程进行了验收。主要验收意见包括如下。

（1）三峡信息系统建设工程基础扎实，数据分析与整编工作规范、严谨，采用流程化处理分析方法，严格保证了数据仓库数据源的数量与质量；基于数据仓库与空间数据引擎技术，以面向主题的方式集成存储管理了多主题、异构、长时间序列的三峡工程生态与环境监测数据；基于.NET 技术、三维模拟与多媒体演示技术，构建了技术先进、性能稳定的三峡工程生态与环境监测信息系统的分布式多层体系架构。系统投入运行以来，实现了三峡工程生态与环境监测系统异地网络节点之间数据传输、数据处理、数据入库、信息发布的一体化流程。

（2）同意监理单位的单元工程质量评定与工程预验收结论；同意业主单位和监理单位对分部工程的验收结论，同意第三方测试单位的质量检测结果。

（3）三峡工程生态与环境监测信息系统建设工程依据合同要求全面完成了建设任务，满足设计要求，工程质量优秀；工程实施过程规范、工序严谨，遵循了软件工程构建流程；系统架构技术先进、结构合理，系统具备了先进性、安全性、稳定性和可扩展性；通过预算与支出报告审查，工程投资控制合理；系统运行稳定、可靠，验收资料齐全。

5. 主要运行人员和参加人员

吴炳方、马新辉、杨雷东、罗治敏、朱亮、周月敏、闫礼、徐亮等。

6. 运行情况与效益

三峡工程生态与环境监测信息系统于 2002 年 11 月开工建设，2006 年 1 月投入试运行，2007 年 1 月开始正式运行，一直以来运行良好。由依托于中国科学院遥感应用研究所的信息管理中心对该系统进行日常运行维护，主要包括软硬件日程运行维护、应用系统日常运行维护、数据收集和整编入库、数据库运行管理、口令认证管理等，通过运行维护有力地保障了三峡工程生态与环境监测信息系统安全稳定运行。此外，国务院三峡办、信息管理中心联合制定的《三峡工程生态与环境监测系统网站管理细则》《三峡工程生态与环境监测系统章程》《三峡工程生态与环境监测系统数据共享和管理办法》成为信息系统规范化运行的制度保障。

该系统是国内首个提供三峡工程生态与环境监测信息服务、信息共享、信息发布、信息综合分析和动态信息集中管理服务的综合信息平台，其已经成为三峡工程生态与环境监测系统的重要组成部分，它积累了近 20 年的三峡工程生态与环境监测数据，以及基础地理数据、遥感数据、公共数据等，实现了监测系统数据和信息的统一收集、存储、管理和综合应用，可以及时跟踪监测、分析三峡工程对生态环境的影响，及时预警、预报，为国务院三峡办、三峡集团公司提供决策信息服务，并为三峡工程回顾性环境影响评价积累和提供数据。

该系统的主要服务对象是国务院三峡办、三峡集团公司和各个监测重点站，同时兼顾考虑基层站、相关单位和公众的需求，提供了广泛的数据共享服务，先后向国务院三峡办、三峡集团公司、国家林业局、中国环境科学研究院、中国科学院水利部成都山地与灾害研究所、中国科学院南京土壤研究所、中国科学院生态环境研究中心、水利部中国科学院水工程生态研究所、中国水电顾问咨询集团公司等单位提供了所需的监测数据和成果资料，为政府、研究机构、企业和公众开展三峡库区生态与环境保护提供了重要的数据基础。同时，通过数据共享和信息发布网站宣传，加强了三峡工程生态与环境监测系统的影响力。

六、高性能云服务 GIS（IPM-Myhome）

1. 系统概要

新一代的高性能云服务 GIS 依托中科院重点部署项目“云 GIS 核心技术与系统”、国家科技支撑计划课题“开放式遥感数据处理工具集研发”，以及国家 863 计划课题“全球空间信息产品生产技术与系统”等课题搭建而成。

2. 系统组成

1）陆地卫星遥感影像综合处理系统（IPM）

采用流程化方法构建全自动遥感数据处理工厂，基于底层“集群/多核/GPU”耦合体系的集群架构，生产标准化、高精度、有效、多星融合的数据产品，为应用服务提供原材料。

2）空间信息产品云服务平台（MyHome）

采用云计算架构的信息产品服务平台，动态接入前端加工后的数据和信息产品，提供 PB 级数据管理、按需信息产品生成、可视化服务的综合能力，是面向用户的窗口。

3. 系统功能

1）自动化的即时产品生产

在底层强大的高性能计算能力的支持下，用户可利用集群系统提供的遥感数据处理与信息提取工具，即时计算或提取指定时间、指定区域的数据产品和专题信息。基于国产卫星数据体系，该系统设计了高精度有效数据产品、专题信息产品、时间序列产品、土地覆盖产品，以及土地利用更新产品五大类信息产品供用户选择使用。以此为基础，在科技部 863 项目的支持下，该系统将重点开展基于自主卫星体系的全球空间信息产品生成技术与系统的研制，大力提高国产卫星数据的利用率。

2）海量大数据存储与管理

可对矢量、栅格、三维模型和时间序列 4 种数据类型进行统一时空框架下的分布式存储、管理和使用，各种类型的数据被组织成数据集的形式进行存储和管理；以数据集组的形式支持用户自定义灵活管理不同区域、时间或权限关系的时空数据集；在通信服务内核（NTI）的支持下，实现并行读写，以及计算和通信重叠，实现集群分布式存储环境下海量数据的吞吐效率问题。

3）计算资源调度与管理

利用高性能磁盘构建各计算节点的本地磁盘阵列，通过高性能网络将磁盘阵列进行互联，构建计算与存储一体化的集群环境，系统可对集群下的每个节点运行状态进行实时监控与管理。针对用户提交的计算需求，该系统自动进行计算任务和计算节点的调度，将用户需求分解为小的计算任务，根据当前集群运行状态自动分配到不同的计算节点进行计算，最终将计算结果统一回收，并反馈给用户。

4）可视化引擎

可视化引擎是数据资源、计算资源与用户之间沟通的桥梁，在管理客户端部署二维可视化视图，用户可直观了解数据存储和计算任务执行情况；在应用客户端部署“二维/三维”一体化视图，为用户提供可视化、智能化的对外服务窗口，方便用户检索、浏览、处理、提取想要的信息。

4. 主要运行人员和参加人员

该系统是在骆剑承研究员带领的遥感空间信息计算小组多年研究成果的基础上，经过多方改进而成。该系统正式诞生于2012年，由著名摄影测量与遥感专家张祖勋院士为其命名。该系统搭建过程得到武汉大学张祖勋院士、地理所周成虎院士、武汉大学张永军教授、浙江工业大学王卫红院长等专家的悉心指导，参加研制的人员包括了遥感所骆剑承、沈占锋、胡晓东和董文，中科院新疆生地所王伟胜、陈宝华、吴小波和陈鑫，浙江工业大学的顾国民和吴炜等。

5. 运行情况与效益

（1）结合珠三角土地资源监测的需求，依托IPM-MyHome构建的土地利用监测平台，实现了广东整个省区的土地覆盖情况调查和动态更新，辅助国土资源部门的科学决策和优化管理，促进了省区土地资源的科学、合理利用，为课题组取得项目经费38万元。

（2）结合湖南农情结构监测需求，以国产环境卫星、资源卫星和高分小卫星为主要数据源，针对不同作物的生长期间，以及同一作物的不同生长阶段进行精细识别，实现农作物自动识别，辅以由外业核查进行修正和调整，最终实现业务化的农作物种植面积的持续监测。

七、数字地球原型系统

1. 系统概要

数字地球原型系统（以下简称本系统）的设计依据中国科学院知识创新工程重点方向项目“数字地球基础理论研究（中国科学院资源环境局）”、中国科学院重大设备更新计划项目“数字地球原型系统建设（中科院计划局）”及中国科学院知识创新工程前沿领域项目“数字地球原型系统（中科院遥感应用研究所）”进行。

2. 系统组成

面向国际前沿、立足于国家重大需求，在吸取国内专家和领导讲话的基础上，梳理各种发表的数字地球概念与模型，吸取了与研究并行开展的数字地球原型系统建立过程中的经验，提出了基于对地观测技术的数字地球基础理论框架和互操作扩展模型。数字地球原型系统采用三层体系结构。

采用三层体系结构可以解决：所内多种服务器，其数目或种类超过50个；应用是用不同语言编写的；多个以上的异构数据源，如不同DBMS或文件系统；高工作负荷，如每天超过5万个事务处理或在同一系统访问同一数据库的并发用户数超过300个；应用于企事业内部外部通信；三层结构的组成。

1）数据层（服务端）

负责管理对数据库数据的读写。DBMS 必须能迅速执行大量数据的更新和检索。现在的主流是关系数据库管理系统（RDBMS）。因此，一般从功能层传送到数据层要求大都使用SQL语言。在数据层主要支持多个来源于不同部门的空间数据服务器，包括遥感影像数据库、数字高程数据库、空间数据库（GIS）、多媒体数据库等。

2）表示层（客户端）

这是最终用户部分，它担负着用户与应用间的对话功能。它用于检查用户从键盘等输入的数据，显示应用输出的数据。在变更用户接口时，只需改写显示控制和数据检查程序，而不影响其他两层。检查的内容也只限于数据的形式和值的范围，不包括有关业务本身的处理逻辑。图形界面的结构是不固定的，这便于以后能灵活地进行变更。在这层的程序开发中主要是使用可视化编程工具。表示层的显示方式可分为文字、图像、二维图形与三维仿真图形等。在有逼真感的三维仿真图形的基础上，又叠加了听觉和触觉通道的虚拟现实表现方式，营造了一种身临其境的氛围，可以在最大程度上将信息传递给用户，同时通过交互方式又能接受用户的反馈，使其有可能进一步去探索世界和发现知识。

3）功能层（中间件）

这是一些系统软件，它们能使最终用户和开发人员觉察不到应用程序所使用的各种服务和资源上的差异。通过为异质计算环境中的服务和资源提供统一、一致的观察结果，简化用户界面。中间件在为同一平台或不同平台上使用不同开发商产品的最终用户或者开发人员创造了浑然一体的连通性。面向数据库的中间件，是指一切连接应用程序和数据库的软件。面向数据库的中间件可以提供对任意数量数据库的访问，而不需考虑数据库的模型和运行平台，这样无论是哪一种数据库，都可以同时通过同一界面进行访问。通过这种机制，就可以把不同类型的源数据库和目标数据库映射成相同的模型，使他们易于集成。在数字地球中起连接不同服务器，将遥感影像数据、数字高程数据、空间数据、多媒体数据进行整合，提供内部用户及 Web 用户使用。

数字地球原型系统（DEPS/CAS 1.0）经过 5 年时间的建设，完成了数据接收与快速处理、网格计算、空间信息数据库、元数据服务、模型库、地图服务与虚拟现实等多个子系统的建立，在整个流程中，从数据获取到数据分析与显示表达，子系统紧密衔接，构成数字地球工作平台。7 个主要子系统如下。

（1）元数据服务子系统：该子系统主要包括服务器端的空间元数据服务器、空间元数据库管理器，客户端的空间元数据查询工具，空间元数据管理工具，用于管理整个系统的数据库中元数据信息，为系统合理快速利用数据库中元数据信息提供服务，将元数据信息输出给空间信息数据库子系统和模型库子系统，并从模型库子系统中获取算法和运用程序的通用模型。

（2）数据接收与快速处理子系统：该子系统主要包括天线和控制分系统、信道分系统、GPS 时码单元、数据摄入分系统、接收与处理平台分系统、数据记录和存档分系统，以及高端数据产品开发与应用软件分系统等。用于接收与处理星载中分辨率成像光谱仪 MODIS 发射的数据，并快速处理入库，输出给元数据服务子系统，提供数字地球原型系统中其他子系统试验和应用的基础数据源。

（3）网格计算子系统：该子系统是一个基于网格技术，针对遥感数据的处理平台。该子系统根据用户需求从远程数据服务器或本地获得数据，触发服务并监控其运行状态。在任务执行过程中，该子系统将一个任务分割成若干个子任务，然后把子任务分配给网格计算池中的计算机（或高性能计算机）执行，回收及整合执行结果，将结果返回给用户，并分别与模型库子系统和空间信息数据库子系统实现数据的共享和互通。

（4）空间信息数据库子系统：该子系统是一个基于 B/S 模式的分布式应用系统，侧重数据的标准化加工与凝练。以“层”概念表述空间信息数据库子系统的结构，可以将它分为三层，即第一层是集遥感数据的处理、提取和分析于一体的数据标准化层；第二层是包括遥感的基础数据、过程数据、分析数据、文档数据和元数据等的标准数据层；第三层则是以各种遥感图像数据为主体的遥感数据库层。其中第二层的标准数据层是数字地球原型系统中遥感数据的主体信息资源，用于管理数字地球原型系统中的空间数据，对客观模拟和反映现实世界的空间数据进行标准化处理、提取和分析，形成适宜多领域规模化应用的数据库，分别与模型库子系统、网格计算子系统、地图应用服务子系统和虚拟现实子系统实现数据的共享和互通。

（5）模型库子系统：将原始数据处理成可用的信息和知识的中间过程，是数字地球应用的重要内容。数字地球原型模型库中收录了近年来遥感所自主开发的模型及通用处理的模型，包括图像预处理、地面物质特性反演、数据融合和微波数据处理等。该模型库将不断收入新的模型，同时对已经收录的模型使用和改进。用于为数字地球原型系统的空间数据处理与分析提供算法和应用程序的通用模，分别与元数据服务子系统、空间信息数据库子系统、网格计算子系统、地图应用服务子系统和虚拟现实子系统实现通用模型数据的共享和互通。

（6）地图服务子系统：该子系统是基于 Internet 环境下的全球可视化信息系统。系统基础结构支持基于包设备的流操作来传输不断更新的数据，配制成 turnkey ASP 解决方案，第三方数据可以独立发布，并与客户端反馈的主要数据融合，用于在因特网环境下实现全球信息的可视化，并分别与模型库子系统、虚拟现实子系统和空间信息数据库子系统实现数据的共享和互通。

（7）虚拟现实子系统：该子系统主要由计算机主机系统、控制系统、投影系统、交互设备系统和软件系统（科学计算软件、数据库管理、三维仿真软件）5 部分组成。用于根据所建立的领域知识库和数据库运用人工智能、模式识别技术进行建模、学习、规划和计算，实现视觉、触觉、听觉及动感的虚拟现实模拟，并分别与模型库子系统、地图应用服务子系统和空间信息数据库子系统实现数据的共享和互通。

3. 系统功能

（1）地表模型分析：生成平面/立体等高线图、进行地形因子分析（如坡度、坡向、沟脊系数等）、距离量算、剖面图制作，以及根据地形数据自动提取水系等。

（2）地表三维绘制：对 TIN 模型和网格模型提供了强大的三维交互地形可视化环境，支持高程分层设色、遥感影像叠加、矢量数据叠加等多种绘制方式；实现三维场景的多角度实时观察、动态飞行模拟；提供地貌晕渲图、飞行场景录制等输出功能。

（3）空间叠加分析：提供区对区、线对区、点对区、区对点、点对线叠加分析等，支持高效率大数据量分析。

（4）高程库管理：采用金字塔结构存放多种空间分辨率的栅格数据，实现对整个地形数据的快速无缝漫游和提取。

（5）模型应用：提供高程点标注制图、连线可视性及可视域、土方量计算、表面最佳路径、流域、洪水淹没等实用分析功能。

4. 主持测评单位和测评意见

（1）本系统解决了空间数据接收系统自动化处理、网格计算和工作流技术与地学计算的集成、TB 级服务器群集技术、分层分幅无缝漫游方法、大规模数据标准化处理、虚拟环境下的交互操作与协同、大地形数据实时渲染与漫游、纹理信息优化与 GPU 加速、DEM 的无损压缩、金字塔结构遥感数据快速压缩与回放等关键技术。

（2）本系统创建了由空间数据接收、元数据、模型库、网格地学计算、空间信息库、地图服务和虚拟现实 7 个子系统组成的数字地球原型技术系统；提出了数字地球概念模型并构建了数字地球理论框架；实现了用于数据处理和分析的网格计算技术、地学计算方法和工作流技术集成；开发出金字塔层次影像压缩技术；研究出大地形数据实时显示与漫游算法；建立了大幅度提高数字产品标准化水平的全国精校正同名控制点库。

（3）该系统对在全球范围内发展数字地球起到引领作用，是一里程碑式的成果，源于本项目，创建了总部设在我国的“国际数字地球学会（ISDE）”，创刊由 Taylor&Francis 出版的“国际数字地球学报

(IJDE)”，在全球范围内组织召开 5 届国际数字地球会议和 2 次峰会，成立了中科院直属研究机构—对地观测与数字地球科学中心。来自联合国环境署等机构的 7 位国际专家组书面评议本成果：中科院研发的数字地球原型系统对构建数字地球起到重要引导作用。由 12 位知名学者组成的国际数字地球学会专家组经观看演示、会议讨论后书面评价：数字地球原型系统在保持其在数字地球领域领导地位的同时将为国内外学者提供合适的环境，为开展大型研究项目提供研究平台。

（4）利用该系统环境为新技术普及提供虚拟平台，几年来共接待国内外 1.2 万人次访问、参观。2008 年 5 月 12 日以来，利用数字地球原型系统平台，为抗震救灾，抢险、排险提供了大量的第一手灾情形势评估信息，得到了国家领导、国务院应急办以及国家有关部门、地方政府的高度评价。朱镕基总理、李岚清副总理曾先后观看本成果演示；数字地球概念的提出者美国前副总统戈尔 2005 年来访观看本成果后说：“没有想到数字地球在中国发展这么快。”

（5）该系统是“国内第一个数字地球原型系统，是国际上除美国外推出的又一个先进数字地球原型系统。”

5. 主要运行人员和参加人员

系统于 1999 年 12 月～2005 年 12 月，由郭华东、范湘涛、陈述彭、邵芸、杨崇俊、王长林、薛勇、连石柱、郭杉、马建文、聂跃平、廖静娟、韩春明等研制。

6. 运行情况与效益

数字地球原型系统广泛地应用于全球、全国、区域 3 个不同空间层次的不同领域。特别是在党的十六大、十七大、十八大信息模拟，北京奥运环境评价、地震、洪水灾害监测，亚洲气溶胶与区域气候变化领域应用效果明显，在数字城市、数字考古、数字旅游及公共卫生方面也发挥了重要作用。

1）公共卫生网络地理信息系统的应用

设计和开发了瘦服务器模式的“公共卫生网络地理信息系统”平台软件。该软件具有改进数据自动更新功能；优化道路级空间数据的显示机制；能把“公共卫生”的各类数据图形化地展示出来，并配有相关的走势图、动态图。主要包括开发了 2003 年和 2004 年“非典网络地理信息系统”，非典数据多维可视化分析及禽流感疫情信息系统。

2）数字奥运环境动态监测

该项目建成两大系统，即奥运主场馆区工程环境高分辨率遥感监测技术系统与奥运工程环境虚拟仿真信息平台系统；形成一套分析应用体系；根据奥运主场馆区工程环境建设进展，定期提交监测报告。研究成果将直接服务于奥组委的工程环境建设指挥、管理，作为北京奥组委向国际奥委会等国际组织提交的工程环境建设进程、状况的重要科学数据与技术资料。

3）安全警卫三维信息指挥模拟系统

根据有关方面的要求，开展了基于多分辨率地形与多层次遥感影像三维虚拟场景技术方法、大规模混合场景数字虚拟环境编辑系统、真实三维虚拟环境建设与××三维模型库与会议布置模型库建设、突发事件指挥模拟系统以及安保模拟战训系统等多方面的研究，形成实用安保模拟系统并用于大会的安全保卫。该系统建设取得了明显成效，受到了中央领导同志和有关方面领导的好评。

4）数字旅游

数字黄果树三维仿真系统是数字地球原型系统在旅游领域应用的一个典型实例。该系统利用 3S 技术和虚拟现实技术对黄果树风景区规划区进行数字化、网络化管理和三维仿真系统实时演示，结合黄果树新城的规划设计方案，建立了黄果树景区 5 个区域的所有建筑，以及周边区域建筑物的三维模型；开发了针对分景区的单机程序以及网络浏览软件，建立了 GIS 信息查询数据库。“数字黄果树三维仿真系统”的建设为黄果树风景名胜区在“全国最具魅力旅游景区”的评比中增加了 20 分的分量，为其荣获“西部最具魅力旅游景区”的称号提供了强有力的技术保障。

5）数字考古

采用虚拟现实技术方法结合遥感数据获取信息资料及相关资料，通过三维虚拟环境的模拟及交互控制的手段来研究古环境、古遗址的历史变化，为考古工作的发掘提供了新的信息资料和验证方法，为文物和文化遗产的保护和宣传提供了新的技术手段。利用虚拟技术全面、生动地展示文物、遗址和进一步的网络发布，能将这些资源统一整合起来，从而使其脱离地域限制，实现资源共享，全面地向社会传播，而丝毫不会影响到文物、遗址本身的安全。本系统平台成为文物保护与考古研究工作的一个重要的工作平台，为国家博物馆在山海关长城、海龙屯军事古堡、陕西统万城、镇北台长城以及第二次世界大战航片数据库等项目的研究与分析工作中发挥了独特的作用，为数字考古的基础资料调研与分析提供了新型的高科技手段。基于本系统对北京市的“老山数字考古”和“慕田峪长城数字考古”进行了研究，其结果被市文物局等单位采用。

6）工程选址

包括中国在内的十国天文学家提出共同建造接收面积为一平方千米的国际大射电望远镜（SKA）计划。为此以国家天文台为首的研究团队开展了 SKA 的先导工程-500m 口径球面射电望远镜（FAST）建造的前期研究工作。利用喀斯特洼地作为 500m 口径大射电望远镜的主反射面支撑条件及其候选台址，并在贵州境内建造 40 余个单元组成的射电望远镜阵，是由我国创造性提出的，也是 SKA 中国工程设计方案与其他国家方案的根本区别之一，工程选址是其前期最重要的内容。

7）城市动态变化监测

围绕国土资源的有效控制和科学规划，利用多时空尺度遥感数据对城市环境进行连续动态监测，跟踪监测城市环境土地资源变化状况和分布规律等，为城市土地资源总体规划提供技术基础资料和相关应用的运行平台。

8）自然灾害监测

数字地球原型系统在研究过程中，综合应用多种遥感数据进行自然灾害监测，取得了众多的监测成果，监测区域包括我国大陆、台湾及接壤国家的部分地区，共取得地震灾害、洪涝灾害、干旱、沙尘暴、火灾等方面的监测成果。2008 年 5 月 12 日以来，利用数字地球原型系统平台，为抗震救灾，抢险、排险提供了大量的第一手灾情形势评估信息，得到了国家领导、国务院应急办，以及国家有关部门、地方政府的高度评价。

9）全国标准数字本底

以“数字地球”理念为主导，以多种对地观测数据的标准化构筑和规模化应用为目的的系列数字本底研制是数字地球原型系统的重要组成部分，既是该系统的标准数字产品基础性数据积累，同样也服务于系统开发和多领域学科应用。

除此之外，本系统提供的遥感标准数据产品对水利部、国家环境保护总局开展我国西南三江并流地区生态环境等方面的调查，以及提取行业所需的量化地表信息和进行领域之间交流与合作具有重要的应用价值。

利用该系统环境为新技术普及提供虚拟平台，科普宣传共接待 1.2 万人次社会公众，成为科普活动一大亮点。

以本系统研究成果作为主要依托，项目主要完成人与国内外同行共同促进，促成“国际数字地球协会”的建立。该协会为国家正式法人学术组织，也是在我国成立的为数极少的国际学术组织。

该成果体现了从单一技术向综合技术的集成，使得建设数字国家、数字区域、数字城市、数字流域等成为可能。

八、高空机载遥感系统

1. 遥感飞机概况

为了推动我国遥感事业的发展，1986 年在国家计委和中国科学院的支持下，遥感应用研究所配备了两架性能先进的美国赛斯纳“奖状 S/II 型”（CITATION S/II）高空遥感飞机。飞机由海军航空兵代管，基地设在北京良乡海军机场，最大航程 3300 千米、航高 13000m、航速 746km/h，飞机配有精确的 GPS 导航和 POS 等系统，具有全天候飞行作业的能力。先进的航空飞机平台实现了遥感设备选择的系列化和模块化，可装载航空照相机、成像光谱扫描仪、成像雷达等多种遥感传感器，并具有吊仓大气采样等功能。

遥感飞机属于国家重大科学装置，面向全国开放共享。其由航空遥感中心负责运行，配备专业的运行队伍，保障遥感飞机的安全与高效运行。

2. 开展综合应用与实验

遥感飞机运行以来，应用领域不断扩大，广泛开展与部门的合作，领域包括农业、林业、城市、矿产、油气、环境、海洋、灾害、交通、测绘、国防等，近 30 年以来，遥感飞机安全飞行了 10000 多架次，飞行面积超过 200 万 km^2，在满足国家重大需求、综合应用实验、重大自然灾害监测、遥感设备技术进步等方面均发挥了重要的作用。

1）重大应用的需求

（1）遥感飞机承担了国家科技攻关项目黄土高原；三北防护林等大型遥感应用工程项目的遥感飞行，获取的遥感数据直接用于国家的决策。

（2）为了配合国家矿产资源调查，遥感飞机装载多光谱扫描仪和光学航空相机多次飞往新疆的戈壁、沙漠无人区及东北的大兴安岭原始森林等进行大范围金矿、多金属矿、油气资源调查和公路选线等航空遥感应用试验，取得一批重要成果。同时根据油气、矿产遥感分析研究，提出了遥感仪器的设计指标和波段选择，由此建立了遥感技术与应用紧密结合的机制，为科学院遥感仪器研制的实用化起到了推动作用。

（3）遥感飞机 9 次进入西藏高原飞行作业，为中国科学院开展青藏高原资源环境研究和全球变化研究获取了大批宝贵的科学数据。

（4）遥感飞机还承担了东胜煤矿环境调查、海南岛高速公路选线、三峡水库建设、黄河中下游水利工程等国家重点建设项目的航空遥感调查。

（5）北京、上海、天津、郑州、太原、拉萨、长春、呼和浩特、香港等重要城市成功进行了遥感飞行。

（6）在国家科技攻关项目的支持下，遥感飞机连续 7 年对北京奥运地区进行了环境遥感监测飞行，积累了该地区丰富的高分辨率的航空遥感系列资料，为奥运场馆的规划建设及区域内环境保护环境变化监测与规划提供了科学依据。

2）综合应用实验

（1）为解决我国西南（云、贵、川等）多阴雨地区长期无法获取光学遥感信息的难题，在遥感所积极推动下，遥感飞机装载高分辨率合成孔径雷达在四川自贡地区首次开展大范围的雷达测绘应用飞行试验，测绘面积近 10000km^2，为实现全天候遥感技术应用奠定了基础。

（2）配合国家 863 项目，遥感飞机在山东地区完成了“遥感应用示范工程总体技术研究”航空遥感综合飞行实验，成功地开展了干涉雷达的应用实验飞行，首次获取大面积的三维雷达图像。

（3）为了满足基础研究对航空遥感信息源的需求，在雷达遥感研究方面开展了南方水稻估产、地质灾害、环境和考古等飞行实验；在高光谱研究方面开展了矿产与油气资源、城市等飞行实验。

3）重大自然灾害实时快速监测

（1）遥感飞机为我国历次特大洪水灾情快速遥感监测做出了突出贡献。坚持每年在汛期都为洪水应急监测做好充分的技术准备。其曾先后对太湖流域洪水；广东西江、北江流域的特大洪水；河南黄河花园口；洞庭湖；鄱阳湖等水灾和辽宁、吉林省大面积洪水进行了快速航空遥感灾情监测飞行，在十分恶劣的天气条件下获取到水灾遥感图像，及时为抗洪抢险，灾后重建家园提供科学依据。

（2）1998 年，在我国长江流域发生百年不遇的特大洪水的紧要关头，遥感飞机率先启动，飞往受灾最严重的湘赣两省。快速对洞庭湖和鄱阳湖地区进行洪水灾情飞行，为抗洪抢险发挥了重大作用。受到了国家及灾区政府的表彰。

（3）2003 年淮河流域发生流域性洪水。遥感飞机紧急出动飞赴淮河流域，圆满完成了淮河洪灾航空遥感飞行任务。灾害监测成果得到了国家防总等部门的较高评价。温家宝总理、曾培炎副总理、陈至立国务委员、路甬祥院长等分别做了重要批示。

（4）在“5·12”四川汶川特大地震遥感应急监测工作中，两架遥感飞机累计飞行 41 架次，227h。光学遥感飞行 2.37 万 km^2，获取数据 5.3TB。雷达遥感飞行 10.5 万 km^2，获取数据 18.5TB。

（5）在玉树地震应急监测中实现 24h 内将灾情遥感图像送交总理办公室，为抗震救灾做出了贡献。

目前，遥感飞机已列为国家用于重大自然灾害及突发性事件遥感应急监测的主要技术系统。

3. 支持我国传感器战略高技术的发展

1）集成我国第一套综合遥感系统

多年来，我们注重发挥遥感飞机的实验平台作用，支持我国传感器等战略高技术的发展。从“七五”开始，在中国科学院的领导下，航空遥感中心牵头组织了国内 20 多个科研单位联合攻关，在 5 年内，研制完成了一套以遥感飞机为高空平台，集成了包括可见光、近红外、热红外和微波光谱波段的 13 台（套）遥感仪器，构成了国内第一套最为先进和规模最大的航空遥感技术系统。

在国家组织开展的全国矿产资源调查项目中，航空遥感系统中的红外细分光谱扫描仪在地面光谱仪的辅助下成为识别区分岩性、成矿蚀变带及圈定成矿远景区的有效手段，被广泛应用于国家金矿、多金属矿的调查，取得了明显效果。1991 年太湖地区发生重大水灾后，科研人员在短时间内将合成孔径雷达等组成了“洪水遥感灾情监测系统”并投入运行，在多次洪水监测发挥了重大作用。航空遥感系统在建设过程中，支持和推动了中国科学院遥感基础研究、资源环境应用研究和国际合作等项目的开展，并促进了中国科学院遥感技术与应用结合和遥感科研队伍的发展。

2）开展遥感设备的自主研发，突破技术壁垒

传感器是遥感系统的核心技术，一直是发达国家向我国限制出口的技术。航空遥感系统已经成为我

国开展遥感设备的自主研发、突破技术壁垒的空中实验室。从“八五”计划以来，通过科学院重大项目、国家科技攻关、863项目等，支持航空遥感技术的发展，实验了新一代航天、航空遥感器的校飞试验，包括国家航天计划中的中、巴（西）资源卫星CCD相机，载人航天卷云探测器，环境卫星微波传感器等重要星载遥感器，这些在遥感飞机上经过校飞的仪器，在发射到太空后运行状态良好，可靠性得到了大幅提高。

飞机的机载航空遥感试验在推动遥感设备的技术进步方面发挥了不可替代的作用。航空遥感技术系统中以成像光谱仪和合成孔径雷达系统等为主体的机载遥感仪器，长期以来由于不断开拓新的应用领域，在遥感飞机上进行了数百次的航空遥感试验，使其在技术上也得到快速发展。成像光谱仪已从过去的3波段提高到128波段。合成孔径雷达系统从单极化发展到多极化，分辨率从10m提高到0.3m，图像由光学模拟记录发展为数字实时成像，技术上实现突破性进展。在国家“863”计划等的支持下，近几年航空遥感技术系统不断创新，新型遥感器陆续问世，双天线干涉雷达系统、大面阵多光谱数字航空相机等飞行试验已获得成功，应用示范项目已全面展开。

汶川地震后，依托遥感飞机配备高分辨率光学和雷达系统建立了全天候灾害应急监测技术系统及快速地面处理系统。

4. 开展航空遥感国际合作

遥感飞机在航空遥感国际合作中发挥了重要作用，提高了我国航空遥感的国际地位。1988年遥感飞机携带中国科学院研制的部分遥感仪器赴新加坡参加国际航空展览，科学院航空遥感技术首次在国际上亮相。1991年遥感飞机携带科学院自行研制的成像光谱仪等设备首次迈出国门，赴澳大利亚合作进行航空遥感试验取得成功，中、澳之间的航空遥感合作在国内外产生了较大影响。遥感飞机装载合成孔径雷达系统参与了美国航天飞机的国际合作计划，在中国观测区实现了与美国“奋进”号航天飞机同步飞行试验，成为世界上有能力开展同步观测试验的少数国家之一，大大提高了中国航空遥感技术在国际上的地位。遥感飞机承担了与美国、意大利、日本等合作项目在中国新疆塔里木、甘肃祁连山地区开展了油气及多金属矿产资源航空遥感调查；在香港回归后首次利用国内遥感技术对香港行政区进行航空遥感飞行。

5. 形成专业化的运行管理队伍

遥感飞机为中国科学院遥感技术的研究提供了实用化的高空平台。遥感所负责管理遥感飞机运行已有近30年的历史，造就形成了一支作风过硬的专业化飞机运行管理与技术队伍，建立了完善的指挥、飞行、地面保障体系，保证了遥感飞机高效、安全运行。

目前，遥感飞机每年的运行已超过500h，飞行任务十分繁重。遥感飞机的运行管理是一项非常复杂的系统工程，具有较大的工作强度和相对的风险性，航空遥感中心经过不懈的努力，创下了遥感飞机安全运行28年的优良记录。

九、气象卫星数据获取系统

1. 系统概要

该项目是“八五”国家攻关项目85-724的组成部分，为该项目内的重大自然灾害监测和作物估产研究提供了卫星图像数据。该项目主要由卫星图像数据接收系统和图像应用处理系统组成。

2. 系统组成

当时，该系统可以接收美国NOAA-14、NOAA-12极轨卫星和日本GMS静止卫星图像资料，接收区域：西起新疆–西藏中部（东经 80°），东至太平洋（东经 140°），南起北纬 20°，北至俄罗斯北部（北纬 60°）。系统软件功能主要有 NOAA 卫星 AVHRR 数据处理，制作数值产品，AVHRR 投影变换图像选区，轨道拼接，GMS 卫星数据处理。

3. 主要完成人员和参加人员

负责人：赵昌龄。参加人员：李升平、李晓红和包佩丽等。

4. 鉴定或测评时间

1992 年 11 月 30 日，以徐冠华院士为主任、欧阳自远院士等 16 位专家组成的验收委员会，对该系统的运行功能进行了全面检查，批准通过验收。评价意见是：该系统设计合理，选型正确，一体化工作富有成效，操作熟练，具备运行条件。

5. 经济效益与社会效益

该项目在灾害监测，作物估产，地表温度反演，植被、气候、湖泊变迁等遥感应用和基础研究方面发挥了重要作用。

第五章　核心技术成果

一、IRSA 遥感图像处理系统

1. 概述

遥感图像处理系统 IRSA：遥感数据处理通用平台软件 IRSA（简称 IRSA 软件）是具有自主知识产权的遥感数据处理工程化软件平台，该软件提供通用遥感数据处理与操作工具，具有完善的基础图像处理算法和光学影像数据处理专业功能，并具备基本的高光谱、雷达数据处理功能，在数据的智能处理方面提供成熟的数据融合手段，能够为遥感数据处理人员提供完善的数据产品生产与数据解译工具。

2. 结构、组成

IRSA 软件从 1977 年开始研发，结合了科研院所 30 多年的技术积累和工程经验，目前最新版本为 IRSA7.0 版本，由一系列的图像处理模块构成，包括视窗模块、处理模块、复原模块、校正模块、镶嵌模块、融合模块、分类模块、仿真模块、制图模块、高光谱模块和雷达模块。

1）视窗模块

视窗程序用于显示图像及其相关信息。该模块能够处理 IRSA 系统所支持的全部文件格式。视窗程序能够以较少的内存占用量，快速地浏览巨型海量遥感图像，支持超过 4G 容量的图像数据。另外还支持多幅遥感图像按地理编码叠加显示，支持矢量图形和栅格图像的叠加显示。支持用户观察和测量遥感图像所特有的各种地理参数信息。

2）处理模块

实现原始遥感图像的几何变换、增强、滤波和基本图像变换，为用户进行遥感数据处理和分析提供良好的工具。

3）复原模块

图像复原实现消除图像成像过程中由外部条件引起的图像像质的退化，包括去除条带噪声、运动模糊复原、薄云去除、MTF 校正及辐射校正。

4）校正模块

校正模块是将图像数据投影到平面上，使其符合地图投影系统的过程，同时将地图坐标系统赋予图像数据，包括投影加注、投影转换、正射校正、RPC 校正、三角网校正等。

5）镶嵌模块

图像镶嵌是实现遥感影像按地理坐标合并的过程，提供了基于遥感图像地理信息的自动镶嵌和手动配准功能。精心设计的算法保证了处理过程的高效性，同时界面友好，易于操作。

6）融合模块

图像融合是将不同类型传感器获取的同一地区的影像数据进行空间配准，然后采用一定的算法将各影像数据中所含的信息优势互补性有机地结合起来产生新影像的技术，包括 HIS 融合算法、PCA 融合算法、高通滤波算法、Brovey 融合算法等。

7）分类模块

遥感图像分类是将图像的所有像元按其特征分为若干个类别的技术过程，包括非监督分类、分割、信号处理，监督分类、分类后处理、特征信息提取等。

8）仿真模块

使用三维地形仿真系统，用户可以从多个角度检查一个表面，能将影像数据贴在一个表面上生成真实的影像效果，可以有效地显示和分析栅格图像数据。模块核心是数字地面高程数据的可视化，包括区域仿真飞行、坡度、坡向分析、三维可视化系统等。

9）制图模块

实现建立高质量的产品图，包括由一个或多个连续色调的影像图、专题图、矢量图及注记层，支持文字、图例、比例尺、网格等。

10）高光谱模块

实现对高光谱图像数据的基础处理分析，通过对数据的自动光谱定标和反射率转换，分析图像光谱特征，实现高光谱图像的数据分析和信息提取，并生成相关产品，同时提供光谱可视化工具，可以二维和三维的方式显示光谱空间分布。

11）雷达模块

实现雷达图像特有的基础处理过程，包括斜地距转换、Lee 滤波等。从雷达的成像原理和回波信号的统计特性来分析斑点噪声，采用经典的滤波方法压制噪声。

3. 主要功能

IRSA 软件包含现有遥感图像处理软件（如 ERDAS、PCI、ENVI 等）的主要功能，并在部分技术上实现了超越，具有定量化、智能化、实用化等特点。

（1）支持多格式数据的互操作性，包括多种工业标准格式、专门遥感数据记录格式、重要机构专用数据格式，以及其他主要图像处理的数据格式等的自动识别和存取转换技术。

（2）高性能、高可靠性和稳定性，提供几何纠正、融合等算法的快速计算。

（3）支持流程化处理的常规遥感数据处理功能模块包括滤波、增强、数据域变换、配准与镶嵌、几何纠正、投影变换、融合等。

（4）对海量数据处理支持，支持 GB 级数据的存取技术和快速漫游显示技术。

4. 关键技术与创新点

与国外主流遥感处理软件相比，遥感图像处理系统 IRSA 作为一个全国产化软件，具有自主知识产权，其系统具备架构先进、全中文交互式操作界面，算法精度与算法效率也可与国外同类型软件相媲美，并且具有国产卫星的特定化处理模块，为国内用户提供更佳的用户体验。该系统具备的主要创新点如下。

（1）高性能遥感图像处理平台体系架构，基于现有软件与研究基础，集成可扩展系统架构设计、遥感数据处理技术等，形成支持海量多源遥感数据处理与加工管理的基础平台，为规模化数据加工生产提供技术支撑。

（2）面向任务的多源数据流程化处理框架设计，重点解决大面积多源遥感数据图像配准、纠正、融合、镶嵌和信息提取等处理的流水线作业问题，加快生产效率。

2002 年、2004 年、2005 年、2006 年和 2012 年参加科技部组织的“国产空间信息软件测评”，IRSA 软件被评为“表彰软件”。

5. 使用、转让或出售情况

1）使用情况

随着计算机技术、传感器技术的不断发展，遥感图像处理系统 IRSA 经历了 IRSA-1 到 IRSA-7.0 等 10 多个版本的更新，积累了丰富的遥感图像处理算法，满足了遥感用户的大多数处理需求。还被应用于企业、部委等部门的数据生产与培训教学当中，为环保部、国土测绘部门、交通部等部委提供便捷、批处理化的遥感标准产品；为北京二十一世纪科技发展有限公司、北京四维图新科技股份有限公司、北京国遥新天地信息技术有限公司及北京国遥万维信息技术有限公司等知名企业提供相应的定制化处理工具；在培训教学方面，提供遥感图像处理系统 IRSA 教学版，以 IRSA 为教学软件，进行遥感图像处理技术授课，目前已推广至西南交通大学、西北工业大学、中国农业大学、中科院研究生院等教学单位。

2）转让销售情况

该软件主要以提供的功能模块数量和客户定制化需求定价，提供单机版与网络版、教学版等发行版本，在专业遥感公司的代理下，已完成软件直接销售节点超过 100 个。另外，重点结合工程项目需求进行专业化二次开发。

以本软件为基础，结合天津科委专项基金课题要求，建设天津中科遥感数据加工生产线系统。

在全国土地第二次调查底图生产项目 B18 分包的作业过程中，采用本阶段基于稀少控制点的 SPOT5 卫星影像严格成像模型的几何纠正技术成果。

在国家“社会主义新农村建设”中，基于该系统的纠正、配准、融合等功能模块，制作了吉林省珲春市三维展示场景的底图。

结合北京二十一世纪科技发展有限公司的数据处理需求，基于该系统的产品生产模块，构建了实践 9 号卫星产品生产系统。

二、HIPAS 高光谱图像处理软件系统

1. 概述

高光谱图像处理与分析系统（Hyperspectral Image Processing and Analysis System，HIPAS），是在我国 863 计划支持下开发的国内第一套具有完全自主知识版权、主要面向高光谱遥感图像数据的专业图像处理与应用软件系统。

2. 组成结构

它基于业界主流集成开发工具 C++和 Windows 系列平台，具有强大的海量高光谱数据处理分析能力、直接面向用户的专业应用模块、一体化的数据处理流程和良好的可交互性。

3. 主要功能

①针对多种高光谱遥感器的海量数据导入和图像预处理；②完善的可见光–短波红外–热红外数据光谱定标功能；③基于航空稳定平台参数的图像自动几何纠正与镶嵌；④强大的光谱定量分析、特征提取和特征参量化功能；⑤高光谱图像人工/自动混合光谱分解与端元光谱提取；⑥多种光谱匹配模型支持下的高光谱图像分类与目标识别；⑦直接面向多种用户需求的高光谱应用模块。

三、RSQA-CBERS 遥感图像定标软件系统

1. 概述

遥感图像定标处理与多源遥感数据归一化处理集成软件（即 RSQA-CBERS 遥感图像定标软件系统)。“遥感图像定标处理与多源遥感数据归一化处理集成软件”，是针对 CBERS 和 HJ-1A/B 卫星载荷的定标业务化应用处理的需求，中国科学院遥感应用研究所研制的具有自主知识产权的遥感定标软件系统。

2. 主要功能

针对境外研究区，解决多源遥感数据归一化、场景分析与选择、高精度辐射校正等交叉定标的关键技术，实现无场地多源遥感数据的辐射标定，建立规范化和标准化的无场地定标体系，并形成软件，实现 CBERS02 和 HJ-1A/B 卫星载荷的高精度、高频次无场地绝对辐射定标。

3. 具体功能模块

1）卫星传感器场地定标处理模块

卫星传感器场地定标处理模块包括地面数据处理、大气数据处理和辅助功能 3 个子模块。其中，地面数据处理根据野外光谱辐射计测量地表和参考板得到的数据计算地表反射率。大气数据处理可实现 CE318 数据处理，计算各通道气溶胶光学厚度。其辅助功能有 4 个，即太阳角度计算、日地距离计算、MODIS 观测几何计算、HJ-CCD 观测角度计算。

2）卫星传感器交叉定标处理模块

卫星传感器交叉定标处理包括光谱匹配、交叉定标和定标结果应用 3 个子模块。光谱匹配可实现 MODIS、CBERS02B 和 HJ-CCD 表观反射率计算与两个传感器光谱匹配因子的计算。交叉定标可实现 MODIS 图像表观反射率的计算、CBERS02B 和 HJ-CCD 图像灰度值的计算，以及 CBERS02B 和 HJ-CCD 的交叉定标。定标结果应用可实现 CBERS02B 和 HJ-CCD、IRS 和 HSI 表观辐亮度反演，以及快速大气校正。

3）数据归一化与真实性检验模块

数据归一化根据图像经纬度及参考影像时间，对图像进行太阳角度校正，使得不同太阳天顶角、不同观测角度的图像具有可比性，同时对参考卫星数据、目标卫星数据、卫星参数、场地大气数据和交叉定标系数进行存储和管理。真实性检验子模块通过尺度转换系数，将原始图像进行重采样，获得转换后图像，并对多种定量化产品进行真实性检验，同时对地面反射率数据，场地大气数据，遥感影像数据，场地、人员等各类数据管理。

4. 关键技术与创新点

1）关键技术

（1）多源遥感数据交叉定标技术。开展特殊目标地物光谱匹配因子异同性和高精度交叉辐射校正关键技术研究，实现境内外定标场网联合定标，并制定无场地定标精度评价指标体系。

（2）复杂环境下多源遥感数据辐射归一化技术。实现多源遥感图像角度归一化、时间归一化，建立归一化准则和归一化数据库。

（3）基于样本库的地物真实性检验技术。实现地面真实性检验试验场网络的选定与建设，建立真实性检验数据库，制定真实性检验方法与规范。

2）创新点

开发出针对国产卫星的交叉定标软件，实现了国产卫星的时间序列定标。根据我国 CBERS02B、HJ 1A/B 卫星特征参数，开发出一套交叉辐射定标软件，仅利用原始的卫星影像数据和历史测量数据，可实现国产卫星的快速有效定标，极大地提高了辐射定标的次数，降低了定标难度，规范了定标过程。

深入分析了定标环节中各因素对定标结果的不确定性，确定了辐射定标系数的精度。通过多种情况的模拟计算，分析了辐射定标过程中由于地面光谱测量、大气参数测量、气溶胶类型、观测几何、卫星图像条带噪声、图像匹配及邻边效应等，对定标结果的影响，明确了各误差因素的影响量，得到了传感器不同通道的定标精度。

2011 年 1 月完成测评，主持测评单位是空间信息系统软件测评中心，测评意见为软件为原型系统。

四、地网 GeoBeans 网络空间信息平台软件

1. 概述

地网网络地理信息系统平台软件（简称地网 GeoBeans），地网 GeoBeans 软件的发展及技术应用基本反映了国内网络地理信息技术的发展历程，1998 年推出的 1.0 版本，具备当时技术时代特征下典型的 Web 服务特点，发展完成的 9.0 版本，经历了网格计算、云计算、Web2.0、语义网、网络服务与物联网等技术浪潮下的改进，在数据共享、互操作、协同计算、交互使用、数据质量、传输速度和移动终端等方面改进形成了一个开放式的、组件式的、多层级的和可伸缩式的网络地理信息系统平台。

2. 结构、组成

地网 GeoBeans 软件由支撑工具、数据层、服务层及应用层四大部分组成。支撑工具包括桌面工具（空间数据管理工具、影像处理工具、数据转换工具、地图配图工具、地址匹配工具、符号工具和打印工具等），以及服务管理工具（IMS 管理工具和目录服务管理工具、QuadServer 管理工具、用户权限管理工具等），通过数据层数据访问接口连接服务层相关服务接口（如 IMS 服务、搜索服务、路径分析服务、空间分析服务、投影服务、图形变换服务、元数据服务和专题图服务等），达到支撑及构建相关应用系统的目的。

3. 关键技术与创新点

1）虚拟四叉树数据组织技术

该技术通过虚拟四叉树模型，将数据的组织方式和数据的存储方式分离，仅建立空间数据的四叉树组织框架，不关心数据的存储方式和存储位置，空间数据通过挂载的方式附着到虚拟四叉树上，由此建立起多级空间数据的金字塔模型，用于解决分布式部署带来的多服务器间、跨区域、跨多比例尺的栅格

地图数据集成，实现高速无缝的地图漫游，并通过数据的注册机制，屏蔽了数据的存储位置，也屏蔽了本地数据的访问和远程数据的访问的差异，支持分布式网络环境下的多级海量空间数据的组织，实现了分布式环境下多级空间数据的松散耦合。

2）分布式地图服务联网技术

仿 DNS 结构的分布式地图服务联网技术，能够在保证每个应用系统节点内的资源注册功能可用的基础上，根据空间范围的覆盖关系建立分布式注册中心之间的关系，形成一个由资源注册中心组成的网络，可用于大型多级各级平台系统的互联互通。

分布集中混合式部署技术：利用该技术解决一体化多层级网络地理信息系统部署的问题，使系统具有扩展性，从一个系统中可以扩展出新的系统。物理上，多个组织可以使用同一套硬件、软件，也可以单独使用各自的硬件、软件，不管哪一种方式，逻辑上都可以实现各自独立的系统部署，也即在多节点情况下，容许部分节点各自部署，支持各节点用户的“分布式”使用；同时也容许部分节点通过“集中式”方式使用部署在一个节点上。

3）空间信息隐形搜索技术

该技术主要解决与工作环境紧密结合的空间信息搜索问题。通过鼠标取词的方式，用户无须关心太多与 GIS 相关的技术即可使用，帮助用户快速地获取地图和文字信息，将图文信息与地理位置的空间信息有机结合起来，将空间信息查询和用户的工作环境紧密结合起来，推动空间信息服务的大众化。

4）分布式动态协同标绘技术

在基于网络环境的分布式实时协同标绘系统的框架下，实现群体用户基于地理信息共同协调与合作标绘技术，可用于军标的快速协同标绘、方预案与电子沙盘制订、动态推演。

5）大规模的地形渲染与漫游技术

主要是通过多进制小波变换、多分辨率模型、二叉三角形数的变量调整等，解决大规模地形渲染与漫游中所出现的小波选择、分割误差确定、地形裂缝修补等问题，来实现地形渲染与漫游的平滑效果。

4. 鉴定测评意见

该软件在科技部 2000～2012 年国产地理信息系统软件年度测评中 11 次得到表彰。

2011 年 7 月 21 日，遥感所针对该技术成果，组织了《多模式网络地理信息平台技术》科技成果评价会。评价意见如下。

（1）在理论技术方法研究方面，解决了网络环境下分布集中混合结构软件技术、地理信息的虚拟似茶树数据模型、三维地理信息快速分析及可视化技术、地理信息在线更新技术、分布式地理信息计算与服务技术、地理信息隐形搜索与服务技术等理论与方法问题，在《中国科学》、*Computers and Geosciences* 等刊物和学术会议上发表相关研究论文 124 篇。

（2）基于上述技术方法，开发了具有自主知识产权的网络地理信息平台软件–地网 GeoBeans，在科技部 2000～2010 年国产软件测评中，11 次被评为表彰软件。

（3）多模式网络地理信息平台技术以及相应地网 GeoBeans 软件已经在公安、武警边防部队、武警森林部队、环保、统计、交通、旅游、城镇建设、卫生、金融、航空等领域得到成功应用，其中“全国边防网络地理信息平台”已经在全国范围内推广使用，应用单位多达 1608 个。

（4）创新点主要体现在：①研究并实现了图文关联的地理信息隐形搜索服务技术；②提出并实现了基于知识推理的非规范中文地址的智能匹配算法；③提出并实现了基于虚拟四叉数的多级海量影像数据

分布式存储模型。

评价委员会一致认为成果整体处于国内先进水平，地理信息隐形搜索与服务技术可达到国际领先水平，对国产网络地理信息系统技术发展和产业化应用起到重要推进作用。

5. 使用销售情况

基于该成果，2003 年以来，共计完成纵向横向项目超百项，收入超 5000 万元，产品应用领域涉及公安、武警边防部队、武警森林部队、环保、统计、交通、旅游、城镇建设、卫生、金融及航空等。

五、虚拟地理环境三维数字沙盘系统（VGE-DigitalSandtable）

1. 概述

虚拟地理环境三维数字沙盘系统（VGE-DigitalSandtable），是由中国科学院遥感应用研究所与浙江中科空间信息技术应用研发中心共同自主设计、研发的软硬件一体化系统，包括迷你桌面式与大型投影式两类三维数字沙盘。

2. 主要组成

该三维数字沙盘综合集成了虚拟现实技术、遥感地理空间信息技术、体验式多点触摸技术等，为用户营造一个与现实世界相似的可交互、可查询量算、可进入的三维逼真虚拟环境。

3. 主要功能

该系统具体可以支持全球、区域与城市的多尺度三维可视化系统，可以支持矢量、栅格、三维对象、地理时空过程等的数据浏览、显示与查询等，可支持多类传感器与感知网三维仿真、人群行为模拟、城市感知数据实时可视化管理与分析，与虚拟现实设备一起，可以组成三维数字沙盘。

六、面向应用的航天遥感软硬一体化仿真系统

1. 概述

面向应用的航天遥感软硬一体化仿真系统。航天遥感是利用距地球几百千米到上万千米外的卫星平台所搭载的遥感器，对人类赖以生存的地球进行观测和认知的工具，是集自然科学、工程技术和信息技术为一体的世界前沿科技，具有高复杂度、高风险和高效益的特点，在农业、资源、环保、减灾和水利等各领域有广泛应用，现已被纳入国家战略新兴产业。该项技术的突破对于提升我国的战略竞争力有着不可低估的意义。

我国近阶段卫星数量急剧增加，各行业应用规模不断扩大，急需发展一种面向应用的仿真软件，从技术角度对遥感系统的设计、建设、运行、评价进行技术支持。航天技术发达国家在这方面拥有长期的实践过程，但该类技术的重要性与敏感性，对我国长期存在着不同程度的封锁。同时，由于技术发展模式及应用需求的不同，国外技术还存在适用性等诸多问题。

2. 结构、组成

“面向应用的航天遥感软硬一体化仿真系统”突破了遥感数据–信息–应用全过程仿真的诸多技术瓶颈，经过近 10 年的攻关，成功研发了一套以应用需求为出发点和落脚点的航天遥感仿真系统，从应用角度对整个遥感系统的需求、规模、质量、结构、功能、性能等进行闭环式的优化迭代分析。

该系统主要由遥感卫星群组网覆盖、遥感器成像、应用系统分析 3 个核心功能模块及 1 个软硬一体化集群计算平台组成，可对 30 颗以上的多星组网应用进行优化分析，对卫星获取的光学与合成孔径雷达（SAR）遥感图像进行评价，对 PB 级数据处理规模的应用系统进行分析。

3. 主要功能

其功能包括轨道生成与分析，卫星组网分析，区域覆盖分析，遥感卫星轨迹与平台二、三维可视化，光学成像链路模型，SAR 成像链路模型，像元级成像模型，应用产品模型，遥感应用系统功能、性能，以及处理能力分析，高性能遥感图像数据模拟和插件式扩展能力。

4. 主要指标

该系统涉及支持光学、微波全谱段遥感数据成像仿真，空间分辨率模拟优于 0.1m 级，光谱分辨率优于等于 1nm，辐射误差<10%，支持 30 颗卫星群组网优化。

5. 关键技术与创新点

（1）突破了全链路航天遥感图像仿真与评价技术，在国际上首次解决了面向应用的遥感成像影响因素及处理方法评价中无法全面、定量分析的难题；建立了从地面可遥感参数到数据、信息，再到遥感参数的全链路航天遥感图像仿真技术集。仿真过程以地表反射率、温度、大气光学厚度等遥感应用产品为起点，建立了相应的地表辐射场，经过各种环境因素及遥感器观测特征的加入，形成卫星入瞳处辐亮度场，并经过遥感器成像采样模拟得到混入遥感器探测特性的地表辐射遥感信号及 0 级遥感数据。对 0 级仿真数据处理形成新的入瞳辐亮度场和反映应用的地表反射率等产品。在真实性检验技术的支持下，形成了信息流闭环链路，确保了对各影响因素的定量分析成为可能。

其中，从航天遥感应用需求出发，突破了复杂地球表面遥感应用参数场构建、地表辐射场时空四维变化描述、覆盖光学全谱段的多尺度遥感辐射场景模拟、大气辐射退化效应分析、遥感器辐亮度场时空采样模型、多模式遥感器成像光电系统综合仿真等关键技术，同时，突破了仿真数字试验场构建方法，构建了可进行实况对比的遥感参数场建模方法集及实验工具与硬件环境。

（2）突破了多种卫星与遥感器组网协同地面覆盖高精度分析技术，在国内首次解决了面向应用任务设计的多卫星遥感数据获取及数据量规模的快速分析难题。针对遥感器地面覆盖性能快速分析及数据量估算需求，突破了卫星（星座）轨道计算优化，建立了基于图形的覆盖分析、基于标准化空间分辨率等级的标准载荷设计等多种技术，形成了面向应用需求的多星组网遥感卫星地面覆盖分析方法集，解决了多遥感卫星轨道高精度预报与覆盖分析效率的难题。

突破了遥感应用系统标准计算单元设计、流程定制及等量化分析等技术，在国内首次解决了地面应用处理系统建设规模及大数据处理时效性评价的难题；突破了应用系统标准结构设计、基于 CPU+GPU 的基本计算单元构建、工作流技术加载与分析等关键技术。通过对遥感数据从 0 级到应用产品的完整处理流程进行测试分析，构建了集多种数据处理规模、硬件环境、处理效率的函数数据库，解决了多星多种遥感数据、多种处理方法协同处理中的规模与效率分析的难题。

6. 经济效益与社会效益

鉴于航天技术的敏感性与复杂性，我国很难在遥感仿真领域与国际先进国家开展深入合作。打破封锁，自主创新，顺应现阶段仿真研究从局部到整体、从应用需求出发、从顶层设计考虑的潮流趋势，中国科学院遥感应用研究所研究人员率先在我国建立天地一体化的全过程航天遥感仿真理论、方法、技术、工具、实践体系。对多星多载荷综合应用、卫星成像质量与应用潜力评价、应用系统建设进行辅助支撑，达到为我国航天遥感系统“快好省”协调发展提供支撑的目的。该项目成果在国家重大专项论证与建设、遥感卫星设计研制、各行业遥感业务部门均得到较好的应用与推广。

在国家高分重大专项、自然灾害空间基础设施专项、国家空间基础设施等论证过程中，该系统的高精度轨道预报与覆盖分析、应用系统仿真功能为整个系统构建的合理性、稳定性、完整性提供了仿真分析技术支撑，有力支撑了各项任务的完成，取得的成果技术已成功服务于航天卫星研制部门，如五院总体部、北京空间飞行器总体设计部、北京空间机电研究所、中国科学院上海技术物理研究所等，有力地支撑了基于新型传感器的对地观测计划的技术可行性论证、在研遥感器设计与优化等任务，极大地缩短了载荷的研制周期，节约了研制成本，加快了高水平传感器的研发进程，受到用户部门的好评，取得了可观的经济效益与社会效益。

七、遥感智能处理系统

1. 概述

遥感智能处理系统是通过将人工智能理论技术与遥感信息理论技术的学科交叉，借助计算机处理技术，构建研发具有竞争、自学习、自适应、自组织等机制的智能算法，或是通过构建智能搜索策略与学习规则混合优化，克服多传感器、多分辨率或与非遥感数据的不完整性和不确定性概率推理，进而提高遥感数据配准、分类、特征识别精度和变化检测的鲁棒性，实现移动目标精确的识别与跟踪。

2. 结构、组成

遥感智能处理系统具有现代智能方法 11 类结构，由 20 个智能算法组成。其系统、完整自主地开发了现代智能算法，并且将主要算法 C++代码公开，避免同水平重复开发。自然科学基金、国家 863 项目专家鉴定，评价为优。国家版权局，计算机软件著作权登记证书（登记号：2004SR03738），遥感数据智能处理系统[RAPS]V1.0，2004 年 3 月 31 日。

3. 用户

主要作为研究生教学软件，接近 1000 名学生使用，相关专著（含代码或软件）销售接近 20000 册。

八、空间信息隐形搜索与服务技术及软件——词虎

1. 概述

国内外所有的地理信息系统都对用户提供地理信息被动服务，用户需先启动地理信息系统才能获得地理信息。地理空间信息隐形搜索与服务技术在用户使用其他软件时，不用启动地理信息系统就可获得地理信息主动服务。中国科学院遥感应用研究所研究人员于 2000 年开始研究空间信息智能搜索与服务，2001 年提出了文图自通、2002 年提出了隐形搜索、2004 年提出了信息系统结构旋转矩阵等概念，在上述空间信息隐形搜索与服务技术研究成果的基础上，2005 年 4 月推出了相应的原创性独有软件“词虎”（CIHU，Can I Help You），新华社、中央电视台等 10 多家中央媒体加以报道。该技术融合 5 种界面取词方式、亚 TB 级中文地名识别、网络地理数据搜索与集群服务等多项技术，实现了随鼠标或一键触发而实时动态地获得地理信息主动服务，在北京市政府网等数十个项目中使用。

“词虎”是一种全新的“隐形搜索器”（原名：文图智通），也是一种信息搜索、查询的平台软件。其主要功能是实现文字与图形、文字与文本、文字与文件、信息系统内部、信息系统之间的信息智能连通。“词虎”具有图形化、智能化、标准化、大众化、国产化和首创性等特点。据不完全了解，“词虎”在概念和软件技术等方面均属首创，目前在国内外尚无“词虎”的同类产品。“词虎”软件技术具有 3 方面的

意义：①为根本性地改变专业地理空间信息系统与一般信息系统脱节的问题提供了最新技术。②为未经过专业培训的公众获得地理空间信息提供了最简便的方法。③为最有效地查询和最充分地使用网络或系统内的信息资源提供了最新解决方案。

“词虎”软件技术可以用于任何办公信息系统，任何办公人员都可以方便地通过使用“词虎”软件而获得内部的或网络的信息资源。“词虎”软件不仅面对专业部门，同时为公众服务。“词虎”软件技术与各类网络信息资源结合，将会有无比广阔的前景。

2. 主要组成

“词虎”软件主要包括五大部分：“隐形搜索器”“资源管理器”“地图服务器”“服务管理器”“地图编辑器”五大部分。其中，前两部分是一般用户用于获得信息，其余部分作为平台开发软件，便于专业用户用于开发或激活已有的信息系统。

3. 主要用法

一般用户使用“隐形搜索器”，可以从网络资源中或从本机获得与地名、单位相关的影像、地图和文档，以及与特定文字相关的文本、文件等。当浏览网页时，只需下载、启动一个大小 2M 左右的客户端软件，把鼠标放在一组文字上，就可以马上获得相关影像、地图或文本、文件等；也可以通过一个按钮键，把整个文档资料与关键词建立连接，从而获得信息。同样的功能在 WPS 文档、Word、PPT、网页、Email 里面同样有效。例如，当打开一个电子文档资料，把鼠标放在扬州大学上，就可以从网络上获得扬州大学的相关地图或影像；若把鼠标放在“宪法”上，也可获得相关信息。换句话说，用户有了“词虎”，不必使用通用浏览器登录某网站也可以获得该网站上的信息。对于专业用户，还可以用“词虎”中“地图服务器”“服务管理器”“地图编辑器”定制各种不同类型的系统。

4. 主要用户

“词虎”具有开放的标准结构体系，任何组织与个人均可按“词虎”的标准，使用“词虎”的平台开发软件，为社会或其内部组织建立信息系统或激活、改造已有的信息系统，从而更方便地提供信息服务。

5. 主要功能

通过对文件词句的语义分析，实现文字与图形、文字与文本、文字与文件、信息系统内部、信息系统之间的信息智能连通。用户使用“隐形搜索器”可以从网络资源中或从本机获得与地名、单位相关的地图、影像和文档，以及与特定文字相关的文本、文件等。该功能在 WPS 文档、Word、PPT、网页、Email 里面同样有效。例如，当用户打开一个电子文档资料，把鼠标放在“大屯”上，就可以立即从网络上获得“大屯”的相关地图或影像；若把鼠标放在“合同法”上，也可获得相关信息；该地图或文字资料同时可以插入电子文档资料中，从而不必登陆某信息系统，也可以获得该系统中的信息。①文字与图形的智能连通；②文字与文本、文件的智能连通；③不同信息系统之间的信息智能连通；④支持批量匹配；⑤支持 WPS 文档、Word、PPT、网页、E-mail 等文本格式；⑥支持数据和系统的更新；⑦支持智能二次开发。

6. 主要指标

①支持 GB 级地图或影像数据服务；②支持每小时 100000 人次的访问量；③响应时间小于 0.3s；④二次开发周期一般在一周之内。

第六章 出 版 物

一、专著、文集（部分）

书名	编著主编	编著单位	出版社	出版时间	备注
地学的探索	陈述彭	中国科学院地理研究所、中国科学院遥感应用研究所、国家信息科学重点实验室	科学出版社	1～4卷1990年6月；5～6卷2003年7月	专著
遥感地学分析	陈述彭、赵英时	中国科学院遥感应用研究所、中国科学院地理研究所和中国科学院研究生院	测绘出版社	1990年；1992年	专著；获中国科学院自然科学奖二等奖、全国首届优秀地理图书奖一等奖，第二届全国优秀测绘科技图书奖一等奖；获国家教委科技进步奖三等奖
石坚文存（上、下）	陈述彭、陈子南	中国科学院遥感应用研究所、中国科学院资源与环境信息系统国家重点实验室	中国环境科学出版社人民教育出版社	1979～1998年部分；1999～2006年部分	专著
资源遥感纲要	郑威、陈述彭	中国科学院遥感应用研究所	中国科学技术出版社	1995年	专著
工程环境遥感应用	陈正宜、魏成阶、林恒章、张渊智、魏永明、朱博勤	中国科学院遥感应用研究所	煤炭工业出版社	1996年1月	专著
从地球资源卫星图像上解析断裂——以北京及其邻近地区主要断裂为例	魏成阶执笔	中国科学院遥感应用研究所	科学技术文献出版社	1979年3月17100册；1981年4月 3000册	专著
中国典型地物波谱及其特征分析	童庆禧、田国良、王尔和、王绍庆、王尔和、朱振海、周上益、郭世忠、张雯华	中国科学院遥感应用研究所	科学出版社	1990年	专著
中国雷达遥感图像分析	郭华东	中国科学院遥感应用研究所	科学出版社	1999年	专著
雷达对地观测理论与应用	郭华东	中国科学院遥感应用研究所	科学出版社	2000年12月	专著
西藏自治区土地利用	楚玉山、刘纪远	西藏自治区土地管理局	科学出版社	1992年6月	专著
中国资源环境遥感宏观调查与动态研究	刘纪远	中国科学院遥感应用研究所	中国科学技术出版社	1996年12月	专著
中国土地覆盖遥感监测	张增祥等	中国科学院遥感应用研究所	北京恒天世纪彩印有限公司	2010年5月	专著
国家空间信息基础设施建设的理论与方法	阎守邕	中国科学院遥感应用研究所	海洋出版社	2003年11月	专著
相关掩模技术及其应用	阎守邕、张圣凯、孙建国	中国科学院遥感应用研究所	科学出版社	1981年10月	专著
中国土地利用遥感监测	张增祥、赵晓丽、汪潇等	中国科学院遥感应用研究所	北京时捷印刷有限公司	2012年9月	专著
交通遥感方法与应用	刘亚岚、任玉环、刘珠妹、刘萌萌、周翔	中国科学院遥感应用研究所	科学出版社	2012年9月	专著

续表

书名	编著主编	编著单位	出版社	出版时间	备注
松材线虫病害遥感监测与传播模拟研究	黄明祥、龚建华、张健钦	中国科学院遥感应用研究所、环境保护部环境发展中心	中国环境科学出版社	2012年	专著
地理综合集成研讨厅的方法与实践	龚建华、李文航、马蔼乃	中国科学院遥感应用研究所 、北京大学	科学出版社	2012年11月	专著
虚拟地理环境——在线虚拟现实的地理学透视	龚建华、林珲	中国科学院遥感应用研究所、香港中文大学	高等教育出版社	2001年第一版；2002年第二次印刷	专著
地震红外遥感	孟庆岩	中国科学院遥感与数字地球研究所、中国地震局预测中心	地震出版社	2014年4月	专著
气溶胶定量遥感研究与应用	陈良富	中国科学院遥感应用研究所	中国科学技术出版社	2011年6月	专著
大气环境卫星遥感技术及其应用	陈良富	中国科学院遥感应用研究所	科学出版社	2011年7月	专著
定量遥感模型、应用及不确定性研究	柳钦火、辛晓洲、唐娉、廖静娟、吴炳方等	中国科学院遥感应用研究所	中国科学出版社	2010年	专著
环境遥感定量反演与同化	柳钦火、仲波、吴纪桃、肖志强、王桥等	中国科学院遥感应用研究所	中国科学出版社	2011年10月	专著
北京一号小卫星数据处理技术及应用	王晋年、张霞等	中国科学院遥感应用研究所	武汉大学出版社	2010年1月	专著
遥感数据自动化处理与程序设计	马建文等	中国科学院遥感应用研究所	科学出版社	2010年	专著
可持续发展与循环经济信息化	崔伟宏	中国科学院遥感应用研究所	中国科学技术出版社	2009年7月	专著
高分辨率卫星遥感影像地学计算	骆剑承、沈占锋	中国科学院地理科学与资源研究所、中国科学院遥感应用研究所	科学出版社	2009年1月	专著
交通遥感概论	李丽等	中国科学院遥感应用研究所	科学出版社	2012年	专著
感知天地——信息获取与处理技术	郭华东等	中国科学院遥感应用研究所	科学出版社	2000年11月	专著
碳循环遥感基础与应用	牛铮、王长耀等	中国科学院遥感应用研究所	科学出版社	2008年	专著
星载合成孔径雷达干涉测量	王超、张红和刘智等	中国科学院遥感应用研究所	科学出版社	2001年	专著
遥感影像群判读的理论与方法	阎守邕、刘亚岚、魏成阶、王涛	中国科学院遥感应用研究所	海洋出版社	2007年2月	专著
高光谱遥感——原理、技术与应用	童庆禧、张兵、郑兰芬	中国科学院研究生院	高等教育出版社	2006年6月	专著
高光谱遥感多学科应用	童庆禧、张兵、郑兰芬	中国科学院遥感应用研究所	电子工业出版社	2006年5月	专著
三峡工程生态与环境监测系统研究	吴炳方	国务院三峡工程建设委员会办公室、中国科学院遥感应用研究所	中国科学出版社	2006年9月	专著
中国城市扩展遥感监测	张增祥等	中国科学院遥感应用研究所	星球地图出版社	2006年9月	专著
热红外遥感	田国良等	中国科学院遥感应用研究所	电子工业出版社	2006年7月	专著；该书2007年入选国家新闻出版总署第一届“三个一百”原创图书出版工程

续表

书名	编著主编	编著单位	出版社	出版时间	备注
遥感数据智能处理方法与程序设计	马建文等	中国科学院遥感应用研究所	科学出版社	2005 年、2007 年、2010 年	专著
地球系统科学	毕思文、许强	中国科学院遥感应用研究所	科学出版社	2002 年、2003 年	专著
地球系统科学导论	毕思文	中国科学院遥感应用研究所	科学出版社	2003 年 10 月	专著
数字地球——地球系统数字学	毕思文	中国科学院遥感应用研究所	地质出版社	2001 年 10 月	专著
地球系统力学	毕思文、黄润秋	中国科学院遥感应用研究所	地质出版社	2003 年 12 月	专著
新概念地质力学	毕思文	中国科学院遥感应用研究所	地质出版社	2001 年 10 月	专著
数字人体——人体系统数字学	毕思文	中国科学院遥感应用研究所	科学出版社	2004 年 8 月	专著
量子光谱成像	毕思文	中国科学院遥感应用研究所	科学出版社	2007 年 3 月	专著
高光谱遥感	张立福	中国科学院遥感应用研究所、武汉大学	测绘出版社	2005 年、2010 年	专著
黄河流域典型地区遥感动态研究	田国良	中国科学院遥感应用研究所	科学出版社	1990 年 12 月	专著
地球信息科学	陈述彭、田国良、童庆禧、李小文、王锦地、吴炳方等	中国科学院遥感应用研究所	高等教育出版社	2007 年 7 月	专著
遥感信息机理研究	陈述彭、童庆禧、郭华东	中国科学院遥感应用研究所	科学出版社	1998 年 7 月	专著
高等光学教程	赵达尊、方俊永	北京理工大学、中国科学院遥感应用研究所	北京理工大学出版社	2009 年 8 月	专著
地球资源技术卫星及其应用	阎守邕	中国科学院地理研究所和中国科学技术情报研究所	科学技术文献出版社	1977 年 2 月	专著
地球资源技术卫星	阎守邕、童庆禧	中国科学院遥感应用研究所	科学出版社	1980 年 3 月	专著
环境遥感技术简介	龚家龙、阎守邕	中国科学院遥感应用研究所	科学出版社	1980 年 5 月	专著
资源与环境信息系统国家规范研究报告	陈述彭、何建邦、阎守邕	国家科委国家遥感中心	国家科委国家遥感中心	1984 年 9 月	内部发行
空间遥感技术综合应用预测及效益分析	阎守邕、郑立中、詹慈祥、武国祥	国家科委国家遥感中心	学术期刊出版社	1988 年 10 月	论文集
中国遥感技术系统的软科学研究	阎守邕、郑立中、武国祥、何昌垂、詹慈祥	中国科学院遥感应用研究所等	中国科学技术出版社	1990 年 10 月	专著
资源与环境信息系统软件研究	詹慈祥、阎守邕、方家骐、全安寿	中国科学院遥感应用研究所等	测绘出版社	1990 年 10 月	论文集
中国遥感活动大事记	阎守邕、郑立中、刘习温、孙涛	国家科委国家遥感中心、中国地理学会环境遥感分会	地质出版社	1993 年 7 月	编纂
地理信息系统在中国粮食生产研究中的应用	党安荣、阎守邕、肖春生	中国科学院遥感应用研究所	中国农业科技出版社	1998 年 3 月	专著
地理信息系统中区域规划模型及其管理	王桥、阎守邕、赵健	中国科学院遥感应用研究所	宇航出版社	1998 年 10 月	专著

续表

书名	编著主编	编著单位	出版社	出版时间	备注
国家空间信息基础设施的现状与发展	阎守邕	中国科学院遥感应用研究所	海洋出版社	2001 年 11 月	专著
资源环境和区域经济空间信息共享应用网络	阎守邕、曾澜、徐枫等	中国科学院遥感应用研究所等	海洋出版社	2002 年 7 月	专著
国家安全和反对恐怖主义的美国战略思想	阎守邕	中国科学院遥感应用研究所	海洋出版社	2005 年 3 月	编译
西藏自治区中部地区资源环境遥感监测与综合评价研究	张增祥等	中国科学院遥感应用研究所	北京天龙彩印中心	1998 年 1 月	专著
20 世纪 90 年代中国土地利用变化的遥感时空信息研究	刘纪远、张增祥、庄大方、张树文、李秀彬等	中国科学院遥感应用研究所	科学出版社	2005 年 4 月	专著
全球环境、资源遥感分析	李树楷、唐新桥、张崇厚、何欣年、刘彤、马景芝、张润根、徐昶等	中国科学院遥感应用研究所	测绘出版社	1992 年 12 月	专著
高效三维遥感集成技术系统	李树楷、薛永祺等	中国科学院遥感应用研究所	科学出版社	2000 年 1 月	专著
遥感时空信息集成技术及其应用	李树楷	中国科学院遥感应用研究所	科学出版社	2003 年 1 月	专著
遥感图像对地定位研究	李树楷	中国科学院遥感应用研究所	测绘出版社	1991 年 12 月	专著
微机资源与环境信息系统研究	崔伟宏	中国科学院遥感应用研究所	中国科学技术出版社	1990 年 8 月	专著
自然是气候变化的主要驱动因素	崔伟宏	中国科学院遥感应用研究所	中国科学技术出版社	2012 年 6 月	专著
区域可持续发展决策支持系统研究	崔伟宏等	中国科学院遥感应用研究所	宇航出版社	1995 年 3 月	专著
遥感应用的实践与创新	童庆禧等	中国科学院遥感应用研究所	测绘出版社	1990 年 2 月	文集
遥感科学新进展	徐冠华等	中国科学院遥感应用研究所	科学出版社	1995 年 4 月	文集
遥感知识创新文集	郭华东等	中国科学院遥感应用研究所	中国科学技术出版社	1999 年 11 月	文集
新疆北部地质矿产遥感	郭华东	中国科学院遥感应用研究所	科学出版社	1995 年	专著
机载雷达遥感应用试验研究	郭华东	中国科学院遥感应用研究所	中国科学技术出版社	1992 年 11 月	专著
对地观测技术与地球系统科学	郭华东	中国科学院遥感应用研究所	科学出版社	1996 年	专著
雷达图像分析及地质应用	郭华东	中国科学院遥感应用研究所	科学出版社	1991 年	专著
对地观测技术与可持续发展	郭华东	中国科学院遥感应用研究所等	科学出版社	2001 年	专著
对地观测系统与应用	郭华东	中国科学院遥感应用研究所等	科学出版社	2001 年 2 月	专著
空间遥感图像的分析应用	王长耀、濮静娟等	中国科学院遥感应用研究所	国防工业出版社	1985 年 8 月	编译
对地观测技术与精细农业	王长耀、牛铮、唐华俊等	中国科学院遥感应用研究所等	科学出版社	2001 年 2 月	专著

二、地图集（部分）

图集名称	主要完成人	编制单位	出版社	出版时间	备注
航空遥感图集（腾冲试验区）	陈述彭、周上益、黄绚、童庆禧、郑长在、罗庆渝、刘亚军等	中国科学院腾冲遥感试验组	科学出版社	1981 年	4 开 150 页布面精装本和彩印塑封平装本两种
天津市环境质量图集	陈述彭、林华强、王树杰、崔伟宏、周上益、王为民、俞纪华等	中国科学院遥感应用研究所、天津市环境保护局等	科学出版社	1986 年	活页和蝴蝶装帧，大 8 开精装本
中国农业状况图集	阎守邕、周艺、肖春生、田青、王世新等	中国科学院遥感应用研究所	星球地图出版社	1997 年 8 月	精装本
中国土地利用遥感监测图集	张增祥、赵晓丽、汪潇等	中国科学院遥感应用研究所	星球地图出版社	2012 年 7 月	精装本
陆地卫星影像中国地学分析图集	陈述彭、郑长在、黄绚、励惠国等	国家遥感中心研究发展部和中国科学院遥感应用研究所	科学出版社	1984 年（中文版）；1986 年（英文版）	大 8 开 240 页布面精装带彩印涂塑护封
图名	主要完成人	编制单位	出版社	出版时间	备注
1∶400 万中国影像——陆地卫星影像略图	黄绚、励惠国等	中国科学院遥感应用研究所	科学出版社	1980 年	全开 2 张（分东、西两幅）袋装
海南岛 1∶20 万航空地质图	林恒章等				
中国系列彩色卫星影像图	张圣凯、夏明宝、石军梅、关威、刘桂云、刘斌、陈子南、李征、郭华东、王超等	中国科学院遥感应用研究所	科学出版社	1992 年 3 月	1∶100 万图高 4.5m 图宽 5.5m
汶川地震区域图	陈述彭			2008 年 5 月	
黄淮海平原地区假彩色卫星影像图	张圣凯、魏成阶、石军梅、陈正宜等	中国科学院遥感应用研究所	科学出版社	1984 年	
新疆维吾尔自治区彩色卫星图像	张圣凯、石军梅、关威、李征等	中国科学院遥感应用研究所	科学出版社	1987 年	
腾冲地区 1∶35000 彩色红外像片略图	黄绚、夏明宝、刘亚军等	中国科学院遥感应用研究所	科学出版社	1980 年	全开 4 张袋装

三、图件（部分）

图名	主要完成人	编制单位	出版社	出版时间	备注
1∶400 万中国影像——陆地卫星影像略图	黄绚、励惠国等	中国科学院遥感应用研究所	科学出版社	1980 年	全开 2 张（分东、西两幅）袋装
海南岛 1∶20 万航空地质图	林恒章等				
中国系列彩色卫星影像图	张圣凯、夏明宝、石军梅、关威、刘桂云、刘斌、陈子南、李征、郭华东、王超等	中国科学院遥感应用研究所	科学出版社	1992 年 3 月	1∶100 万图高 4.5m 图宽 5.5m
汶川地震区域图	陈述彭			2008 年 5 月	
新疆维吾尔自治区彩色卫星图像	张圣凯、石军梅、关威、李征等	中国科学院遥感应用研究所	科学出版社	1987 年	
腾冲地区 1∶35000 彩色红外像片略图	黄绚、夏明宝、刘亚军等	中国科学院遥感应用研究所	科学出版社	1980 年	全开 4 张袋装

四、工具书（部分）

书名	主要完成人	编制单位	出版社	出版时间	备注
遥感大辞典	陈述彭	中国科学院遥感应用研究所	科学出版社	1990 年	精装本 获国家科技进步奖三等奖和新闻出版署“全国优秀科技图书二等奖”
英汉遥感词汇	陈述彭等	中国科学院遥感应用研究所、中国地理学会环境遥感分会	科学普及出版社	1986 年 7 月	

五、电　影

名称	主要完成人	制片单位	发行	发行时间	备注
遥感	陈述彭、励惠国、李昭栋、刘纪钦、刘洪明等	中国科学院遥感应用研究所、北京科学教育电影制片厂	北京科学教育电影制片厂	1979 年	公开放映
腾冲的火山与热泉	陈述彭、励惠国、李昭栋、刘纪钦、刘洪明等	中国科学院遥感应用研究所、北京科学教育电影制片厂	北京科学教育电影制片厂	1979 年	公开放映

第七篇　国际合作与交流

遥感所十分重视国际科技合作与交流。与 53 个国家及 3 个地区、14 个国际组织建立了科技合作、人员交往和学术交流关系。完成了 42 项重大国际合作项目。派出百名访问学者到国外考察、讲学和访问，数百名科技人员出国学术交流和参加重要国际学术会议。23 人在国际重要遥感机构任职。聘请十余位学有所成的海外学者来遥感所做兼职教授。

遥感所在中国科学院国际合作交流领域创造了多项第一。如遥感所是第一个外国（厄立特里亚）总统访问的中科院研究所；组织完成了新中国首架外国飞机（加拿大 CV-580）来华遥感试验；组织完成了我国首架遥感飞机(奖状-S/Ⅱ)赴澳大利亚遥感试验；筹办了首届数字地球国际会议，并使之成为系列国际会议。在遥感所设置了“数字地球国际会议常设机构–秘书处”等。

在国际上有影响力的合作研究项目有：中美航天飞机雷达遥感、中法遥感定标、中日高光谱精准农业试验、中美多角度遥感研究、欧盟支持的可持续发展信息共享平台、亚太经支持的干旱地区水资源遥感监测管理系统、中澳土壤水分与干旱遥感监测、中日环境监测与水灾监测信息系统、与欧美合作的遥感作物估产研究等，以及后续的加拿大熊猫计划项目、中法航天联合实验室建设项目、泰–中政府间遥感合作计划、澳大利亚 CSIRO 定标与真实性检验科技合作计划、欧共体 CHRIS 高光谱遥感合作计划等。这些项目为确立我国在国际遥感领域的地位和影响力做出了积极贡献。

国际合作一直是遥感所的优势领域。随着实质性的国际合作进一步加强，国际交流也出现了蓬勃向上的局面。填空白、创纪录，重视基础研究，积极参与国际“热点”研究，发展优势领域和项目，形成有特色和竞争力的主攻方向，跨入国际前沿寻求发展空间，接连取得了令人瞩目的成果。

1979 年建所以来，遥感所各届领导均十分重视与遥感技术发达国家开展学习交流与合作研究，不断派出科研人员前往这些国家取经，也不断邀请世界各国专家、学者、国家首脑等来所参观、指导、提建议，并多次举办国际会议，以进行更广泛的交流。

进入 20 世纪 90 年代，国内外遥感呈现出向两个方向发展的趋势：一是遥感领域中的大部分高技术逐步转化为实用化技术，广泛地应用于各个领域；二是随着电子计算机、信息、空间技术的发展，应用领域不断提出新的需求，遥感正向新的层次深入，而这种发展需要国家的支持和国际卓有成效的合作；需要改变传统观念和运行模式，全方位向国内外开放，具备与国际知名遥感机构对话的能力才能实现。而这一切，低标准不行，国际化才是遥感科学的必由之路。

遥感所先后与美国、加拿大、欧洲空间局、俄罗斯、日本、澳大利亚、英国、法国、意大利、德国、埃及、马来西亚、泰国、蒙古国及朝鲜等 30 余个国家开展了科技合作。据不完全统计，每年来遥感所参观、访问、交流的各国外宾最多时达 500 人次以上，年平均来访也不会低于 300 人次；每年平均派出外访交流人员都在 60 人次以上；举办各种培训班也达 16 次之多；已开展的国际合作项目有 50 余项。这些合作与交流大大推动了我国遥感走向世界的进程。

以上活动，以一种极其有效的方式不断地提高、完善着遥感所自身的遥感科学技术研究，使遥感所的遥感科研水平不断地保持在国际前沿。

特别值得一提的是，遥感所在中国科学院国际合作交流领域创造了几项第一。

第一个外国总统访问的中科院研究所：1994 年 4 月 4 日下午，厄立特里亚总统伊萨亚斯·阿费沃基一行参观访问了遥感所。

1993 年 1 月 20～21 日，中华人民共和国成立后第一架国外来华遥感飞机加拿大 CV-580 在广东肇庆圆满完成了雷达遥感飞行。

1991 年 9～10 月，遥感所奖状-S/Ⅱ遥感飞机携带上海技物所研制的 71 通道成像光谱仪，飞赴澳大利亚达尔文市执行遥感找矿、城市环境和海岸带环境航空遥感试验任务，取得了圆满成功。这是我国第一次赴国外完成遥感飞行。

1999 年 11 月 29 日，第一届“数字地球国际会议”在北京国际会议中心隆重举行，现已为系列国际会议。数字地球国际会议常设机构–秘书处在遥感所。

毋庸讳言，通过积极主动的国际学术交流，不仅能学到国外先进的理论与技术，接洽国际学术联络，而且能及时掌握国际动态和学科发展前沿，拓宽研究思路。而围绕研究所主攻方向与科技相关国家开展实质性合作研究，是提高国际合作质量、促进基础研究进入国际前沿的关键。

实践表明，只有基于此种意识才有可能使我国的遥感科学走向国际，有所创新，有所突破。

第一章　国际组织任职

陈述彭：第三世界科学院院士；国际欧亚科学院院士；加拿大卡尔顿大学研究教授；法国地理学会荣誉会员。1985～1986 年美国国际地理学会地理数据采集委员会副主席。1987 年澳大利亚“环太平洋学术会议”上当选为亚洲委员。1992 年参加美国地理学会数据处理委员会，当选为第二届国际专业委员会副主席；是国际空间年地球科学专家组成员；受聘为加拿大卡尔顿大学客座教授。1996～2000 年任国际地理学联合会地理模型委员会常委。

杨世仁：美国加州大学圣芭芭拉分校及波士顿大学客座教授；第二届亚洲遥感讨论会组织委员会主席。

徐冠华：第三世界科学院院士；瑞典皇家工程科学院外籍院士；国际宇航科学院院士；国际欧亚科学院院士；中国香港城市大学荣誉博士；中国香港中文大学太空与地球信息科学研究所伟伦太空与地球科学研究客座教授。

童庆禧：国际欧亚科学院院士；日本国宇宙开发事业团“全球研究网络系统”计划国际专家组成员；国际摄影测量与遥感学会第一技术委员会第五工作组委员；国际航空遥感和应用地质遥感两个重要国际遥感会议组委会执行委员；中国参加亚洲遥感协会全国委员会秘书长。

郭华东：发展中国家科学院（TWAS）院士；国际欧亚科学院院士；国际科联国际科技数据委员会（CODATA/ICSU）主席；国际数字地球学会（ISDE）秘书长及 ISDE 中国国家委员会主席；国际科联灾害风险综合研究计划（IRDR/ICSU）科学委员会委员及 IRDR-CHINA 专家委员会主任；并担任《国际数字地球学报》主编和《国际应用遥感杂志》副主编等。

李小文：兼任美国波士顿大学遥感中心研究教授。

顾行发：国际宇航科学院院士；联合国信息通信技术促进发展世界联盟（UN-GAID）发展中国家科学数据共享与应用世界联盟（e-SDDC）执行委员会主席；国际科学技术数据委员会（CODATA）发展中国家数据保护与共享任务组共同主席；国际数字地球学会（ISDE）中国国家委员会副主席；亚洲遥感协会（AARS）副秘书长；SPIE 对地观测系统会议共同主席；*Journal of Applied Remote Sensing* 副主编。

刘纪远：全球陆地系统综合观测计划 IGOL 核心组成员；IGBP/IHDP 全球陆地系统核心研究计划 GLP 科学委员会委员；IGBP 和 IHDP 中国国家委员会常委；全球陆地系统计划科学指导委员会委员；国际土地利用科学学报编委；先后担任联合国 MA 计划“中国西部生态系统综合评估”及中美、中日、中加、中德等国际合作项目的中方首席科学家；国际亚太环境大会学术委员会委员；*Journal of Land Use Science* 编委。

何建邦：国际欧亚科学院院士；曾任欧亚科学院中国科学中心副秘书长、地球信息科学学部主任；国际地理联合会地理信息科学委员会委员（GISc，IGU，1996～2004 年）；国际标准化组织地理信息技术委员会委员（ISO/TC211，1995～2004 年）。

崔伟宏：国际欧亚科学院院士；欧亚科学院中国科学中心地球信息科学部副主任兼秘书长。俄罗斯自然科学院（Russian Academy of Natural Sciences）外籍院士；2000 年被聘为俄科学院远东地理研究所荣誉教授；美国弗吉尼亚州立大学城市规划系访问副教授；俄罗斯科学院荣誉教授；非政府国际组织气候变化委员会（NIPCC）中国联络站主任。

李正强：国际辐射委员会（International Radiation Commission，IRC）2012～2016届委员。

施建成：美国电磁工程院院士（1999～）；电子与电气工程师协会（IEEE）高级会员（会员1993～，高级会员2002～）；IEEE地理科学与遥感协会会员（1989～）；美国地球物理联盟（AGU）会员（1994～）。自1997年开始一直担任IGARSS、PIERS、SPIE国际遥感研讨会分会主席与副主席；担任第一届和第二届国际定量遥感进展研讨会（RAQRS）（2002年，2006年）技术委员会委员和分会主席；1998年，2001年，2004年担任SAR数据反演物理地球参数应用国际会议技术委员会委员和分会主席；2005年担任第九届遥感物理测量与信号国际学术会议（ISPMSRS）分会主席。为《环境遥感》《国际遥感》《国际遥感进展》《地球物理学进展》《水资源》《水文学进展》《冰川学》《无线电科学》《摄影测量与遥感期刊》等国际遥感期刊的评审专家。担任美国国家宇航局（NASA）（1995～）、美国国家自然科学基金委（2001～）、奥地利国家自然科学基金委（2003年）等基金评审专家。

宫鹏：加拿大安大略省空间与陆地科学研究所任研究员；美国伯克利加州大学环境科学、政策与管理教授；加州大学遥感与地理信息系统实验室主任；资源环境监测评价中心主任；加州大学地理系兼职教授；1994年创办了国际杂志*Geographic Information Sciences*，任主编；1998年以来任*International Journal of Remote Sensing*编辑；曾任*Canadian Journal of Remote Sensing*编辑。

邵芸：美国宇航局喷气推进实验室（NASA/JPL）高级访问学者；中国科学院暨中国香港中文大学地球信息科学联合实验室主任；国际IEEE/ Geosciences & Remote Sensing Society分会会员；美国National Geographic Society会员；国际数字地球学会中国国家委员会委员。

杨崇俊：国际数字地球学会中国国家委员会委员；数字地球国际会议（ISDE）常设秘书处副秘书长（2001～）；曾任国际摄影与遥感委员会空间数据管理集成系统工作组（ISPRS-WGII/3）共同主席（2000～2004年）；中国海外地理信息系统协会（CPGIS）副主席（1999～2000年）。

薛勇：英国皇家特许物理学家（CPhys）；IEEE 地学遥感学会高级会员；英国物理研究所学术成员（MInstP）；英国遥感和航空测量学会专业会员（AFRSPSoc）。SCI收录国际期刊*International Journal of Remote Sensing*编委；SCI收录国际期刊*International Journal of Digital Earth*编委。

邸凯昌：国际摄影测量与遥感学会第四委员会第七工作组"行星制图与数据库"（Planetary Mapping and Databases）共同组长。

张兵：IEEE JSTARS期刊副主编；IEEE国际高光谱图像与信号处理会议（WHISPERS）技术委员会委员；IEEE高级会员；国际数字地球学会中委会成像光谱专业委员会主任委员。

王晋年：国际光学学会SPIE遥感与生态系统模型系列主题会议联合主席；联合国UN GAID促进发展中国家科学数据共享与应用全球联盟（eSDDC）副秘书长；国际科学技术数据委员会（CODATA）全球道路数据库系统工作组副主席。日本基本工程株式会社任主任研究员；加拿大约克大学对地观测实验室高级访问学者；加拿大罗杰斯通讯集团任高级研发工程师和加拿大贝尔集团全球交互系统研发主管。

柳钦火：member of ISPRS Working Group VIII/6 on "Agriculture，Ecosystems and Bio-diversity"。

吴炳方：国际景观生态学会中国分会（IALE-China）理事；粮食学会信息与自动化分会副会长；对地观测组织（GEO/GEOSS）农业主题联合主席；*International Journal of Applied Earth Observation and Geoinformation*副主编。

聂跃平：国际数字地球学会中国国家委员会委员；数字遗产委员会副主任；兼任联合国教科文组织国际自然与文化遗产空间技术中心副主任及研究中心二部部长。

王长耀：国际CODATA委员会；国际山地遥感制图执委会和亚洲遥感协会土地覆盖组成员。

第二章　主要国际合作项目

一、联合国援助一期项目——建立国家遥感中心

1. 项目概况

该项目来自联合国开发计划署（UNDP）。由中科院遥感所（国家遥感中心研究发展部）承担。合作单位为联合国科学技术促进发展临时基金组织。由联合国投入150万美元，其中，50万美元主要用于选派国际人员赴美国和其他国家学习考察、奖学金培训、区域会议开支；100 万美元用于购买设备。由中国政府投入以实物支付的人民币1400万元主要用于项目人员、出国学习考察人员的工资、房产、设备、仪器、车辆及设备维修等方面的开支。该项目执行时间为1981年3月～1986年10月。负责人及参加人员为陈述彭、杨世仁、童庆禧、李丽、陈正宜、何欣年、何建邦、黄扬、田国良、林华强、阎守邕和周上益等。

2. 合作内容与目标

由联合国援助建立的国家遥感中心是在中国国家科委的领导下，负责全国遥感技术的协调管理和技术政策制定的专门机构。其主要任务是负责制定遥感技术战略和相应的技术政策、编制全国遥感技术长远发展规划和年度计划、协调全国各部门遥感技术力量、组织国民经济建设中急需解决的关键项目的攻关、组织国内外遥感技术的交流，促进遥感技术的发展研究和技术推广工作，积极开展遥感服务、培训和技术咨询。

国家遥感中心下设 3 个部：技术培训部设在北京大学，资料服务部设在国家测绘局研究所，研究发展部设在中国科学院遥感应用研究所。研究发展部的主要任务是开展遥感物理问题方面的研究，承担遥感图像处理分析、制图及遥感技术的发展应用与推广等工作。根据项目合作协议的要求，研究发展部应装备基本的航空遥感设备、组织示范性航空遥感试验，编制典型的地物波谱图志，研制图像处理和自动化系列成图样机，完成系统管理程序和部分自动分类软件及判读模式的研究，进行城市规划、农业和环境等方面的自动化制图。

3. 取得的主要成果

根据项目合作协议，研究发展部在国家遥感中心的领导下，得到中国科学院有关部门的大力支持和中心各部的相互配合，经过几年的建设，研究发展部取得了一批科研成果。

1）在基础研究方面

研究发展部系统地开展了遥感物理特性方面的研究和地物波谱特性的测试分析，编制出版了《中国典型地物波谱图志》。

2）在技术发展方面

（1）由联合国援助的53万美元，购买了当时较为先进的EarthView计算机图像处理设备，同时用我院给遥感所投资的46万美元购置的S140计算机和Comtal高分辨率彩色图像显示器，经研究发展硬件接口，联机构成了 EarthView/S140 和 Comtal 系统，并开发了一套包括设备驱动、各种格式的 CCT 磁带输

入/输出、影像灰度的边缘增强分类、几何纠正、图像增强、频率域处理和各种滤波程序及图像三维显示、纹理分析和分类、图形处理、多种遥感数据的复合等计算机图像处理方法和程序，经过研究发展形成了一套功能较为齐全、实用性较强的计算机图像处理运行系统。

（2）完成了微机数据磁带机控制器和微机光学绘图系统组成的计算机辅助制图系统的研制。把微机和半寸数据磁带机应用于光学绘图机，经过软硬件发展，使微机增加了大容量信息存储设备，可存储航天遥感信息及图像，不同比例尺、不同投影的各种地图，以及由地理信息系统输出的各类空间数据及属性数据，实现了该项设备智能化。

（3）在地理信息系统研究方面，装备了 MicroVAX-II、Compaq386 等图形系统，开展了 GIS 原理方法研究和软件系统的研制，发展了以城市和区域 GIS 为重点的各种应用系统。在国家遥感中心的领导下，联合兄弟单位专家组成“资源与环境信息系统国家规范研究组”，研究并提出了“资源与环境信息系统国家规范研究报告”，为当时正在组建的重大信息系统提供了有益的经验，也为其后开展信息系统研究打下了基础。

3）在应用研究方面

根据项目合作协议计划的要求，研究发展部结合中国科学院重大科技项目和国家“六五”“七五”科技攻关项目，开展了津渤环境遥感试验、天津市环境质量图集和计算机辅助制图软件系统研究，雅砻江二滩水力开发遥感应用研究，黄淮海平原综合治理、合理开发遥感应用研究，黄土高原和“三北”防护林遥感调查，编制出版了《天津市环境质量图集》《陆地卫星影象中国地学分析图集》等图集与《资源遥感纲要》专著。

1986 年 10 月，研究发展部代表国家遥感中心赴美国向联合国总部提交了“建立国家遥感中心”项目总结报告，探讨了该项目第二期合作意向并考察了美国、加拿大，以及联合国的有关机构和组织，了解了国际遥感发展的动向和前沿技术，学习了遥感科技方面的管理经验。

4. 对本所建设与发展的影响

（1）建立国家遥感中心是遥感所成立后承担的第一项重大国际科技合作项目，从立项、实施到完成都是在国家层面上进行的，其是在遥感所内建设的一个国内一流并与国际接轨的科研机构，它的完成不但为以后开展国际合作积累了丰富的经验，而且在遥感所建立初期，就立足于高位运行，对提高遥感所的管理水平，推动遥感所管理体制和运行机制创新都具有十分重要的意义。

（2）研究发展部除完成自身的研究发展任务外，还肩负参加制定国家遥感技术发展战略和相应的技术政策、编制全国遥感技术长远发展规划和年度计划、组织国民经济建设中急需解决的关键项目的攻关任务，为遥感所争取承担国家重大科技项目提供了体制保证。

（3）按照国家遥感中心建设计划，研究发展部陈述彭、杨世仁、童庆禧和李丽 4 位遥感专家和部领导分别参加了国家遥感中心组织的赴美国、加拿大、法国、荷兰、泰国、菲律宾和印度考察，不但落实了项目合作计划、选购了设备，而且对深入了解国际遥感发展动向和前沿领域、推动国际遥感合作与交流起了先导和促进作用。

（4）根据合作计划，在联合国 UNDP 的帮助下，研究发展部在国外聘请了 6 位遥感专家来华讲学和合作研究。德国卡普斯德大学柯恩教授介绍了计算机专题制图，瑞典斯德哥尔摩大学安德格博士介绍了瑞典几种信息系统的建立和应用方法、美国奥瑞根州立大学刘易斯博士介绍了雷达及侧视雷达影像的判读原理及应用，他赠送的美国航天飞机取得的我国境内三条带微波图像，对我国发展微波遥感应用起了一定的推动作用。美国喷气推进实验室凯尔博士介绍了当时兴起的热惯量分析技术；美国乔治亚理工学院福思特博士与我们共同开发了部分计算机图像处理软件，促进了图像处理向标准化发展；美国加州大学研究生院院长西姆莱特教授对当时国际遥感最新发展的介绍、微波遥感的分析判读、地理信息系统在遥感图像分析判读中的应用，这些内容大都属当时的国际前沿，具有较高的学术水平和实用价值。

（5）根据合作协议，研究发展部选派了 4 名优秀中青年科技人员出国进修。其中，励惠国到德国汉诺威大学进修信息系统；李大卫到美国普渡大学进修图像处理；郭华东到美国奥瑞根州立大学进修微波遥感；崔伟宏到美国弗吉尼亚理工大学进修机助制图。经过半年至两年的学习进修，他们的专业技术水平和学术水平都有较大提高，回国后大多数都成为遥感所的主要科技骨干或学科带头人。

二、遥感新疆地质勘测

1. 项目概况

该项目来自国家科委。中科院遥感所承担。合肖柯作单位为英国海外发展署。执行时间 1987～1990 年。该项目遥感所负责人为郭华东；参加人员有邵芸、肖柯等。

2. 研究内容与目标

作为中国和英国政府间科技合作计划的一部分，1987 年以来国家科委与英国海外发展署计划发展一项旨在利用遥感技术进行地质调查的合作研究项目。

我国新疆维吾尔自治区地处西北边陲，交通不便，植被稀疏，但岩石露头发育，矿产资源丰富，遥感技术显示了探测该区的良好潜力。自 1986 年开始，遥感所承担了国家“七五”重点科技攻关项目第 56 项中“遥感技术在新疆地质找矿中应用研究”的课题任务。考虑这一研究背景，经过多轮会商，国家科委国家遥感中心与英国海外发展署协议设立了“遥感：新疆地质勘测”项目。中方执行单位为中国科学院遥感应用所（国家遥感中心研究发展部），执行机构为 General Technology Systems（GTS）公司与 SCOTT Wilson Kirkpatrick（SWK）公司，双方派出科学家，成立了由遥感地质学家、图像处理专家、地理信息系统专家组成的合作项目组。研究区选择在新疆阿尔泰地区，其宗旨为研究发展遥感地质找矿方法与理论。

该项目主要由两部分研究内容组成。

1）遥感地质解译技术

由中方遥感地质专家与英方专家共同进行野外工作，并在英国进行合作研究。由英方提供实验室、数字图像处理系统等设备，开展多源信息效果比较、多源数据复合、特征信息提取工作，并注意与合作计划另一内容——地理信息系统的密切结合。

2）地理信息系统的发展

SWK 公司在地理信息系统研究方面有较好的基础。由中方专家与 SWK 公司专家共同进行 GIS 方法与软件的发展，主要方向为区域性地质信息系统，但同时考虑具备扩充地区及相应地学研究的能力，所建立的系统具备移植到我方的能力。

合作计划确立了系列原则，包括研究计划双方成员的责任、首席科学家的职责、研究成果的出版及技术转让等条例。

1988 年夏，合作项目组两名英方遥感地质学家来华，按计划与中方专家共同对研究区进行了一个月的科学考察。同年 10 月，我方两名科技人员赴英，利用对方提供的技术与研究条件，与合作组英方专家一起，进行为期一年的联合研究工作。

3. 取得的主要成果

合作研究取得了有意义的成果，由 SWK 公司设计的 GIST（Geographical Information System Tooklit）是一个将数字图像处理系统与其他形式的图件数据及有关的非空间数据结合起来的地理信息系统。其基本软硬件为：GEMS 图像处理系统，Oracle 关系式数据库管理系统、VAX 主机及数字化制图设备。

在此基础上，根据研究的需要，项目组发展了一系列软件。包括计算观测点的标高，计算不同观测点间的距离，对观测数据中的倾角和倾向进行统计，画出等值线模型，建立地质体空间展布模式；对空间统计数据，以直方图和玫瑰图的形式输出统计结果，发展了建立三维模式的计算程序，扩充了用地面控制点来建立非标准投影的变换公式功能等。

同时，利用 Gemstone 的图像处理功能，对研究区 Landsat MSS、TM 及 SPOT 数据进行了综合处理分析，对特定地质体的 SPOT 图像实施 IHS 变换，增强了特征光谱信息，将遥感信息与物探数据进行了复合，把定量的机助分析与定性的解译相结合，获得了成功。

GIST 可适用于课题研究中各环节的需求，能满足对遥感数据和其他信息源数据进行综合分析的要求，可用于处理、存储多源数据集，与 ARC/INFO、Spans 等地理信息系统相比，GIST 特别实用的功能是能够进行屏幕实时解译，能同时处理矢量和网格形式的空间数据，同时可将解译结果在数据库中与其他数据进行定位存储。

利用以上分析方法，已对研究区内地质构造提出若干新的观点和认识，对确定区内含金构造带位置起了积极的作用。当年 2 月，在北京召开了中英遥感地质合作项目学术报告会，双方高兴地看到通过合作所取得的丰硕果实。

4. 对本所建设与发展的影响

有效的合作，既获得了高水平的研究成果，又锻炼出高层次的科研人才，也弥补了我方科研资金的不足，是科学研究中应大力发展的方向。我国国家科委与英国海外发展署对合作成果表示满意，并探讨进一步合作的前景。

三、中意联合研究发展遥感地理信息系统

1. 项目概况

该项目来自国家科委。中科院遥感所承担。合作单位为意大利 Telespaqia 公司。合作总经费为 37 亿里拉。该项目起止时间为 1996 年 5 月～1999 年 5 月。负责人为郑立中、阎守邕；参加人员为有刘亚岚、王桥、王涛、田青等。

2. 研究内容与目标

经过多年的酝酿和协商，“中意联合研究发展遥感地理信息系统”项目已由两国政府审查批准。该项目分别由中方国家科委国家遥感中心和意方 Telespaqia 公司主持进行，为期三年时间，合作研究项目的主要内容如下。

（1）扩充与完善中国“六五”期间初步建立的资源与环境信息系统、国土资源基础信息系统、区域规划管理和决策示范信息系统的必要硬件设备，使这 3 个不同层次的系统分别具有配套的支持基础，形成多层次、多功能的，互为补充的遥感地理信息系统研究、开发和应用能力。

（2）中意双方专家联合开展上述 3 种系统的关键软件技术研究，完善遥感地理信息系统技术中关键软件，形成实用功能。

（3）中意双方专家利用地理信息系统，就某些理论、应用基础及示范应用课题开展联合研究。

（4）中国派遣专家，赴意参加高级培训和联合研究。

（5）双方专家互访考察，举办学术会议，推广合作研究成果。

联合研究的课题主要包括地理信息系统规范与标准、中国自然环境信息系统、区域遥感地理信息示范系统空间数据库系统、遥感数据的复合分析及数据库更新，以及地理信息系统应用模型研究等。

根据项目文本规定："区域规划、管理与决策示范信息系统，由国家遥感中心发展研究部（NRSC/DRD），即中国科学院遥感应用研究所，主持开发。"其内容包括：方案设计、实施协调、监督检查；软、硬件赠送、安装与调试；研究人员技术培训与交流互访；试验区系统研制、集成与测试；业务运行系统的建立。

福建省区域地理信息系统和厦门市城市地理信息系统分别被选为试点对象。

3. 取得的主要成果

中国科学院遥感应用研究所作为中方技术负责单位，参与了1986年4月～1996年12月的项目调研、推动立项、设计论证及方案落实的全过程。在项目实施过程中，遥感所地理信息系统研究室与福建省遥感中心合作，完成了福建省区域地理信息系统课题的研究任务，主要包括遥感农业估产模块与减灾决策支持模块。该研究室的4位研究人员先后在意大利接受了系统工程设计的专门培训与系统研制的经验交流。

4. 对本所建设与发展的影响

扩充与完善中国"六五"期间初步建立的资源与环境信息系统、国土资源基础信息系统、区域规划管理和决策示范信息系统的必要硬件设备，使这3个不同层次的系统分别具有配套的支持基础，形成多层次、多功能的、互为补充的遥感地理信息系统研究、开发和应用能力。

本所科技人员接受了系统工程设计的专门培训，并进行了系统研制经验交流。

四、中日合作塔里木地区资源遥感信息技术研究

1. 项目概况

该项目来自日本国株式会社地球科学综合研究所。承担单位为遥感所；合作单位有中科院上海技物所、兰州地质所。合作经费由日方提供，年度经费1600万～2600万日元。执行时间为1987年10月～1996年6月。课题负责人为童庆禧、郑兰芬；项目管理为张琦娟；参加人员（遥感所）有王晋年、朱重光、侯宏飞、郑柯、田庆久、刘勇卫、胡宝新、董卫东、王向军、张满郎、张兵、党顺行、杨超武、丁志、任伟等。

2. 研究内容与目标

在中科院资环局与日本地球资源遥感观测解析中心的支持下，遥感所与日本地球科学综合研究所进行了长达9年（1987年10月～1996年6月）的合作研究。这次合作研究的特点是开展基于国际新近发展的高光谱遥感技术的石油资源和矿产资源的航空和卫星遥感研究，研究试验区域主要选择在我国新疆库车、阿克苏柯坪和吐鲁番地区。遥感飞行以中科院引进和装备的"奖状"型先进遥感飞机为平台，既使用了国外生产的高光谱仪器，也应用了中科院新近研制的模块式成像光谱仪（MAIS）。合作研究的全部费用均由日方负担。

本次合作研究先后在库车–轮台地区、阿克苏柯坪地区和吐鲁番地区进行。主要技术手段为中科院研制的模块式航空成像光谱仪，通过航空遥感信息获取、航空和卫星遥感影像处理和信息提取、地面实况

调查、岩石矿物采用测量和分析，编写了系列的年度报告。

3. 取得的主要成果

通过研究获取了大量航空成像光谱数据和地面调查数据，所取得的主要成果如下。

完善了成像光谱图像立方体（CUBE）数据处理技术和图像光谱信息提取技术，所提岩石光谱曲线与同类地物在野外和实验室测量结果有很好的一致性，为进一步开展图像和光谱地质矿产分析奠定了基础。

成功地区分和识别了不同地层的岩性和矿物信息，其所提供的地质信息较当地现有的地质图有较大的提升，显示了成像光谱技术在地质上的广阔应用前景。在柯坪地区成功区分了从寒武、奥陶、志留、泥盆、石炭到二叠纪的各类地层。

通过对 MAIS 的热红外波段图像的处理和分析，证实了随着岩石中 SiO_2 含量的增加，在 10.0μm 附近的低发射率带这一特性的存在越来越明显。

4. 对本所建设与发展的影响

提高了科研人员的业务素质；扩大了研究所的影响。

通过对塔里木盆地北缘高光谱分辨率遥感信息的处理与分析，以光谱–图像合一的特点，发展完善了高光谱分辨率图像矿物识别与填图技术，主要在光谱维上进行图像信息的展开，达到“直接识别”地表矿物成分的目的。应用该技术完成了塔里木盆地北缘成像光谱信息处理与矿物填图，为塔里木盆地油气资源勘探提供了地表矿物成分的遥感信息，同时对日本 JERS-1 进行了模拟评价。

五、中俄地区研究的遥感方法合作

1. 项目概况

该项目来自中国科学院。合作单位为苏联科学院地理研究所。中科院遥感所承担。合作经费按对等原则，在一方境内开展的试验研究项目，各试验费用包括食宿，运输（境内）试验条件等由该方承担，国际旅费由各方自行承担。该项目起止时间 1989～1991 年；负责人及参加人员有童庆禧、何欣年、金问信、刘勇卫和王玉如等。

2. 研究内容与目标

双方交流使用各个波段遥感器对地表水体、土壤和植被的特征分析其应用的可行性与效果，通过对生态站的遥感研究分析农作物牧草的作业模式，结合土壤特征、气候条件和水资源多种因素，寻求最优生产条件，双方通过学术讨论，试验区共同遥感作业提出地球研究的遥感方法。

经双方负责人及专家组制订了研究计划。

3. 取得的主要成果

中方提供 19 通道多光谱扫描仪在库尔斯克苏科院地理所生态试验站，对库尔斯克黑土带试验区进行了多次航空遥感飞行，获取了大量土壤、植被和水体的多光谱数据，对原生态区及不同轮植试验区（休耕一年、二年、三年等）获取的多光谱数据，为生态站遥感研究提供了可靠的遥感数据。该项合作研究在苏科院和库尔斯克地区多家媒体获得高度评价与关注。

遥感所部分人员参加了库尔斯克生态试验站的多项遥感研究项目，使用了直升机，装载有多个频段的微波辐射计，对试验区内不同地段的植被、土壤和水体进行了多架次的遥感作业，结合我国红外多光谱扫描仪遥感试验，使库尔斯克生态试验站的遥感研究取得了很大成绩。

由于苏联解体，研究被迫中断。

六、黄土高原重点治理区生态环境和线性体遥感分析

1. 项目概况

该项目来自中国科学院。中科院遥感所承担。合作单位为奥地利共和国科学技术部和 GRAZ 技术大学。执行时间为 1988 年 12 月 9 月～1990 年 5 月。负责人及参加人员有王长耀、徐庚庆、林恒章和陈国萃等。

2. 研究内容与目标

（1）陕北油气资源的遥感勘查方法研究。

（2）特高山地区遥感制图试验。该试验选择喜马拉雅山脉的一小线为典型，以少量的地面测量点为控制，成功完成了依据遥感信息制图。这一试验虽然单一，但已体现出事半功倍的功能。这一成果对各大洲特高山遥感制图来说具有借鉴作用。

3. 取得的主要成果

1）陕北油气资源的遥感勘查方法研究

陕西北部早在元朝就有记载根据地表油苗显示的土井开采，1907 年钻成第一口产油井，定名为延长油田。成立后，随着浅层油气田的勘探开采，以及地质勘查和地震勘探方法的深入，证明区域内的油气田岩性控制强，油水层之间无统一界面，油水分异差，故多为分散的中小型。由于上覆很厚的黄土层，勘探难度大。20 世纪末，美国、原苏联等多个国家在应用遥感地貌—线性构造与地质、构造和物探资料复合发现，某些一方向线性构造对油气运移和储集具有控制作用；我国早前有关研究也发现油气田上方图像的色调和水系异常、环状构造和线性构造密集带，和隐伏油气田有较好的相关。我们在陕北遥感勘查隐伏油气田的试验中，发现在某些线性体密集带的相互交叉部位上，同时出现色调异常，有时还形成环状构造，表征存在油气上移的良好通道。为此，对试验区域的遥感软件信息进行计算机单波段和多波段复合处理，提取圆形色调异常斑块和线性体密集带交叉部位。证明它们与已知的安塞、姚店和延长、子长，以及靖边、米脂气田存在一定的相关。

这次遥感试验表明：圆形色调异常、环状构造和线性体密集带和交叉部位，对于如黄土高原这样的全覆盖下的分散型中小油气田勘探来说，不啻是一种低投入高产出的侦查型方法，据此提出，在试验区范围内，大理河上游和淮宁河下游值得重视。

2）特高山地区遥感制图试验

该试验选择喜马拉雅山脉的一小线为典型，以少量的地面测量点为控制，成功完成了依据遥感信息制图，这一试验虽然单一，但已体现出事半功倍的功能。这一成果对各大洲特高山遥感制图来说具有借鉴作用。

七、土壤水分和干旱的遥感监测

1. 项目概况

该项目为中国–澳大利亚科学与技术联合委员会（JSTC）合作项目。中科院遥感所承担。合作单位为澳大利亚联邦科学与工业研究组织（CSIRO）的水土资源研究所和对地观测中心。合作经费 80 万元。该项目执行时间为 1991 年 6 月～1997 年 12 月。该项目中方负责人：田国良；中方参加人员：杨希华、秦

益、李付琴、余涛、隋洪智、吕永红、申广荣。

2. 研究内容与目标

在中国及澳大利亚，干旱对那些直接依赖于作物生产的人们来说，其造成的损失将是巨大的。由于干旱的影响，牲畜得不到足够的食物，也有可能造成直接或间接的破坏性的损失。当降水及蒸散相抵消后，所剩余的水分低于作物或牲畜为维持健康所需的最低水分需求时，干旱就出现了。由于作物根系部可利用水分在为人类及牲畜提供食物方面起关键作用，因此对其准确的监测就成为食物保障的中心问题。应用遥感技术，共同解决对两国都具有重要意义的问题，即干旱和土壤水分时空变化的监测已经成为两国科学家和应用部门关心和急需解决的问题。

该项目在中澳科学与技术联合委员会的主持下及中国科学院和澳大利亚联邦科学与工业研究组织的支持下，得到了很大的发展。该项目的目标是探索遥感在区域土壤水分及干旱监测方面的作用及评估干旱在中国黄淮海平原和澳大利亚墨瑞–达林（Murry Darling）流域所可能造成的损失。经双方高级学者及主要研究人员在1989～1990年的互访并进行初步磋商和计划后，该项目的第一期合作在1991年6月得到中澳科技联委会批准和支持。由于成功地建立了用遥感进行干旱监测的基本方法，仅经过原计划3年中的2年工作，第一期合作即获得成功并完成最后报告，之后又陆续开展了二期和三期合作。

1）第一期的研究内容与目标

（1）通过野外试验，对使用遥感图像及图像处理来进行土壤水分及其空间变化的监测和制图的各种方法进行评价。

（2）评价由中澳双方发展的干旱评估与监测的遥感应用及分析方法。

（3）评价上述方法在两国及相似气候的其他国家的应用程度。

2）第二期的研究内容与目标

探索遥感在区域土壤水分及干旱监测方面的作用及评估干旱在中国黄淮海平原和澳大利亚墨瑞–达林流域所可能造成的损失，开展土壤水分和干旱遥感运行系统试验研究。

（1）利用中国及澳大利亚的数据，对已建立的所有可选择的干旱监测方法和软件进行评估，以获得最佳的系统组合。

（2）建立基于NDTI/CWSI模型和上述软件系统为基础的运行系统，并将所建立的系统移交给两国的有关部门或卫星地面接收站进行常规监测。

（3）在利用地理信息系统输入气象数据和遥感数据的基础上，试验利用其他数据，如微波数据和雷达数据，建立新的干旱及土壤水分监测的方法。

（4）利用墨瑞–达林流域及黄淮海平原地区的历史及实时数据，评估并优化最后的监测系统。

3）第三期研究内容和目标

建立土壤水分与干旱的遥感监测运行系统，并对两国选择的区域开展监测和评价；对整个合作项目进行系统总结，包括理论与方法的总结、应用系统和效果的评价等，完成两个总结报告。

3. 取得的主要成果

1）主要研究工作

（1）根据能量平衡和水平衡发展了用于估算和监测所有作物和植被覆盖的土壤水分和干旱模型，提出并发展了一些标准化指数，如归一化温度指数NDTI和作物缺水指数CWSI，这些指数可以用于监测区域规模的干旱；评价了模型和方法的实用性，这些方法和模型所用的资料来自澳大利亚的MBD和中国的华北平原。

（2）利用中国及澳大利亚的数据，评估了所有可选择的干旱监测软件并获得了最佳的系统组合；发展了一组软件用于遥感资料和气象资料的处理。其中，包括 AVHRR 的处理和校正，气象数据的集成及能量平衡/水平衡模型。

（3）利用 NDTI 和 CWSI 模型及所完成的软件系统，建立了在两国进行常规干旱监测的可能途径。

（4）评估了在利用地理信息系统集成气象数据和遥感数据的基础上利用额外的数据源，如微波和雷达数据，来建立新的干旱监测及土壤水分测量的运行系统的可能性。

（5）通过利用澳大利亚墨瑞–达林地区及中国黄淮海平原地区的历史及实时数据验证了现有的系统。并在 1993～1997 年春季小麦生长期间，在中国黄淮海平原对用于监测农业干旱的运行方法进行了试运行。

（6）完成了该项目的系统总结，并在该项目的两个技术报告中详细阐述了研究工作的成果。第一个报告描述了共同发展的土壤水分与干旱遥感监测模型和方法，包括热红外遥感数据模型中的水平衡和能量平衡模型、规一化温度指数 NDTI 模型和作物缺水指数模型 CWSI，以及用于土壤水分监测的雷达方法，讨论了如何充分利用日常气象数据提供必要的辅助气象数据建立卫星遥感地表能量平衡模型，并用中国山东禹城研究站的测量数据对两种方法监测的敏感性进行了分析。

在第二个报告中对开发和建立的第一个基于卫星遥感数据、气象数据，地理信息系统的土壤水分和干旱监测运行系统进行了系统总结，包括系统结构，系统功能和模块，遥感数据的处理方法和模块，气象数据的处理和时空插值方法及模块，干旱等级标准，数据和系统，以及在中国华北平原和澳大利亚的监测结果、精度检验和评价等。

2）项目成果小结

（1）可以利用白天的热红外 AVHKR 数据在中国及澳大利亚的重要农业区域进行作物缺水及干旱监测。

（2）该项目已建立了必要的软件及工具，并在此基础上建立了运行系统。在中国，1995 年中国科学院向中国农业科学院转让了该系统。在澳大利亚，CGIRO 正在与澳大利亚联邦工业及能源部资源科学局（BRIN）、联邦环境部环境资源信息网及昆士兰自然资源部洽谈类似的转让活动。

（3）目前正在使用的系统需要大量的气象数据，GIS 辅助数据需要空间内插程序及环境处理模型的支持。为此项目评估了利用其他数据，主要是可见光及雷达数据的可能性。同时，该项目还总结了其他较简单的只需较少数据及处理系统支持的方法。

总之，这个项目提出了一个能把遥感资料投入业务应用的方法，这个方法既适用于两个国家，也可适用于世界上其他有类似气候条件的地区。

该项目共撰写报告和论文 42 篇，其中中方为第一作者的有 22 篇，两国联合发表的有 11 篇。

4. 对本所建设与发展的影响

（1）土壤水分和干旱问题是世界性的问题，更是中国和澳大利亚两国共同关注和急需解决的科学技术问题。两国的合作，以需求为出发点，以解决土壤水分和干旱的遥感监测关键技术和方法为内容，以建立可应用的集成系统为目标，站在国际的高起点上开展研究，对于提高我们的研究能力和水平有重要意义。双方共同发展了农田蒸散的双层模型、归一化温度指数模型，还自行发展了遥感信息大气影响校正模型，作物缺水指数模型。上述方法用两国的数据进行了检验，并分别在两国选择了几十万平方千米的区域开展了大面积土壤水分和干旱的监测。

（2）在该项目执行期间，我们正在承担国家科技攻关课题“重大自然灾害遥感监测评价”和国家自然科学基金项目“土壤水分的热惯量模型”，特别是“黄淮海平原旱灾遥感监测评价”任务，能够结合研究的实际，解决关键的科技问题，对我们完成这些任务有很好的推动作用。

（3）培养和锻炼了青年科技人才。通过合作，两国科技人员多次交流、互访，分别到对方实验室开展研究、交流进展、开发系统、撰写总结报告等，为青年科技人员学习国际先进技术、开拓学识、提高科研能力等提供了很好的机会和平台。在合作的 7 年间双方共派 7 人，交流互访 16 次，达 18 个月。其中，中方有 3 名青年科技人员到澳大利亚访问和工作达 8 个月，他们的科研能力和水平得到了很大的提高。

（4）双方取得的成果显著，在土壤水分和干旱的监测中发挥了重要作用，该项目合作受到澳大利亚科技部首席科学家 STOCKER 和 CSIRO 国际合作局局长 Ta-Ren-Liang 博士的高度评价，认为该项目是中澳最有成效的合作项目之一，并持续了三期合作。为遥感所后续的与澳大利亚合作项目“定标和真实性检验”的开展奠定了基础。

八、中澳“成像光谱商业遥感试验”合作

1. 项目概况

该项目是通过国际交流建立的合作关系。应澳大利亚北部领地政府邀请，以澳大利亚测绘制图公司为对象依托高光谱技术所开展的产业化合作。该项目由中科院遥感所成像光谱研究组、上海技术物理研究所航空遥感研究室和中科院广州地质新技术所 1992 年 5 月～1993 年 5 月承担。负责人及参加人员为童庆禧、郭华东、孙晓勤、郑兰芬、朱重光和纵坚平等。

2. 主要研究内容

中澳的这次合作是第一次以我国成系列的高技术为支持的与发达国家之间的技术合作，其中包括：

（1）我院先进的遥感飞机携带我院研制的航空成像光谱仪跨洋飞行抵达澳大利亚达尔文市并以该市的机场为基地开展遥感飞行和数据获取；

（2）在当地建立了数据处理、分析实验室以供两国科技人员合作使用。

1991 年 9 月 19 日中国科学院遥感飞机及合作研究工作组抵达澳大利亚达尔文市，经事先策划和双方现场商议，应澳方政府需求主要开展三方面的研究实验：城市能源损耗监测、地质矿产资源研究和海岸环境分析。

1）城市能源消耗遥感监测与分析

以中国科学院遥感飞机为平台，以 72 通道成像光谱仪为手段，对澳大利亚达尔文市进行了一日内的多时相飞行和成像光谱数据获取，在此基础上对达尔文市城市建筑表观辐射温度进行了时空分析，提取和显示了一些因过度空调所产生的过冷建筑的信息及其空间分布。该项结果受到澳大利亚北部领地政府的高度重视。该政府工业与能源部部长亲临现场了解研究结果并将此公布于报端。

2）地质矿产资源遥感研究

此项研究分两期进行。

（1）在澳方指定的松谷（Pine Creek）地区进行了成像光谱遥感飞行，经对数据的处理与地面目标物的光谱分析与蚀变带制图，识别和提取了该地区废弃的铀矿区，经与澳方提供的该地区地质图进行对比，具有很好的符合度（此地质图澳方事先是不向我方提供的）。该项研究展示了成像光谱的应用效益，也受到澳方的高度重视。

（2）在西澳大利亚山区进行了岩石矿物遥感研究。由于该地区极度干旱，大气干洁，所获取的遥感影像质量极佳，受到澳方专家的欣赏。高质量的遥感数据对该地区岩石、地层和热液蚀变信息分析与提取十分有利。

3）建港选址

应澳方要求，对达尔文港的新址进行了遥感飞行和海岸解译，得出的重要结论是该选址位于海岸的冲刷环境之中，是适宜建港的有利地址。该结论也得到了我国驻澳使馆从国家海洋局派出的科技参赞的支持。

3. 取得的主要成果

该项目开始于我国成像光谱技术取得飞跃进展的时期。经过 20 世纪 80 年代中期以来高光谱分辨率遥感技术应用于地质找矿等方面的实践，成像光谱遥感在基础研究、图像处理、信息提取与分析方面已取得了一定进展并逐步成为一个独立的比较完整的学科和技术体系，初步具备了国际市场的开拓能力。前期与德国和日本在成像光谱地质遥感合作取得进展的基础上，与澳大利亚开展了该项以遥感市场开拓为目的的大型国际合作项目。

4. 对遥感所建设与发展的影响

中澳这次合作的本意是期望在取得初步结果的基础上合作发展商业化的遥感高技术产业，后因双方的政治环境因素没能继续深入。但是这次由澳大利亚全额资助的合作项目使我们得到了国际合作环境的锻炼，其中包括中科院遥感飞机的越洋飞行，以及飞机在国外环境的维护和保养；中科院自行研制的遥感系统经受了国外环境的考验，包括故障的排除，以及在他国系统上的数据处理和信息提取。

这次合作研究和试验取得了十分积极的结果，在澳大利亚产生了很大的影响，提高了中科院遥感技术的声誉。

九、中加“全球雷达遥感”合作

1. 项目概况

该项目来自加拿大国际发展研究中心。中科院遥感所承担。合作单位为加拿大遥感中心（CCRS）。合作经费由加拿大国际发展研究中心资助 82800 加元，主要用于设备购置、会议、培训、研究和论文发表等花费。中方也投入 20 万元，用于研究过程中的野外实验和研究等花费。负责人为郭华东；参加人员有邵芸、王超、廖静娟、魏成阶、刘浩、魏秀萍、卢新巧、李骏飞和潘起胜等。执行时间为 1993～1997 年。

2. 合作内容与目标

全球雷达遥感（GlobeSAR）计划是由加拿大遥感中心主持，包括中国在内的 12 个国家共同参与的大型国际机载雷达对地观测计划。中国科学院遥感应用研究所作为中国 GlobeSAR 项目的负责单位，与加拿大合作利用加拿大遥感中心先进的 CV-580 机载成像雷达系统，获取我国广东境内近 8000 平方千米的多波段、全极化同时成像的雷达遥感数据，并开展土地利用调查、水稻长势监测、森林类型调查、洪涝灾害水位地理要素分析、地质矿产勘探、植被覆盖区岩性构造探测、旅游规划等应用研究，旨在推动雷达遥感科学、技术与应用的发展，进一步提高我国在亚太地区及全球范围内雷达遥感领域合作研究的地位。

3. 取得的主要成果

GlobeSAR 项目得到了国家科委、国防科工委、总参谋部、外交部、中科院及广东省等领导部门的大力支持，并取得了一批科研成果。

1）飞行实验及数据处理

广东肇庆实验区地处我国南方，为热带、亚热带气候，天气多云雨，植被覆盖繁茂，可见光和红外遥感在此处很难获得满意的数据，而雷达的全天时、全天候和具有穿透能力的特点却克服了这些困难。1993 年 11 月 20 日和 21 日，该项目利用加拿大 CV-580 成像雷达系统，在天气阴雨的夜晚，成功获取了该地区的多波段全极化雷达数据，这些数据覆盖面积近 $8000km^2$，是覆盖中国国土的第一批多波段、全极化机载成像雷达数据。该数据的获取不仅为开展成像雷达应用研究提供了数据源，也为我国开展机载和星载雷达的研制提供了科学依据，提高了我国在雷达对地观测领域的研究水平。

在获取雷达数据的同时，开展了地面实况调查，获取了实验区内农、林、地、水位等方面的地面实时数据，为进一步开展应用研究提供了依据。

同时，对获取的 GlobeSAR 数据进行了天线方向图校正、图像配准、滤波、条带镶嵌、增强、分类与信息提取、RADARSAT 图像模拟等工作，开发了神经网络分类器，进行了土地覆盖分类，分类精度达到 90%以上。

2）应用研究

该项目开展了农、林、地、水文等方面的应用级基础研究，取得了一批研究成果。在农业应用方面，利用多波段、多极化数据开展了农作物识别和分类研究，识别出肇庆实验区的 9 种土地覆盖类型，并利用神经网络分类方法开展了四会县农业区的土地覆盖分类和土地利用制图。利用雷达后向散射强度可视化模型开展了农作物和经济作物的后向散射特性研究，为进行农作物长势监测和土地利用调查提供了依据。在林业应用方面，利用多波段、多极化 GlobeSAR 数据，开展了森林类型识别和森林蓄积量估测研究，建立了森林蓄积量估测模型，为广东四会县林业局制作了 1∶5 万林区雷达影像图，对该区的森林防火提供了有力支持。在地质应用方面，开展了罗定花岗岩体的岩性识别、河台金矿化带和金坑含金弧形构造带的识别研究，该含金构造带为成矿远景区。在水文应用方面，在 GlobeSAR 雷达影像上解译并分析出肇庆实验区 9 条古河道的分布，并开展了防洪堤坝系统中脆弱堤坝分析，划分出 7 个危险河段，总长度 69.4km，影响耕地 $46500km^2$，人口 51 万人。此外，还开展了罗定地区的旅游资源分析，对该区旅游资源进行了规划，提出了该区旅游资源选景规划图。

3）成果发表

该项目在国内外学术刊物及国际会议上发表论文近 20 篇，出版了 2 本国际会议论文集。

4. 对本所建设与发展的影响

（1）该项目与加拿大遥感中心开展了实质性的国际合作，并在此基础上与加拿大遥感中心和加拿大空间局开展了进一步国际合作，顺利进入加拿大雷达卫星 ADRO 项目，在中国境内免费获取了 8 个实验区的雷达数据，广东肇庆实验区被列入雷达卫星项目的超级实验区，免费获取了为期 2 年的多时相、多模式雷达数据，为开展我国 863 计划中南方水稻长势监测提供了数据保障。

（2）与加拿大遥感中心共同主办了第二届全球雷达遥感区域研讨会，会议由 17 个国家和地区代表参加，得到了国家自然科学基金委、国防科工委、中国科学院、加拿大空间局和加拿大国际发展研究中心等单位的大力支持，会议取得了圆满成功。

（3）该项目主要研究人员出席了在泰国和加拿大举行的第一届全球雷达遥感研讨会和 97 雷达卫星国际会议，并在会上宣读了有关成果论文。中国项目成果被加拿大誉为 12 个成员国中“最好的成果”。

（4）3 篇多极化雷达论文被加拿大航天局 RADARSAT-2 论证书引用。水稻长势监测论文被联合国粮农组织（FAO）选为全球最有参考价值的15篇文章之一，入选联合国《粮食安全报告》。

（5）GlobeSAR 计划首席科学家评价该项目组：“你们的科学方法与经验均用于在南美开展的二期计划，使世界范围的用户受益。”

（6）该项目进行中，加拿大遥感中心 PCI 公司和加拿大空间局多次派人来遥感所进行访问，开展学术交流和技术培训，并在遥感所建立了中国雷达卫星资源中心和 PCI 公司中国培训部。

（7）在该项目基础上，形成了中科院遥感所与加拿大遥感中心长期稳定的合作关系，并签订了为期5年的合作协议书。

十、航天飞机成像雷达计划——中国项目

1. 项目概况

该项目来自国家科委、中国科学院和国家基金委。中科院遥感所承担。合作单位为美国、德国、意大利、澳大利亚、加拿大、中国、英国、法国、日本等13个国家。负责人为郭华东；参加人员有邵芸、王超、廖静娟、魏成阶、刘浩、魏秀萍、卢新巧、李骏飞和潘起胜等。执行时间为1994～1997年。

2. 研究内容与目标

航天飞机成像雷达对地观测计划是由美国主持，德国、意大利、澳大利亚、加拿大、中国、英国、法国和日本等13个国家合作开展的一项大型国际科技计划。该计划由经严格评审确定的52个研究项目组成，中国科学院遥感应用研究所（国家遥感中心研究发展部）为中国项目执行单位。这项合作不仅有利于促进我国雷达遥感及应用的发展，也表现了我国在雷达对地观测领域的国际地位与水平。

雷达遥感是20世纪90年代国际上重要的高技术前沿领域之一。它不受气候和日照条件的影响，具有全天时、全气候成像的特点，能够穿透云、雾，并可在一定条件下穿透干沙和植被成像，因此受到各国广泛的重视。这次飞行是继1981年和1984年分别发射的航天飞机成像雷达1号和2号后的第3号航天飞机成像雷达（又称空间雷达实验室），具有多波段、多极化、多视角同时成像的能力，是2000年前国际上最先进的成像雷达系统。

我国在此次航天飞机成像雷达飞行中，可获得50h成像记录中的46min的数据，相当于500套百科全书的数据量，同时要求宇航员实时在太空拍摄我试验区大相幅光学图像。过去几天中，宇航员已为该项目组拍摄了质量极佳的阿尔泰山、黄河地区图像，这对与雷达图像匹配分析十分有利。航天飞机于1994年4月19日着陆后，该项目组将全面开始数据的处理，与此同时，逐步开展应用分析研究。研究内容包括：对干沙的穿透性，建立区域性地学演化模型；与非洲及美国南部对比开展全球变化的研究；认识新构造活动与古气候的相互关系；开展地矿、农业、林业、海洋调查与应用，并期望对我国西部考古工作做出贡献与美国科学家共同开展“死谷”超级雷达试验区的研究。

3. 取得的主要成果

我国在此次航天飞机成像雷达飞行中，可获得50h成像记录中的46min的数据，相当于500套百科全书的数据量，同时要求宇航员实时在太空拍摄我试验区大相幅光学图像。过去几天中，宇航员已为项目组拍摄了质量极佳的阿尔泰山、黄河地区图像。这对与雷达图像匹配分析十分有利。

4. 对本所建设与发展的影响

参与这一大型国际性科技合作计划，对发展我国空间对地观测系统有重要意义。它使我国科学家直接立足于国际前沿开展研究工作，从速掌握有关先进技术与理论乃至大型空间计划的科学管理经验；利

用这些先进的对地观测数据，使我国在资源探测、环境监测方面取得实际效益；同时，通过合作计划的开展，为我国培养锻炼了一批在国际科技舞台上竞争的科技队伍。

十一、中美“农业遥感”合作

1. 项目概况

该项目来自中美科技合作项目（90.美方项目第八项）、农业部、国家基金委、国家科委和中国科学院。中科院遥感所承担。合作单位为美国弗吉尼亚技术大学信息支持系统实验室（ISSL）。合作经费 80 万元。负责人为崔伟宏；参加人员有陶永轶、徐爱义、李良群、吴晓清、刘静航、张磊、王为民、吴晨英、卢冬梅、张显峰和狄志萍等。执行时间为 1992～1995 年。

2. 研究内容与目标

合作内容包括双方联合开展科研和培训工作。科研工作主要是联合开发土地资源决策支持系统（LRDSS）。该系统重点放在进行基本土地资源保护的系统分析，同时也包括其他资源的研究。

科研培训将为有条件的学员提供学习机会。培训工作服务于 LRDSS 开发的目的和目标，并同步展开。决策支持系统也包括二级系统开发。

（1）微观系统（实验区），主要由中科院遥感所承担。

（2）宏观系统（省级），由 IDSA 与 ISSL 协作完成。

（3）开发 LRDSS 系统的目标和基本程序选择的研究区域包括 5 省 2 市：山东省、山西省、河南省、安徽省和江苏省及北京市和天津市，面积 355000km^2。

（4）宏观 LRDSS 中提出六大研究领域：①土地利用现状调查；②动态监测；③分析评价；④预测分析；⑤智能对策；⑥预警系统等，并对每个研究领域的工作范围做了概略性分析和计划。在这一综合计划的基础上，将由崔伟宏教授和 Vernon O.Shanholtz 博士对不同的研究领域做出详细工作计划。

（5）ISSL 将在土壤侵蚀动态监测和利用 LESA 模型进行土地和环境评价等领域提供支持。同时，将与遥感所合作建立包括上述六大研究领域的决策支持系统框架。因此，合作研究至少将包含以下几个方面：①综合独立的决策支持系统以便提供整体决策；②系统间相互作用评估；③设计满足宏观和微观两个系统的数据传输方式。

（6）由于目前的行政管理机构是以县为单位。因此，地理信息系统、遥感、空间分析等技术方法将用于县级的各项规划依据。

3. 取得的主要成果

（1）建立了我国第一个在遥感、地理信息系统和多媒体技术共同支持下具有多目标、一体化集成的县级农业可持续发展决策支持系统。该系统包括以下内容。①农业可持续发展软件系统：在微机平台 Windows 软件环境下，采用模块化和面向对象的程序设计方法。包括超图数据采集系统、空间分析系统、多媒体地理信息系统、超图数据库系统、统计图形分析系统和三种图形输出软件等。②可持续发展模型体系：黄淮海地区为实现农业可持续发展的战略目标，建立了相互独立而又相互关联的 9 个方面 15 个模型，即土地利用动态监测模型，水资源、社会经济决策支持模型，人口预测经济模型，专家施肥配方模型，土地评价与农业后备资源评价模型，海水入侵环境评价模型，水资源管理模型，土地承载力预测模型和农业可持续发展动态规划模型等。③黄淮海地区县级农业可持续发展数据库体系（周村、铜山、蓬莱）：包括空间基础数据库、空间专业基础数据库、统计数据库、文本数据库和图像数据库等。

（2）面向不同区域特征目标，完成了 3 个专题系统：农业可持续发展综合决策支持系统（周村）；农业可持续发展工程决策支持系统（铜山）；农业后备资源开发和可持续发展决策支持系统（蓬莱）。

（3）研制了黄淮海试验区水土资源评价和分析方法。

（4）提交了莱州湾蓬莱试验区海水浸染动态监测与评价技术。

（5）总结了黄淮海试验区农业土地动态规划理论和方法。

（6）出版了《农业可持续发展决策支持系统研究》专著一部。

4. 对本所建设与发展的影响

该项目通过中美双方联合开展科研和培训工作，并依托试验区用户，共同参与协作，培养了一批研究设计—信息采集—数据处理—应用开发的复合型人才，用实践成果提高了遥感应用的影响力。

该项目设计因地制宜，根据不同的区域特征、发展方向、设计目标，建立了农业可持续发展综合决策支持系统（周村）、农业持续发展工程决策支持系统（铜山）、农业后备资源开发和可持续发展决策支持系统（蓬莱），具有一定的代表性和广泛的应用前景。

十二、中国–意大利政府间合作项目：遥感在农业和环境中的应用

项目概要

这是中国与意大利政府间围绕遥感在农业和环境中的应用主题，进行技术培训与学术交流的一个双边合作项目。

该项目主要采取各自承担自己的国际旅行费用、相互支付对方在自己国家的生活费用的方式进行。意方的执行单位是 Italeco 公司，中方是国家科委国家遥感中心。

该项目主要由 Italeco 公司、中国科学院遥感应用研究所和福州市规划局实施。

试验区选在福州市长乐县。1994 年 9 月 29 日～10 月 12 日中方一行 6 人应 Italeco 公司邀请访问了意大利，了解了意大利遥感技术的发展情况、交流合作项目的进展状况，安排了下一步合作计划，与此同时，还为中方安排了相应的技术培训和学术参观。

1995 年 5 月，Italeco 公司专家参观了福州市规划局的实验室，访问了长乐试验区收集了地面实况数据，还与地方官员进行了座谈。遥感所地理信息系统研究室利用意方赠予的 1988 年 Landsat TM、1993 年全色 SPOT 和 1994 年多波段 SPOT 影像编制了长乐县土地利用判读图、土地利用动态变化图、彩色数字地形模型，以及长乐土地利用信息系统。

十三、利用遥感与 GIS 技术对缅甸中部干旱地区进行农业综合发展规划

1. 项目概况

该项目来自联合国开发计划署–联合国亚洲及太平洋经济社会委员会（UNDP-ESCAP）。遥感所承担。合作单位是缅甸林业部。合作经费共计 54.2 万美元。负责人崔伟宏；参加人员有吴晓清、张显峰等。执行时间为 1997 年 12 月 16 日～1998 年 1 月 6 日。

2. 研究内容与目标

该项目研究内容涉及遥感、地理信息系统、网络及分析应用研究等方面。所授课目围绕可持续发展综合规划进行，其中包括：可持续发展决策支持系统集成环境；可持续发展决策支持系统的理论与方法；决策模型的理论与方法；交通状况分析系统、土地资源的可持续利用，人口及土地承载力；土壤侵蚀模

型可持续发展动态规划；高光谱遥感及应用；遥感图像处理及多角度遥感，网络地理信息系统等；数据获取与图像处理实际操作；参观卫星地面站和中科院遥感所的“奖状”飞机。

3. 取得的主要成果

此次培训，缅方人员在短短的21天里较为系统地学到了地理信息系统及遥感支持下的可持续发展决策支持系统的理论和方法，亲自动手操作了数据处理与数据获取过程，为在缅甸建立可持续发展的综合规划系统，以及年底在仰光召开“可持续发展综合规划”的workshop创造条件。

4. 对本所建设与发展的影响

培训了第三世界国家科技人员，得到了联合国发展署–亚太经合组织（UNDP-ESCAP）的认可，扩大了本所的影响力；同时通过课程讲授与教学，锻炼了遥感所的科技人员。

十四、晋陕蒙接壤地区脆弱生态环境监测与管理

1. 项目概况

该项目来自亚洲开发银行（以下简称亚行）。中国科学院遥感所承担。合作单位有负责向亚洲开发银行提交最终报告、由8名中、外专家组成国际咨询专家组；国际咨询专家组的法人代表澳大利亚Acil公司；接受技术援助的中方执行机构为中国科学院遥感应用研究所（综考会派两人参加工作）。亚行对该项目援助的总金额为60万美元，分别用于支付：①国际咨询专家组的工资补贴和差旅费；②中方执行机构工作人员的国外考查、培训费；③为执行机构购置一台全开静电喷墨绘图仪、一部带GPS定位系统的外业考查用越野车；④为实施此项任务购置部分SPOT卫星图像资料及系统软件（ILWIS）。中方为执行该项技术援助任务所匹配的经费，总计为45万元人民币，主要用于支付执行机构工作人员的工资、差旅、办公、仪器设备等费用。该项目执行时间为1992年6月24日～1993年12月。

该项目的中方执行机构负责人为童庆禧；项目组组长为陈正宜；副组长为罗修岳；项目组员有魏成阶、郑兴年、师长安、陈捷、张渊智、张兵、陈冬梅、朱博勤、魏永明、李乃煌、郑柯、胡宝新等。

应亚行的建议，中国科学院邀请六个部委委派的知名专家，组成以中国科学院自然与社会协调发展局局长刘安国为主任，以国家环保局自然保护司司长刘玉凯等为成员的7人“项目专家指导委员会”，负责咨询、协调和指导工作。

2. 技术援助的目标和任务

1）目标

亚行技术援助项目的近期目标是：通过遥感与地理信息系统技术的应用，对土地退化地区的示范管理规划、遥感分析，开发出一套技术，来评价和分析中国典型监测区变化。据此，国际咨询专家组在执行中将该目标具体化为开发一套晋陕蒙接壤地区脆弱生态环境遥感监测与管理信息系统（FEMMIS）。

2）任务

建立晋陕蒙接壤地区脆弱生态环境遥感监测与管理信息系统（FEMMIS）的主要任务如下。

（1）FEMMIS的结构与功能设计。FEMMIS由两部分组成：一是工作站UNIX环境下的ARC/INFO中央系统；二是DOS环境下的ILWIS并有中文接口的地方系统。FEMMIS的主要功能包括：脆弱生态环境研究区含八个县（市、旗）山西省的佳县，陕西省的榆林市、神木县和府谷县，内蒙古自治区的东胜

市及伊金霍洛、达拉特和准格尔旗。总土地面积 4.366 万 km^2，土地管理及规划决策、土地评价、土地退化研究、土地利用引起的土地退化研究、土壤侵蚀（包括水蚀和风蚀）研究、土地规划、土地规划管理措施等。

（2）建立 FEMMIS 数据库。FEMMIS 数据库用于空间信息、属性信息及统计数据的存储和管理，其分为两个层次：一是综合数据库（主数据库，对应于中央系统），在工作站 UNIX 环境下存储矢量、栅格数据及属性信息；二是应用数据库（对应于地方系统），在 PC DOS 环境下存储只有栅格数据及必要的属性信息。数据库的内容包括如下：①用 1∶10 万地形图建立全区（43660km^2）的数字地形模型（DTM）；该 DTM 以 50m×50m 网格点，可精确地进行地学推理和分析，因此，在土地管理中，它是模型化操作的基础，利用行政界线把 DTM 裁剪成县级范围的 DTM，用于各种图形分析。②在对沟谷治理、沙地开发、矿区建设、草场管理 4 个专题典型区进行系统的试验研究取得经验的基础上，开展全区 8 个县（市、旗）的 1∶10 万遥感专题系列图与归一化植被指数图的编制，并数字化入库。③属性数据，利用关系数据库管理系统（RDBMS）在关系表格中管理属性信息。④主要遥感数据，均由图像处理系统进行同一地理坐标处理，并可与 DTM 及其他地理数据复合；⑤在这一数据库环境下的图形数据、遥感数据和统计数据可以进行综合空间模型分析。

（3）设计开发 FEMMIS 模型库。FEMMIS 的目标是对脆弱生态系统进行管理，因此它仅有数据库系统是不够的，为此，在各专业领域专家的支持下，设计开发了一系列用于规划管理的理论模型，这些理论模型包括土壤侵蚀模型（包括水蚀和风蚀模型）、土地潜力模型、土地退化模型、临界沙漠化模型和土地利用规划模型、土地管理模型等。

（4）空间模型的实现。在上述理论模型的基础上，利用工作站环境的 ARC/INFO 和 PC 环境的 ILWIS 软件系统，在 GIS 的支持下，对理论模型进行返复修正，实现满意的空间模型。

空间模型的基本假设是：一个复杂的空间模型可分解成若干个子模型，这些子模型可进一步分解，直至分解为基本的计算因子，因此在 GIS 的支持下可以把这些基本算子转换为理论空间模型的计算程序，用于环境的管理、监测与预测。

在 FEMMIS 模型库中已经实现的空间模型有：①土壤侵蚀模型；②风蚀模型；③土地退化模型；④土地退化管理模型；⑤土地利用规划模型等。

（5）结果。利用空间模型技术，已经生成土地管理、沙化控制和区域规划等一系列专题图件和统计数据；这些图件和统计数据可以回答脆弱生态系统管理的许多主要问题，同时也显示 GIS 在产生新信息、执行数据自动处理和决策的模型化等方面的显著能力。

下一步的工作是：①脆弱生态系统监测和管理的数据分布网络；②专家系统对土地管理和沙化控制决策的支持；③更为可靠和精确的遥感数据处理与分析模型等。

3. 取得的主要成果

（1）建成晋陕蒙接壤地区脆弱生态环境遥感监测与管理信息系统（FEMMIS）。

（2）系统建成覆盖 43660km^2 范围的综合数据库成果，具体有以下几项：①以 50m×50m 为网格点的晋陕蒙接壤地区数字地形模型（DTM）数据库；②土地利用、土地类型、遥感图像、行政区划等图件及其属性和统计数据等数据库；③晋陕蒙接壤地区脆弱生态环境遥感监测与管理信息系统模型库。

（3）设计 FEMMIS 用户人机界面。为了使数据库有用并减少技术培训，设计人机界面代替复杂的数据处理过程。

（4）制图。在地理信息系统支持下，系统和全开静电喷墨绘图仪连接，可输出晋陕蒙接壤地区、分县及典型区的不同比例尺的系列专题、分析图、评价等数十种专题图件。

（5）出版《晋陕蒙接壤地区脆弱生态环境遥感监测与管理研究》论文集1部，含论文12篇。

（6）晋陕蒙接壤地区脆弱生态环境遥感监测与管理项目工作报告是中方执行亚行技术援助项目工作组向中方领导机构提交的最终工作报告。其内容包括：①亚行项目的主要研究内容与实施方案；②取得的主要成果；③存在问题及亚行对国际咨询专家组最终报告的评价意见；④执行亚行项目中与亚行、咨询专家组来往的主要信函等。

4. 对本所建设与发展的影响

1）亚行项目组，基本掌握建立脆弱生态环境监测与管理信息系统的技术

FEMMIS 是遥感所建成的第一个实用型监测与管理信息系统；其规模之大、功能之强前所未有。在建立 FEMMIS 中得到国际咨询专家的指导，共有7人到国外进行短期技术培训或考察，为遥感所在建立信息系统方面的发展和创新，积蓄了技术、人才和成功经验。亚行项目国际咨询专家组对亚行项目的结论意见：“亚行技术援助项目是我国（中国）第一次综合利用遥感和地理信息系统的数据进行辅助分析统计，为脆弱生态系统管理规划制作多种模型，在大范围（43000km^2）内进行调查、监测与制图（1∶10万）”“执行机构（遥感所）已有一支经过培训并能使用此技术的核心技术队伍。”

2）填补了遥感所在喷墨绘图设备和技术方面的短缺

亚行项目援助遥感所一台新型的全开静电喷墨绘图仪，既填补了遥感所在喷墨绘图设备和技术方面的短缺，又完成了亚行项目数十种图件的绘制，从而使遥感所在喷墨绘图技术和设备方面有了一个新的开端；此后遥感所的遥感应用研究成果，即可通过建立数据库、信息系统直到形成喷墨制图成果，形成了一个完整的技术系列。

3）FEMMIS 成果已交付地方试用，受到多方好评

FEMMIS 成果已交内蒙古的东胜和陕西的榆林两个行政区试用。

受陕西省榆林地区行政公署的邀请和推荐，遥感所亚行项目工作组于1993年12月14～15日，到国务院在榆林市召开的“晋陕蒙接壤地区环境保护检查现场会”上，将亚行技术援助项目的工作目标、任务和成果向与会代表和国务院有关领导做了汇报和演示（中央和陕西电视台也做了报道）。陕西省榆林地区行政公署给遥感所的公函称：“得到与会的三省区（晋、陕、蒙）领导、国家各部委领导、专家的一致好评和赞扬”。

4）成果鉴定意见

中国科学院自然与社会协调发展局组织专家对该项目成果进行了鉴定。鉴定委员会一致认为：“晋陕蒙接壤地区脆弱生态系统遥感监测与管理研究取得了遥感应用、GIS、建立专题应用模型、自动系列制图及区域调查与规划等多种系列成果。通过遥感调查与 GIS 应用，在一个地域广阔、环境复杂范围内，实现了以空间模型的方式进行统计分析、评价、规划及自动系列制图的系统工程，将遥感与 GIS 新技术应用于区域环境监测治理规划方面做出了重要贡献，其成果总体上达到国际同类研究的先进水平，有广泛的推广应用价值。”

5）举办脆弱生态环境国际研讨会

根据亚行技术援助项目计划，在完成技术援助项目后，在北京召开一次“脆弱生态环境国际研讨会”。因此，1993年12月13～14日，在中国科学院遥感应用研究所召开了国际研讨会，出席会议的有：亚行项目中方执行机构负责人、遥感应用研究所所长童庆禧；执行亚行技术援助项目的澳大利亚 ACIL 公司代表；亚洲开发银行环境处官员；亚行技术援助项目国际咨询专家、国内咨询专家；亚行项目中方指导委

员会的成员；中方执行机构的专家和科技人员；欧洲共同体及澳大利亚驻中国大使馆官员；中国陕西省榆林地区和内蒙古自治区伊克昭盟的代表等。

会议期间，进行了该项目的工作报告、系统演示和成果展览，交流了亚行技术援助项目的工作经验和方法，达到了预期的目的。

十五、中法遥感联合实验研究

1. 项目概况

该项目来自国家自然科学基金委员会。中科院遥感所承担。其合作单位是法国农业科学院生物气候实验站。负责人童庆禧；参加人员有郑兰芬、王晋年和田庆久等。执行时间为 1995 年 7 月 7～22 日。

2. 研究内容与目标

该项目合作研究的目标为，以高光谱分辨率遥感为主要对象，研究卫星和航空遥感数据的辐射定量技术，研究和发展遥感数据的校正和定量比模型，解决遥感数据在资源勘察和环境监测中的数据处理和分析技术中的一些关键问题，提高以植被、土地为主要对象的遥感信息提取，分类和地物识别的精度与能力。主要研究内容如下。

（1）以遥感数据辐射定量为目标的地表、太阳、大气辐射和光谱测量中的关键技术问题，对影响测量精度和定量精度因素的分析和评价。

（2）高光谱分辨率航空遥感及卫星遥感数据的定量化处理和分析技术，不同处理技术、算法和模型的分析和比较。

（3）热红外及热红外多光谱遥感数据的定量技术研究和应用潜力分析，对法国拟研制的热红外小卫星（IRSUTE）遥感能力和应用潜力评价。

（4）航空和卫星遥感辐射定量数据在以土地和植被为主的资源环境分析、监测中的定量分析、识别和分类，并基于不同应用对象进行分析模型研究。

（5）定量遥感数据与其他有关环境，生物、生态数据的复合研究；卫星和航空遥感的综合分析研究。

3. 取得的主要成果

这是一次在法国南部城市阿维尼翁（Avignon）附近的拉拷（La Crau）遥感实验场及其附近地区进行的综合性的国际遥感联合实验。这次遥感联合实验研究活动是由法国农科院生物气候实验站（INRA）主持的，以法国为主，以高光谱分辨率成像遥感为主要手段，英国、德国、意大利、中国、荷兰、美国与法国一道集中各类遥感仪器，在 102 通道的 MIVIS 成像光谱仪等空中遥感仪器进行飞行试验的同时，也同步进行系统的地面辐射光谱及大气、太阳参数等物理量的测量，旨在进一步开展成像光谱遥感信息特征的提取、辐射定标、大气纠正、定量化反演及地物光谱识别分析模型研究等。

本次实验活动主要包括以下 11 个方面。

（1）由欧共体研究中心（意大利）所拥有的 102 通道的可见—短波红外—热红外成像光谱仪（MIVIS 扫描仪）装载于意大利 CASA 212 型飞机上，飞行高度为 3000m，其中一次为 150m。

（2）英国热红外成像光谱仪（SAFIRE）用可见光到热红外不同通道测量，特别是 ATSR 4 个通道，以不同角度倾斜观测。用其装载于航空气象研究用的“大力神”C130 飞机上，飞行 4 个高度（150m、300m、450m 和 600m），同时采集大气样品，进行大气参数测量。

（3）法国自行发展的热红外成像仪（IPT Information 760），共有 4 个通道（8.0～13μm、8.2～9.2μm、

10.3～11.3μm、11.5～12.5μm)，装载于一架贝尔直升机上，进行低空地表温度测量（飞行高度为 1000m 和 1500m)，且与 MIVIS 扫描仪飞行同步，以获取高空中分辨率的图像，用于评价扫描仪辐射性能和空间分辨率。

（4）试验场的基本气象参数（风、气温、空气湿度和天空照度等）的观测。

（5）试验场的可见–短波红外的反射率、辐射亮度和大气散射的观测。

（6）试验场的多波段红外辐射测量（白天/夜间）。

（7）试验场的宽波段（8～14μm）红外辐射温度测量（夜间）。

（8）试验场的太阳–大气辐射和光学特性观测。

（9）研究区的太阳、大气、地学和生物量参数测量。

（10）研究区的主要地物光谱反射率测量。

（11）研究区的样品采集及其化学成分分析。

中科院遥感所遥感信息开放研究室童庆禧研究员等三人应邀参加这一重要的遥感实验研究活动，并得到法国及其他国家遥感专家的好评，整个实验情况见于法国报刊。

4. 对本所建设与发展的影响

应法国国家农科院生物气候实验站的邀请，中国科学院遥感应用研究所童庆禧等以国家自然科学基金委员会“中法遥感联合实验研究”项目的名义，并得到基金委对外交流与合作项目的资助（95 国科金外资助字第 49520130896 号)，赴法国南部城市阿维尼翁（Avignon）参加了由该实验站所主持的国际遥感联合实验研究。

通过这次参加国际大型的航空遥感联合试验，我们能有机会再一次感受到国际上这一领域的发展趋势，增进了相互的了解，建立了良好的合作关系。

1）对遥感信息校正、定标试验场下垫面状况的启示

原有试验场的概念来源于美国，他们多采取平坦均匀高反射型的地表作为试验场，这次通过对 La Crau 场的测量，发现其反射率居中，方向性（朗伯特性）更好，其原因是对粗分辨率（10m 以下）遥感信息每一分辨单元均是多种地物的混合，只要这种混合特征在空间展布上均一，其校正效果就可能更佳。此外，对高分辨（1～2m 或更高）卫星或航空遥感信息的定标和校正则可采用小型分辨率靶标的办法，这对我们原有的一种设想是一种支持。

2）集成式的遥感校正测量系统的必要性

应提高测量、观测的自动化程度，综合各种观测数据：地表的、太阳的、大气的和气象的，只有这样才能综合运有各种模型，而这一方面也是目前国内所缺乏的，这也就是为什么这次试验的参加单位包括了法国一家著名的仪器制造公司（CIMEL Electronique）的原因。

3）测量的严格性和规范性

对卫星和航空遥感器的校正和定标，对测量数据的误差和精度有很高的要求，由于不是实验室测量，所以对野外条件下测量的规范性和严格性更应特别注意，因为 1%的误差就可能导致校正精度的下降。因此，在测量太阳和天空辐照度时，标准板的水平往往就成为一个不可忽视的因素，而这方面恰是常规测量中容易忽略的问题。

4）合作需要有对等的基础，今后合作前景乐观

这次参加联合试验十分重要的是参与，而不是观察和考察，由于我方在这一研究领域已有相当的

基础，并携带成套地面遥感仪器参试，成为整个试验计划的一个成员，受到了主持单位和参加试验人员的高度重视。当地报纸（法普罗旺斯省报）对本试验所发表的综合评述中提到了中方的参加，所发表的 3 幅试验照片其中一幅就是我方人员在现场测量的工作照。

通过联合试验、学术交流与讨论，中法双方取得了许多共识，均对双方的进一步合作抱有信心。经双方讨论，进一步合作的主要内容如下。

（1）进一步扩大学术交流和共同培养人才。

双方的学术交流可在这次基金委支持的计划范围内由法方顾行发博士于 1995 年底来华访问，并就本次试验数据处理和分析作短期合作研究。

鉴于此次实验的丰硕资料和数据，中方打算安排两位硕士研究生，通过研究生论文来深入进行和完成部分工作，对此法方表示了很大兴趣，并表示只要条件许可将利用来华访问的机会参加答辩会。

（2）开展进一步的实质性合作。

鉴于这次试验的另一个目的是对法国拟议中的红外小卫星进行论证，双方均表示可就法国的小卫星计划（IRSUTE）进一步商讨合作问题，其中较可能的一种方式是在中国选择应用试验场，共同讨论该卫星的应用潜力。

十六、中日高光谱精准农业试验

中国科学院遥感信息科学开放研究实验室和中国科学院上海技术物理研究所科技人员所组成的科研小组，在童庆禧和薛永祺两位院士的率领下，与日本 NTT 信息、Basic 及中日本航空等公司在日本成功地开展了航空高光谱遥感合作研究。

2000 年 8 月 22 日～25 日，一架日本航空公司的“超级空中国王”型飞机，携带中科院研制的 224 波段高光谱成像仪，从日本的名古屋机场起飞，成功地在日本长野县和爱知县境内进行了多架次的遥感飞行作业，按计划获取了预定试验区的成像光谱遥感数据。与此同时，中日两国科技人员还在长野、松本和南牧等地开展了广泛的野外调查和同步光谱测量，收集和积累了大量地面实况数据。这是以我国自主发展的遥感高新技术为主应邀赴国外，特别是在发达国家开展合作研究的又一次实践。

这次赴日本所进行的高光谱合作是应日本有关部门的邀请，以我国所发展的技术为主对上述地区的主要农作物：水稻、玉米、大豆、蔬菜、果树、森林及城市等不同类型地物进行高光谱的精细分类和识别研究。这是在日本所进行的第一次大规模的高光谱遥感应用实验，它对我国近年来在这一领域的研究成果和技术进展将是一次检验，对中日两国遥感信息科学领域里的实质性合作也将是一次促进。合作研究的全部经费均由日本方面提供。

根据对通过飞行获取的高光谱遥感数据的预览和检查，中日双方对所获取数据均表示满意，在经过对数据的必要整理、编辑之后，双方将着手开展第二阶段的数据处理和分析研究，预计这次合作将会科研成果方面的重要产出，并将产生很大影响。

十七、基于遥感和地理信息系统的自然资源可持续发展管理策略研究

1. 项目概况

该项目来自国家计委。中科院遥感所承担。合作单位为意大利特里斯特大学、西班牙马德里大学和中国国家计委地区规划和地区经济司。负责人阎守邕；参加人员有魏成阶、赵健和黄丽芳等。执行时间为 1998 年 12 月 1 日～2001 年 11 月 30 日。

2. 研究内容与目标

这是个欧共体国际合作项目。INCO-DC 项目合同号为 IC18-CT98-0283。由意大利特里斯特大学、西班牙马德里大学及中国国家计委地区规划和地区经济司、中国科学院遥感应用研究所共同完成。

中方研究任务由中国科学院遥感应用研究所牵头，国家计委宏观经济研究院配合完成。

（1）通过对 1986 年、1996 年和 2000 年 TM 陆地卫星影像的判读，编制 3 个不同时期的 1∶10 万海南岛土地利用图，产生 1986～1996 年和 1996～2000 年两个时期海南岛土地利用的动态变化图及其 $1km^2$ 的网格数据和分县的土地利用统计数据等。

（2）完成海南岛地理信息系统的研制任务，提出人地系统科学的概念模型。国家计委宏观经济研究院完成对海南社会经济分析的研究，其成果要在海南岛地理信息系统里充分的体现。

3. 取得的主要成果

1）提交的研究成果

（1）1986 年、1996 年和 2000 年的 1∶10 万海南岛土地利用遥感判读图。

（2）建成了海南岛地理信息系统，具体包括基础地理信息子系统、社会经济信息子系统、土地利用信息子系统、宏观生态监测子系统、空间决策支持子系统、遥感图像判读子系统，以及数字海南等子系统。

2）遥感所提交的论文

（1）S. Y. Yan，C. J. Wei and et al：“Remote Sensing Based Function Zoning of the Coastal Zone in Hainan Island”，Proceedings of the Sixth International Conference，Remote Sensing for Marine and Coastal Environments，1-3 May 2000，Charleston，South Carolina，USA，pp. II-332-338。

（2）海南岛地理信息系统（技术总报告）中国科学院遥感应用研究所、国家计委宏观经济研究院，2001 年 11 月，北京，1-44 页。

（3）HAINAN GEOGRAPHIC INFORMATION SYSTEM（Final Technical Report），Institute of Remote Sensing Applications，CAS and Department of Regional Economic Development，The SDPCC，November 2001，Beijing，pp.1-54。

（4）魏成阶、赵健、黄丽芳、阎守邕：“土地利用动态变化的研究方法及其在海南岛的应用”，地理研究，第 20 卷，第 6 期，2001 年 12 月，第 723-730 页。

（5）S. Y. Yan and et al：“A Spatial Decision Support System for Harbor Development in Hainan”，Industrial Development in Coastal Areas of South-East Asia：Workshop Proceedings，June 24-27，2001，Hanoi，Vietnam，UNIDO and ICS，2002，pp.165-174。

4. 对本所建设与发展的影响

通过国家计委与欧共体国家进行了交流与合作，建立了联系，完成了海南岛地理信息系统的研制任务，提高了本所地理信息系统的研制水平。

十八、中日信息化合作“环境监测·水灾监测信息系统”

1. 项目概况

该项目来自中国国家发展和改革委员会、日本通商产业省。承担单位中国科学院遥感应用研究所。

合作单位湖北省计划委员会、中科院武汉测地所和（株）日立制作所。该项目总投资约 7.5 亿日元，折合人民币 5509 万元。其中日方总投资 4.8 亿日元，折合人民币 3504 万元，中方总投资 2005 万元。日方投资中用于软硬件平台设备购置 1129 万元，QuickBird 高分辨率（分辨率 0.61m）卫星图像数据 77 万元，双方人员的交流、实地考察，以及日方研究开发、技术总结等 2298 万元；中方投资包括两部分，已有场地、网络等基础设施、资料数据等折合 1730 万元，国家发改委、中国科学院投入 275 万元，主要用于基础设施建设、信息提取与数据库建设、系统研发与试运行等。中方主要参加人员王超、刘纪远、张宗科、张增祥、王思远、王长有、赵晓丽、刘斌、王世新、周艺、魏成阶、连石柱、崔颐冰和赵京等。执行时间为 1998 年 3 月～2003 年 3 月。

2. 合作内容与目标

该项目通过利用中日双方在遥感图像处理与应用、四维 GIS、高分辨率卫星影像及网络通信技术领域的尖端技术，以湖北省为示范区，利用最新高分辨率遥感影像进行土地利用、植被覆盖、湖泊水体变化和区域生态环境等动态监测，随时提供环境状况变化数据、环境发展过程和趋势分析报告，为区域发展规划制定和监督提供科学依据；以水灾频发区为重点，采用大比例尺对洪涝灾害进行监测、分析洪涝灾害造成的经济损失、实现灾情损失快速评估、并利用计算机模拟仿真技术进行灾情发生发展过程模拟显示，提供减灾救灾及灾后恢复决策支持，建立适合中国国情的环境监测与水灾监测网络运行信息服务系统。

通过该项目的示范运行，促进“3S”高新技术应用与发展，促进科技成果向产业化的转换，为实现区域乃至全国的环境、灾害监测、分析与模拟提供全面的技术支持，推进中国各级应用部门在环境监测、灾害监测领域高度信息化进程，为社会经济可持续发展、灾害的预测和减灾救灾决策提供支持。

3. 取得的主要成果

（1）在遥感所再生资源环境研究室、灾害监测与评价研究室，以及遥感所网络中心的基础上，联合组建北京数据处理中心、以中国科学院测量与地球研究所为依托组建省级运行中心，并完成软硬件平台配置。

（2）以湖北省为环境监测评估研究区，以长江中游水灾频发段为试验区，收集覆盖全省的 Landsat TM 影像数据、重点区域高分辨率影像数据库、行政区划数据、以乡镇为单元的人口数据、交通设施，以及基础地理要素等统计观测数据，开展中高分辨率遥感制图技术路线、动态评估模型、生态环境评估指标体系、人口评估模型、农作物损失评估模型等关键技术研究；完成全省 1∶10 万尺度 DEM 数据采集与建库、土壤侵蚀遥感信息提取与数据库建设、湖北省 1995～2000 年土地利用遥感制图与动态监测变化、典型地区植被与湖泊动态监测及生态环境综合评价；以气象卫星为数据源，利用该系统对越南、柬埔寨，以及我国陕西灞县洪涝灾害开展损失调查与评估试验，监测结果上报国办等机构，并完成我国七大江河警戒水域数据库建设，为洪涝灾害的监测与评估奠定基础。

（3）建立一套完善的环境监测与水灾监测评估信息系统。该系统具备基础数据管理与更新、环境要素动态监测分析评估、水灾信息提取与灾情损失评估、灾情三位动态模拟与查询、数据分发与传输等功能，通过示范运行验证达到了预期的设计要求。

该项目的系列成果得到了由国家发改委组织的第三方机构的检查验收：“中日两国政府领导人高瞻远瞩，从战略高度出发，对环境问题、灾害问题给予高度重视，通过两国政府在信息化领域的合作，加强对环境与灾害的监测与治理，不仅提高了两国在技术方面的交流与合作，加深了全民对环境问题的认识，提高了国民的整体素质，更为政府部门制定科学的决策提供了依据，促进了环境的治理、保护及资源的合理利用，为经济的可持续发展提供了保障。系统的建设与示范运行也证明，该系统具有广阔的应用前景，通过系统成果的普及与推广应用必将对经济发展起到积极的促进作用，也希望中日两国政府继续加强合作，将该项目的成果向更广泛的区域乃至全国推广。”

4. 对本所建设与发展的影响

1998 年，中日两国政府首脑签署了在环境等 34 个领域开展合作的谅解备忘录，1999 年中国国家发展计划委员会与日本通商产业省签署了关于《共同研究开发利用先进多媒体技术的各种信息系统的示范项目》的备忘录，在此基础上，中日相关单位联合签署了“中日信息化合作”协议，“环境监测与水灾监测信息系统”是中日信息化合作的 6 个项目之一，《科技日报》《科学时报》《新闻周刊》等报刊对该项目的启动做了专门的报道，中国科学院院长路甬祥对该项目亲笔题词：“中日携手 观天测地”，极大地提升遥感所在信息技术研究与应用领域的国际影响。

2001～2003 年，该项目组多次参加由中国国家发展和改革委员会与日本财团法人国际信息化协助中心组织的巡回汇报与交流，2002 年 8 月，该项目成果参加第四届高交会国家高技术产业示范工程专馆展览，通过交流汇报与成果展示，提升遥感所在国内外的影响，对遥感所的国际交流与合作、科研成果的产业化推广具有重要的促进作用。

中日环境监测与水灾监测信息系统的建设，为遥感所添置了一批高性能的计算机软硬件平台设备，首次引进日本 QuickBird 高分辨率卫星遥感影像数据，有助于提升遥感所的科研水平与能力建设。

有 10 余名硕士、博士先后参加该项目，大部分学生经过 2～3 年的科研实践，专业技术水平和学术水平都有较大提高，目前他们的大多数都已经成为遥感所的主要科技骨干或学科带头人。

十九、中意合作项目“福建遥感与地理信息系统”

1. 项目概况

该项目来源意大利政府。中国科学院遥感应用研究所承担。合作单位为意大利 Telspazio 通信技术公司。合作经费 80 万元（设备赞助和人员培训）。负责人：阎守邕；参加人员为田青、刘亚岚、王世新、乔彦友、赵健、武晓波、肖春生。执行时间为 1997～1999 年。

2. 研究内容与目标

该项目的主要研究内容是建立综合地理信息系统，同时可以处理地图数据和图像数据；建立区域规划、管理与决策示范信息系统。

引进先进的技术设备及相应软件，扩充和完善现有的地理信息系统，建立具有遥感图像处理和地理信息系统兼容的影像数据库及具有分布式和并行处理特点的遥感地理信息系统。以福建为示范区，建立示范系统，研究开发区域遥感–地理信息系统的使用软件和应用数字模型，为在全国范围内推广区域性系统提供基本经验。

3. 取得的主要成果

通过合作，引进了多套先进的计算机及网络、并行处理系统、高分辨率显示设备及相应软件，扩充和完善了当时以 MICROVAX-II 为基础的国产地理信息系统，建立了具有遥感图像处理和地理信息系统兼容的影像数据库，以及具有分布式和并行处理特点的遥感地理信息系统；以福建为示范区，建立了福建省遥感地理信息系统平台，同时开发了农业估产子系统和洪水决策支持子系统，为成果的区域推广应用提供了示范，也为国际合作提供了典型案例。

4. 对本所建设与发展的影响

在该项目实施期间，结合《“八五”全国资源环境宏观动态调查》项目，将本所相对成熟的遥感应用技术及数据库建库技术在福建省进行了推广应用，为福建省培训了第一批遥感人才队伍，对福建全省的遥感应用起到了一定的推动作用。

二十、遥感所与加拿大遥感中心新一轮合作

中国科学院遥感应用研究所和加拿大遥感中心（CCRS）于 1999 年 11 月 28 日签订了一项为期 5 年的合作协议，这是继上一个 5 年合作计划完成后的又一轮新的合作。在新的合作中，双方将进一步加强遥感领域协作、应用开发、信息交流、基础研究及教育培训等方面的工作。协议的签订将中加遥感国际合作在世纪末又推向新的高潮。

遥感所与加拿大遥感中心的合作始于 1993 年的中、加全球雷达遥感项目。该项目获取了第一批覆盖中国国土面积达 8000 多平方千米的多波段多极化成像雷达数据。遥感所与加方科学家一起开展了农业、林业、地矿和水文等方面的研究，在国内外相关学术刊物发表论文数十篇。在此期间，双方还多次互派人员互访、交流，联合举办研讨会和培训班，在遥感所成立了中国首家 PCI 技术培训部，并于 1995 年在北京成功举办了有 17 个国家和地区的专家学者参加的第二届全球雷达遥感亚洲区域研讨会，成立了国际雷达遥感工作委员会，并将首届秘书处设在遥感所。遥感所与加拿大遥感中心于 1995 年签署了第一个为期 5 年的合作协议。

进入 1996 年，随着雷达卫星的成功发射，遥感所科学家又顺利进入雷达卫星 ADRO 计划，其中肇庆地区作为 ADRO 计划的农业应用超级试验区，开辟了农业遥感的新领域。在此基础上中加双方在刚刚召开的国际数字地球会议上特别设立了雷达卫星农业应用国际高峰会议，来自芬兰、印度、日本、韩国、英国、加拿大及我国农业部、国家计委及北京农业科学院等国家和部门的代表出席了会议。

遥感所与加拿大遥感中心的长期合作，不仅为遥感所的科研工作带来了新的契机，同时也为我国地方遥感部门的遥感应用注入了新的血液。1999 年 5～6 月，中加双方共同主办了全球雷达遥感地区研讨会，分别在北京、海口、南京、杭州、西安和成都 6 个城市举办了项目区域研讨会。在这些研讨会上，中加双方科学家共同展示了农业、林业、地质、洪水监测、水资源探测、海岸带迁移及城市调查等方面的应用成果，并由此形成了“全球雷达遥感——中国项目、农业和洪水监测与管理技术合作项目”，进行雷达卫星在洪水监测、农作物估产、水资源探测、海岸带迁移监测、城市调查等诸多应用领域的应用示范，通过该项目的开展，使得各省级机关具备使用雷达遥感技术进行资源规划、管理决策的能力，并使双方各机构建立起合作伙伴关系，提高了我国的雷达遥感应用水平，加强了我国在 21 世纪对资源环境与灾害监测的能力。

二十一、俄罗斯代表团访问遥感所并签署合作议定书

1999 年 12 月 2～7 日，由俄罗斯科学院和俄罗斯国防部一行 3 位科学家组成的代表团对中国科学院遥感应用研究所做了为期 6 天的访问。双方就 GPS/GLONASS 双卫星定位系统共同开发等问题进行了探讨，俄方对该项目表示了极大的兴趣，最终取得了一致意见并签署了合作议定书。

1999 年 12 月 2 日，俄罗斯代表团抵京，当天下午，俄罗斯三位 GLONASS 专家参加了正在北京举行的第一届数字地球国际会议闭幕式，并与遥感所所长郭华东研究员进行了交谈。

在京期间，俄罗斯专家介绍了俄罗斯 GLONASS 定位系统现状与应用情况，以及数字地球等有关进展。遥感所工程中心专家向客人们介绍了 GPS 在中国的应用现状并演示了自行研制开发的“GPS 车辆监控系统”和“GPS 智能导航系统”等产品。经过几天紧张而热烈的讨论，双方达成一致意见，并于 1999 年 12 月 6 日签署了题为“GPS/GLONASS 双卫星定位系统研究及其产业化”的项目合作协议，合作期为两年。

俄罗斯发射的 GLONASS 全球定位系统具有与 GPS 系统相同的导航定位功能，开展 GPS/GLONASS 双卫星定位系统研究，可改变我国受控于一家的局面，是具有实际意义的技术创新。该项目的目标是研制成导航型和/或大地型单频 GPS/GLONASS 组合接收机，该接收机能够接收 GPS 和 GLONASS 信号，综合处理，实时输出经纬度和高程或输出原始观测值，提高全球定位系统的导航定位精度和可靠性。

遥感所名誉所长陈述彭院士和郭华东所长、王超副所长等到会并参加了签字仪式。

俄罗斯代表团圆满完成了此次访华之行，并邀请中方科学家在适当的时候访问俄罗斯。

二十二、中澳遥感定标与真值性检验联合研究

1. 项目概况

该项目来自科技部国家国际科技合作项目。中国科学院遥感应用研究所承担。合作单位为澳大利亚联邦科学与工业研究组织（Commonwealth Scientific and Industrial Research Organization）；合作经费 94 万元。中方负责人顾行发。参加人员有余涛、李小英、邢进、高海亮、李家国、巩慧、刘李、孙源、Alex Held、Qin Yi 和 Ross Michell。执行时间为 2008 年 6 月～2011 年 6 月。

2. 研究内容与目标

近年来，我国大批新型高性能的卫星传感器不断发射升空。为了确保遥感卫星数据的质量、促进定量化应用，“九五”期间我国建立了敦煌陆地定标试验场和青海湖水面定标试验场，并开展了风云、资源等多颗卫星的辐射定标工作，达到了 7%的定标精度，在技术上积累了一定的经验。然而，在以下几方面还有待于进一步提高。

首先，我国试验场在场地特性、气候和大气条件上仍存在着较大的局限性。

敦煌试验场位于北纬 40°，受太阳高度角和云层覆盖的影响，每年只有 6～8 月适合野外试验；地表反射率较低，可见光波段仅为 0.1～0.3，缺少高反射率目标，无法实现传感器全动态范围的有效检校；双向反射特性不均匀，大气条件不够理想，气溶胶光学厚度平均 0.2（500nm），对辐射传输计算带来较大影响；青海湖位于海拔 3200m 的高原上，结冰期较长，每年只有 60 天左右可利用，气溶胶特性不甚理想。基于以上原因，我国卫星的场地定标次数每年仅一到两次，无法满足定量化需求。另外，我国真实性检验场大都在北方平原及高原地区，地物类型相对单一，对于大尺度的卫星遥感而言，检验产品的代表性不足。

其次，试验场特性研究不够深入，科学支撑数据积累不足。

我国试验场特性研究不够深入，缺乏地学稳定性、双向反射特性、时间特性研究，缺乏星载和地面辅助数据（定标定位、气溶胶、近地表、地表参数）作支撑，缺乏基础数据积累。同时，场地的气溶胶类型、谱分布、相函数和复折射指数的研究比较薄弱，关键参数与廓线数据的准确性不高，没有建立起适合我国试验场的大气模式。

另外，定标与真实性检验在方法与精度上还不足以提供有效的业务保证。

我国现阶段，同步观测方法和地面采样算法研究不足，影响地面测量数据的准确性；辐射传输模型

研究和仿真模拟研究较滞后，单点定标方法限制了精度的提高；不确定度分析仍有欠缺，对误差源分析不透彻，对误差敏感性、误差传递规律和控制误差的研究不足。同时，我国的卫星遥感产品真实性检验工作到目前为止还没有系统性的开展，对真实性检验的流程设计、真值获取技术及尺度转换技术等真实性检验中的关键技术的瓶颈依然没有突破。

澳大利亚地处南半球，有着与北半球互补的气候，其试验场纬度跨度不大，可在除冬季外任何时候进行试验，而澳方的冬季正是我国试验场比较适宜的时候。澳大利亚地广人稀，工业污染少，大气条件好，试验场气溶胶季节变化规律明显，年平均光学厚度小于 0.1；地表反射率等级从 70%的干盐床到 40%的亮沙地再到湖泊等暗目标，应有尽有，可进行卫星全动态范围定标。地物类型丰富，沙漠、农田、森林和高山湖泊等，对于开展遥感产品真实性检验非常有利。

澳方试验场的众多特性在国际上享有盛誉，美国、法国、日本和比利时等国都与澳方联合开展了定标与真实性检验研究，取得了丰富的成果。在多次的遥感研究计划中，澳方试验场积累了大量的场地光学特性、地学稳定性、大气特性等基础数据，并建立了大气监测、气象监测、场地长期监测等设施，被各国科学家称为“绝佳的遥感试验场”。多年来，CSIRO 的科学家在地球观测领域取得了国际公认的成绩，尤其是在 EO-1 高光谱传感器 Hyperion 上的合作，实现了利用地学方法解决高光谱定标与产品检验，所取得的成果得到了 NASA 的高度认可。

该项目的实施建立在澳方成功经验的基础上，我方将从该项目中得到多方面的成熟技术和方法并吸收再创新，开发针对我国地物和大气特点的高精度业务化的定标与真实性检验算法。澳大利亚地处南半球，季节、气候与北半球互补，若与我国试验场联合，将实现全年可利用的业务化运行的高质量的国际性定标与真实性检验网络。

与 CSIRO 进行合作不仅可行，而且是最佳选择。通过与中澳双方的合作研究，将实现定标与真实性检验在技术方法与实用性、适用性上的新突破，解决困扰精度与业务化程度提高的技术瓶颈。

遥感所和 CSIRO 自 1984 年以来一直保持着良好的合作关系，曾 3 次联合开展了中澳科技联委会合作项目，双方联合研究的成果获得过广泛好评。

1）合作目标

该项目合作目标为：在中澳两国科学家的联合攻关下，将解决高精度定标与真实性检验中的技术瓶颈，构建中澳定标与真实性检验网络。预期目标详述如下。

（1）完成中澳两国试验场地表特性与地学稳定性分析，建立场地 BRDF 模型；完成场地大气特性研究，确定场地的气溶胶类型、谱分布、相函数和复折射指数等大气参数。创建联合试验场基础数据库。

（2）通过合作，改进我国的定标方法与技术，弥补我国在定标实践中的欠缺，提高我国定标理论与技术水平。

（3）利用中澳两国试验场对我国卫星进行同步试验，获得高精度的定标结果；

（4）对地表反射率、地表 BRDF、LAI 或地表温度形成真实性检验技术流程，并系统性地开展真实性检验试验。

（5）通过合作初步构建中澳定标与真实性检验试验场网络框架，积累基础数据库和进行学术交流，为试验场网络建设奠定基础。

2）主要内容

（1）开展中澳两国试验场地特性研究与分析。主要包括地表光学特性、地学长期稳定性分析及场地大气特性研究，借鉴澳方的先进经验和理论技术，对我国试验场的地表及大气特性进行深入研究，减少场地的测量不确定度，提高定标与真实性检验的精度。

（2）开展高精度定标方法和算法研究。同澳方紧密合作，在多个方面开展高精度定标算法研究，包括辐射定标方法研究、几何定标方法研究，以及针对我国卫星传感器的高精度算法研究，并通过试验对各种算法进行可行性分析与精度评价。

（3）初步构建中澳定标与真实性检验试验场网络框架。联合开展多星多传感器定标与真实性检验试验研究，建立科学数据库并归纳实地测量数据和历史数据，构建中澳定标与真实性检验网络，培育中澳两国合作关系与运行机制。

（4）真实性检验关键技术研究。联合开展针对我国地物的真实性检验技术流程设计，有针对性地选择一到两个研究对象，系统性地开展相关的真实性检验工作，解决我国真实性检验中的关键技术难关。

3. 取得的主要成果

针对我国自主研制的卫星，利用澳方试验场地和先进的定标理论，开展了在轨辐射定标及真实性检验的研究。重点针对我国环境卫星搭载的CCD相机、高光谱相机和红外相机，开展在轨定标、定标精度分析和真实性检验方面的研究，有效对国产卫星进行在轨监测，提高了遥感数据和遥感基础产品的精度，为后续的定量化应用提供技术保障。

（1）针对环境卫星CCD相机，吸收借鉴澳大利亚在轨定标与真实性检验方面的经验，利用沙漠场景法，实现CCD相机的时间序列定标。

（2）针对环境卫星超光谱成像仪，提出了超光谱成像仪图像相对辐射校正算法，有效去除了图像的条带噪声，改进了现有的辐射定标算法，实现了超光谱成像仪的在轨辐射定标和验证。

（3）针对环境卫星热红外相机，提出了新的红外辐射定标方法，深入分析了定标过程中的各个误差因素，确保了热红外相机的定标精度。

4. 对本所建设与发展的影响

通过开展中澳国际合作，我们在轨定标野外数据采集与处理方法、精度分析和真实性检验方面得到了显著的提高。针对我国环境卫星，利用我国多个试验场地和澳方提供的试验场地，通过开展多次联合定标与真实性检验试验，提高了国产卫星的数据质量，改善了定量化产品的反演精度，促进了真实性检验研究的发展，为提高我国卫星的数据利用率和应用效果提供了技术支持。

通过中澳国际合作项目，对国产卫星的在轨辐射定标和真实性检验开展研究，制定了国内定标与真实性检验的基本技术流程，中澳合作的研究成果和技术积累，为后续高分辨率对地观测系统的相关研究提供了技术和数据支持。

通过中澳国际合作项目，培养博士后1名、博士3名、硕士5名，建成了一支具有丰富经验的在轨定标试验团队，提高了我国自主研制卫星的在轨定标与真实性检验的精度，提高了国产卫星的定量化水平，研发出在轨定标软件模型，为今后定量化遥感的发展提供了技术和人才积累。

通过中澳合作，双方建立了良好的合作机制和交流平台。合作期间，我方前往澳大利亚开展场地考察与野外测量实验，并对未来合作意向进行了交流。澳方科学家也多次来到北京，商讨具体合作事宜及今后进一步合作的意向。2011年10月，澳方科学家再次来到遥感所，共同就未来具体合作的研究方向进行了讨论，双方签订了未来进一步合作的意向。

二十三、欧盟项目：第七框架合作

项目概要

遥感所积极开展与欧盟的合作与交流，作为主要参加单位参加了欧盟第七框架环境领域重大协作项目“亚欧合作长期观测系统–通过地面/卫星观测和数值模拟研究青藏高原水文气象过程和亚洲季风的关系”（CEGO-AEGIS）。该项目有来自欧盟、中国、日本及印度等 8 个国家共 18 个大学与研究机构参加。

该项目旨在通过欧洲与亚洲之间的合作，提高对青藏高原及其周边地区的气象及水文过程及其对该地区的气候、季风及极端天气所产生的影响的认识。该项目采用目前先进的多源卫星观测手段，结合地面观测及水文过程的模拟，获取该地区区域水量平衡的信息，进一步建立以多源卫星遥感为主要观测手段的干旱及洪涝过程的监测。

该项目被欧盟推选为欧洲–亚洲合作对地观测在水资源研究中应用的示范项目，成为第 70 届全球观测工作组大会（GEO-VII）及 2010 年北京部长级峰会中的 show case 中的主要内容之一，向与会 GEO 成员国及参会人员演示。

其中遥感所贾立研究员担任该项目的副主持，另有遥感所的辐射传输研究室及全球变化研究室参加了该项目，分别承担地表要素遥感反演产品、地表蒸散发算法开发、大区域（包括中国和印度）遥感干旱监测方法研究及系统开发等。获取的成果作为该项目的主体支撑，获得了该项目内合作伙伴的好评及该项目外同行的关注，因而吸引了欧盟合作伙伴与遥感所的进一步合作的兴趣，建立了长期的合作关系（如通过该项目的合作与欧盟合作伙伴进一步获取了欧空局–科技部“龙计划”项目）。

二十四、埃及农业环境遥感监测系统

1. 项目概况

该项目来自中国科学院国际合作局。遥感所承担。合作单位是埃及国家遥感与空间科学局（NARSS）。合作经费由中国科学院国际合作局投入 100 万元，遥感所配套经费 50 万元。在总经费中，65 万元用于国际交流与野外考察、遥感和 GIS 技术培训；用于文献查询、著作出版等费用 20 万元，其余经费用于数据购买、数据分析测试以及少量的日常开支等。负责人及参加人员为赵忠明、张宗科、孟庆岩、孟瑜、魏显虎和魏永明等。执行时间为 2009 年 6 月～2012 年 12 月。

2. 合作内容与目标

1）合作内容

通过中埃合作研究，以中国自主卫星影像数据为主，以中国科学院遥感所图像处理、信息提取与分析等软件平台为依托，面向解决埃及国民经济和社会发展中迫切需要的战略目标，结合埃及农业环境基础要素，如土地资源、水体、植被覆盖、地形地貌及农作物长势与估产等为主题的共性、关键性问题开展应用合作研究，建设基于遥感的埃及农业资源环境评估指标体系与分析模型库，开发简洁、实用、友好的“埃及农业环境遥感监测信息系统”；完成埃及农业环境专题数据库建设、数据分析及农作物估产；为埃及开展管理人员、遥感专业人员的技术指导与培训，实现埃及国家主管部门对农业资源环境的现代化、科学化管理。

2）合作目标

通过中埃科技示范合作，为国家制定对非援助提供新的切入点，使我国援非由实物为主逐步转变为以高新技术援助为主；配合国家对非外交政策，落实《中国对非洲政策文件》的承诺；促进国产卫星海量数据在非洲的应用，使我国成为自主卫星数据和遥感产品的输出国，扩大自主卫星数据及产品在国外的占有率；为中国科学院各研究单位今后在非洲开展资源、干旱、水利等科技合作提供基础资料；为埃及培养高技术人才，促进埃及乃至非洲遥感和 GIS 研究与应用的技术进步，提升埃及农业监测与管理的研究与应用技术水平；加深中埃/中非的传统友谊。

3. 取得的主要成果

在中国科学院国际合作局的领导下，在中国科学院遥感与数字地球研究所非再生资源遥感应用技术研究室、遥感图像处理技术研究室和对地观测应用系统工程研究室的通力合作下，经过3年的合作研究，取得了一批科研成果。

1）*在基础研究方面*

以国产自主卫星和“埃及 1 号”为主要信息源，开展卫星联合定标与作物叶面积指数等生理生态参数定量反演及真实性检验研究。

2）*在技术发展方面*

由中埃双方的管理机构与应用部门共同探讨影响农业环境的要素，确定监测内容，建立分类体系，以中国科学院遥感与数字地球研究所多年积累的遥感图像处理、信息提取与分析等 GIS 软件平台研究成果为依托，建设基于遥感的埃及农业资源环境评估指标体系与分析模型库，开发简洁、实用、友好的“埃及农业环境遥感监测信息系统”，实现埃及的数据管理、数据分析与信息服务，为埃及农业管理部门和有关机构提供农业资源管理与决策支持手段，为社会提供全方位的农业信息服务。

3）*在应用研究方面*

（1）资源和环境遥感监测方面的成果。①地貌制图：制定埃及地貌形态分类指标，基于 DEM 数据制成 1∶100 万埃及地貌图。②植被监测：基于 MODIS 数据的埃及植被长时序遥感监测，深入分析了埃及植被时空变化规律及其与作物种植的关系。③地表水监测：埃及地表水长时序遥感监测及时空变化特征分析，揭示地表水变化与农业灌溉用水的关系。④地下水监测：利用遥感影像数据，分析埃及的地质构造、古河道与三角洲演变、地表植被信息分析，圈定出四处埃及干旱区地下水富集地带，为埃及干旱地区地下水探测提供新的思路与方法。⑤土地利用遥感调查：基于国产“环境一号”卫星数据，利用人机交互解译及监督分类相结合的方法提取埃及土地利用信息，制成 1∶10 万埃及全国土地利用专题图，这是首次利用国产卫星数据进行国外整个国家的土地利用遥感制图，拓展了我国遥感卫星数据的应用范围，填补了埃及没有完整的大尺度土地利用图的历史。

（2）埃及农业生态环境综合评价。在农业环境基础要素遥感监测的基础上，建立评价指标体系，采用主成分分析法开展埃及农业生态环境综合评价，制作评价等级专题图。

（3）埃及耕地后备资源评价。建立埃及耕地后备资源遥感评价指标体系，开展耕地后备资源评价，生成耕地后备资源适宜等级分布图，为埃及农业规划与发展提供技术支持。

（4）出版发行《埃及遥感应用示范研究》专著。该专著是埃及第一部基于现代化空间信息技术的资源环境调查成果综述，对埃及的国民经济建设及宏观决策具有重要的参考价值，对我国高技术成果在国外的推广应用具有示范效果。

4. 对本所建设与发展的影响

（1）中埃项目合作立足于中国科技“走出去”的发展战略，将我国先进的遥感和 GIS 研发成果与埃及独特的自然环境条件相结合，开展埃及农业环境、资源和生态等应用示范研究，这有助于在埃及乃至非洲推广我国的遥感卫星数据、遥感和 GIS 技术研究成果，为遥感地球所在非洲拓展合作新领域打下基础。

（2）中埃国际合作项目得到了中国驻埃及大使馆的高度重视。该项目组应邀赴驻埃使馆进行会谈，介绍国内民用航天事业的进展及对促进中埃在遥感应用合作的思路。大使馆指出，中埃两国在高精尖的技术领域的科技合作极为重要，航天、遥感技术的深层次合作将是一个突破点，希望双方探索在高新技术领域的新合作模式，在更高层次上取得新成果，也希望该项目成为南南合作的典范。

（3）中埃科技交流与合作，为遥感所遥感技术与科研成果走出去奠定了基础。“中非联合研究中心”是中国政府在海外建立的第一个大型、综合性科研机构，后来遥感所成为中科院海外科教基地“中非联合研究中心”的核心单位之一，负责参与“地理科学与遥感研究分中心”建设，开展非洲资源、环境遥感监测、人才培养等各项工作，为遥感所在非洲开展国际交流与合作提供重要的平台。

二十五、联合国援外遥感技术培训

2000～2004 年，在联合国开发计划署设立的第三世界国家减灾专署项目经费的支持下，遥感所先后 4 次对朝鲜科学院及该国其他部委从事遥感的科研人员共计 52 人次进行了数月的遥感技术培训。

2006 年，获得由我国商务部直接受理的“中华人民共和国援外项目”的财政支持，对非洲的加纳、毛里求斯和塞拉利昂等共计 8 个非洲国家的 13 位国家级遥感专家进行了为期两个月的遥感技术培训。

2007 年，遥感所承担了由联合国外空司支持、我国国防科工局委托北京航空航天大学组建的针对亚洲各国的（亚太空间技术研究生班）的全部遥感与地理信息系统领域的专业授课。

二十六、国际遥感考古合作

1. 项目概况

该项目来自联合国教科文组织（UNESCO）。由中国科学院遥感所的中国科学院、教育部和国家文物局遥感考古联合实验室承担。合作经费由联合国教科文组织提供 13000 美元。负责人及参加人员有王长林、聂跃平、邓飚、程晓云和朱兰巍等。执行时间为 2005 年 6 月～2008 年 5 月。

2. 合作内容与目标

2004 年 10 月 18～21 日，由中国科学院、教育部、科技部、国家文物局和国家自然科学基金委员会主办，由中国科学院、教育部和国家文物局遥感考古联合实验室在北京友谊宾馆成功地召开了首届国际遥感考古会议。会议邀请了来自联合国教科文组织生态与地学部遥感项目负责人 Mario Hernandez 博士、美国航空航天局喷气推进动力实验室的 Ronald Blom 博士和意大利的 Maurizio Forte 博士等 40 余名国际遥感考古专家学者与来自遥感考古联合实验室下属 10 个工作站及从事遥感、考古等领域的国内专家共计 150 余人参加了大会。会议一致通过了北京宣言及成立用空间技术监测和保护联合国教科文组织自然与文化遗产地的国际专家组的决定。在联合国教科文组织方面，2001 年发起成立了 UNESCO 和欧洲空间局（ESA）利用空间技术监测和保护世界遗产的框架计划，并寻求国际上各国的合作伙伴，共同推动该计划在全球的实施。2005 年 4 月 13 日，郭华东研究员代表中国科学院与 UNESCO 助理总干事 Barbosa 博士共同签署了遥感考古联合实验室加入 UNESCO 该框架的协议。为了更好地落实签署的协议和支持成立遥感考古国际专家组、促进遥感考古的学术交流，经共同商议，由 UNESCO 资助 13000 美元，用于筹备遥感考古国际专家组会议和我方人员参加有关遥感考古国际会议的学术交流。

3. 取得的主要成果

1）支持我方参加遥感考古国际会议，并做学术交流

2005年11月28日～2006年2月2日，应联合国教科文组织的邀请，王长林和聂跃平出席了在墨西哥举办的“空间技术用于自然与文化遗产保护”国际研讨会，并由王长林在会上做了题为“中国的遥感考古进展”的大会报告，接受了当地电视台的采访，并为筹备遥感考古国际专家组有关专家进行了面对面的交流，增进了相互间的了解。

应美国加州大学伯克利分校地理信息科学中心和泰国Chulachomklao皇家军事科学院的邀请，王长林参加了2006年6月24～26日在泰国曼谷举办的“古代文化、现代技术”国际会议。在24日的大会特邀报告上，王长林作了遥感考古在中国的发展与应用报告，介绍了我国在该领域所取得的成就，特别是自中国科学院、教育部和国家文物局遥感考古联合实验室成立所做的一些工作，阐述了遥感技术在自然与文化遗产保护中的作用，介绍了虚拟现实技术再现山海关长城等工作，得到与会代表的一致好评。

2）召开了空间技术用于自然与文化遗产监测与保护国际专家组会议

2006年5月18日，在中国科学院图书情报中心召开了首届遥感考古国际专家组成立筹备会议。会议邀请了来自联合国教科文组织、波兰、意大利和瑞士等10余位国际专家和我国相关部门的专业人员共同出席了会议。会议讨论了世界自然与文化遗产保护与监测的有关问题，特别是空间技术所发挥的作用；讨论了国际专家组的作用及其对UNESCO的贡献、规章制度，以及在系列的国际遥感考古会议中召开专家组会议的可行性和建立国际专家组的英文网站。会议结果为UNESCO提交了关于此会议的会议报道及空间技术用于自然与文化遗产保护和监测的建议报告。

4. 对本所建设与发展的影响

2014年10月举办的首届国际遥感考古会议，以及该国际合作项目所组建的空间技术用于自然与文化遗产保护与监测国际专家组为推动我国遥感考古的发展起了重要的作用。在郭华东所长与UNESCO签署的合作协议的基础上，2007年在时任中国科学院院长路甬祥访问UNESCO之际，与UNESCO助理总干事进行会谈，并提出在中国科学院成立联合国教科文组织自然与文化遗产空间技术中心（二类中心）的建议，得到了UNESCO总干事的积极响应。这为2011年在对地观测与数字地球科学中心（现遥感与数字地球研究所）正式成立联合国教科文组织自然与文化遗产空间技术中心奠定了坚实的基础。

二十七、朝鲜3S技术培训

在遥感所知识创新工程启动实施进程中，受联合国开发计划署资助（共计54.2万美元），朝鲜国家科学院派出了4位遥感专业人员于2000年3月15日～5月21日来遥感所接受遥感和GIS专业知识的培训。

在两个多月的时间里，依据精心设计的教学大纲，在遥感所老、中、青科学家及博士生的共同努力和相关单位的大力支持下，所有课程紧张有序，培训课程及实践进行得非常顺利，效果显著。

由于一期遥感培训计划的成功，联合国项目管理部将原定于在泰国进行的第二期培训计划——GIS专业培训也选在遥感所进行。今年6月23日～8月31日，朝鲜国家科学院与朝鲜水电部将共同新派出8位GIS专业人员来遥感所接受GIS专业培训。为把这次培训办好，除了遥感所的科学家以外，遥感所还

特邀了资源环境信息系统国家重点实验室、国家信息中心，以及北京大学地理信息专业的专家来遥感所授课，圆满完成了第二期培训任务。

二十八、遥感与GIS在自然资源和灾害管理中的应用培训班

1. 项目概况

该项目由联合国亚太经济与社会理事会（UN ESCAP）与中国科学院遥感应用研究所（国家遥感中心研究发展部）主办。培训班共两期。A组：地表现象的地理数据模型培训班。B组：地理信息系统技术、软件及应用发展培训班。负责人为王晋年；参加人员有吴洁、于璐、陈良富、崔伟宏、顾行发、李正强、刘亚岚、柳钦火、牛铮、乔彦友、童庆禧、田国良、王长耀、汪潇、赵千钧、闫娜娜、周艺、杨崇俊、周翔等。执行时间2011年4月11日～2011年7月15日。学员共12名。是从朝鲜政府部门、科研机构选派从事该领域研究及管理工作的骨干专家。

1）项目来源

2011年4月11日～7月15日，由联合国亚太经济与社会理事会与中国科学院遥感应用研究所（国家遥感中心研发部）主办，中国遥感委员会、中国地理学会环境遥感分会和中国环境科学学会环境信息系统与遥感专业委员会联合承办。培训班在中科院遥感应用研究所举办。

2）合作单位

中国科学院遥感应用研究所、联合国亚太经济与社会理事会、科技部国家遥感中心、中国遥感委员会、中国地理学会环境遥感分会、中国环境科学学会环境信息系统与遥感专业委员会、北京大学、中国科学院对地观测与数字地球科学中心、中国海洋大学、中国地震局、中华人民共和国水利部、中国林业科学研究院、中国海洋大学、国家减灾中心、国家卫星海洋应用中心及国家卫星气象中心等多家培训单位共同组织。

3）合作经费

联合国亚太经济与社会理事会预算拨款共66372美元。

2. 研究内容、目标与成果

此次培训活动形式多样，除课堂授课外，还设置了上机实践和参观考察。其中，A组共安排28节课堂授课，上机实践课程31节，参观考察对口单位10家；B组共安排30节课堂授课，上机实践课程28节，参观考察对口单位8家。为朝鲜培养了一批遥感与GIS领域的专业人才，促进朝鲜国内遥感与GIS在自然资源与灾害管理中的应用，对朝鲜的自然资源和灾害管理能力起到积极的推动和促进作用。取得的主要成果如下。

此次培训班是联合国亚太经济与社会理事会组织的一项重要活动。培训课程系统深入，培训师资力量雄厚，教师由来自中国科学院遥感应用研究所、北京大学遥感所、中国科学院对地观测与数字地球科学中心、中国海洋大学、中国地震局、中华人民共和国水利部、中国林业科学研究院、中国海洋大学、国家减灾中心、国家卫星海洋应用中心、国家卫星气象中心等单位30余位专家组成。培训形式多样，除课堂授课外，还设置了上机实践和参观考察。其中共安排58节课堂授课，59节上机实践课程，考察的对口单位包括中国林业科学研究院资源信息研究所，中国科学院遥感应用研究所，中国水利水电科学研究院，国家卫星气象中心，北京21世纪科技发展有限公司，国家卫星海洋应用中心，

国家减灾中心，中国航空物探调查与国土资源遥感中心，中国科学院地理科学与资源研究所，北京超图软件股份有限公司，国家基础地理信息中心，北京工业大学，中地数码集团，北京国遥新天地信息技术有限公司等 18 家。

本次培训的成功举办，为朝鲜培养了一批遥感与 GIS 领域的专业人才，为促进中国和朝鲜在遥感和地理信息系统技术及应用领域的相互合作，提高自然资源利用和灾害应急管理能力，促进区域经济社会发展繁荣，起到积极的推动作用。

3. 对本所建设与发展的影响

通过此次培训，学员在未来与遥感所进一步合作时，可以考虑 3 种方式：第一，朝鲜学员及其单位同事可以申请中科院硕士、博士学位；第二，今后学员可以申请遥感所博士课程学习；第三，今后学员可以进一步申请与遥感所的项目合作。

同时，我们也很荣幸能够承接联合国亚太经社理事会的项目，也期待今后与联合国亚太经社理事会进一步合作，这为促进亚太区域经济社会发展繁荣起到积极的推动作用，同时为扩大中国遥感与对地观测事业的国际影响力贡献力量。

二十九、城市生态空间信息高分辨率遥感定量反演与真实性检验研究

1. 项目概况

该项目来自国家科技部国际科技合作与交流专项项目。中国科学院遥感应用研究所承担。合作单位为西匈牙利大学。合作总经费为 119.00 万元，其中国际合作专项拨款 99.00 万元，单位自筹经费 20.00 万元。起止时间：2010 年 6 月～2012 年 6 月。负责人及参加人员有孟庆岩、田国良、陈继平、王春梅、李娟、徐京萍、吴增巍、李东辉、陈宇、张瀛、李小江、薛小娟、杜灵通、李少鹏、韦春竹等。

2. 研究内容与目标

1）研究目标

通过中匈双方基于城市生态空间信息遥感定量反演与真实性检验技术的合作与交流，分析研究中匈两国主要城市的环境基础要素及其目标地物的主要光谱特性，如土地、水体、植被、城市建筑等背景数据，研究分析城市生态环境空间信息遥感定量反演与真实性检验的相关技术和模型机理。通过与西匈牙利大学基于高分辨率遥感定量反演与检验相关技术的合作研究，实现城市生态环境空间信息遥感提取方法与分析模型算法的整合，旨在通过构建空间信息遥感提取方法体系、算法模型库、城市生态空间信息综合数据库等，为实现对中匈主要城市生态环境变化监测的区域性分析研究提供技术基础。

2）研究内容

该项目根据对中匈各大城市相关城市生态环境目标地物的波谱特性的收集整理和分析研究，结合目前国内外先进的高分辨率遥感数据的反演技术，建立基于城市生态进行各类城市生态产品生产反演与真实性检验技术的模型方法集；同时根据制定研究城市陆表生态产品技术方法体系，建立相关城市生态环境数据库及其反演信息系统。

3. 取得的主要成果

以中国北京、上海、广州和匈牙利 Székesfehérvár、Szombathely 和布达佩斯等城市为研究区域开展

研究，以 HJ-1 等国产卫星影像数据为主，TM、WorldView 等国外相关卫星影像为辅，并引进了匈牙利定制的 0.5m 匈方实验区 Orthophoto 数据、WorldView 数据及 DEM 等数据约 500G，引进匈牙利推荐使用的“Idrisi”遥感图像处理软件，结合城市的环境背景基础数据，研究中匈城市生态环境空间信息遥感定量反演与评估模型。该项目解决了城市环境要素遥感定量反演与检验中的一些关键技术，构建了中匈城市生态环境空间信息遥感提取方法体系与分析模型库，并在城市复杂下垫面情况下的土地利用分类、城市多地表类型下的 LAI 反演及地表温度反演等方面取得了一些成果。该项目合作开发了实用、友好的“中匈城市环境遥感定量反演信息系统”，在系统支持下完成专题数据库建设及相关数据分析评估。通过软件可实现土地利用分类、归一化植被指数产品、地温反演产品等生态参量遥感反演产品的批量化生产，可为环境保护部门和相关城市生态环境研究等提供数据产品服务，从而提高了数据的利用率和经济效益。该软件目前已经在环保部环境卫星应用中心及西匈牙利大学开展实际推广应用，在实际应用中得到了好评，实际应用表明该系统具有在城市生态环境监测部门推广应用的价值和潜力。在合作过程中，中匈双方还联合开展了 LAI 反演及真实性检验、地温反演及真实性检验等野外实验和遥感影像识别、系统研发等方面的培训。在国际交流合作方面，该项目借鉴匈牙利等欧洲国家正在积极推动的空间数据基础设施（SDI）框架体系，以及匈牙利“城市环境要素多源高分辨率遥感多维信息耦合与表达技术”，通过与引进西匈牙利大学 Tamas 教授、Udvardy Peter 副教授等来中国进行学术访问交流，并在遥感所工作 3 个月，共同合作完成该项目。

在该项目实施过程中，共培养博士后 1 名、博士生 1 名、硕士生 4 名；发表论文 24 篇，其中 SCI 收录 4 篇，EI 收录 8 篇，CSCD 收录 10 篇；在中匈两地开展学术研讨会 7 次，共做学术报告 20 余次，互访科研机构 8 家。

4. 对本所建设与发展的影响

该项目促进了遥感所中匈技术合作和数据交换共享，通过中匈双方在数据、理论和技术等方面的优势互补，提升中匈合作双方在城市生态环境监测与评估方面的技术实力；通过该国际合作，增进了中匈间的遥感国际科技合作和学术交流，提升了我国自主 HJ-1 卫星数据、技术和产品的应用推广与输出，提升了自主卫星数据和产品进行跨国真实性检验的可能性。

在此合作的基础上，中匈双方还成功申请了欧盟第七框架项目，进一步促进了中方同荷兰 ITC、法国马赛大学、保加利亚科学院等科研机构的合作，从实质上拓展了多边国际科技合作交流，建立了良好的多边科研合作环境与长效机制。此外，中方研究人员充分借鉴匈牙利等欧洲国家，正在积极推动的 SDI 框架体系，并应用到我国国家重大专项“高分辨率对地观测系统”应用系统的数据库建设中。

三十、作物叶面积指数（LAI）遥感反演模型真实性检验研究

1. 项目概况

该项目为中国–埃及政府间科技合作联委会项目。中国科学院遥感应用研究所承担。合作单位：埃及国家遥感与空间科学局；合作经费：20 万元。负责人及参加人员为孟庆岩和塞耶德·阿拉法特。执行时间为 2007～2009 年。

2. 研究内容与目标

开展综合实验，研究不同尺度、不同生育期、多源遥感数据的小麦 LAI 反演模型，以实测 LAI 检验 LAI 反演效果，探明小麦 LAI 最佳反演模型；进而建立 LAI 遥感模型与农学模型的链接，探索 LAI 地面测量与遥感反演的点面互动机制；系统研究作物信息遥感反演的真实性检验方法，分析反演模型的敏感

性及可能误差源，探明影响模型精度的关键因素，为作物反演模型和遥感数据源筛选提供依据。

3. 取得的主要成果

开展卫星数据定量反演埃及典型地区小麦、水稻等作物的地表反射率、NDVI、LAI 等关键技术攻关，研究优选出最佳定量反演模型；完成埃及全境 MODIS 的收集与前期图像处理；完成中国环境卫星数据的编程接收及部分数据前期图像处理；完成埃及大部分地区 DEM 数据的处理工作；建设完成埃及农业环境遥感监测信息原型系统。为方便后续功能的集成，在保证系统完整性的同时充分考虑到系统的可嵌入性和模块的独立性，从而使得用户可根据不同的应用要求合理地选择不同功能模块及其不同组合，对系统进行定制。

4. 对本所建设与发展的影响

2007 年，中科院遥感应用研究所所长顾行发与埃及国家遥感空间科学局局长 AYMAN 代表双方单位签订了合作备忘录，在建设卫星定标场、卫星数据共享、科研技术开发、人员交流访问、人才培养、组织研讨会等多个领域达成合作意向，为中埃两国间的航天遥感及其应用奠定了基础，有了良好的开端。

三十一、中国东北和俄罗斯远东边境地区可持续发展研究

该项目为中俄国际合作项目。依据项目预定计划的安排，中国科学院遥感应用研究所赴俄罗斯代表团，在崔伟宏研究员的带领下，一行 4 人，于 2005 年 11 月 11 日访问了俄罗斯科学院远东分院太平洋地理研究所，进行了为期一周的学术交流和访问。

访问期间，崔伟宏研究员介绍了中科院遥感所最近的研究领域和工作内容。俄罗斯科学院院士、俄罗斯科学院远东分院太平洋地理研究所所长 Baklanov P. Ya 代表俄罗斯科学院，聘请崔伟宏研究员为远东分院太平洋地理研究所名誉教授，并主持了聘任仪式，颁发了聘书。另外遥感所科技人员牛振国博士，罗静博士和吴孟泉博士分别做了题为“*Monitoring Biomass in the Northeastern China by Remote Sensing*”“*the Development and Application of Hyper-graph Spatial-Temporal Data Model in Ecological Environment Monitoring*”“*Research of Monitoring Biomass Based on MODIS Data*”的学术报告，并和俄罗斯同行进行了热烈的讨论。访问期间，崔伟宏研究员一行还参观访问了位于伯力的俄罗斯科学院水资源与经济研究所，并进行了友好的交流。

作为执行中俄国际合作的一部分，遥感所名誉所长陈述彭院士会见并宴请了 Tikunov 院士一行，讨论了中哈油气管道经济走廊和在地球信息科学方面的合作等问题。

另外，俄罗斯科学院院士、远东分院太平洋地理研究所所长 Baklanov P. Ya，副所长 Prof. Ganzey S.S.，Dr. Yermoshin V.V.和 Mrs. Ganzey，于 2005 年 12 月 5～8 日访问了中科院遥感所，进行了学术交流，双方讨论了中俄两国的土地利用分类系统，做了题为“*Indicators，Criteria and Restrictions of the Regional Sustainable Development*”“*Methodology of the Trans-boundary Territories Geographical Analysis*”“*Problems and Means of GIS-Support Creation for the Trans-boundary Amur River Basin Project*”的学术报告。

经过双方多次友好讨论与商议，最终签署了合作备忘录。双方一致认为，中俄合作项目圆满完成，并取得了丰硕成果，并决定继续加强合作与交流，加强双方在边境地区的合作研究工作；同时双方决定以中文和俄文两种文字共同出版《区域可持续发展与循环经济的信息保障》一书，并对其内容进行了协商和分工。

三十二、联合国亚太经济与社会理事会遥感应用培训班

2011 年 5 月 27 日，由联合国亚太经济与社会理事会和中国科学院遥感应用研究所（国家遥感中心研发部）主办，中国遥感委员会、中国地理学会环境遥感分会、中国环境科学学会环境信息系统与遥感专业委员会联合承办的“UN ESCAP 遥感与地理信息系统技术在自然资源与灾害管理中的应用–地表现象的地理数据模型培训班（A 组）”结业仪式在遥感所举行；5 月 30 日，“地理信息系统技术、软件及应用发展培训班（B 组）”开班。

中国科学院院士童庆禧、遥感所副所长王晋年及联合国亚太经社理事会项目专家郑成勋（Seung Hun Jung）、联合国亚太经社理事会空间应用处前处长武国祥出席 A 组结业仪式，并为 6 名朝鲜国家科学院学员颁发结业证书，结业仪式由遥感所科技处副处长周翔主持。仪式上，童庆禧作了关于遥感前沿的特邀报告，随后 A 组培训班团长朴哲民作了学期总结，感谢遥感所领导和培训班秘书处为他们创造了良好的学习、生活条件，其他 5 名学员也分别结合自身领域提交了项目计划书。

2011 年 5 月 30 日，“地理信息系统技术、软件及应用发展培训班（B 组）”开班仪式举行。出席开班仪式的有遥感所所长顾行发，国家遥感中心综合与地球观测处处长李加洪，联合国亚太经社理事会空间应用处前处长武国祥，联合国灾害管理与应急反应天基信息平台北京办公室主任史睿仕（Dr. Shirish Ravan）。北京办公室代表过志峰，遥感所支撑中心副主任崔颐冰和培训班授课教师代表及 B 组 6 名朝鲜学员。该仪式由遥感所支撑中心主任肖青主持。

参加 B 组培训班的 6 名学员分别来自朝鲜国家科学院基础科学与信息技术研究所、地理研究所、森林信息中心、渔业科学与技术信息中心、城市管理研究所和遥感与地信研究所。教师队伍由来自中国科学院遥感应用研究所、北京大学遥感所、水利部、中国林业科学研究院等单位的 20 余名专家组成。B 组课程为期 49 天，其间，学员们将接受上机培训，并有机会到国家基础地理信息中心、国家减灾委员会、中国林业科学研究院等地参观考察，中国科学院遥感应用研究所将继续为培训班提供教学和保障服务。

第三章　主持召开的国际会议

一、第一届全球雷达遥感与应用研讨会

由中国科学院遥感应用研究所和加拿大遥感中心共同主持，1993 年 6 月在北京召开了“全球雷达遥感与应用”项目研讨会。来自国内 26 个单位的 51 名代表出席了会议，加拿大遥感中心、加拿大雷达卫星国际组织、INTERA 公司和国际发展研究中心特派 5 名代表专程来京参加会议。

国家科委、中科院的领导在会上做了重要讲话。加拿大代表作了项目报告，内容包括雷达卫星、全球雷达遥感项目、国际发展研究中心的遥感活动、雷达遥感应用和雷达图像解译。

中方代表郭华东研究员介绍了中国雷达遥感进展情况。在此基础上，中加双方科学家就全球雷达项目计划和试验区选择进行了深入的讨论。

“全球雷达遥感项目”旨在通过研讨会、培训和机载飞行试验等方式为雷达卫星的上天做准备和进行示范性应用试验，提高雷达遥感研究与应用水平，推动雷达遥感及其应用事业的发展，在资源调查、环境与灾害监测方面发挥积极作用。

二、中加雷达遥感项目第三次研讨会

1. 会议概况

由中国科学院遥感应用研究所和加拿大遥感中心等主办的“中加雷达遥感项目第三次研讨会”，于 1994 年 5 月 5～14 日在中国科学院遥感应用研究所举行。

2. 会议主题

这次会议由加拿大遥感中心发起，12 个国家参与的全球雷达遥感（GlobeSAR）国际合作计划—中加雷达遥感项目第三次研讨会。研讨会分两阶段进行：第一阶段（1994 年 5 月 5～10 日），介绍雷达图像的知识，图像处理情况及进行 PCI 软件的培训工作；第二阶段（1994 年 5 月 11～14 日），报告利用广东肇庆实验区的雷达资料，实施研究工作的进展情况。

3. 会议简介

在研讨会第一阶段，加拿大遥感中心的 Brian Brisco 博士和 John Naunheimer 报告了以下方面的内容：首先，介绍了 SAR 图像的一些知识和特征，包括合成孔径雷达的原理、SAR 成像的光学和数字处理方法，距离向和方位向的处理方法，以及雷达图像的色调、纹理、阴影、光斑等特征。其次，介绍了图像处理、图像分类、数据复合的方法及利用图像进行变化探测的方法。图像处理方法主要介绍了辐射校正、辐射增强、滤波及几何校正方法。图像分类主要包括监督分类和非监督分类两种方法，每种均各有其特点和适用性。数据复合既可以是不同波段、不同极化的雷达数据复合，也可以是不同传感器获取的数据复合，其目的是为了增加图像的信息量。变化探测方法主要用于监测城市、农业发展、森林退化与再生及冰川预报等。在进行上述讲座的同时，加拿大方面赠送遥感所的一台 Sun10 工作站和 PCI 软件，已安装、调试完毕，并由加拿大 PCI 公司的 Trevor Taylor 对我方有关研究人员进行了培训。

研讨会的第二阶段，于 1994 年 5 月 11 日起，举行了正式报告会议。出席会议的有总参谋部、航天办、中科院社会与发展协调局、国家自然科学基金委、肇庆市各有关方面负责人、北大地质系、中科院遥感所、加拿大遥感中心、加拿大 PCI 公司和环保公司等方面人士。会上，中科院遥感所所长徐冠华院士致欢迎词，中、加双方项目负责人分别介绍了项目的有关情况，接着，中方研究人员汇报了利用获取的雷达资料在肇庆地区进行农业、地质和水资源研究所取得的阶段成果。作为试验区东道主的肇庆地方政府，非常关注这次项目实际应用的前景，派出了由市科委副主任带队的 7 人考察团，包括农、林、地矿、水电、国土方面负责人出席了这次研讨会。在几天的会议中，他们就各领域需要解决的问题提出了要求，希望能借助雷达遥感手段，与遥感所合作，在今后能解决一些肇庆地区实际的应用问题。

4. 会议成果

（1）加拿大遥感中心的 Brian Brisco 博士和 John Naunheimer 做了关于 SAR 图像知识和特征的报告。

（2）介绍了图像处理、图像分类、数据复合的方法及利用图像进行变化探测的方法。

（3）加拿大方面赠送遥感所的一台 Sunl0 工作站和 PCI 软件，安装、调试完毕，并由加拿大 PCI 公司的 Trevor Taylor 对我方有关研究人员进行了培训。

（4）中、加双方项目负责人分别介绍交流了项目的有关情况。

（5）试验区肇庆地方政府农、林、地矿、水电、国土方面负责人出席了这次研讨会，并提出了需求。

作为一项大型的国际合作计划，于 1994 年 11 月将在泰国曼谷举行亚洲地区的区域研讨会，届时遥感所将派人参加会议，并报告所取得的研究成果。

5. 会议的主要贡献

遥感所郭华东副所长负责总体筹划承办。微波室邵芸研究员等及遥感所研究室和职能部门都参与了筹办工作。中、外代表对大会组织筹备感到满意。

三、联合国/中国/欧共体微波遥感应用国际讨论会

1. 会议概况

由中国国家科委、联合国外空司、欧空局主办，中国科学院遥感应用研究所承办的“联合国/中国/欧共体微波遥感应用国际讨论会（UN/CHINA/ESA Workshop on Microwave Remote Sensing Applications）”于 1994 年 9 月 14～18 日在北京二十一世纪饭店举行。

2. 会议主题

交流和讨论微波遥感的技术发展；讨论微波遥感技术在资源调查、灾害监测、环境变化监测等方面的应用，尤其是星载雷达数据接收和处理等。这次会议作为联合国和平利用外层空间的一项重要活动列入了联合国外空委员会 1994 年度工作计划，作为我国政府对和平利用外空活动的实物捐献。

3. 会议简介

参加会议的代表除联合国外空司、欧洲空间局的官员外，还有来自孟加拉国、柬埔寨、加拿大、德国、印度、印度尼西亚、日本、马来西亚、缅甸、巴基斯坦、菲律宾、韩国、新加坡、斯里兰卡、泰国、英国和美国及中国香港地区的代表共 42 人，国内专家 42 人，联合国开发计划署驻华代表处的代表也参加了会议。

国家科委常务副主任朱丽兰出席了 1994 年 9 月 14 日的会议开幕式，朱副主任在讲话中表示：中国

政府十分重视空间技术及其应用，重视微波遥感技术的发展，并将继续支持联合国有关机构，做好和平利用外空技术的工作。她希望这次会议能为各国专家提供一次互相借鉴、互相交流和加强合作的机会。

国务委员兼国家科委主任宋健于 1994 年 9 月 16 日在中南海紫光阁会见了与会的全体国外代表及部分国内代表。宋主任听取了会议的简单介绍，并表示，我们将继续促进空间技术司，如微波遥感技术在资源管理、灾害监测、环境保护等方面的应用，他希望中外科学家加强合作，共同促进微波遥感应用及技术的发展。

会议期间，国家外国专家局局长马俊如、中国科学院副院长徐冠华、国防科工委五局局长艾长春等领导出席并主持了部分会议。

会议共收到论文 60 篇，其中大会发言和报告 26 篇（国外代表 22 篇、国内代表 4 篇），内容涉及传感器研制、微波遥感技术发展、国家报告、微波技术在林业、土地管理、海洋及灾害监测中的应用、培训与区域合作、欧空局、日本、加拿大等空间计划。

会议期间除安排大会发言以外，还分为 3 个专题组分别进行讨论。这 3 个组是数据接收与分发、雷达数据应用、教育与培训。分组讨论时间延长为两个单元，以利于代表们充分交流。会议专门组织代表们参观了国家遥感中心航空遥感一部（南苑机场）和国家遥感中心研究发展部（中国科学院遥感应用研究所）。通过参观，国外代表较全面地了解了我国机载合成孔径雷达及处理器的情况，了解了我国在利用星载、机载微波遥感技术上取得的进展，对我国在促进微波技术应用方面所做的工作留下很深的印象。通过这些工作，宣传了我国空间应用的成绩。代表们普遍反映会期虽短，但内容十分丰富。

4. 会议成果

这次会议为欧空局和中国专家在交流微波遥感技术的发展及应用提供了一次机会，对于推广先进国家的经验、推动国际合作、促进各国同行间的交流和友谊起了积极的作用。

会议期间，我国国家遥感中心、中国科学院和国家教委的代表同国外代表进行了广泛接触，就未来开展技术合作等问题进行了广泛的会谈，其中主要活动和内容如下。

（1）加拿大空间局（Canadian Space Agency）负责人 L. Sayn-Wittgenstein 专门会见 NRSC 主任林泉，并组织 RADARSAT、SPAR 等公司负责人同我国遥感专家进行了会谈，讨论了加拿大雷达卫星数据接收和应用的合作、研制新一代雷达卫星有关课题的合作研究、微波遥感应用合作等，加拿大方面承诺可以帮助我国地面接收站进行设备改造和技术更新，以便于接收 RADARSAT 的数据，并希望国家遥感中心组团于 1995 年 4 月赴加拿大参加雷达卫星发射活动和讨论遥感合作项目。

（2）联合国外空司应用专家 A.Abiodun 博士和国家遥感中心技术培训部（北京大学）、武汉培训部（武汉测绘大学）的代表，讨论了关于我国申请承建亚太地区外空教育培训中心的项目。我们明确表示，中国政府十分支持在这两所大学建立教育培训中心，学校也相应做好必要的准备，希望能早日将此事定下来。

（3）来自韩国的遥感专家对我国机载遥感的手段和技术队伍十分感兴趣，提出能否利用中国的航摄力量帮助进行韩国近海区域的岛礁测量工作，我国遥感专家表示了积极响应的态度，具体合作细节将在会后深入讨论。

（4）日本 NASDA 专家介绍的未来日本空间技术发展引起国内代表的广泛兴趣。会议期间，国家遥感中心等单位的代表同 NASDA 专家讨论了 JERS-l 卫星数据的应用、微波遥感传感器研制等内容。

（5）欧空局专家 R．L. G. Schumann 的介绍涉及微波遥感成像机理、传感器研制等基础性工作，引起国内专家的重视。电子所等单位专家希望在这些方面与欧空局开展合作。

这次讨论会时间虽短，但进展较顺利，联合国外空司、欧空局及与会中外代表均反映会议很成功，主要表现在以下方面。

（1）与会代表范围广、层次高，国外代表主要是负责空间技术计划和研制、应用部门的专家。国内代表中有来自科研、生产、应用部门的4位院士、25位教授、研究员和高工，会议影响面较广。

（2）会议内容主要集中在微波遥感发展趋势、各国的空间发展计划、数据接收和处理、应用、教育和培训这几个议题，代表们能就技术问题深入讨论，普遍感到有较多的收获。

（3）会议期间中外专家和代表进行了广泛的接触，加强了了解和友谊，促成了一部分项目的国际合作。中国代表介绍了国内微波遥感技术发展和应用的情况。在71通道机载成像光谱仪的研制、利用机载SAR及实时处理器进行自然灾害实时监测等方面引起国外同行的重视，这将有利于树立我国良好的形象，并有利于促进我国这些高技术在其他发展中国家的推广。

5. 会议的主要贡献

遥感所郭华东副所长负责总体筹划承办，科技处王为民副处长为会务组组长，邵芸主任为学术组组长。遥感所研究室和职能部门都参与了筹办工作，保证了会议的顺利进行。中、外代表对大会组织筹备感到满意。

四、亚太地区空间技术与应用促进可持续发展专家研讨会

1. 会议概况

由国家科委、中国科学院和航天工业总公司等主办，中国科学院遥感应用研究所等承办的“亚太地区空间技术与应用促进可持续发展专家研讨会”是亚太地区空间应用促进发展部长会议的组成活动之一。会议于1994年9月19～21日在中国大饭店举行。

2. 会议简介

作为亚太地区空间应用促进发展部长会议的组成活动之一，亚太地区空间技术与应用促进可持续发展专家研讨会于1994年9月19～21日在北京中国大饭店召开。

国务委员宋健，中国科学院副院长严义埙、徐冠华及有关部委领导，联合国亚太经社会副执秘高桥女士、官员石广长、何昌垂等出席了大会开幕式，宋健致开幕词，高桥女士和严义埙分别做了重要讲话。大会选举严义埙为主席团主席，Ricardo Umali（菲律宾）、Salim Mehmud（巴基斯坦）、Tasuku Tanaka（日本）为会议报告起草人。

来自澳大利亚、孟加拉国、加拿大、中国、法国、德国、中国香港、意大利、日本、蒙古国、荷兰、新西兰、巴基斯坦、菲律宾、新加坡、斯里兰卡、泰国、英国、美国19个国家和地区及联合国区域发展中心、国际减灾中心、联合国粮农组织、欧空局等组织的102名代表参加了历时3天的会议，这些代表既有著名科学家和工程技术人员，又有决策制定者和经营管理员，其中中国代表34名，分别来自国家科委、中科院、航天工业总公司、气象局、国家测绘局、总参测绘局、林业部、水利部、邮电部和国家教委等部委所属的约20个单位。

除开幕式外，会议共分为5个部分：空间科学和技术、环境和灾害监测、卫星通信和其他，对地观测及空间经济学和合作。第一天发言在主会场，第二天分别在两个分会场。大会报告文章共55篇，中国占17篇，其中有5篇较系统地介绍了中国在航天技术、通讯、环境资源和灾害的遥感监测，以及空间科学和应用方面的成就，受到了与会代表的关注。会议代表的文章大都被收录进了会前编印的会议论文集。

3. 会议成果

会议期间，各国代表提出了许多加强亚太区域空间技术和应用促进可持续发展方面的合作建议，中

国代表专门撰写了中方代表建议书。中方代表的建议大都在专家会议提交高级官员预备会议的报告中得到体现，其中有小卫星群技术、空间科学和应用、建立区域灾害监测中心、建立联合国外空局教育和培训中心、FAO 的 OLIVIA 计划、图们江湄公河和欧亚大陆桥区域的持续发展、远距离教育，以及地壳变化、海平面变化的研究、地面站技术、数字摄影、遥感决策支持系统、气象卫星的深度利用、水资源管理等。

高级官员预备会议将专家会议的报告列为议程项目九。在高级官员预备会议提交部长会员的报告中（第 10 项第 71 条）指出："会议感兴趣地听取了一份报告，报告介绍了与高级官预备会议同时举行的亚太经社会空间技术和应用促进可持续发展研讨会的结论和建议。会议得知来自本区域内外的 102 名国际知名科学家、学者、政策规划者、企业家和专家参加了研讨会，会议上报告文章 55 篇。会议认为，研讨会是让与会者交流接触的独特论坛，同时也为决策规划者、科学家、专家，以及来自私营部门的企业家交流信息做出了值得称道的努力。尽管会议未来得及审议报告，但建议成员、准成员、政府间协商委员会和其他适当机构对报告予以深入研究。"

在各方的努力下，会议圆满完成了它的使命，即为有关专家提供关于利用空间技术促进可持续发展的论坛，为区域的空间应用行动计划提出具体的区域合作建议，为促进部长会议后亚太地区可持续发展行动计划的实施做出后续的支撑。

与此同时，这次会议也加强了中国与各国的合作和交流，会议期间经过相互讨论，在许多方面有了进一步合作的意向，如中国和加拿大、澳大利亚、日本、欧空局等在雷达遥感、资源和灾害遥感监测及卫星通信等方面的合作。这种合作意向在部长会议后表现得更加突出。

此外，研讨会还为各国专家和官员安排了两次技术参观，参观的单位有国家遥感中心航空遥感一部、研究发展部（遥感所）、信息中心（地理所信息室）、卫星气象中心（气象局）及航天部一院。

4. 本所的主要贡献

这是亚太地区空间应用促进发展部长会议的重要组成部分。遥感所徐冠华所长负责总体承办，科技处王为民副处长任筹备组组长，遥感所有关研究室和职能部门都参与了筹办工作，受到了国家科委的表彰。

五、第二届全球雷达遥感（亚洲地区）研讨会

1. 会议概况

由中国科学院、国家自然科学基金委、国家科学技术委员会、国防科学技术工业委员会、加拿大空间局（CSA）、加拿大国际发展署（CIDA）、加拿大国际研究发展中心（IDRC）联合发起，中国科学院遥感应用研究所和加拿大遥感中心共同主办，中国科学院遥感应用研究所承办的第二届全球雷达遥感（亚洲地区）研讨会（The Second Asia Regional GlobeSAR Workshop），于 1995 年 10 月 9～12 日在北京五洲大酒店举行。

大会主席是郭华东、F.H.A.Campbell；会议主题为：展示全球雷达遥感计划开展两年多来，各国取得的研究成果，充分交流雷达遥感领域的最新进展，探讨其在资源、环境调查监测中的作用与潜力，推动雷达遥感科学技术与应用的全球性共同发展，特别是亚太地区存在的资源环境问题，寻求区域性合作的解决途径，促进亚太地区的区域性雷达遥感合作研究。

2. 会议简介

会议于 1995 年 10 月 9 日在北京亚运村五洲大酒店举行，来自亚太地区 17 个国家的百余名专家与学

者出席了会议。中科院副院长陈宜瑜、国防科工委副主任张学东、国家基金委及国家科委有关领导、加拿大空间局、加拿大国际发展局、加拿大国际研究发展中心的有关负责人、泰国国家研究委员会副秘书长、柬埔寨环境部副部长、菲律宾环境和资源部副部长及加拿大驻华使馆高级官员出席了会议。

在会上，展示了我方与加拿大合作利用先进的CV-580机载雷达系统，获取的广东肇庆地区近8000km^{2}的覆盖我国国土的第一批多波段、全极化同时成像的雷达数据，以及我国科技人员利用所获得的GlobeSAR数据开展的土地利用现状调查、水稻长势监测、森林类型调查、洪涝灾害水文地理要素分析、地质矿产勘探、植被覆盖区岩性构造探测及旅游规划等应用成果，获得了与会专家的一致好评。

会议出版了论文集 *Proceedings of the Second Asia Regional GlobeSAR Workshop*（科学出版社出版）。

3. 会议成果

经17个国家代表充分讨论协商，通过了成立亚太地区雷达遥感应用于发展工作委员会的倡议。出版了论文集。

4. 会议的主要贡献

这次会议的召开，对我国正在开展的机载雷达遥感计划和航天雷达遥感计划有很好的技术借鉴和推动作用，有利于扩大我国的影响，进一步提高我国在亚太地区级全球范围内雷达遥感领域合作研究中的地物，促进我国雷达遥感科学、技术与应用的发展。

六、第30届IGC大会地学新方法专题会议

1. 会议概况

由中国地质学会、地质矿产部与中国政府各有关机构、工业部门共同主办，中国科学院遥感应用研究所承办的“第30届IGC大会地学新方法专题会议［New Technology for Geosciences，International Geological Congress（IGC）］”于1996年8月4～14日在北京人民大会堂和中国国际贸易中心举行。李鹏任大会名誉主席。郭华东和Diane L.Evans任专题会议主席。

2. 会议主题

该专题讨论会分为9个子专题会议。包括：地质钻探技术新进展，遥感在地质和矿产勘查中的应用，遥感用于水文、工程、环境、灾害和城市调查，新型遥感对地观测技术，多源地学数据处理及地理信息系统，现代地学分析方法与仪器，找矿现场快速和自动化分析，石油化探中的有机和无机成分分析及地质年代学中年代测定的新技术方法。

3. 会议简介

第30届国际地质大会于1996年8月4～14日在北京召开，开幕式在人民大会堂隆重举行。国务院总理、第30届国际地质大会名誉主席李鹏致开幕词，开幕式由第30届国际地质大会组委会主席、地质矿产部部长宋瑞祥主持。国际地质大会是国际地学界层次最高、规模最大、极负盛名的学术会议，被誉为地学界的奥林匹克大会。

第30届国际地质大会举办期间，数百名作者向“地学新方法”专题讨论会提交了100多篇论文，其中一部分论文选作大会报告，另一部分论文进行了展示。论文的作者分别来自中国、俄国、美国、德国、日本、加拿大及印度等国家。这些文章在不同方面反映了国际上地学新技术方法研究的新进展。其中，遥感领域方面的文章，展示了3个波段、4种极化的航天飞机成像雷达及多模式、多视角雷达卫星等雷达遥感地质的非凡作用与潜力；介绍了装载于和平号空间站，可同时获取高分辨率、多光谱和三维立体信息的集

成式多光谱立体扫描仪所绘出的地质及地形综合信息；介绍了1998年随对地观测系列卫星上天的高级热红外发射和反射辐射计对地质体进行的精确探测，特别是定量估算二氧化硅含量的功能。多源数据集GIS方面的文章，对20世纪90年代两大革命性数据管理技术–大容量数据存储技术及网络技术进行了描述，介绍了7种DEM生成方法及全球DEM计划，强调指出对地质、地化、遥感、航磁、重力和地震数据开展综合分析及三维建模的重要性。钻探技术方面的文章，展示了现代钻探技术，包括硬质合金复合片齿钎具这种新一代高效、低耗技术，对复杂地层岩心勘探的潜孔锤反循环钻探技术等。测试方法方面的文章记述了多元素分析的先进手段–多离子计数，即火花源质谱仪分析技术，同时介绍了可给出几何信息集成分信息的新型电子扫描显微镜系统，它们在不同程度上代表了当时地学新技术方法研究的前沿。

4. 会议成果

形成了第30届国际地质大会论文集第10卷《地学新技术》，中文版由科学出版社出版，英文版由荷兰国际科学出版社（VSP）出版。

5. 本所主要工作与贡献

该专题会议由郭华东所长负责召集，遥感所王长林、廖静娟、卢新巧、王翠珍和范湘涛等同志参与了论文中文版国外作者论文的翻译，王长林还担任了论文集的校定。

七、第一届多角度遥感研讨会

1. 会议概况

由国家科学技术委员会、国家自然科学基金委员会、国防科学工业技术委员会和中国科学院联合主办，并得到国家遥感中心、国家基金委、中科院国际合作局和遥感所的经费支持，由中科院遥感所负责承办的首届“多角度遥感国际研讨会（The First International Workshop on Multiangular Remote Sensing）”，于1996年9月16～18日在北京友谊宾馆举行。徐冠华院士任大会主席；执行主席为郭华东。

2. 会议主题

（1）二向反射及BRDF的测量、建模、验证和反演。
（2）数据处理：多角度数据的配准与大气纠正。
（3）大气–地表BRDF相互作用。
（4）应用：农业、林业、地质、海洋、土壤侵蚀、环境监测与全球变化。

3. 会议简介

首届“多角度遥感国际研讨会”开幕式由大会执行主席中国科学院遥感应用研究所常务副所长郭华东主持。

国家科委、国家自然科学基金委、国防科工委和中科院的有关领导和科学家徐冠华、陈述彭、马俊如、郑立中、郭廷彬、倪方桂、秦大河、郭华东与来自世界各国的著名遥感科学家A.H.Strahler、J.Ross、D. Deerring及全体代表出席了开幕式。大会主席、国家科委副主任徐冠华院士，著名遥感科学家陈述彭院士，中科院协调局局长秦大河研究员，J.Ross教授（爱沙尼亚），A.H.Strahler教授（美国）分别做了重要讲话。

徐冠华、陈述彭、秦大河先生的讲话论述了遥感科学研究的意义，我国对遥感科学研究的重视和已取得的成就，对多角度遥感研究进展表示关注，希望通过这次会议促进世界各国在该领域的国际合作与交流，并预祝大会圆满成功。国家基金委副主任孙枢院士出席了晚宴并发表了讲话。

应邀前来参加会议的 40 多位科学家和代表分别来自美国、澳大利亚、爱沙尼亚、意大利、英国、法国、日本和中国。他们均为在本国多角度遥感研究领域中卓有成绩的科学家。会上各国代表相继发言，介绍了在多角度遥感研究中的经验和成果，同时就多角度遥感的未来、二向反射模型的建模与反演中存在的问题，以及即将升空的多角度遥感探测器所获取数据的处理等议题，展开了热烈的讨论。

10 年来，国际上多角度遥感研究飞速发展，作为遥感领域的前沿课题，在空间、气象、生态环境等多领域有十分重要的意义。我国以李小文博士为代表的科学家在 1980 年初就开始了多角度遥感研究，创建了 Li-Strahler 几何光学模型系列。

我国作者向会议提交了 15 篇第一作者论文，占会议全部论文的 40%，受到各国科学家的关注，特别是在长春净月潭模拟实验室 BRDF 野外测量和模型验证、遥感数据反演等方面所做的工作，在研究中注重 BRDF 建模研究与实验测量密切结合的特色，都体现了我国所做工作的深度和广度，引起了各国科学家的广泛兴趣和合作愿望，说明我国的多角度遥感基础研究工作正与国际上的最新研究同期进行。

代表们认为，这次会议为各国科学家创造了一个在共同的研究领域中相互了解、交流学术观点，讨论研究发展方向，寻求新思路的极好机会。

1996 年 9 月 18 日会议圆满结束。

4. 会议成果

1）总结了多角度遥感研究的新进展

室内、室外 BRDF 测量在多角度遥感研究中极为重要；BRDF 建模的主流学派可分为辐射传输、几何光学和计算机模拟 3 种，各有优势和应用领域；在新型多角度遥感数据和产品、BRDF 研究中的尺度问题、BRDF 模型研究向应用的扩展等方面，都取得了研究进展。

2）探讨了多角度遥感研究方向

在遥感机理研究中，BRDF 很重要，需要增进对地表辐射物理模型和土壤、大气等相互作用的理解、明确反演所需的物理模型和参数、对图像中多角度观测影响的校正也越来越重要，这些均为多角度遥感研究中面临的主要问题。

3）其他成果

促使多角度遥感研讨会成为系列国际会议，确定第二届多角度遥感国际研讨会于两年后在意大利举行。于 1997 年在《遥感学报》发表了会议论文集。

5. 本所主要工作与贡献

筹办了这次研讨会，为我国科研工作者与国内外研究同行进行学术交流提供了极好的机会，对我国多角度遥感科学研究的发展起了巨大的推动作用。

八、第二届国际高山遥感与制图学术讨论会

由中国科学院遥感应用研究所和奥地利科学院图像处理与制图研究所共同发起，并主持的第二届国际高山遥感与制图学术讨论会（HMRSC II），于 1992 年 8 月 17 日在北京国际会议中心隆重开幕。

来自美国、阿根廷、法国、德国、英国、瑞典、意大利、奥地利及中国的代表共 50 人出席了会议。

中国科学院资源环境科学局局长欧阳自远、国家遥感中心主任郑立中到会祝贺。中国科学院遥感应用所副所长郭华东代表本次会议中方主席、遥感所所长童庆禧主持了开幕式。奥方主席、奥地利图像处理与制图研究所所长曼富雷德博士和中方执行主席、遥感所西藏遥感课题主持人刘纪远分别代表会议组委会的奥中双方作会议组织工作报告。

在开幕式上，欧阳自远局长和刘纪远副研究员分别宣读了会议名誉主席中国科学院孙鸿烈副院长和遥感应用研究所名誉所长陈述彭教授的贺信，一致赞扬近年来在国际遥感科学界的共同努力下，高山遥感事业取得的长足进展，认为本次会议的大部分议程在号称“世界第三极”的青藏高原进行，反映了人类应用遥感技术对高山地区资源环境的研究已达到了新的高度，贺信预祝本次会议取得成功。学术报告中，中国科学院遥感应用研究所副研究员刘纪远以《应用遥感技术开展西藏土地利用现状调查》为题，介绍了我国遥感科学工作者在西藏高原应用遥感技术全面完成全藏土地利用现状调查的研究工作情况及对西藏高原环境的遥感研究，引起全体与会者的关注。

1992 年 8 月 23 日，会议的学术报告移至西藏拉萨市继续进行。来自西藏自治区一江两河开发建设委员会、农牧林业委员会、地矿局、气象局、土地局及西藏大学的领导同志和科技人员与中外高山遥感专家一起听取了来自 9 个国家 16 位代表的学术报告。

本次会议共收到学术论文 20 余篇，覆盖高山土地资源、高山环境、高山地质、冰川学、高山制图等各个遥感应用领域，大多数论文代表了当前高山遥感与制图的国际前沿水平。

1992 年 8 月 24～30 日，与会中外代表共同进行了当雄、羊八井地热田、卡惹拉冰川、大竹卡河流阶地、羊楚河农业环境、日喀则蛇绿岩套、绒布冰川及樟木河谷等多项野外考察。

1992 年 8 月 30 日，会议在中尼边境的友谊桥头胜利闭幕。在为期两周的会议和野外考察期间，中外高山遥感学者除进行广泛的学术交流外，还拟定了在青藏高原开展双边或多边合作研究的可行性报告两篇，合作意向 3 项。会议对推进我国与各国科学界在高山遥感研究中的合作具有重要意义。

会议论文集于 1992 年 12 月底以前正式出版。

九、中加雷达卫星应用研讨会

根据双方合作协议，1998 年 3 月 1～20 日，中国科学院遥感应用研究所和加拿大遥感中心在北京联合举办了雷达卫星应用研讨会。来自国内教育、林业、海洋、地矿、石油、核工业、城乡建设及中科院等系统 17 个单位的 40 余名代表参加了这次研讨会，其中，京外单位有武汉测绘科技大学、国家海洋局第二海洋研究所、南京大学、中科院武汉测地所、成都山地所、南京地理与湖泊所和广州地球化学所等。国防科工委航天技术局卫星应用处和中科院资环局遥感处的有关领导出席了会议。

中科院遥感所郭华东所长首先就会议背景和计划作了介绍。加拿大遥感中心 F.H.A.CAMPBELL 博士回顾了全球雷达遥感计划（GlobeSAR）的工作，介绍了加拿大雷达卫星（RADARSAT）的系统、数据特性与最新进展。接着，CAMPBELL 博士和 M.DIORIO 博士用大量的雷达卫星图像，介绍了雷达卫星在森林、水灾、作物分类、土壤水分、地质调查和海洋等领域的应用实例，同时，还介绍了未来加拿大雷达卫星 2 号、3 号的计划。

来自国内大学、海洋系统、中科院的专家学者就我国在雷达卫星数据接收与处理、雷达卫星在海洋、测绘、农业、地质等领域的应用作了介绍，并与加拿大专家进行了学术讨论。

通过这次研讨会，大家交流了在雷达卫星应用方面的经验，讨论了各单位的雷达卫星应用合作，提出了发展雷达卫星应用的意见和建议。经过讨论，中加双方达成一致意见，今后三年将每年举办一次研讨会。1998 年 9 月，将在武汉、杭州、成都、南京等地分别以测绘、海洋、农业和地质为主题举办区域研讨会，并开展相应示范研究。

会议得到了加拿大太空署（CSA）及我国国防科工委卫星应用局和中科院资环局领导及兄弟院所的支持，在此表示衷心感谢。无疑，这项活动将促进我国雷达遥感的应用。

十、中美欧三方农作物遥感估产专家高峰会

1. 会议概况

2000年10月24～28日，中美欧三方农作物遥感估产专家高峰会在中科院遥感所举行。中科院遥感所、中科院资环局、国家发展计划委农经司、美国大使馆、美国农业部、欧盟的代表、农业部、国家统计局、国家粮食局、科技部等部门的领导共30多人出席了会议。

2. 会议主要内容

中美欧三方交流了农作物遥感估产方面的技术、方法和经验；探索了遥感估产的共性技术问题及解决途径；交流了全球农作物遥感估产经验；不仅仅探讨农作物估产技术层次的问题，还从广度和深度上进一步提高。寻求全球性的合作，跨越国家或地区的局限性，以适应全球化经济条件下资源的合理再分配。

会议期间，中方介绍了中国农情监测系统的监测方法与服务方式；美国NASS专家着重介绍了面积采样框架及回归估算方法，以及农作物长势监测方法；欧盟MARS专家着重介绍了NDVI与土地覆盖集成方法。

3. 会议的意义、成效与影响

通过本次国际会交流，促进了中美欧三方学术界的技术交流，增加了彼此相互的了解，吸取各方在农情监测中的经验和教训，使各自的监测水平得到进一步提升，也宣传中国农情监测的成果。与国内外的同行开展进一步国际合作，形成各国信息互通、信息共享、技术交流与共建的机制，积极推进全球性的农作物遥感估产。

十一、中法定量化遥感研讨会

中国科学院遥感应用研究所与法国农业科学院有着多年的良好的合作关系。在双方的共同协商和推动下，2000年3月27～29日在北京国际会议中心召开了中法双边“定量化遥感在农业和环境中的应用”研讨会。

此次会议由中国科学院遥感应用研究所、国家卫星气象中心和法国农科院（生物气候实验站）联合主办。中国资源卫星应用中心、中国科学院安徽光学精密机械研究所和中国国土资源部航空物探遥感中心协办。来自中国科学院遥感应用研究所、国家卫星气象中心、中国科学院安徽光机研究所、国土资源部航空遥感物探中心、中国资源卫星应用中心、中国农业大学资源环境学院、中国林科院资源信息研究所、北京大学遥感与地理信息系统研究所、中国科学院上海技术物理所、中国农业科学研究院、中国科学院自动化所、法国农科院及法国有关大学共14个单位的59位代表参加了会议。

中国科学院副院长许智宏、法国农科院院长Hervieu分别在开幕式上作了热情洋溢的讲话。

此次大会学术交流内容广泛，共收到论文39篇，内容涉及卫星和航空遥感辐射定标技术、高光谱遥感的农业和环境应用、雷达遥感的农作物识别和分类、多种遥感信息的融合和遥感信息定量模型、农作物遥感的定量监测，以及精细农业和作物估产6个方面。这些论文经严格筛选后将在国内外重要刊物上发表。共有28篇论文的代表在大会上做了交流报告，会场讨论气氛活跃，反映了中法科学家们对本次会

议的关注和热情支持。经专家们评议推选出10篇优秀论文，对遥感工作者所做工作给予肯定。获奖论文为我国郑小兵的“高精度光谱辐射定标的标准及标准转换”、王维和的“FY-IC热红外成像仪的飞行中定标”、邵芸的“利用多时相雷达数据监测水稻”、李增元的“应用ERS SAR数据进行广东省水稻填图”、张霞的“基于航空热红外多光谱数据的发射率谱信息提取”和王丽波的“极轨卫星的雪面遥感”，法国Marc-Ph. Stoll的“热红外遥感的陆面应用问题及合作前景的问题”、F. BARET的“利用可见光遥感估算冠层生物物理变量”和“利用宽像幅传感器监测全球生物物理量的结果与验证”及P. Rolot的“遥感的精细农业应用”。

总之，本次大会比较全面地反映了中、法两国科学家在遥感领域，特别是应用遥感及相关技术（如GIS）在农业和环境研究方面的新成果。会议不仅达到了预期的交流目的，而且进一步促进了双方合作，双方商定共同组建遥感青年论坛，并且寻求在环境宏观监测、精细农业等方面进一步开展合作的途径。

十二、“构建全球农业监测综合系统”国际研讨会

1. 会议概况

2009年2月11～13日，“构建全球农业监测综合系统”国际研讨会在中国科学院遥感应用研究所举行。来自中国科学院、中国气象局、国家粮食局、美国马里兰大学及中国、美国、加拿大、澳大利亚、法国、意大利、比利时、巴西、韩国、印度、哈萨克斯坦、老挝、南非、肯尼亚、乌干达等20多个国家和地区的80多位的政府官员和专家学者参加会议。

2. 会议主要内容

地球观测组织（GEO）“构建全球农业监测综合系统”国际研讨会在中国举行。此次会议的主题为“构建全球农业监测综合系统–制定对地观测数据及信息共享政策”，目的在于为构建全球农业监测综合系统搭建信息交流平台，推动农业监测系统的应用，并制定数据和信息共享政策。这是全球综合地球观测系统（GEOSS）农业主题领域发起的系列会议之一。

会议介绍了中国在构建农业监测系统方面已取得的成果，同时针对中国对地观测数据和农业监测的现状、用户需求、数据共享政策所面对的挑战和关键问题进行了探讨。来自农业部、中国科学院、中国气象局、国家粮食局、国家统计局和亚太空间合作组织等机构的领导和专家分别就会议主题做了发言。

3. 会议的意义、成效与影响

本次研讨会充分展示了各国包括中国对地观测系统在农业应用方面的建设及进展，不仅可以促进各国农业监测信息的交流，还有助于进一步提升各国农业监测系统的研究和应用水平。中国科学院作为国立科研机构，发挥多学科的综合优势，长期开展农业监测方面的研究工作，并取得一定的成果。中国科学院遥感应用研究所研发的复杂农业景观下的作物面积估算方法等一系列成果已经得到实际应用，所开发的“中国农情遥感速报系统”动态监测全球26个主要粮食出口国的粮食生产信息，定期不定期地向给国内相关部门提交监测报告，为决策提供科学依据。

中科院在未来几年将继续参加GEO的项目，在GEO框架下愿意承担更多任务的领导作用，共同推进全球农业监测系统的建设。

加强发展中国家能力建设工作，通过数据共享，在发展中国家举办研讨班，提高发展中国家在农业领域应用地球观测数据的能力，这应是GEO在未来几年重点推进的工作。

十三、中荷国际学术交流会议

1. 会议概况

中国科学院资环局与荷兰 International Institute for Geo-Information Science and Earth Observation（简称 ITC）学术交流会议于 2004 年 11 月 19～20 日在中国科学院遥感应用研究所举行。

来自 ITC 和中国科学院遥感所、地理所、青藏高原所、寒区旱区环境与工程研究所、新疆生态与地理研究所、南京地理与湖泊研究所及沈阳应用生态研究所等单位的专家共 36 人参加了会议。

2. 会议主要内容

本次会议由中国科学院资源与环境科学技术局和 ITC 主办，中国科学院遥感应用研究所协办。会议的宗旨是加强中国科学院资环领域的研究所与 ITC 的合作。会议有 4 个主题，分别是农业与水资源、灾害、全球变化及景观与生态，有 25 人做了报告。

3. 会议的意义、成效与影响

会议还就双方的项目合作、人员交流、博士生培养等方面进行了深入的讨论，并制定了相关的实施计划。双方专家希望在本次会议的基础上，开展更加积极丰富的合作交流活动，推动两国遥感事业的发展。

十四、国际遥感考古会议

1. 会议概况

由中国科学院、教育部、科技部、文化部、国家文物局和国家自然科学基金委员会主办，中国科学院、教育部、国家文物局遥感考古联合实验室承办，中国科学院遥感应用研究所，国家博物馆，华东师范大学，国家遥感中心和中国国土资源航空物探遥感中心协办的“国际遥感考古会议”于 2004 年 10 月 18～21 日在北京友谊宾馆举行。

此次大会名誉主席为路甬祥、徐冠华；组委会主席郭华东，组委会副主席：朱凤瀚、刘树仁；科学委员会主席：陈述彭，科学委员会副主席：Farouk El-BazTakeo Ojika；秘书长：聂跃平，副秘书长：杨林、王长林；会议的主题：历史文化遗产信息的空间认识。

2. 会议主要内容

考古勘探传感器与平台；遥感考古技术与方法；考古信息提取图像处理技术；考古勘查综合技术；考古信息空间分析；古地理与古环境重建；探地雷达和其他无损探测技术考古应用；虚拟考古与虚拟遗产；数字技术历史文化遗产保护方法；数字技术考古研究教育前景。

3. 会议议题

2004 年 10 月 18 日大会开幕，来自联合国教科文组织、美国、欧洲等 18 个国家和地区的 40 多名外宾和中国专家共 150 多人参加了大会。开幕式由郭华东研究员主持，中国科学院李家洋副院长、国家文物局童明康副局长、科技部邵立勤司长出席会议并致欢迎辞。在陈述彭院士和美国科罗拉多大学 Payson Sheets 教授的主持下，郭华东研究员、联合国教科文组织的 Mario Hernandez 博士、美国地调局的 R. G. Blom 博士及国际虚拟遗产网络组织副主席 Maurizio Forte 博士，在会上分别以中国的遥感考古、空间对地观测技术在保护和监测联合国教科文组织遗产地、遥感与地理信息系统在考古学中的应用、考古景观的虚拟重建为主题，作了大会特邀报告。此后，大会分别以航空遥感考古、卫星遥感考古、遥感考古环境分析、非破坏性遥感考古、虚拟与数字考古、景观考古、遥感考古的技术与方法为分会主题，进行了7场42个主题的学术交流报告。会议期间，组织了外宾参观长城，遥感考古实验室召开了学术讨论会和工作会议。

4. 会议的意义、成效与影响

在2004年21日下午的闭幕式上，来自不同国家的中外嘉宾对会议的成功召开给予了高度评价，并发表了北京宣言，一致同意成立以郭华东研究员和Mario Hernandez博士为共同主席的空间技术用于世界文化遗产保护国际专家组，成员包括Payson Sheets（美国）、Wolfgang Boehler（德国）、Martin Gojda（捷克）、Asis Bhattacharya（印度）、WlodzimierzRaczkowski（波兰）、Maurizio Forte（意大利）、Janice Stargardt（英国）、J.M. Vicent Garcia（西班牙）、Belinskiy Andrey Borisovice（俄罗斯）、陈述彭和王长林。在此工作组的领导下，由中国发起的遥感考古国际会议分别于2006年、2008年、2012年和2014年分别在意大利、印度、中国、美国举办了第二、第三、第四、第五届国际遥感考古会议，成为品牌性的系列会议。另外，该工作组的成立，还为遥感与数字地球研究所成立联合国教科文组织自然与文化遗产空间技术中心奠定了基础。

十五、卷云气溶胶偏振遥感中德双边研讨会

1. 会议概况

在国家自然基金委中德科学中心的全额资助下，中国科学院遥感应用研究所、国家航天局航天遥感论证中心和德国莱比锡大学于2009年8月31日～2009年9月3日，共同组织中德双边遥感领域专家，在国家自然基金委中德科学中心，召开中德卷云和气溶胶偏振遥感双边研讨会。

国家自然基金委中德科学中心副主任韩建国到会并致辞，Manfred Wendisch教授等11位德方专家代表，中国科学院遥感应用研究所所长顾行发研究员，国家航天局航天遥感论证中心主任余涛研究员，中国科学院安徽光机研究所副所长刘建国和乔延利研究员，中国科学院大气研究所段民征研究员，北京大学毛节泰教授，广州大学邓孺孺教授等20余位中方专家和代表，以及中国科学院遥感应用研究所、中国科学院大气研究所、北京航空航天大学50多位相关领域的研究生代表参加了会议。

2. 会议主要内容

（1）总结偏振探测大气粒子特性技术，包括气溶胶粒子、云粒子（尤其是冰晶粒子或混合相态云）：现有研究成果及不足。

（2）探讨亚洲型气溶胶（城市灰霾、沙尘等）物理光学特性及其在偏振遥感中的应用。

（3）索偏振遥感探测参数在相关领域的协同应用（如环保、公共卫生等）。

3. 会议的意义、成效与影响

在中德双边研讨会基础上，中德双方专家联合申请偏振遥感在大气监测领域中项目：基于偏振遥感技术研究气溶胶特性、云特性及验证——空气质量区域应用；基于北京站和莱比锡站长期偏振遥感探测气溶胶粒子吸收特性；结合非球形粒子光学特性建模，以及新一代地面和机载偏振辐射计的大气气溶胶遥感研究等。联合申请的项目将提供新的遥感反演技术，并可能在质量上提高中国和德国的气溶胶气候效应研究。联合申请的项目与中国建立双偏振太阳光度计网络计划吻合，此计划增加观测网络的站点，同时对机载 DPC实施也有帮助。

本次活动为中德大气偏振遥感领域的专家合作开启了先河。专题内容通过网络与所有的参会者

分享。

十六、国际水库温室气体监测方法研讨会

1. 会议概况

2012 年 6 月 18～25 日，国际水库温室气体排放监测方法研讨会在湖北宜昌和北京召开。

来自国际水电协会（IHA），澳大利亚联邦科学与工业研究组织，加拿大魁北克水电，挪威工业科学研究会（SINTEF），瑞士联邦供水，废水处理与水体保护研究院，印度理工学院（IIT）等外国专家 12 人，中科院遥感所、中国长江三峡集团公司、中国科学院生态环境研究中心及中国水利与水电科学研究院等 20 多名专家参加了会议。

2. 会议主要内容

2012 年 6 月 19～23 日，遥感所研究团队与国际同行在湖北宜昌展开了方法学交流，各参会团队分别展示和介绍了各自的监测系统、监测方法与原理，随后在三峡库区现场开展了为期三天的同步观测实验。同步实验通过各个团队不同的系统配置，对三峡水库温室气体排放的过程进行多角度的观测，同时对不同系统所获得的监测结果进行相互验证。6 月 24～25 日，与会人员齐聚北京中国长江三峡集团公司总部，就研讨会的成果及国际上开展相关研究的进展进行学术交流。

3. 会议的意义、成效与影响

国际上对水库温室气体排放水平的研究已引起国际社会对水电清洁能源属性的重新思考，我国三峡等大水电项目的温室气体排放水平也因此备受关注。此次会议以方法学交流为契机，以开放的心态邀请国际主流研究团队在三峡现场开展同步观测，一方面可促进参会各方监测方法的互补提高，另一方面对宣传我国以三峡为代表的水电项目所具有的低排放属性具有显著意义。

会议通过邀请国外同行专家分别携带设备参会，同时进行系统间的定标与同步观测实验，有效地验证了遥感所此前在三峡开展相关工作所采用监测方法的有效性，以及研究结果的科学性；国外团队展示的先进技术也为遥感所研究团队完善在三峡的监测工作、建立系统的观测方法提供了很好的参考；通过会议后期的学术交流，遥感所研究团队向参会各方宣传了在三峡所取得的阶段性成果，同时掌握了国际上开展水库温室气体研究的最新动态与进展。

十七、第一届数字地球国际会议

1. 会议简介

由中国科学院主办，科学技术部、国家发展计划委员会、教育部、国土资源部、信息产业部、北京市人民政府、国家自然科学基金委员会、总装备部、中国工程院等 20 个部门、组织合办，中国科学院遥感应用研究所承办的数字地球国际会议（International Symposium on Digital Earth，ISDE），于 1999 年 11 月 29 日～12 月 2 日在北京国际会议中心和北京凯迪克大酒店举行。大会主席为路甬祥；组委会主席为陈运泰；秘书长为郭华东。

2. 会议主题

1）“数字地球”的概念与前景

“数字地球”的有关概念、“数字地球”参考模型、“数字地球”与知识经济、“数字地球”的影响、“数

字地球”国际合作。

2）理论和技术

对地观测系统、新型遥感技术、全球定位系统、数据库设计、多比例空间模型、数据加工、空间数据、数据信息集成、虚拟现实、高性能计算机与通信、整体网络。

3）应用与潜力

卫星遥感应用、地理信息应用、全球定位系统的应用、数据库、电子商务、数字政府。

3. 会议概况

1999 年 11 月 29 日上午，首届“数字地球国际会议”在北京国际会议中心隆重举行。

开幕式由中国科学院陈宜瑜副院长和来自俄罗斯的欧亚科学院院长 E. E. Shrive 先生主持。

中央政治局常委、国务院副总理李岚清，人大常委会副委员长、中国科学院院长路甬祥，北京市刘淇市长，科技部朱丽兰部长，国家发展计划委员会刘江副主任等领导，以及全球空间数据基础设施指导委员会主席 P. HOLLAND 先生、美国国家地理信息和分析中心主任 M. GOODCHILD 教授、IEEE 地球科学与遥感协会主席 M. HALLIKAINEN 教授、国际摄影测量与遥感学会副主席 Shunji Murai 教授等 10 位大会特邀国外贵宾，31 位两院院士，以及大会 20 个主办、合办部门与组织的代表出席了开幕式。德国、俄罗斯、印度、约旦、泰国和巴基斯坦等国的外交官员，中国各有关部委的政府官员，来自世界五大洲的科学家、工程师和管理专家，以及首都新闻界的代表 640 余人出席开幕式。

李岚清副总理在开幕式上用英语发表了热情洋溢的演讲。他指出，经过共同努力，人类在 20 世纪已经取得物质文明建设前所未有的辉煌成就，与此同时，全人类也面临着资源短缺、环境恶化、灾害频发和人口日益膨胀等前所未有的严峻挑战。如何实现社会可持续发展，是政治家和科技专家共同面临并且必须做出回答的问题。在新的世纪，知识一定会推动经济的发展。数字地球对我国乃至全人类都具有十分重要的战略意义。我们需要从数字地球的战略高度，在全球、国家和区域 3 个层次上，长远地规划地球表层信息的获取、处理、应用等相关工作，从系统论和一体化的角度来整合已有的或者正在发展的与数字地球相关的工作，从而更广泛、深入地为社会发展提供服务。同时也披露，于 1996 年在美国副总统戈尔的办公室，李岚清副总理和戈尔讨论了数字地球问题，当时都认为数字地球将对未来有十分重要的作用。

开幕式后，11 位国际知名科学家作了大会特邀报告。中国科学院路甬祥院长做了题为“合作开发数字地球，共享全球数据资源”的报告；会议组委会主席陈运泰院士代表中国科技部副部长徐冠华院士做了题为“构筑数字地球，促进中国和全球的可持续发展”的报告；同时，大会还邀请了一些国外科学家和官员针对数字地球的多个方面作了重要的带有前瞻性的报告。

本届“数字地球国际会议”包括开幕式、闭幕式、3 场大会特邀报告和 24 场专题学术报告，同时举办了我国相关领域对地观测和数字地球成果展及由 13 家国内外公司厂家科技商展，还组织了我国数字地球相关机构的参观活动。

1999 年 11 月 30 日和 12 月 2 日，会议在北京凯迪克大酒店进行了分组报告和学术讨论。由 3 个专题组成的“雷达卫星农业应用国际高峰会议”是此次会议的重要组成部分。来自国内外雷达遥感与应用的代表参加了会议。会议讨论了雷达卫星在水稻监测和其他作物监测中的应用、作物信息系统，以及雷达卫星在土壤墒情监测和灌溉监测中的应用等。

会议期间，来自 10 多个国家的代表举行了两次《数字地球北京宣言》专题会议。代表们逐字逐句地讨论、拟就了宣言。在 1999 年 12 月 2 日举行的闭幕式上，全体代表通过了这份具有历史意义的重要文献。

会议还决定把“数字地球国际会议”作为系列会议举办下去，每两年举行一次。“数字地球国际会议”的国际指导委员会主席将继续由中国科学院路甬祥院长担任。会议举行了“数字地球国际会议”会旗传递仪式。

会议共收到来自27个国家的专家向大会提交的229篇论文。经编辑，定名为Towards Digital Earth，由科学出版社正式出版，同时出版了相应的光盘。

4. 会议成果

拟定、通过并发出了《数字地球北京宣言》；“数字地球国际会议”创办起步定势。两年一届，已在不同国家举办八届；确定了会徽、会旗；决定会议常设机构——数字地球国际会议秘书处设在中国科学院遥感应用研究所；出版了文集Towards Digital Earth和光盘。

5. 本所主要工作与贡献

会议的创意发起；《数字地球北京宣言》的起草工作；文集Towards Digital Earth和光盘的编辑制作；会徽、会旗的设计制作；会中会“雷达卫星农业应用国际高峰会议”的组织筹办；大会秘书处设在本所。郭华东所长带头，刘纪远、田国良、王超、李乃煌等所领导身先士卒，职能部门协调参与，几乎全所人员都参与了大会各项筹备工作。学术组负责人杨崇俊全力以赴，邵芸，王长林、刘戈平等鼎力相助，会议通知、宣传资料及时撰写发放，保证了世界科学家的与会和高质量论文的有效收录。会务组负责人王为民在程晓云和孙文新等的配合下，提前落实了会场、餐饮、联谊等活动，圆满完成了会议期间的安全保卫、注册、宣传、交通等各项会务工作。财务组负责人黄永平和祖荣香等有效地解决了会议的经费预算收支的相关问题，并提供了现场服务。作为会议的一项重要议程，遥感所全所接待了会议代表的参观交流。

第四章　出国考察、访问、讲学与参加国际会议

一、美国加州大学讲学

1978 年 9 月 15 日～11 月 3 日参加中国地理代表团访问美国代表团的成员由黄秉维、吴传钧、杨世仁、王仁权、刘昌明和唐邦兴等组成。团长为黄秉维。

中国地理代表团访问了美国 Michigan，Maryland，Wesconsin，Ohio，Indiana，Illinois，Minesota，Colorado 和 Arizona 等州十余所大学，以及美国地质调查局、美国国家地理杂志社、美国农业部、美国戈达德空间飞行中心（GSFC）遥感应用部、美国国家大气研究中心（NCAR）等研究机构，并参观了尼加拉瓜水力发电站、俄亥俄州大型露天煤矿和农场饲养场等，参加了在威斯康星州 Racine 召开的中美对环境观点讨论会。代表团各成员在会上宣读了论文。

在访问中，美方向我们介绍了很多美国在环境和遥感应用方面的研究成果。遥感技术的应用成为很多大学地理系的重要研究内容，不但在地质和自然地理的研究中，它还用来研究像城市的变迁，建立城市面积和人口及经济发展的相关关系等，陆地卫星图像的应用可以得到美国 NASA 和自然科学基金两方面的经费支持，很多大学的地理系都有自己的图像处理系统和数据处理设备。美国的研究机构都配备有 IBM 或 CDC 大型计算机，美国地质调查局给我们展示了能识别语音并用计算机辅助的航摄测图仪，其测出的高程数据直接输入计算机。但制图部门仍在用塑料薄膜刻图。美国国家大气研究中心给我们介绍了 CRAY 计算机（当时的超级计算机），该计算机用于大气模型和中期天气预报研究。俄亥俄州露天煤矿剥开地表土壤进行挖煤，开采完毕立即覆盖土壤，栽种树苗并进行灌浇。裸露的开采面为数十公顷。环保部门用陆地卫星图像监测矿场的裸露面积，评估煤矿对环境的影响。我们参观的农场采用免耕法以提高耕作效率，减少水土流失，他们还利用气象卫星数据来调节灌浇水量。

经黄秉维推荐，杨世仁、承继成访问了圣芭芭拉加州大学，与该校达成派遣研究生的意向书。该校研究生院院长后来北京与中科院正式签订协议。1979 年后，根据此协议，往该校派出近 10 名博士研究生。

1979 年 1 月 31 日，邓小平访美期间与美国总统卡特签订了《中美科技合作协定》，其中包括陆地卫星地面站。1979 年春确定由中科院负责引进和建立陆地卫星地面站。1979 年夏，美国 NASA 代表团访华期间与中国科学院就陆地卫星地面站“谅解备忘录”内容进行了讨论，参加讨论的有纪波、杨嘉墀、屠善澄、王传善、杨世仁等。

1979 年 9 月中旬到 10 月中旬，中国科学院派出陆地卫星地面站代表团访问美国。中科院新技术局局长纪波为团长、团员有杨世仁和李明德及航天部代表等。代表团访问了美国 NASA、美国地质调查局、哥达德空间飞行中心，并在 NASA 两人陪同下访问了南德科达州的陆地卫星地面站、休斯敦约翰逊空间中心、喷气推进实验室，参观了发射载人登月卫星的土星 V 型火箭及陆地卫星地面站的制造厂。在南德科达州，当陆地卫星到达地面站的接收范围时，接收系统将天线接收到的卫星图像数据和轨道数据记录在高密度磁带上，处理系统读出高密度磁带上的数据，根据轨道参数进行几何粗纠正和分幅，并根据辐射标定值进行辐射纠正，最终以计算机兼容磁带（CCT）的方式提供给用户。

美国另一个陆地卫星地面站设在阿拉斯加州的 Fairbank。代表团得到很多有关地面系统、陆地卫

星运行及其发送的讯息资料。喷气推进实验室除向我们介绍卫星遥感的应用外，还展示了 1977 年向外太空发射的航海家卫星的模型，播放了星载的用中国话向外太空的问候。在约翰逊空间中心我们参观了卫星控制大厅，显示器显示出当时陆地卫星在轨道上的具体位置。在遥感应用部分，介绍了用陆地卫星和气象卫星数据来确定美国东南部沼泽地蚊子滋生的地带，以减少灭蚊药物对环境的污染，提高灭蚊的效率。

这次访问使我们对陆地卫星地面站的具体结构和数据处理方法有了详细的了解，并了解美国在陆地卫星遥感数据的应用研究。回国后，向院部提出书面报告。

1980 年 1 月，中科院严济慈副院长和美国 NASA 局长弗罗歇在北京正式签订了陆地卫星地面站的“谅解备忘录”，引进陆地卫星地面站的工作正式启动。

二、第 14 届国际环境遥感讨论会

1980 年 4 月，国家科委组团参加在哥斯达黎加圣荷西召开的第 14 届国际环境遥感讨论会。杨世仁任团长。会上代表团成员杨世仁、路平和张仁华等宣读论文多篇。

会议期间，和日本、泰国、孟加拉国、斯里兰卡及中国台北代表团讨论了召开“亚洲遥感讨论会”及成立“亚洲遥感协会”的事宜，并建议第一、第二、第三届亚洲遥感讨论会分别在泰国、中国和孟加拉国召开，共同推荐村井俊治为亚洲遥感讨论会召集人，此建议得到各有关国家的支持。

同年秋，由陈述彭率代表团参加了在泰国曼谷召开的第一届亚洲遥感讨论会。亚洲遥感协会在曼谷正式成立。

三、第二届亚洲遥感讨论会

1981 年杨世仁任第二届亚洲遥感讨论会组织委员会主席，负责筹备工作。讨论会于 1981 年 10 月 29 日～11 月 4 日在北京科学会堂召开。

与会代表来自澳大利亚、孟加拉国、印度、日本、泰国、马来西亚、印度尼西亚、斯里兰卡、塞浦路斯、菲律宾、美国及中国 12 国共 157 人。

大会由国家科委主任赵东宛任名誉主席，王大珩任主席。由组委会主席杨世仁主持开幕式。

会上共宣读和展示了 100 篇论文和 10 篇国家报告。方毅副总理接见了与会代表。大会还组织了遥感仪器设备展览，有中国、日本和美国等国的厂商参加。与会代表参观了中科院遥感所、北京大学及地质部物探遥感中心等。

村井俊治在会上作了“亚洲遥感协会现状”报告，并讨论了亚洲遥感协会今后要开展的工作。

1981 年 4 月访问日本东京大学、千叶大学及日本宇宙事业开发团，与东京大学生产事业开发部商定接纳遥感所派人进修，后有遥感所王树杰、李树楷等前往进修。

四、国家遥感中心代表团访美

1981 年，国家遥感中心经国务院批准成立，并争取到联合国技术合作发展部（UN DTCD）的援助，用于设备引进、人员培训和外国专家来华讲学费用。

1981 年 11 月中到 12 月底，国家遥感中心组团访问美国，代表团成员有陈述彭、杨世仁、陈凯、朱谱益等，团长为陈为江。

代表团的任务如下：到组约与联合国讨论落实援助经费的具体使用；考察美国的重大遥感应用研究项目及其组织领导。为此，访问了美国农业部大面积谷物估产试验（LACIE），美国东南部

沼泽地灭蚊试验项目，NASA 哥达德空间飞行中心遥感应用部，生产摄影处理设备的科达（Kodak）公司，生产多光谱扫描仪的 Daedalus 公司，普渡大学遥感数据机器处理研究所，以及加拿大遥感中心等。

杨世仁还专程到旧金山托人定购我国第一个使用的腾冲地区陆地卫星磁带数据。联合国的经援使国家遥感中心各部得以引进急需的设备和外国专家，派出人员到国外进修，对我国遥感应用的发展起了重要作用。

五、地面站设备引进代表团访美

1982 年 7 月中旬到 8 月下旬，杨世仁和王新民作为中科院代表，受邀赴美国参观陆地卫星 4 号的发射。

1982 年 7 月 16 日，陆地卫星 4 号在范登堡空军基地发射升空，成功进入轨道。接着参加由王大珩为团长，杨世仁、王新民和院东方仪器进出口公司的石书嘉等组成的陆地卫星地面站设备引进代表团。当时国家计委已批给外汇额度。在设备配置上，为使引进的地面站能满足我国对卫星遥感数据的需求，以及升级后能接收和处理其他卫星遥感数据，代表团与美国宇航局进行反复谈判后，在天线和主机性能、存储容量及高密度磁带等方面都突破了当时巴黎统筹的限制（巴黎统筹为欧美对社会主义国家在高技术产品的出口限制规定，地面站处理系统中的计算机运算速度、内存及磁盘存储容量，高密度磁带等均在限制之列）。

代表团还考察了与地面站设备有关的厂商，如 Datron 天线制造公司、I2S 图像处理设备公司等。回国后给院部的报告中提出了数个可供选择的设备引进方案。

六、第三届亚洲遥感讨论会

1982 年 12 月，杨世仁作为中国遥感代表团团长，参加在孟加拉国达卡市召开的第三届亚洲遥感讨论会。与会者宣读了论文多篇。参加代表团的有何昌垂、方有清、徐庚庆等。

1983 年 1～3 月，杨世仁到纽约联合国技术合作开发部汇报援助项目的执行情况，验收其资助的遥感图像处理设备。

1983 年 9 月，杨世仁与地质部物探遥感中心杨广庆一起访问曼谷的联合国亚太经社理事会（UN ESCAP）和亚洲理工学院（AIT），商谈在遥感应用研究及培养科技人员方面的合作问题。后有刘纪远等前往 AIT 进修。

七、第四届亚洲遥感讨论会

1983 年 9 月，杨世仁作为中国遥感代表团团长，参加在斯里兰卡科伦坡市召开的第四届亚洲遥感讨论会。讨论会在中国援建的国际会议大厦进行。斯里兰卡总统 J.R.Jayawardane 在讨论会的开幕式前接见了中国代表团。参加代表团的有何昌垂等。与会者宣读了论文多篇。

八、第五届亚洲遥感讨论会

1984 年 11 月，杨世仁作为中国遥感代表团团长，参加在尼泊尔加德满都市召开的第五届亚洲遥感讨论会。参加代表团的有王之卓和王长耀等。与会者宣读了论文多篇。

九、杨世仁被聘为圣芭芭拉加州大学地理系客座教授的出访

1985 年 10 月～1986 年 4 月，圣芭芭拉加州大学地理系客座教授，杨世仁为研究生讲授“遥感数字图像处理方法”课程。杨世仁在该校讲课的基本内容是在中国科学技术大学研究生院讲课所用的讲义，经补充内容，翻译成英文使用。之后该英语教材继续用于中科大研究生院讲课。该校地理系有很多遥感界知名的及跨学科的教授。他们中有很多是中国研究生的导师。系里每一两周有一个讨论会。由教授、校外学者或研究生作专题报告。这样，初来者也能很快了解该校的科研和教学的运作。这些教授们大多有美国科学基金会、美国 NASA 或美国大气及海洋局（NOAA）的科研项目支持。他们和美国喷气推进实验室（JPL）在侧视雷达（SAR）及将建立的地球观测系统（EOS）的应用研究方面有较紧密的合作。杨世仁在该校期间向 JPL 提出遥感所参加合作并建立了联系。后来两研究项目分别由郭华东和万正明负责执行。

十、国家遥感中心代表团访问欧空局

1987 年 10 月，杨世仁作为国家遥感中心代表团成员访问瑞典空间合作部、法国空间研究院（CNES）及英国国家空间中心和空间局，讨论遥感及空间技术的合作问题。代表团成员还有马俊如、潘君卓和李志勇等，团长为马俊如。1988 年 10 月，杨世仁参加在卡尔斯卢赫（德国）召开的第 11 届 CODATA 国际讨论会和陈贻运各宣读论文 1 篇。

十一、中朝科学院 01 项目“S140 计算机使用”考察团赴朝鲜考察

1. 考察概况

1988 年 4 月 29 日～5 月 11 日，以李丽为团长，周上益为成员的中国科学院遥感应用研究所“S140 计算机使用”考察团到朝鲜考察访问。朝鲜主持接待单位与负责人是朝鲜国家科委宇宙照片研究所，所长金周顿。

2. 考察的主要内容

根据朝鲜国家科委 1987 年 NO.01（即《S140 计算机使用》项目的要求，中国科学院遥感应用研究所《S140 计算机使用》考察团，对朝鲜国家科委宇宙照片研究所 1986 年通过旅日朝侨购买的 S140 计算机的运行情况及存在的问题进行了考察。

据介绍，S140 计算机系统于 1986 年通过旅日朝侨从日本 NDG 公司购进，后发现磁盘有毛病，又补订了一套磁盘，由旅日朝侨协助安装。

该 S140 计算机系统包括：主机（CPU）、1M 内存、300M 磁盘、1600bpi 和 800bpi 磁带机两台、打印机（LPT）1 台、彩色图像显示器（CD）1 台、终端显示器（CRT）2 台，此外，还配有 PHOSDAC-2000 彩色密度分割仪、鼓形扫描仪及摄影处理设备，总价值约 70 万英镑。

在对“S140 计算机使用”考察期间，考察团一直和朝鲜国家科委宇宙照片研究所计算机室室长白永哲、图像处理室室长权东哲，以及两名机房工作人员一起在机房工作，并按机房人员的安排对 S140 计算机系统进行了如下的检查。

（1）用随机带来的 DTOS 磁带分别对 MT/O 和 MT/I 磁带机进行了诊断和可靠性的程序检查并通过。

（2）对 6326 磁盘进行了反复的程序诊断检查：①诊断程序（IDAG）通过；②功能检查：FUNC 出错，按打印的错误码显示，不排除控制器出现故障的可能性；③可靠性程序检查：UDKPRELI 出错。

（3）按说明书脱机（OFF LIVE）对彩色显示器（CD）本身的性能进行了检查。

在检查中打印机工作正常。

经考察团和机房人员共同反复进行检查后，一致认为应首先排除接口板控制器的故障。考察团认为，要使 S140 计算机系统正常运行，并具有数字图像处理功能，满足应用需要，需要进行以下工作。

（1）排除磁盘机故障后再进一步排除其他故障，继续进行程序检查，使检查程序全部通过。

（2）在硬件检查程序通过的基础上，使 AOS 操作系统生成，再进行有关操作系统命令的检查，进行程序试验，使 S140 计算机硬软件系统正常工作。

（3）显示器驱动程序设计，使计算机和显示器在硬件和软件上接通。

（4）发展一部分图像处理软件，使 S140 计算机系统具有一定的图像处理功能。

（5）开展遥感应用，使经计算机处理的宇宙照片得到广泛应用，并取得经济效益。

在检查期间，朝鲜国家科委宇宙照片研究所金周顿所长、金差镶副所长经常到机房了解情况，解决困难。朝鲜科委科技交流局的领导也经常通过该局工作人员姜昌峰向考察团询问检查工作的进展，对设备运行十分关心，寄予厚望。考察团和机房人员相互配合、密切合作，使磁带机恢复了正常工作。因此，磁盘控制器接口板的问题使进一步检查和系统生成的工作均不能进行，只有待接口板修复后才能实现。

考察期间，李丽团长还就计算机图像处理的硬件、软件和应用情况，周上益处长就中国科学院遥感应用研究所的发展状况，分别向朝鲜国家科委宇宙照片研究所的计算机图像处理和遥感应用同行做了介绍，在友好和融洽的气氛中进行了学术交流，并就两所遥感合作问题交换了意见，双方都愿意为促进遥感技术的共同发展做出积极的努力。

3. 考察的收获

据了解，该 S140 计算机系统是旅日朝侨通过非正常渠道进入朝鲜的。在由旅日朝侨协助安装的过程中已进行过必要的检查，发现磁盘不好，又重新购买了一套磁盘，但未能帮助他们使设备运行起来。我们分析可能是因为非正常渠道的问题遇到了麻烦，已很难再利用原来的渠道。当时，朝鲜拥有的计算机为数不多，像这样 100 万美元以上的设备对他们来说无疑是十分宝贵的，各级领导对此十分重视，关心设备早日运行。通过考察与他们一道进行的近 10 天有成效的工作取得的进展，他们不怀疑遥感所具有帮助他们排除故障、解决问题、使设备运行并实现图像处理功能的能力和水平，因此，朝鲜科委和宇宙照片研究所都急切希望遥感所尽快继续派出有关专家帮助他们修复磁盘控制器接口板并进一步进行深入的检查，排除其他故障，发展软件，使设备早日运行，以满足朝鲜对宇宙照片处理的需要。

考察团充分理解朝方的困难和要求，考虑到中朝科技合作项目较多，但没有遥感方面的项目。同时，S140 计算机已在遥感所运行 5 年以上，在硬件、软件和应用方面都积累了丰富的经验。鉴于朝方遥感起步较晚，工作程度较低，人员素质较差，迫切需要我国支持，为此，我们建议如下。

（1）将《S140 计算机使用》即 NO.01 项目正式列入两国科技合作（或技术援助）计划，进一步明确合作目标、内容和方式，根据需要分阶段执行。需要安排必要的经费。我们初步估算，要使朝方 S140 计算机开通运行，我方约需材料费、软件费、程序调试机时费，以及必要的人员费用 5 万元人民币，请国家科委提供。修复机器本身所需外汇全部由朝方自理。

（2）由于朝方无其他 S140 计算机可供对比检查，有的部件需运回我国进行测试，设备进出需海关提供方便。

由于国家科委已接受朝鲜科委 NO.01 项目，通过这次考察，初步协商了下一步的工作设想，朝方也已做了必要的安排，如果通过执行 NO.01 项目，不断加强和发展两国的遥感合作，对扩大我国遥感在国际上的影响，以及对我国遥感卫星地面站增加国外用户和经济效益，都将是很有意义的。

十二、访问美国 EROS 数据中心

1. 出访概况

1998 年 3 月 22 日～4 月 6 日，以刘纪远为团长，张琦娟、庄大方、林宗坚、闵宜仁为成员的考察团，到美国对 NASA 戈达德空间飞行中心、美国地质调查局（USGS）地球资源观测系统数据中心与农业部世界农业预测组织和外国农业服务部进行了考察访问。

2. 出访主要内容

1）考察内容

在项目重点涉及的国家土地资源、农业监测、生态环境监测等遥感应用领域，主要涉及管理、信息保证、研究、运行等核心环节。为此，我们着重选择了政府科研运行机构、大学研究实验室和遥感公司三大类单位进行了考察。

（1）政府科研运行机构。考察访问了 NASA、美国农业部和 USGS 下属的 5 个科研运行机构。其中，NASA 下属的哥达德中心档案数据中心和 USGS 下属的 EROS 数据中心分别管理着美国低分辨率和高、中分辨率的遥感数据，对所有数据的存档和用户分发服务负责，是非盈利的政府机构；美国农业部的海外农业服务局（FAS）长年来负责以统计、气象、遥感等手段支持、分析和预报全球各类粮食、棉花、烟草等农作物的生产趋势，为美国的全球农业经济战略服务；NASA GSFC 的地球科学研究中心负责对地观测数据在大气、海洋、陆地、生态等领域的全球变化探测研究；USGS 下属的制图中心主要负责国家大中比例尺常规地图、数字地图、正射影像图的制作。

（2）大学遥感实验室。考察访问了马里兰大学和加州大学（伯克利）的遥感实验室。其中马里兰大学遥感实验室研究领域包括了全球变化研究的多个领域和遥感机理研究，有多个 NASA 全球对地观测计划项目在这里执行；加州大学（伯克利）遥感实验室目前主攻遥感生态测量学，同时为全校有关科学家提供开放的实验室条件。

（3）遥感公司。考察访问了 Ragtheon（休斯）公司和 HJW 公司。其中，Ragtheon 公司是美国最大的军火和计算机系统公司之一，休斯公司是其通信领域的子公司，考察组访问的 Ragtheon 公司的 STX 公司，目前正在承担中国中巴资源卫星的地面站和处理系统合同。HJW 公司位于旧金山，是美国最有实力的私人航摄、遥感和 GIS 公司的代表，主要承担美国国内的商业性遥感、GIS 任务。

2）学术交流内容

考察组在美期间，就相关的信息源进展、土地利用与土地覆盖监测制图、大尺度农情监测、基础地理信息生成与更新等问题，与美方进行了深入的交流。在向美方学习的同时，考察组还多次向美方科技人员介绍我方的研究进展。考察组的业务素质、工作精神和研究成就均得到美方的高度评价。

（1）关于遥感信息源。与项目关系最为密切的有 EOS AM-1 卫星的 ASTER 和 MODIS，以及 Landsat 7 的 ETM 等。美国为进一步确立在全球遥感领域的地位，已决定 MODIS 将免费接收和提供；Landsat 7 将降价至 500 美元/景。为避免过去一直存在的局部区域信息源无法保障的难题，EROS 数据中心已设计

由该中心每年完成 4 次全球无云 TM 数据的处理，并向全球用户分发。这一计划如果实施成功，将全面解决信息源保障难题（如新疆、西藏、云南收不到数据等。）

（2）关于土地利用/土地覆盖动态监测制图。该项工作是本项目的重点，也是本次考察中技术交流的重点。目前在 NASA 和 USGS 的研究计划中与全球和美国土地利用/土地覆盖动态监测相关的项目主要有：全球 1km 分辨率长时间序列 NDVI 数据集、美国全国的多信息源（以 TM 为主）土地利用制图，另外还有多个区域性研究项目。其中，由 USGS 的 SAB 负责承担的全美土地利用制图的任务与 01 课题的技术路线十分相似，将全美分为 10 个大区，分区影像镶嵌后非监督自动分类（采用 2～3 个不同季相的 TM 数据），然后以航片订正分类结果。预期将于 2000 年完成全美的分类制图，计划每 10 年重复一次，取得动态变化监测结果。考察组向对方介绍了中科院“八五”期间完成的工作和 01 课题正在进行的工作，引起了对方很大兴趣，建议考察组将技术路线研究的结果在美国有关刊物上发表，以便进行技术路线的对比。

（3）关于全球农情监测与预测。美国农业部 FAS 全球农业监测和作物估产运行系统的工作在我国已为遥感界所了解。考察组本次访问的目的主要是了解对方如何以精干的运行队伍保证全球估产任务的长年稳定完成。美国农业部 FAS 负责全球农情监测的人员共有 7 人，主要负责以遥感方法掌握各国农情，经常性采用的数据有 NOAA AVHRR 和 SPOT 等，发展了土壤湿度等遥感模型。FAS 的特点是不拘泥于遥感方法，而是重视各国政府报告、官方统计、气象资料与遥感资料的综合分析，特别强调 20 年来已积累的历史数据的对比。有关预测报告由全球农业预测组织每月定时发表。该项工作的特色是不强调科研性质的复杂模型，而是尽可能利用全部数据和知识积累，通过专家会商，达到最满意的预测结果。这种运行原则和技术思路对我们有重要的借鉴价值。

（4）关于基础地理信息生成与更新。为满足以地方为主的各方面用户的需求，美国政府安排了以 5 年为一个周期的全国彩色红外航摄计划和 5～10 年为一个周期的全国正射影像图计划。与此同时，在 USGS 制图中心数字地理底图（矢量图）和 DEM 数据也可全面提供。该方面的工作均由 USGS 主持完成。在整个经费安排上，以州政府和州用户为主，中央政府所占经费比例较小。正射影像图和彩红外航摄均根据各州的要求不同而有不同的安排，更新时间 5～10 年不等，体现了用户和市场牵引的原则。访问中考察组多次向美方介绍了 01 课题中“4D”技术系统的设计思想、技术路线和今后的应用前景，引起美方的浓厚兴趣。

3. 考察与交流收获

在考察过程中，考察组还就扩大双方交流和双边合作的问题与美方开展了积极的探讨，取得了以下进展。

（1）在信息源保障方面。GSFC 的 DAAC 和 EROS 数据中心的 DAAC 表明了愿与中方同行合作的愿望，今后 01 课题工作中有望免费或低价取得许多遥感数据，这对课题开展工作十分有利。

（2）在取得运行系统经验、发展技术系统方面。农业部 FAS 的专家有可能接受我方邀请来华开展交流，举办一些讲座。USGS EROS 中心有可能同意与我方签署一个 MOU，将双边交流纳入经常性的轨道。

（3）在人才培训方面。加州大学和马里兰大学的遥感实验室均有中国海外 GIS 协会骨干担任副教授以上终身职务，可以为中方选派学生或访问学者前往学习和合作研究提供方便。

4. 借鉴和建议

1）关于定位和体制问题

考察组是带着项目今后的定位和运行体制问题出访的。通过考察访问，考察组收获很大，可借鉴的东西很多。首先是运行系统的定位必须十分准确，用户和服务对象也必须十分清楚。在此前提下，运行系统必须有与政府部门或科研单位均不相同的机构设置和运行体制，有独立的对运行人员和对系统成果的评价标准，有稳定和充足的经费来源。

由政府出资的社会公益性质的运行系统应有数据共享的完整办法，建议科技部考虑社会公益性数据共享的立法问题。

2）关于遥感应用发展政策

遥感应用是一个综合性问题，社会化是其可持续发展的关键。建议国家科技部应尽快制定遥感应用发展政策，区别深入的遥感应用研究、社会公益性质的遥感运行服务和面向用户的基础数据与图件产品生产三者之间的界线，各自明确自身定位，避免相关工作的低水平重复。在此基础上，支持国家遥感应用研究实验室、国家资源环境遥感运行系统和国家基础数据产业化中心 3 类不同层次遥感应用研究、运行与产业化实体的建设。

3）关于技术进展问题

通过技术路线对比，考察组认为，该项目目前已完成总体设计的技术路线是符合国际前沿发展趋势的，也是符合今后运行需要的，在人机交互建立完整的矢量数据库并进而实现动态更新方面明显优于 USGS 目前采用的以自动分类为主的技术路线。目前，美方在运行系统中全面运用网络环境和实时与国际互联网连接的技术路线，尽可能推动数据广泛应用的数据共享政策，以及全面重视运行系统与全球变化研究接轨的做法均值得我们借鉴。考察组还感到，随着 EOS 技术的进步，必须对近期内即将提供的新遥感信息源加强应用前期研究，以保证运行系统信息源的稳定，提高系统成果的水平。

4）关于对外交流与合作

在加强运行系统建设、完成项目任务的同时，我们应当像美国同行一样十分重视对外宣传，不仅在中文刊物上，而且在国外刊物和学术会议上必须有我方的声音，引起了国际同行的重视，这是吸引对方交流与合作的前提条件，只有这样做才能保证合作交流双方的互利互益。作为 01 课题自身，应利用本次考察初步建立起来的联系渠道，加强与 NASA 和 USGS、美国农业部等部门各相关单位的合作交流，争取通过 MOU 等方式，建立一批固定的交流合作渠道。

十三、在美国 NASA/JPL 做访问学者

1. 出访概况

1998 年 10 月～1999 年 8 月，中国科学院遥感应用研究所邵芸研究员到美国宇航局喷气推进实验室（NASA/JPL）做访问学者并开展合作研究。

2. 考察的主要内容

1）开展雷达遥感水稻散射特性研究

开展水稻时域散射特性研究，揭示了水稻后向散射系数随水稻生长发育变化的规律，识别出生长周期差 5～10 天的早熟稻、中晚熟稻和晚熟稻及其他多种植被和目标物。通过水稻理论散射模型模拟计算了不同入射角时水稻的后向散射系数，证明了 C 波段、HH 极化雷达卫星在入射角 40° 左右时，探测效果最佳，从而为单参数（C 波段、HH 极化）雷达遥感数据在农业中的应用找到了有效方法与途径。

开展了水稻物候历和水稻及其共生植被的时域散射特征研究，提出了雷达遥感水稻长势监测及产量预估的最佳时相及图像获取频率，应用结果显示了其有效性。通过对典型航天航空多参数模式雷达遥感图像的分析研究，给出了水稻长势监测与产量预估，包括波段、极化、入射角、空间分辨率和时间分辨率（即数据获取频率）等的最佳雷达系统参数组合模式，对农业雷达遥感数据源设计具有指导意义。

2）学习 JPL 的管理经验

NASA/JPL 创建于 1936 年，前身为加州理工学院（CALTIC）的 Guggenheim 宇航实验室，由冯·卡门（Theodore von Karman）教授领导的 6 人科学家小组创建。我国著名科学家钱学森即为 6 人小组成员之一。该实验室的最初研究对象为火箭。是世界空间科学与技术的发祥地。经过 60 多年的发展，今天的 JPL 已经是 NASA 下属的最重要的实验室，拥有雇员近 1 万人，年科研经费 14 亿美元。自 20 世纪 60 年代以来，已经主持和参加了 126 次空间飞行计划，包括阿波罗登月计划、火星探测计划等。该实验室的两大支撑科学计划就是“火星探测计划”与 “空间与地球科学计划”。其中，“空间与地球科学计划”的研究经费约占一半。

该实验室的行政领导是私立大学–加州理工学院（CALTIC）。JPL 的成员名义上都是 CALTIC 的雇员，但其学术领导是 NASA。实验室 90%的科研经费来自 NASA，所有的仪器设备、基本设施与固定资产都属于 NASA。这样的双重领导既给了该实验室以私立大学灵活高效的管理机制，同时又使该实验室所承担的自然科学探索与行星探测研究有了强大的经济保障。

该实验室主任，火星探测计划和空间与地球科学计划的主席均配有 3～4 名秘书，其中 1 名为主任秘书。JPL 的工程技术人员和科研人员都属于“工程与科学部”。这个部按学科分成了 3 个中心、7 个研究室（division）及若干学科小组（element 和 group）每个中心、研究室均设经理（Manager）1 名、副经理 1 名，下设 Section，仍设经理和副经理各 1 名。这些经理和副经理的职责主要是人员管理，使每个所辖的雇员都能在项目研究工作中发挥最佳作用，其各个单元组成了矩阵中的行。其他的 4 个部仅管理项目与经费，项目形成了矩阵的列。这里没有具体从事科研工作的人员，只有项目经理与项目科学家，他们的任务分别是项目管理和项目研究指导。当他们或其他的首席科学家争取到项目后，即来到 300 部寻求合适的科研与工程技术人员，并与那些 Division 和 Section 的经理们商量人员使用的有关细节。当项目结束后，科研与工程技术人员仍然回到 300 部去，等待下一个项目。当然，有些科技人员承担不止一项科研任务，但大部分科技人员则仅承担一项任务，特别是大型的空间或地球观测计划的硬件研制项目，如传感器、航天器等的研制，都要求科技人员全身心的投入。这种矩阵式的管理机制，使人员成为流动的棋子，保证每个棋子能在最佳的位置上发挥最好的作用，人围着项目转，而不是项目围着人转，使人员的才干与项目的需求达到完美的结合。

3. 考察的收获

访问期间，尽管也看到了很多不尽如人意的地方，但 JPL 的管理策略与运作方式还是有许多值得我们学习和借鉴的地方。

（1）JPL 的成员，除大量的业务运作人员以外分成两类：一类是科研人员（scientists）；另一类是工程技术人员（engineers）。两者有明确的分工和不同的考核标准。科研人员的考核依据，主要是期刊论文、基础理论研究突破、自然科学新发现、新型传感器或航天器的设计，而工程技术人员则负责传感器、航天器的工程实现及运行维护，传感器、航天器的成功发射与运行就是考核目标。晋职和上述的考核标准紧密相连。晋职申请一般在任现职 5 年后提出，本人撰写自我评估报告，然后由申请者所在的项目的负责人及上级主管部门一起决定能否晋职。遥感所在的 Section 中，约有 150 人，大部分为 Scientist，20 多人为 Research Scientist，极少数的人为 Senior Scientist，竞争十分激烈，要求很高。业务运作人员约 10 人，多数为秘书。工资因人而异，各不相同，并且保密的。Scientist 的年薪在 6 万美元左右，Senior Scientist 和高级行政人员的年薪在 10 万美元左右。工资根据职称由研究室经理和项目负责人商量决定，一般只升不降。但如果没有项目做，也就意味着没有工资可领了。有工作，就会有一切，没有工作，就会一无所有。所有的人都会把工作放在第一位，所谓“Work comes first”。这种自利的高薪牵引制，使得科研人员自觉自愿地投入科研工作，而管理人员则着重于结果管理，而非过程管理。晋职、高薪和淘汰成为管理人员手中推动科研工作前进的有效杠杆，避免了许多纷争。差异的存在，成为进步的动力，追求卓越成就，成为人人奋斗的目标。

（2）在人才培养方面，强调求异（diversity），而不求同，要求雇员具有强烈的个性，旺盛的创造性，思路开阔，性情直率真诚，勇于异想天开，标新立异。求同与求异正代表了东西方文化的泾渭分明之处。求异，思维上的约束与规矩较少，求同，就会有一些严格的约束，客观上也会影响创造性的发展。遇到问题时，中国人想出一个解决的办法后，更多的会想到是它的不可行性，于是就会放弃这个想法。而西方人则会肯定自己有一个想法，认为有想法是第一重要的，再设法求证，勇往直前，决不轻言放弃。正是这种勇于创新的精神，造就了现代技术文明。21 世纪最需要的就是具有创造性思维的高素质人才。

（3）如何创造出卓越的成就，除了人才、资源、环境等刚性条件外，高效的管理作为一个弹性条件，则起着斜率的作用。有道是：一流的管理可以让三流的人才出一流的成果，而三流的管理也可以让一流的人才出三流的成果。高效与低效管理的区别就是事半功倍或事倍功半。我国知识创新体系的建设，除了原始创新与发现、技术发明与进步以外，还需要在我国科研体制与政策、管理机制方面进行大胆的改革与创新，这样才能适应当今知识经济与信息时代的需要，保障我国知识创新体系的健康发展。杰出的科研管理的核心就是要营造一种鼓励创造性思维，追求卓越成就的氛围，提供一个优越的环境，让科研人员最大限度地发挥他们的潜能，为我国的创新体系建设做出最大的贡献。

十四、出席挪威国际高山遥感会议——第四届国际高山遥感制图学术讨论会

第四届国际高山遥感制图学术讨论会（HMRSC 4）于 1996 年 8 月 19～28 日在瑞典斯德哥尔摩召开并到挪威进行了科学考察。国际高山遥感制图学术讨论会（HMRSC）的重要特色之一是，在学术讨论会期间有机地穿插野外考察和科学访问活动，使与会代表能够更充分地开展学术交流，同时进行不同高山地区的遥感比较研究。

出席会议的有来自中、美、俄、英、法、德、意、瑞、挪、尼泊尔、津巴布韦、奥地利、阿根廷、玻利维亚和欧洲空间局 15 个国家和国际组织的代表 40 余名。各国代表共宣读学术论文 32 篇，内容覆盖高山遥感理论、应用、制图与数学分析方法等各个方面。中国代表团由中国科学院遥感应用研究所、西藏自治区“一江两河”开发建设委员会办公室和西藏高原大气环境科学研究所的 7 名科技人员组成，在大会宣读学术论文 6 篇，参加人数和论文数均为大会第一位。我国代表发表的论文包括全国资源环境遥感研究、西藏自治区高原水热分布的遥感研究、西藏农业遥感、西藏“一江两河”地区生态环境遥感监测与评价等内容，论文的研究广度和深度均得到与会国外同行的一致称赞，证明我国在该领域的研究水平是处于国际前列的。

中国代表团团长刘纪远研究员担任本次会议科学委员会委员和第五段学术会议主席。会上，我国代表概括介绍了青藏高原遥感的工作情况和学术思想，使各国代表对我国在世界第三极开展遥感研究规模

和水平有了进一步的了解和认识。

会下，中国代表团组织了小型讨论会，邀德、法、瑞等国在西藏自治区有一定研究基础并拟进一步开展工作的专家与西藏自治区“一江两河” 开发建设委员会办公室的加保主任等座谈，探讨进一步扩大合作的可能性，以推动西藏自治区遥感领域的国际合作。座谈会就西藏自然保护区遥感制图、西藏自治区环境遥感中心建设中的人员培训等问题达成了开展国际合作的共同意向。

十五、出席国际“第六届遥感物理测量及特征”讨论会

国际“第六届遥感物理测量及特征”讨论会于1994年1月12～21日在法国东南部阿尔卑斯山区的凡尔迪赛小镇召开。

参加这次会议的有以美、英、法、德、荷兰和加拿大等国为主的来自20个国家的近400名从事遥感基础研究的科学家。由中科院国际合作局资助遥感所童庆禧研究员应邀参加了此次会议，中国科学家的首次出席，受到了会议的特别重视。

会议共分10个专题：数据预处理、高光谱分辨率遥感、主动微波、被动微波、光学偏振与方向效应、热红外、激光遥感与荧光、遥感数据利用、对地观测系统，以及物理测量模型与生物圈物理过程模型的综合。会议采用大会报告与论文展示相结合的方式。每个专题选3～4篇大会报告以带动论文展示。会上会下交流十分活跃。

从这次“遥感物理测量以及特征研究”会议情况可以看出，目前遥感基础研究主要集中于高光谱分辨率遥感、主动微波（成像雷达、散射特性等）、被动微波及激光遥感等几个主要方向，且具有如下特点。

（1）环境问题受到越来越高的重视，虽然研究领域涉及高光谱分辨遥感、热红外、激光，以及主、被动微波遥感，然而研究对象多针对地球的环境问题，如海洋、湖泊、河流污染问题。水质问题及陆地表面过程与全球变化相关联的问题、地表、大气，土壤–植被–大气相互作用问题等。

（2）十分重视植被、生物量模型及全球变化的研究问题，将这一问题从不同的角度，利用不同的技术，如高光谱分辨率遥感、红外遥感、二向性反射、光学偏振特性、激光荧光技术等进行研究，特别是从各种研究领域出发研究植被的监测、植被指数的规一化和订正问题。

（3）不少研究工作均与下一代航天遥感计划，特别是新型遥感卫星计划相关联，从而有明确的目的性且能获得较充裕的经费资助。

十六、出席吉隆坡第十届亚洲遥感会议

第十届亚洲遥感会议于1989年11月23～29日在马来西亚首都吉隆坡举行。会议由亚洲遥感协会组织，由马来西亚科学、技术和环境部主办，并得到联合国UNDP/ESCAP遥感项目和日本遥感协会的支持，来自澳大利亚、孟加拉、比利时、加拿大、中国、法国、德国、中国香港地区、印度、印度尼西亚、日本、韩国、蒙古国、尼泊尔、新西兰、英国、美国、苏联、越南和东道国马来西亚20个国家和地区的238位专家、学者和政府官员参加了会议。

大会由马来西亚科学、技术和环境部部长致开幕词，亚洲遥感协会主席村井俊治作主题演讲，协会成员国就如何提高遥感作用进行大会发言。大会分农业与土壤、农业与林业、土地利用、地质、环境、水资源、海洋、数字图像处理、空间制图及教育与培训等领域开展了交流和展示。会议围绕自然资源管理的遥感和GIS的集成进行了大会交流，最后，由澳大利亚、中国、蒙古国和印度作国家报告，介绍了这些国家开展遥感的情况和进展。

来自国家遥感中心、中国科学院遥感所、水保所、广州新技术所、上海技术物理所和南京地质研究所等单位15人组成的中国代表团参会，遥感所陈述彭院士、田国良、李树楷和周上益参加了会议。其中陈述彭院士做了题为遥感的水灾监测和评价系统的报告，田国良作了用NOAA-AVHRR图像和地面气象数据估算农田蒸散及土壤水分的报告，李树楷作了航空影像的几何模型研究的报告。

亚洲遥感会议自1980年开始，每年举行一次，是亚洲遥感界最高的学术盛会，是推进遥感在亚洲各国的研究和应用的大会，是促进各国专家学者进行学术交流的平台。每年我国都参加该会议，特别是1981年第二届亚洲遥感会在北京举行，产生了很大影响。参加第十届亚洲遥感会的主要收获如下。

1）交流了遥感研究和应用，展示了我国取得的成果

在会上中国有9人作报告，3份板报展示，涉及农业与土壤、灾害管理、教育与培训、城市应用、土地利用与制图、环境监测、数字影像处理和空间信息系统等领域，充分展示了中国在遥感领域中取得的成果，受到与会者的关注。特别是国家遥感中心周心铁的大会报告–“中国遥感的发展：现状和未来”，综合了中国遥感技术和应用的现状和未来发展计划等。

2）参观马来西亚和泰国的遥感机构受到的启示

会议期间，我们参观了马来西亚国家遥感中心和国家测绘局，会议结束后又去泰国访问，参观了相关的遥感机构和大学，看到了马来西亚将遥感应用于地籍管理，应用高分辨率航空图像提取宗地，进行森林覆盖制图等。在泰国看到他们用卫星影像进行生态环境监测和制图等，认识到我们的遥感应用在实用化方面还有一定的差距，他们有值得我们借鉴和学习的地方，特别是要加快研究成果的转化和应用推广工作。

3）扩大影响，争取更多的人来中国参加在广州召开的第十一届亚洲遥感会

我们利用会下交流的机会，介绍中国的发展和遥感取得的成果，以及在广州举行第十一届亚洲遥感会的筹备情况，特别是陈述彭院士的威望和影响，主动邀请各国知名学者和科学家参加下届遥感会议，取得了很好的响应。在第十一届亚洲遥感会上，我们见到了许多熟悉的面孔，参会人数超过了第十届亚洲遥感会。

十七、出席第十三届亚洲遥感会议（乌兰巴托）

1. 会议概况

1992年10月7～11日，第十三届亚洲遥感会议在蒙古国首都乌兰巴托举行。接待单位蒙古国遥感与地学信息中心，主任为Saandar。遥感所派出了以周上益为团长的12人代表团，成员有王为民、石军梅、师长安、郭军、郭杉、胡宝新、李林、吴秋华、董小民、杨红、田庆久。

2. 会议的主要内容

会议在蒙古国首都乌兰巴托市青年文化中心举行。出席会议的有19个国家和地区的代表213人，其中蒙古国85人、中国39人、日本36人、泰国17人、非亚太地区国家代表18人。会议由蒙古国地学信息中心主任Saandar和亚洲遥感协会秘书长村井俊治教授共同主持。蒙古国科学与教育部长和泰国诗琳通公主出席了会议并讲话。出席会议的还有联合国亚太经社理事会遥感部主任何昌垂先生。

会议印发论文182篇，其中计划宣读104篇、展示78篇，分农业、林业、水资源、土地利用、地质、

海洋、全球环境、数字图像处理、空间制图和教育 10 个专题组报告。实际宣读论文 72 篇，占应宣读论文总数的 70%；展示论文 16 篇，占应展示论文的 20%。通过认真评议，大会评选出优秀宣读论文 5 篇，其中有中国 1 篇、蒙古国 2 篇、日本 1 篇、泰国 1 篇。中国科学院遥感应用研究所青年科技人员胡宝新的《基于理解的城市土地利用遥感图像计算机处理与分析》被评为优秀宣读论文，名列榜首；会议还评选出优秀展示论文 1 篇，被泰国遥感专家获得。

会议还同时举办了商业性展示。参加的国家主要有荷兰的 ITC、日本的 NASDA、美国的 EOSAT、澳大利亚的 micro BRIAN、瑞典的 space co、法国的 SPOT，以及泰国的 ERS-1 等。荷兰的 ITC 为与会代表演示了 ILWIS 软件系统在非洲肯尼亚水资源调查中的应用情况；澳大利亚演示了 micro BRIAN 图像处理系统功能，以及应用于水资源管理、灾害监测、地质解释和土地利用等方面的效果；日本的 NASDA 介绍了 JERS-1 数据的情况，表示愿为亚洲地区提供价格低、精度高、容量大的卫星数据；法国的 SPOT 图像公司展示了高分辨率 SPOT 卫星影像图。

会议期间，会议组织参观了蒙古国遥感中心、测绘局和科学院，通过参观，我们了解到蒙古国遥感的发展虽然起步较晚，但开展工作的领域较宽，主要遥感设备有航空相机、摄影处理设备、假彩色合成仪、MicroVAX-2 图像系统和常规制图设备；在遥感应用方面，紧密结合蒙古经济发展的需要，开展了遥感地质、土壤水分、土地利用、草资源遥感研究和遥感专题制图，以及自然灾害监测方面的工作，受到与会代表的肯定。

3. 参加会议的主要收获

1）数字图像处理与空间制图有新进展

泰国遥感专家采用二维直方图去云和阴影处理取得了明显的效果；日本专家采用激光雷达去噪声的处理方法，使信噪比提高 30%；中国华东师范大学吴建平提出的使用模糊分类进行像元分解的方法可以使分类精度提高到 95%。

2）再生资源遥感的新动向

在土地利用方面，应用多时相遥感数据监测城市扩展、评价城市环境已在许多国家和地区采用并取得良好的效果。研究表明，利用地理信息系统技术在空间上研究土地利用和土地承载力，有助于提高土地资源的调查、分析和管理水平。专家系统的采用使土地分类精度有很大的提高，并使土地利用图的快速更新成为可能。在水资源遥感应用方面，应用多时相多波段的遥感信息获取地理信息系统技术研究上游冰川的变化，进行季节性积雪面积与流域径流估算，为下游洪水及时提出预报，特别是采用航空 SAR 在洪水监测中已取得实效。利用地理信息系统和 DEM，结合气象卫星数据和地面降水资料，分析流域水资源的状况及其变化，为区域水资源的开发利用、管理决策提供了基本依据。此外，会议在河道变迁调查、水资源分布图的编制和水深探测方面的遥感应用也有专文介绍。

3）非再生资源遥感应用的新探索

遥感地质应用，包括地质矿产勘查、油气资源勘探和地质构造研究，在中国和蒙古国的报告中做了大量介绍。在地质找矿方面，中国专家采用航天遥感和航空雷达图像分析弧形构造体，发现了大型金铜矿床，提出了找铀矿的新影像模式，可以准确区分含铀层位和煤层。研究发现，2.31μm、2.35μm 波段是寻找油气的最佳波段。遥感图像用于大地构造的研究也取得了可喜的进展。这些成果是对地质理论和实际应用的丰富和发展。

4）“全球环境”研究受到重视

这次会议关于“全球环境”专题的论文有16篇，涉及国家有日本、蒙古国、中国、泰国、马来西亚和印度。各国专家应用多平台、多传感器获取的遥感资料监测洪水、林火、沙漠风暴、地表温度、矿区环境和城市变化等多方面的环境问题，分析全球和区域的环境变化，包括全球气候变暖、森林覆盖率降低、沙漠化和酸雨等。这些研究对于自然资源的合理开发利用，以及对环境的保护与治理都会产生积极的影响。

5）遥感基础研究得到加强

涉及基础研究的论文有10余篇。这些论文从不同的角度论述和展示了遥感基础研究的新进展，特别是在成像机理、遥感信息传输，以及遥感信息提取、识别、分类和制图方面的新成果，受到大家欢迎。

十八、参加国际高山高原遥感应用研讨会

1. 参会概况

1985年12月7～11日，中国科学院遥感应用研究所林恒章赴尼泊尔首都加德满都，参加了由联合国开发计划署国家森林和水土保持遥感中心主办的“国际高山高原遥感应用研讨会”。

2. 提交会议论文

1）微波遥感在中国南方的应用

论文介绍1974年研制成功的我国第一台光谱辐射计之后，持续消化、研制、提高，以及一边测量一边改正，将手动提高为自动扫描、曲线记录到磁带记录、计算机处理，通过在中国南方的野外测量数据，提供地学、生物学遥感应用研究之用，也为国内进一步设计、生产光谱辐射计提供参考、示范的情况介绍。

2）林恒章：遥感技术在中国西南高山区水力资源开发中的应用研究

论文分别从遥感信息判读土地覆盖与面积统计；降水径流的遥感下垫面信息综合判读，开展洪水径流过程分析；利用航空相片和陆地卫星图像线性构造判读，并结合地磁测量资料进行地质构造的活动性分析；水电站水库淹没实物判读和损失评估4个方面的试验研究成果，在大会上宣读交流。

东南亚和南亚的遥感界参会科研人员，分别在会上报告各自应用航空相片进行区域资源环境调查和分析，具体如下。

（1）联合国粮农组织：国际遥感短期训练班课程。

（2）尼泊尔：①高原发展的布局和成就，以及河流流域自然环境退化研究；②利用陆地卫星信息绘制雪地覆盖和冰川图；③应用多时相航空照片研究尼泊尔拉布蒂专区土地利用和土地覆盖的变化；④利用陆地卫星信息进行拉布蒂专区土壤调查案例。

（3）泰国：土地利用现状和潜能研究，以及对高原的综合研究。

（4）孟加拉国：丘陵和高原土地利用研究。

（5）马来西亚：卡梅伦高原的土地覆盖研究。

（6）巴基斯坦：冰雪覆盖和河流径流量估算。

（7）罗伯特·克里梅尔：高山冰雪资源利用与灾害的卫星观测。

（8）巴基斯坦：利用卫星资料研究冰雪覆盖和河流径流量估算。

（9）法国：法国中央高山试验结果应用于喜马拉雅雪地覆盖监测研究。

（10）新西兰：利用历史资料与遥感现状研究新西兰山地侵蚀强度变化。

（11）斯里兰卡：①应用遥感技术研究斯里兰卡滑坡侵蚀；②应用遥感技术监测斯里兰卡毁林情况。

（12）泰国：应用陆地卫星信息调查泰国土壤侵蚀。

（13）埃塞俄比亚：应用遥感技术清查埃塞俄比亚土地资源。

（14）印度尼西亚：印度尼西亚遥感技术应用于山地利用研究。

与会人员在会议期间参观了设在加德满都的山地研究所，最后一天到喜马拉雅山南坡进行野外实地考察。遥感所与会人员在会上发表遥感技术在中国的环境、资源、能源应用研究成果，表明我国在航空和航天遥感信息处理和分析、判读已奠定了扎实基础，发展前景远大。这一次亚太地区早期遥感应用成果的国际交流活动，起到了相互启发和相互鼓舞的作用。对遥感对环境、资源和生态的应用研究的发展和逐步进入各国国民经济建设起到了促进作用。后来亚洲渔港会议定期召开就是很好说明。

十九、访问东京大学生产技术研究所

1. 出访概况

1983 年 6 月 13～ 20 日，中国科学院遥感应用研究所王长耀、周上益到日本东京大学生产技术研究所村井研究室等地考察访问。

2. 考察的主要内容

通过对日本东京大学生产技术研究所村井研究室、东海大学情报所、纳库公司、陆地卫星地面接收站和日本遥感中心等部门的参观访问，了解日本在遥感人才培养、遥感技术及其应用的情况及发展动向。

3. 考察的主要收获

（1）加深了对村井俊治博士和村井研究室的了解。村井研究室隶属于日本东京大学工学部生产技术研究所。其位于东京都港区六本木，共有教职工 410 人（其中，教授 47 人、副教授 39 人、讲师 8 人、助教 78 人、技术员 139 人、行政总务 99 人）。每年还接收国内外进修生数十人。其作为大学附设的研究所，是日本国内最大的，在世界上也名列前茅。研究室主任村井俊治博士是日本著名的遥感专家、国际摄影测量与遥感学会主席，在遥感教学、遥感研究、遥感技术推广应用方面做了大量工作，较早为遥感所、中国，甚至亚洲遥感界所熟悉，他与中国、泰国等共同发起召开亚洲遥感会议，从 1981 年在泰国开始每年召开一次。1982 年在中国召开的亚洲遥感会议上，他被选为秘书长；他是遥感所的老朋友。村井俊治博士和村井研究室与遥感所交往密切，多次访问遥感所；从 1982 年开始，遥感所陆续派了李树楷、王树杰等先后到村井研究室进修。

村井研究室正式编制只有 4 人，其余 10 多人都是来自国内外的研究生、进修生。村井俊治教授负责全面工作，他的助手和行政秘书福欣诺（音）则包揽全部的行政、业务、财务管理，工作井井有条。研究室成员的积极性得到了充分的发挥，每年能出较高水平的论文 10 余篇。他们的科研管理体制和管理效能值得我们学习和借鉴。

（2）加深了对日本陆地卫星地面接收站和日本遥感技术中心的了解。日本陆地卫星地面接收站属日本宇宙开发事业团，地面设施位于东京西北约 50km，在琦玉县中部的鸠山上。该接收站于 1978 年年底建成，1979 年 1 月开始试用，6 个月后正式投入运行，该接收站可接收美国陆地卫星 3 号 MSS 和 RBV 的影像数据。1980 年以后又扩建了接收陆地卫星 4 号 TM 数据的处理设施。当时为了接收、处理日本自己的海洋观测卫星（MOS）数据，该接收站又扩建了有关设施。日本陆地卫星地面接收站主要由接收、记录、数据处理、影像处理和保存检索 5 个分系统组成。日本遥感技术中心成立于 1975 年 6 月，受日本科学技术局、日本国家空间发展局领导，属于非盈利、基础研究专业单位，主要负责遥感技术及其设备方面的研究与发展；遥感数据产品的分发与销售；1979 年开始与地球观察中心一道，提供不仅适合于日本用户也适合于外国用户的数据系统。

二十、访问朝鲜地理研究所

1. 出访概况

1984 年 12 月 28 日～1985 年 1 月 12 日，中国科学院遥感应用研究所代表团考察访问了朝鲜民主主义人民共和国。代表团团长杨广辰；代表团成员周上益、张圣凯。代表团考察了朝鲜科学院地理研究所，所长黄基南，朝鲜科学院副院长辛文规和副院长赵璋锡分别设宴迎送考察团。

2. 考察的主要内容

1）考察朝鲜科学院地理研究所

朝鲜科学院地理研究所位于平壤北部平城市，离平壤市区 34km，其前身是朝鲜科学院自然科学研究所地质地理研究室。全所共 150 人，设有自然地理、海涂资源、水资源、土地资源、经济地理、地方地理、遥感应用和地图 8 个研究室与 1 个分析室（可分析土壤、水、植物、矿物等样品）。

朝鲜科学院开展遥感科学研究的主要单位有地理研究所遥感应用研究室和地质研究所地球物理研究室遥感组。地理研究所遥感应用研究室成立于 1983 年 2 月，全室有科研人员 12 人，包括 3 级研究士（相当于我国的助理研究员）6 人，其中测绘专业 5 人、大地测量专业 1 人；助手、副助手（相当于我国的助理工程师和技术员）3 人；辅助人员 3 人。该室室长崔泰成已去波兰学习，计划再派 4～5 人到中国或其他国家进修 1 年。该室的主要科研设备有英国制造的光电测微密度计、德国制造的小型投影转绘仪，也有遥感应用研究室科研人员自制的彩色放大机。当时，他们正在研制假彩色合成仪和地物光谱辐射计。该室主要从事土地资源调查、海涂围垦规划、地质地貌填图、地质找矿、找水、森林资源调查等领域的遥感应用研究。当时正在开展拦河水闸泥沙运移规律和沉积条件的研究，以及解决如何利用地下水等问题；地质研究所地球物理研究室遥感组当时只有 4 名科研人员，主要利用研究地质构造，结合磁法、重力、电测和地震等方法进行找矿。

2）学术交流

根据朝方安排，这次考察的主要内容是学术交流。朝方为考察团安排了 9 个半天，11 次学术交流、座谈讨论和技术演示。朝方参加座谈的有地理所各研究室室长和遥感室及地质地球所遥感组的主要技术骨干共 16 人。地理研究所黄基南所长除一次因会未到外，每次都亲自出席并主持座谈。

考察团赠送给朝鲜科学院地理研究所一套整个朝鲜半岛陆地卫星底片（4 个波段 24 幅 95 张）和试验用假彩色合成仪及部分遥感技术资料，朝鲜地理研究所表示非常高兴和衷心感谢。

朝鲜科学院及其地理研究所对中国科学院遥感考察团的来访十分重视，对日程进行了周密的安排和认真的准备。他们仔细研究了考察团赠送的遥感技术资料，准备了系统的问题进行讨论。朝方黄基南所长向考察团介绍了朝鲜地理研究所的建立、发展和各研究室的主要工作。考察团团长杨广辰介绍了中国科学院遥感应用研究所的情况和主要科研工作；周上益处长介绍了中国遥感技术的发展情况；张圣凯工程师对赠送的试验用假彩色合成仪进行了操作演示和使用方法。朝方对一些感兴趣的遥感科学技术问题，如中国发展遥感技术初期做了哪些事情，陆地卫星数字影像的洗印、放大、拷贝、合成和镶嵌等光学处理，以及计算机处理的技术和方法，遥感试验区选择的条件、布局，腾冲航空遥感试验的准备、组织、内容和开展情况等进行了广泛的交流和深入的讨论，对两所可能开展的遥感技术合作前景交换了意见。朝方科技人员十分重视从朝鲜的实际情况出发，发展适应朝鲜建设需要的遥感技术，提出了希望中方接受朝鲜地理所科技人员到遥感所实习进修和合作研究的意向。

3. 考察的收获

1）加深了对朝鲜遥感发展情况的了解

朝鲜遥感技术及其应用研究工作起步较晚，相当于我国20世纪70年代初期的水平，技术资料缺乏，仪器设备很少，应用力量十分薄弱，但科研人员艰苦奋斗、自力更生的精神很强，学习十分刻苦，朝鲜地理所和科学院领导开始重视遥感技术的发展并给予了必要的支持和帮助，迫切希望得到我国和其他遥感技术先进国家的技术援助。

2）扩大了中国遥感技术发展对朝鲜的影响

20世纪80年代初期，遥感所已相继开展了腾冲、津渤、二滩等一系列航空遥感试验，积累了资源、能源与环境遥感方面研究的成功经验，并在基础研究、计算机遥感图像处理与制图方面不断取得新的进展，通过介绍与交流，朝鲜参加座谈的科技人员和他们的领导普遍表示收获很大，他们把座谈与交流比喻为考察团对他们“进行的一次现场培训”。

3）促进了两院的遥感科技合作

朝鲜科学院地理研究所黄基南所长对两所开展遥感科技交流与合作寄予了很大希望，并提出了合作的主要内容。

（1）鸭绿江流域森林资源的分布及河口搬运物质的分布规律的研究。

（2）地物光谱测定、制图自动化、遥感图像处理、像片判读等方面的合作研究。

（3）希望遥感所派出科研人员到朝鲜讲课1～2个月，朝鲜派科技人员到遥感所实习半年到1年，希望近期以技术培训为主，并提供必要的遥感资料，逐步扩大到有应用前景的合作研究。

考察团对朝鲜提出的两所合作和人员培训问题表示理解，因国际交流与国际合作须通过两国政府和两国科学院途径讨论批准，考察团表示愿意努力促成上述合作的实现。

考察报告上报中国科学院，其后“S140 计算机使用”和“遥感人员培训”被列入两国科学院 1987年“01项目”合作计划，并付诸实施。

二十一、参加“国家遥感中心项目总结与管理代表团”在联合国总部和美国、加拿大考察

1. 参访概况

1986年10月7～29日；为“建立中国国家遥感中心”项目进行工作进行总结，国家遥感中心代表团出访了联合国技术合作部（DTCD）美国和加拿大。代表团团长为何昌垂；团员有周上益、武国祥、钱京京。联合国技术合作部（DTCD）政策、规划和发展计划司司长叶成坝，资金系统主任拉卡卡，资源处处长艾尔拉毕和项目官员兹卡尔达，加拿大遥感中心应用技术部 R.J .Brown，B.Bruce，F.J Ahern 接待了代表团。

2. 考察的主要内容

到联合国总部对“建立中国国家遥感中心”项目的工作进行总结，探讨该项目第二期合作问题，并

考察美国、加拿大，以及联合国的有关机构和组织，学习遥感技术管理的经验，了解国际遥感发展的动向和前沿技术。

3. 考察的收获

联合国技术合作部对这次项目总结及管理考察工作十分重视，事前做了精心的技术安排，在短短的三周时间内，我们考察了美国南达柯达州 EROS 数据中心、内务部地质调查局（USGS）数据中心、美国国家海洋大气局（NOAA）、EOSAT 地球观察卫星公司，以及加拿大遥感中心等在国际上享有盛名的遥感机构，考察了它们在各种遥感资料的获取、处理、存储、检索、分发的情况及这些单位开展遥感基础研究、技术开发、应用领域和管理方面的经验和效果，并用了 3 天时间与 DTCD 有关官员和专家系统地讨论了“建立国家遥感中心”项目的活动、工作进展及今后的设想。

这次考察，除向 DTCD 联合国总部提交了项目总结报告并与有关官员和专家共同就“建立国家遥感中心”项目的工作进行了回顾和评价外，着重就该项目的第二期合作问题交换了意见，并初步达成了一致的意向。与此同时，我们还通过学习考察了解到美国、加拿大遥感科技发展的一些新的动向，尤其在科技管理方面可供借鉴的一些成功经验。

（1）发展遥感高技术，必须得到政府的重视和支持，包括制定必要的促进遥感发展的技术政策和提供必要的经费。重大、超前研究项目和大型遥感设施的装备应由政府提供赞助。

（2）大型遥感应用项目应由国家一级的遥感机构进行统一规划，协调分工，减少浪费，避免重复，节省投资。如美国地质调查局（USGS）及其遥感管理委员会；加拿大遥感中心及其遥感咨询委员会所起的作用。

（3）遥感数据实行统一管理，面向用户，提高服务水平，如美国地质调查局（USGS）的产品服务部和加拿大遥感中心（负责全国卫星和航空遥感数据资料的管理）那样。

（4）国家级遥感机构的主要任务是制定规划，确定项目，组织前沿新技术、新方法和新的应用领域的攻关，在全国起火车头和示范的作用。例如，加拿大遥感中心的工作，只抓国家重大项目和前沿技术及空白领域，不与省级遥感机构的工作重复，在全国技术一直处于领先地位。

（5）注重应用，讲求实效，这是美国、加拿大遥感项目的突出特点。美国在投资政策上鼓励应用，加拿大遥感项目的选择首先考虑用户的需要。

（6）加速技术推广，扩大用户基础，是挖掘遥感技术潜力的主要途径。加拿大遥感中心为此设立了技术推广处，专门负责把较成熟的遥感技术送到遥感的空白地区，并帮助建立遥感机构，培训技术人员，开展遥感项目项目。这样做促进了遥感技术的普及，增加了投资效益。

（7）遥感技术的进步，促进了遥感应用水平的提高。近年来，美国发展了先进的光盘和超高密度磁带（1600bit），为遥感数据的存储带来了可喜的前景；加拿大研制的水深探测仪，定位精度可达 1m，测深精度达几厘米，已接近实用阶段。激光、荧光探测仪，可测定石油污染的厚度和密度。机载合成孔径侧视雷达分辨率可达 6～8m，并配有实时显示处理系统。遥感影像制图仪，可用于图像分析、转绘和数字化。

（8）重视遥感情报资料的收集、管理和应用，是保持遥感领先地位的一项重要工作。在加拿大遥感中心，存有 55000 份遥感情报，用计算机进行管理，提供用户检索、查询和使用。

（9）微机遥感科技人员的一项重要工具，对提高应用分析水平和工作效率至关重要，是一项基础投资，国外已经相当普及，这一情况值得借鉴。

（10）人事制度的管理改革势在必行，在美国、加拿大，科技人员高水平、高效率的工作给我们留下了深刻的印象，水平和效率来自人的素质。加拿大一家 16 人的私人公司除承担大量的遥感应用课题外，还承担了全国 1∶25 万地图的更新任务，一年完成 200 幅，已完成全国的 40%，他们介绍的一条重要经验是选拔具有勇于创新和献身精神的雇员。

二十二、出席第 44 届国际宇航联合会大会

第 44 届国际宇航联合会大会于 1993 年 10 月 16～22 日在奥地利的航天中心所在地奥地利 GRAZ 市举行，由国际宇航联合会（IAF）和国际宇航科学院（IAA）主持召开，同时还召开第 23 届 IAF 学生会议、IAA 第 23 届空间运行经济学会议、IAA 第 27 届宇航历史研讨会、IAA 第 7 届国际空间计划和政策研讨会、IAA 第 7 届国际空间探测讨论会、IAA 第 26 届安全保障讨论会、IAA 第 5 届科技活动与协会讨论会和第 22 届外空生命研究评价会议等。

会议的主题是 "为更好的世界，宇航面临的挑战"。出席会议的代表有来自 40 多个国家 100 多个成员组织的 3000 多人，包括联合国外空办公室主任、各国宇航主管部门的政府官员和专家、科研人员、大学教师和学生，从事宇航研究的有关公司等。以航天部部长刘纪原为团长的中国代表团出席了大会。中国科学院遥感应用研究所田国良研究员和北京大学迟惠生教授由联合国外空组织资助也参加了大会。会议提交了 800 篇报告，并出版了摘要论文集。

会议涉及的领域包括：宇航学、对地观测、IAF/IAA 联合小卫星计划、生命科学、宇航管理、材料和结构、微重力科学和过程、卫星通信、宇航和教育、空间探测、空间能源、空间推进、空间站、空间系统、空间传输、空间应用、多语种航天员的术语、外星生命探测，以及外空法律等。

田国良研究员在分组会议上做了题为"中国黄淮海平原蒸散和土壤水分估算及干旱的遥感监测"报告，受到与会者的关注，也展现了我国遥感应用的水平。一些国家的代表在会下又进行了进一步的交流和讨论。

国家宇航联合会大会是国际宇航领域最具权威性、最有影响力的世界性盛会，吸引全球航天界广泛参与，享有"宇航奥林匹克"之誉。通过大会主题报告、航天员漫步太空的亲身经历的讲解、大会和分会的交流、航天技术展览，展示了国际宇航事业的蓬勃发展、技术能力和水平，以及为了更加美好的世界去迎接宇航事业挑战的决心。这些对我们第一次参加这样盛会的科研人员来说是一次极好的学习机会，不仅了解了国际发展状况，而且看到了我们的差距。我们深深体会到我国的航天技术必须以为人类和平和发展服务为宗旨，以需求为先导，大力开展空间技术应用研究。作为遥感应用领域的一员，一定尽快地将科研成果转化为应用，才能体现出科研的价值，为国民经济建设和社会发展做出更大贡献。

二十三、出席航天飞机成像雷达科学工作会议

1996 年 2 月 11～24 日，受美国国家宇航局喷气推进实验室（NASA/JPL）的邀请，由国家自然科学基金委员会资助，中科院遥感所郭华东研究员及邵芸和王超副研究员出席了在美国加州大学圣芭芭拉分校举行的航天飞机成像雷达 SIR-C/X-SAR 科学工作会议，会上来自美国、德国、意大利、加拿大、中国、澳大利亚和日本的项目首席科学家就地质、生态、水文、海洋及 SAR 新技术——干涉雷达 5 个领域汇报了他们的最新研究成果。郭华东研究员作了题为"中国航天飞机成象雷达遥感科学研究"的报告，其中关于利用航天飞机探测到明代隋代两期长城的报告引起了 SIR-C/X-SAR 项目领导人的极大兴趣，被列为 SIR-C/X-SAR 的三大地球科学新发现之一。

会后，我国代表应 NASA/JPL 空间与地球科学部主任 Charles Elachi 的邀请，访问了 JPL 的雷达科学、地球与行星部，参观了星外探测器组装车间，与 JPL 的地球科学、土壤与植被水分雷达遥感监测方面的专家进行了深入的学术研讨，双方科学家还就利用干涉测量技术进行地震前后的地形变测量、直接产生

地形高程模型、制作三维地形图的最新研究成果进行了交流。

在结束 JPL 之行前，郭华东研究员还就航天飞机成像雷达研究成果接受了 NASA 的电视采访，该节目已由美国向全球播放。

二十四、参加国际可持续发展与生态足迹科学大会

1. 参会概况

2012 年 3 月 26～27 日，中科院遥感所孟庆岩研究员作为特邀代表出访匈牙利，参加了“国际可持续发展与生态足迹科学大会”（International Scientific Conference on SustainableDevelopment & Ecological Footprint）并作了特邀报告“*Analysis of Urban Ecological Environment with Remote Sensing Methods*”。

2. 考察、讲学的主要内容

作题为“Analysis of Urban Ecologic Environment with Remote Sensing Methods”的主题报告，介绍了中方研究的 LAI 反演技术、土地利用遥感监测技术、城市生态环境遥感应用技术等。

3. 考察、讲学的收获

孟庆岩研究员作为“International Scientific Conference on SustainableDevelopment & Ecological Footprint”国际学术大会论文集编委，所作大会报告被收录进大会论文集，并评审大会论文，参加出版论文集 *The Impact of Urbanization, Industrial, Agricultural and Forest Technologies on the Natural Environment*。在大会期间，匈牙利当地媒体采访了孟庆岩研究员，并报道了孟庆岩研究员与西匈牙利大学开展的学术交流及中匈城市生态空间信息遥感定量反演与真实性检验项目的研究进展，给予了高度评价，之后得到大会组委会主席的专门致函感谢信。

二十五、中国科学院遥感应用研究所图像处理代表团访问朝鲜

1. 出访概况

1992 年 5 月 4～11 日，中国科学院遥感应用研究所计算机图像处理代表团应邀访问了朝鲜宇宙照片研究所。出访团长周上益；成员有朱重光、沈在壎、王锦地。朝鲜国家科委宇宙照片研究所所长金周顿主持接待了代表团。

2. 访问的主要内容

1992 年 9 月 14 日，朝鲜驻华大使馆致函中国科学院，邀请以遥感所所长为首的 4 人代表团于 1992 年 9 月到朝鲜宇宙照片研究所进行学术交流，后因朝方形势紧张推迟。1993 年 3 月，朝鲜驻华大使馆再次转达朝方的邀请，并寄来 4 人的往返机票。

受中国科学院委托，遥感应用研究所计算机图像处理代表团应邀访问了朝鲜宇宙照片研究所，就应用该所 S140 计算机系统进行图像处理等方面的问题进行了学术交流与方法演示。

代表团在朝访问期间，和朝鲜宇宙照片研究所计算机应用和软件两个研究室的科技人员一起，就利用 S140 计算机系统进行图像处理和信息提取的方法，S140 机联结周边装置的方法，用 TM 遥感图像进行专题制图的方法，以及微机图像处理方法等方面的问题进行了认真的实事求是的讨论和深入广泛的学术交流。虽然时间很短，两所使用的 S140 机系统又有些不同，但通过两所的科技人员克服困难、密切配合，妥善地解决了应当解决也能够解决的问题，为朝鲜宇宙照片研究所 S140 计算机系统的正常运行提供

了可能。代表团用自己长期积累的 S140 机系统开发、运行和应用方面的丰富经验，帮助朝鲜宇宙照片研究所解决了下列问题。

（1）帮助调整了终端控制键，解决了 CONSLE 键盘使用中长期出现的错误，使系统键盘命令能够顺利执行。

（2）利用遥感所 S140 机系统发展的 IRSA-3 图像处理软件在宇宙照片所 S140 机上进行了以下 5 个方面的工作：TM 图像的自动分类、TM 图像与其他遥感图像的几何纠正与配准、TM 图像的增强处理、TM 图像的彩色空间变换、扫描图像的格式变换和 180º 旋转，从而使宇宙照片研究所 S140 计算机系统能够开始正常运行，进行图像处理工作。

（3）吸引该所购买 IRSA-3 系统。代表团首先在宇宙照片研究所的 386 微机上进行了以下演示，并详细介绍了遥感所 IRSA-3 系统的功能：IRSA-3 型图像处理分析系统运行菜单演示，遥感图像在微机 TVGA 显示器上进行了彩色、黑白图像显示的可执行程序的演示，TM 图像及处理结果演示，即彩色合成影像及 K-L 均值非监督分类处理；原始单波段影像及直方图归一化增强和直方图均衡化增强。IRSA-3 型微机图像处理分析系统已由中国科学院组织专家鉴定，具国际先进水平，已有产品出售。上述演示介绍，为朝鲜购买该系统奠定了基础。

关于 S140 机系统扩充问题。虽然此次双方都做出了努力，但因时间关系没有取得最后结果。代表团希望朝鲜科技人员在这次合作扩充的基础上，结合熟悉遥感所 S140 机系统和长期积累的经验，通过继续调试，有可能实现将 8K 扩充为 32K 的目标。

此外，代表团还对宇宙照片研究所提出的 S140 机和扫描机连接进行了认真的分析，认为这样做费钱、费时、意义不大，建议脱机运行。关于 S140 机和 PHOSDAC-2000 的联结问题，双方进行了充分的讨论，提出了联结的可能性与方法。因时间太短，来不及对系统进行全面的了解，联结工作未能进行。

3. 访问的收获

通过这次访问和学术交流，进一步增强了两所和科技人员之间的了解和友谊。尤其是这次访问中展示出遥感所在计算机图像处理硬、软件方面的能力和水平，以及在遥感应用方面的成就，对朝方具有很大的吸引力。在谈话中，朝方充分流露出对进一步合作的浓厚兴趣，多次表示希望遥感所继续给予帮助和支持。交谈中，我们一再表示，中国实行改革开放，科技合作也必须实行市场经济体制，建立经济关系，实行有偿服务，朝方表示理解。朝鲜国家科委对外交流局金应善多次表示，要争取将中朝遥感合作列入两国科委合作研究计划。朝鲜提出的合作内容主要包括如下。

（1）由遥感所帮助宇宙照片研究所培养遥感和计算机图像处理人员，包括派技术人员到遥感所进修或聘请遥感所专家到宇宙照片研究所讲学。

（2）由遥感所在中国帮助购买朝鲜地区的陆地卫星和气象卫星数据磁带。

（3）拟购买遥感所开发的 IRSA-3 型图像处理分析软件。希望遥感所协助进行微机图像处理系统外设配置并进行图像处理方法方面的合作研究。

（4）遥感在地质找矿，特别是在近海油气资源勘探、土地资源调查、国际河流河口开发等方面的遥感应用合作。

我们认为，上述领域遥感所均具优势。通过合作可以取得有较大显示度的成果。代表团到达朝鲜时，去中国驻朝使馆报告了工作，使馆要求代表团一要注意安全，二要注意保密；离开使馆前，代表团到中国驻朝鲜使馆汇报了在朝访问和学术交流情况，使馆对代表团在朝工作表示满意，并进一步介绍了朝鲜政治经济状况、中朝关系以及进一步合作的意向。

第五章　接待来华访问的国际友人和著名专家

一、厄立特里亚总统访问遥感所

1994 年 4 月 4 日下午，应江泽民主席邀请来我国进行国事访问的厄立特里亚总统伊萨亚斯·阿弗沃基一行 13 人在陪同团团长、农业部副部长谭庆琏的陪同下访问了中国科学院遥感应用研究所。

坐落在北京亚运村大屯路北侧的遥感所春意正浓、一派喜庆气氛。外宾到遥感所时，受到了中国科学院副院长王佛松，遥感所所长徐冠华等有关领导和全所科技人员的热烈欢迎。

中国科学院遥感应用研究所是中国规模最大、学科最全、综合性最强的一所开放型专业遥感科研机构。总统一行仔细参观了遥感所综合演示厅、计算机应用中心等实验室，观看了计算机遥感图像处理，遥感空间定位与快速制图、成像光谱、成像雷达遥感应用等成果演示，听取了中国晋陕蒙接壤区及生态环境遥感监测与制图系统，我国资源环境宏观调查与动态分析系统、区域和城市规划信息系统等方面的介绍。遥感所的工作、取得的成果、拥有的设备和人才、具有的研究开发实力等都引起了外宾的很大兴趣。伊萨亚斯·阿弗沃基即席留言予以赞誉。遥感所表示愿为中厄两国遥感科技合作取得丰硕成果做出努力。

外国总统访问中科院研究所这是建院以来第一次。此事源于新加坡林立明先生对崔伟宏教授领衔的计算机辅助地图制图研究极感兴趣，多次来所洽谈合作。

1994 年 3 月 25 日，根据林先生推荐，厄立特里亚大使厄术亚斯·迪贝塞克先生访问了遥感所，参观了全所的成套设备，对遥感所在资源环境调查、摄影测量与制图等方面高新技术和众多的成果表示了很大的兴趣，当即表示将报请总统在访问我国时安排访问遥感所的意向，并于 3 月 31 日再次到遥感所，为总统访问做好了充分准备。

二、厄立特里亚总统再访遥感所

2005 年 2 月 19 日，厄立特里亚总统伊萨亚斯·阿弗沃基再次访问了中科院遥感应用研究所。

应胡锦涛主席的邀请，厄立特里亚总统伊萨亚斯·阿弗沃基于 2005 年 2 月 17 日与我国签署了两国之间的经济合作协议，并于 2 月 19 日率该国驻华大使、能源与矿产部部长、教育部部长、国家发展部部长一行在我国驻厄大使、外交部官员的陪同下来到中国科学院遥感应用研究所进行友好访问。

在遥感所，伊萨亚斯·阿弗沃基总统一行受到了热情友好的接待，中国科学院副秘书长郭华东出席招待会并致欢迎词，所长李小文对该所科研情况向客人们进行了介绍，客人们还观看了数字地球原型系统的演示，并听取了该所在双方原有合作基础上的进一步设想，双方就合作项目的有关建议进行研讨。伊萨亚斯总统表示，应用遥感技术在厄立特里亚已显得越发的重要，它可以提高政府的决策水平和工作效率，贵所提供了非常好的建议。

最后，郭华东副秘书长代表中科院向伊萨亚斯总统赠送了纪念品，伊萨亚斯总统高兴地在留言簿上留言。

伊萨亚斯·阿弗沃基总统在 1994 对我国进行国事访问期间访问该所时，对遥感所的科研成果与科研能力留下了深刻的印象，双方表达了在遥感科技方面进行合作的愿望。此后，该所专家也曾两次访问过厄立特里亚并进行了合作研究。

三、杨振宁教授参观遥感所

诺贝尔奖获得者、著名科学家杨振宁教授与香港中文大学校长李国章教授一行5人于1997年1月28日下午到遥感所参观访问。

杨振宁、李国章教授的来访受到了遥感所名誉所长陈述彭院士、院协调局秦大河局长、院合作局程尔晋局长，以及遥感所有关领导和研究人员的热情接待。

郭华东常务副所长综合介绍了遥感所科研概况，杨振宁、李国章教授参观了综合展室和实验室。参观中，杨振宁、李国章教授等对遥感学科的各个领域表示了极其浓厚的兴趣，与科研人员进行了亲切的交谈并提出了许多十分具体的技术问题。在参观后的座谈中，香港中文大学副校长代表李国章校长发言。他说，遥感所在建所十几年这样短的时间内，在学科建设和研究方面取得了重大进展，这一方面是由于全所人员的努力，另一方面也说明国家对遥感事业的高度重视。接着，他简单介绍了香港中文大学在遥感、GIS方面的教学和科研活动。他认为，香港中文大学和中国科学院在遥感、GIS领域的科学研究和开发两个方面具有很好的合作发展机遇。

陈述彭院士在发言中指出，1997年香港回归以后，中国科学院和香港中文大学在遥感和GIS领域可以形成很好的优势互补，合作前景很好。杨振宁教授和李国章校长表示完全同意陈述彭先生的意见。

杨振宁、李国章教授还兴致勃勃地为遥感所题词，杨振宁先生的题词是“一九九七年元月参观遥感所，印象极深。中华民族在高科技领域一定能做出最杰出的贡献”。李国章先生的题词是“遥感所工作超群”。

当晚，周光召院长会见并宴请了杨振宁教授一行，双方就中国科学院与香港中文大学今后的合作意向进行了广泛深入的讨论并取得了共识。

四、日本东京大学村井俊治教授访问遥感所

1990年8月21日，日本东京大学生产技术研究所村井俊治教授应邀在中国科学院遥感应用研究所作了学术报告。他在报告中，从日本的遥感技术、全球变化监测、日本计算机系统的发展趋势和日本的地理信息系统与自动制图4个方面进行了论述。

村井俊治先生的报告受到与会者的热烈欢迎，会后村井先生与部分领导和专家进行了座谈，并商谈了进一步的合作意向。

五、遥感所与加拿大国家队空间遥感代表团联合举办遥感研讨会

加拿大总理让·克雷蒂安阁下率领的加拿大国家队，于2001年2月中旬对中国进行了正式友好访问，作为加拿大国家队的成员之一，加拿大空间遥感代表团在北京举行了一系列重要活动。

中国科学院与加拿大国家空间局、加拿大自然资源部于2001年2月13日签订了关于开展空间科学、技术和应用领域合作的谅解备忘录。中科院遥感所与加拿大自然资源部遥感中心已签订了二期10年合作的谅解备忘录，两个研究机构自1993年以来一直保持密切的合作往来，开展了GlobeSAR、GlobeSAR China、ADRO、CVP等合作研究项目并联合举办了多期研讨会。此次合作谅解备忘录的签订是中国科学院与加拿大空间遥感领域合作研究的进一步升华和提高。

中科院遥感所与加拿大自然资源部遥感中心于2001年2月14～15日在北京国贸饭店联合举办了遥

感研讨会。研讨会介绍了加拿大在遥感软件开发、遥感应用方向的最新进展与成果。中方专家邵芸研究员在研讨会上介绍了雷达遥感水稻长势监测及其他雷达遥感应用成果。

加拿大空间局局长 Mac Evans 先生，加拿大自然资源部副部长 Peter Harrison 先生，中科院遥感所所长郭华东先生，中科院遥感地面站李传荣先生在研讨会开幕式上做了重要讲话和精彩学术报告。加拿大自然资源部助理副部长 Irwin Itzkovitch 先生等十几位加方专家和代表，国家林业局林业调查规划设计院副院长王庆杰先生等领导及来自北京、四川、宁夏、陕西和广东等地的代表，共计 70 多名代表出席了研讨会，与会代表与中加双方专家进行了热烈研讨，研讨会取得了圆满成功。

六、埃及国家遥感空间科学局局长访问遥感所

应中科院遥感所顾行发所长、孟庆岩研究员的邀请，埃及国家遥感空间科学局（National Authority of Remote Sensing and Space Sciences，NARSS）局长 Ayman、秘书长 Arafat、土地监测部负责人 Abd-Elaziz 及农业应用部负责人 Mohamed 一行于 2009 年 5 月 15～22 日对遥感所进行了访问。

据悉，此次访问是在中埃两国政府第 5 届中埃政府间科技长期合作项目的支持下进行的。遥感所与埃及遥感空间科学局分别为项目中、埃双方依托单位，并于 2007 年双方签署了合作备忘录。

中国科学院副秘书长谭铁牛会见了代表团一行。谭铁牛介绍了中科院在空间领域的发展概况，并希望综合科学院遥感力量，积极推动中埃两国在农业、生态环境领域的合作。

遥感所所长顾行发，副所长赵忠明、赵千钧及航天遥感论证中心副主任余涛等热情接待了埃及代表团。

埃及代表团访问期间，参观了遥感所北京地区大气环境监测超级站、农业与生态遥感研究室和减灾与应急遥感监测研究室。双方就加强中埃双方在遥感应用与科研等领域的学术合作、人才培养达成了共识。

埃及代表团对中方的热情接待表示衷心感谢，并对遥感所开展的科研工作和取得的成果表示出极大兴趣，表示要积极开展遥感应用合作，开发应用埃及 1 号卫星数据。

访问期间，科技部国际合作司副司长王启明也会见了 NARSS 局长。

七、美国 NASA 代表团参观遥感所超级站

应遥感所顾行发所长的邀请，美国国家航空航天局（National Aeronautics and Space Administration，NASA）外事司官员 Patrick Besha、气溶胶领域科学家 Holben 教授和 Maring 教授及大气物理研究所王普才研究员于 2009 年 7 月 8 日对遥感所进行了访问。

顾行发所长和王晋年处长介绍了遥感所在大气遥感领域的发展概况，并希望中美双方在大气遥感领域进行合作，特别是在气溶胶遥感探测方面。中美双方就加强在大气遥感等领域的学术合作、人才培养达成了共识。

NASA 代表团参观了遥感所大气环境监测超级站，王晋年处长和陈良富研究员详细介绍了超级站的功能，阐述了超级站在中国空气质量检测和定量遥感应用中的重要作用。

NASA 代表团对中方的热情接待表示衷心感谢，并对遥感所在大气遥感开展的科研工作和取得的成果表示出极大兴趣，表示要积极开展大气遥感领域的合作。

八、美国总统科技顾问等访问遥感所

应国家科委邀请，美国总统科技顾问兼白宫科技政策办公室主任吉本斯博士率美国政府科技代表团

于 1995 年 1 月 14～20 日来华访问，与中方联合召开中美科技合作第六次联委会第二次会议，并了解中国科技和教育的发展情况。美国政府科技代表团团长为美国总统科技顾问兼白宫科技政策办公室主任吉本斯（John Gibbons），成员有美国商务部副部长玛丽 •古德（Mary Good）、能源部能源研究局局长玛莎 •克雷布斯（Martha krebs）、农业部负责科技和教育的助理部长丁 • 普罗曼（Plowman）、白宫科技政策办公室副主任简 • 威尔斯（JaneWales）、国家宇航局局长丹 • 古尔丁（Dan Goldin）、国家科学基金会主席尼尔 • 雷恩（Neal Lane）、商务部大气海洋局助理局长雷德 • 奥斯登索（Ned Ostenso）等。

应美方要求，安排在 1995 年 1 月 17 日以国家遥感中心的名义，在国家遥感中心研究发展部接待美国代表团，介绍有关工作、计划及展示我国在对地观测方面的某些项目情况。

此次美方组织如此高级别的大型代表团来访，是中美之间科技交流的一个重要行动，表明美日趋重视与我国开展广泛的合作。

当日，国家遥感中心主任林泉首先致辞并介绍中国对地观测计划。遥感所郭华东常务副所长围绕重大自然灾害的监测及灾害监测的快速反应系统、主要农作物估产、全国土地资源调查与动态监测、全球陆地 AVHRR 资料中国数据集的应用、“三北”防护林调查等中国对地观测计划有关项目进行了深入介绍和展示。

九、日本 ASTER 和 GOSAT 的首席科学家渡边宏（Hiroshi Watanabe）来遥感所访问

2012 年 9 月 13 日，日本 ASTER 和温室气体观测卫星（GOSAT）首席专家渡边宏（Hiroshi Watanabe）应邀访问中国科学院遥感应用研究所，童庆禧院士、顾行发所长、王晋年副所长、张立福研究员，以及国际合作处郭松参加了接待工作；其间，第十一届全国政协副秘书长、致公党中央常务副主席王钦敏会见并接待了渡边宏及陪同人员。

渡边宏：日本国立环境研究所 NIES 专家，1977 年博士毕业于东京大学工程系，先后在日本地球遥感数据分析中心（ERSDAC）、国立环境研究所（NIES）等科研机构就职，并曾在 ERSDAC 担任 ASTER 地面系统项目负责人 10 年；自 2006 年以来一直在国立环境研究所担任 GOSAT 项目办公室负责人，是国际碳卫星计划的发起人之一。

渡边宏还与高光谱室人员进行座谈交流，实验室主任张立福研究员及其课题组成员参与了本次会议。会上听取了博士生黄长平关于荧光遥感的汇报，以及硕士生赵恒谦关于碳卫星数据分析的研究。汇报后，渡边先生对荧光遥感有了更深刻的了解，并提出结合现今 NASA 的项目支撑一起合作开发 GOSAT 荧光数据产品的设想。

此外，渡边宏先生表示乐意提供 GOSAT 数据给遥感所做碳循环的研究，并希望与其他卫星数据产品进行比较并提供反馈。

十、接待澳大利亚 CSIRO 对地观测中心主任来所访问

戴维 • 佳普（David L B Jupp）博士是澳大利亚联邦科学与工业研究组织（CSIRO）的高级研究员，原就职于澳大利亚 CSIRO 水土资源研究所（division of water and land）任遥感组分责人，1995 年调任 CSIRO 对地观测中心任主任，负责 CSIRO 的空间科学与技术的研究、组织与规划管理等工作，是遥感所遥感信息科学开放实验室学术委员会成员。

自 1991 年以来，遥感所参与了中国和澳大利亚科技联合委员会（JSTC）的国际合作项目“土壤水分和干旱的遥感监测”（见本书的国际合作项目）。合作内容之一包括中国科学院（CAS）与 CSIRO 主要研

究人员（PIs）及助理研究人员（AIs）的访问与合作研究。在合作期间，David Jupp 博士作为澳方负责人先后 6 次来中国访问与合作交流，中科院遥感应用研究所作为中方合作单位，负责接待。

在合作期间，David Jupp 博士于 1991 年 11 月 4～18 日来北京与遥感所中方负责人田国良研究员商讨项目计划的制定，参观中国野外实验站，并确定初始模型。同时进行了学术交流，介绍了澳大利亚的遥感及在我们合作领域的相关工作。1994 年 9 月 4～29 日来遥感所进行第一期合作项目总结，编写报告和共同发表的文章。

1995 年中澳又启动了第二次合作计划"土壤水分和干旱遥感运行系统试验研究"，第一期建立的模型和方法用于土壤水分和干旱遥感运行系统的试验工作，David Jupp 博士仍然是澳方的负责人，于 1996 年 6 月再次来华用 3 周时间与田国良及秦益合作，基本完成两个技术报告的初稿，并进行了学术交流。1996 年 9 月 David Jupp 博士用 1 周时间来北京继续完成两个技术报告，并与田国良确定项目完成及进行项目报告所需的后续工作，对第二期合作项目进行了系统总结。1997 年 9 月 David Jupp 博士来北京（1 周）与遥感所编写最终完成项目总结报告，并参加 JSTC 会议，确定下期合作计划。

2000 年 11 月 David Jupp 主任来华与遥感所对三期合作项目从理论和方法、系统建立和集成，应用和推广等方面系统地总结了取得的成果，最终形成了"土壤水分和干旱的遥感监测理论背景和方法与应用等两个报告"。

通过接待 David Jupp 主任来华合作与交流，促进了 JSTC 项目的进展，使我们学到了一些新技术和方法，特别是遥感信息模型的建立、定量遥感等，使我们学术水平有很大提高。同时，为青年科技人员提供了合作交流的机会。中澳合作促进了我们"八五"科技攻关项目的完成，并得到很好的应用及推广，双方就合作项目有关的内容形成论文和报告 43 篇，其中联合撰写的有 11 篇，促进了遥感所与 CSIRO 对地观测中心进一步合作的项目"中澳遥感定标与真值性检验联合研究"的开展。

十一、欧盟"数字奥运"代表团赴遥感所进行学术交流

2004 年 4 月 26 日，以欧盟委员会信息社会总司副总司长 Peter Zangl 为团长的欧盟代表团一行 41 人，到中国科学院遥感应用研究所数字地球科学实验室进行了学术交流。

在交流会上，中国科学院遥感应用研究所数字地球科学实验室首席科学家郭华东研究员做了题为"Seeing Beijing Olympic From Space"的报告，随后代表团在虚拟现实演示厅观看了遥感所的"数字地球原型系统（DEPS）V1.0"等数字奥运的主要科研成果，并参观了奥运规划区连续五年遥感动态监测展。代表团在遥感所期间，还就"数字奥运"的研究内容及成果与遥感所的相关科研人员进行了广泛的交流，为今后在相关领域的合作奠定了良好的基础。中国科学院遥感应用研究所副所长李培金、研究员邵芸等参加了本次交流活动。

十二、国际宇航科学院专家访问遥感所

2005 年 10 月 26 日，在国际宇航科学院院士、中巴资源卫星中心前主任吴美蓉教授的陪同下，国际宇航科学院秘书长 Jean-Michel Contant 博士访问了中国科学院遥感所。遥感所常务副所长、航天遥感论证中心常务副主任顾行发研究员与相关科研人员热情接待了 Jean-Michel Contant 博士。在听取了遥感所总体介绍后，Contant 博士与顾行发及其他研究员们就培养高质量的航天航空技术及航天遥感方面的国际性人才、寻求促进中欧卫星遥感合作方面的机遇，以及发展空间技术应用软件的合作可能性等事宜进行了探讨。

据悉，国际宇航科学院是非政府性的国际学术组织，由世界著名科学家冯•卡门倡导，于 1960

年 8 月成立于瑞典斯德哥尔摩。国际宇航科学院分基础科学、工程科学、生命科学和社会科学四大学部。它由在宇航技术及其相关领域有突出贡献的专家组成，宗旨是利用航天技术促进人类和平与社会发展。

国际宇航科学院实行院士制，院士由选举产生。只有在国际或各国宇航领域中做出突出贡献的科学家、专家才有资格入院。院士分为荣誉院士、院士和通讯院士 3 种。截至 2004 年，国际宇航科学院共有来自 65 个国家和地区的 1090 位院士。

自 1985 年以来，由于我国在航天领域不断取得卓越成就，中国航天科技专家的知名度与国际地位也日益提高，经中国宇航学会推荐，已有近 50 位在航天领域做出突出贡献的专家被选举为国际宇航科学院的院士或通讯院士。

十三、联合国外空司司长参观遥感所

2006 年 9 月 18 日下午，在亚太空间多边合作组织副秘书长、副司长刘小红的陪同下，联合国外空司司长 Sergio Camacho-Lara 一行到中科院遥感所考察访问。Sergio Camacho-Lara 司长此次来访旨在深入了解遥感所的科研与教学现状，以及遥感所在“亚太空间技术应用研究生班”承担课程的情况。

遥感所常务副所长顾行发向 Sergio Camacho-Lara 全面地介绍了遥感所科研教学工作和取得的成果，研究生部介绍了承担的专业课程的教学情况，吴炳方、马建文研究员等参加了座谈。对于 Sergio Camacho-Lara 感兴趣的遥感数据源、数据处理精度、数据处理设备和科研能力等问题，双方进行了深入交流。

随后，Sergio Camacho-Lara 参观了遥感所遥感应用中心实验室及研究生教室。

由联合国外空司与国家航天局共同支持，亚太空间多边合作组织秘书处组织的“亚太空间技术应用研究生班”已于 2006 年 7 月 10 日正式开学，该研究生班由北京航空航天大学和遥感所共同承办，遥感所承担了其中全部专业基础课、专业课和专业实践课。“亚太空间技术应用研究生班”是以实现联合国外空司“和平利用空间技术”为宗旨，通过提高亚太成员国空间能力，促进各国经济和社会持续发展，带动亚太区域共同繁荣的一项具体措施，遥感所希望通过研究生教学活动，让亚太地区各国更多地了解我国空间研究能力和民用航天数据应用能力，以使我国的民用航天数据得到更广泛的应用。

十四、泰国皇室代表团访问遥感所

2007 年 7 月 16 日下午，泰国皇室一行访问了中国科学院遥感应用研究所，中泰双方就感兴趣的研究领域和项目合作进行了深入研讨。遥感所常务副所长顾行发、教授阎守邕等科研人员参加了接待和座谈。

会议期间，王晋年研究员向泰方代表介绍了遥感所组织机构与重点研究方向，就遥感所现有的工作领域及未来的工作重点做了阐述，并提出遥感所与泰国潜在合作的主要方面，刘亚岚副研究员介绍了遥感影像群判读系统。泰方代表就关于遥感应用的项目合作建议，以及泰国城市、村镇的土地利用监测做了介绍。

双方在泰方提出的中泰地球信息技术与应用项目合作建议的基础上进行了深入研讨，吴炳方所长助理在技术上对泰方的建议书提出了新的扩展，获得泰方的高度认同。顾行发常务副所长在战略高度介绍了遥感所与我国的遥感发展新势态，并提出了具体合作新建议，获得泰方的积极回应，希望能在泰国的 THEOS 卫星和我国自主卫星技术与应用方面进行全面长期合作，并以北部湾综合遥感试验为契机进行遥感应用合作研究。双方达成签署合作谅解备忘录的共识，希望进一步商讨合作的具体事项。

会议结束后，泰方代表在顾行发副所长的陪同下参观了农业与生态遥感研究室和减灾应急遥感监测研究室，了解了遥感估产、三峡工程生态与环境遥感监测信息系统的运行情况，以及多种自然灾害的遥感监测情况，泰方对这两个研究室的相关工作极为感兴趣并给以高度评价。

泰方代表有国家科学技术发展署（NSTDA）高级顾问 Pairash Thajchayapong、NSTDA 副署长 Thaweesak Koanatakool、国家电子计算技术中心（NECTEC）副主任 Chadamas Thuvasethakul、泰国地理信息与空间技术发展署（GISTDA）执委 Suvit Vibulsresth 等。

十五、泰国科技部代表团访问遥感所

2009 年 8 月 14 日，泰国科技部（MOST）代表团一行 17 人来中国科学院遥感应用研究所参观访问。顾行发所长、王晋年副所长、微波遥感研究室主任邵芸研究员、环境遥感技术研究室主任尹球研究员、高光谱遥感研究室张霞副研究员、农业与生态遥感研究室李强子副研究员等出席了会议。会议由王晋年副所长主持。

会议期间，遥感所代表向泰方介绍了遥感所近年来在科研方面的发展情况，特别是在农业估产和灾害预警方面所取得的一系列成果。王晋年副所长还着重介绍了遥感所与 GISTDA 已有的合作成果，以及未来的合作计划。

顾行发所长发表讲话，对泰国代表团的访问表示热烈欢迎，并且希望双方可以将友好的合作关系进一步发展下去，在双方都感兴趣的问题上加强合作与交流。泰国代表团团长——泰国科技部副次长 Dr. Weerapong Parisuwan 感谢遥感所的热情款待，并表示非常赞同顾所长对于双方合作的提议，希望将双方的合作提升到更高的层面，并盛情邀请顾所长参加 MOST 于 2009 年底举办的研讨会。

据悉，遥感所与泰国相关单位的合作始于 2007 年，两年来双方一直保持良好的合作关系。此次访问是继 2007 年 7 月泰国皇室一行 11 人来遥感所参观访问、遥感所与 GISTDA 签订了合作备忘录的第三次交流合作。

十六、国际欧亚科学院院长、副院长参观遥感所

2009 年 10 月 30 日，国际欧亚科学院院长 Shiraev 教授和副院长 Tikunov Vladimir Sergeevich 教授在遥感所崔伟宏院士的陪同下，参观了遥感所数字地球演示厅。作为国际欧亚科学院院士，崔伟宏研究员向 Shiraev 院长详细介绍了遥感所的基本情况及近年来的发展状况。Shiraev 院长对遥感所在数字地球研究方面取得的成果给予了高度评价。

十七、巴西国家空间研究院院长一行访问遥感所

2010 年 3 月 23 日，巴西国家空间研究院（INPE）吉尔贝托·塔马拉（Gilberto Camara）院长一行 3 人访问中科院遥感应用研究所。

遥感所王晋年副所长向吉尔贝托·塔马拉院长一行的到来表示欢迎，并介绍了遥感所的发展历程、科研体系及科研进展等基本情况。

Gilberto Camara 院长一行参观了国家航天局航天遥感论证中心和微波遥感研究室。在会谈期间，双方一致认为在很多领域都具有共同点，这对双方之间的合作交流奠定了良好的基础。

Gilberto Camara 院长感谢遥感所的热情接待，并且盛情邀请王晋年副所长访问巴西。INPE 的宗旨是为国家和社会服务，他相信与遥感所的合作必定可以对社会发展发挥更大的作用。

十八、俄罗斯科学院院士 Tikunov 访问遥感所

俄罗斯科学院院士、欧亚科学院院士、欧亚科学院副院长、国际地图大会副主席 Tikunov 和俄罗斯科学院地理所 Kolosov 教授，根据自然科学基金国际交流计划，于 2005 年 8 月 13～17 日对遥感所进行了访问，由崔伟宏研究员领导的项目组与对方进行了广泛的学术交流和讨论，并最终达成了 4 个方面合作的意向书，双方就合作进行专著撰写的内容交换了意见，并对 2006 年地图学大会学术交流，中国与哈萨克斯坦经济走廊和中俄地球科学信息中心的建立进行了详细的讨论。访问期间，遥感所名誉所长陈述彭院士会见并宴请了 Tikunov 院士一行，对中俄双方在地球信息科学方面的合作进行了深入的讨论。

十九、加拿大自然资源部地球科学分部代表访问遥感所

2011 年 10 月 17 日，加拿大自然资源部地球科学分部国际处负责人 Kenneth Ko 先生与国际处中国及亚太地区国际事务高级顾问 James Ikkers 先生对中科院遥感应用研究所进行了访问，希望通过此次来访建立双方的联系和初步了解，并寻求进一步的合作。遥感所副所长王晋年等接待了来访客人。

王晋年对加拿大客人的到来表示欢迎。随后，科技处处长周翔向来访客人介绍了遥感所的发展历史、组织机构、人才队伍结构、发展战略规划、主要科研成果、国际合作和相关产业化进展等情况。Kenneth Ko 先生就加拿大自然资源部地球科学分部的工作职能、政策、近期工作重点及各主要项目等作了详细介绍。

加拿大自然资源部地球科学分部由地质测量和地学系统两部分组成，组织有关本土气候变化影响、极地大陆架、自然灾害、环境监测等领域的研究项目，为加拿大提供有关地学、地质测量、测绘及遥感领域的信息、技术、标准，以及实验研究服务。

Kenneth Ko 先生认为，加拿大自然资源部地球科学分部与遥感所有许多相同的研究领域，具有广阔的合作前景。经协商，双方决定首先以定期视频会议的形式加强彼此的联系，特别是加强科研人员之间的沟通与交流，从而进一步促成双方联合研究项目的开展。

二十、肯尼亚高等教育与科技部代表团访问遥感所

2011 年 12 月 2 日，肯尼亚高等教育与科技部代表团一行 6 人访问遥感所，代表团成员包括肯尼亚高等教育与科技部部长 Margaret Kamar 女士、助理部长 Kamama Abongotum 先生、常务秘书长 Crispus Kiamba 先生，以及乔莫·肯尼亚塔农业与技术大学校长 Mabel Imbuga 女士、规划设计师 David Kigondu 先生、中非生物多样性保护中心主任 Robert Gituru 先生。遥感所所长顾行发接待了代表团一行，并与代表团商讨双方合作事宜。

顾行发首先代表遥感所对肯尼亚客人的到访表示热烈欢迎，建议通过培训、研讨会等形式建立双方在水资源管理及农业领域等方面的合作。随后，科技处处长周翔向来宾介绍了遥感所的基本概况，并重点介绍了遥感所与肯尼亚合作的设想和举措。Kamar 介绍了肯方代表团成员的基本情况，以及目前肯尼亚在农业与食品安全领域所开展的遥感技术应用研究。她对遥感所的科研工作表示高度赞赏，对遥感所与大学及政府机构间的联合研究模式表现出浓厚的兴趣，提出希望同遥感所进行多方深入合作。

其间，肯尼亚客人一行还参观了农业与生态遥感研究室、国家航天局航天遥感论证中心等部门，了

解了研究室的研究方向、取得的科研成果和最新研究进展，观看了多类科研仪器设备，并与研究室工作人员进行了交流探讨。

肯尼亚高等教育与科技部主要负责肯尼亚的科技创新政策、科研发展、研究授权和技术教育协调，旨在推动高等教育和技术类教育的发展，以及科技创新在国家生产体系中的应用，实现国家的可持续发展。

乔莫·肯尼亚塔农业与技术大学成立于1981年，是非洲百强大学之一，主要从事农业、工程、技术、企业发展、环境建设、卫生及其他应用技术的培训和研究。学校设有建筑学院、人力资源学院、电子信息学院、材料工程学院、人文学院、法律学院，涉及农业、计算机、能源环境、传染病和医药、应用生物学等多个研究领域。

第八篇　科研支撑系统与机关所务管理

第一章　科研支撑系统

一、航天数据接收站及网络中心

（一）机构（系统）名称和概述

遥感所航天数据接收站及网络中心（Satellite Ground Station and Network Center）（简称中心）的前身是遥感所计算中心，该中心是遥感所第四届领导机构进行体制改革而成立的新单位。该中心任务的定位如下。

（1）由遥感所购置和调拨多台工作站、大型计算机外围设备和商业化遥感图像处理软件、地理信息系统（ERDAS & ARC/INFO）等软硬件设备，为全所科研人员提供“大数据”处理的共享平台，该中心承担系统建设、技术维护和上机操作培训等任务。

（2）承担国家遥感领域“八五”攻关项目和1994～1998年航空雷达水灾监测实时数据处理任务。

（3）承担“亚行”援助项目“脆弱带生态环境遥感监测”的运行任务。

由于任务的变迁和计算机网络的建立，1999年（中国科学院实施知识创新工程后），遥感所计算中心更名为航天数据接收站及网络中心。航天数据接收站及网络中心的主要任务是进行研究所网络建设运行维护和信息化技术支撑，遥感卫星相关数据的获取、存储管理和共享平台、高性能计算平台建设。主要机构包括网络中心、MODIS卫星遥感数据接收站、高性能计算平台等。

（二）建设大事记

1993年5月，遥感所计算中心成立。

1996年9月，由该中心自行设计、施工，建成了遥感所网络系统，并通过北郊主节点，接入国际互联网。

1997年，NOAA接收系统和运行人员并入遥感所计算中心。

1999年3月，遥感所对外宣传网站开通。

1999年底，遥感所计算中心改名为航天数据接收站及网络中心。

2000年11月，遥感所的内网办公系统MIS投入运行。

2000年12月，由中日合作项目援助的软硬件系统安装于中心机房，同时挂牌：“合作项目数据处理中心”。

2000年，由网络中心设计、施工，先后建成了“国家遥感工程中心”“国家遥感科学开放实验室”中心机房的网络系统。

2001年11月，遥感所MODIS卫星接收站建成，开始提供数据服务。

2005年5月，遥感所新楼A座完成网络建设，并投入使用。

2006年2月，中国科学院ARP系统上线投入使用。

2007年9月，新的电子所务平台上线。

2009年6月，遥感所新楼B座网络完成建设，并投入使用。

2011 年 7 月，130T 数据共享平台建设完成，收集卫星数据、地面遥感观测数据、大气观测数据等，构建数据库系统，实现数据共享服务。

2012 年 3 月，加入中国科学院超级计算网格环境，完成遥感所高性能计算平台建设。平台的 CPU 计算能力达到 5.2Tflops，GPU 计算能力达到 2Tflpos，配 144T 并行存储。

（三）主要仪器设备

航天数据接收站及网络中心内仪器设备主要由卫星数据接收设备、网络设备及计算服务器等组成。

1. MODIS 卫星数据接收站

遥感所 MODIS 卫星数据接收站于 2001 年 11 月建成并投入运行。它是第一家由中国科学院所属单位主持研制的系统，它的建成开通是遥感所实施中国科学院知识创新工程计划，在遥感信息科学基础建设方面取得的一项重要成果。

接收站的 MODIS 系统包括 3.2m 口径跟踪天线、低噪声放大器、两级下变频器、解调器、高速进机板、工作站和数据预处理软件等主要设备。

该系统的对地观测数据使用的光谱范围广，每两天覆盖全球一次，空间分辨率分别为 250m、500m 和 1000m，扫描观测宽度达 2330km，是研究地球科学的重要数据源。

2. 网络网站系统

1996 年 9 月中国科学院遥感所建立了第一期网络系统。这个网络系统是中心人员自行设计、施工完成的，为遥感所节省了大量资金。2000 年，中日合作项目，无偿为遥感所添置了功能强大的网络服务器（SUN-ALTRO60-工作站）。从那时起遥感所的网络随着互联网的发展和科研工作对网络的需求不断发展。到 2012 年建成了覆盖整个遥感所 A 座、B 座、C 座、枫林绿洲、西奥中心办公区的有线和无线网络系统。

网络设备主要有 INTEL 480T、INTEL 510T、INTEL 410T、CISCO4503、CISCO3750、CISCO 2960、CISCO 2950 交换机、M6000 路由器、HP Prolant ML150G6 DNS 服务器、DELL T420 电子所务服务器、深信服 SINFOR600 流控设备及网御 POWER V6000 防火墙等。

3. ARP 系统

2006 年 2 月中国科学院遥感应用研究所 ARP 系统投入使用，标志着中国科学院科技资源管理进入信息化时代，在这个平台上运用信息化手段对科研资源进行了管理，对于用信息化手段提高科技资源管理效益的理念得到了加强，科研信息化管理从无到有取得了很大成果。

ARP 系统设备主要有 HP 380 G6 服务器、神码 5526 交换机、深信服 VPN、天阗入侵检测设备、存储备份设备 HP 1.5T 存储设备等。

4. 高性能计算平台

遥感所高性能计算平台是一套公共计算平台，用于满足遥感所内高性能计算的平台。该平台主要包含计算刀片与并行存储两部分。主要高性能计算部分由 3 箱 TC3600 共计 30 片 CB65 刀片组成，每个刀片主要配置双路 Intel 6 核 CPU，合计峰值计算能力达到 5.2 Tflops（万亿次每秒），高性能计算存储部分主要由曙光 ParaStor P200 并行存储系统组成，由一台管理节点、两台索引节点、3 台数据存储节点组成，数据裸容量达到 144T 左右，主要读写速度达到约 4GB/s。

遥感试验科学数据平台是集成遥感试验数据、遥感模型与关键参数产品真实性检验为一体的对外共享服务平台，定位于遥感试验科学数据共享服务和基于遥感试验数据的关键遥感产品真实性检验服务。该平台是在2011年遥感所遥感科学国家重点实验室关于无线传感器网络的关键地表参数真实性检验系统建设的基础上，将我国几次大型遥感综合试验数据、典型地物波谱数据、关键参数的卫星遥感产品集成，并通过流程化的模型库和真实性检验系统，在线实时对比验证遥感机理模型精度和卫星遥感产品精度。

遥感试验科学数据平台以实现全国遥感台站网络试验数据对外共享和满足遥感产品实时真实性检验为主要目标，是目前唯一以遥感科学试验数据为基础，集成遥感模型，提供对外遥感试验科学数据服务和遥感模型与产品真实性检验服务的重要平台。平台数据裸容量达到130T。

5. CALCOMP 68436 大型彩色静电绘图仪 CALCOMP

1994年，由亚行项目援助的68436大型彩色静电绘图仪调拨到遥感所计算中心运行管理，该设备为“八五”亚行等项目的完成提供了强有力的技术保证。

（四）主要服务内容

1. 提供 MODIS 数据及产品服务

MODIS卫星数据接收站常年不间断地接收数据，提供MODIS数据及相关产品服务。接收系统自建立以来，已接收处理了海量的中分辨率光谱成像仪遥感数据，至少有50TB，为遥感所内外广大用户、国家重大科研项目提供了强有力的数据产品支持，特别是在2007～2008年，该系统直接为奥运场馆环境监测、南方冰雪灾害监测等国家应急任务提供了良好的数据服务，充分显示了遥感信息获取平台在全所科研工作中不可或缺的重要作用。

2. 提供信息化支撑服务

负责遥感所办公网络建设与运维，为遥感所提供信息化支撑服务，主要提供支撑服务有办公网络、所网站、电子所务、Email、ARP、视频会议系统等。

3. 提供高性能计算服务

加入院超级计算网格环境，提供高性能算服务。

4. 数据共享

收集卫星数据、地面遥感观测数据、大气观测数据等，构建数据库系统，提供数据服务。

（五）负责人及工作人员

1993～2004年5月，主任：连石柱；工作人员：崔颐冰、赵京、曹兆丰等。

2004年5月至今，副主任：崔颐冰；工作人员：赵京、何邦军、唐勇、张延涛。

（六）管理运行、服务情况

航天数据接收站及网络中心是中国科学院遥感所支撑体系的一部分。遥感所每年有运行费支持。

中心的运行服务：航天数据接收站及网络中心主要提供MODIS数据共享及产品，网络，遥感所网站、电子所务、Email、ARP、视频会议、高性能计算等信息化支撑服务。MODIS系统的管理运行就是很好的范例。

从2001年建站以来，MODIS接收系统一直处于良好的运行状态，是国内运行寿命最长的系统之一。其数据接收完好率达到95%以上，接收范围东起日本，西至中国乌鲁木齐，北到俄罗斯（北纬66°），南至菲律宾，覆盖面积大，图像清晰，系统稳定，误码率<10^{-6}。该系统接收天线起始仰角小于3°，在卫星过顶（高仰角）的情况下接收状态依然良好（一般系统在高仰角下容易掉线），保证接收数据量充分而且质量优异。该系统的主要技术特点如下。

（1）天线系统制造精度高，是国内唯一达到传动回差小于±0.8的系统，优于美国ShineTek-SC30天线回差1.8的指标，为长期稳定运行打下了良好基础。

（2）天线结构由铝质网板反射面、馈源支撑等部分构成，具有重量轻、精度高、抗腐蚀等优点。

（3）程序跟踪与步进跟踪相结合，确保跟踪精度达到1/10的波束宽度。

（4）引进的高速进机板具有多卫星多任务功能，从MODIS上午星、下午星到中国海洋星、资源卫星、欧洲的雷达卫星，该进机板都可以承担数据摄入工作。

（5）操作系统采用Linux操作系统，确保系统长期稳定运行。

（6）引进的预处理软件具有合法版权，是符合NASA数据标准的优秀软件之一。

（7）软件不仅仅做1B处理，而且具有管理、监测、控制整个地面站的多项功能。

接收与处理的数据按0级、1A、1B的自动建目录、存储，每天接收量5GB以上，存储介质为高密度磁带，已存储了2001年11月～2012年9月的MODIS（1B级）数据。

每天接收过程中，系统自动产生快视图的压缩图（JPEG文件），自动放到遥感所的网站上，供用户上网浏览，选择自己需要的数据（站点：www.irsa.ac.cn）。全国很多用户通过网上浏览图与我们建立了合作关系。

独立于MEOS预处理软件，我们开发了一套MODIS数据应用软件包，主要面向陆地、海洋遥感应用。该软件包具有图像处理的完整功能。

该系统采取了公开的高端产品的设计框架，公开算法、公开标准，以NASA公布的算法为基础，广泛吸收各领域用户的应用模型，不断完善和扩充应用软件包的功能及应用范围。其二次开发界面友好，开发工具丰富，包含C++、VB、IDL等，编辑器灵活多样。

（七）业绩与效益

航天数据接收站及网络中心自1993年建立以来，在卫星数据接收、共享，信息化建设与支撑服务等方面做了很多工作，在能力建设方面，建设MODIS数据接收站，遥感所的网络、网站、ARP系统等信息化平台，高性能计算及数据共享平台，为遥感所的科研工作提供了有力的支撑。接收站在数据共享服务中发挥了显著作用。

2001年，接收站进入遥感所创新系列，定位于技术支撑系统–航天数据接收站与网络中心，负责MODIS、NOAA两站数据接收和计算机网络运行。遥感所MODIS数据接收站运行的宗旨是“面向国民经济需要，努力提高运行服务水平，为所内外广大用户提供良好的数据共享平台”。接收站在数据共享平台的运行中采取以下服务方针和措施。

（1）保持系统运行长期稳定，误码率低，图像清晰，数据质量好。

（2）采用NASA推荐的国际高水平软件，产生的0级、1A、1B数据完全符合NASA的EOS/HDF标准，具有定标、定位、地理信息场等完整信息。

（3）采用先进的地面站服务管理模式，在网上每天发布接收快视浏览图，用户可在网上选订所需图像，非常便捷。

（4）服务水平高。本站人员业务熟练，善于解决用户在数据使用中出现的问题，开发了一些用户所需的高级数据产品和应用软件。

（5）服务态度好。站内管理严格，运行队伍稳定，大家都以为用户服务为天职，与人为善，诚心合作。全国众多用户，几乎遍及遥感领域的中央部委所属研究院所、高等院校和省市单位，其中包括中国科学院遥感所各科室、大气物理研究所、地理科学与资源研究所、数字地球与对地观测科学中心、国家林业局、国土资源部、国家测绘总局、国家海洋局、中国气象局、安徽芜湖新技术开发区、南宁师范学院、浙江大学、清华大学、内蒙古师范大学、湛江海洋大学、香港中文大学等。

MODIS 数据应用的典型范例如下。

（1）林火监测：2002 年 7～8 月，在中国内蒙古与俄罗斯交接处发生特大天然雷击火灾，接收站每天为国家林业局防火办公室提供动态火势变化专题图，为上级指挥机关正确指挥提供科学、准确的数据支持。

（2）水灾监测：2002 年和 2003 年接收站连续两年为遥感所灾害研究室提供观测数据，保证了该室向国家防灾减灾办公室提供大江大河水势变化情况、淹没面积、损失评估等专题数据报告。

（3）沙尘监测：2003 年春天，接收站利用 MODIS 数据对中国的沙尘天气进行监测，计算出沙尘走向图、沙尘覆盖面积等级图。

（4）农情监测：已经连续两年为农业生态研究室提供预处理数据，为农情分析、速报项目提供数据产品支持。

（5）浒苔监测：2008 年，奥运会前，青岛海域滋生大规模浒苔，直接影响到“奥帆赛区”，接收站将其作为应急任务，全力以赴，快速提供处理好的数据给相关课题组，保证了对浒苔的准确监测和评估。

（6）奥运场馆环境监测：2007 年，遥感所建立了大气监测超级站，对奥运场馆及周边地区的大气环境实时监测，MODIS 作为其中的一种数据源，参与完成了大气监测超级站的监测任务。

（7）冰雪灾害监测：2008 年年初，南方数省发生大面积冰冻灾害，接收站快速反应，加班加点，接收和处理了大量相关地区的冰雪覆盖数据，为灾害的评估提供依据，也为进一步的精准分析提供背景数据。

科技支撑是航天数据接收站及网络中心的一项重要职能，该中心自运行以来，除日常的科技支撑服务外，先后支持了多个遥感基础研究项目的开展，截至 2012 年，先后支持多项国家“八五”项目、“九五”项目、国家自然科学基金项目、中日合作项目、亚行合作项目和相关部委应急任务等。

二、遥感试验场（含遥感车）

（一）机构（系统）名称和概述

怀来遥感综合试验站（Huailai Remote Sensing Test Station，HLRSTS）坐落在河北省怀来县东花园镇（距北京 83km），位于延怀盆地的中部，海拔为 488.3m。延怀盆地及其周边地区属于华北平原与内蒙古高原过渡的一个台阶，具有华北西部典型的山–盆结构，是地貌类型较全、生物多样性较丰富的一个亚高原地区。同时，该地区属于生态环境较脆弱的北方农牧交错带，气候和环境生态具有明显的区域代表性。

（二）建设大事记

2000 年开始立项、选址工作。

2003 年 10 月 14 日，中国科学院资源环境科学与技术局组织的专家评审会议通过怀来遥感试验场的选址建场方案。

2004 年，开展试验站基础设施的建设，试验场综合楼建设于 2004 年 5 月正式开工，同年 12 月通过地方建设局质检部门验收，评定为优秀工程，同期交付使用。

2005 年，试验场完善绿化、太阳能热水系统、辅助设施建设，同时开展了试验场的各项野外试验和技术服务。

2009 年，完成试验站四维移动观测塔建设施工。

2010 年，完成 40m 通量塔建设和无线传感器网络建设。

2011 年，配套平房和站内道路改造工程建设完成，蒸渗仪、LAS 观测系统建设完成。

2012 年，站内试验样地改造完成，滴灌系统施工，围绕高架塔形成控制试验观测体系。

（三）主要仪器设备

站内观测仪器主要包含试验观测平台、长期连续观测系统和遥感观测仪器等。

1. 全波段地基遥感观测平台

全波段，多角度遥感综合试验平台是基于怀来遥感综合试验站的仪器设备，满足可搭载多种传感器的具备全波段遥感综合试验能力的试验平台。试验平台包括高架塔和高架车两个设备载体。可移动的高架遥感塔，平台控制精度：方位旋转±90°，俯仰旋转–20°～+90°，角度精度 0.2°；水平保持：自动水平校准，高架塔可同时搭载光学－微波全波段的试验观测仪器，在试验塔不同高度安装 3 套大气温、湿、压、风等气象要素的自动观测系统并实现无线网络的数据传输。

围绕高架塔设计了 6 个试验区，包括阔叶林（杨树）、针叶林（油松）和侧柏试验区各 900m^2，长宽为 30m×30m。农作物试验区 3 个，每个面积为 900m^2 即 30m×30m，可根据试验需求种植小麦、玉米、水稻和大豆等作物，作为试验目标；无农作物时段作为裸土试验区。另外，试验场还有空地预留作草地实验区。

试验站的移动式观测平台–高架车，最大提升高度 25m，吊篮可供电，可水平旋转。该高驾车可在试验站与高架塔形成互补，同时担负着站外目标的移动观测任务。

2. 基于无线传感器网络的长期观测设施

在试验站周边，选定了（2×3）km^2，以无线传感器网为技术手段，建立了长时间序列的观测体系。目前正在试验站周边布设 20 余套无线传感器网络，观测参数包括：辐射温度、叶面积指数、反照率、土壤分层水分含量和气温。在官厅水库水面布设长期观测浮标，测量参数有水温、叶绿素含量、浊度、pH、电导率等。试验站主楼上安装了太阳分光光度计进行长期观测，用于获取大气气溶胶和柱水汽含量长期观测数据。

在怀来遥感综合试验站北侧农田区，建有 40m 的 7 层气象梯度塔（AWS）1 个、涡动相关仪（EC）2 套、大孔径闪烁仪（LAS）一套、蒸渗仪（lysimeter）一套和波纹比观测系统一套。这些设施构成了一套较为完整的千米级卫星像元尺度地表水热通量观测系统，为怀来遥感综合试验站的长期定量观测提供了高质量的数据源，能够很好地支撑地表水循环和能量平衡研究，以及相关遥感数据产品的地表真实性检验。

气象梯度塔进行多层气象要素的观测，包括降水量、风温湿梯度（7 层，架高：1.5m、3m、5m、10m、15m、20m、40m）、四分量辐射（包括直接、散射辐射观测）、光合有效辐射、平均土壤温度传感器（埋深：2cm、6cm）、土壤热通量（3 块，埋深：8cm）、多层土壤温湿度（8 层，埋深：5cm、10cm、20cm、

40cm、80cm、120cm、160cm、320cm)、气压、地表辐射温度（两个）等。

3. 观测仪器

怀来遥感综合试验站的仪器设备前期主要由遥感科学国家重点试验室投资建设，2012 年，在研究所修购专项资金的支持下，仪器设备日益丰富。

主要服务内容如下。

1）遥感观测系统集成

试验站具有高架塔平台和高驾车平台，可作为设备集成的测试平台使用，提供对地观测设备集成服务。

2）定量遥感试验

试验站内有完备的高架塔平台和配套的试验目标（人工目标和天然目标），可进行各种定量遥感控制观测试验，为定量遥感正反演模型提供输入和验证数据。

3）真实性检验

在试验站周边的 2km×3km 的范围内布设了土壤温度和水分、叶面积指数、作物高度、覆盖度、地表反照率等参数的测定网，并有一整套水热循环观测系统，可以很好地支持定量遥感产品的真实性检验研究。

4）遥感试验教学与培训

怀来遥感综合试验站作为遥感所及遥感领域重要的遥感试验基地，不仅有长期在站开展项目研究的观测试验，同时也有其他研究单位、人员来站考察试验条件，并将该站作为长期的教学实习基地，北京师范大学的资环学院已连续三年将该站作为“地表水热循环”专业课程实习基地。

（四）负责人及工作人员

2000～2010 年 7 月站长：王志刚，完成了试验站的论证、选址和初期建设与运行；工作人员：支毅乔、吕永红。

2010 年 7 月至今站长：肖青；副站长：支毅乔（2011 年退休）、柏军华（2012 年入职）；工作人员：吕永红。

（五）管理运行、服务情况

怀来遥感综合试验站是中国科学院野外台站系统知识创新工程的一个组成部分，依托中国科学院遥感应用研究所，归口于中国科学院特殊环境与灾害监测网络管理。中国科学院资源环境科学与技术局每年支付试验站 15 万元运行费。2010 年开始，遥感所开始每年有 10 万元配套运行费支持。

试验场的运行：野外试验是在建设过程中同步开展的。2004 年试验场即开展了针对我国资源卫星的有关定标试验 6 次。2005 年试验站配合遥感科学国家重点实验室、国家航天局航天遥感论证中心等单位在试验场区范围内开展了 18 次各项野外试验，野外驻场试验人次为 109 人。经过 10 余年的发展，怀来遥感综合试验站 2012 全年共计到站人员达 1500 多人次，已经成为国内开展定量遥感试验研究的一个重要基地。

（六）业绩与效益

试验站自2004年建站以来，在试验观测能力建设、试验方法研究及试验支撑等方面取得了显著业绩，在试验能力方面，建设了全波段遥感综合观测平台，试验站内遥感控制试验场设备和试验站外遥感真实性检验场，形成了较为完善的室外遥感综合试验体系，对于定量遥感模型验证，形成了一套高效可行的试验观测方法和集成系统；在数据积累方面，建立了包括GPS精确控制点网络、土地利用和土壤现状、图像、DEM、气象、地质地貌、植被等各类数据在内的数据库。

试验支撑是试验站的一项重要职能，试验站自运行以来，先后支持了多个遥感基础研究的项目开展。截至2012年，先后支持的项目有973项目3项、863重点项目3项、国家技术支撑项目1项、自然基金项目10余项。

三、科技信息室（对地观测数据与信息中心）

（一）机 构 简 介

遥感所第五届领导班子认真分析了国际遥感科学技术的发展趋势和国家对遥感的重大需求，在研究所建设与发展的主要措施与创新中，把组建科技信息室和对地观测数据与信息中心作为一大举措。遥感所的科技信息工作主要包括学会与学术交流、学术期刊、书刊资料、媒体和网络遥感信息服务等几个方面。

（二）负责人及管理部门

科技信息室主任：朱博勤（1997年6月～2003年4月）。

对地观测数据与信息中心主任：朱博勤（兼）（1997年6月～2003年4月）。

所辖部门：图书资料室（详见第八篇 第一章 科研支撑系统 四、图书资料室）；学会（详见第八篇 第四章 学会）；学报编辑部（详见第八篇第五章所办期刊）。

（三）工 作 概 述

1. 学会与学术交流

学术交流工作开展的情况从另一侧面反映了研究所的学术气氛和开放程度。遥感所的学术交流主要由学会牵头、与科技处联合共同承担。旨在推动和促进科研工作、增进国内外、所内外、课题，以及专业之间的交流与了解。

中国地理学会环境遥感分会依托遥感所。自1978年成立以来，一直把促进全国环境遥感界的学术交流、科学普及作为首要任务。分会先后以不同的专题和方向为主题，召开了多次全国学术年会或研讨会，深受广大遥感科技工作者的欢迎。平时，分会与研究所业务处密切配合，同所内外及国内外的领域科学家保持联系，不定期召开学术报告会或交流会。会员覆盖了全国遥感科技研究与成果转化、国土与资源环境管理，高等教育、林业、农业、地质矿产、海洋、城市规划、测绘、灾害监测及评价等部门，是我国遥感界最高水平的高技术学术团体。

《遥感快讯》由分会办公室编辑发行。旨在创造一个遥感信息交流的园地，同时及时报道重大的遥感事件与活动。目前开辟的栏目有：科研动态、成果介绍、项目跟踪、专题报道、学术交流：会议消息、机构简介等。《遥感快讯》自 1999 年开始实现了改版，不但在封面设计和印刷质量上有了较大的提高，而且利用了遥感所的 Internet 站址全文上网，以全新的形式报道全国遥感新闻和学术动态。

学会工作在形式和内容上不断创新。根据全国遥感科技工作者青年所占比例较高这一特点，环境遥感分会创造性地提出和推出了青年遥感辩论会这一形式，组织各主要的遥感单位青年人员就当前国际国内遥感界的重大学术问题展开辩论。各参赛队准备充分、临场演绎精彩。辩论队员唇枪舌剑、观点鲜明，充分显示了遥感青年渊博的专业知识和机智、敏锐的反应能力。这一学术交流形式效果极佳，已经推广到了祖国的两岸三地。

遥感分会正不断更新活动形式，掌握遥感发展新动向，开展全方位的学术交流，在遥感学术界发挥着越来越大的作用。

2. 学术期刊

学术期刊的出版与发行，反映研究所在科研领域的地位和作用。遥感所编辑出版的学术期刊有《环境遥感》《遥感学报》《中国图象图形学报》。

《环境遥感》创刊于 1986 年，l997 年起更名改版为《遥感学报》。自此遥感学术研究有了一级国内外公开发行的综合性学术期刊，更加扩大了学术领域、明确了办刊方向、增加了读者对象，使得遥感界的学术成就和科研交流能够迅速得以反映。《遥感学报》在国内外遥感同仁的支持下稿源丰富，论文水平较高，已被“中国引文数据库”收录。自创刊以来每期都已编入《中国学术期刊数据库》，并且先后实现了摘要和全文上网。

《中国图象图形学报》1996 年创刊，是集中反映计算机图像图形高技术理论与应用研究成果、成果产品化与商情动态的跨学科综合性学术期刊。《中国图象图形学报》在促进相关学科技术的发展、提高学术研究水平、记录和传播知识创新成果以及高层次知识教育等方面发挥了重要的作用；同时，也促进了图像图形软硬件产品的推广和使用，在企业界和学术界之间搭起了一座沟通的桥梁；并对市场经济条件下如何办好学术性刊物进行了大胆的尝试。目前《中国图象图形学报》已被“中国引文数据库”作为其数据源，并将该刊“中华博士园地”栏目的文章全文收录于引文数据库中。《中国图象图形学报》还加入了“中国学术期刊（光盘版）”。

3. 书刊媒体

图书资料历来是获取知识和科技信息的重要载体。而且随着科学技术的发展，有许多图书资料在表现形式和介质上走向了轻便和电子视频化。在阅读方式上能智能化检索，达到声音、图像和动画的多媒体统一。由于遥感所目前绝大部分的科技信息仍然来源于传统的书刊，并且在一段较长的时间内，传统书刊将与电子书刊共存，互为补充、互相促进、共同发展。因此目前遥感所的图书资料工作将在传统书刊和电子书刊两个方面同时发展，积极创造电子书刊阅览条件。

针对目前的情况努力改善书刊媒体的借阅环境，增加学术电子出版物的借阅，为研究生培养、开展各项遥感科研提供多种类、多层次的遥感学术基础信息。

4. 网络信息服务

遥感所紧跟形势发展，已建成了辐射状的 Intranet 环境，因此遥感所的网络科技信息工作具备了较好的硬件基础。从目前的情况着手，规划遥感的网络信息服务工作应包括所外和所内两部分。

1）面向所外

要把遥感所网站建设成面向国内、外的重要宣传窗口。广泛宣传遥感界的新闻，国家遥感科研计划，遥感所的科研进展、成果以及科研、教育和生活环境等。不断完善并及时更新目前主页下的遥感所简介、新闻报道、院士风采、研究生培养、环境遥感分会、遥感学报、中国图象图形学报、获奖科研成果、遥感站点、网上生活等栏目，增加和完善主页的英文版面。

2）面向所内

重点放在应用和开发 Intranet 上。首先要充分、安全地应用 Intranet 网络，使所内办公逐步走向网络环境。其次则充分利用和挖掘 Internet 上的遥感科技信息，及时采集国际遥感学术研究的重点、热点，跟踪报道进展情况，与遥感所首要科研领域和重大课题相结合，提供相关的网上遥感信息，为科研人员开展研究提供最新的网上信息。

另外，科技信息室还是中国参加亚洲遥感学会全国委员会的秘书处。

四、图书资料室

（一）概　　述

中国科学院遥感应用研究所图书馆成立于 1980 年，是一个小型专业图书馆；图书馆的工作始终以遥感所的发展为目标，从事有关遥感方面的文献管理及服务工作。图书馆现已实现了自动化管理，在传统馆藏的基础上大力发展网络信息资源，推进网上信息服务，建设面向科研的信息服务机制。

（二）沿　　革

1. 机构名称的变化

1980 年建馆时分为图书、资料两个部分，统称图书资料室。

1993 年遥感所机构调整，两室合并为一个室，对内叫图书室，对外叫图书馆。

2004 年以后所内外统称图书馆。

2. 隶属关系变化

1980～1997 年，图书室由业务处代管。

1998～2003 年，图书室、学会、学报组成科技信息室。

2004～2010 年，图书馆重归科技处管理。

2010～2012 年，图书馆划归新成立的支撑中心。

3. 馆舍地址的变迁

1993 年以前图书室位于 917 大楼院内东平房。

1994 年遥感所迁入天地科学园区。图书馆位于遥感所大楼东侧一层，设有办公室、阅览室、书库、资料室和库房，总面积 180m^2。

2006 年 5 月图书馆迁入所新楼现址，一层阅览室和地下一层资料库，总面积 160m^2。

4. 人员情况及任职时间

1980～1993 年，资料室负责人：吴纫玲；图书室负责人：吴玉霞；工作人员：马芬荣、赵菊英（1980～1983 年）、赵玉琴（1983～1993 年）、常慧英、孙涛、禤小娟、陈子南、王晓云。

1993～2003 年，图书室负责人：王晓云（1985～2004 年）；工作人员：吴玉霞（1980～1997 年）、陈子南（1999 年退休）、洪丽、梁季红（1993～1995 年）、卢冬梅（2002～2004 年）。

2004～2012 年，图书馆负责人：洪丽（1993 年至今）；工作人员：郭桂林（2004～2005 年）、李生平（2005～2010 年）、魏秀萍（2011～2012 年）。

5. 文献经费

2000～2012 年文献经费支出合计 315 万元。

（三）馆 舍 设 备

1. 馆舍建设

2006 年 5 月图书馆搬入 A 座新址，一层阅览室室内整洁、明亮，内设文献区、书刊阅览区、电子阅览及管理区。地下一层为资料库，存放中西文过刊、资料和图件；地形图验收、登账、借阅相关事宜在此办理。

2. 设备购置

图书馆迁入新址后，书架、书柜、阅览桌椅、出纳台等全部更新为钢木结构家具，购置了密集柜存放图件和资料，为加强保密管理设置了门禁及监控等安全设施，配置了计算机、服务器、扫描仪等电子设备，到 2012 年年底图书馆共有 4 台计算机、2 台服务器、1 台扫描仪、2 台打印机、1 台多功能一体机，保证了图书馆工作及对读者开放的基本需要。

（四）现代技术在图书馆的应用

（1）图书馆实现自动化管理：2000 年 9 月引进图书馆集成管理系统，建立了本馆书目数据系统、流通系统；采编、典藏等各项业务实行自动化管理，馆藏书目实现网上查询。

（2）建立图书馆网站：2004 年 11 月建立图书馆网站，2009 年 10 月改版。网站组织可用的网络资源，集中常用的服务项目，发布最新的动态信息，引导读者利用馆藏资源，不受时间、地点限制得到一站式服务。

（五）基础业务工作（运行、服务情况）

1. 馆藏资源建设

1）纸质文献概貌

重点收藏遥感理论、技术、应用及相关学科的文献。截至 2012 年底，中英文图书 7236 册、资料 1185 册；中英文期刊 430 余种 5420 册；中文现刊 80 余种，外文现刊 15 种，较为完整地收藏了研究生毕业论文共 870 份，且大部分附有电子版文档；收藏的图件中地形图 35000 余幅，专业图 257 幅。

2）电子文献及数据库

由遥感所经费购买的数据库有：荷兰爱思唯尔 Elsevier-SD 数据库（2003 年开通），万方数据库（2004 年开通），美国地球物理协会（AGU）回溯库（2010 年开通）；随外文原版期刊的订购，开通“国际遥感”“环境遥感”“摄影测量与遥感”等 10 余种电子期刊。

依托中国科学院国家科学图书馆在遥感所开通了维普、中国知网、Apabi 图书等中文全文数据库；PQDT-博硕士论文、Springer Link、NetLibrary 等外文全文数据库，以及 SCI、EI 等 10 余种文摘数据库。

在阅览室单点开通了 IEEE、SPIE、OSA、AGU 等专业数据库，以及 *Nature*、*Science* 等电子刊物，还开通了国家科技图书文献中心（NSTL）购买的数据库。

2. 文献管理

主要内容包括：图书采购、登账、加工、分类、编目、上架及账目管理；期刊订购、登账、上架、装订；资料订购、交换、登账、上架、整理、装订；博硕论文收集、登账、整理、上架；报纸订购、取报、上架；地形图验收、登账、借阅、收藏；卫星底片等资料的管理及卫星遥感图像的销售。

2000 年以前，图书馆采用传统管理模式，各项工作有专人负责；之后工作人员减至 1～2 人，由于采用了自动化管理，提高了工作效率和质量，仍能保证各项工作正常运行。

3. 读者服务

1）读者队伍

读者队伍主要为遥感所职工、研究生，也接待访问学者、代培进修、项目合作等外单位人员。2000 年以后研究生逐年增加，平均年增 100 多位读者，到 2012 年底图书馆为 1545 人办理了借书证。

2）借阅服务

图书馆除节假日外全天开馆，开放时间每周约 40 小时，图书期刊实行开架阅览。工作人员为读者查找资料，办理书刊借阅，不定期验证，保证文献的流通。2000 年后联机检索馆藏书目，淘汰了藏书卡片目录；简化了借阅手续，读者可上网自行办理预约或续借图书；通过邮件提醒读者按时还书，取消了验证环节，图书文献得以充分利用。据统计，2002 年以后，平均每年接待读者 3000 多人次；书刊流通量平均每年 4700 余册。

3）文献信息服务

图书馆除了提供馆藏查询、日常书刊资料的借阅外，还开展新书展示推介，组织读者参观书展，问卷调查，不定期举办专题讲座介绍文献资源获取、文献管理软件（EndNote、NoteExpress）的使用方法。

为弥补本馆文献资源的不足，满足读者对文献的需求，2004 年开始为遥感所读者建立个人文献传递账户并为所内外读者提供国内外学术期刊论文、会议论文、学位论文等各类文献的原文传递服务。从 2006 年 9 月开始，图书馆开展馆际互借服务，为遥感所读者代借代还中国科学院图书馆、国家图书馆、清华大学图书馆、北京大学图书馆、地质图书馆等 13 家图书馆的图书，共享更多图书馆的文献资源。

网络环境改变了图书馆服务模式，通过网站发布各项动态信息；通过网络通信工具、电话为读者提供文献检索、参考咨询；通过为读者注册随易通账户，读者可远程登录查看遥感所的网络资源。

4）制度与管理办法

制定了《遥感所图书室管理制度》《遥感所图书资料使用借阅管理规定》；2006 年重新制定的规章制度汇编包括：阅览室规则、读者借阅规定、办理借书证相关规定、电子阅览规则、地形图借阅规定。

（六）二次文献及数字资源建设

（1）1990 年，参加由中国科学院兰州文献情报中心和中国科学院地学情报网组织的，甘肃科学技术出版社发行的《中国科学院地球科学家名录》资料搜集工作，《中国科学院地球科学家名录与数据库》课题，荣获 1990 年度中国科学院科技进步奖三等奖。

（2）1992 年 4 月～1994 年 9 月建立《中外文遥感专题文献题录》数据库，此项工作由所长基金支持完成，工作内容包括文献的采集、检索、建立卡片目录、数据录入、校对与修改等。

（3）1995 年，编辑出版《中外文遥感专题文献题录》，该书约 40 万字，中文题录 2400 多条，外文题录 800 多条，每条题录都有关键词，大部分有文摘，书后附有著者索引和关键词索引。

（4）1997 年开始参加全院联合目录体系，通过联合编目对馆藏资源进行揭示；提高成员单位的资源使用效率，在更大范围宣传图书馆的馆藏资源并共享更多图书馆的书目信息。

（5）2009 年 7 月参加全院研究所机构知识库建设项目，建立了遥感所知识库 IRSA-IR，收集保存遥感所员工所创造的各种类型的知识产出，促进各研究部门的成果共享；截至 2012 年底收集到遥感所人员发表的期刊论文 2409 篇，研究生毕业论文 871 篇，出版物 125 种。

30 多年来，图书馆由传统模式到自动化网络化管理，从被动到主动地为读者服务，不断提升文献信息服务能力，在科研工作和人才培养中发挥了十分重要的作用。

五、科研支撑中心

主任：肖青（2010 年 7 月至今）。

2010 年，遥感所进一步整合，将各类实验室、试验站、网络和数据中心、学术期刊、学会、图书馆和科普中心等一并纳入科研支撑中心。

遥感所实验室分为公用实验室和学科组专业实验室两类。公用实验室与遥感科学国家重点实验室共建，主要包括遥感定标实验室、样品测试实验室、遥感机理模拟实验室。遥感定标实验室可为各种遥感设备提供遥感定标服务。样品测试实验室可以进行样品测试分析，具备齐全的遥感参数实验室测试能力。室内遥感机理仿真实验室将通过对光源、目标物和观测设备的控制模拟遥感数据获取场景，为研究遥感信息的反射和辐射传输机理研究提供支撑。

遥感所建有数字地球演示厅平台，为全所研究机构提供宽屏、3D、网络数字演示实验平台，也可以应用于项目申请、科学交流、项目验收、科学实验等。

遥感所网络和数据中心的主要任务是进行研究所内网络技术支持、遥感相关数据的获取、存储管理和共享平台建设。主要机构包括网络中心、MODIS 卫星遥感数据接收站，奥运园区大气超级站、超算中心等。

中国科学院怀来遥感综合试验站挂靠于遥感所。该站隶属于中国科学院特殊环境网络，是我国目前正在运行的遥感试验站之一。该试验场所属区域具有华北平原和华北平原向蒙古高原过渡的双重生态地理特征。试验场周边 10km 范围内，地表类型丰富，有农田、水域、山地、草场和湿地滩涂。怀来遥感综合试验站现有布设或测定的仪器设备包括高架车、高架塔吊、自动气象站、波纹比系统、涡动相关仪、气象梯度观测塔（40m）、LAI 自动观测系统、6 谱段辐射观测系统、漫散射辐射观测系统、大孔径闪烁仪、蒸渗仪、土壤多参数监测系统、太阳辐射仪、植物生理生态监测系统、植物冠层分析仪等。

遥感所主办《遥感学报》（中、英文合版）、《中国图象图形学报》两种国内核心学术期刊。

《遥感学报》对中国遥感科学技术的发展和人才培养发挥了巨大作用，成为目前中国遥感和地理信息科学领域最有影响力的学术期刊。作为中国遥感领域唯一一本国家级综合性学术期刊，《遥感学报》致力于报道遥感领域及其相关学科具有国际、国内先进水平的研究报告和阶段性研究简报，以及高水平的述评，着重反映本领域的新概念、新成果、新进展。其内容涉及遥感基础理论，遥感技术发展及遥感在农业、林业、水文、地矿、海洋、测绘等资源环境领域和灾害监测中的应用，地理信息系统研究，遥感与 GIS 及空间定位系统（GPS）的结合及其应用等方面。

《中国图象图形学报》（www.cjig.cn）是图像图形学及相关领域的权威学术期刊，在中国图像图形学领域具有较大的影响力、认同度，已被国内主要检索系统收录为核心中文期刊。《中国图象图形学报》主要刊登图像图形科学及与其密切相关领域的基础研究和应用研究方面创新性、高水平学术论文，内容涉及图像分析和识别、图像理解和计算机视觉、计算机图形学、虚拟现实和增强现实、系统仿真、地理信息技术、遥感图像处理、动漫等领域。此外，根据研究热点和前沿课题，《中国图象图形学报》还组织开设相应的主题专栏，并通过多层面的学科交叉应用，宣传科技成果，推荐最新产品，促进产学研领域多种形式的交流与合作。

中国遥感委员会（Chinese National Committee for Remote Sensing，CNCRS）、中国地理学会环境遥感分会（中国环境遥感学会）（The Associate on Environment Remote Sensing of China，AERSC）、中国环境科学学会环境信息系统与遥感专业委员会（Committee of Environmental Information System and Remote Sensing，Chinese Society for Environmental Sciences，CEIR-CSES）均挂靠在遥感所。3 个学会在遥感所设立遥感学会办公室，综合负责 3 个学会全部日常事务及重要学术活动组织等相关工作。学会主办、承办、协办亚洲遥感会议、全国遥感技术学术交流会（中国遥感大会）、香山科学会议、环境遥感学术年会、海峡两岸遥感会议、中国青年遥感辩论会等重大国际、国内品牌学术活动 50 余次。

遥感所科普工作由院属中国科学院天地生科学文化传播中心负责。该中心于 2003 年由中国科学院批准成立，挂靠遥感所，成员单位由最初中国科学院位于北京奥运园区的天地生 8 个研究所，逐步成为深入挖掘整合京区乃至全院科普资源，发挥科学院综合科普优势，促进科学知识普及的中科院及各部委各类高端科技资源科普能力建设、科普活动、科技教育人才培养的平台，为院所、地方科技文化交流搭建重要的窗口和渠道。该中心在十几位院士的指导及京区各所的共同努力下，连续 7 届承办“中国科学院公众科学日”、全国科技周主会场、全国科普日主会场等国家级大型科普活动。

第二章　行政与科研部门管理系统

一、所务综合管理

（一）概　　述

1. 机构名称

中国科学院遥感应用研究所办公室（综合办公室）。

2. 成立时间

1978 年 7 月，成立中国科学院地理所二部办公室，系遥感所办公室前身。

1979 年 12 月，成立中国科学院遥感应用研究所办公室。

3. 工作职责、内容和主要成绩

办公室（综合办公室）是负责综合行政事务管理的职能部门。其主要职能包括：承担综合性行政事务的协调与管理；制定综合事务管理的各项规章制度；落实和督办所长办公会议决定；组织协调重大会议与活动；负责公文、文书档案、印章管理；负责宣传及对外联络、中文网站建设；负责安全保卫工作；承担并协调综合服务保障工作；完成领导交办的其他工作。

具体工作如下。

（1）负责日常行政事务管理与各部门的综合协调工作，保障领导决策、指挥和政令畅通。

（2）负责组织所内各类会议、活动和接待，协助所领导全面或分工负责组织、参与遥感所的重要会议、重大活动、重要来访考察的策划与实施，做好会（活动）前准备、会（活动）中安排、会（活动）后收尾及后续工作，包括会议（活动）规模形式、宣传材料的组织、制作、摄影摄像、保安措施，以及所有细节的布置和安排。各类会议有所长办公会、所务会、历年所工作会议、全所大会、历年战略研讨会、所领导机构换届考核，以及各实验室、科研项目的验收、评估工作会议等；重大会议、活动具体有遥感所 15 周年、20 周年、30 周年庆祝纪念活动，腾冲遥感试验纪念活动、遥感信息科学开放实验室评估、国家遥感应用工程技术研究中心验收、数字地球国际会议、国家航天遥感论证中心揭牌等。重要来访的安排和接待有国家领导人李鹏、朱镕基、温家宝、李岚清、薄一波等来遥感所考察；国家省、部委和北京市重要领导来所考察；厄立特里亚总统、泰国公主等；著名专家学者杨振宁、王大珩、叶笃正、孙家栋等来访。

（3）协助所领导了解掌握全所工作情况，沟通信息、上传下达，协调各部门之间的工作；完成各阶段遥感所工作计划、总结和上报材料的素材和数据的收集、协调汇总、审稿、校对及打印上报。推动研究所各项工作的运行和发展，主要有历届所长任期目标责任书，所定位认定试点报告，知识创新工程申请、总结，历届所领导述职报告、所换届报告等。

（4）文书工作。根据中国科学院的要求，对文件实行统收统发，所收文件由办公室统一登记、批办、分发、传阅；以研究所名义向所外发文统一由办公室登记、核稿、编号、盖章；并对所内各职能部门文书工作进行指导和督促。

（5）严格按照相关规定，负责所公章、所领导人名章及所内其他印章的管理、使用、登记和销毁；对法人证书、组织机构代码证书、介绍信的使用严格管理。

（6）档案管理。根据国家集中统一管理的规定，从1984年开始对全所机关各处、室历年来的文书材料。陆续进行了收集、鉴定、分类、整理、保管并制定了有关规章制度，加强了对各处、室档案工作的监督、指导。1997年建立遥感所综合档案室（挂靠办公室），集中统一保管文书档案、财会档案、科技档案，同时开展档案查阅、鉴定和利用，并收集、整理了部分音像档案及名人专门档案，开展相关的编研工作。

（7）完成每天机要通信、信函的领取、分发和信报收发，文件交换和全所信函报刊订阅收发。按时开启所长信箱，登记并上交所领导及时处理；负责来信来访及日常联络工作。

（8）根据国家和中国科学院各项政策与规章制度的出台和调整，负责组织协调所内各部门制订、修改、完善遥感所综合性规章条例，历年整理出台遥感所规章制度汇编，使得遥感所各项工作有章可循、有法可依；其中遥感所办公室的规章制度主要有关于遥感所实行各类会议制度的决定、遥感所所务公开工作暂行条例、遥感所公文处理办法、遥感所印章使用管理规定、遥感所关于统计工作的有关细则、遥感所宣传与政务信息工作条例、遥感所内部安全保卫管理责任制、遥感所安全科研生产管理暂行办法、遥感所职工公费医疗暂行管理办法、遥感所科研楼管理、分配及收费办法等。

（9）政务信息与宣传工作。1996年全院开展政务信息报送工作及对外宣传，由办公室负责建立遥感所内部信息网，协调遥感所网的建设，并开展对外联络和对外宣传，展示遥感所的科研能力与水平，以及遥感应用领域的整体形象，为各级领导决策提供参考依据，遥感所多次获得院及有关部门的好评和表彰；负责遥感所宣传片、所简介等宣传材料和宣传用品的设计、制作，负责信息宣传工作的组织与协调等。

（10）综合统计和年鉴。1993年起，由办公室负责协调各部门完成历年综合统计的数据采集、整理、协调、平衡及月报、年报的分析与上报，并完成历年研究所年鉴的撰写、上报。

（11）安全保卫工作。对全所职工进行安全教育，增强法制观念，做到遵纪守法，依靠广大职工群众搞好综合治理，做好防特、防盗、防火、防治安灾害事故的工作；强化安全防范措施，加强科学管理，实行目标责任制，维护防火、防盗设施，并协同有关部门健全各项安全制度，维护遥感所内部的秩序，保卫要害部门的安全；协助公安机关查破刑事案件和治安案件；协助遥感所保密委员会做好保密工作；加强治安保卫委员会、护所队、义务消防队的工作；定期组织安全工作会议，评选安全保卫积极分子，表彰先进，总结经验；做好综合治理百分验收以及安全保卫工作的半年、年终的工作总结；遥感所的交通安全工作；完成遥感所领导和公安机关、国家安全机关交办的其他任务。

（12）器材、物资、固定资产的管理与服务，做到账目准确、档案齐全；负责国有资产的年检与管理、编制、管理、办理控办物资计划与上报。

（13）基建工作。根据研究所需求和相关规定，做好基建项目的规划与申报、项目建设及竣工验收等管理工作，建立、收集、整理房产方面的基建档案资料。

（14）负责科研办公用房的调配与管理、集体宿舍和单间用房的分配与管理、办公家具的采购与管理、所办企业、服务中心用房的费用收缴与管理，对全所水、暖、电支出费用的审核、对外出租和出借用房的合同审查与管理；所办公用房收费协议的制订、签订、维护与管理。

（15）负责职工住房的分配、出售与管理，并协助办理出售公有住房产权证及土地使用权证工作。

（16）医务室工作。1991～2002年和2007～2012年医务室归属遥感所办公室。医务室的主要工作有每日正常门诊，定期进行医疗系统审核、校验，计划生育工作（1993年开始），历年献血工作和体检，负责院士保健，遥感所职工和学生保健咨询工作。

（17）部分行政、物业事务。部分后勤工作的管理与监督，包括环境、卫生、绿化工作，以及维护协议的实施等；负责与遥感所后勤服务中心或物业公司签订协议，履行甲方对乙方的监督管理职能；所公务用车的管理；安排会议室、复印室、传真管理。

（18）积极创造条件安排职工参加职业培训及交流（档案管理、政府采购、设备管理、安全保卫等），提高工作水平与素质，适应新时期的工作要求。

（19）完成领导交办的各项事务和所长秘书工作。

（二）机构沿革

1. 机构名称的变化

1978 年 7 月，成立中国科学院地理所二部办公室，系遥感所办公室前身。

1979 年 2 月，成立中国科学院空间科学研究中心遥感技术应用研究部办公室。

1979 年 12 月，因建立遥感所成立中国科学院遥感应用研究所办公室。

1993 年 7 月，领导机构换届所内机构调整，更名为遥感所综合办公室。

1997 年 6 月，领导机构换届所内机构调整，更名为遥感所办公室。

2006 年 1 月，领导机构换届所内机构调整，更名为遥感所综合办公室。

2. 历届办公室（综合办公室）的主任、副主任、负责人

姓名	职务	任期	备注
张时	负责人	1978.7～1979.12	中国科学院地理所二部办公室
张时	主任	1979.12～1983	—
马境治	负责人、副主任	1983.10～1986.7	—
马境治	主任	1986.7～1993.7	—
李乃煌	主任	1993.7～1997.6	—
黄永平	副主任	1991.12～1997.6	—
陈宝文	副主任	1994.8～1997.6	—
黄永平	主任	1997.6～2001.9	—
孙文新	主任	2001.9～2006.1	—
孙文新	主任	2006.1～2006.8	兼党办主任
余琦	主任	2006.8～2009.11	兼党办主任
发强	主任	2009.11～2012.9	兼党办主任
程晓云	副主任	2010.5～2012.9	主管基建
陈雪	副主任（党办）	2011.4～2012.9	挂靠综合办公室

3. 工作职责的变化

从 1978 年 7 月成立地理所二部办公室，1979 年成立遥感所办公室，至 1993 年 7 月，所办公室的工作职责主要负责秘书、人事、保卫、文书、印章管理、收发等，1983 年，人事管理转出，1988 年保卫工作转出，1993 年 7 月，成立综合办公室，其职责在以上工作基础上，另将保卫、信息宣传、综合统计、基建、房产、器材、医务室及部分后勤管理职能（后勤协议、卫生、绿化、所务用车、会议室管理、办公用房、传真等）纳入到综合办公室，1996 年成立遥感所综合档案室，挂靠综合办公室，主要工作职责是对遥感所文书档案、科技档案、财务档案、器材档案、声像档案、基建档案、电子档案实行集中统一管理。1997 年 6 月，基建、房产、后勤、医务室工作转出。2006 年 1 月，党群办公室工作职能纳入综合办公室兼管，资产、器材管理职能转出。2007 年，物业管理、基建、房产、医务室纳入综合办公室。2009 年，物业管理纳入园区物业公司管理。

（三）人 员 组 成

1979年以来，在办公室从事工作的人员有：张时、马境治、王连琴、司桥、毋俊、黄永平、梁季红、刘军、刘军、李乃煌、陈宝文、郭秀京、胡维平、朱晔、王秀棠、王巨山、高晓林、孙文新、余琦、李强、程晓云、发强、陈雪、王莹珞、庞林、韩颖颖、白璐、路遥、李刚、卢逸群、陈丽莎、高彦征、袁和平、宋凤贤、杨风钧、娄纪伟、娜仁格勒等。

（四）获奖情况（部分）

1. 集体

1988年，获首批中国科学院档案工作二级达标单位、中国科学院档案工作先进单位、1998年中国科学院档案工作院一级达标单位、中国科学院档案工作先进集体。

1990年，获中国科学院综合统计先进集体。

1997～2007年，获历年中国科学院学政务信息宣传先进单位。

安全保卫工作分别多次受到中国科学院、市公安局表彰、奖励。

1999～2012年，获历年朝阳区献血先进单位。

2007～2012年，获历年北京市献血先进单位。

1999～2012年，获历年院计划生育办公室先进单位。

2010年，获朝阳区奥运村街道先进单位。

2. 个人

司桥，1991年获中国科学院打字比赛获中科院优胜奖、1996年获中科院文书先进个人、1998年获中科院先进档案工作者。

黄永平，1988年、1990年获中国科学院综合统计先进个人、2001年获中科院政务信息宣传先进个人、1995年享受中科院管理人员突出贡献津贴。

孙文新，2004年获中科院政务信息报送先进个人。

王巨山，1998年获中科院护所总队先进管理干部、1999年获北京市保卫工作先进个人。1999年、2004年、2006年获北京市公安局嘉奖、2000年获中科院安全先进工作者。

陈丽莎，1999～2012年朝阳区献血工作先进个人、2007～2012年获北京市献血工作先进个人、2010年获朝阳区奥运村街道计划生育先进个人。

二、科 研 管 理

（一）概　　述

1. 机构名称

中国科学院遥感应用研究所业务处（科技处）。

2. 成立时间

1979年11月24日。

3. 职责范围

业务处（科技处）是遥感所科研业务的管理部门。其前身是地理所二部业务处，主要管理全所的科研活动，并为所领导的科研决策、学科建设与发展出谋划策，同时也是所领导、所学术（技术）委员会科研决策的主要执行机构之一。其业务范围包括遥感所学科发展规划、科研计划、科研项目、科技成果、科技档案、科技保密、科技资质、科研器材、教育和外事管理等。

4. 工作特色与主要贡献

研究所的主要任务是出成果、出人才。高水平的科研成果和优秀的科技人才是考核和评价研究所的重要指标。成果与人才的源泉是科研项目，因此，科研管理最突出的特色是以科研项目为中心，实施对全所科研活动的全面管理。科研管理是一项系统工程，从项目的争取，立项论证、项目合同的签订，项目队伍的组织，项目计划的编制、实施与调整，项目的总结，评审、验收与鉴定，项目成果的出版与宣传，推广应用效益的反馈，成果的申报与请奖，以及根据科研项目的需要，进行物资器材的准备，图书资料的采购与收集等都是紧密围绕科研项目进行的，涉及科研工作的方方面面。围绕研究所出成果、出人才的总目标，科技处管理人员热心为科研第一线服务，保证了全所科研活动的高效运行。

（二）沿　　革

1. 机构名称的变化

1994 年遥感所第四届领导机构换届后，将业务处更名为科技处。

2. 历届业务处（科技处）的处长、副处长、负责人

姓名	职务	任期	备注
周上益	处长	1979～1995.4	—
朱振海	副处长	1982～1984.12	1984 年 12 月调院“飞机技术引进小组”
崔承禹	副处长	1984～1986.5	1986 年 6 月到研究室任副主任
赵世学	副处长	1986～1991	分管外事
任维诚	副处长	1986～1992	分管物资器材，1987 年 11 月停薪留职一年，回所后任副处调研员，器材工作由郭秀京（科长）负责
王尔和	副处长	1989.5～1993	分管航空遥感中心
李乃煌	副处长	1989.5～1991.5	分管外事
王进	副处长	1989.5～1995	分管科研计划
郭秀京	副处长	1992.3～1993	分管物资器材
王为民	副处长	1994.8～1996.4	分管外事、学会秘书长（正处级）
魏永明	负责人（主持工作）	1995.4～1996.4	1996 年 4 月辞职
王为民	代处长（主持工作）	1996.4～1997. 6	兼学会秘书长
张建中	副处长	1996.9～1997	—
聂跃平	处长	1997.6～2003.1	—
曹春香	处长	2003.1～2006.1	—
张兵	处长	2006.1～2007.1	—
崔颐冰	副处长	2006.10～2012.9	—
王晋年	处长	2007.5～2009. 5	—
余琦	处长	2009.11～2010.9	—
周翔	副处长（主持工作）	2010.9～2012.9	—
黄慧平	副处长	2009.12～2012.9	—

3. 工作职责的变化

1979 年建所时，遥感所设有发展情报研究室和物资处。1982 年为贯彻国家调整方针，遥感所进行机构整顿，撤销了物资处改设器材科并与发展情报研究室和原所属图书资料室一起划归业务处；1988 年院航空遥感中心与遥感所合并，其管理职能划归遥感所，中心副主任王尔和到业务处任副处长，分管航空遥感中心工作。1997 年 6 月，物资器材管理职能划归所办公室，由高晓林负责；1998 年，教育和研究生管理职能划归人事处，由余琦负责，以后成立研究生部，由吴晓清负责；图书资料、期刊、学会工作划归科信室，由朱博勤负责；2005 年遥感所成立产业化办公室，挂靠科技处，主任郭子祺（2005～2006 年）、程晓云（2006～2007 年）；2010 年，根据院"创新 2020"规划部署精神和研究所"一三五"发展目标，学会学报、图书资料、信息网络等工作划归新成立的科研支撑中心。

（三）主要管理与服务项目的内容

1. 科研计划管理

1）负责人与管理人员

负责人由业务处处长或副处长兼任；管理人员有曹晓明、纵坚平、戴西波、朱艳、陈茜南等。

2）管理内容与范围

（1）学科规划。1977 年国家制定了 1978～1985 年全国科学技术发展纲要，把空间科学技术列入影响全局的新兴技术领域和带头学科，提出了开展空间科学、遥感技术和卫星应用的研究任务。为此，经国家批准，1979 年在中国科学院成立了遥感应用研究所，遥感应用作为一门新兴学科在我国诞生。遥感所成立后，1980 年根据国家科委召开的全国遥感科学技术近期发展规划协调会精神、国际科技发展趋势和我国经济社会发展的需要，第一届领导机构在研究所设立了 5 个研究室，学科范围涵盖基础研究、技术发展和遥感应用领域，体现了遥感所多学科、综合性的特点。随着科学研究的深入，研究领域逐步向深度和广度发展，第二届领导机构设立了 6 个研究室，到第八届领导机构设立的研究室达到了 18 个。通过对学科规划的了解，增强了科研管理的主动性和灵活性。

（2）科研计划。科研计划管理是业务处（科技处）非常重要的一项日常工作。科研计划根据项目合同、协议、开题报告，每年编制一次，以后不断补充，包括项目（课题）名称、起止时间、主要研究内容、研究工作进度、预期科研成果、主持研究单位、参加研究单位、负责人及主要科研人员、总经费、年度经费等。科研计划是研究所进行科研工作管理的"法律"性文件，经所领导批准，报院主管部门备案，作为各级领导了解和掌握研究所科研工作情况、检查科研工作进度、实施科研管理的依据。

（3）科研项目。科研项目管理是业务处工作的重中之重。建所初期，国家仍实行计划经济体制，项目和经费完全来自中国科学院，即项目和经费由研究所向院提出申请，经院主管部门审查批准后下达。1986 年开始，国家对科研机构实行分类管理，遥感所属于"从事多种类型研究工作的单位"，项目和经费来源的渠道，除中国科学院外，还有国家、部门和地方。科研项目分为纵向任务，包括国家攻关、国家基金、863、973 国家科技重大专项等国家任务；横向任务，包括部委和省区市项目。1986 年"七五"计划开始，我国国民经济计划五年编制一次，五年计划前两年是争取科研项目的最佳时期。业务处要及时掌握来自各方面的项目信息，及时与研究所领导和研究室主任沟通。其中，纵向任务、重大项目一般由所领导亲自出面，业务处配合；横向任务、项目量大面广，一般由研究室主任、相关科研人员和业务处共同争取。通过项目可行性论证、专家评议、签订合同，逐项落实。

3）规章制度与管理办法

《遥感所科研（成果）项目管理办法》《遥感所科研课题核算及奖励办法》《遥感所争取科研课题奖励办法》等。

2. 科技成果和科技档案管理

1）负责人与管理人员

郭桂林（1979 年 4 月～2006 年 4 月）、卢冬梅、张延涛等。

2）管理内容与范围

（1）科技成果管理。科技成果是考核和评价研究所与科研人员业绩，主管部门核拨研究所科研经费的基本依据，是研究所高度重视的一项工作。科研成果管理包括成果的动态管理（掌握项目的进展情况、指导项目负责人积累并取得有关的经济效益及社会效益证明，为请奖提前做好准备），成果的评议、鉴定、验收，成果的登记、上报、专利申请与请奖，成果的宣传报道与出版，成果的推广应用等。

（2）科技档案。科技档案包括立项论证资料，项目申请书与项目合同，科研课题研究过程中所形成的材料，项目总结、评议、验收、鉴定等资料，科研成果申报书和审批资料等。科技档案管理包括档案的收集、分类、整理、立卷、归档，档案密级的划分和保存期限的确定，档案的安全保管与档案室的建设，档案的查阅与使用，过期档案的剔除与销毁等。为确保科技档案的质量，遥感所科技档案管理人员坚持对课题研究工作进行全程跟踪，配合科研人员积累档案资料。在中国科学院院计划局成果处的直接指导下，遥感所科技成果和科技档案管理成为中国科学院院先进单位，充分体现了遥感所科技成果和科技档案管理的质量与水平。

（3）科技保密。根据国家“保密法”，科技保密是业务处一项重要任务。对科研项目、科技成果、科技档案都要体现保密要求。根据项目来源、项目性质确定密级和涉密范围，提出对相关材料的管理、使用要求，开展对科研人员的保密法规教育。

（4）科研资质。遥感所的资质申办、审检和日常管理由业务处负责实施。先后获得了国家测绘总局颁发的测绘航空摄影甲级资质和摄影测量与遥感（内业）（甲级）资质、获得了二级××保密资格单位证书、获得了××承制单位注册证书和××产品质量体系认证证书 。在各级管理人员的积极工作和全所人员的共同努力下，遥感所质量管理达到了质量方针和质量目标要求，在科研项目管理中发挥了积极的作用。

3）规章制度与管理办法

制定了《遥感所科研成果管理办法》《遥感所科技档案管理办法》《遥感所科技保密的有关规定》《遥感所质量管理办法》等。

3. 职工教育和研究生培养

1）负责人与管理人员

冯为祺、孙秀兰、程晓云、苏顺东。

2）管理内容与范围

（1）职工教育包括学历教育和继续教育。学历教育。建所初期，遥感所职工中有相当数量“文化大革命”期间的初、高中毕业生，为了适应本职工作的需要，遥感所规定，凡是没有取得大专学历、来遥感所积极工作两年以上者，根据工作需要，由各处室推荐，遥感所可安排对口专业学习，包括选送到干部进修学院脱产学习，鼓励参加电大、业大学习，要求学习应与工作需要相结合，每周学习占用工作时间不超过两个半天，并要求完成遥感所分配的任务。通过文化学习、特种专业培训和业余学习，高中达到大专程度，初中达到中专水平。为了调动职工学习的积极性，遥感所规定：取得大专学历，考试成绩合格者，学费部分或全部报销。仅前十年，遥感所就有46人取得了大专学历，其中4人通过了成人高等教育自学考试。

继续教育。由于现代科学技术发展迅速，对于科研人员，知识更新与提高十分重要。为此，遥感所采取多种方式对在职人员开展继续教育。对初级科研人员主要采取承担任务，通过基础研究、技术开发和应用推广工作实践，提高研究水平和工作能力。对高级研究人员采取每隔一定时间，到研究生院讲课，使知识得到更新和系统化，同时聘请国内外著名专家来遥感所讲学，吸收新的知识。鼓励他们积极参加遥感所内外的学术活动，争取机会出国考察和参加国际学术会议，以扩大科研人员的知识面。有的被选送出国进修，特别是到一些新兴领域补充新的知识。通过继续教育，遥感所人员素质不断提高，基本适应了遥感这门新兴学科不断发展的需要。

（2）研究生培养。研究生培养是研究所的一项重要的战略任务，是遥感所科研人员的主要来源。1979年建所时，国家刚刚恢复研究生招生制度。遥感所仅有“地图学与遥感”专业一个硕士研究生的培养点，首批招收研究生17人，其中5人送到美国、1人送去日本，其余留研究生院学习。其后，每年计划招收硕士研究生6名左右。从1994年和1995年开始，遥感所分别成为博士点和博士后流动站。国家和中国科学院院都十分重视研究生的管理，逐步制定和完善了一整套规章制度。遥感所业务处是研究生管理的职能部门，任务是协助所领导和研究生导师进行招生专业发布，考试、考核、录取，入学教育、科研实践，毕业论文及日常管理。每年研究生入遥感所时，都要由所领导出面，召集研究生导师、有关部门负责人和研究生一起座谈，认真听取他们的意见和建议，鼓励他们努力学习，争取好的成绩，同时向他们介绍遥感所的发展历史、有关政策和规章制度，组织他们参观研究室、实验室、所机关各部门，帮助他们尽快熟悉新的学习、工作和生活环境。注重科研实践是遥感所培养研究生的一项重要措施。鼓励支持研究生参加重大科研项目，特别是一些新兴科技领域项目。让他们在研究生学习期间，培养独立思维能力和创新精神，不但专业理论水平得到提高，而且在实际科研能力方面有一个大的提升。对于研究生论文，从选题到答辩，都由导师亲自指导，做到毕业论文按时完成，确保质量。所党委、团委在研究生中分别建立了党、团支部，定期过组织生活，在研究生中发挥核心作用，遥感所研究生思想政治水平不断提高，一些优秀的研究生在遥感所学习期间加入了中国共产党和共青团组织。

（3）规章制度与管理办法。制定了《遥感所职工学历教育管理办法》《遥感所职工教育培训管理办法》《遥感所硕士研究生管理制度》《遥感所博士研究生管理制度》等。

3）主要工作成果

30多年来，遥感所部分同志通过在职培训取得大专及其以上学历；为国家培养了硕士研究生492名，博士研究生497名，出站工作的博士后85名，来华留学生8名。

4. 科技外事管理

1）负责人与管理人员

何建邦、周里亚、孙秀兰、赵世学、张俐、李乃煌、王为民、杨春杰、张建中、刘戈平、郭松等。

2）管理内容与范围

业务处是遥感所科技外事工作的归口管理部门，主管单位是中国科学院外事局（国际合作局）。其主要管理内容包括如下。

（1）外事计划的制定。国际合作与交流计划是根据国际遥感发展动向和趋势，每年编制遥感所科研和对外交往计划。其中，出访计划包括：项目名称、出访国家（部门和单位）、负责人及其成员、出访时间、出访内容、所需经费等；专家来华计划包括：项目名称、国家（部门和单位）、专家姓名、专业特长、来华时间、参观、访问、讲学内容、接待单位、经费预算等。所有项目均需报中国科学院审批后执行。

（2）计划实施。出访人员的选派：具有一定政治思想水平的科研技术骨干，一定的外语沟通能力，身体健康，出访后对科研与管理工作有推动作用；邀请来华的专家需是本专业领域在国际上有重要影响、具有真才实学、专业对口、对我国遥感科技发展有借鉴和引领作用的专家。

外事接待是一项重要的日常工作，包括外宾迎送、宾馆预订、活动日程安排、组织参观座谈和学术报告等。外事无小事，外事管理人员代表研究所的形象，必须具有一定的专业技术知识，较强的外语沟通和办事能力。遥感所工作人员在遥感领域外事交流工作中展现了良好的风貌，体现了外事管理人员的能力。

（3）总结汇报。坚持一事一报：出访、来华项目结束后及时进行总结，包括项目执行情况、主要收获体会、存在的问题与建议、经费开支情况等，上报遥感所领导和中国科学院外事局。

3）规章制度与管理办法

制定了《遥感所外事工作管理办法》《遥感所国际合作项目管理办法》等。

4）主要工作成果

遥感所属于开放型研究所。在建所前，地理所二部期间即改革开放初期，遥感所就承担了由中国科学院主持开展的国家级重大国际科技合作项目“腾冲航空遥感试验”，这次试验成为中国遥感的摇篮，成为遥感所的催生项目，取得了丰硕成果。遥感所成立以后，根据中国科学院科技外事要贯彻“开阔眼界、增进友谊、加强联系、推动科研”的方针，遥感所坚持开放搞活的原则，走出去，请进来，开展了大量的国际合作与交流活动，是成功组织接待外国总统的中国科学院的第一个研究所，受到外交部礼宾司的表彰。

30 多年来，遥感所从参观访问、迎来送往，到实质性项目合作，不但改善了遥感所的科研条件，研究水平也进一步得到提高。通过派遣优秀科技人员出国考察，目睹了国外的研究现状与发展水平；通过在我国举办国际数字地球会议、亚洲遥感大会、海峡两岸遥感会议（2009～2012 年）等国际会议，不但及时掌握国际动态和最新进展，还有效地提高了遥感所的国际地位和影响力，遥感所一批遥感专家进入重要的国际组织任职。国际交流与合作，在遥感所的建设与发展中发挥了重要作用。

5. 资质与质量管理

1）负责人与管理人员

郭桂林、张延涛、卢冬梅。

2）资质申请

根据遥感所科学技术发展的需要和遥感所科研能力与管理服务水平的提高，科技处积极组织申请相关资质，多年来已获得如下资质。

（1）××产品质量体系认证。2006 年 9 月 26 日获得了××产品质量体系认证证书。2012 年 4 月 6 日，遥感所通过了中国新时代认证中心的换版审核，获得了××质量体系认证证书，该质量体系适用于遥感基础和技术应用研究，遥感图像判读系统应用软件的设计、开发和服务。

（2）测绘资质认证。1995 年，首批获得了国家测绘总局颁发的甲级测绘单位证书，2005 年 12 月获得了国家测绘局颁发的测绘航空摄影甲级资质和摄影测量与遥感（内业）（乙级）资质，2012 年 8 月申请业务范围变更，获得了摄影测量与遥感（内业）（甲级）资质。2013 年 5 月获得了地理信息系统工程专业（乙级）资质。

（3）××保密资格认证。2007 年 4 月 18 日获得二级××保密资格单位证书。

（4）××承制单位注册认证。2008 年 12 月获得了××承制单位注册证书。

3）质量管理

质量是一个单位的生命，质量文化就是单位的灵魂，质量管理对于任何一个单位都是工作的重中之重。为确保遥感所承担的遥感应用工程项目的质量，遥感所建立了 GJB9001 管理体系，实施了严格的质量管理，保障了科研项目的顺利实施，提高了遥感所的信誉。

（1）建立了质量管理体系（简称“体系”）。

从 2004 年开始着手按照 GJB9001A-2001 标准建立质量管理体系，编制了质量管理手册和程序文件，通过几年的“体系”运行，对质量管理方针、质量管理目标进行了宣贯、实施，使其资源配置满足质量管理体系的运行要求，产品研究、设计开发和服务过程基本受控。

（2）明确了质量管理目标。

本着以用户要求为关注焦点，以增强用户满意度为目的，依托遥感所科技领先、质量为本、用户至上、持续改进的质量管理方针，制定遥感所产品一次交验合格率大于 95%、科研合同完成率大于 95%、甲方单位满意率大于 95%的质量目标。每年度根据不同任务情况，进一步确定具体的年度质量管理目标。

（3）采取了多种保障措施。

①加强了“体系”建设，2007 年颁布了按照 GJB9001A-2001 标准的质量手册和程序文件，2010 年完成了 2007 版的质量手册和程序文件的修订。2011 年升级为 GJB9001B-2009，遥感所完成了 2011 年 A 版质量手册和 26 个程序文件的编写，管理体系日趋完善。

②加强了对“体系”内部门和人员的教育和培训力度，对项目负责人和管理人员进行了 GJB9001 管理体系的培训和宣贯；对各部门质量管理人员进行了全面培训和考试，并建立了所、中心、处（室）三级管理体系，2011 年又结合贯彻 GJB9001B-2009 全年共举办两次对新版质量手册和程序文件的培训。

③加强了对过程的监视和测量，质量管理办公室积极参与项目的阶段评审和监督检查。坚持内审和外审制度，把好质量关。每年都开展内审，及早发现问题并进行整改和验收。对发现的质量问题，制定了整改措施，并进行了整改和验收。

④成立了质量管理办公室，负责遥感所的日常质量管理工作，做到组织落实。其定位与目标是：从所内工程项目质量管理的需求出发，通过建立完善的遥感工程项目质量管理体系，制定遥感工程项目质量管理办法，对所内相关工程项目实施的各阶段进行监督和检查，保障工程项目的顺利实施。

⑤编制了遥感所质量管理办法，使质量管理工作有章可循。为保障遥感所质量管理的顺利实施，我们编制了遥感所质量管理办法，将质量管理纳入遥感所对员工的考核体系，从制度上确保了遥感所质量管理工作的顺利进行。

⑥以高分项目为突破口，按国军标的要求实施质量管理。对所里每年要结题的项目和正在执行的 500 万元以上的项目都按质量手册和程序文件的要求，加强过程管理，并抓住关键环节和重要节点，制定好管理计划，做好过程检查和文档管理等，使遥感所质量管理常态化。

（4）质量管理效果。

通过上述工作，遥感所建立健全了质量管理体系，全所职工的质量管理意识得到很大提高，大家对质量管理方针、质量管理目标，以及如何管理等有了明确的认识，通过各级管理人员的积极工作和全所人员的共同努力，遥感所科研项目的质量管理水平达到了国家质量管理方针和质量管理目标的要求。同时，遥感所的质量管理工作逐步做到了文件化，程序化、规范化，提高了遥感所科研管理的整体质量与水平。

6. 物资器材管理

1）负责人与管理人员

负责人：任维诚、郭秀京。

管理人员：李玉文、赵琛、胡维平、郝力、凌云鹏、阚秀兰、郭蕴方、葛京京等。

2）主要管理内容与范围

包括物资器材的申请、审批、购置、验收、使用、保养、维修，回收调剂与报废处理等。建所初期，国家实行计划经济，遥感所器材经费来源靠上级拨款，器材管理的主要任务包括国内外仪器器材的订购、各类仪器器材和化学药品、感光材料的保管和分发领用及某些通用仪器设备的维修等，遥感所装备以光学设备为主，全所设备占有不足 500 万元。到 1981 年，遥感所仪器设备进库额也只有 190 万元。从 1984 年开始，国家由计划经济向市场经济过渡，上级拨款逐年减少，主要经费来自课题和国家专项支持。为促进器材工作的社会化，减少库存积压和因此造成的种种积压浪费，遥感所规定物资器材工作由大部分国产仪器器材的订购保管分发改成根据研究室需要进行市场采购，同时加强市场信息调查，与中国科学院及兄弟器材部门实行资源共享，通过多次清仓调剂，减少库存，直到取消遥感所的器材仓库。随着我国科技事业的发展，科研条件不断改善，遥感所科研装备水平大幅提高，小到办公用品，大到飞机和大型遥感仪器，成为中国科学院设备拥有大户之一。

3）规章制度与管理办法

对物资器材实行分类管理，并制定了相应的管理办法和规章制度，包括《遥感所重大科学装备管理办法》《遥感所仪器设备使用管理规定》《遥感所物资器材管理暂行办法》《遥感所器材仓库管理规定》等

7. 图书资料管理

1）负责人与管理人员

负责人：吴纫玲、吴玉霞、王晓云、洪丽。

管理人员：马芬荣、陈子南、赵菊英、赵玉琴、孙涛、裲小娟等。

1979 年 11 月 24 日，遥感所第一次所务会议决定“图书、情报、资料请吴纫玲同志准备意见”，当时有工作人员 5 人。大家从无到有，艰苦创业，图书资料工作不断发展，到 1981 年，已有库存图书 1500 册，期刊 350 余种，收集各种照片、航片、地图等 10000 余张（幅）。1981 年遥感所图书资料室正式成立，图书室负责人为吴玉霞（1980～1993 年），资料室负责人为吴纫玲。1984 年，由于图书馆书库面积的限制、书刊价格上涨和复印机的普及，遥感所领导决定图书经费三年内维持原有水平，减少书刊订购，通过与公共图书馆及兄弟单位图书情报资料部门联系，取得与遥感所业务有关的文献书刊目录，协助科研人员办理图书资料的借阅和复印。“七五”以后，我遥感所科研工作不断发展，国家攻关、国家基金和横向委托项目实行合同制，经费包干，图书资料费不再依靠行政事业费拨款，纳入项目预算，图书资料情报的收集、采购工作密切结合研究工作进行、图书情报资料的使用效率进一步提高。1993 年，人员精简后两室合并为一个室，对内叫图书室，对外叫图书馆。负责人为王晓云（1993～2003 年）。2004 年以后，图书室负责人与工作人员有洪丽、李生平等。

2）主要管理内容与范围

遥感所图书室是一个专业性图书馆，主要从事有关遥感方面的文献管理及服务工作。具体工作如下。

（1）图书方面：设有专人管理，包括图书的采购、登账、加工、分类、编目、上架、账目的管理等。为了克服经费不足造成书籍不全的困难，为了使读者能有更多的借阅场所，遥感所图书室分别和地理所

图书馆、遗传所图书馆、综考会图书馆、中国科学院图书馆、北京图书馆、全国地质图书馆及国防科工委情报所等单位建立了馆际互借关系。

（2）期刊方面：设专人管理，包括期刊的订购、登到、上架、整理、装订等。在经费紧张的情况下，保证 10 种遥感方面的外文原版刊的持续订购。

（3）资料方面：根据遥感所工作性质，设有地形图、卫星底片等资料的管理及卫星遥感图像的销售。资料方面：设专人管理，包括对资料的订购、交换、登到、上架、整理装订等日常工作。

（4）阅览室、图书馆流通工作：由于人员少，没有设专人值班，采取轮流值班方式，每周除节假日外全天开馆，除负责读者的借阅，取当天报纸、上架外，还要随时为不同层次的读者提供各种咨询服务。

（5）图书馆验证工作：由于单位工作性质，出野外人员较多，不能做到每年验证，只能采取不定期验证。通过验证，清理了读者所借文献，使长期积压在读者手中的文献得以流通，同时，也增强了读者主动按时还书的意识。

（6）电子图书馆工作：包括电脑查询、检索、网上资源共享等。

（7）二次文献及其他工作如下。

第一，参加由中科院兰州文献情报中心和中科院地学情报网组织的，甘肃科学技术出版社发行的《中国科学院地球科学家名录》（1990 年出版）资料搜集工作。《中国科学院地球科学家名录与数据库》课题，荣获 1990 年度中科院科技进步奖三等奖。

第二，建立了《中外文遥感专题文献题录》数据库（1992 年 4 月～1994 年 9 月），该课题工作由所长基金支持完成。经过文献调研，确定 400 余种有关文献为文献源。该项工作包括文献的采集、检索、建立卡片式目录，软件系统的确定；计算机数据的录入、校对与修改等。

第三，《中外文遥感专题文献题录》一书的编辑出版工作（1995 年）。在软盘式目录的基础上进行，包括微机排版、计算机数据修改及排版后的书样校对等。该书约 40 万字，中文题录 2400 多条，外文题录 800 多条，每条题录都有关键词，大部分有文摘，书后附有著者索引和关键词索引。

3）规章制度与管理办法

制定了《遥感所图书室管理制度》《遥感所图书资料使用借阅管理规定》等。

4）主要工作成果

到 2012 年，遥感所馆藏中文图书 5000 余册、外文图书 1000 余册、中文期刊 1800 余册、外文期刊 2800 余册。

8. 科技宣传

遥感所十分重视利用各种机会进行科技宣传与成果报道。早在 1980 年 4 月，遥感所建所不久，为配合国家科委召开全国遥感技术协调会，在遥感所（917 大楼）举办了全国遥感技术展览会，在 200 多块展板中，遥感所就有 26 块，包括研究、试验取得的各种遥感图像资料、地物波谱仪器和测试数据、图像处理设备和处理的图像、唐山地震遥感监测、汉中和哈密遥感地质找矿，特别是腾冲航空遥感试验取得的丰硕成果在展览会上得到了全面的展示，给我国遥感界的科技人员和参观者留下了深刻的印象。1984 年，国家开始由计划经济向市场经济转轨，对科研单位实行拨款制度改革，提倡研究所多渠道争取科研经费。中国科学院在北京展览馆举办了大型科技成果展览会，遥感所积极参展，在展览会上，遥感所争取到了《西藏自治区土地利用遥感调查》和《红水河龙滩电站区域遥感调查》两项横向任务，开创了通过成果展览的宣传方式争取科研项目的先例。为了争取更多的科研项目，在此之后，遥感所实行“开放日”制度，每年 3 月定期对外开放，全面展示遥感所的科研工作和科技成果，邀请各方面的领导、专家、有关国家大使馆科技官员、报社记者前来参观指导，通过展览和新闻媒体宣传报道，大大提高了遥感所在国内外的知名度和影响力。第四届领导机构换届后，在徐冠华所长的主持下，创新管理体制，开展了建设开放型研究所试点，实行全方位对外开放。在所内划拨开放基金，设立开放研究课题，招聘客座研究人员，遥感所开放的力度和水平进一步提高。2010 年，在全国科普日期间，遥感所在办公楼前布设展板 40 余块，系统地展示了遥感所近年来在遥感基础科学和多领域应用方面取得的研究成果，前来参观的中央领导给予了充分的肯定。

9. 科技副职的派遣

科技副职工作是中国科学院贯彻落实科学发展观，面向国家战略需求，为国家社会经济发展服务及培养锻炼干部所采取的重大措施，是院地合作的重要组成部分。从 1992 年开始，遥感所先后派出科研和管理人员到地方任科技副职，其中程晓云任广西百色地区德保县科技副县长；戴西波任广西百色地区靖西县科技副县长；徐晓宏任贵州黔南州科技副州长；刘东晖任广西百色地区乐业县科技副县长。经过几年的任职锻炼，他们充分发挥了桥梁纽带作用，在推动成果转化、组织科技支农、科技扶贫与科技宣传等方面做了大量的工作，他们自身的科研与管理水平也得到了不同程度的提高。程晓云为德保县引进扶贫资金 70 万元支持办香料厂，受到当地政府好评并获得广西壮族自治区政府的表彰。徐晓宏因成绩显著被评为中国科学院 1999 年度院与省市企业合作及科技副职工作的先进个人。

（四）获奖情况（部分）

周上益，荣获中国科学院管理人员突出贡献奖，1993 年享受中国科学院管理人员突出贡献津贴。

郭桂玲，荣获遥感所科研成果与科技档案管理先进个人。

王为民，1995 年被评为中国科学院外事管理先进个人。

三、财 务 管 理

（一）概　　述

1. 机构名称

中国科学院遥感应用研究所财务处（会计室、计财处、财务资产处）。

2. 成立时间

财务处的前身是 1979 年 5 月中国科学院空间科学技术中心遥感技术应用研究部（原地理所二部）设立的财务组。1979 年 12 月成立遥感所财务科（隶属所行政处 科级）；1992 年 1 月成立遥感所财务处。

3. 职责范围

财务处（计财处、财务资产处）是在所长的领导下，负责全所（包括基建、工程中心、学会、学报、工会、所属财务公司等）财务管理、会计核算及固定资产管理的职能部门。其主要工作职责如下。

（1）认真贯彻执行国家财经法规、制度，依法保护国家、集体、个人的利益，并做好上情下达、宣传、解释工作。

（2）负责牵头组织编制所年度预算，根据各职能部门、研究室、课题组提供的相关资料、数据，合理编制下年度财务收支预算，提交所领导审定，协助研究室完成科研项目、课题预算编制工作。

（3）负责所公用经费的预算执行，并配合科技处做好科研项目、课题的预算执行工作。

（4）年终根据会计账簿记录的信息，真实、准确、全面地做好所年度财务决算，协助研究室完成科研课题的年度财务报告及决算。

（5）建立健全财务、资产管理的各项规章制度，规范内部经济秩序，保护国有资产的安全完整。

（6）根据有关规章、制度，正确、及时处理日常收支及其他各项经济业务，进行会计核算，保证会计数据真实、准确，连续、完整、全面反映遥感所的各项经济活动情况。

（7）依法组织开源节流，根据收入的不同性质分类进行核算，拓宽资金来源渠道，增强资金调控能力，管好用好各项经济资源。

（8）根据有关规章、制度，做好内部成本核算，根据各职能部门的通知收取各项费用。

（9）根据有关规定协助人教处，做好工资成本分摊工作，按时发放工资、助学金、离退休费及奖金等。

（10）根据有关规定与人教处共同做好职工住房公积金的建立、交存、封存、转移、支付、变更等各项工作，并定期与银行、职工个人对账。

（11）根据课题管理的有关规定和科技处的通知，做好课题开题、结题及课题经费收支的核算等工作。

（12）按照文件要求，每年按时做好银行账户年检。

（13）加强固定资产（包括房屋、仪器设备、家具、装备、图书资料等固定资产，不包括职工住宅）、低值易耗品、材料物资等的管理，建立健全二级三级账簿核算，财务账与资产台账、库存材料台账每月及时对账，做到账账相符，账卡相符，定期对实物资产进行盘点，做到账物相符，防止国有资产流失。

（14）做好政府采购有关政策的宣传、解释、贯彻及个别物资的采购等各项工作。

（15）负责进口设备的海关报关、免税等各项工作。

（16）负责协助有关人员做好仪器设备的管理工作。

（17）定期完成财务收支情况分析，针对存在的问题及时向主管领导汇报，并对存在的问题提出改进建议。

（18）按时保质保量编制、报送有关财务、资产的各种报表，并完成主管部门布置的其他工作。

（19）根据收入的不同性质正确计算各种税、费，依法代扣代缴个人所得税，按时报送各项纳税申报表，缴纳各种税、费，配合课题组做好减免税工作。

（20）协助办公室、人教处、科技处做好综合统计、工资统计、出售公有住房、职工住房公积金管理等。

（21）协调遥感所与院主管局、银行、专员办、税务局及其他协作单位的关系，完成其布置的各项工作。

（22）配合院纪监审局及其他审计监督部门做好所长离任审计、专项审计、课题结题审计及其他内容的审计工作。

（23）根据有关规定归集、整理、装订、立卷、保管会计档案及有关资料，并按规定定期将会计档案移交办公室。

（24）配合所医务室，上报卫生局各类报表及医药费的收支管理。

（25）完成所领导交办的其他任务。

4. 主要工作内容与主要成绩

1）基本事业费的管理

实行预算管理，严格控制开支，1987 年以来，中国科学院对基本事业费逐年递减，但是市场物价又年年攀高，经费日显严重不足。因此，对这部分经费采取预算包干的办法，严格执行预算，注意综合平衡，经费的使用以量入为出为原则，年初接院下达的经费，90%分配到各职能处室，10%由所里统一掌握，年终调剂使用。

2）课题经费的管理

课题经费有纵向课题经费（由上级主管部门管理的课题，如国家攻关、国家基金、863、973 及院管课题等）经费、横向课题（由其他部门和地方委托的课题）经费，对这部分经费采取：

（1）建立课题核算本，课题所有的收支都由课题登记，全所通用；

（2）收取课题管理费，课题人员按高、中、初级职称人头收费；

（3）收取课题占用房屋、水电的摊销费；

（4）课题结束，按课题经费结余 5∶5 的比例提成奖励制度。

收取的这部分费用，由所里统一掌握，用于补充基本事业费的不足和课题有关人员。

3）开源节流，增收节支

（1）利用课题经费启动时间差，把账面多余的资金，存入院财务公司，获取较高利息，为所里创造收入。

（2）连续多年为所大基建，新所办公楼先后垫付资金，保证了工程的进度。

（3）清产核算，提高设备的使用效率。

根据院清产核资办公室的要求，对所物资、后期、所属公司的资产进行了全面的清理和资产界定。

4）加强会计基础工作，建立财务制度

依据《89》科发计字 0326 号文件和《90》科发计字 1172 号文《关于进一步推动我院开展会计达标升级活动的通知》精神，1989 年对全所包括物资、器材、行政、仓库、公司等部门进行了会计达标升级。

（1）会计基础工作。做好会计达标，会计基础工作是一个重要环节，首先从单据的填写、制单、账簿登记、凭单的装订、会计档案的归档，做到了规范化、统一化、标准化和整齐化。1992 年院达标升级验收评定小组来遥感所验收检查中，遥感所财务会计达标升级是院里第一批，通过验收，并得到验收小组的好评。同时，在 1992 年院计划局财务处组织京区研究所对会计凭单、账簿登记的检查中，遥感所在几十个研究所中名列前茅。

（2）建立健全财务制度。1979 年制定遥感所第一本《遥感所财务制度汇编》。

按照国家和中国科学院的规定及要求，结合遥感所的实际情况及内部管理需要，不断修改完善内控制度，财务制度主要有遥感所会计档案管理办法、遥感所财务处工作职责、遥感所财务处岗位责任制、遥感所经费管理办法、航空遥感中心运行管理办法、遥感所经费使用审批权限的通知、遥感所现金管理办法、遥感所银行存款管理办法、遥感所差旅费管理办法、遥感所会议费管理办法、遥感所公务卡管理办法、遥感所职能部门日常运行经费管理办法、遥感所质量成本管理办法、遥感所基建经费管理办法、遥感所固定资产管理办法、遥感所 ARP 系统固定资产管理制度、遥感所 ARP 系统综合财务管理制度、遥感所实行预算执行联席会议制度的通知等。

（二）沿　　革

1. 机构名称的变化

1979 年 5 月，成立中国科学院空间科学技术中心遥感技术应用研究部（地理所二部）财务组，财务组由 2 人组成，当时没有独立账户，资金、资产由地理所财务科代管；1979 年 12 月，成立遥感所财务科（隶属所行政处，科级）开始开户建账，独立核算；1989 年 5 月成立会计室；1992 年成立财务处；1993 年 7 月更名为计财处；1997 年 6 月更名为财务处；2006 年更名为财务资产处；2010 年 5 月更名为财务处。

2. 工作内容的变化

1984 年，增加 5 个所办公司的财务账的管理，所后勤处、基建材料、野外装备、劳保用品、家具等三级明细账和固定资产建账建卡。

1988 年，航空遥感中心财务由所财务统一管理，航空遥感中心实行二级核算管理，独立建账，并设置会计、出纳；1995 年，航空遥感中心财务账并入所财务账统一管理。

1996 年，中国地理学会环境遥感分会财务账并入所财务统一核算管理。

1997 年，经国家外汇管理局批准，遥感所在银行开设了美元外汇账户，开始有了外汇管理与收支核算的业务。

1997 年，财政部、国家科委制定了《科学事业单位财务制度》，自 2017 年 1 月 1 日起施行。

1997 年 12 月 26 日，财政部、国家科委颁发了新的《科学事业单位会计制度》，自 1998 年 1 月 1 日起执行。

1998 年，成立国家遥感应用工程技术研究中心，按要求由所财务单独设账进行核算管理，2002 年根据四部委联合检查组的意见，国家遥感应用工程技术研究中心财务账并入所财务账，统一核算管理。

2001 年，北郊北联合建设项目经理部挂靠在遥感所，该部基建项目决算数据并入遥感所基建决算报表，部分管理工作并入所财务。

2002 年，国家实行财政国库支付改革，财政资金以额度形式按照批复的用款计划按月下达，自此增设了零余额账户。

2006 年，遥感所固定资产管理工作并入财务资产处。

2007 年以前遥感所食堂财务单独核算，财务数据并入所财务决算报表，2007 年按照中国科学院 ARP 系统核算的要求，所食堂的财务数据按月与所财务并账、并表。

2010 年，资产管理业务转出财务资产处。

2011 年，开始增加了预算执行管理制度。

3. 会计核算手段的变化

1995 年 4 月以前，所财务会计核算全部是手工进行，1995 年 5 月以后试行会计电算化，使用“东方会计”会计核算软件。1995 年 5～8 月是手工账、电算化双轨并行 3 个月后，停止手工记账，全部使用电算化进行会计核算，提高了会计核算的质量，使财务管理工作上了一个台阶。

直到 2006 年 1 月 1 日，按照中国科学院的统一部署及要求，上线试运行 ARP 财务综合系统。为确保财务数据安全准确，2006 年 1～12 月“东方会计”“ARP 财务综合系统”双轨并行一年，从 2007 年 1 月起停止使用“东方会计”软件，全部使用“ARP 综合财务系统”及相关模块进行会计核算、财务数据查询、预算控制及决算填报等工作。

4. 历届财务处的处长、副处长、科长、负责人

姓名	职务	任期	备注
韩庆泰	副处长（行政处）	1979.5～1982.3	兼管
陈秀勤	科长（财务科）	1982.3～1989.4	—
陈秀勤	主任（会计室）	1989.4～1993.7	副处级、1992 年 1 月正处级
陈秀勤	处长	1993.7～1994.8	—
祖荣香	副处长	1994.8～1995.12	负责所财务全面工作
祖荣香	处长、负责人	1995.12～2010.5	—
武晋云	副处长	2008.12～2010.5	—

姓名	职务	任期	备注
武晋云	副处长	2010.5～2011.6	主持工作
武晋云	处长	2011.6～2012.9	—

（三）人员组成

自1979年以来，从事财务、资产工作的人员有：韩庆泰（兼）、陈秀勤、李允姜、卢德崑、刘秀英、李文、李全友、王秀玥、刘冰、张雪梅、孙连英、祖荣香、刘乃澈、武晋云、刘沫晗、高晓林、李勇彬、陈玥、韩颖颖、葛京京、梅婷、闫慧、王川等。

（四）获奖情况（部分）

1. 集体

1992年遥感所为第一批中国科学院财会会计达标升级单位，通过验收并得到验收小组的好评。

1995年、1996年、2002年、2003年、2004年、2005年、2007年、2008年、2009年被中国科学院评为决算工作先进单位。

2. 个人

李全友，1994年享受中国科学院管理人员突出贡献津贴。

祖荣香，1998年享受中国科学院管理人员突出贡献津贴。

卢德崑，2001年享受中国科学院管理人员突出贡献津贴。

四、人事管理

（一）概述

1. 机构名称

中国科学院遥感应用研究所人事处（人事科、人事保卫处、人事教育处）。

2. 成立时间

前身是1978年地理所二部办公室，1979年11月24日成立遥感所办公室人事科，1989年5月成立人事保卫处。

3. 职责范围

人事处是遥感所负责从事人事管理的职能部门。其职责范围主要包括：

（1）行政机构、岗位的设置和调整，人员规划的编制及人事制度的建设；

（2）岗位聘用、项目聘用、人才派遣、兼职人员、特聘研究员等各类人员管理规章制度的建立、招聘、合同签订、跟踪管理等各项工作；

（3）干部任免中考核的组织、相关材料的申报等工作；

（4）人才的引进、培训和现有人力资源的进一步开发；

（5）全所人员的工资、福利、保险等管理；

（6）职工年终考核、奖惩及各种津贴的核发；

（7）新进所人员转正定级、专业技术职务聘任、职员岗位聘任及工人考工定级的组织管理；

（8）全所固定人员、流动人员的社会职能服务工作（公证，婚姻等）；

（9）现有人力资源和群体的开发与优化配置，职工继续再教育、职工培训、公派出国申请、管理等；

（10）离退休人员各种待遇的落实、组织学习和健身活动；

（11）全所人员的人事信息管理（年、季度统计报表、各种材料汇总上报），离退休人员等各种报表统计的上报工作；

（12）长期出国（公派、自费公派）人员管理，办理因私出境人员的有关手续；

（13）人事档案及业务考绩档案的管理，各类人员的政审；

（14）办理职工请假、销假、兼职、借调、返聘等手续；

（15）职代会常设组织工会的日常工作及各类活动组织；

（16）国内访问学者的接收与安排；

（17）院、所领导交办的其他工作。

4. 工作特色与主要贡献

研究所的主要任务是出成果、出人才。高水平的科研成果和优秀的科技人才是考核和评价研究所的重要指标。人事管理工作具有政策性、机要性、服务性、综合性。因此，要努力实现人事工作的标准化、规范化和制度化。按照中国科学院的战略部署，遥感所在用好现有人才、稳住关键人才、引进急需人才、培育未来人才原则的基础上，通过对研究所人事制度的深化改革，建立分类管理、平等竞争、有效激励、合理保障、人员能进能出、职务能上能下、待遇能高能低的用人新机制。在遥感所总体战略的指导下，以制度建设为手段，以加强学科凝练为目标，以吸引人、稳定人、激励人、培养人为工作主线，建立人才动态流动机制，为培养、吸引和凝聚优秀人才创建良好环境，探索遥感所人才队伍建设的有效途径和模式，合理配置人力资源，具体包括：通过百人计划、特聘教授、兼职教授等方式吸引人才；通过项目聘用、人事代理制度促进人员流动；通过科研考核制度、管理考核制度激励人，最终实现培养人的目标。做好人才政策和改革措施的贯彻落实，建立与完善遥感所吸引、选拔、培养和使用人才的良好机制，为研究所建设与发展提供坚强的组织与人才保证。

（二）沿　革

1. 机构名称的变化

1989 年 5 月，成立人事保卫处；1993 年 7 月，更名为人事教育处；2010 年 5 月，更名为人事处。

2. 历届处长、副处长、科长、负责人

姓名	职务	任期	备注
李国勤	科长	1979.11～1986	办公室人事科
李雄	科长	1986.11～1989.5	—
贝铭钟	处长	1989.5～1992.1	人事保卫处
李雄	副处长（负责人事工作）	1989.5～1993.7	—
李建军	副处长（负责保卫工作）	1992.1～1993	—
李雄	处长	1993.7～1995.4	人事教育处
余琦	副处长	1994.8～2000.2	分管教育
杨东红	主任（老干部办公室）	1994.8～2004	正科级、1995 年 4 月副处调研员

姓名	职务	任期	备注
俞纪华	负责人（主持人教处工作）	1995.3～1995.12	（兼）
俞纪华	处长	1995.12～2001.9	—
余琦	副处长、主任（研究生部）	2000.2～2006.8	—
孟庆岩	处长	2001.9～2005.12	—
王克新	主任（老干部办公室）	2004～2012.9	—
余琦	处长	2006.1～2006.7	—
吴晓清	主任（研究生部）	2006.7～2011.6	副处级
孙文新	处长	2006.7～2012.9	—
王克新	副处长	2011.6～2012.9	—

3. 工作职责的变化

1989 年 5 月，人事管理和保卫工作归入人事保卫处。

1993 年 7 月，人事、教育和研究生管理职能合并，成立人事教育处。

2000 年，人事教育处内设研究生部，由专人负责。

2001 年，根据中国科学院知识创新工程试点工作全面推进阶段科技创新队伍建设规划的要求，遥感所在进行科技体制、机制改革的同时，对管理机构进行了调整，实行人事、教育、党委办公室合署办公，履行人事、教育工作和党委办公室职责。

2006 年 1 月，党委办公室职能转出。

2010 年 5 月，人事管理与教育管理职能分开，分别设立人事处和研究生处。

（三）主要管理与服务内容

1. 全所职工规模与队伍建设

在所领导机构带领下，注重人才培养和队伍建设，通过不断努力，遥感所的人才队伍已经形成一定规模，截至 2012 年在职职工达到 334 人，其中有 3 位院士、41 位研究员，包括 1 名“千人计划”、7 名“百人计划”引进人才，有 2 位入选国家级“百千万人才工程”、83 位为副研究员及高级工程师。人员的知识、年龄结构更趋合理，进而形成了院士、中青年学术带头人、创新研究员 3 个层次学术带头人队伍，极大地优化了科研队伍结构。

2. 深化人事改革，完善用人机制

截至 2002 年，遥感所全面建立并实施了全员岗位聘用制，实行了“按需设岗、公开招聘、择优聘任、合同管理”，根据学科发展，科研任务和队伍建设的需要，合理地设置科技、管理岗位，明确不同岗位职责、待遇和聘任条件，并实行竞聘上岗，实行项目聘用人事代理制及人员派遣制等多种人员管理办法，全所 50%的人员实行项目聘用人事代理，实行人才派遣 23 人，实现了人员分类清晰、管理明确，岗位清晰、职责分明。

3. 建立多渠道、多层次的人才培养选拔制度

建所初期，遥感所科研人才相对缺乏，为了满足学科布局的基本需要，充实高水平科研人才，遥感所通过鼓励人才流动，聘请国内外专家来所讲学，选派科技人员出国进修，支持青年科技人员申请课题，担任课题负责人。支持青年科技人员参加学术委员会，提高他们的学术地位和学术评议能力。选拔优秀

青年人才，同时重视选拔优秀中青年人才担任处室领导，使得遥感所科研和行政人员的综合素质明显提高，体现了研究所的生命力与活力。

通过精心培养和大胆使用，遥感所涌现出一批高水平的具有国际知名度的优秀遥感科学家，其中 6 名已分别在美国国家航空航天局、中美学术交流协会、国际航空遥感大会执委会、东亚全球变化科学研究中心、国际高山遥感学术会议科学委员会、日本全球研究网络系统委员会等重要国际遥感或学术机构担任理事、委员、项目负责人等职务，实现了研究工作与国际遥感界的接轨。

多年来，遥感所加大了引进优秀人才的力度，积极招收符合条件的研究生，并将其中的优秀毕业生留所工作，建立了遥感专业博士点和博士后流动站，把建立和健全分配与激励制度作为主要手段，加强对“百人计划”“海外优秀人才”的吸引力度，实行“按劳分配，绩效优先，兼顾公平”的分配制度。

4. 完善所人事规章制度，制订有关条例、办法和制度

1）人事调配

职工考勤、休假管理暂行规定；人事调配工作的暂行规定；工作人员考核实施细则；关于离岗安置管理暂行办法；关于待岗人员管理暂行办法；关于中长期出国人员的管理规定。

2）吸引稳定人才

岗位设置方案；知识创新工程三期“百人计划”管理实施细则；关于高级访问学者管理的实施办法；遥感所“千人计划”（引进海外高层次人才）管理实施办法。

3）人员聘用管理

项目聘用制实施办法（暂行）；附件：《遥感所项目聘用合同书》样本；项目聘用职工管理细则；接收应届毕业生暂行管理办法；职能部门项目聘用人员管理办法；流动岗位人员实行劳务派遣制试行办法；机关项目聘用人员管理办法。

4）工资、福利管理

工资发放暂行办法；引进人才工资发放暂行规定；关于劳务费领取的相关规定；关于在公司工作项目聘用职工福利待遇的规定。

5）离退休人员管理

离退休干部工作管理办法；关于退休及回聘的暂行规定；特殊困难离退休干部帮扶实施办法；离退休干部信息管理系统实施细则：遥感所老干部活动中心管理规定等。

5. 建立与任务和绩效密切挂钩的结构性工资分配制度

搞好、搞活工资分配，是增强遥感所活力、调动各类人员积极性的重要手段，遵照“绩效优先，兼顾公平”的原则，实行按岗定酬，按任务定酬，按业绩定酬的结构性工资制度，使分配向优秀人才和关键岗位倾斜，与考核结果挂钩，不搞平均主义。各类人员岗位一旦变动，津贴随之调整，真正做到动态管理。

6. 认真做好年终总结考核工作和职工晋升工资、福利等工作

认真组织实施每年的年终考核工作，按时完成北京市地方补贴、工资标准调整、离退休费和两年正常晋升工资等工作；调整 2003 年度绩效工资；积极为待岗同志寻找临时工岗位，解决其实际困难。

7. 离退休干部管理

主要负责对全所离退休人员的管理与服务，包括组织离退休人员政治学习，积极开展各项政治活动和文体活动，定期组织听取所领导通报情况，建立健全各项规章制度，包括关心和帮助离退人员解决医疗、生活等各种问题。

1994 年，成立了遥感所离退休干部工作办公室（简称离退办），挂靠人事处。

2004 年，创建了“三位一体”工作模式，即以离退办为领导，离退休干部党支部为核心，中科院老科协为支撑，形成了“三位一体”工作联动机制，3 个组织的负责人定期研究工作，沟通协调，通力合作，有力地推动了离退休干部各项工作的有效开展。离退办与党支部一道，重点抓政治理论学习和党员的思想教育，发挥老党员的优势，保持党员的先进性；与老科协共同搭建“老有所为”服务平台，团结凝聚老专家为国家再做贡献。具体有：研讨并提出近 40 件高质量专家建议，其中“我国石油勘探重心转移向海洋的建议”得到了温家宝总理的批示；担任总工程师、经理、顾问、监理员等职务 20 多人次，参与、参加研发课题 11 项，社团职务 5 人次，与科技开发公司签订协作合约 6 年次，编写书籍、组建科普宣讲团等。

8. 科技副职选派工作

多年来，遥感所积极开展派遣科技副职工作，将加强院地合作作为重要任务之一，先后选派了 5 名同志分赴广西、贵州、郑州等地担任科技副职。他们到地方后，充分利用当地的资源优势并结合经济情况和科研发展需要做出了积极贡献，其中 2 人先后被中国科学院评为 1999 年度和 2000 年度科技副职先进工作者称号。

（四）人 员 组 成

1979 年以来，从事人事、教育、保卫工作的人员有李国勤、白建原、贝鸣钟、李雄、马瑞、李建军、廖黎荣、余琦、马岚华、杨东红、王克新、孙文新、孟庆岩、肖程、白璐、吴晓清等。

（五）获奖情况（部分）

杨东红，先后荣获中国科学院先进人事档案管理工作者、老干部管理工作先进工作者、离退休工作先进个人，1995 年享受中国科学院管理人员突出贡献津贴。

五、研究生管理

（一）概　　述

1. 机构名称与成立时间

中国科学院遥感应用研究所研究生处（人事教育处、研究生部）。2010 年 5 月成立遥感所研究生处。

2. 工作职责

研究生培养是研究所的一项重要的战略任务，是遥感所科研人员的主要来源。

研究生处是遥感所负责研究生教育及博士后管理的职能部门，主要职能是：研究提出研究生教育及博士后管理的相关政策及建议；制定研究生培养点、博士后流动站发展规划；制定研究生教育及博士后管理的各项规章制度；承担研究生招生、培养、毕业、学位，以及导师队伍建设、博士后、留学生等管理工作；承担学位委员会秘书工作；完成领导交办的其他工作。

具体工作职责如下：贯彻执行国家、中国科学院有关教育工作的政策和规定，起草遥感所研究生、博士后等各项工作的规章制度并组织实施。

1）研究生工作

（1）负责研究生（含外籍）招生、学籍、人事和业务档案、经费的管理工作。

（2）负责制定并实施研究生培养计划；受学位委员会委托，组织遴选导师和导师培训，负责学位管理；负责学科专业点的申报和评估工作，组织各类研究生和博士后评奖工作。

（3）协助研究室和研究生导师做好回室研究生的培养和管理工作。

（4）协助党办做好研究生思想政治工作；负责学生会的工作。

（5）会同有关处室做好研究生毕业、就业、出国审核等各项工作。

2）博士后工作

（1）负责博士后（含外籍）工作，包括进站、在站、出站、经费管理及相关的其他工作。

（2）博士后流动站的管理工作。

3）联合培养

（1）负责协调有关处室做好赴国外联合培养研究生、外籍来所联合培养研究生、国内联合培养研究生的管理。

（2）负责协调有关处室做好来所实习学生的接待工作。

4）其他

负责完成所领导交办的其他事项。

3. 工作内容与主要贡献

1）研究生教育

（1）加强管理规范化与信息化，不断健全管理制度，建立完善各项规章制度。

研究生培养是研究所的一项重要的战略任务，是遥感所科研人员的主要来源。国家和中国科学院都十分重视研究生的管理，逐步制定和完善了一整套规章制度，主要有：硕士学位研究生学业管理工作细则；博士学位研究生学业管理工作细则；硕士、博士研究生中期筛选实施办法；关于研究生学籍管理的暂行规定；关于在职研究生的规定；中国科学院研究生指导教师条例；博士生指导教师审批办法实施细则；硕士研究生指导教师评审条例；研究生经费管理；关于授予具有研究生毕业同等学力人员博士学位的暂行办法；关于授予具有研究生毕业同等学力人员硕士学位的暂行办法；博士后研究人员管理试行办法学籍管理工作细则；研究生培养方案；学位授予工作细则；研究生奖学金评选条例；奖助体系及管理办法；等等。

不断修改和完善人教管理方面的规章制度，实现人教工作向标准化、规范化、定量化和制度化方向发展。

（2）推进招生改革，提高生源质量。

规范招生行为，完善招生工作制度体系，多举措吸引优秀生源，提高生源质量。规范硕士推免生接收工作，深化研究生复试工作，做到招生全过程的公开、公平、公正。

（3）科学组织教学，提高培养质量。

遥感所多年来坚持自设博士生课程，充分发挥科研一线的科技人员的科研成果积累和研究前沿动态把握优势，顺应国家、社会需求，不断调整课程设置，采取灵活机动的授课方法，形成了品牌专业课程和研究前沿讲座相结合，理论学习和科研实践相结合的教学体系。目前，成熟的博士生专业课程有遥感物理，高光谱遥感，遥感图像处理，网络地理信息系统，虚拟地理环境研究，遥感应用技术方法论，“数字城市”理论、技术与方法，红外遥感，定量遥感反演理论与实践，海洋遥感。制定培养计划，通过中期考核及开题报告实行淘汰制，高标准要求学术论文，严格执行学位论文的导师、专家、答辩委员会和学位委员会的多重审核制，促进研究生培养质量的不断提高。

（4）加大教育改革，提高教育质量。

建立研究生班级管理制度，做好研究生会换届改选工作，充分发挥研究生自我管理的主观能动性，建立良好的信息沟通渠道。

加强研究生教育中间环节的管理和建设，增加专业课设置，开设专业技能培训课程，严格专业基础课考试。

加强开题报告评审，提高开题报告水平，建立中期考核档案并将开题报告和中期考核纳入总学分统计。

发挥研究生学术论坛的作用，促进研究生学术交流，量化博士生参加学术报告活动的次数，提升遥感所的学术文化氛围。

自招生之日起，截至 2012 年 10 月，遥感所累计招收研究生 1347 人，其中博士研究生 677 人，硕士研究生 670 人；完成学业研究生 991 人，其中博士研究生 489 人，硕士研究生 502 人；2012 年底在读研究生 331 人，其中博士研究生 166 人，硕士研究生 165 人。研究生名单见第九篇第二章附表。

（5）建立健全奖励机制。

为了鼓励研究生德、智、体全面发展，激励研究生奋发向上，开拓进取，在学业和科研工作中多出成绩，快速成长，制定了所级奖励条例，设立所长奖学金和优秀毕业论文奖，建立完善的激励制度，奖励在学业和学生工作中表现突出的优秀研究生。结合中国科学院的奖励项目设立多项研究生奖学金和评优项目，以兹鼓励先进、鞭策落后。

获得重要奖项的学生名单如下。

获得院长优秀奖：白玉琪、韩春明、周为峰、唐家奎、戴芹、王岩广、郭建平、胡引翠、毛克彪、黄明祥、吴朝阳、程天海、贾坤、王显威、黄妮、乔程。

获得院优秀博士学位论文奖：程天海、吴朝阳。

获得全国优秀博士学位论文提名：程天海。

获得全国百篇优秀博士学位论文奖：郝鹏威。

（6）国际合作与交流。充分利用和发挥遥感所教育与科技资源，参与了中国科学院西部之光项目，培养两批中西部人才；积极为第三世界培养人才，多次接待和培训朝鲜科技人员；参加国家商务部项目，组办亚洲、非洲遥感科学培训班，获得好评。

从 2009 年开始招收外国来华留学生，截至 2012 年共招收 9 名留学生，其中 1 人毕业，分别来自于朝鲜、巴基斯坦、泰国、荷兰等国家。

（留学生名单见第九篇第二章附表）。

2）学科建设

1980 年，经国务院学位委员会批准获地图学与地理信息系统硕士学位授予权，1994 年获地图学与地理信息系统博士学位授予权。2003 年，经中国科学院人教局调整批准，增列信号与信息处理硕士学位培养点，2008 年增列信号与信息处理博士培养点，2009 年增列电子与通信工程专业硕士培养点，2010 年增列农业资源利用、农业信息化两个专业硕士培养点。至此，遥感所形成了含理学和工学、学术型和专业型的多个硕士、博士学位的学科体系。

经过多年教学与科研实践结合，逐步探索形成了一批有特色的科研方向，涵盖了遥感科学和地理信息系统多个方面，比较有特色的专业方向有定量遥感、微波遥感、高光谱遥感技术与应用、全球变化遥感、生态环境遥感、资源环境遥感、遥感考古、遥感地质、海洋遥感、摄影测量与遥感、遥感图像处理、地球空间信息科学、虚拟地理环境、网络空间信息系统、地理信息系统研究与应用、网格计算与远程通信地学处理、航天遥感信息技术及应用。

3）博士后管理与培养

1995 年建立地理学博士后流动站。为了吸引优秀博士毕业生进站工作和学习，制定了相应的博士后管理规章制度和办法，积极为博士后人员创造良好的科研环境，促进他们多出成果，出好成果，努力使博士后成为遥感所后备人才的蓄水池。

在站期间，累计有 31 人次获得中国博士后科学基金，6 人次获王宽诚博士后资助金。

培养的博士后人员出站后在各自工作岗位上发挥了积极作用，其中走上科研领导岗位的有 4 人，被评为研究员教授的有 7 人，获得长江特聘教授称号的有 1 人，获得杰出青年基金的有 1 人，获得中国青年科技奖的有 1 人，享受“国务院特殊津贴”专家的有 2 人。

从建站起共接收博士后 122 人，出站 79 人，2012 年底在站 37 人。

（博士后名单见第九篇第二章附表）

4）导师队伍建设

遥感所建所伊始，导师人数较小，只有为数不多的几位硕士生导师，随着遥感所的不断壮大，以及与其他科研单位的合作发展，做好新增博士、硕士生导师遴选工作，优选出合格的导师，满足遥感所研究生发展的需要。逐渐形成一支老中青相结合，以遥感所导师为主、外单位导师为辅的教师队伍。

为提高导师执教水平，开展了导师上岗培训和高级研讨工作，使新上岗导师尽快熟悉培养和指导研究生的相关规定、要求及与学生相互沟通的技能。培训导师累计 36 人次，50 岁以下导师培训率达 90%以上。

自建所之日至 2012 年 10 月，遥感所研究生导师累计人数 62 人，其中博士生导师 42 人，硕士生导师 25 人，2012 年在岗导师 51 人，其中博士生导师 30 人，硕士生导师 21 人（导师名单见第九篇第二章附表）。

（二）沿　革

1. 机构名称的变化

（1）1979 年建所至 1994 年研究生管理属业务处的管理职能，具体由业务处工作人员负责。

（2）1994～2000 年成立人事教育处，研究生管理由人教处副处长负责。

（3）2002～2010 年成立研究生部，挂靠人教处。

（4）2010 年 5 月成立研究生处。

2. 历届研究生处的处长、副处长、主任

姓名	职务	任期	备注
余琦	副处长（人教处）	1994.8～2000.2	分管教育

姓名	职务	任期	备注
余琦	主任（研究生部）	2000.2～2006.8	（副处长）挂靠人教处
吴晓清	主任（研究生部）	2007.6～2010.5	（副处长）挂靠人教处
吴晓清	副处长（研究生处）	2010.5～2011.6	主持工作
吴晓清	处长	2011.6～2012.9	—

3. 工作职责的变化

1979 年建所时，遥感所研究生管理为所业务处的一项管理职能，由业务处工作人员专管或兼管，当时遥感所仅有“地图学与遥感”专业一个硕士研究生的培养点。

从 1994 年和 1995 年开始，遥感所分别成为博士点和博士后流动站，国家和中国科学院都十分重视研究生的管理，逐步制定和完善了一整套规章制度。

（三）人 员 组 成

1979 年以来，从事研究生管理工作的人员有冯为祺、孙秀兰、王进、程晓云、苏顺东、余琦、刘戈平、吴晓清、刘华梅、杨硕。

六、行政后勤服务

（一）概　　述

1. 机构名称

中国科学院遥感应用研究所行政处（后勤服务中心）。

2. 成立时间

1979 年 11 月 24 日。

3. 职责范围

遥感所行政处（后勤服务中心）是负责全所的行政后勤工作，以及基本建设项目的管理与服务部门，其主要职能包括以下几个方面。

（1）全所园区的管理，基础设施的维护、改造。

（2）基建工作，基本建设项目资金申请，项目建议书、可行性报告、初步设计概算编制，项目规划、土地、环保、消防等各项手续办理，施工过程管理，竣工验收管理。

（3）所公房管理：①全所科研办公用房的分配与管理，研究生办公室的分配与管理；②研究生宿舍的分配与管理；③全所房屋修缮。

（4）公共服务：①负责公用车辆的管理、维修养护及其相关工作；②负责提供车辆服务，协助科研、管理等部门组织好各类运输工作；③负责全所公费医疗事务的管理工作，为全所职工包括离退休人员提供基本门诊医疗服务；④负责职工食堂日常管理工作；⑤负责全所科研、办公、学生宿舍各种设施的日常维护、修缮工作；⑥负责制定全所水、暖、电、空调等设施的维修计划并组织实施；⑦负责全所单身职工、学生等临时户口的管理工作；⑧负责爱卫会、居委会等工作。

4. 工作特点和主要成绩

建所初期，行政处负责财务、基建、总务、交通等工作。

随着我国改革开放的深入和社会大环境的变化，遥感所行政后勤的管理服务职能也随之不断变化。建所以来，通过改革试验，为遥感所创造一个好的后勤保障机制，把科研工作搞好，尽量做到让全所上下都满意是行政后勤部门同志们的共同心愿。30 多年来，遥感所行政工作紧密配合科研工作，每个项目的开展都有行政后勤人员的积极参与，遥感所科研工作做出成绩都有行政后勤保障工作的配合与支持。

（二）沿　革

1. 机构名称的变化

1979 年 11 月 24 日成立遥感所行政处；1993 年，改为总公司下设 5 个对内服务部；1997 年成立遥感所后勤服务中心；2009 年后勤服务纳入园区物业公司管理。

2. 历届行政处处长、副处长、主任

姓名	职务	任期	备注
韩庆泰	副处长	1979.9～	—
刘忠轩	处长	1979.11～1988	—
郭庆三	副处长	1979～	—
郭世忠	副处长	1984～1987.9	—
刘长海	副处长	1987.9～1990	—
张守善	处长	1989.5～1993	—
李建军	副处长	1989.5～1992.1	—
徐晓宏	副处长	1990～1992.3	（兼）
马瑞	副处长	1992.3～1993	—
宋凤贤	主任	1997.6～2009	后勤服务中心

3. 工作职能的变化

1979 年，遥感所行政处下设总务科、交通管理科、房产科、房修科、基建办公室等。

1993 年，改变了后勤服务运行体制，实行科技服务公司运行模式。所里的后勤服务职能改由遥感所北京科遥总公司下设的 5 个对内服务部承担，包括工程部、车队、复印室、劳保文具库、职工食堂、招待所等。

1997 年，成立后勤服务中心，负责全所的后勤保障工作。后勤服务中心按企业管理模式运行，实行独立核算，自负盈亏。

（三）主要管理与服务项目的内容

1）基建办公室

负责遥感所各项建设项目、遥感所的房屋管理、水暖电、设备设施及维修。

1979 年负责人：林燕洋，成员：蒋精文、张富贵、娄纪伟、李更须、刁华旺。

1984 年组建所新址基建办公室，负责人：刘忠轩，成员：蒋精文、张富贵、娄纪伟、李菊卿。

1988 年负责人：张富贵，成员：娄纪伟、李菊卿、宋凤贤（1990 年到基建）。

1990 年，负责人：徐晓宏，成员：冯银柱、娄纪伟、李菊卿、宋凤贤。

1992 年，负责人：徐晓宏（所长助理兼），成员：陈宝文、李菊卿。

1994 年，负责人：李乃煌，成员：陈宝文（挂靠综合办公室）。

2003 年，负责人：陈宝文，成员：娄纪伟、宋凤贤。

2007 年，负责人：程晓云，成员：娄纪伟。

（1）遥感所迁建工程。

中国科学院于 1980 年 11 月 26 日发送（80）科发计字 1737 号文《关于遥感所科研用房建设计划任务书的批复》文件，明确遥感所迁建工程投资额和建筑面积。后经历多次调整和增加建设项目，最终核定建筑总投资为 1300 万元，建筑面积为 8560 平方米。遥感所迁建建设项目于 1988 年 4 月开工，1990 年 12 月竣工，1993 年 7 月研究所迁入新址。

（2）其他建筑工程项目。

建筑名称	建设面积/建筑面积（m^2）	竣工时间（年份）	备注
科研楼一期	9213	1990	含：配电室、库房楼、设备房、车库楼。其中，2008 年库房楼拆迁（人防未拆除），2015 年车库楼拆除
职工食堂	515	1996	2008 年拆除
航遥中心楼	440	1998	2008 年拆除
后勤办公楼	431	1999	2008 年拆除
科研楼二期	6569	2004	A 座新建
科研楼三期	7258	2008	其中，B 座加层 5066m^2
商办楼	4179.45	2003	其中，遥感所占用两层
西奥中心 B 座	778.86	2004	2008 年购买 B 座写字楼的第二层

2）其他部门和工作人员

（1）总务科：阚秀兰、郭蕴方、任仙英。

（2）交通管理科：主要负责全所的车辆管理、使用，包括领导用车、接待外事、科研考察野外及所内各部门公务用车等；刘学谱、刘存厚、曹振奇、孟庆仓、魏庆、盖建、高彦征、杨凤钧、袁和平、张惠勋、范长江、蒋致平、冯建亮。

（3）房产科：王克新。

（4）房修科：韩明非。

（5）劳保文具，负责全所的各项职工劳保用品的采购发领工作；郝力、杨桂兰。

（6）小工厂车间，服务于全所科研、行政所需制作零部件；王巨山。

3）医务室

工作人员有程玉华、王晓云、孟宪爱、 陈丽莎。

1993 年实行科技服务公司模式和 1997 年成立后勤服务中心后，其行政后勤工作具体如下。

（1）工程部，主要负责房屋、水电设备、工程项目的维修、全所公共卫生、保洁服务、同时接收外单位的工程。负责人：娄纪伟，成员：刁华旺、林宏伟。

（2）车队，主要负责遥感所职工上下班车的接送，为所内各类活动、各种会议、野外科研考察及为所职工提供用车和后勤服务，协调交通安全工作，狠抓安全。没发生任何安全事故。负责人：杨凤钧，成员：崔国栋。

（3）复印室，服务于全所科研及管理部门的打印、复印、传真等，兼管集体户口，代收全所的水电费，房屋占用费，同时承接外单位的打印工作。人员有朱晔、王秀棠。

（4）劳保文具，主要负责提供全所职工的劳保用品和文具用品。人员有杨桂兰，后有刘威威、张丽华。

（5）职工食堂，主要提供全所职工的用餐、客饭，加送外卖。人员有范长江、梁季红。

（6）招待所，接待来所的外单位科研人员住宿及其相关的接待事务。人员有胡西亮。

（7）所医务室（挂靠后勤服务中心），为全所职工的身体健康服务，负责全所职工每年体检及献血工作，人员有陈丽莎。

（8）派驻居委会：娜仁格勒。

（四）获奖情况

杨桂兰，享受中国科学院管理人员突出贡献津贴。

宋凤贤，1999年享受中国科学院管理人员突出贡献津贴。

七、党务管理

（一）概　　述

1. 机构名称

中国科学院遥感应用研究所党委办公室（党群办公室）。

2. 成立时间

1979年11月24日。

3. 职责范围

党委办公室是负责党委和纪委日常事务的职能部门。主要职能包括：贯彻执行党的路线、方针、政策和党委决议；综合处理党委和纪委的日常事务；负责党的组织建设和职工思想教育工作；指导职代会、工会、青年团、妇委会等群众组织开展工作；做好民主党派和统战、宣传工作；负责精神文明与创新文化建设；完成领导交办的其他工作。

主要任务如下。

（1）负责起草党委的工作计划、总结、请示报告等文件；负责党委会会议的组织、纪录和纪要撰写等工作。

（2）协助党委组织中心组学习，协助召开所领导民主生活会。

（3）负责党内文件的批转、承办、督办、管理等工作，以及党委印章的管理和使用。

（4）负责全所重要信息的收集、综合分析并及时报送党委；负责党委与上级或同级党委的联系工作。

（5）组织实施上级党委下达的重大政治活动和学习；加强精神文明建设和创新文化建设，做好职工思想政治教育。

（6）加强基层党支部建设，检查落实党员教育、组织发展的工作；负责党费的缴纳、管理和使用，定期公布党费收支情况。

（7）加强对党员遵纪守法、党风党纪、反腐败和清正廉洁的教育，加强党员与群众的科研道德教育，确保党风廉政建设责任制的落实。

（8）做好统战、宣传、职代会、工会、团委、妇委会等工作。

（9）做好出国人员及各类外调材料的政审工作，负责查处党组织和党员违反党纪的案件；协助上级纪委查处有关案件。

（10）完成领导交办的其他工作。

4. 工作特色与主要贡献

（1）根据遥感所党委的部署，组织全所人员学习并贯彻各个时期党的路线、方针、政策，加强党员的自身建设，提高全体党员的政治觉悟，发挥党员的先锋模范作用。通过组织学习，参加各种报告会，收看形势报告录像，组织参观活动，定期召开党员组织生活会等多种形式，对党员进行教育。

（2）抓好党支部建设是发挥基层党组织战斗堡垒作用的重要环节。重视基层党支部的工作，制定了支部工作分工和工作职责，讨论支部考核细则及指标等；充分发挥各支部书记的主观能动性，强化支部的桥梁、纽带和战斗堡垒作用，严格组织发展程序，做好组织发展工作，始终把做好组织发展工作和吸收优秀中青年骨干入党作为组织工作的重点；建立了党政领导和党委委员包干联系优秀中青年骨干，党员负责培养积极分子的制度，规定党政领导、党委委员、党员必须定期和非党优秀中青年骨干、非党积极分子谈心，了解他们的思想动态、工作态度，并进行帮助和培养。

（3）加强规范管理，提高工作效率。建立了分工工作制度，遥感所党委本着分工明确、各司其职的原则，制订了工作职责责任到人，任务到人。各党委委员、各支部分别负责落实所属工作，每位支部书记负责相关工作，强化了工作的独立性。建立了定期汇报和总结制度，定期召开支部书记例会，总结阶段工作，制定工作计划，使大家了解党委工作重点，工作做到有计划、有总结、有汇报、有记录、有评价，增强工作透明度和监督机制，使工作流程化、信息化。建立了考核制度，制定了党支部评比条例，开展评优创新活动，开展各支部评比活动；调动了各支部和支部书记的积极性，使各支部工作有明显创新，以前活动开展弱一点的支部，现在也非常重视各项工作。加强党务工作的网络化，建立网络化管理档案体系。为了加强同所内外的网络化联系，建立了所党员通信及联系网站。有关遥感所的党务信息、通知等尽量上网，便于相互联系与沟通。完善文档管理制度，使工作流程化。要求每个支部尽量提交电子版工作计划、总结，强化材料归档，经过积累，遥感所已建立较完善的电子档案和文本档案。材料管理目录清晰，易于查阅，提高了工作效率（包括电子版规章制度、通知、活动流程等）。

建立了党员信息管理系统，全所党员统计实现了计算机流程化管理，使党员信息查询和统计快速而准确。

（4）建设创新文化，营造良好氛围。创新文化是创新工程和先进文化的重要组成部分，它不仅为科技创新提供知识方面的支持，提供精神方面的动力，同时也是推进高水平的科研工作的保证。根据中国科学院的部署，遥感所本着“以人为本”的原则，本着围绕中心、服务中心，进入中心、促进中心的方针，积极开展创新文化建设工作。在创新文化建设工作中，遥感所成立了以党委书记为组长、中层干部为成员的创新文化建设领导小组，制定了《中科院遥感所创新文化建设规划及实施方案》，提出了遥感所创新文化建设的指导思想、基本原则、主要目标和任务，以及要采取的措施和实施的计划。在创新文化建设实践中，我们每年都选择不同的突破口，即先从园区建设与形象识别、行为规范与制度建设、价值导向与精神氛围 3 个方面的某项内容抓起，精心策划，逐步实施，责任到人。

创新文化建设是一个新的文化理念，要以党员、干部为重点，率先强化创新文化建设的意识。遥感所组织创办了《遥感所创新工作简报》，开辟了所内外工作交流的阵地，宣传交流所内科研、管理及党群工作，加强了所内信息沟通，凝聚了人心，使之成为遥感所对内对外宣传的窗口，树立了研究所的良好形象；建设党委宣传网页，使之成为遥感所党务工作的一道桥梁；组织编写在知识创新工程试点实施以来的典型案例，并通过网络、简报等多种形式宣传。

（5）做好统战工作，发挥工青妇作用。民主党派、职代会、共青团（研究生）、妇委会等群众组织和党外科学家是共产党亲密的合作伙伴，是遥感所改革与发展的重要力量，是党联系群众的桥梁和纽带。

他们当中聚集了许多优秀人才。所党委加强了对他们的领导，在政治上尊重、生活上关心、工作上支持，鼓励他们发挥各自的特长和优势，为他们开展各项有益的活动创造了条件。对于民主党派，在重大决策出台前征求他们的意见，为他们参政议政创造了条件；同时，他们也积极为遥感所的改革与发展出谋划策。职代会、共青团、妇委会是党的依靠力量，他们在群众中，联系群众，反映群众的意见和要求，发挥了独特的作用，为遥感所的改革、发展、稳定，为创新工程建设和创新文化建设都做出了积极的贡献。

（6）开展多种活动，做好老干部工作。老干部工作是党委工作的重要组成部分。随着时间的推移，遥感所老干部的人数不断增多，提前退休的近 100 人。所党委十分重视老干部工作，认真执行中央关于老干部工作的 6 个“老有”方针，妥善安排好他们的离退休生活，为他们安度晚年创造了较好的条件。对于一些退休较晚、身体尚好的老同志，采取措施，创造条件，支持他们老有所为、再做贡献。在所党委、所领导的支持下，由老同志承担完成的“数字海淀”、“南京市生态环境调查”等科研项目，完成得都很出色，获得主管部门和用户的好评。对于老同志的一些历史遗留问题，深入了解情况，做耐心、细致的工作，及时化解矛盾。对于多数能够正常活动的老同志，组织他们开展健康的文化娱乐、体育健身、登山旅游等老同志喜爱的活动。组织老同志考察改革开放中的农村新貌，纵情游览祖国山水；有的老同志退休后继续与在职中青年同志合作承担课题，不少老同志关心所里的建设、支持所里的发展，积极为所里献计献策，为遥感所的改革与发展做出了新的贡献。

（二）沿　　革

1. 机构名称和职能的变化

1979 年，建所时成立党委办公室，主要职能是负责党务、组织、宣传、青年及工会工作，该名称和职能延续到第三届领导机构。

1993 年，第四届领导机构更名为党群办公室，主要职能是负责党委、纪检监察、工会及职代会工作。

2001 年，根据中国科学院知识创新工程试点工作全面推进阶段科技创新队伍建设规划的要求，遥感所在进行科技体制、机制改革的同时，对管理机构进行了调整，实行人事、教育、党委办公室合署办公，履行人事、教育工作和党委办公室职责。

2006～2012 年，第七、第八两届领导机构在职能部门中均未设置党群办公室，相关职能划归综合办公室管理。

2. 历届主任、副主任

姓名	职务	任期	备注
郑元章	主任	1979.12～1981.3	调综考会
韩庆泰	主任	1983.10～1985.6	调地理所
朱明球	主任	1985.6～1991.5	—
王力达	主任	1991. 5～1993.7	—
俞纪华	主任	1993.7～1997.4	—
杨东红	主任	1997.6～2001.9	—
孟庆岩	主任	2003.4～2006.2	—
孙文新	主任（综合办公室）	2006.1～2006. 7	兼
余琦	主任（综合办公室）	2006.7～2009.11	兼
发强	主任（综合办公室）	2009.11～2012.9	兼
陈雪	副主任（党办）	2011.4～2012.9	副处长（挂靠综合办公室）

（三）人 员 组 成

1979 年以来，从事党办工作的人员有：郑元章、韩庆泰、朱明球、王力达、俞纪华、杨东红、孙文新、余琦、发强、孟庆岩、路遥、陈雪、白璐。

（四）获奖情况（部分）

1. 集体

2003 年获中国科学院京区党务工作创新三等奖、2004 年、2005 年获中国科学院京区党务工作创新一等奖、离退休党支部工作多次受到京区党委表扬。

2. 个人

孙文新，2008 年度获北京分院妇女工作先进个人。

第三章　开发处与所办开发公司

（一）概　　述

1. 机构名称

中国科学院遥感应用研究所开发处。

2. 成立时间

1985 年。

3. 职责范围

其主要分管遥感技术开发与技术服务类科研项目。从 1984 年开始，国家由计划经济向市场经济转轨。国家下达的科研经费重点支持基础类和部分应用类研究所。遥感所属于综合类（基础、技术、应用、开发兼有）研究所，基本科研经费逐年减少。除向上级主管部门（国家科委、国家基金委、中科院等）取得纵向课题外，向部门和地方（市场）通过竞争争取横向课题，成为遥感所科研经费的重要来源之一。开发处的主要任务是掌握市场信息，组织科研人员争取横向课题，管好公司和项目，按科技企业运行机制和管理办法运行管理。

4. 工作特色与主要贡献

掌握市场信息的主要渠道是技术市场。北京市和中国科学院通过组织科技成果展览会和技术交流交易会等形式，让供需双方直接接触。遥感所在腾冲、天津、二滩等的遥感试验，以及在航空遥感、计算机遥感图像处理、计算机制图、地理信息系统等领域丰富的技术积累，为遥感科技迅速走向市场打下了好的基础。1985 年前后，遥感所先后通过技术市场获得《西藏土地资源遥感调查》《广西红水河龙滩电站遥感调查》《云南南平航空遥感》《唐山市集中供热遥测遥控系统》《澳大利亚航空遥感》等一批部门、地方、企业和国际合作项目。这些项目应用目标明确，时间紧迫，对技术要求较高，又有用户科技人员参加，它的完成不但有效地提高了遥感所科研人员专业技术水平和适应市场经济的能力，直接为国民经济建设做出了贡献，同时对培养地方科技人员、普及推广遥感专业技术知识起到很大作用，真正实现了科技与经济的融合并在国际上产生了重要影响。

（二）沿　　革

1985 年，遥感所开发处成立。处长：汪湘。下设："海淀新技术开发公司"，属全民所有制企业，总经理由开发处处长兼任。

1987 年 5 月，汪湘离休，所领导指定"海淀新技术开发公司"总经理由周上益代理。

1987 年 10 月更名为"朝阳新技术开发公司"，总经理由周上益兼任。

1988 年，所领导机构换届，设遥感所开发处，处长：孙晓勤，副处长：林燕洋、袁志宁。下设 3 个公司：

（1）亚兴技术开发公司，经理（法人代表）孙晓勤；

（2）朝阳新技术开发公司，经理（法人代表）袁志宁；

（3）遥感所兴旺电脑公司，经理林燕洋。

1992 年，遥感所成立公司管理委员会，主任：童庆禧，副主任：周上益，委员：徐晓宏、张守善、陈秀勤、袁志宁、林燕洋。

1993 年，所领导机构换届，撤销了开发处，建立了科技开发总公司。总经理（法人代表）由副所长刘纪远兼任。下设：

（1）桑利新技术开发公司（朝阳新技术开发公司更名）；

（2）科遥技术开发公司。

（三）公司经营与服务内容

1. 海淀新技术开发公司

海淀新技术开发公司于 1985 年成立，是遥感所创办的第一个全民所有制企业。其在海淀工商行政管理局注册，接受北京技术市场指导，以技术开发、技术推广、技术服务和技术咨询为经营方向，以研究所优势技术（航空遥感、计算机遥感图像处理、计算机制图、地理信息系统等）为后盾，承担部门、地方、企业和国际科技项目，按企业管理模式经营。企业名称和法人代表几经变更，到 1993 年成立总公司，通过 8 年运行，为遥感所争取项目、积累资金、分流人员、改善职工待遇等方面发挥了一定的作用。

2. 北京科遥技术总公司

北京科遥技术总公司于 1995 年 9 月注册成立。公司成立之初主要经营科技产品的技术开发、技术咨询、技术培训、技术转让、技术服务、销售五金交电、电子计算机及配件等；非标准件加工；公司主要经营承接各种航空遥感任务、计算机图像处理、软硬件开发、科技咨询、摄影处理加工；彩色及黑白胶片冲洗、航测制图转让技术成果；遥感技术咨询服务。

3. 北京国遥新天地信息技术有限公司

北京国遥新天地信息技术有限公司于 2004 年 4 月注册成立。该公司以中国科学院遥感应用研究所和国家遥感应用工程技术研究中心为背景依托，提供遥感影像数据、空间信息软件两大业务板块服务，致力于自主采集航空高分遥感影像数据，致力于自主研发三维空间信息平台软件。先进三维平台结合丰富的数据资源，该公司走出了一条三维空间信息全产业链自主发展道路，在军事、应急、海洋、能源、国土、测绘、地矿、水利等领域成功实施了一批基于“自主三维平台”和“自主采集数据”的重要应用。

4. 天津中科遥感信息技术有限公司

天津中科遥感信息技术有限公司于 2007 年 6 月注册成立。该公司由中国科学院遥感应用研究所控股，下设 5 个全资子公司，在天津、北京、广东、河北、江苏、贵州设有基地。该公司是国家发展和改革委员会遥感卫星示范基地，遥感卫星应用国家工程实验室的成果转化基地，国家遥感应用工程技术中心产业化基地，中国科学院云计算中心遥感云服务中心，国家高分辨率对地观测系统河北高分数据与服务中心。该公司承担了高分重大专项、国家 863、国家发改委卫星应用专项、科技部重大仪器专项，以及国土部、环保部、水利部、测绘局、海洋局、地调局一系列科研项目，拥有近 50 项自主知识产权和多个发明专利。

5. 北京中遥地网信息技术有限公司

北京中遥地网信息技术有限公司于 2003 年注册成立，是依托中国科学院遥感应用研究所成立的专门从事网络地理信息系统平台软件研发和相应应用系统开发的高新技术有限公司，主要经营国产地理信息系统平台软件地网 GeoBeans 软件的开发、应用工作。该公司在国内外首次提出地理空间信息隐形搜索与服务技术；基于地网 GeoBeans 为××研制了低成本全行业使用的××综合指挥平台；在 GeoBeans_3D 软件的基础上，完成了中国最早的三维网络信息系统“数字地球××版”开发；2008 年 3 月～2009 年 5 月，开发了内蒙古自治区公安厅警用地理信息平台。

6. 浙江中科空间信息技术应用研发中心

浙江中科空间信息技术应用研发中心于 2010 年 10 月成立，是浙江省嘉善县人民政府与遥感所联合成立的企业化管理的事业法人单位，也是中国科学院在长江三角洲地区遥感空间信息技术研发应用与产业化的基地。该中心将中国科学院的遥感、地理信息系统、导航定位、无线传感器网络、虚拟现实等高新技术成果产业化、规模化和社会化；以无人机遥感平台、三维空间信息获取与处理、虚拟现实与多维可视化、数字城市与智慧人防、资源与环境遥感监测、突发事件应急管理、移动空间信息服务等的设计研发、集成应用为重点领域，通过在区域规划、城市管理、灾害应急、公共安全、智慧城镇等领域的应用与实践，逐渐向长江三角洲、全国及国际市场拓展。

第四章　学　　会

中国地理学会环境遥感分会

（一）概　　述

中国地理学会环境遥感分会对外称中国环境遥感学会，英文译名为：The Associate on Environment Remote Sensing of China，英文缩写为：AERSC。

中国地理学会环境遥感分会是由来自全国各地的大专院校、科研单位及从事遥感教学、科研、开发等遥感界的广大工作者自愿组成的全国性、学术性、公益性的社会群众团体；是在业务主管部门——中国科学技术协会及上级学会——中国地理学会的业务指导下，依法登记注册的全国性学术组织；是发展我国遥感科学事业的重要社会力量。中国地理学会环境遥感分会旨在联系和团结全体会员和广大遥感工作者，以服务国家经济建设为中心，促进和引导遥感科学技术的繁荣和发展，促进遥感科学技术的普及和全民族遥感科学文化素质的提高，促进遥感教育事业的发展和遥感技术人才的培养和提高，促进科学技术与经济的结合，为社会主义物质文明和精神文明服务，为加速实现我国社会主义现代化做出贡献。

（二）成立时间、地点

1978 年 10 月，中国地理学会在杭州召开第一次环境遥感学会讨论会，会上宣布成立环境遥感专业委员会。1981 年 4 月 4 日，中国地理学会环境遥感分会在北京成立，并制定了学会章程，挂靠中国科学院遥感应用研究所。学会拥有 123 名理事，已在全国 27 个省（自治区、直辖市）和中央有关部委、大专院校的科研院所等单位发展近千名会员。

（三）历届：名誉理事长、理事长、副理事长、秘书长、常务理事

李秉枢任中国地理学会环境遥感分会第一届理事会理事长；沈鹏飞、王大珩、王之卓、李连捷任名誉理事长。杨世仁任第二届理事会理事长；李秉枢、陈述彭任名誉理事长。童庆禧任第三届理事会理事长；杨广辰任秘书长。郭华东任第四届理事会理事长；陈述彭、徐冠华任名誉理事长；李德仁、吴培中、许健民、周成虎任副理事长；王为民任秘书长。郭华东任第五届理事会理事长；陈述彭、徐冠华任名誉理事长；李德仁、龚惠兴、周成虎、张文建、蒋兴伟任副理事长；朱博勤任秘书长。顾行发任第六届理事会理事长；陈述彭、徐冠华、郭华东、童庆禧任名誉理事长；王建宇、王桥、吴一戎、吴双、张继贤、李增元、周成虎、龚健雅、曾澜、蒋兴伟任副理事长；王晋年任秘书长。

（四）每届任期

1981 年第一届理事会共选出理事 65 名，任期 5 年。

1986 年第二届理事会共选出理事 88 名，任期 3 年。

1989 年第三届理事会共选出理事 84 名，任期 6 年。

1995 年第四届理事会共选出理事 89 名，任期 5 年。

2000 年第五届理事会共选出理事 88 名，任期 8 年。

2008 年第六届理事会共选出理事 123 名，任期 2008 年至今。

（五）学会办公室

中国地理学会环境遥感分会始终挂靠在中国科学院遥感应用研究所，并成立了学会办公室，负责学会日常事务管理。学会办公室根据学科发展和国民经济建设的需要，具体组织制定学术会议的中心议题和征文范围、组织论文评审、编辑出版物、进行学术交流等。曾在学会办公室任职人员有：刘习温、王乙欣、杨小秋、马岚华、吴洁、于璐。

（六）重要学术活动

组织学术交流活动是学会主要工作之一，学术会议已成为集遥感理论、技术、企业交流为一体的大平台。学会主办承办了包括“中国遥感大会”“中国青年遥感辩论会”等一系列近百次国内品牌学术年会、专题研讨会、战略研讨会等。并积极开展国际合作，承办“亚洲遥感会议”等重要国际学术会议。同时积极开展科普展览展示等活动。主办期刊并编发内刊快讯，同时编辑出版会议文集等多种刊物。始终致力于推动学科发展。

1. 全国遥感学术年会及研讨会

自 1981 年起，连续举办系列学术年会及研讨会，包括“遥感学术讨论会”“全国遥感技术学术交流会”“环境遥感学术年会”“中国遥感大会”，组织专家特邀报告、热点分论坛、论文分会场交流、海报展示、中国青年遥感辩论会、企业揭牌仪式、科技成果展览、中国遥感影像艺术展、项目洽谈会等多形式的交流。学术活动形式得到了中国科协的高度认可，成为学会的重要品牌活动，每年吸引包括遥感和对地观测领域院士、知名学者在内的全国科研工作者代表齐聚一堂，探讨遥感理论与技术应用，共商中国遥感发展大计。

2. 遥感专题研讨会及论坛

自 1984 年起，积极组织召开各类遥感专题研讨会及论坛，包括“遥感名词专题讨论会”“遥感发展方向专题讨论会”“油气藏遥感直接勘探与评价学术研讨会”“96 遥感发展战略研讨会”“98 遥感学术研讨会”“2000 环境遥感与数字地球学术会议”“卫星遥感数据处理与应用技术研讨会”“高分辨率对地观测系统卫星数据应用研讨会”。结合学科热点，推动遥感发展。

3. 青年遥感辩论会

学会创造性地开办了“中国青年遥感辩论会”，有利于青年科技人员才华的发挥和培养。把当前遥感科学技术发展的重点、难点、热点问题，由青年辩手们通过辩论的形式争鸣、研讨。自 1998 年 5 月在大连召开“首届中国青年遥感辩论会”，已成功举办了 7 次。每两年一届围绕热点辩题进行了几十场激烈辩论，该活动已经成为国内遥感青年最有凝聚力的交流形式，为遥感发展锻炼、培养优秀青年人才。

4. 理事会议

学会自成立起始终注重自身建设，已发展成为在第六届理事会带领下，拥有 123 名理事，近千名会员的会员之家。学会定期召开理事会议，讨论学会发展、重要学术活动组织、组织机构完善等重要问题，发挥了理事学术带头作用。

5. 国际合作

1）亚洲遥感会议

1983 年 11 月，经中国科协、国家科委批准，中国地理学会环境遥感分会等 8 个遥感分会、专业委员会以中国参加亚洲遥感会议全国委员会的名义，参加亚洲遥感会议。并先后参与承办了“第二届亚洲遥感会议（1981 年 10 月 29 日～11 月 4 日北京）”“第十一届亚洲遥感会议（1990 年 11 月 15～21 日广州）”“第二十届亚洲遥感会议（1999 年 11 月 12～26 日香港）”“第三十届亚洲遥感会议（2009 年 10 月 18～23 日北京）”四届亚洲遥感会议。此后联合中国遥感委员会内其他全国遥感机构组织中国遥感代表团参加一年一度的“亚洲遥感会议”，从学术交流、理事会议、展览宣传、文化艺术表演、学生专场组织协调等全面参加会议交流，组织评选并颁发了“陈述彭奖”和创新奖，展示中国遥感的发展成就，以及中国遥感科技工作者的风采。

2）国际遥感会议

积极参与承办、协办了“北京国际遥感学术讨论会”（1986 年 11 月 19～22 日北京）、“干旱、半干旱地区遥感应用国际学术研讨会”（1993 年 8 月 25～28 日兰州）、“第九届遥感物理测量与信号国际学术会议”（2005 年 10 月北京）、“第 21 届 ISPRS 大会”（2008 年 7 月北京）、“第五届海峡两岸遥感/遥测会议”（2011 年 8 月 8～12 日哈尔滨）等重要国际学术会议，扩大学会国际影响。

3）国际合作

2004 年 9 月 27 日，中国遥感委员会与国际光学工程学会遥感委员会代表在北京新世纪大酒店经友好诚挚的交流，达成合作意向。联合出版《全国遥感技术学术交流会（自第十七届更名为“中国遥感大会”）会议文集》（国际光学工程学会会议文集 EI 收录）。中国地理学会环境遥感分会负责协助编辑出版工作。

4）国际培训班

2011 年 4 月 11 日～7 月 15 日，中国地理学会环境遥感分会承办了“UN ESCAP（联合国亚太经济与社会理事会）遥感与地理信息系统技术在自然资源与灾害管理中的应用”培训班。此次培训班是联合国亚太经济与社会理事会组织的一项重要活动。培训课程师资力量雄厚，包括分会名誉理事长童庆禧院士以及国家遥感中心、国家减灾中心、国家卫星海洋应用中心、国家卫星气象中心、中国地震局、中华人民共和国水利部、中科院遥感所、中科院对地观测与数字地球科学中心、中国林业科学研究院、北京大学、北京工业大学、中国海洋大学等单位遥感与 GIS 领域的知名专家学者授课。为朝鲜人民民主主义共和国培养了一批遥感与 GIS 领域的专业人才，为促进朝鲜国内遥感与 GIS 在自然资源与灾害管理中的应用，为朝鲜民主主义共和国的自然资源和灾害管理能力起到了积极的推动和促进作用。

6. 科普宣传

（1）中国地理学会环境遥感分会多次在中国科协科普宣传日及北京科技周活动中积极组织遥感科普展览展示活动，并在历届“中国遥感大会”上协助组织遥感科学技术展览，推动产业化发展。

（2）2011 年 10 月 31 日，受中国地理学会委托，中国地理学会环境遥感分会受聘为“林超地理博物馆（网络版）”建设技术支撑单位。始终为“林超地理博物馆（网络版）”提供计算机网络基础设施和环境以及计算机网络系统运行和维护的科技管理队伍，为“林超地理博物馆（网络版）”计算机系统的安全、稳定运行和地理空间技术的网络应用提供保障和技术支持。

7. 出版物

1）从《环境遥感》到《遥感学报》

1985 年 7 月，由中国地理学会环境遥感分会与中科院遥感应用研究所共同主办的《环境遥感》季刊申办成功。同年 10 月，第一届编辑委员会成立。1986 年 3 月，《环境遥感》创刊。1996 年 7 月《环境遥感》成功升级为《遥感学报》。1997 年 2 月，《遥感学报》创刊。

《遥感学报》影响因子逐年提升，并积极开展国际数据库收录，现已成为中国“TOP50 ”顶尖科技期刊，并入选“中国百种杰出学术期刊”和“中国精品科技期刊”。

2）遥感快讯

1989 年 10 月 15 日，由中国地理学会环境遥感分会主办的《遥感快讯》创刊发行。该通讯以“快”为重点，供广大遥感科技工作者及时进行学术交流和信息沟通。此刊经 5 次改版，不断扩展报道领域和范围，在我国遥感界具有较大的影响范围和读者群。自 2009 年第 163 期起改为电子刊物，共发行了 210 期，服务近千名学会会员。

3）会议文集

中国地理学会环境遥感分会编辑出版多种学术交流用会议文集及光盘，包括《全国遥感技术学术交流会论文集》《遥感新进展与发展战略文集》《2000 环境遥感与数字地球学术会议论文摘要集》《兰州高分辨率卫星遥感数据处理与应用技术研讨会会议文集》及光盘、《资源遥感研究文集》《遥感新进展与发展战略文集》《腾冲航空遥感试验 20 周年纪念笔谈文集》及纪念光盘、《环境遥感学术年会文集》及光盘、《中国遥感大会论文集》及光盘、《中国青年遥感辩论会》光盘等。凝练学术交流成果。

4）其他出版物

《英汉遥感词汇》（1986 年 7 月，科学普及出版社）。
《遥感大辞典》（1990 年 10 月，科学出版社）。
《中国卫星影像图》（1990 年 10 月，科学出版社）。
《中国遥感活动大事记》（1993 年 7 月，地质出版社）。
《资源遥感纲要》（1995 年 6 月，中国科学技术出版社）。
《中国遥感机构介绍》（2003 年）。

（七）获 得 荣 誉

中国地理学会环境遥感分会多次荣获中国地理学会“先进集体奖”，许多会员荣获“全国优秀地理科技工作者”“优秀学会工作者奖”。

第五章　所办期刊

一、《环境遥感》

《环境遥感》是中国第一份遥感学术期刊，1986 年 3 月创刊，是中高级综合性遥感学术季刊，在国内外公开发行。其由中国地理学会环境遥感分会主办、中国科学院遥感应用研究所承办。

早在 20 世纪 70 年代的 1978 年 10 月，在浙江杭州召开的中国地理学会遥感专业委员会成立，暨中国地理学会第一届环境遥感学术讨论会上，就酝酿并做出了筹备出版《环境遥感》杂志的决议。1980 年，为了落实这一决议，刚刚成立的中国科学院遥感应用研究所即着手筹备，并以年报的形式，先试行编辑印刷了《遥感应用》和《遥感进展》两种内部刊物。

《环境遥感》创办经历甚为坎坷，创办时，国家正处于由计划经济向市场经济转变的时期，期刊正遭遇整顿和压缩的过程。当时，一是主办方内部对即将创办的《环境遥感》期刊的学术定位是中级还是高级认识不一；二是中国科学院管期刊的办刊和印刷经费及印刷事宜，由科学出版社承担了由主办者承担；三是邮政部门从经济效益出发，将期刊发行费，由按实际发行数收费改革成了以一万册（绝大多数自然科学期刊都是以发行数起算）收取发行费；等等。概括起来，《环境遥感》经历了冲过期刊整顿瓶颈、自筹出版经费、两次变换印刷厂、三次变更发行渠道、四次被迫连续提高定价等诸多艰难过程，最终才办成了这份刊物。

《环境遥感》问世后，始终坚持面向科研第一线、面向教学、面向国民经济主战场的“三服务”办刊方针，跟踪遥感学科前沿，及时反映遥感科技工作者的遥感基础理论研究成果；探讨遥感学科的新理论、新方法及新的应用领域；报道国内外在遥感方面的新动向，开展学术交流，促进遥感学术发展，并贯彻理论与实践相结合和“百花齐放，百家争鸣”的方针。《环境遥感》跟踪“六五”到“八五”的国家重大科技攻关项目，报道重大遥感工程项目及其遥感技术重大成果，刊登指导性专论，引导学科发展。开设专栏配合重要学术活动，如“国际减灾十年”“风云一号气象卫星”等，出版“新一代资源卫星资料应用”和“90 年代遥感发展趋势和前沿”等专刊，出版“激光遥感土壤植被的光谱特征研究”增刊等。

《环境遥感》后来被列为自然科学核心期刊，1986 年 3 月创刊后的 10 年间，共出版 10 卷 41 期，为促进国内外学术交流，推动我国遥感事业的发展起到了积极作用。

《环境遥感》依靠专家办刊，确保期刊的学术质量。其历届编委会顾问、主编、副主编及编辑部成员见下表。

任职年份	编委会			编辑部	
	顾问	主编	副主编	负责人	编辑
1986	王之卓、王大珩、陈述彭	杨世仁	李留瑜、陈荫祥、戴昌达、石世民、郑威	卫政	卫政、仝美荣
1990	—	童庆禧	—	杜端秉	杜端秉、卫政、仝美荣
1993	—	童庆禧	—	卫政	卫政、仝美荣
1995～1997	—	童庆禧	—	仝美荣	仝美荣、魏秀萍

二、《遥感学报》

《环境遥感》升级为《遥感学报》后，1997 年 2 月，《遥感学报》对《环境遥感》进行了全面改版，原开本由 16 开变为大 16 开，由通栏排变成双栏排。主办单位仍然是中国科学院遥感应用研究所和中国地理学会环境遥感分会。《遥感学报》从 2000 年后为双月刊，全年 6 期，单月出版，出版语言为中文。1997 年，《遥感学报》目录、摘要上中国科学院遥感应用研究所的万维网。

《遥感学报》继续坚持原来的办刊方针。除扩大了报道范围外，论文内容由原来的以遥感应用为主，改为以刊载遥感学科前沿研究及其遥感基础理论研究方面的创新成果为主。

（一）编委会名誉主任、主任委员、副主任委员

《遥感学报》的编委会名誉主任、主任和副主任委员如下。

年份	名誉主任	主任委员	副主任委员
1997	—	陈述彭	王之卓、王大珩、孙家栋、冯家璋、匡定波、陈芳允、徐冠华
2009	—	徐冠华	王建宇、田国良、刘纪远、刘纪原、刘燕华、孙来燕、孙家栋、许健民、吴一戎、宋长青、李小文、李德仁、杨明辉、陈宜元、周成虎、徐希孺、栾恩杰、郭华东、龚健雅、曾澜、薛永祺、David L B Jupp

（二）编辑组：主编、副主编、编辑

年份	主编	副主编	编辑
1997	徐冠华	郭华东、陈宜元、李德仁、田国良、阎珺、周秀骥、张新时、徐希孺、童庆禧、葛成辉、	全美荣、魏秀萍
2005	李小文	郭华东、陈宜元、李德仁、田国良、阎珺、周秀骥、张新时、徐希孺、童庆禧、葛成辉、	阎珺、魏秀萍
2009	顾行发	王锦地、田庆久、邬伦、阎珺、吴炳方、张良培、张继贤、李增元、赵千钧	阎珺、王晨、刘兴、边钊

（三）编 委 名 单

年份	编委
2005	万恩璞、马宗晋、王乃斌、王为民、王玉璞、王贞松、王金堂、王建宇、王渊、刘广玉、刘树人、丁树柏、刘燕华、许健民、李传荣、李京、李留瑜、李增元、朱启疆、杨明辉、杨震明、肖乾广、吴培中、何昌垂、何建邦、何钟琦、严泰来、范士明、陈荫祥、郑立中、林海、林晖、金书元、金亚秋、贺明霞、宫鹏、胡如忠、张巧玲、张琦娟、张建枢、承继成、赵元洪、赵进平、赵锐、赵宪文、施平、禹秉熙，徐青、黄韦艮、游先祥、曾群柱、薛永祺、翟春惠、魏钟铨、戴昌达
2009	王平、王劲峰，王晋年、王桥、王智勇、王超、邓孺孺、卢乃锰、刘学工、刘高焕、孙国清、阎广建、余涛、张兵、张国成、张增祥、李加洪、李召良、李岩、杨凯、杨昆、邵芸、邸凯昌、陈晋、陈镜明、林明森、林晖、范一大、金亚秋、宫鹏，施建成、赵冬至、赵忠明、党安荣、秦其明、梁顺林、黄波、黄诗峰、童玲、蒋兴伟、黎夏

（四）期刊申办、编辑出版情况

《遥感学报》在 2000 年由季刊改为双月刊后，截至 2014 年已连续出版 18 卷 96 期，共发表 1575 篇论文。

多年来，在主办单位、《遥感学报》编委会、广大遥感科研人员的爱护和支持下，紧紧跟随学科发展前沿，关注国产卫星遥感应用成果，积极组织高水平的学术论文和专栏专辑出版，学术质量不断上升，

在测绘类期刊中《遥感学报》的期刊综合指标一直名列前茅，成为中国遥感科学技术领域的权威学术期刊。

（五）奖项、评价及影响

1. 获奖情况

（1）1999 年获“第二届全国优秀地理期刊奖”;
（2）2000 年获“中国科学院优秀期刊奖”;
（3）2001 年进入“中国期刊方阵–双效期刊”;
（4）2005 年至今连续 8 年入选“百种中国杰出学术期刊”奖;
（5）2008 年至今连续两届入选“中国精品科技期刊”奖;
（6）2012 年入选“第二届全国优秀测绘期刊”;
（7）2012 年入选“中国科协精品科技期刊工程”;
（8）2012 年入选“中国最具国际影响力学术期刊”。

2. 国内数据库收录情况

（1）中国科技论文统计与分析（年度研究报告）;
（2）中国科学引文数据库（CSCD）;
（3）中国学术期刊网络出版总库（CAJD）;
（4）中国学术期刊文摘;
（5）Chinese Science Abstracts（A 辑）;
（6）中国电子科学文摘;
（7）中文核心期刊要目总览;
（8）中国学术期刊（光盘版）;
（9）“中国学术期刊综合评价数据库”。

3. 国际数据库收录情况

（1）美国工程索引（EI）;
（2）美国 EBSCO 数据库（EBSCO）;
（3）斯高帕斯数据库（Scopus）;
（4）俄罗斯《文摘杂志》（AJ）;
（5）波兰《哥白尼索引》（IC）;
（6）日本科学技术文献数据库（JST）;
（7）美国《乌利希期刊指南》（UPD）;
（8）美国《剑桥科学文摘》（CSA）。

4. 2012 年中国科学技术信息研究所评价指标

（1）综合评价总分排在测绘类期刊的第 1 名;
（2）影响因子：0.930;
（3）他引率：0.95;
（4）总被引频次：1778。

三、《中国图象图形学报》

图象图形学是国际上 20 世纪 60 年代发展起来的一门涉及多学科领域的基础学科，主要研究数字图像处理学和计算机图形学的基础理论与应用技术。我国图像图形的研究和应用始于 70 年代后期，到 90 年代得到了突飞猛进的发展。图像图形学几乎渗透到所有科研领域，每年都涌现出一批高水平的科研成果，亟待在我国自己的核心学术刊物上发表。

应广大国内学者、广大图像图形及计算机领域科技工作者的要求，1994 年底，中国科学院遥感应用研究所、中国图象图形学学会、北京应用物理与计算数学研究所（当年学会的挂靠单位）三方共同筹划，创办《中国图象图形学报》。

《中国图象图形学报》于 1996 年 5 月创刊，创刊后由中国科学院主管，中国科学院遥感应用所（后为中国科学院遥感与数字地球研究所）、中国图像图形学学会、北京应用物理与计算数学研究所主办。它是国内唯一一本反映图像图形学领域科研成果的综合性学术期刊，秉承“反映图像图形学领域的最新科研、技术成果，促进国内外学术交流，推动图像图形学科发展”的办刊宗旨。《中国图象图形学报》为广大从事国防、军事、航空航天、通信、电子、农业、气象、环保、遥感、测绘、交通、医疗、动画、艺术等学科的科研人员服务。

（一）学报编辑出版委员会

《中国图象图形学报》自创刊以来，先后成立了三届编辑出版委员会（下称学报编委会）。学报编委会成员由全国图像图形学领域的权威人士，以及图像图形学的专家、学者组成。学报编委会对期刊编辑部的工作发挥学术指导作用，除了制定学报选题计划、报道方向之外，还要保证期刊的学术质量。

第一届学报编委会由顾问委员会和编辑委员会组成。其中，顾问委员会主任为徐冠华，副主任为王选、经福谦，顾问委员有庄逢甘、李德仁、李德元、陈述彭、陈能宽、唐泽圣、程民德、葛成辉。第二届与第三届学报编委会取消了顾问委员会，增设首席编委。首席编委是石青云、张亚勤、李德仁、杨芙清、贺贤士、倪光南、潘云鹤。

第二届与第三届学报编委会除主编、副主编有变动外，其他编委会成员没有变动。编委会成员是马颂德、韦穗、王永明、王精业、王太君、王润生（湘）、田国良、平西建、石教英、石宇良、刘建勤、刘海一、刘其真、刘凯龙、刘政凯、阮秋奇、朱光喜、朱启疆、孙济洲、齐丙辰、许鹤群、李华、李琦、李树祥、李象霖、吴恩华、吴敏金、吴成柯、张大鹏、张天序、沈向洋、何建邦，余轮、肖自美，陈贺新、陈军、周孝宽、周源华、郑南宁、林宗坚、封举富、钟玉琢、杨绿溪、贺明霞、郝重阳、赵沁平、赵荣椿、高小山、贾云得、郭启全、秦笃烈、韩科、钱曾波、黄东霖、黄志澄、黄继武、戚飞虎、曹作良、萧允治、游志胜、董士海、葛成辉、谭建荣、潘志庚、蔡利栋、戴威岭。

（二）学报编辑组

《中国图象图形学报》编辑组随学报编委会的换届而有所变化。第一届主编：石青云；常务副主编：李叔梁、徐光祐；专职副主编：卫政；副主编：王宝兴、王润生（京）、田国良、袁保宗。编辑部主任：卫政；编辑：狄志萍、王明瑞（北京应用物理与计算数据研究所）。1997 年卫政退休，北京应用物理与计算数学研究所、中国图像图形学学会秘书长王宝兴继任编辑部主任。同时编辑部外聘一名编辑丁群。

第二届主编：徐冠华；专职副主编：罗治安；副主编：王超、王润生、邓广林、齐东旭、罗治安、徐光祐、高文、章毓晋、谭铁牛；编辑部主任：罗治安（中国图像图形学学会秘书长）；编辑：狄志萍、丁群（外聘）、苏伟（中国科学院计算机技术研究所）。

第三届主编：李小文；专职副主编：阎珺；副主编：王超、王润生、邓广林、齐东旭、罗治安、徐光祐、高文、章毓晋、谭铁牛；编辑部主任：阎珺；编辑：狄志萍、石朗燕、马啸、韩向娣。

（三）期刊申请与编辑出版

1995 年，由中国科学院遥感应用研究所代表 3 个主办单位，正式向中国科学院图书情报出版委员会提出申请，创办《中国图象图形学报》。1995 年 6 月获国家科委批准。

《中国图象图形学报》刊期为月刊。中国科学院院士、时任国家科委主任宋健为学报题写刊名。在 1996 年 5 月第 1 期创刊号上，科技界的著名专家、学者为学报创刊题词，对学报的发展寄予很高的期望：宋健题“基础理论与高技术联姻，图像图形学飨社会需求”，两院院士、时任中国科协主席朱光亚题“积极贯彻双百方针，促进图像图形学及其应用的繁荣与发展”，时任中国科学院院长周光召题“提高学术水平，注重市场应用”，中国科学院院士、时任国家科委副主任徐冠华题“发展图像图形科学，为祖国经济腾飞做贡献”，中国工程院院士胡启恒题“科技之光，开遍神州”；两院院士、北京大学教授王选题“发展图像图形科学，促进技术与市场的紧密结合”。中国图像图形学学会理事长侯自强刊发了贺词，与图像图形学领域相关的学会、媒体也联名刊发了贺词。

学报主要刊登图像图形学及其相关领域的基础研究和应用研究方面具有创新性的、高水平科研学术论文。从 1996 年创刊至 2013 年，学报共出版期刊 18 卷 210 期（见下表）。创刊初期，由于稿源紧张，1996 年 5～6 期合刊，1997 年 2～3 期合刊，8～9 期合刊。之后，学报步入正轨，按月按期出版。随着稿件质量、编辑出版质量的不断提高，学报被越来越多的科研机构、专家、学者认可，投稿数量不断增加，学报刊发论文数量逐年上升，最多达到 409 篇。在栏目设计上，学报突出图像图形学科的特点，既有常设栏目，如综述、学术论文、技术报告，图像处理和编码、图像分析和识别、图像理解和计算机视觉、

1996～2013 年《中国图象图形学报》论文刊发情况

年、卷	期	年发论文总数
1996 年，第 1 卷	1 期，2 期，3 期，4 期，5～6 合期	72
1997 年，第 2 卷	1 期 2～3 合期，4 期，5 期，6 期，7 期，8～9 合期，10 期，11 期，12 期	133
1998 年，第 3 卷	1～12 期	168
1999 年，第 4 卷	1～12 期	238
2000 年，第 5 卷	1～12 期	226
2001 年，第 6 卷	1～12 期	224
2002 年，第 7 卷	1～12 期	238
2003 年，第 8 卷	1～12 期	251
2004 年，第 9 卷	1～12 期	247
2005 年，第 10 卷	1～12 期	256
2006 年，第 11 卷	1～12 期	293
2007 年，第 12 卷	1～12 期	375
2008 年，第 13 卷	1～12 期	390
2009 年，第 14 卷	1～12 期	409
2010 年，第 15 卷	1～12 期	263
2011 年，第 16 卷	1～12 期	316
2012 年，第 17 卷	1～12 期	231
2013 年，第 18 卷	1～12 期	218

计算机图形学、虚拟现实与增强现实、医学图像处理、遥感图像处理、地理信息技术等；又有“中国院士”彩版专栏（1998～1999 年），“中华博士园地”特色专栏，“以人为中心的计算机视觉应用”“情感计算进展”“出行信息服务与民航数据库”“基于概率图模型的图像和视频分析与理解”“遥感图像信息提取”等主题专栏。同时学报还紧跟学术研究前沿，设有“全国信号处理联合会议”“中国计算机图形学大会”（Chinagraph）“全国图像图形学学术会议”（NCIG）“计算机辅助设计与图形学会议”（CAD & CG）、“全国和谐人机环境联合学术会议”（HHME）、“全国智能 CAD 与数字娱乐会议”（CIDE）、“全国数字娱乐与艺术研讨会”（DEA）等会议专栏。

（四）期刊数据库收录情况

（1）中国科技论文统计与分析（年度研究报告）；

（2）中国科学引文数据库（CSCD）；

（3）中国学术期刊网络出版总库（CAJD）；

（4）中国学术期刊文摘；

（5）Chinese Science Abstracts（A 辑）；

（6）中国电子科学文摘；

（7）中文核心期刊要目总览；

（8）中国学术期刊（光盘版）；

（9）“中国学术期刊综合评价数据库”。

（五）学 报 成 绩

《中国图象图形学报》从 1998 年开始被中国科学技术信息研究所、中国知网等多家国内权威期刊评价机构评为中文核心科技期刊，2002 年开始，被北京大学图书馆和北京高校图书馆期刊工作研究会出版的《中文核心期刊要目总览》收录；2011 年开始，被评为《中国精品科技期刊》；从 2012 年开始被评为“中国国际影响力优秀学术期刊”。

随着计算机和网络技术的发展，从 1998 年开始学报被中国科学引文数据库（CSCD）、万方数据库、中国学术期刊（光盘版）、中国知网维普中文期刊数据库等多家国内权威数据库收录，实现了期刊的数字化与网络化传播。为了进一步提高稿件处理速度，缩短出版周期，2004 年学报申请了学报网站域名，2005 年建立了学报独立官方网站，通过网上采编系统，实现了编辑办公网络化，2008 年学报网站改版升级，进一步实现了期刊全文上网，以及更全面的信息服务。

第九篇　人物志及研究生培养

遥感所从起步、建设、发展，而成为我国国民经济建设和国防建设的重要力量，进而跃居国际遥感应用先进行列，在取得一大批具国内领先和国际先进水平成果的同时，也造就了一大批优秀的遥感应用领军型的科研和管理人才。本篇介绍了在遥感所工作的中国科学院院士、所长、党委书记、副所长、副书记、其他院士、国家计划引进的优秀人才、研究员及研究室主任，研究所职能部门的处长或主任，以及早年留学苏联人员和重要课题负责人等。

第一章　人物简介

一、历届所长、中国科学院院士

1. 陈述彭（1920年2月～2008年11月）

中国科学院院士，第三世界科学院院士，国际欧亚科学院院士。遥感所首任第一副所长。地理所二部主任；中科院空间科学技术中心遥感技术应用研究部主任，遥感所名誉所长，学术委员会主任，博士研究生导师。我国现代地图学、遥感、地理信息系统、地学信息图谱和地球信息科学的开拓者。生于江西省萍乡县。1942年浙江大学史地系毕业。1947年获硕士学位。台湾中国文化大学及香港中文大学荣誉博士。1950年后任中科院地理研究所地图组副组长，地图室副主任、主任。1977年参与筹建地理所二部；1978年晋升为研究员。1979年参与筹建遥感所。1990年起享受国务院政府特殊津贴。曾任中科院资源与环境信息系统国家重点实验室主任，云南地理所所长，南京大学、浙江大学、北京大学和中山大学兼职教授，武汉大学名誉教授，中国科学技术大学研究生院终身教授。国家遥感中心和中国空间科学技术研究院顾问，国际地理联合会地理模型委员会常务委员，法国地理学会荣誉会员，中国地理学会地图学与GIS专业委员会主任、中国地理学会理事长、国务院环境委员会顾问、国家环境咨询委员会主任、中国–巴西资源卫星应用分系统总设计师等。20世纪50年代主持太湖等景观综合制图，编绘《中国地形鸟瞰图集》。50～60年代开展普通地图制图综合的理论方法、中国地图学史及地图分析方法等研究，出版了我国第一幅1∶400万《中国地势图》，主持了国家自然地图集编制。1958年创建航空相片综合分析与利用学科组及实验室。1960年，在国内率先开展制图自动化的实验。1963年，开展海南岛系列制图实验。20世纪70年代开拓遥感应用研究，组织了云南腾冲资源、四川雅砻江二滩水电站能源和天津城市环境等遥感试验。20世纪80年代主持建立了我国第一个地理信息系统研究室，开始《资源与环境信息系统规范》研究。1985年组建“资源与环境信息系统国家重点实验室”，系统地提出地理信息系统的理论方法、技术结构和应用实验，获“金牛奖”。90年代倡导和建立地球信息科学。著有《地学的探索》《石坚文存》《遥感地学分析》《资源遥感纲要》《地理信息系统导论》《地学信息图谱探索研究》《地球信息科学》等专著。主编《遥感大词典》《地球系统科学》《遥感信息机理》及大型地图集10余部，发表论文400多篇。先后获1978年全国科学大会重大科技成果奖、国家自然科学与科技进步奖二、三等奖和中国科学院科技进步奖一、二等奖30余项，以及中华环境科学特别金奖、中科院荣誉奖、第八届陈嘉庚地球科学奖和何梁何利地球科学进步奖，美国地理学会第四届奥·米纳地图学金奖、国际地图学协会最高荣誉“卡尔·曼诺菲尔金奖”、泰国英德拉巴雅亲王亚洲遥感杰出贡献特别金奖、国际欧亚科学院一级勋章与金质奖章和一级院士奖章。

2. 杨世仁（1932 年 7 月～）

中科院遥感所副所长，所长，学术委员会主任。1979 年晋升为研究员。地理所二部副主任，兼制图自动化研究室主任；中科院空间科学技术中心遥感技术应用研究部副主任，国家遥感中心研究发展部主任；中国地理学会环境遥感分会理事长；中科院研究生院教授，美国加州大学圣芭芭拉分校及波士顿大学客座教授。广东人，1953 年上海交通大学电力系毕业，1956 年上海交通大学自动化专业研究生毕业，分配到中科院自动化研究所工作；1957～1959 年在捷克计算机研究所、苏联科学院自动化研究所进修。1960～1978 年在中科院自动化所、七机部 502 所负责导航控制计算机的研制，1967～1970 年主持地图扫描分色机（I 型）的研制；1971 年在自动化研究所从事测地卫星方案论证；1970～1974 年完成数字式地图扫描分色机（II 型）的设计与研制；1974 年完成袖珍式计算器的研制。1973 年被指定为中科院制图自动化系列装备研制的总体负责人，负责扫描数字化器及扫描绘图机的研制；1978 年，在完成上述两项设备的研制，并与 NOVA-840 计算机联机运行。领导研制的 IRSA-1 图像处理软件系统是我国首次实现大型设备和计算机连接构成的实时运行系统。1983 年，开发了 IRSA-2 遥感图像处理软件系统，直接处理陆地卫星磁带数据和各种航空照片，是我国第一个实用的遥感图像处理系统。在任副所长、所长期间，率先在遥感所实行开放日制度，主动邀请有关领导、有关部委、有关单位及有关国家驻华使馆来所参观，交流座谈，建立广泛的联系，为拓展课题来源奠定基础；组织不同研究类型研究室向不同部门争取课题。设立所开发处，建立科技开发公司，对开发类课题，用市场机制运行，按公司经营模式进行管理和奖励。西藏土地资源遥感调查是中科院实行拨款制度改革后我所承担的第一项重大横向委托合同项目，亲自出面争取到联合国粮农组织、国务院援藏办和西藏自治区等的支持。一批国家攻关、国家基金、部委和省区项目到位，保证了研究所科研工作的运行和发展的需要。在国际交往方面，十分重视人才培养和实质性国际合作。向美国、日本、英国、荷兰派出 10 多名研究生，其中 5 人学成回国成为遥感所科研骨干。与美国、西欧和亚洲的遥感研究学术机构达成多个合作研究及人员培训项目，促成了亚洲遥感协会的成立和第二届亚洲遥感讨论会在北京的召开。在国内外发表论文和专著 20 余篇。1978 年获全国先进科技工作者。1989 年后在美国加州大学参加空间数据结构，大气遥感数据检测，SBDART 辐射传输模式的研究及 AIRS 卫星的研发。获美国国家航空航天局及哥达德空间飞行中心颁发的工作成就奖。

3. 童庆禧（1935 年 10 月～）

中国科学院院士。国际欧亚科学院院士。遥感所所长、学术委员会主任、职称评定委员会主任等。博士研究生导师。湖北武汉人，1961 年苏联敖德萨水文气象学院毕业，进入地理所工作。1978 年任地理所二部地物波谱与航空遥感研究室副主任，1979 年 12 月～1985 年 5 月任遥感所副所长，兼地物波谱与航空遥感研究室主任。1985 年 6 月～1988 年 3 月任中国科学院航空遥感中心主任。1988 年 4 月任中国科学院遥感所所长、中科院遥感科学委员会委员、科技部国家遥感中心专家委员会主任、国家航天局卫星应用专家组组长，中国遥感委员会秘书长、中国地理学会常务理事、中国空间科学学会和中国宇航学会空间遥感专业委员会副主任委员等。2001 年 10 月受聘北京大学地球与空间科学学院教授、北京大学遥感与地理信息系统研究所所长。在地理所参加了西藏珠穆朗玛峰高山区的太阳辐射和冰川气候的系统观测和海洋气候研究等。20 世纪 70 年代初从事遥感技术和应用研究，是我国遥感技术应用领域的开拓者之一。主持了海洋环境和石油污染多光谱遥感监测。参与中科院和国家一系列遥感技术与空间信息科学技术发展规划的制定。主持了自“六五”计划以来，历次国家遥感技术科技攻关和中科院、国家自然科学基金委员会的遥感应用项目和新疆哈密、云南腾冲，以及天津–渤海地区的遥感实验和黄淮海平原中、低产区农业土地资源和自然灾害时空分布等遥感调查综合治理以及中科院两架先进遥感飞机的改装总体设计和航空遥感技术发展科技攻关，完成了从可见光、红外到微波、从主动到被动、非图像方式到图像方式的综合，多种遥感信息的获取、数据的机–地实对传输、海量信息的处理、分析，以及相关基础技术和应用技术支持系统的集成，使我国的航空遥感提高到国际先进水平。“七五”期间主持了中国科学院重大项目：“高空机载遥感实用系统”建设和黄金资源调查。“八五”“九五”期间在我国主要自然灾害遥感监测和农作物遥感估产研究的国家攻关项目中担任指挥长，并取得突破性进展。参与国家科技攻关“遥感、地理信息系统和全球定位系统的技术集成与应用研究”项目的制定和“新型遥感技术发展”课题专家组组长。率先开展了高光谱或成像光谱超多波段大容量信息的高速处理、成像光谱信息定量化、以图像立方体为显示特征的可视化表达、地物光谱信息提取，地物目标的识别和分类等研究，成为现代航空和航天遥感技术的新方向，受到国际上的高度重视。开创了以我国遥感新技术成果与澳大利亚、法国和日本及马来西亚等国家的合作。应聘为日本“全球研究网络系统”计划国际专家组成员，国际摄影测量与遥感学会第一技术委员会第五工作组委员。国际航空遥感和应用地质遥感国际遥感会议组委会执行委员。撰写了大量论文和专著，成果 14 次获国家及省部级科技奖。其中两项中科院科技进步奖特等奖，1 项中科院自然科学一等奖。1991 年，享受国务院政府特殊津贴。

4. 徐冠华（1941 年 12 月～）

中科院院士。第三世界科学院院士，国际欧亚科学院院士，瑞典皇家工程科学院外籍院士，国际宇航科学院院士。遥感所第四任所长、学术委员会主任、职称评定委员会主任、中科院遥感信息科学国家重点实验室主任，研究员，博士研究生导师。上海人。1963 年北京林业学院毕业。分配到中国林业科学院工作，历任研究实习员、教师、助理研究员、研究员、资源信息所所长等。1979～1981 年，被派往瑞典斯德哥尔摩大学，从事遥感数字图像处理的研究。1992 年，当选为中国科学院地学部学部委员（院士）；1993 年被任命为遥感所所长；1994 年晋升为中科院副院长。1995 年任国家科委副主任、党组副书记，1996 年当选为中国科学院学部主席团成员、地学部主任。1998 年任科学技术部副部长、党组副书记。2001 年任科技部部长。中共第十六届中央委员。2006 年，香港城市大学授予荣誉博士学位。2008 年 3 月当选为全国政协常委、兼任第十一届全国政协教科文卫体委员会主任。2009 年任香港中文大学太空与地球信息科学研究所伟伦太空与地球科学研究客座教授。2010 年被香港中文大学授予荣誉博士学位。曾任第三世界科学院院士，国际欧亚科学院院士，瑞典皇家工程科学院外籍院士，国际宇航科学院院士。在中国林业科学研究院工作期间，在卫星数字图像处理研究方面，发展了边界决策、训练样地分析、图像分类、图斑综合、生物量估测等理论和技术，研制成功中国最早的遥感卫星数字图像处理系统，发展了遥感综合调查和系列制图的理论和方法；主持国家“七五”科技攻关项目《“三北”防护林遥感调查》，领导编制了我国第一部再生资源遥感综合调查与系列制图技术规程，在分类系统、制图比例尺、技术流程、专题图种类等方面具有开拓性和创造性，在空间遥感应用规模、技术难度和时间要求上均取得突破。代表作有《“三北”防护林遥感综合调查与监测》等。在遥感所工作期间，领导研究所大力推动科技体制改革和研究所能力建设。在全院开展开放研究所试点，亲自到有关部委和省区找课题。在所内设立开放基金，开放课题，面向国内外招聘客座人员，鼓励人才流动。特别重视研究所的机构建设与学术环境的改善。1994 年，遥感所以总分第一名的成绩，申办成功“中科院遥感信息科学开放实验室”，为遥感科学基础研究创造了良好的条件和研究基地；1996 年申办成功“国家遥感应用工程技术研究中心”，为遥感科研成果转化提供了重要保证。主持申请并成功建立了遥感专业博士点和博士后流动站，通过大力培养专业人才，从源头上彻底解决了遥感科学技术领域后继乏人的问题。1984 年被林业部批准为有突出贡献的中青年专家；1986 年和 1990 年两次被人事部批准为有突出贡献的中青年专家；1990 年被国家教委批准为有突出贡献的留学回国人员；1991 年被国家科委批准为国家“七五”科技攻关有突出贡献的科技人员；同年享受国务院政府特殊津贴。

5. 郭华东（1950 年 10 月～）

中科院院士。发展中国家科学院（TWAS）院士、国际欧亚科学院院士。第五、第六两任所长、学术委员会主任、遥感信息科学重点实验室主任，国家遥感应用工程技术研究中心首届主任。研究员，博士研究生导师。国家有突出贡献中青年专家和全国先进工作者。第十二届全国政协委员。江苏徐州人，1977 年南京大学毕业，先后在中科院南海海洋研究所、电子所工作。1981 年在中科院研究生院获硕士学位后，到中科院遥感所工作。1984～1985 年在美国俄勒冈州州立大学进修后回遥感所任研究室副主任。1988～1997 年任遥感所副所长、常务副所长；1997～2002 年任遥感所所长，国家遥感中心研究发展部主任；2001 年起任中科院、教育部、国家文物局遥感考古联合实验室主任。2002～2007 年任中科院副秘书长兼国际合作局局长。2007～2002 年任对地观测与数字地球科学中心主任，2012 年 9 月～2015 年 11 月，任中科院遥感与数字地球研究所所长。担任国际数字地球学会（ISDE）主席及 ISDE 中国国家委员会主席、国际科联（ICSU）国际科技数据委员会（CODATA）前主席、联合国教科文组织国际自然与文化遗产空间技术中心（HIST）主任、ICSU 灾害风险综合研究计划（IRDR）科学委员会委员及 IRDR-CHINA 主席，中科院–发展中国家科学院空间减灾卓越中心（SDIM）主任等职。20 世纪 70 年代后期以来，从事遥感信息科学特别是雷达对地观测领域研究，主持完成国家自然科学基金、国家高技术、国家科技攻关、中科院重大及国际合作课题 20 余项。在雷达遥感信息机理、多模式遥感信息地物识别方法、空间信息前沿技术研究等方面取得了系统性成就。系统揭示雷达电磁波与典型地物的相互作用机理，建立了无植被沙丘几何散射模型，揭示了熔岩的去极化机理与植被的多极化响应现象，证实了长波段雷达对干沙的穿透性。建立了多源遥感找矿理论方法与模式，建立了重大地震灾情全天时全天候和主被动遥感观测体系，提出了全球变化科学卫星及月基观测概念；组织建设了新型对地观测系统，建成神舟飞船陆地遥感应用系统，创建了我国第一个数字地球原型系统，合作创建了“国际数字地球学会”，任《国际数字地球学报》创始主编，推动了全球性数字地球的发展。培养博士、硕士研究生 40 余名。发表论文 400 余篇，出版专著和主编著作 16 部。作为第一完成人或主要完成人共获科技奖励 13 项。含国家科技奖 4 项、院部级科技奖 9 项。获俄罗斯地理学会 N.M. Przewalski 金奖和亚洲遥感协会 Boon Indrambarya 金奖。澳大利亚科廷大学名誉科学博士学位。1992 年，享受国务院政府特殊津贴。

6. 李小文（1947 年 3 月～2015 年 1 月）

中科院院士，遥感所第七任所长、学术委员会主任、研究员、博士研究生导师。出生于四川省自贡市，籍贯安徽贵池。1968 年毕业于成都电讯工程学院。1978 年考入中科院地理所研究生，1979 年赴美国加州大学学习，1981 年获地理学硕士学位，1985 年获地理学博士学位及电子工程与计算机科学硕士学位。1986 年底回国在遥感图像处理研究室任副研究员，1988～1991 年任图像处理研究室代主任。1995 年晋升为研究员。20 余年来，致力于遥感基础理论研究，创建了植被二向性反射 Li-Strahler 几何光学模型，在国内外遥感界享有盛誉。先后主持国家自然科学基金重点项目，国家攀登项目，国家 863、973 项目、NASA 基础研究项目等重大遥感基础研究，是 973 项目“地球表面时空多变要素的定量遥感理论及应用”的首席科学家。在普朗克定律在地表遥感中尺度效应研究方面，建立了适用于非同温地表热辐射方向性的概念模型，首创了普朗克定律用于非同温黑体平面的尺度修正式及一般的非同温三维结构非黑体表面热辐射在像元尺度上的方向性和波谱特征的概念模型。代表作有 *Geometric-Optical Modeling of a Conifer Forest Canopy* 和 *A Prior Knowledge Accumulation and its Application to Linear BRDF Model Inversion*。研究成果有力地推动了定量遥感基础及应用研究的发展，使我国多角度遥感研究领域保持国际领先地位。发表研究论著 160 余篇/部，研究成果和水平得到了国际公认。研究论文被国内外科研人员广泛引用：论文有 28 篇被 SCI 收录，38 篇 SCI 引用 557 次，44 篇被 EI 收录，19 篇被 CSCD 收录。其 1981 年的硕士论文 1985 年被美国权威著作《遥感手册（第二版）》收入，1985 年论文于 1997 年入选国际光学工程学会“里程碑系列”，SCI 引用 113 次；1990 年获国际劳力士雄才伟略奖题名，国际权威性“Marquis 科技名人录”97 年第 4 版传主。1994 年获中科院自然科学一等奖，2000 年获中国高校科学技术一等奖，同年获首都劳动奖章，2001 年获长江学者成就奖一等奖，2002 年被中央组织部、宣传部、人事部和科技部共同授予“杰出专业技术人才”称号。1994 年，享受国务院政府特殊津贴。

7. 顾行发（1962 年 6 月～）

国际宇航科学院院士。生于湖北省仙桃市。

1982 年获武汉测绘学院航空摄影测量系学士学位，1986 年公派出国。1987 年和 1988 年、1991 年分别获法国巴黎第六大学地质系遥感应用和第七大学物理系遥感物理学硕士学位、遥感物理学博士学位。1993 年完成法国农科院热红外定标博士后研究。1993～2003 年，任法国农科院研究员。2003 年 12 月回国，任中国科学院遥感所研究员、博士研究生导师。2004 年入选中科院“百人计划”。2005 年任遥感所常务副所长，国家航天局航天遥感论证中心常务副主任。2007 年起任遥感所所长，国家航天局航天遥感论证中心主任。现任“GEO 十年（2016-2025）发展计划”编制专家工作组专家，联合国信息通信技术促进发展世界联盟（UN-GAID）发展中国家科学数据共享与应用世界联盟（e-SDDC）执行委员会副主席，国际科学技术数据委员会（CODATA）发展中国家数据保护与共享任务组共同主席，亚洲遥感协会（AARS）副秘书长，SPIE 对地观测系统会议共同主席。国家重大专项——“高分辨率对地观测系统”应用系统总设计师，全球变化重大科学研究计划（973）“多尺度气溶胶综合观测和时空分布规律研究”首席科学家，国家第一届战略性新兴产业发展专家咨询委员会委员，国家科技奖励评审专家，国家自然科学基金委员会“地球”科学学部委员，中国遥感应用协会副理事长兼秘书长，中国地理信息产业协会副理事长，中国地理学会环境遥感分会理事长，中国环境科学学会环境遥感与信息专业委员会主任委员。遥感卫星应用国家工程实验室主任，国家环境保护卫星遥感重点实验室主任。《遥感学报》主编，*Journal of Applied Remote Sensing* 副主编，《中国科学：地球科学》等刊物编委。第十二届全国政协委员，中国侨联常务委员、特聘专家委员会副主任委员，中央国家机关侨联副主席，中科院侨联常务副主席，国家特邀国土资源监察专员。20 世纪 90 年代初，在法国系统地阐明了关于辐射校正场选择、大气和环境要求、测量规范等理论问题，订正了美国白沙定标场美国陆地卫星 TM 的定标错误，为 SPOT 卫星的定量应用奠定了基础。回国后建立了我国民用航天遥感科学论证体系，形成了我国国产遥感卫星应用全过程质量检验体系。并建立了遥感定标与真实性检验试验场网与数据库集及遥感信号与应用系统试验测试与仿真分析平台，为我国航天遥感数据定量化应用和中国航天遥感论证研究提供完善的方法和工具。主持国家重大专项："高分辨率对地观测系统"应用系统实施方案的论证与实施及"国家自然灾害空间基础设施""国家空间基础设施建设中长期发展规划"专项论证和气溶胶影响气候的机理研究。发表论文 290 多篇。其中 SCI 索引 67 篇，EI 索引 97 篇。主编专著 6 册。申请 23 项专利，31 项软件注册权。获得国家科技进步奖二等奖两次，省部级一等奖五次。科技部"科技奥运先进个人""中科院先进工作者"和科技部"十一五"国家科技计划执行突出贡献奖。2012 年"优秀环境科技工作者"和"十佳环境科技工作者""国家测绘地理信息局领军人才""中国侨界杰出人物提名奖""第五届中国侨界贡献奖"。2006 年，享受国务院政府特殊津贴。

二、历届党委书记、主持工作的副书记

1. 李秉枢（1913 年 9 月～1996 年 5 月）

遥感所第一任党委书记。地理研究所二部筹备组成员、中科院空间科学中心副主任。筹建遥感所的主要领导人。安徽宿县人。1936 年参加革命，1938 年 4 月加入中国共产党。早年在家乡参加党领导的农民暴动和抗日救亡活动，曾任睢溪区农救会主任，肖（县）宿（县）永（永城县）边区香山游击队大队长。先后任新四军四师十八团三营营长、新四军四师三十五团副团长，淮北军区泗（县）宿（县）部队副总队长，肖（县）宿（县）铜（铜山县）总队参谋长，宿西县总队副总队长，豫皖苏八分区独立一团团长，三分区司令部参谋处处长，济南市五区警备司令部司令，中国人民解放军第三野战军二十六军后勤部副部长，中央军委联络部三处处长等职。1955 年 12 月任地理所党委书记、副所长。1964 年 4 月任中科院地学部副主任。"文化大革命"中在地理所科研生产组。1972 年初，建议组织院属有关研究所开展了制图自动化调研，提出的开展"地图制图自动化系列装备研究"的报告获中科院批准。并争得"地图分色数字化扫描仪和扫描绘图机的研制"项目由地理所负责。1973 年通过院秘书长郁文从航天部 502 所借来项目负责人杨世仁、李丽夫妇，并从所外抽调部分技术骨干，组建了制图自动化组承担此项任务，使整个研制工作进展顺利。"制图自动化"成为遥感所的主要学科方向之一。1977 年负责筹建地理所二部（遥感应用与制图自动化实验中心）。1978 年 4 月，主持地理所二部全面工作。任腾冲航空遥感试验领导小组副组长兼副总指挥。同年，担任中科院空间中心副主任。1979 年 12 月调中科院五局任负责人，兼任遥感所党委书记。1980 年，任院五局局长。1981 年 6 月，再次担任地学部副主任。1982 年离休。离休后继续积极支持我国地理科学、遥感信息科学的发展及离退休干部队伍的建设。1981～1986 年任中国地理学会遥感分会理事长；1984 年任中科院老干部咨询委员会副主任、1986～1989 年任名誉理事长；1987 年被推选为中科院（京区）离退休科技工作者协会常务副理事长；1989 年 11 月，全国科协、科技部、中科院等单位联合组织全国离退休科技工作者联合会，被推举为副会长。发表的主要文章有"为改变地理学的面貌而奋斗""发展我国农业的方针政策和战略布局""黄土高原的综合治理与水土保持"及"中国遥感发展的现状"等。

2. 杨广辰（1928 年 8 月～2016 年 4 月）

遥感所党委副书记，副所长、党委代理书记（正局级）。1988 年 6 月任遥感所巡视员（正局级）。

生于黑龙江省哈尔滨市。1945年8月参加革命，先后在哈尔滨市政府组织科任干事、民运工作队小组长，参加土改、反霸斗争和市区基层政权建设。同年12月，调到哈市马家区政府，任洁净街街公所负责人。1947年3月，任派出所所长。同年4月入党。1948年8月，在哈尔滨市公安总局公安干校学习，任中队长。9月，南下辽宁铁岭市，迎接沈阳解放和接管。10月，进驻沈阳，分配到沈阳市公安局治安处任分队长。1949年1月，调东北公安部政治保卫处警卫科任科员，评为区营级干部。1952年4月调东北公安部专案侦查组任组长。1953年到北京任专案管训队队长。1954年调回东北公安部文化保卫处。10月，调北京公安部工作。1956年借调到中央专案办公室。1957年调公安部文化保卫局学校保卫处。1958年调公安部六局科学保卫处。1959年下放到河北省河间县小北屯村，任下放干部组组长。1960年又调回公安部文化保卫局科学保卫处工作。1960年7月，经中央组织部调中科院政治部任副处长。1965年7月，参加山西省运城市四清，任四清工作团办公室主任。1966年7月，调回中国科学院保卫部任副处长。1968年11月，中科院院部留守组，协助核实专案工作。1969年，任院直留守组领导小组专案组负责人。1973年，中央决定中国科学院、中国科协、国家科委三部委合并，任审干办公室主任。1976年8月，调中国科学院防震抗震指挥部，任宣传、保卫组负责人。同年10月，调中国科学院运动办公室任主任，负责专案调查。1977年3月调回中国科学院审干办公室，任主任，完成全院干部政策落实、恢复职务的工作。1979年6月调任中国科学院空间科学中心地面系统部，任负责人。1980年5月调遥感所任党委副书记、副所长。1983年10月任遥感所代理党委书记（正局级）、副所长。在遥感所任职期间，重视党的思想建设、组织建设和作风建设。同时，开展一些全国性的遥感组织工作和国际学术交流活动。连任三届中国地理学会环境遥感分会秘书长。1982年5月前往日本东京大学遥感考察。1985年4月任中国科学院遥感考察团团长访问朝鲜地理所。1990年7月，获中国科学院科技安全保卫荣誉证书。1992年5月被公安部授予保卫干部荣誉奖章。1993年退休。1995年12月，受中国地理学会遥感分会表彰。

3. 黄　扬（1936年12月～）

遥感所第二届党委副书记，第三届党委书记、副所长。遥感所地物波谱研究室主任。祖籍广东省潮安县，生于泰国曼谷市。1951年回国读书，1962年9月毕业于北京航空学院无线电工程系遥测专业。曾留校任专职学生党支部书记。1963年分配到中国人民解放军第六研究院三零研究所第一研究室工作，任中尉技术员。1965年5月集体复员。同年9月参加总参工作组到越南前线工作一年。1966年10月回国。1967年调612研究所第11室工作，参加遥测系统地面接收站的研制。1968年调第7研究室，参加测绘分析工作，负责电子线路部分，绘成了结构分布图和电原理图，主持角跟踪的电路设计。1970年初调第607研究所第4研究室工作，参加空载雷达的仿制与研制。1973年任第四研究室副主任。负责火控雷达的终端设备研制的技术管理。1978年调中国科学院地理所二部任技术员，参加腾冲航空遥感试验，任飞行组组长，并负责筹备地物微波谱貌的测试方法研究。同时，负责唐山市集中供热设备的热参数的远程测量系统的开发，该系统获得中科院科技进步奖三等奖。1984年任遥感所地物波谱研究室主任。1985年5月调任遥感所党委副书记。1988年任遥感所党委书记兼副所长，从事专职的党务领导工作，兼管行政管理工作。1992年遥感所换届，根据院的干部交流的精神，交流至广州南海海洋研究所任专职党委书记。1995年起任广东省第七、第八届政协委员。1998年退休。

4. 余维燕（1936年11月～2014年3月）

遥感所第四届党委副书记（主持党委工作）、副所长。广东梅县人，人文函授大学法律系毕业。1955年应征入伍，在炮兵部队任计算员。1958年8月转业，先后到中国科学院化冶所和自动化所任技术员。1977年11月调中国科学院清查办公室工作。1978年6月调中国科学院业务一局、生物学部任工程师；1985年4月任中纪委驻院纪检组副处长、处长。1988年4月任中科院人事局处长、高级工程师。1993年1月任中科院遥感所党委副书记，主持党委工作。在化冶所和自动化所工作期间，作为课题组长，先后承担并完成了半导体单晶纵向载流子浓度测试仪的研制、Asd3-Hd-Ga-H2系统外延生长砷化镓单晶的研究、H2-Ga-As-Pu3系统外延生长GaAs1-xPx发光材料组分控制研究、磷砷化镓单晶材料磷含量测定仪的研制和区熔法生长砷化镓单晶的研究等课题。在中科院业务一局、生物学部工作期间分管学位、研究员晋升，外事、基建和科研条件方面的工作，为推动生物学科研工作应用计算机技术、解决生化试剂的生产和供应等问题做出了努力。在人事局工作期间，制定了多种规章制度、条例方案，积极推动劳保工作数据库建设与管理改革，得到领导的肯定。在遥感所工作期间，作为党委副书记，主持党委工作，重视把学习贯彻执行院党组《党委工作条例》和《所长负责制条例》放在首位，团结党委一班人，加强党支部建设，深入调查研究，积极开展思想政治工作，亲自起草和指导制定完善了遥感所的各项管理规章制度，为遥感所管理工作的规范化打下了良好的基础。工作中注意坚持民主集中制原则，保证所长负责制的贯彻与实施；抓好专题民主生活会，保证领导班子的团结统一。组织党员认真学习"邓小平理论"，促进了遥感所广大党员的思想解放和观念转变。作为副所长，分管行政事务管理工作。重点承担组织全所职工搬家的任务。从原917大楼搬到了位于科学园区遥感所现址。组织动员行政后勤人员全力以赴投入搬迁工作。为保证搬迁工作的顺利进行，做到不出事故，减少损失。在工作用房的分配，设备的安装，水、暖、电的供应都做了提前安排，确保科研人员进入新址后迅速适应新的科研环境。1994年12月病休。

5. 周上益（1937年3月～）

遥感所党委副书记（主持党委工作）、副所长、三级职员。高级工程师。遥感所一至四届党委委员。重庆市铜梁县人。1958年8月毕业于地质部重庆地质学校地形测量专业，分配到中科院地理所先后参加并完成了洪泽湖图的编制与印刷；长江三峡宜昌至万县段河谷阶地剖面的测绘与制图。1960年参加并完成地图自动化三台实验样机的研制。同年加入中国共产党。1967年作为地面立体摄影测量组组长带队承担四川万县09工程、湖南岳阳2348工程等工程选址的大气扩散测量。四川若尔盖矿区和新疆汗腾格里峰地区地形图的测绘。1972年到河南确山"五七"干校劳动，任基建排排长；1974～1977年，参加由地质部、冶金部和中科院组织的全国富铁找矿会战，受院指派，担任中科院5个研究所和两所高校组成的华南富铁科研队政治指导员兼党支部书记。1977年，经院批准，参加地理所二部筹建，并任地物波谱与航空遥感研究室党支部书记。担任腾冲航空遥感试验中科院赴腾冲地区调研组组长和现场指挥部办公室副主任，兼地面试验组组长。1979年任遥感所业务处处长。参与了腾冲、津渤和二滩等重大遥感应用试验和"六五""七五""八五"项目的科研管理与协调。1986年晋升为高级工程师。1988～1993年任所长助理，兼业务处处长。1994年任主持党委工作的副书记、副所长，分管全所的党务和行政后勤工作。曾担任中国地理学会环境遥感分会理事。《遥感大词典》和《资源遥感纲要》编委。参加《遥感与祖国改革开放同行》专著的编写。主编并出版《遥感之路》（画册）、《遥感应用的实践与创新》《同心谱—我与陈述彭院士》。发表“我国遥感领域的第一次重大创新实践”“遥感应用研究所实行开放运行机制”“中国国家遥感中心研究发展部的建立与发展”“理想、信念，追求者的足迹”等文章。1974 年完成新疆测绘，荣立三等功。1977 年在全国富铁找矿会战中被评为中科院“先进工作者”。1986 年被院京区党委评为中科院优秀党员。1993 年享受中科院管理人员突出贡献津贴。1997 年获中科院优秀领导机构成员荣誉证书。1997 年退休。1999 年获国家遥感中心颁发的“遥感开拓特别奖”。1997～2005 年任遥感所离退休干部党支部书记。2003 年被院离退休干部工作局评为离退休干部先进个人。2005 年被院京区党委授予优秀党务工作者称号。

6. 刘纪远（1947 年 5 月～）

遥感所党委书记、副所长，研究员，博士研究生导师。广东省惠州市人。1976 年毕业于内蒙古师范学院地理系。1981 年毕业于中国科学技术大学研究生院，获地图学与遥感专业硕士学位。1981～1985 年任中科院遥感所助理研究员，1986～1992 年任副研究员，1993～1996 年任遥感所研究员、副所长，1997～1999 年任遥感所党委书记、副所长。1999 年底至 2008 年初任中科院地理科学与资源研究所所长。2008～2013 年任第 11 届全国政协委员、全国政协人口资源环境委员会委员。2004～2012 年任国际陆地系统研究计划学术指导委员会委员。现任中国自然资源学会理事长，中国经济社会理事会理事，环保部科技委员会委员，科技部国家遥感中心战略专家组成员，以及《地理学报》副主编，*Journal of Land Use Science* 编委等。主要研究方向为资源环境遥感与信息系统。作为首席科学家，先后主持：国家 973 计划项目“中国陆地生态系统碳循环及其驱动机制研究”“大尺度土地利用变化对全球气候的影响”；国家科技支撑与科技攻关计划项目“国家陆地生态系统综合监测与评估”“国家级基本资源与环境遥感动态信息服务体系”；中科院重大项目“国家资源环境遥感宏观调查与动态研究”“国土环境遥感时空信息分析”“耕地保育与持续高效现代农业试点工程”等。先后担任联合国 MA 计划“中国西部生态系统综合评估”首席科学家，以及多个国际合作项目的中方首席科学家。在遥感所工作期间主持完成的“国家土地资源及生态环境背景遥感宏观调查与动态研究”和“西藏自治区土地利用现状调查与土地利用研究”分别获 1999 年国家科技进步奖二等奖和 1993 年国家科技进步奖三等奖；他主持完成的成果还获得中科院科技进步奖特等奖、一等奖，以及部级科技进步奖特等奖、一等奖等多项。共发表研究论文和专著 200 余篇部，其中 SCI 论文 60 余篇，专著 4 部。1995 年，享受国务院政府特殊津贴。

7. 俞纪华（1949 年 11 月～）

遥感所党委副书记、纪委书记、主持党委工作的副书记、副所长。浙江省嵊州市人，1978 年毕业于南京大学地理系，分配到地理所从事制图自动化应用研究。1979 年转入遥感所，从事计算机制图应用研究。1989 年任专职工会副主席。1991 年任主席。1993 年任党委办公室主任。1994 年任人教处处长。1996 年聘为四级职员。1997 年任党委副书记、纪委书记。2001 年任党委副书记、纪委书记、副所长。主要参与了《城市环境计算机制图软件系统开发》《天津市环境质量图集》的编制和“空间信息系统”研究。在人教处工作期间，建立并实施了以全员聘用制和岗位聘任制为核心的用人制度；建立了多渠道、多层次的人才培养选拔和与任务和绩效挂钩的结构性工资分配制度。先后选拔“百人计划”3 人。吸收和聘请国内外专业技术人才来所从事合作研究、讲学和人才培养工作。招聘创新研究员，责任副研、高工 49 名，管理人员 4 名。同时认真做好每年年终总结考核、职工的职务职称晋升和工资福利等工作。充分发挥我所硕士点、博士点、博士后流动站的作用，加强研究生的培养。2000～2003 年，主持党委和纪委工作，立足本所深化改革，积极宣传、贯彻、执行党的四项基本原则和各项方针政策。按照“院党委工作条例”要求，努力加强党的思想建设、作风建设和廉政建设，保证所长负责制的贯彻和实施。充分发挥党委的政治核心作用，制定精神文明建设条例和职工守则。2003 年 5 月，配合党委书记带领党委班子“讲学习、讲政治、讲正气”。提高领导干部的党风廉政意识，自觉接受群众监督，不断改进工作作风。十分注意关心群众生活、认真细致地做好职工的政治思想工作，有效处理解决重大事件（如“对抗非典疫情”等）。在领导班子建设中坚持执行民主集中制的原则，维护领导班子团结，使我所工作迈上新台阶。发表论文 5 篇，合著专著 1 部。获国家环保局科技进步二等奖一项（1987 年），院科技进步奖三等奖一项（1989 年）。1994 年享受中科院管理人员突出贡献津贴，院优秀领导班子奖（2002 年）。

8. 李培金（1957 年 8 月～）

遥感所党委书记、副所长。出生于山东省平度县。1976～1979 年任山东省平度县三埠李家联办中学教师。1979～1983 年毕业于山东大学中文系，获文学学士学位。1983 年 7 月分配到共青团中央工作，历任团中央组织部干部一处干事、副主任科员、主任科员、副处长，团中央青农部林牧处副处长、乡镇企业处处长，青农部副部长。1996 年 6 月受团中央派遣援藏，任共青团西藏自治区委副书记、自治区青年联合会副主席。1998 年 6 月～1999 年 6 月任西藏自治区经贸体改委副主任、党组成员。1999 年 8 月调任中科院京区党委副书记兼院机关党委常务副书记，2001 年任院京区党委副书记兼院机关党委书记。2003 年 4 月调任中科院遥感所党委书记兼副所长，同期被香港中文大学聘为荣誉教授。2006 年 6 月调任中科院微电子所，任党委书记兼副所长。在团中央工作 13 年，经常深入全国各地工厂企业，农村，林牧区，学校调查研究，熟悉农村社会发展工作和经济管理工作。编著《农民企业家的故事》。在西藏工作期间，主管“希望工程”，两年间为边远牧区和乡村布局和建设十几所希望小学，参与自治区党委“邓小平与西藏革命和建设事业”大型回忆文章的起草，并被收入中央文献研究室编辑出版的《回忆邓小平》一书。在西藏经贸委主管民族手工业局，质量技术监督局，口岸办等工作，主持了大型国有企业林芝毛纺厂的转型转产。在中国科学院院部工作期间，分管组织、宣传、统战和工青妇工作，主抓了知识创新工程创新文化建设，院精神文明建设工作。2000 年主持了院机关干部职工住房分配和调整工作。参与了《“三个代表”与科学技术》编写，主编《在鲜红的党旗下——党和科学家》一书。在遥感所工作期间，主持党委工作，分管人事、行政后勤管理和基建工作，积极推动所党务工作创新，推动各项规章制度建设，推动人才队伍建设，改善职工住房和福利，改善所科研和机关办公条件，主持扩建所办公楼和河北怀来野外观测站。组织科研力量积极参与防灾救灾、环境监测、缉毒等国家重大战略需求任务。

9. 谭福安（1949 年 8 月～）

遥感所党委书记、副所长。生于山东省阳谷县。1977 年毕业于北京大学地质地理系自然地理专业。分配至中科院自然资源综合考察委员会。先后参加了黑龙江荒地资源、南方山区、青藏高原（横断山区）、西南地区（川、滇、黔、桂、渝）和西藏自治区“一江两河”地区等区域的综合科学考察研究、发展战略研究与发展规划工作，以及研究所的科研与组织管理工作。历任中科院西南地区发展战略研究考察队办公室主任（1986 年），中科院青藏高原综合科学考察队副队长（1989 年），中科院自然资源综合考察委员会主任助理兼科技处处长（1992 年），中国科学院区域资源研究专家委员会办公室主任。1991 年被聘为高级工程师，中国科学院自然资源综合考察委员会党委副书记（主持工作）、党委书记兼副主任（1995 年 5 月～1999 年 12 月），中科院地理科学与资源研究所正局巡视员（1999 年 12 月～2001 年 5 月）。中科院微电子研究所党委书记兼副所长（2001 年 5 月～2006 年 4 月），中科院遥感所党委书记兼副所长（2006 年 4 月～2009 年 7 月）。曾多次被评为中科院自然资源综合考察委员会先进个人和中科院先进集体成员、中科院京区优秀共产党员、中科院京区创新文化先进个人和中科院创新文化先进个人（2008 年）、1992 年获中科院科技进步奖二等奖（排名第五）、1993 年获中科院突出贡献管理津贴、1995 年获国家科技进步奖二等奖（排名第五）。在担任所领导职务期间，积极贯彻院党组要求，将打造和谐团结、坚强有力、精干高效、清正廉洁的研究所领导班子作为首要任务。尤其是在遥感所工作期间，重视党政领导机构建设，根据研究所现状提出“和谐发展”理念，并形成党政领导班子及其成员的共识。由于所党政领导机构与成员的团结协作、密切配合、勇于改革、联系群众、勤政廉政，从而团结带动和激发了全所职工开拓进取、勇于创新、奋发向上的精神，实现了研究所从 2006 年的和谐—2007 年的发展—2008 年的奋进，使研究所的精神面貌和对外形象跃升了一个台阶，推动和迎来了研究所科研与各项工作的再次全面发展。

10. 赵忠明（1961 年 10 月～）

遥感所党委书记、副所长。生于甘肃省华池县。1982 年西北工业大学计算机系毕业，留校任教。1988 年获西北工业大学硕士学位。1991～1996 年任西北工业大学计算机系图像处理与模式识别教研室主任。1996 年获西北工业大学博士学位。1996～1999 年遥感所开展博士后研究。1998～1999 年赴比利时布鲁塞尔自由大学合作研究。2000 年任遥感所研究员、博士生导师。2000～2004 年任国家遥感应用工程技术研究中心副主任、主任，享受国务院政府特殊津贴。2002～2009 年任遥感所副所长。2009～2012 年任遥感所党委书记、副所长。2012 年后任遥感与数字地球研究所党委书记、副所长。现任中国体视学学会副理事长、中国图像图形学会常务理事、中国地理学会环境遥感分会常务理事、中国环境科学学会环境信息系统与遥感专业委员会委员、《遥感学报》和《中国体视学与图像分析》等期刊编委、中科院大学教授、西南交通大学兼职教授。长期从事遥感图像处理技术研究与工程化工作。主要研究领域包括图像复原、纹理分析、数据融合等。主持研发的遥感图像处理平台软件 IRSA 多次在国产空间信息系统软件测评中获表彰。在图像复原方面，首次将小波变换与 EM 算法结合，提出了盲信号复原参数辨识的多级方法。提出一种利用小波分析进行图像分解，进而将单通道图像复原问题转化为多通道图像复原问题的方法。在纹理分析方面，将小波变换应用于纹理分析，并着重研究纹理的尺度空间特性，提出了尺度共生矩阵的概念。进而将尺度空间与灰度空间相结合，提出了既反映纹理尺度特性，又反映纹理空间特性的三维共生矩阵的概念。在数据融合方面，提出了基于马尔可夫随机场模型的遥感图像融合方法。主持及参与《遥感图像处理》《空间信息技术原理及其应用》《数字图像处理与分析》和《埃及遥感应用示范研究》《遥感数据模型与处理方法》《数字图像处理导论》《振动数字信号处理程序库》《近代数字信号处理程序库》等专著的撰写。发表论文 50 余篇。获“中科院盈科优秀青年学者奖”1 次、国家科技进步奖三等奖 1 次、国家科委科技进步奖一等奖 1 次、铁道部科技进步奖二等奖 1 次、工业科技进步奖三等奖 2 次、陕西省教委科技进步奖二等奖 1 次。在 2008 年“5·12”汶川地震抗震救灾中，被评为“中央国家机关抗震救灾优秀共产党员”。

三、副所长、副书记及相当职务人员

1. 姜虎文（1918年6月～2011年8月）

遥感所副所长。山东禹城县人。1937年8月参加革命，1938年10月加入中国共产党。组织山东齐河县战地服务团、任齐河县民先大队大队长、齐河县政府党代表、齐禹县区抗联主任、二野七纵团组织干事、战斗报编辑、平原日报社和中央文委科长等。1954年11月～1960年8月到中科院物理研究所任办公室主任。后调院基建局任处长2个月。1960年10月～1978年5月在院新技术局任处长。1978年5～10月，调院三局任处长，参加筹建中科院空间中心。1978年10月调地理所二部。1979年转入遥感所任副所长。1982年12月离休。参加了遥感所的筹建，分管行政后勤工作。在人员大量增加，设备不断引进，工作用房和生活用房都极为紧张的情况下，重点解决科研工作用房和职工生活住房的困难和日常水、电、交通等基本工作条件。主管并报院批准将地理所实验楼由二层加高至四层，临时搭建加固木板房1203m^{2}作为办公用房，建临时壁板房250m^{2}作为职工临时生活住房，以解燃眉之急。同时，院批准采取4所联建的方式，在917生活区建职工宿舍楼5000m^2，并由遥感所承担9号楼的基建抓总工作。由于该项工程是自筹自建项目，材料供应较为困难，积极争取院基建局的支持，采取了多种措施，保证工程进度，在离休的时候，已完成一半的工量，为改善职工住房条件做出了努力。

2. 万正明（1942年12月～）

遥感所副所长。上海市人。1978年考入地理所二部出国研究生。1984年在美国加州大学取得博士学位。1985年7月回遥感所工作。1986年1月，为了加强所级领导机构的力量，所领导决定任命万正明为所长助理，协助所长管理研究所日常事务。同年评为副研究员。在杨世仁所长出国期间，委托万正明为遥感所法人，主持遥感所全面工作。1988年9月任副所长，其间争取，并主持国家“七五”科技攻关课题“遥感应用基础研究”，其成果获1992年中科院科技进步奖二等奖。

3. 田国良（1939年6月～）

遥感所副所长、党委委员、学术委员会和学位委员会委员、研究员、博士生导师。遥感所地物波谱特性研究室、遥感辐射特性研究室主任、中国科学院遥感信息科学重点实验室副主任、国家遥感中心专家委员会委员、国家遥感中心战略专家组专家、国家遥感中心空间信息系统软件测评专家委员会副主任、国家遥感中心“中国空间信息网”专家委员会副主任、中国GIS协会软件分会副会长、中国空间科学学会空间遥感专业委员会委员、中国农业工程学会农业遥感专业委员会委员和中国地理学会环境遥感分会名誉理事。《遥感学报》和《中国图象图形学报》副主编和第二届出版委员会副主任委员。天津市人，1965年毕业于吉林大学物理系，分配到地理所从事气候学中的太阳辐射研究。1979年调入遥感所工作，从事地物波谱特性研究。1984～1985年澳大利亚科工组织水土资源研究所访问学者。1993年11月～1995年5月加拿大舍布鲁克大学高级访问学者。1992年享受国务院政府特殊津贴。长期、系统地开展了地物波谱特性研究和遥感信息模型研究；发展了遥感信息大气影响校正模型和方法、植被辐射传输的双层模型、农作物遥感估产模型；建立了土壤热传输模型和土壤水热耦合运动变化模型，同时扩展为地–气相互作用的地表特征动态模型；实现了大面积农田蒸散和土壤水分监测；主持建立了全国自然灾害遥感监测评估业务运行系统。主持和承担多项国家重大基金、攀登、973、863和国家科技攻关等项目，担任“八五”“九五”国家科技攻关项目总体组组长和首席专家，推动了3S技术的综合应用和产业化。作为专家组组长和课题负责人负责建立了863项目国办服务系统。发表论文200篇，其中SCI收录33篇，EI16篇，专著15部。被评为科技部、财政部、国家计委、国家经贸委、中科院等先进个人。获得国家科技进步奖二等奖2项，中科院重大科技成果奖一等奖1项，科技进步奖一等奖1项、三等奖3项，自然科学奖一等奖1项。多次被评为中科院优秀共产党员、优秀研究生导师、“杰出贡献教师”等。退休后继续从事遥感科学和航天遥感论证工作，参加了国家遥感中心发展战略研究和国家重大科技专项遥感领域立项工作。

4. 王　超（1963年12月～）

遥感所第六届领导机构任副所长、常务副所长、研究员、博士研究生导师。安徽人，1979～1989年在南京大学地球科学系获博士学位，1987年1月加入中国共产党。毕业后到遥感所工作。同年被聘为助理研究员，1992～1993年，任德国宇航院客座研究员。1997年评为研究员、博士生导师。研究方向：微波遥感。2001年7月～2004年10月任遥感所副所长、常务副所长（主持工作）。2004～2007年，中科院遥感卫星地面站副站长，研究员，博士生导师，科技委副主任。2007～2015年，对地观测与数字地球科学研究中心研究员。2002～2005年在遥感所主持、承担并完成了国家重点基础研究发展规划项目“复杂自然环境时空定量信息获取与融合处理的理论与应用”课题“SAR和InSAR的信息应用研究”，主持完成了“新型成像雷达对地观测机理与地物识别研究”项目，2006年在遥感卫星地面站主持完成了“空间信息系统框架支持下的SAR影像目标信息提取”研究项目。“新型成像雷达对地观测机理与地物识别研究”获2005年北京市科学进步奖一等奖。代表论著5篇。培养指导博士生11名，硕士生14名，在学博士生7名，硕士生5名。1997年享受国务院政府特殊津贴。

5. 李乃煌（1949年2月～）

遥感所第五届领导机构任副所长。高级工程师。曾任业务处副处长、办公室主任、所长助理。江苏省镇江市人。1977年上海复旦大学光学系激光专业毕业，分配至国家计量局北京计量仪器厂。1979年5月，调入中科院地理所二部筹建激光实验室。先后参加“津渤环境遥感试验”“晋陕蒙脆弱生态环境遥感调查”及“八五”新疆国家305项目《遥感技术在新疆地质找矿中的应用研究》等。1990年被聘为高级工程师，1997年任副所长，主管行政后勤工作。2000年起负责筹建遥感所联合建设办公室，组织“风林绿洲”住房建设，为解决中国科学院科研人员住房困难做了大量工作。新疆找矿项目获中国科学院1990年度科技进步奖一等奖及国家1991年度科技进步奖三等奖。1993年享受中科院管理人员突出贡献津贴。曾多次评为遥感所先进个人及优秀党员。发表论文7篇。

6. 孙俊杰（1950年10月～）

遥感所副所长，研究员。河北省河间县人，1968年在云南省江城县生产建设兵团独立第五团工作，1978年北京大学地质地理系经济地理专业毕业，分配到地理所从事经济地理研究。1986年调中科院机关，先后在地学部、资源环境科学与技术局工作，任国土资源处副处长、处长，办公室主任，综合规划处处长；2001 年 10 月任遥感所副所长。2003 年 4 月调地理科学与资源研究所，任党委副书记、副所长、纪委书记。长期从事资源、环境、国土整治和农业科研项目的研究和管理工作。在院机关工作期间，负责组织或参与了资源环境和农业领域等有关国家攻关项目和973项目、院重大项目的申报、论证、立项及验收的管理；资源环境领域结构性调整、知识创新工程试点和研究所定位；编制学科和支撑系统等有关规划；国家重点实验室、院开放实验室和开放台站的建设论证、评估、检查；“百人计划”和“引进国外杰出人才”的评审和评估等工作。还参加“栾城农业现代化县试验研究”“京津唐地区国土开发与整治”“天津市海岸带和海涂资源综合调查”和“京津地区生态系统特征与污染防治”“黄土高原综合治理研究”“南方红黄壤地区综合治理”“新疆资源开发与生产布局研究”“塔克拉玛干沙漠综合科学考察”“可可西里综合科学考察”“额尔齐斯河流域水资源开发利用专题研究”及“建立黄土高原国土资源数据库及信息系统”等国家和中国科学院重大项目。曾任中国自然资源研究会教育专业委员会理事，中国环境遥感学会理事，《水土保持研究》第一届编辑委员会委员。获国家科技进步奖一等奖 1 项，省部级一等奖 1 项，省部级三等奖 1 项。1991 年被评为中科院“七五”重大科研任务先进工作者，1994 年享受中科院管理人员突出贡献津贴。

7. 赵千钧（1965 年 2 月～）

遥感所副所长，研究员、博士生导师。2012 年 9 月，遥感所与对地观测中心整合后，任副所长、党委副书记，兼纪委书记。祖籍山西省阳高县，出生于内蒙古卓资县。1987 年毕业于西北大学地理系自然地理专业，获理学学士学位；1992 年 5 月～1994 年 5 月，兼职北京市石景山区科委副主任；1994 年 6 月～1996 年 6 月，援助非洲土地测量专家组成员，赴博茨瓦纳共和国工作，任副组长。1996 年获地理所理学硕士学位。1997～2001 年，任地理所资源与环境地理信息系统国家重点实验室副主任，兼党支部书记，并晋升为研究员。2005 年获中科院研究生院理学博士学位。20 世纪 90 年代，主要从事区域规划和可持续发展研究、农业地理和 GIS 在农业发展中的应用研究等。较早在我国进行农业科技园的研究。1992 年合作出版《农业科技园初探》。90 年代后期从事 GIS 在农业发展中的应用研究，较早将地理信息系统（GIS）应用于农业地理研究，并开展精准农业的理论和实践研究。合著《精准农业概论》。主持完成了“黄淮海农业发展战略研究”“县域农业资源管理（GIS）信息系统的研制与开发”和“农业科技产业化机制研究”“GIS 市政管理信息系统的开发与实用化”“GIS 农业生产管理信息系统的试验示范”等项目。完成了“我国农村经济结构调整的标准与原则研究”“鲁西北地区农村发展及农业产业结构调整研究”“禹城大禹家苑高科技农业园区规划”“北京市石景山区社会经济可持续发展规划”“东营市社会经济可持续发展概念规划”等任务。2001 年 7 月，任中科院资源与环境技术局综合处副处长、处长、局长助理。主要从事资源环境领域战略规划及科研经费预算编制；项目申报、论证、评审、检查；协调野外台站规划、管理、运行经费预算；协调资源环境领域人才计划规划、论证、评审和检查等。2006 年 6 月～2009 年 3 月，赴厦门市筹建“中科院城市环境研究所”，任筹建组副组长（享受副局级待遇），党支部书记、厦门市第 11 届政协委员。现为中科院城市环境研究所客座研究员。2006 年后，重点研究城市生态服务功能和城市生态安全，提出并开展“城市效率学”研究，取得了一些有影响的研究成果。科技部农业成果转化资金项目和国家自然科学基金、教育部学位评审专家。撰写报告 30 多份，合作专著 2 部，发表论文 30 多篇。

8. 王晋年（1966年9月～）

遥感所第八届领导机构任副所长、研究员。遥感卫星应用国家工程实验室常务副主任、硕士生导师。山西人，1987年北京大学地理系自然地理专业毕业后到遥感所工作，并在遥感所取得硕士学位。曾在美国国际地球科学信息网络中心做访问学者、日本基本工程株式会社任主任研究员、加拿大约克大学对地观测实验室高级访问学者、加拿大罗杰斯通信集团任高级研发工程师和加拿大贝尔集团全球交互系统研发主管。长期从事高光谱遥感、遥感、GIS和GPS综合应用技术研究，主持或作为主要完成人承担了“七五”攻关“红外遥感在金矿勘探中应用研究”“八五”攻关“机载成像光谱系统典型应用示范研究”“九五”攻关“高分辨率遥感技术应用研究”、重大基金“高光谱分辨率遥感信息处理及地物识别研究”“863”“实用化成像光谱仪数据处理与分析技术系统”、中日合作“塔里木盆地资源遥感信息研究”和“湿地植被成像光谱遥感信息研究”、中美合作“塔里木盆地成像光谱遥感数据获取处理分析”、中德合作“祁连山航空成像光谱遥感信息研究”及中澳合作“航空成像光谱仪在澳大利亚实验研究”等项目。2007年回国后，致力于遥感所的管理工作。同年10月任遥感所所长助理；2008年10月晋升为研究员，11月任遥感卫星应用国家工程实验室副理事长兼常务副主任。2009年7月任遥感所副所长。负责国家环境保护遥感应用重点实验室、遥感卫星应用国家工程实验室的建设和发改委卫星应用产业化专项自主卫星遥感数据产品标准与支撑体系研究；主持和参加重大专项、863、支撑、基金、行业公益、产业化专项等一系列项目；积极组织参加高分专项，623专项和国家空间基础设施的论证工作，推动基于高光谱遥感找矿的“光谱地壳”计划。出版专著《北京一号小卫星数据处理及应用》和《遥感与数值模拟技术的实现与应用》。曾获中科院科技进步奖二等奖和三等奖。

四、其 他 院 士*

1. 何建邦（1937年1月～2017年3月）

遥感所环境信息系统研究室主任、博士生导师。国际欧亚科学院院士。广州市人。1962年武汉测绘学院毕业，分配到中科院地理研究所。1975年就读英国皇家艺术学院自动制图硕士研究生。1978年从地理研究所转入地理所二部业务组工作；1979年12月遥感应用研究所成立时转入遥感所，1983年10月～1984年8月任遥感所地理信息系统研究室主任。在地理所二部期间，主要从事制图自动化研究。在“腾冲航空遥感试验”中，根据各种来源的统计资料，运用计算机自动制图方法进行统计地图的机助编图实验，主持完成了《腾冲农业统计地图集》的编制；在雅砻江二滩水力开发前期若干问题综合研究项目中，主持二滩–渡口地区地理信息系统研究，试验建立了渡口城市数据库、盐边水库淹没样区数据库和二滩–渡口地区区域数据库，以其具有信息查询、检索、系统分析和趋势预测，机助制图等功能移交给渡口市作为区域管理和服务的新手段使用。1984年，中科院地学部决定在地理所成立资源与环境信息系统实验室时转入地理所，参与创建资源与环境信息系统国家重点实验室，主要从事地理信息共享和标准研究。主持多项地理信息共享系统建设和地理信息共享环境的研究工作。曾任实验室主任、学术委员会常务副主任。1990年聘为研究员。1992年起享受国务院政府特殊津贴。国家有突出贡献的中青年专家。曾17次获国家、

* 按当选年限排序。

中科院及各部委的科技成果奖励。1990年，国家计委、国家科委、财政部授予在国家重点实验室建设中做出重大贡献的先进工作者称号，曾任欧亚科学院中国科学中心副秘书长、地球信息科学学部主任。

2. 林　晖（1954年5月～）

香港中文大学地理与资源管理学系教授、太空与地球信息科学研究所所长，哲学博士。1995年当选国际欧亚科学院院士。历任国家遥感中心香港基地主任。2012年任国际数字地球学会中国国家委员会副主席。江西南昌人，1980年毕业于武汉测绘科技大学。1983年在中科院遥感所取得硕士学位。1987年和1992年分别获美国布法罗大学文学硕士和哲学博士学位。1993年加入香港中文大学。1997年率先在香港建立中科院地学领域的香港研究基地“地球信息科学联合实验室”，并进一步将实验室建成“太空与地球信息科学研究所”。主要研究领域包括；多云多雨地区遥感、虚拟地理环境、空间综合人文学与社会科学交叉领域等。在遥感所读研究生期间，在国内采用卫星遥感与GIS技术开展了我国二滩水电站水库淹没调查与成果验证。近20年来，作为973项目首席科学家和863、自然科学基金等30多项科研项目的课题负责人，在国际上率先提出虚拟地理环境（VGE）学术思想和监测大型线状人工地物形变的InSAR遥感研究方向。发起与组织了香港与珠三角综合环境遥感系列研究。作为中欧“龙计划”项目“青藏高原冰川和湖泊动态制图”的中方首席科学家，发展了InSAR遥感方法，开发出第一套国产的监测地面沉降的InSAR软件Skysense。提出“虚拟地理环境研究”的学术思想在国内形成了学术方向和多个研究基地。在国内外学术期刊上发表270多篇学术论文，合作撰写12部学术专著，编辑一本地图集和15部会议文集，任英文学术期刊 *Annals of GIS* 的主编。2009年，林珲与Michael Batty院士合作编辑出版了英文版《虚拟地理环境》一书，该书不仅在中美两国出版，还被翻译成俄文和捷克文等版本在国际发行。其成就得到包括美国科学院、英国科学院、德国科学院的院士在内的国际著名学者的高度赞赏和共同推荐，令其获得美国地理学会2017年米勒奖。2009年获亚洲遥感协会杰出贡献奖，2012年获广东省科技进步奖（基础类）一等奖。

3. 崔伟宏（1935年11月～）

国际欧亚科学院院士。中科院遥感应用研究所计算机辅助制图研究室副主任、主任，再生资源与生态环境遥感研究室主任、研究员、博士生导师。广东南海人。1962年4月毕业于苏联莫斯科测绘大学获硕士学位，到中科院地理研究所从事地图学研究。1964年任地图室专门地图组组长，1977年任地图室自动化组组长，1978年成立地理所二部，任制图自动化研究室软件组组长。1979年参加筹建，并转入遥感所。1984～1990年，获联合国奖学金，前后在美国弗吉尼亚州立大学学习及弗吉尼亚理工学院担任访问副研究员。1988～1997年先后任遥感所计算机制图研究室和再生资源遥感研究室主任。1992年晋升为研究员，1995年被批准为博士生导师。2001年当选为国际欧亚科学院院士，2012年当选为俄罗斯自然科学院院士。现任欧亚科学院中国科学中心地球信息科学部副主任，北京（朝阳）院士专家服务中心首席科学家，2000年被聘为俄科学院远东地理研究所荣誉教授，2014年被聘为云南腾冲市发展战略总顾问。曾任国家863计划308主题“数字地球”研究组成员。现任非政府国际组织气候变化委员会（NIPCC）中国联络站负责人，全球气候变化研究组组长，2012年和2014年两次当选中国人民争取和平与裁军协会理事并担任多种国际学报编委。20 世纪 60 年代以来，主要从事地图学、地图自动化、遥感和地理信息系统研究。参加和主持我国第一颗人造地球卫星监控配套系统研究；主持我国第一个基于计算机技术的制图自动化系列装置研制，为建立基于数字的空间信息系统创造条件；在面向对象的数据结构和模型的基础上，深入研究超图数据结构及应用，提出以特征为基础的时空数据概念模型、理论设计及时态地理信息系统的构建；从事区域可持续发展和循环经济信息化，3S 集成技术等创新性研究，从地球信息科学的高度从事全球气候变化研究以及在数字生态、农业、烤烟生产等方面的应用，在理论和方法上有新的突破。主编专著 5 部，发表论文约 200 篇；曾获国家科技进步奖二等奖及省部级科学技术进步奖共 10 次；两次被评为中科院优秀研究生导师；获国务院颁发的科学技术突出贡献荣誉证书，1994 年享受国务院政府特殊津贴。

4. 何昌垂（1949 年 6 月～）

国际欧亚科学院院士；联合国粮农组织副总干事。遥感与地理信息学博士。福建省福清市人。1975 年福州大学物理无线电系毕业后，分配到中国科学院地理所卫星组，1978 年转入地理所二部，先后参加海南富铁找矿和腾冲航空遥感等国家重大遥感科技项目的试验研究。1979 年 9 月享受联合国大学给中国提供的第一批奖学金，由中国科学院选派到荷兰国际航天与地学学院（ITC）学习，1981 年 4 月获遥感硕士回国在遥感所继续从事遥感应用研究；1982 年经遥感所推荐到国家科委基础研究与新技术局负责高技术和国家遥感中心国际合作，先后担任副处长、处长、高级工程师、副局长和国家遥感中心负责人，“863 办公室”副主任，以及国际科技合作局副局长等职务。1989 年考上北京大学城市与环境学系自然地理专业在职研究生，1994 年获遥感与地理信息学博士学位。2002 年被选举为国际欧亚科学院院士。1988 年通过竞聘进入联合国，任职长达 25 年，曾任联合国亚太经济社会委员会地区首席技术顾问兼遥感项目主任、粮农组织资源与环境处处长（副司级）、亚太地区代表（司级）、助理总干事兼亚太地区总代表（联合国助理秘书长级别），以及粮农组织副总干事（联合国副秘书长级别）等职务。领导制定了一系列重要的政府间协议、大会宣言、会议共识和政策文件，推动并组织实施了大量的政策咨询、技术合作和南南合作以及灾害紧急救援等项目。组织实施了农业、林业、全球粮食监测体系和预警系统、气候变化应对、生态环境、土地和水资源以及生物多样性评估监测等全球和地区合作、信息交流和国家能力建设等。从联合国正式退休后，继续参与推动国际科技合作和国际组织高级人才培训。现为北京大学国际关系学院教授（兼职）、中国国家遥感中心战略顾问、农业部“中国农业走出去”战略顾问、中国科学院遥感与数字地球研究所名誉研究员，以及全球对地观察委员会农业遥感监测顾问委员会联合主席等。发表了 70 多篇政策研究、内部报告、学术论文和专著。曾获包括中国、日本、蒙古国和尼加拉瓜等多个国家和国际机构和学术组织的表彰，以及 2011 年泰国政府授予的“泰国皇家特级皇冠骑士勋章”。

5. 顾行发（1962 年 6 月～）

2007 年当选为国际宇航科学院院士（见本章一、历届所长）。

五、国家计划引进的优秀人才

（一）百 人 计 划*

1. 杨崇俊（1954 年 9 月～）

1997 年 2 月入选中国科学院百人计划到遥感所工作。负责筹建网络地理信息系统研究室，任研究室主任。同年聘为研究员、博士生导师。曾任所学术委员会委员、国家遥感应用工程中心常务副主任、主任、遥感所所长助理。1982 年毕业于四川大学物理系，分配到北京林业大学从事物理教学工作。1984 年公派法国留学。先后在法国国家科学研究中心和法国国家空间研究中心、法国农林水机械化研究中心做研究工作；分别于 1986 年和 1990 年在法国图鲁兹大学获计算机图像处理硕士、遥感博士学位；1992 年完成博士后研究工作。曾任国际摄影测量与遥感学会空间数据管理集成系统工作组（ISPRS-WGII/3）共同组长、中国海外地理信息系统协会副主席、中国地理信息系统协会资源环境专业委员会副主任、数字地球国际会议常设秘书处副秘书长、科技部国家 863 计划地理信息系统总体组专家及数字地球软课题研究组组长。主要从事网络环境下空间信息模型、传输、管理、分析和应用的核心关键技术研发与应用。提出了空间信息隐形搜索与服务技术、多级分布空间数据虚拟四叉树模型与联网服务模型、面向多级架构分布集中混合式网络地理信息应用平台技术等。在不断沉淀、完善网络地理信息工程重要理论技术创新成果基础上，主持研发的自主版权的网络地理信息系统平台软件地网 GeoBeans，从 1998 年以来已推出四代 15 个版本，在科技部年度测评中 13 次得到表彰，并用于数百个工程项目。主持研制了大型全国性行业地理信息工程系统，原创性地实现空间信息工程单个建设到低成本全行业整体建设的重大突破。参与国内有关数字城市、智慧城市等一系列技术标准制定和数十个城市的顶层设计。获得国家科技进步奖二等奖 2 项、专利 1 项，发表论文 136 篇。指导了 21 名硕士研究生和 41 名博士生（联合指导 5 人）。地理信息世界杂志编委，地理信息科学杂志编委。

2. 马建文（1953 年 5 月～）

1998 年入选中科院百人计划，到遥感应用研究所任资源遥感应用中心主任。同年被评为研究员。2001 年聘为博士生导师。任遥感所、遥感信息技术部主任、2004～2009 年任所长助理。国科大教授。第五届全国遥感学会理事。1978 年 9 月年毕业于河北地质学院水文工程专业；1990 年考入中国–加拿大人才开发项目赴加拿大遥感中心和渥太华大学留学，1998 年成都理工大学获博士学位。1970 年 12 月～1974 年 10 月中国人民解放军 1654 部队任战士、班长、团/师教导团学习两年；1978 年 10 月～1990 年 3 月冶金工业部天津研究院遥感所，任助理工程师、工程师；1991 年 12 月～1994 年 7 月冶金工业部天津研究院遥感所，任高级工程师、所长。到遥感所后，通过完成院所创新项目、国家自然科学基金、863、973 项目（课题），创建了遥感信息智能处理、遥感数据自动化处理和数据同化处理技术系统，发展了遥感智能、自动化处理知识体系；根据辐射传输光路原理，设计了实验装置，观测到像元邻近效应现象，研发出校正方法，丰富了定量遥感测量方法，解释了遥感数据微弱信息增强方法的合理性；作为主要撰写参

* 按入选年限排序。

加了科技部、国家计委和中国科学院的规划战略研究；作为报告主笔的主要成员完成了国家航天局 CEBERS1-2 应用和减灾环境卫星应用两份论证报告，以及国家发展和改改革委员会《我国卫星地面系统统筹专家咨询报告》；为国科大开设《遥感数据智能处理与应用》课程，选课学生超过800名，连续被评为优秀课程。发表论文230余篇，其中 SCI 论文 33 篇；计算机软件著作权登记证书 8 项；出版专著 5 部。培养博士 20 名，硕士研究生 9 名（包括作论文）。作为中科院研究生院教授，承担遥感数据智能处理与程序设计40学分教学课程。2003 年获得王宽城基金，2004 年获《国家中长期（2006～2020）年科学技术发展规划》荣誉证书。2010 年获国家科技进步奖二等奖。

3. 薛 勇（1965 年 6 月～）

2000 年入选中科院百人计划。遥感所研究员，博士生导师。1986 年毕业于北京大学物理系，1989 年在北京大学遥感与地理信息系统系获硕士学位，1995 年在英国邓迪大学（University of Dundee）遥感与地理信息系统系获博士学位。2000 年入选中国科学院“百人计划”，被中国科学院遥感所聘为研究员。是英国皇家特许物理学家（CPhys），IEEE 地学遥感学会高级会员，英国物理研究所学术成员（MInstP），英国遥感和航空测量学会专业会员（AFRSPSoc）。主要从事遥感与地理信息系统研究，特别是高性能地学计算和气溶胶遥感定量反演研究。研究方向为定量遥感和高性能地学计算。承担与参与 863、973 及自然科学基金面上项目等多项项目。1990 年以来已发表学术论文 160 多篇（国际期刊和国际会议论文），发表专著两部（合著），其中被 SCI 收录 78 篇，EI 收录 80 多篇，多篇文章的影响因子大于 5.0。在陆地上空大气气溶胶遥感研究领域具有原始创新性，建立了我国第一个自主研发的长时间序列（空间分辨率：10km 和 1km；时间尺度：2002 年 8 月至今）气溶胶光学厚度数据集（China Collection 1.0），并且向社会公开发布。到目前为止，已培养博士生 11 人，硕士生 5 人，其中连续两年共 4 人获得中国科学院院长优秀奖，3 人获得优秀毕业生奖，一名博士生在 2012 年获得了中国科学院 BHP Billiton 奖学金，朱李月华优秀博士生奖（非西部地区）。SCI 收录国际期刊 *International Journal of Remote Sensing* 编委，SCI 收录国际期刊 *International Journal of Digital Earth* 编委。2010 年获国家科技进步奖二等奖（获奖人排名第八）；2012 年获中科院研究生院 BHP Billiton 导师科研奖。

4. 顾行发（1962 年 6 月～）

2004 年入选中科院“百人计划”（见本章一、历届所长）。

5. 邸凯昌（1967 年 10 月～）

2008 年入选中科院百人计划。任遥感所行星制图与遥感研究室主任。研究员，博士生导师。河北省唐县人。分别于 1989 年、1992 年和 1999 年获得武汉测绘科技大学摄影测量与遥感专业学士、硕士和博士学位。1992～2000 年在中国国土资源航空物探遥感中心从事遥感与 GIS 研究与开发工作。1997 年破格晋升为高级工程师，先后任遥感方法技术研究所所长、GIS 研究所所长。2000～2008 年在美国俄亥俄州立大学土木环境工程与测量系从事摄影测量、遥感与 GIS 研究，先后任博士后、副研究员（research associate）和研究员（research scientist）。2008 年作为海外杰出人才入选中科院“百人计划”。任中科院遥感所研究员、博士生导师、所学术委员会委员。2010 年 8 月筹建行星制图与遥感研究室任研究室主任。参与组建“深空探测遥操作联合研究中心”，并于 2011 年 12 月正式揭牌，任联合研究中心主任。在遥感所主要从事行星遥感制图与导航定位研究。在院“百人计划”择优支持项目、国家自然科学基金项目、863 项目、973 子课题、嫦娥三号探月工程合同项目等支持下，重点研究空地一体化多源行星遥感数据高精度制图理论和方法、地下和太空环境下基于影像和 IMU 的组合精密导航定位方法、深空探测遥操作前沿技术及登月宇航员月面导航定位方法。带领团队研发的“快速三维月球地形重建及视觉导航定位方法和软件”用于嫦娥三号探测。任国际摄影测量与遥感学会第四委员会“行星制图与数据库”工作组共同组长。北京图像图形学会常务理事、副秘书长。《遥感学报》和《航天器工程》杂志编委。发表论文 155 篇，其中 SCI 检索 36 篇，发表专著 1 部。获部级科技进步奖 2 项，美国摄影测量与遥感学会最佳实用论文一等奖、最佳 GIS 论文一等奖，美国 NASA 火星车探测任务团队成就奖。2009 年获亚洲遥感会议优秀论文奖。2012 年获科学中国人 2011 年度人物——杰出青年科学家奖。

6. 贾　立（1965 年～）

2009 年入选中科院百人计划。任遥感所研究员，博士生导师。1988 年获北京气象学院气象学士学位，1997 年获中科院兰州高原大气物理研究所硕士学位，2004 年获荷兰瓦赫宁根大学博士学位。1988～1999 年先后任中科院兰州高原大气物理研究所研究实习员、助理研究员和副研究员。1999 年荷兰 Alterra 研究所访问学者。2000 年法国斯特拉斯堡大学及法国国家实验室访问学者。2002～2004 年在读博士期间获得荷兰空间组织博士后研究项目，提前进入博士后研究工作。2005 年之后任荷兰瓦赫宁根大学与研究中心研究员。2009 年入选中国科学院百人计划，到遥感应用研究所任研究员，同年聘为博士生导师。目前主要研究方向为水循环遥感，侧重各种尺度下地–气之间能量和水分交换过程模拟与观测、区域及全球尺度地表蒸散卫星遥感估算方法、气候变化对水资源影响、遥感观测时间序列分析及其在干旱监测及植被对气候变化响应等方面的研究。曾参与多项欧洲重大研究计划和项目，包括欧盟第五、第六、第七框架项目，欧空局对地观测新卫星计划（SPECTRA）预研项目等。以百人计划人才引进来遥感所后先后主持和参与了中国科学院“百人计划”引进项目、国家自然科学基金面上及重点基金、国家“863”项目子课题、遥感科学国家重点实验室重大项目、欧盟第七框架项目、中国科学院资源环境科学与技术局及国家外国专家局“创新团队国际合作伙伴计划”项目、中科院知识创新工程等十余个项目。已在国内外期刊和会议文集发表论文 90 余篇，其中 SCI 收录 22 篇，出版专著 1 部（英文），专著章节 5 篇（英文）。目前为对地观测组织 GEO 水任务工作组干旱专题主要成员，欧洲地理协会会员，20 余个国际专业（SCI）期刊审稿人，同国际水循环遥感研究领域保持着密切的学术联系。曾于 2013 年 4 月成功组织了“陆地水循环的空间对地观测与模拟：数据产品的创新性与可靠性（WATGLOBS）国际会议”，得到国际对地观测组织（GEO）及 GEWEX 的关注和支持，会议吸引了国内外相关领域著名学者专家 150 余人参加。

7. 李正强（1977 年～）

2011 年入选中科院“百人计划”。任遥感所遥感定标与真实性检验研究室主任、研究员、博士生导师，理学博士，国际辐射委员会（IRC）委员，欧盟 ACTRIS 项目（气溶胶、云和痕量气体研究基础设施网络）跨国访问评审委员会委员，中国环境科学学会环境信息系统与遥感专业委员会秘书长。河南人，1986 年 6 月毕业于上海水产大学冷冻冷藏专业。2004 年于中科院安徽光学精密机械研究所获光学博士学位，2004～2009 年在法国里尔大学大气光学实验室进行博士后研究，任助教和助理研究员。2009 年 11 月晋升为研究员。2010 年加入中科院遥感应用研究所，2011 年入选中科院“百人计划”。曾参与多项国际重大研究计划和项目，包括全球气溶胶自动观测网（AERONET）项目，欧盟地球观测和大气监测（GEOMON）计划等。目前主要主持“国家自然科学基金”优秀青年科学基金、“中德科学基金”国际合作、国家“973 计划”课题、中科院重点部署项目、中科院战略性先导科技专项课题等近 20 个研究项目。主要围绕“气溶胶遥感机理、气溶胶特性建模、气溶胶星地遥感及环境监测中的应用”等方向开展研究，取得了一系列具有创新意义的成果。组织翻译由德国 Manfred Wendisch 和美国 Ping Yang 教授合著的《大气辐射传输原理》，填补了该领域内高级论著和普通介绍性读本之间的空白。与法国里尔大学大气光学实验室、德国莱比锡大学气象研究所、美国内布拉斯加大学地球和大气科学系等单位保持良好的科研合作与交流，研究成果多次在法国、德国、美国、瑞典等国开展学术交流。已发表论文 60 余篇，其中 SCI 论文 30 余篇，EI 论文 10 余篇。荣获中国环境科学学会“青年科技奖”。

（二）千 人 计 划

施建成（1955 年 12 月～）

2009 年国家“千人计划”特聘专家。任遥感所遥感与地球系统模拟研究室主任、遥感科学国家重点实验室主任、研究员、博士生导师。生于北京。1982 年毕业于兰州大学水文地质与工程专业，分配到中科院及水利电力部水土保持研究所，任助理工程师。1984 年调任中科院兰州沙漠研究所，从事遥感相关研究，并任助理研究员。1985 年赴美国加州大学圣巴巴拉分校留学，1991 年获该校地理学博士学位，留校在计算地球系统科学学院工作。主要从事土壤水分、积雪微波遥感及数据同化等研究，被聘为研究员。2009 年在遥感所组建了“遥感与地球系统模拟研究室”并担任研究室主任。2010 年被聘为国家“千人计划”特聘专家。2010 年被中科院遥感所特聘为研究员、博士生导师。2011 年起担任遥感科学国家重点实验室主任。长期从事遥感与水循环的基础理论研究，在主被动微波辐射传输机理建模、积雪遥感、土壤水分反演、陆表水文模型开发及遥感数据同化等领域取得了突出成果。其主要学术贡献包括：对积雪的主被动定量微波遥感的理论和新方法的发展；对土壤水分主被动定量微波遥感的理论和反演算法的发展；针对土壤水分反演提出了微波植被指数，有效弥补了该领域缺乏植被定量描述指标的缺陷；对雪，粗糙表面和植被的散射和发射理论模型的发展。作为首席负责人或共同负责人参与的包括涉及雪和土壤水分遥感研究的 10 项 NASA 项目、5 项欧空局项目、3 项日本宇航开发局项目、2 项我国自然科学基金重点项目、面上和国际合作项目各 1 项、国家重大科学研究计划项目 1 项（首席）、国家重点基础研究发展计划（973）课题 1 项、2 项中国气象卫星工程项目和 1 项中国气象局行业专项、中科院/国家外国专家局国际创新团队项目 1 项和中科院先导专项课题 3 项，在中科院空间先导专项中任“全球水循环观测卫星”背景型号课题的首席科学家。多次担任 IGARSS、PIERS、SPIE 等国际遥感研讨会技术委员会主席、分会主席。发表学术论文 330 余篇，EI 检索论文 180 篇，SCI 论文 80 余篇，其中影响因子大于 3 的有 36 篇，大于 2 的 50 篇，SCI 他引 2891 次，单篇引用大于 100 次的有 10 篇，单篇最大引用次数 353 次。曾获国际光学学会突出贡献奖。

（三）新世纪百千万人才工程

1. 吴炳方（1962 年 7 月～）

2004 年国家“百千万人才工程”的首批入选者。任遥感所所长助理和农业与生态遥感研究室主任，研究员，博士生导师。江西省玉山县人，1989 年获清华大学环境工程系工学博士学位。1991 年中国科学院地理所博士后出站，在资源与环境国家重点实验室任学术秘书，1992 年晋升为研究员。长期致力于农业、水资源及生态遥感研究，探索遥感应用方法论。建立农业与生态遥感研究室，形成了农业遥感、区域综合生态遥感、毒品原植物遥感、水资源遥感、城市生态遥感和粮数量检测仪器 6 个研方向。研究成果为国家粮食安全、水资源管理、生态环境保护和禁毒提供了优质的信息和服务。先后承担并主持 863 计划“粮食预警遥感辅助决策系统”，国家“十五”科技攻关项目“农业信息资源开发与共享技术研究”，“十一五”科技支撑计划项目“粮食宏观调控信息保障关键技术研究与应用”和“毒品原植物遥感监测技术研究”，基金重点项目“干旱区陆表蒸散遥感估算的参数化方法研究”，中国科学院创新工程重大项目“重大工程生态环境效应遥感监测与评估”和先导专项“陆地生态系统碳参量遥感估算技术研究”以及“九五”重大项目“中国资源与环境遥感信息系统及农情速报”，环保部/中国科学院生态十年项目“土地覆盖与地表参量遥感提取”，国务院三峡办“三峡工程生态与环境遥感动态与实时监测”项目等 100 多个项目。《中国遥感应用协会》常务理事、中国环境遥感专业委员会常务理事、中国自然资源协会理事、国际景观生态学会中国分会（IALE-China）理事、粮食学会信息与自动化分会副会长、对地观测组织（GEO/GEOSS）农业主题联合主席、*International Journal of Applied Earth Observation and Geoinformation* 副主编、《遥感学报》副主编。发表论文 200 余篇，专著 1 部。1999 年获水利部科学技术进步奖二等奖，2001 年获“国家 863 计划先进个人”称号，2002 年获“国家科技进步奖二等奖”，2008 年获“大禹水利科学技术奖三等奖”。2001 年享受国务院政府特殊津贴。

2. 宫　鹏（1965 年～）

2006 年国家新世纪百千万人才工程入选者。任遥感所遥感科学国家重点实验室主任、研究员、博士生导师。1990 年获加拿大滑铁卢大学地理学博士学位，在加拿大安大略省空间与陆地科学研究所任研究员。1991～1994 年在加拿大卡尔加里大学地球信息工程系任助理教授。1994 年以来先后在美国伯克利加州大学环境科学、政策和管理系任助理教授、副教授，2001 年晋升为教授，地理系兼职教授。1998～2004 年在该校任森林与环境资源监测评价中心主任。1996 年受聘遥感所博士生导师。2004 年受聘遥感所研究员，至 2011 年任中科院遥感所、北京师范大学遥感科学国家重点实验室主任。近 10 年来主持 60 余项科研项目。研究领域包括遥感生态测量学、遥感信息提取、地球空间信息技术在环境变化、城市扩展及流行病模拟中的应用等。1994～2007 年创办，并主编国际杂志《地理信息科学》，并任《加拿大遥感杂志》客座编辑、副主编和《国际遥感杂志》编辑，是这两份杂志创办以来的第一个华人编辑。还担任《遥感和地理信息科学，SCI 刊物》《计算机、环境和城市系统，SCI 刊物》《环境信息技术学报》《地球空间信息科学》和《遥感学报》等杂志编委，是 30 余份国际杂志的评阅人，并任科学出版社特邀编辑，高等教育出版社“当代科学前沿论丛”顾问和该社《全球变化研究评论》系列专辑执行主编，是第三版《遥感手册》“居住区遥感”和“高光谱遥感”两个分册的主要撰稿人之一。1999 年被聘为中科院首批（33 位）海外评审专家、2004 年被科技部聘为首批海外顾问专家组成员。发表科技论文 300 多篇（其中 SCI 收录 140 余篇），中文专著 5 部。论文获美国摄影测量与遥感学会最佳论文奖、最佳展示论文奖和 Talbot Abraham 大奖等数项奖励。2006 年 1 月作为海外特邀代表参加全国科技大会。

3. 张　兵（1969 年 2 月～）

2014 年国家百千万人才工程入选者，国家杰出青年科学基金获得者、获国家级“有突出贡献中青年专家”荣誉称号。任遥感所高光谱遥感研究室主任，研究员，博士生导师，科技处长，所长助理；中国科学院遥感信息科学开放实验室副主任。1991 年毕业于北京大学，1994 年在遥感所获硕士学位。2001 年任遥感科学国家重点实验室副主任兼高光谱遥感研究室主任。2003 年在遥感所获博士学位，同年晋升为研究员。2005 年批准为博士生导师。2006 年任所长助理兼高光谱遥感研究室主任。2007 年 10 月中国科学院成立对地观测与数字地球科学中心，任副主任。主持过国家重点研发计划、973 计划、863 计划、基金委重点基金、国家航天局、总装备部、中国科学院知识创新工程、中国科学院交叉合作团队等 20 多个科研项目，参加过中日、中美、中法、中马、中英等十多次国际航空航天遥感综合试验，在高光谱遥感成像机理、信息处理和前沿应用方面取得了一系列创新性成果，有力推动了我国高光谱遥感学科的发展，提高了我国高光谱遥感的国际影响力。目前担任 IEEE JSTARS 期刊副主编、IEEE 国际高光谱图像与信号处理（WHISPERS）技术委员会委员、IEEE 高级会员、国际数字地球学会（ISDE）中委会成像光谱专委会主任委员，中国空间科学学会常务理事、空间遥感专业委员会副主任委员。作为中国科学院大学岗位教授，长期承担中国科学院大学“高光谱遥感”课程的研究生教学工作，该课程被评选为国科大“校级优秀课程”。发表学术论文 300 多篇，其中 SCI 论文 140 多篇、EI 论文 120 余篇，获得国家发明专利 17 项，编写遥感学术专著 10 部，先后获得过国家科学技术进步奖二等奖、中国科学院杰出科技成就奖、军队科技进步奖一等奖、北京市科技进步奖一等奖等共 10 项。

六、研究室主任、研究员及相当职称人员；主持重大科研项目及早年留苏人员

1. 郑　威（1925 年 10 月～2018 年 1 月）

遥感所遥感应用研究室主任、研究员、研究生导师。曾任地理所二部、空间科学中心遥感技术应用研究部（遥感所前身）遥感应用研究室副主任（未设主任）。浙江兰溪县人。1950 年 8 月浙江大学理学院地理系毕业，分配到中国科学院地理研究所地图研究室任研究实习员；1956 年升任助理研究员；1978 年升任副研究员；1979 年转入遥感应用研究所，任第三研究室（遥感应用研究室）主任、所学术委员会委员；1986 年升任研究员。长期从事综合利用研究，20 世纪 50 年代，筹建了我国最早的航空相片综合利用试验场和研究组，60 年代以来，领导开展航空相片综合利用，承担腾冲、津渤遥感应用研究课题，取得多项研究成果。先后担任中国地理学会测绘专业委员会委员，中国地理学会遥感分会理事、常务理事，中国水利学会遥感专业委员

会委员。1983 年出访埃及科学院遥感中心及有关研究所。长期从事地理学、地图学和遥感应用研究。主编《资源遥感纲要》专著，发表论文 70 余篇。1994 年享受国务院政府特殊津贴。

2. 李 丽（1933 年 10 月～）

遥感所计算机图像处理研究室主任、研究员、研究生导师。辽宁人。1956 年东北工学院工业企业自动化专业毕业，分配到中国科学院自动化所。1958 年被派到苏联科学院自动化所进修，1960 年回所，承担“模拟计算机和自动控制用小型数字计算机”的研制。1968～1970 年承担并完成总参测绘局“地图扫描分色机”的研制。1970～1976 年，承担总参测绘研究所 II 型地图扫描分色机的设计和研制。1973 年中国科学院组织制图自动化系列设备的研制，负责完成第二系列“扫描数字化器和数字扫描绘图机”的研制。1978 年调入中国科学院地理所二部，任制图自动化研究室硬件组组长。1979 年任遥感所数字图像处理研究室主任，至 1988 年。其间，领导研制了 IRSA-1 图像处理软件系统。1983 年，在联合国资助的 ECLIPSE140 计算机及 96MB 磁盘和磁带驱动器，彩色图像显示器及影像扫描输入/出机等设备的基础上，开发了 IRSA-2 遥感图像处理软件系统。该系统能直接处理陆地卫星磁带数据和各种航空遥感照片，为院内外许多单位提供了各种图像处理服务。1986 年晋升为研究员。在遥感所工作期间，积极推动国际科技合作与交流。1981 年访问日本东京大学生产技术部、千叶大学彩色图像处理研究室；1982 年参加国家遥感中心的代表团访问法国欧空局、荷兰国际理工学院（ITC）；1982 年底赴美国验收联合国技术合作开发部（UN DTCD）资助的图像处理设备；1987 年访问朝鲜科委宇宙照片研究所，交流使用计算机图像处理方法。招收和培养了遥感所首批研究生。“扫描数字化器和数字扫描绘图机”成果获 1978 年全国科学大会奖。“IRSA-2 遥感图像处理系统”成果获 1986 年中国科学院科技进步奖二等奖。1989～1992 年，美国加州大学访问学者。1993 年退休。

3. 何欣年（1936 年 7 月～）

遥感所计算机制图研究室主任，航空遥感中心副主任兼总工程师，遥感数据获取技术研究室主任，研究员，研究生导师，所学术委员会委员、职称评定委员会委员。江苏人，1953 年上海交通大学工业自动化专业学习，1955 年留学苏联，1960 年毕业，到中国科学院从事远动系统研究。1960 年对系统主要部件——大功率分配器提出了新的设计与计算方法，纠正了国外权威的错误，在 1964 年全国远动学术会议上报告，得到一致肯定。1965 年代表中国科学院参加全国青年联合会全国大会，得到了老一辈革命家的接见。1965 年作为技术骨干调沈阳自动化所工作，从事自动控制系统研究；1972 年作为项目负责人，承担了院重点项目制图自动化第一系列装备“高精度高速数控绘图机和图形数字化仪”的研制，于 1978 年完成，获中国科学院科技成果奖一等奖和二等奖及全国科学大会奖，1978 年 8 月调地理所二部（遥感应用所前身）。1979 年遥感所成立后任计算机制图研究室主任。其间与长春光机所和西安仪表厂合作研制成功“光学绘图机”，获院科技成果奖一等奖，微机控制绘图系统与磁带机控制器获院科技成果奖二等奖。1986 年任国家“七五”科技攻关课题“高空机载遥感实用系统”总工程师，项目获 1993 年院科技成果特等奖，其中机载遥感仪器系统获国家科技进步奖二等奖。1990 年承担了国家“八五”科技攻关项目（85-724）“多级平台遥感信息获取系统”课题，实现了航天航空多种波段，多种空间分辨的遥感信息获取，首次实现了 SAR 图像的压缩比数据传输和机载遥感数据的实时传输处理，满足了突发性自然灾害遥感监测实时，快速的要求。中国地理学会环境遥感分会理事，中国空间学会会员，《国外自动化》《环境遥感》《遥感技术应用》等杂志编委，曾编译《时分制远动系统》《自动控制系统的动态综合》等著作，在国际学术会议及学术刊物上发表论文数十篇。1993年享受国务院政府特殊津贴。

4. 郑长在（1934年7月～）

遥感所地理信息系统研究室主任。天津市人。1956年毕业于北京师范大学地理系。分配到中国科学院长春地理研究所，从事地理和地图专业研究，在照相排字数字化程序化的研究方面取得较好成果。1979年调到中国科学院遥感应用研究所任地理信息系统研究室主任。1983年调地理研究所任技术条件处处长、副研究员、副所长、党委副书记、书记。1994年离休。共发表论文10余篇。发明照相排字计算尺，1978年获吉林省重大科技成果奖和省科技战线先进工作者称号。1993年享受中科院管理人员突出贡献津贴。

5. 陈正宜（1932年1月～）

遥感所遥感地学判读应用研究室主任和地质与工程环境遥感应用研究室主任、研究员、研究生导师。河南省辉县人，1957年中山大学地理系毕业分配到中国科学院地理所。次年任航空相片“综合利用研究组”副组长。1959年在苏联专家的指导下，在祁连山、天山地区开拓我国高山冰川的地面立体摄影测量。1960～1963年为开拓我国航空相片综合利用研究，从筹建试验基地到研究地物影像特征、完成专题判读制图等系统的试验；1963年到海南岛利用黑白航空相片进行农业土地资源条件系列制图，首次实现了航空相片综合利用。1973～1976年率先组织编制了《海南岛土地利用和土地类型图》（1∶10万）、《海南岛航空相片解译地质图》（1∶20万）及《唐山地震区的断裂构造骨架图》（1∶50万）等。1978年任地理所二部遥感应用研究室一组组长。1983年10月～1992年1月，先后任遥感地学判读应用研究室主任和地质与工程环境遥感应用研究室主任，所学术委员会委员、职称评审委员会委员，中国地理学会环境遥感分会常务理事。1979年遥感所成立后，主持完成国家科技攻关项目“天然文岩渠流域遥感应用研究”和“陕北黄土高原地区遥感应用研究”、国家重大工程项目“红水河龙滩水电站地区遥感综合调查与制图”、“广东大亚湾核电站”和“内蒙古海渤湾火电站”选址及其构造稳定性分析评价等任务；不断拓宽遥感应用研究的新领域和技术，提出环形块体构造属相对稳定地段的新见解。1990年晋升为研究员。1991～1993年先后主持完成了亚行技术援助项目和中国科学院“八五”重点科研项目“晋陕蒙接壤地区脆弱生态环境遥感监测与管理研究”，实现了遥感、GIS与GPS系列制图的系统工程；国家自然科学基金项目“大型工程选址遥感应用方法研究”等。主编出版论文集4部、专著1部；获中国科学院科技进步奖特等奖、二等奖和三等奖各1项；被评为中国科学院“七五”重大科研任务先进工作者、优秀研究生导师。1992年享受国务院政府特殊津贴。1994年退休，任中国科学院老科技工作者协会理事、中国科学院老科技工作者协会遥感应用分会理事长、荣誉理事长。

6. 王长耀（1941年1月～2018年2月）

遥感所国土资源与生态环境遥感应用研究室和全球变化遥感研究室主任、研究员、博士生导师。地理所二部地物波谱与航空遥感研究室业务秘书。河南省巩义县人，1964年毕业于西北大学地理系，1967 年在地理所获硕士学位，1993 年在奥地利格拉兹大学地理系获博士学位。参与中国科学院计划局组织的地球资源卫星调研、筹建地理所二部和遥感所。1984 年开始先后任生态环境遥感应用研究室、国土资源与生态环境遥感应用研究室、全球变化遥感研究室主任。1990 年晋升为研究员，1993 年起享受国务院政府特殊津贴。曾在德国哥廷根大学做访问学者，日本千叶大学做高级研究员。2007 年担任国家统计局遥感中心总工程师。在国内最早开展了资源卫星的应用研究。主持了多项国家及部门农业与资源环境遥感研究项目。在土地利用遥感研究方面，在国内率先解决了利用彩红外航片和卫星影像进行土地利用详查的一系列关键技术，革新了传统调查方法，在全国土地详查中得到大面积推广；在负责国家“863”和“921”农业遥感应用项目研究中，首次研发了我国神舟 3 飞船高光谱数据农业应用的数据处理、信息提取与参数反演算法，建立了农业遥感应用系统，提高了农业部门农情监测的水平，实现了农作物生化参数的反演和遥感从农作物类型向作物品质识别的跨越；在我国西部遥感研究中创立了一整套农业生态环境参数遥感反演、评价与综合调查方法。“十一五”作为国家统计局项目总工程师，推动了我国农业遥感统计，尤其是高分遥感统计发展，实现统计技术的革新。曾任国际 CODATA 委员会、国际山地遥感制图执委会和亚洲遥感协会土地覆盖组成员，和联合国等多项国际合作项目的中方首席专家。在国内外发表论文 70 多篇，其中 SCI 6 篇，论著 9 部，获发明专利 1 项。先后获得国家科技进步奖 3 项，部委级科技进步奖 9 项，并获得了“载人航天优秀工作者”和中国科学院“优秀研究生导师”“杰出贡献教师”荣誉称号。1993 年享受国务院政府特殊津贴。

7. 阎守邕（1939 年 12 月～）

遥感所地理信息系统研究室主任、国家遥感应用工程技术研究中心总工程师，研究员，博士生导师。广西桂林市人，祖籍山西五台。1960 年毕业于北京大学地质地理系，留校任教。1962 年到中国科学院地理所工作。1979 年转入遥感所。1981～1983 年，赴美国康奈尔大学进修。后协助国家科委工作 3 年。1988～1997 年任地理信息系统研究室主任，1990 年晋升为研究员。1993 年起享受国务院政府特殊津贴。1993～1994 年赴美国康奈尔大学进行地理应用模型、空间决策支持系统、人地系统，以及国家空间信息基础设施等研究。主要从事地貌、遥感、地理信息系统、空间决策支持系统、国家空间信息基础设施、人地系统科学，以及应急信息体系等工作。20 世纪 70 年代初期，在地理所发起成立了卫星组，任组长，组织气象卫星云图接收系统的研制，并接收到了清晰的美国气象卫星云图，推动了中国科学院“从空间研究地球”的发展。与同事共同创造了中文“遥感”科学术语。负责引进了第一批美国卫星影像负片。首次在国内开设了多光谱遥感专题讲座和野外光谱仪的研制与地面测量。成功组织了汉中多光谱摄影飞行试验。创造了遥感影像相关掩模技术。组织研制了腾冲数字地形模型等。出版了《美国地球资源技术卫星》《环境遥感技术简介》《资源与环境信息系统国家规范研究报告》。完成了我国 4 个五年计划的遥感国家科技攻关项目的立项，是我国遥感和地理信息系统领域的开拓者、推动者之一。退休后，编写《资源环境和区域经济空间信息共享应用网络》《国家空间信息基础设施建设的理论与方法》《国家安全和反对恐怖主义的美国战略思想》《遥感影像群判读理论与方法》《现代遥感科学技术体系及其理论方法》等论著。曾任中国地理学会环境遥感分会理事、中国区域科学协会常务理事、中国地理信息系统协会常务理事、资源环境信息系统专业委员会的主任委员。发表论文 150 篇，出版著作 21 部；获国家科技进步奖一等奖、二等奖各 1 项，省部级科技进步奖一等奖 2 项、三等奖 4 项。1992 年享受国务院政府特殊津贴。

8. 李树楷（1940 年 4 月～2012 年 9 月）

遥感所航空遥感、摄影测量应用、遥感空间特性三届研究室主任，研究员、博士生导师。河南省安阳县人。1963 年毕业于武汉测绘学院航空摄影测量系分配到中国科学院地理研究所。主要从事地面立体摄影测量与制图、航空摄影相片判读制图工作。参与四川锦屏大型工程环境的选址、中国科学院邢台地震工作队、四川矿区和新疆边境地区地面立体摄影测量与制图等。1979 年遥感应用所成立转入遥感所，参与筹建航空遥感研究室，并任航空遥感研究室主任、所学术委员会委员、博士生导师。1981～1983 年被派到日本东京大学生产技术研究所进修两年，学习遥感应用与计算机专题制图。1993 年聘为研究员，同年享受国务院政府特殊津贴。1994 年聘为博士生导师。在遥感所主要从事：拓宽摄影测量应用新领域。开展了遥感图像对地定位和全球定位系统（GPS）应用研究；研制机载高效定性、定位一体化技术系统；三维信息获取技术系统和实用型国家级遥感对地观测技术体系的研究与设计，推进满足国家发展战略需求的国家级遥感对地观测技术体系的构建和中国遥感发展战略研究等。其研究团队自主研制出遥感图像对地定位系统软件，完成了国内首次机载 GPS 定位精度试验、国内首套农业飞防 GPS 导航定位技术系统及首套《利用广播调频副载波作数据通讯的 DGPS 系统》、首套激光测距与遥感成像为一体的机载三维成像仪系统等。任第三届中国测绘学会常务理事，《遥感信息》和《遥感学报》等杂志编委，中国地理学会环境遥感分会理事、中国遥感应用协会专家委员会常委。先后获国家科技进步奖 1 项，部级科技进步奖 5 项，国家发明专利 1 项。发表论文 80 多篇，专著 5 部。退休后仍关心遥感所的发展，起草“关于如何出色完成国家遥感战略科技的想法”“关于建立遥感科技论坛的建议”等。为促进构建实用型国家级遥感对地观测技术体系、中国遥感发展战略研究等做出新贡献。

9. 林华强（1934 年 10 月～）

遥感所计算机辅助制图研究室主任。天津市人。1956 年毕业于总参测绘学院制图系，分配到总参测绘局从事军事地图的编辑及生产组织工作。1962 年调入总参测绘研究所地图室，主要从事地图自动化设备的探索。参与静电制印技术和设备的研制，并主持光电扫描制版机和地图图面注记机的研制。1968 年参与由总参测绘局立项、协助杨世仁主持多色地图扫描分色制版机的研制及多色地图的复制生产。1969 年总参测绘研究所解散而转入四机部七〇〇厂，从事半导体芯片生产设备的研发与生产。1972 年调入中国科学院地理所地图室，参与组建制图自动化组、制图自动化调研，提供了系列装置的研制方案。参与了分色扫描数字化器及扫描绘图系统的研制及开发利用。该项目 1978 年获全国科技大会奖。1979 年遥感所成立，从设备研制转入制图自动化的应用研究，参与筹建计算机制图研究室，任副主任，1983 年任计算机辅助制图研究室主任、所学术委员会委员、测绘学会计算机制图委员会委员。在遥感所主要从事计算机制图应用研究，建立了人机交互制图系统硬件的组建和软件系统的开发，主持城市环境计算机制图软件系统开发及《天津市环境质量图集》的编制及出版。主持完成了：黄土高原土地利用机助分类与自动制图；水资源开发对生态环境影响的综合评价系统（WEES）专题信息提取与数字化系列成图规范化研究；扫描数据在土地利用分类及制图的应用分析与评价；遥感技术在西藏自治区土地利用现状调查和研究中的应用；永定河流域遥感解译与制图；四川宁南县土地利用现状图；长江三峡水库淹没区土地利用调查与制图；太湖流域洪水灾害监测制图及利用彩红外片进行瑞昌市土地资源详查内业处理与系列成图；等等。发表论文10余篇，专著2本。获全国科学大会奖1项，中国科学院特等奖1项、科技进步奖二等奖2项、三等奖1项，国家科技进步奖三等奖1项，农业部科技进步奖二等奖1项，国家环保局科技进步奖二等奖1项。

10. 曹津生（1939年3月～）

遥感所地物波谱特性研究室主任。江苏人，1963年毕业于北京大学物理系，1984年12月到遥感所，1986年6月任地物波谱特性研究室主任。1988年9月遥感所情报资料室工作。1991年3月任情报资料室主任。编辑出版有《海湾战争中的遥感》等。

11. 林恒章（1936年7月～）

遥感所地质资源与工程环境遥感应用研究室副主任，研究员。福建省福清市人。1960年北京大学地质地理系毕业，分配到中国科学院地理研究所地图研究室航判组，1979年转入遥感应用研究所，1991年晋升为研究员。主要从事地质构造、地貌与工程环境遥感应用。先后参加全国富铁找矿会战、黄淮海平原农业整治、雅砻江二滩、红水河龙滩水利工程开发、新疆和陕北油气田勘探等遥感应用研究项目，完成了：北京昌平水利制图；临高县土地利用制图；雅砻江水电站区新构造活动形迹分析与制图；石碌富铁矿区地质构造和海南岛线性构造形迹分析与制图；唐山震中区震害制图；京津唐地区断裂构造骨架及活动性分析制图；大亚湾核电站地壳稳定性分析与制图；雅砻江二滩水电站站址区地质构造及活动性分析；红水河龙滩水电站区域地质构造和库岸稳定性遥感分析；陕北安塞县黄土侵蚀地貌遥感分析与制图；陕北重点治理区土壤侵蚀遥感分析与制图，其间由奥地利科技部资助协作，完成陕北地貌构造和色调异常与油气田关系分析；塔里木中部遥感直接勘探、冀北油气勘探区地质构造与油气藏相关性制图等。发表学术论文30余篇，主编《遥感与祖国改革开放同行》专著。主要获奖项目有“雅砻江二滩水力开发前期若干问题可行性研究”“黄淮海平原中低产地区综合治理和综合发展研究”“龙滩水电站地区遥感综合调查与制图”“黄土高原安塞试验区遥感调查与信息系统研究”“油气遥感直接勘探技术”“黄土高原重点治理区遥感调查与系列制图”“县级农业可持续发展决策支持系统”“国家资源环境遥感宏观调查与动态研究”，分别获中国科学院科技进步奖特、一、二、三等奖和国家科技进步奖二、三等奖。1993年享受国务院政府特殊津贴。

12. 黄　绚（1938年5月～2017年7月）

地理所二部（遥感所的前身）遥感应用研究室副主任兼党支部书记。生于福建龙海。1961年武汉测绘学院航空摄影测量专业毕业考入中国科学院地理研究所攻读研究生，1966年毕业后在地理所地图研究室工作。1972年地理所成立航空相片与卫星像片判读利用研究室后转入该室从事判读与制图，主持编制了1∶250万苏联地图；主持完成了我国第一幅覆盖全国的《中国陆地卫星影像图》的编制与出版。1977年转入地理所二部，任遥感应用研究室副主任兼党支部书记，1979年遥感所成立，转入地理信息系统研究室工作，期间，作为主要骨干参与腾冲航空遥感试验、西南水力开发航空遥感试验。作为副主编，先后完成了《腾冲航空遥感图集》、《陆地卫星影像中国地学分析图集》等大型图集的编制与出版。腾冲航空遥感试验项目获中国科学院科技进步奖一等奖，国家科技进步奖二等奖；《陆地卫星影像中国地学分析图集》获中国科学院科技进步奖二等奖。1984 年遥感所地理信息系统研究室集体转入地理所成立资源与环境信息系统国家重点实验室，任实验室副主任。1991 年聘为研究员，1993 年享受国务院政府特殊津贴。

13. 林树道（1935 年 3 月～）

遥感所研究员。祖籍山东省栖霞县，出生于山东省烟台市。1960 年毕业于北京大学地质地理系地球化学专业。同年被分配到中国科学技术大学地球化学教研室任助教，讲师。1980 年到遥感应用研究所，任助理研究员，副研究员，1993 年 2 月评为研究员。来所后参加了“津渤环境遥感”“黄淮海平原治理与开发”“遥感技术在新疆地质找矿中的应用研究”和“北疆地区遥感金矿靶区地质评价及新靶区遥感预测研究”等“六五”重点科技项目，国家“七五”重点科技攻关项目（305 项目）和中国科学院“七五”重中之重科研项目。在这些科研项目中，主要探讨了控矿地质因素，形成金属矿产的地球物理、地球化学条件和生物地球化学景观特征等因素所形成的遥感信息，为遥感找矿探索一些基本原理和可行性。出版了《北疆北部地质矿产遥感》和《新疆遥感找矿研究》等专著。曾任中国矿物岩石地球化学学会北京分会第一届理事。1995 年退休后任中国科学院老科技工作者协会遥感分会第一届副秘书长。研究成果获得了多项奖励，包括中国科学院科技进步奖一等奖（1990 年）；国家科技进步奖三等奖（1991 年）。地质矿产部科技成果奖（1991 年）和中国科学院“七五”黄金科技工作先进个人奖（1991 年）。

14. 朱重光（1939 年 1 月～）

遥感所计算机图像处理研究室主任、研究员、博士生导师。湖北人，1963 年 9 月毕业于武汉测绘学院制图系，分配到中国科学院地理研究所地图

研究室。地理所二部成立转入制图自动化研究室，1979 年遥感所成立转入遥感所。1991 年 3 月～1997 年 4 月任计算机图像处理研究室主任，学术委员会委员、正高级职称评定委员会委员和学位委员会委员。1993 年 1 月晋升为研究员。1995 年担任博士生导师。长期从事地图自动化研究。参加中国科学院制图自动化系列装备研制会战，作为主要科技骨干配合杨世仁、李丽完成了扫描数字化器和扫描绘图机及其扫描图像处理系统 IRSA-1 和 IRSA-2 的研制。随着计算机技术的发展，不断推动系统创新，主持完成了 IRSA-3、IRSA-4、IRSA-5 型遥感图像处理系统的研制，使该系统向产业化方向发展不断迈出新的步伐。首次在国际上解决多角度遥感影像自动匹配和非线性畸变几何纠正难题，并提供美国使用至今。主持了我国高分辨率卫星影像地面应用处理系统工程。发表论文 50 余篇。获中国科学院自然科学奖一等奖、科技进步奖一等奖、二等奖和国家科技进步奖二等奖。1994 年享受国务院政府特殊津贴。

15. 李　爽（1940 年 12 月～）

遥感所研究员。西藏土地资源详查野外考察队副队长。重庆市人，1961 年 7 月毕业于西南师范学院（现西南大学）地理系，大学本科学历，同年 9 月被分配到四川仪陇县文教局工作，1962 年 9 月起先后在四川仪陇中学、南充地区战备人防办公室工作，1976 年 9 月～1985 年在中国科学院自然资源综合考察委员会技术室、土地资源研究室工作，1985 年 9 月调入遥感所，从事生态环境遥感应用研究工作至退休。在所期间主要参加西藏自治区土地利用现状调查（即第一次全国土地调查）、全国生态环境遥感宏观调查及动态监测、三峡环境容量

研究等国家、中国科学院、省部级重大项目的研究工作。曾担任西藏土地资源详查技术组成员、野外考察队副队长。发表的论文与合著的专著主要有南京紫金山植被自动识别分类、藏北高原湖泊动态变化研究、《西藏自治区土地利用》《中国地理环境与自然资源》《西藏自治区昌都地区土地利用》《中国农村经济学》《青海省土地资源及其合理利用》《中国生态环境宏观调查及动态监测研究》《西藏自治区经济地理》等。曾获国家科技进步奖三等奖、中国科学院科技进步奖特等奖和一等奖、国家土地管理局科技进步奖一等奖、中国科学院《竺可桢野外科学工作奖》和联合国技术信息促进系统中国国家分部“发明创新科技之星奖”，1995 年享受国务院政府特殊津贴。还分别荣获中央国家机关、中国科学院优秀共产党员称号。退休后担任公司顾问，参加科技咨询服务和我所离退休干部党支部书记的工作。

16. 罗修岳（1936 年 9 月～）

遥感所研究员。广东省普宁市人。1961 年 9 月毕业于广州中山大学生物系植物学专业。分配到中国科学院地理所生物地理组。参加“成立环境保护研究室”的调研论证及南、北方《地方病》的“粮食营养元素”、海南岛《热带航空照片分析与农业制图》的“植被图”等专题。1977 年调入航判室。后转入地理所二部和遥感所从事植物生态学方向的遥感应用研究。负责《海南岛富铁会战》及《腾冲航空遥感试验》的“生物地球化学场”遥感信息传输机理分析。1980～1996 年参加院重大项目《津渤环境遥感试验》《‘亚行’脆弱生态系统遥感监测与管理》；国家重点科技攻关项目《黄淮海平原中低产田改造》《三北防护林遥感调查》《黄土高原综合治理》的调研、论证、投标工作，是遥感所主持的课题或项目的第二负责人。1993 年晋升为研究员。完成了《津渤环境遥感试验》“植物生态与植被”研究；黄淮海平原“天然–文岩渠流域农业发展战略”和“三北”平泉公共试验区的“土地类型”、黄土高原地区“安塞试验区”及“资源与环境遥感调查与系列制图”与“三北”地区“水土保持林区”的“森林类型图的编制”及其“数据汇总”；“亚行”项目的“沙地监测与管理系统”建造、“晋陕蒙接壤地区数字植被指数图的编制”等课题的研究与开发。撰写论文报告 60 多篇；作为副主编编写专著 10 多部。获院科技进步奖一、二等奖各 2 项、三等奖 1 项；国家科技进步奖一、二等奖各 2 项；林业部科技进步奖一等奖 2 项。1997 年退休后曾任国家统计局“全国 1∶5 万土地详查”项目的技术指导；2003～2014 年任中科院老科协遥感分会秘书长、常务理事；2008～2014 年任中科院老科协理事、科普委员会委员，参加《科学在这里》第一、第二辑的编写。撰写的《关于抓紧制定“数字北京”的规范》专家建议，获 2002 年北京市科技协会一等奖；《奥运公园的可持续开发与周边环境整治》获海淀区科技协会“优秀奖”、“专家建议十年精品奖”。

17. 朱振海（1940 年 3 月～）

遥感所固体地球遥感研究室主任，研究员，研究生导师。河北人，1964 年北京大学地貌与第四纪专业毕业，分配到中国科学院地理所地貌室。1977 年转入地理所二部参加组织腾冲航空遥感试验赴腾冲地区考察。1978 年地理所二部划归中国科学院空间科学中心，成立试验遥感小组，任组长。1982 年该小组移交遥感所，任业务处副处长。1984 年 12 月，中国科学院成立遥感飞机引进小组，参与遥感飞机的引进、改装、管理与协调，参与中国科学院航空遥感中心的组建与管理。1988 年转入遥感地质与油气遥感研究，任遥感应用研究所油气研究组组长；1993 年 11 月晋升为研究员。1993 年 1 月～2000 年 3 月先后任固体地球遥感研究室主任与固体地球与海洋遥感研究室主任。主要从事遥感地质和油气遥感研究及科研管理工作。主要负责陆上油气资源遥感勘探技术项目，参与“珠江口盆地油气资源遥感综合勘探技术研究”等重大项目。主持完成的“油气资源遥感直接勘探技术研究”项目获中国科学院科技进步奖二等奖。1994 年享受国务院政府特殊津贴。主要论著为《油气遥感勘探评价研究》，（中国科技出版社出版，1991 年），《遥感技术直接勘探烃类微渗漏的方法研究》（科学通报，1990 年）退休后任中国科学院老科技工作者协会遥感分会理事长。志在“建言献策”“关于我国海上石油油气资源综合勘查的建议”，得到中央领导的批示与采纳。

18. 郑兰芬（1941 年 12 月～）

遥感所航空遥感中心遥感技术研究室和高光谱遥感研究室主任、研究员、博士生导师。上海市人，1964 年毕业于南京大学，分配到地理所从事水文地理研究。1969 年转入卫星遥感研究，曾参加过气象卫星云图接收设备研制、中国科学院地球资源卫星调研、新疆哈密富铁找矿航空遥感、云南腾冲航空遥感和津渤城市遥感试验研究。1979 年转入遥感所，是我国较早从事遥感科学技术研究人员之一。1982～1984 年，赴美国科罗拉多州立大学地球资源系做访问学者。回国后参与了遥感飞机的引进、技术改装、飞行计划和任务的制定、管理和协调。1993 年晋升为研究员，1995 年被批准为博士生导师。参与了国家“七五”科技攻关“高空机载遥感实用系统”的研发、高光谱黄金遥感找矿。在高光谱遥感图像处理与分析，岩石矿物蚀变带信息提取，以及野外验证等方面有重大发展和突破。参与开拓了与多国在地质矿产、油气资源、城市热特征、湿地生态系统，以及精细农业等方面的合作。以我国自主技术为主体，取得一系列重要成果，扩大了我国高光谱遥感的国际影响。负责和参加并完成了“八五”“九五”“十五”多项国家科技攻关项目、863、973 高技术项目，以及面上和重大自然科学基金项目等。在高光谱遥感研究方面，发展了基于遥感的导数光谱、角度相似性匹配模型，开展了高光谱遥感图像生物量制图和植被精细分类等研究。其中，与同事们合作的基于高光谱遥感湿地研究成果曾于 1993 年在美国召开的第九届国际地质遥感专题大会上获最佳论文奖；多次主持和参加国内外大型高光谱航空遥感综合研究，曾赴澳、日、美、法、马来西亚等国家参加国际联合遥感试验和学术交流。发表专著 2 本，论文 20 余篇。培养硕士生 10 名，博士生 25 名。获国家、中国科学院及省部级科技进步奖特、二、三等奖和自然科学一等奖共 13 项。1993 年享受国务院政府特殊津贴。2003 年退休，返聘继续工作。

19. 崔承禹（1937 年 11 月～2003 年 7 月）

遥感所遥感辐射特性研究室副主任、代主任、研究员。研究生导师。辽宁省营口县人。1961 年 9 月毕业于长春地质学院地球物理勘探系，分配到地矿部航空物探大队，1976 年 6 月任地质部引进办公室遥感设备组组长，1978 年在美国密执安州学习并验收航空红外及多光谱扫描仪地面配套的图像处理设备，任副主谈。1979 年 7 月任地矿部地质遥感中心技术室主任，1981 年 3 月任地质遥感中心副总工程师。1984 年 11 月调入中国科学院遥感所任业务处副处长、遥感辐射特性研究室副主任、代主任。1985 年 12 月加入中国共产党，1993 年 11 月被聘任为研究员。参加了地矿部无线电导航定位仪的研制及地面、空中、海上和山区等试验。1970～1984 年从事航空遥感工作，对红外尤其热红外及多光谱的方法、技术及其解译和应用的基本原理较熟悉，是地矿部最早搞红外遥感的组织者之一。1984 年，在中国科学院遥感所先后承担并完成了国家“七五”科技攻关、中国科学院重中之重、国家自然科学基金，以及地震科学联合基金等项目，发表学术论文30余篇，专著1部。获中国科学院科技进步奖一等奖(排名第二)、国家科技进步奖三等奖、首届北京国际博览会金牌奖各一项。主持的国家自然科学基金“岩石矿物的红外辐射特性研究”项目是国内研究的薄弱环节，通过对23种岩石热惯量和25种岩矿的红外光谱辐射率进行系统的分析研究，取得了开拓性成果。主持的地震科学基金“红外遥感用于岩石摩擦滑动构造地震预报的探索研究”项目也取得了重要进展。国防科工委项目“地震前兆热红外异常卫星遥感监测与快速处理系统”已投入试运行。曾任中国空间科学学会空间遥感科学技术分会副理事长，北京地球物理学会理事兼航空物探与遥感专业委员会副主任。培养硕士研究生9名。1979年被评为地质部航空物探大队先进工作者。1993年享受国务院政府特殊津贴。

20. 卫　政（1936年7月～）

遥感所编辑部主任、《环境遥感》和《中国图象图形学报》学术刊物创办人，编审。山西洪洞县人。1963年中国科学技术大学近代物理系毕业。1963年8月～1964年11月，在中国科学技术情报研究所一室《原子能快报》编辑部工作。1964年11月～1975年12月，中国科学技术情报研究所重庆分所五室《原子能快报》责任编辑，物理组组长，组织创办《国外科技文献索引》物理分册等。其间，1965年6月～1966年5月参加重庆市农村社教，任工作组秘书、五好队员、副组长、分团检查组秘书。1970年在五七干校任耕田与大田排长。1973年12月加入中国共产党。1975年12月～1985年1月，中国科学院环境化学研究所情报室，参加编辑《环境科学情报资料》，参加创办《环境科学》和《环境科学动态》。1979年晋升为助理研究员。1985年到中国科学院遥感所编辑部工作。1986年创办《环境遥感》，编委兼编辑部主任，同年晋升为副编审，1993年晋升为编审。1996年创办《中国图象图形学报》，任专职副主编兼编辑部主任。1996年7月退休，曾被返聘。自1984年起，协助课题组和相关出版社，编辑加工《资源遥感纲要》《遥感图像目视解译原理和方法》等论著，以及《天津—渤海湾地区环境遥感论文集》等论文集40余种，计千余万字，分别担任编委、副主编、特邀责任编辑，为科研成果鉴定和评奖护航。编写专著《旋风除尘器》及“水气污染防治技术”专题资料7篇。主译《大气污染控制理论》，合译《美国环境影响分析手册》。获中国科学技术期刊编辑学会“老编辑银奖”。退休后，曾任中国科学院老科技工作者协会遥感分会副理事长。

21. 濮静娟（1939年2月～）

遥感所研究员。生于上海市。江苏武进人。1961年毕业于北京大学地质地理系地貌专业，同年分配到中国科学院地理所地貌研究室。1986年调入遥感所地理信息系统研究室。1994年聘任为研究员。作为我国综合利用的先期研究者，主要从事地学系统的遥感应用和地理信息系统研究。在开拓我国遥感地貌分析研究和遥感成像机理研究方面做出了重要贡献。先后承担或参加我国“六五”至“九五”多项国家重点科技攻关项目和国家自然科学基金项目。主要有以下几方面的研究：黄淮海平原综合治理与开发，经济环境持续发展地域模式，旱涝灾情与地貌关系；研究长江中下游分汊河道，黄河下游游荡河道的特征及成因演变，淮河中游洪涝的症结，永定河下游河道现状，河口三角洲和湖泊动态；新疆哈密、腾冲和唐山地区航空遥感试验的红外遥感图像生态环境质量评价，运用多种卫星遥感图像研究城市环境与规划、土地利用现状及选港。区域管理、土地利用分类、中国旅游资源分区、中国典型水系图式分类等信息系统数据分类体系和编码规范化研究。中国百万分之一分幅地貌类型图编制。发表了专著《遥感图像目视解译原理和方法》《陆地卫星影像中国地学分析图集》《长江中下游分汊河道特征及其成因演变》3 部，论文 40 余篇。荣获国家科技成果奖、科技进步奖与中国科学院科技成果奖、科技进步奖包括特等奖 1 项、一等奖 5 项、二等奖 6 项、三等奖 2 项。水电部科技进步奖一等奖、青海省 1985 年首届科技进步奖二等奖。1999 年退休。

22. 魏成阶（1945 年 7 月～）

遥感所研究员。硕士研究生导师。湖北汉川人。1965 年武汉测绘学院航空摄影测量中等专业毕业，分配到地理所从事海河水系河道演变和邢台地震灾害调查等的航空相片判读制图。1972 年负责筹建航空相片与卫星像片判读利用研究室，主持海南岛航空相片土地类型与土地利用现状调查等。1973～1975 年，受中国科学院委托，任组长，共同完成了“关于研制和发射我国地球资源卫星的建议及其开展地面试验工作的规划意见”的调研。1976 年参加中国科学院首个遥感技术考察团赴墨西哥考察。主持完成了“京津唐地区断裂构造骨架及其活动性分析”“唐山地震震害航空快速调查与制图”和“北京市地震地质会战第一专题”等。发表专著《从地球资源卫星图像上判读断裂构造》。1979 年转入遥感所从事自然灾害、工程环境和国土资源遥感应用研究。作为专题负责人完成了国家“七五”“八五”和“九五”计划的“遥感应用科技攻关”及 16 项国家大型工程环境遥感应用项目。在地震、洪水、工程环境与国土资源的遥感应用领域做出了突出贡献，并在地震灾害遥感应用中取得突破性进展。1995 年晋升为研究员，1998 年享受国务院政府特殊津贴。曾任中国遥感应用协会专家委员会常委，并在国土资源部地籍司、国家地震局分析预报中心等 11 个单位受聘为项目指导专家。在遥感所 3 个研究室担任党支部书记共 18 年。作为主持人或主要完成者获国家科技进步奖二等奖一次、中国科学院科技进步奖特等奖一次、一等奖两次、二等奖一次；北京市科技成果二等和三等奖共三次、98’全国科技界抗洪救灾先进个人。发表论文 70 余篇，专箸 3 部。2005 年退休后返聘，主持了国家海洋局 908 专项和国土资源部第二次全国土地调查底图生产专项、中印边界帕里河洪水、汶川地震灾情速报等项目的申请与实施。作为专家顾问参与了南水北调西线工程和怒江水电资源梯级开发等遥感论证与实施。曾任中国科学院老科技工作者协会遥感分会秘书长和共青团中央中国少年科学院特聘专家。

23. 池天河（1961 年 8 月～）

遥感所研究员，国家遥感应用工程技术研究中心主任、研究员、博士生导师。福建长乐人。1982 年毕业于浙江大学地球科学系遥感专业，获学士学位。先后到遥感所和地理科学与资源研究所从事地理信息系统的研究；其中于 1986 年赴意大利欧洲空间研究所开展了为期一年的遥感图像处理的合作研究。1987 年开始在中国科学院资源与环境信息系统国家重点实验室开展地理信息系统的理论与技术研究，先后参加和主持多项国家科技攻关项目和地方应用系统的开发。1995 年被破格聘为研究员，1996 年被聘为博士生导师。1997 年后从事空间信息网络共享的理论与技术研究。2000 年作为基地研究员进入中国科学院地理科学与资源研究所。2004 年在遥感所任国家遥感应用工程技术研究中心主任，从事遥感与空间信息系统成果转化与产业化的工作。现研究方向为遥感空间信息系统，主要研究内容包括遥感空间信息系统软件开发、数字城市、数字海洋与信息共享技术研究等，承担课题主要有数字海洋原型系统、数字城市信息共享平台和面向区域的遥感空间信息产品产业化等。主要科学贡献在于研究了重大自然灾害快速评价系统的集成技术；开辟了城市地理信息系统的新领域；

研制了多种地理信息系统专题软件；解决了大容量地理空间信息网络共享的多项关键技术。发表科技论文近 50 篇。先后获得中国科学院科技进步奖一等奖 3 项、二等奖 2 项、三等奖 1 项；国家科技进步奖二等奖 1 项，海南省科技进步奖一等奖 1 项。

24. 连石柱（1944 年～）

遥感所计算机与网络中心主任、研究员、学位委员会委员、硕士研究生导师。1968 年毕业于南开大学数学系，同年分配到中国人民解放军总字 815 部队从事航天器飞行轨道计算工作。1978 年考入中国科学院研究生院遥感图像处理专业，1981 年毕业获理学硕士学位。1987～1988 年公派到英国 BRISTOL 大学计算机科学系进修。回国后，一直从事遥感图像处理算法研究、数据接收站系统集成和网络运行服务工作。1989 年晋升为高级工程师（副研级），1993 年任计算机与网络中心主任，1996 年被聘为研究员。主持完成了：国家“九五”重中之重科技攻关项目“国家级基本资源与环境遥感动态信息服务体系的建立”中“服务体系的网络建设”；国家重大基金项目子课题——“雷达图像纹理提取软件研制”；国家自然科学基金课题“遥感图像的分数维压缩方法研究”；中国科学院重大项目“农情遥感速报系统”子课题——NOAA 数据处理等。作为网络中心主任，主要承担全所技术支撑系统能力建设和运行维护工作，实现了网络与大型计算机资源共享。完成了国家“八五”攻关、“亚行”、中日合作等有关项目的运行；MODIS 数据接收站的建立，实现了中低分辨率遥感数据的共享；负责完成国家 863 计划外协课题“ASAR 地面系统与集成技术研究”，通过国家科技部专家组验收。这是国内第一套自主研制的接收国外先进雷达卫星数据的地面系统，也是完全业务化运行系统。署名第一作者发表论文 30 余篇，获科技成果奖 6 项，其中部委级科技进步奖二、三等奖各 3 项。

25. 邵　芸（1961 年 9 月～）

遥感所微波遥感研究室主任，所长助理、研究员、博士生导师。上海人。1986 年于北京大学遥感地质专业毕业后一直在遥感所从事雷达遥感基础与应用研究。1988 年 10 月～1989 年 12 月在英国执行中英政府间科技合作项目，1998 年 10 月～1999 年 8 月美国国家航空航天局喷气推进实验室（NASA/JPL）高级访问学者。1995～1997 年，雷达研究室副主任（主持工作）；1997～2004 年，遥感信息科学重点实验室常务副主任；2000～2005 年，所长助理；2003～2012 年，中国科学院暨香港中文大学地球信息科学联合实验室主任；2004～2013 年，遥感科学国家重点实验室副主任；2007～2013 年，微波遥感研究室主任。1996 年聘为研究员，1998 年聘为博导。对地观测应用技术中心总工程师。《国家自然灾害空间信息基础设施》论证总体组副组长。国际 IEEE/ Geosciences & Remote Sensing Society 分会会员，美国 National Geographic Society 会员，中国地理学会环境遥感分会常务理事，中国遥感应用协会理事，《国土资源遥感》第三、第四届编委，国际数字地球学会中国国家委员会委员和中国环境学会信息系统与遥感专业委员会委员。水稻雷达遥感监测成果入选 FAO《地球观测信息用于粮食安全保障》报告。雷达穿透研究成果对我国第一颗 L 波段雷达卫星的立项和参数选择起到了重要作用。海洋溢油污染雷达遥感监测成果得到国家海洋局的高度评价。利用雷达遥感技术探查罗布泊，被称为“罗布泊研究”的七大发现之首。撰写专著 7 部，发表论文 130 余篇，其中 SCI 论文 26 篇。申请发明专利 3 项。获国家科技进步奖二、三等奖，中国科学院自然科学奖一等奖；科技进步奖一、二、三等奖和青年科学家奖二等奖各 1 次；××科技进步奖二等奖 2 次；98’全国科技界抗洪救灾先进个人，国家 863 计划 15 周年重要贡献奖，“科技奥运先进个人”等奖励；荣选为

2008 北京奥林匹克运动会火炬手；中国科学院和中央国家机关优秀共产党员、中国科学院“十大女杰”称号。2012 年当选为党的十八大代表。1996 年享受国务院政府特殊津贴。

26. 张增祥（1963 年 3 月～）

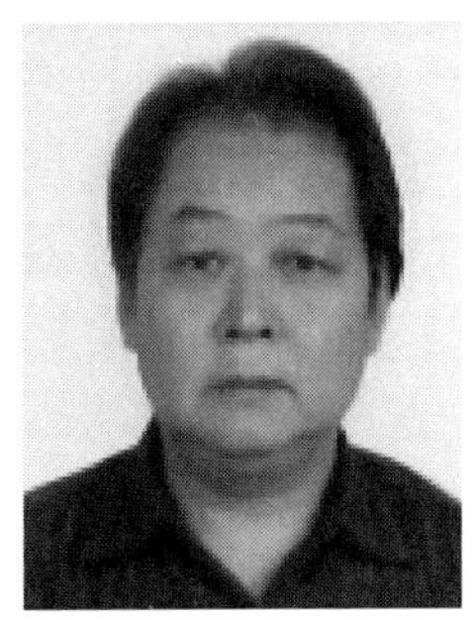

遥感所国土资源遥感研究室主任、研究员、博士生导师。河北省隆尧县人。1985 年毕业于北京大学地理系，获理学硕士学位。同年到遥感所工作。1996 年聘为研究员。1998 年加入中国共产党。所党委委员，所学术委员会委员等。长期从事资源与环境领域的遥感应用研究，主持和参加国家科技攻关、“973”计划、科技支撑计划、中国科学院知识创新和部委合作项目等 30 余项。在土地利用、土壤侵蚀、土地覆盖、土地退化、城市扩展、区域生态环境综合评价和海岸带资源环境监测等遥感应用领域持续开展全数字信息提取与集成方法、数据库更新技术、资源环境综合分析等研究。组织并完成了时间序列的中国 1∶10 万比例尺土地利用数据库、土壤侵蚀数据库、城市扩展数据库和 1∶25 万比例尺土地覆盖数据库、生态环境综合背景数据库、20 世纪 70 年代以来精纠正遥感影像库等的建设和更新。发表论文 220 余篇，主编和参编了《西藏自治区土地利用》《西藏日喀则地区土地资源》《西藏自治区中部地区资源环境遥感监测与综合评价研究》《20 世纪 90 年代中国土地利用变化的遥感时空信息研究》《中国城市扩展遥感监测》《中国土地覆盖遥感监测》《中国土地利用遥感监测》《中国土地利用遥感监测图集》等专著。培养和协助培养硕士 9 名、博士 21 名和博士后 1 名。荣获国家级科技进步奖三等奖 1 项，院、部级科技进步奖特等奖 1 项、一等奖 2 项、三等奖 2 项和联合国技术信息促进系统（TIPS）发明创新科技之星奖 1 项，以及部级优秀成果奖一等奖 2 项、二等奖 1 项。1994 年享受国务院政府特殊贡献津贴，1993 年“中国科学院（京区）杰出青年”和 1993 年“中央国家机关优秀青年”获得者，1997 年 12 月获“中国科学院青年科学家奖”二等奖，2001 年 8 月获水利部“全国水土保持先进个人”称号，是同时获得的“全国水土保持先进集体”的核心成员。

27. 黄秀华（1944 年 1 月～）

遥感所研究员。安徽省人。1965 年华东师范大学地质系毕业，分配到中国科学院地理所地貌研究室。1977 年转入航空相片与卫星像片判读利用研究室。1978 年转入地理所二部遥感应用研究室。1979 年转入遥感所。1996 年晋升为研究员。主要从事再生资源、石油及天然气卫星遥感勘查研究。先后承担国家“六五”“七五”“八五”重点科技攻关及多项国家自然科学基金项目。在长期地学遥感研究中，致力于推进遥感科学技术服务于国家急需的石油储藏空间信息勘查技术的进步与应用示范，并取得了显著成绩。在遥感应用研究中，注重遥感成像机理的地学探索，并形成了自己的研究特色。特别是在科研与生产相结合方面，有不少研究成果曾得到生产部门的认可和欢迎，并被直接采用，受到好评。1999 年享受国务院政府特殊津贴。2004 年退休。

28. 燕守勋（1961 年 12 月～2012 年 5 月）

遥感所研究员。江苏沛县人。1984 年 8 月长春地质学院毕业，分配到江苏地矿局第五地质大队任技术员，1988 年在长春地质学院取得硕士学位，1992 年在中国矿业大学取得博士学位。1994 年 2 月在中国科学院化学研究所完成博士后研究，被评为副研究员。出站后到地矿部地质力学研究所聘为副研究员。1995 年 1 月到中国科学院遥感所固体地球遥感研究室开展遥感技术在固体地球研究中的应用研究，1997 年评为研究员，1998 年 4 月加入中国共产党。1999 年 11 月被通过遥感所首批知识创新研究员考核。2000 年去加拿大遥感中心地质遥感实验室学习、工作一年，掌握了数据融合的技术与方法。完成了日本滑坡三维制图；图像镶嵌与航磁地质矿产图融合；加拿大最富金矿、金矿区融合。中国长城金矿区和金沙江流域 SAR 图像处理与解译等。主要承担新疆国家 305 项目、921 项目、国家攀登计划项目和国家自然科学基金项目。在《遥感技术在新疆地质找矿中的应用研究》中，提出了遥感大富矿床勘探的基本思路：成矿背景—成矿环境—成矿标志—成矿区（带）—矿床的基本路线。通过实践认识到成矿环境可以发现新的矿床类型，配合已知成矿环境可以提高成矿理论认识；成矿标志遥感探测可以直接定位矿床；成矿环境与标志探测都需要成矿理论与遥感技术的深透与结合。在金矿、地震和油气遥感研究中都取得了重要成果。发表论文近 20 篇，其中 3 篇（包括英文版 1 篇）在《中国科学》上发表，一部分被 SCI 收录。1983 年获长春地质学院大学生演讲比赛特等奖，1992 年获全国第三届构造地球化学青年优秀论文奖二等奖。

29. 聂跃平（1958 年 4 月～）

遥感所非再生资源遥感应用研究室主任、科技处长、所长助理、研究员、博士生导师。贵州省独山县人。1980 年毕业于贵州工学院地质系，分配到贵州省地矿局地质科研所，从事贵州岩溶发育和地下水分布及工程地质特征研究工作。主要参与了“黔南岩溶研究”“贵州石阡地下热矿泉研究”和“贵阳市热矿泉分布调查”等研究工作。1988 年考入南京大学地理系攻读硕士，1990 年提前攻读博士，继续从事岩溶研究。1993 年获博士学位并进入中国科学院遥感所博士后流动站。1995 年出站留所。1997～2002 年任遥感所科技处长、所长助理；1997 年聘任研究员，博士生导师；2002 年起任“中国科学院、教育部、国家文物局遥感考古联合实验室”副主任；2005 年至今任国家遥感中心“自然与文化遗产遥感研究部”主任；2008 年起聘任国家大科学工程（FAST）系统总工程师；2009 年起任非再生资源遥感研究室主任；2012 年聘任国际数字地球学会中国国家委员会委员、数字遗产委员会副主任；2013 年，兼任联合国教科文组织国际自然与文化遗产空间技术中心副主任及研究中心二部部长。1994 年，应用遥感技术在贵州南部平塘县找到了适合于建造 500m 直径射电望远镜工程的岩溶洼地，为该工程的立项打下了关键性基础，成为该工程的三大创新点之一。1999 年根据我国文物考古发展的需求，开展遥感技术在文物考古中的应用研究，成立了“中国科学院、教育部、国家文物局遥感考古联合实验室”，10 多年来在全国各省建立了 13 个下属遥感考古工作站，参与负责遥感考古重要项目的策划和科研工作，为遥感技术在考古领域的应用与推广做出了贡献。发表论文 20 余篇，专著两部，软件著作权两项，获中国科学院科技进步奖一等奖一次。

30. 蔺启忠（1952 年 3 月～）

遥感所固体地球遥感应用研究室副主任、固体地球和海洋遥感应用研究室主任、资源遥感应用中心副主任、非再生资源遥感应用研究室主任、所学术委员会委员、研究员、硕士生导师。江苏省徐州市铜山县人。1977 年毕业于南京大学地球科学系，分配到中国科学院广州地质新技术研究所，并被派往中国科学院地理所学习判读。参与海南岛地质解译、腾冲航空遥感综合试验地质制图和津渤环境遥感试验等。1986 年借调到遥感所，参加国家科技攻关新疆 305 项目遥感地质找矿研究。1990 年正式调入遥感所。1997 年聘为研究员、硕士生导师。1994 年享受国务院政府特殊津贴。致力于推进科学技术服务于国民经济建设主战场国家需求的空间信息勘查技术进步与应用示范。主要从事遥感地质、矿产资源、土壤地球化学、地质灾害，以及工程地质等领域遥感应用理论与方法研究。开发构造、岩性、矿物、元素等多尺度地学要素信息提取技术与反演算法，构建矿产资源遥感勘查与评价技术系统，其研究团队自主研发出多元信息遥感成矿远景预测系统、掩膜+主成分分析与分区记忆式免疫网络岩性分类系统、蚀变矿物遥感制图系统、矿物组分精细鉴别系统和遥感找矿信息野外验证系统等。率先开展多源遥感找矿技术、遥感生物化学与遥感地球化学找矿技术、GIS 支持下综合信息成矿分析技术、航天遥感寻找大–超大型矿床找矿靶区技术、空地一体化遥感找矿技术、覆盖区地球多元信息建模与隐伏矿产预测技术及钻孔岩芯蚀变矿物三维制图技术等，取得明显找矿效益。参加编写专著 5 本、发表论文 80 余篇。获国家科技进步奖二等奖 1 项，中国科学院科技进步奖特等奖 1 项、一等奖 1 项、三等奖 2 项，军队科技进步奖二等奖 1 项、地矿部找矿优秀成果奖 1 项、北京首届国际博览会金奖 1 项。1996 年获中国科学院野外工作先进个人称号。2008 年调中国科学院对地观测与数字地球科学研究中心工作。

31. 王世新（1965 年 8 月～）

遥感所资源环境遥感应用研究中心副主任、灾害与环境遥感研究室主任、研究员、博士生导师。山东人。1991 年遥感所硕士研究生毕业。1998 年评为研究员。2001 年任遥感应用研究所资源环境遥感应用研究中心副主任，灾害与环境遥感研究室主任至 2012 年。研究领域为面向全球和区域性重大灾害和突发性环境事件，研究和发展利用遥感、地理信息系统技术进行预警、监测、评价和应急反应的理论、技术和方法，构建灾害与环境遥感综合监测评价体系和应用系统，形成面向国家目标的灾害与环境遥感科学和信息服务基地，为国家的减灾救灾和可持续发展提供决策支持。先后负责国家科技支撑计划、863 计划、中国科学院知识创新重大项目、自然科学基金等项目的研究任务，致力于遥感和地理信息系统的理论和应用方法研究，主持研制了“微机地理信息系统软件 GCODE”“基于网络的洪涝灾情遥感速报系统”及“全国七大江河 1∶10 万警戒水域遥感数据库”；开展大型遥感与地理信息系统的应用与集成，主持完成了“空间信息综合管理与保障系统”和“人机交互图像处理系统”；在灾害与环境定量化遥感应用技术研究、自然灾害遥感机理和信息挖掘方法研究，以及自然灾害遥感预警、预测方法研究等领域取得重要研究成果，并在洪涝灾害、地震、干旱、沙尘暴、滑坡、泥石流和重大环境污染等灾害的遥感监测中做出了突出贡献。发表论文 40 余篇，编写专著 2 部。培养博士 9 人、硕士 12 人，在读博士、硕士研究生 12 人。先后获科技部“1998 全国科技救灾先进集体/个人”、2000 年享受国务院政府特殊津贴、中宣部“防震救灾先进集体”、中国科学院优秀青年、中国科学院“双文明建设先进集体”等称号。曾获国家科技进步奖二等奖 2 项、国防科工委科技进步奖一等奖 2 项、中国科学院科技进步奖一等奖 1 项、三等奖 2 项。

32. 王志刚（1952 年 4 月～2017 年 4 月）

遥感所遥感试验场主任，研究员。籍贯河北，生于南京。1968 年毕业于北京二十三中学，赴内蒙古呼盟莫旗插队；1972 年转入中国科学院五七干校，知青。1978 年考入河北地质学院，1982 年毕业获学士学位，分配到中国地质科学院 562 综合地质队从事区域地质研究。1985 年调入中国科学院遥感应用研究所工作，1998 年晋升为研究员。研究领域涉足区域地质、土地利用遥感调查、遥感地质及其找矿应用、成像光谱地质应用及农业遥感等多个应用研究领域。参加过国家305项目、921项目、96-914项目、院重大黄金项目和自然科学基金等多项研究课题，自1991年以来担任专题研究负责人。在新疆发现工业锡矿床1处。善于将遥感地质研究成果转化为工程应用，配合国家地质调查局的项目，在内蒙古、青海等地完成10个图幅的1：5万遥感地质填图。2000年以来主持遥感试验场的论证、选址和建设工作，担任试验场主任。通过调研、实地考察，以及所学术委员会的论证，确定了官厅水库南岸的试验场址。2004年，试验场完成基本建设，开始技术运行，成为中国科学院特殊环境与灾害野外台站网络的成员之一。试验场的发展和运行状况良好，仪器设备和功能也逐渐完善，已经成为研究所和国家遥感科学开放实验室的综合遥感试验基地。发表论文20余篇。2012年退休。

33. 乔彦友（1964年8月～）

遥感所研究员，博士生导师。山东省高密人。1985年毕业于兰州大学数学系计算数学专业。同年，考入北京师范大学数学系数理统计专业硕士研究生。1988年毕业后分配到中国林业科学研究院资源信息研究所，主要从事地理信息系统的开发与应用工作。1991年在加拿大New Brunswick大学进行合作研究。1994年考入遥感所地理信息系统专业博士研究生，1997年毕业留所工作。1998年到法国农林水中心CEMAGREF从事博士后研究一年，主要从事地理信息系统与流体力学模型结合方面的研究。2000年1月晋升研究员，2008年聘为博士生导师。主要致力于地理信息系统、遥感及空间决策支持系统方面的软件开发、理论研究及示范应用工程等。主持国家863计划、科技部中小企业基金、农业科技成果转化基金项目各一项以及若干地方应用项目等。1997～2006年，主要从事数字城市工作，先后开发了城市基础地理信息平台、城乡一体化地籍信息系统、城市环保信息系统、城市开发区信息系统、城市三维演示系统等多个产品，在土地、交通和城市等部门获得成功应用。从2007年开始，主要在林业有害生物管理信息系统方面开展工作，先后组织开发了基于GIS/GPS的林业有害生物监测数据记录系统、县级林业有害生物管理信息系统、省级林业有害生物网络管理信息系统、国家级林业有害生物管理信息系统、远程监测信息系统，以及遥感综合监测平台等多个产品，形成了一个从基层科学调查到管理层实时监管的信息化体系。相关产品已经在全国多个省份开始使用，特别是“基于GIS/GPS的林业有害生物监测数据记录系统”，已经在全国大部分省份获得实际应用。发表论文40多篇，获得专利授权2项，完成软件著作权登记10多项。先后获国家科技进步奖二等奖2次，省部级科技进步奖一等奖2次。2014年享受国务院政府特殊津贴。

34. 刘少创（1963年11月～）

遥感所研究员，硕士生导师。1985年武汉测绘科技大学大地测量系毕业任教。1991年和1996年，在武汉测绘科技大学摄影测量与遥感系分别获硕士和博士学位；1996～1999年，在遥感所做博士后，2000年被聘为研究员。参加研究的主要项目有：1995年，作为主力队员参加中国首次北极点科学考察队，完成徒步到达北极点的科学考察。国家863计划“信息获取与处理技术主题”资助项目：“三维信息获取与实时（准实时）处理技术系统原理样机”的研制，负责其中的数据处理系统的开发；“实用型机载三维成像仪”的研制，负责其中信息处理子系统的设计和开发；在“机载对地观测总体技术”课题中，负责数据处理系统的开发。主持研究的主要项目有：国家863计划项目“澜沧江–湄公河源头水系分析和长度测量”，完成了尼罗河、亚马孙、长江、叶尼塞河、黄河、鄂毕河、黑龙江、刚果河和澜沧江等十大世界著名长河的源头确定和长度量测，并被美国国家地理学会和国际湄公河委员会采用；国家自然科学基金项目“机载三维成像仪带有附加参数的自检校平差的理论与方法”“我国月面巡视探测器高精度定位技术基础研究”“基于下降影像的月面着陆区高精度测图技术研究”；我国探月工程二期项目，巡视器初始状态分析软件开发及基于图像的定位技术软件开发、基于摄影测量技术的着陆器和月面巡视探测器定位技术研究、基于DEM的月表光学影像模拟和虚拟相机成像仿真技术研究；遥感所知识创新工程资助项目“利用卫星遥感技术确定长江源头”和“北地群岛至北极点遥感应用预研究”等。代表论著6篇。北极点科学考察被评为1995年中国十大科技新闻第一条。2005年“利用卫星遥感技术确定全球大河源头和长度”项目，入围“亚洲创新奖”、2007年获得英国地球与太空基金会“地球与太空奖”、2008年获得中国地理学会首届“全国优秀地理科技工作者”称号。

35. 唐　娉（1968年2月～）

遥感所遥感图像处理研究室主任，研究员，博士生导师。宁夏中宁县人。1996年毕业于北京师范大学数学系，获理学博士学位。1996年9月～1998年10月，在中国科学院地球物理研究所固体地球物理博士后流动站作博士后。出站后在遥感所从事遥感数字图像处理研究。2000年中国科学院知识创新工程开始，同年3月聘为创新研究员，获硕士生导师资格。2004年11月～2005年1月作为高级访问学者到德国DLR遥感数据中心学术访问。2007年聘为遥感图像处理研究室主任。2007年获中国科学院“王宽诚教育基金会”优秀女科学家奖学金访问学者项目，2008年获中国科学院王宽诚教育基金会“优秀女科学家专项”奖学金访问学者项目奖励和专项支持。2009年2～7月获中国科学院留学基金资助，到美国加州大学进行为期半年的学术访问。2010年获博士生导师资格，2012年享受国务院政府特殊津贴。主要从事遥感数字图像处理算法研究、软件研发及遥感图像应用系统建设。主持多项科研项目，包括国家自然科学基金项目、863项目和大型卫星图像地面应用系统等。在国内外期刊发表学术论文20余篇，申请国家发明专利17项，授权9项，参与专著撰写1部。

36. 柳钦火（1968年1月～）

遥感所遥感辐射传输研究室主任，遥感信息科学重点实验室副主任，遥感科学国家重点实验室副主任，常务副主任，所学术委员会委员，学位委员会委员，党委委员，所长助理，研究员，博士生导师。江西省湖口县人。1988年毕业于西南交通大学航测与工程地质系，获工程地质与水文地质学士学位；1994年北京大学遥感与地理信息系统研究所获地图学与遥感硕士学位；1997年北京大学大气物理系获大气物理博士学位；1999年遥感所地图学与遥感专业博士后流动站留所工作。主要从事遥感辐射传输机理研究。1998年前往法国农业科学院，1999年前往美国波士顿大学地理系，2004年前往美国马里兰大学地理系分别3个月。2001年聘为研究员。2002年聘为博士生导师。2010年前往美国乔治梅森大学地理系合作研究。在遥感所主要从事：遥感辐射传输机理与建模，地表参数多源遥感反演与同化，地表植被生态系统、地表辐射与能量平衡遥感监测应用基础研究。先后主持国家自然科学重点基金、国家973、863和科技支撑项目课题，以及中国科学院知识创新工程重要方向项目等。任“十二五”863重大项目总体组专家、973项目专家组成员。发展了多尺度遥感辐射传输模型，研发了“全链路光学遥感图像模拟系统”，应用于我国环境减灾、中巴资源等卫星地面系统；发展地表植被生态系统、地表辐射平衡关键参量多源遥感协同反演的理论和方法，研发了“多源遥感数据定量遥感产品生产与服务系统”。历任中国地理学会第二届学术工作委员会副主任委员，中国测绘学会第九、第十、第十一届理事会摄影测量与遥感专业委员会副主任委员，中国环境科学学会环境信息系统与遥感专业委员会第一届委员会委员，全国气象学会第25、第26和第27届卫星气象与空间天气学委员会委员，国际IEEE、IEEE/TGRS、IGU等学术组织会员。发表学术论文200余篇、其中SCI收录论文50余篇，5部专著，发明专利5项。获省部级科技进步奖4项。

37. 毕思文（1956年6月～）

遥感所遥感信息科学重点实验室副主任、常务副主任、研究员、博士生导师。江苏徐州人，1982年和1990年分别获学士学位和硕士学位，1991年开始从事地球系统科学研究，2000年1月从事青藏高原构造遥感分析与动力学耦合模型研究、地球系统科学与数字地球互动关系等研究；初步构建了地球系统科学理论体系。发表论文100余篇，出版系列学术专著9部。涉及研究内容有地球系统科学理论、数字地球–地球系统数字学、地球系统力学、地球系统科学教材和地球系统科学应用示范等。1995年8月获中国科学院地质与地球物理所理学博士学位，1995年9月～1997年11月，北京大学地质学系博士后、副教授，1997年12月～2000年1月，清华大学力学系博士后、教授。1997年，获北京大学“论文状元”称号；1998年，参加申请的中国博士后基金，获得一等基金，排名第一；1999年被清华大学评为优秀博士后。2000年来遥感所工作，被聘为硕士生导师，2001年晋升为研究员。先后任中国科学院西安光学精密机械研究所特聘研究员、量子光谱成像研究方向学术带头人，博士生导师；航天五院508所量子遥感首席专家、博士生导师、航天遥感有效载荷专业委员会委员等职务。2001年年初在国内外率先提出了“量子遥感”新学科方向，2006年8月提出了量子光谱成像新概念，并构建了理论体系；开展了量子遥感基础理论、量子遥感信息机理、量子光谱成像理论、实验与技术等研究。先后负责和参加过中美德加国际合作项目、国家科技攻关、973计划、国家自然科学基金项目、各部委科技攻关项目、中国科学院知识创新工程重要方向项目、中国博士后科学基金项目、国家重点实验室基金项目、中国科学院创新团队项目和国防科工局民用航天重点项目等30余项。第一作者出版专著11部。发表论文260余篇，其中Nature 1篇，SCI收录49篇，EI收录39篇，CSCD与核心期刊收录150余篇。获国家专利2项。

38. 牛　铮（1965年～）

遥感所环境遥感前沿研究室主任，全球变化遥感研究室主任，所长助理，创新研究员，博士生导师。1988年获北京大学地球物理系天体物理专业学士学位，1991年获北京大学GIS与遥感技术应用研究所地图学与遥感专业硕士学位，1991～1993年相继任北京大学GIS与遥感技术应用研究所助教、讲师，1996年获中国科学院地理研究所自然地理专业博士学位，1996年起先后任遥感所助研、副研，2001年聘为研究员；2002年聘为博士生导师。负责所内全球变化遥感方向的创新工作，任首席科学家。主持或参加国家和部门项目10余项。2001年起承担中国科学院知识创新工程重大项目，任“中国陆地和近海生态系统碳收支研究”课题负责人；973项目“地球表面时空多变要素的定量遥感理论及应用”2个项目专家，课题负责人。2003年承担国家自然科学基金项目3项，2004～2005年担任国家八六三计划信息技术领域信息获取与处理技术主题专家组成员，2003～2012年担任中国科学院研究生院兼职教授，讲授“遥感物理”课程，2001 年担任中国科学院遥感应用所第六届学术委员会委员，2003～2007 年担任国产地理信息系统软件测评委员会成员，2008 年享受国务院政府特殊津贴，2008 年任中国地理学会环境遥感分会第六届理事。共发表论著 200 余篇（部），获省部级一等奖 1 项、三等奖 2 项。

39. 龚建华（1965 年 11 月～）

遥感所研究员，博士生导师。浙江海盐人。1987 年西南交通大学摄影测量与遥感本科毕业；分配到华东林业规划设计院从事林业遥感与制图工作。1992 年在北京大学信息科学中心视觉与听觉国家重点实验室获硕士学位，1995 年在北京大学遥感与地理信息系统研究所获博士学位。1995～1997 年，在中国科学院地理所资源与环境信息系统国家重点实验室作博士后研究，1998～2001 年，香港中文大学地理系与地球信息科学联合实验室作博士后研究。2002 年到中国科学院遥感所工作，2003 年被评为创新研究员，并建立虚拟地理环境创新研究团队。2004 年批准为博士生导师。长期从事地学多维可视化与虚拟现实相关的理论、方法与软件系统研究，在地理信息理论与方法上，从视觉认知和地理认知角度，对地理可视化、现代地理多维图解与地理知识发现进行了深入的探索研究；2002 年来，主持并参与了 6 个国家自然科学基金项目、多个 863 和其他国家级等项目；近年来，结合网络技术与虚拟现实技术，与林珲教授一起原创性地提出了“虚拟地理环境”的概念框架，并初步建立了虚拟地理环境的理论、方法与应用研究体系，成为地理信息科学领域的前沿研究方向。主持并参与了三维地下矿产资源、三维洞穴、滑坡、洪水演进、流域管理、传染病时空传播、数字海洋与智慧城市等与三维可视化和模拟分析相关的研究项目。从 2006 年开始，积极推进中国科学院与地方的院地合作，2006 年在天津建立“数字城市与虚拟现实实验室”，2010 年在浙江嘉兴建立“浙江中科空间信息技术应用研发中心”，积极开展（卫星、无人机）遥感空间信息技术、三维虚拟仿真技术等在地方社会经济中的应用与产业化。在国内外杂志和会议上发表学术论文 150 余篇（SCI 检索论文 20 余篇），出版专著 3 部。指导培养 20 位博士与 23 位硕士。

40. 李　震（1966 年 10 月～）

遥感所研究员，博士生导师。湖北武汉人。1988 年武汉测绘科技大学摄影测量与遥感专业毕业，1998 年中国科学院兰州冰川冻土研究所自然地理专业博士毕业，同年赴美国加州大学圣巴巴拉分校做博士后，1999 年到中国科学院遥感所工作。2003 年评为研究员，2005 年批准为博士生导师。现任中国科学院遥感与数字地球研究所航空遥感中心主任，国际数字地球学会中国国家委员会微波遥感专业委员会主任，WCRP/CLIC，IUGG/IACS 中国委员会委员。围绕微波遥感与地物目标相互作用的机制、微波遥感图像的处理方法、地表参数遥感参数反演和应用开展了系列的研究。研发了 SAR 几何与辐射纠正等技术，发展了土壤和植被等介电模型，在积雪散射模型、雪冰参数反演研究等方面取得了一系列成果，提出了利用干涉 SAR 监测山地冰川和高原冻土形变的技术手段，发展了全极化 SAR 提取冰川雪线的新技术；针对面向对象的高可信 SAR 处理建立了地物散射模型与知识库，提出雷达数据提取房屋与桥梁受损、堰塞湖、滑坡等信息的方法，并对环境减灾雷达卫星等国产 SAR 卫星的指标论证、应用需求和数据处理开展了大量工作，开发了 SAR 数据处理、参数反演和信息提取的软件。主持和参加了包括自然科学基金，863 和 973 项目在该领域的多项课题，发表论文 100 余篇，其中 30 余篇被 SCI 收录，参与 3 部专著编写，获国家科技进步奖二等奖 2 项，省部级科技奖 4 项，多项软件登记和专利。2014 年享受国务院政府特殊津贴。

41. 骆剑承（1970年1月～）

遥感所遥感空间信息系统研究室主任，研究员，博士生导师。浙江临安人。1991浙江大学地球信息科学系获理学学士学位。1991年7月～1994年在浙江省气象局气象科学研究所任助理工程师，从事气象卫星业务研究和开发工作；1994～1999年在中国科学院地理所资源与环境信息系统国家重点实验室硕博连读获理学博士学位。1999～2000年在中国科学院地理研究所资源与环境信息系统国家重点实验室，任助理研究员，从事地球信息科学基础研究；2000～2001年香港中文大学地理系博士后，进行空间数据智能处理与分析基础研究；2001年5月～2005年9月：中国科学院地理研究所资源与环境信息系统国家重点实验室任助理研究员、副研究员、项目研究员，从事遥感智能处理、高性能地学计算方向的研究；2005年10月～2012年9月，遥感所，创新研究员，博士生导师，从事遥感空间信息分析研究；2007年8～11月，美国加州大学洛杉矶分校（UCLA）地理系访问学者，从事“青藏高原湖泊演变遥感监测与全球环境变化关系分析”的合作研究。先后承担国家科技支撑、863计划和自然科学基金等国家项目10余项，地方支持项目10余项，以高性能遥感信息计算、分析与服务作为主要的研究方向，提出了遥感图谱认知理论和自适应计算方法，研制了我国首套高性能云服务的遥感计算平台（IPM-MyHome），为全面构建面向国家、部门和全球应用的高分辨率空间信息产品主动服务系统奠定了坚实基础。合作出版4本专著和图集（《遥感影像地学理解与分析》及《高分辨率遥感影像计算与分析》等），在国内外学术刊物或国际会议上发表学术论文100余篇，其中被SCI、EI检索40余篇。研究成果获国家科技进步奖二等奖、北京市科技进步奖二等奖、天津市科技进步奖二等奖各一项。培养/联合培养博士研究生11人、硕士研究生7人。

42. 陈良富（1965年～）

遥感所大气遥感研究室主任，研究员，博士生导师。浙江淳安人，民盟盟员。1986年毕业于江西师范大学，1991年在陕西师范大学获硕士学位，后在山西大学工作。1999年在北京大学遥感所获博士学位，毕业后留校任教。2001年3月人才引进到中国科学院遥感所。2001年和2004年先后在法国科学研究中心作博士后与访问学者。主要从事遥感基础理论和定量反演方法研究。先后承担国家攀登计划、973项目课题研究；承担国家自然科学基金面上项目2项和重点项目1项；负责“十一五”863资源环境项目“多源卫星遥感大气污染综合监测技术”，承担中国科学院知识创新工程项目2项、项目群项目、碳卫星先导和灰霾先导专项课题；以及环保部工程项目“环境空气遥感业务监测系统”等。主要科研成果包括两方面：在热红外与生态遥感方面，提出非同温组分有效发射率和有效温度概念，建立热辐射方向性解析模型和Monte Carlo模型，解释了非同温开放系统热辐射方向性问题，并建立了陆地生态系统净第一性生产力遥感定量估算模型；在大气环境遥感方面，首次实现了灰霾遥感监测，创新了基于物理机理的气溶胶垂直订正和湿度订正的PM2.5遥感算法，实现了O_3、NO_2和SO_2污染气体差分光谱吸收算法和温室气体CH_4、CO和N_2O廓线的热红外遥感反演算法。基于上述反演算法研发了集成多源卫星遥感大气环境质量参数反演、专题图制作和大气环境质量自动化监测业务为一体的综合监测系统，并服务于2008年北京奥运和2010年广州亚运，成为环保部和北京市大气环境业务监测平台。研究成果使我国成为世界上首个大气环境监测业务化从“地面监测”进入“卫星立体监测”阶段的国家。出版专著3部，发表论文100余篇，其中SCI论文40余篇。获国家科技进步奖二等奖1项，省部级科技进步奖一等和二等奖各1项。

43. 余　涛（1967 年 7 月～）

遥感所遥感定标与真实性检验研究室主任，国家航天局航天遥感论证中心副主任，研究员，博士生导师。出生于北京。1989 年毕业于北京科技大学物理系应用物理专业，获学士学位，分配到中国科学院遥感应用研究所遥感基础研究室；1996 年在中国科学院遥感所遥感和地图学专业获硕士学位；2002 法国 Lille 科技大学物理系激光大气传输专业，获博士学位。2004～2006 年中国科学院遥感所、国家航天局航天遥感论证中心任主任助理，2006 年 2 月晋升为研究员。2007 年国家航天局航天遥感论证中心任副主任兼遥感所遥感定标与真实性检验研究室主任。2008 年被聘为博士生导师。任国家航天局高分专项地面系统副总师。主要从事民用航天遥感科学论证及定量化遥感研究。先后参加、主持国防科技工业民用专项项目、973、863、921、中国科学院知识创新工程领域前沿项目、国家自然科学基金项目、国家科技攻关项目及地方合作项目 50 余项。取得授权专利 13 项，出版专著 2 部，发表论文 163 篇，其中 SCI 29 篇，EI 论文 42 篇。获中国科学院科技进步奖一、二等奖，测绘科技进步奖一等奖、地理信息科技进步奖一等奖和北京科技进步奖一等奖等。2010 年享受国务院政府特殊津贴。

44. 王尔和（1953 年 5 月～）

航空遥感中心副主任、主任，正高级工程师。江苏省苏州人，1980 年毕业于中国科学技术大学地球与空间科学系，分配到中国科学院空间中心从事资源遥感卫星波段选择研究工作，参加津–渤环境遥感试验等。1982 年调入遥感所地物波谱特性研究室从事地物波谱研究，参加编写《中国典型地物波谱及其特征分析》专著，任副主编。1985 年参加筹建中国科学院航空遥感中心和引进高空遥感飞机。1987 年担任航空遥感中心业务处副处长、计划办公室主任。1988 年航空遥感中心合并到遥感所，兼任遥感所业务处副处长。参加“七五”科技攻关项目“高空机载遥感实用系统”课题，负责唐山航空遥感综合实验等。长期负责遥感飞机大科学装置的运行工作。负责完成多项遥感飞机平台的工程技术改装。负责完成国家科技攻关、院重大、863 项目、重大自然灾害监测、北京奥运会环境动态航空遥感监测等多项航空遥感实验，其中，新型遥感仪器校飞试验 10 余项，航空遥感应用飞行 50 多项，重大自然灾害监测 9 项。1998 年负责完成长江中下游特大洪涝灾害的航空遥感应急监测，2002 年开始作为主要成员参加国家基础设施“航空遥感系统”调研与立项工作等。2007 年作为筹备组成员参加“中国科学院对地观测与数字地球科学中心”筹建，参加航空遥感中心的体制、人才、仪器设备和基本建设等工作，担任主任助理、航空遥感中心主任。同年聘为研究员，享受国务院政府特殊津贴。主持完成了在“奖状”遥感飞机上集成高分辨率数字相机和机载 SAR 系统，建立航空遥感灾害应急监测系统。负责国家 863 重点项目：高效能航空 SAR“系统总体与系统集成技术”课题。完成 SAR 天线重大改装。负责完成“5・12”汶川地震及玉树地震的航空遥感应急监测及灾后重建飞行实验。曾担任中国科学院遥感联合中心副秘书长兼办公室主任，中国空间科学学会理事，空间学会遥感专业委员会委员、秘书等。获中国科学院科技进步奖一等奖，1998 年全国科技界抗洪救灾先进个人表彰。

45. 肖　青（1971 年 6 月～）

遥感所支撑中心主任，中国科学院怀来遥感综合试验站站长。高级工程师（研究员级）。河北承德人，1993 年毕业于吉林大学（原长春地质学院），获应用地球物理学士学位。1996 年毕业于吉林

大学（原长春地质学院），获遥感专业硕士学位（遥感所联合培养），2002年获中国科学院遥感应用研究所博士学位。1996～2010年硕士毕业后，工作于核工业北京地质研究院遥感中心，2007年获聘高级工程师（研究员级），2009～2011年任国家自然基金委地学部地理学遥感流动项目主任。2010年7月应聘遥感所支撑中心主任，回到遥感所，兼任中国科学院怀来遥感综合试验站站长。遥感地球所成立后任科研条件部主任。主要研究方向为定量遥感反演机理、模型和试验，是国内较早从事热红外高光谱的基础理论和应用技术研究人员之一。从事多年定量遥感数据试验设计，数据获取和真实性检验领域，具有多年工作经验和研究成果积累，先后组织实施黑河综合遥感联合实验、怀来定量遥感综合试验等大型遥感试验。先后承担的项目有：国家自然科学基金重点基金项目“黑河流域生态水文过程综合观测试验：航空光学遥感”；国家科技基础专项“测绘地物波谱本底数据”；863重点项目“全球陆表特征参量产品生成与应用研究”第二课题“全球陆表特征参量的遥感提取方法研究”；973项目“陆表生态环境要素主被动遥感协同反演理论与方法”第一课题“生态环境定量遥感综合试验与示范”。发表论文50余篇。

46. 李紫薇（1959年12月～）

遥感所海洋遥感研究室主任，研究员，博士生导师。湖南省长沙市人。1982年获解放军测绘学院航空摄影测量专业学士学位，分配到总参测绘研究所摄影测量与遥感研究室工作。1990年获解放军测绘学院摄影测量与遥感专业硕士学位。1990～1995年任解放军测绘学院遥感教研室讲师、副教授，1995～2002年任中国测绘科学研究院测绘工程中心主任、研究员，2003～2007年任国家海洋局第一海洋研究所现代分析研究室研究员。2007年12月调入遥感所筹建海洋遥感研究室，任室主任、研究员、博士生导师。主要从事海洋遥感科学技术研究与应用系统研制，结合国家海洋发展战略和军民需求，主持完成多项国家、院、军队和部委相关科研项目，在海洋遥感机理、平台发展、新型载荷技术、应用方法等方面取得了多项有影响力的原创性科技成果，引领了我国GNSS-R海洋微波遥感技术进步，发展了多载荷协同对海观测综合应用技术，促进了海洋遥感业务化应用。发表学术论文80余篇，获技术专利10余项；获国家科技进步奖二等奖1项（2003年/排名第五）、军队科技进步奖一等奖2项（2011年/排名第二，2013/排名第四）、海洋工程科学技术奖一等奖1项（2011/排名第五）、中国科学院科技进步奖二等奖1项（2001年/排名第九）。

47. 尹　球（1963年8月～）

遥感所环境遥感应用技术研究室主任。国家环境保护卫星遥感重点实验室常务副主任、研究员、博士生导师。1983年和1989年先后在南京大学大气物理系获大气物理学学士和硕士学位，1993年在中国科学院上海技术物理研究所获物理电子学与光电子学博士学位。1993～2007年在中国科学院上海技术物理所工作，参与神舟飞船工程。主持地球辐射收支仪初样设计，负责卷云探测仪定标，牵头建立了国内第一套同心槽黑体定标系统和偏振积分球定标系统。2007～2009年在遥感所工作，任环境遥感应用技术研究室主任，2008年2月晋升为研究员。在遥感所工作期间，组织开展水环境遥感监测方法研究和应用平台开发，为环保部湖泊蓝藻遥感监测及国家海洋局2008年奥运青岛浒苔遥感监测等提供了及时有效的信息支持；主持完成环保部环境卫星后续星立项论证，提出以陆域水环境、大气污染和城市生态为着力点，普查与详查相结合发展我国环境卫星后续星；组织开展卫星遥感数据预处理和多遥感器数据同化研究，部分成果在卫星地面系统中得到应用。2009 年调上海市气象局工作。曾获航天部科技成果三等奖，上海市科技进步奖二等奖，赵九章优秀中青年科学奖，上海市决策咨询研究成果奖一等奖。国家 863 计划“信息获取与处理主题先进工作者”，科技部“科技奥运先进个人”等称号。

48. 郑　柯（1963 年 2 月～）

遥感所正高级工程师（研究员级）。祖籍山东临沂市，出生在北京。1984 年 6 月入遥感所数字图像处理研究室工作，1985 年任助理工程师。1988 年北京师范大学计算机应用专业毕业，获理学学士学位。1990 年 12 月任工程师；1994 年 12 月升任高级工程师；1997 年 4 月加入中国共产党。2008 年 11 月任遥感图像处理技术学科正研级高级工程师。参加工作以来，一直从事遥感图像处理相关技术研究。先后参加完成了多项国家攻关项目、863 项目及横向项目的研究工作，参与和负责完成了 IRSA 系列图像处理系统前期版本的研发，研制的软件被评为国产优秀图像处理软件，为后期的研发工作打下了良好的基础。近年来主要负责重要工程项目的组织、管理与研发，因工作业绩突出，并在多项工程项目的研制和开发任务过程中做出了贡献，2006 年度获得配套工程先进个人称号。

49. 刘亚岚（1968 年 8 月～）

遥感所研究员，硕士生导师。生于湖南常德。1991 年毕业于华东地质学院。1991～1993 年在核工业航测遥感中心从事航测遥感工作，任助理工程师。1996 年在中国科学院研究生院获地图学与遥感专业硕士学位。2004 年获中国科学院研究生院地图学与地理信息系统专业博士学位。同年聘为硕士生导师。从 1996 年以来，先后在中国科学院遥感应用研究所，从事遥感影像自动化与智能化解译，以及空间信息综合集成技术的应用研究工作。1996 年、1998 年赴意大利开展中意政府间合作研究“福建遥感地理信息系统”。2001 年被聘为遥感所副研究员，2004 年被聘为硕士生导师。2006 年被聘为遥感所项目研究员和北京航空航天大学联合国亚太空间技术应用教育中心兼职教授，2008 年被聘为遥感所创新研究员。独立主持国家自然基金项目 3 项，作为骨干成员参与多项国家科技攻关、863、国家支撑计划、中国科学院知识创新、科技减灾及欧盟国际合作等项目。主要研究领域包括环境与灾害遥感和交通遥感，研究方向为遥感图像理解、空间信息综合集成与决策支持技术。发表论文 80 多篇，专著 3 本，未署名专著 5 本。获专利 1 项，20 项软件知识产权登记证书；获中国科学院科技进步奖一等奖、北京市科技进步奖三等奖、国家海洋工程科学技术奖一等奖各 1 项。

50. 周　艺（1964 年 2 月～）

遥感所研究员，博士生导师，党支部书记。北京人。1986 年 6 月毕业于南京大学地理系城市与区域规划专业。同年到中国科学院遥感应用研究所工作。1991 年聘为助理研究员，1996 年聘为副研究员，2002 年聘为硕士生导师，2006 年聘为项目研究员，2009 年聘为研究员。2010 年聘为博士生导师。长期从事城市与区域遥感应用技术研究。主要研究领域为灾害损失遥感评价模型、基于遥感的区域评价方法与指标体系、城镇体系和城市化遥感及环境遥感定量监测与评价技术，为区域可持续发展、灾后重建动态评价和规划提供科学理论和方法。先后主持并完成国家自然科学基金面上项目、高分重大专项、科学院方向性项目、863 计划、科技支撑项目、科技部重点专项、重大军工项目、发展和改革委员会规划项目、国家“九五”攻关、农业科技成果转化等多个项目。研制了主体功能区规划遥感监测与评价系统、主体功能区功能要素高分遥感提取系统、中国农业状况评价系统与电子图集、区域可持续发展评价系统、地区社会经济可持续发展评价系统、京津冀和长江三角洲区域规划集成系统、城市化空间扩散过程模拟系统、水环境污染状况遥感监测与评价技术系统等。研究成果在国家、区域、专题 3 个层次得到应用，主要有国务院批准颁布的“国家主体功能区规划，汶川、玉树、舟曲、芦山 4 个国家灾后重建规划和京津冀协同发展规划等。发表 SCI、EI、CSCD 论文 80 余篇、专著 6 本。科研成果曾获国家科技进步奖一等奖 1 项，省部级科技进步奖一等奖 3 项、二等奖 1 项、三等奖 1 项。获多项软件著作权和专利。获中国科学院“创新为民科技救灾优秀共产党员”“抗震救灾先进个人”。研究团队获中国科学院“双文明建设”先进集体，中共中央宣传部、国家地震局“全国防震减灾先进集体”等多项荣誉称号。

51. 郭子祺（1963 年 2 月～）

遥感所国家遥感应用工程技术研究中心副主任，研究员，硕士生导师。出生于陕西西安。1986 年于南京大学地质系获学士学位，被分配到遥感所从事科研工作。1986～1987 年，参加中国科学院中央讲师团赴烟台分团任教师；1987～1994 年，在遥感所三室从事遥感地质研究工作。1997 年在中国科学技术大学研究生院获硕士学位。1997～2002 年，在中国科学院遥感所开放实验室从事遥感基础研究工作；2002 年被批准为硕士生导师，2009 年 3 月晋升为研究员。2002～2012 年在国家遥感应用工程技术研究中心从事遥感工程项目的研究，其中 2003～2010 年担任国家遥感应用工程技术研究中心副主任。2006～2008 年任中国科学院遥感所纪委副书记（兼职）。2007～2009 年，任中国科学院遥感所工会副主席（兼职）。在遥感所从事科研工作近 30 年，参加和承担国家级科研项目 20 余项。研究领域涉及：①在遥感地质与矿产资源勘探应用方面主要解决了隐伏地质体的勘查问题；②在地震前兆信息探测应用方面主要解决震前热红外异常的机制和震前电磁辐射异常的机理；③遥感数据处理与关键信息提取技术研究；④新型遥感传感器的研制与应用。共发表 118 篇学术论文，获得发明专利 1 项，实用新型专利 5 项以及软件著作权 12 项。参加出版专著 5 部。

52. 孟庆岩（1971 年 7 月～）

遥感所研究员，博士生导师，遥感定标与真实性检验研究室副主任，国家航天局航天遥感论证中心办公室主任，人事教育处处长、党委办公室主任。黑龙江省肇东市人，1999 年浙江大学生命科学学院获理学博士学位，到遥感所从事农业与生态环境遥感工作。2001 年 1 月，晋升为副研究员。2006 年晋升为项目研究员；2005 年 8 月～2008 年 1 月，在中国科学院生态环境研究中心城市与区域生态国家重点实验室在职博士后研究。2007 年 4 月任国家航天局航天遥感论证中心办公室主任；2009 年 3 月晋升为研究员；2010 年 5 月任遥感定标与真实性检验研究室副主任。主要从事城市陆表环境遥感、地震红外遥感研究。近年来主持科技部国际科技合作与交流专项项目、国家科技支撑课题、欧盟第七框架项目和国家自然科学基金项目等国家级项目 20 余项。国家重大科技专项“高分辨率对地观测系统”应用系统总体论证组成员，“国家自然灾害空间基础设施”专项“共性技术与灾害机理研究系统”论证专家组组长，国家战略性新兴产业遥感论证专家组成员，中国地震台网中心客座研究员，中国地震学会空间对地观测专业委员会委员，中国城市科学研究会数字城市专业委员会副秘书长，广东省土地利用与整治重点实验室第一届学术委员会委员，河北航天遥感信息处理与应用中心第一届理事会理事、副秘书长。出版《地震红外遥感》（第一著者）和《埃及遥感应用示范性研究》（第四编著者）及参编《自然灾害与空间信息体系》；发表论文 90 篇（SCI20 篇），授权受理发明专利 22 项，软件著作权 7 项。获地理信息科技进步奖一等奖 2 项、二等奖 1 项，中国测绘科技进步奖一等奖、二等奖，教育部科学技术进步奖二等奖，环境保护科技奖三等奖，地理信息产业优秀工程金奖，中国遥感应用协会推广应用奖，以及中央国家机关优秀青年称号。

53. 曹春香（1964 年 4 月～）

遥感所环境遥感前沿研究室公共卫生空间信息技术应用研究中心主任，研究员，博士生导师、科技处处长，中国科学院大学教授。内蒙古锡林郭勒人。2000 年被中国科学院以优秀人才引进到遥感所工作；曾任美国伯克利大学自然与资源学院高级访问学者，美国波士顿大学特聘教授；2003～2006 年任遥感所科技处处长，2009～2012 年任遥感所环境遥感前沿研究室公共卫生空间信息技术应用研究中心主任，2009 年 3 月被聘为遥感所研究员。2010 年被聘为博士生导师。863 地球观测与导航技术领域重大项目总体专家组专家，并担任国家湿地科学技术第二届专家委员会，中国卫生信息学会卫生地理信息系统专业委会等多个国家级专业委员会委员及部分顶级期刊的审稿专家。经过 10 余年的潜心研究，于 2011 年面向全球正式提出了环境健康遥感诊断交叉研究学科方向，围绕该研究方向共发表 100 余篇论文，其中 50 余篇 SCI 检索，2013 年 1 月与美国知名教授联合在 *Nature* 子刊 *Nature Climate Change* 上发表论文 *Temperature and Vegetation Seasonality Diminishment over Northern Lands*（影响因子 14.472）；从 2011 年开始，持续主办了环境健康遥感诊断国际学术研讨会；与科学出版社签订《环境健康遥感诊断》等 6 本系列专著的出版协议，其中第 1 本《环境健康遥感诊断》已于 2013 年出版；面向国家重大战略需求提出的建议报告中有 4 份得到省部级以上领导批示。近 5 年，共承担国家重大专项、973、863 及国防科工局等项目 19 项，获得软件著作权 7 项，申请发明专利 6 项。

54. 王为民（1951 年 2 月～）

遥感所研究员，科技处副处长、代处长。国家遥感工程中心副主任和办公室主任。河北滦南人，1968 年在北京军区测绘大队任技术员。1971 年到中国科学院地理所参加我国首部宇航地图和苏联晕渲图的绘制。1978 年南京大学地理系毕业，在地理所二部参加了地图自动化调研及实践；参与了首幅全自动成图编程和系统研制、哈密富铁找矿遥感试验。1979 年转入遥感所，参加了腾冲航空遥感试验、遥感图像处理系统研制和“防汛遥感应用试验”等。负责完成了实用化遥感图像按地形图分幅、机助分类与自动化制图软件研究、陆地卫星 TM 资料专题系列成图规范化研究等国家攻关项目，建立了微机遥感制图系统。完成了天津市环境质量图集及计算机辅助制图软件系统、“黄淮海地区县级农业可持续发展决策支持系统”、国家 908“广西海岛海岸带遥感调查”和海南、罗湖、赣州信息系统等项目。作为指挥长，负责载人航天工程陆地遥感项目 14 年，建成了神舟飞船陆地遥感综合应用系统和多期工程。完成了“IRSA 科技管理系统”研制；负责遥感所首批“全国测绘甲级单位”的申请和国家遥感工程中心的申办组建运行。作为负责人，筹办国家科委“国家六五高新技术展览”、亚太部长级会议之“亚太空间技术与应用研讨会”“UN/CHINA/ESA 微波遥感应用研讨会”“第二届全球雷达遥感研讨会”、首届“数字地球国际会议”。作为学会秘书长，负责举办多次遥感学术会议和遥感青年辩论会并参与组织《遥感学报》创刊等工作。曾任：中国科学院减灾中心委员会委员；中国环境遥感学会理事、常务理事、秘书长；《遥感学报》首届编委；中国载人航天科普丛书编委。退休后继续完成××项目，为我国空间站建设提出了应用需求建议；参与了载人航天标准化术语撰写、评审和科普丛书编写等。发表论文 27 篇。获国家科技进步奖一等奖 1 项、二等奖 3 项，院（部、军队）级科技进步奖一等奖 3 项、二等奖 7 项。被评为五好战士 2 次、嘉奖 1 次；抗震救灾先进个人 2 次；以及“中科院外事工作先进个人、载人航天工程优秀工作者”等荣誉称号。

55. 赵晓丽（1963 年 3 月～）

遥感所研究员。陕西省乾县人。1987 年西北农林科技大学水土保持专业毕业，获农学学士学位。同年分配到遥感所工作，长期从事资源与环境领域的遥感应用研究，重点开展遥感监测与时空数据库构建、生态环境综合评价方法研究，以及土地资源时空特征与驱动机制分析。负责和参与完成了国家科技攻关项目、973 计划、科技支撑计划、中国科学院知识创新工程重大项目与重要方向项目、部委合作项目及其他合作项目 30 余项，是长时间序列中国 1∶10 万比例尺土地利用时空数据库、土壤侵蚀时空数据库和城市扩展时空数据库等成果的主要负责人和完成人。主要负责并完成的项目包括水利部合作项目“全国土壤侵蚀遥感调查与数据库建设”“全国水蚀–风蚀交错区遥感调查与数据库建设”“全国土壤侵蚀动态遥感监测与数据库更新”“‘5·12’地震重灾区土地利用数据库建设”等，中国科学院知识创新工程重要方向项目“全国中比例尺土壤侵蚀数据库建设”和“土地退化的遥感监测指标定量提取与评价技术”等、知识创新工程重大项目“耕地资源和耕地产粮能力监测与预警”，国家科技支撑计划项目“水土保持调节功能时空数据集成与分析”和“土壤侵蚀遥感解析模型研究及遥感解译”，其他合作项目“首都区域空间发展战略研究——土地利用数据库建设”等。2011 年晋升为研究员。在水利部水土保持监测中心等单位任项目技术专家。发表论文 80 余篇，主编和参与编写专著 6 部。获水利部大禹水利科学技术奖二等奖一次（2004 年）；获“中国科学院（京区）巾帼建功先进个人”（2004 年）称号。

56. 关燕宁（1963 年 7 月～）

遥感所研究员。广东人。1985 年北京农业大学农业气象专业毕业，分配到中国科学院遥感应用所后，历任研究实习员，助理研究员，副研究员，2011 年 3 月晋升为研究员。多年来从事遥感应用与生态环境变化研究。主要研究方向为人类活动与气候变化对生态环境的影响。参加多个国家“六五”“七五”“八五”“九五”遥感科技攻关项目，国家 863 项目，“载人航天”项目，主持数十个中国科学院知识创新工程项目、科技部国际合作项目及各种遥感应用项目。1997～1999 年曾在荷兰 Wageningen 大学 Geo-information Science and Remote Sensing 实验室工作学习，从事人类活动对生态系统的影响研究。曾多次获国家、科学院科技进步奖。发表学术论文数十篇，其中大部分被 SCI、EI 收录。

57. 张立福（1967 年 5 月～）

遥感所高光谱遥感研究室主任、研究员、硕士生导师。山东省莱州市人。1992 年毕业于武汉测绘科技大学航空摄影测量与遥感系，毕业论文获湖北省大学生优秀科研成果奖三等奖。留校工作。2000 年 7 月毕业于武汉测绘科技大学测绘遥感信息工程国家重点实验室，获硕士学位。2003 年 9 月～2004 年 9 月，前往日本奈良女子大学进行访问研究，研究成果获得日本京都市长奖。2005 年 7 月，毕业于武汉大学测绘遥感信息工程国家重点实验室，获博士学位。2005 年 7 月进入北京大学地理学博士后流动站，从事无人机遥感应用研究以及偏振遥感研究，参加了遥感所、北京大学和贵航集团无人机遥感首飞试验，中央电视台新闻联播进行了报道。2007 年 10 月人才引进到中国科学院遥感所，在高光谱遥感研究室从事高光谱遥感研究，受聘副研究员，2008 年 4 月，聘为硕士生导师。2010 年 8 月，任高光谱遥感研究室主任。2011 年 6 月～12 月，获中国科学院高级访问学者计划资助，前往澳大利亚联邦科技工业组织 CSIRO 从事国际合作研究。2012 年 2 月，被聘为研究员。承担 863 重点项目、973 项目、国家自然科学基金等 20 余项。针对高光谱影像特征提取，创造性地提出了 UPDM 特征提取模型。在植被信息提取与生物量估算方面，建立了全谱段植被指数 VIUPD。首次提出多维光谱库的概念。提出高光谱遥感数据时空谱融合的理论与思想。带领研究团队开创性地开展了地面成像光谱仪的应用，以及新型高光谱对地探测理论与方法研究。担任中国遥感应用协会专家委员会常务委员，国际数字地球协会中国国家委员会委员，国际数字地球协会中国国家委员会成像光谱专业委员会副主任委员，中国载人空间站工程地球科学领域专家组成员。中国宇航学会遥感专业委员会委员。发表论文 80 多篇，SCI 检索 20 余篇，编写专著《高光谱遥感》1 部，参编专著 3 部。国家发明专利 3 项，软件著作登记 8 项。获国家科技进步奖三等奖 1 项，军队科技进步奖二等奖 1 项。

58. 李强子（1977 年～）

遥感所研究员。河南新安人。1998 年毕业于北京师范大学，同年分配入中国科学院遥感应用研究所，2012 年 2 月晋升为研究员。主要从事农作遥感监测研究。研究建立了基于多时相高分辨率光学、多频率雷达数据的农作物精细识别技术，以及基于多尺度遥感数据协同、空间抽样与遥感技术相结合的大范围作物种植面积估算方法，能够发布国家、省、地市和县多级行政尺度，为国家粮食补贴核算提供了数据基础。同时，建立了以农作物种植成数、受灾范围和单产模型为基础的农业灾害损失体系。作为核心骨干参与开发了国内第一个运行化的农情遥感监测系统——“中国农情遥感速报系统”，主持该系统运行 10 余年，按月发布全球 30 余个国家和地区的小麦、玉米、水稻和大豆的长势及产量监测结果 80 余期，使中国成为除美国和欧盟之外第三个独立掌握全球粮食供应数量话语权的国家，为国家粮食宏观调控和粮食安全分析提供了强有力支持，监测结果多次得到回良玉等国家领导人的批示。2001～2012 年在国内率先开展了毒品原植物（罂粟和大麻）的遥感识别与禁种铲毒技术研究，推动了国家禁毒委员会办公室非法种植罂粟运行化遥感监测工作，作为核心技术成员领导了国内和“金三角”地区的罂粟遥感监测工作，监测成为《中国禁毒报告》和联合国禁毒署有关“金三角”地区罂粟种植调查的重要参考资料。先后主持和参与自然科学基金、国家 863 计划、科技支撑计划、中国科学院重大或方向项目 20 余项，发表论文 80 余篇，其中 SCI 检索 10 篇，EI 检索 7 篇。参与编写专著 3 部，申请软件著作权 3 项，申报国家专利 2 项。

59. 郭之怀（1935 年 10 月～）

津渤环境遥感试验项目主要负责人。遥感所遥感应用研究室副主任，高级工程师。河北省玉田县人，1956 年参军入伍，1959 年空军第九航空学校航空照相系判读专业毕业，1961 年在总参测绘学院航空摄影测量系进修。先后在福州、昆明、济南军区空军司令部从事照相判读工作，1976 年转业到北京邮电学院，1978 年调到中国科学院地理所二部，1979 年随二部转入中国科学院遥感应用研究所。1979～1984 年任遥感应用研究室副主任兼党支部书记。1986 年晋升为高级工程师。早年从事军事遥感研究。1961～1966 年、1973～1975 年在空军两度编写和增补空中照相、判读学教程，重点研究与撰写彩色、彩色红外、红外扫描相片的判读。1974 年在总参测绘局参加《军事地形学》的编写。中年主要从事城市环境遥感应用研究。1978～1979 年参与组织腾冲航空遥感试验，任指挥部办公室副主任，并进行红外影像成像机制的研究；1980～1985 年天津–渤海湾环境遥感试验，任地面组负责人，主持应用研究课题。1986～1993 年承担《高空机载遥感实用系统》项目中的《唐山遥感试验场》子课题；1992 年主持《福建长乐国际机场环境影响评价》；1990～1995 年参加《国家资源环境遥感宏观调查与动态监测》项目，承担《细小地物研究》。退休后从事科普工作。任中国科学院老科技工作者协会科普二团副团长，遥感所老科协科普团团长。任总参塔院干休所夕照明诗社秘书长。与人合著《空中照相判读学教程》《空中照相学教程》《军事地形学》《遥远探测目标》，主编《天津–渤海湾地区环境遥感论文集》和《福州长乐机场环境影响报告书》等，发表《军事遥感的现状与发展趋势》等论文 50 篇。获国家科技进步奖二等奖 3 次，中国科学院特等奖 3 次，一、二等奖各 1 次，国家遥感中心遥感开拓奖 1 次。两次获科研津贴奖励。

60. 钱育华（1934 年 11 月～2015 年）

遥感所副研究员，航空遥感研究室副主任。江苏泰兴市人。1960 年毕业于武汉测绘学院航空摄影测量系，分配到地理所。主要从事航空相片的应用研究。1975 年调感光化学研究所。1978 年调入地理研究所二部，1979 年转入遥感所，先后任研究室业务秘书、学科组长、研究室副主任。1986 年聘为副研究员。在遥感所主要从事航空遥感信息获取：参加腾冲航空遥感试验、二滩能源遥感试验、龙滩电站遥感应用、塔里木盆地沙雅地区油气信息的航空遥感采集，以及《彩色红外航空负片》与《彩色红外反转片》的协作研制。参加西安至安康铁路工程选线、引滦入津工程流域和于桥水库环境调查，以及大连、天津、秦皇岛和云南兰坪等农业、城市规划、矿藏开发的航空遥感应用；应用航摄资料编制高山峡谷地区正射影像地图试验；机载雷达遥遥应用试验研究——SAR 影像图的快速编制等。曾任中国感光学会第三届理事、第四届常务理事、中国感光学会遥感专业委员会副主任。中国测绘学会摄影测量与遥感专业委员、北京测绘学会摄影测量与遥感专业委员会副主任委员。《测绘学报》《影像科学与实践》《感光材料》《影像技术》等学术刊物的编委和常务编委；退休后，参加 1996 年香港维多利亚海港船行波浪的立体摄影测量研究；被民营企业聘用开展轻型飞机遥感考古、城镇数字化，参与“数字海淀城市智能管理信息平台”的研究。任中国科学院老科技工作者协会遥感科技分会办公室主任、秘书长、副理事长、常务理事，中国科学院老专家咨询团专家建议编审组长。参加编写《资源遥感纲要》和《与祖国改革开放同行》两本专著。在全国性学术会议上、有关学报及专业学术刊物上，作学术报告或发表论文 60 余篇。成果获中国科学院重大科技成果奖 1 项；化工部科技成果奖三等奖 2 项。中国感光学会颁发的“技术奖”证书及奖杯。在中国测绘学会与中国感光学会联合举办的学术会议上所作学术报告被评选为优秀论文。

61. 张圣凯（1937 年 12 月～）

遥感所高级工程师。江苏南通人。1956 年 7 月初中毕业后分配到中国科学院地理所地图室，开展地理制图的技术方法研究。1963 年 9 月到解放军测绘学院制图专业脱产三年学习地图制印理论和技术方法。1969 年地理所成立地面立体摄影测量组，作为主要成员和学科组组长，先后与中国科学院大气物理研究所合作3年，采用地面立体摄影测量技术，测算烟云扩散数据，为多个三线建设工程选址提供了科学依据。1972 年、1974 年两年与新疆军区测绘大队合作，在汗腾格里峰地区完成 1∶50000 地形图的测绘。1976～1979 年先后参加汉中、哈密和腾冲地区航空遥感试验，同时利用相关掩模技术增强处理多种遥感图像。1982～1992 年在遥感应用研究室组建光学图像处理与影像图编制组。1985 年参加中国科学院遥感考察团，到朝鲜地理研究所进行了考察访问和学术交流。1986 年 12 月晋升为高级工程师。1989～1993 年在工程地质遥感找矿应用室任党支部书记。20 世纪 80 年代，根据国家“六五”和“七五”遥感科技攻关项目的需要，先后编制了京津唐、黄淮海和新疆等地区彩色卫星影像图 26 幅。1990 年年初提出编制中国彩色卫星影像图方案，印刷出版了 1∶600 万、1∶400 万、1∶250 万和 1∶150 万中国系列彩色卫星影像图。该图在新加坡召开的第十二届亚洲遥感会议上展示交流，荣获最佳展示奖。1993 年所体制改革后，在总公司航摄处理部参加技术开发服务，并兼总公司第一党支部书记。1998 年退休后，曾在遥感所离退休党总支任组织委员兼支部书记及老科协办公室主任。50 多年来，参加了十多项重大科研项目，先后获得国家和省部级科技进步奖一、二、三等奖 14 次，合作出版专著一本，在国内外刊物上发表论文 40 多篇。并协助科研人员出版学术专著 42 本。从 1994 年享受国务院政府特殊津贴。

62. 赵昌龄（1940 年 5 月～2018 年 11 月）

遥感所副研究员，中国科学院自然科学二等奖项目主要完成人。出生于上海市，籍贯：江苏省江阴市。1964 年中国科学技术大学无线电电子学系毕业，同年分配到中国科学院电子学研究所从事微波理论和技术研究工作。1980 年后，参加微波合成孔径侧视成像雷达（SAR）的研制，该项目获得国家科学技术进步奖二等奖。1985 年来遥感所工作，在地物波谱特性研究室，任微波遥感应用研究组组长，和项目负责人万正明一起负责完成“八五”科技攻关项目《遥感应用基础研究》课题，主持《遥感应用基础研究》论文集的编写。该项目获得中国科学院自然科学奖二等奖。同时，在“八五”国家科技攻关项目《重大自然灾害监测评价》和《重点产粮区主要农作物估产》中，完成 NOAA 卫星图像数据接收系统和图像处理系统的工作。该系统于 1992 年 11 月 30 日通过专家鉴定验收。发表论文 5 篇。与中国科学院电子所陈宗鹭研究员等共同编著出版了“现代雷达”专著一本（国防工业出版社出版）。

63. 袁志宁（1956 年 1 月～）

中国科学院天地生科学文化传播中心主任（挂靠在遥感所），京区科学技术协会常务副主席、北京市朝阳区科协副主席、北京科学文化传播促进会理事长、遥感所开发处副处长，高级工程师。生于江苏省南京市。1979 年 7 月毕业于西安电子科技大学无线电遥测遥控专业。同年进入遥感所从事地物光谱仪的开发应用及遥测遥控系统研制等。作为第二负责人完成的“唐山市集中供热微机遥控遥测系统”项目获 1984 年中国科学院科技进步奖三等奖。作为第一负责人承担大连测绘院委托的“大连地区航空摄影测量”，连续 13 年承担“中国科学院公众科学日”大型科普活动组织工作，国家科技部“中国科学院北京地区科普资源有效利用与展示”“数字地球虚拟现实技术成果展示”，连续 6 年国家自然科学基金专项基金项目“中国科学院人才早期培养计划”，“数字热力信息管理系统”研发，“朝阳区科普教育基地资源整合”，北京市科委“北京奥运村科技园科普教育平台”建设，2013 年全国科技周——北京科技周暨中国科学院 2013 年第九届公众科学日主会场科普活动，承办中国科学技术工作者协会和中国科学院的全国科普日主会场项目，北京市科委科普专项“高端科技资源科普化能力建设”“北京市奥运村科普教育园区展示能力提升”，北京 101 等五所中学与中国科学院科教结合系列项目，北京市科委专项:《中学高端科技探索实验室建设》项目。北京市科委高端科技资源科普化“科技追梦”特色科普活动，北京市科委互联网+高端科技资源科普化智能移动信息化建设以及北京市科委可移动体验式科普平台建设与应用等项目。全面负责中国科学院奥运村科技园区 10 所科普组织的管理与运行。发表科普论文 7 篇。荣获 2010 年科技部、中宣部、中科协颁发的“全国科普工作先进工作者”证书，2011～2012 年中科协、国家发展和改革委员会、科技部、国资委颁发的全国“讲理想、比贡献”证书，2012 年“北京市科技进步奖三等奖”，中科协 2012 年“北京全国科普日活动优秀组织单位”奖，2013 年北京市科委“北京市优秀科普先进个人”。

64. 朱博勤（1962 年 8 月～）

遥感所科技信息室主任，项目研究员（后聘为研究员）。江苏省常州人，1986 年 6 月，南京大学地理系地貌与第四纪地质专业毕业分配到遥感所工作；1993 年 6 月，中国科学技术大学研究生院硕士研究生班毕业。1986 年 7 月～2007 年 11 月，任职于中国科学院遥感所；1996 年，晋升为副研究员；1997 年 6 月～2003 年 4 月，遥感所科技信息室主任；1999 年，应聘为创新高工；2006 年 6 月，认定为“项目研究员”。参加的项目有红水河龙滩电站区域遥感调查，黄土高原重点治理区遥感调查与系列制图，油气资源遥感直接勘探技术研究，亚洲开发银行项目——晋陕蒙接壤地区脆弱生态环境监测与管理，863-2 航天领域应用支持课题——台湾岛土地利用、特种地物卫星遥感分析研究，FAST/SKA 关键技术优化研究——大型射电天文望远镜工程地形与地质遥感研究，921-2 神舟 C-MODIS 数据应用研究，奥运主场馆高分辨率遥感监测；主持的研究课题有 908 专项海岛海岸带卫星遥感调查（北部湾广西区块），北部湾近岸海洋工程地质调查遥感研究，珠江三角洲近岸海洋工程地质调查遥感研究，辽河三角洲湿地资源遥感监测、罗家寨油气田监测遥感应急决策数据库建设，神木–瓦塘线、三门峡、沈丹线、张家口–唐山线、沪昆（长沙–昆明）线等铁路选线遥感地质灾害与环境评价，1∶100 万东沙幅、巴拉望幅、汕头幅、中建岛幅和黄岩岛幅海洋地质遥感综合研究，1∶25 万莆田幅、福州幅海洋地质遥感综合研究。1996 年 6 月～1999 年 8 月，国家遥感中心首届专家委员会秘书；1997～2008 年，中国环境遥感学会常务理事、秘书长；1999 年起，中国遥感委员会秘书长；2003 年 11 月起，中国图像图形学会副秘书长，四、五届理事；现任中国环境遥感学会、中国海洋学会海洋遥感专业委员会、中国地质学会遥感地质专业委员会和中国气象学会卫星气象专业委员会委员；《国土资源与遥感》《遥感技术与应用》编辑委员会委员；北京青少年科技俱乐部活动委员会科技导师。发表 SCI、EI、CSCD 收录论文 15 篇。作为主要完成人获科技奖励 5 项，含中国科学院科技进步奖 3 项。被评为“中国科学院参加载人航天工程优秀工作者”和“奥运科技（2008）行动计划”科技奥运先进个人。

65. 张宗科（1962 年 10 月～）

中国科学院“中日信息化合作”项目主要负责人。遥感所高级工程师（后聘为正高级工程师）。陕西省岐山县人。1986 年 7 月中山大学地理系毕业分配到遥感所。2012 年转入遥感与数字地球研究所。主要从事遥感与 GIS 技术在资源与生态环境监测、自然灾害与大型工程环境评估、信息系统开发与应用等领域的研究。先后参与龙滩电站遥感调查、黄土高原遥感制图、全国资源环境监测与动态研究，和水电站工程环境稳定性评估等国家级、省部级重大项目及各种地方项目共 30 余项，其中担任主持人 20 项，为国家宏观规划及地方应用提供基础数据和科技支撑。重视国际科技交流与合作：作为主要负责人之一，承担了中日信息化合作（I-MITT21）项目："环境监测与水灾监测信息系统"（I-MITT21 WG6）建设和中国科学院对外合作重点项目："埃及农业环境遥感监测信息系统"，编写并出版专著《埃及遥感应用示范研究》。组织开展了湖北省土地动态监测，生态环境及典型区域水灾灾情监测与评估，以及南水北调西线工程和怒江水电资源梯级开发等遥感论证与实施。自 1990 年以来，多次完成了中国多地区的洪水、地震等灾情的遥感应急快速反应。出版专著 2 部，国家级计算机软件登记 2 项，获中国科学院科技进步奖一等奖、特等奖各 1 项，2012 年获"镇江市科技创新（331 计划）领军人物称号"。

66. 王玉如（1935 年 12 月～）

遥感所副研究员。河北定州人，1960 年 9 月留学苏联并毕业，获工程师证书和优秀毕业论文证章、证书，同年分配到中国科学院自动化研究所工作。1965 年年底调中国科学院沈阳自动化所，1979 年年底调中国科学院地理所二部转入遥感所工作。1986 年 11 月评为副研究员。先后承担了"大功率脉冲磁放大器及电源设计与研制"和"飞行物体空中目标精密跟踪，测量与判读系统的设计与研制"等项目。参与了中国科学院重大工程项目"高能直线加速器磁铁控制分系统设计"及"87 工程试验区设计"。在遥感所，先后完成了"县级微机地理信息系统"设计、建立及软件编制，曾参加全国计算机展览，在多地处应邀讲课并推广，《科学报》报道为"县长的好助手"。在"七五"国家科技攻关项目"黄土高原重点小流域综合治理遥感监测"中，建立了小流域地理信息系统，水土流失模型，系统动力学预测模型及软件编制。"八五"国家科技攻关项目"灾害及估产指挥调度信息系统设计及软件编制"，并开发了远程指挥调度通信系统及软件，1995 年 7 月鄱阳湖地区洪水遥感监测指挥调度中，成功地实现了预期效果，为政府决策机构提供了抗洪救灾的科学依据。主要论著有：①内部收存资料；②"微机应用论文"发表于刊物及微机会议多篇；③《遥感概论》编委及作者之一；④《黄土高原小流域综合治理遥感监测》编委及作者之一。曾任北京市软件行业协会理事，中国科学院微机协作组成员。作为北京市软件行业学会代表团团员访问日本，访问俄罗斯科学院地理研究所。"飞行物体空中目标精密跟踪"项目获 1978 年全国科技大会奖，中国科学院科技进步奖一等奖；"黄土高原重点小流域综合治理遥感监测"获中国科学院科技进步奖三等奖等。

67. 李　涛（1929 年 2 月～2011 年 7 月）

遥感所副研究员。江苏苏州市人。1952 年 7 月毕业于南京大学地理系，分配到华北行政委员会人口区划科任办事员。1953 年 3 月到中国科学院地理所北京站，先在水文研究室，后在外国地理组工作。1958 年 5～12 月在北京俄语学院留苏预备班学习，后被派到莫斯科苏联科学院地理所水文室进修。1960 年 7 月回中国科学院地理所水文室工作。1978 年到地理研究所二部，1979 年 12 月转入遥感所工作。1987 年被评为副研究员。在地理研究所工作期间，主要从事天山地区径流、新疆北部水文地理、黄河中游流域水文分区等研究。到地理所二部和遥感所以后，积极参加遥感所的筹建，参加哈密、腾冲和津渤等重大航空遥感试验。在腾冲航空遥感试验中，配合北京大学组织参试人员培训，任培训班班长，积极为试验做技术和组织准备，推动了试验的顺利进行；在津渤环境遥感试验中，作为主要科技骨干，参与任务调研，试验方案的论证与制定，在任务实施过程中，做了大量的工作。该项目获中国科学院科技进步奖二等奖，排名第四。发表论文和译文、专著等数十篇。1991 年 5 月退休。

68. 赵世学（1935 年 7 月～2014 年 6 月）

遥感所科技处副处长，副研究员，早年留学苏联。辽宁省沈阳市人，1955 年 9 月高中毕业后，到北京俄语学院留苏预备部学习一年，被派到苏联哈尔科夫农学院土地规划系学习、工作，1961 年 6 月获工程师称号。1961 年 7 月回国到八机部技术司研究处任技术员。1962 年 5 月调到建筑科学研究院任技术员、工程师。1980 年 4 月调到遥感所工作，任工程师。1985 年 1 月加入中国共产党。1985 年 6 月到意大利国际工业发展和经济工业大学学习意大利语，后学习空间信息系统和遥感。1986 年 2 月回遥感所，同年 7 月任科技处副处长，分管科技外事工作。在遥感所工作期间，先后参加西藏土地利用现状调查项目验收、天津市资源与环境信息系统论证、黄土高原与三北防护林项目的落实、组织大连市区域与城市综合遥感项目技术方案的制定与实施。参加编写大连市城市遥感与制图技术方案、撰写中德合作项目文件《洛阳城市信息系统》，提出并参加组织中意合作项目“鞍山市土地利用规划管理系统”，该项目已获国家科委、国家土地管理局、辽宁省人民政府批准，并在国内立项等，在遥感科研管理、科技外事、干部教育及研究生培养等方面做出了积极贡献。曾任中国土地学会理事。

69. 翁祖平（1935 年 5 月～）

遥感所高级工程师，国家科技攻关课题负责人。甘肃平凉人，1958 年毕业于武汉测绘学院航测系，分配到铁道部专业设计院，从事铁路线路勘测技术工作和职工教育。期间曾参加中国科学院地理所《地面立体摄影测量》专著的编写。1986 年 3 月调来遥感所，与中国科学院水利部西北水土保持研究所联合投标国家“七五”科技攻关项目《黄土高原重点小流域治理实验示范区水土流失与综合治理效益的遥感监测》并中标，主持其中“地面立体摄影制图与检测精度评价”课题的研究。该项目荣获中国科学院科技进步奖三等奖。1988 年 5 月评为高级工程师（副研级）。先后总负责并完成了四川省国土研究所委托的《西昌影像地图》的编制，天山艾维尔煤矿航空摄影、野外控制和大比例尺地图的编绘任务。1994 年 5 月退休。退休后，任遥感所老科协第一任秘书长，参加了中国科学院组织的“新世纪科普丛书”的编写，撰写了“遥感 ABC”“地图中的知识”和“照相机”三本小册子。2003 年出任中国科学院老科协第二科普讲师团团长，组织团员为大中小学生作科普讲座，获中国科学院老科协，遥感所老科协，海淀区教委好评。2007 年被北京市社科院聘为科普大讲堂教授团成员，参加了多场科普宣传讲座，荣获优秀称号。组织出版了“航天遥感”科普书籍。合作编写了“遥远探测目标”科普书，获中国科普作家协会展出。2013 年受聘为中国科学技术工作者协会组织的 13 届全国大学生创新科技制作大赛评委。

七、处长、主任及相当行政职务的人员

1. 郑元章（1931 年 7 月～）

遥感所党委办公室主任。山东省临沂市人，1945 年 11 月参加革命工作，后被派往滨海公学学习，1947 年入伍至 1963 年被授予大尉军衔。1964 年入解放军长沙政治学校学习，1965 年 12 月毕业。1966 年从部队转业到第六研究院航空发动机研究所任研究室主任。1973 年 10 月调入中科院北京

天文台任河北兴隆观测站站长兼党支部书记，全面负责兴隆观测站管理工作。1979年调入中科院遥感应用研究所任党委办公室主任，负责研究所日常党务工作，为党的思想组织和作风建设做出了努力，配合全所的中心工作，参加《津渤环境遥感试验》项目的管理。该项目成果荣获中科院重大科技成果二等奖和国家科技进步奖二等奖。1982年调离遥感应用研究所，在中科院自然资源综合考察委员会先后任党委办公室主任，人事干部处处长，行政监察员等职务，1991年10月离休。

2. 张　时

遥感所办公室主任。1977年12月任中科院地理研究所二部筹备组成员，参加地理研究所二部（遥感应用研究所前身）的筹建。1978年6月地理所二部成立，任二部办公室负责人，腾冲航空遥感试验任试验办公室主任。负责试验的组织管理与协调工作。1979年成立遥感所，任所办公室主任，负责秘书、人事、保卫和文书等方面的领导工作。1982年调回地理研究所。

3. 刘忠轩（1928年7月～2000年5月）

遥感所行政处处长。辽宁省大连市人。1948年3月加入中国人民解放军，同年加入中国共产党。先后任战士、班长、排长、副连长、情报参谋、侦察参谋和团作战股股长等。1960年转业到中科院自然资源综合考察委员会，任科员、副科长、科长。1972年到地理研究所任房产基建维修组组长和院大气铁塔建设指挥部任秘书。1978年到地理研究所二部后勤组工作，为腾冲航空遥感试验提供后勤保障。1979年遥感所成立任行政处处长，连续两任直到1988年所领导机构换届后，退休。在遥感所工作的10年时间里，他带领行政处同志承担了地理所二部和遥感所成立初期的行政后勤保障任务，在全所生活物资供应、交通条件配备、工作和生活用房建设中做了大量的有成效的工作，特别在遥感实验楼的加层，仓库、车库、机关办公用房、计算机房、职工和研究生宿舍建设，以及遥感所新址科研楼、仓库楼和配套设施建设工作中克服了许多困难，满足了遥感所科研和行政事业的需要，为遥感所的建立与发展做出了重要贡献。曾荣立三等功和会议嘉奖各一次，获“解放”勋章一枚。

4. 马境治（1933年8月～）

遥感所办公室主任。浙江嵊州市人。1950年12月在杭州市宗文中学读书，因抗美援朝，投笔从戎，由浙江省军事委员会保送参加中国人民解放军军事干部学校学习，于1952年转业到地理工作。1953～1957年保送南京大学地理系在职就读4年。1959～1967年调地理所办公室任所长秘书。1969年～1970年8月下放湖北潜江“五七”干校。回所后在中国地理学会及所业务处工作。1976年参加国务院组织的中央机关抽派人员赴大庆油田学习。1978年参加全国科学大会的大会秘书处工作，受到中央首长的接见和合影留念。1978年在地理所二部参加院“780”工程指挥部办公室的工作，并随队参加“腾冲航空遥感试验”的行政保障工作。1979年由地理所二部转入遥感所办公室工作。1983年任办公室负责人、副主任、主任。1993年8月退休。历经几任所领导，始终坚持行政管理是为科研工作做好后勤服务的原则，工作中兢兢业业，勤勤恳恳。1952～1959年，与导师共同编辑出版全国报刊地理资料目录索引4本（1953～1956年，每年1本）。其间还参加过包兰铁路沿线经济调查，西北农牧业界线考察和陕北黄土高原水土保持考察，发表论文1篇，在中苏黑龙江流域综合考察工作中，编制发表了黑龙江土地利用彩色地图1幅及东北部分地区工业分布图多幅。

5. 韩庆泰

遥感所党委办公室主任。1979年到中科院空间科学技术中心遥感技术应用研究部（地理所二部），同年12月遥感所成立后任行政处副处长，分管财务工作。1983年10月遥感所领导机构换届后，任遥感所第二届党委办公室主任，1985年6月回地理所工作。

6. 汪湘（1928年10月～2016年7月）

遥感所开发处处长，高级工程师。辽宁省本溪县人，中共党员，1947年毕业于辽宁省岫岩西山医院。1948年2月参加中国人民解放军，从事医护工作，参加了辽沈战役。东北解放，被派往旧军队和地方医院从事医护和接收。抗美援朝期间，领导过反细菌战水资源检验和青年培训工作。1952年考入东北工学院冶金系炼钢专业，毕业后参加了中科院化工冶金所的组建和转炉炼钢模型研究。任化冶所计划科科长。参与了1959年和1963年中科院和国家科委的国家科技规划编制。1973年调到北京市科技局，负责全市的医学、教育及城市建设的科研管理工作。成功组织了医学控制论、经络信息诊疗法等项目，开创了计算机科学在传统中医学上的应用，成立了有全国29个省市参加的计算机诊疗系统研究会；参加组织有北京市、环保部和地矿部等部门应用航空遥感技术对北京市20000km^{2}的资源综合调查。1985年调到遥感所，任开发处处长，组建新技术开发公司，任总经理。组织IRSA-2型遥感图像分析处理系统等项目参加全国计算机应用展览。参与了西藏土地资源调查等项目的开发与管理。1987年离休，先后担任中国医药信息学会副理事长、顾问、荣誉理事长等职。发表论文十余篇，合作专著1部，国家发明专利1项。荣获国家科技进步奖一、二等奖，北京市科技进步奖特等奖，建设部科技进步奖一等奖，北京市科学技术协会一等奖。

7. 朱鸣球（1932年12月～2016年2月）

遥感所党委办公室主任。湖南省邵阳市人。1949年10月参加工作，在资江公学任学员。先后任邵阳市公安局审讯股副股长、友光布厂人保股副股长。1956年4月加入中国共产党。同年调入中科院自动化研究所人保处、院西郊办公室保卫科工作。1972年调力学所保卫处任科长、副处长，1984年调电子所保卫处任副处长。1985年6月调遥感应用研究所任党委办公室主任，从事党务工作。在国家经济体制转型期间结合所办公司中出现的问题，做了大量的思想政治工作，协助所领导追回不当投资30万元。

8. 王力达（1957年12月～）

遥感所党委办公室主任。山东郓城人，中国人民大学夜大政治学专科毕业。1976年1月入伍，1976年3～11月在海军东海舰队训练团18中队专业学习，1976年11月～1980年12月在东海舰队海测船大队服役。1981年5月在中科院电子学研究所工作，1982年2月～1994年3月在中科院遥感应用研究所党委办公室工作。历任科员、副主任科员、主任科员、党委秘书、办公室副主任、主任、工会副主席等职务。1994年4～11月在中科院北京希望电脑公司办公室任总经理秘书。1994年12月～1999年10月在遥感所任本所亚兴技术开发公司经理。在所党办工作期间，主要从事党委秘书、组织、宣传、工青妇、计划生育等的日常管理和党的基层组织建设，协助党委领导完成党的路线、方针、政策的宣传贯彻与落实，同时负责党委工作会议的纪要、党的各时期的方针、政策宣传、贯彻落实的具体计划和总结。在负责工会工作期间，贯彻落实了上级工会的政策与精神，较好地解决了职工的福利和其他生活上的问题，在当时可能的条件下，尽最大的努力丰富了职工的娱乐文化生活。在负责所亚兴技术开发公司期间，改变了过去连年亏损的局面，实现了扭亏为赢，1995～1999 年连续完成了所里下达的利润指标。

9. 贝鸣钟（1933 年 10 月～）

遥感所人事保卫处处长。广东省揭阳县人。1948 年 8 月参加革命，1956 年 12 月加入中国共产党。1948～1950 年在广东潮汕人民游击队任情报交通员。1950～1953 年在中国人民解放军公安边防第 9 师任边防战士。1953～1955 年在广东潮汕军分区任警卫员、政委、司令员。1955～1958 年在武汉军区预备 8 师 22 团司令部任秘书、干部处助理员。1958 年转业到中科院，历任科员、科长。1979 年到遥感应用研究所，1988 年 9 月任遥感所人保处处长，1992 年 1 月任期届满改任正处级调研员，1993 年退休。在遥感所工作期间，认真贯彻落实院保卫局“预防为主”方针，建立健全各项安全制度，制定各种安全措施，安全值班，组织夜间巡逻，组织安全检查，发现并排查不少安全隐患，使多年来遥感所未曾发生重大安全事故，为科研安全生产“保驾护航”，为完成领导交给的各项任务做出了贡献。

10. 李　雄（1953 年 2 月～）

遥感所人事教育处处长，四级职员。安徽人。大学政治学专科毕业。1969 年 1 月参加工作，1973 年 3 月入党，1985 年 1 月由部队转业到中科院遥感应用研究所工作，历任人事科副科长、科长，人事保卫处副处长，人事教育处处长，四级职员。在工作中负责管理协调遥感所人事、保卫、教育工作，制定、修改、逐步完善人事、保卫、教育方面的各项规章制度，负责遥感所职工的入职、转正、调动、离职等相关政策的执行及流程，负责职工人事信息管理、人事档案管理、核算职工工资及福利工作，负责及执行引进、招聘各类人员的人才队伍建设，负责离退休职工管理及职工子女入托、上学等各项工作。1993 年度被评为中科院人事局人事干部先进工作者、被中科院老干部局评为离退休先进工作者。1994 年 10 月到中科院办公厅工作。1995 年 1 月到国家科学技术委员会办公厅工作。

11. 孙晓勤（1952 年 3 月～）

遥感所开发处处长，工程师。河北人。1969 年 3 月参加工作，1973 年 5 月入党。1979 年清华大学工业自动化专业毕业，1987 年 2 月评为工程师。1989 年 1 月到遥感所工作，同年 5 月任开发处处长兼亚兴技术开发公司经理（法人代表）。1990 年以公司名义执行中国与澳大利亚“成像光谱商业遥感试验”国际合作项目获得成功，为开拓我国成像光谱技术的国际市场做出了贡献。

12. 张守善（1939 年 11 月～）

遥感所行政处处长。北京市人，1958 年 12 月，从北京 62 中学入伍。1959 年 3 月到空军第一航空预备学校学习，在这期间曾下放到福建前线炮兵部队当兵锻炼 6 个月，同年 10 月返回学校。1960 年 2 月，分配到空军十六航空学校学习，1961 年 8 月毕业分配到部队。1984 年 2 月转业，分配到中央办公厅档案馆（即中央档案馆）工作。1985 年 10 月，调中科院航空遥感中心。1987 年 2 月到遥感所行政处工作，1988 年任行政处处长。

13. 徐晓宏（1953 年 12 月～）

遥感所所长助理、贵州黔南自治州副州长。出生于北京，籍贯四川平昌县。1969 年 12 月入伍，在空军航空兵部队服役，1977 年复员到中科院高能所人事处工作。1978 年调到院办公厅秘书处任秘书。1982～1986 年在中顾委任兼职秘书。1986 年北京红旗业余大学中文系毕业。1987 年调到中科院大气所任基建处处长，1989 年被评为工程师。1992 年调到遥感所任所长助理，分管行政、后勤和基建工作，为遥感所职工食堂建设做出了努力。1998 年受派到贵州省黔南布依族苗族自治州政府任科技副州长，自治州委委员、常委，主要分管项目与计划，为黔南建设了一座机场、两所高校等，荣获振华科技扶贫奖励基金，王义锡科技扶贫奖励基金，国家科技部科技扶贫奖。2005 年内部退休。

14. 金问信（1931 年 10 月～2018 年 9 月）

遥感所航空遥感中心副主任，高级工程师。安徽省合肥市人。1950 年 5 月，到杭州笕桥空军基地参加空军，分配到锦州空军三航校飞机机械师班。1950 年 6 月，赴丹东参加抗美援朝，在空军 16 师 46 团任机械师、机械长、中队长。1958 年 10 月加入中国共产党。1966 年转业到黑龙江嫩江森林保护研究所，任研究室负责人。参与当时国家计委下达的课题：负责协同研究“预防内燃机车喷火在大兴安岭林区引起火灾”；与中科院上海技术物理研究所、天津 302 所等单位配合“协同研制试验红外线空中、地面探火仪器”。1978 年调入地理所二部。1979 年转入遥感所，任地物波谱与航空遥感研究室副主任兼党支部书记。1986 年参与组织实施从美国引进的两架“奖状”高空遥感飞机，负责拟定接收飞机发动机各系统及电气、无线电惯性导航培训计划，先后参加在北航进行的理论培训和西安阎良中国试飞研究院实习。同年 5 月去美国培训、验收飞机。飞机引进国内后，负责飞机航材保障及组织航空遥感任务实施，有时也上飞机操作可见光遥感仪器，参加组织实施飞机保障与运行、试验、应用等工作。同年晋升为高级工程师。1988 年 9 月任航空遥感中心副主任兼党支部书记，分管人事、财务、行政，负责组织航空遥感任务的实施。1992 年，“奖状”飞机出现起飞后，一台发动机停车及遥感仪器窗口结冰，经与中国试飞研究院专家共同制定方案，排除了故障，解决了两大隐患。同年退休。

15. 黄永平（1949 年 5 月～）

遥感所办公室主任。广东惠阳人，中国人民大学档案学专业本科毕业。1968 年 9 月参加工作。1979 年 1 月在北京机床附件厂工作。1979 年 2 月～2012 年 9 月在遥感所工作。曾在遥感图像处理研究室负责计算机设备维护。1982 年调所办公室任副主任科员、主任科员、档案馆员、办公室副主任、主任。在遥感所办公室工作期间，主要从事和负责全所行政事务的综合协调与督办，所重大活动及各类会议的会务安排与执行，负责所公文撰稿、核稿、审稿、收发文登记、分发和运转，所文书档案管理。按照规定对文件实行收集、分类、整理、归档和全宗管理，建立所综合档案室。负责对所公章和人名章的严格管理。开展所的信息收集、组织、上报工作。开展所对外宣传并与相关部门和媒体建立良好关系，对有显示度的重要活动、会议和成果进行及时报道、宣传，展示遥感所的整体形象和科技实力，为遥感所取得国家、院、各部委和地方的重大和重要项目奠定基础。按照国家与中科院关于统计的规定，开展综合统计工作。组织所内各部门提供各类数据，进行核对、调整、汇总、按时完成报表。不断修改和完善规章制度，整理、编写制度汇编、负责督管机要通信与收发，安全保卫，所内公务用车管理与调配，所办公用房管理等，与后勤服务中心签订服务协议和监管所物资器材，医务室、全所卫生、绿化等各项工作。获中科院文书档案等集体与个人奖励。1995 年享受中科院管理人员突出贡献津贴。2004 年 5 月退休。

16. 陈秀勤（1945 年 10 月～）

遥感所会计室主任，计财处处长。北京市平谷区人。1967 年北京市财政贸易学校商业企业会计专业专科毕业。1987 年北京社会主义科学院函授大学财务会计大专毕业。1979 年 4 月调入中科院地理所二部，筹建遥感所财务室。1979 年遥感所成立任财务室主管会计兼工会财务工作。参加编制《中科院遥感应用研究所财务制度》汇编。负责编制遥感所财务预算、决算。1983 年任财务科副科长，主管所财务全面工作。1988 年任遥感所会计室主任（副处，1992 年升任正处）兼内审负责人。当选遥感所第一届妇委会负责人，1988 年研究所转型，从计划经济向市场经济过渡。实行拨款制度的改革和第三会计制度，在经费管理上有了巨大的变化。为了适应新的管理模式，对所里现有的各种财务制度和管理办法进行了修订，包括会计室职责范围和会计人员岗位责任制，定编定员，加强财务人员内部稽核、监督等制度。制定了课题经费成本核算办法和对所内课题的收费标准、报销审批手续、奖励办法。增订了遥感所外汇管理办法，对所管公司财务统一管理及航空遥感中心二级财务核算暂行办法等 20 余项。1993 年任遥感所计财处处长。在主持遥感所计划财务工作期间，为所里累计积累结余资金 91 万元。1992 年中科院会计达标升级，遥感所列为第一批验收通过单位。

17. 魏永明（1966 年 3 月～）

遥感所科技处负责人。后聘为研究员。四川省邻水县人，1986 年毕业于北京大学地质系；1989 年在北京师范大学地理系获理学硕士学位，到四川省自贡市蜀光中学任教；1993 年 7 月，获北京大学城市与环境学系地貌与第四纪专业理学博士学位，到中科院遥感所固体地球研究室任学术秘书；1995 年 1 月～1996 年 7 月，任遥感所科技处处长，在科研管理岗位上配合所领导为研究所的改革与发展做出了积极的努力。其后到 2012 年 9 月，先后在遥感所全球变化、固体地球、非再生资源遥感研究室从事科研工作。主要从事遥感与 GIS 技术在大型工程地质环境、地震及地质找矿的应用研究，先后参加国家级、省部级重大项目及各种地方项目 30 余项，其中主持项目近 20 项。通过工程地质环境遥感研究，建立了大型工程地质环境稳定性主要影响因子的遥感标识与图谱，形成了一套适用于各种大型工程稳定性遥感定性半定量评价方法。成果得到水利部、中国地震局、铁道部及交通部等行业部门的高度认可；结合汶川、芦山、鲁甸地震和舟曲泥石流的研究，建立的识别模型在灾害的快速应急中发挥了重要作用；建立的遥感找矿模型，在西准噶尔地区及西昆仑地区圈定遥感找矿靶区中均发现较好的矿化点及矿化带，拓宽了地质构造的应用领域。在核心刊物发表论文近 20 篇，其中 SCI 论文 3 篇，EI2 篇，出版专著 3 部（第二主编或主要人员），获国家级计算机软件登记 1 项。

18. 孙文新（1966 年 7 月～）

遥感所办公室主任、人事处处长、党委办公室主任。正研级高级工程师。生于山东济宁市。1988 年 7 月毕业于武汉测绘科技大学摄影测量与遥感专业，获学士学位。同年进入甘肃省遥感中心，从事地理信息系统、遥感等科研工作，历任助理工程师、工程师、高级工程师。1999 年 8 月调入中科院遥感所办公室工作。2001 年 9 月～2006 年 7 月任所办公室主任（期间：2006 年 2 月～2006 年 7 月任党委办公室主任），2006 年 7 月～2012 年 10 月任人事处（人教处）处长。2003 年 10 月起兼任遥感所妇委会主任。在科研工作中，作为主要完成人，承担完成国家重点基础研究发展规划项目"中国冰冻圈及冰川变化研究"，中科院知识创新工程重大项目"全球变化对中国西部冰川的影响"，中科院"九五"科技专项"黄河上游生态环境变化监测研究"，黄河水利委员会论证项目"南水北调西线工程雅砻江上游生态环境本底调查"等。在管理工作中，全面负责所长办公室各项工作，多次组织接待国家领导人参观研究所等各类大型活动，负责主办遥感所年度各类大型会议。全面负责人事处（人教处）各项工作，完善修订各项规章制度，引进各类人才，进行人才队伍建设、新职工招聘、岗位竞聘、档案管理、离退休职工管理等各项工作。发表论文十余篇。2004 年度获中科院政务信息报送先进个人，2008 年度获北京分院妇女工作先进个人等。

19. 祖荣香（1949 年 11 月～）

遥感所财务处处长。北京市人。1968 年 12 月参加工作。1986 年河北省师范学院汉语言文学专业毕业。1993 年 6 月应聘到遥感所。1993 年 6 月～1994 年 7 月，任所计财处企业部主任会计师兼总公司财务室主任。1994 年 8 月～1995 年 12 月任计财处副处长；1995 年 12 月～2010 年 5 月任所计财处处长、财务处处长、财务资产处处长。主要工作职责是根据国家的法规、制度建立健全财务、资产管理制度，编制全所预算，做好年终决算、分析成绩、查找问题，做好人员调配、检查、指导及考核等，熟悉国家的各项财经法规，并做好上通下达、宣传、解释等。1995 年解决所会计核算电算化，1996 年增加外汇业务，经历了 1998 年会计制度改革、2002 年国库支付改革、2006 年会计核算系统切换为 ARP 系统等。起草了《遥感所会计档案管理办法》《遥感所财务处工作职责》《遥感所财务处岗位责任制》《遥感所经费管理办法》《航空遥感中心运行管理办法》《遥感所现金管理办法》《遥感所银行存款管理办法》《遥感所差旅费管理办法》《遥感所公务卡管理办法》《遥感所职能部门日常运行经费管理办法》《遥感所质量成本管理办法》《遥感所基建经费管理办法》《遥感所 ARP 系统固定资产管理制度》《遥感所 ARP 系统综合财务管理制度》等内控制度。多次被中科院计划财务局借调，参加财务大检查、对新财会人员及业务骨干培训等。所财务处 9 次被中科院评为决算先进单位。1998 年起享受中科院管理人员突出贡献津贴；2000 年 1 月～2003 年 10 月兼任所妇委会主任，并被中科院妇女工作委员会授予 2002 年度工作奖。

20. 杨东红（1948 年 12 月～）

遥感所党委办公室主任、老干部办公室主任兼工会（职代会）主席。山东省菏泽市人，1968 年到黑龙江生产建设兵团参加工作。1974 年毕业于黑龙江省齐齐哈尔师范学院数学系，分配到齐齐哈尔市第二十一中学任教师；1978 年 10 月任第十二中学副校长；1982～1984 年在齐齐哈尔教师进修学院学习。1986 年调入河北省三河县燕郊中学任教师。1989 年调入遥感应用研究所，在所人保处分管保卫和档案管理工作。1997 年任党办主任、老干办主任兼工会（职代会）主席。2004 年退休。任遥感所党办主任后，主持制定了《精神文明建设实施条例》《党群办目标责任书、岗位责任制》《精神文明奖励办法》《党支部工作条例》，提升了基层党务工作的管理水平。2001 年 2 月，由老干办发起，在我院为申办奥运会举行签名活动，签名条幅在世纪坛展出，成为科技界选出的唯一展品，得到奥申委的表扬。自任老干办主任以来，创立了老干办、离退休党支部、老科协“三位一体”的联动机制，组织老干部旅游、参加运动会、编写《专家建议》、参加学术会议和其他社会活动。开展对老干部家访和慰问，为他们解决力所能及的问题。自任工会（职代会）主席之后，坚持“民主不越线、参政不越权、维护要全面”的原则，起草了《遥感所劳动争议调解条例》，使职工维权有章可循。经常组织职工进行各项活动，提高了职工自身的整体素质，使其全身心地投入到科研生产工作中去。先后荣获中科院先进档案管理工作者、老干部管理工作先进工作者、离退休工作先进个人。1995 年享受中科院管理人员突出贡献津贴。

21. 宋凤贤（1957 年 8 月～）

遥感所后勤服务中心主任、所办公室五级职员。生于北京市。1974 年 4 月毕业于北京市 135 中学，同年插队。1975 年 12 月到北京革制品厂等单位工作。1989 年 11 月调入遥感所后勤处。主要完成维修抢修服务工作。1990 年到所基建处参加工程建筑管理，完成基建工作。1993 年遥感所管理机构改革撤销后勤处，设科技开发总公司，任工程维修部经理。1997 年遥感所设立后勤服务中心，下设工程维修、打印、文具、招待所、餐厅、车队 6 个部门，任主任。2003 年 9 月～2009 年 10 月任工程维修部负责人，完成遥感所下达的任务和日常工作，完善各项部门管理规章制度，同时开发市场向社会要效益，还多次协助所办公室接待国家领导人参观研究所等各类大型活动及各类大型会议。2009 年 10 月起，遥感所实行后勤工作社会化，到所办公室任五级职员，负责监督管理物业服务、安全保卫、设备设施维修及集体户籍管理等。1999 年享受中科院管理人员突出贡献津贴，2012 年度获北京市公安局嘉奖。

22. 余　琦（1965 年 10 月～）

遥感所所长助理、科技处长、办公室主任、人事处处长、党委办公室主任。生于天津市。1989 年 7 月毕业于中国科技大学计算机科学与技术专业，获学士学位。同年进入遥感所，从事遥感图像处理等科研工作。历任研究实习员，助理研究员。1993 年 2 月转入管理岗位，任人教处副处长；1997 年 6 月任研究生部主任；2006 年 3 月任人教处处长；2006 年 8 月任所办公室主任、党委办公室主任；2009 年 1 月任科技处处长、所长助理。2010 年 8 月，调国防科工局任重大专项工程中心副主任。在科研工作中，参与完成了国家“七五”科技攻关专项“高空机载遥感实用系统”研制，完成了中科院“八五”科技攻关“塔里木油田遥感地质调查”等项目。曾获中科院科技进步奖二等奖；1996 年、1998 年中科院研究生教育管理工作先进个人；2008 年度获中科院政务信息报送先进个人。

23. 阎　珺（1969 年 7 月～）

遥感所编辑部主任、《遥感学报》《中国图象图形学报》专职副主编。山东诸城人。1991 年毕业于信息工程大学，1997 年毕业于中国科学院遥感应用研究所地图学与遥感专业，获得理学博士学位，正高级工程师。毕业后留遥感所再生资源遥感应用研究室，从事遥感图像处理、可持续发展、WEBGIS 等方向的科研工作。2000 年担任《遥感学报》专职副主编和编辑部主任。2004 年起兼任《中国图象图形学报》专职副主编和编辑部主任。两学报先后荣获“中国优秀地理期刊奖”“期刊方阵–双效期刊”“中国科学院优秀期刊奖”“百种中国杰出学术期刊”“中国精品科技期刊”、中国科协“精品科技期刊 TOP50 工程”

"全国优秀测绘期刊奖""中国最具国际影响力科技期刊""全国新闻出版行业百强网站"等期刊荣誉，个人先后获得"中国科技期刊银牛奖""中国科技期刊骏马奖""中国科学技术期刊编辑学会青年工作突出贡献奖""全国新闻出版业年度创新人物""北京市新闻出版领军人才"等荣誉。此外，担任中国科学院科技期刊审读技术组组长、中国科学院科技期刊研究会常务理事、中国编辑学会理事、中国图象图形学学会宣传出版委员会副主任。

24. 发　强（1967 年 9 月～）

遥感所综合办公室主任，兼党委办公室主任。四川垫江人。1989 年 7 月毕业于北京大学国际政治系，获法学学士学位。1996 年 4 月加入中国共产党。1989 年 7 月～2003 年 12 月，在中国人民解放军 61046 部队服役，任副团职科长。2004 年 1 月～2009 年 12 月，退出现役，到中科院声学所工作，任综合办公室副主任。其中，2004 年 3 月～2007 年 2 月就读北京大学法学院（在职），获法律硕士专业学位。2009 年 12 月调遥感所工作，任综合办公室主任，兼党委办公室主任。2012 年 10 月，赴海南三亚参加中科院三亚深海科学与工程研究所（筹）的筹建工作。现任中科院深海科学与工程研究所综合办公室主任、党委办公室主任、工会副主席。

25. 吴晓清（1964 年 1 月～）

遥感所研究生处处长。生于陕西省西安市，1987 年 7 月毕业于西北大学地理系自然地理专业，获学士学位，同年进入遥感所计算机辅助制图研究室，从事科研工作，1997 年晋升为副研究员。2002 年到遥感所人事教育处研究生部从事研究生教育管理工作。2007 年任研究生部主任。2011 年任研究生处处长。科研工作方面，主要参加"天津资源与环境信息系统研究""卫星遥感资料 1∶5 万系列制图规范化研究""黄土高原遥感专题研究""土地资源决策支持系统（ACLDSS）""三亚月川区信息系统""黄淮海平原地区社会经济环境可持续发展决策支持系统""区域可持续发展决策支持系统研究与示范"，以及"滇池水华污染遥感监测研究"等项目或课题的研究工作，取得了重要成果。研究生管理方面，主管全面工作，负责研究生招生、导师遴选、学位评定、学科建设、思想和心理教育、研究生会管理、博士后管理，以及规章制度修订等工作。荣获中科院科技进步奖二等奖、农业部科技进步奖二等奖等奖励。

26. 周　翔（1977 年 7 月～）

遥感所科技处处长、重大项目办公室主任。新疆伊宁人。1999 年武汉测绘科技大学资源环境学院地图学与地理信息系统专业毕业。2004 年获英国伯明翰大学计算机科学硕士学位。2008 年北京工业大学博士毕业到遥感所工作。2010 年 5 月任所科技处处长。主要研究领域为遥感标准化、遥感仿真与试验验证、智能交通信息系统等。承担多项国家高分对地观测系统重大专项、国家 863 计划、国家科技支撑计划、国家发改委产业化专项及欧盟国际合作等的专题，参加"基于多源自主卫星遥感的陆海环境关键要素定量化监测技术及应用"研究。组织高分辨率对地观测系统重大专项、国家自然灾害空间信息基础设施、国家空间基础设施（民用）等论证工作，组织研讨并编写遥感所"十二五"规划和"创新 2020"发展规划和遥感卫星应用国家工程实验室及其遥感数据处理与分析应用产业技术创新战略联盟（首任秘书长）。发表论文 10 余篇，合作编写《自主遥感卫星数据产品与服务标准化研究》《自主遥感卫星数据产品实用作业规范与验证测试方法标准化研究》等；作为主要技术负责人参加《卫星对地观测数据产品分类分级》国家标准编制。任全球变化科学数据出版编委会副主编。国际科技数据委员会（CODATA）发展中国家数据共享工作组委员。国际宇航科学院（IAA）全球环境影响研究工作组成员。中国科协联合国咨商信息通信技术专家委员会成员，中国空间科学学会空间遥感专业委员会委员。获测绘科技进步奖一等奖。

27. 武晋云（1972 年 12 月～）

遥感所财务资产处处长、高级会计师，注册会计师。山西省晋城市人。1994 年毕业于西安统计学院统计学专业，获经济学学士学位。同年分配到北京市地质调查所，从事财务工作。1999 年任会计师。2004 年任北京市地质调查研究院高级会计师、财务中心副主任，同年应聘到遥感所，从事财务工作。2009 年任高级会计师、副处长，2010 年主持财务资产处工作，2011 年任财务资产处处长。其间，2000 年毕业于中国人民大学财务会计专业（自学考试），本科，获经济学学士学位；2003 年取得高级会计师和注册会计师资格，同年加入北京市注册会计师协会，成为非执业会员。2005～2006 年就读于中国人民大学（在职会计硕士 MPAcc）专业。2012 年聘为科技部科技支撑计划财务专家。应聘到遥感所工作后，主要负责遥感所 ARP 系统前期财务数据准备、系统配置、系统切换、正式上线后的部门内部人员培训及系统运行维护工作。2010 年开始主持财务资产处工作，主要负责制度建设、中央部门预算、中央部门决算、凭证复核、会计核算及财务管理工作。建立了财务处日常办公平台，推行网络办公模式，提高了工作效率。其间，顺利通过了国家审计署 2009 年对遥感所的“小金库”专项治理审计、中科院北京分院 2011 年对遥感所领导班子届中经济责任审计、国家审计署 2012 年对遥感所的预算执行及财务收支情况审计，并获得上述审计机构的认可和好评。

第二章　研究生培养

国家赋予国家级科学研究机构的基本任务是出成果、出人才。遥感是20世纪60年代迅速兴起的一门新兴科学技术，高层次科研人才的来源主要靠高校和科研单位培养研究生。遥感所十分重视研究生培养，从1978年开始，在地理所二部期间，国家刚刚恢复研究生制度时，就采取联合招生的方式招收了第一批17名地图学与遥感专业硕士研究生，其中5名送到国外培养。1979年建所后，平均每年招收5名硕士研究生。随着遥感所学科建设与迅速发展，研究生的导师队伍不断壮大，人才培养能力与水平不断提高，1993年第四届领导机构换届后立即向院提交了“申请在遥感所建立博士点并将地图学与遥感专业增列为博士学位授权专业的请示”，很快得到批准。1994年招收博士研究生8名，以后每年递增。截至2012年，遥感所整合时，共招收研究生1369人，其中，博士研究生690人、硕士研究生679人。有991人毕业，其中，博士研究生497人（另有7人退学；20人未毕业），硕士研究生494人（另有9人出国留学、10人未毕业、1人去世）；在读研究生331人，其中，在读博士研究生166人，在读硕士研究生165人；招收博士后85人，到2012年9月出站78人（7人退站），在站博士后17人；还为朝鲜、泰国、巴基斯坦、荷兰等培养来华留学生9人，1人毕业。遥感所已形成具有雄厚实力的研究生培养队伍，包括博士生导师63名（其中兼职导师14名），硕士生导师56名（其中兼职导师2名）。到2012年9月机构整合时，遥感所有在岗博士生导师28人，在岗硕士生导导师27人。

一、研究生导师

（一）博士生导师名单

序号	姓名	性别	研究方向	批准时间	备注
1	陈述彭	男	地图学与遥感	—	—
2	杨世仁	男	数字图像处理	—	—
3	李丽	女	数字图像处理	—	—
4	陈正宜	男	遥感应用	—	—
5	何欣年	男	计算机制图	—	—
6	徐冠华	男	地图学与地理信息系统	1993.6	—
7	陈军	男	地图学与地理信息系统	1993.6	兼职博导
8	李小文	男	地图学与地理信息系统	1995.5	—
9	池天河	男	地图学与地理信息系统	1995.6	—
10	崔伟宏	男	地图学与地理信息系统	1995.6	—
11	郭华东	男	地图学与地理信息系统	1995.6	—
12	李树楷	男	地图学与地理信息系统	1995.6	—
13	刘纪远	男	地图学与地理信息系统	1995.6	—
14	田国良	男	地图学与地理信息系统	1995.6	—
15	童庆禧	男	地图学与地理信息系统	1995.6	—
16	王长耀	男	地图学与地理信息系统	1995.6	—
17	阎守邕	男	地图学与地理信息系统	1995.6	—
18	郑兰芬	女	地图学与地理信息系统	1995.6	—

续表

序号	姓名	性别	研究方向	批准时间	备注
19	朱重光	男	地图学与地理信息系统	1995.6	—
20	宫鹏	男	地图学与地理信息系统	1996.7	—
21	邵芸	女	地图学与地理信息系统	1997.6	—
22	王超	男	地图学与地理信息系统	1997.6	—
23	吴炳方	男	地图学与地理信息系统	1997.6	—
24	杨崇俊	男	地图学与地理信息系统	1998.6	—
25	顾行发	男	地图学与地理信息系统	1998.7	—
26	林辉	男	地图学与地理信息系统	1999.6	兼职博导
27	王治华	女	地图学与地理信息系统	1999.7	兼职博导
28	王桥	男	地图学与地理信息系统	2000.6	兼职博导
29	曾澜	女	地图学与地理信息系统	2000.6	兼职博导
30	赵英时	女	地图学与地理信息系统	2000.6	兼职博导
31	马建文	男	地图学与地理信息系统	2001.6	—
32	柳钦火	男	地图学与地理信息系统	2002.6	—
33	牛铮	男	地图学与地理信息系统	2002.6	—
34	孙国清	男	地图学与地理信息系统	2002.6	兼职博导
35	王世新	男	地图学与地理信息系统	2002.6	—
36	张增祥	男	地图学与地理信息系统	2002.6	—
37	龚建华	男	地图学与地理信息系统	2004.7	—
38	李传荣	男	地图学与地理信息系统	2004.7	兼职博导
39	唐伶俐	女	地图学与地理信息系统	2004.7	兼职博导
40	陈良富	男	地图学与地理信息系统	2005.3	—
41	李震	男	地图学与地理信息系统	2005.3	—
42	刘定生	男	地图学与地理信息系统	2005.3	兼职博导
43	唐军武	男	地图学与地理信息系统	2005.3	兼职博导
44	张兵	男	地图学与地理信息系统	2005.3	—
45	赵千钧	男	地图学与地理信息系统	2007.7	—
46	黄波	男	地图学与地理信息系统	2007.9	兼职博导
47	邸凯昌	男	地图学与地理信息系统	2008.1	—
48	李紫薇	女	地图学与地理信息系统	2008.1	—
49	骆剑承	男	地图学与地理信息系统	2008.1	—
50	乔彦友	男	地图学与地理信息系统	2008.1	—
51	贾立	女	地图学与地理信息系统	2009.7	—
52	赵忠明	男	信号与信息处理	2001.6	—
53	薛勇	男	信号与信息处理	2001.6	—
54	迟耀斌	男	信号与信息处理	2005.3	兼职博导
55	尹球	男	信号与信息处理	2005.9	—
56	蒋兴伟	男	信号与信息处理	2008.1	兼职博导
57	唐娉	女	信号与信息处理	2008.1	—
58	余涛	男	信号与信息处理	2008.1	—
59	李正强	男	大气遥感	2009.11	—
60	周艺	女	地理信息系统研究与应用	2010.3	—
61	聂跃平	男	遥感地质	2010.3	—
62	曹春香	女	环境遥感	2010.3	—
63	施建成	男	地图学与地理信息系统	2010.3	—

（二）在岗博士生导师名单

序号	姓名	性别	研究方向	批准日期（年.月）	备注
1	童庆禧	男	高光谱遥感	1995.6	
2	邵芸	女	微波遥感	1997.6	
3	吴炳方	男	农业生态环境遥感	1997.6	
4	杨崇俊	男	网络地理信息系统	1998.6	
5	施建成	男	微波遥感		2001 年调入时已为博导
6	赵忠明	男	遥感图像处理	2001.6	
7	薛勇	男	远程通信地学分析	2001.6	
8	王世新	男	地理信息系统研究与应用	2002.6	
9	张增祥	男	国土资源遥感	2002.6	
10	牛铮	男	全球变化遥感	2002.6	
11	柳钦火	男	定量遥感	2002.6	
12	龚建华	男	虚拟地理环境	2004.7	
13	顾行发	男	定量遥感		2001 年调入时已为博导
14	宫鹏	男	定量遥感		2001 年调入时已为博导
15	池天河	男	地理信息系统研究与应用		2001 年调入时已为博导
16	陈良富	男	定量遥感	2005.3	
17	唐娉	女	遥感图像处理	2008.1	
18	乔彦友	男	地理信息系统研究与应用	2008.1	
19	余涛	男	航天遥感	2008.1	
20	骆剑承	男	遥感信息处理与分析	2008.1	
21	赵千钧	男	遥感信息处理与分析	2007.7	
22	邸凯昌	男	摄影测量与遥感	2008.7	
23	贾立	女	水循环遥感	2009.7	
24	李正强	男	大气遥感	2009.11	
25	李紫薇	女	定量遥感	2010.3	
26	周艺	女	地理信息系统研究与应用	2010.3	
27	聂跃平	男	遥感地质	2010.3	
28	曹春香	女	环境遥感	2010.3	

（三）硕士生导师名单

序号	姓名	性别	研究方向	批准时间	备注
1	陈述彭	男	地理学、遥感应用、地理信息系统		1979 年建所时已是硕导
2	杨世仁	男	计算机遥感图像处理		1979 年建所时已是硕导
3	童庆禧	男	遥感物理、航空遥感、成像光谱		1979 年建所时已是硕导
4	田国良	男	遥感物理、微波遥感、红外遥感		1979 年建所时已是硕导
5	郑威	男	遥感应用		
6	李丽	女	计算机遥感图像处理		1979 年建所时已是硕导
7	何欣年	男	计算机制图、航空遥感		
8	陈正宜	男	遥感应用		1979 年建所时已是硕导
9	王长耀	男	遥感应用、全球变化遥感		
10	阎守邕	男	地理信息系统		

续表

序号	姓名	性别	研究方向	批准时间	备注
11	郭华东	男	遥感应用、雷达遥感		
12	崔伟宏	男	地理信息系统		
13	林恒章	男	遥感应用		
14	朱重光	男	计算机遥感图像处理		
15	李树楷	男	遥感空间特性、遥感集成信息系统		
16	刘纪远	男	遥感应用、资源环境遥感		
17	郑兰芬	女	成像光谱		
18	朱振海	男	遥感应用		
19	崔承禹	男	红外遥感		
20	李小文	男	遥感物理、光学遥感与信息处理		
21	魏成阶	男	遥感应用	1995	中国科学院贵阳地球化学研究所特聘
22	邵芸	女	遥感应用、雷达遥感		
23	张增祥	男	遥感应用		
24	杨崇俊	男	计算机图像处理、地理信息系统、网络地理信息系统		
25	王超	男	遥感应用、微波遥感		
26	蔺启忠	男	遥感应用、遥感地质		
27	王世新	男	地理信息系统		
28	唐娉	女	遥感图像处理	2000	
29	乔彦友	男	地理信息系统研究与应用	2000	
30	余涛	男	航天遥感	2004	
31	周艺	女	地理信息系统研究与应用	2002.6	
32	聂跃平	男	遥感地质	2004.7	
33	曹春香	女	环境遥感	2008.5	
34	毕思文	男	地球系统科学	2000.6	
35	郭子祺	男	遥感图像处理	2002.6	
36	刘亚岚	女	地理信息系统研究与应用	2004.7	
37	孟庆岩	男	生态环境遥感	2008.5	
38	张立福	男	高光谱遥感	2008.5	
39	王晋年	男	高光谱遥感	2008.5	
40	刘少创	男	摄影测量与遥感	2008.5	
41	张霞	女	高光谱遥感	2008.5	
42	黄晓霞	女	资源环境遥感	2008.5	
43	刘强	男	定量遥感	2008.5	
44	张风丽	女	微波遥感	2010.3	
45	关燕宁	女	资源遥感	2010.3	
46	彭玲	女	遥感图像处理	2010.3	
47	方俊永	男	高光谱遥感	2010.3	
48	李强子	男	资源环境遥感	2010.3	
49	阎福礼	男	灾害遥感	2010.3	
50	蒙继华	男	农业生态环境遥感	2010.3	
51	苏林	男	定量遥感	2010.3	
52	辛晓洲	男	定量遥感	2010.3	
53	程天海	男	定量遥感	2012.6	
54	肖青	男	定量遥感		2010 年调入时为硕导
55	闵祥军	男		2005.3	兼职硕导
56	李加洪	男		2008.5	兼职硕导

（四）在岗硕士生导师名单

序号	姓名	性别	研究方向	批准时间	备注
1	唐娉	女	遥感图像处理	2000	
2	乔彦友	男	地理信息系统研究与应用	2000	
3	余涛	男	航天遥感	2004	
4	周艺	女	地理信息系统研究与应用	2002.6	
5	聂跃平	男	遥感地质	2004.7	
6	曹春香	女	环境遥感	2008.5	
7	毕思文	男	地球系统科学	2000.6	
8	郭子祺	男	遥感图像处理	2002.6	
9	刘亚岚	女	地理信息系统研究与应用	2004.7	
10	孟庆岩	男	生态环境遥感	2008.5	
11	张立福	男	高光谱遥感	2008.5	
12	王晋年	男	高光谱遥感	2008.5	
13	刘少创	男	摄影测量与遥感	2008.5	
14	张霞	女	高光谱遥感	2008.5	
15	黄晓霞	女	资源环境遥感	2008.5	
16	刘强	男	定量遥感	2008.5	
17	张风丽	女	微波遥感	2010.3	
18	关燕宁	女	资源遥感	2010.3	
19	彭玲	女	遥感图像处理	2010.3	
20	方俊永	男	高光谱遥感	2010.3	
21	李强子	男	资源环境遥感	2010.3	
22	阎福礼	男	灾害遥感	2010.3	
23	蒙继华	男	农业生态环境遥感	2010.3	
24	苏林	男	定量遥感	2010.3	
25	辛晓洲	男	定量遥感	2010.3	
26	程天海	男	定量遥感	2012.6	
27	肖青	男	定量遥感	2010 年调入时已为硕导	

二、研究生队伍

（一）博士研究生

序号	入学年份	姓名	专业	性别	导师	毕业时间	毕业去向	备注
1	1994	黄波	地图学与遥感	男	徐冠华 阎守邕	1997	香港中文大学	—
2	1994	乔彦友	地图学与遥感	男	徐冠华 阎守邕	1997	中国科学院遥感应用研究所	—
3	1994	陈晓峰	地图学与遥感	男	徐冠华 刘纪远	1997	—	—
4	1994	党安荣	地图学与遥感	男	徐冠华 阎守邕	1997	清华大学	—

续表

序号	入学年份	姓名	专业	性别	导师	毕业时间	毕业去向	备注
5	1994	王汶	地图学与遥感	男	徐冠华 王长耀	1997	中国人民大学	—
6	1994	刘文	地图学与遥感	男	徐冠华 崔伟宏	—	—	未毕业
7	1994	张宝钢	地图学与遥感	男	徐冠华 朱重光	—	北京测绘研究院	未毕业
8	1994	阎珺	地图学与遥感	女	徐冠华 崔伟宏	1998.7.15	中国科学院遥感应用研究所	—
9	1995	张佳华	地图学与遥感	男	徐冠华 王长耀	1998.7.15	中国气象局	—
10	1995	郝鹏威	地图学与遥感	男	徐冠华 朱重光	1998.7.15	北京大学	—
11	1995	高志强	地图学与遥感	男	刘纪远	1998.7.15	—	—
12	1995	黄晓霞	地图学与遥感	女	徐冠华	1998.7.15	中国科学院遥感应用研究所	—
13	1995	唐军武	地图学与遥感	男	田国良	1998.7.15	国家海洋局	—
14	1995	王晓栋	地图学与遥感	男	崔伟宏	—	—	
15	1995	黄铁青	地图学与遥感	男	阎守邕	—	中国科学院资源环境科学与技术局	未毕业
16	1995	刘震	地图学与遥感	男	李树楷	—	—	
17	1995	刘兆礼	地图学与遥感	男	王长耀	—	中国科学院长春地理研究所	
18	1995	包玉海	地图学与遥感	男	刘纪远	1999	—	—
19	1996	冯泉	地图学与遥感	男	崔伟宏	1999	交通部	—
20	1996	李红旮	地图学与遥感	男	崔伟宏	1999	中国科学院遥感应用研究所	—
21	1996	李晓娟	地图学与遥感	女	崔伟宏	1999	首都师范大学	—
22	1996	刘建贵	地图学与遥感	男	童庆禧	1999	—	—
23	1996	刘庆生	地图学与遥感	男	郭华东	1999	中国科学院地理科学与资源研究所	—
24	1996	刘素红	地图学与遥感	女	郭华东	1999	北京师范大学	—
25	1996	陆锋	地图学与遥感	男	崔伟宏	1999	中国科学院地理科学与资源研究所	—
26	1996	王秀兰	地图学与遥感	女	刘纪远	1999	—	—
27	1996	向茂生	地图学与遥感	男	童庆禧	1999	中国科学院电子学研究所	—
28	1996	徐兴奎	地图学与遥感	男	田国良	1999	中国科学院大气物理所	—
29	1996	闫广建	地图学与遥感	男	李小文	1999	北京师范大学	—
30	1996	王翠珍	地图学与遥感	女	郭华东	1999	—	—
31	1997	姜小光	地图学与遥感	男	王长耀	2000	—	—
32	1997	鞠洪波	地图学与遥感	男	徐冠华	2005.3.31	中国林业科学研究院	—
33	1997	刘浩	地图学与遥感	男	郭华东	1999	—	—
34	1997	王晋年	地图学与遥感	男	童庆禧	—	中国科学院遥感应用研究所	—
35	1997	吴秋华	地图学与遥感	男	王长耀	—	中国科学院遥感应用研究所	—
36	1997	王世新	地图学与遥感	男	阎守邕	—	中国科学院遥感应用研究所	—
37	1997	吴均	地图学与遥感	男	朱重光	—	—	—
38	1997	蒲瑞良	地图学与遥感	男	郭华东	—	—	—
39	1997	唐先明	地图学与遥感	男	刘纪远	—	—	—
40	1997	黄裕婕	地图学与遥感	女	刘纪远	—	—	—
41	1997	香宝	地图学与遥感	男	刘纪远	—	—	—
42	1997	熊桢	地图学与遥感	男	童庆禧	—	—	—
43	1997	张显峰	地图学与遥感	男	崔伟宏	—	北京大学	—
44	1997	赵霈生	地图学与遥感	男	徐冠华	—	—	—

续表

序号	入学年份	姓名	专业	性别	导师	毕业时间	毕业去向	备注
45	1997	庄大方	地图学与遥感	男	刘纪远	—	中国科学院遥感应用研究所	—
46	1998	陈永华	地图学与遥感	女	—	—	—	未毕业
47	1998	董庆	地图学与遥感	男	郭华东	—	中国科学院遥感应用研究所	—
48	1998	郭冠军	地图学与遥感	男	李树楷	—	—	—
49	1998	何剑锋	地图学与遥感	女	刘纪远	2006.7.1	中国科学院遥感应用研究所	—
50	1998	刘明亮	地图学与遥感	男	刘纪远	—	—	—
51	1998	苏理宏	地图学与遥感	男	李小文	—	—	—
52	1998	王宇飞	地图学与遥感	男	徐冠华	—	—	—
53	1998	尤红建	地图学与遥感	男	李树楷	—	—	—
54	1998	赵鲁	地图学与遥感	男	杨崇俊	—	—	未毕业
55	1999	陈四清	地图学与地理信息系统	男	刘纪远	2002.7.31	—	—
56	1999	党顺行	地图学与地理信息系统	男	杨崇俊	2003.7.31	—	—
57	1999	邓孺孺	地图学与地理信息系统	男	田国良	2002.12.30	中山大学	—
58	1999	侯波	地图学与地理信息系统	男	童庆禧	2002.7.31	—	—
59	1999	荆林海	地图学与地理信息系统	男	郭华东	—	—	—
60	1999	李新武	地图学与地理信息系统	男	郭华东	2002.7.31	中国科学院遥感应用研究所	—
61	1999	刘伟东	地图学与地理信息系统	男	童庆禧	2002.7.31	北京市气象局	—
62	1999	马超飞	地图学与地理信息系统	男	郭华东	2002.7.31	—	—
63	1999	马瑞金	地图学与地理信息系统	男	—	—	—	未毕业
64	1999	田光进	地图学与地理信息系统	男	阎守邕	2002.7.31	—	—
65	1999	王思远	地图学与地理信息系统	男	郭华东	2002.7.31	—	—
66	1999	王兴玲	地图学与地理信息系统	男	杨崇俊	2002.7.31	—	—
67	1999	王宇翔	地图学与地理信息系统	男	杨崇俊	2002.7.31	—	—
68	1999	武晓波	地图学与地理信息系统	男	阎守邕	2003.7.31	中国科学院遥感应用研究所	—
69	1999	肖青	地图学与地理信息系统	男	李小文	2002.7.31	中国科学院遥感应用研究所	—
70	1999	延昊	地图学与地理信息系统	男	王长耀	2002.7.31	中国气象局	—
71	1999	岳焕印	地图学与地理信息系统	男	郭华东	2002.7.31	中国科学院电子学研究所、国家遥感中心	—
72	1999	张红	地图学与地理信息系统	女	王超	2002.7.31	北京师范大学、中国科学院遥感卫星地面站	—
73	1999	张国平	地图学与地理信息系统	男	刘纪远	2002.7.31	—	—
74	2000	白玉琪	地图学与地理信息系统	男	徐冠华	2003.7.31	—	—
75	2000	陈险峰	地图学与地理信息系统	男	童庆禧	—	—	未毕业
76	2000	董鹏	地图学与地理信息系统	男	杨崇俊	2003.7.31	—	—
77	2000	范锦龙	地图学与地理信息系统	男	郭华东	2003.7.31	中国气象局	—
78	2000	韩春明	地图学与地理信息系统	男	郭华东	2003.7.31	中国科学院遥感应用研究所	—
79	2000	韩秀珍	地图学与地理信息系统	女	马建文	2003.7.31	—	—
80	2000	胡庆荣	地图学与地理信息系统	男	郭华东	2003.7.31	—	—
81	2000	黄慧萍	地图学与地理信息系统	女	童庆禧	2003.7.31	国家发展和改革委员会	—
82	2000	李津平	地图学与地理信息系统	男	杨崇俊	2003.7.31	—	—
83	2000	刘团结	地图学与地理信息系统	男	童庆禧	2003.3.31	—	—
84	2000	刘亚岚	地图学与地理信息系统	女	阎守邕	2004.7.31	中国科学院遥感应用研究所	—
85	2000	刘正军	地图学与地理信息系统	男	童庆禧	2003.7.31	—	—
86	2000	钱贞国	地图学与地理信息系统	男	杨崇俊	2004.7.31	—	—
87	2000	谭衢霖	地图学与地理信息系统	男	邵芸	2003.3.31	—	—
88	2000	辛晓洲	地图学与地理信息系统	男	田国良	2003.7.31	中国科学院遥感应用研究所	—

续表

序号	入学年份	姓名	专业	性别	导师	毕业时间	毕业去向	备注
89	2000	闫冬梅	地图学与地理信息系统	女	童庆禧	2004.3.31	中国科学院遥感应用研究所	—
90	2000	杨虎	地图学与地理信息系统	男	郭华东	2003.7.31	—	—
91	2000	张兵	地图学与地理信息系统	男	童庆禧	2003.3.31	中国科学院遥感应用研究所	—
92	2000	赵虎	地图学与地理信息系统	男	刘纪远	—	—	未毕业
93	2000	邹亚荣	地图学与地理信息系统	男	刘纪远	2003.7.31	—	—
94	2000	刘强	地图学与地理信息系统	男	田国良	2002.7.31	中国科学院遥感应用研究所、北京师范大学	—
95	2001	陈劲松	地图学与地理信息系统	男	邵芸	2004.7.31	—	—
96	2001	陈永康	地图学与地理信息系统	男	赵英时	2004.7.31	—	—
97	2001	程起敏	地图学与地理信息系统	女	杨崇俊	2004.7.31	—	—
98	2001	程晓	地图学与地理信息系统	男	徐冠华	2004.7.31	中国科学院遥感应用研究所、北京师范大学	—
99	2001	杜世宏	地图学与地理信息系统	男	王桥	2004.7.31	—	—
100	2001	哈斯巴干	地图学与地理信息系统	男	马建文	2004.3.31	—	—
101	2001	洪钢	地图学与地理信息系统	男	王超	—	—	未毕业
102	2001	季统凯	地图学与地理信息系统	男	赵忠明	2004.7.31	—	—
103	2001	李贵才	地图学与地理信息系统	男	王长耀	2004.7.31	—	—
104	2001	李家存	地图学与地理信息系统	男	邵芸	2004.7.31	—	—
105	2001	李启青	地图学与地理信息系统	男	马建文	2004.7.31	—	—
106	2001	刘爱霞	地图学与地理信息系统	女	吴炳方	2004.7.31	—	—
107	2001	刘成林	地图学与地理信息系统	男	吴炳方	2005.3.31	南昌大学	—
108	2001	刘振华	地图学与地理信息系统	女	赵英时	2004.3.31	—	—
109	2001	刘志丽	地图学与地理信息系统	女	马建文	2004.7.31	—	—
110	2001	马建伟	地图学与地理信息系统	男	赵忠明	2006.7.1	中国人民解放军第二炮兵第三研究所	—
111	2001	齐述华	地图学与地理信息系统	男	吴炳方	2004.7.31	—	—
112	2001	芮小平	地图学与地理信息系统	男	杨崇俊	2004.7.31	—	—
113	2001	宋江洪	地图学与地理信息系统	男	赵忠明	2005.7.29	—	—
114	2001	宋小宁	地图学与地理信息系统	女	赵英时	2004.7.31	—	—
115	2001	王盼成	地图学与地理信息系统	男	杨崇俊	2004.7.31	—	—
116	2001	徐文婷	地图学与地理信息系统	女	吴炳方	2004.7.31	—	—
117	2001	许文波	地图学与地理信息系统	男	杨崇俊	2004.7.31	—	—
118	2001	颜春燕	地图学与地理信息系统	女	王长耀	2004.3.31	—	—
119	2001	曾庆业	地图学与地理信息系统	男	赵忠明	2004.7.31	—	—
120	2001	张峰	地图学与地理信息系统	男	马建文	2004.3.31	—	—
121	2001	张洪恩	地图学与地理信息系统	男	郭华东	2004.7.31	—	—
122	2001	张立强	地图学与地理信息系统	男	杨崇俊	2004.7.31	—	—
123	2001	张卫国	地图学与地理信息系统	男	王超	2004.7.31	—	—
124	2001	张勇	地图学与地理信息系统	男	杨崇俊	2004.7.31	—	—
125	2001	朱华吉	地图学与地理信息系统	男	陈军	2006.7.1	北京市农业信息技术研究中心	—
126	2002	白景昌	地图学与地理信息系统	男	王长耀	2004.7.31	—	—
127	2002	陈水森	地图学与地理信息系统	男	童庆禧	2005.7.29	广东省科学院广州地理研究所	—
128	2002	陈正超	地图学与地理信息系统	男	童庆禧	2005.3.31	中国科学院遥感应用研究所	—
129	2002	崔林丽	地图学与地理信息系统	女	赵忠明	2005.7.29	上海市大气科学研究发展中心	—
130	2002	耿修瑞	地图学与地理信息系统	男	童庆禧	2005.3.31	做博士后–北京师范大学	—
131	2002	过志峰	地图学与地理信息系统	男	孙国清	2005.7.29	中国科学院遥感应用研究所	—
132	2002	黄健熙	地图学与地理信息系统	男	徐冠华	2006.7.1	考研–清华大学	—

续表

序号	入学年份	姓名	专业	性别	导师	毕业时间	毕业去向	备注
133	2002	荐军	地图学与地理信息系统	男	马建文	2005.7.29	中国科学院遥感应用研究所	—
134	2002	景东升	地图学与地理信息系统	男	童庆禧	2005.7.29	国土资源部油气资源战略研究中心	—
135	2002	刘伟	地图学与地理信息系统	男	施建成	2005.7.29	国家环境保护局环境应急与事故调查中心	—
136	2002	骆成凤	地图学与地理信息系统	女	王长耀	2005.7.29	中国测绘科学研究院	—
137	2002	庞勇	地图学与地理信息系统	男	孙国清	2006.3.1	林科院资源信息所	—
138	2002	彭玲	地图学与地理信息系统	女	赵忠明	2005.7.29	中国科学院遥感应用研究所	—
139	2002	唐家奎	地图学与地理信息系统	男	薛勇	2005.7.29	国家海洋技术中心	—
140	2002	王建明	地图学与地理信息系统	男	邵芸	2005.7.29	中国航天科技集团公司五院第 503 研究所	—
141	2002	王剑秦	地图学与地理信息系统	男	薛勇	2005.7.29	中国农业大学	—
142	2002	王永红	地图学与地理信息系统	男	邵芸	—	—	未毕业
143	2002	吴樊	地图学与地理信息系统	男	王超	2005.7.29	中国遥感卫星地面站	—
144	2002	杨建宇	地图学与地理信息系统	男	杨崇俊	2005.7.29	中国农业大学	—
145	2002	占玉林	地图学与地理信息系统	男	王长耀	2005.7.29	中国科学院遥感应用研究所	—
146	2002	张波	地图学与地理信息系统	男	王超	2005.7.29	中国遥感卫星地面站	—
147	2002	钟若飞	地图学与地理信息系统	男	郭华东	2005.7.29	首都师范大学	—
148	2002	周为峰	地图学与地理信息系统	女	吴炳方	2005.7.29	中国水产科学研究院东海水产研究所	—
149	2002	周月敏	地图学与地理信息系统	女	吴炳方	2005.7.29	中国科学院遥感应用研究所	—
150	2002	朱俊杰	地图学与地理信息系统	男	邵芸	2005.7.29	—	—
151	2003	陈世荣	地图学与地理信息系统	男	王世新	2006.7.1	民政部国家减灾中心	—
152	2003	董彦芳	地图学与地理信息系统	女	孙国清	2006.3.1	—	—
153	2003	冯晓明	地图学与地理信息系统	女	赵英时	2006.7.1	中国科学院生态环境研究中心	—
154	2003	胡兴堂	地图学与地理信息系统	男	童庆禧	2006.7.1	—	—
155	2003	李强子	地图学与地理信息系统	男	马建文	2008.7.1	中国科学院遥感应用研究所	—
156	2003	李兴	地图学与地理信息系统	男	童庆禧	2006.7.1	阿特金斯顾问（深圳）有限公司北京分公司	—
157	2003	汤益先	地图学与地理信息系统	男	王超	2006.7.1	中国科学院遥感卫星地面站	—
158	2003	张霞	地图学与地理信息系统	女	童庆禧	2006.3.1	—	—
159	2003	蔡国印	地图学与地理信息系统	男	薛勇	2006.7.1	北京建筑工程学院	—
160	2003	陈飞翔	地图学与地理信息系统	男	杨崇俊	2006.7.1	北京林业大学	—
161	2003	陈奋	地图学与地理信息系统	男	赵忠明	2006.7.1	电子科技大学	—
162	2003	陈仁喜	地图学与地理信息系统	男	赵忠明	2006.7.1	河海大学	—
163	2003	陈忠	地图学与地理信息系统	男	赵忠明	2006.7.1	—	—
164	2003	丛丕福	地图学与地理信息系统	男	牛铮	2006.7.1	国家海洋环境监测中心	—
165	2003	戴芹	地图学与地理信息系统	女	马建文	2006.3.1	中国科学院遥感卫星地面站	—
166	2003	邓小炼	地图学与地理信息系统	男	王长耀	2006.7.1	三峡大学	—
167	2003	杜今阳	地图学与地理信息系统	男	施建成	2006.7.1	中国科学院遥感应用研究所	—
168	2003	杜晓	地图学与地理信息系统	男	王世新	2006.7.1	国家基础地理信息中心	—
169	2003	杜永明	地图学与地理信息系统	男	柳钦火	2006.7.1	中国科学院遥感应用研究所	—
170	2003	侯涛	地图学与地理信息系统	男	郭华东	2006.7.1	武汉地大坤迪科技有限公司	—
171	2003	黄玉琴	地图学与地理信息系统	女	郭华东	2006.7.1	中国文物研究所	—
172	2003	李盛阳	地图学与地理信息系统	男	朱重光	2006.7.1	中国科学院光电研究院	—
173	2003	李向军	地图学与地理信息系统	男	牛铮	2006.7.1	考研–冶金自动化研究设计院	—
174	2003	李小英	地图学与地理信息系统	女	李小文	2006.3.1	中国科学院遥感应用研究所	—
175	2003	马新辉	地图学与地理信息系统	女	吴炳方	2007.7.1	北京市经济信息中心	—
176	2003	梅新	地图学与地理信息系统	男	崔伟宏	2006.7.1	湖北大学	—

续表

序号	入学年份	姓名	专业	性别	导师	毕业时间	毕业去向	备注
177	2003	蒙继华	地图学与地理信息系统	男	吴炳方	2006.7.1	中国科学院遥感应用研究所	—
178	2003	牟伶俐	地图学与地理信息系统	男	吴炳方	2006.7.1	中国科学院国家天文台	—
179	2003	孙林	地图学与地理信息系统	男	柳钦火	2006.7.1	山东科技大学	—
180	2003	王钦军	地图学与地理信息系统	男	郭华东	2006.7.1	中国科学院遥感卫星地面站	—
181	2003	卫征	地图学与地理信息系统	男	童庆禧	2006.7.1	—	—
182	2003	叶发茂	地图学与地理信息系统	男	李树楷	2006.7.1	南昌大学	—
183	2003	于嵘	地图学与地理信息系统	男	张增祥	2006.7.1	广西壮族自治区环境保护科学研究院	—
184	2003	于文洋	地图学与地理信息系统	男	杨崇俊	2006.7.1	中国科学院遥感卫星地面站	—
185	2003	张健钦	地图学与地理信息系统	男	林珲	2006.7.1	北京市交通信息中心	—
186	2003	张勇	地图学与地理信息系统	男	顾行发	2006.7.1	国家卫星气象中心	—
187	2003	钟少波	地图学与地理信息系统	男	薛勇	2006.7.1	—	—
188	2003	朱军	地图学与地理信息系统	男	林珲	2006.7.1	西南交通大学	—
189	2003	祝令亚	地图学与地理信息系统	男	王世新	2006.7.1	北京市东城区信息中心	—
190	2004	蔡玉林	地图学与地理信息系统	男	孙国清	2006.7.1	山东科技大学	—
191	2004	陈晓东	地图学与地理信息系统	男	邵芸	—	—	未毕业
192	2004	樊明辉	地图学与地理信息系统	男	池天河	2006.7.1	福州大学	—
193	2004	高连如	地图学与地理信息系统	男	童庆禧	2007.7.1	中国科学院遥感应用研究所	—
194	2004	侯英雨	地图学与地理信息系统	男	田国良	2008.7.1	国家卫星气象中心	—
195	2004	胡引翠	地图学与地理信息系统	女	薛勇	2006.7.1	河北师范大学	—
196	2004	黄淑亚	地图学与地理信息系统	女	李小文	2009.4.15	—	—
197	2004	亢庆	地图学与地理信息系统	男	张增祥	2006.7.1	—	—
198	2004	乐小虬	地图学与地理信息系统	男	杨崇俊	2006.7.1	中国科学院文献情报中心	—
199	2004	李静	地图学与地理信息系统	女	柳钦火	2007.7.1	中国科学院遥感应用研究所	—
200	2004	李俊生	地图学与地理信息系统	男	童庆禧	2007.7.1	中国科学院遥感应用研究所	—
201	2004	林文鹏	地图学与地理信息系统	男	王长耀	2006.7.1	上海师范大学	—
202	2004	龙辉	地图学与地理信息系统	男	赵忠明	2006.7.1	中国科学院电子学研究所	—
203	2004	罗瑛	地图学与地理信息系统	女	薛勇	2007.7.1	北京科技大学	—
204	2004	任应超	地图学与地理信息系统	男	杨崇俊	2007.7.1	中国科学院遥感应用研究所	—
205	2004	田亦陈	地图学与地理信息系统	男	吴炳方	2008.7.1	中国科学院遥感应用研究所	—
206	2004	汪潇	地图学与地理信息系统	男	张增祥	2007.7.1	中国科学院遥感应用研究所	—
207	2004	王臣立	地图学与地理信息系统	女	牛铮	2006.7.1	中国科学院遥感应用研究所	—
208	2004	王磊	地图学与地理信息系统	男	李震	2007.7.1	民政部国家减灾中心	—
209	2004	武胜利	地图学与地理信息系统	男	孙国清	2006.7.1	国家卫星气象中心	—
210	2004	许丽娜	地图学与地理信息系统	女	施建成	2007.3.31	中国地质大学（武汉）	—
211	2004	于静	地图学与地理信息系统	女	阎守邕	2008.7.1	未定–联合国人居中心	—
212	2004	张波	地图学与地理信息系统	男	王桥	2007.7.1	环保局信息中心	—
213	2004	张建兵	地图学与地理信息系统	男	杨崇俊	2006.7.1	中国石油大学	—
214	2004	张维胜	地图学与地理信息系统	男	王超	2007.7.1	中国人民解放军第二炮兵第三研究所	—
215	2004	赵小锋	地图学与地理信息系统	男	李小文	2007.7.1	中国科学院城市环境研究所	—
216	2004	周伟奇	地图学与地理信息系统	男	王世新	—	—	退学
217	2004	赵峰	地图学与地理信息系统	男	顾行发	2008.1.10	北京航空航天大学	—
218	2004	周冠华	地图学与地理信息系统	男	田国良	2007.7.1	考研–北京师范大学	—
219	2004	姚延娟	地图学与地理信息系统	女	柳钦火	2007.7.1	考研–北京大学	—
220	2004	闫磊	地图学与地理信息系统	男	李小文	2007.7.1	中国疾病预防控制中心病毒病预防控制所	—

续表

序号	入学年份	姓名	专业	性别	导师	毕业时间	毕业去向	备注
221	2004	黄华国	地图学与地理信息系统	男	李小文	2007.7.1	北京林业大学	—
222	2004	刘三超	地图学与地理信息系统	男	柳钦火	2007.7.1	民政部国家减灾中心	—
223	2004	唐勇	地图学与地理信息系统	男	柳钦火	2007.7.1	中国科学院遥感应用研究所	—
224	2004	范景辉	地图学与地理信息系统	男	郭华东	2008.1.10	国家遥感中心	—
225	2004	刘广	地图学与地理信息系统	男	郭华东	2008.1.10	中国科学院对地观测与数字地球科学中心	—
226	2004	柳晶辉	地图学与地理信息系统	男	邵芸	2007.7.1	武汉区域气候中心	—
227	2004	毛克彪	地图学与地理信息系统	男	施建成	2007.7.1	中国农业科学院农业资源与农业区划研究所	—
228	2004	刘大伟	地图学与地理信息系统	男	孙国清	2007.7.1	—	—
229	2004	王新明	地图学与地理信息系统	男	孙国清	2007.7.1	中国电子科技集团公司第二十八研究所	—
230	2004	李世华	地图学与地理信息系统	男	牛铮	2007.7.1	电子科技大学	—
231	2004	吴运超	地图学与地理信息系统	男	牛铮	2008.7.1	北京市城市规划设计研究院	—
232	2004	张晓春	地图学与地理信息系统	女	崔伟宏	2007.1.1	—	—
233	2004	廖楚江	地图学与地理信息系统	男	王长耀	2007.7.1	中国航天科技集团公司第五研究院	—
234	2004	欧阳赟	地图学与地理信息系统	男	马建文	2007.3.31	—	—
235	2004	罗静	地图学与地理信息系统	女	崔伟宏	2007.7.1	考研–清华大学	—
236	2004	高亮	地图学与地理信息系统	男	杨崇俊	2007.7.1	中测新图（北京）遥感技术有限责任公司	—
237	2004	王刚	地图学与地理信息系统	男	杨崇俊	2008.7.1	中国科学院遥感应用研究所	—
238	2004	徐丙立	地图学与地理信息系统	男	龚建华	2007.7.31	—	—
239	2004	李文航	地图学与地理信息系统	男	龚建华	2007.7.1	考研–北京大学	—
240	2004	卢霞	地图学与地理信息系统	女	邵芸	—	—	未毕业
241	2004	杨俊	地图学与地理信息系统	男	赵忠明	2007.7.1	中国气象科学研究院	—
242	2004	汪承义	地图学与地理信息系统	男	赵忠明	2007.7.1	中国科学院遥感应用研究所	—
243	2004	李浩川	地图学与地理信息系统	男	阎守邕	2010.7.1	国家信息中心	—
244	2004	孙庆辉	地图学与地理信息系统	男	池天河	2007.7.1	郑州中国人民解放军测绘学院	—
245	2004	钟大伟	地图学与地理信息系统	男	池天河	2007.7.1	北京城际商科信息技术有限公司	—
246	2004	祁华斌	地图学与地理信息系统	男	陈军	2009.9.2	—	—
247	2004	吕晓芳	地图学与地理信息系统	女	顾行发	—	—	退学
248	2004	高彦华	地图学与地理信息系统	女	田国良	2007.7.1	考研–中国科学院地理科学与资源研究所	—
249	2004	牟凤云	地图学与地理信息系统	女	张增祥	2007.7.1	重庆交通大学	—
250	2004	郭建平	地图学与地理信息系统	男	薛勇	2007.7.1	中国气象科学研究院	—
251	2004	薄树奎	地图学与地理信息系统	男	朱重光	2007.7.1	郑州航空工业管理学院	—
252	2004	陶金花	地图学与地理信息系统	女	李树楷	2008.7.1	考研–中国科学院大气物理研究所	—
253	2004	焦云清	地图学与地理信息系统	男	王世新	2007.7.1	武汉理工大学	—
254	2004	吴孟泉	地图学与地理信息系统	男	崔伟宏	2007.7.1	鲁东大学	—
255	2004	王茜	地图学与地理信息系统	女	张增祥	2007.7.1	国家基础地理信息中心	—
256	2004	纪翠玲	地图学与地理信息系统	女	何建邦	2007.7.1	中国气象局培训中心	—
257	2004	谭文彬	地图学与地理信息系统	女	张增祥	—	—	未毕业
258	2004	余琴	地图学与地理信息系统	女	施建成	—	—	退学
259	2004	胡方超	地图学与地理信息系统	男	童庆禧	2007.7.1	南京信息工程大学	—
260	2005	高军	地图学与地理信息系统	男	李小文	2011.1.10	—	—
261	2005	王丽涛	地图学与地理信息系统	男	王世新	2007.7.1	中国科学院遥感应用研究所	—
262	2005	罗灵军	地图学与地理信息系统	男	曾澜	2010.7.1	重庆市勘测院	—
263	2005	王文杰	地图学与地理信息系统	男	赵忠明	2009.7.1	中国科学院遥感应用研究所	—
264	2005	杨健	地图学与地理信息系统	男	赵忠明	2008.7.1	中国科学院遥感应用研究所	—

续表

序号	入学年份	姓名	专业	性别	导师	毕业时间	毕业去向	备注
265	2005	李亚斌	地图学与地理信息系统	男	龚建华	2008.7.1	交通运输部水运科学研究院	—
266	2005	张磊	地图学与地理信息系统	男	吴炳方	2011.7.1	中国科学院遥感应用研究所	—
267	2005	张露	地图学与地理信息系统	男	郭华东	2008.7.1	中国科学院对地观测与数字地球科学中心	—
268	2005	王力	地图学与地理信息系统	男	宫鹏	2008.7.1	中国科学院遥感应用研究所	—
269	2005	巩慧	地图学与地理信息系统	女	田国良	2010.7.1	北京交通大学	—
270	2005	徐晶晶	地图学与地理信息系统	女	王长耀	2010.1.10	考研–中国科学院大气物理研究所	—
271	2005	梁洪有	地图学与地理信息系统	男	顾行发	2008.7.1	豫港济源焦化集团有限公司	—
272	2005	肖鲁湘	地图学与地理信息系统	女	张增祥	2008.7.1	鲁东大学	—
273	2005	邸凤萍	地图学与地理信息系统	女	朱重光	2008.7.1	考研–北京师范大学	—
274	2005	李华玮	地图学与地理信息系统	女	朱重光	2008.7.1	考研–武汉大学	—
275	2005	陈莹莹	地图学与地理信息系统	男	施建成	2008.7.1	考研–中国科学院青藏高原研究所	—
276	2005	邱玉宝	地图学与地理信息系统	男	施建成	2009.1.10	中国科学院对地观测与数字地球科学中心	—
277	2005	马灵玲	地图学与地理信息系统	女	唐伶俐	2008.7.1	中国科学院光电研究院	—
278	2005	汪超亮	地图学与地理信息系统	男	李传荣	2008.7.1	中国科学院光电研究院	—
279	2005	张福庆	地图学与地理信息系统	男	杨崇俊	2009.7.1	中国科学院遥感应用研究所	—
280	2005	谭剑	地图学与地理信息系统	男	陈军	2008.7.1	中国科学院对地观测与数字地球科学中心	—
281	2005	朱岚巍	地图学与地理信息系统	女	郭华东	2008.7.1	中国科学院遥感应用研究所	—
282	2005	万伟	地图学与地理信息系统	男	薛勇	2008.7.1	中国资源卫星应用中心	—
283	2005	林小玲	地图学与地理信息系统	女	池天河	—	—	未毕业
284	2005	李利伟	地图学与地理信息系统	男	马建文	2008.7.1	中国科学院对地观测与数字地球科学中心	—
285	2005	蔡博峰	地图学与地理信息系统	男	张增祥	2008.7.1	北京市环境保护科学研究院	—
286	2005	马立广	地图学与地理信息系统	男	池天河	2008.7.1	考研–中国科学院地理科学与资源研究所	—
287	2005	谭庆全	地图学与地理信息系统	男	池天河	2008.7.1	北京市地震局	—
288	2005	刘雅妮	地图学与地理信息系统	女	柳钦火	2010.7.1	北京国遥新天地信息技术有限公司	—
289	2005	闻建光	地图学与地理信息系统	男	李小文	2008.7.1	中国科学院遥感应用研究所	—
290	2005	袁金国	地图学与地理信息系统	女	牛铮	2008.7.1	河北师范大学	—
291	2005	陈曦	地图学与地理信息系统	男	王超	2008.7.1	中国电子科技集团公司第 38 研究所	—
292	2005	吴涛	地图学与地理信息系统	男	王超	2008.7.1	中国电子科技集团公司第 38 研究所	—
293	2005	伍胜	地图学与地理信息系统	男	杨崇俊	2009.7.1	西南农业大学	—
294	2005	罗文斐	地图学与地理信息系统	男	童庆禧	2008.7.1	华南师范大学	—
295	2005	黄勇奇	地图学与地理信息系统	男	马建文	2008.7.1	黄冈师范学院	—
296	2005	吴晓春	地图学与地理信息系统	女	崔伟宏	2008.7.1	国家测绘地理信息局陕西基础地理信息中心	—
297	2005	黄华兵	地图学与地理信息系统	男	宫鹏	2008.7.1	中国科学院遥感应用研究所	—
298	2005	杨小冬	地图学与地理信息系统	男	崔伟宏	2008.7.1	未定–北京农业信息技术研究中心	—
299	2005	王鑫	地图学与地理信息系统	女	李小文	2008.9.19	—	—
300	2005	黄明祥	地图学与地理信息系统	男	龚建华	2008.7.1	中日友好环境保护中心	—
301	2005	董立新	地图学与地理信息系统	男	吴炳方	2008.7.1	—	—
302	2005	谢酬	地图学与地理信息系统	男	李震	2008.7.1	中国科学院遥感应用研究所	—
303	2005	杨贵军	地图学与地理信息系统	男	柳钦火	2008.7.1	北京农业信息技术研究中心	—
304	2005	郑志刚	地图学与地理信息系统	男	池天河	2008.7.1	中国科学院遥感应用研究所	—
305	2005	刘翔	地图学与地理信息系统	男	童庆禧	2008.7.1	北京东方泰坦科技有限公司	—
306	2005	黄方	地图学与地理信息系统	男	刘定生	2008.7.1	电子科技大学	—
307	2005	王中挺	地图学与地理信息系统	男	陈良富	2008.7.1	中国环境监测总站	—
308	2005	朱利	地图学与地理信息系统	男	顾行发	2008.7.1	中国环境监测总站	—

续表

序号	入学年份	姓名	专业	性别	导师	毕业时间	毕业去向	备注
309	2005	扶卿华	地图学与地理信息系统	男	王世新	2008.7.1	珠江水利委员会珠江水利科学研究院	—
310	2005	杨卫军	地图学与地理信息系统	男	龚建华	2008.7.1	广州市城市规划勘测设计研究院	—
311	2005	张龙其	地图学与地理信息系统	男	孙国清	2008.7.1	长沙理工大学	—
312	2005	王殿中	地图学与地理信息系统	男	孙国清	2008.7.1	中国航天科技集团公司第五研究院第五〇八研究所	—
313	2005	王晓民	地图学与地理信息系统	男	池天河	2008.7.1	—	—
314	2005	刘学	地图学与地理信息系统	男	童庆禧	2008.7.1	中国科学院遥感应用研究所	—
315	2005	焦全军	地图学与地理信息系统	男	童庆禧	2008.7.1	中国科学院对地观测与数字地球科学中心	—
316	2005	黄初冬	地图学与地理信息系统	男	邵芸	2008.7.1	浙江工业大学	—
317	2005	熊隽	地图学与地理信息系统	男	吴炳方	2008.7.1	中国科学院遥感应用研究所	—
318	2005	陈权	地图学与地理信息系统	男	李震	2008.7.1	中国科学院对地观测与数字地球科学中心	—
319	2005	陈方	地图学与地理信息系统	男	牛铮	2007.7.1	硅谷动力网络技术有限公司	—
320	2005	马江林	地图学与地理信息系统	男	赵忠明	2010.7.1	中国科学院遥感应用研究所	—
321	2006	王忠武	地图学与地理信息系统	男	赵忠明	2009.7.1	中国土地勘测规划院	—
322	2006	董婷婷	地图学与地理信息系统	女	张增祥	2009.7.1	辽宁省水利水电科学研究院	—
323	2006	李庆亭	地图学与地理信息系统	男	张兵	2009.7.1	中国科学院对地观测与数字地球科学中心	—
324	2006	杨绍锷	地图学与地理信息系统	男	吴炳方	2009.7.1	广西农业科学院	—
325	2006	任大卫	地图学与地理信息系统	男	王世新	—	—	未毕业
326	2006	杜聪	地图学与地理信息系统	男	王世新	2009.7.1	中国科学院遥感应用研究所	—
327	2006	吴宏安	地图学与地理信息系统	男	王超	2009.7.1	中国测绘科学研究院	—
328	2006	温健婷	地图学与地理信息系统	女	童庆禧	—	—	退学
329	2006	和海霞	地图学与地理信息系统	女	童庆禧	2009.7.1	民政部国家减灾中心	—
330	2006	白林燕	地图学与地理信息系统	女	马建文	2009.7.1	中国科学院对地观测与数字地球科学中心	—
331	2006	张民伟	地图学与地理信息系统	男	唐军武	2009.7.1	中国科学院对地观测与数字地球研究中心	—
332	2006	陈亮	地图学与地理信息系统	男	施建成	2009.7.1	出国–法国国家空间研究中心	—
333	2006	田维	地图学与地理信息系统	男	邵芸	2009.7.1	中国科学院遥感应用研究所	—
334	2006	王莉雯	地图学与地理信息系统	女	牛铮	2009.7.1	辽宁师范大学	—
335	2006	郭俊	地图学与地理信息系统	男	牛铮	2010.7.1	胜利油田地质科学研究院	—
336	2006	冯峥	地图学与地理信息系统	男	唐娉	2009.7.1	中国科学院遥感应用研究所	—
337	2006	周春艳	地图学与地理信息系统	女	柳钦火	2009.7.1	中国环境监测总站	—
338	2006	光洁	地图学与地理信息系统	女	李小文	2009.7.1	中国科学院遥感应用研究所	—
339	2006	罗小波	地图学与地理信息系统	男	柳钦火	2010.7.1	重庆邮电学院	—
340	2006	杜子涛	地图学与地理信息系统	男	王长耀	2009.7.1	河北工业大学	—
341	2006	张兆明	地图学与地理信息系统	男	刘定生	2009.7.1	中国科学院对地观测与数字地球科学中心	—
342	2006	周建民	地图学与地理信息系统	男	李震	2009.7.1	中国科学院对地观测与数字地球科学中心	—
343	2006	鲍云飞	地图学与地理信息系统	男	李小文	2009.7.1	中国航天科技集团公司第五研究院第五〇八研究所	—
344	2006	苏高利	地图学与地理信息系统	男	柳钦火	2010.7.1	浙江省气象局	—
345	2006	鹿琳琳	地图学与地理信息系统	女	郭华东	2009.7.1	中国科学院对地观测与数字地球科学中心	—
346	2006	程天海	地图学与地理信息系统	男	顾行发	2009.7.1	中国科学院遥感应用研究所	—
347	2006	胡秀清	地图学与地理信息系统	男	顾行发	2012.9.10	国家卫星气象中心	—
348	2006	傅俏燕	地图学与地理信息系统	女	余涛	2012.7.1	中国资源卫星应用中心	—
349	2006	胡新礼	地图学与地理信息系统	男	陈良富	2009.7.1	中国科学院遥感应用研究所	—
350	2006	李毅	地图学与地理信息系统	男	龚建华	2009.7.1	中国科学院遥感应用研究所	—
351	2006	王涛	地图学与地理信息系统	男	龚建华	2009.7.1	中国科学院光电研究院	—

续表

序号	入学年份	姓名	专业	性别	导师	毕业时间	毕业去向	备注
352	2006	郭旦怀	地图学与地理信息系统	男	崔伟宏	2009.7.1	中国科学院计算机网络信息中心	—
353	2006	刘朔	地图学与地理信息系统	男	张增祥	2009.7.1	中国科学院对地观测与数字地球科学中心	—
354	2006	张喜旺	地图学与地理信息系统	男	吴炳方	2009.7.1	河南大学	—
355	2006	王新云	地图学与地理信息系统	男	施建成	2010.1.10	宁夏大学	—
356	2006	王琳	地图学与地理信息系统	女	宫鹏	2010.7.1	中国水产科学研究院	—
357	2006	虢建宏	地图学与地理信息系统	男	宫鹏	2009.7.1	中国人民解放军广州军区 76146 部队	—
358	2006	吴非权	地图学与地理信息系统	男	崔伟宏	2010.7.1	公安部第一研究所	—
359	2006	王绍刚	地图学与地理信息系统	男	刘定生	2010.1.10	北京东方泰坦科技股份有限公司	—
360	2006	冉琼	地图学与地理信息系统	女	迟耀斌	2009.7.1	北京宇视蓝图信息技术有限公司	—
361	2006	钟亮	地图学与地理信息系统	女	池天河	2010.7.1	广东水利电力职业技术学院	—
362	2006	陈生	地图学与地理信息系统	男	池天河	2009.7.1	出国–美国俄克拉荷马州立大学	—
363	2006	刘贤三	地图学与地理信息系统	男	池天河	2010.1.10	西北农林科技大学	—
364	2006	刘诚	地图学与地理信息系统	男	陈良富	—	—	退学
365	2006	付秀丽	地图学与地理信息系统	女	施建成	2010.7.1	天威赛利涂层技术有限公司	—
366	2006	刘庆杰	地图学与地理信息系统	男	郭华东	2009.7.1	中国科学院对地观测与数字地球科学中心	—
367	2006	李松	地图学与地理信息系统	男	王治华	2009.7.1	襄樊学院	—
368	2006	何丹	地图学与地理信息系统	女	王治华	2009.7.1	考研–中国科学院地理科学与资源研究所	—
369	2006	覃驭楚	地图学与地理信息系统	男	牛铮	2010.7.1	湖北省高等学校毕业生就业指导服务中心	—
370	2006	张文娟	地图学与地理信息系统	女	张兵	2008.7.1	中国科学院对地观测与数字地球科学中心	—
371	2006	程洁	地图学与地理信息系统	男	李小文	2008.7.1	考研–北京师范大学	—
372	2006	田巳睿	地图学与地理信息系统	男	王超	2008.7.1	中国电子科技集团公司第十四研究所	—
373	2006	付安民	地图学与地理信息系统	男	施建成	2008.7.1	国家林业局调查规划设计院	—
374	2006	温奇	信号与信息处理	男	马建文	2009.7.1	民政部国家减灾中心	—
375	2006	沈国状	地图学与地理信息系统	男	郭华东	2008.7.1	中国科学院对地观测与数字地球科学中心	—
376	2006	孙根云	地图学与地理信息系统	男	李小文	2008.7.1	浙江省第一测绘院	—
377	2006	陈富龙	地图学与地理信息系统	男	王超	2008.7.1	—	—
378	2007	艾建文	地图学与地理信息系统	男	薛勇	2010.7.1	东北农业大学	—
379	2007	邓飚	地图学与地理信息系统	男	郭华东	2009.7.1	中国科学院遥感应用研究所	—
380	2007	董晶晶	地图学与地理信息系统	女	牛铮	2009.7.1	考研–中国科学院大气物理研究所	—
381	2007	方莉	地图学与地理信息系统	女	柳钦火	2013.7.1	武汉市人民政府大中专毕业生就业管理办公室	—
382	2007	宫华泽	地图学与地理信息系统	男	邵芸	2010.7.1	中国科学院遥感应用研究所	—
383	2007	郭继发	地图学与地理信息系统	男	崔伟宏	2010.7.1	天津师范大学	—
384	2007	韩冬	地图学与地理信息系统	男	陈良富	2010.7.1	考研–北京大学	—
385	2007	何祺胜	地图学与地理信息系统	男	李小文	2010.7.1	河海大学	—
386	2007	何启翱	地图学与地理信息系统	男	赵忠明	—	—	未毕业
387	2007	何文斌	地图学与地理信息系统	男	牛铮	2011.7.1	东莞理工学院	—
388	2007	胡碧松	地图学与地理信息系统	男	李小文	2009.7.1	江西师范大学	—
389	2007	宦茂盛	地图学与地理信息系统	男	池天河	2010.7.1	北京市倍思电子数据库工程公司	—
390	2007	姜仁荣	地图学与地理信息系统	男	黄波	2013.7.1	深圳市规划国土发展研究中心	—
391	2007	荆凤	地图学与地理信息系统	女	顾行发	2010.7.1	中国地震局地震预测研究所	—
392	2007	李家国	地图学与地理信息系统	男	顾行发	2010.7.1	中国科学院遥感应用研究所	—
393	2007	李丽	地图学与地理信息系统	女	柳钦火	2011.1.10	中国科学院遥感应用研究所	—
394	2007	李莘莘	地图学与地理信息系统	男	陈良富	2010.7.1	中国科学院遥感应用研究所	—
395	2007	历华	地图学与地理信息系统	男	柳钦火	2010.7.1	中国科学院遥感应用研究所	—

续表

序号	入学年份	姓名	专业	性别	导师	毕业时间	毕业去向	备注
396	2007	刘芳	地图学与地理信息系统	女	童庆禧–牛铮	2010.7.1	考研–北京大学	—
397	2007	刘芳	地图学与地理信息系统	女	张增祥	2010.7.1	中国科学院遥感应用研究所	—
398	2007	刘健	地图学与地理信息系统	女	池天河	2010.7.1	中国科学院对地观测与数字地球科学中心	—
399	2007	刘思含	地图学与地理信息系统	女	李小文	2010.7.1	环境保护部卫星环境应用中心	—
400	2007	刘杨	地图学与地理信息系统	女	邵芸	2010.7.1	中国石油勘探开发研究院	—
401	2007	吕磊	信号与信息处理	男	赵忠明	2011.7.1	考研–中国科学院电子学研究所	—
402	2007	孟瑜	信号与信息处理	女	赵忠明	2009.7.1	中国科学院遥感应用研究所	—
403	2007	倪文俭	地图学与地理信息系统	男	孙国清	2009.7.1	中国科学院遥感应用研究所	—
404	2007	申茜	地图学与地理信息系统	女	张兵	2009.7.1	中国科学院对地观测与数字地球科学中心	—
405	2007	沈磊	地图学与地理信息系统	男	杨崇俊	2010.7.1	北京外企服务集团有限责任公司	—
406	2007	宋子辉	地图学与地理信息系统	男	杨崇俊	2011.7.1	北京中遥地网信息技术有限公司	—
407	2007	孙瑞静	地图学与地理信息系统	女	施建成	2010.7.1	国家卫星气象中心	—
408	2007	汪东川	地图学与地理信息系统	男	龚建华	2010.7.1	天津城市建设学院	—
409	2007	王峰	地图学与地理信息系统	男	王世新	2010.7.1	中国科学院遥感应用研究所	—
410	2007	王雷	地图学与地理信息系统	男	宫鹏	2009.7.1	中国科学院遥感应用研究所	—
411	2007	王鹏	地图学与地理信息系统	男	吴炳方	2011.7.1	惠州市蓝微电子有限公司	—
412	2007	王伟星	地图学与地理信息系统	男	龚建华	2009.7.1	航天东方红卫星信息技术有限公司	—
413	2007	王永刚	地图学与地理信息系统	男	赵忠明	2011.7.1	北京师范大学	—
414	2007	王子峰	地图学与地理信息系统	男	陈良富	2010.7.1	环境保护部卫星环境应用中心	—
415	2007	魏显虎	地图学与地理信息系统	男	张增祥	2010.7.1	中国科学院遥感应用研究所	—
416	2007	温庆可	地图学与地理信息系统	女	张增祥	2009.7.1	中国科学院遥感应用研究所	—
417	2007	吴强	地图学与地理信息系统	男	迟耀斌	2010.7.1	北京宇视蓝图信息技术有限公司	—
418	2007	熊金国	地图学与地理信息系统	男	王世新	2010.7.1	中国科学院遥感应用研究所	—
419	2007	杨现坤	地图学与地理信息系统	男	崔伟宏	2010.7.1	河南省周口市教育局	—
420	2007	杨晓峰	地图学与地理信息系统	男	顾行发	2010.7.1	中国科学院遥感应用研究所	—
421	2007	殷小军	地图学与地理信息系统	男	施建成	2012.1.10	中国空间技术研究院	—
422	2007	张浩	地图学与地理信息系统	男	童庆禧	2009.7.1	中国科学院对地观测与数字地球科学中心	—
423	2007	张靓	地图学与地理信息系统	男	张兵	2009.7.1	中国人民解放军海军海洋测绘研究所	—
424	2007	张利辉	地图学与地理信息系统	女	龚建华	—	—	未毕业
425	2007	张睿	地图学与地理信息系统	男	马建文	2010.1.10	出国–美国乔治梅森大学	—
426	2007	张毅	地图学与地理信息系统	男	童庆禧	2010.7.1	国家卫星海洋应用中心	—
427	2007	周洁萍	地图学与地理信息系统	女	龚建华	2011.1.10	遥感应用研究所	—
428	2007	周梦维	地图学与地理信息系统	女	柳钦火	2011.1.10	北京城市系统工程研究中心	—
429	2007	朱亮	地图学与地理信息系统	男	吴炳方	2009.7.1	北京市测绘设计研究院	—
430	2007	左丽君	地图学与地理信息系统	女	张增祥	2009.7.1	中国科学院遥感应用研究所	—
431	2008	布日古都	地图学与地理信息系统	男	马建文	2013.7.1	内蒙古教育出版社	—
432	2008	蔡爱民	地图学与地理信息系统	男	邵芸	2011.7.1	中国电子科技集团公司第三十八研究所	—
433	2008	陈锋锐	地图学与地理信息系统	男	崔伟宏	2011.7.1	河南大学	—
434	2008	陈静波	地图学与地理信息系统	男	赵忠明	2011.7.1	中国科学院遥感应用研究所	—
435	2008	陈兴峰	地图学与地理信息系统	男	顾行发	2011.1.10	中国科学院遥感应用研究所	—
436	2008	池泓	地图学与地理信息系统	男	孙国清	2011.7.1	中国科学院测量与地球物理研究所	—
437	2008	董文	地图学与地理信息系统	女	池天河	2010.7.1	中国科学院遥感应用研究所	—
438	2008	杜鹤娟	地图学与地理信息系统	女	柳钦火	2013.7.1	西藏民族大学	—

续表

序号	入学年份	姓名	专业	性别	导师	毕业时间	毕业去向	备注
439	2008	杜鑫	地图学与地理信息系统	男	吴炳方	2011.1.10	中国科学院遥感应用研究所	—
440	2008	高海亮	地图学与地理信息系统	男	顾行发	2011.1.10	中国科学院遥感应用研究所	—
441	2008	高孟绪	地图学与地理信息系统	男	李小文	2012.1.10	—	—
442	2008	侯伟真	地图学与地理信息系统	男	尹球	2011.7.1	中国科学院遥感应用研究所	—
443	2008	胡顺光	地图学与地理信息系统	男	张增祥	2011.7.1	中国科学院遥感应用研究所	—
444	2008	胡晓东	地图学与地理信息系统	男	池天河	2011.7.1	中国科学院遥感应用研究所	—
445	2008	姜俊	地图学与地理信息系统	女	杨崇俊	2010.7.1	环境保护部卫星环境应用中心	—
446	2008	刘波	地图学与地理信息系统	男	童庆禧	2010.7.1	环境保护部南京环境科学研究所	—
447	2008	刘文亮	地图学与地理信息系统	男	王世新	2011.7.1	中国科学院遥感应用研究所	—
448	2008	马红章	地图学与地理信息系统	男	柳钦火	2011.7.1	中国石油大学（华东）	—
449	2008	乔竹萍	地图学与地理信息系统	女	张增祥	2011.7.1	中国科学院植物研究所	—
450	2008	任玉环	地图学与地理信息系统	女	童庆禧	2010.7.1	中国科学院遥感应用研究所	—
451	2008	邵小东	地图学与地理信息系统	男	崔伟宏	2011.7.1	红河州烟草公司	—
452	2008	宋宜全	地图学与地理信息系统	男	龚建华	2011.7.1	天津师范大学	—
453	2008	孙源	地图学与地理信息系统	女	顾行发	2011.7.1	中国科学院遥感应用研究所	—
454	2008	陶刚	地图学与地理信息系统	男	池天河	2011.7.1	北京洛斯达科技发展有限公司	—
455	2008	万紫	地图学与地理信息系统	男	邵芸	2011.7.1	杭州广川科技有限公司	—
456	2008	王福涛	地图学与地理信息系统	男	王世新	2011.7.1	中国科学院遥感应用研究所	—
457	2008	王刚	地图学与地理信息系统	男	迟耀斌	2011.7.1	中国科学院对地观测与数字地球科学中心	—
458	2008	王瑞瑞	地图学与地理信息系统	女	马建文	2011.7.1	北京林业大学	—
459	2008	王世昂	地图学与地理信息系统	男	邵芸	2011.7.1	中国科学院遥感应用研究所	—
460	2008	王永前	地图学与地理信息系统	男	施建成	2010.7.1	成都信息工程学院	—
461	2008	吴朝阳	地图学与地理信息系统	男	牛铮	2010.7.1	中国科学院遥感应用研究所	—
462	2008	夏传福	地图学与地理信息系统	男	柳钦火	2012.7.1	北京合众思壮导航技术有限公司	—
463	2008	徐敏	地图学与地理信息系统	男	李小文	2011.7.1	中国科学院遥感应用研究所	—
464	2008	许华	地图学与地理信息系统	男	顾行发	2011.7.1	中国科学院遥感应用研究所	—
465	2008	严俊霞	地图学与地理信息系统	女	陈良富	2012.7.1	山西大学黄土高原研究所	—
466	2008	杨邦会	地图学与地理信息系统	男	池天河	2011.7.1	中国科学院遥感应用研究所	—
467	2008	杨杭	地图学与地理信息系统	男	童庆禧	2011.7.1	中国科学院遥感应用研究所	—
468	2008	杨丽娜	地图学与地理信息系统	女	池天河	2011.7.1	中国科学院遥感应用研究所	—
469	2008	易雄鹰	地图学与地理信息系统	男	杨崇俊	2012.7.1	中国科学院遥感应用研究所	—
470	2008	岳玉娟	地图学与地理信息系统	女	龚建华	2011.7.1	考研–中国科学院生态环境研究中心	—
471	2008	张莹	地图学与地理信息系统	女	陈良富	2011.7.1	中国科学院遥感应用研究所	—
472	2008	张周威	地图学与地理信息系统	男	赵忠明	2011.7.1	考研–北京大学	—
473	2008	章欣欣	地图学与地理信息系统	男	黄波	2011.7.1	厦门理工学院	—
474	2008	杨眉	地图学与地理信息系统	女	王世新	2011.7.1	国家基础地理信息中心	—
475	2008	杨硕	地图学与地理信息系统	男	王世新	2011.7.1	中国科学院遥感应用研究所	—
476	2009	常超一	地图学与地理信息系统	男	李小文	—	—	退学
477	2009	高帅	地图学与地理信息系统	男	牛铮	2011.7.1	中国科学院遥感应用研究所	—
478	2009	郭亮	地图学与地理信息系统	男	龚建华	2011.7.1	广州市城市规划勘测设计研究院	—
479	2009	贾坤	地图学与地理信息系统	男	吴炳方	2011.7.1	北京师范大学	—
480	2009	彭嫚	地图学与地理信息系统	女	邸凯昌	2012.1.10	中国科学院遥感应用研究所	—
481	2009	沈少青	地图学与地理信息系统	女	宫鹏	2012.7.1	深圳市规划国土发展研究中心	—
482	2009	陶醉	地图学与地理信息系统	男	李紫薇	2012.7.1	中国科学院遥感应用研究所	—

续表

序号	入学年份	姓名	专业	性别	导师	毕业时间	毕业去向	备注
483	2009	王强	地图学与地理信息系统	男	吴炳方	2012.1.10	安徽农业大学	—
484	2009	王钰淅	地图学与地理信息系统	女	顾行发	2012.7.1	中国光大银行股份有限公司	—
485	2009	常原飞	地图学与地理信息系统	男	乔彦友	2012.7.1	中国科学院遥感应用研究所	—
486	2009	谌卓	地图学与地理信息系统	男	杨崇俊	2012.7.1	安徽省芜湖市无为县公共就业和人才服务中心	—
487	2009	高志宏	地图学与地理信息系统	男	邵芸	2012.7.1	国家基础地理信息中心	—
488	2009	贺宝华	地图学与地理信息系统	男	陈良富	2011.7.1	东兴证券股份有限公司	—
489	2009	黄妮	地图学与地理信息系统	女	牛铮	2012.7.1	中国科学院遥感应用研究所	—
490	2009	姬大彬	地图学与地理信息系统	男	施建成	2012.7.1	中国科学院遥感应用研究所	—
491	2009	蒋样明	地图学与地理信息系统	男	崔伟宏	2012.7.1	中国科学院遥感应用研究所	—
492	2009	蒋哲	地图学与地理信息系统	女	陈良富	2012.7.1	中国科学院大气物理研究所	—
493	2009	刘瑞	地图学与地理信息系统	男	王世新	2012.7.1	住房和城乡建设部城乡规划管理中心	—
494	2009	孙菲菲	地图学与地理信息系统	女	张增祥	2012.7.1	中国科学院植物研究所	—
495	2009	孙韬	地图学与地理信息系统	男	童庆禧	2012.7.1	中国科学院电子学研究所	—
496	2009	唐建智	地图学与地理信息系统	男	杨崇俊	2012.7.1	北京市测绘设计研究院	—
497	2009	万文辉	地图学与地理信息系统	男	邸凯昌	2012.7.1	中国科学院遥感应用研究所	—
498	2009	王云飞	地图学与地理信息系统	男	崔伟宏	2012.7.1	中国机动车辆安全鉴定检测中心	—
499	2009	项前	地图学与地理信息系统	男	黄波	2012.7.1	深圳市房地产评估发展中心	—
500	2009	杨荔阳	地图学与地理信息系统	男	龚建华	2012.7.1	莆田市国土资源局	—
501	2009	余珊珊	地图学与地理信息系统	女	柳钦火	2012.7.1	中国科学院遥感应用研究所	—
502	2009	张海英	地图学与地理信息系统	女	宫鹏	2012.7.1	中国科学院遥感应用研究所	—
503	2009	张学文	地图学与地理信息系统	男	童庆禧	2012.7.1	中国资源卫星应用中心	—
504	2009	郑桂香	地图学与地理信息系统	女	池天河	2012.7.1	交通运输部水运科学研究院	—
505	2009	周旋	地图学与地理信息系统	男	李紫薇	2012.7.1	总参气象水文空间天气总站	—
506	2009	朱长明	地图学与地理信息系统	男	骆剑承	2012.7.1	徐州师范大学	—
507	2009	朱小华	地图学与地理信息系统	女	赵英时	2012.7.1	中国科学院光电研究院	—
508	2009	刘佳	信号与信息处理	女	尹球	2012.7.1	中国科学院研究生院	—
509	2009	王颖	信号与信息处理	女	薛勇	2011.7.1	考研–中国科学院大气物理研究所	—
510	2009	尹鹏飞	信号与信息处理	男	尹球	2012.7.1	总参气象水文空间天气总站	—
511	2009	胡昌苗	信号与信息处理	男	唐娉	2012.7.1	中国科学院遥感应用研究所	—
512	2009	姬渊	信号与信息处理	男	赵忠明	2013.7.1	海军遥感信息应用所	—
513	2009	王舒鹏	信号与信息处理	男	余涛	2012.7.1	国家卫星气象中心	—
514	2009	谢东海	信号与信息处理	男	余涛	2012.7.1	首都师范大学	—
515	2009	方莉	信号与信息处理	女	余涛	2012.7.1	中国科学院遥感应用研究所	—
516	2009	霍连志	信号与信息处理	男	唐娉	2012.7.1	中国科学院遥感应用研究所	—
517	2010	李坤	地图学与地理信息系统	女	邵芸	2012.7.1	中国科学院遥感应用研究所	—
518	2010	刘丽	地图学与地理信息系统	女	乔彦友	2012.7.1	中国科学院遥感应用研究所	—
519	2010	乔程	地图学与地理信息系统	女	骆剑承	2012.7.1	二分–山东省临沂市平邑县人才交流开发服务中心	—
520	2010	孙麋	地图学与地理信息系统	男	龚建华	2012.7.1	考研–交通运输部水运科学研究院	—
521	2010	王显威	地图学与地理信息系统	男	李小文	2012.7.1	考研–北京师范大学	—
522	2010	袁杰	地图学与地理信息系统	男	柳钦火	2011.4.29	—	退学
523	2010	陈建胜	信号与信息处理	男	赵忠明	2012.7.1	中国科学院遥感应用研究所	—
524	2010	李英杰	信号与信息处理	男	薛勇	2012.7.1	考研–北京师范大学	—

博士研究生招生 524 人，497 人毕业，7 人退学，20 人未毕业。

（二）硕士研究生

序号	入学年份	姓名	专业	性别	导师	毕业时间
1	1978	郭华东	地图学与遥感	男	陈述彭	1981
2	1978	刘纪远	地图学与遥感	男	陈述彭	1981
3	1978	周心铁	地图学与遥感	男	陈述彭	1981
4	1978	朱来东	地图学与遥感	男	陈述彭	未毕业
5	1978	李大卫	地图学与遥感	男	杨世仁、李丽	1981
6	1978	连石柱	地图学与遥感	男	杨世仁、李丽	1981
7	1978	矛亚澜	地图学与遥感	女	童庆禧、田国良	1981
8	1978	唐新桥	地图学与遥感	男	陈述彭	出国留学
9	1978	万正明	地图学与遥感	男	杨世仁、李丽	出国留学
10	1978	李小文	地图学与遥感	男	杨世仁、李丽	出国留学
11	1978	张学云	地图学与遥感	女	陈述彭	出国留学
12	1978	荆剑生	地图学与遥感	男	陈述彭	出国留学
13	1978	宋真真	地图学与遥感	女	杨世仁、李丽	出国留学
14	1978	王竞	地图学与遥感	男	杨世仁、李丽	出国留学
15	1978	章名川	地图学与遥感	男	杨世仁、李丽	出国留学
16	1978	詹慈祥	地图学与遥感	男	杨世仁、李丽	出国留学
17	1980	林珲	地图学与遥感	男	陈述彭	1983
18	1980	张仁杰	地图学与遥感	男	陈述彭	1983
19	1980	陈忠忠	地图学与遥感	男	—	1983
20	1981	赵俊琳	地图学与遥感	男	—	1984
21	1981	高朋	地图学与遥感	男	杨世仁、李丽	1984
22	1981	刘军	地图学与遥感	男	童庆禧	1984
23	1981	王革	地图学与遥感	男	杨世仁、李丽	1984
24	1981	赵越	地图学与遥感	男	陈述彭	去世
25	1982	徐建平	地图学与遥感	男	童庆禧、田国良	1985
26	1982	付乐元	地图学与遥感	女	陈正宜	1985
27	1982	赵爱国	地图学与遥感	男	杨世仁、李丽	1985
28	1982	杜晓东	地图学与遥感	男	杨世仁、李丽	1985
29	1982	陈志敏	地图学与遥感	男	杨世仁、李丽	1985
30	1982	李天顺	地图学与遥感	男	—	1985
31	1983	吴业成	地图学与遥感	男	杨世仁、李丽	1986
32	1983	刘高焕	地图学与遥感	男	—	1986
33	1983	夏福祥	地图学与遥感	男	—	1986
34	1983	周青山	地图学与遥感	男	—	1986
35	1984	（未招生）	—	—	—	—
36	1985	金皓	地图学与遥感	男	陈正宜	1988
37	1985	何刚	地图学与遥感	男	杨世仁、李丽	1988
38	1985	萧柯	地图学与遥感	男	杨世仁、李丽	1988
39	1985	吴兴	地图学与遥感	男	杨世仁、李丽	1988
40	1985	曾积丰	地图学与遥感	男	杨世仁、李丽	1988
41	1985	蔡国瑞	地图学与遥感	男	杨世仁、李丽	1988

续表

序号	入学年份	姓名	专业	性别	导师	毕业时间
42	1985	周进	地图学与遥感	男	—	1988
43	1985	赵炜	地图学与遥感	男	—	1988
44	1986	武晓波	地图学与遥感	男	阎守邕	1989
45	1986	李林	地图学与遥感	男	陈正宜、郭华东	1989
46	1986	查勇	地图学与遥感	男	—	1989
47	1986	陈涵	地图学与遥感	男	—	1989
48	1986	王延勤	地图学与遥感	男	—	1989
49	1986	陈楚群	地图学与遥感	男	陈正宜	1989
50	1986	李健	地图学与遥感	男	—	1989
51	1987	杨小唤	地图学与遥感	男	王长耀	1990
52	1987	董品亮	地图学与遥感	男	陈正宜	1990
53	1987	李昭宏	地图学与遥感	—	—	1990
54	1987	严子健	地图学与遥感	男	陈正宜	1990
55	1987	王世新	地图学与遥感	男	阎守邕	1990
56	1988	吴秋华	地图学与遥感	男	—	1991
57	1988	戴企成	地图学与遥感	男	—	1991
58	1988	张渊智	地图学与遥感	男	陈正宜	1991
59	1988	汤乃宏	地图学与遥感	男	—	1991
60	1988	沈南	地图学与遥感	男	—	1991
61	1988	关少平	地图学与遥感	—	—	未毕业
62	1989	王建武	地图学与遥感	男	—	1992
63	1989	吴迪	地图学与遥感	—	—	1992
64	1989	陶永轶	地图学与遥感	男	—	1992
65	1989	张前	地图学与遥感	男	阎守邕	1992
66	1989	王永祥	地图学与遥感	男	阎守邕	1992
67	1989	秦益	地图学与遥感	男	田国良	1992
68	1990	田青	地图学与遥感	女	阎守邕	1993
69	1990	张晋开	地图学与遥感	男	崔承禹	1993
70	1990	申广荣	地图学与遥感	女	田国良	1993
71	1990	罗晓慧	地图学与遥感	女	—	1993
72	1990	赵德刚	地图学与遥感	男	—	1993
73	1991	张兵	地图学与遥感	男	陈正宜	1994
74	1991	陈冬梅	地图学与遥感	女	陈正宜	1994
75	1991	全刚	地图学与遥感	男	阎守邕	1994
76	1991	阎珺	地图学与遥感	女	何欣年	1994
77	1991	卢新巧	地图学与遥感	女	郭华东	1994
78	1992	何剑锋	地图学与遥感	女	田国良	1995
79	1992	瞿红	地图学与遥感	女	王长耀	1995
80	1992	刘震	地图学与遥感	男	李树楷	1995
81	1992	王向军	地图学与遥感	男	童庆禧	1995
82	1992	陈行星	地图学与遥感	男	崔伟宏	1995
83	1992	王军	地图学与遥感	男	朱重光	1995
84	1993	余涛	地图学与遥感	男	田国良	1996
85	1993	庄大方	地图学与遥感	男	刘纪远	1996

续表

序号	入学年份	姓名	专业	性别	导师	毕业时间
86	1993	田庆久	地图学与遥感	男	童庆禧	1996
87	1993	刘亚岚	地图学与遥感	女	阎守邕	1996
88	1993	张显峰	地图学与遥感	男	崔伟宏	1996
89	1993	王翠珍	地图学与遥感	女	郭华东	1996
90	1993	王晋年	地图学与遥感	男	童庆禧	1996
91	1993	彭述龙	地图学与遥感	男	—	1996
92	1994	王红梅	地图学与遥感	女	—	1997
93	1994	金东华	地图学与遥感	—	—	1997
94	1994	刘琳琪	地图学与遥感	—	—	1997
95	1994	凌扬荣	地图学与遥感	男	—	1997
96	1994	荆林海	地图学与遥感	男	—	1997
97	1995	杨青友	地图学与遥感	男	—	1998
98	1995	潘广东	地图学与遥感	男	田国良	1998
99	1995	孙红雨	地图学与遥感	男	—	1998
100	1995	吴长山	地图学与遥感	男	—	1999
101	1995	吴均	地图学与遥感	男	朱重光	未毕业
102	1995	迟华颖	地图学与遥感	—	—	未毕业
103	1995	刘朝晖	地图学与遥感	男	魏成阶	1998
104	1996	崔颐冰	地图学与遥感	男	—	1999
105	1996	徐逢亮	地图学与遥感	男	李树楷	1999
106	1996	王涛	地图学与遥感	男	阎守邕	1999
107	1996	罗迪	地图学与遥感	女	—	1999
108	1996	张熙川	地图学与遥感	—	—	1999
109	1996	齐震	地图学与遥感	—	—	1999
110	1996	马超飞	地图学与遥感	—	—	1999
111	1997	刘强	地图学与遥感	男	李小文	2000
112	1997	缪欣	地图学与遥感	男	—	2000
113	1997	沈莎	地图学与遥感	女	阎守邕	2000
114	1997	谭倩	地图学与遥感	女	—	2000
115	1997	王磊	地图学与遥感	男	—	2000
116	1997	王文杰	地图学与遥感	男	朱重光	2000
117	1997	徐建春	地图学与遥感	男	—	2000
118	1997	于洪波	地图学与遥感	男	—	2000
119	1998	胡桂文	地图学与遥感	男	—	2001.7.30
120	1998	黄丽芳	地图学与遥感	女	阎守邕	2001.7.30
121	1998	龙飞	地图学与遥感	男	—	2001.7.30
122	1998	吕远	地图学与遥感	男	—	2001.7.30
123	1998	杨震	地图学与遥感	男	王长耀	2001.7.30
124	1999	白继伟	地图学与地理信息系统	男	童庆禧	2002.7.15
125	1999	邓凯	地图学与地理信息系统	男	蔺启忠	2002.7.15
126	1999	范典	地图学与地理信息系统	男	郭华东	2002.7.15
127	1999	过志峰	地图学与地理信息系统	男	孙国清	2002.7.15
128	1999	李戈伟	地图学与地理信息系统	男	郭华东	2002.7.15
129	1999	王百川	地图学与地理信息系统	男	张增祥	2002.7.15

续表

序号	入学年份	姓名	专业	性别	导师	毕业时间
130	1999	王永红	地图学与地理信息系统	男	邵芸	2002.7.15
131	1999	吴传庆	地图学与地理信息系统	男	童庆禧	2002.7.15
132	1999	于勇	地图学与地理信息系统	男	王超	2002.7.15
133	1999	郑玉坤	地图学与地理信息系统	男	蔺启忠	2002.7.15
134	2000	陈世荣	地图学与地理信息系统	男	王世新	未毕业
135	2000	顾文俊	地图学与地理信息系统	女	赵忠明	2003.7.31
136	2000	蒋耿明	地图学与地理信息系统	男	牛铮	2003.7.31
137	2000	景东升	地图学与地理信息系统	男	马建文	未毕业
138	2000	李苗苗	地图学与地理信息系统	女	吴炳方	2003.7.31
139	2000	卢亚辉	地图学与地理信息系统	男	杨崇俊	2003.7.31
140	2000	吕长春	地图学与地理信息系统	男	王世新	2003.7.31
141	2000	钱少猛	地图学与地理信息系统	男	蔺启忠	2003.7.31
142	2000	桑会勇	地图学与地理信息系统	女	郭华东	2003.7.31
143	2000	王刚	地图学与地理信息系统	男	赵忠明	2004.3.31
144	2000	王忠武	地图学与地理信息系统	男	赵忠明	2004.3.31
145	2000	徐峰	地图学与地理信息系统	男	张增祥	2003.7.31
146	2000	姚嘉	地图学与地理信息系统	男	张增祥	2003.7.31
147	2000	张雄飞	地图学与地理信息系统	男	童庆禧	2003.7.31
148	2000	周为峰	地图学与地理信息系统	女	吴炳方	未毕业
149	2000	朱凌峰	地图学与地理信息系统	男	邵芸	2003.7.31
150	2001	常原飞	地图学与地理信息系统	男	乔彦友	2004.7.31
151	2001	樊厚春	地图学与地理信息系统	男	赵忠明	2004.7.31
152	2001	冯晓明	地图学与地理信息系统	女	赵英时	2006.6.19
153	2001	高积粮	地图学与地理信息系统	男	杨崇俊	2004.7.31
154	2001	胡兴堂	地图学与地理信息系统	男	童庆禧	2006.6.19
155	2001	黄文波	地图学与地理信息系统	男	吴炳方	2004.7.31
156	2001	蒋红成	地图学与地理信息系统	男	赵忠明	2004.7.31
157	2001	李兴	地图学与地理信息系统	男	童庆禧	2006.6.19
158	2001	任鑫	地图学与地理信息系统	男	李震	2004.7.31
159	2001	阮伟利	地图学与地理信息系统	女	牛铮	2004.7.31
160	2001	孙效松	地图学与地理信息系统	男	薛勇	2004.7.31
161	2001	汤益先	地图学与地理信息系统	男	王超	2006.6.19
162	2001	唐勇	地图学与地理信息系统	男	柳钦火	2004.7.31
163	2001	武胜利	地图学与地理信息系统	男	施建成	未毕业
164	2001	姚春生	地图学与地理信息系统	男	张增祥	2004.7.31
165	2001	尹宁	地图学与地理信息系统	女	王长林	2004.7.31
166	2001	于占福	地图学与地理信息系统	男	杨崇俊	2004.7.31
167	2001	余琴	地图学与地理信息系统	女	施建成	2004.7.31
168	2001	张蓓	地图学与地理信息系统	男	王世新	2004.7.31
169	2001	张力岩	地图学与地理信息系统	男	毕思文	2004.7.31
170	2001	仲波	地图学与地理信息系统	男	柳钦火	2004.7.31
171	2001	周伟奇	地图学与地理信息系统	男	王世新	2004.7.31
172	2001	朱非亚	地图学与地理信息系统	男	邵芸	2004.7.31
173	2001	朱海青	地图学与地理信息系统	女	唐娉	2004.7.31

续表

序号	入学年份	姓名	专业	性别	导师	毕业时间
174	2002	陈卫荣	地图学与地理信息系统	女	王超	2005.7.29
175	2002	陈曦	地图学与地理信息系统	男	王超	2005.7.29
176	2002	符锴华	地图学与地理信息系统	男	柳钦火	2005.7.29
177	2002	高连如	地图学与地理信息系统	男	童庆禧	2005.7.31
178	2002	李静	地图学与地理信息系统	女	柳钦火	2005.7.31
179	2002	李俊生	地图学与地理信息系统	男	张兵	2007.7.31
180	2002	李豫玲	地图学与地理信息系统	女	赵忠明	2005.7.29
181	2002	梁寒冬	地图学与地理信息系统	男	乔彦友	2005.7.29
182	2002	刘勇洪	地图学与地理信息系统	男	牛铮	2005.7.29
183	2002	罗瑛	地图学与地理信息系统	女	薛勇	2005.7.31
184	2002	钱巧静	地图学与地理信息系统	女	吴炳方	2005.7.29
185	2002	冉琼	地图学与地理信息系统	女	张增祥	2005.7.29
186	2002	任大卫	地图学与地理信息系统	男	王世新	2004.7.31
187	2002	任应超	地图学与地理信息系统	男	杨崇俊	2005.7.31
188	2002	汪潇	地图学与地理信息系统	男	张增祥	2005.7.31
189	2002	王俊华	地图学与地理信息系统	男	唐娉	2005.7.29
190	2002	王磊	地图学与地理信息系统	男	李震	2007.7.31
191	2002	王丽涛	地图学与地理信息系统	男	王世新	2007.7.31
192	2002	王岩广	地图学与地理信息系统	男	薛勇	2005.7.29
193	2002	吴涛	地图学与地理信息系统	男	王超	2005.7.29
194	2002	熊文成	地图学与地理信息系统	男	邵芸	2005.7.29
195	2002	徐永明	地图学与地理信息系统	男	蔺启忠	2005.7.29
196	2002	闫礼	地图学与地理信息系统	男	吴炳方	2005.7.29
197	2002	阎娜娜	地图学与地理信息系统	女	吴炳方	2005.7.29
198	2002	杨健	地图学与地理信息系统	男	赵忠明	2007.7.31
199	2002	赵小锋	地图学与地理信息系统	男	李小文	2007.7.31
200	2002	钟雪莲	地图学与地理信息系统	女	王长林	2005.7.29
201	2002	周洁萍	地图学与地理信息系统	女	龚建华	2005.7.29
202	2003	陈方	地图学与地理信息系统	男	牛铮	2005.10.20
203	2003	陈富龙	地图学与地理信息系统	男	王超	2006.10.18
204	2003	陈权	地图学与地理信息系统	男	李震	2005.10.20
205	2003	程洁	地图学与地理信息系统	男	柳钦火	2006.10.18
206	2003	程宇	地图学与地理信息系统	女	柳钦火	2006.7.1
207	2003	丁卫嘉	地图学与地理信息系统	男	赵忠明	2006.7.1
208	2003	杜聪	地图学与地理信息系统	男	王世新	2006.7.1
209	2003	付安民	地图学与地理信息系统	男	施建成	2006.10.18
210	2003	高雪迪	地图学与地理信息系统	女	乔彦友	2006.7.1
211	2003	葛美玲	地图学与地理信息系统	女	蔺启忠	2006.7.1
212	2003	韩继霞	地图学与地理信息系统	女	毕思文	2006.7.1
213	2003	黄初冬	地图学与地理信息系统	男	邵芸	2005.10.20
214	2003	焦全军	地图学与地理信息系统	男	童庆禧	2005.10.20
215	2003	刘学	地图学与地理信息系统	男	童庆禧	2005.10.20
216	2003	刘岩	地图学与地理信息系统	女	赵英时	2006.7.1
217	2003	罗治敏	地图学与地理信息系统	女	吴炳方	2006.7.1

续表

序号	入学年份	姓名	专业	性别	导师	毕业时间
218	2003	马江林	地图学与地理信息系统	男	赵忠明	2007.10.25
219	2003	毛海亚	地图学与地理信息系统	女	吴炳方	2006.7.1
220	2003	齐媛媛	地图学与地理信息系统	女	卢立新	2011.7.1
221	2003	沈国状	地图学与地理信息系统	男	廖静娟	未毕业
222	2003	石城	地图学与地理信息系统	男	邵芸	2006.7.1
223	2003	孙根云	地图学与地理信息系统	男	李小文	未毕业
224	2003	田巳睿	地图学与地理信息系统	男	王超	2006.10.18
225	2003	汪诗锋	地图学与地理信息系统	男	杨崇俊	2006.7.1
226	2003	王姣	地图学与地理信息系统	女	张增祥	2006.7.1
227	2003	王翼	地图学与地理信息系统	男	唐娉	2006.7.1
228	2003	魏华	地图学与地理信息系统	男	王世新	2006.7.1
229	2003	吴斐	地图学与地理信息系统	男	毕思文	2006.7.1
230	2003	伍朝琳	地图学与地理信息系统	女	薛勇	2006.7.1
231	2003	熊隽	地图学与地理信息系统	男	吴炳方	2005.10.20
232	2003	徐岩	地图学与地理信息系统	女	唐娉	2006.7.1
233	2003	闫岩	地图学与地理信息系统	女	柳钦火	2006.7.1
234	2003	张利辉	地图学与地理信息系统	女	龚建华	2006.7.1
235	2003	张文娟	地图学与地理信息系统	女	张兵	2006.10.18
236	2003	赵祖军	地图学与地理信息系统	男	柳钦火	2006.7.1
237	2004	周彬	地图学与地理信息系统	女	陈良富	2007.7.1
238	2004	何忠信	地图学与地理信息系统	男	乔彦友	2007.7.1
239	2004	王雷	地图学与地理信息系统	男	宫鹏	2007.7.31
240	2004	张靓	地图学与地理信息系统	男	张兵	2007.7.31
241	2004	张浩	地图学与地理信息系统	男	张兵	2009.7.31
242	2004	覃驭楚	地图学与地理信息系统	男	牛铮	2009.7.31
243	2004	刘晶	地图学与地理信息系统	女	王世新	2007.7.1
244	2004	李斌	地图学与地理信息系统	男	李震	2007.7.1
245	2004	朱亮	地图学与地理信息系统	男	吴炳方	2009.7.31
246	2004	倪文俭	地图学与地理信息系统	男	孙国清	2009.7.31
247	2004	余珊珊	地图学与地理信息系统	女	余涛	2007.7.1
248	2004	熊金国	地图学与地理信息系统	男	王世新	2007.7.1
249	2004	魏小兰	地图学与地理信息系统	女	李震	2007.7.1
250	2004	邓飚	地图学与地理信息系统	男	郭华东	2009.7.31
251	2004	李锦业	地图学与地理信息系统	女	吴炳方	2007.7.1
252	2004	鹿琳琳	地图学与地理信息系统	女	蔺启忠	2007.7.31
253	2004	周烨	地图学与地理信息系统	男	柳钦火	2007.7.1
254	2004	胡碧松	地图学与地理信息系统	男	李小文	2009.7.31
255	2004	李进	地图学与地理信息系统	男	邵芸	2007.7.1
256	2004	董晶晶	地图学与地理信息系统	女	牛铮	2009.7.31
257	2004	曹文静	地图学与地理信息系统	女	吴炳方	2007.7.1
258	2004	左丽君	地图学与地理信息系统	女	张增祥	2007.7.31
259	2004	温庆可	地图学与地理信息系统	女	张增祥	2009.7.31
260	2004	陈果	地图学与地理信息系统	女	柳钦火	2007.7.1
261	2004	李婧	地图学与地理信息系统	女	吴炳方	2007.7.1

续表

序号	入学年份	姓名	专业	性别	导师	毕业时间
262	2004	怀红燕	地图学与地理信息系统	女	陈良富	2007.7.1
263	2004	朱丽	地图学与地理信息系统	女	邵芸	2007.7.1
264	2004	葛亮	地图学与地理信息系统	男	李小文	2007.7.1
265	2004	申茜	地图学与地理信息系统	女	张兵	2009.7.31
266	2004	霍彦光	地图学与地理信息系统	男	乔彦友	2007.3.13
267	2004	周红英	地图学与地理信息系统	女	蔺启忠	2007.7.1
268	2004	王伟星	地图学与地理信息系统	男	龚建华	2009.7.31
269	2004	董前林	地图学与地理信息系统	男	毕思文	2008.1.10
270	2004	孙瑞静	地图学与地理信息系统	女	施建成	2009.7.31
271	2004	代晶晶	地图学与地理信息系统	女	聂跃平	2007.7.1
272	2004	徐丰	信号与信息处理	男	王超	2007.7.1
273	2004	程诚	信号与信息处理	男	池天河	2007.7.1
274	2004	邵斌	信号与信息处理	男	唐娉	2007.7.1
275	2004	李翀	信号与信息处理	男	顾行发	2007.7.1
276	2004	周卫峰	信号与信息处理	男	朱重光	2007.7.1
277	2004	傅南翔	信号与信息处理	男	郭子祺	2007.7.1
278	2004	李成军	信号与信息处理	男	朱重光	2007.7.1
279	2004	郑磊	信号与信息处理	男	薛勇	2007.7.1
280	2004	李文雯	信号与信息处理	女	杨崇俊	2007.7.1
281	2004	缪云海	信号与信息处理	男	池天河	2007.7.1
282	2004	孟瑜	信号与信息处理	女	赵忠明	2009.7.1
283	2004	谢作润	信号与信息处理	男	唐娉	2007.7.1
284	2004	温奇	信号与信息处理	男	马建文	2009.7.31
285	2004	吕磊	信号与信息处理	男	赵忠明	2009.7.31
286	2005	程砾瑜	地图学与地理信息系统	女	王世新	2008.7.1
287	2005	蔡文婷	地图学与地理信息系统	女	吴炳方	2008.7.1
288	2005	刘波	地图学与地理信息系统	男	童庆禧	2008.6.6
289	2005	赵雯	地图学与地理信息系统	女	池天河	2008.7.1
290	2005	卫薇	信号与信息处理	女	薛勇	2009.7.1
291	2005	兰志才	地图学与地理信息系统	男	赵忠明	2008.7.1
292	2005	于丽君	地图学与地理信息系统	女	聂跃平	2008.7.1
293	2005	吴朝阳	地图学与地理信息系统	男	牛铮	2008.6.6
294	2005	胡争光	地图学与地理信息系统	男	池天河	2008.7.1
295	2005	姚谦	信号与信息处理	女	郭子祺	2008.7.1
296	2005	李莉	信号与信息处理	女	余涛	2008.7.1
297	2005	刘思含	地图学与地理信息系统	女	李小文	2007.10.11
298	2005	王永前	地图学与地理信息系统	男	施建成	2008.6.6
299	2005	李鼎	信号与信息处理	男	王超	2008.7.1
300	2005	王子峰	地图学与地理信息系统	男	陈良富	2007.10.11
301	2005	徐进勇	地图学与地理信息系统	男	张增祥	2008.7.1
302	2005	陈凯	信号与信息处理	男	唐娉	2008.7.1
303	2005	覃剑	信号与信息处理	男	余涛	2008.7.1
304	2005	高海亮	地图学与地理信息系统	男	顾行发	2008.6.6
305	2005	于君明	地图学与地理信息系统	女	王世新	2008.7.1

续表

序号	入学年份	姓名	专业	性别	导师	毕业时间
306	2005	庞自振	地图学与地理信息系统	男	廖静娟	2008.7.1
307	2005	田帮森	地图学与地理信息系统	男	李震	2008.6.6
308	2005	刘扬	地图学与地理信息系统	男	王长林	2008.7.1
309	2005	宫华泽	地图学与地理信息系统	男	邵芸	2007.10.11
310	2005	沈磊	地图学与地理信息系统	男	杨崇俊	2007.10.11
311	2005	杨晓峰	地图学与地理信息系统	男	顾行发	2007.10.11
312	2005	郑桂香	地图学与地理信息系统	女	蔺启忠	2008.7.1
313	2005	薛跃明	地图学与地理信息系统	男	郭华东	2008.7.1
314	2005	董文	地图学与地理信息系统	女	池天河	2008.6.6
315	2005	任玉环	地图学与地理信息系统	女	刘亚岚	2008.6.6
316	2005	汤泉	地图学与地理信息系统	男	牛铮	2008.7.1
317	2005	何丹	地图学与地理信息系统	女	乔彦友	2008.7.1
318	2005	袁泉	信号与信息处理	男	郭子祺	2008.7.1
319	2005	李儒	地图学与地理信息系统	男	张兵	2008.7.1
320	2005	姜俊	地图学与地理信息系统	女	杨崇俊	2008.6.6
321	2005	陆明	信号与信息处理	男	毕思文	2008.7.1
322	2005	孙嘉	地图学与地理信息系统	男	龚建华	2008.7.1
323	2005	杨西濛	信号与信息处理	女	唐娉	2008.7.1
324	2005	方莉	地图学与地理信息系统	女	柳钦火	2007.10.11
325	2005	赵鸿志	信号与信息处理	男	赵忠明	2008.7.1
326	2005	杜鑫	地图学与地理信息系统	男	吴炳方	2008.6.6
327	2005	张源	地图学与地理信息系统	女	乔彦友	2008.7.1
328	2006	郭亮	地图学与地理信息系统	男	龚建华	2009.5.21
329	2006	周强	地图学与地理信息系统	男	周艺	2009.7.1
330	2006	刘旭东	地图学与地理信息系统	男	刘亚岚	2009.7.1
331	2006	郜丽静	地图学与地理信息系统	女	骆剑承	2009.7.1
332	2006	蒋样明	地图学与地理信息系统	男	毕思文	2009.7.1
333	2006	陶刚	地图学与地理信息系统	男	池天河	2008.6.6
334	2006	杨硕	地图学与地理信息系统	男	王世新	2008.6.6
335	2006	王卫兵	地图学与地理信息系统	男	杨崇俊	2009.7.1
336	2006	刘晨洲	地图学与地理信息系统	男	施建成	2009.7.1
337	2006	孙源	地图学与地理信息系统	女	顾行发	2008.6.6
338	2006	董磊	地图学与地理信息系统	男	廖静娟	2009.7.1
339	2006	高帅	地图学与地理信息系统	男	牛铮	2009.5.21
340	2006	张彦军	地图学与地理信息系统	男	牛铮	2009.7.1
341	2006	王吉	地图学与地理信息系统	男	孙国清	2009.7.1
342	2006	崔福东	地图学与地理信息系统	男	乔彦友	2009.7.1
343	2006	陈玉	地图学与地理信息系统	男	蔺启忠	2008.10.8
344	2006	刘臻	地图学与地理信息系统	女	李小文	2009.7.1
345	2006	常超一	地图学与地理信息系统	男	李小文	2009.5.21
346	2006	沈少青	地图学与地理信息系统	女	宫鹏	2009.5.21
347	2006	王晓风	地图学与地理信息系统	女	宫鹏	2009.7.1
348	2006	张阳	地图学与地理信息系统	女	柳钦火	2009.7.1
349	2006	夏传福	地图学与地理信息系统	男	柳钦火	2008.6.6

续表

序号	入学年份	姓名	专业	性别	导师	毕业时间
350	2006	张莹	地图学与地理信息系统	女	陈良富	2008.6.6
351	2006	王世昂	地图学与地理信息系统	男	邵芸	2008.6.6
352	2006	林国添	地图学与地理信息系统	男	王长林	2009.7.1
353	2006	吴迪	地图学与地理信息系统	女	童庆禧	2008.10.8
354	2006	贺宝华	地图学与地理信息系统	男	陈良富	2009.7.1
355	2006	李艳丽	地图学与地理信息系统	女	龚建华	2009.7.1
356	2006	贾坤	地图学与地理信息系统	男	吴炳方	2009.5.21
357	2006	杨眉	地图学与地理信息系统	女	王世新	2008.10.8
358	2006	朱春华	地图学与地理信息系统	女	聂跃平	2009.7.1
359	2006	李慧	地图学与地理信息系统	女	蔺启忠	2008.10.8
360	2006	李扬	地图学与地理信息系统	女	乔彦友	2009.7.1
361	2006	杨丽娜	地图学与地理信息系统	女	池天河	2008.6.6
362	2006	项前	地图学与地理信息系统	男	黄波	2009.7.1
363	2006	柳彩霞	信号与信息处理	女	郭子祺	2009.7.1
364	2006	王钰淅	信号与信息处理	女	余涛	2009.5.21
365	2006	武佳丽	信号与信息处理	女	余涛	2009.7.1
366	2006	王颖	信号与信息处理	女	薛勇	2009.5.21
367	2006	陆丹	信号与信息处理	女	唐娉	2009.7.1
368	2006	张翼	信号与信息处理	男	唐娉	2009.7.1
369	2006	王奇	信号与信息处理	男	闵祥军	2009.7.1
370	2006	王冠珠	信号与信息处理	女	闵祥军	2009.7.1
371	2006	乔竹萍	地图学与地理信息系统	女	张增祥	2008.6.6
372	2007	范俊川	地图学与地理信息系统	男	刘亚岚	2010.7.1
373	2007	耿杰哲	地图学与地理信息系统	女	毕思文	2010.7.1
374	2007	黄季夏	地图学与地理信息系统	男	杨崇俊	2010.7.1
375	2007	贾鹏	地图学与地理信息系统	男	聂跃平	2010.7.1
376	2007	蒋哲	地图学与地理信息系统	女	陈良富	2009.9.8
377	2007	李坤	地图学与地理信息系统	女	邵芸	2010.4.14
378	2007	李帅	地图学与地理信息系统	男	蔺启忠	2009.7.1
379	2007	李卫国	地图学与地理信息系统	男	乔彦友	2010.7.1
380	2007	梁璐	地图学与地理信息系统	女	宫鹏	2010.7.1
381	2007	刘海霞	地图学与地理信息系统	女	童庆禧	2010.7.1
382	2007	刘进杰	地图学与地理信息系统	男	王世新	2010.7.1
383	2007	刘丽	地图学与地理信息系统	女	乔彦友	2010.4.14
384	2007	柳树福	地图学与地理信息系统	男	吴炳方	2010.4.14
385	2007	潘火平	地图学与地理信息系统	男	施建成	2010.4.14
386	2007	乔程	地图学与地理信息系统	女	骆剑承	2010.4.14
387	2007	孙麇	地图学与地理信息系统	男	龚建华	2010.4.14
388	2007	唐建智	地图学与地理信息系统	男	杨崇俊	2009.9.8
389	2007	汪驰升	地图学与地理信息系统	男	王长林	2010.7.1
390	2007	王浩	地图学与地理信息系统	男	吴炳方	2010.4.14
391	2007	王凯	地图学与地理信息系统	男	柳钦火	2010.7.1
392	2007	王舒鹏	地图学与地理信息系统	男	顾行发	2009.9.8
393	2007	王显威	地图学与地理信息系统	男	李小文	2010.4.14

续表

序号	入学年份	姓名	专业	性别	导师	毕业时间
394	2007	魏欣欣	地图学与地理信息系统	女	燕守勋	2010.7.1
395	2007	吴炜	地图学与地理信息系统	男	骆剑承	2010.4.14
396	2007	谢仁伟	地图学与地理信息系统	男	牛铮	2010.7.1
397	2007	许洋	地图学与地理信息系统	男	池天河	2010.7.1
398	2007	杨荔阳	地图学与地理信息系统	男	龚建华	2009.9.8
399	2007	应清	地图学与地理信息系统	女	宫鹏	2010.7.1
400	2007	余超	地图学与地理信息系统	男	陈良富	2010.4.14
401	2007	原君娜	地图学与地理信息系统	女	邵芸	2010.7.1
402	2007	袁杰	地图学与地理信息系统	男	柳钦火	2010.4.14
403	2007	曾垂卿	地图学与地理信息系统	男	周艺	2010.7.1
404	2007	张委伟	地图学与地理信息系统	男	张增祥	2009.9.8
405	2007	张志慧	地图学与地理信息系统	女	池天河	2010.7.1
406	2007	赵晶	地图学与地理信息系统	女	顾行发	2009.5.21
407	2007	周川	地图学与地理信息系统	男	牛铮	2010.7.1
408	2007	陈建胜	信号与信息处理	南	唐娉	2010.4.14
409	2007	陈宇	信号与信息处理	男	余涛	2010.7.1
410	2007	方莉	信号与信息处理	女	余涛	2009.9.8
411	2007	付薇	信号与信息处理	女	郭子祺	2010.7.1
412	2007	韩勇	信号与信息处理	男	唐娉	2010.7.1
413	2007	霍连志	信号与信息处理	男	唐娉	2009.9.8
414	2007	李英杰	信号与信息处理	男	薛勇	2010.4.14
415	2007	谌卓	地图学与地理信息系统	男	杨崇俊	2009.9.8
416	2007	朱小华	地图学与地理信息系统	女	李小文	2009.9.8
417	2008	陈小平	地图学与地理信息系统	女	童庆禧	2011.3.14
418	2008	程维芳	地图学与地理信息系统	女	周艺	2011.7.1
419	2008	董泰锋	地图学与地理信息系统	男	吴炳方	2011.3.14
420	2008	方超	地图学与地理信息系统	男	杨崇俊	2011.3.14
421	2008	韩昱	地图学与地理信息系统	男	王世新	2011.3.14
422	2008	胡蕾秋	地图学与地理信息系统	女	刘亚岚	2011.7.1
423	2008	黄长平	地图学与地理信息系统	男	童庆禧	2011.3.14
424	2008	旷达	地图学与地理信息系统	男	牛铮	2011.7.1
425	2008	李东辉	地图学与地理信息系统	男	顾行发	2011.3.14
426	2008	李伟萍	地图学与地理信息系统	女	吴炳方	2011.7.1
427	2008	李英霞	地图学与地理信息系统	女	施建成	2012.7.1
428	2008	李展	地图学与地理信息系统	男	李震	2011.7.1
429	2008	梁威	地图学与地理信息系统	男	乔彦友	2011.7.1
430	2008	麻庆苗	地图学与地理信息系统	女	柳钦火	2011.3.14
431	2008	施健	地图学与地理信息系统	男	柳钦火	2011.7.1
432	2008	宋晨曦	地图学与地理信息系统	女	邵芸	2011.7.1
433	2008	唐攀攀	地图学与地理信息系统	男	王长林	2011.7.1
434	2008	陶明辉	地图学与地理信息系统	男	陈良富	2011.3.14
435	2008	王炳禹	地图学与地理信息系统	男	宫鹏	2011.6.21
436	2008	王李娟	地图学与地理信息系统	女	牛铮	2011.3.14
437	2008	魏向旺	地图学与地理信息系统	男	龚建华	2011.7.1

续表

序号	入学年份	姓名	专业	性别	导师	毕业时间
438	2008	吴增巍	地图学与地理信息系统	男	顾行发	2011.7.1
439	2008	熊川	地图学与地理信息系统	男	施建成	2011.3.14
440	2008	徐蓉	地图学与地理信息系统	女	张增祥	2011.3.14
441	2008	阎欢欢	地图学与地理信息系统	女	陈良富	2010.10.9
442	2008	姚晓婧	地图学与地理信息系统	女	池天河	2011.7.1
443	2008	殷蕾	地图学与地理信息系统	女	唐军武	2011.7.1
444	2008	于彩虹	地图学与地理信息系统	女	燕守勋	2011.7.1
445	2008	张磊	地图学与地理信息系统	男	龚建华	2011.7.1
446	2008	赵坚	地图学与地理信息系统	女	李小文	2011.3.14
447	2008	赵炎	地图学与地理信息系统	男	吴炳方	2011.3.14
448	2008	朱建峰	地图学与地理信息系统	男	聂跃平	2011.7.1
449	2008	朱志文	地图学与地理信息系统	男	骆剑承	2011.7.1
450	2008	刘智慧	地图学与地理信息系统	女	乔彦友	2011.3.14
451	2008	边钊	信号与信息处理	女	唐娉	2011.7.1
452	2008	郜风国	信号与信息处理	男	唐娉	2011.7.1
453	2008	贺东旭	信号与信息处理	男	赵忠明	2011.3.14
454	2008	李娜	信号与信息处理	女	余涛	2012.7.1
455	2008	龙明涛	信号与信息处理	男	余涛	2011.7.1
456	2008	梅林露	信号与信息处理	男	薛勇	2011.3.14
457	2008	沈琦	信号与信息处理	女	赵忠明	2011.7.1
458	2008	张宝钢	信号与信息处理	男	郭子祺	2011.7.1
459	2009	蔡丹路	地图学与地理信息系统	女	关燕宁	2012.7.1
460	2009	曹彪	地图学与地理信息系统	男	柳钦火	2012.7.1
461	2009	陈伟	地图学与地理信息系统	男	曹春香	2011.7.1
462	2009	崔倩	地图学与地理信息系统	女	施建成	2012.7.1
463	2009	段祺珅	地图学与地理信息系统	男	龚建华	2012.7.1
464	2009	范萌	地图学与地理信息系统	女	陈良富	2012.7.1
465	2009	韩向娣	地图学与地理信息系统	女	周艺	2012.7.1
466	2009	侯学会	地图学与地理信息系统	女	牛铮	2012.7.1
467	2009	胡文忝	地图学与地理信息系统	男	池天河	2012.7.1
468	2009	孔祥皓	地图学与地理信息系统	男	顾行发	2012.7.1
469	2009	李霞	地图学与地理信息系统	女	黄晓霞	2012.7.1
470	2009	刘南丰	地图学与地理信息系统	男	刘强	2012.7.1
471	2009	刘爽	地图学与地理信息系统	女	宫鹏	2012.7.1
472	2009	刘一良	地图学与地理信息系统	女	邸凯昌	2012.7.1
473	2009	刘珠妹	地图学与地理信息系统	女	刘亚岚	2012.7.1
474	2009	马胜	地图学与地理信息系统	男	李紫薇	2012.7.1
475	2009	彭菁菁	地图学与地理信息系统	女	李加洪	2012.7.1
476	2009	尚坤	地图学与地理信息系统	女	童庆禧	2012.7.1
477	2009	帅通	地图学与地理信息系统	男	张霞	2012.7.1
478	2009	宋玉娟	地图学与地理信息系统	女	刘少创	2012.7.1
479	2009	覃帮勇	地图学与地理信息系统	男	李紫薇	2012.7.1
480	2009	覃环虎	地图学与地理信息系统	男	张立福	2012.7.1
481	2009	王国军	地图学与地理信息系统	男	邵芸	2012.7.1

续表

序号	入学年份	姓名	专业	性别	导师	毕业时间
482	2009	王静	地图学与地理信息系统	男	唐军武	2012.7.1
483	2009	谢一凇	地图学与地理信息系统	男	童庆禧	2012.7.1
484	2009	许允波	地图学与地理信息系统	男	杨崇俊	2012.7.1
485	2009	杨洪波	地图学与地理信息系统	男	施建成	2013.7.1
486	2009	姚尧	地图学与地理信息系统	男	王世新	2012.7.1
487	2009	曾甜	地图学与地理信息系统	女	张增祥	2012.7.1
488	2009	张淼	地图学与地理信息系统	男	吴炳方	2012.7.1
489	2009	张瀛	地图学与地理信息系统	男	孟庆岩	2012.7.1
490	2009	赵飞飞	地图学与地理信息系统	女	乔彦友	2012.7.1
491	2009	郑盛	地图学与地理信息系统	男	李小文	2012.7.1
492	2009	周亚男	地图学与地理信息系统	男	骆剑承	2012.7.1
493	2009	朱伟伟	地图学与地理信息系统	男	吴炳方	2012.7.1
494	2009	许涛	地图学与地理信息系统	男	龚建华	2012.7.1
495	2009	管庆	信号与信息处理	男	郭子祺	2012.7.1
496	2009	何茜	信号与信息处理	男	余涛	2012.7.1
497	2009	王智慧	信号与信息处理	女	尹球	2012.7.1
498	2009	武斌	信号与信息处理	男	赵忠明	2012.7.1
499	2009	徐慧	信号与信息处理	女	薛勇	2012.7.1
500	2009	张婉春	信号与信息处理	女	尹球	2012.7.1
501	2009	周增光	信号与信息处理	男	唐娉	2012.7.1
502	2009	梁健	地图学与地理信息系统	男	邸凯昌	2012.7.1
503	2009	蔡德文	电子与通信工程	男	牛铮	2012.7.1
504	2009	黄鹤声	电子与通信工程	女	池天河	2012.7.1
505	2009	黄永喜	电子与通信工程	男	吴炳方	2012.7.1
506	2009	兰穹穹	电子与通信工程	男	童庆禧	2012.7.1
507	2009	史婷婷	电子与通信工程	女	杨崇俊	2012.7.1
508	2009	司敬知	电子与通信工程	女	乔彦友	2012.7.1
509	2009	张明	电子与通信工程	男	童庆禧	2012.7.1
510	2009	张树凡	电子与通信工程	男	余涛	2012.7.1
511	2009	赵小杰	电子与通信工程	女	柳钦火	2012.7.1
512	2009	赵永光	电子与通信工程	男	黄波	2012.7.1
513	2009	高华光	电子与通信工程	男	聂跃平	2012.7.1
514	2009	刘芳	电子与通信工程	女	聂跃平	2012.7.1

实际招收硕士研究生 514 人，其中毕业 494 人、9 人出国留学、10 人未毕业，1 人在读期间去世。

（三）博士后人员名单

序号	姓名	性别	博士毕业单位	进站时间	出站时间	退站时间	合作导师	接收单位	备注
1	江月松	男	中国矿业大学	1995.8.22	1997.9.3	—	李树楷	国家天文台	—
2	布和敖斯尔	男	中国科学院地理科学与资源研究所	1995.9.12	1997.8.22	—	刘纪远	中国科学院遥感应用研究所	—
3	王长林	男	英国莱斯特大学	1995.9.12	1997.9.3	—	郭华东	中国科学院遥感应用研究所	—

续表

序号	姓名	性别	博士毕业单位	进站时间	出站时间	退站时间	合作导师	接收单位	备注
4	罗忠	男	西安交通大学	1996.6.12	1998.9.17	—	赵忠明	深圳华九公司	—
5	王桥	男	武汉测绘科技大学	1996.6.12	1998.3.10	—	阎守邕	国家环境保护局	—
6	蒋晓瑜	男	北京理工大学	1997.9.26	2001.9.26	—	田国良	装甲兵工程学院	—
7	柳钦火	男	北京大学	1997.9.26	1999.8.6	—	田国良	中国科学院遥感应用研究所	—
8	刘少创	男	武汉测绘科技大学	1997.9.30	1999.11.2	—	李树楷	中国科学院遥感应用研究所	—
9	张晓丽	女	张家口师范专科学校	1997.9.30	1999.12.29	—	徐冠华	北京林业大学	—
10	冯庆国	男	吉林大学	1998.7.23	2001.1.15	—	郭华东	大唐电信科技股份有限公司	—
11	高彦春	男	中国科学院地理科学与资源研究所	1998.7.31	2000.8.9	—	刘纪远	中国科学院地理科学与资源研究所	—
12	冯强	男	中国科学院大气物理研究所	1998.9.22	2002.1.24	—	田国良	中国科学院大气物理研究所	—
13	宋关福	男	中国科学院地理科学与资源研究所	1998.9.22	2000.7.4	—	刘纪远	中国科学院地理科学与资源研究所	—
14	陈戈	男	青岛海洋大学	1998.10.14	2001.1.15	—	徐冠华	青岛海洋大学	—
15	李军	男	陕西师范大学	1999.4.6	2000.12.21	—	田国良	国家发展和改革委员会	—
16	李健巍	男	哈尔滨工业大学航天学院	1999.6.28	2001.11.1	—	郭华东	大唐电信科技股份有限公司	—
17	赵永超	男	北京大学	1999.6.29	2001.9.26	—	童庆禧	中国科学院遥感应用研究所	—
18	尹连旺	男	北京大学	1999.6.29	2003.12.20	—	王长耀	海军遥感信息应用所	—
19	胡国荣	男	中国科学院测量与地球物理所	1999.7.19	—	2008.1.21	崔伟宏	出国	退站
20	肖乐斌	男	中国科学院地理科学与资源研究所	1999.9.21	2002.1.23	—	田国良	中国科学院地理科学与资源研究所	—
21	杨存建	男	中国科学院地理科学与资源研究所	1999.9.21	2001.10.12	—	刘纪远	四川师范大学	—
22	苏林	男	北京理工大学	1999.10.9	2001.12.25	—	李树楷	中国科学院遥感应用研究所	—
23	刘智	男	郑州测绘学院	1999.11.11	2003.1.17	—	王超	解放军信息工程大学	—
24	黄裕霞	女	中国科学院地理科学与资源研究所	1999.11.11	2001.11.22	—	田国良	出国	—
25	任留成	男	中国人民解放军测绘学院	2000.1.18	2003.1.9	—	朱重光	空军指挥学院	—
26	吕杰堂	男	中国石化集团中原石油勘探局	2000.9.1	2002.11.18	—	周成虎	中国国家地质学院航空物探遥感中心	—
27	丁琳	男	中国科学院地理科学与资源研究所	2000.9.19	2003.9.9	—	朱重光	中国科学院遥感应用研究所	—
28	王绍强	男	中国科学院地理科学与资源研究所	2000.9.19	2002.3.28	—	刘纪远	中国科学院地理科学与资源研究所	—
29	万洪涛	男	中国科学院地理科学与资源研究所	2000.9.19	2002.7.12	—	杨崇俊 陈述彭	中国水利水电科学研究院	—
30	李宝林	男	中国科学院地理科学与资源研究所	2000.11.9	2002.10.22	—	杨崇俊	中国科学院地理科学与资源研究所	—
31	许峰	男	中国科学院地理科学与资源研究所	2000.11.10	2002.12.10	—	郭华东 刘高焕	水利部综合事业局水土保持监测中心	—
32	刘良云	男	中国科学院西安光学精密机械研究所	2000.12.22	2002.12.17	—	童庆禧	北京市农林科学院；国家农业信息化工程技术研究中心	—
33	高鑫	男	北京师范大学	2001.6.21	2004.3.15	—	王超	中国科学院电子学研究所	—
34	苏奋振	男	中国科学院地理科学与资源研究所	2001.9.27	2003.8.28	—	周成虎	中国科学院地理科学与资源研究所	—
35	叶庆华	女	中国科学院地理科学与资源研究所	2001.9.27	2003.11.6	—	田国良	中国科学院地理科学与资源研究所	—
36	牛振国	男	中国农业大学	2001.9.27	2003.8.26	—	王长耀 崔伟宏	中国科学院遥感应用研究所	—
37	辛景峰	男	中国农业大学	2001.9.27	2003.7.30	—	田国良	中国水利水电科学研究院	—
38	葛咏	女	中国科学院地理科学与资源研究所	2001.9.27	2004.1.10	—	田国良	中国科学院地理科学与资源研究所	—
39	黄满湘	男	中国科学院地理科学与资源研究所	2001.9.27	2003.8.26	—	周成虎	中国科学院地理科学与资源研究所	—

续表

序号	姓名	性别	博士毕业单位	进站时间	出站时间	退站时间	合作导师	接收单位	备注
40	张爱军	男	西南交通大学	2002.4.2	2004.6.30	—	薛勇	北京化工大学	—
41	王彦飞	男	中国科学院数学研究院	2002.8.21	2004.6.21	—	薛勇	中国科学院遥感应用研究所	—
42	王雷	男	中国科学院地理科学与资源研究所	2002.9.5	2005.3.23	—	—	出国	—
43	颜长珍	男	中国科学院寒区旱区环境与工程研究所	2002.9.24	2004.9.16	—	吴炳方	中国科学院寒区与旱区环境与工程研究所	—
44	秦翔	男	中国科学院寒区旱区环境与工程研究所	2002.9.26	2004.6.23	—	邵芸	中国科学院寒区与旱区环境与工程研究所	—
45	黄进良	男	武汉大学	2002.10.15	2004.9.16	—	吴炳方	中国科学院测量与地球物理研究所	—
46	韦燕凤	女	中国科学院自动化研究所	2003.3.3	2005.9.26	—	赵忠明	广西大学	—
47	方俊永	男	北京理工大学	2003.4.1	2005.9.26	—	童庆禧	北京理工大学	—
48	黄金川	男	中国科学院地理科学与资源研究所	2003.7.18	2006.7.12	—	吴炳方	中国科学院地理科学与资源研究所	—
49	张新	男	中国科学院地理科学与资源研究所	2004.7.7	2006.7.27	—	池天河	中国科学院遥感应用研究所	—
50	戚铭尧	男	刊江办处直陶饶路8号－322号	2004.7.23	2006.6.22	—	何建邦 厉惠国	清华大学深圳研究生院	—
51	张学霞	女	中国科学院地理科学与资源研究所	2004.10.12	2006.12.19		崔伟宏	北京林业大学	—
52	谷晓平	女	中国农业大学	2004.10.29	2008.10.27	—	王长耀	—	—
53	张连蓬	男	山东科技大学	2004.11.22	2010.9.2	—	柳钦火	徐州师范大学	—
54	张风丽	女	中国科学院上海技术物理研究所	2005.2.22	2007.9.5	—	吴炳方	中国科学院遥感应用研究所	—
55	沈占锋	男	中国科学院地理科学与资源研究所	2005.6.29	2007.9.19	—	骆剑承	中国科学院遥感应用研究所	—
56	陈华斌	男	中国科学院地理科学与资源研究所	2005.7.12	2010.1.21	—	池天河	—	—
57	路鹏	男	中国科学院水土保持与生态环境研究所	2005.8.17	2008.10.27	—	牛铮	中国科学院植物研究所	—
58	黄文江	男	北京师范大学	2005.9.21	2010.6.1	—	牛铮	北京农业信息技术研究中心	—
59	吴昀昭	男	南京大学	2005.11.16	2008.6.11	—	宫鹏	南京大学	—
60	邢进	男	中国科学院长春光学精密机械与物理研究所	2006.12.14	2008.11.14	—	顾行发	中国科学院遥感应用研究所	—
61	李卫国	男	南京农业大学	2006.6.22	2009.6.30	—	童庆禧	—	—
62	魏彦昌	男	中国科学院研究生院	2006.7.21	2009.7.2	—	吴炳方	中国科学院植物研究所	—
63	谢涛	男	上海交通大学	2007.3.9	—	2007.6.25	宫鹏	—	退站
64	朱骥	男	中国科学院水利部成都山地灾害与环境研究所	2007.7.23	2012.1.17	—	施建成	石家庄经济学院	—
65	周强	男	中国科学院电子学研究所	2007.9.29	—	2012.6.5	宫鹏 郭子祺	—	退站
66	彭光雄	男	北京师范大学	2007.10.12	2010.4.29	—	崔伟宏	中南大学	—
67	周脚根	男	武汉大学测绘遥感信息工程国家重点实验室	2007.10.17	2009.8.13	—	杨崇俊	—	联合招收
68	傅文学	男	南京大学	2007.10.30	2009.11.26	—	郭华东	中国科学院对地观测与数字地球科学中心	—
69	张生雷	男	中国科学院大气物理研究所	2008.1.22	2012.7.4	—	施建成	中国科学院遥感应用研究所	—
70	李秀红	女	武汉大学	2008.5.20	2010.5.6	—	宫鹏	北京师范大学	—
71	王梦飞	男	中国科学院广州地球化学研究所	2008.5.13	2010.7.19	—	蔺启忠	—	—
72	李娟	女	北京邮电大学	2008.7.3	2010.11.3	—	顾行发	中国科学院遥感应用研究所	—
73	卢善龙	男	浙江大学	2008.7.7	2010.4.22	—	吴炳方	中国科学院遥感应用研究所	—

续表

序号	姓名	性别	博士毕业单位	进站时间	出站时间	退站时间	合作导师	接收单位	备注
74	乔保军	男	北京理工大学	2008.7.14	—	2013.5.9	顾行发	—	退站
75	陈永柏	男	中国科学院水生生物研究所	2008.8.18	2010.7.30	—	吴炳方	中国长江三峡工程开发总公司	—
76	吕鹏	男	中国地质大学（北京）	2009.4.2	2011.8.1	—	崔伟宏	中国地质图书馆	—
77	徐京萍	女	中国科学院东北地理与农业生态研究所	2009.6.18	2011.5.30	—	顾行发	国家海洋环境监测中心	—
78	柏军华	男	中国农业科学院研究生院	2009.6.26	2011.8.24	—	柳钦火	中国科学院遥感应用研究所	—
79	吉东生	男	中国科学院大气物理研究所	2009.7.2	2012.1.16	—	陈良富	中国科学院大气物理研究所	—
80	王传宇	男	中国农业大学	2009.7.27	2011.12.19	—	赵春江 吴炳方	北京农业信息技术研究中心	联合招收
81	李学东	男	中国地质大学（北京）	2009.9.1	—	2013.5.9	顾行发	—	退站
82	刘厚通	男	中国科学院合肥物质科学研究院	2009.12.8	2012.6.1	—	陈良富	安徽工业大学	—
83	姬伟	女	中国地质大学（武汉）	2010.6.28	2012.7.3	—	曹春香	二十一世纪空间技术应用股份有限公司	—
84	贾琳	女	中国科学院地理科学与资源研究所	2010.9.8	—	2010.11.10	施建成	—	退站
85	Rishiraj Dutta	男	University of Twente	2012.5.15	—	2012.9.24	—	—	退站

招收85人，其中，出站78人、退站7人。

（四）2010年底在站博士后人员名单

序号	姓名	性别	博士毕业单位	进站时间	合作导师	备注
1	郑进军	男	中国科学院成都山地灾害与环境研究所	2008.3.12	顾行发	—
2	赵向军	男	浙江大学	2008.3.19	龚建华	—
3	刘军	男	中国人民解放军信息工程大学	2008.3.19	顾行发	—
4	窦有俊	男	北京师范大学	2009.2.26	施建成	—
5	徐志刚	男	中国科学院地理科学与资源研究所	2009.6.11	牛铮	—
6	徐元柳	男	中国地质大学（北京）	2009.7.7	施建成	—
7	刘焕军	男	中国科学院东北地理与农业生态研究所	2009.7.16	吴炳方	联合招收
8	刘柳松	男	中国科学院南京土壤研究所	2009.7.23	施建成	—
9	杨阿强	男	中国科学院地理科学与资源研究所	2009.8.28	施建成	—
10	赖积保	男	哈尔滨工程大学	2009.10.23	顾行发	—
11	戴丽君	女	中国科学院地理科学与资源研究所	2010.6.11	崔伟宏	—
12	赵晋陵	男	中国科学院地理科学与资源研究所	2010.6.29	吴炳方	联合招收
13	胡光成	男	中国地质大学（北京）	2010.7.14	贾立	—
14	张海龙	男	中国科学院地理科学与资源研究所	2010.7.15	柳钦火	—
15	刘剋	男	华东师范大学	2010.7.15	顾行发	—
16	王保丰	男	解放军信息工程大学	2010.11.2	邸凯昌	—
17	刘昕	男	中国矿业大学（北京）	2010.12.23	骆剑承	—

（五）来华留学生名单

序号	姓名	中文姓名	性别	入学时间	国籍	培养层次	导师	毕业时间	备注
1	WONSOK KIM	金元席	男	2009.9	朝鲜	博士	聂跃平	2012.7	—
2	CHANGIN RI	李创仁	男	2009.9	朝鲜	博士	柳钦火	—	—
3	PEERA YOMWAN	黄明仁	男	2011.1	泰国	博士	曹春香	—	—
4	MUHAMMAD HASAN ALI BAIG	哈桑	男	2011.4	巴基斯坦	博士	童庆禧	—	—
5	JIRATIWAN KRUASILP	因可	女	2011.5	泰国	博士	吴炳方	—	—
6	CHANOK THUAMJORN	诺克	男	2012.12	泰国	博士	吴炳方	—	—
7	MATTIJN VAN HOEK	马克	男	2012.4	荷兰	博士	贾立	—	—
8	MUHANNAD SHAKIR	沙柯瑞	男	2012.5	巴基斯坦	博士	牛铮	—	—
9	APITACH SAOKARN	韩伟旗	男	2012.5	泰国	博士	曹春香	—	—

附　　录

附录1　遥感应用研究所（1979～2012年）职工名单*

艾新元　安金杰　白建原　白璐　白旭阳　柏军华　包佩丽　鲍士柱　贝鸣钟　毕建涛　毕思文
边钊　卞小林　布和　蔡国瑞　蔡蓉丽　曹春香　曹津生　曹梅霞　曹晓明　曹彦荣　曹英连
曹宇东　曹兆丰　曹振奇　常慧英　常胜　常原飞　陈宝文　陈楚群　陈冬梅　陈果　陈国萃
陈涵　陈宏　陈华斌　陈吉龙　陈继平　陈建胜　陈健钢　陈江　陈捷　陈婕　陈静波
陈靖屏　陈丽莎　陈良富　陈亮　陈敏　陈明扬　陈强　陈生　陈述彭　陈锡杰　陈茜南
陈晓东　陈晓莉　陈欣　陈行星　陈兴峰　陈秀勤　陈雪　陈雪洋　陈岩　陈宇　陈玥
陈正超　陈正华　陈正宜　陈志敏　陈志明　陈子南　程天海　程晓　程晓云　程玉华　程裕华
池天河　崔承禹　崔福东　崔国栋　崔国良　崔积山　崔景年　崔伟宏　崔颐冰　崔颐水　代晶晶
戴锦芳　戴企成　戴西波　党顺行　邓柏樵　邓飚　邓富亮　邓郎　邸凯昌　狄小春　狄志萍
刁华旺　丁海　丁纪　丁家志　丁琳　丁群　董磊磊　董鹏　董品亮　董庆　董文
董洋　杜聪　杜端秉　杜今阳　杜鑫　杜永明　段久有　段学森　发强　范长江　范惠如
范西模　范湘涛　方俊永　方莉　房成法　冯惠琳　冯建亮　冯建中　冯为棋　冯亚军　冯荫柱
冯勇进　冯峥　付鹤　付秀银　傅黎　傅文学　盖建　高宝祥　高飞　高海亮　高海涛
高军　高琅琅　高连如　高亮　高鹏　高帅　高晓林　高亚琼　高彦征　高志明　郜风国
郜丽静　戈剑　葛京京　葛远泉　葛中海　耿淮滨　耿杰哲　宫华泽　宫鹏　龚家龙　龚建华
巩彩兰　谷丰　顾平峰　顾行发　关少平　关威　关燕宁　光洁　光谦　郭丁　郭桂林
郭红　郭宏　郭华东　郭继发　郭建平　郭军　郭俊　郭峻　郭亮　郭明　郭庆三
郭杉　郭世忠　郭松　郭秀京　郭英　郭蕴芳　郭之怀　郭子祺　虢建宏　过志峰　过志军
韩春明　韩明非　韩鹏　韩庆泰　韩向娣　韩颖颖　韩勇　郝景燕　郝力　郝卫星　何昌垂
何刚　何建邦　何剑锋　何欣年　贺弢　洪丽　侯彪　侯宏飞　侯林　侯伟学　侯伟真
侯学武　胡宝新　胡昌苗　胡海棠　胡娟　胡克发　胡梅　胡仁业　胡顺光　胡维平　胡西亮
胡贤世　胡晓东　胡新礼　胡远　胡征宇　华厚强　黄长林　黄长平　黄诚忠　黄方　黄国华
黄华兵　黄慧萍　黄金川　黄民德　黄铭瑞　黄妮　黄青青　黄秀华　黄文江　黄晓霞　黄绚
黄扬　黄永平　黄玉山　回玉辉　惠凤鸣　霍连志　姬大彬　季慧　贾慧聪　贾坤　贾立
贾淑萍　贾笑音　荐军　姜虎文　蒋精文　蒋样明　蒋致平　矫志本　金东华　金浩　金秀红
金问信　金燕虎　荆林海　鞠颂　阚秀兰　柯保嘉　孔瑞广　匡伟良　兰虎彪　蓝利　雷永荟
雷朝峰　雷霞　李斌　李秉枢　李成军　李聪敏　李大卫　李丹丹　李东辉　李发鹏　李风
李付琴　李刚　李更须　李国勤　李红旮　李宏益　李加洪　李家国　李家实　李健　李建军
李津平　李进　李景刚　李婧　李静　李菊卿　李娟　李均力　李骏飞　李俊生　李坤
李丽　李丽　李莉　李莉　李利军　李良群　李林　李琳　李玲玲　李民　李明里
李乃煌　李培金　李萍　李强　李强子　李全友　李儒　李莘莘　李生平　李世华　李树楷
李树平　李帅　李爽　李涛　李彤　李伟　李卫国　李文　李文航　李霞　李小力
李小民　李小平　李小文　李小英　李晓峰　李晓红　李晓平　李晓松　李效民　李新武　李雄
李秀红　李秀云　李亚斌　李艳丽　李扬　李毅　李勇彬　李玉文　李允姜　李展　李昭宏
李震　李正强　李志伟　李志远　李灼华　李紫薇　李祖传　历华　励惠国　连石柱　梁凤英
梁季红　梁璐　梁融韬　梁威　梁晏祯　廖彩智　廖静娟　廖黎荣　林恒章　林洪伟　林华强
林晖　林庆　林树道　林桐　林燕洋　蔺启忠　凌扬荣　凌云鹏　刘斌　刘冰　刘博
刘长海　刘承恩　刘纯波　刘存厚　刘东晖　刘冬林　刘芳　刘戈平　刘桂云　刘国水　刘浩
刘红梅　刘华梅　刘辉　刘纪远　刘佳　刘建　刘建明　刘建勇　刘进杰　刘晶　刘景东

* 按姓氏汉语拼音排序。

刘静航 刘　娟 刘　军 刘　军 刘　军 刘俊灵 刘　丽 刘琳琪 刘玲玲 刘　翎 刘沫晗
刘乃澈 刘其悦 刘　强 刘少创 刘士宽 刘书明 刘述民 刘素红 刘　彤 刘威威 刘文亮
刘　雯 刘习温 刘　翔 刘　鑫 刘　兴 刘行华 刘秀英 刘旭东 刘　学 刘学谱 刘亚军
刘亚岚 刘　岩 刘延辉 刘　杨 刘　毅 刘永庚 刘　媛 刘召芹 刘　珍 刘　臻 刘　震
刘忠轩 刘忠扬 柳彩霞 柳　伽 柳钦火 柳树福 娄纪伟 卢德崑 卢冬梅 卢立新 卢新巧
卢亚非 卢逸群 陆　丹 陆　明 陆燕琴 路　鹏 路　遥 罗朝明 罗庆瑜 罗晓慧 罗修岳
骆剑承 吕　彬 吕　会 吕克解 吕　梅 吕婷婷 吕　阳 吕永红 马芬荣 马广明 马红涛
马建文 马江林 马景芝 马境治 马岚华 马立广 马　强 马庆华 马　瑞 马　啸 马昭阳
毛政元 梅　婷 梅　新 蒙继华 孟立霞 孟庆仓 孟庆岩 孟宪爱 孟　瑜 米晓飞 明冬萍
明　涛 娜仁格勒 倪　平 倪文俭 倪晓东 聂跃平 牛振国 牛　铮 钮立明 欧　阳 欧阳晓莹
潘　红 潘火平 潘起胜 潘　伟 庞　林 彭光雄 彭　静 彭　玲 彭　嫚 彭旭龙 濮静娟
齐静娟 祁连山 钱建中 钱育华 乔　丽 乔彦超 乔彦友 芩　奕 秦静欣 秦思娴 秦　益
邱　文 邱易平 瞿　红 全　刚 全美荣 饶赛文 任凤清 任伏虎 任鸿瑞 任维诚 任仙英
任应超 任玉环 沙志发 单小军 商志慧 邵　斌 邵　芸 申　林 沈　劼 沈金祥 沈　磊
沈　南 沈在壎 沈占峰 师长安 施建成 施建宁 施　健 石军梅 石　韧 史继东 史跃远
司　桥 宋凤贤 宋华凯 宋晶晶 宋燕菊 宋益平 宋永红 宋子辉 苏安成 苏汉武 苏　林
苏顺东 苏卫东 隋洪智 孙成国 孙　刚 孙国清 孙　嘉 孙建国 孙俊杰 孙兰成 孙兰珍
孙利国 孙连英 孙瑞宝 孙　涛 孙　伟 孙文新 孙晓勤 孙晓文 孙秀兰 孙　源 索英则
邰玉海 谭福安 谭康尧 谭宽祥 谭文彬 谭文斌 谭星明 汤乃宏 唐建智 唐　娉 陶金花
陶佩佩 陶永轶 陶　醉 田国良 田启燕 田　青 田庆久 田　维 田　野 田亦陈 田忆睿
田志刚 童庆禧 童寿彬 万文辉 万正明 汪承义 汪劲松 汪水花 汪　湘 汪　潇 王　蓓
王　边 王长林 王长耀 王长有 王　超 王　晨 王臣立 王　川 王春梅 王翠珍 王丹瑞
王　栋 王尔和 王尔琪 王　菲 王　峰 王福涛 王　刚 王　革 王更科 王海礁 王海林
王海亮 王红梅 王　宏 王宏宇 王　虹 王　吉 王剑庚 王　杰 王锦地 王　进 王晋年
王巨山 王　军 王　凯 王克新 王　昆 王　雷 王李娟 王　力 王力达 王立辉 王丽涛
王连琴 王　琳 王苓涓 王　璐 王梦飞 王　奇 王　茜 王　倩 王　庆 王庆勋 王秋华
王世昂 王世新 王书振 王淑蓉 王树东 王树杰 王　松 王苏颖 王天星 王　薇 王维波
王为民 王文英 王文杰 王　汶 王向军 王　潇 王小力 王小利 王晓云 王秀丽 王秀利
王秀棠 王秀玥 王延勤 王彦飞 王燕生 王耀庭 王乙欣 王　毅 王莹珞 王永祥 王玉如
王远辉 王志刚 王忠武 王子峰 王自山 卫　征 卫　政 魏成阶 魏芳菲 魏飞鸣 魏　庆
魏秋方 魏显虎 魏香琴 魏秀萍 魏彦昌 魏永明 温庆可 文　晶 文美平 闻建光 翁祖平
邬明权 邬　松 吴炳方 吴朝阳 吴晨英 吴传琦 吴方明 吴非权 吴　锋 吴加敏 吴　坚
吴　洁 吴康迪 吴　磊 吴秋华 吴纫玲 吴太夏 吴晓清 吴　兴 吴业成 吴　音 吴玉霞
吴　云 吴昀昭 伍朝琳 武　坚 武晋云 武小青 武晓波 夏明宝 席晓燕 冼文姿 向正良
肖　程 肖春生 肖丹涛 肖建华 肖　柯 肖　坤 肖鲁汀 肖　青 肖仁孟 谢　酬 谢京立
谢　涛 谢　勇 解学通 辛卫国 辛晓洲 邢　进 邢　强 熊　川 熊金国 熊　隽 徐爱义
徐　昶 徐庚庆 徐冠华 徐进勇 徐柳青 徐伟华 徐晓宏 徐新刚 徐珍元 许　华 许建芬
许小华 许玉芬 许允飞 禤小娟 薛　廉 薛　勇 严志建 阎福礼 阎　珺 阎立宏 阎娜娜
阎守邕 颜春燕 颜绍勇 颜松远 颜铁森 燕守勋 杨邦会 杨超武 杨崇俊 杨春杰 杨大川
杨东红 杨凤均 杨广辰 杨贵军 杨贵权 杨桂兰 杨国成 杨　杭 杨　红 杨　健 杨　静
杨　军 杨　君 杨　俊 杨克宁 杨　乐 杨雷东 杨立福 杨丽娜 杨　敏 杨　宁 杨　平
杨珊荣 杨世仁 杨　硕 杨卫军 杨希华 杨习荣 杨　侠 杨小唤 杨小丽 杨小秋 杨晓晖
杨晓峰 杨　旭 杨　莹 姚建明 姚晓婧 姚延娟 叶金山 叶小敏 易　玲 易雄鹰 殷登燮
殷小军 尹　锴 尹　萍 尹　球 尤红建 于彩虹 于　静 于丽君 于　岭 于　璐 于天旭
于　暘 余　琦 余珊珊 余　涛 余维燕 俞纪华 俞志谦 虞芳芳 宇林军 袁　超 袁海军
袁和平 袁志宁 原君娜 岳安志 岳志夫 岳宗玉 臧文乾 曾丹霞 曾庆业 曾伟红 曾　源
查　勇 詹慈祥 占玉林 张安峰 张保华 张　兵 张　超 张成刚 张持金 张崇厚 张春伏
张春燕 张飞飞 张凤丽 张　峰 张福庆 张富贵 张海波 张海龙 张海英 张国庆 张国义

张　浩	张浩信	张　颢	张和甫	张和然	张　红	张红松	张会娟	张会来	张惠勋	张建昉
张建中	张金胜	张　晋	张晋开	张京哲	张　娟	张　军	张　兰	张　磊	张立福	张丽华
张　俐	张满郎	张　宁	张佩红	张启明	张　前	张庆员	张　睿	张润根	张少龙	张生雷
张圣凯	张　时	张守善	张婷婷	张维胜	张委伟	张喜旺	张　霞	张显峰	张晓红	张　新
张学霞	张雪梅	张彦军	张延涛	张益强	张　毅	张　迎	张　莹	张玉香	张渊智	张元生
张　源	张　跃	张云峰	张云和	张增祥	张占杰	张志辉	张志慧	张志玉	张宗科	赵财英
赵昌龄	赵　琛	赵　旦	赵德刚	赵　冬	赵　挥	赵　健	赵　京	赵晶晶	赵菊英	赵利民
赵　亮	赵　娜	赵南英	赵千钧	赵　清	赵庆春	赵世学	赵天杰	赵　炜	赵　雯	赵向军
赵晓丽	赵　炎	赵彦庆	赵英时	赵　勇	赵永超	赵玉玲	赵玉琴	赵忠明	郑宝新	郑长在
郑　军	郑　柯	郑兰芬	郑　磊	郑若谩	郑天河	郑　威	郑兴年	郑姚闽	郑元章	郑战军
郑志刚	支毅乔	钟　亮	钟业宏	仲　波	周　翀	周春艳	周福林	周海荣	周红英	周洁萍
周　进	周静茹	周里亚	周力田	周丽华	周丽萍	周　强	周全斌	周上益	周卫峰	周　翔
周心铁	周　艺	周月敏	周郑林	朱宝章	朱博勤	朱长明	朱重光	朱红缘	朱　骥	朱建峰
朱娟娟	朱　丽	朱　利	朱　亮	朱明安	朱明球	朱向明	朱小冬	朱小平	朱　艳	朱　晔
朱振海	祝振德	庄大方	庄　宁	纵坚平	祖荣香	左丽君	左正立			

附录 2　软件著作权

序号	登记号	分类号	软件全称	软件简称	版本号	著作权人（国籍）
1	990965	—	GeoBeans 网络地理信息系统开发平台软件 [简称：地网 GeoBeans] V1.2	—	—	中国科学院遥感应用研究所
2	2002SR4289	63000-0000	IRSA-4 遥感图像处理系统（工作站版）V4.0 [简称：IRSA-4]	—	—	中国科学院遥感应用研究所
3	2002SR4290	63000-0000	IRSA-3 遥感图像处理系统（微机版）V3.0 [简称：IRSA-3]	—	—	中国科学院遥感应用研究所
4	2003SR10794	62000-9900	RSIS 遥感反演系统 V1.0 [简称：遥感反演系统]	—	—	中国科学院遥感应用研究所
5	2003SR10795	62000-9900	通用雷达分析计算平台 V1.0 [简称：GRACE]	—	—	中国科学院遥感应用研究所
6	2003SR10967	67500-8400	“非典”网络地理信息系统 [简称：“非典”系统] V1.0	—	—	中国科学院遥感应用研究所
7	2003SR11123	65000-7000	绿地与道桥管理信息系统 [简称：SZGIS] V1.0	—	—	中国科学院遥感应用研究所
8	2004SR02136	61000-9000	机载多角度多光谱（AMTIS）遥感数据定量化处理系统 [简称：AMTIS 数据处理系统] V1.0	—	—	中国科学院遥感应用研究所
9	2004SR02267	61000-9000	先进对地观测技术农业应用系统[简称：AEOTSAA] V1.0	—	—	中国科学院遥感应用研究所
10	2004SR02541	63000-0000	IRSA 遥感图像处理系统 [简称:IRSA 6.0] V6.0	—	—	中国科学院遥感应用研究所
11	2004SR02542	63000-0000	IRSA 遥感图像处理系统 [简称:IRSA 5.2] V5.2	—	—	中国科学院遥感应用研究所
12	2004SR03626	66500-0000	遥感图像人机交互判读系统软件[简称：I3S] V1.0	—	—	中国科学院遥感应用研究所
13	2004SR03738	62000-9000	遥感数据智能处理系统 [简称：RAPS] V1.0	—	—	中国科学院遥感应用研究所
14	2004SR11360	63000-9100	图像判读软件 V1.0	—	—	中国科学院遥感应用研究所
15	2004SR11361	63000-9100	辐射定标与 MTF 校正软件 [简称：辐射定标与 MTF 校正] V1.0	—	—	中国科学院遥感应用研究所
16	2004SR11362	63000-9100	近垂直图像镶嵌软件 V1.0 [简称：近垂直图像镶嵌]	—	—	中国科学院遥感应用研究所
17	2004SR11363	63000-9100	SAR 浏览软件 V1.0 [简称：SARView]	—	—	中国科学院遥感应用研究所
18	2005SR00802	62000-9000	遥感数据贝叶斯网络处理系统 [简称：RSBN] V1.0	—	—	中国科学院遥感应用研究所
19	2005SR01214	65000-9000	石河子水土资源管理信息系统 [简称：ILWARS] V1.0	—	—	中国科学院遥感应用研究所；新疆石河子市科技开发中心；北京大学
20	2005SR02208	65000-9100	城市环保信息系统 V1.0	—	—	中国科学院遥感应用研究所
21	2005SR02521	65000-9500	城乡一体化地籍信息系统 [简称：地籍系统] V1.0	—	—	中国科学院遥感应用研究所
22	2005SR03218	65000-0000	城市基础地理信息平台软件 [简称：城市基础地理信息平台] V1.0	—	—	中国科学院遥感应用研究所
23	2005SR03219	65000-0000	三维城市系统 V1.0 [简称：三维城市]	—	—	中国科学院遥感应用研究所
24	2005SR03220	65000-0300	森林病虫害检疫系统 V1.0	—	—	中国科学院遥感应用研究所
25	2005SR03250	67500-0000	遥感影像群判读系统 [简称：GrIS] V1.0	—	—	中国科学院遥感应用研究所
26	2005SR04594	64000-9100	遥感影像数据库引擎（imageDE）V1.0 [简称：imageDE]	—	—	中国科学院遥感应用研究所
27	2005SR06321	62000-0000	遥感数据抽样系统 Remote Sensing Sampling System [简称：RESS] V1.0	—	—	中国科学院遥感应用研究所
28	2005SR08848	67500-9900	数字地球中国×××系统 [简称：DECM-1] V1.0	—	—	中国科学院遥感应用研究所

续表

序号	登记号	分类号	软件全称	软件简称	版本号	著作权人（国籍）
29	2005SR12484	67500-0000	小城镇综合信息管理与应用平台软件 V1.0 [简称：小城镇综合平台 GeoBeans.XCZ]	—	—	中国科学院遥感应用研究所；北京中遥地网信息技术有限公司
30	2005SRBJ1073	65000-0000	基于网络的可持续发展决策支持系统 V1.0 [简称：IDSS]	—	—	中国科学院遥感应用研究所
31	2005SRBJ1363	66000-0100	农作物长势遥感监测系统 V1.0	—	—	中国科学院遥感应用研究所
32	2005SRBJ1364	66000-0100	粮食供需平衡预警监测系统 V1.0	—	—	中国科学院遥感应用研究所
33	2005SRBJ1365	66000-8900	全国旱情遥感监测系统 V1.0[简称：旱情遥感监测系统]	—	—	中国科学院遥感应用研究所
34	2005SRBJ1941	63000-0700	Taries 遥感影像分析系统软件 V1.0[简称：Taries]	—	—	中国科学院遥感应用研究所
35	2006SR00042	62500-9500	小城镇专用 GIS 软件 V1.0 [简称：TownGIS]	—	—	中国科学院遥感应用研究所
36	2006SR10898	67500-9100	城市公共信息共享服务平台软件（UGIS）V2.0 [简称：UGIS]	—	—	中国科学院遥感应用研究所
37	2006SR10899	67500-9100	公共空间信息服务软件（MapGoo）V2.0 [简称：MapGoo]	—	—	中国科学院遥感应用研究所
38	2006SR11384	63000-7300	航空图像拼接系统 V1.0 [简称：拼接系统]	—	—	中国科学院遥感应用研究所
39	2006SR11385	63000-0000	图像快视和筛选系统 V1.0 [简称：图像快视系统]	—	—	中国科学院遥感应用研究所
40	2006SR11386	63000-0000	空间信息融合系统 V1.0 [简称：信息融合系统]	—	—	中国科学院遥感应用研究所
41	2006SRBJ2052	62000-0600	水土流失定量估算子系统 V1.0	—	—	中国科学院遥感应用研究所
42	2006SRBJ2053	65000-0600	水土保持信息专题查询子系统 V1.0	—	—	中国科学院遥感应用研究所
43	2006SRBJ2054	65000-0600	水土保持管理信息系统 V1.0	—	—	中国科学院遥感应用研究所
44	2006SRBJ2055	65000-0600	小流域水土保持信息管理子系统 V1.0	—	—	中国科学院遥感应用研究所
45	2006SRBJ2101	62000-9900	统计地理信息系统 V1.0[简称：StaGIS]	—	—	中国科学院遥感应用研究所
46	2006SRBJ2149	67500-0300	林业有害生物网络管理信息系统 V 1.0 [简称：FMIS]	—	—	中国科学院遥感应用研究所
47	2007SR03093	66500-9000	贝叶斯网络信息处理系统（扩展版）V1.0 [简称：BayesNetEX]	—	—	中国科学院遥感应用研究所
48	2007SR04982	63000-0000	基于控制点数据库的图像自动配准软件 V1.0 [简称：控制点库配准软件]	—	—	中国科学院遥感应用研究所
49	2007SR04983	63000-0000	遥感图像全自动配准镶嵌软件 [简称：配准镶嵌软件] V1.0	—	—	中国科学院遥感应用研究所
50	2007SR06581	39900-9100	半实物仿真地理信息处理中间件软件 V1.0 [简称：TMap]	—	—	中国科学院遥感应用研究所
51	2007SR12119	66500-7300	航空图像注释信息自动识别软件 V1.0 [简称：字符自动识别软件]	—	—	中国科学院遥感应用研究所
52	2007SR14953	63000-9000	PCNN 遥感影像处理软件 [简称：PcnnRspS] V1.0	—	—	中国科学院遥感应用研究所
53	2007SR20700	63000-7500	野外调查指示系统 V1.0	—	—	中国科学院遥感应用研究所
54	2007SRBJ0549	68500-9100	环境遥感监测系统 V1.0[简称：REMS]	—	—	中国科学院遥感应用研究所；中国环境监测总站
55	2007SRBJ0555	62000-0100	区域农情遥感监测系统 V1.0[简称：区域农情系统]	—	—	中国科学院遥感应用研究所
56	2007SRBJ1035	65000-9500	小城镇政府综合管理系统的重建平台软件 V1.0	—	—	中国科学院遥感应用研究所
57	2007SRBJ2258	62000-0300	林业有害生物 GIS 数据记录系统 V1.0	—	—	中国科学院遥感应用研究所
58	2007SRBJ3052	61000-7300	桥梁病害测评与预测系统	BTS	V2.0	中国科学院遥感应用研究所

续表

序号	登记号	分类号	软件全称	软件简称	版本号	著作权人（国籍）
59	2008SR08953	63000-9100	光学图像地形辐射校正处理软件 V1.0 [简称：ZYC_TopoRadCor]	—	—	中国科学院遥感应用研究所
60	2008SR08954	63000-9100	建筑物三维纹理自动映射系统 [简称：TM] V1.0	—	—	中国科学院遥感应用研究所
61	2008SR08955	63000-9100	基于 CAD 和图像的建筑物变化检测系统 [简称：CBCD] V1.0	—	—	中国科学院遥感应用研究所
62	2008SR08956	63000-9100	遥感特定信息提取软件 [简称：WL_SIE_PrePro] V1.0	—	—	中国科学院遥感应用研究所
63	2008SR15042	62000-7000	城市地上地下一体化三维可视化分析系统 V1.0 [简称：VAS3DUE]	—	—	中国科学院遥感应用研究所；天津城市建设学院
64	2008SR26282	67000-9000	京杭大运河遗址三维模拟系统 V1.0	—	—	中国科学院遥感应用研究所
65	2008SR26283	67000-0700	京杭大运河遗址三维场景编辑系统 V1.0	—	—	中国科学院遥感应用研究所
66	2008SR29703	65500-9900	小城镇产业布局辅助决策支持系统软件 V1.0	—	—	中国科学院遥感应用研究所
67	2008SR36391	63000-9000	多源遥感影像自动配准与融合软件 V1.0 [简称：AutoRF]	—	—	中国科学院遥感应用研究所
68	2008SR37501	66000-9100	海面烃类油膜雷达遥感图像检测系统 V1.0 [简称：海面油膜检测系统（SOSD）]	—	—	中国科学院遥感应用研究所
69	2008SR38745	65000-2000	烤烟生产“3S”空间信息管理系统 V1.0	—	—	中国科学院遥感应用研究所
70	2008SR38746	62000-2000	烤烟生产“3S”空间数据采集系统 V1.0	—	—	中国科学院遥感应用研究所
71	2008SRBJ0326	35000-7500	数字海河流域官厅密云水库三维模拟子系统 V1.0	—	—	中国科学院遥感应用研究所
72	2008SRBJ0338	35000-7500	数字海河流域子基础平台系统 V1.0	—	—	中国科学院遥感应用研究所
73	2008SRBJ0339	35000-7500	数字海河流域水土流失趋势分析子系统 V1.0	—	—	中国科学院遥感应用研究所
74	2008SRBJ0340	35000-7500	数字海河水土保持信息发布子系统 V1.0	—	—	中国科学院遥感应用研究所
75	2008SRBJ0858	67500-7300	基于 VPDN 的海量动态位置信息管理系统 [简称：DLMS]V1.0	—	—	中国科学院遥感应用研究所
76	2008SRBJ0860	67500-9500	分布式自适应网络视频监控系统 [简称：DAIVMS]V1.0	—	—	中国科学院遥感应用研究所
77	2008SRBJ1012	67500-9500	分布集中混合式网络地理信息系统 [简称：ICS]V1.0	—	—	中国科学院遥感应用研究所
78	2008SRBJ2772	69900-0300	林业有害生物灾害远程监控系统[简称：林业病虫害远程监控]V1.0	—	—	中国科学院遥感应用研究所
79	2008SRBJ3171	37000-9000	减轻旱灾数据共享与管理系统 [简称：DSIS]V1.0	—	—	中国科学院遥感应用研究所
80	2008SRBJ5400	63000-9000	SINCE2008 遥感信息计算系统 [简称：SINCE2008]V1.0	—	—	中国科学院遥感应用研究所
81	2008SRBJ5444	63000-9000	Taries 遥感影像分析系统软件 [简称：Taries]V2.0	—	—	中国科学院遥感应用研究所
82	2008SRBJ5637	62000-0300	基于 GIS/GPS 的林业有害生物监测数据记录系统[简称：P2IS]V2.0	—	—	中国科学院遥感应用研究所
83	2008SRBJ5703	34000-7400	TETRA 系统 GPS 接入软件[简称：GPS-T]V1.0	—	—	中国科学院遥感应用研究所
84	2009SR01599	66500-0600	内陆水体水质遥感定量监测系统 V1.0	—	—	中国科学院遥感应用研究所
85	2009SR019698	62000-0200	移动式松材线虫病害木定位和调查信息系统软件	—	V1.0	中国科学院遥感应用研究所；浙江林学院
86	2009SR024059	61000-8000	环境空气质量卫星遥感监测系统	atmers	V1.0	中国科学院遥感应用研究所
87	2009SR024060	61000-8000	污染气体卫星遥感监测系统	atmers_gas	V1.0	中国科学院遥感应用研究所
88	2009SR024115	61000-8000	颗粒物卫星遥感监测系统	atmers_pat	V1.0	中国科学院遥感应用研究所

续表

序号	登记号	分类号	软件全称	软件简称	版本号	著作权人（国籍）
89	2009SR029113	63000-0000	高分辨率遥感图像地块精细识别系统	RIAT	V1.0	中国科学院遥感应用研究所
90	2009SR029476	67000-7500	大尺度遥感辐射度模拟系统软件平台	LRGM 系统	V1.0	中国科学院遥感应用研究所
91	2009SR036158	61000-7900	人机交互的可视化坝系规划系统软件	—	V1.0	中国科学院遥感应用研究所
92	2009SR036646	67000-7500	多用户协同地学可视化系统软件	—	V1.0	中国科学院遥感应用研究所
93	2009SR038540	63000-3700	交通遥感图像分析系统	ImageTrans	V1.0	中国科学院遥感应用研究所
94	2009SR045506	62000-0000	静轨卫星图像几何定位原型分析系统	SSGL	1	中国科学院遥感应用研究所
95	2009SR045619	62000-0000	WiDAS 数据处理软件	WiDAS	1	中国科学院遥感应用研究所
96	2009SR045813	67500-0000	城镇产业发展与布局应用信息系统软件	—	V1.0	中国科学院遥感应用研究所
97	2009SR052351	62000-0000	村镇规划与土地利用多源数据集成与更新系统软件	—	1	中国科学院遥感应用研究所
98	2009SR052389	67500-0000	村镇信息化多媒体构件软件	—	1	中国科学院遥感应用研究所
99	2009SR052393	67500-0000	村镇信息化地图构件软件	—	1	中国科学院遥感应用研究所
100	2009SR052434	67000-0200	松材线虫病害传播元胞自动机模拟软件	—	V1.0	中国科学院遥感应用研究所；浙江林学院
101	2009SR057030	61000-6000	海洋油气资源综合遥感信息系统	—	V1.0	中国科学院遥感应用研究所
102	2009SR057215	63000-7600	支持向量机遥感数据分类训练中的基于归一化差植被指数直方图的边界样本选择算法软件	—	V1.0	中国科学院遥感应用研究所
103	2009SR060229	62000-7500	MTF 补偿与数据归一化处理软件	—	V1.0	中国科学院遥感应用研究所
104	2009SR060232	65500-7500	CBERS 与北京一号卫星交叉辐射定标软件	—	V1.0	中国科学院遥感应用研究所
105	2009SR061186	62000-4000	面向参数反演的微波遥感数据融合软件	—	V1.0	中国科学院遥感应用研究所
106	2009SR07990	66000-0100	农作物水分遥感监测处理系统 V1.0	—	—	中国科学院遥感应用研究所
107	2009SRBJ2987	62000-0300	国家级林业有害生物灾害监测与预警运行系统[简称：NMIS4FPI]V1.0	—	—	中国科学院遥感应用研究所
108	2009SRBJ4834	62000-0300	林间温湿度数据采集系统[简称：FTHDCS]V1.0	—	—	中国科学院遥感应用研究所
109	2009SRBJ4843	62000-0300	林业有害生物灾害采集系统[简称：IAS4FPD]V1.0	—	—	中国科学院遥感应用研究所
110	2009SRBJ5935	63000-9000	基于地物波谱库的遥感影像真彩色模拟系统	TCSS	V1.0	中国科学院遥感应用研究所
111	2009SRBJ6542	63000-9000	钢材板坯手写粉笔数字快速识别系统	SHNRS	V1.0	中国科学院遥感应用研究所
112	2009SRBJ6650	63000-9000	基于特征控制点库的遥感影像校正软件	FCPDR	V1.0	中国科学院遥感应用研究所
113	2009SRBJ7737	67000-9000	森林遥感多传感器信号模拟系统	FMSS	V1.0	中国科学院遥感应用研究所
114	2010SR000560	62000-0200	极化雷达遥感森林类型识别与分类系统	—	V1.0	中国科学院遥感应用研究所；国家林业局调查规划设计院
115	2010SR003289	65000-0400	中国海区溢油监测基础地理数据库及溢油监测浮标平台管理信息系统	中国海区溢油监测浮标平台管理信息系统	V1.0	中国科学院遥感应用研究所；国家卫星海洋应用中心
116	2010SR004178	63000-6100	IRSALIDAR 激光雷达数据处理系统	IRSALIDAR	1	中国科学院遥感应用研究所
117	2010SR005223	69900-8500	流行病多维信息可视化分析软件系统	EDAIDS	1	中国科学院遥感应用研究所
118	2010SR008234	63000-6100	IRSASPOT5 遥感影像数据处理系统	—	V 1.0	中国科学院遥感应用研究所
119	2010SR009048	67000-8500	呼吸道传播疾病时空建模与模拟软件	—	V1.0	中国科学院遥感应用研究所
120	2010SR012042	65500-7700	空间信息数据字典管理系统	—	V1.0	中国科学院遥感应用研究所
121	2010SR012998	11000-8500	消化道传播疾病时空建模与模拟软件	—	1	中国科学院遥感应用研究所
122	2010SR015996	63000-6100	遥感影像融合及调色系统	—	V1.0	中国科学院遥感应用研究所
123	2010SR017300	67000-0000	全链路遥感图像真实性检验仿真系统	QRST-ISQV	V1.0	中国科学院遥感应用研究所

续表

序号	登记号	分类号	软件全称	软件简称	版本号	著作权人（国籍）
124	2010SR017301	67000-0000	全链路热红外遥感图像仿真系统	QRST_IIS	V1.0	中国科学院遥感应用研究所
125	2010SR017302	69900-0000	目标辐射光子追踪仿真系统	QRST_RTRS	V1.0	中国科学院遥感应用研究所
126	2010SR017304	67000-0000	全链路可见光与近红外遥感图像仿真系统	QRST-ISS	V1.0	中国科学院遥感应用研究所
127	2010SR017306	67000-0000	全链路目标特性仿真系统	QRST_FLTS	V1.0	中国科学院遥感应用研究所
128	2010SR017308	67000-0000	遥感图像几何形变仿真系统	QRST_RTGS	V1.0	中国科学院遥感应用研究所
129	2010SR017309	67000-0000	海面内波 SAR 遥感仿真系统	QRST_SGSIW	V1.0	中国科学院遥感应用研究所
130	2010SR017311	67000-0000	卫星轨道运行仿真系统	QRST_STS	V1.0	中国科学院遥感应用研究所
131	2010SR017313	67000-0000	航天遥感图像仿真综合系统	QRST_SI	V1.0	中国科学院遥感应用研究所
132	2010SR018028	69900-0000	视频测量软件	Videogrammetry	V1.0	中国科学院遥感应用研究所
133	2010SR020512	63000-0000	遥感数据自动配准算法集成系统	Auo.RF	V1.0	中国科学院遥感应用研究所
134	2010SR021245	63000-7500	新型成像雷达地下目标探测与隐伏特征提取原型系统	—	V1.0	中国科学院遥感应用研究所
135	2010SR025892	69900-0000	地震信息遥感综合产品生产原型系统软件	QRST_EIRS	V1.0	中国科学院遥感应用研究所
136	2010SR025935	69900-0000	地震信息云检测产品生产系统软件	QRST_CMS	V1.0	中国科学院遥感应用研究所
137	2010SR038861	63000-0000	遥感图像整编与制图输出软件	—	V1.0	中国科学院遥感应用研究所
138	2010SR042887	62000-7500	南极冰盖表面高程制图系统	—	V1.0	中国科学院遥感应用研究所
139	2010SR063765	11000-7800	巨灾链灾害遥感一体化快速处理与分析系统	CCHIPAS	V1.0	中国科学院遥感应用研究所
140	2010SR067515	66000-0000	粮食密度电磁波测量系统	—	V1.0	中国科学院遥感应用研究所
141	2010SR067517	62000-0000	粮仓储粮数量快速检测集成处理系统	—	V1.0	中国科学院遥感应用研究所
142	2010SR067596	63000-0100	省级农情遥感监测系统	CropWatch-P	V1.0	中国科学院遥感应用研究所
143	2010SR067605	63000-0000	环境星数据处理系统	HJ processor	V1.1	中国科学院遥感应用研究所
144	2010SR067623	69900-0000	城乡边界地域生态安全管理与监测系统	—	1	中国科学院遥感应用研究所
145	2010SR071195	67000-7900	基于元胞自动机的溃坝洪水模拟与三维可视化系统	—	V1.0	中国科学院遥感应用研究所；西南交通大学
146	2010SRBJ2357	61000-0000	公路边坡管理系统	SlopeMap	V1.0	中国科学院遥感应用研究所
147	2010SRBJ2773	66000-8400	GNSS-R 海洋遥感任务监控系统	任务监控	V1.0	中国科学院遥感应用研究所
148	2010SRBJ2774	67000-8400	GNSS-R 海洋遥感仿真分析系统	仿真分析	V1.0	中国科学院遥感应用研究所
149	2010SRBJ2775	62000-8400	GNSS-R 海洋遥感数据处理与应用系统	—	V1.0	中国科学院遥感应用研究所
150	2010SRBJ3663	67500-0000	网络空间决策支持模型库系统	—	V1.0	中国科学院遥感应用研究所
151	2010SRBJ5314	61000-0500	多源遥感数据定量遥感产品生产与服务系统	—	V1.0	中国科学院遥感应用研究所
152	2010SRBJ5328	61000-0500	多源卫星遥感农情监测软件	AgRsis	V1.0	中国科学院遥感应用研究所
153	2010SRBJ5384	67500-6100	××地理信息资源目录服务软件	目录服务	V1.0	中国科学院遥感应用研究所
154	2010SRBJ5866	62000-0200	县级林业有害生物监测管理系统	CIMIS4FP	V2.0	中国科学院遥感应用研究所
155	2010SRBJ6396	63000-9000	SINCE2008 遥感信息计算系统	SINCE2008	V2.0	中国科学院遥感应用研究所
156	2010SRBJ6401	62000-8200	城市旧住宅区改造公众参与信息交互系统	—	V1.0	中国科学院遥感应用研究所
157	2010SRBJ6590	62000-0500	卫星遥感时间序列预处理及分析软件	STAT	V1.0	中国科学院遥感应用研究所
158	2011SR007371	69900-0000	国家科技支撑项目课题管理系统软件	—	V1.0	中国科学院遥感应用研究所
159	2011SR008993	30200-8500	传染病多维可视化与预测预警系统	MVPSI	V1.0	中国科学院遥感应用研究所
160	2011SR013787	30103-0000	基于影像和 IMU 的组合精密导航定位系统软件	RoverLocalizer	V1.0	中国科学院遥感应用研究所
161	2011SR013788	30103-0000	全景立体地形测图软件	PanoMapper	V1.0	中国科学院遥感应用研究所
162	2011SR014124	30219-8000	风暴潮灾害时空过程分析原型系统	—	V1.0	中国科学院遥感应用研究所

续表

序号	登记号	分类号	软件全称	软件简称	版本号	著作权人（国籍）
163	2011SR014507	30301-8000	海洋立体监测数据管理软件	—	V1.0	中国科学院遥感应用研究所
164	2011SR014508	30200-7500	海洋灾害要素时空过程多维表达系统	—	V1.0	中国科学院遥感应用研究所
165	2011SR014750	30103-8500	城市级传染病模拟与分析系统	CIDSAS	V1.0	中国科学院遥感应用研究所
166	2011SR020554	30200-8500	传染病现场调查与分析移动技术平台软件	—	V1.0	中国科学院遥感应用研究所
167	2011SR026235	30200-0000	南极冰盖表面高程变化检测系统	—	V1.0	中国科学院遥感应用研究所
168	2011SR039003	30103-0000	大气遥感专题产品制图系统	AMERSDRAW	V1.0	中国科学院遥感应用研究所
169	2011SR039008	30200-0000	热异常卫星遥感监测系统	TARS	V1.0	中国科学院遥感应用研究所
170	2011SR039010	30103-0000	大气气溶胶卫星遥感监测系统	AEROSOLRS	V1.0	中国科学院遥感应用研究所
171	2011SR039012	30103-0000	大气监测数据自动管理系统	AMDMS	V1.0	中国科学院遥感应用研究所
172	2011SR039140	30103-0000	温室气体卫星遥感反演系统	GHGRS	V1.0	中国科学院遥感应用研究所
173	2011SR040244	30200-0000	陆地地表气溶胶遥感定量反演系统	—	V1.0	中国科学院遥感应用研究所
174	2011SR042615	30103-0000	近地面颗粒物卫星遥感监测系统	PMRS	V1.0	中国科学院遥感应用研究所
175	2011SR046755	30200-0000	遥感水面自动提取软件	—	V1.0	中国科学院遥感应用研究所
176	2011SR058616	30108-0000	突发生物危害事件三维仿真模拟系统软件	—	V1.0	中国科学院遥感应用研究所；北京汇丰隆经济技术开发有限公司；中国人民解放军军事医学科学院微生物流行病研究所
177	2011SR059077	30103-8000	污染气体卫星遥感监测系统	GAS	V2.0	中国科学院遥感应用研究所
178	2011SR071390	30103-0000	热异常卫星遥感监测系统	TARS	V2.0	中国科学院遥感应用研究所
179	2011SR071763	30200-8000	大气监测数据自动管理系统	AMDMS	V2.0	中国科学院遥感应用研究所
180	2011SR072922	30200-0000	中国风云三号卫星 MERSI 标准数据集预处理系统	FY-3a MERSI 标准数据集预处理系统	V1.0	中国科学院遥感应用研究所
181	2011SR090729	30200-0000	森林雷击火危险等级评估系统	FLFDRAS	V1.0	中国科学院遥感应用研究所
182	2011SR093481	30219-0200	基于地面激光雷达的单木参数自动提取系统	—	V1.0	中国科学院遥感应用研究所
183	2011SR101044	30103-0000	国家主体功能区遥感监测与评价系统	MFARSDMES	V1.0	中国科学院遥感应用研究所
184	2011SRBJ0079	30102-0200	基于 GIS/GPS 的林业有害生物监测数据记录系统	ForestryGIS	V3.0	中国科学院遥感应用研究所
185	2011SRBJ0206	30104-6100	矢量数据网络渐进传输系统	GSDPTS	V1.0	中国科学院遥感应用研究所
186	2011SRBJ0466	30219-7500	主体功能区规划辅助决策支持原型系统	—	V1.0	中国科学院遥感应用研究所
187	2011SRBJ0475	30900-7500	主体功能区划模型库管理原型系统	—	V1.0	中国科学院遥感应用研究所
188	2011SRBJ1078	30103-6100	高性能应急响应综合信息集成与分析示范系统	应急集成与分析示范系统	V1.0	中国科学院遥感应用研究所
189	2011SRBJ1306	30211-5200	交通设施目标遥感图像分析与信息提取系统	TRS	V1.0	中国科学院遥感应用研究所
190	2011SRBJ1998	30103-7700	城市水环境规划信息管理系统	UHPIMS	V1.0	中国科学院遥感应用研究所
191	2011SRBJ3594	30103-8000	水环境模拟仿真系统	HydroSimu	V1.0	中国科学院遥感应用研究所
192	2011SRBJ3595	30103-7700	城市总体规划环境影响模拟评价系统	UPEIAGIS	V1.0	中国科学院遥感应用研究所
193	2011SRBJ4449	10100-7500	森林场景构建及相干散射信息模拟软件	ZLC	V1.0	中国科学院遥感应用研究所
194	2011SRBJ4966	30103-0000	网络空间决策支持模型库系统	WebSDSS	V2.0	中国科学院遥感应用研究所
195	2012SR000693	30200-0000	基于 ASAR 数据的南极地物提取软件	南极地物提取软件	V1.0	中国科学院遥感应用研究所
196	2012SR000694	30200-0000	基于 TM 等遥感数据的居民地提取软件	居民地提取软件	V1.0	中国科学院遥感应用研究所
197	2012SR001663	30200-7500	QRST CBERS-2 定量化应用系统软件	QRST CBERS-2	V1.0	中国科学院遥感应用研究所
198	2012SR001690	30304-7500	中国地物辐射特性库系统软件	QRST-CSFRS	V1.0	中国科学院遥感应用研究所
199	2012SR003087	30103-7500	离散格网系统误差数据分析试验系统	—	V1.0	中国科学院遥感应用研究所

续表

序号	登记号	分类号	软件全称	软件简称	版本号	著作权人（国籍）
200	2012SR010989	30103-6100	IRSAGlobe三维可视化系统	IRSAGlobe	V1.0	中国科学院遥感应用研究所
201	2012SR012840	30100-0000	生态环境及旅游适宜度评价系统	ETSES	V1.0	中国科学院遥感应用研究所
202	2012SR013152	30000-0000	高分辨率宽幅多数字相机系统预处理软件	PSHWMCS	V1.0	中国科学院遥感应用研究所
203	2012SR023343	30103-8500	传染病多维立体可视化系统	IDMVS	V1.0	中国科学院遥感应用研究所
204	2012SR030629	30200-8000	环境健康遥感诊断与预警演示软件	—	V1.0	中国科学院遥感应用研究所
205	2012SR043056	30211-5200	公路灾害应急遥感信息提取系统	—	V1.0	中国科学院遥感应用研究所
206	2012SR047637	10900-0000	生态环境遥感产品生产分系统–调度服务子系统软件	ERS1-SS	V1.0	中国科学院遥感应用研究所
207	2012SR047640	10900-0000	生态环境遥感产品生产分系统–订单管理子系统软件	ERS1-OM	V1.0	中国科学院遥感应用研究所
208	2012SR047642	10900-0000	生态环境遥感产品生产分系统–数据库管理子系统软件	ERS1-DBM	V1.0	中国科学院遥感应用研究所
209	2012SR047742	10900-0000	生态环境遥感产品生产分系统–任务管理子系统软件	ERS1-TM	V1.0	中国科学院遥感应用研究所
210	2012SR047808	10200-0000	MDPS参考数据管理系统软件	IRSA_MDPS_RDM	V1.0	中国科学院遥感应用研究所
211	2012SR047826	10900-0000	生态环境遥感产品生产分系统–产品生产服务子系统软件	ERS1-PPS	V1.0	中国科学院遥感应用研究所
212	2012SR048109	10900-0000	生态环境遥感产品生产分系统–数据处理子系统软件	ERS1-DPM	V1.0	中国科学院遥感应用研究所
213	2012SR048167	10900-0000	城市环境遥感定量反演信息系统软件	UrbanEYE	V1.0	中国科学院遥感应用研究所
214	2012SR059056	30200-7600	合成孔径雷达海面风场信息精细化提取原型系统	—	V1.0	中国科学院遥感应用研究所
215	2012SR077965	30200-8000	基于MODIS的旱情遥感监测业务化运行系统	DroughtWatch-M	V2.0	中国科学院遥感应用研究所
216	2012SR078068	30200-0000	不同尺度地表蒸散数据融合计算软件	ET_FUSE	V1.0	中国科学院遥感应用研究所
217	2012SR083264	30103-0100	IRSA新增建设用地图斑提取系统	IRSA_NICLE	V1.0	中国科学院遥感应用研究所
218	2012SR083268	30103-0100	IRSA土地利用变化图斑检测系统	IRSA_DETWITHSHP	V1.0	中国科学院遥感应用研究所
219	2012SR087046	30000-7800	无人机航线规划软件	—	V1.0	中国科学院遥感应用研究所
220	2012SR087490	30000-7800	固定翼无人机航磁数据预处理软件	航磁数据预处理软件	V1.0	中国科学院遥感应用研究所
221	2012SR100103	30000-7800	无人机航磁补偿软件	—	V1.0	中国科学院遥感应用研究所
222	2012SR100184	30000-7800	无人机航磁数据网格化软件	—	V1.0	中国科学院遥感应用研究所
223	2012SR100189	30000-7800	无人机测线分割软件	—	V1.0	中国科学院遥感应用研究所
224	2012SR111081	30200-0000	洪涝灾害高分辨率遥感监测预警系统	洪涝灾害高分监测预警系统	V1.0	中国科学院遥感应用研究所
225	2012SR114652	30103-6100	IRSALiDAR激光雷达数据处理系统	IRSALiDAR	V2.0	中国科学院遥感应用研究所
226	2012SR121685	30103-7800	无人机航磁位场处理算法软件	—	V1.0	中国科学院遥感应用研究所
227	2012SR137339	30103-0000	遥感卫星仿真平台软件	—	V1.0	中国科学院遥感应用研究所
228	2012SRBJ0781	30219-7500	中低分辨率遥感数据反射波段交叉辐射定标系统	MLCC	V1.0	中国科学院遥感应用研究所
229	2012SRBJ1419	30103-0200	林业有害生物遥感监测平台	RSMP4FP	V1	中国科学院遥感应用研究所

附录 3　中国科学院遥感应用研究所曾经用过的所标

编后记

2013年，中国科学院遥感与数字地球研究所领导立项，决定编撰《中国科学院遥感应用研究所所志》(简称“所志”)，并组建所志编委会。在所领导和所志编委会的指导下，历时5年完成编写工作，并于2019年由科学出版社正式出版，最终和大家见面。

中国科学院遥感应用研究所从1979年建所到2012年整合，存续仅33年。“所志”记载了它33年不断创新、发展、提高，并走向辉煌的历程，并用较小的篇幅追溯到它的前身，记载了从20世纪50年代中期开始，在中国科学院地理研究所应用航空相片和卫星像片开展地学研究与地图制图、70年代建立专门的研究室和研究部从事航空相片与卫星像片的应用及地图自动化实验和遥感应用的历史，记载了遥感所在地理所的孕育与发展。

“所志”由参加遥感所建设的亲历者主笔。其中，直接参加编写的作者有100多人，他们大多是所领导、研究室主任、科研项目负责人、所机关职能部门负责人及一些重要事件中的亲历者。还有为“所志”的编写提供过各种帮助的人员，共60余人。我们在此一并表示衷心感谢!

遥感所先后总共经历了8届领导机构。其中有5位所长(另两位所长已离世)亲自为“所志”作序。根据所志编委会主任郭华东院士建议，考虑到陈述彭院士为遥感所的创始所做的贡献，虽然他已去世，我们还是采用陈述彭院士为遥感所建所30周年(2009年)《画册》的题词作为代序，列为序言之首。以上这些遥感学科领域的带头人利用写序，强烈地抒发了他们见证中国“遥感”事业的发展和遥感所从成立、成长到发展变化的情怀。他们的亲身感受及“所志”体现的遥感所精神，对现在正在从事“遥感”事业或今后继续进入“遥感”领域工作的年青一代是教育、是激励，更是鞭策。

“所志”初稿1590页，需分上、下两册出版。参照相关单位的“所志”，考虑到遥感所的具体情况，决定精减至1000页左右，按一册出版为好。为此，所志办公室的同志在初稿的基础上，下了大功夫进行改编改写，基本达到了出版要求。因此，最终稿与作者提供的原稿有一定的差异，请有关作者理解。

考虑到2015年中国科学院遥感与数字地球研究所已经编辑出版了《中国科学院遥感应用研究所画册》。其中，“所志”的大幅高分辨率航空、卫星遥感图像及展示遥感所历史和最新实景、地理位置的照片和图像，历年来参观、视察遥感所的领导、科学家及中外贵宾的照片与题词都已出版发行，因此“所志”没有编入以上内容。

2013年7月成立所志编委会。由于种种原因迟迟未能召开所志编委会全体成员会议。为了弥补这个缺陷所带来的不足，所志办公室通过电话、邮件、书面及开小型座谈会等各种形式，多次征求了广大编委的意见和建议，并在所志办公室共计40次工作会议上讨论落实，收到了较好的效果。

档案（包括文书档案、科技档案、人事档案和党务档案）是编写“所志”的基本依据，对编写所志具有不可或缺的重要作用。在这次编写“所志”的过程中，通过大量查阅档案，基本做到了史实准确、数据可靠、结论可信。不足的是，有的档案不完善，甚至没有档案。对此，我们只能通过当事人回忆。实在没有原始资料素材的，只好在“所志”中留下空白。

“所志”编写工作的完成，领导重视是关键。所志编委会主任郭华东院士自始至终领导了“所志”的编写工作。“所志”编写开始时，对编辑大纲逐条审阅、批示；安排所长办公会议，专题讨论“所志”问题，并做出明确的决定。初稿完成时，对1500多页的样本进行了仔细审阅、批示，并提出修改意见。“所志”编写工作即将完成并交付出版前，亲自到所志办公室听取汇报，帮助解决问题。编委会副主任顾行发现任所长始终支持、关心“所志”工作的进展，在工作非常繁忙的情况下，挤出时间到所志办公室看望并听取汇报。赵千钧副所长直接领导“所志”的编写，多次参加编写工作会议，并主持编委会部分成员会议，在“所志”编写过程中进行面对面的指导，及时为“所志”解决了大量的实际困难和问题。赵千钧副所长调离后，由刘剑书记继续领导“所志”的编写，多次听取“所志”工作进展汇报，积极协调各部门的工作，帮助解决困难和问题。后来，刘剑书记调离，赵忠明书记继续领导“所志”的编写工作，直至“所志”编写工作完成，交付出版。同时还得到中国科学院遥感与数字地球研究所办公室、科技处、人事处、财务处、资产处、党办等所机关各部门的积极配合。特别是所志编委会成员和主笔的同志尽职尽责，积极参与“所志”撰稿、审稿，并对“所志”的编撰工作提出了许多宝贵的意见。正是由于大家的共同努力，才确保了“所志”编辑工作的进程和出版质量。

本书不足的是，由于有的老同志已过世，无法完成编写任务；有的调离了遥感所，无法取得联系，只好由编写组办公室的同志根据收集到的资料代编、代写，难免挂一漏万。对“所志”由于种种原因造成的代写内容可能不够准确，或没有编写出特色，质量保证不够的地方，我们表示歉意。还有些编委会委员提供了史料，但是内容是2012年9月遥感所与中国科学院对地观测与数字地球科学中心整合后发生的人和事，不属本书的编写范围，我们没有采用，请谅解。

最后，遥感所所志工作的完成，离不开科学出版社的热心指导和中国科学院地理科学与资源研究所所志办公室同志们的热情帮助与大力支持，在此，我们表示诚挚的感谢！

《中国科学院遥感应用研究所所志》编写组

2018年10月30日

(P-6199.01)
ISBN 978-7-03-059856-1

定价：598.00 元